Invertebrados

O GEN | Grupo Editorial Nacional – maior plataforma editorial brasileira no segmento científico, técnico e profissional – publica conteúdos nas áreas de ciências da saúde, exatas, humanas, jurídicas e sociais aplicadas, além de prover serviços direcionados à educação continuada e à preparação para concursos.

As editoras que integram o GEN, das mais respeitadas no mercado editorial, construíram catálogos inigualáveis, com obras decisivas para a formação acadêmica e o aperfeiçoamento de várias gerações de profissionais e estudantes, tendo se tornado sinônimo de qualidade e seriedade.

A missão do GEN e dos núcleos de conteúdo que o compõem é prover a melhor informação científica e distribuí-la de maneira flexível e conveniente, a preços justos, gerando benefícios e servindo a autores, docentes, livreiros, funcionários, colaboradores e acionistas.

Nosso comportamento ético incondicional e nossa responsabilidade social e ambiental são reforçados pela natureza educacional de nossa atividade e dão sustentabilidade ao crescimento contínuo e à rentabilidade do grupo.

Invertebrados

Richard C. Brusca, PhD
Executive Director Emeritus, Arizona-Sonora Desert Museum
Research Scientist, Department of Ecology and Evolutionary Biology,
University of Arizona

Wendy Moore, PhD
Assistant Professor and Curator,
Department of Entomology,
University of Arizona

Stephen M. Shuster, PhD
Professor of Invertebrate Zoology and Curator,
Department of Biological Sciences,
Northern Arizona University

Ilustrações de:
Nancy Haver

Revisão Técnica
Maíra Moraes

(Capítulos 1 a 8, 10 a 12, 15 a 19, 23 e 25 a 28)
Bióloga. Doutora em Ecologia e Evolução pelo Programa de Pós-Graduação em
Ecologia e Evolução da Universidade do Estado do Rio de Janeiro (PPGEE/UERJ).
Professora Auxiliar da Universidade Veiga de Almeida

Cecília Bueno

(Capítulos 9, 13, 20 a 22 e 24)
Bióloga. Doutora em Ciências pelo Programa de Pós-Graduação em
Geografia da Universidade Federal do Rio de Janeiro (PPGG/UFRJ).
Professora Titular da Universidade Veiga de Almeida

Tradução
Carlos Henrique de Araújo Cosendey

Terceira edição

- Os autores deste livro e a EDITORA GUANABARA KOOGAN LTDA. empenharam seus melhores esforços para assegurar que as informações e os procedimentos apresentados no texto estejam em acordo com os padrões aceitos à época da publicação, *e todos os dados foram atualizados pelos autores até a data da entrega dos originais à editora*. Entretanto, tendo em conta a evolução das ciências da saúde, as mudanças regulamentares governamentais e o constante fluxo de novas informações sobre terapêutica medicamentosa e reações adversas a fármacos, recomendamos enfaticamente que os leitores consultem sempre outras fontes fidedignas, de modo a se certificarem de que as informações contidas neste livro estão corretas e de que não houve alterações nas dosagens recomendadas ou na legislação regulamentadora.

- Os autores e a editora se empenharam para citar adequadamente e dar o devido crédito a todos os detentores de direitos autorais de qualquer material utilizado neste livro, dispondo-se a possíveis acertos posteriores caso, inadvertida e involuntariamente, a identificação de algum deles tenha sido omitida.

- Traduzido de:
INVERTEBRATES, THIRD EDITION
Copyright © 2016 by Sinauer Associates, Inc.
All Rights Reserved.
ISBN: 9781605353753

- Direitos exclusivos para a língua portuguesa
Copyright © 2018 by
EDITORA GUANABARA KOOGAN LTDA.
Uma editora integrante do GEN | Grupo Editorial Nacional
Travessa do Ouvidor, 11
Rio de Janeiro – RJ – CEP 20040-040
Tels.: (21) 3543-0770/(11) 5080-0770 | Fax: (21) 3543-0896
www.grupogen.com.br | faleconosco@grupogen.com.br

- Reservados todos os direitos. É proibida a duplicação ou reprodução deste volume, no todo ou em parte, em quaisquer formas ou por quaisquer meios (eletrônico, mecânico, gravação, fotocópia, distribuição pela Internet ou outros), sem permissão, por escrito, da EDITORA GUANABARA KOOGAN LTDA.

- Capa: Bruno Sales

- Editoração eletrônica: R.O. Moura

- Ficha catalográfica

B924i
3. ed.

    Brusca, Richard C.
    Invertebrados / Richard C. Brusca, Wendy Moore, Stephen M. Shuster ; tradução Carlos Henrique de Araújo Cosendey. - 3. ed. - Rio de Janeiro : Guanabara Koogan, 2018.
    il.

    Tradução de: invertebrates
    ISBN: 978-85-277-3199-7

    1. Biologia. I. Cosendey, Carlos Henrique de Araújo. II. Título.

17-41740   CDD: 574
                                                       CDU: 574

Dedicatória

*Dedicamos este livro a todos os professores e
alunos de zoologia dos invertebrados ao redor do mundo.*

Prefácio à terceira edição

Nesta edição de *Invertebrados*, Wendy Moore e Stephen M. Shuster participaram como co-autores. Além disso, outros 22 colaboradores generosamente aceitaram revisar capítulos ou seções de capítulos, além de diversos revisores científicos terem realizado uma leitura crítica de vários capítulos do livro. Provavelmente não seria possível que a terceira edição de *Invertebrados* tivesse tantas profundidade e acurácia sem o auxílio desses ótimos profissionais e especialistas, aos quais somos profundamente gratos.

Houve uma explosão de informações desde a segunda edição deste livro, em especial nos campos da biologia molecular e da filogenética. Quando a segunda edição de *Invertebrados* estava sendo produzida, começava a se estruturar uma nova filogenia dos metazoários na literatura científica, ainda que, naquela época, fosse baseada quase completamente em árvores de genes ribossômicos e houvesse considerável discordância. Na década entre uma edição e a outra, essa nova filogenética foi aprimorada – embora muitos detalhes ainda necessitem ser mais bem-trabalhados. Como mudanças mais importantes, Protostomia e Deuterostomia foram redefinidos, e o antigo grupo Articulata (baseado em uma relação hipotética de que Annelida e Panarthropoda seriam grupos-irmãos) foi desarticulado, sendo os anelídeos atualmente agrupados em Spiralia, enquanto os artrópodes se encontram em Ecdysozoa. Os filos Echiura e Sipuncula foram subordinados a Annelida, e os filos diploblásticos basais, colocados próximo à base da árvore de Metazoa, o que pode continuar sendo feito após a impressão desta edição. Imaginamos que, na próxima edição de *Invertebrados*, as posições filogenéticas de todos os filos metazoários (ou pelos menos da maioria) terão sido estabelecidas – um grande objetivo, há muito buscado pelos zoologistas.

Assim como na segunda edição, os termos novos importantes aparecem em negrito ao ser definidos (e são listados no Índice Alfabético). Nomes específicos de genes, assim como os nomes das espécies, estão em itálico (embora os nomes das classes de genes, como Hox e ParaHox, não). Novamente incluímos os protistas neste livro, uma vez que professores que lecionam zoologia dos invertebrados em geral tratam do "reino Protista" e o requisitaram. Nossos conhecimentos sobre biologia e filogenia protista foram tão ampliados desde a segunda edição que as novas informações, ainda que rapidamente apresentadas, são substanciais.

Grande parte da arte do livro foi atualizada para esta edição. Entretanto, mantivemos ilustrações que serão úteis para os estudantes em laboratório, inclusive na dissecação de animais. Também continuamos a oferecer classificações e sinopses taxonômicas detalhadas de cada filo. Não esperamos que sejam lidas da mesma maneira que o será o restante do capítulo, mas que sejam utilizadas como referência na procura de termos taxonômicos, na compreensão de características que diferenciem os grupos ou para adquirir um sentido geral do escopo dos táxons mais superiores de um filo.

Dizer que este livro foi "feito com amor" seria pouco. Sem uma profunda paixão pelos invertebrados, da parte de todos os colaboradores, esta obra não teria sido possível. Esperamos que este livro suscite em seus leitores paixão e entusiasmo por aqueles 96% do reino Animal que foram tão bem-sucedidos em florescer sem colunas vertebrais.

R.C.B.
Tucson, Arizona
Dezembro de 2015

Prefácio à segunda edição

Nem agora, nem nunca, será dado a uma pessoa observar todas as coisas relatadas nas páginas seguintes.

Waldo L. Schmitt
Crustaceans, 1965

Durante a revisão dos *Invertebrados* meu irmão Gary faleceu. Por um tempo o projeto foi postergado. Mas, encorajado com o apoio da família, dos amigos e dos colegas, eventualmente retornei ao trabalho, que muitas vezes pareceu insuperável. O campo da biologia dos invertebrados é tão vasto, cruzando com tantas disciplinas, que mesmo em um livro desse tamanho é necessário generalizar acerca de alguns tópicos, mesmo de outros mais. Como docentes universitários, meu irmão e eu compreendemos, muito cedo, que ensinar zoologia dos invertebrados não deveria ser de modo compartimentado. Assim, ao planejar este livro, estávamos alerta para dois perigos em potencial. Primeiro, o texto poderia se tornar uma lista enciclopédica de "fatos" sobre um grupo atrás do outro, o tipo de abordagem de "fichas factuais" que gostaríamos de evitar. Segundo, o livro poderia se transformar em uma série errática de histórias ou de vinhetas sobre animais selecionados ao acaso (ou "organismos-modelo") e seus modos de vida. O primeiro livro seria monótono, encorajando pura memorização ao invés de compreensão, e poderia dar a noção errada de que há pouco para ser descoberto. O segundo livro poderia ser cheio de "tiradas" interessantes, mas pareceria desorganizado e sem continuidade ou propósito para o estudante sério. Cada abordagem poderia falhar em apresentar os aspectos mais importantes dos invertebrados – suas diversidades fenomenais, suas histórias naturais e suas relações evolutivas. Também acreditávamos que o que *sabemos* sobre esses animais não é tão importante quanto o que *pensamos* a respeito deles. Você deve estar preparado para assimilar muito material novo, mas também deve estar preparado para uma boa dose de dúvidas e de mistérios, já que muito ainda há para ser descoberto.

Para evitar as armadilhas mencionadas acima e para estabelecer linhas com continuidade nas nossas discussões sobre os invertebrados, desenvolvemos o nosso livro ao redor de dois temas fundamentais: **unidade** e **diversidade**. Abordamos o primeiro tema através da arquitetura corpórea funcional, ou o que denominamos de conceito do *Bauplan*. Abordamos o segundo tema através dos princípios da biologia filogenética. Nossa esperança foi de que tecer o livro estritamente ligado com esses temas criaria um fluxo significativo, na medida em que os leitores passam de um filo para outro. Os quatro primeiros capítulos apresentam um pano de fundo para estes temas e, assim, proveem um fundamento importante sobre o qual o restante do livro se apoia. Por favor, ler com atenção esses capítulos e referir-se a eles através de todo o seu estudo.

O cerne deste livro (Capítulos 5–23) está devotado a uma discussão filo por filo dos invertebrados. Classificações bastante detalhadas ou sinopses taxonômicas para cada filo são incluídas em seções separadas de cada capítulo para servirem como referências. Uma organização consistente é mantida através de cada capítulo, mesmo que tenhamos mantido a importância e, algumas vezes, diferentes lições a serem aprendidas pelo estudo dos atributos especiais de cada grupo de animais. Além disso, pelo seu tamanho e diversidade, alguns táxons receberam mais atenção do que outros — mesmo que isso não signifique que tais grupos são mais "importantes" biologicamente do que os grupos menores e mais homogêneos. (Cinco capítulos são dedicados aos artrópodes e seus parentes.) Em alguns capítulos aborda-se mais de um filo. Em alguns casos, acredita-se que os filos tratados estejam intimamente relacionados entre si; em outros casos, os filos representam, meramente, um grau particular de complexidade, e sua inclusão em um único capítulo facilita nossa abordagem comparativa.

Certos aspectos deste livro têm, é claro, sido influenciados pelas nossas próprias preferências: isso é especialmente verdadeiro nas discussões de filogenia. Utilizamos uma combinação de árvores filogenéticas (cladogramas) e discussões narrativas para falar sobre evolução animal. Cladogramas são utilizados quando apropriado, pois eles oferecem as assertivas menos ambíguas acerca das relações entre os animais. Sempre soubemos que alguns de vocês, tanto docentes como estudantes, discordariam dos nossos métodos e ideias em graus variados – pelo menos *desejamos* que assim fosse. Nunca aceitem placidamente o que vocês veem em um livro-texto, ou em qualquer outro lugar sobre esse assunto, mas tentem ser críticos nas suas leituras.

O capítulo final do livro é um sumário filogenético do reino animal. Ele reforça o ponto de que ainda resta muito a ser explorado e compreendido sobre as relações evolutivas dos invertebrados. Como com todo o conhecimento científico, aqui estamos lidando com "verdades" provisórias e passageiras, que sempre permanecem abertas para desafios e revisões. E, é claro, os cientistas discordam. É essa discordância e o constante desafio de hipóteses que aviva o campo e empurra adiante as fronteiras do conhecimento.

Há algumas outras coisas que você deveria saber sobre este livro. Uma revisão histórica breve da classificação de cada grupo principal é apresentada. Acreditamos que esse material não seria somente interessante, mas também serviria para imbuir os estudantes com um sentimento da natureza dinâmica da taxonomia e do desenvolvimento da nossa compreensão de cada grupo. A não ser que seja dito o contrário, a seção da Classificação em cada capítulo trata apenas de grupos definidos. Descrições dos táxons nestas classificações sinópticas são redigidas em um estilo, até certo ponto, telegráfico para economizar espaço; nunca esperamos que essas seções fossem "lidas" — elas são para referências. Termos novos importantes, quando definidos pela primeira vez, estão em negrito. Esses termos em negrito são também indicados pelas referências em negrito no índice; assim o índice pode ser usado também como um glossário. Tentamos a todo custo ser consistentes com o nosso uso da terminologia zoológica, mas a existência de termos similares para estruturas inteiramente diferentes em alguns grupos é, notadamente, confusa — esses termos são assinalados no texto.

Para esta segunda edição dos *Invertebrados*, é claro, tentamos ser os mais atualizados em relação com a literatura de pesquisas, mas até mesmo quando este livro está sendo organizado, diariamente, aparecem novas publicações importantes.

Tem-se estimado que o volume de informação científica tenha duplicado a cada 10 anos (ou mais rápido). Cerca de meio milhão de trabalhos de biologia não clínica são publicados, anualmente. Como foi observado pelo Catedrático George Bartholomew, "se alguém equacionar a ignorância como a razão entre o que se sabe e o que está disponível para ser conhecido… cada investigador biológico fica mais ignorante a cada dia que passa". Meu objetivo tem sido o de oferecer material de referência suficiente para fazer com que o estudante interessado chegue rapidamente ao núcleo da literatura significativa. A maioria das referências citadas no texto será encontrada no final do capítulo correspondente. Contudo, para economizar espaço e eliminar redundâncias, em vários casos (especialmente na citação das figuras) referências de natureza geral podem ser listadas somente uma vez, usualmente nos capítulos introdutórios. Você também notará citações, de um número razoável de referências, que são bastante antigas, algumas do século 19. Elas foram incluídas não como extravagância, mas pelo fato de que muitas são trabalhos de pesquisa fundamentais ou se destacam como as melhores descrições para o assunto à mão. (É surpreendente o número de ilustrações nos modernos textos biológicos que podem ser referidas como originárias das publicações do século 19.) É angustiante verificar como é comum para pesquisadores ignorar o trabalho excelente (e importante) das décadas passadas. Por exemplo, muitos trabalhos de pesquisa filogenética ignoram completamente 150 anos de pesquisa embriológica que foi publicada, em grande parte na literatura alemã e estadunidense, nos séculos 19 e 20. Para muitos cientistas, a pesquisa biológica parece ser nada mais do que "sons distantes" da década passada. Com tristeza, hoje essa "cultura científica dos sons distantes" está, com frequência, embutida nos estudantes de graduação – uma tendência chocante e perigosa que encoraja os amadores. Para compreender os animais é necessária uma compreensão completa de suas biologias gerais, a dedicação através de uma carreira, e não com superficialidades.

Desde a primeira edição deste livro, houve uma explosão de pesquisa no campo da biologia molecular. A maior parte tem sido em filogenética molecular, mas grandes passos têm sido dados na área da biologia molecular do desenvolvimento. Trabalhos nessas áreas agora aparecem em tal ritmo que é difícil escrever sobre eles em um livro-texto, pelo receio de que as ideias ficarão obsoletas em seis meses. Há muitas novas hipóteses filogenéticas propostas com base nas análises de sequências de DNA desde a primeira edição deste livro. Muitas das árvores filogenéticas moleculares, que foram publicadas antes de 2000, eram evasivas e com problemas, dado o fato simples de que o campo era novo e ainda em desenvolvimento. Uma vez que a maioria destas árvores é relativamente nova e ainda aguarda um teste rigoroso com dados independentes, não discutimos todas elas. Contudo, realmente discutimos as hipóteses baseadas em dados moleculares que possuem um corpo crescente de confirmação ou que têm recebido ampla atenção. Mas, em geral, temos adotado uma posição conservadora sobre isso — estamos agora recém-começando a descobrir quais genes são apropriados para níveis diferentes de análises filogenéticas e como analisá-los melhor.

Tendo dito essas coisas, espero que você agora esteja pronto para adentrar no estudo dos invertebrados. A tarefa pode ser, a princípio, intimidante e, verdadeiramente, ser. Espero que este livro faça dessa tarefa, aparentemente assustadora, algo mais tratável. Se eu conseguir aumentar o seu gosto e apreciação pelos invertebrados, então meus esforços terão sido recompensados.

R.C.B.
Tucson, Arizona
Dezembro de 2002

Colaboradores

Jesús Benito, Hemichordata (com Fernando Pardos), Universidad Complutense, Madri, Espanha

C. Sarah Cohen, Urochordata, California State University at San Francisco, Califórnia, EUA

Gonzalo Giribet, Onychophora, Nemertea, Chelicerata (com Gustavo Hormiga), Annelida: Sipuncula, Metazoan Phylogeny (com Richard C. Brusca), Museum of Comparative Zoology, Harvard University, Cambridge, Massachusetts, EUA

Rick Hochberg, Gastrotricha, University of Massachusetts Lowell, Lowell, Massachusetts, EUA

Gustavo Hormiga, Chelicerata (com Gonzalo Giribet), The George Washington University, Washington, DC, EUA

Reinhardt Møbjerg Kristensen, Tardigrada (com Richard C. Brusca), Loricifera, Micrognathozoa (com Katrine Worsaae), Natural History Museum of Denmark, University of Copenhagen, Copenhague, Dinamarca

David Lindberg, Mollusca (com Winston Ponder e Richard C. Brusca), University of California, Berkeley, Califórnia, EUA

Carsten Lüter, Brachiopoda, Museum für Naturkunde, Berlim, Alemanha

Joel W. Martin, Crustacea (com Richard C. Brusca), Natural History Museum of Los Angeles County, Los Angeles, Califórnia, EUA

Alessandro Minelli, Myriapoda, University of Padova, Padova, Itália

Rich Mooi, Echinodermata, California Academy of Sciences, San Francisco, Califórnia, EUA

Ricardo Cardoso Neves, Cycliophora, Biozentrum, University of Basel, Basel, Suíça

Claus Nielsen, Entoprocta, Bryozoa, Natural History Museum of Denmark, University of Copenhagen, Copenhague, Dinamarca

Fernando Pardos, Hemichordata (com Jesús Benito), Universidad Complutense, Madri, Espanha

Winston Ponder, Mollusca (com David Lindberg e Richard C. Brusca), Australian Museum, Sidnei, Austrália

Greg Rouse, Annelida: non-Sipuncula, Scripps Institution of Oceanography, University of California, San Diego, Califórnia, EUA

Scott Santagata, Phoronida, Long Island University, Greenvale, Nova York, EUA

Andreas Schmidt-Rheasa, Nematomorpha, Zoological Museum, University of Hamburgo, Alemanha

George Shinn, Chaetognatha, Truman State University, Kirksville, Missouri, EUA

Martin Vinther Sørensen, Kinorhyncha, Priapula, Gnathostomulida, Rotifera, Natural History Museum of Denmark, University of Copenhagen, Copenhague, Dinamarca

S. Patricia Stock, Nematoda, University of Arizona, Tucson, Arizona, EUA

Katrine Worsaae, Micrognathozoa (with Reinhardt Møbjerg Kristensen), University of Copenhagen, Copenhague, Dinamarca

Revisores científicos

Nicole Boury-Esnault, Vlaams Instituut voor de Zee, Oostende, Bélgica

Jose Luis Carballo, Universidad Nacional Autónoma de México, Estación Mazatlán, México

Allen Collins, Smithsonian Institution, Washington, DC, EUA

Alexander V. Ereskovsky, French National Center for Scientific Research, Institut Méditerranéen de Biodiversité et d'Ecologie Marine et Continentale (IMBE), Marselha, França

Daphne G. Fautin, Professor emérito, University of Kansas, Lawrence, EUA

Gonzalo Giribet, Harvard University, Cambridge, Massachusetts, EUA

Gordon Hendler, Natural History Museum of Los Angeles County, Los Angeles, EUA

Jens Høeg, University of Copenhagen, Copenhague, Dinamarca

Matthew Hooge, University of Maine, Orono, EUA

Michael N. Horst, Mercer University, Geórgia, EUA

Michelle Kelly, NIWA (National Institute of Water and Atmospheric Research), Nova Zelândia

Kevin Kocot, University of Alabama, Tuscaloosa, EUA

Reinhardt Kristensen, University of Copenhagen, Copenhague, Dinamarca

Christopher Laumer, Harvard University, Cambridge, Massachusetts, EUA

Brian Leander, University of British Columbia, Vancouver, Canadá

Sally Leys, University of Alberta, Edmonton, Canadá

Renata Manconi, Università degli Studi di Sassari (UNISS), Itália

Mark Q. Martindale, Diretor, Whitney Laboratory and Seahorse Key Marine Laboratory, e Professor de Biologia, University of Florida, Gainesville, EUA

Rick McCourt, Academy of Natural Sciences, Filadélfia, EUA

Catherine S. McFadden, Harvey Mudd College, Claremont, Califórnia, EUA

Claus Nielsen, University of Copenhagen, Copenhague, Dinamarca

David Pawson, National Museum of Natural History, Smithsonian Institution, Washington, DC, EUA

Hilke Ruhberg, University of Hamburg, Hamburgo, Alemanha

Rebecca Rundell, State University of New York–ESF, Syracuse, Nova York, EUA

Alastair Simpson, Dalhousie University, Halifax, Nova Scotia, Canadá

Christiane Todt, University of Bergen, Noruega

Jean Vacelet, Université de la Méditerranée Aix-Marseille, França

R. W. M. van Soest, University of Amsterdam, Amsterdã, Holanda

Agradecimentos

Esta edição de *Invertebrados* mais uma vez se beneficiou muito com as revisões cuidadosas realizadas por muitos especialistas, profissionais maravilhosos a quem expressamos imensa gratidão. Agradecemos especialmente a Gonzalo Giribet, que não apenas revisou diversos capítulos e seções para esta edição, mas também generosamente releu outros capítulos; não existe atualmente um zoologista de invertebrados mais bem-informado, e apreciamos profundamente seu auxílio. Rebecca Rundell releu todo o livro – uma tarefa difícil –, oferecendo comentários científicos críticos e direcionados ao professor. Foi uma sorte para nós que ela tenha se disposto a realizar esse trabalho formidável e a agradecemos imensamente por isso! Outros colegas que ajudaram significativamente foram Larry Jon Friesen, Jens Høeg, Reinhardt Kristensen, Brian Leander, Sally Leys, Claus Nielsen e Martin Sørensen, aos quais somos muito gratos. As contribuições fotográficas de Larry Friesen para esta edição engrandeceram imensamente o livro.

Invertebrados foi traduzido para quatro idiomas e conta com um amplo leque de leitores, principalmente na Europa e na América Latina. Muitos estudantes já nos escreveram, ao longo dos anos, em especial do México e da América do Sul, para expressar seu apoio e encorajamento, bem como enviar fotografias ou outro tipo de material, mas nenhum foi tão criativo e inspirador quando Lorena Viana e seus amigos da Universidade de São Paulo. Muito obrigado, Lorena.

A maior parte da arte original deste texto foi composta a partir de nossos próprios esboços e de outras fontes pela premiada ilustradora científica Nancy Haver, com o apoio da nossa editora, Sinauer Associates. Temos muita sorte por ter Nancy trabalhando conosco nessas três edições de *Invertebrados*. Foi sempre um prazer trabalhar com a equipe de produção altamente talentosa da Sinauer, e, para esta edição, contamos mais uma vez com a habilidade de Janice Holabird, Martha Lorantos, David McIntyre, Marie Scavotto e Chris Small. Somos especialmente gratos à editora de produção Martha Lorantos, que liderou a equipe nesta edição com habilidade técnica extraordinária, paciência e bom humor. Martha, de algum modo, conseguiu manter esta locomotiva nos trilhos à revelia de todas as reviravoltas. Andy Sinauer faz parte deste projeto desde meados da década de 1980, sempre inabalável em seus conselhos sábios, sua paciência e suas grandes ideias. Devemos muito a Andy por seu consistente apoio e interesse pessoal neste texto ao longo de sua história. Como editor (e amante) de livros, sua dedicação à qualidade e seu profissionalismo são inigualáveis.

Classificação do reino Animal (Metazoa)

Não Bilateria*
(Também conhecidos como diploblastos)
- FILO PORIFERA
- FILO PLACOZOA
- FILO CNIDARIA
- FILO CTENOPHORA

Bilateria
(Também conhecidos como triploblastos)
- FILO XENACOELOMORPHA

Protostomia
- FILO CHAETOGNATHA

SPIRALIA
- FILO PLATYHELMINTHES
- FILO GASTROTRICHA
- FILO RHOMBOZOA
- FILO ORTHONECTIDA
- FILO NEMERTEA
- FILO MOLLUSCA
- FILO ANNELIDA
- FILO ENTOPROCTA
- FILO CYCLIOPHORA

Gnathifera
- FILO GNATHOSTOMULIDA
- FILO MICROGNATHOZOA
- FILO ROTIFERA

Lophophorata
- FILO PHORONIDA
- FILO BRYOZOA
- FILO BRACHIOPODA

ECDYSOZOA
Nematoida
- FILO NEMATODA
- FILO NEMATOMORPHA

Scalidophora
- FILO KINORHYNCHA
- FILO PRIAPULA
- FILO LORICIFERA

Panarthropoda
- FILO TARDIGRADA
- FILO ONYCHOPHORA
- FILO ARTHROPODA
  - SUBFILO CRUSTACEA*
  - SUBFILO HEXAPODA
  - SUBFILO MYRIAPODA
  - SUBFILO CHELICERATA

Deuterostomia
- FILO ECHINODERMATA
- FILO HEMICHORDATA
- FILO CHORDATA

*Grupo parafilético

Escala do tempo geológico

ERA	PERÍODO		ÉPOCA	TEMPO (INÍCIO)
Cenozoica	Quaternário		Holoceno	10.000 anos atrás
			Pleistoceno	2,6 maa
	Terciário	Neogeno	Plioceno	5,3 maa
			Mioceno	23 maa
		Paleogeno	Oligoceno	33,9 maa
			Eoceno	56 maa
			Paleoceno	66 maa
Mesozoica	Cretáceo			145 maa
	Jurássico			201 maa
	Triássico			252 maa
Paleozoica	Permiano			299 maa
	Carbonífero		Pensilvaniano	323 maa
			Mississipiano	359 maa
	Devoniano			419 maa
	Siluriano			444 maa
	Ordoviciano			485 maa
	Cambriano			541 maa
Pré-cambriano	Ediacarano			635 maa
				4,57 baa

maa = milhões de anos atrás; baa = bilhões de anos atrás.

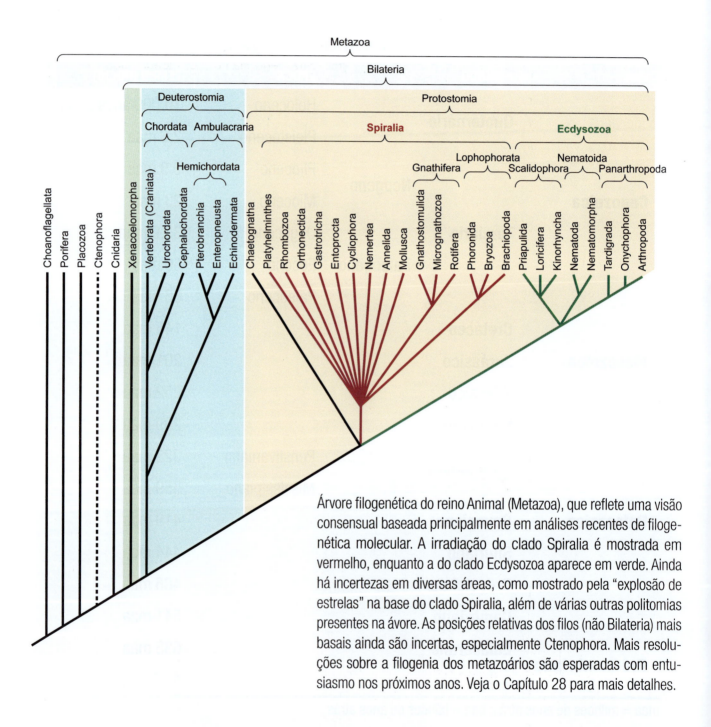

Árvore filogenética do reino Animal (Metazoa), que reflete uma visão consensual baseada principalmente em análises recentes de filogenética molecular. A irradiação do clado Spiralia é mostrada em vermelho, enquanto a do clado Ecdysozoa aparece em verde. Ainda há incertezas em diversas áreas, como mostrado pela "explosão de estrelas" na base do clado Spiralia, além de várias outras politomias presentes na ávore. As posições relativas dos filos (não Bilateria) mais basais ainda são incertas, especialmente Ctenophora. Mais resoluções sobre a filogenia dos metazoários são esperadas com entusiasmo nos próximos anos. Veja o Capítulo 28 para mais detalhes.

Sumário

Capítulo 1 Introdução, 1

Seguindo a trilha da vida, 3
Procariotos e eucariotos, 6
De onde vieram os invertebrados?, 9
Onde vivem os invertebrados?, 16
Padrões de biodiversidade, 23
Novos pontos de vista da filogenia de invertebrados, 24
Alguns comentários sobre evolução, 25
Mensagem introdutória final ao leitor, 30

Capítulo 2 Sistemática, Filogenia e Classificação, 33

Classificação biológica, 34
Nomenclatura, 34
Sistemática, 37
Monofiletismo, parafiletismo e polifiletismo, 37
Características e conceito de homologia, 38
Árvores filogenéticas, 40
Plesiomorfia e apomorfia, 41
Como elaborar filogenias e classificações, 41
Filogenética molecular, 47

Capítulo 3 Os Protistas | O Reino Protista, 51

História taxonômica e classificação, 55
Resumo dos clados ou grupos principais, 58
Configuração corporal geral dos protistas, 59
Filos protistas, 65
Grupo 1 | Amoebozoa, 65
Filo Amoebozoa | Amebas, 65
Grupo 2 | Chromalveolata, 71
Filo Dinoflagellata | Dinoflagelados, 71
Filo Apicomplexa | Gregarínidos, Coccídeos, Hemosporídeos e seus parentes, 75
Filo Ciliata | Os ciliados, 82
Filo Stramenopila | Diatomáceas, algas pardas, algas douradas, redes viscosas, oomicetos etc., 91
Filo Haptophyta | Cocolitóforos, 96
Filo Cryptomonada | Criptomonadinos, 97
Grupo 3 | Rhizaria, 97
Filo Chlorarachniophyta | Algas clorarracniófitas, 97
Filo Granuloreticulosa | Foraminifera e seus parentes, 99
Filo Radiolaria | Radiolários, 102
Filo Haplosporidia | Haplosporídeos, 105
Grupo 4 | Excavata, 105
Filo Parabasalida | Tricomonadinos, hipermastigotos e seus parentes, 105
Filo Diplomonadida | Diplomonadidos, 108
Filo Heterolobosea | Heterolobosídeos, 110
Filo Euglenida | Euglenoides, 111
Filo Kinetoplastida | Tripanossomos, bodonídeos e seus parentes, 113
Grupo 5 | Opisthokonta, 117
Filo Choanoflagellata | Coanoflagelados, 117
Filogenia dos protistas, 118

Capítulo 4 Introdução ao Reino Animal | Arquitetura e Planos Corpóreos dos Animais, 127

Simetria corporal, 128
Celularidade, tamanho corporal, folhetos germinativos e cavidades corporais, 130
Locomoção e sustentação, 132
Alimentação e digestão, 139
Excreção e osmorregulação, 148
Circulação e trocas gasosas, 153
Sistemas nervosos e órgãos dos sentidos, 158
Bioluminescência, 164
Sistemas nervosos e planos corpóreos, 164
Hormônios e feromônios, 165
Reprodução, 166

Capítulo 5 Introdução ao Reino Animal | Desenvolvimento, Ciclos de Vida e Origens, 171

Biologia do desenvolvimento evolutivo (EvoDevo), 172
Ovócitos e embriões, 175
Ciclos de vida | Sequências e estratégias, 184
Relações entre ontogenia e filogenia, 189
Origem dos metazoários, 190

Capítulo 6 Dois Filos de Metazoários Basais | Porifera e Placozoa, 199

Filo Placozoa, 201
Filo Porifera | Esponjas, 202
História taxonômica e classificação, 206
Plano corpóreo dos poríferos, 208
Alguns aspectos adicionais da biologia das esponjas, 234
Filogenia dos poríferos, 237

Capítulo 7 Filo Cnidaria | Anêmonas, Corais, Medusas e seus Parentes, 247

História taxonômica e classificação, 251
Plano corpóreo dos cnidários, 257
Filogenia dos cnidários, 299

Capítulo 8 Filo Ctenophora | Ctenóforos, 307

História taxonômica e classificação, 308
Plano corpóreo dos ctenóforos, 312
Filogenia dos ctenóforos, 320

Capítulo 9 Introdução a Bilateria e ao Filo Xenacoelomorpha | A Triploblastia e a Simetria Bilateral Abrem Novas Possibilidades para a Radiação dos Animais, 323

Bilatério basal, 324
Protostômios e deuterostômios, 324
Filo Xenacoelomorpha, 327
Classificação do filo Xenacoelomorpha, 328
Classe Acoela, 328
Plano corpóreo dos acoelos, 332
Classe Nemertodermatida, 337
Plano corpóreo dos nemertodermatídeos, 339
Subfilo Xenoturbellida, 343
Plano corpóreo dos xenoturbelídeos, 344

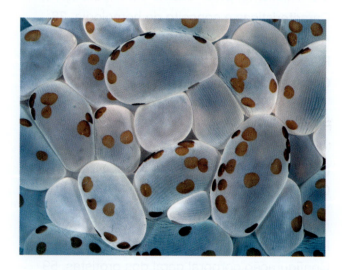

Capítulo 10 Filo Platyhelminthes | Vermes Achatados, 349

História taxonômica e classificação, 351
Filo Platyhelminthes, 352
Plano corpóreo dos platelmintos, 355
Filogenia dos platelmintos, 380

Capítulo 11 Quatro Filos de Protostômios Enigmáticos | Rhombozoa, Orthonectida, Chaetognatha e Gastrotricha, 387

Filo Rhombozoa, 388
Filo Orthonectida, 392
Filo Chaetognatha, 394
Classificação dos quetognatos, 396
Plano corpóreo dos quetognatos, 397
Filo Gastrotricha | Gastrótricos, 401
Classificação dos gastrótricos, 403
Plano corpóreo dos gastrótricos, 403

Capítulo 12 Filo Nemertea | Nemertinos, 409

História e classificação taxonômica, 410
Plano corpóreo dos nemertinos, 412
Filogenia dos nemertinos, 423

Capítulo 13 Filo Mollusca, 427

História e classificação taxonômica, 428
Classificação resumida do filo Mollusca, 429
Plano corpóreo dos moluscos, 446
Evolução e filogenia dos moluscos, 493

Capítulo 14 Filo Annelida | Vermes Segmentados (e Alguns Não Segmentados), 501

História taxonômica
  e classificação, 502
Plano corpóreo dos anelídeos, 511
Sipuncula | Vermes-amendoim, 540
Classificação dos sipúnculos, 542
Plano corpóreo dos sipúnculos, 543
Echiuridae | Equiúros ou
  vermes-colher, 547
Siboglinidae | Vermes-de-barba
  e seus parentes, 553
História taxonômica
  dos siboglinídeos, 553
Plano corpóreo dos siboglinídeos, 553
Hirudinoidea | Sanguessugas
  e seus parentes, 558
Plano corpóreo dos hirudinóideos, 559
Filogenia dos anelídeos, 564

Capítulo 15 Dois Filos Espirálicos Enigmáticos | Entoprocta e Cycliophora, 569

Filo Entoprocta | Entoproctos, 569
Classificação dos entoproctos, 571
Plano corpóreo dos entoproctos, 571
Filo Cycliophora | Ciclióforos, 573

Capítulo 16 Gnathifera | Filos Gnathostomulida, Rotifera (inclusive Acanthocephala) e Micrognathozoa, 579

Filo Gnathostomulida | Gnatostomulídeos, 581
Plano corpóreo dos gnatostomulídeos, 581
Filo Rotifera | Rotíferos de vida livre, 582
Plano corpóreo dos rotíferos, 584
Filo Rotifera, subclasse Acanthocephala |
  Acantocéfalos, 589
Plano corpóreo dos acantocéfalos, 590
Filo Micrognathozoa | Micrognatozoários, 592
Plano corpóreo
  dos micrognatozoários, 593

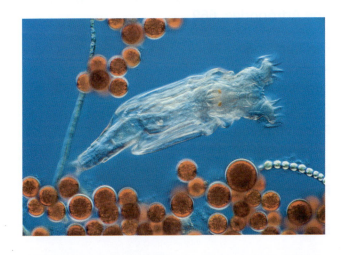

Capítulo 17 Lofoforados | Filos Phoronida, Bryozoa e Brachiopoda, 601

História taxonômica dos lofoforados, 602
Plano corpóreo dos lofoforados, 603
Filo Phoronida | Foronídeos, 603
Plano corpóreo dos foronídeos, 604
Filo Bryozoa | Animais dos musgos, 609
Plano corpóreo dos briozoários, 613
Filo Brachiopoda | Braquiópodes, ou conchas-lâmpada, 622
Plano corpóreo dos braquiópodes, 622

Capítulo 18 Nematoida | Filos Nematoda e Nematomorpha, 633

Filo Nematoda | Vermes arredondados e filiformes, 634
Plano corpóreo dos nematódeos, 637
Ciclos de vida de alguns nematódeos parasitas, 646
Filo Nematomorpha | Nematomorfos (vermes crina-de-cavalo) e seus parentes, 649
Plano corpóreo dos nematomorfos, 650

Capítulo 19 Scalidophora | Filos Kinorhyncha, Priapula e Loricifera, 655

Filo Kinorhyncha | Quinorrincos, 656
Plano corpóreo dos quinorrincos, 658
Filo Priapula | Priapúlidos, 660
Plano corpóreo dos priapúlidos, 660
Filo Loricifera | Loricíferos, 663

Capítulo 20 Surgimento dos Artrópodes | Tardígrados, Onicóforos e Plano Corpóreo dos Artrópodes, 669

Filo Tardigrada, 671
Plano corpóreo dos tardígrados, 674
Filo Onychophora, 678
Plano corpóreo dos onicóforos, 680
Introdução aos artrópodes, 686
Plano corpóreo dos artrópodes e artropodização, 689
Evolução dos artrópodes, 709

Capítulo 21 Filo Arthropoda | Crustacea | Caranguejos, Camarões e Afins, 717

Classificação dos crustáceos, 720
Resumos dos táxons dos crustáceos, 723
Plano corpóreo dos crustáceos, 754
Filogenia dos crustáceos, 786

Capítulo 22 Filo Arthropoda | Hexápodes | Insetos e seus Parentes, 795

Classificação dos hexápodes, 799
Plano corpóreo dos hexápodes, 810
Evolução dos hexápodes, 836

Capítulo 23 Filo Arthropoda | Miriápodes | Centopeias, Milípedes e seus Parentes, 843

Classificação dos miriápodes, 846
Plano corpóreo dos miriápodes, 848
Filogenia dos miriápodes, 856

Capítulo 24 Filo Arthropoda | Quelicerados, 859

Classificação dos quelicerados, 862
Plano corpóreo dos euquelicerados, 875
Classe Pycnogonida, 901
Plano corpóreo dos picnogonídeos, 901
Filogenia dos quelicerados, 907

Capítulo 25 Introdução aos Deuterostômios e ao Filo Echinodermata, 911

Filo Echinodermata, 912
História e classificação taxonômica, 914
Plano corpóreo
 dos equinodermos, 919
Filogenia dos equinodermos, 941

Capítulo 26 Filo Hemichordata | Enteropneustos e Pterobrânquios, 947

Classificação dos hemicordados, 948
Plano corpóreo
 dos hemicordados, 950
Enteropneustos | Vermes-bolota, 951
Pterobrânquios, 956
Registro fóssil e filogenia
 dos hemicordados, 957

Capítulo 27 Filo Chordata | Cefalochordata e Urochordata, 961

Filo Chordata, subfilo Cephalochordata |
 Lancetas (anfioxos), 963
Plano corpóreo
 dos cefalocordados, 963

Filo Chordata, subfilo Urochordata |
 Tunicados, 966
Plano corpóreo dos tunicados, 967
Filogenia dos cordados, 980

Capítulo 28 Perspectivas da Filogenia dos Invertebrados, 985

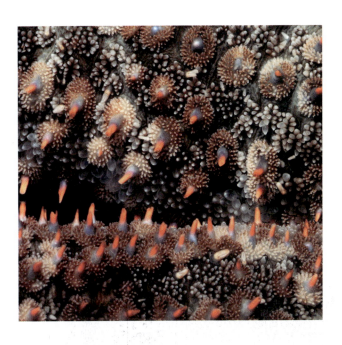

Créditos das Ilustrações, 991

Índice Alfabético, 997

Invertebrados

1

Introdução

A incrível diversidade de espécies de invertebrados existentes (= vivos) na Terra é o desfecho de centenas de milhões de anos de evolução. Evidências indiretas da primeira vida na Terra – os organismos procariotos – foram encontradas em algumas das rochas sedimentares mais antigas do planeta, sugerindo que a vida tenha surgido inicialmente nos oceanos, logo que a Terra resfriou suficientemente para permitir sua existência. Nosso planeta tem 4,57 bilhões de anos, e as rochas mais antigas encontradas até agora têm cerca de 4,3 bilhões de anos. Embora a data exata do primeiro aparecimento de vida na Terra ainda seja controversa, existem icnofósseis de 3,8 bilhões de anos na Austrália que se assemelham às células procarióticas – embora isso tenha sido questionado e, hoje em dia, as opiniões se dividam quanto a serem vestígios das primeiras bactérias ou simplesmente depósitos minerais. Entretanto, boas evidências de vida procariota foram encontradas na lava almofadada que se formou no leito do mar há 3,5 bilhões de anos e hoje está exposta na África do Sul. Além disso, foram descobertas células fósseis com 3,4 bilhões de anos (provavelmente bactérias sulfurosas) entre os grãos de areia cimentados de uma praia antiga da Austrália.[1]

O próximo grande passo da evolução biológica ocorreu quando as células procarióticas começaram a receber "hóspedes". Há cerca de 2,0 a 2,5 bilhões de anos, uma dessas células primitivas recebeu uma bactéria de vida livre, que estabeleceu residência permanente, dando origem às organelas que chamamos de mitocôndrias – essa foi a origem da célula eucariótica. Como você deve lembrar, as mitocôndrias geram energia para suas células hospedeiras por oxidação de açúcares e, nesse caso,

---

[1]Existem três teorias populares sobre como a vida evoluiu inicialmente na Terra. A teoria clássica da "sopa primordial", proposta a partir dos trabalhos de Stanley e Miller na década de 1950, defende que moléculas orgânicas autorreplicáveis surgiram pela primeira vez na atmosfera primitiva da Terra e foram depositadas pelas chuvas nos oceanos, onde passaram por reações adicionais para formar ácidos nucleicos, proteínas e outras moléculas necessárias à vida. Mais recentemente, foi aventado que a primeira síntese de moléculas biológicas tenha ocorrido por meio das atividades químicas e térmicas nas fontes hidrotermais dos oceanos profundos. As fontes hidrotermais também expelem compostos, que poderiam ter sido incorporados às primeiras formas de vida. A terceira hipótese sugere que as moléculas orgânicas, ou mesmo a vida procariota propriamente dita, tenham chegado ao nosso planeta provenientes de outro planeta (recentemente, Marte tem encabeçado a lista), ou do espaço profundo, em cometas ou meteoritos. Os meteoritos que caem na Terra contêm aminoácidos e moléculas orgânicas de carbono, tais como formaldeído. Claramente, as matérias-primas não eram o problema – a dificuldade seria reunir os compostos orgânicos para formar um sistema vivo e capaz de reproduzir-se.

também possibilitaram que a vida primitiva sobrevivesse aos níveis crescentes de oxigênio na Terra. As evidências sugerem que as mitocôndrias tenham evoluído uma só vez, a partir de uma α-proteobactéria simbiótica e, depois, tenham se diversificado amplamente. Os "parentes" atuais de vida livre dessa bactéria albergam cerca de 2.000 genes dispersos em vários milhões de bases, mas seus descendentes mitocondriais têm muito menos genes, em alguns casos, apenas três genes. Além disso, o DNA das mitocôndrias humanas contém apenas cerca de 16.000 bases. Por outro lado, algumas plantas expandiram acentuadamente seu genoma mitocondrial – o maior descoberto até hoje, no gênero *Silene*, tem cerca de 11 milhões de bases. Outro hóspede intracelular das células procarióticas, uma cianobactéria, veio a ser o ancestral dos cloroplastos por meio do mesmo processo simbiogênico; os cloroplastos são organelas fotossintetizadoras que tornam possível a existência das plantas e das algas. Em algumas linhagens de plantas e algas, o cloroplasto original foi perdido e um novo foi adquirido quando uma célula hospedeira recebeu uma alga e cooptou seu cloroplasto por meio de um outro tipo de processo simbiogênico (ver descrição detalhada desses eventos simbiogênicos no Capítulo 3).

Controversos biomarcadores de hidrocarbonetos sugerem que as primeiras células eucarióticas possam ter surgido há cerca de 2,7 bilhões de anos (fim do período Arqueano), embora os primeiros fósseis supostamente classificados como eucariotos – com base em características da superfície celular e por seu grande tamanho – tenham cerca de 1,8 bilhão de anos (início do período Proterozoico). Algas pluricelulares (protistas) datam de até 1,2 bilhão de anos. Cientistas descreveram microfósseis aparentemente eucariotos com 1 bilhão de anos em depósitos de água doce, sugerindo que os eucariotos poderiam ter deixado o oceano e invadido o ambiente terrestre há muito tempo. Ainda que a condição eucariótica tenha aparecido nos primórdios da história da Terra, foram necessárias mais algumas centenas de milhões de anos para que surgissem os primeiros organismos pluricelulares.

Supostos icnofósseis levaram alguns cientistas a sugerir que os primeiros animais (Metazoa) poderiam ter surgido há 1 bilhão de anos, mas estimativas recentes baseadas em relógios moleculares colocaram a origem dos Metazoa entre 875 e 650 milhões de anos atrás. Os fósseis metazoários mais antigos e amplamente aceitos datam do período Ediacarano e foram encontrados na Formação Fermeuse da península de Terra Nova, no Canadá (cerca de 560 Ma) e na Formação Doushantuo, no sul da China (600 a 580 Ma). Um provável cnidário de 560 milhões de anos (denominado *Haootia quadriformis*) da península de Terra Nova foi descrito, com simetria quadrirradial e fibras musculares muito bem-preservadas. *Haootia* assemelha-se a um pólipo com quase 6 cm de comprimento, ou talvez uma medusa fixada – algo semelhante às espécies modernas de Estaurozoários. Cnidários e outros animais aparentemente diploblásticos têm sido encontrados nos depósitos de Doushantuo, embora tenham suscitado ceticismo em alguns centros de pesquisa. Entretanto, em 2015, cientistas descreveram uma esponja (*Eocyathispongia qiania*) fóssil aparentemente confiável com 600 milhões de anos, originada da Formação Doushantuo. Em 2009, Jun-Yuan Chen e colaboradores descreveram embriões de supostos bilatérios (triploblastos) originados dos depósitos de Doushantuo (datados de 600 a 580 Ma) – embriões no estágio de 32 células com micrômeros e macrômeros, disposição anteroposterior e dorsoventral aparentes e células semelhantes à ectoderme ao redor de parte de sua periferia. Essa descoberta foi questionada e os fósseis foram classificados ora como procariotos ora como protistas por outros pesquisadores. Entretanto, descobertas posteriores de mais embriões pareciam apoiar a hipótese de que fossem embriões bilatérios e, em alguns casos, talvez embriões em diapausa ("ovos em repouso") dos bilatérios. Icnofósseis em bom estado (pistas) de um minúsculo animal bilatério vermiforme, possivelmente com patas, também foram descritos em rochas com 585 milhões de anos no Uruguai. Esses registros fósseis colocam o aparecimento dos "metazoários superiores" (*i. e.*, bilatérios) milhões de anos antes do início do período Cambriano.

Não há dúvidas de que os Metazoa sejam monofiléticos (*i. e.*, que formem um clado) e o reino Animal é definido por diversas sinapomorfias, incluindo: gastrulação e formação de camadas embrionárias germinativas; mecanismos singulares de ovocitogênese e espermatogênese; estrutura singular dos espermatozoides; redução dos genes mitocondriais; epitélios epidérmicos com junções septadas, junções estreitas ou zônulas aderentes; miofibrilas estriadas; elementos contráteis de actina-miosina; colágeno do tipo IV; e a presença de lâmina/membrana basal sob as camadas da epiderme (evidentemente, algumas dessas características foram perdidas secundariamente por alguns grupos). Existem evidências fortes de que os Metazoa se originaram do grupo protista Choanoflagellata, ou de um ancestral comum, e que os dois compreendem grupos-irmãos, com base em quase todas as análises recentes. Por sua vez, os Choanoflagellata fazem parte de um clado maior conhecido como Opisthokonta, que também inclui os fungos e vários grupos protistas diminutos (ver Capítulo 3).

As três grandes linhagens de vida na Terra – Bacteria, Archaea e Eukaryota – são muito diferentes umas das outras. Bacteria e Archaea têm seu DNA disperso por toda a célula, enquanto em Eukaryota o DNA está concentrado dentro do núcleo delimitado por uma membrana. As linhagens celulares que deram origem aos eucariotos ainda são desconhecidas. O intervalo de alguns milênios entre a origem dos eucariotos e a radiação explosiva, que aparentemente começou no período Ediacarano, é referido algumas vezes como "enfadonhos bilhões de anos", mas o registro fóssil desse período é muito escasso; por isso, não temos certeza de quão "enfadonho" foi realmente esse intervalo. Uma hipótese popular sugere que os níveis de oxigênio eram muito baixos durante essa época para que microrganismos maiores pudessem evoluir (ver adiante).

Hoje em dia, estima-se que existam cerca de 2.007.702 espécies vivas descritas e nomeadas. Cerca de 58.000 delas são de vertebrados e 1.324.402 são de invertebrados (Tabela 1.1). Além disso, também existem descritos cerca de 200.000 protistas, 315.000 plantas (290.000 plantas com sementes) e 100.000 fungos. Todos os anos, cientistas descrevem cerca de 15.000 a 20.000 espécies novas. Aparentemente, uma parte expressiva da biodiversidade da Terra – tanto no nível dos genes quanto das espécies – está no mundo procarioto "invisível" e agora chegamos a entender quão pouco sabemos sobre esse mundo oculto. Cerca de 10.300 espécies de procariotos foram descritas, mas estima-se que existam mais 10 milhões (talvez mais) de espécies procariotas ainda por descrever na Terra. Estimativas

TABELA 1.1 Número de espécies vivas descritas nos 32 filos animais (cerca de 1.382.402; desses, 96%, ou 1.324.402, são invertebrados).[a]

Táxon	Número de Espécies Descritas	Porcentagem do Total de Espécies Descritas
Filo Porifera	9.000	0,65
Filo Placozoa	1 (ou 2)	0,0001
Filo Cnidaria	13.200	0,95
Filo Ctenophora	100	0,007
Filo Xenacoelomorpha	400	0,03
Filo Platyhelminthes	26.500	1,92
Filo Chaetognatha	130	0,009
Filo Gastrotricha	800	0,06
Filo Rhombozoa (= Dicyemida)	70	0,005
Filo Orthonectida	21	0,002
Filo Nemertea	1.300	0,09
Filo Mollusca	80.000	5,79
Filo Annelida	20.000	1,45
Filo Entoprocta	200	0,014
Filo Cycliophora	2	0,0001
Filo Gnathostomulida	100	0,007
Filo Micrognathozoa	1	0,0001
Filo Rotifera	2.000	0,14
Filo Phoronida	11	0,0008
Filo Bryozoa (= Ectoprocta)	6.000	0,43
Filo Brachiopoda	400	0,03
Filo Nematoda (= Nemata)	25.000	1,81
Filo Nematomorpha	360	0,03
Filo Kinorhyncha	200	0,014
Filo Priapula	20	0,001
Filo Loricifera	35	0,003
Filo Tardigrada	1.200	0,087
Filo Onychophora	200	0,014
Filo Arthropoda		
Subfilo Crustacea	70.000	5,06
Subfilo Hexapoda	926.990	67,06
Subfilo Chelicerata	113.335	8,20
Subfilo Myriapoda	16.360	1,18
Filo Arthropoda TOTAL	**1.126.685**	**81,48**
Filo Echinodermata	7.300	0,53
Filo Hemichordata	135	0,01
Filo Chordata		
Subfilo Cephalochordata	30	0,002
Subfilo Urochordata	3.000	0,22
Subfilo Vertebrata	58.000	4,2
Filo Chordata TOTAL	**61.030**	**4,41**

[a] Números estimados de espécies (vivas) descritas de Prokaryota = 10.300; Protista = 200.000; Plantae = 315.000; e Fungi = 100.000.

sugerem que existam 135.000 espécies de plantas ainda não descritas. Em geral, as estimativas do número de eucariotos ainda não descritos variam de contagens tão baixas quanto 3 a 8 milhões, até números mais altos de 100 milhões ou mais.

Seguindo a trilha da vida

Um cavalheiro deveria conhecer um pouco de zoologia dos invertebrados, chame isso de cultura ou o que queira, assim como ele deve conhecer algo sobre pintura e música e sobre as ervas de seu jardim. (Martin Wells, *Lower Animals*, 1968.)

Como poderíamos dominar todos esses nomes de espécies e as informações sobre cada uma delas? Como poderíamos organizá-las de uma forma significativa? Conseguimos isso com as classificações. As **classificações** são listas das espécies ordenadas em um padrão subordinado, que reflete suas relações evolutivas e sua história filogenética. As classificações resumem os aspectos gerais da árvore da vida. No nível mais elevado da classificação, podemos reconhecer dois super-reinos: Prokaryota (que inclui os reinos Archaea e Bacteria) e Eukaryota (que abrange os reinos Protista, Fungi, Plantae e Animalia/Metazoa). Como "Protista" não formam um grupo monofilético, eles são algumas vezes subdivididos em vários reinos, ou em outros graus classificatórios, mas as relações entre os protistas ainda estão sendo debatidas (ver Capítulo 3).

Uma das primeiras e mais conhecidas árvores evolutivas da vida, concebida a partir de uma perspectiva darwiniana (genealógica), foi publicada por Ernst Haeckel em 1866 (Figura 1.1). Haeckel cunhou o termo "filogenia" e suas famosas árvores iniciaram o que se tornou uma tradição, ou seja, representar as hipóteses filogenéticas como diagramas ramificados – uma tradição que persiste desde aquela época. Entretanto, um esboço feito à mão no caderno de campo de Charles Darwin (1837) retrata claramente seu entendimento quanto à evolução dos mamíferos da América do Sul na forma de uma árvore ramificada de espécies existentes e fósseis. Em seu livro *A Origem das Espécies* (1859), Darwin apresentou um diagrama ramificado abstrato de uma teórica árvore das espécies como forma de ilustrar seu conceito de descendência com modificação. Jean Baptiste Lamarck provavelmente apresentou as primeiras árvores históricas dos animais em seu livro *Filosofia Zoológica*, publicado em 1809, enquanto o botânico francês Augustin Augier publicou uma árvore demonstrando a relação entre as plantas em 1801 (talvez a primeira árvore já publicada) – embora as árvores de Lamarck e Augier tenham sido elaboradas antes que o conceito moderno de evolução estivesse claramente articulado. No Capítulo 2, analisamos vários métodos pelos quais as árvores filogenéticas são desenvolvidas.

Desde os dias de Haeckel, muitos nomes foram cunhados para descrever os ramos que brotam dessas árvores e, nos anos mais recentes, uma grande quantidade de novos nomes foi introduzida para denominar clados molecularmente aninhados dentro da árvore da vida. Não desejamos sobrecarregar o leitor com todos esses nomes, mas alguns deles precisam ser definidos aqui, antes de avançarmos em nosso estudo dos invertebrados. Alguns desses nomes referem-se a grupos de organismos que são considerados linhagens filogenéticas naturais (*i. e.*, grupos que incluem todos os descendentes de uma espécie original, conhecidos como grupos **monofiléticos**, ou **clados**). Exemplos

4 Invertebrados

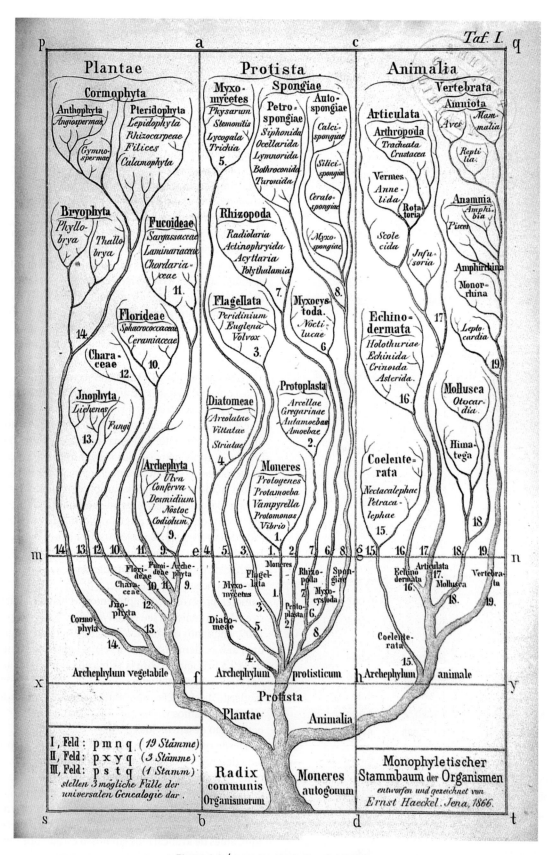

Figura 1.1 Árvore da vida de Haeckel (1866).

desses grupos naturais ou monofiléticos são o super-reino Eukaryota, o reino Metazoa (os animais) e o reino Plantae (plantas superiores e inferiores).[2] Todos esses três grandes agrupamentos parecem ter tido uma única origem e cada um inclui todas as espécies que descenderam desse ancestral original. Os grupos monofiléticos incluem um grupo de ramos terminais (com uma única origem) ligados a uma árvore muito maior. Alguns outros grupos nomeados são naturais, tendo uma única origem evolutiva, mas o grupo *não contém todos os membros* da sua linhagem. Esses grupos são conhecidos como **parafiléticos** e geralmente são as linhagens basais ou ancestrais de um clado muito mais amplo. Os grupos parafiléticos abrangem alguns, mas não todos os descendentes de uma espécie original. Os protistas são parafiléticos, porque esse agrupamento exclui três grandes linhagens pluricelulares que se originaram deles (p. ex., metazoários, plantas e fungos). Outro grupo parafilético bem-conhecido é Crustacea (que não inclui os hexápodes/insetos, porque esse clado evoluiu fora desse grupo). O clado que inclui os crustáceos e os hexápodes é conhecido como Pancrustacea. As classificações da vida são originadas de árvores filogenéticas ou evolutivas e, assim, geralmente incluem apenas os grupos monofiléticos. Entretanto, algumas vezes também são usados táxons parafiléticos, uma vez que, quando não são ambíguos, eles podem ser importantes para facilitar a comunicação clara entre os cientistas, e entre a comunidade científica e a sociedade (p. ex., protistas e crustáceos).

Alguns nomes referem-se a agrupamentos compostos ou artificiais de organismos, inclusive "micróbios" (*i. e.*, qualquer organismo que tenha dimensões microscópicas, como as bactérias, arqueias, leveduras, fungos unicelulares e alguns protistas). Esses grupos artificiais são **polifiléticos**. Por exemplo, as leveduras são fungos unicelulares que evoluíram várias vezes de forma independente de ancestrais filamentosos pluricelulares; hoje em dia, as leveduras são classificadas em um dos três filos de fungos superiores, de forma que o conceito de "levedura" representa um agrupamento artificial, ou polifilético. O termo "lesmas" (ou "lesmas-do-mar") também se refere a um grupo de animais que não têm um único ancestral (a forma de lesma evoluiu muitas vezes entre os moluscos gastrópodes), então esses animais são polifiléticos (ver foto de abertura deste capítulo, que ilustra a lesma popularmente chamada xale-espanhol, *Flabellina iodinea*). Veremos esses conceitos com mais detalhes no Capítulo 2.

Sabemos aproximadamente quantos genes existem nos organismos desde leveduras (cerca de 6.000) a seres humanos (cerca de 25.000), mas desconhecemos quantas espécies vivas habitam nosso planeta e a faixa de estimativas é surpreendentemente ampla. Quantas espécies ainda não descritas vagueiam esperando por seus nomes? Embora sejam derivadas, as previsões da diversidade das espécies mundiais baseiam-se em extrapolações de dados reais existentes. Os métodos usados para fazer essas estimativas são: taxas de descrições das espécies no passado; opiniões dos especialistas; porcentagem de espécies não descritas em amostras coletadas; e razões entre os táxons na hierarquia taxonômica. Cada método tem suas limitações. Duas estimativas recentes dos animais marinhos não descritos (Mora *et al.*, 2011; Appeltans *et al.*, 2012) chegaram à conclusão de que 91% *versus* 33 a 67% (respectivamente) da fauna marinha eucariótica da Terra ainda estão por ser descritos. Mais recentemente, um amplo programa de pesquisa recolheu amostras da região superior do talude continental da Austrália ocidental para analisar crustáceos e poliquetas, e demonstrou que 95% das espécies não estavam descritas (com a taxa de novas espécies obtidas pelo programa de amostragem nem mesmo estabilizando). Considerando a grande extensão dos declives continentais ainda pouco analisados, sem mencionar o oceano profundo, as florestas tropicais e outros hábitats pouco explorados, esses dados sugerem que sejam razoáveis as estimativas de que mais de 90% dos eucariotos na Terra não estejam descritos.

Nossa profunda incerteza quanto ao número de espécies de organismos vivos que existem na Terra é desconcertante e reflete a questão das prioridades e do financiamento no campo da biologia. Com a nossa taxa atual de descrições das espécies, poderíamos demorar 10.000 anos ou mais para descrever apenas o que resta das formas eucarióticas de vida da Terra. Nem todas as espécies que ainda não foram descritas são de invertebrados – apenas entre 1990 e 2000, 38 espécies novas de primatas foram descobertas e nomeadas. Se acrescentarmos os procariotos a esse conjunto, os números podem ser ainda maiores. Estudos recentes de sequenciamento genético dos oceanos do mundo (baseados amplamente nos "códigos de barra" do DNA – sequências de genes ribossômicos 16S para Bacteria e Archaea; sequências de genes ribossômicos 18S para eucariotos) revelaram uma incontável biota de micróbios ainda não descrita nos oceanos. Descobertas semelhantes foram realizadas por meio de pesquisas genéticas para micróbios do solo. Por exemplo, existem cerca de 30.000 variedades de bactérias nomeadas formalmente, que se encontram em cultura pura, mas as estimativas das espécies não descritas variam de 10 milhões a 1 bilhão ou mais! Além disso, sabemos que milhares de espécies bacterianas habitam o corpo humano, e quase todas ainda nem sequer foram nomeadas e descritas. Os vírus ainda não dispõem de um identificador molecular universal e a amplitude mundial da biodiversidade viral é praticamente desconhecida.

Hoje em dia, estão em andamento várias tentativas de compilar uma lista com todas as espécies conhecidas da Terra. O United States Geological Service (USGS) hospeda o Integrated Taxonomic Information System (ITIS). O objetivo do ITIS é gerar um banco de dados facilmente acessível com informações confiáveis sobre os nomes das espécies e sua classificação. Recentemente, o ITIS e várias outras iniciativas incorporaram seus dados ao projeto Catalogue of Life (CoL), que está elaborando uma lista das espécies (de até 1,5 milhão de espécies quando este

---

[2] Durante décadas, os taxonomistas têm discutido os limites entre os protistas e as plantas. Em nossa opinião, entendemos que eles devam ser colocados pouco antes da origem evolutiva dos cloroplastos e que as plantas devam abranger todos os eucariotos com plastídios descendendo diretamente da cianobactéria inicialmente "escravizada", ou seja, Rhodophyta (algas vermelhas), Glaucophyta (algas glaucofíticas) e Viridiplantae ("plantas verdes"), embora excluam as espécies como as cromistas, que obtiveram seus cloroplastos das plantas por um mecanismo secundário de transferências laterais subsequentes entre eucariotos (eucariotos–eucariotos). A estrutura dos genomas dos plastídios e a maquinaria de importação de proteínas do cloroplasto apoiam uma origem única desses grupos diretamente relacionados. Desse modo, as plantas constituem um clado monofilético que contém dois sub-reinos: Biliphyta (filos Glaucophyta e Rhodophyta) e Viridiplantae (filos Chlorophyta, Charophyta, Anthocerotophyta, Bryophyta, Marchantiophyta e Tracheophyta). No passado, alguns pesquisadores restringiam as plantas aos vegetais terrestres (embriófitos, ou plantas superiores) e incluíam as outras Viridiplantae junto com Protista em outro grupo maior conhecido como Protoctista (que também incluía os fungos inferiores).

livro estava no prelo) e mantendo uma "classificação consensual" de toda a vida (ver www.catalogueoflife.org e Ruggiero *et al.*, 2015). O projeto Encyclopedia of Life (EOL) está construindo um *site* que oferece não apenas os nomes das espécies, mas também informações ecológicas sobre cada uma delas; hoje em dia, esse projeto contém mais de 175.000 páginas de espécies examinadas. O WoRMS (The World Register of Marine Species) – um banco de dados *on-line* de livre acesso que tem como objetivo listar todas as espécies eucarióticas marinhas descritas – prevê que o inventário completo catalogará entre 222.000 e 230.000 espécies.

Entretanto, considerando nossa taxa atual de extinção provocada pelo homem, a maioria das espécies da Terra desaparecerá antes mesmo de ser descrita. Apenas nos EUA, ao menos 5.000 espécies nomeadas estão ameaçadas de extinção e estima-se que cerca de 500 espécies conhecidas já tenham sido extintas desde que chegaram os primeiros povos à América do Norte. Mundialmente, o United Nations Environment Programme estimou que, até 2030, cerca de 25% dos mamíferos da Terra poderão estar extintos; além disso, contagens recentes indicaram que 322 espécies de vertebrados já foram extintas desde 1500. Hoje em dia, alguns pesquisadores referem-se ao tempo decorrido desde o início da Revolução Industrial como Antropoceno – um período marcado por profundas transformações mundiais da humanidade no meio ambiente. Hoje, mais da metade da superfície terrestre do planeta está arada, transformada em pastos, fertilizada, irrigada, drenada, escavada, compactada, erodida, reconstruída, minada, desmatada ou convertida de alguma outra maneira para novos usos. O desmatamento provocado pelo ser humano remove 15 bilhões de árvores por ano. E. O. Wilson estimou que cerca de 25.000 espécies são extintas anualmente na Terra (simplesmente não sabemos quais!).

Pimm *et al.* (2014) calcularam as taxas de extinção como frações das espécies que são extintas ao longo do tempo – extinções por milhões de espécies-ano (E/MSY; do inglês, *extinctions per million species-year*). Por exemplo, 1.230 espécies de aves foram descritas desde 1900 e 13 delas estão agora extintas. Essa coorte acumulou 98.334 espécies-ano, significando que, em média, uma espécie tenha sido conhecida por 80 anos. Desse modo, a taxa de extinção é de $13/98.334 \times 10^6 = 132$ E/MSY. Esses autores calcularam que, antes que *Homo sapiens* entrasse em cena, a taxa de extinção animal global era de 0,1 E/MSY; hoje, essa taxa é de 100 E/MSY (mil vezes maior). Em termos proporcionais, os animais maiores (p. ex., vertebrados) situados nos níveis mais altos da cadeia alimentar e numericamente inferiores estão mais sujeitos à extinção que os invertebrados. Isso significa que os invertebrados (e protistas), que já dominam o mundo, futuramente desempenharão um papel ainda mais importante no ecossistema.

Ainda que os invertebrados representem 96% do reino animal conhecido (Tabela 1.1), eles constituem apenas 38% das cerca de 500 ou mais espécies que hoje se encontram sob proteção do U.S. Endangered Species Act. A NatureServe argumentou que mais de 1.800 espécies de invertebrados necessitam de proteção, enquanto a IUCN Red List of Threatened Species confirma o risco de extinção de quase 50.000 espécies de animais e plantas. Em 2002, a Convention on Biological Diversity, da ONU, lançou às nações o compromisso de reduzir expressivamente as taxas de destruição da biodiversidade até 2010, e em 2010 essa chamada foi renovada com o estabelecimento de um conjunto de metas específicas para 2020. Entretanto, vários estudos recentes demonstraram que a convenção ainda não teve êxito e os índices de destruição da biodiversidade não parecem estar diminuindo. Além disso, a convenção tem paralisado estudos científicos de campo em todo o mundo, porque incute em alguns países o medo de que pesquisadores externos "roubem sua biodiversidade genética".

A maior ameaça para a sobrevivência das espécies ao longo dos últimos 200 anos tem sido a perda de hábitats. Embora escutemos falar principalmente de desmatamento, 30 a 50% dos ambientes costeiros da Terra têm sido degradados ao longo das últimas décadas em taxas que superam as taxas de destruição das florestas tropicais. Olhando para o futuro, os efeitos danosos da destruição dos hábitats provavelmente serão equiparados (e superados) pela mudança climática global provocada pelo ser humano. A concentração de dióxido de carbono (CO_2) na atmosfera da Terra aumentou em cerca de 38%, desde o início da era industrial, em consequência da queima de combustíveis fósseis e da mudança no uso da terra; entre um quarto e um terço de todo o CO_2 emitido pelas atividades humanas tem sido absorvido pelos oceanos, resultando na acidificação das águas da superfície. Na verdade, hoje em dia, os oceanos em geral são cerca de 30% mais ácidos do que eram há 100 anos. A redução do pH oceânico causa dificuldades aos animais com esqueletos formados de carbonato de cálcio e danos foram documentados em todos eles, desde corais até borboletas-do-mar (moluscos pterópodes). Em maio de 2013, a concentração de CO_2 na atmosfera chegou a 400 ppm – nível mais alto que alcançou nos últimos 2 milhões de anos. Nunca antes houve um aumento global tão rápido do nível de CO_2 (e da temperatura) ao longo de toda a história da civilização humana. O aumento da concentração dos gases do efeito estufa na atmosfera está levando a um aumento da temperatura global e gerando modificações nos regimes de precipitação; tais alterações estão impactando a distribuição da biota ao longo do planeta. Globalmente, as temperaturas médias do ar subiram cerca de 0,8°C desde 1880, a temperatura média da superfície da terra aumentou em 0,27°C por década desde 1979 e as projeções baseadas nos modelos climatológicos globais preveem que as temperaturas atmosféricas globais aumentem em cerca de 4°C até o fim do presente século. O derretimento do gelo polar e das geleiras, combinado com a expansão do aquecimento das águas oceânicas, está elevando o nível do mar, que, segundo estimativas, será de até 1,2 m maior até o fim do século.

Procariotos e eucariotos

A descoberta de que os organismos com um núcleo celular formam um grupo natural (monofilético) dividiu os seres vivos organizadamente em duas categorias, os **procariotos** (Archaea e Bacteria: microrganismos que não têm organelas envolvidas por membranas, não têm núcleo, tampouco possuem cromossomos lineares) e os **eucariotos** (organismos que têm organelas envolvidas por membrana, um núcleo e cromossomos lineares). Estudos realizados por Carl Woese e outros pesquisadores a partir da década de 1970 resultaram na descoberta de que os próprios procariotos abrangem dois subgrupos diferentes – conhecidos como **Bacteria** (= Eubactérias) e **Archaea** (= Archaeabacteria), ambos muito distintos dos eucariotos (Quadro 1.1). Bacteria correspondem mais ou menos ao nosso entendimento tradicional do que são bactérias. Archaea são muito semelhantes

Quadro 1.1 Os seis reinos da vida.*

PROCARIOTOS (Super-reino Procariota)*

Reino Bacteria (= Eubacteria)
Bactérias "verdadeiras", incluindo Cyanobacteria (algas verde-azuladas), Proteobacteria, Spirochaetae e vários outros filos; nunca têm organelas envolvidas por membranas ou núcleos, tampouco citoesqueleto; nenhuma é metanogênica; algumas fazem fotossíntese baseada na clorofila; com peptidoglicano na parede celular; têm uma única RNA polimerase conhecida.

Reino Archaea (= Archaebacteria)
Anaeróbias ou aeróbias, em sua maior parte são microrganismos que produzem metano; nunca têm organelas envolvidas por membranas ou núcleos, tampouco citoesqueleto; nenhuma faz fotossíntese baseada na clorofila; não têm peptidoglicano na membrana celular; têm várias RNA polimerases.

EUCARIOTAS (Super-reino Eukaryota)
Células com várias organelas envolvidas por membranas (p. ex., mitocôndrias, lisossomos, peroxissomos) e um núcleo circundado por membrana. As células obtêm suporte estrutural de uma rede interna de proteínas fibrosas conhecidas como citoesqueleto.

Reino Protista
Em sua maior parte, são eucariotos unicelulares que não desenvolvem seus tecidos por meio do processo de estratificação embrionária. Um agrupamento parafilético com muitos filos, incluindo as euglenofíceas, diatomáceas e algumas outras algas marrons, além dos grupos dos ciliados, dinoflagelados, foraminíferos, amebas e outros (Capítulo 3). Os protistas descendem das bactérias por aquisição de um núcleo, endomembrana, citoesqueleto e mitocôndrias. As cerca de 200.000 ou mais espécies vivas descritas provavelmente representam em torno de 10% da diversidade real de protistas na Terra hoje.

Reino Fungi
Os fungos provavelmente formam um grupo monofilético, que inclui bolores, cogumelos, leveduras e outros. São organismos saprófitos, heterotróficos e pluricelulares. Em nossa opinião, a demarcação entre os protistas e os fungos está imediatamente antes da origem da parede quitinosa ao redor das células fúngicas vegetativas e a perda correspondente da fagotrofia. As 100.000 espécies descritas parecem representar apenas uma porcentagem pequena da diversidade real e as estimativas da biodiversidade fúngica total variam entre 3 e 10 milhões.

Reino Plantae (= Archaeplastida)
Eucariotos unicelulares e pluricelulares, fazem fotossíntese e contêm clorofila com plastídios originados diretamente de uma cianobactéria inicialmente "escravizada". Inclui claucophyta (algas glaucófitas), Rhodophyta (algas vermelhas) e Viridiplantae (plantas verdes). Viridiplantae incluem os filos ghlorophyta (algas verdes), Charophyta (algas verdes de água doce), Anthocerotophyta (*hornworts* e assemelhadas), Marchantiophyta (hepáticas), Bryophyta (outras plantas não vasculares) e Tracheophyta (plantas vasculares, das quais cerca de 260.000 produzem flores). As traqueófitas desenvolvem-se por deposição de tecidos embrionários, de um modo análogo à embriogênese animal. As espécies de plantas descritas parecem representar cerca de 50% da biodiversidade vegetal atual da Terra.

Reino Animalia (= Metazoa)
Animais pluricelulares. Um táxon monofilético que contém 32 filos de organismos pluricelulares e heterotróficos, que se desenvolvem por deposição de tecidos durante a embriogênese. Existem descritas cerca de 1.382.402 espécies de metazoários vivos; as estimativas do número de espécies animais ainda não descritas variam de apenas 3 a 8 milhões, até mais de 100 milhões.

---

*Partes do antigo "Reino Monera" hoje estão incluídas entre Bacteria (Eubacteria) e Archaea. Os vírus (cerca de 5.000 "espécies" descritas) e os parasitas subvirais (como os viroides e príons), dos quais todos são considerados elementos genéticos parasitários transmissíveis lateralmente, não estão incluídos nessa classificação. Os príons são proteínas infecciosas desprovidas de um genoma de ácido nucleico, mas sujeitos à mutação e, consequentemente, à evolução. Os vírus formam um grupo antigo, polifilético, com fragmentos genéticos parasitários despojados. Estudos recentes sugerem que eles possam ter desempenhado funções importantes nas principais transições evolutivas, como a invenção do DNA e dos mecanismos de sua replicação, a formação dos principais "super-reinos" da vida e, talvez, até mesmo a origem do núcleo eucariótico. A classificação dos vírus é padronizada pelo ICTV (International Committee on Taxonomy of Viruses).

às bactérias, mas têm características genéticas e metabólicas que as tornam muito singulares. Por exemplo, Archaea diferem das bactérias e dos eucariotos quanto à composição dos seus ribossomos, na construção de suas paredes celulares e nos tipos de lipídios existentes em suas membranas celulares. Alguns espécimes de Bacteria fazem fotossíntese baseada na clorofila – uma característica nunca encontrada em Archaea (fotossíntese é a utilização da luz para produzir energia/açúcares e oxigênio). O pensamento atual favorece a hipótese de que os procariotos governaram a Terra por cerca de 1 bilhão de anos antes que surgisse a célula eucariótica.

À medida que os procariotos evoluíram, eles se adaptaram para colonizar qualquer ambiente concebível na Terra. Durante os períodos iniciais de evolução dos procariotos, o ar do planeta quase não tinha oxigênio e era formado principalmente por CO_2, metano e nitrogênio. O metabolismo dos primeiros procariotos dependia do hidrogênio, do metano e do enxofre e não formava oxigênio como subproduto. O aparecimento dos primeiros procariotos oceânicos que realizavam fotossíntese resultou na elevação das concentrações de oxigênio da atmosfera, preparando o terreno para a evolução da vida pluricelular complexa. Além disso, as espécies aquáticas provavelmente foram capazes de colonizar a terra apenas porque o oxigênio ajudava a formar a camada de ozônio, que protegia contra a radiação ultravioleta do sol. Ainda existem controvérsias sobre exatamente *quando* começou a fotossíntese geradora de oxigênio, mas, quando isso aconteceu, a maioria dos procariotos quimioautotróficos primitivos provavelmente foi envenenada pelo "novo gás" presente no ambiente. Diversas evidências apontam para um aumento acentuado da concentração do oxigênio atmosférico entre 2,45 e 2,32 bilhões de anos atrás (isso também é conhecido como "grande fenômeno de oxidação"), praticamente na mesma época em que surgiu a primeira célula eucariótica. Essas evidências incluem leitos vermelhos ou camadas tingidas pelo ferro oxidado (*i. e.*, ferrugem) e biomarcadores oleosos, que podem ser os resquícios de Cyanobacteria (Bacteria verdadeiras). Contudo, no oeste da Austrália, espessos depósitos xistosos com 3,2 bilhões de anos contêm resquícios bacterianos que indicam oxigênio formado por meio de fotossíntese. Esses níveis primitivos de oxigênio poderiam ter alcançado a faixa de 40% das concentrações atmosféricas atuais. Também existem evidências no registro geológico de que o oxigênio atmosférico não aumentou a uma taxa constante, mas oscilou amplamente, algumas vezes caindo a um valor de apenas 0,1% dos níveis atuais. A estabilização dos níveis de oxigênio em faixas mais altas pode ter ocorrido apenas há cerca de 800 milhões de anos.

A fotossíntese terrestre teve pouco efeito no nível de O_2 atmosférico, porque ele é praticamente equilibrado pelos processos contrários de respiração e decomposição. Por outro lado, a fotossíntese marinha é uma fonte líquida de O_2, porque uma pequena parte (cerca de 0,1%) da matéria orgânica sintetizada nos oceanos está enterrada nos sedimentos. Esse pequeno "vazamento" do ciclo do carbono orgânico marinho é responsável pela maior parte do nosso O_2 atmosférico. As cianobactérias parecem ter sido, em grande parte, responsáveis pela elevação inicial do O_2 atmosférico da Terra e, mesmo hoje em dia, *Prochlorococcus* podem ser o fitoplâncton numericamente predominante nos oceanos tropicais e subtropicais, representando 20 a 48% da biomassa fotossintética e da produção de O_2 em algumas regiões. Atualmente, a maior parte da fotossíntese marinha é realizada pelas cianobactérias e pelos protistas unicelulares, como as diatomáceas e cocolitóforos. Cyanobacteria são quase as únicas entre os procariotos a realizar fotossíntese aeróbica, muitas vezes em conjunto com fixação do nitrogênio; sendo assim, são os principais produtores primários dos ecossistemas terrestre e marinho.

Muitas Archaea vivem em ambientes extremos, e esse padrão frequentemente é interpretado como um estilo de vida de refúgios – em outras palavras, essas criaturas tendem a viver em locais onde têm sido capazes de sobreviver sem enfrentar ambientes perigosos ou competição com formas de vida mais derivadas. Muitos desses "extremófilos" são os quimioautótrofos anaeróbios encontrados em diversos hábitats, tais como fontes hidrotérmicas dos oceanos profundos, correntes marinhas frias bentônicas, fontes térmicas, lagos salinos, reservatórios de tratamento de esgotos, lagos subglaciais situados sob o gelo da Antártida (onde a água está em estado líquido em razão de uma combinação de aquecimento e pressão geotérmicos) e nos intestinos de seres humanos e outros animais. Uma das descobertas mais surpreendentes da década de 1980 foi que Archaea extremófilas (e alguns fungos) estão disseminadas nas rochas profundas da crosta terrestre. Desde então, pesquisadores descobriram uma comunidade de Archaea que se alimentam de hidrogênio vivendo em uma fonte termal geotérmica de Idaho, 183 metros abaixo da superfície da Terra, onde não dependem de luz solar ou carbono orgânico. Archaea são conhecidas por proliferar em temperaturas de até 121°C nas fontes hidrotérmicas do oceano profundo e estudos demonstraram que uma dessas espécies fixa nitrogênio a temperaturas de até 92°C. Archaea foram encontradas em profundidades de até 2,8 km, vivendo em rochas ígneas com temperaturas de até 75°C. Recentemente, cientistas descobriram uma biota microbiana diversa (Bacteria, Archaea e até eucariotos) que vive em profundidades de até 2,5 km abaixo do fundo do mar, em antigos sedimentos enterrados e extremamente abundantes nas camadas de jazida de carvão. No início do século 21, usando novas tecnologias de sequenciamento de alto desempenho, pesquisadores descobriram que existem quantidades muito maiores de espécies procariotas no ambiente do que se pensava. Mesmo no fundo de sedimentos, no mínimo 800 m abaixo do fundo do mar, foram descobertas populações enormes de procariotos.

Agora estamos percebendo que as 10.000 ou mais espécies de Bacteria e Archaea descritas representam apenas a ponta de um *iceberg*. Os extremófilos incluem **halófilos** (que proliferam em presença de concentrações altas de sal, em alguns casos, tão elevada como 35% de sal), **termófilos** e **psicrófilos** (que vivem em temperaturas muito altas ou muito baixas), **acidófilos** e **basófilos** (que estão adaptados preferencialmente aos ambientes com pH ácido ou alcalino, respectivamente) e **barófilos** (que proliferam mais facilmente sob pressão alta). Recentemente, estudos moleculares filogenéticos sugeriram que alguns desses extremófilos, especialmente os termófilos, possam ser muito semelhantes ao "ancestral universal" de toda a vida na Terra.[3]

Os cursos e textos sobre invertebrados frequentemente incluem discussões sobre dois reinos eucariotos: Animalia (= Metazoa) e alguns filos de protistas. Seguindo essa tradição, tratamos 32 filos de metazoários e 17 filos dos protistas neste livro. No mundo moderno em que os cursos terminados em "-logia" encurtam progressivamente, muitos estudantes descobrem que essa foi sua única exposição detalhada desse grupo importantíssimo de organismos. A maioria dos tipos (espécies) de organismos vivos que foram descritos são animais. O reino Animalia, ou **Metazoa**, geralmente é definido por eucariotos pluricelulares, sexuados e heterotróficos, que ingerem alimentos e passam pela formação de tecidos embrionários.[4] O processo de formação dos tecidos embrionários ocorre por meio de processos de reorganização e diferenciação significativas, que são conhecidos como **gastrulação**. Entretanto, os membros desse reino também têm outros atributos singulares, tais como um

---

[3] Um dos exemplos mais notáveis de um termófilo é *Pyrolobus fumarii*, uma arqueobactéria quimiolitotrófica que vive em fontes hidrotermais oceânicas sob temperaturas de 90 a 113°C (quimiolitotróficos são organismos que utilizam compostos inorgânicos como fontes de energia). Por outro lado, *Polaromonas vacuolata* cresce preferencialmente a 4°C. *Picrophilus oshimae* é um acidófilo cujo crescimento preferencial ocorre com pH de 0,7 (*P. oshimae* também é um termófilo, preferindo temperaturas de 60°C). O basófilo *Natronobacterium gregoryi* vive nos lagos alcalinos, nos quais o pH pode chegar a 12,0. Os microrganismos halofílicos são abundantes em lagos hipersalinos como o mar Morto, Great Salt Lake e lagoas salgadas formadas pela evaporação do sal, enquanto a alga verde *Dunaliella salina* vive no mar Morto com índices de salinidade de 23% de sal. Em geral, esses lagos têm coloração avermelhada em razão das densas comunidades microbianas (p. ex., *Halobacterium*). *Halobacterium salinarum* vive nas poças de água salgada da baía de San Francisco e confere-lhes uma coloração avermelhada. Os barófilos foram encontrados vivendo em todas as profundidades do oceano e estudos demonstraram que uma espécie ainda sem nome, originada da Fossa das Marianas (parte mais profunda do oceano), requer no mínimo 500 atmosferas de pressão para crescer.

[4] Os organismos heterotróficos são os que atendem às suas necessidades nutricionais com substâncias orgânicas complexas (*i. e.*, consumindo outros organismos ou materiais orgânicos como fonte de alimento). Por outro lado, os autótrofos são capazes de produzir substâncias orgânicas nutricionais a partir de matéria inorgânica simples, como o dióxido de carbono (p. ex., plantas).

sistema nervoso baseado em acetilcolina/colinesterase, tipos especiais de junções intercelulares e um conjunto singular de proteínas do tecido conjuntivo conhecidas como colágenos. Estudos também demonstraram que os metazoários dispõem de um conjunto característico de inserções e deleções nos genes que codificam as proteínas do genoma mitocondrial. Entre os metazoários, existem algumas espécies que possuem uma espinha dorsal (ou coluna vertebral), mas a maioria não tem. Os animais que possuem coluna vertebral formam o subfilo Vertebrata do filo Chordata e representam apenas cerca de 4% (cerca de 58.000 espécies) de todos os animais descritos. Os animais que não possuem coluna vertebral (o restante do filo Chordata, mais 31 filos animais) constituem os invertebrados. Desse modo, podemos perceber que a divisão dos animais em invertebrados e vertebrados está mais baseada na tradição e na conveniência, refletindo uma dicotomia de interesses entre os zoólogos, do que no reconhecimento dos agrupamentos biológicos naturais. A cada ano, cerca de 10.000 a 12.000 espécies novas são nomeadas e descritas pelos biólogos, a maioria delas de invertebrados (principalmente insetos).

Os invertebrados não são apenas diversificados e numerosos, mas seu tamanho também abrange mais de 6 ordens de magnitude. Muitas espécies são microscópicas (ainda que possam conter milhares de células em seu corpo). Alguns dos menores invertebrados são os cicliófors (350 µm, ou 0,35 mm), os loricíferos (apenas 85 µm, ou 0,085 mm) e o nematódeo *Greeffiella minutum* dos recifes de coral (que mede apenas 80 µm, ou 0,08 mm). Entretanto, espécies cujos corpos medem menos de um milímetro são encontradas em muitos outros filos. Os invertebrados também podem ser muito grandes. Algumas medusas chegam a medir 25 m, incluindo os tentáculos; a lula-gigante (*Architeuthis dux*) pode chegar a medir 13 m, incluindo os tentáculos; um parasita nematódeo (*Placentonema gigantissima*) do cachalote pode medir mais de 8 m; e algumas minhocas podem alcançar o comprimento de 3 m. Existe o registro de um nemertino que media 60 m, mas isso carece de verificação confiável. Os moluscos gigantes (*Tridacna*) podem pesar mais de 400 kg, enquanto o caranguejo-dos-coqueirais (*Birgus latro*) pode pesar mais de 4 kg – talvez o mais pesado entre os invertebrados terrestres.

De onde vieram os invertebrados?

Análises evolutivas confirmaram que os ancestrais das plantas e dos animais (e fungos) eram protistas e que o fenômeno da pluricelularidade originou-se independentemente nesses três grupos, embora de maneiras diferentes. Dados genéticos e relativos ao desenvolvimento confirmam que os mecanismos básicos de formação de padrões e comunicação intercelular durante o desenvolvimento foram derivados independentemente nos animais e nas plantas. Nos animais, a identidade segmentar é estabelecida pela ativação transcricional espacialmente específica de uma série sobreposta de genes reguladores principais – os chamados genes do *homeobox* (Hox). Os genes reguladores principais das plantas não fazem parte da família dos genes do *homeobox*, mas pertencem à família MADS-box dos genes dos fatores de transcrição. Nenhuma evidência sugere que os genes dos fatores de transcrição do *homeobox* dos animais e do MADS-box das plantas sejam homólogos.

Embora o registro fóssil seja rico com referência à história de algumas das primeiras linhagens de animais, muitas outras deixaram poucas ou nenhuma marca fóssil. Alguns animais primitivos eram muito pequenos, alguns tinham corpos moles e não fossilizavam bem, enquanto outros viviam em locais onde as condições não eram propícias à formação dos fósseis. Contudo, alguns grupos, como os equinodermos (estrelas-do-mar, ouriços), moluscos (mexilhões, caramujos), artrópodes (crustáceos, insetos), corais, ectoproctos, braquiópodes e vertebrados deixaram ricos registros fósseis. Na verdade, para alguns grupos (p. ex., equinodermos, braquiópodes, ectoproctos, moluscos), o número de espécies extintas conhecidas com base nos fósseis é maior que o número de formas vivas conhecidas. Representantes de quase todos os filos animais existentes estavam presentes no período Cambriano. Entretanto, a vida na terra não apareceu senão mais tarde e as radiações terrestres provavelmente começaram há apenas cerca de 470 milhões de anos. O relato apresentado a seguir resume o início da história da vida e a ascensão dos invertebrados.

O amanhecer da vida

Antes, acreditava-se que a era Proterozoica – 2,5 bilhões a 541 milhões de anos atrás – fosse um período no qual existiam alguns tipos simples de vida; daí o nome dessa era. Contudo, descobertas recentes demonstraram que a vida na Terra começou antes e teve uma longa história durante toda a era Proterozoica. Como foi mencionado antes, algumas das rochas mais antigas conhecidas na Terra já tinham marcas sugestivas de procariotos anaeróbios redutores de sulfato e, talvez, até mesmo estromatólitos das cianobactérias. Existem descritos fósseis inquestionáveis de cianobactérias com 2,9 bilhões de anos. Os primeiros traços de vida eucariótica em fósseis atuais (algas bentônicas) datam de 1,7 a 2 bilhões de anos, enquanto os primeiros fósseis confirmados de eucariotos (fitoplâncton) têm 1,4 a 1,7 bilhão de anos. Em conjunto, esses procariotos e protistas parecem ter formado comunidades diversificadas nos hábitats marinhos rasos durante a era Proterozoica. Os estromatólitos vivos (colônias compactadas em camadas de cianobactérias e lama) ainda estão entre nós e podem ser encontrados em alguns ambientes costeiros com altos índices de evaporação e salinidade, como Shark Bay (oeste da Austrália), lagoa de Scammon (Baixa Califórnia), lagoas salinas em ilhas no Mar de Cortez, no Golfo Pérsico, na costa de Paracas no Peru, nas Bahamas e na Antártida. Os estromatólitos vivos também são encontrados em alguns depósitos de água continentais isolados, inclusive o famoso Cuatro Cienegas Oasis de Chihuahua, México.

No final da era Proterozoica (Neoproterozoico, 1 bilhão a 541 milhões de anos), o mundo era diferente do que é hoje. Os níveis de oxigênio da atmosfera eram muito mais baixos. O oceano profundo era especialmente pobre em oxigênio. Com base na ocorrência de várias glaciações ao nível do mar em baixas latitudes evidenciadas no registro geológico, cientistas sugeriram a hipótese de que tenham ocorrido três fenômenos na Terra coberta de gelo da era Neoproterozoica. Esses eventos da "Bola de Neve da Terra", que poderiam ter durado até 10 milhões de anos cada um, parecem ter sido interrompidos por períodos de aquecimento rápido e condições globais semelhantes às de uma estufa. As causas dessas amplas oscilações climáticas durante a era Neoproterozoica ainda não estão claras, embora exista evidência de que os oceanos do planeta não tivessem a química de estabilização do carbono na forma de CaCO$_3$, que existe hoje em dia. Na verdade, os principais precipitadores de carbono – como os foraminíferos e cocolitóforos – provavelmente ainda não existiam nos oceanos do planeta. Parece provável que a acumulação de CO$_2$ atmosférico produzido pelas erupções vulcânicas maciças tenha provocado os fenômenos de aquecimento. Todas essas alterações ocorreram durante a dissolução de um supercontinente conhecido como Rodínia (cerca de 750 Ma) – o supercontinente que precedeu a Pangeia. Foi nesse contexto que surgiram os primeiros metazoários, algum tempo entre 650 milhões de anos e 1 bilhão de anos atrás (ainda existem dúvidas quanto à datação exata). Cerca de 800 milhões de anos atrás, o oxigênio atmosférico aparentemente se estabilizou em um nível relativamente alto, abrindo espaço para a evolução mais rápida dos eucariotos e dos bilatérios. Evidentemente, o oxigênio era essencial à diversificação dos seres vivos complexos, grandes e metabolicamente ativos.

A hipótese predominante é que o filo Metazoa tenha surgido na era Neoproterozoica (Pré-cambriano Tardio) e começou seu processo de diversificação, depois se espalhando rapidamente no período Cambriano – a "explosão do Cambriano". Contudo, durante a era Neoproterozoica, essas primeiras linhagens de animais devem ter sobrevivido a algumas extremas oscilações climáticas da Terra, incluindo alterações profundas da química dos oceanos e da atmosfera e fenômenos glaciais globais generalizados.

O período Ediacarano e a origem dos animais

Um dos mistérios mais desconcertantes ainda não solucionados em biologia é a origem e a radiação inicial de Metazoa (o reino animal). Evidências baseadas em fósseis (e relógio molecular) sugerem que, no período Ediacarano do final da era Proterozoica, já existia uma fauna de invertebrados marinhos bem-desenvolvida em todo o planeta. Embora os animais que existiram durante esse período tenham deixado poucos registros, a fauna do período Ediacarano (635 a 541 Ma) contém a primeira evidência de alguns filos modernos. Acredita-se que os seguintes filos atuais estavam representados entre a fauna ediacarana: Porifera, Cnidaria, Mollusca, possivelmente Annelida (incluindo possivelmente equiuros e pogonóforos), entre outros. Alguns autores chegaram a sugerir a existência de Onychophora, Arthropoda e Echinodermata, embora existam controvérsias a esse respeito. Cientistas afirmam que o ediacarano *Dickinsonia* representa um "animal de nível placozoário", que *Kimberella* pode ser um molusco, *Eoandromeda* um ctenóforo e *Thectardis* uma esponjosa (embora todas essas classificações sejam questionáveis). Pesquisadores descreveram mais de 100 gêneros de animais ediacaranos ao redor do mundo. Entretanto, alguns animais ediacaranos não podem ser atribuídos inquestionavelmente a nenhum filo atual e esses animais podem representar filos ou outros táxons de alto nível, que entraram em extinção na transição do Proterozoico para o Cambriano.

Os primeiros fósseis ediacaranos foram descritos em áreas da Terra Nova e da Namíbia, mas esse termo originou-se das aglomerações espetaculares desses fósseis descobertos em Ediacara, Flinders Ranges, ao sul da Austrália. A maioria dos organismos ediacaranos estavam preservados na forma de impressões de águas rasas em deposições de arenito, mas alguns dos 25 ou mais locais dispersos por todo o mundo provavelmente representam comunidades de águas profundas e do talude continental. A fauna ediacarana era formada principalmente de animais com corpos moles e, segundo relatos, não havia criaturas com carapaças grossas nesses depósitos. Mesmo os alegados moluscos e criaturas semelhantes aos artrópodes dessa fauna parecem ter desenvolvido esqueletos moles (com pouca ou nenhuma mineralização). Algumas estruturas quitinosas desenvolveram-se durante esse período, tal como as mandíbulas de algumas criaturas semelhantes aos anelídeos (e os tubos quitinosos semelhantes aos dos sabelídeos em outros) e as rádulas dos moluscos primitivos.[5] As espículas siliciosas das esponjas hexactinélidas foram encontradas nos depósitos ediacaranos da Austrália e da China. Em 2014, foram descobertos na Namíbia recifes de metazoários datados do período Ediacarano, que eram formados por criaturas esqueletizadas conhecidas como *Cloudina*. Semelhantes aos cnidários, esses animais são os organismos formadores de recifes estruturados mais antigos conhecidos, ainda que suas afinidades filogenéticas sejam desconhecidas.

Muitos desses animais do período Ediacarano parecem não possuir uma complexa estrutura de órgãos internos. Muitos eram pequenos e tinham simetria radial. Entretanto, ao menos no final do Ediacarano, parecem ter surgido animais grandes com simetria bilateral e alguns quase certamente tinham órgãos internos bem-desenvolvidos (p. ex., *Dickinsonia*, segmentada e em forma de folha, que alcançava 1 m de comprimento; Figura 1.2). Alguns pesquisadores questionaram se a vida do período Ediacarano incluía ou não quaisquer animais, sugerindo que ela pudesse conter apenas protistas, algas, fungos, líquens e colônias e emaranhados microbianos. Contudo, alguns fósseis ediacaranos parecem ser inquestionavelmente poríferos e cnidários, enquanto outros (p. ex., *Kimberella*) mostram forte semelhança com moluscos. *Kimberella* foi associada às marcas de arranhões reminiscentes de raspagem provocada pelas rádulas. Outros animais pareciam ter simetria bilateral, que era um conceito controverso no passado, mas hoje tem conquistado aceitação. Entre os fósseis bilatérios estão *Kimberella*, *Spriggina* (semelhante aos anelídeos ou aos artrópodes), "pequenos fósseis cobertos de conchas" (p. ex., os enigmáticos *Cloudina*) e embriões bilatérios da formação de Doushantuo, no sul da China, embora esses registros de bilatérios tenham seus opositores. Outras evidências de bilatérios encontradas nesses depósitos incluem o que parecem ser perfurações de predadores em pequenos fósseis cobertos por conchas e vários sulcos horizontais e verticais, que talvez tenham sido produzidos por animais móveis. Um grupo inteiro de espécies conhecidas como proarticulados parece ter segmentação e simetria bilateral (p. ex., *Dickinsonia*, *Vendia*, *Onega* e *Praecambridium*).

O início do período Ediacarano coincide com o fim do último evento de "Bola de Neve da Terra" no Pré-cambriano, quando a maior parte das áreas terrestres da Terra e talvez grande parte de seu oceano estavam congeladas. Além disso, ao

---
[5]Quitina é uma família de compostos semelhantes à celulose, que estão amplamente distribuídos na natureza, especialmente nos invertebrados, nos fungos e em muitos protistas; contudo, a quitina não parece ser comum nos animais deuterostomados e nas plantas superiores, talvez em razão da inexistência da enzima quitina-sintase.

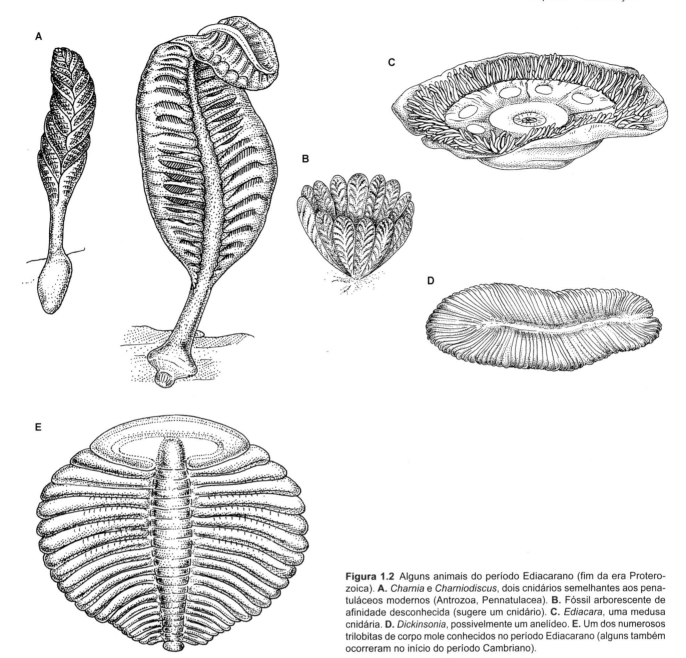

Figura 1.2 Alguns animais do período Ediacarano (fim da era Proterozoica). **A.** *Charnia* e *Charniodiscus*, dois cnidários semelhantes aos penatuláceos modernos (Antrozoa, Pennatulacea). **B.** Fóssil arborescente de afinidade desconhecida (sugere um cnidário). **C.** *Ediacara*, uma medusa cnidária. **D.** *Dickinsonia*, possivelmente um anelídeo. **E.** Um dos numerosos trilobitas de corpo mole conhecidos no período Ediacarano (alguns também ocorreram no início do período Cambriano).

fim do Ediacarano (final do Pré-cambriano), muitas criaturas vivas parecem ter sido extintas.[6] O período Ediacarano foi seguido pelo período Cambriano (541 a 485 Ma) e pela grande "explosão" de vida de metazoários esqueletizados associados a essa época (ver adiante). No período Cambriano, a vida rapidamente se tornou muito interessante e complexa! Ainda é um mistério por que os animais grandes e esqueletizados apareceram nesse período específico e em tão grande profusão, mas o registro fóssil diz-nos claramente que, no início do período Cambriano, a maior parte dos principais filos animais que hoje conhecemos já existia. Evidentemente, grandes mudanças ocorreram no final do Pré-cambriano e no início do Cambriano Primitivo – a separação dos supercontinentes, a elevação do nível do mar, uma possível crise de nutrientes, oscilações da composição da atmosfera (incluindo níveis de oxigênio e CO_2), alterações da química dos oceanos – e tudo isso provavelmente desempenhou um papel importante no desaparecimento da fauna ediacarana e no surgimento da vida cambriana.

A era Paleozoica (541 a 252 Ma)

O éon Fanerozoico (um período de vida abundante na Terra, que inclui as eras Paleozoica, Mesozoica e Cenozoica) foi introduzido quase simultaneamente com o aparecimento (no

---

[6]As maiores extinções em massa gravadas no registro fóssil ocorreram nos finais dos períodos Pré-cambriano (transição do Ediacarano ao Cambriano), Ordoviciano, Devoniano e Permiano; no início do período Triássico; no fim do Triássico; e no fim do Cretáceo. A maioria desses eventos de extinção foi vivenciada pelos organismos marinhos e terrestres. Recentemente, estudos demonstraram que os eventos no Triássico e o evento do final do Devoniano foram extinções menos graves do que se acreditava. Além disso, um evento de extinção em massa relativamente pouco estudado no final do período Permiano – cerca de 260 milhões de anos atrás – começou a ser evidenciado recentemente como um período de extinção muito maior do que se acreditava até então – cerca de 56% das espécies de plantas e 58% dos gêneros de invertebrados marinhos desapareceram.

Cambriano Inferior) de esqueletos corpóreos calcários grandes e bem-desenvolvidos em numerosos grupos, como os arqueociatos (organismos semelhantes aos corais, que provavelmente eram esponjas primitivas), moluscos, briozoários, braquiópodes, crustáceos e trilobitas. Os animais recobertos por conchas (moluscos etc.) surgiram primeiramente entre os "pequenos fósseis cobertos de conchas" do Cambriano Primitivo e os quetognatas (representados pelos protoconodontes) são sabidamente desse mesmo período. Portanto, o aparecimento de esqueletos animais bem-mineralizados define o início do Cambriano e foi um evento de importância fundamental na história da vida. Os animais recém-esqueletizados espalharam-se rapidamente e desempenharam diversas funções ecológicas nos ambientes marinhos de águas rasas e, no início do período Cambriano, surgiu a maioria dos filos viventes que tinham partes rígidas.

As evidências sugerem que, no início do período Cambriano, o oceano do planeta aumentou drasticamente seu teor de cálcio, coincidindo com a proliferação dos animais esqueletizados. O clima era quente e os oceanos epicontinentais rasos cobriam amplas regiões dos continentes paleozoicos. A explosão de animais bilateralmente simétricos (bilatérios) também começou em torno da transição do Proterozoico ao Cambriano. As samambaias e outras gimnospermas também surgiram durante o Paleozoico, talvez há cerca de 400 milhões de anos, enquanto as angiospermas surgiram há cerca de 200 milhões de anos, conforme foi sugerido por estudos moleculares (ainda que os fósseis de angiosperma mais antigos e inquestionáveis tenham surgido há cerca de 130 Ma).

Todas essas linhagens de metazoários surgiram rapidamente durante os primeiros 10 milhões de anos do período Cambriano? Ou algumas delas (ou a maioria) já estavam se desenvolvendo no período Ediacarano? Contudo, ainda precisamos encontrar evidências disso, talvez porque eles não tivessem esqueletos rígidos ou fossem muito pequenos. Essa última hipótese, algumas vezes referida como hipótese do "pavio filogenético", é apoiada pela descoberta de crustáceos inquestionáveis com aspecto "moderno" nos primórdios do Cambriano, assim como algumas criaturas do Ediacarano que se assemelham aos filos modernos. Considerando que os filos avançados (p. ex., artrópodes) já estavam bem-estabelecidos nos primórdios do Cambriano, parece provável que os primeiros filos derivados dos ecdisozoários devessem estar vivos e bem-desenvolvidos durante o período Ediacarano. Na verdade, embriões de animais bilatérios aparentemente fosfatados do período Ediacarano constituem evidência das raízes ocultas dos Metazoa e é provável que a "explosão" evolutiva dos filos animais modernos tenha ocorrido bem antes do início do período Cambriano. Uma análise filogenética ampla realizada recentemente por Omar Rota-Stabelli e colaboradores utilizou 67 pontos de calibração de fósseis para datar uma escala de tempo (*timetree*) molecular do filo dos ecdisozoários, concluindo que o clado originou-se do período Ediacarano.

Evidências geológicas dizem-nos que a atmosfera da Terra primitiva não continha oxigênio livre e que a dispersão do reino animal não poderia ter começado em tais condições. O oxigênio livre provavelmente se acumulou ao longo de alguns milhões de anos como um subproduto da atividade de fotossíntese nos oceanos, especialmente pelos estromatólitos das cianobactérias (algas verde-azuladas). Uma hipótese muito antiga sugere que o início da atmosfera oxigenada tenha ocorrido há cerca de 2,4 bilhões de anos e que, em seguida, a "vida atual" começou a evoluir (no início da era Proterozoica). Entretanto, ainda não existem evidências claras quanto aos níveis de oxigênio livre no Proterozoico e existem alguns dados sugestivos de que uma atmosfera oxigenada poderia ter evoluído ainda antes disso. Os oceanos proterozoicos poderiam ter sido oxigenados perto da superfície, mas anóxicos nas águas profundas e no fundo. Alguns pesquisadores sugeriram que a inexistência de vida metazoária no registro fóssil primitivo deve-se simplesmente ao fato de que os primeiros animais eram pequenos, não tinham esqueletos e não formavam fósseis facilmente. A descoberta de comunidades altamente diversificadas de meiofauna (fauna intersticial) metazoária nos estratos proterozoicos do sul da China e nos depósitos do Cambriano Médio e Superior (p. ex., fauna de Orsten, na Suécia) reforçou a hipótese de que muitos dos primeiros animais fossem microscópicos.[7] Entretanto, animais grandes também não são incomuns entre as faunas do período Ediacarano e do início do Cambriano.

Já foi proposto que o advento dos estilos de vida predatórios no início do período Cambriano tenha sido a chave que favoreceu o primeiro aparecimento dos esqueletos animais (como estruturas de defesa), resultando na "explosão cambriana". O aparecimento e a rápida disseminação dos diversificados esqueletos metazoários no início do período Cambriano certamente prenunciou o início do éon Fanerozoico (*i. e.*, todo o período que se seguiu ao Pré-cambriano, as eras Paleozoica, Mesozoica e Cenozoica). A fauna do período Ediacarano parece ter incluído principalmente animais que se alimentavam de detritos e suspensões passivas; pouquíssimos desses animais parecem ter sido carnívoros ou herbívoros ativos. Por outro lado, as comunidades animais do início do período Cambriano incluíam a maioria das funções tróficas encontradas nas comunidades marinhas atuais, incluindo artrópodes predadores gigantes.

Muito do que sabemos sobre a vida no início do Cambriano originou-se dos depósitos de fósseis do Cambriano Inferior de Chengjiang, na província de Yunnan ao sul da China, bem como de depósitos de idade semelhante (embora não estejam tão bem-preservados) dispersos pela China e plataforma siberiana. Os depósitos de Chengjiang representam as ocorrências cambrianas mais antigas de animais com corpos moles e duros bem-preservados; embora esses animais sejam predominantemente artrópodes, eles também incluem uma rica aglomeração de Onicóforos, medusas (cnidários) e braquiópodes extremamente preservados, dos quais muitos parecem estar diretamente relacionados com as espécies ediacaranas.

No Cambriano Médio (p. ex., a fauna de Burgess Shale do oeste do Canadá e depósitos semelhantes em outros lugares; Figuras 1.3 e 1.4), os anelídeos e os tardígrados fizeram seu primeiro aparecimento positivo no registro fóssil e os primeiros esqueletos completos de equinodermos apareceram. Doze milhões de anos mais jovem que a fauna de Chengjiang, o material de Burgess Shale também consiste predominantemente em

---

[7] A preservação do tipo "Orsten" implica fosfatização das cutículas, praticamente sem qualquer deformação. Esse processo preserva os mínimos detalhes dos organismos (incluindo suas cerdas) e esses depósitos forneceram fósseis tridimensionais na escala de 0,1 a 2,0 mm. Descoberto inicialmente na Suécia, hoje os depósitos do tipo "Orsten" são conhecidos em vários continentes, desde o início do Cambriano (520 Ma) até meados do Cretáceo (100 Ma). A maioria dos "fósseis de Orsten" mais antigos consiste em artrópodes inquestionáveis.

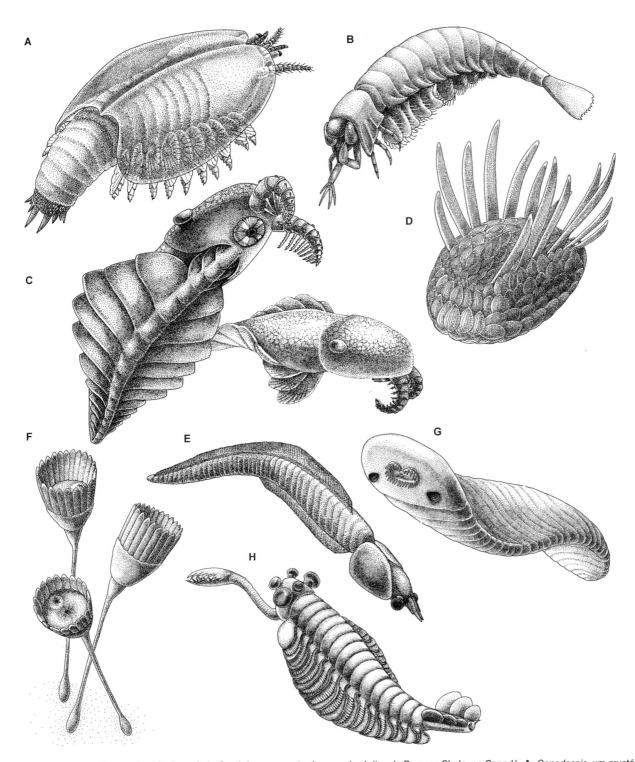

Figura 1.3 Algumas das formas de vida do período Cambriano, encontradas nos depósitos de Burgess Shale, no Canadá. **A.** *Canadaspis*, um crustáceo malacóstraco primitivo. **B.** *Yohoia*, um artrópode de classificação indefinida. **C.** Duas espécies de *Anomalocaris* – *A. nathorsti* (*acima*) e *A. canadensis* (*abaixo*). No passado, acreditava-se que os anomalocarídeos representassem um filo extinto de animais segmentados, mas hoje são considerados por alguns cientistas artrópodes primitivos datados do período Ediacarano. **D.** *Wiwaxia*, um animal de Burgess Shale sem afinidade conhecida com qualquer um dos filos de metazoários conhecidos (embora alguns pesquisadores considerem-no um anelídeo de vida livre). **E.** *Nectocaris*, outra criatura que ainda não foi classificada em qualquer um dos filos conhecidos (apesar de seu aspecto muito semelhantes aos cordados). **F.** *Dinomischus*, uma criatura pedunculada com intestino em formato de "U" e com boca e ânus localizados em um cálice radialmente simétrico. Embora aparentemente seja semelhante a vários filos existentes, *Dinomischus* hoje é considerado integrante de um filo extinto sem nome de animais sésseis do Cambriano. **G.** O evasivo *Odontogriphus*, uma criatura vermiforme achatada e isenta de apêndices, cuja afinidade é desconhecida. **H.** *Opabinia*, um dos animais mais enigmáticos de Burgess Shale; essa criatura segmentada provavelmente era um ancestral dos artrópodes. Observe a existência de cinco olhos, um "focinho" preênsil longo e brânquias localizadas em posição dorsal às abas laterais.

Figura 1.4 "Fauna of the Burgess Shale", de Carel Brest von Kempen. Pintura em tinta acrílica. O quadro ilustra estromatólitos, *Leptomitus*, *Vauxia*, *Billingsella*, *Hallucigenia*, *Aysheaia*, *Anomalocaris*, *Opabinia*, *Lejopyge*, *Olenoides*, *Asaphiscus*, *Elrathia*, *Modocia*, *Naraoia*, *Habellia*, *Burgessia*, *Plenocaris*, *Sarotrocercus*, *Odaraia*, *Pseudoarctolepis*, *Canadaspis*, *Marrella*, *Branchiocaris*, *Ottoia*, *Hyolithes*, *Canadia*, *Gogia*, *Pikaia*, *Wiwaxia*, *Dinomischus* e *Amiskwia*.

artrópodes (e seus correspondentes), incluindo os infames *Opabinia* e *Anomalocaris*. A maior parte da fauna de Burgess Shale também pode ser atribuída aos filos existentes. Existem muitos outros sítios de fósseis Cambrianos (menos famosos), como a fauna de Sirius Passet, na Groelândia, o Emu Bay Shale, da Austrália, a biota de Sinsk, na Rússia, e as biotas de Kaili e Guanshan, na China. No período Cambriano Superior (p. ex., depósitos do tipo Orsten no sul da Suécia e estratos semelhantes), surgiram os primeiros crustáceos pentastomídeos e os primeiros peixes agnatos. No final do Cambriano, quase todos os principais filos animais modernos tinham aparecido. O agrupamento semelhante ao de Burgess Shale nas rochas do período Ordoviciano Inferior do Marrocos diz-nos que muitas das linhagens cambrianas sobreviveram por dezenas de milhões de anos (Figura 1.4).

A força motriz dessa explosão cambriana tem causado perplexidade aos cientistas desde os tempos de Darwin. Na verdade, essa explosão tem sido referida como "o dilema de Darwin", porque ele não conseguiu conciliar essa origem e diversificação tão rápida de grupos de animais importantes com sua visão da evolução gradativa estimulada apenas pela seleção natural. Alguns estudos sugeriram que as taxas de evolução fenotípica e genômica poderiam ter sido muitas vezes maiores durante o período Cambriano do que no restante do período Paleozoico. Um conceito popular é de que o oxigênio atmosférico alcançou um nível crítico há cerca de 580 milhões de anos (no período Ediacarano), permitindo que animais maiores e esqueletizados começassem a evoluir. Isso poderia ter resultado no aparecimento de grandes carnívoros, que dependem de oxigênio para suas investidas energeticamente muito demandantes. Quando os carnívoros proliferaram, iniciou-se uma corrida predador–presa, estimulando a evolução rápida de intermináveis formas corpóreas novas. Entretanto, outras evidências sugerem que os níveis altos de oxigênio existissem bem antes dessa data.

Outra explicação para a dispersão explosiva dos metazoários no período Cambriano é um rápido aumento no fornecimento de nutrientes para os oceanos do planeta, especialmente fósforo (P) e potássio (K). Teoricamente, isso ocorreu à medida que a Terra resfriou suficientemente para realizar a subducção do manto e hidratá-lo com água do mar, há cerca de 600 milhões de anos, transferindo desse modo a água dos oceanos para o manto inferior e reduzindo o nível do mar que, por sua vez, expôs amplas faixas de novas massas de terra, as quais sofreram erosão de P e K. Esses elementos foram, por fim, transportados para o oceano como fertilizantes. Além disso, o levantamento maciço de montanhas e a inversão das massas terrestres causada por plumas mantélicas também poderiam ter acrescentado novas fontes erosivas de nutrientes em torno da transição do Pré-cambriano ao Cambriano.

O início do Paleozoico também presenciou o aparecimento dos primeiros xifosuros, euriptérideos, árvores e peixes teleósteos (no período Ordoviciano). Os primeiros animais terrestres (aracnídeos, centípedes, miriápodes) apareceram no Siluriano

Superior. Nos meados do Paleozoico (período Devoniano), a vida terrestre começou a proliferar. Os ecossistemas florestais estabilizaram-se e começaram a reduzir os níveis de CO_2 da atmosfera (terminando, por fim, com o ambiente de "estufa" do Paleozoico primitivo). Os primeiros insetos também surgiram no início da era Paleozoica (ver Capítulo 22). Os insetos provavelmente desenvolveram a capacidade de voar no período Devoniano Inicial (cerca de 406 milhões de anos atrás) e começaram sua longa história de coevolução com as plantas pouco tempo depois (no mínimo no período Carbonífero Médio, quando surgiram as primeiras galhadas de samambaia no registro fóssil).[8] Durante o período Carbonífero, os climas do planeta geralmente eram quentes e úmidos e existiam grandes pântanos produtores de carvão.

O final da era Paleozoica presenciou a formação do supercontinente mais recente da Terra – a Pangeia – no período Permiano (cerca de 270 Ma). O final da era Paleozoica/período Permiano (252 Ma) foi marcado pela maior extinção em massa conhecida, na qual cerca de 90% das espécies marinhas da Terra (e 70% dos gêneros de vertebrados terrestres) foram eliminados ao longo de um curto período de alguns milhões de anos. Os recifes de corais do Paleozoico (Rugosa e Tabulata) foram extintos, assim como os trilobitas que antes eram predominantes, e nunca foram vistos novamente. Há debates acirrados quanto à força motriz que resultou na extinção em massa do período Permiano e as hipóteses propostas variam de aquecimento global rápido a resfriamento global súbito! Uma dessas condições poderia ter sido desencadeada pelo impacto de um enorme asteroide, talvez combinado com vulcanismo maciço terrestre e, possivelmente, desgaseificação do metano originado das bacias oceânicas estagnadas. As evidências sugerem que águas tóxicas tenham dizimado as comunidades marinhas dos fundos dos oceanos rasos nessa época. Todos esses fatores poderiam ter acarretado um aquecimento (ou resfriamento) global rápido e amplo, dependendo de como ocorreram os fatos. Os trilhões de toneladas de carbono liberados na atmosfera e nos oceanos provenientes do vulcanismo intenso provavelmente também causaram a acidificação e a queda do oxigênio dissolvido nos oceanos, contribuindo para os fenômenos de extinção oceânica. Esse vulcanismo possivelmente foi o que causou as volumosas inundações de basalto conhecidas como Armadilhas Siberianas na Ásia. Esse evento coincidiu com a época em que poderia haver "poluição" atmosférica na forma de poeira e partículas de enxofre que resfriaram a superfície da Terra e/ou emissões maciças de gases que acarretaram o aquecimento prolongado por efeito estufa e a acidificação dos oceanos.

A era Mesozoica (252 a 66 Ma)

A era Mesozoica é dividida em três grandes períodos: Triássico, Jurássico e Cretáceo. O período Triássico começou com a junção dos continentes para formar a Pangeia. As terras eram altas e alguns mares rasos existiam. O clima global era quente e os desertos eram grandes. Embora o período Triássico talvez seja mais conhecido pelo surgimento dos dinossauros, a diversidade dos vertebrados em geral ampliou-se explosivamente durante esse período, à medida que surgiram os primeiros mamíferos terrestres. Nos oceanos triássicos, surgiram os corais escleractíneos semelhantes aos que existem hoje e a diversidade dos invertebrados e peixes predadores aumentou drasticamente, embora dados paleogeológicos indique que as águas marinhas mais profundas poderiam ter um teor de oxigênio muito baixo para sustentar grande quantidade de vida pluricelular (ou mesmo nenhuma). No final do período Triássico, ocorreu um evento de extinção em massa, que resultou no desaparecimento de cerca da metade de todas as espécies vivas. Isso talvez tenha sido provocado pela combinação do impacto de um asteroide com o vulcanismo generalizado, que formou a Província Magmática do Atlântico Central, no nordeste da América do Sul, há 200 milhões de anos, embora existam divergências consideráveis quanto à extensão e à causa desse evento de extinção. Estudos recentes sugeriram que o alto nível de CO_2 atmosférico tenha sido responsável pela extinção do final do período Triássico, possivelmente causado pelos altos índices de desgaseificação do CO_2 magmático.

O período Jurássico caracterizou-se pela continuação do clima quente e estável, com pouca variação latitudinal ou sazonal e, provavelmente, pouca mistura entre as águas dos oceanos rasos e profundos. A Pangeia dividiu-se em duas grandes massas de terra – Laurásia ao norte e Gonduana ao sul – separadas por um canal marítimo tropical conhecido como **Mar de Tétis**. Hoje em dia, acredita-se que muitas famílias e gêneros marinhos tropicais sejam descendentes diretos dos habitantes do Mar de Tétis pantropical. Em terra, surgiram gêneros atuais de muitas gimnospermas e angiospermas avançadas e as primeiras aves começaram a evoluir (*Archaeopteryx*, cerca de 150 Ma). Insetos que se alimentavam de folhas (lepidópteros) surgiram no final do período Jurássico (150 Ma), enquanto outras ordens que se alimentavam da mesma forma surgiram ao longo do período Cretáceo, coincidindo com a dispersão das plantas vasculares.

No período Cretáceo, houve ampla fragmentação da Gonduana e da Laurásia, resultando na formação dos oceanos Atlântico e Sul. Durante esse período, as massas de terra tornaram-se mais baixas e o nível dos oceanos, mais altos; os oceanos lançavam suas águas bem adentro das áreas terrestres e, desse modo, surgiram os grandes mares epicontinentais e os pântanos litorâneos. À medida que se fragmentavam as massas de terra e formavam-se novos oceanos, o clima do planeta começou a esfriar e a mistura dos oceanos iniciou a transferência de águas oxigenadas para níveis mais profundos dos oceanos. O fóssil mais antigo das aves atuais data do início do período Cretáceo (*Archaeornithura meemannae*, cerca de 130 Ma).

O final do período Cretáceo foi marcado pela extinção em massa do Cretáceo-Paleoceno, na qual cerca de 50% das espécies da Terra foram eliminadas, inclusive os dinossauros (não aviários) e toda a rica diversidade de amonitas dos mares mesozoicos. Existem fortes evidências de que esse evento de extinção tenha sido provocado por uma combinação de dois fatores: vulcanismo maciço da Terra associado às grandes inundações de basalto da Índia ocidental (conhecidas como Armadilhas de Deccan) e o impacto de um grande asteroide (documentado pela cratera de Chicxulub, na região de Yucatán, México moderno). As inundações de basalto da Armadilha de Deccan abrangem uma quantidade quase inimaginável de 1,3 milhão km³ de lava lançada

---

[8] Coevolução é a adaptação recíproca que ocorre ao longo do tempo entre espécies com interação próxima. Um exemplo clássico é o das plantas e seus polinizadores, que evoluíram em sintonia desde o fim da era Paleozoica para desenvolver anatomias, fisiologias e comportamentos extremamente bem-adaptados entre os parceiros interessados (ou não).

pelos vulcões – em alguns pontos, com espessura de 3.000 m. As principais erupções começaram cerca de 250.000 anos antes da transição dos períodos Cretáceo ao Paleoceno e, em geral, a lava escorreu por mais de 750.000 anos. Entretanto, cerca de 90% do total das erupções ocorreram rapidamente (em menos de 1 milhão de anos), coincidindo com a transição dos períodos Cretáceo ao Paleoceno. O gás de dióxido de enxofre lançado na atmosfera por esse fenômeno vulcânico maciço poderia ter sido convertido em aerossóis de sulfato, que provocaram o resfriamento do clima; além disso, quando esses aerossóis foram lavados (na forma de chuva ácida), eles poderiam também ter acidificado os oceanos. A escala de renovação biológica entre os períodos Cretáceo e Paleoceno praticamente não tem precedentes na história da Terra. Todos os dinossauros não aviários, répteis marinhos, amonitas e rudistas foram extintos. Os foraminíferos planctônicos e as plantas terrestres foram devastados. Recentemente, surgiram evidências sugerindo que a força total da extinção em massa do final do período Cretáceo possa não ter incidido senão em torno de 300.000 anos depois do impacto de Chicxulub. Se parece que os impactos de cometas começam a soar como um tema recorrente na história da vida na Terra, isso ocorre porque foram encontradas muitas crateras causadas por impactos (pelo menos 70 são maiores do que 6 km de diâmetro) e muitas coincidem com as transições mais expressivas do registro fóssil.

A era Cenozoica (66 Ma até o presente)

O amanhecer da era Cenozoica foi marcado por uma contínua tendência global ao resfriamento. À medida que a América do Sul se desprendia da Antártida, abria-se o estreito de Drake, iniciando a formação da corrente circumpolar antártica atual que, por fim, resultou na formação da cobertura de gelo da Antártida, a qual levou às condições geladas dos fundos dos oceanos atuais (no Mioceno). A Índia moveu-se para o norte da Antártida e colidiu com o sul da Ásia (no início do período Oligoceno). A África colidiu com o oeste da Ásia (final do Oligoceno/início do Mioceno), separando o mar Mediterrâneo do oceano Índico e dividindo o Mar de Tétis circuntropical. Há cerca de 56 milhões de anos, a Terra aqueceu rapidamente em razão do aumento vertiginoso dos gases do efeito estufa na atmosfera e todos os oceanos do planeta aqueceram até os níveis profundos. A causa dessa Máxima Térmica do Paleoceno–Eoceno é desconhecida, mas alguns cientistas sugeriram erupções vulcânicas maciças, que poderiam ter cozinhado e retirado o CO_2 dos sedimentos orgânicos dos fundos oceânicos, na medida em que incêndios florestais queimavam os depósitos de turfa do período Paleoceno; além disso, o impacto de um cometa (que poderia ter liberado grandes depósitos de hidrato de metano do fundo do mar) também pode ter contribuído. Em uma época relativamente recente (no Plioceno), formou-se a cobertura de gelo Ártico e o istmo do Panamá elevou-se, separando o Mar do Caribe do Oceano Pacífico e dividindo o último resquício do antigo Mar de Tétis há cerca de 3 milhões de anos (embora estudos recentes tenham sugerido uma data muito anterior para o fechamento do Canal do Panamá – talvez entre 15 e 13 Ma). Os recifes de corais atuais (recifes formados de escleractíneos) apareceram no início do período Cenozoico, restabelecendo o nicho que antes fora ocupado pelos corais rugosos e tabulados da era Paleozoica.

Este livro enfatiza especialmente a vida dos invertebrados exatamente no final da era Cenozoica, ou seja, no período Quaternário (Pleistoceno + Holoceno). Entretanto, a análise do sucesso atual dos grupos de animais também requer a consideração da história mais antiga das linhagens modernas, a diversidade de vida ao longo do tempo (quantidades de espécies e táxons superiores) e a abundância de vida em vários ambientes. Hoje em dia, não restam dúvidas quanto ao predomínio de alguns tipos de invertebrados. Por exemplo, dentre as cerca de 1.382.402 espécies de animais descritas (das quais 1.324.402 são de invertebrados), 81,5% são artrópodes (e 82% deles são insetos). Hoje em dia, poderia ser difícil argumentar que os insetos não são o grupo de animais mais bem-sucedido na Terra. Além disso, o registro fóssil diz-nos que os artrópodes sempre foram elementos fundamentais da biosfera, mesmo antes do aparecimento dos insetos. A Tabela 1.1 fornece uma noção geral dos níveis de diversidade entre os filos animais existentes atualmente.

Onde vivem os invertebrados?

Hábitats marinhos

O oceano do planeta é o maior bioma da Terra. Na verdade, pode-se dizer que a Terra é um planeta marinho – as águas salgadas cobrem 71% de sua superfície. O vasto mundo tridimensional dos oceanos contém 99% do espaço habitado da Terra. A vida quase certamente evoluiu nos oceanos e os eventos principais descritos antes, que resultaram na diversificação dos invertebrados, ocorreram nos mares rasos do final da era Proterozoica e no início do período Cambriano. Muitos aspectos do mundo marinho minimizam os estresses físico-químicos impostos aos organismos. O desafio de desenvolver estruturas de troca gasosa e regulação osmótica, que possam funcionar na água doce e nos ambientes terrestres, é formidável e relativamente poucas linhagens conseguiram superar esses desafios e escapar de seus ambientes marinhos originais. Desse modo, não é surpreendente constatar que o ambiente marinho continua a abrigar a maior diversidade dos táxons superiores e os principais planos corporais – 14 dos 32 filos animais existentes são estritamente marinhos (p. ex., Placozoa, Ctenophora, Chaetognatha, Rhombozoa, Orthonectida, Cycliophora, Gnathostomulida, Phoronida, Brachiopoda, Kinorhyncha, Priapula, Loricifera, Echinodermata e Hemichordata) e muitos outros mal penetraram nos domínios terrestres ou das águas doces. A produtividade nos oceanos do planeta é muito alta e isso também provavelmente contribui para a grande diversidade de vida animal dos oceanos (a produtividade primária total dos oceanos é de cerca de $48,7 \times 10^9$ toneladas métricas de carbono por ano). Entretanto, talvez o fator mais significativo seja a natureza especial da própria água do mar.

A água é um tampão térmico muito eficiente. Por causa de sua capacidade térmica elevada, a água demora a aquecer ou resfriar. Os grandes corpos de água (tais como os oceanos) absorvem e liberam muito calor, com pouca alteração da temperatura real da água. Na verdade, hoje em dia os oceanos armazenam mais de 90% do excesso de calor que se acumula no sistema climático atmosférico do planeta. Desse modo, as temperaturas oceânicas são muito estáveis, quando comparadas com as temperaturas dos ambientes terrestres e de água doce. Extremos breves de temperatura ocorrem apenas entre as marés e nos estuários, e os invertebrados que vivem nessas áreas precisam possuir adaptações fisiológicas e comportamentais que lhes permitam sobreviver a essas oscilações de temperatura, as quais frequentemente se combinam com a exposição ao ar durante os períodos de maré baixa.

A salinidade (ou teor de sal) da água do mar oscila em torno de 3,5% (em geral, a salinidade é expressa como partes por mil, ou 35‰). Essa propriedade também é muito estável, especialmente nas áreas distantes da costa e da influência dos afluentes de água doce. A salinidade da água é responsável por sua alta densidade, que aumenta a flutuabilidade e, desse modo, minimiza os gastos energéticos necessários à flutuação. Além disso, os diversos íons que contribuem para a salinidade total ocorrem em concentrações razoavelmente constantes. Essas características resultam na concentração iônica total da água do mar, que é semelhante à concentração iônica dos líquidos corporais da maioria dos animais, atenuando os problemas de regulação osmótica e iônica (ver Capítulo 4). O pH da água do mar também é muito estável na maior parte dos oceanos. Os compostos carbonato de ocorrência natural participam de várias reações químicas, que tamponam o pH da água do mar em torno de 7,5 a 8,5. Contudo, o aumento do CO_2 atmosférico causado pelo ser humano ameaça alterar a capacidade tamponadora do carbonato da água dos oceanos. Uma fração expressiva (mais de 25%) do CO_2 acrescentado à atmosfera pela queima dos combustíveis fósseis penetra nos oceanos. A água do mar reage com o CO_2 formando ácido carbônico, que diminui o pH das águas da superfície oceânica. A redução do pH da superfície dos oceanos prejudica a formação dos esqueletos de carbonato de cálcio dos animais e dos protistas.

Nas águas rasas e próximas da costa, o CO_2, diversos nutrientes e a luz solar geralmente estão disponíveis em quantidades suficientes para permitir níveis altos de fotossíntese, seja nas estações propícias ou de forma contínua (dependendo da latitude e de outros fatores). Os níveis de oxigênio dissolvido raramente caem abaixo dos necessários à respiração normal, exceto nas águas estagnadas (p. ex., em alguns hábitats estuarinos ou de bacias oceânicas), ou quando as atividades antropogênicas criaram condições eutróficas que podem formar as chamadas zonas de oxigênio mínimo (ZOM), regiões hipóxicas ou até mesmo condições de anoxia como no fundo do mar. A hipoxia ocorre quando o oxigênio dissolvido diminui a menos de 2 mℓ de O_2/ℓ. As dimensões e o número de ZOM – definidas por concentrações de O_2 menores que 20 μM e também conhecidas algumas vezes como "zonas mortas" – nos oceanos do planeta têm aumentado rapidamente nas últimas décadas em decorrência da liberação provocada pelo ser humano de enormes quantidades de detritos orgânicos e fertilizantes nos oceanos. Os ecossistemas de águas profundas dos oceanos contêm as maiores regiões de hipoxia e anoxia da biosfera. Condições de anoxia permanente nos oceanos são encontradas abaixo da superfície das águas dos oceanos e, entre outras áreas, no interior do mar Negro[9] e nos níveis profundos (> 3.000 m) das bacias anóxicas hipersalinas do mar Mediterrâneo, onde se acreditava no passado que nenhum metazoário conseguiria sobreviver.

Contudo, recentemente foram descobertas várias espécies de loricíferos vivendo nas bacias anóxicas do Mediterrâneo (talvez os únicos animais capazes de viver permanentemente em condições de anoxia).

Como o ambiente marinho abriga a maioria dos animais descritos neste livro, é útil definir alguns termos que descrevem as subdivisões desse ambiente e as categorias de animais que nele habitam. A Figura 1.5 ilustra um corte transversal generalizado de um oceano. O contorno da costa marca a região litorânea, na qual o oceano, o ar e a terra encontram-se e interagem (Figura 1.6 A). Evidentemente, essa região é afetada por elevação e diminuição das marés e podemos subdividi-la em zonas ou elevações costeiras em relação às marés. A zona **supralitoral**, ou zona de supramaré, raramente é coberta pelas águas do mar, mesmo durante as marés altas, mas está sujeita às ondas de tempestades e aos borrifos das ondas. A **zona eulitoral**, ou zona intermaré verdadeira, está situada entre os níveis mais alto e mais baixo das marés. Essa zona pode ser subdividida por suas flora e fauna e pelas médias de horas mensais de exposição ao ar: zonas intermarés alta, média e baixa. A **zona sublitoral**, ou zona infralitoral, nunca fica descoberta pelas águas, mesmo durante as marés muito baixas, mas é afetada pela ação das marés (p. ex., alterações da turbulência, turbidez e penetração da luz).

Os organismos que habitam as regiões litorâneas do planeta estão sujeitos a condições dinâmicas e, com frequência, exigentes; apesar disso, essas áreas abrigam um número excepcionalmente grande de espécies. A maioria dos animais e das plantas é mais ou menos exigente no que diz respeito às elevações definidas ao longo da costa – uma condição que resulta no fenômeno de zonação. Essas zonas são visíveis como faixas bem-demarcadas ou comunidades de organismos situados ao longo da linha costeira. O limite superior de elevação de um organismo intermaré geralmente é determinado por sua capacidade de tolerar condições de exposição ao ar (p. ex., dessecação, oscilações de temperatura), enquanto seu limite inferior de elevação frequentemente é definido por fatores biológicos (competição com outras espécies ou predação por elas). Evidentemente, existem algumas exceções a essas generalizações.

A **plataforma continental**, que avança do litoral em direção ao mar, é uma característica da maioria das grandes massas terrestres. A plataforma continental pode ter apenas alguns quilômetros de largura, ou pode estender-se por até 1.000 km da costa (50 a 100 km é a média na maioria das áreas). Em geral, a plataforma alcança profundidades entre 150 e 200 m. Essas áreas da plataforma costeira estão entre os ambientes mais produtivos dos oceanos, sendo ricas em nutrientes e rasas o suficiente para permitir a fotossíntese da superfície até o fundo do mar.

O limite exterior da plataforma continental – conhecido como **borda da plataforma continental** – está indicado por um aumento relativamente repentino da declividade do contorno do fundo. As partes "íngremes" do fundo do oceano – **taludes continentais** – na verdade têm inclinações de apenas 4 a 6% (embora a inclinação seja muito mais acentuada ao redor das ilhas vulcânicas). O talude continental continua desde a borda da plataforma continental até o fundo do oceano, que forma a **planície abissal** ampla e relativamente plana. Em média, a planície abissal está situada cerca de 4.000 m abaixo da superfície do oceano, mas é interrompida por várias saliências, montanhas marinhas, fossas e outras formações. Os fundos de algumas fossas dos oceanos profundos estão a uma profundidade de mais de 10 km.

---

[9] Apesar de sua grande área de superfície (423.500 km²), o mar Negro tem apenas uma camada superficial fina propícia à sustentação de vida eucariótica. A massa de água situada abaixo da profundidade de 175 m não contém oxigênio dissolvido, tornando o mar Negro o maior depósito de água anóxica do mundo.

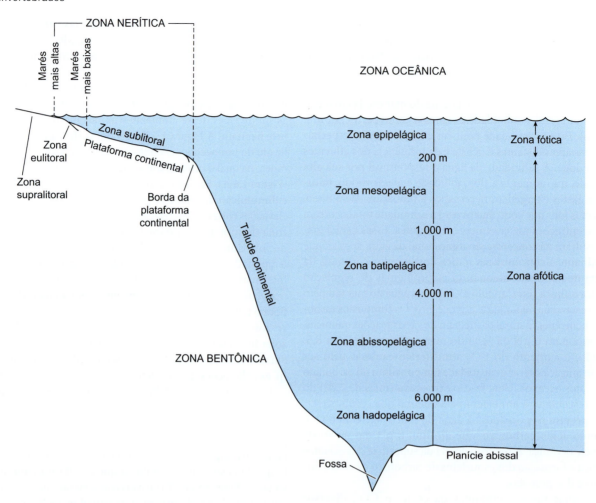

Figura 1.5 Corte transversal esquemático das principais regiões de hábitat do oceano (ilustração desenhada sem escala).

Os organismos que habitam a coluna de água são conhecidos como **pelágicos**, enquanto os que vivem no fundo do oceano em qualquer ponto ao longo de todo o contorno ilustrado na Figura 1.5 são referidos como organismos **bentônicos**. Os organismos que vivem nas *proximidades* do fundo do mar são **demersais**. A variedade e a abundância de vida tendem a diminuir à medida que aumenta a profundidade desde os ambientes ricos da costa e da plataforma continental até a profunda planície abissal. Entretanto, poderíamos incorrer em erro se fizéssemos uma generalização exagerada. Por exemplo, embora a biomassa pelágica diminua exponencialmente com a profundidade, tanto a diversidade como a biomassa aumentam novamente perto do fundo do oceano, em uma camada espessa de sedimentos ressuspensos conhecida como **camada limítrofe bentônica**. Além disso, os hábitats dos taludes e dos declives das regiões temperadas frequentemente se caracterizam por baixa densidade animal, mas elevada diversidade de espécies. Em algumas áreas, a diversidade bentônica aumenta abruptamente abaixo da borda da plataforma continental (100 a 300 m de profundidade), alcança um pico entre 1.000 e 2.000 m de profundidade e, em seguida, diminui gradualmente. A diversidade de espécies da própria região abissal bentônica pode ser surpreendentemente grande. A primeira impressão dos antigos cientistas marinhos – de que o fundo do mar era um ambiente capaz de sustentar apenas algumas espécies em comunidades simples e empobrecidas – foi desmentida há muito tempo e hoje se sabe que a biodiversidade dos oceanos profundos é muito grande, em algumas áreas até competindo com as florestas tropicais. Além disso, o oceano profundo cobre mais da metade do planeta!

Os animais bentônicos vivem na superfície do substrato (**epifauna**, ou formas **epibentônicas**, tais como a maioria das anêmonas, esponjas, muitos caracóis e cracas), ou integrados aos substratos macios (**infauna**). Os organismos infaunais incluem alguns invertebrados relativamente grandes, como moluscos bivalves e vários crustáceos e vermes marinhos, além de alguns organismos minúsculos muito especializados que habitam os espaços entre os grãos de areia e são conhecidos como organismos **intersticiais** (os menores deles formam a **meiofauna**, geralmente definida por animais com menos de 0,5 mm). Seis filos de metazoários são exclusivamente meiobentônicos no oceano: Gastrotricha, Gnathostomulida, Kinorhyncha, Loricifera, Micrognathozoa e Tardigrada. Os animais bentônicos também podem ser classificados com base em suas capacidades locomotoras. Os animais que geralmente são muito móveis e ativos são descritos como **errantes** (p. ex., caranguejos, alguns vermes), enquanto os que se fixam firmemente ao substrato são **sésseis** (p. ex., esponjas, corais e cracas). Outros têm vida livre ou se fixam fracamente, mas geralmente não se movem muito (p. ex., crinoides, anêmonas solitárias, a maioria dos moluscos): esses animais são conhecidos como **sedentários**.

A região aquática que se estende da superfície até as proximidades do fundo do mar é conhecida como **zona pelágica**. A região pelágica situada na plataforma continental é conhecida como **zona nerítica**, enquanto a que se situa sobre o talude continental e além é chamada **zona oceânica**. A região pelágica também pode ser subdividida progressivamente com base na profundidade da água (Figura 1.5) ou na profundidade a que a luz penetra. Evidentemente, esse último fator tem importância biológica fundamental. Apenas na **zona fótica** a luz do sol penetra suficientemente para permitir que haja fotossíntese e (exceto em algumas condições especiais) toda a vida da **zona afótica** mais profunda acaba dependendo do que é fornecido pelas camadas oceânicas sobrejacentes expostas à luz. Exceções notáveis são as comunidades restritas das fontes hidrotérmicas dos mares profundos e dos escoadouros frios bentônicos, nos quais microrganismos fixadores de enxofre atuam como base da cadeia alimentar.[10] A zona fótica pode alcançar a profundidade de até 200 m nas águas claras do mar aberto, mas diminui para cerca de 40 m nas plataformas continentais e apenas 15 m em algumas águas costeiras. Os fitoplânctons da zona fótica dos oceanos do planeta são responsáveis por cerca de metade da produção de matéria orgânica na Terra. Vale ressaltar que alguns oceanógrafos restringem a expressão "zona afótica" às profundidades abaixo de 1.000 m, onde não penetra absolutamente qualquer luz; por isso, a região situada entre tal profundidade e a zona fótica é conhecida como **zona disfótica**. Cerca de 64% da superfície do planeta Terra – mais de 200 milhões de km² – estão situados no oceano abaixo da zona fótica (mais de 200 m de profundidade) e, nessa região, estima-se que 16 gigatoneladas (1 gigatonelada equivale a um bilhão de toneladas) de carbono fixado pelos fitoplânctons afundem no oceano a cada ano como única fonte alimentar para a maioria dos organismos que vivem nas profundezas do oceano.

Os organismos que habitam a zona pelágica são, com frequência, descritos com base em sua capacidade relativa de locomoção. Os animais pelágicos que nadam ativamente, como peixes e lulas, constituem o **nécton**. Os organismos pelágicos que simplesmente flutuam e são levados, ou geralmente ficam à mercê dos movimentos das águas, são referidos coletivamente como **plâncton**. Muitos animais planctônicos (p. ex., pequenos crustáceos) na verdade nadam muito bem, mas são tão pequenos que, apesar de seus movimentos natatórios, são arrastados pelas correntes predominantes, embora tais movimentos possam ajudá-los a alimentar-se ou escapar dos predadores. Os organismos que fazem fotossíntese (**fitoplâncton**) e os animais (**zooplâncton**) estão incluídos entre os plânctons – esses últimos são representados por invertebrados como águas-vivas, ctenóforos, quetognatos, alguns crustáceos diminutos e larvas pelágicas de muitos animais adultos bentônicos. Os animais planctônicos que passam sua vida no reino pelágico são conhecidos como **holoplânctônicos**; aqueles cuja fase adulta é bentônica são chamados **meroplanctônicos**.

---
[10] Além das fontes hidrotermais dos oceanos profundos, recentemente foram descobertas comunidades que não fazem fotossíntese e são quimioautotróficas em uma caverna chamada Movile Cave, na Romênia. A base da cadeia alimentar nesse ecossistema singular nas cavernas consiste em microrganismos autotróficos (bactérias e fungos), que proliferam em tapetes finos e perto de águas geotérmicas, as quais contêm níveis altos de sulfeto de hidrogênio. Essa comunidade sustenta dezenas de espécies de micróbios e invertebrados. Acredita-se que o sulfeto de hidrogênio se origine de uma fonte magnética profunda semelhante à que existe nas fontes hidrotermais das profundezas oceânicas.

Os oceanos abrigam alguns hábitats singulares. Talvez os mais bem-conhecidos sejam os recifes de corais, que constituem um dos ecossistemas mais diversificados do oceano. Em 1997, Marjorie Reaka-Kudla estimou que houvesse cerca de 93.000 espécies animais descritas vivendo nos recifes de corais dos oceanos, mas que isso representasse apenas 10% da diversidade real (tendo em vista todas as espécies que ainda não foram descritas). Desde então, alguns cientistas sugeriram que o número de animais que vivem nos recifes de corais possa ser três ou mais vezes maior que as estimativas de Reaka-Kudla.

Outros ecossistemas oceânicos bem-conhecidos são as comunidades das fontes hidrotermais. Esses ecossistemas são abundantes nos oceanos do planeta e tendem a ocorrer nas áreas em que as placas tectônicas estão se afastando e nas proximidades das "manchas quentes" das placas tectônicas (em ambiente terrestre, os equivalentes são gêiseres, fumarolas e fontes termais). As fontes hidrotermais oceânicas têm em comum a abundância de substâncias químicas reduzidas, como sulfetos e metano. As bactérias quimiossintéticas e Archaea formam a base da cadeia alimentar dessas áreas. Um dos animais típicos das fontes hidrotermais é o anelídeo vermiforme tubular conhecido como *Riftia pachyptila*, que não tem boca, intestino nem ânus e não consegue alimentar-se por meios normais (ver Capítulo 14). Em vez disso, a nutrição de *Riftia* depende de simbiontes quimioautotróficos intracelulares – que preenchem um grande órgão interno conhecido como trofossomo. Os simbiontes são Proteobacteria, que funcionalmente são semelhantes aos cloroplastos vegetais, porque geram carbono orgânico como fonte alimentar para seus vermes hospedeiros.

Outro hábitat marinho singular é formado pelas carcaças dos grandes vertebrados que afundam até a base das profundezas oceânicas, especialmente cetáceos (baleias, golfinhos e botos). Ao contrário das águas mais rasas, nas quais uma carcaça grande seria consumida pelos "catadores" depois de um período relativamente curto de tempo, essas "baleias caídas" podem persistir por décadas e permitir o estabelecimento de toda uma cadeia alimentar caracterizada por uma reunião específica de espécies, principalmente crustáceos, anelídeos e peixes. Alguns dos componentes mais famosos das comunidades que vivem nas baleias caídas são as espécies de *Osedax*, também conhecidos como vermes-zumbis, que consomem os ossos de cetáceos mortos dessas comunidades (ver Capítulo 14).

Um dos ambientes marinhos mais incomuns habitados pelos invertebrados são as bolsas de salmoura concentrada que estão encarceradas na matriz de gelo das regiões polares da Terra (em geral, as salmouras são definidas por concentrações de sais dissolvidos de 5% ou mais; as águas oceânicas têm 3,4 a 3,5% de sal). Vivendo em temperaturas muito baixas (até −20°C) e com pouca luminosidade, existe uma cadeia alimentar em miniatura, que inclui bactérias que fazem fotossíntese e protistas (especialmente diatomáceas), protistas heterotróficos, platelmintos, pequenos crustáceos etc. Esses organismos são espécies habitualmente planctônicas e altamente adaptadas, que ficam presas e sobrevivem quando se formam as geleiras oceânicas no inverno.

Estuários e pântanos costeiros

Em geral, os estuários formam-se ao longo das costas litorâneas baixas e são criados pela interação das águas doce e salgada, geralmente quando os rios encontram o mar. Nessas áreas, encontra-se uma mistura instável de águas salgada e doce, águas em movimentos, influências das marés e oscilações sazonais drásticas. Os estuários recebem altas concentrações de nutrientes de escoamento terrestre em suas fontes de água doce e, em geral, são ambientes altamente produtivos. A temperatura e a salinidade variam amplamente com a atividade das marés e a estação do ano. Dependendo das marés e da turbulência, as águas dos estuários podem ser relativamente bem-misturadas e mais ou menos homogeneamente salobras, ou podem ser perceptivelmente estratificadas com água doce flutuando sobre a água salgada mais densa abaixo.

A quantidade de oxigênio dissolvido em um estuário também pode alterar-se acentuadamente ao longo de todo um ciclo de 24 horas em função da temperatura e do metabolismo dos organismos autotróficos. Em muitos casos, as condições de hipoxia (nível muito baixo de oxigênio) ocorrem diariamente, sobretudo nas primeiras horas da manhã. Os animais que habitam essas áreas têm de ser capazes de migrar para regiões com níveis mais altos de oxigênio, de armazenar oxigênio ligado a determinados pigmentos dos líquidos corporais, ou devem estar aptos a alternar temporariamente para processos metabólicos que não dependem da respiração baseada no oxigênio. Além disso, grandes quantidades de lodo são levadas pelos afluentes de água doce e descarregadas nos estuários; a maior parte desse lodo deposita-se e cria amplas planícies de maré ou regiões deltaicas (Figura 1.6 B). Além dos estresses naturais comuns à existência dos estuários, os habitantes dessas áreas também estão sujeitos aos estresses da atividade humana – alguns exemplos são poluição, elevações térmicas originadas pelas indústrias termoelétricas, dragagens e assoreamentos, sedimentação excessiva resultante do desmatamento e do desenvolvimento e despejos de descargas de tempestades.

A maioria dos pântanos costeiros e estuários, como os pântanos de água salgada e manguezais, caracterizam-se por bancos de halófitas (plantas com flores que florescem em condições salinas; Figura 1.6 B e C). Os pântanos salgados e os manguezais são alternadamente inundados e expostos pela ação das marés dentro do estuário e, por isso, estão sujeitos às condições oscilantes descritas antes. Os bancos densos de halófitas e a mistura das águas com salinidades diferentes formam uma "armadilha" eficiente para os nutrientes. Em vez de desaguar no oceano, a maioria dos nutrientes dissolvidos que entram no estuário (ou são produzidos em seu interior) é utilizada localmente, formando algumas das regiões mais produtivas do mundo. Essa grande produtividade entra no oceano de duas formas principais: como detritos vegetais (principalmente restos das halófitas) e por meio dos animais nectônicos que migram para dentro e para fora dos estuários. A contribuição dos estuários para a produtividade costeira geral dificilmente pode ser superestimada. A matéria orgânica produzida pelas plantas dos charcos da Flórida, por exemplo, constitui a base de uma importante cadeia alimentar de detritos, que culmina nas pescas fartas da baía da Flórida. Além disso, 60 a 80% dos peixes marinhos comercializados no mundo dependem diretamente dos estuários, seja como moradias para os adultos que migram, seja como berçários protetores para os filhotes. Os estuários e outros pântanos costeiros também têm importância crucial para as populações migratórias e residentes de aves aquáticas.

Grande número de invertebrados adaptou-se à vida nesses ambientes dinâmicos. Em geral, os animais têm apenas duas alternativas quando encontram condições de estresse: eles migram para ambientes mais favoráveis, ou permanecem e toleram (acomodam-se) às condições diferentes. Muitos animais migram para os estuários para passar apenas uma parte de seu ciclo de vida, enquanto outros entram e saem diariamente com as marés. Outras espécies permanecem nos estuários durante toda sua vida, apresentando uma faixa considerável de adaptações fisiológicas às condições ambientais com as quais precisam lidar (Capítulo 4).

Hábitats de água doce

Como os corpos de água doce são muito menores que os oceanos, eles são muito mais fácil e drasticamente afetados pelos fatores ambientais extrínsecos e, por isso, são ambientes relativamente instáveis (Figura 1.6 D). Alterações de temperatura e outras condições em lagoas, riachos e lagos podem ocorrer rapidamente e alcançar magnitudes jamais experimentadas na maioria dos ambientes marinhos. As alterações sazonais são ainda mais extremas e podem incluir congelamento completo durante o inverno e ressecamento total durante o verão. As lagoas que contêm água por apenas algumas semanas durante e depois das estações chuvosas são conhecidas como **piscinas efêmeras** (ou piscinas vernais). Elas tipicamente contêm uma fauna de invertebrados única e altamente especializada capazes de entrar em estágios de repouso (ou diapausa; em geral, ovócitos ou embriões), que conseguem sobreviver durante meses ou anos sem água. Independentemente de quão estressantes pareçam, essas piscinas efêmeras contêm ricas comunidades de plantas e animais, especialmente espécies endêmicas de crustáceos. **Diapausa** é um tipo de dormência, no qual os invertebrados de qualquer estágio de desenvolvimento antes da vida adulta (incluindo o estágio de ovo) cessam seu crescimento e desenvolvimento. A diapausa é determinada geneticamente. Algumas espécies são programadas para entrar em diapausa quando determinadas condições ambientais fornecem estímulos apropriados (em geral, uma combinação de temperatura e duração da luz do dia). Hibernação e estivação são dois outros tipos de dormência, mas que não são programados geneticamente e podem ocorrer a intervalos irregulares (ou não ocorrer) durante qualquer estágio do desenvolvimento de um animal. **Hibernação** é uma resposta temporária ao frio, enquanto **estivação** é uma resposta temporária ao calor.

A salinidade muito baixa da água doce (raramente acima de 1‰) e a instabilidade das concentrações relativas dos íons submetem os habitantes da água doce a condições intensas de estresse iônico e osmótico. Em combinação com outros fatores como flutuabilidade reduzida, pH menos estável e fornecimento e esgotamento rápido de nutrientes, essas condições geram ambientes que sustentam muito menos diversidade biológica que os oceanos. No entanto, muitos invertebrados diferentes vivem na água doce e solucionaram os problemas associados a tal ambiente. As adaptações especiais à vida na água doce estão resumidas no Capítulo 4 e são descritas em relação aos grupos de invertebrados que possuem essas adaptações nos capítulos subsequentes.

Os **estigobiontes** são organismos aquáticos obrigatórios nas águas subterrâneas, incluindo riachos e lagos subterrâneos que frequentemente se comunicam com o mar. As criaturas aquáticas que habitam as águas aluviais subterrâneas e os ecossistemas cársticos também são incluídas nesse grupo.

Os hábitats de água doce estão entre os ambientes mais ameaçados do planeta. Nos EUA como um todo, seres humanos destroem anualmente 100.000 acres de pântanos. Os hábitats aquáticos raros – como reservatórios efêmeros e rios subterrâneos – estão desaparecendo mais rapidamente do que podem ser estudados. Os hábitats subterrâneos (ou hipógeos) são comumente aquáticos e têm sido destruídos rapidamente pela poluição e pelas perfurações excessivas de poços.

Hábitats terrestres

Em diversos aspectos, a vida terrestre é ainda mais rigorosa que a vida na água doce. Os extremos de temperatura geralmente ocorrem diariamente, o balanço hídrico é um problema crítico e grandes quantidades de energia são despendidas simplesmente para manter fisicamente o corpo. A água constitui um meio de sustentação para dispersar gametas, larvas e organismos adultos, assim como para diluir escórias metabólicas, além de ser uma

Figura 1.6 Alguns dos principais ecossistemas da Terra. **A.** Rochas e algas expostas em uma zona intermaré no norte da Califórnia. **B.** Planície de maré de um pântano salgado, Nova York. **C.** Pântano de manguezal em maré baixa, México. **D.** Rio de água doce em uma floresta tropical úmida ("floresta pluvial"), Costa Rica. **E.** Árvores florescendo em uma floresta tropical seca, Costa Rica. **F.** Deserto de Sonora, Arizona. Praticamente um terço da terra de nosso planeta é desértico ou semidesértico e estima-se que esse ecossistema cresça com o aquecimento global.

fonte de materiais dissolvidos necessários aos animais. Os animais que vivem em ambientes terrestres não desfrutam desses benefícios da água e precisam pagar um preço.

Relativamente poucos filos conseguiram invadir com sucesso o mundo terrestre. O sucesso dos invertebrados na terra é exemplificado pelos artrópodes, especialmente os isópodes terrestres, insetos, aranhas, carrapatos, escorpiões e outros aracnídeos. Esses grupos de artrópodes incluem espécies verdadeiramente terrestres que invadiram até mesmo os ambientes mais áridos (Figura 1.6 F). Com exceção de alguns caracóis e nematódeos, todos os outros invertebrados que vivem na terra (inclusive animais muito conhecidos, como as minhocas) ficam praticamente restritos às áreas relativamente úmidas.

Os ambientes terrestres são comumente descritos em termos de umidade disponível. Os hábitats **xéricos** são secos, os **mésicos** têm umidade moderada e os **hídricos** são muito úmidos. As adaptações dos invertebrados terrestres a essas diversas condições estão descritas no Capítulo 4 e, no que se refere aos táxons específicos, suas descrições estão nos capítulos subsequentes.

Um tipo especial de ambiente | Simbiose

Muitos invertebrados vivem em associação íntima com outros animais ou plantas. Além disso, todos os animais certamente compartilham uma ancestralidade genética comum com os procariotos. A associação íntima entre duas espécies diferentes é conhecida como relação simbiótica, ou **simbiose**. A simbiose foi descrita inicialmente pelo micologista alemão H. A. DeBary em 1879 como "organismos diferentes vivendo juntos". Na maioria das relações simbióticas, um organismo maior (conhecido como hospedeiro) fornece um ambiente (seu corpo, toca, ninho etc.) sobre ou dentro do qual um organismo menor (simbionte) vive. Algumas relações simbióticas são transitórias – por exemplo, a relação entre os carrapatos ou os piolhos e seus hospedeiros vertebrados – enquanto outras são mais ou menos permanentes. Alguns simbiontes são oportunistas (**facultativos**), enquanto outros não conseguem sobreviver sem seus hospedeiros (**obrigatórios**). Também é importante ressaltar que algumas simbioses envolvem tamanha interdependência que, com o tempo, os genes do simbionte menor são incorporados ao genoma do "hospedeiro".

As relações simbióticas podem ser subdivididas em várias categorias, com base na natureza da interação do simbionte com o seu hospedeiro (embora, em muitos casos, a natureza exata dessa relação seja desconhecida). Talvez o tipo mais conhecido de relação simbiótica seja o **parasitismo**, no qual o simbionte (ou parasita) recebe benefícios à custa do hospedeiro. Os parasitas podem ser externos (**ectoparasitas**), como os piolhos, carrapatos e sanguessugas; ou internos (**endoparasitas**) como os vermes hepáticos, alguns nematódeos e tênias. Outros parasitas podem não ser estritamente internos ou externos, podendo, em vez disso, viver em uma cavidade ou área do corpo do hospedeiro que se comunique com o ambiente, como a câmara branquial de um peixe, a boca ou o ânus de um animal hospedeiro (**mesoparasitas**). Alguns parasitas vivem toda sua vida adulta em associação com seus hospedeiros, sendo parasitas permanentes, enquanto parasitas transitórios ou intermitentes (p. ex., percevejos) apenas se alimentam do hospedeiro e depois o abandonam. Existem inclusive parasitas de ninhos, como os besouros dos ninhos de formigas (Carabidae: Paussini), que habitam os formigueiros e alimentam-se das formigas, aparentemente fazendo-as acreditar que eles também são formigas. Em alguns desses casos, a linha divisória entre parasitismo e predação torna-se turva. Os parasitas transitórios, como mosquitos e isópodes aegídeos, são frequentemente descritos como **micropredadores** por "predarem" geralmente vários hospedeiros diferentes (que, em alguns casos, são muito maiores do que eles mesmos).

Parasitas de outros parasitas são conhecidos como **hiperparasitas**. **Parasitoides** são insetos, geralmente moscas ou vespas, cujas formas imaturas alimentam-se nos corpos de seus hospedeiros (em geral, outros insetos) e, por fim, provocam sua morte. **Hospedeiro definitivo** é aquele no qual o parasita alcança sua maturidade reprodutiva. **Hospedeiro intermediário** é aquele que é necessário para o desenvolvimento do parasita, mas no qual ele não alcança sua maturidade reprodutiva. No mundo dos parasitas, os hospedeiros múltiplos são mais comuns que os únicos. Um número ainda maior de patógenos humanos circula nos animais (ou até se originou de hospedeiros não humanos), como *influenza*, peste e tripanossomíase, que são doenças transmitidas dos animais aos seres humanos. Mais da metade de todos os patógenos humanos são **zoonóticos** (têm hospedeiros animais além dos seres humanos em seu ciclo de vida). Todas as espécies provavelmente servem como hospedeiro a vários (ou alguns) parasitas. Alguns pesquisadores sugerem que o parasitismo seja o estilo de vida mais popular na Terra! Na verdade, estima-se que 50 a 70% das espécies do planeta sejam parasitárias, tornando o parasitismo o estilo de vida mais comum. Como os insetos constituem o grupo mais diversificado de organismos do planeta e como todos eles são portadores de numerosos parasitas, é justo dizer que o estilo de vida mais comum na Terra é aquele de um parasita de insetos. A maioria dos parasitas ainda não foi descrita e, à medida que as espécies entram em extinção, frequentemente acontece o mesmo com seus parasitas (quando o pombo-passageiro foi eliminado, em 1914, levou junto duas espécies de piolhos parasitas).

Alguns grupos de invertebrados são predominante ou exclusivamente parasitários, e quase todos os filos de invertebrados têm no mínimo algumas espécies que adotaram estilos de vida parasitários. Alguns textos e cursos de parasitologia dão atenção especial aos efeitos desses animais nos seres humanos, nas plantações e na pecuária. Neste livro, também tentamos enfatizar o parasitismo na "perspectiva do parasita", ou seja, um estilo de vida especialmente apropriado a um ambiente específico, que requer determinadas adaptações e que confere algumas vantagens.

Mutualismo é outro tipo de simbiose, geralmente definido como uma associação na qual o hospedeiro e o simbionte são beneficiados. Essas relações podem ser extremamente íntimas e importantes à sobrevivência das duas partes; por exemplo, as bactérias de nosso intestino grosso são importantes para a produção de algumas vitaminas e o processamento de material presente em nosso intestino. Na verdade, as relações benéficas com simbiontes bacterianos específicos caracterizam muitas, senão todas, as espécies animais, embora a maioria dessas relações não tenha sido bem-estudada. Outro exemplo é a relação entre os cupins e certos protistas que habitam seus tratos digestivos e são responsáveis pela quebra da celulose em compostos que podem ser assimilados pelos seus insetos hospedeiros. Outras relações mutualistas podem mostrar menos interdependência entre os organismos envolvidos. Por exemplo, os camarões limpadores habitam os ambientes dos recifes de corais, onde estabelecem "estações de limpeza", que são visitadas regularmente pelos peixes que habitam os recifes e apresentam-se aos camarões para remover parasitas. Evidentemente, até mesmo essa associação bastante fraca resulta em benefícios para os camarões (uma refeição) como também para os peixes (remoção dos parasitas). As relações mutualistas entre as plantas e seus polinizadores são essenciais à sobrevivência da maioria das plantas com flores e de seus parceiros insetos (e, em alguns casos, de seus parceiros aves ou morcegos, que se alimentam de néctar). Os mutualismos estão entre algumas das relações ecológicas mais ameaçadas do planeta. Por exemplo, à medida que perdem suas espécies polinizadoras, as plantas das quais eles dependem sofrem e começam a declinar. Em alguns casos, as plantas dependem de uma única espécie para sua polinização. Imagine o que vai acontecer com as figueiras gigantes das regiões tropicais (*Ficus* é o gênero de plantas mais disseminado nos trópicos) à medida que forem perdendo as únicas variedades de vespas parasitárias que polinizam cada uma das 900 ou mais espécies. Uma preocupação imediata é a Desordem do Colapso das Colônias (DCC), uma síndrome que está matando abelhas em todo o mundo. As abelhas polinizam 71% das plantações, que fornecem 90% dos alimentos humanos. Contudo, desde 2006, os apicultores dos EUA constataram que os índices de perda de colmeias aumentaram para mais de 35% ao ano. As causas da DCC ainda não foram esclarecidas, mas o uso excessivo de pesticidas no ambiente parece desempenhar um papel fundamental.

Um terceiro tipo de simbiose é conhecido como **comensalismo**. Essa associação é semelhante a um termo genérico das associações nas quais não se evidenciam quaisquer riscos ou benefícios mútuos significativos. Em geral, o comensalismo é descrito como uma associação que é vantajosa para apenas uma parte (o simbionte), mas não afeta o outro parceiro (hospedeiro). Por exemplo, entre os invertebrados existem diversos exemplos de uma espécie que habita o tubo ou as galerias de outro (**inquilinismo**); o primeiro obtém proteção, alimento ou ambos, com pouco ou nenhum efeito no último. Um tipo especial de comensalismo é a **foresia**, na qual os dois simbiontes "viajam juntos", mas não há nenhuma dependência bioquímica ou fisiológica por parte de qualquer participante. Em geral, um foronte (usuário da foresia) é menor que o outro e é transportado mecanicamente por seu companheiro maior.

Há muita superposição entre as categorias de simbiose descritas anteriormente e muitas relações animais têm elementos de duas ou até mesmo de todas as categorias, dependendo do estágio de vida ou das condições ambientais. Entendido em seu sentido mais amplo, o conceito de simbiose tem implicações profundas para a compreensão da biodiversidade da Terra. Diz-se que ao menos metade das espécies do planeta é formada de simbiontes e que todas as espécies têm algumas parcerias simbióticas. Esses conceitos sugerem que todo indivíduo é um ecossistema.

Padrões de biodiversidade

A **biodiversidade** tem sido definida como variedade de genes, espécies, táxons superiores e ecossistemas que constituem a vida no planeta Terra. Existem todos os tipos de padrões de biodiversidade no planeta. No nível das espécies, talvez o padrão mais bem-conhecido seja o **gradiente de biodiversidade latitudinal**, que varia dos níveis mais baixos nos polos para os mais altos no equador. Esse padrão é tão geral entre tantos táxons (embora não com todos eles), que sugere a existência de uma explicação geral. Algumas hipóteses foram sugeridas para explicar esse padrão, mas nenhuma foi comprovada definitivamente. Algumas hipóteses enfatizam as relações de superfície – por exemplo, os trópicos (aproximadamente entre os trópicos de Câncer e Capricórnio) compreendem as paisagens mais favoráveis e amplas de toda a Terra e, com o tempo, isso poderia ter resultado em grande acumulação de espécies. Outras hipóteses enfatizam a biologia e a ecologia. Por exemplo, em razão de sua latitude, os trópicos recebem mais luz solar e energia a solar aumentada pode levar a maior produtividade que, por sua vez, pode sustentar mais espécies. Uma das hipóteses mais bem-estudadas para explicar os padrões de biodiversidade é o modelo da corcova (HBM; do inglês, *humped-back model*, em referência à curva que geralmente se forma quando a diversidade é plotada graficamente em relação à produtividade), sugerindo que a diversidade das plantas alcance seu pico nas comunidades com níveis de produtividade intermediária. Com produtividade baixa, poucas espécies podem tolerar os estresses ambientais, enquanto com produtividade alta algumas espécies altamente competitivas predominam. A sustentação ao HBM tem aumentado e diminuído ao longo dos anos; hoje em dia, esse modelo parece estar muito bem-apoiado por evidências, ao menos nos ambientes terrestres. Também existem hipóteses sugestivas de que os índices de desenvolvimento das espécies sejam mais rápidos nos climas mais quentes (tropicais), resultando na acumulação das espécies. Outras hipóteses focam nos fatores históricos, como estabilidade climática nos trópicos durante a era Fanerozoica. Por fim, outros cientistas tentam explicar o gradiente de biodiversidade latitudinal com base na ecologia evolutiva, sugerindo que a competição entre as espécies, a predação e as simbioses sejam mais intensas nos trópicos e que tais interações facilitem a coexistência e a especialização das espécies, resultando em mais especiação e/ou especialização de nichos nos trópicos. Estudos paleontológicos dos depósitos de recifes oceânicos apoiam a ideia de que os animais que vivem nos recifes tropicais têm índices altos de especiação (*i. e.*, eles são "berços da evolução") e tendem a exportar espécies para outras regiões com menos biodiversidade.

No reino marinho atual, a região tropical do Pacífico ocidental (especialmente o arquipélago Indo-australiano) tem certamente e de longe a maior biodiversidade, especialmente associada aos hábitats de corais (recifes e outros nichos) que dominam os oceanos rasos da região. Essa diversidade extraordinária tem sido atribuída a três mecanismos possíveis: (1) os hábitats dos corais serviram como refúgios, preservando as espécies da extinção durante os episódios de resfriamento global, como os cerca de 30 ciclos glaciais do Pleistoceno (*i. e.*, esses hábitats são "reservatórios de espécies", nas quais elas se acumulam ao longo do tempo); (2) esses hábitats têm sido fonte de recrutas e recolonização durante períodos favoráveis (*i. e.*, são "fornecedores de espécies"); e (3) esses hábitats têm índices de especiação excepcionalmente altos (*i. e.*, são "berços da evolução"). Evidentemente, qualquer uma dessas explicações pode ser correta, ou todas. O registro paleontológico diz-nos que o *hotspot* de biodiversidade no Pacífico ocidental é mais antigo que o Pleistoceno e também que, ao longo da história da Terra, os *hotspots* marinhos se movimentaram, provavelmente em consequência das alterações da geografia das bacias oceânicas.

Curiosamente, estudos demonstraram que existe uma correlação entre diversidade das espécies e o tamanho da área que está sendo medida. No caso das espécies terrestres, alguns estudos comprovaram que a precipitação é mais influente em pequenas escalas espaciais, mas que a cobertura e a área das nuvens são mais importantes nas escalas maiores. Na escala local-paisagem, a história de incêndios, tempestades e furacões frequentemente se relaciona com a diversidade regional. Nas escalas globais, processos como movimentos de placas tectônicas e variações do nível do mar podem explicar as diferenças na diversidade dos níveis mais complexos (p. ex., famílias de mamíferos).

Novos pontos de vista da filogenia de invertebrados

Nas últimas duas décadas, houve alterações significativas em nossos conceitos sobre filogenia animal, principalmente em razão da expansão rápida do campo da filogenética molecular e também de estudos paleontológicos, embriológicos e ultraestruturais recentes. Em termos gerais, os 32 filos de Metazoa são agora divididos em quatro filos basais ou não bilatérios (Porifera, Cnidaria, Ctenophora e Placozoa) e Bilateria (filos triploblásticos). O filo Bilateria engloba dois clados há muito conhecidos – Protostomia e Deuterostomia –, mas quatro filos, antes classificados como deuterostômios, agora são reconhecidos como protostômios (Chaetognatha, Phoronida, Bryozoa, Brachiopoda), deixando apenas três filos de Deuterostomia – Echinodermata, Hemichordata e Chordata. O recém-criado filo Xenacorlomorpha, que inclui táxons antes classificados como Platyhelminthes (Acoela, Nemertodermatida e *Xenoturbella*), ainda é enigmático, mas a maioria das análises coloca esse grupo como bilatérios basais.

Entre os protostômios, estudos de filogenética molecular identificaram dois clados principais: Ecdysozoa e Spiralia. Entretanto, cinco filos de protostômios ainda não foram classificados com base em suas afinidades: Chaetognatha, Platyhelminthes, Rhombozoa, Orthonectida e Gastrotricha. Apesar dos enormes esforços realizados até agora, as correlações específicas dos filos classificados como Ecdysozoa e Spiralia ainda são, até certo ponto, indefinidas, embora tenham sido identificados alguns clados internos fortemente apoiados. Por exemplo, Ecdysozoa engloba três clados bem-sustentados – Scalidophora (Priapula, Loricifera e Kinorhyncha), Nematoida (Nematoda, Nematomorpha) e Panarthropoda (Onychophora, Tardigrada e Arthropoda). Tem sido mais difícil definir as relações entre os Spiralia, embora seja reconhecido um clado interno bem-sustentado (Gnathifera), que contém os filos Gnathostomulida, Micrognathozoa e Rotifera. Além disso, análises recentes sugeriram que os Lophotrochozoa possam ser um clado dos Spiralia, que inclui (como o próprio nome sugere) o filo dos lofoforados (Phoronida, Bryozoa/Ectoprocta, Brachiopoda) mais Nemertea, Annelida e Mollusca (e, possivelmente, também Cycliophora, Entoprocta e Platyhelminthes). Contudo, ainda é necessário realizar mais estudos para confirmar essa hipótese. Alguns estudos recentes sugeriram que os ctenóforos, mas não as esponjas, poderiam ser Metazoa basais, mas esta hipótese poderia estar baseada em artefatos metodológicos (Pisani *et al.*, 2015).

Alguns dos filos reconhecidos na última edição deste livro hoje são conhecidos como linhagens especializadas de outros filos, consequentemente Echiura e os Sipuncula são agora entendidos como clados especializados de Annelida, enquanto Acanthocephala são agora classificados como uma linhagem parasitária de Rotifera. Hoje em dia, parece certo que os Hexapoda (insetos e outros animais semelhantes) originaram-se de Crustacea, tornando esse último um grupo parafilético. Por fim, Myxozoa, que antes eram classificados como protistas, agora são reconhecidos como cnidários parasitários extraordinariamente especializados e altamente derivados.

Entre os deuterostômios, Echinodermata e os Hemichordata agora parecem constituir um clado bem-sustentado (Ambulacraria), que é o grupo-irmão de Chordata. Entre os cordados, o conceito longamente defendido de que os anfioxos (Cephalocordata) constituem o grupo-irmão dos vertebrados (Craniata) foi derrubado e hoje existem evidências claras confirmando que os tunicados (Urochordata) sejam um grupo-irmão dos vertebrados. Os diversos conceitos filogenéticos acerca desses filos e clados estão descritos nos capítulos subsequentes. Antes do Sumário deste livro, são apresentadas uma classificação resumida e uma escala do tempo geológico.

Além do fato de que os filos classificados nos grupos antigos Protostomia e Deuterostomia foram misturados, o significado desses nomes antigos agora se aplica apenas parcialmente. Pesquisas recentes no campo do desenvolvimento, especialmente estudos de expressão gênica, demonstraram que alguns (talvez a maioria) dos membros de Protostomia não têm um desenvolvimento "protostômio", mas sim padrões idiossincrásicos ou deuterostômios.

Desemaranhar as relações evolutivas dos filos dos metazoários tem sido difícil em razão de suas raízes antigas e isso tem requerido buscar marcadores filogenéticos informativos para grupos que têm centenas de milhões de anos. O principal obstáculo tem sido que as diferentes regiões do genoma experimentaram diferentes histórias evolutivas, gerando assim sinais filogenéticos conflitantes. Isso tem exigido não apenas a utilização de vários genes e até mesmo análises no nível genômico, como também levou ao desenvolvimento de algoritmos sofisticados que modelam a evolução de aminoácidos individuais. Os filos que ainda resistem obstinadamente à compreensão filogenética provavelmente exigirão protocolos de análise novos e ainda mais sofisticados. Um dos aspectos importantes que foram relevados ao longo das últimas duas décadas, com base nos estudos de filogenética molecular e biologia do desenvolvimento, é que existe muito mais homoplasia no mundo animal do que se pensava antes, mesmo no que se refere a características complexas como segmentação e sistemas nervosos. Por exemplo, uma descoberta recente surpreendente foi que os anelídeos (agora classificados como Spiralia) e os Panarthropoda (Onychophora, Tardigrada e Arthropoda – hoje classificados entre os Ecdysozoa) estão muito menos relacionados do que antes se pensava. Seria difícil imaginar o processo altamente complexo de várias etapas de segmentação compartilhada pelos anelídeos e artrópodes evoluindo de forma independente; além disso, parece ser mais provável que eles compartilhem alguns genes bilatérios ancestrais, que os predispuseram a um processo de padronização segmentar embriológica praticamente idêntico. Ainda temos muito a aprender sobre esse "desvio" surpreendentemente novo na filogenia animal. Estudos demonstraram que mesmo a clivagem espiral – que antes era considerada um aspecto praticamente imutável do desenvolvimento animal (em razão das "restrições de desenvolvimento") – é flexível, a ponto de ser profundamente alterada ou até mesmo perdida em algumas linhagens. Além disso, hoje sabemos que muitos genes que antes eram considerados específicos de inovações particulares apareceram, na verdade, na árvore da vida muito mais cedo que as próprias características. Desse modo, não podemos mais esperar necessariamente encontrar novos genes associados a novas características morfológicas ou de desenvolvimento. Por exemplo, a adesão celular e os genes de regulação da transcrição essenciais à pluricelularidade animal também ocorrem na linhagem de ancestrais protistas, que resultou em Metazoa. Além do mais, hoje sabemos que alguns genes antes considerados específicos dos vertebrados podem ser encontrados mais abaixo na árvore da vida em Cnidaria (ainda que tenham sido perdidos por algumas linhagens desse intervalo). Alguns fenótipos novos originaram-se por modificação da função dos genes e por interações dos genes existentes.

Nomes clássicos

Como você já pode ter imaginado, alguns dos nomes utilizados hoje em dia para descrever os táxons superiores foram criados antes que os biólogos tivessem o conhecimento atual da filogenia animal e, tendo em vista as redesignações mais recentes dos filos, esses nomes clássicos não são mais perfeitamente descritivos. Como foi mencionado antes, os dois grandes clados de Bilateria foram durante muito tempo conhecidos como Protostomia e Deuterostomia. O nome Protostomia foi criado para descrever os filos animais nos quais o blastóporo origina a boca durante a embriogênese (*proto* = primeiro; *estoma* = boca). Por outro lado, o termo Deuterostomia foi criado para os animais que não formam a boca a partir do blastóporo, mas de qualquer outra estrutura (*deutero* = segundo); em muitos desses grupos, o blastóporo dá origem ao ânus. Entretanto, ao longo dos últimos anos, descobrimos que alguns filos com desenvolvimento deuterostômio na verdade pertencem ao clado conhecido como Protostomia (p. ex., Chaetognatha, Phoronida, Bryozoa, Brachiopoda, Priapula, Arthropoda). Sendo assim, esses nomes perderam grande parte de seu significado descritivo. Do mesmo modo, o nome Spiralia foi criado por Waldemar Schleip em 1929, depois da descoberta da clivagem espiral estereotipada encontrada na maioria dos filos, mas ainda assim esse nome não é perfeitamente descritivo, porque vários filos de Spiralia não seguem tal padrão de desenvolvimento (p. ex., Bryozoa, Brachiopoda, Gastrotricha, Orthonectida). Esses termos, utilizados para descrever os táxons superiores, que já não são mais totalmente descritivos em comparação com sua intenção original, são conhecidos como **nomes clássicos**. De forma a compreender plenamente seu significado, é necessário conhecer um pouco de sua história porque, de outra forma, eles podem parecer ilógicos.

Filogenética e esquemas de classificação

Conforme foi ressaltado antes, o número rapidamente crescente de estudos de filogenética molecular alterou muitos de nossos conceitos sobre relações e classificações dos animais. Esses estudos também têm originado árvores filogenéticas amplas e altamente detalhadas, com longos padrões de ramificação que representam a história da vida na Terra. Esse nível de detalhamento traz dificuldades aos biólogos que gostam de elaborar classificações, que representem exatamente a filogenia, considerando-se que as ordens hierárquicas tradicionais de Linneu são numericamente insuficientes para capturar a extrema profundidade e os detalhes dessas árvores. Algumas das mais novas árvores genômicas ou poligênicas apresentam escores de pontos de ramificação, ou até centenas de ramos que se assemelham às topologias semelhantes a um pente. Contudo, as ordens tradicionais de Linneu são apenas cerca de 30. Existem algumas soluções para esse dilema, como usar classificações não ordenadas, mas nenhuma delas é perfeita. Isso é descrito sucintamente no Capítulo 2. Neste livro, utilizamos basicamente as classificações ordenadas que refletem a filogenia dos grupos em questão, ou ao menos não entram em conflito com ela. Em alguns casos, utilizamos total ou parcialmente classificações subordinadas (p. ex., anelídeos e moluscos). Tudo isso também está explicado com mais detalhes no Capítulo 2. Contudo, o ponto principal é: as coisas estão mudando e os esquemas de classificação "tradicionais" que muitos estudantes costumavam encontrar começam a parecer muito diferentes hoje em dia.

Alguns comentários sobre evolução

Aptidão, porque qualquer outro nome seria igualmente vago

Um grupo inepto
Poderia melhor optar
Por ser adepto
E assim adotar
Modos de estar mais apto
Com sagacidade, se adaptar

John Burns
Biograffiti, 1975

Este livro tem a evolução como seu tema central. Embora a biologia evolutiva tenha crescido rapidamente ao longo das últimas décadas, em seu núcleo ainda permanece o conceito primordial e surpreendente de Charles Darwin e Alfred Russell Wallace de que a seleção natural e a descendência com modificação são o agente e a manifestação, respectivamente, da alteração evolutiva. Desde que teve início a "revolução da biologia molecular" em 1980, os paradigmas que têm orientado a biologia evolutiva têm sido enormemente ampliados. A biologia molecular possibilitou descobertas notáveis, o que certamente continuará a ocorrer ao longo de muitas décadas que virão.

Existem três padrões fundamentais encontrados quando examinamos a história da evolução: anagênese, especiação e extinção. **Anagênese** é o processo por meio do qual uma característica genética ou fenotípica de uma espécie altera-se ao longo do tempo, seja a alteração aleatória ou não, lenta ou rápida. A anagênese parece ser direcionada por aqueles processos neodarwinistas frequentemente denominados microevolução – evolução intraespecífica, de geração para geração de populações e de grupos de populações por todo o "período de vida" de uma espécie. A seleção natural e a adaptação são forças motrizes potentes nesse nível. **Especiação** é o "nascimento" de uma espécie, enquanto **extinção** é a "morte" (término) de uma espécie. Especiação e extinção envolvem processos situados fora do paradigma de seleção natural/adaptação – processos comumente referidos como macroevolução. Os mecanismos que iniciam e moldam cada um desses processos são diferentes. Hoje em dia, a maioria dos cursos universitários enfatiza principalmente a microevolução, ou anagênese, e a maioria dos estudantes que leem este livro já conhece uma grande parte de genética de populações e seleção natural. A genética de populações enfatiza a transmissão genética vertical. Entretanto, a visão de que tudo sobre a evolução pode ser entendido unicamente com base nos fenômenos microevolutivos está sendo reavaliada, levando em conta novas ideias que consideram mudanças evolutivas. Portanto, gostaríamos de apresentar aos leitores alguns conceitos com os quais eles poderiam estar menos familiarizados. Para isso, discutiremos, primeiramente, processos intraespecíficos (apresentados aqui sob o termo "microevolução") e, em seguida, a especiação e a extinção (agrupadas sob o título "macroevolução").

Microevolução

O modelo evolutivo neodarwinista, ou a chamada "síntese moderna", que resultou da integração da genética mendeliana à teoria da evolução natural darwinista, dominou a biologia evolutiva ao longo de todo o século 20. Basicamente, a visão neodarwinista sustenta que todas as alterações evolutivas resultem da ação da seleção natural sobre as variações dentro das populações (ver o poema de John Burns, anteriormente). Essa visão foi chamada "paradigma adaptacionista". A teoria em questão enfatiza a adaptação e trata principalmente de genes e alterações das frequências de alelos dentro das populações. Essas variações genéticas ocorrem principalmente por recombinação e mutação, embora os fenômenos aleatórios de deriva genética e o efeito de fundador também façam parte da síntese neodarwinista.

A evolução por seleção natural pode ser entendida como um processo determinístico, ainda que alguns elementos de aleatoriedade sejam aceitos dentro da teoria (p. ex., mutação, cruzamento aleatório, efeito de fundador). A teoria da seleção natural implica que, partindo-se do entendimento completo do ambiente e da genética, os resultados evolutivos deveriam ser amplamente previsíveis. A teoria da seleção natural também significa que quase todas as características dos animais são resultado de adaptações, que levaram a aptidões aumentadas (e, por fim, ao maior sucesso reprodutivo). Uma visão adaptacionista poderia levar-nos a supor que todos os aspectos do fenótipo de um animal seriam produto da seleção natural, a qual atua no sentido de aumentar a aptidão de uma espécie em um determinado ambiente. Desse modo, a microevolução é entendida como um fenômeno determinístico, intraespecífico e que afeta a genética populacional de uma geração para outra, de forma a produzir mudanças e padrões de frequências gênicas dentro das populações e entre elas.

Macroevolução

Hoje em dia, a macroevolução é o foco de alguns dos debates mais interessantes entre biólogos. Os fenômenos macroevolutivos podem incluir a origem de espécies novas (cladogênese); as dispersões adaptativas "explosivas", que parecem estar relacionadas com o surgimento de novos cenários ou nichos ecológicos; eventos transgênicos; grandes modificações em processos do desenvolvimento, que poderiam resultar em novo padrão corpóreo; várias alterações cariotípicas (p. ex., poliploidia e politenia); e eventos de extinção em massa (e as novas proliferações bióticas subsequentes). Um dos melhores exemplos de macroevolução é a origem e a ascensão das aves a partir de seus ancestrais dinossauros terópodes corpulentos. A linhagem que resultou nas aves atuais passou por miniaturização sustentada e rápida, na qual as espécies evoluíram a uma taxa muito mais rápida que a observada em outras linhagens terópodes. As aves também desenvolveram rapidamente inovações ecológicas e morfológicas inéditas relacionadas com suas dimensões menores, incluindo um índice de adaptações esqueléticas quatro vezes maior que de outros dinossauros. Em parte, a dispersão rápida das aves foi estimulada pela inovação do voo. A macroevolução propõe a seguinte questão: "O que motiva a inovação evolutiva?"

Eventos de extinção em massa desempenharam papéis primordiais na história inicial da Terra, redesenhando os sentidos da evolução animal de formas imprevisíveis. O maior desses eventos de extinção eliminou a maioria das formas de vida da Terra. No episódio de extinção do Permiano-Triássico, descrito anteriormente, estima-se que 90% de todas as espécies marinhas tenham sido extintas (embora não se conheça qualquer filo que tenha sido extinto desde o início do período Cambriano), resultando na reorganização da vida no planeta. As extinções em massa são eventos macroevolutivos profundos, que podem eliminar subitamente (no tempo geológico) milhões de espécies e linhagens.

Ao contrário da microevolução, a macroevolução é uma alteração evolutiva (geralmente rápida), que produz a formação de padrões filogenéticos acima do nível das espécies (p. ex., padrões ilustrados nas árvores filogenéticas deste livro). O registro fóssil sugere que os eventos de especiação (uma espécie originando uma ou mais espécies novas) tendem a ser rápidos, ou geologicamente instantâneos. Além disso, a análise do registro fóssil também demonstra que a quantidade de espécies tem aumentado progressivamente desde o final do Proterozoico, embora tal diversificação seja interrompida periodicamente por extinções em massa. Ademais, as extinções em massa sempre foram seguidas de períodos de especiação e irradiação rápidas nos níveis taxonômicos superiores (i. e., macroevolução).

Conceitos mais recentes sugerem que a especiação possa não ser iniciada pela seleção natural, mas sim por processos fora do paradigma da seleção natural – talvez mais comumente por processos puramente estocásticos. A microevolução pode ser entendida como um processo intraespecífico que mantém a continuidade genômica, realizando continuamente "ajustes finos" nas populações e nas espécies em seu ambiente mutável. Uma analogia razoável poderia ser a das atividades metabólicas básicas que mantêm nosso corpo ajustado ao ambiente – um processo básico que sempre está em funcionamento, mantendo um nível de homeostase (dentro do nosso corpo, ou dentro do *pool* gênico de uma espécie). Por outro lado, um evento macroevolutivo geralmente é um processo que interrompe essa continuidade genômica ou reprodutiva de uma espécie e, desse modo, pode desencadear eventos de especiação. Ainda com base na analogia descrita antes, os eventos macroevolutivos rompem a homeostase dos *pools* gênicos das espécies. Alguns exemplos de eventos estocásticos que podem resultar em alteração macroevolutivas estão descritos adiante.

O geneticista Richard Goldschmidt, o paleontólogo Otto Schindewolf e os zoólogos René Jeannel e Claude Cuénot sustentavam, até os anos 1950, que nem a evolução intraespecífica nem a especiação alopátrica simples poderiam explicar completamente a macroevolução. Esses cientistas apresentaram uma hipótese conhecida como "teoria saltacionista" – a origem súbita de tipos completamente novos de organismos (os "monstros esperançosos" de Goldschmidt) em grandes saltos de mudanças. Foi proposto que um modo para que tais mudanças rápidas pudessem acontecer seria por meio de eventos transgênicos, envolvendo a transferência horizontal do material genético de uma espécie para outra. Os mecanismos propostos da transferência genética horizontal incluem elementos genéticos transponíveis e simbiogênese. As bactérias endossimbiontes que deram origem às mitocôndrias e aos cloroplastos têm sido uma das fontes principais de genes bacterianos nos genomas nucleares dos eucariotos e suas linhagens ancestrais são, respectivamente, as α-Proteobacteria e as Cyanobacteria. Mesmo no genoma humano, estudos demonstraram que dezenas de genes provavelmente foram transferidos das bactérias aos seres humanos (ou para um dos nossos ancestrais vertebrados) ao longo da evolução.

Provavelmente, todos os filos têm algum DNA em seu genoma que foi "adotado" de outras espécies em seu passado distante, especialmente das Eubacteria e Archaea. Estudos demonstraram que dois filos – Rotifera e Tardigrada – têm porcentagens notavelmente altas de seus DNA derivadas de outras formas de vida por meio da transferência horizontal. Entre os tardígrados, cerca de um sexto de seu DNA poderia ter sido adquirido por transferência horizontal (Capítulo 20). Um estudo recente, publicado por Thomas Boothby e colaboradores (2015), sugeriu que os tardígrados (rotíferos e, talvez, outros invertebrados) poderiam estar aptos a integrar genes estranhos em seus genomas, porque esses animais são famosos por sua capacidade de sobreviver em condições de estresse ambiental extremo. Esses pesquisadores especularam que, nas condições de estresse extremo (p. ex., dessecação), o DNA de um tardígrado quebra-se em pedaços minúsculos e, em seguida, quando as células são reidratadas, as membranas e o núcleo da célula tornam-se temporariamente permeáveis e as moléculas de DNA podem atravessar, oferecendo a oportunidade para que o "hospedeiro" se combine com o DNA estranho originado do ambiente.

Os elementos transponíveis (ET) são segmentos especializados do DNA, que se movem (transpõem) de um local para outro, seja dentro do DNA de uma célula, seja entre indivíduos de uma espécie, seja até mesmo entre espécies. Esses elementos foram descobertos no milho (*Zea mays*) pela ganhadora do Prêmio Nobel Barbara McClintock na década de 1950, mas pouco se sabia sobre eles até recentemente. Com a ampliação do campo da genética molecular, centenas de ET foram identificados – mais de 40 tipos diferentes são conhecidos apenas nas moscas-das-frutas de laboratório *Drosophila melanogaster*. Os mecanismos de transferência dos ET entre organismos ainda não foram totalmente esclarecidos. Entretanto, acredita-se que a transferência de elementos genéticos de uma espécie para outra ocorra por meio de vírus, bactérias, parasitas de artrópodes ou outros vetores. Por exemplo, existem fortes evidências de que ácaros parasitas foram responsáveis pela transferência horizontal de elementos genéticos entre as espécies de *Drosophila*.

O movimento de um elemento transponível dentro do genoma é mediado por uma proteína codificada de ET, conhecida como "transposase", a qual provavelmente interage por mecanismos complexos com determinados fatores celulares. Uma transposase reconhece as extremidades do ET, quebra o DNA nessas extremidades para liberar o ET de sua posição original e une as extremidades. A transposição de alguns ET de bactérias para bactérias e de bactérias para células vegetais está parcialmente esclarecida e hoje sabemos que a introdução desses segmentos de DNA pode contribuir com fortes qualidades mutagênicas ao genoma do novo hospedeiro. Estudos recentes sugerem que grande parte dessa "troca genética" ocorreu durante a evolução inicial dos procariotos. Os ET têm sido mais bem-estudados nos organismos procariotos, mas foram encontrados na maioria dos organismos já examinados, inclusive insetos, mamíferos, plantas superiores, esponjas e platelmintos. Embora não existam evidências específicas, há razões para suspeitar de que os ET poderiam ter sido responsáveis por algumas das principais inovações genéticas que ocorreram na história da vida.

Além dos elementos transponíveis, a duplicação de um segmento cromossômico, que depois se torna separado do segmento original, terminando em uma localização diferente no cromossomo, hoje é reconhecida como um fenômeno muito comum. Algumas doenças genéticas humanas estão reconhecidamente associadas ao aumento da expressão dos genes contidos dentro dessas duplicações. Os genes duplicados fornecem um substrato rico, sobre o qual a evolução pode atuar. Um membro do par duplicado poderia adquirir uma nova função, ou dois genes duplicados poderiam dividir as funções múltiplas do gene ancestral entre eles; em seguida, a seleção natural poderia refinar separadamente cada cópia para desempenhar um conjunto mais restrito de atividades. Mesmo genes isolados podem duplicar-se, produzindo redundância que pode oferecer o estofo para a evolução rápida de novas funções gênicas. Por exemplo, na pulga-d'água (Crustacea: Branchiopoda: Diplostraca: *Daphnia*), a duplicação de genes em *tandem* tem sido extensiva e provavelmente é responsável pela plasticidade fenotípica extrema dessas criaturas, bem como por sua enorme adaptabilidade ecofisiológica.

A especiação rápida por meio da hibridização bem-sucedida entre duas espécies é outro exemplo de macroevolução. Embora seja mais comum nas plantas e provavelmente nos micróbios, a especiação híbrida também ocorre nos animais e foi documentada nos ciclídeos africanos, peixes ciprinídeos, moscas-das-frutas *Rhagoletis* e borboletas *Heliconius*. As borboletas-tigre apalachianas *swallowtail* (*Papilio appalachiensis*) dos montes Apalaches evoluíram a partir da mistura entre as borboletas-tigre *swallowtail* orientais (*P. glaucus*) e as borboletas-tigre *swallowtail* canadenses (*P. canadensis*). As espécies dos Apalaches raramente se reproduzem com suas espécies parentais. Estudos sugerem que as borboletas-tigre dos Apalaches tenham evoluído há cerca de 100.000 anos e que seu genoma seja uma mistura dos genomas parentais.

Simbiose é outro mecanismo por meio do qual podem ocorrer inovações evolutivas. O biólogo russo Konstantin Mereschkovsky (1855-1921) desenvolveu a teoria dos "dois plasmas" (uma célula dentro de uma célula), reivindicando que os cloroplastos se originaram das algas azuis (Cyanobacteria). Para esse processo, ele inventou o termo simbiogênese (hoje em dia, chama-se geralmente **teoria endossimbiótica**). No Capítulo 3, descrevemos a origem simbiogênica da célula eucariótica, que provavelmente se originou através da incorporação de procariotos de vida livre que vieram a ser o que hoje reconhecemos como mitocôndrias, cloroplastos, cílios, flagelos e outras organelas. Embora a simbiogênese seja uma ideia antiga, foram Lynn Margulis e outros cientistas que a defenderam entusiasticamente ao longo do século 20. Simbiogênese é a mistura irreversível de dois organismos de linhagens filogeneticamente distantes, formando um organismo radicalmente mais complexo. Embora fosse considerado raro, hoje sabemos que esse fenômeno é comum durante o curso da vida. Três exemplos são extremamente importantes em relação à evolução do reino animal: (1) escravização intracelular por um eucarioto primitivo de α-Proteobacteria pela inserção de proteínas no hospedeiro de forma a produzir as primeiras mitocôndrias; (2) captura subsequente de uma cianobactéria por um protista heterotrófico para formar o primeiro cloroplasto e, desse modo, dar início ao reino das plantas; e (3) escravização secundária de uma alga vermelha para formar topologias de membrana mais complexas no grupo de protistas fagofototróficos conhecidos como Chromalveolata. Alguns pesquisadores estimaram que mais de 50% de todos os protistas descritos formalmente sejam cromalveolados. Além da escravização de uma alga vermelha para formar o ancestral plastídio de Chromalveolata, as algas verdes também foram capturadas por endossimbiose (no mínimo duas vezes) para iniciar outras linhagens novas de protistas.

Além da origem da célula eucariótica, estudos demonstraram que a simbiogênese também atua em muitos outros sistemas, mas apenas começamos a compreender com que frequência isso ocorre em Metazoa. Em parceiros simbiontes extremamente íntimos, os dois simbiontes podem causar efeitos profundos na evolução genética um do outro. Essas relações são as causas principais da inovação evolutiva e desencadearam a diversificação rápida dos organismos, permitiram aos hospedeiros aproveitarem novas formas de energia e resultaram em modificações marcantes nos ciclos de nutrientes e da geoquímica da Terra. Estudos genômicos recentes demonstraram a ubiquidade das simbioses íntimas. Muitos invertebrados estão envolvidos nessas relações, incluindo os corais e outros cnidários, que servem como hospedeiros para os dinoflagelados simbiontes (chamados zooxantelas) que vivem dentro dos seus tecidos. Outros exemplos são vários animais que abrigam (e exploram) bactérias secretoras de tetrodotoxina (muitos Chaetognatha, o polvo-de-anéis-azuis, uma estrela-do-mar, um xifosuro e certos peixes tetraodontídeos) e lulas com bactérias luminescentes e liquens (uma associação íntima entre fungos e cianobactérias ou algas verdes). Muitos insetos abrigam endossimbiontes – bactérias que vivem dentro das células do hospedeiro. Embora sejam organismos separados, eles funcionam como uma unidade metabólica. Por exemplo, as espécies de cochonilhas dependem das bactérias endossimbiontes para seu fornecimento de nutrientes e, por sua vez, os endossimbiontes podem carregar seus próprios endossimbiontes. Os endossimbiontes podem até especializar-se dentro de seus hospedeiros, como foi demonstrado nas cigarras. O fato de que os simbiontes podem afetar a evolução de seus hospedeiros de formas inesperadas também pode ser constatado nos parasitas que aumentam suas próprias chances de sobrevivência alterando alguns aspectos da vida de seus hospedeiros – por exemplo, os parasitas que aumentam a probabilidade de que seu hospedeiro intermediário ser presa dos seus hospedeiros definitivos alterando o tamanho do hospedeiro intermediário, a cor, a bioquímica ou o comportamento, de forma que ele seja mais vulnerável à predação. Um resultado comum da relação hospedeiro-simbionte é a redução do tamanho do genoma do simbionte. Uma espécie de cigarrinha (*Macrosteles quadrilineatus*) abriga o endossimbionte *Nasuia deltocephalinicola* – o menor genoma bacteriano sequenciado até hoje.

Outra revelação importante para nosso conhecimento acerca da macroevolução provém da descoberta dos genes homeóticos (Hox). Esses genes reguladores principais codificam proteínas, que regulam a expressão de outros genes. Eles modulam outros grupos de genes associados ao desenvolvimento e, desse modo, "selecionam" os processos de desenvolvimento que são seguidos pelas células em divisão. Os genes Hox têm duas funções nos estágios iniciais de desenvolvimento dos embriões: (1) eles codificam proteínas reguladoras curtas, que se ligam a determinadas sequências de bases no DNA e aumentam ou reprimem a expressão gênica; e (2) eles codificam proteínas que estão expressas em padrões complexos que determinam a geometria básica do organismo. O termo "genes Hox" refere-se especificamente aos genes agrupados em uma ordem no cromossomo e que funcionam principalmente estabelecendo identidades regionais ou de segmentos. Em todos os filos animais examinados, a especialização regional ou dos segmentos é controlada pela expressão espacialmente localizada desses genes, que desempenham funções cruciais determinando os padrões corpóreos. Esses genes são responsáveis por atributos fundamentais como diferenciação anteroposterior (em invertebrados e vertebrados) e o posicionamento de projeções da parede do corpo (p. ex., membros). O papel fundamental desempenhado na evolução pelos genes do desenvolvimento e os processos que eles regulam resultaram no campo emergente da "biologia evolutiva do desenvolvimento", ou resumidamente "EvoDevo". A EvoDevo está interessada na geração da forma dentro de um indivíduo e como os mecanismos de desenvolvimento evoluem ao longo do tempo – ou seja, como a inovação evolutiva ocorre.

Os genes Hox têm sido conservados a um grau notável em todo o reino animal e hoje são conhecidos em todos os filos animais examinados. As proteínas Hox regulam os genes que controlam os processos celulares envolvidos na morfogênese. Desse modo, eles demarcam as posições relativas dos animais – eles não especificam a composição exata de estruturas particulares. Por exemplo, nos artrópodes, os genes Hox regulam onde se formam os apêndices do corpo e podem suprimir ou modificar o desenvolvimento dos membros (em conjunto com outros genes reguladores) para criar morfologias de apêndices únicas. As mutações dos genes Hox e de outros genes relacionados com o desenvolvimento podem produzir mutações grosseiras (mutações homeóticas, ou homeoses).

Apenas uma porcentagem pequena de todos os genes (menos de 1%) está dedicada à construção e à padronização dos corpos dos animais durante seu desenvolvimento do ovócito fecundado até a forma adulta – o processo por meio do qual um único ovócito transforma-se em um organismo complexo com vários bilhões (ou trilhões) de células, que tem aspecto e funções normais. Os demais genes estão envolvidos nas atividades cotidianas das células dentro dos vários órgãos e tecidos. Desse modo, as mutações ou outras alterações de um número relativamente pequeno de genes (uma "caixa de ferramentas" comum a todos os animais) pode ter resultados embrionários enormes. Existem evidências crescentes sugerindo que os genes Hox (e outros "genes controladores principais") tenham desempenhado funções significativas na evolução de novos padrões corpóreos entre os Metazoa. O potencial evolutivo dos genes Hox está em sua natureza hierárquica e combinatória. Hoje sabemos que um único gene Hox pode modular a expressão de dúzias de genes que interagem em cascata, cujos produtos determinam os resultados do desenvolvimento.

A variação de produção dessas redes multigênicas pode surgir em muitos níveis, simplesmente por mudanças no tempo relativo da expressão dos genes associados ao desenvolvimento (*i. e.*, por heterocronia; ver Capítulo 5), ou por interações dos genes na rede reguladora. De forma a entender o potencial enorme dos genes Hox em direcionar mudanças evolutivas, considere que, dentro do genoma de *Drosophila*, 85 a 170 genes diferentes são regulados apenas pelo produto do gene Hox *Ultrabithorax* (*Ubx*). As alterações da proteína Ubx poderiam potencialmente alterar a regulação de todos esses genes! Em algumas famílias de aranhas-do-mar (Chelicerata: Pycnogonida), as mutações dos genes Hox parecem ter produzido duplicações espúrias de segmentos/pernas, gerando linhagens polímeras.

Hoje em dia, existem muitos exemplos conhecidos do potencial extraordinário e da flexibilidade dos genes relacionados com o desenvolvimento. O potencial dos genes Hox é evidente nos membros abdominais dos insetos. Os membros abdominais ("falsas pernas") ocorrem nas larvas de vários insetos em várias ordens e estão presentes em todos os lepidópteros (p. ex., lagartas). Esses membros provavelmente estavam presentes nos ancestrais dos insetos e, por isso, as falsas pernas podem ter reaparecido pela suspensão da repressão do programa ancestral do desenvolvimento de um membro (*i. e.*, elas são um atavismo mediado por um gene Hox). A formação de uma falsa perna parece envolver uma alteração na regulação e da expressão de um único gene (*abd-A*) durante a embriogênese. Outro aspecto fundamental dos animais são os olhos, que se apresentam em uma variedade enorme de estilos, desde os olhos cavitários sofisticados dos vertebrados e cefalópodes, até os simples pontos oculares sensíveis à luz dos platelmintos e os olhos facetados compostos dos artrópodes. Estudos estimaram que os olhos tenham sido "inventados" independentemente por dezenas de vezes em Metazoa. Hoje sabemos que os genes necessários à formação dos olhos das moscas-das-frutas (o gene *Pax-6*) é o correspondente exato do gene necessário à formação dos olhos dos seres humanos e das lulas, e de muitos outros animais. Inovações expressivas (macroevolução) podem ser conseguidas "ensinando dicas novas aos genes antigos". Mais recentemente, descobriu-se que genes novos podem originar-se *de novo*, a partir de sequências não gênicas ancestrais. Desde o início do século 20, genes *de novo* foram identificados em *Drosophila*, roedores, arroz, leveduras e seres humanos.

Em resumo, os processos de microevolução (p. ex., seleção natural) atuam nos indivíduos e nas populações, mantêm a continuidade genômica e formam padrões intricados de relação ao longo do tempo (Figura 1.7). Por outro lado, os processos de macroevolução (p. ex., especiação e extinção) atuam nas espécies e nas linhagens, interrompem a continuidade genômica e criam padrões bifurcados ascendentes com o passar do tempo (Figura 1.7). Em um cladograma de espécies, os segmentos lineares representam os locais onde está acontecendo anagênese (microevolução) dentro

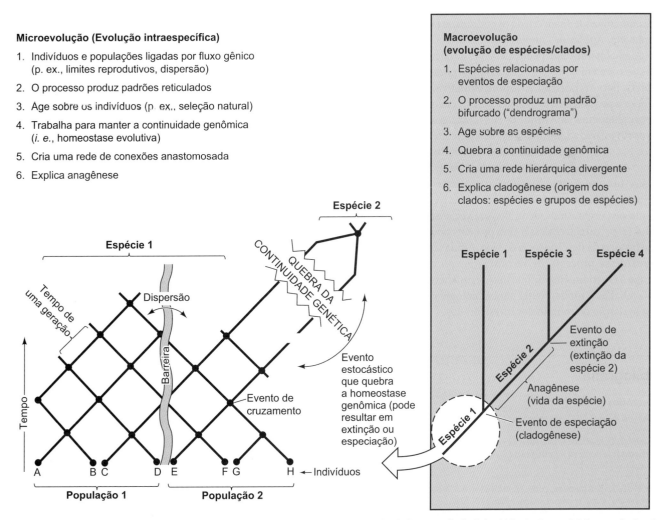

Figura 1.7 Microevolução e macroevolução ilustradas graficamente. A parte realçada do cladograma (*à direita*) está ilustrada em detalhes na ilustração apresentada *à esquerda*.

de determinada espécie. Os nós no cladograma representam eventos macroevolutivos (especiação e extinção). Embora Darwin tenha intitulado seu livro *A Origem das Espécies*, ele lidou basicamente com a manutenção das adaptações. Na verdade, o tipo de relação entre anagênese e cladogênese ainda não está bem-definido. O registro fóssil fornece evidências para a separação da seleção natural e da especiação, sugerindo que a maioria das espécies não muda significativamente ao longo de toda a sua existência; pelo contrário, elas permanecem fenotipicamente estáveis por milhões de anos, depois passam por uma alteração rápida, por meio da qual elas essencialmente "se substituem" por uma ou mais espécies novas e diferentes. Por sua vez, essas espécies novas permanecem fenotipicamente estáveis por mais alguns milhões de anos. O registro fóssil sugere que a maioria das espécies de invertebrados marinhos persiste mais ou menos inalterada por 5 a 10 milhões de anos, considerando que o tempo necessário para que ocorram alterações anatômicas significativas parece ser de apenas alguns milhares de anos ou menos. O padrão de especiação em pulsos rápidos intercalados entre períodos longos de estabilidade das espécies foi apresentado no famoso modelo de equilíbrio pontuado de Niles Eldredge e Stephen Jay Gould (1972).

Os biólogos ainda estão longe de entender todas as causas e mecanismos do processo evolutivo, embora estejamos desenvolvendo métodos excelentes para analisar os padrões da história da evolução (p. ex., filogenética molecular). Os debates atuais giram em torno do processo – a natureza dos próprios mecanismos evolutivos. Parece provável que diversos processos atuando em diferentes níveis tenham criado os padrões que encontramos hoje no planeta. Apesar das muitas dúvidas evolutivas que estão em debate atualmente e independentemente de quais processos evolutivos estejam em andamento, os biólogos podem continuar seus esforços para reconstruir a história evolutiva da vida na Terra, porque os processos de evolução resultam em organismos novos, que são diferentes em virtude de suas características ou atributos novos singulares adquiridos. Seus descendentes retêm esses atributos e, com o tempo, ainda adquirem outros, que são retidos pelos seus descendentes. Desse modo, o mundo dos seres vivos oferece-nos um padrão hierárquico analisável, que consiste em conjuntos aglomerados de aspectos reconhecíveis tanto nos fósseis quanto nos organismos vivos. Por sua vez, esses aspectos são os dados (*i. e.*, "características") com os quais podemos reconstruir uma história da descendência da vida. Ainda temos muito a dizer acerca desse processo de reconstrução no capítulo seguinte, porque o entendimento de que tipo de características e como elas são avaliadas é fundamental para a biologia comparada e para uma avaliação do mundo dos invertebrados.

Mensagem introdutória final ao leitor

Em razão de nossa abordagem comparativa, é fundamental que você esteja familiarizado com os Capítulos 1, 2, 4 e 5 antes de tentar estudar e compreender as seções que descrevem os grupos animais específicos. Esses quatro capítulos têm como propósito alcançar vários objetivos: (1) definir algumas terminologias básicas; (2) introduzir vários conceitos importantes; e (3) descrever detalhadamente os temas que utilizamos ao longo de todo o restante do livro.

O tema fundamental desse livro é a evolução, e descrevemos a evolução dos invertebrados principalmente com base no campo da biologia comparada. No Capítulo 2, oferecemos uma explicação de como os biólogos elaboram esquemas e classificações evolutivas; como as teorias sobre filogenia dos grupos animais são ampliadas e alteradas; e como a informação apresentada neste livro tem sido usada para construir teorias de como a vida evoluiu na Terra. Nos Capítulos 4 e 5, descrevemos os modelos anatômicos e morfológicos fundamentais e as estratégias de desenvolvimento dos metazoários. Como as características dos organismos, esses esquemas e estratégias não são aleatórios, mas formam padrões. O reconhecimento e a análise desses padrões constituem os blocos de construção básicos deste livro. Em seguida, passamos aos "capítulos dos animais", que têm como objetivo explorar a evolução dos invertebrados à luz de diversas combinações desses planos corpóreos básicos e estilos de vida. Com esse conhecimento, você deverá ser capaz de acompanhar as mudanças evolutivas e as ramificações que ocorreram entre os filos de invertebrados, seus sistemas corporais e seus diversos caminhos percorridos para garantir seu sucesso na Terra. Note que os capítulos que tratam dos filos grandes (p. ex., moluscos, anelídeos e artrópodes) têm seções de sinopse taxonômica muito grandes. Não esperamos que os estudantes leiam cada palavra dessas sinopses, elas são apresentadas mais como fonte de referência para que os leitores encontrem os táxons no contexto de nosso estado atual de conhecimento desses grupos.

Com base em nossa abordagem, esperamos acrescentar continuidade ao tema amplo da zoologia dos invertebrados, que é frequentemente abordada (em tratados e aulas) por um método de "fichas rápidas", no qual o objetivo principal é fazer com que o estudante memorize os nomes e as características dos animais e mantenha adequadamente essas associações, ao menos até depois do exame. Desse modo, nós o incitamos a olhar frequentemente para esses primeiros capítulos à medida que você for seguindo em sua leitura e explorar como os invertebrados estão reunidos, como eles vivem e como eles evoluíram.

Bibliografia

Referências gerais

Appeltans, W. *et al.* 2012. The magnitude of global marine species diversity. Curr. Biol. 22: 1–14.

Boothby, T. C. *et al.* 2015. Evidence for extensive horizontal gene transfer from the draft genome of a tardigrade. PNAS. doi: 10.1073/pnas.1510461112

Boyce, D. G., M. R. Lewis e B. Worm. 2010. Global phytoplankton decline over the past century. Nature 466: 591–596.

Bray, P. S. e K. B. Anderson. 2009. Identification of Carboniferous (320 million years old) Class Ic amber. Science 326: 132–134.

Buchsbaum *et al.* 1987. *Animals without Backbones,* 3rd Ed. University of Chicago Press, Chicago. [Esse livro clássico traz uma ótima leitura e muitas fotografias excelentes.]

Butchart, S. H. M. *et al.* 2010. Global biodiversity: indicators of recent declines. Science 328: 1164–1168.

Butlin, R. K., J. R. Bridle e D. Schulter (eds.). 2009. *Speciation and Patterns of Diversity*. Cambridge University Press, Cambridge.

Carroll, S. B. 2005. *Endless Forms Most Beautiful. The New Science of Evo Devo.* W. W. Norton & Company, Nova York.

Carroll, S. B. 2007. *The Making of the Fittest. DNA and the Ultimate Forensic Record of Evolution.* W. W. Norton & Company, Nova York.

Combes, C. 2001. *Parasitism: The Ecology and Evolution of Intimate Interactions.* University Chicago Press, Chicago. [Traz uma abordagem unificadora a um assunto normalmente tratado de forma fragmentada.]

Curtis, T. P., W. T. Sloan e J. W. Scannell. 2002. Estimating prokaryotic diversity and its limits. Proc. Natl. Acad. Sci. U.S.A. 99(16): 10494–10499. [Ver também comentário de B. Ward, mesmo número, 10234–10236.]

Danovaro et al. 2010. The first Metazoa living in permanently anoxic conditions. BMC Biol. 8: 30–39.

Dirzo et al. 2014. Defaunation in the Anthropocene. Science 345: 401–406

Dykhuizen, D. 2005. Species numbers in bacteria. Proc. Calif. Acad. Sci. 56, Suppl. I(6): 62–71.

Ekman, S. 1953. *Zoogeography of the Sea*. Sedgwick and Jackson, Londres. [Excelente revisão sobre a distribuição dos invertebrados marinhos; ultrapassado, mas ainda um trabalho de referência.]

Erwin, T. L. 1991. How many species are there? Revisited. Conserv. Biol. 5: 1–4. [Ver também F. Ødegaard. 2000. How many species of arthropods? Erwin's estimate revised. Biol. J. Linn. Soc. 71: 583–597.]

Fraser, L. H. et al. 2015. Worldwide evidence of a unimodal relationship between productivity and plant species richness. Science 349(6245): 302–305.

Fredrickson, J. K. e T. C. Onstott. 1996. Microbes deep inside the Earth. Sci. Am. 275: 68–73.

Gilbert, S. F. 2014. *Developmental Biology*, 10th Ed. Sinauer Associates, Sunderland, MA.

Hardy, A. C. 1956. *The Open Sea*. Houghton Mifflin, Boston. [Ainda a melhor introdução ao mundo dos plânctons.]

Harrison, F. W. (ed.). 1991–1997. *Microscopic Anatomy of Invertebrates*. Wiley-Liss, Nova York. [Série de 20 livros com um tratamento atualizado e detalhado sobre anatomia, histologia e ultraestrutura.]

Hoppert, M. e F. Mayer. 1999. Prokaryotes. Amer. Sci. 87: 518–525.

Hyman, L. H. 1940–1967. *The Invertebrates*. Vols. 1–6. McGraw-Hill, Nova York. [Série finalizada. Naturalmente, parte do material dos primeiros volumes está desatualizada, mas ainda se encontram entre as melhores referências de anatomia comparada.]

Kaestner, A. 1967–1970. *Invertebrate Zoology*. Vols. 1–3. Wiley-Interscience, Nova York. [Traduzido do alemão.]

King, J. L., M. A. Simovich e R. C. Brusca. 1996. Species richness, endemism and ecology of crustacean assemblages in northern California vernal pools. Hydrobiologia 328. 85–116. [Um olhar detalhado sobre um ambiente raro e ameaçado.]

Little, C. T. S. 2010. The prolific afterlife of whales. Sci. Am., Feb: 78–84.

Madigan, M. 2000. Extremophilic bacteria and microbial diversity. Ann. Missouri Bot. Garden 87(1): 3–12.

Maldonado, M. 2004. Choanoflagellates, choanocytes, and animal multicellularity. Invert. Biol. 123: 1–22

McClain, C. 2010. An empire lacking food. Am. Sci. 98: 470–477. [Excelente revisão sobre a biodiversidade do mar profundo.]

Moore, R. C. (ed.). 1952–present. *Treatise on Invertebrate Paleontology*. Geological Society of America and University of Kansas Press, Lawrence. [Cobertura detalhada sobre formas fósseis; muitos volumes pendentes.]

Mora, C. et al. 2011. How many species are there on Earth and in the ocean? PLoS Biol. 9(8). doi: 10:1371/pbio.10011127

Pellissier, L. et al. 2014. Quaternary coral reef refugia preserved fish diversity. Science 344: 1016–1019.

Penny, A. M. et al. 2014. Ediacaran metazoan reefs from the Nama Group, Namibia. Science 344: 1504–1506.

Pimm, S. et al. 2014. The Biodiversity of species and their rates of extinction, distribution, and protection. Science 334(6187): 987.

Piper, R. 2013. *Animal Earth. The Amazing Diversity of Living Creatures*. Thames & Hudson, Londres.

Poore, G. C. B. et al. 2014. Invertebrate diversity of the unexplored marine western margin of Australia: taxonomy and implications for global biodiversity. Mar. Biodivers. doi: 10.1007/s1252 04-0255-y

Porter, S. M. 2007. Seawater chemistry and early carbonate biomineralization. Science 316: 1302.

Prosser, C. L. (ed.). 1991. *Environmental and Metabolic Animal Physiology*. Wiley-Liss, Nova York. [Uma das melhores explicações sobre fisiologia comparativa.]

Putnam, N. H. et al. 2007. Sea anemone genome reveals ancestral eumetazoan gene repertoire and genomic organization. Science 317: 86–94.

Reaka-Kudla, M. L. 1997. The global biodiversity of coral reefs: A comparison with rain forests. pp. 83–108 in M. Reaka-Kudla, D. E. Wilson e E. O. Wilson (eds.), *Biodiversity II: Understanding and Protecting Our Biological Resources*. Washington, DC: Joseph Henry Press.

Roberts, L. S. e J. Janovy, Jr. 1996. *Foundations of Parasitology*, 5th Ed. Wm. C. Brown, Dubuque, IA. [Um dos melhores do geralmente decepcionante campo de textos sobre parasitologia.]

Ruggiero, M. A. et al. A higher level classification of all living organisms. PLoS ONE 10(4):e0119248. doi:10.1371/journal.pone/0119248

Rundell, R. J. e B. S. Leander. 2010. Masters of miniaturization: convergent evolution among interstitial eukaryotes. BioEssays 32: 430–437.

Ryan, J. F. et al. 2013. The genome of the ctenophore *Mnemiopsis leidyi* and its implications for cell type evolution. Science 342:1242592.

Sarbu, S. M. e T. C. Kane. 1995. A subterranean chemoautotrophically based ecosystem. NSS Bull. 57: 91–98.

Schoene, B. et al. 2014. U-Pb geochronology of the Deccan Traps and relation to the end-Cretaceous mass extinction. Science 347(6218): 182–184.

Science [Magazine]. 2002. This special issue of Science has numerous excellent articles on environmental microbiology–the world of microbes (pp. 1055–1081).

Shuster, S. M. 2008. Mating systems. pp. 2266–2273 in S. E. Jorgensen, *Behavioral Ecology*. Elsevier, Oxford.

Shuster, S. M. 2009. Sexual selection and mating systems. PNAS 106, Suppl. 1: 10009–10016.

Small, A. M., W. H. Adey e D. Spoon. 1998. Are current estimates of coral reef biodiversity too low? The view through the window of a microcosm. Atoll Res. Bull. 458: 1–20.

Urban, M. C. 2015. Accelerating extinction risk from climate change. Science 348: 571–573.

Wagner, G. P. 2014. *Homology, Genes and Evolutionary Innovation*. Princeton University Press.

Wilson, E. O. 1992. *The Diversity of Life*. Belknap Press, Harvard University Press, Cambridge, MA. [Impressionante texto de um dos maiores naturalistas vivos dos EUA.]

Filogenia e paleontologia

Antcliffe, J. B. 2013. Questioning the evidence of organic compounds called sponge biomarkers. Palaeontology 56: 917–925.

Bengtson, S. e Y. Zhao. 1997. Fossilized metazoan embryos from the earliest Cambrian. Science 277: 1645–1648.

Bengtson, S. e G. Budd. 2004. Comment on "Small bilaterian fossils from 40 to 55 million years before the Cambrian." Science 306: 1291a.

Bengtson, S. et al. 2012. A merciful death for the "earliest bilaterian," *Vernanimalcula*. Evol. Dev. 14(5): 421–427.

Borner, J. et al. 2014. A transcriptome approach to ecdysozoan phylogeny. Mol. Phylogenet. Evol. 80: 79–87.

Briggs, D. E. G., D. E. Erwin e F. J. Collier. 1994. *The Fossils of the Burgess Shale*. Smithsonian Institution Press, Washington, D.C.

Chen, J-Y. et al. 2004. Small bilaterian fossils from 40 to 55 million years before the Cambrian. Science 305: 218–222.

Chen, J-Y. et al. Response to comment on "Small bilaterian fossils from 40 to 55 million years before the Cambrian." Science 306: 1291b.

Chen, J-Y. et al. 2009. Complex embryos displaying bilaterian characters from Precambrian Doushantuo phosphate deposits, Weng'an, Guizhou, China. PNAS 106(45): 19056–19060.

Chen, L. et al. 2014. Cell differentiation and germ-soma separation in Ediacaran animal embryo-like fossils. Nature. doi: 10.1038/nature13766

Cohen, P. A., A. H. Knoll e R. B. Kodner. 2009. Large spinose microfossils in Ediacaran rocks as resting stages of early animals. Proc. Natl. Acad. Sci. 1006(16): 6519–6524.

Conway Morris, S. 1999. *The Crucible of Creation: The Burgess Shale and the Rise of Animals*. Oxford Univ. Press, Oxford.

Cunningham, J. A. et al. 2014. Distinguishing geology from biology in the Ediacaran Doushantuo biota relaxes constraints on the timing of the origin of bilaterians. Proc. R. Soc. B, doi: 10.1098/rspb.2011.2280

Cunningham, J. A. et al. 2015. Critical appraisal of tubular putative eumetazonas from the Ediacaran Weng'an Doushantuo biota. Proc. R. Soc. B, 282. doi: 10.1098/rspb.2015.1169

Dunn, C. W. et al. 2014. Animal phylogeny and its evolutionary implications. Ann. Rev. Ecol. Evol. Syst. 45: 371–395.

Erwin, D. H. et al. 2011. The Cambrian conundrum: early divergence and later ecological success in the early history of animals. Science 334: 1091–1097.

Erwin, D. H. e J. W. Valentine. 2013. *The Cambrian Explosion. The Construction of Animal Biodiversity*. Roberts and Co., Greenwood Village, CO.

Gáspar, J., J. Paps e C. Nielsen. 2015. The phylogenetic position of ctenophores and the origin(s) of nervous systems. EvoDevo 6: 1. doi: 10.1186/2041-9139-6-1

Hejnol, A. e J. M. Martín-Durán. 2015. Getting to the bottom of anal evolution. Zool. Anz. doi: 10.1016/j.jcz.2015.02.006

Huldtgren, T. et al. 2011. Fossilized nuclei and germination structures identify Ediacaran "animal embryos" as encysting protists. Science 334: 1696–1699.

Kiessling, W., C. Simpson e M. Foote. 2010. Reefs as cradles of evolution and sources of biodiversity in the Phanerozoic. Science 327: 196–198.

Kouchinsky, A. et al. 2012. Chronology of Early Cambrian biomineralization. Geol. Mag. 149: 221–251.

Laumer, C. E. et al. 2015. Spiralian phylogeny informs the evolution of microscopic lineages. Curr. Biol. 25: 1–6.

Lee, M. S. Y., A. Cau, D. Naish e G. J. Dyke. 2014. Sustained miniaturization and anatomical innovation in the dinosaurian ancestors of birds. Science 345: 562–566.

Lee, M. S. Y. et al. 2013. Rates of phenotypic and genomic evolution during the Cambrian Explosion. Curr. Biol. 23: 1889–1895.

Liu, P. et al. Ediacaran acanthomorphic acritarchs and other microfossils from chert nodules of the Upper Doushantuo Formation in the Yangtze Gorges area, South China. J. Paleontol. 88: 1–139.

Love, G. D. et al. 2009. Fossil steroids record the appearance of Demospongiae during the Cryogenian Period. Nature 457: 718–721.

Misof, B. *et al.* 2014. Phylogenomics resolves the timing and pattern of insect evolution. Science 346: 763–767.

Osigus, H.-J. *et al.* 2013. Mitogenomics at the base of Metazoa. Mol. Phylogenet. Evol. 69: 339–351.

Osigus, H.-J., M. Eitel e B. Schierwater. 2013. Chasing the urmetazoon: striking a blow for quality data? Mol. Phylogenet. Evol. 66: 551–557.

Peterson, K. J. e N. J. Butterfield. 2005. Origin of the Eumetazoa: testing ecological predictions of molecular clocks against the Proterozoic fossil record. Prod. Natl. Acad. Sci. 102: 9547–9552.

Pisani, D. *et al.* 2015. Genomic data do not support comb jellies as the sister group to all other animals. PNAS, doi/10.1073/pnas.1518127112

Planavsky, N. J. *et al.* 2014. Low Mid-Proterozoic atmospheric oxygen levels and the delayed rise of animals. Science 346: 635–638.

Rota-Stabelli, O., A. C. Daley e D. Pisani. 2013. Molecular timetrees reveal a Cambrian colonization of land and a new scenario for ecdysozoan evolution. Current Biology 23: 392-398.

Sánchez-Villagra, M. 2012. *Embryos in Deep Time. The Rock Record of Biological Development*. University of California Press, Berkeley.

Schiffbauer, J. D. *et al.* 2012. The origin of intracellular structures in Ediacaran metazoan embryos. Geology 40: 223–226.

Schmidt-Rhaesa, A. 2007. *The Evolution of Organ Systems*. Oxford Univ. Press, Inglaterra.

Schopf, J. W. (ed.) 2002. *Life's Origin. The Beginnings of Biological Evolution*. University of California Press, Berkeley.

Seilacher, A., P. K. Bose e F. Pflüger. 1998. Triploblastic animals more than one billion years ago: trace fossil evidence from India. Science 282: 80–83.

Shen, X. *et al.* 2015. Phylomitogenomic analyses strongly support the sister relationship of the Chaetognatha and Protostomia. Zool. Scr. doi: 10.1111/zsc.12140

Suga, H. *et al.* 2013. The *Capsaspora* genome reveals a complex unicellular prehistory of animals. Nat. Commun. 4: 23–25.

Telford, M. J. e D. T. J. Littlewood (eds.). 2009. *Animal Evolution: Genes, Genomes, Fossils and Trees*. Oxford University Press, Oxford.

Torruella, G. *et al.* 2011. Phylogenetic relationships within the Opisthokonta based on phylogenomic analyses of conserved single-copy protein domains. Mol. Biol. Evol. 29: 531–544.

Vargas, P. e R. Zardoya (eds.). 2014. *The Tree of Life. Evolution and Classification of Living Organisms*. Sinauer Associates, Sunderalnd, MA.

Vickers-Rich, P. e P. Komarower (eds.). 2007. *The Rise and Fall of the Ediacaran Biota*. The Geological Society, Bath, Reino Unido.

Wägele, J. W. e T. Bartolomaeus (eds.). 2014. *Deep Metazoan Phylogeny: The Backbone of the Tree of Life. New Insights from Analyses of Molecules, Morphology, and Theory of Data Analysis*. De Gruyter, Berlim.

Waloszek, D. 2003. The "Orsten"-window–a three-dimensionally preserved Upper Cambrian meiofauna and its contribution to our understanding of the evolution of Arthropoda. Paleontol. Res. 7: 71–88.

Whelan, N. V. *et al.* 2015. Error, signal, and the placement of Ctenophora sister to all other animals. PNAS 112(18): 5773–5778.

Xiao, S. *et al.* 2014. Phosphatized acanthomorphic acritarchs and related microfossils from the Ediacaran Doushantuo Formation at Weng'an (South China) and their implications for biostratigraphic correlation. J. Palentol. 88: 1–67.

Yin, Z. *et al.* 2014. Biological and taphonomic implications of Ediacaran fossil embryos undergoing cytokinesis. Gondwana Res. 25: 1019–1026.

Yin, Z. *et al.* 2015. Sponge grade body fossil with cellular resolution dating 60 Myr before the Cambrian. Proc. Natl. Acad. Sci. doi: 10.1073/pnas.1414577112

Yin, Z. *et al.* 2011. Early embryogenesis of potential bilaterian animals with polar lobe formation from the Edicaran Weng'an Biota, South China. Precambrian Res. 225: 44–57.

Zhuravlev, A. e R. Riding (eds.). 2001. *The Ecology of the Cambrian Radiation*. Columbia University Press, Nova York.

2
Sistemática, Filogenia e Classificação

Este livro lida com o campo da **biologia comparada**, ou o que podemos chamar de ciência da diversidade da vida. Os cientistas podem usar a biologia comparada por vários motivos, mas os biólogos evolucionistas utilizam-na para estudar as características dos organismos, de formas que lhes permitem estimar a história da vida. Os biólogos têm realizado estudos comparados de anatomia, morfologia, embriologia, fisiologia e comportamento há mais de 150 anos. Nos últimos 20 anos, aproximadamente, a filogenética molecular comparada e a biologia evolutiva do desenvolvimento ("EvoDevo") têm desempenhado funções extremamente importantes. Como não podemos observar diretamente a história da vida (a não ser por registros paleontológicos), precisamos confiar na força do método científico para reconstruí-la ou inferi-la. Este capítulo apresenta uma visão geral desse processo. Portanto, em sua tentativa de entender a diversidade do mundo dos seres vivos, a biologia comparada lida com três elementos distintos: (1) descrições dos organismos, principalmente em termos de semelhanças e diferenças em seus atributos (inclusive suas características genéticas); (2) história filogenética dos organismos ao longo do tempo; e (3) história da distribuição dos organismos no espaço. Alguns biólogos comparativos classificam a si próprios como sistematas. **Sistemática** é a ciência que documenta a diversidade biológica do planeta, reconstrói a história dessa biodiversidade e desenvolve classificações naturais que reflitam sua história evolutiva.

O campo da sistemática biológica passou por uma revolução em sua teoria e aplicação nos últimos 40 anos, especialmente com respeito à reconstrução filogenética. Alguns aspectos filosóficos e princípios operacionais desse campo empolgante estão descritos neste capítulo. É essencial que os estudantes de biologia tenham uma compreensão básica de como são elaboradas as classificações e inferidas as relações filogenéticas; por isso, recomendamos enfaticamente que você reflita cuidadosamente sobre os conceitos apresentados neste capítulo introdutório.

Hoje em dia, nossas classificações dos seres vivos são elaboradas com base em análises filogenéticas cuidadosas das características morfológicas, genéticas e do desenvolvimento das espécies, que supostamente acreditamos refletir sua história evolutiva. Dependemos cada vez mais dos dados de sequenciamento molecular dos genes como base para nossas análises. Contudo, esse processo nem sempre é direto.

A foto de abertura do capítulo mostra representantes de dois filos, que estão apenas vagamente relacionados profundamente no tempo: as esponjas (Poríferas) e os caranguejos (Artrópodes). Ambos representam filos ancestrais, que surgiram nos oceanos pré-cambrianos há mais de 550 milhões de anos.

Os genes (e a morfologia) podem nos enganar de várias maneiras. As semelhanças podem originar-se de maneiras indiretas; as características podem ser perdidas ou transformadas de modos que nem sempre são óbvios; e alguns conceitos longamente defendidos quanto ao desenvolvimento dos animais foram alterados (ou até mesmo descartados) recentemente. Neste capítulo, procuraremos ajudá-lo a entender os fundamentos da biologia comparada, na medida em que se relaciona com a análise filogenética e a elaboração das classificações.

Classificação biológica

E você percebe que, todas as vezes que criei uma divisão adicional, surgiram mais caixas baseadas nessas divisões, até que eu tinha uma enorme pirâmide de caixas. Finalmente, você entende que, enquanto eu estava desmontando a motocicleta em peças cada vez menores, também estava construindo uma estrutura. Essa estrutura de conceitos é formalmente conhecida como hierarquia e, desde os tempos antigos, tem sido básica para todo o conhecimento ocidental.

Robert M. Pirsig
Zen e a Arte da Manutenção de Motocicletas, 1974

O termo **classificação biológica** tem dois significados. Primeiramente, a expressão significa o *processo* de classificar, que consiste em delimitar, ordenar e classificar os organismos em grupos. Em segundo lugar, o termo expressa o *produto* desse processo, ou o esquema de classificação propriamente dito. O mundo dos seres vivos tem uma estrutura objetiva, que pode ser documentada e descrita empiricamente. Um dos objetivos da biologia é descobrir e descrever essa estrutura, e as classificações são um dos meios para isso. Realizar o processo de classificação biológica é uma das principais tarefas do sistemata (ou taxonomista).

A construção de uma classificação pode, a princípio, parecer direta; basicamente, o processo consiste em analisar padrões na distribuição das características entre os organismos. Com base nessas análises, os espécimes são agrupados em espécies; as espécies relacionadas são agrupadas em gêneros; os gêneros relacionados são agrupados para formar famílias; e assim por diante. O processo de agrupamento forma um sistema de subordinação ou de aninhamento, de táxons organizados de forma hierárquica e que segue uma teoria básica. Quando os táxons são agrupados adequadamente de acordo com seu grau de similaridade compartilhada (*i. e.*, com base nas características derivadas compartilhadas), a hierarquia refletirá os padrões de descendência evolutiva – o conceito de "descendência com modificação" de Darwin e Wallace.

O conceito de similaridade é fundamental à taxonomia, ao processo de classificação e à biologia comparada como um todo. Avaliada com base nas características compartilhadas pelos organismos, a similaridade geralmente é aceita pelos biólogos como uma medida de relacionamento biológico (evolutivo) entre indivíduos e táxons. O conceito de relacionamento ou parentesco genealógico encontra-se no cerne da sistemática e da biologia evolutiva. Em geral, os padrões de relacionamento são representados pelos biólogos em diagramas ramificados conhecidos como **árvores** (p. ex., árvores filogenéticas, genealógicas ou evolutivas). Uma vez construídas, essas árvores podem então ser convertidas em esquemas de classificação, os quais são um modo dinâmico de se representar nossa compreensão sobre a história da vida na Terra. Desse modo, as árvores e as classificações na verdade são hipóteses da evolução da vida e da ordem natural que ela criou.

As classificações são necessárias por vários motivos, não simplesmente para catalogar eficazmente a enorme quantidade de espécies de organismos existentes na Terra. Hoje em dia, existem cerca de dois milhões de espécies de procariotos e eucariotos nomeadas e descritas (e inúmeras outras permanecem não descritas). Apenas os insetos totalizam quase um milhão de espécies nomeadas e mais de 350.000 dessas são besouros! As classificações fornecem um sistema detalhado para armazenamento e recuperação desses nomes. Em segundo lugar – e mais importante para os biólogos evolutivos –, as classificações têm uma função descritiva. Essa função é desempenhada não apenas pelas descrições que definem cada táxon, mas também, como foi salientado antes, pelas hipóteses detalhadas das relações evolutivas entre os organismos que habitam o planeta Terra. Em outras palavras, as classificações são (ou deveriam ser) elaboradas com base nas relações evolutivas; ou seja, com base nos padrões de ancestralidade e descendência demonstrados nas árvores filogenéticas.

Quando os esquemas de classificação biológica resumem as hipóteses definidas pelas árvores filogenéticas, então as classificações – assim como outras hipóteses da ciência – têm uma terceira função, ou seja, a de predição. Como também ocorre com todas as hipóteses, quanto mais precisa e menos ambígua for a classificação, maior é seu valor preditivo. Previsibilidade é outra forma de dizer testabilidade: a testabilidade é que coloca um empreendimento no domínio da ciência, não no da arte, da fé ou da retórica. Como outras hipóteses (ou teorias), as classificações sempre estão sujeitas à refutação, ao refinamento e à ampliação, na medida em que novos dados estejam disponíveis. Esses novos dados podem aparecer na forma de espécies ou características dos organismos recém-descobertos; novas ferramentas para analisar as características dos organismos; ou novas ideias a respeito de como as características podem ser avaliadas. As alterações das classificações refletem as mudanças em nossa visão e compreensão sobre o mundo natural.

Nomenclatura

Os nomes utilizados nas classificações são determinados por regras e recomendações análogas às regras gramaticais que regulamentam os idiomas ocidentais. O objetivo mais fundamental da **nomenclatura biológica** é elaborar classificações, nas quais (1) qualquer organismo de um tipo tenha um e apenas um nome correto e (2) não existam dois tipos de organismo com o mesmo nome. Todos os códigos da nomenclatura dos vários grupos de seres vivos buscam atender a esses requisitos fundamentais. A nomenclatura é um recurso importante para biólogos por facilitar a comunicação e a estabilidade.[1]

---

[1]Em geral, evitamos usar nomes comuns ou vernaculares neste livro, simplesmente porque eles não são claros em muitos casos. A maioria dos invertebrados não tem nomes comuns específicos e os que têm geralmente possuem mais de um nome. Por exemplo, dúzias de espécies diferentes de lesmas-do-mar são conhecidas como "dançarinas-espanholas". Criaturas de todos os tipos são descritas como "percevejos", mas a maioria não é realmente percevejo (Hemiptera). Recentemente, tem havido um movimento para codificar os nomes comuns na tentativa de estabelecer um único nome vernacular preferido para cada espécie. Esse movimento tem envolvido principalmente os especialistas em vertebrados, e até agora não existe uma iniciativa amplamente aceita para fazer o mesmo com os invertebrados.

Antes da metade do século 18, os nomes dos animais e das plantas consistiam em uma ou mais palavras ou, em muitos casos, simplesmente uma frase descritiva. Em 1735, com apenas 28 anos, o grande naturalista sueco Carl von Linné (Carolus Linnaeus, em sua forma latinizada preferida, ou Lineu, como é conhecido em português) elaborou um sistema para nomear organismos, que hoje é conhecido como **nomenclatura binomial**. O sistema de Lineu requeria que todos os organismos tivessem um nome científico com duas partes, ou seja, um **binômio**. As duas partes de um binômio são o nome genérico (ou gênero) e o nome específico (ou epíteto específico). Por exemplo, o nome científico de uma das estrelas-do-mar mais comuns na costa do Pacífico é *Pisaster giganteus*. Em conjunto, esses dois nomes constituem um binômio; *Pisaster* é o nome genérico (gênero) do animal, enquanto *giganteus* é seu **epíteto específico**. O epíteto específico nunca é usado sozinho, devendo ser precedido do nome genérico. Portanto, o "nome da espécie" do animal é o binômio completo. Usar a primeira letra do nome do gênero que precede ao epíteto específico também é aceitável, contanto que o nome completo tenha aparecido na página ou em um artigo resumido (p. ex., *P. giganteus*).

A versão de 1758 do sistema de Lineu era a décima edição do seu famoso livro *Systema Naturae*, no qual ele relacionava todos os animais que lhe eram conhecidos naquela época e incluía diretrizes essenciais à classificação dos organismos. Lineu diferenciou e nomeou mais de 4.400 espécies de animais, inclusive *Homo sapiens*. Seu livro intitulado *Species Plantarum* (no qual nomeou mais de 8.000 espécies) fez o mesmo com as plantas em 1753. Lineu foi um dos primeiros naturalistas a enfatizar o uso das similaridades entre as espécies (ou entre outros táxons) para elaborar uma classificação em vez de utilizar as diferenças. Desse modo, sem saber, ele começou a classificar os organismos com base em sua relação genética e, consequentemente, em sua proximidade evolutiva. Lineu publicou seu livro *Systema Naturae* 100 anos antes do aparecimento da teoria da evolução por seleção natural de Darwin e Wallace (1859) e, desse modo, seu uso das similaridades na classificação prenunciou a ênfase subsequente dos biólogos nas relações evolutivas entre os táxons. Lineu conquistou notoriedade em 1761 (e se tornou Carl von Linné); ele morreu em 1778.

Os binômios são latinos (ou latinizados) em razão do costume seguido na Europa antes do século 18 de publicar artigos científicos em latim, a língua universal das pessoas instruídas daquela época. Ao longo das várias décadas que se seguiram a Lineu, os nomes para os animais e plantas proliferaram e comumente havia vários nomes para uma única determinada espécie (nomes diferentes para a mesma espécie são chamados de **sinônimos**). O nome em uso corrente geralmente era o mais descritivo ou, em muitos casos, simplesmente era aquele utilizado pela autoridade mais eminente naquela época. Além disso, alguns nomes genéricos e epítetos específicos eram formados por mais de uma palavra cada. Em 1842, essa falta de uniformidade da nomenclatura levou à adoção de um código de regras formuladas sob os auspícios da British Association for the Advancement of Science, que passou a ser conhecido como código de Strickland. Em 1901, a recém-formada International Commission on Zoological Nomenclature adotou uma versão revisada do código de Strickland, que se tornou conhecida como **International Code of Zoological Nomenclature (ICZN)**. Os botânicos tinham adotado um código semelhante para as plantas em 1813, o Théorie Elémentaire de la Botanique, que se tornou em 1930 o International Code of Botanical Nomenclature (também existe um código separado, embora complementar, para as plantas cultivadas). Desde então, esse código foi revisado e tornou-se conhecido como Code of Nomenclature for Algae, Fungi, and Plants. Também existe um International Code of Nomenclature of Bacteria.

O ICZN estabeleceu a data de 1º de janeiro de 1758 (ano em que foi lançada a décima edição do livro *Systema Naturae*, de Lineu) como data inicial para a nomenclatura zoológica moderna. Considera-se que quaisquer nomes publicados nesse ano ou nos subsequentes tenham surgido depois do *Systema Naturae*. O ICZN também modificou ligeiramente a descrição do sistema de nomeação de Lineu de uma nomenclatura binomial (nome com duas partes) para uma **nomenclatura binominal** (nomes com dois nomes). Entretanto, ainda encontramos a primeira designação em uso corrente. Essa mudança sutil implica que o sistema deva ser verdadeiramente binário; ou seja, os nomes genérico e específico podem ter apenas uma palavra cada. Embora o sistema seja binário, ele também aceita o uso dos nomes das subespécies, criando um **trinômio** (três nomes), dentro do qual está contido obrigatoriamente o binômio. Por exemplo, hoje se sabe que a estrela-do-mar *Pisaster giganteus* tem uma forma diferente, que ocorre na região sul de sua área de distribuição e é designada como subespécie – *Pisaster giganteus capitatus*.

Todos os códigos da nomenclatura biológica têm cinco princípios básicos em comum:

1. Os códigos botânico, bacteriano e zoológico são independentes entre si. Por isso, embora não seja recomendável, permite-se que um gênero de planta e um gênero de animal compartilhem o mesmo nome (p. ex., o nome *Cannabis* é usado para descrever um gênero de plantas e um gênero de aves).
2. Um táxon pode ter um e apenas um nome correto.
3. Dois gêneros dentro de determinado código não podem ter o mesmo nome (i. e., nomes genéricos são únicos); e não pode haver duas espécies dentro do mesmo gênero com o mesmo nome (i. e., os binômios são únicos).
4. O nome válido ou correto de um táxon baseia-se na prioridade de publicação (primeiro uso).
5. Para as categorias de superfamília nos animais e ordem nas plantas, e para todas as categorias classificadas abaixo dessas, os nomes dos táxons devem ser baseados em espécimes-tipo, espécies-tipo ou gêneros-tipo.[2]

Quando a aplicação rigorosa de um código causa confusão ou ambiguidade, os problemas são levados à comissão apropriada para uma decisão "legal". As decisões da International Commission on Zoological Nomenclature são publicadas periodicamente em sua revista *Bulletin of Zoological Nomenclature*. É importante salientar que as comissões internacionais regulamentam apenas questões de nomenclatura ou "legais", não questões de interpretação científica ou biológica; os problemas desse último tipo são

---

[2]Quando um biólogo nomeia e descreve pela primeira vez uma espécie nova, toma um espécime "típico" ou representativo, declara-o como espécime-tipo e deposita-o em um repositório seguro (p. ex., um grande museu de história natural). Se pesquisadores posteriores tiverem dúvidas de que estejam trabalhando com as mesmas espécies descritas pelo autor original, eles podem comparar seu material com o espécime-tipo. Embora seu valor seja significativamente menor, as designações de espécie-tipo ou "típica" para um gênero ou de um gênero-tipo para uma família servem a um propósito até certo ponto semelhante de estabelecer uma espécie ou um gênero "típico", no qual o gênero ou a família está baseada.

atribuições dos sistematas. Evidentemente, o nome correto de uma espécie (e quaisquer alterações subsequentes desse nome) tem grande importância para todos os campos da biologia (p. ex., ecologia, biologia da conservação, fisiologia), porque os cientistas precisam conhecer os nomes corretos dos organismos que estudam, de forma a poder escrever sobre eles.

As categorias hierárquicas reconhecidas pelo ICZN são as seguintes:

Reino
  Filo
    Classe
      Coorte
        Ordem
          Família
            Tribo
              Gênero
                Espécie
                  Subespécie

Os nomes relacionados acima representam as **categorias**; o grupo animal efetivo que é colocado em qualquer nível categórico específico forma um **táxon**. Desse modo, o táxon dos Echinodermatas é colocado no nível hierárquico correspondente à categoria de filo – Echinodermata é o táxon; filo é a categoria. Todas as categorias (e táxons) situadas acima do nível da espécie são referidas como categorias superiores (e táxons superiores), distintas das categorias do grupo de espécie (espécie e subespécie). As ordens taxonômicas também podem ter super-, sub- e infracategorias (p. ex., superordem, subordem e infraordem).

A estrela-do-mar comum no Pacífico *Pisaster giganteus* é classificada como segue:

Categoria	Táxon
Filo	Echinodermata
Subfilo	Asterozoa
Classe	Asteroidea
Ordem	Forcipulatida
Família	Asteriidae
Gênero	*Pisaster*
Espécie	*Pisaster giganteus* (Stimpson, 1857)

Nessa classificação, note que o nome de um cientista aparece depois do nome da espécie. Esse nome é o do autor da espécie – a pessoa que primeiro descreveu a espécie e atribuiu um nome a ela. Nesse exemplo específico, o nome do autor aparece entre parênteses, indicando que essa espécie hoje é colocada em um gênero diferente do que foi atribuído originalmente pelo professor Stimpson. Em geral, os nomes dos autores acompanham o primeiro uso do nome de uma espécie na literatura primária (*i. e.*, artigos publicados em periódicos científicos profissionais). Na literatura secundária, como livros didáticos e revistas populares de ciência, os nomes dos autores raramente são citados.

Os nomes atribuídos a animais e plantas geralmente são de alguma forma descritivos, ou talvez indicativos da área geográfica na qual a espécie ocorre. Outros seres vivos são nomeados em homenagem a algumas pessoas, qualquer que seja o motivo. Em alguns casos, os nomes são atribuídos unicamente por capricho, ou até existem nomes que parecem ter sido elaborados por motivos aparentemente diabólicos.[3]

---

[3]Entre os muitos nomes curiosos dados a animais estão *Agra vation* (corruptela da palavra da língua inglesa *aggravation*, que quer dizer irritante; um besouro tropical, que o Dr. Terry Erwin teve extrema dificuldade de coletar) e *Lightiella serendipida* (um pequeno crustáceo; o nome genérico foi elaborado em homenagem ao famoso naturalista do Pacífico S. F. Light [1886-1947], enquanto o epíteto da espécie foi retirado do termo inglês "*serendipity*", uma palavra cunhada por Walpole em alusão ao conto "Os Três Príncipes de Serendip", que, em suas viagens, sempre estavam descobrindo, por acaso ou por sua sagacidade, coisas que não buscavam; o termo descreve perfeitamente as circunstâncias da descoberta inicial dessa espécie). Na verdade, existem mais de 500 espécies de *Agra* descritas (besouros carabídeos conhecidos como "besouros-de-dossel-elegante"), inclusive *Agra eponine*, assim nomeada em referência a uma das personagens do livro *Os Miseráveis* que, na versão encenada na Broadway, personificava a beleza trágica ("esse é o estado das florestas tropicais nas quais vivem esses besouros", de acordo com o Dr. Erwin, que também atribuiu o nome a essa espécie). Outro nome atribuído pelo Dr. Erwin é *Agra ichabod*, em referência ao fato de que o holótipo não tem cabeça, uma alusão ao assustado professor Ichabod Crane, inimigo do Cavaleiro sem Cabeça no conto "A Lenda do Vale do Sono". No século 19, o naturalista britânico W. E. Leach formulou numerosos gêneros de crustáceos isópodes, cujas ortografias são anagramas do nome Caroline. Exatamente quem era Caroline (e a natureza da relação dela com o professor Leach) é ainda assunto de debate, mas a teoria mais aceita é de que o nome seja referência a Caroline de Brunswick, muito conhecida na época. Dizem que Caroline era maltratada por seu marido (o Príncipe Regente e posteriormente rei George IV) e que seria uma dama de fidelidade questionável. O Dr. Leach, de Devon, pode ter ficado do lado de Caroline homenageando-a com uma longa série de nomes genéricos, inclusive *Cirolana*, *Lanocira*, *Rocinela*, *Nerocila*, *Anilocra*, *Conilera*, *Olincera* e outros.

A atitude descontraída de nomear organismos nem sempre deixou de ter implicações freudianas, uma vez que há nomes como *Thetys vagina* (uma salpa pelágica grande, oca e tubular), *Succinea vaginacontorta* (um caracol hermafrodita, cuja vagina é torcida como um saca-rolhas), *Phallus impudicus* (um cogumelo coberto de limo), *Amanita phalloides* e *Amanita vaginata* (duas espécies de cogumelos extremamente tóxicos, em torno dos quais existem várias lendas e cerimônias aborígenes). *Humbert humberti* é uma vespa assim nomeada em homenagem a Humbert Humbert, o narrador do grande romance de Vladimir Nabokov, *Lolita*, obcecado por sua futura enteada de 12 anos. *Crepidula fornicata* é um molusco hermafrodita (*slipper shell*, gastrópode) que forma pilhas alternadas de espécimes com funções masculina e feminina (machos em cima das fêmeas, à medida que eles crescem). Injetar uma dose lírica de insinuação sexual na taxonomia não é algo novo. O próprio Lineu incorporou algumas "tiradas espirituosas" em seus escritos e, na verdade, estabeleceu paralelos entre a sexualidade das plantas e o amor humano. Em 1729, ele descreveu as pétalas das flores da seguinte forma: "[Elas] servem como leitos nupciais, que o Criador tão gloriosamente arrumou, adornou com tão belas cortinas de leito e perfumou com tantos aromas suaves, que o noivo com sua noiva poderiam lá celebrar suas núpcias com muito mais solenidade". Essa descrição sexualmente explícita (no início do século 18) não deixou de receber críticas e Lineu teve seus detratores. O botânico alemão Johann Siegesbeck (um expositor do Jardim Botânico de São Petersburgo) chamou-a de "prostituição repugnante" e comentou: "Quem poderia ter imaginado que jacintos, lírios e cebolas poderiam ser citados com tanta imoralidade?" Entretanto, Lineu teve a oportunidade de vingar-se quando nomeou uma pequena erva europeia feia e malcheirosa que habitava o limo (botão-de-ouro) de *Siegesbeckia*.

Outros nomes engraçados são *hoopoe* (uma ave), ou *Upupa epops*, assim nomeada eufonicamente em alusão ao seu canto, bem como o peixe *Zappa confluentus*, que foi nomeado por um fã de Frank Zappa. O conjunto Grateful Dead tem uma mosca nomeada em sua homenagem (*Dicrotendipes thanatogratus*). Também há uma lula-vampira *Vampyroteuthis infernalis* ("a lula vampira do inferno"), um bivalve nomeado *Abra cadabra*, uma aranha sugadora de sangue referida como *Draculoides bramstokeri* e uma vespa *Aha ha*. Até mesmo Lineu cunhou um nome curioso para uma ameba comum, *Chaos chaos*. Em uma crise de capricho, o entomólogo G. W. Kirkaldy criou os gêneros de percevejos *Polychisme* (corruptela de "Polly kiss me", que em português significa "Polly, beije-me"), *Peggichisme*, *Marichisme*, *Dolychisme* e *Florichisme*. Existem gêneros de peixes nomeados como *Zeus*, *Satan*, *Zen*, *Batman* e *Sayonara*. Existem gêneros de insetos conhecidos como *Cinderella*, *Aloha*, *Oops* e *Euphoria*. Alguns outros binômios curiosos são *Leonardo davincii* (uma traça), *Phthiria relativitae* (uma mosca) e *Ba humbugi* (um caracol). Alguns biólogos ultrapassaram os limites ao cunhar os nomes de alguns animais e muitos binômios excedem os comprimento de 30 letras, incluindo entre esses o quetognato *Sagitta pseudoserratadentatoides* (31 letras) e o ouriço-do-mar comum do Pacífico Norte *Strongylocentrotus droebachiensis* (31 letras). *Lagenivaginopseudobenedenia* é o nome de um gênero com 27 letras, aplicado a um grupo de vermes monogeneanos. Os crustáceos anfípodes provavelmente ganham o grande prêmio da categoria de nomes mais longos, com *Siemienkiewiczechinogammarus siemienkiewitschii* (47 letras) e *Cancelloidokytodermogammarus* (*Loveninsukytodermogammarus*) *loveni* (61 letras, incluindo o nome do subgênero) – esses são casos em que o editor da revista simplesmente não tem como realizar um bom trabalho!

A **definição de espécie biológica** (ou conceito genético de espécies), como classificado por Ernst Mayr, define as espécies como grupos de populações naturais que se cruzam (ou poderiam entrecruzar-se) e que são reprodutivamente isoladas de outros grupos desse tipo. Evidentemente, essa definição não contempla as espécies assexuadas. George Gaylord Simpson e Edward O. Wiley desenvolveram o **conceito evolutivo de espécie**, que propõe que uma espécie seja uma linhagem única de populações de ancestrais–descendentes, que mantém sua identidade separada das outras linhagens desse tipo e que tem suas próprias tendências evolutivas e destino histórico. Na verdade, por certo que os biólogos confiam fortemente em aspectos morfológicos dos organismos (e progressivamente mais nos dados de sequenciamento gênico) como substitutos para aferir essas visões conceituais de espécie. Ou seja, concebemos as espécies como entidades genéticas ou evolutivas, mas as reconhecemos primariamente por suas características fenotípicas (ou sequência de genes). Por isso, o conhecimento dessas características é de grande importância; ver adiante.

Os táxons superiores (categorias e táxons colocados acima do nível de espécie) são grupos naturais de espécies (ou linhagens) escolhidos pelos biólogos para ser nomeados, de forma a refletir nosso estado atual de conhecimento acerca de suas relações evolutivas. Quando são elaborados corretamente, os táxons superiores representam linhagens de ancestrais–descendentes (ou clados) que, como as espécies, têm uma origem, uma ancestralidade e descendência em comum e, finalmente, uma morte (a extinção da linhagem); assim, eles também são unidades evolutivas com limites defináveis. Não existem regras que determinem quantas espécies devem compor um gênero – contanto que seja um grupo natural. Também não há regras sobre quantos gêneros constituem uma família, ou se um grupo qualquer de gêneros deva ser reconhecido como família, ou subfamília, ou ordem, ou qualquer outro nível de categoria. O importante é simplesmente que o grupo nomeado (o táxon) seja um grupo natural. Portanto, não estaria certo supor que as famílias de insetos sejam, de alguma forma, evolutivamente comparáveis às famílias de moluscos, ou que as ordens de vermes sejam comparáveis às ordens dos crustáceos. Também não existem quaisquer regras quanto ao nível categórico e à idade geológica ou evolutiva. Com frequência, esses aspectos dos táxons superiores são mal-entendidos. Curiosamente, conforme foi dito, os táxons do nível de família frequentemente tendem a ser agrupamentos taxonômicos mais estáveis, geralmente reconhecíveis até mesmo por indivíduos leigos – por exemplo, pense nos gatos (Felidae), cães (Canidae), abalones (Haliotidae), joaninhas (Coccinellidae), mosquitos (Culicidae), polvos (Octopodidae) ou gorgulhos (Cuculionidae). Essa estabilidade parece ser um artefato da história da taxonomia, mas torna as famílias de táxons superiores convenientes para estudo e discussão. Entretanto, os biólogos erram quando comparam táxons superiores do mesmo nível, pressupondo que eles sejam, de alguma maneira, equivalentes.

Sistemática

A ciência da sistemática é a mais antiga e abrangente entre todos os campos da biologia. Parafraseando o eminente biólogo G. G. Simpson, sistemática é o estudo da diversidade da vida na Terra e de quaisquer e todas as relações entre as espécies.

O sistemata moderno é um historiador natural de primeira ordem. Seu treinamento é amplo, entremeando os campos da zoologia e botânica, genética, paleontologia, biogeografia, geologia, biologia histórica, ecologia e até mesmo etologia, química, filosofia e biologias celular e molecular. Ernst Mayr disse que o campo da sistemática pode ser entendido como um *continuum*, desde as rotineiras nominação e descrição de espécies (um processo conhecido como **taxonomia**), passando pela compilação de grandes compêndios e monografias sobre a fauna, até estudos mais sintéticos, como a colocação dessas espécies nas classificações que demonstram suas relações evolutivas, gerando hipóteses filogenéticas baseadas em dados morfológicos ou de genética molecular, análises biogeográficas, estudos de biologia populacional e genética e pesquisas de evolução e especiação. Mayr designou três estágios de estudo dentro desse *continuum*, os quais ele chamou de alfa, beta e gama, correspondendo aos três níveis gerais de complexidade que ele percebia na sistemática. Quando um grupo de organismos é descoberto inicialmente ou existem poucas informações sobre ele, os trabalhos sobre esse grupo estão necessariamente no nível alfa (p. ex., a descrição de novas espécies, ou taxonomia). Apenas quando a maioria das espécies de um táxon, ou pelo menos algumas, tornam-se conhecidas o sistemata pode trabalhar nos níveis beta ou gama dentro daquele grupo (p. ex., realizar estudos evolutivos). Esses estágios da pesquisa sistemática se sobrepõem e se alternam entre eles de forma altamente interativa. Em resumo, o papel da sistemática é documentar e entender a diversidade biológica da Terra, reconstruir a história dessa biodiversidade e elaborar classificações naturais (evolutivas) dos organismos vivos.

Os sistematas usam uma grande variedade de ferramentas para estudar as relações entre os táxons. Essas ferramentas não só incluem as técnicas tradicionais e altamente informativas de anatomia comparada e funcional, mas também os métodos de embriologia, sorologia, fisiologia, imunologia, bioquímica, genética de populações e molecular e sequenciamento gênico molecular (que hoje trabalha no nível genômico). Uma classificação convincente está na base de qualquer estudo com significado evolutivo. Sem a sistemática, a ciência da biologia trabalharia duro até parar ou, pior ainda, derivaria por entre feudos reducionistas isolados ou escolas deterministas sem um arcabouço conceitual ou de continuidade.

Monofiletismo, parafiletismo e polifiletismo

Um dos conceitos mais cruciais para nossa compreensão sobre a sistemática biológica e a teoria evolutiva em geral é o conceito de monofiletismo. Um **grupo monofilético** (ou táxon monofilético) é um grupo de espécies que inclui todos os descendentes do mesmo ancestral – ou seja, um grupo natural (Figura 2.1). As espécies que pertencem a um grupo monofilético estão relacionadas entre si por uma história única de descendência (com modificação) de um mesmo ancestral – uma linhagem evolutiva única. **Clado** é outro nome usado para descrever um grupo monofilético.

Um grupo cujas espécies-membros que o compõem são todas descendentes de um mesmo ancestral, mas que *não* contém todas as espécies descendentes desse ancestral, é chamado um **grupo parafilético**. O parafiletismo implica que, por alguma razão

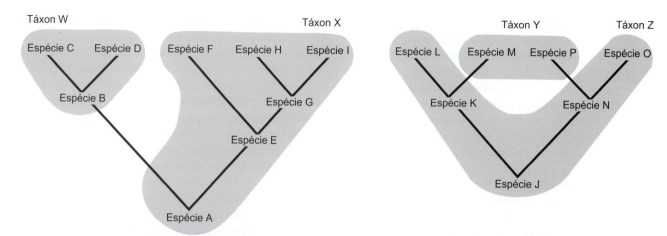

Figura 2.1 Duas árvores (dendrogramas) ilustrando três tipos de táxons. O táxon W abrange três espécies e é monofilético, porque contém um ancestral (espécie B) e todos os seus descendentes (espécies C e D). O táxon X é parafilético, porque inclui um ancestral (espécie A), mas apenas alguns dos seus descendentes (espécies E até I, deixando de fora as espécies B, C e D). O táxon Y é polifilético, porque contém táxons que não se originaram de um ancestral comum imediato; as espécies M e P podem parecer muito semelhantes em razão da convergência evolutiva ou paralelismo e, por isso, podem ter sido colocadas juntas erroneamente no mesmo táxon. O táxon Z é parafilético. Nesse caso, pesquisas sistemáticas adicionais deveriam por fim revelar as relações verdadeiras entre esses táxons, levando a espécie M a ser classificada junto com as espécies K e L e a espécie P com as espécies N e O.

(p. ex., falta de conhecimento, manipulação intencional de uma classificação), um ou mais membros de um grupo natural foram separados e colocados em um grupo diferente. Como veremos adiante, existem muitos táxons parafiléticos dentro das classificações atuais dos animais. Alguns biólogos acreditam que o parafiletismo seja um subtipo do monofiletismo e utilizam o termo **holofiletismo** para descrever os grupos estritamente monofiléticos. Entretanto, esse uso alternativo desses termos não é comum e não os utilizamos neste livro.

Um terceiro tipo possível de táxon é o **grupo polifilético** – um grupo que inclui espécies que se originaram de dois ou mais ancestrais imediatos diferentes. Esses táxons compostos foram estabelecidos em virtude do conhecimento insuficiente relativo às espécies em questão. Um dos principais objetivos dos sistematas é descobrir esses táxons polifiléticos ou "artificiais" e, por meio de estudos cuidadosos, reclassificar seus membros em táxons monofiléticos apropriados. A Figura 2.1 ilustra esquematicamente esses três tipos de táxons ou grupos de espécies.

Existem muitos exemplos de táxons polifiléticos suspeitos ou conhecidos na literatura zoológica. Por exemplo, o antigo filo Gephyrea incluía espécies que hoje estão classificadas em três táxons diferentes e que estão relacionadas entre si apenas de longe – Sipuncula, Echiura e Priapula. Outro exemplo é o antigo grupo Radiata, que incluía todos os animais que possuem simetria radial (p. ex., cnidários, ctenóforos e equinodermos). Mais recentemente, estudos de filogenética molecular demonstraram que o grupo conhecido como Articulada, que abrangia os anelídeos e os artrópodes (e seus semelhantes) era polifilético. Em geral, os táxons polifiléticos são criados porque as características utilizadas para reconhecê-los e diagnosticá-los resultam da convergência evolutiva em linhagens diferentes, como será discutido adiante. A evolução convergente pode ser entendida comumente apenas por cuidadosos estudos embriológicos ou anatômicos comparados que, em alguns casos, requerem esforços de várias gerações de especialistas. Por exemplo, a natureza complexa da provável convergência entre o desenvolvimento segmentar dos anelídeos e dos artrópodes ainda não foi totalmente esclarecida.

Características e conceito de homologia

Características são atributos ou aspectos dos organismos ou dos grupos de organismos (clados, táxons), nos quais os biólogos baseiam-se para indicar sua proximidade a outros organismos similares e diferenciá-los dos outros grupos. As características são os aspectos observáveis e expressões do genótipo, e podem ser qualquer coisa, desde sequências de aminoácidos dos próprios genes, até as expressões fenotípicas do genótipo. Uma característica pode ser geneticamente baseada em qualquer aspecto que os taxonomistas possam examinar e medir; pode ser um aspecto morfológico, anatômico, do desenvolvimento ou molecular de um organismo; sua constituição cromossômica (cariótipo) ou a "impressão digital" bioquímica; ou até mesmo um atributo fisiológico ou etológico (comportamental). Ao longo das últimas décadas, cientistas desenvolveram grande número de técnicas bioquímicas e moleculares para medir as similaridades e inferir as relações entre os organismos. Desse modo, existem diversos tipos de dados que fornecem aos sistematas as características necessárias para definir e comparar as espécies e inferir as filogenias.

A base fundamental da biologia comparada é o conceito de **homologia**. As características que descendem de um ancestral comum são conhecidas como homólogas. Em outras palavras, as **homólogas** são características que estão presentes em dois ou mais táxons, mas que filogenética e ontogeneticamente (*i. e.*, têm a mesma ancestralidade genética e de desenvolvimento) são rastreáveis à mesma característica do ancestral comum desses táxons. De forma a comparar características de organismos ou grupos de organismos diferentes, deve ser estabelecido que as características a serem comparadas são homólogas. Nossa capacidade de reconhecer homólogos anatômicos frequentemente depende de evidências embriológicas ou associadas ao desenvolvimento e da posição relativa da estrutura anatômica nos adultos (Capítulo 5).

A homologia é uma relação absoluta: as características são ou não homólogas. A homologia também é inteiramente independente da função. As funções das estruturas homólogas podem ser similares ou diferentes, mas isso nada tem a ver com a homologia subjacente das estruturas envolvidas. Como também ocorre com as estruturas anatômicas, os genes podem ser homólogos quando se originaram de um único gene ancestral comum, seja por duplicação (que forma **genes parálogos**) ou de cópias simples transmitidas por meio de reprodução e descendência, inclusive por meio de eventos de especiação (**genes ortólogos**). O processo de descendência evolutiva com modificação estabeleceu um padrão hierárquico de homologias, que pode ser traçado nas linhagens de organismos vivos. Esse é o padrão que utilizamos para reconstruir a história da vida.

Homologia é um conceito aplicável às estruturas anatômicas, aos genes e aos processos de desenvolvimento. Entretanto, homologia em um desses níveis não indica necessariamente homologia em outro. Os biólogos sempre devem ser claros quanto ao nível em que estão inferindo homologia: genes, seus padrões de expressão, suas funções no desenvolvimento ou as estruturas das quais se originam. Algumas vezes, pesquisadores pressupõem que padrões semelhantes de expressão dos genes reguladores também sejam evidências de homologia entre as estruturas. Esse é um engano porque ignora as histórias evolutivas dos genes e das estruturas nas quais eles são expressos. As funções dos genes homólogos (ortólogos ou parálogos), bem como aquelas das estruturas homólogas, podem divergir umas das outras ao longo do tempo evolutivo. Do mesmo modo, as funções dos genes não homólogos podem convergir ao longo do tempo. Por isso, semelhança de função não é um critério válido para definir a homologia de genes ou estruturas. Por exemplo, o fenômeno do recrutamento (cooptação) de genes pode resultar em situações nas quais genes realmente ortólogos são expressos em estruturas não homólogas durante o desenvolvimento. A maioria dos genes reguladores desempenha funções diferentes durante o desenvolvimento e os genes homólogos podem ser recrutados independentemente para papéis superficialmente semelhantes. Um exemplo clássico é o gene regulador *Distal-less*, que é expresso na parte distal dos apêndices de muitos animais durante suas embriogenias (p. ex., artrópodes, equinodermos e cordados). Embora os domínios da expressão do gene *Distal-less* possam refletir uma função homóloga especificando os eixos próximo-distais nos apêndices, os próprios apêndices não são claramente homólogos.

As tentativas de relacionar dois táxons comparando-se características não homólogas resultam em erros. Por exemplo, as mãos dos chimpanzés e dos seres humanos são características homólogas, porque têm a mesma origem evolutiva e de desenvolvimento; as asas dos morcegos e das borboletas, embora similares sob alguns aspectos, não são características homólogas, porque têm origens completamente diferentes. Em sentido estrito, o conceito de homologia nada tem a ver com similaridade ou grau de semelhança. Algumas características homólogas parecem muito diferentes em táxons diferentes (p. ex., as nadadeiras peitorais de baleias e os braços dos seres humanos; asas anteriores dos besouros e das moscas). Novamente, o conceito de homologia está relacionado ao nível de análise no qual é considerado. As asas dos morcegos e aves são homólogas como membros anteriores dos tetrápodes, mas não são homólogas como "asas", porque as asas evoluíram independentemente nesses dois grupos (*i. e.*, as asas dos morcegos e das aves não se originaram de uma mesma asa ancestral). Homologia é um conceito poderoso, mas é importante lembrar que as homologias realmente são hipóteses, passíveis de testes e possíveis refutações.

Por meio do fenômeno de **evolução convergente**, estruturas aparentemente similares (mas não homólogas) podem evoluir de formas bastante diferentes em grupos de organismos relacionados muito distantes; ou seja, elas têm origens genéticas e de desenvolvimento diferentes. Por exemplo, os primeiros biólogos foram enganados pelas semelhanças superficiais entre os olhos dos vertebrados e dos cefalópodes; as conchas dos moluscos bivalves e dos braquiópodes; e as peças bucais sugadoras de hemípteros (Hemiptera) e dos mosquitos (Diptera). As estruturas desse tipo, que parecem superficialmente similares, mas que se originaram independentemente e têm origens genéticas e filogenéticas separadas, são conhecidas como características convergentes. Existem explicações ecológicas e genômicas para a evolução de semelhanças morfológicas. Por meio do fenômeno de evolução convergente, estruturas aparentemente similares originaram-se independentemente (com origens genéticas e de desenvolvimento diferentes) em resposta aos mesmos fatores ecológicos. Os traços convergentes dos animais e das plantas foram reconhecidos em quase todos os níveis de organização biológica, desde moléculas até morfologia ou comportamentos.

Um dos casos mais interessantes da evolução convergente é o das analogias recém-descobertas entre a voz e a aprendizagem vocal de alguns mamíferos e aves (aprendizagem vocal é a capacidade de imitar sons). Não somente as áreas vocais dos cérebros de algumas aves e mamíferos convergiram anatomicamente, como mais de 50 genes contribuíram para sua especialização convergente – o comportamento e os circuitos neurais convergentes para a aprendizagem vocal estão acompanhados de alterações moleculares convergentes de vários genes em espécies separadas por milhões de anos provenientes de um mesmo ancestral.

A convergência é confundida comumente com **paralelismo**. Características paralelas são aspectos semelhantes que se desenvolveram mais de uma vez em espécies diferentes, mas que compartilham a mesma base genética e de desenvolvimento. A evolução paralela é o resultado de uma homologia "distante" ou subjacente; para que haja evolução paralela, o potencial genético para certas características precisa persistir dentro de um grupo, permitindo assim à característica aparecer e reaparecer em várias espécies ou grupos de espécies relacionadas. O paralelismo pode ser entendido como um tipo de "redundância evolutiva".[4] A falha em reconhecer as convergências (e os paralelismos) entre grupos diferentes de organismos resultou na criação de táxons polifiléticos ou "não naturais", no passado. Por exemplo, durante muito tempo os parasitas intracelulares conhecidos como Myxozoa foram considerados protistas, mas estudos recentes demonstraram que eles são cnidários parasitas altamente especializados. Esses e alguns outros grupos (p. ex., leveduras) classificados erroneamente entre os protistas tornaram esse um grupo polifilético; a exclusão desses táxons não protistas transformou os protistas em um grupo parafilético (um grupo natural com a mesma origem, mas do qual foram excluídos animais, plantas e fungos). O paralelismo é encontrado geralmente nas características de

---
[4]Nesse contexto, o paralelismo não deve ser confundido com a evolução "em paralelo" das espécies (ou de características dentro das espécies), ou seja, quando duas espécies (ou características) alteram-se mais ou menos juntas ao longo do tempo. A coevolução de hospedeiros–parasitas é um exemplo de "evolução em paralelo".

"redução" morfológica, como a redução do número de segmentos, espinhos, raios de nadadeiras e assim por diante, em muitos tipos diferentes de animais.

Nessa categoria geral, um terceiro fenômeno é a **reversão evolutiva**, por meio da qual uma característica retorna a uma condição ancestral anterior. Em conjunto, esses três processos evolutivos (convergência, paralelismo e reversão) constituem um fenômeno conhecido como **homoplasia** – a recorrência da similaridade na evolução (Figura 2.2). Como você deve imaginar, a homoplasia pode ser tanto fascinante quanto frustrante para o sistemata!

Ao comparar características homólogas entre as espécies, rapidamente se percebe que a variação na expressão de uma característica é a regra, em vez de uma exceção. As diversas condições de uma característica homóloga são frequentemente denominadas **estados de característica**. Uma característica pode ter apenas dois estados contrastantes ou vários estados diferentes em um mesmo táxon. As espécies polimórficas são as que demonstram uma gama de variações genéticas ou fenotípicas em consequência da existência de vários estados de característica para o aspecto examinado. Um exemplo simples é a cor dos cabelos em seres humanos; preto, castanho, ruivo e loiro são todos os estados de característica da "cor de cabelo". Além do fato de que as características podem variar dentro de uma espécie, mas eles também geralmente têm vários estados entre os grupos de espécies dentro dos táxons superiores, como os padrões de pelos corporais entre os diversos primatas ou os padrões de espinhos nas pernas dos crustáceos.[5]

É importante entender que, aquilo que designamos "característica" na verdade é uma hipótese – que dois atributos aparentemente diferentes em organismos diferentes são simplesmente estados alternativos da mesma característica (*i. e.*, eles são homólogos). Note que as convergências não são homologias, enquanto os paralelismos e as reversões representam uma homologia genética subjacente. Em outras palavras, alguns tipos de características homoplásticas são homólogas, enquanto outros, não. O reconhecimento e a escolha das características apropriadas são certamente de importância fundamental na sistemática e na filogenética, e muito se tem escrito sobre esse assunto. Em grande parte, a sistemática é uma busca por homólogos que definem as linhagens evolutivas naturais. Mais recentemente, grandes esforços têm sido feitos para definir sequências de genes homólogos, que possam ser utilizadas como características confiáveis para inferir relações entre as espécies.

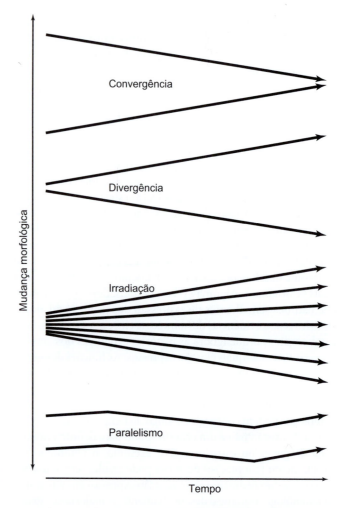

Figura 2.2 Padrões comuns de evolução demonstrados por linhagens independentes. A convergência ocorre quando duas ou mais linhagens (ou características) evoluem independentemente para um estado semelhante. Em geral, convergência refere-se a táxons distantemente relacionados e a características que compartilham uma base genética comum (filogenética ou ontogenética). A divergência ocorre quando duas ou mais linhagens (ou características) evoluem independentemente até se tornarem menos semelhantes. As irradiações são divergências múltiplas a partir de um mesmo ancestral comum, que resulta em mais do que duas linhagens descendentes. A evolução paralela ocorre quando duas ou mais espécies (ou linhagens) modificam-se semelhantemente, de forma que, apesar de qualquer atividade evolutiva, elas permanecem semelhantes de algum modo. Em geral, o paralelismo se refere a táxons próximos relacionados, normalmente espécies, dentre os quais características ou estruturas em questão compartilham uma base genética comum.

Árvores filogenéticas

Outro conceito importante em sistemática e biologia comparada é o de **árvore filogenética**, que é um diagrama com ramificações que representam as relações entre os grupos de organismos. Árvore filogenética é uma forma gráfica de expressar as relações entre as espécies ou outros táxons. A maioria dessas árvores tem como propósito demonstrar as relações genealógicas ou evolutivas, com suas bases representando os ancestrais mais antigos (primitivos) e os ramos superiores indicando as divisões sucessivamente mais recentes das linhagens evolutivas. A maioria das árvores filogenéticas modernas, estejam baseadas em morfologia ou dados de sequenciamento dos genes, também tem um eixo de tempo implícito (ou explícito), embora isso nem sempre ocorra.

Quando examinamos as árvores e as classificações delas derivadas, é importante entender os conceitos de grados e clados. Como se pode observar na Figura 2.3, **clado** é um grupo ou ramo monofilético de uma árvore, o qual pode sofrer um pequeno ou alto grau de diversificação. Em outras palavras, clado é um grupo de espécies relacionadas por descendência direta – um grupo natural. Por outro lado, **grado** é um grupo de espécies (ou táxons superiores) definidas por medidas até certo ponto mais abstratas. Na verdade, é um grupo definido

---
[5]Em seu uso prático, os termos "característica" e "estado de característica" são frequentemente utilizados de maneira intercambiável. Essa prática pode ser um pouco confusa. Quando o termo "característica" for usado em uma discussão de dois ou mais homólogos, está sendo tipicamente utilizado no mesmo sentido de "estado de característica".

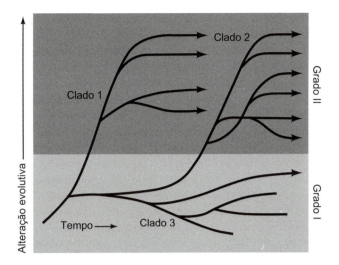

Figura 2.3 Clados e grados. Os clados são ramos monofiléticos de uma árvore. Os grados são grupos de organismos classificados juntos com base nos níveis de complexidade morfológica ou funcional. Os grados podem ser monofiléticos, parafiléticos ou polifiléticos. Nessa figura, o grado I é monofilético e inclui apenas um clado (clado 3); o grado II é polifilético porque o nível associado de complexidade foi alcançado independentemente por duas linhas separadas (clados 1 e 2). As "lesmas" são um exemplo de clado animal polifilético, que inclui um conjunto de grupos de gastrópodes, no qual todos os seus componentes perderam suas conchas independentemente.

por um nível particular de complexidade funcional ou morfológica. Desse modo, o grado pode ser polifilético, parafilético ou monofilético (nesse último caso, ele também é um clado). Um bom exemplo de grado é o grande grupo de táxons de gastrópodes, que não possuem conchas. Entretanto, essas "lesmas" não constituem um clado, porque a perda de conchas ocorreu independentemente em várias linhagens diferentes de gastrópodes; assim, o grau de animais sem conchas que reconhecemos como "lesmas" é um agrupamento polifilético. Um exemplo de grado monofilético é o subfilo dos Vertebrata (animais com coluna vertebral).

Plesiomorfia e apomorfia

Um último conceito importante para nosso entendimento de sistemática é o de estados primitivos *versus* derivados de características. Em sentido mais geral, os **estados primitivos de características** são atributos relativamente "antigos" de espécies, que foram retidos de algum ancestral remoto; em outras palavras, em termos geológicos, ou genealogicamente falando, esses traços estiveram em cena por muito tempo. Os estados de característica desse tipo são frequentemente chamados de **estados ancestrais de característica**. Por outro lado, os **estados avançados de característica** são atributos das espécies que têm uma origem relativamente recente – frequentemente chamados **estados derivados de características**. Por exemplo, dentro do filo Chordata, a presença de pelos, glândulas de leite e três ossos do ouvido médio são estados derivados de características, cujo aparecimento ao longo da evolução marcou a origem dos mamíferos (desse modo, diferenciando-os de todos os outros cordados). Entretanto, dentro de um subconjunto de Mammalia, como os primatas, essas mesmas características representam características ancestrais retidas, enquanto a posse de um polegar oponível é uma característica derivada que define o grupo.

Com base no parágrafo anterior, fica claro que as designações "primitivo" e "derivado" são relativas e que qualquer estado de característica ou atributo pode ser considerado ancestral ou derivado, dependendo do nível da árvore filogenética ou da classificação que está sendo examinada. Os polegares oponíveis podem ser um traço derivado que define os primatas dentro da linhagem dos mamíferos, mas não é um estado derivado de característica dentro da própria linhagem dos primatas (todos os primatas têm polegares oponíveis). Desse modo, no gênero de primatas conhecido como *Homo*, "polegares oponíveis" são uma característica primitiva (ancestral) e alguns componentes do sistema nervoso que diferenciam os seres humanos dos "símios inferiores" poderiam ser considerados derivados (como o centro de Broca no cérebro humano). Desse modo, é melhor definirmos com mais precisão os conceitos de primitivo e derivado. A forma mais clara de descrever e usar esses conceitos importantes é definir o local exato na história filogenética de um grupo de organismos no qual uma característica realmente sofreu transformação evolutiva de um estado para outro. Nesse ponto específico de uma árvore filogenética no qual ocorreu essa transformação, o novo estado de caráter (derivado) é chamado **apomorfia**, enquanto o estado anterior (ancestral) é definido como **plesiomorfia**. Consequentemente, o aparecimento de uma apomorfia assinala a posição específica na árvore da vida, onde um estado "primitivo" ou "ancestral" de característica se modificou e tornou-se um estado de característica "avançado" ou "derivado". Desse modo, o uso desses termos pressupõe o posicionamento filogenético preciso da característica em questão e tal posicionamento constitui uma hipótese filogenética testável dentro e fora de si mesma. As apomorfias compartilhadas por dois ou mais táxons são conhecidas como **sinapomorfias**; as plesiomorfias compartilhadas por dois ou mais táxons são denominadas **simplesiomorfias**.

Como elaborar filogenias e classificações

Nossas classificações virão a ser, na medida do possível, genealógicas.

Charles Darwin, *A Origem das Espécies*, 1859

Com base no que você leu até aqui neste capítulo, fica claro que os biólogos comparativos, particularmente os sistematas, passam boa parte de seu tempo buscando identificar e definir inequivocamente duas entidades naturais, ou seja, características homólogas e grupos monofiléticos (*i. e.*, clados). Na verdade, as árvores filogenéticas modernas são formadas basicamente por essas duas entidades: homólogos e clados. Os biólogos podem apresentar suas ideias acerca das relações na forma de árvores, classificações ou discussões narrativas (cenários evolutivos). Em todos esses três contextos, essas apresentações representam conjuntos de hipóteses evolutivas – hipóteses de ancestralidade comum (ou relações entre ancestrais e descendentes).

A maneira menos ambígua (e mais testável) de apresentar hipóteses evolutivas é na forma de um dendrograma, ou uma árvore ramificada. Embora os esquemas de classificação sejam derivados, em última instância, desses dendrogramas, eles nem sempre refletem precisamente a disposição dos grupos naturais na árvore. As discrepâncias entre as árvores filogenéticas e as classificações delas derivadas geralmente ocorrem quando os biólogos propositalmente optam por estabelecer ou reconhecer táxons parafiléticos. Nesse sentido, reconhecer os protistas como um táxon independente (o reino Protista) seria o mesmo que reconhecer um grupo parafilético (pois isso excluiria três grandes linhagens que descendem deles – animais, plantas e fungos). Embora a maioria dos sistemas defenda que apenas os táxons monofiléticos sejam reconhecidos em uma classificação formal, alguns táxons parafiléticos persistem nas classificações dos animais por motivos de conveniência ou tradição, ou simplesmente porque eles ainda não são reconhecidos como parafiléticos (provavelmente existem milhares de táxons sobre os quais não sabemos se são monofiléticos ou parafiléticos). Por exemplo, o grupo há muito tempo reconhecido Reptilia é parafilético, porque exclui desse grupo uma das linhagens mais bem-definidas – ou seja, as aves. O subfilo Crustacea é parafilético, porque omite os insetos, que evoluíram dos crustáceos há muito tempo. Conforme veremos no Capítulo 14, a classe Polychaeta também é parafilética. Além disso, o grupo dos "invertebrados" evidentemente é um grupo parafilético, pois é o filo Metazoa com exclusão dos vertebrados. Até mesmo os procariotos constituem um grupo parafilético (Eukaryota evoluiu dele). Na verdade, os grupos taxonômicos em todos os níveis provavelmente se originaram de *dentro* de outros grupos taxonômicos, tornando os últimos parafiléticos; hoje em dia, começamos a descobrir que a parafilia é muito comum na hierarquia criada por Lineu para a vida, que tem sido construída ao longo do último século. A questão de como lidar com tais táxons parafiléticos bem-conhecidos e que há muito tempo são usados ainda está sendo debatida. Um modo de fazer isso poderia ser indicar sua condição parafilética por meio de um código no esquema de classificação (p. ex., algum tipo de notação ao lado do nome). Esse código informaria aos leitores que, para entender as relações filogenéticas exatas desses táxons, eles teriam que olhar a árvore filogenética.

Hoje em dia, os biólogos usam um método conhecido como **sistemática filogenética**, ou cladística, quando elaboram dendrogramas biológicos. A sistemática filogenética começou na década de 1950 com um livro publicado pelo biólogo alemão Willi Hennig; a tradução do livro ao inglês (com revisões) foi publicada em 1966. Sua popularidade tem aumentado continuamente desde então. Ao longo dos anos, a cladística evoluiu muito além da sua estrutura básica proposta originalmente por Hennig. Sua metodologia detalhada foi formalizada e expandida e, por certo, continuará a ser elaborada ainda durante algum tempo. (Para boas discussões sobre as bases filosóficas da sistemática filogenética, ver Eldredge e Cracraft, 1980; Nelson e Platnick, 1981; Wiley e Lieberman, 2011.) O objetivo da sistemática filogenética é elaborar hipóteses explícitas e testáveis sobre as relações genealógicas entre grupos monofiléticos de organismos. Como uma metodologia sistemática, a cladística está baseada inteiramente na descendência comum mais recente (*i. e.*, genealogia). Os dendrogramas usados pelos sistemas filogenéticos são conhecidos como cladogramas (ou árvores filogenéticas) e eles são construídos para descrever apenas a genealogia, ou as relações entre ancestrais e descendentes. O termo **cladogênese** refere-se a uma divisão; no caso da biologia, isso significa separação de uma espécie (ou uma linhagem) em duas ou mais espécies (ou linhagens). É esse processo de divisão que produz as relações genealógicas (ancestrais-descendentes).

A sistemática filogenética confia fortemente no conceito de estados de características ancestrais *versus* derivados, como descrito anteriormente. Eles identificam essas homologias no sentido estrito, como plesiomorfias e apomorfias. Uma apomorfia restrita a uma única espécie é chamada **autapomorfia**, enquanto um estado de característica apomórfico compartilhado por duas ou mais espécies (ou outros táxons) é chamado **sinapomorfia**. A identificação das sinapomorfias (também conhecidas como características derivadas compartilhadas ou novidades evolutivas) é o meio mais poderoso para reconhecer fortes relações evolutivas (genealógicas) por parte do sistemata filogenético. Como as sinapomorfias são homólogos herdados de um ancestral comum imediato, todos os homólogos podem ser considerados sinapomorfias em um (mas somente um) nível da relação filogenética; por isso, eles constituem simplesiomorfias em todos os níveis inferiores. Como notado anteriormente, pelos, glândulas de leite e assim por diante são sinapomorfias que definem exclusivamente o aparecimento dos mamíferos dentro dos vertebrados, mas essas características são simplesiomorfias *dentro* do grupo Mammalia. Pernas articuladas são uma sinapomorfia de Arthropoda, mas, *dentro* desse grupo, as pernas articuladas são uma simplesiomorfia. O elemento fundamental da sistemática filogenética é o reconhecimento de que todos os homólogos definem os grupos monofiléticos em algum nível. Evidentemente, o desafio é reconhecer o nível em que cada estado de característica é uma sinapomorfia única. Em termos gerais, as sinapomorfias são características genéticas ou estruturais. Entretanto, em um sentido mais amplo e no contexto da definição de espécie biológica, o isolamento reprodutivo pode ser interpretado como uma sinapomorfia para uma determinada espécie. Por isso, o isolamento reproduzido incompleto (hibridação com sucesso) poderia ser entendido como uma simplesiomorfia compartilhada pelas espécies envolvidas.

Diversos métodos e critérios têm sido usados para determinar qual é forma apomórfica e qual a plesiomórfica entre dois estados de característica – um processo chamado algumas vezes de análise da polaridade do estado de característica. Nenhum método está isento de falhas, mas alguns podem ser melhores que outros sob circunstâncias específicas. Apenas três métodos parecem ter uma base evolutiva forte e constituem uma abordagem razoavelmente potente para reconhecer o lugar relativo da origem de uma sinapomorfia em uma árvore: análise por grupo externo (buscar indícios dos estados ancestrais de característica nos grupos supostamente mais primitivos que o grupo de estudo); estudos de desenvolvimento (análise ontogenética, ou buscar indícios sobre os estados de característica ancestrais na embriogenia do grupo de estudo); e estudo do registro fóssil. A análise por grupo externo ajuda a identificar os estados de característica em questão em táxons que estão diretamente relacionados com o grupo estudado, mas que não fazem parte dele. As análises ontogenéticas identificam as alterações de característica que ocorrem durante o desenvolvimento de uma espécie (ver discussão de ontogenia e filogenia no Capítulo 5). Por fim, o uso dos fósseis e das técnicas estratigráficas e datações associadas fornece informação histórica direta (p. ex., fornecendo pontos de calibração críticos para os estudos evolutivos de base molecular). Essas técnicas de análise de polaridade não serão descritas detalhadamente aqui; aos leitores que estiverem muito interessados em sistemática, evolução e biologia comparada, recomendamos a bibliografia apresentada ao fim do capítulo.

Uma análise cladística frequentemente inclui quatro passos: (1) identificar as características homólogas entre os organismos estudados (estejam eles baseados em anatomia, sequências de genes, expressão genética etc.); (2) avaliar a direção da alteração de um caráter ou evolução da característica (análise da polaridade dos estados de característica); (3) construir uma árvore filogenética com os táxons que apresentam as características analisadas; e (4) testar a árvore com novos dados (táxons ou características novas; interpretações novas das características; testes estatísticos novos etc.). As árvores filogenéticas descrevem apenas um tipo de evento – a origem ou a sequência de aparecimentos de um estado de caráter derivado exclusivo (sinapomorfia). Por isso, as árvores filogenéticas podem ser entendidas no sentido mais fundamental como padrões de sinapomorfias agrupadas. Entretanto, os biólogos definem e categorizam os táxons com base nos estados de características que eles possuem. Desse modo, em sentido mais amplo, a ramificação sequencial dos conjuntos agrupados de sinapomorfias de um cladograma cria a "árvore da família" – um padrão evolutivo das linhagens monofiléticas hipotéticas.

Os sistemas filogenéticos geralmente aderem ao princípio da parcimônia lógica[6] e, desse modo, geralmente preferem as árvores que contêm o menor número de transformações evolutivas (mudanças de estados de característica). Tipicamente essa também será a árvore com menos redundância evolutiva (= homoplasia). Embora a parcimônia seja o único método de análise utilizado hoje em dia para análises de dados não moleculares, o uso de dados de sequências de genes gerou uma nova família de métodos baseados em modelos, os quais incorporam hipóteses de evolução dos nucleotídios. Nesses métodos (i. e., máxima verossimilhança e métodos de distância; análises bayesianas), as sequências de nucleotídios de DNA de organismos do grupo estudado são analisadas dentro de um arcabouço de suposições baseados na forma como acreditamos que os nucleotídios operam e mudam com o passar do tempo.

A elaboração de um cladograma pode ser um processo demorado. O número de árvores (com todos os padrões de ramificação) matematicamente possíveis para umas poucas espécies é enorme – para três táxons, existem apenas quatro árvores possíveis, mas para 10 táxons existem cerca de 280 milhões de árvores possíveis, das quais 34 milhões são totalmente dicotômicas. É desnecessário dizer que essas análises não são possíveis sem o uso de computadores. Os algoritmos para a construção de árvores em computador começaram a aparecer no fim da década de 1970 e, hoje em dia, o desenvolvimento desses programas abrange toda uma área de pesquisa. Contudo, todos esses programas geram árvores reunindo os táxons em clados com base nos conjuntos de sinapomorfias agrupadas.

Com a identificação dos pontos exatos em que ocorrem as sinapomorfias, as árvores filogenéticas definem inequivocamente as linhagens monofiléticas. Desse modo, essas árvores são conhecidas como **hipóteses filogenéticas explícitas**. Sendo explícitas, elas podem ser testadas (e potencialmente falseadas) por qualquer um. As sinapomorfias são marcadores que identificam os locais específicos da árvore, nos quais surgiram novos táxons monofiléticos. Para os sistemas filogenéticos, uma filogenia consiste em um padrão de ramificação genealógica expresso na forma de uma árvore filogenética. Cada divisão ou dicotomia dentro da árvore produz um novo par de táxons derivados, que são conhecidos como **táxons-irmãos**, ou grupos-irmãos (p. ex., espécies-irmãs). Os grupos-irmãos sempre compartilham um ancestral comum imediato. Na Figura 2.4, o conjunto W é o grupo-irmão do conjunto X; o conjunto de W + X é o grupo-irmão do conjunto Y; e o conjunto de W + X + Y é o grupo-irmão do conjunto Z. Esse padrão de conjuntos agrupados de relações hierárquicas resulta do fato de que a cladogênese é um processo histórico. Como se pode observar em uma árvore filogenética, o produto da cladogênese (ou separação de um táxon) é duas (ou mais) linhagens novas, que constituem os grupos-irmãos. Outra forma de dizer isso é que dois (ou mais) subgrupos de qualquer conjunto definido por uma sinapomorfia constituem grupos-irmãos.

Como todas as hipóteses científicas, as análises filogenéticas e suas árvores resultantes são testadas pela descoberta de novos dados. À medida que são identificadas novas características ou novas espécies e seus estados de característica são esclarecidos, novas matrizes de dados são desenvolvidas e novas análises são

---

[6]Parcimônia é um método de lógica no qual se busca a economia de raciocínio. O princípio da parcimônia, também conhecido como "navalha de Ockham", tem forte base científica. William de Ockham (Occam), um filósofo inglês do século 14, definiu esse princípio da seguinte maneira: "A pluralidade não deve ser adotada sem necessidade." Releituras modernas seriam: "Uma explicação dos fatos não deveria ser mais complicada que o necessário" ou "Entre hipóteses concorrentes, prefira a mais simples". Cientistas de todas as disciplinas seguem diariamente essa regra, que pode ser entendida como uma consequência dos princípios mais profundos que são apoiados por inferências estatísticas. Desse modo, soluções ou hipóteses parcimoniosas são as que explicam os dados de maneira mais simples. Os biólogos evolutivos baseiam-se no princípio da parcimônia lógica pela mesma razão pela qual outras disciplinas científicas recorrem a ele: quando seguem esse princípio, eles presumem o menor número de suposições ad hoc e elaboram as hipóteses mais testáveis (i. e., as que são mais facilmente falseáveis). Se a base das evidências favorecesse apenas uma hipótese, teríamos pouca necessidade de usar a parcimônia como método. A razão pela qual precisamos utilizar a parcimônia em ciência é que quase sempre existe mais de uma hipótese capaz de explicar nossos dados. As considerações de parcimônia entram em cena mais claramente quando precisamos escolher entre duas hipóteses igualmente embasadas.

Em reconstruções filogenéticas, um determinado conjunto de dados pode ser explicado por um grande número de árvores possíveis. Um conjunto de dados de três táxons tem 3 árvores dicotômicas possíveis (todas as linhas se dividem em apenas dois ramos para explicá-los). Um conjunto de dados de quatro táxons tem 15 árvores dicotômicas possíveis; um conjunto de dados de cinco táxons tem 105 árvores dicotômicas possíveis; e assim por diante. Desse modo, apenas as evidências não restringem suficientemente o conjunto de hipóteses admissíveis e torna-se necessário utilizar algum critério além das evidências (parcimônia). A vantagem de se escolher a árvore mais curta (i. e., mais parcimoniosa) entre um universo de árvores possíveis está em sua testabilidade. A propósito, William de Ockham também negou a existência de universalidades, exceto nas mentes dos seres humanos e na linguagem. Essa noção resultou em uma acusação de heresia por parte da Igreja, depois da qual ele fugiu para Roma onde, por fim, morreu de peste negra.

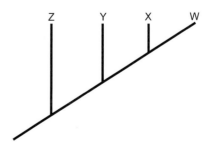

Figura 2.4 Um cladograma para quatro táxons ilustrando o conceito de grupos-irmãos. O táxon W é grupo-irmão do táxon X; o táxon W + X é o grupo-irmão do táxon Y; o táxon W + X + Y é o grupo-irmão do táxon Z.

empreendidas. As primeiras árvores filogenéticas moleculares estavam baseadas em um único gene. Contudo, à medida que as técnicas foram aperfeiçoadas, essas árvores foram testadas com conjuntos de vários genes e, por fim, com conjuntos de dados de todo o genoma. As hipóteses (ramos da árvore) que resistem consistentemente à refutação são chamadas altamente corroboradas. Por exemplo, o clado conhecido como Arthropoda foi estudado em milhares de análises utilizando uma grande variedade de dados, e os resultados mostraram consistentemente que ele representa um grupo monofilético (*i. e.*, essa é uma hipótese filogenética altamente corroborada).

O passo final de uma análise filogenética comumente é a conversão da árvore em um esquema de classificação. Existe mais de um modo para fazer essa conversão. A Figura 2.5 ilustra uma árvore filogenética com quatro famílias de isópodes marinhos e três formas possíveis de classificar os táxons. Nessa árvore, essas quatro famílias apresentam uma tendência evolutiva de vida livre (Cirolanidae) para estilos de vida parasitários (Cymothoidae). Os Cymothoidae (uma família de isópodes que são parasitas obrigatórios de peixes) formam um grupo-irmão das Aegidae (uma família de parasitas temporários de peixes); em conjunto, elas constituem um grupo-irmão das Corallanidae (micropredadores de peixes); e todos os três constituem o grupo-irmão dos Cirolanidae (carnívoros predadores e comedores de carniça). Cada um desses grupos-irmãos agrupados compartilham uma ou mais sinapomorfias exclusivas que os definem. Na Figura 2.5, as sinapomorfias que definem o grupo-irmão Cirolanidae + Corallanidae + Aegidae + Cymothoidae passam a ser simplesiomorfias mais elevadas no cladograma (*i. e.*, para cada uma das famílias separadas). Por definição, os grupos-irmãos são monofiléticos.

Como ilustrado na Figura 2.5 (esquema de classificação B), alguns sistemas filogenéticos desde o início sugeriram que todas as linhagens representadas em uma árvore deveriam ser designadas por um nome formal e uma ordem categórica e que cada membro de uma dupla de grupos-irmãos deveria estar na mesma ordem categórica. Um momento de reflexão revela que atribuir nomes a todos os pontos de ramificação de um cladograma poderia levar à proliferação inviável de nomes e ordens. Outros sistemas sugeriram um método para evitar essa proliferação de nomes, conhecido como convenção de sequenciamento filogenético. Quando se utiliza essa convenção, táxons em sequências lineares podem receber, todos, as mesmas designações categóricas (p. ex., eles podem ser todos classificados como gêneros, ou todos como famílias, e assim por diante), contanto que sejam listados no esquema de classificação na sequência exata na qual os ramos aparecem no cladograma (esquema de classificação C). Qualquer método usado para elaborar um esquema de classificação permite convertê-lo diretamente de volta a um cladograma – ou seja, para visualizar o padrão de ramificação filogenética que ele representa. O esquema de classificação A não reflete a filogenia dessas quatro famílias (simplesmente está em ordem alfabética), de forma que a única informação que ele fornece é que essas famílias estão "de alguma forma" relacionadas entre si dentro de um clado monofilético.

A adoção das metodologias cladísticas (elaboração empírica de árvores filogenéticas com padrões de ramificação precisos baseados em sinapomorfias) na década de 1980 levou a uma explosão de novos estudos filogenéticos. Isso resultou em uma proliferação de novas árvores filogenéticas que, por sua vez, resultaram em novas classificações. Uma explosão semelhante no campo da filogenética molecular (que utiliza os princípios da cladística), ocorrida pouco tempo depois, conferiu à biologia evolutiva outro grande impulso e alterou ainda mais alguns de nossos conceitos sobre relações e classificações dos animais. Pouco antes da virada do século, começou outra revolução na filogenética, à medida que aprendemos a sequenciar não apenas um gene de cada vez, mas milhares de genes ou até mesmo os genomas por inteiro. Esse último avanço começou a lançar muitas luzes sobre nossa compreensão da evolução animal. Além disso, também tem gerado árvores filogenéticas enormes e altamente detalhadas, nas quais os padrões de ramificação longos representam a história da vida na Terra (Figura 2.6, por exemplo). Esse detalhamento traz desafios aos biólogos que gostam de elaborar classificações que reflitam exatamente a filogenia, porque as ordens hierárquicas tradicionais de Lineu são numericamente insuficientes para capturar toda a profundidade e os

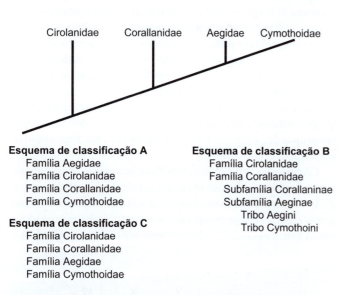

Figura 2.5 Uma árvore filogenética de quatro famílias diretamente relacionadas de crustáceos isópodes (tatu-bola marinho; ver Capítulo 21). Nesse exemplo, as quatro famílias constituem uma "série evolutiva' interessante, que inclui desde carnívoros de vida livre Cirolanidade, micropredadores e parasitas temporários de peixes (Corallanidae e Aegidae) até os parasitas obrigatórios de peixes (Cymothoidae). O esquema de classificação A simplesmente lista as famílias em ordem alfabética e não há como recuperar sua história filogenética com base nessa classificação. O esquema B dispõe os táxons em uma classificação subordinada (hierárquica) e reflete precisamente a estrutura da árvore (ainda que exija a atribuição dos táxons em novas ordens de nomenclatura). O esquema C utiliza a convenção de sequenciamento filogenético para dispor os táxons na ordem sequencial exata com que aparecem na árvore, mas sem subordinação; esse último esquema também reflete precisamente a estrutura da árvore filogenética.

Figura 2.6 Essa árvore filogenética das relações entre os hexápodes (Misof et al., 2014) ilustra os desafios de converter grandes filogenias de base molecular em esquemas de classificação. Essa árvore inclui mais de 130 espécies de hexápodes e praticamente o mesmo número de ramificações. De forma a elaborar uma classificação com base nessa árvore, o cientista precisa tomar decisões quanto a quais nós (clados) devem ser nomeados, se os clados nomeados devem ser limitados às cerca de 30 ou mais ordens tradicionais de Lineu, ou se devem ser usados nomes não ordenados e deve-se fazer com que a classificação reflita precisamente a filogenia. Para um modo de lidar com essas questões de classificação, ver Capítulo 22 (Hexápodes). Observe que sete crustáceos incluídos na análise estão apresentados como um grupo parafilético agrupado na base do clado dos hexápodes (*i. e.*, "Crustacea" é um agrupamento parafilético; Capítulo 21) e que o grupo-irmão de Hexapoda é Remipedia. Ver também que essa é uma filogenia datada (a escala de tempo em milhões de anos está ilustrada nas partes superior e inferior da figura).

Capítulo 2 Sistemática, Filogenia e Classificação **45**

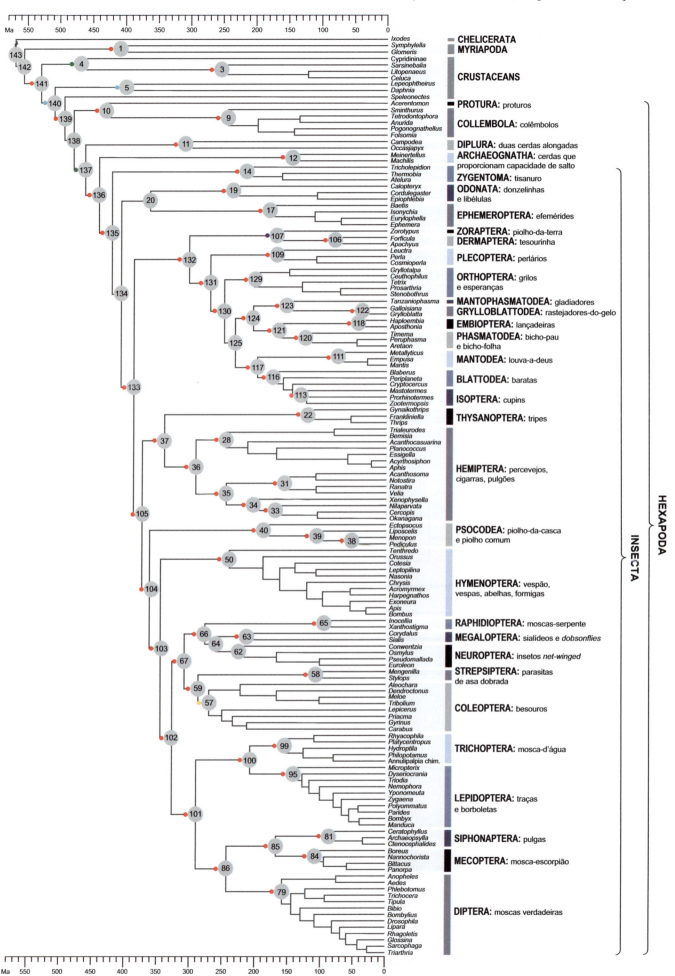

detalhes dessas árvores. Muitas das novas árvores poligênicas ou genômicas têm escores nos pontos de ramificação, ou até centenas de ramos que aparecem na forma de topologias semelhantes a um longo pente. Contudo, as ordens tradicionais de Lineu são de apenas nove ou dez, ou cerca de quatro vezes esse número na melhor das hipóteses, quando também são utilizados os prefixos *super-*, *sub-* e *infra-*.

Existem algumas soluções para esse dilema, mas nenhuma delas é perfeita (Figura 2.7). A solução mais simples é não usar absolutamente nenhuma ordem na classificação e, em vez disso, simplesmente formar endentações nos grupos subordinados de forma que reflitam a filogenia – uma **classificação não ordenada**. Outra solução é a convenção de sequenciamento filogenético descrita antes. A terceira solução (e, provavelmente, a que ainda é encontrada com mais frequência) é elaborar classificações que *não* reflitam precisamente a filogenia, encaminhando os leitores à árvore se eles quiserem compreender as relações exatas entre os táxons de uma classificação. As classificações não ordenadas são úteis quando a filogenia de um grupo ainda não está bem-esclarecida (ver Capítulo 14, Annelida). As classificações perfeitamente ordenadas podem tornar-se desajeitadas quando são "empurradas até o limite" das categorias taxonômicas disponíveis (ver Capítulo 10, Platyhelminthes). O ponto central é que as coisas estão mudando e os esquemas de classificação "tradicionais" que alguns estudantes costumavam encontrar começam a parecer muito diferentes hoje em dia. Neste livro, utilizamos principalmente as classificações ordenadas que refletem a filogenia dos grupos em questão, ou no mínimo não entram em conflito com ela. Em alguns casos, precisamos usar classificações parcial ou totalmente não ordenadas (p. ex., anelídeos e moluscos).

A confusão aumenta ainda mais quando é difícil descartar nomes que têm sido usados há décadas. Alguns desses **nomes clássicos** foram redefinidos para representar grupos monofiléticos (ou clados), como Protostomia e Deuterostomia. Contudo, hoje se sabe que outros representam grupos não monofiléticos, mas seus nomes ainda não desapareceram dos livros didáticos ou da literatura científica; por exemplo, o grupo dos gastrópodes "heterópodes" (que é um grupo polifilético de gastrópodes pelágicos com corpos translúcidos comprimidos lateralmente e com conchas reduzidas ou inexistentes). Neste livro, quando usamos um nome que não é indicativo de um grupo natural (*i. e.*, monofilético), assinalamos isso no texto.

Uma crítica que a sistemática filogenética ocasionalmente recebe é de que ela sempre descreve o processo de especiação com a divisão de uma espécie ancestral em duas espécies-irmãs, apesar da probabilidade de existirem muitos outros mecanismos de especiação (Figura 2.8). Em uma árvore filogenética, quando surge uma espécie nova, uma "divisão" precisa ser acrescentada e os dois ramos representam grupos-irmãos, independentemente do fato de a espécie original realmente ter se modificado em algo. Essa crítica não tem fundamento e simplesmente se origina

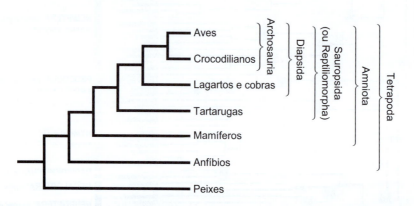

Figura 2.7 Em alguns casos, genealogia e similaridade/dissimilaridade morfológica global podem conduzir a abordagens conflitantes sobre a classificação. Isso é exemplificado pelas aves e pelos répteis. O cladograma nesta figura ilustra a visão geralmente aceita quanto às relações entre os grupos principais dos vertebrados viventes. O esquema de classificação A ilustra uma classificação tradicional dos vertebrados, na qual os crocodilianos estão classificados junto com os lagartos, as cobras e as tartarugas no táxon Reptilia, enquanto as aves são mantidas em um táxon separado (Aves). Nessa classificação, a classe Reptilia é parafilética (porque exclui as aves). Os esquemas de classificação B e C refletem estritamente a árvore filogenética. O esquema B reflete o padrão de ramificação do cladograma com táxons subordinados (nesse caso, não ordenados); desse modo, os répteis estão quebrados em táxons separados de forma a contemplar suas relações genealógicas – as cobras e os lagartos (Lepidosaura) são classificados junto como um grupo-irmão separado das aves e dos crocodilianos. O esquema C também reflete estritamente a árvore, mas usa a convenção de sequenciamento filogenético, em vez dos conjuntos subordinados de grupos-irmãos. Contudo, nos esquemas B e C, todos os táxons são monofiléticos. Observe que o esquema C, que utiliza a convenção de sequenciamento, requer quatro nomes taxonômicos a menos que o esquema B.

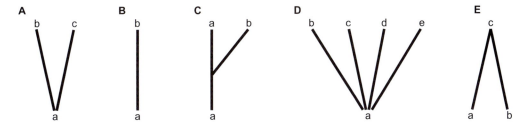

Figura 2.8 Modelos comuns de especiação. **A.** Uma espécie separa-se em duas espécies novas. **B.** Uma espécie se transforma em outra ao longo do tempo. Esse tipo de especiação pode ser entendido como um processo gradativo ou rápido. **C.** Uma espécie permanece inalterada, enquanto uma população periférica isolada transforma-se em uma espécie nova distinta. **D.** "Irradiação adaptativa explosiva", na qual uma espécie repentinamente se separa em muitas espécies novas. Os eventos de especiação representados por esse modelo podem ocorrer quando uma espécie é confrontada subitamente com um vasto número de novos hábitats ou "nichos vagos" para explorar, resultando em uma rápida especialização e um isolamento reprodutivo, à medida que os nichos novos são ocupados. A irradiação explosiva também poderia ocorrer quando a distribuição de uma espécie muito difusa é fragmentada em inúmeras populações menores isoladas. Exemplos clássicos de irradiação explosiva incluem os peixes ciclídeos dos grandes lagos da África e os besouros dos ninhos de formigas de Madagascar (e qualquer outra região). **E.** Uma espécie nova é "criada" por hibridização de duas outras espécies; esse tipo de especiação parece ser raro e pode ocorrer principalmente entre plantas e protistas, embora também existam exemplos conhecidos entre Metazoa (p. ex., lagartos rabo-de-chicote).

da falta de conhecimento. Primeiramente, as árvores nem sempre precisam ser completamente dicotômicas; elas podem (teoricamente) ter pontos de ramificação tricotômicos ou mesmo politômicos (Figura 2.8 D). Em segundo lugar, um táxon terminal em um cladograma pode não ter sinapomorfias que o definam, indicando assim que ele não é apenas um grupo-irmão de sua linhagem adjacente, mas também é o ancestral real daquela linhagem. Uma árvore filogenética pode expressar qualquer tipo de evento de especiação; ela simplesmente o faz de forma restrita – por meio de ramos representando um padrão de sinapomorfias agrupadas.

Os métodos da sistemática filogenética forçam o sistemata a ser explícito quanto aos grupos e às características. O método também é, em grande parte, independente de tendências da disciplina na qual é aplicado. Em seus princípios fundamentais, não é restrito à biologia, mas é aplicável aos diversos campos nos quais as relações que caracterizam os grupos são comparáveis com o conceito de homologia e apresentam uma natureza hierárquica. Desse modo, foram aplicadas análises cladísticas a outros sistemas históricos, como linguística e crítica textual (nos quais os "homólogos" são as línguas ou os textos compartilhados) e até mesmo à classificação de instrumentos musicais. A análise cladística também tem sido usada em análises biogeográficas, nas quais os táxons são substituídos por suas áreas de endemismo apropriadas e, desse modo, os "homólogos" são grupos-irmãos compartilhados pelas regiões geográficas. Embora as informações acumuladas em uma árvore filogenética estejam restritas à genealogia, tais árvores são utilizadas frequentemente para testar outros tipos de hipóteses, como modos de especiação, relações históricas entre áreas geográficas e coevolução em linhagens de hospedeiro–parasita.

Como foi salientado antes, o conceito de similaridade desempenha um papel central na sistemática filogenética. Na verdade, existem apenas três tipos de similaridade evolutiva expressos entre os organismos: (1) inovações evolutivas compartilhadas herdadas de um ancestral comum imediato (*i. e.*, apomorfias); (2) similaridade herdada de algum ancestral remoto (qualquer quantidade de táxons descendentes pode conservar essa semelhança); e (3) similaridade atribuída à evolução da convergência evolutiva. Sistematas filogenéticos aceitam apenas o primeiro tipo de similaridade (sinapomorfias) como evidência válida para uma afinidade próxima (ancestralidade comum) entre dois táxons. O segundo tipo de similaridade reflete as plesiomorfias, ou atributos que se originaram antes do aparecimento do grupo estudado e que, portanto, embora sejam informativos, não fornecem evidência específica relevante aos pontos de ramificação das árvores filogenéticas. O terceiro tipo de similaridade (convergência) não tem qualquer valor nas análises filogenéticas, embora possa levantar questões interessantes quanto à biologia evolutiva.

Vale notar que o conceito de características derivadas compartilhadas tem circulado há muitas décadas e uma revisão cuidadosa do trabalho produzido pelos sistematas mais críticos ao longo do tempo revelará que a maioria se esforçou para delimitar táxons monofiléticos e elaborar árvores filogenéticas baseadas em conjuntos agrupados de sinapomorfias. Entretanto, muitas classificações mais antigas existentes ainda são parcialmente baseadas em simplesiomorfias, em vez de unicamente em sinapomorfias, e essas classificações deverão ser revisadas à medida que sejam realizados estudos modernos.

Filogenética molecular

No dia 12 de fevereiro de 1988 (por coincidência, data de nascimento de Charles Darwin), um artigo publicado por Katherine Field, Rudy Raff e colaboradores apresentou a primeira análise molecular confiável da filogenia dos metazoários com base nas sequências do pequeno gene do RNA da subunidade ribossômica (SSU). Esse estudo marcou uma mudança de paradigma na análise filogenética e, hoje em dia, o campo da filogenética molecular está baseado nos métodos apresentados pioneiramente por esse importante estudo. Em 1997, Anna Marie Aguinaldo *et al.* também publicaram um estudo revolucionário, propondo uma nova visão radical da filogenia animal: os autores sugeriram a hipótese de que Protostomia incluam dois clados diferentes – um "clado mutável" (denominado Ecdysozoa) e um clado imutável (denominado Spiralia neste livro). Com o advento da tecnologia de amplificação rápida de fragmentos de DNA e de sequenciamento dos ácidos nucleicos, o campo da sistemática passou por uma mudança dramática. As questões sobre as relações evolutivas, que tradicionalmente tinham sido discutidas apenas pela morfologia comparativa, hoje podem ser testadas por uma fonte de dados inédita e independente. A partir da década de 1990, a **filogenética molecular** inundou a literatura com árvores evolutivas elaboradas com base em análises das sequências dos genes. As matrizes moleculares são dados da sequência do DNA, construída por quatro nucleotídios do código genético: adenina (A), timina (T), citosina (C) e guanina (G). As árvores moleculares confirmaram algumas relações inferidas no passado com base em traços morfológicos, mas também apresentaram uma base para novas relações nunca previstas.

As primeiras filogenias moleculares foram construídas com base nas análises dos genes ribossômicos, os quais codificam o RNA que compõe a estrutura 3D dos ribossomos (a subunidade grande 28S e a subunidade pequena 18S).[7] Entretanto, pouco tempo depois da publicação das primeiras árvores baseadas em estudos moleculares, descobriu-se que as análises dos dados das sequências moleculares estavam sujeitas a prever relações errôneas em determinadas circunstâncias. Linhagens que evoluíram rapidamente foram inferidas como se estivessem diretamente relacionadas, independentemente de suas relações evolutivas reais, em consequência do fenômeno conhecido como **atração do ramo longo** (do inglês, *long branch attraction* [LBA]). Como existem apenas quatro estados de características possíveis nos dados das sequências moleculares (os quatro nucleotídios), quando os índices de substituição do DNA são altos, há grande probabilidade de que duas linhagens evoluam *independentemente* o mesmo nucleotídio apenas por acaso. Nessas circunstâncias, os algoritmos filogenéticos (especialmente os que se baseiam no método da parcimônia) interpretam equivocadamente essas convergências como sinais de ancestralidade compartilhada (sinapomorfias) e, assim, concluem erroneamente que os táxons situados em ramos longos sejam parentes próximos.

A utilização dos algoritmos filogenéticos que incorporam **modelos de evolução** pode atenuar o problema acarretado pela LBA. Esses modelos incluem três componentes: (1) modelos de substituição do DNA, que descrevem as taxas com que um nucleotídio substitui outro ao longo da evolução; (2) a frequência relativa das bases de nucleotídios em um banco de dados; e (3) as taxas relativas com que os segmentos de um alinhamento evoluem em um banco de dados. Os algoritmos mais conhecidos baseados em modelos evolutivos incluem **probabilidade máxima** e **métodos bayesianos** de estimativa filogenética.

A quantidade de genes usados para inferir filogenias aumentou rapidamente e hoje inclui genes que codificam proteínas nucleares e mitocondriais. Inferir filogenia com base nos genes que codificam proteínas tem várias vantagens. As sequências das proteínas de parentes distantes são mais fáceis de alinhar com outras do que os genes dos ribossomos. Além disso, como um códon de três nucleotídios de uma sequência de ácido nucleico especifica um aminoácido de acordo com o código genético, os genes que codificam proteínas podem ser analisados no nível de seus nucleotídios ou dos aminoácidos.[8] Embora as análises de apenas um gene fossem a norma há alguns anos, a maioria das análises filogenéticas moleculares modernas usa vários genes (de preferência, genes não relacionados) concatenados juntos em uma supermatriz de 5 a 10 genes ou mais. Na verdade, tecnologias novas e relativamente pouco dispendiosas de sequenciamento do DNA – conhecidas como **sequenciamento de última geração** – permitem que as filogenias moleculares sejam elaboradas a partir de grandes partes do genoma (até dezenas de milhares de genes). As regiões específicas do genoma podem ser focalizadas *a priori* por métodos como o enriquecimento híbrido ancorado, ou genes novos com significado filogenético podem ser descobertos depois do sequenciamento rápido (*shotgun*) de todas as moléculas do DNA (genomas) ou do RNA (transcriptomas). Independentemente do tipo de dados genéticos selecionado ou de como esses dados forem sequenciados, tais métodos resultam em ricos conjuntos de dados multigênicos para inferência filogenética. As árvores resultantes são, portanto, inferidas de partes do genoma maiores que as dos métodos anteriores, os quais contavam apenas com uma pequena quantidade de genes, cuja história poderia refletir precisamente ou não os táxons em análise.

Cientistas estão desenvolvendo técnicas igualmente empolgantes para extrair o DNA de ossos, tecidos ou estrume fossilizado. Em 2003, pesquisadores conseguiram extrair DNA dos sedimentos do *permafrost* siberiano e dos solos de cavernas da Nova Zelândia. Os sedimentos siberianos forneceram o mais antigo DNA primitivo confiável que se obteve até hoje – de plantas com até 400.000 anos (angiospermas, gimnospermas e musgos), assim como de numerosos animais, incluindo espécies vivas e espécies extintas há até 30.000 anos. Em 2008, cientistas sequenciaram o genoma inteiro do extinto mamute-lanoso (*Mammuthus primigenius*) da Sibéria, demonstrando uma identidade de sequência de mais de 98% com o elefante africano atual (os dois divergiram um do outro há cerca de 6 milhões de anos). Também em 2008, sequenciou-se o DNA dos piolhos (Insecta: Phthiraptera: *Pediculus humanus*) preservados nos couros cabeludos de múmias peruanas de 1.000 anos. Os piolhos pertenciam a um subtipo de piolhos da cabeça e do corpo que é encontrado em todo o mundo, confirmando assim que os piolhos humanos existiam no Novo Mundo muito antes de Colombo. Desde então, cientistas começaram a sequenciar o DNA de animais ainda mais antigos – o mais antigo sequenciado até hoje é um cavalo de 700.000 anos, talvez prolongando os limites de tempo durante o qual o DNA realmente pode resistir. Com a extração dos fragmentos de DNA dos solos e sedimentos antigos (conhecidos como "DNA ambiental") na América do Norte, cientistas começaram a reconstruir os ecossistemas do Pleistoceno e do início do Holoceno. A extração do DNA de cernes de terra da região ártica com 2.000 a 4.000 anos encontrou várias plantas, bisontes, cavalos, ursos, mamutes e lemingues. O DNA ambiental provém de urina, fezes, pelos, pele, cascas de ovos, penas e até mesmo saliva dos animais, bem como de folhas e raízes minúsculas das plantas em decomposição. Esse DNA ancestral levou à descoberta de novos tipos de seres humanos primitivos e revelou o entrecruzamento entre nossos ancestrais e nossos "primos" arcaicos, os quais deixaram um legado genético que molda o que somos hoje. Grande parte do genoma do homem de Neandertal está sequenciado. Consequentemente, agora sabemos que o moderno *Homo sapiens* traz consigo um resquício do DNA Neandertal em razão de episódios de entrecruzamento que, segundo algumas hipóteses, ocorreram à medida que os seres humanos migraram para fora da África e para a Eurásia, há no mínimo 80.000 anos.

---

[7] A informação genética contida no DNA do ácido nucleico (ácido desoxirribonucleico) é transcrita no RNA do ácido nucleico (ácido ribonucleico) e, em seguida, essa informação é traduzida do RNA para a proteína.

[8] O genoma humano contém cerca de 21.000 genes e as regiões que codificam proteínas representam apenas cerca de 1,5% do genoma. Muitas outras espécies complexas sobrevivem com muito menos genes.

Estudos sugerem que, nas espécies diretamente relacionadas (p. ex., espécies-irmãs) que divergiram recentemente uma da outra, existam genes fundamentais que divergiram rapidamente e produziram incompatibilidade reprodutiva, reduzindo, assim, a probabilidade de que surgisse uma prole híbrida viável ou fértil. Outros genes fundamentais que evoluiriam rapidamente durante a origem de uma espécie nova parecem ser os que confeririam uma vantagem especial à população nova. Por exemplo, os genomas dos seres humanos e dos chimpanzés (*Pan troglodytes*) são idênticos aproximadamente 99%. Contudo, entre os genes que compõem esse 1%, existem pequenos fragmentos de bases conhecidos como HAR1 (do inglês, *human accelerated region 1*; região humana acelerada 1) e *FOXP2*. Antes do surgimento dos seres humanos, a HAR1 parece ter evoluído de forma extremamente lenta, mas em *Homo sapiens* ela passou por uma evolução abrupta. Verifica-se que HAR1 está em atividade durante a embriogênese de um tipo de neurônio que desempenha papel fundamental no estabelecimento de padrão e configuração do córtex cerebral em desenvolvimento. O fragmento *FOXP2* está envolvido com a função da fala. Desse modo, parece que a ocorrência rápida de substituições nessas regiões genéticas possa ter alterado significativamente nossos cérebros a partir dos cérebros dos chimpanzés. Uma quantidade pequena de alterações rápidas dos genes pode ter um impacto significativo na divergência e na evolução das espécies. Curiosamente, a sequência *FOXP2* dos homens de Neandertal é muito semelhante à dos seres humanos atuais, sugerindo que eles poderiam ter habilidades de fala semelhantes às nossas.

Bibliografia

Aguinaldo, A. M. A. *et al.* 1997. Evidence for a clade of nematodes, arthropods, and other moulting animals. Nature 387: 489–494.

Baum, D. A. e S. D. Smith. 2013. *Tree thinking: An introduction to phylogenetic biology*. Roberts and Company, Greenwood Village, CO.

Bieler, R. *et al.* 2014. Investigating the bivalve tree of life-an exemplar-based approach combining molecular and novel morphological characters. Invertebr. Syst. 28: 32–115.

Blackwelder, R. E. 1967. *Taxonomy: A text and reference book*. Wiley, NY. [Texto prazeroso sobre taxonomia prática, identificação de espécies, práticas de curadoria, uso dos nomes e da literatura taxonômica; parte considerável do texto dedica-se à nomenclatura intrincada e às regras para publicação de nomes etc.]

Bull, J. J. *et al.* 1993. Partitioning and combining data in phylogenetic analysis. Syst. Biol. 42: 384–397.

Cracraft, J. e N. Eldredge (eds.). 1979. *Phylogenetic Analysis and Paleontology*. Columbia University Press, NY. [Um tanto desatualizada, mas ainda uma excelente discussão sobre a reconstrução filogenética; uma visão eclética de sistemática e evolução: boa leitura.]

Croizat, L. 1958. *Panbiogeography*. Published by the author. Caracas, Venezuela.

Croizat, L. 1964. *Space, Time, Form: The Biological Synthesis*. Published by the author. Caracas, Venezuela. [Os dois livros de Croizart iniciaram uma mudança de paradigma no campo da biogeografia.]

Croizat, L., G. Nelson e D. E. Rosen. 1974. Centers of origins and related concepts. Syst. Zool. 23: 265–287.

Cummings, M. P., S. P. Otto e J. Wakeley. 1995. Sampling properties of DNA sequence data in phylogenetic analysis. Mol. Biol. Evol. 12(5): 814–822.

Deans, A. R. *et al.* 2015. Finding our way through phenotypes. PLoS Biol. 13, e1002033.

Donoghue, P. C. e M. J. Benton. 2007. Rocks and clocks: calibrating the tree of life using fossils and molecules. Trends Ecol. Evol. 22: 424–431.

Dopazo, H., J. Santoyo e J. Dopazo. 2004. Phylogenomics and the number of characters required for obtaining an accurate phylogeny of eukaryote model species. Bioinformatics 20 (Suppl. 1): I116–I121.

Eldredge, N. e J. Cracraft. 1980. *Phylogenetic pattern and the evolutionary process: method and theory in comparative biology*. Columbia University Press, NY. [Ainda um dos melhores textos sobre a teoria da análise cladística e de classificação.]

Felsenstein, J. 1983. Parsimony in systematics: biological and statistical issues. Annu. Rev. Ecol. Syst. 14: 313–333.

Felsenstein, J. 1985. Phylogenies and the comparative method. Am. Nat. 126: 1–25.

Field, K. G. J. *et al.* 1988. Molecular phylogeny of the Animal Kingdom. Science 239: 748–753.

Frizzell, D. L. 1933. Terminology of types. Am. Midland Nat. 14(6): 637–668. [Uma lista de toda designação de "tipo" que Frizzell conseguiu encontrar, cuja vasta maioria não tem nomenclatura válida.]

Giribet, G. 2015. Morphology should not be forgotten in an era of genomics: A phylogenetic perspective. Zool. Anz. 256: 96–103.

Giribet, G. 2015. New animal phylogeny: future challenges for animal phylogeny in the age of phylogenomics. Org. Divers. Evol. doi: 10.1007/s13127-015-0236-4.

Gould, S. J. e R. C. Lewontin. 1979. The spandrels of San Marco and the Panglossian paradigm: A critique of the adaptationist programme. Proc. R. Soc. Lond. Ser. B 205: 581–598. [Um clássico, o melhor de Gould.]

Hall, B. K. 1994. Homology: The hierarchical basis of comparative biology. Academic Press, San Diego, CA.

Hall, B. K. 2011. Phylogenetic trees made easy, fourth ed. A how-to manual. Sinauer Associates, Sunderland, MA.

Harvey, P. H. e M. D. Pagel. 1991. *The Comparative Method in Evolutionary Biology*. Oxford University Press, NY. [Uma elucidação detalhada do método.]

Hennig, W. 1979. *Phylogenetic systematics*. University of Illinois Press, Urbana. ["Terceira" edição do texto de Hennig, original de 1950, sobre classificação cladística: esteja ciente de que a filosofia e a metodologia da cladística mudaram e cresceram muito desde as ideias originais de Hennig.]

Hillis, D., C. Mortiz e B. Mable. 1996. *Molecular Systematics, 2nd Ed*. Sinauer Associates, Sunderland, MA.

Huelsenbeck, J. P. e J. J. Bull. 1996. A likelihood ratio test to detect conflicting phylogenic signal. Syst. Biol. 45: 92–98.

Huelsenbeck, J. P. e B. Rannala. 1997. Phylogenetic methods come of age: testing hypotheses in an evolutionary context. Science 276: 227–232.

International Commission on Zoological Nomenclature. 2000. *International Code of Zoological Nomenclature*, 4th Ed. The International Trust for Zoological Nomenclature, Londres. [Livro sobre as regras de nomenclatura.]

Jablonski, D. e D. Bottjer. 1991. Environmental patterns in the origins of higher taxa: The post-Paleozoic fossil record. Science 252: 1831–1833.

Jefferys, W. H. e J. O. Berger. 1992. Ockham's razor and Bayesian analysis. Am. Sci. 80: 64–72.

Lemey, P., M. Salemi e A.-M. Vandamme (eds.). 2009. The phylogenetic hand book. A practical approach to phylogenetic analysis and hypothesis testing. Cambridge University Press, NY.

Lemmon A.R., S.A. Emme e E.M. Lemmon. 2012. Anchored hybrid enrichment for massively high-throughput phylogenomics. Syst. Biol. 61(5): 727–744.

Lomolino, M. V. *et al.* 2010. *Biogeography*, 4th Ed. Sinauer Associates, Sunderland, MA.

Lomolino, M. V., D. F. Sax e J. H. Brown (eds.). 2004. *Foundations of Biogeography. Classic Papers with Commentaries*. University of Chicago Press, Chicago, IL.

Maddison, D. R. 1991. The discovery and importance of multiple islands of most-parsimonious trees. Syst. Zool. 40: 315–328.

Maddison, W. P. 1997. Gene trees in species trees. Syst. Biol. 46: 523–536.

Maddison, W. P., M. J. Donoghue e D. R. Maddison. 1984. Outgroup analysis and parsimony. Syst. Zool. 33(1): 83–103.

Mayr, E. e P. D. Ashlock. 1991. *Principles of Systematic Zoology*, 2nd Ed. McGraw-Hill, NY. ["Bíblia" da sistemática, antes do estabelecimento da filogenética cladística.]

McCormack, J. E. *et al.* 2013. Applications of next-generation sequencing to phylogeography and phylogenetics. Mol. Phylog. Evol. 66: 526–538.

Minelli, A. 2015. Taxonomy faces speciation: The origin of species or the fading out of the species? Biodiversity Journal 6(1): 123–138.

Minelli, A. 2015. Grand challenges in evolutionary developmental biology. Front. Ecol. Evol. doi: 10.3389/fevo.2014.00085

Minelli, A. 2015. EvoDevo and its significance for animal evolution and phylogeny. pp. 1–23 *in* A. Wanninger (ed.), *Evolutionary Developmental Biology of Invertebrates 1: Introduction, Non-Bilateria, Acoelomorpha, Xenoturbellida, Chaetognatha*. Springer-Verlag, Viena.

Misof, B. *et al.* Phylogenomics resolves the timing and pattern of insect evolution. Science. 346 (6210): 763–767.

Nelson, G. e N. I. Platnick. 1981. Systematics and biogeography: cladistics and vicariance. Cladistics 5: 167–182.

Nelson, G. e N. I. Platnick. 1981. *Systematics and Biogeography: Cladistics and vicariance*. Columbia University Press, NY. [Excelente revisão sobre a história e o desenvolvimento da sistemática e da biogeografia, além de um tratamento cuidadoso, embora teórico, da cladística e da biogeografia de vicariância.]

Nosenko, T. *et al.* 2013. Deep metazoan phylogeny: when different genes tell different stories. Mol. Phylog. Evol. 67: 223–233.

Parham, J. F. *et al.* 2012. Best practices for justifying fossil calibrations. Syst. Biol. 61: 346–359.

Patterson, C. 1982. Morphological characters and homology. pp. 21–74 in K. Joysey e A. Friday, *Problems of Phylogenetic Reconstruction.* Systematics Association Special Volume, No. 21. Academic Press, NY.

Patterson, C. 1990. Reassessing relationships. Nature 344: 199–200.

Peterson, K. J., l M. A. McPeek e D. A. D. Evans. 2005. Tempo and mode of early animal evolution: inferences from rocks, Hox, and molecular clocks. Paleobiology 31(2): 36-55.

Philippe, H., A. Chenuil e A. Adoutte. 1994. Can the Cambrian explosion be inferred through molecular phylogeny? Development (Suppl.): 15–25.

Pfenning, A. R. *et al.* 2014. Convergent transcriptional specializations in the brains of humans and song-learning birds. Science 346: 1333. doi: 10.1126/science.1256846

Pollard, K. S. 2009. What makes us human? Sci. Am. May 2009: 44-49.

Raff, R. A. 1996. *The Shape of Life.* University of Chicago Press, Chicago.

Richter, S. e C. S. Wirkner. 2014. A research program for evolutionary morphology. J. Zool. Syst. Evol. Res. 52: 338–350.

Rose, M. R. e G. V. Lauder. 1996. *Adaptation.* Academic Press, San Diego, CA.

Rosen, D. E. 1985. Geological hierarchies and biogeographic congruence. Ann. Missouri Bot. Garden 72: 636–659.

Sanderson, M. J. 1990. Flexible phylogeny reconstruction: A review of phylogenetic inference packages using parsimony. Syst. Zool. 39: 414–420.

Sanderson, M. J. 1995. Objections to bootstrapping phylogenies: A critique. Syst. Biol. 44: 299–320.

Sanderson, M. J. 2008. Phylogenetic signal in the eukaryotic tree of life. Science 321: 121–123.

Sanderson, M. J. e M. J. Donoghue. 1989. Patterns of variation in levels of homoplasy. Evolution 43: 1781–1795.

Sanderson, M. J. e L. Hufford. 1996. *Homoplasy. The Recurrence of Similarity in Evolution.* Academic Press, San Diego, CA.

Schuh, R. T. 2000. *Biological Systematics: Principles and Applications.* Comstock Publishing Associates, Ithaca, NY.

Simpson, G. G. 1961. *Principles of Animal Taxonomy.* Columbia University Press, NY. [Embora esse texto clássico esteja ficando rapidamente desatualizado, ainda proporciona um pensamento não cladístico sobre a evolução, o conceito de espécies e os métodos tradicionais de classificação.]

Slater, G. J., L. J. Harmon e M. E. Alfaro. 2012. Integrating fossils with molecular phylogenies improves inference of trait evolution. Evolution 66: 3931–3944.

Stanley, S. M. 1982. Macroevolution and the fossil record. Evolution 36: 460–473.

Stevens, P. F. 1980. Evolutionary polarity of character states. Annu. Rev. Ecol. Syst. 11: 333–358.

Watrous, L. E. e Q. D. Wheeler. 1981. The out-group comparison method of character analysis. Syst. Zool. 30(1): 1–11.

Wiley, E. O. e B. S. Lieberman.2011. *Phylogenetics: Theory and Practice of Phylogenetic Systematics,* 2nd Ed. Wiley-Blackwell, NY.

Wiley, E. O. 1988. Vicariance biogeography. Annu. Rev. Ecol. Syst. 19: 513–542.

Wilkins, A. S. 2002. *The Evolution of Developmental Pathways.* Sinauer Associates, Sunderland, MA.

Willerslev, E. *et al.* 2003. Diverse plant and animal genetic records from Holocene and Pleistocene sediments. Science 300: 791–795.

Winston, J. E. 1999. Describing species: practical taxonomic procedure for biologists. Columbia University Press, NY.

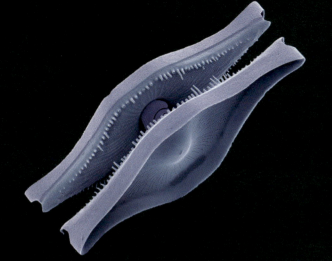

3

Os Protistas

O Reino Protista

Existe uma tradição de longa data nos cursos de zoologia dos invertebrados de incluir os protistas – ao menos os grupos mais comuns – e, hoje em dia, bem mais de a metade dos cursos sobre invertebrados ministrados nos EUA ainda segue esse padrão. Além disso, nos dias de hoje, quando os cursos terminados em "-*logia*" estão cada vez menores, muitos estudantes descobrem que essa é sua única exposição detalhada sobre esse grupo tão importante de organismos. Por isso, decidimos conservar o capítulo sobre protistas nesta edição do livro *Invertebrados*, apesar das dificuldades de descrever resumidamente esse conjunto extremamente diversificado de filos. O táxon "Protozoa" foi estabelecido formalmente por Richard Owen em 1858, no mesmo ano em que Charles Darwin e Alfred Russel Wallace publicaram sua teoria de seleção natural. Em seu uso mais comum, esse termo sempre foi um táxon parafilético, embora, antes que os mixozoários, as leveduras e alguns outros fossem retirados, o Protozoa formasse um agrupamento polifilético. Entretanto, o termo "Protozoa" tem sido utilizado para descrever inúmeros agrupamentos diferentes de eucariotos ao longo dos últimos 150 anos e, hoje em dia, provavelmente é melhor deixar essa expressão "adormecida" como um nome taxonômico formal.

Como os protistas formam um grupo parafilético, não é fácil defini-los. Assim como ocorre com outros grupos parafiléticos, esses organismos são definidos principalmente com base no que lhes falta. Uma definição seria: "organismos eucariotos predominantemente unicelulares, que não formam tecidos por meio do processo de deposição de camadas embrionárias". O conjunto que chamamos de protistas é parafilético, porque exclui numerosas linhagens de descendentes pluricelulares (Metazoa, Fungi, Plantae), assim como as glaucófitas e as algas vermelhas e verdes. Por isso, os protistas constituem a "sopa" da qual evoluíram três grandes reinos pluricelulares. Alguns protistas (como os coanoflagelados) estão relacionados mais diretamente com os animais do que com outros protistas; além disso, quatro filos que antes eram considerados protistas agora são classificados comumente no reino Plantae (= Archaeplastida): Glaucophyta (algas glaucófitas), Rhodophyta (algas vermelhas), Chlorophyta (algas verdes) e Charophyta (algas calcárias).[1] Recentemente, alguns pesquisadores

---

[1] As plantas formam um grupo monofilético que abrange eucariotos unicelulares e pluricelulares, fotossintéticos e portadores de clorofila com cloroplastos originados diretamente de uma cianobactéria escravizada no passado (*i. e.*, o "plastídio primário"). Esses cloroplastos estão circundados por duas membranas e podem conter clorofila *a* e/ou *b*. As plantas abrangem dois sub-reinos: Biliphyta (filos Glaucophyta e Rhodophyta) e Viridiplantae (filos Chlorophyta, Charophyta, Anthrocerotophyta, Bryophyta, Marchantiophyta e Tracheophyta). O cloroplasto com duas camadas, a estrutura dos genomas do plastídio e o derivado aparelho de importação de proteínas do cloroplasto sugerem uma origem única para Plantae.

subdividiram os protistas em dois grupos – Protozoa e Chromista. Essa divisão, defendida por Thomas Cavalier-Smith, separa os Chromista e os descreve como **algas cromófitas** (as que têm clorofilas *a* e *c*, mas não *b*), que parecem ter evoluído por escravização simbiótica de uma alga vermelha, assim como todos os protistas heterotróficos que descenderam delas por perda da fotossíntese ou de plastídios inteiros. De acordo com esse esquema, o "reino Chromista" incluiria filos como Haptophyta, Coliophora e Cercozoa; enquanto o "reino Protozoa" conteria os filos como Euglenozoa, Amoebozoa e Choanozoa (ver uma versão dessa classificação em Ruggiero *et al.*, 2015). Contudo, as análises poligênicas dos protistas ainda são ambíguas quanto à natureza exata dessa dicotomia e se o reino Chromista é monofilético; em nossa opinião, achamos que o uso redefinido do termo atual altamente ambíguo "Protozoa" causa confusão. Por isso, não adotamos essa classificação na presente edição do livro *Invertebrados*. Na verdade, a classificação dos protistas ainda está em processo de elaboração, na medida em que filogenias poligênicas novas continuam a descobrir, classificar e reorganizar os muitos clados. Como os protistas não constituem mais que um conjunto parafilético e como as algas marrons (Phaeophyta) – assim como as vermelhas e as verdes – originaram-se de um ancestral protista separado, alguns cientistas poderiam excluir Phaeophyta do grupo dos protistas.

Até agora, foram descritas cerca de 200.000 espécies de protistas, mas os taxonomistas apenas começaram a arranhar a superfície e é quase certo que a diversidade das espécies desse grupo de filos seja maior que a dos Metazoa. Por exemplo, técnicas recentes de triagem molecular de larga escala revelaram uma diversidade inimaginável de protistas microscópicos (picoplâncton: 0,2 a 2,0 µm) nos oceanos do planeta, cuja maioria nem sequer começou a ser classificada. A maioria dos protistas é unicelular, mas também existem espécies pluricelulares e coloniais, embora as formas pluricelulares não desenvolvam tecidos embrionários, conforme se observa nas plantas e nos animais (diferenciando-as assim dos reinos Plantae e dos Metazoa). Alguns protistas são exclusivamente assexuados; outros também podem reproduzir-se sexualmente ou, no mínimo, utilizar os processos sexuais de meiose e singamia. Alguns protistas são **fotoautotróficos** e contêm plastídios, ou seja, organelas com pigmentos que captam a luz para realizar fotossíntese. Alguns são **heterotróficos** e absorvem moléculas orgânicas ou ingerem partículas alimentares maiores (fagotrofia). Outros ainda são **mixotróficos** porque combinam fotossíntese e nutrição heterotrófica. Nos últimos anos, os protistas foram divididos em três grandes agrupamentos com base nesses mecanismos de nutrição: protozoários (os heterotróficos ingestivos, ou protistas semelhantes aos animais); algas (os fotossintéticos, ou protistas semelhantes às plantas); e os protistas semelhantes aos fungos (absortivos). Contudo, hoje sabemos que esses grupos não representam mais que agrupamentos ecológicos vagos.

Os fitoplânctons procarióticos e eucarióticos, especialmente Cyanobacteria ("algas verde-azuladas") e protistas fotossintéticos como as diatomáceas, os dinoflagelados e os cocolitóforos são criticamente importantes para as cadeias alimentares oceânicas, para o ciclo global do carbono e para o funcionamento dos ecossistemas marinhos. Mesmo que eles representem menos de 1% da biomassa fotossintética existente na Terra, esses microrganismos são responsáveis por cerca de 50% da produção anual de oxigênio atmosférico do planeta (o restante provém das plantas terrestres que, ao contrário dos produtores primários marinhos, têm vidas muito mais longas e canalizam uma parte maior de suas energias para a biomassa existente). Evidentemente, grande parte do **petróleo** que consumimos a um ritmo cada vez mais acelerado provém do fitoplâncton que se depositou no fundo do oceano, foi soterrado e "cozido" ao longo dos últimos milênios. Isso ocorreu em uma Terra mais quente, que tinha menos oxigênio dissolvido no oceano e onde havia menos decomposição da matéria orgânica à medida que afundava no fundo do mar. Entretanto, algumas estimativas sugerem que apenas cerca de 2% de todo o plâncton oceânico sejam depositados no fundo dos oceanos atuais – o restante é reciclado antes que alcance a camada bentônica. Os menores protistas oceânicos (corpos com menos de 1 mm de comprimento), como as diatomáceas, estão (como as bactérias) inteiramente à mercê das correntes e tendem a se dispersar amplamente. Por isso, as espécies dos protistas pequenos tendem a se dispersar para todos os lugares, e o ambiente local determina onde podem sobreviver.

A "grande árvore" dos produtores primários eucarióticos (diatomáceas, dinoflagelados, cocolitóforos), que atualmente se encontram dispersos por todos os oceanos do planeta, alcançaram um patamar de proeminência durante a era Mesozoica, embora tenham surgido muito antes disso. Evidência química de bioassinaturas lipídicas dos dinoflagelados foi encontrada nos estratos Neoproterozoico e Paleozoico. Também foram encontradas evidências dos cocolitóforos nos estratos do Triássico Tardio. Restos siliciosos de diatomáceas foram deixados em quantidades até certo ponto significativas no registro fóssil – a primeira evidência clara (frústulas fósseis) é do período Jurássico (resquícios de suas conchas de sílica constituem a rocha porosa conhecida como diatomita). Entretanto, as análises do relógio molecular sugeriram que a origem das diatomáceas esteja em torno da transição do Permiano para o Triássico. Curiosamente, todos os três grupos contêm plastídios derivados de uma alga vermelha ancestral por simbioses secundárias (ou até mesmo de níveis mais altos) e todos os três grupos começaram suas radiações expressivas depois do evento de extinção em massa do final do Permiano.[2]

Os protistas fotossintéticos contêm uma variedade de tipos de clorofila e têm cloroplastos construídos diferentemente, refletindo suas diversas linhagens separadas. Como ocorre com as mitocôndrias, os plastídios têm uma estrutura interna intrincada de membranas dobradas. Contudo, as membranas dos plastídios não estão em continuidade com a membrana interna do envoltório do cloroplasto. Em vez disso, as membranas internas estão situadas em sacos discoides achatados conhecidos como **tilacoides**. Cada tilacoide consiste em uma membrana tilacóidea externa circundando um espaço interno. Os tilacoides são empilhados como pratos. A maioria dos protistas possui tilacoides que formam pilhas com espessura de duas a três unidades. As algas verdes e as plantas terrestres têm muitos tilacoides superpostos em pilhas conhecidas como

---

[2]Alguns dinoflagelados e outros grupos obtiveram seus plastídios por meio de simbioses terciárias ou de ordem mais elevada (*i. e.*, aquisição de uma célula de alga eucariótica e retenção do plastídio, além de outros elementos da maquinaria celular).

grana (singular = *granum*) e um cloroplasto pode conter muitos grana. As algas vermelhas (Rhodophyta) têm tilacoides não empilhados.

As configurações corporais dos protistas demonstram uma diversidade notável de formas, funções e estratégias de sobrevivência dos organismos não metazoários. A maioria é unicelular, embora não todos. De qualquer forma, eles desempenham todas as funções vitais utilizando apenas as organelas encontradas em uma célula eucariótica "típica". Muitos dos filos de protistas fundamentalmente unicelulares contêm espécies coloniais. Outros são pluricelulares, embora não realizem os processos de deposição de camadas de tecidos embrionários e não tenham órgãos e tecidos diferenciados, como são observados nos animais, nas plantas e nos fungos. A pluricelularidade em alguns grupos protistas (p. ex., a formação dos mofos limosos celulares nas dictiostelidas; a formação de talos pluricelulares em diferentes grupos de algas marrons) é apenas um exemplo de evolução convergente descontrolada observada entre essas criaturas. Por exemplo, diferentes linhagens de protistas de vida livre desenvolveram independentemente uma grande variedade de extensões citoesqueléticas (p. ex., flagelos, axópodes, haptonemas), aparelhos alimentares (p. ex., bastões e gargantas), cobertura celular secretada (p. ex., escamas, armaduras, frústulas, espinhos) e armadura intracelular (p. ex., tecas, películas).

Há uma gama surpreendente de formas e tipos funcionais de protistas. A Figura 3.1 ilustra parte dessa variedade. A maioria dos protistas unicelulares é microscópica, embora alguns (como os foraminíferos) sejam comumente visíveis a olho nu. Na verdade, muitos protistas são maiores que os menores metazoários (p. ex., alguns gastrótricos, quinorrincos, nematódeos, loricíferos e outros). Os protistas incluem espécies marinhas, de água doce, terrestres e simbióticas, e encontram-se nessa última categoria muitos patógenos graves. Os seres humanos são hospedeiros de mais de 30 espécies de simbiontes protistas, muitos dos quais são patogênicos.

A diversidade dos protistas – na verdade, a diversidade de todo o super-reino Eukaryota – teve sua origem em um evento evolutivo notável e criticamente importante, que ocorreu entre 2 e 2,7 bilhões de anos atrás, quando uma proteobactéria de vida livre estabeleceu residência em um procarioto anaeróbio, primeiramente se tornando um endossimbionte e, depois, sendo totalmente assimilada no citoplasma e na maquinaria celular de seu hospedeiro de forma a constituir a primeira mitocôndria. Essa origem das mitocôndrias por meio da **endossimbiose primária** parece ter ocorrido apenas uma vez (Figura 3.2) e representa a origem da linhagem monofilética conhecida como Eukaryota.

Algum tempo depois, uma cianobactéria tornou-se endossimbionte em um protista e, como também ocorreu com a proteobactéria, ela também foi escravizada e incorporada ao hospedeiro. À medida que a cianobactéria estabeleceu moradia permanente dentro do seu hospedeiro, o aparelho fotossintético de seu plastídio (ou cloroplasto) continuou a funcionar e, desse modo, passou a servir ao seu novo mestre. A partir desse evento endossimbiótico singular, surgiu o reino Plantae (ou Archaeplastida). Os plastídios desses filos são conhecidos como **plastídios primários**. A maior parte dos genes existentes no genoma da cianobactéria progenitora dos plastídios foi perdida ou transferida para o genoma nuclear do hospedeiro eucarioto, onde agora estão expressos e seus produtos proteicos foram direcionados de volta à organela na qual elas foram originalmente codificadas por um sistema sofisticado de importação de proteínas do plastídio.[3]

Depois do processo de endossimbiose primária ancestral, muitos outros clados de protistas adotaram secundariamente cloroplastos, estabelecendo simbiose com uma alga vermelha ou verde e, em seguida, reduzindo progressivamente os simbiontes, até que restaram apenas cloroplastos – um processo conhecido como **endossimbiose secundária**. Provavelmente, ocorreram no mínimo três endossimbioses secundárias independentes entre células hospedeiras não relacionadas e os endossimbiontes (algas verdes e vermelhas): uma envolvendo uma alga vermelha e duas envolvendo algas verdes. A partir do evento de endossimbiose secundária das algas vermelhas, surgiram criptomonadinos, haptófitas, heterocontes, dinoflagelados e, provavelmente, apicomplexos (os apicomplexos perderam seus cloroplastos à medida que adotaram seu estilo de vida parasitário). A partir da linhagem de algas verdes, euglenoides e clorarracnófitos evoluíram independentemente. E hoje sabemos de eventos endossimbiótico terciários e, talvez, quaternários, que transferiram funções fotossintéticas aos clados protistas recém-desenvolvidos. Na verdade, uma das aquisições mais formidáveis dos protistas foi sua capacidade de estabelecer relações endossimbióticas uns com os outros – um traço encontrado em quase todas as pricipais linhagens. Alguns grupos fundamentalmente heterotróficos tornaram-se especialistas em estabelecer simbioses com vários protistas autotróficos, como os foraminíferos, que podem abrigar diatomáceas endossimbióticas, dinoflagelados ou algas vermelhas ou verdes. As próprias diatomáceas formam um grupo altamente quimérico com cerca de 10% de seus genes nucleares originados de algas estrangeiras (depois de eventos endossimbióticos secundários ancestrais com algas vermelhas e verdes).

Os criptomonadinos e os clorarracnófitos têm sido extensivamente estudados nos últimos anos, porque esses microrganismos têm quatro genomas – dois genomas nucleares, um plastídico, originado de um endossimbionte, e um mitocondrial, originado da célula hospedeira. Como os genomas mitocondriais e plastídicos, o genoma persistente do núcleo endossimbiótico

---

[3]Os plastídios fotossintéticos (que contêm clorofila) são chamados de cloroplastos e têm seu próprio DNA (cpDNA). Em geral, os plastídios sem clorofila são conhecidos como leucoplastos (e geralmente contêm lpDNA). Tanto o cpDNA quanto o lpDNA são transcritos e traduzidos da mesma forma que o DNA nuclear, exceto que esses genes da organela são efetivamente haploides. Os cloroplastos são as organelas das plantas e algas que produzem oxigênio, geram energia e captam a energia solar (protistas fotossintéticos). Todos são descendentes de uma cianobactéria, que antes tinha vida livre. A clorofila (um pigmento verde) é encontrada na maioria das plantas, algas e cianobactérias. A clorofila absorve luz com mais intensidade nos comprimentos de onda azul e vermelho e apenas parcialmente nos comprimentos de onda verde (daí a cor verde refletida). As moléculas de clorofila estão dispostas dentro e ao redor dos complexos proteicos do pigmento, que são conhecidos como **fotossistemas** embebidos nas membranas dos tilacoides dos cloroplastos. Além da clorofila *a* muito comum (que pode estar presente em todos os eucariotos fotossintéticos), existem outros pigmentos conhecidos como *acessórios*, que estão presentes nos fotossistemas. Isso inclui outros tipos de clorofila, como a clorofila *b* das algas verdes e das plantas superiores, e a clorofila *c* ou *d* de outras algas. Também existem pigmentos acessórios que não têm clorofila, como os carotenoides e ficobilinas (ficobiliproteínas), mas também absorvem luz e transferem essa energia para a clorofila do fotossistema. Todos os diferentes pigmentos com e sem clorofila têm espectros de absorção diferentes (p. ex., as ficobilinas nas algas vermelhas e tipicamente nas cianobactérias e alguns criptomonadinos podem absorver luz verde com relativa eficácia).

54 Invertebrados

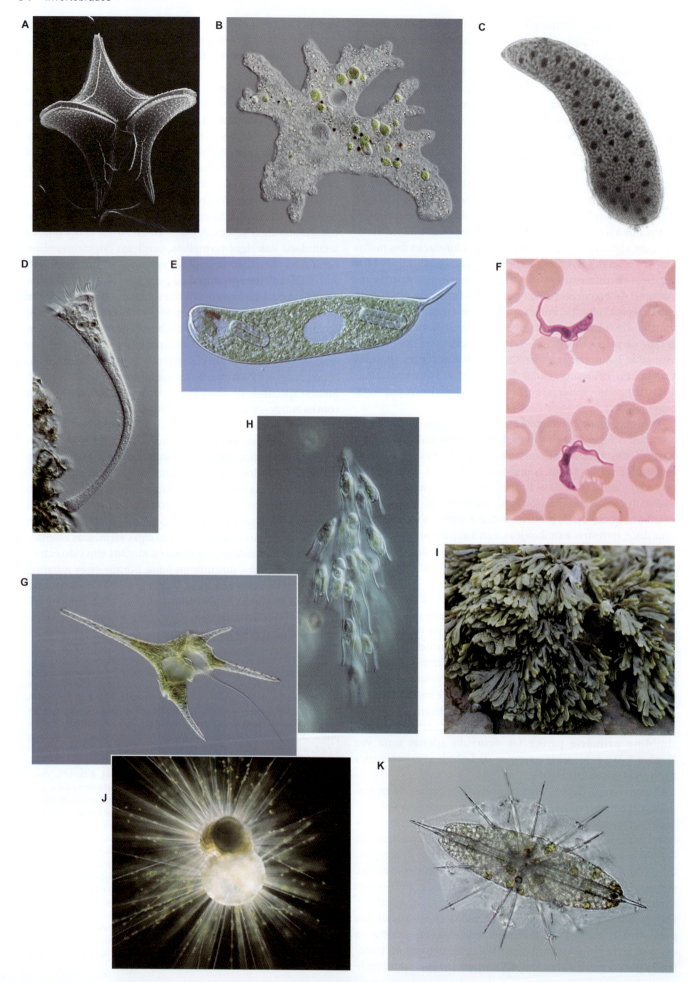

Figura 3.1 Diversidade dos protistas. **A.** Filo Dinoflagellata, *Peridinium*. **B.** Filo Amoebozoa, *Amoeba proteus* (antes conhecida como *Chaos diffluens*); um grande vacúolo (contrátil) de expulsão de água, vacúolos de alimento verde e lobópodes podem ser vistos. **C.** Filo Stramenopila, *Opalina*. **D.** Filo Ciliata, *Stentor*. **E.** Filo Euglenida, *Lepocinclis*. **F.** Filo Kinetoplastida, *Trypanosoma* em esfregaço de sangue. **G.** Filo Dinoflagellata, *Ceratium hirudinella*, um dinoflagelado de água doce. **H.** Filo Stramenopila, *Dinobryon*, uma alga colonial dourada. **I.** Filo Stramenopila, *Fucus* (uma alga marrom). **J.** Filo Granuloreticulosa, *Globigerinella*, um foraminífero (observe os espinhos calcários que se irradiam para fora do corpo). **K.** Filo Radiolaria, *Amphilonche heteracantha*.

– conhecido como **nucleomorfo** – foi conservado nesses dois grupos de organismos. Grande parte do genoma nucleomórfico dos criptomonadinos e dos clorarracniófitos foi perdida ou reduzida em consequência dos efeitos combinados de perda gênica e transferência gênica intracelular ao núcleo do "hospedeiro". Na verdade, os genomas nucleomórficos são os menores genomas conhecidos entre Eukaryota. Em grande parte, atribuído ao trabalho de A. D. Greenwood na década de 1970, foi o detalhamento ultraestrutural dos nucleomorfos que demonstrou que eles eram núcleos degenerados e constituiu a prova da teoria da endossimbiose secundária. A questão ainda não solucionada é por que os genomas dos endossimbiontes ancestrais foram conservados pelos criptomonadinos e pelos clorarracniófitos, quando eles foram perdidos por todos os outros organismos que contêm plastídios secundários? Uma resposta seria que eles ainda estão desaparecendo gradativamente, à medida que seus genes são perdidos ou transferidos para o núcleo do "hospedeiro".

História taxonômica e classificação

O crédito por ter sido o primeiro cientista a ver os protistas geralmente é atribuído a Antony van Leeuwenhoek, por volta de 1675. Na verdade, Leeuwenhoek foi o primeiro a descrever inúmeras formas microscópicas de vida aquática (p. ex., rotíferos), quando as denominou de "animálculos" (animais pequenos). Ao longo de quase 200 anos, os protistas foram classificados junto com várias outras formas de vida microscópica com vários nomes (p. ex., Infusoria). O nome protozoário (do grego, *proto* = "primeiro"; *zoon* = "animal") foi cunhado por Goldfuss em 1818 como subgrupo de um conjunto enorme de animais conhecidos naquela época como Zoophyta (protistas, esponjas, cnidários, rotíferos e outros). O grupo Protista de Ernst Haeckel (em 1866) não incluía as algas verdes ou os ciliados (classificados junto com os animais), mas incluía as esponjas. Seguindo-se o descobrimento das células, em 1839, ficou evidente a natureza distintiva dos protistas. Com base nessa distinção, Karl von Siebold restringiu, em 1845, o nome *protozoário* a todas as formas unicelulares de vida animal. Foi o grande naturalista Ernst Haeckel quem uniu as algas e Protozoa em um único grupo chamado Protista.

Ao longo da maior parte do século 20, utilizou-se um esquema de classificação relativamente padronizado para os protistas ou "Protozoa". Esse esquema, que tem em suas raízes no trabalho do grande zoólogo alemão do século 19 Otto Bütschli, estava baseado no conceito de que grupos diferentes poderiam ser classificados primariamente por seus modos de locomoção e nutrição. Desse modo, os protozoários foram divididos em Mastigophora (locomoção com flagelos), Ciliata (locomoção com cílios), Sarcodinas (locomoção com pseudópodes) e Sporozoa (parasitas sem estruturas locomotoras evidentes, mas que formam esporos resistentes para transmissão entre hospedeiros). Os protistas flagelados foram ainda subdivididos em zooflagelados (heterótrofos) e fitoflagelados (autótrofos fotossintéticos). Embora essas divisões pudessem descrever com precisão as funções dos protistas em seus ecossistemas, hoje sabemos que elas não refletem precisamente as relações evolutivas. Os pseudópodes e os flagelos estão presentes em muitos tipos diferentes de células (incluindo células vegetais e animais)

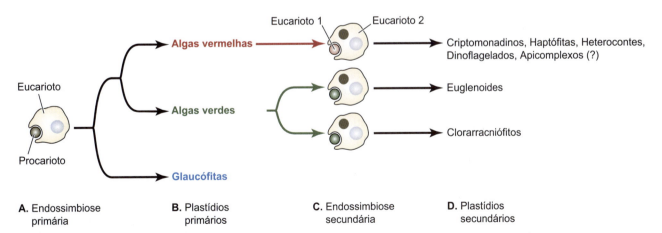

Figura 3.2 Origem e dispersão dos plastídios nas células eucarióticas. **A.** Endossimbiose primária entre um eucarioto heterotrófico e um procarioto fotossintético. **B.** Três linhagens eucarióticas dos tempos atuais (algas verdes, algas vermelhas e glaucófitas) têm plastídios primários, cujos traços ancestrais apontam diretamente para endossimbiose primária; as algas verdes deram origem às linhagens pluricelulares, inclusive plantas terrestres. **C.** É provável que tenham ocorrido pelo menos três eventos independentes de endossimbiose secundária (*i. e.*, eucarioto–eucarioto) entre células hospedeiras não relacionadas e endossimbiontes de algas verdes e vermelhas. **D.** Diversidade dos eucariotos que contêm plastídios secundários; criptomonadinos, haptófitas, heterocontes, muitos dinoflagelados e (provavelmente) apicomplexos contêm plastídios derivados de um endossimbionte de alga vermelha, enquanto os euglenoides e os clorarracniófitos adquiram seus plastídios das algas verdes, provavelmente em eventos separados. Os criptomonadinos e os clorarracniófitos são as únicas algas conhecidas que contêm plastídios secundários e que ainda contêm núcleos e genomas nucleares de sua alga endossimbionte. Algumas linhagens de dinoflagelados substituíram seus plastídios secundários de algas vermelhas ancestrais por um plastídio terciário por meio da captação de criptomonadinos, heterocontes ou algas haptófitas. Os apicomplexos formam uma linhagem inteiramente não fotossintética de parasitas, alguns dos quais perderam completamente seus plastídios.

e suas presenças não indicam necessariamente descendência comum. Os flagelos (e os cílios) são elementos primitivos claramente compartilhados (simplesiomorfias), enquanto os pseudópodes aparecem em muitas formas diferentes e representam exemplos de evolução independente. A filogenética molecular moderna e os estudos ultraestruturais comparativos reorganizaram completamente a classificação dos protistas e, ao longo de algum tempo, ainda continuarão a ocorrer ajustes.

Embora ainda exista muito debate quanto à forma como organismos enigmáticos estão relacionados entre si, hoje existem dezenas de clados de protistas bem-definidos, muitos dos quais se reúnem em clados hipotéticos mais amplos. Entretanto, os leitores devem ser alertados de que o campo da sistemática dos protistas é altamente dinâmico e alterações expressivas continuam a ocorrer rapidamente. Na verdade, a classificação dos protistas provavelmente é a mais instável de todas as classificações existentes em sistemática eucariótica de hoje e quase todos os livros que tratam do assunto utilizam um esquema de classificação um pouco diferente. Essa instabilidade reflete simplesmente as interessantes descobertas rápidas e contínuas que ocorrem entre os protistas. Evidentemente, quando este livro estiver sendo impresso, a classificação dos protistas já terá passado por diversas revisões e isso continuará a acontecer em um futuro previsível.

Uma das descobertas recentes mais surpreendentes foi que o antigo filo protista Myxozoa abrange um grupo de cnidários altamente modificados, que parasitam determinados invertebrados e vertebrados (ver Capítulo 7). Essa revelação foi possível por meio de análises do DNA e pela descoberta de alguns aspectos dos metazoários e dos cnidários (p. ex., colágeno, nematocistos) presentes nos mixozoários. Além disso, os microsporídeos, que no passado eram considerados protistas basais, hoje são classificados como fungos altamente atípicos, que reduziram drasticamente suas mitocôndrias durante a evolução. Os microsporídeos formam um grupo enigmático de parasitas e alguns pesquisadores conservam esses organismos entre Protista porque são fagotróficos e não têm as paredes quitinosas ao redor das células vegetativas, o que caracteriza Fungi. Além disso, hoje sabemos que as amebas não constituem um grupo monofilético, mas estão dispersas por muitos táxons protistas distantemente relacionados (i. e., os pseudópodes são muito diferentes quanto à sua estrutura e função nos diversos grupos de protistas e a forma celular básica da ameba evoluiu muitas vezes de forma independente). Hoje em dia, o reino Fungi é reconhecido por ter sido polifilético quando foi definido e agora muitos de seus antigos componentes estão dispersos por vários filos de protistas; os "fungos verdadeiros" restantes algumas vezes recebem o nome de Eumycota (todos os fungos verdadeiros – ou Eumycota – têm quitina em suas paredes celulares, exceto os microsporídeos). Existem muitos grupos de protistas que ainda são muito enigmáticos e ainda não estamos certos quanto às suas relações filogenéticas.

Dependendo de quais especialistas seguimos, os protistas podem ser divididos em poucos filos, ou até 50 ou mais; estudos filogenéticos estão agrupando todos eles em meia dúzia ou mais de clados mais amplos (Quadro 3.1). Hoje em dia, as relações profundas entre os protistas começam a aparecer e a conclusão dos projetos de sequenciamento dos genomas de várias espécies está lançando novas luzes fundamentais às relações dos protistas.

Na verdade, dados novos aparecem com tamanha rapidez e as hipóteses recentes são tão "fluidas" que muitos pesquisadores modernos optam por não usar quaisquer termos taxonômicos formais e, em vez disso, preferem referir-se aos "clados superiores" hipotéticos simplesmente como "grupos" (uma prática que seguimos em parte neste livro). Outros cientistas consideram que esses clados principais mereçam ter um "reino" ou algum outro *status*, enquanto outros ainda preferem simplesmente usar nomes vernáculos ou formais, que não têm qualquer posição taxonômica categórica ("táxons sem ordem"). Os filos protistas que descrevemos neste capítulo são aqueles que encontramos mais comumente. Embora tenhamos organizado esses organismos com base nas teorias filogenéticas atuais, esse esquema de classificação certamente será modificado, à medida que surgirem novos estudos. Quando este livro foi enviado ao prelo, uma visão conservadora baseada na filogenética molecular (com apoio dos estudos ultraestruturais) agrupava os eucariotos basicamente em seis grupos, ou clados supostos: (1) Amoebozoa, (2) Chromalveolata, (3) Rhizaria, (4) Excavata, (5) Opisthokonta (Choanoflagellata, Metazoa e Fungi) e (6) Plantae (= Archaeplastida).

CLASSIFICAÇÃO DOS FILOS PROTISTAS DESCRITOS NESTE CAPÍTULO

GRUPO 1 | AMOEBOZOA

FILO AMOEBOZOA. Exemplos: *Acanthamoeba, Amoeba, Arcella, Chaos, Centropyxis, Difflugia, Endolimax, Entamoeba, Euhyperamoeba, Flabellula, Hartmanella, Iodamoeba, Mayorella, Pamphagus, Pelomyxa, Thecamoeba, Vannella, Dictyostelium* (mofo limoso celular), *Fuligo* (mofo limoso plasmodial), *Physarum* (mofo limoso plasmodial).

GRUPO 2 | CHROMALVEOLATA

FILO DINOFLAGELLATA (OU DINOZOA). Exemplos: *Amphidinium, Ceratium, Haplozoon, Kofoidinium, Gonyaulax, Nematodinium, Nematopsides, Noctiluca, Peridinium, Perkinsus, Pfiesteria, Polykrikos, Protoperidinium, Symbiodinium, Syndinium, Zooxanthella*.

FILO APICOMPLEXA. Exemplos: gregarínidos, coccídeos, hemosporídeos e seus parentes (p. ex., *Cryptosporidium, Diaplauxis, Didymophyes, Eimeria, Gregarina, Haemoproteus, Lankesteria, Lecudina, Leucocytozoon, Plasmodium, Pterospora, Selenidium, Strombidium, Stylocephalus, Toxoplasma*).

FILO CILIATA (OU "CILIOPHORA"). Ciliados (p. ex., *Balantidium, Coleps, Colpidium, Colpoda, Didinium, Euplotes, Halteria, Laboea, Oxytricha, Paramecium, Podophrya, Stentor, Tetrahymena, Tintinnidium, Vorticella*).

FILO STRAMENOPILA. Algas pardas (= Phaeophyta), crisófitas ("algas douradas"), oomicetos não fotossintéticos semelhantes aos fungos (mofos da água ou Oomycota, bolores felpudos) e alguns grupos parasitários (opalinas e blastocistides) e de vida livre (alguns heliozoários e flagelados) (p. ex., *Actinophrys, Actinosphaerium, Dinobryon, Fucus, Macrocystis, Opalina, Poteriochromas, Protopalina, Saprolegnia, Synura*); e as diatomáceas fotossintéticas (bacilariófitas) (p. ex., *Actinoptychus, Chaetoceros, Coscinodiscus, Didymosphenia, Melosira, Navicula, Nitzchia, Pseudonitzschia, Thalassiosira*).

Quadro 3.1 Classificação de Eukaryota, incluindo os 17 filos protistas descritos neste livro.

(Os táxons não protistas são mostrados em **azul**)

Reino Protista*

GRUPO 1 | AMOEBOZOA

Filo Amoebozoa. Amebas com pseudópodes lobulados, mixomicetos, dictiostélidos, mixogástridos (mofos limosos plasmodiais) e dictiostélidos (mofos limosos celulares ou "amebas sociais") (mais de 200 espécies descritas)

GRUPO 2 | CHROMALVEOLATA

Filo Dinoflagellata. Dinoflagelados (2.000 espécies descritas)

Filo Apicomplexa. Gregarínidos, coccídeos, hemosporídeos e seus parentes (mais de 5.000 espécies descritas)

Filo Ciliata (= Ciliophora). Ciliados (10.000 a 12.000 espécies descritas)

Filo Stramenopila. Bacilariófitos (diatomáceas fotossintéticas), feófitas (algas pardas), crisófitas (algas douradas) e oomicetos não fotossintéticos semelhantes aos fungos (mofos da água, ou Oomycota, bolores felpudos etc.) e alguns grupos parasitários (opalinas e blastocistídeos) e de vida livre (alguns heliozoários e flagelados) (9.000 espécies descritas)

Filo Haptophyta (= Prymnesiophyta). Cocolitóforos e seus parentes

Filo Cryptomonada. Criptomonadinos

GRUPO 3 | RHIZARIA

Filo Chlorarachniophyta. Clorarracniófitos

Filo Granuloreticulosa. Foraminíferos e seus parentes (mais de 4.000 espécies descritas)

Filo Radiolaria. Radiolários (2.500 espécies descritas)

Filo Haplosporidia. Haplosporidianos

GRUPO 4 | EXCAVATA

Filo Parabasalida. Tricomonadinos, hipermastigotos etc. (300 espécies descritas)

Filo Diplomonadida. Diplomonadidos (100 espécies descritas)

Filo Euglenida. Euglenoides (1.000 espécies descritas)

Filo Kinetoplastida. Tripanossomos, bodonídeos e seus parentes (600 espécies descritas)

Filo Heterolobosea. (Naegleria, Stephanopogon etc.)

GRUPO 5 | OPISTHOKONTA

Filo Choanoflagellata. Coanoflagelados (150 espécies descritas)

Reino Metazoa

Reino Fungi

Reino Plantae (= Archaeplastida)
  Sub-reino Biliphyta
    Filo Glaucophyta. Glaucófitas
    Filo Rhodophyta. Algas vermelhas
  Sub-reino Viridiplantae
    Filo Chlorophyta. Algas verdes
    Filo Charophyta. Algas verdes de água doce; inclui as algas calcárias
  Subgrupo Embryophyta
    Filo Anthocerotophyta. Corníferas
    Filo Bryophyta. Outras plantas não vasculares
    Filo Marchantiophyta. Hepáticas
    Filo Tracheophyta. Plantas vasculares. Inclui licopódios, cavalinhas, samambaias, gimnospermas e angiospermas (plantas florescentes)

*Grupo parafilético

FILO HAPTOPHYTA (= PRYMNESIOPHYTA). Cocolitóforos e seus parentes; a classificação das haptófitas entre as Chromalveolata está fracamente apoiada (p. ex., *Emiliania, Pavlova*).

FILO CRYPTOMONADA. A classificação dos criptomonadinos entre as Chromalveolata tem apenas evidências fracas (p. ex., *Cryptomonas* [= *Chilomonas*], *Goniomonas, Guillardia*).

GRUPO 3 | RHIZARIA

FILO CHLORARACHNIOPHYTA. Exemplos: *Bigeloiella, Bigelowiella, Chlorarachnion, Gymnochlora, Lotharella*.

FILO GRANULORETICULOSA. Foraminíferos e seus parentes (p. ex., *Allogromia, Ammonia, Astrorhiza, Arachnula, Biomyxa, Chitinosiphon, Elphidium, Glabratella, Globigerina, Globigerinella, Gromia, Iridia, Lenticula, Microgromia, Nummulites, Rhizoplasma, Rotaliella, Technitella, Tretomphalus*).

FILO RADIOLARIA. Exemplos: *Acanthodesmia, Acanthosphaera, Arachnosphaera, Artopilium, Challengeron, Dendrospyris, Heliodiscus, Helotholus, Lamprocyclas, Peridium, Phormospyris, Sphaerostylus*.

FILO HAPLOSPORIDIA. Exemplos: *Bonamia, Haplosporidium, Marticella, Minchinia, Urosporidium*.

GRUPO 4 | EXCAVATA

FILO PARABASALIDA. Tricômonas, hipermastigotos (p. ex., *Dientamoeba, Histomonas, Monocercomonas, Pentatrichomonas, Trichomonas, Trichonympha, Tritrichomonas*).

FILO DIPLOMONADIDA. Exemplos: *Enteromonas, Giardia, Hexamita, Octomitis, Spironucleus, Trimitus*.

FILO HETEROLOBOSEA. Exemplos: *Naegleria* e *Stephanopogon*.

FILO EUGLENIDA (= EUGLENOZOA). Exemplos: *Ascoglena, Calkinsia, Colacium, Entosiphon, Euglena, Lepocinclis, Menoidium, Peranema, Phacus, Rapaza, Strombomonas, Trachelomonas*.

FILO KINETOPLASTIDA. Tripanossomos, bodonídeos e seus parentes (p. ex., *Bodo, Cryptobia, Dimastigella, Leishmania, Leptomonas, Procryptobia, Rhynchomonas, Trypanosoma*).

GRUPO 5 | OPISTHOKONTA

FILO CHOANOFLAGELLATA. Exemplos: *Codosiga, Monosiga, Proterospongia*.

Opisthokonta também inclui os táxons Nucleariida, Ichthyosporea (= Mesomycetozoea) e os reinos Metazoa e Fungi.

Resumo dos clados ou grupos principais

GRUPO 1 | AMOEBOZOA

Os Amoebozoa incluem a maioria das amebas bem-conhecidas com pseudópodes lobulados (em vez de filiformes), bem como mofos limosos bizarros. Embora não tenham sinapomorfias morfológicas bem-demarcadas, a maioria é unicelular e forma pseudópodes lobulados. O grupo Amoebozoa é bem-apoiado por estudos de filogenética molecular. Esse grupo contém apenas um filo nominado (Amoebozoa) e inclui grupos familiares como gimnamoebas, entamoebas e mofos limosos plasmodiais e celulares. A maioria dos amebozoários é constituída de heterótrofos de vida livre, que se alimentam engolfando outras células com seus pseudópodes. Também estão incluídos alguns organismos que não possuem mitocôndrias (pelobiontes e entamoebas) e vários parasitas facultativos ou obrigatórios. Evidências recentes sugerem que os mofos limosos plasmodiais e celulares (amebas sociais) pertencem a esse clado. Os mofos limosos celulares (p. ex., *Dictyostelium*) são amebas que se congregam periodicamente para formar uma fase assexuada produtora de esporos conhecida como corpo frutificante. Os mofos limosos plasmodiais (p. ex., *Fuligo*) não têm células que formam congregações, mas têm corpos frutificantes sexuados que formam massas de células agregadas.

GRUPO 2 | CHROMALVEOLATA

Este capítulo descreve seis dos filos incluídos nesse grupo amplo e diversificado: Dinoflagellata, Apicomplexa, Ciliata, Stramenopila, Haptophyta e Cryptomonada. As espécies fotossintéticas desses grupos têm plastídios, que contêm clorofila *c*, além da clorofila *a*. Os cromalveolados são predominantemente unicelulares e podem ser fotossintéticos ou não fotossintéticos. Esses organismos são reunidos pela "hipótese dos cromalveolados", que sustenta que uma única endossimbiose secundária com uma alga vermelha originou um plastídio ancestral de todos os cromalveolados. Esse plastídio foi reduzido ou perdido secundariamente por algumas linhagens e houve reaquisição terciária de um plastídio em outras. As bases de evidência a favor desse grupo são basicamente as características relacionadas com os plastídios, mas até hoje não foi definida uma característica singular ou uma base filogenética molecular capaz de unir todos os membros hipotéticos desse grupo.

Os filos Dinoflagellata, Apicomplexa e Ciliata formam um clado monofilético – Alveolata –, que se caracteriza singularmente por um sistema de sacos ou cavidades achatadas circundadas por membranas (os chamados **alvéolos**), que estão situados logo abaixo da membrana celular externa. A função dos alvéolos é desconhecida, mas pesquisadores sugeriram a hipótese de que eles possam ajudar a estabilizar a superfície da célula ou regular os teores de água e conteúdo de íons da célula. O clado dos alveolados também é fortemente apoiado pela sequência gênica filogenética. Todos os três filos dos alveolados contêm espécies predatórias e parasitárias, mas apenas os dinoflagelados (e uma linhagem rara conhecida como *Chromera*) são conhecidos por ter plastídios fotossintéticos plenamente incorporados.

Um grupo amplo e diversificado de protistas conhecidos como Stramenopila, hoje comumente classificados como um filo independente, está diretamente relacionado com os alveolados. Os estramenopilos foram identificados primeiramente por estudos de filogenética molecular e, mais tarde, foram confirmados por estudos anatômicos comparativos. O termo "Stramenopila" (do latim *stramen* = "palha"; e *pilos* = "pelos") refere-se a um flagelo recoberto por inúmeros pelos tubulares finos – um aspecto distintivo desses protistas. Na maioria dos estramenopilos, esse flagelo "piloso" está pareado com um flagelo liso (não piloso). Em alguns grupos de estramenopilos, as únicas células flageladas são células reprodutivas móveis. O grupo Stramenopila inclui: diatomáceas fotossintéticas; algas pardas (antes classificadas em seu próprio filo Phaeophyta), crisófitas ("algas douradas"); oomicetos não fotossintéticos semelhantes aos fungos (mofos da água ou Oomycota, mofos felpudos etc.); e alguns grupos de vida livre (alguns heliozoários e flagelados) e parasitários (opalinas e blastocistos). Aparentemente, as opalinas e diatomáceas perderam secundariamente seus pelos ocos singulares (embora, nas diatomáceas cêntricas, os gametas masculinos tenham flagelos pilosos). Os maiores eucariotos conhecidos são estramenopilos – algas pardas conhecidas como feofíceas (p. ex., *Macrocystis, Nereocystis, Egregia*). Estudos recentes sugeriram que muitos estramenopilos também contenham genes nucleares originados de um evento endossimbiótico secundário ancestral com uma alga verde, talvez até predando os genes de algas vermelhas adquiridas, que hoje dominam o aparelho fotossintético desse filo.

Dois outros grupos de cromalveolados – Haptophyta (ou Prymnesiophyta; cocolitóforos e seus parentes) e Cryptomonada (p. ex., *Cryptomonas, = Chilomonas*) – têm plastídios que contêm clorofilas *a* e *c*, sugerindo que também podem fazer parte do grupo dos alveolados. Contudo, a natureza exata de sua afinidade com estramenopilos e alveolados ainda não foi estabelecida. Análises moleculares recentes sugeriram que Stramenopila, Alveolata e Rhizaria (o chamado "grupo SAR") podem ter compartilhado um ancestral comum, até a exclusão das haptófitas e dos criptomonadinos, que poderiam ter deixado esses três táxons com uma classificação duvidosa. Também existem evidências razoáveis a favor de que os Haptophyta sejam irmãos do grupo SAR.

GRUPO 3 | RHIZARIA

O clado conhecido como Rhizaria inclui o filo mixotrófico Chlorarachniophyta, que contém cloroplastos verdes; os organismos parasitários Haplosporidia; e os filos Granuloreticulosa e Radiolaria, assim como alguns parasitas vegetais semelhantes aos fungos, como os plasmodioforídeos. A maioria das amebas (incluindo os radiolários) que têm pseudópodes filiformes fazem parte do grupo Rhizaria, embora esses filopódios possam variar de anastomoses simples ou ramificadas. As relações entre os principais clados dos rizários ainda não estão esclarecidas e mesmo a quantidade e a posição dos "filos" são altamente instáveis. Algumas evidências moleculares recentes sugerem que Radiolaria e Granuloreticulosa sejam grupos basais – os grupos restantes formam o subgrupo ou clado referido algumas vezes como Cercozoa (p. ex., clorarracnióﬁtos, plasmodioforídeos, haplosporídeos). Existem numerosos cercozoários flagelados, muitos dos quais usam pseudópodes para se alimentar ou para se movimentar. Embora não estejam bem-estudados, hoje se sabe que muitos cercozoários heterotróficos de dimensões pequenas a médias (p. ex., *Cercomonas, Heteromita, Euglypha*) – tanto flagelados quanto amebas – são membros importantes das comunidades microbianas da camada bentônica e do solo.

Os clorarracniófitos (p. ex., *Chlorarachnion, Cryptochlora, Gymnochlora, Lotharella*) são incomuns entre o clado dos cercozoários por terem cloroplastos. A maioria dos estudos sugere que Radiolaria seja o ramo mais profundo e que Granuloreticulosa e Haplosporidia ramifiquem-se perto ou até mesmo dentro de Cercozoa, mas também foi proposto que Granuloreticulosa e Radiolaria formem um clado, ou que Granuloreticulosa e Cercozoa sejam grupos-irmãos. O grupo Rhizaria é unido apenas por filogenética molecular; outros tipos de sinapomorfias ainda são desconhecidos. Análises moleculares recentes ligam os rizários diretamente aos cromalveolados.

GRUPO 4 | EXCAVATA

Os escavados incluem uma amálgama de protistas até certo ponto solta, cujas relações entre si começam agora a ser esclarecidas. Esses organismos são eucariotos unicelulares, que compartilham um conjunto de elementos citoesqueléticos, além de uma escavação ventral bem-demarcada, que funciona como sulco alimentar (um citóstoma para alimentos em suspensão captura partículas pequenas da corrente alimentar gerada por um flagelo direcionado posteriormente), além das formas que aparentemente perderam algumas dessas características. Em termos gerais, o clado Excavata está apenas fracamente apoiado por dados moleculares. A maioria dos escavados é composta de flagelados heterotróficos e muitos têm mitocôndrias altamente modificadas.

Hoje em dia, estão incluídos no grupo Excavata os seguintes grupos de protistas: os filos Parabasalida (tricômonas e hipermastigotos; p. ex., *Dientamoeba, Histomonas, Monocercomonas, Pentatrichomonas, Trichomonas, Trichonympha, Tritrichomonas*), Diplomonada (p. ex., *Enteromonas, Giardia, Hexamita, Octomitis, Spironucleus, Trimitus*) e Heterolobosea (p. ex., *Naegleria, Stephanopogon*), assim como os grupos Jakobida (p. ex., *Reclinomonas*), Oxymonada, Retortamonada, Euglenozoa e alguns outros. Análises poligênicas recentes dos táxons dos escavados identificaram três clados. Um clado inclui os diplomonadidos, os parabasálidos e o protista amitocondriado de vida livre conhecido como *Carpediemonas*. O segundo clado consiste em dois outros grupos de amitocondriados: oximônades e *Trimastix*. O terceiro clado é formado por Euglenozoa, Heterolobosea e Jakobida. Durante muitos anos, acreditou-se que vários dos táxons dos escavados não tivesse mitocôndrias, mas evidências recentes sugerem que esses grupos tenham mitocôndrias altamente reduzidas ou modificadas (p. ex., Parabasalida, Diplomonada). As jacobidas têm os genomas mitocondriais mais primitivos (semelhantes aos bacterianos) conhecidos.

O filo Heterolobosea está relacionado mais diretamente com os euglenoides e os cinetoplastídeos, que as outras amebas. *Naegleria fowleri* (= *N. aerobia*) é o agente patogênico principal de uma doença conhecida como meningoencefalite amebiana primária (MAP), ou simplesmente "meningite amebiana". A MAP é uma doença aguda fulminante e rapidamente fatal, que geralmente afeta indivíduos jovens expostos à água contendo trofozoítos de vida livre, mais comumente em lagos e piscinas (contudo, essa ameba também foi isolada da água mineral engarrafada no México). Hoje se acredita que as amebas são forçadas a entrar nas vias nasais quando a vítima mergulha na água. Depois de entrar nas vias nasais, as amebas migram ao longo dos nervos olfatórios, atravessam a placa cribriforme e entram no cérebro. A morte causada pela destruição do cérebro é rápida. As amebas não formam cistos no hospedeiro. As infecções por *Naegleria* são raras, mas geralmente fatais. Desde sua descoberta na Austrália, na década de 1960, foram documentados apenas algumas centenas de casos, incluindo algumas dezenas nos EUA. Com o aquecimento ambiental, espera-se que *Naegleria* se espalhem para as latitudes mais altas.

O subclado Euglenozoa dos escavados inclui o filo Euglenida "semelhante às plantas", o filo Kinetoplastida (tripanossomos, bodonídeos e seus parentes) e alguns outros organismos singulares e terminais (p. ex., diplonemídeos). Os euglenozoários abrangem um grupo diversificado de heterótrofos predadores flagelados, autótrofos fotossintéticos e parasitas patogênicos. Dois aspectos anatômicos principais diferenciam os euglenozoários: (1) um bastonete cristalino ou helicoidal dentro de cada um dos seus dois flagelos, que se inserem em uma bolsa anterior; e (2) cristas mitocondriais discoides. Os euglenozoários parasitários e comensais evoluíram independentemente várias vezes entre os cinetoplastídeos. O clado Euglenozoa também é apoiado por evidências fornecidas por estudos moleculares filogenéticos. No passado, Euglenida e Kinetoplastida eram classificados no filo antigo Sarcomastigophora dos "protozoários".

Os escavados são principalmente flagelados heterotróficos e, mesmo dentro dos grupos parasitários, existem membros heterotróficos. Muitos escavados têm mitocôndrias altamente modificadas que não são usadas para fosforilação oxidativa e isso é comum nos hábitats pobres em oxigênio (incluindo intestinos dos animais). As amebas que formam pseudópodes largos evoluíram em um grupo (Heterolobosea) independentemente de Amoebozoa e até incluem seu próprio grupo de mofos limosos (os acrasídeos). Os euglenoides parecem ter sido originadas por endossimbiose secundária entre uma euglena predadora e uma alga verde como sua presa.

GRUPO 5 | OPISTHOKONTA

O clado conhecido como Opisthokonta inclui os reinos Metazoa e Fungi (e seu provável grupo-irmão Nucleariida), Choanoflagellata e alguns outros grupos de protistas pequenos. Dois grupos de organismos formadores de esporos, que antes eram classificados com os protistas desse grupo, agora são classificados como animais (Myxozoa) e fungos (Microsporidia). Neste capítulo, tratamos de Choanoflagellata, que compreendem o grupo-irmão e provavelmente o ancestral direto de Metazoa. Em conjunto, Choanoflagellata e Metazoa (acrescidos de alguns eucariotos unicelulares enigmáticos, que antecederam Choanoflagellata) formam o clado conhecido como Holozoa. Os clados Opisthokonta e Holozoa são ambos fortemente apoiados por filogenética molecular.

Configuração corporal geral dos protistas

Mesmo compreendendo que os protistas não representam um grupo monofilético, é recomendável examiná-los em conjunto sob as perspectivas das estratégias e das limitações à sobrevivência de um organismo unicelular, ou no mínimo uma configuração corporal eucariótica no nível não tecidual. Os protistas são os eucariotos vivos "mais primitivos" ou, em termos mais precisos, os mais antigos; contudo, apesar das limitações impostas por sua unicelularidade, essas criaturas ainda precisam realizar todas as funções vitais básicas comuns a Metazoa. Vale lembrar que o grupo Eukaryota é diferenciado dos outros dois clados principais da vida (Bacteria procarióticas e Archaea) pela complexidade estrutural de suas células – que se caracterizam por membranas internas e por ter muitas funções segregadas em regiões semi-autônomas (organelas) – e por seu citoesqueleto. Fundamentalmente único para os Eukaryota e evidência de sua origem singular é o núcleo circundado por membrana dupla e seus cromossomos lineares (*eukaryota* = "núcleos verdadeiros").

Estrutura corporal, excreção, troca gasosa e unicelularidade

A maioria dos processos vitais é dependente das atividades associadas às superfícies, principalmente com as membranas celulares. Mesmo nos organismos pluricelulares maiores, a regulação das trocas através das membranas celulares e as reações metabólicas que ocorrem ao longo das superfícies das várias organelas celulares são os fenômenos dos quais depende, por fim, todo tipo de vida. Consequentemente, a área total dessas superfícies importantes deve ser suficientemente grande em relação com o volume do organismo, de forma a assegurar trocas e áreas apropriadas de reação. Em nenhum outro o "princípio" relativo à razão área:volume está demonstrado com tanta clareza quanto entre os protistas, nos quais revela a impossibilidade de existirem amebas colossais, de 100 kg (apesar dos filmes de terror da década de 1950). Carecendo tanto de um mecanismo eficiente para a circulação dentro do corpo como da presença de divisões por membranas (pluricelularidade) para aumentar e regular as trocas de materiais, os protistas precisam manter suas dimensões relativamente diminutas (com alguns poucos grupos notavelmente singulares, como as algas pardas). As distâncias de difusão entre as membranas celulares dos protistas (sua "superfície corporal") e as partes mais internas dos seus corpos nunca podem ser tão grandes que impeçam a movimentação adequada de matérias de um lugar para outro dentro da célula. Evidentemente, existem elementos estruturais (p. ex., microtúbulos, retículos endoplasmáticos) e vários processos (p. ex., corrente protoplasmática, transporte ativo), que complementam os fenômenos passivos. Contudo, o fato é que a unicelularidade exige que seja mantida uma razão elevada área:volume por restrições da forma e do tamanho. Esse é o princípio por trás do fato de que os maiores protistas (com exceção de algumas colônias, ou de espécies semelhantes às colônias) assumem formatos alongados, finos, achatados ou ocos – configurações que mantêm pequenas distâncias de difusão.

A formação de bolsas (ou vesículas) limitadas por membranas é comum entre os protistas e essas estruturas ajudam a manter uma elevada área superficial para as reações e trocas internas. A eliminação dos resíduos metabólicos e do excesso de água, especialmente nas formas que vivem nos ambientes hipotônicos de água doce, é facilitada pelas vesículas de expulsão de água (Capítulo 4, Figura 4.22). Conforme explicado no Capítulo 4, essas vesículas (comumente conhecidas como vacúolos contráteis) liberam seus conteúdos para o lado exterior de uma forma mais ou menos controlada, frequentemente contrabalançando os gradientes de difusão normais entre a célula e o ambiente.

Sustentação e locomoção

A superfície celular é crítica não apenas porque constitui um meio de troca de materiais com o ambiente, mas também porque confere proteção e integridade estrutural à celula. A própria membrana plasmática funciona como limites mecânico e químico ao "corpo" do protista e, quando se faz presente sozinha (como nas "amebas nuas"), ela confere grande flexibilidade e plasticidade na forma. Contudo, muitos protistas mantêm uma conformação mais ou menos constante (esférica, radial ou até mesmo bilateralmente simétrica) por meio do espessamento da membrana celular para formar uma **película** rígida ou semirrígida, pela secreção de escamas ou por uma cobertura semelhante a uma concha conhecida como **teca** (em geral, de celulose, $CaCO_3$ ou SiO_2); através do acúmulo de partículas originadas do ambiente ou de outras estruturas esqueléticas descritas adiante.[4]

O citoesqueleto é uma configuração complexa de proteínas, que fornece o quadro estrutural das células protistas (na verdade, de todos os organismos eucariotos) e seus componentes e organelas. Por fim, a capacidade de locomoção também é determinada pelas interações da superfície celular com o meio circundante. Pseudópodes, cílios e flagelos fornecem os meios pelos quais muitos protistas puxam ou empurram seus corpos de forma a locomover-se.

Os pseudópodes apresentam-se de diversas formas. Os **lobópodes** são largos e com extremidades rombas. Os **filópodes** (filopódios) são finos e afilados e podem ser simples, ramificados ou em anastomose. Os **axópodes** (axopódios) também são finos e afilados, mas são sustentados por microtúbulos. Os **reticulópodes** são finos e anastomosados e também são sustentados por microtúbulos.

Nutrição

Os protistas alimentam-se de várias formas, mas essencialmente eles podem ser tanto autotróficos como heterotróficos, ou mesmo os dois. Os protistas fotossintéticos têm plastídios e são capazes de realizar fotossíntese, ainda que nem todos utilizem os mesmos pigmentos e a estrutura dos seus plastídios possa ser diferente (Figura 3.3). Todos os protistas heterotróficos adquirem alimento por algum tipo de interação da superfície celular com o ambiente. As formas heterotróficas podem ser sapróbias, ou seja, que recebem compostos orgânicos dissolvidos por difusão, transporte ativo ou pinocitose. Ou também podem ser holozoicas, ou seja, que recebem alimentos sólidos – tais como detritos orgânicos ou presas inteiras (p. ex., bactérias, protistas menores) – por fagocitose. Muitos protistas heterotróficos são simbiontes e vivem sobre outros organismos ou dentro deles. Aqueles que fazem pinocitose ou fagocitose dependem da formação de vesículas limitadas por membranas, que são conhecidas como vacúolos digestivos (Figura 3.4). Essas estruturas podem formar-se em quase todas as áreas da superfície celular, como ocorre com as amebas, ou em determinadas áreas associadas a algum tipo de "boca celular" ou **citóstoma**, como ocorre com a maioria dos protistas que têm conformação mais ou menos fixa. O citóstoma pode estar associado com outras

---
[4] Celulose é o polímero orgânico mais abundante na Terra. Ela é um polissacarídio formado por uma cadeia linear que pode ter de várias centenas a alguns milhares de unidades de D-glicose $\beta(1 \rightarrow 4)$.

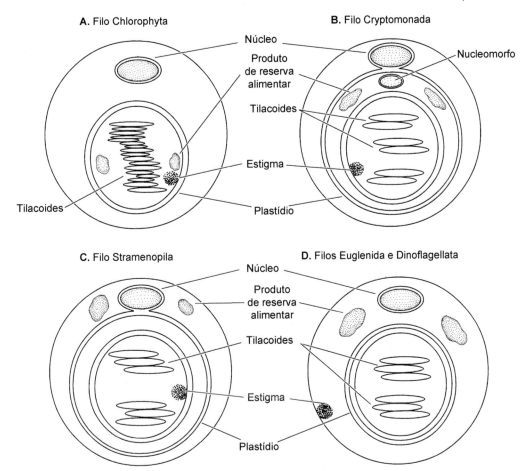

Figura 3.3 Variações da anatomia dos cloroplastos dos protistas (e das clorófitas). **A.** Filo Chlorophyta. Como se observa nas plantas terrestres, o cloroplasto das clorófitas está circundado por duas membranas e os tilacoides estão dispostos em pilhas irregulares, ou grana. Também como nas plantas terrestres, os pigmentos fotossintéticos primários das clorófitas são clorofilas *a* e *b* e as reservas alimentares são armazenadas na forma de amido dentro do cloroplasto. **B.** Filo Cryptomonada. Nos criptomonadinos, o cloroplasto está circundado por quatro membranas e os tilacoides ocorrem em pilhas de dois. As duas membranas mais internas envolvem os tilacoides e os estigmas; as duas membranas externas também envolvem os grânulos com produtos de armazenamento e o nucleomorfo. A membrana mais externa das quatro também está em continuidade com o envelope nuclear. O nucleomorfo é tido como o núcleo de um antigo endossimbionte, que eventualmente se tornou o cloroplasto. As reservas alimentares são armazenadas na forma de amido e óleos, e os pigmentos fotossintéticos primários são as clorofilas *a* e c_2; os pigmentos acessórios são as ficobilinas e aloxantina. **C.** Filo Stramenopila. Nos estramenopilos fotossintéticos, o cloroplasto está circundado por quatro membranas e os tilacoides estão em pilhas de três. Em muitos estramenopilos, a membrana mais externa está em continuidade com o envelope interior. As reservas alimentares são armazenadas na forma de polissacarídio líquido (em geral, laminarina) e óleos, que se localizam no citoplasma. Os pigmentos fotossintéticos primários são as clorofilas *a*, c_1 e c_2. **D.** Filos Euglenida e Dinoflagellata. Nesses dois filos, os cloroplastos estão circundados por três membranas e os tilacoides estão dispostos em pilhas de três. Também nesses dois filos, os produtos de armazenamento de nutrientes (amido e óleos) e os estigmas estão localizados fora do cloroplasto. Os pigmentos fotossintéticos primários dos euglenoides são as clorofilas *a* e *b*. As reservas de alimento são armazenadas na forma de paramilo. Nos dinoflagelados, os pigmentos fotossintéticos incluem as clorofilas *a* e c_2; os pigmentos acessórios incluem a xantofila peridinina, que é específica desses organismos. Observe que, em alguns dinoflagelados, o estigma está localizado dentro do cloroplasto, não no citoplasma. Os produtos de armazenamento de nutrientes são amido e óleos.

elaborações da superfície celular, que formam invaginações permanentes ou estruturas alimentares (descritas com mais detalhes adiante, nas seções sobre táxons específicos).

Depois da formação de um vacúolo digestivo e sua transferência para dentro do citoplasma, ele começa a inchar à medida que várias enzimas e outros compostos químicos são secretados em seu interior. O vacúolo primeiramente se torna ácido e a membrana vacuolar forma numerosas microvilosidades voltadas para dentro (Figura 3.4). À medida que a digestão avança, o pH do líquido vacuolar torna-se progressivamente mais alcalino. O citoplasma já no interior da membrana vacuolar adquire uma configuração diferente dos produtos da digestão. Em seguida, a membrana vacuolar forma vesículas diminutas, que se desprendem e levam esses produtos para dentro do citoplasma. Grande parte dessa última atividade assemelha-se à pinocitose da superfície celular. O resultado é a formação de numerosas vesículas diminutas, transportando nutrientes, que permitem aumentar enormemente a superfície disponível para a absorção dos produtos digeridos para dentro do citoplasma da célula. Durante esse período de atividade, o vacúolo original encolhe gradualmente e materiais não digeridos são, por fim, expelidos da célula. Em alguns protistas (p. ex., muitas amebas), o vacúolo já utilizado pode descarregar em qualquer ponto da superfície celular. Contudo, nos ciliados e outros organismos que têm uma cobertura relativamente impermeável ao redor da célula, essa cobertura dispõe de um poro permanente (**citoprocto**), por meio do qual o vacúolo libera seu conteúdo para o exterior. Desse modo, qualquer resto deixado no vacúolo digestivo quando ele alcança o citoprocto é eliminado.

Na maioria dos protistas, assim como em outros organismos eucariotos, as organelas responsáveis pela produção da maior parte do ATP são as mitocôndrias. Como todas as mitocôndrias,

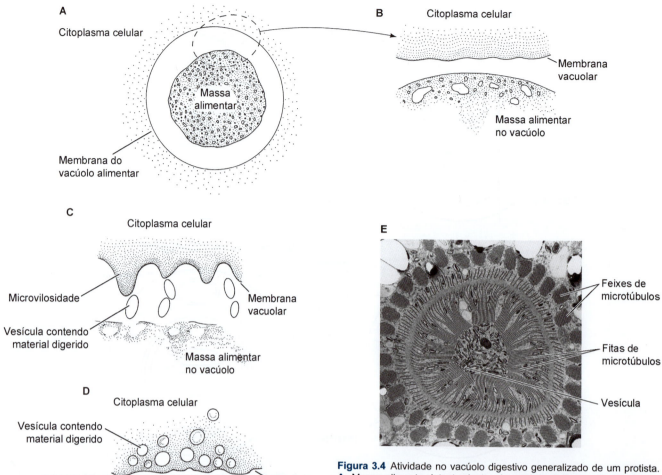

Figura 3.4 Atividade no vacúolo digestivo generalizado de um protista. **A.** Massa alimentar intacta dentro do vacúolo digestivo. **B.** Membrana vacuolar e borda da massa alimentar (*visão ampliada*). **C.** Formação das microvilosidades e das vesículas da membrana vacuolar. **D.** Captação das vesículas contendo produtos da digestão para dentro do citoplasma. **E.** Corte transversal através do citóstoma do ciliado *Helicoprorodon*, demonstrando a área de formação do vacúolo digestivo ao centro. Os microtúbulos conferem sustentação à boca.

as mitocôndrias dos protistas têm duas membranas, mas as membranas internas – ou **cristas** – têm configurações variadas (tubulares, discoides e lamelares; ver Figura 3.5). Entretanto, em vários grupos de protistas, as mitocôndrias foram profundamente modificadas para produzir ATP utilizando reações alternativas independentes do oxigênio, ou deixaram em definitivo de desempenhar alguma função conhecida de produção de energia.

Atividade e sensibilidade

Muitos protistas demonstram graus notáveis de sensibilidade aos estímulos ambientais e são capazes de exibir comportamentos surpreendentemente complexos. Contudo, ao contrário dos animais, o circuito inteiro de estímulo–resposta dos protistas está localizado dentro dos limites de uma única célula. O comportamento de resposta pode ser uma função da sensibilidade geral e condutividade do protoplasma, ou pode envolver organelas especiais. A sensibilidade ao toque frequentemente envolve reações locomotoras bem-definidas nos protistas móveis e reações de evitação em muitas formas sésseis. Os cílios e os flagelos são sensíveis ao toque; quando são estimulados mecanicamente, eles geralmente param de bater, ou batem com um padrão que afaste o organismo do ponto de estímulo. Essas respostas estão mais dramaticamente expressas pelos ciliados pedunculados sésseis, que demonstram reações muito rápidas quando os cílios do corpo celular são tocados. Elementos contráteis existentes dentro do pedúnculo encurtam, puxando o corpo do animal para longe da fonte de estímulo.

Muitos protistas têm **extrussomos**, ou seja, organelas envoltas por membrana (exocíticas) contendo vários compostos químicos. Os extrussomos desempenham várias funções (p. ex., proteção, captura de alimentos, secreção), mas têm também um aspecto em comum: eles descarregam imediata e algumas vezes explosivamente seus conteúdos quando são estimulados. O extrussomo mais bem-conhecido é o **tricocisto** dos ciliados como *Paramecium*, mas existem descritos cerca de 10 tipos diferentes entre os protistas.

Sabe-se que a termorrecepção ocorre em muitos protistas, mas não está bem-esclarecida. Em condições experimentais, a maioria dos protistas móveis busca temperaturas ótimas quando escolhe o ambiente. Esse comportamento provavelmente é uma função da sensibilidade geral do organismo, não de receptores especiais. Existem algumas evidências sugerindo que a termorrecepção dos protistas possa ter um controle eletrofisiológico. As respostas quimiotáteis provavelmente são induzidas por mecanismos semelhantes. A maioria dos protistas reage positiva ou negativamente às diferentes substâncias químicas, ou às variações

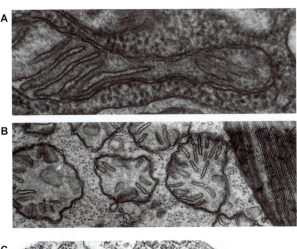
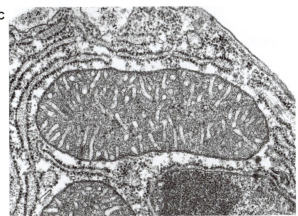
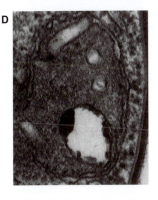

Figura 3.5 Mitocôndrias dos protistas monstrando variações nas membranas internas (*i. e.*, cristas) e a clorófita *Pteromonas lacerata*. **A.** Cristas lamelares da mitocôndria do coanoflagelado *Stephanocea* (80.000×). **B.** Cristas discoides da mitocôndria do euglenoide *Euglena spirogyra* (40.000×). **C.** Cristas tubulares dilatadas da mitocôndria de *Apusomonas proboscidea*, um flagelado enigmático de afinidade incerta (97.000×). **D.** Cristas tubulares da mitocôndria da clorófita *Pteromonas lacerata* (27.000×).

de suas concentrações. Por exemplo, as amebas conseguem diferenciar itens alimentares dos não alimentares e, rapidamente ejetam esses últimos de seus vacúolos. Muitos ciliados, especialmente os predadores, têm áreas especializadas de cílios sensoriais, que auxiliam a encontrar presas, e mesmo os organismos filtradores usam os cílios localizados ao redor do citóstoma para "degustar" e, em seguida, aceitar ou rejeitar itens alimentares.

Os protistas fotossintéticos geralmente demonstram taxia positiva para intensidades baixas a moderadas de luz, uma resposta certamente vantajosa para essas criaturas. Em geral, os protistas tornam-se negativamente fototáticos quando a iluminação é muito forte. Organelas especializadas sensíveis à luz foram descritas em muitos flagelados, especialmente os fotossintéticos. Esses organismos têm **estigmas** ou ocelos, que frequentemente estão associados ao aparelho flagelar. Os estigmas estão orientados de forma a sombrear a região fotossensível (frequentemente, parte do próprio flagelo) nas mesmas direções e, desse modo, os flagelos comportam-se diferentemente, dependendo se a região sensível está ou não recebendo luz direta. Na verdade, alguns estigmas estão localizados dentro de um lobo do cloroplasto. A complexidade dos estigmas varia, desde manchas pigmentadas muito simples até estruturas na forma de lentes complexas.

Reprodução

Um aspecto principal do sucesso dos protistas é sua gama surpreendente de estratégias reprodutivas. A maioria desses organismos conseguiu aproveitar as vantagens das estratégias de reprodução sexuada e assexuada, embora alguns aparentemente se reproduzam apenas assexuadamente. Muitos dos ciclos de vida complexos observados em determinados protistas (especialmente nas formas parasitárias) envolvem alternância entre processos sexuados e assexuados, com uma série de divisões assexuadas entre curtas fases sexuadas.

Os protistas passam por diversos processos reprodutivos estritamente assexuados, incluindo fissão binária, fissão múltipla e brotamento. A **fissão binária** consiste em uma divisão mitótica, resultando em duas células-filhas. Durante a **fissão múltipla**, o núcleo passa por várias divisões múltiplas antes da **citocinese** (distribuição do citoplasma), resultando na formação de muitas células-filhas. Alguns protistas passam por um processo conhecido como **plasmotomia** que, de acordo com alguns autores, é um tipo de brotamento por meio do qual um adulto multinucleado simplesmente se divide em duas células-filhas multinucleadas. Outros protistas passam por um tipo de brotamento interno conhecido como **endopoligenia**, durante o qual as células-filhas na verdade formam-se dentro do citoplasma da célula-mãe.

Há muito se acredita que a vantagem da reprodução sexuada seja a geração e a manutenção da variação genética dentro de populações e espécies. Os protistas desenvolveram vários métodos que atingem esse objetivo, mas nem todos resultam na formação imediata de indivíduos adicionais. Se expandimos nossa definição tradicional de meiose de forma a incluir qualquer processo nuclear que resulte em uma condição haploide, então a meiose pode ser considerada um fenômeno eucariótico geral. Essa condição é necessária porque a "meiose" dos protistas é mais variável que a observada nos animais e, certamente, menos compreendida. No entanto, ocorre divisão reducional, e as células haploides ou os núcleos de um ou outro tipo são formados e depois se fundem para recuperar a condição diploide. À produção e subsequente fusão dos gametas dos protistas dá-se o nome **singamia**. Entretanto, nem todos os protistas são diploides. Nas formas diploides, os gametas são produzidos por mitose, ou simplesmente quando uma célula existente começa a comportar-se como um gameta – quando dois gametas de células haploides se fundem para formar uma célula diploide, a fusão é seguida de meiose para produzir a nova geração de células não reprodutivas (p. ex., nos apicomplexos). Também existem táxons que vivem assexuadamente no estado diploide ou haploide por períodos longos (p. ex., haptófitas) e, nesses casos, as duas formas podem parecer muito diferentes.

As células protistas responsáveis pela produção dos gametas são descritas em geral como **gamontes**. A singamia pode envolver gametas que sejam todos semelhantes em tamanho e forma (**isogamia**) ou a condição mais frequente: dois tipos diferentes (**anisogamia**). Desse modo, como se observa em Metazoa, as fases haploide e diploide podem ser produzidas na história de vida dos protistas sexuados. Como foi mencionado antes, o processo de meiose pode preceder imediatamente a formação e a união dos gametas (divisão redutiva pré-zigótica), ou pode acontecer imediatamente depois da fertilização (divisão redutiva pós-zigótica), como também ocorre em protistas haploides e muitas plantas. Outros processos sexuais que resultam em mistura genética pela permuta do material nuclear entre os casais (**conjugação**), ou por reformulação de um núcleo geneticamente "novo" dentro de um único indivíduo (**autogamia**) estão mais esclarecidos entre os ciliados e estão descritos adiante na seção dedicada a esse filo.

Também há variabilidade significativa na mitose entre os protistas (Quadro 3.2). Os diversos padrões mitóticos são diferenciados principalmente com base na persistência da membrana (= envelope) nuclear e na localização e simetria dos fusos (Figura 3.6). Os termos "aberto", "semiaberto" e "fechado" referem-se à persistência do envelope nuclear. Quando a mitose é aberta, a membrana nuclear rompe-se completamente; quando é semiaberta, o envelope nuclear permanece intacto, exceto por pequenos orifícios (fenestras)

Quadro 3.2 Seis categorias de mitoses nos protistas.

Mitose aberta

1. *Ortomitose aberta*. O envelope nuclear rompe-se por completo; o fuso é simétrico e bipolar; há formação de uma placa equatorial.

Mitose semiaberta

2. *Ortomitose semiaberta*. O envelope nuclear persiste, com exceção de pequenas fenestras por meio das quais os microtúbulos do fuso entram no núcleo; o fuso é simétrico e bipolar; e há formação de uma placa equatorial.

3. *Pleuromitose semiaberta*. O envelope nuclear persiste, com exceção de pequenas fenestras por meio das quais os microtúbulos do fuso entram no núcleo; o fuso é assimétrico; e não há formação de uma placa equatorial.

Mitose fechada com fuso intranuclear

4. *Ortomitose intranuclear*. O envelope nuclear persiste ao longo de toda a mitose; o fuso é simétrico, bipolar e forma-se dentro do núcleo; em geral, também há formação de uma placa equatorial.

5. *Pleuromitose intranuclear*. O envelope nuclear persiste ao longo de toda a mitose; o fuso é assimétrico e forma-se dentro do núcleo; não há formação de uma placa equatorial.

Mitose fechada com fuso extranuclear

6. *Pleuromitose extranuclear*. O envelope nuclear persiste ao longo de toda a mitose; o fuso é assimétrico e forma-se fora do núcleo; não há formação de uma placa equatorial.

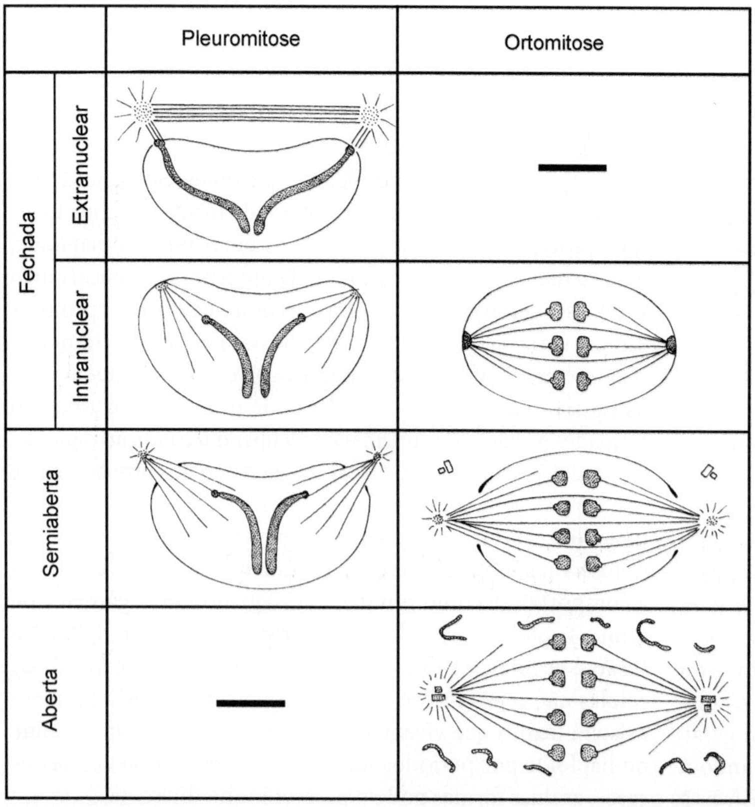

Figura 3.6 Mitose nos protistas. Na mitose aberta, a membrana nuclear rompe-se por completo. Na mitose semiaberta, o envelope nuclear permanece intacto, exceto por orifícios pequenos por meio dos quais os microtúbulos do fuso penetram no envoltório nuclear. Na mitose fechada, o envelope nuclear permanece completamente intacto ao longo de toda a mitose e o fuso forma-se dentro do núcleo (mitose intranuclear) ou fora dele (mitose extranuclear). O termo ortomitose ocorre quando o fuso é bipolar e simétrico, geralmente com formação de uma placa equatorial. A pleuromitose ocorre quando o fuso é assimétrico e não se forma uma placa equatorial.

por onde os microtúbulos do fuso penetram no envelope do núcleo; quando é fechada, o envelope nuclear permanece completamente intacto ao longo de toda a mitose. Os termos "ortomitose" e "pleuromitose" referem-se à simetria do fuso. Durante a **ortomitose**, o fuso é bipolar e simétrico e, em geral, forma-se uma placa equatorial. Durante a **pleuromitose**, o fuso é assimétrico e não se forma uma placa equatorial. Os termos intranuclear e extranuclear referem-se à localização do fuso. Durante a **mitose intranuclear**, o fuso forma-se dentro do núcleo; durante a **mitose extranuclear**, o fuso forma-se fora do núcleo.

Os núcleos dos protistas também apresentam uma diversidade notável. O tipo mais comum é o **núcleo vesicular**, que se caracteriza por medir entre 1 e 10 µm de diâmetro e ser redondo (geralmente) com um nucléolo proeminente e cromatina não condensada. Os **núcleos ovulares** caracterizam-se por serem grandes (até 100 µm de diâmetro) e ter muitos nucléolos periféricos com cromatina não condensada. Os núcleos cromossômicos são caracterizados pela tendência a que os cromossomos permaneçam condensados durante a intérfase e pela existência de um nucléolo, que está associado a um cromossomo. Os ciliados são singulares porque têm dois tipos diferentes de núcleos: **micronúcleos** diminutos (sem nucléolos e com cromatina dispersa) e **macronúcleos** grandes (com muitos nucléolos proeminentes e cromatina compacta). Em resumo, a diversidade e o sucesso dos protistas estão refletidos na tremenda variação do plano corpóreo unicelular. A descrição seguinte dos filos protistas explora essa variação com mais profundidade.

FILOS PROTISTAS

GRUPO 1 | AMOEBOZOA

Filo Amoebozoa | Amebas

Embora seja pequeno, o filo Amoebozoa inclui um clado singular de protistas, que consiste em pouco mais de 200 espécies. A maioria desses organismos é de vida livre, mas também são conhecidos alguns grupos endossimbiontes, incluindo algumas formas patogênicas. A característica mais evidente dos amebozoários é que eles formam extensões temporárias de citoplasma, ou pseudópodes (descritos no Capítulo 4), que são usados para alimentação e locomoção (Figura 3.7; ver também Figuras 3.1 B e 3.10) (Quadro 3.3). Os amebozoários são criaturas ubíquas, que podem ser encontradas em quase todos os hábitats aquáticos ou úmidos: na terra ou na areia, na vegetação aquática, nas rochas úmidas, nos lagos e riachos, nas águas do degelo glacial, nas acumulações de água das marés, nas baías e nos estuários, no fundo do oceano e em suspensão no oceano aberto. Muitos são ectocomensais de organismos aquáticos, enquanto outros são parasitas de diatomáceas, peixes, moluscos, artrópodes ou mamíferos. Alguns amebozoários abrigam simbiontes intracelulares, tais como algas, bactérias e vírus, embora a natureza dessas relações ainda não esteja bem-esclarecida. Os amebozoários têm sido utilizados frequentemente em laboratórios como organismos experimentais para estudos da locomoção celular (*Amoeba proteus*), dos sistemas contráteis não musculares (*Acanthamoeba*) e dos efeitos da remoção e do transplante dos núcleos.

Embora a maioria dos amebozoários seja de criaturas inofensivas de vida livre, alguns são endossimbiontes e, entre eles, muitos são parasitas encontrados mais comumente nos artrópodes, anelídeos e vertebrados (incluindo seres humanos). Três espécies cosmopolitas são comensais do intestino grosso dos seres humanos: *Endolimax nana*, *Entamoeba coli* e *Iodamoeba buetschlii*. Todas essas três espécies alimentam-se de outros microrganismos presentes no intestino. Em algumas áreas do planeta, os níveis infecciosos de *Entamoeba coli* alcançam 100% da população. *Entamoeba coli* coexiste comumente com *E. histolytica*, que é mais problemática; a transmissão dessas duas espécies ocorre pelo mesmo mecanismo (por meio de cistos) e é difícil diferenciar os trofozoítos dessas duas espécies. *Iodamoeba buetschlii* infecta seres humanos, outros primatas e porcos. *Entamoeba gingivalis* foi a primeira ameba descrita nos seres humanos. Como *E. coli*, essa ameba é um comensal praticamente inofensivo, que habita apenas dentes e gengivas, bolsas gengivais situadas perto da base dos dentes e, ocasionalmente, criptas das amídalas. *E. gingivalis* também é encontrada em cães, gatos e outros primatas. Ela não forma cistos e a transmissão ocorre por contato direto entre dois indivíduos. Algumas estimativas sugeriram que 50% da população humana com bocas sadias abrigam essa ameba.

Em condições de estresse intenso, os amebozoários intestinais simbióticos (p. ex., *Entamoeba coli*), que normalmente são inofensivos, podem proliferar a níveis anormalmente elevados e causar distúrbios gastrintestinais temporários leves em pessoas. Entretanto, *Entamoeba histolytica* é um patógeno sério nos seres humanos (Quadro 3.4). Essa espécie causa disenteria amebiana, ou seja, uma doença intestinal que resulta na destruição das células que revestem o intestino. Em geral, esse parasita é ingerido em seu estágio de cisto e é adquirido por contaminação fecal. Emergência dos indivíduos no estágio ativo (móvel, ou seja, trofozoítos) ocorre rapidamente quando *E. histolytica* está no intestino do hospedeiro; esse é o estágio no qual há liberação das enzimas histolíticas que destroem o epitélio do intestino grosso e do reto.

Um dos grupos mais enigmáticos de amebozoários é constituído pelas amebas sociais, ou mofos limosos celulares. No passado, acreditava-se que essas criaturas singulares e seus parentes próximos, conhecidos como mofos limosos plasmodiais (acelulares) (Myxogastrida), estivessem relacionados com os fungos, mas hoje são classificados como amebozoários. As vidas dessas criaturas são tão bizarras que inspiraram um dos melhores filmes de ficção científica da década de 1950: *A Bolha Assassina* (com Steve McQueen). Entre os mofos limosos celulares, todos os organismos começam seu ciclo de vida como ameba unicelular, que se alimenta primariamente das bactérias do solo. Entretanto, quando não há alimento suficiente, eles se reúnem para formar um corpo frutificante pluricelular. O corpo frutificante (ou "frutificação") assume diversas formas, dependendo da espécie. Esse processo foi descrito mais claramente para o "organismo-modelo" conhecido como *Dictyostelium discoideum*. Com esse organismo, a agregação de até 100.000 células primeiramente se transforma em uma estrutura digitiforme, ou "lesma". A região da "cabeça" da lesma "sente" estímulos do ambiente, como temperatura e luz, direcionando a lesma para a superfície do solo, onde os esporos são dispersos. Em seguida, a lesma levanta-se para formar o corpo frutificante

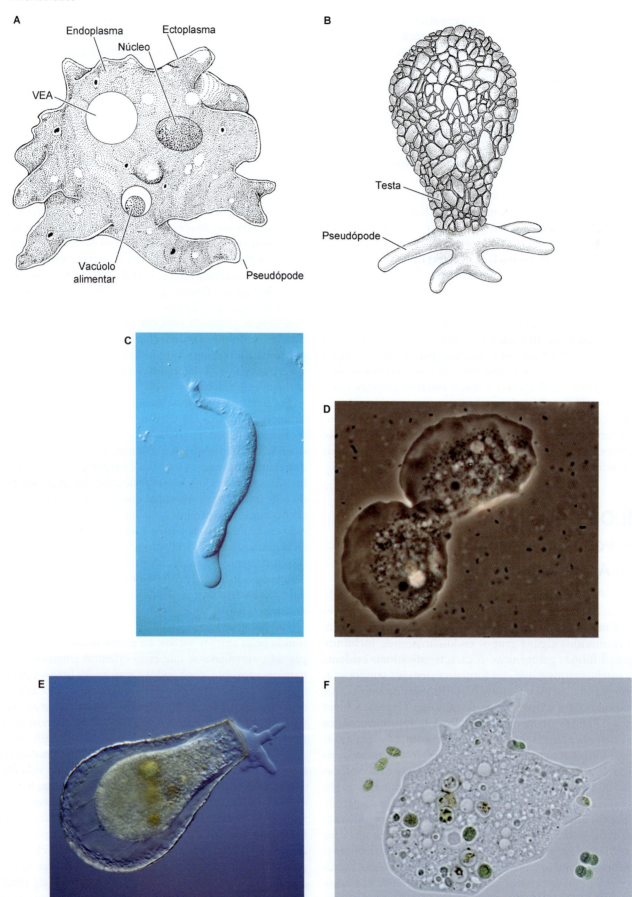

Figura 3.7 Filo Amoebozoa. Diversidade dos amebozoários. **A.** Anatomia de uma ameba "nua"; observe os lobópodes múltiplos. **B.** *Difflugia*, uma tecameba (teca de grãos minerais microscópicos). **C.** *Hartmanella* com um único lobópode digitiforme. **D.** *Vannella* com pseudópodes em forma de leque. **E.** *Nebela collaris*, uma tecameba. Os pseudópodes espessos (lobópodes) estendem-se do orifício da teca e o corpo da ameba está ligado ao interior da concha por pseudópodes finos (filopódios). **F.** *Mayorella*, uma ameba "nua".

Quadro 3.3 Características do filo Amoebozoa.

1. Em sua maioria, são organismos de vida livre, mas alguns são endossimbiontes ou ectossimbiontes, incluindo alguns patógenos.
2. A célula está circundada por uma membrana plasmática (amebas nuas), que pode ser recoberta por uma camada de glicoproteína (glicocálix); alguns também formam uma teca externa (tecamebas).
3. Têm extensões temporárias de citoplasma (pseudópodes) para alimentação e locomoção; os pseudópodes são largos e rombos (lobópodes).
4. Algumas espécies abrigam simbiontes intracelulares (p. ex., algas e bactérias).
5. Têm mitocôndrias com cristas tubulares.
6. A maioria tem um único núcleo vesicular.
7. Os padrões de mitose são variáveis.
8. A reprodução é assexuada por fissão binária ou fissão múltipla.
9. Existem relatos de reprodução sexuada em alguns mofos limosos, embora isso não tenha sido confirmado.
10. Não têm plastídios; são estritamente heterotróficos.
11. Alguns armazenam glicogênio (p. ex., *Pelomyxa*), mas a maioria não parece armazenar carboidratos.

Quadro 3.4 Disenteria amebiana (histolítica).

Entamoeba histolytica é o agente etiológico da disenteria amebiana, uma doença que tem contaminado seres humanos ao longo de toda a história registrada. *E. histolytica* é a terceira causa mais comum de mortes por parasitismo em todo o mundo. Cerca de 500 milhões de pessoas em todo o mundo estão infectadas em alguma época e, desses casos, cerca de 100.000 morrem anualmente. Curiosamente, *E. histolytica* apresenta-se com dois tamanhos. A linhagem menor (trofozoítos com 12 a 15 μm de diâmetro, cistos com 5 a 9 μm de largura) não é patogênica e alguns autores consideram uma espécie separada (*E. hartmanni*). A forma maior (trofozoítos com 20 a 30 μm de diâmetro, cistos com 10 a 20 μm de largura) é algumas vezes patogênica e outras não. Outra espécie de *Entamoeba* – *E. moshkovskii* – é morfologicamente idêntica a *E. histolytica*, mas não é simbionte; ela vive nos esgotos e frequentemente é confundida com *E. histolytica*.

Quando são ingeridos, os cistos de *E. histolytica* passam pelo estômago sem quaisquer danos. Quando chegam ao meio alcalino do intestino delgado, os cistos rompem e liberam trofozoítos, que são levados até o intestino grosso. Os trofozoítos podem sobreviver tanto anaerobicamente, quanto na presença de oxigênio. Os trofozoítos de *E. histolytica* podem viver e multiplicar-se indefinidamente dentro das criptas da mucosa do intestino grosso, aparentemente se alimentando de amido e secreções mucosas. De forma a absorver nutrientes nessa condição, eles podem depender da existência de algumas bactérias intestinais que ocorrem naturalmente. Entretanto, eles também podem invadir os tecidos, hidrolisando as células da mucosa do intestino grosso e, nesse modo de ação, eles não precisam da ajuda de seus parceiros bacterianos para se alimentar. *E. histolytica* produz várias enzimas hidrolíticas, incluindo fosfatases, glicosidases, proteinases e uma RNAse. Elas produzem úlceras na parede intestinal e, por fim, entram na corrente sanguínea e infectam outros órgãos, como fígado, pulmões ou mesmo a pele. Os cistos formam-se apenas no intestino grosso e são eliminados nas fezes do hospedeiro. Os cistos podem continuar viáveis e infectantes por muitos dias, ou até semanas, mas são destruídos por dessecação e temperaturas abaixo de 5°C e acima de 40°C. Os cistos são resistentes aos níveis de cloro usados normalmente para purificar a água.

Os sinais e sintomas da amebíase são muito variáveis, dependendo da linhagem de *E. histolytica*, da resistência e das condições físicas do hospedeiro. Em geral, a doença desenvolve-se lentamente com diarreia intermitente, cólicas, vômitos e mal-estar geral. Algumas infecções podem causar um quadro semelhante ao da apendicite. Dor abdominal generalizada, diarreia fulminante, desidratação e eliminação de sangue são sinais típicos dos casos graves. As infecções agudas podem levar à morte por peritonite, o resultado de perfuração do intestino, ou por falência cardíaca ou exaustão. A amebíase hepática ocorre quando os trofozoítos entram nas veias mesentéricas e são elevados ao fígado por meio do sistema porta-hepático; eles abrem caminho digerindo os tecidos dos capilares do sistema porta e formam abscessos no fígado. Em geral, a amebíase pulmonar ocorre quando os abscessos hepáticos rompem e atravessam o diafragma. Outros locais geralmente infectados são cérebro, pele e pênis (possivelmente adquirido por contato sexual).

Embora a amebíase seja mais comum nas regiões tropicais, onde até 40% da população podem estar infectados, o parasita está firmemente estabelecido desde o Alasca até a Patagônia. A transmissão ocorre por contaminação fecal e um estilo de vida com higiene é a melhor medida preventiva. Moscas-do-lixo, particularmente a mosca-doméstica comum (*Musca domestica*), e baratas são vetores mecânicos importantes dos cistos; o hábito das moscas-domésticas de vomitar e evacuar enquanto se alimentam é um mecanismo essencial à transmissão. Os portadores humanos (eliminadores de cistos) que manuseiam alimentos também são fontes importantes de transmissão. O uso de fezes humanas como fertilizantes na Ásia, na Europa e na América do Sul contribui expressivamente para a transmissão dessa ameba nessas regiões. Embora os seres humanos sejam o reservatório primário de *E. histolytica*, cães, porcos e macacos também foram implicados.

assexual, ou **sorocarpo** (Figura 3.8). As células da região da cabeça movem-se para dentro de um tubo de celulose pré-fabricado e diferenciam-se em células do pedúnculo, que por fim morrem. Depois, as células restantes do "corpo" rastejam, sobem pelo pedúnculo e encapsulam para formar esporos. Estudos recentes com *Dictyostelium* sugeriram que os esporos carregam consigo "sementes" de bactérias do solo, que são usadas para inocular a localização nova da ameba recém-formada. Desse modo, os dictiostelidas apresentam características semelhantes à pluricelularidade, como sinalização intercelular, especialização celular, movimentação celular coerente e morte celular programada – embora certamente não ocorra deposição de tecidos embrionários, que é uma característica inequívoca dos Metazoários. A capacidade demonstrada pelos dictiostelidas de cultivar sua própria "safra alimentar" de bactérias do solo coloca essas criaturas em uma classe singular de "invertebrados agricultores", que também inclui formigas de fungos, cupins e besouro-de-ambrosia.

Enquanto os dictiostelidas reúnem-se para formar corpos frutificantes assexuados, os corpos frutificantes dos mixogástridos (p. ex., *Physarum*, *Fuligo*) têm reprodução sexuada. Além disso, os mixogástridos não formam corpos frutificantes por agregação. Em vez disso, duas células haploides fundem-se por singamia. Em seguida, a ameba diploide resultante cresce sem passar por divisão celular adicional para formar um plasmódio multinucleado.

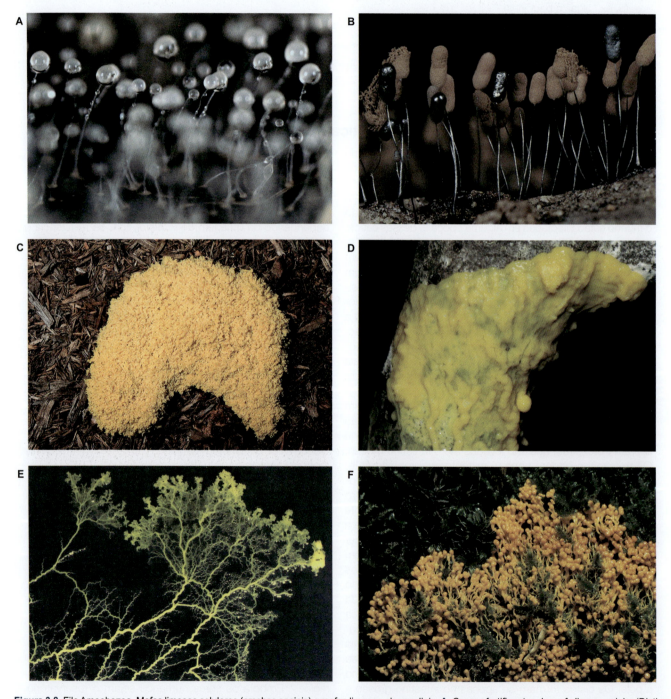

Figura 3.8 Filo Amoebozoa. Mofos limosos celulares (amebas sociais) e mofos limosos plasmodiais. **A.** Corpos frutificantes do mofo limoso celular (Dictiostelida), *Dictyostelium discoideum*. **B.** Mofo limoso da madeira podre – *Stemonitis* – com seus esporângios marrons típicos sustentados por pedúnculos delgados. **C.** Plasmódio multinucleado (mas acelular) volumoso do mofo limoso plasmodial (Myxogastrida), *Fuligo septica*, também conhecido como "mofo limoso em ovos mexidos". **D** a **F.** *Physarum polycephalum*, um mofo limoso extremamente variável.

Por fim, essa supercélula forma corpos frutificantes que contêm esporos uninucleados. O processo é sexuado porque há uma etapa de meiose na formação dos esporos dos corpos frutificantes, de forma que os esporos e as amebas que deles eclodem são haploides. Desse modo, o ciclo de vida dos mixogástridos tem componentes haploide e diploide essenciais.

Nos EUA, o famoso "mofo limoso em ovos mexidos", ou "mofo limoso em vômito de cão" (Myxogastrida: *Fuligo septica*) é comumente encontrado (Figura 3.8 C). As incrustações gigantes (até 40 cm), amarelas e macias de *F. septica* crescem em árvores mortas ou vivas e nas coberturas de madeira em áreas ajardinadas. Os plasmódios proliferam lentamente sobre a superfície, engolfando bactérias, plantas e esporos de fungos, outros protistas e detritos orgânicos. Quando o plasmódio multinucleado (mas acelular) volumoso converte-se em uma estrutura que abriga esporos (um etálio), ele transforma-se em massa esponjosa, que é a maior estrutura conhecida formadora de esporos entre os amebozoários. Os esporos de *F. septica* são dispersos pelos besouros da família Lathridiidae.

Sustentação e locomoção

A maioria dos amebozoários está circundada apenas por uma membrana plasmática e esses são conhecidos como **amebas nuas** (ver Figuras 3.7 A a C; 3.8). Outras são conhecidas como **tecamebas**, têm sua membrana plasmática recoberta por algum tipo de teca (ver Figura 3.7 D e E). As tecas dos amebozoários podem ser formadas basicamente de material particulado, tanto retirado do ambiente (p. ex., *Difflugia*) ou secretado pela própria célula (p. ex., *Arcella*). Algumas espécies produzem uma cobertura externa de escamas muito pequenas. Algumas das amebas nuas (p. ex., gênero *Amoeba*) podem secretar uma camada de um mucopolissacarídeo denominado **glicocálix** na superfície externa da membrana plasmática. Algumas vezes, pode haver estruturas flexíveis, viscosas, que se projetam do glicocálix, que parecem facilitar captura e ingestão de bactérias durante a alimentação.

Os amebozoários usam pseudópodes para se alimentar e para sua locomoção. Embora o formato dos pseudópodes varie entre os protistas, existem dois tipos primários – **lobópodes** e **filópodes** (algumas vezes denominados rizópodes). Os amebozoários têm apenas lobópodes, que são rombos e arredondados na ponta (os filopódios são finos e acuminados) (Figura 3.9 A e E). Alguns amebozoários produzem vários pseudópodes ou lobópodes, que se estendem em diferentes direções ao mesmo tempo. Provavelmente, o organismo mais conhecido que produz vários lobópodes é *Amoeba proteus* (ver Figura 3.9 A). Pseudópodes semelhantes são formados pelos amebozoários testáceos, tais como *Arcella*, *Centropyxis* e *Difflugia*. Alguns amebozoários que produzem lobópodes múltiplos também formam subpseudópodes nas superfícies dos seus lobópodes. Essa condição é encontrada no gênero *Mayorella*, que forma subpseudópodes digitiformes, assim como no gênero *Acanthamoeba*, que forma subpseudópodes finos conhecidos como **acantópodes**.

Alguns amebozoários produzem apenas um lobópode. Um desses grupos é conhecido como **amebozoários *Limax***, que formam um único lobópode "anterior" digitiforme (conferindo ao organismo um aspecto semelhante ao de uma lesmas ou *Limax*) (Figura 3.9 B). A locomoção limícola é encontrada comumente nos amebozoários que vivem no solo (p. ex., *Chaos*, *Euhyperamoeba*, *Hartmanella*, *Pelomyxa*). Outros amebozoários que produzem um único lobópode incluem os gêneros *Thecamoeba* e *Vannella*. Em *Vannella*, o lobópode tem uma forma que lhe confere aspecto semelhante a um leque (ver Figura 3.7 C), enquanto em *Thecamoeba* o lobópode tem um formato até certo ponto indefinido e dá a impressão de que a célula desliza como a esteira de um trator ou tanque de guerra – a superfície dianteira adere temporariamente ao substrato à medida que o organismo avança (Figura 3.9 C).

Conforme está descrito no Capítulo 4, os processos físicos envolvidos no movimento dos pseudópodes ainda não estão inteiramente esclarecidos. É provável que mais de um método de formação de pseudópodes ocorra entre os diferentes amebozoários; evidentemente, a mecânica geral envolvida no uso efetivo dos pseudópodes varia enormemente (ver Figura 3.9). Vale lembrar da diferenciação típica do citoplasma em ectoplasma (plasmagel) e endoplasma (plasmassol), sendo o último muito mais fluido que o primeiro. A formação dos lobópodes

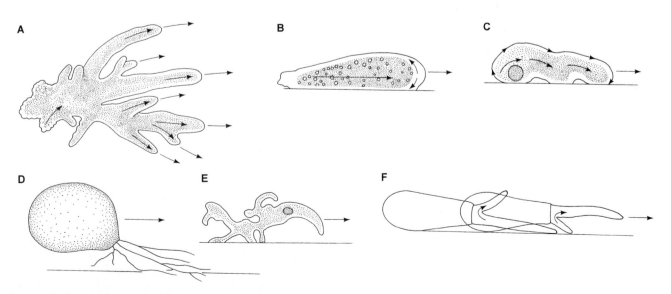

Figura 3.9 Filo Amoebozoa. Locomoção nas amebas. **A.** Movimento ameboide típico por lobópodes em *Amoeba proteus*. **B.** Forma de movimento rastejante como em "*Limax*". **C.** Movimento deslizante feito esteira. **D.** Movimento filopodial rastejante em *Chlamydophorus*. **E.** Locomoção por "deambulação" em certas amebas nuas. **F.** Andar "bípede" em *Difflugia*.

resulta do escorrer do plasmassol mais interno para dentro de áreas nas quais as restrições do plasmagel foram aliviadas temporariamente.

Enquanto muitos amebozoários se movem "flutuando" para dentro de seus pseudópodes ou "rastejando" com numerosos filópodes, alguns utilizam métodos mais bizarros para ir de um lugar para outro. Alguns sustentam seus corpos fora do substrato por pseudópodes que se estendem para baixo; em seguida, pseudópodes-guia são produzidos e estendidos, sequencialmente, empurrando o organismo por meio de um caminhar com "muitas pernas". Alguns dos amebozoários com carapaça (p. ex., *Difflugia*), que possuem um único piloma, estendem dois pseudópodes através da abertura (Figura 3.9 F; ver também Figura 3.7 B). Por extensão e retração alternadas desses pseudópodes, o organismo "avança" para frente. Durante a locomoção, um pseudópode é estendido e usado para "puxar" o organismo para frente, arrastando o outro pseudópode atrás da célula.

Nutrição

Embora restem poucas dúvidas de que os amebozoários obtenham compostos orgânicos dissolvidos através da membrana celular, os mecanismos mais comuns de ingestão são pinocitose e fagocitose (Figura 3.10). O tamanho do vacúolo alimentar varia acentuadamente, dependendo primariamente do tamanho do material alimentar ingerido. Em geral, a ingestão pode ocorrer em qualquer ponto da superfície do corpo, não havendo nenhum citóstoma distinto. A maioria dos amebozoários grandes é carnívora e são, frequentemente, predadores, enquanto as espécies menores alimentam-se principalmente de procariotos. Alguns, tais como *Pelomyxa*, habitam solos ou lodos e são predominantemente herbívoros, mas são conhecidos por ingerir praticamente qualquer tipo de matéria orgânica existente nos seus ambientes. Como foi explicado antes, um vacúolo alimentar forma-se a partir de uma invaginação na superfície celular – algumas vezes descrita como taça alimentar – que se desprende e entra na célula. Esse processo é descrito algumas vezes como **endocitose** e ocorre em resposta a alguns estímulos na interface entre a membrana celular e o ambiente. A formação dos vacúolos nos amebozoários pode ser induzida por estímulos químicos ou mecânicos; até mesmo itens não alimentares podem ser incorporados nos vacúolos alimentares, mas logo eles são ejetados.

O tamanho do vacúolo alimentar não é determinado apenas pelas dimensões do alimento ingerido, mas também pela quantidade de água engolfada durante a alimentação. Frequentemente, os pseudópodes que formam a taça alimentar, na verdade, não entram em contato com o alimento; desse modo, um "pacote" do meio ambiente é captado junto com o alimento. Em outros casos, as paredes que formam o vacúolo são pressionadas contra o alimento; assim, pouca água é incluída no vacúolo. Os vacúolos alimentares movimentam-se pelo citoplasma e algumas vezes coalescem. Se forem ingeridas presas vivas, elas geralmente morrem dentro de alguns minutos por ação das enzimas paralisantes e proteolíticas existentes no vacúolo. Por fim, o material não digerido que permanece dentro do vacúolo é expelido da célula quando as paredes do vacúolo são reincorporadas à membrana celular. Na maioria dos amebozoários, esse processo de evacuação celular pode ocorrer em qualquer parte do corpo, mas em algumas formas ativas ele tende a ocorrer no ou próximo do final arrastado da célula em movimento.

A alimentação dos amebozoários com elementos esqueléticos varia com a forma da teca e o tipo de pseudópodes. As amebas com um único orifício ou abertura relativamente grande (p. ex., *Arcella* e *Difflugia*) alimentam-se praticamente da mesma forma como foi descrito antes. Pela extensão dos lobópodes através do orifício, elas engolfam o alimento em vacúolos típicos.

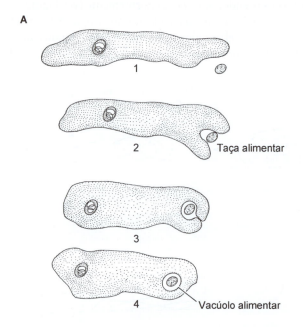
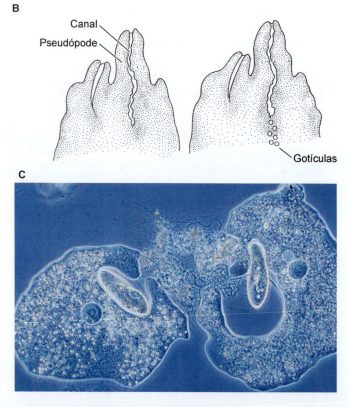

Figura 3.10 Filo Amoebozoa. Alimentação nas amebas. **A.** Sequência de eventos durante os quais o lobópode engloba uma partícula alimentar. **B.** Captura de nutrientes dissolvidos através de um canal de pinocitose da *Amoeba*. **C.** Duas amebas de solo, *Vahlkampfia*, ingerindo ciliados por fagocitose.

Reprodução

Fissão binária simples é a forma mais comum de reprodução assexuada, diferindo apenas em detalhes mínimos entre os diversos grupos (Figura 3.11). Nos amebozoários nus, a divisão nuclear ocorre primeiramente e depois o mesmo acontece com o citoplasma. Durante a divisão do citoplasma, as duas células-filhas em potencial formam pseudópodes locomotores e afastam-se uma da outra. Nas espécies que têm teca externa, a própria carapaça pode dividir-se mais ou menos igualmente, em conjunto com a das células-filhas (p. ex., *Pamphagus*); ou, como ocorre mais comumente, a carapaça pode ser conservada por uma célula-filha, enquanto a outra produz uma carapaça nova (p. ex., *Arcella*). A fissão múltipla também é encontrada em muitos amebozoários. Certas espécies nuas endossimbióticas, incluindo *Entamoeba histolytica*, formam cistos, nos quais ocorre fissão múltipla.

A formação de cistos em condições ambientais desfavoráveis está bem-desenvolvida em alguns amebozoários, incluindo todas as tecamebas, a maioria das amebas do solo e as amebas parasitas. Nessas últimas (p. ex., *Entamoeba*), os cistos protegem o organismo à medida que ele atravessa o trato digestivo do hospedeiro.

Os padrões mitóticos dos amebozoários variam e têm sido usados como critério para classificação dentro do filo. Na maioria das espécies, a mitose é caracterizada como uma ortomitose aberta sem centríolos; em outras, a ruptura do núcleo e do nucléolo é retardada. A ortomitose intranuclear fechada com persistência do nucléolo ocorre em alguns amebozoários, tais como *Entamoeba*.

Embora cientistas tenham sugerido que a reprodução sexuada possa ocorrer entre os amebozoários, existem poucas evidências a favor dessa possibilidade, exceto nos mofos limosos.

GRUPO 2 | CHROMALVEOLATA

Filo Dinoflagellata | Dinoflagelados

O filo Dinoflagellata inclui 4.000 espécies descritas, incluindo as formas extintas conhecidas. Embora dinoflagelados fósseis inquestionáveis sejam datados do período Triássico (240 Ma), evidências baseadas nos marcadores orgânicos em rochas do Cambriano Inferior sugerem que eles possam ter sido abundantes mesmo a partir de 540 milhões de anos atrás. O registro fóssil sugere que a biodiversidade dos dinoflagelados fosse pequena depois do evento de extinção em massa do final do Permiano, tenha sido recuperada no início do Eoceno (cerca de 55 Ma) e, em seguida, tenha iniciado um declínio prolongado que se estende até os dias atuais (ver também Capítulo 1). Os padrões históricos de diversidade dos dinoflagelados e dos cocolitóforos são praticamente concordantes, mas contrastam

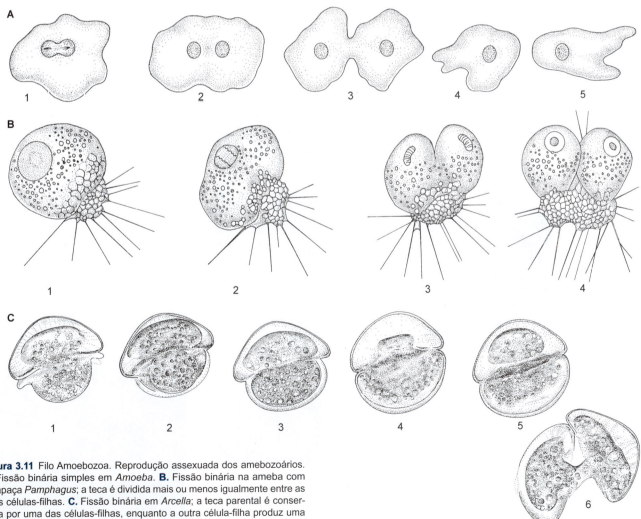

Figura 3.11 Filo Amoebozoa. Reprodução assexuada dos amebozoários. **A.** Fissão binária simples em *Amoeba*. **B.** Fissão binária na ameba com carapaça *Pamphagus*; a teca é dividida mais ou menos igualmente entre as duas células-filhas. **C.** Fissão binária em *Arcella*; a teca parental é conservada por uma das células-filhas, enquanto a outra célula-filha produz uma nova teca.

com o das diatomáceas – os primeiros alcançaram seu pico de diversidade nos oceanos do Mesozoico, enquanto as diatomáceas iniciaram sua ampla radiação evolutiva bem mais recentemente (no início do período Cenozoico), correspondendo ao início das principais calotas de gelo polar e ao aumento da circulação termoalina oceânica.

Os dinoflagelados são comuns em todos os ambientes aquáticos, mas cerca de 90% das espécies descritas são planctônicas nos oceanos do mundo (Figura 3.12). Cerca de metade das espécies de dinoflagelados vivos é fotossintética e importante produtora primária em muitos ambientes aquáticos. Os dinoflagelados podem ser muito belos e muitos são capazes de bioluminescência (p. ex., *Gonyaulax*) utilizando um sistema de luciferina-luciferase. Embora a maioria seja unicelular, alguns formam colônias pluricelulares filamentares. Os dinoflagelados têm dois flagelos posicionados de tal forma que giram ou rodam enquanto eles nadam (ver Figura 3.1 A a G) – o atributo que lhes dá o nome (do grego *dinos* = "girando, rodando") (Quadro 3.5).

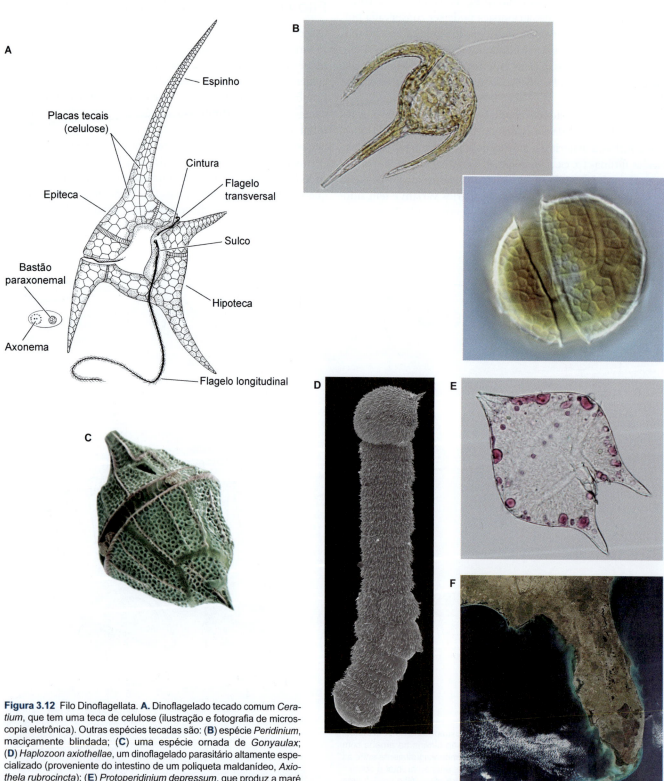

Figura 3.12 Filo Dinoflagellata. **A.** Dinoflagelado tecado comum *Ceratium*, que tem uma teca de celulose (ilustração e fotografia de microscopia eletrônica). Outras espécies tecadas são: (**B**) espécie *Peridinium*, maciçamente blindada; (**C**) uma espécie ornada de *Gonyaulax*; (**D**) *Haplozoon axiothellae*, um dinoflagelado parasitário altamente especializado (proveniente do intestino de um poliqueta maldanídeo, *Axiothela rubrocincta*); (**E**) *Protoperidinium depressum*, que produz a maré vermelha; (**F**) dinoflagelado florescente ("maré vermelha") da Flórida.

Quadro 3.5 Características do filo Dinoflagellata.

1. O formato da célula é mantido por uma película, que consiste em vesículas alveolares sob a membrana plasmática; em algumas espécies (espécies tecadas), os alvéolos podem estar preenchidos por polissacarídeos, geralmente celulose; as espécies que têm alvéolos "vazios" são descritas como nuas (atecadas).
2. A maioria das espécies é unicelular; algumas formam colônias filamentares. As espécies marinhas endossimbióticas (zooxantelas) ocorrem como células cocoides dentro de seus hospedeiros protistas ou invertebrados, mas periodicamente produzem células móveis.
3. Em geral, têm dois flagelos usados para locomoção: um é transversal e tem uma fileira única de pelos; o outro é longitudinal e tem duas fileiras de pelos. Os dois flagelos são sustentados por um bastão paraxonemal. Em geral, os flagelos estão orientados no sulco longitudinal e na fenda equatorial (um aspecto característico desse grupo).
4. Mitocôndrias com cristas tubulares.
5. São espécies autotróficas e heterotróficas (e muitas que podem alternar entre esses dois modos de nutrição). A maioria das espécies fotossintéticas (cerca de 50% de todas as espécies do filo) tem clorofilas a e c_2. Os pigmentos acessórios (ficobilinas, carotenoides, xantofilinas) frequentemente conferem às células uma coloração acastanhada. As espécies predatórias frequentemente têm extrussomos (p. ex., tricocisto, mucocistos, nematocistos).
6. Muitos dinoflagelados conseguem emitir bioluminescência (utilizando um sistema de luciferina-luciferase).
7. Os tilacoides ocorrem em pilhas de três circundadas por três membranas; a membrana mais exterior não é contínua com a membrana nuclear. Várias espécies mostram evidência de que seus plastídios se originaram por endossimbiose secundária ou até mesmo terciária com vários outros protistas.
8. As reservas alimentares são armazenadas na forma de amido e óleos.
9. Muitos com um sistema singular de púsulas para osmorregulação, excreção ou regulação da flutuabilidade.
10. Os núcleos contêm cromossomos permanentemente condensados; pouca ou nenhuma proteína histona associada ao DNA.
11. A divisão nuclear ocorre por pleuromitose extranuclear fechada, sem centríolos; não há um centro organizador evidente para o fuso mitótico.
12. Reprodução assexuada por fissão binária ao longo do plano longitudinal.
13. Algumas espécies têm reprodução sexuada. A meiose envolve duas divisões: uma logo depois que os núcleos de um par de gametas fundem-se; outra depois que a célula passa pelo período de dormência.

Os dinoflagelados marinhos fotossintéticos endossimbióticos que ocorrem na forma de células cocoides dentro de seus hospedeiros protistas ou invertebrados, mas que também produzem periodicamente células móveis, são conhecidos como zooxantelas. Esses organismos pertencem aos gêneros muito importantes, ainda que pouco esclarecidos, conhecidos como *Zooxanthela* (simbiontes dos radiolários), *Symbiodinium* (simbiontes de cnidários e de alguns outros metazoários) e *Zoochlorella* (basicamente simbiontes de vários organismos de água doce). As espécies *Symbiodinium* são mais bem-conhecidas como simbiontes mutualistas criticamente importantes dos corais hermatípicos. Existem várias espécies de *Symbiodinium* nos corais. Todos são fotossintéticos, fornecem nutrientes aos corais e ajudam a criar o ambiente químico interno necessário para que os corais secretem seu esqueleto de carbonato de cálcio. As zooxantelas também ocorrem em muitos cnidários além dos corais escleractíneos, assim como nos mileporídeos, condróforos, anêmonas marinhas e várias medusas. *Symbiodinium* foram encontrados até mesmo como endossimbiontes de alguns ciliados (da mesma maneira que os simbiontes das algas verdes do gênero *Chlorella*).

Ocasionalmente, alguns dinoflagelados planctônicos passam por surtos periódicos de crescimento populacional para formar as marés vermelhas. As marés vermelhas nada têm a ver com as marés verdadeiras e apenas raramente são "vermelhas". Maré vermelha é simplesmente uma faixa ou área de água oceânica sem cor, geralmente de tonalidade laranja-rosada ou castanho-avermelhada, em razão da presença de trilhões de dinoflagelados (e, ocasionalmente, diatomáceas ou outras algas). Durante uma maré vermelha, as densidades desses protistas podem alcançar a faixa de 10 a 100 milhões de células/ℓ de água do mar. Os poluentes orgânicos de descargas terrestres (p. ex., da agricultura e das fazendas de pecuária) estão associados ao aumento das ocorrências das marés vermelhas em todo o planeta. Muitos organismos da maré vermelha também são bioluminescentes, de forma que os observadores são deliciados por demonstrações espetaculares de sua abundância, tanto em suas observações diurnas quanto noturnas!

Muitos organismos da maré vermelha produzem substâncias tóxicas e algumas estão entre os tóxicos mais potentes conhecidos. Um grupo de toxinas produzidas por espécies de dinoflagelados tais como *Gymnodinium catenatum*, *Pyrodinium bahamense* e *Alexandrinum* spp. é conhecido como **saxitoxinas**. As saxitoxinas são insípidas, inodoras e hidrossolúveis, com toxicidade semelhante à da arma biológica conhecida como ricina venenosa. As saxitoxinas bloqueiam a bomba sódio-potássio nas células nervosas e impedem a transmissão normal dos impulsos. Quando animais que se alimentam de suspensões (p. ex., mexilhões e mariscos) ingerem esses dinoflagelados, eles armazenam as toxinas em seu corpo. Concentrações extremamente altas de dinoflagelados tóxicos podem até matar esses animais e, ocasionalmente, também os peixes capturados no auge do surto. Os moluscos que se alimentam de protistas tornam-se tóxicos aos animais que os ingerem. Nos seres humanos, o resultado é uma doença conhecida como envenenamento paralisante por mariscos (PSP; do inglês, *paralytic shellfish poisoning*). Os casos extremos de PSP causam paralisia muscular e falência respiratória. Em todo o mundo, foram documentadas mais de 300 mortes de seres humanos por PSP e esse número está aumentando, à medida que as marés vermelhas se tornam mais frequentes em todo o planeta (associadas com os distúrbios antropogênicos dos ambientes costeiros).[5]

O dinoflagelado *Karenia brevis* (antes conhecido como *Gymnodinium breve*) libera uma família de toxinas conhecidas como **brevetoxinas**, que provocam o envenenamento neurotóxico por mariscos (NSP; do inglês, *neurotoxic shellfish poisoning*). Os seres humanos que ingerem animais com essas toxinas acumuladas em seus tecidos apresentam efeitos colaterais gastrintestinais desconfortáveis, inclusive diarreia, vômitos e dor abdominal, além de problemas neurológicos como tontura e inversão estranha da sensibilidade térmica. Embora seja temporariamente incapacitante, não existem relatos de mortes causadas pela NSP. Borrifos oceânicos contendo toxinas de *K. brevis* podem ser levados à costa e causar problemas transitórios de saúde entre os residentes e visitantes das áreas costeiras (problemas cutâneos, oculares e de garganta). *Karenia brevis* é responsável por produzir marés vermelhas devastadoras, que provocaram mortes maciças de peixes, aves marinhas, tartarugas, peixes-boi e golfinhos ao longo da linha costeira do Golfo do México. Uma das piores proliferações de *K. brevis* registrada até hoje ocorreu entre janeiro de 2005 e janeiro de 2006 ao longo da costa da Flórida centro-ocidental – um episódio que provocou hipoxia generalizada e morte de dezenas de milhares de peixes, tartarugas e mamíferos marinhos.

Nos últimos anos, duas espécies recém-descobertas de dinoflagelados denominadas como *Pfiesteria piscicida* e *P. shumwayae* têm causado destruição nas áreas costeiras do leste dos EUA. Normalmente, *Pfiesteria piscicida* existe em condição inofensiva e, de acordo com alguns relatos, pode até fazer fotossíntese quando ingere alguns outros protistas que contêm cloroplastos e podem cooptar. Entretanto, com a estimulação apropriada – aparentemente, níveis altos de óleos ou excrementos de peixes na água – *P. piscicida* torna-se um predador voraz. Inicialmente, ela produz uma toxina que torna os peixes letárgicos e, em seguida, libera outras toxinas que provocam a formação de feridas expostas no corpo dos peixes, expondo os tecidos dos quais se alimenta. De acordo com alguns relatos, as toxinas de *P. piscicida* afetam os seres humanos, mas não se tem conhecimento de mortes até agora. Nas duas Carolinas, afirma-se que os surtos de *Pfiesteria* poderiam estar relacionados com a criação de porcos em larga escala na Carolina do Norte. A indústria despeja centenas de milhões de galões de fezes e urina de porco sem tratamento nas lagoas terrestres ao longo da costa, que frequentemente vazam ou entram em colapso. Em 1995, 25 milhões de galões de dejetos suínos líquidos (mais de duas vezes maior que o derramamento de óleo do Exxon Valdez) foram derramados no New River quando uma lagoa se rompeu.

Em 2009, as marés vermelhas causadas pelo dinoflagelado *Akashiwo sanguinea* na baía de Monterrey (Califórnia) causaram encalhes em massa e mortandade alta de aves marinhas, que não foram atribuídas às toxinas, mas às suas quantidades absolutas. As plumagens das aves tornaram-se recobertas por uma espuma verde pegajosa exsudada das algas que continham aminoácidos surfactantes semelhantes à micosporina, que atuou como detergente e eliminou das penas seus óleos naturais à prova d'água.

Cerca de 50% dos dinoflagelados conhecidos não fazem fotossíntese (*i. e.*, não têm plastídios), enquanto a maioria dos que têm plastídios apresenta uma forma básica – um plastídio contendo peridinina circundada por três membranas. Aparentemente, esses plastídios são derivados de um único evento de endossimbiose secundária. Uma porcentagem pequena dos dinoflagelados que contêm plastídios tem seus plastídios originados de outras fontes. Um grupo tem um plastídio derivado de uma haptófita endossimbiótica, representando assim uma simbiose terciária, porque o próprio plastídio da haptófita era produto de uma endossimbiose secundária (o agente do envenenamento neurotóxico por mariscos – *Karenia* – é um deles). Também existem grupos de plastídios derivados de criptomonadinos ou clorófitas. Parece provável que esses vários plastídios atípicos possam representar substituições plastídicas ocorridas em linhagens que já tinham plastídios contendo peridinina, em vez de aquisições de plastídios originais por linhagens heterotróficas.

Os dinoflagelados parasitários têm uma gama ampla de hospedeiros, diversidade morfológica e histórias de vida. O gênero *Haplozoon* é um grupo pequeno de parasitas intestinais que ocorrem nos vermes marinhos com organização extremamente incomum de células diferenciadas e uma conformação corporal tão bizarra, que os primeiros cientistas classificaram alguns deles como mesozoários e apicomplexos gregarínidos. Durante muitos anos, as espécies *Haplozoon* foram consideradas "pluricelulares" ou "coloniais" em sua organização. Contudo, estudos recentes das espécies desse gênero revelaram uma organização celular singular, na qual todo o organismo está limitado por uma única membrana contínua, sugerindo que esses protistas não sejam "pluricelulares", mas sim sinciciais compostos de compartimentos semelhantes às células separadas por lâminas de alvéolos.

Sustentação e locomoção

A forma dos dinoflagelados parece ser mantida ao menos em parte por um sistema de vesículas achatadas conhecidas como **alvéolos** situados abaixo da membrana externa (plasmática) da célula, acrescido de uma camada de microtúbulos de sustentação. Em alguns, os alvéolos são preenchidos para formar placas de polissacarídios (em geral, celulose) e esses dinoflagelados são conhecidos como **tecados** ou blindados (p. ex., *Protoperidinium*, *Ceratium*). Os dinoflagelados que têm alvéolos vazios são descritos como **atecados** ou nus (p. ex., *Noctiluca*). A parte da teca situada acima da cintura é conhecida como **epiteca** em espécies blindadas e **epicone** em espécies nuas; a parte localizada abaixo da cintura é a **hipoteca** em espécies blindadas e **hipocone** em espécies nuas (ver Figura 3.12).

Os dinoflagelados têm dois flagelos, que possibilitam sua locomoção. Um flagelo transversal com uma fileira de pelos delgados circunda a célula dentro de um sulco ou **cintura** (ver Figura 3.12). Quando bate, esse flagelo faz com que a célula gire sobre si mesma, eficazmente impulsionando-a através da água em espiral. O flagelo transversal é responsável pela maior parte de sua propulsão para frente. O segundo flagelo longitudinal tem duas fileiras de pelos e também está localizado em uma

---

[5] Pilotos que voaram em missões de espionagem com U-2 sobre a União Soviética supostamente receberam pílulas minúsculas de saxitoxinas extraídas dos dinoflagelados, com instruções para que ingerissem as cápsulas suicidas se fossem abatidos.

fenda da superfície celular conhecida como **sulco**. Esse flagelo estende-se posteriormente por trás da célula e seu batimento contribui para a propulsão para frente. Os dois flagelos são sustentados por um **bastão paraxonemal** de função incerta, mas que é semelhante ao encontrado nos cinetoplastídeos, nos euglenoides e em outros organismos.[6]

Osmorregulação

A maioria dos dinoflagelados de água doce e alguns marinhos têm um sistema singular de túbulos acoplados à membrana dupla – conhecido como **púsulas** – que se abrem para o exterior por meio de um canal. As duas membranas das púsulas são diferentes das vesículas de expulsão de água, mas aparentemente essas membranas desempenham uma função semelhante – ou seja, osmorregulação.

Nutrição

Os dinoflagelados mostram variação ampla quanto aos seus hábitos alimentares. Cerca da metade das espécies vivas é constituída de organismos fotossintéticos, mas a maioria deles, por sua vez, também é até certo ponto heterotrófica e alguns dinoflagelados com cloroplastos funcionantes podem alternar completamente para heterotrofia quando não há luz suficiente.

Na maioria das espécies fotossintéticas, os cloroplastos estão circundados por três membranas e os tilacoides estão dispostos em pilhas de três (ver Figura 3.3). Alguns têm ocelos (estigmas), que podem ser manchas pigmentadas muito simples, ou organelas mais complexas com estruturas semelhantes a lentes, as quais, aparentemente, focam a luz. Os pigmentos fotossintéticos são as clorofilas a e c_2, as ficobilinas, os carotenoides (p. ex., β-caroteno) e também os pigmentos xantofílicos conhecidos como **peridinina**, que é encontrada apenas nos dinoflagelados (neoperidinina, dinoxantina, neodinoxantina). Essas xantofilas disfarçam os pigmentos de clorofila e são responsáveis pela coloração dourada ou marrom, que é observada comumente nos dinoflagelados.

Alguns dinoflagelados nunca têm cloroplastos e são heterótrofos obrigatórios. A maioria deles é representada por organismos de vida livre, mas também existem descritas algumas espécies parasitárias. Os mecanismos de alimentação dos dinoflagelados heterotróficos são muito variados. Tanto os dinoflagelados de vida livre como os endoparasitas, que vivem em ambientes ricos em compostos orgânicos dissolvidos recebem os nutrientes orgânicos dissolvidos por saprotrofia. Outros dinoflagelados ingerem partículas alimentares por fagocitose. Na verdade, muitos dinoflagelados são predadores vorazes, que ingerem outros protistas e microinvertebrados, ou utilizam apêndices celulares especializados para perfurar a presa e sugar o conteúdo do seu citoplasma.

Alguns dinoflagelados (p. ex., *Kofoidinium* e *Noctiluca*) têm uma "boca" celular permanente (ou citóstoma) sustentada por lâminas de microtúbulos. O citóstoma é, frequentemente, circundado por extrussomos de três tipos – tricocisto, mucocistos e nematocistos. Os **tricocistos** são os mais comuns (semelhantes aos que existem nos ciliados) e são disparados como reação de defesa ou para capturar e segurar a presa. Os **mucocistos** saciformes secretam material mucoso viscoso na superfície da célula. Isso pode facilitar sua fixação aos substratos (p. ex., *Amphidinium*) ou ajudar a capturar as presas (p. ex., *Noctiluca*). Outros dinoflagelados (p. ex., *Nematodinium, Nematopsides, Polykrikos*) têm "**nematocistos**", que se assemelham, mas provavelmente não são homólogos às organelas urticantes dos cnidários com o mesmo nome.

Reprodução

Os núcleos dos dinoflagelados têm três aspectos incomuns: (1) eles contêm cinco a dez vezes a quantidade de DNA encontrada na maioria das células eucarióticas; (2) as cinco proteínas histonas, que geralmente estão associadas ao DNA de outras células eucarióticas, não estão presentes nos dinoflagelados; e (3) os cromossomos dos dinoflagelados permanecem condensados e o nucléolo mantém-se intacto durante a intérfase e a mitose. A maioria dos dinoflagelados (exceto *Noctiluca*) passa a maior parte de sua vida como células haploides referidas como células vegetativas, de forma a diferenciá-las dos gametas haploides.

A divisão do núcleo ocorre por pleuromitose extranuclear fechada. Os dinoflagelados não apresentam centríolos e o centro de organização do fuso mitótico não é evidente. A reprodução assexuada ocorre por fissão longitudinal, oblíqua, que começa na extremidade posterior da célula. As formas tecadas podem dividir as placas tecais entre as duas células-filhas (p. ex., *Ceratium*), ou podem perder as placas tecais antes da divisão celular (Figura 3.13 A). No primeiro caso, cada célula-filha sintetiza as placas que faltam; no segundo caso, cada célula-filha sintetiza todas as placas tecais novamente.

A reprodução sexuada começa quando as células vegetativas haploides se dividem por mitose para formar duas células-filhas flageladas, que atuam como gametas. Quando um par de gametas se funde para formar um zigoto, um tubo de fertilização desenvolve-se por baixo dos corpúsculos basais dos seus flagelos. O núcleo de cada gameta entra no tubo, onde se funde. A primeira divisão meiótica ocorre pouco depois da fusão dos núcleos. Ao longo das semanas seguintes, o zigoto cresce em tamanho e depois entra no estágio de repouso (ou cisto). O cisto desenvolve uma parede externa resistente e permanece dormente por um período de tempo indefinido. Por fim, ocorre a segunda divisão meiótica e todos os núcleos (exceto um) desintegram-se e emerge uma célula vegetativa haploide do cisto (Figura 3.13 B).

Filo Apicomplexa | Gregarínidos, Coccídeos, Hemosporídeos e seus parentes

O filo Apicomplexa com mais de 5.000 espécies é, indiscutivelmente, o grupo mais bem-sucedido de parasitas especializados do planeta. Esse filo inclui os gregarínidos, os coccídeos, os hemosporídeos e os piroplasmas. Nesse grupo, encontram-se os

---

[6]Os bastões paraxonemais são bastões proteináceos internos, sólidos ou ocos, que se estendem praticamente ao longo de todo o comprimento do flagelo/cílio. Esses bastões estão localizados entre o axonema e a membrana flagelar e, em geral, estão conectados ao axonema e à membrana por ligações específicas. Embora sejam encontrados nos dinoflagelados, nos euglenoides, nos cinetoplastídeos, nos silicoflagelados e em outros animais, sua ultraestrutura e sua composição bioquímica diferem e sua homologia parece improvável. Também são conhecidos como "bastões flagelares", "bastões paraxiais" e "bastões paraflagelares". Estruturas semelhantes (também conhecidas como "bastões paraxonemais") foram descritas até mesmo nos flagelos de alguns espermatozoides dos vertebrados.

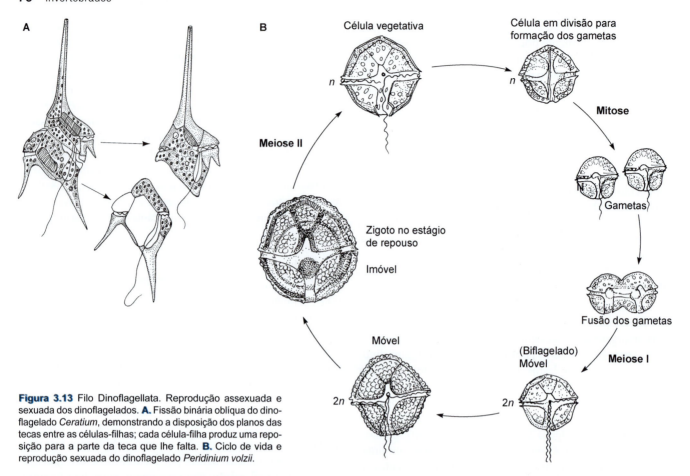

Figura 3.13 Filo Dinoflagellata. Reprodução assexuada e sexuada dos dinoflagelados. **A.** Fissão binária oblíqua do dinoflagelado *Ceratium*, demonstrando a disposição dos planos das tecas entre as células-filhas; cada célula-filha produz uma reposição para a parte da teca que lhe falta. **B.** Ciclo de vida e reprodução sexuada do dinoflagelado *Peridinium volzii*.

patógenos humanos extremamente importantes referidos como *Plasmodium* (agente etiológico da malária), bem como os gêneros *Toxoplasma* e *Cryptosporidium*, que também causam doenças humanas. Todos os apicomplexos são parasitários e esse grupo caracteriza-se pela existência de uma combinação singular de organelas na extremidade anterior da célula, que é conhecida como **complexo apical** (Figura 3.14 A). Aparentemente, o complexo apical fixa o parasita a uma célula do hospedeiro e libera uma substância, que estimula a membrana da célula hospedeira a invaginar e puxar o parasita para dentro do seu citoplasma na forma de um vacúolo. Alguns apicomplexos também contam com um plastídio vestigial bizarro conhecido como **apicoplasto**. Essa organela contém DNA e é o resquício de uma endossimbiose secundária envolvendo uma célula "presa" das algas vermelhas e um apicomplexo. Nessas espécies, o apicoplasto parece ser necessário à sobrevivência da célula "hospedeira" e atua na síntese dos ácidos graxos, do heme e do isoprenoide (Quadro 3.6).

Os gregarínidos compreendem um grande grupo de apicomplexos que ocupam os tratos digestivos, os sistemas reprodutivos e outras cavidades corporais de numerosos filos de invertebrados, incluindo anelídeos, moluscos, nemertinos, sipunculidos, tunicados, equinodermos, foronídeos, hemicordados, apendiculários e artrópodes. O próprio gênero *Grenarina* tem cerca de 1.000 espécies já descritas, principalmente parasitas de insetos. Os trofozoítos (células móveis) de gregarínidos são, frequentemente, muito grandes. Ao contrário da maioria dos outros Apicomplexa, gregarínidos são em grande parte extracelulares, em vez de parasitas intracelulares. Seu complexo apical é geralmente especializado para adesão ao epitélio do hospedeiro, não para invasão da célula hospedeira e, assim, é tipicamente equipado com ganchos ou ventosas (Figura 3.14 B a D). Embora os dados celulares e moleculares indiquem que os gregarínidos divergiram cedo na radiação dos Apicomplexa, eles são parasitas altamente derivados/especializados que têm muitas adaptações ultraestruturais e comportamentais novas, e muitas das espécies marinhas se tornaram gigantes entre organismos unicelulares.

Os coccídeos são parasitas de vários grupos de animais, a maioria de vertebrados. Nos casos típicos, esses organismos residem no interior das células epiteliais do tubo digestivo dos seus hospedeiros, ao menos durante alguns estágios, e muitos são patogênicos. Alguns coccídeos passam todo o seu ciclo de vida dentro de um único hospedeiro; muitos outros necessitam de um hospedeiro intermediário, que funcione como vetor. Os coccídeos são responsáveis por várias doenças, incluindo as coccidioses em coelhos, gatos e aves; e a toxoplasmose nos seres humanos e muitos outros mamíferos. Os piroplasmas e os hemosporídeos são parasitas dos vertebrados. Os piroplasmas são transmitidos por carrapatos e são responsáveis por algumas doenças graves dos animais domésticos, incluindo a piroplasmose no gado. O gênero coccídeo *Eimeria* causa uma doença conhecida como coccidiose cecal das galinhas. O USDA (US Department of Agriculture) estimou que o custo dessa doença para os criadores de aves dos EUA seja superior a US$ 600 milhões de dólares por ano em razão de animais mortos, medicamentos e trabalho adicional.

Os hemosporídeos são parasitas sanguíneos dos vertebrados, que são transmitidos por picadas de inseto e incluem os microrganismos que causam malária e doenças semelhantes nos seres

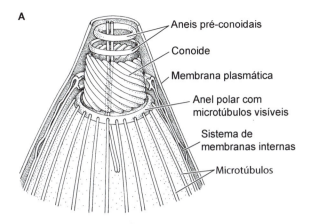
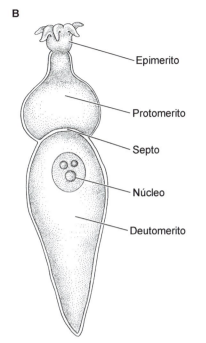
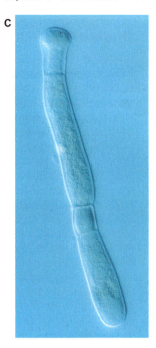

Figura 3.14 Filo Apicomplexa. **A.** Microestrutura do complexo apical. **B.** O corpo de um gregarínido é comumente dividido em três regiões reconhecíveis. **C.** Os gregarínidos septados (gamontes) passando por sizígia. **D.** *Pterospora floridiensis*, um gregarino que vive no celoma das poliquetas maldanídeas (*Axiothella rubrocincta*).

Quadro 3.6 Características do filo Apicomplexa.

1. O formato da célula é mantido pela película, que consiste em vesículas alveolares localizadas abaixo da membrana plasmática, bem como pelos microtúbulos de sustentação.
2. A locomoção é caracterizada por movimentos deslizantes, mas não há cílios/flagelos (embora algumas espécies produzam gametas flagelados ou ameboides).
3. Tem um sistema singular de organelas – o complexo apical – na região anterior da célula. Esse complexo funciona na fixação do organismo a uma célula hospedeira e/ou na sua invasão.
4. Todas as espécies são parasitárias.
5. Os carboidratos são armazenados na forma de paraglicogênio (= amilopectina).
6. Algumas espécies têm plastídio não fotossintético – apicoplasto – que desempenha funções biossintéticas essenciais.
7. As mitocôndrias têm cristas vesiculares.
8. Tem um único núcleo vesicular.
9. A divisão nuclear ocorre por pleuromitose semiaberta em todos, exceto nos gregarínidos, que mostram grande diversidade em suas mitoses: os organizadores do fuso mitótico são discos, batoques ou crescentes eletrodensos sob o envelope nuclear, que estão localizados nos locais dos poros. Nos coccídeos, os centríolos estão associados aos organizadores dos fusos; nos hemosporídeos e piroplasmas, não existem centríolos.
10. Reprodução assexuada por fissão binária, fissão múltipla ou endopoligenia.
11. Reprodução sexuada gamética; os gametas são tanto isogâmicos como anisogâmicos; a meiose envolve uma única divisão depois da formação do zigoto.

humanos, nas aves e em outros vertebrados. A malária humana, que afeta pessoas em mais de 100 países, é causada por quatro espécies do gênero *Plasmodium* (Quadro 3.7). O número de mortes causadas pela malária é maior que o de qualquer outra doença registrada na história. Embora a malária tenha sido acentuadamente reduzida em todo o mundo durante a década de 1960, a doença tem ressurgido de forma alarmante e é um dos problemas de saúde mais prevalentes e graves nos países em desenvolvimento. Quase 250.000 casos novos de malária são contraídos por ano e mais de 500.000 mortes ocorrem todos os anos em razão da doença, principalmente entre crianças, 90% delas na África, onde os mosquitos *Anopheles gambiae* são os vetores principais de *Plasmodium falciparum*. Embora os mosquitos *Anopheles* sejam os únicos insetos capazes de abrigar o parasita da malária humana, o ciclo de vida complexo desse parasita desafia os pesquisadores (algumas cepas de *A. gambiae* são totalmente resistentes às infecções por *Plasmodium*). Os espécimes do parasita *Plasmodium* diferenciam-se em diversas

Quadro 3.7 Malária.

A malária humana é conhecida desde a Antiguidade. As múmias egípcias mostram sinais de malária e as descrições da doença são encontradas nos papiros egípcios e nos hieroglifos dos templos (surtos ocorriam depois das inundações anuais do Nilo). Alexandre, o Grande, provavelmente morreu de malária, resultando na divisão do Império Grego. Malária pode ter sido o fator que conteve os exércitos de Atila, o Huno, e Genghis Khan. A malária quase certamente foi trazida para o Novo Mundo pelos conquistadores espanhóis e seus escravos africanos. Ao menos quatro papas morreram de malária. George Washington, Abraham Lincoln e Ulysses S. Grant tiveram a doença. Durante a Segunda Guerra Mundial, houve mais mortes nos campos de operações do Pacífico por malária, que por combates militares. Alguns cientistas acreditam que um em cada dois indivíduos que viveram em todas as épocas tenha morrido de malária. Em 1946, os CDC (Centers for Disease Control and Prevention) dos EUA foram criados em Atlanta especificamente para combater a malária. Outras formas de malária dos vertebrados provavelmente têm centenas de milhões de anos – algumas evidências sugerem que os dinossauros possam ter contraído malária. Camundongos, aves, porcos-espinho, lêmures, macacos e outros símios, morcegos, cobras e esquilos-voadores, todos têm suas formas próprias de malária. Em 2002, cientistas sequenciaram o genoma de *Plasmodium falciparum* (espécie mais mortal dos parasitas da malária) e, em 2010, concluíram que esse parasita tinha descendido de uma linhagem única (*P. reichenowi*), que saltou dos gorilas ou chimpanzés há alguns milhões de anos. Em 2014, Neafsey *et al.* publicaram uma análise dos genomas de 16 espécies de mosquitos *Anopheles*, fornecendo informações detalhadas sobre a evolução desses insetos.

A relação entre a malária dos seres humanos e o odor dos pantanais próximos resultou na crença de que a doença poderia ser contraída por respirar "ar maléfico" (do italiano, *mal aria*) – daí a origem do nome. Foi apenas em 1897 que o inglês *sir* Ronald Ross descobriu que o parasita da malária era transmitido pelo mosquito *Anopheles*. Na época em que o canal do Panamá estava em construção, a malária (e a febre amarela) estava bem-estabelecida no Novo Mundo e até o século 20 a doença foi registrada em áreas tão setentrionais quanto o meio-oeste americano. A presença da malária (e da febre amarela) foi a razão principal do fracasso dos franceses em tentar construir o canal do Panamá. Wiliam Gorgas, oficial médico responsável durante a fase americana de construção do canal, tornou-se um herói quando seus esforços para controlar os mosquitos permitiram a finalização bem-sucedida da obra pelos engenheiros americanos. O presidente nomeou Gorgas Cirurgião-Geral e a Oxford University conferiu-lhe o título de doutor honorário, enquanto o rei da Inglaterra condecorou-lhe com o título de cavaleiro.

O primeiro fármaco eficaz para malária humana – casca da árvore cinchona (um primo próximo do café) – foi descoberto no Peru e no Equador. Esse remédio passou a ser distribuído mundialmente na forma de quinina. Por fim, a árvore cinchona foi estabelecida nas plantações da Índia e de todo o mundo. A quinina interrompe o processo reprodutivo do parasita; entretanto, sua ação é curta e, quando o fármaco é usado com muita frequência, pode causar efeitos colaterais graves, incluindo a surdez. Na década de 1940, pesquisadores desenvolveram um fármaco sintético para malária – inicialmente, uma droga nomeada cloroquina, que tinha ações profilática e terapêutica parcial. Contudo, hoje em dia, a maioria das cepas de *Plasmodium falciparum* desenvolveu resistência à cloroquina, aparentemente pela mutação simples de um único gene. Em meados do século 20, o químico suíço Paul Müller inventou o DDT (diclorodifeniltricloroetano) e esse inseticida potente rapidamente se tornou a peça-chave para a erradicação mundial do mosquito. Entretanto, hoje em dia, o uso do DDT é proibido por lei em todo o mundo. Mais recentemente, a descoberta das propriedades antimaláricas potentes da artemisina ajudou a reverter a maré contra a malária, especialmente quando esse fármaco é usado em combinação com outros compostos e é associado ao uso de protetores de leito tratados com inseticida. Os cientistas chineses isolaram a artemisina na década de 1970 a partir do absinto doce (*Artemisia annua*), uma planta usada para tratar febre há séculos. Contudo, pode ser apenas uma questão de tempo até que o parasita *P. falciparum* altamente adaptável desenvolva resistência à artemisina.

Entre os vários sinais e sintomas da malária estão os paroxismos cíclicos, através dos quais o paciente sente frio intenso à medida que o hipotálamo (o termostato do corpo) é ativado; em seguida, a temperatura corporal aumenta rapidamente até 40 a 41°C. Náuseas e vômitos são comuns. A transpiração intensa marca o fim do estágio febril e a temperatura volta ao normal dentro de 2 a 3 horas; dentro de 8 a 12 horas, o paroxismo termina por completo. Aparentemente, esses episódios são estimulados pela entrada de escórias metabólicas da alimentação do parasita com eritrócitos, que são liberadas quando as células sanguíneas se rompem. Anemia causada pela destruição das hemácias é um sinal secundário da malária. Nos casos extremos de malária causada por *P. falciparum*, a destruição massiva dos eritrócitos acarreta níveis altos de hemoglobina livre e de vários produtos catabólicos, que circulam no sangue e na urina, resultando no escurecimento desses líquidos e, consequentemente, na condição conhecida como febre hemoglobinúrica.

Uma das causas principais do ressurgimento recente da malária é o aumento dramático da quantidade de cepas dos mosquitos *Anopheles* (inseto vetor de *Plasmodium*) resistentes aos pesticidas. O desenvolvimento de uma vacina contra malária ainda desafia os pesquisadores; na verdade, não existem vacinas para qualquer doença humana causada por parasitas metazoários. Em 1968, 38 cepas ou espécies de *Anopheles*, apenas na Índia, foram identificadas como resistentes à maioria dos pesticidas; entre 1965 e 1975, a incidência de malária na América Central triplicou. Recentemente, pesquisadores descobriram que as espécies *Plasmodium*, assim como *Trypanosoma*, têm capacidade de evitar detecção pelo sistema imune humano alternando entre cerca de 150 genes que codificam diferentes versões da proteína que reveste a superfície de suas células (é essa cobertura proteica que o sistema imune humano utiliza como fator de reconhecimento). Esse truque é conhecido como **variação antigênica**. Além disso, como o parasita fica sequestrado dentro das hemácias, ele está em grande parte protegido contra a maioria dos fármacos. Evidências recentes também sugerem que um dos efeitos que o parasita pode ter no seu mosquito hospedeiro é induzi-lo a picar com mais frequência do que os mosquitos não infectados.

(continua)

Quadro 3.7 Malária. *(Continuação)*

No mínimo uma das quatro espécies *Plasmodium* que causam malária ocorre em todos os continentes (exceto Antártida) e a doença põe em risco aproximadamente 50% da população mundial. *Plasmodium vivax* menos fatal está presente principalmente na América do Sul e na Ásia. Hoje em dia, a África Subsaariana não é apenas o maior de todos os santuários remanescentes de *P. falciparum* letal, como também o hábitat de *Anopheles gambiae* – a mais agressiva dentre as mais de 60 espécies de mosquitos que transmitem malária aos seres humanos. A malária causada por *P. falciparum* pode ser devastadora e os pacientes infectados frequentemente têm convulsões, coma e insuficiência cardiopulmonar. Os pacientes que sobrevivem podem ter sequelas físicas ou mentais, ou debilidade crônica. A maioria dos genomas de *Plasmodium falciparum* e do seu mosquito hospedeiro *Anopheles gambiae* já foi sequenciada, abrindo as portas para possíveis medidas de controle inéditas para essa doença mortal. A batalha contra a malária teve um grande reforço em 2005, quando a Fundação Bill e Melinda Gates anunciou doações totalizando US$ 258 milhões para apoiar o desenvolvimento de fármacos novos e aperfeiçoar os métodos de controle dos mosquitos.

---

formas morfologicamente diferentes nos vertebrados e nos mosquitos hospedeiros. *Plasmodium* alterna entre estágios invasivos morfologicamente relacionados (esporozoítos, merozoítos, oocinetos) e estágios replicativos (pré-eritrocítico, eritrocítico-esquizonte, oocisto) interpostos por uma fase única de desenvolvimento sexual, que medeia a transmissão do hospedeiro humano para o vetor anofelino. Ao todo, em seus dois hospedeiros, os parasitas humanos *Plasmodium* passam por 10 transições morfológicas em cinco tecidos diferentes dos hospedeiros. Estudos genômicos recentes demonstraram que *Plasmodium* tem muitos genes sem homólogos conhecidos em outras espécies, sugerindo que sua maquinaria para interagir com o ambiente do hospedeiro seja altamente especializada. As espécies de parasitas da malária nos roedores fornecem sistemas modelares que facilitam as pesquisas que não podem ser realizadas facilmente nos seres humanos e, hoje em dia, três espécies são utilizadas comumente nos laboratórios (*Plasmodium berghei*, *P. chabaudi* e *P. yoelii*). Outros gêneros semelhantes ao que causa a malária (p. ex., *Haemoproteus*, *Leucocytozoon*) são parasitas das aves e dos répteis, mas seus ciclos de vida são semelhantes ao do *Plasmodium* e eles também utilizam mosquitos como vetores. No Velho Mundo, as aves migratórias podem carregar várias espécies de parasitas da malária enquanto fazem hibernação nos trópicos. Um estudo recente com o rouxinol-grande-dos-caniços (*Acrocephalus arundinaceus*), que faz ninhos na Suécia e hiberna na África, descobriu que as aves infectadas por espécies de *Plasmodium* e *Haemoproteus* depositavam menos ovos durante seu ciclo de vida, eram menos bem-sucedidas na criação dos filhotes e morriam mais jovens (provavelmente em razão dos danos acarretados aos telômeros).

Toxoplasma gondii é extraordinariamente prevalente nos países desenvolvidos e é uma fonte de anomalias congênitas neurológicas entre as crianças, cujas mães foram expostas durante a gestação. Nos adultos, *Toxoplasma* geralmente não causa sintomas, ou apenas sintomas brandos, mas esse e outro apicomplexo (*Cryptosporidium*) têm causado problemas crescentes aos pacientes com AIDS e outras pessoas com imunossupressão. A transmissão dos parasitas de *Toxoplasma* acredita-se ser por meio de carnes cruas (carnes de boi, porco ou cordeiro) ou malcozidas; por contaminação fecal originada de gatos de estimação; ou por meio de moscas e baratas (que podem transportar os cistos de *T. gondii* desde uma caixa de areia dos gatos até a mesa do ser humano). Em 1982, Martina Navratilova perdeu o campeonato aberto de tênis dos EUA (e meio milhão de dólares) quando teve toxoplasmose.

Sustentação e locomoção

A forma fixa dos apicomplexos é mantida por uma película composta de vesículas internas da membrana – ou alvéolos – que se localizam logo abaixo da membrana plasmática. Os microtúbulos originam-se no complexo apical e correm por baixo dos alvéolos, conferindo sustentação adicional. Os apicomplexos não têm cílios, flagelos ou pseudópodes (exceto alguns microgametas). No entanto, pode-se observar que esses microrganismos flexionam seus corpos e deslizam sobre as superfícies; esse movimento é produzido pelos microtúbulos e microfilamentos existentes abaixo dos alvéolos. O movimento envolve proteínas de fixação, que são liberadas pelas vesículas do complexo apical para a membrana celular, assim como por interações de actina–miosina, ou seja, o mesmo sistema motor fundamental que dá potência às células musculares de Metazoa.

Nutrição

Os alvéolos são interrompidos nas extremidades anterior e posterior e nas invaginações minúsculas da membrana celular conhecidas como **micróporos**, que foram implicados no processo de alimentação. A ingestão dos nutrientes parece ocorrer primariamente por pinocitose nos micróporos. Nos hemosporídeos, estudos demonstraram a ingestão do citoplasma do hospedeiro por meio dos micróporos. A absorção dos nutrientes também foi descrita em alguns gregarínidos no ponto em que o parasita se fixa à célula do hospedeiro.

Reprodução e ciclos de vida

A reprodução assexuada nos apicomplexos ocorre por fissão binária, fissão múltipla ou endopoligenia. Durante a fissão múltipla, o núcleo passa por várias divisões antes que ocorra a citocinese (divisão do citoplasma), resultando em muitas (p. ex., 32) células-filhas. Alguns desses organismos passam por um processo conhecido como **plasmotomia** que, segundo alguns autores, é um tipo de germinação pela qual um adulto multinucleado simplesmente se divide em duas células-filhas multinucleadas. Outros membros do filo Apicomplexa realizam um tipo de germinação interna conhecida como **endopoligenia**, durante a qual as células-filhas na verdade formam-se dentro do citoplasma da célula-mãe.

Em todos os apicomplexos, a mitose é uma pleuromitose semiaberta, exceto em alguns gregarínidos. Os gregarínidos têm vários tipos de mitose, dependendo da espécie. Por exemplo, *Diaplauxis hatti* e *Lecudina tuzetae* realizam ortomitose semiaberta;

as espécies *Monocystis* sp. e *Stylocephalus* sp. fazem ortomitose aberta; e *Didymophyes gigantea* realiza ortomitose intranuclear fechada. A reprodução sexuada ocorre por união dos gametas haploides, que podem ser do mesmo tamanho (isogametas) ou de tamanhos diferentes (anisogametas) e podem ser flagelados ou formar pseudópodes.

Os ciclos de vida variam até certo ponto entre os diversos grupos de protistas apicomplexos, mas podem ser divididos em três estágios gerais: (1) **gamontogonia** (fase sexuada), (2) **esporogonia** (o estágio formador de esporos) e (3) **merogonia** ou **esquizogonia** (fase de crescimento). Muito tem sido escrito acerca dos ciclos de vida desses protistas e uma descrição completa está além do escopo deste livro; contudo, é importante salientar que os apicomplexos típicos são haploides na maior parte do seu ciclo de vida. Os ciclos de vida do gregarínido *Stylocephalus* e do hemosporídeo *Plasmodium* são citados como exemplos para ilustrar os temas básicos e as variações na reprodução dos apicomplexos.

O ciclo de vida dos gregarínidos geralmente é **monoxênico** – ou seja, envolve apenas um hospedeiro. Alguns dos gregarínidos mais bem-estudados são os que vivem nos coleópteros (besouros) e os ciclos de vida desses organismos estão bem-compreendidos (o ciclo de vida de *Stylocephalus longicollis* está diagramado na Figura 3.15). Quando dois trofozoítos reúnem-se para ter atividade sexual – processo conhecido como **sizígia** – as células são descritas como **gamontes**. Uma parede forma-se em torno dos gamontes, criando-se um **gametocisto**, dentro do qual vários ciclos de mitose produzem centenas de gametas. A isogamia e a anisogamia são conhecidas entre os diferentes gregarínidos. Os zigotos (estágio diploide fugaz) são formados depois que há fusão de um gameta de cada gamonte. Cada zigoto formado pela fusão de dois gametas transforma-se em um **esporocisto** de paredes espessas que, por meio de meiose, forma quatro ou mais esporozoítos. Os gametocistos repletos de esporozoítos são liberados no ambiente por meio das fezes do hospedeiro, dos gametas do hospedeiro, ou pela desintegração do hospedeiro. Novos hospedeiros consomem inadvertidamente os esporocistos existentes em seu ambiente e esses têm acesso à cavidade corpórea apropriada e penetram nas células do hospedeiro, concluindo o ciclo.

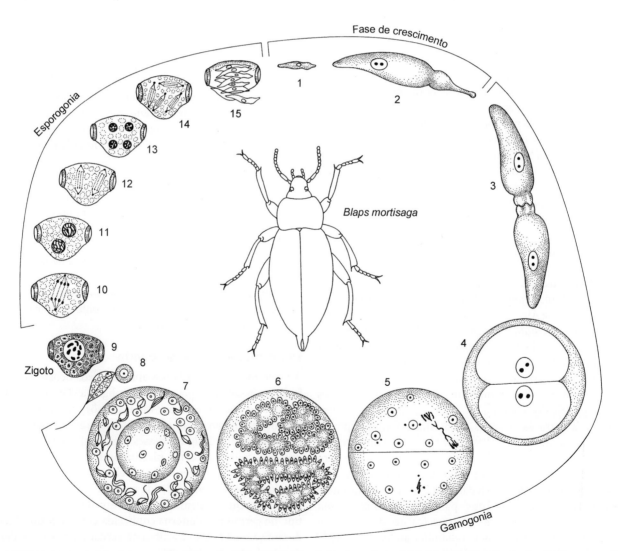

Figura 3.15 Filo Apicomplexa. Ciclo de vida do gregarínido *Stylocephalus longicollis*, um parasita do tubo digestivo do *churchyard beetle* (Tenebrionidade: *Blaps mortisaga*). Os estágios 1 a 4 ocorrem dentro do hospedeiro, enquanto os estágios 5 a 15 acontecem fora. Os esporos (15) são ingeridos pelo besouro e liberam esporozoítos no lúmen do tubo digestivo. Cada esporozoíto cresce até se tornar um gamonte (2); os gamontes, subsequentemente, cruzam (3 e 4), ficando envoltos dentro de um cisto de cruzamento, que deixa o hospedeiro junto com as fezes. Divisões mitóticas repetidas dentro do cisto produzem anisogametas (5 a 7); por fim, esses gametas fundem-se (8) e formam um zigoto (9), que eventualmente se torna um esporo. As primeiras divisões do esporo são meióticas (10), de forma que todos os estágios subsequentes que levam até a fusão dos gametas são haploides.

O ciclo de vida dos hemosporídeos é **heteroxênico**, ou seja, envolve dois hospedeiros, geralmente um vertebrado e um invertebrado. A complexidade e a sofisticação evoluída dos hemosporídeos são exemplificadas pelo ciclo de vida de *Plasmodium* – agente etiológico da malária. Em *Plasmodium*, o hospedeiro vertebrado é um tetrápode (p. ex., seres humanos), enquanto o hospedeiro invertebrado é o mosquito *Anopheles* (Figura 3.16). As fêmeas do mosquito perfuram a rede de capilares repletos de sangue do hospedeiro e liberam simultaneamente um anticoagulante e um lubrificante. Os esporozoítos, que vivem nas glândulas salivares do mosquito, são liberados dentro da corrente sanguínea, onde, depois de alguns minutos, migram para o fígado e entram nas células hepáticas, ou hepatócitos. Um único esporozoíto bem-sucedido é suficiente para desencadear a doença. Uma vez nas células hepáticas, os esporozoítos passam por fissão múltipla (esquizogonia) por 1 semana ou mais, até que a célula do hospedeiro tenha sido totalmente digerida e esteja repleta de parasitas – então a célula rompe-se e libera os merozoítos. Os merozoítos entram imediatamente nas hemácias (eritrócitos) e transformam-se em trofozoítos. Nos eritrócitos, os trofozoítos passam novamente por esquizogonia para formar mais merozoítos (ou algumas vezes se transformam em gamontes) e, por fim, explodem a célula sanguínea. Os merozoítos liberados infetam outras hemácias e a população de parasitas aumenta rapidamente.

A destruição das hemácias pelos parasitas *Plasmodium* humanos e a liberação dos subprodutos metabólicos são responsáveis pelas manifestações clínicas típicas como calafrios, febre e anemia comuns com a malária. A destruição atinge tantas hemácias que os pulmões precisam lutar para conseguir ar e o coração esforçar-se para bombear – e o sangue fica mais ácido. Em alguns casos de malária causada por *P. falciparum*, as hemácias infectadas atravessam os capilares do cérebro e a infecção se transforma em malária cerebral, que é a manifestação mais temível da doença. A anemia falciforme confere resistência parcial a *P. falciparum*. Se o trofozoíto transforma-se em gamonte, ele pode ser diferenciado morfologicamente em macrogamonte ou microgamonte. O ciclo de vida dos gamontes não tem continuidade, a menos que eles sejam ingeridos por um mosquito durante sua refeição (vale lembrar que apenas as fêmeas dos

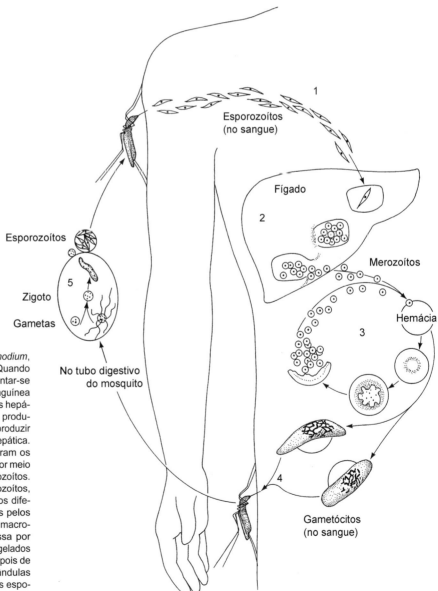

Figura 3.16 Filo Apicomplexa. Ciclo de vida de *Plasmodium*, agente causador da malária nos seres humanos. Quando uma fêmea do mosquito *Anopheles* pica para alimentar-se de sangue, ela libera os esporozoítos na corrente sanguínea da vítima (1). Esses esporozoítos entram nas células hepáticas do hospedeiro e passam por fissões múltiplas, produzindo muitos merozoítos (2); cada esporozoíto pode produzir até 20.000 merozoítos dentro de uma única célula hepática. As células hepáticas infectadas se rompem e liberam os merozoítos no sangue, invadindo as hemácias (3). Por meio da fissão múltipla continuada, formam-se mais merozoítos. As hemácias por fim se rompem liberando os merozoítos, que entram em outras hemácias. Alguns merozoítos diferenciam-se em gametócitos (4), que são ingeridos pelos mosquitos. O gametócito feminino forma um único macrogameta; o gametócito masculino tipicamente passa por fissão múltipla para produzir vários microgametas flagelados móveis dentro do tubo digestivo do mosquito (5). Depois de ocorrida a fecundação, o zigoto migra para as glândulas salivares do mosquito e divide-se para formar vários esporozoítos, concluindo assim o ciclo de vida.

mosquitos picam). Depois de chegar ao trato digestivo do mosquito, o macrogamonte transforma-se em um macrogameta esférico, enquanto o microgamonte passa por três divisões nucleares e desenvolve oito projeções (microgametas), cada qual com um núcleo. Os microgametas separam-se e cada um fertiliza um único macrogameta para formar um zigoto diploide conhecido como oocineto (essa célula é o único estágio diploide de todo o ciclo de vida). Em seguida, o oocineto perfura ativamente o estômago do mosquito e secreta um envoltório ao seu redor no lado de fora do estômago, formando um oocisto. Dentro do oocisto, o zigoto passa por uma divisão redutiva meiótica seguida de esquizogonia para formar esporozoítos haploides, que são liberados do oocisto dentro do tubo digestivo para migrarem para a glândula salivar, onde permanecem até a próxima vez que o inseto se alimentar.

A capacidade que *Plasmodium* tem de desenvolver-se dentro das hemácias dos vertebrados é um desafio enfrentado por pouquíssimos parasitas intracelulares. Normalmente, os eritrócitos "doentes" e envelhecidos são eliminados pelo baço, mas, nos eritrócitos infectados por *Plasmodium*, o parasita modifica a célula do hospedeiro exportando suas próprias proteínas para dentro do citoplasma e da membrana plasmática da hemácia como um mecanismo de evasão imune.

Filo Ciliata | Os ciliados

Algumas estimativas sugerem que existam 10.000 a 12.000 espécies descritas de ciliados. São muito comuns nas comunidades bentônicas e planctônicas dos hábitats marinhos, de água salobra e dulciaquícolas, bem como nos solos úmidos. Alguns também são ecto- ou endossimbióticos e outros são até parasitas oportunistas ou obrigatórios. Os membros de pelo menos um gênero – *Collinia* – são parasitoides marinhos que infectam crustáceos eufáusidos (*krill*), destruindo seu hospedeiro para conseguir a transmissão e a finalização do seu ciclo de vida. Existem relatos de que as espécies de *Collinia* causaram episódios de mortandade de eufáusidos em massa no Pacífico Norte. A maioria dos ciliados é unicelular e alguns alcançam dimensões muito grandes (cerca de 2 mm de comprimento). Colônias ramificadas e lineares também se formam em várias espécies. Os ciliados ilustrados nas Figuras 3.17 e 3.1 D demonstram parte da variedade de formas celulares desse grupo amplo e complexo de protistas.

Alguns ciliados são endossimbiontes mutualistas importantes para os ruminantes, tais como caprinos, ovinos e bovinos. Esses organismos são encontrados aos milhões nos tubos digestivos e alimentam-se da matéria vegetal ingerida pelo hospedeiro, convertendo-a em uma forma que possa ser metabolizada pelo ruminante. Alguns ciliados parasitam peixes ou invertebrados (p. ex., lagosta americana) e no mínimo um deles (*Balantidium coli*) é conhecido por ser um endoparasita ocasional do trato digestivo humano. Os ciliados como *Tetrahymena* e *Colpidium* têm sido usados como modelos de biologia celular, genômica e proteômica (especialmente em estudos dos cílios). Outros são amplamente usados como indicadores de qualidade da água e alguns têm sido empregados para clarear a água das estações de tratamento de esgoto (Quadro 3.8). As ribozimas (moléculas de RNA catalíticas) e a enzima telomerase, que está envolvida na formação das extremidades dos cromossomos eucarióticos, foram descobertas por meio dos estudos com modelos ciliados.

Sustentação e locomoção

O formato fixo das células dos ciliados é mantido pelo sistema de membrana alveolar e por uma camada proteinácea subjacente conhecida como **epiplasma**, ou córtex (Figura 3.18). Alguns tipos (p. ex., tintinídeos) secretam esqueletos externos (ou loricas), que foram documentados no registro fóssil a partir do período Ordoviciano (500 Ma). Outro grupo comum (*Coleps* e seus aparentados) tem placas de carbonato de cálcio em seus alvéolos.

Os cílios estão dispostos em fileiras conhecidas como **cinetias** e os diversos padrões que essas fileiras criam são usados como características taxonômicas para identificação e classificação. Associados ao corpo basal (ou centríolo), que é conhecido como **cinetossomo** nos ciliados, existem três estruturas citoesqueléticas importantes – duas raízes microtubulares, os microtúbulos pós-ciliares e transversais e uma raiz fibrosa (ou **fibra cinetodesmal**). Em conjunto, essas raízes são conhecidas como **infraciliatura**, ancoram o cílio aos seus correspondentes adjacentes e conferem sustentação adicional à superfície celular (Figura 3.19). Os cinetossomos dos ciliados são homólogos aos centríolos das outras células eucarióticas e formam um cilindro tubular com nove trincas de microtúbulos.

Os cílios podem ser classificados em dois grupos estruturais e funcionais. Os cílios associados ao citóstoma e a região alimentar circundante compreendem a **ciliatura oral**, enquanto os cílios da superfície geral do corpo formam a **ciliatura somática**. Os cílios desses dois grupos podem ser simples (**cílios simples**), ou os cinetossomos podem estar agrupados para formar a **ciliatura composta** (p. ex., cirros, membranelas). Os ciliatologistas elaboraram uma terminologia complicada e detalhada para descrever suas criaturas favoritas. Essa terminologia especial alcança quase proporções inimagináveis em questões de ciliatura e aqui apresentamos apenas o mínimo necessário de termos novos para descrever adequadamente esses organismos. Além disso, oferecemos uma lista de referências ao fim do capítulo, especialmente o glossário amplo e ilustrado de J. O. Corliss – *The Ciliated Protozoa* (1979).

Evidentemente, os cílios também são organelas locomotoras dos protistas ciliados. Suas semelhanças estruturais e a homologia com os flagelos são bem-conhecidas; contudo, os ciliados não se movem como os protistas que têm flagelos. As diferenças são atribuídas em grande parte aos fatos de que os cílios são muito mais numerosos e densamente distribuídos do que os flagelos, e de que os padrões de distribuição dos cílios do corpo (ciliação) são extremamente variados, permitindo, como consequência, uma gama ampla de comportamentos locomotores diferentes, que não são possíveis apenas com um ou poucos flagelos. Além disso, os cílios também podem desempenhar papéis na alimentação, na sensibilidade e até mesmo na fixação.

Figura 3.17 Filo Ciliata. Alguns exemplos de ciliados. **A.** *Paramecium* (um peniculino); ilustração e fotografia de microscopia eletrônica. **B.** *Loxophyllum* (um haptorídeo). **C.** *Nassula* (um nassulídeo). **D.** *Vaginacola* (um peritríquido loricado). **E.** *Euplotes* (um hipotríquio), andando sobre um filamento de alga. **F.** *Euplotes*; observe a AZM. **G.** *Stentor* (um heterotríquio), ilustração e fotografia de microscopia eletrônica. **H.** *Flavella*, retraída e estendida de suas loricas. **I.** *Folliculina*, retraída e estendida de sua lorica. As espécies de Folliculinidae frequentemente fixam suas loricas com formato de garrafa em vários invertebrados ou algas marinhas. A lorica pode alcançar vários milímetros de comprimento e esses ciliados são facilmente confundidos com animais diminutos.

Capítulo 3 Os Protistas **83**

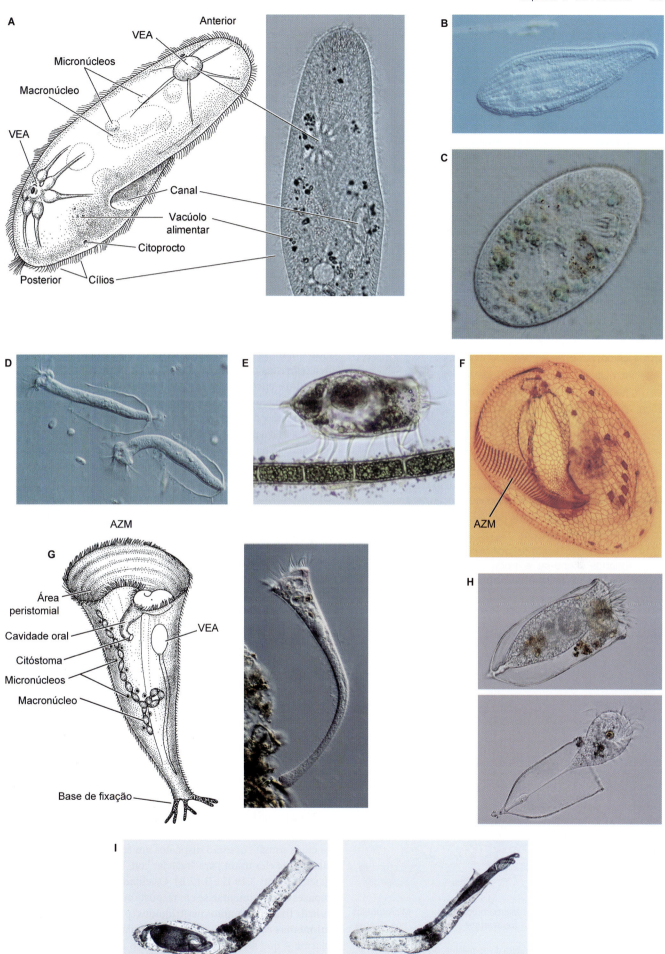

Quadro 3.8 Características do filo Ciliata.

1. Comum em quase todos os ambientes aquáticos e úmidos: água doce, salobra ou salgada.
2. O formato da célula é mantido por uma película formada por vesículas de membrana alveolar e pela camada proteinácea subjacente (epiplasma), associadas com os microtúbulos – tudo isso abaixo da membrana plasmática. Alguns secretam placas de carbonato de cálcio dentro dos seus alvéolos; outros secretam esqueletos externos (loricas).
3. Com cílios para locomoção. Associados aos corpos basais (cinetossomos) dos cílios, existem duas raízes microtubulares e uma raiz fibrosa; essas raízes e os corpos basais são conhecidos coletivamente como infraciliatura. As fileiras diagnósticas de cílios são conhecidas como cinetias.
4. Têm extrussomos e mitocôndrias (com cristas tubulares).
5. Não têm plastídios.
6. Os carboidratos são armazenados na forma de glicogênio.
7. A maioria tem cavidade oral e citóstoma ("boca"); frequentemente, também há um citoprocto ("ânus").
8. Dois tipos distintos de núcleos – macronúcleo hiperpoliploide e micronúcleo diploide.
9. O micronúcleo divide-se por ortomitose intranuclear fechada (na maioria) sem centríolos. Os corpos eletrodensos dentro do núcleo funcionam como centros organizadores para o fuso mitótico. O macronúcleo divide-se amitoticamente por constrição simples.
10. Reprodução assexuada por fissão binária transversal (homotetogênica).
11. Reprodução sexuada por conjugação: um par de ciliados reúne-se e troca micronúcleos por uma conexão citoplasmática no ponto de contato.

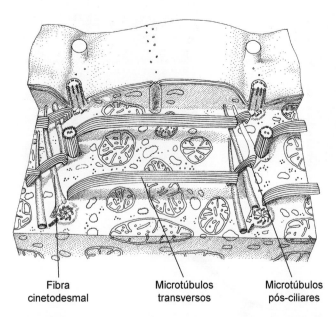

Figura 3.18 Filo Ciliata. Ultraestrutura do epiplasma, ou córtex, de *Tetrahymena pyriformis*.

Fibra cinetodesmal — Microtúbulos transversos — Microtúbulos pós-ciliares

Conforme descrito no Capítulo 4, cada cílio sofre uma batida efetiva (com força) à medida que se move. O cílio não se move em um único plano, mas descreve um cone distorcido durante o batimento (Figura 3.19 A e B). O batimento de um campo ciliar ocorre em ondas metacronais, que se estendem sobre a superfície do corpo (Figura 3.19 C). Aparentemente, a coordenação dessas ondas é atribuída em grande parte aos efeitos hidrodinâmicos gerados à medida que cada cílio se movimenta. As microperturbações provocadas na água pela ação de um cílio estimulam o movimento do cílio adjacente e, assim por diante, sobre a superfície da célula. Nos ciliados, a ponta do cílio descreve um trajeto levógiro durante o batimento de recuperação, resultando em um movimento em espiral, como se o organismo nadasse (Figura 3.19 G). Muitos ciliados (p. ex., *Didinium*, *Paramecium*) podem variar a direção dos batimentos ciliares e das ondas metacronais. Nesses organismos, a inversão completa da direção do movimento do corpo é possível simplesmente revertendo as direções das ondas e dos batimentos ciliares.

Talvez, mais que qualquer outro grupo protista, os ciliados venham sendo estudados por seu comportamento locomotor complexo. *Paramecium* – um protista de laboratório bem-conhecido – tem recebido a maior parte das atenções por parte dos behavioristas protozoológicos. Quando um *Paramecium* está nadando e encontra um estímulo ambiental químico ou mecânico com intensidade suficiente, ele começa a realizar uma série de atividades de resposta muito intrincadas. Primeiramente, o protista inicia uma reversão do movimento, efetivamente retrocedendo em direção contrária ao estímulo. Em seguida, enquanto a extremidade posterior do corpo permanece mais ou menos estacionária, a extremidade anterior balança em torno de um círculo. Essa ação é referida apropriadamente como fase do deslocamento em cone. *Paramecium* avança novamente para frente, geralmente seguindo um novo trajeto.

A maior parte da literatura refere-se a esse comportamento em termos de "tentativa e erro", mas isso não pode ser explicado de forma tão simples. O padrão de resposta não é constante, porque o deslocamento em cone nem sempre ocorre; algumas vezes, a célula simplesmente muda de direção em um movimento e torna a nadar para frente. Além disso, a fase do deslocamento em cone ocorre mesmo quando não existem estímulos reconhecíveis e, desse modo, pode ser considerado um fenômeno de locomoção "normal". Estudos recentes sugeriram que o comportamento natatório de *Paramecium* seja governado pelo potencial de membrana da célula. Quando a membrana está "em repouso", os cílios batem para trás e a célula nada para frente. Quando a membrana fica despolarizada, os cílios batem em direção contrária (reversão ciliar) e a célula retrocede. Existem descritas mutações genéticas de *Paramecium*, que resultam em comportamento anormal caracterizado por períodos prolongados de reversão ciliar contínua (o chamado "*Paramecium* paranoico").

Uma forma interessante de locomoção nos ciliados é demonstrada pelos ciliados hipotríquios (p. ex., *Euplotes*). Nesse grupo, os cílios somáticos estão dispostos em feixes conhecidos como cirros, que eles usam para "rastejar" ou "andar" sobre as superfícies (Figuras 3.19 H e 3.17 E). Os ciliados sésseis também são capazes de movimentar-se em resposta aos estímulos. O pedúnculo de fixação de muitos peritríquios (p. ex., *Vorticella*) contém **mionemas** contráteis – elementos fibrilares contráteis do citoplasma – que servem para empurrar o corpo celular contra o substrato. Mionemas semelhantes são encontrados nas paredes

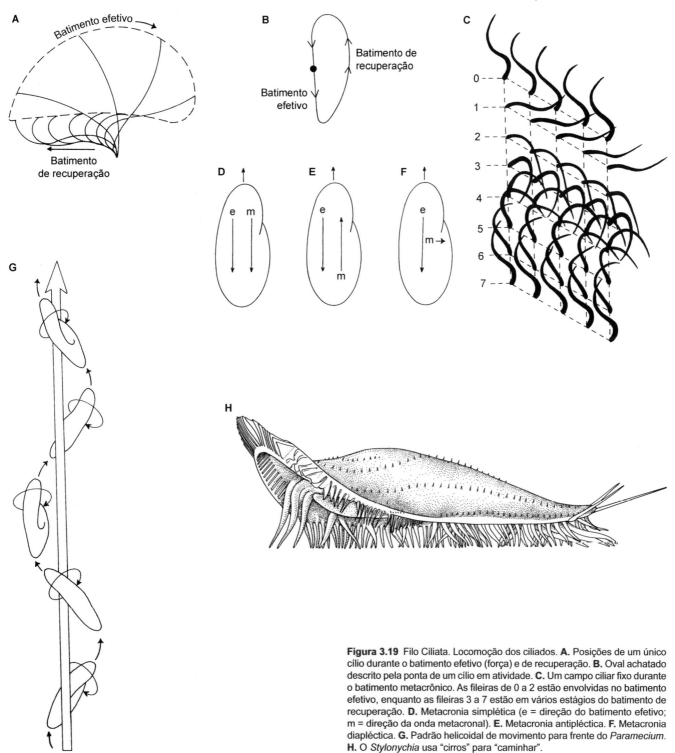

Figura 3.19 Filo Ciliata. Locomoção dos ciliados. **A.** Posições de um único cílio durante o batimento efetivo (força) e de recuperação. **B.** Oval achatado descrito pela ponta de um cílio em atividade. **C.** Um campo ciliar fixo durante o batimento metacrônico. As fileiras de 0 a 2 estão envolvidas no batimento efetivo, enquanto as fileiras 3 a 7 estão em vários estágios do batimento de recuperação. **D.** Metacronia simplética (e = direção do batimento efetivo; m = direção da onda metacronal). **E.** Metacronia antipléctica. **F.** Metacronia diapléctica. **G.** Padrão helicoidal de movimento para frente do *Paramecium*. **H.** O *Stylonychia* usa "cirros" para "caminhar".

celulares de outros ciliados (p. ex., *Stentor*) e são capazes de contrair e estender a célula inteira. Outros ciliados (p. ex., *Lacrymaria*) usam microtúbulos deslizantes para contrair.

Nutrição

Os ciliados incluem muitos tipos diferentes de alimentação. Alguns se alimentam por filtragem; outros capturam e ingerem outros protistas ou pequenos invertebrados; muitos comem filamentos de algas ou diatomáceas; alguns "pastam" bactérias sésseis; e uns poucos são parasitas saprófitos. Em quase todos os ciliados, a alimentação é restrita a uma região oral especializada que contém o citóstoma, ou "boca da célula". Os vacúolos alimentares são formados no citóstoma e depois são circulados por todo o citoplasma à medida que ocorre a digestão (Figura 3.20). Entretanto, em razão desses diferentes tipos de alimentação dos ciliados, existe uma variedade de modificações do citóstoma e de estruturas associadas com ele.

Os ciliados holozoicos que ingerem partículas alimentares relativamente grandes geralmente têm um tubo não ciliado conhecido como citofaringe, que se estende do citóstoma profundamente no citoplasma. As paredes da citofaringe frequentemente são reforçadas com bastões rígidos conhecidos como

nematodesmos compostos de microtúbulos. Em algumas formas, mais notadamente *Didinium*, a citofaringe está normalmente evertida para formar uma projeção, que gruda na presa e depois inverte novamente para dentro da célula, desse modo puxando a presa para dentro de um vacúolo alimentar. Desse modo, *Didinium* pode engolfar sua presa relativamente gigante, *Paramecium* e outros ciliados (Figura 3.21 A). Outros ciliados, como os hipostomados, têm cestas nematodesmais complexas, nas quais os microtúbulos trabalham juntos para trazer os filamentos de algas para dentro do citóstoma – algo semelhante à forma como um ser humano sorve um pedaço de espaguete (Figura 3.21 B). Na maioria desses ciliados, os cílios ao redor da boca são relativamente simples.

Outros ciliados, incluindo muitas das formas mais conhecidas (p. ex., *Stentor*) alimentam-se de suspensões (Figura 3.22). Em geral, esses organismos não têm citofaringe, ou as apresentam reduzidas. Em vez disso, eles elaboraram cílios orais especializados para gerar correntes de água e estruturas de filtração ou dispositivos de raspagem. Seus citóstomas frequentemente estão localizados em uma depressão existente na superfície celular, ou **cavidade oral**. O tamanho do alimento ingerido por esses ciliados depende da natureza da corrente alimentar e, quando presente, do tamanho da depressão. A ciliatura oral frequentemente consiste em organelas ciliares compostas conhecidas como **zona adoral das membranelas**, ou simplesmente **AZM** (do inglês, *adoral zone of membranelles*) (ver Figura 3.17 E e F), de um lado do citóstoma e uma fileira de cílios pareados situados muito próximos, frequentemente denominada **membrana paroral**, do outro lado. Os ciliados que se alimentam dessa forma incluem gêneros comuns como *Euplotes*, *Stentor* e *Vorticella*. Muitos hipotríquios (p. ex., *Euplotes*) que se movem sobre o substrato com suas regiões orais orientadas ventralmente usam suas ciliaturas orais especializadas para levantar o material assentado em suspensão e, em seguida, levá-lo para dentro da cavidade oral para ser ingerido.

Entre os mecanismos de alimentação mais especializados dos ciliados estão os que são usados pelos suctórios, que não têm cílios quando são adultos e, em vez disso, têm tentáculos alimentares capitados (Figura 3.23). Alguns suctórios têm dois tipos de tentáculos – um para capturar alimentos e outro para ingeri-los. As dilatações existentes nas pontas dos tentáculos contêm extrussomos conhecidos como **haptocistos**, que são descarregados quando entram em contato com uma presa potencial.

Figura 3.20 Filo Ciliata. Formação e digestão dentro de um vacúolo alimentar em *Paramecium caudatum*. A sequência dos processos digestivos pode ser acompanhada corando-se as leveduras com o corante vermelho Congo e permitindo-se que as células coradas sejam ingeridas pelo protista. As alterações da cor vermelho para vermelho-laranja e depois azul-esverdeado refletem as alterações para uma condição ácida dentro do vacúolo alimentar e, desse modo, o estágio inicial do processo digestivo. O retorno às cores vermelho-laranja ocorre à medida em que o vacúolo se torna subsequentemente mais alcalino. O padrão de movimentação do vacúolo alimentar (*setas*) é típico desse organismo ou célula, e geralmente é conhecido como ciclose.

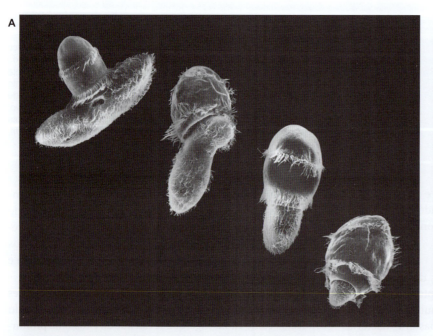
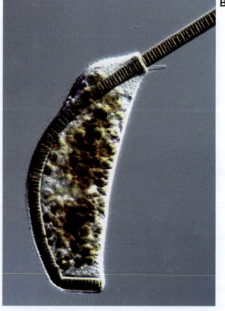

Figura 3.21 Filo Ciliata. Alimentação holozoica nos ciliados. **A.** Ciliado predador *Didinium nasutum* atacando e ingerindo um *Paramecium* (composição de fotografia de microscopia eletrônica de varredura). **B.** *Nassulopsis* ingerindo algas verde-azuladas.

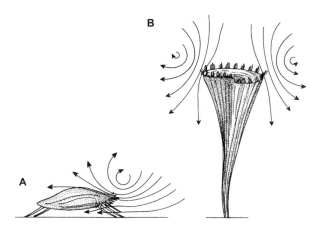

Figura 3.22 Filo Ciliata. Correntes alimentares produzidas por dois ciliados. **A.** *Euplotes*. **B.** *Stentor*. As correntes ciliares trazem o alimento em suspensão para a célula, onde pode ser ingerido.

Partes do haptocisto penetram a vítima e a seguram no tentáculo. Algumas vezes, as presas são na verdade paralisadas depois de entrar em contato com os haptocistos, provavelmente em consequência das enzimas liberadas durante a descarga. Depois da fixação à presa, forma-se um tubo temporário dentro do tentáculo e o conteúdo da presa é sugado para seu interior e incorporado em vacúolos alimentares (Figura 3.23 B a D).

Além dos haptocistos, existem vários outros tipos de extrussomos nos ciliados. Alguns ciliados predadores têm extrussomos tubulares conhecidos como **toxicistos** na região oral da célula (Figura 3.24 A). Durante a captura da presa, os toxicistos são lançados e liberam seu conteúdo, que aparentemente inclui enzimas paralisantes e digestivas. Presas ativas são primeiramente imobilizadas e depois parcialmente digeridas pelos compostos químicos liberados; mais tarde, esse alimento parcialmente digerido é englobado em vacúolos alimentares. Alguns ciliados têm extrussomos conhecidos como **mucocistos** localizados logo abaixo da película (Figura 3.24 B). Os mucocistos descarregam muco na superfície da célula para formar uma cobertura protetora; eles também podem desempenhar uma função na formação de cistos. Outros têm **tricocistos**, que contêm estruturas em forma de unha e podem ser descarregadas através da película. A maioria dos especialistas sugere que essas estruturas não sejam usadas para capturar a presa, mas têm função defensiva.

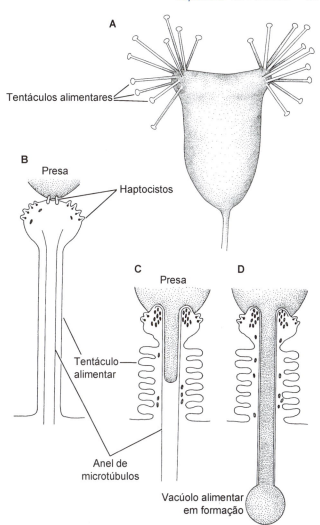

Figura 3.23 Filo Ciliata. Alimentação no ciliado suctório *Acineta*. **A.** *Acineta* tem tentáculos alimentares capitados; observe a existência de cílios. **B** a **D.** Ilustrações esquemáticas dos tentáculos alimentares ampliados, mostrando a sequência de eventos na captura e ingestão das presas. **B.** Contato com a presa e descarga dos haptocistos na presa. **C.** Encurtamento do tentáculo e formação de um tubo alimentar temporário dentro de um anel de microtúbulos. **D.** Aspiração do conteúdo da presa para dentro do ducto e formação do vacúolo alimentar.

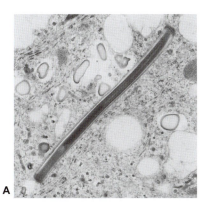
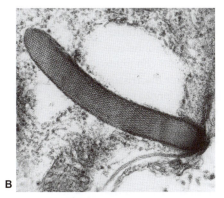
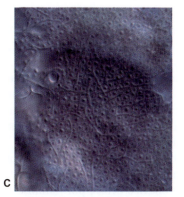

Figura 3.24 Filo Ciliata. Extrussomos nos ciliados. **A.** Toxicisto (*corte longitudinal*) de *Helicoprorodon*. **B.** Mucocisto (*corte longitudinal*) de *Colpidium*. **C.** Película de *Nassulopsis elegans*, mostrando mucocistos (*pontos elevados*) pouco abaixo da superfície.

Muitos ciliados são ecto- ou endossimbiontes, associados a vários hospedeiros invertebrados e vertebrados. Em alguns casos, esses simbiontes dependem inteiramente de seus hospedeiros para alimentar-se. Por exemplo, alguns suctórios são parasitas verdadeiros, ocasionalmente vivendo dentro do citoplasma de outros ciliados. Vários ciliados hipostomados são ectoparasitas de peixes de água doce e podem causar danos significativos às brânquias de seus hospedeiros. *Balantidium coli* – um ciliado vestibulífero grande – é comum nos porcos e também é adquirido ocasionalmente pelos seres humanos, nos quais pode causar lesões intestinais. O rúmen dos ungulados contém comunidades inteiras de ciliados, incluindo espécies que decompõem o capim ingerido pelo hospedeiro, espécies bactívoras e até mesmo predadores que se alimentam de outros ciliados. Em sua maioria, os membros da ordem Chonotrichida são ectossimbióticos de crustáceos (e, ocasionalmente, de baleias). Os conotríquidos são sésseis e fixam-se aos seus hospedeiros por um pedúnculo formado a partir de uma organela adesiva especial. Outros ciliados são simbiontes de vários hospedeiros, incluindo moluscos bivalves e cefalópodes, vermes poliquetos e possivelmente ácaros.

Embora plastídios não tenham sido demonstrados definitivamente em ciliados, várias linhagens independentes desse grupo abrigam simbiontes fotossintéticos, que são repostos intermitentemente por alimentação, especialmente as formas planctônicas (p. ex., *Laboea, Mytridium, Strombidium*) que sequestram plastídios funcionais fotossinteticamente de algas ingeridas. Os cloroplastos ficam livres no citoplasma, abaixo da película, onde contribuem ativamente para as necessidades de carbono do ciliado. Essa prática incomum também foi documentada nos foraminíferos. Os mecanismos celulares por meio dos quais os cloroplastos das presas são removidos, sequestrados e mantidos ainda são desconhecidos. Outros ciliados mantêm células inteiras de algas como endossimbiontes. Durante o verão, em algumas regiões, os "ciliados fotossintéticos" de um ou de outro tipo podem representar a maioria da fauna ciliada planctônica de água doce. O ciliado comum de água doce *Paramecium bursaria* geralmente abriga centenas de algas verdes simbióticas (*Chlorella* sp.) em seu citoplasma, mantendo uma relação mutualista. As algas simbiontes podem ser retiradas experimentalmente do hospedeiro e, nesses casos, as taxas de crescimento (do *Paramecium*) diminuem. O hospedeiro pode readquirir seus simbiontes simplesmente por sua ingestão do ambiente e sua incorporação ao seu citoplasma, mantendo-se vivo e bem.

Reprodução

Os ciliados são singulares entre Eukaryota porque têm dois tipos diferentes de núcleo em cada célula. O tipo maior – **macronúcleo** – controla o funcionamento geral da célula. O macronúcleo é geralmente hiperpoliploide (ou seja, contém muitos conjuntos de cromossomos) e pode ser compacto, em forma de fita, frisado ou ramificado. O tipo menor – **micronúcleo** – tem função reprodutiva, sintetizando o DNA associado com a reprodução. Em geral, o micronúcleo é diploide. Por meio de um processo absolutamente singular aos eucariotos, o macronúcleo na verdade é formado a partir do micronúcleo por amplificação do genoma (combinada com alguma edição genética massiva). A divisão do macronúcleo ocorre por "amitose" (segregação dos cromossomos) por um processo, cujo mecanismo ainda não está bem-definido. Esse processo não é perfeito e, depois de cerca de 200 gerações, a célula mostra sinais de envelhecimento. Desse modo, periodicamente, os macronúcleos precisam ser regenerados e isso é realizado durante o processo de conjugação (ver adiante).

A reprodução assexuada nos ciliados geralmente ocorre por fissão binária, embora também haja fissão múltipla e brotamento (Figura 3.25). Em geral, a fissão binária nos ciliados é transversal. O micronúcleo é o reservatório do material genético nos ciliados. Desse modo, cada micronúcleo dentro da célula (mesmo quando existem muitos) forma um fuso mitótico interno durante a fissão e distribui igualmente os micronúcleos-filhos à progênie da divisão. A divisão do macronúcleo é altamente variável, embora o envelope nuclear nunca pareça se romper. Os macronúcleos grandes, muitas vezes múltiplos, geralmente se condensam em um único macronúcleo, que se divide por constrição. Alguns macronúcleos têm microtúbulos internos, que parecem afastar os núcleos-filhos, mas nunca há um fuso nítido e bem-organizado. Como muitos ciliados são anatomicamente complexos e frequentemente têm estruturas que não estão posicionadas central ou simetricamente

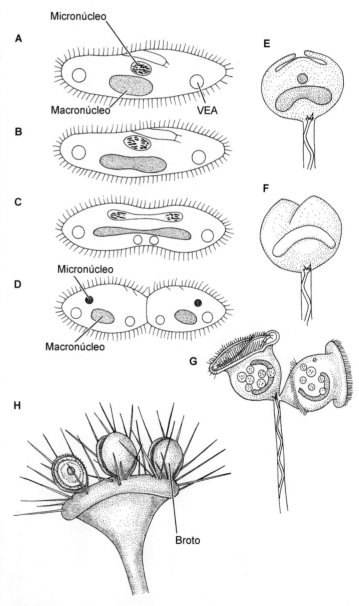

Figura 3.25 Filo Ciliata. Reprodução assexuada nos ciliados. **A** a **D**. Fissão binária transversal de *Paramecium*; o micronúcleo divide-se por mitose, enquanto o macronúcleo simplesmente se separa. **E** a **G**. Fissão binária de *Vorticella*. **H**. Brotamento do suctório *Ephelota gigantea*.

no corpo (especialmente as estruturas associadas com o citóstoma), uma quantidade significativa de reconstrução precisa ocorrer depois da fissão. Essa recomposição de algumas partes ou, especialmente, de campos de cílios não ocorre aleatoriamente, mas parece ser controlada ao menos em parte pelo macronúcleo.

A fissão binária é típica dos peritríquidos solitários e também dos que formam colônias. Nas espécies coloniais, a divisão é igual e as duas células-filhas permanecem ligadas à colônia em crescimento, mas nas espécies solitárias as divisões podem ser desiguais e incluir uma fase natante. Um tipo de divisão desigual, denominada comumente brotamento, ocorre em vários ciliados sésseis, incluindo conotríquidos e suctórios. Nesses casos, o broto ciliado é liberado na forma de uma "larva", que nada antes de adotar a morfologia e o estilo de vida dos adultos. Em alguns casos, muitos brotos são formados e liberados simultaneamente.

A fissão múltipla verdadeira é encontrada em uns poucos grupos de ciliados e, tipicamente, acontece com a formação de um cisto pelo genitor em potencial. As divisões repetidas que ocorrem dentro do cisto formam numerosos filhotes, que por fim são liberados com o rompimento da cobertura do cisto.

A reprodução sexuada (ou, mais precisamente, a recombinação genética) pelos ciliados geralmente ocorre por conjugação e, menos comumente, por autogamia. A conjugação talvez seja entendida mais facilmente se a descrevermos primeiramente como ocorre em *Paramecium*. Assim como qualquer processo sexual, a vantagem funcional dessa atividade é a recombinação ou mistura genética, que é conseguida durante a conjugação por uma permuta do material dos micronúcleos. O relato seguinte (Figura 3.26) refere-se a *Paramecium caudatum* – os detalhes variam em outras espécies do gênero.

À medida que *Paramecium* se movimentam e se encontram, reconhecem os "parceiros" compatíveis (*i. e.*, membros de outro clone). Depois de estabelecer contato por suas extremidades anteriores, os "parceiros" – chamados **conjugantes** – orientam-se lado a lado e fixam-se um ao outro por meio de suas regiões orais. Em cada conjugante, o micronúcleo passa por duas divisões equivalentes à meiose e reduz o número de cromossomos a uma condição haploide. Três dos micronúcleos-filhos de cada conjugante desintegram-se e são incorporados ao citoplasma; o micronúcleo haploide restante em cada célula divide-se mais uma vez por mitose. Os produtos dessa divisão micronuclear pós-meiótica são conhecidos como **núcleos gaméticos**. Um núcleo gamético de cada conjugante permanece no seu conjugante "progenitor", enquanto o outro é transferido para o outro conjugante por uma conexão citoplasmática formada no ponto de junção. Assim, cada conjugante envia um micronúcleo haploide para o outro e, dessa forma, conclui-se a permuta do material genético. Cada núcleo gamético migratório funde-se, então, com o micronúcleo estacionário do receptor, formando um núcleo diploide (ou sincário) em cada conjugante. Esse processo é análogo ao da fertilização cruzada mútua nos invertebrados metazoários (p. ex., lesmas-da-terra).

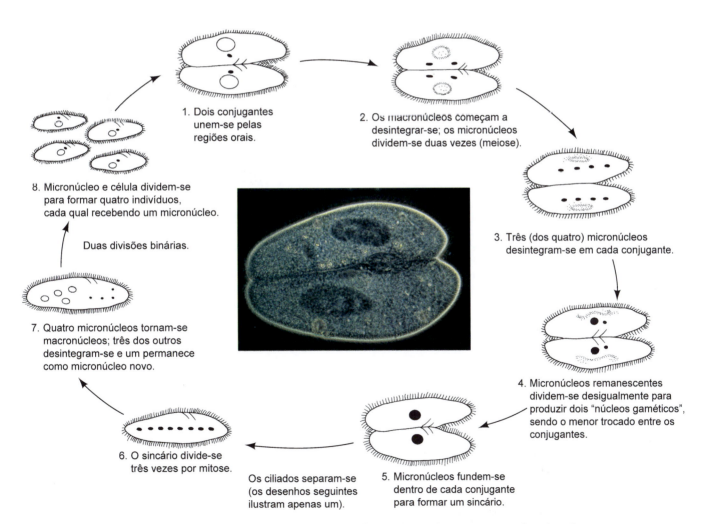

Figura 3.26 Filo Ciliata. A fotografia mostra um par de *Paramecium caudatum* em processo de conjugação.

Depois das trocas nucleares, as células separam-se e são agora referidas como **exconjugantes**. Entretanto, o processo está longe de ser concluído, porque uma outra combinação genética precisa ser incorporada ao macronúcleo, de forma que possa influenciar o fenótipo do organismo. Isso é conseguido da seguinte forma. O macronúcleo de cada exconjugante se desintegrou durante os processos de meiose e permuta. O sincário diploide recém-formado divide-se três vezes por mitose, resultando na formação de oito núcleos pequenos (vale lembrar, todos contendo a informação genética combinada dos dois conjugantes originais). Em seguida, quatro dos oito núcleos crescem até se tornarem macronúcleos. Três dos quatro núcleos pequenos restantes desintegram-se e são absorvidos no citoplasma. A seguir, o único micronúcleo restante divide-se duas vezes, por mitose, à medida que o organismo por inteiro passa por duas fissões binárias para formar quatro células-filhas, cada qual recebendo um dos quatro macronúcleos e um micronúcleo. Desse modo, o último produto da conjugação e das fissões subsequentes são quatro novos organismos-filhos diploides originados de cada conjugante original.

Variações na sequência dos processos descritos anteriormente para *Paramecium* incluem diferenças no número de divisões, que parece ser determinado em parte pela quantidade normal de micronúcleos existentes na célula. Mesmo quando existem dois ou mais micronúcleos, todos eles geralmente passam por divisões meióticas. Contudo, com exceção de um, todos se desintegram e o micronúcleo restante divide-se novamente para formar os núcleos gaméticos estacionário e migratório.

Na maioria dos ciliados, os membros do par de conjugantes são indistinguíveis entre si em termos de tamanho, forma e outros detalhes morfológicos. Entretanto, algumas espécies, especialmente em Peritrichida, apresentam diferenças marcantes e previsíveis entre os dois conjugantes, principalmente quanto ao tamanho. Nesses casos, os membros do par de cruzamento são conhecidos como **microconjugante** e **macroconjugante** (Figura 3.27). Em geral, a formação do microconjugante envolve uma ou várias divisões desiguais, que podem ocorrer de formas variadas. A diferença crítica entre a conjugação de casais semelhantes e diferentes é que, no último caso, frequentemente ocorre

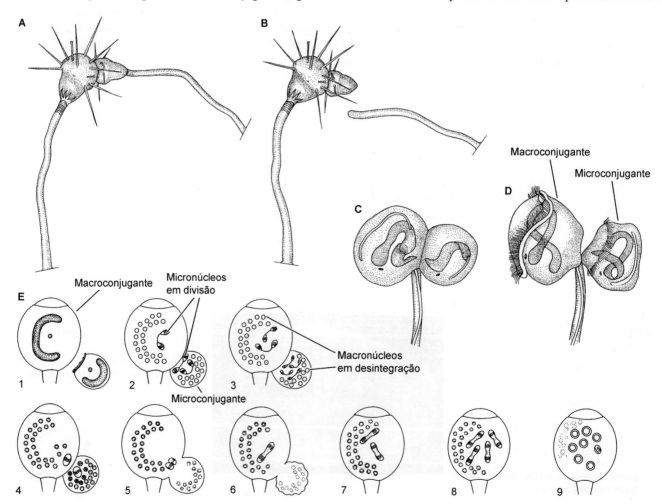

Figura 3.27 Filo Ciliata. Processo sexuado nos ciliados. **A** e **B**. *Ephelota gemmipara* (um suctório); dois parceiros de cruzamento com dimensões diferentes ligam-se um ao outro, aparentemente depois do reconhecimento químico. Ambos passaram por meiose nuclear. O parceiro menor desprende-se do seu pedúnculo e é absorvido pelo parceiro maior e, em seguida, os núcleos gaméticos fundem-se. As divisões nucleares subsequentes formam o macronúcleo e os diversos micronúcleos que compõem o organismo normal. **C** e **D**. As divisões desiguais de *Vorticella campanula* resultam em macro- e microconjugantes; a conjugação ocorre em seguida. **E**. Ilustrações esquemáticas das atividades sexuais em alguns peritríquidos. As divisões desiguais resultam em macro- e microgamontes; esses últimos desprendem-se dos seus pedúnculos e tornam-se organismos que nadam livremente; por fim, o microgamonte livre-natante fixa-se a um macrogamonte séssil (1 a 2). O macronúcleo começa a desintegrar-se (2) e, por fim, desaparece (9). O micronúcleo do macrogamonte divide-se duas vezes (2 e 3) e o micronúcleo do microgamonte divide-se três vezes (2 e 3). Com exceção de um, todos os micronúcleos de cada gamonte desintegram-se e o micronúcleo restante do microgamonte movimenta-se para se fundir com o micronúcleo do macrogamonte (4 e 5). À medida que o núcleo zigótico (sincário) começa a dividir-se, o microgamonte é absorvido no citoplasma do macrogamonte. O sincário divide-se três vezes (6 a 8); um dos núcleos filhos torna-se o micronúcleo e os outros formam, por fim, um novo macronúcleo (9). É importante salientar que a sequência de atividades nucleares e os números de divisões variam entre os diferentes peritríquidos.

uma transferência de via única do material genético. O microconjugante sozinho contribui com um micronúcleo haploide para o macroconjugante; desse modo, apenas o organismo maior é "fertilizado". Depois dessa atividade, o microconjugante geralmente é absorvido por inteiro dentro do citoplasma do macroconjugante (Figura 3.27 E). Um processo semelhante ocorre na maioria dos conotríquidos. Um conjugante parece ser engolido para dentro do citóstoma do outro e, em seguida, ocorrem a fusão e a reorganização nuclear. Existem várias outras modificações nesse processo sexual complexo dos ciliados, mas todas têm o mesmo resultado fundamental, ou seja, introduzir variação genética na população.

Outro aspecto da conjugação que precisa ser mencionado é referente aos tipos de parceiros. Indivíduos do mesmo tipo genético de parceiro (p. ex., membros de um clone produzido por fissão binária) não podem conjugar-se com sucesso. Em outras palavras, a conjugação não é um evento aleatório, mas pode ocorrer apenas entre membros de tipos diferentes de parceiros, ou de clones. Essa restrição, provavelmente, assegura boa mistura genética entre os organismos.

O segundo processo sexuado básico nos ciliados é autogamia. Entre os ciliados nos quais ela ocorre (p. ex., certas espécies de *Euplotes* e *Paramecium*), os fenômenos nucleares são semelhantes, se não idênticos, aos que ocorrem na conjugação. Contudo, apenas um organismo participa do processo. Quando se chega ao ponto no qual a célula contém dois micronúcleos haploides, esses dois núcleos fundem-se entre si, ao invés de um ser transferido para um parceiro. A autogamia foi descrita em relativamente poucos ciliados, embora na verdade possa ser muito mais comum do que foi demonstrado até agora. O significado da autogamia em termos de variação genética ainda é claro.

Filo Stramenopila | Diatomáceas, algas pardas, algas douradas, redes viscosas, oomicetos etc.

Os estramenopilos constituem um táxon extremamente diversificado com cerca de 9.000 espécies, incluindo as diatomáceas, algas pardas (Phaeophyta), algas douradas (Chrysophytes; p. ex., *Dinobryon*), alguns flagelados parasitários e heterotróficos, labirintúlidas (redes viscosas), oomicetos e hipoquitridiomicetos (no passado, os dois últimos grupos eram classificados como fungos) (ver Figuras 3.28 e 3.1 C, H e I) (Quadro 3.9). No passado, cada um desses grupos era colocado em seu próprio filo, mas aqui eles estão classificados com base na convenção atual, que os reúne no mesmo filo, Stramenopila. Alguns estramenopilos, incluindo as algas marinhas pardas (Phaeophyta) como as macroalgas, são organismos complexos e diferenciados, e principalmente as feófitas podem alcançar dimensões extremamente grandes. As algas pardas sempre são pluricelulares, marinhas e fotoautotróficas, predominando no ambiente marinho. As maiores algas pardas conhecidas – macroalgas – podem alcançar 30 m de comprimento e assemelham-se às plantas verdadeiras. Entretanto, elas não têm tecidos vasculares (cada célula cuidando de si própria), as lâminas não são homólogas às folhas dos vegetais, elas não passam por gastrulação e também não produzem tecidos por deposição de camadas embriológicas. A diversidade de forma dos Stramenopila é estarrecedora e, à primeira vista, pode ser difícil imaginar que diatomáceas, macroalgas e "fungos" oomicetos estejam diretamente relacionados. Contudo, sua proximidade é sugerida teoricamente com base no fato de que quase todos têm pelos tubulares complexos únicos, com três partes nos flagelos, durante algum estágio de seu ciclo de vida. O nome Stramenopila (do latim, *stamen* = "palha"; *pilus* = "pelo") refere-se ao aspecto desses pelos (Figura 3.29). A filogenética molecular também embasa esse clado. Embora possa ser tentador pensar em algumas espécies desse clado (p. ex., algas gigantes) como pluricelulares no mesmo sentido das plantas verdes, uma diferença fundamental é que as plantas superiores derivam seus tecidos adultos por um processo de formação de tecidos embrionários, que é semelhante e convergente ao que se observa em Metazoa. Os protistas (incluindo as macroalgas) nunca passam por uma fase de deposição de tecidos embrionários em seu ciclo de vida.

Os estramenopilos são encontrados em vários hábitats e a maioria é formada de bacterióvoros biflagelados muito pequenos (< 10 micra). Os plânctons de água doce e marinho são ricos em diatomáceas e crisófitas, que também podem ser encontrados nos solos úmidos, no gelo marinho, na neve e nas geleiras. Esses organismos vivos foram identificados até mesmo nas nuvens atmosféricas! Os estramenopilos heterotróficos de vida livre também estão presentes nos hábitats marinhos, estuarinos e de água doce. Uns poucos são simbiontes que vivem sobre outras algas nos hábitats marinhos ou estuarinos. Muitos formam escamas de calcita ou silicosas, carapaças, cistos ou tecas que são preservados no registro fóssil. Os mais antigos desses fósseis datam da transição Cambriano/Pré-cambriano, há cerca de 550 milhões de anos.

As diatomáceas (p. ex., *Chaetoceros*, *Thalassiosira*) são componentes-chave dos ecossistemas marinhos e, junto com os dinoflagelados e os cocolitóforos, contribuem expressivamente para a produtividade primária dos oceanos. Nos oceanos atuais, as diatomáceas poderiam ser responsáveis por até 40% da produção primária global (e mais de 50% do carbono orgânico exportado aos ecossistemas oceânicos). Quando as condições são propícias, as diatomáceas oceânicas podem multiplicar-se a taxas surpreendentes, formando "florescências" que podem ser tóxicas em alguns casos. Alguns estudos estimaram que as diatomáceas produzam 19 bilhões de toneladas de carbono orgânico anualmente (o que lhes assegura um papel fundamental no processamento do CO_2 em matéria sólida para atenuar o aquecimento do clima). Estimativas recentes sugeriram que as diatomáceas sozinhas sejam responsáveis por até 20% da fixação de carbono do planeta. Algumas espécies de diatomáceas podem formar florescências extensivas. Como suas carapaças (**frústulas**) são compostas de sílica, elas também são extremamente importantes para a reciclagem biogeoquímica do silício.

Algumas diatomáceas marinhas produzem toxinas com potência semelhante às que são encontradas em alguns dinoflagelados. Um fator especialmente preocupante é a ocorrência cada vez mais frequente de florescências de *Pseudonitzschia australis*. No sudeste da Califórnia, as florescências dessas diatomáceas têm causado mortes de leões-marinhos, aves marinhas, peixes e mariscos. As diatomáceas do gênero *Pseudonitzschia* produzem **ácido domoico**, que se acumula na cadeia alimentar. Nos seres humanos, a intoxicação por ácido domoico causa sintomas graves, incluindo problemas gastrintestinais e perda de memória (intoxicação amnésica dos mariscos, ou IAM) e pode ser fatal. Desde que essa síndrome foi descoberta, no final do século 20, os casos de IAM têm sido relatados com frequência crescente em todo o mundo.

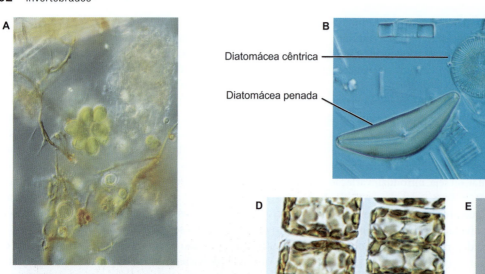
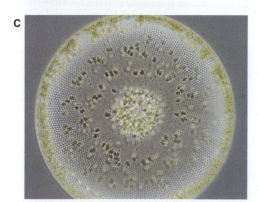

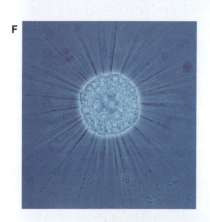

Figura 3.28 Filo Stramenopila. Diversidade dos Stramenopila. **A.** *Synura*, uma alga colonial dourada. **B.** Diatomáceas cêntricas e penadas em uma amostra de plâncton. **C.** Diatomácea cêntrica *Coscinodiscus* (as placas amarelas são cloroplastos). **D.** *Melosira*, uma diatomácea formadora de cadeias; as valvas dos organismos adjacentes estão ligadas por almofadas de mucilagem. **E.** *Ectocarpus*, uma alga parda filamentosa. **F.** *Actinophrys*, um heliozoário. **G.** *Postelisa*, uma alga marinha parda. **H.** Um banco de macroalgas (*Macrocystis*) em águas da Califórnia.

Quadro 3.9 Características do filo Stramenopila.

1. Grupo extremamente diversificado, encontrado em quase todos os hábitats da Terra.
2. Célula circundada por membrana plasmática, que pode ser sustentada por sílica (dióxido de silicone), carbonato de cálcio ou conchas, escamas ou tecas proteináceas.
3. Quase todas as espécies têm pelos únicos, complexos e tubulares, com três partes nos flagelos, durante algum estágio de seu ciclo de vida. A maioria apresenta flagelo heteroconte (i. e., com dois flagelos – um voltado para frente e outro para trás). Em alguns casos, apenas as células reprodutivas são flageladas, enquanto as células tróficas não apresentam qualquer mecanismo evidente de locomoção. Os opalinídeos parecem ter perdido sua flagelação, que foi substituída por fileiras de cílios (diferentes dos que são encontrados nos ciliados).
4. A maioria é heterotrófica, mas outros são fotossintéticos, saprofíticos ou parasitários.
5. As formas fotossintéticas têm clorofilas a, c_1 e c_2. Tilacoides em pilhas de três; quatro membranas circundando o cloroplasto, com a membrana mais externa continuada ao redor do núcleo. Xantofilas amarelas e marrons conferem-lhes uma coloração verde-amarronzado, que lhes dá o nome comum de "algas douradas".
6. As reservas alimentares são armazenadas na forma de polissacarídios líquidos (em geral, laminarina) ou óleos.
7. As mitocôndrias têm cristas tubulares curtas.
8. Têm um único núcleo vesicular.
9. A divisão do núcleo ocorre por pleuromitose aberta sem centríolos.
10. Reprodução assexuada por fissão binária.
11. Reprodução sexuada, geralmente gamética; em geral, os gametas são isogametas (exceto por algumas diatomáceas e algas pardas).

A diatomácea fotossintética de água doce *Didymosphenia geminata*, oligotrófica nativa de águas frias do norte da Ásia, da Europa e da América do Norte, recentemente se tornou uma espécie invasora, tanto em sua faixa de distribuição quanto em outras áreas do planeta (p. ex., Nova Zelândia, Chile). Os organismos fixam-se ao fundo por um pedúnculo e as colônias de diatomáceas podem formar colchões marrons espessos nos lagos e nos rios, que sufocam as comunidades bentônicas e esgotam o oxigênio do fundo à medida que entram em decomposição. As "caudas" flutuantes desses colchões acastanhados assemelham-se a um lenço de papel ou a algodão boiando na água, explicando seu nome comum de "muco da pedra". A partir da metade da década de 1980, florescências profusas dessa diatomácea tiveram forte impacto negativo nos ecossistemas de água doce. Ainda não está claro por que as populações dessa espécie se tornaram invasoras, embora um fator importante seja a redução do fluxo das correntes (as diatomáceas não conseguem resistir aos fluxos rápidos de água).

Ao contrário dos dinoflagelados e dos cocolitóforos, as diatomáceas pelágicas (predominantemente do tipo cêntrico) têm um vacúolo de armazenamento alimentar volumoso, que ocupa cerca de 40% do volume celular. Essa organela de armazenamento permite que as diatomáceas aproveitem os pulsos de curta duração dos nutrientes ambientais e armazenem reservas para reprodução rápida ou sobrevivência em períodos de escassez de nutrientes. Sua capacidade de armazenar nutrientes também permite que as diatomáceas adaptem-se aos ambientes oscilantes. Além disso, o vacúolo das espécies pelágicas facilita sua flutuação em razão de seu teor baixo de osmólitos.

As paredes celulares silicosas (frústulas) das diatomáceas não se conservam bem nos sedimentos marinhos profundos, porque a sílica dissolve. Embora os mais antigos fósseis sejam da era Mesozoica, as estimativas com base no relógio molecular sugerem que tenham se originado em torno da transição do Permiano ao Triássico. O registro fóssil indica que as diatomáceas passaram por dois períodos expressivos de radiação durante a era Cenozoica – um na transição entre Eoceno/Oligoceno e outro entre meados e fim do Mioceno. Cientistas sugeriram que a proliferação das diatomáceas na era Cenozoica seja atribuível à sua necessidade absoluta e singular de grandes suprimentos de sílica nos oceanos do planeta. A teoria sugere que a proliferação das plantas terrestres, especialmente gramíneas e ungulados que as pastam, resultou no aumento acentuado da remoção da sílica dos solos e seu transporte eventual para os oceanos, estabelecendo condições propícias para que as diatomáceas irradiassem e florescessem.

As algas marinhas pardas formam a base essencial de muitas cadeias alimentares costeiras, especialmente nas costas temperadas. A **algina** extraída de certas algas pardas (macroalgas) é usada como emulsificante em diversos produtos, desde tintas até alimentos para bebês e cosméticos. Essa substância tem muitas aplicações industriais (p. ex., como dispersor das tintas; como material de filtração na produção de alimentos; e na purificação da água). Os depósitos de silício produzidos pelas diatomáceas e outros estramenopilos são usados em geologia e limnologia como marcadores das diferentes camadas estratigráficas da Terra. Os depósitos bentônicos das carapaças de silício das diatomáceas marinhas mortas podem, ao longo do tempo geológico, resultar em formações de terrenos elevados, que são exploradas como minas de terra diatomácea.

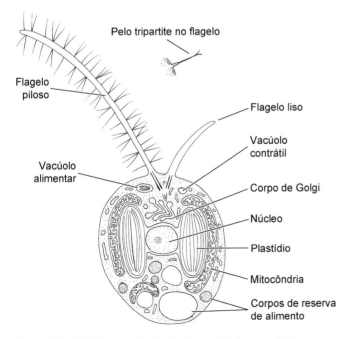

Figura 3.29 Filo Stramenopila. Anatomia geral (*Ochromonas*). Observe os pelos tripartites no flagelo.

A maioria dos estramenopilos é heterotrófica, mas alguns são parasitas ou agentes patogênicos graves. Como alguns deles secretam aldeídos com odor de peixe, eles podem tornar-se incômodos quando ocorrem em grandes quantidades; contudo, os estramenopilos raramente causam mortandade de peixes ou contaminam a água potável. Entretanto, os oomicetos contêm muitos parasitas das plantas, incluindo alguns que atacam plantações domésticas. A doença devastadora conhecida como ferrugem da batata irlandesa (hoje em dia, da Europa) e a fome resultante no século 19 foram causadas por um oomiceto – *Phytophthora infestans*.

As crisófitas (ou "algas douradas") são muito comuns na água doce e existem descritas mais de 1.000 espécies. A maioria é fotossintética, mas algumas espécies são incolores e estritamente heterotróficas. Na verdade, a maioria das espécies autotróficas se tornarão facultativamente heterotróficas quando não houver luz suficiente, ou em presença de alimento abundante. Quando isso ocorre, os cloroplastos (conhecidos como **crisoplastos** nesse grupo) atrofiam e as algas podem transformar-se em predadores, que se alimentam de bactérias ou outros protistas, incluindo diatomáceas. As espécies fotossintéticas são produtoras primárias importantes nas lagoas. Embora a maioria seja unicelular, também existem formas filamentosas e formadoras de colônias. No bem-conhecido *Dinobryon* (um gênero de água doce), as células individuais são circundadas por loricas em formato de vaso, que são compostas de fibrilas de quitina e outros polissacarídios. As colônias crescem em cadeias ramificadas ou não ramificadas. As espécies *Synura* formam colônias esféricas cobertas por escamas de sílica. As crisófitas mais antigas descritas foram encontradas nos depósitos do período Cretáceo e esse grupo tem um registro fóssil bastante completo em razão dos cistos siliciosos, que as espécies de água doce tendem a formar no seu estado de repouso.

O grupo enigmático dos blastocistidas inclui *Blastocystis*, um parasita altamente prevalente transmitido por via fecal, que infecta o trato gastrintestinal dos seres humanos e de outros animais, incluindo muitos vertebrados e alguns insetos (p. ex., baratas). A infecção por *Blastocystis* (blastocistose) causa dor abdominal, constipação intestinal e/ou diarreia. A maioria das espécies encontradas nos mamíferos e nas aves também pode causar infecções dos seres humanos. No passado, esses protistas eram classificados como fungos, depois como esporozoários e finalmente como estramenopilos com base em análises moleculares.

Sustentação e locomoção

As estruturas de sustentação dos estramenopilos são altamente variadas. Além de sua membrana celular, muitos também têm carapaças, tecas e outras estruturas de sustentação, que lhes conferem diversos formatos e aspectos. Como a maioria dos protistas, os estramenopilos raramente têm quitina na parede celular (o que os diferencia ainda mais dos fungos verdadeiros ou Eumycota, cuja sustentação depende essencialmente da quitina). Algumas crisófitas formam discos pequenos de calcita, proteína ou até mesmo silício em suas células. Esses são então envolvidos nas vesículas do retículo endoplasmático e secretados sobre a superfície da célula para formar uma camada de escamas bem-definidas – praticamente o mesmo mecanismo encontrado em outros protistas escamosos, incluindo Haptophyta. Em alguns estramenopilos, essas escamas podem ser muito elaboradas e belas (Figura 3.30). Os silicoflagelados têm esqueleto interno bem-definido com peças tubulares de sílica associadas a um núcleo central e corpos lobulados complexos, que contêm muitos cloroplastos.

As diatomáceas também secretam sílica na forma de uma testa externa (ou frústula), que consiste em duas partes conhecidas como valas. Abaixo da testa, está a membrana celular, contendo o núcleo, os cloroplastos e o restante do citoplasma. Existem duas formas de diatomáceas: as **diatomáceas cêntricas** têm frústulas radialmente simétricas e, como uma valva é ligeiramente maior que a outra, elas lembram uma placa de Petri (Figuras 3.30 A e 3.28); as **diatomáceas penadas** são bilateralmente simétricas e comumente têm sulcos longitudinais nas valvas (Figura 3.30 B).

Os estramenopilos geralmente apresentam **flagelos heterocontes**. Ou seja, eles têm dois flagelos – um voltado para frente e outro geralmente distendido para trás. O flagelo voltado para frente tem um arranjo bilateral de pelos tubulares, tripartites, enquanto o posterior é liso ou tem uma fileira de pelos filamentosos finos (ver Figura 3.29). Os pelos tubulares, tripartites, são rígidos e invertem a direção do batimento do flagelo, de forma que, ainda que o flagelo esteja batendo à frente da célula, ela mesmo assim é puxada para frente.

Os labirintúlidas são conhecidos comumente como "teias viscosas" e, em razão de seu estilo de vida e de sua locomoção singulares, no passado eles foram classificados como um filo independente. Entretanto, como podem formar células com dois flagelos heterocontes, eles agora são classificados como estramenopilos. O estágio não flagelado do ciclo de vida dos labirintúlidas forma organismos complexos, que consistem em numerosos corpos fusiformes, cada qual contendo um núcleo, que desliza rapidamente dentro de uma rede ectoplasmática limitada por membrana. Essa rede contém um sistema contrátil dependente de cálcio com proteínas semelhantes à actina, que é responsável por lançar as células através da rede. A rede espalha-se sobre materiais em decomposição, ou funciona como um patógeno nas plantas vivas. Essas redes estão associadas principalmente aos hábitats de água salgada e salobra.

Nutrição

Como você certamente já imaginou, os estramenopilos apresentam grande variedade de hábitos alimentares. Alguns são fotossintéticos, outros são heterótrofos ingestivos e outros ainda são saprofíticos. As formas fotossintéticas têm: clorofilas a, c_1 e c_2; tilacoides em pilhas de três; e quatro membranas ao redor do cloroplasto (como ocorre nas haptófitas e criptomonadinos, a membrana mais externa geralmente está em continuidade com o envelope nuclear) (ver Figura 3.3). Pigmentos acessórios amarelos e pardos (primariamente xantofilas como a fucoxantina, embora também ocorram carotenoides) conferem a muitos desses organismos uma coloração marrom-esverdeada, que lhes originou o nome popular de "algas douradas". Em geral, há um ocelo associado à região do cloroplasto, nas proximidades dos corpúsculos basais.

Muitos estramenopilos heterotróficos usam o flagelo voltado para frente com pelos tripartites para capturar partículas alimentares, que são englobadas por pseudópodes pequenos ou por um citóstoma em forma de anzol situado perto da base do flagelo. Outras formas heterotróficas alimentam-se saprofiticamente excretando enzimas que digerem os alimentos fora da célula e, em seguida, absorvem os nutrientes por meio de poros diminutos

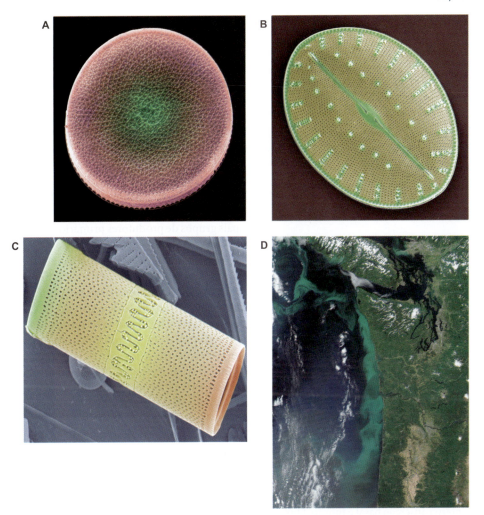

Figura 3.30 Filo Stramenopila. Esqueletos dos estramenopilos. **A.** Fotografia de microscopia eletrônica de varredura colorida do esqueleto silicioso da diatomácea cêntrica *Actinocyclus* sp. **B.** Fotografia de microscopia eletrônica de varredura colorida da diatomácea penada *Navicula* sp. **C.** Diatomácea tubular *Aulacoseira italica*. **D.** Grande florescência de diatomáceas no nordeste do Pacífico (costa do estado de Washington), julho de 2014.

existentes na superfície da célula. Esse tipo de nutrição é semelhante ao utilizado pelos fungos verdadeiros (Eumycota) e é a razão pela qual Labirinthulida, Oomycetes ("fungos aquáticos") e Hyphochytridiomycetes já foram classificados como fungos. Entretanto, a presença de um estágio com flagelo heteroconte nesses organismos deixa claro que eles são estramenopilos. Os oomicetos formam hifas, que absorvem nutrientes praticamente da mesma forma que os fungos e são predominantemente cenocíticos. Entre os oomicetos estão incluídos os fungos aquáticos, as ferrugens brancas e os bolores felpudos.

Reprodução

Na maioria dos estramenópilos, a mitose caracteriza-se por pleuromitose aberta. Durante a divisão, os corpúsculos basais dos dois flagelos separam-se e forma-se um fuso adjacente a eles ou adjacente à raiz estriada da base de cada flagelo. Nas formas que têm escamas, a armadura escamosa parece ser acrescentada à superfície das células-filhas à medida que a divisão avança. Nas diatomáceas, cada célula-filha recebe uma das valvas de sílica e forma uma nova segunda valva para completar a frústula.

A reprodução sexuada é pouco estudada na maioria dos organismos desse filo, mas quase sempre parece ocorrer pela produção de gametas haploides, que se fundem para formar um zigoto. Em muitos deles, os gametas são indiferenciados, mas em alguns (como as diatomáceas), um dos gametas é flagelado e móvel, enquanto o outro é estacionário. Muitas das algas pardas (feófitas) têm alternância de gerações.

Os opalinídeos, antes classificados como "protociliados", depois como zooflagelados e por fim como um filo separado com afinidade indefinida, aqui estão incluídos no filo Stramenopila com base primariamente nos resultados das análises da sequência de DNA. Suas numerosas fileiras oblíquas de cílios diferem claramente das fileiras de cílios dos ciliados, porque não têm um sistema cinetidal. Durante a reprodução assexuada, o plano de fissão é paralelo às fileiras oblíquas de cílios; desse modo, o plano é longitudinal (como se observa nos flagelados), em vez de transversal (como ocorre nos ciliados). Alguns opalinídeos são binucleados, outros multinucleados, mas todos são homocarióticos (*i. e.*, todos os núcleos são idênticos). Existem cerca de 150 espécies de opalinídeos em vários gêneros, quase todos endossimbiontes no intestino posterior dos anuros (rãs e sapos), onde ingerem materiais dissolvidos por qualquer parte da superfície do seu corpo. A reprodução sexuada ocorre por singamia, enquanto a reprodução assexuada dá-se por fissão binária e plasmotomia; essa última modalidade envolve divisões citoplasmáticas, que produzem células-filhas multinucleadas. *Opalina* e *Protopalina* são dois gêneros encontrados comumente (Figura 3.31). Os opalinídeos são encontrados comumente nas

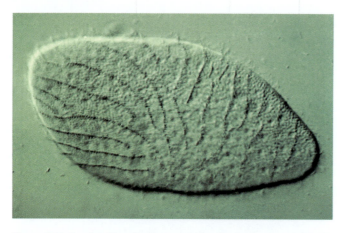

Figura 3.31 O enigmático *Opalina*, antes classificado em seu próprio filo, hoje geralmente é considerado um membro do filo Stramenopila.

dissecções rotineiras de rãs em sala de aula; sua dimensão significativa e seus movimentos graciosos dentro do reto da rã tornam essa descoberta agradável aos alunos.

Filo Haptophyta | Cocolitóforos

As Haptophyta (também conhecidas como Prymnesiophyta) incluem um grupo de protistas fitoplanctônicos unicelulares, dos quais a maioria é conhecida como cocolitóforos (ou cocolitoforídeos) (Figura 3.32). As haptófitas caracterizam-se por ter dois flagelos normais, mais uma terceira estrutura semelhante a um flagelo ou uma cavilha, que é conhecida como **haptonemas**. O haptonema geralmente é enrolado e difere dos flagelos verdadeiros por sua estrutura interna, inserção basal e função. Durante a fase imóvel do ciclo de vida, os flagelos desaparecem, mas o haptonema geralmente persiste. A função primária dessa estrutura não está totalmente esclarecida e pode variar entre as espécies. O haptonema é usado como dispositivo de captação de alimentos no mínimo em algumas espécies, mas nos demais casos parece ter funções de fixação e/ou mecanossensoriais. A própria célula contém um núcleo e dois cloroplastos marrom-dourados, que contêm os pigmentos acessórios marrom-amarelo diadinoxantina e fucoxantina. Em geral, as células são recobertas por escamas, sejam escamas diminutas formadas de carboidrato ou, no caso de alguns ou todos os estágios de vida dos cocolitóforos, escamas pequenas ou grandes – **cocólitos** – compostas predominantemente por carbonato de cálcio (ver adiante). Alguns podem ter escamas siliciosas. As escamas demonstram grande variedade e complexidade de formas – podem ser semelhantes a caçambas, roscas, bolinhos, pentágonos ou até mesmo trompetes (Quadro 3.10).

Embora sejam quase exclusivamente marinhas, existem descritas algumas espécies "terrestres" e de água doce. Os cocolitóforos vivem em grandes quantidades distribuídos por toda a zona fótica dos oceanos do planeta e constituem um dos principais grupos de produtores primários desse ambiente. Uma das espécies mais abundantes nos oceanos do planeta é *Emiliania huxleyi* (Figura 3.32). As placas secretadas (ou cocólitos) são mantidos na posição na superfície da célula por uma cobertura orgânica conhecida como **cocosfera**. Em geral, os cocólitos são compostos de carbonato de cálcio ($CaCO_3$), mas algumas espécies também têm placas não mineralizadas (compostos de carboidratos) e até mesmo siliciosas. A função da cocosfera provavelmente não é de proteção nem flutuação. Um único cocolitóforo será recoberto por 10 a mais de 100 cocólitos e isso pode variar muito de forma entre as espécies. Como seria esperado, os cocólitos desempenham uma função fundamental na taxonomia das haptófitas.

É estimado que os cocolitóforos produzam milhões de toneladas de calcita anualmente. A maioria parte dessa produção termina no fundo do oceano na forma de lama calcária, que por fim contribui para o registro sedimentar da Terra. Na verdade, esses "nanofósseis calcários" (geralmente, medem menos de 30 μm de diâmetro) transformaram-se no recurso preferido para determinar rápida e precisamente a idade estratigráfica das sequências calcárias Pós-paleozoico. Os nanofósseis calcários inquestionáveis mais antigos provêm do final do Triássico e parecem corresponder à primeira vez em que os organismos do plâncton dos oceanos abertos utilizaram esqueletos calcários e exportaram carbonato de cálcio para os oceanos profundos. As haptófitas fossilizadas

Figura 3.32 Filo Haptophyta. Fotografia de microscopia eletrônica de varredura colorida do cocolitóforos *Emiliania huxleyi*.

Quadro 3.10 Características do filo Haptophyta.

1. Forma um grupo pequeno de protistas fitoplanctônicos, quase exclusivamente de vida marinha, dos quais a maioria é conhecida como cocolitóforos.
2. Diferenciados por dois flagelos normais, mais uma terceira estrutura semelhante a um flagelo ou uma cavilha – o haptonema. Em geral, o haptonema é enrolado e difere completamente dos flagelos verdadeiros.
3. Tem dois cloroplastos marrom-dourados, que contêm os pigmentos acessórios diadinoxantina e fucoxantina.
4. As células geralmente são cobertas por escamas (cocólitos) compostas de carboidratos, carbonato de cálcio ou silício.
5. A reprodução não está inteiramente esclarecida nesse grupo, mas algumas evidências sugerem que ocorrem modalidades sexuada e assexuada.

alcançaram sua maior abundância no final do período Cretáceo, mas depois passaram por um evento de extinção em massa ao fim desse mesmo período (dois terços dos cerca de 50 gêneros conhecidos desapareceram). Muitos grupos novos surgiram no registro fóssil do Paleoceno. Os sedimentos antigos expostos de cocolitóforos calcários são conhecidos como calcário ou giz e datam principalmente da era Mesozoica. Os Rochedos Brancos de Dover (Inglaterra) representam uma das mais bem-conhecidas exposições calcárias de cocolitóforos.

O ciclo de vida dos cocolitóforos está apenas parcialmente esclarecido, mas a existência de fases haploide e diploide é inferida por estudos do DNA, com reprodução mitótica nesses dois estágios. No mínimo em algumas espécies, tais como *Emiliania huxleyi*, a fase de cocosfera é diploide e pode passar por reprodução assexuada, permitindo uma rápida proliferação populacional durante os períodos de condições ótimas, quando podem ocorrer "florescências de cocolitóforos". Algumas dessas florescências, especialmente as de *Emiliania huxleyi*, foram medidas em densidades de 1,5 milhão de células/ℓ! Os gametas haploides nus e móveis podem ser formados por meiose, enquanto os estágios bentônicos imóveis também são comprovadamente formados. A singamia não foi observada, mas supõe-se que ocorra. Fissões simples e duplas ocorrem, algumas vezes acompanhadas de um estágio de enxame de esporos. As florescências grandes podem ser problemáticas, porque a mucilagem que circunda as células pode obstruir as brânquias dos peixes ou torná-las permeáveis às toxinas dissolvidas.

Filo Cryptomonada | Criptomonadinos

Os criptomonadinos incluem vários gêneros de fotossintéticos e ocasionalmente heterotróficos flagelados, que ocorrem nos hábitats de água salgada e doce. Um organismo heterotrófico, antes conhecido como *Chilomonas*, mas agora classificado como *Cryptomonas*, é usado comumente como instrumento de pesquisa nos laboratórios de biologia. Os criptomonadinos são células biflageladas com um grande saco flagelar, uma superfície celular semirrígida sustentada por placas proteináceas (conhecidas como **periplasto**) e uma única grande mitocôndria com cristas parecidas com tubos achatados. Os plastídios dos criptomonadinos estão circundados por quatro membranas e contêm clorofilas *a* e *c*. Assim como nos clorarracniófitos, o plastídio dos criptomonadinos inclui uma pequena bolsa de citoplasma entre os pares de membranas internas e externas, e também contém ribossomos e um **nucleomorfo** – o núcleo extremamente reduzido do eucarioto, endossimbionte fotossintético, que se transformou em plastídio (Figura 3.33). Contudo, ao contrário dos clorarracniófitos, o plastídio dos criptomonadinos originou-se das algas vermelhas (não das verdes) e o amido é sintetizado e armazenado dentro do compartimento citoplasmático do plastídio. Desse modo, os criptomonadinos e os clorarracniófitos originaram-se de dois eventos endossimbióticos independentes e não relacionados. O nucleomorfo dos criptomonadinos consiste em três cromossomos pequenos, que codificam primariamente apenas os genes necessários à manutenção do próprio nucleomorfo. Atualmente, esse núcleo de alga reduzido e "escravizado" codifica apenas cerca de 20 das proteínas necessárias à manutenção do plastídio e uma transferência gênica lateral extensiva passou a maioria dos genes essenciais das algas para o núcleo do hospedeiro. O "organismo típico" dos criptomonadinos

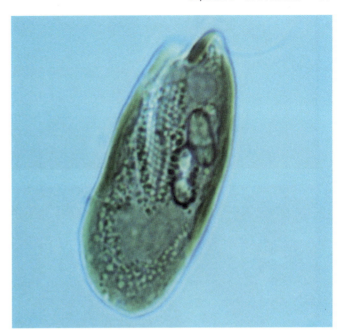

Figura 3.33 Filo Cryptomonada. *Cryptomonas*.

é *Bigelowiella natans*, que tem um genoma nucleomórfico com apenas 373.000 pares de bases – ou seja, um dos menores genomas eucarióticos conhecidos (Quadro 3.11).

GRUPO 3 | RHIZARIA
Filo Chlorarachniophyta | Algas clorarracniófitas

As Chlorarachniophyta (ou clorarracniófitas) compreendem um pequeno grupo fascinante recém-descoberto de algas unicelulares, que se tornaram um dos focos principais dos biólogos evolucionistas (Figura 3.34 A). Elas ocorrem, aparentemente com raridade, nos oceanos tropicais e subtropicais. As espécies geralmente são mixotróficas, ou seja, ingerem bactérias e

---

Quadro 3.11 Características do filo Cryptomonada.

1. Um grupo pequeno de flagelados primariamente fotossintéticos, que ocorre nos hábitats de água doce e salgada.
2. As células são biflageladas, com superfície celular semirrígida sustentada por placas proteináceas (periplasto).
3. As células têm uma única grande mitocôndria com cristas que parecem tubos achatados.
4. Os plastídios estão circundados por quatro membranas e contêm clorofilas *a* e *c*. O plastídio tem uma pequena bolsa de citoplasma entre os pares de membranas externa e interna, e também contém ribossomos e um nucleomorfo (nucleomorfo é um núcleo extremamente reduzido de uma alga vermelha simbiótica, que se transformou em plastídio).
5. O amido é sintetizado e armazenado dentro do compartimento citoplasmático do plastídio.

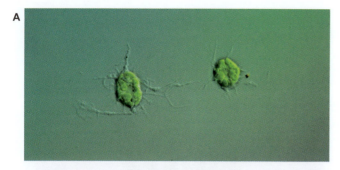
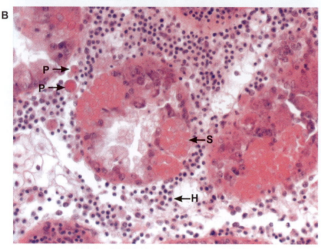

Figura 3.34 Os dois filos Rhizaria raros: Chlorarachniophyta (A) e Haplosporidia (B). **A.** *Chlorarachnion reptans*; os endossimbiontes de algas verdes estão visíveis dentro da célula, cada qual retendo seu próprio núcleo. **B.** *Haplosporidium nelsoni*, agente etiológico da doença MSX (do inglês, *multinucleated sphere X*), dentro de uma ostra do Pacífico (*Crassostrea gigas*). Os espaços vasculares entre os túbulos da glândula digestiva contêm muitos hemócitos numericamente aumentados como resposta à infecção. Observe a esporulação extensiva dentro das células epiteliais dos túbulos da glândula digestiva, assim como os estágios plasmodiais multinucleados e a infiltração de hemócitos dentro dos espaços vasculares da glândula digestiva. Os núcleos do hospedeiro têm cor roxa/azul-escura, o citoplasma e as membranas celulares são rosados. H = hemócitos; S = esporulação/esporos; P = estágios plasmodiais. (Corte de 5 μm corado com hematoxilina-eosina.)

Quadro 3.12 Características do filo Chlorarachniophyta.

1. Um grupo pequeno de protistas raros dos oceanos tropicais e subtropicais.
2. Normalmente, são organismos unicelulares pequenos e ameboides com extensões citoplasmáticas ramificadas (pseudópodes) que, em alguns casos, conectam várias células e formam uma estrutura reticulada.
3. Algumas formam zoósporos uniflagelados e células cocoides (aparentemente, cistos).
4. Podem ser mixotróficos, alimentam-se de bactérias e outros protistas, ou fotossintéticos com cloroplastos verdes contendo clorofilas *a* e *b* (e um pirenoide proeminente se projetando). Os cloroplastos têm quatro membranas envoltórias e um pirenoide proeminente (estrutura de armazenamento de alimento).
5. Com nucleomorfo (núcleo reduzido das algas verdes endossimbióticas, que se transformou em cloroplasto) presente no espaço entre a segunda e a terceira membrana envoltória de cada cloroplasto.
6. Os tilacoides comumente estão empilhados frouxamente em grupos de três.
7. As mitocôndrias têm cristas tubulares.
8. Reprodução assexuada por divisão mitótica normal ou formação de zoósporo. A reprodução sexuada parece ser rara, mas existem relatos de anisogamia e isogamia.

---

protistas menores, assim como realizam fotossíntese. Elas têm cloroplastos verdes, mas sua estrutura celular é completamente diferente das algas verdes (filo Chlorophyta). Normalmente, as clorarracniófitas têm a forma de pequenas amebas com extensões citoplasmáticas (reticulópodes) ramificadas, que capturam a presa e algumas vezes conectam várias células, formando uma estrutura reticulada. Além disso, essas algas podem também formar zoósporos flagelados, que caracteristicamente têm um único flagelo subapical que retorce para trás em torno do corpo celular. Algumas espécies também formam células cocoides muradas (aparentemente, cistos) (Quadro 3.12).

As clorarracniófitas podem ser diferenciadas com base nas seguintes características: sempre são unicelulares, embora as células possam estabelecer anastomoses com seus pseudópodes e formar "redes"; são fotossintéticas com cloroplastos verdes e quatro membranas envoltórias, que contêm clorofilas *a* e *b* e um pirenoide proeminente se projetando;[7]

têm nucleomorfo localizado no espaço entre a segunda e a terceira membranas envoltórias de cada cloroplasto; seus tilacoides geralmente estão empilhados frouxamente em grupos de três; as cristas mitocondriais são tubulares; e são células fundamentalmente ameboides com pseudópodes longos e finos (filose). As espécies que passam por estágios cocoides durante seu ciclo de vida foram encontradas nas áreas costeiras, enquanto as que têm estágios flagelados (zoósporos) tendem a ocorrer nas águas oceânicas (na forma de picoplâncton). Os padrões dos ciclos de vida variam entre as espécies. As células cocoides tendem a ser consideradas como cistos. A reprodução assexuada é realizada por divisão mitótica normal ou formação de zoósporos. A reprodução sexuada foi descrita em duas espécies: *Chlorarachnion reptans* e *Cryptochlora perforans*. Na primeira, dois tipos diferentes de células (ameboide e cocoide) fundem-se para formar um zigoto (anisogamia), enquanto em *C. perforans* a fusão ocorre entre duas células ameboides (isogamia).

As clorarracniófitas constituem um dos vários grupos de protistas que adquiriram seus cloroplastos por meio de endossimbiose secundária, na qual um eucarioto não fotossintético engolfou uma alga eucariótica e cooptou-a como simbionte; com o transcorrer do tempo evolutivo, esse simbionte foi reduzido a uma organela fotossintética. No mínimo em dois casos de endossimbiose secundária – Chlorarachniophyta e Cryptomonada –, o material nuclear (e uma pequena parte do citoplasma) foi conservado do endossimbionte fotossintético assimilado (uma alga verde e outra vermelha, respectivamente), junto com o plastídio, até os dias atuais pela linhagem "hospedeira". Nesses dois filos, os núcleos dos simbiontes estão extremamente reduzidos

---

[7] Pirenoides são estruturas ricas em proteínas encontradas dentro de alguns tipos de cloroplastos. Aparentemente, sua função é de concentrar/fixar carbono durante as fases da fotossíntese e, em geral, eles estão diretamente relacionados com os acúmulos de materiais de armazenamento, como o amido.

e são conhecidos como nucleomorfos. Os nucleomorfos e particularmente os genes que eles contêm foram fundamentais ao entendimento do fenômeno da endossimbiose secundária.

O nucleomorfo das clorarracniófitas é o núcleo vestigial da alga verde endossimbionte eucariótica, que formou o próprio cloroplasto. Na única espécie estudada até hoje, o genoma do nucleomorfo tem apenas 380 kb – um dos menores genomas eucarióticos conhecidos. O genoma consiste em três cromossomos lineares, que codificam cerca de 300 genes dispostos de forma altamente compactada. Os genes codificados pelo genoma do nucleomorfo são principalmente "genes de manutenção da casa", ou seja, genes para manter seus próprios sistemas de replicação e expressão. Apenas algumas proteínas necessárias ao cloroplasto são codificadas pelo nucleomorfo, sugerindo que a maioria dos genes dos cloroplastos codificados pelo núcleo foi cooptada pelo genoma nuclear do hospedeiro.

Como outras organelas que contêm DNA, o nucleomorfo é semiautônomo. A divisão do nucleomorfo ocorre pouco antes da divisão do cloroplasto por dobraduras sequenciais das membranas interna e externa do envelope do nucleomorfo. Nenhum estudo demonstrou formação de fusos durante a divisão. Ainda não está claro como os cromossomos são separados corretamente entre os dois nucleomorfos-filhos.

Apesar da extrema semelhança de estrutura e organização genômica entre as clorarracniófitas e os criptomonadinos, suas origens são claramente diferentes. Os nucleomorfos dos criptomonadinos originaram-se de uma alga vermelha endossimbionte, enquanto os nucleomorfos das clorarracniófitas provêm de uma alga verde endossimbionte. Portanto, os nucleomorfos são um exemplo excelente da evolução convergente por meio da endossimbiose (ver seção sobre filogenia, adiante). Estudos de filogenia molecular sugeriram que o clado "hospedeiro" das Chlorarachniophyta seja monofilético e que seu ancestral seja um protista heterotrófico, que poderíamos classificar no clado dos Cercozoários.

Filo Granuloreticulosa | Foraminifera e seus parentes

O filo Granuloreticulosa contém cerca de 40.000 espécies fósseis e vivas descritas (Quadro 3.13). Os membros desse filo são praticamente onipresentes em todos os hábitats aquáticos, desde os polos até o equador, e em todas as profundidades dos oceanos do planeta. O filo consiste em dois grupos principais: Athalamida e Foraminifera (incluindo os Monothalamida). Os Athalamida são encontrados na água doce, no solo e nos ambientes marinhos e são diferenciados do foraminíferos porque não têm testa e os pseudópodes podem emergir de qualquer parte do corpo.

Os foraminíferos (p. ex., *Globigerina*), também conhecidos como foraminiferida ou forâmicas, são os membros mais comuns e mais bem-conhecidos do filo Granuloreticulosa (Figuras 3.35 e 3.36; ver também Figura 3.1 J). Esses organismos são encontrados mais comumente nas águas marinhas e salobras, e caracterizam-se pela presença de uma testa com uma ou várias câmaras e reticulópodes bem-definidos – pseudópodes longos e finos (sustentados por microtúbulos), que se ramificam e formam anastomoses – e que abrigam um mecanismo de transporte intracelular bidirecional rápido. A maioria dos foraminíferos é bentônica e tem testa achatada. Contudo, alguns desses

Quadro 3.13 Características do filo Granuloreticulosa.

1. Protistas comuns e onipresentes em todos os hábitats aquáticos e em todas as profundidades.
2. Célula envolta por membrana plasmática, que pode ser sustentada por testa orgânica, aglutinada ou calcária; a testa está situada fora da membrana plasmática.
3. A locomoção e a alimentação envolvem pseudópodes longos e finos conhecidos com reticulópodes, que se ramificam e fundem para formar uma rede.
4. São heterotróficos e não têm plastídios. Contudo, muitas espécies abrigam protistas simbióticos fotoautotróficos dentro de sua célula (p. ex., diatomáceas, dinoflagelados, algas vermelhas e algas verdes).
5. As mitocôndrias têm cristas tubulares.
6. Os núcleos são ovais ou vesiculares; muitos são multinucleados; alguns apresentam dois tipos de núcleo.
7. A divisão nuclear ocorre por pleuromitose intranuclear fechada.
8. Reprodução assexuada por brotamento e/ou fissão múltipla.
9. Reprodução sexuada conhecida na maioria das espécies. O ciclo de vida geralmente é complexo e envolve alternância de formas assexuada (agamonte) e sexuada (gamonte).

Figura 3.35 Filo Granuloreticulosa. **A.** Conchas de foraminíferos do mar Vermelho. **B.** O foraminífero *Spirolina* sp., com seus reticulópodes estendidos.

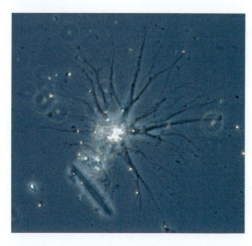

Figura 3.36 Filo Granuloreticulosa. Um Athalamida não identificado com reticulópodes.

organismos são pelágicos e podem ter espinhos calcários envolvidos na captura das presas (p. ex., *Globigerinella*; ver Figura 3.1 J). Os foraminíferos (espécies não calcárias) foram encontrados vivendo até mesmo nas fossas oceânicas mais profundas, tais como o Challenger Deep (10.896 m). Os foraminíferos das fossas e das regiões abissais são basicamente espécies simples, com uma única câmara, que fazem parte de linhagens ancestrais que há muito tempo deram origem aos grupos com múltiplas câmaras mais complexos, os quais predominam nos oceanos mais rasos. Os membros dessas linhagens com uma única câmara também são os únicos foraminíferos que invadiram os hábitats terrestres e de água doce. Desse modo, os ecossistemas terrestres e de águas oceânicas profundas servem como refúgios para as linhagens foraminíferas ancestrais.

As testas dos foraminíferos deixaram um excelente registro fóssil, que data no mínimo do período Cambriano Inferior e talvez do Pré-cambriano. As testas dos foraminíferos planctônicos são usadas pelos geólogos como indicadores paleoecológico e bioestratigráfico, enquanto os depósitos de foraminíferos bentônicos são utilizadas comumente pelos geólogos do petróleo em suas buscas por óleo. As testas de algumas espécies são surpreendentemente duráveis. Na ilha de Bali, as testas de uma espécie são mineradas e utilizadas como cascalho em ruas e estradas! Grande parte do giz, rocha calcária e mármore do planeta é formada em grande parte por testas de foraminíferos ou material calcário residual derivado das testas. A maioria das pedras usadas para construir as grandes pirâmides do Egito tem sua origem nos foraminíferos (é interessante e instrutivo pensar que as grandes pirâmides foram construídas com esqueletos de protistas). Antes de serem enterradas no fundo do oceano, as testas dos foraminíferos funcionam como residências e áreas para deposição dos ovos de muitas espécies diminutas de metazoários, tais como pequenos sipúnculos, poliquetas, nematódeos, copépodes, isópodes e outros.

Sustentação e locomoção

Embora pouco se saiba sobre a locomoção nas granulorreticulosas, acredita-se que os reticulópodes estejam envolvidos (ver Figura 3.36). A maioria das espécies tem testas recobrindo sua membrana plasmática (membrana celular). Entretanto, Athalamida não têm testa e, em vez disso, são recobertos por um envelope fibroso, fino. As testas dos foraminíferos geralmente são construídas a partir de inúmeras câmaras interconectadas de tamanhos crescentes, com um orifício principal (abertura) na câmara maior, da qual emergem os reticulópodes. Os poros conectores entre as câmaras são conhecidos como **forames** (daí o nome desse grupo) e, na verdade, constituem os orifícios das câmaras. Pode haver uma abertura grande, ou vários orifícios menores na câmara maior (mais recente). O citoplasma que emerge da(s) abertura(s) forma a rede reticulopodial e comumente também constitui uma camada que recobre a parte exterior da testa.

Existem três tipos de testa nos foraminíferos: (1) orgânicas, (2) aglutinadas e (3) calcárias. A natureza da teca é um elemento taxonômico usado para classificar os foraminíferos. As testas orgânicas são formadas de complexos de proteínas e mucopolissacarídios. Essas testas são flexíveis e permitem que os organismos as secretem (p. ex., *Allogramia*) para modificar sua forma rapidamente.

As testas aglutinadas são compostas de materiais retirados do ambiente (p. ex., grãos de areia, espículas de esponjas, diatomáceas, etc.), que estão embebidas em uma camada de mucopolissacarídios secretados pela célula. A testa pode enrijecer com a deposição de sais calcários e ferrosos. Alguns foraminíferos com testas aglutinadas são altamente seletivos quanto aos materiais de construção usados para formar suas testas (p. ex., *Technitella*), enquanto outros não são (p. ex., *Astrorhiza*).

As testas calcárias são compostas por uma camada orgânica reforçada por calcita ($CaCO_3$) secretada pelos próprios foraminíferos. O arranjo dos cristais de calcita confere às testas um aspecto característico e existem descritas três categorias principais de testas calcárias: (1) porcelânica, (2) hialina e (3) microgranular. As testas porcelânicas aparecem brilhantes e brancas, e provavelmente são as mais conhecidas dos estudantes (ver Figura 3.35). Em geral, essas testas não têm perfurações e os reticulópodes emergem de uma única abertura. As testas hialinas têm aspecto semelhante ao vidro quando a luz é refletida e comumente são perfuradas com orifícios minúsculos. As testas microgranulares têm aspecto de açúcar (granular) quando a luz é refletida. Os foraminíferos planctônicos podem ocorrer em números tão elevados que as testas calcárias dos organismos mortos constituem uma parte expressiva dos sedimentos das bacias oceânicas. Em algumas partes do planeta, esses sedimentos – conhecidos como vazas de foraminíferos – medem centenas de metros de espessura. Entretanto, esses sedimentos estão restritos às profundidades menores que 3.000 a 4.000 m, porque o $CaCO_3$ dissolve sob pressão alta.

Nutrição

Todos os Granuloreticulosa são heterotróficos e alimentam-se por fagocitose. Suas presas são variadas, dependendo das espécies. Alguns são herbívoros, outros carnívoros, enquanto outros ainda são omnívoros ou detritívoros. Os ciclos de vida de muitas espécies planctônicas herbívoras estão relacionados com a florescência de certas algas (como diatomáceas ou clorófitas) e, nessas épocas, elas pastam pesadamente no fitoplâncton. Todas as espécies provavelmente usam seus reticulópodes para prender o alimento. As vesículas existentes na ponta dos reticulópodes secretam uma substância pegajosa, na qual a presa fica aderida quando entra em contato. As espécies bentônicas capturam suas presas espalhando seus reticulópodes ao seu redor, quando estão no fundo de um lago ou oceano. Por fim, as presas são transportadas à membrana plasmática da célula, onde são engolfadas dentro de vacúolos alimentares.

Tanto foraminíferos bentônicos como planctônicos de águas rasas, que vivem nas proximidades da superfície da água, frequentemente abrigam algas endossimbiontes como diatomáceas, dinoflagelados ou algas verdes ou vermelhas, que podem migrar ao longo dos reticulópodes para se expor mais à luz solar. Esses foraminíferos são especialmente abundantes nos oceanos tropicais quentes. Estudos sugerem que a reciclagem de nutrientes e minerais ocorra entre os foraminíferos e suas algas simbiontes. Além disso, estudos demonstraram que os simbiontes podem aumentar a capacidade de os foraminíferos formarem sua testa e que sua presença frequentemente permite que seus hospedeiros cresçam e alcancem dimensões muito grandes (p. ex., os foraminíferos do período Eoceno *Nummulites gizehensis* chegaram a medir 12 cm de diâmetro), mesmo nas águas com poucos nutrientes. Os foraminíferos "gigantes" como *Nummulites* são muito mais comuns nos depósitos fósseis do que são hoje.

Reprodução e alguns ciclos de vida

Os ciclos de vida dos Granuloreticulosa geralmente são complexos, e a maioria não está inteiramente esclarecida. Em geral, esses ciclos envolvem uma alternância de fases sexuada e assexuada (Figura 3.37). Entretanto, algumas espécies menores parecem reproduzir-se apenas assexuadamente, por brotamento e/ou fissão múltipla. A divisão nuclear das espécies que se reproduzem por formas sexuada e assexuada ocorre por pleuromitose intranuclear. Nas espécies que se reproduzem sexuadamente, não é incomum encontrar espécimes das mesmas espécies de foraminíferos diferindo expressivamente quanto ao tamanho e ao formado em diferentes fases do ciclo de vida. Em geral, as diferenças de tamanho são determinadas pelo tamanho da câmara inicial da carapaça (**prolóculo**) produzida depois de um evento particular no ciclo de vida. Em muitos casos, o prolóculo que se forma depois dos processos assexuados é significativamente maior que o que é produzido depois da singamia. Os espécimes com prolóculos grandes são conhecidos como **geração macroesférica** ou **megaesférica**; os espécimes com prolóculos pequenos são referidos como **geração microesférica**.

Durante a fase sexuada do ciclo de vida, os organismos haploides (gamontes) passam por divisões repetidas para produzir e liberar isogametas bi- ou triflagelados, que estabelecem pares e fundem-se para produzir organismos assexuados. Os organismos diploides assexuados (agamontes) fazem meiose e produzem gamontes haploides – os indivíduos sexuados. O meio de retorno para a condição diploide varia. Em muitos foraminíferos (*Elphidium, Iridia, Tretomphalus* e outros), os gametas flagelados são formados e liberados; a fecundação ocorre livremente na água do mar para produzir um agamonte jovem. Em outros, tais como *Glabratella*, dois ou mais gamontes reúnem-se e fixam-se temporariamente um ao outro. Os gametas, que podem ser flagelados ou ameboides, fundem-se dentro das câmaras das testas pareadas. Por fim, as carapaças separam-se, liberando os agamontes recém-formados. A autogamia verdadeira ocorre em *Rotaliella*: cada gamonte forma gametas, que se reúnem em pares e fundem-se dentro de uma única testa; em seguida, o zigoto é liberado na forma de um agamonte.

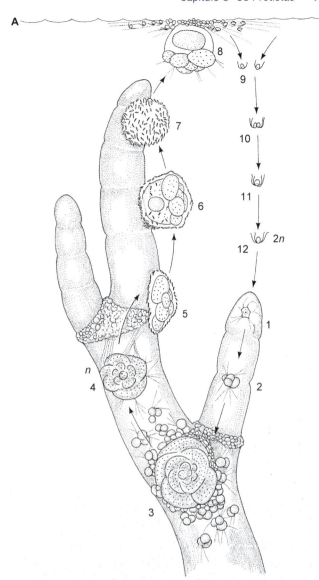

Figura 3.37 Filo Granuloreticulosa. **A.** Ciclo de vida do foraminífero *Tretomphalus bulloides*. (1) O zigoto ameboide sem carapaça se estabelece na superfície de uma alga ou gramínea oceânica (p. ex., *Thalassia testudinum*). (2) A célula cresce e alcança maturidade na forma de um agamonte, que produz assexuadamente gamontes jovens (3). Cada gamonte maduro (4) acumula partículas de detritos (5 e 6) para formar uma câmara de flutuação (7). (8) O gamonte flutua até a superfície e produz e libera gametas (9), que se fundem para produzir um zigoto natante (10 a 12). **B.** Os leitos de gramíneas oceânicas (*Thalassia testudinum*) são hábitat comum de *Tretomphalus bulloides* do Caribe.

Filo Radiolaria | Radiolários

O filo Radiolaria inclui cerca de 2.500 espécies descritas, cujos pseudópodes filiformes parecem assemelhá-los às clorarracniófitas e muitos heliozoários – os três formam um clado conhecido como Cercozoa (Quadro 3.14). Em geral, esses grupos são classificados como Radiolaria: Polycystina, Acantharia e Phaeodaria, embora provavelmente nenhum deles represente um grupo monofilético (Figura 3.38). A maioria tem esqueletos silicosos (SiO_2) internos, que são bem-preservados nos fósseis, ainda que as acantárias tenham esqueleto de sulfato de estrôncio (celestita, $SrSO_4$), que é mais hidrossolúvel e encontrado com menos frequência no registro fóssil. Todos os radiolários são planctônicos, encontrados exclusivamente nos hábitats marinhos e mais abundantes em águas quentes (26 a 37°C).

Os axópodes, que irradiam dos corpos desses belos protistas, são pseudópodes mais finos sustentados por um centro interno de microtúbulos. Em muitos grupos, os axópodes estendem-se de uma região central da célula conhecida como **axoplasto** (Figura 3.39). O padrão de arranjo dos microtúbulos dentro dos axópodes varia e é um elemento taxonômico importante. Os axópodes atuam primariamente na alimentação e, em alguns casos, também na locomoção. O citoplasma apresenta movimentos bidirecionais típicos (como Granuloreticulosa), circulando substâncias no citoplasma entre os pseudópodes e o corpo principal da célula. Um dos aspectos mais úteis dos radiolários para os seres humanos está relacionado com a natureza dos seus esqueletos – os esqueletos de sulfato de estrôncio de Acantharia têm sido usados pelos cientistas para medir as quantidades de radioatividade natural ou antropogênica nos ambientes marinhos. Os esqueletos silicosos dos Polycystina e dos Phaeodaria não se dissolvem sob grandes pressões e, por isso, acumulam-se, junto com as testas das diatomáceas, na forma de depósitos conhecidos como vasa silicosa nos leitos das bacias oceânicas profundas (entre 3.500 e 10.000 metros de profundidade). Esses esqueletos datam do período Cambriano e têm sido usados como indicadores paleoambientais.

Sustentação e locomoção

O citoplasma dos radiolários é dividido em duas regiões – endoplasma e ectoplasma – que estão separadas por uma parede capsular composta (em geral) de mucoproteína. O endoplasma central é granular e denso e contém a maior parte das organelas: núcleo, mitocôndrias, aparelho de Golgi, grânulos pigmentares, vacúolos digestivos, cristais e axoplasto. Os axópodes emergem do axoplasto situado no endoplasma por meio de poros da parede capsular. O padrão dos poros é variável. Por exemplo, nas Polycystina existem muitos poros na parede da cápsula e todos estão associados às estruturas em forma de colarinho conhecidas como **fúsulas**. Nos Phaeodaria, existem apenas três poros na parede capsular. O maior deles – **astrópila** – está associado às fúsulas. Os axópodes emergem dos dois poros menores – **parapilas** –, que não estão associados às fúsulas.

A maioria dos radiolários tem esqueletos para sustentação. O esqueleto é formado e está abrigado dentro do endoplasma e, por isso, é interno. Nos Polycystina e Phaeodaria, o esqueleto é formado principalmente de elementos silicosos, que são sólidos nos Polycystina e ocos nos Phaeodaria. Nos Acantharia, o esqueleto é formado de sulfato de estrôncio embebido em matriz proteinácea. Esses esqueletos são muito variáveis quanto à construção e à ornamentação e comumente contêm espinhos radiais, que facilitam a flutuação. Nos Acantharia há um arranjo particular de 20 espículas radiais, que é um elemento diagnóstico desse grupo.

O ectoplasma – conhecido comumente como **cálima** – está situado do lado de fora da parede capsular e contém mitocôndrias, vacúolos digestivos grandes, extrussomos e (em algumas espécies) algas simbiontes. A cálima tem aspecto nitidamente espumoso em razão da presença de uma grande quantidade de vacúolos (ver Figuras 3.38 e 3.39). Os vacúolos, entre os quais alguns abrigam gotas de óleo e outros líquidos de baixa densidade, facilitam a flutuação das espécies de vida livre. Quando as condições das águas superficiais tornam-se agitadas e, potencialmente, perigosas para esses protistas delicados, a cálima expele parte de seu conteúdo e a criatura desce para profundidades mais calmas. Eventualmente, a célula repõe os óleos e outros líquidos, e o organismo sobe novamente para a superfície. Um aspecto singular do ectoplasma dos Phaeodaria são as bolas de escórias metabólicas conhecidas como **feódios**, que deram origem ao nome desse grupo. O ectoplasma dos Acantharia é recoberto por um córtex reticulado, que está ancorado ao ápice das espículas por mionemas contráteis. Tanto o córtex quanto a existência de mionemas associados às espículas esqueléticas são características distintivas dos Acantharia.

Quadro 3.14 Características do filo Radiolaria.

1. Protistas planctônicos marinhos comuns nos oceanos do planeta; mais comum nos trópicos.
2. O citoplasma é dividido em duas regiões: endoplasma e ectoplasma (= cálima) separados por uma parede capsular composta (geralmente) de mucoproteína. A célula é circundada pela membrana plasmática, que pode ser sustentada por esqueleto secretado pela célula, geralmente interno; os esqueletos têm composição variada.
3. A locomoção é predominantemente passiva; os axópodes podem permitir alguma mobilidade.
4. As mitocôndrias têm cristas tubulares (na maioria das espécies).
5. Os organismos são heterotróficos e capturam suas presas com os axópodes e os extrussomos. Embora não tenham plastídios, algumas espécies abrigam protistas simbióticos fotoautotróficos (p. ex., clorófitas, dinoflagelados).
6. A maioria tem um único núcleo vesicular; alguns têm um único núcleo oval; outros têm núcleos múltiplos.
7. A divisão nuclear ocorre por pleuromitose intranuclear fechada. As placas eletrodensas atuam como organizadoras do fuso mitótico; os pares de centríolos estão localizados fora do núcleo e nas proximidades das placas. Estruturas amorfas conhecidas como capuzes polares localizados no citoplasma funcionam como organizadores do fuso mitótico.
8. Reprodução assexuada por fissão binária, fissão múltipla ou brotamento.
9. A meiose inclui duas divisões antes da formação dos gametas.

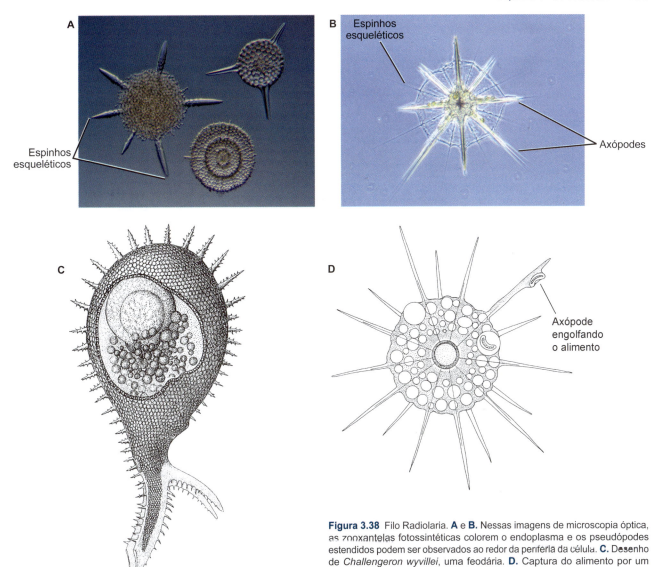

Figura 3.38 Filo Radiolaria. **A** e **B**. Nessas imagens de microscopia óptica, as zooxantelas fotossintéticas colorem o endoplasma e os pseudópodes estendidos podem ser observados ao redor da periferia da célula. **C**. Desenho de *Challengeron wyvillei*, uma feodária. **D**. Captura do alimento por um axópode.

A locomoção dos radiolários é limitada. A maioria é arrastada passivamente na coluna de água utilizando os axópodes, os espinhos esqueléticos (quando existem) e os vacúolos do ectoplasma como dispositivos de flutuação. Entretanto, em alguns casos, os axópodes e os espinhos desempenham funções mais ativas na locomoção. Por exemplo, os axópodes também podem ajudar esses organismos a manter sua posição na coluna de água por expansão e contração dos vacúolos entre os axópodes. Isso tem sido sugerido, porque é um fenômeno observado nos Polycystina que, quando o ectoplasma e os axópodes são perdidos durante a divisão celular, os organismos afundam. Ao menos em um gênero – *Sticholonche* – os axópodes parecem ser usados como remos minúsculos. Nos Acantharia, acredita-se que a contração dos mionemas que estão ligados às espículas possa regular de alguma forma a flutuação.

Todos os radiolários são heterotróficos, ou seja, obtêm alimentos por fagocitose e muitos são predadores vorazes. Entre suas presas estão bactérias, outros protistas (p. ex., ciliados, diatomáceas, flagelados) e até mesmo pequenos invertebrados (p. ex., copépodes). Os radiolários utilizam seus axópodes como armadilhas para a presa. Em geral, esses organismos estão equipados com extrussomos, tais como mucocistos produtores de muco e **cinetocistos** que ejetam estruturas filiformes farpadas. As presas aderem ao muco (descarregado pelos mucocistos) que recobre os axópodes, ou podem ficar agarradas aos axópodes pelos cinetocistos liberados.

As dimensões e a motilidade das presas determinam o mecanismo específico de alimentação utilizado. Presas pequenas são engolfadas diretamente em vacúolos alimentares, enquanto as grandes podem ser parcialmente digeridas no meio extracelular por ação secretora dos lisossomos da cobertura de muco, ou quebradas em pedaços por ação dos pseudópodes grandes. O alimento extracelular é trazido para perto do corpo celular pelo escorrer do citoplasma e, eventualmente, é engolfado dentro dos vacúolos alimentares e digerido por completo na parte central da célula. Nos Polycystina, pesquisadores observaram que, quando uma presa grande ou que se movimenta rapidamente (principalmente as que têm esqueletos, como as diatomáceas) entra em contato com os axópodes, eles na verdade entram em colapso, puxando a presa para dentro do corpo celular, onde é engolfada pelos filópodes finos e depois encarcerada dentro de um vacúolo alimentar (ver Figura 3.38 D). O colapso dos axópodes parece envolver a desorganização dos microtúbulos.

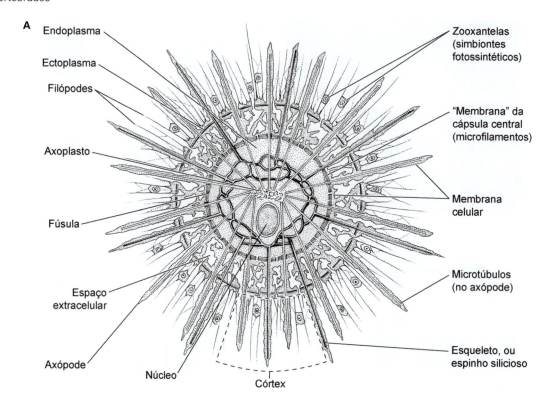

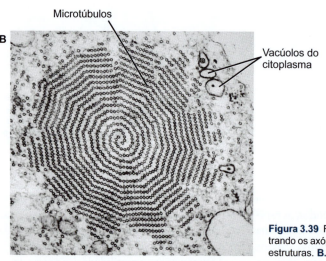

Figura 3.39 Filo Radiolaria. **A.** Anatomia geral de um radiolário, demonstrando os axópodes (espinhos radiais que auxiliam na flutuação) e outras estruturas. **B.** Corte transversal do axópode de *Actinosphaerium*.

Os Phaeodaria apresentam uma configuração alimentar interessante. Como foi mencionado antes, esses organismos têm apenas três orifícios na parede capsular: duas parapilas e uma única astrópila. A presa fica retida nos axópodes. Em seguida, um pseudópode grande, formado a partir da astrópila, engloba a presa em um vacúolo alimentar, onde ela é digerida no ectoplasma. Em virtude desse comportamento, alguns pesquisadores têm-se referido à astrópila como um citóstoma.

Muitos Polycystina e Acantharia vivem nas proximidades da superfície da água. Em geral, esses protistas têm algas simbiontes, incluindo clorófitas e dinoflagelados, que provavelmente lhes proporcionam nutrientes adicionais. Os Phaeodaria não têm algas simbiontes, o que não é surpresa, uma vez que eles tendem a ser encontrados nas águas profundas impróprias para a fotossíntese.

Reprodução

A reprodução assexuada ocorre por fissão binária, fissão múltipla ou brotamento. Entretanto, nos Polycystina e em vários organismos que formam carapaças, a divisão ocorre ao longo de planos predeterminados pela simetria corporal e pelo arranjo do esqueleto. O mesmo modo básico de fissão múltipla ocorre em todos os grupos. O núcleo poliploide é formado depois de várias divisões mitóticas. O núcleo fragmenta-se, formando muitos organismos biflagelados conhecidos como "enxameadores" que, por fim, perdem seus flagelos e adquirem a forma adulta (Figura 3.40). Nos Polycystina, os enxameadores têm um cristal de sulfato de estrôncio em seu citoplasma. Na maioria das espécies de Polycystina e Acantharia, a fissão múltipla é o único mecanismo de reprodução assexuada.

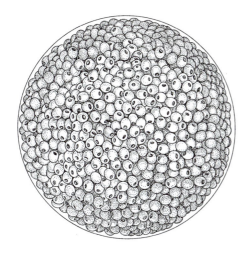

Figura 3.40 Filo Radiolaria. Massa de enxameadores produzidos pelas fissões múltiplas dentro da cápsula central do radiolário *Thalassophysa*.

A reprodução sexuada não está bem-documentada nos radiolários. Usualmente, a autogamia é desencadeada tanto pela falta de alimento quanto, ao contrário, por alimentação abundante. Primeiramente, a célula encista e passa por uma divisão mitótica para formar dois gamontes. O núcleo de cada gamonte divide-se por meiose sem citocinese. Com exceção de dois núcleos, todos os demais se desintegram. Os dois núcleos haploides sobreviventes fundem-se enquanto ainda estão dentro do cisto, formando um zigoto diploide que, mais tarde, emerge do cisto quando as condições ambientais se tornam mais favoráveis.

A divisão nuclear ocorre por pleuromitose intranuclear fechada. As placas eletrodensas localizadas na superfície interna do envelope nuclear funcionam como organizadores do fuso mitótico. Perto dessas placas, há um par de centríolos localizado fora do núcleo.

Filo Haplosporidia | Haplosporídeos

Os haplosporídeos constituem um filo pequeno de protistas parasitários, que geralmente (ainda que não em todos os casos; p. ex., *Bonamia*) formam esporos uninucleados sem cápsulas ou filamentos polares; a parede do esporo tem um orifício em um dos polos (ver Figura 3.34 B). Em *Urosporidium*, o orifício é "fechado" por um diafragma interno; nos outros gêneros, há um opérculo articulado externo. Faixas de materiais tubulares, filamentares ou em forma de fitas foram observadas frequentemente na superfície externa dos esporos, mas essa ornamentação é estruturalmente diversa e não está bem-esclarecida. Na verdade, não há um aspecto ultraestrutural singular que caracterize os haplosporídeos e, em geral, esses organismos são reconhecidos com base em uma combinação de fatores: um estágio uninucleado, geralmente com um núcleo central, que se desenvolve até um estágio diplocariótico. Nesse último estágio, dois núcleos ficam próximos e entram em contato um com o outro depois da divisão – uma divisão adicional do núcleo forma os plasmódios multinucleados, a partir dos quais os esporos operculados podem se desenvolver. Os haplosporídeos são parasitas exclusivamente intracelulares de certos invertebrados, incluindo platelmintos (Turbelários), anelídeos, crustáceos e especialmente moluscos. Eles estão distribuídos amplamente pelo mundo, principalmente nos ambientes marinhos e, em menor extensão, nos hábitats de água doce. Agentes etiológicos da doença MSX, os haplosporídeos (*Haplosporidium* e *Bonamia*) foram implicados na dizimação das populações de ostras costeiras. Hoje dispomos de pouco conhecimento acerca dos ciclos de vida dos haplosporídeos e as espécies são caracterizadas com base na estrutura dos esporos e no sequenciamento de genes.

O maior gênero desse filo – *Haplosporidium* – contém cerca de duas dúzias de espécies, dentre as quais a maioria é de parasitas que vivem nos moluscos bivalves, embora algumas espécies infestem caranguejos e camarões comercialmente importantes (p. ex., *H. littoralis* infecta o caranguejo *Carcinus maenas*, que é comum nos portos europeus).

Os taxonomistas têm encontrado dificuldades para classificar os haplosporídeos. Historicamente, esse táxon era tratado como um termo genérico para todos os parasitas formadores de esporos com células nuas multinucleadas (plasmódios) em seus ciclos de vida, que não pudessem ser facilmente classificados em outros grupos. Os Haplosporidia foram classificados primeiramente (em 1899) como uma ordem do filo Sporozoa. Em 1979, os Haplosporidia (e os Paramyxea) foram separados dos "outros esporozoários" e colocados em um filo novo conhecido como Ascetospora, dentre os quais nem todos têm um estágio de esporos em seu ciclo de vida. Recentemente, os Ascetospora foram abandonados e os Haplosporidia e Paramyxea foram elevados ao nível de filo. O filo Paramyxea também inclui vários parasitas importantes das ostras e de outros bivalves, incluindo as espécies de *Marteilia* da região do Indo-Pacífico. Os filogeneticistas moleculares começaram a tentar esclarecer as relações entre esses três grupos, mas até agora tiveram pouco sucesso. Hoje em dia, alguns protistologistas consideram os haplosporídeos como uma ordem dentro do filo recém-criado das Retaria, enquanto outros os classificam no filo conhecido como Cercozoa.

GRUPO 4 | EXCAVATA

Filo Parabasalida | Tricomonadinos, hipermastigotos e seus parentes

O filo Parabasalida contém cerca de 300 espécies de protistas flagelados heterotróficos, dos quais todos são endossimbiontes (basicamente parasitas) dos animais (Figura 3.41). Existem dois subgrupos principais de parabasálidos: os tricomonadinos e os hipermastigotos (Quadro 3.15). Os hipermastigotos (p. ex., *Trichonympha*) são mutualistas obrigatórios nos tratos digestivos de insetos que se alimentam de madeira, tais como cupins e baratas-da-madeira. O mutualismo obrigatório entre os hipermastigotos e os cupins e baratas-da-madeira foi bem-estudado. Embora esses insetos comam madeira, eles não têm as enzimas necessárias para degradá-la. Os hipermastigotos produzem a enzima celulase, que degrada a celulose da madeira em uma forma que o inseto possa metabolizar.

Os tricomonadinos são simbiontes dos tratos digestivo, reprodutivo e respiratório dos vertebrados, incluindo seres humanos. Existem quatro espécies de tricomonadinos encontradas nos seres humanos, das quais três são comensais normalmente inofensivos (*Dientamoeba fragilis*, *Pentatrichomonas hominis* e *Trichomonas tenax*) e uma caracterizada como patógeno sexualmente transmissível, extremamente comum (*T. vaginalis*). *Pentatrichomonas hominis* é encontrada no trato digestivo dos seres humanos, de outros primatas e de cães e gatos. Em geral, esse organismo está presente em menos de 2% da população, ainda que a prevalência

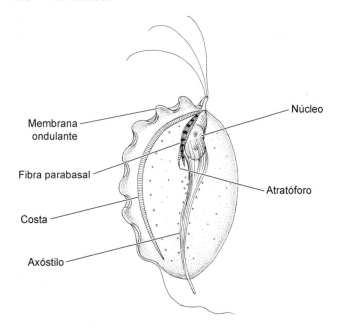

Figura 3.41 Filo Parabasalida. *Trichomonas murius*, um tricomonadino que habita o intestino grosso dos camundongos.

Quadro 3.15 Características do filo Parabasalida.

1. Filo pequeno de flagelados heterotróficos, sem plastídios, dos quais todos são endossimbiontes (basicamente parasitas) dos animais. Os hipermastigotos são mutualistas obrigatórios dos tratos digestivos dos insetos que comem madeira. Os tricomonadinos são simbiontes dos tratos digestivo, reprodutivo e respiratório dos vertebrados.
2. O corpo é circundado apenas pela membrana plasmática; o citoesqueleto confere certa rigidez e está associado aos flagelos.
3. Têm flagelos para locomoção (quase sempre); o número de flagelos pode variar de um a milhares; as raízes fibrosas (fibra parabasal, atratóforo) e as estruturas microtubulares (axóstilo, pelta) associadas com os corpúsculos basais dos flagelos.
4. Mitocôndrias altamente modificadas estão presentes na forma de hidrogenossomos (que não têm muitas das características das mitocôndrias normais, incluindo DNA e fosforilação oxidativa).
5. Os hipermastigotos têm um único núcleo cromossômico ou vesicular com um nucléolo proeminente. Os tricomonadinos possuem um único núcleo vesicular com nucléolo diminuto.
6. A divisão do núcleo ocorre por pleuromitose extranuclear fechada sem centríolos.
7. A divisão celular assexuada ocorre por fissão binária longitudinal.
8. A reprodução sexuada ocorre em alguns hipermastigotos, mas não foi identificada nos tricomonadinos. Nos hipermastigotos, a reprodução sexuada é variável e ocorre por gametogamia, gamontogamia ou autogamia.

em muitos países em desenvolvimento seja muito maior (p. ex., 32% no México). *P. hominis* está diretamente associada às condições higiênicas precárias, porque o parasita é transmitido por via orofecal através da água e dos alimentos contaminados, e pelos insetos do lixo, como moscas e baratas.

Os parabasálidos tiveram seu nome originado de uma fibra – **fibra parabasal** – que se estende dos corpúsculos basais até o aparelho de Golgi. Várias outras fibras citoesqueléticas incomuns, basicamente feixes de microtúbulos com formatos de bastões ou lâminas, estão associadas aos corpúsculos basais (**atratóforo**, **axóstilo** e **pelta**); sua presença combinada com a fibra parabasal é um elemento diagnóstico desse grupo. A maioria das espécies também tem membrana ondulante. Os parabasálidos têm mitocôndrias altamente modificadas conhecidas como **hidrogenossomos**. Essas organelas produzem energia (ATP) quando o oxigênio não está presente, liberando gás hidrogênio como um dos produtos residuais. Organelas semelhantes são encontradas em alguns outros protistas que vivem em ambientes pobres de oxigênio (p. ex., muitos ciliados).

Os tricomonadinos têm sido o foco de muitas pesquisas, porque existem quatro espécies encontradas como simbiontes nos seres humanos e várias espécies que parasitam aves e animais domésticos. *Trichomonas vaginalis* é uma espécie cosmopolita encontrada na vagina e na uretra das mulheres, assim como na próstata, nas vesículas seminais e na uretra dos homens. Esse parasita é transmitido principalmente por relações sexuais, embora tenha sido encontrado em bebês recém-nascidos. A presença de *T. vaginalis* em crianças muito pequenas sugere que a infecção também possa ser contraída pelo uso compartilhado de panos, toalhas ou roupas. A maioria das cepas de *T. vaginalis* tem patogenicidade tão pequena que a vítima é praticamente assintomática, embora uretrite e prostatite sejam comuns. Entretanto, outras cepas causam inflamação intensa com coceira e secreção branco-esverdeada copiosa (**leucorreia**), que dissemina o parasita. Basicamente, *Trichomonas vaginalis* é um predador extremamente voraz e indiscriminado, que se alimenta de bactérias, células do epitélio vaginal, eritrócitos, leucócitos e exsudatos celulares. Algumas estimativas sugeriram que, anualmente, ocorram 170 milhões de casos novos de infecção por *T. vaginalis*.

O. F. Müller descobriu *Trichomonas tenax* em 1773, quando examinou uma cultura de tártaro retirado dos seus próprios dentes. Em geral, *T. tenax* é considerado um comensal inofensivo da boca humana e sua prevalência varia de 4 a 53% da população. Entretanto, uma doença grave e rara conhecida como tricomoníase pulmonar pode ser contraída pela aspiração de *T. tenax*. *Dientamoeba fragilis* é um parasita muito comum nos tratos intestinais dos seres humanos, vivendo no intestino grosso e alimentando-se principalmente de restos alimentares. Embora tradicionalmente seja considerado um comensal inofensivo, estudos recentes sugeriram que as infecções por esse protista comumente causem problemas abdominais (p. ex., diarreia, dor abdominal). *Tritrichomonas foetus* é um parasita do gado e de outros grandes mamíferos e é uma das causas principais de aborto entre esses animais; é comum nos EUA e na Europa. *Histomonas meleagridis* é um parasita cosmopolita em galináceos (*i. e.*, aves domésticas e alguns pássaros da ordem das Galiformes). A histomoníase em galinhas e perus causa prejuízos de mais de um milhão de dólares anualmente.

Os tricomonadinos fazem parte da linhagem dos parabasálidos que não têm mitocôndrias "normais" e peroxissomos, mas contêm hidrogenossomos. Organelas análogas foram identificadas nos ciliados e em alguns outros eucariotos. *Trichomonas vaginalis* é conhecido por usar carboidrato como fonte principal de energia por meio do metabolismo fermentativo em condições aeróbias e anaeróbias.

Sustentação e locomoção

Nos parabasálidos, o corpo celular é circundado apenas pela membrana plasmática, embora um sistema de fibras de sustentação e microtúbulos associados aos cinetossomos também confira alguma rigidez. Existem duas raízes fibrosas estriadas (uma fibra parabasal e um atratóforo) e duas raízes microtubulares (um axóstilo e uma pelta) (Figura 3.41). O número de fibras parabasais é variável. Em pequenos tricomonadinos, existem apenas algumas, enquanto nos hipermastigotos (p. ex., *Trichonympha*) pode haver mais de uma dúzia delas. O atratóforo estende-se dos corpúsculos basais na direção do núcleo. O axóstilo é um feixe como se fosse um bastão de microtúbulos, que se origina das proximidades dos corpúsculos basais e se curva ao redor do núcleo, à medida que se estende para a região posterior da célula. A pelta é um escudo de microtúbulos, que envolve as bases do flagelo. Em tricomonadinos, existe uma fibra estriada adicional conhecida como costa. Essa fibra origina-se na base dos flagelos e estende-se posteriormente abaixo da membrana ondulante. Junto com os flagelos e o núcleo, essas fibras compõem o sistema cariomastigonte (semelhante ao encontrado nos diplomonadidas). Os tricomonadinos caracterizam-se pela plasticidade protoplasmática, de forma que podem assumir diversos formatos. Entretanto, eles geralmente têm formato de pera e possuem de 3 a 5 flagelos anteriores, com um flagelo anterior recorrente fixado ao corpo na forma de uma membrana ondulante.

A locomoção é realizada pelos batimentos dos flagelos. Por exemplo, em *Trichomonas vaginalis*, quatro flagelos livres formam um tufo na região anterior da célula. O quinto flagelo está fixado ao corpo celular em pontos de inserção regulares, de forma que, quando ele bate, a membrana celular dessa região do corpo é puxada para dentro de uma dobra, formando uma membrana ondulante.

Assim como os cinetoplastídeos do tripanossomo, o complexo formado por membrana ondulante-flagelo parece ser eficaz para movimentar o organismo através de meios viscosos. Os hipermastigotos geralmente têm dezenas ou até centenas de flagelos, que se distribuem por todo o corpo. Nesses protistas, os corpúsculos basais dos flagelos estão dispostos em fileiras paralelas e estão conectados por microfibrilas. O batimento dos flagelos é sincronizado (como se observa nos ciliados, a sincronização é imposta pelos efeitos hidrodinâmicos), formando ondas metacrônicas.

Alguns tricomonadinos (p. ex., *Dientamoeba fragilis, Histomonas meleagridis, Trichomonas vaginalis*) também formam pseudópodes. Esses pseudópodes funcionam basicamente na fagocitose das partículas alimentares, mas também podem colaborar com a locomoção.

Nutrição

Todos os parabasálidos são heterotróficos, mas não têm um citóstoma bem-definido (embora alguns autores tenham afirmado a existência de um citóstoma rudimentar situado na região anterior). Em alguns tricomonadinos (p. ex., *Tritrichomonas*), o líquido é engolfado por pinocitose nas depressões da superfície celular. Os tricomonadinos também formam pseudópodes, que engolfam bactérias, restos celulares e leucócitos. Contudo, a maioria dos parabasálidos obtém matérias particuladas por fagocitose. Nos hipermastigotos, os pseudópodes formados em uma região sensitiva situada na extremidade posterior da célula engolfam partículas de madeira. Os cloroplastos dos euglenoides fototróficos originaram-se de uma relação endossimbiótica secundária entre euglenas eucarióvoras e algas verdes.

Reprodução

A reprodução assexuada ocorre por fissão binária longitudinal (Figura 3.42 A). A divisão do núcleo ocorre por pleuromitose extranuclear fechada com um fuso externo. Os atratóforos parecem atuar como centros organizadores dos microtúbulos.

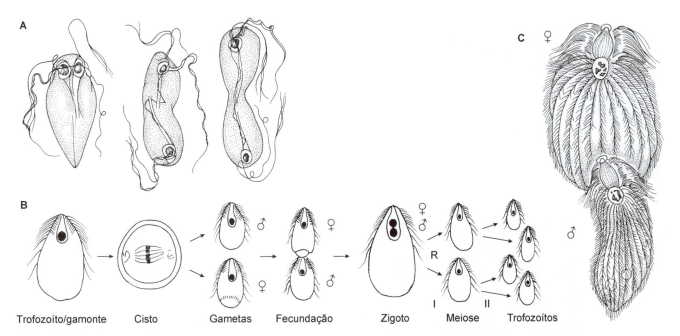

Figura 3.42 Filo Parabasalida. Reprodução dos parabasálidos. **A.** Fissão binária longitudinal (assexuada) no tricomonadino *Devescovina*. **B.** Reprodução sexuada de *Trichonympha* (um hipermastigoto). **C.** Atividade de cruzamento (fecundação) de *Eucomonympha* (um hipermastigoto), no qual os indivíduos atuam como gametas.

A reprodução sexuada não é conhecida para os tricomonadinos, mas ocorre em alguns hipermastigotos, nos quais está bem-demonstrada. Os hipermastigotos demonstram vários processos sexuais, incluindo **alogamia** ou fecundação cruzada (p. ex., união de dois gametas unicelulares para formar um zigoto) e **autogamia** ou autofecundação (fusão de dois núcleos originados de uma única célula). Os hipermastigotos passam a maior parte de sua vida como organismos haploides no trato digestivo dos insetos que se alimentam de madeira, dividindo-se assexuadamente por mitose. A reprodução sexuada é estimulada quando o inseto hospedeiro sofre muda e produz ecdisona – um hormônio necessário para a muda.

Um exemplo de ciclo de vida envolvendo gametogamia é visto em *Trichonympha* (Figura 3.42 B). Nesse grupo, os gametas são anisogâmicos – o gameta masculino é menor que o gameta feminino. Em algumas outras espécies que sofrem gametogamia, os gametas são isogâmicos. O organismo haploide encista e transforma-se em gamonte. Enquanto ainda está encistado, o gamonte divide-se por mitose para produzir um par de gametas flagelados, um macho e uma fêmea, que escapa do cisto. A extremidade posterior do gameta feminino é modificada para formar um cone de fertilização, por meio do qual o gameta masculino entra na célula. Quando o gameta masculino entra, ele é inteiramente absorvido pelo gameta feminino e a fusão dos núcleos forma um zigoto diploide. Dentro de algumas horas, o zigoto entra em meiose, resultando na formação de quatro células haploides. Como *Trichonympha* são anaeróbios obrigatórios no intestino dos insetos, o encistamento antes da muda do hospedeiro pode permitir que os insetos mantenham seus simbiontes protistas.

Filo Diplomonadida | Diplomonadidos

Os Diplomonadida formam um dos primeiros grupos de protistas a ser observados. Antony van Leeuwenhoek descreveu um protista Diplomonadida, hoje conhecido como *Giardia intestinalis* (= *Giardia lamblia*), a partir de suas próprias fezes diarreicas no ano de 1681 (Figura 3.43 A). Hoje, existem descritas cerca de 100 espécies de Diplomonadida (Quadro 3.16). Esse grupo é formado principalmente de flagelados simbiontes, mas também existem alguns gêneros de vida livre. As espécies de vida livre tendem a ser encontradas em águas ou sedimentos

Quadro 3.16 Características do filo Diplomonadida.

1. Predominantemente flagelados simbióticos, dos quais a maioria é de comensais inofensivos que vivem nos intestinos dos animais (alguns são patógenos graves).
2. Heterotróficos; não têm plastídios.
3. Corpo circundado apenas por membrana plasmática; alguma rigidez é conferida por até três raízes de microtúbulos associadas aos flagelos.
4. Têm flagelos para locomoção. O número de flagelos varia (em geral, oito); geralmente são divididos em dois grupos iguais; um flagelo de cada grupo geralmente está voltado para trás.
5. A maioria tem dois núcleos vesiculares (um associado a cada grupo vesicular) com nucléolos diminutos.
6. As mitocôndrias são representadas por organelas altamente aberrantes conhecidas como mitossomos (que se originaram de um evento endossimbiótico ancestral).
7. A divisão nuclear ocorre por ortomitose semiaberta e sincrônica entre os dois núcleos. Os corpúsculos basais replicados (em vez de centríolos separados) funcionam como centros organizadores do fuso mitótico.
8. Divisão celular assexuada por fissão binária longitudinal.
9. Meiose e reprodução sexuada desconhecida.

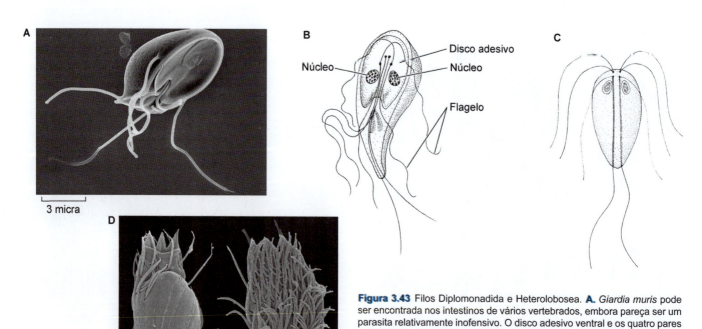

Figura 3.43 Filos Diplomonadida e Heterolobosea. **A.** *Giardia muris* pode ser encontrada nos intestinos de vários vertebrados, embora pareça ser um parasita relativamente inofensivo. O disco adesivo ventral e os quatro pares de flagelos podem ser vistos na fotografia de microscopia eletrônica de varredura. Ilustrações esquemáticas de *Giardia* (**B**) e *Hexamita* (**C**) demonstrando os núcleos pareados e os flagelos numerosos. (**D**) Duas imagens (microscopia eletrônica de varredura) de *Stephanopogon minuta* (Heterolobosea), que tem oito fileiras de flagelos de um lado.

organicamente ricos, ainda que pobres em oxigênio. A maioria dos Diplomonadida vive como comensais inofensivos nos tratos digestivos dos animais, mas alguns são patógenos graves.

Os Diplomonadida são assim denominados porque as primeiras espécies descritas desse grupo tinham simetria dupla definida por um par de sistemas cariomastigontes (Figura 3.43 B). Mais tarde, pesquisadores descobriram que alguns gêneros (Enteromonadida) tinham apenas um sistema. Cada "cariomastigonte" consiste em um núcleo e um conjunto de flagelos a ele ligados, além de um sistema formado por fibras (principalmente microtubulares) que se originam nos corpúsculos basais dos flagelos. O par de núcleos situados anteriormente (um de cada cariomastigonte), junto com seus nucléolos, fazem com que o protista pareça ter olhos que fitam o observador (esses eram os olhos que Van Leeuwenhoek viu olhando para ele em 1681). As mitocôndrias geralmente são muito incomuns; por muito tempo, acreditou-se que elas estivessem totalmente ausentes, mas em 2003 foram identificadas organelas minúsculas denominadas **mitossomos** como prováveis homólogos das mitocôndrias. Os mitossomos provêm de um evento endossimbiótico que deu origem às mitocôndrias ancestrais, mas agora elas estão profundamente reduzidas e não têm mais a função de produzir energia para a célula. Entretanto, hoje se sabe que os mitossomos desempenham no mínimo uma função de biossíntese.

Conforme foi mencionado antes, alguns Diplomonadida são patogênicos. *Hexamita salmonis*, um parasita dos peixes, causa muitas mortes em criadouros de salmões e trutas. *Giardia intestinalis* é um parasita intestinal comum e praticamente onipresente dos seres humanos, nos quais causa diarreia, desidratação e dor intestinal. Embora não seja fatal se tratada rapidamente, a giardíase é uma das 10 doenças parasitárias mais comuns no mundo atualmente. Ocorrem literalmente centenas de milhões de infecções por *Giardia* a cada ano, principalmente nos países em desenvolvimento, que resultam principalmente da contaminação da água potável por esgoto. Nos EUA, *G. intestinalis* é o protista parasitário mais prevalente, com incidência estimada em até 0,7% da população do país (Quadro 3.17).

A maior parte do genoma de *Giardia intestinalis* foi sequenciada recentemente. Entre os aspectos singulares desse protista enigmático estão a existência de dois núcleos diploides e a inexistência de mitocôndrias. Os dois núcleos presentes no estágio de trofozoíto parecem ser plenamente funcionais e são praticamente indistinguíveis, contendo cópias evidenciais do genoma. A inexistência de mitocôndrias típicas levou alguns biólogos a especular que esse gênero fosse um clado ancestral, que evoluiu antes do evento endossimbiótico que formou as primeiras mitocôndrias nos eucariotos. As análises dos dados de sequenciamento do RNA ribossômico e dos genes do fator de alongamento

Quadro 3.17 Giardia.

O gênero *Giardia* é notável entre os parasitas humanos porque não tem mitocôndrias, mas apresenta corpúsculos de Golgi e lisossomos. Durante muitos anos, isso foi interpretado como traços primitivos, que colocavam *Giardia* e outros diplomonadidos perto do ponto de divergência entre os procariotos e eucariotos (por isso, esse gênero foi descrito como "elo perdido"). Entretanto, estudos recentes sugeriram que a ausência de mitocôndrias represente uma perda secundária. Existem provavelmente cinco espécies válidas no gênero *Giardia* amplamente estudado: *G. lamblia* (= *G. Intestinalis*, = *G. duodenalis*) e *G. muris* nos mamíferos; *G. ardeae* e *G. psittaci* nas aves; e *G. agilis* nos anfíbios. O gênero *Hexamita* diretamente relacionado não tem parasitas humanos, mas *H. meleagridis* é um parasita comum dos intestinos das aves galiformes jovens (p. ex., perus, codornas e faisões) e, anualmente, causa perdas orçadas em milhões de dólares à indústria de perus dos EUA. O gênero *Spironucleus* inclui espécies que causam doenças graves nos peixes, incluindo salmões criados artificialmente.

Giardia lamblia é uma espécie cosmopolita, que ocorre mais comumente nos países em desenvolvimento. Ela é o protista flagelado mais comum no trato digestivo humano – nos países em desenvolvimento, anualmente ocorrem centenas de milhões de infecções, que podem ser atribuídas à transmissão entre os seres humanos e à contaminação da água potável por esgotos. Entretanto, *G. lamblia* também está presente nos depósitos naturais de água, inclusive na América do Norte, razão pela qual pode ser contraída quando indivíduos ingerem água não purificada ou parcialmente filtrada enquanto acampam e fazem caminhadas. Nos EUA, são relatados mais de 30.000 casos de giardíase por ano e os reservatórios animais de *G. lamblia* são castores, cães, gatos e ovelhas. O tratamento com quinacrina ou metronidazol (Flagyl®) geralmente leva à cura completa dentro de alguns dias.

Giardia lamblia é um organismo com formato de lágrima, achatado em sentido dorsoventral com a superfície ventral portando um disco adesivo bilobado côncavo, com o qual a célula adere aos tecidos do hospedeiro. Oito flagelos originam-se dos cinetossomos localizados entre as partes anteriores dos dois núcleos. Os flagelos facilitam a natação rápida. Os membros desse gênero também têm um único par de corpos medianos, grandes, curvos, que se coram em negro e estão situados por trás dos discos adesivos; a função desses corpos é desconhecida. Em infecções graves, a superfície livre de quase todas as células na porção infectada do intestino fica recoberta pelos parasitas. Uma única evacuação diarreica pode conter até 14 bilhões de parasitas, facilitando a disseminação rápida desse protista tão comum. Algumas infecções não produzem indícios de doença, enquanto outras provocam gastrite grave e sintomas associados, sem dúvida em consequência das diferenças de suscetibilidade dos hospedeiros e das linhagens do parasita. A cobertura densa no epitélio intestinal por esses protistas interfere na absorção das gorduras e de outros nutrientes. As fezes são gordurosas, mas nunca apresentam sangue. O parasita não destrói as células do hospedeiro, mas parece alimentar-se das secreções mucosas. Aparentemente, os seres humanos podem adquirir alguma imunidade protetora.

Como não têm mitocôndrias, as giárdias não têm ciclo do ácido tricarboxílico e sistema de citocromo, mas esses microrganismos consomem avidamente oxigênio quando está disponível. Aparentemente, glicose é o substrato principal da respiração e os parasitas armazenam glicogênio. Contudo, as giárdias também se multiplicam na ausência de glicose. Os trofozoítos dividem-se por fissão binária. Assim como ocorre com os tripanossomos e *Plasmodium*, *G. lamblia* apresenta variação antigênica com até 180 antígenos diferentes sendo expressos por mais de 6 a 12 gerações.

tendem a classificar *Giardia* como um eucarioto basal, enquanto outros genes as posicionam claramente dentro do filo dos Diplomonadida como uma das várias linhagens eucarióticas, que divergiram praticamente ao mesmo tempo com os opistocontes e as plantas. Entretanto, a análise genômica revelou a existência de um gene *cpn60* semelhante ao mitocondrial e um mitossomo, implicando que a inexistência de mitocôndrias típicas (com função respiratória) em *Giardia* possa refletir a adaptação ao estilo de vida microaerofílico, em vez de uma divergência antes do evento endossimbiótico com o ancestral mitocondrial. O genoma de *G. intestinalis* é pequeno, compacto e distribuído em apenas cinco cromossomos. A síntese e a transcrição do DNA, o processamento do RNA e a maquinaria do ciclo celular também estão altamente simplificados. Na verdade, *Giardia* tem menos nucleotídios transportadores de açúcares que qualquer outro genoma eucariótico conhecido. Essencialmente, não existem homólogos das enzimas do ciclo de Krebs e, com exceção dos processos de "limpeza", não há evidências de genes vestigiais associados à biossíntese das purinas e pirimidinas. O genoma contém um único gene para a actina, mas não codifica outras proteínas clássicas dos microfilamentos. As giárdias não têm miosinas (como ocorre no gênero *Trichomonas* diretamente relacionado), sugerindo que novas proteínas desconhecidas ou alterações da dinâmica citoesquelética devam estar presentes. Quando estão fixados à superfície da mucosa intestinal, os trofozoítos de *Giardia* têm grandes oportunidades de incorporar genes de bactérias e produtos de "limpeza" do hospedeiro e do metabolismo bacteriano. Por isso, não é surpreendente que, como ocorre com *Trichomonas* e *Entamoeba*, o genoma de *Giardia* contenha muitos genes que, aparentemente, foram adquiridos secundariamente por transferência lateral de genes. Na verdade, uma das razões pelas quais tem sido tão difícil desvendar a história evolutiva de *Giardia* provavelmente é porque muitos dos seus genes originaram-se da transferência horizontal.

Sustentação e locomoção

A célula é circundada por uma membrana plasmática, mas alguma rigidez é conferida por três raízes microtubulares associadas aos corpúsculos basais. Essas raízes incluem uma fibra supranuclear, que passa sobre ou à frente do núcleo; uma fibra infranuclear que se estende abaixo ou atrás dos núcleos; e uma banda de microtúbulos que se estendem em paralelo ao flagelo direcionado posteriormente. Alguns gêneros têm estruturas fibrosas adicionais, que estão associadas aos corpúsculos basais. Por exemplo, o gênero *Giardia* fixa-se ao epitélio intestinal do hospedeiro por um disco adesivo, que é formado em parte com bandas microtubulares do citoesqueleto. O disco é delimitado por uma saliência ou crista lateral, que é formada de actina e é usada para "morder" os tecidos do hospedeiro. As proteínas contráteis miosina, actina e tropomiosina foram todas registradas ao redor da periferia do disco e podem estar envolvidas na fixação ao hospedeiro. A fibra supranuclear de *Giardia* é composta por uma faixa única de microtúbulos, que se conecta com a membrana plasmática do disco. Cada microtúbulo da fibra supranuclear está associado a uma faixa de proteínas, que se estendem para dentro do citoplasma.

Nos casos típicos, cada sistema cariomastigonte tem quatro flagelos. Existem no mínimo dois tipos de flagelos, embora em *Giardia* cada um dos quatro flagelos que compõem cada um dos cariomastigontes tenha aspecto diferente. A locomoção é realizada por meio das ações coordenadas dos oito flagelos (embora nem todos tenham uma função locomotora direta em todas as espécies). Alguns estudos sugeriram que os flagelos também possam estar envolvidos em criar uma força de sucção abaixo do disco adesivo em *Giardia*, permitindo sua fixação ao hospedeiro.

Nutrição

A maioria dos Diplomonadida é fagotrófica e alimenta-se de bactérias. Essas formas têm um citóstoma, por meio do qual as bactérias são engolfadas por endocitose. Em algumas espécies (p. ex., *Spironucleus* e *Hexamita*), os dois canais intracelulares nos quais se encontram os flagelos posteriores funcionam como citóstomas. Outros gêneros, tais como *Giardia* e *Octomitis*, não têm citóstomas e são saprozoicos, ou seja, alimentam-se das secreções mucosas dos tecidos intestinais do hospedeiro por pinocitose simples.

Reprodução

A reprodução assexuada é a única modalidade reprodutiva que reconhecidamente ocorre nos Diplomonadida e a divisão ocorre ao longo do plano longitudinal. A divisão nuclear envolve ortomitose semiaberta e é sincrônica entre os dois núcleos (quando existem dois). Os corpúsculos basais replicados funcionam como centros organizadores do fuso mitótico. A maioria dos Diplomonadida simbiontes forma cistos em alguma época durante seu ciclo de vida, alternando assim entre a forma de trofozoíto móvel e a forma encistada dormente. Por exemplo, *Giardia intestinal* formará uma cobertura protetora espessa, que resiste à dessecação à medida que ela passa do intestino delgado para o intestino grosso do hospedeiro, onde está sujeita à desidratação. Depois que sai do sistema digestivo pelo ânus, *Giardia* precisa ser engolida por outro hospedeiro, no qual percorrerá seu sistema digestivo até alcançar o duodeno no intestino delgado e onde saíra do seu cisto (excistação).

Filo Heterolobosea | Heterolobosídeos

O filo Heterolobosea constitui um pequeno e enigmático grupo de protistas descritos primeiramente em 1985, que parecem estar relacionados mais diretamente com os filos Euglenida e Jakobida. Muitos heterolobosídeos podem transformar-se das formas ameboides às flageladas ou císticas, embora o estágio ameboide seja encontrado mais comumente. Os estágios flagelados têm tipicamente 2 ou 4 flagelos e apresentam o sulco alimentar típico dos Excavata. O estágio ameboide não forma pseudópodes verdadeiros. Em vez disso, os organismos movimentam-se em "ondas eruptivas", que formam protuberâncias a partir de uma extremidade da célula. Todos têm mitocôndrias. Os estágios ameboides parecem ser basicamente alimentares, enquanto os estágios flagelados são mais locomotores. A maioria dos heterolobosídeos vive como bacteriévoros no solo, mas também são encontrados na água doce e nos restos orgânicos (inclusive fezes). Algumas espécies são marinhas e outras são parasitárias, incluindo *Naegleria fowleri*, que pode tornar-se patogênica nos seres humanos e é praticamente fatal.

Filo Euglenida | Euglenoides

O filo Euglenida inclui cerca de 1.000 espécies descritas, principalmente da água doce, embora as espécies de águas salgada e salobra também sejam comuns. A maioria não forma colônias, mas existem algumas espécies que o fazem (p. ex., *Colacium*). Os euglenoides têm diversos formatos (p. ex., alongado, esférico, elíptico, foliáceo) (Figuras 3.44 e 3.1 F). O gênero *Euglena* bem-conhecido tem sido amplamente utilizado em laboratórios de pesquisa há décadas e é estudado comumente nos cursos introdutórios de biologia e de zoologia dos invertebrados (Quadro 3.18).

Os filos Euglenida e Kinetoplastida estão intimamente relacionados, ainda que alguns euglenoides façam fotossíntese e alguns cinetoplastídeos (ver adiante) sejam heterótrofos parasitas. Entre os aspectos morfológicos comuns a esses dois filos estão: microtúbulos interligados subjacentes à membrana celular;

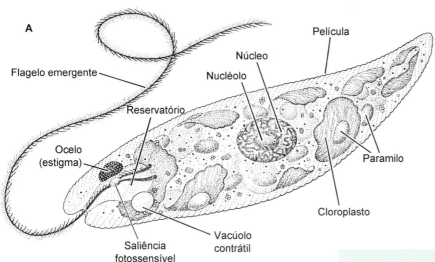

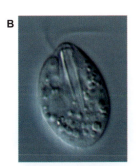

Figura 3.44 Filo Euglenida. **A.** Anatomia da *Euglena*. **B.** *Entosiphon*. **C.** Uma variedade das espécies de *Euglena* e os formatos corporais.

Quadro 3.18 Características do filo Euglenida.

1. Predominantemente marinhos, embora a maioria das espécies descritas seja de água doce.
2. O formato da célula é mantido pela película formada por feixes proteicos interconectados abaixo da membrana celular, que estão associados aos microtúbulos ligados e dispostos em padrão regular (também abaixo da membrana celular). Algumas espécies secretam uma lorica mucosa.
3. Têm dois flagelos com comprimentos desiguais para locomoção, que são sustentados por bastões paraxonemais (um dos flagelos pode ser acentuadamente reduzido); em geral, cada flagelo tem pelos; um ou os dois flagelos originam-se de uma bolsa anterior (reservatório).
4. A mitocôndria única tem cristas discoides.
5. Têm apenas um núcleo cromossômico.
6. São heterotróficos ou autotróficos. As formas fotossintéticas têm clorofilas *a* e *b* e, usualmente têm coloração verde-grama. As membranas do tilacoide estão dispostas em pilhas de três; três membranas circundam o cloroplasto; a membrana mais externa não está em continuidade com a membrana do núcleo.
7. As reservas de alimento são armazenadas no citoplasma na forma de um carboidrato singular semelhante ao amido, que é conhecido como paramilo.
8. A divisão nuclear ocorre por pleuromitose intranuclear fechada sem centríolos; o centro organizador do fuso mitótico não é evidente.
9. Reprodução assexuada por fissão binária longitudinal.
10. Podem ser estritamente assexuados – não há confirmação de que façam meiose ou reprodução sexuada.

cristas mitocondriais discoides; flagelos contendo um bastão de sustentação cristalino, reticulado ou espiral (o bastão paraxonemal); uma bolsa anterior da qual se originam dois flagelos; e um padrão mitótico semelhante. Estudos moleculares também corroboraram as relações íntimas entre esses dois grupos. Mais recentemente, pesquisadores também demonstraram que o gênero singular *Calkinsia* de águas profundas e pouco oxigenadas faz parte do clado Euglenozoa, porque compartilha os mesmos bastões paraxonemais, sistema de raízes microtubulares e extrussomos encontrados nos filos Euglenida e Kinetoplastida.

Os euglenoides são encontrados comumente nos reservatórios de água ricos em matéria orgânica em decomposição. Desse modo, alguns deles são organismos indicadores úteis da qualidade da água (p. ex., *Leocinclis, Phacus, Trachelomonas*). Algumas espécies de *Euglena* têm sido utilizadas em experiências para tratamento águas residuais e, segundo alguns relatos, elas extraem metais pesados, tais como magnésio, ferro e zinco da lama depositada. Contudo, outros euglenoides são pragas ambientais e alguns estudos demonstraram que eles produzem substâncias tóxicas associadas às doenças da truta. Outras espécies são responsáveis por florescências tóxicas, que causaram destruição de peixes e moluscos no Japão. Muitas espécies são fagotróficas e alimentam-se de organismos particulados, como outros protistas pequenos e bactérias.

Sustentação e locomoção

O formato dos euglenoides é mantido por uma película formada por feixes de proteínas entrelaçados e dispostos helicoidal ou longitudinalmente, que se articulam ao longo de suas bordas laterais. Os feixes, que podem ser observados ocasionalmente nos euglenoides, são as cristas, entre os feixes longos de proteínas que circundam a célula. A película também é sustentada pelos microtúbulos dispostos regularmente, que se localizam logo abaixo de cada feixe. A rigidez da película é variável. Algumas espécies (p. ex., *Menodium, Rhobdomonas*) têm feixes de proteínas que se fundem em uma película rígida, enquanto outras (p. ex., *Euglena*) têm feixes de proteínas que se articulam para formar uma película flexível. Os euglenoides que têm películas flexíveis realizam movimentos euglenoides – ou **metabolia** – por meio dos quais a célula ondula à medida que se estende e contrai rapidamente (Figuras 3.44 e 3.45). Embora esse tipo de movimento não esteja totalmente esclarecido, ele é conseguido pelo deslizamento causado pelos microtúbulos dos feixes de proteínas adjacentes uns sobre os outros (Figura 3.46).

Alguns euglenoides (p. ex., *Ascoglena, Colacium, Strombomonas, Trachelomonas*) secretam uma lorica (ou envelope) externo à membrana celular. A lorica é formada por secreções mucosas de pequenas vesículas conhecidas como **mucocistos**, que estão localizadas sob a membrana celular ao longo das cristas entre os feixes de proteína da película. As secreções dos mucocistos também são usadas para formar coberturas protetoras quando as condições ambientais se tornam desfavoráveis.

A locomoção nos euglenoides é realizada primariamente por flagelos. Eles têm dois flagelos, mas um pode ser muito curto ou representado apenas por um cinetosomo. O flagelo origina-se em uma invaginação existente na extremidade anterior da célula, que é conhecida como **reservatório** (= bolsa flagelar). Nas espécies fotossintéticas, o flagelo mais longo voltado para frente (flagelo emergente) empurra a célula através da água ou sobre as superfícies. O flagelo mais curto arrasta-se atrás ou não emerge absolutamente

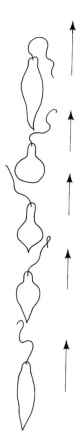

Figura 3.45 Filo Euglenida. Movimento euglenoide da *Euglena*.

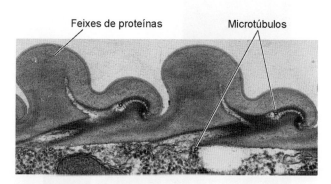

Figura 3.46 Filo Euglenida. Corte transversal (microscopia eletrônica de varredura) através do pedúnculo de *Euglena*, demonstrando os feixes de proteínas e os microtúbulos.

do reservatório. Em muitas espécies heterótrofas (p. ex., *Entosiphon*), o flagelo posterior na verdade é o mais longo dos dois e está envolvido na locomoção por deslizamento, enquanto o flagelo anterior provavelmente está dedicado principalmente à detecção dos alimentos e outras funções táteis. Os dois flagelos têm uma fileira única de pelos em sua superfície e um bastão de sustentação em rede, conhecido como bastão paraxonemal, que está localizado perto dos microtúbulos e dentro da haste. Nos euglenoides fagotróficos, os flagelos, com seus bastões paraxonemais e pelos associados, são usados para deslizar ao longo dos substratos.

Nutrição

A nutrição dos euglenoides é muito variada. Cerca de um terço dos euglenoides tem cloroplastos e é fotoautotrófico. Essas espécies mostram fototaxia positiva e têm uma saliência nas proximidades da base do flagelo anterior, que funciona como fotorreceptor. O cloroplasto está circundado por três membranas e tem tilacoides dispostos em pilhas de três (ver Figura 3.2). Os pigmentos fotossintéticos são: clorofilas *a* e *b*, ficobilinas, beta-caroteno e as xantofilas neoxantina e diadinoantina.

Cerca de dois terços das espécies de euglenogides descritas não têm cloroplastos e, por isso, são heterótrofos obrigatórios; mesmo as formas fototróficas podem perder seus cloroplastos e alternar para heterotrofia. Algumas espécies parasitas foram descritas nos invertebrados e girinos de anfíbios, mas esses relatos ainda são questionáveis. A maioria dos euglenoides também absorve nutrientes orgânicos dissolvidos por saprotrofia, que geralmente se limita às partes da célula que não estão cobertas por película (p. ex., o reservatório). Alguns euglenoides também ingerem alimentos particulados por fagocitose de compostos alimentares relativamente grandes (em alguns casos, comparativamente enormes). Esses têm um citóstoma localizado nas proximidades da base dos flagelos, onde se formam vacúolos alimentares (p. ex., *Peranema*; Figura 3.47 A). Nos casos típicos, o citóstoma leva a um tubo ("citofaringe"), que se estende profundamente dentro do citoplasma. As paredes da citofaringe frequentemente são reforçadas por feixes altamente organizados de microtúbulos (p. ex., *Entosiphon, Peranema*) (Figura 3.47 B). Os extrussomos são encontrados comumente perto do citóstoma e, possivelmente, ajudam a capturar a presa. Os euglenoides geralmente armazenam reservas alimentares na forma de amidos e uma molécula única conhecida como **paramilo**, que é um carboidrato semelhante ao amido.

Reprodução

A reprodução assexuada dos euglenoides ocorre principalmente por divisão celular longitudinal (Figura 3.48). A divisão do núcleo ocorre por pleuromitose intranuclear fechada. Durante a mitose, o nucléolo permanece distinto e não há um centro organizador microtubular evidente. A reprodução sexuada foi descrita em uma espécie, mas isso não está confirmado.

Filo Kinetoplastida | Tripanossomos, bodonídeos e seus parentes

Existem cerca de 600 espécies de cinetoplastídeos descritos. Esse filo inclui dois grupos principais: bodonídeos e tripanossomos (*Trypanossoma, Leptomonas, Leishmania* etc.) (Figuras 3.49 e 3.1 F). Os bodonídeos são organismos predominantemente de vida livre em ambientes marinhos e de água doce, especialmente quando são ricos em matéria orgânica. Como os euglenoides fagotróficos, os cinetoplastídeos frequentemente estão associados às superfícies, mas geralmente são menores e tendem a capturar presas menores e, consequentemente, são consumidores importantes de bactérias nesses hábitats. Como os bodonídeos têm preferências estritas por oxigênio, eles geralmente se agregam a uma distância particular da superfície da água. Os tripanossomos (ou tripanossomatídeos) são exclusivamente parasitários e ocorrem nos tratos digestivos dos invertebrados, nos vasos do floema de certas espécies de plantas e no sangue dos vertebrados. *Leptomonas* têm o ciclo de vida mais simples, no qual um inseto é o único hospedeiro e a transmissão ocorre por meio da ingestão de um cisto. Nos seres humanos, *Leishmania* e *Trypanosoma* causam várias doenças debilitantes e

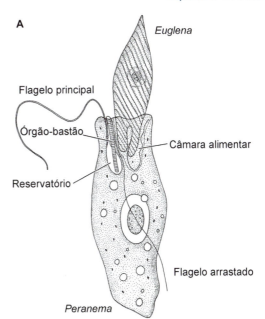

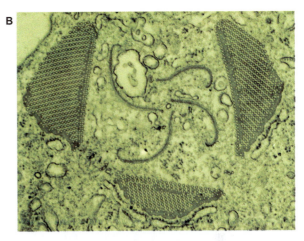

Figura 3.47 Filo Euglenida. **A.** *Paranema* se alimentando de uma *Euglena*. *Paranema* tem uma bolsa alimentar expansível separada do reservatório do qual se origina o flagelo. O órgão-bastão pode estender-se para perfurar a presa e tanto puxá-la para dentro do aparelho alimentar como segurá-la enquanto seu conteúdo é sugado. **B.** Microscopia eletrônica de varredura dos bastões citofaríngeos e das ventoinhas do euglenoide *Entosiphon*.

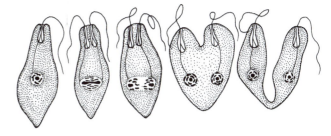

Figura 3.48 Filo Euglenida. Reprodução assexuada. Fissão longitudinal de *Euglena*, por meio da qual o flagelo e o reservatório se duplicam antes da divisão celular.

frequentemente fatais. Não existem vacinas contra as doenças causadas por esses protistas e os poucos fármacos usados são inadequados, em razão de sua toxicidade e da resistência. Entretanto, esses parasitas humanos estão diretamente relacionados e compartilham um proteoma nuclear conservado com cerca de 6.200 genes, sugerindo que um "ataque" científico de bases

114 Invertebrados

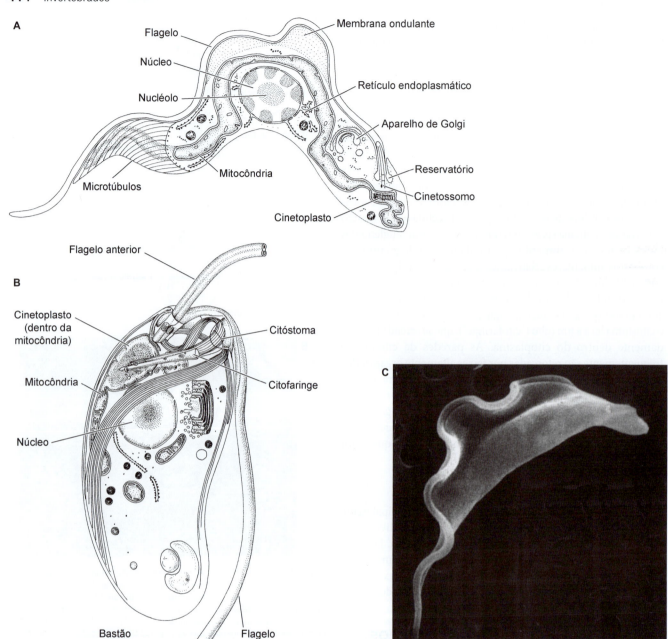

Figura 3.49 Filo Kinetoplastida. **A.** *Trypanosoma brucei*, um parasita da corrente sanguínea. **B.** *Bodo caudatus*, um cinetoplastídeo de vida livre. **C.** Fotografia de microscopia eletrônica de um tripanossomo.

genéticas sobre esses protistas possa ocorrer, à medida que venhamos a compreender mais claramente seus padrões de expressão gênica (Quadro 3.19).

Os cinetoplastídeos são mais bem-conhecidos como agentes etiológicos de doenças que acometem seres humanos e animais domésticos. As espécies de *Leishmania* causam várias enfermidades conhecidas coletivamente como leishmanioses, inclusive calazar (infecção visceral que acomete especialmente o baço), botão do oriente e "úlcera de Bagdá" (evidenciada por furúnculos cutâneos abertos, que demoram a cicatrizar e às vezes são desfigurantes; os parasitas invadem os órgãos internos e podem causar morte se não forem erradicados) e várias outras infecções da pele e das mucosas. Anualmente, a leishmaniose acomete mais de um milhão de pessoas, mas como o tratamento é eficaz, apenas cerca de 1.000 desses pacientes morrem a cada ano (embora alguns sobreviventes fiquem com cicatrizes horríveis). A leishmaniose ocorre nas regiões tropicais e subtropicais, e é transmitida quase exclusivamente pela picada de mosquitos (Diptera: Psychodidae: Phlebotominae). A espécie neotropical *Leishmania mexicana* apareceu primeiramente nos EUA (no Texas) em 2007 – um dos diversos parasitas tropicais que estão começando a proliferar nos EUA, à medida que o clima aquece. Durante muito tempo, acreditou-se que *Trypanosoma* e *Leishmania* fossem assexuados e clonais, mas na década de 1980 começaram a surgir evidências sólidas de que eles também eram capazes de realizar permuta genética (Quadro 3.20).

As doenças mais graves são causadas pelos membros do gênero *Trypanosoma*, dentre os quais todos são parasitas dos vertebrados. *Trypanosoma brucei* é um parasita debilitante, que vive na corrente sanguínea dos animais ungulados africanos,

Quadro 3.19 Características do filo Kinetoplastida.

1. Os bodonídeos são predominantemente heterótrofos de vida livre nos hábitats de água salgada e doce; os tripanossomos são estritamente parasitários nos tratos digestivos dos invertebrados.
2. O formato da célula é mantido por uma película, que consiste em membrana celular e um corpete de microtúbulos por baixo.
3. Têm um (tripanossomos) ou dois (bodonídeos) flagelos para locomoção. Os flagelos contêm um bastão paraxonemal e originam-se de uma bolsa anterior. O flagelo dos tripanossomos geralmente forma uma membrana ondulante.
4. A mitocôndria única, grande e alongada tem cristas discoides e concentrações discoides evidentes de mDNA (o cinetoplasto). O formato das cristas pode alterar-se à medida que o organismo avança em seu ciclo de vida, mas é predominantemente discoide.
5. Têm um único núcleo vesicular; geralmente há um nucléolo proeminente evidente.
6. A divisão nuclear ocorre por pleuromitose intranuclear fechada sem centríolos. As placas existentes dentro do envelope nuclear podem funcionar como centros organizadores do fuso mitótico.
7. A reprodução assexuada ocorre por fissão binária longitudinal.
8. A meiose ou a reprodução sexuada não foi confirmada, embora evidências indiretas indiquem que a reprodução sexuada possa ocorrer no mínimo em alguns cinetoplastídeos.
9. Não há plastídios.
10. O DNA mitocondrial forma agregados conhecidos coletivamente como cinetoplasto, que é facilmente visível à microscopia óptica.

Quadro 3.20 Leishmaniose.

É difícil diferenciar morfologicamente as espécies *Leishmania* e sua taxonomia não está estabelecida em definitivo (ainda que agora comece a ser revelada pela genética molecular). As espécies mais disseminadas são *Leishmania infantum* e *L. major*, que ocorrem na África e no Sudeste Asiático e são transmitidas por espécies de mosquitos do gênero *Phlebotomus* (Psychodidae). Essas espécies causam úlceras cutâneas que recebem várias denominações, inclusive botão do oriente, leishmaniose cutânea, úlcera de Jericó, úlcera de Aleppo e úlcera de Delhi. *Leishmania donovani* é endêmica do Sudeste Asiático, mas também ocorre com incidência baixa na América Latina e na região do Mediterrâneo; esse microrganismo é o agente etiológico da febre Dum-Dum, ou calazar. O calazar pode causar deformidades cutâneas gravíssimas ou até grotescas. *Leishmania braziliensis* é endêmica no Brasil, onde causa espúndia ou úlcera de Bauru, que frequentemente provoca destruição tão grave da pele e dos tecidos associados, que resulta em erosão completa dos lábios e das gengivas. *Leishmania mexicana* ocorre no norte da América Central, no México, no Texas e provavelmente em algumas ilhas do Caribe, onde acomete principalmente trabalhadores que atuam na agricultura ou nas florestas. As infecções por *L. mexicana* causam uma doença cutânea conhecida como úlcera do chiclero, porque é muito comum nos "chicleros" (homens que colhem a seiva da árvore *Sapota zapotila*, da qual se origina a goma de mascar).

nos quais causa uma doença conhecida como *nagana* (que, anualmente, mata mais de 3 milhões de animais de criações). Esse parasita também ataca animais domésticos, incluindo cavalos, ovelhas e gado; nos últimos, a doença geralmente é fatal, tornando impossível criar gado em mais de 4,5 milhões de milhas quadradas do continente africano (uma área maior do que os EUA). Duas outras espécies africanas (consideradas por alguns subespécies de *T. brucei*) são *T. gambiense* e *T. rhodosiense*, que causam nos seres humanos a doença do sono. Esses parasitas são introduzidos na corrente sanguínea dos seres humanos a partir das glândulas salivares da mosca sugadora de sangue tsé-tsé (*Glossina*). A partir do sangue, os tripanossomos podem invadir o sistema linfático e, por fim, o líquido cefalorraquidiano. Algumas estimativas calcularam que 300.000 a 500.000 pessoas contraem anualmente a doença do sono e, depois que os parasitas entram no cérebro, eles sempre são fatais se a doença não for tratada (anualmente, morrem mais de 100.000 pessoas). As moscas-tsé-tsé também são conhecidas como "vampiros do mundo dos insetos", em razão de seu apetite voraz por sangue. Enquanto apenas as fêmeas dos mosquitos sugam sangue, entre as moscas-tsé-tsé os representantes dos dois sexos ingerem praticamente seu próprio peso em sangue a cada refeição. As moscas infectadas picam com mais frequência, facilitando a transmissão dos parasitas para mais hospedeiros vertebrados.

A doença de Chagas (comum nas Américas Central, do Sul e no México) é causada pelo *Trypanosoma cruzi* e é transmitda aos seres humanos por insetos hemípteros de tromba cônica (também conhecidos como barbeiros ou chupança; família Reduviidae, subfamília Triatominae). Esses insetos alimentam-se de sangue e frequentemente picam os seres humanos enquanto dormem. Eles em geral picam ao redor da boca, daí seu nome comum (barbeiro ou chupão). Depois de alimentar-se, os insetos deixam suas fezes, as quais contêm o estágio infeccioso que invade as membranas mucosas ou feridas causadas por sua picada. Em alguns casos, os insetos picam em torno dos olhos das vítimas adormecidas e a esfregação subsequente provoca conjuntivite e inchaço de um gânglio linfático específico – um quadro sintomático conhecido como sintoma de Romaña. Os parasitas migram para a corrente sanguínea, onde circulam e invadem outros tecidos. Nas infecções humanas crônicas, *T. cruzi* pode causar destruição grave dos tecidos, inclusive aumento e adelgaçamento das paredes do coração. Nas Américas

Central e do Sul, a incidência da doença de Chagas é alta, e alguns estudos estimaram que 15 a 20 milhões de pessoas estejam infectadas em determinada época, com taxa de mortalidade anual calculada em torno de 21.000 pacientes. Um estudo brasileiro atribui taxa de mortalidade de 30%, decorrente da doença de Chagas. Nos EUA, ao menos 14 espécies de mamíferos podem servir como reservatórios de *Trypanosoma cruzi* (incluindo cães, gatos, gambás, tatus e ratos selvagens). Entretanto, a linhagem americana de *T. cruzi* é menos patogênica que as linhagens presentes no México e nas Américas Central e do Sul; além disso, as espécies de triatomídeos existentes nos EUA não tendem a evacuar quando picam, explicando assim a incidência menor dessa doença ao norte do México. Nas últimas décadas, *T. cruzi* também tem sido disseminado por meio de doações de sangue e órgãos.

Os cinetoplastídeos têm uma única mitocôndria grande e alongada, com concentração de DNA mitocondrial (mDNA) que se cora de escuro de modo conspícuo, chamada **cinetoplasto** (de onde se originou o nome desse filo). Em geral, o cinetoplasto está localizado na parte da mitocôndria mais próxima dos cinetossomos, embora não haja qualquer relação conhecida entre essas duas estruturas. O tamanho, a forma e a posição do cinetoplasto são elementos importantes para a taxonomia dos tripanossomos e bodonídeos e são usados para diferenciar os diversos estágios do seu ciclo de vida. O DNA do cinetoplasto (kDNA) dos tripanossomos está organizado na forma de uma rede de círculos interligados, de modo bastante diferente do DNA das mitocôndrias de outros organismos. Os cinetoplastídeos compartilham muitos aspectos moleculares e ultraestruturais com os euglenoides, que supostamente é um grupo-irmão (ver seção anterior sobre o filo Euglenida).

Sustentação e locomoção

O formato das células é mantido por uma película formada pela membrana celular e uma camada de microtúbulos de sustentação. Em alguns bodonídeos menores, os microtúbulos da película consistem em três faixas microtubulares, enquanto em outros bodonídeos e nos tripanossomos os microtúbulos da película estão distribuídos uniformemente e formam um "corpete" mais ou menos completo, que circunda seu corpo por inteiro. Nos tripanossomos, uma camada de glicoproteínas (12 a 15 µm de espessura) recobre a superfície externa da célula e funciona como barreira protetora contra o sistema imune do hospedeiro. A composição da cobertura de glicoproteína altera-se a intervalos cíclicos; consequentemente, o tripanossomo consegue evitar o sistema imune do hospedeiro. Isso foi bem-estudado nos tripanossomos patogênicos, como *Trypanosoma brucei* (agente etiológico da doença do sono africana). Quando o tripanossomo entra no corpo do hospedeiro, o sistema imune reconhece a glicoproteína como estranha (antígeno) e começa a produzir anticorpos específicos contra ela. Embora a maioria da população de tripanossomos seja destruída, algumas células conseguem escapar ao sistema imune modificando sua cobertura glicoproteica, de forma que o novo revestimento não seja reconhecível pelos anticorpos do hospedeiro. Quando um novo anticorpo é produzido pelo hospedeiro, outra glicoproteína nova é formada pelo tripanossomo, e assim por diante. Cerca de 1.000 genes contêm informações para codificar as glicoproteínas de superfície, embora aparentemente apenas um desses genes seja expresso de cada vez. A habilidade demonstrada pelos tripanossomos de modificar sua cobertura glicoproteica dificulta o tratamento das tripanossomíases.

Os bodonídeos e os tripanossomos movimentam-se por meio de flagelos que, como ocorre com nos euglenoides, geralmente emergem de uma bolsa interna e contêm um bastão paraxonemal. Os tripanossomos têm dois cinetossomos, mas apenas um tem flagelo. Em muitos organismos, esse flagelo fica encostado na lateral da célula e sua membrana externa está ligada à membrana do corpo celular. Quando o flagelo bate, a membrana da célula é levantada em uma crista e se assemelha a uma membrana ondulante (ver Figura 3.49). Essa disposição parece ser relativamente eficiente para a movimentação da célula em meios viscosos (p. ex., sangue). Embora os tripanossomos possam alterar a direção das oscilações do flagelo em resposta a estímulos químicos ou físicos, usualmente o batimento começa na ponta do flagelo e avança na direção do cinetossomo. Esse é o reverso do modo como os flagelos de outros eucariotos batem (que oscilam da base para a ponta). Em geral, os bodonídeos têm dois flagelos: um estende-se para frente, enquanto o outro é arrastado atrás e pode estar parcialmente ligado ao corpo em algumas espécies (p. ex., *Dimastigella, Procryptobia*). Embora a maioria dos bodonídeos nade, eles também utilizam vários mecanismos para se movimentar eficientemente nas superfícies, incluindo um tipo de locomoção por deslizamento.

Nutrição

Todos os cinetoplastídeos são heterotróficos. Os bodonídeos de vida livre capturam partículas alimentares (especialmente bactérias) com a ajuda do seu flagelo anterior e ingerem-nas por um citóstoma permanente. A maioria é formada por organismos alimentadores raptoriais, ingerindo suas presas (especialmente bactérias fixadas) uma de cada vez. O citóstoma leva a uma citofaringe, que é sustentada por microtúbulos. Na base da citofaringe, o alimento é engolfado em vacúolos alimentares por endocitose.

Pouco se sabe acerca dos mecanismos de alimentação dos tripanossomos, dos quais todos são parasitários. Alguns tripanossomos têm um complexo de citóstoma-citofaringe, por meio do qual as proteínas são ingeridas. As proteínas são englobadas em vacúolos alimentares por pinocitose na base da citofaringe. Também existem descrições de que alguns tripanossomos podem captar proteínas por pinocitose da membrana que reveste a bolsa flagelar, ou por algum tipo de mecanismo mediado pela membrana celular.

Reprodução e ciclos de vida

Embora a reprodução sexuada nunca tenha sido observada nos cinetoplastídeos, existem evidências genéticas indiretas de que ela ocorra. A reprodução assexuada ocorre por fissão binária longitudinal, semelhante à que ocorre em *Euglena*. A divisão nuclear é por pleuromitose intranuclear fechada. Durante a mitose pleuromitótica, o núcleo permanece bem-definido e placas existentes dentro do envelope nuclear parecem organizar o fuso (não há centríolos). Um aspecto singular da mitose dos cinetoplastídeos é que os cromossomos condensados não podem ser identificados quando o núcleo está em processo de divisão, ainda que geralmente sejam evidentes durante a intérfase.

Os ciclos de vida dos tripanossomos são complexos e envolvem no mínimo um hospedeiro, mas geralmente mais. Os tripanossomos monoxênicos (que têm apenas um hospedeiro) geralmente são encontrados infectando os tratos digestivos dos artrópodes ou dos anelídeos. A maioria das formas heteroxênicas (que têm mais de um hospedeiro) vive parte de seu ciclo de vida no sangue ou nos órgãos dos vertebrados e o restante de seu ciclo de vida é passado nos tratos digestivos dos invertebrados que sugam sangue, geralmente insetos, algumas vezes sanguessugas. À medida que o tripanossomo avança em seu ciclo de vida, o formato da célula passa por diversas transformações corpóreas, dependendo da fase do ciclo e do hospedeiro que ele parasita. Nem todas as formas (Figura 3.50) ocorrem em todos os gêneros. As formas corporais podem diferir quanto à configuração, à posição do cinetossomo e do cinetoplasto e ao desenvolvimento do flagelo.

GRUPO 5 | OPISTHOKONTA
Filo Choanoflagellata | Coanoflagelados

Os coanoflagelados são células pedunculadas, sésseis, que vivem solitárias ou em colônias (Figura 3.51). Esses organismos são distintivos porque, aparentemente, são idênticos aos coanócitos, as células alimentares flageladas das esponjas. Como os coanócitos, os coanoflagelados têm um único flagelo, que é circundado por um colar transparente (semelhante a uma cesta) de microvilosidades retráteis contendo filamentos de actina. Em alguns casos, as microvilosidades são descritas como "tentáculos do colar" – talvez para diferenciá-las das microvilosidades que não são retráteis e não têm um citoesqueleto especial de microtúbulos conectados ao corpo basal do cílio. O flagelo central tem um par de ventoinhas laterais basais, assim como os coanócitos das esponjas. Além disso, tanto nos coanoflagelados quanto nas esponjas, não existe uma radícula ciliar verdadeira.[8] O colar funciona como uma rede para capturar alimentos; a alimentação é realizada quando as partículas de alimento escorregam para dentro do colar através do batimento do flagelo, são pressionadas para baixo contra a superfície celular e são englobadas pelos pseudópodes pequenos. Durante muito tempo, os coanoflagelados foram considerados um elo de transição entre os protistas flagelados e as esponjas ou, mais especificamente, como ancestrais verdadeiros de Porifera e, consequentemente, de Metazoa. Além da estrutura do próprio colar, alguns coanoflagelados secretam um esqueleto de fragmentos siliciosos semelhantes às espículas das esponjas. Os dados do sequenciamento do DNA apoiam essa hipótese, embora os coanoflagelados estáticos pareçam constituir um grupo monofilético e, desse modo, um grupo-irmão dos Metazoários. Por outro lado, alguns protozoologistas no passado sugeriram a possibilidade de que, como eles não estão claramente relacionados com qualquer outro grupo protista, os coanoflagelados possam, na verdade, ser esponjas altamente reduzidas!

Existem descritas cerca de 150 espécies de coanoflagelados distribuídas em três famílias. A maioria é de vida marinha, mas também são conhecidas algumas espécies de água doce.

---
[8] As células monociliadas das larvas das esponjas e a maioria das células monociliadas dos metazoários não têm radículas.

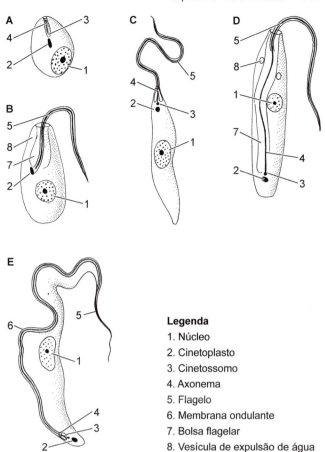

Figura 3.50 Filo Kinetoplastida. Planos corpóreos de vários tripanossomos. **A.** *Leishmania* (forma amastigota). **B.** *Crithidia* (forma coanomastigota). **C.** *Leptomonas* (forma promastigota). **D.** *Herpetomonas* (forma opistomastigota). **E.** *Trypanossoma* (forma tripomastigota).

Legenda
1. Núcleo
2. Cinetoplasto
3. Cinetossomo
4. Axonema
5. Flagelo
6. Membrana ondulante
7. Bolsa flagelar
8. Vesícula de expulsão de água

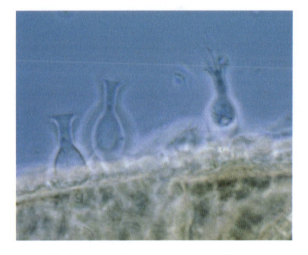

Figura 3.51 Filo Choanoflagellata. O coanoflagelado *Salpingoeca*.

As Codosigidae (= Monosigidae) são células nuas, ou células com vestimentas orgânicas finas (p. ex., *Codonosiga*, *Sphaeroeca*). Salpingoecidae têm teca de celulose (p. ex., *Salpingoeca*, *Stelexomonas*). Acanthoecidae formam loricas extracelulares constituídas de tiras minúsculas de sílica, geralmente constituindo uma estrutura aberta em forma de cesta (p. ex., *Bicosta*, *Stephanoeca*). A lorica desse grupo pode ser várias vezes maior do que a célula. Salpingoecidae e Acanthoecidae estão restritos a água salgada e salobra, e a maioria desses organismos são principalmente planctônicos. Esses organismos estão presentes em grandes quantidades nos oceanos do planeta e acredita-se que façam parte dos grupos mais importantes de organismos que comem bactérias nos sistemas marinhos e, portanto, têm importância ecológica expressiva.

Filogenia dos protistas

Origem dos protistas

Não podemos mais do que mencionar as inúmeras questões e ideias interessantes acerca da origem e da evolução dos protistas. Além do campo da filogenia em rápida evolução, abordaremos aqui questões sobre a própria origem da vida eucariótica, bem como a ancestralidade dos reinos eucarióticos pluricelulares – Plantae, Metazoa e Fungi. Protista (e Eukaryota) provavelmente surgiram há 2,0 a 2,5 bilhões de anos. Embora existam mais de 30.000 espécies fósseis de protistas conhecidas, elas têm pouca utilidade para determinar a origem ou a evolução subsequente das diversas linhagens protistas. Apenas os protistas que tinham partes duras deixaram-nos bastante registro fóssil e apenas os foraminíferos e radiolários têm registros substanciais nas rochas Pré-cambrianas. Entretanto, existem alguns depósitos que supostamente são de tecamebas em rochas com cerca de 750 milhões de anos e também existem alguns fósseis de "algas" isoladas dispersas entre um período de 750 a 1.200 milhões de anos (provavelmente, são algas vermelhas/Rhodophyta). Evidentemente, a origem da condição eucariótica foi um evento fundamental da história biológica de nosso planeta, porque permitiu que a vida escapasse das limitações da configuração corpórea procariótica, fornecendo as diversas unidades subcelulares que formaram a base da especialização entre os protistas, assim como dos reinos de vida pluricelular que formam tecidos. Além da condição celular eucariótica, a origem dos protistas também possibilitou o surgimento do sexo ao permitir que células semelhantes fundissem e reunissem seus recursos genéticos em formas novas e criativas. O consenso geral é de que a condição eucariótica tenha surgido de uma só vez, tornando Eukaryota monofiléticos e os protistas parafiléticos.

Hoje em dia, existe concordância geral de que a origem da diversidade eucariótica moderna envolveu uma série de eventos endossimbióticos referidos como **teoria endossimbiótica sequencial** (ou **TES**, abreviadamente). Essa teoria é uma das ideias mais fascinantes da biologia e aqui vale fazer uma breve revisão histórica. No final do século 19, pesquisadores observaram que os cloroplastos e as mitocôndrias comportavam-se como organismos autônomos e independentes que aumentavam numericamente por divisão e que as mitocôndrias tinham as mesmas propriedades de coloração que as bactérias. Em 1905, o brilhante biólogo russo C. Mereschkowsky propôs a hipótese de que esse comportamento independente dos cloroplastos seria atribuído ao fato de que eles eram descendentes evolutivos de organismos endossimbiontes semelhantes às cianobactérias. Em 1927, I. Wallin sugeriu a hipótese de que as mitocôndrias também teriam evoluído a partir de uma bactéria de vida livre. Desse modo, surgiu a teoria conhecida como TES. Entretanto, a teoria continuou controversa e menosprezada, até que foi reavivada por Lynn Margulis em 1970 (Margulis foi quem realmente utilizou pela primeira vez a frase "teoria endossimbiótica sequencial" em 1979).

A premissa que embasa a TES é que os eucariotos tenham surgido primeiramente por meio de uma relação simbiótica íntima entre duas células procarióticas, na qual uma começou a viver dentro da outra em um tipo de endossimbiose permanente (Figura 3.52). Com o tempo, o simbionte tornou-se dependente do seu hospedeiro e integrou-se a ele, até que por fim se tornou irreconhecível como um organismo separado. Para todos os efeitos, o simbionte parecia ser uma organela da célula hospedeira – uma organela que hoje conhecemos como mitocôndria. Um segundo evento subsequente envolvendo um simbionte procariótico diferente (uma cianobactéria fotossintética) deu origem ao primeiro cloroplasto, que também é uma organela. Esse mecanismo de origem "horizontal" de uma organela é conhecido como **simbiogênese** (em contraste com a "autogênese", ou origem por descendência vertical com modificação).

Ao contrário das células procarióticas, todas as células eucarióticas contêm vários tipos de organelas delimitadas por membranas, que abrigam sistemas genéticos distintos. As membranas dessas organelas existem porque essas últimas originaram-se de células

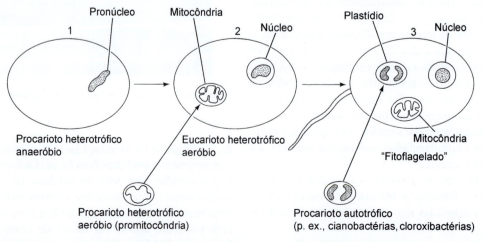

Figura 3.52 Modelo simples sobre a origem das células eucarióticas por simbiose (teoria endossimbiótica sequencial). Os eventos principais ilustrados são: aquisição de um procarioto heterotrófico aeróbio (origem da mitocôndria) e aquisição de um procarioto autotrófico (origem do plastídio).

procarióticas de vida livre também envolvidas por membranas (p. ex., as duas membranas que circundam os cloroplastos originaram-se das membranas interna e externa da cianobactéria gram-negativa original). Desse modo, estamos diante de uma proposta fascinante de que as funções hoje desempenhadas por essas diversas organelas eucarióticas devam ter evoluído muito tempo antes que a própria célula eucariótica evoluísse. Também precisamos considerar a realidade de que a evolução ocorreu não apenas por desdobramento e divergência de linhagens (como se representa classicamente nas árvores filogenéticas), mas também por combinação de linhagens distantemente relacionadas para formar células quiméricas evolutivas.

Evidências ultraestruturais e de genômica molecular (DNA) sugerem que a mitocôndria eucariótica tenha evoluído por meio da relação simbiótica com um procarioto semelhante (se não idêntico) à moderna α-proteobactéria. Estimativas sugerem que esse evento tenha ocorrido entre 2,0 a 2,5 bilhões de anos atrás. Essa relação especial permitiu que as células eucarióticas primitivas – antes restritas ao metabolismo anaeróbio – realizassem respiração aeróbia. Uma vez que o oxigênio podia ser usado como aceptor de elétrons terminal, a energia derivada do alimento ingerido aumentava em quase 20 vezes.

Dados de sequenciamento do DNA também indicam que, mais tarde na história dos eucariotos, uma linhagem de eucariotos heterotróficos tenha adquirido uma cianobactéria fotossintética simbionte que, em seguida, transformou-se em plastídios (p. ex., cloroplastos), abrindo caminho para o surgimento das algas vermelhas e verdes, talvez entre 1,2 e 1,5 bilhão de anos atrás. Mesmo hoje em dia, o DNA dos genes dos plastídios em algas vermelhas e verdes é muito semelhante ao DNA das cianobactérias. Desse modo, as duas membranas que circundam os plastídios das algas vermelhas e verdes correspondem às membranas interna e externa das cianobactérias gram-negativas endossimbiontes originais.

Os plastídios e as mitocôndrias, que conservaram grande parte de sua bioquímica procariótica, contêm apenas alguns resquícios dos genes que codificam as proteínas que seus ancestrais possuíam. Estudos demonstraram que a maioria dos seus genes foi perdida ou transferida das organelas aos núcleos da "célula hospedeira" eucariótica. Hoje em dia, mais de 90% das proteínas necessárias ao funcionamento de qualquer mitocôndria ou plastídio são codificadas pelo genoma nuclear, em vez de pelo genoma da própria organela.

Outro apoio a favor da TES é a evidência de **endossimbiose secundária** entre dois eucariotos em diversos clados protistas fotoautotróficos. Aparentemente, os plastídios das algas vermelhas e verdes foram cooptados secundariamente por vários protistas heterotróficos, de forma a incorporar secundariamente a fotossíntese como opção de seu arsenal nutricional. Esse processo parece ter ocorrido muitas vezes e a maioria dos grupos principais de algas dos oceanos atuais é, na verdade, constituída de produtos desses eventos simbióticos secundários. Por exemplo, as diatomáceas (estramenópilos), os cocolitóforos (haptófitas), os dinoflagelados que contêm peridinina e os criptomonadinos provavelmente adquiriram seus cloroplastos das algas vermelhas, enquanto os clorarracniófitos e os euglenoides conseguiram seus cloroplastos de duas espécies diferentes de algas verdes. Talvez o grupo mais incomum a ter adquirido um plastídio de outro protista seja o dos apicomplexos parasitários, cujo apicoplasto bizarro parece ser um plastídio vestigial de um ancestral fotossintético com uma alga endossimbionte secundária. Na maioria dos casos, pouco resta da alga englobada, exceto os próprios plastídios, mas em dois grupos – criptomonadinos e clorarracniófitos – um pequeno núcleo remanescente (e um pouco de citoplasma) das antigas algas englobadas permanece até hoje. Esses núcleos minúsculos conhecidos como nucleomorfos são os genomas eucarióticos menores e mais compactos conhecidos. Esses tipos de organismos quiméricos complicam, mas tornam mais excitante o estudo dos protistas.

Curiosamente, a endossimbiose não é restrita aos protistas, mas também é muito comum entre os animais. Por exemplo, o caranguejo das fontes hidrotermais *Calyptogena magnifica* abriga uma proteobactéria que oxida enxofre nas células especializadas de suas brânquias. Esse caranguejo depende dessas bactérias simbióticas para sua nutrição e as bactérias (como as mitocôndrias) são transmitidas por meio dos ovos desses animais. Além disso, as bactérias aparentemente perderam sua capacidade de viver livremente no ambiente marinho. Muitos exemplos bem conhecidos de endossimbiose ocorrem entre os insetos. Um dos melhores exemplos é a bactéria *Buchnera amphidicola*, um mutualista dos afídeos. Os afídeos sugam a seiva do floema, que é rica em muitos nutrientes, mas deficiente em aminoácidos que são fornecidos pela *Buchnera*, que é intracelular e restrita ao citoplasma de um tipo celular dos afídeos. Esses endossimbiontes são herdados maternalmente por meio do ovário do afídeo. Desse modo, a relação é mutualista e obrigatória. Estudos de filogenética molecular indicaram que a relação *Buchnera*–afídeo tenha centenas de milhões de anos e que seja extraordinariamente bem-sucedida e perfeitamente ajustada. *Buchnera* intracelular tem um genoma altamente reduzido e semelhante ao das bactérias endossimbióticas que estão no nível de evolução das proto-organelas.

Outro exemplo fascinante de endossimbiose entre os invertebrados ocorre em algumas lesmas-marinhas verdes. Esses animais alimentam-se por evacuação do conteúdo celular das algas verdes sifonáceas (p. ex., *Vaucheria*) e transferem os cloroplastos metabolicamente ativos para dentro dos seus corpos. Em seguida, os cloroplastos são distribuídos por todo o corpo da lesma e ficam alojados apenas na camada unicelular subjacente à epiderme, onde a luz pode alcançá-los. Desse modo, os animais são capazes de fixar CO_2 fotoautotrófico. Os cloroplastos permanecem ativos por um tempo limitado e, por fim, outros novos precisam ser adquiridos pela lesma-marinha. Processos análogos são frequentes entre certos protistas (ver seção sobre Ciliados).

Além da endossimbiose secundária, muitos protistas mantêm relações comensais íntimas com outros protistas fotoautotróficos. Muitas espécies de foraminíferos, por exemplo, abrigam diatomáceas, dinoflagelados ou algas vermelhas ou verdes simbiontes. Esses casos exemplificam os estágios potencialmente precoces dos eventos evolutivos da endossimbiose secundária.

Relações entre os protistas

Ainda estamos longe de entender como todos os protistas estão inter-relacionados e como eles deveriam ser classificados. Entretanto, existem alguns clados protistas emergentes de nível superior, que foram identificados por combinações de estudos de genética molecular e estudos ultraestruturais/bioquímicos. A maioria desses clados identificados não recebeu (e pode nunca receber) ordenações categóricas padronizadas, embora alguns autores refiram-se a eles como reinos, grupos, superfilos etc. A seguir, descreveremos sucintamente os seis clados principais bem-confirmados. Nas seções iniciais deste capítulo, apresentamos resumos taxonômicos e descrições desses grupos. A Figura 3.53 ilustra uma visão atual acerca de seus graus de parentesco.

O clado Amoebozoa está bem-apoiado por análises de filogenética molecular, embora não existam sinapomorfias ultraestruturais singulares identificadas para diferenciar esse grupo. Todas as espécies (ao menos primitivamente) têm pseudópodes lobulados, embora os lobópodes não sejam encontrados unicamente nos amebozoários.

O clado Chromalveolata é um dos grupos protistas mais diversificados e inclui dinoflagelados, apicomplexos, ciliados, estramenópilos e alguns outros grupos pequenos – talvez também Haptophyta e Cryptomonada. Com exceção desses dois últimos grupos, o clado está fortemente apoiado em dados moleculares e, além disso, as espécies fotossintéticas desses grupos têm em comum os plastídios que contêm clorofila c, além da clorofila a. Evidências crescentes apoiam a hipótese de que todos os cromalveolados tenham descendido de um único evento endossimbiótico secundário, provavelmente envolvendo uma alga vermelha simbionte (a chamada "hipótese dos cromalveolados"). Três filos – Dinoflagellata, Apicomplexa e Ciliata – compõem um subclado bem-embasado denominado Alveolata e análises moleculares sugerem que esses filos possam fazer parte de um grupo monofilético mais amplo, que também inclui o filo Stramenopila. Os alveolados caracterizam-se unicamente pela presença de alvéolos abaixo da membrana celular externa. Os estramenópilos (tratados como um filo separado neste livro) foram identificados inicialmente por estudos filogenéticos moleculares e, mais tarde, foram confirmados por estudos anatômicos comparativos, especialmente a característica compartilhada dos flagelos recobertos por pelos finos e tubulares (ocos). As opalinas e as diatomáceas geralmente são incluídas no filo Stramenopila e parecem ter perdido secundariamente seus pelos ocos. Haptophyta (cocolitóforos e seus parentes) e as Cryptomonada (p. ex., *Cryptomonas*) têm plastídios que contêm clorofilas a e c, sugerindo que também façam parte do grupo dos cromalveolados. Análises filogenéticas poligênicas indicaram que esses dois filos estejam intimamente relacionados entre si e, por sua vez, talvez estejam relacionados com os estramenópilos e os alveolados.

O clado conhecido como Rhizaria inclui o filo mixotrófico que contém cloroplastos verdes (Chlorarachniophyta) e os filos Granuloreticulosa (foraminíferos e seus parentes), Radiolaria, Haplosporidia e alguns outros. As espécies amebóides desse clado têm filópodes ou axópodes (os filópodes são sustentados por microtúbulos), mas nenhum deles é específico desse grupo. Rhizaria foram descobertas e delineadas principalmente com base em análises dos dados de sequenciamento molecular, mas as relações entre os clados principais de Rhizaria ainda não estão esclarecidas. Algumas evidências moleculares recentes sugerem que as Radiolaria possam formar o grupo basal, com os demais grupos constituindo o subgrupo referido como Cercozoa (p. ex., foraminíferos, clorarracniófitos, plasmodioforídeos, haplosporídeos e alguns outros grupos singulares), ou com aqueles que são irmãos de Granuloreticulosa, conhecidos como cercozoários (*i. e.*, granulorreticulosas e cercozoários formam um grupo-irmão que, por sua vez, é irmão de Radiolaria). Entretanto, alguns autores sugeriram que Granuloreticulosa e Radiolaria formem um clado. As clorarracniófitas são singulares entre Rhizaria porque têm cloroplastos, que elas adquiriram por um evento endossimbiótico secundário com uma alga verde simbiôntica (Chlorophyta). Como as próprias Rhizaria, o clado Cercozoa não tem sinapomorfias morfológicas singulares.

Evidências crescentes fornecidas por estudos de filogenética molecular sugerem uma relação entre Rhizaria e a maioria dos cromalveolados formando o grupo SAR (Stramenopila, Alveolata e Rhizaria). Alguns pesquisadores acreditam que os dados moleculares também sejam suficientemente fortes para unir Chromalveolata e Rhizaria em um grupo mais amplo – Chromista, termo proposto por Thomas Cavalier-Smith em 1981. Na verdade, Cavalier-Smith apresentou primeiramente o conceito de que os protistas deveriam ser reclassificados em dois reinos: "Protozoa" (uma versão redefinida desse táxon contendo os grupos Amoebozoa, Excavata e Choanoflagelata) e Chromista (contendo os grupos Chromalveolata e Rhizaria e alguns ou organismos singulares e terminais). Entretanto, as análises de filogenética molecular ainda precisam dar evidências fortes para apoiar os Chromista; desse modo, não utilizamos esse reino em nossa classificação, assim como não incluímos o clado SAR sugerido como um táxon formal.

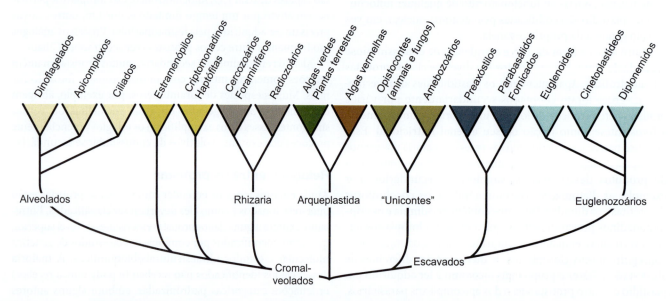

Figura 3.53 Filogenia dos Eucariotos, demonstrando o entendimento atual acerca das relações entre os protistas.

O clado Excavata é apoiado principalmente por elementos de ultraestrutura celular e apenas moderadamente por estudos de filogenética molecular. Os escavados geralmente têm um citóstoma para alimentos em suspensão do tipo "escavado" (*i. e.*, uma fenda alimentar utilizada para capturar e ingerir pequenas partículas de uma corrente alimentar gerada por um flagelo direcionado posteriormente; a borda e a base do sulco são sustentadas pela raiz microtubular). O citóstoma supostamente foi perdido secundariamente por muitos táxons. Hoje estão incluídos entre os Excavata os seguintes filos: Parabasalida (tricômonas, hipermastigotos etc.), Diplomonada, Heterolobosea, Jakobida, Oxymonada, Retortamonada e alguns outros. Evidências moleculares e de estrutura celular também apoiam a colocação dos filos Euglenida e Kinetoplastida (tripanossomos, bodonídeos e seus parentes) entre os Excavata, os dois formando um clado conhecido como Euglenozoa que, por sua vez, parece estar intimamente relacionado com as Heterolobosea e as Jakobida. Dois aspectos anatômicos principais diferenciam os euglenozoários: (1) um bastão helicoidal ou cristalino dentro de cada um dos seus dois flagelos, que tem sua inserção dentro de uma bolsa anterior; e (2) cristas mitocondriais discoides.

As jacobidas têm os genomas mitocondriais (bacterioides) mais primitivos conhecidos. O filo Heterolobosea está relacionado mais intimamente com os euglenoides e os cinetoplastídeos, que com as outras amebas. As amebas que formam pseudópodes largos evoluíram em um grupo (Heterolobosea) independente dos Amoebozoa (que forma pseudópodes semelhantes) e os heterolobosídeos incluem até mesmo seu próprio clado de "mofos limosos" (os acrasídeos).

Durante muito tempo, dois táxons do clado Excavata – Parabasalida e Diplomonada – foram considerados destituídos de mitocôndrias, mas estudos recentes sugeriram que esses grupos simplesmente tenham mitocôndrias altamente reduzidas ou modificadas, que não contêm DNA. Os parabasálidos e os diplomonadidos também não têm plastídios, cadeias de transporte de elétrons e enzimas que são normalmente necessárias ao ciclo do ácido cítrico. Além disso, a maioria das espécies são encontradas nos ambientes anaeróbios. Por isso, e com base nos primeiros estudos de filogenética molecular, durante muito tempo se acreditou que esses dois filos pudessem representar os ramos sobreviventes mais antigos (e mais primitivos) da árvore dos eucariotos. Entretanto, hoje existem evidências crescentes de que a ausência de DNA mitocondrial e das cadeias de transporte de elétrons não represente perdas primárias, mas sim perdas secundárias – reduções que ocorreram durante a evolução desses dois grupos. Hoje em dia, a maioria dos pesquisadores considera que a classificação dos parabasálidos e dos diplomonadidos em uma posição mais anterior na base da árvore protista com base em estudos moleculares tenha sido um artefato da tradição de longa duração. Os dois filos estão intimamente relacionados e poderiam ter derivado de um ancestral comum, que já tinha perdido secundariamente as características clássicas das mitocôndrias descritas antes.

O clado conhecido como Opisthokonta inclui o filo protista Choanoflagellata, os reinos Metazoa e Fungi (= Eumycota) e alguns outros grupos obscuros. O grupo Opisthokonta está bem apoiado por estudos de sequenciamento molecular e seus membros também compartilham as características de cristas mitocondriais achatadas e um único cílio/flagelo posterior nas células reprodutivas masculinas. Como foi mencionado antes, os coanoflagelados compreendem o grupo-irmão conhecido como Holozoa e o filo Choanoflagellata é o ancestral direto provável de Metazoa (contudo, ver Capítulo 6). Nos coanoflagelados, a maioria dos espermatozoides animais e dos zoósporos das quitrídias (únicos fungos com flagelos) nadam todos com seu único e não adornado flagelo, que emerge de sua extremidade posterior. Surpreendentemente, essa disposição é praticamente singular e parece ter sido herdada do ancestral comum dos opistocontes. Os fungos verdadeiros incluem os grupos bem-conhecidos como Basidiomycota, Ascomycota, Saccharomycetes, Microsporidia e Chytridiomycetes (as quitrídias foram implicadas na mortandade global dos anfíbios). Os fungos são heterotróficos (não fagotróficos) e suas paredes celulares (quando existem) contêm β-glicana e geralmente quitina; os plastídios e os mastigonemos tubulares estão ausentes.

Em nossa opinião, o clado Plantae (ou Archaeplastida) inclui todos os organismos que contêm clorofilas *a* e *b*, armazenam seus produtos fotossintéticos na forma de amido (dentro dos cloroplastos circundados por membrana dupla, nos quais são produzidos) e tipicamente têm paredes celulares constituídas de celulose. Essas são as linhagens principais que contêm plastídios (daí o termo descritivo "Archaeplastida"), embora alguns grupos tenham perdido secundariamente ou reduzido seus plastídios. Enquanto este livro era impresso, pesquisadores reconheciam dois agrupamentos principais das plantas, Biliphyta (filos Glaucophyta e Rhodophyta) e Viridiplantae (que inclui os filos Chlorophyta e Charophyta, mais as embriófitas – filos Anthocerotophyta, Bryophyta, Marchantiophyta e Tracheophyta). Glaucophyta incluem um grupo pequeno de algas microscópicas de água doce. Rodophyta são algas vermelhas, enquanto as clorófitas são algas verdes. As carófitas constituem um grupo enigmático de algas verdes de água doce, que inclui as Charales, ou vermes-da-pedra. As antocerotófitas são as corníferas, as plantas verdes achatadas (gametófitos) que produzem estruturas esporófitas semelhantes a um chifre. As briófitas são plantas que se prendem ao solo como o musgo. Embora o nome "briófita" tenha sido usado por muito tempo para descrever qualquer planta não vascular, hoje ele é limitado a um clado específico dessas plantas. As marcantófitas são as hepáticas. As traqueófitas são as plantas vasculares ou "superiores" (incluindo licopódios, cavalinhas, samambaias, gimnospermas e angiospermas). Anthocerotophyta, Bryophyta, Marchantiophyta e Tracheophyta (plantas vasculares) são classificadas comumente no mesmo grupo, denominado Embryophyta – um termo descritivo referente à origem de camadas de tecidos durante a embriogênese desse grupo. Os plastídios (cloroplastos) das Plantae/Archaeplastida parecem ser monofiléticos – ou seja, descender de um único evento endossimbiótico primário original.

Embora as clorófitas possam estar situadas na base do clado que leva às plantas terrestres, as relações filogenéticas exatas entre Glaucophyta, Rhodophyta, Chlorophyta, Charophyta e as embriófitas ainda não foram esclarecidas. As carófitas, especialmente as Charales (p. ex., *Chara* e Coleochaetales), parecem estar relacionadas mais intimamente com as embriófitas ("plantas terrestres"), com as quais compartilham várias sinapomorfias: complexos em forma de roseta para síntese da celulose, enzimas peroxissômicas (as enzimas especializadas dos peroxissomos ajudam a reduzir a perda de produtos orgânicos em consequência da fotorrespiração), a estrutura do espermatozoide flagelado e a formação de um fragmoplasto (um alinhamento dos elementos citoesqueléticos e das vesículas derivadas do aparelho de Golgi na linha mediana das células durante a divisão celular). Também é incerta a ordem de ramificação filogenética das algas verdes, que deram origem às plantas terrestres.

Análises filogenéticas moleculares e bioquímicas recentes também colocaram o filo Rhodophyta (algas vermelhas) entre Archaeplastida. A rodófita fóssil mais antiga – *Bangiomorpha pubescens* – é extremamente semelhante a *Bangia* atual, mas ocorre em rochas datadas com 1,2 bilhão de anos.

Microscopicamente, as células embriófitas conservam-se semelhantes às células das algas verdes, embora não tenham flagelos e centríolos, exceto em alguns gametas. As embriófitas provavelmente evoluíram das algas verdes (Chlorophyta) na era Paleozoica. Os vermes das pedras semelhantes às algas (Charales) talvez sejam a melhor ilustração viva desse estágio evolutivo primitivo. Nas primeiras embriófitas, os esporófitos eram muito pequenos e dependentes do genitor por toda sua curta vida – essas eram as plantas não vasculares. Durante os períodos Siluriano e Devoniano, as plantas terrestres espalharam-se rapidamente e, durante esse tempo, surgiram as Tracheophyta, ou plantas vasculares. As plantas vasculares têm tecidos vasculares que transportam água ao longo do corpo. Em alguma época do período Devoniano (cerca de 385 milhões de anos atrás), aparecem as cápsulas resistentes à dessecação (sementes), um aspecto que diferencia esse grupo das traqueófitas conhecidas como Spermatophyta. Hoje existem cinco grupos reconhecidos de espermatófitos: Cycadophyta (cicádias), Ginkgophyta (ginkgos), Pinophyta (coníferas), Gnetophyta (ginetas) e Magnoliophyta (plantas florescentes). Os primeiros quatro grupos formam as gimnospermas. As angiospermas foram o último grupo a desenvolver-se, provavelmente em alguma época do período Jurássico, quando se espalharam rapidamente por todo o planeta no período Cretáceo. Os nomes categóricos e as designações taxonômicas variam consideravelmente entre os botânicos e tratados sobre o tema.

Portanto, vemos que as origens dos três reinos pluricelulares familiares (Metazoa, Plantae e Fungi) estão em três ancestrais protistas diferentes, nos quais os processos de deposição de tecidos embriogênicos evoluíram independentemente em cada linhagem. Além da formação embrionária dos tecidos, existem algumas diferenças evidentes entre os protistas ancestrais e seus descendentes pluricelulares mais primitivos. Desse modo, a maioria das algas verdes unicelulares é muito semelhante às plantas verdes primitivas (embriófitas) e os coanoflagelados são surpreendentemente semelhantes às esponjas. Além da deposição de tecidos embrionários, os metazoários (animais) são distinguidos por: células que geralmente são mantidas unidas por junções intercelulares; matriz extracelular (membrana ou lâmina basal) com proteínas fibrosas, geralmente colágenas, entre dois epitélios diferentes; reprodução sexuada com formação de óvulos que são fertilizados por espermatozoides monociliados menores; fagotrofia; e inexistência de paredes celulares (típicas das plantas).

Evidentemente, a maioria dos clados unicelulares não está diretamente relacionada com qualquer um desses três reinos pluricelulares. Na medida em que enfatizamos as linhagens protistas, torna-se evidente que a classificação comumente utilizada com seis reinos não é adequada para descrever a natureza real da diversidade entre os Eukaryota. Hoje em dia, conforme foi mencionado antes, começam a ser reconhecidos novos reinos, ou grupos, baseados em critérios muito diferentes dos utilizados tradicionalmente.

Bibliografia

Referências gerais

Anderson, D. M., A. W. White e D. G. Baden. 1986. *Toxic Dinoflagellates*. Elsevier Publishing.

Anderson, O. R. 1983. *Radiolaria*. Springer-Verlag, Nova York.

Armbrust, E. V. *et al*. 2004. The genome of the diatom *Thalassiosira pseudonana*, ecology, evolution, and metabolism. Science 306: 79-86.

Bates, S. S. *et al*. 1989. Pennate diatom *Nitzschia pungens* as the primary source of domoic acid, a toxin in shellfish from eastern Prince Edward Island, Canada. Can. J. Fish. Aquat. Sci. 46: 1203-1215.

Be, A. 1982. Biology of planktonic Foraminifera. University of Tennessee Studies in Geology 6: 51-92.

Beutlich, A. e R. Schnetter. 1993. The life cycle of *Cryptochlora perforans* (Chlorarachniophyta). Bot. Acta 106: 441-447.

Bonner, J. Tyler. 2009. *The Social Amoebae: The Biology of Cellular Slime Molds*. Princeton University Press. [Altamente recomendado; ótima leitura sobre história natural.]

Brock, D. A. *et al*. 2011. Primitive agriculture in a social amoeba. Nature 469: 393-396.

Buetow, D. E. (ed.) 1968, 1982. *The Biology of Euglena*. Vols. 1, 2 e 3. Academic Press, Nova York.

Capriulo, G. M. (ed.). 1990. *Ecology of Marine Protozoa*. Oxford University Press, Nova York.

Carey, P. 1991. *Marine Interstitial Ciliates: An Illustrated Key*. Chapman & Hall.

Cavalier-Smith, T. 1993. The protozoan phylum Opalozoa. J. Euk. Microbiol. 40: 609-1615.

Cavalier-Smith, T. 1995. Cell cycles, diplokaryosis and the archezoan origin of sex. Arch. Protistenkd. 145: 189-207.

Cavalier-Smith, T. 2003. The excavate protozoan phyla Metamonada Grassé emend. (Anaeromonadea, Parabasalia, *Carpediemonas*, Eopharyngia) and Loukozoa emend. (Jakobea, *Malawimonas*): their evolutionary affinities and new higher taxa. Int. J. Syst. Evol. Micr. 53: 1741-1758.

Cavalier-Smith, T. 2013. Symbiogenesis: mechanisms, evolutionary consequences, and systematic implications. Ann. Rev. Ecol. Evol. Syst. 44: 145-172.

Clark, C. G. e A. J. Roger. 1995. Direct evidence for secondary loss of mitochondria in *Entamoeba histolytica*. Proc. Natl. Acad. Sci. 92: 6518-6521.

Coats, D. W. 1999. Parasitic life styles of marine dinoflagellates. J. Euk. Microbiol. 46: 402-409.

Cole, K. M. e R. G. Sheath (eds.). 1990. *Biology of the Red Algae*. Cambridge Univ. Press, Cambridge.

Curds, C. R. 1992. *Protozoa in the Water Industry*. Cambridge Univ. Press, Cambridge.

Dick, M. W. 2001. *Straminipilous Fungi. Systematics of the Peronosporomycetes, Including Accounts of the Marine Straminipilous Protists, the Plasmodiophorids and Similar Organisms*. Kluwer Academic Publishers, Boston.

Dolan, J. R. 1991. Microphagous ciliates in mesohaline Chesapeake Bay waters: estimates of growth rates and consumption by copepods. Mar. Biol. 111: 303-309.

Dolan, J. R. *et al*. 2012. *The Biology and Ecology of Tintinnid Ciliates. Models for Marine Plankton*. Wiley-Blackwell, Londres.

Druehl, L. 2000. *Pacific seaweeds. A Guide to the Common Seaweeds of the West Coast*. Harbour Publishing, Madeira Park, Colúmbia Britânica.

Falkowski, P. G. e A. H. Knoll (eds.). 2007. *Evolution of Primary Producers in the Sea*. Academic Press (Elsevier), Burlington, Massachusetts. [Uma visão contemporânea, abrangente e competente das origens de fotossíntese, vida eucariota e geobiologia na Terra.]

Fenchel, T. 1980. Suspension feeding in ciliated protozoa: structure and function of feeding organelles. Arch. Protistenkd. 123: 239-260. [Ótima revisão sobre o assunto.]

Fenchel, T. 1987. *Ecology of Protozoa: The Biology of Free-living Phagotrophic Protists*. Springer-Verlag, Nova York.

Fenchel, T. e B. J. Finlay. 1995. *Communities and Evolution in Anoxic Worlds*. Oxford Univ. Press, Oxford.

Fensome, R. A. *et al*. 1993. A classification of living and fossil dinoflagellates. Micropaleontology Special Pubs. 7. Sheridan Press, Hanover, PA.

Foissner, W. 1987. Soil protozoa: fundamental problems, ecological significance, adaptations in ciliates and testaceans, bioindicators, and guide to the literature. Prog. Protistol. 2: 69–212.

Gilson, P. R. e G. I. McFadden. 1995. The chlorarachniophyte: A cell with two different nuclei and two different telomeres. Chromosoma 103: 635–641.

Gilson, P. R. e G. I. McFadden. 1997. Good things come in small packages: The tiny genomes of chlorarachniophyte endosymbionts. BioEssays 19: 167–173.

Gilson, P. R., U.-G. Maier e G. I. McFadden. 1997. Size isn't everything: lessons in genetic miniturisation from nucleomorphs. Curr. Opinion Genet. Dev. 7: 800–806.

Gojdics, M. 1953. *The Genus Euglena*. University Wisconsin Press, Madison. [Inclui descrições e figuras de todas as espécies conhecidas no momento.]

Gómez-Gutiérrez, J. et al. 2003. Mass mortality of krill caused by parasitoid ciliates. Science 301: 339.

Gooday, A. 1984. Records of deep-sea rhizopod tests inhabited by metazoans in the northeast Atlantic. Sarsia 69: 45–53. [Animais que usam esqueletos protistas como moradia!]

Grain, J. 1986. The cytoskeleton of protists. Int. Rev. Cytol. 104: 153–249.

Grell, K. B. 1990. Some light microscope observations on *Chlorarachnion reptans* Geitler. Arch. Protistenkd. 138: 271–290.

Gupta, B. K. S. (ed.) 2002. *Modern Foraminifera*. Kluwer Academic.

Hallegraeff, G. M. et al. 2010. *Algae of Australia: Phytoplankton of Temperate Coastal Waters (algae of Australia series)*. CSIRO Publishing. Canberra, Austrália.

Harrison, F. W. e J. O. Corliss. 1991. Protozoa. In F. W. Harrison (ed.), *Microscopic Anatomy of Invertebrates*, Vol. 1. Wiley-Liss, Nova York.

Hausmann, K. e P. C. Bradbury. 1996. *Ciliates: Cells as Organisms*. Gustav Fischer, Stuttgart.

Hausmann, K. e N. Hülsmann (eds.). 1993. *Progress in Protozoology*. Gustav Fischer Verlag, Stuttgart, Alemanha.

Hausmann, K. e N. Hülsmann. 1996. *Protozoology*, 2nd Ed. Georg Thieme Medical Publishers, Inc., Nova York.

Hausmann, K. e R. Peck. 1979. The mode of function of the cytopharyngeal basket of the ciliate *Pseudomicrothorax dubius*. Differentiation 14: 147–158.

Hedley, R. H. e C. G. Adams (eds.). 1974. *Foraminifera*. Academic Press, Nova York.

Hyman, L. H. 1940. *The Invertebrates. Vol. 1, Protozoa through Ctenophora*. McGraw-Hill, Nova York. [Obviamente ultrapassado, mas ainda uma informação básica rica sobre anatomia.]

Ishida, K., B. R. Green e T. Cavalier-Smith. 1999. Diversification of a chimaeric algal group, the Chlorarachniophytes: phylogeny of nuclear and nucleomorph small-subunit rRNA genes. Mol. Biol. Evol. 16(3): 321–331.

Jeon, K. W. (ed.). 1973. *The Biology of Amoeba*. Academic Press, Nova York. [21 especialistas sobre amebas contribuíram para esse livro, que trata de todos os aspectos da biologia das amebas de vida livre.]

Jones, A. R. 1974. *The Ciliates*. St. Martin's Press, Nova York.

Jurand, A. e G. G. Selman. 1969. *The Anatomy of Paramecium Aurelia*. Macmillan, Londres, e St. Martin's Press, Nova York. [Tudo que se deseja saber sobre a anatomia de *Paramecium*; muitas ilustrações e micrografias.]

Kappe, S. H. I. et al. 2010. That was then but this is now: malaria research in the time of an eradication agenda. Science 328: 862–865.

Kemp, P. F., J. J. Cole, B. F. Sherr e E. B. Sherr (eds.) 1993. *Handbook of Methods in Aquatic Microbial Ecology*. Lewis Publishers/CRC Press, Boca Raton, FL.

Kreier, J. P. 1991–1994. *Parasitic Protozoa* [oito volumes], 2nd Ed. Academic Press, Nova York.

Laybourn-Parry, J. 1985. *A Functional Biology of Free-living Protozoa*. University of California Press, Berkeley.

Leander, B. S. 2007. Marine gregarines: evolutionary prelude to the apicomplexans radiation? Cell. doi: 10.1016/j.pt.2007.11.005: 60–67

Leander, B. S., H. J. Esson e S. A. Breglia. 2007. Macroevolution of complex cytoskeletal systems in euglenids. BioEssays 29(10): 987–1000.

Leander, B. S., J. F. Saldarriaga e P. J. Keeling. 2002. Surface morphology of the marine parasite *Haplozoon axiothellae* Siebert (Dinoflagellata). Eur. J. Protistol. 38: 287–297.

Lee, J. J. e O. R. Anderson. 1991. *Biology of Foraminifera*. Academic Press, Londres.

Lee, J. J., G. F. Leedale e P. Bradbury (eds.). 2000. *An Illustrated Guide to the Protozoa*. 2nd ed. Society of Protozoologists, Lawrence, Kansas.

Lembi, C. A. e J. Waaland. 1988. *Algae and Human Affairs*. Cambridge Univ. Press, Cambridge.

Levine, N. D. 1988. *The Protozoan Phylum Apicomplexa*. Vols. 1–2. CRC Press, Boca Raton, Flórida. [Traz diagnósticos sobre todos os gêneros e espécies.]

Lopez-Garcia, P. et al. 2001. Unexpected diversity of small eukaryotes in deep-sea Antarctic plankton. Nature 409: 603–607.

Lumsden, W. H. R. e D. A. Evans (eds.). 1976, 1979. *Biology of the Kinetoplastida*. Vols. 1–2. Academic Press, Nova York.

Lüning, K. 1990. *Seaweeds: their Environment, Biogeography, and Ecophysiology*. Wiley, Nova York.

Lynn, D. H. 2010. *The Ciliated Protozoa: Characterization, Classification and Guide to the Literature*, 3rd Ed. Springer Verlag, Berlim.

Mackinnon, M. J. e K. Marsh. 2010. The selection landscape of malaria parasites. Science 328: 866–871.

Margulis, L., J. O. Corliss, M. Melkonian e D. J. Chapman (eds.). 1989. *Handbook of Protoctista*. Jones and Bartlett, Boston.

Melkonian, M., R. A. Anderson e E. Schnepf (eds). 2001. *The Cytoskeleton of Flagellate and Ciliate Protists*. Springer Verlag, Berlim.

Moestrup, Ø. 1982. Flagellar structure in algae: A review with new observations particularly on the Chrysophyceae, Phaeophyceae, Euglenophyceae and Reckertia. Phycologia. 21: 427–528.

Mondragon, J. e J. Mondragon. 2003. *Seaweeds of the Pacific Coast. Common Marine Algae from Alaska to Baja California*. Sea Challengers, Monterey, Califórnia.

Muravenko, O. V. et al. 2001. Chromosome numbers and nuclear DNA contents in the red microalgae *Cyanidium caldarium* and three *Galdieria* species. Eur. J. Phycol. 36: 227–232.

Murray, J. 2006. *Ecology and Applications of Benthic Foraminifera*. Cambridge University Press, Nova York.

Neafsey, D. E. et al. 2015. Highly evolvable malaria vectors: The genomes of 16 *Anopheles* mosquitoes. Science. doi: 10.1126/science.1258522

Nigrini, C. e T. C. Moore. 1979. *A Guide to Modern Radiolaria*. Special Publ. No. 16, Cushman Foundation for Foraminiferal Research, Washington, DC.

Nisbet, B. 1983. *Nutrition and Feeding Strategies in Protozoa*. Croom Helm Publishers, Londres.

Ogden, C. G. e R. H. Hedley. 1980. *An Atlas of Freshwater Testate Amoebae*. Oxford University Press, Oxford. [Magníficas fotografias de microscopia eletrônica de varredura de tecas de ameba acompanhadas por descrições das espécies.]

Olive, L. S. 1975. *The Mycetozoans*. Academic Press, Nova York.

Patterson, D. J. 1996. *Free-living Freshwater Protozoa. A Colour Guide*. John Wiley & Sons, NY.

Patterson, D. J. 1999. The diversity of eukaryotes. Am. Nat. 154 (suppl.): S96–S124.

Patterson, D. J. e J. Larsen. 1991. *The Biology of Free-living Heterotrophic Flagellates*. Clarendon Press, Oxford.

Pickett-Heaps, J. D. 1975. *Green Algae: Structure, Reproduction and Evolution in Selected Genera*. Sinauer Assoc., Sunderland, MA.

Pickett-Heaps, J. D. 2004. *Diatoms. Life in Glass Houses*. [DVD] Sinauer Assoc., Sunderland, MA.

Pickett-Heaps, J. D. e J. Pickett-Heaps. 2006. *The Kingdom Protista. The Dazzling World of Living Cells*. [DVD] Sinauer Associates, Sunderland, MA.

Polin, M. et al. 2009. *Chlamydomonas* swims with two "gears" in a eukaryotic version of run-and-tumble locomotion. Science 325: 487–490.

Poxleitner, M. K. et al. 2008. Evidence for karyogamy and exchange of genetic material in the binucleate intestinal parasite *Giardia intestinalis*. Science 319: 1530–1533.

Ragan, M. A. e R. R. Gutell. 1995. Are red algae plants? Bot. Jour. Linnean Soc. 118: 81–105.

Raikov, I. B. 1994. The diversity of forms of mitosis in protozoa: A comparative review. Eur. J. Protistol. 30: 253–259.

Roberts, L. S., J. Janovy, Jr. e S. Nadler. 2012. *Foundations of Parasitology*, 9th Ed. McGraw-Hill.

Round, F. E., R. M. Crawford e D. G. Mann. 1990. *The Diatoms. Biology & Morphology of the Genera*. Cambridge University Press, Nova York.

Ruggiero, M. A. et al. 2015. A higher level classification of all living organisms. PLoS ONE. 10(4): e0119248. doi: 10.1371/journal.pone.0119248

Schaap, P. et al. 2006. Molecular phylogeny and evolution of morphology in the social amoebas. Science 314: 661–663.

Seliger, H. H. (ed.). 1979. *Toxic Dinoflagellate Blooms*. Elsevier/North Holland, NY.

Sleigh, M. A. (ed.). 1973. *Cilia and Flagella*. Academic Press, Londres.

Sleigh, M. A. 1989. *Protozoa and Other Protists*. 2nd Ed. Edward Arnold, Londres.

Stentiford, G. D. et al. 2013. *Haplosporidium littoralis* sp. nov.: A crustacean pathogen within the Haplosporidia (Cercozoa, Ascetospora). Dis. Aquat. Organ. 105: 243–252.

Stoecker, D. K. et al. 1988. Obligate mixotrophy in *Laboea strobila*, a ciliate which retains chloroplasts. Mar. Biol. 99: 415–423.

Sturm, A. et al. 2006. Manipulation of host hepatocytes by the malaria parasite for delivery into liver sinusoids. Science 313: 1287–1290.

Tarnita, C. E. et al. 2014. Fitness tradeoffs between spores and nonaggregating cells can explain the coexistence of diverse genotypes in cellular slime molds. PNAS 112(9): 2276–2781.

Tartar, V. 1961. *The Biology of Stentor*. Pergamon Press, Nova York.

Taylor, F. J. R. 1987. *The Biology of Dinoflagellates*. Blackwell Scientific Publications, Oxford.

Thomas, D. 2002. *Seaweeds*. Life Series. Natural History Museum, Londres.

Todo, Y. et al. 2005. Simple foraminifera flourish at the ocean's deepest point. Science 307: 689.

Tomas, Carmelo R. 1997. *Identifying Marine Phytoplankton*. Academic Press, San Diego.

Trench, R. K. 1980. Uptake, retention and function of chloroplasts in animal cells. Pp. 703–730 in W. Schwemmler and H. Schenk (eds.), *Endocytobiology*. Vol. I. Walter de Gruyter, Berlim.

Van den Hoek, C., D. G. Mann e H. M. Jahns. 1995. *Algae. An Introduction to Phycology*. Cambridge Univ. Press, Cambridge.

Vroom, P. S. e C. M. Smith. 2001. The challenge of siphonous green algae. Am Sci. 89: 525-531.
Wehr, J. D. e Sheath, R. G. 2003. *Freshwater Algae of North America*. Academic Press, Boston.
Wichterman, R. 1986. *The Biology of Paramecium*, 2nd Ed. Plenum, Nova York.
Williams, A. G. e G. S. Coleman. 1992. *The Rumen Protozoa*. Springer Verlag, Berlim.
Yubuki, N. *et al.* 2009. Ultrastructure and molecular phylogeny of *Calkinsia aureus*: cellular identity of a novel clade of deep-sea Euglenozoans with epibiotic bacteria. BMC Microbiol. 9(16): 1-22.

Filogenia dos protistas

Adams, K. L. e J. D. Palmer. 2003. Evolution of mitochondrial gene content: gene loss and transfer to the nucleus. Mol. Phylogenet. Evol. 29: 380-395.
Adl, S. M. *et al.* 2005. The new higher level classification of eukaryotes with emphasis on the taxonomy of protists. J. Euk. Microbiol. 53(5): 399-451.
Anderson, J. O., S. W. Sarchfield e A. J. Roger. 2005. Gene transfers from Nanoarchaeota to an ancestor of diplomonads and parabasalids. Mol. Biol. Evol. 22: 85-90.
Angiosperm Phylogeny Group. 2009. An update of the Angiosperm Phylogeny Group classification for the orders and families of flowering plants. Bot. J. Linn. Soc. 161: 105-121.
Archibald, J. M. 2007. Nucleomorph genomes: structure, function, origin and evolution. BioEssays 29: 392-402.
Arisue, N., M. Hasegawa e T. Hashimoto. 2005. Root of the Eukaryota tree as inferred from combined maximum likelihood analyses of multiple molecular sequence data. Mol. Biol. Evol. 22(3): 409-420.
Baldauf, S. L. 2003. The deep roots of eukaryotes. Science 300: 1703-1706.
Baldauf, S. L. e W. F. Doolittle. 1997. Origin and evolution of the slime molds (Mycetozoa). Proc. Natl. Acad. Sci. 94: 12007-12012.
Baldauf, S. L. e J. D. Palmer. 1993. Animals and fungi are each other's closest relatives: congruent evidence from multiple proteins. Proc. Natl. Acad. Sci. 90: 11558-11562.
Baldauf, S. L. *et al.* 2000. A kingdom-level phylogeny of eukaryotes based on combined protein data. Science 290: 972-977.
Banks, J. A. *et al.* 2011. The *Selaginella* genome identifies genetic changes associated with the evolution of vascular plants. Science 332: 960-963.
Bass, D. *et al.* 2005. Polyubiquitin insertions and the phylogeny of Cercozoa and Rhizaria. Protist 156: 149-161.
Bhattacharya, D. (ed.). 1997. *Origins of Algae and their Plastids*. Springer-Verlag, Nova York.
Borchiellini, C. *et al.* 1998. Phylogenetic analysis of the Hsp 70 sequences reveals the monophyly of Metazoa and specific phylogenetic relationships between animals and fungi. Mol. Biol. Evol. 15: 647-655.
Burki, F. *et al.* 2007. Phylogenomics reshuffles the eukaryotic supergroups. PLoS ONE. (*e790*): 1-6.
Butterfield, N. J. 2000. *Bangiomorpha pubescens* n. gen., n. sp.: implications for the evolution of sex, multicellularity, and the Mesoproterozoic/Neoproterozoic radiation of eukaryotes. Paleobiology 26(3): 386-404.
Cavalier-Smith, T. 1999. Principles of protein and lipid targeting in secondary symbiogenesis: euglenoid, dinoflagellate, and sporozoan plastid origins of the eukaryote family tree. J. Euk. Microbiol. 46: 347-366.
Cavalier-Smith, T. 2002. The phagotrophic origin of eukaryotes and phylogenetic classification of Protozoa. Int. J. Syst. Evol. Micro. 52: 297-354.
Cavalier-Smith, T. 2004. Only six kingdoms of life. Proc. Roy. Soc. Lond., B 271: 1251-1262.
Cavalier-Smith, T. 2010. Kingdoms Protozoa and Chromista and the eozoan root of the eukaryotic tree. Biol. Lett. 6: 342-345.
Cavalier-Smith, T., M. Allsopp and e. E.-Y. Chao. 1994. Thraustochytrids are chromists, not fungi: 18S rRNA signatures of Heterokonta. Phil. Trans. Royal Soc. London, Ser. B, 346: 387-397.
Cavalier-Smith, T. e E. E.-Y. Chao. 2003. Phylogeny of Choanozoa, Apusozoa and other Protozoa and early eukaryote evolution. J. Mol. Evol. 56: 540-563.
Cavalier-Smith, T. e E. E.-Y. Chao. 2004. Protalveolate phylogeny and systematics and the origins of Sporozoa and dinoflagellates (phylum Myzozoa nom. Nov.). Eur. J. Protistol. 40: 185-212.
Cavalier-Smith, T. e E. E.-Y. Chao. 2006. Phylogeny and megasystematics of phagotrophic heterokonts (Kingdom Chromista). J. Mol. Evol. 62: 388-420.
Cavalier-Smith, T. e S. von der Heyden. 2007. Molecular phylogeny, scale evolution and taxonomy of centrohelid Heliozoa. Mol. Phylogenet. Evol. 44: 1186-1203.
Chase, M. W. e J. L. Reveal. 2009. A phylogenetic classification of the land plants to accompany APG III. Botanical J. Linnean Soc. 161: 122-127.
Clark, C. G. e A. J. Roger. 1995. Direct evidence for secondary loss of mitochondria in *Entamoeba histolytica*. Proc. Natl. Acad. Sci. 92: 6518-6521.
Falkowski, P. G. *et al.* 2004. The evolution of modern eukaryotic phytoplankton. Science 305: 354-360.
Fast, N. M., J. M. Logsdon e W. F. Doolittle. 1999. Phylogenetic analysis of the TATA box binding protein (TBP) gene from *Nosema locustae*: evidence for a microsporidia-fungi relationship and spliceosomal intron loss. Mol. Biol. Evol. 16: 1415-1419.

Freshwater, D. W. *et al.* 1994. A gene phylogeny of the red algae (Rhodophyta) based on plastid rbcL. Proc. Natl. Acad. Sci. 91: 7281-7285. [Ver também Ragan et al. 1994.]
Funes, S., *et al.* 2002. A green algal apicoplast ancestor. Science 298: 2155.
Gajadhar, A. A. *et al.* 1991. Ribosomal RNA sequences of *Sarcocystis muris*, *Theileria annulata*, and *Crypthecodinium cohnii* reveal evolutionary relationships among apicomplexans, dinoflagellates, and ciliates. Mol. Biochem. Parisit. 45: 147-154.
Gray, M. W., B. F. Lang e G. Burger. 2004. Mitochondria of protists. Annu. Rev. Genet. 38: 477-524.
Hampl, V. D. S. *et al.* 2005. Inference of the phylogenetic position of oxymonads based on nine genes: support for Metamonada and Excavata. Mol. Biol. Evol. 22: 2508-2518.
Hampl, V. *et al.* 2009. Phylogenomic analyses support the monophyly of Excavata and resolve relationships among eukaryotic "supergroups." Proc. Natl. Acad. Sci. 106: 3859-3864.
Harper, J. T. e P. J. Keeling. 2003. Nucleus-encoded, plastid-targeted glyceraldehyde-3-phosphate dehydrogenase (GAPDH) indicates a single origin for chromalveolate plastids. Mol. Biol. Evol. 20: 1730-1735.
Harper, J. T., E. Waanders e P. J. Keeling. 2005. On the monophyly of chromalveolates using a six-protein phylogeny of eukaryotes. Int. J. Syst. Evol. Micr. 55: 487-496.
Hirt, R. P. e D. Horner (eds.). 2004. *Organelles, Genomes and Eukaryote Evolution*. Taylor & Francis, Londres.
Hirt, R. P. *et al.* 1999. Microsporidia are related to fungi: evidence from the largest subunit of RNA polymerase II and other proteins. Proc. Natl. Acad. Sci. 96: 580-585.
Ishida, K., B. R. Green e T. Cavalier-Smith. 1999. Diversification of a chimaeric algal group, the Chlorarachniophytes: phylogeny of nuclear and nucleomorph small subunit rRNA genes. Mol. Biol. Evol. 16(3): 321-331.
James, T. Y. *et al.* 2006. Reconstructing the early evolution of Fungi using a six-gene phylogeny. Nature 443: 818-822.
John, P. e F. W. Whatley. 1975. *Paracoccus dentrificans*: A present-day bacterium resembling the hypothetical free-living ancestor of the mitochondrion. Sym. Soc. Exp. Biol. 29: 39-40.
Katz, L. A. 1999. The tangled web: gene genealogies and the origin of eukaryotes. Am. Nat. 154 (suppl.): S137-S145.
Keeling, P. J. 1998. A kingdom's progress: Archeozoa and the origin of eukaryotes. BioEssays 20: 87-95.
Keeling, P. J. 2009. Chromalveolates and the evolution of plastids by secondary endosymbiosis. J. Euk. Microbiol. 56(1): 1-8.
Keeling, P. J. *et al.* 2005. The tree of eukaryotes. Trends Ecol. Evol. 20: 670-676.
Keeling, P. J. *et al.* 2000. Evidence from beta-tubulin phylogeny that Microsporidia evolved from within the fungi. Mol. Biol. Evol. 17: 23-31.
Keeling, P. J. e J. D. Palmer. 2000. Phylogeny-Parabasalian flagellates are ancient eukaryotes. Nature 405: 635-637.
Köhler, S. *et al.* 1997. A plastid of probable green algal origin in apicomplexan parasites. Science 275: 1485-1489.
Kutschera, U. e K.J. Niklas. 2005. Endosymbiosis, cell evolution, and speciation. Theor. Biosci. 124: 1-24.
Lane, C. E. e J. M. Archibald. 2008. The eukaryotic tree of life: endosymbiosis takes its TOL. Trends Ecol. Evol. 23: 268-275.
Lang, B. F., M. W. Gray e G. Burger. 1999. Mitochondrial genome evolution and the origin of eukaryotes. Ann. Rev. Genet. 33: 351-397.
Lang, B. F. *et al.* 2002. The closest unicellular relatives of animals. Curr. Biol. 12: 1773-1778.
Leander, B. S. e P. J. Keeling. 2004. Early evolutionary history of dinoflagellates and apicomplexans (Alveolata) as inferred form hsp90 and actin phylogenies. J. Phycol. 40: 341-350.
Leander, B. S. *et al.* 2006. Phylogeny of marine gregarines (Apicomplexa)-*Pterospora*, *Lithocystis* and *Lankesteria*-and the origin(s) of coelomic parasitism. Protist 157: 45-60.
Leipe, D. D. *et al.* 1994. The stramenopiles from a molecular perspective: 16S-like rRNA sequenced from *Labyrinthuloides minuta* and *Cafeteria roenbergensis*. Phycol. 33: 369-377.
Lewis, L. A. e R. M. McCourt. 2004. Green algae and the origin of land plants. Am. J. Bot. 91(10): 1535-1556.
Lukes, J. *et al.* 2009. Cascades of convergent evolution: The corresponding evolutionary histories of euglenozoans and dinoflagellates. Proc. Natl. Acad. Sci.106, Suppl. 1: 9963-9970.
Lutzoni, F. *et al.* 2004. Assembling the fungal tree of life: progress, classification, and evolution of subcellular traits. Am. J. Bot. 91: 1446-1480.
Maldonado, M. 2004. Choanoflagellates, choanocytes, and animal multicellularity. Invertebr. Biol. 123: 1-22.
Margulis, L. 1981. *Symbiosis in Cell Evolution*. W. H. Freeman, San Francisco. [Uma avaliação sobre a teoria endossimbiótica sequencial e uma revisão sobre a evolução da vida na Terra; desatualizado, mas ainda um resumo de referência.]
McCourt, R. M., C. F. Delwiche e K. G. Karol. 2004. Charophyte algae and land plant origins. Trends Ecol. Evol. 19(12): 661-666.
McFadden, G. I. *et al.* 1995. Molecular phylogeny of chlorarachniophytes based on plastid rRNA and rbcL sequences. Arch. Protistenkd. 145: 231-239.

McFadden, G. I., P. R. Gilson e C. J. Hofmann. 1997. Division Chlorarachniophyta. pp. 175–185 in D. Bhattacharya (ed.), *Origins of Algae and their plastids*. Springer-Verlag, Nova York.

Melkonian, M. e B. Surek. 1995. Phylogeny of the Chlorophyta: congruence between ultrastructural and molecular evidence. Bull. Soc. Zool. France 120: 191–208.

Moreira, D., H. Le Guyader e H. Phillippe. 2000. The origin of red algae and the evolution of chloroplasts. Nature 405: 69–72.

Morin, L. 2000. Long-branch attraction effects and the status of "basal eukaryotes": phylogeny and structural analysis of the ribosomal RNA gene cluster of the free-living diplomonad *Trepomonas agilis*. J. Euk. Microbiol. 47: 167–177.

Moustafa, A. et al. 2009. Genomic footprints of a cryptic plastid endosymbiosis in diatoms. Science 324: 1724–1726.

Nikolaev, S. I. et al. 2004. The twilight of Heliozoa and rise of Rhizaria, an emerging supergroup of amoeboid eukaryotes. Proc. Natl. Acad. Sci. 101: 8066–8071.

Nozaki, H. et al. 2003. The phylogenetic position of red algae revealed by multiple nuclear genes from mitochondria-containing eukaryotes and an alternative hypothesis on the origin of plastids. J. Mol. Evol. 56(4): 485–497.

Nozaki, H. et al. 2000. Origin and evolution of the colonial Volvocales (Chlorophyceae) as inferred from multiple chloroplast gene sequences. Mol. Phylogenet. Evol. 17: 256–268.

O'Kelly, C. J. 1993. The jakobid flagellates: structural features of *Jakoba*, *Reclinomonas* and *Histiona* and implications for the early diversification of eukaryotes. J. Euk. Microbiol. 40: 627–636.

Polet, S. et al. 2004. Small-subunit ribosomal RNA gene sequences of *Phaeodaria* challenge the monophyly of Haeckel's Radiolaria. Protist 155: 53–63.

Ragan, M. A. et al. 1994. A molecular phylogeny of the marine red algae (Rhodophyta) based on the nuclear small-subunit rRNA gene. Proc. Natl. Acad. Sci. 91: 7276–7280. [Ver também Freshwater et al. 1994.]

Round, F. E., R. M. Crawford e D. G. Mann. 1990. *The Diatoms. Biology and Morphology of the Genera*. Cambridge Univ. Press, Cambridge.

Saldarriaga, J. F. et al. 2001. Dinoflagellate nuclear SSU rDNA phylogeny suggests multiple plastid losses and replacements. J. Mol. Evol. 53: 204–213.

Saunders, G. W. e M. H. Hommersand. 2004. Assessing red algal supraordinal diversity and taxonomy in the context of contemporary systematic data. Am. J. Bot. 91: 1494–1507.

Schlegel, M. 2003. Phylogeny of eukaryotes recovered with molecular data: highlights and pitfalls. Eur. J. Protistol. 39: 113–122.

Shalchian-Tabrizi, K. et al. 2006. Telonemia, a new protist phylum with affinity to chromist lineages. Proc. Roy. Soc. Lond., B 273: 1833–1842.

Shalchian-Tabrizi, K. et al. 2007. Analysis of environmental 18S ribosomal RNA sequences reveals unknown diversity of the cosmopolitan phylum Telonemia. Protist 158: 173–180.

Sierra, R. et al. 2013. Deep relationships of Rhizaria revealed by phylogenomics: A farewell to Haeckel's Radiolaria. Mol. Phylogenet. Evol. 67: 53–59.

Simpson, A. G. B. 2003. Cytoskeletal organization, phylogenetic affinities and systematics in the contentious taxon Excavata (Eukaryota). Int. J. Syst. Evol. Microbiol. 53: 1759–1777.

Simpson, A. G. B., Y. Inagaki e A. J. Roger. 2006. Comprehensive multigene phylogenies of excavate protists reveal the evolutionary positions of "primitive" eukaryotes. Mol. Biol. Evol. 23(3): 615–625.

Simpson, A. G. B., J. Lukes e A. J. Roger. 2002. The evolutionary history of kinetoplastids and their kinetoplasts. Mol. Biol. Evol. 19: 2071–2083.

Simpson, A. G. B. e A. J. Roger. 2002. Eukaryotic evolution: getting to the root of the problem. Curr. Biol. 12: R691–R693.

Simpson, A. G. B. e A. J. Roger. 2004. The real "kingdoms" of eukaryotes. Curr. Biol. 14(17): 693–696.

Simpson, A. G. B. e A. J. Roger. 2004. Excavata and the origin of amitochondriate eukaryotes. pp. 27–54 in R. P. Hirt e D. S. Horner (eds.). *Organelles, Genomes and Eukaryote Phylogeny: An Evolutionary Synthesis in the Age of Genomics*. CRC Press, Boca Raton, FL.

Simpson, A. G. B. et al. 2002. Evolutionary history of "early diverging" eukaryotes: The excavate taxon *Carpediemonas* is closely related to *Giardia*. Mol. Biol. Evol. 19: 1782–1791.

Soltis, D. E. et al. 2010. Assembling the angiosperm tree of life: progress and future prospects. Ann. Mo. Bot. Gard. 97: 514–526.

Spoon, D. M., C. J. Hogan e G. B. Chapman. 1995. Ultrastructure of a primitive, multinucleate, marine cyanobacteriophagous amoeba (*Euhyperamoeba biospherica* n. sp.) and its possible significance in the evolution of the eukaryotes. Invertebr. Biol. 114 (3): 189–201.

Stiller, J. W. e B. D. Hall. 1997. The origin of red algae: implications for plastic evolution. Proc. Natl. Acad. Sci. 94: 4520–4525.

Stiller, J. W., J. Riley e B. D. Hall. 2001. Are red algae plants? A critical evaluation of three key molecular data sets. J. Mol. Evol. 52(6): 527–539.

Van de Peer, Y., A. Ben Ali e A. Meyer. 2000. Microsporidia: accumulating molecular evidence that a group of amitochondriate and suspected primitive eukaryotes are just curious fungi. Gene 246: 1–8.

Von der Heyden, S. et al. 2004. Ribosomal RNA phylogeny of bodonids and diplonemid flagellates and the evolution of Euglenozoa. J. Euk. Microbiol. 51: 402–416.

Wainright, P. O. et al. 1993. Monophyletic origin of the Metazoa: An evolutionary link with fungi. Science 260: 340–342.

Walsh, D. A. e F. W. Doolittle. 2005. The real "domains" of life. Curr. Biol. 15: R237–R240.

Wegener Parfrey, L. et al. 2006. Evaluating support for the current classification of eukaryotic diversity. PLoS Genet. 2 (e220): 2062–2073.

Yoon, H. S. et al. 2002. The single ancient origin of chromist plastids. Proc. Natl. Acad. Sci. 99: 15507–15512.

Yoon, H.-S. et al. 2006. Defining the major lineages of red algae (Rhodophyta). J. Phycol. 42: 482–492.

Yubuki, N. e B. S. Leander. 2008. Ultrastructure and molecular phylogeny of *Stephanopogon minuta*: An enigmatic microeukaryote from marine interstitial environments. Eur. J. Protistol. 44: 241–253.

Zettler, L. A. A. et al. 2000. The nucleariid amoeba: more protists at the animal-fungi boundary. J. Euk. Microbiol. 48: 293–297.

4

Introdução ao Reino Animal

Arquitetura e Planos Corpóreos dos Animais

Os corpos dos animais são estruturas maravilhosas – tão complexas e, apesar disso, coerentes e leais à forma dentro de cada espécie. Todas as partes parecem funcionar juntas em harmonia perfeita, como a arquitetura de uma bela construção, que é como deveria ser depois de milhões de anos de ajustes finos ao longo da evolução. Este capítulo é dedicado à arquitetura dos animais. Existe no idioma alemão uma palavra maravilhosa, que expressa a essência da arquitetura animal – *bauplan* (plural, *baupläne*). Literalmente, essa palavra significa "um plano ou projeto estrutural", mas a tradução literal não é totalmente apropriada. O conceito de *bauplan* captura em uma única palavra a essência da variação estrutural e dos limites da arquitetura, assim como os aspectos funcionais de um projeto ou desenho. A expressão "plano corpóreo" é um equivalente próximo em português. Para que determinado organismo "funcione", todos os seus componentes corporais precisam ser compatíveis estrutural e funcionalmente. O organismo por inteiro inclui um plano corpóreo definível e os próprios sistemas orgânicos específicos também contemplam planos estruturais; nos dois casos, os componentes estruturais e funcionais do plano específico determinam suas capacidades e seus limites. Desse modo, os planos corpóreos determinam as limitações principais que atuam ao nível do organismo e dos seus sistemas de órgãos.

A diversidade de formas do mundo biológico é espantosa, embora existam limites reais ao que pode ser moldado com sucesso pelos processos evolutivos. Todos os animais precisam realizar determinadas atividades básicas para sobreviver e reproduzir-se. Precisam adquirir, digerir e metabolizar alimentos e distribuir os produtos utilizáveis desses alimentos por todo o corpo. Além disso, precisam obter oxigênio para a respiração celular e, ao mesmo tempo, livrar-se das escórias metabólicas e dos materiais que não foram digeridos. As estratégias utilizadas pelos animais para manter a vida são extremamente variadas, mas estão baseados em um número relativamente pequeno de princípios biológicos, físicos e químicos, independentemente do tipo de plano corpóreo que tenham. Contudo, dentro das limitações impostas por determinados planos corpóreos, os animais dispõem de poucas opções para realizar suas atividades essenciais à vida. Por isso, tornam-se evidentes alguns poucos temas fundamentais recorrentes. O presente capítulo é uma revisão geral desses temas: os aspectos estruturais/funcionais dos planos corpóreos dos invertebrados e as estratégias básicas de sobrevivência utilizadas por eles. É uma descrição de como os invertebrados reúnem-se e como fazem para sobreviver e se reproduzir. Todos os temas descritos neste capítulo refletem os princípios fundamentais da mecânica, da fisiologia e da adaptação dos animais. Entendemos que grande parte deste capítulo aborda temas que os estudantes aprendem nos cursos introdutórios de biologia, mas aqui apresentamos pontos de vista específicos, que preparam o caminho para os tópicos analisados com mais detalhes nos capítulos do livro dedicados a cada "animal".

É importante ter em mente que, ainda que este capítulo esteja organizado com base naquilo que poderíamos chamar de "componentes" da estrutura animal, os animais completos são combinações funcionais integradas desses componentes. Além disso, existe um forte elemento de previsibilidade nos conceitos descritos neste capítulo. Por exemplo, considerando determinado tipo de simetria, podemos fazer inferências razoáveis quanto aos outros aspectos da estrutura do animal, que deveriam ser compatíveis com essa simetria – algumas combinações funcionam, outras não. Neste capítulo, explicamos muitos dos conceitos e dos termos usados ao longo de todo o livro e recomendamos que você esteja familiarizado com esse material a partir de agora, como base para entender o restante do texto.

Simetria corporal

Um aspecto fundamental do plano corpóreo de um animal é sua forma geral, ou geometria. De modo a analisar a arquitetura e a função dos invertebrados, precisamos primeiramente nos familiarizar com um aspecto básico da forma corporal: simetria. O termo simetria refere-se ao arranjo regular das estruturas corporais em relação ao eixo do corpo. Os animais que podem ser bissectados ou divididos ao longo de ao menos um plano, de modo que as metades resultantes sejam semelhantes entre si, são conhecidos como **simétricos**. Por um exemplo, um camarão pode ser dividido verticalmente ao longo de sua linha mediana, da cabeça à cauda, para produzir metades direita e esquerda que são imagens espelhadas uma da outra. Alguns animais não têm um eixo corporal e um plano de simetria e são referidos como **assimétricos**. Por exemplo, muitas esponjas têm uma forma de crescimento irregular e não apresentam um plano de simetria nítido. Semelhantemente, muitos protistas – especialmente as formas ameboides – são assimétricos (Figura 4.1).

Um dos tipos de simetria é conhecido como **simetria esférica**. Ela é encontrada nas criaturas cujos corpos não têm um eixo e apresentam formas mais ou menos esféricas, com as partes corporais dispostas concentricamente ou radialmente a partir de um ponto central (Figura 4.2). Uma esfera tem um número infinito de planos que passam por seu centro e a dividem em metades iguais. A simetria esférica é rara na natureza; em sentido mais estrito, esse tipo é encontrado apenas em alguns protistas. Os organismos com simetria esférica compartilham de um atributo funcional importante com os organismos assimétricos, na medida em que ambos não têm polaridade. Isso é, não existe diferenciação nítida ao longo de um eixo. Com outros tipos de simetria, existe algum nível de polaridade, que origina a especialização das regiões e estruturais corporais.

Um corpo que apresenta **simetria radial** tem a forma geral de um cilindro, com um eixo principal ao redor do qual as diversas partes do corpo estão dispostas (Figura 4.3). Em um corpo com simetria radial perfeita, as partes do corpo estão dispostas igualmente em torno do eixo e qualquer plano de corte que passe ao longo desse eixo resulta em metades semelhantes (mais ou menos como um bolo dividido e subdividido em metades e quartos iguais). A simetria radial praticamente perfeita é rara na natureza, mas ocorre em algumas esponjas e alguns pólipos de cnidários (Figura 4.3 A e B). Contudo, a maioria dos animais radialmente assimétricos adquiriu modificações desse tema. Por exemplo, a **simetria birradial** ocorre quando as partes do corpo são especializadas e apenas dois planos de corte podem dividir o animal em metades perfeitamente similares. Exemplos comuns desses organismos birradiais são os ctenóforos e muitas anêmonas-do-mar (Figura 4.3 C).

Figura 4.1 Exemplos de animais e protistas assimétricos. **A.** Uma variedade de esponjas. **B.** Duas amebas.

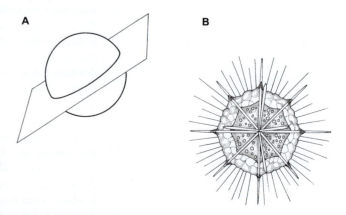

Figura 4.2 Simetria esférica em animais. **A.** Exemplo de simetria esférica; qualquer plano que passe pelo centro divide o organismo em duas metades iguais. **B.** Um radiolário (protista).

Capítulo 4 Introdução ao Reino Animal | Arquitetura e Planos Corpóreos dos Animais **129**

Figura 4.3 Simetria radial em invertebrados. As partes do corpo estão dispostas radialmente ao redor de um eixo oral-aboral central. **A.** Representação de uma simetria radial perfeita. **B.** Esponja *Xestospongia*, que tem formato semelhante ao de um barril. **C.** Anêmona-do-mar *Epiactis*, cujos alinhamento da boca e organização interna produzem simetria birradial. **D.** Hidromedusa *Scrippsia*, que tem simetria quadrirradial. **E.** Estrela-do-mar *Patiria*, que tem simetria pentarradial. **F.** Bolacha-da-praia, *Clypeaster*, que tem simetria pentarradial.

Especializações adicionais do plano corpóreo radial básico podem formar praticamente qualquer combinação de multirradialidade. Por exemplo, muitas águas-vivas têm **simetria quadrirradial** (Figura 4.3 D). Muitos equinodermos têm **simetria pentarradial**, embora também sejam conhecidas muitas estrelas-do-mar com braços numerosos. Na verdade, a existência de determinados órgãos (p. ex., madreporito) nas estrelas-do-mar permite-lhes apenas um plano que as divida em partes perfeitamente iguais e, desse modo, esses organismos realmente apresentam um tipo de bilateralidade pentarradial. Contudo, essas são minúcias. O significado adaptativo da simetria corporal opera em um nível muito mais amplo que o da posição dos órgãos e, nesse sentido, a maioria dos equinodermos, incluindo as estrelas-do-mar, são radialmente simétricos em termos funcionais, embora sua pentarradialidade seja singular no reino animal e não deva ser ignorada (ver Capítulo 25).

Um animal radialmente simétrico não possui extremidades anterior ou posterior; ao contrário, ele está organizado ao redor de um eixo que passa pelo centro do seu corpo, como o eixo de uma roda. Quando um trato digestivo está presente, esse eixo passa pela superfície na qual se localiza a boca (superfície oral) e estende-se até a superfície oposta (aboral). A simetria radial é mais comum nos animais sedentários e sésseis (p. ex., esponjas, estrelas-do-mar e anêmonas-do-mar) e nas espécies pelágicas que flutuam à deriva (p. ex., águas-vivas e ctenóforos). Em vista desses estilos de vida, certamente é vantajoso ser capaz de confrontar o ambiente igualmente a partir de várias direções. Nessas criaturas, as estruturas alimentares (tentáculos) e os receptores sensoriais estão distribuídos a intervalos regulares em torno da periferia dos organismos, de forma que eles entram em contato com o ambiente mais ou menos igualmente em todas as direções. Além disso, muitos animais bilateralmente simétricos se tornam funcionalmente radiais, de certo modo associado aos estilos de vida sésseis. Por exemplo, suas estruturas alimentares podem ter a forma de uma coroa de tentáculos dispostos radialmente – essa conformação permite-lhes contato mais eficaz com seu ambiente.

As partes corporais dos animais **bilateralmente simétricos** estão orientadas ao redor de um eixo que se estende da parte da frente (anterior) à extremidade de trás (posterior). Um único plano de simetria – o **plano mediossagital** (ou plano sagital mediano) – estende-se ao longo do eixo do corpo separando os lados direito e esquerdo. Qualquer plano longitudinal que passe perpendicular ao plano mediossagital e separe a parte superior (dorsal) da inferior (ventral) é denominado como plano frontal (Figura 4.4). Qualquer plano que atravesse o corpo perpendicularmente ao eixo corporal principal e ao plano mediossagital é descrito como **plano transversal** (ou simplesmente, corte transversal). Nos animais bilateralmente simétricos, o termo lateral refere-se aos lados do corpo ou às estruturas situadas distantes (à direita ou à esquerda) do plano mediossagital. O termo medial aplica-se à linha mediana do corpo, ou às estruturas que estão situadas perto ou na direção do plano mediossagital.

Enquanto as simetrias esférica e radial geralmente estão associadas aos animais sésseis ou que flutuam à deriva, a bilateralidade é encontrada comumente nos animais que apresentam motilidade altamente direcionada. Nesses animais, a extremidade anterior do corpo entra em contato primeiramente com o ambiente. A concentração das estruturas alimentares e sensoriais na extremidade anterior do corpo está associada à simetria bilateral e aos movimentos unidirecionais. A evolução de uma "cabeça" especializada, contendo essas estruturas e os tecidos nervosos que as inervam é conhecida como **cefalização** (do grego, *kephalos* = "cabeça"). Além disso, as superfícies dos animais diferenciam-se em regiões dorsal e ventral – a primeira especializada em proteção e a segunda em atividades locomotoras. Diversas modificações assimétricas secundárias da simetria bilateral (e radial) ocorreram, por exemplo, o enrolamento em espiral dos caramujos e caranguejos-ermitões.

Celularidade, tamanho corporal, folhetos germinativos e cavidades corporais

Uma das características principais utilizadas para definir os graus de complexidade dos animais é a presença ou ausência de tecidos verdadeiros. Tecidos são agregados de células morfológica e fisiologicamente semelhantes, que desempenham funções específicas. Como vimos no Capítulo 3, os protistas não possuem tecidos, mas ocorrem apenas como simples células ou colônias simples de células. De certa forma, todos os protistas estão no nível unicelular de construção. Além dos protistas, existe uma vasta gama de animais pluricelulares, Metazoa. Os Metazoa são divididos comumente em dois níveis ou graus principais – os não bilatérios (animais diploblásticos) e os bilatérios (= animais triploblásticos), conforme veremos adiante. Esses nomes não representam táxons formais, mas podem ser usados para agrupar os metazoários de acordo com seu nível de complexidade estrutural geral. Os animais não bilatérios formam um agrupamento não monofilético, enquanto os bilatérios quase certamente constituem um clado.

Cada um desses graus de complexidade corporal está associado a limitações e capacidades intrínsecas e, dentro de cada grau, existem limites evidentes de tamanho. Como o biólogo britânico D'Arcy Thompson escreveu: "Tudo tem seu tamanho apropriado [...] homens e árvores, pássaros e peixes, estrelas e sistemas estrelares têm [...] faixas mais ou menos estreitas de magnitude absoluta." À medida que uma célula (ou um organismo) aumenta de tamanho, seu volume aumenta a uma taxa mais rápida que a taxa de aumento de sua área superficial (a área superficial aumenta com o quadrado de dimensões lineares; o volume aumenta com o cubo de dimensões lineares). Como uma

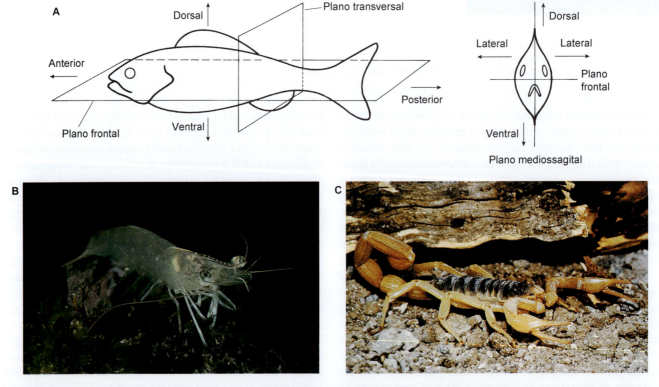

Figura 4.4 Simetria bilateral em animais; um único plano – plano mediossagital – divide o corpo em duas metades iguais. **A.** Ilustração esquemática da simetria bilateral, com os termos de orientação e planos de corte. Um camarão (**B**) e um escorpião (**C**) apresentam simetria bilateral evidente.

célula depende basicamente do transporte de materiais através de sua membrana plasmática para sobreviver, essa disparidade rapidamente alcança um ponto no qual o citoplasma não pode mais ser suprido adequadamente por difusão celular simples. Alguns organismos unicelulares desenvolvem superfícies com dobras complexas, são achatados ou têm forma de fio. Essas criaturas podem ser muito grandes, mas por fim alcançam um limite; por isso, não existem protistas com um metro de comprimento.

Para aumentar em tamanho, basicamente a única forma de contornar o **dilema superfície–volume** é aumentar a quantidade de células que constituem um único organismo; daí o surgimento dos metazoários. Contudo, o aumento do tamanho dos metazoários também é limitado. Os metazoários que não têm especializações complexas de tecidos e órgãos precisam depender da difusão para dentro e para fora do corpo e isso é inadequado para manter a vida, a não ser que a maior parte das células do corpo esteja nas proximidades ou em contato com o ambiente exterior. Na verdade, a difusão é um método eficaz de oxigenação apenas quando a distância de difusão é menor que cerca de 1,0 mm. Portanto, aqui também existem limites. Um animal simplesmente não pode aumentar indefinidamente em volume, quando a maioria de suas células precisa estar em contato direto com a superfície do corpo. Alguns animais resolveram esse problema até certo ponto arrumando seu material celular de forma que as distâncias de difusão entre a célula e o ambiente sejam confortavelmente curtas. Um método de conseguir isso é preencher a maior parte do interior do corpo com material não vivo (ou praticamente não vivo), como a mesogleia gelatinosa das medusas e dos ctenóforos. Outra forma é assumir uma geometria corporal que maximize a área superficial. O aumento de uma dimensão leva a um plano corpóreo vermiforme, como o dos ctenóforos cestódios (Ctenophora; Figura 8.1 E) ou dos vermes nemertinos (Nemertea). O aumento em duas dimensões resulta em corpos achatados, em forma de lâmina, como os dos platelmintos (Platyhelminthes). Nesses casos, as distâncias de difusão são mantidas curtas. As esponjas aumentam efetivamente sua área superficial por meio de um complexo processo de ramificação e dobras do corpo, tanto interna quanto externamente. Esse dobramento mantém a maior parte das células do corpo próximas do meio ambiente.

Se essas fossem as únicas soluções para o dilema superfície–volume, o mundo natural estaria repleto de animais diminutos, achatados, finos e convolutos, e de criaturas semelhantes às esponjas. Entretanto, muitos organismos aumentam de tamanho em uma ou várias ordens de magnitude durante seu processo de ontogenia e as formas de vida na Terra abrangem cerca de 19 ordens de magnitude (em massa). Desse modo, durante a evolução dos animais, surgiu outra solução que lhes permitiu aumentar o tamanho do seu corpo. Essa solução foi trazer funcionalmente o "ambiente" para mais perto de cada célula do corpo utilizando sistemas internos de transporte e trocas com amplas áreas superficiais. Portanto, o aumento tridimensional significativo em tamanho corporal exigiu o desenvolvimento de mecanismos sofisticados de transporte interno (p. ex., sistemas circulatórios) para nutrientes, oxigênio, escórias metabólicas e assim por diante. Nos animais superiores, essas estruturas de transporte evoluíram nos órgãos e sistemas de órgãos. Por exemplo, o volume corporal dos seres humanos é tão grande, que necessitamos de uma rede altamente ramificada de superfícies de trocas gasosas (nossos pulmões) para fornecer a área superficial adequada para a difusão dos gases. A superfície dessa rede mede cerca de 93 m² – praticamente a área de meia quadra de tênis! As mesmas limitações aplicam-se às superfícies de absorção dos alimentos; consequentemente, houve a evolução de tratos digestivos muito longos e altamente preguedos.

As camadas de tecidos embrionários dos eumetazoários são conhecidas como **folhetos germinativos** (do latim, *germen* = "broto, proeminência ou primórdio embrionário") e é desses folhetos que se desenvolvem todas as estruturas dos organismos adultos. O Capítulo 5 oferece uma visão geral da formação dos folhetos germinativos e outros aspectos dos padrões de desenvolvimento dos metazoários. Aqui precisamos apenas ressaltar que os folhetos germinativos inicialmente se formam como lâminas ou massas coerentes externas e internas de tecido embrionário conhecido como **ectoderme** e **endoderme** (ou entoderme), respectivamente. Na embriogênese dos filos radiados Cnidaria e Ctenophora, desenvolvem-se apenas esses dois folhetos (ou, quando se desenvolve uma camada intermediária, ela é produzida pela ectoderme, é predominantemente acelular e não é considerada um folheto germinativo verdadeiro). Esses animais são classificados como **diploblásticos** (do grego, *diplo* = "dois"; *blast* = "proeminência, broto"). Contudo, na embriogênese da maioria dos animais, um terceiro folheto de células germinativas (a **mesoderme**) forma-se entre a ectoderme e a endoderme; esses metazoários são conhecidos como **triploblásticos**.

A evolução da mesoderme expandiu consideravelmente o potencial evolutivo da complexidade dos animais. Como veremos adiante, os filos triploblásticos desenvolveram planos corpóreos muito mais sofisticados que os permitidos por um plano corpóreo diploblástico. Em termos mais simples, o embrião triploblástico em formação tem mais material de construção para trabalhar que um embrião diploblástico.

Uma das tendências principais da evolução dos metazoários triploblásticos foi a formação de uma cavidade preenchida por líquidos entre a parede externa do corpo e o tubo digestivo; isso é, entre os derivados adultos da ectoderme e da endoderme. A evolução desse espaço criou uma arquitetura radicalmente nova, ou seja, o *design* de um tubo dentro de outro tubo, na qual o tubo interno (o trato digestivo e seus órgãos associados) era em grande parte liberado da limitação de estar ligado ao tubo externo (parede do corpo). A cavidade preenchida por líquidos não servia apenas como amortecedor mecânico entre esses dois tubos praticamente independentes, mas também permitiu o desenvolvimento e a expansão de novas estruturas dentro do corpo, atuou como câmara de armazenamento de vários produtos corporais (p. ex., gametas), forneceu um meio de circulação e era, por si só, um esqueleto hidrostático primordial. A natureza dessa cavidade (ou sua ausência) está associada à formação e ao desenvolvimento subsequente da mesoderme, conforme está descrito com mais detalhes no Capítulo 5.

Os metazoários triploblásticos têm três níveis principais de construção: **acelomados**, **blastocelomados** e **eucelomados**. O nível acelomado (do grego, *a* = "sem"; *coel* = "oco", "cavidade") ocorre em vários filos triploblásticos: Xenacoelomorpha, Platyhelminthes, Entoprocta, Cycliophora, Gnasthostomulida, Micrognathozoa, Nematomorpha e Gastrotricha. Nesses animais, a mesoderme forma massa de tecido mais ou menos sólida, algumas vezes com aberturas pequenas (lacunas) entre o trato digestivo e a parede do corpo (Figura 4.5 A). Em quase todos os outros animais triploblásticos, entre a parede do corpo e o trato digestivo forma-se um verdadeiro espaço na forma de uma cavidade preenchida por líquidos. Em muitos filos (p. ex., anelídeos e equinodermos), essa cavidade origina-se dentro da própria mesoderme e está completamente envolvida por um revestimento fino conhecido como **peritônio**, que é derivado da mesoderme. Essa cavidade é conhecida como **celoma** verdadeiro (eucoloma). Vale ressaltar que os órgãos do corpo na verdade não estão livres dentro do próprio espaço celômico, mas estão separados dele pelo peritônio (Figura 4.5 C). Em geral, o peritônio é uma camada epitelial escamosa, ao menos a parte que recobre os órgãos internos e o trato digestivo.

Vários grupos de metazoários triploblásticos (p. ex., Rotifera, Nematoda, Loricífera, Priapula, Tardigrada e alguns Kinorhyncha) têm cavidades corporais pequenas ou grandes, que não são formadas a partir da mesoderme, nem são completamente revestidas pelo peritônio ou por qualquer outro tipo de tecido originado da mesoderme. No passado, essa cavidade era conhecida como "pseudoceloma" (do grego, *pseudo* = "falso"; *coel* = "oco, cavidade") (Figura 4.5 B). Na verdade, os órgãos desses animais estão soltos dentro da cavidade corporal e são banhados diretamente por seu líquido. Na maioria dos casos, o espaço representa os remanescentes da blastocele embrionária que persistem, não havendo, portanto, nada "falso" sobre eles, de modo que, neste texto, usamos o termo mais descritivo **blastoceloma**.

A organização da cavidade corporal demonstra uma relação pouco precisa com a filogenia. Entretanto, dentro das limitações intrínsecas de cada uma das organizações corporais básicas descritas antes, os animais desenvolveram inúmeras variações desses temas. Ao longo de todo o restante deste capítulo, descreveremos os planos de organização fundamentais dos principais sistemas corporais, à medida que evoluíram dentro desses planos corpóreos básicos. Nos capítulos seguintes, descreveremos como os membros dos diversos filos modificaram esses planos básicos por meio de seus próprios programas ou tendências evolutivas específicas.

Locomoção e sustentação

À medida que a vida eucariótica progrediu do estágio unicelular ao pluricelular, as dimensões corporais aumentaram drasticamente. Esse aumento das dimensões corporais, combinado com os movimentos direcionados, foi acompanhado pela evolução de várias estruturas de sustentação e mecanismos locomotores. Como esses dois sistemas corporais evoluíram simultaneamente e, em geral, funcionam de forma complementar, por conveniência, são discutidos juntos. Além disso, evidentemente houve um reforço evolutivo rápido das dimensões e da sustentação corporais no período Cambriano, há cerca de 540 a 485 milhões de anos – um evento conhecido como Explosão Cambriana. As razões para essa rápida irradiação dos animais de grande porte ainda estão sendo debatidas (Capítulo 1).

Existem quatro padrões fundamentais de locomoção nos protistas e nos metazoários: movimento ameboide, movimento ciliar e flagelar, propulsão hidrostática e movimento locomotor com apêndices. Há três tipos básicos de sistema de sustentação: endoesqueletos estruturais, exoesqueletos estruturais e esqueletos hidrostáticos. Na seção seguinte, descreveremos sucintamente a arquitetura e a mecânica básica das diversas combinações desses sistemas.

Número de Reynolds

A maioria das linhagens de invertebrados habita a água e os ambientes aquáticos apresentam obstáculos e vantagens à sustentação e à locomoção muito diferentes dos encontrados nos ambientes terrestres. Simplesmente permanecer em um local, contra a corrente veloz da água, sem ser danificado ou deslocado, pode exigir sustentação e flexibilidade. Os animais que se movimentam na água (ou deslocando água sobre seus corpos – o efeito é praticamente o mesmo) enfrentam problemas de dinâmica dos líquidos, que são criados pela interação de um corpo sólido com um meio líquido circundante. O que acontece durante essa interação está relacionado com o conceito do número de Reynolds – um valor sem unidade baseado nas experiências realizadas por Osborne Reynolds (1842-1912). O número de Reynolds representa uma razão entre a força inercial e a força da viscosidade. Em números de Reynolds altos, a força inercial predomina e determina o comportamento do fluxo da água ao redor de um objeto. Em números de Reynolds baixos, a força da viscosidade predomina e determina o comportamento do fluxo da água. A importância desse conceito vem sendo gradativamente reconhecida e aplicada aos sistemas biológicos. Embora ainda exista muito a ser feito nessa área, algumas generalizações interessantes podem ser expostas quanto à locomoção

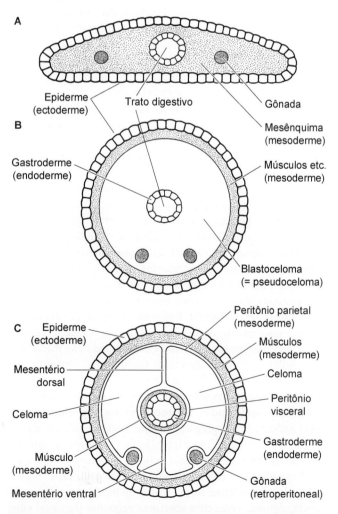

Figura 4.5 Planos corpóreos principais dos metazoários triploblásticos (*cortes transversais ilustrativos*). **A.** Plano corpóreo acelomado. **B.** Plano corpóreo blastocelomado. **C.** Plano corpóreo celomado (= eucelomado).

dos animais aquáticos e, conforme veremos adiante, sobre a suspensivoria aquática. O número de Reynolds é expresso pela seguinte equação:

$$R_e = \frac{plU}{v}$$

em que p representa a densidade do líquido, l é uma medida do tamanho do corpo sólido, U é igual à velocidade relativa do líquido sobre a superfície do corpo e v representa a viscosidade do líquido. Essa fórmula foi derivada por Reynolds para descrever o comportamento de cilindros na água. Evidentemente, como os corpos dos animais não são cilindros perfeitos, é difícil padronizar a variável "tamanho" (l). No entanto, valores relativos significativos podem ser derivados e aplicados às criaturas vivas aquáticas.

Sem aprofundar excessivamente o tema além de sua importância no momento, o fato é que os problemas de um animal grande nadando através da água são muito diferentes dos enfrentados por um animal pequeno. Os animais grandes, como peixes, baleias ou mesmo seres humanos, em razão de suas dimensões ou de sua grande velocidade (ou ambas), movimentam-se em um mundo com números de Reynolds altos. Com a ampliação das dimensões corporais, a viscosidade do líquido torna-se cada vez menos significativa, no que se refere ao consumo de energia pelo animal durante sua locomoção. Contudo, ao mesmo tempo, a inércia torna-se progressivamente mais importante. Um animal de grande porte precisa despender mais energia que um animal pequeno para colocar seu corpo em movimento. Contudo, da mesma forma, a inércia trabalha a favor do animal grande em movimento, empurrando-o para frente quando ele parar de nadar. Quando os animais grandes se movimentam com números de Reynolds altos, o efeito da inércia também afeta o movimento da água ao redor do seu corpo. Desse modo, à medida que o número de Reynolds aumenta, chega-se a um ponto no qual o fluxo da água deixa de ser laminar e torna-se turbulento, reduzindo a eficiência da natação.

Os organismos pequenos geralmente se movem em um mundo com números de Reynolds baixos. Por exemplo, uma larva com 1 mm de diâmetro que se movimenta à velocidade de 1 mm/s tem número de Reynolds de cerca de 1,0. A inércia e a turbulência são praticamente inexistentes, mas a viscosidade torna-se importante – aumentando conforme o tamanho do corpo e a velocidade diminuem (i. e., à medida que o número de Reynolds diminui). Os organismos pequenos que nadam na água têm sido comparados a um ser humano nadando em piche líquido ou melaço grosso. O efeito dessa condição é que as criaturas minúsculas, como os protistas ciliados e flagelados e muitos metazoários pequenos, começam e param instantaneamente, e o movimento da água provocado por sua natação também cessa rapidamente, à medida que o animal pare de mover-se. Desse modo, as criaturas diminutas nem pagam o preço, nem colhem os benefícios dos efeitos da inércia. O organismo movimenta-se para frente apenas quando está despendendo energia para nadar; logo que ele para de movimentar seus cílios, flagelos ou apêndices, seu corpo também para – o mesmo acontecendo com o líquido que o circunda. Os organismos minúsculos que nadam com números de Reynolds baixos (i. e., < 1,5) precisam despender uma quantidade inacreditável de energia para empurrar seus próprios corpos através de seus ambientes "viscosos".

Locomoção ameboide

O movimento ameboide é usado principalmente por alguns protistas e por diversos tipos de células ameboides que ocorrem internamente, dentro dos corpos da maioria dos metazoários. As células ameboides têm um **ectoplasma** semelhante a um gel, que circunda um **endoplasma** mais líquido (Figura 4.6). O movimento é facilitado por alterações no estado dessas regiões da célula. Em um ou em vários pontos da superfície da célula, formam-se **pseudópodes** (ou pseudopódios) e, à medida que o endoplasma flui para formar um pseudópode (ou pseudopódio), a célula rasteja nessa direção. Na verdade, esse processo aparentemente simples envolve alterações complexas na estrutura fina, na química e no comportamento da célula. O endoplasma mais interno movimenta-se "para frente", enquanto o endoplasma mais externo adquire um aspecto granular e permanece bastante estável. A porção do endoplasma que avança empurra para frente e depois se transforma em ectoplasma semirrígido na ponta do pseudópode em progressão. Simultaneamente, o endoplasma é recrutado da extremidade posterior rastejante da célula, de onde ele flui para frente de forma a reunir-se ao pseudópode "em crescimento". Muitos protistas e algumas células eucarióticas têm pseudópodes largos e rombos conhecidos como **lobópodes** (ou lobopódios). Em muitos grupos de protistas, formam-se pseudópodes longos, mais finos e afilados – **filópodes** (ou filopódios). A formação dos filópodes parece envolver a polimerização da actina. Os **reticulópodes** (ou reticulopódios) são filópodes muito longos, que formam anastomoses em forma de rede. Evidências sugerem que os reticulópodes sejam sustentados por microtúbulos. Em termos gerais, parece que os diversos tipos de pseudópodes evoluíram várias vezes dentro do reino protista.

A base molecular do movimento ameboide pode ser essencialmente a mesma que a da contração muscular dos vertebrados, envolvendo actina, miosina e ATP. Existem duas teorias principais propostas para explicar o processo. Talvez a mais popular delas seja de que as moléculas de actina, que flutuam livremente no endoplasma, polimerizam em sua forma filamentosa no ponto de crescimento ativo do pseudópode, onde elas interagem com as moléculas de miosina. A contração resultante literalmente puxa o endoplasma fluido para frente, enquanto ao mesmo tempo o transforma no ectoplasma circundando o pseudópode que desliza para frente. A segunda teoria sugere que a interação actina–miosina ocorra próximo à extremidade posterior da célula, onde provoca contração do ectoplasma. A contração espreme a célula como um tubo de pasta de dente,

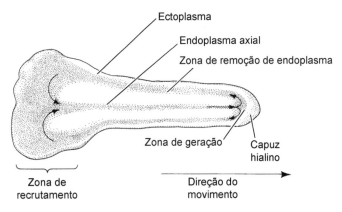

Figura 4.6 Locomoção ameboide por meio da formação de pseudópodes em uma ameba.

fazendo com que o endoplasma flua para frente e crie um pseudópode em posição diretamente oposta ao ponto da contração ectoplasmática. No Capítulo 3, algumas modificações do movimento pseudopodial são discutidas.

Cílios e flagelos

Os cílios ou os flagelos (ou ambos) ocorrem em quase todos os filos animais (com a exceção qualificada dos Arthropoda). Estruturalmente, os cílios e os flagelos são praticamente idênticos (e claramente homólogos), mas os primeiros são mais curtos e tendem a ocorrer em quantidades relativamente maiores (em placas ou tratos), enquanto os últimos são longos e geralmente ocorrem individualmente ou em pares. Durante o desenvolvimento celular, cada novo cílio ou flagelo origina-se de uma organela conhecida como **cinetossomo** (algumas vezes denominada corpo basal ou blefaroplasto), à qual permanece ancorado.

O movimento dos cílios e dos flagelos gera uma força propulsora, que movimenta o organismo através de um meio líquido ou, quando o animal (ou a célula) está ancorado, produz um movimento do líquido sobre ele. Essa ação sempre ocorre com números de Reynolds muito pequenos. Quando o animal é grande, a viscosidade pode ser aumentada pela secreção de muco, que diminui o número de Reynolds. A estrutura geral de um flagelo ou cílio consiste em uma haste longa e flexível, cuja cobertura externa é uma extensão da membrana plasmática da célula (Figura 4.7 A). Em seu interior, há um círculo de nove pares de microtúbulos (comumente denominados duplas), que se estendem ao longo do comprimento do flagelo ou cílio. Um microtúbulo de cada dupla contém duas fileiras de projeções – os **braços de dineína** – direcionados para a dupla adjacente. Os flagelos e os cílios movem-se à medida que os microtúbulos deslizam para cima e para baixo uns contra os outros, inclinando o flagelo ou o cílio em uma ou outra direção. O deslizamento dos microtúbulos é gerado pelos braços de dineína, particularmente pelos complexos proteicos conhecidos como **projeções radiais**, que se originam dos braços. As projeções radiais fixam-se a cada dupla de microtúbulos, imediatamente adjacentes à fileira interna dos braços de dineína, projetando-se centralmente. No centro do círculo formado pelas duplas de microtúbulos existe um par adicional de **microtúbulos**. Esse padrão familiar

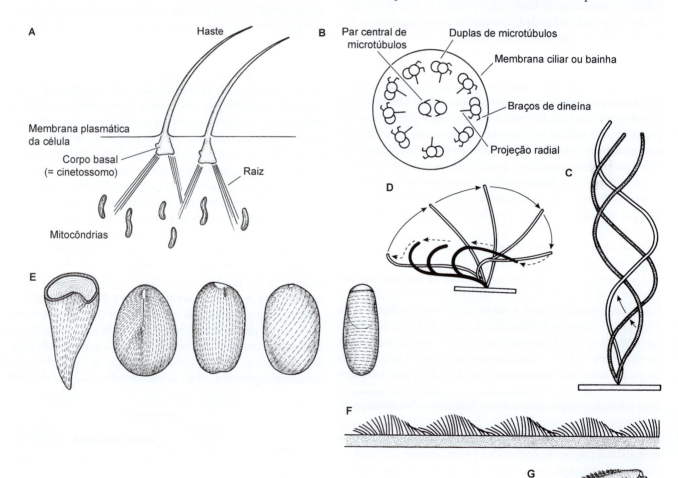

Figura 4.7 Cílios e flagelos. **A.** Estruturas de dois cílios adjacentes. **B.** *Corte transversal* de um cílio. **C.** Três estágios sucessivos do movimento ondulatório de um flagelo. **D.** Estágios sucessivos do movimento de remo de um cílio. O movimento efetivo está ilustrado *em branco*, enquanto a fase de recuperação aparece *em preto*. **E.** Exemplos dos padrões dos tratos ciliares de vários protistas ciliados (os tratos estão indicados por *linhas tracejadas*). **F.** Aspecto das ondas metacronais de uma fileira de cílios. **G.** Os ctenóforos são os maiores animais conhecidos, que dependem fundamentalmente dos cílios para sua locomoção. Aqui, a figura ilustra um ctenóforo muito pequeno – *Pleurobrachia bachei* (cerca de 2 cm de diâmetro).

9 + 2 é característico de quase todos os flagelos e cílios (Figura 4.7 B).[1] Os microtúbulos ciliares/flagelares são túbulos ocos modificados, semelhantes aos que estão presentes na matriz da maioria das células. A função principal desses túbulos celulares parece ser a de sustentação. Assim como o ectoplasma ajuda na manutenção da forma e da integridade da célula protozoária (atuando como um tipo de "exoesqueleto" rudimentar), os microtúbulos citoplasmáticos funcionam como uma espécie de "endoesqueleto" simples, que ajuda os protistas (e outras células) a conservarem sua forma. Os microtúbulos também são componentes do fuso e ajudam a distribuir os cromossomos durante a divisão celular.

Além da função locomotora evidenciada em alguns protistas e metazoários pequenos, os cílios e os flagelos desempenham diversas funções em muitos outros animais. Por exemplo, essas estruturas produzem correntes propícias à alimentação e às trocas gasosas; revestem os tratos digestivos e facilitam o movimento dos alimentos; e impulsionam as células sexuais e as larvas. Além disso, os cílios e os flagelos formam estruturas sensoriais de muitos tipos. Aqui, enfatizamos sua função como estruturas locomotoras.

A análise por fotografias em alta velocidade revelou que o movimento dessas estruturas é complexo, sendo distinto entre os diferentes táxons e mesmo entre locais diferentes de um mesmo organismo. Alguns flagelos oscilam para frente e para trás, enquanto outros descrevem movimentos rotatórios helicoidais, que empurram as células protistas flageladas praticamente da mesma forma como um motor de popa (Figura 4.7 C). Dependendo da propagação da ondulação, se da base para a ponta ou da ponta para a base, o efeito será de empurrar ou puxar a célula, respectivamente.

Alguns flagelos têm ramificações laterais minúsculas e finas denominadas **mastigonemas**, que aumentam a área superficial efetiva e, desse modo, acentuam a capacidade propulsiva. O batimento de um cílio geralmente é mais simples e consiste em uma fase de impulso e uma fase de recuperação e relaxamento (Figura 4.7 D). Quando a célula tem muitos cílios, eles geralmente ocorrem em tratos distintos, e sua ação é integrada, ou seja, os batimentos geralmente avançam em ondas metacronais sobre a superfície celular (Figura 4.7 E). Como a qualquer momento alguns cílios sempre estão na fase de impulso, a coordenação metacrônica assegura uma força propulsora uniforme e constante.

Já foi sugerido que os tratos ciliares de uma célula individual fossem coordenados por um tipo de "sistema nervoso" celular primitivo, mas essa hipótese nunca foi confirmada. O entendimento atual sugere que os batimentos coordenados dos cílios provavelmente ocorram em virtude das limitações hidrodinâmicas impostas sobre eles pelos efeitos de interferência das camadas de água circundantes e pela estimulação mecânica simples dos cílios adjacentes em movimento. No entanto, algumas reações ciliares dos animais certamente estão sob controle neural, por exemplo, a inversão da direção da fase de impulso.

Os protistas ciliados são os organismos unicelulares mais rápidos conhecidos. Depois desses, os protistas flagelados são os mais rápidos, enquanto as amebas são os mais lentos. A maioria das amebas movimenta-se com velocidade em torno de 5 µm/s (cerca de 2 cm/h), ou seja, cerca de 100 vezes mais lento que a maioria dos ciliados. Os cílios também são usados para locomoção dos membros de vários filos metazoários (incluindo Rhombozoa, Orthonectida, Ctenophora, Plantyhelminthes, Rotifera e alguns moluscos gastrópodes) e pelos estágios larvais de muitos táxons.

Músculos e esqueletos

Quase todos os animais têm algum tipo de esqueleto, cuja principal função é manter a forma corporal, dar sustentação, servir de âncora para os músculos, transmitir as forças da contração muscular para realizar trabalho e alongar os músculos relaxados. Essas funções podem ser desempenhadas por tecidos rígidos ou esqueletos secretados, ou até mesmo pela turgidez dos líquidos ou tecidos corporais sob pressão. Os músculos, os esqueletos e a forma corporal estão intimamente integrados, tanto sob a perspectiva funcional quanto de desenvolvimento. Quando presentes, elementos esqueléticos rígidos podem funcionar como pontos fixos de inserção dos músculos. Por exemplo, o exoesqueleto rígido e articulado dos artrópodes possibilita a existência de um sistema complexo de alavancas que resulta nos movimentos muito precisos e controlados dos apêndices. Muitos invertebrados não têm esqueletos rígidos e podem alterar seu formato corporal por contração e relaxamento alternados de vários grupos musculares fixados aos tecidos conjuntivos enrijecidos, ou à parte interna da parede corporal. Esses invertebrados de "corpo mole" geralmente possuem um esqueleto hidrostático.

O esqueleto hidrostático. O desempenho de um esqueleto hidrostático está baseado em duas propriedades fundamentais dos líquidos: sua incompressibilidade e sua capacidade de assumir qualquer forma. Em razão dessas propriedades, os líquidos corporais transmitem mudanças de pressão rápida e uniformemente em todas as direções. É importante compreender uma limitação física básica relativa à ação dos músculos – eles só podem realizar trabalho quando se encurtam (contraindo-se).[2] Nos esqueletos hidrostáticos, uma região do corpo é estendida (ou protraída) pela força contrátil de um músculo sendo transmitida para dentro de um compartimento corporal preenchido por líquido, gerando uma pressão hidrostática que desloca a parede do compartimento. Essas ações musculares indiretas podem ser comparadas ao ato de espremer uma luva de borracha cheia de água que, desse modo, estende e enrijece seus dedos. O confinamento de uma câmara cheia de líquido (p. ex., celoma) dentro dos limites de camadas musculares opostas cria um sistema, no qual os músculos de uma parte do corpo podem contrair, forçando os líquidos corporais para dentro de outra região do corpo, na qual os músculos relaxam; desse modo, o corpo é estendido ou, caso contrário, muda sua forma (Figura 4.8).

No plano corpóreo mais comum, duas camadas de músculos circundam uma cavidade corporal cheia de líquido, e as fibras dessas camadas estendem-se em direções diferentes (p. ex., uma camada de músculos circulares e outra de músculos longitudinais). Um invertebrado de corpo mole pode movimentar-se para frente utilizando seu esqueleto hidrostático da seguinte forma. Os músculos circulares da extremidade posterior do animal se contraem; em seguida, a pressão hidrostática gerada pressiona

---

[1] As dineínas constituem uma família de trifosfatases de adenosina, que provocam o deslizamento dos microtúbulos nos axonemas ciliares e flagelares.

[2] Tenha em mente que os músculos podem contrair-se isometricamente e não realizar trabalho.

a região anterior do corpo, distendendo os músculos longitudinais relaxados da parte anterior do corpo. Então, a contração dos músculos longitudinais posteriores puxa a extremidade de trás do corpo para frente. Essa sequência de contrações musculares resulta num movimento para frente, direcionado e controlado. Tal movimento exige que a extremidade posterior esteja ancorada quando a extremidade anterior se distende, e que a extremidade anterior esteja ancorada quando a extremidade posterior é puxada para frente. Esse sistema é utilizado comumente para a locomoção por muitos vermes que geram ondas musculares metacrônicas, as quais vão de trás para frente do corpo, resultando no que se conhece como peristalse. Um sistema hidrostático semelhante pode ser usado temporária ou intermitentemente para distender partes selecionadas do corpo, como a probóscide alimentar dos vermes, pés ambulacrais dos equinodermos e os sifões dos bivalves.

A contração dos músculos circulares de uma das extremidades de um animal vermiforme pode, na verdade, ter quatro efeitos possíveis: a extremidade contraída pode alongar-se, a extremidade oposta pode alongar-se ou engrossar, ou ambas as extremidades podem alongar-se. O efeito que se segue depende não da contração dos músculos circulares da extremidade que se contrai, mas sim do estado de contração dos músculos longitudinais e circulares de outras partes do corpo (Figura 4.8). Essas combinações de contração e relaxamento musculares formam um sistema de movimento versátil baseado em princípios mecânicos muito simples.

A dependência exclusiva dos músculos circulares e longitudinais poderia resultar em torções e enrolamentos quando o sistema hidrostático atua contra a resistência do substrato. Consequentemente, a maioria dos animais que dependem do movimento hidrostático também tem fibras musculares diagonais enroladas helicoidalmente, em grupos dispostos à esquerda e à direita, que se interceptam em ângulos entre 0 e 180°. Os músculos diagonais permitem extensão e contração, mesmo com um volume constante sem estiramento, impedindo ao mesmo tempo dobras e torções. Uma analogia interessante é o brinquedo de crianças – um canudo enrolado helicoidalmente onde se inserem os dois dedos indicadores; empurrar os dedos para dentro ao mesmo tempo faz com que o diâmetro do cilindro aumente (e seu comprimento diminua); separando-os, o diâmetro diminui (e o comprimento aumenta). Tudo isso é conseguido sem tensão ou compressão considerável das fibras do canudos (ou dos músculos diagonais de um invertebrado). Quando um cilindro se distende, o ângulo das fibras diminui; quando é comprimido, o ângulo aumenta.

O volume do líquido ativo de um esqueleto hidrostático deve permanecer constante e, desse modo, qualquer vazamento não deve ser maior que a razão de reposição do líquido. Os líquidos corporais devem ser conservados, apesar dos "orifícios" existentes na parede corporal, como os poros excretores de muitos animais celomados ou os orifícios bucais dos cnidários. Esses orifícios comumente são circundados por esfíncteres musculares, que podem fechar e controlar a perda dos líquidos corporais.

Um meio pelo qual o movimento realizado por um esqueleto hidrostático pode tornar-se mais preciso é dividir o animal em uma série de compartimentos separados. Por exemplo, nos vermes anelídeos, o fracionamento do celoma e dos músculos corporais em segmentos com controle neural independente permite que as expansões e as contrações do corpo fiquem confinadas a uns poucos segmentos por vez. Ao manipular conjuntos particulares da musculatura dos segmentos, a maioria dos anelídeos consegue não apenas mover-se para frente e para trás, mas também virar e torcer o corpo em manobras complexas.

O esqueleto rígido. Nos invertebrados com "corpo duro", um esqueleto rígido ou fixo impede que ocorram alterações grosseiras na forma corporal, como aquelas observadas nos invertebrados de corpo mole. Essa perda de flexibilidade confere aos animais de corpo duro diversas vantagens: a capacidade de atingir grandes tamanhos (uma vantagem especialmente útil nos hábitats terrestres, que não permitem a flutuação oferecida pelos ambientes aquáticos), movimentos corporais mais precisos ou controlados, melhor defesa contra predadores e, frequentemente, movimentos mais rápidos.

Em termos gerais, os esqueletos rígidos podem ser classificados como endoesqueletos ou exoesqueletos. Os endoesqueletos geralmente são derivados da mesoderme, enquanto os exoesqueletos são originados da ectoderme, mas os dois frequentemente têm componentes orgânicos e inorgânicos. Alguns autores lançaram a hipótese de que os esqueletos rígidos possam

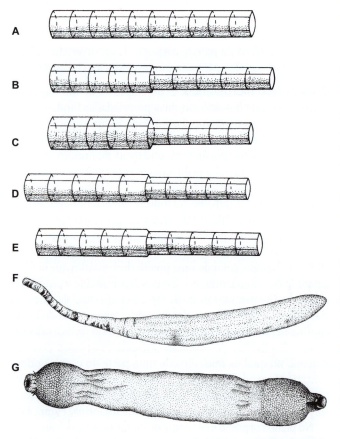

Figura 4.8 O esqueleto hidrostático. **A** a **E**. Estado inicial e os quatro resultados possíveis da contração dos músculos circulares em uma extremidade de um animal cilíndrico com esqueleto hidrostático. **A.** Todos os músculos estão relaxados. **B.** Os músculos circulares da extremidade direita se contraíram e essa extremidade se alongou; a extremidade esquerda permaneceu inalterada. **C.** O comprimento da extremidade direita continuou o mesmo, mas o diâmetro da extremidade esquerda aumentou. **D.** O comprimento da extremidade direita e o diâmetro da extremidade esquerda não se modificaram, mas o comprimento da extremidade esquerda aumentou. **E.** Os comprimentos das duas extremidades aumentaram, mas seus respectivos diâmetros não se alteraram. **F** e **G.** Dois animais que dependem de esqueletos hidrostáticos para sua sustentação e locomoção. **F.** Verme sipúnculo *Phascolosoma*. **G.** Verme equiúrido *Urechis caupo*.

ter se originado aleatoriamente, como subprodutos de alguns processos metabólicos. Por um simples acidente (pré-adaptação ou exadaptação), por exemplo, a acumulação de escórias nitrogenadas e sua incorporação em moléculas orgânicas complexas podem ter resultado na evolução do exoesqueleto quitinoso tão comum entre os invertebrados. Especulações semelhantes sugerem que o sistema metabólico, que originalmente tinha a função de eliminar excesso de cálcio do corpo, pode ter produzido a primeira concha calcária dos moluscos. De qualquer forma, os invertebrados marinhos são capazes de formar, por meio de suas diversas atividades biológicas, uma gama ampla de minerais, dos quais alguns não podem ser formados inorganicamente na biosfera. Na verdade, as quantidades sempre crescentes desses biominerais alteraram radicalmente a composição da biosfera, desde a origem dos esqueletos duros no início do período Cambriano. Os mais comuns dentre esses biominerais são vários carbonatos, fosfatos, haletos, sulfatos e óxidos de ferro.

Os esqueletos de invertebrados podem ser do tipo articulado (p. ex., exoesqueletos dos artrópodes, dos bivalves e dos braquiópodes, e o endoesqueleto de alguns equinodermos) ou do tipo não articulado, como ocorre nos exoesqueletos simples com uma única peça dos gastrópodes e nos endoesqueletos rígidos formados por placas fundidas interligadas dos ouriços-do-mar e das bolachas-do-mar. Os endoesqueletos dos animais podem ser tão simples como espículas microscópicas de calcário ou silício embebidas no corpo de uma esponja, um cnidário ou um pepino-do-mar, ou podem ser tão complexos quanto o esqueleto ósseo dos vertebrados (Figura 4.9). Os esqueletos rígidos de carbonato de cálcio evoluíram em muitos filos animais (e algumas algas), mas o uso da sílica em um esqueleto mineralizado ocorre apenas nas esponjas (Porifera). Os tecidos esqueléticos dos vertebrados incluem uma matriz de colágeno e fosfato de cálcio. Nos invertebrados, o colágeno frequentemente forma um substrato sobre o qual se formam espículas de calcário ou outras estruturas esqueléticas, contudo, com uma única exceção (algumas gorgônias), o colágeno nunca é incorporado diretamente no material esquelético calcário.[3]

Em sentido mais amplo, quase todos os grupos de invertebrados desenvolvem algum tipo de exoesqueleto (Figura 4.10). Mesmo as células dos protistas têm ectoplasma semirrígido, e alguns se recobrem com uma teca formada de fragmentos de areia ou outros materiais estranhos, que foram coladas juntas. Outros protistas constroem uma teca formada de compostos químicos que eles extraem das águas do mar ou produzem eles mesmos.

A partir de sua epiderme, muitos metazoários secretam uma camada externa inerte conhecida como cutícula, que funciona como um exoesqueleto. A cutícula varia quanto à espessura e à complexidade, mas frequentemente tem várias camadas com estrutura e composição diferentes. Por exemplo, nos artrópodes a cutícula é uma combinação complexa do polissacarídio quitina e várias proteínas.[4] Esse esqueleto pode ser fortalecido pela formação de ligações cruzadas internas (um processo referido

---

[3]Evidentemente, o colágeno também é o componente principal da membrana basal que se encontra abaixo dos epitélios de todos os metazoários, conferindo integridade estrutural aos tecidos.

[4]O termo quitina refere-se a uma família de compostos químicos muito relacionados entre si que, em diversas formas, são produzidos e incorporados às cutículas de muitos invertebrados. Alguns tipos de quitinas também são produzidos por alguns fungos e diatomáceas. As quitinas são polímeros nitrogenados de polissacarídios, de alto peso molecular, resistentes e, ao mesmo tempo, flexíveis (Figura 4.10 F). Além de suas funções de sustentação e proteção na formação dos exoesqueletos, a quitina também é um dos componentes principais dos dentes, das mandíbulas e das estruturas para segurar e triturar de uma grande gama de invertebrados. Que a quitina é uma das macromoléculas mais abundantes na Terra é evidenciado pela estimativa de que 10^{11} toneladas são produzidas anualmente na biosfera – a maior parte dela nos oceanos.

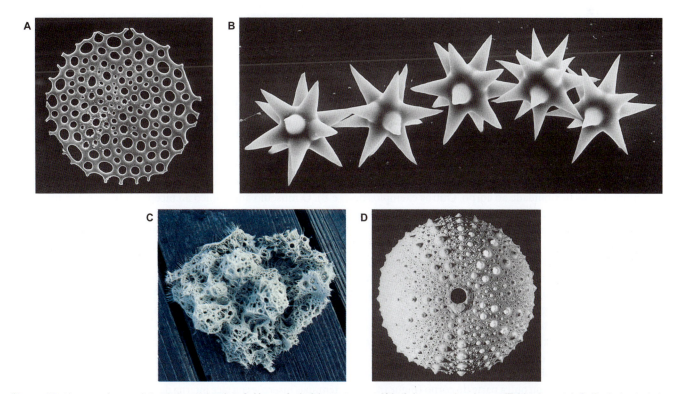

Figura 4.9 Alguns endoesqueletos de invertebrados. **A.** Um ossículo (elemento esquelético) de um pepino-do-mar (Echinodermata). **B.** Espículas isoladas das esponjas. **C.** Uma esponja-de-vidro (Hexactinellida) das águas profundas do Pacífico Leste; as espículas silicosas e longas podem ser vistas projetando-se do corpo. **D.** Teca rígida de um ouriço-do-mar, na qual as placas calcárias estão suturadas juntas por interdigitações de calcita e tecido conjuntivo.

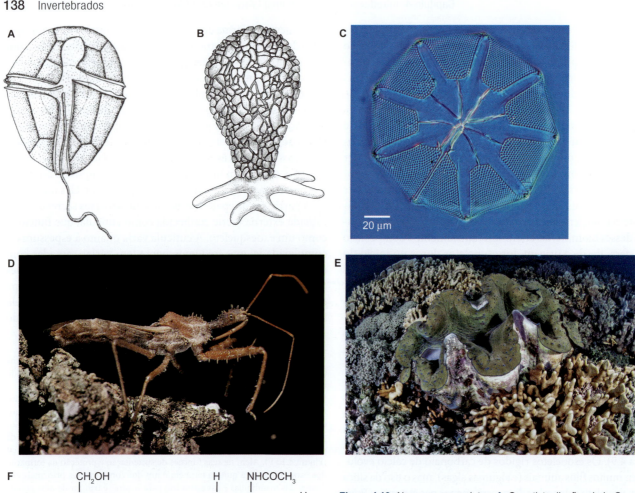

Figura 4.10 Alguns exoesqueletos. **A.** O protista dinoflagelado *Gonyaulax*, envolto por placas de celulose. **B.** A tecameba *Difflugia*, com uma testa de diminutos grãos de areia. **C.** O foraminífero *Cyclorbiculina* (um protista do filo das granulorreticulosas) com uma concha calcária composta de múltiplas câmaras. **D.** Um percevejo reduviídeo com seu exoesqueleto quitinoso articulado. **E.** O bivalve gigante *Tridacna* entre corais. Esses dois animais muito diferentes têm ambos exoesqueletos calcários. **F.** Estrutura química do polissacarídio quitina.

como **curtimento**) e pelo acréscimo de cálcio e pigmentos. A camada quitinosa da maioria dos invertebrados é a primeira linha de defesa contra micróbios infecciosos e desidratação. Na maioria dos insetos, a camada mais externa é impregnada de cera, que reduz sua permeabilidade à água. A cutícula comumente é ornamentada com espinhos, tubérculos, escamas ou estrias; sendo frequentemente dividida em anéis ou segmentos, que conferem mais flexibilidade ao corpo. Outros exemplos de exoesqueletos são os das conchas calcárias de muitos moluscos e os revestimentos dos corais (Figura 4.10).

A maioria dos esqueletos funciona como elemento corporal sobre o qual os músculos atuam e pelos quais a ação muscular é convertida em movimento corporal. Como os músculos não podem alongar por si próprios, eles precisam ser estirados por forças antagônicas – em geral, outros músculos, forças hidrostáticas ou estruturas elásticas. Nos animais que têm esqueletos rígidos e articulados, os músculos antagônicos frequentemente aparecem em pares, por exemplo, flexores e extensores. Esses músculos estendem-se sobre uma articulação e são usados para movimentar um apêndice ou outra parte do corpo (Figura 4.11). A maioria dos músculos tem uma origem distinta, à qual está ancorado, e uma inserção, que é o ponto de mobilidade principal do membro ou do corpo. Um exemplo clássico desse sistema nos vertebrados é o músculo bíceps do braço dos seres humanos, cuja origem está na escápula e a inserção está no osso rádio do antebraço; a contração do bíceps causa a flexão do braço por redução do ângulo entre o braço e o antebraço. O movimento de um apêndice em direção ao corpo é desencadeado pelos **músculos flexores**, do qual o bíceps é um exemplo (Figura 4.11 A e B). O músculo antagônico ao bíceps é o tríceps, um **músculo extensor** cuja contração estende o antebraço para longe do corpo. Outros grupos comuns de músculos e ações antagônicas são os **protratores** e os **retratores** que causam, respectivamente, movimentos anteriores e posteriores dos membros por inteiro, a partir de seus pontos de junção com o corpo; e os **adutores** e **abdutores**, que movimentam uma parte do corpo aproximando-a ou afastando-a de um determinado ponto de referência. Embora os vertebrados tenham endoesqueletos e os artrópodes tenham exoesqueletos, a maioria dos músculos dos artrópodes está organizada em conjuntos antagônicos semelhantes aos que existem nos vertebrados (Figura 4.11 C). Os músculos dos artrópodes têm suas inserções na face interna das partes esqueléticas, enquanto os músculos dos vertebrados têm suas inserções na superfície externa, embora ambos operem sistemas de alavancas.

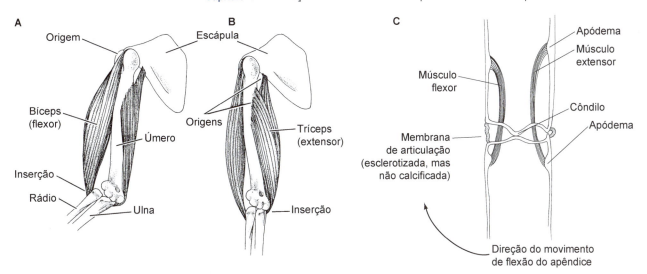

Figura 4.11 Como funcionam os músculos antagônicos. **A.** O bíceps está contraído e o tríceps, relaxado; essa combinação de ações flexiona o antebraço. **B.** O bíceps está relaxado e o tríceps, contraído; essa combinação estende o antebraço. **C.** Ilustração esquemática de uma articulação dos artrópodes, mostrando uma relação semelhante entre flexores e extensores. Contudo, nesses animais, os músculos se fixam na parte interna do esqueleto.

Nem todos os músculos têm suas inserções em endoesqueletos ou exoesqueletos rígidos. Alguns formam massas de fibras musculares entrelaçadas, como aquelas da parede corporal de um verme, do pé de um caramujo, ou da camada muscular das paredes dos órgãos "ocos" (como as que circundam o tubo digestivo ou o útero). Nesses casos, os músculos não têm origem e inserção bem-definidas, mas atuam uns sobre os outros e nos tecidos e líquidos corporais circundantes, de forma a provocar alterações da forma do corpo ou das partes corporais.

A fisiologia e a bioquímica básicas da contração muscular são as mesmas entre os vertebrados e invertebrados, embora esses organismos tenham desenvolvido diversas variações especializadas do modelo básico. Por exemplo, o músculo adutor de um bivalve (o músculo que mantém a concha fechada) está dividido em duas partes. Uma parte é altamente estriada e usada para fechar a concha rapidamente (músculo de fase ou "rápido"); a outra é lisa, ou tônica, e é utilizada para manter a concha fechada por horas ou até mesmo dias de uma vez só (músculo de "pegada"; do inglês, *catch*). Os braquiópodes têm uma especialização semelhante do músculo adutor – um bom exemplo de evolução convergente. Outras especializações são encontradas na inervação muscular dos crustáceos, que difere da que é observada comumente em outros invertebrados, assim como em alguns músculos de voo dos insetos, que são capazes de se contrair em frequências muito mais altas do que as que podem ser induzidas apenas por impulsos nervosos.

Alimentação e digestão

Digestão intracelular e extracelular

Praticamente todos os metazoários e protistas heterotróficos precisam localizar, selecionar, capturar, ingerir e finalmente digerir e assimilar o alimento. Embora a fisiologia da digestão seja semelhante no nível bioquímico, existem variações consideráveis nos mecanismos de captura e digestão, em consequência das limitações impostas aos organismos por seus planos corpóreos gerais.

Digestão é o processo de quebra dos alimentos por hidrólise em unidades apropriadas à nutrição celular. Quando essa quebra ocorre fora do corpo, o processo é conhecido como digestão extracorpórea; quando ocorre dentro de algum tipo de câmara digestiva, a digestão é referida como extracelular; e quando o processo ocorre dentro de uma célula, a digestão é intracelular. Independentemente do local onde ocorra a digestão, todos os organismos por fim enfrentam o desafio fundamental da captura celular dos produtos nutricionais (alimento digerido ou não). Esse desafio celular é superado pelo processo de **fagocitose** (literalmente, "ingerido pelas células") e **pinocitose** ("bebido pelas células"). Esses processos, conhecidos coletivamente como **endocitose**, são mecanicamente simples e envolvem o engolfamento das "partículas" alimentares na superfície da célula.

Em 1892, o grande anatomista comparativo Elie Metchnikoff fez uma descoberta que o levou a receber o Prêmio Nobel 16 anos depois. Metchnikoff descobriu o processo por meio do qual algumas células ameboides presentes no líquido celômico de estrelas-do-mar engolfavam e destruíam materiais estranhos, como bactérias. O cientista nomeou esse processo de fagocitose. Na fagocitose, extensões da membrana plasmática da célula circundam a partícula a ser capturada (seja um alimento ou um micróbio estranho), formam uma vesícula na superfície celular e, por fim, introduzem a vesícula na célula (Figura 4.12 A). A estrutura intracelular resultante limitada por uma membrana é conhecida como vacúolo alimentar. Como a partícula alimentar está dentro de uma vesícula formada e limitada por um pedaço da membrana plasmática original da célula, alguns biólogos consideram que ela na verdade não esteja "dentro" da célula, mas essa questão tem poucas implicações. Evidentemente, a membrana plasmática que circunda o vacúolo alimentar não faz mais parte da membrana externa da célula e, nesse sentido, ele e qualquer coisa que esteja em seu interior agora estão "dentro" da célula; os processos digestivos subsequentes são considerados intracelulares, em vez de extracelulares. Contudo, o alimento colocado dentro do vacúolo alimentar na verdade não é incorporado ao citoplasma da célula, até que seja digerido e que as moléculas resultantes sejam liberadas.

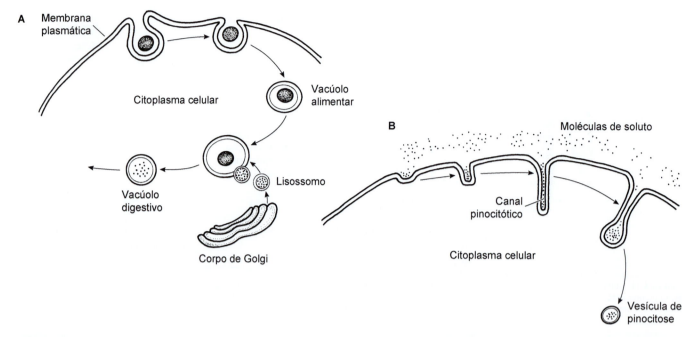

Figura 4.12 Fagocitose e pinocitose. **A.** Fagocitose. Esse desenho ilustra a formação de um vacúolo alimentar, a fusão de um lisossomo originado do corpo de Golgi com o vacúolo alimentar e, por fim, o vacúolo digestivo restante, que leva as escórias de volta à superfície da célula. **B.** Pinocitose. Moléculas nutritivas solúveis fixam-se aos sítios de ligação na membrana plasmática da célula, que em seguida, forma canais pinocitóticos e finalmente são interiorizados na forma de vesículas pinocitóticas.

Os protistas e as esponjas dependem da fagocitose como mecanismo de alimentação e as células digestivas dos tratos digestivos dos metazoários captam as partículas alimentares da mesma forma. Depois que a célula fagocita uma partícula alimentar e a digestão intracelular está concluída, qualquer resíduo particulado restante pode ser transportado de volta à superfície celular pelo que resta do vacúolo alimentar original, que então se funde com a membrana plasmática para descarregar seus dejetos por um tipo de fagocitose reversa, que é conhecida como **exocitose**.

A pinocitose pode ser considerada um tipo altamente especializado de fagocitose, por meio da qual partículas de dimensões moleculares são assimiladas pela célula. Essas moléculas sempre estão dissolvidas em algum líquido (p. ex., um líquido corporal ou a água do mar). Durante a pinocitose, invaginações minúsculas (canais pinocitóticos) formam-se na superfície da célula, são preenchidas com líquido presente no meio circundante (que inclui as moléculas nutritivas dissolvidas) e, em seguida, desprendem-se para entrar no citoplasma na forma de vesículas pinocitóticas (Figura 4.12 B). A pinocitose ocorre geralmente nas células que revestem alguma cavidade do corpo (p. ex., o trato digestivo), na qual já houve digestão extracelular considerável e as moléculas nutritivas foram liberadas da fonte alimentar original. Contudo, em alguns casos, as moléculas nutritivas podem ser captadas diretamente da água do mar e existem evidências crescentes de que muitos invertebrados dependem substancialmente da assimilação direta de matéria orgânica dissolvida (MOD) existente em seu ambiente.

Alguns animais não têm trato digestivo verdadeiro (p. ex., Porifera, Placozoa, tênias, acantocéfalos), mas a maioria dos metazoários dispõe de algum tipo de cavidade interna especializada, dentro da qual o alimento é transportado para processamento. Em alguns organismos (p. ex., Cnidaria, Ctenophora, Xenacoelomorpha, Platyhelminthes), há apenas um orifício por meio do qual o alimento é ingerido e os materiais não digeridos são eliminados. Diz-se que esses animais têm **trato digestivo incompleto** ou **cego**. A maioria dos outros metazoários tem boca e ânus (**trato digestivo completo** ou **ininterrupto**) e essa organização permite o fluxo unidirecional do alimento e a especialização de diferentes regiões do trato digestivo para desempenhar funções como triturar, secretar, armazenar, digerir e absorver. Como foi salientado tão apropriadamente pela bióloga Libbie Hyman, "as vantagens de ter um ânus são óbvias".

Anatomia e fisiologia gerais do trato digestivo de um animal estão intimamente relacionadas com o tipo e a qualidade do alimento consumido. Em geral, os tratos digestivos dos herbívoros são longos e comumente têm câmaras especializadas para armazenamento, trituração e assim por diante, porque a matéria vegetal é difícil de ser digerida e requer tempos longos de permanência no sistema digestivo. Os carnívoros tendem a ter tratos digestivos mais curtos e simples; os alimentos consumidos por esses animais são de qualidade superior e mais fáceis de digerir.

Estratégias alimentares

Assim como a arquitetura do corpo afeta e limita os processos digestivos dos invertebrados, ela também está relacionada diretamente com os processos de localização, seleção e ingestão dos alimentos. Os animais e os protistas semelhantes a animais são geralmente definidos como organismos **heterotróficos** (em oposição aos autotróficos e saprófitos); esses organismos ingerem matéria orgânica na forma de outros organismos ou de suas partes. Entretanto, em vários grupos de protistas (p. ex., muitos euglenoides e clorófitas), tanto a fotossíntese quanto a heterotrofia podem ser usadas como estratégias nutricionais. Além disso, muitos grupos de invertebrados que não fazem fotossíntese desenvolveram relações simbióticas íntimas com algas unicelulares, especialmente com algumas espécies de dinoflagelados. Esses invertebrados usam os subprodutos da fotossíntese como fonte alimentar acessória (ou, ocasionalmente, como fonte principal). Exemplos notáveis desse grupo são os corais construtores de recifes, os bivalves gigantes (*Tridacna*) e alguns platelmintos, lesmas-do-mar, hidroides, ascídias, anêmonas-do-mar, esponjas de água doce e até mesmo algumas espécies do protista *Paramecium*. Entretanto, a grande maioria dos invertebrados tem vidas estritamente heterotróficas.

Os biólogos classificam as estratégias alimentares heterotróficas de muitas formas. Por exemplo, os organismos podem ser considerados herbívoros, carnívoros ou onívoros; ou podem ser classificados como pastadores, predadores ou saprófagos. Os organismos também podem ser classificados como micrófagos ou macrófagos com base no tamanho relativo dos seus alimentos ou de suas presas, ou podem ser classificados de acordo com a fonte ambiental dos seus alimentos como suspensívoros, comedores de depósitos ou detritívoros. No restante desta seção, definimos alguns termos importantes relativos às estratégias alimentares e explicamos alguns temas comuns relativos à alimentação.

Poucos invertebrados são estritamente herbívoros ou carnívoros, ainda que a maioria demonstre nítida preferência por uma dieta vegetariana ou carnívora. Por exemplo, o ouriço-do-mar roxo do Atlântico *Arbacia punctulata* geralmente se alimenta de micro- e macroalgas. Contudo, em determinadas partes de sua área de distribuição, nas quais as algas podem tornar-se escassas durante alguns períodos, os animais da epifauna constituem a maior parte da dieta desses ouriços. Evidentemente, os onívoros devem ter capacidade anatômica e fisiológica para capturar, manipular e digerir matérias tanto vegetais quanto animais. Entre os invertebrados, existem duas grandes categorias de estratégias alimentares, nas quais a onivoria prevalece: suspensivoria e depositivoria.

Suspensivoria. A **suspensivoria** consiste na remoção de partículas alimentares suspensas no meio circundante por algum tipo de mecanismo de captura, aprisionamento ou filtração. Para que você não pense que a suspensivoria é uma estratégia "secundária" do reino animal, deixe-nos lembrar que os maiores animais vivos utilizam essa estratégia – baleias e várias linhagens de tubarões e raias. Esse mecanismo de alimentação tem três etapas básicas: transporte da água através das estruturas alimentares, remoção das partículas presentes na água e transporte das partículas capturadas até a boca. Essa é a estratégia alimentar predominante das esponjas, ascídias, apendiculários, braquiópodes, ectoproctos, entoproctos, foronídeos, a maioria dos bivalves e muitos crustáceos, poliquetas e gastrópodes. O critério principal de seleção dos alimentos é o tamanho das partículas, e os limites de tamanho do alimento são determinados pela configuração da estrutura utilizada para capturar as partículas. Em alguns casos, as partículas alimentares em potencial também podem ser selecionadas com base em sua densidade, ou até mesmo pelo reconhecimento de sua qualidade nutritiva.

Os invertebrados suspensívoros geralmente consomem bactérias, fitoplâncton, zooplâncton e alguns detritos. Todos os suspensívoros provavelmente têm faixas ideais de tamanho de partículas alimentares; contudo, alguns são capazes, experimentalmente, de selecionar preferencialmente cápsulas alimentares artificialmente "enriquecidas" em vez das cápsulas não enriquecidas (que não são alimentares); essa observação sugere que também possa ocorrer seletividade quimiossensorial *in situ*. De forma a capturar as partículas alimentares de seu ambiente, os suspensívoros precisam movimentar parte ou todo o seu corpo através da água, ou a água precisa ser movida ao longo de suas estruturas alimentares. Assim como a locomoção na água, os movimentos relativos entre um sólido e o meio líquido durante a alimentação suspensívora geram um sistema que se comporta de acordo com o conceito de números de Reynolds. Praticamente todos os invertebrados suspensívoros capturam partículas da água com números de Reynolds baixos. As taxas de fluxo desses sistemas são muito baixas e as estruturas alimentares são pequenas (p. ex., cílios, flagelos, cerdas).

É importante lembrar que, com números de Reynolds baixos, as forças de viscosidade dominam, e o fluxo da água sobre as estruturas alimentares pequenas é laminar e não turbulento, cessando instantaneamente quando o aporte de energia é interrompido. Desse modo, na ausência da influência inercial, os suspensívoros que geram suas próprias correntes alimentares gastam uma grande quantidade de energia. Alguns suspensívoros conservam energia por dependerem, em variados graus, do movimento da água predominante no meio ambiente para abastecer continuamente seus suprimentos alimentares (p. ex., cracas em costões rochosos varridos pelas ondas e tatuíras nas zonas entremarés das praias arenosas). Entretanto, para a maioria dos organismos, o esforço despendido para se alimentar constitui a maior parte de seu consumo energético.

Apenas um número relativamente pequeno de suspensívoros é constituído de filtradores verdadeiros. Com base nos princípios descritos antes, em termos energéticos é extremamente dispendioso propelir a água por uma estrutura de filtração com tramas finas. No caso dos animais pequenos, isso é mais ou menos análogo ao passar um filtro de tramas finas por um xarope grosso. Essa filtração real ocorre, notavelmente em muitos moluscos bivalves, muitos tunicados, alguns crustáceos grandes e alguns vermes que produzem redes de muco. Entretanto, a maioria dos suspensívoros utiliza um método menos dispendioso para capturar partículas da água, ou seja, um método que não requeira filtração contínua. Muitos invertebrados simplesmente expõem uma superfície pegajosa, como um recobrimento mucoso, ao fluxo de água. As partículas em suspensão entram em contato e aderem à superfície e, em seguida, são levadas até à boca pelos tratos ciliares (p. ex., nos crinoides), pentes de cerdas (p. ex., alguns crustáceos) ou por algum outro meio de transporte. Outros "suspensívoros de contato" que vivem em águas estagnadas podem simplesmente expor uma superfície pegajosa à chuva de matéria particulada que se precipita da água superficial, deixando assim a gravidade fazer a maior parte do trabalho necessário à obtenção do alimento. Algumas ostras parecem utilizar essa estratégia alimentar, ao menos em parte. Vários outros métodos de suspensivoria por contato podem ocorrer, mas todos eliminam a atividade dispendiosa de filtragem real no ambiente altamente viscoso com números de Reynolds baixos.

Outra estratégia de suspensivoria sem filtração é conhecida como "inspecionar e aprisionar". Nesse caso, a estratégia básica é movimentar a água sobre parte ou todo o corpo, detectar partículas alimentares em suspensão, isolar as partículas em pequenas frações de água e processar apenas essas frações, utilizando algum tipo de mecanismos de extração de partículas. Desse modo, o animal evita o consumo de energia necessário para movimentar a água continuamente sobre a superfície alimentar com números de Reynolds baixos. As estratégias exatas de detecção, isolamento e captura das partículas variam entre os invertebrados que utilizam a técnica de "inspecionar e aprisionar" e essa estratégia básica provavelmente é utilizada por certos crustáceos (p. ex., copépodes planctônicos), muitos briozoários e várias formas larvais.

O truque de remover partículas alimentares diminutas do ambiente circundante é realizado por meio de quatro mecanismos fundamentalmente diferentes. Como existem poucas formas pelas quais os animais podem alimentar-se de suspensões, não é surpreendente que tenham surgido vários tipos de convergências evolutivas entre os mecanismos alimentares.

Entre alguns crustáceos, certos apêndices estão equipados com fileiras de cerdas semelhantes a penas, adaptadas para remover partículas da água (Figura 4.13). Frequentemente, a dimensão das partículas capturadas é diretamente proporcional ao tamanho da "malha" das cerdas entrelaçadas existentes na estrutura de captura do alimento. Nos crustáceos sésseis como as cracas, os apêndices alimentares são varridos na água ou mantidos retesados contra o movimento da água. Em ambos os casos, os animais sésseis dependem das correntes locais para repor continuamente seus suprimentos alimentares. Os animais móveis que empregam uma rede de cerdas para se alimentar, como muitos crustáceos planctônicos grandes e certos crustáceos bentônicos (p. ex., caranguejos-de-porcelana) podem ter apêndices modificados, que geram uma corrente que atravessa esses apêndices dotados de cerdas de captura. Algumas vezes, esses mesmos apêndices podem servir simultaneamente para a locomoção. Por exemplo, nos crustáceos cefalocáridos e em muitos branquiópodes, os movimentos complexos coordenados das patas torácicas com cerdas abundantes propelem o animal para frente e também geram uma corrente contínua de água (Figura 4.13 D). Esses apêndices capturam simultaneamente partículas alimentares presentes na água e as recolhem em um sulco alimentar ventral mediano localizado na base das pernas, de onde são levadas adiante até a região da boca.

Uma segunda estrutura suspensívora é a rede de muco (ou armadilha mucosa), na qual placas ou uma lâmina de muco é utilizada para capturar partículas alimentares em suspensão. A maioria dos suspensívoros que utilizam rede de muco consome suas redes junto com o alimento e reciclam os compostos químicos utilizados para produzi-la. Também nesse caso, as espécies sésseis e sedentárias frequentemente dependem fundamentalmente das correntes locais para manter um suprimento fresco de alimentos que entrem em seu caminho. Entretanto, algumas espécies, particularmente os cavadores bentônicos, bombeiam ativamente a água para dentro de sua galeria ou tubo, onde ela atravessa ou passa pela lâmina de muco. Um exemplo clássico de alimentação por rede de muco é encontrado no verme anelídeo *Chaetopterus* (Figura 4.14 A). Esse animal vive em um tubo com formato de "U" no sedimento e bombeia a água pelo tubo e através da rede de muco. À medida que a rede se enche de

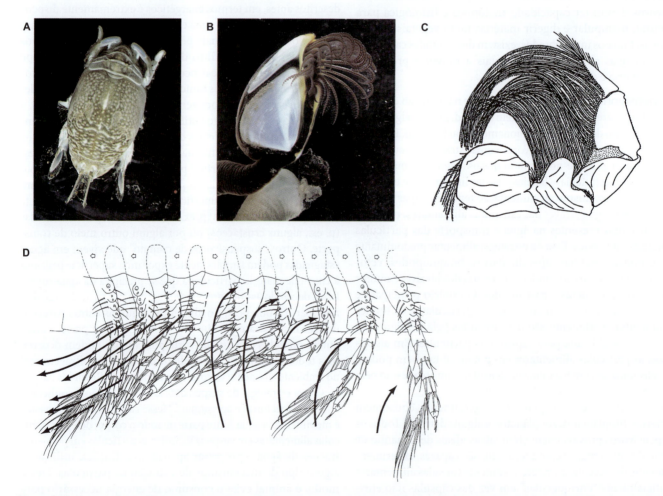

Figura 4.13 Alguns invertebrados suspensívoros que utilizam redes de cerdas. **A.** Tatuíra *Emerita*. **B.** Cirrípide *Pollicipes* com seus apêndices alimentares distendidos. **C.** Terceiro maxilípede do caranguejo-de-porcelana *Petrolisthes elegans*. Observe as cerdas densas e longas utilizadas na alimentação. **D.** Uma parte do tronco (*vista sagital*) de um crustáceo cefalocárido durante o ciclo metacronal dos apêndices alimentares. As *setas* indicam a direção das correntes de água; a *seta acima* de cada apêndice do tronco indica a direção do movimento do apêndice.

partículas alimentares retidas, ela é periodicamente manipulada e enrolada na forma de uma bola, que então é introduzida na boca e engolida. Um exemplo de alimentação por armadilha de muco ocorre em gastrópodes tubícolas (família Vermetidae). Esses gastrópodes vermiformes constroem colônias de tubos calcários tortuosos na zona entremarés. Cada animal secreta uma armadilha mucosa, que é colocada próximo à abertura do tubo, até que quase toda a superfície da colônia esteja coberta por muco. A matéria particulada em suspensão assenta e fica presa no muco. Em intervalos regulares, cada animal recolhe sua lâmina mucosa e a engole e, logo depois, produz uma nova rede.

Outro tipo de alimentação suspensívora é o mecanismo mucociliar, por meio do qual fileiras de cílios transportam uma lâmina mucosa através de alguma estrutura, enquanto a água passa ao longo ou através dela. As ascídias (tunicados; Figura 4.14 B) movimentam uma lâmina mucosa mais ou menos contínua através de sua faringe semelhante a uma peneira, enquanto simultaneamente bombeiam água através dela. Muco fresco é secretado de um lado da faringe, enquanto o muco repleto de alimento do outro lado é transferido para dentro do trato digestivo para ser digerido. Vários grupos de poliquetas também utilizam a técnica de alimentação mucociliar (Figura 4.14 C). Por exemplo, algumas espécies tubícolas alimentam-se por uma coroa de tentáculos, que são recobertos de cílios e muco e contêm sulcos ciliados, que transportam lentamente as partículas alimentares até a boca. Muitas bolachas-do-mar capturam partículas em suspensão, especialmente diatomáceas, em seus espinhos recobertos de muco; o alimento e o muco são transportados pelos pés ambulacrais e pelas correntes ciliares até os tratos digestivos e daí para a boca.

Um outro tipo de alimentação suspensívora é a alimentação por tentáculos ou pés ambulacrais. Com essa estratégia, algum tipo de estrutura semelhante a um tentáculo captura as partículas alimentares maiores, com ou sem ajuda do muco. As partículas alimentares capturadas por esse mecanismo geralmente são maiores que as capturadas pelas cerdas ou peneiras ou armadilhas mucosas. Exemplos de suspensivoria utilizando tentáculos ou pés ambulacrais são encontrados mais comumente nos equinodermos (p. ex., muitos ofiuroides e crinoides) e nos cnidários (p. ex., algumas anêmonas-do-mar e corais; Figura 4.15).

Muitas pesquisas foram realizadas sobre suspensivoria e hoje sabemos qual é a faixa de tamanho das partículas que alguns animais ingerem e com que frequência eles capturam seus alimentos. Em geral, as taxas de alimentação aumentam com a concentração de partículas alimentares, até alcançar um platô, acima do qual a taxa estabiliza-se. Em concentrações de partículas ainda maiores, os mecanismos de captura podem ser sobrecarregados ou entupidos e a alimentação é inibida ou simplesmente cessa. Nos suspensívoros sedentários e sésseis, por exemplo, as taxas de bombeamento diminuem rapidamente à medida que a quantidade de sedimento inorgânico em suspensão (lama, silte e areia) aumenta acima de determinada concentração. Por isso, a quantidade de sedimento das águas costeiras limita a distribuição e a abundância de alguns invertebrados, como bivalves, corais, esponjas e ascídias. Muitos recifes de corais tropicais estão morrendo em consequência do aumento das cargas de sedimentos costeiros gerados pela erosão das áreas terrestres sujeitas ao desmatamento ou ao desenvolvimento urbano.

Figura 4.14 Alguns suspensívoros que se alimentam por redes de muco e mucociliares. **A.** Verme anelídeo *Chaetopterus* em seu tubo. Observe a direção do fluxo de água através da sua rede de muco. **B.** A ascídia solitária *Styela* tem sifões inalante e exalante, por meio dos quais a água entra e sai do corpo. No interior, a água passa por uma lâmina de muco que recobre os orifícios da parede da faringe. **C.** *Praxillura maculata*, um poliqueta maldanídeo. Esse animal constrói um tubo membranoso que contém 6 a 12 raios rígidos. Uma rede de muco fica suspensa entre esses raios, a qual retém passivamente as partículas alimentares que passam por eles. A cabeça do verme aparece fazendo uma varredura ao redor dos raios para recolher a membrana mucosa e as partículas alimentares retidas.

Figura 4.15 Alimentação suspensívora por pés ambulacrais. Captura da partícula alimentar pelo ofiuroide *Ophiothrix fragilis*. Essas fotografias ilustram dois momentos de uma partícula alimentar capturada sendo transportada pelos tentáculos até a boca.

Depositivoria. Os **depositívoros** constituem um outro grande grupo de onívoros. Esses animais obtêm nutrientes dos sedimentos dos habitantes de fundos não consolidados (lamas e areias) ou dos solos terrestres, mas suas técnicas de alimentação são diversas. Os depositívoros diretos simplesmente engolem grandes quantidades de sedimento – lama, areia, solo, matéria orgânica, tudo. Diariamente, podem consumir até 500 vezes seu peso corporal. Os compostos orgânicos utilizáveis são digeridos, enquanto os materiais não utilizáveis são eliminados pelo ânus. A matéria fecal resultante é essencialmente "sujeira lavada". Esse tipo de depositivoria é encontrado em alguns anelídeos poliquetas (Figura 4.16 A), gastrópodes, ouriços-do-mar e na maioria das minhocas terrestres. Alguns depositívoros usam estruturas semelhantes a tentáculos para consumir sedimento, como alguns pepinos-do-mar, a maioria dos sipuncúlidos, certos bivalves e vários tipos de poliquetas (Figura 4.16 B e C). Os depositívoros que utilizam tentáculos removem preferencialmente apenas os depósitos superiores da superfície do sedimento e, desse modo, consomem porcentagens muito maiores de seres vivos (especialmente bactérias, diatomáceas e protistas) e matéria orgânica detrítica que aí se acumula, em comparação com os depositívoros cavadores. Em geral, esses animais são conhecidos com **depositívoros seletivos**. Os depositívoros aquáticos também podem depender, em grau bastante significativo, de matéria fecal que se acumula no fundo e muitos consumirão ativamente suas próprias pelotas fecais (**coprofagia**), que podem conter alguma matéria orgânica não digerida ou parcialmente digerida, além de microrganismos. Estudos demonstraram que apenas cerca de 50% das bactérias ingeridas pelos depositívoros marinhos são digeridas durante a passagem pelo trato digestivo. Em todos os casos, os depositívoros são micrófagos.

A função ecológica da depositivoria na renovação do sedimento é crítica. Quando os depositívoros cavadores são retirados de uma área, os restos orgânicos acumulam-se, o nível de oxigênio subsuperficial se esgota em razão da decomposição bacteriana e, por fim, as bactérias anaeróbias sulfurosas proliferam. Na terra, as minhocas e outros animais cavadores são importantes para a manutenção da saúde dos solos de jardins e áreas cultiváveis.

Herbivoria. O texto a seguir descreve a macro-herbivoria, ou consumo de plantas macroscópicas. A **herbivoria** é comum em todo o reino animal. Ela é ilustrada mais dramaticamente quando alguns herbívoros invertebrados passam por uma explosão populacional transitória. Exemplos famosos são os surtos de gafanhotos, que podem destruir praticamente toda a matéria vegetal que encontram em seu caminho. Da mesma forma, a herbivoria decorrente de números extremamente altos de ouriços-do-mar do Pacífico (*Strongylocentrotus*) resulta na

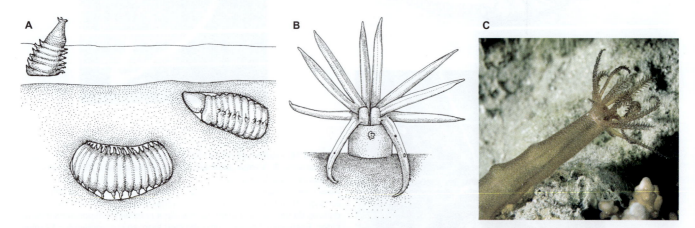

Figura 4.16 Alguns invertebrados depositívoros. **A.** Um poliqueta lumbrinerídeo enterrando-se no sedimento. Esse verme é um depositívoro subsuperficial. **B.** O poliqueta sabelídeo *Manayunkia aestuarina* em sua postura de alimentação. Um par de filamentos branquiais está sendo usado para a alimentação. A partícula grande que caiu à frente do tubo acabou de ser expelida da coroa branquial por uma corrente de rejeição. **C.** Uma holotúria (*Synapta*) depositívora de superfície.

destruição indiscriminada dos bancos de algas pardas. Ao contrário da herbivoria dos suspensívoros e depositívoros, na qual são consumidas matérias vegetais predominante microscópicas e unicelulares, a macro-herbivoria depende da capacidade de "morder e mastigar" pedaços grandes de matéria vegetal. Embora a evolução dos mecanismos de morder e mastigar tenha ocorrido no contexto da estrutura arquitetônica de um número de linhagens diferentes de invertebrados, esse processo evolutivo sempre se caracterizou pelo desenvolvimento de "dentes" rígidos (em geral, calcificados ou quitinosos), que são manipulados por músculos potentes. Os membros de alguns dos principais táxons de invertebrados desenvolveram estilos de vida macro-herbívoros, incluindo moluscos, poliquetas, artrópodes e ouriços-do-mar.

A maioria dos moluscos tem uma estrutura singular conhecida como **rádula**, que é semelhante a uma grosa em forma de cinta, muscular e armada com dentes quitinosos. Os moluscos herbívoros usam a rádula para raspar as algas agarradas às rochas, ou rasgar pedaços de frondes de algas ou de folhas de plantas terrestres. A rádula funciona como uma lima curva, que é aplicada contra a superfície alimentar (Figura 4.17 C e D).

Alguns poliquetas, como os nereídeos (família Nereidae) têm grupos de dentes quitinosos grandes sobre uma faringe protrátil ou probóscide. A probóscide é protraída pela pressão hidrostática, expondo os dentes que, por ação muscular, cortam ou arrancam pedaços das algas, que são engolidas quando a probóscide se retrai. Como seria esperado, a faringe dentada dos poliquetas também é apropriada à alimentação carnívora, e alguns poliquetas primariamente herbívoros podem passar a ingerir carne quando as algas são escassas.

A macro-herbivoria nos artrópodes é mais bem-ilustrada por certos insetos e crustáceos. Esses dois grandes grupos têm mandíbulas potentes capazes de abocanhar pedaços de material vegetal e, em seguida, triturá-los ou mastigá-los antes de que sejam ingeridos. Alguns artrópodes macro-herbívoros podem alternar transitoriamente para a alimentação carnívora, quando isso é necessário. Essa mudança raramente é encontrada nos herbívoros terrestres, porque quase nunca é necessária, já que a matéria vegetal terrestre quase sempre pode ser encontrada. Contudo, nos ambientes marinhos, os suprimentos de algas são muito limitados em algumas ocasiões. Alguns invertebrados herbívoros causam

Figura 4.17 Alguns invertebrados herbívoros. **A.** Caramujo terrestre comum *Cornu* (antes *Helix*) mastigando uma folhagem. **B.** Abalone vermelho *Haliotis rufescens*. **C.** Rádula, ou órgão de raspagem, de *H. rufescens*. **D.** Diagrama de uma rádula retirando partículas alimentares de uma alga (*corte sagital*). **E.** Ouriço-do-mar do Pacífico tropical *Toxopneustes roseus*.

danos graves às estruturas de madeira construídas pelo homem (p. ex., residências, pilares de embarcadouros e barcos) quando perfuram e consomem a madeira (Figura 4.18).

Figura 4.18 Gusanos. A madeira da parte submersa de uma velha pilastra de um atracadouro aberta ao meio para mostrar o trabalho do gusano bivalve *Teredo navalis* (Mollusca), que perfura a madeira. As valvas da concha são tão reduzidas que não podem mais conter o animal; em vez disso, elas são usadas como uma "broca de furadeira" para perfurar. As paredes dos túneis estão recobertas por um material calcário e liso, semelhante a uma concha.

Carnivorismo e detritivoria. As estratégias alimentares mais sofisticadas são as que exigem a captura ativa dos animais vivos – ou predação.[5] Contudo, a maioria dos predadores carnívoros consumirá animais mortos ou moribundos quando houver escassez de alimentos. Nesta seção, fazemos apenas algumas generalizações sobre os diversos tipos de predação; as discussões detalhadas dos vários táxons podem ser encontradas nos capítulos apropriados.

A predação ativa comumente envolve cinco etapas reconhecíveis: localização da presa (orientação do predador), perseguição (geralmente), captura, manuseio e finalmente ingestão. Em geral, a localização da presa requer certo nível de sofisticação do sistema nervoso, no qual existem órgãos sensoriais especializados (descritos mais adiante neste capítulo). Muitos invertebrados carnívoros dependem basicamente da localização quimiossensorial da presa, embora muitos também utilizem orientação visual, o toque e a detecção de vibrações. Os quimiorreceptores tendem a estar distribuídos homogeneamente em torno dos corpos dos carnívoros com simetria radial (p. ex., águas-vivas), mas coincidentemente com a cefalização, a maioria dos invertebrados tem seus receptores olfativos e gustativos ("de cheiro" e "de sabor") concentrados na região da cabeça. Alguns insetos dependem da detecção do nível de CO_2 para localizar suas fontes alimentares, incluindo moscas-das-frutas, mosquitos e traças, mas os mecanismos de percepção não estão plenamente caracterizados.

Os predadores podem ser classificados com base na forma com que capturam suas presas – como caçadores móveis, predadores furtivos (que montam emboscadas), oportunistas sésseis ou pastadores (Figura 4.19). Os caçadores perseguem ativamente suas presas e incluem os membros de grupos tão diversos quanto protistas ciliados, policládidos, nemertinos, vermes poliquetas, gastrópodes, polvos e lulas, caranguejos e estrelas-do-mar. Em todos esses grupos, a quimiossensibilidade é altamente importante para localizar uma presa potencial, embora alguns cefalópodes sejam reconhecidos por ser os mais visuais entre todos os predadores invertebrados.

Os predadores furtivos são aqueles que se sentam e esperam suas presas chegarem a uma distância na qual possam ser capturadas, quando então atacam rapidamente sua vítima. Muitos predadores furtivos, como certas espécies de camarões louva-a-deus (estomatópodes), caranguejos, camarões-mordedores (Apheidae), aranhas e poliquetas, vivem em túneis ou fendas, das quais emergem para capturar presas que passam por perto. Existem até planárias que fazem emboscadas, produzindo placas mucosas e formando armadilhas pegajosas para suas presas. O custo exigido para a construção das armadilhas é significativo. Por exemplo, as formigas-leão podem aumentar seu gasto de energia em até 8 vezes quando constroem buracos de areia para captura de presas, e a energia perdida com a secreção mucosa pelas planárias pode representar 20% da energia do verme. Os invertebrados predadores, especialmente os predadores furtivos, tendem a ser mais ou menos territoriais.

Os oportunistas sésseis atuam praticamente da mesma forma que os predadores furtivos, mas não têm a mobilidade desses últimos. O mesmo pode ser dito com referência aos oportunistas que derivam, como as águas-vivas. Muitos predadores sésseis, como alguns protistas, cracas e cnidários, na verdade são suspensívoros com forte preferência por presas vivas.

Os carnívoros que pastam movimentam-se em torno do substrato ciscando na epifauna. Pastadores podem ser indiscriminadores, ou seja, podem consumir tudo que encontram pela frente, ou podem ser altamente seletivos quanto ao que ingerem. De qualquer modo, sua dieta consiste basicamente em animais sésseis ou que se movimentam lentamente, como esponjas, ectoproctos, tunicados, gastrópodes, crustáceos pequenos e vermes. A maioria dos animais pastadores apresenta algum grau de onivoria, consumindo matéria vegetal juntamente com presas animais. Muitos caranguejos e camarões são pastadores excelentes, movimentando-se continuamente sobre o fundo e procurando entre a epifauna um bocado saboroso. As aranhas-do-mar (picnogônidos) e algumas lesmas-do-mar carnívoras também podem ser classificadas como pastadoras de hidroides, ectoproctos, esponjas, tunicados e outros animais sésseis da epifauna. As lesmas ovulídeas (família Ovulidae) habitam e geralmente imitam as gorgônias e os corais sobre os quais rastejam lentamente, mordiscando os pólipos à medida que avançam.

Canibalismo (ou predação intraespecífica) é um tipo especial de carnivoria. Gary Polis (1981) analisou mais de 900 estudos publicados sobre canibalismo em cerca de 1.300 espécies animais

---

[5]Embora, em sentido amplo, a herbivoria seja um tipo de predação (das plantas), para facilitar a presente discussão limitamos o uso desses termos à alimentação vegetal e à alimentação animal (carnivorismo), respectivamente.

Figura 4.19 Alguns vertebrados predadores. **A.** A maioria dos polvos é constituída de predadores caçadores ativos; esse é um membro do gênero *Eledone*. **B.** A estrela-do-mar conhecida como coroa-de-espinhos (*Acanthaster*) alimenta-se de corais. **C.** O gastrópode *Polinices* perfura as conchas dos moluscos bivalves para alimentar-se de suas partes moles. **D.** Um camarão louva-a-deus (estomatópode); os dois desenhos (**E**) ilustram seu ataque raptorial para capturar um peixe que passa por perto. **F.** O platelminto predador *Mesostoma* atacando uma larva de mosquito. **G.** Um gastrópode (*Conus*) comendo um peixe. **H.** *Acanthina*, um gastrópode predador alimentando-se de cracas pequenas.

diferentes. Em geral, ele descobriu que as espécies animais grandes (e também indivíduos grandes de qualquer espécie) tinham mais chances de ser canibais. Sem dúvida, a maioria das vítimas é jovem. Entretanto, em vários grupos de invertebrados, a situação se inverte, e o canibalismo ocorre quando espécimes menores reúnem-se em bando para atacar e consumir organismos maiores. Além disso, as fêmeas geralmente tendem a ser mais canibais do que os machos, e machos tendem a ser comidos com frequência muito maior que as fêmeas. Em muitas espécies, o canibalismo filial é comum, ou seja, um dos genitores come seus filhotes moribundos, deformados, fracos ou doentes. Polis concluiu que o canibalismo é um fator significativo da biologia de muitas espécies e pode afetar a estrutura populacional, a história de vida, o comportamento e a competição por parceiros e recursos. Ele chegou a afirmar que Homo sapiens pode ser "a única espécie capaz de se preocupar se seu alimento é intra- ou extraespecífico".

Matéria orgânica dissolvida. A biomassa viva total dos oceanos do planeta foi estimada em cerca de 2×10^9 toneladas de carbono orgânico (cerca de 500 vezes mais que a quantidade de carbono orgânico do ambiente terrestre). Além disso, estima-se que um adicional de 20×10^9 toneladas de matéria orgânica particulada ocorra nos mares e que outras 200×10^9 toneladas de carbono orgânico (C) possam ocorrer nos oceanos na forma de **matéria orgânica dissolvida (MOD)**. Desse modo, a qualquer momento no tempo, apenas uma fração pequena do carbono orgânico presente nos oceanos do planeta encontra-se realmente nos organismos vivos. Os aminoácidos e os carboidratos podem ser os compostos orgânicos dissolvidos mais comuns. Em geral, os valores de MOD dos oceanos variam de 0,4 a 1,0 mg de C/ℓ, mas podem chegar a 8,0 mg de C/ℓ nas áreas costeiras. As algas pelágicas e bentônicas liberam quantidades copiosas de MOD no ambiente, assim como alguns invertebrados. Por exemplo, o muco dos corais é uma fração importante de matéria orgânica dissolvida e em suspensão sobre os recifes, contendo quantidades significativas de compostos ricos em nitrogênio e energia, como monossacarídios, polissacarídios e aminoácidos. Outras fontes de MOD são tecidos em decomposição, detritos, matéria fecal e subprodutos metabólicos descartados no ambiente.

O conceito de que a MOD possa contribuir significativamente para a nutrição dos invertebrados marinhos foi proposto há mais de 100 anos. Os microrganismos marinhos são conhecidos por utilizarem a MOD, mas a função relativa da matéria orgânica dissolvida na nutrição dos metazoários aquáticos é duvidosa. Os dados disponíveis sugerem fortemente que os membros de todos os táxons marinhos (com exceção talvez dos artrópodes e dos vertebrados) sejam capazes de absorver MOD até determinados limites e, nos casos dos suspensívoros mucociliares, das larvas marinhas, de muitos equinodermos e dos bivalves, a capacidade de absorver rapidamente aminoácidos livres dissolvidos em um meio externo diluído está bem-demonstrada. Contudo, em razão da natureza química complexa dos compostos orgânicos dissolvidos e da dificuldade de medir suas taxas de influxo e perda, ainda não dispomos de evidências fortes quanto à utilização real ou à importância nutricional relativa da MOD para os invertebrados.

Evidências fornecidas por inúmeros estudos indicam que a absorção da MOD ocorra diretamente através da parede corporal dos invertebrados, assim como por meio das brânquias. Além disso, as partículas inorgânicas com dimensões coloidais fornecem uma superfície sobre a qual moléculas orgânicas pequenas são concentradas por adsorção, de forma que sejam capturadas e utilizadas pelos invertebrados suspensívoros. Curiosamente, a maioria dos organismos de água doce não parece ser capaz de remover moléculas orgânicas pequenas de uma solução a taxas sequer comparáveis com as que caracterizam os invertebrados marinhos. Na água doce, a assimilação de MOD provavelmente é retardada pelo processo de osmorregulação. Além disso, com exceção do estranho peixe-bruxa, os vertebrados marinhos não parecem utilizar MOD em qualquer quantidade significativa.

Quimioautotrofia. Um tipo especial de autotrofia encontrado em algumas bactérias, o qual não depende da luz solar e da fotossíntese como fonte de energia para produzir moléculas orgânicas a partir de materiais brutos inorgânicos (**fotoautotrofia**), mas depende da oxidação de algumas substâncias inorgânicas. Isso é conhecido como **quimioautotrofia**. Os quimioautotróficos utilizam CO_2 como fonte de carbono e obtêm energia oxidando o sulfeto de hidrogênio (H_2S), a amônia (NH_3), o metano (CH_4), os íons ferrosos (Fe^{2+}) ou alguma outra substância química, dependendo da espécie. Esses procariotos são comuns nos solos aerados e certas espécies vivem como simbiontes nos tecidos de alguns invertebrados marinhos.

Alguns dos mais interessantes desses organismos quimioautotróficos obtêm sua energia da oxidação do sulfeto de hidrogênio liberado das fontes hidrotermais quentes do fundo dos oceanos profundos – onde, na verdade, eles são os únicos produtores primários do ecossistema. Nesse ambiente, as bactérias quimioautotróficas habitam nos tecidos de alguns bivalves, moluscos e vermes tubícolas vestimentíferos, onde produzem compostos orgânicos que são utilizados por seus hospedeiros. Relações semelhantes entre bactérias e invertebrados foram descobertas nas infiltrações de sal (salmoura) e petróleo das águas geladas rasas, onde os microrganismos quimioautotróficos vivem à custa das águas ricas em metano e sulfeto de hidrogênio, que estão associadas a esses fenômenos do fundo do mar. Em todos esses casos, as bactérias na verdade vivem dentro das células dos seus hospedeiros. Nos bivalves, as bactérias habitam as células das brânquias e extraem metano ou outros compostos químicos da água que circula por essas estruturas. No caso dos vermes tubícolas, o hospedeiro precisa transportar H_2S aos seus parceiros bacterianos, que vivem nos tecidos profundos situados dentro do corpo dos animais. Os vermes têm um tipo singular de hemoglobina, que transporta não apenas oxigênio (para o metabolismo do verme), mas também sulfeto.

Excreção e osmorregulação

O termo excreção refere-se à eliminação de escórias metabólicas do corpo, incluindo dióxido de carbono e água (produzida principalmente pela respiração celular), além do excesso de nitrogênio (produzido na forma de amônia originada da desaminação dos aminoácidos). A excreção do CO_2 respiratório geralmente é realizada por estruturas distintas das que estão associadas com outros produtos residuais e está descrita na seção que se segue.

Em geral, a excreção das excretas nitrogenadas está diretamente associada à osmorregulação – regulação da água e balanço dos íons presentes nos líquidos corporais –, razão pela qual esses processos são considerados em conjunto neste livro. Excreção, osmorregulação e regulação iônica servem não apenas para livrar o organismo de resíduos potencialmente tóxicos, como também para manter as concentrações dos diversos componentes dos líquidos corporais em níveis apropriados às atividades metabólicas. Como veremos, esses processos estão ligados estrutural e funcionalmente ao nível geral de complexidade e construção do corpo, à natureza dos outros sistemas fisiológicos e ao ambiente no qual o animal vive. Enfatizamos novamente a necessidade de se entenderem os animais como um todo, para a integração de todos os aspectos de sua biologia e ecologia, e as possíveis histórias evolutivas que poderiam ter produzido combinações compatíveis e bem-sucedidas dos sistemas funcionais.

Escórias nitrogenadas e conservação de água

A fonte da maior parte do nitrogênio de um sistema animal são os aminoácidos produzidos pela digestão das proteínas. Depois de serem absorvidos, esses aminoácidos podem ser usados para formar novas proteínas, ou podem ser desaminados e seus resíduos utilizados para produzir outros compostos (Figura 4.20). O excesso de nitrogênio liberado durante a desaminação dos aminoácidos apresenta-se na forma de amônia (NH_3), uma substância altamente solúvel, mas muito tóxica, que precisa ser diluída e eliminada rapidamente, ou convertida em um composto menos tóxico. Os produtos da excreção dos vertebrados foram estudados com muito mais profundidade que os dos invertebrados, mas os dados disponíveis sobre esses últimos permitem algumas generalizações. Nos casos típicos, uma escória nitrogenada tende a predominar em uma dada espécie e a natureza dessa substância química geralmente está relacionada com a disponibilidade de água no ambiente.

O principal produto de excreção da maioria dos invertebrados marinhos e de água doce é amônia, uma vez que o ambiente fornece quantidades abundantes de água como meio para diluição rápida dessa substância tóxica. Esses animais são classificados como **amoniotélicos**. Sendo altamente solúvel, a amônia difunde-se facilmente pelos líquidos e tecidos, e grande parte dela é perdida diretamente através das paredes corporais de alguns animais amoniotélicos. Os animais que não têm órgãos excretores bem-definidos (p. ex., esponjas, cnidários e equinodermos) são mais ou menos limitados à produção de amônia e, desse modo, ficam restritos aos hábitats aquáticos.

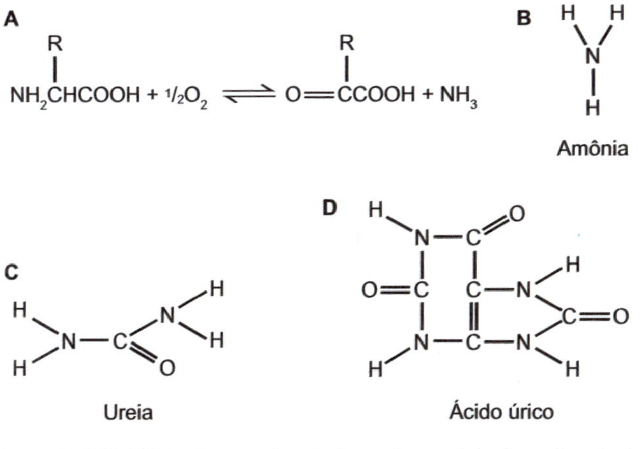

Os invertebrados terrestres (na verdade, todos os animais terrestres) têm dificuldade de conservar água. Eles simplesmente não conseguem suportar perdas de muita água corporal no processo de diluição de suas escórias. Esses animais convertem suas escórias nitrogenadas em substâncias mais complexas, embora muito menos tóxicas. A produção desses compostos requer consumo de energia, mas eles geralmente requerem relativamente pouca ou nenhuma diluição em água, podendo ser armazenados dentro do corpo antes de serem excretados.

Existem duas vias metabólicas principais para a desintoxicação da amônia: a via da ureia e a via do ácido úrico. Os produtos dessas duas vias – **ureia** e **ácido úrico**, estão ilustrados na Figura 4.20, juntamente com a amônia para comparação. Os animais **ureotélicos** incluem os anfíbios, mamíferos e peixes cartilaginosos (tubarões e raias); a ureia é um composto de excreção relativamente raro e insignificante entre os invertebrados. Por outro lado, a capacidade de produzir ácido úrico está criticamente associada ao sucesso de alguns invertebrados na vida terrestre. Os animais **uricotélicos** aproveitaram-se da insolubilidade relativa (e da toxicidade muito baixa) do ácido úrico, que geralmente é precipitado e excretado em uma forma sólida ou semissólida com pouca perda de água. A maioria dos artrópodes e gastrópodes terrestres desenvolveu mecanismos estruturais e fisiológicos para a incorporação do excesso de nitrogênio às moléculas de ácido úrico. Enfatizamos aqui que as diversas combinações dessas e de outras formas de excreção de nitrogênio são encontradas na maioria dos animais. Em alguns casos, determinados animais podem na verdade variar a proporção em que esses compostos são produzidos, dependendo das alterações ambientais e curto prazo, que afetam as perdas de água.

Osmorregulação e hábitat

Além de sua relação com a excreção, a osmorregulação está diretamente associada às condições ambientais. Como foi mencionado no Capítulo 1, as composições da água do mar e dos líquidos corporais da maioria dos invertebrados são muito semelhantes em termos de concentração total e concentrações de alguns íons. Desse modo, os líquidos corporais de muitos invertebrados marinhos e seus hábitats ficam perto da faixa isotônica. Nós nos apressamos a dizer, entretanto, que provavelmente nenhum animal tem líquidos corporais exatamente isotônicos com a água do mar e, por isso, todos enfrentam a necessidade de ter algum grau de regulação iônica e osmorregulação. No entanto, os invertebrados marinhos certamente não enfrentam os problemas extremos de osmorregulação encontrados pelos organismos terrestres e de água doce.

Como se pode observar na Figura 4.21, os líquidos corporais dos animais de água doce são fortemente hipertônicos em relação ao ambiente e, desse modo, esses organismos enfrentam problemas graves de influxo de água, assim como perdas potenciais de sais preciosos do corpo. Os animais terrestres estão expostos ao ar e, consequentemente, aos problemas acarretados pela perda de água. A invasão evolutiva da terra e da água doce foi acompanhada pelo desenvolvimento de mecanismos que solucionaram esses problemas, e apenas um número relativamente pequeno de grupos de invertebrados teve sucesso nesse empreendimento. Os animais que vivem em hábitats de água doce e terrestre geralmente têm estruturas excretoras, que são responsáveis por eliminar ou reter água conforme a necessidade e, em geral, eles têm modificações das paredes corporais de forma a

Figura 4.20 Escórias nitrogenadas. **A.** A reação geral de desaminação de um aminoácido produzindo um cetoácido e amônia. **B** e **D.** Estrutura de três compostos de excreção comuns. **B.** Amônia. **C.** Ureia. **D.** Ácido úrico.

reduzir a permeabilidade geral. Os planos corpóreos dos invertebrados mais bem-sucedidos em ambiente terrestre e, até certo ponto, em todos os ambientes são os dos artrópodes e dos gastrópodes. As estruturas excretoras eficientes e exoesqueletos espessos desses animais proporcionaram condições fisiológicas para a osmorregulação, além de uma barreira contra a dessecação.

Os problemas de osmorregulação dos animais aquáticos certamente são determinados pela salinidade do meio aquoso em relação com os líquidos corporais (Figura 4.21). Os organismos respondem fisiologicamente às alterações da salinidade ambiental de duas formas básicas. Alguns, como a maioria dos organismos de água doce (certos crustáceos, protistas e oligoquetas) mantém suas concentrações do líquido corporal interno, independentemente das condições externas; por isso, esses animais são conhecidos como **osmorreguladores**. Outros, incluindo várias formas estuarinas e de entremarés (mexilhões e alguns outros bivalves, além de uma variedade de animais de corpo mole), permitem que seus líquidos corporais variem de acordo com as alterações de salinidade do ambiente; esses animais são referidos apropriadamente como **osmoconformadores**. Novamente, até mesmo os líquidos corporais dos chamados osmoconformadores marinhos não são exatamente isotônicos em relação a sua circunvizinhança; desse modo, esses animais precisam osmorregular ligeiramente. Nenhuma dessas estratégias é ilimitada e a tolerância às salinidades ambientais diversas varia nas diferentes espécies. Os organismos que ficam restritos a uma faixa muito estreita de salinidades são conhecidos como **estenoalinos**, enquanto os que toleram variações relativamente amplas (como muitos animais estuarinos) são referidos como **eurialinos**.

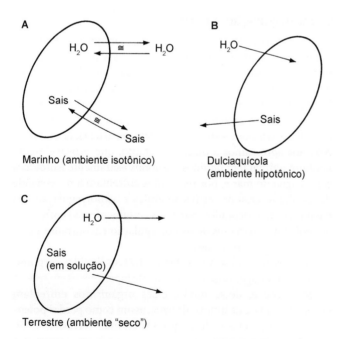

Figura 4.21 Condições osmóticas e iônicas relativas existentes entre os invertebrados marinhos, terrestres e de água doce e seus ambientes. As *setas* indicam as direções nas quais a água e os sais movimentam-se passivamente em resposta aos gradientes de concentração. Vale lembrar que, em cada um desses casos, o movimento ocorre nas duas direções, mas é o movimento potencial resultante ao longo do gradiente que é importante e contra o qual animais terrestres e de água doce precisam lutar constantemente. No caso dos invertebrados marinhos, os líquidos corporais e o ambiente são praticamente isotônicos entre si e o movimento resultante é pequeno em qualquer direção. **A.** O organismo é isotônico com seu ambiente. **B.** O organismo é hipertônico. **C.** O organismo é hipotônico.

Embora a descrição precedente possa parecer clara, ela é uma simplificação exagerada. Dados experimentais obtidos de animais íntegros contam apenas parte da história da osmorregulação. Quando um animal marinho íntegro é colocado em um meio hipotônico, ele tende a inchar (se for um osmoconformador) ou manter seu volume corporal normal (se for um osmorregulador). Mesmo nesse nível geral, a maioria dos invertebrados geralmente apresenta indícios tanto de conformação quanto de regulação. Por exemplo, um organismo osmoconformador normalmente incha por algum tempo quando está em um ambiente de baixa salinidade, mas depois começa a regular. Seu volume túrgido irá diminuir, embora provavelmente não até seu tamanho original. O mesmo se aplica à maioria dos osmorreguladores, quando deparam com uma redução da salinidade ambiente, mas o grau de intumescência original é muito menor. Nesses dois casos, o intumescimento do corpo é uma consequência do influxo de água ambiental para dentro dos líquidos corporais extracelulares (sangue, líquidos celômicos e líquidos intercelulares). Dentro de certos limites, esse excesso de água é controlado pelos órgãos excretores e pelos vários epitélios superficiais do trato digestivo e da parede corporal. Entretanto, a segunda parte do fenômeno de osmorregulação ocorre no nível celular.

À medida que a tonicidade (concentrações relativas) dos líquidos corporais diminui com a entrada de água, as células que estão em contato com esses líquidos são colocadas em condições de estresse – agora, elas estão em ambiente hipotônico. Essas células "estressadas" intumescem até certo ponto, em razão da difusão da água para dentro do seu citoplasma, mas não no grau que seria esperado quando se considera a magnitude do gradiente osmótico ao qual estão submetidas. A osmorregulação no nível celular é conseguida por meio da perda de materiais dissolvidos da célula para os líquidos intercelulares circundantes. Os solutos liberados dessas células incluem íons inorgânicos e aminoácidos livres. Desse modo, os osmoconformadores não são animais passivos, que toleram inativamente extremos de salinidade. Os invertebrados marinhos também não estão isentos de problemas osmóticos, ainda que encontremos afirmações de que eles são "98% de água" ou outros comentários desse tipo.

Estruturas excretoras e osmorreguladoras

Vesículas de expulsão de água. A forma e a função dos órgãos ou dos sistemas associados à excreção e à osmorregulação estão relacionadas não apenas com as condições ambientais, mas também com o tamanho do corpo (especialmente a razão superfície:volume) e outros aspectos básicos do plano corpóreo de um organismo. Nas criaturas muito pequenas, notavelmente os protistas, a maioria das escórias metabólicas difunde-se facilmente através do envoltório do seu corpo, porque esses organismos têm superfície corporal (contato com o ambiente) suficiente em comparação com seu volume. Entretanto, essa razão alta entre superfície:volume acarreta um problema singular de osmorregulação, particularmente para os organismos de água doce. Os protistas de água doce (e até mesmo algumas espécies marinhas) geralmente têm organelas especializadas conhecidas como **vacúolos contráteis**, ou **vesículas de expulsão de água** (VEA), que excretam ativamente o excesso de água (Figura 4.22). Essas estruturas acumulam água citoplasmática e expelem-na da célula. Aparentemente, essas duas atividades requerem energia, o que é sugerido em parte pela grande quantidade de

Capítulo 4 Introdução ao Reino Animal | Arquitetura e Planos Corpóreos dos Animais 151

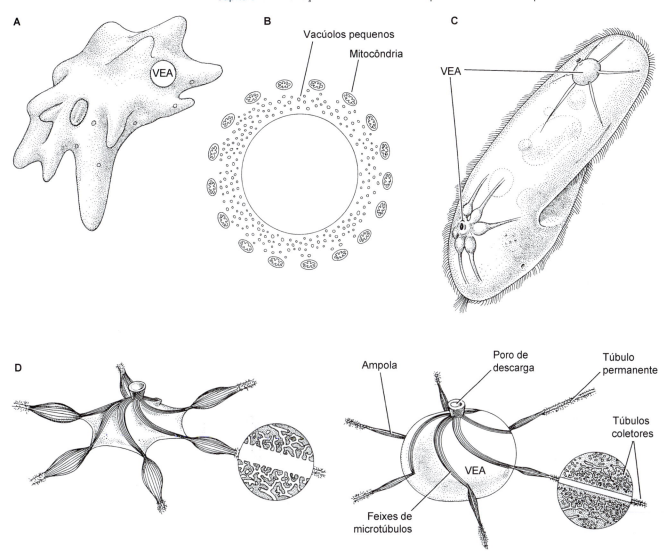

Figura 4.22 Vesículas de expulsão de água (VEA), ou vacúolos contráteis. **A.** Ameba com uma única VEA. Nesse caso, a vesícula é transitória e pode formar-se em qualquer local no interior da célula. **B.** VEA de uma ameba e sua associação às mitocôndrias. Os numerosos vacúolos pequenos acumulam água e, em seguida, contribuem com seus conteúdos para formar a VEA principal. **C.** *Paramecium*. Observe as posições de duas VEA fixas circundadas por arranjos de canais coletores, que transferem água para a vesícula. **D.** VEA de *Paramecium* em condições cheia (*abaixo*) e vazia (*acima*). As áreas ampliadas ilustram detalhes de um canal coletor circundado por túbulos citoplasmáticos, que acumulam água celular. A água é transferida à vesícula principal, que é colapsada pela ação das fibrilas contráteis e, desse modo, expele a água ao exterior por um canal de descarga.

mitocôndrias comumente associadas às VEA. A ideia de que as VEA têm função primariamente osmorreguladora é apoiada por muitas evidências. A mais convincente é o fato de que suas taxas de enchimento e esvaziamento se alteram drasticamente quando a célula fica exposta a salinidades variáveis. Por exemplo, o flagelado marinho *Chlamydomonas pulsatilla* vive em poças supralitorais formadas pela variação da maré e fica exposto às salinidades baixas durante os períodos chuvosos, quando então regula seu volume celular e sua pressão osmótica interna por meio da ação de VEA (que aumentam em atividade à medida que a salinidade de suas poças pedregosas diminui). Curiosamente, as VEA também são encontradas nas esponjas de água doce, nas quais provavelmente desempenham funções osmorreguladoras semelhantes.

Nefrídios. Embora alguns invertebrados metazoários não tenham estruturas excretoras conhecidas, a maioria tem algum tipo de nefrídio derivado da ectoderme, que serve para excreção, osmorregulação ou ambas. A evolução dos diversos tipos de nefrídios dos invertebrados e suas relações com outras estruturas foram discutidas por E. S. Goodrich em 1945 em seu artigo clássico "The Study of Nephridia and Genital Ducts since 1895" (Estudo dos Nefrídios e Ductos Genitais desde 1895).

Provavelmente, o primeiro tipo de nefrídio a surgir ao longo da evolução dos animais foi o **protonefrídio** (Figura 4.23 A). Os sistemas protonefridiais caracterizam-se por um arranjo tubular que se abre ao exterior do corpo por meio de um ou mais nefridiósporos e que termina internamente em unidades unicelulares fechadas. Essas unidades são as células capuz (ou células terminais), que podem ocorrer individualmente ou em grupos. Cada célula é dobrada em forma de taça, criando uma concavidade que leva a um ducto excretor (nefridioducto) e, por fim, ao nefridióforo. Os dois tipos geralmente reconhecidos de protonefrídios são os **bulbos-flama**, que têm um tufo com numerosos cílios dentro da cavidade, e os **solenócitos**, geralmente com apenas um ou dois flagelos. Existe certa evidência de que vários tipos diferentes de protonefrídios do

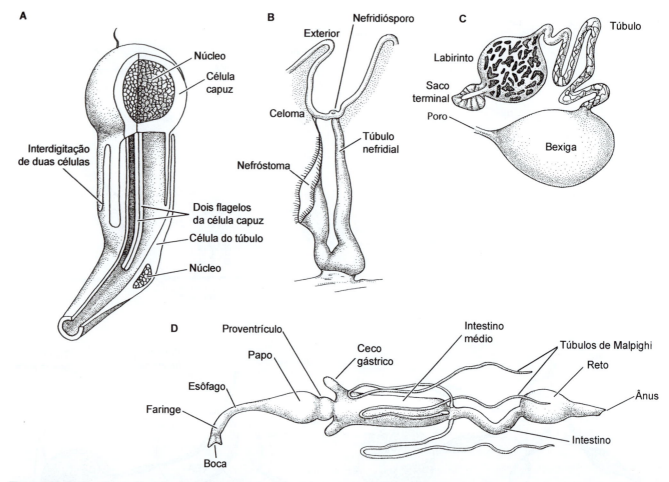

Figura 4.23 Estruturas excretoras de alguns invertebrados. **A.** Um único protonefrídio, com células capuz e tubular (*vista com uma parte removida*). **B.** Metanefrídio simples de um anelídeo marinho. O nefróstoma abre-se no celoma, enquanto o nefridiósporo comunica-se com o exterior. **C.** Nefrídio internamente fechado (glândula antenal) de um crustáceo. **D.** Trato digestivo de um inseto. Os túbulos excretórios de Malpighi extraem escórias da hemocele e descarregam-nas no trato digestivo.

tipo bulbo-flama derivaram independentemente de solenócitos precursores, mas ainda existem controvérsias quanto aos detalhes da evolução dos nefrídios.

Os cílios ou os flagelos conduzem líquidos ao nefridioducto e, desse modo, geram pressão mais baixa dentro do lúmen do túbulo. Essa pressão mais baixa puxa os líquidos corporais e carreia as escórias através das membranas celulares finas para dentro do ducto. A seletividade baseia-se primariamente no tamanho molecular. Os protonefrídios são comuns nos acelomados adultos, muitos blastocelomados e alguns anelídeos, mas são raros na maioria dos celomados adultos (embora ocorram frequentemente em vários tipos larvais). Os protonefrídios provavelmente são mais importantes para a osmorregulação que para a excreção. Na maioria desses animais, as excretas nitrogenadas são eliminadas primariamente por difusão através da superfície geral do corpo.

Metanefrídio é o segundo tipo de estrutura excretora dos invertebrados e, possivelmente, também o mais avançado (Figura 4.23 B). Existe uma diferença estrutural crítica entre os protonefrídios e os metanefrídios: ambos se abrem para o exterior, mas os metanefrídios também se comunicam internamente com os líquidos corporais. Além disso, os metanefrídios também são pluricelulares. Nos casos típicos, a extremidade interna tem um funil ciliado (nefróstoma) e o ducto comumente é alongado e convoluto e pode incluir uma região de armazenamento semelhante a uma bexiga.

Os metanefrídios atuam recolhendo grandes quantidades de líquido corporal através da abertura do nefróstoma e, em seguida, absorvem seletivamente a maior parte dos componentes não excretáveis de volta aos líquidos corporais através das paredes da bexiga ou do ducto excretor.

Em termos muito gerais, podemos relacionar as diferenças estruturais e funcionais entre os protonefrídios e os metanefrídios aos planos corpóreos, com os quais estão comumente associados. Enquanto os protonefrídios podem servir adequadamente aos animais que têm corpos sólidos (acelomados), cavidades corporais de pequeno volume (blastocelomados) ou corpos muito pequenos (p. ex., larvas), os metanefrídios não podem. Os funis abertos seriam ineficazes nos acelomados e poderiam drenar rapidamente o pequeno volume de líquidos corporais dos blastocelomados pequenos. Por outro lado, os protonefrídios geralmente não conseguem atender aos volumes dos corpos e dos líquidos corporais relativamente grandes, que são típicos dos invertebrados celomados. Portanto, em muitos animais celomados maiores (p. ex., anelídeos, moluscos), geralmente são encontrados um ou mais pares de metanefrídios.

Na discussão anterior, interpretamos em sentido muito geral os termos protonefrídios e metanefrídios e utilizamos esses termos conforme foram explicados antes ao longo de todo este livro, a menos que seja especificado de outra maneira. Entretanto, existem mais complicações que nossa aplicação simples possa sugerir. Por exemplo, há uma associação frequente entre os nefrídios (especialmente os metanefrídios) e as estruturas conhecidas como celomoductos. **Celomoductos** são conexões tubulares que se originam do revestimento celômico e estendem-se até o exterior por meio de poros especiais existentes na parede do corpo. Em geral, suas extremidades são internas ciliadas e semelhantes a funis, lembrando os nefróstomas dos metanefrídios. Os celomoductos podem ter se originado evolutivamente como uma forma de permitir a saída dos gametas ao exterior; na verdade, eles são considerados homólogos aos ductos reprodutivos de muitos invertebrados. Primitivamente, os celomoductos e os nefrídios eram unidades independentes; contudo, ao longo da evolução, essas estruturas, em muitos casos, fundiram-se de várias formas em diversos organismos, constituindo o que se conhece como nefromixia.

Em termos gerais, existem três tipos de **nefromixia**. Quando um celomoducto está ligado a um protonefrídio e eles compartilham um ducto comum, a estrutura é conhecida como **protonefromixo**. Quando um celomoducto está unido a um metanefrídio, o resultado pode ser um **metanefromixo** ou **mixonefrídio**, dependendo da natureza estrutural da união. Enquanto os celomoductos originam-se do revestimento celômico, os componentes dos nefrídios têm sua origem na parede externa do corpo, de forma que a nefromixia representa uma combinação de estruturas derivadas da mesoderme e da ectoderme. Evidentemente, às vezes há alguma confusão quanto ao termo que deve ser utilizado para descrever um tipo específico de "nefrídio" quando a origem de desenvolvimento não está definida com precisão. Não queremos enfatizar desnecessariamente esse ponto e, por isso, paramos por aqui para que o tema seja revisitado periodicamente nos próximos capítulos.

Outros órgãos excretores. Nem todos os metazoários têm órgãos excretores, que possam ser considerados claramente protonefrídios ou metanefrídios. Em alguns táxons (p. ex., esponjas, equinodermos, quetognatos e cnidários), não são conhecidas estruturas excretoras bem-definidas. Nesses casos, as escórias metabólicas são eliminadas através da superfície da pele ou do revestimento do trato digestivo, talvez com a ajuda de células fagocitárias ameboides, que recolhem e transportam esses produtos. Outros grupos têm órgãos excretores que podem representar nefrídios altamente modificados ou estruturas derivadas secundariamente ("novas"). Por exemplo, as glândulas antenais e maxilares dos crustáceos parecem ser derivadas dos metanefrídios, enquanto os túbulos de Malpighi dos insetos e das aranhas originam-se independentemente (Figura 4.23 C e D). Os detalhes dessas estruturas são discutidos mais apropriadamente nos capítulos subsequentes.

Circulação e trocas gasosas

Transporte interno

O transporte de materiais de um lugar para outro dentro do corpo de um organismo depende do movimento e da difusão das substâncias nos líquidos corporais. Nutrientes, gases e dejetos metabólicos geralmente são transportados em solução ou ligados a outros compostos solúveis como parte do próprio líquido corporal ou, algumas vezes, em células livres (como as células sanguíneas) suspensas no líquido. Qualquer sistema de mobilização dos líquidos, que reduza a distância funcional de difusão que esses produtos precisam percorrer, pode ser referido como sistema circulatório, independentemente de sua origem embriológica ou de seu *design* final. A natureza do sistema circulatório está diretamente relacionada com o tamanho, a complexidade e o estilo de vida do organismo em questão. Em geral, o líquido circulatório é um meio interno, extracelular e aquoso produzido pelo animal. Entretanto, existem alguns casos nos quais as funções circulatórias são desempenhadas, ao menos em parte, por outros meios. Por exemplo, na maioria dos protistas, o próprio protoplasma atua como meio pelo qual os materiais difundem-se para as diversas partes do corpo celular, ou entre o organismo e seu ambiente. As esponjas e a maioria dos cnidários utilizam a água do ambiente como líquido circulatório, as esponjas fazem a água circular por uma série de canais existentes no seu corpo, enquanto os cnidários circulam a água por seu trato digestivo (Figura 4.24 A e B).

Em todos os metazoários, os líquidos intercelulares dos tecidos desempenham uma função fundamental como meio de transporte. Mesmo onde existem condutos circulatórios complexos, os líquidos dos tecidos ainda são necessários para que os materiais dissolvidos fiquem em contato com as células – um processo vital à manutenção da vida. Em alguns animais (p. ex., platelmintos), não existem câmaras ou vasos especiais para os líquidos corporais, além do trato digestivo e dos espaços intercelulares por meio dos quais os materiais se difundem no nível intercelular. Essa condição limita esses animais a dimensões relativamente pequenas ou a formatos corporais que mantenham distâncias curtas de difusão. Contudo, a maioria dos animais tem alguma estrutura especializada para facilitar o transporte dos diversos líquidos corporais e seus conteúdos. Essa estrutura pode incluir as próprias cavidades corporais, ou sistemas circulatórios verdadeiros compostos de vasos, câmaras, seios e órgãos de bombeamento. Na verdade, muitos animais utilizam tanto suas cavidades corporais quanto um sistema circulatório para o transporte interno.

Os invertebrados blastocelomados utilizam os líquidos da cavidade corporal como meio de circulação (Figura 4.24 C). A maioria desses animais (p. ex., rotíferos e nematódeos) é muito pequena, ou longa e fina, de forma que a circulação adequada é conseguida por movimentos do corpo contra os líquidos corporais, que estão em contato direto com os tecidos e os órgãos internos. Vários tipos de células geralmente estão presentes nos líquidos corporais dos blastocelomados. Essas células podem desempenhar atividades como transporte e acumulação de escórias metabólicas, mas suas funções ainda não foram bem-estudadas. Alguns poucos invertebrados celomados (p. ex., sipúnculos e a maioria dos equinodermos) também dependem, em grande parte, das cavidades corporais como câmara circulatória.

Sistemas circulatórios

Além dos mecanismos circulatórios relativamente rudimentares descritos antes, existem duas configurações ou planos estruturais principais para a realização do transporte interno (as exceções e variações estão descritas nos capítulos dedicados aos táxons específicos). Esses dois planos de organização são os sistemas circulatórios abertos e fechados, ambos contendo um líquido circulatório ou sangue. Nos **sistemas circulatórios fechados**, o sangue permanece dentro de vasos bem-delimitados e talvez em câmaras revestidas; a troca do material circulante com as partes do corpo ocorre em áreas especiais do sistema, como nas redes capilares (Figura 4.24 D). Como o próprio sangue fica fisicamente separado dos líquidos intercelulares, os locais de troca precisam oferecer resistência mínima à difusão; desse modo, observam-se capilares de paredes membranosas com somente uma camada de células de espessura. Os sistemas circulatórios fechados são comuns nos animais que têm compartimentos celômicos bem-desenvolvidos ou espaçosos (p. ex., anelídeos, foronídeos, vertebrados). Essas configurações facilitam o transporte de materiais de uma área do corpo a outra que, de outro modo, estariam isolados pelos mesentérios ou pelo peritônio da cavidade corporal. Nessas condições, o sangue e o líquido celômico podem ser muito diferentes entre si, tanto no que se refere à composição quanto à função. Por exemplo, o sangue pode transportar nutrientes e gases, enquanto o líquido celômico pode acumular escórias metabólicas para que sejam eliminadas pelos nefrídios, e também desempenha a função de um esqueleto hidrostático.

É preciso ter energia para manter um líquido em movimento dentro de um sistema de condução. Muitos invertebrados com sistemas fechados dependem dos movimentos corporais e da aplicação da pressão celômica nos vasos (que frequentemente contêm valvas unidirecionais) para movimentar seu sangue. Em muitos casos, essas atividades são suplementadas pelos músculos das paredes dos vasos sanguíneos, que contraem em ondas peristálticas. Além disso, pode haver áreas especializadas altamente musculares de bombeamento ao longo de certos vasos. Em alguns casos, essas regiões são referidas como **corações**, mas a maioria é descrita mais apropriadamente como vasos contráteis.

Os **sistemas circulatórios abertos** estão associados à redução do celoma do adulto, incluindo a perda secundária da maior parte do revestimento peritoneal em torno dos órgãos e na superfície interna da parede corporal. Em geral, o sistema circulatório propriamente dito inclui um coração distinto, como órgão bombeador primário e vários vasos, câmaras ou seios pouco definidos (Figura 4.24 E). O grau de sofisticação desses sistemas depende basicamente do tamanho, da complexidade e, até certo ponto, do nível de atividade do animal. Entretanto, esse tipo de sistema é "aberto" no sentido de que o sangue (frequentemente referido como **hemolinfa**) drena dos vasos para dentro da cavidade do corpo e banha diretamente os órgãos. A cavidade corporal é conhecida como **hemocele**. Os sistemas circulatórios abertos são típicos dos artrópodes e dos moluscos não cefalópodes e, em alguns casos, esses animais são referidos como hemocelomados.

Simplesmente porque o sistema circulatório aberto parece ser até certo ponto "relaxado" quanto à sua organização, não se deve supor que ele seja mal "planejado" ou ineficiente. Na verdade, em muitos grupos, esse tipo de sistema assumiu várias funções além da circulatória. Por exemplo, nos bivalves e nos gastrópodes, a hemocele funciona como esqueleto hidrostático para locomoção e certos tipos de atividades de escavação. Nos artrópodes aquáticos, a hemocele também tem função hidrostática quando o animal passa pela muda e perde temporariamente seu exoesqueleto de sustentação. Nos grandes insetos terrestres, o transporte dos gases respiratórios foi assumido em grande parte pelo sistema traqueal e uma das responsabilidades primárias do sistema circulatório aberto parece ser a de regulação térmica. Na maioria das aranhas, os apêndices são estendidos quando a hemolinfa é forçada para dentro deles.

Corações e outros mecanismos de bombeamento

Os sistemas circulatórios fechados ou abertos geralmente têm mecanismos estruturais para bombear o sangue e manter as pressões sanguíneas apropriadas. Além da influência dos movimentos gerais do corpo, a maioria dessas estruturas pode ser classificada nos seguintes grupos: vasos contráteis (como em

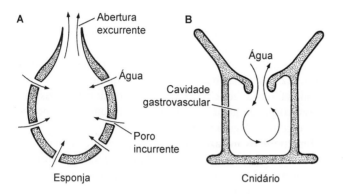
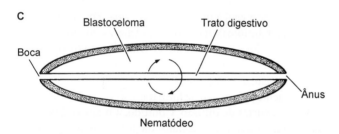
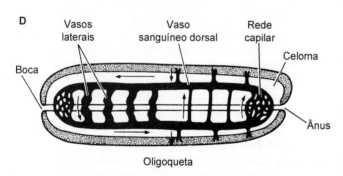
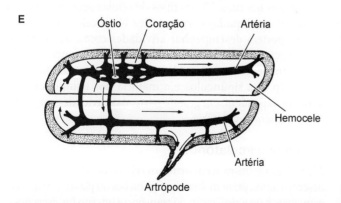

Figura 4.24 Sistemas circulatórios dos invertebrados. As esponjas (**A**) e os cnidários (**B**) utilizam a água do ambiente como seus líquidos circulatórios. **C**. Os blastocelomados (p. ex., rotíferos e nematódeos) utilizam líquidos de suas cavidades corporais para transporte interno. **D**. O sistema circulatório fechado de uma minhoca contém sangue, que é mantido separado do líquido celômico. **E**. Os artrópodes caracterizam-se por um sistema circulatório aberto, no qual o sangue e o líquido da cavidade corporal (hemocélico) são um só.

anelídeos); corações com óstios (como nos artrópodes); e corações com câmaras (como em moluscos e vertebrados). O mecanismo de iniciar a contração dessas diferentes bombas (o mecanismo de marca-passo) pode ser intrínseco (originado no interior da musculatura da própria estrutura) ou extrínseco (originado dos nervos motores que surgem fora da estrutura). O primeiro caso descreve os corações miogênicos dos moluscos e dos vertebrados; o segundo descreve os corações neurogênicos da maioria dos artrópodes e, ao menos em parte, os vasos contráteis dos anelídeos.

A pressão sanguínea e as velocidades de fluxo estão diretamente relacionadas não somente com a atividade do mecanismo bombeador, mas também com os diâmetros dos vasos. Energeticamente, é necessária mais energia para manter o fluxo ao longo de um tubo estreito, que por um tubo largo. Esse custo é reduzido nos animais com sistemas circulatórios fechados, mantendo-se os vasos estreitos por extensões curtas e utilizando-os apenas nas áreas de troca (i. e., redes de capilares), reservando-se os vasos mais calibrosos para o transporte de longa distância entre um local de troca e outro. Por exemplo, no sistema circulatório humano, as artérias têm um raio médio de 2,0 mm, as veias de 2,5 mm e os capilares de 0,006 mm. Contudo, a redução do diâmetro de um único vaso aumenta a velocidade do fluxo, acarretando problemas no local de troca. Esse problema é resolvido pela existência de uma grande quantidade de vasos pequenos, cuja área total de suas seções transversais é maior que a dos vasos mais calibrosos, dos quais se originam. O resultado é que a pressão sanguínea e a velocidade de fluxo total diminuem, de fato, nos locais de capilares de troca. A redução da pressão sanguínea e a elevação relativa da pressão osmótica do sangue ao longo da rede capilar facilita as trocas entre o sangue e os líquidos do tecido adjacente. Nos sistemas abertos, a pressão e a velocidade diminuem assim que o sangue sai do coração e dos vasos e entra na hemocele espaçosa.

Trocas gasosas e transporte

Uma das funções principais da maioria dos líquidos circulatórios é transportar oxigênio e dióxido de carbono por todo o corpo e permutar esses gases com o ambiente. Com poucas exceções, o oxigênio é necessário à respiração celular. Embora alguns invertebrados possam sobreviver por períodos de privação ambiental de oxigênio – seja reduzindo drasticamente sua taxa metabólica ou mudando para respiração anaeróbia –, a maioria não consegue isso, porque depende do suprimento relativamente constante de oxigênio.

Todos os animais podem assimilar oxigênio do seu ambiente, enquanto ao mesmo tempo liberam dióxido de carbono, que é um resíduo metabólico produzido pela respiração. Definimos a absorção de oxigênio e a eliminação de dióxido de carbono na superfície do organismo como trocas gasosas, reservando o termo respiração para as atividades metabólicas que ocorrem dentro das células e produzem energia. Alguns autores diferenciam esses dois processos utilizando os termos respiração externa e respiração celular (interna).

As trocas gasosas em quase todos os animais funcionam de acordo com alguns princípios comuns, independentemente de qualquer modificação estrutural que sirva para melhorar o processo em diferentes condições. A estratégia básica é trazer o meio ambiente (água ou ar) para perto do líquido corporal apropriado (sangue ou líquido da cavidade corporal), de forma que os dois fiquem separados apenas por uma membrana úmida, através da qual os gases possam se difundir. O sistema precisa estar umedecido, porque os gases devem estar em solução para poderem se difundir através da membrana. O processo de difusão depende dos gradientes de concentração dos gases no local de troca; esses gradientes são mantidos pela circulação interna dos líquidos para perto e para longe dessas áreas (Figura 4.25).

Estruturas de trocas gasosas. Os protistas e muitos invertebrados não têm estruturas especializadas para a troca gasosa. Nesses animais, a troca de gases é descrita como tegumentar ou cutânea e ocorre na maior parte da superfície do corpo. Esse é o caso de muitos animais diminutos, que têm razões superfície:volume altas, assim como alguns organismos maiores de corpo mole (p. ex., cnidários e platelmintos). A maioria dos animais que realiza troca gasosa tegumentar fica limitado aos ambientes aquáticos ou terrestres úmidos, nos quais a superfície corporal é mantida úmida. A troca gasosa tegumentar também complementa outros mecanismos em muitos animais, incluindo certos vertebrados (p. ex., anfíbios).

A maioria dos invertebrados marinhos e alguns de água doce tem brânquias (Figura 4.26 A a C, G), que são órgãos externos ou áreas delimitadas da superfície corporal especializadas para

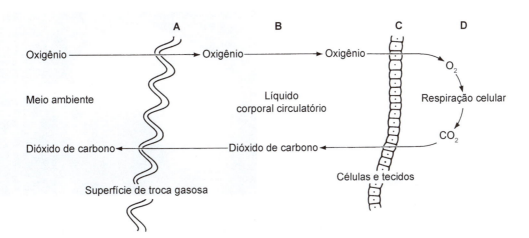

Figura 4.25 Troca gasosa em animais. O oxigênio é retirado do ambiente por meio de uma superfície de troca gasosa, como uma camada epitelial (**A**), e é transportado por um líquido corporal circulatório (**B**) para as células e os tecidos do corpo (**C**), onde ocorre a respiração celular (**D**). O dióxido de carbono segue um trajeto inverso. Ver detalhes no texto.

156 Invertebrados

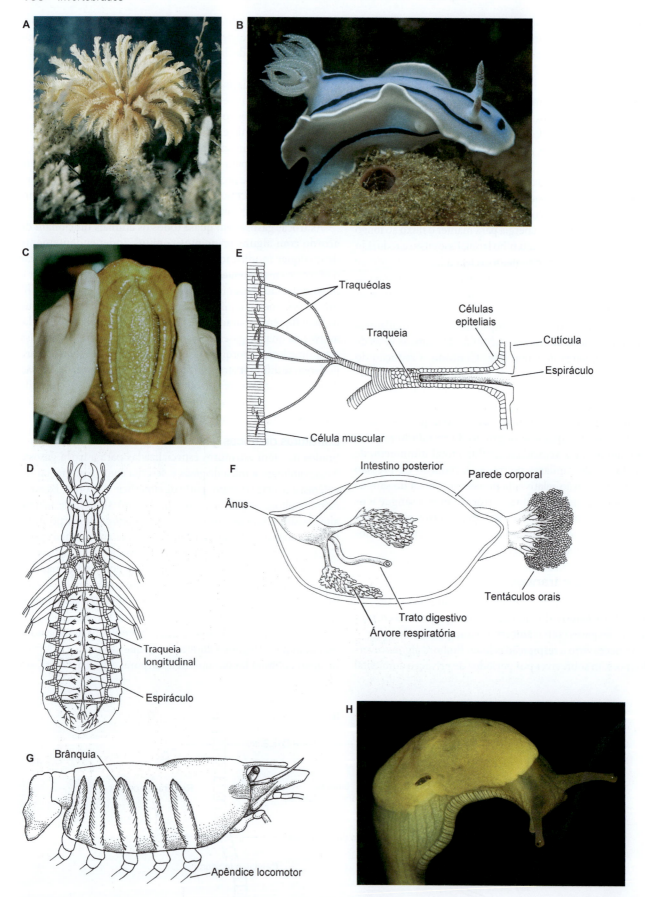

Figura 4.26 Algumas estruturas de trocas gasosas em invertebrados. **A.** Verme poliqueta tubícola *Eudistylia*, com seus tentáculos alimentares e de trocas gasosas distendidos. **B.** Lesma-do-mar (nudibrânquio) exibindo sua "plumagem" branquial. **C.** As brânquias do quíton gigante (*Cryptochiton stelleri*) são visíveis ao longo do lado direito de seu pé. **D.** Plano geral do sistema traqueal de um inseto. **E.** Uma única traqueia de um inseto e suas ramificações (traquéolas), que levam diretamente a uma célula muscular. **F.** Pepino-do-mar dissecado para expor as árvores respiratórias pareadas, que ficam em contato com a água por meio da irrigação intestinal posterior. **G.** Posição das brânquias sob as bordas (carapaça) do tórax em um crustáceo (*vista lateral*). **H.** A lesma terrestre tem um pneumostômio, que se abre no saco aéreo, ou "pulmão".

a troca de gases. Basicamente, as brânquias são processos com paredes finas, bem-irrigadas por sangue ou outros líquidos corporais, que promovem a difusão entre esse líquido e o ambiente. Comumente, as brânquias são estruturas intensamente dobradas ou digitiformes, que aumentam a superfície disponível à difusão. Um grande número de estruturas não homólogas desenvolveu-se como brânquias nos diferentes táxons e, em geral, elas desempenham outras funções além de trocas gasosas (p. ex., percepção sensorial e alimentação). Por sua própria natureza, as brânquias são superfícies permeáveis que precisam ficar protegidas durante os períodos de estresse osmótico, como ocorre nos estuários e nos ambientes entremarés. Nessas condições, as brânquias podem ficar abrigadas dentro de câmaras ou podem ser retráteis.

Alguns poucos invertebrados marinhos utilizam o revestimento do trato digestivo como superfície de troca gasosa. A água é bombeada para dentro e para fora da porção final do intestino, ou de uma evaginação especial aí localizada, por um processo conhecido como **irrigação retal**. Muitos pepinos-do-mar e vermes equiúridos utilizam esse mecanismo de troca gasosa (Figura 4.26 F).

Como você pode imaginar, as brânquias protuberantes não poderiam funcionar em ambiente seco. Nessas condições, as superfícies de troca gasosa precisam ser interiorizadas de forma que sejam mantidas úmidas e protegidas, bem como para evitar que haja perda de água corporal por meio das superfícies úmidas. Os pulmões dos vertebrados terrestres são o exemplo mais conhecido dessa configuração. Entre os invertebrados, os artrópodes conseguiram solucionar os problemas da "respiração aérea" por dois mecanismos básicos. As aranhas e seus parentes têm pulmões foliáceos e a maioria dos insetos, os centípedes e os milípedes têm traqueias (Figura 4.26 D e E). Os **pulmões foliáceos** são cavidades em forma de saco com revestimentos internos intensamente dobrados, através das quais os gases se difundem entre a hemolinfa e o ar. Entretanto, as **traqueias** são invaginações ramificadas, geralmente anastomosadas, existentes na parede corporal externa e abertas para o interior e o exterior.

As traqueias da maioria dos insetos permitem difusão do oxigênio do ar diretamente para os tecidos do corpo; o sangue desempenha pouca ou nenhuma função no transporte dos gases. Em seu lugar, os líquidos intercelulares circulam dentro dos tubos traqueais na forma de um solvente dos gases. A pressão atmosférica tende a impedir que esses líquidos sejam atraídos para muito perto da superfície corporal externa, onde a evaporação é um problema potencial. Além disso, os orifícios externos (**espiráculos**) das traqueias comumente estão equipados com algum mecanismo de fechamento. Em muitos insetos, especialmente nos maiores, músculos especiais ventilam as traqueias bombeando ar ativamente para dentro e para fora. Os crustáceos isópodes terrestres (p. ex., tatuzinhos-de-quintal e tatu-bola) têm estruturas invaginadas para troca gasosa em alguns dos seus apêndices abdominais. Essas invaginações são conhecidas como **pseudotraqueias**, mas provavelmente não são homólogas da traqueia ou dos pulmões foliáceos dos insetos e das aranhas.

O único outro grande grupo de invertebrados terrestres cujos membros desenvolveram estruturas respiratórias distintas é formado pelas lesmas e os caracóis terrestres (Figura 4.26 H). Nesses animais, a estrutura de troca gasosa é um pulmão que se abre ao exterior por meio de um poro conhecido como **pneumostômio**. Esse pulmão é derivado de uma estrutura comum aos moluscos em geral – a cavidade do manto – que, em outros moluscos, abriga as brânquias e outros órgãos.

Transporte de gases. Como se pode observar na Figura 4.25, o oxigênio precisa ser transportado dos locais de trocas gasosas com o ambiente para as células do corpo, enquanto o dióxido de carbono deve sair das células onde é produzido e chegar às superfícies de troca gasosa para ser eliminado. Em geral, os grupos que apresentam cefalização marcante circulam o sangue recém-oxigenado primeiramente pela região da "cabeça" e, em seguida, para o restante do corpo.

Os invertebrados variam consideravelmente quanto às suas necessidades de oxigênio. Em geral, os animais ativos consomem mais oxigênio que os sedentários. Nos invertebrados sedentários e que se movimentam lentamente, o consumo e a utilização do oxigênio são muito baixos. Por exemplo, estudos demonstraram que não mais de 20% do oxigênio são retirados da corrente de água para troca gasosa nas esponjas sésseis, nos bivalves ou nos tunicados. A quantidade de oxigênio disponível a um organismo varia acentuadamente nos diversos ambientes. A concentração de oxigênio do ar seco no nível do mar geralmente é de 210 mℓ/ℓ, enquanto na água essa concentração oscila de praticamente zero até cerca de 10 mℓ/ℓ. Essa variação nos ambientes aquáticos é atribuída a fatores como profundidade, turbulência da superfície, atividade fotossintética, temperatura e salinidade (as concentrações de oxigênio diminuem à medida que a temperatura e a salinidade aumentam). Com exceção de algumas áreas propensas à depleção de oxigênio (p. ex., lamas ricas em detritos orgânicos), a maioria dos hábitats fornece fontes de oxigênio suficiente para manter a vida animal. Além disso, a capacidade relativamente baixa dos líquidos corporais em transportar oxigênio em solução aumenta expressivamente com a ligação do oxigênio a compostos orgânicos complexos conhecidos como pigmentos respiratórios.

Os pigmentos respiratórios variam quanto à estrutura molecular e suas afinidades pelo oxigênio, mas todos têm um íon metálico (geralmente ferro, algumas vezes, cobre), com o qual o oxigênio combina-se. Na maioria dos invertebrados, esses pigmentos estão dissolvidos no sangue ou outros líquidos corporais, mas em alguns invertebrados (e em quase todos os vertebrados) eles podem estar em células sanguíneas específicas. Em geral, os pigmentos reagem às concentrações altas de oxigênio "carregando" (combinando-se com o oxigênio) e às concentrações baixas de oxigênio "descarregando" ou dissociando-se do oxigênio (liberando oxigênio). As qualidades de carregamento e descarregamento são diferentes para os diversos pigmentos em termos de suas saturações relativas nos diversos níveis de oxigênio em seu ambiente imediato e, em geral, são expressas por meio de curvas de dissociação. Os pigmentos respiratórios são carregados nas áreas de troca gasosa, nas quais os níveis de oxigênio do ambiente são relativamente altos em comparação com o líquido corporal e são descarregados nas células e nos tecidos, nos quais os níveis locais de oxigênio são relativamente baixos em comparação com o líquido corporal. Além de simplesmente transportar oxigênio das áreas de carregamento para as de descarregamento, alguns pigmentos podem transportar as reservas de oxigênio, que são liberadas apenas quando os níveis teciduais estão excepcionalmente baixos. Outros fatores, como temperatura e concentração de dióxido de carbono, também afetam a capacidade de transportar oxigênio dos pigmentos respiratórios.

A **hemoglobina** está entre os pigmentos respiratórios mais comuns em animais. Na verdade, existem vários tipos diferentes de hemoglobina. Algumas funcionam basicamente no transporte, enquanto outras armazenam oxigênio e depois o liberam durante períodos em que a disponibilidade de oxigênio no ambiente é baixa. As hemoglobinas são pigmentos avermelhados, que contêm ferro como metal de ligação ao oxigênio. Elas estão presentes em vários invertebrados e, com exceção de alguns peixes, também em todos os vertebrados. Entre os grupos principais de invertebrados, a hemoglobina está presente em muitos anelídeos, alguns crustáceos e insetos e poucos moluscos e equinodermos. Curiosamente, a hemoglobina não se limita aos metazoários, porque também é produzida por alguns protistas, certos fungos e nódulos radiculares de plantas leguminosas. Entre os animais, a hemoglobina pode ser transportada dentro das hemácias (eritrócitos), nas células celômicas conhecidas como hemócitos (em alguns equinodermos) ou simplesmente pode estar dissolvida no sangue ou no líquido celômico.

As **hemocianinas** são os pigmentos respiratórios mais comuns encontrados nos moluscos e nos artrópodes, ocorrendo somente nos membros desses dois filos. Entre os artrópodes, a hemocianina está presente nos quelicerados, em alguns miriápodes e nos "crustáceos superiores". Existem evidências indiretas de que ela também tenha ocorrido nos trilobitas. A hemocianina foi encontrada na maioria das classes de moluscos. Embora as hemocianinas (como as hemoglobinas) sejam proteínas, elas apresentam diferenças estruturais significativas, contêm cobre em vez de ferro e tendem a ter coloração azulada quando estão oxigenadas. O sítio de ligação do oxigênio da molécula de hemocianina é um par de átomos de cobre ligados às cadeias laterais de aminoácidos. Diferentemente da maioria das hemoglobinas, as hemocianinas tendem a liberar o oxigênio facilmente e proporcionam uma fonte rápida de oxigênio aos tecidos, contanto que haja uma concentração relativamente alta de oxigênio disponível no ambiente. As hemocianinas são sempre encontradas em solução, nunca em células – uma característica provavelmente relacionada com a necessidade de liberar oxigênio rapidamente. Em geral, as hemocianinas conferem uma coloração azulada à hemolinfa dos artrópodes, embora a presença de pigmentos carotenoides (betacaroteno e moléculas relacionadas) confira, em parte, uma coloração marrom ou laranja.

Dois outros tipos de pigmentos respiratórios são encontrados ocasionalmente em determinados invertebrados: **hemeritrinas** e **clorocruorinas**, ambas contendo ferro. A primeira é violeta ou cor-de-rosa quando oxigenada, enquanto a última é verde em concentrações diluídas, mas vermelha em concentrações altas. Em geral, as clorocruorinas funcionam como transportadores eficientes de oxigênio quando os níveis ambientais desse gás são relativamente altos; as hemeritrinas têm a função predominante de armazenar oxigênio. As clorocruorinas são estruturalmente semelhantes à hemoglobina e podem ter se originado dela. As clorocruorinas são encontradas em várias famílias de vermes poliquetas; as hemeritrinas estão presentes nos sipuncúlidos, ao menos em um gênero de poliquetas e em alguns priapúlidos e braquiópodos.

A Tabela 4.1 descreve algumas das propriedades básicas dos pigmentos transportadores de oxigênio. Aparentemente, não há qualquer razão ou explicação filogenética óbvia para a ocorrência desses pigmentos nos diversos táxons. Sua distribuição esporádica e inconsistente sugere que alguns deles possam ter evoluído mais de uma vez por meio de evolução paralela ou convergente. Os pigmentos respiratórios são raros entre os insetos, sendo conhecidas somente as ocorrências de hemoglobina em quironomídeos, em alguns notonectídeos e em certas moscas parasitárias do gênero *Gastrophilus*. A inexistência de pigmentos respiratórios nos insetos reflete o fato de que a maioria deles não utiliza sangue como meio de transporte dos gases, mas usa sistemas traqueais extensos para transportar gases diretamente aos tecidos. Nos insetos que não têm traqueias bem-desenvolvidas, o oxigênio é simplesmente transportado em solução na hemolinfa.

Os pigmentos respiratórios aumentam a capacidade de transporte de oxigênio dos líquidos corporais bem acima da que poderia ser conseguida com o transporte em solução simples. Do mesmo modo, os níveis de dióxido de carbono dos líquidos corporais (e na água do mar) são muito mais altos do que seria esperado unicamente com base em sua solubilidade. A enzima anidrase carbônica acelera acentuadamente a reação entre o dióxido de carbono e a água, formando ácido carbônico:

$$CO_2 + H_2O \rightleftharpoons H_2CO_3$$

Além disso, o ácido carbônico é ionizado em íons hidrogênio e bicarbonato, ocorrendo assim uma série de reações reversíveis:

$$CO_2 + H_2O \rightleftharpoons H_2CO_3 \rightleftharpoons H^+ + HCO_3^-$$

Com a "fixação" do CO_2 em outras formas, a concentração desse gás em solução diminui e, desse modo, aumenta a capacidade global de transportar CO_2 no sangue. Esse conjunto de reações responde às alterações do pH e, na presença de cátions apropriados (p. ex., Ca^{2+} e Na^+), desloca-se para frente e para trás, funcionando como mecanismo de tamponamento por meio da regulação da concentração dos íons hidrogênio.

Sistemas nervosos e órgãos dos sentidos

Todas as células vivas reagem a alguns estímulos e conduzem algum tipo de "informação", ao menos por distâncias curtas. Desse modo, mesmo que não exista um sistema nervoso propriamente dito – como se observa nas esponjas e nos protistas –, há coordenação e reação à estimulação externa. Alguns exemplos

TABELA 4.1 Propriedades dos pigmentos respiratórios transportadores de oxigênio.

Pigmento	Peso molecular	Metal	Razão metal/O_2	Metal associado
Hemoglobina	65.000	Fe	1:1	Porfirina
Hemeritrina	40.000 a 108.000	Fe	2:1	Cadeias proteicas
Hemocianina	40.000 a 9.000.000	Cu	2:1	Cadeias proteicas
Clorocruorina	3.000.000	Fe	1:1	Porfirina

são o batimento metacronal regular dos cílios dos protistas ciliados e as reações de alguns flagelados às variações da intensidade da luz. Além disso, a maioria dos protistas reage comprovadamente aos gradientes de vários fatores ambientais aproximando-se ou se afastando das áreas com concentração alta. Por exemplo, quando estão sujeitos às condições de concentração baixa de oxigênio (hipoxia), os paramécios movimentam-se para as regiões nas quais a temperatura da água é mais baixa, desse modo, reduzindo sua taxa metabólica e, provavelmente, suas necessidades de oxigênio. Contudo, a integração e a coordenação das atividades corporais dos metazoários devem-se em grande parte ao processamento das informações por um sistema nervoso verdadeiro. As unidades funcionais do sistema nervoso são os **neurônios**: células especializadas para a condução de impulsos em alta velocidade.

A geração de um impulso dentro de um sistema nervoso verdadeiro geralmente resulta de um estímulo aplicado aos elementos neurais. A fonte da estimulação pode ser interna ou externa. A Figura 4.27 ilustra uma sequência típica de eventos que ocorrem no sistema nervoso. Algum receptor (p. ex., um órgão do sentido) recebe um estímulo e gera um impulso, que é conduzido ao longo de um **nervo sensorial (nervo aferente)** por uma série de neurônios adjacentes até algum centro ou região coordenadora do sistema. A informação é processada e uma resposta apropriada é "selecionada". Em seguida, um **nervo motor (nervo eferente)** conduz o impulso do centro de processamento central até um órgão efetor (p. ex., músculo), onde ocorre a resposta. Quando o impulso é desencadeado dentro do sistema, o mecanismo de condução é essencialmente o mesmo em todos os neurônios, independentemente do estímulo. A onda de despolarização ao longo de toda a extensão de cada neurônio e os neurotransmissores químicos que atravessam as fendas sinápticas entre os neurônios são comuns a quase todos os sistemas de condução nervosa. Então, como as informações são interpretadas dentro do sistema para que haja seleção de uma reação? A resposta a essa pergunta envolve três considerações básicas.

A primeira é a ocorrência de um ponto conhecido como limiar, que corresponde à intensidade mínima de estimulação necessária para gerar um impulso. Os sítios receptores consistem em neurônios especializados, cujos limiares para diversos tipos de estímulos são drasticamente diferentes uns dos outros, em razão de suas qualidades estruturais ou fisiológicas. Por exemplo, um órgão do sentido cujo limiar de estimulação à luz seja muito baixo (em comparação com outros estímulos potenciais) funciona como um sensor luminoso ou fotorreceptor. Em qualquer um desses receptores sensoriais especializados, a existência de limiares diferenciados praticamente realiza uma triagem dos estímulos que chegam, de forma que um impulso é gerado normalmente por apenas um tipo de informação (p. ex., luz, som, calor ou pressão). A segunda consideração é a natureza do próprio receptor. As unidades receptoras (p. ex., órgãos dos sentidos) geralmente são constituídas de forma que permita que apenas determinados estímulos alcancem as células geradoras de impulsos. Por exemplo, as células fotossensíveis do olho humano estão localizadas abaixo da superfície do olho, onde estímulos que não sejam luminosos normalmente não as atingem.

A terceira, a "instalação" geral, ou circuito de todo o sistema nervoso, é tal que os impulsos recebidos pelas áreas integrativas (que selecionam reações) do sistema provenientes de determinado nervo particular serão interpretados de acordo com o tipo de estímulo para o qual aquela via sensorial é especializada. Por exemplo, todos os impulsos que chegam originados de um fotorreceptor são interpretados como induzidos pela luz. O limiar e o circuito podem ser demonstrados introduzindo-se uma informação falsa no sistema por estimulação de um órgão sensorial especializado de forma inapropriada: se fotorreceptores do olho são estimulados por eletricidade ou pressão, o sistema nervoso interpretará esse estímulo como luz. Vale lembrar que um impulso pode ser gerado em qualquer receptor por quase todos os tipos de estímulo, contanto que a estimulação seja suficientemente intensa para ultrapassar o limiar relevante. Um golpe no olho frequentemente provoca a sensação de "ver estrelas" ou *flashes* de luz, mesmo quando o olho está fechado. Nessa condição, o limiar do fotorreceptor à estimulação mecânica foi alcançado. Do mesmo modo, a aplicação de frio extremo a um receptor de calor pode resultar na sensação de calor.

O sistema nervoso em geral opera com base nos princípios descritos antes. Entretanto, essa descrição aplica-se principalmente aos sistemas nervosos que têm regiões estruturais centralizadas. Em sequência à discussão adiante sobre os tipos básicos de órgãos dos sentidos (unidades receptoras), veremos os sistemas nervosos descentralizados e centralizados e suas relações com a arquitetura geral do corpo.

Órgãos dos sentidos

Os invertebrados apresentam uma variação impressionante de estruturas receptoras, por meio das quais eles recebem informações relativas aos seus ambientes interno e externo. Em grande parte, o comportamento de um animal depende de suas reações a essas informações. Essas reações assumem a forma de algum tipo de movimento relativo à fonte de um estímulo específico.

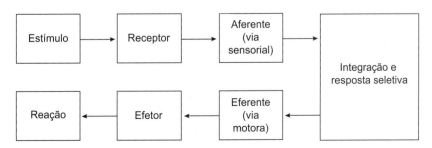

Figura 4.27 Uma via generalizada em um sistema nervoso. Um estímulo inicia um impulso dentro de alguma estrutura sensorial (o receptor); em seguida, o impulso é transferido para alguma área integrativa do sistema nervoso por meio dos nervos sensoriais. Depois de uma resposta seletiva, um impulso é gerado e transferido ao longo dos nervos motores até um efetor (p. ex., músculo), onde é desencadeada a reação apropriada.

Uma reação desse tipo é referida como **taxia** e pode ser positiva ou negativa, dependendo da reação do animal ao estímulo. Por exemplo, muitos animais tendem a afastar-se da luz brilhante e, desse modo, são descritos como fototácticos negativos.

As atividades das unidades receptoras representam o passo inicial do funcionamento típico de um sistema nervoso; essas atividades constituem a ligação crítica entre o organismo e suas adjacências. Consequentemente, os tipos de órgãos sensoriais existentes e sua localização no corpo estão intimamente relacionados com a complexidade geral, o modo de vida e o plano corpóreo geral de qualquer animal. A revisão geral apresentada a seguir aborda alguns conceitos e terminologia, que servem como base para as descrições mais detalhadas dos capítulos subsequentes. Todas as primeiras cinco categorias de órgãos dos sentidos podem ser vistas como mecanorreceptores, porque eles reagem aos estímulos mecânicos (p. ex., toque, vibrações e pressão). As últimas três são sensíveis aos estímulos não mecânicos (p. ex., substâncias químicas, luz e temperatura). Além disso, estudos demonstraram que alguns invertebrados dispõem de um compasso magnético. Por exemplo, durante suas migrações entre a América do Norte e a região central do México, as borboletas-monarca provavelmente navegam utilizando uma combinação de sol e ângulo de inclinação do campo magnético da Terra para orientar seus voos, como também foi demonstrado em muitos animais vertebrados migratórios.

Receptores táteis. Em geral, os receptores táteis ou de contato são derivados de células epiteliais modificadas associadas a neurônios sensoriais. A natureza das modificações epiteliais dependem em grande parte da estrutura da parede corporal. Por exemplo, a forma de um receptor de contato em um artrópode com exoesqueleto rígido deve ser diferente do que existe em um cnidário de corpo mole. Entretanto, a maioria desses receptores consiste em projeções da superfície corporal, como cerdas, espinhos, pelos, tubérculos e muitos tipos adicionais de pequenas elevações e protuberâncias (Figura 4.28). Os objetos presentes no ambiente, com os quais o animal faz contato, movimentam esses receptores e, desse modo, provocam deformações mecânicas que são impostas aos neurônios sensoriais subjacentes para desencadear um impulso.

Quase todos os animais são sensíveis ao toque, mas suas reações são variadas e, em geral, são integradas com outros tipos de estímulos sensoriais. Por exemplo, a natureza gregária de muitos animais pode incluir uma resposta positiva ao toque (tigmotaxia positiva) combinada com o reconhecimento químico dos membros da mesma espécie. Alguns receptores táteis são altamente sensíveis às vibrações induzidas mecanicamente que se propagam na água, nos sedimentos moles, através de substratos sólidos ou em outros materiais. Esses sensores de vibração são comuns em certos poliquetas tubícolas, que se retraem rapidamente para dentro dos seus tubos em resposta aos movimentos ao seu redor. Alguns crustáceos predadores que fazem emboscadas conseguem detectar vibrações induzidas pelas presas animais potenciais próximas, enquanto as aranhas que constroem teias percebem rápida e precisamente as presas em suas teias por meio das vibrações de seus fios. Algumas aranhas têm cerdas táteis altamente sensíveis em seus apêndices, chamados de **tricobótrios**, que captam vibrações do ar provocadas pelas presas, como os batimentos de asas e talvez até mesmo algumas frequências sonoras.

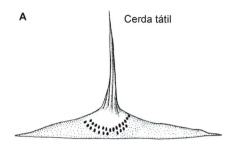

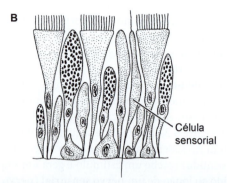

Figura 4.28 Alguns receptores táteis dos invertebrados. **A.** Órgão tátil de *Sagitta bipunctata* (um verme-flecha do filo Chaetognatha). **B.** Uma célula epitelial sensorial de um verme nemertino. **C.** Cerdas longas e sensíveis ao toque (e cerdas robustas preensíveis) da perna de um isópodo *Politolana* (fotografia de microscopia eletrônica de varredura).

Georreceptores. Os georreceptores reagem à força da gravidade, fornecendo ao animal informações sobre sua orientação em relação ao que está "em cima e embaixo". A maioria dos georreceptores consiste em estruturas conhecidas como **estatocistos** (Figura 4.29). Em geral, os estatocistos consistem em uma câmara cheia de líquido contendo uma esfera ou um grânulo sólido conhecido como **estatólito**. O revestimento interno da câmara inclui um epitélio sensível ao toque, do qual se projetam cerdas ou "pelos" associados a neurônios sensoriais subjacentes. Nos invertebrados aquáticos, alguns estatocistos estão abertos ao ambiente e, desse modo, mantêm-se cheios de água. Em alguns desses animais, o estatólito é um grão de areia obtido do ambiente. Contudo, a maioria dos estatólitos é secretada dentro de cápsulas fechadas pelos próprios animais.

Em razão da inércia do estatólito em repouso dentro do líquido, qualquer movimento do animal provoca uma alteração do padrão ou da intensidade da estimulação do epitélio sensorial pelo estatólito. Além disso, quando o animal está parado, a

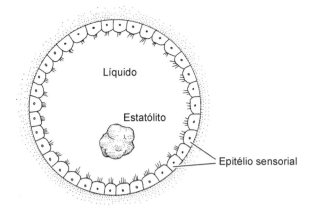

Figura 4.29 Um estatocisto genérico ou georreceptor (*em corte*).

posição do estatólito dentro da câmara fornece informações quanto à orientação do organismo em relação à gravidade. O líquido existente dentro dos estatocistos de alguns invertebrados (especialmente alguns crustáceos) também atua como algo semelhante ao líquido dos canais semicirculares dos vertebrados. Quando o animal se movimenta, o líquido tende a permanecer estático – o "fluxo" relativo do líquido sobre o epitélio sensorial fornece ao animal informações quanto a suas acelerações linear e rotacional em relação com seu ambiente.

Independentemente se estão parados ou em movimento, os animais utilizam os estímulos gerados pelos georreceptores de diferentes formas, dependendo de seu hábitat e seu estilo de vida. A informação fornecida por esses estatocistos é especialmente importante nas condições em que as outras recepções sensoriais são inadequadas. Por exemplo, os invertebrados cavadores não podem depender de fotorreceptores para sua orientação quando se movem através do substrato, e alguns utilizam estatocistos com essa finalidade. Do mesmo modo, os animais planctônicos enfrentam o problema de orientação em seu ambiente aquático tridimensional, especialmente nas águas profundas e durante a noite; muitas dessas criaturas possuem estatocistos.

Existem algumas poucas exceções à configuração padrão dos estatocistos descrita anteriormente. Por exemplo, muitos insetos aquáticos detectam a gravidade utilizando bolhas de ar retidas em certos condutos internos (p. ex., tubos traqueais). As bolhas movimentam-se de acordo com sua orientação em relação ao plano vertical, de forma semelhante à bolha de ar do nível de carpinteiro, estimulando as cerdas sensoriais que revestem o tubo no qual estão localizadas.

Proprioceptores. Os órgãos sensoriais internos que reagem às alterações induzidas mecanicamente em consequência de estiramento, compressão, flexão e tensão são conhecidos como **proprioceptores**, ou simplesmente receptores de estiramento. Esses receptores fornecem ao animal informações quanto ao movimento de suas partes corporais e suas posições relativas entre si. Os proprioceptores foram estudados mais detalhadamente nos vertebrados e nos artrópodes, nos quais estão associados às articulações dos apêndices e a alguns músculos extensores do corpo. Os neurônios sensoriais que participam da propriocepção estão associados e fixados a certas partes do corpo, que são estiradas ou afetadas de outra forma mecanicamente pelo movimento ou pela tensão do músculo. Essas partes podem ser células musculares especializadas, fibras de tecido conjuntivo elástico, ou membranas que se estendem entre articulações. À medida que essas estruturas são estiradas, relaxadas e comprimidas, as terminações sensoriais dos neurônios conectados são distorcidas proporcionalmente e, desse modo, também são estimuladas. Alguns desses arranjos de receptores podem detectar não apenas alterações da posição, como também da tensão estática.

Fonorreceptores. A sensibilidade geral ao som – fonorrecepção – foi demonstrada em muitos invertebrados (certos vermes anelídeos e vários crustáceos), mas os receptores auditivos propriamente ditos foram encontrados em apenas alguns grupos de insetos e talvez alguns aracnídeos e centípedes. Gafanhotos, grilos e cigarras têm fonorreceptores conhecidos como **órgãos timpânicos** (Figura 4.30). Um tímpano muito rígido, ainda que flexível, cobre uma vesícula de ar interna, que permite ao tímpano vibrar quando atingido por ondas sonoras. Os neurônios sensoriais ligados ao tímpano são estimulados diretamente pelas vibrações. A maioria dos aracnídeos tem estruturas conhecidas como **órgãos sensoriais em fenda** que, embora não tenham sido bem-estudados, parecem desempenhar funções auditivas; no mínimo, esses órgãos parecem ser capazes de perceber vibrações induzidas pelos sons. Alguns centípedes têm os chamados **órgãos de Tömösváry**, que alguns cientistas acreditam ser sensíveis ao som.

Barorreceptores. A sensibilidade dos invertebrados às alterações de pressão – barocepção – não está bem-esclarecida e nenhum estudo demonstrou claramente a existência de estruturas específicas para essa função. Contudo, as reações comportamentais às alterações de pressão foram demonstradas em vários invertebrados pelágicos, incluindo medusas, ctenóforos, cefalópodes e crustáceos copépodes, assim como em algumas larvas planctônicas. Os insetos aquáticos também sentem alterações de pressão e podem usar vários métodos para conseguir isso. Alguns crustáceos de entremarés coordenam suas atividades migratórias diárias com os movimentos das marés, talvez parcialmente em resposta à pressão com as alterações da profundidade da água.

Quimiorreceptores. Muitos animais têm uma sensibilidade química geral, que não é função de nenhuma estrutura sensorial definida, mas que se deve à irritabilidade geral do próprio protoplasma. Quando ocorrem em concentrações suficientemente

Figura 4.30 Um fonorreceptor, ou órgão auditivo, de um gafanhoto com cauda em forquilha *Scudderia furcata*. Observe a posição do tímpano no lado direito na tíbia da primeira pata locomotora.

altas, substâncias químicas nocivas ou irritantes podem induzir reações por meio dessa sensibilidade química geral. Além disso, a maioria dos animais tem quimiorreceptores específicos.

A quimiorrecepção é um sentido muito direto, porque as moléculas estimulam os neurônios sensoriais por contato, geralmente depois de sua difusão em solução através de uma cobertura epitelial fina. Os quimiorreceptores de muitos invertebrados aquáticos estão localizados em fossetas ou depressões, através das quais a água pode ser circulada por ação ciliar. Nos artrópodes, os quimiorreceptores geralmente consistem em "pelos" ocos ou outras projeções, dentro das quais se localizam os neurônios quimiossensoriais. Embora a quimiossensibilidade seja um fenômeno universal entre os invertebrados, existe uma gama ampla de especificidades e capacidades.

Os tipos de substâncias químicas às quais determinados animais reagem estão diretamente relacionados com seus estilos de vida. Os quimiorreceptores podem ser especializados para desempenhar atividades como análise geral da água, detecção de umidade, sensibilidade ao pH, perseguição da presa, localização do parceiro sexual, análise do substrato e reconhecimento dos alimentos. Provavelmente todos os organismos aquáticos deixam escapar, em seus ambientes, quantidades diminutas de aminoácidos por meio de sua pele e suas brânquias, assim como por sua urina e suas fezes. Esses aminoácidos liberados formam o "odor corporal" do organismo, que pode criar um perfil químico do animal que outros detectam para identificar características como espécie, sexo, nível de estresse, distância e direção, e, possivelmente, tamanho e individualidade. Os aminoácidos estão amplamente distribuídos no ambiente aquático, onde fornecem indicações gerais de atividade biológica. Muitos animais aquáticos podem detectar aminoácidos com muito mais sensibilidade que nossos equipamentos de laboratório mais sofisticados.

Fotorreceptores. Quase todos os animais são sensíveis à luz e a maioria tem algum tipo de fotorreceptor detectável. Embora os membros de apenas alguns filos de Metazoa pareçam ter desenvolvido olhos capazes de formar imagens (Cnidaria, Mollusca, Annelida, Arthropoda e Chordata), quase todos os fotorreceptores dos animais compartilham moléculas receptoras de luz estruturalmente semelhantes, que provavelmente antecedem a origem de olhos estruturalmente distintos. Desse modo, as estruturas fotorreceptoras dos animais compartilham a qualidade comum de ter pigmentos sensíveis à luz. Essas moléculas de pigmentos podem absorver energia luminosa na forma de fótons – um processo necessário à iniciação de qualquer reação fótica (ou induzida pela luz). Portanto, a energia absorvida é finalmente responsável por estimular os neurônios sensoriais da unidade fotorreceptora.

Entretanto, além dessa base comum, há uma gama incrível de variação na complexidade e capacidade de percepção das estruturas sensíveis à luz. Os artrópodes, os moluscos e alguns anelídeos poliquetas têm olhos extremamente sensíveis com boa resolução espacial e, em alguns casos, canais espectrais múltiplos. A maioria das classificações dos fotorreceptores está baseada nos graus de complexidade e o mesmo termo classificatório pode ser aplicado a uma variedade de estruturas não homólogas, desde simples manchas pigmentares (encontradas nos protistas) até olhos com lentes extremamente complicadas (presentes nas lulas e nos polvos). Funcionalmente, a capacidade desses receptores varia de simplesmente perceber a intensidade e a direção da luz até formar imagens com alto grau de discriminação e resolução visuais.

Certos protistas, especialmente os flagelados, têm organelas subcelulares conhecidas como **estigmas**, que estão associadas às manchas simples de pigmento sensível à luz (Figura 4.31 A). Os fotorreceptores mais simples dos metazoários são estruturas unicelulares dispersas sobre a epiderme ou concentradas em algumas áreas do corpo. Em geral, essas estruturas são conhecidas como **manchas ocelares**. Os fotorreceptores pluricelulares podem ser classificados em três tipos gerais com algumas subdivisões. Esses tipos são **ocelos** (algumas vezes chamados de olhos simples ou estigmas), **olhos compostos** (encontrados em muitos artrópodes) e **olhos complexos** (olhos em "câmaras" dos moluscos cefalópodes e dos vertebrados). Nos ocelos pluricelulares, as células sensíveis à luz (retinianas) podem estar voltadas para fora; por isso, diz-se que esses ocelos são diretos. Ou as células fotossensíveis podem estar invertidas. O tipo invertido é comum nos platelmintos e nos nemertinos e é formado por uma taça de pigmento reflexivo e células retinianas (Figura 4.31 B). As extremidades fotossensíveis desses neurônios estão voltadas para a taça. A luz que entra pela abertura da taça pigmentar é refletida de volta às células retinianas. Como a luz pode entrar apenas por meio da abertura da taça, esse tipo de ocelo fornece ao animal uma quantidade satisfatória de informações quanto à direção da luz, bem como de variações de intensidade.

Os olhos compostos são formados por algumas ou muitas unidades distintas denominadas **omatídeos** (Figura 4.31 C). Embora os olhos formados por várias unidades ocorram em certos vermes anelídeos e alguns moluscos bivalves, essas estruturas estão mais bem-desenvolvidas e esclarecidas entre os artrópodes. Cada omatídeo é inervado por seu próprio trato nervoso, que leva a um nervo óptico grande e, aparentemente, cada um tem seu próprio campo individual de visão. Os campos visuais dos omatídeos vizinhos superpõem-se até certo ponto e o resultado é que uma mudança de posição de um objeto dentro do campo visual global causa alterações dos impulsos que alcançam várias unidades omatídicas; parcialmente com base nesse fenômeno, os olhos compostos são especialmente apropriados para detectar movimento. Os olhos compostos estão descritos com mais detalhes no Capítulo 20.

Os olhos complexos das lulas e dos polvos (Figura 4.31 D) provavelmente são os melhores olhos formadores de imagens entre os invertebrados. Os olhos dos cefalópodes são comparados comumente aos dos vertebrados, mas eles diferem em muitos aspectos. O olho é coberto por uma córnea protetora transparente. A quantidade de luz que entra no olho é controlada pela íris, que regula o tamanho da pupila em forma de fenda. A lente é mantida em posição por um anel de músculos ciliares e foca a luz sobre a retina, uma camada de células fotossensíveis densamente agrupadas das quais se originam os neurônios. Os sítios receptores da camada retiniana estão voltados na direção em que a luz que entra no olho. Essa configuração de olho direto é muito diferente da configuração do olho indireto dos vertebrados, nos quais a camada retiniana está invertida. Outra diferença é que, em muitos vertebrados, a focalização é realizada por ação dos músculos que alteram a forma da lente, enquanto nos cefalópodes ela é obtida pela movimentação da lente para frente e para trás por ação dos músculos ciliares e pela compressão do globo ocular.

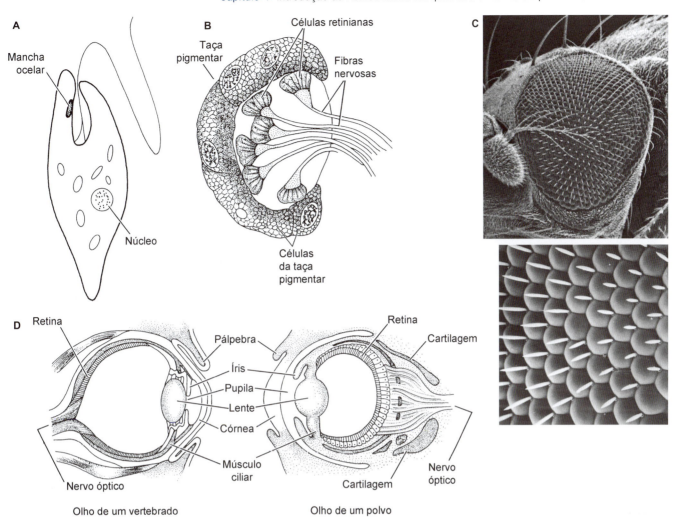

Figura 4.31 Alguns fotorreceptores. **A.** *Euglena*, um protista. Observe a posição do estigma. **B.** Um ocelo do tipo taça pigmentar invertida de um platelminto (*em corte*). **C.** Olho composto de um inseto. Uma única unidade é conhecida como omatídeo. **D.** Olho de um vertebrado (*à esquerda*) e olho de um cefalópode (*à direita*) (*cortes verticais*).

Muitos trabalhos sugerem que os fotorreceptores dos metazoários tenham evoluído primariamente ao longo de duas linhas. De um lado, estão as unidades fotorreceptoras derivadas ou intimamente associadas aos cílios (p. ex., cnidários, equinodermos e cordados). Esses tipos de olhos são conhecidos como **olhos ciliares**. De outro lado, estão os fotorreceptores derivados de microvilosidades ou microtúbulos, e são referidos como **olhos rabdoméricos** (p. ex., em platelmintos, anelídeos, artrópodes e moluscos). Todos os fotorreceptores dos animais podem ter em comum uma profunda homologia de desenvolvimento com o gene *Pax-6*, que reconhecidamente inicia o desenvolvimento dos olhos (ainda que não sejam olhos estruturalmente homólogos) em vários filos distantemente relacionados de Protostomia e Deuterostomia.

Termorreceptores. A influência das alterações de temperatura em todos os níveis de atividade biológica está bem-documentada. Todo estudante de biologia geral aprendeu as relações básicas entre temperatura e taxas das reações metabólicas. Além disso, mesmo um observador casual percebe que os níveis de atividade de alguns organismos variam da letargia sob temperaturas baixas à hiperatividade sob temperaturas elevadas, e que os extremos térmicos podem provocar a morte. O problema é determinar se o organismo está simplesmente reagindo aos efeitos da temperatura no nível fisiológico geral, ou se também tem órgãos termorreceptores envolvidos.

Existem evidências circunstanciais consideráveis, de que ao menos alguns invertebrados são capazes de perceber diretamente diferenças nas temperaturas ambientais, mas não foram identificadas unidades receptoras verdadeiras na maioria dos casos. Aparentemente, muitos insetos, alguns crustáceos e o caranguejo-ferradura (*Limulus*) podem sentir variações térmicas. Os únicos invertebrados não artrópodes que têm recebido muita atenção nesse aspecto são certas sanguessugas aparentemente atraídas aos hospedeiros de sangue quente por algum tipo de mecanismo termossensível. Outros ectoparasitas de vertebrados de sangue quente (p. ex., carrapatos) também podem ser capazes de sentir o "calor de uma refeição próxima", mas existem poucos estudos sobre esse tema.

Efetores independentes

Efetores independentes são estruturas sensoriais especializadas de resposta, que não apenas recebem informações do ambiente, como também induzem diretamente uma resposta ao estímulo, sem a intervenção do próprio sistema nervoso. Nesse sentido, os efetores independentes são semelhantes a circuitos fechados.

Como está descrito nos capítulos posteriores, as cápsulas urticantes (nematocistos) dos cnidários e as células adesivas dos ctenóforos são efetores independentes, ao menos na maioria das circunstâncias.

Bioluminescência

A **bioluminescência,** produção de luz por criaturas vivas, ocorre em uma grande variedade de organismos dos oceanos e em alguns animais terrestres. Contudo, curiosamente, esse fenômeno é raro nos organismos de água doce. No ambiente terrestre, a bioluminescência é encontrada em alguns grupos de besouros, assim como em algumas moscas e colêmbolos, centípedes e milípedes, algumas minhocas e ao menos em uma lesma (bem como em alguns fungos). Nos hábitats de água doce, a bioluminescência foi descrita apenas em algumas larvas de insetos e em uma lapa de água doce. Nos oceanos, a bioluminescência desempenha uma função significativa na comunicação entre os animais e foi descrita em vários protistas, cnidários, ctenóforos, quetognatas, anelídeos, moluscos, vários artrópodes, equinodermos, hemicordados, tunicados, no mínimo em um nemertino e, evidentemente, em muitos peixes (assim como em bactérias e fungos). A maior parte da bioluminescência observada comumente nos oceanos é produzida pelos dinoflagelados, que emitem *flashes* rápidos (um décimo de segundo). Contudo, o observador noturno paciente descobrirá que *flashes* de luz são produzidos por algumas espécies de medusas, ctenóforos, copépodes, ostracodes bentônicos, estrelas-do-mar, penatuláceos, poliquetas quetopterídeos e silídeos, lapas, bivalves, tunicados e outros.

Luminescência é a emissão de luz sem calor. Esse fenômeno envolve um tipo especial de reação química, na qual a energia, em vez de ser liberada na forma de calor, como ocorre com a maioria das reações químicas, é usada para excitar uma molécula-produto que libera energia na forma de fótons. Em todos os casos, essa reação envolve a oxidação de um substrato conhecido como **luciferina,** que é catalisada por uma enzima descrita como **luciferase.** As estruturas dessas substâncias químicas diferem entre os táxons, mas a reação é semelhante. A cor da luz varia de azul profundo (camarão e dinoflagelados) ao azul-esverdeado ou verde (alguns milípedes, ostracodes e tunicados), até amarela ou mesmo vermelha (vaga-lumes). A bioluminescência atende a várias funções, incluindo agressão, defesa, atração das presas e comunicação intraespecífica. Em alguns casos, os órgãos luminescentes dos metazoários (especialmente peixes) não são intrínsecos, mas são colônias simbiontes de microrganismos.

Sistemas nervosos e planos corpóreos

O sistema nervoso recebe continuamente informações por meio de seus receptores associados, processa essas informações e desencadeia reações apropriadas. Nesse ponto, nossa discussão estará limitada às condições nas quais existem sistemas bem-definidos de neurônios identificáveis, reservando as situações especiais dos protistas e das esponjas aos capítulos posteriores.

A estrutura do sistema nervoso de qualquer animal está relacionada com seu plano corpóreo e com seu modo de vida. Primeiramente, considere um animal com simetria radial e com poderes limitados de locomoção, como uma água-viva planctônica ou uma anêmona-do-mar séssil. Nesses animais, os principais órgãos receptores estão distribuídos mais ou menos regularmente ao redor do corpo; o próprio sistema nervoso é uma malha difusa, não centralizada, geralmente conhecida como **rede nervosa** (Figura 4.32 A). Os animais com simetria radial tendem a ter capacidade de responder igualmente bem aos estímulos vindos de qualquer direção – uma habilidade útil às criaturas com estilos de vida sésseis ou planctônico. Curiosamente, ao menos em cnidários, existem sinapses polarizadas e não polarizadas dentro da rede nervosa. Os impulsos podem ser transmitidos nas duas direções ao longo das sinapses não polarizadas, porque os processos neuronais dos dois lados são capazes de liberar transmissores químicos sinápticos. Combinada com a forma de grade da rede nervosa, essa capacidade permite que os impulsos sejam transmitidos em todas as direções a partir de um ponto único de estimulação. Com base nessa descrição sucinta, poderíamos supor que um sistema nervoso simples e "desorganizado" não seria capaz de fornecer informações integradas suficientes para permitir comportamentos complexos e coordenados. Na ausência de um centro integrador estruturalmente reconhecível, a rede nervosa não se encaixa bem em nossa descrição anterior da sequência de eventos entre estímulo e reação. Contudo, muitos cnidários na verdade são capazes de exibir comportamentos bastante intrincados e o sistema funciona, frequentemente, de formas que ainda não foram claramente entendidas. De qualquer modo, a simetria, a distribuição dos órgãos dos sentidos, a organização do sistema nervoso e os estilos de vida estão claramente correlacionados uns com os outros.

O enorme sucesso evolutivo da simetria bilateral e da locomoção unidirecional deve ter dependido em grande parte das alterações associadas à organização do sistema nervoso e à distribuição dos órgãos dos sentidos. A tendência evolutiva entre os animais tem sido a de centralizar e concentrar os principais elementos coordenadores do sistema nervoso. Em geral, esse sistema nervoso central é constituído de uma massa neuronal (gânglio) situada em posição anterior, da qual se origina um ou mais cordões nervosos longitudinais, que frequentemente têm gânglios adicionais (Figura 4.32 B). O gânglio anterior é descrito por vários nomes. Muitos autores abandonaram o termo cérebro para designar esse órgão em vista das implicações multifacetárias dessa palavra e adotaram o termo mais neutro **gânglio cerebral** (ou gânglios cerebrais) para os casos gerais. Em muitas situações, aplica-se um termo indicativo de sua posição relativa a algum outro órgão. Por exemplo, o gânglio cerebral comumente se localiza em posição dorsal à porção anterior do trato digestivo e, por essa razão, é um gânglio supraentérico (ou supraesofágico ou suprafaríngeo).

Além do gânglio cerebral, a maioria dos animais com simetria bilateral tem muitos dos principais órgãos sensoriais situados anteriormente. A concentração desses órgãos na extremidade anterior de um animal é conhecida como **cefalização** – a formação de uma região cefálica. Ainda que a cefalização possa parecer uma consequência óbvia e previsível da bilateralidade e da mobilidade, ainda assim ela é extremamente importante. Simplesmente, não seria suficiente obter informações do ambiente obtidas na extremidade posterior de um animal móvel, se ele se expõe imperceptivelmente a condições adversas e potencialmente perigosas. Caçar, perseguir e outros tipos de atividade para localizar alimentos são enormemente facilitadas pela posição anterior dos receptores apropriados – voltados na direção do movimento.

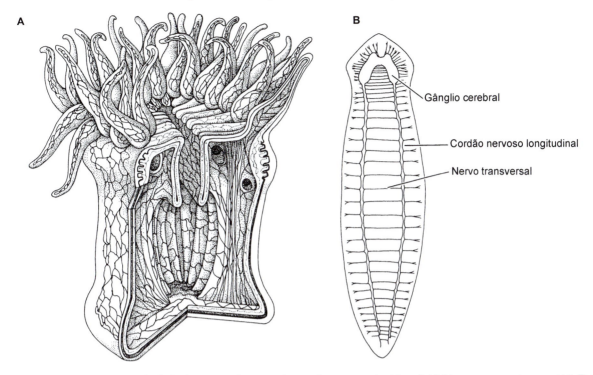

Figura 4.32 Sistemas nervosos e simetria. **A.** Rede nervosa de uma anêmona-do-mar com simetria radial (*vista com uma parte removida*). **B.** Sistema nervoso centralizado em escada de um platelminto com simetria bilateral.

Os cordões de nervos longitudinais recebem informações por meio dos nervos sensoriais periféricos a partir de quaisquer órgãos sensoriais localizados ao longo do corpo e transmitem esses impulsos do gânglio cerebral aos nervos motores periféricos e daí às estruturas efetoras. Além disso, os cordões nervosos e os nervos periféricos frequentemente servem aos animais nas ações reflexas e em algumas atividades altamente coordenadas que não dependem do gânglio cerebral. O sistema nervoso centralizado mais primitivo pode ter sido semelhante ao que encontramos hoje em dia nos vermes xenacelomórficos e alguns platelmintos de vida livre, nos quais os pares de cordões longitudinais podem estar interligados por cordões transversais na forma de uma escada (Figura 4.32 B). Entre os metazoários que desenvolveram estilos de vida ativa (p. ex., poliquetas errantes, a maioria dos artrópodes, moluscos cefalópodes, vertebrados), o sistema nervoso tornou-se cada vez mais centralizado por meio da redução da quantidade de cordões de nervos longitudinais. Entretanto, alguns invertebrados (p. ex., ectoproctos, tunicados, equinodermos) desenvolveram secundariamente estilos de vida sedentários ou sésseis. Nesses grupos, houve descentralização correspondente do sistema nervoso e redução e dispersão gerais dos órgãos sensoriais.

Hormônios e feromônios

Enfatizamos o significado da natureza integrada das partes e dos processos dos organismos vivos e descrevemos a função geral do sistema nervoso nesse contexto. Os organismos também produzem e distribuem dentro de seus corpos vários compostos químicos, que regulam e coordenam as atividades biológicas. Essa descrição muito ampla do que podemos chamar de coordenação química certamente inclui quase todas as substâncias que têm algum efeito nas funções corporais. Os **hormônios** constituem um grupo especial de coordenadores químicos. Esse termo refere-se a qualquer substância química produzida e secretada por algum órgão ou tecido e que, em seguida, é transportada pela corrente sanguínea ou por outro líquido corporal para que exerça sua influência em outra parte do corpo. Nos vertebrados, associamos esse tipo de fenômeno ao sistema endócrino, que inclui as bem-conhecidas glândulas como locais de produção. De acordo com nossos propósitos, podemos subdividir os hormônios em dois tipos. Primeiramente, existem os **hormônios endócrinos** produzidos por glândulas mais ou menos isoladas e liberados no líquido circulatório. Em segundo lugar, estão os **neuro-hormônios** produzidos por neurônios especiais conhecidos como células neurossecretórias.

Ainda existem muitas lacunas de conhecimento acerca dos hormônios dos invertebrados. A maior parte de nossas informações provém de estudos com insetos e crustáceos, embora a atividade hormonal tenha sido demonstrada em alguns outros táxons e se suspeite de sua existência em muitos outros. Entre os artrópodes, os hormônios estão envolvidos no controle do crescimento, muda, reprodução, migração do pigmento ocular e, possivelmente, outros fenômenos; ao menos em alguns outros táxons (p. ex., anelídeos), os hormônios afetam o crescimento, a regeneração e a maturação sexual.

Os hormônios não fazem parte de qualquer classe específica de compostos químicos, nem todos produzem os mesmos efeitos nos seus locais de ação: alguns são excitatórios, outros inibitórios. Como os hormônios endócrinos são transportados no líquido circulatório, eles alcançam todas as partes do corpo de um animal. O sítio ou alvo de ação deve ser capaz de reconhecer o(s) hormônio(s) apropriado(s) entre as incontáveis substâncias químicas presentes ao seu redor. Em geral, esse reconhecimento envolve uma interação do hormônio com a superfície celular no sítio-alvo. Desse modo, em condições normais, ainda que um hormônio específico esteja em contato com várias partes do corpo, ele desencadeia uma atividade apenas no órgão-alvo ou tecido apropriado, que o reconhece.

Em sentido geral, os feromônios são substâncias que atuam como "hormônios interorganísmicos". Esses compostos químicos são produzidos pelos organismos e liberados no ambiente, onde produzem efeitos sobre outros organismos. A maioria das pesquisas sobre feromônios tem sido sobre ações intraespecíficas, principalmente nos insetos, nos quais as atividades como atração do parceiro estão relacionadas frequentemente com esses compostos químicos transportados pelo ar. Os feromônios intraespecíficos podem ser entendidos como fatores que coordenam as atividades de populações, assim como os hormônios ajudam a coordenar as atividades de cada organismo. Também existem evidências numerosas indicando a existência de feromônios interespecíficos. Por exemplo, algumas espécies predadoras (p. ex., algumas estrelas-do-mar) liberam substâncias químicas na água, que desencadeiam reações comportamentais extraordinárias de parte das presas em potencial, geralmente na forma de comportamentos de fuga. Ao longo de todo o livro, descrevemos exemplos de vários fenômenos provocados pelos feromônios entre grupos específicos de animais.

Reprodução

O sucesso biológico de qualquer espécie depende de que seus membros continuem vivos por tempo suficiente para reproduzir-se. A seção subsequente inclui uma discussão dos métodos básicos de reprodução entre os invertebrados e abre caminho às descrições da embriologia e das estratégias de desenvolvimento apresentadas no Capítulo 5.

Reprodução assexuada

Os processos de reprodução assexuada não envolvem a produção e a fusão subsequente de células haploides, mas depende unicamente do crescimento vegetativo por mitose. A própria divisão celular é um tipo comum de reprodução assexuada entre os protistas e muitos invertebrados empregam vários tipos de fissão, brotamento ou fragmentação corporal seguidos do desenvolvimento de novos indivíduos (Figura 4.33). Esses processos assexuados dependem em grande parte de o organismo "aproveitar reprodutivamente" a sua capacidade de regenerar-se (reconstituir partes perdidas). Mesmo a cicatrização de feridas é um tipo de regeneração, mas muitos animais têm capacidades muito mais expressivas. A reposição de um apêndice perdido entre animais bem-conhecidos como estrelas-do-mar e caranguejos é um exemplo comum de regeneração. Entretanto, essas capacidades regenerativas não são "reprodução", porque não há formação de um novo indivíduo e sua ocorrência não implica que um animal capaz de repor uma perna perdida possa necessariamente reproduzir-se assexuadamente. Exemplos de organismos que contam com capacidades regenerativas de tal magnitude que permita reprodução assexuada incluem protistas, esponjas, muitos cnidários (corais, anêmonas e hidroides), muitos animais coloniais e certos tipos de vermes.

Em muitos casos, a reprodução assexuada é um processo relativamente acidental e pouco significativo para a estratégia de sobrevivência geral das espécies. Contudo, em outros casos, esse tipo de reprodução é uma etapa integral e até mesmo necessária do seu ciclo de vida. A reprodução assexuada tem alguns

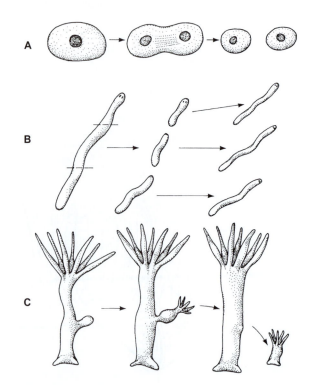

Figura 4.33 Alguns processos comuns de reprodução assexuada. **A.** Fissão binária mitótica simples; esse processo ocorre na maioria dos protistas. **B.** Fragmentação seguida de regeneração das partes perdidas. Esse processo ocorre em vários invertebrados vermiformes. **C.** Brotamento pode formar indivíduos solitários separados, como ocorre com *Hydra* (ilustrada nesta figura), ou pode produzir colônias (ver Figura 4.34).

aspectos evolutivos e adaptativos importantes. Os organismos capazes de passar por reprodução assexuada rápida podem aproveitar imediatamente as condições ambientais favoráveis explorando os suprimentos abundantes temporários de alimentos, espaços recém-liberados de sobrevivência, ou outros recursos. Essa vantagem competitiva é evidenciada frequentemente por contagens extremamente altas de espécimes produzidos por reprodução assexuada em hábitats singulares ou alterados, ou em outras condições incomuns. Além disso, os processos assexuados são utilizados comumente na produção de cistos resistentes ou corpos hibernantes, que são capazes de sobreviver por períodos de condições ambientais desfavoráveis. Quando as condições favoráveis retornam, essas estruturas desenvolvem-se em espécimes novos.

Uma palavra sobre as colônias. Um resultado comum da reprodução assexuada, principalmente alguns tipos de brotamento, é a formação de **colônias**. Esse fenômeno é especialmente comum em determinados táxons (p. ex., cnidários, ascídias, briozoários) (Figura 4.34). O termo "colônia" não é fácil de definir. Inicialmente, o termo pode trazer-nos à mente as colônias de formigas ou abelhas, ou até mesmo grupos de seres humanos; contudo, esses exemplos são entendidos mais apropriadamente como unidades sociais, em vez de colônias, ao menos no contexto de nossas discussões. De acordo com nossos propósitos, definimos colônias como associações nas quais os indivíduos que a constituem não estão totalmente separados uns dos outros, mas estão conectados organicamente, seja por extensões vivas de seus corpos, seja por materiais que eles secretaram. Embora ocasionalmente possam existir colônias mistas (em geral, causadas pela fusão de duas colônias independentes, com ocorre em alguns

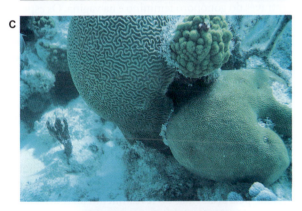

Figura 4.34 Representantes de colônias de invertebrados. **A.** Uma ascídia colonial *Botryllus*. **B.** Uma gorgônia colonial *Lophogorgia*. **C.** Três espécies de corais. **D.** Um hidroide colonial *Aglaophenia*.

tunicados), a maioria das colônias é formada por indivíduos geneticamente idênticos. Nos capítulos subsequentes, descreveremos a natureza de vários exemplos de vida em colônia.

A formação de colônias pode não apenas ampliar os benefícios da reprodução assexuada em geral, como também formar unidades funcionais globais, que alcançam dimensões muito maiores do que simples indivíduos; desse modo, esse hábitat de crescimento pode ser entendido como uma solução parcial para o dilema superfície–volume. O aumento das dimensões funcionais por meio do colonialismo pode trazer muitas vantagens aos animais – pode aumentar a eficiência alimentar, facilitar o manuseio de itens alimentares maiores, reduzir as chances de predação, aumentar a competitividade por alimento, espaço e outros recursos, e permitir que grupos de indivíduos da colônia se especializem para desempenhar diferentes funções.

Reprodução sexuada

Embora a reprodução seja crítica à sobrevivência das espécies, essa é uma das principais atividades fisiológicas que não é essencial à sobrevivência de cada organismo. Na verdade, quando os animais estão em condições de estresse, a reprodução geralmente é a primeira atividade a cessar. A reprodução sexuada é especialmente dispendiosa em termos energéticos, contudo, é o mecanismo característico de reprodução entre os organismos pluricelulares.[6]

Considerando as vantagens da reprodução assexuada, poderíamos imaginar por que todos os animais não a utilizam e abandonam completamente as atividades sexuadas. A explicação sugerida mais comumente para a popularidade da reprodução sexuada (evidentemente, além das visões antropomórficas) enfatiza os benefícios a longo prazo da variação genética. A recombinação possibilita a manutenção de uma alta heterozigose genética nos indivíduos e um alto polimorfismo nas populações. Por meio da meiose e da recombinação comuns, certo nível de variação genética é mantido de uma geração para outra, tanto na mesma população quanto entre as populações; desse modo, as espécies parecem estar mais "preparadas geneticamente" para as alterações do ambiente, incluindo mudanças do ambiente físico e oscilações dos competidores, predadores, presas e parasitas do meio.

Embora essa vantagem certamente deva ser real, ela explica satisfatoriamente o papel do sexo na seleção a curto prazo (*i. e.*, geração a geração)? Possivelmente, mesmo a curto prazo, a vantagem está na manutenção da variabilidade genética. Ou seja, a variabilidade genética dos indivíduos e das populações pode aumentar suas chances de adaptar-se às variações, aos predadores, aos parasitas e às doenças do ambiente. Em 1973, Leigh Van Valen propôs a ideia de que, para apenas "se manter", em um ambiente mutável, as populações precisam acessar continuamente combinações de genes novas e diferentes por meio do processo de seleção natural – uma noção conhecida como "hipótese da rainha de copas", em referência à Rainha de Copas do livro *Alice no País das Maravilhas*, que ordenava aos seus servos que corressem continuamente simplesmente para permanecer no mesmo lugar.

---

[6]Quando pensamos nos animais, geralmente entendemos "sexo" e "reprodução" como o mesmo processo. Entretanto, no nível celular, esses dois processos são opostos: reprodução é a divisão de uma célula para formar duas, enquanto o processo sexuado inclui a fusão de duas células para formar uma!

A reprodução sexuada envolve a formação de células haploides por meiose e a fusão subsequente dos pares dessas células para formar um zigoto diploide (Figura 4.35). As células haploides são os **gametas** – espermatozoide e ovócito – e sua fusão é o processo de fecundação ou **singamia**. (Exceções a esses termos e processos gerais são comuns entre os protistas, conforme está descrito no Capítulo 3.) A produção dos gametas é realizada pelas gônadas – **ovários** nas fêmeas e **testículos** nos machos – ou seus equivalentes funcionais. As gônadas estão associadas frequentemente aos sistemas reprodutivos, que podem incluir várias organizações de ductos e tubos, órgãos acessórios como glândulas do vitelo ou da casca, e estruturas para cópula. Os diferentes níveis de complexidade desses sistemas estão relacionados com as estratégias de desenvolvimento usadas pelos organismos em questão, conforme discutido no Capítulo 5 e descrito na abordagem de cada filo. A variação desses aspectos é imensa, mas a seguir descreveremos alguns termos básicos aplicáveis às estruturas e funções.

Muitos invertebrados simplesmente soltam seus gametas na água em que vivem (**liberadores**), onde a fertilização externa ocorre. Nesses animais, as gônadas geralmente são simples, frequentemente estruturas de ocorrência transitória associadas a alguma forma de expulsar ovócitos e espermatozoides do corpo. Essa liberação é realizada por meio de uma configuração bem-definida de tubos (celomoductos, metanefrídios ou gonoductos – espermoductos ou ovidutos), ou por poros internos transitórios ou por ruptura da parede do corpo. Nesses animais, a desova sincrônica é essencial e as espécies marinhas dependem em grande parte desse sincronismo e das correntes marinhas para conseguir a fecundação. Temperatura da água, luz, abundância de fitoplâncton, ciclo lunar e presença de coespecíficos são fatores implicados nos eventos de desova sincronizada dos invertebrados.

Por outro lado, os invertebrados que passam os espermatozoides diretamente do macho para a fêmea, na qual a fecundação ocorre internamente, precisam ter elementos estruturais que facilitem essas atividades. A Figura 4.36 ilustra esquematicamente os sistemas reprodutivos masculino e feminino. Nesses sistemas, o cenário geral que resulta na fecundação interna é o seguinte. Os espermatozoides são produzidos nos testículos e transportados pelo **espermoducto** até uma região de armazenamento pré-copulatória conhecida como **vesícula seminal**.

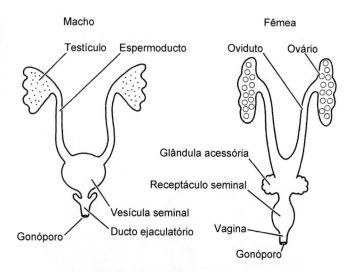

Figura 4.36 Ilustração esquemática generalizada dos sistemas reprodutivos masculino e feminino. Ver explicações no texto.

Antes do cruzamento, muitos invertebrados incorporam grupos de células espermáticas em pacotes espermáticos, ou **espermatóforos**. Os espermatóforos proporcionam um envoltório protetor para os espermatozoides e facilitam a transferência com perda mínima de espermatozoides. Além disso, muitos espermatóforos são também móveis, atuando como carreadores independentes de espermatozoides. Algum tipo de órgão copulador ou penetrante masculino (p. ex., pênis, cirro, gonópode) é introduzido através do gonóporo feminino e na vagina. Os espermatozoides passam pelo espermoducto masculino diretamente ou por algum órgão copulador para dentro do sistema feminino, onde são recebidos e comumente armazenados por um **receptáculo seminal**.

Na fêmea, os ovócitos são produzidos nos ovários e transportados para a região dos **ovidutos**. Por fim, os espermatozoides viajam no interior do trato reprodutivo feminino, onde encontram os ovócitos; a fecundação comumente ocorre nos ovidutos. Entre os invertebrados, os espermatozoides podem mover-se por ação flagelar ou ameboide, ou por estruturas locomotoras existentes nos pacotes de espermatóforos; seu movimento pode ser facilitado pela ação ciliar do revestimento do trato reprodutivo feminino. Várias glândulas acessórias podem estar presentes nos machos (como as que produzem os espermatóforos ou líquidos seminais) e nas fêmeas (como as que produzem o vitelo, os envoltórios do ovócito ou as cascas). Essa sequência simples é típica (embora com muitas elaborações) da maioria dos invertebrados que dependem da fecundação interna.

Os animais nos quais os sexos são separados, ou seja, cada espécime é macho ou fêmea, também são conhecidos como **gonocóricos**, ou dioicos. Entretanto, muitos invertebrados são hermafroditas ou monoicos: cada animal contém ovários e testículos e, desse modo, é capaz de produzir ovócitos e espermatozoides (ainda que não necessariamente ao mesmo tempo).[7] Embora a autofecundação possa parecer uma vantagem natural nesses animais, esse não é o caso. Na verdade, com algumas exceções, a autofecundação em hermafroditas geralmente é evitada. A fecundação de si próprio poderia ser a forma final de

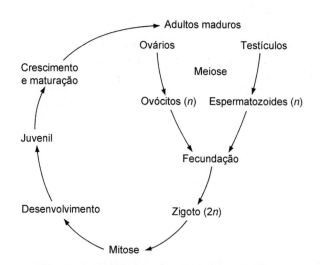

Figura 4.35 Ciclo de vida generalizado de um metazoário.

---

[7] Hermafrodito, o belo filho de Hermes e Afrodite, uniu-se com uma ninfa das águas na fonte de Cária. Desse modo, seu corpo tornou-se masculino e feminino.

endogamia e provavelmente resultaria em redução drástica da variação genética potencial e da heterozigose. Em muitos invertebrados hermafroditas, a regra é a fecundação cruzada recíproca, por meio da qual dois indivíduos atuam alternada ou simultaneamente como machos e permutam espermatozoides e, em seguida, utilizam o esperma do parceiro para fecundar seus próprios ovócitos. Desse modo, a vantagem real do hermafroditismo fica clara: um único encontro sexual resulta na impregnação de dois indivíduos, em vez de apenas um, como na condição gonocórica.

Um fenômeno comum entre os invertebrados hermafroditas é o **hermafroditismo protândrico**, ou simplesmente **protandria** (do grego, *proto*, "primeiro"; e *andro*, "macho"), por meio da qual um indivíduo é primeiramente um macho funcional, mas depois torna-se uma fêmea funcional por meio de alterações sexuais ao longo da vida. A situação contrária menos comum, primeiramente fêmea e depois macho, é conhecida como **hermafroditismo protogínico**, ou simplesmente **protoginia** (do grego, *gynos*, "fêmea"). Ao menos alguns invertebrados alternam regularmente entre os estados funcionais masculino e feminino, conforme foi explicado por Jerome Tichenor (*Poems in Contempt of Progress*, 1974):

Considere o caso da ostra,
Que passa seu tempo no molhado;
Alternando de sexo,
Ela não procura por um parceiro,
Mas vive encerrada em um claustro.

Além das astutas ostras imortalizadas pelo professor Tichenor, alguns outros táxons nos quais o hermafroditismo é comum incluem cracas, quetognatos, platelmintos, anelídeos clitelados, tunicados, muitos gastrópodes avançados e isópodes cimotoides (Crustacea).

As condições sexuais de animais coloniais incluem inúmeras variações dos temas descritos. As colônias podem incluir apenas um sexo, ambos, ou os indivíduos podem ser hermafroditas.

Partenogênese

Partenogênese (do grego, *partheno* = "virgem"; *genesis* = "nascimento") é uma estratégia reprodutiva especial, por meio da qual os ovócitos não fecundados transformam-se em indivíduos adultos viáveis. Espécies que fazem partenogênese são conhecidas em muitos grupos de invertebrados (e vertebrados e plantas), incluindo gastrótricos, rotíferos, tardígrados, nematódeos, gastrópodes, certos insetos e vários crustáceos. A distribuição taxonômica da partenogênese é pontual; é raro encontrar um gênero inteiro, muito menos algum táxon superior, que seja completamente partenogenético. Alguns táxons superiores que são em grande parte partenogenéticos (p. ex., afídeos, cladóceros) fazem partenogênese cíclica e pontuam suas histórias de vida com atividade sexual.[8] Também existem alguns táxons superiores de protistas, nos quais o sexo tem ainda de ser descrito. Entre os invertebrados, a partenogênese geralmente ocorre nas espécies de pequeno porte que são parasitas, ou que têm vida livre, mas habitam ambientes extremos ou altamente variáveis, como poças temporárias de água doce. Existe uma tendência geral a que a partenogênese se torne mais prevalente à medida que se avança às latitudes mais altas ou em ambientes muito rigorosos. Em geral, parece que os táxons que fazem partenogênese surgem de tempos em tempos e têm êxito a curto prazo, em razão de algumas vantagens imediatas, mas a longo prazo eles são condenados à extinção em razão da competição com seus parentes sexuados.

Na maioria das espécies estudadas, os períodos partenogenéticos alternam-se com períodos de reprodução sexuada. Nos hábitats temperados de água doce, a partenogênese frequentemente ocorre nos meses do verão, com a população alternando para reprodução sexuada à medida que se aproxima o inverno. Em algumas espécies, a partenogênese ocorre ao longo de muitas gerações ou vários anos e, por fim, é pontuada por um período curto de reprodução sexuada. Em alguns rotíferos, a partenogênese predomina até que a população alcance determinado tamanho crítico, quando os machos aparecem e iniciam um período de reprodução sexuada. Os cladóceros alternam do estado de partenogênese para reprodução sexuada sob várias condições, como superpopulação, temperatura adversa, escassez de alimento ou até mesmo quando a natureza do alimento se altera. Muitas espécies parasitas alternam de um estágio sexuado de vida livre para uma condição parasita partenogenética; essa configuração é encontrada em alguns nematódeos, carunchos (Thysanoptera), vespa-da-galha, afídeos e alguns outros hemípteros.

Um dos exemplos mais interessantes de partenogênese ocorre nas abelhas; nesses animais, a rainha é fecundada por um ou mais machos (zangões) apenas uma vez ao longo de seu ciclo de vida, durante o "voo nupcial". Os espermatozoides são armazenados nos seus receptáculos seminais. Se os espermatozoides forem liberados quando a rainha põe ovócitos, a fecundação ocorre e os ovócitos transformam-se em fêmeas (rainhas ou operárias). Se os ovócitos não forem fecundados, desenvolvem-se por partenogênese em machos (zangões).

A questão da existência ou da prevalência de espécies puramente partenogenéticas tem sido debatida há décadas. Muitas espécies que antes eram consideradas inteiramente partenogenéticas, depois de um exame mais minucioso, mostraram-se capazes de alternar entre partenogênese e períodos curtos de reprodução sexuada. Em algumas espécies, parecem existir populações puramente partenogenéticas apenas em determinados locais. Em outras espécies, as linhagens partenogéticas foram rastreadas até populações ancestrais sexuadas, que ocupavam hábitats relictuais. No entanto, em alguns animais partenogenéticos, ainda não foram encontrados machos em qualquer população e essas podem realmente ser espécies puramente clonais. Ninguém pode saber, mas podemos apenas imaginar por quanto tempo essas espécies poderiam existir em face da seleção natural sem os benefícios de qualquer intercâmbio genético. Poderíamos prever que, assim como todos os tipos de reprodução sexuada, a partenogênese obrigatória levaria finalmente à estagnação genética e à extinção. Entretanto, deve haver alguns mecanismos genéticos até agora desconhecidos, que evitem esse desfecho, porque alguns animais partenogenéticos (p. ex., algumas minhocas, insetos e lagartos) conseguem viver em diversos tipos de hábitats. Presumivelmente, esses animais têm um nível significativo de adaptabilidade genética, ou dispõem de "genótipos com finalidades gerais".

---

[8]Vários peixes e anfíbios são partenogenéticos, mas nenhum parece ter eliminado a necessidade de que seus ovócitos sejam penetrados por um espermatozoide de forma a iniciar o desenvolvimento. Em geral, as fêmeas partenogênicas cruzam com um macho de outra espécie, proporcionando espermatozoides para ativar o desenvolvimento (um comportamento conhecido como **pseudogamia**). Alguns poucos lagartos aparentemente não precisam de espermatozoide para iniciar o desenvolvimento partenogênico. Não existem casos documentados de partenogênese em aves ou mamíferos silvestres.

Bibliografia

Adiyodi, K. G. e R. G. Adiyodi (eds.). 1983–2002. *Reproductive Biology of Invertebrates*. Vols. 1–11. Wiley, Nova York. [Análises detalhadas de todos os aspectos da reprodução dos invertebrados.]

Autrum, H., R. Jung, W. R. Loewenstein, D. M. Mackay e H. L. Teuber (eds.). 1972–1981. *Handbook of Sensory Physiology*. Vols. 1–7. Springer-Verlag, Nova York. [Essa obra em volumes inclui estudos de mais de 400 autores.]

Bartolomaeus, T. e P. Ax. 1992. Protonephridia and metanephridia—their relation within the Bilateria. Z. Zool. syst. Evolut.-forsch. 30: 21–45.

Bejan, A. e J. H. Marden. 2006. Constructing animal locomotion from new thermodynamics theory. Am. Sci. 94: 342–349.

Biewener, A. A. 2003. *Animal Locomotion*. Oxford Univ. Press, Oxford.

Cronin, T. W. 1986. Photoreception in marine invertebrates. Am. Zool. 26: 403–415.

Denny, M. 1996. *Air and Water: The Biology and Physics of Life's Media*. Princeton University Press, Ewing, NJ. [Uma boa leitura.]

DeSimone, D. W. e A. R. Horwitz. 2014. Many modes of motility. Science 345: 1002–1003.

Emlet, R. B. e R. R. Strathmann. 1985. Gravity, drag, and feeding currents of small zooplankton. Science 228: 1016–1017.

Fauchald, K. e P. A. Jumars. 1979. The diet of worms: A study of polychaete feeding guilds. Oceanogr. Mar. Biol. Annu. Rev. 17: 193–284.

Fernald, R. D. 2006. Casting a genetic light on the evolution of eyes. Science 313: 1914–1918.

Fretter, V. e A. Graham. 1976. *A Functional Anatomy of Invertebrates*. Academic Press, Nova York. [Antiga, mas ainda uma referência fundamental para o estudante compromissado.]

Giese, A. C. (ed.). 1964–1973. *Photophysiology*, Vols. 1–8. Academic Press, Nova York.

Giese, A. C., J. S. Pearse e V. B. Pearse. 1974–1991. *Reproduction of Marine Invertebrates*. Vols. 1–9. Academic Press, Nova York, and Boxwood Press, Pacific Grove, CA.

Goodrich, E. S. 1945. The study of nephridia and genital ducts since 1895. Q. J. Micros. Sci. 86: 113–392. [Artigo clássico de Goodrich sobre a evolução dos celomoductos, gonoductos e nefrídios.]

Gould, S. J. 1977. *Ontogeny and Phylogeny*. The Belknap Press of Harvard University Press, Cambridge, MA. [Um clássico.]

Gould, S. J. 1980. The evolutionary biology of constraint. Daedalus 109: 39–52.

Gould, S. J. 1992. Constraint and the square snail: life at the limits of a covariance set. The normal teratology of *Cerion disforme*. Biol. J. Linnean Soc. 47: 4077–437.

Greenspan, R. J. 2007. *An Introduction to Nervous Systems*. Cold Spring Harbor Laboratory Press, Cold Spring Harbor, N.Y.

Guerra, P. A., R. J. Gegear e S. M. Reppert. 2014. A magnetic compass aids monarch butterfly migration. Nat. Comm. 5. doi: 10.1038/ncomms5164

Haddock, S. H. D., M. A. Moline e J. F. Case. 2010. Bioluminescence in the sea. Ann. Rev. Mar. Sci. 2: 443–493.

Hall, B. K. 1996. Baupläne, phylotypic stages, and constraint. Why are there so few types of animals? pp. 215–261 in M. K. Hecht et al. (eds.), *Evolutionary Biology*, Vol. 29. Plenum, Nova York.

Harrison, F. W. (ed.). 1991–1997. *Microscopic Anatomy of Invertebrates*. Wiley-Liss, Nova York.

Hickman, C. S. 1988. Analysis of form and function in fossils. Amer. Zool. 28: 775–793.

Hill, R. W., G. A. Wyse e M. Anderson. 2012. *Animal Physiology*, 3rd Ed. Sinauer Associates, Sunderland.

Hughes, R. N. (ed.). 1993. Diet selection: An interdisciplinary approach to foraging behaviour. Blackwell Science, Boston.

Hyman, L. H. 1940, 1951. *The Invertebrates*. Vol. 1, Protozoa through Ctenophora; Vol. 2, Platyhelminthes and Rhynchocoela: The Acoelomate Bilateria. McGraw-Hill, Nova York. [Esses dois volumes da série de Hyman são especialmente úteis graças à sua discussão sobre a arquitetura corporal dos "metazoários inferiores".]

Jackson, J. B. C., L. W. Buss e R. E. Cook (eds.). 1985. *Population Biology and Evolution of Clonal Organisms*. Yale University Press, New Haven, CT.

Jeffrey, D. J. e J. D. Sherwood. 1980. Streamline patterns and eddies in low Reynolds number flow. J. Fluid Mech. 96: 315–334.

Jorgensen, C. B. *et al*. 1984. Ciliary and mucus-net filter feeding, with special reference to fluid mechanical characteristics. Mar. Ecol. Prog. Ser. 15: 283–292.

Keegan, B. F., P. O. Ceidigh e P. J. S. Boaden (eds.). 1971. *Biology of Benthic Organisms*. Pergamon Press, Nova York.

Koehl, M. A. R. 1984. How do benthic organisms withstand moving water? Am. Zool. 24: 57–70.

Koehl, M. A. R. e J. R. Strickler. 1981. Copepod feeding currents: food capture at low Reynolds number. Limnol. Oceanogr. 26: 1062–1093.

LaBarbera, M. 1984. Feeding and particle capture mechanisms in suspension feeding animals. Am. Zool. 24: 71–84.

LaBarbera, M. e S. Vogel. 1982. The design of fluid transport systems in organisms. Am. Sci. 70: 54–60.

Lockwood, G. e B. R. Rosen (eds.). 1979. *Biology and Systematics of Colonial Animals*, Special Vol. No. 11. Academic Press, Nova York. Published for The Systematics Association.

Lowenstam, H.A. 1981. Minerals formed by organisms. Science 211: 1126–1131.

McMahon, B. R. e L. E. Burnett. 1990. The crustacean open circulatory system. A reexamination. Physiol. Zool. 63: 35–71.

Maynard Smith, J. 1978. *The Evolution of Sex*. Cambridge University Press, Cambridge.

Morin, J. G. 1986. "Firefleas" of the sea: luminescent signaling in marine ostracode crustaceans. Fla. Entomol. 69: 105–121.

Morse, A. N. C. 1991. How do planktonic larvae know where to settle? Am. Sci. 79: 154–167.

Nelson, R. J. 2011. *An Introduction to Behavioral Endocrinology*. 4th Ed. Sinauer Associates, Sunderland.

Nicol, J. A. C. 1960. *The Biology of Marine Animals*. Putnam, Nova York. [Um dos melhores resumos sobre a fisiologia ecológica já escritos; infelizmente nunca foi revisado.]

North, G. e R. J. Greenspan (eds.). 2007. *Invertebrate Neurobiology*. Cold Spring Harbor Laboratory Press, Cold Spring Harbor, N.Y.

Polis, G. A. 1981. The evolution and dynamics of intraspecific predation. Ann. Rev. Ecol. Syst. 12: 225–251.

Prosser, C. L. (ed.). 1991. *Environmental and Metabolic Animal Physiology* [A quarta edição do clássico de Prosser *Comparative Animal Physiology*]. John Wiley and Sons, Nova York.

Ratcliffe, N. A. e A. F. Rowley (eds.). 1981. *Invertebrate Blood Cells*. Vols. 1–2. Academic Press, Nova York. [Para uma boa introdução à literatura sobre os pigmentos respiratórios, ver Am. Zool. 1980, 20(1), "Respiratory Pigments."]

Ruppert, E. E. e P. R. Smith. 1988. The fundamental organization of filtration nephridia. Biol. Rev. 6: 231–258.

Rundell, R. J. e B. S. Leander. 2010. Masters of miniaturization: convergent evolution among interstitial eukaryotes. Bioessays 32: 430–437.

Sandeman, D. C. e H. L. Atwood (eds.). 1982. *The Biology of Crustacea*. Vol. 4, Neural Integration and Behavior. Academic Press, Nova York.

Schmidt-Nielsen, K. 1984. *Scaling. Why is Animal Size so Important*. Cambridge University Press, Nova York.

Schmidt-Nielsen, K. 1997. *Animal Physiology. Adaptation and Environment*, 5th Ed. Cambridge University Press, Nova York.

Schmidt-Nielsen, K., L. Bolis, e S. H. P. Maddrell (eds.). 1978. *Comparative Physiology: Water, Ions and Fluid Mechanics*. Cambridge University Press, Nova York.

Schmidt-Rhaesa, A. 2007. *The Evolution of Organ Systems*. Oxford University Press, Oxford.

Sellers, J. R. e B. Kachar. 1990. Polarity and velocity of sliding filaments: control of direction by actin and of speed by myosin. Science 249: 406–408.

Simmons, P. e D. Young. 2010. *Nerve Cells and Animal Behaviour*. Cambridge Univ. Press, Cambridge.

Stossel, T. P. 1990. How cells crawl. Am. Sci. 78: 408–423.

Strathmann, R. R. 1978. The evolution and loss of feeding larval stages of marine invertebrates. Evolution 32: 894–906.

Tennekes, H. 1996. The simple science of flight: from insects to jumbo jets. M.I.T Press, Cambridge, MA.

Thompson, D'Arcy. 1942. *On Growth and Form*, Rev. Ed. Macmillan, Nova York. [Uma boa leitura.]

Vincent, J. 2012. *Structural Biomaterials*, 3rd Ed. Princeton Univ. Press, Princeton.

Vogel, S. 1981. Life in moving fluids: The physical biology of flow, 2nd Ed. Princeton University Press, Princeton.

Vogel, S. 1988. How organisms use flow-induced pressures. Amer. Sci. 76: 28–34.

Vogel, S. 1988. *Life's Devices. The Physical World of Animals and Plants*. Princeton University Press, Princeton.

Vogel, S. 1998. *Cats' Paws and Catapults: Mechanical Worlds of Nature and People*. W. W. Norton & Co., Nova York.

Vogel, S. 2002. Prime Mover. *A Natural History of Muscle*. W. W. Norton & Co., Nova York.

Vogel, S. 2003 *Comparative Biomechanics. Life's Physical World*. Princeton Univ. Press, Princeton.

Walsh, P. e P. Wright (eds.). 1995. *Nitrogen Metabolism and Excretion*. CRC Press, Boca Raton, FL.

Watson, S.-A. *et al*. 2012. Marine invertebrate skeleton size varies with latitude, temperature and carbonate saturation: implications for global change and ocean acidification. Global Change Biology 18(10): 3026–3038.

Widder, E. A. 2010. Bioluminescence in the ocean: origins of biological, chemical, and ecological diversity Science 328: 704–708.

Wigglesworth, V. B. 1984. *Insect Physiology*, 7th Ed. Chapman and Hall, Londres.

Wilbur, K. M. e C. M. Yonge (eds.). 1964, 1967. *Physiology of Mollusca*, Vols. 1 and 2. Academic Press, Nova York.

Wray, G. A. e R. R. Strathmann. 2002. Stasis, change, and functional constraint in the evolution of animal body plans, whatever they may be. Vie Milieu 52: 189–199.

Yeates, D. K. 1995. Groundplans and exemplars: paths to the tree of life. Cladistics 11: 343–357.

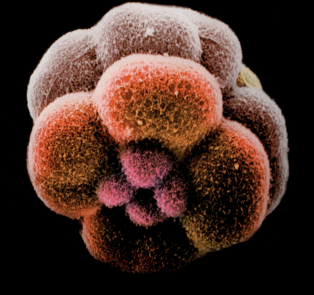

5

Introdução ao Reino Animal

Desenvolvimento, Ciclos de Vida e Origens

O processo por meio do qual zigotos unicelulares transformam-se em espécimes pluricelulares e, por fim, em adultos capazes de reproduzir-se é conhecido como **ontogenia**. No centro da ontogenia dos metazoários, encontramos a **embriogênese** – crescimento e desenvolvimento do embrião. Embrião é o estágio de vida de um organismo entre a fecundação e o nascimento, e representa a principal fase do ciclo de vida, que interliga o genótipo ao fenótipo.

Como vimos no Capítulo 4, as células dos animais estão organizadas em unidades funcionais, geralmente na forma de tecidos e órgãos com funções específicas, que sustentam a vida do animal como um todo. Esses diferentes tipos celulares são interdependentes e suas atividades são coordenadas por padrões e relações previsíveis. Os tecidos e os órgãos desenvolvem-se por uma série de eventos, que acontecem nos estágios iniciais da embriogênese do organismo. Os tecidos embrionários – ou **camadas germinativas** – formam a estrutura básica sobre a qual são construídos os planos corpóreos dos metazoários. Desse modo, as células dos animais (metazoários) são especializadas, interdependentes e funcionalmente coordenadas e desenvolvem-se por um processo de deposição de tecidos orquestrada geneticamente durante a embriogênese – uma combinação de elementos que não se observa nos protistas.

Um dos princípios mais bem-estabelecidos da zoologia é a influência do lécito (ou vitelo) nas primeiras divisões zigóticas, assim como na diferenciação dos tecidos embrionários. Desse modo, não é surpreendente que tenha sido acumulado grande número de pesquisas com descrições detalhadas dos embriões animais, resultando em uma ênfase marcante sobre a estrutura e os processos físicos no campo da biologia do desenvolvimento. Como esquemas de desenvolvimento específicos caracterizam as diferentes linhagens de animais, a biologia do desenvolvimento compilou descrições detalhadas das divisões celulares, dos destinos das células, das camadas germinativas embrionárias e das estruturas larvais ou adultas em busca de padrões evolutivos compartilhados entre os filos animais. Entre os estudos mais detalhados de biologia estão as descrições meticulosas do desenvolvimento inicial dos metazoários elaboradas por Wilhelm Roux, Hans Driesch, Edmund Beecher Wilson, Hans Spemann e outros. A tendência aparente a que os estágios progressivos do desenvolvimento embrionário revelem a história evolutiva dos animais foi o que inspirou Ernst Haeckel, Karl von Baer, Walter Garstang e outros cientistas a formularem suas versões da **hipótese de recapitulação**, ou "**lei da biogenética**" (ver ao fim deste capítulo). Além disso, apesar de alguns debates filosóficos persistentes, na perspectiva morfológica a ontogenia parece recapitular muitos aspectos da filogenia animal.

Entretanto, o surgimento recente da biologia *molecular* do desenvolvimento alterou sutil e convincentemente alguns dos princípios embriológicos clássicos. A lei da biogenética de Haeckel não é mais entendida como determinante do desenvolvimento dos embriões metazoários, ao menos da forma como os embriologistas pensavam antes. Os padrões taxonômicos específicos e seus desvios durante o desenvolvimento animal revelaram interações mais complexas do que se poderia sequer imaginar com base apenas nas descrições morfológicas. Por isso, a biologia do desenvolvimento não pode mais consistir principalmente em descrições dos ovócitos, da primeira divisão celular, da formação de aglomerados celulares progressivamente complexos e de camadas celulares, embora esses padrões clássicos ainda sejam componentes importantes desse campo. Uma abordagem moderna ao estudo do desenvolvimento animal inclui tanto pesquisas morfológicas como moleculares.

Biologia do desenvolvimento evolutivo (EvoDevo)

A genética molecular teve um impacto explosivo no estudo da biologia do desenvolvimento, bem como da filogenética e da evolução dos animais. O termo "**EvoDevo**" – abreviatura que descreve o campo da biologia do desenvolvimento evolutivo – é aplicado ao campo crescente da genética comparativa do desenvolvimento, ou estudo evolutivo das expressões espaciais e temporais dos genes que controlam a arquitetura corporal dos metazoários. Grande parte da EvoDevo enfatiza as funções dos **fatores de transcrição** (**TF**; do inglês, *transcription factor*), que são os produtos dos genes envolvidos no controle das etapas iniciais do desenvolvimento. Esses genes e os TF definem os eixos corporais embrionários primários (p. ex., os eixos anteroposterior e dorsoventral), a direcionalidade das estruturas que se desenvolvem ao longo desses eixos e o aspecto de determinadas estruturas ou organizações, como cavidades corporais, segmentos ou apêndices. A EvoDevo estuda as bases de quase todos os processos descritos pelos estudos clássicos da biologia do desenvolvimento. Portanto, o foco da biologia do desenvolvimento mudou do estudo ontogenético da organização estrutural dos animais para o estudo ontogenético comparativo das funções dos genes e seus papéis na organização corporal.

À medida que os métodos genômicos tornam-se menos dispendiosos e mais amplamente estudados, o número de espécies animais cujas sequências genômicas parciais ou completas são conhecidas aumenta drasticamente. A cada ano, pesquisadores descobrem novos "organismos-modelo" em sentido genético e, à medida que cresce o número de espécies consideradas dentro dessas estruturas básicas, aumentam progressivamente as oportunidades de realizar comparações evolutivas dos diferentes padrões e mecanismos. Desse modo, o uso da genômica do desenvolvimento passou a ser mais que simplesmente determinar se a ontogenia recapitula a filogenia – um conceito que hoje parece ser uma simplificação exagerada. Por outro lado, a comparação das semelhanças e diferenças de desenvolvimento, bem como a forma como tais diferenças são demonstradas, tem resultado no entendimento mais detalhado e esclarecedor de como os animais estão organizados e de como essa organização desdobra-se ao longo dos ciclos de vida dos organismos. Embora a amplitude dessas alterações esteja além do escopo deste livro, alguns padrões gerais são evidentes hoje em dia e estão resumidos sucintamente a seguir.

Caixa de ferramentas (*tool kit*) do desenvolvimento

Se os animais se originaram dos protistas, provavelmente deve haver um conjunto básico de fatores genéticos nessa ancestralidade, que deu condições à pluricelularidade (a qual se desenvolveu várias vezes nos eucariotos), facilitou sua expressão e permitiu que tais características fossem favorecidas pela seleção. É provável que os fatores genéticos tenham incluído uma tendência a que as células fossem agregadas, em vez de dispersas depois da mitose – o potencial bioquímico de que as células permaneçam reunidas na forma de um grupo e o movimento ou a diferenciação das células que dispunham de um conjunto de especializações em resposta à proximidade de outras células portadoras de outro conjunto de especializações.

A possibilidade de que essas características existissem implica que foram mediadas de alguma forma pelos produtos da transcrição dos genes abrigados pelos ancestrais protistas dos animais. Os conjuntos de genes funcionais que controlam os processos ontogenéticos são conhecidos como **caixas de ferramentas (*tool kits*) do desenvolvimento** e, no que se refere à evolução da pluricelularidade, eles provavelmente estavam associados a três processos: (1) adesão entre as células, (2) transdução dos sinais bioquímicos dentro das células e entre os diferentes tipos celulares (*i. e.*, **vias de sinalização celular**) e (3) diferenciação das células do estado primordial em estados especializados.

A transição para a pluricelularidade a partir de um estado unicelular foi um evento fundamental da evolução dos metazoários. Entretanto, até recentemente, havia poucos caminhos disponíveis para investigar essa transição. A possibilidade de que existissem "caixas de ferramenta do desenvolvimento" fundamentais à pluricelularidade na origem dos metazoários sugere que sequências de genes homólogos reconhecíveis em diferentes espécies (**ortólogos**) e seus fatores de transcrição poderiam ser encontradas previsivelmente entre os ancestrais dos metazoários, assim como nos próprios metazoários existentes.

A organização estrutural dos coanoflagelados (ver Capítulo 3), bem como sua semelhança com os metazoários, tais como as esponjas, tornaram tais criaturas candidatos atraentes a ancestrais dos metazoários e os métodos de filogenética molecular permitiram que essa hipótese fosse testada diretamente. Algumas análises dos genes nucleares e mitocondriais de diversas linhagens de metazoários apoiaram fortemente a ideia de que os animais e os coanoflagelados tenham um ancestral em comum e, conforme seria previsto, a maioria dos genes expressos pelos coanoflagelados teria sequências homólogas (ortólogas) nos genótipos dos animais. Também são dignas de nota as observações de que os coanoflagelados expressam uma diversidade surpreendente de homólogos de adesão e sinalização celular. Desse modo, com a identificação dos genes compartilhados entre os animais e seu aparente ancestral comum mais recente, tornou-se possível progressivamente testar hipóteses específicas de desenvolvimento acerca da evolução do genoma dos animais primitivos. Contudo, as coisas nem sempre são tão fáceis quanto parecem.

Relação entre genótipo e fenótipo

A busca por caixas de ferramentas geneticamente conservadas subjacentes aos eventos específicos ou às marcas morfológicas típicas do desenvolvimento animal parece realmente excitante. Infelizmente, evidências recentes sugerem que seja raro encontrar uma correspondência direta entre genótipo e fenótipo no desenvolvimento dos metazoários – as coisas geralmente são mais complicadas. Os primeiros estudos foram erroneamente orientados nessa direção pelo grau marcante com que os **conjuntos Hox** (grupos de genes homeóticos que controlam o plano corpóreo e a organização dos membros dos embriões em desenvolvimento ao longo do seu eixo anteroposterior) pareciam apresentar consistência funcional e organizacional entre todos os metazoários. No final da década de 1970, a descoberta de que animais tão diferentes quanto vertebrados e artrópodes tinham genes Hox estrutural e funcionalmente relacionados levou à suposição de que todos os animais pudessem conter grupos de genes semelhantes. Além disso, algumas sequências de genes – inclusive dos conjuntos Hox e outros genes semelhantes – confirmavam essa suposição. O gene do desenvolvimento *Brachyury* (*bra*) é um bom exemplo. Os produtos da transcrição do gene *bra* definem a linha mediana dos bilatérios e esse gene também está expresso na notocorda das espécies que fazem parte do filo Chordata. Seu padrão de expressão confirma as homologias sugeridas pela morfologia, porque sua expressão na notocorda dos cordados é um exemplo de um gene homólogo com uma função homóloga em uma característica morfológica homóloga – a notocorda (que é uma sinapomorfia do filo).

O uso das sequências de genes e dos produtos dos genes para as análises filogenéticas mostrou-se mais complicado que se esperava. Por exemplo, os genes Hox aparentemente homólogos em suas sequências podem não ser idênticos, nem sequer semelhantes, em sua expressão nos diferentes táxons, mesmo entre táxons diretamente relacionados. Aparentemente, a homologia de sequências de genes não assegura que as funções específicas dos genes sejam semelhantes. Além disso, estudos demonstraram que os genes Hox estavam linearmente dispostos apenas em alguns táxons, apesar de sua representação linear na maioria dos artigos de revisão e dos livros de texto (Figura 5.1).

Apesar de sua suposta função como "pílula mágica" evolutiva, hoje os genes do desenvolvimento parecem ter a mesma probabilidade de apresentar homoplasia (p. ex., evolução convergente) que as características morfológicas. Embora os programas de genética do desenvolvimento possam a princípio parecer apresentar informações filogenéticas, os padrões observados provavelmente representam padrões moldados pelas necessidades do programa de desenvolvimento das diferentes linhagens. Como essas dificuldades são generalizadas, a utilização de genes específicos para confirmar a homologia das diferentes linhagens de metazoários pode ser desafiadora.

A evolução de novas funções dos genes

Nos sistemas genéticos em desenvolvimento, novos papéis funcionais parecem desenvolver-se rotineiramente. Os genes do desenvolvimento, embora estejam sob forte seleção estabilizadora para que desempenhem funções precisas, podem evoluir de formas inesperadas. Essa tendência é conhecida como **desvio do sistema de desenvolvimento** (ou **DSD**). A existência do DSD pode ser útil para acompanhar a evolução de determinadas estruturas (p. ex., elementos visuais), mas pode gerar confusão, porque o próprio desvio frequentemente causa divergências morfológicas.

O DSD parece ocorrer de duas formas. Primeiramente, um gene que desempenha uma função em determinado táxon pode ser cooptado para outra aplicação em um táxon diferente. O processo comumente começa com a **duplicação do gene**, quando erros de replicação formam várias cópias dos genes funcionais. A redundância de função reguladora permite a continuidade do metabolismo normal, mas também possibilita que os produtos dos genes duplicados sejam utilizados em outros locais. Por exemplo, o gene *Pax6* está expresso em grande variedade de bilatérios que têm ou não olhos, sugerindo que essa padronização genética tenha sido cooptada para desempenhar diversas funções na regulação do desenvolvimento das estruturas oculares.

O segundo mecanismo que leva ao DSD ocorre quando surgem diferenças de expressão do gene em consequência de interações genéticas (epistasia), que ocorrem dentro de constituições genéticas diferentes. Sequências idênticas podem produzir efeitos fenotípicos diversos nas diferentes espécies, ou mesmo entre os membros da mesma espécie. Embora a magnitude desses efeitos possa tornar-se progressivamente mais acentuada à medida que a divergência das espécies aumenta, as complexidades das interações epistáticas raramente são previsíveis.

Redes de genes reguladores

Uma contribuição significativa das análises genômicas para a biologia do desenvolvimento é a conclusão de que genes específicos não controlam a função ou o desenvolvimento celular. Ou seja, não há um gene "para" determinado fenótipo ou estrutura. Pelo contrário, grupos de genes – geralmente conhecidos como **redes de genes reguladores** – são responsáveis por produzir as características funcionais. Existem quatro grupos principais desses conjuntos reguladores: (1) redes de diferenciação celular, que parecem permitir que grupos de células diferenciem-se de determinadas formas; (2) subcircuitos, ou redes de genes do desenvolvimento, que são utilizados repetidamente nas funções gerais das células; (3) comutadores, ou redes de genes reguladores que ativam ou desativam funções celulares para regular o sincronismo de determinados eventos do desenvolvimento; e (4) núcleos (*kernels*), ou redes de genes complexos e rigorosamente conservados destinados a especificar os campos celulares a partir dos quais determinadas partes do corpo finalmente se desenvolvem.

Como os núcleos parecem ser o tipo de rede mais importante para a organização do desenvolvimento específico das linhagens (p. ex., provavelmente existem núcleos dos bilatérios, dos protostomados, dos espirálicos e dos ecdisozoários), são consideramos mais úteis para as análises filogenéticas do tipo originalmente concebido para os conjuntos Hox. No entanto, também é possível que as redes de genes reguladores passem por evolução substancial dentro das linhagens. Por essa razão, como também ocorre com todas essas análises, deve-se ter cuidado ao escolher as redes a serem incluídas.

A. Representação tradicional dos conjuntos de genes Hox

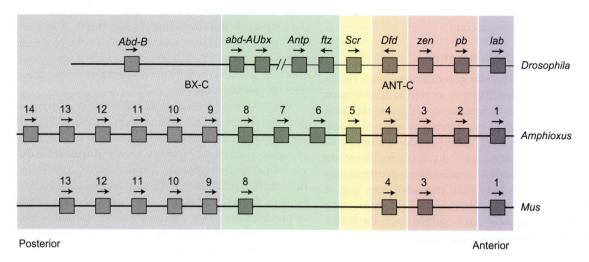

B. Representações estruturais dos conjuntos de genes Hox

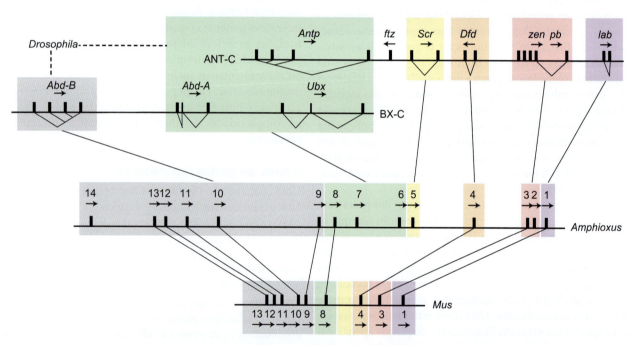

Figura 5.1 As representações dos genes Hox que aparecem nos livros de texto comumente são supersimplificadas e, assim, podem levar a interpretações equivocadas das relações filogenéticas entre os metazoários. Nesta figura, as *linhas horizontais* representam os cromossomos. Os *quadros coloridos* representam os "conjuntos" de genes Hox, ou seja, genes que estão relacionados por suas sequências e, consequentemente, parecem ser derivados de um gene Hox ancestral comum, encontrados em um inseto (*Drosophila*), um cefalocordado (*Amphioxus*) e um vertebrado (camundongo, *Mus*). As *setas* representam a orientação dos genes, ou seja, o sentido em que avança a transcrição da cadeia codificadora do DNA. **A.** "Conjuntos" Hox 1 a 14, conforme são representados comumente nos compêndios e em alguns artigos científicos. Nessas representações supersimplificadas, os genes Hox, inclusive o BX-C (complexo bitorácico de *Drosophila*, que controla o desenvolvimento dos segmentos abdominais e pós-torácicos) e o ANT-C (complexo antenipédico de *Drosophila*, que controla a formação das patas), estão ilustrados erroneamente como se estivessem localizados em proximidade direta, com conjuntos semelhantes quanto ao comprimento de sequências de nucleotídios e com conjuntos de genes dispostos em ordem linear nos cromossomos. **B.** Representação mais exata dos conjuntos Hox, conforme realmente ocorrem em *Drosophila*, *Amphioxus* e *Mus*, demonstrados em escala com referência ao tamanho real dos genes (número de nucleotídios envolvidos, incluindo-se as sequências não codificadoras), as distâncias relativas entre os genes (grau com que os genes formam "conjuntos"), bem como mais claras configurações espaciais e arranjos de orientação dos genes de elementos Hox em relação com outros no cromossomo. Observe que, em *Drosophila*, os complexos BX-C e ANT-C estão "desdobrados" (espacialmente separados, conforme indicado pela *linha tracejada*) no cromossomo III, em comparação com as configurações espacialmente menos dispersas típicas dos cordados (*Amphioxus* e *Mus*). Note também que, enquanto as orientações dos genes de *Drosophila* são variáveis (*setas*), eles são consistentemente unidirecionais em *Amphioxus* e *Mus*. Enquanto os conjuntos Hox dos cordados (*Amphioxus* e *Mus*) tendem a estar mais condensados espacialmente que nos outros metazoários, eles estão "organizados" especialmente dessa maneira nos vertebrados (p. ex., *Mus*). As representações físicas exatas dos genes Hox são necessárias para informar as discussões sobre a evolução funcional e estrutural dos conjuntos Hox.

Ovócitos e embriões

Os atributos físicos (e fisiológicos) que distinguem os metazoários são resultado de seu desenvolvimento embrionário. Em outras palavras, os fenótipos dos adultos resultam das sequências específicas dos estágios de desenvolvimento. Dessa forma, a unidade e a diversidade dos animais são tão evidentes nos padrões de desenvolvimento, quanto na arquitetura corporal dos adultos. Os padrões de desenvolvimento discutidos a seguir refletem essa unidade e diversidade e servem como base para o entendimento das seções sobre embriologia dos capítulos posteriores.

Ovócitos

Os processos biológicos são em geral cíclicos. Gerações sucessivas ilustram essa generalidade, conforme sugere a expressão "ciclo de vida" e o ponto em que começa a descrição de um processo é apenas uma questão de conveniência. Neste livro, começamos com o óvulo, ou **ovócito**, uma única célula notável capaz de se desenvolver em um novo indivíduo. Uma vez que o ovócito é fertilizado, todos os diferentes tipos celulares de um animal adulto são derivados dessa célula única e totipotente durante a embriogênese. O ovócito fertilizado contém não apenas as informações genéticas necessárias para direcionar o desenvolvimento, mas também certa quantidade de material nutritivo denominado **vitelo**, que sustenta os estágios iniciais da vida.

Os ovócitos são polarizados ao longo de um **eixo animal–vegetal**. Essa polaridade pode estar aparente no próprio ovócito ou pode ser detectada à medida que o desenvolvimento avança. O **polo vegetal** está associado à formação dos órgãos nutritivos (p. ex., sistema digestivo), enquanto o **polo animal** forma outras regiões do embrião. Os ovócitos dos animais são classificados principalmente com base na quantidade e na localização do vitelo dentro da célula (Figura 5.2) – dois fatores que afetam acentuadamente determinados aspectos do desenvolvimento. Os ovócitos **isolécitos** contêm quantidades relativamente pequenas de vitelo, que se distribui mais ou menos homogeneamente por toda a célula. Os ovócitos nos quais o vitelo está concentrado em uma extremidade (junto ao polo vegetal) são denominados ovócitos **telolécitos**; os ovócitos nos quais o vitelo está concentrado no centro são chamados de ovócitos **centrolécitos**.

A quantidade exata de vitelo em telolécitos e centrolécitos é muito variável. A produção do vitelo (**vitelogênese**) é tipicamente a fase mais longa da produção do ovócito, embora sua duração varie em ordens de magnitude entre as espécies. As taxas de produção do vitelo dependem do mecanismo vitelogênico específico utilizado. Em geral, as espécies oportunistas (chamadas estrategistas *r*) desenvolveram processos vitelogênicos para a conversão rápida do alimento em produção de ovócitos, enquanto as espécies mais especializadas (chamadas estrategistas *K*) utilizam processos mais lentos.

Clivagem

A penetração de um ovócito por uma célula espermática e a fusão subsequente dos núcleos masculino e feminino inicia a transformação do ovócito em **zigoto** ou ovócito fertilizado. As primeiras divisões celulares de um zigoto são chamadas de **clivagem** e as células resultantes são denominadas **blastômeros**. Alguns aspectos dos padrões de clivagem inicial são determinados pela quantidade e localização do vitelo, enquanto outros aspectos são intrínsecos à programação genética de cada organismo. Ovócitos isolécitos e os que são pouco ou moderadamente telolécitos geralmente passam por clivagem **holoblástica**. Ou seja, os planos de clivagem atravessam completamente a célula, formando blastômeros que se separam um do outro por membranas celulares finas (Figura 5.3 A). Sempre que existem quantidades muito grandes de vitelo (p. ex., nos ovócitos acentuadamente telolécitos), os planos de clivagem não atravessam totalmente o denso vitelo, de forma que os blastômeros não se separam completamente um do outro por membranas celulares. Esse padrão de divisão celular inicial é conhecido como clivagem **meroblástica** (Figura 5.3 B). O padrão de clivagem dos ovócitos centrolécitos depende da quantidade de vitelo e varia de holoblástico a várias modificações da clivagem meroblástica.

Orientação dos planos de clivagem

Alguns termos descrevem a relação entre os planos de clivagem com o eixo animal–vegetal do ovócito e as relações entre os blastômeros resultantes (Figura 5.4). As divisões celulares que ocorrem durante a clivagem podem ser **iguais** ou **desiguais**, indicando o tamanho comparativo dos grupos de blastômeros. O termo **subigual** é usado quando os blastômeros são apenas ligeiramente diferentes em tamanho. Quando a clivagem é claramente desigual, as células maiores que se localizam no polo vegetal são chamadas de **macrômeros**. As células menores localizadas no polo animal são chamadas de **micrômeros**.

Os planos de clivagem que atravessam o eixo animal–vegetal ou são paralelos a ele produzem divisões **longitudinais** (= meridionais); os planos que formam ângulos retos com o eixo produzem divisões **transversais**. As divisões transversais podem ser equatoriais, quando o embrião é separado igualmente em metades animal e vegetal, ou simplesmente latitudinais, quando o plano de divisão não atravessa o equador do embrião.

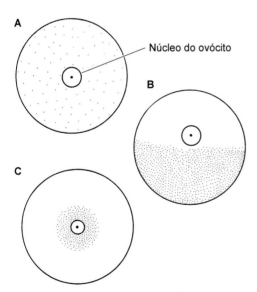

Figura 5.2 Tipos de ovócitos. O *pontilhado* representa a distribuição e a concentração relativa de vitelo dentro do citoplasma. **A.** O ovócito isolécito possui uma pequena quantidade de vitelo distribuída homogeneamente. **B.** O vitelo em um ovócito telolécito está concentrado perto do polo vegetal. A quantidade de vitelo em tais ovócitos é muito variável. **C.** O ovócito centrolécito possui o vitelo concentrado no centro da célula.

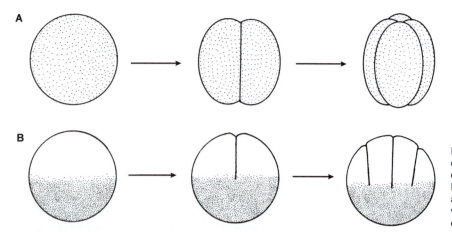

Figura 5.3 Tipos de clivagem inicial dos zigotos em desenvolvimento. **A.** Clivagem holoblástica. Os planos de clivagem atravessam completamente o citoplasma. **B.** Clivagem meroblástica. Os planos de clivagem não atravessam completamente o citoplasma com muito vitelo. O pontilhado representa a distribuição do vitelo em ovócito e no zigoto inicial.

Clivagens radial e helicoidal (espiral)

A maioria dos invertebrados apresenta um ou dois padrões de clivagem definidos com base na orientação dos blastômeros em torno do eixo animal–vegetal. Esses padrões são conhecidos como clivagem **radial** e clivagem **espiral** e estão ilustrados na Figura 5.5. A clivagem radial envolve divisões estritamente longitudinais e transversais. Desse modo, os blastômeros estão dispostos em fileiras paralelas ou perpendiculares ao eixo animal–vegetal. A disposição dos blastômeros apresenta um padrão radialmente simétrico em vista polar. A foto de abertura deste capítulo demonstra o embrião no estágio de 16 células de um equinodermo que faz clivagem radial (*Lytechinus pictus*), com quatro macrômeros grandes atrás de quatro micrômeros menores (e oito "mesômeros" por trás dos macrômeros).

A clivagem espiral é uma outra questão. Embora não seja inerentemente complexa, pode ser difícil descrevê-la. As primeiras duas divisões são longitudinais, geralmente iguais ou subiguais. Contudo, as divisões subsequentes deslocam lateralmente os blastômeros, de forma que eles ficam situados dentro de sulcos existentes entre as células que se dividiram antes. Essa condição é causada pela formação de fusos mitóticos em ângulos oblíquos, em vez de paralelos ao eixo do embrião; por isso, os planos de clivagem não são perfeitamente longitudinais nem transversais. A divisão de 4 a 8 células envolve um deslocamento das células próximas do polo animal em sentido horário (**dextrotrópico**) (vista a partir do polo animal). A próxima divisão de 8 para 16 células ocorre com um deslocamento em sentido anti-horário (**levotrópico**); a divisão seguinte ocorre em sentido horário e assim por diante – alternando de um lado para outro até aproximadamente o estágio de 64 células. É importante ressaltar aqui que as divisões frequentemente não são sincrônicas, ou seja, nem todas as células dividem-se com a mesma rapidez. Desse modo, um embrião em particular pode não passar do estágio de 4 para 8 células, para o estágio de 16 células e assim por diante, conforme se pode observar claramente em nossa descrição geral.

Ao longo de seus estudos detalhados sobre o verme poliqueta *Neanthes succinea*, realizados no Marine Biological Laboratory de Woods Hole, E. B. Wilson (1892) elaborou um sistema de codificação inteligente para a clivagem espiral, que nos permite acompanhar a sequência de desenvolvimento de qualquer célula embrionária. O sistema de Wilson normalmente é aplicado à clivagem espiral para rastrear os destinos das células e comparar o desenvolvimento entre as espécies. Nossa descrição da clivagem espiral é geral, mas oferece um ponto de referência para as considerações posteriores dos padrões encontrados em diferentes grupos de animais.

No estágio de 4 células, depois das divisões longitudinais iniciais, as células recebem códigos A, B, C e D, e são rotuladas em sentido horário, nessa ordem, quando são observadas a partir do polo animal (Figura 5.6 A). Essas quatro células são conhecidas como **quarteto** de macrômeros e, em conjunto, podem ser

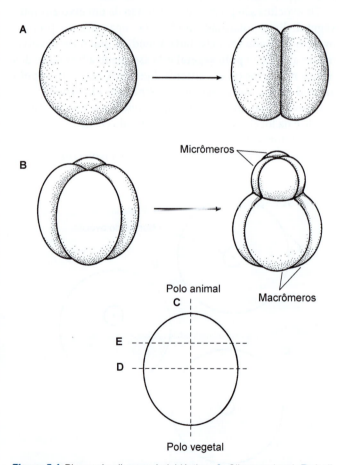

Figura 5.4 Planos de clivagem holoblástica. **A.** Clivagem igual. **B.** A clivagem desigual forma micrômeros e macrômeros. **C** a **E.** Planos de clivagem em relação com o eixo animal–vegetal do ovócito ou do zigoto. **C.** Clivagem longitudinal (= meridional) paralela ao eixo animal–vegetal. **D.** Clivagem equatorial perpendicular ao eixo animal–vegetal, dividindo o zigoto em metades animal e vegetal iguais. **E.** Clivagem latitudinal perpendicular ao eixo animal–vegetal, mas sem passar pelo plano equatorial.

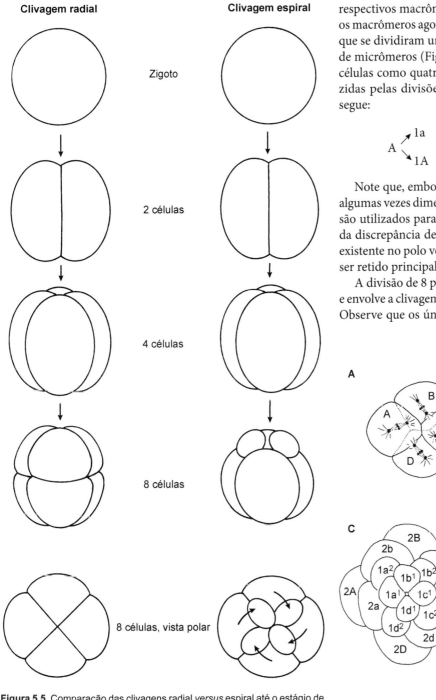

respectivos macrômeros. As letras maiúsculas que designavam os macrômeros agora são precedidas do número "1" para indicar que se dividiram uma vez e produziram um primeiro conjunto de micrômeros (Figura 5.6 B). Podemos ver esse embrião de 8 células como quatro pares de células-filhas, que foram produzidas pelas divisões dos quatro macrômeros originais como segue:

$$A \begin{matrix} \nearrow 1a \\ \searrow 1A \end{matrix} \quad B \begin{matrix} \nearrow 1b \\ \searrow 1B \end{matrix} \quad C \begin{matrix} \nearrow 1c \\ \searrow 1C \end{matrix} \quad D \begin{matrix} \nearrow 1d \\ \searrow 1D \end{matrix}$$

Note que, embora os macrômeros e os micrômeros tenham algumas vezes dimensões iguais, tais termos ainda assim sempre são utilizados para descrever a clivagem espiral. Grande parte da discrepância de tamanho depende da quantidade de vitelo existente no polo vegetal do ovócito original; esse vitelo tende a ser retido principalmente nos macrômeros maiores.

A divisão de 8 para 16 células ocorre em direção levotrópica e envolve a clivagem tanto de macrômeros como de micrômeros. Observe que os únicos números dos códigos que se alteraram

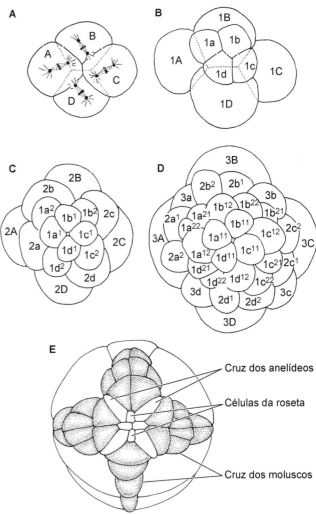

Figura 5.5 Comparação das clivagens radial *versus* espiral até o estágio de 8 células. Durante a clivagem radial, todos os planos de clivagem passam tanto perpendicular quanto paralelamente em relação ao eixo animal–vegetal do embrião. A clivagem espiral envolve uma inclinação dos fusos mitóticos, que começa com a divisão de 4 para 8 células. Os planos de clivagem resultantes não são perpendiculares ou paralelos ao eixo. As vistas polares dos estágios resultantes de 8 células ilustram as diferenças de orientação dos blastômeros.

codificadas simplesmente pela letra Q. A divisão subsequente é mais ou menos desigual, com as quatro células mais próximas do polo animal deslocadas em sentido dextrotrópico, conforme foi explicado antes. Essas quatro células menores são chamadas de primeiro quarteto de micrômeros (ou, coletivamente, células 1q) e recebem os códigos individuais de 1a, 1b, 1c e 1d. O número "1" indica que elas fazem parte do primeiro quarteto de micrômeros produzidos; as letras correspondem às origens dos seus

Figura 5.6 Clivagem espiral. **A** a **D.** Clivagem espiral até 32 células (supostamente sincrônica) denominada com o sistema de codificação de E. B. Wilson (todos os diagramas são vistas superficiais a partir do polo animal). **E.** Diagrama esquemático de um embrião composto com aproximadamente 64 células, demonstrando as posições da roseta, da cruz dos anelídeos e da cruz dos moluscos.

com as divisões subsequentes são os prefixos numéricos dos macrômeros. Esses números são alterados para indicar o número de vezes que esses macrômeros individuais se dividiram e para corresponder ao número dos quartetos de micrômeros assim produzido. Desse modo, no estágio de 8 células, podemos designar os blastômeros existentes como 1Q (= 1A, 1B, 1C, 1D) e 1q (= 1a, 1b, 1c, 1d). Os macrômeros (1Q) dividem-se para produzir um segundo quarteto de micrômeros (2q = 2a, 2b, 2c, 2d) e o prefixo numérico dos macrômeros-filhos é alterado para "2". O primeiro quarteto de micrômeros também se divide e agora compreende 8 células, cada qual identificável não apenas pela letra correspondente ao seu macrômero parental, mas agora pela adição de números sobrescritos. Por exemplo, o micrômero 1a (do embrião de 8 células) divide-se para formar duas células-filhas codificadas como células $1a^1$ e $1a^2$. A célula situada fisicamente mais perto do polo animal do embrião recebe o sobrescrito "1", enquanto a outra recebe "2". Desse modo, o estágio de 16 células (Figura 5.6 C) inclui as seguintes células:

Derivadas de 1q $\begin{cases} 1a^1 & 1b^1 & 1c^1 & 1d^1 \\ 1a^2 & 1b^2 & 1c^2 & 1d^2 \end{cases}$

Derivadas de 1Q $\begin{cases} 2q = 2a & 2b & 2c & 2d \\ 2Q = 2A & 2B & 2C & 2D \end{cases}$

A próxima divisão (de 16 para 32 células) envolve novamente deslocamento em sentido dextrotrópico. O terceiro quarteto de micrômeros (3q) é formado, e os macrômeros-filhos agora recebem o prefixo "3" (3Q) e todos os 12 micrômeros existentes dividem-se. Os sobrescritos são acrescentados às células derivadas do primeiro e do segundo quartetos de micrômeros, de acordo com a regra de posição descrita antes. Desse modo, a célula $1b^1$ divide-se para formar as células $1b^{11}$ e $1b^{12}$; a célula $1a^2$ forma as células $1a^{21}$ e $1a^{22}$; a célula 2c forma $2c^1$ e $2c^2$, e assim por diante. Não pense nesses sobrescritos como números de 2 dígitos (i. e., "vinte e um" e "vinte e dois"), mas como sequências de dois dígitos, refletindo a linhagem exata de cada célula ("dois e um" e "dois e dois").

O requinte do sistema de Wilson é que cada código conta a história assim como também a posição da célula no embrião. Por exemplo, o código $1b^{11}$ indica que a célula é um membro (derivado) do primeiro quarteto de micrômeros, que seu macrômero parental é a célula B, que o micrômero original 1b se dividiu duas vezes desde sua formação e que essa célula específica está localizada na parte superior do embrião em relação às suas células-irmãs. O estágio de 32 células (Figura 5.6 D) é formado da seguinte forma:

Derivadas de 1q $\begin{cases} 1a^{11} & 1b^{11} & 1c^{11} & 1d^{11} \\ 1a^{12} & 1b^{12} & 1c^{12} & 1d^{12} \\ 1a^{21} & 1b^{21} & 1c^{21} & 1d^{21} \\ 1a^{22} & 1b^{22} & 1c^{22} & 1d^{22} \end{cases}$

Derivadas de 2q $\begin{cases} 2a^1 & 2b^1 & 2c^1 & 2d^1 \\ 2a^2 & 2b^2 & 2c^2 & 2d^2 \end{cases}$

Derivadas de 2Q $\begin{cases} 3q = 3a & 3b & 3c & 3d \\ 3Q = 3A & 3B & 3C & 3D \end{cases}$

A divisão para 64 células segue o mesmo padrão, com alterações dos códigos e acréscimos de sobrescritos apropriados. O deslocamento é levotrópico e resulta nas seguintes células:

Derivadas de 1q $\begin{cases} 1a^{111} & 1b^{111} & 1c^{111} & 1d^{111} \\ 1a^{112} & 1b^{112} & 1c^{112} & 1d^{112} \\ 1a^{121} & 1b^{121} & 1c^{121} & 1d^{121} \\ 1a^{122} & 1b^{122} & 1c^{122} & 1d^{122} \\ 1a^{211} & 1b^{211} & 1c^{211} & 1d^{211} \\ 1a^{212} & 1b^{212} & 1c^{212} & 1d^{212} \\ 1a^{221} & 1b^{221} & 1c^{221} & 1d^{221} \\ 1a^{222} & 1b^{222} & 1c^{222} & 1d^{222} \end{cases}$

Derivadas de 2q $\begin{cases} 2a^{11} & 2b^{11} & 2c^{11} & 2d^{11} \\ 2a^{12} & 2b^{12} & 2c^{12} & 2d^{12} \\ 2a^{21} & 2b^{21} & 2c^{21} & 2d^{21} \\ 2a^{22} & 2b^{22} & 2c^{22} & 2d^{22} \end{cases}$

Derivadas de 3q $\begin{cases} 3a^1 & 3b^1 & 3c^1 & 3d^1 \\ 3a^2 & 3b^2 & 3c^2 & 3d^2 \end{cases}$

Derivadas de 3Q $\begin{cases} 4q = 4a & 4b & 4c & 4d \\ 4Q = 4A & 4B & 4C & 4D \end{cases}$

Note que não existem duas células com o mesmo código, de forma que sempre é possível identificar exatamente os blastômeros específicos e suas linhagens.

Nos estágios mais avançados da clivagem espiral de alguns animais, surgem padrões celulares bem-definidos, formados pela orientação de alguns dos primeiros quartetos de micrômeros apicais (Figura 5.6 E). As células situadas mais acima (micrômeros $1q^{111}$) estão localizadas no ápice do embrião e formam a **roseta**. Em alguns grupos de animais (p. ex., anelídeos), outros micrômeros (micrômeros $1q^{112}$) produzem a **cruz de anelídeos** praticamente em ângulos retos com as células da roseta. Nos moluscos, a cruz de anelídeos pode formar-se (geralmente chamada células periféricas da roseta nesses grupos), mas também se forma uma **cruz de moluscos** adicional a partir das células $1q^{12}$ e suas derivadas. Os braços da cruz de moluscos estão localizados entre as células da cruz de anelídeos (Figura 5.6 E) e tal configuração não ocorre em qualquer outro filo de metazoários. Algum significado filogenético foi atribuído à formação dessas cruzes, conforme veremos nos capítulos subsequentes.

Destinos das células

Ao longo de mais de um século, rastrear os destinos das células no curso do desenvolvimento tem sido um desafio popular e produtivo dos embriologistas. Esses estudos desempenharam um papel significativo ao permitir que pesquisadores descrevam o desenvolvimento e também definam as homologias entre os atributos de diferentes animais. As células dos embriões por fim se tornam estabelecidas como partes funcionais dos tecidos ou dos órgãos, mas antes disso há ampla variação de tempo e grau com que os destinos das células são fixados em definitivo. Embora em condições normais suas funções sejam especializadas, mesmo nos adultos as células de alguns animais (p. ex., esponjas) conservam a capacidade de alterar sua estrutura e sua função. Outros táxons animais mostram potencial notável de regenerar as partes perdidas, por meio do qual as células deixam de diferenciar-se e depois geram tecidos e órgãos novos. Em outros táxons, os destinos das células são relativamente fixos e elas são capazes apenas de produzir mais células de seu próprio tipo.

Por meio da observação cuidadosa do desenvolvimento de qualquer animal, fica evidente que algumas células formam previsivelmente determinadas estruturas. Também aqui, o campo emergente da biologia molecular do desenvolvimento tem mostrado que muitos componentes moleculares do desenvolvimento também são amplamente conservados em todo o reino animal. Por exemplo, alguns fatores de transcrição e sistemas de sinalização celular de filos amplamente divergentes são claramente homólogos e provavelmente funcionam de maneiras parecidas. Por outro lado, esses componentes moleculares altamente preservados também podem ser utilizados de diversos modos pelos embriões. O padrão de expressão dos genes ortólogos nos embriões dos metazoários primitivos ilustra os dois aspectos dessa relação. Até mesmo tais características básicas do desenvolvimento, como a formação do eixo corporal e a geometria de clivagem, diferem entre os filos de metazoários (Figura 5.7). Essas variações fundamentais do desenvolvimento parecem ter sido fundamentais à formação dos níveis mais elevados de planos corpóreos dos animais.

Em alguns casos, os destinos das células são determinados em estágios muito precoces durante a clivagem – a partir do estágio de 2 ou 4 células. Quando se remove experimentalmente um blastômero de um embrião de um animal em estágio precoce (como Roux fez), esse embrião não consegue desenvolver-se normalmente; os destinos das células já estavam definidos e a célula suprimida não pode ser substituída. Diz-se dos animais cujos destinos celulares são estabelecidos muito precocemente que têm **clivagem determinada**. Por outro lado, os blastômeros de alguns animais podem ser separados no estágio de 2 ou 4 células (como Driesch fez), ou mesmo nos estágios mais avançados (como Spemann fez), e cada célula separada desenvolve-se normalmente; nesses casos, os destinos das células não são fixados até um desenvolvimento relativamente tardio. Esses animais são conhecidos por ter **clivagem indeterminada**. Os ovócitos que passam por clivagem determinada comumente são conhecidos como **ovócito em mosaico**, porque os destinos das regiões de células não divididas podem ser mapeados. Os ovócitos que passam por clivagem indeterminada são chamados de **ovócitos reguladores**, porque podem "regular-se" para acomodar a perda dos blastômeros e, assim, não podem ser facilmente mapeados, de maneira previsível, antes de sua clivagem.

De qualquer modo, a formação do plano corpóreo básico geralmente é determinada quando o embrião contém cerca de 104 células (em geral, depois de 1 a 2 dias). Nessa ocasião, todo o material embrionário disponível foi dividido entre grupos celulares específicos, ou "regiões fundadoras". Essas regiões são relativamente pouco numerosas e cada qual forma um território, dentro do qual se desdobram padrões de desenvolvimento ainda mais complexos. À medida que essas zonas de tecido indiferenciado são estabelecidas, o desdobramento do código genético estimula seu desenvolvimento em seus tecidos corporais, órgãos ou outras estruturas "predefinidas". As representações gráficas dessas regiões são conhecidas como **mapas de destino**, embora eles raramente ainda sejam utilizados pelos biólogos do desenvolvimento.

No passado, os ovócitos em mosaico e a clivagem determinada eram associados aos embriões que faziam clivagem espiral, enquanto os ovócitos reguladores e a clivagem indeterminada, com os embriões que faziam clivagem radial. Entretanto, surpreendentemente, foram realizados poucos testes reais para essa verificação e as evidências disponíveis sugerem que existem muitas exceções a essa generalização. Ou seja, alguns embriões com clivagem espiral parecem ter ovócitos indeterminados, enquanto alguns embriões com clivagem radial parecem ser determinados.

Apesar das variações e exceções, há notável consistência subjacente no que se refere aos destinos dos blastômeros entre os embriões que se desenvolvem por clivagem espiral típica. Muitos exemplos dessas semelhanças estão descritos nos capítulos subsequentes, mas ilustraremos esse ponto assinalando que as camadas germinativas dos embriões que fazem clivagem espiral tendem a originar-se dos mesmos grupos de células. Os três primeiros quartetos de micrômeros e seus derivados dão origem à **ectoderme** (camada germinativa externa); as células 4a, 4b, 4c e 4Q formam a **endoderme** (camada germinativa interna); e a célula 4d origina a **mesoderme** (camada germinativa mediana). Muitos estudantes de embriologia entendem essa uniformidade de destinos celulares como evidência inequívoca de que os táxons que compartilham esse padrão estejam relacionados entre si de alguma forma fundamental e que tenham uma herança evolutiva comum. Ao longo de todo o livro, teremos muito mais a dizer sobre essa ideia.

Por sua vez, as análises de EvoDevo fornecem formas objetivas de avaliar a homologia das camadas germinativas identificando os genes que são transcritos nas diferentes fases do desenvolvimento, em vez de identificar os conjuntos de células por seu destino final (Figura 5.7). Os genes comprovadamente úteis nessas análises são: *GATA 4, 5* e *6*, associados à produção de muco pelos tecidos endodérmicos; *twist*, associado ao desenvolvimento mesodérmico; *snail*, repressor da caderina E e, consequentemente, importante para a hiporregulação dos genes ectodérmicos dentro da mesoderme e para o favorecimento do desenvolvimento mesenquimal; e *brachyury*, importante para definir a linha mediana de alguns bilatérios. Entretanto, essa abordagem é complicada pelo fato de que, mesmo entre táxons diretamente relacionados, estruturas semelhantes podem ser originadas de camadas germinativas diferentes (p. ex., os túbulos de Malpighi são derivados da ectoderme nos insetos, mas têm sua origem na endoderme nos quelicerados). Como já foi explicado, as características usadas nas análises evolutivas comparativas – mesmo no nível molecular – precisam ser selecionadas com cuidado.

Tipos de blástula

O produto da clivagem inicial é chamado de **blástula**, que pode ser definida em termos de desenvolvimento como um estágio embrionário que precede à formação das camadas germinativas embrionárias. São reconhecidos vários tipos de blástula entre os invertebrados. Em geral, a clivagem holoblástica resulta na formação de uma esfera sólida ou oca de células. A **celoblástula**

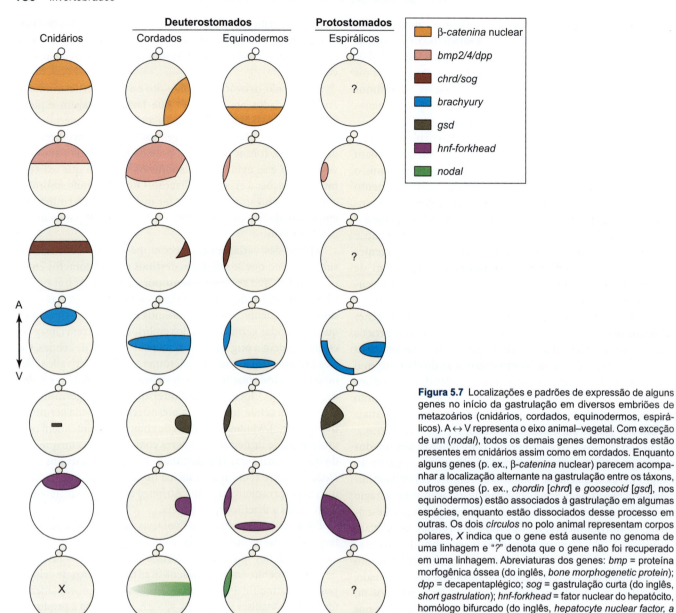

Figura 5.7 Localizações e padrões de expressão de alguns genes no início da gastrulação em diversos embriões de metazoários (cnidários, cordados, equinodermos, espirálicos). A ↔ V representa o eixo animal–vegetal. Com exceção de um (*nodal*), todos os demais genes demonstrados estão presentes em cnidários assim como em cordados. Enquanto alguns genes (p. ex., β-*catenina* nuclear) parecem acompanhar a localização alternante na gastrulação entre os táxons, outros genes (p. ex., *chordin* [*chrd*] e *goosecoid* [*gsd*], nos equinodermos) estão associados à gastrulação em algumas espécies, enquanto estão dissociados desse processo em outras. Os dois *círculos* no polo animal representam corpos polares, *X* indica que o gene está ausente no genoma de uma linhagem e "*?*" denota que o gene não foi recuperado em uma linhagem. Abreviaturas dos genes: *bmp* = proteína morfogênica óssea (do inglês, *bone morphogenetic protein*); *dpp* = decapentaplégico; *sog* = gastrulação curta (do inglês, *short gastrulation*); *hnf-forkhead* = fator nuclear do hepatócito, homólogo bifurcado (do inglês, *hepatocyte nuclear factor, a forkhead homolog*).

(Figura 5.8 A) é uma esfera oca de células, cuja parede geralmente tem espessura de uma única camada de células. O espaço existente dentro da esfera de células é a **blastocele**, ou cavidade corporal primária. Uma **estereoblástula** (Figura 5.8 B) é uma esfera sólida de blastômeros; evidentemente, não há blastocele nesse estágio. Em alguns casos, a clivagem meroblástica resulta na formação de um capuz ou disco de células no polo animal sobre massa não clivada de vitelo. Essa configuração é descrita adequadamente como **discoblástula** (Figura 5.8 C). Alguns ovócitos centrolécitos têm padrões de clivagem estranhos para formar uma **periblástula** que, em alguns aspectos, é semelhante a uma celoblástula preenchida no centro por vitelo acelular (Figura 5.8 D).

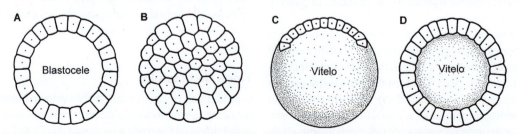

Figura 5.8 Tipos de blástulas. Essas ilustrações representam cortes efetuados ao longo do eixo animal–vegetal. **A.** Celoblástula. Os blastômeros formam uma esfera oca, cuja parede tem espessura de uma camada de células. **B.** Estereoblástula. A clivagem resulta em uma esfera sólida de blastômeros. **C.** Discoblástula. A clivagem produziu um capuz de blastômeros, que se localiza no polo animal acima de massa sólida de vitelo. **D.** Periblástula. Os blastômeros formam uma única camada de células que envolvem massa de vitelo interna.

Gastrulação e formação das camadas germinativas

Por meio de um ou mais dos vários métodos, a blástula desenvolve-se para uma estrutura com várias camadas – um processo conhecido como **gastrulação** (Figura 5.9). A estrutura da blástula determina até certo ponto o tipo de processo e a forma do embrião resultante, a **gástrula**. A gastrulação é a formação das camadas germinativas embrionárias, os tecidos dos quais dependerá todo o desenvolvimento subsequente. Na verdade, podemos entender a gastrulação como o análogo embrionário da transição dos graus de complexidade dos protistas ao dos metazoários. Ela atinge a separação das células que precisam interagir diretamente com o ambiente (*i. e.*, funções locomotora, sensorial e protetora) das que processam os materiais ingeridos do ambiente (*i. e.*, funções nutricionais).

As camadas de células iniciais interna e externa são a **endoderme** e a **ectoderme**, respectivamente; na maioria dos animais, forma-se uma terceira camada germinativa, a **mesoderme**, produzida entre a ectoderme e a endoderme. Um exemplo marcante de unidade entre os metazoários é a consistência dos

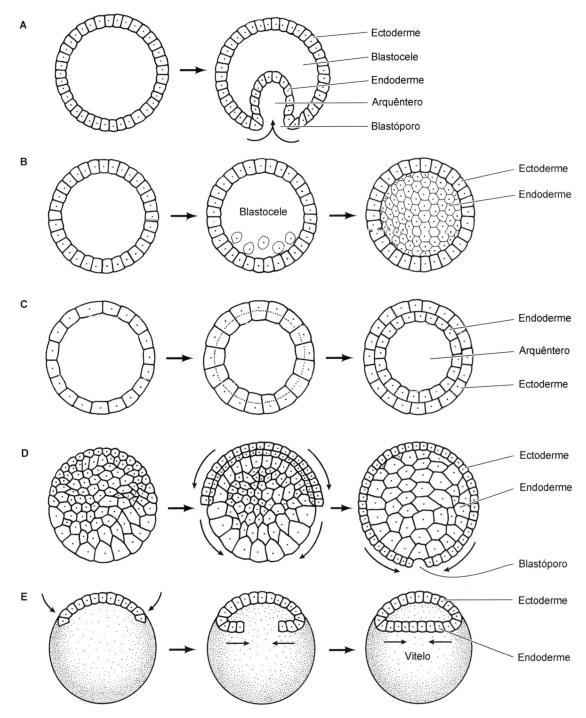

Figura 5.9 Tipos de gastrulação. **A.** Invaginação de uma celoblástula para formar uma celogástrula. **B.** Ingressão unipolar de uma celoblástula para formar uma estereogástrula. **C.** Delaminação de uma celoblástula para formar uma celogástrula de duas camadas. **D.** Epibolia de uma estereoblástula para formar uma estereogástrula. **E.** Involução de uma discoblástula para formar uma discogástrula.

destinos dessas camadas germinativas. Por exemplo, a ectoderme sempre forma o sistema nervoso, o epitélio exterior e seus derivados; a endoderme origina a parte principal do tubo digestivo e suas estruturas associadas; a mesoderme constitui o revestimento celômico, o sistema circulatório, a maioria das estruturas de sustentação interna e a musculatura. Portanto, o processo de gastrulação é essencial ao estabelecimento dos materiais básicos e seus locais para a construção de um organismo como um todo.

A celoblástula frequentemente gastrula por **invaginação**, um processo utilizado comumente para ilustrar a gastrulação nas aulas de zoologia geral. As células de uma área da superfície da blástula (geralmente no ou próximas ao polo vegetal) se dobram para dentro da blastocele (Figura 5.9 A). Agora, essas células invaginadas são chamadas de endoderme e o saco formado é o tubo digestivo embrionário, ou **arquêntero**; a comunicação com o exterior é o **blastóporo**. Nessa nova configuração, as células externas são conhecidas como ectoderme e, desse modo, forma-se uma celogástrula oca com dupla camada. O blastóporo pode transformar-se na boca ou no ânus primordial, dependendo da linhagem do animal. Quando essa estrutura forma a boca, a ectoderme que reveste o interior do blastóporo é classificada como **estomodeal**. Quando o blastóporo forma o ânus, a ectoderme que reveste o interior dessa estrutura chama-se **proctodeal**. Note que as ilustrações da Figura 5.9 representam embriões tridimensionais. Desse modo, a **celogástrula** (Figura 5.9 A) na verdade se assemelha a um balão com um dedo invisível em seu interior.

As celoblástulas de muitos cnidários passam por processos de gastrulação, que resultam na formação de uma gástrula sólida (**estereogástrula**). Em geral, as células da blástula dividem-se de tal forma que os planos de clivagem são perpendiculares à superfície do embrião. Algumas células desprendem-se da parede e migram para dentro da blastocele e, por fim, preenchem a cavidade com massa sólida de endoderme. Esse processo é conhecido como **ingressão** (Figura 5.9 B) e pode ocorrer apenas no polo vegetal (ingressão **unipolar**), ou mais ou menos sobre a blástula inteira (ingressão **multipolar**). Em alguns casos (p. ex., certos hidroides), as células da blástula dividem-se com planos de clivagem paralelos à superfície – um processo conhecido como **delaminação** (Figura 5.9 C). Esse processo forma uma camada ou massa sólida de endoderme circundada por uma camada de ectoderme.

Estereoblástulas que resultam da clivagem holoblástica geralmente sofrem gastrulação por **epibolia**. Como não há uma blastocele dentro da qual a suposta endoderme possa migrar por qualquer um dos meios descritos antes, a gastrulação desse tipo envolve o crescimento rápido por uma lâmina de supostas células ectodérmicas em torno da suposta endoderme (Figura 5.9 D). As células do polo animal proliferam rapidamente, crescendo para baixo e sobre as células vegetativas para envolvê-las como endoderme. O blastóporo forma-se onde as bordas dessa lâmina ectodérmica convergem de todos os lados sobre um único ponto do polo vegetal. Nos casos típicos, o arquêntero forma-se secundariamente como um espaço dentro da endoderme desenvolvida.

A Figura 5.9 E ilustra a gastrulação por **involução**, um processo que geralmente ocorre depois da formação da discoblástula. As células ao redor da extremidade do disco dividem-se rapidamente e crescem por baixo do disco, formando então uma gástrula de dupla camada com ectoderme na superfície e endoderme abaixo. Existem vários outros tipos de gastrulação, principalmente variações ou combinações dos processos descritos antes. Esses métodos de gastrulação serão descritos nos capítulos posteriores.

Durante a gastrulação, alterações sutis dos períodos de expressão dos genes reguladores, o período de especificação do destino das células, ou do movimento das células em relação umas com as outras podem gerar caminhos de desenvolvimento diferentes. Essas divergências do desenvolvimento podem alterar drasticamente a formação das larvas ou até dos animais adultos de uma linhagem. Por exemplo, as larvas de ouriço-do-mar parecem ter alterado da **planctotrofia** (larvas que se alimentam) à **lecitotrofia** (larvas que não se alimentam) ao menos 20 vezes ao longo da história desse clado de equinodermos. Entre as larvas que não se alimentam, o tamanho do ovócito é geralmente maior, a clivagem é significativamente alterada e a duração média de vida das larvas é menor.

Mesoderme e cavidades corpóreas

Durante ou pouco depois da gastrulação, forma-se uma camada mediana entre a ectoderme e a endoderme. Essa camada mediana pode ser derivada da ectoderme, como ocorre entre os membros do filo diploblástico Cnidaria, ou de endoderme, como se observa entre os membros dos filos triploblásticos. No primeiro caso, a camada mediana é descrita como **ectomesoderme**, enquanto no segundo caso é **endomesoderme** (ou "mesoderme verdadeira"). Desse modo, por definição, a condição triploblástica inclui a endomesoderme. Neste livro e em muitos outros textos, o termo mesoderme em sentido geral refere-se à endomesoderme, não à ectomesoderme. Embora a endomesoderme seja típica dos metazoários triploblásticos, em muitas linhagens também se forma alguma ectomesoderme.

Nos filos diploblásticos e em alguns triploblásticos (acelomados), a camada mediana não forma finas camadas de células; em vez disso, ela produz um mesênquima mais ou menos sólido, embora frouxamente organizado, que consiste em uma matriz gelatinosa (**mesogleia**) contendo várias inclusões celulares e fibrosas. Em alguns casos (p. ex., hidrozoários), uma mesogleia virtualmente acelular se localiza entre a ectoderme e a endoderme (ver Capítulo 7).

Na maioria dos animais, a área situada entre as camadas interna e externa do corpo inclui um espaço preenchido por líquido. Como discutido no Capítulo 4, esse espaço pode ser um **blastoceloma** (uma cavidade parcialmente revestida por mesoderme) ou um **celoma** verdadeiro (uma cavidade totalmente envolvida por finas camadas de tecidos de origem mesodérmica). Em geral, a endomesoderme origina-se de um dos dois processos básicos descritos adiante (Figura 5.10); as modificações desses

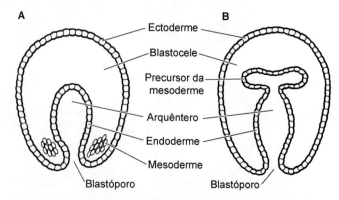

Figura 5.10 Métodos de formação da mesoderme em gástrulas tardias (*cortes frontais*). **A.** Mesoderme formada a partir dos derivados de um mesentoblasto. **B.** Mesoderme formada pela produção de bolsas arquentéricas.

processos estão descritas nos próximos capítulos. Na maioria dos filos que passam por clivagem espiral (p. ex., platelmintos, anelídeos, moluscos), um único micrômero – a célula 4d, conhecida como **mesentoblasto** – prolifera como mesoderme entre o arquêntero em desenvolvimento (endoderme) e a parede do corpo (ectoderme) (Figura 5.10 A). As outras células do 4q (células 4a, 4b e 4c) e as células 4Q geralmente contribuem para a endoderme. Em alguns outros táxons (p. ex., equinodermos e cordados), a mesoderme origina-se da parede do próprio arquêntero (i. e., de uma endoderme pré-formada), seja na forma de uma camada sólida ou de bolsas (Figura 5.10 B).

Além de originar outras estruturas (como os músculos do tubo digestivo e da parede do corpo), a mesoderme dos animais celomados está diretamente associada à formação da cavidade do corpo. Nesses exemplos nos quais a mesoderme é produzida como massas sólidas derivadas do mesentoblasto, a cavidade corporal desenvolve-se por um processo conhecido como **esquizocelia**. Normalmente, nesses casos, pacotes de mesoderme pareados bilateralmente aumentam gradualmente, dividem-se internamente e depois se expandem para revestir simultaneamente a parede do corpo, dar sustentação às vísceras e formar espaços celômicos com paredes finas (Figura 5.11 A e B). O número de tais celomas pareados varia nos diversos animais e comumente está associado à segmentação, como ocorre com os vermes anelídeos (Figura 5.11 C).

Outro mecanismo geral de formação do celoma é conhecido como **enterocelia**, que acompanha o processo de formação da mesoderme a partir do arquêntero. No tipo mais direto de enterocelia, a produção de mesoderme e a formação do celoma são um único processo. A Figura 5.12 A ilustra esse processo, que é conhecido como **cavitação arquentérica**. Uma ou mais bolsas (cavidades) formam-se na parede do tubo digestivo. Por fim, cada bolsa desprende-se do tubo digestivo para formar um compartimento celômico completo. As paredes dessas bolsas são definidas como mesoderme. Em alguns casos, a mesoderme origina-se da parede do arquêntero na forma de uma camada ou placa sólida, que depois se torna bilaminar e oca (Figura 5.12 B). Alguns autores acreditam que esse processo seja um tipo de esquizocelia (por causa da "divisão" da placa mesodérmica), mas na verdade ele é uma forma modificada de enterocelia. A enterocelia frequentemente resulta em um arranjo tripartido das cavidades corporais, que são descritas como **protocele**, **mesocele** e **metacele** (Figura 5.12 C).

Seguindo-se ao estabelecimento do tecido germinativo, as células começam a especializar-se e separar-se para formar os órgãos e os tecidos do corpo – um processo pouco entendido conhecido como **morfogênese**. Os movimentos celulares são uma parte essencial da morfogênese. Além disso, de forma a esculpir os órgãos e sistemas do corpo, as células precisam "saber" quando parar de crescer e até mesmo quando morrer. Por exemplo, nos vermes nematódeos o vaso deferente primeiramente se desenvolve com uma extremidade fechada; a célula que bloqueia a extremidade desse tubo ajuda na conexão do vaso deferente até a cloaca. Contudo, depois de estabelecida essa ligação, essa célula terminal morre e desprende-se, formando a abertura para a cloaca.

Estudos recentes sugerem que as mesmas famílias de moléculas que guiam os primeiros estágios da embriogênese – estabelecendo os elementos da padronização corporal (Figura 5.7) – também desempenham funções vitais durante a morfogênese. A comunicação entre células adjacentes também é crítica para a morfogênese e existem três formas pelas quais as células "falam" umas com as outras durante esse processo conhecido como **indução**. A primeira é por meio de moléculas de sinalização difusíveis, que são liberadas de uma célula e detectadas pela célula adjacente. Essas substâncias incluem hormônios, fatores de crescimento e substâncias especiais conhecidas como **morfógenos**. O segundo método de comunicação envolve contato real entre as superfícies das células adjacentes, permitindo a interação das moléculas da superfície celular. As células reconhecem seletivamente outras células, aderindo a algumas e migrando sobre outras. O terceiro tipo de comunicação envolve a transferência de substâncias pelas junções comunicantes entre as células. Dentre todas as fases da ontogenia, a que menos conhecemos é a morfogênese.

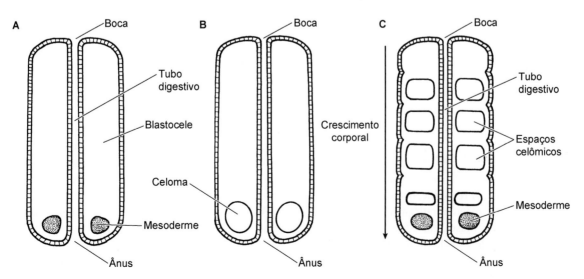

Figura 5.11 Formação do celoma por esquizocelia (cortes frontais). **A.** Condições pré-celômicas com pacotes pareados de mesoderme. **B.** Cavitação dos pacotes mesodérmicos para formar um par de espaços celômicos. **C.** Proliferação progressiva dos pares de espaços celômicos dispostos em série. Esse processo ocorre nos anelídeos metaméricos.

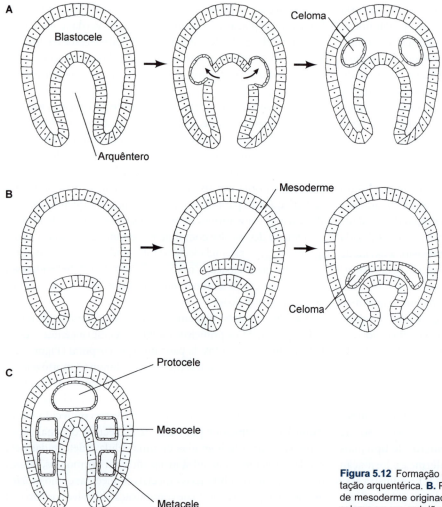

Figura 5.12 Formação do celoma por enterocelia (cortes frontais). **A.** Cavitação arquentérica. **B.** Proliferação e cavitação subsequente de uma placa de mesoderme originada do arquêntero. **C.** O arranjo tripartido típico do celoma em um embrião de deuterostômio.

Ciclos de vida | Sequências e estratégias

Os padrões de desenvolvimento inicial descritos antes não são sequências de eventos isolados, mas estão relacionados com o tipo de reprodução sexuada, a existência ou inexistência de estágios larvais no ciclo de vida e à ecologia do adulto. Os esforços para classificar os diversos ciclos de vida dos invertebrados e explicar as forças evolutivas que lhes deram origem resultaram em grande número de publicações e muita controvérsia. A maioria desses estudos refere-se aos invertebrados marinhos, nos quais centraremos primeiramente nossa atenção. Em seguida, faremos alguns comentários sobre as adaptações especiais das formas terrestre e dulciaquícola.

Classificação dos ciclos de vida

Nossa discussão dos ciclos de vida enfatiza os animais que se reproduzem sexualmente. A reprodução sexuada com algum grau de dismorfismo dos gametas é praticamente universal entre os eucariotos. Os gametas masculino e feminino podem ser produzidos pelo mesmo indivíduo (**hermafroditismo**, cossexualidade ou, em plantas, monoicia) ou por indivíduos separados (**gonocoria** ou a condição dioica em plantas). A maioria dos animais terrestres é gonocorístico, mas o hermafroditismo é muito comum entre os invertebrados marinhos (assim como a monoicia entre as plantas terrestres). Os mecanismos de determinação sexual são diversos; em alguns artrópodes, as fêmeas podem ser diploides e os machos haploides – um sistema conhecido como **haplodiploidia**. Outras formas de determinação sexual envolvem cromossomos sexuais estruturalmente distintos. Na **heterogamia masculina**, os machos são portadores dos cromossomos sexuais X e Y e as fêmeas de cromossomos XX, como em alguns vertebrados. Na **heterogamia feminina**, as fêmeas são ZW e os machos ZZ, como ocorre em muitos crustáceos. Existe tipicamente pouca ou nenhuma permuta recombinante entre os cromossomos X e Y (ou entre Z e W), porque quase não existe homologia genética entre os cromossomos sexuais. A maior parte do cromossomo Y (ou W) é desprovida de *loci* gênicos funcionais, além de alguns poucos genes de RNA e alguns genes necessários à fertilidade masculina (ou feminina) e à determinação sexual. De qualquer forma, a fusão dos gametas masculino e feminino inicia o processo de ontogenia e um ciclo novo na história de vida do organismo.

Ao longo das últimas cinco décadas, pesquisadores propuseram alguns esquemas de classificação para os ciclos de vida (ver artigos de Thorson, Mileikovsky, Chia, Strathmann, Jablonsky, Lutz e McEdward). A seguir, apresentamos algumas generalizações com base nos estudos de vários autores e sugerimos que a maioria dos animais exibe alguma forma dentre os três padrões básicos descritos adiante (Figura 5.13).

1. **Desenvolvimento indireto.** O ciclo de vida inclui a liberação de gametas seguida do desenvolvimento de um estágio larval livre (em geral, uma forma natante), que é nitidamente diferente do adulto e precisa passar por metamorfose mais ou menos drástica para alcançar o estágio juvenil ou de adulto jovem. O equivalente nos invertebrados terrestres é observado nos insetos com desenvolvimento holometábolo. Nos grupos aquáticos, podem ser reconhecidos dois tipos larvais básicos:
   a. Desenvolvimento indireto com larvas **planctotróficas**. As larvas sobrevivem basicamente por alimentação, geralmente de plâncton. (As larvas que se alimentam de algumas espécies das águas profundas são demersais e alimentam-se de matéria detrítica, mas nunca nadam para muito longe do fundo.)
   b. Desenvolvimento indireto com larvas **lecitotróficas**. As larvas sobrevivem basicamente de vitelo suprido ao ovócito pela mãe.
2. **Desenvolvimento direto.** O ciclo de vida não inclui larvas livres. Nesses casos, os embriões são protegidos pelos genitores de uma forma ou de outra (em geral, por incubação ou encapsulamento), até que possam emergir nas formas juvenis. O equivalente nos invertebrados terrestres ocorre nos insetos com desenvolvimento ametábolo ou hemimetábolo.
3. **Desenvolvimento misto.** O ciclo de vida inclui incubação ou encapsulamento dos embriões nos estágios iniciais do desenvolvimento e liberação subsequente de larvas planctotróficas ou lecitotróficas livres. A fonte inicial de nutrição e proteção é o adulto.

Nem todas as espécies podem ser classificadas adequadamente em apenas um dos padrões de desenvolvimento descritos antes. Por exemplo, algumas espécies formam larvas livres, que dependem de vitelo por algum tempo, mas começam a alimentar-se logo que se tornam aptas. Na verdade, algumas espécies demonstram estratégias de desenvolvimento diferentes em condições ambientais diversas – uma evidência convincente de que as embriogenias, bem como muitos outros aspectos de uma espécie ou população, estejam sujeitas às pressões seletivas e possam evoluir rapidamente.

Esses padrões de ciclo de vida levantam três questões básicas. Primeiramente, como as diferentes sequências de desenvolvimento estão relacionadas com outros aspectos da reprodução, inclusive tipos de ovócitos e atividades de cruzamento ou desova? Em segundo lugar, como as sequências gerais de desenvolvimento estão relacionadas com as estratégias de sobrevivência das larvas e dos adultos? Em terceiro lugar, quais são os mecanismos evolutivos responsáveis pelos padrões encontrados em uma determinada espécie? Considerando o grande número de fatores interativos que devem ser considerados, essas questões são complexas e nosso entendimento ainda não está completo. Entretanto, examinando primeiramente alguns casos de desenvolvimento direto e indireto, podemos ilustrar alguns dos princípios que são subjacentes às suas relações com as diferentes condições ecológicas. Em seguida, analisaremos resumidamente algumas ideias sobre desenvolvimento misto.

Desenvolvimento indireto

Vejamos primeiramente um ciclo de vida com larvas planctotróficas (Figura 5.13 A). O gasto metabólico imposto aos adultos envolve apenas a produção e a liberação dos gametas. Em geral, os animais com desenvolvimento totalmente indireto não cruzam; em vez disso, eles liberam seus ovócitos e seus espermatozoides na água, eximindo, assim, os adultos de qualquer responsabilidade adicional com o cuidado parental. Esses animais geralmente fazem **dispersão por emissão sincrônica (epidêmica)** de grandes quantidades de gametas, assegurando assim algum nível de sucesso na fertilização. Esse padrão de desenvolvimento é relativamente comum entre as espécies marinhas que se estabelecem e colonizam oportunisticamente

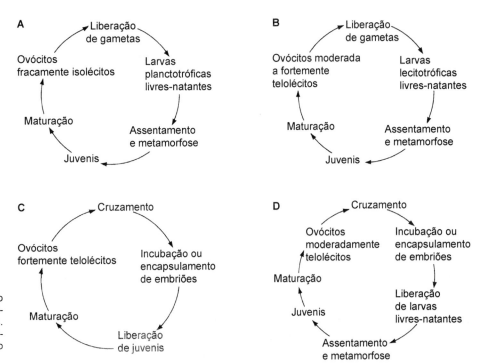

Figura 5.13 Algumas estratégias gerais do ciclo de vida de invertebrados. **A.** Desenvolvimento indireto com larvas planctotróficas. **B.** Desenvolvimento indireto com larvas lecitotróficas. **C.** Desenvolvimento direto. **D.** Ciclo de vida misto.

(estrategistas *r*), que se aproveitam das marés ou das correntes oceânicas para dispersar sua progênie; esses animais são capazes de produzir rapidamente grandes quantidades de gametas.

Os ovócitos dos animais que apresentam essas características geralmente são isolécitos e sua produção não é energeticamente dispendiosa por unidade. O custo total – que é significativo para cada genitor em potencial – é atribuído à produção de quantidades enormes de ovócitos. Sendo supridos de pouco vitelo, os embriões precisam desenvolver-se rapidamente em larvas capazes de se alimentar para sobreviver. As taxas de mortalidade dos embriões e das larvas são extremamente altas e podem resultar de vários fatores, inclusive escassez de alimentos, predação ou condições ambientais desfavoráveis. Cada larva bem-sucedida precisa acumular nutrientes suficientes a partir do processo de alimentação, de forma as assegurar sua sobrevivência imediata, assim como para os processos de assentamento e metamorfose das larvas até a fase juvenil ou subadulta. Ou seja, as larvas precisam alimentar-se em excesso à medida que se preparam para um novo estilo de vida como juvenil. As taxas de sobrevivência entre o estágio de zigoto até o juvenil assentado geralmente são menores que 1%. Essas mortalidades altas são compensadas pela produção inicial alta de gametas. Exatamente por isso, as mortalidades larvárias altas compensam a produção alta de gametas – se todos esses zigotos sobrevivessem, a Terra estaria rapidamente coberta pelas proles dos animais com desenvolvimento indireto.

Quais são as vantagens e as limitações desse ciclo de vida e em quais circunstâncias ele poderia ser bem-sucedido? Esse tipo de desenvolvimento planctotrófico é mais comum entre os invertebrados marinhos bentônicos, que vivem em águas relativamente rasas e nas zonas entremarés dos oceanos tropicais e temperados quentes. Nessas condições, as fontes alimentares planctônicas estão disponíveis de forma mais consistente (embora comumente em concentrações baixas), que nas águas mais frias ou mais profundas; desse modo, diminui o risco de que as larvas entrem em inanição. Esses **ciclos de vida meroplanctônicos** permitem que os animais tirem proveito de duas fontes diferentes (plâncton na coluna de água superior na forma larval; bentos e plânctons do fundo na forma adulta). Essa combinação reduz ou elimina a competição entre larvas e adultos. O desenvolvimento indireto também oferece um mecanismo para dispersão, que é um benefício especialmente importante para as espécies sésseis ou sedentárias na fase adulta. Existem evidências convincentes sugerindo que os animais que produzem larvas livres-natantes tendem a recuperar-se mais rapidamente de danos às populações adultas, que os animais que passam por desenvolvimento direto. Um grupo bem-sucedido de larvas constitui uma população nova "pronta para uso", caso seja necessário substituir os adultos mortos.

As desvantagens do desenvolvimento planctotrófico são atribuídas à imprevisibilidade do sucesso das larvas. Mortes excessivas de larvas podem resultar em recrutamento insuficiente e na possibilidade de invasão dos hábitats apropriados por competidores. Por outro lado, taxas incomumente altas de sobrevivência das larvas podem levar à superpopulação e à competição intraespecífica no assentamento.

Os animais que produzem larvas totalmente lecitotróficas (Figura 5.13 B) precisam produzir ovócitos com mais vitelo e, consequentemente, ovócitos metabolicamente mais dispendiosos. Esse suprimento de nutrientes incorporados livra as larvas da dependência dos suprimentos alimentares ambientais e, em geral, diminui as taxas de mortalidade. Como seria esperado, esses animais produzem relativamente menos ovócitos que aqueles com larvas planctotróficas. Os ovócitos são dispersos diretamente na água, ou fertilizados internamente e liberados na forma de zigotos. Também nesse caso, a responsabilidade dos genitores adultos termina com a liberação dos gametas ou dos zigotos no ambiente. Embora os índices de sobrevivência das larvas lecitotróficas geralmente sejam maiores que as do tipo planctotrófico, eles são pequenos quando comparados com os dos embriões que têm desenvolvimento direto.

Os invertebrados marinhos que vivem em ambientes bentônicos relativamente profundos tendem a produzir larvas lecitotróficas. Aqui são percebidas algumas das vantagens do desenvolvimento indireto, mas as larvas não necessitam de suprimentos alimentares do ambiente e, por isso, evitam a predação intensa encontrada comumente nas águas de superfície. A compensação é evidente: nas águas mais profundas, são produzidos menos zigotos mais dispendiosos, mas eles podem sobreviver onde numerosas larvas planctotróficas menos dispendiosas não conseguiriam.

Assentamento e metamorfose

Os processos de assentamento e metamorfose são especialmente importantes à conclusão bem-sucedida dos ciclos de vida dos animais que passam por estágios larvais de vida livre. Esses eventos são períodos cruciais e perigosos do ciclo de vida do animal, porque geralmente exigem alterações rápidas e drásticas dos hábitats e do estilo de vida dos organismos. Em geral, as larvas que nadam livremente passam por metamorfose e transformam-se nos juvenis bentônicos – um processo que envolve a disseminação das estruturas larvais e o crescimento rápido ou a mobilização das formas juvenis. A sobrevivência dessa transformação da forma e da função e a adoção de um estilo de vida novo requer recursos armazenados suficientes, reações apropriadas às condições internas e externas e bastante sorte.

Ao longo de todo o seu período de vida livre-natante, as larvas "preparam-se" para esses eventos, até que alcançam uma condição na qual sejam fisiologicamente capazes de passar pela metamorfose. Essas larvas são chamadas **competentes**. A duração do período de vida livre-natante varia acentuadamente entre as larvas dos metazoários e depende de fatores como tamanho do ovócito original, conteúdo de vitelo e disponibilidade de alimentos para as formas planctotróficas. Quando uma larva se torna competente, ela geralmente começa a reagir a determinados estímulos ambientais que induzem o comportamento de assentamento. Em geral, a metamorfose é precedida do assentamento, embora algumas espécies façam metamorfose antes de assentar e outras ainda realizem os dois processos simultaneamente. De qualquer forma, as larvas geralmente se tornam negativamente fototácticas e/ou positivamente geotácticas e movimentam-se na direção do fundo para assentar. Nas espécies que são planctônicas nas formas de vida larval e adulta (**espécies holoplanctônicas**), as larvas evidentemente não se assentam na camada bentônica.

Quando entra em contato com um substrato, a larva testa-o para determinar sua conveniência como hábitat. Esse processo de seleção do substrato pode envolver o processamento de informações físicas, químicas e biológicas. Vários estudos demonstraram que os fatores importantes são: textura, composição e diâmetro das partículas do substrato; presença de adultos coespecíficos (ou competidores dominantes); presença de estímulos químicos essenciais; existência de recursos alimentares apropriados; e a natureza das correntes de fundo ou turbulência. O contato com o substrato inclui riscos. Planctívoros e predadores previamente assentados tendem a ser comuns em alguns hábitats potencialmente adequados. Também nesse estágio, as taxas de mortalidade das larvas são altas.

Muitas larvas de invertebrados tocam o fundo por alguns minutos e, em seguida, lançam-se novamente na corrente repetidas vezes, até que encontrem um substrato apropriado. Supondo que encontrem uma condição apropriada, a metamorfose é induzida e continua até a conclusão. Curiosamente, algumas larvas que se alimentam conseguem postergar a metamorfose e reiniciar sua vida planctônica, caso encontrem inicialmente um substrato inadequado. Entretanto, nesses casos, as larvas tornam-se progressivamente menos seletivas e, por fim, iniciam sua metamorfose, independentemente da disponibilidade de um substrato apropriado. A capacidade de prolongar o período larval até que as condições sejam favoráveis ao assentamento tem vantagens óbvias à sobrevivência e os invertebrados variam amplamente quanto a esta capacidade. Os animais que podem postergar o assentamento podem fazê-lo por várias horas, dias ou mesmo meses (de acordo com experiências realizadas em laboratório).

Desenvolvimento direto

O desenvolvimento direto evita algumas desvantagens, mas também abre mão de algumas vantagens do desenvolvimento indireto. O cenário típico consiste na produção de poucos ovócitos com muito vitelo, seguida de algum tipo de atividade de cruzamento e fertilização interna (Figura 5.13 C). Os embriões recebem cuidados parentais prolongados, seja diretamente (por incubação dentro ou na superfície do corpo) ou indiretamente (por encapsulação em ovócito com envoltórios fornecidos pelo genitor). Os animais que simplesmente depositam seus ovócitos fertilizados, seja livremente ou dentro de cápsulas, são denominados **ovíparos**. Grande número de invertebrados, como também alguns vertebrados (anfíbios, muitos peixes, répteis e aves) exibem oviparidade. Os animais que incubam seus embriões internamente e os nutrem diretamente, como mamíferos placentários ou crustáceos peracarídeos, são descritos como **vivíparos**. Os animais **ovovivíparos** incubam seus embriões internamente, mas dependem do vitelo dentro dos ovos para nutrir seus filhotes em desenvolvimento. A maioria dos invertebrados que fazem incubação interna são ovovivíparos.

A produção dos ovócitos com muito vitelo da maioria dos invertebrados com desenvolvimento direto é metabolicamente dispendiosa. Contudo, embora seja possível produzir apenas poucos ovócitos, o investimento é protegido pelos cuidados dos genitores e os índices de sobrevivência são altos. Os riscos da vida larval planctônica e da metamorfose são evitados e, por fim, os embriões eclodem como formas juvenis.

Quais tipos de ambientes e estilos de vida poderiam resultar na seleção dessa sequência de desenvolvimento? Embora correndo o risco de supergeneralizar, podemos dizer que existe uma tendência a que as espécies especializadas (p. ex., espécies estrategistas K) exibam desenvolvimento direto. Outra situação na qual o desenvolvimento direto ocorre é quando os adultos não têm dificuldades de dispersão. Por exemplo, observamos que as espécies holoplanctônicas com adultos pelágicos (p. ex., quetognatos do filo Chaetognatha; gastrópodes pelágicos) frequentemente apresentam desenvolvimento direto, seja por incubação ou produção de ovos flutuantes com casca. A segunda situação é aquela na qual fatores ambientais críticos (p. ex., alimento, temperatura, correntes aquáticas) são altamente variáveis. Entre os invertebrados bentônicos, existe uma tendência a mudar do desenvolvimento indireto planctotrófico para o desenvolvimento direto à medida que aumentam progressivamente as latitudes. As condições relativamente severas e a ocorrência fortemente sazonal das fontes alimentares planctônicas nas regiões polares e subpolares explicam parcialmente essa tendência.

Além de evitar alguns dos riscos à sobrevivência das larvas, o desenvolvimento direto tem outra vantagem inequívoca. Os juvenis eclodem em hábitats satisfatórios onde os adultos os incubaram ou depositaram os ovos em cápsulas. Desse modo, existe uma garantia razoável de que os filhotes disponham de fontes alimentares e outros fatores ambientais apropriados.

Desenvolvimento misto

Conforme a definição apresentada antes, os ciclos de vida mistos envolvem algum período de incubação antes da libração das formas larvais de vida livre. Os zigotos custosos, com muito vitelo, são protegidos por algum tempo e, em seguida, são liberados na forma de larvas, aproveitando as vantagens da dispersão. Esse padrão de desenvolvimento é comumente ignorado quando pesquisadores classificam os ciclos de vida, mas na verdade é muito comum entre gastrópodes, insetos, crustáceos, esponjas, cnidários e diversos outros grupos de animais. Alguns pesquisadores entendem o desenvolvimento misto como o "melhor" ou o "pior" dos dois mundos (*i. e.*, unicamente direto ou indireto). Outros sugerem que essas sequências sejam evolutivamente instáveis e que pressões ambientais locais estejam "empurrando" esses animais para o desenvolvimento direto ou indireto. Contudo, existem outras possíveis explicações. Uma hipótese muito plausível é de que, em algumas condições ambientais, um período de incubação seguido por uma fase larval seja adaptativo e estável.

Além disso, ao menos algumas espécies apresentam variabilidade populacional nos períodos relativos de vida dos embriões em condições de incubação ou como formas larvais livres. Se essa variabilidade responde a pressões ambientais locais, então certamente essas espécies poderiam adaptar-se rapidamente às condições variáveis, ou até mesmo explorar essa capacidade ampliando sua distribuição geográfica para viver em diversas condições. Nesse sentido, os ciclos de vida mistos podem representar **polimorfismos do desenvolvimento**, por meio dos quais a frequência e a intensidade de determinados estímulos ambientais influenciam a porcentagem da população que expressa ou não determinado fenótipo larval. Essa **plasticidade fenotípica** da expressão dos ciclos de vida é um tema que precisa ser mais bem-investigado.

Nossa descrição sucinta das estratégias de ciclos de vida certamente não explica todos os padrões observáveis na natureza. As forças históricas e evolutivas que atuam nos invertebrados (e suas larvas) são extremamente complexas. Por exemplo, as larvas estão sujeitas a todos os tipos de variáveis oceanográficas (p. ex., difusão, transportes lateral e vertical, topografia do fundo dos oceanos, tempestades), assim como a seus próprios movimentos verticais, à sazonalidade e aos fatores bióticos (predadores, presas, competição, disponibilidade de nutrientes). As previsões dos ciclos de vida com base unicamente nas condições ambientais nem sempre se mostram verdadeiras. Os invertebrados que vivem nos mares profundos e nos polos nem sempre incubam suas larvas (como se acreditava no passado). Hoje, sabemos que todas as estratégias de ciclo de vida ocorrem nessas regiões e que algumas espécies dos mares profundos e polares liberam larvas livres-natantes e até mesmo larvas planctotróficas. Mesmo alguns invertebrados das comunidades das fontes hidrotermais dos oceanos profundos produzem larvas livres-natantes. Em muitos casos, isso pode ser atribuído às limitações evolutivas: por exemplo, os gastrópodes dessas fontes hidrotermais pertencem às linhagens quase estritamente lecitotróficas, independentemente da latitude ou do hábitat. Desse modo, os gastrópodes das fontes hidrotermais aparentemente estão limitados por suas histórias filogenéticas. Entretanto, outras espécies das fontes hidrotermais que liberam larvas de vida livre não estão limitadas a esse ponto: por exemplo, os bivalves mitilídeos dispõem de uma gama ampla de estratégias reprodutivas e tendem a liberar larvas planctotróficas nos oceanos profundos e nas fontes hidrotermais. Além disso, os ciclos reprodutivos de alguns invertebrados abissais parecem ser sazonais, talvez estimulados pelas variações anuais na produtividade das águas rasas. Ainda temos muito a aprender nesse sentido.

Adaptações para terra e água doce

As descrições precedentes sobre as estratégias dos tipos de ciclos de vida aplicam-se em grande parte aos invertebrados marinhos. Contudo, muitos invertebrados invadiram a terra ou a água doce, e seu sucesso nesses hábitats exige não apenas a adaptação dos adultos para enfrentar problemas especiais, mas também a adaptação das suas formas de desenvolvimento. Como foi descrito no Capítulo 1, os ambientes terrestres e dulciaquícolas são mais rigorosos e instáveis que o mar e, em geral, não são apropriados para as estratégias reprodutivas que envolvem dispersão livre dos gametas ou produção de formas larvais delicadas. A maioria dos grupos de invertebrados terrestres e dulciaquícolas adotou a fertilização interna seguida de desenvolvimento direto, enquanto seus correspondentes marinhos frequentemente fazem fertilização externa e produzem larvas livres-natantes. Insetos, platelmintos e nematódeos são exceções notáveis, porque desenvolveram uma ampla gama de ciclos de vida com desenvolvimento misto. Nesses casos, as larvas estão altamente adaptadas aos seus ambientes dulciaquícolas, terrestres ou parasitários com características singulares que provavelmente não existiam em qualquer ancestral larval marinho.

Ciclos de vida parasitários

O sucesso evolutivo dos parasitas é inquestionável. Todas as espécies animais examinadas como simbiontes parecem oferecer hábitats ao menos para uma e geralmente para muitas espécies associadas. Esses simbiontes frequentemente retiram os benefícios à custa dos seus hospedeiros e, desse modo, são parasitas. A maioria dos parasitas tem ciclos de vida muito complexos e os capítulos subsequentes descrevem exemplos específicos. Por ora, examinaremos os estilos de vida parasitários de uma forma geral, para que possamos compreender seus aspectos principais e introduzir alguma terminologia básica.

Como foi explicado no Capítulo 1, os parasitas podem ser classificados como **ectoparasitas** (que vivem sobre o hospedeiro), **endoparasitas** (que vivem dentro do hospedeiro) ou **mesoparasitas** (que vivem em alguma cavidade do hospedeiro, que se abre diretamente ao exterior, como as cavidades oral, nasal, anal ou das brânquias). Enquanto está associado a um hospedeiro, o parasita pode ter reprodução sexuada ou assexuada, mas os ovócitos ou os embriões geralmente são liberados ao exterior por alguma via do corpo do hospedeiro. Os problemas inerentes a esse ponto são muito semelhantes aos encontrados durante o desenvolvimento larval indireto: é preciso dispor de algum mecanismo para assegurar a sobrevivência adequada durante os estágios de desenvolvimento e alguma sequência de eventos precisa trazer o parasita de volta a um hospedeiro apropriado (o "substrato" adequado) para sua maturação e reprodução. Conforme explicamos antes, as transições de um hábitat para outro são perigosas. Desse modo, alguns parasitas são **partenogenéticos** – um tipo de reprodução por meio da qual o ovócito passa por desenvolvimento embrionário e forma um novo ser sem fertilização. A partenogênese forma uma prole geneticamente idêntica aos seus genitores. Outros parasitas podem fazer reprodução assexuada por fissão ou brotamento. A produção de progênie assexuada parece ser um dos mecanismos pelos quais os parasitas reduzem a mortalidade alta, que está associada às transições de um hospedeiro para outro.

Os parasitas exploram ao menos dois hábitats diferentes ao longo de seus ciclos de vida. Essa prática é essencial porque, quando os hospedeiros morrem, seus parasitas geralmente morrem com eles. Desse modo, o período de desenvolvimento do zigoto ao parasita adulto envolve tanto a invasão de outras espécies de hospedeiros como um período de vida livre entre as invasões de hospedeiros. Quando utiliza mais de uma espécie de hospedeiro para concluir o ciclo de vida, o organismo que abriga o parasita adulto é conhecido como hospedeiro **primário** ou **definitivo**. Os hospedeiros nas quais as formas de desenvolvimento ou as larvas residem são conhecidos como hospedeiros **intermediários**. A finalização dos ciclos de vida complexos frequentemente exige mecanismos sofisticados de transferência de um hospedeiro para outro e, também nesses casos, a sobrevivência às alterações de um hábitat para outro pode ser problemática. Em geral, as perdas podem ser altas. Desse modo, observamos que muitos parasitas desfrutam dos benefícios do desenvolvimento indireto (p. ex., dispersão e exploração de recursos variados), ao mesmo tempo que estão sujeitos às taxas de mortalidade altas, associadas aos riscos dos estilos de vida muito especializados.

Enfatizamos novamente que as discussões anteriores sobre os ciclos de vida são generalizações, para as quais existem muitas exceções. Contudo, considerando esses padrões básicos, você deve reconhecer e compreender o significado adaptativo dos padrões dos ciclos de vida dos diversos grupos de invertebrados descritos adiante. Você também deve ser capaz de prever os tipos de sequências que provavelmente ocorreriam nas diferentes condições. Por exemplo, considerando uma condição na qual se sabe que determinada espécie produz quantidades muito grandes de ovócitos isolécitos que são liberados no ambiente, o que você poderia prever quanto ao padrão de clivagem, aos tipos de blástula e gástrula, à presença ou ausência de uma fase larval, ao tipo de larva, ao estilo de vida dos animais adultos e às condições ecológicas nas quais tal sequência poderia ser vantajosa? Esperamos que você desenvolva o hábito de fazer esses tipos de perguntas e de pensar deste modo sobre todos os aspectos de seu estudo dos invertebrados.

Relações entre ontogenia e filogenia

Dentre os diversos campos de estudo a partir dos quais retiramos as informações utilizadas nas pesquisas filogenéticas, a embriologia tem sido um dos mais importantes. A construção das filogenias pode ser realizada e depois testada por vários métodos diferentes (Capítulo 2). Contudo, independentemente do método, um dos problemas principais da reconstrução filogenética – na verdade, um elemento fundamental ao processo – é separar as homologias verdadeiras de características semelhantes resultantes da convergência evolutiva. Mesmo quando esses problemas envolvem morfologia comparada de adultos, frequentemente é necessário buscar respostas nos estudos do desenvolvimento dos organismos e das estruturas em questão. A busca tem como objetivo encontrar processos de desenvolvimento ou estruturas que sejam homólogas e, assim, demonstrem as relações entre os ancestrais e os descendentes. As alterações que ocorrem nos estágios de desenvolvimento não são eventos evolutivos triviais. Alguns autores argumentaram acertadamente que os próprios fenômenos de desenvolvimento podem fornecer mecanismos evolutivos, por meio dos quais se originaram linhagens inteiramente novas (Capítulo 1). Conforme salientou Stephen Jay Gould (1977):

> *A evolução é fortemente limitada pela natureza conservadora de padrões embriológicos. Em biologia, nada é mais complexo que a produção de um adulto [...] a partir de um único ovócito fertilizado. Quase nada pode ser mudado sem desconcertar muito radicalmente o embrião.*

Na verdade, a persistência dos planos corpóreos bem-definidos ao longo de toda a história de vida é um testemunho da resistência à modificação dos programas de desenvolvimento. (Para uma excelente descrição dessas questões, ver Hall, 1996.)

Embora alguns pesquisadores argumentem contra uma relação significativa entre ontogenia e filogenia, a natureza exata e a amplitude desta relação têm sido, ao longo da história, um tema de considerável controvérsia, da qual grande parte ainda persiste hoje em dia. (Gould, 1977, apresenta uma análise precisa desse debate.) O conceito de recapitulação está no cerne de grande parte dessa controvérsia.

O conceito de recapitulação

Em 1866, Ernst Haeckel – um médico que recebeu um chamado mais forte para a zoologia e nunca praticou medicina – introduziu sua **lei da recapitulação** (ou **lei da biogenética**), explicada mais comumente como "a ontogenia recapitula a filogenia". Haeckel sugeriu que o desenvolvimento embrionário de uma espécie (ontogenia) reflete as formas adultas da história evolutiva dessa espécie (filogenia). De acordo com Haeckel, isso não era nenhum acidente, mas resultado de uma relação mecanicista direta entre os dois processos: a filogênese é a causa real da embriogenia. Em outras palavras, os animais têm uma embriogenia *por causa* de sua história evolutiva. As alterações evolutivas ocorridas ao longo do tempo resultaram em acréscimos contínuos de estágios morfológicos ao processo de desenvolvimento dos organismos. As implicações da proposta de Haeckel são imensas. Entre outras coisas, ela significa que, para acompanhar a filogenia de um animal, precisamos apenas examinar seu desenvolvimento para descobrir nela um desfile sequencial ou "cronológico" dos ancestrais adultos do animal.

Ideias e discordâncias acerca da relação entre ontogenia e filogenia certamente não eram novas, mesmo na época de Haeckel. Há mais de 2.000 anos, Aristóteles descreveu uma sequência de "almas" ou "essências" com qualidade e complexidade crescentes, por meio das quais os animais passavam em seu desenvolvimento. Ele relacionou essas condições às "almas" dos adultos de vários organismos superiores e inferiores – uma noção sugestiva de um tipo de recapitulação.

A embriologia descritiva floresceu no século 19, suscitando grandes controvérsias acerca da relação entre desenvolvimento e evolução. Muitos dos principais biólogos do desenvolvimento dessa época estavam no foco das discussões, cada qual propondo sua própria explicação (Meckel, 1811; Serres, 1824; Von Baer, 1828; e outros). Contudo, foi Haeckel quem realmente "mexeu no vespeiro" com seu discurso sobre a "lei" da recapitulação. Ele ofereceu um ponto focal ao redor do qual os biólogos argumentaram contra ou a favor ao longo de 50 anos; batalhas esporádicas ainda estouram periodicamente. Walter Garstang analisou criticamente a lei da biogenética e ofereceu-nos uma linha diferente de pensamento. Suas ideias, apresentadas em 1922, estão refletidas em muitos dos seus poemas (publicados postumamente em 1951). Garstang deixou claro o que vários outros biólogos tinham sugerido: que a evolução precisa ser entendida não como uma sucessão de formas adultas ancestrais, mas como uma sucessão de ontogenias. Cada animal é o resultado de seus próprios processos de desenvolvimento e qualquer alteração em um adulto precisa refletir uma mudança em sua ontogenia. Desse modo, aquilo que vemos na embriogenia de determinada espécie não são minúsculas réplicas de seus ancestrais adultos, mas sim um padrão de desenvolvimento evoluído, no qual podem ser encontrados indícios ou traços das ontogenias ancestrais e, consequentemente, das relações filogenéticas com outros organismos.

Os argumentos acerca dessas questões não terminaram com Garstang, e continuam hoje em muitas áreas. Em geral, tendemos a concordar com a proposta (se não em todos os detalhes) de Gosta Jägersten em seu livro *Evolution of the Metazoan Life Cycle* (1972). A recapitulação propriamente dita não deveria ser categoricamente aceita ou refutada como um fenômeno de "sempre" ou "nunca". O termo deve ser claramente definido em cada caso investigado, em vez de ser amarrado à definição e às implicações originais de Haeckel. Por exemplo, os tipos larvais semelhantes, distintos e homólogos dentro de um grupo de animais refletem algum grau de ancestralidade comum (p. ex., náuplios de crustáceos ou larvas véliger de moluscos). Também podemos especular sobre essas questões em vários níveis taxonômicos, mesmo quando os adultos são muito diferentes uns dos outros (p. ex., as larvas trocóforas semelhantes dos poliquetas e dos moluscos). Esses fenômenos podem ser entendidos como evidência de desenvolvimento de relações por ancestralidade comum e, assim, são exemplos de "recapitulação" em um sentido amplo.

O exemplo de Jägersten sobre as fendas branquiais dos vertebrados é particularmente apropriado porque, em sua opinião, constitui um caso em que o conceito rígido de Haeckel de recapitulação é manifestado. Ao escrever sobre essa característica, Jägersten (1972) afirmou:

> *O fato permanece [...] que uma característica que uma vez existiu nos adultos dos ancestrais, mas foi perdida nos adultos dos descendentes, é retida de uma forma facilmente reconhecível na embriogênese do último. Essa é minha interpretação da recapitulação (a "lei" da biogenética).*

Hyman (1940) talvez tenha dito o mesmo de forma mais razoável quando escreveu:

> A recapitulação em seu senso haeckeliano estrito, como uma repetição de adultos ancestrais, geralmente não é aplicável; contudo, a semelhança ancestral durante a ontogenia é um princípio biológico geral. Não há necessidade de discutir sobre o termo recapitulação; ou o uso dessa palavra deveria ser alterado para incluir qualquer tipo de reminiscência ancestral durante a ontogenia, ou deveria ser criado algum termo novo.

Contudo, outros autores não se sentem à vontade com essa flexibilidade e fizeram grandes esforços para classificar e definir as diversas relações possíveis entre ontogenia e filogenia, cuja recapitulação rígida é considerada apenas uma (ver especialmente o Capítulo 7 de Gould, 1977). Embora grande parte desse material esteja além dos objetivos do nosso livro, descreveremos a seguir alguns termos utilizados comumente, porque eles dão suporte a tópicos abordados nos capítulos subsequentes. Utilizamos várias fontes citadas neste capítulo para compor livremente, com nossas próprias ideias, a explicação desses conceitos.

Heterocronia e pedomorfose

Quando comparamos duas ontogenias, frequentemente observamos que algumas características aparecem mais cedo ou mais tarde em uma sequência em relação à outra. Esse deslocamento temporal durante o desenvolvimento é conhecido como **heterocronia**. Quando comparamos embriogenias de supostos ancestrais e descendentes, por exemplo, podemos observar o desenvolvimento muito rápido (acelerado) de uma característica particular e, consequentemente, seu aparecimento relativamente precoce em uma espécie ou linhagem descendente. Por outro lado, o desenvolvimento de uma característica pode ser mais lento (retardado) em um descendente que no ancestral e, assim, aparecer mais tarde na ontogenia do descendente. Esse retardamento pode ser tão marcante que uma estrutura pode jamais se desenvolver além de um rudimento de sua condição ancestral. (Para excelentes revisões sobre heterocronia e seu impacto na filogenia, ver Gould, 1977, e McKinney e McNamara, 1991.)

Tipos particulares de heterocronia resultam em uma condição conhecida como **pedomorfose**, por meio da qual adultos sexualmente maduros têm atributos encontrados caracteristicamente em fases iniciais do desenvolvimento de formas relacionadas (*i. e.*, características larvais ou juvenis). A pedomorfose ocorre quando as estruturas reprodutivas do adulto se desenvolvem antes da conclusão do desenvolvimento de todas as suas estruturas não reprodutivas (somáticas). Desse modo, encontramos um animal funcionalmente reprodutivo que retém o que, no ancestral, eram algumas características embrionárias, larvais ou juvenis. Essa condição pode resultar de dois processos heterocrônicos diferentes. Esses processos são a **neotenia**, na qual o desenvolvimento somático é retardado, e a **progênese**, na qual o desenvolvimento reprodutivo é acelerado. Frequentemente, esses dois termos são utilizados como sinônimos porque nem sempre é possível saber qual processo deu origem a uma condição pedomórfica específica. O reconhecimento da pedomorfose pode desempenhar um papel significativo nas análises de hipóteses evolutivas acerca das origens de determinadas linhagens. Por exemplo, a evolução da maturação sexual precoce de um estágio larval planctônico (que "normalmente" continuaria a desenvolver-se até a forma adulta bentônica) poderia resultar em uma linhagem divergente nova, na qual os descendentes adotam existência unicamente pelágica. Esse cenário pode, por exemplo, ter sido responsável pela origem de alguns crustáceos planctônicos diminutos. A pedomorfose também tem desempenhado funções importantes nas teorias acerca da origem dos vertebrados.

Ainda persistem inúmeras questões acerca do papel da embriogênese na evolução e da utilidade da embriologia na construção e teste de filogenias. Como se pode observar na seção seguinte, diferentes autores continuam tendo uma variedade de opiniões acerca desses temas.

Origem dos metazoários

Um tema que desenvolvemos ao longo de todo este livro é o das relações evolutivas dentro dos táxons dos vertebrados e entre eles. A vida provavelmente existe nesse planeta há cerca de 4 bilhões de anos; os seres humanos a têm observado cientificamente durante apenas algumas centenas de anos e, evolutivamente, durante apenas cerca de 150 anos. Desse modo, a linha de continuidade evolutiva que realmente vemos ao nosso redor hoje em dia assemelha-se um pouco às pontas desgastadas – representando algumas das legiões de animais bem-sucedidos que sobreviveram até hoje, embora omitindo inúmeras espécies e linhagens extintas, cujas identidades poderiam oferecer um entendimento mais claro acerca da história da vida na Terra. Apenas com base em conjecturas, estudos, inferências e teste de hipóteses que podemos acompanhar as pistas filogenéticas de volta no tempo, reunindo-as em vários pontos de modo a formar trajetórias evolutivas hipotéticas. Nesse processo, não agimos às cegas, mas utilizamos metodologia científica rigorosa para colher informações de muitas disciplinas na tentativa de tornar nossas hipóteses evolutivas significativas e (assim esperamos) cada vez mais próximas da verdade – a história biótica real na Terra (Capítulo 2).

No Capítulo 1, revisamos sucintamente a história da vida, em parte inferida com base no registro fóssil, enquanto no Capítulo 28 apresentamos uma árvore filogenética do reino animal. Contudo, muitos pesquisadores não ficaram satisfeitos em elaborar análises filogenéticas baseadas unicamente nos grupos animais conhecidos (existentes e extintos), mas também se sentiram compelidos a especular sobre os ancestrais hipotéticos, que poderiam ter ocorrido ao longo da trajetória evolutiva até a vida moderna. Uma variedade de histórias evolutivas foi proposta para descrever essas sequências de ancestrais hipotéticos dos metazoários. Aqui descrevemos algumas delas e, nas referências ao final deste capítulo e também do Capítulo 28, citamos alguns trabalhos-chave.

Origem da condição metazoária

A origem da condição metazoária tem suscitado interesse dos cientistas por mais de um século. Um dos fenômenos mais espetaculares no registro fóssil é a diversificação súbita de quase todos os filos de metazoários que vivem até hoje em um curto espaço de 30 milhões de anos – na transição do Pré-cambriano para o Cambriano (cerca de 570 a 600 milhões de anos atrás). Hoje em dia, existem poucas dúvidas de que os animais – metazoários – surgiram como um grupo monofilético de um ancestral protista há 650 milhões de anos ou mais (Capítulo 1). Agora, os debates giram em torno de qual grupo protista foi ancestral do primeiro metazoário, como esses primeiros animais eram, quais eram os ambientes onde viviam e como ocorreram as alterações da unicelularidade para a pluricelularidade.

Perspectivas históricas sobre a origem dos metazoários

Quais formas intermediárias poderiam ter interligado os protistas aos metazoários? Alguns pesquisadores preferiram desenhar criaturas hipotéticas (ainda que lógicas) com essa finalidade. Outros buscaram entre as formas extintas, argumentando a favor das vantagens de usar organismos "reais". Embora seja provável que o verdadeiro precursor dos metazoários esteja extinto há muito tempo, a existência de formas modernas que combinam características dos protistas e dos metazoários mantém esse debate vivo. Esses organismos incluem os enigmáticos animais pluricelulares de posição incerta, flagelados coloniais reais e imaginários, e supostos ciliados pluricelulares. A Figura 5.14 ilustra algumas dessas criaturas com finalidade comparativa.

Antes que os recursos moleculares relacionassem convincentemente a ancestralidade dos protistas e dos metazoários, várias teorias sobre a evolução dos metazoários eram aceitas. Em 1892, Johannes Frenzel descreveu um desses organismos coletados dos leitos salinos da Argentina (Figura 5.14 F). A minúscula *Salinella* tinha uma boca e um ânus, alimentava-se de detritos orgânicos e toda a parede do seu corpo era formada por uma camada única

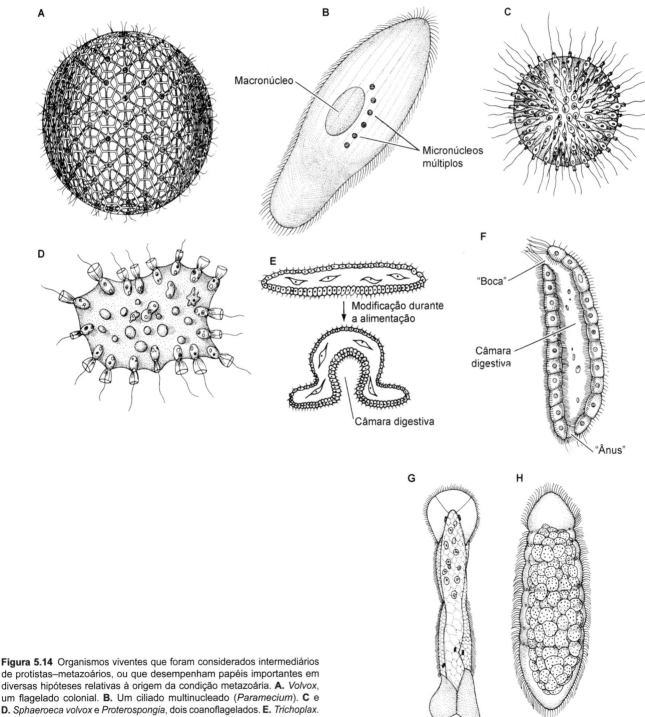

Figura 5.14 Organismos viventes que foram considerados intermediários de protistas–metazoários, ou que desempenham papéis importantes em diversas hipóteses relativas à origem da condição metazoária. **A.** *Volvox*, um flagelado colonial. **B.** Um ciliado multinucleado (*Paramecium*). **C** e **D.** *Sphaeroeca volvox* e *Proterospongia*, dois coanoflagelados. **E.** *Trichoplax*. **F.** *Salinella*. **G.** Um rombozoário diciemídeo. **H.** Um ortonéctido.

de células. Embora essa criatura não fizesse deposição de camadas celulares como os metazoários, ela mostrava um nível mais elevado de organização que os protistas coloniais e o filo Monoblastozoa foi criado para incluí-la. Infelizmente, *Salinella* não foi mais encontrada desde sua descrição original e muitos zoólogos suspeitam que Frenzel tenha interpretado erroneamente qualquer que seja criatura que tenha visto. Outros organismos do chamado filo dos "mesozoários" – Rhombozoa e Orthonectida (Figura 5.14 G e H) – também são estruturalmente simples, mas esses animais são endoparasitas de invertebrados e têm ciclos de vida complexos. Embora possam ser semelhantes aos metazoários primitivos, a maioria dos pesquisadores considera que sua organização corporal, seus ciclos de vida e sua posição filogenética sejam mais derivados que ancestrais.

A **teoria colonial** da evolução dos metazoários foi proposta inicialmente por Ernst Haeckel (1874), que sugeriu que um protista flagelado colonial teria dado origem a um ancestral metazoário planuloide (plânula é o tipo larval básico dos cnidários; ver Capítulo 7). O protista ancestral nessa teoria seria uma esfera oca de células flageladas, que desenvolveu orientação locomotora anteroposterior e especialização de células em funções somática e reprodutiva separadas. Como explicamos no Capítulo 3, condições semelhantes são comuns entre os protistas coloniais viventes, incluindo dulciaquícolas e flagelados fotossintéticos como o *Volvox* (Figura 5.14 A). Haeckel denominou esse ancestral protometazoário hipotético como uma **blasteia** (Figura 5.15 A) e sustentou sua validade notando a ocorrência disseminada de celoblástulas entre os animais atuais.

No cenário proposto por Haeckel, os primeiros metazoários surgiram por invaginação da blasteia; os animais resultantes tinham corpos semelhantes à gástrula com camada dupla (uma **gastreia**) e um orifício semelhante a um blastóporo comunicando-se com o exterior (Figura 5.15 B), comparáveis às gástrulas de muitos animais existentes hoje em dia. Haeckel acreditava que essas criaturas ancestrais (blasteia e gastreia) fossem recapituladas na ontogenia dos animais atuais e a gastreia era considerada como o precursor metazoário aos cnidários. Alguns autores diziam que as células monociliadas da parede corporal dos poríferos e dos cnidários reforçavam essa hipótese. Os conceitos originais de Haeckel foram até certo ponto modificados ao longo dos anos por vários autores (p. ex., Elias Metschnikoff, Libbie Hyman). Alguns argumentaram que a transição para uma construção laminar ocorreu por ingressão ao invés da invaginação, e que o metazoário original seria sólido, não oco, em grande parte com base no conceito de que a ingressão é a forma primitiva de gastrulação entre os cnidários (Figura 4.15 C).

Em 1883, Otto Bütschli apresentou outra variante da teoria colonial – uma criatura achatada e bilateralmente simétrica, que consistia em duas camadas de células e alimentava-se rastejando sobre seu alimento, utilizando sua camada ventral como superfície digestiva. Bütschli chamou essa criatura de **plácula**. Em apoio surpreendente à hipótese da plácula, pesquisadores descobriram uma criatura pluricelular diminuta em um aquário marinho no início do século 20. *Trichoplax adhaerens* foi colocado em seu próprio filo – Placozoa (ver Capítulo 6) – e como a plácula de Bütschli, tem um epitélio externo parcialmente flagelado circundando uma massa de células mesenquimais internas. As bordas do seu corpo são irregulares, suas células apresentam alguma especialização para funções somática e reprodutiva e, quando se alimenta, *Trichoplax* "encurva-se" para formar uma câmara digestiva transitória em sua superfície inferior (Figura 5.14 E), produzindo uma forma extremamente semelhante à criatura hipotética de Bütschli. Embora essa hipótese seja atraente, as análises de filogenética molecular não colocam *Trichoplax* na base da árvore dos metazoários.

Nas décadas de 1950 e 1960, J. Hadzi e E. D. Hanson imaginaram o ancestral dos metazoários como um multinucleado, bilateralmente simétrico, ciliado bentônico, rastejando ao redor com seu sulco oral direcionado para o substrato. Essa **teoria sincicial** sugeria que uma epiderme celular circundando massa sincicial interna poderia formar-se, caso os núcleos da superfície da criatura se dividissem e afastassem uns dos outros com membranas celulares, produzindo uma criatura semelhante a um verme acelomado. Os argumentos a favor dessa hipótese baseavam-se nas semelhanças entre os ciliados modernos e acelomados (Capítulo 9), incluindo forma, simetria, localização da boca, ciliatura da superfície e dimensões; os ciliados grandes são maiores que os acelomados pequenos. Entretanto, as objeções a essa hipótese foram mais convincentes. Os acelomados têm desenvolvimento embrionário complexo; nada disso ocorre nos ciliados. O interior dos acelomados é celular, não sincicial. Além disso, a filogenética molecular demonstrou que os acelomados são bilatérios basais, não metazoários primitivos. Como seria esperado, a teoria sincicial tem pouca aceitação hoje em dia.

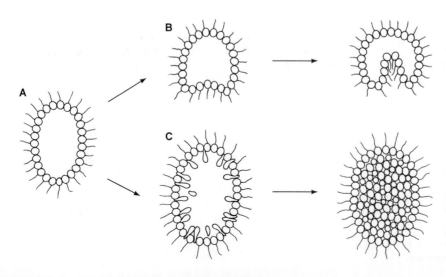

Figura 5.15 Duas versões da teoria colonial de origem dos metazoários. **A.** O ancestral flagelado colonial hipotético, a "blasteia" de Haeckel (*em corte*). **B.** De acordo com Haeckel, a transição para uma condição multicelular ocorreu por invaginação, um processo de desenvolvimento que resultou na formação de uma "gastreia" oca. **C.** De acordo com Metschnikoff, a formação de uma "gastreia" sólida ocorreu por ingressão.

Origem da pluricelularidade

Estudos de filogenética molecular demonstraram que a pluricelularidade provavelmente evoluiu ao menos em uma dúzia ou mais de clados eucarióticos e que resultou nas linhagens monofiléticas de grupos tão diferentes como plantas, animais, vários grupos diferentes de amebas e outros. De acordo com a maioria dos relatos, as condições favoráveis à unicelularidade persistiram para os protistas por mais de 1,5 bilhão de anos, até que ocorreram dois eventos. Primeiramente, o oxigênio atmosférico em concentrações suficientes para sustentar a organização pluricelular tornou-se disponível em razão das atividades das algas fotossintéticas. Em segundo lugar, a pressão predatória dos protistas heterotróficos capazes de fagocitar ou, de outra forma, devorar outros seres unicelulares parece ter favorecido a agregação das células depois da mitose.

Quando surgiu a tendência a formar agregados, aparentemente houve competição dentro dos seres por determinadas funções. Como parece ser provável, se os primeiros animais pluricelulares eram flagelados, esses organismos precisaram enfrentar o dilema entre a capacidade de nadar e a capacidade de entrar em divisão mitótica. As maquinarias celulares para cada uma dessas duas funções pareciam competir, como se evidencia mesmo hoje em dia pelo fato de que as células animais que têm flagelos ou cílios nunca se replicam, até que tenham retraído e inativado seu aparelho ciliar ou flagelar. Nos xenacelomórficos, as células epidérmicas ciliadas desgastadas são simplesmente reabsorvidas (Capítulo 9). Esses animais podem ter alcançado um equilíbrio entre a capacidade de mover-se e a capacidade de replicar células, favorecendo uma tendência no sentido da especialização celular. Se a seleção favoreceu a mudança de localização das células não flageladas para o interior do organismo, com as células flageladas permanecendo de fora, a especialização adicional das células internas pode ter sido possível, exigindo a evolução de camadas celulares com destinos ontogenéticos flexíveis, assim como mecanismos bioquímicos que distinguiram ou permitiram interações celulares específicas.

A maior parte das evidências disponíveis hoje em dia aponta para o filo protista dos Choanoflagellata como provável grupo ancestral do qual se originaram os metazoários. Os coanoflagelados têm células em colarinho praticamente idênticas às que são encontradas nas esponjas. Os gêneros dos Choanoflagellata como *Proterospongia*, *Sphaeroeca* e outros são animais como protistas coloniais (Figura 5.14 C e D) e são citados comumente como exemplos de um precursor potencial dos metazoários. Entretanto, algumas evidências moleculares recentes sugerem que os ctenóforos – não as esponjas – estejam na base da árvore dos metazoários. Evidentemente, o debate acerca do surgimento dos metazoários a partir do seu ancestral protista continuará por algum tempo no futuro (Capítulo 28).

A origem da condição bilateral e do celoma

No Capítulo 4, descrevemos brevemente o significado funcional da bilateralidade. A evolução do eixo corporal anteroposterior, o movimento unidirecional e a cefalização quase certamente coevoluíram até certo ponto e, provavelmente, coincidiram com a invasão dos ambientes bentônicos e o desenvolvimento da locomoção rastejante. Além disso, a origem da condição triploblástica provavelmente ocorreu pouco depois do aparecimento das primeiras formas bilaterais. Entre os invertebrados atuais, a bilateralidade e a triploblastia geralmente ocorrem juntas.

Várias hipóteses acerca da origem do celoma estão resumidas no excelente livro de R. B. Clark, *Dynamics in Metazoan Evolution* (1964). A abordagem pessoal de Clark era funcional e enfatizava o significado adaptativo do celoma como critério central para avaliar as ideias acerca de sua origem. Quando os primeiros animais de corpo mole, bilateralmente simétricos e maiores que alguns milímetros assumiram um estilo de vida bentônico, rastejante ou escavador, um esqueleto fluido (hidrostático) foi essencial para determinados tipos de movimento. A evolução de uma cavidade corporal preenchida por líquidos contra os quais os músculos pudessem atuar poderia ter oferecido uma vantagem locomotora espetacular, além de fornecer um meio circulatório e um espaço para desenvolvimento dos órgãos. Como esses espaços poderiam ter se originado?

A maioria dos conceitos acerca da origem evolutiva do celoma foi desenvolvida entre meados do século 19 e início do século 20, durante o apogeu da embriologia comparada. A maioria dessas hipóteses compartilhava a premissa do monofiletismo – que a condição celomada se desenvolveu apenas uma vez. O problema intrínseco à abordagem monofilética é a dificuldade de relacionar os animais celomados existentes com um único ancestral celomado comum. Considerando-se as vantagens de ter um celoma, os muitos métodos diferentes de desenvolvimento embrionário (esquizocelia e vários tipos de enterocelia) e os diversos planos corpóreos celomados de adultos, seria mais razoável biologicamente sugerir que a condição celomada teria surgido duas vezes. Existem várias ideias atuais sobre como isso poderia ter acontecido e várias outras foram descartadas por serem incompatíveis com as evidências existentes ou com nossa definição-padrão de celoma.

O celoma pode ter se originado por desprendimento e isolamento de divertículos do tubo digestivo embrionário, como ocorre durante o desenvolvimento de muitos animais enterocélicos atuais (Figura 5.16). Essa chamada **teoria enterocélica** (em várias versões) desfrutou de apoio relativamente forte de muitos autores, desde que foi proposta originalmente por sir E. Ray Lankester em 1877. Um ponto evidente a favor desse conceito geral é que a enterocelia ocorre em muitos animais viventes, conservando assim o processo ancestral hipotético. Além disso, vários autores citaram exemplos de animais não celomados (antozoários e platelmintos), nos quais os divertículos do tubo digestivo existem em disposições semelhantes aos possíveis padrões ancestrais.

Outra ideia popular acerca da origem do celoma é a **teoria gonocélica** (ver os artigos de Bergh, Hatschek, Meyer, Goodrich e outros). Essa hipótese sugere que os primeiros espaços celômicos surgiram por meio das cavidades mesodérmicas derivadas de espaços gonadais, que persistiram depois da liberação dos gametas (Figura 5.17). A disposição seriada das gônadas, conforme se observa nos animais como os platelmintos e os nemertinos, poderia ter resultado em espaços celômicos dispostos em série e revestimentos como os que ocorrem nos anelídeos, nos quais eles comumente ainda produzem e armazenam gametas. Um argumento importante contra essa hipótese é que em nenhum animal celomado atual as gônadas desenvolvem-se antes dos espaços celômicos. Entretanto, como vimos antes, a heterocronia pode ser responsável por essas voltas.

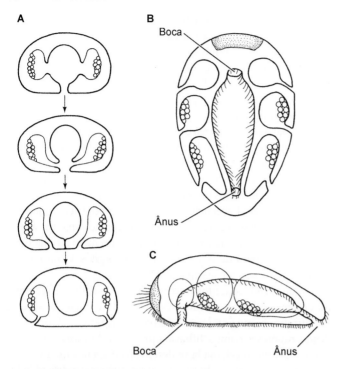

Figura 5.16 Teoria da bilaterogastreia de Jägersten, de acordo com a qual os compartimentos celômicos originaram-se pela formação de bolsas enterocélicas. **A.** Formação dos pares de celoma a partir da parede do arquêntero. O blastóporo em forma de fenda da bilaterogastreia fecha-se na região mediana ventral, deixando boca e ânus em extremidades opostas (**B**). **B** e **C.** A condição de celoma tripartido no animal celomado hipotético basal de Jägersten (*vistas ventral* e *lateral*).

dos protostômio originando-se de um ancestral acelomado triploblástico. A cavitação da mesoderme em tal precursor, para formar espaços hidrostáticos cheios de líquido, pode ser facilmente explicada tanto com base no desenvolvimento (esquizocelia aceita atualmente), quanto em sua funcionalidade (escavação peristáltica, aumento de tamanho e assim por diante).

A derivação dos deuterostômios e dos protostômios de um ancestral celomado imediato resulta em um cenário complicado. A hipótese mais simples poderia ser a de entender o ancestral deuterostômio como um animal diploblástico, talvez uma forma planuloide, na qual ocorreu enterocelia. A derivação dos deuterostômios separadamente da evolução da clivagem espiral e das outras características dos protostômios evita muitas das complicações intrínsecas à visão monofilética da origem do celoma. Imagine um metazoário semelhante a uma gástrula, oco e invaginado, nadando com seu blastóporo arrastando, como fazem as larvas plânulas de alguns cnidários. A enterocelia pode ter acompanhado uma tendência para a vida bentônica, conferindo ao animal uma capacidade de escavação peristáltica. O arquêntero pode ter então se aberto anteriormente como uma boca, e a nova criatura celomada adotou um estilo de vida se alimentando de depósitos. Se essa história começasse no nível dos metazoários diploblásticos (p. ex., cnidários), então a clivagem radial encontrada hoje em dia entre os bilatérios também estava presente no ancestral desse grupo.

Outra ideia acerca da origem do celoma é conhecida como **teoria nefrocélica** (ver artigos de Lankester, Ziegler, Faussek, Snodgrass e outros). A associação entre o celoma e a excreção incitou diversas versões dessa hipótese ao longo de quase 85 anos, durante os quais teve apoio moderado. Uma ideia é de que os protonefrídios dos platelmintos se expandiram em cavidades celômicas, argumentando que o celoma surgiu primeiramente a partir de estruturas derivadas da ectoderme. Uma outra abordagem é de que os espaços celômicos se formaram como cavidades dentro da mesoderme e serviram como áreas de armazenamento para escórias metabólicas. Evidentemente, as cavidades celomáticas de muitos animais estão relacionadas com as funções excretoras, mas não existe evidência convincente de que essa relação fosse a força seletiva primária na origem da condição celomada.

Clark (1964) especulou que a esquizocelia, conforme a entendemos hoje em dia, poderia ter evoluído pela formação de espaços dentro da mesoderme sólida dos animais acelomados e, em seguida, teria sido conservada como resposta à seleção positiva pelo esqueleto hidrostático resultante. Essa é uma visão muito clara, em parte porque – como a teoria enterocélica – contempla um processo de desenvolvimento real.

Como foi mencionado antes, essas hipóteses compartilham o consenso fundamental de argumentar uma origem monofilética a todos os animais celomados. As diferenças básicas do desenvolvimento entre os dois grandes clados de animais celomados (Protostomia e Deuterostomia) sugerem que o celoma possa ter se originado separadamente nessas duas linhagens. Considerando as fortes semelhanças entre os celomados Protostomia e os vermes acelomórficos, é fácil imaginar o clado

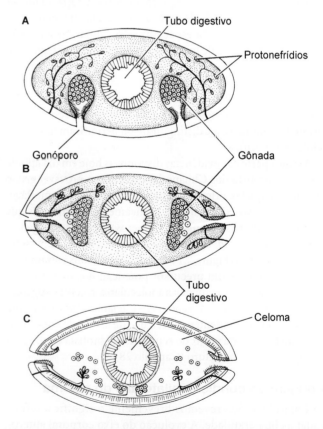

Figura 5.17 Uma versão da teoria gonocélica (cortes transversais esquemáticos). **A.** Condição em platelmintos, que têm gônadas derivadas da mesoderme que conduzem a gonóporos ventrais. **B.** Condição em nemertinos, que têm várias massas gonadais dispostas em série que conduzem a gonóporos situados lateralmente. **C.** Condição em poliquetas, nos quais os revestimentos das gônadas expandiram para formar espaços celômicos com celomoductos para o exterior.

A teoria da troqueia

O zoólogo dinamarquês Claus Nielsen imaginou os dois clados bilatérios principais – Protostomia e Deuterostomia – originando-se de um ancestral primitivo comum, que se compara à radialmente simétrica gastreia de Haeckel (ver Referências). A teoria de Nielsen propõe que os protostômios originaram-se por meio de no mínimo duas formas ancestrais hipotéticas, conhecidas como **troqueia** e **gastroneuro**. Inicialmente, acreditava-se que a linhagem dos deuterostômios tivesse levado ao clado Deuterostomia por meio de um suposto ancestral **notoneuro**. (Os termos gastroneuro e notoneuro referem-se às posições ventral *versus* dorsal dos cordões nervosos principais da maioria dos protostômios e deuterostômios, respectivamente.)

Essa teoria forneceu o cenário da evolução dos protostômios ancestrais, que tinham uma larva trocófora e um sistema nervoso ventral. De acordo com esse modelo, o primeiro ancestral era uma gastreia planctotrófica holopelágica com um anel de cílios compostos (**arqueotróquia**) ao redor do blastóporo, que era usado para nadar e selecionar partículas pelo método a jusante (Figura 5.18 A). Depois do assentamento, presume-se que a forma adulta desse animal rastejava no fundo recolhendo detritos por meio das células monociliadas existentes ao redor do blastóporo. Um eixo anteroposterior evoluiu junto com a adoção do estilo de vida rastejante. O transporte das partículas de alimento para dentro e para fora do arquêntero pode ter sido aperfeiçoado pela compressão das bordas laterais do blastóporo, que se fundiram no adulto e resultaram na boca anterior e no ânus posterior (*i. e.*, um trato gastrintestinal). Pouco depois, essa fusão das bordas do blastóporo pode ter sido estabelecida no estágio larval. O arqueótroco foi perdido pelo adulto rastejante, mas foi retido pela larva pelágica.

A parte anterior da arqueotróquia ao redor da boca poderia ter se estendido lateralmente, com a região anterior transformando-se na **prototróquio** e a posterior na **metatróquio**, delimitando uma extensão lateral da área dos cílios periorais (**zona ciliar adoral**) (Figura 5.18 B). Ao longo da evolução, essa configuração pode ter criado a alimentação ciliar típica das trocóforas e as estruturas natatórias encontradas nos protostômios atuais, nos quais a parte posterior da arqueotróquia transformou-se em **telotróquio**. As faixas ciliares das trocóforas dependem da alimentação ciliar a jusante, por meio da qual as larvas capturam partículas alimentares da água no lado a jusante das faixas de alimentação ciliar e, em seguida, essas partículas são transportadas à boca pela faixa ciliar adoral. O fechamento lateral do blastóporo pode ter resultado na diferenciação de um nervo do anel circumblastopórico em uma alça anterior ao redor da boca, nos cordões neurais ventrais pareados (ou fundidos secundariamente) e em uma pequena alça ao redor do ânus (tanto nas larvas trocóforas quanto nos adultos). O cérebro do ancestral trocóforo e do adulto consistia na parte mais anterior da alça neural perioral, enquanto uma nova estrutura pareada – o gânglio cerebral volumoso – desenvolveu-se a partir da **episfera** da larva, ou seja, da área situada à frente do prototróquio.

Em razão da compreensão de que os deuterostômios têm seu tubo neural situado morfologicamente em posição ventral e que a deuterostomia ocorre em vários filos de Protostomia, Nielsen revisou seus conceitos quanto à origem dos primeiros e, na última versão de sua teoria, o gastroneuro aparece como último ancestral comum de *todos* os bilatérios.

Como você pode perceber, quando se tenta descrever ancestrais hipotéticos, a análise evolutiva no nível dos filos pode ser intrincada e problemática. Inevitavelmente, surgem alguns

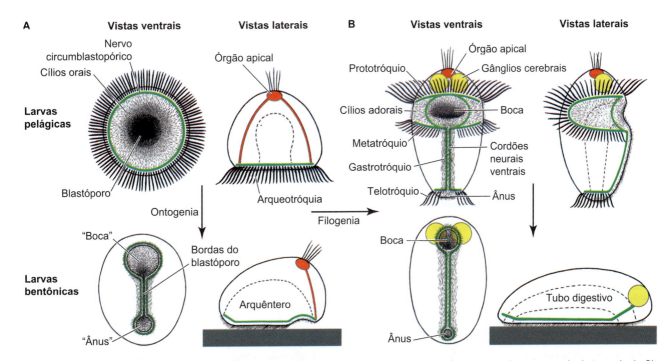

Figura 5.18 Teoria da troqueia. Vistas ventrais e laterais das larvas pelágicas e dos adultos bentônicos, de acordo com a teoria da troqueia de Claus Nielsen. **A.** As ilustrações superiores demonstram a morfologia da troqueia holopelágica; os desenhos inferiores ilustram o ciclo de vida pelago-bentônico do ancestral primitivo dos protostômios. **B.** As ilustrações superiores demonstram a fase pelágica do ciclo de vida do protostômio ancestral totalmente diferenciado com uma larva trocófora; os desenhos inferiores ilustram a forma bentônica desse animal. Órgão apical em *vermelho*; gânglios cerebrais em *amarelo*; sistema nervoso blastopórico em *verde*.

pontos de vista diferentes acerca dos mesmos fenômenos. Entretanto, acreditamos que você adquiriu algumas noções não apenas acerca das hipóteses específicas descritas aqui, como também sobre a especulação evolutiva. É importante ter em mente uma advertência fundamental: qualquer número de processos evolutivos pode ser proposto e apresentado de forma convincente nos artigos científicos imaginando ancestrais hipotéticos ou intermediários apropriados, mas sempre devemos perguntar se estas criaturas hipotéticas maravilhosas poderiam ter funcionado como organismos funcionais e se as análises filogenéticas rigorosas apoiam essas hipóteses. Clark (1964) passou um bom tempo nesse ponto e enfatiza isso em sua conclusão com a seguinte passagem (p. 258):

> O mais importante e menos considerado desses [princípios] é que a construção hipotética que representa formas ancestrais generalizadas de grupos modernos, ou formas basais das quais vários filos modernos divergem deve ser de animais possíveis. Em outras palavras, eles devem ser concebidos como organismos vivos, obedecendo aos mesmos princípios que descobrimos nos animais existentes.

Nesses termos, as hipóteses evolutivas podem ser avaliadas. De uma perspectiva filogenética, pode ser mais conveniente evitar especulação inicial sobre como se pareceria um ancestral hipotético e, em vez disso, basear-se na análise dos táxons conhecidos para estabelecer relações genealógicas ou padrões de ramificação. Uma vez que um cladograma tenha sido construído, o padrão de características associados com os táxons na árvore vai por si só predizer a natureza (combinação de características) do ancestral para cada ramo. Esse método procura evitar o problema potencial do raciocínio circular, por meio do qual um ancestral hipotético é estabelecido primeiro e consequentemente restringe e pressupõe a natureza de seus táxons descendentes. De qualquer forma, para que as hipóteses sejam realmente científicas, elas devem ser testáveis por dados novos reunidos fora da estrutura que foi usada em sua formulação inicial.

Bibliografia

Embriologia geral dos invertebrados

Adiyodi, K. G. e R. G. Adiyodi (eds.). 1983–1998. *Reproductive Biology of Invertebrates*. Vols. 1–8. Wiley, Nova York.
Conn, D. B. 1991. *Atlas of Invertebrate Reproduction*. Wiley-Liss, Nova York. [Inclui fotografias dos estágios de desenvolvimento da maioria dos grupos principais.]
Duboule, D. 2007. The rise and fall of Hox gene clusters. Development 124: 2549–2560.
Eckelbarger, K. J. 1994. Diversity of metazoan ovaries and vitellogenic mechanisms: implications for life history theory. Proc. Biol. Soc. Wash. 107: 193–218.
Giese, A. C. e J. S. Pearse (e V. B. Pearse, Vol. 9) (eds.). 1974–1987. *Reproduction of Marine Invertebrates*. Vols. 1–5, 9. Blackwell Scientific, Palo Alto, CA. Vol. 6. *Echinoderms and Lophophorates*, Boxwood Press, Pacific Grove, CA. [Impressionante série de volumes contendo revisões sobre os filos de invertebrados.]
Gilbert, S. F. 2014. *Developmental Biology*. 10th Ed. Sinauer Associates, Sunderland, MA.
Gilbert, S. F. e A. M. Raunio (eds.). 1997. *Embryology: Constructing the Organism*. Sinauer Associates, Sunderland, MA. [Inclui capítulos sobre o desenvolvimento da maioria dos filos de invertebrados.]
Haag, E. S. 2014. The same but different: worms reveal the pervasiveness of developmental system drift. PLoS Genet. 10(2): e1004150. doi: 10.1371/journal.pgen.1004150
Hall, B. K. 1992. *Evolutionary Developmental Biology*. Chapman & Hall, Nova York.
Harrison, F. W. e R. R. Cowden (eds.). 1982. *Developmental Biology of Freshwater Invertebrates*. A. R. Liss, Nova York.
Heffer, A., J. Xiang e L. Pick. 2013. Variation and constraint in *Hox* gene evolution. Proc. Nat. Acad. Sci. 110: 2211–2216.
King, N. 2004. The unicellular ancestry of animal development. Develop. Cell 7: 213–325.
Marthy, H. J. (ed.). 1990. *Experimental Embryology in Aquatic Plants and Animals*. Plenum, Nova York.
Martindale, M. Q. 2005. The evolution of metazoan axial properties. Nature Rev. Genet. 6: 917–927.
Minelli, A. 2015. EvoDevo and its significance for animal evolution and phylogeny. In A. Wanninger (ed.), *Evolutionary Developmental Biology of Invertebrates 1: Introduction, Non-Bilateria, Acoelomorpha, Xenoturbellida, Chaetognatha*. Springer-Verlag, Viena.
Raff, R. A. 1996. *The Shape of Life: Genes, Development, and the Evolution of Animal Form*. University of Chicago Press, Chicago.
Richards, G. S. e B. M. Degnan. 2012. The expression of *Delta* ligands in the sponge *Amphimedon queenslandica* suggests an ancient role for *Notch* signaling in metazoan development. EvoDevo 3: 1–15.
Sánchez-Villagra, M. 2012. *Embryos in Deep Time. The Rock Record of Biological Development*. University of California Press, Berkeley.
Sawyer, R. H. e R. M. Showman (eds.). 1985. *The Cellular and Molecular Biology of Invertebrate Development*. University of South Carolina Press, Colúmbia.
Strathmann, M. F. 1987. *Reproduction and Development of Marine Invertebrates of the Northern Pacific Coast*. University of Washington Press, Seattle.
Technau, U. e C. B. Scholz. 2003. The origins and evolution of endoderm and mesoderm. Int. J. Deve. Biol. 47: 531–539.
Willmore, K. E. 2010. Development influences evolution. American Scientist 98: 220–227.
Wilson, E. B. 1892. The cell lineage of *Nereis*. J. Morphol. 6: 361–480. [Trabalho clássico de Wilson estabelecendo o sistema de codificação para a clivagem espiral.]
Wilson, W. H., S. Stricker, e G.L. Shinn (eds.). 1994. *Reproduction and Development of Marine Invertebrates*. Johns Hopkins University Press, Baltimore, MD. [Coleção de trabalhos recentes sobre tópicos em desenvolvimento.]

Ciclos de vida

Ayal, Y. e U. Safriel. 1982. r-Curves and the cost of the planktonic stage. Am. Nat. 119: 391–401.
Cameron, R. A. (ed.). 1986. Proceedings of the Invertebrate Larval Biology Workshop held at Friday Harbor Laboratories, University of Washington, 26–30 Mar. 1985. Bull. Mar. Sci. 39: 145–622. [Trinta e sete artigos sobre biologia larval.]
Caswell, H. 1978. Optimal life histories and the age-specific cost of reproduction. Bull. Ecol. Soc. Am. 59: 99. [Este artigo e os dois a seguir incluem discussões interessantes sobre as qualidades adaptativas de vários padrões de ciclos de vida, em especial aqueles que não se encaixam nas definições típicas direta e indireta.]
Caswell, H. 1980. On the equivalence of maximizing fitness and maximizing reproductive value. Ecology 61: 19–24.
Caswell, H. 1981. The evolution of "mixed" life histories in marine invertebrates and elsewhere. Am. Nat. 117(4): 529–536.
Charlesworth, B. 1991. The evolution of sex chromosomes. Science 251: 1030–1033.
Charnov, E. L., J. M. Smith, e J. J. Bull. 1976. Why be an hermaphrodite? Nature 263: 125–126.
Chia, F. S. 1974. Classification and adaptive significance of developmental patterns in marine invertebrates. Thalassia Jugosl. 10: 121–130.
Chia, F. S. e M. Rice (eds.). 1978. *Settlement and Metamorphosis of Marine Invertebrate Larvae*. Elsevier/North-Holland, Nova York.
Christiansen, F. e T. Fenchel. 1979. Evolution of marine invertebrate reproductive patterns. Theor. Pop. Biol. 16: 267–282.
Crisp, D. 1974. Energy relations of marine invertebrate larvae. Thalassia Jugosl. 10: 103–120.
Crisp, D. 1974. Factors influencing the settlement of marine intertidal larvae. pp. 177–265 in P. T. Grant e A. M. Macie (eds.), *Chemoreception in Marine Organisms*. Academic Press, Nova York.
Davidson, E. H. e M. S. Levine. 2008. Properties of developmental gene regulatory networks. Proc. Nat. Acad. Sci. 105: 20063–20066.
Dawydoff, C. 1928. Traité d´Embryologie Comparée des Invertébrés. Masson et Cie, Libraires de l´Academie de Médicine, Paris. [Desatualizado de diversas maneiras, mas ainda um trabalho de referência e útil.]
Eckelbarger, K. J. 1994. Diversity of metazoan ovaries and vitellogenic mechanisms: Implications for life history theory. Proc. Biol. Soc. Wash. 107: 193–218.
Eckelbarger, K. J. e L. Watling. 1995. Role of phylogenetic constraints in determining reproductive patterns in deep-sea invertebrates. Invert. Biol. 114(3): 256–269.
Emlet, R. B. e E. E. Ruppert (eds.). 1994. Symposium: evolutionary morphology of marine invertebrate larvae and juveniles. Am. Zool. 34: 479–585.

Erwin, D. H. 2009. Early origin of the bilaterian developmental toolkit. Phil. Trans. Roy. Soc. B 364: 2253–2261.

Erwin, D. H. 2015. Was the Ediacaran-Cambrian radiation a unique evolutionary event? Paleobiology 41: 1–15.

Gilbert, L. I. e E. Frieden (eds.). 1981. *Metamorphosis: A Problem in Developmental Biology*, 2nd Ed. Plenum, Nova York. [Grande abordagem bioquímica.]

Grosberg, R. K. 1981. Competitive ability influences habitat choice in marine invertebrates. Nature 290: 700–702.

Hadfield, M. G. 1978. Metamorphosis in marine molluscan larvae: An analysis of stimulus and response. pp. 165–175 in F. S. Chia e M. E. Rice (eds.), *Marine Natural Products Chemistry*. Plenum, Nova York.

Hadfield, M. G. 1984. Settlement requirements of molluscan larvae: new data on chemical and genetic roles. Aquaculture 39: 283–298.

Jablonsky, D. e R. A. Lutz. 1983. Larval ecology of marine benthic invertebrates: Paleobiological implications. Biol. Rev. 58: 21–89. [Excelente revisão sobre a ecologia larval sob uma perspectiva evolutiva.]

Jeffrey, W. R. e R. A. Raff (eds.). 1982. *Time, Space, and Pattern in Embryonic Development*. Alan R. Liss, Nova York.

Kohn, A. J. e F. E. Perron. 1994. *Life History and Biogeography: Patterns in* Conus. Clarenton Press, Oxford.

Lutz, R. A., D. Jablonski e R. D. Turner. 1984. Larval development and dispersal at deep-sea hydrothermal vents. Science 226: 1451–1454.

McEdward, L. R. (ed.). 1995. *Ecology of Marine Invertebrate Larvae*. CRC Press, Boca Raton, FL.

Mileikovsky, S. 1971. Types of larval development in marine bottom invertebrates, their distribution and ecological significance: A re-evaluation. Mar. Biol. 10: 193–213. [Excelente tratamento do assunto.]

Perron, F. e R. Carrier. 1981. Egg size distribution among closely related marine invertebrate species: are they bimodal or unimodal? Am. Nat. 118: 749–755. [Explica em parte como o tamanho do ovo varia com outros aspectos do padrão de desenvolvimento.]

Rokas, A. 2008. The origins of multicellularity and the early history of the genetic toolkit for animal development. Ann. Rev. Genet. 42: 235–251.

Sammarco, P. W. e M. L. Heron (eds.). 1994. *The Bio-Physics of Marine Larval Dispersal*. Am. Geophysical Union, Wash. DC. [Excelente combinação de oceanografia física e biologia.]

Starr, M., J. H. Himmelman e J. C. Therriault. 1990. Direct coupling of marine invertebrate spawning with phytoplankton blooms. Science 247: 1071–1074.

Steidinger, K. A. e L. M. Walker (eds.). 1984. *Marine Plankton Life Cycle Strategies*. C.R.C. Press, Boca Raton, FL, pp. 93–120.

Strathmann, R. 1977. Egg size, larval development and juvenile size in benthic marine invertebrates. Am. Nat. 111: 373–376.

Strathmann, R. 1978. The evolution and loss of feeding larval stages of marine invertebrates. Evolution 32(4): 894–906.

Strathmann, R. 1985. Feeding and nonfeeding larval development and life history evolution in marine invertebrates. Ann. Rev. Ecol. Syst. 16: 339–361.

Strathmann, R. e M. Strathmann. 1982. The relationship between adult size and brooding in marine invertebrates. Am. Nat. 119: 91–101.

Thorson, G. 1946. Reproduction and larval development of Danish marine bottom invertebrates with special reference to the planktonic larvae in the South (Oresund). Medd. Danm. Fisk., Havunders., Ser. Plankton: 4.

Thorson, G. 1950. Reproduction and larval ecology of marine bottom invertebrates. Biol. Rev. 25: 1–45. [Esses dois trabalhos de G. Thorson fundaram os estudos modernos sobre a classificação dos ciclos de vida dos invertebrados e sua importância.]

Todd, C. D. e R. W. Doyle. 1981. Reproductive strategies of marine benthic invertebrates: A settlement-timing hypothesis. Mar. Ecol. Prog. Ser. 4: 75–83.

Wray, G. A. e R. A. Raff. 1991. The evolution of developmental strategy in marine invertebrates. Trends Ecol. Evol. 6: 45–50.

Young, C. M. 1990. Larval ecology of marine invertebrates: A sesquicentennial history. Ophelia 32: 1–48.

Young, C. M. e K. J. Eckelbarger (eds.). 1994. *Reproduction, Larval Biology, and Recruitment of the Deep-Sea Benthos*. Columbia University Press, Nova York.

Filogenia e origens dos clados principais

Alberch, P. *et al.* 1979. Size and shape in ontogeny and phylogeny. Paleobiology 5(3): 296–317.

Bergh, R. S. 1885. Die Exkretionsorgane der Würmer. Kosmos, Lwow 17: 97–122.

Bergstrom, J. 1989. The origin of animal phyla and the new phylum Procoelomata. Lethaia 22: 259–269.

Bütschli, O. 1883. Bemerkungen zur Gastrea Theorie. Morph. Jahrb. 9.

Carter, G. S. 1954. On Hadzi's interpretations of animal phylogeny. Syst. Zool. 3: 163–167. [Uma análise às vezes mordaz das visões de Hadzi.]

Clark, R. B. 1964. *Dynamics in Metazoan Evolution*. Oxford University Press, Nova York. [Abordagem funcional sobre a evolução dos metazoários, em especial no tocante à origem do celoma e do metamerismo.]

Dougherty, E. C. (ed.). 1963. *The Lower Metazoa: Comparative Biology and Phylogeny*. University of California Press, Berkeley.

Eaton, T. H. 1953. Paedomorphosis: An approach to the chordate–echinoderm problem. Syst. Zool. 2: 1–6.

Faussek, V. 1899. Über die physiologische Bedeutung des Cöloms. Trav. Soc. Nat. St. Petersberg 30: 40–57.

Faussek, V. 1911. Vergleichend-embryologische Studien. (Zur Frage über die Bedeutung der Cölom-hölen). Z. Wiss. Zool. 98: 529–625. [Os trabalhos de Faussek incluem suas visões sobre a teoria nefrocélica.]

Frenzel, J. 1892. *Salinella*. Arch. Naturgesch. 58, Pt. 1.

Garstang, W. 1922. The theory of recapitulation. J. Linn. Soc. Lond. Zool. 35: 81–101. [Ideias revolucionárias de Garstang sobre o conceito de recapitulação de Haeckel.]

Garstang, W. 1985. *Larval Forms and Other Zoological Verses*. University of Chicago Press, Chicago. [Ótima coleção de prosa e poesia de Walter Garstang, publicada postumamente. O esboço biográfico de sir Alister Hardy e o prefácio de Michael LaBarbera trazem muitas das contribuições de Garstang para o entendimento das relações entre ontogenia e filogenia e servem como uma introdução aprazível aos 26 poemas do livro. Essa edição mais nova do original (1951) também inclui o famoso "The Origin and Evolution of Larval Forms".]

Goodrich, E. S. 1946. The study of nephridia and genital ducts since 1895. Q. J. Microsc. Sci. 86: 113–392. [Um dos grandes clássicos sobre a origem do celoma e matérias evolutivas relacionadas.]

Gould, S. J. 1977. *Ontogeny and Phylogeny*. Harvard University Press, Cambridge, MA. [Cobertura das ideias sobre recapitulação e outras interações do desenvolvimento com a evolução.]

Grell, K. G. 1971. *Trichoplax adhaerens* F. E. Schulze, und die Entstehung der Metazoen. Naturwiss. Rundsch. 24(4): 160–161.

Grell, K. G. 1971. Embryonalentwicklung bei *Trichoplax adhaerens* F. E. Schulze. Naturwiss. 58: 570.

Grell, K. G. 1972. Formation of eggs and cleavage in *Trichoplax adhaerens*. Z. Morphol. Tiere 73(4): 297–314.

Grell, K. G. 1973. *Trichoplax adhaerens* and the origin of the Metazoa. Actualite's Protozooligiques. IVe. Cong. Int. Protozoologie. Paul Couty, Clermont-Ferrand.

Grell, K. G. e G. Benwitz. 1971. Die Ultrastruktur von *Trichoplax adhaerens* F. E. Schulze. Cytobiologie 4(2): 216–240.

Gutman, W. F. 1981. Relationships between invertebrate phyla based on functional–mechanical analysis of the hydrostatic skeleton. Am. Zool. 21: 63–81.

Hadzi, J. 1963. *The Evolution of the Metazoa*. Macmillan, Nova York. [Exagerado. Mas um livro que começe com "Era 1903, há 58 anos, quando eu, então um jovem recém-saído da escola em Zagreb, fui para Viena estudar ciências naturais e, acima de tudo, minha amada zoologia na Universidade de Viena" não pode ser completamente ruim!]

Haeckel, E. 1866. *Generelle Morphologie der Organismen: Allgemeine Grundzüuge der organischen Formen-Wissenschaft mechansch begrüundet durch die von Charles Darwin reformierte Descendenz-Theorie*. Vols. 1–2. George Reimer, Berlim.

Haeckel, E. 1874. The gastrea theory, the phylogenetic classification of the animal kingdom and the homology of the germ-lamellae. Q. J. Microscop. Sci. 14: 142–165; 223–247. [Conceitos de Haeckel sobre recapitulação e a ideia da origem blasteia–gastreia dos metazoários. Tradução do alemão para o inglês do artigo que introduziu a teoria colonial da origem dos metazoários. (Jena. Z. Naturwiss. 8: 1–55).]

Hall, B. K. 1996. Baupläne, phylotypic stages, and constraints. Why are there so few types of animals? pp. 215–261 in, M. K. Hecht et al. (eds.), *Evolutionary Biology, Vol. 29*. Plenum, Nova York.

Hanson, E. D. 1958. On the origin of the eumetazoa. Syst. Zool. 7: 16–47. [Embasa as visões de Hadzi.]

Hanson, E. D. 1977. *The Origin and Early Evolution of Animals*. Wesleyan University Press, Middletown, CT.

Hatschek, B. 1877. Embryonalentwicklung und Knospung der Pedicellina echinata. Z. Wiss. Zool. 29: 502–549. [Primeiras ideias sobre a teoria gonocélica.]

Hatschek, B. 1878. Studien ueber Entwicklungsgeschichte der Anneliden. Ein Beitrag zur Morphologie der Bilaterien. Arb. Zool. Inst. Wien 1: 277–404.

Hejnol, A. e J. M. Martín-Durán. 2015. Getting to the bottom of anal evolution. Zool. Anz. doi:10.1016/j.jcz.2015.02.006

Hyman, L. H. 1940-1967. The Invertebrates. Vols. 1–6. McGraw-Hill, Nova York. [Todos os volumes incluem discussões especialmente boas sobre embriologia dos táxons incluídos. Os volumes 1 e 2 trazem as visões do autor sobre a origem de Metazoa, da bilateralidade e do celoma, além de outros assuntos.]

Inglis, W. G. 1985. Evolutionary waves: patterns in the origins of animal phyla. Aust. J. Zool. 33: 153–178.

Ivanova-Kazas, O. M. 1982. Phylogenetic significance of spiral cleavage. Soviet J. Mar. Biol. 7(5): 275–283.

Jablonski, D. e J. Bottjer. 1991. Environmental patterns in the origins of higher taxa: The post-Paleozoic fossil record. Science 252: 1831–1833.

Jägersten, G. 1955. On the early phylogeny of the Metazoa. The bilaterogastrea theory. Zool. Bidr. Uppsalla 30: 321–354.

Jägersten, G. 1959. Further remarks on the early phylogeny of the Metazoa. Zool. Bidr, Uppsala 33: 79–108.

Jägersten, G. 1972. *Evolution of the Metazoan Life Cycle*. Academic Press, Londres. [Filogenia de Metazoa de acordo com Jägersten, com base, em parte, em sua hipótese da bilaterogastreia. Inclui algumas ideias do autor sobre a recapitulação.]

Jefferies, R. P. S. 1986. *The Ancestry of the Vertebrates*. British Museum (Natural History), Londres.

Lang, A. 1881. Der Bau von Gunda segmentata und die Verwandtschaft der Platyhelminthen mit Coelenteraten und Hirundineen. Mitt. Zool. Sta. Neapel. 3: 187–251.

Lang, A. 1903. Beitrüage zu einer Trophocoltheorie. Jena. Z. Naturw. 38: 1–373. [O artigo de Lang de 1881 embasou a teoria enterocélica, sugerindo que o celoma surgiu de divertículos retirados do tubo digestivo dos vermes achatados; essa opinião baseava-se em seu estudo do tubelário *Gunda* (hoje *Procedes*). Entretanto, Lang acabou modificando sua opinião para a teoria gonocélica (1903).]

Lankester, E. R. 1874. Observations on the development of the pond snail (*Lymnaea stagnalis*), and in the early stages of other Mollusca. Q. J. Microsc. Sci. 14: 365–391. [Ideias sobre a origem do celoma.]

Lankester, E. R. 1877. Notes on the embryology and classification of the animal kingdom; comprising a revision of speculations relative to the origin and significance of the germ layers. Q. J. Microsc. Sci. 17: 399–454. [Além do título ambicioso, esse trabalho traz ideias sobre a teoria gonocélica.]

Margulis, L. 1981. *Symbiosis in Cell Evolution: Life and Its Environment on the Early Earth*. W. H. Freeman, San Francisco.

Marlow, H. et al. 2014. Larval body patterning and apical organs are conserved in animal evolution. BMC Biol. 12: 7.

Martindale, M. Q. e A. Hejnol. 2009. A developmental perspective: changes in the position of the blastopore during bilaterian evolution. Dev Cell 17: 162–174.

Masterman, A. 1897. On the theory of archimeric segmentation and its bearing upon the phyletic classification of the Coelomata. Proc. R. Soc. Edinburgh 22: 270–310. [Masterman foi, em geral, quem propôs a teoria enterocélica.]

McKinney, M. L. e K. J. McNamara. 1991. *Heterochrony: The Evolution of Ontogeny*. Plenum Press, NY.

Meckel, J. 1811. Entwurf einer Darstellung der zwischen dem Embryozustande der höheren Tiere und dem Permanenten der niedere stattfindenen Parallele: Beitrüage zur vergleichenden Anatomie, Vol. 2. Carl Heinrich Reclam., Leipzig, pp. 1–60.

Meckel, J. 1811. Über den Charakter der allmüahligen Vervollkommung der Organisation, oder den Unterschied zwischen den höheren und niederen Bildungen: Beytrüage zur vergleichenden Anatomie, Vol. 2. Carl Heinrich Reclam., Leipzig, pp. 61–123. [Os trabalhos de Meckel contêm conceitos interessantes anteriores a Haeckel sobre as relações entre o desenvolvimento e a evolução como entendida antes de Darwin.]

Metschnikoff, E. 1883. Untersuchungen über die intracellulare Verdauung bei wirbellosen Thieren. Arb. Zool. Inst. Wien. 5: 141–168. [Traduzido para o inglês e publicado como "Researches on the intracellular digestion of invertebrates", Q. J. Micnosc. Sci. (1884) 24: 89–111. Esse artigo inclui alguns dos estudos que levaram Metschnikoff e outros a concluir que a ingressão era a forma original de gastrulação.]

Meyer, E. 1890. Die Abstimmung der Anneliden. Der Ursprung der Metamerie und die Bedeutung des Mesoderms. Biol. Cbl. 10: 296–308. [Uma tradução para o inglês encontra-se em Am. Natur. 24: 1143–1165.]

Meyer, E. 1901. Studien üuber den Körperbau der Anneliden. V. Das Mesoderm der Ringelwüurmer. Mitt. Zool. Sta. Neapel. 14: 247–585. [Os dois artigos de Meyer trazem uma cobertura sobre a teoria gonocélica.]

Morris, S. C. J. D. George, R. Gibson e H. M. Platt (eds.). 1985. *The Origins and Relationships of Lower Invertebrates*. Clarenton Press, Oxford. Published for the Systematics Association, Special Vol. 28.

Nielsen, C. 1985. Animal phylogeny in light of the trochaea theory. Biol. J. Linn. Soc. London 25: 243–299.

Nielsen, C. 1987. Structure and function of metazoan ciliary bands and their phylogenetic significance. Acta Zool. 68: 205–262.

Nielsen, C. 1994. Larval and adult characters in animal phylogeny. Am. Zool. 34: 492–501.

Nielsen, C. 2012. How to make a protostome. Invertebrate Systematics 26: 25–40

Nielsen, C. 2012. *Animal Evolution: Interrelationships of the Living Phyla*, 3rd Ed. Oxford University Press, Oxford.

Nielsen, C. 2013. Life cycle evolution: was the eumetazoan ancestor a holopelagic planktotrophic gastraea? BMC Evolutionary Biology 13: 171.

Nielsen, C. 2015. Evolution of deuterostomy—and origin of the chordates. Biological Reviews, doi: 10.1111/brv.12229

Nielsen, C. 2015. Larval nervous systems: true larval and precocious adult. J. Exper. Biol. doi: 10.1242/jeb.109603

Nielsen, C. e A. Nørrevang. 1985. The trochea theory: An example of life cycle phylogeny. pp. 28–41 in Morris, S. C. J. D. George, R. Gibson e H. M. Platt (eds.). 1985. *The Origins and Relationships of Lower Invertebrates*. Clarenton Press, Oxford. Published for the Systematics Association, Special Vol. 28.

Patterson, C. 1990. Reassessing relationships. Nature 344: 199–200.

Popkov. D. V. 1993. Polytrochal hypothesis of origin and evolution of trochophora type larvae. Zool. Zh. 72: 1–17.

Raff, R. A. 2008. Origins of the other metazoan body plans: The evolution of larval forms. Phil. Trans. Royal Soc. B: Biol. Sci. 363: 1473–1479.

Raff, R. A. e T. C. Kaufman. 1983. *Embryos, Genes, and Evolution*. Macmillan, Nova York.

Rieger, R. M. 1994. The biphasic life cycle—A central theme of metazoan evolution. Am. Zool. 484–491.

Salvini-Plawen, L. 1980. Was ist eine Trochophora? Eine Analyse der Larventypen mariner Protostomier. Zool. Jb., Anat. 103: 389–423.

Salvini-Plawen, L. V. 1982. A paedomorphic origin of the oligomerous animals? Zool. Scr. 11: 77–81.

Sarvaas, A. E. du Marchie. 1933. La theorie du coelome. Thesis, University of Utrecht. [Algumas ideias da teoria esquizocélica nunca foram muito aceitas.]

Schleip, W. 1929. Die Determination der Primitiventwicklung. Akad. Verlags, Leipzig. [Origem do conceito de "Spiralia".]

Sedgwick, A. 1884. On the nature of metameric segmentation and some other morphological questions. Q. J. Microsc. Sci. 24: 43–82. [Esse trabalho proporciona a principal força por trás da ideia de que o celoma surgiu (via enterocele) dos sacos do tubo intestinal de cnidários em vez do divertículo removido dos tratos digestivos dos vermes achatados.]

Serres, E. R. A. 1824. Explication de systéme nerveux des animaux invertébrés. Ann. Sci. Nat. 3: 377–380.

Serres, E. R. A. 1830. Anatomie transcendante—Quatrieme mémoire: Loi de symétrie et de conjugaison du système sanguin. Ann. Sci. Nat. 21: 5–49.

Siewing, R. 1980. Das Archichelomatenkonzept. Zool. Jahrb. Abt. Anat. Ontog. Tiere 8, 103: 439–482.

Simonetta, A. M. e S. Conway Morris (eds.). 1989. *The Early Evolution of Metazoa and the Significance of Problematic Taxa*. Cambridge Univ. Press, Cambridge.

Valentine, J. et al. 1991. The biological explosion at the Precambrian–Cambrian boundary. pp. 279–356 in M. K. Hecht, B. Wallace e R. J. Macintyre (eds.), *Evolutionary Biology, Vol. 25*. Plenum, Nova York.

Vecchia, G. L., R. Valvassori e M. D. C. Carnevali (eds.). 1995. Body cavities: function and phylogeny. Proceedings of the International Symposium on Body Cavities, Varese. Collana U.Z.I. Selected Symposia and Monographs No. 8. Mucchi Editore, Modena, Itália.

von Baer, K. E. 1828. Entwicklungsgeschichte der Thiere: Beobachtung und Reflexion. Borntrager, Konigsberg.

Wilson, E. B. 1898. Considerations in cell-lineage and ancestral reminiscence. Ann. N. Y. Acad. Sci. 11: 1–27.

Ziegler, H. E. 1898. Über den derzeitigen Stand der Colomfrage. Verh. Dtsch. Zool. Ges. 8: 14–78.

Ziegler, H. E. 1912. Leibeshöhle. Handwörterbuch Naturwiss. 6: 148–165.

6

Dois Filos de Metazoários Basais

Porifera e Placozoa

Os Capítulos 1 a 5 apresentaram uma introdução detalhada ao reino Metazoa (ou Animalia). Os metazoários constituem um clado monofilético de eucariotos – criaturas cujas células têm organelas circundadas por membranas e um núcleo também envolvido por uma membrana. Entretanto, esses organismos diferem dos outros eucariotos (*i. e.*, fungos, plantas e inúmeros clados de protistas) por sua combinação de pluricelularidade, nutrição heterotrófica e por ingestão e estilo singular de formação dos tecidos por deposição de camadas germinativas embrionárias. **Os metazoários são eucariotos pluricelulares heterotróficos, cuja embriogênese ocorre por meio da deposição de tecidos.** A formação das camadas germinativas embrionárias ocorre por um processo conhecido como gastrulação e mesmo os metazoários mais primitivos (p. ex., esponjas) passam por esse processo – a gastrulação dos metazoários é uma marca característica desse reino. Gastrulação é um processo que realiza a separação das células que precisam interagir diretamente com o ambiente (p. ex., funções locomotora, sensorial e de proteção) das demais células que processam os materiais obtidos do ambiente (p. ex., funções nutritivas).

Conforme foi observado no Capítulo 1, Metazoa quase certamente constituem um clado monofilético definido por numerosas sinapomorfias, incluindo: gastrulação; modos singulares de ovocitogênese e espermatogênese; estrutura singular dos espermatozoides; redução dos genes mitocondriais; epitélios epidérmicos com junções estreitas septadas, ou zonas aderentes; miofibrilas estriadas; elementos contráteis de actina-miosina; colágeno tipo IV; e existência de uma camada ou membrana basal sob as camadas epidérmicas (evidentemente, alguns desses elementos foram perdidos secundariamente em alguns grupos). Existem evidências fortes de que os metazoários descenderam do grupo protista dos coanoflagelados, ou de um ancestral comum; em quase todas as análises filogenéticas recentes, os dois clados desse reino formam grupos-irmãos.

Entretanto, apesar dessas semelhanças fundamentais compartilhadas, existem quatro filos de metazoários que são tão antigos e têm *designs* corporais tão simples que suas relações

---

Classificação do reino Animal (Metazoa)

Não Bilateria*
(Também conhecidos como diploblastos)
- **FILO PORIFERA**
- **FILO PLACOZOA**
- FILO CNIDARIA
- FILO CTENOPHORA

Bilateria
(Também conhecidos como triploblastos)
- FILO XENACOELOMORPHA

Protostomia
- FILO CHAETOGNATHA

SPIRALIA
- FILO PLATYHELMINTHES
- FILO GASTROTRICHA
- FILO RHOMBOZOA
- FILO ORTHONECTIDA
- FILO NEMERTEA
- FILO MOLLUSCA
- FILO ANNELIDA
- FILO ENTOPROCTA
- FILO CYCLIOPHORA

Gnathifera
- FILO GNATHOSTOMULIDA
- FILO MICROGNATHOZOA
- FILO ROTIFERA

Lophophorata
- FILO PHORONIDA
- FILO BRYOZOA
- FILO BRACHIOPODA

ECDYSOZOA

Nematoida
- FILO NEMATODA
- FILO NEMATOMORPHA

Scalidophora
- FILO KINORHYNCHA
- FILO PRIAPULA
- FILO LORICIFERA

Panarthropoda
- FILO TARDIGRADA
- FILO ONYCHOPHORA
- FILO ARTHROPODA
  - SUBFILO CRUSTACEA*
  - SUBFILO HEXAPODA
  - SUBFILO MYRIAPODA
  - SUBFILO CHELICERATA

Deuterostomia
- FILO ECHINODERMATA
- FILO HEMICHORDATA
- FILO CHORDATA

*Grupo parafilético.

com outros animais fogem ao nosso entendimento – esses filos são os quatro não bilatérios: Porifera, Placozoa, Cnidaria e Ctenophora. Os dois primeiros (esponjas e placozoários) estão descritos neste capítulo, enquanto os outros dois aparecem nos capítulos seguintes. As análises filogenéticas informam-nos de que esses quatro filos são basais a todos os outros metazoários e que Porifera provavelmente constitui o filo animal mais antigo existente. Além da inexistência de simetria bilateral, geralmente se aceita que esses quatro filos não tenham desenvolvimento de mesoderme verdadeira, ou seja, que eles sejam metazoários diploblásticos (em vez de triploblásticos). Na maioria das análises, as esponjas e os placozoários aparecem na base da árvore animal e muitos pesquisadores consideram que esses dois filos não tenham qualquer tipo de tecido verdadeiro, tampouco uma cavidade digestiva permanente, nervos e músculos verdadeiros. Algumas vezes, Cnidaria, Ctenophora e Bilateria são consideradas uma linhagem monofilética denominada "Eumetazoa", mas essa classificação não parece ser muito útil.

Outro "filo" enigmático foi baseado em uma criatura microscópica conhecida como *Salinella salve*, dos leitos salinos da Argentina. Esse organismo foi descrito pelo biólogo alemão Johannes Frenzel em meados do século 19. Com o transcorrer do tempo, *Salinella* foi tratada como um protista e um estágio larval de um metazoário desconhecido, mas por fim foi classificada em um filo monotípico próprio – Monoblastozoa. Desde sua descoberta em 1892, a única espécie *Salinella* descrita não foi mais encontrada e existem sérias dúvidas quanto à exatidão da descrição original dessa criatura muito singular. Pesquisadores realizaram várias tentativas de redescobrir *Salinella*, embora sem sucesso. Apesar disso, Frenzel era um erudito sério e um artista meticuloso, deixando-nos com um grande mistério. Uma expedição infrutífera recente em busca desse animal misterioso, realizada por outro erudito alemão – Michael Schrödl – descobriu que Frenzel na verdade não havia coletado amostras do solo a partir das quais ele cultivou a própria *Salinella*, mas que elas lhe foram fornecidas por um geólogo amigo seu, intensificando ainda mais o enigma.

De acordo com a descrição de Frenzel, a parede corporal de *Salinella* consiste em apenas uma ou duas camadas de células. As bordas internas das células revestem uma cavidade, que se abre nas duas extremidades (Figura 6.1 A). Ele dizia que as aberturas funcionavam como uma "boca" anterior e um "ânus" posterior, ambos circundados por cerdas. O restante do corpo, por dentro e por fora, é densamente ciliado. Também se dizia que o animal se movimentava por deslizamento ciliar, muito parecido com os protistas ciliados, pequenos platelmintos e xenacelomórficos (um dos quais Frenzel poderia ter examinado em seu microscópio). *Salinella* parecia alimentar-se por ingestão de detritos orgânicos por meio de sua "boca", que então eram digeridos em sua cavidade interna; o material não digerido era movimentado pelos cílios até o "ânus" para que fosse eliminado. A reprodução assexuada parecia ocorrer por fissão transversal do corpo, enquanto se acreditava que a reprodução sexuada também ocorria. A verdadeira natureza desse animal, incluindo sua própria existência, permanece obscura. Além disso, a combinação de características descritas por Frenzel não encaixa muito bem em qualquer organismo que possamos imaginar.

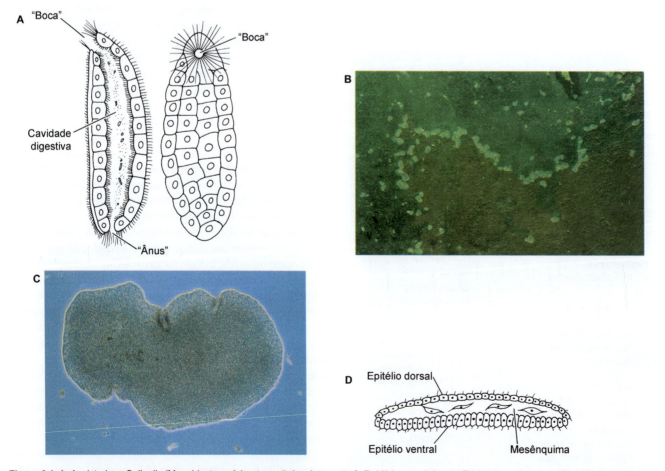

Figura 6.1 A. A misteriosa *Salinella* (Monoblastozoa) (*corte sagital* e *vista ventral*). **B.** Várias espécies de *Trichoplax adhaerens* (Placozoa) em um tapete de algas. **C.** Um único *Trichoplax*. **D.** Seção através de *Trichoplax adhaerens*.

Filo Placozoa

Trichoplax adhaerens foi descoberto por F. E. Schulze em 1883 em um aquário marinho do Graz Zoological Institute, na Áustria. Espécimes foram encontrados subsequentemente em todas as regiões dos oceanos tropicais e subtropicais. Uma segunda espécie – *Treptoplax reptans* – foi descrita em 1896, mas não foi mais encontrada desse então. Essas criaturas continuavam a ser um mistério, até que o grande protozoologista alemão Karl Grell, diretor do Zoology Institute em Tübingen, começou a trabalhar com elas. Recentemente, com base em análises de genética molecular de *T. adhaerens* obtido de várias partes do mundo, pesquisadores sugeriram que essa espécie possa ter sido uma amalgamação críptica de muitas espécies, embora ainda não tenham sido diferenciadas morfologicamente. O Quadro 6.1 descreve as características principais de Placozoa.

O corpo de *Trichoplax* mede apenas 1 a 3 mm de diâmetro, embora consista em alguns milhares de células de apenas alguns tipos e dispostas em uma placa simples de dupla camada (Figura 6.1 B a D). O organismo não tem polaridade anteroposterior, simetria, boca ou intestino, sistema nervoso, músculos ou matriz extracelular. Entretanto, as células das camadas superior (acima) e inferior (abaixo) diferem quanto à forma e existe orientação consistente do corpo em relação ao substrato. Como os conceitos de dorsal e ventral geralmente são citados como características dos animais triploblásticos, usaremos os termos células superiores e inferiores. As células da camada superior são achatadas e monociliadas (semelhantes a um epitélio) e têm estruturas extracelulares curiosas conhecidas como **esferas brilhantes** singulares aos placozoários. Durante muito tempo entendidas como inclusões lipídicas, essas esferas parecem ser facilmente desalojadas e desprendidas da camada celular. Em 2007, Vicki Buchsbaum Pearse e Oliver Voight relataram que os gastrópodes, os platelmintos e os poliquetas sabelídeos recolhiam-se quando entravam em contato com os placozoários, sugerindo que eles pudessem ter um repelente químico para os predadores. Em 2009, Alexis Jackson e Leo Buss testaram essa hipótese e descobriram que, quando organismos individuais de *Trichoplax* eram apresentados como alimento ao hidrozoário *Podocoryna carnea*, seus pólipos ficavam paralisados, sugerindo que as esferas brilhantes pudessem realmente ser dispositivos antipredadores.

A maioria das células da camada inferior também é monociliada, mas elas são mais colunares e não contêm esferas brilhantes bem-definidas; as "células glandulares" também podem ser encontradas na superfície inferior. Células fibrosas podem ocorrer entre as camadas celulares superior e inferior. Essas células internas têm extensões finas, que se conectam entre si, formando uma rede. O material celular, como os microtúbulos e os microfilamentos, atravessa as extensões de uma célula fibrosa à outra. Alguns autores sugeriram que essa rede desempenhe um papel importante na coordenação dos movimentos do animal. É importante ressaltar que os desmossomos – junções intercelulares de proteínas extracelulares de adesão celular – foram demonstrados nos placozoários e, embora estejam presentes em todos os metazoários superiores, não ocorrem nos poríferos.

A camada de células inferiores pode ser temporariamente invaginada, presumivelmente para a alimentação. Essa observação reforça a ideia de que existem diferenças estruturais e também funcionais entre as duas camadas de células. Entre essas duas camadas (ou lâminas epiteliais), existe uma camada mesenquimal de células ameboides estreladas embebidas em uma matriz gelatinosa de suporte. Grell (1982) considerava que *Trichoplax* era um metazoário diploblástico verdadeiro e sugeriu que as camadas de células superior e inferior fossem epitélios verdadeiros, que poderiam ser homólogos à ectoderme e à endoderme, respectivamente. Contudo, até hoje não foi possível identificar uma membrana basal abaixo dessas camadas, sugerindo que *Trichoplax* possa estar mais próximo de Porifera quanto à organização que de Cnidaria, Ctenophora ou eumetazoários triploblásticos. Não existem registros fósseis com placozoários.

Trichoplax movimenta-se por deslizamento ciliar ao longo de uma superfície sólida e esse movimento é facilitado pelas alterações ameboides irregulares da forma do organismo ao longo das bordas do seu corpo. Indivíduos muito pequenos, possivelmente formas jovens, podem nadar, enquanto os indivíduos maiores sempre parecem rastejar. Aparentemente, *Trichoplax* alimenta-se por fagocitose de detritos orgânicos usando a superfície inferior, que pode contrair para formar uma "câmara alimentar". Embora não exista evidência de digestão extracelular, é possível que *Trichoplax* secrete enzimas digestivas sobre seu alimento dentro de uma bolsa digestiva da camada inferior. Pesquisadores ainda não definiram o que esses animais comem na natureza, mas as culturas de laboratório podem ser mantidas com dietas de protistas flagelados (p. ex., *Cryptomonas*, *Chlorella*).

Trichoplax tem reprodução assexuada por fissão de todo o corpo em dois indivíduos novos e também pelo processo de brotamento, que forma numerosos "enxames" flagelados pluricelulares, cada qual formando um novo indivíduo. *Trichoplax* também pode regenerar as partes danificadas do seu corpo. A reprodução sexuada também foi descrita, seguida por um período de desenvolvimento de divisões celulares holoblásticas e crescimento. Ovócitos foram encontrados dentro do mesênquima, mas sua origem é desconhecida.

Com apenas quatro tipos de células somáticas e destituído de simetria definida ou eixo corporal constante, *Trichoplax* tem o corpo mais simples entre todos os metazoários conhecidos. Ao longo dos anos, autores sugeriram que *Trichoplax* possa ser um cnidário secundariamente reduzido (ou um grupo-irmão de Cnidaria). Entretanto, todos os cnidários derivados de níveis mais superiores (Scyphozoa, Hydrozoa, Cubozoa) têm uma molécula linear de mtDNA – uma sinapomorfia singular desse

---

Quadro 6.1   Características do filo Placozoa.

1. Metazoários achatados diminutos formados por camadas superior e inferior de células ciliadas (camadas epiteliais?), com células fibrosas entre as duas; os adultos são assimétricos. Pesquisadores identificaram apenas quatro tipos de células somáticas.
2. As células têm conexões intercelulares por desmossomos.
3. Têm esferas brilhantes singulares na camada de células superiores, possivelmente estruturas defensivas.
4. Não têm sistema nervoso estruturado, músculos ou sistema digestivo.

clado dentro do filo Cnidaria – em contraste com o mtDNA circular dos Anthozoa e de todos os outros Metazoa. *Trichoplax* também tem mtDNA circular. Além disso, a morfologia da estrutura secundária do genoma mitocondrial 16S de *Trichoplax* é acentuadamente diferente da que se observa nos cnidários. Mais recentemente, análises filogenéticas sugeriram que Placozoa não sejam cnidários, mas se encontrem perto da base da árvore dos metazoários, entre outros filos não bilatérios. Na época em que nosso livro estava sendo redigido, a posição exata entre esses quatro filos basais ainda era indefinida, com os dois argumentos mais fortes favorecendo sua ramificação entre um Porifera basal e Cnidaria + Ctenophora, ou sua colocação em um grupo-irmão de Bilateria. Surpreendentemente, um estudo genômico realizado em 2008 demonstrou que *Trichoplax* tinha muitos dos genes responsáveis por dirigir o desenvolvimento da forma corporal e dos órgãos dos metazoários superiores, que também foram encontrados em muitos cnidários. Além disso, curiosamente, uma mudança dos genomas mitocondriais circular para linear também ocorreu em um clado de esponjas calcárias.

Filo Porifera | Esponjas

O filo Porifera (do latim *porus*, "poro"; e *ferre*, "possuir") abrange aqueles animais estranhos, mas fascinantes, conhecidos como esponjas. A uma primeira impressão, pode ser difícil conciliar as esponjas dentro do reino animal – os adultos não têm trato digestivo, músculos e nervos convencionais e sistemas de sinalização neuronal tradicionais, órgãos típicos dos metazoários, junções comunicantes entre as células, polaridade anteroposterior evidente (exceto nas larvas) e alguns dos genes fundamentais ao desenvolvimento dos metazoários. Além disso, as esponjas têm raízes ciliares com estrias transversas nas células larvais e nos coanócitos – aspectos típicos de muitos protistas. Entretanto, as esponjas demonstram os atributos que definem os metazoários, como a pluricelularidade derivada da deposição de camadas embrionárias, junções especializadas entre as células, elementos contráteis de actina-miosina e colágeno tipo IV. Além disso, análises genômicas recentes de *Amphimedon queenslandica* (classe Demospongiae) e de *Oscarella carmela* (classe Homoscleromorpha) revelaram a existência de determinados genes homeóticos fundamentais e também representantes da maioria das moléculas dos metazoários superiores envolvidas na comunicação intercelular, nas vias de sinalização, nos epitélios complexos e no reconhecimento imune. Esses organismos também têm reprodução sexuada típica dos animais e o desenvolvimento de embriões por uma série estruturada de divisões celulares (clivagens celulares), que resultam em uma larva espacialmente organizada com múltiplas camadas celulares e capacidades sensoriais. A maioria das larvas tem simetria anteroposterior evidente e muitas esponjas adultas têm simetria apicobasal (ou polaridade) definida pela existência de um ósculo grande em uma extremidade (embora as posições dos ósculos geralmente sejam determinadas unicamente pelas forças hidrodinâmicas do ambiente). Outras mostram essa polaridade em razão de sua forma de crescimento pedunculada e/ou pinada, comumente até com troncos/pedúnculos e estruturas radiculares. Por outro lado, muitas esponjas não têm qualquer tipo de simetria em suas formas adultas. Análises de genética molecular sugeriram que Porifera sejam monofiléticos e que claramente façam parte de Metazoa. Na verdade, recentemente, pesquisadores descobriram genes das esponjas que estão implicados na regulação da polaridade anteroposterior e na especificação de determinados tecidos durante o desenvolvimento de outros metazoários basais, sustentando a afirmação de que as esponjas passem por gastrulação verdadeira durante a embriogênese. A Figura 6.2 ilustra várias formas corporais das esponjas e alguns aspectos anatômicos desses animais. O Quadro 6.2 descreve as características principais das esponjas.

As esponjas são animais pluricelulares sésseis, que se alimentam principalmente de suspensões e utilizam células flageladas conhecidas como coanócitos para circular a água por um sistema singular de canais aquáticos. A maioria das esponjas depende de um esqueleto interno de espículas de carbonato de cálcio ou dióxido de silício para sustentar seu próprio corpo, que pode ser muito grande. No passado, acreditava-se que Porifera não fizessem deposição bem-definida de camadas germinativas que resultassem em tecidos definíveis – uma condição referida

---

Quadro 6.2 Características do filo Porifera.

1. Metazoários situados parcialmente no nível celular de construção com tecidos simples, embora com graus elevados de pluripotência celular; os adultos são assimétricos ou têm eixo apicobasal bem-definido (em muitos casos, parecem superficialmente ter simetria radial); as larvas geralmente têm simetria anteroposterior.

2. As células têm junções aderentes em algumas espécies, mas não apresentam junções comunicantes.

3. Têm células flageladas características – coanócitos – que dirigem a água através de canais e câmaras, formando o sistema aquífero.

4. Os adultos são predominantemente organismos sésseis suspensívoros; os estágios larvais são móveis e geralmente lecitotróficos.

5. As membranas basais de colágeno tipo IV ocorrem na maioria dos Homoscleromorpha e também (embora em menor extensão) em outras classes.

6. A camada intermediária (mesoílo) é variável, mas sempre inclui células móveis e, geralmente, algum material esquelético.

7. Quando estão presentes, os elementos esqueléticos são compostos de carbonato de cálcio ou dióxido de silício (tipicamente na forma de espículas) e/ou fibras de colágeno.

8. As esponjas não têm neurônios; o único órgão verdadeiro dos sentidos é o ósculo, que utiliza cílios primários para detectar as velocidades de fluxo da água.

9. As células ciliadas das esponjas adultas têm apenas um cílio (que, em sua maioria, não tem o sistema radicular encontrado nos metazoários superiores); algumas larvas têm cílios com sistemas radiculares; outras larvas têm células biciliadas na superfície (que, de acordo com alguns autores, são produtos da divisão celular defeituosa).

10. Porifera é um dos poucos filos animais que têm cílios (p. ex., células epiteliais larvais, epitélio oscular do adulto) e flagelos (p. ex., coanócitos dos adultos) nos tecidos somáticos.

algumas vezes como "grau parazoário de construção corporal". Contudo, hoje sabemos que as esponjas passam por processos distintos de gastrulação, da qual se originam os tecidos dos adultos; por isso, provavelmente é melhor deixar o conceito de "parazoário" no passado. Entretanto, alguns dos tecidos das esponjas adultas são transmutáveis até certo ponto e não fixos, em virtude de grau de pluripotência – a maioria das células é capaz de mudar de forma e função, e algumas são mantidas em um estado totipotente para que possam ser recrutadas "por demanda" (embora os pinacócitos e os escleróticos não possam fazer isso). Desse modo, apesar do fato de que as esponjas são animais pluricelulares com corpos grandes, geralmente sustentados por um esqueleto interno de espículas ou colágeno enrijecido (espongina), sob alguns aspectos elas funcionam como os organismos situados no grau unicelular de complexidade. Na verdade, conforme você verá neste capítulo, seus processos de nutrição, trocas gasosas e reação aos estímulos ambientais são muito semelhantes aos dos protistas. Assim, ainda que superficialmente, as esponjas poderiam ser consideradas pequenos consórcios de células semi-autônomas e, portanto, animais muito simples. Contudo, as aparências podem enganar, como veremos adiante.

Apesar de sua simplicidade aparente, as esponjas desenvolveram vários aspectos da organização corporal dos metazoários superiores e desenvolveram tecidos primitivos, uma membrana basal esparsa e (em algumas espécies) até mesmo comportamentos predatórios e outros aspectos típicos dos metazoários superiores. Alguns poderiam argumentar que os poríferos estão "presos entre dois mundos" – o mundo dos protistas e o mundo dos metazoários superiores –, enquanto outros poderiam afirmar que eles são metazoários em todos os sentidos desse termo.

Um dos atributos mais notáveis das esponjas é sua tendência a manter relações simbióticas com uma variedade de Bacteria heterotróficas e autotróficas, Archaea e Protista. Algumas dessas relações tão diretas desenvolveram-se a tal ponto que, na verdade, quantidades maiores de biomassa são fornecidas pelos simbiontes que pelas esponjas; nessas espécies, o exame microscópico das esponjas revela principalmente células microbianas! Estamos apenas começando a explorar essas comunidades ocultas dentro das esponjas, mas já foram documentados centenas de espécies simbióticas, em mais de uma dúzia de filos de bactérias e arqueobactérias (e vários grupos de protistas). À medida que o papel dos microrganismos nas esponjas começa a ser mais bem-entendido, evidências emergentes sugerem mutualismo forte em muitos casos. Esponjas de diferentes tipos em diversas bacias oceânicas parecem abrigar comunidades microbianas acentuadamente semelhantes, sugerindo que as relações simbióticas sejam muito antigas. Além disso, alguns desses micróbios parecem ser transportados em ovos, células-incubadoras e até mesmo no esperma das esponjas.

As esponjas produzem o maior e mais diverso armazém de metabólitos secundários entre todos os filos animais – compostos que têm a função de deter predadores, evitar incrustações na superfície da esponja, filtrar a radiação ultravioleta e nutrir seus parceiros simbióticos. Algumas esponjas podem até "andar" sobre as rochas, utilizando extensões lobiformes do corpo, que crescem, alongam-se e depois desaparecem, algumas vezes deixando pedaços vivos separados – progenia – em seu caminho. Ao menos uma linhagem de esponjas, possivelmente outras mais, passaram por um processo evolutivo dramático e tornaram-se carnívoros predadores; em vez da alimentação por filtração, essas criaturas magníficas são carnívoras que capturam e engolfam diminutas presas, que ficam retidas nas superfícies altamente especializadas semelhante ao velcro. Existem descritas mais de 100 espécies de esponjas carnívoras, principalmente na família Cladorhizidae de águas profundas e em outras duas famílias carnívoras pequenas.

Durante a escrita deste livro, havia cerca de 9.000 espécies vivas de esponjas descritas e, com exceção de 220 (espécies dulciaquícolas), todas estavam restritas aos ambientes marinhos bentônicos. As espécies dulciaquícolas ocorrem em todas as latitudes, desde desertos até florestas tropicais equatoriais, desde o nível do mar até os lagos alpinos e até mesmo nos hábitats subterrâneos. A cada ano, pesquisadores descrevem cerca de 60 espécies novas de esponjas. Algumas estimativas sugerem que menos da metade das espécies vivas foi descrita até hoje. As esponjas ocorrem em todas as profundidades, mas são mais abundantes nos hábitats não poluídos dos recifes litorais e tropicais, nas regiões das plataformas continentais temperadas e nos oceanos antárticos. Entretanto, os "pisos de esponja" das águas profundas também são componentes importantes dos ecossistemas dos oceanos profundos. A maioria das esponjas litorâneas forma camadas finas ou espessas, ou cresce como estruturas eretas nas superfícies rígidas. As esponjas que vivem nos substratos moles geralmente são eretas e altas, ou têm estruturas funiculares no topo de um corpúsculo basal enterrado, desse modo evitando que sejam enterradas pelos sedimentos móveis do ambiente.

Algumas esponjas alcançam dimensões consideráveis (até 2 m de altura nos recifes do Caribe e até mesmo tamanhos maiores na Antártida) e podem constituir uma parte expressiva da estrutura e da biomassa bênticas. Nos oceanos da Antártida, as esponjas podem representar cerca de 75% da biomassa bentônica total nas profundidades entre 100 e 200 m. As áreas da plataforma antártica profunda também são conhecidas como "reinos das esponjas", onde foram registradas mais de 300 espécies com biomassa e densidade altas. As espécies subtidais e de águas profundas, que não enfrentam correntes fortes ou movimento de ondas, frequentemente são grandes e apresentam forma externa estável e até mesmo simétrica (radial). As esponjas hexactinelidas de águas profundas comumente assumem formas incomuns, muitas com estruturas delicadas semelhantes a vidro, outras arredondadas e maciças, e outras ainda com formato de cordões. Os recifes de esponjas silíceas foram documentados em vários períodos da história da Terra e culminaram no fim do período Jurássico, quando formavam um cinturão descontínuo de recifes de águas profundas que se estendia por mais de 7.000 km. Esse sistema de recifes foi a maior estrutura biótica já construída na Terra (os 2.000 km da Grande Barreira de Corais da Austrália são relativamente pequenos em comparação com o cinturão de recifes de esponjas do período Jurássico).

As esponjas apresentam quase todas as cores imagináveis, incluindo tonalidades brilhantes de lilás, azul, amarelo, carmesim e branco puro. Em muitas espécies, são as bactérias ou algas simbióticas que conferem coloração aos corpos de seus hospedeiros, especialmente nos trópicos. Além disso, as esponjas constituem o único filo animal que utiliza sílica em vez de cálcio em seus esqueletos minerais (Desmospongiae, Homoscleromorpha e Hexactinellida). Em uma das quatro classes de esponjas – Calcarea – o esqueleto não é formado por espículas de silício, mas por carbonato de cálcio (embora algumas espécies de outras classes de esponjas sejam conhecidas por secretar uma base firme de carbonato de cálcio, sobre a qual repousa o esqueleto de sílica).

Figura 6.2 Esponjas representativas. Classe Calcarea: **A.** *Leucilla nuttingi*; **B.** *Sycon* (= *Scypha*), uma esponja siconoide; **C.** *Clathrina clathrus*, uma esponja rara (mar Mediterrâneo), que comumente prolifera nas paredes e nos tetos das cavernas oceânicas. Classe Demospongiae: **D.** *Aplysina archeri* (Caribe); **E.** *Agelas* sp. (Belize); **F.** uma esponja incrustante amarela *Haliclona* sp. (Golfo de Áden, Djibuti); **G.** *Speciospongia confoederata* (imagem ampliada da pinacoderme demonstrando os poros dérmicos e os ósculos); **H.** *Tethya aurantia*, imagem ampliada demonstrando os ósculos protegidos por espículas longas.

(*continua*)

Figura 6.2 (*Continuação*) **I** e **J.** Esponjas de árvore! Esponjas dulciaquícolas originadas de todas as três famílias do Novo Mundo. Ocorrem nos rios da bacia amazônica. A figura ilustra uma *Drulia* (?), que vive entre 5 e 10 metros acima do nível inferior das águas na estação seca (quando estas fotos foram tiradas). **K.** *Spongilla*, uma esponja dulciaquícola (Minnesota, EUA). **L.** Base calcária maciça de uma esponja coralina. **M.** Uma esponja poecilosclerida vermelha proliferando no dorso de um caranguejo decorador torna-se praticamente invisível (ilhas Antípodas, Nova Zelândia). Hexactinellida: **N.** três espécimes de esponjas-de-vidro dos mares profundos (do Pacífico Leste) com pedúnculos filamentares de sílica; **O.** *Euplectella aspergillum* (cesta-de-flores-de-vênus). **P.** Foto ampliada do esqueleto da *Euplectella* demonstrando a disposição dos feixes de espículas.

História taxonômica e classificação

A natureza séssil das esponjas e sua forma de crescimento geralmente amorfa ou assimétrica convenceram os primeiros naturalistas de que elas eram plantas. Apenas em 1765, quando a natureza de suas correntes internas de água foi descrita, é que as esponjas foram reconhecidas como animais. Os grandes naturalistas do fim do século 18 e início do século 19 (p. ex., Jean-Baptiste Lamarck, Karl Linnaeus, Georges Cuvier) classificaram as esponjas entre Zophytes ou Polypes, considerando que fossem relacionadas aos cnidários antozoários. Ao longo de grande parte do século 19, as esponjas foram colocadas junto com os cnidários sob a denominação de Coelenterata ou Radiata. A morfologia e a fisiologia das esponjas foram entendidas adequadamente pela primeira vez por R. E. Grant. Grant criou para elas o termo Porifera, embora outros nomes fossem utilizados comumente (p. ex., Spongida, Spongiae, Spongiaria).

Historicamente, as classes de Porifera têm sido definidas pela natureza dos seus esqueletos internos. Até recentemente, havia três classes de esponjas reconhecidas havia muitos anos: Calcarea, Hexactinellida e Demospongiae. Por cerca de duas décadas (1970-1990), alguns cientistas sugeriram uma outra classe – Sclerospongiae – que incluía as espécies que produziam matriz calcária sólida semelhante às rochas (além do esqueleto de espículas), sobre a qual as esponjas vivas cresciam. Pesquisadores descreveram mais de 12 espécies de esclerosponjas vivas, também conhecidas como esponjas coralinas. No fim do século 20, análises de ultraestrutura e DNA demonstraram que, na verdade, a classe Sclerospongiae era um grupamento polifilético e, por isso, ela foi abondada e seus membros foram redistribuídos nas classes Calcarea e Demospongiae. Hoje em dia, as "esponjas coralinas" são reconhecidas como últimos sobreviventes dos estromatoporídeos, esfinctozoários e quetetídeos extintos – esponjas ancestrais que formavam recifes e eram muito diversificadas nos oceanos dos períodos Paleozoico e Mesozoico. Essas esponjas coralinas ancestrais provavelmente estavam entre os primeiros metazoários a produzir esqueletos de carbonato. Em 2010, a natureza singular das Homoscleromorpha (que, no passado, estavam incluídas na classe Demospongiae) justificou a elevação desse grupo ao *status* de classe, estabelecendo assim a quarta classe de poríferos viventes.

Demospongiae é a maior classe das esponjas, compreendendo 81% das espécies atuais. Em razão de seu tamanho e sua variabilidade morfológica, a classe Demospongiae traz o maior número de dificuldades aos taxonomistas. A única sinapomorfia que diferencia essa classe de esponjas é a existência de um esqueleto baseado em espongina e, ainda assim, nem todas as espécies de demosponjas têm essa característica. Durante muitos anos, os espongiologistas seguiam a classificação de C. Lévi, que criou duas subclasses de demosponjas com base nos seus mecanismos de reprodução: Tetractinomorpha e Ceractinomorpha. Entretanto, na virada do século, essas duas subclasses foram amplamente reconhecidas como polifiléticas. No início do século 21, a filogenética molecular demonstrou que a classe é monofilética (exclusivo da Homoscleromorpha) e que pode ser subdividida em três ou quatro subclasses bem-definidas, conforme descrito adiante.

Embora o elemento fundamental à taxonomia das esponjas tenha sido tradicionalmente a composição química, a forma, a ornamentação, a dimensão e a localização das espículas, outros tipos de informação – incluindo a química dos metabólitos secundários e principalmente a sistemática molecular – têm sido agora utilizados para desenvolver hipóteses filogenéticas e classificações mais acuradas. Na verdade, algumas espécies de esponjas não têm qualquer espícula (p. ex., *Oscarella, Hexadella, Halisarca*), enquanto muitos tipos de espículas parecem ser homoplasias entre as esponjas (p. ex., ásteres, acantóstilos, estigmas). Hoje em dia, os especialistas em esponjas também usam métodos embriológicos, bioquímicos, histológicos e citológicos para diagnosticar e analisar os poríferos. No passado, a taxonomia dos poríferos era difícil em razão da dificuldade considerável de estabelecer claramente os limites de algumas espécies de esponjas. As esponjas são famosas por sua escassez de características taxonômicas confiáveis e, mesmo o grande taxonomista de esponjas Arthur Dendy era conhecido por frequentemente terminar o diagnóstico de uma espécie com um ponto de interrogação.[1]

A partir do advento da filogenética molecular, o mundo fascinante da poriferologia tem sido mais tratável e a sistemática moderna está começando a construir uma estrutura básica robusta para esse filo. Alguns estudos de filogenética molecular das esponjas sugeriram que elas poderiam ser parafiléticas, mas esses estudos analisaram um número relativamente pequeno de genes nucleares e as pesquisas mais amplas não confirmaram essa ideia. Além de resolver dúvidas filogenéticas de longa data, os estudos moleculares levaram a descobertas de que muitas "espécies cosmopolitas" são, na verdade, grupos de espécies muito semelhantes, mas na verdade diferentes. Além disso, a partir da década de 1970, foram descobertos compostos bioativos importantes nas esponjas, dos quais muitos têm potencial farmacológico significativos (p. ex., compostos antibacterianos, antivirais, anti-inflamatórios, antitumorais e citotóxicos, além de bloqueadores de canais e substâncias químicas anti-incrustantes). A descoberta desses produtos naturais nas esponjas também resultou no reavivamento do interesse por esse grupo de organismos.

FILO PORIFERA

CLASSE CALCAREA. Esponjas calcárias (Figura 6.2 A a C). As espículas do esqueleto mineral são compostas unicamente por carbonato de cálcio depositado na forma de calcita, secretada no meio extracelular dentro de uma bainha de colágeno (embora sem filamento axial); em muitos casos, os elementos esqueléticos não se diferenciaram em megascleras e microscleras; em geral, as espículas têm um, três ou quatro raios; corpos com construção asconoide, siconoide ou leuconoide; muitas espécies apresentam simetria radial superficial em torno de um longo eixo, mas em outras não há simetria axial perceptível; a clivagem inicial é completa e igual; os padrões de clivagem embrionária provavelmente são fundamentalmente radiais; todas as espécies estudadas são vivíparas. Todas vivem nos hábitats marinhos e ocorrem em todas as latitudes. Existem cerca de 685 espécies descritas. Embora a embriogênese e a morfologia larval das duas subclasses sejam extremamente diferentes, a filogenética molecular fornece evidência de que a classe e as subclasses sejam monofiléticas.

---

[1] O termo "promiscuidade" de esponjas foi cunhado por Ristau (1978) para descrever um agregado de esponjas; o uso dessa expressão é comparável aos outros nomes coletivos que definem grupos de animais (p. ex., manada, rebanho ou amontoado de animais).

SUBCLASSE CALCINEA. As larvas de vida livre são "celoblástulas" flageladas e ocas (calciblástula); os núcleos dos coanócitos estão localizados na base e o flagelo origina-se independentemente do núcleo (uma suposta sinapomorfia dessa subclasse); as espículas são trirradiadas, regulares e livres (p. ex., *Clathrina, Dendya, Leucascus, Leucetta, Soleneiscus* e o gênero coralino *Murrayona*).

SUBCLASSE CALCARONEA. As larvas de vida livre são anfiblástulas singulares parcialmente flageladas, que geralmente se formam por eversão das "pré-larvas" estomoblástulas iniciais (que são mantidas internamente) – uma suposta sinapomorfia dessa subclasse; os núcleos dos coanócitos são apicais e o flagelo origina-se diretamente do núcleo; as espículas são livres ou fusionadas (p. ex., *Amphoriscus, Grantia, Leucilla, Leucosolenia, Sycon [= Scypha]*, gênero coralino *Petrobiona*).

CLASSE HEXACTINELLIDA. Esponjas-de-vidro (Figura 6.2 N, O e P). O esqueleto é formado por uma série numerosa de espículas siliciosas com vários tamanhos e formas, que são secretadas no meio intracelular ao redor de um filamento axial proteináceo quadrado; as espículas têm simetria fundamental com 3 áxons ou 6 raios (triáxonas); as megascleras e as microscleras sempre estão presentes. A esponja é formada inteiramente por um único tecido sincicial contínuo – retículo trabecular – que se estende a partir do lado externo ou da membrana dérmica e termina no lado interno ou na membrana atrial, envolvendo os componentes celulares do animal. Parede corporal cavernosa preenchida principalmente por sincício trabecular conectado por pontes citoplasmáticas abertas e tampadas a um coanossomo, com suas câmaras flageladas; pinacoderme externa ausente e substituída por uma membrana dérmica acelular; coanossomo com coanócitos anucleados embebidos em um sincício trabecular. Todas as espécies estudadas são vivíparas; algumas produzem uma larva hexactinelídea singular (triquimela). Esponjas de vida longa, exclusivamente marinhas, geralmente com formato de vaso ou tubo (nunca incrustadas), predominantemente de águas profundas (a diversidade máxima ocorre em profundidades de 300 a 600 m); 690 espécies descritas. Muitas espécies abrigam comunidades microbianas com predomínio de arqueobactérias dentro de seu corpo. O plano corpóreo hexactinelídeo talvez seja o mais incomum de todo o reino animal, porque quase todos os tecidos das formas adultas consistem em um sincício multinucleado gigante, que forma as camadas interna e externa da esponja, unidas por pontes citoplasmáticas para limitar às regiões celulares uninucleadas. Duas subclasses.

SUBCLASSE AMPHIDISCOPHORA. Corpo ancorado aos sedimentos moles por um ou vários tufos basais de espículas; as megascleras são espículas discretas, nunca fusionadas em uma rede rígida; com microscleras birrótulas, nunca formam hexasteres (p. ex., *Hyalonema, Monorhaphis, Pheronema*).

SUBCLASSE HEXASTEROPHORA. Geralmente aderida a substratos rígidos, mas algumas vezes também se fixam aos sedimentos por um tufo ou emaranhado basal de espículas; as microscleras são hexasteres; as megascleras são livres, ou podem ser fusionadas em uma rede esquelética rígida e, nesses casos, a esponja pode assumir uma morfologia grande e elaborada (p. ex., *Aphrocallistes, Caulophacus, Euplectella, Hexactinella, Leptophragmella, Lophocalyx, Rosella, Sympagella*).

CLASSE DEMOSPONGIAE. Demosponjas (Figura 6.2 D a M). Têm espículas siliciosas e/ou um esqueleto orgânico (ou, em alguns casos, nenhum dos dois) ou, em alguns grupos, um esqueleto cálcico sólido; as espículas são secretadas no meio intracelular ou extracelular ao redor de um filamento axial triangular ou hexagonal; as espículas nunca têm 6 raios (*i. e.*, não formam triáxonas); o esqueleto orgânico é uma rede de colágeno ("espongina"); a maioria produz larvas parenquimelas (Figura 6.19); podem ser vivíparas ou ovíparas (as espécies ovíparas ocorrem nas subclasses Myxospongiae, Haplosceromorpha e Heterosceromorpha); esponjas que vivem em água do mar, água salobra ou água doce e ocorrem em todas as profundidades. Muitas espécies apresentam uma comunidade mesoílica de Eubacteria, principalmente Proteobacteria e bactérias gram-positivas, bem como espécies de Archaea. Existem cerca de 7.400 espécies descritas. As duas subclasses – Tetractinomorpha e Ceractinomorpha – por muito tempo foram reconhecidas como polifiléticas, mas recentemente foram abandonadas e quatro novas subclasses foram propostas – Keratosa, Myxospongiae, Haplosceromorpha e Heterosceromorpha. Análises moleculares realizadas até agora apoiam o monofiletismo dessas subclasses novas, embora nem todas as quatro tenham sido exclusivamente definidas pela morfologia.

SUBCLASSE KERATOSA. Esqueleto formado apenas por fibras de espongina, ou esqueleto hipercalcificado (*Vaceletia*). As fibras de espongina são homogêneas ou medulares e firmemente laminadas com medula gradativa até a casca. Em geral, a reprodução é vivípara e as larvas são parenquimelas. Todas as esponjas utilizadas comercialmente são dessa subclasse (p. ex., *Spongia, Hippospongia, Coscinoderma, Rhopaleoides*). Inclui as duas ordens Dendroceratida (Darwinellidae: p. ex., *Aplysilla, Darwinella, Dendrilla*; Dictyodendrillidae: p. ex., *Dictyodendrilla, Spongionella*) e Dictyoceratida (Spongiidae: p. ex., *Spongia, Hippospongia, Rhopaleoides*; Thorectidae: *Cacospongia, Thorecta, Phyllospongia, Carteriospongia*; Irciniidae; p. ex., *Ircinia, Sarcotragus*; Dysideidae: p. ex., *Dysidea, Pleraplysilla*; e Verticillitidae: *Vaceletia*.)

SUBCLASSE MYXOSPONGIAE (= VERONGIMORPHA). Sem esqueleto ou com esqueleto apenas de fibras de espongina (com casca laminada e medula finamente fibrilar ou granular); um gênero com esqueleto de ásteres de silício (*Chondrilla*). Todas as demosponjas que não têm esqueleto fazem parte dessa subclasse (p. ex., *Chondrosia, Halisarca, Hexadella, Thymosiopsis*). Reprodução ovípara. Duas ou três ordens são reconhecidas hoje em dia (p. ex., *Aplysina, Aplysinella, Chondrosia, Chondrilla, Halisarca, Hexadella, Ianthella, Suberea, Thymosia, Thymosiopsis, Verongula*).

SUBCLASSE HAPLOSCLEROMORPHA. Com esqueleto isotrópico coanossômico ou isodictil anisotrópico; espículas megascleras diactinais (oxeias ou estrôngilos); quando estão presentes, as microscleras são sigmas e/ou toxas, microxeas ou microstrôngilos. Reprodução geralmente vivípara, com exceção de alguns gêneros petrosídeos, que são ovíparos. Em geral, as larvas são parenquimelas. Inclui as Calcifibrospongia, antes classificadas entre as Sclerospongiae. Inclui apenas uma ordem – Haplosclerida. A maioria das famílias e dos gêneros provavelmente é polifilética e essa própria subclasse é considerada por alguns parte das Heteroscleromorpha. Entre os gêneros mais comuns estão: *Haliclona, Callyspongia, Petrosia, Xestospongia, Niphates, Amphimedon, Siphonochalina* e também *Calcifibrospongia, Dendroxea* e *Janulum*.

SUBCLASSE HETEROSCLEROMORPHA.

Esqueleto formado por espículas silicosas, que podem ser monáxonas e/ou tetráxonas e, quando estão presentes, as microscleras são altamente diversificadas. Reprodução principalmente vivípara, mas existem espécies ovíparas em alguns gêneros (p. ex., *Agelas, Axinella, Raspailia, Suberites*). Essa subclasse contém a maioria das Demospongiae (cerca de 5.000 espécies), geralmente organizadas em oito ordens. A maioria das esponjas que antes eram classificadas entre as Sclerospongiae estão nessa subclasse, incluindo-se as estromatoporoides (p. ex., *Astrosclera*), as tabuladas (*Merlia, Acanthochaetetes*) e as ceratoporelídeas (p. ex., *Ceratoporella, Goreauiella, Hispidopetra* e *Stromatospongia*). A ordem Tetractinellida (*Astrophorina, Spirophorina* e a maioria das litístidas) inclui todas as esponjas com espículas tetractinas (p. ex., *Geodia, Penares, Stelletta, Tetilla, Cinachyra, Discodermia*). A ordem Spongillida dulciaquícola está nessa subclasse e inclui 220 espécies distribuídas entre 6 famílias (p. ex., *Spongilla, Ephydatia, Lubomirskia, Metania, Potamolepis*). Outras ordens são: Poecilosclerida (p. ex., *Clathria, Hymedesmia, Mycale, Myxilla, Desmacella, Asbestopluma*), Agelasida (p. ex., *Agelas, Astrosclera, Hymerhabdia, Acanthostylotella*), Axinellida (p. ex., *Axinella, Higginsia, Stelligera, Raspailia, Eurypon, Myrmekioderma*), Biemnida (p. ex., *Biemna, Neofibularia, Sigmaxinella*), Halichondrida (p. ex., *Halichondria, Hymeniacidon*) e Hadromerida (p. ex., *Cliona, Spirastrella, Tectitethya, Tethya*).

CLASSE HOMOSCLEROMORPHA.

É a classe de esponjas proposta mais recentemente e estudos demonstraram que as homoscleromorfas são diferenciadas (e monofiléticas) com base na filogenética molecular, na anatomia e na embriologia (Figura 6.20 B). O esqueleto de espongina sempre está ausente; o esqueleto rígido quase sempre está ausente, mas quando está presente é formado de espículas silicosas tetráxonas (quatro raios, geralmente desiguais) pequenas (em sua maioria, < 100 μm) conhecidas como caltrops,[2] que são semelhantes, ainda que diferentes, de algumas espículas tetráxonas das demosponjas, ou oxeias singulares (dois raios desiguais) torcidas e irregulares; todas as espículas têm o mesmo tamanho, sem diferenciação entre megascleras e microscleras (daí se originou o nome dessa classe); têm exopinacócitos e endopinacócitos ciliados; uma membrana basal de colágeno tipo IV reveste a coanoderme e a pinacoderme (esse tipo de colágeno também foi encontrado em várias espécies de demosponjas e calcárias); junções celulares por zônulas aderentes nos epitélios das larvas e dos adultos; espermatozoides com acrossomo; câmaras dos coanócitos são ovais a esféricas com coanócitos grandes. Até hoje, as junções septadas não foram encontradas nessa classe. As homoscleromorfas são vivíparas (incubam seus embriões), formam uma blástula oca por egressão multipolar e desenvolvem uma larva cinctoblástula singular. Embora alguns estudos tenham sugerido que esse grupo possa estar mais relacionado com os metazoários superiores que com outras esponjas, pesquisas recentes baseadas nas sequências genômicas completas confirmam claramente sua inclusão dentro de um grupo monofilético de poríferos, talvez relacionado mais diretamente com a Calcarea. Existem cerca de 85 espécies conhecidas de esponjas exclusivamente de vida marinha, que são divididas em duas famílias monofiléticas: Plakinidae (espécies com espícula) e Oscarellidae (espécies sem espícula). A maioria das espécies habita os fundos duros da plataforma continental, mas algumas foram identificadas em profundidades acima de 1.000 m. O registro fóssil, embora seja pobre, data do início do período Carbonífero. Têm cerca de 90 espécies (p. ex., *Corticium, Oscarella, Placinolopha, Plakina, Plakinastrella, Plakortis, Pseudocorticium*).

Plano corpóreo dos poríferos

Existe uma diversidade espantosa quanto a forma, cor e dimensões das esponjas. Os aumentos do tamanho e da superfície são conseguidos dobrando a parede do corpo em vários padrões e também por diferentes padrões de crescimento, que surgem em resposta às condições ambientais. Essa plasticidade, somada ao fato de que as esponjas mantêm algumas células em estado pluripotente, compensa em parte a inexistência de órgãos verdadeiros. Dois atributos organizacionais singulares definem as esponjas e têm desempenhado funções significativas no sucesso dos poríferos: o primeiro é o sistema de canais de corrente aquática (ou **sistema aquífero**) e suas células únicas de usos múltiplos (que desempenham funções de bombear, alimentar, trocar gases e eliminar excretas) conhecidas como **coanócitos**. O segundo atributo é a natureza altamente pluripotente das células das esponjas em geral. O sistema aquífero faz a água passar pela esponja e perto das células responsáveis por reunir alimentos e trocas gasosas. Ao mesmo tempo, as escórias digestivas e excretórias são expelidas por meio das correntes de água. O volume de água que passa pelo sistema aquífero de uma esponja é notável. Um único indivíduo de 1 × 10 cm da esponja complexa *Leuconia* bombeia diariamente cerca de 23 ℓ de água através de seu corpo. Pesquisadores registraram as taxas de bombeamento das esponjas, que variaram de 0,002 a 0,84 mℓ de água por segundo por centímetro cúbico de superfície corporal da esponja. As esponjas grandes filtram seu próprio volume em água a cada 10 ou 20 segundos.

As hexactinelidas ("esponjas-de-vidro") poderiam ser as criaturas mais incomuns de todo o reino animal. Suas espículas triáxonas com um filamento interno proteináceo quadrado diferenciam essas esponjas das outras esponjas silicosas. Seu corpo sincicial, que se forma com a fusão das células embrionárias primordiais, é único entre os metazoários. As larvas e as formas adultas têm combinações esbeltas de regiões citoplasmáticas celulares e multinucleadas, que são diferentes de tudo o que é visto em qualquer outro animal. A continuidade desse tecido permite que o alimento seja transportado simplasticamente (semelhante às plantas) e também possibilita que sinais elétricos percorram todo o corpo da esponja (análogo ao sistema nervoso dos metazoários superiores).

---

[2] Um "caltrop" era uma "mina terrestre" medieval de aspecto maligno, que consistia basicamente em quatro espículas curtas e pontiagudas irradiando-se de um centro comum em ângulos iguais. Esses dispositivos eram espalhados na frente das posições defensivas e cobertos por uma camada fina de lixo, onde eles tendiam a trazer inconvenientes às investidas da cavalaria. As espículas tetractinas das homoscleromorfas frequentemente têm o mesmo formato geral.

As esponjas não são animais coloniais. Todo e qualquer material da esponja delimitado por um envoltório externo contínuo (pinacoderme) constitui um único indivíduo. O crescimento de cada espécime é determinado por uma combinação de genética (p. ex., a maioria das larvas tem simetria anteroposterior, muitos adultos têm um padrão de crescimento radial–axial) e fatores ambientais (p. ex., dinâmica do fluxo de água, contornos do substrato). Para a maioria das esponjas, as alterações da forma corporal podem originar-se de qualquer parte ou do organismo por inteiro em resposta aos fatores externos.

Estrutura corporal e sistema aquífero

As células da superfície externa de uma esponja constituem a **pinacoderme** e são chamadas de **pinacócitos**, que geralmente são células achatadas não ciliadas também conhecidas como "células do pavimento". A pinacoderme pode ser considerada um epitélio verdadeiro. A maior parte das superfícies internas compreende a **coanoderme**, que é composta por células flageladas conhecidas como **coanócitos**. Essas duas camadas têm espessura de uma célula. Entre essas duas camadas celulares finas, está o **mesoílo**, que pode ser muito fino em algumas esponjas incrustantes, ou maciço e grosso nas espécies maiores (Figura 6.3). A pinacoderme é perfurada por diminutos orifícios conhecidos como **poros dérmicos**, ou **óstios**, dependendo de o orifício estar circundado por várias células ou por uma única, respectivamente (Figura 6.3). A água é puxada por esses orifícios e levada pela coanoderme por ação de batimento dos flagelos dos coanócitos. Os coanócitos bombeiam grandes volumes de água através do corpo da esponja e, consequentemente, formam o sistema aquífero. Pesquisadores estimaram que o custo de puxar tanta água através do corpo da esponja seja de aproximadamente um terço de seu metabolismo global.

Os coanócitos das esponjas parecem ser essencialmente idênticos às células dos protistas coanoflagelados (ver Capítulo 3). Essas células originam-se durante a metamorfose das células epiteliais ciliadas das larvas e também podem ser derivadas dos arqueócitos encontrados nas gêmulas – nesses dois casos, essas células precursoras diferenciam-se nos coanócitos que, por sua vez, formam colarinhos e transformam-se nos coanócitos. Seu flagelo longo tem um par de projeções em formato de asas basais dispostas bilateralmente, que são conhecidas como **ventoinhas**. As ventoinhas flagelares provavelmente conferem suporte ao flagelo. O flagelo está circundado por um **colarinho** de microvilosidades contendo filamentos de actina e essas microvilosidades são conectadas umas às outras por uma membrana fina composta por uma trama de glicoproteína extracelular (**trama de glicocálix**) (ver Figura 6.8 F a H).[3]

Uma cutícula – ou camada homogênea de colágeno – pode cobrir a pinacoderme em algumas espécies. A própria pinacoderme é uma camada externa simples (**exopinacoderme**) de células (**exopinacócitos**) e também recobre parte das cavidades internas do sistema aquífero, onde não ocorrem coanócitos. Os pinacócitos que revestem os canais internos formam a **endopinacoderme** e são chamados de **endopinacócitos**. A coanoderme pode ser simples e contínua, ou dobrada e subdividida de várias formas. O mesoílo varia quanto à espessura e desempenha funções vitais na digestão, na produção dos gametas, na secreção do esqueleto e no transporte dos nutrientes e das escórias metabólicas por células ameboides especiais. O mesoílo inclui uma mesogleia coloidal acelular, na qual estão embebidas fibras de colágeno, espículas e várias células; desse modo, na verdade é um tipo de mesênquima. Grandes números de tipos celulares podem ser encontrados no mesoílo. A maioria dessas células é capaz de transformar-se de um tipo em outro, conforme a necessidade, mas algumas se diferenciam irreversivelmente, tais como as que se dedicam à reprodução ou à formação do esqueleto.

Na verdade, algumas esponjas movem-se de um lugar para outro – células ameboides ao longo da base da esponja "rastejam", enquanto outras levam as espículas para frente para sustentar a borda anterior da esponja. Estudos sugeriram que alguns amebócitos possam realmente libertar-se de uma esponja e movimentar-se independentemente por algum tempo, até finalmente retornar ao corpo da esponja original. Essa "locomoção" das esponjas certamente não é suficiente para assegurar-lhes um mecanismo de fuga rápido dos predadores; aqui estamos falando de alguns milímetros por dia!

À medida que uma esponja cresce, a pinacoderme e a coanoderme continuam com a espessura de uma célula. Contudo, aumentando o grau de dobramento à medida que o volume do mesoílo aumenta, essas camadas mantêm uma razão superfície:volume suficiente para manter as trocas adequadas de nutrientes e escórias metabólicas por todo o corpo da esponja. Um aspecto singular à classe Calcarea é que algumas espécies passam por uma sequência ontogenética, na qual se desenvolve uma arquitetura corporal progressivamente complexa; os adultos podem expressar a estrutura mais complexa, ou podem conservar uma das arquiteturas mais simples. Desse modo, algumas esponjas calcárias adultas podem conservar uma coanoderme simples, contínua e praticamente sem dobras (**condição asconoide**; Figura 6.4 A), ou a coanoderme pode tornar-se dobrada (**condição siconoide**; Figura 6.4 B e C), ou ainda pode tornar-se dobrada e subdividida em câmaras flageladas separadas (**condição leuconoide**; Figura 6.4 D). As anatomias asconoide e siconoide ocorrem apenas na classe Calcarea.

A condição asconoide é encontrada no estágio inicial de crescimento (olinto) de esponjas calcárias recém-implantadas e em algumas esponjas calcárias adultas com simetria radial (p. ex., *Clathrina, Leucosolenia*) (Figura 6.5). As esponjas asconoides e siconoides raramente passam de alguns centímetros de altura e permanecem na forma de unidades tubulares simples em forma de vaso (simetria radial apicobasal), ou de redes sinuosas dessas unidades em forma de vaso ou, ocasionalmente, até mesmo de esponjas pedunculadas (p. ex., algumas *Clathrina*). As paredes finas envolvem uma cavidade central conhecida como **átrio** (= **espongiocele**), que se abre ao exterior por um **ósculo** único. A pinacoderme das esponjas asconoides e siconoides muito simples contém **óstios** como seus poros incurrentes. Os óstios desenvolvem-se durante a embriogênese na forma de células especializadas (**porócitos**), que se alongam e se enrolam para formar tubos cilíndricos. Cada porócito estende-se por todo o trajeto através da pinacoderme, o mesoílo fino e a coanoderme e, desse modo, abre-se dentro do átrio, onde emerge entre os coanócitos adjacentes

---

[3]As células monociliadas que contêm um colarinho de microvilosidades circundando o cílio foram encontradas em quase todos os filos de metazoários. Contudo, em outros metazoários, o cílio geralmente é imóvel, não tem ventoinhas, apresenta uma raiz estriada e frequentemente está envolvido nos processos sensoriais. Por isso, acredita-se que essas células não sejam homólogas aos coanócitos das esponjas e aos protistas coanoflagelados.

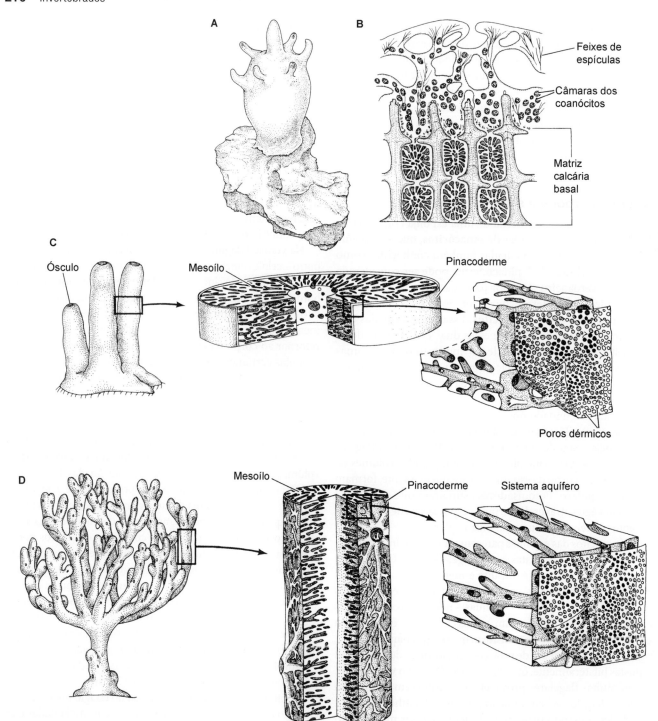

Figura 6.3 Formas corporais das esponjas. **A.** Demosponja rara *Coelosphaera hatchi* (altura da forma viva: 27 mm). **B.** A esponja coralina *Merlia normani* (*corte vertical*) tem uma matriz calcária basal na qual compartimentos individuais são preenchidos por uma deposição secundária. O tecido mole superficial contém as câmaras dos coanócitos e é sustentado por feixes de espículas siliciosas. **C.** Demosponja *Haliclona* sp., uma esponja com arquitetura tubular; a figura ilustra três níveis sucessivos de ampliação (*da esquerda para a direita*). **D.** *Clathria prolifera*, uma demosponja com arquitetura de tipo mais sólido; a figura também ilustra três níveis sucessivos de ampliação (*da esquerda para a direita*).

como uma portinhola. (Os porócitos também ocorrem em alguns grupos de demosponjas, principalmente nas espécies dulciaquícolas.) A coanoderme é uma camada linear simples de coanócitos que revestem todo o átrio. Desse modo, a água que circula por uma esponja asconoide passa pelas seguintes estruturas: óstio → átrio/espongiocele (sobre a coanoderme) → ósculo.

Como foi explicado antes, nas esponjas calcárias o enrolamento simples da pinacoderme e da coanoderme produz a condição siconoide, na qual são possíveis vários níveis de complexidade (Figura 6.4 B e C). À medida que cresce a complexidade, o mesoílo pode espessar e aparentar possuir duas camadas. A camada externa (antes referida como região cortical ou córtex) é conhecida como **ectossomo**. O ectossomo contém um acúmulo de espículas, que são diferentes das que são encontradas na parte interior do mesoílo. Nas esponjas calcárias com ectossomo, os orifícios incurrentes são revestidos por várias células (e não formadas por um único porócito) e são referidas como **poros dérmicos**. Na condição

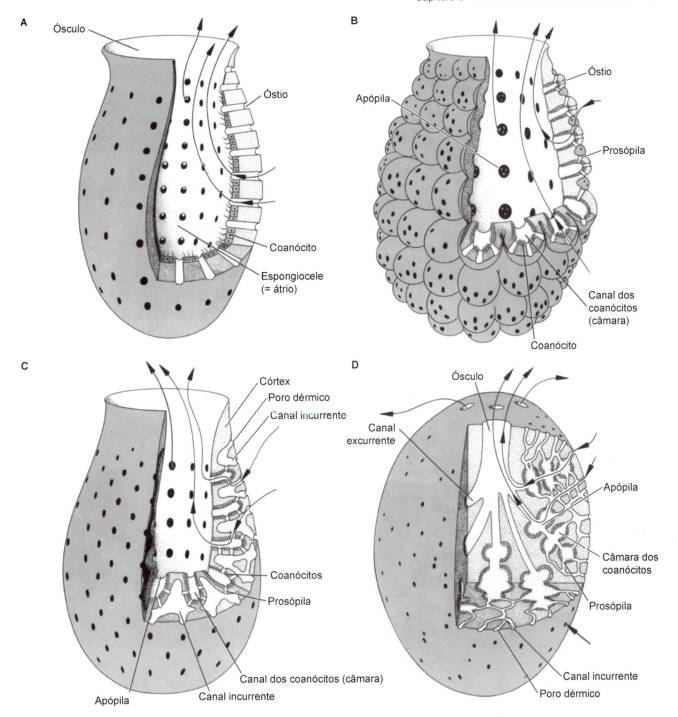

Figura 6.4 Complexidade corporal em esponjas (as *setas* indicam o fluxo da água). **A.** Condição asconoide. **B.** Condição siconoide simples. **C.** Condição siconoide complexa com crescimento ectossômico. **D.** Condição leuconoide. As anatomias asconoide e siconoide ocorrem apenas na classe Calcarea.

siconoide, os coanócitos estão restritos a câmaras específicas ou divertículos do átrio, que são conhecidas como **câmaras dos coanócitos** (ou câmaras flageladas, ou canais radiais). Cada câmara dos coanócitos abre-se para o átrio por um orifício largo conhecido como **apópila**. As esponjas siconoides com ectossomo espesso têm um sistema de canais (ou canais incurrentes), que levam dos poros dérmicos, através do mesoílo, até as câmaras dos coanócitos. Os orifícios desses canais para as câmaras dos coanócitos são conhecidos como **prosópila**. Nessa esponja siconoide complexa, o movimento da água da superfície para dentro do corpo descreve o seguinte trajeto: poro dérmico (incurrente) → canal incurrente → prosópila → câmara dos coanócitos → apópila → átrio → ósculo. A configuração siconoide é encontrada em diversas esponjas calcárias, incluindo gêneros bem-conhecidos como *Grantia* e *Sycon* (antes conhecido como *Scypha*) e essa construção frequentemente forma adultos com formato de vaso, como se observa em muitas esponjas calcárias asconoides. Algumas esponjas siconoides expressam externamente uma simetria radial, mas sua organização interna complexa é predominantemente assimétrica.

A condição leuconoide é encontrada em todas as quatro classes de esponjas. Nesse caso, a coanoderme apresenta dobras muito mais complexas e há espessamento do mesoílo pelo

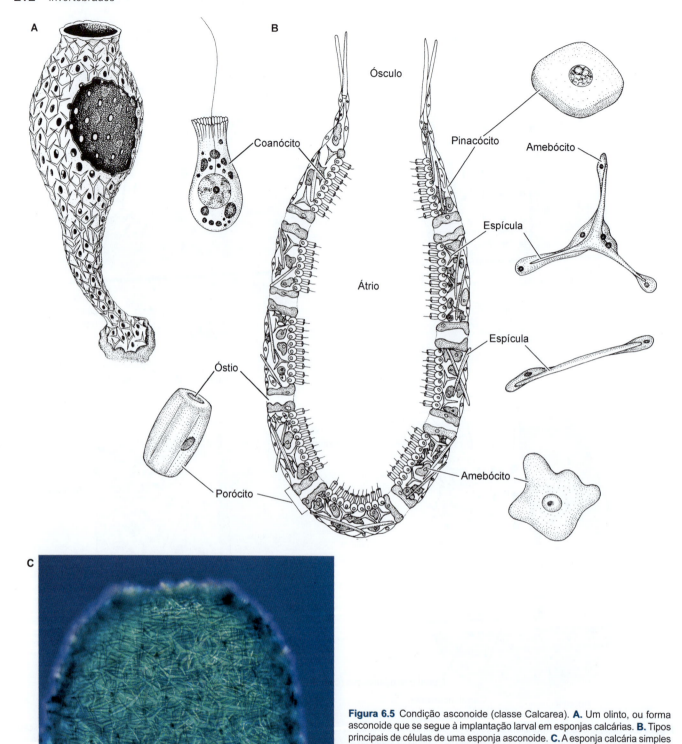

Figura 6.5 Condição asconoide (classe Calcarea). **A.** Um olinto, ou forma asconoide que se segue à implantação larval em esponjas calcárias. **B.** Tipos principais de células de uma esponja asconoide. **C.** A esponja calcária simples *Leucosolenia* mostra a forma corporal asconoide e o esqueleto com espículas de CaCO$_3$.

crescimento do ectossomo. Com isso, também há uma subdivisão das superfícies flageladas em câmaras de coanócitos ovais pequenas (Figura 6.4 D). Na condição leuconoide, observa-se um aumento na quantidade e uma redução no tamanho das câmaras dos coanócitos, que geralmente se reúnem em grupos dentro do mesoílo mais espesso. O átrio comumente está reduzido a uma série de **canais excurrentes** (ou canais "exalantes"), que transportam água das câmaras dos coanócitos para o ósculo (Figura 6.6). O fluxo da água por uma esponja leuconoide descreve o seguinte trajeto: poro dérmico → canal incurrente → prosópila → câmara dos coanócitos → apópila → canal excurrente → (átrio) → ósculo. A organização leuconoide é típica de todas as esponjas não calcárias e de muitas esponjas calcárias (p. ex., *Leucilla*).

É importante entender que a taxa de fluxo não é uniforme ao longo das diversas partes do sistema aquífero. Funcionalmente, é crítico que a água circule bem lentamente sobre a coanoderme, de forma a oferecer tempo para que ocorram as trocas de nutrientes, gases e escórias metabólicas entre a água e os coanócitos. As alterações da velocidade do fluxo de água por esse sistema de tubulação são uma função dos diâmetros transversais acumulados dos canais efetivos, por meio dos quais a água passa

Figura 6.6 Superfície de uma demosponja viva (*Clathria*). O sistema complexo de óstios abre-se para dentro dos canais incurrentes subsuperficiais e ósculos amplos recebem vários canais excurrentes, todos visíveis através da pinacoderme fina.

suficiente para evitar que fique estagnada ou seja reciclada imediatamente pela esponja, razão pela qual são encontrados diâmetros transversais acumulados menores (e velocidade maior da água) no sistema de canais excurrentes–ósculos.

O reconhecimento dos diversos níveis de organização e complexidade entre as esponjas calcárias costuma ser entendido como indícios evolutivos importantes. Entretanto, não existe evidência de que o plano corpóreo asconoide seja necessariamente o mais primitivo sob a perspectiva filogenética, ou que todas as linhagens de esponjas tenham passado por esses três níveis de complexidade durante sua evolução. Do mesmo modo, a maioria das esponjas não passa por esses três estágios durante seu desenvolvimento. As esponjas calcárias da condição leuconoide geralmente passam pelos estágios asconoide e siconoide à medida que crescem, mas apenas nessa classe é que todos os três planos de organização corporal ocorrem claramente.

As esponjas hexactinelidas diferem acentuadamente das outras classes de esponjas (Figura 6.7). Os corpos das esponjas hexactinelidas frequentemente mostram graus consideráveis de simetria radial superficial. Nessas esponjas, não há uma pinacoderme típica. Em vez disso, há uma **membrana dérmica**, que é extremamente fina e está em continuidade com todas outras partes da esponja; não é suportada por nenhuma estrutura celular contínua ou distinta. Os poros incurrentes são orifícios simples nessa membrana dérmica. O tecido principal das esponjas hexactinelidas é conhecido como **sincício trabecular** – ele forma uma rede trabecular sincicial que se estende entre as cavidades internas interconectadas (as lacunas subdérmicas) perto da superfície da esponja e que penetra e forma a estrutura de sustentação do **coanossomo** (Figura 6.7 A). A rede trabecular assemelha-se a uma teia de aranha tridimensional. As câmaras flagelares com formato de dedal do coanossomo estão dispostas

(ver Capítulo 4, ou suas anotações sobre física). A velocidade do fluxo de água diminui à medida que aumenta o diâmetro – os líquidos circulam mais lentamente nos tubos mais grossos – ou quando um único tubo se divide em numerosos tubos menores. Desse modo, em uma esponja, as velocidades são menores sobre a coanoderme, que tem a área transversal maior. Contudo, a água que deixa o ósculo precisa ser transportada com rapidez

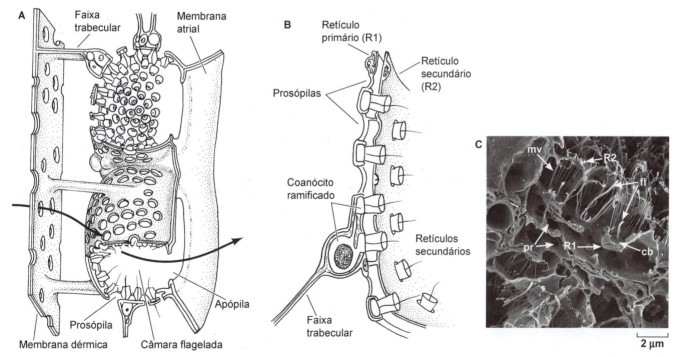

Figura 6.7 Anatomia interna das hexactinelidas demonstrando a rede trabecular. **A.** Duas câmaras flageladas conectadas à membrana dérmica por faixas trabeculares; a *seta* indica o fluxo da água (*Farrea occa*). **B.** Corte da parede de uma câmara flagelada, com base em *Rhabdocalyptus dawsoni*. A água (*setas*) aparece atravessando as prosópilas do retículo primário e passando pelos colarinhos dos coanócitos por ação do batimento dos flagelos. O retículo secundário circunda os colarinhos, forçando a água a passar pelas microvilosidades dos colarinhos. **C.** Sistema de canais e estrutura do tecido de *Aphrocallistes vastus* (fotografia de microscopia eletrônica de varredura); retículos primários (R1) e secundários (R2), extensões do retículo trabecular, poros incurrentes, prosópila (pr), corpos de colarinhos (cb) ramificando-se dos coanócitos com microvilosidades dos colarinhos (mv) e flagelo (fl).

em uma única camada e são sustentadas dentro da rede trabecular. Tanto a rede trabecular quanto as paredes das câmaras flageladas são sinciciais. Nessas esponjas, os coanoblastos produzem colarinhos novos, mas não formam núcleos novos e, desse modo, criam um sincício uninucleado com corpos periféricos. À medida que colarinhos novos "brotam", o corpo unicelular em expansão da célula coanoblástica retrocede abaixo do sincício trabecular, deixando apenas os colarinhos expostos para fazer o trabalho. A água entra nos poros incurrentes da membrana dérmica, passa para dentro das lacunas subdérmicas e daí entra nas câmaras dos coanossomos sinciciais por meio das prosópilas. O tecido mole do sincício serve para fornecer alimentos e outros metabólitos a todas as partes de uma esponja hexactinelida por circulação citoplasmática.

A estrutura singular das hexactinelidas é tão marcante, que alguns pesquisadores chegaram a sugerir que essas esponjas poderiam ser consideradas como um filo ou subfilo independente (o "Symplasma"), diferente das outras classes de esponjas (as "Cellularia"). Entretanto, conforme foi explicado no Capítulo 2, as relações filogenéticas são mais bem-entendidas com base nas semelhanças entre os grupos (i. e., características derivadas compartilhadas), não com base nas diferenças. Com esse raciocínio e por meio da filogenética molecular, sabemos sem dúvida que as hexactinelidas são poríferos (e, provavelmente, diretamente relacionadas com as demosponjas). No entanto, as hexactinelidas são marcantes e bizarras, porque nenhum outro grupo de metazoários tem tecidos sinciciais tão extensos.[4]

Considerações adicionais sobre os tipos celulares das esponjas

Antes da década de 1970, os textos geralmente reconheciam apenas alguns poucos tipos básicos de células dos poríferos. Entretanto, estudos ultraestruturais e histoquímicos detalhados subsequentes revelaram uma grande variedade de tipos celulares. Essas descobertas tornam difícil a classificação sucinta de suas células nos tratados. A seguir, apresentamos uma versão extremamente resumida da classificação das células das esponjas.

Células que delimitam superfícies. Como foi mencionado antes, a pinacoderme forma uma camada contínua na superfície externa das esponjas e também reveste todos os canais incurrentes e excurrentes. Os pinacócitos que compõem essa camada geralmente são achatados e sobrepostos (Figura 6.8 A a B). A superfície externa – exopinacoderme – das demosponjas tem uma matriz extracelular (ECM; do inglês, *extracellular matrix*) por baixo, enquanto nas esponjas calcárias há um mesoílo de colágeno frouxo sob a pinacoderme. Nas esponjas homoscleromorfas e em algumas espécies de outras classes, há uma membrana basal verdadeira sob a pinacoderme. Em todos os casos, essa camada de material secretado ajuda a manter a integridade posicional dos pinacócitos. As membranas basais são complexos laminares de proteínas da matriz extracelular, que são secretadas pela camada epitelial; essas camadas são altamente estruturadas e contêm colágeno tipo IV. Nos casos típicos, essas membranas estão situadas por baixo dos tecidos epiteliais (e endoteliais) dos metazoários, mas não nos fungos ou nas plantas. As membranas basais desempenham uma função mecânica adicional como estruturas de sustentação e também têm um papel biológico como "peneiras" moleculares. A pinacoderme das esponjas homoscleromorfas é especialmente bem-organizada, formando um epitélio bem-desenvolvido (com membrana basal subjacente). Entretanto, a inexistência aparente de membrana basal na maioria dos poríferos distingue a pinacoderme das esponjas dos tecidos epiteliais bem-desenvolvidos dos metazoários superiores.[5]

Os pinacócitos que revestem os canais internos (**endopinacócitos**) geralmente são mais fusiformes e mostram menos sobreposição que os **exopinacócitos** externos. Embora a endopinacoderme tenha função epitelial, é provável que também desempenhe função fagocitária. As células externas da região basal ou de fixação da superfície de uma esponja são conhecidas como **basopinacócitos**. Essas células achatadas são responsáveis por secretar um complexo fibrilar de colágeno-polissacarídio, por meio do qual as esponjas fixam-se ao substrato. Nas esponjas dulciaquícolas, os basopinacócitos têm função nutricional ativa e estendem "filopódios" semelhantes aos de amebas para engolfar bactérias. Os basopinacócitos das esponjas dulciaquícolas também desempenham um papel ativo na osmorregulação e contêm grandes quantidades de vesículas de expulsão da água, ou vacúolos contráteis.

Como foi mencionado antes, os porócitos são células cilíndricas ou achatadas, semelhantes a tubos, encontradas na pinacoderme formando óstios em algumas espécies de esponjas (Figura 6.8 C e D). Essas células são contráteis e podem abrir e fechar o poro, regulando o diâmetro dos óstios; contudo, não foram encontrados microfilamentos nessas células e seu mecanismo exato de contração e expansão não é desconhecido. Algumas espécies podem produzir uma membrana plasmática semelhante a um diafragma ao redor da abertura do óstio, que também regula o tamanho do poro.

Os coanócitos são células flageladas do colarinho, que constituem a coanoderme e criam as correntes que fazem a água circular pelo sistema aquífero (Figura 6.8 F a H). Os coanócitos não apresentam um batimento coordenado, nem mesmo em determinada câmara isolada. Contudo, eles estão alinhados de tal forma que os flagelos – que batem da base para a ponta – ficam voltados na direção da apópila. O flagelo longo sempre é circundado pelo colarinho do coanócito, que é formado por 20 a 55 microvilosidades (= vilosidades) citoplasmáticas. As vilosidades têm núcleos de microfilamentos e estão conectadas umas às outras por faixas mucosas anastomosantes (um retículo mucoso), que forma uma faixa de glicocálix ao redor do colarinho. Os coanócitos repousam sobre o mesoílo e são mantidos em sua posição por interdigitações das superfícies basais adjacentes. De acordo com sua função fundamental na fagocitose e na pinocitose, os coanócitos são altamente vacuolados.

Células que secretam o esqueleto. Existem vários tipos de células ameboides no mesoílo, que secretam os elementos dos esqueletos das esponjas. Em quase todas as esponjas, a totalidade da matriz de sustentação é construída sobre uma rede de

---

[4] Os tecidos sinciciais são encontrados em outros metazoários. Por exemplo, os epitélios de alguns cnidários e os tecidos esqueletogênicos dos equinoides são sinciciais por meio de citocinese incompleta. Os neurônios gigantes de lulas e as células musculares estriadas dos vertebrados (p. ex., dos nossos bíceps) são multinucleadas e formam-se pela fusão de células independentes.

[5] O colágeno tipo IV – típico dos metazoários – é uma molécula longa em tripla-hélice; ele é um dos vários tipos de colágeno encontrados nas esponjas e nos outros metazoários e ocorre em todas as quatro classes das esponjas.

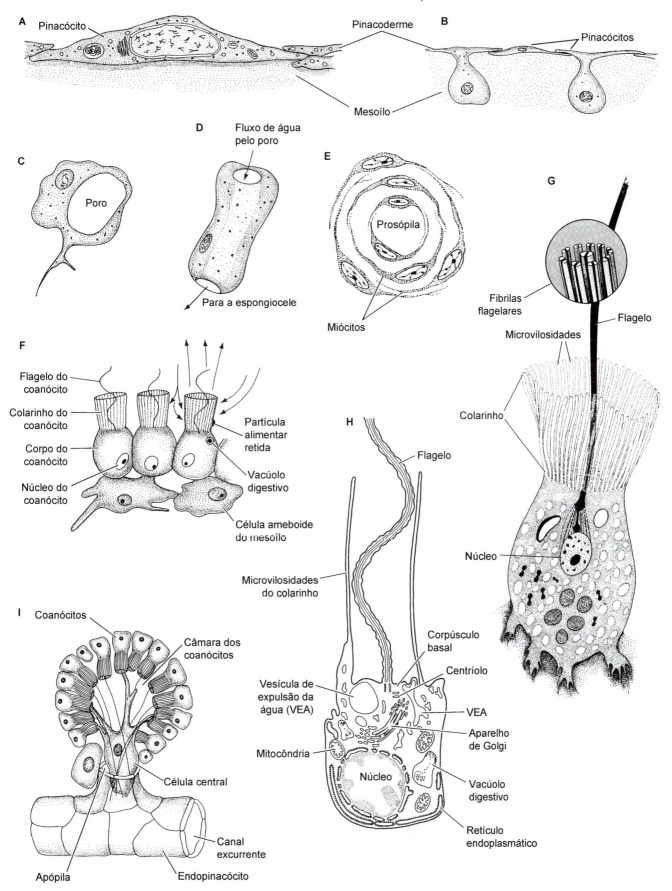

Figura 6.8 Células que revestem as superfícies das esponjas. **A.** Um pinacócitos da superfície da demosponja *Halisarca* (ilustração baseada em uma fotografia de microscopia eletrônica). A superfície externa é recoberta por um glicocálix rico em polissacarídios. A célula é fusiforme e sobrepõe-se aos pinacócitos adjacentes. **B.** Pinacoderme de uma esponja calcária (*em corte*). Os pinacócitos com formato de "T" se alternam com pinacócitos fusiformes. **C e D.** Porócito da esponja asconoide calcária *Leucosolenia*. **C.** Corte transversal. **D.** Vista lateral. **E.** *Miócitos* circundando uma prosópila. **F.** Corte da coanoderme demonstrando três coanócitos; as *setas* indicam a direção do fluxo da água. **G.** Coanócito. **H.** Ultraestrutura de um coanócito (*corte longitudinal*, ilustração baseada em uma fotografia de microscopia eletrônica). **I.** Câmara de coanócitos abrindo-se para dentro do canal excurrente de uma demosponja.

colágeno fibrilar. As células que secretam esse material são conhecidas como colêncitos, lofócitos e espongócitos. Os **colêncitos** são morfologicamente quase indistinguíveis dos pinacócitos, enquanto os **lofócitos** são células grandes e altamente móveis, que podem ser reconhecidas por uma cauda de colágeno, a qual elas geralmente deixam atrás de si (Figura 6.9 C). A função primária desses dois tipos de células é secretar o colágeno fibrilar disperso encontrado na região intercelular de quase todas as esponjas. Os **espongócitos** produzem o colágeno fibroso de sustentação, que é conhecido como **espongina** (ver Figura 6.12 A). Os espongócitos trabalham em grupos e sempre são encontrados enrolando-se em torno de uma espícula ou fibra de espongina (Figura 6.9 D).

Os **esclerócitos** são responsáveis pela produção das espículas calcárias e silicosas das esponjas (Figura 6.9 A e B). Eles são células ativas, que contêm mitocôndrias, microfilamentos citoplasmáticos e vacúolos pequenos abundantes. Existem descritos diversos tipos de esclerócitos e essas células sempre se desintegram depois que a secreção da espícula se completa.

Células contráteis. As células contráteis das esponjas – conhecidas como **miócitos** – são encontradas no mesoílo (Figura 6.8 E). Em geral, essas células são fusiformes e agrupadas concentricamente ao redor dos ósculos e dos canais principais. Os miócitos são diferenciados pela grande quantidade de microtúbulos e microfilamentos contidos em seu citoplasma e sua função depende da estrutura clássica de actina/miosina encontrada em todos os animais. Em razão da natureza da disposição dos seus filamentos, alguns autores sugeriram que os miócitos sejam homólogos às células musculares lisas dos invertebrados superiores. Contudo, os miócitos são efetores independentes com um tempo de resposta lento e, ao contrário dos neurônios e das fibras musculares verdadeiras, eles não reagem aos estímulos elétricos.

Outros tipos de células. Os **arqueócitos** são células ameboides altamente totipotentes e versáteis, que conseguem rapidamente diferenciar-se para dar origem a praticamente qualquer um dos outros tipos celulares. Essas células grandes e extremamente

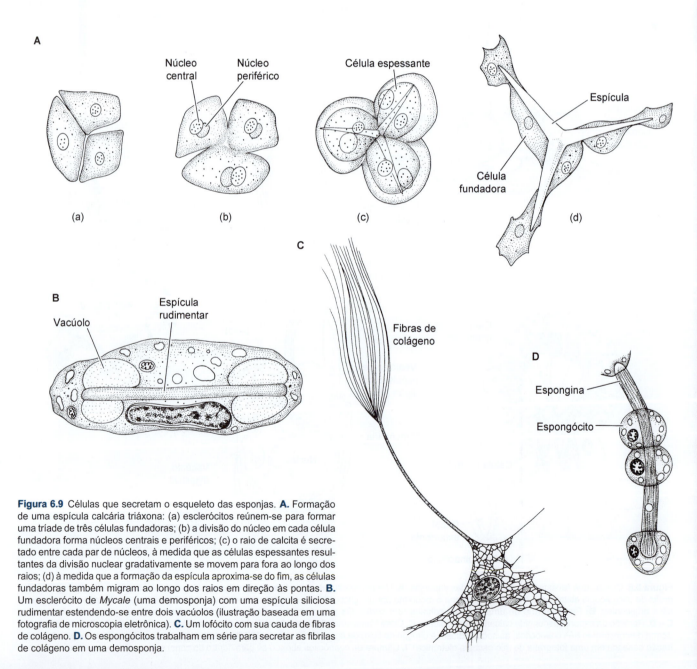

Figura 6.9 Células que secretam o esqueleto das esponjas. **A.** Formação de uma espícula calcária triáxona: (a) esclerócitos reúnem-se para formar uma tríade de três células fundadoras; (b) a divisão do núcleo em cada célula fundadora forma núcleos centrais e periféricos; (c) o raio de calcita é secretado entre cada par de núcleos, à medida que as células espessantes resultantes da divisão nuclear gradativamente se movem para fora ao longo dos raios; (d) à medida que a formação da espícula aproxima-se do fim, as células fundadoras também migram ao longo dos raios em direção às pontas. **B.** Um esclerócito de *Mycale* (uma demosponja) com uma espícula silicosa rudimentar estendendo-se entre dois vacúolos (ilustração baseada em uma fotografia de microscopia eletrônica). **C.** Um lofócito com sua cauda de fibras de colágeno. **D.** Os espongócitos trabalham em série para secretar as fibrilas de colágeno em uma demosponja.

móveis também desempenham um papel significativo na digestão e no transporte dos alimentos (Figura 6.10). Os arqueócitos contêm uma variedade de enzimas digestivas (p. ex., fosfatase ácida, protease, amilase e lipase) e podem aceitar o material fagocitado pelos coanócitos. Além disso, eles também fagocitam materiais diretamente através da pinacoderme dos canais aquíferos. Os arqueócitos desempenham muitas das atividades de digestão, transporte e excreção das esponjas. Como células com o máximo de totipotência, os arqueócitos são essenciais ao programa de desenvolvimento das esponjas e aos diversos processos de reprodução assexuada (p. ex., formação de gêmulas). As **células esferulosas** são células volumosas do mesoílo, que contêm várias inclusões químicas.

Reagregação celular. Por volta do início do século 20, H. V. Wilson demonstrou pela primeira vez a capacidade notável que as células das esponjas têm de se reagregar depois de ser dissociadas mecanicamente. Embora essa descoberta fosse interessante por si só, levando ao esclarecimento da plasticidade da organização celular das esponjas, ela também prenunciou os estudos citológicos mais detalhados que, a partir daquela época, lançaram luz sobre questões básicas quanto à forma como as células se reconhecem, aderem, separam-se e especializam-se. Muitas esponjas que são dissociadas e mantidas em condições apropriadas formam agregados e algumas reconstituem, por fim, seu sistema aquífero. Por exemplo, quando pedaços da "esponja barba-vermelha" (*Clathria prolifera*) do Atlântico são pressionadas por um pano fino, as células separadas imediatamente começam a reorganizar-se por migração celular ativa. Dentro de 2 a 3 semanas, forma-se novamente uma esponja funcional e as células originais retornam às suas funções respectivas. Além disso, se suspensões celulares de duas espécies de esponjas diferentes são misturadas, as células separam-se e reconstituem espécimes de cada espécie diferente – um exemplo notável de autorreconhecimento celular. O controverso biólogo M. W. de Laubenfels, especializado em esponjas, descreveu essa condição em 1949 com termos ligeiramente diferentes: "As esponjas resistem à mutilação mais eficazmente que qualquer outro animal conhecido." A descoberta de que as células dissociadas das esponjas voltavam a agregar-se para formar um organismo funcional foi a base para o estabelecimento das culturas de células de esponjas, que têm sido usadas como modelo para o estudo dos processos fundamentais da biologia do desenvolvimento e da imunologia. Hoje sabemos que as células das esponjas (assim como de outros animais) têm marcadores de superfície, que lhes permitem reconhecer o que é próprio ou estranho.

Sustentação

Os elementos esqueléticos das esponjas são de dois tipos: orgânicos e inorgânicos. O primeiro é sempre colagenoso, enquanto o segundo pode ser silicioso (dióxido de silício hidratado) ou calcário (carbonato de cálcio na forma de calcita ou aragonita). As esponjas são os únicos animais que usam sílica hidratada como material esquelético. A calcita é uma forma cristalina comum do carbonato de cálcio ($CaCO_3$) natural, que é o

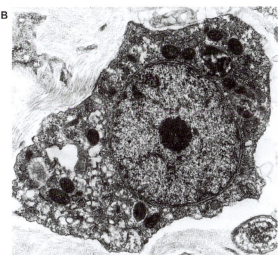

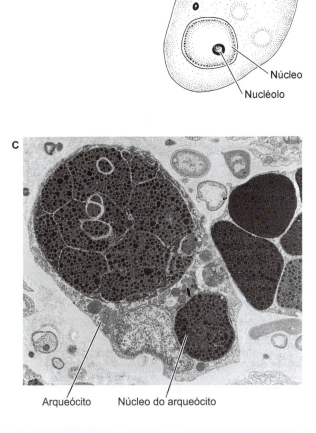

Figura 6.10 Arqueócitos. **A.** Um arqueócito típico com núcleo volumoso e nucléolo proeminente. **B.** Fotografia de um arqueócito típico. **C.** Arqueócito realizando fagocitose.

componente básico de muitos protistas e dos esqueletos dos animais, assim como das rochas sedimentares fossilíferas conhecidas como calcário, mármore e giz.[6]

Colágeno é a proteína estrutural principal dos invertebrados e está presente em quase todos os tecidos conjuntivos dos metazoários. Entre os metazoários superiores, existem descritos cerca de 20 tipos diferentes de colágeno, mas nos poríferos apenas dois são conhecidos até agora: colágeno fibrilar e colágeno tipo IV (esse último é o componente fundamental das membranas basais e, até hoje, foi encontrado principalmente em Homoscleromorpha, embora também em algumas espécies de demosponjas e calcárias).

Nas esponjas, o colágeno fibrilar está disperso na forma de fibrilas finas na matriz intercelular, ou organizado na forma de uma estrutura fibrosa conhecida como espongina no mesoílo. Embora as fibras de colágeno disperso encontradas em muitas esponjas sejam referidas ocasionalmente como "espongina", a espongina verdadeira (colágeno fibrilar formando uma estrutura esquelética no mesoílo) é encontrada apenas nos membros da classe Demospongiae (ver Figura 6.12 A). A quantidade desse colágeno fibrilar varia consideravelmente de espécie para espécie – nas hexactinelidas ele é muito esparso, enquanto nas demosponjas ele é abundante e pode formar bandas densas no ectossomo. Ao contrário do ectossomo das esponjas calcárias, que essencialmente é uma camada de espículas concentradas, o ectossomo das demosponjas é um elemento do mesoílo externo e basicamente é uma camada de colágeno bem-desenvolvida que não contém câmaras de coanócitos. A rede normalmente contém fibras muito espessas e pode incorporar espículas siliciosas em sua estrutura. A espongina frequentemente cimenta as espículas siliciosas juntas em seus pontos de intercessão. O envoltório encistado das gêmulas assexuadas das esponjas dulciaquícolas (e algumas marinhas) também é formado basicamente de espongina.

Os esqueletos minerais de sílica ou cálcio são encontrados em quase todas as esponjas, exceto em algumas espécies de demosponjas e homoscleromorfas. As esponjas que não têm esqueletos minerais apresentam apenas redes de colágeno fibroso e essas ainda são usadas como esponjas de banho, apesar da prevalência atual das esponjas sintéticas. Vários gêneros de demosponjas e homoscleromorfas não contêm espongina e esqueleto de espículas (p. ex., *Chondrosia, Halisarca, Hexadella, Oscarella*).

As esponjas têm sido colhidas há milênios. Evidências de um comércio ativo de esponjas no Mediterrâneo datam no mínimo do ano 3000 a.C. (egípcios) e, mais tarde, entre as civilizações antigas dos fenícios, gregos e romanos (Figura 6.11). Homero e outros escritores gregos antigos mencionam um comércio florescente de esponjas. Antes da década de 1950, existia uma coleta ativa de esponjas naturais no sul da Flórida, nas Bahamas e no Mediterrâneo. A indústria alcançou seu pico em 1938, quando a produção mundial anual de esponjas (incluindo esponjas cultivadas) passou de 1,3 milhão de toneladas, das quais 350.000 kg provinham dos EUA e das Bahamas. Quase todas as esponjas comercializadas pertencem aos gêneros *Hippospongia* e *Spongia*, mas hoje em dia essas esponjas estão praticamente "esgotadas" nos campos tradicionais de coleta do Mediterrâneo e da Flórida. Além disso, essas esponjas estão sujeitas às doenças epidêmicas transmitidas pelas correntes marinhas (três episódios desse tipo atingiram as populações de esponjas-de-banho, tanto no Velho quanto no Novo Mundo, nos anos de 1938, 1947 e fim da década de 1980).

As espículas das esponjas mineralizadas (Figura 6.12) são produzidas por células especiais do mesoílo conhecidas como esclerócitos, que são capazes de acumular cálcio ou silicato e depositá-lo de forma organizada. Em alguns casos, um esclerócito produz uma espícula; em outros, vários esclerócitos trabalham juntos colaborativamente para formar uma única espícula, geralmente duas células por raio de espícula (Figura 6.9 A a D).

---

[6] A calcita e a aragonita são minerais de carbonato de cálcio ($CaCO_3$) muito semelhantes, os quais representam as duas formas cristalinas mais comuns, que ocorrem naturalmente. Ambas são formadas por processos biológicos e físicos – principalmente por precipitação nos hábitats de água salgada e água doce – e ambas são utilizadas pelos animais na construção dos seus esqueletos. A calcita é mais estável dos polimorfos de carbonato de cálcio. Os cristais de calcita são trigonais ou romboédricos, ainda que os cristais romboédricos verdadeiros de calcita sejam raros na natureza. Nos esqueletos dos animais, a calcita ocorre na forma de depósitos lamelares ou compactos ou, ocasionalmente, na forma fibrosa. A calcita é translúcida ou opaca. Os cristais isolados da calcita apresentam uma propriedade óptica conhecida como birrefringência (refração dupla), que faz com que os objetos examinados através de um pedaço translúcido de calcita pareçam duplicados. Embora a calcita seja praticamente insolúvel em água fria, a acidez pode causar sua dissolução (um grande problema para os animais e protistas que vivem nos oceanos do planeta, em processo de acidificação). A calcita tem uma característica incomum, conhecida como solubilidade retrógrada (ou inversa), por meio da qual se torna menos solúvel na água à medida que a temperatura aumenta. A treliça do cristal de aragonita é diferente do cristal de calcita, resultando na diferença de forma desses cristais – a aragonita forma um sistema ortorrômbico com cristais em formato de agulhas. A aragonita pode ser colunar ou fibrosa, é termodinamicamente instável em temperatura e pressão convencionais e tende a transformar-se em calcita no intervalo de 10^7 a 10^8 anos. Como a calcita é mais estável que a aragonita e dissolve-se mais lentamente que essa última na água, ela tem mais tendência a fossilizar. Desse modo, o registro fóssil dos corais paleozoicos é melhor que o registro fóssil dos corais cenozoicos, porque os primeiros são feitos de calcita e os últimos de aragonita.

Os esqueletos de calcita ocorrem na maioria dos invertebrados que têm esqueletos rígidos, incluindo esponjas, braquiópodes, equinodermos, a maioria dos briozoários e dos bivalves. Cocólitos e foraminíferos planctônicos também têm esqueletos calcíticos e algumas algas vermelhas (algas vermelhas coralinas) também produzem essa substância. Como a calcita é muito estável, as conchas maiores de calcita encontradas no registro fóssil (p. ex., bivalves) tendem a ser "a coisa real", em vez de substituições minerais. Também existem conchas formadas unicamente por aragonita, tal como na classe de moluscos Polyplacophora (os quítons), mas são raras.

Figura 6.11 Esponjas-de-banho do Mediterrâneo (*Spongia officinalis*) à venda em um mercado a céu aberto em Provença, França.

Capítulo 6 Dois Filos de Metazoários Basais 219

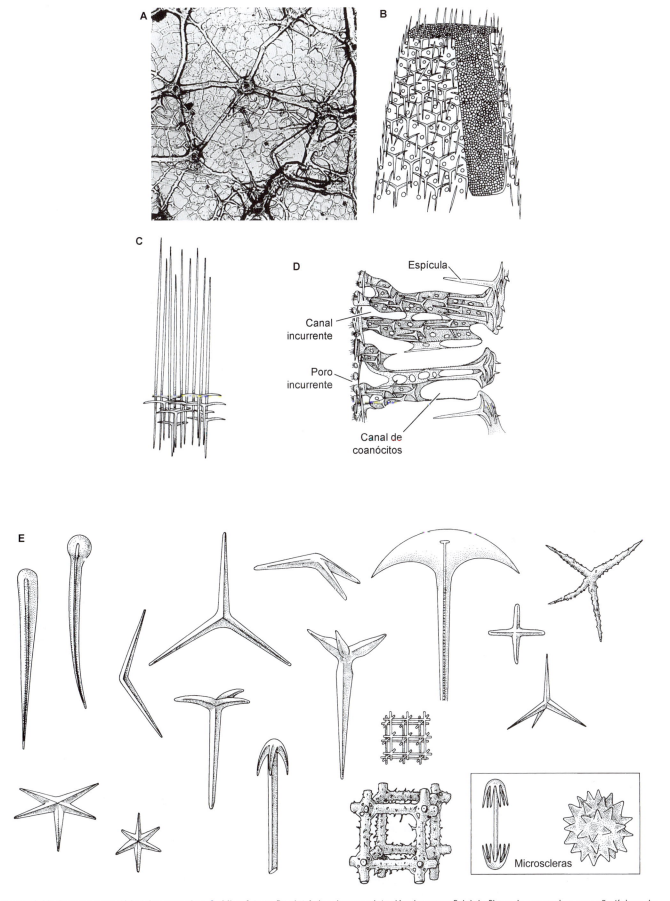

Figura 6.12 Sistema esquelético das esponjas. **A.** Microfotografia eletrônica do esqueleto dérmico superficial de fibras de espongina, que são típicas de demosponjas da família Callyspongiidae. **B.** Arranjo das espículas triáxonas calcárias nas proximidades do orifício oscular de *Leucosolenia*. **C.** Arranjo das espículas calcárias monáxonas e triáxonas nas proximidades do orifício oscular de *Sycon*. **D.** *Corte transversal* de uma esponja calcária siconoide simples (*átrio à direita*), ilustrando a posição das espículas triáxonas. **E.** Alguns tipos comuns de espículas siliciosas das demosponjas.

(*continua*)

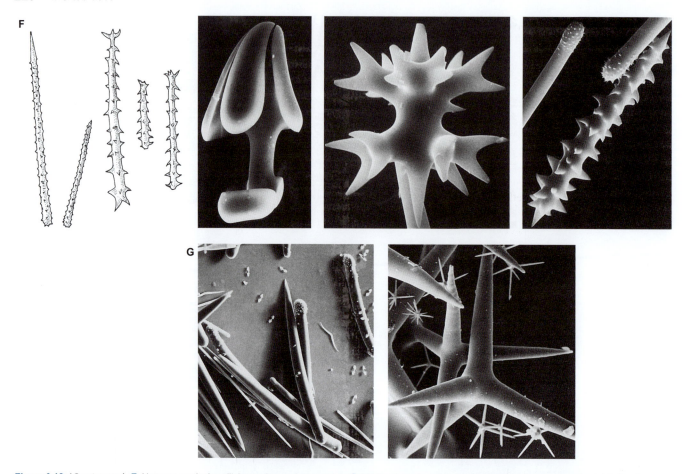

Figura 6.12 (*Continuação*) **F.** Algumas espículas silicosas das esclerosponjas. **G.** Vários tipos de espículas (fotografias de microscopia eletrônica de varredura).

A construção de uma espícula silicosa começa com a secreção de um filamento axial orgânico dentro de um vacúolo de um esclerócito. À medida que o filamento axial se alonga nas duas extremidades, a sílica hidratada é secretada dentro do vacúolo e depositada ao redor do núcleo do filamento. Estudos recentes sugeriram que, ao menos em algumas espécies homoscleromorfas (p. ex., *Corticium candelabrum*), os pinacócitos também possam ser capazes de produzir espículas silicosas. Cerca de 92% de todas as espécies viventes de esponjas são silicosas. Alguém poderia imaginar como um esqueleto feito de vidro (como ocorre nas hexactinelidas) seria tão resistente a ponto de fornecer sustentação e, ao mesmo tempo, tão frágil como uma vidraça. O truque é que as esponjas-de-vidro desenvolveram uma estrutura biomecânica multiplanar altamente sofisticada para formar seu esqueleto. Elas constroem seu esqueleto de vidro primeiramente consolidando as esferas de sílica (medindo alguns nanômetros) dispostas em anéis concêntricos microscópicos separados uns dos outros por camadas alternadas de matriz-cola orgânica para formar as espículas laminadas. Em seguida, as espículas são agrupadas por um cimento orgânico à base de sílica, resultando na formação de "vigas" multilaminadas em escala micrométrica. Em seguida, as vigas são reunidas em estruturas semelhantes às jaulas com treliças quadradas reconhecíveis, que encontramos em esponjas-de-vidro como *Euplectella*. A própria treliça também é reforçada por saliências diagonais, que conferem ao esqueleto inteiro resistência notável e também flexibilidade resiliente. Nas espécies de *Euplectella*, foram identificados sete níveis estruturais hierárquicos no esqueleto – um exemplo clássico de engenharia biomecânica e, quem sabe um dia, inspiração para os fabricantes de fibras de vidro. Mesmo entre as demosponjas e homoscleromorfas, as espículas silicosas mostram flexibilidade e resistência excepcionais em razão de sua construção composta em várias camadas.

Ao contrário das espículas silicosas, as espículas de carbonato de cálcio não têm um cerne axial orgânico. As espículas calcárias são produzidas extracelularmente nos espaços intercelulares delimitados por alguns escleróticos. Essencialmente, cada espícula é um cristal simples de calcita ou aragonita.

A morfologia das espículas recebeu importância taxonômica considerável e existe uma nomenclatura sofisticada para classificar essas estruturas esqueléticas. As espículas são conhecidas como **microscleras** ou **megascleras**. As primeiras são espículas pequenas ou diminutas de reforço (ou empacotamento); as últimas são espículas estruturais grandes. As demosponjas e as hexactinelidas têm os dois tipos; as esponjas calcárias frequentemente têm apenas megascleras (embora as dimensões das espículas possam variar consideravelmente). Os termos descritivos que designam o número de *eixos* de uma espícula terminam com o sufixo *-axon* (p. ex., monáxona, triáxona). Os termos que descrevem a quantidade de *raios* terminam com o sufixo *-actina* ou *-actinal* (p. ex., monactinal, hexactinal, tetractnal). Além disso, existe uma nomenclatura detalhada especificando a forma e a ornamentação das diferentes espículas (Figura 6.12).

O esqueleto espicular pode ser entendido como uma estrutura de sustentação suplementar. Se a quantidade de matéria inorgânica aumenta em relação à matéria orgânica, a esponja torna-se progressivamente sólida, até que sua textura se aproxima de uma rocha, como se pode observar em alguns membros da ordem Tetractinellida das demosponjas e algumas outras (p. ex., esponjas "litístidas"). Ao contrário das espículas bem-definidas, os esqueletos calcários maciços de algumas espécies (as coralinas, ou esclerosponjas) têm uma microestrutura policristalina; eles são formados por agulhas ("fibras") de calcita ou aragonita embebidas em uma matriz fibrilar orgânica. As vantagens de incorporar matéria orgânica à estrutura calcária têm sido comparada às estruturas de pau a pique ou concreto reforçado. A mistura de materiais orgânicos e inorgânicos, provavelmente, forma calcitas e aragonitas fibrosas, que são menos suscetíveis à fratura, enquanto também produzem substâncias que podem ser moldadas mais facilmente pelo organismo. Em algumas demosponjas (p. ex., Lithistida) e muitas hexactinelidas, as espículas podem estar ligadas ou fundidas em estruturas rígidas, que são capazes de fossilar.[7]

Nutrição, excreção e trocas gasosas

Embora as esponjas não tenham órgãos e sistemas complexos encontrados nos metazoários superiores, ainda assim elas constituem um grupo de animais extremamente bem-sucedidos. Como foi salientado antes, seu sucesso parece ser atribuído em parte à sua própria "antiguidade" – à flexibilidade intrínseca de seu programa de desenvolvimento, à sua pluripotência celular, ao seu sistema aquífero extremamente versátil e à plasticidade geral de sua forma corporal.

Ao contrário da maioria dos metazoários, quase todas as esponjas dependem da digestão intracelular e, assim, a fagocitose e a pinocitose são meios usados para capturar alimentos. O sistema aquífero já foi descrito; com esse sistema, as esponjas circulam mais ou menos de forma contínua a água por seus corpos, trazendo com ela partículas alimentares microscópicas das quais se alimentam. As esponjas são seletivas quanto ao tamanho das partículas alimentares e o arranjo do sistema aquífero forma uma série de "peneiras" com dimensões decrescentes das malhas (p. ex., óstios inalantes ou poros dérmicos → canais → prosópilas → vilosidades dos coanócitos → retículo mucoso intertentacular). O limite superior do diâmetro dos orifícios incurrentes geralmente fica em torno de 50 μm, de forma que partículas maiores não entram no sistema aquífero. Algumas poucas espécies têm poros incurrentes mais largos (alcançado diâmetros entre 150 e 175 μm), mas na maioria das espécies os orifícios incurrentes variam de 5 a 50 μm de diâmetro. A captura interna de partículas na faixa de 2 a 10 μm (p. ex., bactérias, protistas pequenos, algas unicelulares, detritos orgânicos) é realizada pelos coanócitos e pelos arqueócitos móveis fagocitários, que se movem pelo revestimento dos canais incurrentes. Como também ocorre com os protistas coanoflagelados, a propagação da onda flagelar nos coanócitos das esponjas parece puxar a água para dentro das microvilosidades do colarinho, que depois retêm ou bloqueiam as partículas alimentares, permitindo que sejam fagocitadas. As partículas menores, as moléculas orgânicas grandes e as bactérias pequenas na faixa de 0,1 a 0,2 μm (a distância entre as vilosidades adjacentes é de cerca de 1,5 μm ou menos) podem ficar presas no próprio colarinho. As partículas maiores (até cerca de 3 μm) aderem ao corpo do coanócito e logo depois são engolfadas por extensões "pseudópodes" (fagocitose), que podem ser mais longos que as próprias vilosidades do colarinho. Ondulações do colarinho poderiam movimentar algumas partículas alimentares retidas na direção do corpo celular do coanócito, ou o alimento parado poderia ser capturado pelos pseudópodes fagocitários longos, que se formam a partir das microvilosidades do colarinho e migram da sua base (como se observa nos coanoflagelados), ou por pseudópodes originados do corpo do próprio coanócito.

Curiosamente, poderia parecer que a captura de partículas alimentares possa ocorrer em quase qualquer lugar da superfície de uma esponja. Mesmo os pinacócitos são conhecidos por ser capazes de fagocitar partículas de até 6 μm na superfície de uma esponja. Estudos estimaram que os pinacócitos que revestem os canais possam capturar partículas de até 50 μm.

No caso da fagocitose pelos arqueócitos, a digestão ocorre no vacúolo digestivo formado no momento da captura. No caso da captura pelos coanócitos, as partículas alimentares são parcialmente digeridas ainda nessa célula e depois passadas rapidamente para um arqueócito no mesoílo (ou outro amebócito móvel) para digestão final. Nos dois casos, a mobilidade das células do mesoílo assegura o transporte dos nutrientes por todo o corpo da esponja.

A eficiência na captura e na digestão dos alimentos foi demonstrada de forma dramática em um estudo aprimorado realizado há muitos anos por Schmidt (1970), que utilizou bactérias marcadas por fluorescência para alimentar a esponja dulciaquícola *Ephydatia fluviatilis*. Com o monitoramento do movimento do material fluorescente, Schmidt determinou que decorriam 30 minutos entre o início do processo alimentar até que as bactérias estivessem capturadas pelos coanócitos e fossem levadas até a base da célula. A transferência do material fluorescente ao mesoílo começou 30 minutos depois. Vinte e quatro horas depois, as escórias metabólicas fluorescentes começaram a ser despejadas na água e, depois de 48 horas, não restava qualquer material fluorescente nas esponjas. Outros estudos com essa mesma espécie resultaram na estimativa de 7.600 câmaras de coanócitos/mm³ do corpo da esponja, cada câmara bombeando diariamente a cota fenomenal de cerca de 1.200 vezes seu próprio volume de água. As esponjas leuconoides mais complexas têm cerca de 18.000 câmaras de coanócitos/mm³. Em algumas esponjas asconoides de paredes finas e esponjas siconoides simples, raramente se encontra um mesoílo bem-definido. Nessas esponjas, os coanócitos assumem tanto as funções de captura quanto as de digestão/assimilação. Estudos mais recentes demonstraram que as esponjas são capazes de remover até 95% das bactérias e dos protistas heterotróficos da água que elas filtram.

Muitas esponjas também parecem absorver quantidades significativas de matéria orgânica dissolvida (MOD) por pinocitose diretamente da água dentro do sistema aquífero e existe alguma evidência de que isso seja necessário aos simbiontes microbianos que residem dentro da esponja. Alguns estudos demonstraram que 80% da matéria orgânica capturada por algumas esponjas marinhas de águas rasas podem ter dimensões menores que as identificáveis por microscopia óptica. Os 20% restantes incluem basicamente bactérias e dinoflagelados. Por outro lado, algumas esponjas parecem depender pouquíssimo da MOD para sua nutrição (p. ex., algumas hexactinelidas que foram estudadas).

---

[7] A ordem Lithistida foi reconhecida há muitos anos como polifilética, mas mantida simplesmente por questão de conveniência, essencialmente porque ela é utilizada pelos paleontólogos. Contudo, assim como ocorre com o táxon mais antigo das esclerosponjas (Sclerospongiae), certamente já é hora de abandonar o nome "Lithistida" e começar a reclassificar as espécies que a compõem.

Estudos recentes demonstraram que ao menos algumas esponjas formam pelotas fecais simples. Experimentos realizados com a espécie *Halichondria panicea* amplamente difundida no Atlântico Norte revelaram que o material não digerido é expelido na forma de pelotas discretas recobertas por uma camada fina de muco. Ainda não está claro como exatamente se formam essas pelotas.

Embora o filo Porifera caracterize-se por alimentação por filtragem, os membros da família Cladorhizidae de demosponjas de águas profundas mostram um mecanismo alimentar totalmente diferente e singular. As espécies desse grupo perderam a maior parte do sistema aquífero típico revestido por coanócitos, ou todo ele, e, em vez disso, alimentam-se como carnívoros macrófagos; na verdade, essas esponjas são predadores suspensívoros passivos, despendendo quantidades mínimas de energia durante os períodos longos entre as raras oportunidades de alimentação! Esses organismos alimentam-se retendo pequenas presas em espículas com formato de gancho, que se projetam das superfícies das estruturas em forma de tentáculos (Figuras 6.13 e 6.14). As presas capturadas são envelopadas gradualmente pelas células alimentares migratórias, que realizam sua digestão e sua absorção. A maioria das cladorrizidas vive nas profundezas dos oceanos e *Asbestopluma occidentalis* é a esponja conhecida que vive em águas mais profundas. A maioria das cladorrizidas provavelmente ainda não foi descrita e, infelizmente, elas são comuns nos topos das montanhas marinhas – um hábitat ameaçado pelos interesses da pesca e da extração mineral. Entretanto, uma espécie de *Asbestopluma* (*A. hypogea*) vive em cavernas rasas no Mediterrâneo, onde tem sido objeto de consideráveis estudos. Uma das cladorrizidas mais bizarras é *Chondrocladia lyra* (esponja-lira), que tem uma série de ventoinhas estendendo-se do corpo central, cada uma delas por sua vez com uma série de ramos laterais eretos, formando uma estrutura semelhante a uma harpa ou lira, com função de capturar passivamente suspensões de diminutos zooplânctons, especialmente crustáceos. Aparentemente, as cladorrizidas não têm ósculos, óstios e sistema de canais e em algumas pode até mesmo faltar coanócitos! Outra esponja cladorrizida notável é *Cladorhiza methanophila* que, segundo se descobriu, abriga simbiontes bacterianos metanotróficos em suas células, tal como se observa em muitos animais que habitam fontes hidrotérmicas e infiltrações frias. Desse modo, as esponjas alimentam-se tanto por predação quanto por consumo direto de seus simbiontes microbianos. Recentemente, estudos demonstraram que espécies de várias outras famílias que vivem em águas profundas têm evidência de carnivorismo, sugerindo que esse hábito talvez tenha evoluído várias vezes entre as demosponjas.

As esponjas excretam continuamente as escórias de seus corpos por meio do ósculo. Ocasionalmente, elas também passam por uma série estereotípica de contrações do corpo inteiro, algumas vezes descritas como "espirros". Aparentemente, essas contrações são estimuladas por uma redução do fluxo de água pelos ósculos, que comumente poderia ser causada pela obstrução gerada por uma acumulação excessiva de partículas, que podem entupir o sistema aquífero. A redução do fluxo pelo ósculo é percebida por cílios curtos especiais, que revestem o epitélio interno do ósculo. Ao contrário da maioria dos cílios, que apresentam a anatomia clássica 9 + 2, esses cílios osculares não têm o par central de microtúbulos e são imóveis. Sua função parece ser estritamente de detectar as taxas de fluxo pelos ósculos. Esses cílios (conhecidos como "cílios primários") também são encontrados em outros metazoários, nos quais geralmente detectam alterações da circulação de líquidos. Desse modo, o ósculo da esponja pode ser entendido como um órgão dos sentidos verdadeiro – o único conhecido nesse filo! A remoção experimental dos ósculos das esponjas não lhes permite iniciar um "espirro".

A excreção (principalmente de amônia) e a trocas gasosas são feitas por difusão simples, que ocorre, em grande parte, através da coanoderme. Nas seções anteriores, já demonstramos como o enrolamento do corpo combinado com a existência de um sistema aquífero supera o dilema superfície-volume imposto pelo aumento das dimensões do organismo. A eficiência do plano corpóreo dos poríferos é tão grande que as distâncias de difusão nunca passam de cerca de 1,0 mm – distância na qual a troca de gases por difusão torna-se notavelmente ineficiente. Além disso, as vesículas de expulsão de água (vacúolos contráteis) são encontradas nas esponjas dulciaquícolas e presumivelmente auxiliam a osmorregulação.

Atividade e sensitividade

As esponjas não têm neurônios, sistema nervoso ou órgãos dos sentidos bem-definidos nos organismos adultos (exceto pelos ósculos; ver anterioriormente) e nada semelhante às conexões sinápticas (ou junções comunicantes) dos metazoários superiores parece existir nesses animais. As sinapses neuronais, que permitem a transmissão direcional mediada quimicamente dos impulsos nervosos, não ocorrem nas esponjas (embora sejam encontrados em todos os filos de metazoários superiores, exceto Porifera e Placozoa).

Apesar da inexistência de um sistema nervoso, as esponjas são capazes de reagir a vários estímulos ambientais pelo fechamento dos óstios ou ósculos, constrição dos canais, reversão do fluxo, contrações corporais que irrigam o sistema aquífero ("espirros") e reorganização das câmaras flageladas. Estudos demonstraram que acetilcolinesterase, catecolaminas e serotonina estão presentes nas esponjas e provavelmente desempenham funções importantes na coordenação das contrações dos "tecidos", embora ainda não existam evidências eletrofisiológicas de um mecanismo de condução. As larvas das esponjas demonstram fototaxia positiva e negativa, dependendo se estão em sua fase planctônica ou de assentamento. Na demosponja *Reniera*, os fotorreceptores larvais parecem ser um anel posterior das células epiteliais colunares monociliadas, que têm cílios e protrusões preenchidas por pigmento. Além disso, pesquisadores demonstraram que algumas hexactinelidas têm capacidade de conduzir estímulos elétricos (quando são estimuladas por uma sonda elétrica); nessas esponjas, a inexistência de membranas celulares dentro do sincício provavelmente permite que os potenciais de ação se espalhem em todas as direções a partir do foco de despolarização. Quando as correntes do potencial de ação alcançam os coanócitos localizados dentro da rede trabecular, a atividade dessas células é suprimida. Em todas as esponjas, o comportamento-"padrão" parece ser o de bombeamento ativo pelos coanócitos de forma a manter o sistema aquífero em funcionamento; além disso, o efeito habitual dos estímulos ambientais é de reduzir ou interromper o fluxo de água pelo sistema aquífero. Por exemplo, quando as partículas em suspensão se tornam muito grandes ou muito concentradas, as esponjas reagem fechando os orifícios incurrentes e imobilizando os flagelos dos coanócitos. Na verdade, há muito se sabe que as esponjas contraem seus óstios e ósculos e partes do seu

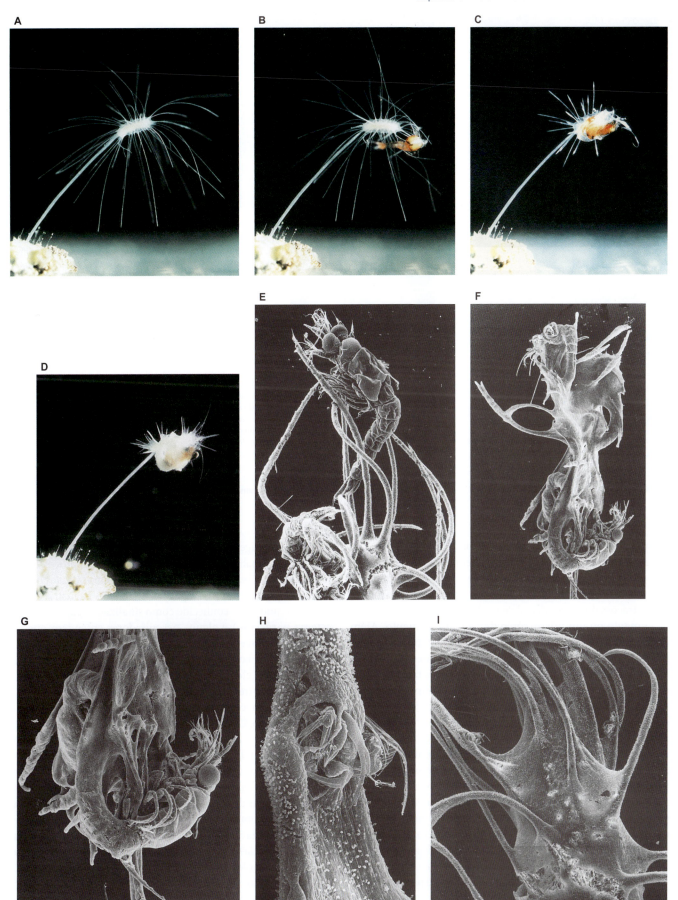

Figura 6.13 Essas notáveis fotografias coloridas e em microscopia eletrônica de varredura demonstram a predação na esponja carnívora *Asbestopluma* (família Cladorhizidae). **A** a **D**. *Asbestopluma* em posição de emboscada (**A**), seguida da captura de um misídeo. **E.** Quinze minutos depois da captura de um misídeo em seus filamentos alimentares semelhantes a tentáculos. **F** a **H.** O misídeo preso foi parcialmente engolfado pela esponja. **I.** A presa foi totalmente engolfada.

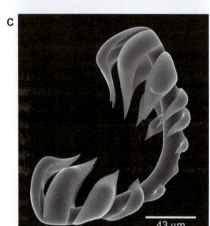
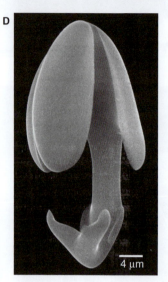

Figura 6.14 Mais esponjas carnívoras (família Cladorhizidae). **A.** *Asbestopluma desmophora*, uma esponja carnívora semelhante a uma árvore, encontrada na Nova Zelândia. As megascleras claras e grandes estão alinhadas verticalmente ao longo do "tronco" principal, torcendo ao seu redor para conferir à criatura um brilho sedoso. Os pequenos e finos ramos laterais estão cobertos por microscleras, que capturam as presas que passam. **B.** A notável esponja-lira (*Chondrocladia lyra*), que vive em profundidades de 3,5 km da costa de Monterey, Califórnia, alcança a altura de 36 cm e tem até seis ventoinhas longas, que emergem do seu corpo principal, cada qual com uma série paralela de ramos laterais usados para alimentar-se passivamente de suspensões com invertebrados diminutos, principalmente crustáceos, utilizando ganchos farpados semelhantes ao velcro (microscleras). **C.** Uma microscleras de *Abyssocladia carcharias*, assim denominadas pelo formato notável das microscleras "abissocelais", que se assemelham às mandíbulas do grande tubarão-branco (*Carcharodon carcharias*). **D.** Microsclera ("anisoquelais") de *Asbestopluma agglutinans*. Nas esponjas carnívoras, as microscleras participam da captura das presas e, nos casos típicos, revestem a superfície do animal.

sistema de canais, ainda que as taxas de propagação sejam muito lentas. A estimulação física direta também provoca essa reação, que é facilmente observada quando se passa simplesmente o dedo sobre a superfície de uma esponja e observa-se a ocorrência de contrações dos poros dérmicos ou dos ósculos com uma lente de aumento ou um microscópio de pequeno aumento. Além disso, estudos demonstraram que o mesoílo de algumas espécies reage à estimulação mecânica com enrijecimento.

A atividade de bombeamento dos coanócitos também varia com determinados fatores endógenos. Por exemplo, durante uma fase de crescimento maior (p. ex., reorganização dos canais ou das câmaras), a atividade de bombeamento dos coanócitos geralmente diminui. Os períodos de atividade reprodutiva também provocam reduções expressivas do bombeamento da água, em parte porque muitos coanócitos são consumidos no processo de reprodução (ver adiante). Mesmo em condições normais, ocorrem variações na taxa de bombeamento. Algumas esponjas interrompem sua atividade de bombeamento periodicamente por alguns minutos ou horas por vez; outras cessam sua atividade por vários dias por vez – as razões dessas alterações do nível de atividade nem sempre são evidentes.

A transição da atividade de bombeamento total para a cessação completa requer no mínimo alguns minutos; entretanto, dependendo do organismo, esse tempo de reação é muito curto. Na maioria das esponjas, a disseminação de estímulo e resposta parece ser uma ação mecânica simples (a estimulação de uma célula espalha-se para as células adjacentes) e talvez também por difusão de alguns mensageiros químicos (hormônios, ou outros tipos de moléculas de sinalização) liberados pelas células. O processo por meio do qual as células se comunicam com outras células secretando compostos químicos específicos liberados na matriz extracelular circundante é conhecido como **sinalização parácrina** (ou **sistema parácrino**) e alguns pesquisadores entendem que as esponjas utilizam esse tipo de sinalização intercelular.

Os miócitos contráteis das esponjas atuam como efetores independentes; eles estão organizados em uma rede formada por contatos entre as extensões dos filopódios dos miócitos e pinacócitos adjacentes. O tempo de reação dos miócitos é relativamente longo. Os períodos de latência médios variam de 0,01 a 0,04 segundo e as velocidades de condução geralmente são menores que 0,04 cm/s (exceto nas hexactinelidas, nas quais foram registradas velocidades de 0,30 cm/s).[8] A condução é não polarizada e difusa, e pode depender tanto de hormônios (ou outras moléculas de sinalização) como da ação mecânica direta de uma célula sobre outra adjacente. No passado, estudos significativos enfatizaram os miócitos na tentativa de esclarecer a suposta existência de um sistema nervoso nas esponjas, que seria análogo ou homólogo ao que existe nos metazoários superiores. Contudo, apesar desses esforços, até hoje não foi possível confirmar esse sistema.

---

[8] Alguns estudos sugeriram que, nas hexactinelidas, o sincício sirva como via de condução elétrica propagando impulsos ao longo de suas membranas, que provocam interrupção da atividade flagelar nas câmaras flageladas.

Reprodução e desenvolvimento

Todas as esponjas são capazes de realizar reprodução sexuada e vários tipos de processos assexuados também são comuns. Entretanto, muitos detalhes desses processos são desconhecidos, em grande parte porque as esponjas não têm gônadas bem-definidas ou localizadas (os gametas e os embriões geralmente estão dispersos por todo o mesoílo). Todas as esponjas hexactinelidas, homoscleromorfas e calcárias provavelmente são vivíparas, assim como a maioria das demosponjas.

Reprodução assexuada. Provavelmente, todas as esponjas são capazes de regenerar adultos viáveis a partir de fragmentos de seus corpos. Algumas espécies "desprendem" botões de vários tipos (Figura 6.15) por um processo de reorganização celular, enquanto em outras (especialmente nas espécies que se ramificam), fragmentos do corpo da esponja são simplesmente quebrados pelas tempestades. De qualquer forma, os fragmentos desprendidos caem e regeneram-se em novos espécimes. No passado, essa capacidade regenerativa era utilizada comumente pelos fazendeiros de esponjas comerciais, que propagavam suas esponjas fixando "fragmentos cortados" às rochas ou aos blocos de cimento submersos. Mesmo hoje em dia, em Pohnpei (Estados Federados da Micronésia), os criadores de esponjas amarram fragmentos cortados da esponja *Coscinoderma mathewsi* em cordas nas lagoas, que crescem e formam grandes esponjas-de-banho. Outros processos assexuados utilizados pelos poríferos incluem a formação de gêmulas e corpos de redução, brotamento e, possivelmente a formação de larvas assexuadas.

Nas esponjas dulciaquícolas, estruturas esféricas pequenas conhecidas como **gêmulas** são produzidas no início do inverno (Figura 6.16). Esses corpos dormentes durante o inverno são revestidos por um envoltório espesso de colágeno, no qual as microscleras silicosas de sustentação (**gemoscleras**) ficam embebidas. As gêmulas são altamente resistentes ao congelamento e à dessecação. As gêmulas de algumas espécies podem resistir à exposição a –70°C por até uma hora, enquanto outras morrem sob temperatura de –10°C. Experiências sugeriram que as gêmulas de no mínimo algumas espécies também possam resistir às condições anóxicas sazonais. Gêmulas fósseis foram encontradas até no período Cretáceo e essas formas antigas são muito semelhantes às que existem hoje. A morfologia das gêmulas é altamente específica e é utilizada para diagnosticar famílias, gêneros e até mesmo espécies. Três das seis famílias de esponjas dulciaquícolas não formam gêmulas: Lubomirskiidae e Metschinkowiidae (ambas encontradas apenas no mar Cáspio e no lago Baikal), e Malawispongiidae (dos lagos antigos do Grande Vale do Rift, na África, por todo o Oriente Médio, até a ilha Sulawesi, no oceano Índico).

A formação e o crescimento final das gêmulas são exemplos notáveis da totipotência das células dos poríferos. À medida que se aproxima o inverno, os arqueócitos agregam-se no mesoílo e passam por uma mitose rápida. As "células nutritivas" (conhecidas como trofócitos) movem-se até a massa de arqueócitos e são engolfadas por fagocitose. O resultado é uma massa de arqueócitos contendo reservas alimentares armazenadas nas plaquetas vitelinas sofisticadas. Por fim, toda essa massa tornar-se circundada por um envoltório trilaminar de espongina. Na maioria das espécies, as gemoscleras em desenvolvimento (**espículas anfídiscas**, ou espículas que apresentam um disco estrelado em cada ponta) são transportadas por suas células genitoras até a gêmula em crescimento e são incorporadas ao envelope de espongina. A última parte da gêmula a ser envolvida por espongina é fechada apenas por uma camada simples de espongina destituída de espículas; essa placa de uma única camada é a **micrópila**. Quando está formada, a hibernação da gêmula começa, enquanto a esponja genitora geralmente morre e se desintegra – essas espécies podem ser consideradas "anuais".

Quando as condições ambientais são favoráveis novamente, a micrópila abre-se e os primeiros arqueócitos começam a sair (Figura 6.16 C). Eles imediatamente circulam para dentro do substrato, onde começam a construir uma estrutura da pinacoderme e da coanoderme novas. A segunda onda de arqueócitos a deixar a gêmula coloniza essa estrutura. No processo de "eclosão" das gêmulas e em um exemplo impressionante de totipotencial celular, os arqueócitos rapidamente originam todos os tipos de células da esponja adulta. O período de dormência das gêmulas parece ser de dois tipos: quiescência e diapausa verdadeira. A quiescência é imposta por condições desfavoráveis em geral, como temperaturas baixas, terminando quando as condições favoráveis retornam. Por outro lado, a diapausa é típica das

Figura 6.15 Brotamento em três espécies de demosponja da Nova Zelândia. **A.** *Tethya burtoni*. **B.** *Stelletta* sp. **C.** *Tethya bergquistae*.

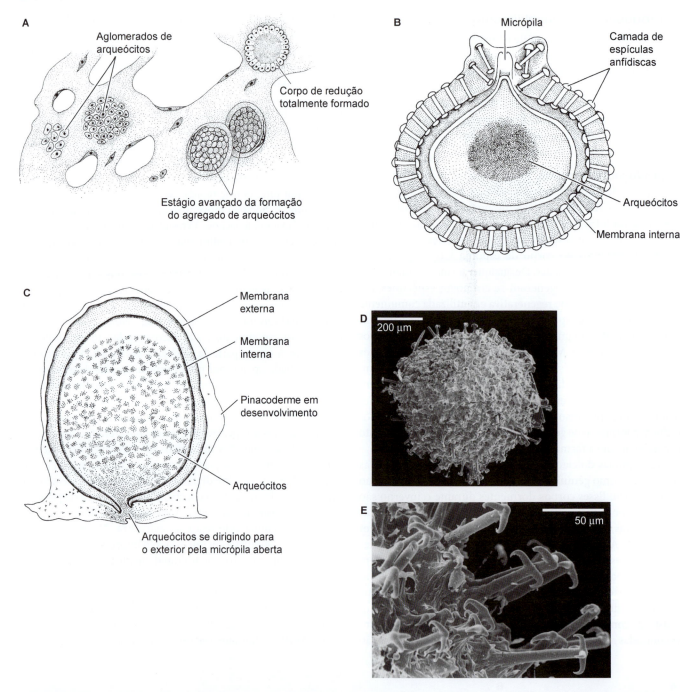

Figura 6.16 Gêmulas e corpos de redução das esponjas. **A.** Corpos de redução se formando em uma esponja marinha. **B.** Gêmula (*em corte*) de uma esponja dulciaquícola (Spongillidae). **C.** Gêmula (*em corte*) da esponja dulciaquícola *Spongilla* em processo de eclosão. **D** e **E.** Gêmula (fotografia de microscopia eletrônica de varredura) de *Anheteromeyenia argyrosperma* (Spongillidae).

espécies anuais e é imposta por uma combinação de mecanismos endógenos e condições ambientais adversas. A quebra do estado de diapausa normalmente requer exposição a temperaturas muito baixas por um determinado número de dias.

Muitas espécies marinhas produzem corpos reprodutivos assexuados (conhecidos como **corpos de redução**), que são praticamente semelhantes às gêmulas dulciaquícolas, embora muito mais simples em *design* e em estrutura da parede celular; essas estruturas incorporam vários amebócitos. Além disso, em vários gêneros de esponjas marinhas (p. ex., *Haliclona*, *Chalinula*), formam-se corpos reprodutivos assexuados muito semelhantes às gêmulas, embora com um envoltório de espongina contendo as espículas (oxeias).

Processos sexuados. A origem antiga das esponjas está refletida em sua extrema variabilidade de estratégias de reprodução e desenvolvimento. Muitas são hermafroditas, mas geralmente produzem oócitos e espermatozoides em diferentes épocas. Esse hermafroditismo sequencial pode adquirir a forma de protoginia ou protandria, e a mudança de sexo pode ocorrer apenas uma vez, ou o organismo pode alternar repetidamente entre as formas masculina e feminina. Em algumas espécies, os organismos parecem ser permanentemente macho ou fêmea. Em outras, alguns organismos são permanentemente gonocoristas, enquanto outros da mesma população são hermafroditas. Em todos os casos, a fecundação cruzada provavelmente é a regra.

Embora a embriogênese das esponjas tenha em comum com os metazoários superiores muitos elementos fundamentais, incluindo o processo singular dos metazoários de clivagem programada e deposição de tecidos pelo processo de morfogênese embrionária (em nossa opinião, uma gastrulação verdadeira), elas também expressam grande variabilidade. Na verdade, a faixa de adaptação ontogenética das esponjas é tão ampla que é difícil fazer generalizações acerca de seu desenvolvimento. Os mesmos padrões de clivagem e tipos de blástula podem resultar em vários tipos larvais diferentes, enquanto os mesmos tipos de larvas podem desenvolver-se com diversos padrões de clivagem. Em geral, as esponjas parecem ter permanecido em um "grau experimental" de desenvolvimento, no qual padrões de clivagem e mecanismos de gastrulação fixos ainda não estão estabelecidos; por isso, as diversas linhagens de esponjas utilizam vários processos de desenvolvimento. Essa variabilidade extrema do desenvolvimento está descrita adiante.

Os espermatozoides parecem originar-se principalmente dos coanócitos, enquanto os ovócitos provêm dos coanócitos ou dos arqueócitos. Em geral, a espermatogênese ocorre nos **cistos espermáticos** (= **folículos espermáticos**) bem-definidos, que se formam quando todas as células de uma câmara de coanócitos transformaram-se em espermatogônias, ou quando os coanócitos transformados migram para dentro do mesoílo, onde se agregam (Figura 6.17 A). Durante a ovocitogênese, os ovócitos solitários geralmente se desenvolvem dentro de cistos circundados por uma camada de células foliculares e, algumas vezes, de células nutritivas (**trofócitos**) (Figura 6.17 B).

Em Demospongiae e Calcarea, os espermatozoides e (no caso da oviparidade das demosponjas) os ovócitos maduros são liberados no ambiente por meio do sistema aquífero. A liberação rápida dos espermatozoides pelos ósculos da esponja pode ser perfeitamente visível e muito notável e, em geral, esses espécimes são conhecidos como "esponjas fumegantes" (Figura 6.17 D). A liberação dos espermatozoides pode ser sincronizada em uma população local ou restrita a certos indivíduos. A fecundação ocorre na água (oviparidade) e resulta na formação das larvas planctônicas, ou dentro da própria esponja feminina (viviparidade). Na esponja vivípara

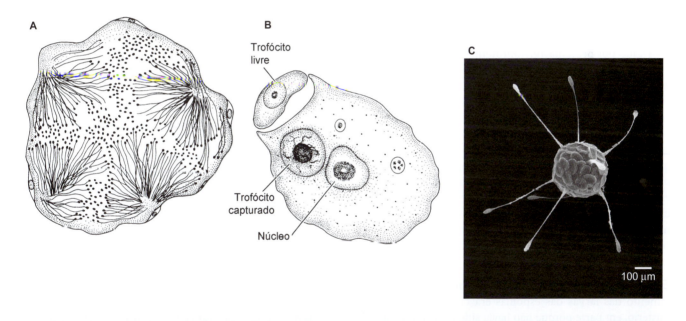

Figura 6.17 Reprodução sexuada das demosponjas. **A.** Folículo espermático (*em corte*) contendo espermatozoides maduros. **B.** Um ovócito (*em corte*) de *Ephydatia fluviatilis* fagocitando um trofócito. Dentro do ovócito há outro trofócito recém-ingerido. **C.** As "larvas hoplitomelas" encouraçadas incomuns típicas das esponjas fastidiosas do gênero *Thoosa*. A armadura consiste em placas achatadas que, na verdade, são espículas altamente modificadas (conhecidas como discotrienenos). As fibras longas que emergem da larva também são espículas modificadas, que provavelmente facilitam a flutuação. **D.** Liberação dos espermatozoides de *Xestospongia muta*, Flórida. **E.** Liberação dos ovócitos de *Xestospongia muta*, Flórida.

Cliona vermifera, que vive nas fendas dos corais, cada zigoto dentro do corpo da esponja torna-se encapsulado; por fim, esses zigotos são liberados na água por uma série de pulsações rápidas do sistema aquífero. Nas espécies vivíparas, os espermatozoides (provavelmente de indivíduos diferentes) são levados para dentro do sistema aquífero e, em seguida, precisam atravessar a barreira celular da coanoderme, entrar no mesoílo, localizar os ovócitos, penetrar a barreira folicular e, por fim, fecundar o ovócito. Em todas as espécies estudadas da subclasse Calcaronea, essa proeza impressionante envolve a captura dos espermatozoides pelos coanócitos e seu encapsulamento em uma vesícula intracelular (algo semelhante à formação de um "vacúolo digestivo benigno"). Em seguida, o coanócito perde seu colarinho e flagelo e migra pelo mesoílo na forma de uma célula ameboide, transportando os espermatozoides até o ovócito (Figura 6.18 A). O coanócito migratório é conhecido como **célula transportadora**, ou **coanócito de transferência** (Figura 6.18 B). Sem dúvida alguma, os coanócitos regularmente consomem e digerem espermatozoides sem sorte de espécies diferentes de esponjas e outros invertebrados bênticos; contudo, por algum mecanismo de reconhecimento ainda desconhecido, eles reagem por um comportamento acentuadamente diferente aos espermatozoides de sua própria espécie. Provavelmente, esse processo é dirigido por proteínas/glicoproteínas da superfície celular.

Nas espécies vivíparas, os embriões geralmente são liberados na forma de larvas natantes maduras por meio dos canais excurrentes do sistema aquífero, ou por uma ruptura da parede corporal do genitor. As larvas podem assentar diretamente, podem nadar por várias horas ou poucos dias antes do assentamento, ou podem simplesmente se mover no substrato, até que estejam prontas para se fixar. Em todas as espécies de esponjas estudadas, as larvas são lecitotróficas. Em geral, as esponjas litorâneas tendem a produzir larvas planctônicas, enquanto as larvas subtidais tendem a assentar diretamente ou movimentar-se no fundo do oceano por alguns dias, antes de começar seu crescimento e transformar-se em um espécime adulto novo.

Embriogênese e larvas. Até pouco tempo atrás, o desenvolvimento das larvas das esponjas era circundado de grande mistério, em parte porque não havia sido estudado detalhadamente e em parte porque existe grande variação. A variabilidade ampla dos processos de blastulação/gastrulação e dos tipos larvais das esponjas é estonteante e muitos diferentes, mas distintos tipos de larvas foram descritos. Na verdade, alguns processos embriogênicos que ocorrem nas esponjas não ocorrem em nenhum outro metazoário (p. ex., egressão multipolar em Homoscleromorpha; delaminação polarizada de algumas demosponjas). A partir da década de 1990, estudos significativos recentes alteraram nossos conceitos sobre o desenvolvimento desse filo, embora ainda restem muitas dúvidas. A diversidade dos processos de desenvolvimento das esponjas é notável e, em alguns casos, o mesmo padrão de clivagem e o mesmo tipo de blástula podem ser característicos de vários tipos diferentes de larvas. Por outro lado, o mesmo tipo de larva pode originar-se por padrões de clivagem muito diferentes. Por exemplo, as larvas parenquimelas de *Reniera* (Demospongiae: Haplosclerida) formam-se em consequência da clivagem caótica (aparentemente sem qualquer padrão) e da delaminação multipolar, enquanto as larvas parenquimelas de *Halisarca* (Demospongiae: Halisarcida) originam-se por clivagem poliaxial e ingressão multipolar.

Grande parte da confusão em torno da embriogênese das esponjas está centrada na questão de quando ocorre a gastrulação. Muitos estudos mais antigos relataram que, durante o desenvolvimento das larvas, as células ciliadas externas perdiam seus cílios e migravam para o interior do organismo, onde se diferenciavam em coanócitos adultos. Esses estudos sugeriram que as larvas formadas dessa forma representavam o estágio de blástula e que a gastrulação subsequente coincidia com a metamorfose larval. Esses processos embrionários, que formavam larvas blastulares, tornariam as esponjas singulares entre os metazoários. Contudo, estudos recentes sugeriram que essa migração/inversão das camadas de células durante o desenvolvimento larval provavelmente era um erro de interpretação na maioria, senão em todos os casos; na verdade, as larvas das esponjas provavelmente representam espécimes no estágio pós-gastrulação (como ocorre com muitas outras larvas dos metazoários). As migrações celulares desse tipo ocorrem em alguns poríferos, mas apenas *depois* da embriogênese ter formado uma larva totalmente diferenciada com duas ou três camadas; por isso, esses movimentos celulares não são relacionados com gastrulação. Hoje em dia, parece que a maioria ou todas as larvas das esponjas derivam da reorganização celular, que pode ser equiparada (embora não necessariamente considerada homóloga) aos processos de gastrulação observados em outros

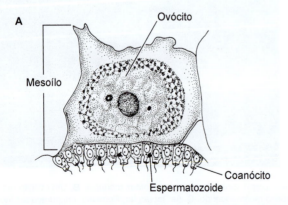 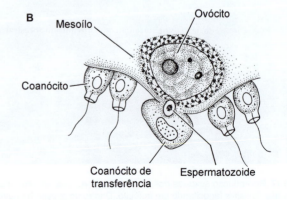

Figura 6.18 Fecundação na esponja calcária. **A.** Os espermatozoides são capturados pelos coanócitos; um ovócito está situado no mesoílo adjacente à coanoderme. **B.** Um coanócito de transferência entrega seus espermatozoides ao ovócito; note que o ovócito está perto da coanoderme e que o coanócito perdeu seu flagelo.

metazoários. Desse modo, a gastrulação ocorre antes do estágio larval e, provavelmente, nenhuma larva das esponjas representa estágios blastulares.[9]

Durante muitos anos, especialistas imaginaram qual seria o padrão de clivagem ancestral ou original das esponjas (e dos metazoários) – a maioria dos pesquisadores provavelmente votaria na clivagem radial e, na verdade, esse tipo de clivagem é encontrado em muitas demosponjas, embora não seja identificado em nenhuma outra classe de esponjas. No mínimo, existem descritas três outras formas de clivagem holoblástica: clivagem caótica (também conhecida como "anárquica"), palintomia tabular e clivagem poliaxial. A **clivagem caótica** (aparentemente aleatória, sem padrão definido) é típica de muitas demosponjas.

Com a **palintomia tabular**, as perfurações de clivagem são oblíquas em relação com o eixo animal–vegetal do ovócito; esse tipo de clivagem ocorre em algumas esponjas calcárias (Calcaronea) e também é um reminiscente do gênero de algas verdes *Volvox* e de vários outros protistas coloniais. Entretanto, as esponjas Calcaronea também passam por um processo absolutamente singular de inversão da blástula e isso levou alguns pesquisadores a sugerir que a palintomia seja um processo de clivagem aberrante. A **clivagem poliaxial** é típica do gênero *Halisarca* e, possivelmente, também das esponjas calcárias (Calcinea). Esse tipo caracteriza-se por perfurações de clivagem que se formam perpendiculares à superfície do embrião durante a transição do estágio de 8 para 16 células, com eixos de simetria que irradiam a determinados ângulos do centro do embrião; contudo, depois do estágio de 16 células, a divisão torna-se caótica.

Embora a embriologia das esponjas seja amplamente variável, todas as espécies passam por uma sequência ordenada de divisões e movimentos dos blastômeros, que resultam na morfogênese das estruturas teciduais das larvas (que, de acordo com nossa opinião, constitui a gastrulação) e na formação de um eixo larval, que frequentemente é descrito como eixo anteroposterior. Até hoje, os espongiologistas reconheceram no mínimo sete tipos de desenvolvimento sexual em esponjas, que são diferenciados por suas formas larvais resultantes; no entanto, a continuidade das pesquisas pode descobrir ainda mais: (1) larva triquimela (Hexactinelidas), (2) larvas calciblástula (Calcarea: Calcinea), (3) larva anfiblástula (Calcarea: Calcaronea), (4) larva cinctoblástula (Homoscleromorpha), (5) larva disférula (Demospongiae: Halisarcidae), (6) desenvolvimento direto (Demospongiae, Tetractinelidas, *Tetilla*) e (7) larva parenquimela (a maior parte das demosponjas). A Figura 6.19 ilustra esses 7 tipos de desenvolvimento, que também estão descritos a seguir. O polo flagelado anterior das larvas natantes das esponjas (p. ex., anfiblástula, cinctoblástula, parenquimela; Figura 6.20) corresponde supostamente ao polo animal das larvas de outros metazoários e esse é o polo que origina a coanoderme interna, enquanto as células ameboides no polo posterior formam a camada externa (pinacoderme) da esponja adulta.

Os genes de desenvolvimento dos poríferos homólogos aos dos outros metazoários começaram a ser descritos recentemente, mas muitos outros devem ser revelados dentro de pouco tempo, depois da finalização recente do "genoma completo" da demosponja *Amphimedon queenslandica*. Até agora, diversos genes homeóticos dos metazoários foram identificados nas esponjas e, no que se refere a *A. queenslandica*, um número expressivo de classes dos genes de transcrição – dos quais muitos parecem ser específicos dos metazoários – são expressos durante o desenvolvimento. Contudo, as homologias possíveis entre os tecidos das esponjas adultas e a endoderme e a ectoderme dos metazoários ainda são muito duvidosas e, por isso, os termos "gastroderme" e "epiderme" são utilizados nas esponjas para evitar implicações de homologia embriológica (e a camada interna do mesoílo certamente não parece ser homóloga à mesoderme dos metazoários superiores). Essa impossibilidade de estabelecer homologias diretas entre os tecidos das esponjas e os dos metazoários superiores é uma das razões pelas quais alguns cientistas rejeitam o termo "gastrulação" em referência com os poríferos. Com a exceção das demosponjas e das homoscleromorfas, a anatomia epitelial típica (com lâmina basal subjacente) parece faltar nas esponjas.

---

[9] A questão se a gastrulação ocorre ou não e quando ela ocorreria nas esponjas tem sido debatida há muitos anos. Na verdade, isso depende de como se define "gastrulação". Alguns pesquisadores definem gastrulação simplesmente como epitelialização dos embriões e, desse modo, indicam claramente que as esponjas sofrem gastrulação. Outros cientistas definem gastrulação como processo embrionário por meio do qual derivam a ectoderme e a endoderme dos metazoários e seu trato digestivo; contudo, evidentemente, as esponjas não têm trato digestivo e suas camadas de células internas e externas não parecem ser homólogas aos epitélios dos metazoários superiores; com base nessas observações, poderíamos argumentar que a gastrulação não ocorre nos poríferos. Os espongiologistas que seguem essa linha de raciocínio referem-se à "morfogênese embrionária", em vez de usar o termo "gastrulação". Outros ainda definem a gastrulação dos poríferos como o processo de metamorfose das larvas à forma adulta, quando se formam as câmaras de coanócitos. Neste livro, definimos gastrulação (em sentido geral) como a reorganização das células da blástula para formar múltiplas camadas germinativas embrionárias – os tecidos dos quais depende todo o desenvolvimento subsequente. Na maioria dos casos, a gastrulação provoca a separação das células que precisam interagir diretamente com o ambiente e das que processam materiais retirados do ambiente. Desse modo, a gastrulação é um aspecto-chave na definição dos metazoários. Portanto, de acordo com nossa definição, a gastrulação das esponjas ocorre durante a formação das larvas, quando as primeiras camadas germinativas são depositadas, independentemente do processo. Entretanto, vale salientar que a inexistência de aderência intercelular sólida e a capacidade que as células das esponjas têm de se tornarem móveis poderiam falar contra a gastrulação verdadeira das esponjas, porque não há necessariamente conservação das células nas camadas germinativas específicas.

Curiosamente, o termo "gastrulação" deriva do nome atribuído por Ernst Haeckel (em 1872) a um estágio do desenvolvimento das esponjas calcárias (estágio de **gástrula**), que consiste em uma larva ciliada elíptica que se assenta na camada bentônica e, de acordo com Haeckel, formava uma "boca e um trato digestivo". Haeckel afirmava que o estágio de gástrula poderia ser encontrado no desenvolvimento de todos os animais e, consequentemente, representa a recapitulação do metazoário ancestral – o suposto ancestral que ele chamou de **gastreia** –, um animal diploblástico com trato digestivo ciliado. De acordo com Haeckel, essa recapitulação era a prova de que os metazoários são monofiléticos. Até recentemente, apenas uma ou outra observação do estágio de "gástrula" de Haeckel em uma esponja calcária havia sido realizada pelo filósofo e biólogo alemão Ernst Hammer em 1908. Apesar disso, a "gastrulação por invaginação" tem sido amplamente aceita há mais de 100 anos como mecanismo ancestral de formação das camadas germinativas dos animais. Evidentemente, o enigma é que hoje sabemos que as esponjas não formam um trato digestivo típico dos metazoários, de forma que a cavidade transitória formada pela invaginação durante o assentamento não pode representar o trato digestivo futuro. Recentemente, uma bióloga eminente especializada em esponjas chamada Sally Leys demonstrou que aquilo que Haeckel (e depois Hammer) tinha presenciado era um estágio transitório muito breve, no qual as células anteriores de uma larva de esponja calcária assentada invaginavam para dentro da metade posterior da larva. Entretanto, o "orifício de invaginação" fecha completamente e apenas muitos dias depois a esponja forma um ósculo (não um trato digestivo!) no seu polo apical. Portanto, não há razão para supor que esse estágio transitório de "gástrula" seja um precursor para a formação do trato digestivo por meio da invaginação nos animais superiores. Além disso, é a formação mais precoce das duas regiões celulares das larvas que constitui o evento de gastrulação verdadeira (enquanto a metamorfose depois do assentamento envolve reorganização dessas regiões já diferenciadas).

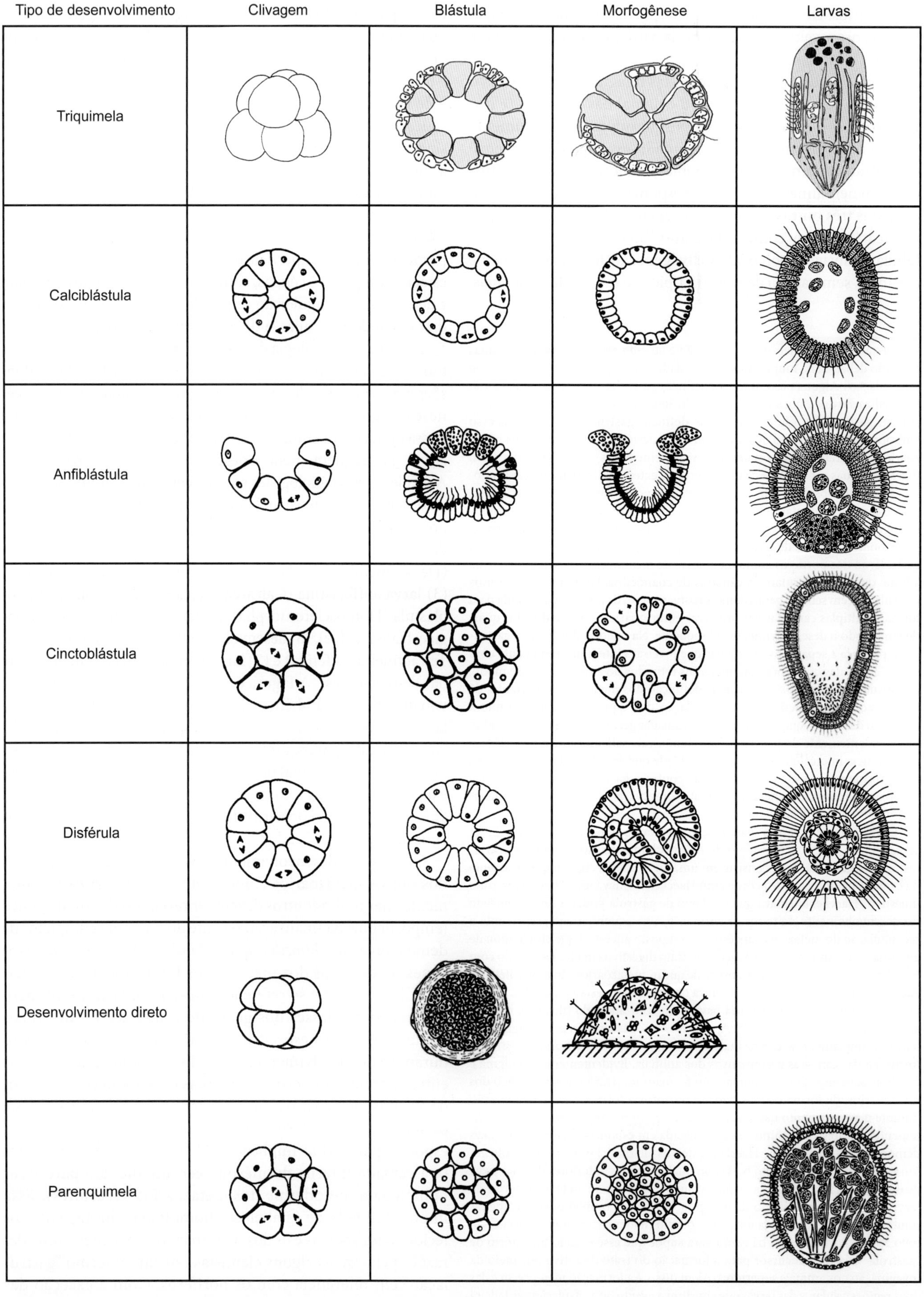

Tipo de desenvolvimento	Clivagem	Blástula	Morfogênese	Larvas
Triquimela				
Calciblástula				
Anfiblástula				
Cinctoblástula				
Disférula				
Desenvolvimento direto				
Parenquimela				

Figura 6.19 Ilustração esquemática resumindo os diversos tipos de desenvolvimento e suas larvas resultantes nos diferentes grupos de poríferos; ver detalhes no texto.

Capítulo 6 Dois Filos de Metazoários Basais 231

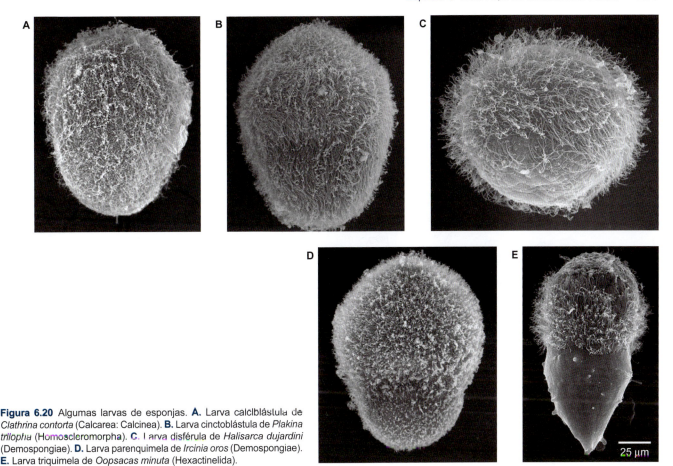

Figura 6.20 Algumas larvas de esponjas. **A.** Larva calciblástula de *Clathrina contorta* (Calcarea: Calcinea). **B.** Larva cinctoblástula de *Plakina trilopha* (Homoscleromorpha). **C.** Larva disférula de *Halisarca dujardini* (Demospongiae). **D.** Larva parenquimela de *Ircinia oros* (Demospongiae). **E.** Larva triquimela de *Oopsacas minuta* (Hexactinelida).

A capacidade que os pinacócitos têm de migrar para dentro do mesoílo e transformar-se em outros tipos celulares também foi apresentada como argumento contra a consideração dessa camada como um epitélio verdadeiro derivado da ectoderme (a motilidade dos pinacócitos foi atribuída à inexistência geral de junções desmossômicas especializadas entre as células).

Como há grande variação nos processos de desenvolvimento das esponjas, cada classe será revisada separadamente a seguir.

Calcarea. Até onde se sabe, todas as esponjas calcárias são vivíparas. Na subclasse Calcinea, os ovócitos desenvolvem-se dentro do mesoílo e aumentam de tamanho (fagocitando amebócitos adjacentes). Os embriões também se desenvolvem no mesoílo e a clivagem é total e igual, resultando na formação de uma larva blástula oca (celoblástula). A celoblástula de algumas espécies tem dois tipos de células: células externas ciliadas e uma ou duas células granulares posteriores. Depois da liberação das larvas e pouco antes de sua fixação ao substrato, em algumas espécies determinadas células perdem seus cílios e entram na blastocele por ingressão.

Na subclasse Calcaronea, os ovócitos diferenciam-se a partir dos coanócitos e entram no mesoílo. Depois de um período de crescimento, eles migram para a periferia da esponja. A clivagem é total e igual, e as três primeiras divisões são meridionais. A quarta divisão (ao menos em *Leucosolenia*) é oblíqua, quase exatamente como a clivagem da alga verde colonial *Volvox* – um tipo de clivagem conhecida como palintomia tabular. O embrião resultante é uma blástula em forma de copo com um pequeno orifício no lado mais próximo da coanoderme. Enquanto a maioria das células continua a fazer clivagens do mesmo tipo, formando uma camada única de epitélio, algumas que se localizam diretamente sob a coanoderme não o fazem; essas células continuam muito maiores que as outras e têm seu citoplasma preenchido por grandes grânulos vitelínicos. O elemento mais incomum do embrião das Calcaronea é que os cílios, que se diferenciam nos micrômeros, projetam-se para dentro do centro da blastocele (movimento invertido, em comparação com os embriões de todas as outras esponjas); esse estágio é conhecido como **estomoblástulas** (Figura 6.21 B a D). Para chegar à orientação final, o embrião realmente se vira de dentro para fora. Isso é conseguido quando os blastômeros ciliados se movem para cima e atravessam o orifício na forma de um "epitélio simples", entrando na câmara dos coanócitos (praticamente igual a um saco virado de dentro para fora). A larva resultante é uma **anfiblástula** (Figura 6.21 E) composta de células ciliadas anteriores, células granulares posteriores e amebócitos nutritivos internos.

As larvas anfiblástulas livres-natantes de *Sycon* (classe Calcaronea) emergem da esponja genitora por meio do ósculo e assentam dentro de 12 horas, fixando-se por meio dos seus cílios, que parecem ser aderentes (provavelmente por meio de glicoproteínas existentes na superfície celular). Em alguns casos, as larvas assentam com sua extremidade anterior sobre o orifício deixado pelo evento de invaginação anterior. Desse modo, o orifício não está relacionado com o ósculo subsequente (nem é qualquer tipo de "boca" primitiva); na verdade, ele é engolfado pelo epitélio recém-formado da larva em metamorfose. Portanto, a cavidade transitória formada pela invaginação não corresponde ao futuro ósculo da esponja, conforme Ernst Haeckel insinuou há muito tempo; desse modo, essa invaginação não

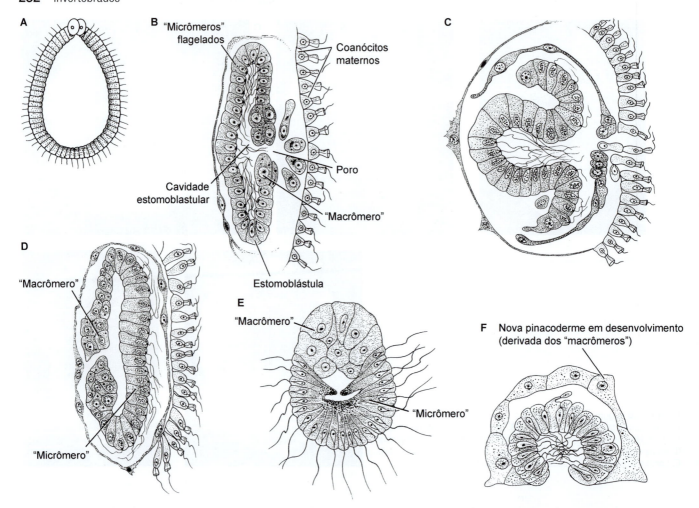

Figura 6.21 Larvas "celoblástula" e anfiblástula (*em corte*). **A.** Larva "celoblástula" típica com seus "macrômeros" posteriores. **B** a **D.** Durante o processo notável de inversão de *Sycon* (= *Scypha*), a estomoblástula vira-se de dentro para fora, formando uma larva anfiblástula com flagelos voltados para fora. **E.** Uma larva anfiblástula típica (*Sycon*). **F.** Esponja jovem (*Sycon*) assentada depois da invaginação das células flageladas.

representa gastrulação. Depois do assentamento, as larvas sofrem rapidamente metamorfose e transformam-se em uma esponja juvenil (sexualmente imatura).[10] Durante a metamorfose, as células anteriores perdem seus cílios e migram para formar uma massa de células interiores; algumas delas diferenciam-se em coanócitos, enquanto outras se mantêm ameboides. A metamorfose dessas larvas parece envolver uma proliferação rápida dos "macrômeros" para formar a pinacoderme, que recobre por completo o hemisfério flagelado. As células flageladas migram para dentro a fim de formar uma câmara alinhada com células descontínuas e transformam-se nos coanócitos (Figura 6.21 F). Um ósculo rompe-se e a esponja asconoide minúscula torna-se capaz de circular água e alimentar-se. Esse estágio funcional inicial é conhecido como **olinto** (Figura 6.5 A). Depois de um período de crescimento, o organismo torna-se uma esponja asconoide, siconoide ou leuconoide adulta, dependendo das espécies.

Hexactinellida. Como as formas reprodutivas dessa classe de esponjas raramente são encontradas e como a maioria das espécies vive em águas profundas, quase todo o nosso conhecimento acerca do seu desenvolvimento provém de algumas espécies que vivem em pequenas cavernas e são acessíveis por mergulho autônomo (SCUBA; do inglês, *self-contained underwater breathing apparatus*). Embora baseado nos estudos de apenas algumas espécies, a revisão geral do desenvolvimento das esponjas-de-vidro é a seguinte. Todas as hexactinelidas provavelmente são vivíparas. Os gametas originam-se de grupos de arqueócitos, que ficam suspensos dentro do retículo trabecular. Cada grupo de arqueócitos é referido como **congérie** e todas as células estão conectadas por pontes citoplasmáticas (embora os ovócitos maduros sejam células independentes). Ainda não está claro como os espermatozoides encontram os ovócitos ou como a fecundação ocorre. A clivagem até o estágio de 32 células é total, igual e assincrônica. A primeira clivagem geralmente é meridional e a segunda pode ser equatorial ou rotacional. Nos estágios de 16 e 32 células, o embrião forma uma blástula oca. As clivagens subsequentes são desiguais e formam micrômeros menores situados no lado de fora e macrômeros maiores ricos em vitelo no lado de dentro. Mesmo os primeiros micrômeros estão conectados entre si por pontes citoplasmáticas. Os macrômeros dividem-se desigualmente e, aos poucos, preenchem o

---

[10]Esse é o estágio que Ernst Haeckel enfatizou como raiz da gastrulação. Entretanto, Haeckel confundiu a anfiblástula com uma larva plânula de duas camadas e fez algumas observações que nunca foram repetidas. É provável que os instrumentos microscópicos que Haeckel tinha simplesmente não fossem suficientes para resolver as alterações que se desdobravam rapidamente durante a embriogênese e a metamorfose de *Sycon*.

centro da blastocele, circundando, por fim, os micrômeros com filopódios maciços. Em seguida, por um processo singular, essas células fundem-se para formar um tecido gigante multinucleado único – o novo sincício trabecular – que circunda completamente os micrômeros. Desse modo, o embrião adquire seu epitélio externo. Inicialmente, pesquisadores acreditavam que a formação dos micrômeros representasse a gastrulação por delaminação celular. Contudo, a epitelialização das larvas – envolvimento dos micrômeros pelo retículo trabecular incipiente – provavelmente é referido mais adequadamente como um processo de gastrulação verdadeira. A larva plenamente diferenciada das hexactinelidas é uma **triquimela** (Figura 6.19). O tecido principal dessa larva é o retículo trabecular sincicial, que se continua por todo o corpo larval, incluindo seu "epitélio" superficial. Depois de nadar por um ou vários dias, a larva assenta sobre seu polo anterior repleto de lipídios e sofre metamorfose. As células flageladas da triquimela são multiciliadas, ou seja, um aspecto singular entre as demais esponjas.

Demospongiae. A classe Demospongiae é ampla e diversificada – sem um padrão de desenvolvimento facilmente caracterizável ou uniforme. Existem estudos embriológicos detalhados recentes apenas para uma dúzia ou mais de espécies. Nessa classe, ocorre reprodução vivípara e ovípara. O desenvolvimento é extremamente variável entre as ordens, as famílias, os gêneros e, em alguns casos, é até mesmo intraespecífico. Os espermatócitos podem desenvolver-se em cistos especiais dentro do mesoílo e, na maioria das demosponjas (especialmente nas espécies dulciaquícolas), essas células originam-se dos coanócitos. Os ovócitos podem ser isolécitos ou telolécitos e, em geral, originam-se dos arqueócitos no mesoílo – embora na família Lubomirskiidae (esponjas dulciaquícolas do lago Baikal) eles pareçam derivar dos coanócitos – e podem estar acompanhados de células nutritivas ricas em vitelo, ou de células foliculares que formam um envoltório espesso ao seu redor; desse modo, o vitelo é incorporado ao citoplasma dos ovócitos. Em algumas espécies, a dispersão dos ovócitos e dos espermatozoides foi relacionada com os ciclos lunares, como também se observa em muitos invertebrados superiores. Em geral, a fecundação é externa.

A clivagem parece ser completa, igual ou desigual, geralmente caótica e (ao menos em algumas espécies) forma micrômeros e macrômeros. Os primeiros desenvolvem cílios e, por fim, os dois tipos separam-se até que os micrômeros ciliados cubram a periferia do embrião (um processo conhecido como delaminação multipolar). Nesse ponto, o embrião pode ser uma blástula sólida (estereoblástula) ou uma celoblástula (embora a cavidade central possa estar preenchida por bacteriócitos e células granulares pequenas da camada folicular). Muitas espécies parecem produzir larvas parenquimela polarizadas, que têm uma camada externa ciliada. O assentamento parece ocorrer rapidamente e, em algumas espécies, os ovócitos são liberados dentro de uma massa de muco e não há um estágio larval planctônico (as larvas desenvolvem-se sobre o substrato próximo à esponja genitora).

Entre as demosponjas, o gênero *Halisarca* destaca-se por várias razões. Essas esponjas não têm qualquer tipo de esqueleto e passam por processos de desenvolvimento mistos (estudados por mais de 100 anos). A maioria das espécies, ou todas, é gonocorística e vivípara. Os espermatócitos originam-se dos coanócitos por meio dos cistos espermáticos. Os ovócitos também derivam dos coanócitos e, durante a vitelogênese, bactérias simbióticas típicas do mesoílo dos adultos são incorporadas ao ovócito. A clivagem é total e igual, formando uma blástula oca. Em muitos casos, as células invadem a blastocele por ingressão unipolar e multipolar. Os cílios aparecem nas células externas da blástula no estágio de 32 a 64 células, enquanto as células internas diferenciam-se para se tornar arqueócitos. Nesse ponto, as coisas ficam estranhas, porque três tipos muito diferentes de larvas podem se formar, inclusive dentro do espécime genitor. O primeiro é uma celoblástula com uma única camada de células superficiais circundando um pequeno lúmen. O segundo é uma parenquimela, que tem uma camada exterior circundando uma massa interna de células ameboides. O terceiro tem duas camadas de células epiteliais, uma externa e outra interna, que revestem um pequeno lúmen; esse tipo de larva é conhecido como disférula. Todos os três tipos são polarizados por padrões externos de ciliação e todos nadam por rotação direcionada à esquerda.

Homoscleromorpha. Os ovócitos das homoscleromorfas são isolécitos, ricos em inclusões vitelínicas e completamente circundados por um folículo formado por endopinacócitos da esponja genitora. A clivagem é holoblástica e igual. Na terceira divisão, a clivagem torna-se irregular e assincrônica e avança até formar uma mórula sólida com blastômeros indiferenciados ricos em vitelo. Em torno do estágio de 64 células, a camada externa da mórula começa a diferenciar-se. Os blastômeros situados perto da superfície dividem-se mais ativamente, enquanto as células internas migram para a periferia do embrião e para formar gradualmente uma larva com camada única e cavidade central, que contém bactérias simbióticas e células secretadas pela esponja genitora. O embrião resultante é uma celoblástula oca e, à medida que a camada externa se diferencia, as células desenvolvem cílios. Até onde sabemos, a migração centrífuga das células do centro para a periferia da mórula para formar a celoblástula é singular, não apenas entre os poríferos, mas também em todos os metazoários. Esse processo incomum é conhecido como **egressão multipolar**. As células ciliadas da camada mais externa tornam-se alongadas (colunares) e estão diretamente conectadas por junções semelhantes aos desmossomos.

Fibrilas de colágeno frouxas preenchem a maior parte da cavidade interna, à medida que a celoblástula amadurece em uma larva. Entretanto, logo abaixo da camada de células mais externas, forma-se matriz extracelular resistente de fibrilas de colágeno consolidadas e, abaixo dela, há uma segunda camada de fibrilas de colágeno mais frouxamente consolidadas. Essas duas camadas de colágeno constituem uma membrana basal semelhante à que é encontrada abaixo da pinacoderme e da coanoderme das homoscleromorfas adultas. (Uma trama semelhante de matriz extracelular foi descrita sob o epitélio larval de uma larva de demosponja.) A camada de células mais externas das larvas de homoscleromorfas é um epitélio verdadeiro, homólogo ao que é encontrado nas esponjas adultas e em outros metazoários, embora suas células sejam colunares e produzam uma membrana basal/lâmina basal.

À medida que o desenvolvimento avança, a cavidade central é progressivamente preenchida por fibrilas de colágeno (além de bactérias simbióticas) e o epitélio larval torna-se regionalmente diferenciado, conferindo à larva uma simetria descrita mais acertadamente como anteroposterior. As larvas das homoscleromorfas eram conhecidas originalmente como "anfiblástulas", porque se acreditava que elas tivessem duas regiões nitidamente distintas – uma ciliada e outra não. Contudo, a morfogênese das esponjas desse grupo não é absolutamente semelhante à das esponjas Calcaroneas (um grupo no qual a larva anfiblástula é típica) e, na verdade, as larvas são totalmente ciliadas. Desse modo, alguns autores sugeriram que a larva das homoscleromorfas deva ser denominada **cinctoblástula**, um termo que descreve mais precisamente seu aspecto singular de inclusões intranucleares paracristalinas, as quais formam um cinturão ao redor do polo posterior. A larva cinctoblástula livre-natante é elíptica ou tem formato de pera, é mais larga no polo anterior que no posterior e tem cílios em toda a sua superfície. Todas as larvas observadas nadavam descrevendo uma rotação à esquerda.

Alguns aspectos adicionais da biologia das esponjas

Alguns aspectos básicos da ecologia das esponjas foram descritos nas seções anteriores deste capítulo. Entretanto, como as esponjas desempenham funções importantes em muitos hábitats marinhos, e porque elas são intrinsecamente interessantes por seu "primitivismo" filogenético, acrescentamos aqui alguns aspectos adicionais sobre sua história natural.

Distribuição e ecologia

Certos padrões de distribuição são evidentes nas quatro classes de esponjas. As esponjas calcárias (e as demosponjas coralinas) são muito mais abundantes em águas rasas (acima de 200 m de profundidade), embora não sejam incomuns nas profundidades de talude, e algumas espécies (particularmente *Sycon*; Figura 6.21) foram descritas até mesmo em profundidades de 3.800 m. As hexactinelidas, que eram comuns em mares rasos das eras passadas, agora estão praticamente restritas às profundidades abaixo de 200 m, exceto nos ambientes extremamente frios (p. ex., oeste do Canadá e Alasca, Nova Zelândia e Antártida), onde algumas espécies ocorrem em águas rasas. As demosponjas vivem em todas as profundidades, enquanto as homoscleromorfas ocorrem desde a plataforma continental até a profundidade aproximada de 1.000 m. As esponjas calcárias podem estar limitadas em grande parte às águas rasas, porque elas dependem de um substrato firme para sua fixação. Por outro lado, muitas demosponjas e hexactinelidas crescem em sedimentos moles, fixando-se por meio de tufos ou emaranhados de espículas semelhantes a raízes. As esponjas coralinas, que era um grupo predominante nos recifes tropicais rasos, hoje estão restritas praticamente às fendas sombreadas e cavernas, às profundidades abaixo dos recifes ou às águas temperadas-mornas nas quais seus competidores em potencial (corais hermatípicos) não conseguem crescer (Figura 6.2 L). Aparentemente, essas esponjas são relíquias dos principais clados de esponjas formadoras de recifes dos oceanos das eras Mesozoica e Paleozoica.

Embora as esponjas sejam muito sensíveis ao sedimento suspenso em seus ambientes, elas parecem ser muito resistentes às contaminações por hidrocarbonetos e metais pesados. Na verdade, muitas espécies podem acumular esses contaminantes sem danos aparentes e eles podem, por exemplo, ser encontrados nos grânulos férricos do esqueleto de espongina das esponjas-de-banho fibrosas das regiões intermaré. A capacidade demonstrada por algumas espécies de acumular metais, em níveis muito superiores aos encontrados no ambiente, tem sido sugerida como um possível mecanismo de defesa (contra predação ou acumulação de lixo). Os detergentes também parecem não afetar muitas esponjas e, na verdade, podem até servir como fonte nutricional para esses animais incrivelmente adaptáveis.

As esponjas são os animais predominantes em um grande número de hábitats marinhos. A maioria das regiões litorâneas rochosas abriga quantidades enormes de esponjas, que comumente ocorrem em grande número (e tamanhos) ao redor da Antártida. Embora muitos animais alimentem-se das esponjas, a quantidade de danos graves que eles causam geralmente é pequena. Alguns peixes tropicais (p. ex., alguns peixes-anjo) e tartarugas (p. ex., tartaruga-de-pente) usam certos tipos de esponjas como alimento, algumas estrelas-do-mar e gastrópodes são predadores das esponjas, enquanto predadores menores (principalmente opistobrânquicos, que se aproximam muito da cor das esponjas que consomem) ingerem quantidades limitadas de material vivo das esponjas, tanto nos oceanos de águas mornas quanto temperadas. Entretanto, em geral, as esponjas parecem ser animais muito estáveis e de vida longa, talvez em parte graças às suas espículas e aos compostos tóxicos ou desagradáveis ao paladar, que desencorajam predadores em potencial.

Agentes bioquímicos

Exploradores costeiros e mergulhadores autônomos percebem rapidamente que as esponjas estão praticamente em todos os lugares, exceto nos hábitats arenosos rasos. A maioria cresce sobre rochas expostas ou, ocasionalmente, nas superfícies lamacentas, onde certamente ficam expostas à predação potencial. Evidentemente, algum(ns) mecanismo(s) deve(m) atuar para prevenir que esses animais sejam excessivamente consumidos pelos predadores. Os mecanismos de defesa principais das esponjas são mecânicos (estruturas esqueléticas) e bioquímicos. Estudos também demonstraram que as esponjas fabricam um espectro surpreendentemente amplo de biotoxinas, algumas muito potentes. Algumas espécies, como *Tedania* e *Neofibularia*, podem causar erupções cutâneas dolorosas nos seres humanos.

Os estudos sobre a bioquímica das esponjas também demonstraram uma ampla ocorrência de agentes antimicrobianos nas esponjas. Esses organismos parecem usar uma "guerra química" não apenas para reduzir a predação e evitar infecções, como também para competir por espaço com outros invertebrados, tais como ectoproctos, ascídias e até mesmo outras esponjas. Diferentes espécies desenvolveram compostos químicos (aleloquímicos) que podem ser inibidores espécie-específicos ou, na verdade, armas letais utilizáveis contra organismos sésseis e incrustantes competidores. Por exemplo, a esponja habitante de corais *Siphonodictyon* libera uma substância química tóxica no muco eliminado por seu ósculo e, assim, evita aglomerações potenciais por manter uma zona de pólipos de coral mortos ao redor de cada ósculo (Figura 6.22).

Muitos dos compostos químicos produzidos pelas esponjas e outros invertebrados marinhos têm sido estudados detalhadamente por químicos de produtos naturais e biólogos interessados em seu potencial como agentes farmacêuticos. Em muitas esponjas marinhas, pesquisadores identificaram compostos com atividades respiratórias, cardiovasculares, gastrintestinais, anti-inflamatórias, antitumorais, citotóxicas e antibióticas. Um estudo demonstrou que 87% das esponjas das águas temperadas e 58% das espécies tropicais examinadas na Nova Zelândia produziram extratos com atividade antibacteriana específica. Uma esponja

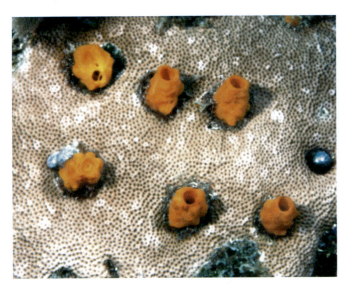

Figura 6.22 *Siphonodictyon coralliphagum* infesta o coral hermatípico *Siderastrea siderea* em um recife do Caribe. Observe a "zona morta" entre as "chaminés" dos ósculos da esponja e os pólipos do coral.

da Nova Zelândia (*Halichondria moorei*) é utilizada há muito tempo pelos nativos maori para promover a cicatrização de feridas e, recentemente, pesquisadores descobriram que ela contém concentrações extremamente altas (10% do peso seco da esponja) do composto anti-inflamatório potente fluorossilicato de potássio. Na década de 1950, compostos de uma classe de substâncias químicas conhecidas como arabinosídeos – que são ativos contra vírus – foram encontrados na esponja tropical *Tectitethya* (= *Tecthya*) *crypta*. Isso levou ao desenvolvimento de alguns fármacos importantes utilizados atualmente, incluindo Ara-C (Citarabina®) vendida com o nome comercial de Cytosar-U® pela Pharmacia & Upjohn. O Cytosar-U® foi aprovado para tratar algumas leucemias em 1969, tornando-se o primeiro fármaco aprovado de origem marinha como quimioterápico antineoplásico. Outros fármacos também derivados de produtos naturais de *T. crypta* incluem o AZT (zidovudina) fabricado com o nome comercial de Retrovir® pela empresa farmacêutica GlaxoSmithKline, que foi o primeiro fármaco aprovado para tratar infecção pelo HIV, assim como o aciclovir (ou ARA-A, vendido como aciclovir/Zovirax®), um antiviral prescrito comumente para tratar herpes.

Algumas esponjas, incluindo a espécie do Pacífico Oeste *Luffariella variabilis*, produzem um composto terpenoide notável conhecido como manoalide que, além de ser um agente antibacteriano extremamente potente, também atua como analgésico e anti-inflamatório. As esponjas dos gêneros *Halichondria* e *Pandaros* são conhecidas por produzir compostos antitumorais potentes, que fazem parte de um grupo de compostos químicos conhecidos como halicondrinas. Por exemplo, o mesilato de eribulina (vendido com o nome comercial Halaven®) é um fármaco potente para tratar câncer de mama metastático e é um análogo sintético da halicondrina B, um produto isolado da esponja marinha *Halichondria okadai*.

Taxas de crescimento

Pouco sabemos quanto a taxas de crescimento das esponjas, mas elas parecem variar amplamente entre as espécies. Algumas espécies são anuais (especialmente as esponjas calcárias de corpos pequenos, que vivem nas águas mais frias); por isso, elas desenvolvem-se a partir de larvas ou corpos de redução até a forma adulta reprodutiva em questão de meses. Entretanto, a maioria delas parece ser perene e frequentemente cresce tão lentamente que quase nenhuma alteração pode ser percebida de um ano para outro; esse padrão de crescimento é especialmente verdadeiro para as demosponjas tropicais e polares. Até recentemente, as estimativas de idade das espécies perenes variavam de 20 a 100 anos. Contudo, pesquisas realizadas com a esponja-barril gigante do Caribe *Xestospongia muta*, que pode passar de 2 m de altura, sugeriram que essa espécie possa ser capaz de viver mais de 2.000 anos. A datação por carbono radioativo de várias espécies *Rossella* (hexactinelida) da Antártida revelou, recentemente, taxas de crescimento de cerca de 3 mm por ano, estimando a idade das esponjas em torno de 440 anos. Uma descoberta ainda mais impressionante foi de que as espécies do Pacífico Oeste *Monorhaphis chuni* têm espículas gigantes de SiO_2, que podem alcançar quase 3 m de altura, representando as maiores estruturas biogênicas de sílica do reino animal; o tempo de vida da espícula foi estimado em 11.000 (± 3.000) anos, tornando essa espécie animal a que tem a vida mais longa na Terra!

Algumas esponjas são capazes de um crescimento muito rápido e comumente recobrem a flora e a fauna adjacentes. Por exemplo, a esponja incrustante tropical *Terpios* é conhecida por recobrir substratos vivos e não vivos. Em Guam, essa esponja cresce em taxas de aproximadamente 23 mm por mês sobre quase todas as espécies de corais vivos na área, assim como sobre hidrocorais, conchas de moluscos e diversas algas. Experimentos demonstraram que *Terpios* é tóxica para os corais vivos e, presumivelmente, para muitos outros animais. Entretanto, na maioria dos casos observados de recobrimento de corais vivos, os corais estavam em condições de estresse (por temperatura, sedimento, poluição) ou danificados e provavelmente enfraquecidos.

Outro truque fisiológico utilizado por algumas esponjas é sua capacidade de produzir rapidamente grandes quantidades de muco, quando perturbadas. Na costa oeste dos EUA, a bela esponja vermelho-alaranjada *Antho* (= *Plocamia*) *karykina* cobre-se com uma camada espessa de muco quando é danificada ou perturbada. Contudo, a pequena lesma-marinha vermelha *Rostanga pulchra* desenvolveu a capacidade de viver e alimentar-se imperceptivelmente nessa e em outras esponjas de cor vermelha e pode até depositar suas massas de ovos vermelhos camuflados sobre a superfície exposta da esponja, sem desencadear uma reação de secreção mucosa.

Simbioses

A simbiose é comum entre todos os tipos de esponja. Seria difícil encontrar uma esponja marinha que não seja utilizada por no mínimo alguns invertebrados menores e comumente por peixes (p. ex., gobis e blênios) como refúgio. A natureza porosa das esponjas pode torná-las especialmente apropriadas para habitação por crustáceos, ofiuroides, moluscos (p. ex., vieiras, mexilhões) e vários vermes oportunistas. Pesquisadores descobriram um único espécime de *Spheciospongia vesparia* das águas marinhas da Flórida, que tinha mais de 16.000 camarões alfeídeos vivendo em seu interior; um estudo realizado no Golfo da Califórnia encontrou quase 100 espécies diferentes de plantas e animais sobre e dentro de uma esponja *Geodia mesotriaena* de 15 × 15 cm; e um exame de oito espécies de esponjas retiradas da costa da Carolina do Sul e da Geórgia (em profundidades de

18 a 875 m) registrou 236 espécies simbióticas de invertebrados. Esse último estudo concluiu que as assembleias de esponjas-simbiontes podem formar comunidades ecológicas legítimas, que abrigam teias tróficas completas, além de espécimes gestantes e juvenis. Mesmo as esponjas dulciaquícolas abrigam inúmeros simbiontes e a maioria dos filos de invertebrados dulciaquícolas foi identificada com as esponjas (p. ex., Hydrozoa, Nematoda, Oligochaeta, Polychaeta, Gastropoda, Bivalvia, Isopoda, Amphipoda, Ostracoda, Copepoda, Hydracarina e Bryozoa).

A maioria dos simbiontes das esponjas utiliza seus hospedeiros apenas por espaço e proteção, mas alguns dependem das correntes de água das esponjas para obter um suprimento de partículas alimentares em suspensão. Um exemplo clássico desse fenômeno é o casal de camarões (*Spongicola*) que habita as esponjas hexactinelidas distribuídas em águas profundas de todo o planeta e também são conhecidas como cestas-de-flores-de-vênus (*Euplectella*; Figura 6.20 O e P). Os camarões entram na esponja quando são jovens e depois ficam presos na caixa vítrea dos seus hospedeiros à medida que crescem muito e não conseguem sair. Nessas esponjas, eles passam suas vidas como "prisioneiros do amor". Convenientemente, essa esponja (com seus hóspedes) é um presente de casamento tradicional no Japão – um símbolo da ligação para toda a vida entre os parceiros.

Outras relações simbióticas ainda mais íntimas com as esponjas também são comuns. Algumas lesmas e mariscos comumente têm esponjas específicas incrustadas em suas conchas e muitas espécies de caranguejos (ermitões e braquiuros) coletam certas esponjas e as cultivam sobre suas conchas ou carapaças (Figura 6.2 M). Demosponjas como *Suberites* estão envolvidas comumente nessas relações comensalistas. A esponja funciona basicamente como camuflagem protetora para seu hospedeiro e, talvez, também seja beneficiada por ser transportada para novas áreas. A esponja certamente também se alimenta de pequenos pedaços do material orgânico desprendido durante as atividades de alimentação do seu hospedeiro. Evidências sugerem que os mexilhões e as ostras com suas conchas recobertas por esponjas (em geral, *Halichondria panicea*) estejam menos sujeitos à predação por estrelas-do-mar. Certos caranguejos dromídeos transportam esponjas em sua carapaça, provavelmente também como mecanismo de fuga dos predadores, e várias espécies de caranguejos decoradores grudam fragmentos de esponja em sua carapaça como camuflagem. Uma simbiose especialmente singular ocorre no mar Mediterrâneo, onde a maioria das colônias do briozoário *Smittina cervicornis* é recoberta pela minúscula esponja incrustante *Halisarca harmelini*; de alguma forma, as correntes alimentícias realmente parecem ser fortalecidas por essa colaboração entre os dois parceiros. Por outro lado, a esponja da Indonésia *Mycale vansoesti* parece depender de uma alga coralina (*Amphiroa* sp.) como seu esqueleto; a alga recobre completamente a esponja e a mantém ereta, porque a própria esponja praticamente não tem esqueleto espicular.

Outros exemplos espetaculares de simbiose em poríferos são as associações entre esponjas–bactérias/arqueobactérias e esponjas–algas, algumas parecendo mutualísticas e outras não. Por exemplo, um membro típico da ordem Verongida das demosponjas contém uma população de bactérias em seu mesoílo, que representa cerca de 38% de seu volume corporal, muito acima do volume esponja–célula de apenas 21%. Presumivelmente, a matriz esponjosa fornece um meio rico para a proliferação bacteriana e o hospedeiro beneficia-se por ser capaz de fagocitar convenientemente as bactérias como alimento. Relações semelhantes são comuns entre os poríferos e várias cianobactérias. Estudos demonstraram que a demosponja do oceano Índico *Tethya orphei* e outras espécies de esponjas haploscleridas abrigam um ectossomo permeado por cianobactérias filamentosas (provavelmente *Oscillatoria spongeliae*). A transmissão vertical das bactérias simbióticas (da esponja genitora para a geração seguinte) é um traço específico do desenvolvimento dos poríferos. As bactérias são transmitidas aos botões ou às gêmulas quando a esponja se reproduz por mecanismos assexuados. Durante a reprodução sexuada, as bactérias são transmitidas por meio dos ovos (nas espécies ovíparas) ou por larvas (nas formas ovovivíparas). Alguns estudos sugeriram que, na esponja *Tethya seychellensis*, a alga verde *Ostreobium* sp. cresça exclusivamente ao longo dos feixes de espículas siliciosas, de forma a capturar luz solar por meio dessas fibras ópticas naturais; outras evidências obtidas de *T. aurantium* também sugeriram que as espículas siliciosas atuem como fibras ópticas para canalizar a luz aos micróbios fotossintéticos que vivem dentro de seus corpos. Evidências recentes sugerem que alguns produtos do metabolismo normal das cianobactérias (p. ex., glicerol e certos fosfatos orgânicos) são translocados diretamente às esponjas para sua nutrição. Em muitas esponjas, bactérias comuns e cianobactérias coocorrem, as primeiras nas regiões celulares mais profundas e as últimas mais próximas da superfície, onde há disponibilidade de luz. Nas regiões distantes da costa da Grande Barreira de Corais, 80% dos espécimes de esponjas abrigam cianobactérias comensais. Em um estudo notável, C. R. Wilkinson (1983) demonstrou que 6 das 10 espécies mais comuns de esponjas do talude externo do Davies Reef (Grande Barreira de Corais) na verdade são produtores primários, produzindo três vezes mais oxigênio por fotossíntese (efetuada por seus simbiontes) do que a consumida por respiração. Essas relações também existem com certos dinoflagelados, algas verdes filamentosas e algas vermelhas.

Estudos recentes realizados com a esponja-barril gigante (*Xestospongia muta*) do Caribe forneceram evidência de duas cianobactérias simbiontes muito diferentes do grupo *Synechococcus*, as duas implicadas nos eventos de "clareamento das esponjas" dessa espécie (semelhante ao clareamento dos corais). Nenhum indício sugere que essas duas espécies de *Synechococcus* mantenham uma relação mutualística com *Xestospongia mutua*. Uma espécie parece ser comensal, beneficiando-se da relação, sem trazer algo positivo ou negativo para a esponja. Essa espécie morre ciclicamente (assim como cerca de 25% das esponjas retiradas do sudeste da Flórida), provavelmente em razão das temperaturas anormalmente altas das águas do mar; a morte das cianobactérias causa clareamento (embranquecimento) transitório da esponja hospedeira, mas não provoca sua morte. A outra espécie de *Synechococcus*, que também morre quando a temperatura da água aumenta anormalmente (e talvez também em outras condições), pode ser patogênica e, ao morrer, matar sua esponja hospedeira. Mortes semelhantes, as quais frequentemente estão associadas a uma "faixa morta" alaranjada bem-definida que se move sobre o corpo da esponja, foram registradas em várias espécies de *Aplysina* do Caribe.

Em algumas áreas do Caribe e da Grande Barreira de Corais, as esponjas são superadas apenas pelos corais na biomassa total e sua taxa de crescimento rápido parece ser devida à presença de grandes quantidades de Cyanobacteria simbióticas. A maioria das espongilidas dulciaquícolas mantém relações semelhantes com as zooclorelas (algas verdes simbióticas, ou Clorófitas). Essas esponjas crescem em tamanhos maiores e mais rapidamente que indivíduos da mesma espécie mantidos em condições de pouca luminosidade. Algumas esponjas marinhas (p. ex., esponjas perfurantes *Cliona* e *Spheciospongia*) abrigam zooxantelas comensais semelhantes às dos corais.

Muitas espécies de esponjas preferem proliferar nas raízes das árvores dos manguezais em habitais litorâneos e experimentos demonstraram que as raízes infestadas por esponjas crescem muito mais rápido que as que não abrigam esses animais. Estudos com isótopos estáveis sugeriram a transferência de nitrogênio inorgânico dissolvido da esponja para o manguezal e a transferência de carbono desse para as esponjas! Entretanto, essa simbiose incomum entre plantas e esponjas não está bem-esclarecida.

Um dos exemplos mais intrigantes de simbiose com poríferos é o caso raro de associação íntima entre duas espécies diferentes de esponjas. Nos EUA, por exemplo, *Halichondria poa* é quase sempre recoberta por *Hymeniacidon sanguinea*, enquanto na Europa *Haliclona cratera* quase sempre recobre *Ircinia oros*. Além disso, no Golfo da Califórnia (México), *Haliclona sonorensis* recobre *Geodia media*. Ainda não está claro como as espécies cobertas obtêm fluxos de água suficientes para sobreviver, ou quais são as relações de custo-benefício dessas simbioses incomuns.

As demosponjas perfurantes (p. ex., *Cliona, Spheciospongia*) escavam galerias complexas em materiais calcários, tais como corais e conchas de moluscos (Figura 6.23). Esse fenômeno (conhecido como bioerosão) causa danos significativos às ostras comerciais, bem como às populações naturais de corais, bivalves e gastrópodes. Na verdade, no Caribe, estudos demonstraram que a esponja perfurante *Cliona delitrix* corta a parte inferior de todas as cabeças de corais por suas escavações, resultando em um colapso da cabeça. O processo de perfuração ativa envolve a remoção química e mecânica de fragmentos ou lascas do coral calcário ou do material da concha por arqueócitos especializados conhecidos como **células erosivas**, que liberam fosfatase ácida. As lascas escavadas com dimensões de silte são expelidas pelo sistema de canais excurrentes e, na verdade, podem contribuir de maneira significativa nos sedimentos locais. Muitas espécies do notável gênero perfurante *Cliona* (família Clionidae) têm duas ou três formas de crescimento diferentes (p. ex., *C. californiana*

da região do Pacífico Leste). O estágio alfa (Figura 6.24 A) é unicamente perfurante (vive internamente dentro do "hospedeiro"), o estágio beta (Figura 6.24 B) é eruptivo (tendo "escapado" para recobriu a superfície do substrato calcário) e o estágio gama é de "vida livre" (*i. e.*, abandonou o estágio perfurante de seu ciclo de vida) (Figura 6.24 C e D).

A bioerosão causada pelas esponjas tem impacto significativo nos recifes de corais. Talvez ainda mais importante que a erosão em si seja o enfraquecimento das regiões de fixação dos grandes corais. Essa ação pode resultar emperdas consideráveis dos corais durante as grandes tempestades tropicais e e está aumentando à medida que os corais são enfraquecidos pelos eventos clareadores e pela acidificação dos oceanos, resultante do aumento do nível de CO_2 atmosférico. As esponjas perfurantes não parecem receber qualquer nutrição direta de seus corais hospedeiros; pelo contrário, elas utilizam os corais como espaço protetor, no qual residem. Se examinar cuidadosamente as conchas de bivalves mortos ao longo de qualquer praia, você descobrirá que a maioria delas é perfurada com pequenos orifícios e galerias produzidos pelas esponjas perfurantes (Figura 6.24 E). As esponjas que fazem bioerosão são responsáveis por uma parte expressiva da fragmentação inicial dessas estruturas calcárias e, assim, elas dão início à sua eventual decomposição e reciclagem através do ciclo biogeoquímico da Terra.

Filogenia dos poríferos
Origem das esponjas

Sendo os descendentes vivos dos que teriam sido os primeiros animais pluricelulares do planeta, as esponjas formam um grupo-chave a ser investigado quanto às inovações que constituem a base do plano corpóreo dos metazoários. Contudo, as esponjas são um grupo antigo, e os eventos importantes de sua origem e evolução inicial permanecem escondidos na era Proterozoica do Pré-cambriano. A natureza singular e ancestral do plano corpóreo dos poríferos é demonstrada claramente pelo sistema aquífero, pela pluripotência celular e pela flexibilidade reprodutiva, bem como pela inexistência de trato digestivo, órgãos reprodutores fixos, sistema nervoso, músculos, junções intercelulares ou forte polaridade corporal dos adultos. Essas

Figura 6.23 Esponjas perfurantes. **A.** Superfície de um coral infectado pela esponja perfurante amarela *Cliona*. **B.** Imagem ampliada (microscopia eletrônica de varredura) da superfície da concha de um molusco, mostrando seis "lascas" erodidas, das quais duas tinham sido totalmente retiradas e quatro estavam apenas parcialmente desprendidas por ação de *Cliona*.

Figura 6.24 Três estágios da história de vida da esponja perfurante do Pacífico *Cliona californiana*. **A.** No estágio alfa, a esponja vive basicamente dentro da concha (ou outra estrutura calcária), a qual ela perfura. **B.** No estágio beta, a esponja irrompe de sua casa calcária e começa a recobrir o substrato. **C** e **D.** No estágio gama, a esponja é inteiramente de vida livre. **E.** Na maioria das praias do planeta, conchas encalhadas na costa apresentam indícios de atividade das esponjas perfurantes.

características, quando combinadas com os coanócitos das esponjas (semelhantes aos dos coanoflagelados), sugerem uma ancestralidade protista, como também foi demonstrado em muitos (embora não todos) estudos de filogenética molecular. Em termos gerais, os poríferos parecem compartilhar tantas semelhanças com os protistas, quanto com os metazoários superiores. Ao mesmo tempo, as esponjas certamente diferem de todos os outros metazoários porque têm elementos como um sistema aquífero e coanócitos com flagelos batendo em ventoinhas duplas (quase idênticas às que existem no filo protista dos coanoflagelados) (Quadro 6.2).

Por isso, o esclarecimento da evolução das esponjas está diretamente relacionado com o entendimento da transição da vida unicelular para pluricelular – um fenômeno sobre o qual, surpreendentemente, sabemos pouco. As estimativas baseadas em dados de filogenética molecular indicam que os poríferos provavelmente se originaram de um ancestral comum ao filo protista Choanoflagellata há mais de 600 milhões de anos, talvez há mais de 700 milhões de anos.

Embora existam diferenças ultraestruturais sutis, as células do colarinho (coanócitos) das esponjas são praticamente idênticas às células do colarinho dos coanoflagelados, incluindo a existência singular de duas projeções semelhantes a asas bem-definidas (ventoinhas), que se originam em ambos os lados do flagelo, assim como uma bainha de glicocálix sobre o colarinho, que reúne as microvilosidades. Nos coanoflagelados, os colarinhos têm forma de funil e a bainha forma uma camada fibrosa ininterrupta sobre a superfície celular. Nos coanócitos das esponjas, os colarinhos tendem a ser tubulares e o glicocálix forma uma malha, que segura as microvilosidades juntas e também conecta as microvilosidades adjacentes do colarinho. Nesses dois grupos, as ventoinhas também são formadas a partir de fibras horizontais do glicocálix, que se estendem a partir do flagelo. As ventoinhas dos coanócitos das esponjas parecem ser mais largas que as descritas nos coanoflagelados, estendendo-se por toda a largura do colarinho, com as bordas das duas asas situadas contra a face interna do colarinho (e talvez ligadas a ele) nas esponjas.

Células do colarinho até certo ponto semelhantes (embora sem ventoinhas flagelares e geralmente com um cílio imóvel) também foram encontradas em alguns outros filos de metazoários (p. ex., em certas larvas e formas adultas dos equinodermos, em alguns corais e no epitélio do tronco do enteropneusta *Harrimania kupfferi*). Entretanto, a homologia entre essas células de outros metazoários e os coanócitos das esponjas é questionável. Além disso, elas pouco contribuem para diminuir a força do argumento a favor de uma relação direta entre Porifera e Choanoflagellata (uma ideia que data no mínimo de 1866). Dados moleculares apoiam o monofiletismo dos coanoflagelados e dos poríferos.

Os coanoflagelados e as esponjas são tão semelhantes que, periodicamente ao longo dos séculos 18 e 19, cientistas sugeriram a hipótese de que as esponjas nada mais fossem senão coanoflagelados coloniais altamente organizados. Entretanto, a existência de características nitidamente animais (inclusive genes do desenvolvimento metazoário) nos poríferos fala contra essa ideia (p. ex., gastrulação durante a embriogênese, espermatogênese, junções aderentes em algumas espécies, colágeno tipo IV etc.). Além disso, estudos recentes de desenvolvimento molecular sugeriram que certos genes encontrados nas esponjas e em outros metazoários provavelmente desempenharam funções críticas na transição da unicelularidade para a pluricelularidade. Homólogos de muitos genes típicos dos metazoários foram agora identificados nas esponjas, como os que codificam as proteínas envolvidas nas respostas imunes, na produção de miosina, na padronização do desenvolvimento, na formação da matriz extracelular e em outras funções vitais. Até mesmo o gene da síntese da quitina foi encontrado nas esponjas, embora não pareça estar ativo.

O grupo principal de genes que codificam fatores de transcrição e regulam o desenvolvimento dos animais é conhecido como Antennapedia (ANTP). O grupo ANTP inclui os genes *Hox*, *ParaHox* e *NK*, e todos são parálogos (*i. e.*, formaram-se em animais diferentes a partir de um mesmo ancestral, em consequência dos eventos de duplicação gênica). Esses genes, que estão envolvidos em vários processos de desenvolvimento, são encontrados comumente em grupos e, em alguns animais, sua expressão está relacionada temporária ou espacialmente à sua posição dentro do grupo (um fenômeno conhecido como colinearidade). Até recentemente, nenhum dos genes ANTP tinha sido encontrado no filo Porifera, suscitando a suspeita de que essa família de genes não tivesse evoluído até o surgimento de uma linhagem subsequente às esponjas – o nome "ParaHoxozoários" foi atribuído a essa linhagem de filos com genes do grupo ANTP. Contudo, quando o primeiro genoma de uma esponja (de uma espécie de Demospongiae) foi sequenciado, pesquisadores encontraram um grupo de genes aglomerados, que são conhecidos por sua proximidade com os genes *Hox* e *ParaHox* dos metazoários superiores. Em 2012, isso resultou na proposição de que esses genes do desenvolvimento estivessem presentes no ancestral comum a todos os animais, mas tivessem sido perdidos secundariamente pelas esponjas – um conceito conhecido como hipótese do "*locus* fantasma". A averiguação dessa hipótese ocorreu em 2014, quando pesquisadores estudavam cuidadosamente os genomas das esponjas da classe Calcarea e descobriram que essa classe tinha genes *NK* e *ParaHox* acentuadamente semelhantes aos dos animais superiores. Na verdade, esses pesquisadores descobriram que a expressão dos genes *ParaHox* na camada de células da coanoderme era muito semelhante à observada na endoderme dos bilatérios. Embora a homologia dos genes do desenvolvimento não signifique necessariamente homologia dos órgãos, essa descoberta forneceu apoio à hipótese do *locus* fantasma e sugeriu que os primeiros metazoários provavelmente tivessem um repertório de genes *ParaHox*. A descoberta desses genes ANTP nas esponjas calcárias acrescentou mais dados à reconhecida e considerável divergência genética entre as classes de esponjas, que não é surpreendente quando se considera que Calcarea e Demospongiae parecem ter divergido uma da outra há no mínimo 600 milhões de anos.

Recentemente, os genes que fazem parte da família das caderinas também foram identificados nas esponjas. A família de genes das caderinas é composta de mediadores fundamentais da aderência e das vias de sinalização das células dos metazoários e fornece a base estrutural para os processos vitais ao desenvolvimento, incluindo morfogênese e manutenção dos tecidos, classificação celular e polarização das células. As plantas e os fungos não têm caderinas, que até agora foram reconhecidas apenas nos metazoários e nos coanoflagelados. Pesquisadores detectaram atividade das caderinas nos coanoflagelados em suas microvilosidades preenchidas com actina, que formam o colarinho apical, no polo basal da célula, e também em alguns corpos celulares com função desconhecida. A localização das caderinas no colarinho sugere que os filamentos de actina e as caderinas tenham sido associados desde antes do surgimento dos metazoários. Nas células epiteliais dos metazoários, o recrutamento da β-catenina facilita as interações essenciais das caderinas clássicas com o citoesqueleto de actina, de forma a estabelecer e manter a forma e a polaridade celular.

Isso nos leva à hipótese interessante de que os coanoflagelados poderiam ser nada mais que esponjas "reduzidas". Esse conceito origina-se em parte da incapacidade, até agora, de ligar filogeneticamente os coanoflagelados a qualquer outro grupo de protistas. Além disso, as mitocôndrias dos coanoflagelados (que se caracterizam por cristas achatadas não discoides) e seus corpúsculos basais (que contêm centríolos acessórios) são dois outros aspectos compartilhados com os metazoários. Por outro lado, a comparação dos genomas mitocondriais dos protistas e dos metazoários identifica no mínimo 13 genes nos coanoflagelados que não estão presentes nas mitocôndrias dos animais, reforçando a hipótese de suas raízes protistas. Frequentemente, pesquisadores observam que as esponjas (e todos os outros metazoários) formam gametas verdadeiros e têm embriogênese – marcas características dos metazoários, que não são encontradas nos coanoflagelados. Entretanto, vários coanoflagelados que passam por um estágio trófico séssil também formam células livres-natantes conhecidas como **zoósporos**. Essas células não têm colarinho e nadam vigorosamente com o flagelo empurrando-as por trás, exatamente como um espermatozoide animal! Os coanoflagelados e as esponjas certamente estão diretamente relacionados e estão próximos do ponto de origem dos metazoários.[11]

As soluções que os poríferos desenvolveram para sobreviver aos desafios ambientais formaram um grupo de animais diferente de todos os outros. As esponjas conseguiram pluricelularidade e tamanhos corporais grandes, sem as características típicas dos metazoários, tais como órgãos fixos, sistemas nervoso e muscular, digestão extracelular ou órgãos excretores. Considerados em conjunto, esses e outros atributos dos poríferos apoiam o conceito de que as esponjas sejam os primeiros metazoários a evoluir dos quais existem representantes vivos hoje em dia. Contudo, apesar dessa evidência, vários estudos filogenéticos sugeriram que Ctenophora (não Porifera) poderiam ser o metazoário mais basal, embora essas pesquisas tenham sido intensamente questionadas.

Evolução dentro dos poríferos

As esponjas formam um filo tão antigo e enigmático que sua filogenia não era entendida pelos cientistas até pouco tempo atrás. Embora Porifera apareçam quase sempre na base das

---

[11]Vários outros organismos unicelulares enigmáticos, que parecem cair na linhagem que levou aos metazoários, são *Capsaspora owczaraki*, *Ministeria vibrans* e o grupo dos ictiósporos. *Capsaspora owczaraki* é um simbionte na hemolinfa da lesma dulciaquícola *Biomphalaria glabrata*. *Ministeria vibrans* é uma espécie de vida livre, que se alimenta de bactérias. Análises filogenéticas sugeriram que essas duas espécies poderiam formar um grupo-irmão ao clado dos Choanoflagellata + Metazoa. O grande grupo dos Ichthyosporea, que são simbiontes de vários animais, poderia ser irmão desse grupo e esse amplo clado é conhecido como Holozoa. Por sua vez, o clado Holozoa provavelmente é um grupo-irmão de Fungi – um clado conhecido como Opisthokonta. Entretanto, o *status* dessas criaturas pode facilmente mudar à medida que mais informações sobre elas se tornarem disponíveis em um futuro próximo.

árvores morfológicas e moleculares dos metazoários, os dados foram lentos para esclarecer as relações entre as esponjas e outros filos metazoários basais (p. ex., Cnidaria, Ctenophora, Placozoa) e, à medida que este livro era enviado para impressão, essas relações ainda não estavam estabelecidas, embora as evidências gerais ainda os apontem como metazoários basais. Estudos genômicos recentes sugeriram fortemente que os placozoários originaram-se entre as esponjas e todos os outros metazoários, separando assim claramente Porifera de Cnidaria e Ctenophora. Apenas no início do século 21 surgiram hipóteses filogenéticas robustas quanto às relações entre as quatro classes de poríferos. Embora os fósseis forneçam um pobre registro das esponjas não calcárias, os dados relativos à primeira ocorrência apoiam a origem Pré-cambriana de Hexactinellida e Demospongiae, e o início do período Cambriano como origem de Calcarea (Figura 6.25). As taxas estimadas de evolução molecular colocam a origem de Hexactinellida há mais de 600 milhões de anos. Mesmo que se levem em consideração alguns vieses de preservação no registro fóssil, existem bem mais de 1.000 gêneros fósseis descritos e desses cerca de 20% ainda existem.

As primeiras esponjas começaram a aparecer no registro fóssil no período Pré-cambriano e os fósseis mais antigos conhecidos datam de 600 milhões de anos atrás, embora um fóssil bem-preservado de uma esponja ediacarana com 600 milhões de anos tenha sido descrito em 2015 na Formação de Doushantuo, sul da China. Essa esponja fóssil – *Eocyathispongia qiania* – tem apenas pouco mais de 1 mm de largura, mas é formada por centenas de milhares de células e tem uma estrutura composta por vários tubos ocos compartilhando uma base comum. A superfície externa está recoberta por células achatadas semelhantes aos pinacócitos e é pontuada por pequenos poros.

O registro fóssil sugere que as esponjas poderiam ter passado por seu apogeu ecológico nas eras Paleozoica e Mesozoica, quando se desenvolveram grandes recifes tropicais compostos basicamente por quatro grupos: arqueociatas, estromatoporoides, esfinctozoários e chaetetídeos. As mais antigas delas – as esponjas coralinas Archaeocyatha (Figura 6.26) – tiveram vida curta no período Cambriano (550 a 500 Ma). Os esfinctozoários e os estromatoporídes também surgiram no período Cambriano (cerca de 540 Ma), enquanto os chaetetídeos surgiram primeiramente no período Ordoviciano (cerca de 480 Ma). As afinidades desses quatro grupos coraliformes têm sido debatidas nos últimos 100 anos e pesquisadores sugeriram várias associações com cianobactérias, algas vermelhas, ectoproctos, cnidários e foraminíferos. Entretanto, a descoberta de esponjas coralinas vivas levou os pesquisadores a acreditar que a maioria das espécies desses quatro grupos era primitiva, mas composta de esponjas verdadeiras. Estudos sugeriram que as esponjas que secretam carbonato de cálcio utilizam a mesma reação genética da anidrase α-carbônica, que é encontrada nos animais superiores que realizam biomineralização. Além disso, a utilização

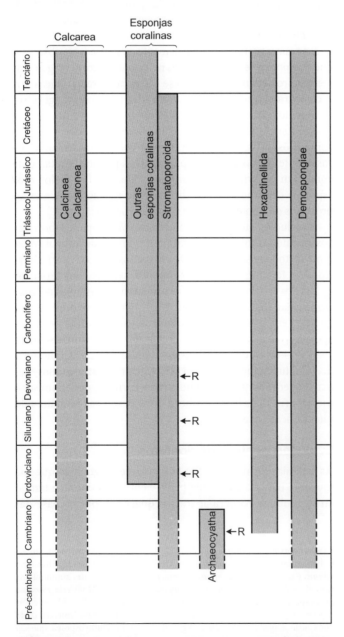

Figura 6.25 Registro fóssil de três classes de esponjas, as Archaeocyatha e outras esponjas coralinas. As *linhas tracejadas* indicam ocorrência sugerida, ainda que não tenham sido encontrados fósseis. "R" indica as épocas em que o grupo em questão é reconhecido como importante formador de recifes marinhos.

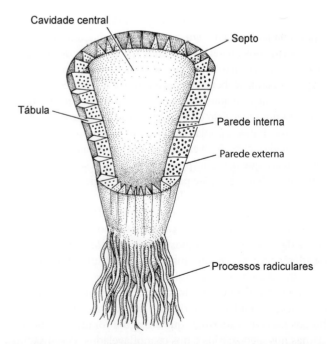

Figura 6.26 Um arqueociata típico. Uma seção vertical foi parcialmente retirada para mostrar a estrutura entre as paredes interna e externa (*i. e.*, septo vertical e tábula horizontal).

desse grupo de genes foi responsável pela explosão de esqueletos mineralizados entre os metazoários durante sua irradiação rápida no período Cambriano, que se tornou possível graças aos genes singulares herdados de suas "raízes" poríferas.

Ao contrário das esponjas coralinas, que diminuíram em abundância e diversidade desde a era Mesozoica, Calcarea e Demospongiae parecem ter aumentado em diversidade ao longo de toda a sua história. As demosponjas estavam bem-estabelecidas em meados do período Cambriano e existem evidências bioquímicas de que elas poderiam estar vivendo há cerca de 1,8 bilhão de anos atrás (p. ex., indícios bioquímicos específicos das esponjas associados aos estromatólitos ancestrais). Várias análises moleculares recentes, incluindo uma análise da proteinoquinase C das esponjas e de alguns metazoários superiores, favorecem a hipótese de que as hexactinelidas fossem as primeiras das três classes de esponjas a aparecer. O evento de extinção do final do período Devoniano levou ao desaparecimento muitos clados das demosponjas e as linhagens modernas dessas esponjas aparecem em sua maioria depois desse episódio de extinção. Todas as ordens conhecidas das demosponjas modernas foram encontradas nas rochas do período Cretáceo.

As hexactinelidas eram muito diversas e abundantes durante o período Cretáceo. Os fósseis mais antigos de hexactinelidas, do início do Cambriano, apresentam paredes finas em forma de saco, com uma camada de espículas superficiais dispersas que provavelmente não conseguiria suportar uma parede corporal espessa. Durante a era Paleozoica, as hexactinelidas eram comuns nos hábitats de águas rasas. Entretanto, a partir de então, elas têm se tornado restritas em sua maior parte às regiões oceânicas mais profundas.

Até recentemente, havia duas hipóteses fundamentalmente discordantes quanto à filogenia das esponjas. A primeira sugeria que as classes de esponjas viventes, que produzem espículas siliciosas, formam uma linhagem monofilética (p. ex., Demospongiae, Homoscleromorpha, Hexactinellida), com as esponjas Calcarea situadas em posição filogenética mais distante. A outra hipótese propunha que as classes das esponjas celulares (Demospongiae, Homoscleromorpha e Calcarea) formavam um clado monofilético, com as hexactinelidas sinciciais colocadas à parte.

A primeira hipótese foi formulada por Laubenfels em 1955 e foi ele quem reduziu os grupos siliciosos a uma única classe (Hyalospongiae). Pesquisadores subsequentes renomearam os dois grupos como Silicea (ou Silicispongia) e Calcarea (ou Calcispongia). Uma objeção evidente a essa hipótese eram as anatomias profundamente diferentes e a geometria das espículas das Hexactinellida e Demospongiae/Homoscleromorpha. Entretanto, o mesmo processo de secreção das espículas siliciosas dentro dos esclerócitos ao redor de um filamento axial ocorre em todos os três grupos e exatamente esse processo poderia ser considerado uma sinapomorfia das Silicea. Além disso, esses três grupos não têm raízes com estrias transversais, que são encontradas nas Calcarea e outros metazoários (assim como nos coanoflagelados e alguns outros protistas). Desse modo, a *perda* dessa estrutura pode ser uma outra sinapomorfia das Silicea.

A segunda hipótese relativa às relações em nível de classe dos poríferos sugeria que as hexactinelidas estivessem à parte das outras esponjas por seu plano corpóreo sincicial único. Essa hipótese reconhecia dois grupos: Symplasma (ou Nuda) para as hexactinelidas e Cellularia (ou Gelatinosa) para as demosponjas e esponjas calcárias. Um dos argumentos contra essa hipótese tem sido que as esponjas hexactinelidas começam sua vida como embriões celulares e larvas parcialmente celulares, somente depois fazem sua transição à forma corporal sincicial adulta (por fusão dos blastômeros individuais); isso sugere que as hexactinelidas possam ter surgido a partir de um ancestral semelhante às demosponjas.

Como se pode observar, provavelmente nenhuma dessas hipóteses sobre a filogenia das esponjas é totalmente correta. Análises de DNA realizadas a partir de 2009 favorecem fortemente a primeira hipótese, mas com a exclusão das homoscleromorfas do grupo das demosponjas (Figura 6.27). Hoje em dia, parece que as demosponjas e as hexactinelidas formam um grupo irmão, assim como possivelmente as esponjas calcárias e as homoscleromorfas. Todas as quatro classes parecem formar grupos monofiléticos.

As esponjas hexactinelidas, com seu registro Pré-cambriano poderiam ser classificadas como esponjas basais existentes. Na verdade, as hexactinelidas são os primeiros metazoários conhecidos, que podem ser relacionados com um grupo animal existente. As hexactinelidas formavam enormes recifes no período Jurássico e seus restos fossilizados espalham-se por todo o planeta, mas suas populações declinaram no período Cretáceo e praticamente desapareceram. Contudo, em 1987, o Geological Survey of Canada realizava pesquisas rotineiras no fundo do oceano ao redor da Colúmbia Britânica. Nesse local, a uma profundidade aproximada de 200 m, em antigas depressões glaciais do fundo do mar, eles descobriram recifes maciços de esponjas hexactinelidas. A partir dessa descoberta, as equipes de cientistas documentaram a extensão e a composição desses recifes de esponjas vivas, que pareciam ter cerca de 9.000 anos de idade. Os recifes cobrem praticamente 700 km² e são formados por menos de 12 espécies de hexactinelidas. Esses recifes são praticamente idênticos aos recifes maciços de hexactinelidas e lítistidas da era Mesozoica, que são conhecidos entre os paleontólogos como "montanhas de recifes" ou "montanhas de lama" e culminaram no final do período Jurássico, quando havia um recife com 7.000 km de comprimento sobre a plataforma norte do mar de Tétis – a maior bioconstrução já formada na Terra. Os recifes de hexactinelidas declinaram depois do período Cretáceo.

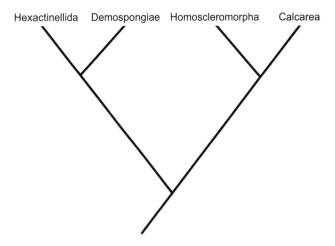

Figura 6.27 Uma visão moderna da filogenia dos poríferos, com base nas análises da sequência molecular do rDNA 18S e 28S, além dos genes mitocondriais. As sinapomorfias das classes discutidas no texto são as seguintes: hexactinelidas com anatomia corporal sincicial única, espículas triáxonas e um filamento axial quadrado; as homoscleromorfas nunca têm esqueleto de espongina; e as calcárias têm espículas calcárias monocristalinas.

O longo registro fóssil das hexactinelidas inclui dois clados principais – Amphidiscophora e Hexasterophora – que diferiam quanto à forma e ao tipo de suas microscleras. Existem muitas sinapomorfias nas hexactinelidas, incluindo sua organização celular e sincicial única, a presença de espículas triáxonas e um filamento axial com uma seção quadrangular.

A sinapomorfia-chave das esponjas Calcarea são suas espículas calcárias monocristalinas (únicas entre as esponjas). Análises de DNA também reforçam o monofiletismo das duas classes Calcarea – Calcinea e Calcaronea. Uma importante sinapomorfia sugerida de Calcinea é a posição basal dos núcleos nos coanócitos, que não tem qualquer relação com os flagelos. Entre Calcaronea, uma sinapomorfia sugerida é a formação das larvas anfiblástulas por meio do processo original de eversão da estomoblástula.

Em geral, as relações entre as demosponjas ainda não estão definidas, embora existam evidências crescentes a favor das quatro subclasses descritas aqui (ainda que alguns pesquisadores possam incluir as haploscleromorfas junto com as heteroscleromorfas). Durante muitos anos, as homoscleromorfas foram consideradas o grupo mais primitivo dos poríferos viventes (e profundamente embebidas dentro do grupo das demosponjas) em razão de sua organização anatômica aparentemente simples. Pesquisadores chegaram a sugerir que uma espécie – *Oscarella lobularis* – fosse o protótipo de todas as esponjas, em razão de seu mesoílo reduzido (e aparentemente ter apenas duas camadas – coanoderme e pinacoderme) e da inexistência de um esqueleto mineral. Durante um período curto, alguns cientistas sugeriram que as homoscleromorfas fosse retirada por completo do grupo dos poríferos e fosse incluída entre Eumetazoa (um grupamento denominado Epitheliozoa). Entretanto, hoje prevalece exatamente o contrário. A descoberta recente de que as homoscleromorfas não são demosponjas, mas devem ficar isoladas como uma quarta classe monofilética de esponjas viventes (provavelmente, mais próximas das Calcarea, com base nos dados de sequenciamento do DNA e nas raízes com estrias transversais únicas das células ciliadas larvais desses dois grupos), estava baseada em dados anatômicos, assim como nas análises do rDNA 18S e 28S e no sequenciamento completo do DNA mitocondrial. Na verdade, as homoscleromorfas têm alguns atributos bem-definidos semelhantes aos dos metazoários, como as junções celulares apicais, a exopinacoderme flagelada, a membrana basal bem-desenvolvida abaixo da pinacoderme e da coanoderme (nas larvas e nas formas adultas), o acrossomo em seus espermatozoides (também identificados em algumas outras esponjas) e um aparelho basal das células larvais flageladas com raízes transversalmente estriadas verdadeiras (também encontradas em algumas calcárias).

O que devemos fazer com essas características semelhantes às dos metazoários superiores presentes nas homoscleromorfas, especialmente quando se considera que outros elementos (incluindo seu genoma mitocondrial) classificam essas esponjas diretamente no filo Porifera? Uma das explicações que têm sido apresentadas é que essas características representem características ancestrais retidas, que foram perdidas pela maioria das outras esponjas. Isso poderia sugerir que as esponjas sejam, na verdade, muito mais "desenvolvidas" do que a sabedoria tradicional sustenta e que elas tenham passado por uma simplificação profunda desde sua origem, da qual alguns traços podem ser encontrados nas homoscleromorfas. Uma interpretação mais simples poderia ser que o potencial genético para tais características, como membrana basal, espermatozoides portadores de acromossomos e raízes ciliares com estrias transversais, existiu desde o alvorecer dos metazoários e simplesmente estava expresso desigualmente no período inicial de evolução dos animais. Evidentemente, outros aspectos das esponjas, como a variação ampla na embriogênese e formas larvais, reforçam o conceito de que os poríferos formem um grupo ancestral, que foi um dos primeiros a começar a experimentar os planos corpóreos dos metazoários.

Bibliografia

Placozoa

Buchholz, K. e A. Ruthmann. 1995. The mesenchyme-like layer of the fiber cells of *Trichoplax adhaerens* (Placozoa), a syncytium. Zeitschrift fuer Naturforschung, Sec. C Biosciences 50: 282–285.

Da Silva, F. B., V. C. Muschner e S. L. Bonatto. 2007. Phylogenetic position of *Placozoa* based on large subunit (LSU) and small subunit (SSU) rRNA genes. Genet. Mol. Biol. 30: 127–132.

Ender, A. e B. Schierwater. 2003. Placozoa are not derived cnidarians: evidence from molecular morphology. Mol. Biol. Evol. 20(1): 130–134.

Grell, K. 1971 A. Embryonalentwicklung bei *Trichoplax adhaerens* F. E. Schulze. Naturwiss. 58: 570.

Grell, K. 1971 B. *Trichoplax adhaerens* F. E. Schulze und die Entstehung der Metazoen. Naturwiss. Rundsch. 24: 160–161.

Grell, K. 1972. Eibildung und Furchung von *Trichoplax adhaerens* F. E. Schulze (Placozoa). Z. Morphol. Tiere 73: 297–314.

Grell, K. 1973. *Trichoplax adhaerens* and the origin of the Metazoa. Actualites Protozoologiques. Ive Cong. Int. Protozoologie. Paul Couty, Clermont-Ferrand.

Grell, K. 1982. Placozoa. P. 639 in S. Parker (ed.), *Synopsis and classification of living organisms*. McGraw-Hill, Nova York.

Grell, K. e G. Benwitz. 1971. Die Ultrastruktur von *Trichoplax adhaerens* F. E. Schulze. Cytobiologie 4: 216–270.

Grell, K. e G. Benwitz. 1974. Elektronenmikroskopische Beobachtungen über das Wachstum der Eizelle und die Bildung der "Befruchtungsmembran" von *Trichoplax adhaerens* F. E. Schulze (Placozoa). Z. Morphol. Tiere 79: 295–310.

Grell, K. e A. Ruthmann. 1991. Placozoa, in F. W. Harrison e W. J. A. (eds.), *Microscopic Anatomy of Invertebrates. Vol. 2. Placozoa, Porifera, Cnidaria and Ctenophora*. Wiley-Liss, Nova York.

Harrison, F. e J. Wesfall (eds.). 1991. *Microscopic anatomy of invertebrates, Vol. 2: Placozoa, Porifera, Cnidaria, and Ctenophora*. Wiley-Liss, Nova York.

Jackson, A. M. e L. W. Buss. 2009. Shiny spheres of placozoans (*Trichoplax*) function in anti-predator defense. Invert. Biol. 128(3): 205–212.

Pearse, V. B. 1989. Growth and behavior of *Trichoplax adhaerens*: first record of the phylum Placozoa in Hawaii. Pac. Sci. 43: 117–121.

Pearse, V. B. e O. Voight. 2007. Field biology of placozoans (*Trichoplax*): distributoin, diversity, biotic interactions. Integr. Comp. Biol. 47: 677–692

Philippe, H. *et al.* 2009. Phylogenomics revives traditional views on deep animal relationships. Curr. Biol. 19: 1–7.

Pick, K. S. *et al.* 2010. Improved phylogenomic taxon sampling noticeably affects nonbilaterian relationships. Mol. Biol. Evol. 27(9): 1983–1987.

Ruthmann, A. 1977. Cell differentiation, DNA content, and chromosomes of *Trichoplax adhaerens* F. E. Schulze. Cytobiologie 15: 58–64.

Ruthmann, A. e U. Terwelp. 1979. Disaggregation and reaggregation of cells of the primitive metazoan *Trichoplax adhaerens*. Differentiation 13: 185–198.

Ruthmann, A. e H. Wenderoth. 1975. Der DNA-Gehalt der Zellen bei dem primitiven Metazoon *Trichoplax adhaerens* F. E. Schulze. Cytobiologie 10: 421–431.

Schuchert, P. 1993. *Trichoplax adhaerens* (phylum Placozoa) has cells that react with the neuropeptide Rf amide. Acta Zoologica 74: 115–117.

Signorovitch, A., S. L. Dellaporta e L. W. Buss. 2006. Caribbean placozoan phylogeography. Biol. Bull. 211: 159–156.

Srivastava, M. *et al.* 2008. The *Trichoplax* genome and the nature of placozoans. Nature 21: 995–961.

Voight, O. *et al.* 2004. Placozoa–no longer a phylum of one. Curr. Biol. 14: R944–R945.

Porifera – referências gerais

Antcliffe, J. B. 2013. Questioning the evidence of organic compounds called sponge biomarkers. Palaeontology 56: 917–925.

Becerro, M., M.-J. Uriz, M. Maldonado e X. Turon (eds.). 2012. *Advances in Marine Biology, Vol. 61*. Academic Press.

Bell, J. J. et al. 2013. Could some coral reefs become sponge reefs as our climate changes? Global Change Biology. doi: 10.1111/gcb.12212

Bond, C. 1992. Continuous cell movements rearrange anatomical structures in intact sponges. J. Exper. Zool. 263: 284–302.

Boury-Esnault, N. et al. 1990. Ultrastructure of choanosome and sponge classification. pp. 237–244 in K. Rützler (ed.), *New Perspectives in Sponge Biology*. Smithsonian Institution Press, Washington D.C.

Boury-Esnault, N. e B. G. M. Jamieson. 1999. Porifera. pp. 1–20 in B. G. M. Jamieson (ed.), *Reproductive Biology of Invertebrates*. Oxford and IBH Publishing, Nova Déli, Índia.

Boury-Esnault, N. e K. Rützler. 1997. Thesaurus of sponge morphology. Smithsonian Contrb. Zoology 596: 1–55. [Uma referência essencial para a introdução no mundo da espongiologia; ver também De Vos et al., 1991.]

Boute, N. et al. 1996. Type IV collagen in sponges, the missing link in basement membrane ubiquity. Biol. Cell. 88: 37–44.

Bowerbank, J. S. 1861, 1862. On the anatomy and physiology of the Spongiidae. Part 1: On the spicula. Philos. Trans. R. Soc. Lond. 148: 279–332. Part 2: Proc. R. Soc. Lond. 11: 372–375. [Este e outro trabalho de J. S. Bowerbank representam artigos-chave sobre poriferologia no século 19, além de ser válidos como fonte para zoologistas sérios dos invertebrados.]

Brien, P. et al. 1973. Spongiaires. In P. Grassé (ed.), *Traité de Zoologie*. Masson et Cie, Paris.

Brunton, F. R. e O. A. Dixon. 1994. Siliceous sponge-microbe biotic associations and their recurrence through the Phanerozoic as reef mound constructors. Palaois 9: 370–387.

Calcinai, B. et al. 2006. Symbiosis of *Mycale* (*Mycale*) *vansoesti* sp. nov. (Porifera, Demospongiae) with a coralline alga from North Sulawesi (Indonesia). Invert. Biol. 125(3): 195–204.

Cárdenas, P., T. Pérez e N. Boury-Esnault. 2012. Sponge systematics facing new challenges. pp. 80–209 in M. A. Becerro, M. J. Uriz, M. Maldonado e X. Turon (eds.), *Advances in Sponge Science: Physiology, Chemical and Microbial Diversity, Biotechnology*. Elsevier, Vol. 61. [Uma revisão impressionante sobre a sistemática das esponjas.]

Chanas, B. e J. R. Pawlik. 1996. Does the skeleton of a sponge provide a defense against predatory reef fish? Oecologia 107: 225–231.

Chaves, Fonnegra, A. e S. Zea. 2007. Observations on reef coral undermining by the Caribbean excavating sponge *Cliona delitrix* (Demospongiae, Hadromerida). pp. 247–254 in M. R. Custódio, G. Lôbo-Hajdu, E. Hajdu e G. Muricy (eds.), *Porifera Research: Biodiversity, Innovation and Sustainability*. Série Livros 28, Museu Nacional, Rio de Janeiro.

Coutinho, C. C. e G. Maia. 2007. Mesenchymal cells in ancestral spongiomorph urmetazoa could be the mesodermal precursor before gastrulation origin. pp. 281–295 in *Porifera Research: Biodiversity, Innovation and Sustainability*. Série Livros 28, Museu Nacional, Rio de Janeiro.

Cowart, J. D. et al. 2006. Sponge orange band (SOB): A pathogenic-like condition of the giant barrel sponge, *Xestospongia muta*. Coral Reefs 25: 513.

Cox, G. e A. W. D. Larkum. 1983. A diatom apparently living in symbiosis with a sponge. Bull. Mar. Sci. 33(4): 943–945.

Custódio M. R., G. Lôbo-Hajdu e G. Hajdu E, Muricy (eds.). 2007. *Porifera Research: Biodiversity, Innovation and Sustainability*. Série Livros 28, Museu Nacional, Rio de Janeiro.

Dayton, P. K. et al. 1974. Biological accommodation in the benthic community at McMurdo Sound, Antarctica. Ecol. Monogr. 44: 105–128.

Dayton, P. K. 1979. Observations of growth, dispersal and population dynamics of some sponges in McMurdo Sound, Antarctica. pp. 271–282 in C. Lévi e N. Boury-Esnault (eds.), *Biologie des Spongiaires*. Centre Nat. Recherche Scient, Paris.

Degnan, B. M., S. P. Leys e C. Larroux. 2005. Sponge development and antiquity of animal pattern formation. Integr. Comp. Biol. 45: 335–341.

De Vos, L. et al. 1991. *Atlas of Sponge Morphology*. Smithsonian Institution Press, Washington, D.C. [Referência essencial para a introdução no mundo da espongiologia; ver também Boury-Esnault e Rützler, 1997.]

Diaz, C. e B. B. Ward. 1999. Perspectives on sponge cyanobacterial symbioses. Mem. Queensland Mus. 44: 154.

Elliott, G. R. D. e S. P. Leys. 2007. Coordinated contractions effectively expel water from the aquiferous system of a freshwater sponge. J. Experimental Biol. 210: 3736–3748.

Ellwanger, K. e M. Mickel. 2006. Neuroactive substances specifically modulate rhythmic body contractions in the nerveless metazoan *Tethya wilhelma* (Demospongiae, Porifera). Frontiers Zool. 3: 7.

Ereskovsky, A. V. 2002. Polyaxial cleavage in sponges (Porifera): A new pattern of metazoan cleavage. Dokl. Biol. Sci. 386: 472–474.

Ereskovsky, A. V. 2010. *The Comparative Embryology of Sponges*. Springer, Londres. [Uma revisão detalhada e abrangente sobre o assunto escrita por um impressionante espongiólogo russo.]

Ereskovsky, A. V., H. Keupp e R. Kohring (eds.). 1997. *Modern Problems of Poriferan Biology*. Berliner Geowissenschaftliche Abhandlung, Freie Universitat, Berlim.

Fell, P. E. 1995. Deep diapause and the influence of low temperature on the hatching of the gemmules of *Spongilla lacustris* (L.) and *Eunapius fragilis* (Leidy). Invert. Biol. 114(1): 3–8.

Fiore, C. L. e P. Cox Jutte. 2010. Characterization of macrofaunal assemblages associated with sponges and tunicates collected off the southeastern United States. Invert. Biol. 129(2): 105–120.

Fry, W. G. (ed.). 1970. *The Biology of the Porifera*. Academic Press, Nova York.

Gaino, E. et al. 2006. Association of the sponge *Tethya orphei* (Porifera, Demospongiae) with filamentous cyanobacteria. Invert. Biol. 125(4): 281–287.

Garrone, R. e J. Pottu. 1973. Collagen biosynthesis in sponges: elaboration of spongin by spongocytes. J. Submicrosc. Cytol. 5: 199–218.

Goodwin, T. W. 1968. Pigments of Porifera. pp. 53–64 in M. Florkin e B. T. Scheer (eds.), *Chemical Zoology, Vol. 2*. Academic Press, Nova York.

Goude, L., M. Norman e J. Finn. 2013. *Sponges. A Museum Victoria Field Guide*. Museum Victoria, Sidnei, Austrália. [Um guia sobre as esponjas do sul da Austrália.]

Haeckel, E. 1872. *Die Kalkschwämme, Eine Monographie*. Verlag von Georg Reimer, Berlim.

Haeckel, E. 1874. Die Gastraea-Theorie, die phylogenetische classification des thierreichs und die homologie der Keimblätter. Z. Natwiss. 8: 1–55.

Harrison, F. W. e R. R. Cowden (eds.). 1976. *Aspects of Sponge Biology*. Academic Press, Nova York.

Harrison, F. W. e L. De Vos. 1990. Porifera. In F. W. Harrison e J. A. Westfall (eds.), *Microscopic Anatomy of Invertebrates, Vol. 2*. Alan R. Liss, Nova York.

Hill, D. 1972. Archaeocyatha. In R. C. Moore (ed.), *Treatise on Invertebrate Paleontology 1*. Geological Soc. America and Univ. Kansas Press, Lawrence.

Hill, D. e E. C. Strumm. 1956. Tabulata. In R. C. Moore (ed.), *Treatise on Invertebrate Paleontology, F*. Geological Soc. America and Univ. Kansas Press, Lawrence.

Hooper, J. N. A. e R. W. M. Van Soest (eds.). 2002. *Systema Porifera. A Guide to the Classification of Sponges*. Kluwer Academic/Plenum, Nova York. [O resultado impressionante de seis anos de colaboração entre 45 espongiólogos de todo o mundo. A classificação está agora começando a ficar um tanto desatualizada. Inclui tópicos sobre subfamílias, gêneros e subgêneros. Ver também o sempre atualizado World Porifera Database, parte do World Register of Marine Species, ou WoRMS: http://www.marinespecies.org/porifera/]

Hooper, J. N. A., R. W. M. van Soest e A. Pisera. 2011. Phylum Porifera Grant, 1826. In Zhang, Z.-Q. (ed.) Animal biodiversity: An outline of higher level classification and survey of taxonomic richness. Zootaxa 3148: 13–18.

Hyman, L. H. 1940. *The Invertebrates, Vol. 1, Protozoa through Ctenophora*. McGraw-Hill, Nova York, pp. 284–364.

Jackson, D. J. et al. 2007. Sponge paleogenomics reveals an ancient role for carbonic anhydrase in skeletogenesis. Sciencc 316: 1893–1895.

Kaesler, R. L. (ed.). 2003. Porifera. In *Treatise on Invertebrate Paleontology, Part E (revised)*. Geological Soc. America and Univ. Kansas, Lawrence.

Kázmierczak, J. e S. Kempe. 1990. Modern cyanobacterial analogs of Paleozoic stromatoporoids. Science 250: 1244–1248.

Lang, J. D., W. D. Hartman e L. S. Land. 1975. Sclerosponges: primary framework constructors on the Jamaican deep forereef. J. Mar. Res. 33: 223–231.

Lecompte, M. 1956. Stromatoporoidea. In R. C. Moore (ed.), *Treatise on Invertebrate Paleontology, F*: F107–F114. Geological Soc. America and Univ. Kansas Press, Lawrence.

Lévi, C. e N. Boury-Esnault (eds.). 1979. *Sponge Biology*. Colloques Internationaux du Centre National de la Recherche Scientifique. Ed. Cen. Nat. Resch. Sci. No. 291.

Leys, S. P. 2003. Comparative study of spiculogenesis in demosponge and hexactinellid larvae. Micr. Res. Tech. 62: 300–311.

Leys, S. P. 2004. Gastrulation in sponges. pp. 23–31 in C. Stern (ed.), *Gastrulation: from Cells to Embryos*. Cold Spring Harbor Press, Cold Spring Harbor.

Leys, S. P. 2007. Sponge coordination, tissues, and the evolution of gastrulation. pp. 53–59 in M. R. Custódio, G. Lôbo-Hajdu, E. Hajdu e G. Muricy (eds.) *Porifera Research: Biodiversity, Innovation and Sustainability*. Série Livros 28, Museu Nacional, Rio de Janeiro.

Leys, S. P. e B. M. Degnan. 2001. Cytological basis of photoresponsive behavior in a sponge larva. Biol. Bull. 201: 323.

Leys, S. P. e A. V. Ereskovsky. 2006. Embryogenesis and larval differentiation in sponges. Can. J. Zool. 84(2): 262–287.

Leys, S. P. e G. O. Mackie. 1999. Propagated electrical impulses in a sponge. Mem. Queensland Mus. 4430: 342.

Leys, S. P., G. O. Mackie e H. M. Reiswig. 2007. *The Biology of Glass Sponges*. Advances in Marine Biology, Vol. 52. 145 pp.

Leys, S. P. e R. W. Meech. 2006. Physiology of coordination in sponges. Canadian J. Zool. 84(2): 288–306.

Leys, S. P., D. S. Rokhsar e B. M. Degnan. 2005. Quick guide – sponges. Cur. Biol. 15: R114-R115.

Li, C.-W., J.-Y. Chen e T.-E. Hua. 1998. Precambrian sponges with cellular structures. Science 279: 879–882.

López, S. et al. 2008. Bleaching and stress in coral reef ecosystems: hsp70 expression by the giant barrel sponge *Xestospongia muta*. Mol. Ecol. 17: 1840–1849.

Love, G. D. *et al*. 2009. Fossil steroids record the appearance of Demospongiae during the Cryogenian Period. Nature 457: 718–721.

Mah, J. L., K. K. Christensen-Dalsgaard e S. P. Leys. 2014. Choanoflagellate and choanocyte collar-flagellar systems and the assumption of homology. Evol. Dev. 16: 25–37.

Maldonado, M. 2004. Choanoflagellates, choanocytes, and animal multicellularity. Invert. Biol. 123: 1–22.

Maldonado, M. 2006. The ecology of the sponge larva. Canad. J. Zool. 84: 175–194.

Maldonado, M., X. Turon, M. A. Becerro e M. J. Uriz (eds.). 2010. Ancient animals, new challenges. Developments in sponge research. Hydrobiologia 687: 1–351

McMurray, S. E., J. E. Blum e J. R. Pawlik. 2008. Redwood of the reef: growth and age of the giant barrel sponge *Xestospongia muta* in the Florida Keys. Mar. Biol. 155: 159–171.

Meech, R. W. 2008. Non-neuronal reflexes: sponges and the origins of behaviour. Current Biol. 18: R70-R72.

Miller, G. 2009. On the origin of the nervous system. Science 325: 24–26.

Müller, W. E. G. (ed.). 2003. Sponges (Porifera). *Marine Molecular Biotechnology*. Springer-Verlag, Berlim.

Müller, W. E. G. e I. M. Müller. 2007. Porifera: An enigmatic taxon disclosed by molecular biology/cell biology. pp. 89–106 in M. R. Custódio, G. Lôbo-Hajdu, E. Hajdu e G. Muricy (eds.) *Porifera Research: Biodiversity, Innovation and Sustainability*. Série Livros 28, Museu Nacional, Rio de Janeiro.

Nickel, M. 2004. Kinetics and rhythm of body contractions in the sponge *Tethya wilhelma* (Porifera: Demospongiae). J. Exper. Biol. 207: 4515–4524.

Norrevang, A. e K. G. Wingstrand. 1970. On the occurrence and structure of choanocyte-like cells in some echinoderms. Acta Zool. 51: 249–270.

Pansini, M., R. Pronzato, G. Bavestrello e R. Manconi (eds.). 2004. Sponge science in the new millennium. Boll. Mus. 1st Biol. Univ. Genova 68: 301–318.

Pomponi, S. A. 1980. Cytological mechanisms of calcium carbonate excavation by boring sponges. Int. Rev. Cytol. 65: 301–319.

Randall, J. E. e W. D. Hartman. 1968. Sponge-feeding fishes of the West Indies. Mar. Biol. 1: 216–225.

Reitner, J. e H. Keupp (eds.). 1991. *Fossil and Recent Sponges*. Springer-Verlag, Berlim.

Richards, G. S. *et al*. 2008. Sponge genes provide new insight into the evolutionary origin of the neurogenic circuit. Current Biology 18: 1156–1161.

Richter, C. *et al*. 2001. Endoscopic exploration of Red Sea coral reefs reveals dense populations of cavity-dwelling sponges. Nature 413: 726–730.

Ristau, D. A. 1978. Six new species of shallow-water marine demosponges from California. Proc. Biol. Soc. Wash. 91: 203–216.

Rützler, K. (ed.). 1990. *New Perspectives in Sponge Biology*. Smithsonian Institution Press, Washington, D.C.

Rützler, K. 2004. Sponges on coral reefs: A community shaped by competitive cooperation. Bol. Mus. Inst. Biol. Univ. Genova 68: 85–148.

Saleuddin, A. S. M. e M. B. Fenton (eds.). 2006. Biology of neglected groups: Porifera (sponges). Canadian J. Zool. 82:2. [13 artigos em um número importante deste periódico.]

Schmidt, I. 1970. Phagocytose et pinocytose chez les Spongillidae. Z. Vgl. Physiol. 66: 398-420.

Shore, R. E. 1972. Axial filament of siliceous sponge spicules, its organic components and synthesis. Biol. Bull. 143: 689–698.

Simpson, T. L. 1984. *The Cell Biology of Sponges*. Springer-Verlag, Nova York.

Turon, X. *et al*. 2000. Mass recruitment of *Ophiothrix fragilis* (Ophiuroidea) on sponges: settlement patterns and post-settlement dynamics. Mar. Ecol. Prog. Ser. 200: 201–212.

Vacelet, J 2007. Diversity and evolution of deep-sea carnivorous sponges. pp. 107–115 in M. R. Custódio, G. Lôbo-Hajdu, E. Hajdu e G. Muricy (eds.) *Porifera Research: Biodiversity, Innovation and Sustainability*. Série Livros 28, Museu Nacional, Rio de Janeiro.

Vacelet, J. e N. Boury-Esnault. 1995. Carnivorous sponges. Nature 373: 333–335.

Vacelet, J. *et al*. 1998. A methanotrophic carnivorous sponge. Nature 377: 296.

Van de Vyver, G. 1975. Phenomena of cellular recognition in sponges. pp. 123–140 in A. Moscona e A. Monroy (eds.), *Current Topics in Developmental Biology*, Vol. 4. Academic Press, Nova York, pp. 123–140.

Van Duyl, F. C. *et al*. 2011. Coral cavity sponges depend on reef-derived food resources: stable isotope and fatty acid constraints. Marine Biology 158 (7): 1653–1666.

Van Soest, R. W. M. *et al*. 2012. Global diversity of sponges (Porifera). PLoSONE 7 (4): e35105, 23 pp.

Van Soest, R. W. M., T. M. G. van Kempen e J. C. Braekman (eds.). 1994. *Sponges in Time and Space: Biology, Chemistry, Paleontology*. Balkema, Roterdã.

Wiens, M. *et al*. 2003. The molecular basis for the evolution of the metazoan body plan: extracellular matrix-mediated morphogenesis in marine demosponges. J. Mol. Evol. 57: S60-S75.

Wilkinson, C. R. 1983. Net primary productivity in coral reef sponges. Science 219: 410–412.

Wilson, H. V. 1891. Notes on the development of some sponges. J. Morphol. 5: 511–519.

Wolfrath, B. e D. Barthel. 1989. Production of fecal pellets by the marine sponge *Halichondria panicea* Pallas, 1766. J. Exp. Mar. Biol. Ecol. 129: 81–94.

Wood, R. 1990. Reef-building sponges. Am. Sci. 78: 224–235.

Yin, Z. *et al*. 2015. Sponge grade body fossil with cellular resolution dating 60 Myr before the Cambrian. PNAS PLUS, doi/10.1073/PNAS.1414577112

Porifera – Calcarea

Amano, S. e I. Hori. 2001. Metamorphosis of coeloblastula performed by multipotential larval flagellated cells in the calcareous sponge *Leucosolenia laxa*. Biol. Bull. 190: 161–172.

Borojevic, R., N. Boury-Esnault e J. Vacelet. 1990. A revision of the supraspecific classification of the subclass Calcinea (Porifera, Class Calcarea). Bull. Mus. Natn. Hist. Nat. 12: 243–276.

Eerkes-Medrano, D. I. e S. P. Leys. 2006. Ultrastructure and embryonic development of a syconoid calcareous sponge. Invert. Biol. 125(3): 177–194.

Ereskovsky A.V. e P. Willenz. 2008. Larval development in *Guancha arnesenae* (Porifera, Calcispongiae, Calcinea). Zoomorphology 127: 175–187.

Ledger, P. W. and W. C. Jones. 1978. Spicule formation in the calcareous sponge *Sycon ciliatum*. Cell Tiss. Res. 181: 553–567.

Leys, S. P. e D. Eerkes-Medrano. 2005. Gastrulation in calcareous sponges: in search of Haeckel's Gastraea. Integr. Comp. Biol. 45: 342–351.

Leys, S. P. e D. I Eerkes-Medrano. 2006. Feeding in a calcareous sponge: particle uptake by pseudopodia. Biol. Bull. 211: 157–171.

Porifera – Demospongiae

Amano, S. e I. Hori. 1996. Transdifferentiation of larval flagellated cells to choanocytes in the metamorphosis of the demosponge *Haliclona permollis*. Biol. Bull. 190: 161–172.

Ayling, A. L. 1983. Growth and regeneration rates in thinly encrusting Demospongiae from temperate waters. Biol. Bull. 165: 343–352.

Bautista-Guerrero, E., J. L. Carballo e M. Maldonado. 2010. Reproductive cycle of the coral-excavating sponge *Thoosa mismalolli* (Clionaidae) from Mexican Pacific coral reefs. Invertebrate Biology 129(4): 285–296.

Bonasoro, F *et al*. 2001. Dynamic structure of the mesohyl in the sponge *Chondrosia reniformis* (Porifera: Demospongiae). Zoomorphology 121: 109–121.

Boury-Esnault, N. 2006. Systematics and evolution of Demospongiae. Can. J. Zool. 84: 205–224.

Bryan, P. G. 1973. Growth rate, toxicity and distribution of the encrusting sponge *Terpios* sp. (Hadromerida: Suberitidae) in Guam, Mariana Islands. Micronesica 9: 237–242.

Carballo, J. L., J. E. Sanchez-Moyano e J. C. Garcia-Gomez. 1994. Taxonomic and ecological remarks on boring sponges (Clionidae) from the Strait of Gibraltar: tentative bioindicators? Zool. J. Linn. Soc. 112: 407–424.

Carballo, J. L., J. A. Cruz-Barraza e P. Gómez. 2004. Taxonomy and description of clionaid sponges (Hadromerida, Clionaidae) from the Pacific Ocean of Mexico. Zoological Journal Linnean Society 141: 353–397.

Elvin, D. W. 1976. Seasonal growth and reproduction of an intertidal sponge, *Haliclona permollis* (Bowerbank). Biol. Bull. 151: 108–125.

Ereskovsky, A. V. 1999. Development of sponges of the order Haplosclerida. Russian J. Mar. Biol. 25(5): 36–371.

Ereskovsky, A. V. 2007. Sponge embryology: The past, the present, and the future. pp. 41–52 in M. R. Custódio, G. Lôbo-Hajdu, E. Hajdu e G. Muricy (eds.) *Porifera Research: Biodiversity, Innovation and Sustainability*. Série Livros 28, Museu Nacional, Rio de Janeiro.

Ereskovsky A. V. e E. L. Gonobobleva. 2000. New data on embryonic development of *Halisarca dujardini* Johnston, 1842 (Demospongiae: Halisarcida). Zoosystema 22: 355–368.

Fell, P. E. 1969. The involvement of nurse cells in oogenesis and embryonic development in the marine sponge *Haliclona ecobasis*. J. Morphol. 127: 133–149.

Frost, T. M. 1991. Porifera. pp. 95–124 in J. H. Thorp e A. P. Covich (eds.), *Ecology and Classification of North American Freshwater Invertebrates*. Academic Press, Nova York.

Frost, T. M. e C. E. Williamson. 1980. In situ determination of the effect of symbiotic algae on the growth of the freshwater sponge *Spongia lacustris*. Ecology 61: 1361–1370.

Gerrodette, T. e A. O. Fleschig. 1979. Sediment-induced reduction in the pumping rate of the tropical sponge *Verongia lacunosa*. Mar. Biol. 55: 103–110.

Gregson, P. R. *et al*. 1979. Fluorine is a major constituent of the marine sponge *Halichondria moorei*. Science 206: 1108–1109.

Hatch, W. I. 1980. The implication of carbonic anhydrase in the physiological mechanism of penetration of carbonate substrata by the marine burrowing sponge *Cliona celata* (Demospongiae). Biol. Bull. 159: 135–147.

Leys, S. P. e H. M. Reiswig. 1998. Nutrient transport pathways in the neotropical sponge *Aplysina*. Biol. Bull. 195: 30–42.

Leys, S. P. e B. M. Degnan. 2002. Embryogensis and metamorphosis in a haplosclerid demosponge: gastrulation and differentiation of larval ciliated cells to choanocytes. Invert. Biol. 121: 171–189.

Maldonado, M. *et al*. 2003. The cellular basis of photobehavior in the tufted parenchymella larva of demosponges. Mar. Biol. 143: 427–441.

Manconi, R. e R. Pronzato. 2007. Gemmules as a key structure for the adaptive radiation of freshwater sponges: A morpho-functional and biogeographical study. pp. 61–77 in M. R. Custódio, G. Lôbo-Hajdu, E. Hajdu e G. Muricy (eds.) *Porifera Research: Biodiversity, Innovation and Sustainability*. Série Livros 28, Museu Nacional, Rio de Janeiro.

Morrow, C. e P. Cárdenas. 2015. Proposal for a revised classification of the Demospongiae (Porifera). Front. Zool. doi: 10.1186/s12983-015-0099-8

Müller, W. E. G. *et al.* 2005. Formation of siliceous spicules in the marine demosponge *Suberites domuncula*. Cell Tissue Res. 321: 285-297.

Pond, D. 1992. Protective-commensal mutualism between the queen scallop *Chlamys opercularis* (Linnaeus) and the encrusting sponge *Suberites*. J. Moll. Studies 58: 127-134.

Rasmont, R. 1962. The physiology of gemmulation in fresh water sponges. pp. 1-25 in D. Rudnick (ed.), *Regeneration, 20th Growth Symposium*. Ronald Press, Nova York.

Reiswig, H. M. 1970. Porifera: sudden sperm release by tropical Demospongiae. Science 170: 538-539.

Reiswig, H. M. 1971. Particle feeding in natural populations of three marine Demosponges. Biol. Bull. 141: 568-591.

Reiswig, H. M. 1974. Water transport, respiration, and energetics of three tropical sponges. J. Exp. Mar. Biol. Ecol. 14: 231-249.

Reiswig, H. M. 1975. The aquiferous systems of three marine Demospongiae. J. Morphol. 145(4): 493-502.

Rützler, K. 1975. The role of burrowing sponges in bioerosion. Oecologia 19: 203-216.

Rützler, K. e G. Reiger. 1973. Sponge burrowing: fine structure of *Cliona lampa* penetrating calcareous substrata. Mar. Biol. 21: 144-162.

Simpson, T. L. e J. J. Gilbert. 1973. Gemmulation, gemmule hatching and sexual reproduction in freshwater sponges. I. The life cycle of *Spongilla lacustris* and *Tubella pennsylvanica*. Trans. Amer. Microsc. Soc. 92: 422-433.

Woollacott, R. M. e M. G. Hadfield. 1996. Induction of metamorphosis in larvae of a sponge. Invert. Biol. 115(4): 257-262.

Porifera – Hexactinellida

Aizenberg, J. *et al.* 2005. Skeleton of *Euplectella* sp.: structural hierarchy from the nanoscale to the macroscale. Science 309: 275-278.

Boury-Esnault, N. *et al.* 1999. Reproduction of a hexactinellid sponge: first description of gastrulation by cellular delamination in the Porifera. Invert. Reprod. Develop. 35: 187-201.

Conway, K. W. *et al.* 2001. Hexactinellid sponge reefs on the Canadian continental shelf: A unique "living fossil." Geosci. Can. 28(2): 71-78.

Leys, S. P. 1995. Cytoskeletal architecture and organelle transport in giant syncytia formed by fusion of hexactinellid sponge tissues. Biol. Bull. 188: 241-254.

Leys, S. P. 1999. The choanosome of hexactinellid sponges. Invert. Biol. 118: 221-235.

Leys, S. P. 2003. The significance of syncytial tissues for the position of the Hexactinellida in the Metazoa. Integr. Comp. Biol. 43: 19-27.

Leys, S. P., G. O. Mackie e R. W. Meech. 1999. Impulse conduction in a sponge. J. Exp. Biol. 202: 1139-1150.

Leys, S. P., G. O. Mackie e H. M. Reiswig. 2007. The biology of glass sponges. Adv. Mar. Biol. 52: 1-145. [Uma excelente revisão sobre esses animais peculiares.]

Reiswig, H. M. 1979. Histology of Hexactinellida (Porifera). pp. 173-180 in C. Lévi e N. Boury-Esnault (eds.), *Sponge Biology*. Colloques Internat. C.N.R.S. 291.

Rosengarten, R. D. *et al.* 2008. The mitochondrial genome of the hexactinellid sponge *Aphrocallistes vastus*: evidence for programmed translational frameshifting. BMC Genomics 9: 33-42.

Yahel, G. *et al.* 2007. *In situ* feeding and metabolism of glass sponges (Hexactinellida, Porifera) studied in a deep temperate fjord with a remotely operated submersible. Limnol. Oceanogr. 52(1): 428-440.

Porifera – Homoscleromorpha

Boury-Esnault, N. *et al.* 2003. Larval development in the Homoscleromorpha (Porifera, Demospongiae). Invert. Biol. 122: 187-202.

Boury-Esnault, N. *et al.* 2013 The integrative taxonomic approach applied to Porifera: A case study of the Homoscleromorpha. Integr. Comp. Biol. 53: 416-427

Ereskovsky, A. V. e D. B. Tokina. 2007. Asexual reproduction in homoscleromorph sponges (Porifera: Homoscleromorpha). Mar. Biol. 151: 425-434.

Ereskovsky, A. V. *et al.* 2007. Metamorphosis of cinctoblastula larvae (Homoscleromorpha, Porifera). J. Morphol. 268: 518-528.

Ivanišević, J. *et al.* 2011. Metabolic fingerprinting as an indicator of biodiversity: towards understanding interspecific relationships among Homoscleromorpha sponges. Metabolomics 7: 289-304.

Maldonado, M. e A. Riesgo. 2007. Intra-epithelial spicules in a homoscleorphid sponge. Cell Tissue Res. 328(3): 639-650.

Porifera – Filogênese e evolução

Baccetti, B., E. Gaino e M. Sará. 1986. A sponge with an acrosome: *Oscarella lobularis*. J. Ultrastruct. Mol. Struct. Res. 94: 195-198.

Borchiellini, C. M. *et al.* 2004. Molecular orogeny of Demospongiae: implications for classification and scenarios of character evolution. Mol. Phylogenet. Evol. 32: 823-837.

Borchiellini, C. M. *et al.* 2001. Sponge paraphyly and the origin of Metazoa. J. Evol. Biol. 14: 171-179.

Cavalier-Smith, T. *et al.* 1996. Sponge phylogeny, animal monophyly, and the origin of the nervous system: 18SrRNA evidence. Can. J. Zool.-Rev. Can. Zool. 74: 2031-2045.

Chombard, C. *et al.* 1997. Polyphyly of "sclerosponges" (Porifera, Demospongiae) supported by 28S ribosomal sequences. Biol. Bull. 193: 359-367.

Chombard, C., N. Boury-Esnault e S. Tillier. 1998. Reassessment of homology of morphological characters in tetractinellid sponges based on molecular data. Syst. Biol. 47: 351-366.

Coutinho, C. C. *et al.* 2003. Early steps in the evolution of multicellularity: deep structural and functional homologies among homeobox genes in sponges and higher metazoans. Mech. Dev. 120: 429-440.

Degnan, B. M., S. P. Leys e C. Larroux. 2005. Sponge development and antiquity of animal pattern formation. Integr. Comp. Biol. 45: 335-341.

Dohrmann, M. *et al.* 2008. Phylogeny and evolution of glass sponges (Porifera, Hexactinellida). Systematic Biol. 57: 388-405.

Ereskovsky, A. V. 2004. Comparative embryology of sponges and its application for poriferan phylogeny. Boll. Mus. Inst. Biol., Univ. Genova 68: 301-318.

Erpenbeck, D. *et al.* 2012. Horny sponges and their affairs: on the phylogenetic relationships of keratose sponges. Mol. Phylogenet. Evol. 63: 809-816.

Fortunato, S. A. V. *et al.* 2014. Calcisponges have a *ParaHox* gene and dynamic expression of dispersed NK homeobox genes. Nature 514: 620-623.

Gazave, E. *et al.* 2012. No longer Demospongiae: Homoscleromorpha formal nomination as a fourth class of Porifera. Hydrobiologia 68: 3-10.

Gazave, E. *et al.* 2010. Molecular phylogeny restores the supra-generic subdivision of homoscleromorph sponges (Porifera, Homoscleromorpha). PLoS ONE 5(12): 1-15.

King, N. e S. B. Carroll. 2001. A receptor tyrosine kinase from choanoflagellates: molecular insights into early animal evolution. Proc. Natl. Acad. Sci. 98: 15032-15037.

Klautau, M. *et al.* 2013. A molecular phylogeny for the order Clathrinida rekindles and refines Haeckel's taxonomic proposal for calcareous sponges. Int. Comp. Biol. 53: 447-461.

Larroux, C. *et al.* 2006. Developmental expression of transcription factor genes in a demosponge: insights into the origin of metazoan multicellularity. Evol. Dev. 8(2): 150-173.

Lavrov, D. V. e B. F. Lang. 2005. Poriferan mtDNA and animal phylogeny based on mitochondrial gene arrangements. Systematic Biol. 54(4) 651-659.

Lavrov, D.V. *et al.* 2013. Mitochondrial DNA of *Clathrina clathrus* (Calcarea, Calcinea): six linear chromosomes, fragmented rRNAs, tRNA editing, and a novel genetic code. Mol. Biol. Evol. 30: 865-880.

Mah, J. L., K. K. Christensen-Dalsgaard e S. P. Leys. 2014. Choanoflagellate and choanocyte collar-flagellar systems and the assumption of homology. Evol. Develop. 16(1): 25-37.

Maldonado, M. 2004. Choanoflagellates, choanocytes, and animal multicellularity. Invert. Biol. 123: 1-22.

Manuel, M. 2006. Phylogeny and evolution of calcareous sponges. Can. J. Zool. 84: 225-241.

Manuel, M. *et al.* 2003. Phylogeny and evolution of calcareous sponges: monophyly of Calcinea and Calcaronea, high levels of morphological homoplasy, and the primitive nature of axial symmetry. Syst. Biol. 52: 311-333.

Mehl, D. e H. M. Reiswig. 1991. The presence of flagellar vanes in choanomeres of Porifera and their possible phylogenetic implications. Z. Zool. Syst. Evolut.-forsch. 29: 312-319.

Mendivil Ramos, O., D. Barker e D. E K. Ferrier. 2012. Ghost loci imply Hox and ParaHox existence in the last common ancestor of animals. Curr. Biol. 22: 1951-1956.

Müller, W. E. G. 2001. How was the metazoan threshold crossed? The hypothetical Urmetazoa. Comp. Biochem. Physiol. A 129: 433-460.

Nosenko, T. *et al.* 2013. Deep metazoan phylogeny: when different genes tell different stories. Mol. Phyl. Evol. 67: 223-233.

Philippe, H. *et al.* 2009. Phylogenomics revives traditional views on deep animal relationships. Curr. Biol. 19: 1-7.

Redmond, N. E. *et al.* 2011. Phylogenetic relationships of the marine Haplosclerida (phylum Porifera) employing ribosomal (28S rRNA) and mitochondrial (cox1, nad1) gene sequence data. PLoSONE 6 (9): e24344. doi: 10.1371/journal.pone.0024344.

Redmond, N. E. *et al.* 2013. Phylogeny and systematics of Demospongiae in light of new small-subunit ribosomal DNA (18S) sequences. Integrat. Comp. Biol. 53: 388-415.

Thacker, R. W. e A. Collins (eds.). 2013. Assembling the poriferan tree of life. Int. Comp. Biol. 53: 373-530.

Wang, X. e D. V. Lavrov. 2007. Mitochondrial genome of the homoscleromorph *Oscarella carmela* (Porifera, Demospongiae) reveals unexpected complexity in the common ancestor of sponges and other animals. Mol. Biol. Evol. 24(2): 363-373.

Whelan, N. V. *et al.* 2015. Error, signal, and the placement of Ctenophora sister to all other animals. PNAS 112(18): 5773-5778.

Woollacott, R. M. e R. L. Pinto. 1995. Flagellar basal apparatus and its utility in phylogenetic analyses of the Porifera. J. Morphol. 226: 247-265.

Wörheide, G. *et al.* 2012. Deep phylogeny and evolution of sponges (phylum Porifera). Adv. Mar. Biol. 61: 2-78

Ziegler, B. e S. Rietschel. 1970. Phylogenetic relationships of fossil calcisponges. Symp. Zool. Soc. Lond. 25: 23-40.

7

Filo Cnidaria

Anêmonas, Corais, Medusas e seus Parentes

O filo Cnidaria forma um conjunto altamente diversificado, que inclui medusas, anêmonas-do-mar, corais e *Hydra* comum de laboratório, além de algumas formas menos conhecidas, como os hidroides, as gorgônias, os sifonóforos, os zoantídeos e mixozoários (Figura 7.1). Existem descritas cerca de 13.400 espécies de cnidários atuais. Grande parte da impressionante diversidade exibida por esse filo resulta de três aspectos fundamentais de sua história natural. Primeiramente, esses organismos têm **cnidas** – estruturas tubulares singulares contidas em cápsulas celulares, que facilitam a captura de presas, a defesa, a locomoção e a fixação. Nenhum outro grupo de animais produz cnidas e todos os cnidários formam essas estruturas. Em segundo lugar, existe uma tendência a formar colônias ou aglomerados de indivíduos por reprodução assexuada; a colônia pode atingir dimensões e formas inalcançáveis por espécimes não modulares simples. Em terceiro lugar, muitas espécies de cnidários têm ciclos de vida dimórficos, que podem incluir duas morfologias totalmente diferentes: uma forma **polipoide** e uma forma **medusoide** adulta. O ciclo de vida dimórfico tem implicações evolutivas importantes e afeta quase todos os aspectos da biologia dos cnidários.[1] A forma polipoide singular dos cnidários, suas larvas **plânulas** e as cnidas aderentes ou urticantes são as três sinapomorfias-chave que definem esse filo.

Em geral, acredita-se que os cnidários sejam metazoários **diploblásticos** quanto ao grau tecidual de construção. Esses organismos têm simetria radial ou birradial, tentáculos, cnidas, uma **cavidade gastrovascular** incompleta derivada da endoderme como sua única "cavidade corpórea" e uma camada intermediária (conhecida como mesênquima ou

Classificação do reino Animal (Metazoa)

Não Bilateria*
(Também conhecidos como diploblastos)
  FILO PORIFERA
  FILO PLACOZOA
  FILO CNIDARIA
  FILO CTENOPHORA

Bilateria
(Também conhecidos como triploblastos)
  FILO XENACOELOMORPHA

Protostomia
  FILO CHAETOGNATHA
  SPIRALIA
    FILO PLATYHELMINTHES
    FILO GASTROTRICHA
    FILO RHOMBOZOA
    FILO ORTHONECTIDA
    FILO NEMERTEA
    FILO MOLLUSCA
    FILO ANNELIDA
    FILO ENTOPROCTA
    FILO CYCLIOPHORA
  Gnathifera
    FILO GNATHOSTOMULIDA
    FILO MICROGNATHOZOA
    FILO ROTIFERA

  Lophophorata
    FILO PHORONIDA
    FILO BRYOZOA
    FILO BRACHIOPODA
  ECDYSOZOA
    Nematoida
      FILO NEMATODA
      FILO NEMATOMORPHA
    Scalidophora
      FILO KINORHYNCHA
      FILO PRIAPULA
      FILO LORICIFERA
    Panarthropoda
      FILO TARDIGRADA
      FILO ONYCHOPHORA
      FILO ARTHROPODA
        SUBFILO CRUSTACEA*
        SUBFILO HEXAPODA
        SUBFILO MYRIAPODA
        SUBFILO CHELICERATA

Deuterostomia
  FILO ECHINODERMATA
  FILO HEMICHORDATA
  FILO CHORDATA

*Grupo parafilético.

---

[1] Quando as duas fases ocorrem no ciclo de vida de uma espécie, diz-se que ela passa por **alternância de gerações**, algumas vezes também referida como "**metagênese**".

Figura 7.1 Alguns cnidários. **A** a **E.** Anthozoa. **A.** Anêmona-do-mar *Metridium senile*, que é um actiniário. **B.** *Acropora palmata*, ou coral chifre-de-veado do Caribe. **C.** *Ptilosarcus gurneyi* (Pennatulacea), ou pena-do-mar. **D.** Gorgônia amarela *Eunicella cavolini* (mar Mediterrâneo, Itália). **E.** *Renilla*, ou amor-perfeito marinho (Pennatulacea). **F** a **M.** Medusozoa. **F.** *Lucernaria*, um estaurozoário (mar Branco, Rússia). **G.** *Cyanea capillata*, ou água-viva juba-de-leão, uma esquifozoária semeóstoma do nordeste do Oceano Pacífico.

(*continua*)

Figura 7.1 (*Continuação*) **H.** *Carybdea marsupialis*, um cubozoário. **I** a **L.** Hydrozoa. **I.** *Hydra*, uma antomedusa aberrante de água doce (aqui ilustrada em processo de brotamento). **J.** Uma colônia de leptomedusas *Gonothyrea*. **K.** Medusa *Polyorchis*, uma antomedusa. **L.** Uma colônia de hidrozoários *Velella* ("pequena vela"). **M.** *Myxobolus cerebralis*, esporos de mixozoários de uma truta infectada.

mesogleia) derivada primariamente da ectoderme.[2] Os cnidários não têm cefalização, sistema nervoso centralizado e órgãos respiratório, circulatório e excretor bem-definidos (Quadro 7.1). Esse plano corpóreo básico é conservado nas formas polipoides e medusoides (Figura 7.2). A natureza primitiva do plano corpóreo dos cnidários é exemplificada pelo fato de que eles têm menos tipos celulares que quaisquer outros animais, com exceção das esponjas e dos mesozoários. Na verdade, os cnidários têm menos tipos celulares do que um único órgão de alguns outros Metazoa.

A maioria dos cnidários tem vida marinha e poucos grupos invadiram com sucesso a água doce. A maioria dos cnidários é carnívora, séssil (pólipos) ou planctônica (medusas), embora alguns se alimentem por meio de suspensões e muitas espécies abriguem algas intracelulares simbióticas, das quais pode derivar secundariamente parte de sua energia necessária. As dimensões dos cnidários variam de pólipos e medusas praticamente

---

Quadro 7.1 Características do filo Cnidaria.

1. Metazoários diploblásticos com ectoderme e endoderme separadas por uma mesogleia (primariamente) acelular derivada da ectoderme ou por um mesênquima parcialmente celular.
2. Os cnidários têm simetria radial primária, frequentemente modificada em birradial, quadrirradial ou outras variações do tema radial; o eixo corporal primário é oral-aboral.
3. Têm estruturas aderentes ou urticantes exclusivas conhecidas como cnidas; cada cnida está localizada dentro de uma célula, o cnidócito, na qual é produzida. As cnidas mais comuns são conhecidas como nematocistos.
4. A musculatura é formada basicamente por células mioepiteliais (= células epiteliomusculares) derivadas da ectoderme e da endoderme (epiderme e gastroderme do adulto).
5. Apresentam alternância de gerações entre polipoide assexuada e medusoide sexuada; contudo, existem muitas variações desse tema básico (p. ex., um estágio medusoide está ausente na classe Anthozoa).
6. A cavidade gastrovascular derivada da endoderme (celêntero) é a única "cavidade corpórea". O celêntero tem forma de saco, dividido ou ramificado, mas tem apenas um orifício, que serve como boca e ânus.
7. Os cnidários não têm cabeça, sistema nervoso centralizado ou estruturas bem-definidas para trocas gasosas, excreção ou circulação.
8. O sistema nervoso é formado por uma (ou mais) rede simples de células neurais compostas por neurônios nus e apolares em sua maioria.
9. Nos casos típicos, os cnidários produzem larvas plânulas (gástrulas larvais, ciliadas e móveis).

---

[2]Na literatura zoológica, existe um conjunto de termos que se aplicam às espécies aparentemente diploblásticas e que frequentemente são confusos, utilizados incorretamente e geralmente bagunçados. Esses termos incluem mesênquima, mesogleia, colênquima, parênquima e cenênquima. Neste livro, esses termos são utilizados com os seguintes sentidos. O termo **mesênquima** (do grego, literalmente "sucos intermediários") refere-se a um tecido conjuntivo primitivo derivado totalmente ou em parte da ectoderme e localizado entre a epiderme e a gastroderme (endoderme). Em geral, o mesênquima consiste em dois componentes: matriz gelatinosa acelular conhecida como **mesogleia** e várias células e produtos celulares (p. ex., fibras). Quando há pouquíssimo ou nenhum material celular, essa camada é descrita simplesmente como mesogleia. O mesênquima é a camada intermediária típica das esponjas (nas quais é conhecida como **mesoílo**) e dos membros dos filos Cnidaria e Ctenophora. Nesses grupos diploblásticos, nos quais não existe uma (endo-) mesoderme verdadeira, o mesênquima é originado totalmente da ectoderme. Quando o material celular é esparso ou densamente empacotado, o mesênquima pode ser designado em alguns casos como **colênquima** ou **parênquima**, respectivamente. Algumas vezes, o termo parênquima também é usado para descrever a camada mesenquimal dos animais acelomados triploblásticos (tais como platelmintos e xenacelomórficos), nos quais a camada densa inclui tecidos originados tanto da ecto- como da endomesoderme.

Em alguns cnidários coloniais, particularmente pólipos de antozoários, os indivíduos ficam embebidos e originam-se de uma massa de mesênquima perfurada por canais gastrovasculares, que estão em continuidade com os outros membros da colônia. O termo **cenênquima** refere-se a toda a matriz de material basal comum, que se encontra coberta por uma camada de epiderme.

Aumentando a confusão possível, o termo mesênquima é usado em um segundo sentido muito diferente por alguns biólogos. Algumas vezes, os embriologistas de vertebrados usam esse termo para se referir à parte da (endo-) mesoderme verdadeira, a partir da qual se originam todos os tecidos conjuntivos, vasos sanguíneos, células sanguíneas, sistema linfático e coração. Desse modo, para um embriologista de vertebrados, o termo "célula mesenquimal" frequentemente significa qualquer célula indiferenciada encontrada na mesoderme embrionária que seja capaz de diferenciar-se em tais tecidos. Ocasionalmente, também podemos encontrar o termo "mesênquima" utilizado nesse sentido pelos embriologistas de equinodermos e pelos especialistas em cordados não vertebrados. Nesses dois últimos casos, os pesquisadores geralmente se referem às células que estão destinadas a transformar-se em mesoderme e, portanto, um termo mais apropriado poderia ser "protomesoderma" ou "células mesodérmicas incipientes". Em razão dessa confusão, alguns autores preferem usar o termo mesogleia em vez de mesênquima quando se referem às camadas intermediárias das esponjas e dos metazoários diploblásticos. Entretanto, nós seguimos a primeira definição de mesênquima e esperamos que esta nota de rodapé atenue, em vez de aumentar, a confusão.

Um alerta quanto à ortografia: os significados de alguns desses termos podem ser alterados quando se substitui o "o" final por um "a". A terminação "quimo" é preferida para os animais e "quima" para as plantas. Desse modo, mesênquima refere-se aos tecidos situados entre o xilema e o floema das raízes das plantas; colênquima refere-se a alguns tecidos primordiais da folha. Parênquima é um termo botânico muito geral, que se refere aos diversos tecidos de sustentação. Infelizmente, a mesma ortografia é usada ocasionalmente (ainda que de forma inapropriada) pelos zoólogos.

---

microscópicos, até espécimes de medusa com 2 metros de largura e tentáculos com 25 metros de comprimento. As colônias, como as dos corais, podem ter muitos metros de diâmetro. O filo Cnidaria data do período Pré-cambriano e seus membros desempenharam funções importantes em vários cenários ecológicos ao longo de toda sua grande história, assim como ocorre hoje em dia com os recifes de corais.

Os cnidários desempenham diversas funções no folclore de todo o mundo. Na Samoa, a anêmona coralimorfária *Rhodactis howesii* (também conhecida como *mata-malu*) é servida com um prato especial em dias festivos. Entretanto, se for ingerida crua, a *mata-malu* provoca a morte e é uma "arma" utilizada tradicionalmente para praticar suicídio entre os samoanos. Os havaianos referem-se ao zoantídeos *Palythoa toxica* como *limu-make-o-Hana* ("a alga marinha mortal de Hana"). Os havaianos costumavam lambuzar as pontas dos seus arpões com esse cnidário, cuja toxina é conhecida como **palitoxina**. Curiosamente, a palitoxina pode ser produzida por uma bactéria simbiótica não identificada, não pelos próprios cnidários. Essa é uma das toxinas mais potentes conhecidas e é mais mortal que o veneno dos sapos ponta-de-flecha (batracotoxina) e a toxina paralisante dos mariscos (saxitoxina).

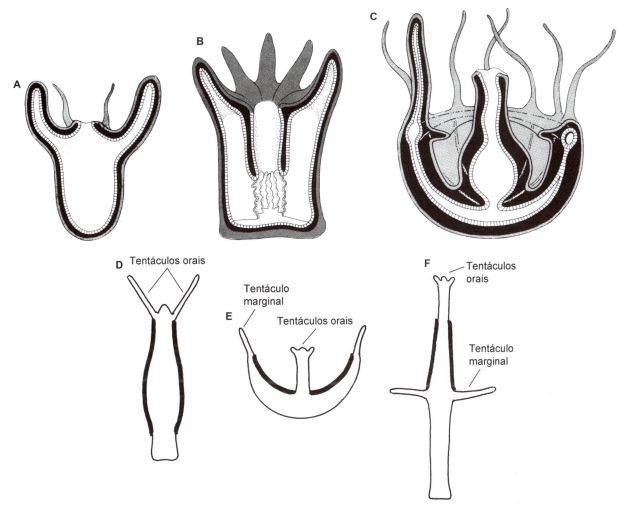

Figura 7.2 Homologias das camadas de tecidos dos cnidários. **A.** Um pólipo hidrozoário. **B.** Um pólipo antozoário. **C.** Uma medusa hidrozoária ilustrada de "cabeça para baixo" para refletir a mesma orientação. A camada de tecido externa e ectodérmica (= epiderme); a camada de tecido interna é endodérmica (= gastroderme); e a camada intermediária é o mesênquima/mesogleia. Dentro dos hidrozoários, os homólogos dos tecidos ectodérmicos podem estar situados na parede externa do corpo, como ocorre em *Hydra* (**D**), ou dentro dos tentáculos marginais da hidromedusa e dos hidropólipos (**E** e **F**).

História taxonômica e classificação

Assim como as esponjas, a natureza dos cnidários é uma questão debatida há muitos anos. Com referência aos seus tentáculos urticantes, Aristóteles denominou as medusas de *Acalephae* (*akalephe*) e os pólipos de *Cnidae* (*knide*), ambos nomes derivados de termos que significam "urtiga". Estudiosos renascentistas acreditavam que os cnidários eram plantas, e foi apenas no século 18 que a natureza animal desses organismos foi amplamente reconhecida. Os naturalistas do século 18 classificaram os cnidários junto com as esponjas e alguns outros grupos de Zoófitos de Lineu – uma categoria de organismos classificada em algum lugar entre as plantas e os animais. Lamarck instituiu o grupo Radiata (ou "Radiaires") para os cnidários medusoides, os ctenóforos e os equinodermos.

No início do século 19, o grande naturalista Michael Sars demonstrou que as medusas e os pólipos eram simplesmente formas diferentes do mesmo grupo de organismos. Sars também mostrou que os gêneros *Scyphistoma*, *Strobila* e *Ephyra* representavam, na verdade, estágios do ciclo de vida de certas medusas (cifozoários). Os nomes foram conservados e hoje são usados para identificar esses estágios do ciclo de vida. Por fim, Rudolph Leuckart reconheceu as diferenças fundamentais entre os dois grandes grupos de "radiados" – Porifera/Cnidaria/Ctenophora e Echinodermata e, em 1847, cunhou o termo Coelenterata (do grego *koilos*, "cavidade"; e *enteron*, "intestino") para o primeiro grupo em reconhecimento de que o "intestino" era a única cavidade do corpo. Em 1888, Berthold Hatschek dividiu os Coelenterata de Leuckart em três filos, que são reconhecidos hoje em dia: Porifera, Cnidaria e Ctenophora. Embora alguns pesquisadores estejam inclinados a conservar os cnidários e os ctenóforos junto como celenterados, esses dois grupos são universalmente reconhecidos como filos distintos – uma visão confirmada pelas análises moleculares recentes. Recentemente, alguns estudos moleculares sugeriram que os cnidários e os ctenóforos poderiam ser grupos-irmãos, estimulando o ressurgimento do nome "Coelenterata", mas outros estudos não conseguiram reproduzir essa relação de irmandade.

Recentemente, um avanço significativo e importante na área da sistemática dos cnidários foi a compreensão de que os mixozoários – antes classificados como protistas – na verdade são cnidários parasitários altamente derivados. Os mixozoários eram considerados protistas até um século atrás, quando Antonín Štolc (1899) sugeriu que eles deveriam ser classificados como cnidários reduzidos, em razão da arquitetura nematocística dos seus esporos. Com o transcorrer do tempo, pesquisadores acabaram por reconhecer a natureza pluricelular dos mixozoários e as semelhanças estruturais e de desenvolvimento entre suas **cápsulas polares** e os nematocistos dos cnidários. A partir dos primeiros anos do século 21, estudos moleculares confirmaram a classificação dos mixozoários entre os cnidários. Em 2002, o metazoário enigmático *Buddenbrockia plumatellae* descoberto inicialmente em 1850 foi reinterpretado como um mixozoário. *Buddenbrockia* é uma criatura vermiforme móvel que habita as cavidades corporais dos ectoproctos de água doce. Esse organismo tem quatro faixas de cordões musculares longitudinais, superfície corporal semelhante a uma cutícula, nenhum trato digestivo, complemento das cápsulas polares semelhante às dos cnidários e esporos infectantes comparáveis aos dos mixozoários (incluindo cápsulas polares), que são formados dentro da cavidade corporal. Pouco depois de sua redescoberta, ficou claro que *Buddenbrockia plumatellae* é a mesma criatura conhecida como *Tetracapsula bryozoides*, um malacospóreo conhecido (também descrito como *Myxosporidium bryozoides*); também ficou esclarecido que outro mixozoário – *Tetracapsula bryosalmonae* (depois conhecido como *Tetracapsuloides bryosalmonae*) era responsável pela doença renal proliferativa (DRP) em peixes salmonídeos. Evidentemente, os malacospóreos são mixozoários.

Embora algumas evidências moleculares e de desenvolvimento, baseadas na estrutura da musculatura estriada, tenham sugerido que a condição diploblástica compartilhada pelos cnidários e pelos ctenóforos poderia na verdade ser originada dos estados triploblásticos, a maioria dos pesquisadores concorda que os cnidários sejam basais aos táxons triploblásticos. Os cnidários parecem incluir três linhagens principais: Anthozoa, uma linhagem polipoide que não inclui medusas; Medusozoa, um clado diversificado que inclui espécies com formas medusoides predominantemente móveis, assim como formas com estágios de vida medusoide e polipoide; e Myxozoa, um clado cujas relações com as outras duas linhagens ainda não estão definidas.

Entre Anthozoa, parecem existir duas linhas principais – as subclasses Octocorallia e Hexacorallia –, mas dentro desses grupos houve revisões consideráveis envolvendo principalmente a consolidação de táxons, que antes eram considerados diferentes. Próximo da base do clado dos medusozoários, Staurozoa foram reconhecidos como uma classe nova de cnidários, enquanto as classes Scyphozoa e Cubozoa são identificadas como táxons-irmãos. Um táxon-irmão potencial dos hidrozoários (Hydrozoa) é a classe Polypoidozoa, um parasita intracelular do peixe acipenceriforme, até então conhecido como espécie única. Os próprios hidrozoários parecem incluir duas linhagens principais – as subclasses Trachylina e Hydroidolina. Assim como ocorre com os antozoários, parece provável que ocorram revisões taxonômicas consideráveis dentro de cada subclasse dos hidrozoários por algum tempo.

FILO CNIDARIA

SUBFILO ANTHOZOA. Classe Anthozoa. Anêmonas, penas-do-mar, corais-moles, gorgônias, corais tubo-de-órgão e corais-pétreos (Figura 7.1 A a E).[3] Animais exclusivamente marinhos, solitários ou coloniais; sem estágio medusoide (todos os espécimes são polipoides); cnidas epidérmicas e gastrodérmicas compostas de espirocistos e pticocistos; celêntero dividido por mesentérios longitudinais (oral-aboral), cujas extremidades livres formam filamentos mesenteriais espessos, em forma de cordão; mesênquima espesso; geralmente com 8 tentáculos (Octocorallia) ou em múltiplos de 6 (Hexacorallia), que contém extensões do celêntero; a faringe estomodeal (= actinofaringe) estende-se da boca para dentro do celêntero e tem um ou mais sulcos ciliados (sifonóglifes); os pólipos podem reproduzir-se por mecanismos sexuados ou assexuados; os gametas originam-se da gastroderme. Existem cerca de 6.225 espécies atuais descritas, divididas em duas subclasses.

SUBCLASSE HEXACORALLIA (= ZOANTHARIA). Anêmonas e corais-pétreos, solitários ou coloniais; nus ou cobertos com esqueleto calcário ou cutícula quitinosa, mas nunca com escleritos isolados; os mesentérios geralmente são pareados em múltiplos de seis; os mesentérios têm músculos retratores longitudinais dispostos de forma que os elementos de cada par estão voltados um para o outro, ou um em sentido contrário ao outro; os filamentos mesentéricos geralmente são trilobados, com duas bandas ciliadas flanqueando um filamento central que contém cnidócitos e células glandulares; uma ou mais coroas de tentáculos ocos originam-se das endocelas (espaços entre os membros de cada par mesenterial) e exocelas (espaços entre dois mesentérios de pares diferentes); a faringe pode ter nenhuma, 1, 2 ou muitas sifonóglifes; as cnidas são muito diversificadas; as zooxantelas endodérmicas podem ser profusas.

ORDEM CERIANTHARIA. Ceriantídeas ou anêmonas tubulares. Mesentérios completos, mas com musculatura débil; mesentérios complexos com seis mesentérios primários. Pólipos grandes, alongados e solitários que vivem nos tubos verticais dos sedimentos moles; tubo formado por cnidas especializadas entrelaçadas (pticocistos) e muco; a extremidade aboral não tem um disco pedal e apresenta um poro terminal; os tentáculos longos e finos originam-se da extremidade do disco oral, enquanto tentáculos labiais mais curtos circundam a boca; mesentérios completos; as gônadas ocorrem apenas nos mesentérios alternados; hermafroditas protândricos; algumas espécies produzem estágios larvais pelágicos de vida longa (p. ex., *Arachnanthus, Botruanthus, Ceriantheomorphe, Ceriantheopsis, Cerianthus, Pachycerianthus*).

ORDEM ZOANTHIDEA. Zoantídeos. Os pólipos coloniais originam-se de um colchão basal ou estolão, que contém solênias ou canais gastrodérmicos; os pólipos novos germinam das solênias gastrodérmicas dos estolões; a faringe é achatada e tem um sifonóglife; mesentérios numerosos, mas com musculatura fraca; sem esqueleto intrínseco, embora muitas espécies incorporem areia, espículas de esponjas ou outros restos à parede corporal espessa; a maioria tem uma cutícula grossa; as zooxantelas são abundantes em algumas espécies; muitas espécies são epizoóticas (p. ex., *Epizoanthus, Isaurus, Isozoanthus, Palythoa, Parazoanthus, Thoracactus, Zoanthus*).

ORDEM ACTINIARIA. Anêmonas-do-mar, solitárias ou clonais; não têm esqueleto calcário, embora algumas espécies secretem uma cutícula quitinosa; algumas abrigam

---

[3] Utilizamos o termo "anêmona" em sentido geral para descrever qualquer pólipo antozoário solitário, mas aplicamos o termo estrito "anêmona-do-mar" às anêmonas da ordem Actiniaria.

zooxantelas; a coluna frequentemente tem estruturas especializadas, como verrugas, acrorrágios, pseudotentáculos ou vesículas; os tentáculos orais são cônicos, digitiformes ou ramificados, geralmente dispostos em hexâmeros em um ou mais círculos; geralmente têm dois sifonóglifes. Um grupo extremamente bem-sucedido com pelo menos 1.000 espécies atuais divididas em 41 famílias, dentre as quais a maior é Actiniidae (p. ex., essa ordem inclui *Actinia, Adamsia, Aiptasia, Alicia, Anthopleura, Anthothoe, Bartholomea, Bunodactis, Calliactis, Diadumene, Edwardsia, Epiactis, Halcampa, Haliplanella, Heteractis* [= *Radianthus*], *Liponema, Metridium, Nematostella, Peachia, Phyllodiscus, Ptychodactis, Stichodactyla, Stomphia, Triactis*).

ORDEM ANTIPATHARIA. Corais-pretos ou espinhosos. Colônias verticais, ramificadas ou em forma de chicote com até 6 metros de altura; esqueleto axial calcário, geralmente marrom ou preto e coberto por um cenossarco fino, que tem pólipos pequenos, geralmente 6 (mas até 24) tentáculos não retráteis; têm mesentérios débeis; o esqueleto produz espinhos em sua superfície (p. ex., *Antipathes, Bathypathes, Leiopathes*).

ORDEM CORALLIMORPHARIA. Pólipos solitários sem esqueleto; não têm sifonóglifes, bandas ciliadas nos filamentos mesenteriais e músculos no disco pedal (p. ex., *Amplexidiscus, Corynactis, Rhodactis, Ricordea*).

ORDEM SCLERACTINIA (= MADREPORARIA). Corais-pétreos solitários ou coloniais; a morfologia dos pólipos é praticamente idêntica à das Actiniárias, exceto que os corais não têm sifonóglifes e lobos ciliados nos filamentos mesenteriais; as zooxantelas estão presentes em cerca de metade das espécies conhecidas; a colônia forma exoesqueletos calcários (de aragonita) delicados ou maciços com extensões esqueléticas platiforme (septos). Existem mais de 1.300 espécies, divididas em 24 famílias[4] (p. ex., *Acropora, Agaricia, Astrangia, Balanophyllia, Dendrogyra, Flabellum, Fungia, Goniopora, Letepsammia, Meandrina, Montipora, Oculina, Pachyseris, Porites, Psammocora, Siderastraea, Stylophora*).

SUBCLASSE OCTOCORALLIA (= ALCYONARIA). Octocorais. Pólipos com 8 tentáculos ocos, marginais e pinados, e 8 mesentérios completos (perfeitos), cada um com um músculo retrator na face sulcal voltado para a única sifonóglife; a maioria das espécies tem escleritos calcários livres ou fundidos embebidos no mesênquima, embora os escleritos estejam ausentes em algumas espécies; os estolões ou cenênquima conectam os pólipos. Hoje em dia, existem três ordens reconhecidas, mas é provável que ocorram revisões expressivas dos grupos subordinais, principalmente entre os Alcionáceos.

ORDEM HELIOPORACEA (= COENOTHECALIA). Helioporáceos. As colônias formam esqueletos calcários rígidos e maciços de cristais de aragonita (não de escleritos fundidos) semelhantes aos dos hidrozoários mileporinos e dos corais-pétreos; os pólipos são monomórficos. Inclui duas famílias (Lithotelestidae e Helioporidae) e dois gêneros (*Epiphaxum* e *Heliopora*, ou "coral azul").

ORDEM ALCYONACEA. Gorgônias moles e corais tubo-de-órgão. As colônias são incrustantes ou eretas, geralmente maciças; comumente são carnosas e flexíveis, embora o cenênquima seja preenchido por escleritos; os pólipos são monomórficos ou dimórficos; porção carnosa distal dos pólipos geralmente é retrátil na parte basal mais compacta; os elementos esqueléticos são formados de calcita e gorgonina. Existem 29 famílias conhecidas, classificadas em 6 subordens heterogêneas que podem ser pouco mais que graus morfológicos.

SUBORDEM PROTOALCYONARIA. Os protoalcionários são octocorais de águas profundas com pólipos solitários, que se reproduzem exclusivamente por meios sexuados (p. ex., *Taiaroa* e possivelmente *Haimea, Hartea, Monoxenia, Psuchastes*). A posição dessa subordem é incerta, porque estudos filogenéticos sugeriram que ela esteja profundamente aninhada dentro da subclasse Octocorallia (por isso, seu nome não é apropriado).

SUBORDEM STOLONIFERA. Estoloníferos. Os pólipos simples originam-se separadamente de estolões em forma de fita, que formam uma lâmina ou rede incrustante; o disco oral e os tentáculos são retráteis e podem entrar no cálice (parte proximal rígida do pólipo); têm mesênquima com ou sem escleritos; em alguns (p. ex., Cornulariidae), um esqueleto externo córneo fino pode cobrir os pólipos e os estolões (p. ex., *Bathytelesto, Clavularia, Coelogorgia, Cornularia, Pseudogorgia, Sarcodictyon, Telesto, Tubipora* ["coral" tubo-de-órgão, um gênero monotípico – *T. musica* – no qual os escleritos fundem-se e formam um esqueleto calcário]).

SUBORDEM ALCYONIINA. Corais-moles. Os pólipos estão unidos dentro de uma massa de cenênquima carnoso; em geral, o cenênquima tem escleritos, mas não tem um eixo (p. ex., *Alcyonium, Nidalia, Sarcophyton, Studeriotes, Umbellulifera, Xenia*).

SUBORDEM SCLERAXONIA. Colônias ramificadas, incrustantes ou eretas, com um eixo interno (ou uma camada aparentemente axial) formado principalmente por escleritos fundidos. Inclui o *Corallium*, um dos corais mais preciosos usados para produzir joias (também *Brianeum, Melithaea, Paragorgia, Parisis*).

SUBORDEM HOLAXONIA. Gorgônias. Colônias ramificadas eretas com um eixo interno, que consiste em gorgonina escleroproteica sem espículas livres, com um cerne central oco com câmaras entrecruzadas, geralmente com quantidades pequenas de $CaCO_3$ não esclerótico embebido (p. ex., *Acanthogorgia, Eugorgia, Eunicea, Gorgonia, Ideogorgia, Muricea, Pseudopterogorgia, Swiftia*).

SUBORDEM CALCAXONIA. Gorgônias. Colônias eretas, ramificadas ou não ramificadas, com um eixo interno formado por gorgonina escleroproteica sem um cerne central oco com câmaras entrecruzadas, com

---

[4] A taxonomia dos escleractíneos (Scleractinia) ainda é confusa; muitos táxons superiores não parecem ser monofiléticos. Cerca de 700 espécies de corais vivem nas águas profundas e não estabelecem relações simbióticas com as zooxantelas e cerca de duas dúzias desses corais constroem estruturas de recifes.

grandes quantidades de CaCO₃ não esclerótico na forma de entrenós ou embebido na gorgonina. A maioria das espécies é encontrada nos oceanos profundos (p. ex., *Australogorgia, Chrysogorgia, Dendrobrachia, Fanellia, Helicogorgia, Isis, Plumarella, Plumigorgia, Primnoa, Verrucella*).

ORDEM PENNATULACEA. Penas-do-mar e outros penatuláceos. As colônias são complexas e polimórficas; adaptadas à vida nos substratos bentônicos não consolidados; comumente são luminescentes; o pólipo axial primário alongado estende-se por todo o comprimento da colônia (até 1 metro) e consiste em um bulbo ou pedúnculo basal para ancoragem e uma haste distal, que dá origem aos pólipos secundários dimórficos; o celêntero do pólipo axial tem eixo esquelético de material córneo calcificado dentro dos canais (p. ex., *Anthoptilum, Balticina, Cavernularia, Funiculina, Halipteris, Pennatula, Ptilosarcus, Renilla, Sarcoptilus, Stylatula, Umbellula, Virgularia*).

SUBFILO MEDUSOZOA. Medusozoários. Inclui formas sésseis e de vida livre; as medusas são produzidas por brotamento lateral e crescimento do entocodon; têm gônadas epidérmicas; perda dos músculos intramesogleais está associada a 4 depressões peristomiais; a perda dos tentáculos do pólipo primário é transformada em estruturas ocas; filamentos gástricos e músculo coronal inexistentes. Existem cerca de 4.775 espécies descritas, que estão divididas em 5 classes.

CLASSE STAUROZOA. Medusas pediculadas. Espécimes sésseis pequenos, que se desenvolvem a partir das larvas plânulas não ciliadas bentônicas e têm ciclos de vida complexos, ainda não esclarecidos totalmente; as plânulas transformam-se em estauropólipo séssil, que, por sua vez, transforma-se em uma estauromedusa com um disco aderente pediculado, pelo qual os espécimes fixam-se ao substrato (não existe um estágio de medusa altamente móvel); as estauromedusas têm oito "braços" que abrigam tentáculos; a reprodução sexuada pode ser predominante na maioria das espécies, embora a reprodução assexuada tenha sido identificada ao menos em uma (*Haliclystus antarcticus*); os ovários têm células foliculares. Ocorrem principalmente nas águas rasas das latitudes altas (p. ex., *Haliclystus, Lucernaria*; contudo, as espécies *Kishinouyea* são tropicais). Análises de filogenética molecular sugeriram que, apesar da convergência morfológica considerável com os hidrozoários traquilíneos, a espécie antártica diminuta *Microhydrula limopsicola*, antes classificada entre as Limnomedusas, na verdade é um estágio de vida do ciclo vital de *H. antarctica*.

CLASSE CUBOZOA. Vespas-do-mar e água-viva-caixa (Figuras 7.1 H e 7.15 A). Medusas de 1 a 30 cm, predominantemente incolores; cada pólipo forma uma única medusa por metamorfose completa (não há estrobilação); a umbrela da medusa é praticamente quadrada em corte transversal; ropálios com estruturas visuais complexas; os tentáculos inter-radiais ocos pendem dos pedálios laminares, um em cada canto da umbrela; a borda lisa da umbrela prolonga-se para dentro e forma uma estrutura veliforme (velário), dentro da qual se estendem os divertículos do trato digestivo. As cnidas são apenas do tipo nematocístico; a picada é muito tóxica e existem relatos de alguns casos fatais aos seres humanos, daí o nome "vespas-do-mar". Os cubozoários são nadadores vigorosos e ocorrem em todos os oceanos tropicais (e em algumas regiões temperadas, p. ex., costa oeste da África do Sul e Namíbia), mas são especialmente abundantes na região do Indo-Pacífico Oeste.

ORDEM CHIRODROPIDA. Os pedálios ramificam-se em uma estrutura semelhante a uma mão, na qual cada ramo origina um tentáculo; as espécies são fecundadas externamente, inclusive os gêneros mortais conhecidos, ainda que a toxicidade seja variável nesta ordem, em razão das diferenças na área dos tentáculos e nos mecanismos de liberação dos venenos (p. ex., *Chironex, Chiropsalmus, Chiropsella*).

ORDEM CARYBDEIDA. Espécies ovovivíparas; o veneno pode causar a síndrome de Irukandji, que geralmente não é fatal, mas pode provocar um conjunto de sinais e sintomas física e psicologicamente desconfortáveis depois do envenenamento. Existem cinco famílias, que incluem as Alatinidae pelágicas (*Alatina, Keesingia*), cujos orifícios ropaliares têm formato de "t"; duas famílias não têm chifres ropaliares e apresentam orifícios ropaliares em forma franzida; Carukiidae (*Carukia, Gerongia, Malo, Morbakka*) e Tamoyidae (p. ex., *Tamoya*), que também não têm filamentos gástricos; Carybdeidae, *Carybdea*), cujos orifícios ropaliares têm formato de coração; e Tripedaliidae (*Tripedalia, Copula*), que fazem a corte e mostram comportamento copulatório.

CLASSE SCYPHOZOA. Medusa (Figura 7.1 G). O estágio medusoide predomina; os espécimes polipoides (cifístomas) são pequenos e imperceptíveis, mas comumente têm vida longa; algumas espécies não formam pólipos; os pólipos formam medusas por brotamento assexuado (estrobilação); o celêntero é dividido por quatro mesentérios longitudinais (oral-aboral); são medusas acraspedotas (sem véu), tipicamente com uma camada mesogleal (ou colenquimal) espessa, com pigmentação bem-definida, tentáculos filiformes ou capitados e incisuras marginais formando lóbulos; os órgãos dos sentidos localizam-se nessas incisuras e alternam com os tentáculos; os gametas originam-se da gastroderme; as cnidas estão presentes na epiderme e na gastroderme, apenas do tipo nematocístico; a boca pode ou não estar sobre um manúbrio; em geral, não têm um canal circular. Os cifozoários são exclusivamente marinhos – planctônicos, demersais ou fixos. Existem cerca de 200 espécies divididas em três ordens.

ORDEM CORONATAE. Umbrela dividida em regiões superior e inferior por um sulco coronal que circunda a exumbrela; a borda da umbrela é profundamente entalhada por espessamentos gelatinosos conhecidos como pedálios, que originam os tentáculos, o ropálio e os lóbulos marginais; as gônadas estão localizadas nos quatro septos gastrovasculares. Suas dimensões são pequenas a moderadas; predominantemente batipelágicas; algumas contêm zooxantelas (p. ex., *Atolla, Linuche, Nausithoe, Periphylla, Stephanoscyphus*).

ORDEM SEMAEOSTOMEAE. Os cantos da boca são puxados para fora formando quatro lobos gelatinosos largos e franjados; o estômago tem filamentos gástricos; os tentáculos marginais ocos contêm extensões de canais radiais; não têm perfurações coronais ou pedálios; as gônadas estão localizadas nas dobras da gastroderme. Essa ordem contém a maioria das medusas típicas dos oceanos tropicais e temperados; as medusas alcançam dimensões moderadas a grandes (algumas umbrelas chegam a medir vários metros de diâmetro) (p. ex., *Aurelia, Chrysaora, Cyanea, Pelagia, Phacellophora, Sanderia, Stygiomedusa*).

ORDEM RHIZOSTOMEA. Não têm uma boca centralizada; as bordas franjadas dos quatro lobos orais estão fundidas sobre a boca, de forma que algumas "bocas" suctórias (ostíolos) abrem-se a partir de um sistema de canais complicados nos oito apêndices ramificados semelhantes a braços; umbrela sem tentáculos marginais ou pedálios; estômago sem filamentos gástricos; gônadas sobre as dobras da gastroderme. São medusas pequenas a grandes, que nadam vigorosamente utilizando sua musculatura subumbrelar bem-desenvolvida; ocorrem principalmente nas latitudes baixas (p. ex., *Cassiopea, Cephea, Eupilema, Mastigias, Rhizostoma, Stomolophus*).

CLASSE POLYPOIDOZOA. Parasitas intracelulares dos ovócitos dos peixes acipenceriformes (p. ex., esturjões); células binucleadas dentro dos ovócitos desses peixes desenvolvem-se em larvas invertidas com forma de plânula, que evertem durante a desova do hospedeiro para dentro dos estolões tentaculares que têm cnidas e fragmentam-se quando são liberadas na água doce, dispersando como medusoides que se reproduzem assexuadamente e cujos gametas infectam os peixes hospedeiros. Hoje em dia, essa classe é definida por uma única espécie – *Polypodium hydriforme*.

CLASSE HYDROZOA. Hidroides e hidromedusas (Figura 7.1 I a L; foto de abertura do capítulo). A alternância de gerações ocorre na maioria dos gêneros (em geral, os pólipos bentônicos assexuados alternam com as medusas planctônicas sexuadas), embora uma ou outra geração possa ser suprimida ou ausente; as medusas são produzidas por brotamento lateral do endocodon; frequentemente os medusoides são retidos no pólipo; os pólipos geralmente são coloniais com celênteros interconectados; pólipos individuais frequentemente polimórficos, modificados para desempenhar várias funções (p. ex., os gastrozooides para alimentação, os gonozooides para reprodução, os dactilozooides têm função de defesa e captura de presas); quando está presente, o exoesqueleto geralmente é de quitina ou, ocasionalmente, de carbonato de cálcio (hidrocorais); o celêntero dos pólipos e das medusas não tem faringe nem mesentérios; a mesogleia é acelular; os tentáculos são sólidos ou ocos; as cnidas ocorrem apenas na epiderme; os gametas originam-se das células epidérmicas; a maioria das medusas é pequena e transparente, quase sempre craspedotas (com véu) e com um canal circular; a boca tipicamente está localizada no manúbrio pendente; estas medusas não têm ropálios. Existem cerca de 3.500 espécies descritas e divididas em 6 ordens, incluindo alguns grupos de água doce. Embora a taxonomia dos hidrozoários esteja atualmente em processo de revisão (e debate), existe apoio considerável a favor da existência de duas subclasses monofiléticas – Trachylina e Hydroidolina. No passado, os sifonóforos eram classificados como subclasse, mas agora provavelmente fazem parte da subclasse Hydroidolina.

SUBCLASSE TRACHYLINA. Medusas traquilinas. A geração polipoide é diminuta ou ausente; as medusas produzem larvas plânulas, que geralmente se desenvolvem diretamente em larvas actínulas, as quais sofrem metamorfose nas medusas adultas; são medusas craspedotas com tentáculos geralmente originados da superfície exumbrelar, bem acima da borda da umbrela; são medusas predominante gonocorísticas; hoje em dia, esta subclasse inclui três subordens e mais de 150 espécies conhecidas.

ORDEM LIMNOMEDUSAE (Figura 7.13 A a C). Hidromedusas de águas salgada e doce com estatocistos ecto-endodérmicos, tentáculos ocos e 4 (raramente 6) canais radiais. As relações diretas entre os gêneros dulciaquícolas (p. ex., *Astrohydra, Craspedacusta, Limnocnida*) sugerem que as espécies dulciaquícolas compartilhem um mesmo ancestral; essas espécies são as únicas traquilinas com pólipos verdadeiros, estruturas minúsculas que brotam das medusas sexuadas ou das frústulas assexuadas, que rastejam e afastam-se para gerar mais pólipos; as famílias hoje incluídas entre Limnomedusae são Olindiasidae (p. ex., *Gonionemus, Olindias* e os gêneros dulciaquícolas citados antes), Monobrachiidae (p. ex., *Monobrachium*) e Armohydridae, bem como Geryoniidae (p. ex., *Geryonia, Liriope*), que hoje parecem fazer parte de Limnomedusae, em vez de Trachymedusae.

ORDEM TRACHYMEDUSA. Hidromedusas exclusivamente marinhas, geralmente com 8 canais radiais e tentáculos sólidos; inclui 4 famílias – Halicreatidae, Petasidae, Ptychogastriidae e Rhopalonematidae. Essa última família pode incluir os actinulidas: hidrozoários polipoides de vida livre, solitários, diminutos (até 1,5 mm), móveis, intersticiais e aparentemente assexuados sem estágio medusoide (p. ex., *Halammohydra, Otohydra*). Essa ordem pode ser polifilética.

ORDEM NARCOMEDUSAE. Hidromedusas pelágicas ou batipelágicas, que não têm canais radiais, mas apresentam bordas umbrelares lobuladas, estômagos amplos em forma de bolsa e tentáculos sólidos; inclui 4 famílias: Aeginidae (p. ex., *Aegina*), Cuninidae (p. ex., *Cunia*), Solmarisidae (p. ex., *Peganthu*) e Tetraplatiidae (p. ex., *Tetraplatia* vermiforme, antes classificada como um cifozoário coronado).

SUBCLASSE HYDROIDOLINA (Figura 7.13 D a F). Hidroides e suas medusas e sifonóforos. A geração polipoide é geralmente a predominante; os pólipos podem ter exoesqueleto quitinoso; tentáculos orais filiformes ou capitados, raramente ramificados ou ausentes; as colônias geralmente são polimórficas; muitas não liberam medusas livres, mas liberam gametas de esporossacos ou medusoides sésseis fixos (= brotos medusoides, ou gonóforos) na colônia; as colônias são gonocorísticas. Um grupo numeroso com mais de 75 famílias descritas e mais de 3.200 espécies. Os hidroides ocorrem em todas as profundidades; as formas polipoides são muito comuns na zona litoral.

ORDEM THECATA (= LEPTOMEDUSAE, CALYPTOBLASTEA OU LEPTOTHECATA). Grupo diversificado de hidroides com pólipos sempre coloniais; os hidrantes e os gonozooides ficam encapsulados no exoesqueleto; geralmente não há medusas livres, mas quando estão presentes são achatadas e têm estatocistos; as medusas formam gametas na exumbrela, sob os canais radiais; os gonozooides (= gonângios) têm blastóstilo, que produz os brotos de medusas. A monofilia de Leptothecata parece provável, mas ainda são necessários estudos adicionais para definir as relações dentro desta ordem. Esses animais estão entre as espécies mais comuns de hidrozoários na zona litoral marinha (p. ex., *Abietinaria, Aequorea, Aglaophenia, Bonneviella, Campanularia, Cuvieria, Gonothyrea, Lovenella, Obelia, Plumularia, Sertularia*).

ORDEM ATHECATA (= ANTHOMEDUSAE, GYMNOBLASTEA OU ANTHOATHECATA).
Pólipos solitários ou coloniais; os hidrantes e os gonozooides não têm exoesqueleto; os gonozooides produzem medusas livres ou sésseis; alguns grupos formam gametas em esporossacos temporários; as medusas livres são altas e em forma de sino, sem estatocistos, com ou sem ocelos; as medusas formam gametas na subumbrela ou no manúbrio. Pesquisas recentes sugeriram que essa ordem seja polifilética.

SUBORDEM CAPITATA.
Grupo diversificado de hidroides, que têm nematocistos estenotelos e tentáculos com pontas arredondadas (capitados) em algum estágio do seu ciclo de vida; muitas formam medusas com ocelos complexos em forma de copo. Pesquisas recentes sugeriram que existam dois clados: Zancleida e Corynida. O clado Zancleida inclui as formas polipoides bem-conhecidas (p. ex., *Pennaria*, ou hidroides em árvore-de-natal) e os "corais-de-fogo" mileporinos (conhecidos por seus nematocistos urticantes potentes). Os mileporinos são diferenciados por seus esqueletos coraliformes calcários maciços ou incrustantes, matriz calcária coberta por uma camada fina de epiderme; os gastrozooides têm tentáculos capitados curtos; e cada gastrozooide é circundado por 4 a 8 tentáculos com forma dactilozooides, cada tentáculo em um copo esquelético separado; os gonóforos estão acondicionados em depressões (ampolas) no esqueleto; e as medusas livres pequenas não têm boca, tentáculos ou véu. Como os corais-pétreos, os mileporinos dependem de uma relação comensal com as zooxantelas e, portanto, estão restritos à zona fótica. O clado Zancleida também inclui formas medusoides bem-conhecidas, antes chamadas "condróforos", cujas colônias podem consistir em gastrozooides, gonozooides e dactilozooides, ou como um espécime polipoide solitário, embora altamente especializado. Os "zooides" condróforos estão fixados a uma boia discoide quitinosa com várias câmaras, que pode ou não ter uma vela oblíqua (p. ex., *Porpita, Vellela*); seus "gonozooides" têm gonóforos medusiformes, que são liberados e espalham gametas, a maioria é ricamente suprida de zooxantelas. O clado Corynida inclui formas medusoides bem-conhecidas, como *Coryne, Dipurena, Polyorchis* e *Sarsia*. A posição de Corynida ainda não está clara hoje em dia, tendo em vista que as evidências de relações genéricas podem necessitar de revisões.

SUBORDEM APLANULATA.
Os membros desse táxon não passam por um estágio de plânula ciliada e daí se origina seu nome; o grupo é bem-apoiado por análises de filogenética molecular. Esse grupo inclui *Corymorpha, Tubularia, Hydra* e *Candelabrum*. Embora seja utilizada comumente como exemplo de um cnidário, a *Hydra* na verdade é muito incomum em seu ciclo de vida e em sua morfologia.

SUBORDEM FILIFERA.
Hoje em dia, esse grupo heterogêneo de hidrozoários é dividido em 4 subgrupos principais. O primeiro (Filifera I) é exemplificado pela família Eudentridae, que se diferencia das outras filíferas pela ausência de nematocistos desmonemos, pela existência de um gonóforos estiloide e pelo hipostômio em forma de trombeta. O segundo grupo (Filifera II) é menos característico, mas compartilha de um canal circular sólido e cnidas eurítelas macrobásicas, assim como uma redução nos tentáculos hidrantes. Muitas espécies desse grupo vivem dentro de outros invertebrados (p. ex., *Hydrichthella* nos octocorais; *Brinckmannia* dentro das esponjas hexactinelidas; *Proboscidatyla* dentro dos tubos dos poliquetas sabelídeos). O grupo Filifera III é exemplificado pelas famílias Hydractiniidae (p. ex., *Clava, Hydractina*) e Stylasteridae (p. ex., *Allopora, Stylaster*). Os membros dessas famílias têm pólipos polimórficos e estolões cobertos por esqueleto ou perissarco, que podem ser coloridos. O esqueleto estilasterino é secretado dentro da epiderme e coberto por uma camada espessa de epiderme; em geral, um estilo calcário levanta-se da base da concavidade do pólipo, daí o nome "estilasterino"; os pólipos podem ter tentáculos; as medusas livres não são produzidas, mas os gonóforos medusoides sésseis ficam retidos nas câmaras rasas (ampolas) da colônia; vários dactilozooides circundam cada gastrozooide, embora as depressões dos pólipos estejam unidas. O grupo Filifera IV inclui as famílias Bouganvilliidae (p. ex., *Bouganvillia, Dicoryne*), Oceaniidae (p. ex., *Cordylophora*), Pandeidae (p. ex., *Pandea*) e Rathkeidae (p. ex., *Rathkea*), todas com gonóforos em estruturas diferentes dos hidrantes.

ORDEM SIPHONOPHORA.
Sifonóforos. Colônias polimórficas que flutuam ou nadam, com alguns tipos diferentes de pólipos e medusas modificadas fixadas; a maioria tem um zooide de flutuação preenchido por gás. Os sifonóforos são predadores oceânicos importantes, alguns alcançando dezenas de metros de comprimento; a maioria das espécies é bioluminescente. Historicamente, os sifonóforos eram divididos em três grupos baseados na estrutura corporal, mas estudos de filogenética molecular recentes sugeriram a existência de dois clados principais – Cystonecta e Codonophora.

SUBORDEM CYSTONECTA.
Têm uma boia flutuante anterior (ou pneumatóforo) cheia de gás, com um sifossomo posterior contendo zooides (p. ex., *Physalia, Rhizophysa*).

SUBORDEM CODONOPHORA.
Essa subordem inclui os sifonóforos estruturalmente mais complexos, como os Calycophora monofiléticos e os Physonecta parafiléticos. O primeiro grupo tem um nectossomo anterior formado por nectóforos, ou seja, elementos natantes que empurram a colônia, além de um sifossomo posterior que leva os zooides, mas não tem pneumatóforo (p. ex., *Diphyes, Hippopodius, Sphaeronectes*). O grupo

Physonecta tem um pneumatóforo anterior, um nectossomo mais posterior e um sifossomo posterior (p. ex., *Agalma, Apolemia, Bargmannia, Physophora*).

SUBFILO MYXOZOA. Parasitas intracelulares dos vertebrados pecilotérmicos, anelídeos e briozoários; têm mixósporos, que são estruturas semelhantes às cnidas com duas ou mais valvas de casca e cápsulas polares contendo filamentos semelhantes aos nematocistos. Esse táxon tem dois clados (Myxosporea e Malacosporea) bem-apoiados por análises filogenéticas moleculares. Existem cerca de 2.200 espécies descritas.

CLASSE MYXOSPOREA. Espécies de água doce e salgada, geralmente com valvas rígidas; os ciclos de vida incluem uma fase mixóspora nos vertebrados e uma fase actinóspora dentro dos poliquetas e dos anelídeos sipúnculos. Existem cerca de 1.200 espécies descritas.

ORDEM BIVALVULIDA. Têm duas valvas por mixósporo; parasitas intestinais e teciduais (p. ex., *Ceratomyxa, Henneguya, Myxidium, Myxobolus, Sphaerospora*; o gênero *Myxidium* parece ser polifilético).

ORDEM MULTIVALVULIDA. Têm mais de duas valvas por mixósporo (p. ex., *Hexacapsula, Kudoa, Trilospora*).

CLASSE MALACOSPOREA. Com uma única ordem – Malacovalvulida – e uma única família – Saccosporidae. Espécies dulciaquícolas, que se caracterizam por esporos de paredes moles e têm como hospedeiros os invertebrados briozoários; formam esporos dentro de uma cavidade corporal sacular (p. ex., *Buddenbrockia, Tetracapsuloides*).

Plano corpóreo dos cnidários

Embora demonstrem avanços marcantes em comparação com os poríferos e os placozoários, os cnidários ainda parecem ter apenas duas camadas germinativas embrionárias – ectoderme e endoderme – que se transformam na epiderme e na gastroderme dos adultos, respectivamente. A mesogleia ou o mesênquima intermediário dos adultos origina-se principalmente da ectoderme e nunca forma os órgãos complexos encontrados nos metazoários triploblásticos (*i. e.*, Bilateria).

Ainda existe controvérsia quanto à existência de uma membrana basal (= lâmina basal) verdadeira nos cnidários. Aqui definimos **membrana basal** como uma lâmina fina de matriz extracelular, sobre a qual pode apoiar-se uma camada epitelial; tal membrana contém colágeno e outras proteínas, e ajuda a manter as células epiteliais em sua posição. Por essa definição, os placozoários não têm membrana basal, os cnidários e os ctenóforos têm algum tipo de mesênquima e os bilatérios têm membrana basal predominantemente proteinácea e bem-desenvolvida. Além disso, como vimos antes, as membranas basais também ocorrem em algumas esponjas.

Simetria radial é a essência do plano corpóreo dos cnidários (Figura 7.3). Como está descrito no Capítulo 4, a simetria radial está associada a várias limitações arquiteturais e estratégicas. Os cnidários são sésseis, sedentários ou pelágicos e não realizam movimentos unidirecionais ativos, como se observa nas criaturas cefalizadas bilaterais. A simetria radial exige determinadas disposições anatômicas, principalmente das partes que interagem diretamente com o ambiente, tais como estruturas alimentares e receptores sensoriais. Desse modo, geralmente encontramos um

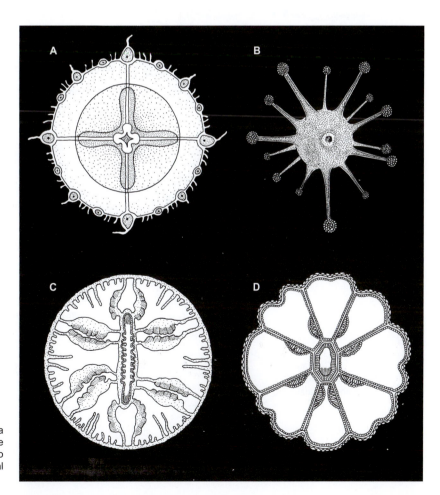

Figura 7.3 Simetrias radiais dos cnidários. **A.** Simetria quadrirradial de uma hidromedusa. **B.** Simetria radial de um pólipo hidrozoário. **C.** Simetria birradial de um pólipo actiniário (uma anêmona-do-mar). **D.** Simetria birradial de um pólipo octocorálico (Anthozoa).

anel de tentáculos circundando o corpo, que pode coletar alimentos de qualquer direção, assim como uma rede neural não centralizada difusa com órgãos sensoriais distribuídos radialmente. Essas e outras implicações da simetria radial serão analisadas com mais detalhes mais adiante neste capítulo. Embora as formas polipoides e medusoides geralmente sejam representadas como formas invertidas uma da outra (Figura 7.2 A a C), estudos da expressão gênica dos cnidários demonstraram que os tentáculos orais dos pólipos e os tentáculos marginais das medusas nem sempre são estruturas homólogas (Figura 7.2 D). Como veremos adiante, as diferenças entre os pólipos e as medusas vão muito além de como os animais parecem ter se originado ao longo de seu eixo oral-aboral.

Apesar das limitações de um plano corpóreo diploblástico radialmente simétrico, os cnidários constituem um grupo muito bem-sucedido e diversificado. Grande parte de seu sucesso resultou do fato de que eles têm cnidas e da diversidade dos diferentes ciclos de vida dimórficos. Embora os pólipos e as medusas sejam muito diferentes em aparência, ambos na verdade são variações do plano corpóreo básico dos cnidários (Figura 7.2). Contudo, os dois estágios são extremamente diferentes na perspectiva ecológica e sua ocorrência no mesmo ciclo de vida permite que algumas espécies explorem ambientes e recursos diferentes, resultando em uma "vida dupla".

Parede corporal

Os epitélios dos cnidários – epiderme externa e gastroderme interna – incluem **células mioepiteliais** (Figuras 7.4 e 7.19), que são células musculares primitivas. Essas células colunares têm extensões basais achatadas e contráteis conhecidas como **mionemos** (Figura 7.19). Na epiderme, essas células são referidas como **células epiteliomusculares**, enquanto na gastroderme são conhecidas como **células nutritivo-musculares**. Os mionemos estão apoiados sobre a mesogleia ou o mesênquima intermediário, e as extremidades opostas das células formam as superfícies externas do corpo e do trato digestivo. Os mionemos são paralelos às superfícies livres e contêm miofibrilas contráteis. Os mionemos das células adjacentes estão interligados, geralmente formando lâminas longitudinais e circulares capazes de contrair como as camadas musculares dos filos mais avançados. Células contráteis primitivas semelhantes às células mioepiteliais ocorrem nos poríferos – os miócitos contráteis. Células até certo ponto semelhantes são encontradas até entre os mamíferos, nos quais estão associadas a certos tecidos secretores.

Estudos moleculares da formação das camadas germinativas nos antozoários demonstraram que praticamente todos os genes envolvidos na formação da endomesoderme dos embriões bilatérios, inclusive os genes centrais reconhecidos como

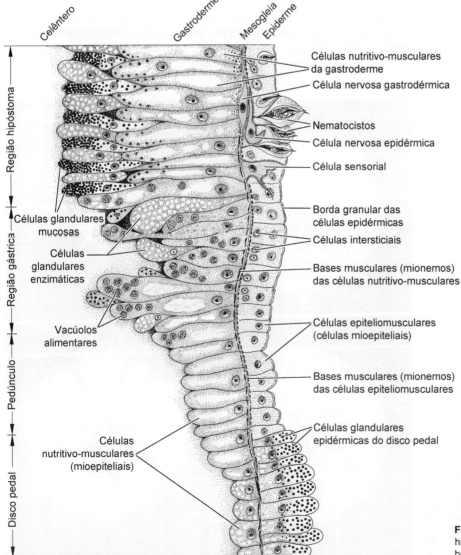

Figura 7.4 A parede colunar do pólipo de um hidrozoário (*corte transversal*) ilustra os tipos básicos de células e tecidos dos cnidários.

componentes de uma rede reguladora de genes da endomesoderme evolutivamente conservada ("núcleo"), estão expressos nos tecidos epiteliais dos cnidários, que revestem a cavidade gástrica ou a faringe. Essa conservação dos componentes da rede de regulação gênica da endomesoderme constitui evidência convincente de que os tecidos endodérmicos e faríngeos dos cnidários (e provavelmente dos ctenóforos) são homólogos aos do trato digestivo e da ectoderme oral dos bilatérios e que tanto a endoderme quanto a mesoderme dos bilatérios evoluíram de uma camada endomesodérmica ancestral. Experiências de mapeamento de destino demonstraram que a endoderme definitiva é gerada a partir do polo oral/hemisfério animal dos embriões dos cnidários e ctenóforos antozoários. Além disso, esses estudos demonstraram que o orifício único dos tratos digestivos dos cnidários e dos ctenóforos originou-se da mesma região do embrião (hemisfério animal), que forma a boca em todos os outros bilatérios. Isso sugere que o polo oral dos ctenóforos e cnidários adultos seja homólogo ao polo anterior dos bilatérios e que o orifício único seja homólogo à boca dos outros bilatérios. Essa relação também é apoiada pelos dados moleculares. Portanto, as bocas de todos os animais parecem ser homólogas, com a exceção possível dos cordados. (A boca dos cordados não expressa o mesmo conjunto de genes encontrado nos outros metazoários e sua posição forma-se independentemente de um componente perioral do sistema nervoso, que também é compartilhado pela maioria dos outros metazoários. Se essa interpretação estiver certa, isso sugere que o orifício único do trato digestivo dos cnidários e dos ctenóforos (e talvez também dos acelomados) precedeu a evolução do trato digestivo com dois orifícios, o que, por sua vez, sugere que o ânus se originou independentemente nos protostômios e deuterostômios.

Alguns cnidários também têm músculos mesenquimais subepidérmicos, aparentemente derivados dos elementos contráteis das células mioepiteliais. Nas anêmonas, por exemplo, os esfíncteres em forma de cordão estão mergulhados abaixo do epitélio e persistem como músculos distintos inteiramente dentro do mesênquima. Além das células epiteliomusculares, a epiderme tem células sensoriais, células que contêm cnidas (os chamados cnidócitos), células glandulares e células intersticiais. Essas últimas são indiferenciadas e podem transformar-se em outros tipos celulares. A gastroderme é histologicamente um tanto similar à epiderme (Figura 7.4). Além das células nutritivomusculares, ela também tem cnidócitos (exceto nos hidrozoários) e células glandulares.

Nos hidrozoários, a camada intermediária é uma mesogleia gelatinosa, praticamente acelular e muito simples. As cifomedusas têm uma camada de mesogleia muito espessa com células dispersas. Nas estauromedusas, nos cubozoários e nos hidrozoários, a mesogleia é acelular. Nos antozoários, a camada intermediária geralmente é um mesênquima espesso e rico em células (ver segunda nota de rodapé deste capítulo). Os mixozoários são predominantemente pequenos e celulares, sem paredes corporais claramente definidas, com poucas exceções. As larvas actinósporas de muitos mixósporos têm raios formados por células únicas, que são usadas para fixar-se às membranas mucosas dos hospedeiros vertebrados. O organismo vermiforme *Buddenbrockia* tem quatro blocos de musculatura longitudinal, que se situa abaixo da epiderme e circunda uma cavidade corporal oca sem trato digestivo.

Forma polipoide. Os pólipos são muito mais diversos que as medusas, em grande parte em virtude das suas capacidades de reprodução assexuada e formação de colônias (Figuras 7.5 a 7.12). Essa diversidade de formas resultou no volumoso léxico de termos para descrever as partes dos pólipos. Inicialmente, essa terminologia crescente pode parecer um pouco assustadora, mas convenhamos – aqui descreveremos apenas o que lhe é necessário. O estágio polipoide ocorre nos subfilos Anthozoa e Medusozoa, embora esteja amplamente modificado em Scyphozoa, Cubozoa e Staurozoa. Um estágio polipoide claramente definido parece não ocorrer no subfilo Myxozoa. Os pólipos são estruturas tubulares com uma epiderme externa, um saco digestivo interno (celêntero) revestido por gastroderme e uma camada de mesogleia, ou mesênquima, gelatinosa entre essas duas camadas. A maioria dos pólipos é pequena, mas os pólipos de algumas espécies de anêmonas-do-mar podem se tornar muito grandes; as maiores são a monstruosa *Stichodactyla mertensii* do Indo-Pacífico tropical, que pode atingir mais de um metro de diâmetro, e a belíssima *Metridium giganteum* do nordeste do Pacífico, que pode estender suas colunas por uma altura de até um metro.

A simetria fundamental dos polipoides é radial, ainda que, em razão de algumas modificações sutis, a maioria das espécies tenha simetria birradial ou quadrirradial. O eixo principal do corpo estende-se longitudinalmente desde a boca (extremidade oral) até a base (extremidade aboral) do pólipo. A extremidade aboral pode formar um **disco pedal** para fixação aos substratos duros (como ocorre com a maioria das anêmonas-do-mar comuns); também pode ser uma estrutura arredondada – conhecida como **fisa** – adaptada para escavação e ancoragem aos substratos inconsolidados (como as anêmonas escavadoras); ou pode originar-se de uma base comum, de um pedúnculo ou um estolão nas formas coloniais.

A boca pode situar-se em um **hipostômio** elevado ou **manúbrio**, como no caso dos hidrozoários, ou pode estar sobre um **disco oral**, como no caso dos antozoários (Figuras 7.5 e 7.6). Nos antozoários, a boca geralmente tem forma de fenda e se abre em uma faringe muscular, derivada da ectoderme, que se estende para dentro do celêntero (cavidade intestinal de um pólipo). A faringe geralmente tem de um a vários sulcos ciliados conhecidos como **sifonóglifes**, que conduzem a água para dentro do celêntero (Figura 7.6). Em parte, é a existência da sifonóglife que confere a esses pólipos sua simetria birradial ou quadrirradial secundária. O lado de um pólipo de antozoário que tem apenas uma única sifonóglife é descrito como **lado sulcal**, enquanto o lado oposto é referido como **lado assulcal**.

O **celêntero** (ou cavidade gastrovascular) serve para a circulação e também para a digestão e distribuição do alimento. Nos pólipos de hidrozoários, o celêntero é um tubo único sem compartimentos. Nos pólipos de cifozoários (cifístomas) e estaurozoários, o celêntero é parcialmente subdividido por quatro mesentérios longitudinais semelhantes a cristas e, em alguns estaurozoários e cubozoários, também por um **claustro** transversal (uma divisão que se estende em paralelo à borda da umbrela e separa cada cavidade gástrica em bolsas interna e externa); nos pólipos de antozoários, o celêntero é amplamente compartimentalizado por mesentérios. Os mesentérios dos antozoários são projeções da parede corporal interna e, por isso, estão recobertos por gastroderme e preenchidos com mesênquima. Esses mesentérios estendem-se da parede interna do corpo até

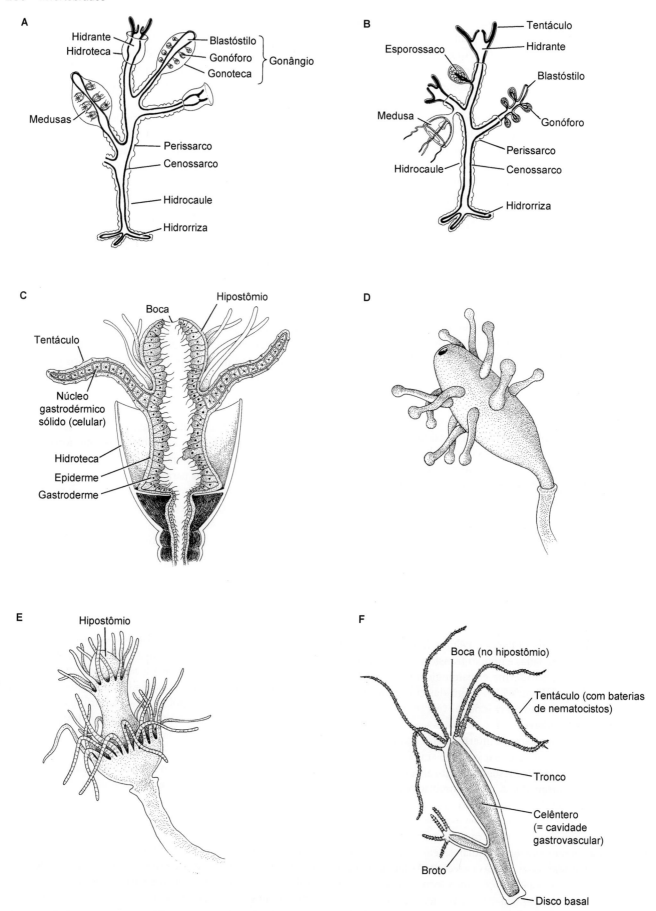

Figura 7.5 Pólipos dos hidrozoários. **A.** Uma colônia de hidroides tecados. Os blastóstilos formam esporossacos ou medusas. **B.** Colônia de um hidroide atecado, ilustrando os diversos tipos de estruturas reprodutivas. Observe que **A** e **B** são ilustrações compostas; uma determinada espécie produz esporossacos ou medusas, nunca os dois. **C.** Um hidrante tecado (= gastrozooide) (*corte longitudinal*). **D.** Um hidrante com tentáculos capitados. **E.** Um hidrante com duas coroas de tentáculos filiformes (p. ex., *Tubularia*). **F.** *Hydra* de água doce (o corpo está ilustrado em *corte longitudinal*).

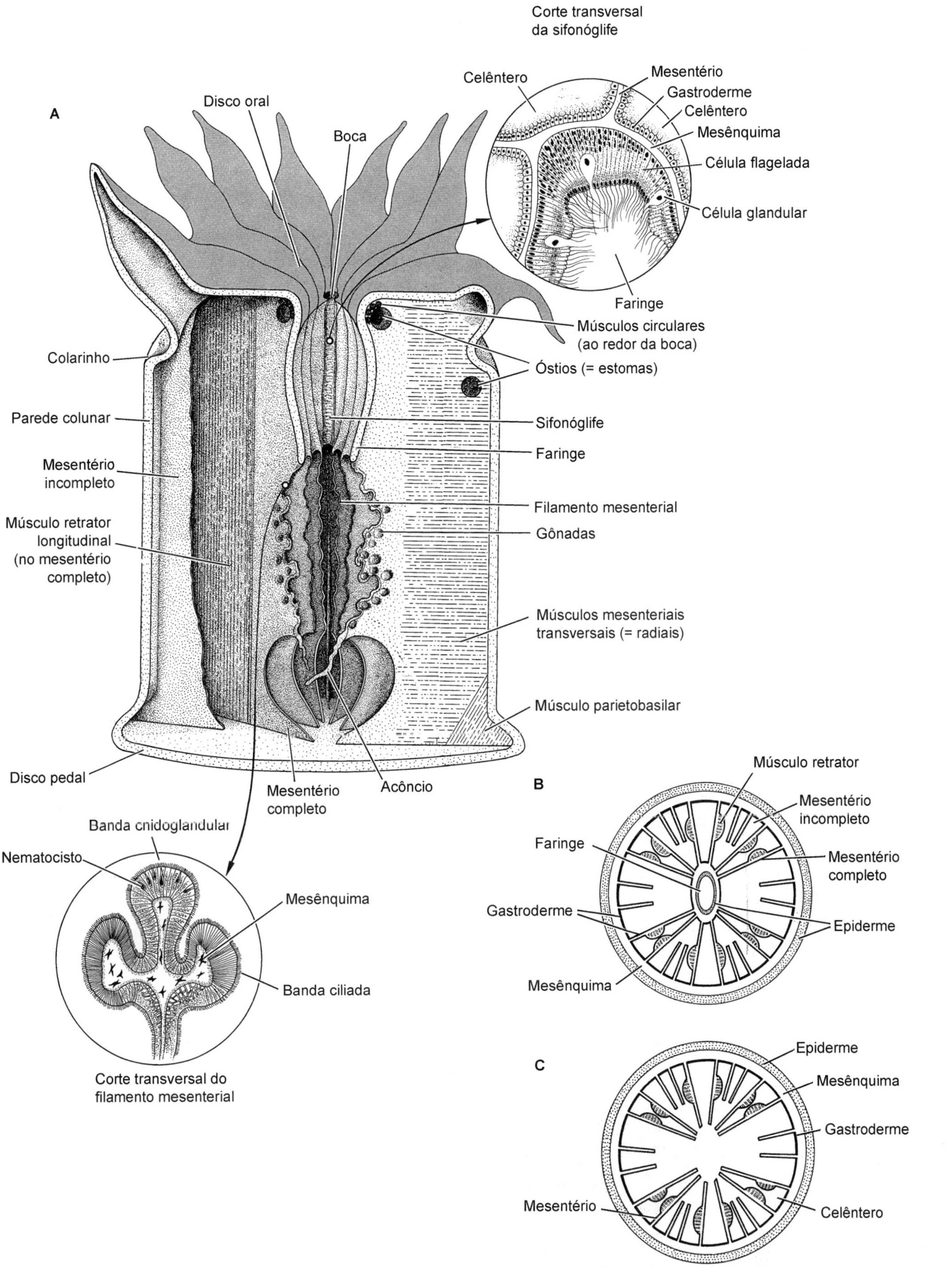

Figura 7.6 Pólipo de um antozoário. **A.** Anêmona-do-mar (*corte longitudinal*). **B.** Corte transversal realizado no nível da faringe. **C.** Corte transversal realizado abaixo do nível da faringe.

a faringe, dos quais alguns ou todos se fundem para formar mesentérios completos. Aqueles que não se conectam com a faringe são conhecidos como mesentérios incompletos. Nos pólipos de antozoários, a borda interna livre de cada mesentério abaixo da faringe tem uma borda espessada, semelhante a um cordão, equipada com cnidas, cílios e células glandulares e é conhecida como **filamento mesenterial** (Figuras 7.6 e 7.20). Em algumas anêmonas-do-mar, esses filamentos originam fios longos (conhecidos como **acôncios**), que pendem livremente na cavidade gastrovascular. Os acôncios desempenham funções de defesa e alimentação (ver seção Alimentação e Digestão, adiante). Na maioria dos antozoários que formam colônias, o mesênquima celular une-se aos zooides individuais (Figura 7.12). Em alguns deles, como os corais-moles, as cavidades gastrovasculares estão conectadas entre si por canais conhecidos como **solênios**.

Os tentáculos que circundam a boca contêm extensões ocas do celêntero nos antozoários, enquanto abrigam um cerne sólido de células gastrodérmicas compactadas na maioria dos hidrozoários. Os tentáculos podem afilar até formar um ponto (tentáculos **filiformes**) ou podem terminar em um botão evidente de cnidas (tentáculos **capitados**). Em alguns pólipos, os tentáculos são ramificados, geralmente pinados arranjados com pínulas (p. ex., nos octocorais).

As colônias de hidrozoários ramificadas crescem em dois padrões (Figura 7.7). No **crescimento monopodial**, o primeiro pólipo alonga-se continuamente a partir de uma zona de crescimento existente na extremidade distal de uma haste (**hidrocaule**) simples ou ramificada da colônia. Esse pólipo primário (axial) pode até perder seu hidrante e persistir simplesmente na forma de uma haste. O hidrocaule primário origina pólipos secundários por brotamento lateral. Da mesma forma, esses pólipos secundários crescem e podem dar origem aos pólipos terciários laterais. Nas colônias de hidrozoários que se desenvolvem por **crescimento simpodial**, o pólipo primário não continua a alongar-se, mas forma um ou mais pólipos laterais por brotamento e depois para de crescer. Os pólipos recém-formados estendem a colônia para cima até uma certa distância, depois param de crescer e originam mais pólipos novos por brotamento. Nessas colônias, o tronco ou eixo principal na verdade constitui os hidrocaules combinados de muitos pólipos e a idade dos pólipos diminui da base para a ponta ao longo de cada ramo.

A maioria dos hidroides marinhos é circundada, ao menos em parte, por um exoesqueleto inerte de proteína–quitina secretado pela epiderme e conhecido como **perissarco** (Figura 7.5). Curiosamente, essa cobertura externa não existe nos hidroides de água doce. O tecido vivo situado dentro do perissarco é conhecido como **cenossarco**. O perissarco pode estender-se ao redor de cada hidrante e gonozooide formando **hidroteca** e **gonoteca**, respectivamente. Quando isso ocorre, os hidroides são referidos como **tecados**; os hidroides cujo perissarco não se estende ao redor dos zooides são **atecados**.

Cientistas desenvolveram uma terminologia complexa para descrever os pólipos de hidrozoários, ou "hidroides" como são conhecidos comumente (Figuras 7.5 e 7.7). Uma boa razão para essa nomenclatura especial é que as colônias de hidroides geralmente são polimórficas, ou seja, contêm mais de um tipo de pólipo, ou zooide. Os termos **hidrante** ou **gastrozooide** referem-se aos zooides de alimentação, que geralmente têm tentáculos e boca. Outros tipos de pólipos encontrados comumente são os pólipos defensivos (**dactilozooides**) e os

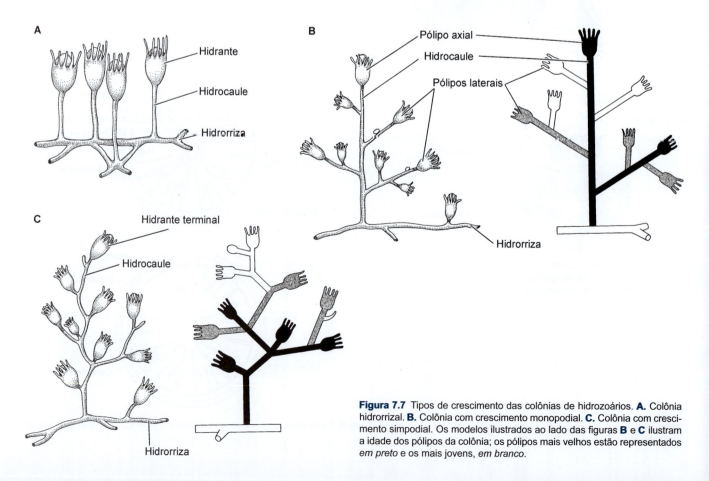

Figura 7.7 Tipos de crescimento das colônias de hidrozoários. **A.** Colônia hidrorrizal. **B.** Colônia com crescimento monopodial. **C.** Colônia com crescimento simpodial. Os modelos ilustrados ao lado das figuras **B** e **C** ilustram a idade dos pólipos da colônia; os pólipos mais velhos estão representados *em preto* e os mais jovens, *em branco*.

reprodutivos (**gonozooides** ou **gonângios**). Nos casos típicos, cada zooide origina-se de uma haste conhecida com **hidrocaule**. Na maioria dos hidrozoários coloniais, cada pólipo está ancorado em um estolão semelhante a uma raiz, conhecido como **hidrorriza**, que cresce sobre o substrato. A partir da hidrorriza originam-se os hidrocaules, que contêm pólipos individuais ou em grupos.

Os gastrozooides capturam e ingerem presas, provendo energia e nutrientes ao restante da colônia. Os dactilozooides, que ocorrem em uma variedade de tamanhos e formas, são armados com grandes quantidades de cnidas. Em geral, vários dactilozooides circundam cada gastrozooide e desempenham as funções de defesa e captura de alimento. Os gonozooides formam brotos de medusas conhecidos como **gonóforos**, que são liberados ou retidos na colônia. Independentemente de serem liberados na forma de medusas livres ou retidos como gonóforos fixados, eles formam gametas para a fase sexuada do ciclo de vida dos hidrozoários. O tecido vivo (cenossarco) do gonozooide é conhecido com **blastóstilo**; os gonóforos originam-se desse tecido. Quando existe uma **gonoteca** circundando o blastóstilo, o zooide é conhecido como **gonângio**.

Os exemplos mais notáveis de polimorfismo entre os pólipos são encontrados na ordem dos hidrozoários sifonóforos (Siphonophora) e na ordem dos antozoários penatuláceos (Pennatulacea). Os sifonóforos (Figuras 7.8 F, H e I; 7.9) formam colônias de hidrozoários compostas de espécimes polipoides e medusoides, com cerca de mil zooides em uma única colônia. Essa ordem numerosa inclui grande variedade de espécies incomuns e pouco conhecidas, inclusive a famosa caravela-portuguesa *Physalia* (Figura 7.8 F). Os gastrozooides dos sifonóforos na verdade são pólipos altamente modificados com uma boca grande e um tentáculo alimentar oco e longo, que contém muitas cnidas (Figura 7.9). Esse tentáculo alimentar alcança até 13 metros de comprimento na espécie *Physalia physalis*, do Atlântico. Os dactilozooides não alimentares também têm um tentáculo longo (não ramificado). Em geral, os gonozooides são ramificados e formam gonóforos sésseis, que nunca são liberados na forma de medusas livres.

Os sifonóforos utilizam um ou mais umbrelas natantes (**nectóforos**) ou um flutuador cheio de gás (**pneumatóforo**), ou ambos, para ajudar a manter sua posição na água. Os nectóforos são espécimes medusoides verdadeiros e têm muitas das estruturas em comum com as medusas livres-natantes, embora cada

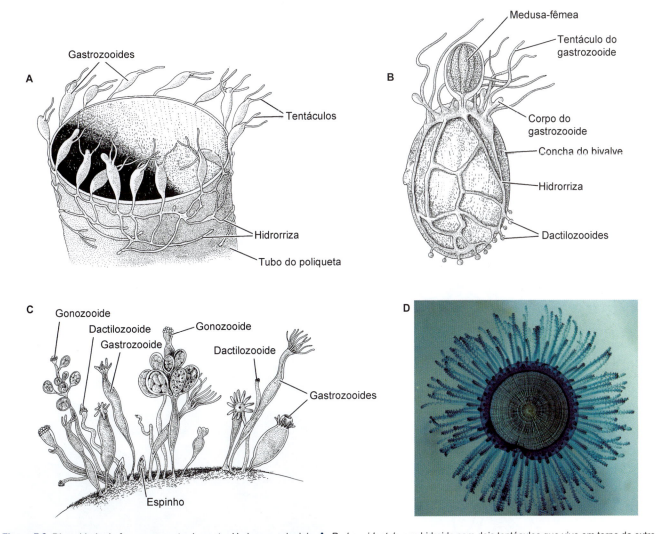

Figura 7.8 Diversidade de formas encontradas entre Hydrozoa coloniais. **A.** *Proboscidactyla*, um hidroide com dois tentáculos que vive em torno da extremidade aberta do tubo dos vermes poliquetas. **B.** *Monobrachium*, um hidroide com um tentáculo, que vive nas conchas dos bivalves. **C.** *Hydractinia*, um hidroide colonial comensal, que vive nas conchas habitadas por caranguejos eremitas. **D.** Condróforo *Porpita* (vista aboral).

(*continua*)

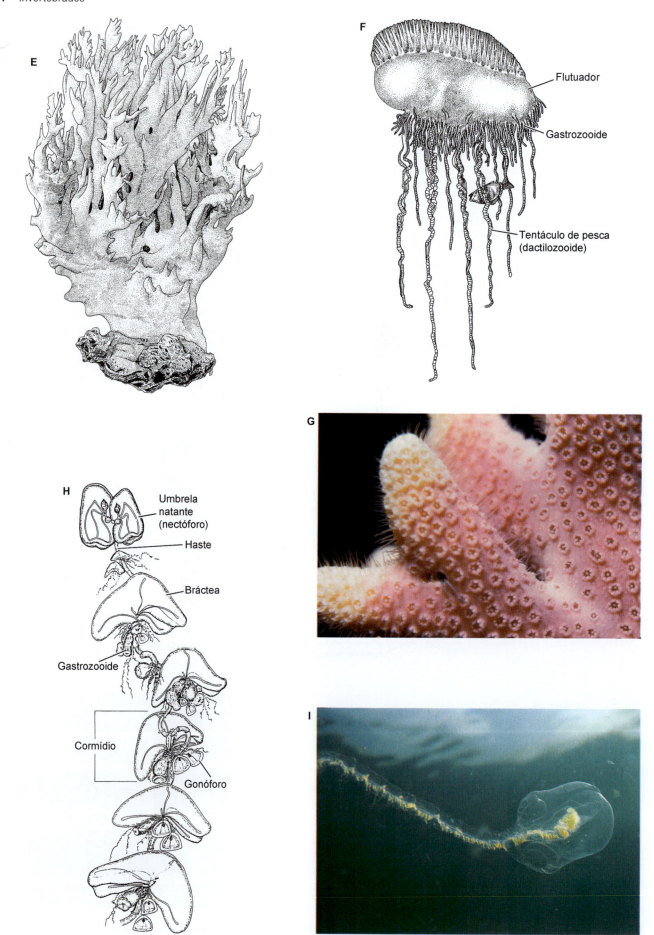

Figura 7.8 (*Continuação*) **E.** Uma colônia do hidrocoral mileporídeo calcário *Millepora* (corais-de-fogo). **F.** Um sifonóforo *Physalia* ("caravela-portuguesa"). **G.** Uma colônia do hidrocoral estilasterídeo calcário *Allopora*. **H.** *Nectocarmen antonioi*, um sifonóforo calicóforo colonial da Califórnia. **I.** Outro sifonóforo.

nectóforo tenha perdido sua boca, seus tentáculos e seus órgãos dos sentidos. O pneumatóforo, que no passado acreditava-se ser uma medusa modificada, hoje é reconhecido como derivado diretamente do estágio larval e provavelmente representa um pólipo altamente modificado. Os pneumatóforos são câmaras com paredes duplas revestidas por quitina. Cada flutuador abriga uma glândula gasosa, que consiste em um epitélio glandular repleto de mitocôndrias recobrindo uma câmara. A glândula secreta um gás, geralmente de composição semelhante ao ar, ainda que *Physalia* inclua aparentemente uma proporção surpreendentemente alta de monóxido de carbono. Muitos sifonóforos dispõem de mecanismos por meio dos quais eles regulam o gás de seus flutuadores, de forma a manter a colônia em determinada profundidade, algo muito parecido com a bexiga natatória dos peixes.

No passado, os sifonóforos eram classificados em três subordens com base na estrutura de suas colônias: Calycophora incluía as colônias com umbrelas natatórias, mas sem flutuador; Physonecta abrangia as colônias com um flutuador pequeno e uma série longa de umbrelas natatórias; e Cystonecta tinha um flutuador grande, mas nenhuma umbrela. Contudo, evidências moleculares recentes sugeriram que os cistonectos sejam basais aos outros sifonóforos, com os calicóforos monofiléticos e os fisonectos parafiléticos hoje agrupados dentro da subordem Codonophora. Os calicóforos têm uma haste tubular longa, que se estende da umbrela natatória, a partir da qual brotam vários tipos de zooides em grupos conhecidos como **cormídios** (Figura 7.8 H). Cada cormídio funciona como uma colônia dentro da colônia e, em geral, é formado por uma bráctea com formato de escudo, um gastrozooide e um ou mais gonóforos, que podem funcionar como umbrelas natatórias. Os cormídios frequentemente se desprendem da colônia-mãe para viver independentemente e, nesses casos, são conhecidos como **eudoxídeos**. Os fisonectos têm um flutuador apical com haste longa, que contém uma série de nectóforos, seguidos de uma fileira longa de cormídios. Os cistonectos, incluindo *Physalia*, geralmente têm um pneumatóforo grande com zona de brotamento proeminente em sua base, que forma vários pólipos e medusoides (Figura 7.8 F).

Dentro da subordem Capitata dos hidrozoários, um grupo antes conhecido como "condróforos" é formado por organismos oceânicos coloridos, que derivam na superfície dos oceanos formando enormes esquadras, ocasionalmente encalhando na costa da praia com seus corpos azul-arroxeados (Figuras 7.1 D e 7.10). Embora aparentemente sejam semelhantes a alguns sifonóforos, a opinião atual é de que esses animais sejam pólipos de hidrantes atecados, grandes e solitários, que flutuam de cabeça para baixo, em vez de assentar-se sobre um pedúnculo fixado ao fundo. As medusas aberrantes dos condróforos têm vida curta e não apresentam uma boca ou um trato digestivo funcional, provavelmente dependendo de suas zooxantelas simbióticas para sua nutrição. A vela aboral de *Velella* (a chamada "jangada") não tem correspondente nos hidroides sésseis. Com sua capacidade de "velejar" em ângulo com o vento, *Velella* é semelhante ao sifonóforo *Physalia* – uma semelhança atribuída à evolução convergente. A Figura 7.10 compara um condróforo com um hidroide séssil, como *Tubularia* ou *Corymorpha*.

Os pólipos aparentes de *Polypodium hydriforme* (única espécie da classe bizarra dos polipoidozoários [Polypoidozoa]) existem no meio intracelular dentro dos ovos de seus peixes hospedeiros como um estolão invertido, cuja superfície digestiva fica voltada para fora. Antes da desova do hospedeiro, quando os ovos são equipados com vitelo, *Polypodium* everte e assume a posição normal das camadas celulares, preenchendo sua cavidade gástrica com o vitelo do hospedeiro e revelando seus tentáculos distribuídos ao longo do comprimento do estolão.

Os penatuláceos incluem a pena-do-mar e o amor-perfeito marinho, que constituem os membros mais complexos e polimórficos da classe Anthozoa (Figura 7.1 C e E; 7.11 D e F). A colônia é construída ao redor de uma haste de sustentação

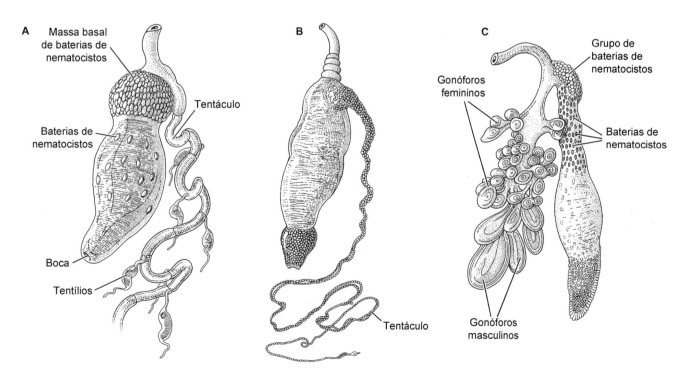

Figura 7.9 Zooides de sifonóforos. **A.** Gastrozooide. **B.** Dactilozooide. **C.** Gonozooide.

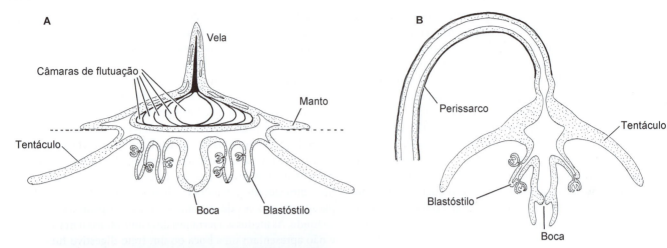

Figura 7.10 Comparação de um hidrozoário capitato como *Velella* (**A**) com um hidrante tubulário séssil (**B**), reforçando a hipótese de que os "condróforos" sejam zooides tubulários solitários altamente especializados. **C.** Esqueletos de *Velella* encalhados na praia da costa de Washington.

principal, que na verdade é o pólipo primário e brota pólipos laterais a intervalos regulares. A base do pólipo primário (**pedúnculo**) fica ancorada ao sedimento, mas a parte superior exposta (**raque**) produz pólipos em coroas ou fileiras ou, algumas vezes, unidos em "folhas" com formato crescente. Frequentemente, esses pólipos são de dois tipos distintos. Os **autozooides** têm tentáculos e desempenham função nutricional; os **sifonozooides** são pequenos, têm tentáculos reduzidos e servem para produzir correntes de água através da colônia. Nas penas-do-mar, a raque é alongada e cilíndrica; no amor-perfeito marinho, ela é achatada e assemelha-se a uma folha grande (Figura 7.1 E). No gênero singular *Umbellula* de águas profundas, os pólipos secundários irradiam-se para fora, conferindo à colônia o aspecto de um cata-vento na extremidade de uma haste estreita e alta. As primeiras fotografias bentônicas profundas de *Umbellula* levaram os biólogos a coçar suas cabeças durante muitos anos, imaginando a qual filo tal criatura absurda poderia pertencer.

As gorgônias também são antozoários coloniais (Figuras 7.1 D e 7.12). Algumas crescem com formas arbustuvas, enquanto outras são planares; em geral, a dimensão e a forma da colônia são determinadas pela hidrodinâmica das ondas e correntes predominantes. Nas regiões em que as correntes predominantes distribuem-se mais ou menos em um único plano (embora possam movimentar-se nas duas direções, ou seja, para frente e para trás), os ramos da colônia tendem a crescer, em grande parte, também em um plano – perpendicular ao fluxo da água. Nas regiões com correntes mistas, a mesma espécie tende a crescer em dois planos.

A forma medusoide. As medusas livres ocorrem apenas no subfilo Medusozoa. Embora existam variações de forma, as medusas são muito menos diversas que os pólipos e é muito mais fácil fazer generalizações quanto à sua anatomia. (Depois de ler sobre a variação surpreendente das colônias de polipoides, você está provavelmente feliz em ouvir isso!) A uniformidade relativa das medusas é atribuída em grande parte ao seu estilo de vida pelágico, e à sua incapacidade de formar colônias por reprodução assexuada. As medusas participam da vida colonial apenas na medida em que algumas continuam fixadas às colônias de hidrozoários, nas quais atuam como gonóforos sésseis. Existem medusas bentônicas sésseis, mas elas são raras (Figura 7.1 F). Apesar de sua simplicidade em comparação com as formas polipoides, as medusas variam consideravelmente quanto às dimensões – das hidromedusas com 2,0 mm de diâmetro, até as cifomedusas com 2,0 m de diâmetro – e, dependendo de seu hábitat, podem apresentar especializações morfológicas particulares associadas à movimentação em um meio líquido. Em muitas medusas, cada canal radial abre-se perto do canal circular para dentro da superfície subumbrelar por um poro. Esses orifícios são conhecidos como "poros excretores" e servem para a ejeção de detritos e materiais indigeríveis, que possam ter passado por eles. Enquanto os pólipos frequentemente representam o estágio vegetativo do desenvolvimento entre os cnidários, a maioria das medusas é constituída de formas sexuadas.

Ainda que as paredes corporais das medusas e dos pólipos sejam semelhantes e ambas sigam o plano corpóreo geral dos cnidários descrito antes, suas morfologias básicas estão adaptadas aos seus estilos de vida muito diferentes. As medusas têm

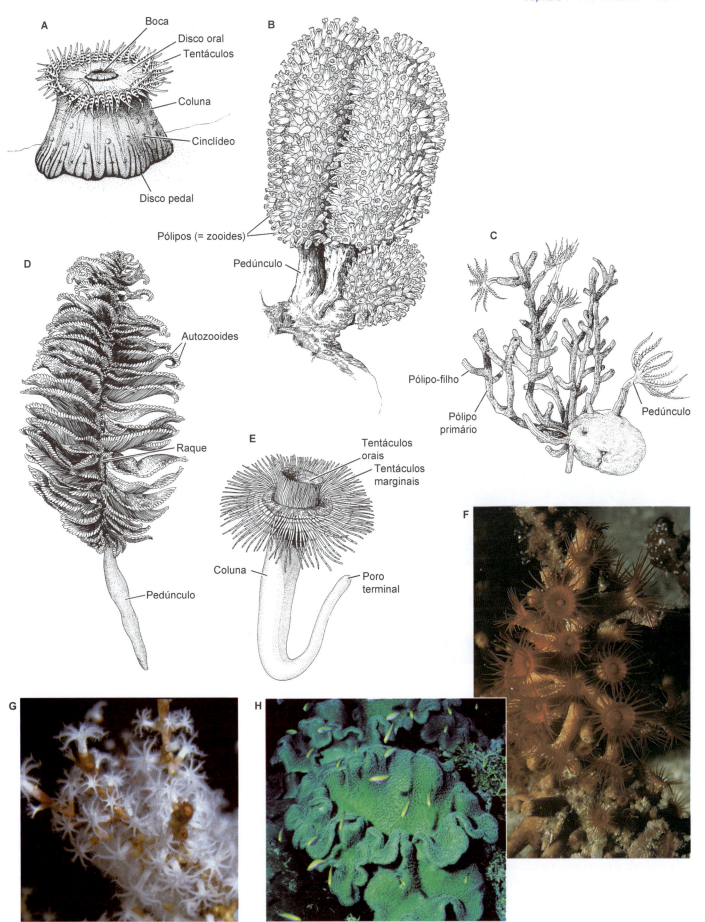

Figura 7.11 Antozoários. **A.** *Actinia*, uma anêmona-do-mar (Actiniaria). **B.** *Alcyonium*, um coral-mole (Alcyonacea). **C.** Octocoral *Telesto* (Telestacea). **D.** *Pennatula*, ou pena-do-mar (Pennatulacea). **E.** Uma anêmona ceriantídea retirada de seu tubo (Ceriantharia). **F.** *Phyllangia*, ou coral-copo. **G.** Um coral-mole (Alcyonacea). **H.** *Heteractis*, ou anêmona gigante do Pacífico Oeste.

Figura 7.12 Gorgônias (classe Anthozoa, subclasse Octocorallia, ordem Alcyonacea). **A.** *Gorgonia* leque-do-mar tem ramos com formato de treliça. **B.** Os orifícios dos pólipos retraídos são visíveis nos ramos de *Gorgonia*. **C.** *Muricea californica*, ou gorgônia do Pacífico, liberando ovos brancos e arredondados de seus pólipos reprodutivos. **D.** Um ramo de *Pseudoplexaura*, ou leque-do-mar (*corte transversal*). **E.** Pólipos de *Psammogorgea*.

formato de sino, prato ou guarda-chuva e geralmente são imbuídas de uma camada mesogleal gelatinosa e espessa (daí o nome "medusas" ou "águas-vivas"). A superfície superior convexa (aboral) é conhecida como **exumbrela**, enquanto a superfície inferior côncava (oral) é descrita como **subumbrela**. A boca está localizada no centro da subumbrela, geralmente suspensa em uma extensão tubular pendente conhecida como **manúbrio**, que quase sempre está presente nas hidromedusas (Figura 7.13), mas geralmente é reduzida ou inexiste nas cifomedusas (Figura 7.14).

O celêntero ou cavidade gastrovascular ocupa a região central da umbrela e estende-se radialmente pelo corpo por meio dos **canais radiais**. Na maioria das hidromedusas (medusas da classe Hydrozoa), um canal circular marginal dentro da borda da umbrela conecta as extremidades dos canais radiais. A presença de quatro canais radiais e dos tentáculos em múltiplos de quatro (nas hidromedusas) e a divisão do estômago pelos mesentérios em quatro **bolsas gástricas** (nas cifomedusas) conferem à maioria das medusas uma simetria quadrirradial (= tetrâmera) (Figura 7.3 A). A maioria das hidromedusas tem uma fina aba circular de tecido (**véu**), dentro das bordas da umbrela (Figura 7.13). Essas medusas são conhecidas como **craspedotas**. As medusas que não têm véu (p. ex., cifomedusas) são as **acraspedotas** (Figuras 7.14 e 7.15). As medusas dos cubozoários têm uma estrutura desenvolvida independentemente – o **velário** – que é estruturalmente diferente, ainda que funcionalmente semelhante ao véu das hidromedusas. Assim como nos pólipos, as superfícies externas das medusas são cobertas por epiderme, enquanto as superfícies

Figura 7.13 Medusas de hidrozoários. **A** a **C.** Limnomedusae (subclasse Trachylina). **A.** *Craspedacusta sowerbyi*, uma limnomedusa de água doce. **B.** *Gonionemus vertens*, uma espécie costeira dos oceanos temperados. **C.** *Liriope tetraphylla*. **D** e **E.** Leptomedusae (subclasse Hydroidolina). **D.** *Aequoria victoria*. **E.** Anatomia de uma leptomedusa típica. **F** e **G.** Antomedusas (subclasse Hydroidolina). **F.** Dois espécimes de *Polyorchis* sp. **G.** Anatomia de uma antomedusa típica.

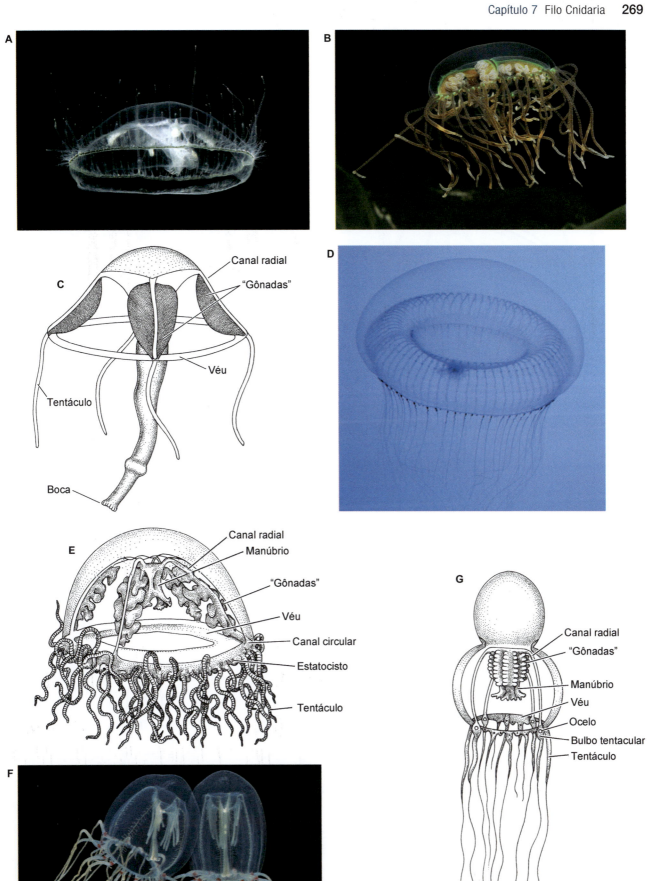

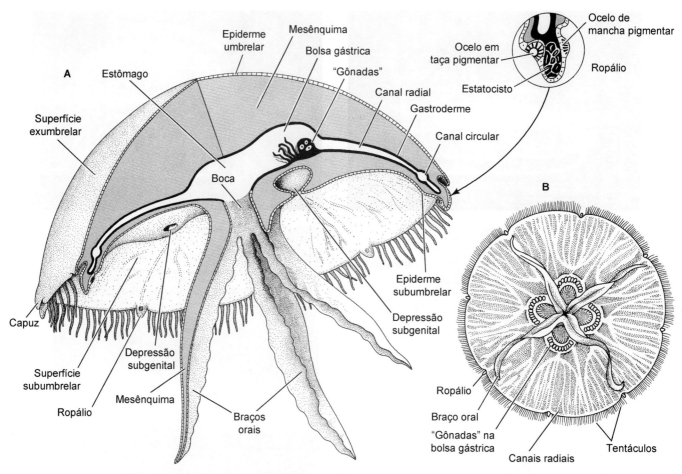

Figura 7.14 Uma típica medusa de cifozoário. **A.** Vista lateral com uma parte removida. **B.** *Vista oral*.

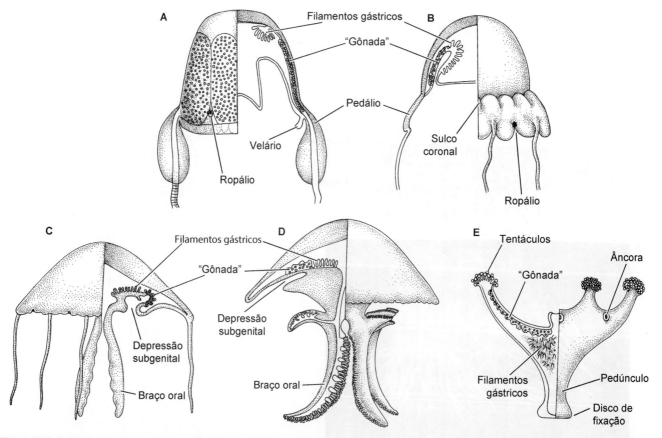

Figura 7.15 Anatomia das cubomedusas e cifomedusas. **A.** Uma cubomedusa. **B.** Uma cifomedusa coronada (ordem Coronatae). **C.** Uma cifomedusa semeóstoma (ordem Semaeostomae). **D.** Uma cifomedusa rizóstoma (ordem Rhizostomae). **E.** Um estaurozoário séssil (classe Staurozoa).

internas (celêntero e canais) são revestidas por gastroderme. A camada intermediária, gelatinosa e volumosa é formada por uma mesogleia praticamente acelular, ou por um mesênquima parcialmente celular.

Embora morfologicamente semelhante, a diversidade dos gêneros de cifozoários pode ser muito maior do que se suspeitava antes. Evidências moleculares sugerem que *Aurelia aurita* – uma espécie semeóstoma cosmopolita utilizada frequentemente nos laboratórios de zoologia de invertebrados para ilustrar a estrutura medusoide – pode consistir em 7 ou mais espécies distintas. Embora sejam morfologicamente indistinguíveis (até agora), essas populações geneticamente diferentes podem ter divergido a partir do final do período Cretáceo (> 65 Ma).

Sustentação

Os cnidários utilizam uma grande variedade de mecanismos de sustentação. As formas polipoides dependem substancialmente das qualidades hidrostáticas do celêntero preenchido por água, que fica contido pelos músculos circulares e longitudinais da parede corporal. Além disso, o mesênquima pode ser enrijecido por fibras, principalmente nos antozoários. Os antozoários coloniais podem incorporar fragmentos do sedimento e das conchas à parede colunar para obter sustentação adicional. Muitos hidrozoários coloniais formam um perissarco córneo e flexível, composto basicamente por quitina secretada pela epiderme. Nas medusas, o mecanismo principal de sustentação é a camada intermediária, que varia de uma mesogleia flexível e muito fina, até um mesênquima fibroso rígido e extremamente grosso, que pode ter consistência quase cartilaginosa.

Além dessas estruturas de sustentação macias ou flexíveis, há uma gama impressionante de estruturas esqueléticas rígidas de três tipos fundamentais: estruturas esqueléticas axiais córneas ou semelhantes a madeira, escleritos calcários e estruturas calcárias maciças. Os esqueletos axiais córneos são encontrados em vários grupos de antozoários coloniais, como gorgônias, penas-do-mar e corais antipatários (Figuras 7.11 e 7.12). Os amebócitos do cenênquima secretam um **bastão axial** interno rígido ou flexível, que serve como base de sustentação embebida na massa cenenquimal. Os bastões axiais são complexos de proteínas e mucopolissacarídios (conhecidos como **gorgonina** nos corais "gorgonianos" da ordem Alcyonacea dos octocorais), mas pouco se sabe acerca de sua composição química. Nos corais antipatários (corais-pretos), o esqueleto axial é tão rígido e denso, que ele é lixado e polido para produzir joias (levando a uma grave sobre-exploração desses animais em todo o planeta).

Na maioria dos octocorais, as células mesenquimais conhecidas como **escleroblastos** secretam escleritos calcários com várias formas e cores (Figura 7.16). São esses escleritos que em

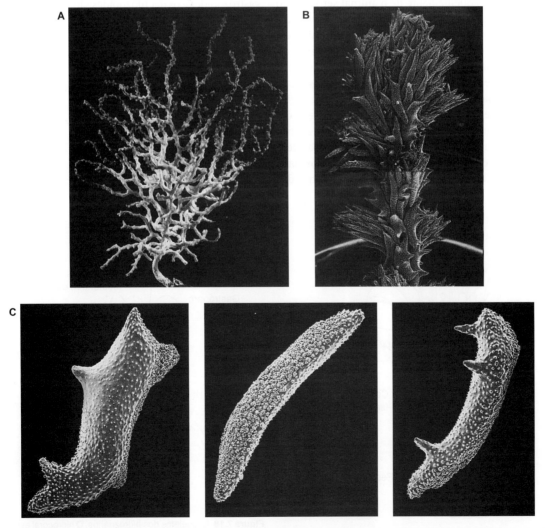

Figura 7.16 Esqueleto das gorgônias ilustrado por microscopia eletrônica de varredura com aumentos progressivamente maiores da gorgônia *Muricea fruticosa*. **A.** Uma colônia completa. **B.** Ramos da colônia com coroas de pólipos. **C.** Escleritos dos tecidos de um único pólipo.

geral conferem aos corais-moles e às gorgônias suas cores e texturas características. Em muitas espécies, os escleritos tornam-se muito densos e podem até se fundir para formar uma estrutura calcária mais ou menos sólida. Na verdade, o precioso coral-vermelho *Corallium* é uma gorgônia com escleritos cenenquimais vermelhos fundidos. Nos corais estoloníferos tubo-de-órgão (*Tubipora*), os escleritos das paredes corporais de cada pólipo são fundidos e formam tubos rígidos. Os esqueletos de carbonato de cálcio dos invertebrados geralmente não têm colágeno incorporado à sua estrutura, como ocorre nos vertebrados. Contudo, ao menos em algumas gorgônias (p. ex., *Leptogorgia*), as espículas calcárias incluem colágeno como um dos seus componentes.

Os esqueletos calcários maciços são encontrados apenas em determinados grupos de antozoários e hidrozoários. Os mais bem-conhecidos são os corais antozoários pétreos (ordem Scleractinia), nos quais as células epidérmicas da metade inferior da coluna secretam um esqueleto de carbonato de cálcio (Figura 7.17). O esqueleto é coberto por uma camada fina de epiderme viva que o secreta e, assim, tecnicamente poderia ser considerado um esqueleto interno. Entretanto, como a colônia de corais-pétreos geralmente se assenta no topo de uma estrutura calcária inerte, a maioria dos biólogos refere-se a esse esqueleto como uma estrutura externa.

O esqueleto inteiro de um coral escleractínio é conhecido como **corallum**, independentemente de o animal ser solitário ou formar colônias; contudo, o esqueleto de um único pólipo é descrito pelo termo **coralito**. A parede externa do coralito é a **teca**, enquanto o piso é a **placa basal** (Figura 7.17). Emergindo do centro da placa basal, geralmente há um processo esquelético de sustentação conhecido como **columela**. A placa basal e as paredes tecais internas formam numerosas divisões calcárias dispostas radialmente (**septos**), que se projetam para dentro e sustentam os mesentérios do pólipo. Os pólipos ocupam apenas a superfície mais superior do *corallum*. A espessura do esqueleto aumenta à medida que os pólipos crescem e os fundos dos coralitos são selados por divisões calcárias transversais conhecidas como **tábulas**. Cada uma delas se torna a sustentação basal de um novo pólipo. O *corallum* pode assumir grande variedade de formas e tamanhos, desde estruturas em forma de taça simples dos corais solitários, até formas ramificadas ou incrustadas grandes nas espécies coloniais.

Os membros das famílias de hidrozoários Milleporidae e Stylasteridae também formam exoesqueletos calcários e comumente são referidos como hidrocorais. Como os corais-pétreos (Scleractinia), as colônias de mileporinos (corais-fogo) podem assumir diversas formas, desde espécimes ramificadas eretas até incrustações. O exoesqueleto dos mileporinos – conhecidos como **cenósteo** – é perfurado por poros de dois diâmetros, que acomodam dois tipos de pólipos (Figura 7.18). Os gastrozooides vivem nos orifícios grandes (ou **gastróporos**) e são circundados por um círculo de **dactilóporos** menores, que abrigam os dactilozooides. Canais dirigem-se de cima para baixo desde os poros até o cenósteo e são fechados embaixo pelas tábulas calcárias transversais. À medida que o animal cresce e a colônia torna-se mais espessa, novas tábulas são formadas, mantendo os poros dos pólipos a uma profundidade mais ou menos invariável. Desse modo, as colônias de hidrocorais diferem das colônias de escleractíneos porque têm seu esqueleto perfurado por tecido vivo. O esqueleto dos escleractíneos é semelhante ao dos mileporinos, mas as bordas dos gastróporos frequentemente têm incisuras que funcionam como dactilóporos, enquanto os gastrozooides e os dactilozooides são sustentados por estruturas calcáreas semelhantes a espinhos, conhecidas como **gastróstilos**

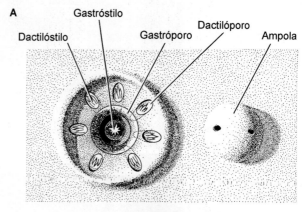

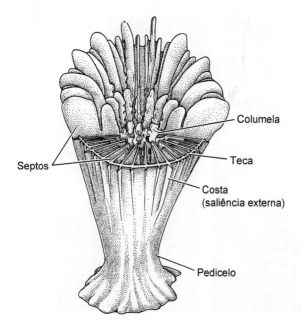

Figura 7.17 Coralito de um coral escleractínio solitário ilustrando seus elementos morfológicos.

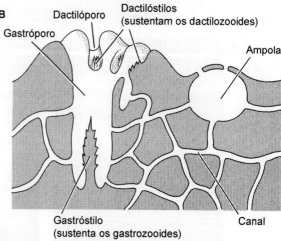

Figura 7.18 Esqueletos dos hidrozoários. O hidrocoral estilasterino *Allopora* tem esqueleto calcário. *Vista frontal* de cima (**A**) e *corte transversal* do esqueleto (**B**).

e saliências baixas conhecidas como **dactilóstilos**, respectivamente. Os gonóforos dos estilasterinos originam-se de câmaras chamadas **ampolas**, que se conectam com os zooides alimentares por meio do cenósteo. Nos hidrocorais como *Millepora*, as ampolas abrem-se brevemente para liberar grandes quantidades de medusas minúsculas que, para cada ***coralla*** (colônia), contêm ovócitos ou espermatozoides, uma vez que os mileporinos são gonocorísticos.

Os esqueletos de carbonato de cálcio dos cnidários tornam esses organismos especialmente vulneráveis a um efeito raramente considerado das emissões contínuas de carbono e do aquecimento global – a acidificação dos oceanos. Os aumentos do carbono atmosférico acarretam mais dissolução do CO_2 nas águas dos mares (hoje em dia, estima-se que isso ocorra a uma taxa de 1 milhão de toneladas/hora), uma reação acelerada com a elevação da temperatura. Uma quantidade maior de CO_2 dissolvido diminui o pH das águas oceânicas, que tende a dissolver e, consequentemente, destruir o material de construção básico dos esqueletos dos corais – ou seja, carbonato de cálcio. Enquanto os índices de calcificação da Grande Barreira de Corais aumentaram 5,4% entre 1900 e 1970, tais índices diminuíram 14,2% entre 1990 e 2005. As conchas de equinodermos, moluscos, crustáceos, bem como de alguns protistas e muitas outras espécies marinhas, estão sob risco semelhante e alarmante.

Movimento

Os elementos contráteis dos cnidários originam-se de suas células mioepiteliais (Figura 7.19). Apesar da origem epitelial desses elementos, por conveniência usamos os termos "músculos" e "musculatura" para descrever os conjuntos de fibrilas longitudinais e circulares. Nos pólipos, esses dois sistemas musculares funcionam conjuntamente com a cavidade gastrovascular formando um esqueleto hidrostático eficiente, além de fornecer um mecanismo de locomoção. Entretanto, ao contrário dos esqueletos hidrostáticos de volume fixo de muitos animais (p. ex., muitos vermes), a água pode entrar e sair do celêntero dos cnidários, contribuindo para sua versatilidade como um dispositivo de sustentação. A musculatura do corpo dos pólipos é mais altamente especializada e bem-desenvolvida nos antozoários, particularmente nas anêmonas-do-mar, e muitos músculos estão localizados no mesênquima. Nas anêmonas, os músculos da parede da coluna são basicamente gastrodérmicos, embora as células epiteliomusculares ocorram nos tentáculos e no disco oral. Feixes de fibras longitudinais estendem-se ao longo das laterais dos mesentérios e atuam como músculos retratores para encurtar a coluna (Figura 7.20). Os músculos circulares derivados da gastroderme da parede colunar também são bem-desenvolvidos. Na maioria das anêmonas, os músculos circulares formam um esfíncter distinto na junção entre a coluna e o disco oral. Fibras circulares também ocorrem nos tentáculos e no disco oral, e músculos circulares que circundam a boca podem fechá-la por completo. Quando uma anêmona contrai, a borda superior da coluna é puxada para cobrir o disco oral. Em muitas anêmonas-do-mar, uma dobra circular – **colarinho** ou **parapeito** – ocorre perto do esfíncter de forma a cobrir e proteger ainda mais a delicada superfície oral durante a contração.

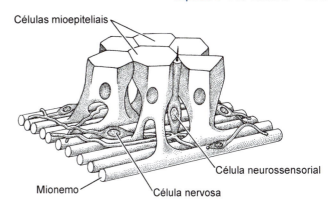

Figura 7.19 Células mioepiteliais e rede nervosa do epitélio de um cnidário.

A maioria dos pólipos é sedentária ou séssil. Seus movimentos consistem basicamente em ações para capturar alimentos e na retração da parte superior do pólipo durante as contrações corporais. Essas atividades são realizadas basicamente pelos músculos epidérmicos dos tentáculos e do disco oral, e pelos fortes músculos gastrodérmicos da coluna. Os músculos circulares atuam em conjunto com o esqueleto hidrostático de forma a distender os tentáculos e o corpo.

Os pólipos desenvolveram vários mecanismos de locomoção (Figura 7.21). A maioria pode rastejar lentamente utilizando a musculatura de seu disco pedal. Em alguns pólipos de hidrozoários

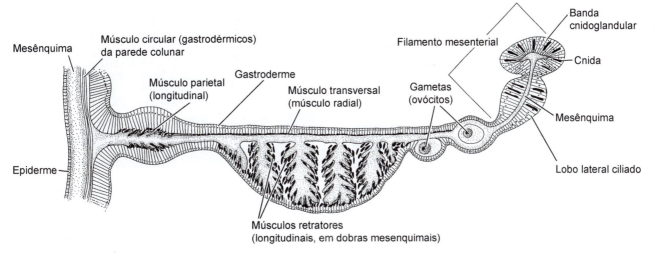

Figura 7.20 Mesentério (*corte transversal*) de uma anêmona-do-mar (Actiniaria).

solitários (p. ex., *Hydra*), a coluna pode dobrar-se suficientemente para permitir que os tentáculos fiquem em contato e prendam-se temporariamente ao substrato, quando então o disco pedal libera sua sustentação e o animal dá uma cambalhota ou se movimenta como uma lagarta-mede-palmos. Os pólipos simples, como o hidrozoário *Hydra*, transferem líquido dentro de sua cavidade gastrovascular realizando contrações do pedúnculo; tais contrações são mediadas bioquimicamente pelas RFamidas – substâncias químicas que induzem contrações cardíacas nos metazoários superiores – sugerindo que as contrações musculares desses táxons muito distantes tenham algumas semelhanças neurológicas. Algumas poucas anêmonas-do-mar podem desprender-se do substrato e efetivamente nadar livremente por flexões ou dobras "rápidas" da coluna (p. ex., *Actinostola*, *Stomphia*); outras nadam agitando seus tentáculos (p. ex., *Boloceroides*). Essas atividades natatórias são comportamentos temporários, geralmente desencadeados pela aproximação ou pelo contato com um predador. Em algumas poucas espécies de anêmonas-do-mar, o disco basal pode desprender-se e secretar uma bolha de gás, permitindo que o pólipo flutue até um novo local.

Muitas espécies de antozoários pequenos podem flutuar pendurando-se de cabeça para baixo na superfície do oceano utilizando as forças de tensão superficial da água (p. ex., *Epiactis*, *Diadumene*). As anêmonas-do-mar de uma família (Minyadidae) são completamente pelágicas e flutuam de cabeça para baixo no oceano por meio de uma bolha de gás contida no interior do disco pedal pregueado. *Hydra* também é conhecida por flutuar de cabeça para baixo por meio de uma bolha de gás recoberta de muco na base do seu disco pedal. Uma das formas mais singulares de locomoção dos pólipos é a da anêmona-do-mar *Liponema brevicornis* do mar de Bering, que é capaz de assumir a forma de uma bola compacta, podendo ser rolada de um lado para outro no fundo do oceano pelas correntes (Figura 7.21 D). Mesmo os amores-perfeitos marinhos coloniais (penatuláceos) são móveis, porque podem usar seu pedúnculo muscular para movimentar-se em diversas profundidades do fundo do mar.

A maioria das anêmonas ceriantídeas é formada de organismos que perfuram e constroem túneis (Figura 7.11 E). Essas anêmonas diferem das anêmonas-do-mar (Actiniaria) em vários aspectos importantes. Elas não têm esfíncter e seus músculos

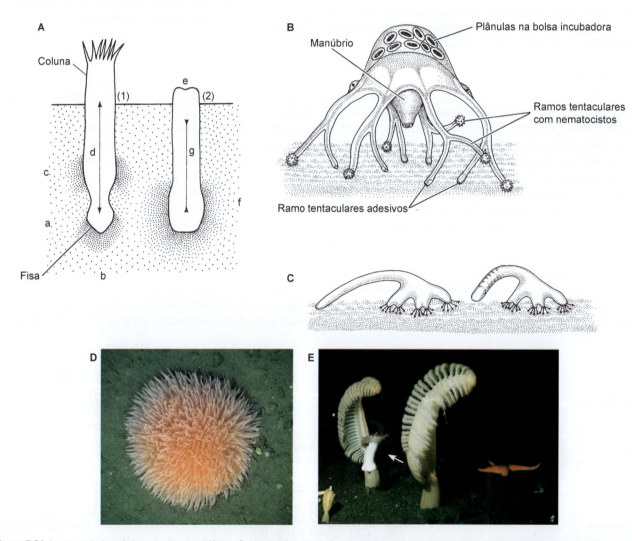

Figura 7.21 Locomoção bentônica em alguns cnidários. **A.** Uma anêmona-do-mar cavadora: (1) eversão da fisa com deslocamento da areia (a) e maior penetração (b) dentro do substrato; a anêmona é mantida por uma âncora colunar (c) enquanto a extensão (d) segue a retração em (2); com os tentáculos dobrados para dentro (e), a fisa é inchada para formar uma âncora (f), que permite que os músculos retratores (g) empurrem a anêmona para dentro da areia. **B.** Hidromedusa *Eleutheria*, que rasteja com seus tentáculos. **C.** Estaurozoário *Lucernaria*, que também rasteja utilizando seus tentáculos. **D.** *Liponema brevicornis*, uma anêmona-do-mar que se dobra formando uma "bola" e rola sobre o fundo do oceano com as correntes de fundo. **E.** Anêmona-do-mar *Stomphia* (seta branca) nadando para fora do substrato por meio de contrações ondulatórias para frente e para trás da coluna – uma reação de fuga à estrela-do-mar predadora *Gephyreaster swifti*, visível nesta fotografia (Puget Sound, Washington).

gastrodérmicos longitudinais fracos não formam retratores bem-definidos nos mesentérios. Consequentemente, os ceriantídeos não conseguem retrair o disco oral e os tentáculos, à medida que se recolhem para dentro de seus tubos. Contudo, ao contrário das outras anêmonas, elas têm uma camada completa de músculos epidérmicos longitudinais na coluna, que lhes permite uma reação de recolhimento muito rápida. A simples sombra de uma mão fará com que o ceriantídeo se retraia para dentro de seu tubo longo enterrado na areia.

Nas medusas, as musculaturas epidérmica e subepidérmica predominam e os músculos gastrodérmicos, que são tão importantes nos pólipos, são reduzidos ou ausentes. A musculatura epidérmica é mais bem-desenvolvida ao redor da borda da umbrela e sobre a superfície subumbrelar. Nessas áreas, as fibras musculares geralmente formam lâminas circulares conhecidas como **músculos coronais**, que estão parcialmente inseridos no mesênquima ou na mesogleia. As contrações dos músculos coronais causam pulsações rítmicas da umbrela, expelindo para fora a água contida na subumbrela e movimentando o animal por propulsão a jato. A restrição das miofibrilas estriadas às células epiteliais parece limitar a força com que a musculatura da umbrela pode contrair, favorecendo as pequenas umbrelas solitárias ou grupos de **prolatos** (aerodinâmicos), que se movem por **propulsão a jato** (p. ex., Anthoathecata, Trachymedusae, Siphonophora, Cubozoa) ou as umbrelas **oblatas** (achatadas) mais longas, que se movem por contrações mais sutis da borda da umbrela, movimentos conhecidos como **remar** (p. ex., Leptothecata, Narcomedusae e medusas cifozoárias).

O colênquima celular enrijecido das cifomedusas e das cubomedusas inclui fibras elásticas, que geram a força antagônica necessária à recuperação do formato da umbrela entre as contrações. Muitas medusas também têm músculos radiais, que ajudam a abrir a umbrela entre as pulsações. Nas formas craspedotas, o véu serve para reduzir o diâmetro do orifício subumbrelar e, assim, aumentar a força do jato propulsor de água (Figura 7.13). O velário das cubomedusas que nadam rapidamente tem o mesmo efeito (Figura 7.15 A), e as forças evolutivas que produziram esses dois componentes convergentes provavelmente foram semelhantes.

A maioria das medusas passa seu tempo nadando para cima na coluna de água, depois mergulhando lentamente para baixo de forma a capturar presas que encontrar ao acaso e, por fim, pulsando novamente para cima. Contudo, algumas medusas podem modificar sua direção à medida que nadam e muitas são fortemente atraídas pela luz (especialmente as que abrigam zooxantelas simbióticas). A forma medusoide também parece correlacionar-se com o tipo de alimentação. A propulsão a jato está associada à nutrição por emboscada das medusas, que permanecem imóveis enquanto aguardam que uma presa móvel nade para dentro de seus tentáculos, antes de consumir rapidamente a presa enredada; por outro lado, a propulsão a remo está associada à nutrição por navegação da medusa, que nada continuamente com os tentáculos estendidos para capturar presas que flutuam ou nadam lentamente. Ao menos algumas medusas abrigam suas zooxantelas em pequenas bolsas, que permanecem contraídas à noite, mas se expandem durante o dia de forma a expor as algas à luz.

As medusas podem ser abundantes em certas localidades. Algumas, como a medusa-lua *Aurelia* (Figura 7.22), são conhecidas por formarem agregados em zonas de oscilação da temperatura ou da salinidade no oceano, onde se alimentam de pequenos zooplânctons que também se concentram nessas zonas limítrofes. Grandes esquadras de cifomedusas são encontradas algumas vezes nos oceanos (p. ex., *Phacellophora* no Pacífico Leste). Alguns grupos incomuns de medusas são bentônicos. Algumas hidromedusas (p. ex., *Eleutheria*, *Gonionemus*) rastejam sobre algas ou gramíneas marinhas por meio de discos adesivos existentes em seus tentáculos (Figura 7.21 B). Os membros da classe dos Estaurozoários (p. ex., *Haliclystus*) desenvolvem-se diretamente a partir do estágio de estauropólipo e fixam-se às algas e outros substratos por um disco adesivo aboral (Figura 7.1 F). Os agregados são comuns nas cifomedusas e nas cubomedusas, possivelmente para facilitar a alimentação ou a defesa. Quase todas as cubomedusas são tropicais ou subtropicais em sua faixa de distribuição, mas uma espécie de medusa grande das águas temperadas (*Carybdea branchi*) habita a Costa dos Esqueletos, sudoeste da África, onde ocorre em "nuvens" densas por cerca de 4.000 m² ou mais.

Cnidas

Antes de analisar o mecanismo de alimentação e outros aspectos da biologia dos cnidários, é necessário fornecer algumas informações sobre a estrutura e a função das cnidas. As **cnidas**, muitas vezes referidas coletivamente como "nematocistos" nas obras

Figura 7.22 A medusa semeóstoma *Aurelia* (medusa-lua) frequentemente forma grandes agregações. **A.** *Aurelia aurita*; observe os braços orais alongados. **B.** Canais radiais e ropálio de *Aurelia*.

mais antigas, são exclusivas do filo Cnidaria. Essas estruturas têm várias funções, incluindo captura de presas, defesa, locomoção e fixação. São produzidas no interior das células conhecidas como **cnidoblastos**, que se desenvolvem a partir das células intersticiais da epiderme e, em muitos grupos, também na gastroderme. Quando as cnidas estão totalmente formadas, a célula é apropriadamente denominada um **cnidócito**. Durante a formação de uma cnida, o cnidoblasto produz um vacúolo interno grande, no qual ocorre um processo de reorganização intracelular complexo, embora ainda pouco compreendido. As cnidas podem ser produtos complexos de secreção do aparelho de Golgi do cnidoblasto. Também existe alguma evidência de que possam ter sido originadas simbiogeneticamente de alguns protistas ancestrais – uma vez que estruturas semelhantes às cnidas foram descritas em grupos muito diversos, como dinoflagelados, "esporozoários" e microsporídeos.

As cnidas estão entre as maiores e mais complexas estruturas intracelulares conhecidas. Quando estão plenamente formadas, as cnidas são cápsulas semelhantes a charutos ou frascos com 5 a 100 μm de comprimento ou mais, com paredes finas compostas por uma proteína semelhante ao colágeno. Uma das extremidades da cápsula é virada para dentro, formando um túbulo reversível, longo, oco e enrolado (Figura 7.23). A parede externa da cápsula consiste em proteínas globulares de função desconhecida. A parede interna é formada por feixes de fibrilas semelhantes ao colágeno, que apresentam espaçamento de 50 a 100 nm, com estrias transversais a cada 32 nm (nos nematocistos da *Hydra*). O padrão bem-definido de minifibras de colágeno confere a resistência à tração necessária para suportar a alta pressão na cápsula. A estrutura por inteiro está ancorada às células epiteliais adjacentes (células de sustentação) ou ao mesênquima subjacente.

Quando é suficientemente estimulado, o tubo everte da célula. Nos membros das classes Hydrozoa, Scyphozoa e, talvez, Cubozoa, a cápsula é recoberta por uma tampa articulada, ou opérculo, que se abre quando as cnidas descarregam. Nos membros dessas três classes, cada cnida tem uma cerda longa semelhante a um cílio conhecida como **cnidocílio**, que é um mecanorreceptor responsável por provocar a descarga quando é estimulado. O cnidocílio reage às frequências específicas de vibração provocadas na água. As cnidas dos antozoários não têm um cnidocílio, mas contêm um *flap* apical tripartido em vez de um opérculo (as cnidas desses organismos são apenas espirocistos e pticocistos). Os cnidócitos são mais abundantes na epiderme da região oral e nos tentáculos, onde eles frequentemente ocorrem em grupos de estruturas verrucosas conhecidas como **baterias de nematocistos**.

Existem descritos cerca de 30 tipos de cnidas (Figuras 7.24 e 7.25). Algumas combinações dos tipos de cnidas – conhecidas como **cnidomos** – ocorrem em padrões taxonômicos reconhecíveis entre os cnidários; no entanto, essas combinações têm sido pouco úteis nas análises dos padrões filogenéticos desse filo. Entretanto, as cnidas podem ser classificadas mais ou menos em três tipos básicos. Os **nematocistos** verdadeiros têm cápsulas de paredes duplas, que contêm uma mistura tóxica de fenóis e proteínas. O túbulo da maioria dos tipos está equipado com espinhos ou estiletes, que facilitam a penetração e a ancoragem no corpo da vítima. A toxina é injetada na vítima através do poro terminal do túbulo ou é transportada para dentro da ferida pela superfície do túbulo. Os **espirocistos** têm cápsulas de parede simples,

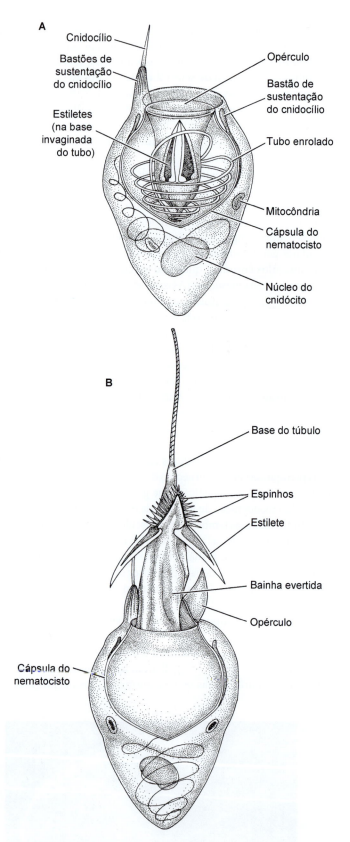

Figura 7.23 Nematocisto. **A.** Antes da descarga. **B.** Depois da descarga.

que contêm mucoproteína ou glicoproteína. Seus túbulos adesivos circundam e grudam na vítima, em vez de penetrá-la. Os túbulos da cápsula dos espirocistos nunca têm um poro apical. Os nematocistos ocorrem nos membros de todas as classes de cnidários, exceto entre os mixozoários (ainda que as cápsulas polares pareçam ser estruturas homólogas; ver parágrafo seguinte); os

Capítulo 7 Filo Cnidaria 277

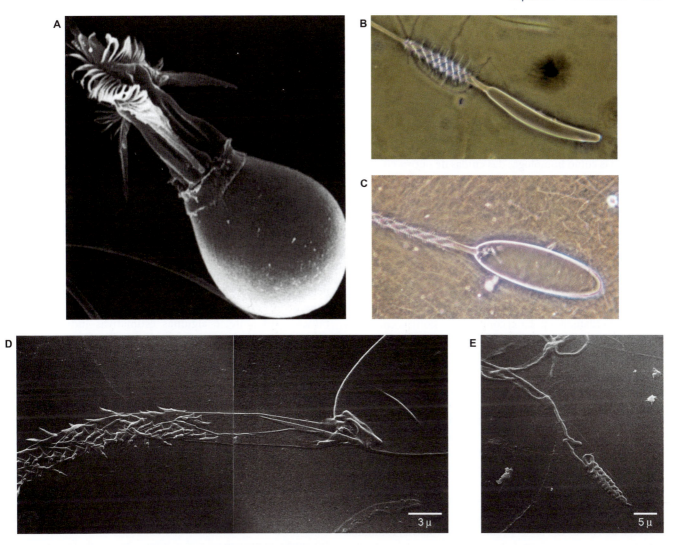

Figura 7.24 Nematocistos descarregados. **A.** A base de um nematocisto descarregado do hidrozoário *Hydra* (microscopia eletrônica de varredura). **B.** Nematocisto do antozoário *Corynactis californica* (Corallimorpharia). O nematocisto foi "parado" quando estava parcialmente evertido; o túbulo em eversão pode ser observado subindo pelo túbulo, que já se encontrava na região externa (microfotografia óptica). **C.** Nematocisto totalmente evertido de *C. californica* (microfotografia óptica). **D.** Nematocisto totalmente evertido de *C. californica* (microscopia eletrônica de varredura da base do filamento evertido e da extremidade da cápsula). **E.** Nematocisto do coral antozoário *Balanophyllia elegans* em processo de eversão.

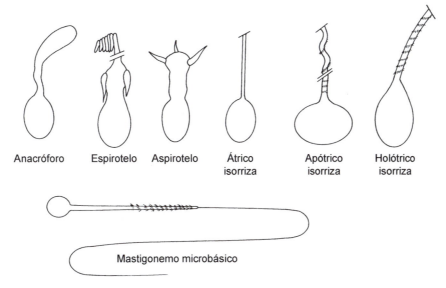

Figura 7.25 Alguns tipos de cnidas e sua nomenclatura especializada.

espirocistos são encontrados apenas nos Hexacorallia. O terceiro tipo de cnida – **pticocisto** – difere morfológica e funcionalmente dos nematocistos e dos espirocistos. O túbulo da cápsula de um pticocisto não tem espinhos nem poro apical e é de natureza estritamente adesiva. Além disso, o túbulo é dobrado em pregas, em vez de enrolado dentro da cápsula. Os pticocistos ocorrem apenas nas medusas ceriantídeas e têm como função a formação do tubo singular, no qual esses animais residem.

As **cápsulas polares** dos mixozoários são hoje em dia amplamente vistas como homólogas das cnidas de outros cnidários, embora sua forma seja mais simples. As cápsulas polares são encontradas em dois estágios de vida dos mixozoários: mixosporídeo e actinosporídeo. As cápsulas consistem em uma parede capsular espessa; um filamento oco reversível, que é espiralado ao longo de seu comprimento, pode ter dimensões variadas (até 10 vezes o comprimento da cápsula) e está em continuidade com a cápsula; e uma estrutura semelhante a uma rolha ou tampa, que cobre o filamento invertido em sua base. Várias substâncias foram analisadas como indutores possíveis da extrusão do filamento polar e, como ocorre com as cnidas, as cápsulas polares parecem ser sensíveis à pressão, ao pH extremo e às concentrações de K^+. Entretanto, na maioria dos táxons, não parece existir um estímulo físico ou químico consistente para sua extrusão.

As cnidas têm sido consideradas efetores independentes e, na verdade, elas frequentemente descarregam quando ficam expostas a estímulos diretos. Contudo, evidências experimentais sugerem que os animais tenham ao menos algum controle sobre a ação das suas cnidas. Por exemplo, as anêmonas em jejum parecem ter um limiar de disparo mais baixo que os animais saciados. Alguns estudos também demonstraram que a estimulação da descarga das cnidas de uma área do corpo resulta na descarga de cnidas das áreas circundantes. Todavia, estímulos químicos e/ou mecânicos captados inicialmente pelo cnidocílio ou por alguma estrutura semelhante levam a maioria das cnidas a descarregar. Os cnidários são conhecidos por descarregar suas cnidas quando estão em presença de vários açúcares e aminoácidos de baixo peso molecular.

A protrusão rápida do túbulo de uma cnida é conhecida como **exocitose** e cada cnida pode ser descarregada apenas uma vez. Três hipóteses foram propostas para explicar o mecanismo desse disparo: (1) a descarga resulta do aumento da pressão hidrostática causada por uma rápida entrada de água (hipótese osmótica); (2) forças de tensão intrínsecas geradas durante a cnidogênese são liberadas no momento da descarga (hipótese da tensão); e (3) as unidades contráteis que revestem a cnida provocam sua descarga "espremendo" a cápsula (hipótese contrátil). Em vista do tamanho diminuto das cnidas e da extrema velocidade do processo de exocitose, tem sido difícil testar essas hipóteses. Estudos recentes utilizando microcinematografia de alta velocidade sugerem que os modelos osmótico e de tensão possam atuar, e que as cápsulas tenham pressões internas muito altas. O túbulo capsular espiralado é evertido vigorosamente e extruído da célula rompida para penetrar ou circundar uma parte da vítima descuidada. São necessários apenas alguns milissegundos para que a cnida dispare, e o túbulo evertido pode alcançar uma velocidade de 2 m/s – uma força de aceleração de cerca de 40.000 g –, tornando esse um dos processos celulares mais rápidos na natureza. O mecanismo de disparo das cnidas dos hidrozoários é bloqueado por alguns gastrópodes nudibrânquios que, de forma a alimentar-se e capturar cnidas intactas de suas presas, liberam quantidades volumosas de muco para enredar e envelopar os tentáculos dos hidroides, que contêm cnidas ainda intactas.

A maioria dos nematocistos contém várias toxinas diferentes, que variam quanto à atividade e à força, mas, como classe de compostos químicos, todas essas toxinas são venenos biológicos potentes capazes de subjugar grandes presas ativas, inclusive peixes. A maioria parece atuar como neurotoxinas. As toxinas de alguns cnidários são suficientemente potentes para afetar seres humanos (p. ex., as toxinas dos cubozoários; de algumas medusas; de certos hidroides coloniais, como *Lytocarpus*; muitos hidrocorais, como *Millepora*; e alguns sifonóforos, como *Physalia*). As toxinas da maioria das medusas cifozoárias não têm potência suficiente para causar problemas à maioria das pessoas, a menos que tenham uma reação alérgica; mesmo os efeitos das ferroadas de *Physalia* desaparecem dentro de algumas horas. Contudo, as toxinas da maioria das cubomedusas (medusas quadradas) causam um quadro inteiramente diferente, e algumas estimativas indicaram que algumas sejam mais potentes que venenos de serpentes. Na Austrália tropical, o número de pessoas que morrem com envenenamento por cubomedusas é duas vezes maior que o das vítimas de tubarões. As ferroadas de *Chironex* ("vespa-do-mar") geralmente resultam em, no mínimo, dores fortes, mas as formas mais graves podem causar insuficiência cardíaca ou respiratória. Os ambientes ácidos e alcalinos suprimem o efeito urticante dos nematocistos. Desse modo, se, ao terminar de sufar, você sair do mar com tentáculos de água-viva pelo corpo, molhe a região atingida com urina (ácido) ou bicarbonato de sódio (alcalino) para atenuar o efeito. Amaciadores de carne e vinagre funcionam de alguma forma, talvez por desnaturação das toxinas ou dessensibilização dos nematocistos, e, com base em nossa experiência, a dor parece ser aliviada com esses produtos e pela aplicação subsequente de compressas mornas. Isso é compatível com as experiências que demonstraram que a letalidade do veneno da medusa (*Chironex*) no músculo cardíaco do lagostim é suprimida nas temperaturas em torno de 60°C. Se você quiser nadar em uma área conhecida por ser frequentada por medusas perigosas, você sempre pode fazer o mesmo que os salva-vidas do norte da Austrália – usar um par de meias-calças (não meias arrastão!), que parecem conferir alguma proteção.

Alimentação e digestão

Todos os cnidários são carnívoros (ou parasitas). Nos casos típicos, os tentáculos alimentares repletos de nematocistos capturam a presa animal e levam-na até a região da boca, onde ela é ingerida por inteiro (Figura 7.26). Inicialmente, a digestão é extracelular e ocorre no celêntero. A gastroderme é abundantemente suprida de células produtoras de enzimas, que facilitam a digestão (Figura 7.4). Em muitos grupos, os cílios (ou flagelos) gastrodérmicos facilitam o processo de misturar o conteúdo do trato digestivo. Quando não há um sistema circulatório verdadeiro, a cavidade gastrovascular distribui o material parcialmente digerido. Quanto maior é o cnidário, mais amplamente ramificado ou dividido é seu celêntero. O produto dessa quebra preliminar é um caldo encorpado, do qual polipeptídios, gorduras e carboidratos são captados pelas células nutritivo-musculares por fagocitose e pinocitose. A digestão é concluída

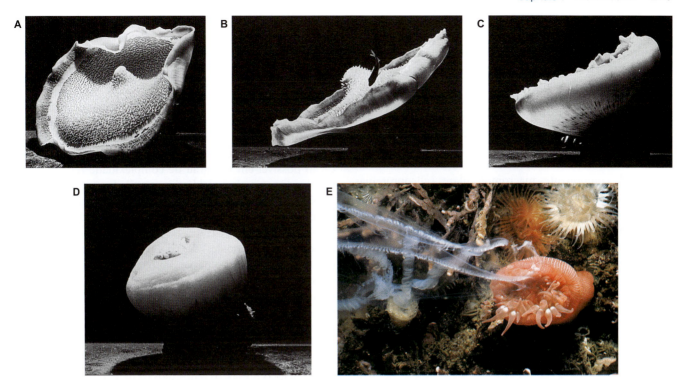

Figura 7.26 A a D. Sequência de alimentação da anêmona-do-mar tropical *Amplexidiscus senestrafer*. **A.** Um disco oral expandido tem uma área sem tentáculos perto da periferia e um cone oral. **B.** Um disco expandido (*vista lateral*). **C.** Um segundo depois da estimulação do disco oral, um terço do fechamento está concluído. **D.** Três segundos depois da estimulação, o fechamento está concluído. **E.** Anêmona-do-mar dos oceanos temperados *Epiactis prolifora* capturando uma medusa (*Aequorea*?).

no meio intracelular dentro dos vacúolos alimentares. Os restos não digeridos no celêntero são expelidos pela boca. Nos cubozoários e ao menos em alguns hidrozoários, o movimento ciliar do material no celêntero é facilitado pela atividade peristáltica.

Nos antozoários, as bordas livres da maior parte dos mesentérios gastrovasculares são espessadas para formar filamentos mesentéricos trilobados (Figuras 7.6 e 7.20). Os lobos laterais são ciliados e facilitam a circulação dos fluidos digestivos dentro do celêntero. O lobo médio, também conhecido como **banda cnidoglandular**, abriga cnidas e células glandulares. Em algumas anêmonas-do-mar (p. ex., *Aiptasia, Anthothoe, Calliactis, Diadumene, Metridium, Sagartia*), a banda cnidoglandular estende-se além da base da faringe como um filamento livre conhecido com acôncio, que flutua em torno do celêntero. Os acôncios que abrigam as cnidas não apenas subjugam a presa viva dentro do celêntero, como também podem ser lançados para fora através da boca ou dos poros da parede corporal (conhecidos como **cínclides**) quando o animal se contrai violentamente; quando isso ocorre, os acôncios provavelmente desempenham uma função defensiva.

O tipo de presa parece influenciar a forma medusoide. A maioria das medusas oblatas alimenta-se de pequenas presas ciliadas ou de corpo mole, perseguindo sua caça por movimentos de remada contínua (utilizando sua umbrela grande e achatada) e, em seguida, utilizando os nematocistos dos tentáculos, dos braços orais (ou de ambos) para capturar suas vítimas. *Pelagia noctiluca* – um migrador diurno de mar aberto – segue outros macrozooplanctontes migradores dos quais se alimenta. *Pelagia* utiliza seus tentáculos marginais para paralisar e capturar a presa em movimento e, em seguida, transporta a presa até seus braços orais que pendem do centro da subumbrela. Os braços orais transportam a presa até a boca. Presa não móvel também pode ser capturada diretamente pelos braços orais depois de um contato casual. A maioria das medusas prolatas alimenta-se de presas que nadam livremente. Em geral, essas espécies recolhem seus tentáculos enquanto nadam para reduzir o arrasto. As cubomedusas, como as espécies *Chironex*, alimentam-se ativamente de peixes e podem nadar em empuxos de até 1,5 m/s. Em razão de suas demandas metabólicas mais altas, ao contrário das outras medusas, as cubomedusas levam alimentos semidigeridos da sua cavidade gastrovascular central para os canais que revestem as paredes interiores de cada tentáculo, onde são absorvidos. Algumas cubomedusas capturam e ingerem peixes e camarões quase equivalentes ao próprio diâmetro, e *Chironex* gigante pode engolir peixes com 20 a 50 cm de comprimento! Algumas cubomedusas são predadores e caçadores menos ativos e alimentam-se basicamente de presas passivas (p. ex., *Tripedalia cystophora* e talvez também *Chironex fleckeri* e *Carybdea rastonii*) e, nesses casos, os olhos provavelmente são usados para posicionar o animal no hábitat certo com abundância de alimentos.

Vários grupos de cnidários adotaram métodos de alimentação diferentes do uso direto dos tentáculos repletos de nematocistos. Um grupo de grandes anêmonas tropicais da ordem Coraliimorpharia (p. ex., *Amplexidiscus*) não tem nematocistos nas superfícies externas da maioria dos tentáculos. Essas anêmonas notáveis capturam a presa diretamente com o disco oral, que pode envelopar crustáceos e peixes pequenos, algo semelhante a uma rede de pesca do tipo tarrafa (Figuras 7.26 A a D).

Além da alimentação tentacular com plânctons diminutos, muitos corais podem alimentar-se por suspensão com rede de muco, que é realizada espalhando faixas finas ou lâminas de muco sobre a superfície da colônia e recolhendo partículas orgânicas que se precipitam na coluna d'água. O muco repleto de alimentos é levado pelos cílios até a boca. Em alguns corais (p. ex., membros da família Agariciidae), os tentáculos são bastante reduzidos ou ausentes, e toda a alimentação direta ocorre pelo método de suspensão com rede de muco. A quantidade de muco produzido pelos corais é tão grande que ele é uma fonte alimentar importante para certos peixes e outros organismos recifais, que se alimentam diretamente dos corais ou recolhem o muco desprendido e solto na água do mar circundante. O muco dos corais liberado nos oceanos contém uma mistura variável de componentes macromoleculares (glicoproteínas, lipídios e mucopolissacarídios) ou uma lipoglicoproteína mucosa com características específicas para cada espécie. Em geral, essas teias mucosas frouxas, ou flocos, são enriquecidas por colônias de bactérias e detritos retidos, aumentando ainda mais seu valor nutricional.

A função dos cnidários como membros potencialmente significativos das teias alimentares depende em grande parte da localização e das circunstâncias. Os corais-pétreos certamente assumem posições tróficas fundamentais nos ambientes dos recifes tropicais, assim como os zoantídeos e os octocorais em muitos hábitats tropicais e subtropicais. Em muitas regiões de águas quentes e temperadas, as penas-do-mar e os amores-perfeitos marinhos predominam nos hábitats arenosos bentônicos. As cifomedusas grandes (p. ex., *Aurelia, Cyanea, Pelagia, Phacellophora*) frequentemente ocorrem em grandes enxames e podem consumir quantidades enormes de larvas dos peixes comercialmente importantes, bem como competir com outros peixes pelos alimentos. Os enxames de medusas podem ser tão densos, que elas entopem e danificam redes de pesca e sistemas de captação de hidrelétricas. Certa vez, presenciamos um enxame de *Phacellophora* no Golfo da Califórnia, que fluiu como um grande rio desde Loreto até La Paz – uma distância de cerca de 200 quilômetros. Algumas medusas cifozoárias (*Chrysaora*) passam por explosões populacionais em seus hábitats nativos, talvez em consequência de mudanças climáticas, enquanto outras espécies (*Phyllorhiza*) tornam-se invasivas depois de serem transportadas por barcos ou correntes marinhas. Em grandes quantidades, as medusas afetam significativamente as populações locais de peixes e plâncton.

As hidromedusas também são componentes importantes das cadeias alimentares pelágicas dos oceanos temperados. Os membros de vários gêneros de hidrozoários também se acumulam em grandes aglomerações nos mares tropicais, onde atuam como carnívoros importantes da cadeia alimentar neustônica. Entre esses animais, os mais conhecidos são os condróforos *Porpita* (que se alimentam ativamente de crustáceos móveis, como copépodes) e *Velella* (que se alimentam de presas relativamente passivas, como ovos de peixes e larvas de crustáceos), além do sifonóforo *Physalia* (que captura e consome ativamente peixes). Outros sifonóforos que vivem nos hábitats dos oceanos profundos (p. ex., espécies *Erenna*) emitem bioluminescência e isca vermelho-fluorescente, que podem ser importantes para a captura de peixes sensíveis à luz com comprimentos de onda longos. Como as cifomedusas, as hidromedusas e os sifonóforos podem alcançar altas densidades nas águas superficiais e ter efeitos significativos nas populações de zooplânctons e seres humanos. Hoje em dia, a limnomedusa chinesa de água doce *Craspedacusta sowerbyi* está estabelecida em todas as regiões dos EUA e da Europa, onde pode passar por "florescências" e afetar a pesca. A caravela-portuguesa *Physalia* sp. é uma ameaça conhecida aos nadadores durante os meses de verão nas regiões costeiras de todo o planeta.

Defesa, interações e simbiose

A biologia dos cnidários tem tantos aspectos interessantes, que não se encaixam perfeitamente em nossa descrição habitual de cada grupo que apresentamos nesta seção especial. A discussão subsequente também enfatiza o nível surpreendente de sofisticação possível em um grau de complexidade relativamente simples dos animais diploblásticos e radiados.

Na maioria dos cnidários, a defesa e a alimentação estão diretamente relacionadas. Os tentáculos da maioria das anêmonas e medusas geralmente atende a essas duas finalidades e os pólipos de defesa (dactilozooides) das colônias de hidroides frequentemente facilitam a alimentação. Entretanto, em alguns casos, as duas funções são desempenhadas por estruturas inteiramente separadas (como ocorre em muitos sifonóforos).

Algumas espécies de anêmonas-do-mar com acôncios (p. ex., *Metridium*) têm tentáculos de alimentação e tentáculos de defesa diferentes e separados. Em geral, enquanto os primeiros movimentam-se de forma harmônica para capturar e manusear as presas, os tentáculos de defesa movimentam-se individualmente, em um comportamento referido como busca, por meio do qual eles se estendem em três ou quatro vezes o seu comprimento em repouso, tocam suavemente o substrato, retraem-se e estendem-se mais uma vez. Os tentáculos de defesa são utilizados nas interações agressivas com outras anêmonas-do-mar, sejam de espécies diferentes ou de clones variados da mesma espécie. O comportamento agressivo consiste em um contato inicial com o oponente, seguido da separação autônoma da ponta do tentáculo de defesa, deixando a ponta para trás fixada à outra anêmona-do-mar. No local em que a ponta do tentáculo está fixada, ocorre necrose severa, ocasionalmente levando à morte da vítima. Os tentáculos de defesa formam-se a partir dos tentáculos de alimentação e tendem a aumentar nas condições de aglomeração. O desenvolvimento envolve a perda das cnidas típicas dos tentáculos alimentares (em grande parte espirocistos) e a aquisição de nematocistos e células glandulares verdadeiros, que predominam nos tentáculos de defesa. Do mesmo modo, os "tentáculos varredores" mais longos em muitas espécies de corais são usados para defesa e competição por espaço, pelo contato direto ou a liberação de exsudatos tóxicos.

Os **acrorrágios** (= tubérculos ou protuberâncias marginais) que formam um anel ao redor do colarinho de algumas anêmonas-do-mar (p. ex., *Anthopleura*) também têm função defensiva. Normalmente, essas vesículas inconspícuas localizadas na base dos tentáculos contêm nematocistos e, em geral, espirocistos. Em *A. elegantissima*, o contato de uma anêmona-do-mar portadora de acrorrágios com outras espécies ou clones diferentes da mesma espécie faz com que os acrorrágios da área de contato inchem e se alonguem. Os acrorrágios expandidos são colocados sobre a vítima e retirados, e a aplicação pode ser repetida. Pedaços da epiderme dos acrorrágios quebram e permanecem na vítima, resultando em necrose localizada. Faixas interclonais de rochas nuas são mantidas por esse comportamento agressivo, e podem ajudar a evitar a superpopulação (Figura 7.27 A). Além desse comportamento, os acrorrágios são expostos na forma de um anel de baterias de nematocistos ao redor do topo da coluna constrita, sempre que uma anêmona-do-mar portadora de acrorrágios contrai em resposta a um estímulo violento. Outras interações competitivas são conhecidas entre os corais-pétreos (Figura 7.27 C).

Alguns estudos demonstraram que os octocorais, que não têm nematocistos urticantes tóxicos, são uma rica fonte de compostos biologicamente ativos e estruturalmente incomuns, que parecem conferir proteção contra predadores e podem permitir que tais organismos colonizem novos hábitats e causem necrose tecidual em competidores potenciais. Esses compostos incluem prostaglandinas, diterpenoides e furanocembranolídeos indutores de náuseas, incluindo o referido descritivamente como $11\beta,12\beta$-epoxipucalida. Ao contrário de muitas espécies que habitam os recifes de corais costeiros, os octocorais ficam praticamente livres de predação, exceto por algumas espécies especializadas em utilizá-los como alimento. Embora alguns autores também tenham sugerido que os escleritos trazem efeitos benéficos antipredatórios, existem poucas evidências claras de que os escleritos reduzam o valor nutricional dos octocorais a ponto de impedir sua predação. Desse modo, como também ocorre com as esponjas, os octocorais parecem usar compostos metabólicos secundários como principal defesa antipredatória. As defesas químicas podem ter evoluído para compensar a baixa capacidade regenerativa desses cnidários de crescimento lento, ou porque seus hábitos sésseis tornam esses organismos especialmente evidentes aos predadores visuais.

Existem muitos exemplos de associações entre cnidários e outros organismos, das quais algumas são realmente simbióticas, enquanto outras são menos íntimas. Com exceção dos mixozoários, alguns grupos de cnidários são realmente parasitários, embora várias espécies de hidroides infestem peixes marinhos. Os pólipos de alguns desses hidroides não têm tentáculos alimentares e, em alguns casos, nem mesmo cnidas. A parte basal do pólipo erode a epiderme do peixe e seus tecidos subjacentes, e os nutrientes são absorvidos diretamente do hospedeiro. Uma espécie invade os ovários dos esturjões russos (um comedor de caviar!).

Entretanto, sob vários aspectos, os mixozoários realmente são parasitários. Esse grupo consiste em cerca de 1.200 espécies de parasitas minúsculos, que antes eram classificados entre os protistas como filo Myxozoa. Dados morfológicos, análises das sequências de DNA e a presença dos genes Hox dos metazoários constituem evidências de que essas criaturas estranhas estejam relacionadas com os cnidários, possivelmente na forma de um grupo irmão dos medusozoários (Figura 7.46). Hoje em dia, os filamentos polares espiralados abrigados nas cápsulas polares dos mixozoários são considerados nematocistos modificados (Figura 7.28).

Figura 7.27 A. Acrorrágios defensivos (tentáculos com pontas brancas) de duas anêmonas-do-mar (*Anthopleura elegantissima*) utilizados em combate químico por território. **B.** Fotografia ampliada mostrando os acrorrágios de *Anthopleura elegantissima*. **C.** Competição entre corais verdadeiros (Scleractinia) nas Ilhas Virgens. O coral *Isophyllia sinuosa* aparece expelindo seus filamentos mesentéricos e digerindo externamente a borda de uma colônia de *Porites astereoides*.

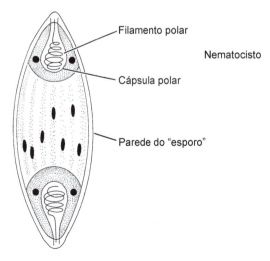

Figura 7.28 Antes considerados como protistas, os mixozoários agora são vistos como cnidários parasitários altamente especializados.

Os cnidários mixozoários infectam anelídeos e vários vertebrados pecilotérmicos, especialmente peixes (Figura 7.29). O ciclo de vida começa quando as larvas **actinosporas** (cuja forma pode variar) são liberadas dos esporos, entram em contato com as membranas mucosas de um hospedeiro vertebrado apropriado (seja por ingestão, seja por contato; Figura 7.29, parte 1) e exteriorizam seus **filamentos polares** para liberar esporoplasma nas células hospedeiras. O desenvolvimento pré-esporogônico ocorre nessas células, formando duplas celulares infecciosas, que rompem as células do hospedeiro e espalham-se para infectar outras células (Figura 7.29, parte 2). A infecção pode espalhar-se para outros tecidos (especialmente tecidos neurais) e causar rompimento da estrutura tecidual (p. ex., uma cauda enegrecida de uma truta infectada) ou transtorno comportamental (ver adiante) no hospedeiro. Em geral, a esporulação ocorre em tecidos específicos (p. ex., cartilagem de *M. cerebralis*), onde se desenvolve um **plasmódio** multinucleado e forma esporoblastos com quantidades variáveis de esporos internos, dependendo da espécie (Figura 7.29, parte 3).

Dentro dos plasmódios, células valvogênicas produzem **valvas esporais**, as quais fecham as células capsulogênicas, que se transformam tanto em cápsulas polares como em esporoplasma. Quando está concluído, esse processo forma **mixósporos**, que são liberados pelo hospedeiro vertebrado e são infecciosos para os anelídeos (Figura 7.29, parte 4). Os filamentos polares facilitam a penetração das células do trato digestivo onde as células multinucleadas se formam por um processo descrito comumente como **esquizogonia** (embora provavelmente não seja o mesmo processo observado nos protistas esporozoários; Figura 7.29, partes 5 e 6). Em seguida, essas células produzem numerosas células uninucleadas, que podem gerar outros plasmódios ou se fundir com outras células para tornar-se elementos celulares binucleados dentro do trato digestivo do verme. As células binucleadas diferenciam-se em células multinucleadas com núcleos α ou β, que se transformam em gametas complementares ao final da gametogonia e que se fundem para produzir **pansporoscitos** contendo zigotos (Figura 7.29, partes 7 a 9). Os zigotos diferenciam-se em esporos actinosporos infecciosos, que são liberados nas fezes do verme ou permanecem dentro do seu corpo. A infecção do hospedeiro vertebrado ocorre quando os esporos contendo fezes do verme entram em contato com as membranas mucosas, ou quando vermes contendo esporos são ingeridos (Figura 7.29, parte 10).

A maioria das espécies de mixozoários parece incluir um hospedeiro vertebrado e outro invertebrado em seus ciclos de vida. *Myxobolus cerebralis*, um parasita dos peixes de água doce (especialmente trutas, Figura 7.1 M), devora as cartilagens do hospedeiro, deixando o peixe deformado. A inflamação resultante da infecção comprime os nervos e desorganiza seu equilíbrio, levando o peixe a nadar em círculos – uma condição conhecida como doença do rodopio. Quando um peixe infectado morre, os esporos de *M. cerebralis* são liberados da carcaça em decomposição e podem sobreviver por até 30 anos no sedimento. Por fim, os esporos são consumidos pelos vermes *Tubifex* (anelídeos oligoquetas). Os esporos vivem nesse hospedeiro intermediário até serem comidos por um novo peixe hospedeiro.

O mutualismo é comum entre os cnidários. Muitas espécies de hidroides vivem nas conchas de vários moluscos, caranguejos-ermitões e outros crustáceos. O hidroide tem a oportunidade de fazer um passeio gratuito e o hospedeiro talvez obtenha alguma vantagem de proteção e camuflagem. Muitos membros da família de leptomedusas Eirenidae (p. ex., *Eugymnanthea*) ocupam as cavidades do manto dos bivalves, onde protegem seus hospedeiros contra parasitas trematódeos quando consomem seus esporocistos infecciosos. Os hidroides do gênero *Zanclea* são epifaunais dos briozoários, onde picam e desestimulam predadores menores e competidores adjacentes, ajudando o briozoário a sobreviver e suplantar as espécies competitivas. O briozoário oferece proteção ao hidroide com seu esqueleto grosseiro e o mutualismo parece permitir que esses dois táxons ocupem uma área mais ampla do que seria possível se estivessem separados. O hidroide bizarro e aberrante conhecido como *Proboscidactyla* vive na borda dos tubos dos vermes poliquetas (Figura 7.8 A) e recebe como alimento partículas alimentares desprendidas pelas atividades do hospedeiro. Outro filífero – *Brinckmannia hexactinellidophila* – vive dentro dos tecidos das esponjas-de-vidro do Ártico.

Algumas anêmonas-do-mar fixam-se às conchas de caramujos habitadas por caranguejos-ermitões. Essas parcerias são mutualistas: a anêmona-do-mar ganha mobilidade e restos de alimento, enquanto protege o caranguejo-ermitão dos predadores. O caso mais extremo desse mutualismo poderia ser o das anêmonas-capote (p. ex., *Adamsia, Stylobates*), que recobrem a concha de um gastrópode habitada pelo caranguejo-ermitão e crescem à medida que ele também cresce (Figura 7.30). Inicialmente, o disco pedal da anêmona secreta uma cutícula quitinosa sobre a pequena concha de um gastrópode habitada pelo ermitão. Esses caranguejos sortudos não precisam buscar por conchas novas e maiores à medida que crescem, porque a anêmona-capote simplesmente cresce e fornece ao ermitão uma "concha" cnidária protetora viva, que geralmente dissolve a concha do gastrópode original com o transcorrer do tempo. Como se fosse um gastrópode, a anêmona-do-mar cresce e produz um abrigo espiralado e flexível conhecido como **carcinoécio**. Na verdade, essas estranhas "conchas" de anêmona foram descritas e classificadas inicialmente como conchas flexíveis de gastrópodes. Existe uma relação semelhante entre alguns caranguejos-ermitões do gênero *Parapagurus* e certas espécies de *Epizoanthus*. O hidroide *Janaria mirabilis* secreta um envoltório semelhante a uma concha com espinhos longos, que é habitado pelos caranguejos-ermitões e, em um caso extraordinário de convergência evolutiva, o briozoário *Hippoporida calcarea* faz o mesmo (Figura 7.31).

As cnidas são tão eficientes que muitos grupos de animais elaboraram mecanismos de capturar ou, de outra forma, utilizar essas estruturas para sua própria defesa. Vários moluscos aeolídeos consomem presas cnidárias, ingerindo os nematocistos não descarregados e armazenando-os nos processos digitiformes de suas superfícies dorsais. Quando os nematocistos estão em posição, os moluscos marinhos utilizam-nos para sua própria defesa. O ctenóforo *Haeckelia rubra* alimenta-se de certas hidromedusas e incorpora seus nematocistos aos seus tentáculos. O platelminto tubulário de água doce *Microstoma caudatum* alimenta-se de *Hydra*, arriscando-se a ser comido por ela e, em seguida, utiliza os nematocistos armazenados para capturar sua própria presa. Várias espécies de caranguejos-ermitões e caranguejos braquiuros transportam anêmonas-do-mar (p. ex., *Calliactis, Sagartiomorpha*) nas suas conchas ou quelas, e utilizam-nas como armas vivas para deter possíveis predadores. Os caranguejos-ermitões transferem suas anêmonas parceiras para conchas novas, ou as anêmonas transferem-se por si mesmas quando os ermitões adquirem conchas novas. Alguns

Capítulo 7 Filo Cnidaria **283**

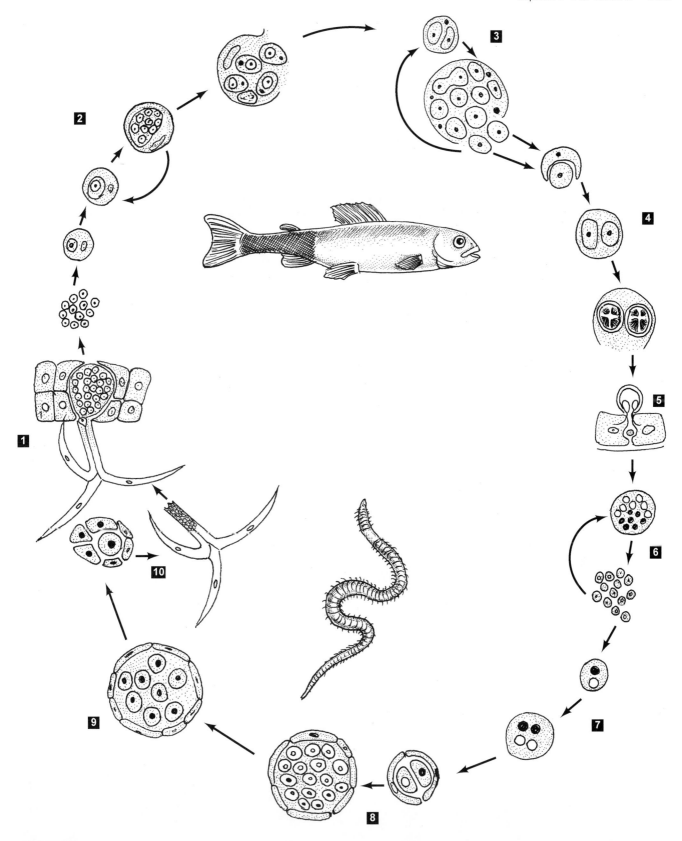

Figura 7.29 Ciclo de vida de *Myxobolus cerebralis*: (1) As larvas actinosporas fixam-se às membranas mucosas do peixe, exteriorizam seus filamentos polares e liberam esporoplasma dentro das células do hospedeiro. (2) O desenvolvimento pré-esporogônico ocorre dentro das células do hospedeiro, formando duplas de células infecciosas que se rompem e infectam outras células do hospedeiro; a disseminação da infecção destrói os tecidos do hospedeiro, resultando na cauda enegrecida da truta. (3) A esporulação e os plasmódios multinucleados desenvolvem-se nos tecidos específicos (p. ex., cartilagem de *M. cerebralis*), espalhando ainda mais a infecção. Dentro dos plasmódios, os esporoblastos formam mixósporos internos (4) que são liberados pelo hospedeiro vertebrado e ingeridos pelos anelídeos, e os filamentos polares facilitam a penetração nas células do trato digestivo (5). Formam-se células multinucleadas, que infectam outras células e geram plasmódios (6), ou fundem-se com outras células para se tornar binucleadas, que depois se diferenciam em células multinucleadas com núcleos α ou β (7) e transformam-se em gametas complementares (8). (9) Os gametas fundem-se e formam pansporocitos, que contêm 8 zigotos. (10) Os zigotos diferenciam-se em actinósporos infectantes, que são liberados nas fezes do verme ou permanecem dentro do seu corpo; outros peixes são infectados pelo contato com as fezes do verme ou pela ingestão de vermes contendo esporos.

Figura 7.30 "Anêmona-capote" dourada *Stylobates aenus* (Anthozoa, Actiniaria). **A** e **B.** A anêmona está formando uma "concha" (ou carcinoécio) ao redor do caranguejo-ermitão *Parapagurus dofleini*. **C.** O carcinoécio vazio de *S. aenus*.

caranguejos-ermitões do gênero *Pagurus* frequentemente têm suas conchas cobertas por um tapete de hidroides coloniais simbióticos (p. ex., *Hydractinia*, *Podocoryne*). A presença da cobertura de hidroides impede que os ermitões mais agressivos (p. ex., *Clibinarius*) tomem a concha do pagurídeo.

Existem documentados vários casos de simbiose entre cnidários e peixes. A associação bem-conhecida entre peixes-palhaço e suas anêmonas-do-mar hospedeiras atende a uma função protetora evidente para o peixe. Cerca de uma dúzia de espécies de anêmonas-do-mar participam dessa relação curiosa. A capacidade do peixe de viver entre os tentáculos da anêmona ainda não está totalmente esclarecida. Entretanto, a anêmona-do-mar não renuncia voluntariamente ao uso dos seus nematocistos no peixe parceiro; em vez disso, o peixe altera a composição química de sua própria cobertura de muco, talvez acumulando muco da anêmona-do-mar, mascarando assim o estímulo químico normal que provocaria uma reação das cnidas da anêmona. *Neomus* são pequenos peixes que vivem simbioticamente entre os tentáculos de *Physalia* e parecem sobreviver simplesmente evitando contato direto com a criatura. Entretanto, quando é ferroado acidentalmente, esse peixe mostra uma taxa de sobrevivência muito mais alta do que outros peixes do mesmo tamanho. *Neomus* alimenta-se da presa capturada por seu hospedeiro.

Algumas associações são conhecidas entre cnidários e crustáceos. Quase todos os anfípodes da subordem Hyperiidea são simbiontes dos zooplânctons gelatinosos, incluindo medusas. A natureza de muitas dessas associações ainda não está clara, mas várias espécies de anfípodes são conhecidas por usar seus hospedeiros como berçários para os filhotes e talvez para dispersão. Na verdade, algumas vivem e alimentam-se das partes do hospedeiro que contêm nematocistos, como tentáculos ou braços orais. Muitas delas são encontradas frequentemente dentro do celêntero da medusa, onde parecem não ser afetadas pelas enzimas digestivas do hospedeiro. Em uma relação semelhante àquela observada entre peixes e anêmonas, existem alguns poucos casos de relações entre anêmonas e camarões, dentre as quais no mínimo uma tem caráter obrigatório para os camarões (*Periclimenes brevicarpalis*).

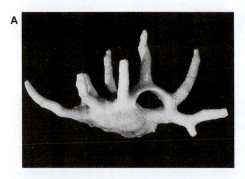

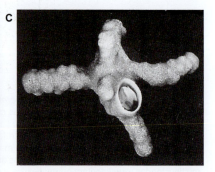

Figura 7.31 Um caso notável de convergência evolutiva. **A** e **B.** Uma colônia de hidrozoários *Janaria mirabilis* (Athecata) forma um *corallum* semelhante a uma concha, que é habitada pelos caranguejos-ermitões. **C.** O ectoprocto *Hippoporida calcarea*, que forma uma estrutura semelhante, também é habitado por caranguejos-ermitões.

Uma das aquisições evolutivas mais notáveis dos cnidários é sua relação íntima com parceiros fotossintéticos unicelulares. Essa relação é muito difundida e ocorre em muitos cnidários que vivem em águas rasas. Os simbiontes dos hidrozoários dulciaquícolas (p. ex., *Chlorohydra*) são espécies unicelulares de algas verdes (Clorófitas) conhecidas como **zooclorelas**. Nos cnidários marinhos, os protistas são criptomonadinos e dinoflagelados unicelulares conhecidos como **zooxantelas** (provavelmente, vários gêneros, incluindo *Zooxanthella* [= *Symbiodinium*] e outras) (Figura 7.32). Essas algas conseguem viver livres de seus hospedeiros e talvez o façam muito naturalmente, mas pouco se sabe sobre sua história natural. Nos casos típicos, essas algas residem na gastroderme ou na epiderme do hospedeiro, embora alguns cnidários abriguem zooxantelas extracelulares na mesogleia. Em geral, são as algas simbiontes que conferem aos cnidários sua coloração verde, verde-azulada ou castanha. Os corais que formam recifes (*i. e.*, **corais hermatípicos**) geralmente abrigam zooxantelas (eles são "corais zooxantelados"). As populações de zooxantelas que vivem nesses corais podem alcançar densidades de 30.000 células de algas/mm³ de tecido do hospedeiro (ou de 1 a 2×10^6 células/cm² de superfície do coral). As zooxantelas também ocorrem em muitos octocorais, anêmonas e zoantídeos tropicais.

Surpreendentemente, as zooclorelas e as zooxantelas ocorrem dentro dos tecidos e das células de um grupo de anêmonas-do-mar conhecidas como *Anthopleura* da costa nordeste do Pacífico (*A. elegantissima* e *A. xanthogrammica*). Alguns dados sugerem que as zooclorelas dessas anêmonas façam fotossíntese com mais eficiência e proliferem mais rapidamente sob temperaturas e condições de luminosidade mais baixas, enquanto as zooxantelas fazem o mesmo sob condições de temperatura e luminosidade mais altas. Essas duas anêmonas são as anêmonas intermarés rochosas mais abundantes em sua faixa de distribuição, que se estende do Alasca até a Baixa Califórnia; além disso, alguns estudos mostraram que as distribuições dos seus dois simbiontes estão relacionadas (previsivelmente) com a latitude e a posição intermaré.

Mesmo algumas medusas cifozoárias abrigam colônias numerosas de zooxantelas em seus corpos e hoje se sabe que essas colônias de protistas produzem grande parte da energia necessária para sua medusa hospedeira (p. ex., *Cassiopea, Linuche, Mastigias*). Algumas dessas informações provêm de estudos com a cifomedusa *Mastigias* (Figura 7.32 C), que vive nos lagos marinhos das ilhas de Palau, onde pode ocorrer em densidades acima de 1.000 indivíduos/m³. Nesses lagos, *Mastigias* fazem diariamente migrações verticais entre as camadas superiores oxigenadas e pobres em nutrientes e as camadas inferiores anóxicas e ricas em nutrientes, assim como migrações horizontais para acompanhar os movimentos do sol sobre o lago. Esse comportamento parece estar relacionado com as necessidades de luz e nutrientes de suas zooxantelas simbióticas.

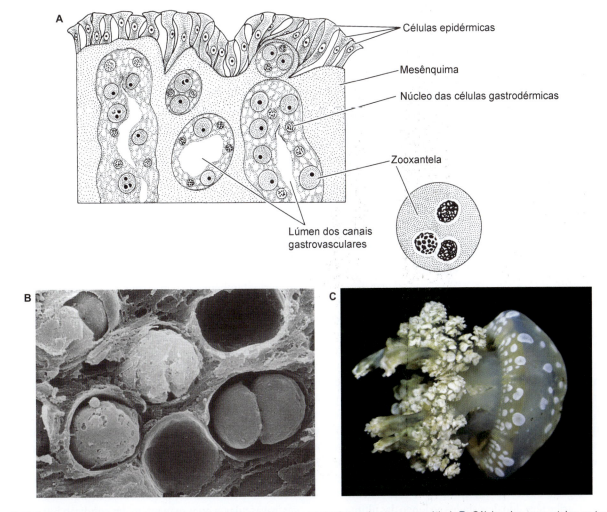

Figura 7.32 A. Um octocoral com zooxantelas distribuídas por toda a sua gastroderme (*corte esquemático*). **B.** Células das zooxantelas no tecido da anêmona-do-mar verde gigante *Anthopleura xanthogrammica*. **C.** *Mastigias* sp., uma medusa rizóstoma que abriga zooxantelas em suas células.

Ao contrário das zooxantelas dos cnidários bentônicos, que tendem a reproduzir-se mais ou menos homogeneamente ao longo de um período de 24 horas, as zooxantelas de *Mastigias* apresentam um pico reprodutivo bem-definido durante as horas em que seus hospedeiros ocupam uma posição nas camadas mais profundas e ricas em nitrogênio dos lagos. Esse pico reprodutivo pode ser resultante da utilização, pelas algas, da amônia livre como fonte de nutrientes.

Muitos cnidários parecem obter vantagens nutricionais apenas modestas de suas algas simbiontes, mas em muitos outros uma parte expressiva das necessidades nutricionais dos hospedeiros parece ser fornecida pelas algas. Nesses casos, grande parte dos compostos orgânicos produzidos pela fotossíntese dos simbiontes pode ser transferida ao cnidário hospedeiro, provavelmente na forma de glicerol, mas também de glicose e do aminoácido alanina. Em retribuição, as escórias metabólicas produzidas pelo cnidário fornecem às algas simbióticas o nitrogênio e o fósforo de que necessitam. Nos corais, a simbiose parece ser importante para o crescimento rápido e a deposição eficiente do esqueleto calcário, e muitos corais somente formam recifes quando mantêm uma população de dinoflagelados viáveis em seus tecidos. Diversas espécies de corais atuam como hospedeiros de alguns táxons de algas simbióticas geneticamente diferentes, cada um parece estar adaptado ao seu hospedeiro e também ao regime específico de exposição à luz ambiente. Embora ainda não tenha sido possível definir a relação fisiológico-nutricional exata entre os corais e suas zooxantelas, as algas certamente parecem aumentar a taxa de produção do carbonato de cálcio. Os corais e outros cnidários podem ficar privados de suas algas simbiontes ao colocar experimentalmente os hospedeiros em ambientes escuros. Nesses casos, as algas podem simplesmente morrer, podem ser expulsas do hospedeiro, ou (até certo ponto) ser diretamente consumidas pelo hospedeiro. Como são dependentes da luz, os corais zooxantelados podem viver até uma profundidade máxima em torno de 90 metros. A maioria dos corais zooxantelados também necessita de águas quentes e, desse modo, ocorre quase exclusivamente nos oceanos tropicais rasos (embora as zooxantelas ocorram em algumas anêmonas de altitudes elevadas). Também existem corais de águas frias e profundas, mas eles tendem a ser completamente carnívoros. Esses corais crescem a taxas extremamente lentas e, por isso, tendem a formar recifes que existem há milhares ou mesmo milhões de anos, fornecendo um registro detalhado das alterações na temperatura oceânica.

Em condições de estresse, como temperaturas anormalmente altas, os corais podem perder suas zooxantelas – um processo conhecido como **clareamento dos corais**. O impacto a longo prazo do clareamento dos corais, que hoje é um processo crescente em todas as regiões tropicais do planeta e talvez se deva a uma combinação de aquecimento dos oceanos e alterações do equilíbrio acidobásico das águas marinhas em razão do aumento do CO_2 atmosférico, ainda não está definido. Evidentemente, esse fenômeno parece ser deletério a curto prazo e comumente provoca a morte de colônias inteiras de corais. Além disso, a poluição antropogênica – como os aumentos dos fosfatos, dos nitratos e da amônia nos oceanos – também favorece a proliferação de algas e bactérias que competem com os corais. Os recifes do Caribe têm sido devastados ao longo das últimas duas décadas e já perderam cerca de 80% de sua cobertura de corais.

Curiosamente, alguns estudos recentes sugeriram que o clareamento poderia ser um mecanismo adaptativo, que ofereceria oportunidade de adquirir tipos novos de zooxantelas mais bem-adaptadas ao ambiente em processo de mudança. Se isso for verdade, ainda é necessário saber se a alteração do simbionte poderia ser suficientemente veloz para acompanhar as mudanças químicas rápidas que ocorrem atualmente nos oceanos. A evidência de que pode haver seletividade entre as parcerias simbióticas poderia significar recombinações mais lentas (*i. e.*, certas combinações de hospedeiros e algas são favorecidas, enquanto outras são impossíveis).

A perda das zooxantelas pelos corais geralmente leva à perda da capacidade de secretar esqueletos de carbonato de cálcio. Hoje em dia, o desaparecimento generalizado dos corais do Caribe parece ser responsável pela redução de 32 a 72% das populações de peixes recifais – uma alteração potencialmente catastrófica para as comunidades costeiras que dependem da pesca. A biodiversidade dos recifes de coral correlaciona-se com a área do recife e, assim, os efeitos a longo prazo da destruição dos recifes provavelmente são cumulativos e difíceis de reverter. Contudo, uma experiência recente demonstrou que as colônias de algumas espécies de corais que perderam seus esqueletos de carbonato de cálcio continuam a existir na forma de pólipos de corpos moles. Essas descobertas recentes sugeriram uma explicação possível para o aparecimento geologicamente "súbito" dos corais-pétreos atuais (escleractíneos) no Triássico Médio, quando os oceanos geoquimicamente perturbados voltaram ao "normal". Antes disso, os corais e os recifes tinham desaparecido do registro fóssil por milhões de anos, mas talvez continuassem a existir na forma de "corais nus" (e, por isso, sem qualquer contribuição para o registro fóssil).

Circulação, trocas gasosas, excreção e osmorregulação

Os cnidários não têm sistema circulatório independente. O celêntero desempenha essa função até certo ponto circulando os nutrientes parcialmente digeridos pelo interior do corpo, absorvendo escórias metabólicas da gastroderme e, por fim, expelindo todos os tipos de produtos indesejados pela boca. Contudo, as anêmonas e as medusas grandes enfrentam um grande dilema relativo à razão área:volume. Nesses casos, a eficiência do sistema gastrovascular como mecanismo de transporte é aumentada pela presença de mesentérios nas anêmonas e do sistema de canais dispostos radialmente nas medusas. Os cnidários também não têm órgãos especiais para trocas gasosas ou excreção. A parede corporal da maioria dos pólipos é muito fina ou tem uma área superficial interna ampla, e a espessura de muitas medusas deve-se, em grande parte, à mesogleia gelatinosa ou ao mesênquima. Desse modo, as distâncias de difusão são mantidas em um nível mínimo. A troca de gases ocorre através das superfícies internas e externas do corpo. A respiração anaeróbia facultativa ocorre em algumas espécies, como as anêmonas que se enterram comumente nos sedimentos moles. As escórias nitrogenadas estão na forma de amônia, que se difunde pela superfície geral do corpo para o exterior ou para dentro do celêntero. Nas espécies de água doce, há um influxo contínuo de água para dentro do corpo. Nesses casos, o estresse osmótico é atenuado pela eliminação periódica de líquidos da cavidade gastrovascular, a qual se mantém em condição hiposmótica em relação aos líquidos dos tecidos.

Sistema nervoso e órgãos dos sentidos

Consistente com seu plano corpóreo radialmente simétrico, os cnidários geralmente têm sistema nervoso difuso e não centralizado, embora existam variações amplas. Forte centralização é observada em alguns hidrozoários e cubozoários e, de acordo com alguns pesquisadores, isso até poderia ser qualificado como sistema nervoso central. No entanto, as células neurossensoriais do sistema nervoso são as mais primitivas do reino animal, sendo nuas e predominantemente não polares. Usualmente, os neurônios estão dispostos em dois conjuntos reticulares, conhecidos como **redes nervosas** – uma entre a epiderme e o mesênquima e outra entre a gastroderme e o mesênquima (Figura 7.33). A existência dessas duas redes nervosas ectodérmica e endodérmica é singular aos cnidários. A rede subgastrodérmica geralmente é menos bem-desenvolvida que a rede subepidérmica e estão inteiramente ausentes em algumas espécies; nos pólipos dos cubozoários, há uma rede nervosa *dentro* da gastroderme. Algumas medusas hidrozoárias têm uma ou duas redes nervosas adicionais, enquanto nos pólipos dos hidrozoários e cubozoários parece haver apenas um único anel nervoso epidérmico. Apesar da simplicidade aparente do sistema nervoso dos cnidários, estudos demonstraram que esses organismos têm ao menos alguns dos clássicos neurotransmissores de sinapses interneuronais e neuromusculares encontrados nos bilatérios, como a serotonina, sugerindo que os neurotransmissores do grupo das catecolaminas e das indolaminas possam estar presentes (ao menos nas anêmonas-do-mar).

Algumas poucas células nervosas e sinapses são polarizadas e permitem apenas transmissão unidirecional, mas a maioria dos neurônios e das sinapses dos cnidários é não polar – ou seja, os impulsos podem ser transmitidos em ambos os sentidos ao longo da célula ou através da sinapse. Desse modo, um estímulo suficiente envia impulsos, que se espalham em todas as direções. Em alguns cnidários em que ambas as redes nervosas são bem-desenvolvidas, uma delas funciona como sistema de condução lenta e difusa de neurônios não polares, enquanto a outra atua como sistema de condução rápida através dos neurônios bipolares.

Em geral, os pólipos têm pouquíssimas estruturas sensoriais. A superfície geral do corpo tem estruturas filiformes diminutas desenvolvidas a partir de células individuais. Essas estruturas funcionam como mecanorreceptores e, talvez, como quimiorreceptores e são mais abundantes nos tentáculos e outras regiões onde se concentram as cnidas. Essas estruturas estão envolvidas em comportamentos como movimentação dos tentáculos (na direção de uma presa ou de um predador) e em movimentos gerais do corpo. Algumas parecem estar associadas especificamente às cnidas descarregadas, tais como o aparelho cônico ciliar dos pólipos dos antozoários, que parece funcionar como o cnidocílio dos nematocistos dos hidrozoários e cifozoários (Figura 7.34). Estranhamente, essas estruturas não parecem estar ligadas diretamente às redes nervosas. Além disso, a maioria dos pólipos mostra uma sensibilidade geral à luz, que não é mediada por nenhum receptor conhecido, mas provavelmente está associada aos neurônios concentrados dentro ou logo abaixo da superfície translúcida das células epidérmicas.

Conforme seria esperado, as medusas móveis têm sistema nervoso e órgãos sensoriais mais sofisticados do que os pólipos sésseis (Figura 7.35). Em muitos grupos, especialmente nas hidromedusas, a rede nervosa epidérmica da umbrela está condensada em dois anéis nervosos situados perto da borda da umbrela. Esses anéis nervosos conectam-se com as fibras que inervam tentáculos, músculos e órgãos sensoriais. O anel interno estimula as pulsações rítmicas da umbrela. Esse anel também está ligado aos estatocistos (quando existentes) na

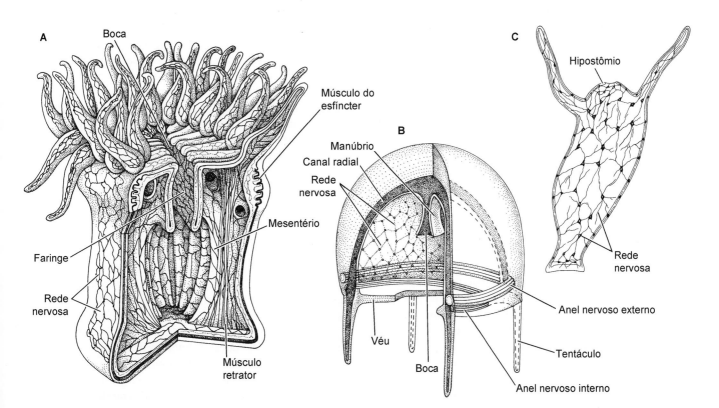

Figura 7.33 Redes nervosas dos cnidários. **A.** Rede neural de uma anêmona-do-mar típica (Anthozoa). **B.** Rede nervosa de uma hidromedusa (Hydrozoa). **C.** Rede nervosa de *Hydra* (Hydrozoa).

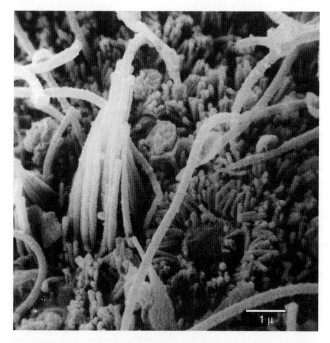

Figura 7.34 Um cone ciliar no tentáculo da anêmona coralimorfária *Corynactis californica* está situado adjacente ao cnidócito (círculo de microvilosidades).

borda da umbrela, que é provida de células sensoriais gerais, ocelos e (provavelmente) quimiorreceptores dispostos radialmente. As células sensoriais gerais são neurônios, cujos processos receptores ficam expostos na superfície epidérmica. Em geral, os ocelos são campos de células fotorreceptoras e pigmentadas organizadas na forma de disco ou depressão. Os estatocistos podem ocorrer na forma de depressões ou vesículas fechadas e, nesse último caso, abrigam um estatólito calcário adjacente a um cílio sensorial. Quando um lado da umbrela inclina para cima, os estatocistos desse lado são estimulados. A estimulação dos estatocistos inibe a contração dos músculos adjacentes e a medusa contrai os músculos do lado oposto. Muitas medusas mantêm-se em um fotorregime específico por meio de comportamentos natatórios direcionados. Esse comportamento é encontrado especialmente nas medusas que abrigam populações numerosas de zooxantelas, como a medusa *Cassiopea*, que permanece em posição invertida em fundos marinhos rasos, de forma a expor à luz as densas populações de zooxantelas que vivem nos tecidos dos seus tentáculos e braços orais.

Existe grande variação nos sistemas visuais das medusas hidrozoárias. Algumas têm olhos bem-estruturados, enquanto outras têm apenas um sistema neuronal fotossensível em geral. Os olhos estruturados geralmente são ocelos bem-definidos, cuja complexidade varia de uma camada ectodérmica simples com células pigmentares e sensoriais, através de olhos pingmentares em taça, a pequenos olhos semelhantes a câmeras com retina pigmentada e estruturas semelhantes a lentes e à córnea. Os axônios das células fotossensoriais podem reunir-se em feixes, os quais se agrupam para formar um "nervo óptico" que se estende até o anel nervoso externo na umbrela. Além disso, estudos demonstraram que os hidrozoários têm um sistema de condução citoplasmática semelhante ao das esponjas em sua constituição. Células epidérmicas e elementos musculares parecem ser os componentes principais desse sistema. Embora os impulsos pareçam ser transmitidos lentamente, eles são iniciados pelas células nervosas e dependem de junções comunicantes.

Nos sifonóforos codonóforos, uma condensação linear da rede nervosa produz os "axônios gigantes" longitudinais do eixo principal e os tratos nervosos dos tentáculos. Na verdade, esse "axônio gigante" longitudinal é um sincício neuronal que se forma pela fusão dos neurônios da rede nervosa do eixo principal. Os impulsos de alta velocidade nesses tratos nervosos de grande calibre permitem que os codonóforos contraiam rapidamente e iniciem uma reação imediata de fuga.

As margens da umbrela das cubomedusas e cifomedusas geralmente têm estruturas com formato de bastão – os chamados **ropálios** – que estão localizados entre um par de abas, ou **lóbulos** (Figura 7.35 A). Os ropálios são centros sensoriais e cada um contém uma concentração de neurônios epidérmicos, um par de depressões quimiossensoriais, um estatocisto e olhos com várias configurações. Uma depressão está localizada no lado exumbrelar do capuz do ropálio, enquanto a outra se localiza no lado subumbrelar.

As cubomedusas são fortes nadadoras, capazes de realizar alterações rápidas de direção em resposta aos estímulos visuais. Estudos demonstraram que esses organismos são atraídos pela luz, evitam objetos escuros e até podem navegar em torno de obstáculos. As cubomedusas são predadores ativos que "dormem" à noite. Embora esses animais tenham a rede nervosa básica dos cnidários e o anel nervoso subumbrelar esteja perto da borda umbrelar (algumas vezes referida como nervo anelar), eles também têm o sistema visual mais elaborado dos cnidários, que está localizado em quatro ropálios (complexos sensoriais). Cada ropálio tem três conjuntos de olhos: olhos côncavos pigmentados duplos com formato de depressão; olhos côncavos pigmentados duplos com formato de fenda; e dois olhos complexos do tipo câmera com córnea, lente e retina (um olho pequeno com lente superior e um olho grande inferior com lente). Embora a retina do olho em câmera tenha espessura de apenas uma célula, ela é formada por várias camadas, contendo uma camada sensorial, uma camada pigmentada, uma camada nuclear e uma região de fibras nervosas. O número de células sensoriais (ou fotorreceptores) em cada um desses olhos notáveis varia de cerca de 300 a 1.000, dependendo da espécie. Cada ropálio também tem uma concreção cristalina – ou estatólito – que frequentemente é conhecida como estatocisto. Os sinais neuronais originados dos ropálios provavelmente são transmitidos aos neurônios marca-passos natatórios para orientar visualmente os movimentos natatórios. Os neurônios gigantes foram identificados em ambos os lados do ropálio da cubomedusa.

Apesar da simplicidade estrutural da larva plânula dos cubozoários, que consiste em apenas seis tipos de células, os fotorreceptores rabdoméricos desse organismo são ocelos côncavos pigmentados. Essas estruturas consistem em 10 a 15 ocelos dispostos como células fotorreceptoras individuais. Cada célula contém pigmento seletivo dentro de uma cavidade preenchida com microvilosidades (áreas de fotorrecepção) e um único cílio. O cílio é uma estrutura com padrão típico 9 + 2 e provavelmente é móvel, em vez de sensorial. Entre os ocelos e qualquer outra célula na larva, não existe conexão sináptica ou elétrica (junção comunicante). Os ocelos das plânulas dos cubozoários parecem constituir um dos sistemas visuais mais simples do reino animal.

Capítulo 7 Filo Cnidaria 289

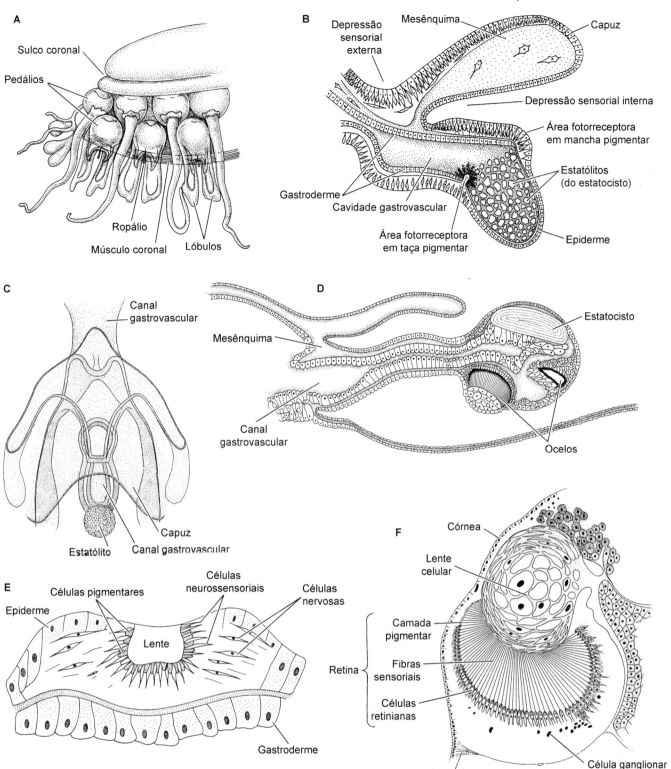

Figura 7.35 Estruturas sensoriais em medusas. **A.** Os ropálios da cifomedusa *Atolla* estão localizados entre os lóbulos marginais. **B.** Um ropálio (seccionado) possui várias regiões sensoriais. **C.** Ropálio de *Aurelia* (*ilustração esquemática*). Uma parte do canal gastrovascular foi cortada e retirada. **D.** Ropálio de um cubozoário (observe que o olho inferior não está ilustrado nesse corte oblíquo). **E.** Ocelo do tipo taça pigmentar (*corte transversal*) de uma medusa hidrozoária. **F.** Olho de um cubozoário (*Carybdea*) (*corte transversal*).

As medusas cifozoárias têm ocelos visuais estruturalmente simples localizados nos ropálios, que também contêm estruturas sensíveis à gravidade (estatocistos). Os ocelos são olhos côncavos pigmentados ectodérmicos simples, que consistem em células fotossensíveis contendo grânulos de pigmento, em células fotossensíveis alternando com células pigmentadas, ou ainda em olhos côncavos pigmentados com células sensoriais ectodérmicas e células pigmentadas gastrodérmicas. As células sensoriais estabelecem contato com a rede nervosa ectodérmica.

A bioluminescência é comum nos cnidários e foi documentada em todas as classes, exceto nos cubozoários e nos estaurozoários, ainda pouco conhecidos. Em algumas formas (p. ex., muitas hidromedusas), a luminescência consiste em *flashes* isolados emitidos em resposta a um estímulo local. Em outros, uma rajada de *flashes* propaga-se como ondas através do corpo ou da superfície da colônia (p. ex., penas-do-mar e amor-perfeito marinho). Um dos comportamentos luminescentes mais complicados ocorre nos hidropólipos, nos quais se propaga uma série de múltiplos *flashes*. O amor-perfeito marinho *Renilla* (um octocoral) também tem *displays* luminescentes muito elaborados. A propagação da luminescência é provavelmente controlada pelo sistema nervoso, ainda que esse fenômeno não esteja bem-esclarecido. Ao menos em uma hidromedusa (*Aequorea*), a luminescência parece não ser resultante da reação luciferina-luciferase usual. Em vez disso, uma proteína de alta energia – conhecida como **aequorina** – emite luz quando está em presença de cálcio.

Reprodução e desenvolvimento

A reprodução assexuada ocorre em muitos cnidários e a regeneração depois de danos significativos é comum. Muitas anêmonas podem ser cortadas ao meio e as duas metades regeneram-se perfeitamente. Algumas vezes, os danos produzidos na região oral resultam na formação de duas ou mais bocas, cada qual com seu próprio conjunto de tentáculos alimentares.

Os processos de reprodução sexuada dos cnidários estão diretamente relacionados com a alternância de gerações, que caracteriza esse filo. Como você já sabe, os ciclos de vida dos cnidários frequentemente envolvem um estágio de pólipo para reprodução assexuada, que se alterna com um estágio medusoide sexuado responsável por formar as larvas plânulas típicas. Desse modo, geralmente encontramos uma complexa história de vida indireta ou mista, que inclui fases de reprodução assexuada. O desenvolvimento dos antozoários é menos complexo e, em geral, envolve uma larva plânula móvel que se instala e cresce em um pólipo adulto séssil. Os cubozoários também formam plânulas móveis, que se instalam e crescem em pólipos, os quais, por sua vez, formam medusas sexuadas. Os cifozoários também seguem o modelo plânula–pólipo séssil, mas o estágio polipoide forma várias medusas juvenis (conhecidas como **éfiras**) por fissão transversal ou **estrobilação** da extremidade oral do pólipo; mais tarde, as éfiras desenvolvem-se para formar o estágio medusoide sexuado. As plânulas, os pólipos e as medusas ocorrem nos ciclos de vida de muitas espécies de hidrozoários. As medusas, quando presentes, desenvolvem-se a partir de uma massa de tecido germinativo conhecido como **entocódio**, mas o estágio de pólipo ou medusa pode estar totalmente ausente em determinados ciclos de vida. Em razão dessas diversas variações no ciclo de vida, vamos descrever a seguir as classes de cnidários separadamente.

Reprodução dos antozoários. Os membros dessa classe são exclusivamente polipoides e as diversas formas pelas quais os novos indivíduos podem ser produzidos por processos assexuados quase desafia a imaginação. A reprodução assexuada é comum entre as anêmonas-do-mar e a fissão longitudinal dos pólipos pode resultar em dois espécimes independentes, ou as anêmonas-filhas podem permanecer reunidas para formar grandes grupos (clones) de espécimes geneticamente idênticos (p. ex., como ocorre em algumas espécies de *Anthopleura, Diadumene* e *Metridium*). Durante a fissão longitudinal, a coluna do corpo estende-se a ponto de separar-se e, em seguida, cada metade regenera as partes que lhe faltam. O processo menos comum de laceração pedal (p. ex., como ocorre em algumas anêmonas-do-mar acôncias: *Diadumene, Haliplanella, Metridium*) também pode resultar em populações clonais. Durante a laceração pedal, o disco pedal se expande e a anêmona simplesmente se desloca para longe, deixando para trás um círculo de pequenos fragmentos do disco. Cada fragmento desenvolve-se em uma anêmona-do-mar jovem. Esse comportamento é observado facilmente nos aquários, nos quais as anêmonas frequentemente se fixam às paredes de vidro.

Além desses dois tipos comuns de reprodução assexuada, ao menos algumas poucas espécies de anêmonas-do-mar fazem fissão transversal (p. ex., *Edwardsiella lineata, Nematostella vectensis*). Em geral, a fissão transversal ocorre por meio de uma constrição seguida da separação da parte inferior da coluna, resultando na formação de um compartimento aboral pequeno e uma região oral maior, cada um dos quais depois se regenera para completar a região que lhe falta. A fissão transversal também foi descrita por um processo conhecido como "inversão de polaridade", no qual a extremidade aboral germina espontaneamente novos tentáculos e uma boca nova; por fim, forma-se um novo *physa* na parte do meio da anêmona e os dois indivíduos separam-se (p. ex., *Gonactinia*). Algumas anêmonas marinhas sagartídeas fazem germinação intratentacular, por meio da qual vários orifícios orais resultam das fissões longitudinais repetidas através da faringe dos organismos existentes. Esse processo origina colônias em forma de faixa, que se assemelham aos pólipos alongados de alguns corais meandroides. Além disso, certas populações de *Anthopleura* fazem germinação mesentérica de pequenos pólipos, que são incubados dentro da cavidade gastrovascular antes de serem liberados pela anêmona genitora. Nessas anêmonas, pesquisadores não encontraram qualquer indício de desenvolvimento gonadal ou gamético, sugerindo que essas populações sejam predominante ou inteiramente assexuadas.

Uma família de anêmonas-do-mar (Boloceroides) nada ativamente e produz novos indivíduos por fissão longitudinal, laceração pedal e um processo bizarro conhecido como dispersão tentacular (ou germinação tentacular), por meio do qual fragmentos do tentáculo são desprendidos dos esfíncteres basais e incubados internamente antes de sua dispersão. Além disso, certas anêmonas e ao menos um coral escleractíneo (*Pocillopora damicornis*) são conhecidos por produzir larvas plânulas por partenogênese e incubá-las até a liberação. O mais surpreendente é a descoberta recente de que algumas anêmonas-do-mar incubam internamente filhotes formados em reprodução assexuada por meio de um mecanismo ainda não compreendido.

Os antozoários são tipicamente gonocorísticos, embora a maioria dos corais escleractíneos seja hermafrodita. A fecundação pode ocorrer internamente, mas, na maioria das espécies, ocorre externamente em mar aberto. Os ovócitos são livres ou, ocasionalmente, acumulados dentro de uma massa gelatinosa de ovócitos (mesmo por fecundação). Em geral, os espermatozoides estão equipados com estruturas flagelares e mitocondriais apropriadas à propulsão dos gametas até os ovócitos, embora as diferenças estruturais entre os espermatozoides dos antozoários certamente sejam notáveis. A clivagem geralmente é radial e holoblástica, resultando em uma celoblástula esférica e oca com ciliação uniforme. A gastrulação ocorre por meio de ingressão ou invaginação para formar camadas germinativas ectodérmica e endodérmica distintas e, em seguida, uma larva plânula ciliada.

Quando ocorre invaginação, o blastóporo continua aberto e mergulha para dentro, levando consigo um tubo de ectoderme que se transforma na faringe do animal adulto. Como a boca forma-se no local da gastrulação (no polo animal), as anêmonas (cnidários) são, por definição, protostômios verdadeiros, sugerindo que a protostomia seja anterior à divergência dos cnidários e bilatérios. As larvas plânulas podem desenvolver um ou alguns pares de tentáculos na extremidade oral, assim como uma faringe e mesentérios rudimentares, antes de assentar. Algumas plânulas de antozoários são planctotróficas, embora larvas com muito vitelo não se alimentem. A capacidade que algumas larvas têm de se alimentar permite-lhes um período larval potencialmente mais longo, facilitando a dispersão e a seleção de locais apropriados para o assentamento. As plânulas dos antozoários (*Anthopleura*) também parecem conseguir zooxantelas por ingestão. Em algumas espécies, as plânulas desenvolvem até 8 mesentérios completos antes do assentamento, o que é conhecido como **estágio edwárdsico**, nome que faz referência ao gênero octamesentérico *Edwardsia*. Por fim, a larva assenta-se sobre sua extremidade aboral e os tentáculos crescem em torno da boca e do disco oral orientados para cima. A Figura 7.36 ilustra o ciclo de vida de um antozoário típico.

Os octocorais geralmente são gonocorísticos e, em muitos casos, dispersam sincronicamente, embora a época do desenvolvimento gonadal pareça ser altamente variável entre as espécies dos oceanos tropicais e temperados, certamente em razão das variações da temperatura da água ou da disponibilidade de recursos, respectivamente. Embora existam poucas informações quanto à biologia reprodutiva da maioria dos ceriantários, os antipatários, as anêmonas e os corais-pétreos podem ser gonocorísticos ou hermafroditas. Em algumas espécies, as formas coloniais podem conter machos, fêmeas e hermafroditas. Os gametas originam-se de placas de tecido da gastroderme de todos ou de somente alguns mesentérios. Os ovócitos são fecundados no celêntero, seguido pelo desenvolvimento inicial nas câmaras do trato digestivo, ou, mais comumente, fora do corpo nas águas oceânicas. Muitas anêmonas incubam internamente seus embriões em desenvolvimento, ou então na superfície externa do seu corpo. A anêmona-do-mar do nordeste do Pacífico, *Aulactinia incubans*, libera seus filhotes incubados por um poro localizado na ponta de cada tentáculo! Alguns corais passam por fecundação interna e incubação, liberando depois larvas plânulas. O coral solitário *Balanophyllia elegans* constrói câmaras esqueléticas, dentro das quais os ovócitos e os embriões podem ser transportados separadamente desde a cavidade digestiva principal – uma configuração estrutural que permite a incubação continuada até os estágios avançados de desenvolvimento. Essas estruturas calcárias são preservadas no registro fóssil, talvez fornecendo indícios de como o cuidado parental evoluiu nessa espécie. Alguns octocorais (p. ex., *Briareum*, *Alcyonium*) incubam seus embriões em um envoltório mucoso sobre a superfície do corpo; em seguida, as larvas plânulas escapam. Outros disseminam seus gametas e dependem da fecundação externa e do desenvolvimento planctônico. *Heliopora coerulea* é um octocoral hermatípico gonocorístico, que incuba suas plânulas na superfície das colônias femininas, antes que sejam liberadas anualmente.

Algumas larvas plânulas de corais têm vida longa, passando várias semanas ou meses no plâncton – um meio evidente de dispersão. Outros corais liberam plânulas bentônicas, que se afastam de seus pais rastejando e assentam nas proximidades. Muitas populações de corais passam por desovas sincrônicas sobre grandes áreas dos recifes e esse processo é mediado por moléculas sensíveis à luz da lua, conhecidas como **criptocromos**; essas moléculas também foram associadas ao controle da atividade circadiana em vertebrados e insetos. Em alguns casos, esse sincronismo está restrito às colônias de uma única espécie, ou está apenas vagamente correlacionado aos ciclos lunares, mas alguns pesquisadores relataram eventos de desova sincrônica generalizada envolvendo mais de 100 espécies diferentes de corais (na Grande Barreira de Corais da Austrália), talvez para saciar predadores. Esses eventos criam um "pulso" de nutrientes no ecossistema circundante e podem resultar na hibridização dentro e entre os corais escleractíneos. Existem casos comprovados de hibridização entre membros de diferentes gêneros de corais e isso pode explicar a grande extensão do polimorfismo observado em muitas "espécies" de corais. Como os espécimes

 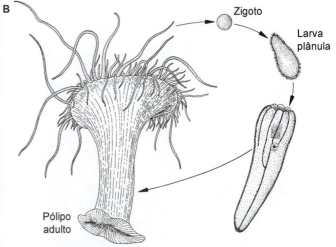

Figura 7.36 Reprodução dos antozoários. **A.** Reprodução assexuada por fissão longitudinal da anêmona gregária *Anthopleura elegantissima*. **B.** Ciclo de vida sexuado de um antozoário típico: o pólipo adulto libera gametas, que se fundem externamente, ou os ovócitos fecundados são liberados e os zigotos desenvolvem-se em larvas plânulas; as larvas assentam e transformam-se diretamente em pólipos jovens.

híbridos podem tornar-se secundariamente clonais, eles podem persistir dentro das populações por períodos consideráveis, mas ainda não está claro até que ponto ocorre o entrecruzamento dos híbridos ou de sua introgressão nas populações genitoras.

Sagartia troglodytes é a única anêmona-do-mar conhecida capaz de copular. A cópula começa quando uma fêmea desliza até um macho receptivo, pressionando então seus discos pedais um contra o outro de maneira a criar uma câmara, dentro da qual os gametas são expelidos e onde ocorre a fecundação. A posição copulatória, que forma uma bolsa marsupial temporária, é mantida por vários dias, provavelmente até que as larvas plânulas estejam desenvolvidas. Esse comportamento pode ser uma adaptação às áreas com mais movimento da água, que, de outro modo, poderia dispersar os gametas e reduzir as chances de fecundação bem-sucedida.

Estudos recentes com a anêmona-do-mar *Nematostella vectensis* demonstraram que os cnidários têm alguns dos genes (embora não todos) envolvidos na padronização dorsoventral dos bilatérios. Embora esses genes homólogos sejam expressos de maneira um tanto aleatória durante o desenvolvimento, sua expressão sugeriu a alguns cientistas a possibilidade de que a polaridade oral-aboral dos cnidários possa ser equivalente à polaridade anteroposterior dos bilatérios. Na verdade, os homólogos dos genes 5 Hox conhecidos por regular a padronização do eixo anteroposterior dos bilatérios também foram encontrados em *N. vectensis*. Esses genes apresentam uma expressão escalonada de domínios na padronização do eixo oral-aboral da anêmona. Isso sugere que os primeiros estágios do que se transformou na bilateralidade eram tão antigos na evolução de Metazoa quanto de Cnidaria. Desse modo, o que hoje reconhecemos como "birradialidade" nas anêmonas (p. ex., disposição direita-esquerda dos tentáculos alimentares, das sifonóglifes faríngeas e dos mesentérios do celêntero) poderia, na verdade, ser uma forma rudimentar de bilateralidade.

Reprodução dos cifozoários. Os ciclos de vida da maioria dos cifozoários é pouco conhecida porque seus estágios bentônicos ocorrem em locais ainda desconhecidos. Contudo, as espécies conhecidas têm vários aspectos em comum. A forma assexuada dos cnidários cifozoários é um pólipo pequeno conhecido como **cifístoma** (= cifopólipo; Figura 7.37 A). Esse pólipo pode produzir novos cifístomas por brotamento na parede da coluna ou dos estolões. Em determinadas épocas do ano (geralmente na primavera), as medusas são formadas por fissões transversais repetidas do cifístoma – um processo conhecido como **estrobilação** (Figura 7.37 B). Durante esse processo, o pólipo é conhecido como **estróbilo**. As medusas podem ser produzidas uma de cada vez (**estrobilação monodisco**), ou numerosas medusas imaturas podem ser empilhadas como pratos de sopa e ser, então, liberadas uma depois da outra, à medida que amadurecem (**estrobilação polidisco**). As medusas imaturas recém-liberadas são conhecidas como **éfiras**. Um cifístoma individual pode sobreviver a apenas um evento de estrobilação, ou pode persistir por vários anos, originando mais cifístomas e liberando éfiras anualmente por processos de reprodução assexuada.

As éfiras são animais larvais muito pequenos, que apresentam bordas umbrelares caracteristicamente recortadas (Figura 7.37 C). Os braços ou tentáculos primários das éfiras marcam a posição do que depois se transforma nos lobos e nos ropálios dos adultos. Em alguns gêneros (p. ex., *Aurelia*), o número de braços das éfiras é muito variável (Figura 7.37 D). A maturação consiste no crescimento entre esses braços até completar a umbrela. O desenvolvimento até formar cifomedusas adultas sexualmente maduras demora alguns meses ou anos, dependendo da espécie.

O tecido que forma os gametas das cifomedusas adultas sempre deriva da gastroderme, geralmente do assoalho das bolsas gástricas, e os gametas são normalmente liberados pela

Figura 7.37 A. Cifístoma de um cifozoário (*Aurelia*) (e um estróbilo). **B.** Estróbilo. **C.** Uma "típica" éfira de oito braços. **D.** Uma éfira com 12 braços.

boca. A maioria das espécies é gonocorística. A fecundação ocorre no mar aberto ou nas bolsas gástricas da fêmea. A clivagem e a formação da blástula são semelhantes aos processos que ocorrem nos hidrozoários. A gastrulação ocorre por ingressão ou invaginação, e resulta na formação de uma larva plânula com camadas duplas, mas sem boca; quando ocorre invaginação, o blastóporo se fecha. Por fim, a larva plânula assenta e cresce, formando um novo cifístoma.

A fase medusoide predomina claramente nos ciclos de vida da maioria dos cifozoários. Em muitos casos, o pequeno estágio de pólipo está significativamente suprimido ou totalmente ausente. Por exemplo, muitas cifomedusas pelágicas eliminaram o estágio de cifístoma e as larvas plânulas transformam-se diretamente em uma medusa jovem (p. ex., *Atolla, Pelagia, Periphylla*). Em outras, as larvas são incubadas e transformam-se em cistos no interior do corpo da medusa genitora (p. ex., *Chrysaora, Cyanea*). Alguns gêneros formam cifístomas coloniais ramificados com um esqueleto de sustentação tubular e um estágio medusoide abreviado (p. ex., *Nausithoe, Stephanoscyphus*). Entretanto, nenhuma delas perdeu por completo seu estágio medusoide. A Figura 7.38 ilustra os ciclos de vida de alguns cifozoários.

Reprodução dos cubozoários. A biologia dos cubozoários ainda não é muito bem-conhecida e os pólipos de apenas algumas espécies foram descritos. Aparentemente, cada pólipo passa por metamorfose direta em uma única medusa, em vez de sofrer estrobilação "tradicional", como ocorre com os pólipos de cifozoários. Algumas medusas cubozoárias realizam um tipo de cópula, na qual os espermatozoides são transferidos diretamente do macho para uma fêmea adjacente na coluna de água. Na espécie *Copula sivickisi*, adultos maduros fazem a corte, durante a qual os machos transferem espermatóforos para as fêmeas que, em seguida, introduzem-nos em seus manúbrios. As fêmeas aceitam vários espermatóforos de diversos machos, embora possam produzir apenas um cordão embrionário (um pacote de ovócitos fecundados, que se fixa às algas). Durante a corte, as fêmeas maduras com bordas umbrelares maiores que 5 mm apresentam manchas velares evidentes, que podem fornecer um sinal visual aos machos que as cortejam. Estudos demonstraram que as larvas plânulas de alguns cubozoários têm muitos olhos unicelulares, mas não têm sistema nervoso!

Reprodução dos estaurozoários. A reprodução dos estaurozoários foi observada em apenas algumas espécies. Nas medusas maduras, os ovócitos desenvolvem-se dentro das células foliculares – uma característica singular entre os cnidários. A fecundação parece ocorrer *in situ* e, em seguida, os zigotos são espalhados na água durante o verão. A seguir, os zigotos assentam e transformam-se em plânulas não ciliadas rastejantes, cada uma com quantidade invariável de células ($n = 16$). As plânulas desenvolvem-se em estágio de "micro-hídrulas" que não se alimentam e podem produzir assexuadamente frústulas rastejantes, que depois se transformam em estauropólipos, ou as micro-hídrulas podem transformar-se diretamente em estauropólipo, que depois se desenvolve em estauromedusa.

Reprodução dos hidrozoários. Os pólipos dos hidrozoários reproduzem-se assexuadamente por brotamento. Trata-se de um processo bastante simples, por meio do qual a parede do corpo evagina como um broto, incorporando uma extensão da cavidade gastrovascular com isso. Uma boca e os tentáculos originam-se na extremidade distal e, por fim, o broto desprende-se do parental e se torna um pólipo independente ou, no caso das formas coloniais, permanece fixo. A reprodução assexuada desse tipo forma colônias polipoides maiores e mais complexas, que têm mais capacidade reprodutiva e talvez mais resistência às correntes de água rápidas ou turbulentas.

Os gonóforos, ou brotos de medusas, também são produzidos pelos pólipos por um mecanismo semelhante, embora o processo seja complexo em alguns casos. Um tipo muito especial de brotamento ocorre nos sifonóforos, nos quais colônias flutuantes produzem cadeias de indivíduos denominados **cormídios**, que podem libertar-se para começar uma colônia nova.

Algumas hidromedusas também fazem reprodução assexuada, seja brotando diretamente medusas jovens (Figura 7.39) ou por fissão longitudinal. Em geral, esse último processo envolve a formação de múltiplas bolsas gástricas (**poligastria**), seguida da separação longitudinal, a qual produz duas medusas-filhas. Em algumas espécies (p. ex., *Aequorea macrodactyla*), pode ocorrer fissão direta. A poligastria não ocorre durante esse processo; em vez disso, toda a umbrela dobra-se ao meio, cortando o estômago, o canal circular e o véu (Figura 7.40). Por fim, a medusa inteira divide-se ao meio e cada parte regenera as porções que faltam.

Em geral, os cnidários têm uma grande capacidade de regeneração, como exemplificado pelas experiências com *Hydra*. O naturalista do século 18 Abraham Trembley teve a inteligente ideia de virar uma *Hydra* do avesso. Para seu deleite, o animal sobreviveu muito bem, com as células gastrodérmicas funcionando como a "nova epiderme" e vice-versa. As células retiradas do corpo de uma *Hydra* também demonstram modesta capacidade de reagregação, semelhante à que se observa claramente nas esponjas. Em alguns casos, animais inteiros podem ser reconstruídos a partir das células retiradas apenas da gastroderme, ou apenas da epiderme. Embora *Hydra* seja um cnidário atípico e incomum, sua grande capacidade de reorganização celular é o reflexo de um estado primitivo de desenvolvimento tecidual dos animais desse filo.

Uma *Hydra* típica consiste em apenas cerca de 100.000 células de quase 12 tipos diferentes. Embora existam epiderme e gastroderme distintas, esses tecidos são muito semelhantes entre si e são compostos basicamente por células epiteliomusculares. Evidentemente, o sistema nervoso também é muito simples. São necessárias apenas poucas semanas para que todas as células de *Hydra* se reproduzam, ou "renovem", inclusive as células nervosas. Esses atributos tornam *Hydra* uma criatura ideal para estudos de biologia do desenvolvimento, histogênese e morfogênese.

Todos os cnidários hidrozoários têm uma fase sexuada em seu ciclo de vida (Figura 7.41). Entretanto, nas espécies solitárias como *Hydra* e em algumas (talvez muitas) formas coloniais, a fase medusoide (tipicamente um estágio que forma gametas) é suprimida ou ausente. Em vez disso, a epiderme do pólipo desenvolve estruturas produtoras de gametas simples e transitórias, conhecidas como **esporossacos** (Figura 7.5 B). A maioria dos hidroides coloniais forma brotos de medusa (gonóforos) a partir das paredes dos hidrantes ou dos gonozooides separados. Os gonóforos podem crescer e transformar-se em medusas, que são liberadas como indivíduos que se reproduzem sexualmente e têm vida livre, ou podem permanecer fixos aos pólipos como medusas incipientes, que produzem gametas no local.

294 Invertebrados

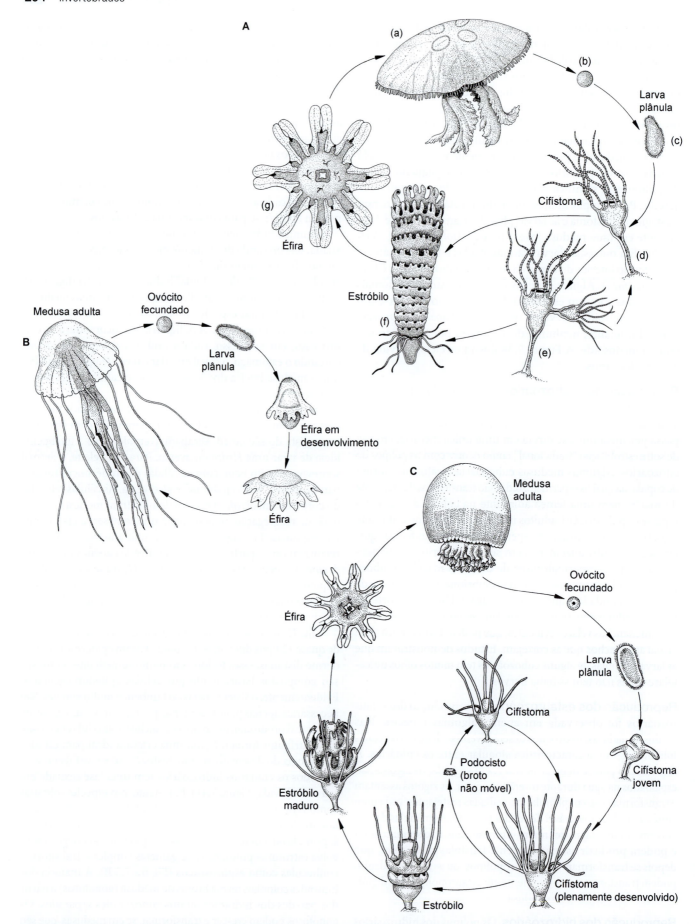

Figura 7.38 Ciclos de vida dos cifozoários. **A.** Ciclo de vida de *Aurelia*. O ovócito fecundado (b) é liberado, desenvolvendo-se em uma larva plânula (c), que assenta e cresce até se transformar em um pólipo, o cifístoma (d). O cifístoma brota para formar novos pólipos (e) ou produz éfiras por estrobilação (f); a éfira (g) cresce e transforma-se na medusa adulta. **B.** Ciclo de vida de *Pelagia*, uma cifomedusa que não passa pelo estágio polipoide. **C.** Ciclo de vida da "medusa bala-de-canhão" *Stomolophus meleagris*.

Capítulo 7 Filo Cnidaria **295**

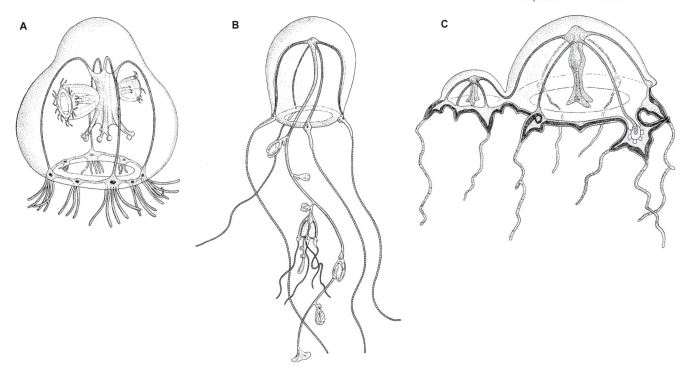

Figura 7.39 Reprodução assexuada de algumas hidromedusas. **A.** Medusas novas de *Rathkea* brotam a partir do manúbrio. **B.** Medusas novas de *Sarsia* brotam a partir de seu manúbrio fino e longo. As medusas-filhas estão começando a produzir brotos da mesma forma. **C.** Medusas novas de *Niobia* brotam a partir dos bulbos tentaculares.

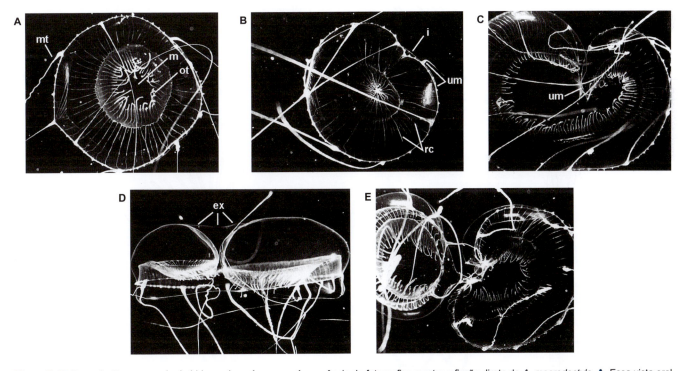

Figura 7.40 Reprodução assexuada da hidromedusa *Aequorea*. A sequência de fotografias mostra a fissão direta de *A. macrodactyla*. **A.** Essa vista oral mostra uma medusa que não se encontra em processo de divisão, com seus tentáculos marginais (mt) distendidos. **B.** Iniciação do processo de invaginação (i). **C** a **E.** Progressão do processo de fissão direta. As *vistas oral* (**C**) e *marginal* (**D**) ilustram a divisão da margem umbrelar (um) e a separação das metades exumbrelares; **E** mostra a superfície exumbrelar (ex) começando a afastar-se, produzindo medusas-filhas livres-natantes; a "cicatrização" está quase completa na medusa-filha menor à esquerda. ot = tentáculos orais; m = boca; rc = canais radiais.

Os hidrozoários mileporinos produzem medusas sexuadas de vida curta, que são liberadas ao longo de vários dias durante determinadas estações do ano. A segregação temporal da dispersão parece ocorrer entre colônias de espécies diferentes. As colônias da mesma espécie são gonocorísticas e, por isso, liberam medusas exclusivamente masculinas, que têm um saco espermático localizado no manúbrio vestigial, ou medusas femininas, que contêm 3 a 5 ovócitos na cavidade subumbrelar. As medusas masculinas parecem ser liberadas na coluna de água por seus corais algumas horas antes da liberação das medusas femininas. Os gametas são liberados por esses dois tipos de medusa e a fecundação ocorre externamente.

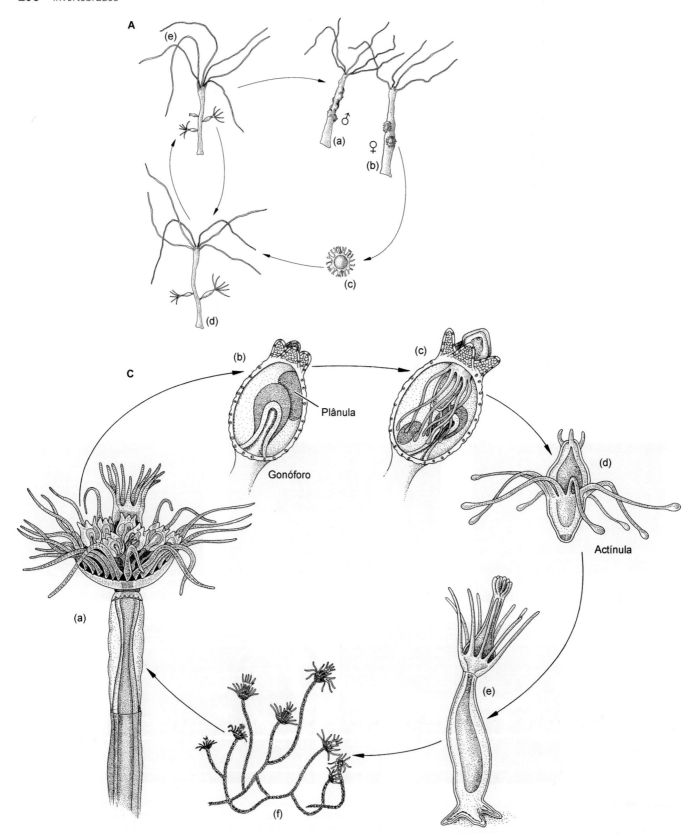

Figura 7.41 Alguns ciclos de vida de hidrozoários. **A.** Ciclo de vida de *Hydra*. Os espermatozoides produzidos pelo pólipo macho (a) fecundam os ovócitos do pólipo feminino (b). Durante a clivagem, os ovócitos secretam uma teca quitinosa ao seu redor. Depois da eclosão, os embriões (c) crescem e transformam-se em pólipos, que se reproduzem assexuadamente por brotamento (d), até que as condições ambientais estimulem novamente a reprodução sexuada. **B.** Ciclo de vida de *Obelia*, um hidroide tecado com medusas livres. **C.** Ciclo de vida de *Tubularia*, um hidroide atecado, que não libera medusas livres. O pólipo (a) contém muitos gonóforos, cujos ovos desenvolvem-se *in situ* em plânulas (b) e, em seguida, em larvas actínulas (c) antes de ser liberados (d); as larvas actínulas liberadas (d) assentam e transformam-se diretamente em pólipos novos (e), cada um dos quais prolifera e forma uma colônia nova (f). **D.** Ciclo de vida de uma medusa hidrozoária traquilina sem estágio polipoide (*Aglaura*). Depois da fecundação, um adulto gonocorístico (a) libera uma larva plânula (b), que forma uma boca e tentáculos (c) e torna-se uma larva actínula (d). Em seguida, a larva actínula transforma-se em uma medusa jovem (e). **E.** Ciclo de vida de um hidrozoário traquilino com estágio polipoide, nesse caso *Limnocnida* de água doce. As medusas gonocorísticas (a) liberam ovócitos fecundados (b), que crescem e transformam-se em larvas plânulas (c). As larvas plânulas assentam e formam pequenas colônias de hidroides (d), que brotam e formam medusas novas (e).

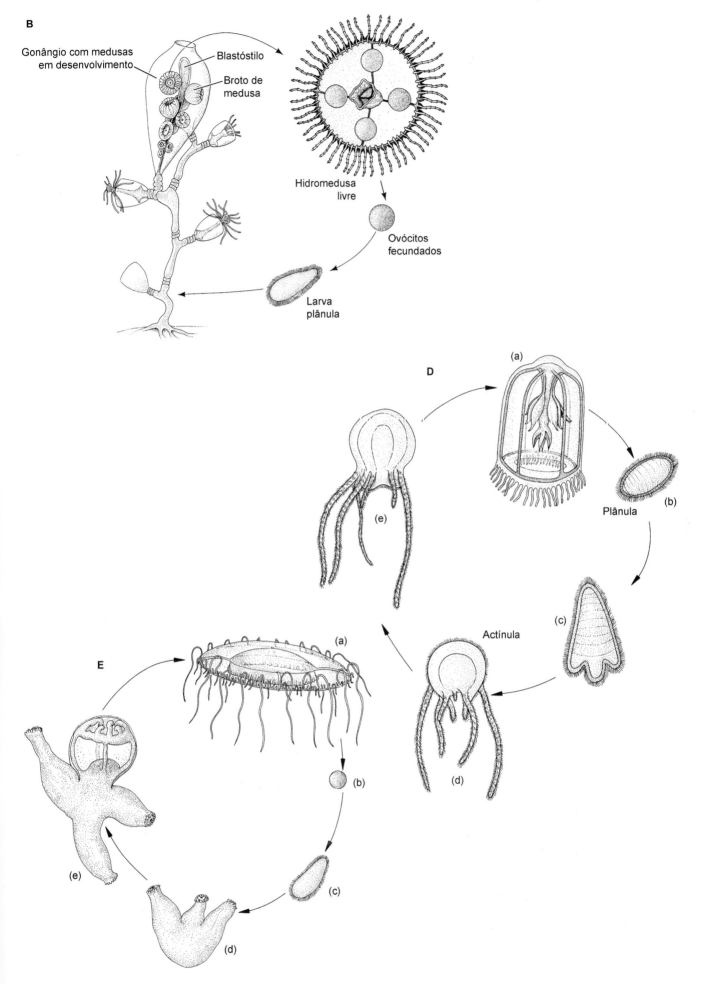

Nas hidromedusas de vida livre, as células germinativas originam-se das células epidérmicas intersticiais, que migram para áreas específicas da superfície da umbrela, onde se consolidam em uma massa gonadal temporária. Em seguida, o tecido gametogênico aparece na superfície do manúbrio, sob os canais radiais, ou na superfície subumbrelar em geral. Nos casos típicos, as hidromedusas, em geral, são gonocorísticas e seus espermatozoides ou ovócitos são liberados diretamente na água, onde ocorre a fecundação. Algumas dessas hidromedusas liberam apenas espermatozoides e a fecundação ocorre sobre ou dentro do corpo da medusa-fêmea. As hidromedusas livres são especialmente comuns nas águas temperadas, nas quais podem ser muito abundantes em determinadas estações do ano e facilmente coletadas pelas redes de plâncton. Os sifonóforos parecem ter sido gonocorísticos em sua ancestralidade, mas existem formas hermafroditas entre os fisonectos e exclusivamente entre os calicóforos (codonóforos). Aparentemente, a dispersão planctônica das formas sexuadas poderia atenuar a diferenciação genética das populações costeiras, mas estudos demonstraram estrutura populacional genética considerável entre populações morfologicamente semelhantes de *Obelia geniculata*, com variações de mais de alguns milhões de anos nas estimativas da época em que houve divergência das linhagens reciprocamente monofiléticas.

Embora ocorram vários padrões de clivagem nos hidrozoários, o tema geral é fundamentalmente radial e holoblástico. Uma celoblástula se forma, a qual sofre gastrulação por ingressão unipolar ou multipolar e forma uma estereogástrula. O interior dessa massa de células é a endoderme, enquanto a camada de células externas é a ectoderme (Figura 7.42). A estereogástrula alonga-se para formar uma **larva plânula** sólida ou oca singular, que não se alimenta e é livres-natante (Figura 7.43). A larva plânula é radialmente simétrica, embora nade com uma clara orientação "anteroposterior". As células ectodérmicas são monociliadas e estão destinadas a formar a epiderme do animal adulto; a endoderme está destinada a tornar-se a gastroderme do adulto.

A extremidade traseira da larva (de todos os cnidários) transforma-se no polo oral do adulto e, mesmo no estágio larval, algumas vezes se desenvolve uma boca nessa extremidade. As plânulas dos hidrozoários nadam por cerca de algumas horas, alguns poucos dias ou algumas poucas semanas antes de assentar por fixação da extremidade anterior. Se a larva ainda está sólida, então a endoderme torna-se oca para formar o celêntero. A boca abre-se na extremidade oral livre e os tentáculos desenvolvem-se à medida que a larva passa por metamorfose em um pólipo solitário e jovem. Alguns estudos mostraram que uma reorganização dramática do sistema nervoso dos hidrozoários ocorre durante a metamorfose da plânula em um pólipo primário (na espécie *Pennaria*). Os neurônios larvais degeneram e novos neurônios se diferenciam para reconstituir uma rede neural e o padrão de distribuição geral do sistema nervoso altera-se drasticamente.

Essa visão geral do ciclo reprodutivo dos hidrozoários abrange a maioria das espécies (Figura 7.41), mas na verdade existem ainda mais variações do que poderíamos descrever no espaço que nos resta. Por exemplo, em alguns traquilinos, o estágio polipoide aparentemente foi perdido por completo. As medusas formam larvas plânulas, que se desenvolvem em larvas actínulas e, por sua vez, sofrem metamorfose em medusas adultas sem passar pelo estágio polipoide séssil. Alguns traquilinos e sifonóforos têm desenvolvimento direto, sem passar absolutamente por qualquer estágio larval. Entre os traquilinos, os membros da família Rhopalonematidae (antes classificada na ordem Actinulida) formam pólipos intersticiais diminutos, que não passam por um estágio medusoide (ou, possivelmente, essas formas representam medusas rastejantes) e suprimiram a fase larval. O pólipo adulto é ciliado e assemelha-se a uma larva actínula (daí o nome dessa ordem).

Reprodução dos mixozoários. Os cnidários mixozoários têm ciclos de vida tão estranhos que é impossível identificar estágios polipoides ou medusoides. Até hoje, não foi reconhecido qualquer estágio de plânula. Essas diferenças marcantes com outros táxons cnidários certamente contribuíram para a incerteza quanto à posição dos mixozoários dentro desse filo, a qual persiste até hoje. No entanto, há alternância das gerações sexuadas e assexuadas dentro dos hospedeiros vertebrados e anelídeos, embora nas formas parasitárias descritas antes. A reprodução assexuada ocorre dentro do hospedeiro vertebrado, formando mixósporos infecciosos que já foram descritos (Figura 7.29). A reprodução sexuada ocorre dentro dos anelídeos e outros vermes celomados, formando larvas actinósporas

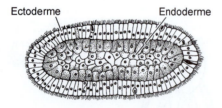

Figura 7.42 Uma típica larva plânula sólida de um hidrozoário, resultante de ingressão.

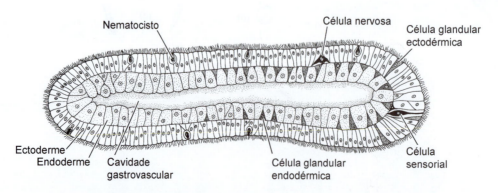

Figura 7.43 Larva plânula oca do hidroide *Gonothyrea* (corte longitudinal).

infecciosas. A separação dos estágios sexuado e assexuado do ciclo de vida desses parasitas é semelhante à que ocorre com outras espécies parasitárias e poderia sugerir que existam algumas homologias genéticas de desenvolvimento entre os estágios assexuado e sexuado dos mixozoários e os estágios polipoide e medusoide de outros cnidários. Entretanto, os mecanismos de reprodução da maioria dos mixozoários ainda não estão bem-definidos.

Filogenia dos cnidários

Cnidários ediacaranos?

Os cnidários têm uma das histórias fósseis mais longas de Metazoa. Os primeiros fósseis aparentes de cnidários datam do período Ediacarano e provêm das famosas Colinas Ediacaranas do sul da Austrália, que contêm possíveis colônias de medusas e polipoides (p. ex., criaturas semelhantes às penas-do-mar) que viveram há quase 600 milhões de anos. Entretanto, essas impressões primitivas circulares e em formato de árvore não podem ser designadas inequivocamente a qualquer táxon cnidário atual. Alguns pesquisadores duvidam de que elas representem cnidários verdadeiros, ainda que algumas formas circulares tenham tentáculos marginais semelhantes aos encontrados na maioria das medusas. Outros polipoides neoproterozoicos possíveis incluem as impressões que podem ser os flutuadores dos "condróforos" pelágicos e os fósseis com simetria trirradiada (p. ex., *Tribrachidium*), assim como pentarradiada e octorradiada, desse modo diferenciando-se fundamentalmente de quaisquer outros cnidários viventes. Alguns pesquisadores acreditam que esses fósseis sejam parte de outros organismos, como as estruturas de grampos isolados; outros classificaram esses fósseis em uma classe extinta de cnidários (Trilobozoa). Também existem pesquisadores que os consideram equinodermos trirradiados primitivos. Ter uma boa imaginação ajuda bastante quando se é paleontólogo.

Na década de 1980, Adolf Seilacher – frustrado por suas tentativas de classificar esses fósseis da era Neoproterozoica em algum filo moderno – criou um filo totalmente novo denominado Vendobionta (Vendozoa), sugerindo que ele poderia ser um grupo-irmão de Eumetazoa (metazoários situados acima do grau dos poríferos). Conforme afirmou Seilacher, os vendozoários pareciam ter uma construção semelhante a uma colcha de pele externa fina e ligeiramente esclerotizada (embora flexível) separada em compartimentos por estacas internas mais rígidas (que, nas impressões fósseis, parecem ser suturas). Estudos subsequentes colocaram esses fósseis em uma ordem de cnidários extintos – Rangeomorpha – e descreveram outras formas mais bilateralmente simétricas como Erinettomorpha. Um dos mais famosos desses últimos animais é *Dickinsonia* ovalada, que pode ter medido mais de um metro de comprimento, mas tinha apenas alguns milímetros de espessura. Alguns pesquisadores acreditam que *Dickinsonia* tenha sido semelhante a uma medusa, mas também já foi classificada entre Platyhelmynthes, Annelida (em razão dos indícios de possível segmentação corporal), em um filo extinto (Proarticulata) e até em um reino totalmente novo!

As tentativas de colocar os fósseis ediacaranos entre os cnidários (ou outros filos extintos) alcançaram pouco sucesso até 2014. Por exemplo, as diferenças nos padrões de crescimento aparente e na estrutura arbórea entre os cnidários extintos (p. ex., penatuláceos) e as espécies ediacaranas frondosas falam contra uma relação direta com os cnidários. Então, em 2014, pesquisadores descreveram um fóssil provavelmente cnidário com 560 milhões de anos (denominado *Haootia quadriformis*) encontrado em Terra Nova, que tinha simetria quadrirradial e fibras musculares empacotadas bem-preservadas. *Haootia* parece ser um pólipo com quase 6 cm de comprimento, ou talvez uma medusa fixada – é muito semelhante às espécies atuais de estaurozoários.

Os primeiros rastros fósseis também foram atribuídos ao filo Cnidaria. As perfurações atribuídas às anêmonas-do-mar ocorriam no início do período Cambriano e alguns estratos apresentam trajetos serpenteantes, que parecem ser rastros deixados pelas caudas mucosas das anêmonas rastejantes (algumas anêmonas atuais movimentam-se dessa forma utilizando atividade ciliar). Embriões notáveis com provável afinidade pelos cifozoários também foram relatados do Cambriano Inferior na China.

A descoberta recente de duas espécies novas de animais diploblásticos enigmáticos no fundo do mar ao sul da Austrália é um exemplo de animais semelhantes aos cnidários ediacaranos, que sobreviveram até os tempos modernos. *Dendrogramma enigmatica* e *D. discoides* (Figuras 7.44 e 7.45) têm estrutura semelhante a um pólipo, sistema digestivo ramificado e assimétrico sem ânus aparente, mesogleia gelatinosa espessa entre a epiderme e a gastroderme, e outras semelhanças estruturais compartilhadas tanto pelos ctenóforos quanto pelos cnidários. Contudo, esses animais não têm as estruturas urticantes ou adesivas que caracterizam esses táxons. *Dendrogramma* tem semelhança intrigante com os fósseis de criaturas medusoides do Ediacarano (p. ex., *Albumares*, *Anfesta*, *Margaritiflabellum* e *Rugoconites*), que

Figura 7.44 Esse animal recém-descoberto, *Dendrogramma enigmatica*, foi coletado nas águas profundas do sudeste da Austrália em 1986. **A** e **B**. Vistas laterais. **C**. Vista aboral. **D**. Vista oral.

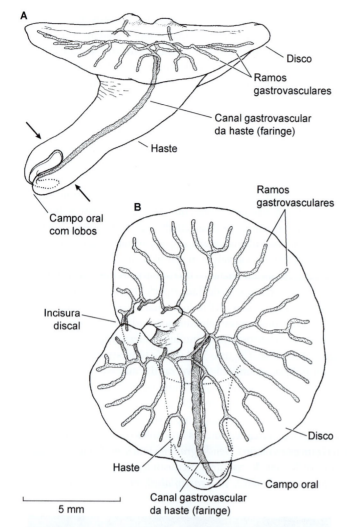

Figura 7.45 Ilustração esquemática de *Dendrogramma*. **A.** Vista lateral. **B.** Vista aboral.

tinham um disco contendo canais radiados e bifurcados, e uma haste central, possivelmente também com uma boca terminal. A preservação inicial dos espécimes de *Dendrogramma* em formalina até hoje dificulta a classificação molecular, ficando sem solução a possibilidade de que os medusoides ediacaranos ainda persistam 540 milhões de anos depois de sua presumida extinção. Por ora, as duas espécies viventes foram classificadas em sua própria família – Dendrogrammatidae – como metazoários *incertae sedis* (de posição incerta).

Origens dos cnidários

A origem dos cnidários está intimamente relacionada com a origem dos próprios metazoários. Como os poríferos, os planos corpóreos dos cnidários parecem ter permanecido praticamente inalterados desde o período Cambriano. A teoria prevalente sobre a origem dos metazoários, também conhecida como **teoria colonial**, descreve um protista flagelado colonial (p. ex., um coanoflagelado), que deu origem a um metazoário ancestral oco conhecido como **blasteia** e que, por sua vez, originou um animal planuloide diploblástico referido como **gastreia**. Teria sido a partir dessas formas ancestrais hipotéticas que os poríferos e os cnidários teriam evoluído. Por outro lado, outra hipótese sugere que os ancestrais dos cnidários eram organismos acelomados e triploblásticos, talvez algo semelhante aos turbelários rabdocélicos, que passaram por "evolução degenerativa" para formar o que conhecemos hoje como os cnidários. Essa ideia – conhecida como **teoria triploblástica** (ou **teoria turbelária**) – geralmente defende que os antozoários constituem a classe de cnidários mais primitivos e cita os "vestígios" de simetria bilateral dessa classe como evidência da existência de um ancestral bilateral. Como foi mencionado antes neste capítulo, algumas evidências moleculares e de biologia do desenvolvimento apoiam essa ideia, mas o peso das evidências fala contra essa interpretação e, apesar da suposta musculatura vestigial de *Buddenbrockia*, nenhum cnidário atual apresenta vestígios do que poderia ter sido um ancestral triploblástico, seja em sua anatomia ou em seu desenvolvimento. A teoria triploblástica ainda é controversa, porque muitos zoólogos contemporâneos consideram-na fraca em vários aspectos. A "evolução degenerativa" (uma escolha infeliz de palavras) é um fenômeno associado primariamente à evolução de parasitas ou à exploração das dimensões reduzidas (p. ex., formas intersticiais). Ela pode resultar na redução de certos sistemas e no desenvolvimento adaptativo especializado de outros. A ideia de uma criatura triploblástica móvel, bilateral e de vida livre (como um platelminto) adotando uma existência séssil e transformando-se em um pólipo de antozoário diploblástico com simetria radial parece ser um cenário evolutivo altamente improvável. A adoção da radialidade (ou, no mínimo, da radialidade "funcional") dos animais bilateralmente simétricos está bem-documentada em alguns táxons (p. ex., Echinodermata), mas não inclui os tipos de "degeneração" exigidos pela teoria turbelária. A transformação sugerida pela teoria triploblástica ou turbelária é complicada; isso envolveria a perda ou a simplificação drástica de muitos sistemas complexos (especialmente o sistema urogenital) e alterações significativas da configuração corporal fundamental. Tanto as larvas como as formas adultas dos cnidários atuais mantêm a simetria radial básica. A chamada bilateralidade vestigial dos pólipos de antozoários não é realmente bilateralidade, mas birradialidade em torno de um eixo oral-aboral, que se desenvolveu tardiamente na ontogenia desses animais. A teoria triploblástica/turbelária também é fraca em termos embriológicos, tais como diferenças nos padrões de clivagem e na formação das camadas germinativas. Além disso (talvez o fato mais importante), análises filogenéticas poligênicas mais recentes colocam claramente os cnidários abaixo da origem da bilateralidade e, provavelmente, como um grupo-irmão dos bilatérios.

No Capítulo 5, revisamos as diferenças embriológicas importantes entre os clados metazoários celomados conhecidos como protostômios e deuterostômios. À medida que esses traços ocorrem nos metazoários não celomados, torna-se filogeneticamente importante mencioná-los. Por exemplo, a clivagem radial é característica dos deuterostômios, mas provavelmete surgiu em um estágio muito precoce na evolução dos metazoários; isso ocorre nos cnidários e na maioria das esponjas, embora de uma forma ligeiramente diferente nesse último caso. Por isso, esse parece ser o tipo plesiomórfico de clivagem entre os animais. Por outro lado, a clivagem espiral define todo um clado de protostômios (Spiralia), sugerindo que seja um padrão de clivagem mais derivado nos metazoários. Na verdade, à medida que aumentam nossos conhecimentos sobre os genomas dos cnidários, as evidências parecem sugerir que seus genes compartilham mais semelhanças com os genes dos deuterostômios que dos protostômios.

Relações entre os cnidários

As evidências anatômicas não permitem concluir definitivamente quanto à questão de qual classe de cnidários viventes é a mais ancestral. Alguns pesquisadores defenderam a visão de que o primeiro cnidário seja uma medusa, baseando-se principalmente na hipótese de que o estágio sexual precisa surgir primeiro (**hipótese medusoide**). Outros autores defenderam o conceito de que a forma polipoide é primitiva dentro do filo Cnidaria, porque os pólipos ocorrem em todas as classes desse filo, exceto entre os parasitas mixozoários; por isso, eles representam parte do plano corpóreo dos cnidários primitivos (**hipótese polipoide**). Estudos moleculares recentes esclareceram muitas relações entre os cnidários, embora ainda existam debates quanto a serem os antozoários ou os medusozoários os representantes do grupo "basal" dos cnidários. Evidentemente, a hipótese filogenética que se adota traz fortes implicações para a interpretação da evolução das características desse grupo – e a maior parte das evidências atuais favorece os antozoários como ancestrais. No entanto, é necessário realizar mais estudos para confirmar essa hipótese. Em seguida, descrevemos as implicações de cada hipótese, reconhecendo que estudos adicionais confirmarão ou refutarão as linhas gerais descritas adiante.

A *hipótese polipoide* sugere que a classe exclusivamente polipoide dos antozoários esteja mais próxima do cnidário ancestral. Essa hipótese tem recebido apoio crescente e é o esquema apresentado neste capítulo (Figura 7.46). Os dados genéticos e moleculares a favor dessa hipótese continuam a acumular-se. Por exemplo, as análises da sequência do rDNA 18S colocam os antozoários com um grupo-irmão de todos os outros cnidários. Além disso, hoje sabemos que, entre os cnidários, apenas os antozoários têm DNA mitocondrial circular – um traço que eles compartilham com outros metazoários (incluindo os placozoários). Todos os membros do clado Medusozoa têm mtDNA linear, visto como uma condição derivada entre os cnidários.

De acordo com a hipótese polipoide, o cnidário ancestral poderia ter alguns ou todos os traços que definem Anthozoa atuais, enquanto o clado que inclui Staurozoa, Hydrozoa, Cubozoa e Scyphozoa (*i. e.*, Medusozoa) é definido pela evolução do cnidocílio e do mtDNA linear. A maioria dos autores também coloca a origem das medusas na base da linhagem dos metazoários, sugerindo que todas as medusas dos cnidários sejam homólogas, enquanto outros sugerem que as hidromedusas e as cifomedusas (e as cubomedusas) tenham sido originadas independentemente. De qualquer forma, com base na hipótese polipoide, as medusas representam um estágio de dispersão derivado. A posição dos mixozoários ainda não está definida.

Por outro lado, a *hipótese medusoide* sugere que os cnidários se originaram de um ancestral planuloide ciliado que nadava ou rastejava e que, com o desenvolvimento dos tentáculos, tal ancestral resultou em um animal semelhante a uma larva actínula. A transição da plânula para a actínula nas formas atuais das medusas pode ser encontrada hoje em dia no ciclo de vida de certos hidrozoários. A reprodução assexuada (p. ex., brotamento) de uma larva actínula bentônica poderia ter resultado secundariamente no estabelecimento de um estágio polipoide distinto. Nesse caso, o

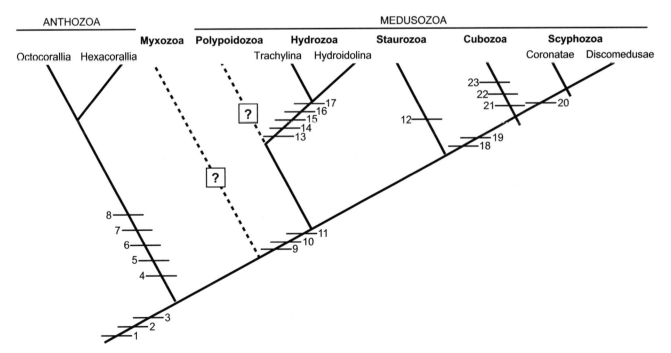

Figura 7.46 Filogenia baseada em análises moleculares dos cnidários, superpostas às principais sinapomorfias das linhagens principais.
Sinapomorfias dos Cnidaria: (1) Cnidas; (2) Células epiteliomusculares; (3) Larvas plânulas.
Sinapomorfias dos Anthozoa: (4) Simetria hexarradial/octorradial; (5) Actinofaringe; (6) Sifonóglife; (7) Filamentos mesentéricos no celêntero; (8) Série de flapes tripartidos nas cnidas.
Sinapomorfias dos Medusozoa: (9) Medusas e alternância de gerações; (10) DNA linear; (11) Cnidas operculadas (com cnidocílio).
Sinapomorfias dos Staurozoa: (12) Evolução de um ciclo de vida singular com estauropólipo e estauromedusas sésseis.
Sinapomorfias dos Hydrozoa: (13) Relocação dos tecidos formadores de gameta para a epiderme; (14) Perda dos mesentérios do trato digestivo; (15) Simplificação da camada média em uma mesogleia acelular; (16) Evolução da forma medusoide craspedota; (17) Perda dos nematocistos gastrodérmicos.
Sinapomorfias dos Cubozoa-Scyphozoa: (18) Redução ou perda da fase de pólipo; (19) Ropálios.
Sinapomorfias dos Scyphozoa: (20) Estrobilação.
Sinapomorfias dos Cubozoa: (21) Medusas com forma cuboide; (22) Olhos ropaliares com lentes; (23) Velário.

pólipo poderia ser considerado como uma forma larval ampliada, especializada para a reprodução assexuada e a existência bentônica. Nesse cenário, quando a forma polipoide tornou-se estabelecida, alguns cnidários começaram a suprimir a fase medusoide dos seus ciclos de vida, cujos vários graus podem ser vistos entre os hidrozoários atuais. O epítome dessa tendência seria a classe dos antozoários, cujos membros não passam por qualquer estágio medusoide. O grupo-irmão de Cubozoa + Scyphozoa (conhecido como Acraspeda) seria definido pelas mesmas sinapomorfias das hipóteses polipoide e medusoide – perda dos mesentérios do trato digestivo, perda dos nematocistos gastrodérmicos, redução das células na mesogleia, movimentação dos tecidos formadores de gametas para a epiderme e a evolução das medusas acraspedotas.

A descrição da filogenia dentro de cada classe dos cnidários é igualmente interessante, mas estaria muito além dos propósitos deste capítulo. Entretanto, é possível fazer algumas generalizações acerca de determinados eventos importantes. A colonialidade tem sido um tema evolutivo comum e importante entre os cnidários. A colonialidade dos hidrozoários provavelmente se originou por retenção dos pólipos jovens durante a reprodução assexuada e, por fim, esse desenvolvimento resultou em grupos coloniais altamente especializados, como os Siphonophora, Milleporidae e Stylasteridae. Na classe dos cifozoários, a evolução favoreceu claramente a especialização crescente da forma medusoide pelágica e a redução da importância do estágio polipoide de seu ciclo de vida. As cifomedusas e as cubomedusas desenvolveram um corpo grande, musculatura especializada, mesênquima celular ou fibroso, sistema gastrovascular complexo e sistema sensorial razoavelmente sofisticado.

Os antozoários caracterizam-se por várias sinapomorfias singulares: simetria hexarradial ou octorradial (transformada em simetria birradial na maioria dos animais); actinofaringe, sifonóglifes e filamentos mesentérios singulares no celêntero; inexistência de cnidas operculadas e cnidocílio; *flaps* tripartidos nas cnidas; e cones ciliares especiais associados aos cnidócitos. Os antozoários também têm sistemas gastrovascular e nervoso mais complexos que os encontrados entre os medusozoários, bem como um grau mais acentuado de celularidade do mesênquima.

Entre os membros da classe Anthozoa, a evolução produziu uma série numerosa de experimentos no estilo de vida polipoide colonial, resultando em "superorganismos" como os corais-pétreos, os octocorais, os penatuláceos e os zoantídeos. Entre os hexacorais (Hexacorallia), os corais-pétreos (escleractíneos) surgiram pela primeira vez no registro fóssil do período Triássico Médio (há cerca de 237 milhões de anos atrás), embora os primeiros escleractíneos não formassem recifes. As origens (e as radiações) dos escleractíneos ainda não estão bem-esclarecidas.

Entre os ancestrais extintos sugeridos para os escleractíneos estão três grupos de corais paleozoicos: Rugosa, Heterocorallia e Tabulata. Os membros dos grupos Rugosa (também conhecidos como corais de chifre) e Heterocorallia tiveram seus pólipos divididos por septos em 4 ciclos (em vez de 6, como ocorre entre os Scleractinia) e os septos originaram-se em um padrão pinado (em vez de cíclico, como nos Scleractinia). Os corais do grupo Tabulata não eram septados. A conexão entre os corais rugosos (que formavam esqueletos de calcita) e os escleractíneos atuais (cujos esqueletos são de aragonita) foi reforçada pela descoberta dos escleractíneos do período Cretáceo com esqueletos de calcita.

No grupo Scleractinia, as evidências moleculares parecem confirmar a existência de dois clados: espécies "robustas" com esqueletos sólidos e altamente calcificados, que formam estruturas maciças ou com formato de placas; e espécies "complexas" com esqueletos mais leves, porosos e complexos. Dentro desses clados, apenas Porittina e Dendrophiliina parecem ser monofiléticos, sugerindo que as relações baseadas apenas na morfologia provavelmente sejam enganosas nesse grupo. Possivelmente contribuindo para essa diversidade, evidências recentes sugeriram que a colonialidade e a simbiose com as zooxantelas tenham sido adquiridas e perdidas repetidamente ao longo de toda a história dos corais-pétreos – uma tendência que pode ter permitido aos escleractíneos diversificarem-se em comunidades que formavam ou não recifes – bem como a recuperação depois de extinções locais repetidas ao longo do tempo evolutivo. O aumento das dimensões dos pólipos entre os antozoários parece ter ocorrido ao longo do tempo, juntamente com a evolução dos componentes estruturais complexos do mesênquima e musculatura cada vez mais eficiente. Evidentemente, os antozoários aproveitaram-se bem de uma relação comensal com as zooxantelas – mais que os membros das outras classes. A evolução convergente ocorreu frequentemente em todos os membros do filo Cnidaria, conforme testemunhado por características como colônias, esqueletos calcários, estruturas de véu–velário e vários meios de suprimir o estágio medusoide ou polipoide no ciclo de vida.

As duas linhagens de cnidários recém-reconhecidas – Myxozoa e Polypoidozoa – representam experimentos nas histórias de vida parasitária, sendo a primeira mais bem-sucedida que a segunda. Hoje em dia, os mixozoários parecem somar quase 2.200 espécies, que claramente fazem parte dos cnidários, mas cujas relações entre si ainda são desconhecidas. A morfologia dos polipoidozoários sugere que tenham sido originados dos medusozoários. Entretanto, a posição filogenética exata desses dois táxons ainda não está definida hoje em dia. Outras análises filogenéticas dos cnidários, que deverão ser realizadas nos anos subsequentes, certamente fornecerão resultados novos e interessantes.

Bibliografia

Referências gerais

Ball, E. E. *et al.* 2004. A simple plan–cnidarians and the origins of developmental mechanisms. Nat. Rev. Genet. 5: 567–577.

Bavestrello, G., C. Sommer e M. Sarà. 2002. Bi-directional conversion in *Turritopsis nutricula* (Hydrozoa). Sci. Mar. 56(2–3): 137–140.

Bayer, F. M. e H. B. Owre. 1968. *The Free-living Lower Invertebrates*. Macmillan, Nova York.

Boardman, R. S., A. H. Cheetham e W. A. Oliver (eds.). 1973. *Animal Colonies*. Dowden, Hutchinson and Ross, Stroudsburg, Pensilvânia.

Bridge, D. *et al.* 1995. Class-level relationships in the phylum Cnidaria: molecular and morphological evidence. Mol. Biol. Evol. 12(4): 679–689.

Byrum, C. A. e M. Q. Martindale. 2004. Gastrulation in the Cnidaria and Ctenophora. pp. 33–50 in C. D. Stern (ed.), *Gastrulation: From Cells to Embryos*. Cold Spring Harbor Laboratory Press, Cold Spring Harbor, NY.

Cairns, S. D. *et al.* 1991. *Common and Scientific Names of Aquatic Invertebrates Form the United States and Canada: Cnidaria and Ctenophora*. Spec. Publ. No. 22, Amer. Fisheries Soc., MD.

Cairns, S. D. e I. G. Macintyre. 1992. Phylogenetic implications of calcium carbonate mineralogy in the Stylasteridae (Cnidaria: Hydrozoa). Palaios 7: 96–107.

Campbell, R. D. 1974. Cnidaria. pp. 133–200 in A. C. Giese e J. S. Pearse (eds.), *Reproduction of Marine Invertebrates, Vol. 1*. Academic Press, Nova York.

Chang, E. S. et al. 2015. Genomic insights into the evolutionary origin of Myxozoa within Cnidaria. PNAS Early Edition www.pnas.org/cgi/doi/10.1073/pnas.1511468112.

Cheng, L. 1975. Marine pleuston–animals at the sea–air interface. Oceanogr. Mar. Biol. Annu. Rev. 13: 181–212.

Collins, A. G. 2002. Phylogeny of Medusozoa and the evolution of cnidarian life cycles. J. Evol. Biol. 15: 418–432.

Collins, A. G. 2009. Recent insights into cnidarian phylogeny. Smithsonian Contrib. Mar. Sci. 38: 139–149.

Conklin, E. J. e R. N. Mariscal. 1977. Feeding behavior, ceras structure, and nematocyst storage in the aeolid nudibranch, *Spurilla neapolitana* (Mollusca). Bull. Mar. Sci. 27(4): 658–667.

Connor, J. L. e N. L. Deans. 2002. *Jellies. Living Art*. Monterey Bay Aquarium, Monterey, CA. [Lindas fotografias de águas-vivas raramente vistas; ótimo texto acompanhando as imagens.]

Daly, M et al. The phylum Cnidaria: A review of phylogenetic patterns and diversity 300 years after Linnaeus, Zootaxa 1668: 127–182.

Fautin, D. G. 2002. Reproduction in Cnidaria. Can. J. Zool. 80: 1635–1754.

Finnerty, J. R. e M. Q. Martindale. 1999. Ancient origins of axial patterning genes: Hox genes and ParaHox genes in the Cnidaria. Evol. Dev. 1: 16–23.

Finnerty, J. R. et al. 2004. Origins of bilateral symmetry: *Hox* and *Dpp* expression in a sea anemone. Science 304: 1335–1337.

Grassé, P.-P. 1994. *Traité de Zoologie, Tome 3, Fascicule 2: Cnidaires, Cténaires*. Masson et Cie, Paris.

Harrison, F. W. e J. Westfall (eds.). 1991. *Microscopic Anatomy of Invertebrates, Vol. 2. Placozoa, Porifera, Cnidaria, and Ctenophora*. Alan Liss, Nova York.

Holstein, T. e P. Tardent. 1983. An ultrahigh-speed analysis of exocytosis: nematocyst discharge. Science 223: 830–833.

Holstein, T. W. et al. 1994. Fibrous mini-collagens in *Hydra* nematocysts. Science 265: 402–404.

Hyman, L. H. 1940. *The Invertebrates, Vol. 1, Protozoa through Ctenophora*. McGraw-Hill, Nova York.

Just, J. J., R. M. Kristensen e J. Olesen. 2014. *Dendrogramma*, new genus, with two new non-bilaterian species from the marine bathyal of southeastern Australia (Animalia, Metazoa incertae sedis)–with similarities to some medusoids from the Precambrian Ediacara. PLoS ONE 9(9): 1–11 (e102976).

Liu, A. G. et al. 2014. *Haootia quadriformis* n. gen., n. sp., interpreted as a muscular cnidarian impression from the Late Ediacaran Period (approx. 560 Ma). Proc. Roy. Soc. B 281: 20141202.

Lotan, A. et al. 1995. Delivery of a nematocyst toxin. Nature 375: 456.

Ma, H. e Y. Yang. 2010. *Turritopsis nutricula*. Nat. Sci. 8(2): 15.

Mackie, G. O. (ed.). 1976. *Coelenterate Ecology and Behavior*. Plenum Press, Nova York. [Apesar de estar se tornando ultrapassado, este livro ainda é um dos que tratam melhor sobre o assunto.]

Mackie, G. O. 2004. Central neuronal circuitry in the jellyfish *Aglantha*: A model "simple nervous system." Neuro-Signals 13: 5–19.

Mackie, G. O. 2004. Epithelial conduction: recent findings, old questions, and where do we go from here? Hydrobiologia 530/531: 73–80.

Mariscal, R. N. 1984. Cnidaria: Cnidae. pp. 57–68 in J. Bereiter-Hahn, A. G. Batoltsy e K. Sylvia Richards (eds.), *Biology of the Integument: I. Invertebrates*. Springer Verlag, Berlim.

Mariscal, R. N. E. J. Conklin e C. H. Bigger. 1977. The ptychocyst, a major new category of cnida used in tube construction by a cerianthid anemone. Biol. Bull. 152: 392–405.

Mariscal, R. N., R. B. McLean e C. Hand. 1977. The form and function of cnidarian spirocysts. 3. Ultrastructure of the thread and function of spirocysts. Cell Tissue Res. 178: 427–433.

Marshall, A. T. 1996. Calcification in hermatypic and ahermatypic corals. Science 271: 637–639.

Martin, V. J. 1997. Cnidarians. The jellyfish and hydras. pp. 57–86 in S. F. Gilbert e A. M. Raunio. *Embryology: Constructing the Organism*. Sinauer, Sunderland, MA.

Martin, V. J. 2000. Reorganization of the nervous system during metamorphosis of a hydrozoan planula. Invert. Biol. 119(3): 243–253.

Martindale, M. Q., K. Pang e J. R. Finnerty. 2004. Investigating the origins of triploblasty: "mesodermal" gene expression in a diploblastic animal, the sea anemone *Nematostella vectensis* (phylum Cnidaria: class Anthozoa). Development 131: 2463–2474.

Matus, D. Q. et al. 2006. Molecular evidence for deep evolutionary roots of bilaterality in animal development. PNAS 103 (30): 11195–11200.

Miller, R. L. e C. R. Wyttenbach (eds.). 1974. The developmental biology of the Cnidaria. Am. Zool. 14: 440–866.

Muscatine, L. e H. M. Lenhoff (eds.). 1974. *Coelenterate Biology. Reviews and New Perspectives*. Academic Press, Nova York. [Apesar de estar se tornando ultrapassado, este livro ainda é altamente útil, trazendo revisões excelentes sobre histologia, sistemas esqueléticos, cnidas, desenvolvimento, simbiose e bioluminescência.]

Philippe, H. et al. 2009. Phylogenomics revives traditional views on deep animal relationships. Curr. Biol. 19: 1–7.

Pick, K. S. et al. 2010. Improved phylogenomic taxon sampling noticeably affects nonbilaterian relationships. Mol. Biol. Evol. 27(9): 1983–1987.

Ryan, J. F. et al. 2013. The genome of the ctenophore *Mnemiopsis leidyi* and its implications for cell type evolution. Science 342: 1242592.

Siepel, K. e V. Schmid. 2005. Evolution of striated muscle: jellyfish and the origin of triploblasty. Dev. Biol. 282: 14–26.

Tardent, P. e R. Tardent (eds.). 1980. *Developmental and Cellular Biology of Coelenterates*. Elsvierorth-Holland Biomedical Press.

Valentine, J. W. 1992. *Dickinsonia* as a polypoid organism. Paleobiology 18: 378–382.

Weill, R. 1934. Contribution a l'étude des Cnidaires et de leurs nématocystes. I. Recherches sur les nématocystes (morphologie-physiologie-dévelopment). II. Valeur taxonomique du cnidome. Travaux Station Zoologique de Wimereux, Volumes X-XI. [Nesse artigo, Weill criou um esquema de classificação para cnidócitos que ainda é usado amplamente até os dias de hoje.]

Westfall, J. A. et al. 2000. Invert. Biol. 119(4): 370–378.

Williams, R. B., P. F. S. Cornelius, R. G. Hughes e E. A. Robson (eds.). 1991. *Coelenterate Biology: Recent Research on Cnidaria and Ctenophora*. Kluewer Academic Publishers.

Wyttenbach, C. R. (ed.). 1974. The developmental biology of the Cnidaria. Am. Zool. 14(2): 540–866. [Artigos apresentados no simpósito de 1972.]

Zapata, F. et al. 2015. Phylogenomic analyses support traditional relationships within Cnidaria. PLoS ONE. doi: 10:137/journal.pone.0139068

Zrzavy, J. 2001. The interrelationshps of metazoan parasites: A review of phylum- and higher-level hypotheses from recent morphological and molecular phylgenetic analyses. Folia Parasit. 48: 81–103.

Anthozoa

Adey, W. H. 1978. Coral reef morphogenesis: A multidimensional model. Science 202: 831–837.

Anderson, P. A. V. e J. F. Case. 1975. Electrical activity associated with luminescence and other colonial behavior in the pennatulid *Renilla kollikeri*. Biol. Bull. 149: 80–95.

Arai, M. N. 1965. The ceriantharian nervous system. Am. Zool. 5: 424–429.

Babcock, R. et al. 1986. Synchronous spawnings of 105 scleractinian coral species on the Great Barrier Reef. Mar. Biol. 90: 379–394.

Batham, E. J. 1960. The fine structure of epithelium and mesoglea in a sea anemone. Quart. J. Microscop. Sci. 101: 481–485.

Benayahu, Y. e Y. Loya. 1983. Surface brooding in the Red Sea soft coral *Parerythropodium fulvum fulvum* (Forskål, 1775). Biol. Bull. 165: 353–369.

Bigger, C. H. 1982. The cellular basis of the aggressive acrorhagial response of sea anemones. J. Morph. 173 (3): 259–278.

Birkeland, C. 1974. Interactions between a sea pen and seven of its predators. Ecol. Monogr. 44(2): 211–232.

Brugler, M. R. S. C. France. 2007. The complete mitochondrial genome of the black coral *Chrysopathes formosa* (Cnidaria: Anthozoa: Antipatharia) supports classification of antipatharians within the subclass Hexacorallia. Mol. Phylogen. and Evol. 42: 776–788.

Cook, C. B., C. F. D'Elia e G. Muller-Parker. 1988. Host feeding and nutrient sufficiency for zooxanthellae in the sea anemone *Aptasia pallida*. Mar. Biol. 98: 253–262.

Darwin, C. 1842. *The Structure and Distribution of Coral Reefs*. Reprinted in 1984 by the University of Arizona Press, Tucson.

De'Ath, G., J. M. Lough e K. E. Fabricius. 2009. Declining coral calcification on the Great Barrier Reef. Science 323: 116–119.

Ducklow, H. W. e R. Mitchell. 1979. Composition of mucus released by coral reef coelenterates. Limnol. Oceanogr. 24(4): 706–714.

Dunn, D. F. 1977. Dynamics of external brooding in the sea anemone *Epiactis prolifera*. Mar. Biol. 39: 41–49.

Dunn, D. F., D. M. Devaney e B. Roth. 1980. *Stylobates*: A shell-forming sea anemone (Coelenterata, Anthozoa, Actiniidae). Pac. Sci. 34: 379–388.

Epifanio, R. De A. et al. 1999. Chemical defenses against fish predation in three Brazilian octocorals: 11β,12β-Epoxypukalide as a feeding deterrent in *Phyllogorgia dilatata*. J. Chem. Ecol. 25: 2255–2265.

Fautin, D. G. 1991. The anemone fish symbiosis: what is known and what is not. Symbiosis. 10: 23–46.

Fautin, D. G., C.-C. Guo e J.-S. Hwang. 1995. Costs and benefits of the symbiosis between the anemone shrimp *Periclimenes brevicarpalis* and its host *Entacmaea quadricolor*. Mar. Ecol. Prog. Ser. 129: 77–84.

Fenical, W. et al. 1981. Lophotoxin: A novel neuromuscular toxin from Pacific sea whips of the genus *Lophogorgia*. Science 212: 1512–1514.

Fricke, H. e L. Hottinger. 1983. Coral biotherms below the euphotic zone in the Red Sea. Mar. Ecol. Prog. Ser. 11: 113–117.

Gaino, E. M. B., M. Boyer e F. Scoccia. 2008. Sperm morphology in the black coral, *Cirrhipathes* sp. (Anthozoa, Antipatharia). Invert. Biol. 127(3) 249–258.

Gladfelter, E. H. 1983. Circulation of fluids in the gastrovascular system of the reef coral *Acropora cervicornia*. Biol. Bull. 165: 619–636.

Glynn, P. W. 1980. Defense by symbiotic Crustacea of host corals elicited by chemical cues from predators. Oecologia 47: 287–290.

Glynn, P. W. 1993. Coral reef bleaching: ecological perspectives. Coral Reefs 12: 1–17.

Glynn, P. W., G. M. Wellington e C. Birkeland. 1978. Coral reef growth in the Galápagos: limitation by sea urchins. Science 203: 47–49.

Godknechy, A. e P. Tardent. 1988. Discharge and mode of action of the tentacular nematocysts of *Anemonia sulcata*. Mar. Biol. 100: 83–92.

Goreau, T. F. 1963. Calcium carbonate deposition by coralline algae and corals in relation to their roles as reef builders. Ann. N.Y. Acad. Sci. 109: 127–167.

Grimstone, A. V. et al. 1958. The fine structure of the mesenteries of the sea-anemone *Metridium senile*. Quart. J. Microscop. Sci. 99: 523–540.

Hamner, W. M. e D. F. Dunn. 1980. Tropical Corallimorpharia (Coelenterata: Anthozoa): feeding by envelopment. Micronesica 16: 37–41.

Hand, C. e K. R. Uhlinger. 1995. Asexual reproduction by transverse fission and some anomalies in the sea anemone *Nematostella vectensis*. Invert. Biol. 114: 9–18.

Harrison, P. L. et al. 1984. Mass spawning in tropical reef corals. Science 232: 1186–1189.

Haussermann, V. e G. Forsterra. 2003. First evidence for coloniality in sea anemones. Mar. Ecol. Prog. Ser. 257: 2910294.

Howe, N. R. e Y. M. Sheikh. 1975. Anthopleurine: A sea anemone alarm pheromone. Science 189: 386–388.

Iglesias-Prieto, R. et al. 2004. Different algal symbionts explain the vertical distribution of dominant reef corals in the eastern Pacific. Proc. Royal Soc. Lond. B 271: 1757–1763.

Isomura, N., K. Hamada e M. Nishihira. 2003. Internal brooding of clonal propagules by a sea anemone, *Anthopleura* sp. Invert. Biol. 122: 293–298.

Jennison, B. L. 1979. Gametogenesis and reproductive cycles in the sea anemone *Anthopleura elegantissima*. Can. J. Zool. 57: 403–411.

Jones, O. A. e R. Endean (eds.). 1973–1976. *Biology and Geology of Coral Reefs*. Vol. I–III. Academic Press, Nova York.

Josephson, R. K. e S. C. March. 1966. The swimming performance of the sea-anemone *Boloceroides*. J. Exp. Biol. 44: 493–506.

Kingsley, R. J. et al. 1990. Collagen in the spicule organic matrix of the gorgonian *Leptogorgia virgulata*. Biol. Bull. 179: 207–213.

Lang, J. 1973. Interspecific aggression by scleractinian corals: why the race is not only to the swift. Bull. Mar. Sci. 23: 269–279.

Le Goff-Vitry, M. C., A. D. Rogers e D. Baglowa. 2004. A deep-sea slant on the molecular phylogeny of the Scleractinia. Mol. Phylogen. Evol. 30:167–177.

Lewis, C. L. e M. A. Coffroth. 2004. The acquisition of exogenous algal symbionts by an octocoral after bleaching. Science 304: 1490–1492.

Levy, O. et al. 2007. Light-responsive cryptochromes from a simple multicellular animal, the coral *Acropora millepora*. Science 318: 467–470.

Little, A. F., M. J. H. van Oppen e B. L. Willis. 2004. Flexibility in algal endosymbiosis shapes growth in reef corals. Science 304: 1492–1494.

Mariscal, R. N. 1974. Scanning electron microscopy of the sensory epithelia and nematocysts of corals and a corallimorpharian sea anemone. Proc. Second Int. Coral Reef Symp. 1: 519–532.

Marshall, A. T. 1996. Calcification in hermatypic and ahermatypic corals. Science 271: 637–639.

McFadden, C. S. et al. 2006. A molecular phylogenetic analysis of the Octocorallia (Cnidaria: Anthozoa) based on mitochondrial protein-coding sequences. Mol. Phylog. Evol. 41: 513–527.

Meyer, J. L., E. T. Schultz e G. S. Helfman. 1983. Fish schools: An asset to corals. Science 220: 1047–1049.

Muscatine, L. e J. W. Porter. 1977. Reef corals: mutualistic symbioses adapted to nutrient-poor environments. Biol. Sci. 27: 454–459.

Patton, J. S., S. Abraham e A. A. Benson. 1977. Lipogenesis in the intact coral *Pocillopora capitata* and its isolated zooxanthellae: evidence for a light-driven carbon cycle between symbiont and host. Mar. Biol. 44: 235–247.

Pearse, V. B. 2001. Prodigies of propagation: The many modes of clonal replication in boloceroidid sea anemones (Cnidaria, Anthozoa, Actiniaria). Invert. Reprod. Dev. 41: 201–313.

Proceedings of the International Coral Reef Symposiums, 1969–present. [Esses volumes editados, 12 até 2012, são grandes fontes de informação sobre corais e recifes. Podem ser pesquisados individualmente no site do ICRS: www.reefbase.org/resource_center/publication/icrs.aspx.]

Purcell, J. E. e C. L. Kitting. 1982. Intraspecific aggression and population distributions of the sea anemone *Metridium senile*. Biol. Bull. 162: 345–359.

Roberts, J. M., A. J. Wheeler e A. Freiwald. 2006. Reefs of the deep: The biology and geology of cold-water coral ecosystems. Science 312: 543–547.

Reese, E. S. 1981. Predation on corals by fishes of the family Chaetodontidae: implications for conservation and management of coral reef ecosystems. Bull. Mar. Sci. 31(3): 594–604.

Reimer, A. A. 1971. Feeding behavior in the Hawaiian zoanthids *Palythoa* and *Zoanthus*. Pac. Sci. 25(4): 257–260.

Ribes, M. et al. 2007. Cycle of gonadal development in *Eunicella singularis* (Cnidaria: Octocorallia): trends in sexual reproduction in gorgonians. Invertebr. Biol. 126: 307–317.

Richmond, R. H. 1985. Reversible metamorphosis in coral planula larvae. Mar. Ecol. Prog. Ser. 22: 181–185.

Rinkevich, B. e Y. Lola. 1983. Short-term fate of photosynthetic products in a hermatypic coral. J. Exp. Mar. Biol. Ecol. 73: 175–184.

Roberts, S. e M. Hirshfield. 2004. Deep-sea corals: out of sight, but no longer out of mind. Front. Ecol. Environ. 2(3): 123–130.

Schuhmacher, H. e H. Zibrowius. 1985. What is hermatypic? A redefinition of ecological groups in corals and other organisms. Coral Reefs 4: 1–9.

Schwarz, J. A., V. M. Weis e D. C. Potts. 2002. Feeding behavior and acquisition of zooxanthellae by planula larvae of the sea anemone *Anthopleura elegantissima*. Mar. Biol. 140: 471–478.

Sebens, K. P. 1981. Recruitment in a sea anemone population: juvenile substrate becomes adult prey. Science 213: 785–787.

Sebens, K. P. 1981. Reproductive ecology of the intertidal sea anemones *Anthopleura xanthogrammica* (Brandt) and *A. elegantissima* (Brandt): body size, habitat and sexual reproduction. J. Exp. Mar. Biol. Ecol. 54: 225–250.

Sebens, K. P. 1984. Agonistic behavior in the intertidal sea anemone *Anthopleura xanthogrammica*. Biol. Bull. 166: 457–472.

Sebens, K. P. e K. DeRiemer. 1977. Diel cycles of expansion and contraction in coral reef anthozoans. Mar. Biol. 43: 247–256.

Secord, D. e L. Augustine. 2000. Biogeography and microhabitat variation in temperate algal-invertebrate symbioses: zooxanthellae and zoochlorellae in two Pacific intertidal sea anemones, *Anthopleura elegantissima* and *A. xanthogrammica*. Invert. Biol. 119(2): 139–146.

Schick, J. M. 1991. *A Functional Biology of Sea Anemones*. Chapman and Hall, Londres.

Spaulding, J. G. 1974. Embryonic and larval development in sea anemones (Anthozoa: Actiniaria). Am. Zool. 14: 511–520.

Stoddart, D. R. 1969. Ecology and morphology of recent coral reefs. Biol. Rev. 44: 433–498.

Stoddart, J. A. 1983. Asexual production of planulae in the coral *Pocillopora damicornis*. Mar. Biol. 76: 279–284.

Stolarski, J. et al. 2007. A cretaceous scleractinian coral with a calcitic skeleton. Science 318: 92–94.

Tchernov, D. et al. 2004. Membrane lipids of symbiotic algae are diagnostic of sensitivity to thermal bleaching in corals. PNAS 101(37): 13531–13535

Veron, J. 2000. *Corals of the World* [3 vols.]. Australian Institute of Marine Science, Townsville, Austrália.

Watson, G. M. e D. A. Hessinger. 1989. Cnidocyte mechanoreceptors are tuned to the movements of swimming prey by chemoreceptors. Science 243: 1589–1591.

Watson, G. M. e R. N. Mariscal. 1983. Comparative ultrastructure of catch tentacles and feeding tentacles in the sea anemone *Haliplanella*. Tissue Cell 15(9): 939–953.

Watson, G. M. e R. N. Mariscal. 1983. The development of a sea anemone tentacle specialized for aggression: morphogenesis and regression of the catch tentacle of *Haliplanella luciae* (Cnidaria, Anthozoa). Biol. Bull. 164: 506–517.

Westfall, J. A. 1965. Nematocysts of the sea anemone *Metridium*. Am. Zool. 5: 377–393.

Williams, G. C. 1995. Living genera of sea pens (Coelenterata: Octocorallia: Pennatulacea): illustrated key and synopses. Zool. J. Linn. Soc.-Lon. 113: 93–140.

Williams, G. C. 1997. Preliminary assessment of the phylogenetics of pennatulacean octocorals, with a reevaluation of Ediacaran frond-like fossils, and a synthesis of the history of evolutionary thought regarding the sea pens. *Proceedings of the Sixth International Conference of Coelenterate Biology*: 497–509.

Williams, G. C. 2000. First record of a bioluminescent soft coral: description of a disjunct population of *Eleutherobia grayi* (Thomson and Dean, 1921) from the Solomon Islands, with a review of bioluminescence in the Octocorallia. Proc. Calif. Acad. Sci. 52 (17): 209–255.

Williams, R. B. 1975. Catch-tentacles in sea anemones: occurrence in *Haliplanella luciae* (Verrill) and a review of current knowledge. J. Nat. Hist. 9: 241–248.

Yonge, C. M. 1973. The nature of reef-building (hermatypic) corals. Bull. Mar. Sci. 23(1): 1–15. [Uma leitura ultrapassada, mas ótima.]

Cubozoa

Buskey, E. J. 2003. Behavioral adaptations of the cubozoan medusa *Tripedalia cystophora* for feeding on copepod (*Dioithona oculata*) swarms. Mar. Biol. 142: 225–232.

Coates, M. M. et al. 2006. The spectral sensitivity of the lens eyes of a box jellyfish, *Tripedalia cystophora* (Conant). J. Exper. Biol. 209: 3758–3765.

Chapman, D. M. 1978. Microanatomy of the cubopolyp, *Tripedalia cystophora* (class Cubozoa). Helgoländer Wiss Merresuntersuch 31: 128–168.

Garm, A., P. Ekström e D.-E. Nilsson. 2006. Rhopallia are integrated parts of the central nervous system in box jellyfish. Cell Tissue Res. 325: 333–343.

Gershwin, L-A e Gibbons, M. J. 2009. *Carybdea branchi*, sp. nov., a new box jellyfish (Cnidaria: Cubozoa) from South Africa. Zootaxa 2088: 41–50.

Hamner, W. M., M. S. Jones e P. P. Hamner. 1995. Swimming, feeding, circulation and vision in the Australian box jellyfish, *Chironex fleckeri* (Cnidaria, Cubozoa). Mar. Freshwater Res. 46: 985–990.

Laska, G. e M. Hündgen. 1984. Die ultrastruktur des neuromuskuläre systems der medusen von *Tripedalia cystopora* und *Carybdea marsupialis* (Coelenterata, Cubozoa). Zoomorphology104: 163–170.

Lewis, C. e T. A. F. Long. 2005. Courtship and reproduction in *Carybdea sivickisi* (Cnidaria: Cubozoa) Mar. Biol. 147: 477–483.

Matsumoto, G. I. 1995. Observations on the anatomy and behaviour of the cubozoan *Carybdea rastonii* Haacke. Mar. Freshwater Behav. Phisiol. 26: 139–148.

Nilsson, D. E. *et al.* 2005. Advanced optics in a jellyfish eye. Nature 435: 201–205.

Nordström, K. *et al.* 2003. A simple visual system without neurons in jellyfish larvae. Proc. Roy. Soc. Lond. B 270: 2349–2354.

Parkefelt, L. *et al.* 2005. Bilateral symmetric organization of neural elements in the visual system of a coelenterate, *Tripedalia cystophora* (Cubozoa). J. Comp. Neurol. 492: 251–262.

Pearse, J. S. e V. B. Pearse. 1978. Vision in cubomedusan jellyfishes. Science 199: 458.

Seymour, J. 2002. One touch of venom. Nat. Hist. 2002(9): 72–75.

Skogh, C. *et al.* 2006. Bilaterally symmetrical rhopalial nervous system of the box jellyfish *Tripedalia cystophora*. J. Morph. 267: 1391–1405.

Stewart, S. E. 1996. Field behavior of *Tripedalia cystephora* (class Cubozoa). Mar. Freshwater Behav. Phy. 27: 175–188.

Straehler-Pohl, I. e G. Jarms. 2005. Life cycle of *Carybdea marsupialis* Linnaeus, 1758 (Cubozoa, Carybdeidae) reveals metamorphosis to be a modified strobilation. Mar. Biol. 147: 1271–1277.

Toshino, S. *et al.* 2013. Development and polyp formation of the giant box jellyfish *Morbakka virulenta* (Kishinouye, 1910) (Cnidaria: Cubozoa) collected from the Seto Inland Sea, western Japan. Plankton Benthos Res. 8(1): 1–8

Werner, B. 1971. Life cycle of *Tripedalia cystophora* Conant (Cubomedusae). Nature 232: 582–583.

Hydrozoa

Alvariño, A. 1983. *Nectocarmen antonioi*, a new Prayinae, Calycophorae, Siphonophorae, from California. Proc. Biol. Soc. Washington 96: 339–348.

Bellamy, N. e M. J. Risk. 1982. Coral gas: oxygen production in *Millepora* on the Great Barrier Reef. Science 215: 1618–1619.

Bieri, R. 1970. The food of *Porpita* and niche separation in three neuston coelenterates. Publ. Seto Mar. Biol. Lab. 27: 305–307.

Biggs, D. C. 1977. Field studies of fishing, feeding and digestion in siphonophores. Mar. Behav. Physiol. 4: 261–274.

Bode, H. R. 2003. Head regeneration in *Hydra*. Dev. Dyn. 22: 225–236.

Bode, P. M. e H. R. Bode. 1984. Patterning in *Hydra*. pp. 213–241 in G. M. Malacinski e S. V. Bryant (eds.), *Pattern Formation: A Primer in Developmental Biology*. Macmillan, Nova York.

Burnett, A. L. (ed.). 1973. *Biology of Hydra*. Academic Press, Nova York.

Cairns, S. D. e J. L. Barnard. 1984. Redescription of *Janaria mirabilis*, a calcified hydroid from the eastern Pacific. Bull. South. Calif. Acad. Sci. 83: 1–11.

Cartwright, P. *et al.* 2008. Phylogenetics of Hydroidolina (Hydrozoa: Cnidaria). J. Mar. Biol. Assoc. U.K. 88(8): 1663–1672.

Collins, A. G. *et al.* 2008. Phylogenetics of Trachylina (Cnidaria: Hydrozoa) with new insights on the evolution of some problematical taxa. J. Mar. Biol. Assoc. U.K. 88(8): 1673–1685.

Dunn, C. W., P. R. Pugh e S. H. D. Haddock. 2005. Molecular phylogenetics of the Siphonophora (Cnidaria), with implications for the evolution of functional specialization. Syst. Biol. 54: 916–935.

Eakin, R. M. e J. A. Westfall. 1962. Fine structure of photoreceptors in the hydromedusan, *Polyorchis penicillatus*. PNAS 48: 826–833.

Edwards, C. 1966. *Velella velella* (L.): The distribution of its dimorphic forms in the Atlantic Ocean and the Mediterranean, with comments on its nature and affinities. pp. 283–296 in H. Barnes (ed.), *Some Contemporary Studies in Marine Science*. Allen and Unwin, Londres.

Evans, N. E. *et al.* 2008. Phylogenetic placement of the enigmatic parasite, *Polypodium hydriforme*, within the phylum Cnidaria, BMC Evol. Biol. 8: 139–151.

Fields, W. G. e G. O. Mackie. 1971. Evolution of the Chondrophora: evidence from behavioural studies on *Velella*. J. Fish. Res. Bd. Can. 28: 1595–1602.

Francis, L. 1985. Design of a small cantilevered sheet: The sail of *Velella velella*. Pac. Sci. 39(1): 1–15.

Freeman, G. 1983. Experimental studies on embryogenesis in hydrozoans (Trachylina and Siphonophora) with direct development. Biol. Bull. 165: 591–618.

Fröbius, A. C. *et al.* 2003. Expression of developmental genes during early embryogenesis of *Hydra*. Dev. Genes Evol. 213: 445–455.

Govindarajan, A. F., K. M. Halanych e C. W. Cunningham. 2005. Mitochondrial evolution and phylogeography in the hydrozoan *Obelia geniculata* (Cnidaria). Mar. Biol. 146: 213–222.

Griffith, K. A. e A. T. Newberry. 2008. Effect of flow regime on the morphology of a colonial cnidarian. Invert. Biol. 127: 259–264.

Haddock, S. H. D. *et al.* 2005. Bioluminescent and red-fluorescent lures in a deep-sea siphonophore. Science 309: 263.

Koizumi, O. *et al.* 1992. Nerve ring in the hypostome in *Hydra*. I. Its structure, development, and maintenance. J. Comp. Neurol. 326: 7–21.

Lane, C. E. 1960. The Portuguese man-of-war. Sci. Am. 202: 158–168.

Lenhoff, H. M. e W. F. Loomis (eds.). 1961. *The Biology of Hydra and of Some Other Coelenterates: 1961*. University of Miami Press, Coral Gables, Flórida.

Lentz, T. L. 1966. *The Cell Biology of Hydra*. Wiley, Nova York.

Mackie, G. O. 1959. The evolution of the Chondrophora (Siphonophora: Disconanthae): new evidence from behavioral studies. Trans. R. Soc. Can. 53: 7–20.

Mackie, G. O. 1960. The structure of the nervous system in *Velella*. Q. J. Microsc. Sci. 101: 119–133.

Martin, R. e P. Walther. 2003. Protective mechanisms against the action of nematocysts in the epidermis of *Cratena peregrine* and *Flabellina affinis* (Gastropoda, Nudibranchia). Zoomorphology 122: 24–35.

Martin, W. E. 1975. *Hydrichthys pietschi*, new species (Coelenterata) parasitic on the fish, *Ceratias holboelli*. Bull. So. Calif. Acad. Sci. 74: 1–6. [Um parasita hidroide sobre um peixe em águas californianas.]

Nawrocki, A. M., P. Schuchert e P. Cartwright. 2010. Phylogenetics and evolution of Capitata (Cnidaria: Hydrozoa), and the systematics of Corynidae. Zool. Scr. 39: 290–304.

Petersen, K. W. 1990. Evolution and taxonomy in capitate hydroids and medusae (Cnidaria: Hydrozoa). Zool. J. Linn. Soc.-Lond. 100: 101–231.

Purcell, J. E. 1980. Influence of siphonophore behavior upon their natural diets: evidence for aggressive mimicry. Science 209: 1045–1047.

Purcell, J. E. 1984. The functions of nematocysts in prey capture by epipelagic siphonophores (Coelenterata, Hydrozoa). Biol. Bull. 166: 310–327.

Satterlie, R. A. 1985. Putative extracellar photoreceptors in the outer nerve ring of *Polyorchis penicillatus*. J. Exper. Zool. 233: 133–137.

Schuchert, P. e H. M. Reiswig. 2006. *Brinckmannia hexactinellidophila*, n. gen., n. sp., a hydroid living in tissues of glass sponges of the reefs, fjords, and seamounts of Pacific Canada and Alaska. Can. J. Zool. 84: 564–572.

Shimizu, H., O. Koizumi e T. Fujisawa. 2004. Three digestive movements in Hydra regulated by the diffuse nerve net in the body column. J. Comp. Physiol. A 190: 623–630.

Shimizu, H. e H. Namikawab. 2009. The body plan of the cnidarian medusa: distinct differences in positional origins of polyp tentacles and medusa tentacles. Evol. Dev. 11: 619–621.

Shimomura, O. 1995. A short story of aequorin. Biol. Bull. 189: 1–5.

Singla, C. L. 1975. Statocysts of hydromedusae. Cell Tissue Res. 158: 391–407.

Soong, K. e L. C. Cho. 1998. Synchronized release of medusae from three species of hydrozoan fire corals. Coral Reefs. 17: 145–154.

Stretch, J. J. e J. M. King. 1980. Direct fission: An undescribed reproductive method in hydromedusae. Bull. Mar. Sci. 30: 522–526.

Totton, A. K. 1960. Studies on *Physalia physalis* (L.). Part 1, natural history and morphology. Discovery Rpt. 30: 301–367.

Wahle, C. M. 1980. Detection, pursuit, and overgrowth of tropical gorgonians by milleporid hydrocorals: *Perseus* and *Medusa* revisited. Science 209: 689–691.

West, D. A. 1978. The epithelio-muscular cell of hydra: its fine structure, three-dimensional architecture and relationship to morphogenesis. Tissue Cell 10: 629–646.

Myxozoa

Anderson, C. L., E. U. Canning e B. Okamura. 1998. A triploblast origin for Myxozoa? Nature 392: 346.

Bartošová, P. I. Fiala e V. Hypša. 2009. Concatenated SSU and LSU rDNA data confirm the main evolutionary trends within myxosporeans (Myxozoa: Myxosporea) and provide an effective tool for their molecular phylogenetics. Mol. Phylogenet. Evol. 53: 81–93.

Cannon, Q. e E. Wagner. 2003. Comparison of discharge mechanisms of cnidarian cnidae and myxozoan polar capsules. Rev. Fish. Sci. 11(3): 185–219.

Jimenez-Guri, E. *et al.* 2007. *Buddenbrockia* is a cnidarian worm. Science 317: 116–118.

Kent, M. L. *et al.* 2001. Recent advances in our knowledge of the Myxozoa. J. Eukaryot. Microbiol. 48(4): 395–413.

Monteiro, A. S., B. Okamura e P. W. H. Holland. 2002. Orphan worm finds a home: *Buddenbrockia* is a myxozoan. Mol. Biol. and Evol. 19: 968–971.

Okamura, B., A. Gruhl e J. L. Bartholomew (eds.). 2015. *Myxozoan Evolution, Ecology and Development*. Springer International Publishing, Suíça.

Okamura, B. *et al.* 2002. Ultrastructure of *Buddenbrockia* identifies it as a myxozoans and verifies the bilaterian origin of the Myxozoa. Parasitology 124: 215–223.

Scyphozoa

Alexander, R. M. 1964. Visco-elastic properties of the mesoglea of jellyfish. J. Exp. Biol. 41: 363–369.

Anderson, P. A. V. e G. O. Mackie. 1977. Electrically coupled photosensitive neurons control swimming in jellyfish. Science 197: 186–188.

Arai, M. N. 1997. *A Functional Biology of Scyphozoa*. Chapman and Hall, Londres.

Calder, D. R. 1971. Nematocysts of *Aurelia*, *Chrysaora* and *Cyanea* and their utility in identification. Trans. Am. Microscop. Soc. 90: 269–274.

Calder, D. R. 1982. Life history of the cannonball jellyfish, *Stomolophus meleagris* L. Agassiz, 1860 (Scyphozoa, Rhizostomida). Biol. Bull. 162: 149–162.

Costello, J. H., S. P. Colin e J. O. Dabri. 2008. Medusan morphospace: phylogenetic constraints, biomechanical solutions and ecological consequences. Invert. Biol. 127(3): 265–290.

Fancett, M. S. 1988. Diet and prey selectivity of scyphomedusae from Port Phillip Bay, Australia. Mar. Biol. 98: 503–509.

Fancett, M. S. e G. P. Jenkins. 1988. Predatory impact of scyphomedusae on ichthyoplankton and other zooplankton in Port Phillip Bay. J. Exp. Mar. Biol. Ecol. 116: 63–77.

Hamner, W. M., P. P. Hamner e S. W. Strand. 1994. Sun-compass migration by *Aurelia aurita* (Scyphozoa): population retention and reproduction in Saanich Inlet, British Columbia. Mar. Biol. 119: 347–356.

Hamner, W. M. e I. R. Hauri. 1981. Long-distance horizontal migrations of zooplankton (Scyphomedusae: *Mastigias*). Limnol. Oceanogr. 26: 414–423.

Larson, R. J. 1987. Trophic ecology of planktonic gelatinous predators in Saanich Inlet, British Columbia: diets and prey selection. J. Plankton Res. 9: 811–820.

Möller, H. 1984. Reduction of a larval herring population by jellyfish predator. Science 224: 621–622.

Purcell, J. E. 1985. Predation on fish eggs and larvae by pelagic cnidarians and ctenophores. Bull. Mar. Sci. 37: 739–755.

Rottini Sandrini, L. e M. Avian. 1989. Feeding mechanism of *Pelagia noctiluca* (Scyphozoa: Semaeostomeae); laboratory and open sea observations. Mar. Biol. 102: 49–55.

Russell, F. S. 1954, 1970. *Medusae of the British Isles, Vols. 1 and 2.* Cambridge University Press, Londres.

Shushkina, E. A. e E. I. Musayeva. 1983. The role of jellyfish in the energy system of Black Sea plankton communities. Oceanology 23: 92–96.

Widmer, C. L. 2006. Life cycle of *Phacellophora camtschatica* (Cnidaria: Scyphozoa). Invertebrate Biology 125: 80–90.

Staurozoa

Collins, A. G. e M. Daly. 2005. A new deepwater species of Stauromedusae, *Lucernaria janetae* (Cnidaria, Staurozoa, Lucernariidae), and a preliminary investigation of stauromedusan phylogeny based on nuclear and mitochondrial rDNA data. Biol. Bull. 208(3): 221–230.

Miranda, L. S., A. C. Morandini e A. C. Marques. 2009. Taxonomic review of *Haliclystus antarcticus* Pfever, 1889 (Stauromedusae, Staurozoa, Cnidaria), with remarks on the genus *Haliclystus* Clark, 1863. Polar Biol. 321: 1507–1519.

Miranda, L. S., A. G. Collins e A. C. Marques. 2010. Molecules clarify a cnidarian life cycle–The "Hydrozoan" *Microhydrula limopsicola* is an early life stage of the staurozoan, *Haliclystus antarcticus*. PLoS ONE 5: 1–9.

Filo Ctenophora
Ctenóforos

Os ctenóforos (do grego *cten*, "pente"; e *phero*, "portador de") – conhecidos comumente como águas-vivas-de-pente ou carambolas-do-mar – são animais gelatinosos e transparentes. A maioria deles é planctônica, vivendo em águas superficiais ou profundas (pelo menos 3.000 metros), embora algumas espécies sejam epibentônicas. A transparência e a natureza frágil desses animais dificultam sua captura ou observação pelos métodos de amostragem tradicionais, como redes de plâncton ou de arrasto, e até o recente advento dos submersíveis tripulados e das técnicas de *blue water* SCUBA (do inglês, *self-contained underwater breathing apparatus*), acreditava-se que fossem encontrados apenas em quantidades modestas. Contudo, hoje se sabe que os ctenóforos formam uma parte importante da biomassa planctônica em muitas áreas do planeta e, periodicamente, podem ser os zooplanctontes predominantes em algumas regiões. Existem cerca de 100 espécies descritas, mas provavelmente há muitas formas ainda não descobertas de águas profundas.

Os ctenóforos são animais radialmente simétricos (birradiais), provavelmente diploblásticos e semelhantes aos cnidários sob vários aspectos. Essa semelhança é imediatamente óbvia, por exemplo, em características como simetria, mesênquima ou colênquima gelatinoso, a ausência de uma cavidade corporal entre o tubo digestivo e a parede do corpo, e um sistema nervoso em forma de rede relativamente simples. Entretanto, alguns zoólogos entendem essas semelhanças como características convergentes resultantes de adaptações ao estilo de vida pelágico. Os ctenóforos são significativamente diferentes dos cnidários quanto ao seu sistema digestivo mais extensivamente organizado, sua musculatura inteiramente mesenquimal e alguns outros aspectos (Quadro 8.1). Ainda existem dúvidas quanto à origem do mesênquima dos ctenóforos, mas algumas evidências sugerem que seja derivado principalmente da ectoderme, embora outros indícios sugiram uma origem endodérmica. A princípio, essa última possibilidade poderia sugerir uma homologia de desenvolvimento com a mesoderme verdadeira dos bilatérios. Entretanto,

Classificação do reino Animal (Metazoa)

Não Bilateria*
(Também conhecidos como diploblastos)
  FILO PORIFERA
  FILO PLACOZOA
  FILO CNIDARIA
  FILO CTENOPHORA

Bilateria
(Também conhecidos como triploblastos)
  FILO XENACOELOMORPHA
Protostomia
  FILO CHAETOGNATHA
SPIRALIA
  FILO PLATYHELMINTHES
  FILO GASTROTRICHA
  FILO RHOMBOZOA
  FILO ORTHONECTIDA
  FILO NEMERTEA
  FILO MOLLUSCA
  FILO ANNELIDA
  FILO ENTOPROCTA
  FILO CYCLIOPHORA
Gnathifera
  FILO GNATHOSTOMULIDA
  FILO MICROGNATHOZOA
  FILO ROTIFERA

Lophophorata
  FILO PHORONIDA
  FILO BRYOZOA
  FILO BRACHIOPODA
ECDYSOZOA
  Nematoida
    FILO NEMATODA
    FILO NEMATOMORPHA
  Scalidophora
    FILO KINORHYNCHA
    FILO PRIAPULA
    FILO LORICIFERA
  Panarthropoda
    FILO TARDIGRADA
    FILO ONYCHOPHORA
    FILO ARTHROPODA
      SUBFILO CRUSTACEA*
      SUBFILO HEXAPODA
      SUBFILO MYRIAPODA
      SUBFILO CHELICERATA
Deuterostomia
  FILO ECHINODERMATA
  FILO HEMICHORDATA
  FILO CHORDATA

*Grupo parafilético.

> **Quadro 8.1 Características do filo Ctenophora.**
>
> 1. Metazoários diploblásticos (ou, possivelmente, triploblásticos) com ectoderme e endoderme separadas por um mesênquima celular.
> 2. Simetria birradial; o eixo corporal é oral–aboral.
> 3. Têm estruturas exocíticas adesivas conhecidas como coloblastos.
> 4. A cavidade gastrovascular (tubo digestivo) é a única "cavidade do corpo"; tubo digestivo com estomodeu e canais, que se ramificam complexamente por todo o corpo; o tubo digestivo termina em dois poros anais diminutos.
> 5. Sem sistemas respiratório, excretor e circulatório bem-definidos (diferentes do tubo digestivo).
> 6. O sistema nervoso apresenta-se na forma de uma rede ou plexo nervoso, embora mais especializado que o dos cnidários.
> 7. A musculatura sempre é constituída de células mesenquimais verdadeiras.
> 8. São monomórficos, sem alternância de gerações e sem qualquer tipo de estágio de vida séssil fixo.
> 9. Têm oito fileiras de placas ciliares (pentes ou ctenos) em algum estágio de seu ciclo de vida; as fileiras de pentes são controladas por um único órgão sensorial apical.
> 10. Alguns adultos e a maioria das formas juvenis têm um par de tentáculos longos, geralmente retráteis dentro de bainhas.
> 11. A maioria é hermafrodita; tipicamente com uma fase larval característica denominada cidipídia.

o sequenciamento do genoma de *Pleurobrachia bachei* demonstrou que os genes envolvidos no desenvolvimento da mesoderme dos bilatérios não tem correspondente homólogo no desenvolvimento mesenquimal dos ctenóforos.

Os ctenóforos também diferem fundamentalmente dos cnidários porque são monomórficos durante todo o seu ciclo de vida, nunca formam colônias e não têm qualquer indício de um estágio séssil fixo. Os ctenóforos não têm esqueletos rígidos, sistema excretor e sistema respiratório. A maioria é hermafrodita simultânea, capaz de autofecundação – uma qualidade incomum entre os metazoários. Uma fase larval distinta, a **larva cidipídia**, é normalmente produzida. Os ctenóforos são exclusivamente marinhos. Eles exibem uma variedade maravilhosa de formas e suas dimensões variam de menos de 1 cm de altura até espécies em forma de fitas ou faixas com 2 m de comprimento (Figura 8.1). Alguns desenvolveram formas corporais bizarras, outros assumiram um estilo de vida rastejante na camada bentônica. Esses animais ocorrem em todos os oceanos do planeta e em todas as latitudes. Espécimes dessecados do gênero *Pleurobrachia* são encontrados frequentemente levados às praias depois de tempestades. Contudo, em seu ambiente planctônico, os ctenóforos estão entre as criaturas mais graciosas e elegantes dos mares, e observá-los em seu hábitat natural é uma experiência memorável.

História taxonômica e classificação

Talvez porque muitos dos ctenóforos bem-conhecidos emitam luminescência brilhante e sejam avistados comumente dos barcos, esse grupo é conhecido desde tempos antigos. As primeiras figuras reconhecíveis dos ctenóforos foram desenhadas por um médico de bordo e naturalista em 1671. Lineu os colocou em seu grupo Zoophyta, junto com vários outros invertebrados "primitivos". Cuvier classificou esses animais junto com as medusas e as anêmonas no grupo dos zoófitos. No início do século 19, Johann Friedrich von Eschscholtz elaborou a primeira classificação racional das medusas e dos ctenóforos pelágicos, criando as ordens Ctenophorae (para água-viva-de-pente), Discophorae (para todas as medusas cnidárias solitárias) e Siphonophorae (para os sifonóforos e condróforos coloniais). Eschscholtz entendia essas ordens como subdivisões da classe Acalepha, considerando-as intermediárias entre Zoophytes e Echinodermata (com base na presença comum da simetria radial). Vale lembrar que foi Leuckart quem, em 1847, separou primeiramente os celenterados dos equinodermos, embora sua ordem Celenterada também incluísse esponjas e ctenóforos. Raspailia Vosmaer (em 1877) foi responsável por retirar as esponjas e Hatschek (em 1889) por retirar os ctenóforos, considerando-os grupos separados.

Até recentemente, duas classes de ctenóforos eram reconhecidas: Nuda, para as espécies que não têm tentáculos (ordem única Beroida); e Tentaculata, para as espécies que têm tentáculos (todas outras ordens). Contudo, o monofiletismo desses dois grupos foi questionado. Análises moleculares recentes indicaram que, embora os ctenóforos em geral sejam monofiléticos, a existência ou inexistência de tentáculos pode fornecer pouca informação filogenética.

Até que sejam elaboradas árvores filogenéticas mais robustas, seguiremos Rich Harbison e Larry Madin (1983), que simplesmente dividem os ctenóforos em 7 ordens (contendo 19 famílias). A Figura 8.2 ilustra a anatomia geral dos grupos principais. A posição dos ctenóforos entre os metazoários basais ainda está em debate. Alguns estudos de filogenética molecular sugeriram que eles possam ser animais basais, mas a maioria demonstra que os poríferos são os metazoários mais basais, enquanto os ctenóforos estão perto dos cnidários na árvore da vida.

FILO CTENOPHORA

ORDEM CYDIPPIDA (Figuras 8.1 A; 8.2 A e B). Pelágicos; com fileiras de pentes bem-desenvolvidas; tentáculos longos e retráteis para dentro de bainhas; corpo globular ou ovoide, ocasionalmente achatado no plano estomodeal; canais meridionais terminam em fundo cego; canais paragástricos (quando presentes) terminam em fundo cego na boca. Essa ordem é amplamente vista como polifilética e necessita de revisão (p. ex., *Aulococtena, Bathyctena, Callianira, Dryodora, Euplokamis, Haeckelia, Hormiphora, Lampea, Mertensia, Pleurobrachia, Tinerfe*).

ORDEM PLATYCTENIDA (Figura 8.2 F a H). Planctônicas ou bentônicas; a maioria das espécies é predominantemente achatada, com parte do estomodeu evertido como se fosse uma sola rastejante; geralmente com bainhas tentaculares; os canais tentaculares são bífidos; o sistema gastrovascular é complexo e anastomosado; a maioria das espécies tem poros anais; muitas são ectocomensais de outros organismos (p. ex., corais). Ao contrário

Figura 8.1 Ctenóforos representativos **A.** *Pleurobrachia* (ordem Cydippida). **B.** *Beroe ovata* (ordem Beroida). **C.** *Beroe* demonstrando iridescência nas fileiras de pentes. **D.** Ctenóforo lobado não identificado a 780 metros de profundidade no mar do Caribe. **E.** *Cestum veneris*, conhecido como cinturão-de-vênus (ordem Cestida), coletado em Socorro, ilhas Revillagigedo, México. **F.** *Leucothea* (ordem Lobata). **G.** *Mnemiopsis leidyi* (ordem Lobata), ou pente-do-mar verrucoso, coletado na Crimeia, Ucrânia. **H.** Um ctenóforo cidipídeo da Antártida com dois *krills* em seu tubo digestivo e um terceiro sendo capturado. **I.** *Lyrocteis imperatoris*, um ctenóforo platictenídeo do Indo-Pacífico Oeste.

310 Invertebrados

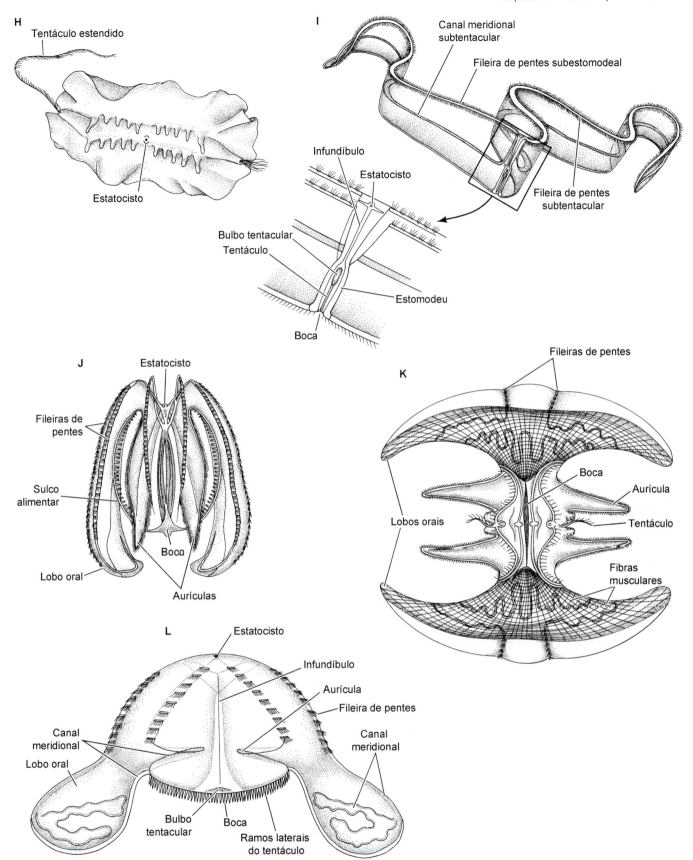

Figura 8.2 Anatomia geral de alguns dos grupos principais de ctenóforos; ver também Figura 8.3. **A.** *Pleurobrachia*, ordem Cydippida. O extenso sistema de canais gastrovasculares não está ilustrado aqui por completo. **B.** *Tinerfe*, ordem Cydippida, com gametas em desenvolvimento nos canais meridionais. **C.** *Ganesha*, ordem Ganeshida. Observe o canal circum-oral que se conecta aos canais meridional e paragástrico (faríngeo). **D** e **E.** *Beroe*, ordem Beroida. **D.** *Vista lateral*. A superfície aboral tem papilas sensoriais e os canais meridionais são ramificados. **E.** *Vista aboral*. Os membros dessa ordem são extremamente comprimidos no plano tentacular. **F.** *Lyrocteis* com formato singular, ordem Platyctenida, aqui ilustrada em uma *vista de cortes em camadas*, as quais expõem as várias estruturas internas. **G.** *Ctenoplana*, ordem Platyctenida (*vista aboral*). A figura ilustra apenas um tentáculo. **H.** *Coeloplana*, ordem Platyctenida. Esse ctenóforo é uma forma bentônica. **I.** *Cestum*, ordem Cestida. Esse ctenóforo mostra modificação extrema na forma corporal. **J** e **K.** *Mnemiopsis*, ordem Lobata. **J.** Vista lateral. *Mnemiopsis* tem lobos orais e aurículas. **K.** *Vista oral*. Observe os lobos orais grandemente expandidos com seu padrão distintivo de fibras musculares. **L.** *Deiopea*, ordem Lobata.

da maioria dos ctenóforos, a fecundação geralmente é interna e muitos platictenídeos incubam seus embriões até o estágio larval; a reprodução assexuada é comum. (p. ex., *Coeloplana, Ctenoplana, Gastra, Lyrocteis, Planoctena, Savangia, Tjalfiella, Vallicula*).

ORDEM CESTIDA (Figuras 8.1 E e 8.2 I). Pelágica; corpo extremamente comprimido no plano tentacular e bastante alongado no plano estomodeal, resultando em uma criatura com corpo em forma de fita com até 1 metro de comprimento em algumas espécies; fileiras de pentes subestomodeais alongadas, estendendo-se ao longo de toda a extremidade aboral; os canais meridionais subtentaculares originam-se abaixo das fileiras de pentes subtentaculares (*Cestum*) ou equatorialmente dos canais inter-radiais (*Velamen*); os canais paragástricos estendem-se ao longo da extremidade oral e fundem-se com os canais meridionais; têm tentáculos e bainhas tentaculares. Dois gêneros: *Cestum* e *Velamen*.

ORDEM GANESHIDA (Figura 8.2 C). Pelágica; forma corporal até certo ponto intermediária entre Cydippida e Lobata, comprimida no plano tentacular; os tentáculos são ramificados e têm bainhas; os canais inter-radiais originam-se do infundíbulo e dividem-se em canais ad-radiais, que se unem às extremidades aborais dos canais meridionais; os canais meridionais e os canais paragástricos unem-se e formam um canal circum-oral (como em Beroida); boca grande e expandida no plano tentacular; sem aurículas ou lobos orais. Um gênero – *Ganesha* – com duas espécies conhecidas.

ORDEM LOBATA (Figuras 8.1 D, F a H; 8.2 J a L). Pelágica; corpo comprimido no plano tentacular; com um par de lobos orais característicos e quatro aurículas em forma de *flap*; um sulco auricular ciliado estende-se até a base das aurículas em cada lado da base de cada tentáculo; os canais meridionais paragástricos e subtentaculares unem-se oralmente (p. ex., *Bolinopsis, Deiopea, Leucothea, Mnemiopsis, Ocyropsis*).

ORDEM THALASSOCALYCIDA. Pelágica; corpo extremamente frágil, expandido oralmente como uma umbrela semelhante à da medusa, com até 15 cm ao longo do eixo tentacular; corpo ligeiramente comprimido no plano estomodeal; os tentáculos não têm bainhas; os tentáculos originam-se próximo da boca e têm filamentos laterais; as fileiras de pentes são curtas; a boca e a faringe originam-se em um pedúnculo cônico central; os canais meridionais são longos, descrevendo padrões complexos na umbrela; todos os canais meridionais terminam em fundo cego aboralmente. Monotípicos: *Thalassocalyce inconstans*.

ORDEM BEROIDA (Figuras 8.1 B e C; 8.2 D e E). Pelágica; corpo cilíndrico ou com formato de dedal e acentuadamente achatado no plano tentacular; tentáculos e bainhas ausentes; a extremidade aboral é arredondada (*Beroe*), ou com duas quilhas proeminentes (*Neis*); o estomodeu é acentuadamente ampliado; tem um órgão sensorial aboral bem-desenvolvido; apresenta fileiras de pentes; os canais meridionais têm vários ramos laterais; os canais paragástricos são simples ou têm ramos laterais. Não tem uma fase larval cidipídia. Dois gêneros: *Beroe* e *Neis*.

Plano corpóreo dos ctenóforos

Embora os ctenóforos estejam entre os animais vivos mais antigos, eles possuem tecidos verdadeiros. Entre a epiderme e a gastroderme, há uma camada intermediária bem-desenvolvida, que sempre é um mesênquima celular. Dentro desse mesênquima, desenvolvem-se células musculares verdadeiras – uma condição que também caracteriza os metazoários triploblásticos, embora por processos diferentes de desenvolvimento.

Como enfatizamos no capítulo anterior, um elemento fundamental dos planos corporais dos cnidários e dos ctenóforos é sua radialidade (ou birradialidade); antes explicamos algumas das limitações e vantagens estruturais derivadas dessa simetria. Desse modo, previsivelmente, o sistema nervoso dos ctenóforos se apresenta na forma de uma rede nervosa simples e descentralizada, enquanto as estruturas locomotoras estão dispostas radialmente ao redor do corpo. Outros elementos que caracterizam os ctenóforos são: **tentáculos** retráteis e, frequentemente, **bainhas tentaculares**; **poros anais**; estruturas adesivas para capturar presas, conhecidas como **coloblastos**; estruturas locomotoras denominadas **ctenos** ou placas de pentes dispostas em **fileiras de pentes**; e um **órgão sensorial apical**, contendo um estatólito que regula a atividade das fileiras de pentes. Os tentáculos com bainhas, os coloblastos, as placas de pentes e a natureza do órgão sensorial apical são características únicas dos ctenóforos. As Figuras 8.2 e 8.3 ilustram a anatomia dos ctenóforos.

A maioria dos ctenóforos tem formato ovoide ou esférico, embora algumas espécies tenham desenvolvido formas achatadas por meio da compressão e do alongamento de um dos dois planos de simetria corporal (Figuras 8.1 E e 8.2 I). O plano corpóreo geral pode ser entendido mais facilmente quando examinamos primeiramente um ctenóforo cidipídeo generalizado (Figura 8.3). Há muitos anos, os especialistas acreditavam que os cidipídeos fossem os ancestrais desse filo, mas evidências recentes sugeriram que a ordem Cydippida provavelmente seja polifilética. Como também ocorre com os cnidários, o eixo principal é oral–aboral. A boca está localizada no polo oral, enquanto o polo aboral abriga o órgão sensorial apical. Na superfície do corpo, existem oito **fileiras meridionais** de placas de pentes igualmente espaçadas. Cada placa de pentes – ou cteno – é formado por uma faixa transversal de cílios longos fundidos (= compostos). Em cada lado do corpo de muitas espécies, há uma bolsa epidérmica ciliada profunda (bainha tentacular), de cuja parede interna origina-se um tentáculo. Os tentáculos são tipicamente muito longos e contráteis, e têm ramos laterais conhecidos como **tentílios** ou filamentos. A epiderme dos tentáculos e dos tentílios laterais é ricamente armada com coloblastos. A maioria das espécies pode retrair os tentáculos para dentro das bainhas por meio de músculos. Os tentáculos e algumas características da anatomia interna é que conferem aos ctenóforos sua simetria birradial (embora alguns pesquisadores tenham descrito uma versão mais "matizada" disso em ctenóforos – a chamada "simetria rotacional"). O **estomodeu** alongado está situado no eixo oral–aboral do corpo. Ele é nitidamente achatado em um plano de simetria corporal, o **plano estomodeal** (Figura 8.3 B). Dividindo-se um animal ao longo do plano estomodeal separam-se as duas metades tentaculares do corpo. O segundo plano de simetria – conhecido como **plano tentacular** – é definido pela posição das bainhas tentaculares.

As Figuras 8.1 e 8.2 ilustram algumas variações do plano corpóreo básico dos ctenóforos. Nos membros da ordem singular Lobata (Figura 8.2 J a L, O e fotografia de abertura do capítulo), o corpo é comprimido no plano tentacular e a extremidade oral é expandida para cada lado formando **lobos orais** contráteis e arredondados. A boca está situada em uma região alongada, cuja

Capítulo 8 Filo Ctenophora **313**

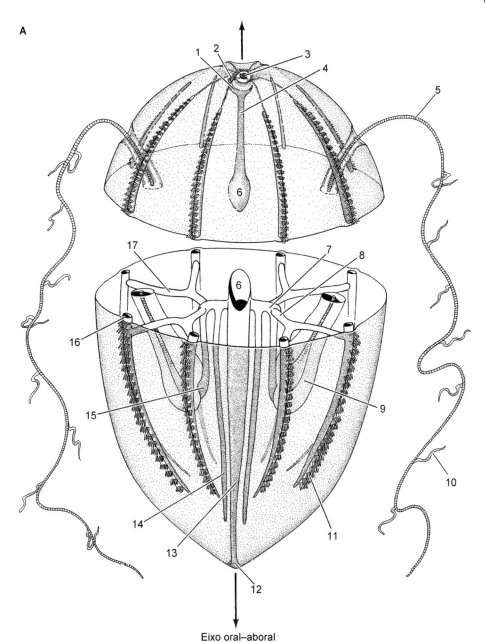

Legenda
1. Canal anal
2. Poro anal
3. Órgão sensorial apical
4. Canal aboral
5. Tentáculo
6. Infundíbulo
7. Canal transversal
8. Canal inter-radial
9. Bainha tentacular
10. Tentílio
11. Ctenos da fileira de pentes
12. Boca
13. Faringe
14. Canal faríngeo
15. Canal tentacular
16. Canal meridional
17. Canal ad-radial

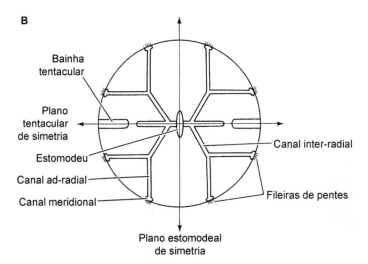

Figura 8.3 Plano corpóreo dos ctenóforos. **A.** Um ctenóforo cidipídeo (*corte transversal*). **B.** Birradialidade e planos de simetria dos ctenóforos (*vista oral*).

base contém quatro pontas longas conhecidas como **aurículas**. Os tentáculos são reduzidos e não contêm bainhas. De qualquer lado de cada base tentacular, origina-se um **sulco auricular** que se estende até as aurículas.

Os membros da ordem Cestida (Figuras 8.1 E e 8.2 I) também são comprimidos no plano tentacular e extremamente alongados no plano estomodeal, conferindo a esses ctenóforos um aspecto marcante semelhante a uma faixa ou a uma serpente. Os tentáculos embainhados são reduzidos e deslocados ao lado da boca. A ordem Beroida tem formato de dedal e também é achatada no plano tentacular (Figura 8.1 B e C; 8.2 D e E). Esses animais não têm tentáculos e bainhas. Na única espécie de Thalassocalycida (*Thalassocalyce inconstans*), o corpo é expandido ao redor da boca para formar uma umbrela semelhante à da medusa (Figura 8.4).

Os ctenóforos mais estranhos são os membros da ordem Platyctenida (Figuras 8.1 I; 8.2 G e H). Os platictenídeos são bentônicos e pequenos, geralmente medindo menos de 1 cm de comprimento; ao contrário da maioria dos ctenóforos pelágicos, esses animais são pigmentados em vez de transparentes. O corpo é oval e acentuadamente achatado. Apesar dessas características incomuns, os naturalistas do passado reconheceram essas criaturas como ctenóforos com base na presença de um órgão sensorial apical, fileiras de pentes e um par de tentáculos. Estudos detalhados demonstraram que a superfície oral achatada é, na verdade, uma parte evertida da faringe! De certo modo, a faringe dos platictenídeos estava pré-adaptada a funcionar com dupla finalidade – um pé ou uma sola para rastejar por sua musculatura intrínseca. A maioria desses animais rasteja sobre o fundo do oceano, mas alguns são ectocomensais de cnidários alcionáceos, equinodermos ou salpas pelágicas.

Sustentação e locomoção

Os ctenóforos dependem principalmente de seu **mesênquima** elástico para sua sustentação estrutural. O mesênquima gelatinoso aquoso constitui a maior parte da massa corporal e o peso seco dos ctenóforos é de apenas 4 por cento do peso úmido de um animal vivo. O mesênquima contém células elásticas de sustentação e células musculares, mas o tônus geral desses últimos elementos celulares é o responsável principal pela manutenção da forma corporal. A Figura 8.5 ilustra um corte altamente

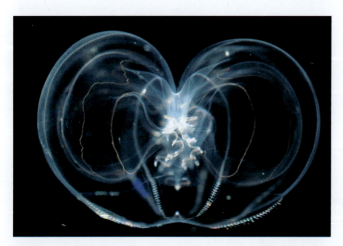

Figura 8.4 *Thalassocalyce inconstans*, da ordem monotípica Thalassocalycida, com seus lobos orais expandidos formando uma umbrela semelhante à das medusas.

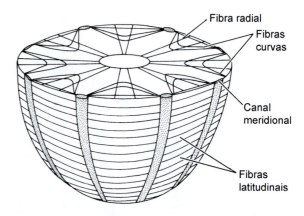

Figura 8.5 Estereograma da disposição das fibras musculares em *Pleurobrachia*, um ctenóforo cidipídeo. Esse diagrama demonstra um corte transversal passando pela região da faringe; o sistema gastrovascular e as bainhas tentaculares foram omitidos para facilitar o entendimento.

estilizado de um ctenóforo cidipídeo e demonstra a disposição das fibras musculares mesenquimais de sustentação. A tensão dos músculos curvos tende a manter a geometria esférica. A ação dos músculos radiais diminui o raio e, consequentemente, a circunferência, além de servir para abrir a faringe. Esses dois grupos musculares têm ações antagônicas.

A maioria dos ctenóforos é pelágica. O corpo gelatinoso e a densidade baixa mantêm sua flutuabilidade relativamente neutra, permitindo que essas criaturas flutuem com as correntes oceânicas. A flutuabilidade neutra parece ser mantida por acomodação osmótica passiva. Como os ajustes da flutuabilidade demandam tempo, os ctenóforos podem acumular-se temporariamente em camadas descontínuas do oceano, no qual uma massa de água com determinada densidade sobrepõe-se a uma massa de água com densidade ligeiramente diferente.

O batimento dos ctenos gera a maior parte da potência locomotora modesta, que permite aos ctenóforos movimentar-se para cima e para baixo na coluna de água e localizar áreas com alimentação mais abundante ou condições ambientais preferidas. Cada fileira de pentes contém muitos ctenos. Cada cteno consiste em uma faixa transversal com centenas de cílios muito longos (até 3,5 mm de comprimento) parcialmente fundidos, que batem juntos como se fossem uma unidade. Os ctenóforos são os maiores animais conhecidos a usar cílios para locomoção. Cada cílio tem uma estrutura microtubular típica 9 + 2, mas cada um também apresenta um conjunto único de lamelas nos pares 3 e 8; tais lamelas protraem-se para unir os cílios adjacentes.

Os ctenóforos são animais belíssimos quando observados em vida, porque os batimentos das suas fileiras de pentes parecem iridescentes sob uma faixa ampla de intensidades luminosas. Essa característica do movimento dos ctenóforos parece ser causada pela compactação densa e altamente regular dos elementos ciliares na base de cada fileira de pentes. Embora a iridescência possa ajudar a repelir predadores ou atrair presas, não parece provável que ela tenha função de comunicação social entre os ctenóforos, tendo em vista a simplicidade dos sistemas visuais desses animais. Em razão de suas dimensões, as placas de ctenos dos ctenóforos movimentam-se com números de Reynolds baixos, quando o fluxo de líquidos é mais suave, mas quando a viscosidade da água pode impedir o movimento ciliar. Por outro lado, os corpos dos ctenóforos movimentam-se com números de Reynolds mais altos, quando a viscosidade é menos importante, mas a turbulência da água pode impedir ou facilitar o movimento do animal em seu meio.

Como foi descrito antes, a musculatura mesenquimal é usada para manter a forma do corpo e ajudar na alimentação; ela está envolvida em comportamentos tais como engolir presas, contrair a faringe e movimentar os tentáculos. Em geral, os músculos longitudinais e circulares estão localizados logo abaixo da epiderme. Nos platictenídeos bentônicos e epifaunais, a musculatura estomodeal facilita a locomoção rastejante. Nos cestídeos serpentiformes, os músculos do corpo podem produzir ondulações natatórias graciosas. A natação dos ctenóforos lobados é facilitada pelo batimento muscular de seus dois lobos orais e, talvez, também pelo uso das quatro aurículas em forma de remo. A espécie lobada *Leucothea* (Figura 8.1 F) pode nadar por propulsão lenta típica dos ctenos, ou por propulsão rápida dos ctenos; essa última natação é realizada por um batimento ciliar aumentado, que produz uma corrente vórtice, responsável pela propulsão a jato. As fibras musculares lisas gigantes – as primeiras descobertas nos ctenóforos – foram observadas em *Beroe*.

Alimentação e digestão

Até onde sabemos, as águas-vivas-de-pente têm hábitos predominantemente predatórios. Os tentáculos longos dos cidipídeos (e das larvas da maioria das outras formas) têm um cerne muscular com cobertura epidérmica repleta de coloblastos (Figura 8.6). Os tentáculos são arrastados passivamente, ou são "pescados" por vários movimentos oscilantes do corpo. Quando entram em contato com presas do zooplâncton, os coloblastos (também conhecidos como **células lasso**) explodem e liberam um material fortemente aderente. Cada coloblasto desenvolve-se a partir de uma única célula e consiste em uma massa hemisférica de grânulos secretores aderidos ao cerne muscular do tentáculo por um filamento espiral enrolado ao redor de um filamento retilíneo (Figura 8.7). Na verdade, o filamento retilíneo é o núcleo altamente modificado da célula do coloblasto. O filamento espiral, que desenrola quando é descarregado, adere à presa por meio do material pegajoso produzido nos grânulos secretores. À medida que os tentáculos acumulam presas, eles são periodicamente passados pela boca por contrações musculares, ocasionalmente combinadas com uma ação coordenada de "cambalhota" do animal, que aproxima a boca do tentáculo arrastado. Nos membros das ordens Lobata e Cestida, que possuem tentáculos muito curtos, os zooplânctons diminutos ficam retidos no muco da superfície corporal e, em seguida, são levados à boca pelas correntes ciliares (ao longo dos **sulcos auriculares** ciliados nas formas lobadas e nos **sulcos orais** ciliados dos cestídeos). A maioria dos platictenídeos bentônicos também se alimenta capturando zooplâncton por um mecanismo até certo ponto semelhante.

Em algumas áreas dos oceanos do planeta, os ctenóforos podem ser os macrozooplanctontes e os predadores planctônicos predominantes (p. ex., *Mertensia ovum*, na região do Ártico). Os estágios iniciais de vida de *Mnemiopsis leidyi* também consomem quantidades significativas de microzooplâncton, sugerindo que tenham uma dieta mista. Estudos do ctenóforo lobado *Bolitopsis infundibulum* com isótopos estáveis indicaram que esses animais dependem basicamente dos produtos fotossintéticos da superfície para sua alimentação, sugerindo que algumas espécies possam estar situadas em um nível muito baixo da cadeia alimentar. Esses mesmos animais também parecem suplementar sua dieta com copépodes, que podem afundar nas camadas de água próximas do fundo do oceano durante a diapausa, onde *B. infundibulum* pode formar agregações volumosas para alimentar-se dessa fonte abundante de carbono. A tendência dos ctenóforos de formar agregações nas proximidades das fontes de alimento ou na superfície da água pode contribuir para sua distribuição irregular na natureza.

Alguns ctenóforos alimentam-se de animais maiores, especialmente formas gelatinosas. Por exemplo, o cidipídeo *Lampea* (antes conhecido como *Gastrodes*) vive embebido no corpo dos tunicados pelágicos do gênero *Salpa*, dos quais se alimenta. A Figura 8.8 é uma incrível série de fotografias mostrando o ctenóforo cidipídeo *Haeckelia* alimentando-se dos tentáculos da hidromedusa traquilina *Aegina*. Depois de consumir os tentáculos um a um, *Haeckelia* retém os nematocistos não disparados da presa, incorpora-os à sua epiderme, e os utiliza para sua própria defesa. Esse fenômeno, conhecido como **cleptocnidas**, ocorre em vários grupos não relacionados, que se alimentam de cnidários.

Os ctenóforos estiveram no centro do palco de um drama ecológico que ocorreu no mar Negro há poucos anos. Na década de 1980, o ctenóforo predatório *Mnemiopsis leidyi* do noroeste do Atlântico foi introduzido acidentalmente no mar Negro por meio da água de lastro dos navios. Alguns invasores passaram rapidamente por um crescimento populacional explosivo, alcançando na biomassa níveis acima de 1 kg/m³ em 1989 e devastando a cadeia alimentar de toda a Bacia do Mar Negro, além de causar um colapso na pesca de anchovas (uma das presas preferidas de *M. leidyi*). Mais tarde, em 1997, outro ctenóforo (*Beroe ovata*) foi introduzido acidentalmente no mar Negro, provavelmente também pela água de lastro. *Beroe ovata* alimenta-se quase exclusivamente de *Mnemiopsis* e sua introdução resultou no declínio acelerado (e talvez até na extinção) de *M. leidyi* do mar Negro, seguido por fim do desaparecimento da própria *Beroe*. Os ctenóforos introduzidos continuam a

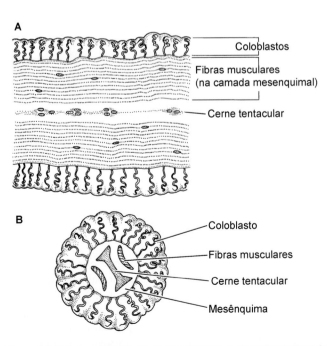

Figura 8.6 Estrutura do tentáculo de um ctenóforo. **A.** Corte longitudinal do tentáculo. **B.** Corte transversal de um filamento lateral (tentílio) de um tentáculo.

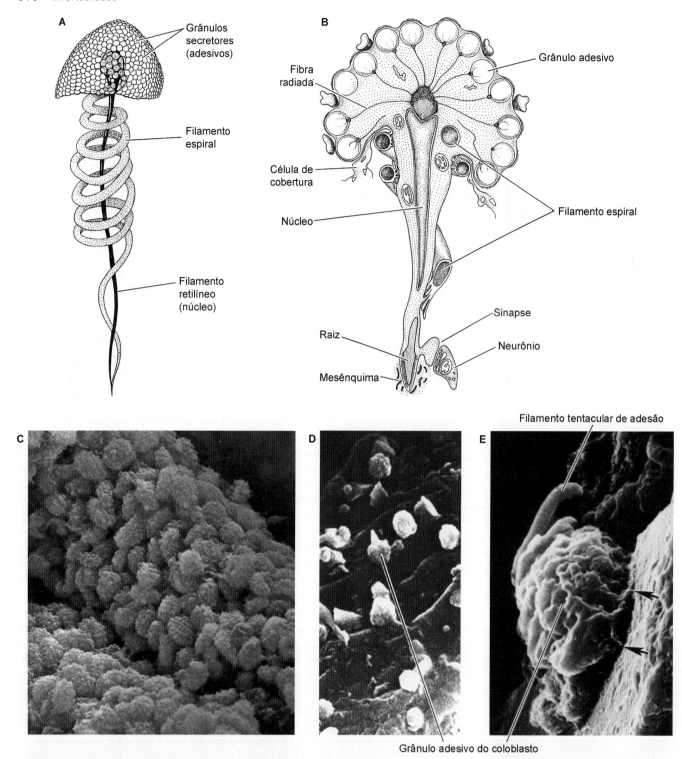

Figura 8.7 Coloblastos. **A.** Partes funcionais de um coloblasto. **B.** Corte longitudinal. **C.** Coloblastos nos filamentos laterais do tentáculo (tentílios) de *Pleurobrachia* (microscopia eletrônica de varredura). **D.** Coloblastos disparados de *Pleurobrachia* mostrando os grânulos adesivos fixados aos fragmentos de um copépode (crustáceo diminuto). **E.** Os coloblastos disparados ainda estão fixados ao filamento do tentáculo. As extremidades adesivas dos filamentos contorcidos estão aderidas (*setas*) em parte de um copépode.

apresentar uma ameaça às indústrias pesqueiras locais de muitas áreas do planeta e hoje suas contagens são monitoradas cuidadosamente, especialmente no mar Mediterrâneo. Mais recentemente, *M. leidyi* invadiu os mares Cáspio e Báltico.

A boca do ctenóforo comunica-se com uma faringe estomodeal muscular, achada, alongada e altamente dobrada. O epitélio da faringe é amplamente equipado com células glandulares, que produzem sucos digestivos. Os alimentos grandes são introduzidos para dentro da faringe por ação ciliar. A digestão ocorre no meio extracelular, principalmente na faringe. O alimento amplamente digerido passa da faringe por uma câmara pequena (**infundíbulo**, funil ou estômago) e entra em um sistema complexo de canais gastrovasculares radiais (Figuras 8.2 e 8.3). Os detalhes da disposição desses canais variam entre os diversos grupos; a descrição apresentada a seguir aplica-se à disposição desse sistema em um cidipídeo.

Capítulo 8 Filo Ctenophora **317**

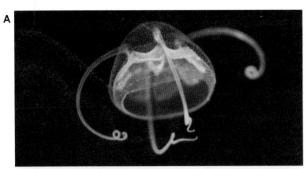
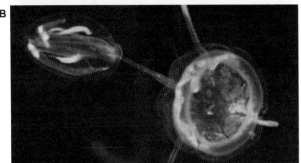
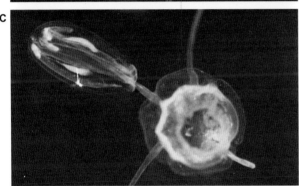
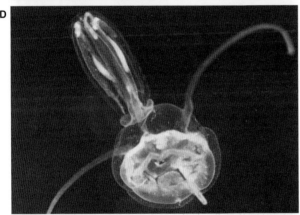
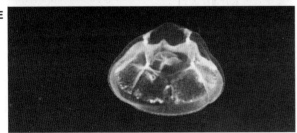

Figura 8.8 O ctenóforo cidipídeo *Haeckelia rubra* (= *Euchlora rubra*) alimentando-se de uma hidromedusa traquilina *Aegina citrea*. **A.** Espécime intacto de *Aegina*, com todos os quatro tentáculos presentes. **B.** *Haeckelia* começa a consumir um dos tentáculos de *Aegina*. **C.** A maior parte do primeiro tentáculo da medusa foi ingerida. **D.** Os mesmos animais, dois minutos depois de iniciar o processo de alimentação. **E.** *Aegina* perdeu todos os seus quatro tentáculos para a faminta *Haeckelia*.

Dois **canais paragástricos** ou **faríngeos** recurvam e estendem-se em paralelo à faringe. Dois **canais transversais** emergem em ângulos retos em relação ao plano estomodeal e dividem-se em outros três ramos. O ramo mediano de cada trinca – o **canal tentacular** – leva à base da bainha tentacular. Cada um dos outros dois ramos (**canais inter-radiais**) bifurca-se para formar um total de quatro **canais ad-radiais** situados a cada lado do animal. Por sua vez, esses canais conectam-se com os oito **canais meridionais**, um sob cada fileira de pentes. Por fim, um **canal aboral** estende-se do infundíbulo até o polo aboral, onde se divide abaixo do órgão sensorial apical em quatro canais curtos – dois terminando em fundo cego e dois (canais anais) abrindo-se para o exterior por meio de pequenos **poros anais**. Os poros anais funcionam como um ânus rudimentar, ajudando a boca a eliminar os resíduos indigeríveis. Além disso, esses orifícios também podem servir como uma via de saída das escórias metabólicas.

Dentro desse sistema complexo de canais gastrovasculares, a digestão é concluída, os nutrientes são distribuídos por todo o corpo e ocorre sua absorção. Poros diminutos conduzem dos vários canais para dentro do mesênquima (Figura 8.9). Ao redor desses poros, existem círculos de células gastrodérmicas ciliadas conhecidos como **células da roseta**, que parecem regular o fluxo da sopa digestiva e talvez também desempenhem alguma função na excreção. Com exceção da faringe estomodeal, o sistema gastrovascular é revestido por epitélio simples de origem endodérmica.

Circulação, excreção, trocas gasosas e osmorregulação

Os ctenóforos não têm sistema circulatório independente, assim como nos cnidários o sistema de canais gastrovasculares serve a essa função, distribuindo os nutrientes à maioria das partes do corpo. O sistema gastrovascular provavelmente também recolhe as escórias metabólicas do mesênquima para que finalmente sejam eliminadas do corpo pela boca ou pelos poros anais. As células de roseta também podem transportar escórias até o tubo digestivo. A troca de gases ocorre através da superfície geral do corpo e das paredes do sistema gastrovascular. Todas essas atividades são potencializadas pela difusão através do mesênquima gelatinoso. O movimento da água sobre a superfície do corpo é facilitada pelo batimento das placas de pentes. Desse modo, o amplo sistema de canais e as faixas ciliadas ajudam a contornar o problema das distâncias longas de difusão.

Sistema nervoso e órgãos dos sentidos

Embora os sistemas nervosos dos ctenóforos e dos cnidários sejam redes nervosas descentralizadas, existem algumas diferenças importantes. Nos ctenóforos, neurônios apolares formam um **plexo subepidérmico** difuso. Embaixo das fileiras de pentes, os neurônios formam **plexos alongados**, ou malhas, os quais produzem estruturas semelhantes a cordões nervosos. Por isso, as bases dos ctenos estão em contato com uma rica rede de células nervosas. Um plexo concentrado semelhante circunda a boca. Contudo, assim como nos cnidários, não existem gânglios nervosos verdadeiros, uma condição que contrasta acentuadamente com a existência de um sistema nervoso centralizado nos metazoários bilaterais (Bilateria).

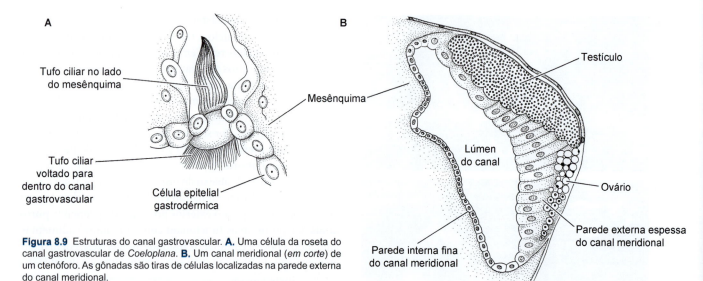

Figura 8.9 Estruturas do canal gastrovascular. **A.** Uma célula da roseta do canal gastrovascular de *Coeloplana*. **B.** Um canal meridional (*em corte*) de um ctenóforo. As gônadas são tiras de células localizadas na parede externa do canal meridional.

As redes nervosas dos ctenóforos consistem em cordões nervosos poligonais espalhados sob o epitélio ectodérmico; essas redes nervosas mostram níveis elevados de especialização regional e concentrações associadas ao órgão sensorial apical/campos polares e aos bulbos tentaculares – estruturas sem homólogos evidentes em qualquer outro grupo de animais.

O órgão sensorial apical é um estatólito, que desempenha as funções de equilíbrio e orientação. O estatólito calcário é sustentado por quatro tufos longos de cílios conhecidos como **equilibradores** (Figura 8.10). A estrutura está inteiramente envolvida por uma **cúpula** transparente que, aparentemente, também se origina dos cílios. A partir de cada equilibrador, origina-se um

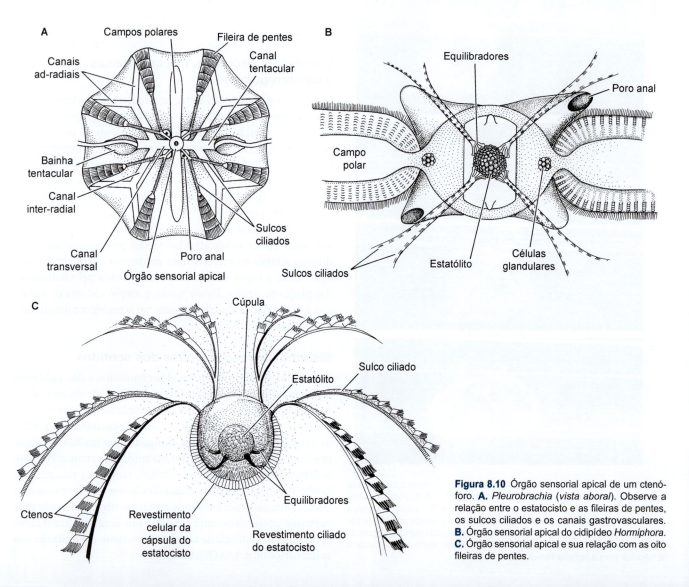

Figura 8.10 Órgão sensorial apical de um ctenóforo. **A.** *Pleurobrachia* (vista aboral). Observe a relação entre o estatocisto e as fileiras de pentes, os sulcos ciliados e os canais gastrovasculares. **B.** Órgão sensorial apical do cidipídeo *Hormiphora*. **C.** Órgão sensorial apical e sua relação com as oito fileiras de pentes.

par de **sulcos ciliados** (= **pregas ciliadas**) e cada um deles conecta-se com uma fileira de pentes. Desse modo, cada equilibrador inerva as duas fileiras de pentes do seu quadrante específico. A inclinação do animal faz com que o estatólito pressione mais firmemente os equilibradores inferiores e o estímulo resultante desencadeia o batimento vigoroso das fileiras de pentes correspondentes para corrigir o corpo.

As duas fileiras de pentes em cada quadrante, inervadas por um único sulco ciliado, batem sincronicamente. Se um sulco ciliado é cortado, o batimento das duas fileiras de pentes correspondentes torna-se assincrônico. A direção normal dos batimentos ciliares é no sentido do polo aboral, de forma que o animal é empurrado primeiramente na direção da extremidade oral. Entretanto, o batimento de cada fileira de pentes começa na extremidade aboral da fileira e avança em ondas metacrônicas na direção da extremidade oral (*i. e.*, metacronia antiplética). A estimulação da extremidade oral reverte o sentido da onda e do batimento. A remoção do órgão sensorial apical ou estatólito resulta na perda da coordenação geral das fileiras de pentes e o ctenóforo danificado perde sua capacidade de manter a posição vertical. As fileiras de pentes são muito sensíveis ao contato; quando uma fileira é tocada, muitas espécies a retraem para dentro de um sulco formado no corpo gelatinoso.

Nos cidipídeos e beroídeos, a estimulação para qualquer cteno bater é desencadeada mecanicamente por forças hidrodinâmicas originadas dos movimentos da placa precedente. Contudo, nos ctenóforos lobados, os ctenos não são coordenados dessa forma mecânica. Nesses animais, uma estreita área de cílios mais curtos – **sulco ciliado entre placas** – estende-se entre ctenos sucessivos e é responsável por coordenar suas atividades. Ainda não está claro como os cílios do sulco são coordenados, ou como os sulcos estimulam a fileira de pentes apropriada, de forma que essas ações também podem ser mecânicas. Os sulcos ciliados entre placas desenvolvem-se apenas à medida que os ctenóforos lobados amadurecem até a idade adulta; as larvas livres-natantes são semelhantes aos cidipídeos e não possuem sulcos.

Em alguns ctenóforos, existem duas áreas ovais de cílios, conhecidas como campos polares, que se posicionam sobre o plano estomodeal da superfície aboral (Figura 8.10 B). Essas estruturas supostamente têm uma função sensorial.

Reprodução e desenvolvimento

Reprodução assexuada e regeneração. Os ctenóforos podem regenerar praticamente qualquer parte perdida, inclusive o órgão sensorial apical. Quadrantes inteiros e até mesmo metades completas podem ser regeneradas. A especulação de que os ctenóforos possam reproduzir-se por fissão ou brotamento ainda está em processo de investigação. Os platictenídeos reproduzem-se assexuadamente por um processo semelhante ao da laceração pedal das anêmonas-do-mar; fragmentos pequenos são desprendidos à medida que o animal rasteja e cada um deles pode regenerar-se e formar um organismo adulto completo.

Reprodução sexuada e desenvolvimento. A maioria dos ctenóforos é hermafrodita, mas algumas espécies gonocorísticas são conhecidas (p. ex., membros do gênero *Ocyropsis*). As gônadas surgem nas paredes dos canais meridionais (Figura 8.9 B). Em geral, os ctenóforos pelágicos liberam seus gametas pela boca para as águas do mar circundantes, onde ocorre a autofecundação ou a fecundação cruzada. Em *Pleurobrachia*, a fecundação parece ocorrer dentro dos canais meridionais. Existem espermoductos especiais ao menos em algumas espécies de platictenídeos. Os ovócitos são centrolécitos formados em associação com os complexos de células nutritivas. A polispermia ocorre em alguns ctenóforos. Nos casos típicos, os animais que liberam gametas livremente produzem embriões que crescem rapidamente até formas **larvais cidipídias** planctotróficas (Figura 8.11), embora as espécies da ordem Beroida não passem por essa fase larval. Desse modo, o desenvolvimento geralmente é indireto, embora o crescimento até a forma adulta seja gradual, em vez de metamórfico. Alguns ctenóforos são conhecidos por se reproduzir sexuadamente antes de ter completado seu desenvolvimento larval, condição conhecida como **dissogenia**. A reprodução precoce ocorre ao menos em duas ordens (Lobata: *Mnemiopsis leidyi*; Cydippida: *Pleurobrachia bachei*) e pode refletir uma história evolutiva favorável à reprodução precoce, possivelmente porque os suprimentos de alimentos estão disponíveis de forma intermitente, ou porque os índices de predação são muito altos. Nos organismos bentônicos *Coeloplana* e *Tjalfiella*, a fecundação é interna e os embriões são incubados até que uma larva cidipídia seja formada e liberada. Esse ciclo de vida misto assegura um meio de dispersão a esses animais bentônicos sedentários.

A clivagem dos ctenóforos não pode ser classificada facilmente como espiral ou radial. Durante o início da clivagem, os primeiros quatro blastômeros formam-se por duas clivagens meridionais habituais, que marcam os planos de simetria do animal adulto. A terceira divisão também é praticamente vertical e resulta em uma placa curvada de oito células (macrômeros). A divisão seguinte é latitudinal e desigual, dando origem aos micrômeros no lado côncavo da placa de macrômeros. Os micrômeros continuam a dividir-se e espalhar-se por epibolia sobre o polo aboral e, por fim, sobre os macrômeros. Os macrômeros também invaginam, de forma que a gástrula se origina por uma combinação de epibolia e invaginação. Desse modo, os micrômeros se tornam a ectoderme e os macrômeros, a endoderme. Pouco antes da gastrulação, os macrômeros dividem-se e formam micrômeros adicionais no lado oral do embrião. Enquanto os micrômeros aborais formam a ectoderme, esses micrômeros orais são incorporados na endoderme e, ao menos em algumas

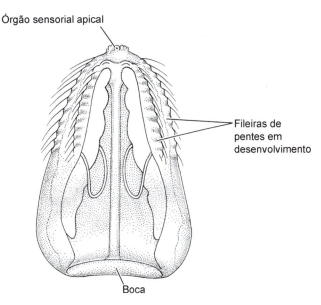

Figura 8.11 Uma larva cidipídia jovem típica.

espécies, originam as células fotorreceptoras. Existe alguma controvérsia quanto ao destino de todos esses micrômeros orais. Metschnikoff (1885) sugeriu que essas células possam contribuir para o mesênquima e, assim, possam ser consideradas endomesoderme verdadeira. Harbison (1985) também defendeu uma condição triploblástica nos ctenóforos. Entretanto, como foi mencionado antes, o sequenciamento recente do genoma de *Pleurobrachia bachei* não demonstrou qualquer indício de homologia do desenvolvimento entre o mesênquima dos ctenóforos e a mesoderme dos bilatérios triploblásticos verdadeiros.

À medida que os micrômeros cobrem o embrião para formar a epiderme, quatro faixas inter-radiais de células pequenas dividem-se rapidamente e tornam-se evidentes. Por fim, cada uma dessas faixas ectodérmicas espessadas diferencia-se em duas fileiras de pentes. A ectoderme aboral diferencia-se no órgão sensorial apical e suas partes relacionadas; a ectoderme oral invagina para formar o estomodeu. O sistema gastrovascular desenvolve-se a partir de projeções endodérmicas, enquanto a bainha tentacular desenvolve-se a partir de invaginações ectodérmicas nos pontos dos quais brotam os tentáculos. Por fim, o embrião transforma-se em uma larva cidípia livre-natante (Figura 8.11), que é muito semelhante aos ctenóforos adultos da ordem Cydippida. Alguns autores tomaram isso como evidência de que os cidípídeos tenham entre seus membros a linhagem mais primitiva dos ctenóforos atuais.

O desenvolvimento dos ctenóforos difere acentuadamente do que se observa nos cnidários. Nesse último grupo, a clivagem inicial resulta em uma massa irregular de células, cujos destinos não são claramente previsíveis até que o desenvolvimento avance, e o mesênquima é estritamente ectodérmico em sua origem. Por outro lado, nos ctenóforos, o desenvolvimento é determinado e desdobra-se um padrão de clivagem muito preciso, no qual a morfologia final é mapeada claramente. Por exemplo, quando os dois blastômeros de um embrião de duas células são separados experimentalmente, as "metades embrionárias" desenvolvem-se e formam organismos adultos com exatamente a metade do conjunto normal de estruturas dos adultos. Esses resultados sugerem que o destino dos blastômeros seja altamente determinado, mas também indicam que processos indutivos entre as células e os tecidos embrionários sejam importantes na embriogênese dos ctenóforos, como também se observa em muitos metazoários bilatérios. Dados adicionais sugerem que esses processos possam levar a uma variação mais ampla no destino das células do que se pensava antes. Os ctenóforos não formam larvas plânulas, que caracterizam os cnidários; em vez disso, eles formam um tipo de larva cidípia que não tem correspondente claro entre os cnidários. A existência de um estágio de larva "plânula" breve foi descrito durante o desenvolvimento do cidípídeo parasitário *Gastrodes parasiticum* (Komai, 1922 e 1963), que se dizia perfurar a cobertura das salpas hospedeiras, onde depois se desenvolveria em um cidípídeo livre-natante. Isso não foi confirmado por qualquer estudo subsequente e a natureza da "plânula" de Komai ainda não está definida.

Filogenia dos ctenóforos

Ainda que os ctenóforos e os cnidários sejam amplamente considerados pertencentes a um mesmo grau geral de construção, é difícil relacionar os ctenóforos com qualquer grupo específico de cnidários. Ainda que as relações filogenéticas dos metazoários basais (Porifera, Placozoa, Cnidaria e Ctenophora) permaneçam enigmáticas, algumas filogenias moleculares recentes uniram Cnidaria e Ctenophora como grupos-irmãos, revivendo o antigo conceito de "Coelenterata". Alguns zoólogos sugeriram que os ctenóforos tenham sido originados dos hidrozoários por meio de uma medusa intermediária, que teria um estatocisto aboral e duas bainhas tentaculares, como se observa hoje em dia na medusa traquilina aberrante *Hydroctena* (Figura 8.12). Nessa medusa, o número de tentáculos foi reduzido a dois e esses estão posicionados no alto da umbrela, como os tentáculos dos traquilinos em geral. Os tentáculos também se originam de bolsas epidérmicas profundas semelhantes às bainhas tentaculares dos ctenóforos. Esse argumento é enfraquecido pelas evidências fósseis sugestivas de que os ctenóforos cambrianos provavelmente não tinham tentáculos. Além disso, *Hydroctena* tem um único órgão sensorial apical, embora sua construção seja diferente da que se observa nos ctenóforos. Várias outras medusas de traquilinos também têm órgãos sensoriais aborais solitários.

Embora essas semelhanças possam sugerir uma relação entre os ctenóforos e os cnidários traquilinos, e ainda que os ctenóforos também tenham algumas semelhanças com os cifozoários e os antozoários, assim como o estomodeu e o mesênquima altamente celular e a cavidade gastrovascular com quatro lobos nas larvas cidípias, como vimos antes, os ctenóforos na verdade são bastante diferentes dos cnidários sob vários aspectos fundamentais. Essas diferenças são evidentes tanto na morfologia dos adultos quanto nos padrões de desenvolvimento. Muitas das semelhanças entre os ctenóforos e as medusas cnidárias podem perfeitamente ser convergências, que refletem adaptações aos seus estilos de vida semelhantes e, na verdade, muitos zooplanctontes gelatinosos apresentam semelhanças superficiais na forma do corpo e em sua construção.

Algumas filogenias moleculares colocaram os ctenóforos na base da árvore animal (abaixo de Porifera) como o primeiro filo animal a divergir. Talvez em favor dessa hipótese estejam os estudos de sequenciamento de última geração, os quais demonstraram que os genomas dos ctenóforos e das esponjas não têm vários genes homeobox, presentes nos genomas dos placozoários, dos cnidários e dos bilatérios. Além disso, os genomas dos ctenóforos são únicos sob vários aspectos. Por exemplo, eles não têm microRNA nem maquinaria de processamento, e seus genomas mitocondriais são reduzidos.

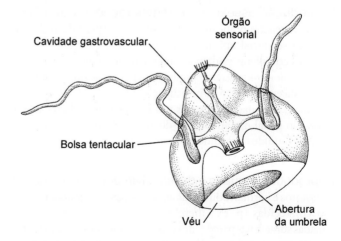

Figura 8.12 Medusa traquilina cnidária aberrante *Hydroctena*, que se assemelha superficialmente a um ctenóforo pelo fato de possuir uma estrutura sensorial apical e bolsas tentaculares.

A presença de células musculares mesenquimais e gonodutos em algumas espécies, junto com certos aspectos da clivagem inicial, levaram alguns zoólogos a sugerir uma relação entre os ctenóforos e os platelmintos (Platyhelminthes; Capítulo 10). Alguns pesquisadores consideram os ctenóforos ancestrais dos platelmintos; mas um cenário inverso também já foi sugerido. A existência de ctenóforos bentônicos rastejantes (p. ex., *Ctenoplana* e *Coeloplana*) tem sido citada como evidência de que intermediários anatômicos e ecológicos entre esses dois grupos sejam plausíveis. Entretanto, o consenso atual é de que existem poucas evidências relacionando os ctenóforos com os platelmintos, e estudos de filogenética molecular não ligam esses dois grupos.

As relações filogenéticas dentro do filo Ctenophora foram questionadas pelos dados genéticos limitados e, no caso do gene do rRNA 18S, por índices de substituição profundamente desiguais entre as linhagens. Entre os ctenóforos, existe discordância quanto à condição tentaculada ou atentaculada ser primitiva e à linhagem atentaculada (ordem Beroida) ter se originado em alguma época entre os grupos tentaculados. A hipótese "atentaculada primitiva" é apoiada pela inexistência de tentáculos entre as formas do período Cambriano. O número atual de oito fileiras de pentes parece ter sido estabilizado nas formas fósseis há cerca de 400 milhões de anos. Hoje em dia, acredita-se que o octorradiado ediacarano enigmático *Eoandromeda* provavelmente era um ctenóforo, cujas fileiras de pentes enrolavam-se ao longo do comprimento de seu corpo em forma de cone (Figura 8.13). O número restrito de estudos filogenéticos moleculares realizados até hoje pouco esclareceu quanto às relações internas entre os ctenóforos, ainda que indique que a família cidipídia Mertensiidae possa ser o grupo-irmão de todos os outros ctenóforos, enquanto as ordens Cydippida e Beroida poderiam não ser monofiléticas. Esses estudos também reforçaram a monofilia das ordens Lobata, Cestida e Platyctenida.

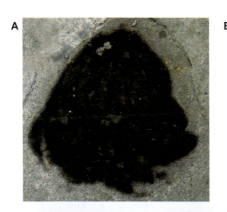

Figura 8.13 Fóssil Ediacarano *Eoandromeda octobrachiata* da formação de Doushantuo (580 a 551 Ma) no sudeste da China. **A** e **B**. Impressões carbonáceas do Institute of Geology, Chinese Academy of Geological Sciences, Beijing. **C**. Ilustração artística da *Eoandromeda* "viva".

Bibliografia

Abbott, J. F. 1907. Morphology of *Coeloplana*. Zool. Jahrb. Abt. Anat. Ontog. Tiere 24.

Arai, M. N. 1976. Behavior of planktonic coelenterates in temperature and salinity discontinuity layers. pp. 211–218 in G. O. Mackie (ed.), *Coelenterate Ecology and Behavior*. Plenum, Nova York.

Boero, F. M. Putti *et al.* 2009. First records of *Mnemiopsis leidyi* (Ctenophora) from the Ligurian, Thyrrhenian and Ionian Seas (Western Mediterranean) and first record of *Phyllorhiza punctata* (Cnidaria) from the Western Mediterranean. Aquatic Invasions 4(4): 675–680.

Carré, C. e D. Carré. 1980. Les cnidocysts du ctenophore *Euchlora rubra* (Kolliker 1853). Cah. Biol. Mar. 21: 221–226.

Carré, D., C. Rouvière e C. Sardet. 1991. *In vitro* fertilization in ctenophores: sperm entry, mitosis, and the establishment of bilateral symmetry in *Beröe ovata*. Dev. Biol. 147: 381–391.

Conway Morris, S. e D. H. Collins. 1996. Middle Cambrian ctenophores from the Stephen Formation, British Columbia, Canada. Phil. Trans. Biol. Sci. 351 (1337): 279–308.

Coonfield, B. R. 1936. Regeneration in *Mnemiopsis*. Biol. Bull. 71.

Costello, J. H. e R. Coverdale. 1998. Planktonic feeding and evolutionary significance of the lobate body plan with the Ctenophora. Biol. Bull. 195: 247–248.

Dawydoff, C. 1963. Morphologie et biologie des Ctenoplana. Arch. Zool. Exp. Gen. 75.

Dunn, C. W. *et al.* 2008. Broad phylogenomic sampling improves resolution of the animal tree of life. Nature 452: 745–749.

Dunn, C. W. *et al.* 2014. Animal phylogeny and its evolutionary implications. Ann. Rev. Ecol. Evol. Syst. 45: 371–395.

Dunn, C. W., S. P. Leys e S. H. D. Haddock. 2015. The hidden biology of sponges and ctenophores. Trends Ecol. Evol. 30(5): 282–291.

Farfaglio, G. 1963. Experiments on the formation of the ciliated plates in ctenophores. Acta Embryol. Morphol. Exp. 6: 191-203.

Franc, J.-M. 1978. Organization and function of ctenophore colloblasts: An ultrastructural study. Biol. Bull. 155: 527-541.

Freeman, G. 1976. The effects of altering the position of cleavage planes on the process of localization of developmental potential in ctenophores. Dev. Biol. 51: 332-337.

Freeman, G. 1977. The establishment of the oral-aboral axis in the ctenophore embryo. J. Embry. Exp. Morphol. 42: 237-260.

Harbison, G. R. e L. P. Madin. 1979. A new view of plankton biology. Oceanus 22(2): 18-27.

Harbison, G. R. e L. P. Madin. 1983. Ctenophora. pp. 707-715 in S. P. Parker (ed.), *Synopsis and Classification of Living Organisms, Vol. 1*. McGraw-Hill, Nova York.

Harbison, G. R. 1985. On the classification and evolution of the Ctenophora. pp. 78-100 in Morris et al. (eds.), *The Origins and Relationships of Lower Invertebrates*. Syst. Assoc. Spec. Vol. No. 28.

Harbison, G. R., L. P. Madin e N. R. Swanberg. 1984. On the natural history and distribution of oceanic ctenophores. Deep-Sea Res. 25: 233-256.

Harbison, G. R. e R. L. Miller. 1986. Not all ctenophores are hermaphrodites. Studies on the systematics, distribution, sexuality and development of two species of *Ocyropsis*. Mar. Biol. 90: 413-424.

Hernandez, M.-L. 1991. Ctenophora. pp. 359-418 in F. Harrison e J. Westfall (eds.), *Microscopic Anatomy of Invertebrates, Vol. 2, Placozoa, Porifera, Cnidaria and Ctenophora*. Wiley-Liss, Nova York.

Hejnol, A. et al. 2009. Assessing the root of bilaterians animals with scalable phylogenetic methods. Proc. R. Soc. B 276: 4261-4270.

Horridge, G. A. 1965. Macrocilia with numerous shafts from the lips of the ctenophore *Beröe*. Proc. Roy. Soc. London B 162: 351-364.

Horridge, G. A. 1965. Relations between nerves and cilia in ctenophores. Am. Zool. 5: 357-375.

Horridge, G. A. 1974. Recent studies on the Ctenophora. pp. 439-468 in L. Muscatine e H. M. Lenhoff (eds.), *Coelenterate Biology*. Academic Press, Nova York.

Hyman, L. H. 1940. *The invertebrates, Vol. 1, Protozoa through Ctenophora*. McGraw-Hill, Nova York, pp. 662-696.

Jékely, G., J. Paps e C. Nielsen. 2015. The phylogenetic position of ctenophores and the origin(s) of nervous systems. EvoDevo 6: 1-8.

Kideys, A. E. 2002. Fall and rise of the Black Sea ecosystem. Science 297: 1482-1484.

Komai, T. 1922. Studies on two aberrant ctenophores-*Coeloplana* and *Gastrodes*. Kyoto. [Publicado pelo autor.]

Komai, T. 1934. On the structure of *Ctenoplana*. Kyoto Univ. Col. Sci. Mem. (Ser. B) 9.

Komai, T. 1936. Nervous system, *Coeloplana*. Kyoto Univ. Col. Sci. Mem. (Ser. B) 11.

Komai, T. 1963. A note on the phylogeny of the Ctenophora. pp. 181-188 in E. C. Dougherty (ed.), *The Lower Metazoa: Comparative Biology and Phylogeny*. University of California Press, Berkeley.

Komai, T. e T. Tokioka. 1940. *Kiyohimea aurita* n. gen., n. sp., type of a new family of lobate Ctenophora. Annot. Zool. Japan. 19: 43-46.

Komai, T. e T. Tokioka. 1942. Three remarkable ctenophores from the Japanese seas. Annot. Zool. Japan. 21: 144-151.

Kremer, P. 1977. Respiration and excretion by the ctenophore *Mnemiopsis leidyi*. Mar. Biol. 44: 43-50.

Kremer, P., M. F. Canino e R. W. Gilmer. 1986. Metabolism of epipelagic tropical ctenophores. Mar. Biol. 90: 403-412.

Kremer, P., M. R. Reeve e M. A. Syms. 1986. The nutritional ecology of the ctenophore *Bolinopsis vitrea*: comparisons with *Mnemiopsis mccradyi* from the same region. J. Plankton Res. 8: 1197-1208.

Link, J. S. e M. D. Ford. 2006. Widespread and persistent increase of Ctenophora in the continental shelf ecosystem off NE USA. Mar. Ecol. Prog. Ser. 320: 153-159.

Mackie, G. O., C. E. Mills e C. L. Singla. 1988. Structure and function of the prehensile tentilla of *Euplokamis* (Ctenophora, Cydippida). Zoomorphology 107: 319-337.

Madin, L. P. e G. R. Harbison. 1978 A. *Bathocyroe fosteri* gen. et sp. nov., a mesopelagic ctenophore observed and collected from a submersible. J. Mar. Biol. Assoc. U.K. 58: 559-564.

Madin, L. P. e G. R. Harbison. 1978 B. *Thalassocalyce inconstans*, new genus and species, an enigmatic ctenophore representing a new family and order. Bull. Mar. Sci. 28(4): 680-687.

Main, R. J. 1928. Observations on the feeding mechanism of a ctenophore, *Mnemiopsis leidyi*. Biol. Bull. 55: 69-78.

Martindale, M. Q. 1987. Larval reproduction in the ctenophore *Mnemiopsis mccradyi* (order Lobata). Mar. Biol. 94: 409-414.

Martindale, M. Q. e J. Q. Henry. 1995. Diagonal development: establishment of the anal axis in the ctenophore *Mnemiopsis leidyi*. Biol. Bull. 189: 190-192.

Martindale, M. Q. e J. Q. Henry. 1996. Development and regeneration of comb plates in the ctenophore *Mnemiopsis leidyi*. Biol. Bull. 191: 290-292.

Martindale, M. Q. e J. Q. Henry. 1997. Ctenophorans, the comb jellies. pp. 87-111 in S. F. Gilbert e A. M. Raunio (eds.), *Embryology: Constructing the Organism*. Sinauer Associates, Sunderland, MA.

Martindale, M. Q. e J. Q. Henry. 1997. Reassessing embryogenesis in the Ctenophora: the inductive role of micromeres in organizing ctene row formation in the "mosaic" embryo, *Mnemiopsis leidyi*. Development 124: 1999-2006.

Martindale, M. Q. e J. Q. Henry. 1999. Intracellular fate mapping in a basal metazoan, the ctenophore *Mnemiopsis leidyi*, reveals the origins of mesoderm and the existence of indeterminate cell lineages. Dev. Biol. 214: 243-257.

Matsumoto, G. I. 1991. Functional morphology and locomotion of the Arctic ctenophore *Mertensia ovum* (Fabricius) (Tentaculata: Cydippida). Sarsia 76: 177-185.

Matsumoto, G. I. e W. M. Hamner. 1988. Modes of water manipulation by the lobate ctenophore *Leucothea* sp. Mar. Biol. 97: 551-558.

Metschnikoff, E. 1885. Gastrulation und mesodermbildung der Ctenophoren. Z. Wiss. Zool. 42.

Mills, C. E. 1984. Density is altered in hydromedusae and ctenophores in response to changes in salinity. Biol. Bull. 166: 206-215.

Mills, C. 2012. Phylum Ctenophora: list of all valid species names. http://faculty.washington.edu/cemills/Ctenolist.html.

Mills, C. E. e R. L. Miller. 1984. Ingestion of a medusa (*Aegina citrea*) by the nematocyst-containing ctenophore *Haeckelia rubra* (formerly *Euchlora rubra*): phylogenetic implication. Mar. Biol. 78: 215-221.

Mills, C. E. e R. G. Vogt. 1984. Evidence that ion regulation in hydromedusae and ctenophores does not facilitate vertical migration. Biol. Bull. 166: 216-227.

Moroz, L. L. et al. 2014. The ctenophore genome and the evolutionary origins of neural systems. Nature. doi: 10.1038/nature13400

Nielsen, C. 1987. *Haeckelia* (= *Euchlora*) and *Hydroctena* and the phylogenetic interrelationships of the Cnidaria and Ctenophora. Z. Zool. Syst. Evolutionsforsch. 25: 9-12.

Nosenko, T. et al. 2013. Deep metazoan phylogeny: when different genes tell different stories. Mol. Phyl. Evol. 67: 223-233.

Ortolani, G. 1989. The ctenophores: a review. Acta. Embryol. Morphol. Exp. 10: 13-31.

Philippe, H. et al. 2009. Phylogenomics revives traditional views on deep animal relationships. Curr. Biol. 19: 1-7.

Pianka, H. D. 1974. Ctenophora. pp. 201-265 in A. C. Giese e J. S. Pearse (eds.), *Reproduction of Marine Invertebrates, Vol. 1*. Academic Press, Nova York.

Picard, J. 1955. Les nematocystes du ctenaire *Euchlora rubra* (Kolliker, 1953). Recl. Trav. Stn. Mar. Endoume-Marseille Fasc. Hors. Ser. Suppl. 15: 99-103.

Pick, K. S. et al. 2010. Improved phylogenomic taxon sampling noticeably affects nonbilaterian relationships. Mol. Biol. Evol. 27: 1983-1987.

Podar, M. S. et al. 2001. Molecular phylogenetic framework for the phylum Ctenophora using 18S rRNA genes. Mol. Phylog. Evol. 21: 218-230.

Purcell, J. E. 2012. Jellyfish and ctenophore blooms coincide with human proliferations and environmental perturbations. Ann. Rev. Mar. Sci. 4: 209-235.

Rankin, J. J. 1956. The structure and biology of *Vallicula multiformis* gen. et sp. nov. a platyctenid ctenophore. Zool. J. Linn. Soc. 43: 55-71.

Reeve, M. R. e M. A. Walter. 1978. Nutritional ecology of ctenophores: A review of recent research. pp. 249-289 in F. S. Russell e M. Yonge (eds.), *Advances in Marine Ecology, Vol. 15*. Academic Press, Nova York.

Robilliard, G. A. e P. K. Dayton. 1972. A new species of platyctenean ctenophore, *Lyrocteis flavopallidus* sp. nov., from McMurdo Sound, Antarctica. Can. J. Zool. 50: 47-52.

Ryan, J. F. et al. 2010. The homeodomain complement of the ctenophore *Mnemiopsis leidyi* suggests that Ctenophora and Porifera diverged prior to the ParaHoxozoa. EvoDevo 1(9): 1-18.

Ryan, J. F. et al. 2013. The genome of the ctenophore *Mnemiopsis leidyi* and its implications for cell type evolution. Science 342: 1336.

Shelton, G. A. B. (ed.). 1982. *Electrical Conduction and Behavior in "Simple" Invertebrates*. Oxford University Press, Nova York.

Simion, P. et al. 2014. Exploring the potential of small RNA subunit and ITS sequences for resolving phylogenetic relationships within the phylum Ctenophora. Zoology. doi: 10.1016/j.zool.2014.06.004

Stanlaw, K. A., M. R. Reeve e M. A. Walter. 1981. Growth rates, growth variability, daily rations, food size selection and vulnerability to damage by copepods of the early life history stages of the ctenophore *Mnemiopsis mccradyi*. Limnol. Oceanogr. 26: 224-234.

Stanley, G. D., Jr. e A. Sturmer. 1983. The first fossil ctenophore from the lower Devonian of West Germany. Nature 303: 518-520.

Sullivan, L. J. e D. J. Gifford. 2004. Diet of the larval ctenophore *Mnemiopsis leidyi* A. Agassiz (Ctenophora, Lobata). J. Plankton Res. 26: 417-431.

Tamm, S. L. 1973. Mechanisms of ciliary coordination in ctenophores. J. Exp. Biol. 59: 231-245.

Tamm, S. L. e S. Tamm. 1985. Visualization of changes in ciliary tip configuration caused by sliding displacement of microtubules in macrocilia of the ctenophore *Beröe*. J. Cell Sci. 79: 161-179.

Tang, F. S. Bengston et al. 2011. *Eoandromeda* and the origin of Ctenophora. Evol. & Develop. 13:5: 408-414.

Totton, A. 1954. Egg-laying in Ctenophora. Nature 174: 360.

Wallberg, A. et al. 2004. The phylogenetic position of the comb jellies (Ctenophora) and the importance of taxonomic sampling. Cladistics 20: 558-578.

Welch, V. et al. 2006. Optical properties of the iridescent organ of the comb-jellyfish *Beröe cucumis* (Ctenophora). Physical Review E 73: 041916.

Whelan, N. V. et al. 2015. Error, signal, and the placement of Ctenophora sister to all other animals. PNAS 112(18): 5773-5778.

9

Introdução a Bilateria e ao Filo Xenacoelomorpha

A Triploblastia e a Simetria Bilateral Abrem Novas Possibilidades para a Radiação dos Animais

Classificação do reino Animal (Metazoa)

Não Bilateria*
(Também conhecidos como diploblastos)
  FILO PORIFERA
  FILO PLACOZOA
  FILO CNIDARIA
  FILO CTENOPHORA

Bilateria
(Também conhecidos como triploblastos)
  FILO XENACOELOMORPHA

Protostomia
  FILO CHAETOGNATHA
  SPIRALIA
    FILO PLATYHELMINTHES
    FILO GASTROTRICHA
    FILO RHOMBOZOA
    FILO ORTHONECTIDA
    FILO NEMERTEA
    FILO MOLLUSCA
    FILO ANNELIDA
    FILO ENTOPROCTA
    FILO CYCLIOPHORA
  Gnathifera
    FILO GNATHOSTOMULIDA
    FILO MICROGNATHOZOA
    FILO ROTIFERA

  Lophophorata
    FILO PHORONIDA
    FILO BRYOZOA
    FILO BRACHIOPODA
  ECDYSOZOA
    Nematoida
      FILO NEMATODA
      FILO NEMATOMORPHA
    Scalidophora
      FILO KINORHYNCHA
      FILO PRIAPULA
      FILO LORICIFERA
    Panarthropoda
      FILO TARDIGRADA
      FILO ONYCHOPHORA
      FILO ARTHROPODA
        SUBFILO CRUSTACEA*
        SUBFILO HEXAPODA
        SUBFILO MYRIAPODA
        SUBFILO CHELICERATA

Deuterostomia
  FILO ECHINODERMATA
  FILO HEMICHORDATA
  FILO CHORDATA

*Grupo parafilético.

Ao longo do processo evolutivo, dos procariotos aos animais modernos, três inovações fundamentais possibilitaram ampla expansão da diversificação biológica: (1) a evolução da condição eucariota; (2) o surgimento de Metazoa; (3) a evolução de uma terceira camada germinativa (triploblastia) e, talvez simultaneamente, da simetria bilateral. Nos Capítulos 1 e 6, já descrevemos as origens dos eucariotos e dos metazoários. A formação de uma terceira camada germinativa (intermediária ou média), conhecida como **mesoderme** verdadeira, e a evolução de um plano corpóreo bilateral abriram vastas possibilidades de expansão evolutiva entre os animais. No Capítulo 5, analisamos a natureza embriológica da verdadeira mesoderme e aprendemos que a evolução dessa camada corporal interna facilitou a especialização mais ampla dos tecidos formados, inclusive sistemas de órgãos altamente especializados e sistemas nervosos condensados (p. ex., sistemas nervosos centrais). Além dos derivados ectodérmicos (pele e sistema nervoso) e endodérmicos (trato digestivo e seus derivados), os animais triploblásticos têm derivados mesodérmicos – inclusive musculatura, sistemas circulatório e excretor e partes somáticas das gônadas. A simetria bilateral oferece a esses animais dois eixos de polaridade (anteroposterior e dorsoventral) ao longo de um único plano corpóreo, que divide o corpo em duas partes simetricamente opostas – os lados esquerdo e direito. A evolução da bilateralidade também resultou na **cefalização**, ou seja, na concentração das estruturas alimentares e sensoriais na extremidade da cabeça. Os bilatérios também desenvolveram um **trato digestivo completo**, com boca, ânus e órgãos excretores na forma de protonefrídios e metanefrídios (exceto no filo Xenacoelomorpha, que provavelmente constitui os bilatérios vivos mais primitivos).

Como foi mencionado no Capítulo 1, os fósseis mais antigos classificados como bilatérios pertencem ao período Ediacarano – embriões encontrados nos depósitos de Doushantuo na China, os quais datam de 600 a 580 milhões de anos. Estudos de datação molecular mais recentes também sugeriram que a origem de Bilateria provavelmente esteja no período Ediacarano

– cerca de 630 a 600 milhões de anos –, embora algumas árvores de datação tenham estimado sua origem em eras ainda mais remotas.

A monofilia de Bilateria está firmemente embasada por estudos morfológicos e moleculares. As sinapomorfias anatômicas desse clado incluem: existência de uma terceira camada germinativa (mesoderme), simetria bilateral, cefalização e corpo com musculaturas circular e longitudinal – embora existam inversões ou supressões marcantes de todas essas características.

Recentemente, a especialidade da filogenética molecular permitiu-nos elucidar mais claramente as relações evolutivas entre os animais. A biologia molecular também resultou na ampliação de um campo conhecido como biologia evolutiva do desenvolvimento ("EvoDevo"), que procura compreender a evolução das bases moleculares das diferenças na organização dos planos corpóreos dos animais. Em grande parte, o entendimento da evolução dos planos corpóreos dos animais depende do esclarecimento da transição dos metazoários basais (Porifera, Placozoa, Cnidaria e Ctenophora) para a condição de Bilateria, bem como sua radiação subsequente. Contudo, estudos genômicos também mostraram que não existe uma relação única entre complexidade genômica/molecular e complexidade de organismo/desenvolvimento; por isso, ao contrário do que se supunha antes, a simples existência de membros das famílias de genes conservados (p. ex., "genes de segmentação") no genoma de um organismo diz pouco acerca das relações *evolutivas* de tal organismo com outros animais. Desse modo, um passo fundamental é reconstruir a árvore filogenética do reino animal, utilizando genes e características morfológicas conservados. Por fim, filogenética e EvoDevo poderiam permitir-nos reconstruir a natureza do primeiro animal bilatério – o chamado **Urbilatério**.

Bilatério basal

O conceito de que os vermes achatados acelomados são os bilatérios vivos mais primitivos tem sido defendido há muitos anos. No passado, alguns pesquisadores até especularam se os acelomados poderiam ser os metazoários vivos mais primitivos, depois de terem evoluído de um ancestral protista ciliado (a "hipótese sincicial, ou ciliar–acelômica"). Contudo, a maioria dos biólogos tem preferido alguma versão da "hipótese planuloide–aceloide", que defende que os acelomados sejam o elo de ligação entre os diploblastos (por meio de uma larva plânula) e os triploblastos. Uma terceira hipótese, que conquistou aceitação por algum tempo, era de que a simplicidade dos acelomados seria resultante da *perda* de características derivadas de um ancestral mais complexo (a "hipótese do arquicelomado").

Estudos recentes de filogenética molecular sugeriram claramente que os vermes acelomórficos (Acoela e Nemertodermatida), talvez junto com os do gênero *Xenoturbella*, provavelmente sejam as linhagens bilatérias vivas mais antigas, ou talvez os deuterostômios basais – ambas compartilhando muitas características em comum com um bilatério ancestral conhecido teoricamente como "Urbilatério". Os acelomórficos são vermes ciliados pequenos e não segmentados, que se desenvolvem por mecanismo direto (sem estágio larval). Esses organismos têm músculos derivados da mesoderme (mas não têm celoma, sistema circulatório ou excretor), vários cordões nervosos longitudinais paralelos, sistema nervoso centralizado e um orifício único abrindo-se para a cavidade digestiva. É importante ressaltar que alguns estudos sugeriram que a boca desses animais – a única abertura do trato digestivo – não se origine do blastóporo (*i. e.*, os acelomórficos são deuterostômios em seu desenvolvimento). Desse modo, a origem dos bilatérios pode ter sido acompanhada de uma variação embriológica na origem da boca a partir do blastóporo (como se observa em Cnidaria e Ctenophora) para qualquer outra área do corpo.

Muitos filos bilatérios têm um tipo larval descrito como **larvas primárias**, larvas ciliadas com um **órgão apical** característico – um órgão larval verdadeiro, que desaparece (parcial ou completamente) antes ou durante a metamorfose. O órgão apical é uma estrutura supostamente sensorial, que se desenvolve a partir dos blastômeros mais apicais durante a embriogênese. Esse órgão não se enquadra na definição estrita de um gânglio, porque parece incluir apenas células sensoriais. Contudo, muitos espirálicos desenvolvem gânglios (cerebrais) laterais em aposição direta ao órgão apical, estrutura complexa descrita como "órgão apical" em alguns trabalhos da literatura mais antiga. Aparentemente, o órgão apical é usado comumente para o assentamento larval e é perdido assim que isso acontece (nos casos típicos, o processo de assentamento utiliza as células situadas ao redor do polo apical). Nos protostômios espirálicos, o órgão apical diferencia-se a partir das células mais apicais (as células $1a^1$-$1d^1$, de acordo com a terminologia da clivagem espiral). Essa estrutura é altamente variável e alguns dos seus elementos são conservados no sistema nervoso de alguns animais adultos. Nas larvas pilídio dos nemertinos, o órgão apical é desprendido na metamorfose junto com o corpo larval por inteiro que, em alguns casos, é ingerido pelo verme juvenil em formação.

Os deuterostômios são mais difíceis de interpretar e apenas nas larvas dos equinodermos e nas enteropnêusticas (*i. e.*, Ambulacraria) há claramente órgãos apicais. Os órgãos apicais estão presentes nas larvas dos cnidários, mas não nas dos poríferos; por isso, alguns autores sugeriram que a larva primária/órgão apical poderia ser uma sinapomorfia definidora de um clado conhecido como Neuralia (*i. e.*, Cnidaria + Bilateria). Nos cnidários, o órgão apical consiste em um grupo de células nervosas monociliadas – por ocasião do assentamento, o sistema nervoso é reorganizado e a rede neural larval é perdida, com desenvolvimento de uma nova rede neural na forma adulta. Estudos recentes de expressão gênica demonstraram que o polo apical dos cnidários e o polo apical dos bilatérios provavelmente são homólogos. Aparentemente, os órgãos apicais são ausentes nos Ecdysozoa e nos Chordata (exceto talvez da larva anfioxo, que não se alimenta).

Protostômios e deuterostômios

Nos estágios iniciais da evolução dos bilatérios, houve uma separação em duas linhagens principais conhecidas tradicionalmente como Protostomia e Deuterostomia. Esses grupos foram assim denominados há mais de 100 anos e, durante muito tempo, foram definidos com base nos princípios embriológicos. Nos protostômios, dizia-se que o blastóporo (a parte do embrião que geralmente origina os tecidos endodérmicos) originava a boca ("protostômio" = primeiro a boca). Nos deuterostômios típicos, o blastóporo originava o ânus do animal adulto e, assim, a boca formava-se secundariamente em outro local ("deuterostômio" = boca secundária). Nessas duas linhagens, o blastóporo assenta-se no polo vegetal do embrião quando a gastrulação começa.

À medida que as descobertas da filogenética molecular redistribuíam os filos animais entre as linhagens dos protostômios e dos deuterostômios, surgiu uma visão inédita dos padrões embriológicos. Na linhagem Deuterostomia (hoje definida pelos filos Echinodermata, Hemichordata e Chordata), o blastóporo consistentemente *origina* o ânus e a boca forma-se secundariamente. Contudo, entre a linhagem Protostomia, hoje se sabe que a gastrulação é muito mais variável. Na verdade, hoje sabemos que, entre os protostômios, embora o ânus geralmente se forme como uma estrutura secundária, o blastóporo nem sempre dá origem à boca, especialmente entre os animais do clado numeroso conhecido como Spiralia (anelídeos, moluscos, nemertinos e outros). Mesmo dentro do clado Ecdysozoa, hoje sabemos que pode haver deuterostomia. Por exemplo, os nematomorfos e os priápulos têm desenvolvimento deuterostômio porque o blastóporo origina o ânus (no polo vegetal) e a boca origina-se do polo animal. Estudos de expressão gênica mostraram que, em *Priapulus caudatus*, as expressões dos genes dos tratos digestivos anterior e posterior acompanham esse desenvolvimento, e os marcadores do trato digestivo posterior *brachyury* (*bra*) e *caudal* (*cdx*) são expressos à medida que o ânus emerge do blastóporo. A continuação dos estudos do desenvolvimento dos crustáceos tem revelado que a maioria das espécies provavelmente também expressa um tipo de deuterostomia. Além disso, nos quetognatos, a gastrulação ocorre por invaginação da suposta endoderme, sem formação de blastocele – o blastóporo marca a extremidade posterior final do animal, e tanto a boca quanto o ânus formam-se secundariamente. Assim, esse também é um tipo de desenvolvimento semelhante aos deuterostômios. Na verdade, hoje se acumulam evidências de que a formação da boca a partir da ectoderme oral (no hemisfério animal) – um processo típico da deuterostomia – possa ser ancestral tanto nos protostômios quanto nos deuterostômios e, talvez, nos próprios bilatérios.

Desse modo, embora os termos Protostomia e Deuterostomia ainda sejam usados para descrever os dois clados principais de Bilateria, entendemos que os próprios nomes não são mais perfeitamente descritivos – na verdade, são **termos tradicionais**. Alguns autores sugeriram que devam ser cunhados termos novos para descrever esses dois grandes clados, mas até hoje não houve concordância quanto a que nomes seriam esses. Os maiores filos animais fazem parte da linhagem Protostomia – Arthropoda (mais de um milhão de espécies vivas descritas) e Mollusca (cerca de 80.000 espécies vivas descritas) –, bem como os menores filos animais – Micrognathozoa e Placozoa (uma espécie descrita em cada um), e Cycliophora (duas espécies descritas) –, embora saibamos que existem várias espécies ainda não descritas nesses filos pequenos.

Hoje em dia, os grupos Protostomia e Deuterostomia constituem clados baseados principalmente nas evidências de filogenética molecular, e as sinapomorfias morfológicas e do desenvolvimento que definem esses dois clados ainda são ambíguas. Uma sinapomorfia provável da linhagem Protostomia, conforme se apresenta hoje em dia, é o sistema nervoso central com um gânglio cerebral dorsal, que geralmente tem conexões circum-esofágicas com um par de cordões nervosos ventrais. As sinapomorfias prováveis da linhagem Deuterostomia são a condição de celoma corporal trimérico e as fendas brânquiais faríngeas, ao menos primitivamente (a trimeria não ocorre no filo Chordata e as fendas branquiais estão ausentes nos equinodermos existentes, mas podem ter existido em alguns equinodermos basais extintos). Embora ainda exista alguma controvérsia, a posição do filo Xenacoelomorpha (acoelos, nemertodermatídeos e *Xenoturbella*) parece ser basal em Bilateria, porque esse grupo não se alinha fortemente com os protostômios ou os deuterostômios (Quadro 9.1).

A linhagem Protostomia tem 24 filos, dos quais cinco ainda são enigmáticos quanto ao seu alinhamento filogenético: Chaetognatha, Platyhelminthes, Gastrotricha, Rhombozoa e Orthonectida. Algumas evidências moleculares indicam que, com exceção dos Chaetognatha, todos eles façam parte do clado conhecido como Spiralia; na verdade, Platyhelminthes e Rhombozoa parecem fazer clivagem espiral (e algumas evidências indicam que Chaetognatha também poderiam fazer clivagem espiral). Estudos recentes sugeriram que Chaetognatha possam representar o grupo-irmão do clado Spiralia. Os gastrotríqueos têm embriogênese não radial singular, e a embriologia dos ortonectídeos, ciclióforos e micrognatozoários ainda não está definida. Os briozoários e os braquiópodes certamente não fazem clivagem espiral. Desse modo, ainda não sabemos se a clivagem espiral é uma sinapomorfia do clado que leva seu nome – ou seja, "Spiralia" é outro termo tradicional. Pode ser que finalmente seja demonstrado que todos esses filos formam um único clado e são descendentes de um ancestral que fazia clivagem espiral – com isso, esse padrão de clivagem seria uma sinapomorfia válida para o grupo conhecido como Spiralia. Se ficar provado que a clivagem espiral não é uma sinapomorfia do grupo Spiralia, sua ausência em alguns filos poderia ser vista como resultado de modificações secundárias ao processo embriológico. Vale lembrar que, na clivagem espiral, a célula 4d (também conhecida

---

Quadro 9.1 Características do filo Xenacoelomorpha.

1. Acelomados de corpos moles e achatados no sentido dorsoventral; representados quase exclusivamente por vermes marinhos.

2. A epiderme tem corpos pulsáteis singulares, que não são encontrados em qualquer outro filo de Metazoa; cílios da epiderme com disposição característica dos microfilamentos: disposição clássica 9 + 2 estendendo-se pela maior parte da haste, mas 4 a 6 duplas de microfilamentos não alcançam a extremidade do cílio (os chamados "cílios dos xenacelomórficos").

3. Boca medioventral e trato digestivo incompleto (*i. e.*, não tem ânus).

4. Praticamente não têm órgãos bem-definidos (p. ex., não têm sistema circulatório, protonefrídios ou nefrídios, ou gônadas organizadas).

5. Gânglio cerebral com um neurópilo; com estatocistos anteriores e sistema nervoso intraepitelial difuso.

6. Músculos circulares e longitudinais.

7. Têm genes Hox e ParaHox (embora numericamente menores que nos outros metazoários).

8. Desenvolvimento direto (sem formas larvais).

como mesentoblasto) origina a maior parte da mesoderme, conhecida como endomesoderme. A maioria dos espirálicos também forma mesoderme a partir dos micrômeros do segundo ou do terceiro quarteto, que são responsáveis principalmente pela formação da ectoderme (conhecida assim como ectomesoderme); em geral, essa camada forma a musculatura da larva.

Alguns animais que fazem clivagem espiral têm um tipo larval singular conhecido como larva trocófora (p. ex., Mollusca, Annelida, Nemertea e, possivelmente, outros) e o nome do clado "Trochozoa" foi sugerido para descrever esses filos, embora tal clado tenha suporte muito variável nas árvores moleculares e possa ser parafilético. Além disso, estudos recentes de filogenômica sugeriram que esses "filos trocóforos" possam constituir um grupo-irmão de Lophophorata (Phoronida, Briozoa, Brachiopoda) e talvez incluam também os entoproctos como um agrupamento mais amplo conhecido como Lophotrochozoa. Embora os dados de sequência do DNA reforcem o clado Spiralia, até hoje não foram definidas quaisquer sinapomorfias morfológicas inequívocas que possam defini-lo. As relações filogenéticas dos filos espirálicos ainda são desconhecidas e, até hoje, sua ancestralidade remota ainda não pôde ser definida. Entretanto, dois clados do grupo Spiralia parecem estar bem-apoiados e, neste livro, esses clados são descritos separadamente em capítulos. São eles Gnathifera (filos Gnathostomulida, Micrognathozoa e Rotifera) e Lophophorata (filos Phoronida, Briozoa e Brachiopoda).

O outro clado principal dos protostômios – Ecdysozoa – contém 8 filos (e cerca de 80% da diversidade das espécies animais), todos os quais mudam sua cutícula ao menos uma vez durante sua história de vida. Os ecdisozoários incluem três clados bem-apoiados: Panarthropoda (Tardigrada, Onychophora, Arthropoda), Nematoida (Nematoda, Nematomorpha) e Scalidophora (Priapula, Kinorhyncha, Loricifera), esse último baseado principalmente em dados morfológicos. As relações filogenéticas entre esses três clados ainda não foram esclarecidas e, por isso, eles aparecem como uma tricotomia ainda sem solução em nossa árvore de Metazoa (Capítulo 28). Algumas evidências morfológicas sugerem que Nematoida e Scalidophora sejam grupos-irmãos e que compartilhem algumas semelhanças morfológicas (p. ex., cérebro colariforme circum-oral composto de um anel neurópilo com concentrações anterior e posterior de corpos celulares). Entretanto, essas semelhanças morfológicas poderiam ser plesiomórficas entre os ecdisozoários, e a maioria das análises moleculares classifica os nematoides como um grupo-irmão dos panartrópodes. As relações internas entre os filos escalidóforos também são desconhecidas. O estudo mais recente sobre os panartrópodes sugeriu que Onycophora possa ser o grupo-irmão de Arthropoda e que Tardigrada forme o grupo-irmão desses últimos. Ao contrário dos espirálicos, os ecdisozoários podem ser definidos por sinapomorfias morfológicas inequívocas, inclusive sua cutícula trilaminar, que pode ser trocada – um processo regulado pelos hormônios ecdisteroides dos grupos nos quais isso é conhecido. A cutícula consiste em uma exocutícula proteinácea e uma endocutícula com quitina ou colágeno; a epicutícula forma-se a partir da zona apical das microvilosidades epidérmicas. Os ecdisozoários também não têm cílios epiteliais externos, não formam larva primária ou ciliada e nenhum deles faz clivagem espiral. Esse clado foi descoberto em um dos estudos pioneiros utilizando dados do sequenciamento molecular (Aguinaldo *et al.*, 1997).

O outro grande clado bilatério – Deuterostomia – é muito pequeno e inclui menos de 100.000 espécies vivas em apenas três filos: Echinodermata, Hemichordata e Chordata. Embora seja apenas um "ramo lateral" da árvore da vida, tendemos a atribuir a esse clado importância exagerada, evidentemente porque ele representa a linhagem à qual pertencem os seres humanos (e outros vertebrados). Como foi mencionado antes, esse clado foi definido originalmente com base principalmente na embriologia dos deuterostômios. Contudo, hoje sabemos que o desenvolvimento deuterostômio ocorre em toda a sua linhagem-irmã (Protostomia), restando-nos poucas características morfológicas ou de desenvolvimento para definir a linhagem Deuterostomia. Entretanto, como foi salientado antes, ao menos primitivamente, pode-se comprovar finalmente que o celoma corporal trimérico e as fendas branquiais faríngeas podem ser sinapomorfias da linhagem Deuterostomia. Os deuterostômios também parecem ter um gene de desenvolvimento singular conhecido como *Nodal*.

Dentro do clado dos deuterostômios, estudos moleculares e morfológicos recentes (e também sequências dos genes Hox) sugeriram que os equinodermos e os hemicordados sejam grupos-irmãos, constituindo um clado conhecido como Ambulacraria, e que esse último seja o grupo-irmão do filo Chordata. Se essa hipótese estiver certa, isso significa que as características compartilhadas pelos cordados e hemicordados (que, durante muito tempo, foram classificados como grupos-irmãos) – inclusive fendas branquiais – possam na verdade ter sido ancestrais da linhagem Deuterostomia, embora perdidos na linhagem dos equinodermos (e também em algumas linhagens dos hemicordados), como sugerido pela suposta existência de fendas branquiais em alguns equinodermos extintos. Alguns estudos mostraram que as fendas branquiais dos deuterostômios são homólogas com base em seus padrões de expressão gênica. Vários animais deuterostômios com fendas branquiais foram identificados no registro fóssil, embora ainda não esteja claro se eles pertencem aos urocordados basais, aos equinodermos basais ou às suas próprias linhagens extintas. Outra característica compartilhada pelos hemicordados e cordados é a estomocorda/notocorda, por muito tempo consideradas homólogas. Hoje sabemos que essas estruturas podem ter origens muito mais antigas e podem ou não ser homólogas, ou que um grupo de células vacuoladas dos deuterostômios ancestrais deu origem a essas estruturas independentemente nos hemicordados e cordados. Dentro do filo Chordata, Urochordata é o grupo-irmão de Vertebrata (um clado conhecido como Olfactores), enquanto Cephalochordata é o grupo-irmão desses últimos. Existem algumas evidências de que um quarto grupo – o gênero *Xenoturbella* (ou até mesmo todo o clado Xenacoelomorpha) – possa estar próximo da base da linhagem dos deuterostômios; contudo, evidências contrárias indicam que o gênero *Xenoturbella* esteja mais provavelmente ligado aos Acelomórficos como um clado bilatério ancestral – essa é a hipótese que sustentamos neste livro.

A linhagem Deuterostomia é antiga e as árvores filogenéticas datadas (que utilizam fósseis para datar os pontos de ramificação) sugerem que essa linhagem ancestral tenha existido até grande parte do período Pré-cambriano. O fóssil mais antigo conhecido dos deuterostômios é uma criatura de 530 milhões de anos conhecida como *Yunnanozoon*, que foi recuperada da biota do Cambriano Inferior em Chengjiang, na província de Yunnan, China, embora as afinidades entre os yunnanozoários ainda não estejam definidas.

A classificação de Metazoa utilizada neste livro está ilustrada nos quadros que abrem os Capítulos 6 a 27. Você pode perceber que os filos estão listados sob os nomes dos clados (dos quais a maioria não tem posição nomenclatural definida). Além disso, você pode observar que, dentro desses clados, geralmente há pouca estrutura filogenética indicada. Isso ocorre porque grande parte do padrão de ramificação da árvore da vida ainda precisa ser descoberta. Ainda não existem dados genômicos para muitos grupos e, em outros casos, existem dados disponíveis apenas para uma ou duas espécies. A amostragem taxonômica ampliada, os bancos de dados genômicos adicionais e as técnicas novas de análise devem solucionar as dúvidas restantes quanto à filogenia animal durante a próxima década.

Filo Xenacoelomorpha

Os acoelos e os nemertodermatídeos tiveram uma longa jornada. Inicialmente, esses animais eram considerados os platelmintos vivos mais primitivos (vermes achatados verdadeiros), em virtude de sua anatomia simples. Na verdade, alguns especialistas consideravam-nos Bilateria vivos mais primitivos, porque a maioria dos cientistas colocava o filo Platyhelminthes na base da árvore bilatéria. À medida que os estudos ultraestruturais revelaram complexidade crescente, as opiniões mudaram e, da década de 1960 até a virada para o século 21, esses vermes – conhecidos coletivamente como Acoelomorpha – geralmente não eram considerados platelmintos primitivos, mas sim platelmintos secundariamente reduzidos. Entretanto, à medida que análises filogenéticas poligênicas começaram a examinar esses pequenos vermes de corpos moles, ficou evidente que eles realmente eram bilatérios primitivos (talvez divergindo antes mesmo da separação dos protostômios e deuterostômios); não eram membros do filo Platyhelminthes. Isso gerou uma reviravolta, como costuma acontecer na filogenética. Uma base crescente de conhecimentos e novas tecnologias pode causar mudanças significativas em nosso entendimento da vida. Além disso, a filogenética molecular mostrou uma relação direta entre os vermes acoelos e nemertodermatídeos, que também é apoiada pelo sistema singular de radículas ciliares, talvez pelo padrão de clivagem inicial (*i. e.*, a orientação horizontal do segundo plano de clivagem assimétrica) e várias outras características descritas adiante.

Ainda mais recentemente, outro gênero de vermes marinhos pequenos – *Xenoturbella* – foi associado diretamente a Acoelomorpha, e cientistas criaram um termo novo a fim de descrever um filo que abrigasse esses três grupos de vermes – Xenacoelomorpha. Hoje em dia, esse filo contém cerca de 400 espécies, duas no subfilo Xenoturbellida e 398 no subfilo Acoelomorpha (principalmente na classe Acoela). Todas as espécies descritas são representadas por pequenos vermes marinhos achatados com sistema digestivo incompleto (*i. e.*, sem ânus) e sem sistemas excretores bem-definidos (contudo, existe uma espécie descrita de xenoturbelídeo que mede vários centímetros de comprimento).

As análises das sequências do DNA sugeriram que Acoelomorpha sejam bilatérios basais e provavelmente constituam o grupo-irmão de Xenoturbellida. Os resultados das análises são controvertidos, porque parte sugere que Xenoturbellida sejam deuterostômios ou bilatérios basais, mas essa última hipótese parece ter mais base de sustentação. Entretanto, o alto índice evolutivo dos genes analisados dos acelomórficos poderia criar problemas de atração dos ramos longos e, por isso, são necessários estudos adicionais. Desse modo, embora reconheçamos o filo Xenacoelomorpha e tratemos Acoelomorpha e Xenoturbellida como subfilos, é possível que esses dois grupos sejam, por fim, separados novamente – Acoelomorpha colocado na base Bilateria e Xenoturbellida, entre a linhagem Deuterostomia. A seguir, analisaremos separadamente cada um desses três grupos de vermes interessantes (Acoela, Nemertodermatida e Xenoturbellida).

Além dos dados de filogenética molecular que apoiam uma relação de grupos-irmãos entre Acoela e Nemertodermatida, esses dois grupos têm corpos epidérmicos singulares, que representam células ciliadas em degeneração – os **corpos pulsáteis** (um tipo de corpo pulsátil também ocorre nos xenoturbelídeos). Esses corpos epidérmicos não estão presentes em qualquer outro filo metazoário. Em Acoela, os cílios são conservados nos vacúolos antes da digestão, enquanto, em Nemertodermatida, parecem ser perdidos antes de iniciar a reabsorção. As musculaturas de Acoela e Nemertodermatida também são surpreendentemente semelhantes, embora diferentes em alguns aspectos-chave: os acoelos têm uma trama de musculatura ortogonal com músculos predominantemente ventrodiagonais e uma faringe posterior muscular nos animais que podem fazer parte das espécies basais. A maioria dos acoelos derivados tem camadas mais complexas de músculos diagonais. Os nemertodermatídeos parecem ter uma trama ortogonal e músculos diagonais bem-desenvolvidos por todo o corpo, mas nenhuma evidência de faringe muscular. Esses aspectos anatômicos estão descritos adiante.

Além dos corpos pulsáteis, Acoela e Nemertodermatida (e o gênero *Xenoturbella*) não têm sistemas excretores bem-definidos, cuja presença une todos os outros bilatérios; além disso, seu gânglio cerebral tem um neurópilo (*i. e.*, pode ser considerado um cérebro verdadeiro, mas isso veremos adiante). Esses animais compartilham também um padrão único de atividade dos neurotransmissores, de musculatura da parede corporal e de tipos de desenvolvimento embrionário. Os genes Hox e ParaHox estão presentes nos dois grupos, embora não sejam rigorosamente semelhantes. Aparentemente, os dois táxons têm o início do conjunto Hox central ampliado.

Embora inicialmente fosse considerado um platelminto turbelário, a anatomia incomum de *Xenoturbella bocki* rapidamente diferenciou esse organismo dos platelmintos e dos acelomórficos. Inicialmente, estudos filogenéticos (e até mesmo algumas análises morfológicas) relacionaram *Xenoturbella* com os deuterostômios. As sequências dos genes Hox em *X. bocki* também sugeriam que pudesse ser um deuterostômio basal com complemento reduzido de genes Hox. Estudos adicionais utilizando o genoma mitocondrial completo de *Xenoturbella* ligaram-na aos deuterostômios. Contudo, a inexistência das características típicas dos deuterostômios sugeria que *Xenoturbella* poderia pertencer à própria base da árvore desses animais. Outras análises filogenéticas, incluindo os genes nucleares retirados de *X. bocki*, também sugerem que o gênero *Xenoturbella* poderia estar proximamente relacionado com o clado conhecido como Ambulacraria (Echinodermata e Hemichordata). Se essas relações estiverem certas, deveriam existir evidências do desenvolvimento de estruturas comuns às outras ambulacrárias, inclusive fendas branquiais, endóstilo e formação de um celoma enterocélico. Entretanto, essas evidências não foram encontradas (ainda que alguns estudos tenham sido frustrados pelo fato de que os ovócitos de *Xenoturbella* são muito vitelinos, dificultando a observação da clivagem inicial).

Em 2009, estudos filogenéticos moleculares de larga escala começaram a mover o gênero *Xenoturbella* para os níveis ainda mais baixos da árvore animal, sugerindo que seja um grupo-irmão dos Acoelomorpha (Acoela + Nemertodermatida) na base Bilateria. Os dados anatômicos pareciam concordar com essa relação e, por fim, cientistas sugeriram que os três grupos reunidos justificavam o *status* de filo – o chamado Xenacoelomorpha. Os acoelos têm apenas três genes Hox (um de cada um dos grupos anterior, central e posterior). Os nemertodermatídeos têm apenas dois (um do grupo central e outro do grupo posterior). O gênero *Xenoturbella* tem um gene anterior, dois (ou três) centrais e um posterior. Por outro lado, os platelmintos têm o grupo de genes Hox praticamente completo. Os estudos filogenéticos mais recentes sobre Acoelomorpha e *Xenoturbella* ainda são conflitantes, tendo sido comprometidos pela atração dos ramos longos e por problemas de amostragem dos táxons pequenos. Embora aceitemos o filo Xenacoelomorpha nesta edição de *Invertebrados*, reconhecemos que as relações entre esses três táxons de vermes ainda estão sujeitas a alterações.

Classificação do filo Xenacoelomorpha

Vermes marinhos acelomados, geralmente pequenos, achatados ou cilíndricos com estatocistos anteriores, sistema nervoso intraepitelial difuso, boca medioventral, trato digestivo incompleto (*i. e.*, sem ânus), corpos pulsáteis únicos (não conhecidos em nenhum outro bilatério) e órgãos bem-definidos praticamente inexistentes (p. ex., sem sistema circulatório, nefrídios bem-definidos ou gônadas organizadas). Os cílios das células epidérmicas têm disposição típica dos microfilamentos, na qual a configuração tradicional 9 + 2 estende-se pela maior parte da haste ciliar, mas, perto da extremidade, os filamentos 4 a 7 terminam, restando as duplas 1–3 e 8–9, que se estendem até a extremidade do cílio. Esses **cílios xenacelomórficos** não ocorrem em nenhum outro filo animal (embora tenham sido descritos cílios muito semelhantes na faringe de alguns hemicordados enteropnêusticos). Têm músculos circulares e longitudinais e desenvolvimento direto, mas não existem formas larvais bem-definidas. Existem dois subfilos: Acoelomorpha e Xenoturbellida.

SUBFILO ACOELOMORPHA. A união das classes Acoela e Nemertodermatida em um mesmo táxon-irmão baseia-se nas evidências de filogenética molecular, assim como em dados anatômicos. Esses dois grupos não têm sistemas excretores bem-definidos (presentes em todos os outros bilatérios), têm gânglios cerebrais com neurópilo, compartilham um padrão singular de atividade dos neurotransmissores e de musculatura da parede corporal, e passam por um tipo bem-definido de desenvolvimento embrionário. Os genes Hox e ParaHox estão presentes nesses dois grupos, embora não sejam absolutamente semelhantes.

CLASSE ACOELA. Os acoelos não têm uma cavidade digestiva permanente. Quando está presente, a faringe é simples e leva a uma massa endodérmica celular ou sincicial sólida. Esses animais têm um estatocisto anterior singular contendo um único estatólito e espermatozoide biflagelado, cujos axonemas estão incorporados à célula espermática; formam ovócitos endolécitos; não têm lâmina basal epitelial ou sistema circulatório ou excretor bem-definido. Os vermes pequenos (1 a 5 mm) são comuns nos sedimentos de água marinha e salobra; alguns são planctônicos ou simbióticos (p. ex., *Actinoposthia, Amphiscolops, Antigonaria, Conaperta, Convoluta, Convolutriloba, Daku, Diopisthoporus, Eumecynostomum, Haplogonaria, Hofstenia, Isodiametra, Myopea, Oligochaerus* [com espécies de água doce], *Paratomella, Philactinoposthia, Polychoerus, Praesagittifera, Proporus, Solenofilomorpha, Symsagittifera, Waminoa*).

CLASSE NEMERTODERMATIDA. Vermes marinhos intersticiais ou endossimbióticos, que apresentam epiderme glandular ciliada e um estatocisto anterior, geralmente contendo dois estatólitos; algumas espécies têm uma probóscide com filamentos extensíveis; a boca pode estar presente ou ausente, mas nenhum tem faringe; a cavidade do trato digestivo é pequena e relativamente ocluída, mas tem células glandulares e epiteliais verdadeiras; o esperma é uniflagelado e o ovócito, endolécito; e há pouca lâmina basal sob a epiderme. Um gênero (*Meara*) contém as espécies que são simbiontes dos pepinos-do-mar (p. ex., *Ascoparia, Flagellophora, Meara, Nemertinoides, Nemertoderma, Sterreria*).

SUBFILO XENOTURBELLIDA. Duas espécies descritas – *Xenoturbellida bocki* e *X. westbladi* (embora existam outras conhecidas e as diferenças entre essas duas espécies tenham sido questionadas). Apesar de seu plano corpóreo simples, *X. bocki* é um verme relativamente grande e pode alcançar 4 cm de comprimento, enquanto algumas espécies ainda não descritas podem ser maiores que isso. Os xenoturbelídeos têm uma estrutura em forma de montículo no terço anterior do corpo, mas não têm outros órgãos estruturais (além de um estatocisto), e seu sistema nervoso é difuso. Esses vermes vivem em orifícios dos litorais arenosos ou nas lamas costeiras mais profundas e são especializados em comer moluscos.

Classe Acoela

Os acoelos são vermes geralmente diminutos, que vivem na superfície ou no sedimento das águas salgada e salobra. As dimensões desses animais variam de menos de 1 mm até cerca de 1 cm de comprimento. Os acoelos que vivem nos hábitats intersticiais geralmente são longos e mais finos, enquanto os que habitam as superfícies tendem a ser mais discoides, largos e achatados. As espécies natatórias são cilíndricas, com extremidades afiladas ou, às vezes, bordas laterais enroladas. Em geral, as espécies epifíticas são cuneiformes, com os lados enrolados ventralmente, conferindo-lhes um aspecto de "nadadeiras" arrastadas. Algumas espécies de acoelos também foram encontradas no trato digestivo dos equinodermos, na água doce e nas fontes hidrotermais (Figura 9.1 A a H).

Os acoelos não têm cavidade corporal interna bem-demarcada – eles são acelomados (assim como outros membros do filo Xenacoelomorpha). Além disso, os acoelos não têm trato digestivo bem-formado e, na verdade, isso pode ser a origem do termo Acoela. Em vez disso, esses animais têm uma massa multinucleada (um sincício), que fagocita partículas alimentares ingeridas (Figura 9.2). As espécies maiores comumente suplementam suas necessidades nutricionais com algas endossimbióticas, as quais podem contribuir para a coloração brilhante observada em muitos desses animais (Figura 9.3 A). Os acoelos que vivem nos tratos digestivos de outros animais frequentemente têm bactérias simbióticas habitando sua epiderme.

Capítulo 9 Introdução a Bilateria e ao Filo Xenacoelomorpha 329

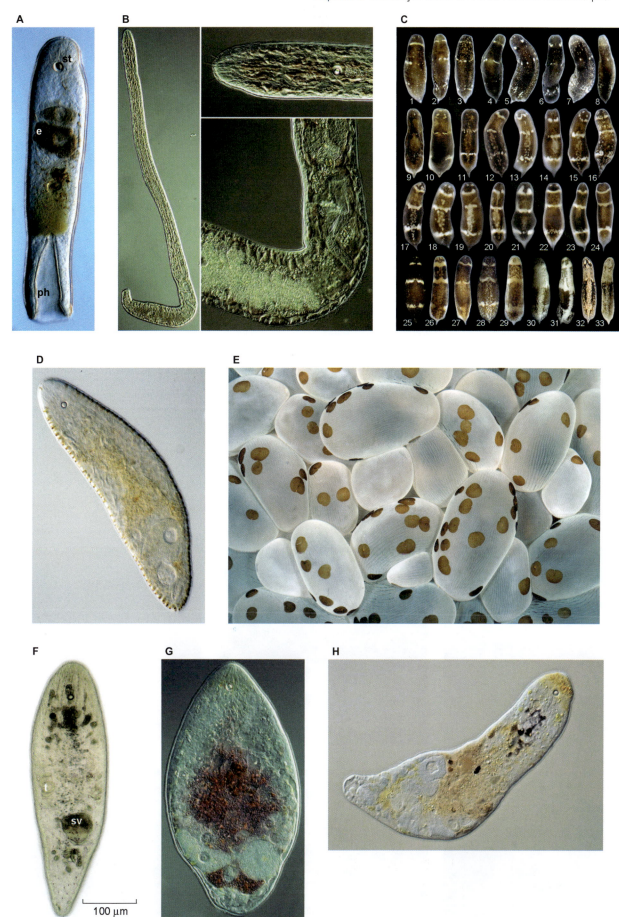

Figura 9.1 Acoelos. **A.** *Diopisthoporus lofolitus* (Diopisthoporidae). **B.** *Paratomella rubra* (Paratomellidae). **C.** Variações de cor de 33 espécies de *Hofstenia miamia* (Hofsteniidae) do Caribe. **D.** *Philactinoposthia novaecaledoniae*, espécime vivente (Dakuidae). **E.** *Waminoa* (Convolutidae) em um coral-bolha (*Plerogyra sinuosa*). **F.** *Daku riegeri* (Dakuidae). **G.** *Eumecynostomum evelinae* (Mecynostomidae). **H.** *Paramecynostomum diversicolor*.

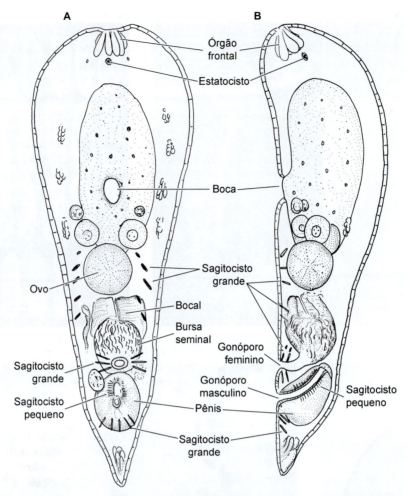

Figura 9.2 Anatomia de *Praesagittifera shikoki* (Acoela). **A.** Vista dorsal. **B.** Vista lateral.

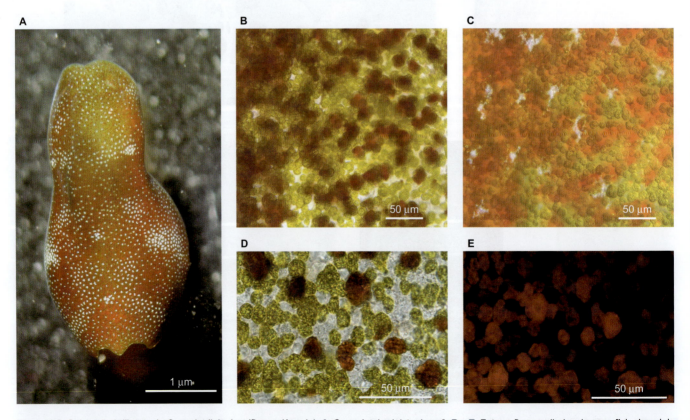

Figura 9.3 Coloração brilhante de *Convolutriloba longifissura* (Acoela). **A.** Corpo inteiro (*vista dorsal*). **B** a **E.** Fotografias ampliadas da superfície dorsal de *C. longifissura* mostrando algas endossimbióticas: transmissão de luz (**B** a **D**); luz incidente (**C**); luz epifluorescente (*excitação azul*) (**E**). Observe tanto **B** e **C** quanto **D** e **E** são imagens pareadas.

Os acelos têm músculos circulares e longitudinais. O sistema nervoso desses animais consiste em um conjunto de cordões nervosos longitudinais pareados com concentração de células sensoriais na parte anterior e uma comissura cerebral (o "cérebro") (Figura 9.4). O estatocisto anterior com um único estatólito é típico dos acelos (além dos olhos simples sensíveis à luz, que existem em algumas espécies) e parece ajudar a manter a orientação do animal (Figura 9.1 A a H). Os acelos não têm outras estruturas esclerotizadas além das que estão associadas à genitália, embora algumas espécies produzam espículas cristalinas no parênquima. Além disso, esses animais têm espermatozoides biflagelados complexos e aberrantes, cuja estrutura é diferente da configuração tradicional 9 + 2 dos microtúbulos presentes em muitos metazoários. Os acelos têm desenvolvimento direto e não passam por formas larvais bem-definidas.

Os acelos foram descritos inicialmente, na virada do século 19, nas costas litorâneas do nordeste do Atlântico. Essas e outras descrições iniciais classificaram os acelos entre os platelmintos turbelários e diferenciavam os subtáxons principais com base no sistema reprodutor feminino. Revisões posteriores realizadas em meados do século 20 definiram mais de 20 famílias, e a maioria das quase 400 espécies descritas estava baseada principalmente nos detalhes das estruturas copulatórias masculinas. As semelhanças de anatomia interna, ciliação epidérmica e aspecto dos "corpos pulsáteis" epidérmicos levaram à combinação da classe Acoela com um outro grupo de turbelários – Nemertodermatida – para formar o filo Acoelomorpha.

A inexistência de estruturas anatômicas rígidas nesses vermes levou os cientistas a realizar estudos da ultraestrutura microscópica, utilizando microscopia eletrônica de varredura e de transmissão, inclusive com estudos sobre orientação e estrutura das fibras musculares (com distintas linhagens principais), morfologia dos espermatozoides e espermatogênese (com espermatozoides biflagelados e padrões incomuns dos microtúbulos dentro dos acrossomos espermáticos identificados), bem como neuroanatomia. Esses estudos aumentaram numericamente em torno do fim do século 20, à medida que crescia a diversidade dos hábitats analisados, inclusive areias anóxicas de sulfeto. Análises das sequências de nucleotídios do rRNA 18S e 28S, do DNA mitocondrial e das cadeias pesadas de miosina do tipo II resultaram na classificação de todos os acelomórficos (Acoelomorpha) fora do grupo dos Platelmintos. Outros estudos sistemáticos mais detalhados dos clados dos acelos (especialmente da família polifilética Convolutidae) e análises do desenvolvimento corroboraram os resultados genéticos, que colocavam os acelos fora dos platelmintos. Atualmente, a ampla revisão taxonômica ainda não foi concluída e existem cerca de 9 a 20 famílias reconhecidas, dependendo dos esquemas de classificação utilizados.

Estudos de filogenética molecular e EvoDevo forneceram evidências de que os acelos provavelmente estejam localizados na base da árvore de Bilateria. Por exemplo, o padrão de expressão do gene *ClEvx* (um gene responsável pela especificidade sensorial dos neurônios cerebrais) anterior e posterior ao estatocisto dos acelos em eclosão é mais semelhante ao que se observa nos cnidários, que nos bilatérios mais derivados. Outros estudos indicaram que os genes *brachyury* (*bra*) e *goosecoide* (*gsc*) associados à formação da boca dos acelos também sejam expressos durante o desenvolvimento da boca dos protostômios e dos deuterostômios, sugerindo que as bocas dos acelos e dos bilatérios sejam homólogas. Estudos do desenvolvimento nervoso e da estrutura do acelo *Symsagittifera* mostram que os genes associados às estruturas cerebriformes estão presentes, sugerindo que essa "maquinaria" genética estivesse presente no ancestral Urbilatério (caso os acelos realmente representem esse ancestral). O primitivismo geral da classe Acoela também parece estar refletido na inexistência de um tubo digestivo ou sistema excretor bem-diferenciado, gônadas não encapsuladas, ausência de olhos ciliados ou rabdoméricos, inexistência de uma lâmina basal sob a epiderme e inexistência de um estágio larval.

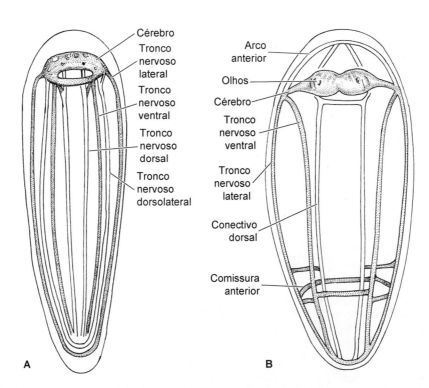

Figura 9.4 Comparação dos sistemas nervosos centrais de um acelo (*Actinoposthia beklemishevi*) (**A**) e um verme achatado de vida livre (*Gievzstoria expedita*) (**B**).

Plano corpóreo dos acoelos

Parede corporal e aspecto externo

A maioria dos acoelos é minúscula e mede apenas alguns milímetros. As espécies menores tendem a ser intersticiais, alimentando-se de bactérias e partículas orgânicas disponíveis nas superfícies ou entre os espaços dos sedimentos nos quais habitam. As espécies infaunais tendem a ser mais alongadas (Figura 9.1 A, B, F e H). Em geral, as espécies maiores vivem nas superfícies de rochas, algas grandes ou cnidários (Figura 9.1 C a E, G). Em geral, essas espécies que se movimentam mais rapidamente são predatórias, deslizando agilmente sobre suas superfícies ciliadas e capturando presas com um "capuz" raptorial, que consiste em extensões laterais do corpo.

As espécies que têm corpos grandes e alcançam 4 a 5 m de comprimento em algumas famílias (p. ex., Convolutidae) têm ocelos anteriores (Figura 9.1 G), enquanto as espécies com corpos pequenos não apresentam tais estruturas. Além disso, as espécies com corpos maiores também têm comumente endossimbiontes fotossintéticos dentro de sua epiderme (Figuras 9.1 E; 9.3 A a E). As algas endossimbiontes estão contidas dentro dos corpos de muitas espécies grandes de acoelos, e essa associação provavelmente evoluiu mais de uma vez – tanto zooclorelas quanto zooxantelas foram identificadas entre as diversas espécies. Em geral, as algas são obtidas durante a alimentação dos vermes juvenis, mas em algumas espécies também podem ser transmitidas dentro dos ovócitos pelos genitores à prole (transmissão vertical). Em *Heterochaerus langerhansi*, o dinoflagelado *Amphidinium klebsii* vive dentro da epiderme, e estudos utilizando marcação radioativa de carbono e nitrogênio mostraram que ele recebe essas substâncias de seu hospedeiro na forma de CO_2 da respiração e de amônia excretada com o metabolismo das proteínas. A taxa de transferência depende da luminosidade.

Outros estudos sugeriram que a pigmentação corporal dos acoelos possa ter várias utilidades. Uma seria conferir proteção contra a radiação UV aos seus protistas fotossintéticos simbióticos. A segunda seria fornecer coloração críptica, seja para tornar os acoelos imperceptíveis aos predadores visuais ou, possivelmente, para torná-los menos visíveis às presas. As espécies *Hofstenia*, também conhecidas como "vermes-panteras", são altamente polimórficas em sua pigmentação dorsal e apresentam diversos padrões de salpicos e pontilhados em tonalidades de marrom, amarelo e branco (Figura 9.1 C).

O corpo dos acoelos é completamente recoberto de cílios, que podem ou não também revestir a boca e os orifícios das estruturas reprodutivas. O epitélio não tem lâmina basal (matriz extracelular [ECM; do inglês, *extracellular matrix*]). Os pesquisadores mais antigos identificaram **corpos pulsáteis** embebidos dentro da epiderme dos acoelos (e dos nemertodermatídeos), que depois se mostraram aglomerados de células ciliadas no processo de reabsorção e substituição pela epiderme.

A maioria das famílias tem **órgãos frontais** produtores de muco, que se assemelham superficialmente aos dos vermes achatados, embora provavelmente não sejam homólogos. A epiderme ciliada dos acoelos também contém **glândulas rabdoides** distribuídas sobre o corpo. Os **rabdoides** propriamente ditos são formados de mucopolissacarídios e são química e estruturalmente distintos dos rabditos dos vermes achatados de vida livre, embora sua função na produção de muco para facilitar o deslizamento ciliar pareça ser semelhante. A maioria dos membros da família Sagittiferidae também tem **sagitocistos** (Figura 9.5), que são produtos secretores complexos em forma de agulha (5 a 50 μm de comprimento) ejetados com força no processo de captura das presas ou defesa; essas estruturas provavelmente facilitam também a transferência dos espermatozoides durante a cópula (talvez por perfuração da epiderme do parceiro). Cada sagitocisto origina-se de um **sagitócito**, que está circundado por filamentos musculares firmemente espiralados, os quais expelem o sagitocisto por contração (Figura 9.6).

A posição da boca dos acoelos é muito variada. Nas famílias consideradas primitivas, a boca abre-se na extremidade posterior do animal e leva a uma faringe bem-definida (Figura 9.1 A). Outras famílias têm bocas anteroterminais, embora a maioria das bocas desses animais tenha aberturas em posição medioventral (Figuras 9.2 e 9.7 B). Os acoelos não têm sistemas circulatório e excretor, mesmo na forma de protonefrídios. Os órgãos reprodutores masculinos e femininos são visíveis através da

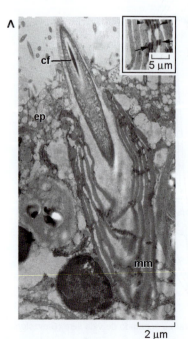
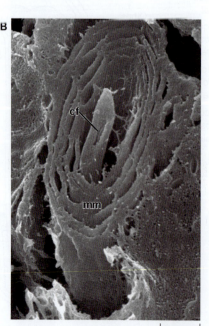

Figura 9.5 Imagens de microscopia eletrônica de varredura (MEV) dos sagitocistos de *Convolutriloba longifissura* (Acoela). **A.** Um sagitocisto (cf = filamento central do sagitocisto) durante a extrusão do manto muscular (mm) e penetração da epiderme (ep). O pequeno quadro *à direita*, em *destaque*, mostra uma imagem mais ampliada do manto muscular; as setas indicam a posição dos desmossomos que interligam as camadas do manto. **B.** Imagem ampliada da superfície de corte de um sagitocisto dentro do manto muscular.

Capítulo 9 Introdução a Bilateria e ao Filo Xenacoelomorpha 333

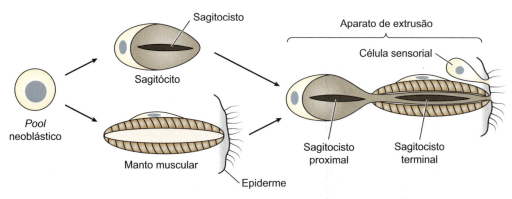

Figura 9.6 Formação e diferenciação do sagitocisto e seu manto muscular a partir das células neoblásticas de Acoela. Ver descrição no texto.

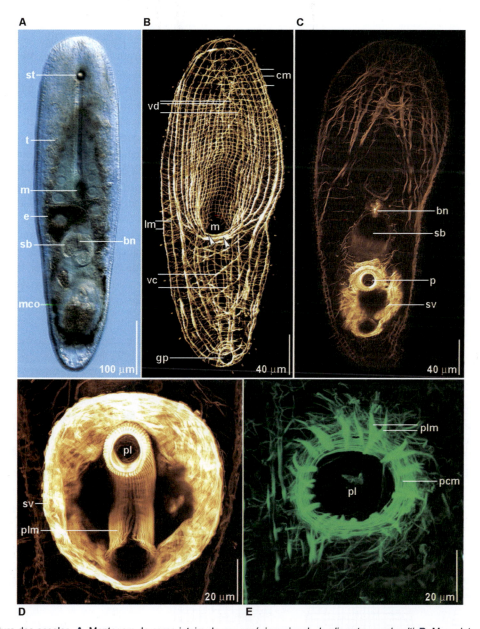

Figura 9.7 Musculatura dos acoelos. **A.** Montagem de corpo inteiro de um espécime vivo de *Isodiametra earnhardti*. **B.** Musculatura da parede corporal ventral de *Haplogonaria amarilla*. **C.** Musculatura parenquimatosa de *I. divae*, mostrando partes dos órgãos copuladores. **D.** Órgão copulatório masculino de *I. divae*, mostrando a musculatura da vesícula seminal e o pênis invaginado. **E.** Musculatura do pênis de *Convoluta henseni*. As projeções da musculatura dos espécimes inteiros de acoelos foram coradas com faloidina marcada com Alexa-488 e examinadas por CLSM: bn = bocal bursal (do inglês, *bursal nozzle*); cm = músculo circular da parede corporal (do inglês, *circular muscle of body wall*); e = ovo (do inglês, *egg*); gp = gonóporo; lm = músculo longitudinal da parede corporal (do inglês, *longitudinal muscle of body wall*); m = boca (do inglês, *mouth*); mco = órgão copulatório masculino (do inglês, *male copulatory organ*); p = pênis; pcm = músculo circular do pênis (do inglês, *circular muscle of penis*); pl = lúmen do pênis (do inglês, *penis lumen*); plm = músculo longitudinal do pênis (do inglês, *longitudinal muscle of penis*); sb = bursa seminal (do inglês, *seminal bursa*); st = estatocisto; sv = vesícula seminal (do inglês, *seminal vesicle*); t = testículos; vc = músculo transversal ventral (do inglês, *ventral crossover muscle*); vd = músculo diagonal ventral (do inglês, *ventral diagonal muscle*).

parede do corpo dos acoelos menores (Figuras 9.1 A, F e H). Nas espécies maiores, esses órgãos podem ser salientes na superfície do corpo (Figuras 9.7 D e 9.12 B).

Musculatura corporal, sustentação e movimento

A musculatura dos acoelos é derivada da mesoderme e fornece o meio de sustentação principal, enquanto os cílios corporais (auxiliados pelos músculos corporais) permitem seus movimentos deslizantes. O formato dos cílios é típico, porque eles têm uma plataforma acentuada na ponta, onde terminam as duplas de microfilamentos 4 a 7. O sistema radicular que conecta os cílios também é singular. Duas radículas laterais projetam-se de cada cílio e conectam-se às extremidades dos cílios adjacentes. A partir de uma radícula caudal, dois feixes de fibras projetam-se para reunir a curvatura dessas mesmas radículas adjacentes. Os cílios epidérmicos dos acoelos oscilam de forma coordenada para produzir ondas metacronais, que se movimentam da frente para trás.

Músculos dorsoventrais abundantes ajudam a achatar o corpo, enquanto os músculos da parede corporal provocam movimentos de curvar, encurtar e alongar (Figuras 9.7 A a E; 9.8 A a G). A musculatura da parede corporal inclui músculos circulares, diagonais, longitudinais, transversais, helicoidais e até mesmo com formato de "U". As espécies que não têm faringe parecem dispor de musculatura ventral complexa e especializada para compensar a ausência de uma estrutura muscular que movimente os alimentos, o que permite que os movimentos do corpo forcem o alimento a passar pela boca.

Nutrição, excreção e trocas gasosas

Em suas formas juvenis, a maioria dos acoelos parece alimentar-se de protistas, inclusive algas unicelulares como as diatomáceas. As espécies menores podem continuar com essa dieta durante toda a sua vida, enquanto as espécies maiores (p. ex., *Convoluta convoluta*) geralmente são predadoras e caçam crustáceos minúsculos, embora também se alimentem de larvas de moluscos e outros vermes. Os protistas menores são capturados à medida que os acoelos deslizam sobre eles com o trato digestivo sincicial exposto pela boca, de forma que possa engolfar o alimento por meio de movimentos "ameboides". As presas maiores são capturadas com a borda anterior do corpo e aprisionadas com muco, antes de ser pressionadas na direção da boca. As presas natantes também podem ser rapidamente capturadas e ingeridas, enquanto as matérias mortas parecem ser evitadas ativamente.

Alguns acoelos têm faringe – algumas vezes conhecida como **faringe simples** (Figura 9.1 A) –, estrutura variável entre as diversas famílias. Em alguns casos, a faringe é uma estrutura tubular flexível, que pode ser evertida pela boca. A faringe está ancorada pela musculatura que se liga aos músculos circulares dentro da parede corporal. Nas espécies predadoras maiores, não há esfíncter oral, mas várias camadas de músculos circulares, intercalados com músculos oblíquos e longitudinais, estendem-se por toda a estrutura protraível, que está ligada à parede corporal por meio de músculos firmemente acondicionados (Figura 9.7 B e C). Nos animais que não têm faringe bem-definida, as fibras musculares circundam a boca e formam um esfíncter.

A presa ingerida é envolvida dentro de vacúolos, que são levados dentro do sincício digestivo até que o alimento seja completamente absorvido dentro de 18 a 24 horas. Os exoesqueletos das presas com corpos rígidos (como crustáceos) são eliminados pela boca. Glóbulos de gordura e alguns vacúolos de glicogênio armazenados dentro das células parecem ser as modalidades principais de reserva alimentar. Algumas espécies de acoelos associam-se aos corais (inclusive *Waminoa* e várias espécies de *Convolutriloba*). Essas associações parecem beneficiar

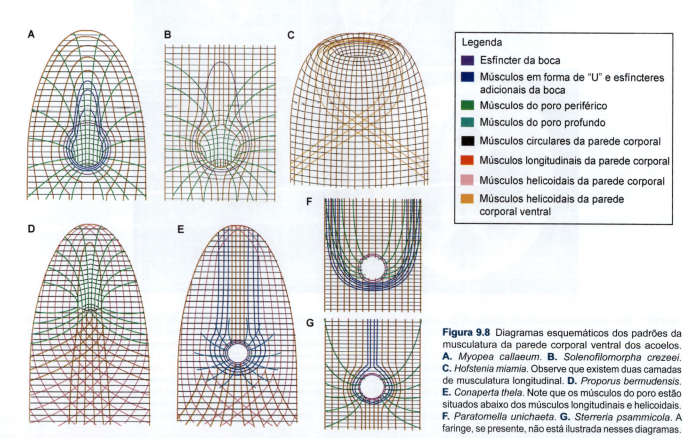

Figura 9.8 Diagramas esquemáticos dos padrões da musculatura da parede corporal ventral dos acoelos. **A.** *Myopea callaeum*. **B.** *Solenofilomorpha crezeei*. **C.** *Hofstenia miamia*. Observe que existem duas camadas de musculatura longitudinal. **D.** *Proporus bermudensis*. **E.** *Conaperta thela*. Note que os músculos do poro estão situados abaixo dos músculos longitudinais e helicoidais. **F.** *Paratomella unichaeta*. **G.** *Sterreria psammicola*. A faringe, se presente, não está ilustrada nesses diagramas.

principalmente os acoelos, que provavelmente se alimentam do muco produzido por esses cnidários (Figura 9.1 E). Alguns autores sugeriram que esse sistema digestivo sincicial dos acoelos possa ser um estado extremo da condição encontrada nos nemertodermatídeos, que têm o lúmen do trato digestivo pequeno e relativamente ocluído (um resquício do lúmen intestinal é evidente no acoelo *Paratomella rubra*).

As dimensões reduzidas dos acoelos são suficientes para lhes permitir a eliminação das escórias nitrogenadas e do dióxido de carbono, assim como a obtenção de oxigênio a partir da água circundante, sem necessidade de sistema circulatório ou excretor bem-definido. Evidentemente, os vacúolos alimentares servem para movimentar os materiais do sincício digestivo para outras células do corpo.

Sistemas nervosos e órgãos dos sentidos

Em geral, o sistema nervoso central dos acoelos inclui um grupo de comissuras grandes e alguns corpos celulares localizados na parte anterior, que formam um sistema de gânglios pareados; alguns cientistas acreditam que isso seja um neurópilo diminuto (embora muito rudimentar quando comparado com os outros metazoários). A partir dessas estruturas, emergem 3 a 5 pares de cordões nervosos longitudinais conectados por uma trama irregular de fibras transversais (Figura 9.9). Nos casos típicos, existem cordões nervosos dorsais simples ou duplos e cordões laterais e ventrais pareados. Os neurônios periféricos conectam-se com as células sensoriais da epiderme e com as células anteriores sensíveis à luz, que funcionam como olhos simples. Nenhum indício sugere que esses olhos tenham elementos ciliares ou rabdoméricos, sendo eles provavelmente células pigmentares simples com inclusões refrativas e até 3 células nervosas para retransmitir os estímulos. Essa organização contrasta acentuadamente com a dos platelmintos, nos quais o cérebro consiste em massa ganglionar relativamente densa, o sistema nervoso é desenvolvido basicamente no plano ventral e os cordões nervosos formam um sistema nervoso ortogonal composto de 8 octógonos desenvolvidos basicamente nos planos lateral e ventral (Figura 9.4). Embora esteja organizado na forma de uma estrutura bilobada, o "cérebro" dos acoelos não tem a massa densa de células ganglionares (neurópilo) encontrada em Platyhelminthes.

O estatocisto dos acoelos é uma cápsula esférica proteinácea repleta de líquidos com 10 a 30 μm de diâmetro, a qual circunda um estatólito retrátil único (Figura 9.1 A a H). O estatólito parece ser uma única célula esférica, e a cápsula que o envolve é formada por duas células não ciliadas. Estudos comportamentais indicaram que os acoelos são capazes de realizar orientação geotática precisa, sugerindo que os movimentos do estatólito dentro do estatocisto sejam detectáveis pelo animal. Três pares de fibras musculares têm suas inserções na membrana do estatocisto, evidentemente para facilitar a manutenção de sua posição. Embora a comissura cerebral esteja diretamente associada ao estatocisto, é difícil definir claramente a inervação específica dessa estrutura, ainda que uma pequena "almofada" formada por dois feixes de nervos tenha sua inserção na cápsula e um corpo celular localizado no polo ventral possa ser responsável por detectar deformação do líquido do estatocisto. Uma alternativa seria que as informações posicionais podem ser transmitidas pelo estiramento das fibras musculares que circundam o estatocisto. Embora existam estatocistos em outros metazoários,

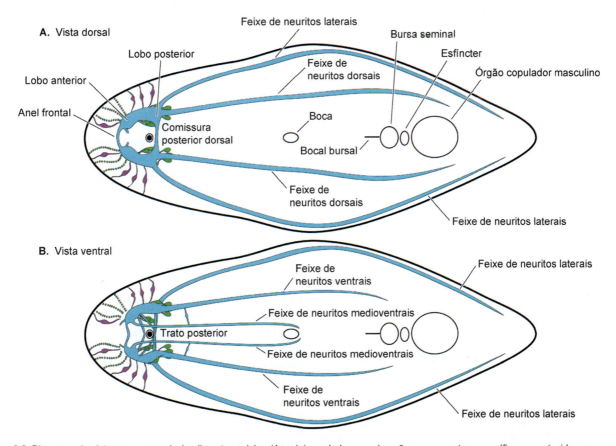

Figura 9.9 Diagrama do sistema nervoso de *Isodiametra pulchra* (Acoela) revelado por coloração com corantes específicos para tecidos nervosos (as cores *verde* e *magenta* indicam tipos diferentes de tecidos nervosos do cérebro bilobado dos acoelos; a cor *azul* indica o sistema nervoso central).

inclusive cnidários, ctenóforos, platelmintos, anelídeos e outros, o movimento do estatólito dentro do estatocisto nesses táxons geralmente é detectado por cílios existentes ao longo da superfície interna do estatocisto. A inexistência dessas modificações entre os acoelos parece ser única.

Reprodução e desenvolvimento

Os acoelos podem fazer reprodução sexuada e assexuada e têm uma capacidade considerável de regenerar células por meio das células pluripotentes derivadas da mesoderme, que se assemelham aos neoblastos. Essas estruturas foram descritas originalmente em Platyhelminthes, mas células análogas (ou homólogas) aparecem também em Acoela. Essas células substituem os componentes corporais danificados ou perdidos e parecem ter poucas limitações quanto à forma como conseguem reparar ou substituir tecidos, especialmente células epidérmicas.

Três formas distintas de reprodução assexuada foram documentadas entre os acoelos: fissão transversal, fissão longitudinal e brotamento (Figura 9.10). Embora possam fazer reprodução assexuada e geralmente sejam encontrados em grandes quantidades em determinados locais, os acoelos não são conhecidos por aumentar acentuadamente seus números por reprodução assexuada em condições naturais (como se observa em muitos outros organismos assexuados), exceto talvez na família Paratomellidae.

A maioria dos acoelos é constituída de hermafroditas simultâneos (Figura 9.11), embora alguns (p. ex., todos os membros da família Solenofilomorphidae) sejam protândricos. Os ovários e os testículos podem ser ou não pareados, mas os testículos geralmente são dorsais e os ovários, ventrais (Figura 9.12 A). Em algumas espécies, existe uma gônada mista única. Contudo, nenhum acoelo tem gônadas saculares – ou seja, as células germinativas não estão recobertas ou estão discretamente separadas do parênquima circundante.

Em geral, a genitália é visível nas proximidades da extremidade posterior do animal. O pênis é uma estrutura muscular e glandular em formato de agulha, geralmente com vários elementos semelhantes a estiletes (Figura 9.12 B). Os órgãos

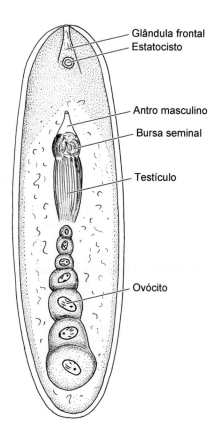

Figura 9.11 Organização interna de *Antigonaria arenaria* (Acoela).

penetradores masculinos, quaisquer que sejam suas formas, podem ser retraídos para dentro de uma vesícula seminal. Durante a cópula, o pênis é evertido pelo gonóporo, que geralmente se localiza em um antro ou vestíbulo bem-definido na superfície do corpo. Algumas espécies têm um gonóporo feminino separado. Em outras, o poro feminino comunica-se diretamente com o poro masculino. Por fim, em outras espécies não existe um orifício feminino externo, e a inseminação é hipodérmica. Quase todos os acoelos têm uma vagina localizada à frente do pênis.

Alguns animais podem ter uma **bursa seminal**, que parece receber os espermatozoides dos parceiros em cruzamento, seja durante a cópula, seja depois da inseminação hipodérmica. Além disso, um **bocal** (ou esfíncter) **vaginal** ou **bursal** esclerotizado regula a passagem dos espermatozoides aos ovócitos. Essas estruturas estão entre as poucas esclerotizadas desses vermes de corpos moles e, no passado, foram consideradas importantes para as primeiras classificações taxonômicas da classe Acoela. Como também ocorre com muitos termos persistentes da zoologia dos invertebrados, o nome "bocal" foi cunhado por Libbie Hyman, que achava que essas estruturas eram semelhantes ao bico de uma mangueira. Em certos convolutídeos, podem existir vários bocais bursais no mesmo indivíduo (Figura 9.12 B). Embora sua forma seja altamente variável, as bursas seminais e suas estruturas associadas parecem ser homólogas em todos os acoelos.

De acordo com as observações de Hyman, o comportamento copulatório ocorre durante as horas diurnas, quando as contagens altas de organismos são mantidas em aquários ou outros espaços confinados. Os animais aproximam-se uns dos outros e trocam "beliscões" ou toques rápidos com as extremidades

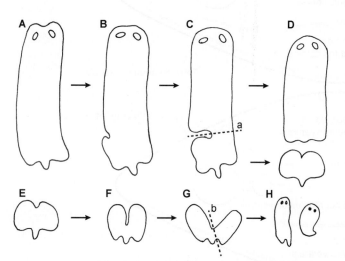

Figura 9.10 Modos de reprodução assexuada de *Convoluta longifissura* (Acoela). **A.** Animal intacto. **B** a **D.** Fissão transversal; o elemento inferior da figura (**D**) mostra o estágio "borboleta", que precede a fissão transversal (**E** a **H**).

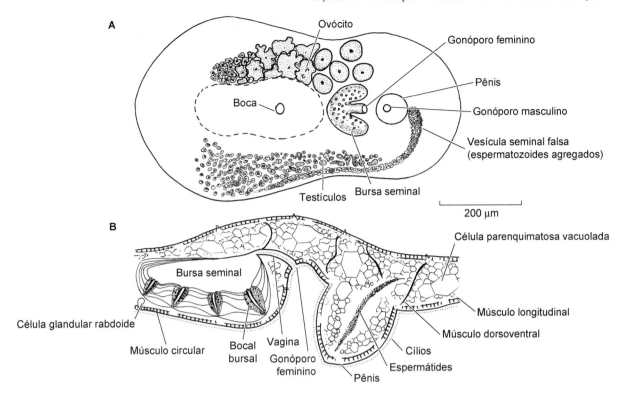

Figura 9.12 Acoela. Anatomia reprodutiva de *Polychoerus gordoni*. **A.** *Vista dorsal*; observe que, nessa espécie, assim como ocorre em outros Convolutidae, as gônadas masculinas e femininas são pareadas, embora a figura mostre apenas uma. **B.** *Vista sagital* da anatomia reprodutiva masculina e feminina.

anteriores. Os espécimes maiores parecem iniciar a cópula, a qual começa depois que os animais se enrolam para formar uma bola e, em seguida, desenrolam com suas genitálias firmemente acopladas. Os animais introduzem mutuamente seus pênis nos gonóporos femininos do parceiro e direcionam os espermatozoides e o líquido seminal para dentro das bursas femininas.

Os espermatozoides dos acoelos são tipicamente biflagelados – os dois axonemas dos flagelos estão incorporados ao corpo celular (uma condição também observada em Platyhelminthes). Existem vários padrões bem-definidos de morfologia dos espermatozoides dos acoelos, os quais parecem ter importância como informação filogenética. Estudos combinados dos dados de sequenciamento do rRNA 18S e da morfologia dos espermatozoides revelaram concordância marcante entre esses dois conjuntos de dados. A complexidade das bursas seminais e dos bocais bursais também parece correlacionar-se com a variação da morfologia dos espermatozoides.

Os ovócitos das gônadas dos acoelos originam ovos endolécitos. A fecundação é sempre interna, e os zigotos são liberados pela boca (por meio do gonóporo feminino) ou por uma ruptura formada na epiderme pelos embriões em crescimento. Os zigotos podem ser incubados ou protegidos por encapsulação, mas geralmente são apenas depositados e têm desenvolvimento direto. Os ovos parecem ser depositados principalmente à noite, em massas gelatinosas achatadas.

O desenvolvimento embrionário é direto e o padrão de clivagem dos acoelos parece ser um programa de clivagem singular do tipo "**dueto espiral**", diferente do que se observa em qualquer outro metazoário (embora isso tenha sido questionado). Embora demonstrem clivagem em dueto no estágio de 4 células, os nemertodermatídeos não mostram esse padrão de dueto espiral e seu padrão de clivagem é diferente do que se observa em Spiralia. Alguns autores sugeriram que o padrão de clivagem em dueto espiral dos acoelos possa ser derivado de um padrão ancestral de clivagem espiral em quarteto, típico de Spiralia. Como também ocorre com a clivagem espiral em quarteto, a primeira clivagem horizontal é desigual e, por isso, forma micrômeros, mas ocorre no estágio de duas células, não no de quatro células, razão pela qual os micrômeros assemelham-se a duetos em vez de quartetos. Poderíamos ficar tentados a descrever esse processo como "clivagem bilateral" em vez de espiral, por ser muito diferente do que se observa em todos os outros metazoários que fazem clivagem espiral. Portanto, onde sabemos, os embriões dos acoelos formam apenas endomesoderme, enquanto a maioria dos animais que fazem clivagem espiral também tende a produzir ectomesoderme. Os tecidos internos originam-se por deslaminação ou imigração das células que formam a ectoderme e a mesoderme. Quando a gastrulação está concluída, o embrião tem aspecto laminado com um primórdio epidérmico externo e uma camada intermediária de células progenitoras de músculos e neurônios, enquanto as células mais interiores se transformarão no sincício digestivo. A endomesoderme origina-se do terceiro dueto de macrômeros do polo vegetal, enquanto a boca forma-se anteriormente a partir dos descendentes do micrômero 1a, os quais se expandem ao redor do polo posterior. Esses animais nunca formam o ânus.

Classe Nemertodermatida

Nemertodermatida soma algumas dúzias de espécies de vermes marinhos descritos em várias regiões do planeta, inclusive costa da Suécia (onde foram descobertos originalmente), Mediterrâneo, mar Adriático, mares do Norte e Caribe e costa leste da

América do Norte. Como também ocorre com os acoelos, os nemertodermatídeos eram antes classificados no filo Platyhelminthes. Quase todas as espécies conhecidas têm vida livre, geralmente nas areias finas, na lama ou nos cascalhos; entretanto, as espécies do gênero *Meara* são simbiontes do trato digestivo anterior dos equinodermos holoturioides (pepinos-do-mar). O comprimento dos nemertodermatídeos varia de alguns milímetros a quase 1 cm. Eles podem ter formato de folhas ou corpos estreitos e alongados, e podem rastejar sobre o substrato ou nadar por meio de movimentos serpentinos. Seus corpos são densamente cobertos por cílios locomotores e, como grupo, são facilmente reconhecidos por um estatocisto anterior contendo dois estatólitos em câmaras separadas (Figura 9.13 A e B) – embora também existam na literatura alguns relatos de animais com 1 a 4 estatólitos. Algumas espécies têm uma probóscide eversível associada à alimentação (estranhamente, algumas dessas espécies não têm uma boca bem-definida) com numerosos ramos que se estendem anteriormente "como uma vassoura de bruxa" (Figura 9.14).

As células epidérmicas dos nemertodermatídeos não têm lâmina basal verdadeira, mas estão conectadas, tanto com as células musculares subjacentes como entre si próprias, por uma matriz extracelular estreita. As junções septadas entre as células epidérmicas não existem. Como também ocorre nos acoelos, as células epidérmicas ciliadas envelhecidas ou danificadas são removidas do corpo e reabsorvidas, formando estruturas temporárias

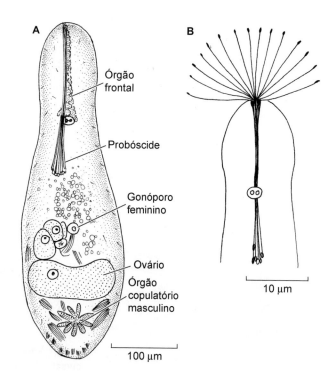

Figura 9.14 Nemertodermatida. *Flagellophora apelti*. **A.** *Vista dorsal* de um espécime maduro. **B.** Probóscide protraída.

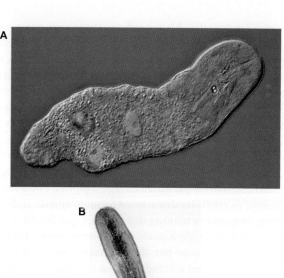

Figura 9.13 Nemertodermatídeos. **A.** *Flagellophora apelti*. **B.** *Sterreria* sp.

conhecidas como corpos pulsáteis (Figura 9.15). De modo semelhante ao observado nos acoelos, as espécies que vivem nos tratos digestivos de outros animais comumente têm bactérias simbióticas abrigadas em sua epiderme (Figura 9.16). O tipo de boca e trato digestivo varia entre as espécies, desde estruturas temporárias até uma abertura semelhante a um poro e um lúmen intestinal estreito, embora não haja um trato digestivo completo (não há ânus tampouco faringe bem-definida). Esses animais não têm estruturas circulatórias ou excretoras bem-definidas. A reprodução assexuada não foi relatada. As estruturas sexuais masculinas podem consistir em uma invaginação ciliada simples da epiderme, ou um pênis eversível; pode haver vesículas seminais. Embora essas estruturas estejam ausentes, os espermatozoides parecem ser simplesmente ejetados do antro masculino. Na maioria das espécies, o gonóporo feminino, com uma bursa associada, está localizado em posição dorsal. Os ovos maduros são liberados pela boca. A clivagem em dueto e o desenvolvimento direto são semelhantes aos observados nos acoelos (Figura 9.20).

Os primeiros nemertodermatídeos descritos foram classificados entre os platelmintos acelomados por Otto Steinböck em 1930. Muito tempo antes das afirmações hiperbólicas semelhantes de ditadores hoje depostos, Steinböck – um indivíduo muito expressivo, conhecido por escrever com letras maiúsculas e em espaço duplo com pontos de exclamação para enfatizar – anunciou sua descoberta como "a mãe de todos os turbelários", graças à presença de um "estatocisto inédito com duas pedras, epiderme incomumente espessa e rica em glândulas, sistema nervoso periférico e gônada lacunar mista sem órgãos acessórios". Em 1940, superando Steinböck, Tor Karling retirou Nemertodermatida de Acoela, e todos os outros que não eram turbelários, em razão de seu lúmen intestinal bem-formado, ausente nos acelomados. Em 1985, as classes Acoela e Nemertodermatida foram combinadas para constituir um táxon-irmão entre os

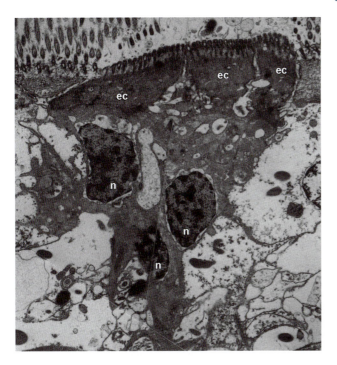

Figura 9.15 Fotografia de microscopia eletrônica de varredura (MEV) mostrando um corte transversal da epiderme do nemertodermatídeo *Meara stichopi*. Três células epidérmicas ciliadas (ec), provavelmente desgastadas ou danificadas, portando apenas os talos escuros dos cílios locomotores, estavam sendo compactadas e removidas para dentro do tegumento de modo que fossem dissolvidas; as três estruturas escuras são os núcleos das células epidérmicas (n).

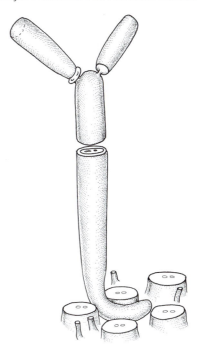

Figura 9.16 Nemertodermatídeos. Bactéria simbiótica alongada em formato de "Y" associada à epiderme de *Meara stichopi*.

platelmintos depois que Ulrich Ehlers reconheceu o táxon Acoelomorpha, tendo como base principalmente as estruturas ciliadas. Os estudos adicionais de Nemertodermatida avançaram lentamente, porque os espécimes são difíceis de conseguir e muitas características podem ser altamente variáveis nas populações.

A relação entre *Meara stichopi* e seus hospedeiros equinodermos não está bem-esclarecida, mas não parece ser parasitária – aparentemente, os hospedeiros não são prejudicados pela presença dos vermes. Na verdade, essa relação poderia ser mutualística, porque os nematódeos foram encontrados dentro do trato digestivo de *Meara* endossimbiótica. As espécies simbióticas de *Meara* e *Nemertoderma* são reconhecidas por possuir bactérias simbióticas alongadas em formato de "Y" (Figura 9.16). Em *Meara*, esses simbiontes são encontrados principalmente no lado ventral do corpo do hospedeiro. Alguns autores sugeriram que o formato em "Y" das bactérias representa a modalidade de reprodução assexuada, porque os apêndices estão presentes apenas em certas células bacterianas. Estudos ultraestruturais indicaram que as bactérias ocorrem apenas na superfície externa de seus vermes hospedeiros, sugerindo que a associação entre as bactérias e seu hospedeiro não represente infecção.

Plano corpóreo dos nemertodermatídeos

Estrutura geral do corpo

Os nemertodermatídeos geralmente são pequenos. Em geral, *Meara stichopi* endossimbiótica mede menos de 2 mm de comprimento, mas *Nemertoderma* de vida livre mede em média 3 mm, enquanto alguns nemertodermatídeos "gigantes" chegam a medir até 1 cm. A maioria das espécies é incolor, amarelada ou vermelha, mas a pigmentação pode variar nas diversas populações.

A epiderme da maioria das espécies parece conter numerosas glândulas mucosas com formato de garrafa. Em geral, a epiderme assemelha-se à epiderme dos vermes nemertinos, daí o termo "nemertodermatídeo". No gênero *Nemertoderma*, essas glândulas são mais abundantes no polo apical, formando um complexo glandular anterior com orifícios ou colares glandulares separados e voltados para o exterior. Entretanto, esses orifícios não estão reunidos em um padrão homogêneo no poro apical e, por isso, não formam um "órgão frontal" como o que foi descrito em Platyhelminthes. Essas estruturas, porém, são suficientemente semelhantes às dos turbelários, a ponto de os primeiros autores considerarem-nas homólogas às estruturas dos órgãos frontais dos platelmintos.

Organização celular e tecidual

A epiderme dos nemertodermatídeos é totalmente ciliada. As células estão ligadas por uma trama terminal intracelular – uma estrutura estratificada composta por uma camada firmemente trançada de fibrilas que se coram intensamente e sobrepõem-se às fibrilas acondicionadas mais frouxamente, formando saliências nas bordas celulares. Nos seus polos apicais, as células epidérmicas estão interligadas por junções aderentes semelhantes a cintos (desmossomos de cinto) conhecidas como **zônulas aderentes**. Intercalados entre as células estão os colares de várias glândulas e os receptores sensoriais, principalmente na região anterior do animal. Os colares das glândulas parecem ter anéis musculares associados, que podem regular o fluxo do conteúdo glandular (Figura 9.17 E).

A estrutura das radículas ciliares é semelhante nos acoelos e nos nemertodermatídeos e essa é uma das razões principais que levaram os pesquisadores a agrupar esses dois táxons (como Acoelomorpha). As radículas dos nemertodermatídeos incluem uma radícula orientada rostralmente e uma radícula orientada caudalmente. Em sua descrição original, os cientistas relataram que *Meara stichopi* tinha "células de restituição", as quais pareciam conter estruturas ciliares em processo de reabsorção. Na verdade, essas células representam estruturas semelhantes aos corpos pulsáteis descritos nos acoelos, nos quais as células desgastadas são encapsuladas e transportadas para que sejam reabsorvidas no trato digestivo (Figura 9.15). Entretanto, esse processo é diferente nos nemertodermatídeos, porque os cílios desprendem-se de seu aparelho basal antes da encapsulação, eliminando sua capacidade de pulsar, o que levou alguns pesquisadores a descrevê-los como "corpos epidérmicos em degeneração".

Sustentação e movimento

Assim como os acoelos, a musculatura da parede corporal dos nemertodermatídeos foi detalhadamente estudada utilizando técnicas de coloração por faloidina.[1] Como também ocorre na maioria dos acoelos, a musculatura corporal dos nemertodermatídeos consiste nas camadas musculares circular externa e longitudinal interna. Nos casos típicos, também há musculatura diagonal, que varia entre as espécies, com fibras formando conexões entre as camadas de alguns animais (p. ex., *M. stichopi*; Figura 9.17 A e B) e camadas separadas em outros (p. ex., *N. westbladi*; Figura 9.17 C e D). A musculatura que circunda a boca também varia e está mais bem-desenvolvida nas espécies que têm bocas permanentes. A musculatura também é bem-desenvolvida ao redor dos orifícios genitais permanentes (p. ex., *M. stichopi*), mas é menos abundante nas espécies com orifícios genitais transitórios (p. ex., *N. westbladi*).

O orifício do gonóporo masculino e seu antro associado apresentam-se como uma invaginação de toda a parede do corpo, e a musculatura associada à vesícula seminal consiste em uma camada fina presente apenas nos indivíduos com órgãos masculinos maduros (Figura 9.17 F). Os músculos parenquimatosos também estão presentes nos indivíduos de todos os estágios de vida, formando uma trama tridimensional dispersa por todo o tecido parenquimatoso. O estatocisto é sustentado por músculos que têm suas inserções em posição dorsoposterior e anterolateral à musculatura externa da parede corporal. Os nemertodermatídeos movimentam-se por rastejamento sobre suas superfícies ciliadas ou, nas espécies mais alongadas, por ondulação dos seus corpos com um padrão serpentino.

Nutrição, excreção e trocas gasosas

O trato digestivo dos nemertodermatídeos tem apenas um orifício, como se observa também nos cnidários e nos outros xenacelomórficos. Entretanto, ao contrário dos acoelos, o trato digestivo dos nemertodermatídeos não é sincicial; em vez disso, tem lúmen intestinal bem-definido. Em algumas espécies, foi relatado um cone de tecido intestinal, que se estende e protrai e retrai como uma língua, a fim de recolher partículas alimentares. Contudo, nenhum nemertodermatídeo conhecido tem uma estrutura que possa ser reconhecida como faringe muscular. Outras espécies não parecem ter qualquer tipo de boca. Nessas espécies (p. ex., *Flagellophora*), foi relatado um **órgão de vassoura** (*broom organ*) anterior, embora essa estrutura não pareça estar ligada diretamente ao trato digestivo. Em vez disso, esse órgão parece consistir em um agrupamento de até 30 glândulas, cujos colares protraem por um canal existente na extremidade anterior do corpo (Figura 9.14 B). Quando está aberto, o órgão de vassoura parece ter extremidades distais ligeiramente dilatadas e possivelmente aderentes. Alguns pesquisadores sugeriram que a inexistência de uma boca possa representar uma condição ancestral e que a boca dos nemertodermatídeos seja uma estrutura transitória, que aparece durante uma parte limitada da vida pós-embrionária, cujo tempo de persistência depende da espécie em questão.

Meara stichopi habita a parte inicial do trato digestivo do holotúreo *Parastichopus tremulus*, uma espécie comum nas regiões costeiras da Escandinávia, que parece alimentar-se de detritos e nematódeos existentes dentro dos tratos digestivos do seu hospedeiro. Espécies de vida livre foram encontradas dentro dos tratos digestivos de turbelários e nematódeos relativamente grandes.

Assim como os acoelos, as dimensões diminutas dos corpos dos nemertodermatídeos permitem-lhes eliminar escórias nitrogenadas e dióxido de carbono, bem como obter oxigênio da água circundante, sem necessidade de um sistema circulatório ou excretor bem-definido.

Sistema nervoso

O sistema nervoso dos nemertodermatídeos ainda não está bem-esclarecido. Estudos de imunorreatividade ao neurotransmissor serotonina (5-hidroxitriptamina, ou 5-HT) e ao neuropeptídio regulador FMRFamida mostraram variação considerável das respostas observadas nas espécies examinadas. Em *Meara stichopi*, a reatividade à 5-HT revela uma rede neural subepidérmica e dois feixes de nervos longitudinais frouxamente organizados ao longo do comprimento do animal. Em *Nemertoderma westbladi*, a reatividade à 5-HT mostra uma comissura anterior com dois anéis, na qual os anéis convergem até as proximidades do estatocisto e conectam-se por fibras finas. Duas fibras laterais estendem-se longitudinalmente a partir da comissura, como uma cortina delicada de fibras longitudinais mais finas espaçadas uniformemente, que se tornam indistintas na extremidade caudal. A imunorreatividade à FMRFamida segue o mesmo padrão da reatividade à 5-HT em *M. stichopi* e *N. westbladi*. Esses resultados sugerem que o sistema nervoso dos nemertodermatídeos seja diferente do cérebro ganglionar bilobado e dos sistemas nervosos periféricos ortogonais de Platyhelminthes (*i. e.*, cordões nervosos ventrais longitudinais pareados conectados por um padrão homogêneo de comissuras transversais). O sistema nervoso central dos nemertodermatídeos também é diferente dos cérebros comissurais dos acoelos (*i. e.*, fibras comissurais assimétricas com alguns corpos celulares e 3 a 5 pares de cordões nervosos longitudinais dispostos radialmente e conectados irregularmente com fibras transversais).

Reprodução e desenvolvimento

A anatomia reprodutiva e a história natural dos nemertodermatídeos não foram bem-estudadas, e apenas algumas espécies foram examinadas quanto a esses aspectos. Os gonóporos masculinos dos nemertodermatídeos parecem abrir-se dorsalmente (ou supraterminalmente) e estão associados ao antro

---

[1] Faloidina é uma toxina natural do cogumelo-de-capuz (*Amanita phalloides*) morto. A toxicidade desse composto é atribuída à sua capacidade de estabilizar os filamentos de actina dentro das células, e esse atributo levou à sua utilização ampla (marcada fluorescentemente) em pesquisas para visualizar actina filamentar, como fibras musculares.

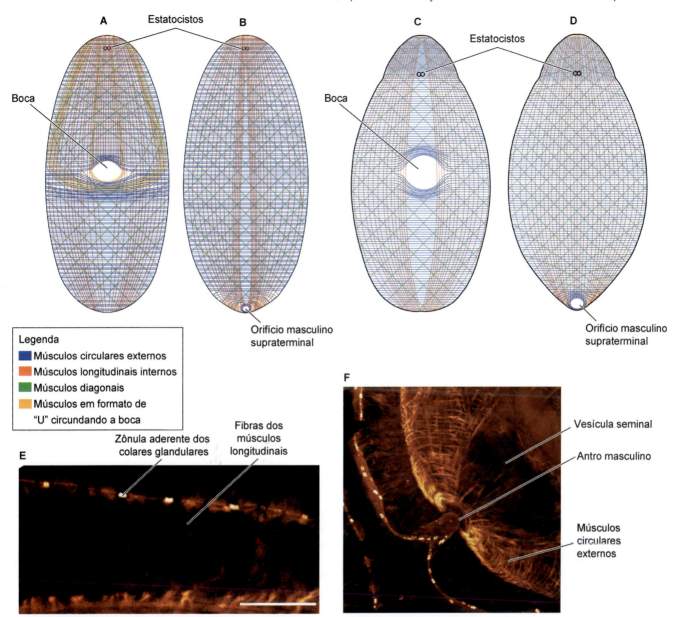

Figura 9.17 Diagramas esquemáticos (**A** a **D**) e fotografias de microscopia eletrônica realçadas com faloidina (**E** e **F**) da musculatura dos nemertodermatídeos. *Vistas ventral* (**A**) e *dorsal* (**B**) de *Meara stichopi* (ilustração gráfica mostrando os padrões musculares). *Vistas ventral* (**C**) e *dorsal* (**D**) de *Nemertoderma westbladi* (ilustração gráfica mostrando os padrões musculares). Na superfície ventral, as cores indicam: músculos circulares externos (*em azul*); músculos longitudinais internos (*em vermelho*); músculos diagonais (*em verde*); músculos em formato de "U" circundando a boca (*em laranja*). Vista lateral (**E**) da epiderme de *Nemertoderma westbladi* mostrando as fibras de músculos longitudinais sob os músculos circulares no espaço central. Acima disso, aparecem duas camadas finas coradas: a inferior correspondendo à trama intracelular e a superior representando as microvilosidades da superfície epidérmica. Nesse nível, a zônula aderente dos colares glandulares aparece como áreas coradas brilhantes. Região posterior do corpo (**F**) de *Nemertoderma westbladi* com invaginação da parede corporal para formar o antro masculino; a musculatura mais fina da vesícula seminal aparece no espaço vazio.

muscular masculino. Nos espécimes totalmente maduros, uma vesícula seminal muscular e comumente um órgão copulatório masculino também podem everter na superfície posterior ou ligeiramente dorsal (Figura 9.18). Quando está presente, a genitália feminina localiza-se em posição dorsal. *Flagellophora* parece ter uma invaginação profunda bem-definida, que pode representar um gonóporo feminino (Figura 9.14).

Em *Meara stichopi*, os testículos foliculares ocupam a maior parte da região pré-oral do corpo. O ovário ocupa a parte pós-oral do corpo e geralmente contém um ou mais ovócitos grandes dentro da região posterior do corpo. Nessa espécie, o órgão penetrador masculino abre-se no polo terminal em posição ligeiramente supraterminal.

Em geral, os nemertodermatídeos apresentam a configuração 9 + 2 nos microtúbulos de seu espermatozoide uniflagelado – uma característica diferente da disposição microtubular variável e dos espermatozoides biflagelados dos acoelos. Muitos nemertodermatídeos coletados em campo contêm dois tipos de espermatozoide. O **autoesperma** (espermatozoides produzidos pelo espécime no qual são encontrados) de *M. stichopi* é filiforme, mede cerca de 45 a 60 pm e, na microscopia de contraste de fases, apresenta divisões indistintas de cada espermatozoide em cabeça, peça intermediária e cauda, como geralmente se observa nos espermatozoides de metazoários mais avançados (Figura 9.19). Alguns espermatozoides parecem espiralados e retorcidos como um saca-rolhas sobre a metade de seu corpo e são imóveis dentro

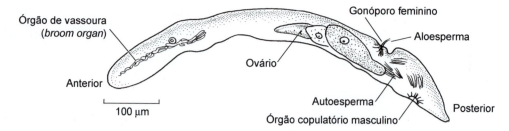

Figura 9.18 Nemertodermatídeo. Diagrama de *Ascoparia*, mostrando a localização do gonóporo feminino dorsal e do órgão copulatório masculino subterminal.

do animal que os produz. O **aloesperma** (espermatozoides que não são produzidos pelo indivíduo no qual são encontrados) é diferente, porque não tende a ser espiralado e tende a ser móvel dentro do corpo dos indivíduos que o recebem.

Einar Westbland, pioneiro dos estudos dos acoelos e dos nemertodermatídeos (que hoje são conhecidos como Acoelomorpha), observou que o desenvolvimento das estruturas reprodutivas femininas parecia ocorrer antes do desenvolvimento das estruturas masculinas, indicando que alguns nemertodermatídeos fossem protóginos. Por outro lado, outros autores notaram que a "maturidade masculina parecia preceder a feminina", ou afirmaram especificamente que os indivíduos são protândricos. Em *N. westbladi*, pesquisadores observaram que indivíduos se desenvolviam como machos, fêmeas e hermafroditas, sem qualquer evidência clara de protandria ou protoginia. As fêmeas adultas tinham um único ovo grande, mas também continham até 10 ovócitos, e o aloesperma foi detectado em apenas alguns indivíduos. Em *Ascoparia neglecta*, uma espécie alongada que não possui boca verdadeira nos indivíduos adultos, embora tenha poros masculino e feminino perceptíveis e espécimes com órgão copulatório masculino, o aloesperma parece estar contido nos vacúolos localizados perto da vagina.

Algumas espécies não parecem ter genitália feminina, embora tenha sido encontrado autoesperma nitidamente contido dentro das estruturas reprodutoras masculinas, assim como aloesperma que parecia ter sido introduzido nos indivíduos que o abrigavam. Os indivíduos contendo aloesperma parecem incluir formas imaturas e maduras, sugerindo a possibilidade de que haja armazenamento e competição entre os espermatozoides de indivíduos diferentes. Quando essas observações são consideradas em conjunto, parece haver grande diversidade na história de vida reprodutiva dos nemertodermatídeos. Os adultos de algumas espécies parecem ser menores que as formas juvenis, sugerindo que os indivíduos em processo de maturação possam parar de alimentar-se e concluir sua história de vida utilizando as reservas alimentares armazenadas ou outros recursos.

Não foi observada cópula em nemertodermatídeos. Contudo, pesquisadores mais antigos sugeriram que os vermes poderiam simplesmente pressionar suas extremidades posteriores uma contra a outra por tempo suficiente de modo que as espermátides atravessassem o epitélio do verme receptor. Como as estruturas masculinas estão localizadas na região subterminal, esse comportamento poderia exigir que o receptor estivesse posicionado dorsalmente, ou que o indivíduo transferidor de espermatozoides precisasse fazer dorsiflexão para conseguir a fecundação. Nas espécies que não têm estruturas femininas, a inseminação parece ser hipodérmica. A oviposição é realizada por flexão do corpo para uma conformação convexa dorsal seguida da protrusão da área circum-oral do corpo a fim de que a saída de cada ovo seja forçada pela boca.

O desenvolvimento dos nemertodermatídeos é semelhante ao dos acoelos. A primeira divisão de clivagem é holoblástica (Figura 9.20). A segunda divisão resulta na formação de micrômeros e macrômeros. Nos estágios subsequentes de quatro células, os micrômeros desviam-se ligeiramente em sentido horário (dextrogiro), assemelhando-se à clivagem espiral, mas esse desvio não ocorre até muito depois que a divisão tenha ocorrido. Os nemertodermatídeos não têm o programa de clivagem singular em duetos espirais observado nos acoelos. Em vez disso, a clivagem começa em posição radial, adquirindo depois um padrão em dueto – os micrômeros desviam em sentido horário para produzir um padrão espiraliforme. As divisões das quatro células envolvem os dois macrômeros, resultando em um embrião de 6 células e, em seguida, em outra divisão pelos micrômeros, de forma a produzir um embrião de 8 células. Esse padrão alternante é repetido até o estágio de 16 células, semelhante ao que se observa nos acoelos na forma de "clivagem em duetos", embora nesses últimos animais a primeira divisão inclua um desvio anti-horário (levógiro) dos micrômeros, em vez do desvio em sentido horário documentado em *N. westbladi*. Apesar disso, o tipo de clivagem em duetos é semelhante nos dois táxons, sugerindo a alguns autores que esse traço seja ancestral em Acoelomorpha.

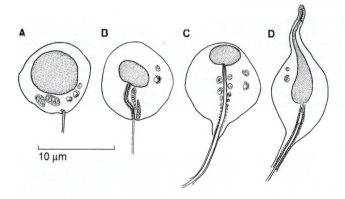

Figura 9.19 Nemertodermatídeos. Estágios da espermatogênese de *Meara stichopi*. **A.** Nos estágios iniciais da espermatogênese, o núcleo é grande e tem densidade eletrônica heterogênea; duas mitocôndrias estão visíveis. Um único flagelo começa a formar-se a partir de um corpo basal situado perto da membrana celular. **B.** O núcleo encolhe e adquire densidade homogênea. As mitocôndrias começam a alongar e o corpo basal e as fibras associadas movimentam-se para dentro do citoplasma na direção de uma depressão que se forma no núcleo. Os microtúbulos enrolam em torno do canal flagelar. **C.** As mitocôndrias enrolam ao redor do canal flagelar e uma bainha cresce desde a célula de forma a circundar o flagelo proximal. **D.** A célula e o núcleo alongam para formar a cabeça do espermatozoide. As mitocôndrias formam espirais mais apertadas e vagueiam por dentro ao longo do comprimento da bainha flagelar.

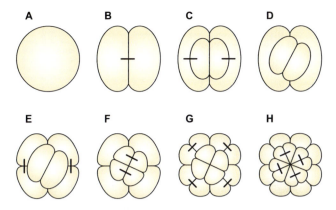

Figura 9.20 Diagrama de clivagem em dueto em nemertodermatida (*Nemertoderma westbladi*), visto do polo animal. **A.** Zigoto não clivado. **B.** Estágio de 2 células. **C.** Estágio inicial de 4 células com micrômeros orientados radialmente. **D.** Estágio tardio de 4 células com micrômeros deslocados. **E.** Estágio de 6 células. **G.** Estágio de 12 células com 8 macrômeros e 4 micrômeros. **H.** Estágio de 16 células com 8 macrômeros e 8 micrômeros.

O desenvolvimento pós-embrionário de *N. westbladi* parece passar por três fases na história de vida. Os ovos eclodidos (filhotes) são praticamente redondos, ou seja, apenas ligeiramente mais longos que largos (250 × 200 μm). Esses indivíduos crescem até as formas juvenis, que têm formato de garrafa e podem chegar a medir 1 mm de comprimento, mas não têm quaisquer estruturas sexuais discerníveis. Os espécimes maduros podem ter dimensões variadas (em média, 450 μm de comprimento) e têm um formato ligeiramente mais alongado, bem como órgãos copulatórios masculinos visíveis e uma extremidade puntiforme posterior pequena, formada pelo gonóporo masculino.

Subfilo Xenoturbellida

As criaturas de vida livre marinha conhecidas como xenoturbelídeos totalizam apenas duas espécies descritas – *Xenoturbella bocki* (Figura 9.21 e fotografia de abertura do capítulo) e *X. westbladi* –, embora saibamos que existem várias espécies ainda não descritas. Esses animais são vermes ciliados delicados, com um plano corpóreo muito simples. Podem ser reconhecidos por seus sulcos corporais – **sulcos horizontais** (= sulcos laterais ou anterolaterais) e um **sulco anelar** (= sulco equilateral) –, esses últimos quase cruzando a linha mediana do animal (Figura 9.22 A). Os sulcos contêm o que foi interpretado como concentrações altas de células sensoriais, razão pela qual os cientistas presumiram que fossem estruturas sensoriais. Assim como os acoelos e os nemertodermatídeos, os xenoturbelídeos têm um sistema nervoso basiepitelial ou intraepitelial difuso, usam um estatocisto para sua orientação, têm músculos circulares e longitudinais, e uma boca medioventral. Além disso, como também ocorre com os acelomórficos, *Xenoturbella* não tem trato digestivo completo, gônadas organizadas, estruturas excretoras, cavidades celômicas ou cérebro bem-desenvolvido.

Entretanto, ao contrário dos acelomórficos, os xenoturbelídeos têm espermatozoides simples, semelhantes aos que são encontrados nas espécies que realizam fecundação externa. Além disso, as camadas musculares estão conectadas por interdigitações extensivas entre as camadas de células, assim como por músculos longitudinais excepcionalmente robustos. Embora seja difuso, seu sistema nervoso está concentrado ao longo de seus sulcos sensoriais. Em geral, os xenoturbelídeos também são maiores e podem alcançar o comprimento de 4 cm.

Sixten Bock (1884-1946), o grande especialista sueco em platelmintos, coletava amostras ao longo da costa da Suécia, nas proximidades do Sven Lovén Centre for Marine Sciences (então conhecido como Kristineberg Marine Station), em 1915, quando deparou com um "verme achatado" aparentemente estranho. Bock nunca conseguiu identificar essa criatura, mas Einar Westblad, outro grande especialista em platelmintos, inicialmente a considerou um turbelário arcoóforo e classificou-a junto com espécimes semelhantes que ele havia coletado nas proximidades da Escócia e da Noruega. Por fim, em 1949, Westblad descreveu os espécimes originais como *Xenoturbella bocki* em homenagem ao cientista que os coletou. As criaturas geraram controvérsias imediatas, em razão de seu aspecto singular. Em 1999, a segunda espécie foi descrita e nomeada como *Xenoturbella westbladi*, em homenagem a Westblad. Nessa época, as pessoas começavam a imaginar o quanto esses "vermes achatados" eram singulares. O nome *Xenoturbella* significa "turbelário estranho", porque, embora sejam semelhantes aos acelomórficos em geral, sua epiderme é um resquício dos hemicordados e seu estatocisto parece semelhante ao de certos holotúreos.

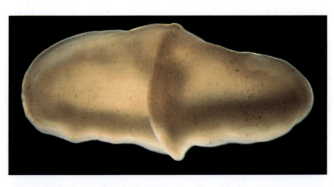

Figura 9.21 *Xenoturbella bocki*. Espécime vivo obtido à profundidade de 80 m na costa oeste da Suécia.

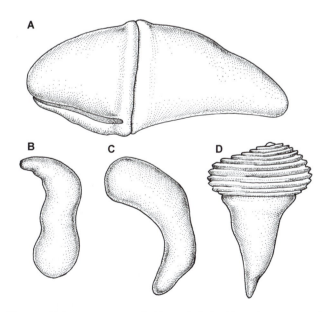

Figura 9.22 Desenhos a mão de *Xenoturbella bocki* com base nos espécimes vivos. **A.** *Vista dorsolateral* mostrando os sulcos horizontal e anelar. **B** e **C.** *Vista lateral* de espécimes movimentando-se por deslizamento ciliar. **D.** Animal com extremidade anterior contraída depois da exposição a $MgCl_2$.

À medida que se acumulavam evidências morfológicas acerca de *Xenoturbella*, sua relação com os vermes achatados começou a ser colocada em dúvida e, ao fim da década de 1950, a maioria dos pesquisadores concordava que *Xenoturbella* não era um verme achatado. Havia, porém, pouco consenso quanto ao que esses animais realmente eram. As opiniões quanto à sua identidade variavam, desde os que os classificavam "entre os celenterados" até os que os colocavam como um táxon-irmão dos enteropneustos.

Por fim, no final de década de 1990, a análise do RNA ribossômico do que pareciam ser ovócitos e embriões em desenvolvimento de alguns espécimes levou à conclusão de que *Xenoturbella* era, na verdade, um molusco profundamente degenerado, possivelmente algum tipo de bivalve sem concha. Contudo, estudos subsequentes mostraram que essas amostras tinham sido contaminadas por conteúdo intestinal com DNA de molusco. Análises subsequentes do DNA sugeriram que *Xenoturbella* poderia ser um deuterostômio profundamente degenerado, situado nas proximidades da base da linhagem Deuterostomia, ou talvez diretamente relacionado com os equinodermos e os hemicordados (o clado conhecido como Ambulacraria). Estudos de filogenética molecular subsequentes sugeriram que *Xenoturbella* estivesse diretamente relacionado com os acoelos e os nemertodermatídeos e, desse modo, pesquisadores cunharam o nome de um novo filo (Xenacoelomorpha) para abrigar esses três vermes primitivos estranhos. Embora aceitemos essa classificação neste livro, não restam dúvidas de que a resolução final das relações filogenéticas de *Xenoturbella* ainda não foi estabelecida.

Plano corpóreo dos xenoturbelídeos

Estrutura geral do corpo

A maioria dos espécimes *Xenoturbella* tem formato ovoide com ventre achatado e comprimento igual a 4 cm ou menor. Esses vermes podem ser muito ativos e capazes de realizar alterações consideráveis de sua forma (Figura 9.22 B a D). A região anterior da maioria dos indivíduos tem coloração ligeiramente mais clara, e os sulcos horizontais estendem-se posteriormente por um dos lados a partir da extremidade cefálica. A aproximadamente meia distância do comprimento do corpo, esses sulcos quase se interceptam com um sulco anelar. O sistema nervoso parece estar concentrado nessas áreas, sugerindo que tais estruturas tenham função sensorial.

A epiderme de *X. bocki* consiste em uma camada de células colunares altas, com núcleos situados nas bases. Essas células são densamente ciliadas e estão intercaladas com células glandulares não ciliadas ou monociliadas e receptores ciliares, esses últimos mais numerosos nos sulcos horizontais. Os cílios propriamente ditos estão fixados às células epidérmicas por várias estruturas (Figura 9.23 A). Cada extremidade ciliar termina em um corpo basal, cujo **pé basal** capaz de protrair tem microtúbulos que se estendem dentro da célula epidérmica. Duas radículas ciliares projetam-se do corpo basal mais profundo para dentro da célula epidérmica; a radícula mais fina está localizada no mesmo lado do cílio onde se localiza o pé basal e projeta-se em linha reta para dentro da célula, enquanto a radícula mais grossa descreve uma curvatura geniforme. Cada cílio tem uma disposição diferente dos microfilamentos, na qual a configuração

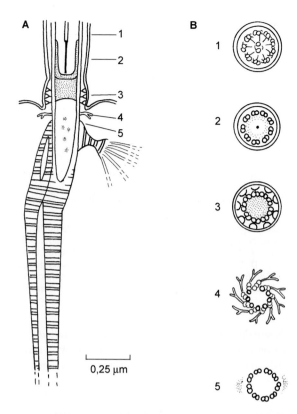

Figura 9.23 Diagrama do segmento basal do cílio, do corpo basal e das radículas ciliares de *Xenoturbella bocki*. **A.** Corte mediano longitudinal da parte basal do cílio. (**B**, 1 a 5) Cortes transversais da parte basal do cílio e do corpo basal, mostrando a posição dos microtúbulos em diferentes níveis. (1) Parte basal do cílio. (2) Estrutura côncava na base do cílio. (3) Agregação densa dos grânulos e das estruturas semelhantes a taça de champanhe na parte superior do corpo basal. (4) Parte do tripleto centriolar do corpo basal com projeções em forma de asas (as "folhas alares"). (5) Parte inferior do corpo basal.

9 + 2 estende-se ao longo da maior parte do comprimento da haste ciliar, mas, pouco antes da extremidade, as duplas de microfilamentos 4–7 terminam abruptamente, deixando apenas as duplas 1–3 e 8–9 continuarem até a ponta do cílio (Figura 9.23 B). Essa configuração dos microtúbulos em "plataforma" também é encontrada em nemertodermatídeos e acoelos, mas não está presente em qualquer outro táxon conhecido dos metazoários (Figura 9.24).

A região basal da epiderme abriga os processos celulares das células multiciliadas, das células de sustentação e de uma camada de nervos intraepidérmicos proeminente. As membranas celulares das células epidérmicas adjacentes intercomunicam-se, mas não parecem existir junções estreitas entre as membranas das extensões adjacentes. Contudo, onde as protrusões citoplasmáticas são mais curtas, elas mostram configuração regular, como se as duas células fossem mantidas juntas por um zíper, embora ainda não tenham sido identificadas junções estreitas, desmossomos ou junções intercaladas entre as células.

Alguns pesquisadores encontraram semelhanças entre as radículas ciliares e as pontas dos cílios de *Xenoturbella*, dos acoelos e dos nemertodermatídeos. Assim como outros grupos, *Xenoturbella* consegue recolher e reabsorver as células epiteliais desgastadas, embora existam diferenças quanto às características desse processo. Enquanto os nemertodermatídeos não recolhem células ciliares que ainda têm mobilidade, as células epidérmicas recolhidas de *Xenoturbella* assumem uma

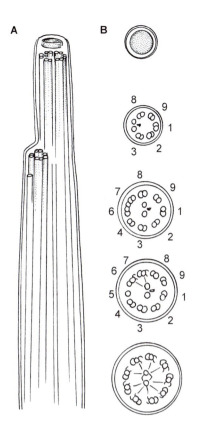

Figura 9.24 Diagrama da configuração das fibras axonemais dentro das hastes distais dos cílios epidérmicos de *Xenoturbella bocki*. **A.** *Vista lateral* da haste distal, mostrando a "plataforma" localizada a cerca de 1,5 μm da ponta do cílio. **B.** Cortes transversais do cílio ao longo de seu comprimento; a configuração 9 + 2 das fibras axonemais começa na base do cílio, mas as duplas de microtúbulos 4–7 terminam na plataforma.

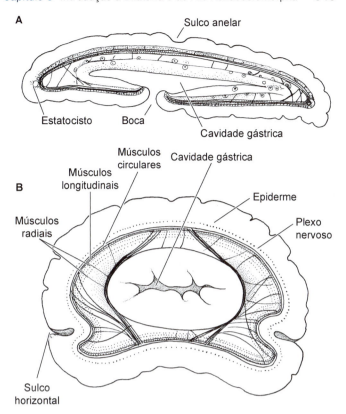

Figura 9.25 Morfologia interna de *Xenoturbella bocki*. **A.** Corte transversal anterior à boca, mostrando a cavidade gástrica. **B.** Ilustração esquemática do corte longitudinal anterior à boca, mostrando a orientação dos músculos circulares, longitudinais e radiais. Escala = 0,1 cm.

orientação perpendicular à das outras células e conservam parte de sua mobilidade.

Sustentação e movimento

Xenoturbella tem parede corporal profusamente muscularizada (Figura 9.25 A). Uma camada de músculos circulares externos circunda uma camada interna bem-desenvolvida de músculos longitudinais, havendo também uma musculatura radial que se estende da gastroderme até a camada circular externa de células musculares (Figura 9.25 B). A camada muscular longitudinal é expressiva, e cada célula muscular consiste em algumas fibras isoladas que, quando examinadas em corte transversal, assemelham-se a uma roseta em monocamada.

Entre a epiderme e a gastroderme não existem células parenquimatosas especializadas. Contudo, todas as células musculares tendem a apresentar várias extensões citoplasmáticas bem-definidas com interdigitações mútuas extensivas. Aparentemente, não há fixação firme das membranas das células adjacentes, mas existem conexões semelhantes às zônulas aderentes dos acoelos e dos nemertodermatídeos, na forma de uma camada subepidérmica fibrosa com até 5 μm de espessura. As conexões extensivas entre as células musculares observadas em *Xenoturbella* são resquícios dos hemicordados.

Xenoturbella vive nos fundos de lama dos oceanos, a uma profundidade entre 20 e 120 m, e movimenta-se por deslizamento ciliar, sem necessidade de alterar sua configuração corporal. A superfície ventral é profusamente equipada com glândulas epidérmicas e os animais em movimento deixam atrás de si um rastro de muco. Embora sejam capazes de apresentar variações consideráveis da configuração corporal em razão dos músculos circulares e longitudinais potentes, na maioria das condições esses animais não precisam fazer muita ginástica para realizar suas atividades básicas.

Nutrição, excreção e trocas gasosas

X. bocki alimenta-se quando abre sua boca simples e protrai seu trato digestivo anterior não ciliado. A extrusão dessa estrutura parece ocorrer em consequência das contrações da musculatura da parede corporal circundante, enquanto o relaxamento desses músculos provoca retração do trato digestivo anterior. O trato digestivo é celularizado, mas as células não têm cílios. Atenção considerável vem sendo dedicada ao conteúdo do trato digestivo de *Xenoturbella*. O exame do DNA mitocondrial (dados do sequenciamento da subunidade I do citocromo-*c*-oxidase) do conteúdo do trato digestivo de *Xenoturbella* sugere que eles se alimentem basicamente de presas bivalves, possivelmente na forma de ovos e larvas bentônicas. Essa especificidade sugere que esses vermes possam ser predadores especializados, uma hipótese apoiada pelos resultados dos estudos com isótopos estáveis, que indicaram razões altas entre N_{15} e N_{14} (3,42), típicas da maioria dos predadores. Duas espécies de bactérias endossimbióticas foram descritas no trato digestivo de *X. bocki*. Pesquisadores sugeriram que essas bactérias possam facilitar a destoxificação do nitrogênio (em razão da inexistência de órgãos excretores), ou possam fornecer fatores de crescimento ou defesas químicas aos seus hospedeiros. Estruturas excretoras bem-definidas não foram encontradas em *Xenoturbella*.

Sistema nervoso e órgãos dos sentidos

O sistema nervoso de *Xenoturbella* é uma rede intraepitelial difusa sem grande parte da concentração anterior e a maioria dos pesquisadores reluta em chamar isso de cérebro. Essa configuração é semelhante à de alguns acoelos e nemertodermatídeos, embora esses últimos tenham uma pequena concentração anterior de neurônios (maior que a dos xenoturbelídeos). Os sulcos sensoriais dos xenoturbelídeos parecem ter concentrações ligeiramente maiores de neurônios que as outras partes do seu corpo. Como os acoelomorfos, *Xenoturbella* tem um estatocisto anterior (Figura 9.25 B), mas a disposição dos músculos e dos neurônios associados a essa estrutura é diferente, porque eles parecem estar embebidos dentro da rede nervosa, em vez de supridos especificamente com comissuras conectoras.

Reprodução e desenvolvimento

Os xenoturbelídeos são hermafroditas simultâneos, que produzem ovos vitelinos com diâmetro relativamente grande. Nos espécimes adultos, não foram observados ovários ou testículos bem-desenvolvidos. Em especial, as gônadas masculinas parecem consistir simplesmente em uma camada de células masculinas circundando o trato digestivo. Os espermatozoides desenvolvem-se em grumos e parecem ser de um tipo "primitivo", geralmente associado à fecundação externa, porque as espermátides têm um acrossomo cônico pequeno e um único flagelo. Esses animais não têm órgãos copulatórios, e os gametas parecem ser dispersos por meio do intestino ou do orifício oral. Embora o desenvolvimento de *Xenoturbella* tenha sido considerado direto, como o dos acoelomorfos, pesquisas recentes sugerem que "o estágio de incubação" possa ser chamado de larva. Ele é alongado/oval, nadando em movimento de rotação com ciliação uniforme, e tem um tufo apical de cílios com 20 a 30 μm de comprimento. Boca ou blastóporo não foram vistos na larva.

Bibliografia

Referências gerais

Achatz, J. G. *et al*. 2012. The Acoela: on their kind and kinships, especially with nemertodermatids and xenoturbellids (Bilateria *incertae sedis*). Org. Divers. Evol. doi: 10.1007/s13127-012-0112-4

Aguinaldo, A. M. A. *et al*. 1997. Evidence for a clade of nematodes, arthropods and other moulting animals. Nature 387: 489–493.

Baguñà, J. *et al*. 2008. Unraveling body plan and axial evolution in the Bilateria with molecular markers. pp. 213–235 in A. Minelli e G. Fusco (eds.). *Evolving Pathways: Key Themes in Evolutionary Developmental Biology*. Cambridge Univ. Press, Londres.

Borner, J. *et al*. A transcriptome approach to ecdysozoan phylogeny. Mol. Phylog. Evol. 80: 79–87.

Bourlat, S. J. e A. Hejnol. 2009. Acoels. Cur. Biol. 19: R279–R280.

Brent, M. *et al*. 2013. A comprehensive analysis of bilaterian mitochondrial genomes and phylogeny. Mol. Phylog. Evol. 69: 352–364.

Christiaen, L. *et al*. 2007. Evolutionary modification of mouth position in deuterostomes. Semin. Cell. Dev. Biol. 18: 502–511.

Dunn, C. W. *et al*. 2008. Broad taxon sampling improves resolution of the animal tree of life. Nature 452: 745–750.

Dunn, C. W. *et al*. 2014. Animal phylogeny and its evolutionary implications. Ann. Rev. Ecol. Evol. Syst. 45: 371–395.

Edgecombe, G. D. *et al*. 2011. Higher-level metazoan relationships: recent progress and remaining questions. Org. Divers. Evol. 11: 151–172.

Egger, B. *et al*. 2009. To be or not to be a flatworm: The acoel controversy. PLoS ONE 4(5): e5502. doi: 10.1371/journal.pone.0005502

Ehlers, U. 1992. Frontal glandular and sensory structures in *Nemertoderma* (Nemertodermatida) and *Paratomella* (Acoela): ultrastructure and phylogenetic implications for the monophyly of the Euplathelminthes (Platyhelminthes). Zoomorphology 112: 227–236.

Fautin, D. e R. Mariscal. 1991. Placozoa, Porifera, Cnidaria and Ctenophora. Vol. 2, *Microscopic Anatomy of the Invertebrates*. Wiley-Liss, Nova York.

Fritzenwanker, J. H. *et al*. 2014. The Fox/Forkhead transcription factor family of the hemichordate *Saccoglossus kowalevskii*. EvoDevo 5: 17.

Giese, A. C., J. S. Pearse e V. B. Pearse (eds.). 1991. *Reproduction of Marine Invertebrates, Vol. 6*. Boxwood Press, Pacific Grove, CA.

Gillis, J. A., J. H. Fritzenwanker e C. J. Lowe. 2012. A stem-deuterostome origin of the vertebrate pharyngeal transcriptional network. Proc. Royal Soc. B 279: 237–246.

Giribet, G. 2003. Molecules, development and fossils in the study of metazoan evolution: Articulata versus Ecdysozoa revisited. Zoology 106: 303–326.

Giribet, G. 2008. Assembling the lophotrochozoan (= Spiralian) tree of life. Phil. Trans. Roy. Soc. B, Biol. Sci. 363: 1513–1522.

Hejnol, A. e J. M. Martín-Durán. 2015. Getting to the bottom of anal evolution. Zoologischer Anzeiger. doi: 10.1016/j.jcz.2015.02.006

Hejnol, A. e M. Q. Martindale. 2008. Acoel development indicates the independent evolution of the bilaterian mouth and anus. Nature 456: 382–386.

Hejnol, A. e M. Q. Martindale. 2008. Acoel development supports a simple planula-like Urbilaterian. Philos. Trans. Roy. Soc. Lond. B, Biol. Sci. 363: 1493–1501.

Hejnol, A. *et al*. 2009. Assessing the root of bilaterian animals with scalable phylogenomic methods. Proc. Roy. Soc. B, Biol. Sci. 276: 4261–4270.

Hinman, V. F. e E. H. Davidson. 2007. Evolutionary plasticity of developmental gene regulatory network architecture. Proc. Natl. Acad. Sci. 104: 19404–19409.

Holland, L. Z. e N. D. Holland. 2007. A revised fate map for amphioxus and the evolution of axial patterning in chordates. Integr. Comp. Biol. 47: 360–370.

Jager, M. *et al*. 2011. New insights on ctenophore neural anatomy: immunofluorescence study in *Pleurobrachia pileus* (Müller, 1776). J. Exp. Zool. B 316: 171–187.

Jägersten, G. 1972. *Evolution of the Metazoan Life Cycle*. Academic Press, Londres.

Laumer, C. E. *et al*. 2015. Spiralian phylogeny informs the evolution of microscopic lineages. Curr. Biol. 25: 1–6.

Lowe, C. J. e A. M. Pani. 2011. Animal evolution: A soap opera of unremarkable worms. Curr. Biol. 21(4); R151–R153.

Lundin, K. 1997. Comparative ultrastructure of the epidermal ciliary rootlets and associated structures in species of the Nemertodermatida and Acoela (Platyhelminthes). Zoomorphology 117: 81–92.

Marlétaz, F. *et al*. 2006. Chaetognath phylogenomics: A protostome with deuterostome-like development. Cur. Biol. 16: R577–R578.

Marlow, H. *et al*. 2014. Larval body patterning and apical organs are conserved in animal evolution. BMC Biol. 12(7): 1–17.

Martín-Durán *et al*. 2012. Deuterostomic development in the protostome *Priapulus caudatus*. Curr. Biol. 22: 2161–2166.

Martindale, M. Q. e A. Hejnol. 2009. A developmental perspective: changes in the position of the blastopore during bilaterian evolution. Development Cell 17: 162–174.

Maxmen, A. 2011. A can of worms. Nature 470: 161–162.

Moreno, E., J. Pernmanyer e P. Martinez. 2011. The origin of patterning systems in Bilateria–insights from the Hox and ParaHox genes in Acoelomorpha. Genom. Proteom. Bioinform. 9(3): 65–76.

Nesnidal, M. P. *et al*. 2013. New phylogenomic data support the monophyly of Lophophorata and an ectoproct-phoronid clade, and indicate that Polyzoa and Kryptrochozoa are caused by systematic bias. BMC Evol. Biol. 13: 253–272.

Nielsen, C. 2005. Trochophora larvae: cell-lineages, ciliary bands and body regions 2. Other groups and general discussion. J. Exp. Zool. B 304: 401–447.

Nielsen, C. 2012. How to make a protostome. Invertebr. Syst. 26: 25–40.

Nielsen, C. 2015. Larval nervous systems: true larval and precocious adult. J. Exper. Biol. 218: 629–636.

Nosenko, T. *et al*. 2013. Deep metazoan phylogeny: when different genes tell different stories. Mol. Phylog. Evol. 67: 223–233.

Pahg, K. e M. Q. Martindale. 2008. Developmental expression of homeobox genes in the ctenophore *Mnemiopsis leidyi*. Dev. Genes Evol. 218: 307–319.

Pani, A. M. et al. 2013. Ancient deuterostome origins of vertebrate brain signaling centres. Nature 483: 289–294.

Perea-Atienza, E. et al. 2015. The nervous system of Xenacoelomorpha: A genomic perspective. J. Exp. Biol. 218: 618–628. doi: 10.1242/jeb.110379

Phillippe, H. et al. 2009. Phylogenomics revives traditional views on deep animal relationships. Curr. Biol. 19: 1–7.

Philippe, H. et al. 2011. Acoelomorph flatworms are deuterostomes related to *Xenoturbella*. Nature 470: 255–258.

Pick, K. S. et al. 2010. Improved phylogenomic taxon sampling noticeably affects nonbilaterian relationships. Mol. Biol. Evol. 27(9): 1983–1987.

Richter, S. et al. 2010. Invertebrate neurophylgney: suggested terms and definitions for a neuroanatomical glossary. Front. Zool. 7: 29.

Ruiz-Trillo, I. 2002. A phylogenetic analysis of myosin heavy chain type II sequences corroborates that Acoela and Nemertodermatida are basal bilaterians. Proc. Nat. Acad. Sci. 99: 11246–11251.

Ruiz-Trillo, I. et al. 2004. Mitochondrial genome data support the basal position of Acoelomorpha and the polyphyly of the Platyhelminthes. Mol. Phylog. Evol. 3: 321–332.

Ruiz-Trillo, I. et al. 1999. Acoel flatworms: earliest extant bilaterian metazoans, not members of Platyhelminthes. Science 283: 1919–1923.

Stern, C. D. (ed.). 2004. *Gastrulation: From Cells to Embryos*. Cold Spring Harbor Laboratory Press, Nova York.

Stöger, I. e M. Schrödl. 2013. Mitogenomics does not resolve deep molluscan relationships (yet?). Mol. Phylog. Evol. 69: 376–392.

Struck, T. H. et al. 2014. Platyzoan paraphyly based on phylogenomic data supports a noncoelomate ancestry of Spiralia. Mol. Biol. Evol. 31(7): 1833–1849.

Swalla, B. J. e A. B. Smith. 2008. Deciphering deuterostome phylogeny: molecular, morphological and palaeontological perspectives. Phil. Trans. Roy. Soc. B, Biol. Sci. 363: 1557–1568.

Telford, M. J. 2008. Xenoturbellida: The fourth deuterostome phylum and the diet of worms. Genesis 46: 580–586.

Telford, M. J. e D. T. J. Littlewood (eds.). 2009. *Animal Evolution: Genes, Genomes, Fossils and Trees*. Oxford University Press, Oxford.

Telford, M. J. 2003. Combined large and small subunit ribosomal RNA phylogenies support a basal position of the acoelomorph flatworms. Proc. Roy. Soc. Lond. B, Biol. Sci. 270: 1077–1083.

Vannier, J. et al. 2010. Priapulid worms: pioneer horizontal burrowers at the Precambrian-Cambrian boundary. Geology 38: 711–714.

Vargas, P. e R. Zardoya (eds.). 2014. *The Tree of Life: Evolution and Classification of Living Organisms*. Sinauer Associates, Sunderland, MA.

Wägele, J. W. e T. Bartolomaeus (eds.). 2014. *Deep Metazoan Phylogeny: The Backbone of the Tree of Life. New Insights from Analyses of Molecules, Morphology, and Theory of Data Analysis*. De Gruyter, Berlim.

Wallberg, A. et al. 2007. Dismissal of Acoelomorpha: Acoela and Nemertodermatida are separate early bilaterian clades. Zool. Scripta 36: 509–523.

Webster, B. L. et al. 2006. Mitogenomics and phylogenomics reveal priapulid worms as extant models of the ancestral ecdysozoan. Evol. Dev. 8: 502–510.

Whelan, N. V. et al. 2015. Error, signal, and the placement of Ctenophora sister to all other animals. PNAS 112(18): 5773–5778.

Zimmer, R. L. 1997. Phoronids, brachiopods, and bryozoans, the lophophorates. pp. 279–305 in S. F. Gilbert e A. M. Raunio (eds.). *Embryology. Constructing the Organism*. Sinauer Associates, Sunderland.

Acoela

Achatz, J. G. et al. 2010. Systematic revision of acoels with 9 + 0 sperm ultrastructure (Convolutida) and the influence of sexual conflict on morphology. J. Zool. Syst. Evol. Res. 48(1): 9–32.

Achatz, J. G. e P. Martinez. 2012. The nervous system of *Isodiametra pulchra* (Acoela) with a discussion on the neuroanatomy of the Xenacoelomorpha and its evolutionary implications. Front. Zool. 9: 27.

Barneah, O. et al. 2007. First evidence of maternal transmission of algal endosymbionts at an oocyte stage in a triploblastic host, with observations on reproduction in *Waminoa brickneri* (Acoelomorpha). Invert. Biol. 126(2): 113–119.

Boone, M. et al. 2011. Spermatogenesis and the structure of the testes in *Isodiametra pulchra* (Isodiametridae, Acoela). Acta Zoologica 92: 101–108.

Bourlat, S. J. e A. Hejnol. 2009. Acoels. Current Biology 19(7): 279–280.

Bush, L. F. 1981. Marine flora and fauna of the northeastern United States. Turbellaria: Acoela and Nemertodermatida. NOAA Technical Report NMFS Circular 440: 1–71.

Chiodin, M. et al. 2013. Mesodermal gene expression in the acoel *Isodiametra pulchra* indicates a low number of mesodermal cell types and the endomesodermal origin of the gonads. PLoS ONE 8(2): e55499.

Crezée, M. 1975. Monograph of the Solenofilomorphidae (Turbellaria: Acoela). Int. Rev. Ges. Hydrobiology 60: 769–845.

Ehlers, U. e B. Sopott-Ehlers. 1997. Ultrastructure of the subepidermal musculature of *Xenoturbella bocki*, the adelphotaxon of the Bilateria. Zoomorphology 117: 71–79.

Ferrero, E. 1973. A fine structural analysis of the statocyst in Turbellaria Acoela. Zool. Scripta 2: 5–16.

Gaerber, C. W. et al. 2007. The nervous system of *Convolutriloba* (Acoela) and its patterning during regeneration after asexual reproduction. Zoomorphology 126: 73–87.

Gschwentner, R., S. Baric e R. Rieger. 2002. New model for the formation and function of sagittocysts: *Symsagittifera corsicae* n. sp. (Acoela). Invert. Biol. 212: 95–103.

Hanson, E. D. 1960. Asexual reproduction in acoelous turbellaria. Yale J. Biol. Med. 33: 107–11.

Haapkylä, J. et al. 2009. Association of *Waminoa* sp. (Acoela) with corals in the Wakatobi Marine Park, South-East Sulawesi, Indonesia. Mar. Biol. 156: 1021–1027.

Hejnol, A. e M. Q. Martindale. 2009. Coordinated spatial and temporal expression of Hox genes during embryogenesis in the acoel Convolutriloba longifissura. BMC Biol. 7:65.

Henry, J. Q., M. Q. Martindale e B. C. Boyer. 2000. The unique developmental program of the acoel flatworm, *Neochildia fusca*. Dev. Biol. 220: 285–295.

Hirose, E. e M. Hirose. 2007. Body colors and algal distribution in the acoel flatworm *Convolutriloba longifissura*: histology and ultrastructure. Zool. Sci. 24(12): 1241–1246.

Hooge, M. D. 2001. Evolution of body-wall musculature in the Platyhelminthes (Acoelomorpha, Catenulida, Rhabditophora). J. Morph. 249: 171–194.

Hooge, M. D. e S. Tyler. 2004. New tools for resolving phylogenies: A systematic revision of the Convolutidae (Acoelomorpha, Acoela). J. Zool. Sci. 43(2), 100–113.

Hooge, M. D. e S. Tyler. 2008. Concordance of molecular and morphological data: The example of the Acoela. Integr. Comp. Biol. 46 (2): 118–124.

Hooge, M. et al. 2007. A revision of the systematics of panther worms (*Hofstenia* spp., Acoela), with notes on color variation and genetic variation within the genus. Hydrobiologia 592: 439–454.

Hyman, L. H. 1937. Reproductive system and copulation in *Amphiscolops langerhansi* (Turbellaria Acoela). Biol. Bull. 72; 319–326.

Jennings, J. B. 1957. Studies on feeding, digestion, and food storage in free-living flatworms (Platyhelminthes: Turbellaria). Biol. Bull. 112(1), 63–80.

Jondelius, U. et al. 2011. How the worm got its pharynx: phylogeny, classification and Bayesian assessment of character evolution in Acoela. Syst. Biol. 60(6): 845–871, 2011

Kotikova, E. A. e O. I. Raikova. 2008. Architectonics of the central nervous system of Acoela, Platyhelminthes, and Rotifera. Zhurnal Evolyutsionnoi Biokhimii i Fiziologii 44(1): 83–93.

Nozawa, K., D. L. Taylor e L. Provasoli. 1972. Respiration and photosynthesis in *Convoluta roscoffensis* Graff, infected with various symbionts. Biol. Bull. 143: 420–430.

Petrov, A., M. Hooge e S. Tyler. 2004. Ultrastructure of sperm in Acoela (Acoelomorpha) and its concordance with molecular systematics. Invert. Biol. 123(3): 183–197.

Petrov, A., M. Hooge e S. Tyler. 2006. Comparative morphology of the bursal nozzles in Acoels (Acoela, Acoelomorpha). J. Morph. 267: 634–648.

Raikova, O. I. et al. 2003. Evolution of the nervous system in *Paraphanostoma* (Acoela). Zool. Script., 33: 71–88.

Reuter M. e N. Kreshchenko. 2004. Flatworm asexual multiplication implicates stem cells and regeneration. Can. J. Zool. 82: 334–356.

Semmler, H. et al. 2010. Steps towards a centralized nervous system in basal bilaterians: insights from neurogenesis of the acoel *Symsagittifera roscoffensis*. Develop. Growth Differ. 52: 701–713.

Smith, J. III et al. 1982. The morphology of turbellarian rhabdites: phylogenetic implications. Trans. Amer. Microscop. Soc. 101(3): 209–228.

Smith, J. P. S. III e S. Tyler. 1986. Frontal organs in the Acoelomorpha (Turbellaria): ultrastructure and phylogenetic significance. Hydrobiology 132: 71–78.

Taylor, D. 1984. Translocation of carbon and nitrogen from the turbellarian host *Amphiscolops langerhansi* (Turbellaria: Acoela) to its algal endosymbiont *Amphidinium klebsii* (Dynophyceae). Zool. J. Linn. Soc. 80: 337–344.

Todt, C. 2009. Structure and evolution of the pharynx simplex in acoel flatworms (Acoela). J. Morph. 270: 271–290.

Yamazu, T. 1991. Fine structure and function of ocelli and sagittocysts of acoel flatworms. Hydrobiology 227: 273–282.

Nemertodermatida

Boone, M. et al. 2011. First record of Nemertodermatida from Belgian marine waters. Belg. J. Zool., 141 (1): 62–64.

Jiménez-Guri, E. et al. 2006. Hox and ParaHox genes in Nemertodermatida, a basal bilaterian clade. Int. J. Dev. Biol. 50: 675–679.

Jondelius, U., K. Larsson e O. Raikova. 2004. Cleavage in *Nemertoderma westbladi* (Nemertodermatida) and its phylogenetic significance. Zoomorphology 123: 221–225.

Lundin, K. 1998. Symbiotic bacteria on the epidermis of species of the Nemertodermatida (Platyhelminthes, Acoelomorpha). Acta Zool. (Stockholm) 79(3): 187-191.

Lundin, K. e J. Hendelberg. 1996. Degenerating epidermal bodies ("pulsatile bodies") in *Meara stichopi* (Platyhelminthes, Nemertodermatida). Zoomorphology 116: 1-5.

Lundin, K. e J. Hendelberg. 1998. Is the sperm type of the Nemertodermatida close to that of the ancestral Platyhelminthes? Hydrobiology 383: 197-205.

Meyer-Wachsmuth, I., M. C. Galletti e U. Jondelius. 2014. Hyper-Cryptic marine meiofauna: species complexes in Nemertodermatida. PLoS ONE. doi: 10.1371/journal.pone.0107688

Meyer-Wachsmuth. I., O. I. Raikova e U. Jondelius. 2013. The muscular system of *Nemertoderma westbladi* and *Meara stichopi* (Nemertodermatida, Acoelomorpha). Zoomorphology. doi: 10.1007/s00435-013-0191-6

Raikova, O. I. *et al.* 2000. The brain of the Nemertodermatida (Platyhelminthes) as revealed by anti-5HT and anti-FMRFamide immunostainings. Tissue Cell 32 (5) 358-365.

Sterrer, W. 1998. New and known Nemertodermatida (Platyhelminthes; Acoelomorpha)-A revision. Belg. J. Zool. 128: 55-92.

Xenoturbellida

Franzén, A. e B. A. Afzelius. 1987. The ciliated epidermis of *Xenoturbella bocki* (Platyhelminthes, Xenoturbellida) with some phylogenetic considerations. Zool. Scripta 16(1): 9-17.

Fritsch, G. *et al.* 2008. PCR survey of *Xenoturbella bocki* Hox genes. J. Exp. Zool. (Mol. Dev. Evol.) 310: 278-284.

Kjeldsen, K. U. *et al.* 2010. Two types of endosymbiotic bacteria in the enigmatic marine worm Xenoturbella bocki. App. Environment. Microbiol. doi: 10.1128/AEM.01092-09

Nakano, H. *et al.* 2013. *Xenoturbella bocki* exhibits direct development with similarities to Acoelomorpha. Nat. Commun. 4: 1-6.

Nielsen, C. 2010. After all: *Xenoturbella* is an acoelomorph! Evol. Dev. 12(3): 241-243.

10

Filo Platyhelminthes

Vermes Achatados

O filo Platyhelminthes (do grego *platy*, "chato"; e *helminth*, "verme") inclui cerca de 26.500 espécies viventes de vermes de vida livre e parasitários; algumas estimativas sugeriram que existam mais de 100.000 espécies ainda não descritas. Os platelmintos são vermes triploblásticos não segmentados, bilaterais, acelomados, de corpos moles e achatados no sentido dorsoventral (Quadro 10.1). Esses animais exibem uma variedade de formas corporais (Figura 10.1 A a N) e vivem em uma grande variedade de ambientes. Cerca de 75% de todas as espécies descritas são parasitárias e a maioria faz parte das subclasses Monogenea e Trematoda e Cestoda. A maioria das formas de vida livre vive em hábitats bentônicos de água salgada ou doce e constitui um grupo diverso, conhecido no passado como "turbelários"; poucos são terrestres. Alguns são simbiontes e vivem na superfície ou dentro de outros invertebrados. Os platelmintos marinhos de vida livre comumente estão entre as criaturas mais graciosas e coloridas encontradas nas águas tropicais rasas e nas piscinas formadas pelas marés. Como seu nome sugere, a maioria dos platelmintos mostra achatamento marcante em direção dorsoventral, embora o formato do corpo varie de estruturas praticamente ovais até corpos alongados e semelhantes a uma fita; alguns têm tentáculos curtos na extremidade anterior, ou apresentam outras estruturas elaboradas na superfície do corpo. As dimensões das formas de vida livre variam de menos de 1 mm até cerca de 30 cm de comprimento; embora as espécies mais conhecidas tenham de 1 a 4 cm de comprimento, a maioria dos platelmintos de vida livre é constituída de "microturbelários". Os maiores dentre todos os platelmintos são alguns cestoides que alcançam comprimentos de vários metros (um cestoide que infecta baleias azuis cresce até 10 m de comprimento!).

Os aspectos diagnósticos dos platelmintos representam um conjunto de atributos, que marcam avanços expressivos na evolução de Metazoa (Quadro 10.1). Combinados com uma terceira camada germinativa (mesoderme), a simetria bilateral e a cefalização, estão alguns órgãos e sistemas orgânicos

---

Classificação do reino Animal (Metazoa)

Não Bilateria*
(Também conhecidos como diploblastos)
FILO PORIFERA
FILO PLACOZOA
FILO CNIDARIA
FILO CTENOPHORA

Bilateria
(Também conhecidos como triploblastos)
FILO XENACOELOMORPHA

Protostomia
FILO CHAETOGNATHA

Sᴘɪʀᴀʟɪᴀ
FILO PLATYHELMINTHES
FILO GASTROTRICHA
FILO RHOMBOZOA
FILO ORTHONECTIDA
FILO NEMERTEA
FILO MOLLUSCA
FILO ANNELIDA
FILO ENTOPROCTA
FILO CYCLIOPHORA

Gnathifera
FILO GNATHOSTOMULIDA
FILO MICROGNATHOZOA
FILO ROTIFERA

Lophophorata
FILO PHORONIDA
FILO BRYOZOA
FILO BRACHIOPODA

Eᴄᴅʏsᴏᴢᴏᴀ
Nematoida
FILO NEMATODA
FILO NEMATOMORPHA

Scalidophora
FILO KINORHYNCHA
FILO PRIAPULA
FILO LORICIFERA

Panarthropoda
FILO TARDIGRADA
FILO ONYCHOPHORA
FILO ARTHROPODA
SUBFILO CRUSTACEA*
SUBFILO HEXAPODA
SUBFILO MYRIAPODA
SUBFILO CHELICERATA

Deuterostomia
FILO ECHINODERMATA
FILO HEMICHORDATA
FILO CHORDATA

*Grupo parafilético.

Figura 10.1 Representantes de platelmintos. **A** a **K**. Platelmintos de vida livre. **A.** *Catenula lemnae*, um catenulídeo. **B.** *Macrostomum* sp. (um macrostomídeo). **C.** *Bipalium kewense*, um tricladídeo terrestre. **D.** Um platelminto colorido (*Bipalium* sp.) em uma folha apodrecida, Sarawak, Bornéu, Malásia. **E.** Microscopia eletrônica de varredura (MEV) de *Cheliplana*, um rabdocelo intersticial. **F.** *Pseudoceros bajae*, um platelminto policladido intersticial do mar de Cortez, México (ver também a fotografia de abertura do capítulo, *Pseudobiceros bedfordi*). **G.** *Pseudoceros ferrugineus*, um policladido extremamente colorido. **H.** *Dugesia tigrina*, um tricladídeo bem-conhecido de água doce. **I.** Platelminto policladido *Thysanozoon*, um predador dos invertebrados pequenos, inclusive cracas. **J.** *Eurylepta californica*, um policladido marinho. **K.** *Alloioplana californica*, um policladido comum na costa do Pacífico da América do Norte.

(*continua*)

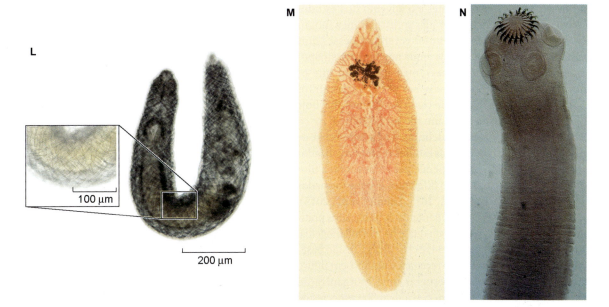

Figura 10.1 (*Continuação*) **L.** *Acanthomacrostomum* sp., um platelminto meiofaunal, que tem uma camada de espículas calcárias logo abaixo da epiderme. Esse arcabouço esquelético pode conferir proteção e sustentação de forma a facilitar a locomoção. **M.** *Fasciola hepatica* (Trematoda: Digenea), também conhecida como verme do fígado. **N.** Extremidade anterior do cestoide *Taenia* (Cestoda: Cyclophyllidea).

Quadro 10.1 Características do filo Platyhelminthes.

1. Vermes não segmentados, parasitários ou de vida livre (os cestoides são estrobilados).
2. Triploblásticos, acelomados, bilateralmente simétricos; achatados dorsoventralmente.
3. Clivagem espiral (nas espécies não parasitárias) e mesoderme 4d.
4. Intestino complexo, embora incompleto, geralmente presente; ausente em algumas formas parasitárias (Cestoda).
5. Cefalizados com sistema nervoso central formado por um gânglio cerebral anterior e (geralmente) cordões nervosos longitudinais conectados por comissuras transversais (sistema nervoso em forma de escada).
6. Têm protonefrídios como estruturas excretoras/osmorreguladoras.
7. Hermafroditas com sistema reprodutivo complexo.

sofisticados e há uma tendência à centralização do sistema nervoso. O plano corpóreo sólido (acelomado) normalmente inclui um mesênquima (geralmente referido como "parênquima") entre o intestino e a parede do corpo. O mesênquima não é homogêneo, mas inclui diversos tipos de células diferenciadas e pequenos espaços ou **lacunas**. Dentro do mesênquima da maioria dos platelmintos, existem estruturas excretoras/osmorreguladoras discretas (protonefrídios), que são encontradas em muitos táxons de invertebrados, especialmente entre os protostômios. A maioria dos platelmintos tem sistemas reprodutivos complexos e um intestino incompleto, embora complexo, com um único orifício funcionando para ingestão e egestão. A boca leva a uma faringe com complexidade variável e, em seguida, ao intestino de fundo cego. O intestino está totalmente ausente nos cestoides, assim como em algumas outras espécies simbiontes.

História taxonômica e classificação

Na primeira edição do livro *Systema Naturae* (1735), Lineu definiu dois filos para incluir todos os invertebrados conhecidos. Em um deles, ele colocou os insetos e no outro todos os demais invertebrados. Lineu denominou esse último táxon Vermes. Na 13ª edição do mesmo livro (1788), os diversos grupos de platelmintos foram reunidos para formar a ordem Intestina. Durante os primeiros anos do século 19, vários biólogos – inclusive Lamarck e Cuvier – questionaram e rejeitaram o conceito de filo Vermes, embora o táxon voltasse à tona de tempos em tempos e, na verdade, tenha persistido até o século 20 na forma de um "depósito" para quase todas as criaturas que tinham corpos vermiformes (e muitos que não eram tão vermiformes assim).

Durante o século 19, os platelmintos foram eventualmente separados da maioria dos outros grupos de vermes e criaturas vermiformes. Em 1851, C. Vogt isolou os platelmintos e os nemertinos em um único táxon, que ele denominou Platyelmia – cujo nome foi alterado para Platyhelminthes por Karl Gegenbaur em 1859. (Infelizmente, Gegenbaur também ressuscitou o filo Vermes.) Os Platyhelminthes de Gegenbaur (hoje Platyhelminthes) acabaram sendo elevados ao nível de filo, abrangendo quatro classes: Turbellaria, Nemertea, Trematoda e Cestoda. Em 1876, Charles Minot removeu os nemertinos dessa classificação, embora muitos pesquisadores não tenham aceitado essa alteração ao longo de várias décadas. Libbie Hyman (1951) demonstrou a monofilia dos platelmintos e essa visão foi compartilhada por Tor Karling (1974), Peter Ax (1985) e Ulrich Ehlers (1985), os quais reconheceram três clados (Acoelomorpha, Catenulida e Rhabditophora) que, naquela época, estavam apoiados por estudos moleculares filogenéticos.

Análises morfológicas subsequentes e o advento dos estudos de sequenciamento genético molecular confirmaram a monofilia dos catenulídeos e dos rabditóforos (embora esses dois clados importantes de platelmintos ainda não tenham sinapomorfias morfológicas inequívocas), mas sugeriram que os acelomorfos fossem bilatérios basais, em vez de platelmintos (ver Capítulo 9). Com a exclusão do clado Acoelomorpha, hoje os platelmintos são considerados um filo monofilético.

A classificação interna dos platelmintos tem sido tema de revisões frequentes. Entretanto, dois estudos recentes realizados por grupos de pesquisadores independentes enfatizaram a filogenia dos platelmintos, analisando diferentes grupos formados por milhares de genes (Egger *et al.*, 2015; Laumer *et al.*, 2015). Surpreendentemente, esses estudos genômicos, publicados praticamente ao mesmo tempo, resultaram quase na mesma filogenia. Nossa árvore resumida (Figura 10.34) e classificação estão baseadas principalmente nesses estudos recentes. Contudo, em futuro próximo, os estudantes podem esperar uma reorganização contínua dos platelmintos. Existem cerca de 6.500 espécies de platelmintos de vida livre, 12.000 espécies de trematódeos e 8.000 espécies de cestoides.

No passado, os platelmintos de vida livre (antes classificados como "turbelários" e hoje são considerados um grupo parafilético, embora o nome ainda seja utilizado atualmente para descrever os platelmintos não Neodermata) foram agrupados em dois táxons com base em o vitelo ser depositado dentro do citoplasma do ovócito (**ovócitos endolécitos**) ou separadamente, em células especiais situadas fora do ovócito (**ovócitos ectolécitos**). Os animais com ovócitos endolécitos foram classificados no grupo Archoophora, enquanto os que produziam ovócitos ectolécitos constituíram o grupo Neoophora. Esses termos foram abandonados como táxons formais, porque hoje está claro que esses grupos não são monofiléticos. Entretanto, os nomes ainda são descritivos, porque a deposição do vitelo, assim como as estruturas uterinas que realizam esse processo, estabelecem características adicionais para descrever as diversas ordens dos platelmintos. Os padrões também têm implicações importantes no desenvolvimento inicial desses animais.

Filo Platyhelminthes

SUBFILO CATENULIDEA. Catenulídeos (Figura 10.1 A). Faringe anterior simples e intestino saculiforme; mesênquima às vezes reduzido a uma matriz líquida (na verdade, isso torna esses animais blastocelomados); algumas vezes com estatocisto contendo 1 a 3 estatólitos; cérebro localizado na base ou na região mediana do lobo pré-oral; sulco ventrolateral ciliado entre a base do lobo pré-oral e o restante do corpo; túbulos do sistema excretor em posição mediodorsal; protonefrídio biflagelado único; orifício genital masculino dorsal e anterior; ductos e órgãos acessórios femininos inexistentes; produção de ovócitos endolécitos, clivagem espiral. Os catenulídeos são animais de água salgada e doce com corpos alongados. Uma única ordem: Catenulida (p. ex., *Catenula, Paracatenula, Stenostomum*).

SUBFILO RABDITOPHORA. Têm rabditos lamelados, um sistema adesivo duoglandular e célula terminal multiflagelada nos protonefrídios; a maioria dos táxons produz espermatozoides biflagelados.

INFRAFILO MACROSTOMORPHA. Rabditóforos com órgão adesivo duoglandular formado de glândula viscosa e colos glandulares secretores que emergem de um colar comum de microvilosidades de células âncora; têm uma comissura neural pós-oral e faringe protrusível simples; produzem espermatozoides aflagelados e ovócitos endolécitos; fazem clivagem espiral.

ORDEM HAPLOPHARYNGIDA. Vermes minúsculos (até 6 mm de comprimento) com probóscide e faringe simples; a probóscide separa-se da faringe e está localizada sob a extremidade anterior do corpo (reminiscente dos nemertinos); têm um poro anal pouco desenvolvido, embora permanente; o cérebro é encapsulado por uma única membrana; o oviduto é posterior ao aparelho genital masculino; o órgão copulatório masculino consiste em uma vesícula prostática posterior e um aparelho de estilete anterior. Um gênero (*Haplopharynx*) e ao menos três espécies.

ORDEM MACROSTOMIDA. Macrostomídeos (Figura 10.1 B). Faringe simples; intestino saculiforme simples; produção de ovócitos endolécitos; oviduto comum anterior ao aparelho genital masculino; animais pequenos e predominantemente intersticiais; naturais de águas doce e salgada (p. ex., *Acanthomacrostomum, Macrostomum, Microstomum*).

INFRAFILO TREPAXONEMATA. Rabditóforos com espermatozoides biflagelados demonstrando microtúbulos com padrão $9 \times 2 + $"1".

SUPERCLASSE AMPLIMATRICATA. Tendem a expressar matriz extracelular ampla e fazem clivagem espiral.

ORDEM POLYCLADIDA. Policladidos (Figura 10.1 F, G, I a K). Constituem um grupo variado de platelmintos de vida livre relativamente grandes, que produzem ovócitos endolécitos; quase todos são marinhos; comuns nas zonas litorâneas de todo o mundo, especialmente nas regiões tropicais; são predominantemente animais bentônicos de vida livre. Alguns são tão grandes e coloridos, que podem ser facilmente confundidos com lesmas-marinhas; existem descritos alguns casos de mimetismo. Muitos nadam por ondulações graciosas das margens do corpo. Alguns são pelágicos ou simbiontes (p. ex., *Eurylepta, Hoploplana, Leptoplana, Notoplana, Planocera, Prostheceraeus, Pseudobiceros, Pseudoceros, Stylochus, Thysanozoon*).

ORDEM PRORHYNCHIDA. Platelmintos terrestres e de água doce, geralmente têm aurículas proeminentes e faringe complexa situadas anteriormente; ovários lecitoepiteliados formados por dois tipos de células, vitelócitos circundando os ovócitos em desenvolvimento, ambos produzidos por um tecido germinativo proximal comum (p. ex., *Geocentrophora, Prorhynchus*). Alguns esquemas de classificação colocam Prorhynchida de água doce e Gnosonesimida marinhos entre Lecithoepitheliata, um clado formado por cerca de 30 espécies reunidas com base em sua condição intermediária entre os ovócitos endolécitos e ectolécitos; contudo, pesquisas recentes consideram que Lecithoepitheliata não sejam monofiléticos.

SUPERCLASSE GNOSONESIMORA. Formas marinhas com desenvolvimento aparente de ovócitos lecitoepiteliais, embora tenham mais afinidades estruturais e moleculares com Euneoophora; produzem ovócitos ectolécitos (o padrão de clivagem ainda não foi descrito).

ORDEM GNOSONESIMIDA. Existe descrito apenas um gênero marinho (*Gnosonesima*), que tem faringe bulbosa coniforme.

SUPERCLASSE EUNEOOPHORA. Rabditóforos com ovários divididos em duas partes, que formam células germinativas e vitelínicas; produzem ovócitos ectolécitos.

CLASSE RHABDOCOELA. Rabdocelos. Faringe bulbosa, ou dobrada em alguns casos; intestino saculiforme simples sem divertículos; os ovários produzem ovócitos ectolécitos, que geralmente estão totalmente separados das glândulas vitelínicas; clivagem espiral.

ORDEM DALYTYPHLOPLANIDA. Constituem um grupo variado de invertebrados endossimbiontes, ectossimbiontes ou de vida livre, que habitam águas salgada e doce. Dados moleculares sugeriram a existência de três grupos principais: neodalielídeos com boca anterior (p. ex., *Anoplodium, Graffilla, Pterastericola*); talassotifloplanídeos, espécies predominantemente marinhas com boca não anterior (p. ex., *Kytorhynchus, Mesostoma, Typhlorhynchus*); e limnotifloplanídeos, espécies principalmente de água doce (p. ex., *Castrella, Dalyellia, Microdalyelliathis*). Os limnotifloplanídeos são simbiontes pequenos em crustáceos decápodes de água doce, embora alguns vivam em outros invertebrados ou em tartarugas (i. e., *Temnocephala*).

ORDEM KALYPTORHYNCHIA. Caliptorrinquídeos (Figuras 10.1 E e 10.11 F). A boca não está em posição terminal; têm uma probóscide eversível complexa na extremidade anterior, que está separada da boca e da faringe; espécies de vida livre das águas doce e salgada (p. ex., *Cheliplana, Cystiplex, Gnathorhynchus, Gyratrix*).

CLASSE PROSERIATA. Platelmintos de vida livre das águas doce e salgada, que não apresentam rabditos lamelares; têm faringe dobrada cilíndrica e intestino simples; fazem clivagem espiral.

ORDEM UNGUIPHORA. Proseriatos com pigmento nas células do manto dos receptores rabdoméricos, geralmente sem estatocisto; estudos moleculares sugeriram que esta ordem precise ser revisada e também que o gênero enigmático *Ciliopharyngiella* possa pertencer a essa ordem (p. ex., *Nematoplana, Polystyliphora*).

ORDEM LITHOPHORA. Proseriatos sem pigmento nas células do manto, geralmente com um estatocisto; estudos moleculares recentes indicaram que esta ordem seja monofilética e sugeriram que as famílias Coelogynoporidae e Calviriidae, assim como Otoplanidae, Archimonocelididae e Monocelididae, possam fazer parte desse grupo (p. ex., *Calviria, Coelogynopora, Otoplana, Otoplanella, Archimonocelis, Monocelis*).

CLASSE ACENTROSOMATA. Rabditóforos que não têm genes controladores da formação dos centrossomos, resultando na perda da clivagem espiral rigorosamente regulada (e, em algumas linhagens, anarquia dos blastômeros) durante os estágios iniciais do desenvolvimento.

SUBCLASSE ADIAPHANIDA. Embora não existam sinapomorfias claras para esse clado, ele é fortemente apoiado por análises moleculares; seu nome provém do termo grego antigo para "opaco", que se refere ao fato de que a maioria das espécies tem corpos opacos.

ORDEM TRICLADIDA. Tricladídeos (Figura 10.1 C, H). Formas parasitas, terrestres, de águas doce e salgada; faringe dobrada cilíndrica; intestino com três ramificações e numerosos divertículos; duas germinárias localizadas na extremidade anterior dos germiviteliductos. A maioria é constituída de animais de vida livre, inclusive as conhecidas planárias (p. ex., *Bdelloura, Bipalium, Crenobia, Dugesia* [antes descrita como *Planaria*], *Geoplana, Polycelis, Procotyla*).

ORDEM PROLECITHOPHORA. Prolecitóforos. Faringe dobrada ou bulbosa; intestino simples; espermatozoides aflagelados com dobras membranosas extensivas. Redução completa do sistema adesivo duoglandular; genitália variável, mas com o orifício masculino frequentemente se abrindo no polo anterior, enquanto o sistema reprodutivo feminino geralmente se abre em um poro comum; animais diminutos de vida livre, marinhos e de água doce (p. ex., *Plagiostomum, Urastoma*).

ORDEM FECAMPIIDA. Fecampídeos. Endoparasitas de vários invertebrados e vertebrados marinhos; não têm faringe e intestino; têm epiderme ciliada, mas com radículas ciliares verticais reduzidas (p. ex., *Fecampia, Glanduloderma, Kronborgia, Piscinquilinus*).

SUBCLASSE BOTHRIONEODERMATA.

INFRACLASSE BOTHRIOPLANATA. Platelmintos de água doce, que apresentam intestino diverticulado com três ramificações e faringe dobrada em direção medial posterior; múltiplas vitelárias foliculares.

ORDEM BOTHRIOPLANIDA. Uma única espécie – *Bothrioplana semperi* –, que é um escavador de água doce e predador de invertebrados pequenos.

INFRACLASSE NEODERMATA. A epiderme larval ciliada é desprendida e substituída por uma neoderme sincicial com núcleos subepiteliais (tegumento); cílios epidérmicos locomotores com uma única radícula; receptores sensoriais epiteliais com colares.

COORTE TREMATODA. Trematódeos digêneos e aspidogástrios (Figuras 10.1 I; 10.3 A, B, E e F). Têm uma ou mais ventosas; não têm pró-háptor e opisto-háptor; o órgão copulatório masculino é um cirro; têm um a três hospedeiros durante seu ciclo de vida, incluindo geralmente um molusco; a maioria é constituída de endoparasitas.

SUPERORDEM ASPIDOGASTREA. Trematódeos aspidogastreios.

ORDEM ASPIDOGASTRIDA. Têm uma ventosa ventral complexa formada pelo crescimento lateral e pela subdivisão da parte posterior do sugador. A maioria tem um único hospedeiro (um molusco) em seu ciclo de vida; um segundo hospedeiro, quando presente, é uma tartaruga ou um peixe teleósteo; não há ventosa oral (p. ex., *Aspidogaster, Cotylaspis*).

ORDEM STICHOCOTYLIDA. Têm uma ventosa ventral complexa formada pelo crescimento linear e pela subdivisão da parte anterior do sugador. A maioria tem apenas um hospedeiro (uma lagosta) em seu ciclo de vida; um segundo hospedeiro, quando presente, é um peixe condricte (p. ex., *Stichocotyle, Rugogaster*).

SUPERORDEM DIGENEA. Trematódeos digêneos.

ORDEM DIPLOSTOMIDA. Endoparasitas dos tetrápodes; o poro genital do adulto é posterior à ventosa ventral; alguns têm estágios adultos, que permanecem no sangue. Em geral, os ciclos de vida incluem três hospedeiros ou, em alguns casos, dois; o primeiro hospedeiro intermediário é um molusco (p. ex., *Schistosoma, Sanguinicola*).

ORDEM PLAGIORCHIIDA. Uma ordem variada e extraordinária de endoparasitas dos vertebrados com variações amplas das características do ciclo de vida e de hospedeiros. O ciclo de vida geralmente inclui no mínimo dois hospedeiros; o primeiro hospedeiro intermediário é um molusco (p. ex., *Microphallus, Opisthorchis* [= *Clonorchis*], *Fasciola, Echinostoma*).

COORTE MONOGENEA. Trematódeos monogêneos (Figura 10.3 C). Ventosa oral (pró-háptor) reduzida ou ausente; ventosa posterior contendo ganchos (opisto-háptor) presente; ventosa ventral (acetábulo) ausente; intestino bifurcado; três fileiras de cílios nas larvas oncomiracídio; o ciclo de vida inclui apenas um hospedeiro. A maioria é formada de endoparasitas, geralmente dos peixes (algumas ocorrem em tartarugas, sapos, hipopótamos, copépodes ou lulas); algumas são endoparasitas de vertebrados ectotérmicos. Embora anteriormente tenham sido classificadas de acordo com a complexidade do opisto-háptor (Figura 10.8; simples, Monopisthocotylea; complexo, Polyopisthocotylea), as relações evolutivas dentro e entre esses táxons ainda não estão claras. Hoje em dia, são reconhecidas nove ordens.

ORDEM CAPSALIDEA. Capsalídeos. Ectoparasitas da pele e das brânquias dos peixes elasmobrânquios e teleósteos; corpos achatados em formato de folha com um único opisto-háptor septado ou asseptado; três pares de escleritos medianos e 14 acúleos na periferia do opisto-háptor (p. ex., *Capsala, Benedeniella, Trochopus*).

ORDEM CHIMAERICOLIDEA. Parasitas das brânquias dos peixes holocéfalos (p. ex., *Chimaericola*).

ORDEM DICLYBOTHRIIDEA. Parasitas das brânquias dos peixes acipenseriformes. Não têm ventosas orais; a boca é ventral; não existem escleritos laterais no opisto-háptor (p. ex., *Diclybothrium, Paradiclybothrium*).

ORDEM DACTLOGYRIDEA. Parasitas das brânquias dos peixes teleósteos de água doce; corpo com opisto-háptor contendo 2 a 4 âncoras com 14 a 16 ganchos marginais e 4 ocelos (p. ex., *Dactylogyrus, Ancyrocephalus*).

ORDEM GYRODACTYLIDEA. Parasitas das brânquias e da pele dos peixes de água doce; corpo fusiforme com lobos cefálicos terminais; o opisto-háptor tem uma forma metade oval e está equipado com 16 ganchos marginais e um par de âncoras medianas (hâmulos) estabilizados por barras medianas (p. ex., *Gyrodactylus, Paragyrodactyloides, Acanthoplacatus*).

ORDEM MAZOCRAEIDEA. Parasitas das brânquias dos peixes clupeídeos e escombrídeos; oncomiracídio com um par de olhos fusionados; opisto-háptor com dois pares de escleritos laterais (p. ex., *Clupeocotyle, Mazocraes, Grubea*).

ORDEM MONOCOTYLIDEA. Parasitas das brânquias e dos tecidos ectodérmicos, principalmente dos elasmobrânquios tropicais; opisto-háptor com uma única ventosa central e várias ventosas periféricas (lóculos), geralmente equipados com hâmulos e ganchos marginais (p. ex., *Monocotyle, Potamotrygonocotyle*).

ORDEM MONTCHADSKYELLIDEA. Parasitas das brânquias dos peixes de recifes tropicais (p. ex., *Montchadskyella*).

ORDEM POLYSTOMATIDEA. Parasitas da pele, das brânquias e das estruturas urogenitais dos tetrápodes aquáticos e semiaquáticos; opisto-háptor bem-desenvolvido com três pares de ventosas, ou apenas um (p. ex., *Polystoma, Oculotrema, Metapolystoma*).

COORTE CESTODA. Cestoides e seus parentes (Figuras 10.1 M e 10.4). Animais exclusivamente endoparasitas; na maioria deles, o corpo consiste em um escólex anterior, seguido de um pescoço curto e, por fim, um estróbilo formado por uma série de "segmentos" ou proglótides, embora os táxons basais sejam monozoicos (não estrobilados); trato digestivo ausente. A classificação antiga reconhecia várias subclasses; até que a incerteza taxonômica seja solucionada, reconhecemos 16 ordens.

ORDEM AMPHILINIDEA. Endoparasitas do trato digestivo ou das cavidades celômicas dos peixes cartilaginosos e de alguns peixes ósseos primitivos, menos comumente das tartarugas; corpos em formato de folha, monozoico (não estrobilado), sem escólex; pode haver 10 ganchos diminutos na parte posterior do corpo, se forem conservados das larvas decacântinas que podem desenvolver-se nos crustáceos (p. ex., *Amphilina, Austramphilina, Gyrometra*).

ORDEM BOTHRIOCEPHALIDEA. Parasitas do trato digestivo dos peixes teleósteos e, ocasionalmente, dos peixes acipenseriformes e dos anfíbios; corpo estrobilado com proglótides mais largas que compridas; escólex com um par de bótrios; alguns podem ter ganchos; o ciclo de vida inclui dois a três hospedeiros, geralmente um crustáceo como hospedeiro primário e um peixe teleósteo como secundário (p. ex., *Bothriocephalus, Triaenophorus, Polyonchobothrium*).

ORDEM CARYOPHYLLIDEA. Parasitas intestinais dos peixes cipriniformes e siluriformes; corpo monozoico (não estrobilado); escólex geralmente simples; com dois hospedeiros em seu ciclo de vida; oligoquetos como hospedeiros intermediários (p. ex., *Archigetes, Paraglaridacris*).

ORDEM CYCLOPHYLLIDEA. Parasitas intestinais das aves e dos mamíferos; corpos variáveis em tamanho, escólex com quatro ventosas; rostelo presente, com ou sem estruturas de armação; a maioria das espécies é hermafrodita, embora a família Dioecocestidae seja gonocorística;

grupo altamente variado e, possivelmente, a ordem mais derivada dos cestoides; os ciclos de vida incluem de dois a três hospedeiros com diversas espécies de invertebrados e vertebrados como hospedeiros intermediários e paratênicos (p. ex., *Dipylidium, Hymenolepis, Moniezia, Taenia*).

ORDEM DIPHYLLIDEA. Parasitas intestinais dos peixes elasmobrânquios; corpo estrobilado com poros genitais medioventrais; escólex com dois bótrios e um pedúnculo cefálico; os ciclos de vida não estão bem-definidos, mas ocorrem estágios larvais nos crustáceos e moluscos marinhos (p. ex., *Echinobothrium, Ditrachybothridium*).

ORDEM DIPHYLLOBOTHRIIDEA. Parasitas intestinais dos vertebrados piscívoros, geralmente mamíferos; corpo estrobilado, mas com diferenciação externa variável; o escólex sempre é desarmado, geralmente com sulcos de fixação duplos (bótrios); têm dois a três hospedeiros em seu ciclo de vida; crustáceos copépodes como hospedeiros intermediários primários, hospedeiros intermediários secundários entre os vertebrados (p. ex., *Diphyllobothrium, Ligula, Spirometra*).

ORDEM GYROCOTYLIDEA. Parasitas intestinais dos peixes holocéfalos, embora também tenham sido descritos em tubarões; corpo robusto, monozoico, com um órgão de fixação anterior muscular; a parte posterior do corpo termina em um órgão aderente com formato de roseta; as bordas laterais geralmente são enroladas; os ciclos de vida não estão esclarecidos (p. ex., *Gyrocotyle, Gyrocotyloides*).

ORDEM LECANICEPHALIDEA. Parasitas intestinais pequenos das raias e, ocasionalmente, dos tubarões; embora provavelmente sejam parafiléticas, as espécies caracterizam-se por um escólex com quatro ventosas ou bótrios e uma estrutura apical, que pode ter tentáculos, cones ou ventosas adicionais; os ciclos de vida não estão bem-definidos, mas podem incluir moluscos, crustáceos e peixes teleósteos como hospedeiros intermediários (p. ex., *Polypocephalus, Quadcuspibothrium, Corrugatocephalum*).

ORDEM LITOBOTHRIDEA. Parasitas intestinais dos tubarões lamniformes; escólex com ventosa apical e vários pseudossegmentos cruciformes musculares; os ciclos de vida ainda não foram esclarecidos (p. ex., *Lithobothrium*).

ORDEM ONCHOPROTEOCEPHALIDEA. Parasitas intestinais de tamanho pequeno a médio dos peixes elasmobrânquios, bem como dos peixes de água doce, anfíbios, répteis e ocasionalmente mamíferos; estróbilos polizoicos com proglótides ou com algumas proglótides anapolíticas (que não se desprendem); têm poros genitais laterais, que se alternam irregularmente; escólex geralmente com quatro botrídios musculares, desarmados ou com um par de ganchos; ocasionalmente, têm uma estrutura apical semelhante a um rostelo; os ciclos de vida incluem um ou dois hospedeiros intermediários (crustáceos ou peixes); no passado, essa ordem estava incluída na antiga ordem Proteocephalidea e em parte da Tetraphyllidea (p. ex., *Proteocephalus, Chambriella, Brachyplatysoma, Acanthobothrium, Platybothrium*).

ORDEM PHYLLOBOTHRIIDEA. Parasitas intestinais de tamanho pequeno a médio dos tubarões, dos batoides e dos peixes-rato; estróbilos polizoicos com proglótides, escólex geralmente com quatro botrídios musculares (p. ex., *Calyptrobothrium, Chimaerocestos, Marsupiobothrium*).

ORDEM RHINEBOTHRIIDEA. Parasitas intestinais das raias de água doce; escólex geralmente com pedúnculos botridiais (p. ex., *Spongiobothrium*).

ORDEM SPATHEBOTHRIIDEA. Parasitas intestinais dos peixes condrictes e teleósteos; corpo estrobilado sem diferenciação externa das proglótides; poros genitais masculino e feminino próximos e alternando dorsal e ventralmente ao longo do comprimento do corpo; têm dois hospedeiros em seu ciclo de vida; os crustáceos são hospedeiros intermediários; a progênese (maturação inicial) das larvas é generalizada (p. ex., *Spathobothrium, Bothrimonus*).

ORDEM TETRABOTHRIIDEA. Parasitas intestinais dos homeotérmicos marinhos que vivem nos ecossistemas pelágicos; corpo com estrobilação bem-definida; escólex com quatro botrídios musculares com formato variável; não têm rostelo; ovos com três membranas; os ciclos de vida não estão definidos, mas provavelmente incluem crustáceos, cefalópodes e teleósteos como hospedeiros intermediários (p. ex., *Priapocephalus, Tetrabothrius, Trigonocotyle*).

ORDEM TETRAPHYLLIDEA. Parasitas intestinais dos peixes elasmobrânquios, raramente dos peixes holocéfalos; corpo estrobilado com apólise variável das proglótides; escólex geralmente com quatro botrídios musculares com formatos variáveis, geralmente alongados, pediculados e com ganchos; os ciclos de vida não estão bem-definidos, mas provavelmente incluem de três a cinco hospedeiros, como moluscos, crustáceos, peixes teleósteos e mamíferos marinhos; um estudo molecular recente demonstrou que essa ordem não é monofilética e seus gêneros têm sido redistribuídos para outras ordens (Onchoproteocephalidea, Phyllobothriidea) (p. ex., *Rhoptrobothrium, Dinobothrium*).

ORDEM TRYPANORHYCHA. Parasitas intestinais e gástricos dos peixes elasmobrânquios; corpo estrobilado com poros genitais laterais; escólex com quatro tentáculos eversíveis, cada qual com um conjunto complexo de ganchos; os ciclos de vida incluem 2 a 3 hospedeiros, com crustáceos e peixes teleósteos como hospedeiros intermediários (p. ex., *Dasyrhynchus, Halsiorhynchus, Otobothrium*).

Plano corpóreo dos platelmintos

Em comparação com os filos descritos nos capítulos anteriores, os platelmintos exibem alguns dos avanços mais importantes encontrados no reino animal. Em muitos aspectos, esses animais são bilatérios acelomados protótípicos e, de acordo com algumas hipóteses, eles representam o plano corpóreo básico a partir do qual os protostômios finalmente se originaram.

A evolução da condição triploblástica e da simetria bilateral quase certamente ocorreu ao mesmo tempo que a evolução dos "túbulos" internos sofisticados (órgãos e sistemas orgânicos) e a tendência a centralizar e cefalizar o sistema nervoso e de desenvolver unidades especializadas dentro do sistema nervoso para desempenhar as funções sensorial, integrativa e motora. É provável que esse primeiro passo na direção da bilateralidade tenha ocorrido com os xenacoelomorfos (Capítulo 9) e progredido com os platelmintos. Com essas características vieram os movimentos unidirecionais e um estilo de vida mais ativo, que o demonstrado pelos animais com simetria radial. As vantagens evolutivas principais dessas alterações coincidentes derivaram basicamente da capacidade que essas criaturas "novas" tinham de movimentar-se mais ou menos livremente em seu ambiente e, assim, explorar estratégias de sobrevivência indisponíveis antes.

Essas estratégias podem ser apreciadas quando se examinam os elementos estruturais muito complexos demonstrados pelos platelmintos de vida livre (Figura 10.2). A presença da mesoderme permite a formação de um mesênquima fibroso e muscular, que oferece sustentação estrutural e permite padrões de locomoção que não são possíveis aos animais diploblásticos radiados. Sistemas reprodutivos sofisticados desenvolveram-se nos platelmintos, possibilitando a fecundação interna e o aumento da produção de vitelo e ovos encapsulados. A maioria dos platelmintos abandonou os estágios larvais de vida livre por histórias de vida direta e mista. Estruturas osmorreguladoras na forma de protonefrídios foram provavelmente fundamentais à invasão da água doce.

Entretanto, esse plano corpóreo tem algumas limitações. O estilo de vida ativo demanda quantidades maiores de energia. Sob o aspecto funcional, um principal fator limitante para os platelmintos é a inexistência de um mecanismo circulatório eficiente para movimentar os materiais por todo o seu corpo. Esse problema é agravado pela inexistência de uma estrutura especializada para as trocas gasosas. Evidentemente, esses problemas estão relacionados com o dilema superfície–volume, que foi descrito no Capítulo 4. Como não dispõem de estruturas especializadas para circulação e trocas gasosas, os platelmintos (especialmente os que têm vida livre) são limitados em termos de tamanho e forma. Esses animais mantêm-se relativamente pequenos e achatados, com formatos que conservam distâncias curtas para a difusão. Os maiores platelmintos de vida livre têm intestinos altamente ramificados, que assumem grande parte da função de transporte interno.

Ter uma razão superfície:volume alta e utilizar toda a superfície do seu corpo para trocas gasosas são aspectos que podem causar problemas de equilíbrio iônico e osmorregulação entre as espécies terrestres e de água doce, e de dessecação nos hábitats terrestres e intertidais. A superfície corporal permeável deve estar sempre úmida; por isso, os platelmintos raramente invadem os ambientes terrestres e vivem predominantemente em áreas muito úmidas, embora alguns rabdocelos, prorrinquídeos e várias espécies parasitárias tenham desenvolvido estágios de vida resistentes à dessecação. Entretanto, os platelmintos exploraram uma variedade de hábitats de águas doce e salgada, e são especialmente bem-sucedidos como parasitas e comensais, desfrutando dos benefícios de viver em cima ou dentro dos seus hospedeiros.

Hoje se acredita que o platelminto ancestral tenha sido um animal de vida livre, a partir do qual se desenvolveram e diversificaram os catenulídeos e os rabditóforos existentes agora. Os trematódeos e os cestoides evoluíram a partir do grupo dos rabditóforos (descritos em mais detalhes adiante neste capítulo). Desse modo, em todas as seções subsequentes, examinaremos primeiramente os aspectos básicos dos platelmintos de vida livre como preparação para o entendimento não apenas da diversidade dessa classe, mas também a derivação dos táxons parasitários especializados.

As Figuras 10.2 a 10.6 ilustram anatomia dos platelmintos de vida livre, dos trematódeos e dos cestoides. As espécies de platelmintos de vida livre variam quanto à forma, desde animais ovais largos até criaturas semelhantes a fitas, que geralmente são achatados no sentido dorsoventral, ainda que os espécimes muito pequenos possam ser praticamente cilíndricos. Em geral, a cabeça não é bem-definida, exceto pela presença dos órgãos sensoriais. A boca geralmente se localiza na superfície ventral, seja perto do segmento mediano do corpo ou em posição mais anterior, embora aqui também existam exceções (p. ex., prorrinquídeos, cuja boca raptorial está localizada inteiramente à frente; e cestobides, que não têm boca). A maioria dos trematódeos (Figura 10.3) é oval ou tem formato de folha e apresenta órgãos de fixação externos, como ganchos e ventosas. Os cestoides (tênias) geralmente são alongados e semelhantes a fitas (Figura 10.4). Sua extremidade anterior forma um **escólex** minúsculo modificado para fixar-se dentro do hospedeiro; o restante do corpo é praticamente uma máquina reprodutiva.

Cestoides vivem nos intestinos dos vertebrados. A maioria das espécies pertence ao grupo Cestoda e tem três regiões distintas em seu corpo. O **escólex** serve para a fixação e

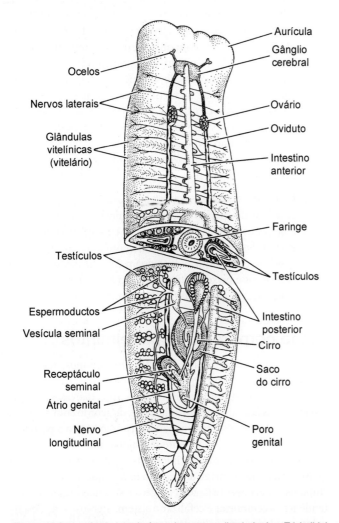

Figura 10.2 Um platelminto de água doce generalizado (ordem Tricladida).

Capítulo 10 Filo Platyhelminthes 357

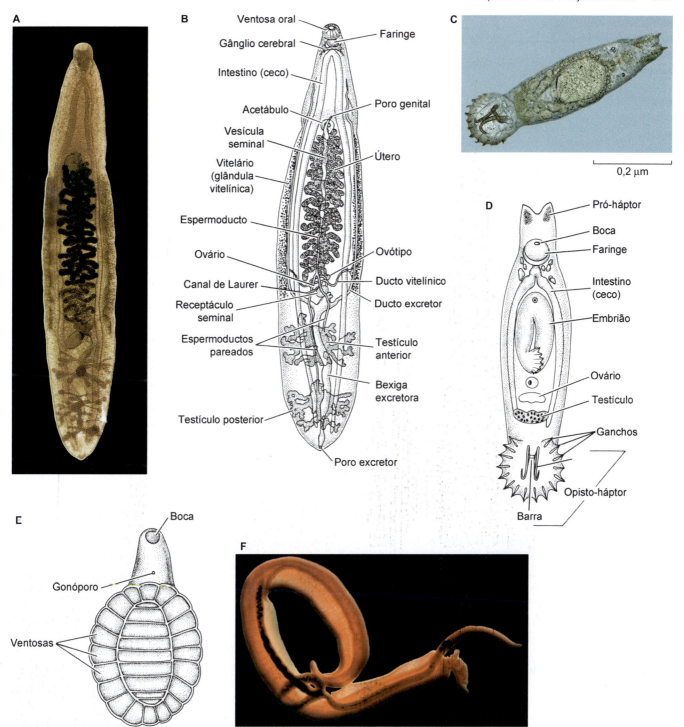

Figura 10.3 Representantes de trematódeos. **A** e **B.** *Opisthorchis* (= *Clonorchis*) *sinensis*, um trematódeo plagiorquídeo que vive no fígado humano. **C** e **D.** *Gyrodactylus* (Monogenea), um ectoparasita de peixes. **E.** *Cotylaspis* (um trematódeo aspidogastrídeo). **F.** O trematódeo do sangue humano *Schistosoma mansoni* (um macho e uma fêmea copulando), que é um trematódeo diplostomídeo e um dos poucos platelmintos gonocorísticos.

geralmente está armado com ganchos e ventosas. Imediatamente atrás do escólex, há uma região curta conhecida como **pescoço**, que é seguida por um tronco segmentado alongado – ou **estróbilo** – o qual consiste em **proglótides** individuais. As proglótides brotam (estrobilizam) a partir de uma zona germinal no pescoço (ou na base do escólex, quando não há pescoço). À medida que as proglótides novas surgem, as mais antigas movimentam-se em direção posterior, amadurecem, são inseminadas e ficam cheias de embriões. Desse modo, a estrobilação nos cestoides não ocorre por via de crescimento teloblástico (descrito nos Capítulos 14 e 20) e certamente não é homóloga à segmentação verdadeira observada nos anelídeos e artrópodes.

Os cestoides das ordens Amphilinidea e Gyrocotylidea têm, até certo ponto, aspecto semelhante ao dos trematódeos. No entanto, eles não têm escólex e seu corpo não é dividido em proglótides. Esses animais são alocados dentro de Cestoda porque não têm trato digestivo, bem como por causa de alguns aspectos de seu ciclo de vida. Eles podem representar o plano corpóreo pré-estrobilado primitivo dos Cestoda.

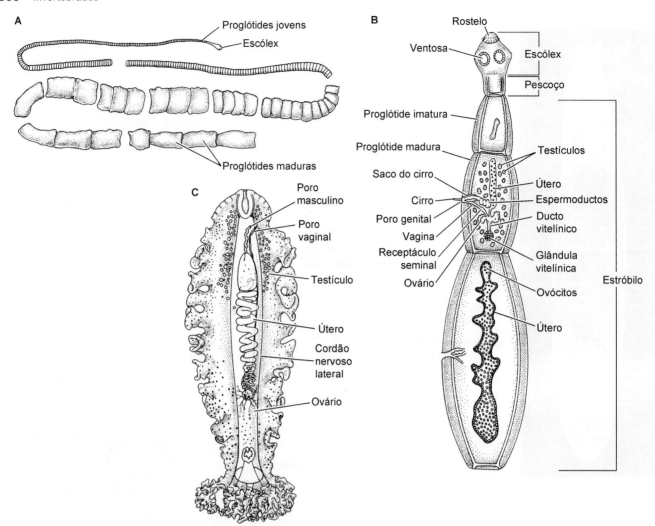

Figura 10.4 Representantes de cestoides (Cestoda). **A.** *Taenia saginata*, cestoide da carne bovina (ordem Cyclophyllidea), tem um escólex diminuto e proglótides que aumentam de tamanho em direção à extremidade posterior. **B.** *Echinococcus granulosus*, outro cestoide ciclofilídeo, que normalmente vive nos tratos digestivos dos cães e de outros canídeos. Contudo, se o estágio larval de vida livre invade os seres humanos, ele migra para vários órgãos e forma cistos permanentes (conhecidos como cistos hidáticos). Tais condições frequentemente causam lesões teciduais graves e podem levar à morte, principalmente quando há acometimento do sistema nervoso central. *Echinococcus* é particularmente interessante, porque seu corpo (estróbilos) tem apenas três proglótides. **C.** *Gyrocotyle fimbriata* (ordem Gyrocotylidea).

Parede corporal

Platelmintos de vida livre. A parede corporal dessas espécies é multiestratificada e complexa (Figura 10.5). A epiderme é formada por um epitélio celular ou sincicial completo ou parcialmente ciliado, com células glandulares e terminações nervosas sensoriais distribuídas em diversos padrões. Abaixo da epiderme, há uma membrana basal, que geralmente tem espessura suficiente para fornecer alguma sustentação estrutural ao corpo. Em Catenulida e Macrostomida, a membrana basal está aparentemente ausente, mas essa condição é entendida como uma derivação secundária. Internamente à membrana basal estão células musculares lisas, geralmente dispostas em camadas, sendo a camada mais externa circular, seguida por uma diagonal intermediária e interna longitudinal, organizadas frouxamente. A área entre a parede do corpo e os órgãos internos geralmente é preenchida por um mesênquima (comumente referido como parênquima), que incluiu várias células soltas e fixas, fibras musculares e tecido conjuntivo. Muitos macrostomídeos não apresentam um mesênquima celular.

As células glandulares da parede corporal geralmente são originadas da ectoderme. Quando maduras, muitas dessas células repousam no mesênquima com um "pescoço", que se estende entre as células epidérmicas até a superfície do corpo. Essas células produzem secreções mucosas, que desempenham várias funções. Nos platelmintos semiterrestres e intertidais, o muco forma uma cobertura úmida, que lhes confere proteção contra dessecação e auxilia nas trocas gasosas. A maioria dos platelmintos bentônicos apresenta uma concentração ventral de células glandulares mucosas, que secretam um muco que auxilia a locomoção. A secreção mucosa ao redor da boca facilita a captura e a deglutição das presas. Outras células glandulares ou complexos de células produzem grânulos, que contêm substâncias adesivas para fixação temporária, bem como grânulos que rompem a fixação, a qual ocorre várias vezes por segundo. Esses sistemas de **adesão duoglandular** (geralmente envolvendo um terceiro tipo de célula, que confere sustentação estrutural) são generalizados entre os platelmintos de vida livre e outros filos com estilos de vida semelhantes. Em algumas formas ectocomensais (p. ex., tricladídeo *Bdelloura* e vários

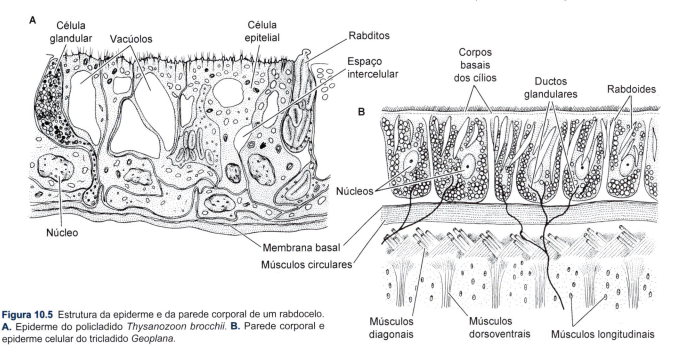

Figura 10.5 Estrutura da epiderme e da parede corporal de um rabdocelo. **A.** Epiderme do policladido *Thysanozoon brocchii*. **B.** Parede corporal e epiderme celular do tricladido *Geoplana*.

dalitiploplanídeos temnocéfalos; Figura 10.6), essas glândulas adesivas estão associadas a placas especiais ou ventosas para fixação ao hospedeiro.

Na maioria dos platelmintos de vida livre, as células epidérmicas e subepidérmicas produzem estruturas conhecidas como **rabdoides** (Figura 10.5 B). Essas inclusões celulares em forma de bastão produzem muco quando são levadas à superfície do epitélio. Alguns outros filos (p. ex., Xenacoelomorpha, Gastrotricha, Nemertea, Annelida) têm corpos celulares secretórios semelhantes, ainda que provavelmente tenham evoluído convergentemente. O muco facilita o deslizamento ciliar e também pode ajudar a proteger os animais de dessecação e dos predadores. Os rabdoides produzidos pelas células glandulares da epiderme ou do mesênquima são conhecidos como **rabditos**. Essas estruturas podem chegar à superfície do corpo por meio dos espaços intercelulares da epiderme (Figura 10.5 A). Elas também contribuem para a produção de muco e, em algumas espécies, liberam substâncias químicas tóxicas como mecanismo

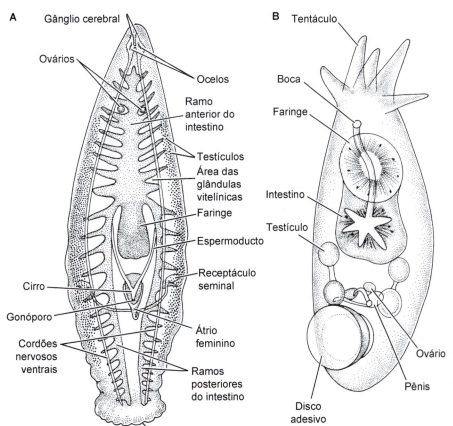

Figura 10.6 Dois platelmintos euneóforos simbiontes com órgãos adesivos de fixação. **A.** *Bdelloura candida*, um tricladido ectocomensal do caranguejo-ferradura (*Limulus*). **B.** *Temnocephala caeca*, um ectocomensal rabdocelo de *Phreatoicopis terricola* (um isópode de água doce).

de defesa. Os rabditos são típicos do grande clado (subfilo) dos platelmintos conhecido como Rhabditophora. Estruturas até certo ponto semelhantes conhecidas como "rabditos falsos" foram descritas em outro clado (subfilo) principal dos platelmintos – Catenulidea – mas elas podem não ser homólogas às que são encontradas nos rabditóforos.

Algumas espécies de platelmintos de vida livre (p. ex., macrostomídeos, proseriatos, policladidos) têm tubérculos proeminentes, que recobrem a superfície dorsal e provavelmente também têm função defensiva. Em algumas espécies, os nematocistos não disparados provenientes de hidroides predados são transportados até os tubérculos. Em outras, como em espécies de *Thysanozoon*, os tubérculos parecem liberar um ácido potente, que pode deter possíveis predadores.

Trematódeos e cestoides. Modificações da cobertura externa do corpo são comuns entre os parasitas, e os platelmintos não são exceções. Ao contrário dos platelmintos de vida livre, os trematódeos e cestoides têm uma cobertura externa conhecida como **tegumento**, formada por extensões citoplasmáticas não ciliadas de células grandes, cujos corpos celulares na verdade estão no mesênquima (Figura 10.7). As extensões fundem suas margens, de forma que a superfície externa do verme forma um sincício funcional. O tegumento não fornece apenas alguma proteção, mas também é um local importante para as trocas entre o corpo e o ambiente. Gases e escórias nitrogenadas deslocam-se através dessa superfície por difusão e alguns nutrientes, especialmente aminoácidos, são captados para dentro do corpo por pinocitose. Nos cestoides, a captação dos nutrientes ocorre unicamente através da parede corporal e a área de superfície do tegumento é acentuadamente ampliada por numerosas dobras minúsculas conhecidas como **microtríquios** (Figura 10.7 B). Como uma das adaptações naturais mais notáveis, essas dobras podem interdigitar-se com as microvilosidades intestinais do organismo do hospedeiro e facilitar a absorção dos nutrientes.

De acordo com alguns zoólogos, a natureza do tegumento em trematódeos e cestoides é única e de extrema importância filogenética. As larvas desses vermes parasitários têm uma epiderme ciliada "normal", ao menos sobre parte do seu corpo. Entretanto, essa epiderme é perdida, e os estágios de pós-larva desenvolvem uma nova cobertura sincicial no corpo – a **neoderme**. Esse fenômeno parece ser uma sinapomorfia única que une os monogêneos, os trematódeos e os cestoides em um táxon monofilético, que Ehlers denominou Neodermata (em referência à "pele nova" desses animais); hoje em dia, essa hipótese está fundamentada por várias análises de filogenética molecular.

O tegumento (neoderme) é apoiado por uma membrana basal, sob a qual se encontra o mesênquima. A maioria dos trematódeos e cestoides apresentam músculos circulares e longitudinais dentro do mesênquima e, em alguns casos, também tem músculos diagonais, transversais e dorsoventrais. O mesênquima varia de massas de células densamente agrupadas a redes sinciciais e fibrosas com espaços preenchidos por líquidos. Em alguns trematódeos digêneos (Trematoda: ordens Diplostomida e Plagiorchiida), os espaços formam vasos através do mesênquima – conhecidos como **canais linfáticos** – os quais contêm células livres que têm sido relacionadas com os linfócitos. O mesênquima também contém células glandulares com conexões com a superfície do corpo através do tegumento. Essas células glandulares são numericamente inferiores quando comparadas com as dos platelmintos de vida livre, são basicamente de natureza adesiva e estão associadas a certos órgãos de fixação.

Um dos atributos menos explorados dos cestoides e, na verdade, de todos os parasitas intestinais, ainda que um dos mais interessantes, é sua habilidade de desenvolver-se em ambientes

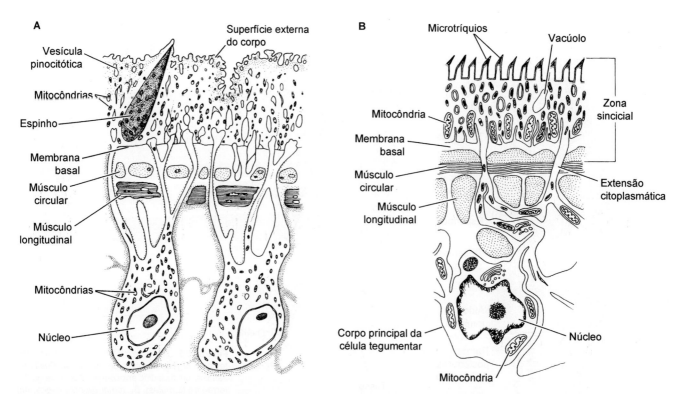

Figura 10.7 A. Tegumento e parede corporal subjacente de um trematódeo plagiorquídeo (*Fasciola hepatica*; *corte longitudinal*). **B.** Tegumento e parede corporal de um cestoide (*corte transversal*).

com enzimas hidrolíticas, sem que sejam digeridos. Além da substituição contínua do tegumento externo pelas células subjacentes, uma hipótese popular é que os parasitas intestinais produzem enzimas inibidoras (também conhecidas como "antienzimas"). Um estudo demonstrou que *Hymenolepis diminuta* (um cestoide comum em ratos e camundongos) libera proteínas, que parecem inibir a atividade da tripsina. Esse cestoide também pode regular o pH de seu ambiente imediato para cerca de 5,0 excretando ácidos orgânicos; esse ambiente ácido também pode inibir a atividade da tripsina.

Sustentação, locomoção e fixação

Somente poucos platelmintos têm elementos esqueléticos especiais. Em algumas espécies de vida livre, placas ou espículas calcárias minúsculas estão embebidas na parede corporal (Figura 10.1 L). A sustentação do corpo, em todos os outros platelmintos, é fornecida pelas qualidades hidrostáticas do mesênquima, pela elasticidade da parede corporal e pela musculatura geral do corpo.

A maioria das espécies bentônicas de vida livre movimenta-se sobre sua superfície ventral por deslizamento facilitado por cílios. O muco fornece lubrificação à medida que o animal se movimenta e funciona como um meio viscoso, contra o qual os cílios podem atuar. Alguns com formas maiores ou mais alongadas também utilizam contrações musculares. A superfície ventral do corpo é empurrada para dentro de uma série de saliências e sulcos transversais alternados, que se movem na forma de ondas ao longo do animal, empurrando-o para frente. As ondulações musculares das margens laterais do corpo permitem que alguns policladidos grandes nadem por períodos curtos. A ação muscular permite ao corpo torcer e virar, funcionando como um leme. Algumas formas intersticiais são extremamente alongadas e usam os músculos da parede corporal para deslizar entre os grãos de areia. Muitos desses tipos de platelmintos têm glândulas adesivas, cujas secreções conferem viscosidade temporária e permitem aos animais ganhar aderência e impulso à medida que se movem.

Os trematódeos adultos não têm cílios externos, e seus movimentos dependem dos músculos da parede do seu corpo, ou dos líquidos corporais do seu hospedeiro. Alguns se movimentam lentamente sobre ou dentro de seu hospedeiro por ação muscular, e outros (p. ex., trematódeos sanguíneos) são transportados no sistema circulatório do hospedeiro. Contudo, certas fases larvais são altamente móveis e nadam por meio da ação ciliar. Depois de estabelecerem-se dentro ou em cima de um hospedeiro, geralmente é vantajoso para um trematódeo permanecer mais ou menos em um lugar. Nesse sentido, quase todos estão equipados com órgãos externos para a fixação temporária ou permanente (Figuras 10.3 C e 10.8). Os trematódeos monogêneos geralmente têm órgãos adesivos anterior e posterior conhecidos como **pró-háptor** e **opisto-háptor**, respectivamente. O pró-háptor consiste em um par de estruturas adesivas, uma de cada lado da boca, contendo ventosas ou placas adesivas simples. O opisto-háptor geralmente é o órgão principal de fixação e inclui uma ou mais ventosas bem-desenvolvidas com ganchos ou garras.

Os trematódeos digêneos têm duas ventosas sem ganchos. Uma delas – a **ventosa oral** – circunda a boca, enquanto a outra – o **acetábulo** – está localizada em algum ponto da superfície ventral (Figura 10.3 B). Essas ventosas normalmente são providas

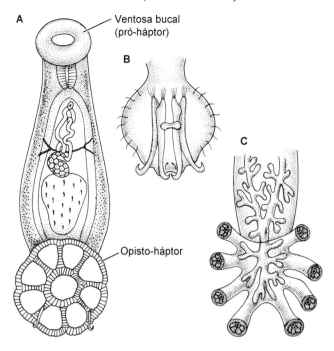

Figura 10.8 Alguns órgãos de fixação dos trematódeos monogêneos. **A.** *Anoplocotyloides papillata*. **B** e **C.** Opisto-háptores dos trematódeos monogêneos. **D.** Um trematódeo não identificado com pró-háptor com ventosa e opisto-háptor complexo.

com células glandulares adesivas, embora as ventosas mais bem-desenvolvidas funcionem basicamente na sucção produzida por ação muscular. Os trematódeos aspidogástrios não têm ventosa oral, mas estão equipados com uma grande ventosa ventral subdividida (Figura 10.3 E).

Os cestoides adultos (Cestoda) não se movimentam muito, mas são capazes de produzir ondulações musculares do corpo. Esses parasitas permanecem fixados à parede intestinal do hospedeiro por meio do **escólex** (ou, no caso dos membros da ordem Amphilinidea dos cestoides, por meio de um órgão adesivo anterior) e dos microtríquios. Os detalhes da anatomia do escólex (Figura 10.9) são extremamente variáveis e têm grande importância para a taxonomia dos cestoides. A ponta do escólex de muitos cestoides (p. ex., *Taenia*) está equipada com um **rostelo** móvel contendo ganchos que, em alguns casos, pode ser retraído para dentro do escólex. Em outros casos (p. ex., *Cephalobothrium*), a extremidade anterior sustenta uma ventosa protrátil (ou almofada adesiva) conhecida como **mizorrinco**. O restante do escólex tem várias ventosas ou estruturas semelhantes a ventosas e às vezes ganchos ou espinhos. Existem três categorias de ventosas adesivas sob as quais as classificações ordinal e subordinal dos cestoides estão parcialmente baseadas. Os **bótrios** são sulcos longitudinais alongados existentes no escólex. Essas estruturas têm músculos fracos, ainda que sejam capazes de realizar alguma ação de sucção. Os bótrios ocorrem na forma

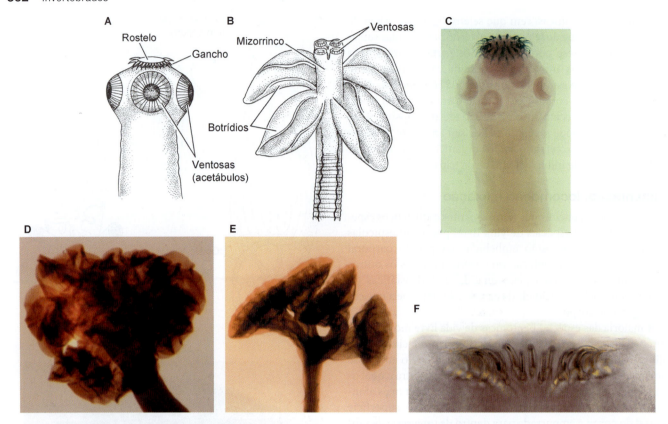

Figura 10.9 Escóleces de vários cestoides. **A.** Escólex típico com rostelo, ganchos e ventosas (*Taenia solium*). **B.** Escólex complexo com botrídios em forma de folha e mizorrincos aspirados (*Myzophyllobothrium*). **C** a **F.** Fotografias de quatro escóleces diferentes.

de um único par e são típicos das ordens Diphyllobothriidea (p. ex., *Diphyllobothrium*) e Bothriocephalidea. Os membros da ordem Tetraphyllidea não monofilética (p. ex., *Acanthobothrium, Phyllobothrium*) têm quatro botrídios dispostos simetricamente ao redor do escólex. Essas estruturas foliáceas estão comumente equipadas com ventosas em suas extremidades anteriores. O terceiro e mais familiar tipo de estrutura de fixação no escólex é de ventosas verdadeiras, ou **acetábulos**. Eles são estruturalmente idênticos e provavelmente homólogos aos acetábulos dos trematódeos digêneos. Normalmente, existem quatro acetábulos dispostos simetricamente ao redor da circunferência do escólex. Esses acetábulos são característicos de muitos membros da ordem Cyclophyllidea (p. ex., *Dipylidium, Taenia*).

Alimentação e digestão

Platelmintos de vida livre. A maioria das espécies é constituída de predadores carnívoros ou "catadores", que se alimentam de praticamente qualquer matéria animal disponível ou, no caso de espécies muito pequenas, de bactérias ou fungos presentes em biofilmes. Algumas são herbívoras e alimentam-se de microalgas, enquanto outras alternam entre herbivoria e carnivorismo à medida que se desenvolvem. Suas presas incluem quase qualquer invertebrado suficientemente pequeno para ser capturado e ingerido (p. ex., protistas, pequenos crustáceos, vermes, gastrópodes minúsculos). Algumas espécies pastam em esponjas, ectoproctos e tunicados, enquanto outras consomem o tecido das cracas, deixando para trás suas conchas vazias. A maioria dos platelmintos de vida livre localiza seu alimento por quimiorreceptores. As planárias terrestres capturam e consomem minhocas (p. ex., *Bipalium*), caramujos terrestres (p. ex., *Platydesmus, Endeavouria*)

e insetos (p. ex., *Rhynchodemus, Microplana*). *Platydesmus manokwari*, um "platelminto da Nova Guiné" com 6,5 cm de comprimento, é uma espécie altamente invasiva e uma ameaça aos moluscos terrestres endêmicos; esse platelminto disseminou-se por todo o Pacífico, assim como por Europa, Caribe e, mais recentemente, Flórida (EUA).

Mais de 100 espécies de platelmintos de vida livre são conhecidas como simbiontes de outros invertebrados. Algumas delas são simplesmente comensais, que obtêm alguma proteção de suas associações, demonstrando apenas modificações físicas para fixação temporária. Contudo, outras alimentam-se de seus hospedeiros, causando vários graus de dano e demonstrando dependência fisiológica real em suas relações. Embora possamos dedicar espaço para mencionar apenas alguns exemplos de platelmintos simbiontes de vida livre, o reconhecimento dessas situações é de importância considerável. Primeiramente, isso enfatiza a adaptabilidade evolutiva do plano corpóreo dos platelmintos; em segundo lugar, isso fornece alguma fundamentação essencial para nossas descrições subsequentes sobre as origens dos trematódeos e cestoides. (Para um excelente levantamento dos platelmintos simbiontes de vida livre, ver Jennings, 1980.)

A maioria dos platelmintos simbióticos de vida livre faz parte da infraclasse Rhabdocoela. As espécies da família Temnocephalidae (Figura 10.6 B) são ectocomensais que vivem dentro das câmaras branquiais dos crustáceos decápodes de água doce, onde se alimentam dos microrganismos presentes das correntes de trocas gasosas do hospedeiro. Os temnocéfalos também ocorrem nos insetos aquáticos, moluscos, tartarugas e alguns outros tipos de hospedeiro. Várias famílias de Dalytyphloplanida incluem membros simbióticos. Por exemplo, *Syndesmis* vive dentro do intestino e no líquido celômico dos equinoides, onde se alimentam dos protistas e das bactérias, e alguns podem devorar as células dos seus hospedeiros (Figura 10.10). Os gêneros *Graffila* e *Paravortex* incluem várias espécies de parasitas dos tratos digestivos de moluscos gastrópodes e bivalves, retirando nutrientes dos tecidos dos seus hospedeiros. Os membros da família Fecampiidae (*Fecampia, Kronborgia, Glanduloderma*) são parasitas de crustáceos marinhos e de certos vermes poliquetos, vivendo nos líquidos corporais do hospedeiro e absorvendo nutrientes orgânicos solúveis. As espécies simbióticas não rabdocélias incluem o tricladido *Bdelloura* (Figura 10.6 A), um ectocomensal das brânquias de *Limulus* (caranguejo-ferradura). Ao menos dois policladidos vivem e alimentam-se dos corais (*Prosthiostomum* de *Montipora* havaiano; *Amakusaplana acroporae* de *Acropora* australiano).

O sistema digestivo dos platelmintos de vida livre inclui uma boca e uma faringe, que leva a um intestino, ou **ênteron**. Como também ocorre com os cnidários e os xenacelomorfos, o intestino dos platelmintos de vida livre é incompleto e tem um único orifício, razão pela qual pode ser descrito como **cavidade gastrovascular**. A posição da boca pode ser medioventral ou anterior. A faringe é derivada da ectoderme embrionária (*i. e.*, é estomodeal) e está revestida por epiderme. As **glândulas faríngeas** epiteliais estão associadas ao lúmen da faringe e produzem muco, que auxilia na alimentação e na deglutição, assim como enzimas proteolíticas (em algumas espécies), que iniciam a digestão fora do corpo.

Os métodos de alimentação dos platelmintos de vida livre variam com as dimensões do animal e a complexidade de seu aparato de aquisição de alimentos, especialmente a faringe. Como se pode observar no esquema de classificação, a natureza da faringe varia acentuadamente entre os táxons. Existem três tipos básicos de faringe entre os platelmintos de vida livre: simples, bulbosa e plicada (Figuras 10.11 e 10.12).

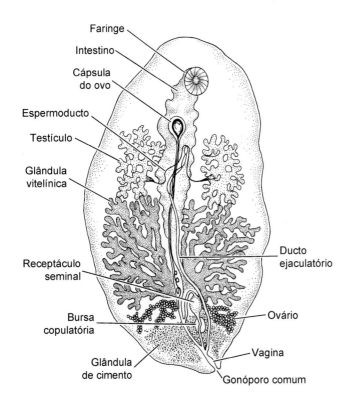

Figura 10.10 *Syndesmis*, um rabdocelo do intestino de um ouriço-do-mar.

A faringe simples (ou **faringe simplex**) é um tubo ciliado curto, que conecta a boca ao intestino (Figura 10.12). Esse tipo de faringe foi considerado plesiomórfico dentro do filo Platyhelminthes e também é encontrado nas ordens Macrostomida e Catenulida. Em todos os membros dessas ordens, a faringe leva a um intestino saculiforme simples ou intestino alongado, que geralmente não tem divertículos extensos. Os platelmintos de vida livre com faringe tubular simples geralmente são muito pequenos e a boca está localizada mais ou menos em posição medioventral. Normalmente esses animais alimentam-se "varrendo" partículas orgânicas pequenas e presas minúsculas para dentro da faringe por ação ciliar. Esses organismos com uma faringe eversível geralmente dobram seu corpo ao redor da presa, ou de outra fonte de alimento, e a revestem com o muco secretado pelas glândulas epidérmicas. Em seguida, a faringe é evertida em cima ou dentro do item alimentar.

Alguns platelmintos de vida livre, especialmente os tricladidos, secretam externamente enzimas digestivas por meio de glândulas especiais que se esvaziam pelo lúmen da faringe ou pela extremidade da faringe. O alimento é parcialmente digerido e reduzido a um material com consistência cremosa antes de ser engolido. Muitas outras espécies engolem seu alimento inteiro pela ação dos músculos faríngeos poderosos.

Nos casos típicos, os rabdocelos têm uma faringe bulbosa, muscular, ligeiramente protrátil e intestino saculiforme simples (Figura 10.13 A). Os membros de Proseriata, Tricladida e Polycladida têm faringes plicadas eversíveis. A porção eversível da faringe plicada fica dentro de um espaço conhecido como cavidade faríngea, que é formada por uma dobra muscular da parede do corpo (Figuras 10.11 e 10.13).

Os proseriatos e os tricladidos têm faringes plicadas cilíndricas orientadas ao longo do eixo corporal. A maioria dos policladidos tem uma faringe ondulada e preguada semelhante a uma saia, que se prende dorsalmente dentro da cavidade faríngea. Durante a alimentação, a faringe plicada é protraída por uma ação contrátil dos músculos faríngeos extrínsecos. Uma vez estendida, a faringe pode mover-se por músculos intrínsecos de sua parede. Os músculos retratores puxam a faringe de volta ao interior da cavidade.

As presas ativas podem ser subjugadas de várias formas. Alguns platelmintos de vida livre produzem muco que, além de enredar a presa, pode conter substâncias químicas narcóticas ou venenosas, como a tetrodotoxina. Outros platelmintos usam o **estilete** afiado do órgão copulatório para perfurar a presa e até mesmo introduzir veneno; não se pode deixar de reconhecer a notável capacidade adaptativa dos platelmintos. Os membros de Kalyptorhynchia (Rhabdocoela) são únicos entre os platelmintos de vida livre, porque têm uma probóscide muscular, que está localizada na extremidade anterior do corpo e separada da boca (Figura 10.11 D e E); a probóscide, que em algumas espécies está armada com ganchos, pode ser evertida para agarrar a presa.

A maioria dos platelmintos de vida livre que têm uma faringe plicada é relativamente grande, especialmente os tricladidos e os policladidos. O grande tamanho do corpo está associado a um intestino mais elaborado. Como seu nome sugere, o intestino dos tricladidos é formado de três ramos principais – um anterior e dois posteriores – cada qual com numerosos divertículos, enquanto o intestino dos policladidos é multirramificado com

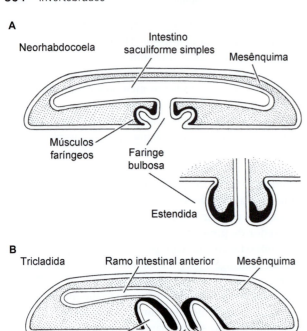
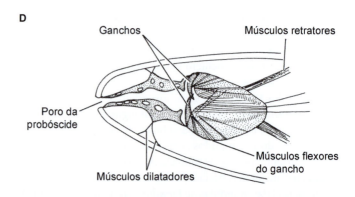
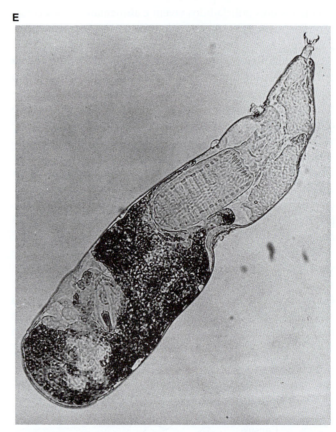

Figura 10.11 A a C. Faringes de três platelmintos de vida livre (*cortes sagitais*). D. O aparato de probóscide (*corte sagital*) do rabdocelo *Gnathorhynchus* (ordem Kalyptorhynchia). E. *Cheliplana*, outro rabdocelo (ordem Kalyptorhynchia) com probóscide de mandíbula estendida (*acima, à direita*).

divertículos (Figura 10.13 B e C). Essas ramificações do intestino não apenas ampliam a superfície disponível para a absorção e a digestão, como também servem para distribuir os produtos da digestão pelo corpo relativamente grande, considerando-se que não há um sistema circulatório. O revestimento do intestino é uma única camada de células nutritivas fagocitárias e células glandulares enzimáticas (Figura 10.14). Em alguns grupos, a gastroderme é ciliada.

Na maioria dos platelmintos de vida livre, a digestão inicial é extracelular e mediada por endopeptidases secretadas pelas glândulas faríngeas ou pelas células glandulares enzimáticas existentes no intestino. O material parcialmente digerido é distribuído ao longo do intestino e, em seguida, fagocitado pelas células intestinais, local onde a digestão final acontece (intracelular). Entretanto, existem algumas exceções notáveis a essa

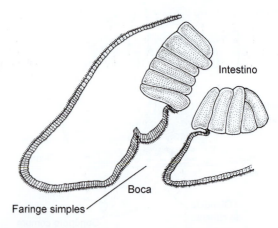

Figura 10.12 *Corte sagital* através da extremidade anterior de *Macrostomum* (Macrostomorpha), que tem uma faringe tubular simples.

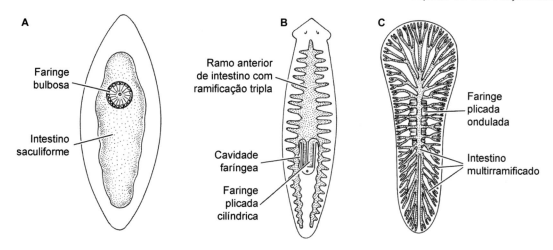

Figura 10.13 Combinações de tipos de faringe e formas de intestino entre os platelmintos de vida livre. **A.** Rhabdocoela. **B.** Tricladida. **C.** Polycladida.

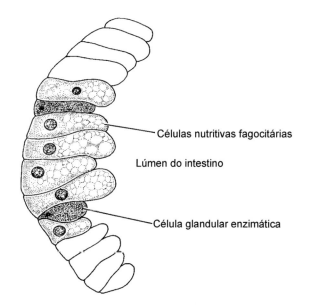

Figura 10.14 O revestimento intestinal (*corte transversal parcial*) de um tricladido de água doce contendo células glandulares enzimáticas e células nutritivas fagocitárias.

Trematódeos e cestoides. Os trematódeos adultos alimentam-se dos tecidos e líquidos de seus hospedeiros ou, em alguns casos, dos materiais presentes no intestino do hospedeiro. A maior parte do alimento é captado por meio da boca por ação bombeadora da faringe muscular, mas algumas moléculas orgânicas são apanhadas por pinocitose no tegumento. A parte anterior do sistema digestivo inclui uma boca, uma faringe muscular e um esôfago curto. O esôfago leva a um par de **cecos** intestinais (algumas vezes, um ceco único), que se estendem na superfície posterior do corpo (Figuras 10.3 e 10.15). O revestimento dos cecos inclui células nutritivas de absorção e células glandulares enzimáticas. A digestão é extracelular ao menos em parte. Alguns trematódeos secretam enzimas do intestino pela boca, ou das ventosas, para digerir parcialmente o tecido do hospedeiro antes da ingestão.

sequência. Bowen (1980) descreveu um processo fagocitário interessante do tricladido de água doce *Polycelis tenuis*. Depois de ingerir partículas alimentares diminutas ou da digestão extracelular preliminar de partículas alimentares maiores, as células fagocitárias do intestino estendem processos para dentro do lúmen intestinal, praticamente obstruindo a cavidade digestiva. Esses processos interdigitais formam uma teia complexa, forçando o material alimentar para dentro dos fagócitos, onde a digestão é finalizada.

Como os platelmintos geralmente não têm intestinos completos, qualquer material não digerido precisa ser eliminado pela boca. Como discutido no Capítulo 4, a limitação principal de intestinos que têm um único orifício é a restrição em especialização regional. Entretanto, vários platelmintos têm um ânus incipiente, sugerindo que a "experimentação" evolutiva com um intestino completo começou neste grupo. Um macrostomorfo, *Haplopharynx rostratus*, tem um poro anal diminuto, enquanto alguns policladidos têm poros nas extremidades dos ramos intestinais; alguns proseriatos (p. ex., *Tabaota*) podem formar um ânus temporário.

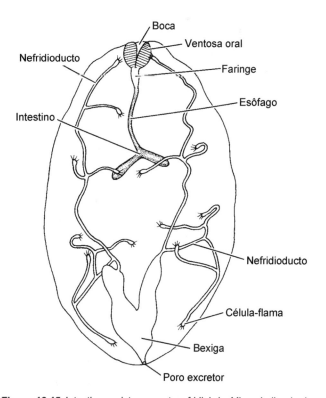

Figura 10.15 Intestino e sistema protonefridial de *Microphallus* (ordem Plagiorchiida; ver também Figura 10.3). Na maioria dos trematódeos monogêneos, os ductos protonefridiais estão separados e terminam anteriormente em poros separados.

Os cestoides não têm qualquer vestígio de uma boca ou trato digestivo. Todos os nutrientes precisam ser levados ao interior do corpo através do tegumento. A captação provavelmente ocorre por pinocitose e difusão através da superfície ampliada dos microtríquios. Alguns estudos sugeriram que os cestoides não possam transportar moléculas grandes e, por isso, dependem acentuadamente dos processos digestivos de seus hospedeiros e da secreção de enzimas para fora de seus corpos a fim de reduzir quimicamente o tamanho do material nutritivo potencial. Outros autores também sugeriram que a superfície do escólex possa absorver líquidos dos tecidos do hospedeiro através do ponto de fixação à parede intestinal.

Alguns estudos demonstraram que muitos parasitas de diversos filos alteram o comportamento de seus hospedeiros de forma favorável a si próprios, geralmente fazendo com que os hospedeiros se posicionem de tal forma que as probabilidades de sucesso no próximo estágio do ciclo de vida do parasita sejam melhoradas. Os platelmintos parasitários não são exceções. Por exemplo, as larvas do trematódeo *Microphallus papillorobustus* formam cistos nos sistemas nervosos de duas espécies de anfípodes (espécies *Gammarus*). Nesse local, elas induzem a fotofilia em animais, que geralmente são fotofóbicos. Consequentemente, os anfípodes infectados têm chances duas vezes maiores de ser comidos por gaivotas (um hospedeiro final potencial) do que os animais não infectados. Quando o cestoide *Eubothrium salvelini* chega ao estágio de desenvolvimento no qual pode infectar o hospedeiro final (truta-de-ribeiro *Salvelinus frontinalis*), seu hospedeiro intermediário – copépode *Cyclops vernalis* – começa a nadar com mais frequência que o normal, aumentando as chances de que seja ingerido pelo peixe. O besouro, *Tribolium confusum*, é o hospedeiro intermediário do cestoide *Hymenolepis diminuta*. Evidências sugerem que o besouro possa ser mais atraído pelas fezes de ratos contendo ovos dos cestoides do que pelas fezes não infectadas. O mesmo pode ser aplicável às baratas (*Periplaneta americana*) que se deparam com as fezes de ratos infectados pelos parasitas acantocéfalos *Moniliformis moniliformis*.

Circulação e trocas gasosas

Como foi mencionado antes, com exceção dos canais linfáticos em alguns trematódeos, os platelmintos não têm estruturas especializadas para circulação ou trocas gasosas. Essa condição impõe restrições ao tamanho e ao formato desses animais. O requisito fundamental à sobrevivência com essas limitações e com um mesênquima geralmente sólido é manter distâncias de difusão pequenas. Desse modo, o achatamento de seus corpos facilita as trocas gasosas através da parede corporal, entre os tecidos e o ambiente; os nutrientes são distribuídos internamente pelo sistema digestivo e por difusão, que é facilitada pelos movimentos gerais do corpo.

Os platelmintos endoparasitas são capazes de sobreviver em áreas dos seus hospedeiros, nas quais não há oxigênio disponível. Nesses casos, eles dependem de metabolismo anaeróbio, produzindo uma variedade de produtos finais reduzidos (p. ex., lactato, succinato, alanina e ácidos graxos de cadeia longa). A maioria desses animais adaptáveis também possui enzimas apropriadas para isso e é capaz de realizar respiração aeróbia na presença de oxigênio.

Excreção e osmorregulação

Um dos principais avanços dos platelmintos sobre os animais diploblásticos é o desenvolvimento dos protonefrídios (ver revisão dos nefrídios dos metazoários no Capítulo 4). Essas estruturas estão presentes em todos os platelmintos de vida livre, exceto alguns catenulídeos marinhos, e consistem em células-flama, que podem ocorrer isoladamente (como se observa em alguns catenulídeos) ou em pares (de um a muitos pares em diferentes táxons). Os protonefrídios estão conectados a uma rede de túbulos coletores, que levam a um ou mais nefridióporos (Figura 10.16). Os protonefrídios dos platelmintos de vida livre funcionam basicamente como estruturas osmorreguladoras. As espécies de água doce tendem a ter mais protonefrídios e sistemas de túbulos mais complexos que seus

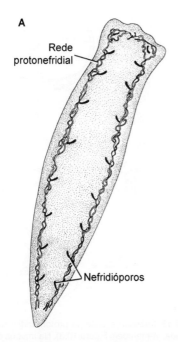
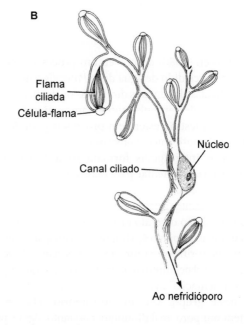

Figura 10.16 A. Sistema protonefridial em um tricladido de água doce. **B.** Disposição dos protonefrídios em um rabdocelo, que tem células-flama anucleadas conectadas aos túbulos coletores.

correspondentes marinhos. Embora uma pequena quantidade de amônia seja liberada por meio dos protonefrídios, a maioria das escórias metabólicas é eliminada por difusão através da parede corporal.

Os tremátodeos também têm quantidades variáveis de protonefrídios (célula-flama). Dois nefridioductos drenam os nefrídios e levam a uma região de armazenamento (ou bexiga) que, por sua vez, comunica-se com um único nefridióporo posterior nos tremátodeos digêneos, ou um par de poros anteriores nos tipos monogêneos (Figura 10.15). As escórias nitrogenadas na forma de amônia são excretadas principalmente através do tegumento. Assim como os platelmintos de vida livre, os protonefrídios dos tremátodeos são principalmente osmorregulatórios.

Os cestoides têm numerosos protonefrídios em forma de células-flama dispersos por todo o corpo. As células-flama drenam para os pares de nefridioductos dorsolateral e ventrolateral, que se estendem ao longo do comprimento do corpo (Figuras 10.15 e 10.17). Embora exista alguma variação no bombeamento, os ductos ventrais geralmente estão conectados uns aos outros através de túbulos transversais perto da extremidade posterior de cada proglótide. Nos vermes relativamente jovens que não perderam nenhuma proglótide (ver seção sobre reprodução e desenvolvimento), os ductos excretórios levam a uma bexiga coletora situada na proglótide mais posterior. Uma vez que essa proglótide terminal é perdida, os nefridioductos abrem-se separadamente para o exterior na margem posterior da proglótide remanescente mais posterior.

Ainda temos muito a aprender sobre os protonefrídios dos cestoides. Eles provavelmente desempenham funções de excreção e osmorregulação. Além disso, os protonefrídios também podem servir para eliminar certos ácidos orgânicos, produtos do metabolismo celular anaeróbio. Alguns estudos experimentais indicam que os cestoides são capazes de precipitar e armazenar algumas escórias metabólicas dentro de suas proglótides.

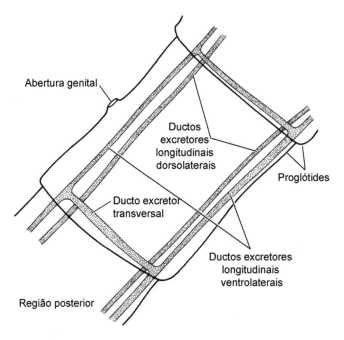

Figura 10.17 Disposição dos ductos protonefridiais principais da proglótide de um cestoide (*vista ventral*).

Sistema nervoso e órgãos dos sentidos

Platelmintos de vida livre. O sistema nervoso dessas espécies varia de um plexo nervoso simples em forma de rede com apenas uma pequena concentração de neurônios na cabeça (semelhante ao que se observa no filo Xenacoelomorpha), até uma configuração nitidamente bilateral com um gânglio cerebral bem-desenvolvido e cordões nervosos longitudinais conectados por comissuras transversais (Figura 10.18). A condição mais avançada é conhecida como sistema nervoso em escada. Mesmo muitas daquelas espécies que têm sistemas nervosos nitidamente centralizados apresentam um plexo formado por ramificação repetida das terminações nervosas (p. ex., policladidos). Em geral, os platelmintos maiores demonstram uma concentração crescente de nervos periféricos em cordões longitudinais progressivamente menos numerosos e uma acumulação de neurônios na cabeça como centro associativo ou gânglio cerebral. Além disso, esses animais mostram uma tendência a separar os elementos do sistema nervoso em vias sensoriais e motoras independentes e a desenvolver um circuito que opera basicamente na transmissão unidirecional dos estímulos.

O sistema nervoso e os órgãos sensoriais dos platelmintos de vida livre parecem ter sido desenvolvidos conjuntamente com a simetria bilateral e o movimento unidirecional. O resultado é uma concentração geral dos órgãos sensoriais na extremidade anterior do corpo e uma elaboração desses tipos de receptores compatíveis com o estilo de vida desses animais. Os receptores táteis são abundantes sobre grande parte da superfície corporal na forma de cerdas sensoriais, que se projetam da epiderme. Esses receptores tendem a estar concentrados na extremidade anterior e ao redor da faringe. Os platelmintos bentônicos de vida livre orientam-se no substrato por meio do tato; eles são positivamente tigmotácticos na superfície ventral e negativamente tigmotácticos na superfície dorsal.

A maioria dos platelmintos de vida livre está equipada com quimiorreceptores que auxiliam na localização do alimento. Embora tenham sensibilidade na maior parte do seu corpo, os platelmintos de vida livre têm concentrações nítidas de quimiorreceptores na região anterior, particularmente nas áreas laterais da cabeça. Alguns animais, como as bem-conhecidas planárias de água doce e os prorrinquídeos, têm quimiorreceptores localizados em expansões laterais chamadas **aurículas** da cabeça (Figuras 10.2 e 10.18 C), enquanto outros têm tais órgãos dos sentidos em depressões ciliadas (tentáculos) ou distribuídos sobre grande parte da extremidade anterior do corpo. O epitélio que abriga os quimiorreceptores geralmente é ciliado e comumente forma depressões ou sulcos. Os cílios são as organelas receptoras, mas também circulam a água e, assim, facilitam a captação dos estímulos sensoriais originados do ambiente.

A utilização dos quimiorreceptores para localizar alimentos tem sido demonstrada em muitos platelmintos de vida livre. Alguns são conhecidos por se dirigir para concentrações de substâncias químicas dissolvidas associadas a uma potencial fonte de alimento. Outros, como *Dugesia*, caçam oscilando a cabeça para frente e para trás à medida que rastejam adiante, expondo as aurículas a qualquer estímulo químico no seu caminho. Quando são expostos a substâncias químicas atraentes difusas, alguns platelmintos de vida livre iniciam um padrão comportamental de tentativa e erro. Se não conseguem determinar a direção do composto atraente, os vermes começam a se movimentar em linha reta. Se o estímulo enfraquece, o animal

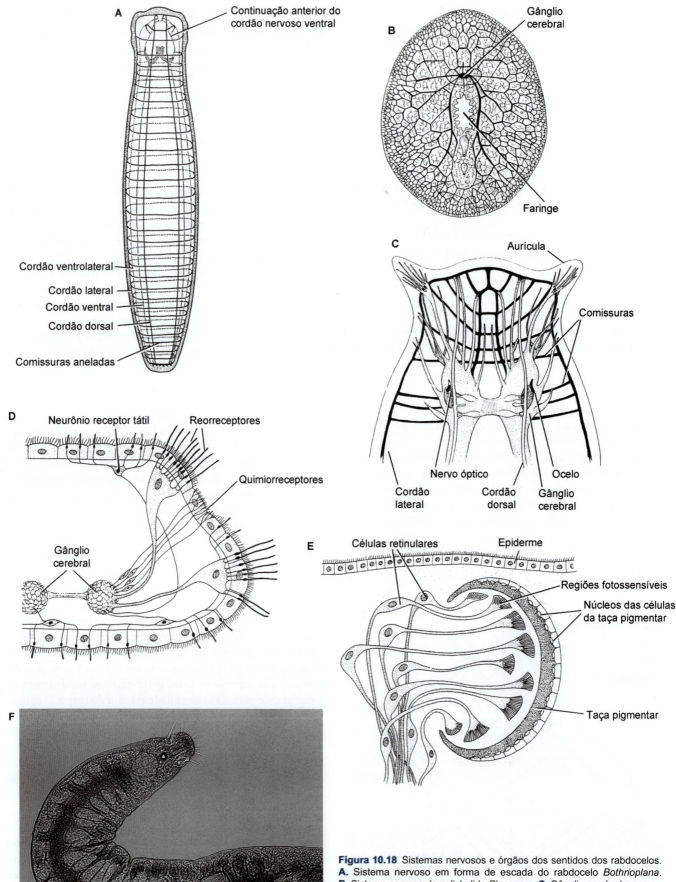

Figura 10.18 Sistemas nervosos e órgãos dos sentidos dos rabdocelos. **A.** Sistema nervoso em forma de escada do rabdocelo *Bothrioplana*. **B.** Sistema nervoso do policladido *Planocera*. **C.** Gânglio cerebral e nervos associados do tricladido *Crenobia*. **D.** Extremidade anterior (*corte transversal*) do rabdocelos *Mesostoma*, mostrando receptores táteis, quimio- e reorreceptores. (Reorreceptores detectam movimentos da água sobre a superfície do animal.) **E.** Um platelminto típico de vida livre com ocelo em taça pigmentar invertida (*em corte*). **F.** Um platelminto intersticial de vida livre com estatocisto bem-definido e várias cerdas sensoriais anteriores.

faz voltas aparentemente aleatórias, até encontrar estímulo suficiente, quando então avança em sua direção. Esse comportamento pode acabar levando o animal para perto o bastante da fonte alimentar, de forma que consiga apreendê-la. Algumas espécies orientam-se nos movimentos da água por meio de reorreceptores localizados nas superfícies laterais da cabeça (Figura 10.18 D).

Os estatocistos são comuns em certos platelmintos, notavelmente entre os membros de Catenulida e Proseriata. Esses grupos incluem principalmente formas natantes e intersticiais, nas quais a orientação pela gravidade não pode ser realizada através do tato. Quando está presente, o estatocisto geralmente se localiza dentro ou próximo do gânglio cerebral. Ehlers (1991) apresenta detalhes na ultraestrutura de alguns estatocistos dos platelmintos.

A maioria dos platelmintos de vida livre tem fotorreceptores na forma de ocelos em taça pigmentar invertida (Figura 10.18 E). Alguns macrostomídeos têm ocelos do tipo mancha pigmentar simples, que supostamente são primitivos entre os platelmintos. Muitas espécies têm um único par de ocelos na cabeça; contudo outros, como certos policladidos e tricladidos terrestres, podem ter muitos pares de olhos. Em alguns animais terrestres (p. ex., *Geoplana mexicana*) e muitos dos policladidos tropicais grandes, numerosos olhos estendem-se ao longo das margens do corpo. A maioria das espécies de vida livre é fototática negativa. A posição dorsal dos olhos e a orientação das taças pigmentares facilitam a detecção da direção e da intensidade da luz.

As larvas do platelminto policladido *Pseudoceros canadensis* têm dois tipos de olhos diferentes. O olho direito parece ser microvilar (i. e., rabdomérico), mas o esquerdo tem componentes de origens microvilar e ciliar (Eakin e Brandenberger, 1980). As histórias desses dois tipos de olhos estão descritas no Capítulo 4. A descoberta de ambos os tipos de olhos em uma larva de platelminto sugeriu a alguns pesquisadores a possibilidade de que esse animal esteja em um ponto importante de divergência evolutiva.

Células neurossecretoras são conhecidas em platelmintos de vida livre há mais de três décadas e pesquisadores continuam a estudar suas funções. Essas células especiais geralmente se localizam no gânglio cerebral, mas também ocorrem ao longo dos cordões nervosos principais, ao menos em algumas espécies. As neurossecreções desempenham funções importantes na regeneração, na reprodução assexuada e na maturação das gônadas nas espécies de vida livre, que poderiam servir como modelos para o entendimento de funções semelhantes nas espécies parasitárias.

Trematódeos e cestoides. O sistema nervoso dos trematódeos é nitidamente na forma de escada e muito semelhante ao encontrado em muitos platelmintos de vida livre (Figura 10.19). O gânglio cerebral inclui dois lobos bem-definidos conectados por uma comissura transversal dorsal. Os nervos do gânglio cerebral estendem-se anteriormente para atender a área da boca, os órgãos adesivos e quaisquer órgãos dos sentidos cefálicos existentes. Até três pares de cordões nervosos longitudinais com conexões transversais estendem-se posteriormente a partir do gânglio cerebral. Um par de cordões ventrais normalmente é mais bem-desenvolvido, e os cordões dorsais estão presentes nos trematódeos digêneos. A maioria dos trematódeos tem um par de cordões nervosos laterais.

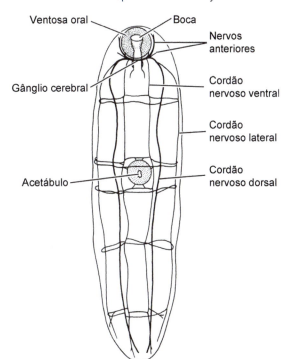

Figura 10.19 Esquema geral do sistema nervoso do tipo escada de um trematódeo (*vista ventral*).

As ventosas dos trematódeos contêm receptores táteis na forma de cerdas e pequenos espinhos. Também existem algumas evidências de quimiorreceptores reduzidos. Quase todos os trematódeos monogêneos têm um par de ocelos em taça pigmentar rudimentar, que se localizam perto do gânglio cerebral.

O gânglio cerebral dos cestoides geralmente é um anel nervoso complexo localizado no escólex (Figura 10.20). O anel contém dilatações ganglionares e origina vários nervos. Os nervos anteriores,

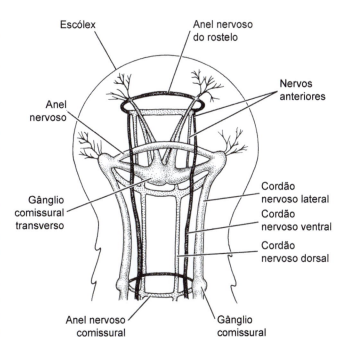

Figura 10.20 Sistema nervoso de um cestoide. Extremidade anterior de *Moniezia*, um ciclofilídeo. Os cordões longitudinais estendem-se ao longo do comprimento do animal.

na forma de um anel ou plexo, servem ao rostelo (quando presente) e aos outros órgãos de fixação. As dilatações ganglionares cerebrais laterais dão origem a um par de nervos longitudinais laterais principais, que se estendem ao longo do comprimento do animal. Em cada proglótide, esses nervos têm gânglios adicionais dos quais se originam as comissuras transversais e se conectam aos dois cordões longitudinais. Nervos longitudinais adicionais estão frequentemente presentes; o padrão mais característico inclui dois pares de cordões laterais acessórios – um par de cordões dorsais e um par de cordões ventrais. Como seria esperado, os órgãos dos sentidos são muito reduzidos nos cestoides e limitam-se aos receptores táteis abundantes no escólex.

Reprodução e desenvolvimento

Processos assexuados.
A reprodução assexuada é comum entre os platelmintos terrestres e de água doce com vida livre e, em geral, ocorre por fissão transversal. Existe variação geográfica quanto à tendência a que os espécimes passem por esse processo. Nos catenulídeos e macrostomorfos, um estranho tipo de fissão transversal múltipla ocorre onde os indivíduos assim formados permanecem fixados uns aos outros em uma corrente até que estejam suficientemente maduros para sobreviver sozinhos (Figura 10.21 A). Alguns tricladidos de água doce (p. ex., *Dugesia*) dividem-se ao meio atrás da faringe e cada metade segue seu próprio caminho, por fim regenerando as partes perdidas. Alguns (p. ex., *Phagocata*) se reproduzem por fragmentação, cada parte se encistando até que o novo verme se forme.

A notável habilidade regenerativa dos platelmintos de vida livre tem sido intensamente estudada há muitos anos. Grande parte dos estudos experimentais tem sido conduzida com o tricladido comum *Dugesia*, que é um animal bem-conhecido para estudantes iniciantes de zoologia. Por trás de todos os resultados bizarros das diversas cirurgias realizadas nesses animais (Figura 10.21 B e C) está o fato de que as células dos animais como *Dugesia* não são totipotentes; em termos de capacidade regenerativa das células, o corpo mostra uma polaridade anteroposterior. Contudo, as células da região mediana do corpo são menos fixadas em seu potencial de produzir outras partes do corpo em comparação àquelas que estão nas extremidades anterior e posterior. Desse modo, quando o platelminto tem seu corpo cortado ao meio (como ocorre durante a fissão transversal natural), cada metade irá regenerar a parte perdida correspondente. Contudo, se o animal é cortado transversalmente perto de uma extremidade – digamos, separando uma pequena parte da cauda do restante do corpo – o pedaço maior irá regenerar uma nova extremidade posterior, mas o pedaço da cauda não tem capacidade de produzir uma extremidade anterior inteira. Esse gradiente de potência das células tem sido de interesse particular para biólogos celulares e pesquisadores da área médica, em vista de sua relevância na cicatrização e do potencial de regeneração em animais superiores.

A reprodução assexuada é uma característica importante no ciclo de vida dos trematódeos, onde a habilidade de se reproduzir assexuadamente ajuda a garantir a sobrevivência, principalmente quando pode não haver parceiros potenciais nas proximidades.

Reprodução sexuada | Platelmintos de vida livre.
A maioria dos platelmintos de vida livre é hermafrodita e tem sistemas reprodutivos complexos e altamente diversificados (Figura 10.22). O sistema masculino inclui um único testículo (p. ex., macrostomorfos), pareado (p. ex., alguns rabdocelos) ou múltiplos (p. ex., policladidos). Os testículos são geralmente drenados por túbulos coletores, que se unem para formar um ou dois espermoductos, os quais frequentemente levam a uma área de armazenamento pré-copulatória ou vesícula seminal. As glândulas prostáticas que fornecem líquido seminal ao esperma estão associadas comumente à vesícula seminal, que é onde desembocam. A vesícula seminal é, em geral, parte de uma câmara muscular conhecida como **átrio masculino**, que abriga o órgão copulatório. O órgão propriamente dito de transferência dos espermatozoides pode ser um pênis na forma de papila ou um cirro eversível, por meio do qual os espermatozoides são forçados pela ação muscular do átrio.

O sistema reprodutor feminino é mais variado que o masculino. Grande parte dessa variação está relacionada com o fato de o platelminto em questão produzir ovócitos **endolécitos** ou **ectolécitos** – ou seja, de o verme ser descrito como **arcóforo** ou **neóforo**. Os arcóforo (p. ex., macrostomídeos, policladidos) geralmente têm um órgão, que produz ovos e vitelo. O produto final são ovócitos endolécitos. Esse órgão é conhecido como **germovitelário** e pode ocorrer sozinho ou pareado. Nos neóforos (p. ex., ordem Prolecithophora e toda a superclasse Euneoophora), o ovário (**germário**) está separado da glândula vitelínica (**vitelário**). Os ovos sem vitelo são produzidos pelo ovário e, em seguida, o vitelo celular é transportado por um ducto vitelínico e depositado ao lado do ovócito dentro da casca do ovo – um processo que resulta na formação dos ovócitos ectolécitos.

Em ambos os casos, os ovos geralmente são transportados por um oviducto em direção ao átrio feminino, que frequentemente tem câmaras especiais para receber e armazenar esperma (*i. e.*, bursa copulatória e receptáculo seminal). Associado a esse arranjo pode haver uma variedade de glândulas acessórias, tais como **glândulas de cimento**, para produzir as cascas e os envoltórios dos ovos.

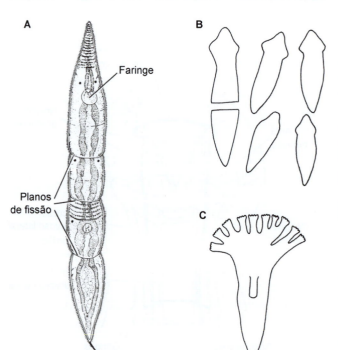

Figura 10.21 A. Reprodução assexuada por fissão transversal do platelminto catenulídeo *Alaurina*. **B** e **C.** Regeneração depois de lesões provocadas experimentalmente em planárias.

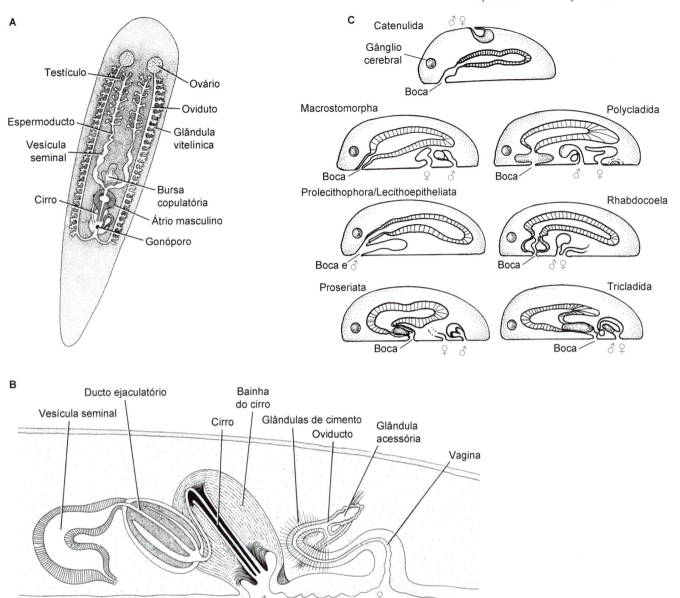

Figura 10.22 Sistemas reprodutivos em platelmintos de vida livre. **A.** Condição generalizada de um tricladido com ovários e glândulas vitelínicas separadas (condição neófora). **B.** Estruturas copulatórias de um tricladido (*corte sagital*). **C.** Esquema generalizado da posição relativa das estruturas reprodutivas do macho e da fêmea com respeito à localização da boca em sete táxons.

Os gonóporos masculino e feminino geralmente estão separados e o orifício feminino frequentemente se localiza em posição posterior ao poro masculino. Entretanto, em algumas espécies, os dois sistemas compartilham um orifício genital comum, enquanto em outras o átrio masculino se abre dentro da boca. Nesse último caso, a boca é referida como **poro oral–genital**.

Em geral, o cruzamento ocorre por fecundação cruzada mútua. Os dois membros do casal alinham-se de forma que o gonóporo masculino de cada um seja pressionado contra o gonóporo feminino do companheiro (Figura 10.23 A). O órgão copulatório masculino, ou **estilete** (ou pênis, ou cirro), é evertido por pressão hidrostática gerada pelos músculos que circundam o átrio e é introduzido dentro do átrio feminino do companheiro, onde os espermatozoides são depositados. Em seguida, o casal separa-se e cada um segue seu próprio caminho transportando os espermatozoides do outro. Em geral, a fecundação ocorre à medida que os ovos passam pelo átrio feminino ou dentro do próprio oviduto. Os zigotos são armazenados comumente por um período de tempo em partes especiais do sistema feminino, ou em ovidutos expandidos; qualquer uma dessas áreas de armazenamento chama-se **útero**.

Alguns platelmintos macrostomorfos e policladidos exibem inseminação hipodérmica, por meio da qual o estilete masculino é introduzido na parede corporal do parceiro e os espermatozoides são forçadamente injetados dentro do mesênquima. Em outros policladidos, indivíduos recebem espermatóforos dos parceiros em sua superfície dorsal. Embora a maioria dos casais de platelmintos forme pares, essa impregnação dérmica pode ocorrer em grupos. Por um método ainda não compreendido, depois do cruzamento, os espermatozoides acham seu caminho para o sistema feminino e fecundam os ovócitos.

No gênero *Macrostomum*, existe uma correspondência direta entre a morfologia do espermatozoide, a morfologia do estilete masculino e a fecundação ser hipodérmica ou por copulação (Figura 10.23 C e D). Os espermatozoides de todos os membros desse gênero têm "sensores", ou seja, projeções anteriores que mergulham na parede do trato reprodutivo feminino em posição para permitir a fecundação. Contudo, dependendo da espécie, os espermatozoides também podem ter cerdas voltadas para trás. As espécies nas quais o estilete tem forma de gancho fazem inseminação hipodérmica e os espermatozoides não têm cerdas. Por outro lado, as espécies nas quais o estilete não tem forma de gancho tendem a copular, e os espermatozoides têm cerdas. As cerdas parecem manter os espermatozoides em posição dentro do trato reprodutivo feminino depois da inseminação mútua do casal. Depois que o casal se separa, cada indivíduo aplica sua boca em sua própria vagina e "suga", evidentemente removendo os espermatozoides soltos. Os espermatozoides que ficaram embebidos em seus sensores dentro do trato reprodutivo feminino estão em posição para a fecundação e as cerdas parecem ajudar nesse processo. Os espermatozoides livres são retirados da vagina por sucção e, aparentemente, são comidos.

Na verdade, a ingestão do esperma dos parceiros em cruzamento pode ser um processo generalizado. Em outros platelmintos de vida livre pertencentes a vários táxons, a presença da **vesícula de Lang** está associada às espécies que fazem copulação. Embora essa estrutura pareça ser um órgão de armazenamento do esperma, seu significado ainda é duvidoso. Em geral, essa estrutura está ligada ao sistema digestivo e isso sugere que ela possa estar envolvida na digestão dos espermatozoides.

Uma vez alcançada a fertilização, os zigotos são retidos pelo genitor dentro do útero do trato reprodutivo feminino, ou depositados em vários tipos de massas gelatinosas ou ovos encapsulados (Figura 10.23 B). Desse modo, a maioria dos platelmintos maternos de vida livre está obrigada a contribuir significativamente com o cuidado dos seus embriões; esses animais podem ser descritos como ovíparos ou ovovivíparos. Alguns tricladidos de água doce produzem zigotos especiais para "hibernação", que são encapsulados e retidos dentro do trato reprodutivo feminino até a primavera.

A estratégia geral utilizada pela maioria dos platelmintos de vida livre é produzir quantidades relativamente pequenas de zigotos, que são protegidos por "choco" ou encapsulamento e têm desenvolvimento direto. Alguns policladidos produzem **larvas de Müller**, que nadam por alguns dias, antes do assentamento e da metamorfose (Figuras 10.24 e 10.25). Essas larvas estão equipadas com oito lobos ciliados direcionados ventralmente, por meio dos quais elas nadam. Algumas espécies de policladidos parasitários do gênero *Stylochus* produzem **larvas de Götte**, que têm quatro lobos, em vez de oito; e membros do gênero Catenulida *Rhynchoscolex* de água doce passam por um estágio vermiforme em seu desenvolvimento, que tem sido considerado uma forma larval.

A embriologia inicial difere acentuadamente entre os platelmintos arcóforos e neóforos. Os ovócitos endolécitos dos arcóforos passam por algum tipo de clivagem espiral (embora alguns autores questionem os detalhes desse processo). O padrão e os destinos das células de muitos desses embriões arcóforos são nitidamente semelhantes aos protostômios e essa clivagem espiral tem sido bem estudada (especialmente nos policladidos).

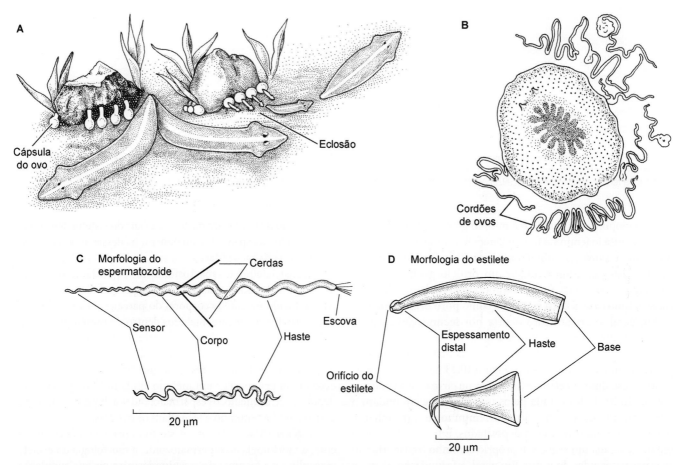

Figura 10.23 Cruzamento e postura de ovos em rabdocelos. **A.** Cruzamento, conjunto de ovos e eclosão em planárias de água doce. **B.** Postura de ovos pelo policladido *Stylochus*. **C.** Morfologia do espermatozoide e do estilete de *Macrostomum lignano*, uma espécie na qual os indivíduos copulam reciprocamente durante o cruzamento. **D.** Morfologia do espermatozoide e do estilete de *Macrostomum hystrix*, uma espécie na qual ocorre inseminação hipodérmica.

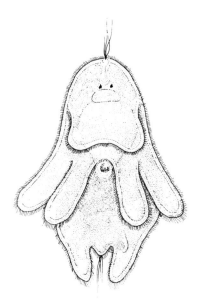

Figura 10.24 Vista "frontal" da larva de Müller de um policladido (*Planocera*).

Quartetos de células são formados e seu destino pode ser descrito utilizando o sistema de codificação de Wilson (Capítulo 5). No final da clivagem espiral, o embrião é considerado uma estereoblástula, orientada com os derivados do primeiro quarteto de micrômeros no polo animal e os macrômeros no polo vegetal. As células 1q tornam-se a ectoderme anterior, gânglio cerebral e a maior parte do restante do sistema nervoso. As derivadas da 2q contribuem para a ectoderme e ectomesoderme, particularmente aquela do aparato faríngeo e de sua musculatura associada. O restante da ectoderme e provavelmente alguma ectomesoderme são formados a partir das derivadas do terceiro quarteto de micrômeros. A célula 4d, normalmente associada apenas à endomesoderme em protostômios típicos, divide-se para formar as células $4d_1$ e $4d_2$ em policladidos. A célula $4d_1$ origina a endoderme e, consequentemente, o intestino; a célula $4d_2$ forma a endomesoderme, a partir da qual derivam a parede corporal e os músculos mesenquimais, grande parte da massa mesenquimal e a maior parte do sistema reprodutivo. As células restantes (4a, 4b, 4c e 4Q) incluem a maior parte do vitelo e são incorporadas ao arquêntero em desenvolvimento como alimento embrionário.

A gastrulação ocorre por epibolia da provável ectoderme derivada de algumas das células dos primeiros três quartetos de micrômeros. A ectoderme cresce a partir do polo animal para o polo vegetal, circundando as células 4q e 4Q. No polo vegetal, a ectoderme se vira para dentro como uma invaginação estomodeal, que depois se desenvolve como faringe e liga-se com o intestino em desenvolvimento (Figura 10.25). À medida que o desenvolvimento avança, o embrião se achata, com a boca direcionada ventralmente, e eclode como um platelminto minúsculo. Se o desenvolvimento é indireto, a larva emerge mais ou menos na fase em que o intestino é oco.

Em razão da deposição do vitelo extracelular com os ovócitos ectolécitos, o desenvolvimento das espécies neóforas é acentuadamente modificado em relação ao plano descrito anteriormente. Certas espécies de rabdocelos e tricladidos têm sido extensivamente estudadas, e os dois grupos diferem – especialmente nos estágios iniciais. Em ambos os casos, a clivagem é tão distorcida que os destinos das células e a formação das camadas germinativas não podem ser comparados facilmente com o padrão típico de Spiralia. Nos rabdocelos, a clivagem inicial leva à formação de três massas de células posicionadas ao longo da suposta superfície ventral do embrião, sob a massa de vitelo (Figura 10.26 A). As massas de células produzem então uma camada de células, que se estende ao redor de forma a envolver o vitelo. Essa cobertura engrossa até formar várias camadas de células e, por fim, a camada mais interna se torna o revestimento intestinal (e o envoltório do vitelo), enquanto a camada mais externa torna-se

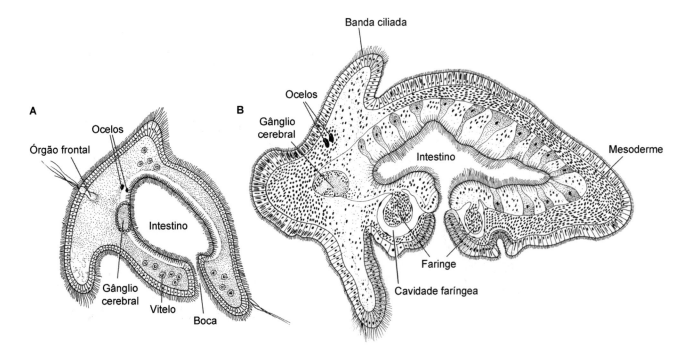

Figura 10.25 Desenvolvimento de um policladido. A. Larva de Müller (*corte sagital*). B. Estágio larval tardio, mostrando a formação do aparato faríngeo (*corte sagital*).

a epiderme. A massa de células anteriores forma o sistema nervoso, enquanto a massa de células intermediárias constitui a faringe e os músculos associados. A massa de células posteriores forma a parte posterior do verme e o sistema reprodutivo.

O desenvolvimento inicial em tricladidos difere daquele de outros neóforos. Durante a clivagem inicial, os blastômeros estão soltos dentro de uma massa circundante de vitelo líquido – uma condição conhecida como "anarquia dos blastômeros". Alguns blastômeros migram em direção oposta aos outros e se achatam para formar uma membrana fina, que circunda um pacote de vitelo, incluindo-se os blastômeros restantes (Figura 10.26 B e C). Esses blastômeros migratórios são conhecidos comumente como **células da casca**, mas a **membrana da casca** (que envolve o vitelo) produzida por eles pode ser variada e não ser homóloga entre os táxons de platelmintos. Células vitelínicas adicionais são produzidas na forma de uma massa sincicial ao redor de um grupo de embriões em desenvolvimento e encapsulados (até 40 por cápsula). Por meio da migração e da diferenciação de vários blastômeros, cada embrião forma intestino temporário, faringe e boca, através do qual ele ingere o sincício de vitelo. Por fim, a boca embrionária se fecha e a parede do embrião se espessa para formar as massas de células anterior, intermediária e posterior, cujos destinos são semelhantes aos dos rabdocelos.

Reprodução sexuada | Trematódeos.

Como os platelmintos de vida livre, os trematódeos são hermafroditas e geralmente fazem fecundação cruzada mútua. A autofecundação ocorre apenas em casos raros. Existe uma ampla variação quanto aos detalhes dos sistemas reprodutivos entre os trematódeos, mas a maioria é construída ao redor do plano comum semelhante ao de certos platelmintos de vida livre (Figura 10.27). O sistema masculino inclui uma quantidade variável de testículos (em geral, muitos nos trematódeos monogêneos e dois em digêneos), mas todos drenam para um espermoducto comum que leva a um aparelho copulatório, geralmente um cirro eversível. O lúmen do cirro é contínuo com aquele do espermoducto, e sua junção comumente é dilatada como uma vesícula seminal. As glândulas prostáticas geralmente estão presentes, abrindo-se para dentro do lúmen do cirro nas proximidades da vesícula seminal. Todas essas estruturas terminais estão abrigadas dentro de um **saco do cirro** muscular, cuja contração provoca a eversão do cirro como um órgão intromitente (Figura 10.27 C). O poro genital comum abre-se ventralmente perto da extremidade anterior do animal e leva a um átrio raso, geralmente compartilhado pelos sistemas masculino e feminino. Muitos trematódeos monogêneos têm sistemas masculinos mais simples que o descrito anteriormente, faltando, com frequência, muita elaboração das estruturas terminais e possuindo uma **papila peniana** simples, em vez de um cirro eversível.

O sistema reprodutor feminino (Figura 10.27 B) geralmente tem um único ovário ligado por um oviducto curto à região conhecida como **ovótipo**. O oviducto é ligado por um ducto de vitelo (= ducto vitelínico) formado pela união de ductos pareados, que levam vitelo de múltiplas glândulas vitelínicas posicionadas lateralmente. Em geral, há um receptáculo seminal na forma de uma bolsa cega no oviducto. O útero único estende-se anteriormente até o átrio genital e, em alguns casos, é modificado como uma **vagina** nas proximidades do gonóporo feminino.

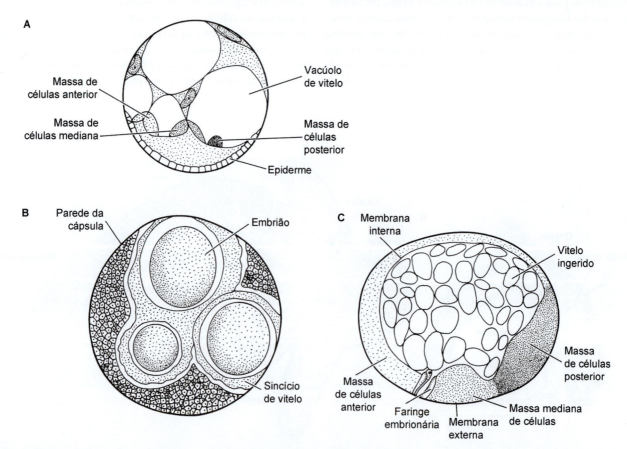

Figura 10.26 Desenvolvimento dos neóforos. **A.** O embrião de um rabdocelo típico tem três massas celulares com células de vitelo externas grandes e vacuoladas. **B.** Cápsula do ovo de um tricladido contendo três embriões circundados pelo sincício de vitelo. **C.** Esse único embrião de tricladido ingeriu o vitelo por meio de sua faringe embrionária temporária e apresenta três massas de células.

Capítulo 10 Filo Platyhelminthes 375

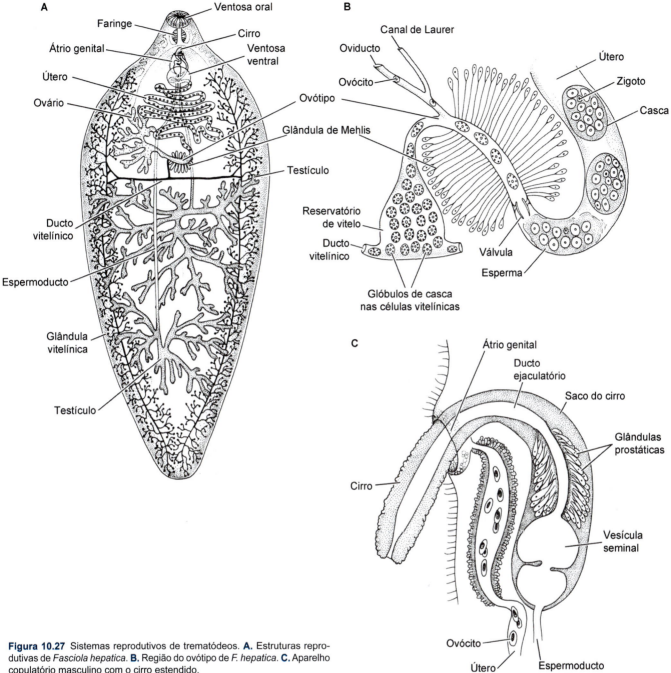

Figura 10.27 Sistemas reprodutivos de trematódeos. **A.** Estruturas reprodutivas de *Fasciola hepatica*. **B.** Região do ovótipo de *F. hepatica*. **C.** Aparelho copulatório masculino com o cirro estendido.

Os espermatozoides são produzidos nos testículos e armazenados antes da copulação na vesícula seminal (Figura 10.27 C). Durante o cruzamento, dois trematódeos alinham-se de forma que o cirro de cada um possa ser introduzido no orifício feminino do outro. O esperma, junto com o sêmen das glândulas prostáticas, são ejaculados dentro do sistema feminino por contrações musculares. O esperma move-se para o receptáculo seminal, onde é armazenado; em seguida, o casal separa-se. À medida que os ovócitos passam pelo oviducto para o ovótipo, eles são fecundados pelos espermatozoides liberados do receptáculo seminal para dentro do oviducto.

Os trematódeos produzem ovócitos ectolecitais. As glândulas vitelínicas produzem vitelo, que é depositado fora dos ovos junto com as secreções que formam uma casca dura ao redor do zigoto. Encapsulados dessa forma, os zigotos se movem do ovótipo para o útero, provavelmente facilitados pelas secreções dos grupos de **glândulas de Mehlis** unicelulares. Os zigotos podem ser armazenados dentro do útero por vários períodos de tempo, antes que sejam liberados pelo gonóporo feminino.

Alguns trematódeos têm um canal adicional, que sai do oviducto e serve como um ducto copulatório especial. Esse ducto é conhecido como **canal de Laurer** e abre-se na superfície dorsal do corpo, onde recebe o cirro masculino durante o cruzamento. Alguns poucos platelmintos policladidos e tricladidos de vida livre também têm um ducto copulatório semelhante.

Fecundidade alta é uma regra geral entre os parasitas, e os trematódeos não são exceção. Os riscos acarretados pelos ciclos de vida complexos e pela localização de hospedeiro resultam em taxas de mortalidade extremamente altas, que precisam ser compensadas pelo aumento da produção de zigotos ou por processos assexuados. Os trematódeos podem produzir até 100.000 vezes mais ovócitos que as espécies de vida livre.

Os estágios iniciais do desenvolvimento de trematódeos são em geral muito modificados em virtude da natureza ectolecital dos ovócitos. Em espécies nas quais pouco vitelo está presente, a clivagem é holoblástica, e os destinos das células e a formação das camadas germinativas têm sido traçados acuradamente. O desenvolvimento quase sempre é misto e envolve um ou mais estágios larvais independentes.

Os ciclos de vida dos trematódeos monogêneos são relativamente simples e incluem apenas um hospedeiro. A maioria dos adultos é constituída de ectoparasitas de peixes, embora alguns se fixem em tartarugas, vários anfíbios e até mesmo alguns invertebrados. Alguns membros de Monogenea têm adquirido um estilo de vida mesoparasítico e vivem em câmaras do corpo do hospedeiro, que se abrem para o ambiente (p. ex., câmaras branquiais, boca, bexiga e cavidade cloacal). Quando os embriões são liberados do útero, eles geralmente se fixam ao tecido do hospedeiro por meio de fios adesivos especiais existentes na casca. Após a eclosão, um estágio larval conhecido como **oncomiracídio** é liberado no ambiente (Figura 10.28). O oncomiracídio é densamente ciliado e nada livremente até encontrar outro hospedeiro apropriado. Os estímulos que as larvas utilizam para localizar hospedeiros particulares podem ser táteis, químicos, ou podem variar dependendo das densidades locais de hospedeiros e de outras larvas. O pró-háptor e especialmente o opisto-háptor desenvolvem-se durante o estágio larval e facilitam a fixação ao novo hospedeiro, no qual a larva passa por metamorfose para um jovem Trematoda. É praticamente nessa época que a pele ciliada da larva é desprendida e forma-se o tegumento (= neoderme). Existem muitas variações desse ciclo de vida básico entre os membros da classe Monogenea; apresentamos dois na forma de esquemas na Figura 10.29.

Os trematódeos digêneos (ordens Diplostomida e Plagiorchiida) incluem alguns dos parasitas mais bem-sucedidos de que se tem conhecimento. Existem amplas variações não apenas na morfologia do adulto, mas também nos seus ciclos de vida (Figura 10.30). Em geral, os ovos são produzidos pelos vermes adultos em seu hospedeiro definitivo. Depois da fecundação, os zigotos finalmente são liberados por meio das fezes, da urina ou do catarro do hospedeiro. Quando chegam à água, eles são ingeridos por um hospedeiro intermediário ou eclodem na forma de larvas ciliadas livres-natantes conhecidas como **miracídios**, que penetram ativamente em um hospedeiro intermediário. Várias gerações assexuadas das formas larvais ocorrem no hospedeiro intermediário e, por fim, produzem as formas livres-natantes conhecidas como **cercárias**. As cercárias geralmente encistam dentro de um segundo hospedeiro intermediário e transformam-se nas **metacercárias**. A infecção do hospedeiro definitivo ocorre quando as metacercárias são ingeridas ou, quando não há um segundo hospedeiro intermediário, quando as cercárias penetram diretamente. A pele da larva é perdida no hospedeiro definitivo e ela desenvolve um tegumento sincicial.

Nos seus estágios adultos, quase todos os trematódeos digêneos são endoparasitas de vertebrados. Esses parasitas são conhecidos por sua capacidade de viver em quase todos os órgãos do corpo, e muitos são patógenos sérios em seres humanos e animais de criação. Os hospedeiros intermediários de todos os trematódeos são gastrópodes, embora alguns sejam conhecidos por usar outros invertebrados ou até mesmo certos vertebrados. A maioria das espécies de caramujos abrigam uma ou mais espécies de trematódeos digêneos; o gastrópode comum das planícies de maré da Califórnia conhecido como *Cerithideoposis californica* serve como hospedeiro intermediário de quase uma dúzia de espécies de digêneos, das quais a maioria finalmente infecta aves costeiras. Quase todos os trematódeos que infectam *C. californica* causam castração dos caramujos e, assim, teoricamente liberam as reservas de energia do hospedeiro para seus propósitos pessoais, na medida em que passam sua vida produzindo sua própria prole. As limitações de espaço deste livro não permitem a descrição de mais que alguns ciclos de vida desses vermes. Iniciaremos a seguir com um caso geral, utilizando como exemplo o trematódeo hepático chinês *Clonorchis sinensis* (ordem Plagiorchiida). Esse trematódeo está amplamente distribuído no Extremo Oriente e apresenta todos os estágios comuns encontrados nos ciclos de vida da maioria dos trematódeos digêneos. No norte da Tailândia, um trematódeo semelhante (*Opisthorchis viverrini*) tem ciclo de vida e causa patologias semelhantes.

Em geral, o trematódeo hepático chinês adulto vive dentro dos ramos do ducto biliar dos seres humanos. Esse animal pode alcançar vários centímetros de comprimento e, quando presente em grandes quantidades, causa problemas graves, como colangiocarcinoma (um câncer fatal do ducto biliar). Enquanto ainda se encontram no útero do trato reprodutivo feminino, os zigotos transformam-se em miracídios, cada um abrigado dentro de sua casca do ovo original. Uma vez liberados pelo sistema feminino e colocados para fora com as fezes do hospedeiro, os miracídios são ingeridos pelo primeiro hospedeiro intermediário, que é um caramujo do gênero *Parafossarulus*. O miracídio natatório ciliado eclode de seu ovo no intestino do caramujo e migra para dentro da glândula digestiva. Nesse órgão, cada miracídio torna-se uma forma assexuadamente ativa conhecida como **esporocisto**, dentro do qual as células germinativas transformam-se ainda em outra forma larval conhecida como **rédia**.

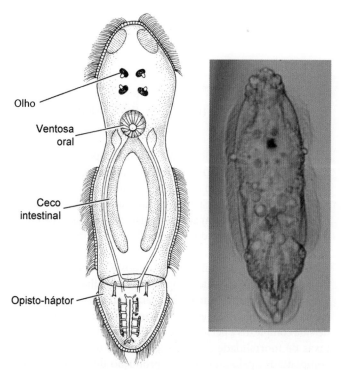

Figura 10.28 Fotografia e ilustração de uma larva oncomiracídia de um trematódeo monogêneo.

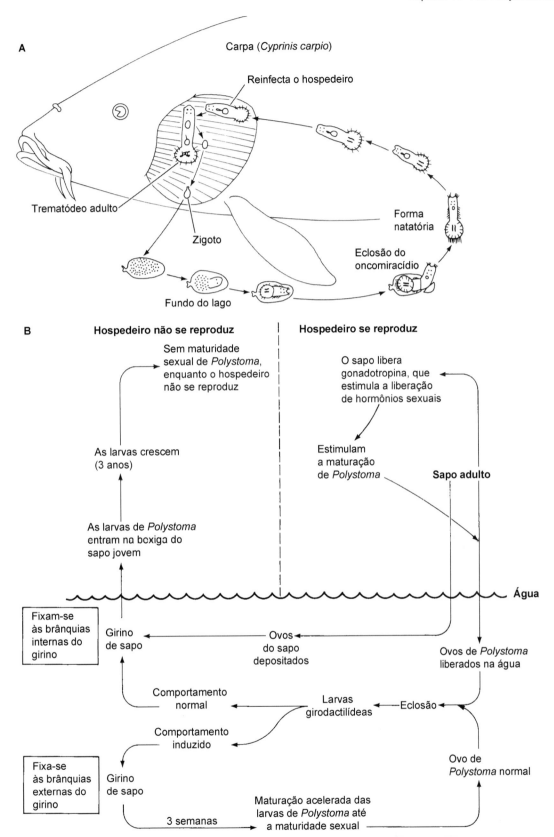

Figura 10.29 Ciclos de vida de dois trematódeos monogêneos. **A.** Ciclo de vida de *Dactylogyrus vastator*, um parasita de peixes ciprinodontiformes de água doce. **B.** Ciclo de vida de *Polystoma integerrimum*, um parasita da bexiga urinária de sapos. Essa história de vida fascinante demonstra as influências dramáticas exercidas pelo estágio de desenvolvimento do hospedeiro no desenvolvimento do parasita. Sob condições normais, o trematódeo adulto vive na bexiga dos sapos adultos. O trematódeo libera ovócitos fecundados na água, onde eclodem na forma de oncomiracídio. Por sua vez, essas larvas transformam-se nas chamadas larvas girodactilídeas, que atacam os estágios larvais de girino do hospedeiro. Se o girino for muito jovem, as larvas do trematódeo fixam-se às brânquias externas do hospedeiro e sofrem maturação sexual precoce (progênese) para produzir mais zigotos; esses trematódeos morrem após a metamorfose do hospedeiro. Contudo, se as larvas de trematódeo encontram girinos em estágios mais avançados, elas entram nas câmaras branquiais e fixam-se as brânquias do hospedeiro, onde residem até que o hospedeiro passe pela metamorfose. Nessa ocasião, os trematódeos deixam a câmara branquial, migram até o poro cloacal e entram na bexiga do hospedeiro. Nessa estrutura, os trematódeos vivem e crescem, mas não se tornam sexualmente ativos até que sejam influenciados pelos hormônios sexuais do hospedeiro. Desse modo, a reprodução sexuada do hospedeiro e dos seus parasitas estão sincronizadas – um padrão que assegura a disponibilidade de larvas de hospedeiros para parasitas larvais!

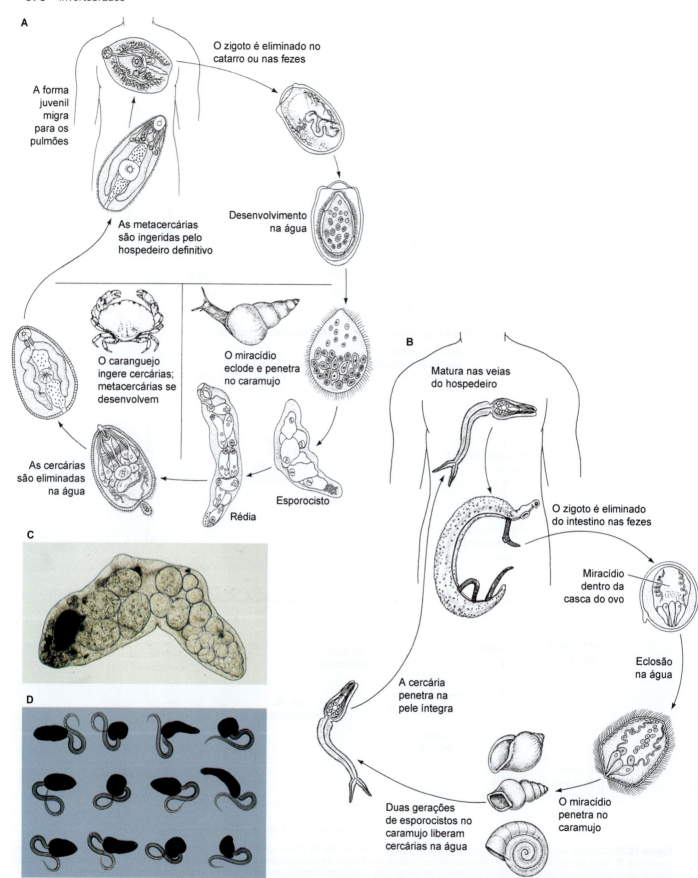

Figura 10.30 Ciclos de vida de dois trematódeos digêneos. **A.** Ciclo de vida de *Paragonimus westermani*, o trematódeo pulmonar humano (ordem Plagiorchiida). **B.** Ciclo de vida do trematódeo sanguíneo *Schistosoma mansoni* (ordem Diplostomida), uma das três espécies que causam esquistossomose (bilharzia) em seres humanos. A esquistossomose está entre as doenças mais amplamente distribuídas nas áreas tropicais do mundo e é de grande importância médica. Dependendo da espécie de esquistossomo envolvida, vários órgãos do corpo são afetados (p. ex., vasos sanguíneos, bexiga urinária, fígado). Em *S. mansoni*, as larvas são disseminadas por caramujos de água doce; quando pessoas entram em contato com essa água contaminada, as larvas fixam-se e penetram em sua pele. A doença resultante – bilharzia ou esquistossomose – acomete cerca de 67 milhões de pessoas na África e na América do Sul. **C.** Trematódeo no estágio de rédia. **D.** Cercárias de um trematódeo do caramujo-de-chifre da Califórnia (*Cerithideoposis californica*).

Em seguida, as células germinativas existentes dentro da rédia produzem a larva cercária. Essa sequência dupla de reprodução assexuada rápida resulta talvez em 250.000 cercárias de cada miracídio original!

As cercárias deixam o caramujo, nadam livremente e entram no segundo hospedeiro intermediário, que é a carpa dourada chinesa (*Macropodus opercularis*). As cercárias de *C. sinensis* perfuram e atravessam a pele do peixe, encistando no tecido muscular na forma de metacercárias. Se o peixe não for bem-cozido e depois for ingerido por um ser humano, as metacercárias sobrevivem e são liberadas de seus cistos pela ação das enzimas digestivas do hospedeiro. Uma vez liberadas, as metacercárias migram para o ducto biliar, sofrem metamorfose em vermes juvenis, passam pelo processo de maturação e completam o ciclo. Os trematódeos adultos podem viver em seus hospedeiros por muitos anos, causando irritação e obstruções. Com esse ciclo de vida geral em mente, ver Figura 10.30 para uma rápida exposição de mais dois exemplos.

Nesse caso, um ponto crítico são as estratégias de sobrevivência demonstradas por esses parasitas. Evidentemente, não existe garantia de encontrar os hospedeiros apropriados nos momentos certos e as taxas de mortalidade são extremamente altas. As vantagens da alta especialização poderiam ser a eficiência e a competição reduzida com outras espécies, depois de seu estabelecimento em um hospedeiro apropriado. Contudo, as infecções múltiplas e a competição dentro do hospedeiro podem ser intensas, favorecendo diversas adaptações competitivas entre as espécies, incluindo em ao menos uma espécie de trematódeo (*Himasthla*), soldados e castas reprodutivas dentro dos moluscos hospedeiros, semelhantes às observadas nos insetos sociais. Essas adaptações implicam a existência de seleção intensa, que atua tanto nos estágios de vida larval quanto adulta. Como enfatizamos antes, a compensação para essa taxa de mortalidade tão alta é fecundidade alta combinada com reprodução assexuada – e nisso está o custo principal.

Reprodução sexuada | Cestoides. A lição de que o "negócio dos animais é se reproduzirem" fica bem-demonstrada nos cestoides. A maior parte de seu tempo, energia e massa corporal é dedicada à produção de mais solitárias. Como outros platelmintos, os cestoides são hermafroditas e fazem fecundação cruzada mútua quando existem parceiros sexuais disponíveis. Contudo, alguns cestoides são conhecidos por sua capacidade de autofecundação. As ordens Amphilinidea e Gyrocotylidea possuem um único sistema reprodutor masculino e um único sistema reprodutor feminino, enquanto os cestoides mais derivados têm sistemas complexos repetidos dentro de cada proglótide. Existem amplas variações quanto aos detalhes desses sistemas; a seguir, temos uma descrição generalizada dos sistemas masculino e feminino como eles ocorrem em uma única proglótide de um cestoide (Figura 10.31).

Os testículos são numerosos. Alguns estão dispersos por todo o mesênquima, mas a maioria concentra-se ao longo das margens laterais. Túbulos coletores levam dos testículos a um único espermoducto enrolado, que se estende lateralmente (na forma de uma vesícula seminal) até um cirro abrigado dentro de um saco do cirro muscular. O sistema masculino esvazia dentro de um átrio genital comum.

O sistema feminino geralmente inclui dois ovários dos quais um oviducto se estende para um ovótipo circundado pelas glândulas da casca. O útero é um saco cego ramificado que se estende do ovótipo. Um ducto estende-se do gonóporo feminino no átrio genital para o oviducto; sua junção com o oviducto, perto do tubo, é dilatada como um receptáculo seminal. A parte do ducto que está perto do átrio genital é chamada vagina. Uma glândula vitelínica difusa esvazia-se dentro do oviducto por meio de um ducto vitelínico.

Durante a fecundação cruzada mútua, o cirro de cada parceiro sexual é introduzido dentro da vagina do outro. Muitos cestoides dobram-se sobre o próprio corpo, de forma que duas proglótides do mesmo verme possam fazer fecundação cruzada; em algumas espécies, a autofecundação é conhecida por ocorrer dentro de

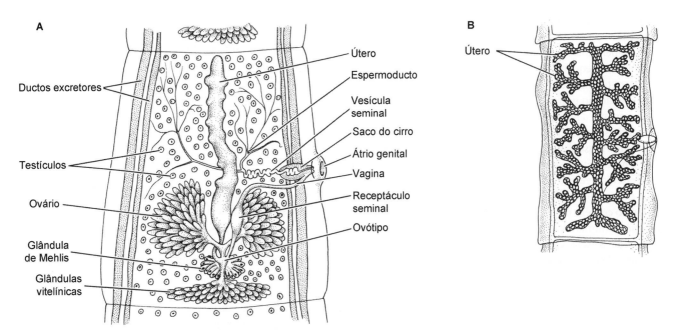

Figura 10.31 Sistemas reprodutivos dos cestoides. **A.** Proglótide madura de *Taenia solium*. **B.** Proglótide grávida com útero expandido. Ver também a Figura 10.4.

uma única proglótide. Os espermatozoides são injetados para dentro do ducto vaginal e são armazenados no receptáculo seminal. Os ovócitos são fecundados à medida que se movem pelo oviducto dos ovários para o ovótipo. O material da cápsula e as células vitelínicas são depositados ao redor de cada zigoto, e os zigotos são movidos para dentro do útero para armazenamento temporário.

Os sistemas reprodutivos sofrem maturação e, com o tempo, tornam-se funcionais à medida que se movem mais posteriormente ao longo do corpo pela produção de novas proglótides. Se ocorre cópula, as proglótides em direção à extremidade posterior tornam-se preenchidas com um útero expandido repleto de embriões em desenvolvimento (Figura 10.31 B). Por fim, essas proglótides desprendem-se do corpo e são eliminadas do hospedeiro pelas fezes, embora em alguns casos as proglótides liberem os embriões dentro do hospedeiro e os embriões sejam eliminados com as fezes. O desenvolvimento inicial dos embriões de cestoides é extremamente diferente do padrão observado nos platelmintos de vida livre e varia até certo ponto entre grupos diferentes. Contudo, como todos os membros do grupo Neodermata, depois da fecundação, os ovócitos ectolécitos dos cestoides não apresentam vestígios de clivagem espiral e é difícil ou impossível sequer discernir a formação das camadas germinativas.

A maioria dos cestoides adultos vive nos tratos digestivos de vertebrados e geralmente depende de um ou mais hospedeiros intermediários para concluir seus ciclos de vida. Algumas espécies podem completar seu ciclo de vida em um único hospedeiro. Dependendo do número de hospedeiros e de outros fatores, os ciclos de vida dos cestoides são muito variados e descrevemos aqui apenas dois exemplos.

Taenia saginata (ordem Cyclophyllidea) é conhecida como solitária da carne bovina, porque os bovinos são seus hospedeiros intermediários. Os vermes adultos podem medir mais de 1 m de comprimento e vivem no intestino delgado dos seres humanos (Figura 10.32 A). À medida que as proglótides sofrem maturação, são liberadas nas fezes do hospedeiro. Os ovócitos fecundados se libertam no ambiente à medida que as proglótides se desintegram. Nesse momento, cada zigoto desenvolveu-se até um estágio conhecido como **oncosfera** circundada por uma cobertura resistente chamada **embrióforo**, que permite ao embrião permanecer no ambiente por 2 a 3 meses. Geralmente seis ganchos pequenos estão evidentes no embrião e, por isso, a oncosfera também é conhecida como **larva hexacanta**.

Se o gado, ao pastar, ingerir a oncosfera, ela será liberada de sua cobertura, a larva hexacanta penetrará na parede intestinal utilizando seus ganchos e será transportada pelo sistema circulatório até a musculatura esquelética do bovino. Nesses músculos, a larva hexacanta desenvolve-se até um estágio conhecido como **cisticerco** (ou verme vesicular), que encista nos tecidos conjuntivos dentro do músculo do hospedeiro intermediário. Cada cisticerco contém um escólex invaginado em desenvolvimento. Se os seres humanos ingerirem a carne de boi infectada crua ou malcozida, o escólex evagina e fixa-se ao revestimento do intestino delgado do seu novo hospedeiro, onde o verme adulto cresce e sofre maturação. (Outro cestoide – *Taenia solium* – utiliza os porcos como hospedeiros intermediários e tem um ciclo de vida semelhante.)

Os ciclos de vida de alguns cestoides envolvem dois ou mais hospedeiros, como o de *Diphyllobothrium latum*, também conhecido como tênia do peixe (ordem Diphyllobothriidea) (Figura 10.32 B). Quase todos os mamíferos que se alimentam de peixes, incluindo os seres humanos, podem servir como hospedeiros definitivos para essas solitárias. Os zigotos encapsulados são liberados das proglótides maduras e eliminados nas fezes do hospedeiro. Depois de 1 a 2 semanas na água, os embriões desenvolvem-se até o estágio de oncosfera (larva hexacanta). Nessa ocasião, cada oncosfera está envelopada dentro de um embrióforo ciliado e eclode como uma larva livre-natante conhecida como **coracídio**. De forma a continuar seu ciclo de vida com sucesso, o coracídio precisa ser ingerido pelo primeiro hospedeiro intermediário, que é um copépode (Crustacea). Os cílios são desprendidos e as larvas hexacantas liberadas perfuram e atravessam a parede intestinal até entrar na cavidade corporal do hospedeiro, onde se desenvolvem até um estágio **procercoide**. Certas espécies de peixes de água doce podem atuar como segundo hospedeiro intermediário. O peixe ingere o copépode, o procercoide perfura o trato digestivo e entra nos tecidos musculares do peixe, e lá cresce até um estágio segmentado de **plerocercoide**, completo com um escólex diminuto. Quando um ser humano ingere peixes infectados crus ou malcozidos, o plerocercoide fixa-se à parede intestinal e matura.

Filogenia dos platelmintos

Ideias quanto à origem dos platelmintos, suas relações com outros filos e sua evolução dentro do grupo têm sido debatidas desde os primeiros anos do século 19. A inexistência de um registro fóssil robusto e sua extrema simplicidade anatômica têm dificultado as análises filogenéticas baseadas na morfologia – existem poucas características confiáveis, que poderiam identificar e diferenciar os clados. Na verdade, sinapomorfias inequívocas que definam o filo Platyhelminthes ainda não são conhecidas. Os fósseis dos platelmintos consistem basicamente em estruturas deixadas nos hospedeiros pelas espécies parasitárias, ou em evidências ocasionais fornecidas pelos coprólitos dos hospedeiros, embora alguns resquícios fósseis do início da era Paleozoica tenham sido atribuídos a esse filo.

No século 20, surgiram várias hipóteses populares quanto à origem dos platelmintos (ou acelos). A hipótese ciliado-paraacelo (descrita no Capítulo 5 como parte da teoria sincicial de Hadzi e Hansen) foi abandonada pela maioria dos zoólogos modernos. Outra hipótese ficou conhecida como teoria ctenóforo–policladido e sugeria que os ctenóforos tenham originado os platelmintos policladidos. Esse cenário criativo imaginava um ctenóforo achatado, que assumiu um estilo de vida rastejante e bentônico, com a boca direcionada contra o substrato. Com a redução dos tentáculos e sua transferência para frente junto com o órgão sensorial apical, uma condição bilateral foi alcançada. Juntando esses eventos com o aumento das ramificações do trato digestivo e a formação de uma faringe plicada, chega-se perto do plano corpóreo de um policladido – ao menos no papel. Essa hipótese também já não tem mais sustentação.

Hoje podemos seguramente assumir que o platelminto original era um animal de vida livre, embora não necessariamente atribuível a qualquer ordem atual. Peter Ax, Tor Karling e Ulrich Ehlers apresentaram várias versões desse "arquétipo turbelário". Esses platelmintos ancestrais hipotéticos foram imaginados como se

Capítulo 10 Filo Platyhelminthes **381**

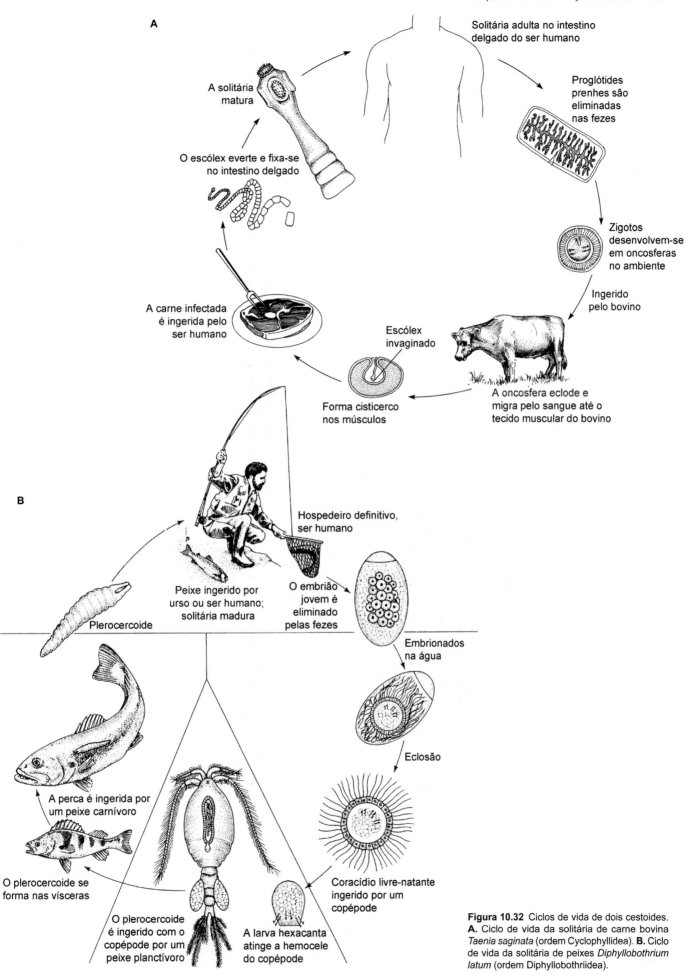

Figura 10.32 Ciclos de vida de dois cestoides. **A.** Ciclo de vida da solitária de carne bovina *Taenia saginata* (ordem Cyclophyllidea). **B.** Ciclo de vida da solitária de peixes *Diphyllobothrium latum* (ordem Diphyllobothriidea).

tivessem faringe simples e um trato digestivo em forma de saco sem divertículos, como se observa nos catenulídeos e nos macrostomorfos modernos (Figura 10.33 A a B). Também existe concordância geral de que o platelminto primitivo provavelmente era um arcóforo com ovócitos endolécitos, clivagem espiral e epiderme completamente ciliada em camada única.

Em 1963, Ax sugeriu que os platelmintos poderiam realmente ser mais altamente derivados (na linhagem dos protostômios) do que se pensava antes e que eles poderiam representar uma série de reduções de um ancestral celomado vermiforme – um caso de redução extrema por pedomorfose (retenção pelos espécimes adultos de traços encontrados nos jovens), talvez por neotenia, na qual o desenvolvimento somático dos adultos é lento ou retardado. Esse conceito tinha alguma sustentação, especialmente no que se refere aos acelomorfos (que, então, incluíam os platelmintos). Também existia a ideia de que os platelmintos tenham sido originados por progênese (um tipo de pedomorfose, na qual o desenvolvimento sexual das larvas ou das formas jovens é acelerado) a partir dos estágios de desenvolvimento dos primeiros protostômios, antes do surgimento embrionário das cavidades celômicas – ou seja, maturação rápida dos estágios larvais ou de outros estágios que tinham corpos sólidos, ou ainda continham blastocele. Provavelmente, você começou a perceber como os zoólogos têm se esforçado para entender o que os platelmintos "realmente são"!

Felizmente, as análises modernas das sequências gênicas começaram a lançar mais luz sobre a filogenia dos platelmintos, incluindo a remoção de Acoelomorpha (agora classificados no filo Xenacoelomorpha) e a aceitação ampla de que os platelmintos incluem dois clados principais – Catenulida e Rhabditophora. Estudos de filogenia molecular também apoiam a monofilia dos Neodermata e também dos seus três clados principais – Trematoda, Monogenea e Cestoda. Análises do DNA mitocondrial sugeriram que o clado Monogenea seja basal no clado Neodermata, mas as análises "genômicas" nucleares e do rRNA 18S (e da morfologia) sugerem que o clado Trematoda seja basal e que os clados Monogenea + Cestoda formem um grupo-irmão. Essa incerteza aparece na forma de uma tricotomia em nossa árvore filogenética (Figura 10.34). É importante salientar que os estudos de filogenia molecular colocam claramente os platelmintos no clado dos protostômios e, em geral, esses animais são classificados entre os Spiralia. Por isso, embora possam estar até certo ponto afastados da base da árvore dos bilatérios, a simplicidade morfológica dos platelmintos provavelmente representa uma condição ancestral e quase certamente não se deve à perda ou à redução secundária das características complexas, como o celoma ou a segmentação.

A disponibilidade de bancos de dados genômicos referidos aos platelmintos é desigual. Hoje em dia, existem genomas de referência de alta qualidade para alguns parasitas, tais como *Schistosoma mansoni* e *Echinococcus multilocularis*, e análises detalhadas de *S. haematobium* e *Taenia solium*, assim como do genoma parcial de duas dúzias de cestoides e cerca do mesmo número de trematódeos. Entretanto, poucos platelmintos de vida livre tiveram seus genomas completamente sequenciados, ou nenhum. Recentemente, pesquisadores desenvolveram um esboço do genoma de *Macrostomum lignano* e outros tentaram uma compilação genômica do triclado *Schmidtea mediterranea*, embora ainda não tenha sido publicada. No caso do trematódeo *Schistosoma*, pesquisadores identificam duas sequências de genes mitocondriais diferentes. Entretanto, todas as outras espécies parasitárias examinadas têm apenas uma sequência de genes semelhante. As sequências gênicas dos grupos de vida livre geralmente são muito diferentes entre si (e da ordem gênica das espécies parasitárias). Tudo isso significa que o esclarecimento definitivo da filogenia dos platelmintos continuará a ser um desafio no futuro.

A filogenia dos platelmintos, ilustrada na Figura 10.34, está baseada principalmente em dois estudos genômicos recentes (Laumer *et al.*, 2015; Egger *et al.*, 2015). Esse esquema está sujeito a revisão, na medida em que muitos pesquisadores trabalham atualmente para aprofundar nosso entendimento sobre a filogenia dos platelmintos. Embora muitas relações internas permaneçam enigmáticas em grande parte, hoje os catenulídeos (Catenulida) são amplamente considerados os platelmintos mais basais, além do grupo-irmão dos rabditóforos (Rhabditophora) (os platelmintos restantes). Anatomicamente, os catenulídeos são platelmintos simples com faringe e intestino não ramificados e um único protonefrídio biflagelado. Além disso, esses animais conservam a clivagem espiral e os ovócitos endolécitos, que caracterizam a maioria dos filos do clado Spiralia. Os rabditóforos constituem dois clados – Macrostomorpha e Trepaxonemata – e esse último abriga a maioria das espécies do filo, incluindo alguns dos mais conhecidos grupos de vida livre, além dos trematódeos e dos cestoides.

Todos os clados das primeiras ramificações de platelmintos – Catenulida, Macrostomorpha e Polycladida – têm em comum a clivagem espiral e os ovócitos endolécitos com outros protostômios espiralianos. O grupo terrestre e de água doce Prorhynchida – um suposto grupo-irmão dos platelmintos policladidos (Polycladida) bem-conhecidos, predominantemente marinhos

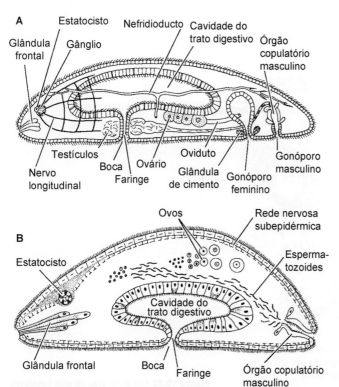

Figura 10.33 Dois exemplos de arquétipos "turbelários" hipotéticos. **A.** Arquétipo semelhante aos macrostomídeos, sugerido por Peter Ax. **B.** Arquétipo proposto por Tor Karling.

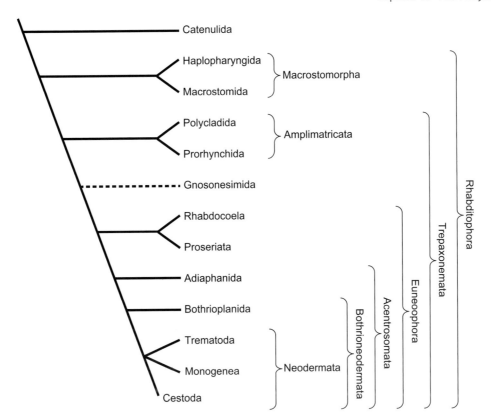

Figura 10.34 Uma árvore evolutiva mostrando as relações entre os platelmintos com base no consenso fornecido pelos estudos de filogenética molecular e morfológica. Observe que a ordem Proseriata, antes classificada entre os policladidos (Polycladidea), agora foi transferida para um grande clado indefinido classificado como subclasse polifilética Eulecithophora. As relações entre as três infraclasses de Neodermata também ainda não estão estabelecidas. Ver mais detalhes no texto.

e diversificados – conserva a clivagem espiral, mas seus ovócitos são ectolécitos. Evidências moleculares apoiam fortemente a relação de grupos-irmãos entre os policladidos endolécitos e os prorrinquídeos ectolécitos (um clado conhecido como Amplimatricata), sugerindo que os prorrinquídeos tenham desenvolvido ovócitos ectolécitos independentemente. A descoberta de que os prorrinquídeos provavelmente desenvolveram ovócitos ectolécitos independentemente resultou no abandono do antigo táxon "Neophora", que antes reunia *todos* os táxons ectolécitos (*i. e.*, Prorhynchida, Rhabdocoela, Proseriata e Acentrosomata). Hoje em dia, esses três últimos grupos constituem Euneoophora, a linhagem de platelmintos derivada em nível mais alto. Esses padrões confirmam a posição basal do plano arcóforo. Os gnosonesimora provavelmente são o grupo irmão dos Euneoophora. Vale lembrar que, no plano dos neoóforos (encontrado na ordem Prorhynchida e na superclasse Euneoophora), há uma especialização ovariana em regiões que produzem células germinativas e vitelínicas. Alguns autores sugeriram que essa separação de linhagens germinativas e vitelínicas poderia permitir que essas espécies ectolécitas sintetizassem vitelo a uma taxa maior que seus ancestrais endolécitos, ampliando assim a fecundidade e possivelmente permitindo que vários embriões se desenvolvessem dentro da mesma cápsula ovular, aumentando também a fecundidade, por permitir a conservação de recursos para a nutrição larval.

As relações filogenéticas dentro da enorme e complexa linhagem dos Euneoophora ainda não estão inteiramente estabelecidas. Rhabdocoela e Proseriata conservam elementos da clivagem espiral, sugerindo sua posição basal dentro desse clado. Análises moleculares também sugeriram que os rabdocelos possam ser basais aos proseriatos e que esse último poderia ser o táxon-irmão de Acentrosomata. O grupo Acentrosomata é notável pela perda da clivagem espiral. Isso parece ser atribuído à perda evolutiva de três genes associados à formação e à função dos centríolos, que foi demonstrado em espécies de Adiaphanida, Bothrioplanida e Neodermata. Foi exatamente esse aspecto que levou ao seu agrupamento sob o nome Acentrosomata. Evidentemente, os centríolos desempenham um papel fundamental no desenvolvimento das fibras do fuso celular durante a divisão. Em alguns casos, a embriogênese inicial das espécies acentrossomadas é tão caótica, que os blastômeros passam por aquilo que se conhece como clivagem dispersiva, na qual eles perdem temporariamente contato físico uns com os outros e "derivam" em uma matriz de vitelo. A esse processo foi atribuído o nome curioso de "anarquia dos blastômeros", que caracteriza Adiaphanida (tricladidos, prolecitóforos e fecampídeos) e Bothrioplanida. Os botrioplanídeos parecem ser os últimos ancestrais de vida livre de Neodermata. Não existem resquícios de clivagem espiral entre Neodermata também, embora eles geralmente se caracterizem por anarquia dos blastômeros. Aparentemente, não existe dúvida quanto à monofilia de Neodermata, os quais são ectolécitos, não fazem clivagem espiral e têm larvas que desprendem seus cílios no início do ciclo de vida (daí o nome "neo-dermata"). Contudo, ainda existe debate quanto às relações entre os Monogenea, Cestoda e Trematoda.

Bibliografia

Referências gerais

Auladell, C., J. Garcia-Valero e J. Baguñá. 1993. Ultrastructural localization of RNA in the chromatoid bodies of undifferentiated cells (neoblasts) in planarians by the RNase-gold complex technique. J. Morph. 216: 319–326.

Ax, P. 1984. *Das phylogenetische System. Systematisierung der lebenden Natur aufgrund ihrer Phylogenese*. Gustav Fischer Verlag, Stuttgart.

Ax, P. 1985. The position of Gnathostomulida and Platyhel-minthes in the phylogenetic system of the Bilateria. In S. Conway Morris, J. D. George, R. Gibson e H. M. Platt (eds.), *The Origins and Relationships of Lower Invertebrates*. Oxford University Press, Oxford.

Ax, P. 1996. *Multicellular Animals: A New Approach to the Phylogenetic Order in Nature*. Springer-Verlag, Berlim.

Baguñá, J. e M. Riutort. 2004. Molecular phylogeny of the Platyhelminthes. Canadian Journal of Zoology 82: 168–193.

Boeger, W. A. e D. C. Kritsky. 1993. Phylogeny and revised classification of the Monogena Bychowsky, 1937 (Platyhelminthes). Syst. Parasitol. 26: 1–32.

Brooks, D. R. 1982. Higher classification of parasitic Platyhelminthes and fundamentals of cestode classification. In D. F. Mettrick e S. S. Dresser (eds.), *Parasites: Their World and Ours*. Elsevier Biomedical Press, Amsterdã.

Dailey, M. D. 1996. *Meyer, Olsen & Schmidt's Essentials of Parasitology*, 6th Ed. W. C. Brown, Dubuque, IA.

Ehlers, U. 1984. *Das phylogenetische System der Platyhelminthes*. Akademie der Wissenschaften und der Literatur, Mainz, and Gustav Fischer Verlag, Stuttgart.

Ehlers, U. 1986. Comments on a phylogenetic system of the Platyhelminthes. Hydrobiologia 132: 1–12.

Ehlers, U. 1995. The basic organization of the Plathelminthes. Hydrobiologica 305: 21–26.

Ellis, C. H. e A. Fausto-Sterling. 1997. Platyhelminthes: The flatworms. pp. 115–130 in S. F. Gilbert e A. M. Raunio (eds.), *Embryology: Constructing the Organism*. Sinauer Associates, Sunderland, MA.

Florkin, M. e B. T. Scheer. 1968. *Chemical Zoology, Vol. 2*. Academic Press, Nova York.

Harrison, F. W. e B. J. Bogitsh (eds.). 1990. *Microscopic Anatomy of Invertebrates. Vol. III. Platyhelminthes and Nemertinea*. Wiley-Liss, Nova York.

Hyman, L. H. 1951. The invertebrates, Vol. 2, Platyhelminthes and Rhynchocoela: The acoelomate Bilateria. McGraw-Hill, Nova York.

Laumer, C. E., A. Hejnol e G. Giribet. 2015. Nuclear genomic signals of the "microturbellarian" roots of platyhelminth evolutionary innovation. eLife 2015; 4: e05503. doi: 10.7554/eLife.05503

Littlewood, D. T. J. e R. A. Bray. 2001. *Interrelationships of the Platyhelminthes*. Taylor & Francis, Nova York.

Llewellyn, J. 1965. The evolution of parasitic Platyhelminthes. pp. 47–78 in A. E. R. Taylor (ed.), *Evolution of Parasites*, 3rd Ed. Symposium of the British Society for Parasitology. Blackwell, Oxford.

Llewellyn, J. 1986. Phylogenetic inference from platyhelminth life-cycle stages. Int. J. Parasitol. 17: 281–289.

Malakhov, V. V. e N. V. Trubitsina. 1998. Embryonic development of the polyclad turbellarian *Pseudoceros japonicus* from the sea of Japan. Russian J. Mar. Biol. 24 (2): 106–113.

Martin, G. G. 1978. Ciliary gliding in lower invertebrates. Zoomorphologie 91: 249–262.

Marquardt, W. C., R. S. Demaree e R. B. Grieve. 2000. *Parasitology and Vector Biology*. 2nd Ed. Academic Press, San Diego, CA.

Maule, A. G. e N. J. Marks. 2006. *Parasitic Flatworms. Molecular Biology, Biochemistry, Immunology and Physiology*. CABI Publishing, Cambridge, MA.

Morris, S. C., J. D. George, R. Gibson e H. M. Platt (eds.). 1985. *The Origins and Relationships of Lower Invertebrates*. The Systematics Association, Spec. Vol. No. 28. Oxford. [Inclui diversos artigos com visões sobre a filogenia dos vermes achatados; ver especialmente os artigos de Ax, Ehlers, e Smith e Tyler.]

Newman, L. e L. Cannon. 2003. *Marine Flatworms. The World of Polyclads*. CSIRO Publishing, Austrália.

Rieger, R. M. 1986. Über den Ursprung der Bilateria: Die Bedeutung der Ultrastrukturforschung für ein neues Verstehen der Metazoenevolution. Verh. Dtsch. Zool. Ges. 79: 31–50.

Riutort León, M. 2014. Platyhelminthes. pp. 270–280 in P. Vargas e R. Zardoya, *The Tree of Life*. Sinauer Associates, Sunderland, MA.

Roberts, L. S., J. Janovy, Jr., e S. Naylor. 2012. *Foundations of Parasitology*, 9th Ed. W.C. Brown, Dubuque, IA.

Ruppert, E. E. e P. R. Smith. 1988. The functional organization of filtration nephridia. Biol. Rev. 63:231–258.

Tyler, S. e M. S. Tyler. 1997. Origin of the epidermis in parasitic platyhelminths. Internat. J. Parasitol. 27: 715–738.

Tyler, S. e M. Hooge. 2004 Comparative morphology of the body wall of flatworms (Platyhelminthes). Can. J. Zool. 82: 194–210.

Platelmintos de vida livre

Baguñá, J. e C. Boyer. 1990. Experimental embryology of the Turbellaria: present knowledge, open questions, and future trends. In H. J. Marthy (ed.), *Experimental Embryology in Aquatic Plants and Animals*. Plenum, Nova York.

Baguñá, J. et al. 1994. Regeneration and pattern formation in planarians: cells, molecules, and genes. Zool. Sci. 11: 781–795.

Bowen, I. D. 1980. Phagocytosis in *Polycelis tenuis*. pp. 1–14 in D. C. Smith e Y. Tiffon (eds.), *Nutrition in the Lower Metazoa*. Pergamon Press, Oxford.

Boyer, B. C. 1989. The role of the first quartet micromeres in the development of the polyclad *Hoploplana inquilina*. Biol. Bull. 177: 338–343.

Boyer, B. C., J. Q. Henry e M. Q. Martindale. 1996. Dual origins of mesoderm in a basal spiralian: cell lineage analysis in the polyclad turbellarian *Hoploplana inquilina*. Dev. Biol. 179: 329–338.

Collins, J. J. III et al. 2010. Genome-wide analyses reveal a role for peptide hormones in planarian germline development. PLoS Biol. doi: 10.1371/journal.pbio.1000509

Crezee, M. 1982. Turbellaria. pp. 718–740 in S. P. Parker (ed.), *Synopsis and Classification of Living Organisms, Vol. 1*. McGraw Hill, Nova York.

Eakin, R. M. e J. L. Brandenberger. 1980. Unique eye of probable evolutionary significance. Science 211: 1189–1190.

Egger, B. et al. 2015. A transcriptomic-phylogenomic analysis of the evolutionary relationships of flatworms. Curr. Biol. 25, 1347–1353.

Ehlers, U. 1991. Comparative morphology of statocysts in the Platyhelminthes and Xenoturbellida. Hydrobiologia 227: 263–271.

Heitkamp, C. 1977. The reproductive biology of *Mesostoma ehrenbergii*. Hydrobiologia 55: 21–32.

Henley, C. 1974. Platyhelminthes (Turbellaria). In A. C. Giese e J. S. Pearse (eds.), *Reproduction of Marine Invertebrates, Vol. 1, Acoelomate and Pseudocoelomate Metazoans*. Academic Press, Nova York.

Hurley, A. C. 1976. The polyclad flatworm *Stylochus tripartitus* Hyman as a barnacle predator. Crustaceana 3(1): 110–111.

Hooge, M. D. e S. Tyler. 1999. Musculature of the faculative parasite *Urastoma cyprinae* (Platyhelminthes). J. Morphol. 241: 207–216.

Jennings, J. B. 1980. Nutrition in symbiotic Turbellaria. pp. 45–56 in D. C. Smith e Y. Tiffon (eds.), *Nutrition in the Lower Metazoa*. Pergamon Press, Oxford.

Justine, J.-L. et al. The invasive land planarian *Platydesmus manokwari* (Platyhelminthes, Geoplanidae): records from six new localities, including the first in the USA. PeerJ3:e1037, doi 10.7717/peerj.1037

Karling, T. G. 1966. On nematocysts and similar structures in turbellarians. Acta Zool. Fenn. 116: 1–21.

Karling, T. G. e M. Meinander (eds.). 1978. The Alex Luther Centennial Symposium on Turbellaria. Acta Zool. Fenn. 154: 193–207.

Kato, K. 1940. On the development of some Japanese polyclads. Japan. J. Zool. 8: 537–573.

Laumer, C. E. e G. Giribet. 2014. Inclusive taxon sampling suggests a single, stepwise origin of ectolecithality in Platyhelminthes. Biol. J. Linn. Soc. Lond. 111: 570–588.

Lauer, D. M. e B. Fried. 1977. Observations on nutrition of *Bdelloura candida*, an ectocommensal of *Limulus polyphemus*. Am. Midl. Nat. 97(1): 240–247.

Martín-Durán, J. M. e B. Egger. 2012. Developmental diversity in free-living flatworms. EvoDevo 3:1–22. http://www.evodevojournal.com/content/3/1/7

McKanna, J. A. 1968. Fine structure of the protonephridial system in planaria. I. Female cells. Z. Zellforsch. Mikrosk. Anat. 92: 509–523.

Michiels, N. K. e L. J. Newman. 1998. Sex and violence in hermaphrodites. Nature 391: 647.

Moraczewski, J. 1977. Asexual reproduction and regeneration of *Catenula*. Zoomorphologie 88: 65–80.

Moraczewski, J., A. Czubaj e J. Bakowska. 1977. Organization and ultrastructure of the nervous system in Catenulida. Zoomorphologie. 87: 87–95.

Mueller, J. F. 1965. Helminth life cycles. Am. Zool. 5: 131–139.

Nentwig, M. R. 1978. Comparative morphological studies after decapitation and after fission in the planarian *Dugesia dorotocephala*. Trans. Am. Microsc. Soc. 97: 297–310.

Noreña, C., C. Damborenea e F. Brusa. 2015. Phylum Platyhelminthes. pp. 181–203 in J. H. Thorp e D. C. Rogers (eds.), *Thorp and Covich's Freshwater Invertebrates*, 4th Ed. Academic Press, Nova York.

Ogren, R. E. 1995. Predation behavior of land planarians. Hydrobiologia 305: 105–111.

Prudhoe, S. 1985. *A Monograph on the Polyclad Turbellaria*. Oxford University Press, Nova York.

Rawlinson, K. A. et al. 2008. Reproduction, development and parental care in two direct-developing flatworms (Platyhelminthes: Polycladida: Acotylea). J. Nat. Hist. 42: 2173–2192.

Rawlinson, K, A. e J. S. Stella. 2012. Discovery of the corallivorous polyclad flatworm, *Amakusaplana acroporae*, on the Great Barrier Reef, Australia–the first report from the wild. PLoS ONE doi: 10.1371/journal.pone.0042240

Riser, N. W. e M. P. Morse (eds.). 1974. *Biology of the Turbellaria. Libbie H. Hyman Memorial Volume*. McGraw-Hill, Nova York.

Ruitort, M. *et al.* 2012. Evolutionary history of the Tricladida and the Platyhelminthes: An up-to-date phylogenetic and systematic account. Int. J. Dev. Biol. 56: 5–17.

Ruppert, E. E. 1978. A review of metamorphosis of turbellarian larvae. pp. 65–81 in F. S. Chia e M. Rise (eds.), *Settlement and Metamorphosis of Marine Invertebrate Larvae*. Elsevier/North-Holland Biomedical Press, Amsterdã.

Salo, E. *et al.* 1995. The freshwater planarian *Dugesia* (G.) *tigrina* contains a great diversity of homeobox genes. Hydrobiologia 305: 269–275.

Schärer, L. *et al.* 2011. Mating behavior and the evolution of sperm design. Proc. Nat. Acad. Sci. 108: 1490–1495.

Smith, J. *et al.* 1982. The morphology of turbellarian rhabdites: phylogenetic implications. Trans. Am. Microsc. Soc. 101: 209–228.

Sopott-Ehlers, B. 1991. Comparative morphology of photoreceptors in free-living platyhelminths: A survey. Hydrobiologia 227: 231–239.

Stocchino, G. A. e R. Manconi. 2013. Overview of life cycles in model species of the genus *Dugesia* (Platyhelminthes: Tricladida). Ital. J. Zool. 80(3): 319–328.

Van Steenkiste, N. *et al.* 2013. A comprehensive molecular phylogeny of Dalytyphloplanida (Platyhelminthes: Rhabdocoela) reveals multiple escapes from the marine environment and origins of symbiotic relationships. PLoS ONE 8(3): 1–13.

Vizoso, D. B., G. Reiger e L. Schärer. 2010. Goings-on inside a worm: functional hypotheses derived from sexual conflict thinking. Biol. J. Linn. Soc. 99: 370–383.

Trematoda e Monogenea

Brooks, D. R. *et al.* 1989. Aspects of the phylogeny of the Trematoda Rudolphi, 1808 (Platyhelminthes: Cercomeria). Can. J. Zool. 67: 2609–2624.

Bychowsky, B. E. 1957. *Monogenetic Trematodes: Their Systematics and Phylogeny*. American Institute of Biological Sciences, Washington, DC. [Traduzido do russo para o inglês.]

Combes, C. *et al.* 1980. *The World Atlas of Cercariae*. Museum National d'Histoire Naturelle, Paris.

Erasmus, D. A. 1972. *The Biology of Trematodes*. Crane, Russak, Nova York.

Hechinger, R. F. *et al.* 2009. How large is the hand in the puppet? Ecological and evolutionary factors affecting body mass of 15 trematode parasitic castrators in their snail host. Evol. Ecol. 23: 651–667.

Hechinger, R. F., A. C. Wood e A. M. Kuris. 2011. Social organization in a flatworm: trematode parasites form soldier and reproductive castes. Proc. Roy. Soc. B. 278: 656–665.

Kearn, G. C. 1986. Role of chemical substances from fish hosts in hatching and host-finding in monogeneans. J. Chem. Ecol. 12: 1651–1658.

Martin, W. E. 1972. An annotated key to the cercariae that develop in the snail *Cerithidea californica*. Bull. South. Calif. Acad. Sci. 71(1): 39–43.

Olson, P. D. e D. T. J. Littlewood. 2002. Phylogenetics of the Monogenea–evidence from a medley of molecules. Int. J. Parasitol. 32: 233–344.

Park, J.-K. *et al.* 2007. A common origin of complex life cycles in parasitic flatworms: evidence from the complete mitochondrial genome of *Microcotyle sebastis* (Monogenea: Platyhelminthes). BMC Evolutionary Biology 7: 11. doi: 10.1186/1471-2148-7-11

Pearson, J. C. 1972. A phylogeny of life-cycle patterns of the Digenea. Adv. Parasitol. 10: 153–189.

Rohde, K. 1994. The minor groups of parasitic Platyhelminthes. Adv. Parasitol 33: 145–234.

Schell, S. C. 1982. Trematoda. pp. 740–807 in S. P. Parker (ed.), *Synopsis and Classification of Living Organisms. Vol. 1*. McGraw-Hill, Nova York.

Smyth, J. D. e D W. Halton. 1985. *The Physiology of Trematodes*, 2nd Ed. W. H. Freeman, San Francisco, CA.

Sproston, N. G. 1946. A synopsis of the monogenetic trematodes. Trans. Zool. Soc. Lond. 25: 185–600.

Yamaguti, S. 1963. *Systema Helminthum, Vol. 4, Monogenea and Aspidocatylea*. Interscience, Nova York.

Yamaguti, S. 1971. *Synopsis of Digenetic Trematodes of Vertebrates*, Vols. 1, 2. Keigaku, Tóquio.

Yamaguti, S. 1975. *A Synoptical Review of Life Histories of Digenetic Trematodes of Vertebrates*. Keigaku, Tóquio.

Cestoda

Aral, H. P. (ed.). 1980. *Biology of the Tapeworm* Hymenolepsis diminuta. Academic Press, Nova York.

Biserova, N. M. *et al.* 1996. The nervous system of the pike-tapeworm *Triaenophorus nodulosus* (Cestoda: Pseudophyllidea): ultrastructure and immunocytochemical mapping of aminergic and peptidergic elements. Invert. Biol. 115: 273–285.

Brooks, D. R., E. P. Hoberg e P. J. Weekes. 1991. Preliminary phylogenetic systematic analysis of the major lineages of the Eucestoda (Platyhelminthes: Cercomeria). Proc. Biol. Soc. Wash. 104(4): 651–668.

Kuchta, R. *et al.* 2008. Suppression of the tapeworm order Pseudophyllidea (Platyhelminthes: Eucestoda) and the proposal of two new orders, Bothriocephalidea and Diphyllobothriidea. Inter. J. Parasitol. 38: 49–55.

Levron, C. *et al.* 2010. Spermatozoa of tapeworms (Platyhelminthes, Eucestoda): advances in ultrastructural and phylogenetic studies. Biol. Rev. 85: 325–345.

Schmidt, G. D. 1982. Cestoda. pp. 807–822 in S. P. Parker (ed.), *Synopsis and Classification of Living Organisms, Vol. 1*. McGraw-Hill, Nova York.

Smyth, J. D. 1969. *The Physiology of Cestodes*. W. H. Freeman, San Francisco.

Uglem, G. L. e J. J. Just. 1983. Trypsin inhibition by tapeworms: antienzyme secretion or pH adjustment. Science 220: 79–81.

Waeschenbach, A. B., L. Webster e D. T. J. Littlewood. 2012. Adding resolution to ordinal level relationships of tapeworms (Platyhelminthes: Cestoda) with large fragments of mtDNA. Mol. Phylog. Evol. 63: 834–847.

Wardle, R., J. McLeod e S. Radinovsky. 1974. *Advances in the Zoology of Tapeworms*. University of Minnesota Press, Minneapolis.

Yamaguti, S. 1959. *Systema Helminthum, Vol. 2, The Cestodes of Vertebrates*. Interscience, Nova York.

11
Quatro Filos de Protostômios Enigmáticos

Rhombozoa, Orthonectida, Chaetognatha e Gastrotricha

Em seu livro *The Medusa and the Snail* (a medusa e o caramujo), lançado em 1979, Lewis Thomas escreveu: "A única evidência concreta da verdade científica, da qual estou totalmente convencido, é que somos profundamente ignorantes sobre a natureza." Apesar do pessimismo do Dr. Thomas, nós realmente fizemos um longo percurso desde 1979. Contudo, ainda não temos certeza quanto às posições ocupadas por quatro filos de animais enigmáticos na árvore da vida: Chaetognatha, Gastrotricha, Rhombozoa e Orthonectida. Bem, isso não é totalmente verdade. Graças principalmente às descobertas da filogenética molecular ao longo da última década, hoje sabemos que todos esses quatro filos fazem parte do clado Protostomia. Além disso, existem evidências crescentes de que eles provavelmente sejam espirálicos, embora isso ainda não esteja comprovado. Considerados em conjunto, esses quatro filos totalizam apenas cerca de 1.000 espécies descritas. Esses filos estão descritos neste capítulo, não porque estejam diretamente relacionados, mas porque hoje são considerados protostômios com afinidades indefinidas. Nossa classificação apresentada neste livro inclui três desses quatro filos (exceto os quetognatos) no clado Spiralia, mesmo que suas posições filogenéticas dentro do clado Protostomia ainda sejam incertas. Os rombozoários têm embriogênese muito semelhante à dos espirálicos, enquanto os gastrótricos passam por embriogênese única não radial e não espiral; os processos embriogênicos dos ortonectídeos e dos quetognatos ainda são pouco conhecidos. As análises filogenéticas mais recentes sugerem que os quetognatos possam ser um grupo-irmão dos espirálicos, como se pode observar em nossa árvore dos metazoários (Capítulo 28), ou talvez protostômios basais.

Todos esses quatro filos são altamente especializados nos nichos que exploram: os quetognatos vivem principalmente nos ambientes planctônicos marinhos (embora diversas espécies tenham adotado estilos de vida bentônicos); os gastrótricos são espécimes diminutos, que vivem no ambiente meiofaunal ou nos detritos de superfície; os rombozoários são simbiontes nos nefrídios de moluscos cefalópodes; e os ortonectídeos são parasitas

---

Classificação do reino Animal (Metazoa)

Não Bilateria*
(Também conhecidos como diploblastos)
 FILO PORIFERA
 FILO PLACOZOA
 FILO CNIDARIA
 FILO CTENOPHORA

Bilateria
(Também conhecidos como triploblastos)
 FILO XENACOELOMORPHA

Protostomia
 FILO CHAETOGNATHA
 SPIRALIA
  FILO PLATYHELMINTHES
  FILO GASTROTRICHA
  FILO RHOMBOZOA
  FILO ORTHONECTIDA
  FILO NEMERTEA
  FILO MOLLUSCA
  FILO ANNELIDA
  FILO ENTOPROCTA
  FILO CYCLIOPHORA
 Gnathifera
  FILO GNATHOSTOMULIDA
  FILO MICROGNATHOZOA
  FILO ROTIFERA

 Lophophorata
  FILO PHORONIDA
  FILO BRYOZOA
  FILO BRACHIOPODA
 ECDYSOZOA
  Nematoida
   FILO NEMATODA
   FILO NEMATOMORPHA
  Scalidophora
   FILO KINORHYNCHA
   FILO PRIAPULA
   FILO LORICIFERA
  Panarthropoda
   FILO TARDIGRADA
   FILO ONYCHOPHORA
   FILO ARTHROPODA
    SUBFILO CRUSTACEA*
    SUBFILO HEXAPODA
    SUBFILO MYRIAPODA
    SUBFILO CHELICERATA

Deuterostomia
 FILO ECHINODERMATA
 FILO HEMICHORDATA
 FILO CHORDATA

*Grupo parafilético.

de vários invertebrados, incluindo equinodermos, moluscos, nemertinos, platelmintos de vida livre e vermes poliquetos. Desde sua descoberta, há muitas décadas, todos esses animais têm sido motivo de controvérsia taxonômica e filogenética.

Durante muitos anos, os rombozoários e os ortonectídeos foram considerados grupos, classes ou ordens intimamente relacionadas em uma taxonomia no nível de filo: Mesozoa. Em diversas ocasiões, esses animais foram relacionados com os platelmintos (Platyhelminthes) em razão de seus ciclos de vida complexos e sua similaridade superficial às larvas miracídios dos trematódeos digenéticos. Outras vezes, surpreendentemente, esses animais foram relacionados com protistas ciliados. Auguste Lameere (1922) até sugeriu que os ortonectídeos poderiam ter se originado dos vermes equiúros, aparentemente porque alguns deles (p. ex., *Bonellia*) apresentam um extremo dismorfismo sexual com machos reduzidos minúsculos. Lameere relacionou esse aspecto com a natureza dimórfica de alguns ortonectídeos. A hipótese dos ciliados ou dos equiúros nunca conquistou aceitação, porque não existem fósseis comprovados desses dois grupos. Recentemente, pesquisadores convenceram-se de que os rombozoários e os ortonectídeos não têm qualquer relação direta. Concordamos com essa posição e abandonamos o termo Mesozoa como um táxon formal na primeira edição deste livro (1990). Desde então, estudos moleculares e ultraestruturais confirmaram a ideia de que esses dois grupos representam cada qual um clado distinto de protostômios parasitários altamente modificados.

Filo Rhombozoa

Os rombozoários (filo Rhombozoa) foram descritos e nomeados por A. Krohn em 1839 na Alemanha. Contudo, apenas em 1876, o zoólogo belga Edouard van Beneden publicou um estudo detalhado sobre essas criaturas. Esse cientista estava convencido de que esses parasitas singulares representavam um elo real entre os protistas e os metazoários, e foi Van Beneden quem cunhou o termo "Mesozoa" (= animais do meio) para enfatizar esse ponto de vista. Stunkard (1982) considerava que os rombozoários constituíam uma classe de "mesozoários", incluindo as ordens Dicyemida e Heterocyemida – conservamos esses dois subtáxons.[1] Os rombozoários têm uma construção corporal sólida simples – não existem cavidades corporais ou órgãos diferenciados (p. ex., ver fotografia de um estágio vermiforme na abertura deste capítulo). Uma camada externa de células somáticas/nutritivas circunda um núcleo interno de células reprodutivas (ou uma única célula reprodutiva, dependendo de como as consideremos!). Existem descritas cerca de 70 espécies.

Estudos moleculares recentes, incluindo sequenciamento do rRNA 18S, do Pax6 e de outros genes, assim como os padrões de expressão dos genes Hox (e de outros genes), sugeriram que os rombozoários provavelmente sejam membros parasitários altamente reduzidos e especializados do clado Spiralia protostômio. Os diciemídeos são mais comuns e mais bem-conhecidos que os heterociemídeos. Os membros desses dois grupos são simbiontes obrigatórios dos nefrídios de moluscos cefalópodes.

Dicyemida

Os diciemídeos adultos são muito pequenos (apenas 0,5 a 3 mm de comprimento). Existem duas formas adultas – **nematógenos** e **rombógenos** – que têm praticamente a mesma organização, embora produzam dois tipos diferentes de larvas: os nematógenos formam **larvas vermiformes** por reprodução assexuada a partir de um agameta do seu corpo, enquanto os rombógenos formam **larvas infusórias** a partir de ovócitos fecundados.

O corpo de um nematógeno consiste em uma camada externa de células somáticas ciliadas, cujo número tem sido constante na maioria das espécies, mas não em todas, que foram estudadas.[2] Dentro da cobertura de células somáticas, existe uma única **célula axial** longa (Figura 11.1 A). Oito ou nove células somáticas na extremidade anterior formam uma **capa polar** (ou **calote**) bem-definida. Imediatamente atrás da capa polar estão duas células parapolares. O restante das 10 a 15 células somáticas é descrito ocasionalmente como células-tronco; as duas células mais posteriores são as chamadas **células uropolares**. No total, os diciemídeos têm cerca de 8 a 40 células somáticas, dependendo das espécies – uma das menores contagens de células entre os metazoários. Assim como em outros bilatérios, estudos demonstraram que os diciemídeos têm três tipos de junções intercelulares: junções septadas, aderentes e comunicantes.

Os diciemídeos jovens são móveis e nadam dentro da urina do cefalópode hospedeiro por ação ciliar. Contudo, os adultos fixam-se ao revestimento interno dos nefrídios por meio de suas capas polares. Não existem evidências conclusivas de que esses animais causem danos aos seus hospedeiros, mas, quando presentes em quantidades muito grandes, podem interferir no fluxo normal dos líquidos através dos nefrídios. Os diciemídeos aderem pela inserção da "extremidade cefálica" – ou capa polar – nos túbulos ou criptas renais do hospedeiro. Os nematógenos consomem nutrientes moleculares e particulados da urina de seus hospedeiros por ações fagocítica e picnocítica de suas células somáticas. Uma vez o adulto estando fixado ao hospedeiro, os cílios somáticos podem servir para manter os líquidos em movimento sobre seu corpo, colocando os nutrientes em contato com as células da superfície. Embora na natureza os diciemídeos pareçam estar associados obrigatoriamente aos cefalópodes, eles têm sido mantidos com sucesso em meios nutritivos experimentais.

O que sabemos até agora quanto à história de vida dos diciemídeos é muito bizarro e os estágios dos ciclos de vida desses animais que ocorrem fora do hospedeiro ainda não estão totalmente esclarecidos. A parte do ciclo de vida que ocorre dentro do hospedeiro inclui processos sexuados e assexuados, embora sem alternância regular entre eles. Desse modo, os nematógenos adultos produzem dois tipos de filhotes. Um é o estágio vermiforme, no qual o diciemídeo existe na forma de uma larva vermiforme formada por reprodução assexuada de uma célula não gamética; essa larva cresce para transformar-se em novos vermes na bolsa renal do hospedeiro. O outro estágio é a larva infusoriforme, que se desenvolve a partir de um ovócito fecundado produzido ao redor das gônadas hermafroditas conhecidas como infusorígenos; por fim, essa larva escapa do hospedeiro e entra

---

[1] Algumas pessoas referem-se a esse filo simplesmente como "Dicyemida", mas isso causa confusão e sugere que os heterociemídeos não estejam incluídos; por isso, conservamos o nome Rhombozoa para descrever esse filo.

[2] A constância no número de células (em determinado órgão ou em todo o corpo de um animal) é conhecida como "eutelia" e é uma característica comum de muitos organismos microscópicos e quase microscópicos.

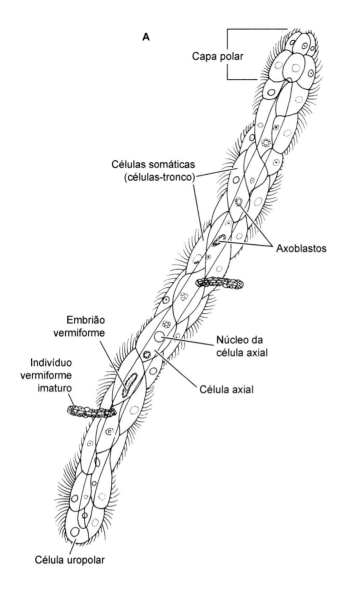

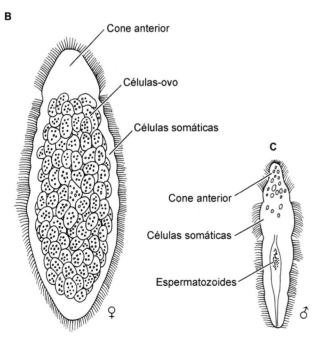

Figura 11.1 Comparação de dois filos de protostômios parasitários altamente reduzidos: Rhombozoa e Orthonectida. **A.** Nematógeno de *Dicyema* (rombozoário). Fêmea (**B**) e macho (**C**) adultos do ortonectídeo *Rhopalura*.

na água do mar. Ainda não está claro o que estimula a formação das larvas infusoriformes e como elas encontram seus novos hospedeiros. É importante ressaltar que, durante a reprodução sexuada, a fecundação e o desenvolvimento embrionário ocorrem dentro do corpo do verme.

A reprodução assexuada é realmente curiosa. O citoplasma da célula axial única do nematógeno contém numerosas células pequenas conhecidas como **axoblastos**. Os organismos vermiformes imaturos são produzidos assexuadamente por um tipo de embriogênese dos axoblastos individuais dentro da célula axial parental (Figura 11.2). A primeira divisão de um axoblasto é desigual e forma uma suposta célula axial grande e uma pequena célula somática. A suposta célula somática divide-se repetidamente e suas células-filhas movimentam-se por um processo semelhante à epibolia (crescimento rápido das células ectodérmicas do polo animal para formar uma cobertura laminar nas células vegetais) de forma a envolver a suposta célula axial, que ainda não se dividiu. Quando essa célula interna finalmente se divide, a divisão é desigual e a menor célula-filha é então engolfada pela célula maior! A célula maior transforma-se na própria célula axial da progênie com seu núcleo único, enquanto a célula menor engolfada transforma-se na progenitora de todos os futuros axoblastos dentro dessa célula axial. O "embrião", que agora consiste em sua própria célula axial central circundada por células somáticas, alonga-se e as células somáticas desenvolvem cílios. A estrutura resultante é uma miniatura do organismo vermiforme. O organismo vermiforme imaturo deixa o nematógeno parental e nada dentro dos líquidos nefridiais. Por fim, fixa-se ao hospedeiro e entra no estágio adulto de seu ciclo de vida.

A iniciação da reprodução sexuada em diciemídeos pode ser um fenômeno dependente da densidade associado ao grande número de indivíduos vermiformes dentro dos nefrídios do hospedeiro. Alguns pesquisadores sugeriram que a mudança do processo assexuado para sexuado possa ser uma resposta a algum fator químico, que se acumula na urina do hospedeiro. Outros autores sugerem que a reprodução sexuada em diciemídeos seja desencadeada pela maturação sexual do hospedeiro. De qualquer forma, à medida que os adultos vermiformes se tornam sexualmente "motivados", eles são conhecidos como rombógenos e suas células somáticas geralmente crescem à medida que são preenchidas por material vitelino (Figura 11.3).[3] O axoblasto de um indivíduo no estágio rombógeno desenvolve-se dentro de estruturas pluricelulares conhecidas como **infusorígenos**, cada qual consistindo em uma camada externa de ovócitos e uma massa interna de espermatozoides (Figura 11.3 B). Os infusorígenos ficam retidos dentro de um vacúolo da célula axial parental e, funcionalmente, são gônadas hermafroditas. Em cada infusorígeno, os espermatozoides localizados ao centro fecundam os ovócitos dispostos perifericamente e, em seguida, cada zigoto desenvolve-se até formar uma larva infusoriforme ciliada (Figura 11.3 C). Essa larva tem um número fixo de células; as duas células mais anteriores – conhecidas como apicais – contêm substâncias de alta densidade dentro do seu citoplasma. O restante das células superficiais é ciliado e forma uma bainha ao redor de um anel de células da cápsula, que por sua vez,

---

[3]Como as diferenças descritas entre os rombógenos e os nematógenos não são encontradas consistentemente, alguns pesquisadores preferem chamá-los simplesmente de adultos vermiformes sexuados e assexuados, respectivamente.

390 Invertebrados

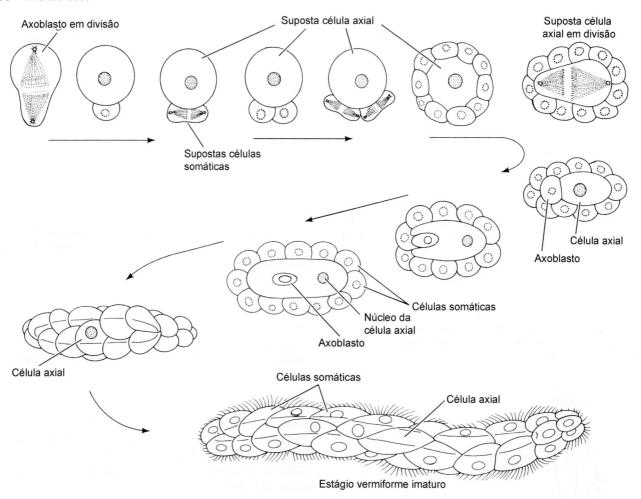

Figura 11.2 Um embrião vermiforme jovem desenvolve-se a partir de um axoblasto dentro da célula axial do nematógeno de um *Dicyema* (Rhombozoa) adulto.

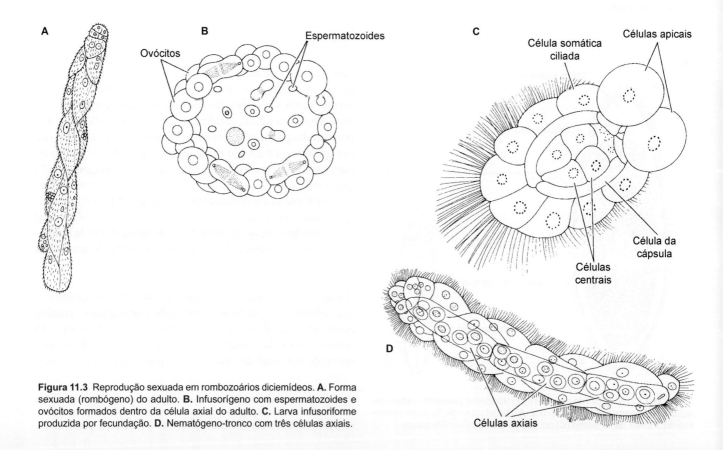

Figura 11.3 Reprodução sexuada em rombozoários diciemídeos. **A.** Forma sexuada (rombógeno) do adulto. **B.** Infusorígeno com espermatozoides e ovócitos formados dentro da célula axial do adulto. **C.** Larva infusoriforme produzida por fecundação. **D.** Nematógeno-tronco com três células axiais.

circundam quatro células centrais. O número de infusorígenos e as larvas que eles produzem parecem estar relacionados com o tamanho do rombógeno adulto. A larva infusoriforme escapa do adulto vermiforme parental e passa para fora do corpo do hospedeiro por meio de sua urina.

Cientistas estudaram o desenvolvimento de várias espécies e não existem evidências claras de formação de camadas germinativas durante o desenvolvimento das larvas infusoriformes, com diferenciação grosseira apenas entre células internas e externas. As células externas ocupam as superfícies dorsal e caudal do embrião, enquanto as células internas são derivadas dos blastômeros do hemisfério vegetal. As células germinativas mais internas são derivadas das células que formam o polo vegetal. O padrão de clivagem dos embriões produzidos sexuadamente em *Dicyema japonicum* foi descrito como holoblástico e espiral. Uma cavidade (cavidade-urna) aparece entre as células internas ventrais, mas esse espaço diminuto é considerado uma formação secundária, em vez de uma blastocele.

Os eventos do ciclo de vida dos diciemídeos que ocorrem fora do hospedeiro cefalópode permanecem um mistério. Alguns pesquisadores têm defendido a ideia de que a larva infusoriforme entra em um hospedeiro intermediário (provavelmente, algum invertebrado bentônico), mas a maioria das evidências disponíveis até hoje sugere que não é o caso. Embora ainda tenhamos muito a aprender, o cenário seguinte parece ser plausível. Depois de deixar o hospedeiro, a larva infusoriforme desce até o fundo do oceano – o conteúdo denso das células apicais serve como lastro. A larva, ou alguma parte persistente dela (talvez as quatro células mais internas, entra em outro hospedeiro cefalópode. Esse indivíduo infectante viaja através do hospedeiro, provavelmente por meio do seu sistema circulatório, e finalmente entra nos nefrídios, onde se transforma no chamado nematógeno-tronco (Figura 11.3 D). O nematógeno-tronco é semelhante ao adulto vermiforme, com exceção de que o primeiro tem três células axiais em vez de uma. Os axoblastos presentes nas células axiais do nematógeno-tronco originam outros adultos vermiformes, assim como fizeram os axoblastos dentro dos adultos descritos antes. Os adultos vermiformes produzem mais indivíduos como eles até que o início da reprodução sexuada seja desencadeado novamente, talvez em razão da densidade populacional alta. A Figura 11.4 ilustra esquematicamente esse suposto ciclo de vida.

Heterociemídeos

Existem descritas apenas duas espécies de heterociemídeos. *Conocyema polymorpha* vive em nefrídios de polvos, e *Microcyema gracile* em sibas do gênero *Sepia*. Esses dois heterociemídeos diferem entre si em certos aspectos.

O adulto vermiforme de *Conocyema* tem uma capa polar com quatro células grandes e um tronco de células somáticas ao redor de uma célula axial interna; nenhuma célula do corpo tem cílios (Figura 11.5 A). A célula axial contém axoblastos, os quais originam as "larvas" ciliadas que escapam do organismo parental, perdem seus cílios e transformam-se em mais adultos vermiformes dentro do hospedeiro. Os indivíduos que produzem os infusorígenos não têm uma capa polar. Esses animais apresentam apenas uma camada muito fina de células somáticas ao redor da célula axial, que contém os infusorígenos em desenvolvimento (Figura 11.5 B). Os infusorígenos produzem larvas infusoriformes semelhantes às dos diciemídeos. Os detalhes acerca do ciclo de vida de *Conocyema* são desconhecidos.

O pouco que sabemos acerca de *Microcyema* sugere um ciclo de vida complexo e distinto. O adulto vermiforme consiste em uma única célula axial interna revestida por um sincício somático (Figura 11.6 A). Os axoblastos presentes dentro da célula axial produzem mais adultos vermiformes por dois mecanismos bem diferentes. Uma sequência de eventos envolve a formação de um "embrião" pluricelular semelhante àquele visto nos diciemídeos (Figura 11.6 B). À medida que as supostas células somáticas circundam a célula axial precursora, os limites celulares das células somáticas se quebram, resultando na formação de um indivíduo ameboide, no qual uma massa sincicial circunda a

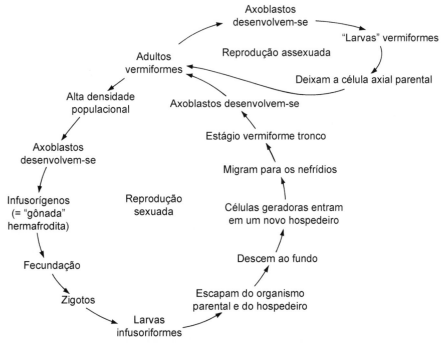

Figura 11.4 Ciclo de vida de um diciemídeo.

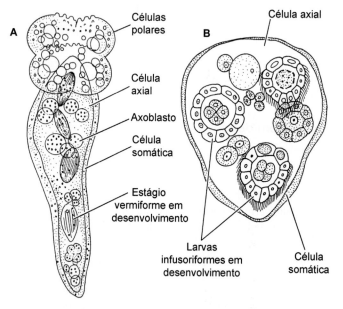

Figura 11.5 *Conocyema*, um rombozoário heterociemídeos. **A.** Adulto vermiforme. **B.** Durante a fase reprodutiva, as larvas infusoriformes são formadas dentro da célula axial do adulto (*corte transversal*).

célula axial em crescimento (Figura 11.6 C e D). Aparentemente, esse indivíduo transforma-se em um novo adulto vermiforme. Outro processo assexuado consiste na formação da **larva de Wagener** ciliada a partir dos axoblastos (Figura 11.6 E). Essas larvas deixam o organismo parental, nadam nos líquidos nefridiais do hospedeiro e finalmente se fixam e passam por metamorfose em mais adultos vermiformes. Os adultos de *Microcyema* também formam infusorígenos e larvas infusoriformes muito semelhantes àquelas dos diciemídeos. Aparentemente, as larvas infusoriformes deixam o hospedeiro por meio da urina, mas nada é conhecido sobre os estágios do ciclo de vida fora do hospedeiro. Assume-se que a larva infusoriforme entre em um hospedeiro e mature em um nematógeno ciliado, que tem três células axiais. Esses nematógenos-troncos foram observados em hospedeiros animais. Por fim, os cílios e os limites celulares entre as células somáticas adjacentes são perdidos (Figura 11.6 F), e o animal desenvolve-se em outro adulto vermiforme.

Filo Orthonectida

Descritos inicialmente em 1877, os ortonectídeos, assim como os rombozoários, por muito tempo não puderam ser classificados na árvore da vida. Também como os rombozoários, os ortonectídeos passaram algum tempo ligados aos platelmintos ou classificados como algum tipo de "grupo de transição" entre os metazoários inferiores e os bilatérios. Alguns pesquisadores até imaginaram que esses organismos fossem protistas ciliados altamente complexos. Contudo, estudos preliminares de filogenética molecular (especialmente os dados de sequenciamento do rDNA 18S) atualmente colocaram os ortonectídeos diretamente entre Bilateria – não como grupo-irmão dos rombozoários, mas em algum ponto de Protostomia. Por isso, os ortonectídeos parecem ser parasitas bilatérios altamente reduzidos e existem apenas cerca de 20 espécies conhecidas.

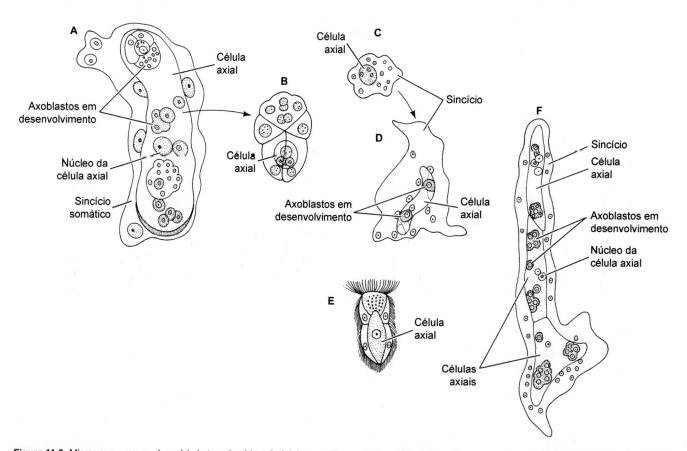

Figura 11.6 *Microcyema*, um rombozoário heterociemídeo. **A.** Adulto vermiforme. **B.** O embrião desenvolve-se a partir de um axoblasto localizado no interior do adulto vermiforme. **C e D.** Fases ameboides de novos indivíduos em desenvolvimento. **E.** Larva de Wagener. **F.** O nematógeno-tronco tem três células axiais.

Todos os ortonectídeos são morfologicamente simples e, assim como os rombozoários, não têm cavidades corporais ou órgãos bem-definidos; não há trato digestivo ou sistema nervoso. São pequenos (menos de 1 mm de comprimento), nadam livremente e são ciliados. Em uma espécie (*Intoshia linei*), pesquisadores descreveram uma cutícula com duas camadas. A maioria das espécies é gonocorística, mas algumas são hermafroditas (p. ex., *Stoecharthrum*). A camada externa do corpo consiste em um número definido de células dispostas mais ou menos em anéis. Todos são parasitas de outros invertebrados e foram encontrados em nemertinos, platelmintos de vida livre, gastrópodes, bivalves, anelídeos poliquetas, ofiuroides e ascídeos.

Os ciclos de vida de alguns ortonectídeos são conhecidos e diferem acentuadamente daqueles dos rombozoários. Os indivíduos assexuados dominam o ciclo de vida (Figura 11.7 A). Alguns ortonectídeos causam lesões graves ao hospedeiro. Por exemplo, as espécies bem-conhecidas *Rhopalura ophiocomae* (no ofiuroide *Amphipholis squamata*) e *R. granosa* (no molusco bivalve *Heteranomia squamula*) destroem as gônadas dos seus hospedeiros.

O ortonectídeo *Rhopalura ophiocomae* é um parasita bem-estudado de *Amphipholis squamata* (um ofiuroide), que vive nas regiões costeiras do nordeste do Pacífico. Esse ortonectídeo infecta as células musculares subjacentes ao peritônio, adjacente às bursas genitais e ao trato digestivo de *Amphipholis*. As células infectadas transformam-se em massas volumosas, que formam protuberâncias para dentro do celoma corporal. A massa é envolvida pelo peritônio celômico, conferindo-lhe uma forma bem-definida. Durante muito tempo, quando se pensava que essas massas fizessem parte do próprio ortonectídeo, elas eram conhecidas como "plasmódios". Por fim, algumas das células do ortonectídeo presentes dentro das células hipertrofiadas do hospedeiro transformam-se em diminutos adultos ciliados (< 1 mm), que saem do hospedeiro e nadam livremente na água salgada circundante. A organização desses adultos de vida livre – com uma massa central de gametas em desenvolvimento, circundados por uma camada de células ciliadas – é um resquício dos rombozoários. Entretanto, os rombozoários têm uma célula axial central, dentro da qual as células germinativas (axoblastos) formam mais vermes, além de uma estrutura que se assemelha às gônadas hermafroditas, um processo muito diferente de tudo que se observa nos ortonectídeos. Além disso, os rombozoários não têm formas sexuadas de vida livre.

Os ortonectídeos de vida livre adultos são organismos vermiformes ciliados, que não se alimentam e vivem por um período curto nas águas do mar. As fêmeas chegam a medir cerca de 1 mm de comprimento, mas os machos geralmente são menores. Os organismos estão repletos de gametas (ovócitos, espermatozoides ou ambos). Entre os gametas e a camada somática externa, encontra-se o que parecem ser células contráteis, que, em algumas espécies, foram descritas como músculos circulares e longitudinais. Os machos e as fêmeas têm poros genitais, geralmente situados na parte intermediária do corpo, em um anel não ciliado de células epidérmicas; aparentemente é nesse local que os espermatozoides são colocados, embora os machos não tenham um órgão copulatório especializado. A cópula é muito rápida – 30 a 40 segundos em *Intoshia variabilis*. Os espermatozoides (de *Rhopalura littoralis*) contêm uma única mitocôndria, não têm acrossomo e sua cauda é um flagelo simples com estrutura 9 + 2. Os ovócitos fecundados transformam-se em larvas pequenas, que representam o estágio infectante; essas larvas emergem pelo poro genital feminino. Quando localizam um novo hospedeiro e as larvas entram nele, elas desprendem suas células ciliadas externas em um processo notável – as células internas separam-se e dispersam nos espaços teciduais do hospedeiro. Essas células infectantes são conhecidas como agametas (ou "células da linhagem germinativa"). Em *R. ophiocomae*, as larvas parecem entrar no hospedeiro (ofiuroide) por meio das bursas genitais e do trato digestivo. Os agametas desenvolvem-se nas formas sexuadas pluricelulares masculinas e femininas. Quando estão plenamente desenvolvidos, os adultos

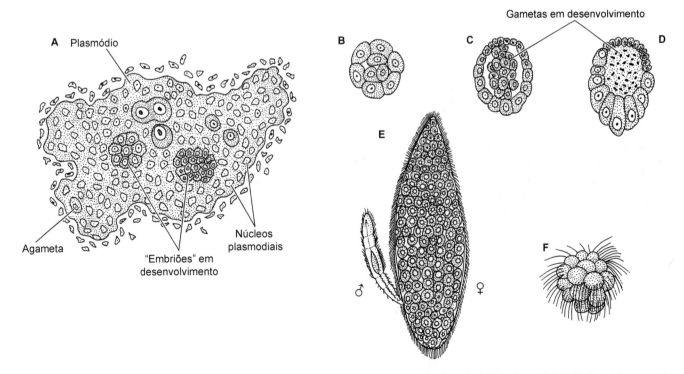

Figura 11.7 *Rhopalura ophiocomae*, um ortonectídeo bem-estudado encontrado no noroeste do Pacífico. **A.** Estágio plasmodial. **B** a **D.** Os adultos sexuados desenvolvem-se a partir das células plasmodiais. **E.** Cruzamento dos adultos. **F.** Larva.

saem do hospedeiro na forma de diminutos vermes que não se alimentam e caracteristicamente nadam em linha reta (daí o nome do filo: *ortho*, "reto"; *necta*, "nadar"). O desenvolvimento embrionário dos ortonectídeos ainda não foi descrito. O ciclo de vida desses animais está ilustrado na Figura 11.8.

Esses animais têm dimensões moderadas, variando de 0,5 a 12 cm de comprimento. Os vermes com formato de flecha estão distribuídos por todos os oceanos do planeta e ocorrem em alguns estuários; são ecologicamente importantes como consumidores de copépodes e outros pequenos zooplânctons.

Filo Chaetognatha

Os quetognatos (ou vermes em forma de flecha) abrangem cerca de 130 espécies marinhas, que são invertebrados predadores vorazes, principalmente planctônicos (Figuras 11.9 e 11.10).

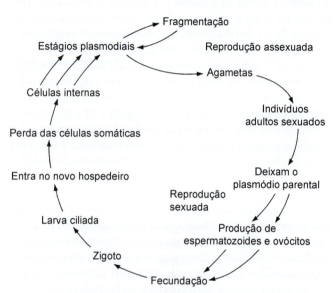

Figura 11.8 Ciclo de vida generalizado de um ortonectídeo.

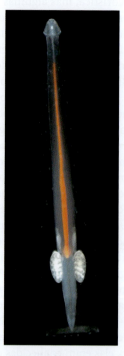

Figura 11.9 Essa fotografia estonteante, obtida por Eric Thuesen, mostra o quetognato de águas profundas *Eukrohnia fowleri* (ordem Phragmophora) transportando seus embriões em desenvolvimento em duas bolsas gelatinosas temporárias nos dois lados do corpo.

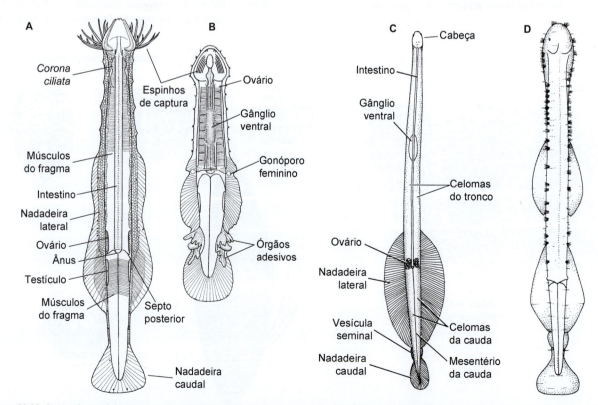

Figura 11.10 Anatomia geral dos quetognatos. **A.** *Heterokrohnia involucrum* (vista dorsal). **B.** *Paraspadella gotoi* (vista ventral), um quetognato bentônico. **C.** *Krohnitta subtilis* (vista dorsal). **D.** Esboço de *Ferosagitta hispida* mostrando as cerdas sensoriais.

(continua)

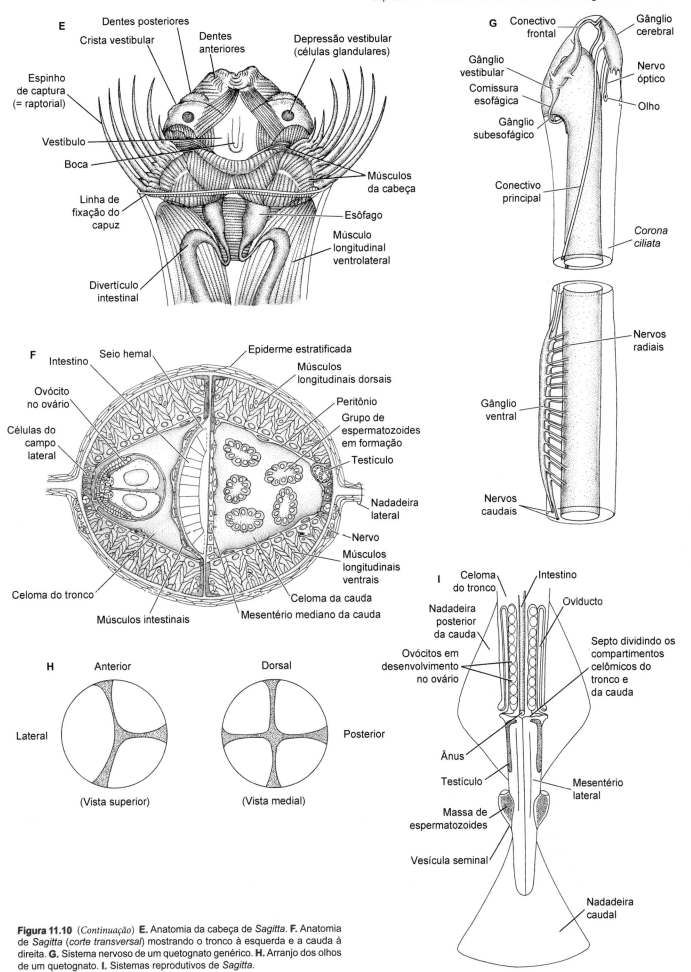

Figura 11.10 (*Continuação*) **E.** Anatomia da cabeça de *Sagitta*. **F.** Anatomia de *Sagitta* (*corte transversal*) mostrando o tronco à esquerda e a cauda à direita. **G.** Sistema nervoso de um quetognato genérico. **H.** Arranjo dos olhos de um quetognato. **I.** Sistemas reprodutivos de *Sagitta*.

Em geral, os quetognatos ocorrem em grandes quantidades e, algumas vezes, dominam a biomassa do plâncton de meia-água. Algumas espécies (p. ex., *Spadella*) são epibentônicas de águas rasas. Métodos especiais de coleta, como o uso de submersíveis, têm revelado novas espécies nas profundezas dos grandes oceanos e muitas delas vivem um pouco acima do assoalho do fundo dos oceanos profundos (p. ex., *Heterokrohnia* e *Archeterokrohnia*). No mínimo duas espécies de águas profundas – *Caecosagitta macrocephala* e *Eukrohnia fowleri* – são bioluminescentes, liberando partículas luminosas, que formam "nuvens" brilhantes na água (embora seus órgãos luminescentes constituídos de luciferina/luciferase estejam localizados em diferentes partes do corpo). Existem descritos apenas dois fósseis comprovados de quetognatos, um da era Carbonífera (*Paucijaculum samamithion*) e outro do Cambriano Inferior, há cerca de 520 milhões de anos (*Eognathacantha ercainella*), embora alguns autores tenham sugerido que alguns dos protoconodontes cambrianos possam ser espinhos de fixação dos vermes com formato de flecha.

Classificação dos quetognatos

O primeiro registro de um quetognato foi realizado pelo naturalista alemão Martinus Slabber em 1775 e o nome desse grupo foi proposto inicialmente por Leuckart em 1854. Desde então, a posição sistemática desse grupo foi calorosamente debatida. Algumas vezes, os vermes com formato de flecha foram relacionados com grupos heterogêneo de vermes, moluscos, artrópodes e certos blastocelomados (principalmente nemátodes). Durante muitos anos, os quetognatos foram considerados deuterostômios com base em alguns aspectos do seu desenvolvimento e de seus celomas corporais tripartidos. Embora ainda seja incerta a questão das afinidades filogenéticas dos quetognatos, estudos recentes estão começando a resolver algumas das controvérsias antigas. Por exemplo, sem dúvida alguma, os vermes com formato de flecha são animais celomados. Isso foi revelado pelos estudos embriológicos iniciais, mas coube à microscopia eletrônica demonstrar que as cavidades corporais dos animais adultos são completamente revestidas por tecidos derivados da mesoderme.

Métodos de filogenética molecular revelam consistentemente que os quetognatos não são deuterostômios nem um grupo-irmão próximo deles. Estudos filogenéticos recentes sugeriram fortemente afinidades com os protostômios, ramificando próximo ou na base dessa linhagem. Isso é consistente com o fato de que eles têm gânglios mesocorporais ventrais e fibras circum-esofágicas típicos dos protostômios. A possibilidade de que os vermes com forma de flecha sejam "irmãos" de todos os outros protostômios é intrigante, porque isso poderia explicar a combinação de características próprias dos protostômios e dos deuterostômios. Desse modo, a formação do enteroceloma das cavidades corporais e o aparecimento secundário da boca, antes considerados atributos definidores dos deuterostômios, podem ser aspectos bilaterais ancestrais (plesiomórficos). Além disso, a enzima GAMT (guanidinoacetato-N-metiltransferase), que ocorre nos cnidários, deuterostômios e quetognatos, mas não nos outros protostômios, pode representar uma característica ancestral remanescente dos vermes com forma de flecha, perdida pelo restante da linhagem dos protostômios.

Os morfologistas comparativos ainda não identificaram quaisquer sinapomorfias claras que unam os quetognatos aos outros filos protostômios. Contudo, muitas características singulares revelam o *status* do filo desses vermes flecha, incluindo os espinhos móveis de captura cuticular na cabeça, a epiderme de múltiplas camadas que recobre a maior parte do corpo, as nadadeiras horizontais localizadas nos lados e na extremidade posterior e as vesículas seminais fechadas na cauda. O Quadro 11.1 descreve as características principais desse grupo.

A uniformidade morfológica desse filo resultou em algumas características, que podem ser usadas para estabelecer gêneros e famílias, ou para determinar as relações sistemáticas dentro do filo. As características usadas podem estar sujeitas à homoplasia. A classificação apresentada a seguir, baseada em morfologia, foi corroborada apenas parcialmente por estudos sistemáticos moleculares.

Quadro 11.1 Características do filo Chaetognatha.

1. Protostômios bilaterais, com corpo trimérico, alongado e aerodinâmico, compreendendo as regiões de cabeça, tronco e cauda; celoma cefálico único e celomas pareados no tronco e na cauda, separados por septos transversais.

2. Epiderme predominantemente estratificada, com cutícula no lado ventral da cabeça; corpo com nadadeiras lateral e caudal, sustentadas por "raios", que consistem em células epidérmicas alongadas ricas em citoesqueleto; a epiderme não é substituível.

3. Boca circundada por conjuntos de espinhos de captura longos e móveis, e dentes curtos usados para capturar presas; boca situada no vestíbulo ventral; a dobra anterolateral da parede corporal forma um capuz retrátil, que pode envolver os espinhos de captura.

4. Músculos longitudinais de tipo incomum, dispostos em quadrantes; a musculatura circular fraca consiste em células mioepiteliais.

5. Nenhum sistema bem-definido para excreção ou trocas gasosas.

6. Sistema hemal restrito ao tronco, consistindo em seios peri-intestinais estreitos e seios maiores no mesentério dorsal e no septo posterior.

7. Tudo digestivo completo; ânus ventral na junção cauda-tronco.

8. Sistema nervoso centralizado com gânglios dorsal (cerebral) e ventral (subentérico) grandes conectados por conectores circum-entéricos; cercas ciliares receptoras para detectar perturbações provocadas na água; alça ciliar anterior (= corona ciliata) com função incerta. Ocelos pigmentados invertidos em forma de taça.

9. Hermafroditas, com fecundação interna e desenvolvimento direto. Clivagem igual, holoblástica e, possivelmente, espiral modificada. Mesoderme e cavidades corporais formadas por enterocelia. Embora o blastóporo indique a extremidade posterior do corpo, tanto a boca quanto o ânus formam-se secundariamente, logo depois do fechamento do blastóporo.

10. Animais estritamente marinhos; carnívoros predadores; predominantemente planctônicos, mas com algumas espécies bentônicas conhecidas.

Ordem Phragmophora. Com músculos transversais ventrais (fragmas) no tronco ou na cauda. Três famílias com cerca de 60 espécies: Spadellidae (p. ex., *Paraspadella, Spadella*), Eukrohnidae (*Eukrohnia*), Heterokrohniidae (*Archeterokrohnia, Heterokrohnia, Xenokrohnia*).

Ordem Aphragmophora. Sem músculos transversais ventrais (fragmas). Seis famílias com cerca de 70 espécies: Sagittidae (p. ex., *Caecosagitta, Ferosagitta, Parasagitta, Sagitta*), Krohnittidae (*Krohnitta*), Pterosagittidae (*Pterosagitta*), Bathybelidae (*Bathybelos*), Krohnittellidae (*Krohnittella*) e Pterokrohniidae (*Pterokrohnia*).

Plano corpóreo dos quetognatos

Externamente, os quetognatos são aerodinâmicos, com simetria bilateral praticamente perfeita. Internamente, septos transversais dividem o corpo celomado em cabeça, tronco e cauda. A cabeça contém uma boca posicionada ventralmente em uma depressão conhecida como **vestíbulo**. Toda a região da cabeça está perfeitamente adaptada a um estilo de vida predatório. Em posição lateral à boca, existem **espinhos de captura** (ou "ganchos") longos e móveis, enquanto à frente da boca estão **dentes cuticulares** curtos – ambos utilizados para capturar e ingerir presas (Figuras 11.10 E e 11.11). As bordas dorsolaterais da cabeça apresentam uma dobra muscularizada da parede corporal conhecida como **capuz**. Exceto durante a captura de uma presa, esse capuz é recolhido ventralmente ao redor das superfícies laterais da cabeça e, assim, envolve os espinhos de captura e a cabeça aerodinâmica. Um par de fotorreceptores pigmentados diminutos está localizado dorsalmente na cabeça. Também em posição dorsal, há um anel bem-definido de células ciliadas inervadas (*corona ciliata*), cuja função é desconhecida. O tronco tem um ou dois pares de **nadadeiras laterais**, enquanto a cauda tem uma única **nadadeira caudal** horizontal. As nadadeiras dos quetognatos são dobras epidérmicas simples,

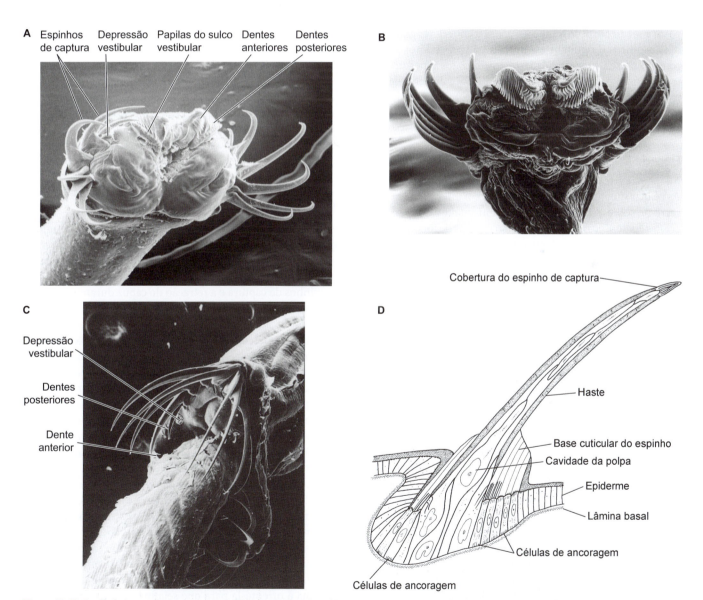

Figura 11.11 A e **B.** Cabeças de quetognatos. **A.** *Zonosagitta pulchra*. Observe as estruturas raptoriais bem-desenvolvidas. **B.** *Zonosagitta bedoti* do leste do Pacífico. Os ganchos estão nitidamente visíveis de cada lado da cabeça circundando a quantidade excepcionalmente grande (17 a 20) de dentes posteriores, longos e estreitos. Os dentes anteriores mais curtos estão localizados logo acima da boca. O sulco vestibular com seus poros está parcialmente visível por trás do conjunto esquerdo de dentes posteriores. **C.** O quetognato dessa foto – *Flaccisagitta hexaptera* – tinha engolido parcialmente uma larva de peixe (provavelmente uma anchova). Um único dente anterior projeta-se para baixo sob o segundo gancho, no lado esquerdo da foto, e dois dentes posteriores podem ser observados entre o primeiro e o segundo gancho. O órgão circular situado logo abaixo do primeiro gancho é a depressão vestibular. **D.** Diagrama de um espinho de captura de *Parasagitta elegans*.

que circundam uma lâmina espessa de matriz extracelular de sustentação; certas células epidérmicas alongadas formam os raios da nadadeira. A superfície do corpo contém muitos **receptores periféricos ciliares**, os quais são fileiras curtas de cílios não móveis, que funcionam como mecanorreceptores para detectar perturbações na água. O tronco contém o intestino, que termina ventralmente na junção do tronco com a cauda, e dois ovários. Os gonóporos femininos estão localizados lateralmente na extremidade posterior do tronco. O sistema reprodutivo masculino ocupa a cauda, que geralmente é preenchida por massas de espermatozoides em diferenciação. As vesículas seminais duplas protraem lateralmente entre as nadadeiras lateral e caudal.

O plano corpóreo dos quetognatos combina a simplicidade estrutural com um alto grau de especialização. Tendemos a considerar as características especializadas desses animais adaptações a um estilo de vida planctônico predatório, mas sem nenhum lugar para se esconder, os quetognatos pelágicos também precisam estar aptos a evitar seus próprios predadores. A maioria dos quetognatos é tão transparente quanto vidro e passa a maior parte do tempo suspensa e imóvel na água – esses dois aspectos dificultam a detecção por predadores visuais, como os peixes. A sensibilidade dos quetognatos às perturbações transmitidas pela água é igualmente útil para detectar presas e predadores que se aproximam, enquanto a capacidade de se movimentar rapidamente permite-lhes capturar presas e escapar de possíveis predadores.

Parede corporal, sustentação e movimento

Na maior parte do corpo, a epiderme é um epitélio estratificado. As células superficiais achatadas produzem uma camada fina de secreção sobre o corpo, que é muito semelhante à dos peixes. As células epidérmicas subjacentes estão repletas de tonofilamentos citoesqueléticos (microfilamentos citoesqueléticos de suporte). A epiderme das partes ventral e lateral da cabeça consiste em uma única camada de células cuticularizadas. A cutícula não é renovável. Em todas as partes do corpo, uma membrana basal espessa une a epiderme aos tecidos subjacentes. Quatro grandes grupos de músculos longitudinais estriados predominam na parede corporal do tronco e da cauda (Figura 11.10 F). Esses músculos estão separados das cavidades do corpo por uma lâmina fina de peritônio escamoso (células peritoneais não contráteis). Além disso, existe uma musculatura circular fraca na forma de "células do campo lateral" mioepiteliais e células dorsomediais e ventromediais. Na ordem Phragmophora, lâminas de músculo transversal estendem-se obliquamente da parede corporal lateral até a linha mediana ventral. Em todos os quetognatos, a musculatura da cabeça é complexa (Figura 11.10 E).

As cavidades do corpo são celomas verdadeiros. A cavidade cefálica única é reduzida pela musculatura sofisticada da cabeça. No tronco e na cauda, mesentérios longitudinais separam os espaços celômicos em compartimentos direito e esquerdo, enquanto na cauda os mesentérios laterais incompletos subdividem parcialmente cada compartimento caudal. O arranjo tripartite 1:2:2 do celoma assemelha-se à configuração celômica dos deuterostômios e dos lofoforados, mas essa semelhança pode representar uma evolução convergente. Alguns autores sugeriram que o septo transversal mais posterior não seja um homólogo embrionário do que se observa em outros deuterostômios e que se forme mais tarde, em conexão com o desenvolvimento das gônadas. O líquido celômico é incolor *in vivo*, mas se cora intensamente, o que sugere uma abundância de moléculas orgânicas dissolvidas. A circulação dos líquidos celômicos no tronco e na cauda é causada pelas células peritoneais ciliadas na parede lateral do corpo, mas esses animais não têm celomócitos.

A sustentação do corpo nos quetognatos é fornecida pela qualidade hidrostática do celoma, pela disposição helicoidal cruzada das fibras de colágeno na membrana basal e pelo tônus da musculatura da parede corporal. A locomoção das espécies pelágicas e epibentônicas depende de movimentos propulsores causados pelas contrações alternadas e rápidas dos músculos longitudinais dorsais e ventrais. As nadadeiras não são usadas como superfícies propulsoras, mas estão posicionadas de forma que deslizem pela água e sirvam como estabilizadores. Nas espécies pelágicas, períodos natatórios breves alternam com períodos de inatividade, quando os animais podem afundar lentamente. Essa "natação subindo–afundando", comum entre os invertebrados planctônicos pequenos, provavelmente constitui um comportamento de busca de presas. Como a natação tende a ser para cima, isso ajuda os animais a manter seu nível na coluna de água. A nadadeira aumenta a resistência ao afundamento entre os episódios natatórios. As espécies que fazem migrações verticais diurnas acentuadas – para cima à noite e para baixo durante o dia – provavelmente são capazes de manter períodos longos de natação. Algumas espécies de quetognatos são neutralmente flutuantes em virtude de células intestinais hipertrofiadas ou epidérmicas vacuoladas, que contêm líquidos menos densos que a água do mar. Os músculos transversais ventrais nos quetognatos bentônicos (p. ex., *Spadella*) podem facilitar a postura ou os movimentos epibentônicos.

Alimentação e digestão

Os quetognatos predam vários pequenos animais pelágicos, especialmente copépodes. Eles podem consumir presas praticamente tão grandes quanto si próprios, incluindo peixes pequenos e outros quetognatos! A musculatura complexa da cabeça opera os espinhos de captura e a retração do capuz durante a alimentação. As espécies bentônicas e planctônicas são predadores que fazem emboscada utilizando receptores ciliares dispersos sobre o corpo para detectar movimentos de presas próximas. Um quetognato pode determinar com precisão tanto a direção quanto a distância de uma presa em potencial a curta distância. As presas são ingeridas inteiras. A liberação de nuvens luminescentes pelas espécies das águas profundas poderia servir para assustar a presa em potencial e colocá-la em movimento, que então poderia ser detectado pelos quetognatos para facilitar a predação. A nuvem luminescente também poderia ser um meio de fugir dos predadores.

As formas bentônicas (p. ex., *Spadella*) alimentam-se enquanto estão afixadas ao substrato por secreções adesivas. À medida que a presa nada e chega ao seu alcance, a extremidade anterior é levantada e os espinhos de captura são abertos. A presa é capturada por uma flexão rápida da cabeça para baixo, enquanto o restante do corpo permanece firmemente fixado. Os espinhos de captura fecham ao redor e manipulam a presa, de forma a orientá-la para que seja ingerida. Os quetognatos planctônicos alimentam-se da presa que se aproxima por todos os lados do seu corpo. As presas posicionadas lateralmente são capturadas pela flexão rápida do corpo e o quetognato pode fazer um "salto" rápido para frente de forma a prender a presa localizada à frente.

Os espinhos de captura dos lados direito e esquerdo podem ser movimentados simultânea ou alternadamente, resultando em um grau surpreendente de destreza durante a manipulação da presa. Quando uma presa rígida (p. ex., um crustáceo) é capturada, o quetognato posiciona a vítima longitudinalmente para ser deglutida. Os espinhos e os dentes contêm α-quitina, endurecida nas suas pontas por silício nas duas espécies examinadas até agora. Embora sejam superficialmente semelhantes às cerdas dos artrópodes ou dos anelídeos, cada dente e cada espinho de captura é uma estrutura complexa produzida por um grupo de células epidérmicas especializadas. Os espinhos de captura de algumas espécies têm serrilhados. Os dentes geralmente são cuspidados, formato que pode facilitar a penetração na presa, inclusive em exoesqueletos de pequenos crustáceos. Algumas espécies de quetognatos (ou a maioria delas) utilizam uma neurotoxina de ação rápida – tetrodotoxina – para imobilizar a presa. A tetrodotoxina bloqueia o transporte de sódio através das membranas celulares. Muitas bactérias marinhas sintetizam tetrodotoxina e, nos quetognatos, essa toxina provavelmente é produzida por bactérias comensais (*Vibrio*), que vivem na cabeça ou no tubo digestivo desses animais. A toxina provavelmente é incorporada às secreções muito pegajosas, que são produzidas pelas glândulas vestibulares e, possivelmente, pelas esofágicas.

O tubo digestivo é relativamente simples e reto, estendendo-se da boca situada no vestíbulo até o ânus ventral localizado na junção entre o tronco e a cauda (Figura 11.10 A, C e I). A boca leva a uma faringe curta, que está equipada com células secretoras de muco. A deglutição é realizada pelos músculos faríngeos bem-desenvolvidos e facilitada pelos lubrificantes fornecidos pelas células mucosas. O tubo digestivo estreita na região em que atravessa o septo da cabeça–tronco e estende-se posteriormente na forma de um intestino longo. O reto curto liga o intestino posterior ao ânus. A maior parte da digestão ocorre extracelularmente no intestino posterior e pode ser extremamente rápida. Pigmentos carotenoides alaranjados derivados da presa são incorporados aos tecidos antes transparentes de alguns quetognatos de águas profundas.

Circulação, troca gasosa e excreção

Os quetognatos dispõem de um sistema hemal simples, que facilmente passa despercebido porque o sangue é incolor e transparente. O sistema hemal consiste em seios finos situados entre o epitélio intestinal e o peritônio mioepitelial adjacente. Existem seios hemais maiores no mesentério dorsal, no septo do tronco/cauda, nos ovários e na parede corporal situada próxima do gânglio ventral. O transporte através do sistema hemal provavelmente é conduzido pela musculatura intestinal. Mesmo quando o trato digestivo está vazio, o peristaltismo direcionado para o segmento posterior alterna com o peristaltismo anterior. As demandas nutricionais dos vários tecidos da cauda provavelmente são atendidas pela ultrafiltração através do lado caudal do septo posterior, a partir do seio hemal do septo tronco/cauda para o celoma da cauda. Aparentemente, a troca gasosa e a excreção ocorrem por difusão através da parede corporal.

Sistema nervoso e órgãos dos sentidos

Nos quetognatos, as características do sistema nervoso e os receptores sensoriais associados têm importância fundamental para seu sucesso como predadores ativos. Como já vimos em outros grupos, um plano corpóreo que enfatize a cefalização geralmente é um fator essencial na adaptação a um estilo de vida predatório. O sistema nervoso central dos quetognatos inclui um gânglio cerebral dorsal grande na cabeça. A partir dessa estrutura, nervos pareados estendem-se posteriormente até os olhos e a *corona ciliata*, enquanto dois pares de conectivos circum-entéricos estendem-se ventralmente. Os pequenos conectivos anteriores inervam os músculos da cabeça e do trato digestivo. Os conectivos principais maiores estendem-se postero-ventralmente até se unirem com um gânglio ventral grande localizado na epiderme do tronco (Figura 11.10 G). A partir do gânglio ventral, numerosos nervos periféricos irradiam para todas as partes do tronco e da cauda, ramificando-se para formar um plexo nervoso intraepidérmico elaborado. O gânglio ventral recebe estímulos sensoriais originados dos receptores de cerdas ciliares do corpo e controla a natação e outros comportamentos causados pela musculatura da parede do corpo.

As cercas ciliares estão dispostas estereotipicamente e são orientadas em paralelo ou transversalmente ao eixo longitudinal do corpo, de forma que todo o corpo funcione como uma "antena" para recepção das perturbações adjacentes. Cada cerca ciliar contém de 50 a 300 células. Embora ainda não tenham sido identificados definitivamente quimiorreceptores nos quetognatos, eles quase certamente existem. Entre os candidatos estão as seguintes estruturas citadas antes: *corona ciliata*, cristas vestibulares com poros localizadas logo atrás dos dentes e outros poros minúsculos flanqueando a boca.

A maioria dos quetognatos tem um par de olhos na superfície dorsal da cabeça. Tipicamente, cada olho tem uma célula pigmentada central grande, que é recuada para formar sete concavidades contendo as partes fotossensíveis das células receptoras ciliares (Figura 11.10 H). Com base nessas estruturas, podemos inferir que os quetognatos tenham um campo visual praticamente ininterrupto, que lhes possibilita orientar-se na direção da luz e de sua intensidade. Os olhos dos quetognatos de águas profundas apresentam modificações variadas que, possivelmente, aumentam sua sensibilidade à luz. Por exemplo, em algumas espécies de *Eukrohnia*, as células fotorreceptoras estão direcionadas para fora e cada uma está recoberta por um "cristalino" transparente. Os olhos provavelmente não formam imagens, mas são usados para a orientação do animal durante a migração vertical.

Reprodução e desenvolvimento

Os quetognatos são hermafroditas com um par de ovários no tronco e outro de testículos na cauda (Figura 11.10 I). Os grupos de espermatogônias são liberados dos testículos nos celomas da cauda, onde circulam enquanto os espermatozoides maturam. Os espermatozoides filiformes são capturados por funis ciliados abertos e transportados pelos espermoductos até um par de vesículas seminais, que se dilatam a partir das laterais da cauda. Em algumas espécies, as células glandulares secretam uma parede de espermatóforo ao redor dos espermatozoides envelopados. Quando estão cheias de espermatozoides, as vesículas seminais são nitidamente brancas. A liberação dos espermatozoides depende da ruptura das vesículas seminais durante o cruzamento. Isso pode levar à autofecundação em algumas espécies, mas acontece durante o cruzamento na maioria das espécies. Cada ovário tem lateralmente um oviducto, que leva a um poro genital situado logo à frente do septo tronco–cauda. Os ovócitos desenvolvem-se dentro dos ovários, onde ficam banhados por um líquido nutritivo derivado do seio hemal posterior. A fecundação ocorre antes da ovulação, à medida que os espermatozoides recebidos durante o cruzamento passam do oviducto através de células de fertilização acessórias especializadas para ovócitos fixados. Logo depois da fecundação, os zigotos avançam para dentro do oviducto para que sejam liberados no ambiente.

O cruzamento foi mais extensivamente estudado em algumas espadélidas bentônicas (p. ex., *Spadella cephaloptera, Paraspadella gotoi*) e na espécie nerítica *Ferosagitta hispida*. Depois de uma "dança" de cruzamento muito elaborada, os espermatozoides originados de um receptáculo seminal são depositados na forma de uma massa dentro do corpo do parceiro. Em *Paraspadella gotoi*, a massa espermática é posicionada exatamente no gonóporo feminino, mas, nas outras espécies, essas massas espermáticas são fixadas mais anteriormente e as colunas de espermatozoides dispersam sobre a epiderme do receptor até entrar nos gonóporos femininos. Os quetognatos bentônicos (p. ex., *Spadella*) tendem a depositar ovócitos fecundados em algas ou outros substratos apropriados. As espécies planctônicas geralmente dispersam embriões flutuantes nos oceanos. *Pterosagitta draco* envolve os embriões em uma grande massa gelatinosa flutuante, enquanto as espécies de *Eukrohnia* transportam os embriões em desenvolvimento dentro de massas gelatinosas, uma em cada lado do corpo perto da cauda, até que os jovens estejam prontos para nadar (Figura 11.12). *Ferosagitta hispida* desce e fixa os ovos em desenvolvimento nos objetos bentônicos fixos. Quando há alimento abundante, novas camadas de espermatozoides e ovócitos podem ser produzidas em sucessão diária.

O desenvolvimento é direto, sem qualquer estágio larval ou metamorfose. Os ovos transparentes contêm pouco vitelo e a clivagem é holoblástica e igual. Estudos clássicos e modernos

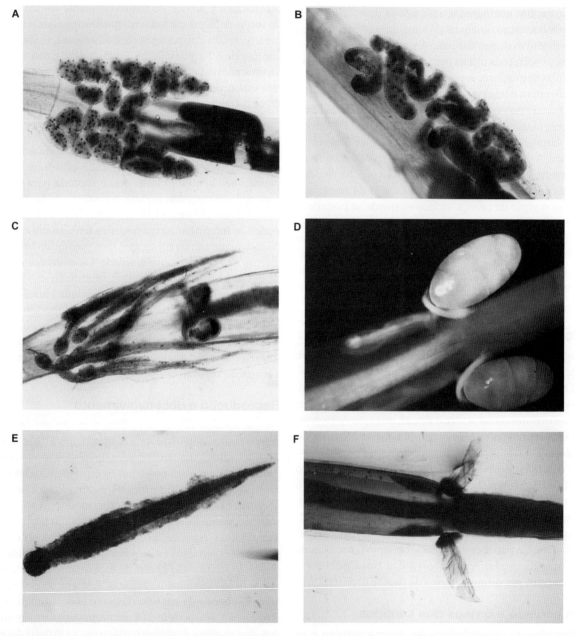

Figura 11.12 Quetognato *Eukrohnia* com marsúpio gelatinoso temporário abrigando os embriões em desenvolvimento. **A** a **C.** *Eukrohnia bathypelagica* transportando embriões em desenvolvimento e jovens no marsúpio. **D.** *Eukrohnia fowleri* transportando ovócitos fecundados nos marsúpios posteriores. **E.** Jovens de *Eukrohnia fowleri*, logo depois da eclosão. **F.** *Eukrohnia fowleri* transportando os marsúpios vazios, dos quais os jovens já escaparam.

sugeriram um padrão de clivagem espiral modificado com células vegetais e animais inconfundíveis raiadas transversalmente, mas isso passa facilmente despercebido, porque as células do polo animal ("micrômeros") e as células do poro vegetal ("macrômeros") têm dimensões semelhantes e, no passado, a clivagem dos quetognatos foi descrita incorretamente como radial. Entretanto, embora um embrião tetraédrico espirálico de quatro células seja formado por meio do deslocamento levógiro do blastômero na segunda clivagem, os estágios subsequentes da clivagem ainda não foram documentados e é necessário realizar mais estudos para entender a natureza da clivagem nesses animais. A celoblástula consiste em células piramidais dispostas ao redor de uma blastocele pequena (Figura 11.13).

A gastrulação (formação das camadas germinativas) ocorre por invaginação da suposta endoderme, sem formação de qualquer blastocele. O blastóporo marca a extremidade posterior do animal – a boca e o ânus formam-se secundariamente, conferindo assim aos quetognatos um padrão de desenvolvimento semelhante ao dos deuterostômios. A formação do celoma foi descrita como um tipo modificado de enterocelia. Começando na futura extremidade anterior, dobras epiteliais verticais da endoderme crescem posteriormente através do arquêntero, separando as futuras cavidades celômicas laterais da cavidade do trato digestivo médio (Figura 11.13). A formação inicial do septo cabeça–tronco resulta no isolamento precoce dos celomas da cabeça. À medida que o desenvolvimento avança, os embriões alongam e as cavidades corporais tornam-se comprimidas, mas as células mesodérmicas circundantes conservam sua morfologia epitelial. Os celomas voltam a expandir nos estágios mais avançados do desenvolvimento e, depois, persistem na forma de celomas verdadeiros até a forma adulta. Curiosamente, todos os órgãos e tecidos de origem mesodérmica, incluindo musculatura da parede corporal, musculatura intestinal e tecidos reprodutivos somáticos, originam-se unicamente do peritônio dos celomas embrionários. Aparentemente, a formação do celoma e da mesoderme dos quetognatos não é inteiramente enterocélica nem esquizocélica. Kapp (2000) sugeriu o nome **heterocelia** para descrever o mecanismo singular de formação do celoma desse grupo de animais.

O desenvolvimento desde a liberação do zigoto até a eclosão na forma de um quetognato juvenil é rápido (cerca de 48 horas). O investimento parental por embrião é pequeno, os ovos contêm pouco vitelo e são abandonados pouco depois da fecundação (exceto nas formas que incubam). O desenvolvimento rápido até uma forma juvenil capaz de alimentar-se é essencial ao sucesso dessa estratégia de história de vida.

Filo Gastrotricha | Gastrótricos

O filo Gastrotricha (do grego *gasteros*, "estômago" e *trichos*, "pelo") compreende cerca de 800 espécies de metazoários de águas salgada, doce e salobra. A maioria das espécies mede menos de 1 mm de comprimento, embora algumas possam alcançar até

Legenda
1. Membrana do ovo
2. Blastômero
3. Blastocele
4. Ectoderme
5. Endoderme
6. Arquêntero
7. Blastóporo
8. Célula germinativa primordial (célula-tronco destinada à gametogênese)
9. Dobra mesodérmica
10. Boca
11. Faringe estomodeal
12. Tubo digestivo
13. Espaço celômico anterior
14. Celoma do tronco em desenvolvimento

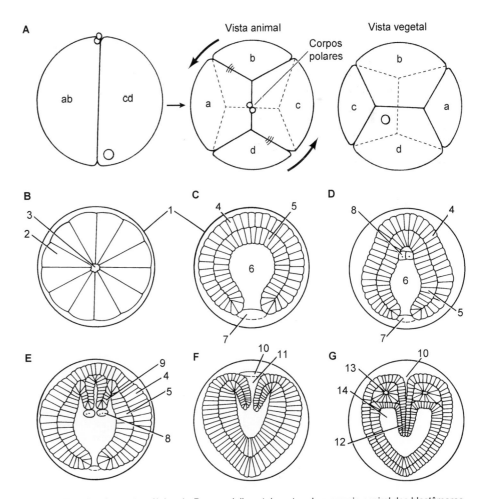

Figura 11.13 Desenvolvimento inicial dos quetognatos. **A.** Embrião de quatro células de *Paraspadella gotoi* mostrando o arranjo espiral dos blastômeros. **B.** Blástula precoce. **C.** Gástrula. **D.** Gástrula tardia. **E.** Produção das concavidades mesodérmicas a partir do arquêntero. **F.** Fechamento do blastóporo e abertura secundária da boca, com a formação do estomodeu. **G.** Formação das bolsas celômicas.

3 mm de comprimento. Muitos gastrótricos assemelham-se superficialmente aos platelmintos e aos rotíferos, mas são facilmente diferenciados por seus tubos adesivos e cílios restritos à superfície ventral. Sob grande aumento, os gastrótricos minúsculos parecem ser invertebrados muito carismáticos, com suas faces "bigodudas" e espinhosas ou descamadas, geralmente com corpos em forma de pino de boliche. A Figura 11.14 ilustra alguns dos formatos corporais dos animais desse filo e alguns aspectos de sua anatomia externa, enquanto o Quadro 11.2 descreve as características distintivas desse grupo. Os gastrótricos marinhos são meiofaunais e vivem nos espaços intersticiais, desde os grãos de areia da zona intertidal até profundidades abissais (> 2.500 m). As espécies de água doce são encontradas nos detritos superficiais ou entre os filamentos das plantas aquáticas e protistas semelhantes aos vegetais; algumas são semiplanctônicas. Em alguns casos, esses animais são encontrados em grandes quantidades.

O corpo do gastrótrico é tipicamente dividido em cabeça e tronco (Figuras 11.14 B e C; 11.15 A), embora muitas espécies não apresentem essa diferenciação óbvia. Externamente, os gastrótricos têm uma cutícula que circunda todas as superfícies do corpo e geralmente é lisa em sua aparência, mas pode ser elaborada com espinhos, cerdas, escamas e/ou placas (Figura 11.14). Os **tubos adesivos** – uma característica diagnóstica da maioria dos gastrótricos – também são derivados da cutícula e, em geral, contêm um par de glândulas que secretam substâncias adesivas e liberadoras (**sistema adesivo biglandular**). Esses tubos podem ser abundantes (Macrodasyida) ou de esparsos a ausentes (a maioria dos Chaetonotida).

A cabeça do gastrótrico tem uma boca terminal ou subterminal com cílios rígidos ou outras elaborações cuticulares. Em geral, um anel de cílios móveis circunda a cabeça dorsalmente, enquanto outras elaborações ciliares, como depressões e tentáculos, estão localizadas nas superfícies laterais (Figura 11.14 F). Muitas espécies têm uma constrição atrás da cabeça semelhante a um pescoço, mas isso não ocorre em todos os gastrótricos. O tronco desses animais (parte principal do corpo) geralmente é vermiforme (Macrodasyida, *Neodasys*) ou tem forma de pino de boliche (Chaetonotida) e contém a maioria dos sistemas orgânicos. O tronco termina em uma cauda arredondada, bilobada, filiforme ou bifurcada, contendo tubos adesivos.

Estudos de filogenética molecular mais recentes colocaram os gastrótricos claramente entre os protostômios bilatérios e próximos da base de Spiralia, onde parecem ter se originado perto de Platyhelminthes ou Gnathifera (Gnathostomulida, Micrognathozoa e Rotifera). Contudo, anatomicamente, os gastrótricos são mais semelhantes aos clados Nematoida e Scalidophora, em razão de seu cérebro circunfaríngeo, sua cutícula bicamada e sua faringe mioepitelial.

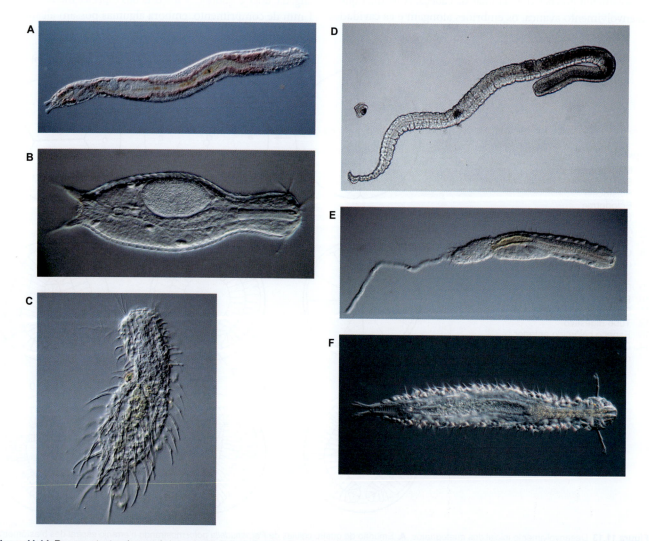

Figura 11.14 Representantes de gastrótricos. **A a C.** Fotografias de microscopia óptica dos animais da ordem Chaetonotida. **A.** *Neodasys*. **B.** *Xenotrichula*. **C.** *Chaetonotus*. **D a F.** Fotografias de microscopia óptica dos animais da ordem Macrodasyida. **D.** *Megadasys*. **E.** *Urodasys*. **F.** *Xenodasys*.

Quadro 11.2 Características do filo Gastrotricha.

1. Triploblásticos, bilaterais, não segmentados e acelomados.
2. Microscópicos; corpo alongado ou em formato de pino de boliche.
3. Cutícula bilaminada, lisa ou com escamas, ou elaborações em forma de espinhos; têm exocutícula cobrindo todo o corpo, inclusive todos os cílios; a cutícula não é substituível.
4. Tubos adesivos biglandulares.
5. Epiderme celular ou parcialmente sincicial; as células epidérmicas são monociliadas ou multiciliadas; têm cílios locomotores na superfície ventral.
6. Faringe mioepitelial com lúmen trirradiado; trato digestivo completo.
7. Têm um ou mais pares de protonefrídios sem estruturas especializadas para trocas gasosas ou circulação.
8. Hermafroditas, partenogênicos ou ambos.
9. Órgãos reprodutivos complexos.
10. O desenvolvimento embrionário não foi bem-estudado.
11. Desenvolvimento direto.

Classificação dos gastrótricos

Ordem Chaetonotida (Figura 11.14 A a C). As espécies são predominantemente de água doce, mas também existem algumas marinhas, estuarinas e semiterrestres (micro-hábitats de água doce); cutícula lisa ou complexa com quantidade variável de tubos adesivos (a maioria com apenas dois na furca caudal); faringe com lúmen em formato de "Y", sem poros faríngeos; um ou mais pares de protonefrídios presentes; hermafroditas, partenogenéticas ou uma combinação hermafrodita-partenogenética.

Subordem Multitubulatina. Espécies marinhas; corpo em formato de cinta com cutícula lisa e tubos adesivos anterior, posterior e lateral; hermafroditas. Monogenérica: *Neodasys*, com duas espécies conhecidas.

Subordem Paucitubulatina. Principalmente espécies de água doce, embora com muitos representantes marinhos; corpo em formato de pino de boliche, comumente recoberto por cutícula elaborada, geralmente com dois tubos adesivos terminais na furca caudal; hermafroditas, partenogenéticas ou ambas (p. ex., *Aspidiophorus, Chaetonotus, Dasydytes, Lepidodermella*).

Ordem Macrodasyida (Figuras 11.14 D a F). Gastrótricos predominantemente marinhos e estuarinos com apenas um gênero de água doce (*Redudasys*); cutícula lisa ou elaboradamente esculpida, geralmente com vários tubos adesivos ao longo da cabeça (ventral) e do tronco (lateral, ventral e algumas vezes dorsal); faringe com lúmen em forma de "Y" invertido, poros faríngeos presentes em todas as espécies, exceto *Lepidodasys*; geralmente com vários pares de protonefrídios; hermafroditas com órgãos reprodutores complexos; algumas podem ser partenogenéticas (p. ex., *Dactylopodola, Macrodasys, Turbanella, Urodasys, Xenodasys*).

Plano corpóreo dos gastrótricos

Parede corporal

O corpo de um gastrótrico está envolvido por uma cutícula bilaminada com espessura e complexidade variáveis, mas que nunca é substituída ou trocada. A parte externa, ou exocutícula, contém uma ou mais lamelas, que cobrem todas as superfícies externas, incluindo os cílios locomotores e sensoriais (Figura 11.15 E); a parte interna, ou endocutícula, é espessa e fibrosa, e produz os espinhos, as escamas e os tubos adesivos (Figura 11.4). A epiderme pode ser celular, como se observa na ordem Macrodasyida, ou parcialmente sincicial, como ocorre na maior parte da ordem Chaetonotida; apenas as células epidérmicas ventrais têm cílios locomotores (daí se originou o nome do filo: "barriga peluda"). A maioria das espécies tem células epidérmicas multiciliadas, mas algumas têm células monociliadas. Os órgãos adesivos biglandulares, que consistem ao menos em uma glândula adesiva e uma glândula liberadora (que são essenciais a fixação e liberação rápidas dos grãos de areia no ambiente intersticial), estão presentes em todas as espécies e formam tubos semelhantes a pescoços cobertos por cutícula, que se abrem ao exterior (Figura 11.15 F).

Internamente à epiderme, existem tecidos conjuntivos como uma lâmina basal (inexistente em muitas espécies) ou, em alguns casos, **células Y** vacuolares grandes (algumas espécies da ordem Macrodasyida e *Neodasys*), que têm função de sustentação hidrostática. A hemoglobina foi detectada nas células Y de *Neodasys* e pode estar presente em outras espécies. Os músculos apresentam-se na forma de faixas circulares, helicoidais e longitudinais, que têm suas inserções na cutícula por meio de uma célula epitelial interveniente; também pode haver músculos em orientação dorsoventral e outras configurações.

Sustentação e locomoção

A cutícula e o plano corpóreo compacto (acelomado) conferem sustentação hidrostática, enquanto a disposição complexa dos músculos permite a realização de movimentos de flexão e torção, que são típicos da locomoção dos gastrótricos e essenciais à sobrevivência entre os grãos de areia (os quais têm o "tamanho de um pedregulho" para os gastrótricos, que medem alguns milímetros). A maioria dos animais é extremamente flexível e, em alguns gêneros, como *Megadasys* (Figura 11.14 D), eles podem esticar seus corpos já alongados quase duas vezes o comprimento de deslizamento ou se contrair para formar uma bola compacta. Os tubos adesivos desempenham um papel importante durante essas atividades. Alguns gastrótricos semiplanctônicos de água doce, como as espécies Dasydytidae (Chaetonotida), têm espinhos móveis, que permitem um tipo de natação saltatória.

Alimentação e digestão

A maioria dos gastrótricos alimenta-se por bombeamento de pequenas partículas alimentares para dentro do trato digestivo por ação da faringe, que é um tubo mioepitelial circundado por camadas complexas de músculos. O lúmen da faringe tem formato de "Y" (Chaetonotida) ou de "Y" invertido (Macrodasyida) (Figuras 11.15 B a D). Na maioria dos macrodasiídeos, um par de poros faríngeos conecta o lúmen da faringe com o exterior e, dessa forma, permite a liberação do excesso de água

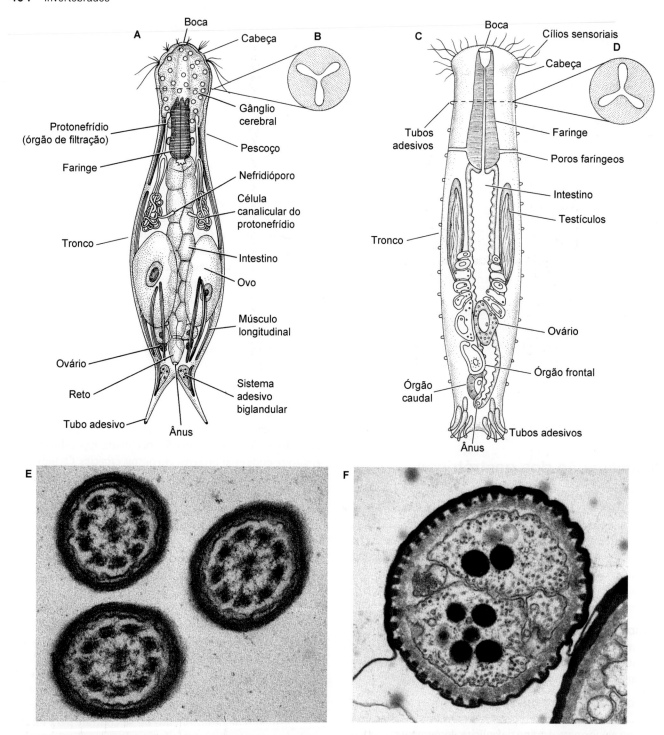

Figura 11.15 Anatomia dos gastrótricos. **A.** *Paucitubulatina*, um representante da ordem Chaetonotida. **B.** Corte transversal da faringe mostrando o lúmen faríngeo em forma de "Y". **C.** Um representante da ordem Macrodasyida. **D.** Corte transversal da faringe mostrando o lúmen faríngeo em formato de "Y" invertido. **E** e **F.** Fotografias de microscopia eletrônica de transmissão de um corte transversal dos cílios locomotores (**E**) e de um tubo adesivo (**F**).

ingerida com os alimentos (Figura 11.15 C). Os gastrótricos alimentam-se de quase todo material orgânico, vivo ou morto, de tamanho apropriadamente pequeno (bactérias, detritos, protistas, algas unicelulares).

A boca é subterminal ou terminal e geralmente circundada por um anel de cílios rígidos ou espinhos cuticulares, os quais podem auxiliar a captura dos alimentos. Uma cavidade oral curta conecta a boca à faringe muscular alongada revestida por cutícula (um estomodeu) (Figura 11.14). Nas espécies da ordem Chaetonotida, pode haver uma "válvula" faríngea na junção entre a faringe e o intestino (intestino médio). A parte do trato digestivo derivada da endoderme é um tubo reto, que estreita posteriormente e leva ao ânus ventral. O ânus é precedido de um intestino posterior revestido por cutícula nos animais da ordem Chaetonotida, enquanto na maioria das espécies da ordem Macrodasyida não existe um intestino posterior e o ânus provavelmente é temporário ou permanente. A digestão e a absorção ocorrem no intestino, que é formado de células cuboides com borda em escova; cílios móveis podem estar presentes em algumas espécies e facilitam a passagem do alimento.

Circulação, trocas gasosas, excreção e osmorregulação

A circulação e as trocas gasosas ocorrem por difusão através da parede corporal. Alguns gastrótricos podem fazer respiração anaeróbia quando as condições ambientais o exigem. Protonefrídios são os órgãos excretores principais dos gastrótricos. As espécies marinhas, como a maioria dos macrodasiídeos e *Neodasys*, apresentam vários pares de protonefrídios, que têm a única função de eliminar escórias metabólicas. Em geral, seus protonefrídios são órgãos de filtração monocelulares ou biculares, cada um com um único flagelo; esses órgãos comunicam-se com o exterior por meio de uma célula canalicular ciliada e uma célula do nefridióporo. Nas espécies que vivem em ambientes hiposmóticos, como a maioria dos quetonótidos de água doce, o par único de protonefrídios também tem função osmorreguladora. Os protonefrídios dessas espécies são órgãos bicelulares que levam a uma célula canalicular alongada e contorcida (Figura 11.15 A). Teoricamente, o comprimento extra da célula canalicular das espécies de água doce tem a função de aumentar a reabsorção dos sais e minerais necessários da urina primária antes da eliminação.

Sistema nervoso e órgãos dos sentidos

O sistema nervoso central consiste em um cérebro dorsal e um ou mais pares de cordões nervosos longitudinais. O cérebro é composto de várias células, que se assentam ao alto de uma comissura anelar ao redor da região anterior da faringe (Figura 11.15 A). Neurônios cerebrais inervam a cabeça e a faringe. Os cordões nervosos não ganglionados originam-se do cérebro e são interconectados por comissuras finas, que se reúnem na extremidade posterior.

Os receptores sensoriais têm estrutura ciliar e estão concentrados na região da cabeça, mas podem estar distribuídos por todo o corpo. As depressões ciliares e os tentáculos nas cabeças de algumas espécies provavelmente são estruturas quimiossensoriais, enquanto os cílios rígidos em forma de cerdas na cabeça e no tronco provavelmente desempenham função tátil. Várias espécies têm ocelos pigmentados (vermelhos), que indicam prováveis capacidades fotorreceptoras; alguns experimentos mostraram que as espécies que não têm ocelos também têm sensibilidade espectral. Uma espécie – *Pleurodasys helgolandicus* – tem um par incomum de órgãos semelhantes a baquetas de bateria, os quais, teoricamente, funcionam como receptores gravitacionais.

Reprodução e desenvolvimento

A maioria das espécies de gastrótricos é hermafrodita ou mostra uma combinação hermafrodita-partenogenética. A partenogênese estrita é rara e foi demonstrada apenas em algumas espécies. O sistema reprodutivo hermafrodita foi mais bem-estudado nos animais da ordem Macrodasyida e comumente contém gametas e órgãos para transferência e armazenamento dos espermatozoides (Figura 11.15 C). O sistema masculino inclui um ou dois testículos com espermoductos associados, que levam a um ou dois gonóporos ventrais pareados. A maioria das espécies tem um **órgão caudal**, que provavelmente desempenha a função de transferir espermatozoides, mas apenas nos macrodasiídeos e nos taumastodermatídeos (ordem Thaumastodermatidae) ele está diretamente conectado aos espermoductos; algumas espécies têm um estilete esclerotizado dentro do órgão caudal.

O sistema feminino inclui um ou dois ovários na região posterior do corpo. Outros órgãos reprodutivos podem incluir um **órgão frontal** (receptáculo seminal), como observado nos macrodasiídeos e em *Neodasys*, ou um **órgão X** encontrado na maioria dos quetonótidos. Em geral, os ovários são compactos ou até certo ponto difusos. Na maioria das espécies, os ovócitos amadurecem nos segmentos anteriores, ficando posicionados acima do intestino e próximos do órgão frontal (quando presente); os oviductos são raros, mas algumas espécies apresentam um útero bem-definido. O vitelo é produzido dentro do próprio ovócito. A fecundação mútua cruzada resulta na troca direta de espermatozoides ou espermatóforos (por impregnação hipodérmica ou algum outro mecanismo) em todas as espécies, mas os espermatozoides são armazenados no órgão frontal da maioria dos macrodasiídeos. O órgão X nos quetonótidos é sincicial e bilobado, localizado no tronco posterior, que se desenvolve durante a fase sexuada e parece desempenhar um papel importante na reprodução, ainda que sua função ainda não tenha sido comprovada. A fecundação sempre é interna e precede a produção de uma casca pelo próprio ovo. A oviposição ocorre através da parede corporal na maioria das espécies e os ovos podem sair por um poro temporário ou talvez permanente, ou, em alguns casos, por uma ruptura da parede do corpo.

No passado, supunha-se que a maioria dos quetonótidos de água doce fosse estritamente partenogênica, até que foram descobertos pequenos pacotes de espermatozoides em forma de bastão próximos ao trato digestivo médio. Os espermatozoides desenvolvem-se depois da produção dos ovos partenogênicos e em sincronia com os ovos meióticos (sexuados), sugerindo que não sejam gametas masculinos vestigiais; essa condição é conhecida como **hermafroditismo pós-partenogênico**. A fecundação cruzada nunca foi observada nessas espécies. Duas formas de ovos partenogenéticos são produzidas: os primeiros poucos ovos (taquiblásticos) eclodem rapidamente e são importantes para o crescimento populacional rápido, enquanto os últimos (opsiblásticos) podem hibernar antes da eclosão. Um terceiro tipo mais raro, conhecido como ovo platiforme, parece ser resultado da reprodução sexuada, mas seu desenvolvimento nunca foi estudado.

Os gastrótricos foram objeto de alguns estudos embriológicos, mas os que detalharam os principais eventos de clivagem desses animais são até certo ponto contraditórios. Em geral, a clivagem é holoblástica e adequada (*i. e.*, os blastômeros têm praticamente o mesmo tamanho), porém depois da divisão equatorial inicial, há uma divergência aparente nos padrões de clivagem entre as duas ordens. O segundo plano de clivagem do blastômero posterior é meridional nos macrodasiídeos, mas equatorial nos quetonótidos, o que leva aos diferentes destinos dos tecidos em desenvolvimento. Em nenhum dos casos, há um plano de clivagem espiral evidente. Em torno da quinta divisão, há formação de um embrião bilateralmente simétrico. A gastrulação ocorre por invaginação seguida de epibolia da ectoderme secundária sobre a suposta mesoderme. Um estomodeu forma-se nas duas ordens, mas o proctodeu foi observado apenas nos quetonótidos. O embrião em forma de "U" continua a crescer e alongar dentro da casca do ovo por várias horas (ou dias) antes da eclosão.

O desenvolvimento é direto e as formas juvenis são versões diminutas dos adultos, embora sem órgãos reprodutivos perceptíveis e com menos tubos adesivos (nos macrodasiídeos). A maturação é rápida e, em geral, os animais estão sexualmente maduros alguns dias depois da eclosão. Os indivíduos da maioria das espécies provavelmente vivem apenas algumas semanas.

Bibliografia

Referências gerais

Dunn, C. W. et al. 2014. Animal phylogeny and its evolutionary implications. Annu. Rev. Ecol. Evol. S. 45: 371–395.

Lapan, E. e H. Morowitz. 1972. The Mesozoa. Sci. Am. 227(6): 94–101.

Shen, X. et al. 2015. Phylomitogenomic analyses strongly support the sister relationship of the Chaetognatha and Protostomia. Zool. Scr. doi: 10.1111/zsc.12140

Stunkard, H. W. 1982. Mesozoa. pp. 853–855 in S. Parker (ed.), *Synopsis and Classification of Living Organisms*. McGraw-Hill, Nova York.

Rhombozoa

Aruga, J. et al. 2007. *Dicyema* Pax6 and Zic: tool-kit genes in a highly simplified bilaterian. BMC Evol. Biol. 7: 201–216.

Furuya, H., F. G. Hochberg e K. Tsuneki. 2001. Developmental patterns and cell lineages of vermiform embryos in dicyemid mesozoans. Biol. Bull. 201: 405–416.

Furuya, H., F. G. Hochberg e K. Tsuneki. 2003. Reproductive traits in dicyemids. Mar. Biol. 142: 297–305.

Furuya, H., F. G. Hochberg e K. Tsuneki. 2004. Cell number and cellular composition in infusoriform larvae of dicyemid mesozoans (phylum Dicyemida). Zool. Sci. 21: 877–889.

Furuya, H., F. G. Hochberg e K. Tsuneki. 2007. Cell number and cellular composition in vermiform larvae of dicyemid mesozoans (phylum Dicyemida). J. Zool. 272: 608–618.

Furuya, H. e K. Tsuneki. 2003. Biology of dicyemid mesozoans. Zoolog. Sci. 20: 519–532.

Furuya, H. e K. Tsuneki. 2007. Developmental patterns of the hermaphroditic gonad in dicyemid mesozoans (phylum Dicyemida). Invert. Biol. 126(4): 295–306.

Furuya, H., K. Tsuneki e Y. Koshida. 1992. Development of the infusorium embryos of *Dicyema japonicum* (Mesozoa: Dicyemida). Biol. Bull. 183: 248–257.

Furuya, H., K. Tsuneki e Y. Koshida. 1997. Fine structure of a dicyemid mesozoans, *Dicyema acuticephalum*, with special reference to cell junction. J. Morphol. 231: 297–305.

Hochberg, F. G. 1983. The parasites of cephalopods: A review. Mem. Natl. Mus. Victoria 44: 109–145.

Horvath, P. 1997. Dicyemid mesozoans. pp. 31–38 in S. Gilbert e A. Raunio (eds.), *Embryology: Constructing the Organism*. Sinauer Associates, Sunderland, MA.

Katayama, T. et al. 1995. Phylogenetic position of the dicyemid Mesozoa inferred form 18S rDNA sequences. Biol. Bull. 189: 81–90.

Kobayashi, M., H. Furuya e P. W. Holland. 1999. Dicyemids are higher animals. Nature 401: 762.

Kobayashi, M., H. Furuya e H. Wada. 2009. Molecular markers comparing the extremely simple body plan of dicyemids to that of lophotrochozoans: insight from the expression patterns of Hox, Otx, and brachyury. Evol. Dev. 11(5): 582–589.

Pearse, J. S. 1999. Rhombozoa. pp. 276–278 in *Encyclopedia of Reproduction*, Vol. 4. Academic Press, Nova York.

Suzuki, T. G. et al. 2010. Phylogenetic analysis of dicyemid mesozoans (phylum Dicyemida) from innexin amino acid sequences: dicyemids are not related to Platyhelminthes. J. Parasitol. 96(3): 614–625.

Orthonectida

Atkins, D. 1933. *Rhopalura granosa* sp. nov. an orthonectid parasite of a lamellibranch *Heteranomia squamula* L. with a note on its swimming behavior. J. Mar. Biol. Assn. U.K. 19: 233–252.

Caullery, M. 1961. Classe des Orthonectides. pp. 695–706 in P. Grassé (ed.), *Traité de Zoologie*. Masson et Cie, Paris.

Hanelt, B. et al. 1996. The phylogenetic position of *Rhopalura ophiocomae* (Orthonectida) based on 18S ribosomal DNA sequence analysis. Mol. Biol. Evol. 13(9): 1187–1191.

Kozloff, E. 1965. *Ciliocincta sabellariae* gen. and sp. n., an orthonectid mesozoan from the polychaete *Sabellaria cementarium* Moore. J. Parasitol. 51(1): 37–44.

Kozloff, E. 1969. Morphology of the orthonectid *Rhopalura ophiocomae*. J. Parasitol. 55(1): 171–195.

Kozloff, E. 1971. Morphology of the orthonectid *Ciliocincta sabellariae*. J. Parasitol. 57(3): 585–597.

Kozloff, E. 1992. The genera of the phylum Orthonectida. Cah. Biol. Mar. 33: 377–406.

Kozloff, E. 1994. The structure and origin of the plasmodium of *Rhopalura ophiocomae* (phylum Orthonectida). Acta Zool. 75: 191–199.

Pearse, J. S. 1999. Orthonectida. pp. 532–533 in *Encyclopedia of Reproduction*, Vol. 3. Academic Press, Nova York.

Slyusarev, G. S. 2000. Fine structure and development of the cuticle of *Intoshia variabili* (Orthonectida). Acta Zool. 81 doi: 10.1046/j.1463-6395.2000.00030.x

Slyusarev, G. S. 2004. Fine structure and function of the genital pore of the female of *Intoshia variabili* (Orthonectida). Folia Parasitologica 51: 287–290.

Slyusarev, G. S. e M. Ferraguti. 2002. Sperm structure of *Rhopalura littoralis* (Orthonectida). Invert. Biol. 121(2): 91–94.

Chaetognatha

Alvariño, A. 1965. Chaetognaths. Annu. Rev. Oceanogr. Mar. Biol. 3: 115–194.

Bieri, R. 1966. The function of the "wings" of *Pterosagitta draco* and the so-called tangoreceptors in other species of Chaetognatha. Publ. Seto Mar. Biol. Lab. 14: 23–26.

Bieri, R. e E. V. Thuesen. 1990. The strange worm *Bathybelos*. Am. Sci. 78: 542–549.

Bone, Q., H. Kapp e A. C. Pierrot-Bults (eds.). 1991. *The Biology of Chaetognaths*. Oxford University Press, Oxford.

Burfield, S. 1927. *Sagitta*. Liverpool Mar. Biol. Comm., Mem. 28. Proc. Trans. Liverpool Biol. Soc. 41: 1–104.

Casanova, J.-P. 1994. Three new rare *Heterokrohnia* species (Chaetognatha) from deep sea benthic samples in the northeast Atlantic. Proc. Biol. Soc. Wash. 107(4): 743–750.

Chen, J.-Y. e D.-Y. Huang. 2002. A possible Lower Cambrian chaetognath (arrow worm). Science 298: 187.

Duvert, M. 1991. A very singular muscle: the secondary muscle of chaetognaths. Philos. Trans. R. Soc. Lond. B Biol. Sci. 332: 245–260.

Duvert, M. e C. Salat. 1990. Ultrastructural studies on the fins of chaetognaths. Tissue Cell 22: 853–863.

Eakin, R. M. e J. A. Westfall. 1964. Fine structure of the eye of a chaetognath. J. Cell Biol. 21: 115–132.

Feigenbaum, D. L. 1978. Hair-fan patterns in the Chaetognatha. Can. J. Zool. 56: 536–546.

Feigenbaum, D. L. e R C. Maris. 1984. Feeding in the Chaetognatha. Annu. Rev. Oceanogr. Mar. Biol. 22: 343–392.

Ghirardelli, E. 1968. Some aspects of the biology of the chaetognaths. Adv. Mar. Biol. 6: 271–375.

Goto, T. e M. Yoshida. 1985. The mating sequence of the benthic arrow worm *Spadella schizoptera*. Biol. Bull. 169: 328–333.

Goto, T., M. Terazaki e M. Yoshido. 1989. Comparative morphology of the eyes of *Sagitta* (Chaetognatha) in relation to depth of habitat. Exp. Biol. 48: 95–105.

Goto, T., N. Takasu e M. Yoshida. 1984. A unique photoreceptive structure in the arrowworms *Sagitta crassa* and *Spadella schizoptera* (Chaetognatha). Cell Tissue Res. 235: 471–478.

Haddock, S. H. D. e J. F. Case. 1994. A bioluminescent chaetognath. Nature 367: 225–226.

Harzsch, S. e C. H. G. Müller. 2007. A new look at the ventral nerve centre of *Sagitta*: implications for the phylogenetic position of Chaetognatha (arrow worms) and the evolution of the bilaterian nervous system. Front. Zool. 4: 14.

Jordan, C. E. 1992. A model of rapid-start swimming at intermediate Reynolds number: undulatory locomotion in the chaetognath *Sagitta elegans*. J. Exp. Biol. 163: 119–137.

Kapp, H. 2000. The unique embryology of Chaetognatha. Zoologischer Anzeiger 239: 263–266.

Malakhov, V. V. e T. L. Berezinskaya. 2001. Structure of the circulatory system of arrow worms (Chaetognatha). Doklady Biol. Sci. 376: 78–80.

Matus, D. Q., K. M. Halanych e M. Q. Martindale. 2007. The Hox gene complement of a pelagic chaetognath, *Flaccisafitta enflata*. Integr. Comp. Biol. 47: 854–864.

Marletaz, F. et al. Chaetognath transcriptome reveals ancestral and unique features among bilaterians. Genome Biol. 9: R94.

Moreno, I. (ed.). 1993. *Proceedings of the II International Workshop of Chaetognatha*. Universitat de les Illes Belears, Palma.

Marlétaz, F. et al. 2006. Chaetognath phylogenomics: A protostome with deuterostome-like development. Curr. Biol. 16: R577–R578.

Muller, C. H. et al. 2014. Immuno-histochemical and ultrastructural studies on ciliary sense organs of arrow worms (Chaetognatha). Zoomorphology. doi: 10.1007/s00435-013-0211-6

Nagasawa, S. 1984. Laboratory feeding and egg production in the chaetognath *Sagitta crassa* Tokioka. J. Exp. Mar. Biol. Ecol. 76: 51–65.

Papillon, D. et al. 2006. Systematics of Chaetognatha under the light of molecular data, using the duplicated ribosomal 18S DNA sequences. Mol. Phylog. Evol. 38: 621–634.

Papillon, D. et al. 2005. Restricted expression of a median Hox gene in the central nervous system of chaetognaths. Develop., Genes Evol. 215: 369–373.

Pierrot-Bults, A. C. e K. C. Chidgey. 1988. *Chaetognatha. Synopses of the British Fauna (New Series), No. 39*. E. J. Brill, Nova York.

Reeve, M. R. e M. A. Walter. 1972. Observations and experiments on methods of fertilization in the chaetognath *Sagitta hispida*. Biol. Bull. 143: 207–214.

Rieger, V. *et al.* 2011. Development of the nervous system in hatchlings of *Spadella cephaloptera* (Chaetognatha), and implications for nervous system evolution in Bilateria. Develop. Growth Differ. 53: 740-759.

Rieger, V. *et al.* 2010. Immunohistochemical analysis and 3D reconstruction of the cephalic nervous system in Chaetognatha: insights into the evolution of an early bilaterian brain? Invert. Biol. 129: 77-104.

Shimotori, T. e T. Goto. 2001. Developmental fates of the first four blastomeres of the chaetognath *Paraspadella gotoi*: relationship to protostomes. Develop. Growth Differ. 43: 371-382.

Shinn, G. L. 1993. The existence of a hemal system in chaetognaths. In I. Moreno (ed.), *Proceedings of the II International Workshop of Chaetognatha*. Universitat de les Illes Belears, Palma.

Shinn, G. L. 1994. Epithelial origin of mesodermal structures in arrow worms (phylum Chaetognatha). Am. Zool. 34: 523-532.

Shinn, G. L. 1994. Ultrastructural evidence that somatic "accessory cells" participate in chaetognath fertilization. pp. 96-105 in Wilson, W. H., Stricker, S. A. e Shinn, G. L. (eds.), *Reproduction and Development of Marine Invertebrates*, Johns Hopkins University Press.

Shinn, G. L. 1997. Chaetognatha. pp. 103-220 in F. W. Harrison e E. E. Ruppert, (eds.) *Microscopic Anatomy of Invertebrates, Vol. 15*. Wiley-Liss, Nova York.

Shinn, G. L. e M. E. Roberts. 1994. Ultrastructure of hatchling chaetognaths (*Ferosagitta hispida*): epithelial arrangement of the mesoderm and its phylogenotic implications. J. Morphol. 219: 143-163.

Telford, M. J. e P. W. H. Holland. 1997. Evolution of 28S ribosomal DNA in chaetognaths: duplicate genes and molecular phylogeny. J. Mol. Evol. 44: 135-144.

Terazaki, M. e C. B. Miller. 1982. Reproduction of meso- and bathypelagic chaetognaths in the genus *Eukrohnia*. Mar. Biol. 71: 193-196.

Terazaki, M., R. Marumo e Y. Fujita. 1977. Pigments of meso- and bathypelagic chaetognaths. Mar. Biol. 41: 119-125.

Thuesen, E. V. e R. Bieri. 1987. Tooth structure and buccal pores in the chaetognath *Flaccisagitta hexaptera* and their relation to the capture of fish larvae and copepods. Can. J. Zool. 65: 181-187.

Thuesen, E. V. e K. Kogure. 1989. Bacterial production of tetrodotoxin in four species of Chaetognatha. Biol. Bull. 176: 191-194.

Thuesen, E. V., F. A. Goetz e S. H. D. Haddock. 2010. Bioluminescent organs in two deep-sea arrow worms, *Eukrohnia fowleri* and *Caecosagitta macrocephala*, with further observations on bioluminescence in chaetognaths. Biol. Bull. 219: 100-111.

Takada, N., T. Goto e N. Satoh. 2002. Expression pattern of the *Brachyury* gene in the arrow worm *Paraspadella gotoi* (Chaetognatha) Genesis 32: 240-245.

Welsch, U. e V. Storch. 1982. Fine structure of the coelomic epithelium of *Sagitta elegans*. Zoomorphology 100: 217-222.

Gastrotricha

Balsamo, M. *et al.* 2008. Global diversity of gastrotrichs (Gastrotricha) in fresh waters. Hydrobiologia 595: 85-91.

Giere, O. 2009. *Meiobenthology*. 2nd Ed. Springer-Verlag, Berlin.

Hummon, M. R. e W. D. Hummon. 1983. Gastrotricha. pp. 195-205 in K. G. Adiyodi e R. G. Adiyodi, (eds.), *Reproductive Biology of Invertebrates. Vol. II: Spermatogenesis and Sperm Function*. John Wiley & Sons, Londres.

Hummon, W. D. e M. R. Hummon. 1983. Gastrotricha. pp. 211-221 in K. G. Adiyodi e R. G. Adiyodi (eds.), *Reproductive Biology of Invertebrates. Vol. I: Oogenesis, Oviposition, and Oosorption*. John Wiley & Sons, Londres.

Hummon, W. D. e M. R. Hummon. 1988. Gastrotricha. pp. 81-85 in K. G. Adiyodi e R. G. Adiyodi (eds.), *Reproductive Biology of Invertebrates. Volume III: Accessory Sex Glands*. Oxford and IBH Publishing Company, Nova Deli.

Hummon, W. D. e M. A. Todaro. 2010. Analytic taxonomy and notes on marine, brackish-water and estuarine Gastrotricha. Zootaxa 2392: 1-32.

Hochberg, R e Litvaitis, M. K. 2000. Phylogeny of Gastrotricha: A morphology-based framework of gastrotrich relationships. Biol. Bull. 198: 299-305.

Kieneke, A., P. Martínez Arbizu e W. H. Ahlrichs. 2007. Ultrastructure of the protonephridial system in *Neodasys chaetonotoideus* (Gastrotricha: Chaetonotida) and in the ground pattern of Gastrotricha. J. Morph. 268: 602-613.

Kieneke, A. *et al.* 2008. Ultrastructure of protonephridia in *Xenotrichula carolinensis syltensis* and *Chaetonotus maximus* (Gastrotricha: Chaetonotida): comparative evaluation of the gastrotrich excretory organs. Zoomorphology 127: 1-20.

Kieneke, A., P. Martínez Arbizu e W. H. Ahlrichs. 2008. Anatomy and ultrastructure of the reproductive organs in *Dactylopodola typhle* (Gastrotricha: Macrodasyida) and their possible functions in sperm transfer. Invert. Biol. 127(1): 12-32.

Kieneke, A., O. Riemann e W. H. Ahlrichs. 2008. Novel implications for the basal internal relationships of Gastrotricha revealed by an analysis of morphological characters. Zool. Scr. 37: 429-460.

Kieneke, A., W. H. Ahlrichs e P. Martinez Arbizu. 2009. Morphology and function of reproductive organs in *Neodasys chaetonotoideus* (Gastrotricha: Neodasys) with a phylogenetic assessment of the reproductive system in Gastrotricha. Zool. Scr. 38: 289-311.

Liesenjohann, T., Neuhaus, B. e A. Schmidt-Rhaesa. 2006. Head sensory organs of *Dactylopodola baltica* (Macrodasyida, Gastrotricha): A combination of transmission electron microscopical and immunocytochemical techniques. J. Morph. 267: 897-908.

Remane, A. 1929. Gastrotricha. pp. 121-186 in W. Kükenthal e T. Krumbach (eds.), *Handbuch der Zoologie. Eine Naturge-schichte der Stämme des Tierreiches. 2. Band, 1. Hälfte, Vermes Amera*. Walter de Gruyter & Co., Berlim, Leipzig.

Ruppert, E. E. 1978. The reproductive system of gastrotrichs. II. Insemination in *Macrodasys*: A unique mode of sperm transfer in Metazoa. Zoomorphologie 89: 207-228.

Ruppert, E. E. 1988. Gastrotricha. pp. 302-311 in R. P. Higgins e H. Thiel (eds.), *Introduction to the Study of Meiofauna*. Smithsonian Institution Press, Washington.

Ruppert, E. E. 1991. Gastrotricha. pp. 41-109 in F. W. Harrison e E. E. Ruppert (eds.), *Microscopic Anatomy of Invertebrates. Vol. 4, Aschelminthes*. Wiley-Liss, Nova York.

Todaro, M. A. *et al.* 2012. Gastrotricha: A marine sister for a freshwater puzzle. PLoS ONE 7(2): e31740. doi: 10.1371/journal.pone.0031740

Weiss, M. J. 2001. Widespread hermaphroditism in freshwater gastrotrichs. Invert. Biol. 120: 308-341.

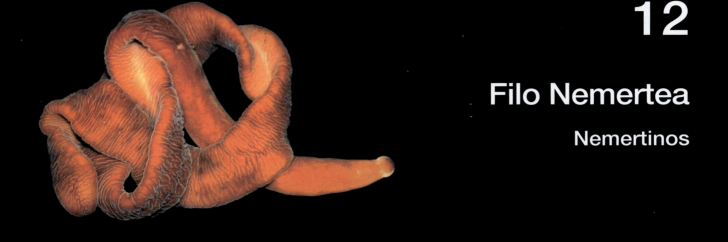

12

Filo Nemertea

Nemertinos

Os membros do filo Nemertea (do grego, "ninfa marinha") ou Rhynchocoela (do grego *rhynchos*, "focinho"; e *coel*, "cavidade") são conhecidos comumente como nemertinos. A Figura 12.1 ilustra vários formatos corporais dos animais desse táxon e as principais características de sua anatomia. Esses animais vermiformes não segmentados geralmente são achatados dorsoventralmente, moderadamente cefalizados e possuem corpo amplamente extensível. Muitas espécies de nemertinos são pouco atraentes em aparência, mas outras têm cores brilhantes ou são distintamente marcadas (p. ex., *Baseodiscus punnetti*, uma espécie tropical do Pacífico Leste; ver fotografia anteriormente).

Existem cerca de 1.300 espécies de nemertinos descritos e reconhecidos. Seu comprimento varia de alguns milímetros até vários metros. Muitas podem esticar facilmente várias vezes seu comprimento quando contraídas (um espécime de *Lineus longissimus* foi registrado medindo 60 metros de comprimento). Esses animais são predominantemente marinhos e bentônicos. Entretanto, alguns são planctônicos e outros são simbiontes em moluscos, ascídias ou de outros invertebrados marinhos. Existem descritas algumas espécies de água doce e terrestres e, dentre essas últimas, algumas têm distribuição praticamente cosmopolita.

Muitas características do plano corpóreo dos nemertinos (Quadro 12.1) são semelhantes às observadas em Platyhelminthes e, historicamente, esses dois táxons eram comumente agrupados como Bilateria triploblásticos acelomados. Entretanto, hoje sabemos que os nemertinos são na verdade celomados e estão diretamente relacionados com os anelídeos, os moluscos e os filos dos lofoforados. As semelhanças com os platelmintos estão refletidas na arquitetura geral do sistema nervoso, nos tipos de órgãos sensoriais e nas estruturas excretoras protonefridiais. Contudo, em outros aspectos, os nemertinos são mais semelhantes aos filos espirálicos citados antes. Os nemertinos têm intestino completo com ânus (um trato digestivo unidirecional completo), sistema circulatório fechado de configuração celômica e uma probóscide eversível circundada por uma cavidade

Classificação do reino Animal (Metazoa)

Não Bilateria*
(Também conhecidos como diploblastos)
  FILO PORIFERA
  FILO PLACOZOA
  FILO CNIDARIA
  FILO CTENOPHORA

Bilateria
(Também conhecidos como triploblastos)
  FILO XENACOELOMORPHA

Protostomia
  FILO CHAETOGNATHA

  SPIRALIA
    FILO PLATYHELMINTHES
    FILO GASTROTRICHA
    FILO RHOMBOZOA
    FILO ORTHONECTIDA
    FILO NEMERTEA
    FILO MOLLUSCA
    FILO ANNELIDA
    FILO ENTOPROCTA
    FILO CYCLIOPHORA

  Gnathifera
    FILO GNATHOSTOMULIDA
    FILO MICROGNATHOZOA
    FILO ROTIFERA

  Lophophorata
    FILO PHORONIDA
    FILO BRYOZOA
    FILO BRACHIOPODA

  ECDYSOZOA
    Nematoida
      FILO NEMATODA
      FILO NEMATOMORPHA

    Scalidophora
      FILO KINORHYNCHA
      FILO PRIAPULA
      FILO LORICIFERA

    Panarthropoda
      FILO TARDIGRADA
      FILO ONYCHOPHORA
      FILO ARTHROPODA
        SUBFILO CRUSTACEA*
        SUBFILO HEXAPODA
        SUBFILO MYRIAPODA
        SUBFILO CHELICERATA

Deuterostomia
  FILO ECHINODERMATA
  FILO HEMICHORDATA
  FILO CHORDATA

*Grupo parafilético.

Quadro 12.1 Características do filo Nemertea.

1. Animais marinhos, terrestres ou de água doce.
2. Vermes não segmentados bilateralmente simétricos, triploblásticos e celomados.
3. Trato digestivo completo com ânus.
4. Com protonefrídios (algumas espécies pelágicas de águas profundas não têm sistemas excretores).
5. Com um gânglio cerebral bilobado, que circunda o aparato da probóscide (não o trato digestivo) e dois ou mais cordões nervosos longitudinais conectados por comissuras transversais.
6. Com duas ou três camadas de músculos na parede corporal, dispostas em diversas configurações.
7. Com um aparato de probóscide único, que se estende dorsalmente ao trato digestivo e é circundado por uma câmara hidrostática celômica conhecida como rincocele.
8. Com sistema circulatório fechado; algumas espécies com hemoglobina.
9. A maioria é gonocorística; clivagem holoblástica; desenvolvimento inicial típico de Spiralia, que pode ser direto ou indireto.
10. A reprodução assexuada por fragmentação é comum.

hidrostática conhecida como rincocele. O sistema circulatório e a rincocele são duas cavidades celômicas. A estrutura do aparato da probóscide é única nos nemertinos e representa uma nova sinapomorfia, que os diferencia de todos os outros táxons de invertebrados.

História e classificação taxonômica

O primeiro relato de um nemertino foi o de William Borlase (1758), que descreveu seu espécime como um "longo verme marinho" e o categorizou "entre os tipos menos perfeitos de animais marinhos". Durante quase um século, a maioria dos autores colocou os nemertinos entre os platelmintos turbelários, embora outros pesquisadores sugerissem que eles estivessem relacionados com os anelídeos (incluindo sipúnculos), nematódeos e até mesmo moluscos e insetos. Foi durante esse período que Georges Cuvier (1817) descreveu um verme nemertino particular e denominou-o *Nemertes*, do qual o nome do filo acabou sendo derivado. Contudo, apenas em 1851 evidências significativas da natureza singular dos nemertinos foram publicadas por Max Schultze, que descreveu a morfologia funcional da probóscide, estabeleceu a presença de nefrídios e de um ânus, e debateu muitos outros aspectos desses animais. Schultze chegou a propor as bases para a classificação desses vermes, que ainda é amplamente utilizada hoje em dia pela maioria dos especialistas. Curiosamente, esse autor persistiu em classificar os nemertinos entre os turbelários, mas cunhou os nomes Nemertina e Rhynchocoela. Charles Minot separou os nemertinos dos platelmintos em 1876, mas apenas em meados do século 20 foi que a combinação única de características exibidas pelos nemertinos foi plenamente aceita. Desde então, esses animais têm sido tratados como um filo válido. Em meados da década de 1980, James M. Turbeville, estudando a ultraestrutura dos nemertinos, determinou que esses animais estão relacionados mais diretamente com os protostômios celomados que com os platelmintos, um resultado que foi corroborado por estudos de sequenciamento molecular e pelo tipo de desenvolvimento dos nemertinos.

Classificação

Desde a publicação dos estudos clássicos de Schultze, os esforços principais dos taxonomistas de nemertinos têm sido refinar os detalhes de seus esquemas, com surpreendentemente poucas controvérsias. O esquema de classificação utilizado neste livro está baseado principalmente no esquema tradicional estabelecido por Wesley Coe em 1943 e aperfeiçoado pelas análises de filogenética molecular.

Ao longo da maior parte dos últimos 100 anos, o sistema de classificação tradicional dos nemertinos seguia praticamente o esquema de Gerarda Stiasny-Wijnhoff (1936), que aceitava a divisão de Schultze (1851) dos nemertinos em duas classes: Anopla e Enopla. Stiasny-Wijnhoff dividia a classe Anopla em Palaeonemertea e Heteronemertea, enquanto a classe Enopla era subdividida em Hoplonemertea e Bdellonemertea. A subclasse Hoplonemertea também era subdividida em Monostilifera e Polystilifera. Estudos recentes da sistemática dos nemertinos encontraram uma divisão entre os Palaeonemertea e os Neonemertea, com os Hubrechtidae como grupo-irmão dos Heteronemertea, constituindo o clado Pilidiophora (ver classificação descrita adiante). Além disso, todas as análises moleculares contradisseram o *status* original dos Bdellonemertea, que está profundamente inserida dentro da ordem Hoplonemertea.

Por isso, adotamos aqui um sistema no qual o filo é subdividido em dois clados principais: Palaeonemertea e Neonemertea, esse último subdividido em Pilidiophora (incluindo a ordem tradicional Heteronemertea e a família Hubrechtidae) e Hoplonemertea (= Enopla das classificações mais antigas). Os aspectos anatômicos principais usados para diferenciar esses clados incluem a armadura da probóscide, a localização da boca em relação à posição do gânglio cerebral, o formato do trato digestivo, o revestimento dos músculos da parede corporal, a posição dos cordões nervosos longitudinais e várias características das larvas.

FILO NEMERTEA (= RHYNCHOCOELA)

CLASSE PALAEONEMERTEA. Nemertinos não armados (Figura 12.1 B). Probóscide não armada com estiletes e sem especializações morfológicas em três regiões. Boca separada do poro da probóscide, localizada diretamente abaixo ou ligeiramente atrás do gânglio cerebral. Duas ou três camadas de músculos na parede corporal de fora para dentro, seja circular–longitudinal ou circular–longitudinal–circular; derme fina e gelatinosa, ou ausente; cordões nervosos longitudinais epidérmicos, dérmicos ou intramusculares localizados dentro da camada longitudinal; órgãos cerebrais e ocelos frequentemente ausentes. Os paleonemertinos são animais marinhos, predominantemente de formas litorâneas (p. ex., *Carinoma*, *Cephalothrix*, *Tubulanus*).

Capítulo 12 Filo Nemertea 411

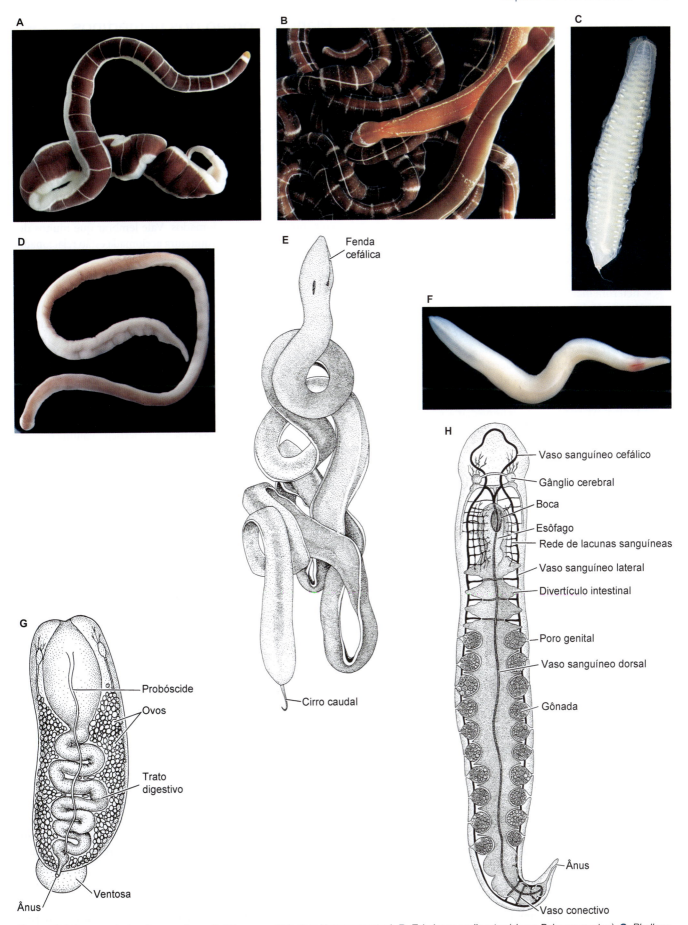

Figura 12.1 Representantes de nemertinos. **A.** *Micrura verrilli* (ordem Heteronemertea). **B.** *Tubulanus sexlineatus* (classe Palaeonemertea). **C.** *Phallonemertes murrayi*, um hoplonemertino pelágico (ordem Polystilifera). **D.** *Baseodiscus* sp. (ordem Heteronemertea), um verme com formato de fita das águas oceânicas profundas. **E.** *Cerebratulus* sp. (ordem Heteronemertea). **F.** *Cerebratulus leucopsis* do Panamá (Caribe). **G.** *Malacobdella grossa* (ordem Monostilifera), um comensal da cavidade do manto de moluscos bivalves. **H.** Anatomia de um nemertino generalizado (o aparato da probóscide não está ilustrado).

CLASSE NEONEMERTEA. Nemertinos armados ou desarmados com boca e poros da probóscide separados ou fusionados. Como a ordem Hubrechtidae foi colocada inicialmente entre os paleonemertinos, a maioria das características dos neonemertinos é variável.

SUBCLASSE PILIDIOPHORA. Nemertinos com uma larva pilídio (quando presente) e musculatura da probóscide disposta bilateralmente.

ORDEM HUBRECHTIDA. Nemertinos não armados, com poros da probóscide e boca separados. O cérebro e os cordões nervosos laterais estão situados abaixo da epiderme (no tecido conjuntivo), enquanto o órgão sensorial cerebral ocupa uma posição relativa ao cérebro e ao vaso sanguíneo lateral semelhante ao dos heteronemertinos. No passado, os hubrechtídeos eram considerados um "estágio de transição" entre os paleonemertinos e os heteronemertinos basais. Todos são animais marinhos (p. ex., *Hubrechtia, Hubrechtella*).

ORDEM HETERONEMERTEA. Três camadas de músculos na parede corporal, da externa à interna, longitudinal–circular–longitudinal; a derme geralmente é espessa e parcialmente fibrosa; os cordões nervosos longitudinais são intramusculares e estão localizados entre as camadas longitudinal externa e circular intermediária; os órgãos cerebrais e os ocelos geralmente estão presentes; o desenvolvimento é indireto. Esses nemertinos são predominantemente formas litorâneas marinhas, mas algumas espécies de água doce são conhecidas (Figura 12.1 A, D a F) (p. ex., *Baseodiscus, Cerebratulus, Lineus, Micrura, Nemertoscolex, Paralineus*).

SUBCLASSE HOPLONEMERTEA (= ENOPLA). São nemertinos tipicamente armados (Figura 12.1 C e G). A probóscide geralmente é armada com estiletes distintos e é morfologicamente especializada em três regiões (exceto em *Bdellonemertea*); boca e poros da probóscide geralmente estão unidos em um orifício comum; a boca está localizada anteriormente ao gânglio cerebral; os cordões nervosos longitudinais estão dentro do mesênquima, internos aos músculos da parede corporal. Incluem espécies marinhas, de água doce e terrestres; muitas espécies marinhas são simbióticas ou parasitam outros invertebrados.

ORDEM POLYSTILIFERA. O aparato do estilete consiste em muitos estiletes pequenos sustentados sobre um escudo basal. Todas as espécies são marinhas, sejam bentônicas ou pelágicas (p. ex., *Hubrechtonemertes, Nectonemertes, Pelagonemertes, Phallonemertes*).

ORDEM MONOSTILIFERA. O aparato do estilete consiste em um único estile principal e dois ou mais sacos, que abrigam os estiletes acessórios (para reposição); o aparato da probóscide não é armado e abre-se dentro do trato digestivo anterior em *Malacobdella*, o qual tem um tronco com uma grande ventosa posterior e um intestino convoluto sem divertículos laterais. A maioria das espécies é marinha e bentônica, mas formas de água doce, terrestres e parasitárias são conhecidas; as espécies de *Malacobdella* são comensais das cavidades do manto de bivalves marinhos e, em uma espécie, de gastrópode de água doce (p. ex., *Amphiporus, Annulonemertes, Carcinonemertes, Emplectonema, Geonemertes, Malacobdella, Ovicides, Paranemertes*).

Plano corpóreo dos nemertinos

O plano corpóreo dos nemertinos é particularmente interessante, porque apresenta simultaneamente as características dos celomados (sistema circulatório fechado e rincocele) e dos acelomados (parênquima e sistema protonefridial). Nos Capítulos 4 e 10, discutimos algumas das limitações do plano corpóreo dos acelomados e vimos os resultados dessas restrições quando estudamos os platelmintos. Poderíamos dizer que os vermes com corpos em forma de fita fizeram o melhor frente a uma situação muito difícil. Ainda que hoje esteja claro que os nemertinos têm uma cavidade celômica verdadeira, esses vermes têm corpos relativamente sólidos. Por isso, ao menos sob a perspectiva funcional, os nemertinos são acelomados. Vale lembrar que muitos dos problemas inerentes à arquitetura acelomada estão relacionados às capacidades restritas de transporte interno. A existência de um sistema circulatório nos nemertinos facilitou bastante esse problema e a anatomia funcional de muitos outros sistemas está relacionada direta ou indiretamente à presença desse mecanismo circulatório. Por exemplo, os protonefrídios dos nemertinos geralmente estão intimamente associados com o sangue, do qual as impurezas são removidas, não com os tecidos mesenquimais, como ocorre com os protonefrídios dos platelmintos.

O aumento das capacidades de circulação e transporte interno permitiu uma série de desenvolvimentos que seriam, de outra forma, impossíveis. Primeiramente, o sistema circulatório oferece uma solução para o dilema superfície–volume e, como resultado, os nemertinos tendem a ser muito maiores e mais robustos que os platelmintos, tendo sido grandemente aliviados das limitações impostas pela dependência da difusão para transporte e trocas internas. Em segundo lugar, o trato digestivo é completo e, até certo ponto, apresenta regiões especializadas. Com um movimento unidirecional dos materiais alimentares através do trato digestivo e um sistema circulatório para absorver e distribuir os produtos digeridos, a região anterior do trato digestivo foi liberada para alimentação e ingestão. Em terceiro lugar, visto que o animal não precisa depender da difusão para o transporte através de um mesênquima livremente organizado, a área geral do corpo fica livre para o desenvolvimento de outras estruturas, especialmente as camadas bem-desenvolvidas dos músculos. Em resumo, a presença de um sistema circulatório em combinação com essas outras alterações resultou em animais relativamente ativos e grandes, que são capazes de realizar atividades alimentares e digestivas mais complexas que as observadas na maioria dos metazoários acelomados.

Esse plano corpóreo geral é melhorado pela presença de um aparato singular da probóscide (que geralmente funciona na captura de presas), da localização nitidamente anterior da boca e dos órgãos sensoriais cefálicos bem-desenvolvidos para localizar as presas. Desse modo, embora existam variações, o nemertino "típico" pode ser visto como um caçador/rastreador bentônico ativo, que se movimenta entre cantos e fendas predando outros invertebrados ou até mesmo em algumas presas vertebradas e restos de outros vertebrados.

Parede corporal

A parede corporal dos nemertinos consiste em uma epiderme, uma derme, camadas musculares relativamente espessas circundando o trato digestivo e outros órgãos internos, e um mesênquima com espessura variável (Figura 12.2). A epiderme é um

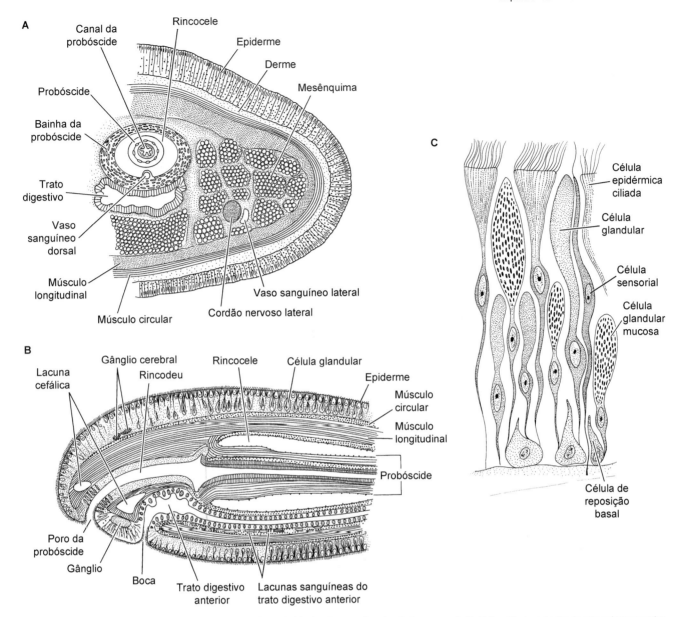

Figura 12.2 Organização da parede corporal dos nemertinos. **A.** Um hoplonemertino (*corte transversal*). **B.** Extremidade anterior de um paleonemertino (*corte longitudinal*). **C.** Células epidérmicas.

epitélio colunar ciliado (Figura 12.2 C). Misturadas entre as células colunares estão células sensoriais (provavelmente táteis), células glandulares mucosas e células basais de substituição, que podem estender-se abaixo da epiderme. Abaixo da epiderme está a derme, cuja espessura e composição variam expressivamente. Em alguns nemertinos (p. ex., paleonemertinos), a derme é extremamente fina ou composta apenas de uma camada homogênea semelhante a um gel; em outros (p. ex., heteronemertinos), a derme é tipicamente muito espessa e densamente fibrosa e, em geral, inclui uma variedade de células glandulares. Abaixo da derme existem camadas bem-desenvolvidas de músculos circulares e longitudinais. A organização desses músculos varia entre os táxons e pode ocorrer em planos de duas ou três camadas (Figura 12.3). A disposição das camadas também pode variar até certo grau ao longo do comprimento do corpo de cada animal. Interno às camadas musculares há um mesênquima denso, mais ou menos sólido, embora em alguns nemertinos as camadas musculares sejam tão espessas que praticamente fechem essa massa interna. O mesênquima inclui matriz gelatinosa e frequentemente uma variedade de células livres, fibras e músculos orientados dorsoventralmente. A Figura 12.3 ilustra cortes transversais de alguns animais representativos das duas classes, mostrando a espessura do mesênquima, os músculos, a disposição dos cordões nervosos longitudinais, os principais vasos sanguíneos longitudinais e outros elementos.

Sustentação e locomoção

Na ausência de qualquer elemento esquelético rígido, o sistema de suporte dos nemertinos é fornecido pelos músculos e outros tecidos da parede corporal e pelas qualidades hidrostáticas do mesênquima. Essas características permitem alterações notáveis tanto em comprimento e forma quanto em corte transversal e diâmetro – características que são diretamente associadas a locomoção e acomodação em locais apertados. A maioria dos nemertinos bentônicos pequeníssimos é propelida pela ação dos seus cílios epidérmicos. Um rastro escorregadio é produzido pelas glândulas mucosas da parede corporal e fornece uma superfície lubrificada, sobre a qual o verme desliza lentamente.

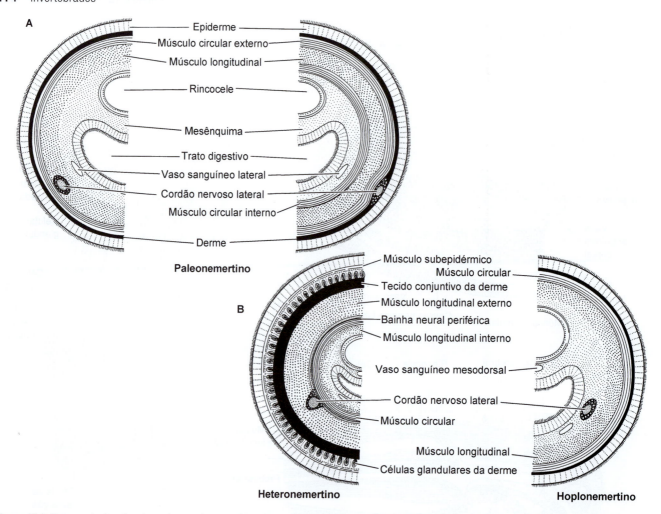

Figura 12.3 Representantes das duas classes de nemertinos. Paleonemertinos (**A**) e neonemertinos (**B**), esses últimos incluindo os heteronemertinos e os hoplonemertinos (*cortes transversais*). Observa a organização dos músculos da parede corporal e a posição dos cordões nervosos e de outros órgãos principais.

Os nemertinos pequenos vivem comumente entre os interstícios de algas filamentosas, sob rochas das poças formadas pela maré ou nos espaços de outras superfícies irregulares, como aquelas encontradas nos fundos atapetados de mexilhões ou de areia, lama ou cascalhos. Os nemertinos epibentônicos maiores e a maioria das formas que fazem perfurações utilizam as ondas peristálticas dos músculos da parede corporal para avançar sobre as superfícies úmidas ou através de substratos moles. Algumas das maiores formas (p. ex., *Cerebratulus*) usam natação ondulatória como mecanismo secundário de locomoção e, talvez, como reação de fuga dos predadores bentônicos. Os nemertinos completamente pelágicos (certos hoplonemertinos polistilíferos) geralmente são levados pelas correntes ou nadam lentamente. Algumas formas terrestres produzem uma bainha escorregadia, por meio da qual eles deslizam por ação ciliar, enquanto outras usam sua probóscide para respostas de escape rápido.

Alimentação e digestão

A maioria dos nemertinos é composta de predadores ativos de pequenos invertebrados, mas alguns são capazes de capturar peixes vivos, ou até mesmo invertebrados ativos como os cefalópodes. Alguns são saprófagos, que se alimentam de todos os tipos de matéria animal em decomposição, incluindo vertebrados grandes, enquanto outros se alimentam de matéria vegetal (ao menos em condições laboratoriais). Evidências sugerem que as espécies do gênero comensal *Malacobdella*, que habitam a cavidade do manto de moluscos bivalves, alimentem-se amplamente de fitoplâncton capturado das correntes de alimentação e trocas gasosas de seu hospedeiro. Observações de campo indicam que as dietas das formas predatórias podem ser extremamente variadas ou muito restritas, dependendo da espécie. Algumas espécies são capazes de rastrear presas por longas distâncias, enquanto outras precisam localizar o alimento por contato direto. A localização de presas distantes e a avaliação da aceitabilidade do alimento são quase certamente respostas quimiotáticas. Os nemertinos que realmente caçam e rastreiam podem reconhecer os rastros deixados por presas em potencial, e disparam sua probóscide ao longo do rastro à sua frente para capturar o alimento (Figura 12.4). Reações semelhantes são desencadeadas quando os nemertinos infaunais encontram perfurações nas quais presas potenciais possam estar localizadas. Os caçadores de superfície, que vivem em áreas intermarés, geralmente forrageiam durante as marés altas ou à noite e, desse modo, evitam os riscos da dessecação e dos predadores visuais. Contudo, os membros de alguns gêneros marinhos (p. ex., *Tubulanus, Paranemertes, Amphiporus*) podem ser vistos frequentemente durante as marés baixas das manhãs de nevoeiro, deslizando sobre o

Figura 12.4 *Paranemertes peregrina* (ordem Hoplonemertea) capturando um poliqueta nereídeo. A probóscide está enrolada ao redor do poliqueta.

substrato em busca de presas. A expulsão rápida de sua probóscide e a captura bem-sucedida da presa podem ser um momento memorável altamente dramático para os entusiastas das poças formadas pelas marés.

O comportamento envolvido na captura e na ingestão de presas vivas é significativamente diferente daquele associado com a saprofagia em materiais mortos. Durante a predação, a probóscide é usada tanto na captura de presas quanto para levá-las até a boca e ingeri-las. A probóscide é evertida e enrolada ao redor da vítima (Figura 12.4). A presa não é apenas imobilizada fisicamente pela probóscide, mas pode ser dominada ou morta por suas secreções tóxicas. Na espécie *Paranemertes peregrina* do Pacífico, que se alimenta principalmente de poliquetas nereídeos, o epitélio glandular da probóscide evertida secreta uma neurotoxina potente. Os nemertinos com probóscide armada (hoplonemertinos) na verdade utilizam os estiletes para perfurar o corpo da presa (em geral, muitas vezes) e introduzir a toxina. Depois de ser capturada, a presa é puxada até a boca por retração e manipulação da probóscide; ela é geralmente engolida inteira. A boca é expandida e pressionada contra o alimento, e a deglutição é realizada por ação peristáltica dos músculos da parede corporal auxiliados por correntes ciliares na região anterior do trato digestivo. Saprofagia, ao contrário, geralmente não envolve a probóscide. O verme simplesmente ingere diretamente o alimento por ação muscular da parede corporal e do trato digestivo anterior. Em alguns hoplonemertinos predadores (aqueles nos quais o lúmen da probóscide está conectado com o lúmen do trato digestivo anterior), o próprio trato digestivo anterior pode ser evertido a fim de que os animais se alimentem de animais muito grandes para ser engolidos por inteiro. Nesses casos, líquidos e tecidos moles geralmente são sugados do corpo da presa. Os vermes poliquetas e os crustáceos anfípodes parecem ser os itens alimentares favoritos para muitos nemertinos predadores.

As espécies do gênero hoplonemertino *Carcinonemertes* são ectoparasitas (predadores de ovos) de caranguejos braquiúros. Diversas espécies habitam diferentes regiões do corpo do hospedeiro, mas todas migram para as massas de ovos em fêmeas grávidas de caranguejos e alimentam-se dos ovos com vitelo. Em números elevados, esses predadores de ovos podem destruir todos os embriões da ninhada do hospedeiro. Alguns estudos demonstraram índices de infestação por *Carcinomertes errans* de até 99% dos caranguejos sapateira-do-pacífico (*Cancer magister*), que são comercialmente importantes, chegando a ter até 100.000 vermes por hospedeiro. No passado, esse parasita foi implicado no colapso da pesca de caranguejos sapateira-do-pacífico na região central da Califórnia. Várias espécies de *Ovicides* (Carcinonemertidae) vivem nos abdomes dos caranguejos das fontes hidrotermais no Pacífico, enquanto *Nemertoscolex parasiticus* (Heteronemertea) vive no líquido celômico do equiúro *Echiurus echiurus*.

O aparato da probóscide. O aparato da probóscide é um complexo arranjo de tubos, músculos e sistemas hidráulicos (Figura 12.5). A probóscide propriamente dita é um tubo alongado, eversível e cego, e está associada ao trato digestivo anterior ou se abre por um poro independente da probóscide. A probóscide, que pode ser ramificada em algumas espécies, pode ser regionalmente especializada e portar estiletes em vários arranjos (Figuras 12.5 E a H). Os estiletes dos nemertinos são estruturas com formato de garra, que geralmente alcançam comprimentos entre 50 e 200 μm. Cada estilete calcificado é composto de uma matriz orgânica central circundada por um córtex inorgânico constituído por fosfato de cálcio. Os estiletes são formados dentro de células epiteliais grandes conhecidas como estiletócitos. Como os nemertinos em crescimento precisam substituir seus estiletes por outros maiores, e porque geralmente perdem estiletes durante a captura das presas, estiletes novos são produzidos continuamente em sacos de estiletes reserva armazenados até que sejam necessários, quando então são transportados e afixados em sua posição apropriada.

A estrutura básica e a ação da probóscide podem ser descritas mais facilmente quando o aparato é inteiramente separado do trato digestivo. Como se pode observar nas Figuras 12.5 A e B, o poro da probóscide leva do exterior diretamente para dentro do lúmen da probóscide anterior, conhecido como rincodeu, cujo revestimento está em continuidade com a epiderme. Posterior ao rincodeu, o lúmen continua como canal da probóscide, que é circundado pela parede muscular da própria probóscide; esses músculos são derivados daqueles da parede corporal. A probóscide é circundada por um espaço celômico fechado e cheio de líquidos, conhecido como rincocele, que por sua vez, é circundado por camadas musculares adicionais. A extremidade cega interna da probóscide está conectada com a parede posterior da rincocele por meio de um músculo retrator da probóscide. Em alguns táxons (p. ex., *Gorgonorhynchus*), não há músculo retrator, e a eversão e a retração são realizadas hidrostaticamente.

A eversão da probóscide (Figura 12.6) é realizada pela contração dos músculos existentes ao redor da rincocele; isso aumenta a pressão hidrostática dentro da própria rincocele, espremendo a probóscide e provocando sua eversão. A probóscide evertida se move com os músculos em sua parede; a probóscide é retraída novamente para dentro do corpo pelo relaxamento coincidente dos músculos existentes ao redor da rincocele e pela contração do músculo retrator da probóscide. A probóscide retraída pode estender-se quase até a extremidade posterior do verme, e em geral apenas uma porção dela é estendida durante a eversão.

416 Invertebrados

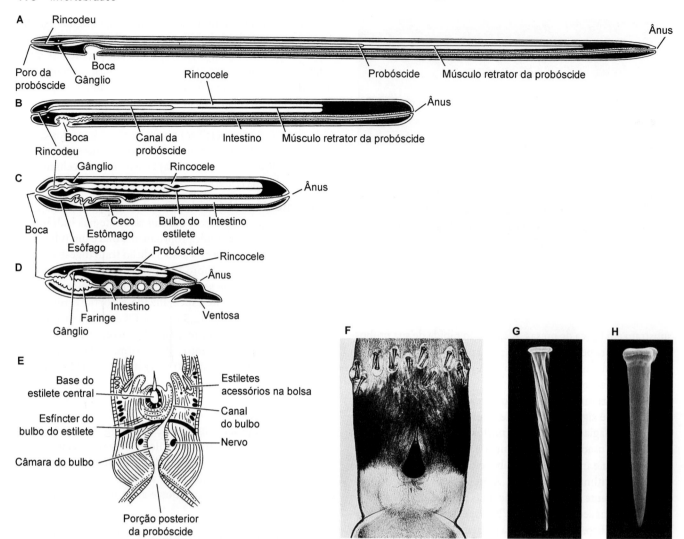

Figura 12.5 A a D. Arranjos dos aparatos das probóscides e o tubo digestivo nos paleonemertinos (**A**), heteronemertinos (**B**), hoplonemertinos (**C**) e hoplonemertino altamente modificado *Malacobdella*. **E.** Aparato do estilete na probóscide de *Prostoma graecense* (Monostilifera). **F.** Aparato do estilete de *Amphiporus formidabilis* (Monostilifera). **G.** Estilete de *Paranemertes peregrina* (fotografia de microscopia eletrônica de varredura). **H.** Estilete de *Amphiporus bimaculatus* (fotografia de microscopia eletrônica de varredura).

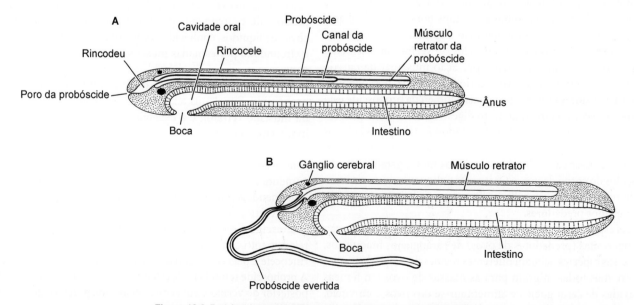

Figura 12.6 Probóscide retraída (**A**) e estendida (**B**) de um hoplonemertino.

Sistema digestivo. Os nemertinos têm um trato digestivo completo com ânus (Figuras 12.6 e 12.7). Associado ao movimento unidirecional do alimento da boca para o ânus, encontramos vários graus de especialização regional (tanto estrutural quanto funcional) nos tratos digestivos dos nemertinos. A boca conduz internamente a um trato digestivo anterior derivado da ectoderme (estomodeu), que consiste em uma cavidade oral bulbosa, algumas vezes um esôfago curto e um estômago. O estômago leva a um intestino ou trato digestivo médio alongado, que é mais ou menos reto, mas geralmente contém vários divertículos laterais. Em *Malacobdella*, o intestino é frouxamente enrolado e não tem divertículos; divertículos também estão ausentes no estranho *Annulonemertes* "segmentado". Na extremidade posterior do intestino, há um curto trato digestivo posterior derivado da ectoderme (proctodeu), que termina no ânus. Elaborações nesse plano básico são comuns em certos táxons e podem incluir vários cecos partindo do estômago ou do intestino em sua junção com o trato digestivo anterior.

Todo o tubo digestivo é ciliado, o trato digestivo anterior mais densamente que o médio. O epitélio do trato digestivo é basicamente colunar, misturado com células glandulares. O trato digestivo anterior contém uma variedade de células produtoras de muco, algumas vezes glândulas mucosas multicelulares e, ocasionalmente, células glandulares enzimáticas na região estomacal. O trato digestivo médio é revestido por células colunares ciliadas com vacúolos; tais células são fagocíticas e têm microvilosidades, aumentando expressivamente sua área superficial. As células glandulares enzimáticas estão abundantemente misturadas com as células ciliadas do trato digestivo médio. Em geral, o trato digestivo posterior não tem células glandulares. O alimento é movido através do trato digestivo por cílios e pela ação dos músculos da parede corporal; geralmente não há músculos na própria parede do trato digestivo, com exceção do trato digestivo anterior de alguns heteronemertinos.

O processo de digestão nos nemertinos carnívoros consiste em uma sequência de quebra de proteínas com duas fases. O primeiro passo envolve a ação de endopeptidases liberadas pelas células glandulares para dentro do lúmen do trato digestivo. Essa digestão extracelular é muito rápida e é seguida por fagocitose (e, provavelmente, pinocitose) do material parcialmente digerido pelas células colunares ciliadas do trato digestivo médio. A digestão das proteínas completa-se intracelularmente pelas exopeptidases dentro dos vacúolos alimentares do epitélio do trato digestivo médio. Lipases foram identificadas ao menos em uma espécie (*Lineus ruber*) e carboidrases são conhecidas no comensal omnívoro *Malacobdella*. O alimento é armazenado principalmente na forma de gorduras, e em menor grau como glicogênio, na parede do trato digestivo médio. O transporte de materiais digeridos por todo o corpo é realizado pelo sistema circulatório, o qual absorve esses produtos das células que revestem o intestino. Os materiais indigeríveis são movidos através do trato digestivo e eliminados pelo ânus.

Circulação e trocas gasosas

Mencionamos resumidamente o significado evolutivo e adaptativo do sistema circulatório nos nemertinos e sua relação geral com outros sistemas e funções. Esse sistema fechado consiste em vasos e espaços revestidos por paredes finas, que são conhecidos como lacunas (Figura 12.2 B). Existem amplas variações na arquitetura dos sistemas circulatórios dos nemertinos (Figura 12.8). O arranjo mais simples ocorre em certos paleonemertinos, nos quais um único par de vasos longitudinais estende-se ao longo do comprimento do corpo, conectando-se anteriormente por meio de uma lacuna cefálica e posteriormente por uma lacuna anal. As elaborações desse esquema básico podem incluir vasos transversais entre os vasos longitudinais, ampliação e compartimentalização dos espaços lacunares, e a adição de um vaso mesodorsal. As paredes dos vasos sanguíneos são apenas ligeiramente contráteis e os movimentos gerais do corpo geram a maior parte do fluxo sanguíneo. Não há um padrão consistente para o movimento do sangue através do sistema circulatório; ele pode fluir anterior ou posteriormente nos vasos longitudinais, e as correntes circulatórias frequentemente invertem sua direção.

O sangue consiste em um líquido incolor, no qual estão suspensas várias células. Essas células podem incluir corpúsculos pigmentados (amarelos, alaranjados, verdes e vermelhos), alguns contendo hemoglobina, e uma variedade dos assim chamados linfócitos e leucócitos, de função incerta. A associação anatômica do sistema circulatório com outras estruturas e a composição do sangue sugerem várias funções circulatórias. Embora faltem evidências conclusivas, o sistema circulatório parece estar envolvido com o transporte de nutrientes, gases, neurossecreções e produtos de excreção. Algum metabolismo intermediário provavelmente ocorre no sangue, visto que várias enzimas apropriadas têm sido identificadas em solução. O sangue também pode funcionar como um auxílio ao suporte do corpo através de

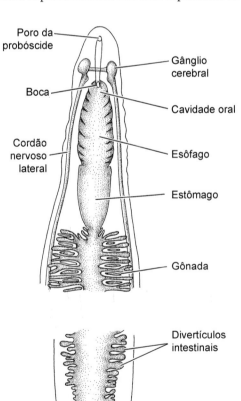

Figura 12.7 Sistema digestivo de um nemertino. Regiões anterior e posterior do trato digestivo de *Carinoma* (*vista ventral*).

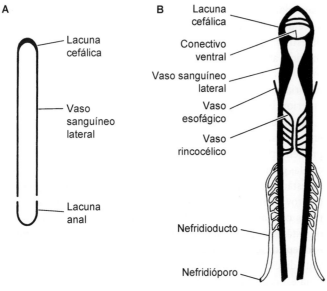
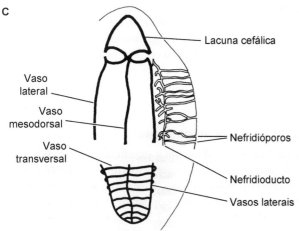

Figura 12.8 Sistema circulatório de nemertinos. **A.** O laço de um sistema circulatório simples de *Cephalothrix* (um paleonemertino) consiste em um par de vasos sanguíneos laterais conectados por lacunas cefálica e anal. **B.** Sistema circulatório complexo de *Tubulanus* (um paleonemertino). Observe a associação íntima do sistema nefridial com os vasos sanguíneos laterais. **C.** O sistema circulatório de *Amphiporus* (um hoplonemertino) inclui um vaso mesodorsal e numerosos vasos transversais.

mudanças na pressão hidrostática dentro dos vasos e espaços lacunares. Existem algumas evidências para sustentar a ideia de que o sangue também possa participar da osmorregulação.

A troca de gases nos nemertinos é epidérmica e não envolve nenhuma estrutura especial. O oxigênio e o dióxido de carbono difundem-se facilmente através da superfície úmida do corpo, que geralmente é coberta por secreções mucosas. Algumas formas robustas (p. ex., *Cerebratulus*) ampliam essa troca passiva de gases por meio da pele com irrigação regular do trato digestivo anterior, onde há um sistema extensivo de vasos sanguíneos. Nas espécies nas quais há hemoglobina, esse pigmento provavelmente auxilia o transporte ou o armazenamento do oxigênio no sangue.

Excreção e osmorregulação

O sistema excretor da maioria dos nemertinos consiste em dois a até milhares de protonefrídios bulbo-flama (Figuras 12.8 e 12.9), que são semelhantes aos encontrados nos platelmintos de vida livre. Entretanto, aparentemente, os hoplonemertinos pelágicos de mares profundos não têm quaisquer protonefrídios. Em geral, os bulbos-flama estão intimamente associados aos vasos sanguíneos laterais ou, menos comumente, às outras partes do sistema circulatório. As unidades nefridiais frequentemente são pressionadas para dentro das paredes dos vasos sanguíneos e, em alguns casos, as paredes na verdade são perfuradas de forma que os nefrídios sejam banhados diretamente pelo sangue. No caso mais simples, um único par de bulbos-flama leva a dois nefridioductos, cada qual com seu próprio nefridióporo situado lateralmente. Condições mais complexas incluem fileiras ou grupos de bulbos-flama com múltiplos ductos. Em algumas espécies, as paredes dos nefridioductos são sinciciais e levam a centenas ou até milhares de poros na epiderme. As condições mais elaboradas ocorrem em certos nemertinos terrestres, nos quais cerca de 70.000 grupos de bulbos-flama (6 a 8 em cada grupo) levam a muitos poros de superfície. Em alguns heteronemertinos (p. ex., *Baseodiscus*), o sistema excretor descarrega no trato digestivo anterior.

O funcionamento dos protonefrídios dos nemertinos na excreção das escórias metabólicas ainda não foi bem-estudado. A associação íntima dos bulbos-flama com o sistema circulatório sugere que as escórias nitrogenadas (provavelmente amônia), os sais em excesso e outros produtos metabólicos sejam removidos do sangue, assim como do mesênquima circundante, pelo nefrídio. Se esse for o caso, isso explicaria novamente a importância do sistema circulatório na superação dos problemas superfície–volume e das limitações da difusão simples no tamanho do corpo. Os animais relativamente ativos produzem grandes quantidades de escórias metabólicas. A dependência apenas da difusão limitaria seriamente qualquer aumento no volume corporal, mas o transporte dessas escórias dos tecidos para o sistema protonefridial pelos vasos circulatórios facilita muito essa limitação. Uma das conquistas evolutivas mais marcantes dos nemertinos foi sua habilidade de crescer até tamanhos grandes, particularmente em comprimento, sem segmentação ou o desenvolvimento de uma grande cavidade corporal.

Existem algumas evidências morfológicas e experimentais de que os protonefrídios também desempenhem um papel importante na osmorregulação, principalmente nos nemertinos terrestres e de água doce. É em algumas dessas formas, sujeitas a estresse osmótico extremo, que encontramos os sistemas excretores mais elaborados, e esses sistemas estão provavelmente associados ao balanço hídrico. Além disso, aparentemente, pode haver uma interação muito complexa entre o sistema nervoso (neurossecreções), o sistema circulatório e o nefrídio com o intuito de facilitar os mecanismos osmorregulatórios, mas ainda é necessário estudar os detalhes dessas relações. Alguns membros dos heteronemertinos e dos hoplonemertinos invadiram a água doce e precisaram combater o influxo de água de seu ambiente extremamente hipotônico. Os membros de alguns gêneros (p. ex., *Geonemertes*) são terrestres, embora estejam restritos a hábitats úmidos sombreados, nos quais evitam problemas sérios de dessecação. Adicionalmente, esses animais tendem a cobrir seus corpos com uma camada mucosa, que reduz a perda de água. Aquelas formas que habitam ambientes marinhos subtidais ou de águas profundas, ou que são endossimbiontes (um gênero de Heteronemertea e vários gêneros de Hoplonemertea), enfrentam pouco ou nenhum estresse osmótico. Contudo, as diversas espécies encontradas intertidalmente

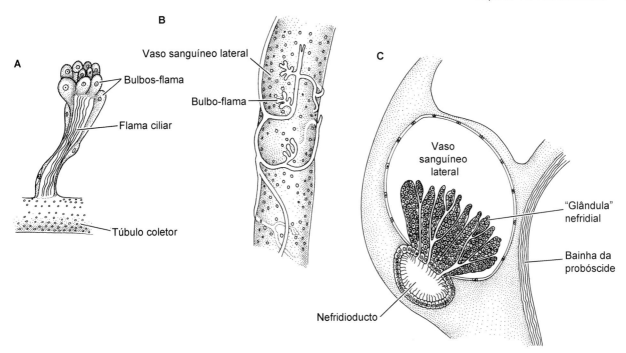

Figura 12.9 Sistemas excretores de nemertinos (ver também Figura 12.8). **A.** Um grupo de protonefrídios de *Drepanophorus* (um hoplonemertino). **B.** Ductos nefridiais associados a um vaso sanguíneo lateral em *Amphiporus* (um hoplonemertino). **C.** Sistema excretor de *Carinina* (um paleonemertino), no qual as unidades secretoras (a chamada glândula nefridial) projeta-se para dentro do lúmen do vaso sanguíneo lateral.

enfrentam períodos de exposição ao ar e às salinidades baixas (ou altas). Seus corpos moles são muito desprotegidos e são relativamente intolerantes às oscilações das condições ambientais. Os nemertinos intertidais dependem acentuadamente de atributos comportamentais para sobreviver a períodos potenciais de estresse osmótico e permanecer em áreas úmidas durante períodos de maré baixa. Realizar perfurações em substratos moles, encharcados, ou viver entre algas ou leitos recobertos de mexilhões, em rachaduras e fendas, ou outras áreas que retenham água do mar nos períodos de maré baixa, são estilos de vida que ilustram como a preferência por determinados hábitats e o comportamento do animal impedem exposição ao estresse. Além disso, a maioria dos nemertinos intertidais é até certo ponto negativamente fototáxica, e muitos restringem suas atividades às horas da noite, ou a manhãs e tardes de dias nublados ou encobertos. Uma espécie marinha meiofaunal da Carolina do Norte vive nos sedimentos a cerca de 1 metro de profundidade acima do nível da maré alta, provavelmente dependendo da água que preenche os interstícios da areia por capilaridade.

Sistema nervoso e órgãos dos sentidos

A organização básica do sistema nervoso dos nemertinos reflete um estilo de vida relativamente ativo. Os nemertinos são cefalizados, especialmente na localização anterior da boca e das estruturas alimentares, e encontramos concentrações relacionadas de órgãos sensoriais e outros elementos nervosos na cabeça. O sistema nervoso central dos nemertinos consiste em um gânglio cerebral complexo, do qual se origina um par de cordões nervosos longitudinais (laterais) ganglionados (Figura 12.10 A). O gânglio cerebral é formado por quatro lobos ligados, que circundam o aparato da probóscide (não o trato digestivo, como em muitos outros invertebrados). Cada lado do gânglio cerebral inclui um lobo dorsal e um lobo ventral; os dois lados são interligados por conectivos dorsais e ventrais. Vários pares de nervos sensoriais enviam estímulos provenientes de vários órgãos sensoriais cefálicos diretamente ao gânglio cerebral. Os principais cordões nervosos longitudinais originam-se dos lobos ventrais do gânglio cerebral e estendem-se posteriormente; esses cordões ligam-se uns aos outros em vários pontos por conectivos transversais ramificados e terminalmente por uma comissura anal. Os nervos longitudinais também dão origem a nervos sensoriais e motores periféricos ao longo do comprimento do corpo. Elaborações desse plano básico incluem os cordões nervosos longitudinais adicionais, frequentemente um cordão mesodorsal que se origina da comissura dorsal do gânglio cerebral, e uma variedade de conectivos, tratos nervosos e plexos.

Como se pode observar no esquema de classificação, as posições dos cordões nervosos longitudinais principais variam entre as diferentes ordens dos nemertinos (Figura 12.3). Essas alterações na posição dos cordões nervosos de epidérmicos a mesenquimais correspondem ao aumento geral na complexidade corporal e tendências em direção à especialização. A maioria dos pesquisadores concorda que essas diferenças refletem uma tendência plesiomórfica (epidérmica) para apomórfica (subepidérmica) entre esses táxons.

Os nemertinos possuem uma variedade de receptores sensoriais, muitos dos quais estão concentrados na extremidade anterior e associados com um estilo de vida ativo, tipicamente caçador, e com outros aspectos de sua história natural. Os nemertinos são muito sensíveis ao toque. Essa sensibilidade tátil desempenha um papel no manuseio dos alimentos, nas respostas de evitação, na locomoção sobre superfícies irregulares e no comportamento de cruzamento. Vários tipos de células epidérmicas ciliadas modificadas estão dispersas sobre a superfície do corpo (especialmente abundantes nas extremidades anterior e posterior) e supõe-se que tenham função tátil. As células ocorrem

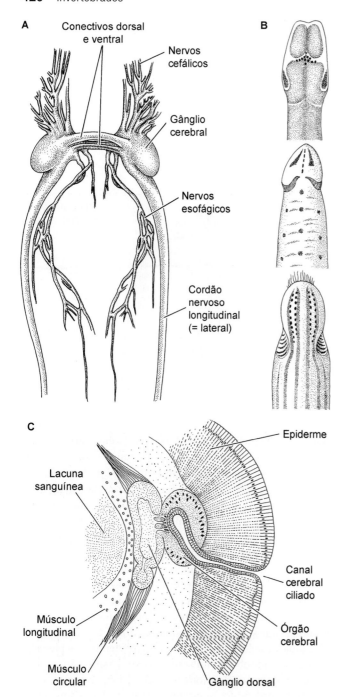
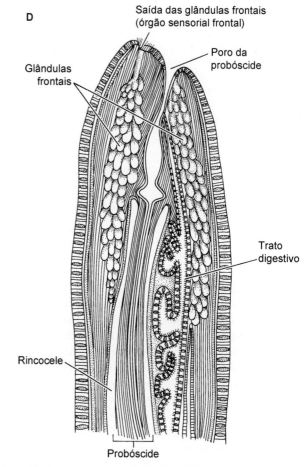

Figura 12.10 Sistema nervoso e órgãos sensoriais de nemertinos. **A.** Porção anterior do sistema nervoso de *Tubulanus* (um paleonemertino); ver explicação das variações no texto. **B.** Fendas cefálicas, sulcos e ocelos são visíveis nas cabeças de três nemertinos. **C.** Órgão cerebral de *Tubulanus* (*corte transversal*). Observe a associação do órgão com o canal cerebral, o sistema nervoso e o sistema sanguíneo. **D.** Agrupamentos de glândulas frontais ocorrem na extremidade anterior de um hoplonemertino (*corte longitudinal*).

unicamente ou em grupos; algumas das células que se apresentam em grupos estão localizadas em pequenas depressões e podem ser exteriorizadas da superfície do corpo.

Os olhos dos nemertinos são localizados anteriormente e variam numericamente de dois a várias centenas; eles podem estar arranjados em vários padrões (Figura 12.10 B). A maioria desses ocelos é do tipo "taça pigmentar invertida", que é semelhante aos existentes nos platelmintos, embora algumas espécies tenham olhos com lentes. Como foi descrito no Capítulo 4, esses tipos de olhos geralmente são sensíveis a intensidade luminosa e direção da luz. Eles ajudam os nemertinos a evitar as luzes brilhantes e a exposição potencial a predadores ou estresses ambientais.

Grande parte dos estímulos sensoriais importantes aos nemertinos é quimiossensorial. Esses vermes são muito sensíveis aos compostos químicos dissolvidos em seu ambiente e utilizam tal sensibilidade para localizar seu alimento, provavelmente na localização de parceiros, teste de substrato e análise geral da água. Provavelmente, todos os nemertinos respondem ao contato com estímulos químicos, e muitos são capazes de realizar quimiorrecepção de materiais dissolvidos a distância. Ao menos três estruturas diferentes dos nemertinos têm sido implicadas (algumas por especulação) na iniciação das respostas quimiotáxicas: fendas cefálicas ou sulcos, órgãos cerebrais e glândulas frontais (= glândulas cefálicas) (Figuras 12.10 B a D). As **fendas cefálicas** são sulcos com profundidade variável, que ocorrem lateralmente na cabeça de muitos nemertinos (ver também Figura 12.1 E e F). Esses sulcos são revestidos por um epitélio sensorial ciliado inervado por nervos originados do gânglio cerebral. A água é circulada através das fendas cefálicas e sobre esse revestimento epitelial provavelmente quimiossensorial.

A maioria dos nemertinos tem um par de **órgãos cerebrais** notavelmente complexos (Figura 12.10 C). O centro de cada órgão cerebral é uma invaginação epidérmica ciliada (o canal cerebral), expandida em sua extremidade interna. Esses canais levam lateralmente aos poros dentro das fendas cefálicas (quando presentes), ou então diretamente ao exterior por meio de poros separados existentes na cabeça. As extremidades internas dos canais são circundadas por tecido nervoso do gânglio cerebral e por tecido glandular, e estão, com frequência, intimamente associadas aos espaços sanguíneos lacunares. Os cílios do canal cerebral circulam a água através da porção aberta do órgão; essa atividade se intensifica na presença de alimento. Os nemertinos provavelmente usam esse mecanismo quando caçam e rastreiam presas, ou em outras respostas quimiotáticas. A associação dos canais cerebrais com estruturas glandulares, nervosas e circulatórias levou alguns pesquisadores a sugerir uma função endócrina e/ou neurossecretora para os órgãos cerebrais. Outras sugestões incluem atividades auditivas, de trocas gasosas, excretoras e táteis. Os órgãos cerebrais estão ausentes em vários gêneros, incluindo o simbionte *Carcinomertes* e *Malacobdella*, assim como nos hoplonemertinos pelágicos.

Na região anterior do gânglio cerebral, grandes **glândulas frontais** abrem-se para o exterior por meio de um órgão sensorial frontal em forma de depressão (Figura 12.10 D). Essas estruturas recebem nervos do gânglio cerebral e parecem ser quimiossensoriais, mas faltam evidências sólidas para essa sugestão. Por fim, também foram encontrados estatocistos em alguns nemertinos, incluindo formas pelágicas, entre as quais a geotaxia é uma vantagem óbvia.

Reprodução e desenvolvimento

Processos assexuados. Muitos nemertinos apresentam notáveis poderes de regeneração, e quase todas as espécies podem regenerar ao menos as partes posteriores do corpo. Aquelas com as maiores capacidades regenerativas são certas espécies de *Lineus*, que se envolvem em uma forma notável de reprodução assexuada em uma base regular, passando por fissões transversais múltiplas e formando numerosos fragmentos. Os fragmentos são geralmente muito pequenos e o processo é algumas vezes referido simplesmente como **fragmentação**. Os pequenos pedaços frequentemente formam cistos mucosos, dentro dos quais o novo verme regenera-se; os pedaços maiores crescem, dando origem a novos animais sem proteção de um cisto. Em alguns nemertinos, apenas os fragmentos anteriores podem regenerar-se, originando vermes novos.

Reprodução sexuada. Os nemertinos apresentam variações notáveis nas estratégias reprodutivas e de desenvolvimento. A maioria dos nemertinos é gonocorística, embora protândricos e até mesmo hermafroditas simultâneos sejam conhecidos. O sistema reprodutivo dos nemertinos tem gônadas, que são simplesmente pedaços especializados de tecido mesenquimal dispostos em série, ao longo de cada lado do intestino, e alternados com o divertículo do trato digestivo médio (Figura 12.11). Em *Malacobdella* e alguns outros, as gônadas são mais ou menos embaladas dentro do mesênquima (Figura 12.1 H). Na maioria dos nemertinos, o desenvolvimento das gônadas ocorre ao longo de quase todo o comprimento do corpo, mas em algumas espécies é restrito a certas regiões, geralmente em direção à extremidade anterior. As gônadas começam a alargar-se e se tornam ocas exatamente antes do início das atividades reprodutivas. Células especializadas nas paredes dos ovários e dos testículos rudimentares proliferam ovócitos e espermatozoides para dentro dos lumens dos sacos gonadais aumentados. Nas fêmeas, células especiais adicionais são responsáveis pela produção de vitelo. Existem evidências de que a maturação esteja sob controle hormonal neurossecretor, ao menos em algumas espécies. As secreções são provavelmente do complexo órgão cerebral.

Com a proliferação dos gametas, os sacos gonadais expandem-se até quase preencher a área entre o trato digestivo e a parede corporal. Quando os animais estão quase prontos para desovar, o comportamento de cruzamento é iniciado e os vermes tornam-se cada vez mais ativos. Como foi mencionado antes, a localização do companheiro provavelmente depende de respostas

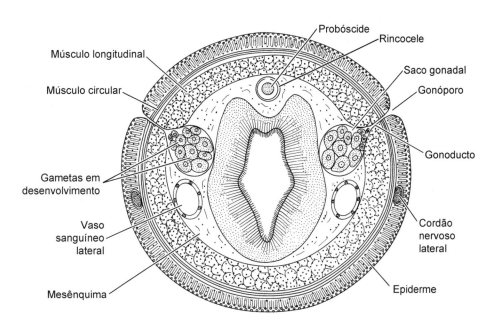

Figura 12.11 Arranjo das gônadas no paleonemertino *Carinina* (*corte transversal*). Observe a posição de um par de gônadas no mesênquima. Ver também Figura 12.7.

quimiotáticas. Aparentemente, o mesmo se aplica à própria desova, ao menos para algumas espécies, porque a presença de um coespecífico maduro estimula a liberação dos gametas de outros indivíduos maduros. Evidências experimentais indicam que o contato físico não seja necessário para tal resposta de desova; assim, algum tipo de ferormônio está provavelmente envolvido. Entretanto, na natureza, a desova geralmente ocorre em combinação com contato físico real; evidentemente, as reações táteis seguem-se à localização quimiotática do parceiro. Durante essas atividades de cruzamento, verdadeiros nós de muitos vermes podem contorcer-se em uma massa de reprodução coberta por muco. A liberação coordenada de gametas maduros sob tais condições assegura o sucesso da fecundação. Os gametas são extrudados através de poros temporários ou de rupturas da parede corporal. A ruptura ocorre por contração dos músculos da parede corporal ou de músculos mesenquimais especiais que circundam as gônadas.

A fecundação é frequentemente externa, seja em condições livres na água do mar ou em uma massa gelatinosa de muco produzida pelos vermes em cruzamento. Nesse último caso, frequentemente se formam verdadeiras cápsulas de ovos e parte do desenvolvimento embrionário (ou todo ele) ocorre dentro delas (Figura 12.12). A fecundação interna ocorre em certos nemertinos. Em alguns casos, os espermatozoides são liberados dentro do muco que circunda os vermes em cruzamento e então se movem para dentro dos ovários da fêmea; uma vez fecundados, os ovos geralmente são depositados em cápsulas, nas quais se desenvolvem, embora algumas espécies da Antártida choquem seus casulos. Algumas espécies terrestres são ovovivíparas; os embriões são retidos dentro do corpo da fêmea e o desenvolvimento é totalmente direto – uma vantagem óbvia para a sobrevivência no ambiente terrestre. A ovoviviparidade também é conhecida em alguns outros nemertinos, incluindo formas pelágicas de mares profundos. Como as densidades populacionais desses vermes pelágicos são extremamente baixas, eles provavelmente precisam aproveitar os encontros relativamente infrequentes de machos e fêmeas e assegurar o sucesso da fecundação. Em alguns casos, os machos estão equipados com ventosas, que são usadas para fixar-se à fêmea ou, raramente, com um pênis protraível, que é usado para transferir os espermatozoides.

Apesar do método de fecundação, o desenvolvimento até a gástrula é semelhante entre a maioria dos nemertinos estudados até hoje. A clivagem é holoblástica e espiral, com formação de três (*Tubulanus*) ou mais comumente quatro quartetos de micrômeros. Uma celoblástula se forma e geralmente exibe os rudimentos de um tufo ciliar apical, associado a um espessamento leve da parede da blástula no polo animal ou próximo dele. Em geral, a gastrulação ocorre por invaginação dos macrômeros e o quarto quarteto de micrômeros produz a celogástrula. Ao menos em um gênero (*Prostoma*, uma forma hermafrodita de água doce), a gastrulação ocorre por ingressão unipolar dos macrômeros vegetais; esse movimento forma uma estereogástrula, que depois se torna oca. A mesoderme pode ser originada de várias formas e, em alguns casos, os processos são pobremente entendidos. Em *Cerebratulus*, um dos nemertinos mais bem-estudados quanto ao seu desenvolvimento, a ectomesoderme origina-se de dois blastômeros (3a e 3b), que dão origem ao grande número de células musculares larvais. *Cerebratulus lacteus* também tem um mesentoblasto verdadeiro (4d), que origina um par de pequenas faixas mesodérmicas e células

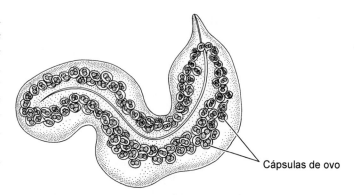

Figura 12.12 Cápsulas de ovos no heteronemertino *Lineu ruber*.

mesenquimais dispersas. Essa origem dupla da mesoderme, (ectomesoderme e endomesoderme) parece ser uma condição encontrada em todos os espirálicos. O trato digestivo é formado por todos os micrômeros do quarto quarteto, assim como pelos macrômeros vegetais (4A, 4B, 4C, 4D). O esclarecimento da embriogenia dos nemertinos levou à recente descoberta de que a rincocele é formada por esquizocelia e, consequentemente, ela representa uma cavidade celômica verdadeira.

Estratégias de desenvolvimento também são variadas entre os nemertinos. Os membros das ordens Palaeonemertea e Hoplonemertea passam por desenvolvimento direto dentro das cápsulas de ovos. Os embriões desses grupos desenvolvem-se gradativamente até os vermes juvenis, sem qualquer metamorfose abrupta (Figura 12.13), mas podem ter múltiplas invaginações e desprendimento da epiderme larval transitória. Esses embriões são nutridos pelo vitelo até sua eclosão, quando então começam a alimentar-se. Isso é especialmente verdade nos paleonemertinos, nos quais o aparato da probóscide não está totalmente formado na eclosão (a probóscide dos heteronemertinos e de *Malacobdella* é funcional na hora da eclosão).

Um estudo recente da embriogênese do paleonemertino *Carinoma tremaphoros* evidenciou grandes células escamosas recobrindo toda a superfície da larva, com exceção das regiões apical e posterior. Embora as células apicais e posteriores continuem a dividir-se, a clivagem é interrompida nas células superficiais grandes e forma um cinturão pré-oral contorcido. Com base em sua posição, na linhagem celular e em seu destino, pesquisadores sugeriram que esse cinturão corresponda à prototróquia dos outros trocozoários.

Os pilidióforos (Pilidiophora) sofrem um bizarro e fascinante padrão de desenvolvimento indireto. A maioria das espécies dessa subclasse produz uma larva livre-natante, planctotrófica, conhecida como **pilídio** (Figura 12.14). Nesse estágio, o trato digestivo é incompleto e consiste em uma boca localizada entre um par de lobos ciliados, um trato digestivo anterior estomodeal

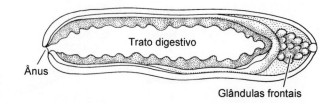

Figura 12.13 Forma de eclosão produzida por desenvolvimento direto em *Prosorhochmus*, um hoplonemertino.

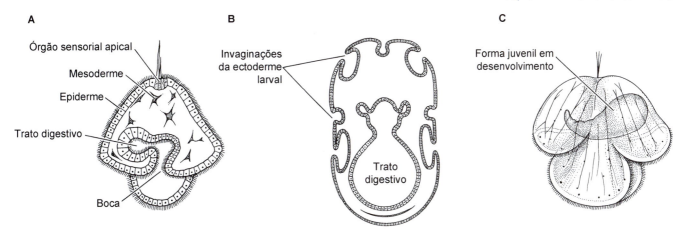

Figura 12.14 Desenvolvimento de uma larva pilídio. **A.** Larva pilídio (*corte transversal*). **B.** Uma larva pilídio (*corte transversal*) durante a invaginação da ectoderme larval para formação do epitélio do adulto. **C.** Larva pilídio mais desenvolvida com um juvenil formado dentro dela.

e um intestino cego; o ânus forma-se mais tarde, como uma invaginação proctodeal. Curiosamente, os divertículos intestinais dos nemertinos não se formam como evaginações das paredes do trato digestivo, mas são produzidos por invasões mediais de mesênquima, que pressionam as paredes do trato digestivo e, desse modo, forma o divertículo. À medida que o pilídio nada e alimenta-se, uma série de invaginações na ectoderme larval (Figura 12.14 B) acaba pressionando internamente para a produção da suposta ectoderme do adulto. Talvez a característica mais marcante do pilídio seja a forma como o verme juvenil desenvolve-se dentro da larva a partir de uma série de rudimentos isolados conhecidos como discos imaginais. Os discos cefálicos pareados, os discos do órgão cerebral e os discos do tronco originam-se de invaginações da epiderme larval e, subsequentemente, crescem e fundem-se em torno do trato digestivo da larva para formar o juvenil (Figura 12.14 C). A forma juvenil completamente formada rompe o corpo da larva e, na maioria dos casos, devora seu corpo durante a metamorfose catastrófica. Desse modo, o animal prepara-se para a vida bentônica antes que enfrente os rigores do assentamento. Quando o desenvolvimento está concluído, a pele da larva desprende-se e a forma juvenil inicia sua vida no fundo do oceano. Pilídios de diferentes espécies variam quanto à forma, ao tamanho e à cor. As modificações do desenvolvimento dos pilídios incluem a **larva de Desor** em *Lineus viridis*, a **larva de Schmidt** em *Lineus ruber* e a **larva de Iwata** de várias espécies *Micrura*. O desenvolvimento das larvas de Desor e Schmidt é encapsulado, enquanto as outras têm desenvolvimento lecitotrófico planctônico. Em todos esses casos, não existem lobos pilidiais, a blastocele é reduzida e a larva não se alimenta, mas, como também ocorre com o pilídio canônico, a forma juvenil desenvolve-se a partir dos discos imaginais.

Filogenia dos nemertinos

Infelizmente, o registro fóssil tem pouca utilidade para estabelecer a origem dos nemertinos no tempo geológico, mas esse grupo certamente divergiu algum tempo depois da origem da condição bilateral de Spiralia. Embora hoje sejam considerados parte do clado dos espirálicos e estejam relacionados a outros espirálicos com larvas trocóforas, por muito tempo os nemertinos foram relacionados aos platelmintos (Capítulo 10). Entretanto, essa ideia foi refutada pela descoberta da natureza celômica da rincocele e dos vasos sanguíneos dos nemertinos, que os classificam mais perto dos outros filos de espirálicos celomados. Um conceito mais antigo é que os nemertinos tenham sua origem em uma linhagem "turbelária" arcoófora primitiva, talvez compartilhando ancestralidade comum com os platelmintos macrostomídeos. Os nemertinos e os platelmintos de vida livre apresentam algumas semelhanças, incluindo os protonefrídios, os tipos de ocelos, certas características histológicas (especialmente da epiderme) e a organização geral do sistema nervoso. Além disso, várias fendas e depressões ciliadas encontradas nos platelmintos de vida livre assemelham-se às fendas cefálicas e às estruturas semelhantes dos nemertinos. Alguns platelmintos têm glândulas frontais (cefálicas), que durante muito tempo foram consideradas homólogas às mesmas glândulas frontais dos nemertinos, mas poderiam ser simplesiomórficas dos espirálicos (Spiralia) ou convergências. O tipo de clivagem inicial dos ovos coloca os nemertinos como membros inequívocos do clado Spiralia, e as interpretações das células interrompidas de alguns embriões sugerem uma relação com os filos que formam larvas trocóforas – uma relação que, de outro modo, não poderia ser apoiada por quaisquer outras características anatômicas. Isso explica por que sua posição filogenética tem sido modificada por tanto tempo. Contudo, dados moleculares sugerem claramente uma relação com Mollusca, Annelida e filos lofoforados (e, provavelmente, também com Entoprocta).

As relações filogenéticas entre os diversos táxons do clado Nemertea foram estudadas detalhadamente nos últimos anos e, hoje em dia, incluem uma análise filogenética baseada em centenas de genes (Figura 12.15). Esses estudos recentes são, em grande parte, congruentes com algumas das classificações convencionais, mas demonstraram parafilia da classe Anopla mais antiga e incluem algumas relocações importantes, como a classificação das Hubrechtidae como grupo-irmão de Heteronemertea e não como um membro de Palaeonemertea, ou a classificação da ordem monogenérica mais antiga Bdellonemertea entre Monostilifera. O primeiro resultado não é realmente surpreendente, porque as espécies Hubrechtida têm um mosaico de características dos paleonemertinos e dos heteronemertinos, e alguns autores consideram-nas um "estágio de transição" entre os paleonemertinos e os heteronemertinos basais. Além disso, a nova árvore evolutiva resultante implica que certas características encontradas nos Anopla sejam realmente simplesiomorfias do

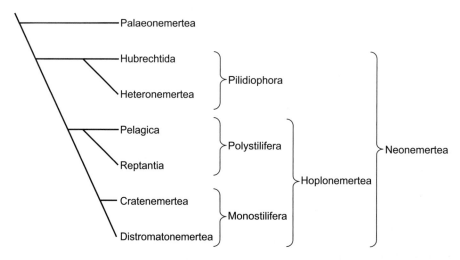

Figura 12.15 Filogenia dos nemertinos com base nas análises recentes dos dados moleculares.

clado Nemertea, incluindo a probóscide não armada ou a separação dos orifícios da boca e da probóscide. Entre Hoplonemertea, Monostilifera aparecem divididos em dois clados, Cratenemertea e Distromatonemertea, enquanto Polystilifera estão subdivididos entre os clados Pelagica e Reptantia.

Uma das principais tendências estruturais entre os nemertinos é a interiorização dos principais cordões nervosos longitudinais. Supomos que os primeiros nemertinos tivessem cordões nervosos epidérmicos, assim como ocorre em alguns paleonemertinos atuais. Os paleonemertinos e os pilidióforos conservam a característica plesiomórfica da posição da boca posterior ao gânglio cerebral. A probóscide não armada e relativamente simples e a posição dos cordões nervosos externos ao mesênquima sugerem também que esses clados conservem as características plesiomórficas dos nemertinos. Os pilidióforos adquiriram as seguintes características: desenvolvimento indireto, formação singular da ectoderme dupla nas formas adulta e larvais durante a metamorfose, e evolução da configuração singular dos músculos da parede corporal. A encapsulação e, consequentemente, o desenvolvimento funcionalmente direto dos heteronemertinos com uma larva de Desor quase certamente são supressões secundárias da vida das larvas pilídias livres.

Os hoplonemertinos apresentam algumas alterações distintas em comparação com os membros citados antes. As mais notáveis são a especialização regional e a armadura da probóscide, a transferência dos cordões nervosos para uma posição no mesênquima e a movimentação da boca para uma posição mais anterior. Os bdelonemertinos constituem um ramo especializado dos monostilíferos (Monostilifera), que demonstram modificação significativa para um estilo de vida endossimbiótico, incluindo simplificação da probóscide; contorção e ampliação do comprimento relativo do trato digestivo (provavelmente associado aos seus hábitos herbívoros), uma ventosa na parte posterior do corpo, e a redução do comprimento corporal.

Bibliografia

Andrade, S. C. S. *et al.* 2014. A transcriptomic approach to ribbon worm systematics (Nemertea): resolving the Pilidiophora problem. Mol. Biol. Evol. 31: 3206–3215.

Andrade, S. C. S. *et al.* 2012. Disentangling ribbon worm relationships: multilocus analysis supports traditional classification of the phylum Nemertea. Cladistics 28: 141–159.

Asakawa, M., K. Ito e H. Kajihara. 2013. Highly toxic ribbon worm *Cephalothrix simula* containing tetrodotoxin in Hiroshima Bay, Hiroshima Prefecture, Japan. Toxins (Basel) 5: 376–395.

Bayer, F. M. e H. B. Owre. 1968. *The Free-Living Lower Invertebrates*. Macmillan Company, Nova York.

Berg, G. 1985. *Annulonemertes* gen. nov., a new segmented hoplonemertean. pp. 200–209 in C. Morris *et al.* (eds.), *The Origins and Relationships of Lower Invertebrates*. Systematic Assocation, Special Volume No. 28. Oxford Press, Londres.

Berg, G. e R. Gibson. 1996. A redescription of *Nemertoscolex parasiticus* Greeff, 1879, an apparently endoparasitic heteronemertean from the coelomic fluid of the echiuroid *Echiurus echiurus* (Pallas). J. Nat. Hist. 30: 163–173.

Bianchi, S. 1969. On the neurosecretory system of *Cerebratulus marginatus* (Heteronemertini). Gen. Comp. Endocr. 12: 541–548.

Bierne, J. 1966. Localisation dans les ganglions cérébroides du centre regulateur de la maturation sexuelle chez la femalle de *Lineus ruber* Müller (Hétéronémertes). C. r. Hebd. Séanc. Acad. Sci. Paris 262: 1572–1575.

Coe, W. R. 1940. Revision of the nemertean fauna of the Pacific coasts of North, Central, and northern South America. Allan Hancock Pacific Expeditions 2(13): 247–323.

Coe, W. R. 1943. Biology of the nemerteans of the Atlantic coast of North America. Trans. Conn. Acad. Sci. 35: 129–328.

Gibson, R. 1972. *Nemerteans*. Hutchinson University Library, Londres.

Gibson, R. 1982. Nemertea. pp. 823–846 in S. Parker (ed.), *Synopsis and Classification of Living Organisms. Vol. 1*. McGraw-Hill, Nova York.

Gibson, R. e J. Jennings. 1969. Observations on the diet, feeding mechanism, digestion and food reserves of the ectocommensal rhynchocoelan *Malacobdella grossa*. J. Mar. Biol. Assoc. U.K. 49: 17–32.

Gibson, R. e J. Moore. 1976. Freshwater nemertines. Zool. J. Linn. Soc. 58: 177–218.

Harrison, F. W. e B. J. Bogitsh (eds.). 1991. *Microscopic Anatomy of Invertebrates. Vol. 3. Platyhelmithes and Nemertina*. Wiley-Liss, Nova York.

Henry, J. Q. e M. Q. Martindale. 1998. Conservation of the spiralian developmental program: cell lineage of the nemertean, *Cerebratulus lacteus*. Dev. Biol. 201: 253–269.

Hiebert, L. S. *et al.* 2010. Five invaginations and shedding of the larval epidermis during development of the hoplonemertean *Pantinonemertes californiensis* (Nemertea: Hoplonemertea). J. Nat. Hist. 44: 2331–2347.

Hyman, L. H. 1951. *The Invertebrates, Vol. 2. Platyhelminthes and Rhynchocoela: The Acoelomate Bilateria*. McGraw-Hill, Nova York.

Jespersen, A. e J. Lützen. 1988. The fine structure of the protonephridial system in the land nemertean *Pantinonemertes californiensis*. Zoomorphology 108: 69–75.

Jespersen, A. e J. Lützen. 1988. Ultrastructure and morphological interpretation of the circulatory system of nemerteans. Vidensk. Meddr. Dansk. Naturh. Foren. 147: 47–66.

Kvist, S., A. V. Chernyshev e G. Giribet. 2015. Phylogeny of Nemertea with special interest in the placement of diversity from Far East Russia and northeast Asia. Hydrobiologia. doi: 10.1007/s10750-015-2310-5

Kvist, S. *et al.* 2014. New insights into the phylogeny, systematics and DNA barcoding of Nemertea. Invertebr. Syst. 28: 287–308.

Laumer, C. E. *et al.* 2015. Spiralian phylogeny informs the evolution of microscopic lineages. Curr. Biol. 25: 2000-2006.

Maslakova, S. A. 2010 A. Development to metamorphosis of the nemertean pilidium larva. Front. Zool. 7: 30.

Maslakova, S. A. 2010 B. The invention of the pilidium larva in an otherwise perfectly good spiralian phylum Nemertea. Integr. Comp. Biol. 50: 734.

Maslakova, S. A., M. Q. Martindale e J. L. Norenburg. 2004. Vestigial prototroch in a basal nemertean, *Carinoma tremaphoros* (Nemertea; Palaeonemertea). Evol. Dev. 6: 219-226.

McDermott, J. J. e P. Roe. 1985. Food, feeding behavior, and feeding ecology of nemerteans. Am. Zool. 25: 113-125.

Moore, J. e R. Gibson. 1981. The *Geonemertes* problem (Nemertea). J. Zool. Lond. 194: 175-201. [Uma revisão sobre os nemertinos terrestres.]

Norenburg, J. 1985. Structure of the nemertine integument with consideration of its ecological and phylogenetic significance. Am. Zool. 25: 37-51.

Norenburg, J. L. e S. A. Stricker. 2002. Phylum Nemertea. pp. 163-177 in *Atlas of Marine Invertebrate Larvae*. Academic Press, San Diego.

Riser, H. W. 1974. Nemertinea. pp. 359-389 in A. Giese e J. Pearse (eds.), *Reproduction of Marine Invertebrates, Vol. 1*. Academic Press, Nova York.

Riser, H. W. 1985. Epilogue: Nemertinea, a successful phylum. Am. Zool. 25: 145-151.

Shields, J. D. e M. Segonzac. 2007. New nemertean worms (Carcinonemertidae) on Bythograeid crabs (Decapoda: Brachyura) from Pacific hydrothermal vent sites. J. Crustacean Biol. 27: 681-692.

Strand, M. *et al.* 2013. A new nemertean species: what are the useful characters for ribbon worm descriptions? J. Mar. Biol. Assoc. UK: 1-14.

Strand, M. e P. Sundberg. 2011. A DNA-based description of a new nemertean (phylum Nemertea) species. Mar. Biol. Res. 7: 63-70.

Sundberg, P. e M. Strand. 2010. Nemertean taxonomy – time to change lane? J. Zool. Syst. Evol. Res. 48: 283-284.

Stricker, S. A. 1985. The stylet apparatus of monostyliferous hoplonemerteans. Am. Zool. 25: 87-97.

Stricker, S. A., M. J. Cavey e R. A. Cloney. 1985. Tetracycline labeling studies of calcification in nemertean worms. T. Am. Microsc. Soc. 104: 232-241.

Sundberg, P., J. M. Turbeville e S. Lindh. 2001. Phylogenetic relationships among higher nemertean (Nemertea) taxa inferred from 18S rDNA sequences. Mol. Phylogenet. Evol. 20: 327-334.

Taboada, S. *et al.* 2013. On the identity of two Antarctic brooding nemerteans: redescription of *Antarctonemertes valida* (Bürger, 1893) and description of a new species in the genus *Antarctonemertes* Friedrich, 1955 (Nemertea, Hoplonemertea). Polar Biol. 36: 1415-1430.

Thollesson, M. e J. L. Norenburg. 2003. Ribbon worm relationships: A phylogeny of the phylum Nemertea. Proc. Biol. Sci. 270: 407-415.

Turbeville, J. M. 1986. An ultrastructural analysis of coelomogenesis in the hoplonemertine *Prosorhochmus americanus* and the polychaete *Magelona* sp. J. Morphol. 187: 51-56.

Turbeville, J. M., K. G. Field e R. A. Raff. 1992. Phylogenetic position of phylum Nemertini, inferred from 18S rRNA sequences: molecular data as a test of morphological character homology. Mol. Biol. Evol. 9: 235-249.

Turbeville, J. M. e J. E. Ruppert. 1985. Comparative ultrastructure and the evolution of nemertines. Am. Zool. 25: 53-71.

Von Döhren, J. 2011. The fate of the larval epidermis in the Desor-larva of *Lineus viridis* (Pilidiophora, Nemertea) displays a historically constrained functional shift from planktotrophy to lecithotrophy. Zoomorphology 130: 189-196.

Wickham, D. E. 1979. Predation by the nemertean *Carcinonemertes errans* on eggs of the Dungeness crab, *Cancer magister*. Mar. Biol. 55: 45-53.

Wickham, D. E. 1980. Aspects of the life history of *Carcinonemertes errans* (Nemertea: Carcinonemertidae), an egg predator of the crab *Cancer magister*. Biol. Bull. 159: 247-257.

13

Filo Mollusca

Classificação do reino Animal (Metazoa)

Não Bilateria*
(Também conhecidos como diploblastos)
FILO PORIFERA
FILO PLACOZOA
FILO CNIDARIA
FILO CTENOPHORA

Bilateria
(Também conhecidos como triploblastos)
FILO XENACOELOMORPHA

Protostomia
FILO CHAETOGNATHA

SPIRALIA
FILO PLATYHELMINTHES
FILO GASTROTRICHA
FILO RHOMBOZOA
FILO ORTHONECTIDA
FILO NEMERTEA
FILO MOLLUSCA
FILO ANNELIDA
FILO ENTOPROCTA
FILO CYCLIOPHORA

Gnathifera
FILO GNATHOSTOMULIDA
FILO MICROGNATHOZOA
FILO ROTIFERA

Lophophorata
FILO PHORONIDA
FILO BRYOZOA
FILO BRACHIOPODA

ECDYSOZOA
Nematoida
FILO NEMATODA
FILO NEMATOMORPHA

Scalidophora
FILO KINORHYNCHA
FILO PRIAPULA
FILO LORICIFERA

Panarthropoda
FILO TARDIGRADA
FILO ONYCHOPHORA
FILO ARTHROPODA
SUBFILO CRUSTACEA*
SUBFILO HEXAPODA
SUBFILO MYRIAPODA
SUBFILO CHELICERATA

Deuterostomia
FILO ECHINODERMATA
FILO HEMICHORDATA
FILO CHORDATA

*Grupo parafilético.

Os moluscos incluem alguns dos invertebrados mais bem-conhecidos e quase todos estão familiarizados com caracóis, mariscos, lesmas, lulas e polvos. As conchas dos moluscos são muito populares desde os tempos antigos e algumas culturas ainda as utilizam como ferramentas, recipientes, instrumentos musicais, moedas, fetiches, símbolos religiosos, ornamentos, decorações e objetos de arte. Evidências do conhecimento e do uso histórico dos moluscos são encontradas nos textos antigos e nos hieroglifos, em moedas, nos costumes tribais, nos sítios arqueológicos e nas pilhas de dejetos das "cozinhas" dos aborígenes ou nos montes de conchas. A púrpura real, a púrpura de Tiro da Grécia e da Roma antigas e até mesmo o azul bíblico (Números 15:38) eram pigmentos extraídos de algumas lesmas marinhas.[1] Há milênios, alguns grupos de aborígenes têm dependido dos moluscos como parte expressiva de suas dietas e como ferramentas de uso comum. Hoje em dia, os países costeiros recolhem anualmente milhões de toneladas de moluscos, comercializados como alimento.

Existem descritas cerca de 80.000 espécies vivas de moluscos e praticamente o mesmo número de espécies fósseis catalogadas. Contudo, muitas espécies ainda não foram nomeadas e descritas, especialmente as que provêm de regiões e períodos de tempo pouco estudados; algumas estimativas sugeriram que apenas cerca de 50% dos moluscos vivos tenham sido descritos até agora. Além das 3 classes Mollusca mais conhecidas, que incluem os mariscos (Bivalvia), os caracóis e as lesmas (Gastropoda) e as lulas e os polvos (Cephalopoda), existem mais outras 5 classes existentes: quítons (Polyplacophora), conchas dente-de-elefante ou dentálios (Scaphopoda), *Neopilina* e seus parentes (Monoplacophora) e as classes aplacóforas vermiformes portadoras de escleritos – Caudofoveata (ou Chaetodermomorpha) e Solenogastres (ou Neomeniomorpha).

---
[1] Sítios arqueológicos de Israel revelaram o uso provável de dois caracóis muricídeos (*Murex brandaris* e *Trunculariopsis trunculus*) como fontes do corante púrpura real.

Embora os membros dessas 8 classes sejam muito diferentes em sua aparência superficial, existe um grupo de características que definem seu plano corpóreo fundamental (Quadro 13.1).

História e classificação taxonômica

Os moluscos carregam o fardo de uma história taxonômica longa e complicada, durante a qual centenas de nomes para os diversos táxons apareceram e desapareceram. Aristóteles identificou os moluscos e dividiu-os em Malachia (cefalópodes) e Ostrachodermata (animais que formam conchas), os últimos subdivididos em univalves e bivalves. Joannes Jonston (ou Jonstonus) cunhou o termo Mollusca[2] em 1650 para descrever os cefalópodes e os cirrípides (cracas), mas esse nome não foi aceito até ser ressuscitado e redefinido por Lineu quase 100 anos depois. Os Mollusca de Lineu incluíam cefalópodes, lesmas e pterópodes, bem como tunicados, anêmonas, medusas, equinodermos e poliquetas – mas também incluíam quítons, bivalves, univalves, nautiloides, cirrípides e poliquetas serpulídeos (que secretam tubos calcários) em outro grupo conhecido como Testacea. Em 1795, Georges Cuvier publicou uma classificação revisada dos moluscos, primeira a aproximar-se das descrições modernas. Henri de Blainville (1825) alterou o nome Mollusca para Malacozoa, o que foi pouco aceito, mas sobrevive até hoje em termos como malacologia, malacologista etc.

Grande parte do século 19 decorreu até que o filo Mollusca fosse expurgado de todos os grupos estranhos. Na década de 1830, J. Thompson e C. Brumeister identificaram os estágios larvais dos cirrípides (cracas) e demonstraram que eram crustáceos, enquanto, em 1866, Alexander Kowalevsky excluiu os tunicados do filo Mollusca. A separação dos braquiópodes dos moluscos foi um processo longo e controverso, resolvido apenas no fim do século 19.

Os primeiros aplacóforos vermiformes cobertos de escleritos, membros do que hoje reconhecemos como classe Caudofoveata, foram descobertos em 1841 pelo naturalista sueco Sven Lovén. Esse cientista classificou esses animais junto com os equinodermos holoturioides, em razão de seus corpos vermiformes e da existência de escleritos calcários nas paredes corporais desses dois grupos. Em 1886, outro cientista sueco – Tycho Tullberg – descreveu o primeiro representante de outro grupo de aplacóforos – os Solenogastres. Ludwig von Graff (1875) reconheceu esses dois grupos como moluscos, e eles foram reunidos entre os Aplacophora em 1876 por Hermann von Ihering. A hipótese Aculifera de Amélie Scheltema reuniu os moluscos que têm escleritos calcários, colocando os Polyplacophora como táxon-irmão dos aplacóforos (Caudofoveata + Solenogastres). Os aculíferos (Aculifera) também eram descritos algumas vezes como Amphineura, embora esse último termo também tenha sido utilizado por alguns pesquisadores para referir-se apenas aos quítons. **Escleritos** são espículas, escamas e outras estruturas semelhantes, que cobrem a epiderme dos moluscos, ou estão embebidos nela, e geralmente são calcificados.

A história da classificação das espécies da classe Gastropoda tem sido volátil, passando por alterações constantes desde dos tempos de Cuvier. A maioria dos malacologistas modernos segue mais ou menos os esquemas básicos de Henri Milne-Edwards (1848) e J. W. Spengel (1881). O primeiro baseou sua classificação nos órgãos respiratórios e reconheceu os grupos Pulmonata, Opisthobranchia e Prosobranchia. Spengel baseou seu esquema no sistema nervoso e dividiu os gastrópodes em Streptoneura e Euthyneura. Nas classificações subsequentes, os Streptoneura equivaliam aos Prosobranchia; os Euthyneura incluíam os Opisthobranchia e os Pulmonata. Os bivalves têm sido descritos por termos como Bivalvia, Pelecypoda e Lamellibranchiata. Mais recentemente, estudos anatômicos, ultraestruturais e moleculares incluíram alterações expressivas na classificação dos moluscos, conforme descreveremos a seguir. Muitos táxons têm vários nomes e os termos descritivos utilizados mais comumente estão relacionados adiante.

A classificação dos moluscos nos níveis genérico e das espécies também é difícil. Muitas espécies de gastrópodes e bivalves também estão repletas de diversos nomes (sinônimos), que

---

[2] O nome do filo originou-se do termo latino *molluscus*, que significa "mole", em alusão à semelhança dos mariscos e dos caracóis com *mollusca*, um tipo de noz macia do Velho Mundo, a qual tem uma casca dura, mas fina. O vernáculo de Mollusca geralmente é soletrado como *mollusks* nos EUA, enquanto na maioria dos demais países de língua inglesa é geralmente grafado como *molluscs*. Em biologia, o vernáculo ou nome diminutivo geralmente é derivado do nome próprio latino; por isso, o costume de alterar a grafia do termo Mollusca substituindo o *c* por um *k* parece uma aberração (ainda que possa ter suas raízes históricas no idioma alemão, que não tem a letra *c*; p. ex., Molluskenkunde). A edição original desta obra prefere a grafia *molluscs* mais amplamente utilizada, que parece ser a vernacularização mais apropriada, estando em harmonia com outros termos aceitos afins.

Quadro 13.1 Características do filo Mollusca.

1. Protostômios celomados bilateralmente simétricos (ou secundariamente assimétricos) e não segmentados.
2. Celoma limitado a diminutos espaços nos nefrídios, no coração e nas gônadas.
3. A cavidade principal do corpo é uma hemocele (sistema circulatório aberto).
4. As vísceras estão concentradas dorsalmente como uma "massa visceral".
5. O corpo é coberto por uma lâmina de pele epidérmica revestida por cutícula – o manto.
6. O manto tem glândulas da concha, que secretam os escleritos epidérmicos calcários, as placas das conchas, ou as conchas propriamente ditas.
7. O manto pende e forma uma cavidade (a cavidade do manto), na qual estão abrigados os ctenídios, os osfrádios, os nefridióporos, os gonóporos e o ânus.
8. O coração está localizado em uma câmara pericárdica e é formado por um único ventrículo e um ou mais átrios separados.
9. Geralmente têm um pé musculoso grande e bem-definido, comumente com sola rastejante achatada.
10. A região oral é guarnecida por uma rádula e um odontóforo muscular.
11. Trato digestivo completo (inteiro) com especialização regional marcante, incluindo grandes glândulas digestivas.
12. Têm "rins" metanefrídios complexos e volumosos.
13. A clivagem é espiral e a embriogenia é protostômia.
14. Formam larvas trocóforas e, em dois grupos principais, uma larva véliger.

foram propostos para as mesmas espécies. Em parte, esse emaranhado é atribuído à longa história dos colecionadores amadores de conchas, o que se iniciou com os gabinetes de história natural do século 17 na Europa, os quais exigiam a documentação e defendiam várias taxonomias e nomes com base apenas nas características das conchas. Hoje em dia, as espécies são identificadas com base em uma combinação de características das conchas, aspectos anatômicos e, mais recentemente, características moleculares. Contudo, em razão da enorme diversidade de gastrópodes e bivalves, muitas espécies ainda são conhecidas apenas por suas conchas.

Apenas os táxons com membros viventes estão incluídos na classificação apresentada a seguir, e nem todas as famílias estão listadas nas sinopses taxonômicas. Essa classificação é basicamente ordenada, mas em alguns casos utilizamos nomes de grupos não ordenados.[3] Na Figura 13.1, há alguns exemplos dos principais táxons de moluscos.

Classificação resumida do filo Mollusca

CLASSE CAUDOFOVEATA. Aplacóforos caudofoveados ("vermes" espiculados).

CLASSE SOLENOGASTRES. Aplacóforos solenogastres ("vermes" espiculados).

CLASSE MONOPLACOPHORA. Monoplacóforos. Semelhantes às lapas de águas profundas.

CLASSE POLYPLACOPHORA. Quítons com 8 valvas de conchas.

CLASSE GASTROPODA. Caracóis, lesmas e lapas.

    SUBCLASSE PATELLOGASTROPODA. Lapas verdadeiras.

    SUBCLASSE VETIGASTROPODA. Caracóis marinhos "primitivos" com conchas no topo, abalones e "lapas".

    SUBCLASSE NERITIMORPHA. Caracóis neritos e "lapas" de água doce, terrestres e de água salgada.

    SUBCLASSE CAENOGASTROPODA. Caracóis de água salgada, água doce e terrestres (rastejador, caramujos, conchas, crostas, búzios etc.) e algumas "lapas".

        "ARCHITAENIOGLOSSA". Cenogastrópodes basais não marinhos (parafiléticos).

        INFRACLASSE SORBEOCONCHA. Todos os cenogastrópodes restantes.

            SUPERORDEM CERITHIOMORPHA. Rastejadores, *Turritella* etc.

            COORTE HYPSOGASTROPODA. Cenogastrópodes superiores.

                SUPERORDEM LITTORINIMORPHA. Pervinca, búzios, Charonia etc.

                SUPERORDEM NEOGASTROPODA. Búzios, convolutos, *Stramonita* etc.

    SUBCLASSE HETEROBRANCHIA. Caracóis de água salgada, água doce e terrestres, maioria das lesmas marinhas, todas as lesmas terrestres e algumas "lapas falsas".

    "HETEROBRANCHIA INFERIORES". Alguns grupos de heterobrânquios primitivos, incluindo Architectonicidae, valvatídeos etc.

    INFRACLASSE EUTHYNEURA. "Opistobrânquicos" e "pulmonados".

        COORTE NUDIPLEURA. Lesmas marinhas com brânquia laterais e nudibrânquios.

        COORTE EUOPISTHOBRANCHIA. Cephalaspidea, lebres-do-mar, pterópodes etc.

        COORTE PANPULMONATA. "Pulmonados", piramidelídeos, caracóis marinhos sacoglossanos, a maioria dos caracóis terrestres, todas as lesmas terrestres.

CLASSE BIVALVIA. Mariscos e seus parentes (bivalves).

    SUBCLASSE PROTOBRANCHIA. Bivalves "primitivos", que se alimentam de depósitos.

    SUBCLASSE AUTOBRANQUIA. Bivalves suspensívoros "lamelibrânquios".

        COORTE PTERIOMORPHIA. Mexilhões, ostras, vieiras e seus parentes.

        COORTE HETEROCONCHIA. Mariscos marinhos e de água doce.

            MEGAORDEM PALAEOHETERODONTA. Mariscos (vieiras) de água doce, "conchas-folha" (*broch shells*).

            MEGAORDEM HETERODONTA. A maioria dos mariscos marinhos.

                SUPERORDEM ARCHIHETERODONTA. Algumas famílias de mariscos marinhos primitivos.

                SUPERORDEM EUHETERODONTA. A maioria dos mariscos marinhos e a alguns dos mariscos de água doce.

CLASSE SCAPHOPODA. Dentálios.

CLASSE CEPHALOPODA. Náutilo, lulas e polvos.

    SUBCLASSE PALCEPHALOPODA

        COORTE NAUTILIDIA. Náutilo compartimentalizado.

    SUBCLASSE NEOCEPHALOPODA

        COORTE COLEOIDEA. Polvos, lulas e calamares.

            SUPERORDEM OCTOPODIFORMES. Polvos, lula-vampira.

            SUPERORDEM DECAPODIFORMES. Calamares e lulas.

---

[3] Existem descritos incontáveis moluscos extintos. Talvez os mais conhecidos sejam alguns membros dos grupos dos cefalópodes, que tinham conchas externas rígidas semelhantes àquelas de *Nautilus* atuais. Um desses grupos era o dos amonitas. Eles diferiam dos nautiloides porque tinham septos nas conchas, que eram altamente onduladas na periferia, formando suturas septais complexas semelhantes a labirintos. Os amonitas também tinham o sifúnculo posicionado contra a parede externa da concha, em contraste com o que se observa em muitos nautiloides, nos quais o sifúnculo estende-se pelo centro da concha.

Figura 13.1 Diversidade morfológica dentre os moluscos. **A.** *Laevipilina hyalina* (Monoplacophora). **B.** *Mopalia muscosa*, ou quíton musgoso (Polyplacophora). **C.** *Epimenia australis* (Solenogastres). **D.** *Haliotis rufescens*, ou abalone vermelho (Gastropoda); observe os orifícios de exalantes na concha. **E.** *Conus*, um neogastrópode predador; observe o sifão anterior, que se estende além da concha. **F.** Lesma comum de jardim, *Cornu aspersum* (Gastropoda). **G.** *Aplysia*, ou lebre-marinha (Gastropoda: Euopisthobranchia). **H.** *Nautilus* compartimentalizado (Cephalopoda). **I.** *Octopus bimaculoides* (Cephalopoda).

(*continua*)

Figura 13.1 (*Continuação*) **J.** *Sepioteuthis lessoniana*, ou calamar dos arrecifes (Cephalopoda). **K.** *Histioteuthis*, um calamar pelágico (Cephalopoda). **L.** *Fustiaria*, um concha dente-de-elefante (Scaphopoda). **M.** Vieiras (Bivalvia: Pteriomorphia: Pectinidae) com um caranguejo-ermitão em primeiro plano. **N.** *Tridacna maxima*, ou mexilhão-gigante (observe o manto com zooxantelas) das ilhas Marshall, noroeste do Pacífico (Bivalvia: Heterodonta: Cardiida). **O.** *Acanthocardia tuberculata*, ou berbigão europeu (Bivalvia: Heterodonta: Cardiida). Observe o pé parcialmente estendido. **P.** *Lima*, um mexilhão tropical que nada batendo simultaneamente as valvas (Bivalvia). **Q.** *Brechites*, um bivalve altamente modificado (Heterodonta: Poromyata). *Brechites* são conhecidos como concha-regador. Esses animais começam sua vida como um bivalve diminuto típico, mas depois secretam um tubo calcário volumoso ao seu redor, através do qual a água é bombeada para sua alimentação do tipo suspensívoro.

SINOPSES DOS GRUPOS DO FILO MOLLUSCA

CLASSE CAUDOFOVEATA (= CHAETODERMOMORPHA)
(Figura 13.2 A a C). "Vermes" espiculados – marinhos, bentônicos e escavadores; corpo vermiforme, cilíndrico, sem qualquer indício de uma concha; parede corporal com cutícula quitinosa e escleritos calcários aragoníticos imbricados e semelhantes a escamas; escudo oral anterior ou ao redor da boca; pequena cavidade do manto posterior com um par de ctenídios bipectinados; rádula presente; reprodução gonocorística. Sem pés, olhos, tentáculos, estatocistos, estilete cristalino, osfrádios ou nefrídios. Cerca de 120 espécies; escavam os sedimentos lamacentos e consomem microrganismos, como os foraminíferos (p. ex., *Chaetoderma, Chevroderma, Falcidens, Limifossor, Prochaetoderma, Psilodens, Scutopus*).

CLASSE SOLENOGASTRES (= NEOMENIOMORPHA)
(Figura 13.2 D a K). "Vermes" espiculados, marinhos ou bentônicos; corpo vermiforme e praticamente cilíndrico; vestíbulo (= átrio) com papilas sensoriais à frente da boca; pequena cavidade do manto posterior sem ctenídios, mas geralmente com pregas respiratórias; parede corporal com cutícula quitinosa e imbuída de escleritos calcários (na forma de espinhos ou escamas); com ou sem rádula; hermafroditas; glândulas pedais que se abrem para uma depressão ciliar

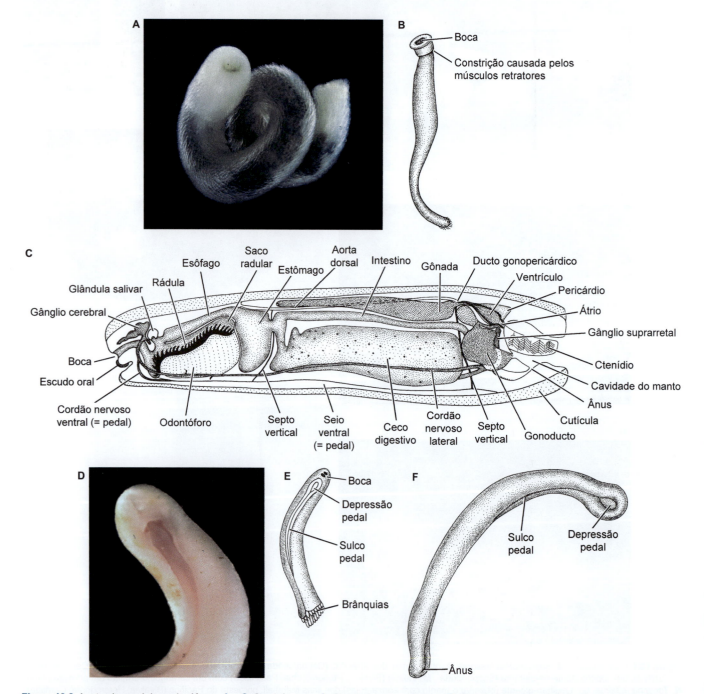

Figura 13.2 Anatomia geral dos aplacóforos. **A** a **C.** Caudofoveata. **A.** *Chaetoderma productum.* **B.** *Chaetoderma loveni.* **C.** Anatomia interna de *Limifossor* (ilustração altamente estilizada em *corte sagital*). **D** a **L.** Solenogastres. **D.** *Kruppomenia minima.* **E.** *Pruvotina impexa* (vista ventral). **F.** *Proneomenia antarctica.*

(continua)

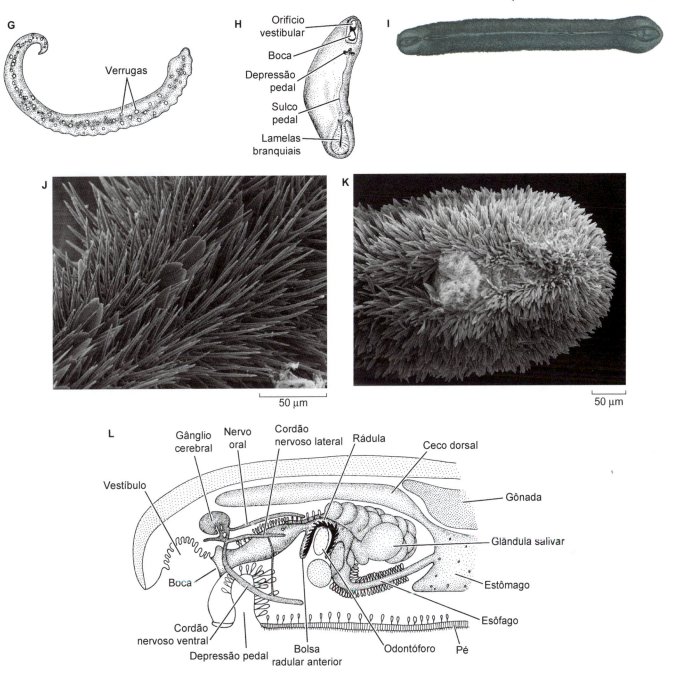

Figura 13.2 (*Continuação*) **G.** *Epimenia verrucosa*. O corpo é recoberto de verrugas. **H.** *Neomenia carinata*, vista ventral. **I.** *Entonomenia tricarinata*, vista ventral (micro-TC por raios X). **J.** *Macellomenia morseae*. Fotografia de microscopia eletrônica de varredura da superfície ventral, mostrando dois tipos de escleritos semelhantes a escamas circundando o pé e escleritos espinhosos cobrindo o restante da superfície do corpo. **K.** *Macellomenia schanderi*. Fotografia de microscopia eletrônica de varredura da superfície ventral da extremidade anterior, mostrando a depressão pedal densamente ciliada e a boca. **L.** Região anterior de *Spengelomenia bathybia* (ilustração altamente estilizada em *corte sagital*).

pré-pedal, pé pouco muscular, estreito, pode ser retraído para dentro de uma depressão ventral ou "sulco pedal". Sem olhos, tentáculos, estatocistos, estilete cristalino, osfrádios ou nefrídios. Cerca de 260 espécies descritas, mas aparentemente existem mais espécies ainda não descritas; carnívoros epibentônicos, geralmente encontrados sobre (e consumindo) cnidários e alguns outros tipos de invertebrados. Solenogastres e Caudofoveata provavelmente são grupos-irmãos e, algumas vezes, são classificados em subclasses dentro da classe Aplacophora (p. ex., *Alexandromenia*, *Dondersia*, *Epimenia*, *Kruppomenia*, *Neomenia*, *Proneomenia*, *Provotina*, *Rhopalomenia*, *Spengelomenia*, *Wirenia*).

CLASSE MONOPLACOPHORA. Monoplacóforos. Uma concha única em forma de capuz; o pé forma um disco ventral pouco muscular com 8 pares de músculos retratores; a cavidade do manto ao redor do pé é rasa e abriga 3 a 6 pares de ctenídios; 2 pares de gônadas; 3 a 7 pares de nefrídios; 2 pares de átrios cardíacos; um par de estatocistos; com rádula e região cefálica pequena, embora bem-definida; sem olhos; tentáculos orais curtos presentes ao redor da boca; com ânus posterior; sem um estilete cristalino; gonocorístico ou, raramente, hermafrodita (Figuras 13.1 A e 13.3). Até que a primeira espécie viva (*Neopilina galatheae*) fosse descoberta pela expedição norueguesa Galathea em 1952, os monoplacóforos eram conhecidos apenas

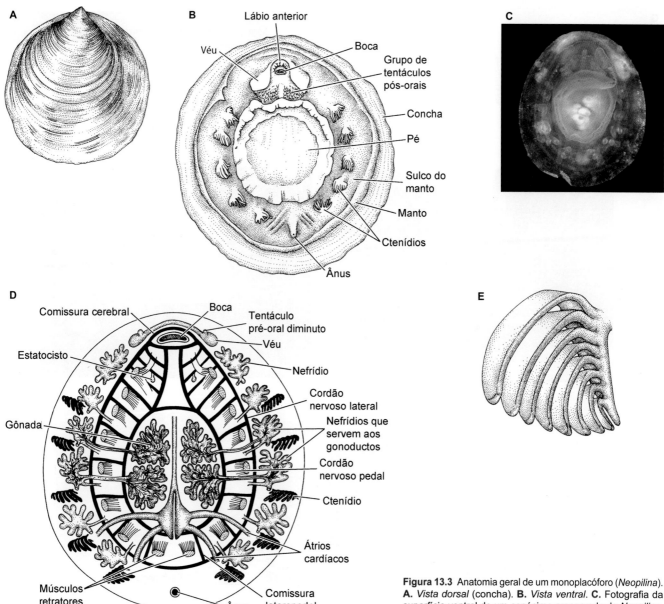

Figura 13.3 Anatomia geral de um monoplacóforo (*Neopilina*). **A.** *Vista dorsal* (concha). **B.** *Vista ventral*. **C.** Fotografia da superfície ventral de um espécime preservado de *Neopilina*. **D.** *Vista ventral*, com pé removido. **E.** Uma das brânquias.

como fósseis do Paleozoico inferior. Desde então, sua anatomia singular tem sido causa de muitas especulações evolutivas. Os monoplacóforos têm aspecto semelhante às lapas, são espécies vivas com menos de 3 cm de comprimento e a maioria vive em profundidades consideráveis. Existem cerca de 30 espécies descritas em 8 gêneros (*Adenopilina, Laevipilina, Monoplacophorus, Neopilina, Rokopella, Veleropilina, Vema, Micropilina*).

CLASSE POLYPLACOPHORA. Quítons (Figuras 13.1 B e 13.4). Moluscos achatados e alongados com pé ventral amplo e 8 placas de concha dorsais (composta de aragonita); o manto forma um cinturão espesso, que circunda e pode cobrir parcial ou totalmente as placas da concha; a epiderme do cinturão geralmente tem espinhos, escamas ou cerdas calcárias; a cavidade do manto circunda o pé de 6 a mais de 80 pares de ctenídios bipectinados; 1 par de nefrídios; cabeça sem olhos ou tentáculos; não têm estilete cristalino, estatocistos e osfrádios; sistema nervoso sem gânglios bem-definidos, exceto na região oral; rádula bem-desenvolvida. Os canais da concha (estetos) algumas vezes têm olhos da concha (Figura 13.43 C e D). Animais marinhos, da região entremarés até a de águas profundas. Os quítons são singulares porque têm 8 placas de concha separadas (conhecidas como valvas) e um cinturão marginal espesso; existem cerca de 850 espécies descritas em uma ordem de animais vivos.[4]

ORDEM NEOLORICATA. Conchas com camada articulamentar singular, a qual forma placas de interseção que travam as valvas.

SUBORDEM LEPIDOPLEURIDA. Quítons com borda externa das placas da concha sem dentes de fixação; o cinturão não se estende sobre as placas; os ctenídios estão limitados a alguns pares posteriores (p. ex., *Choriplax, Lepidochiton, Lepidopleurus, Oldroydia*).

SUBORDEM CHITONIDA. As bordas externas da concha têm dentes de fixação; o cinturão não se estende sobre as placas, ou se estende parcialmente sobre elas;

---

[4]Também foram encontrados espécimes aberrantes incomuns, com apenas 7 valvas.

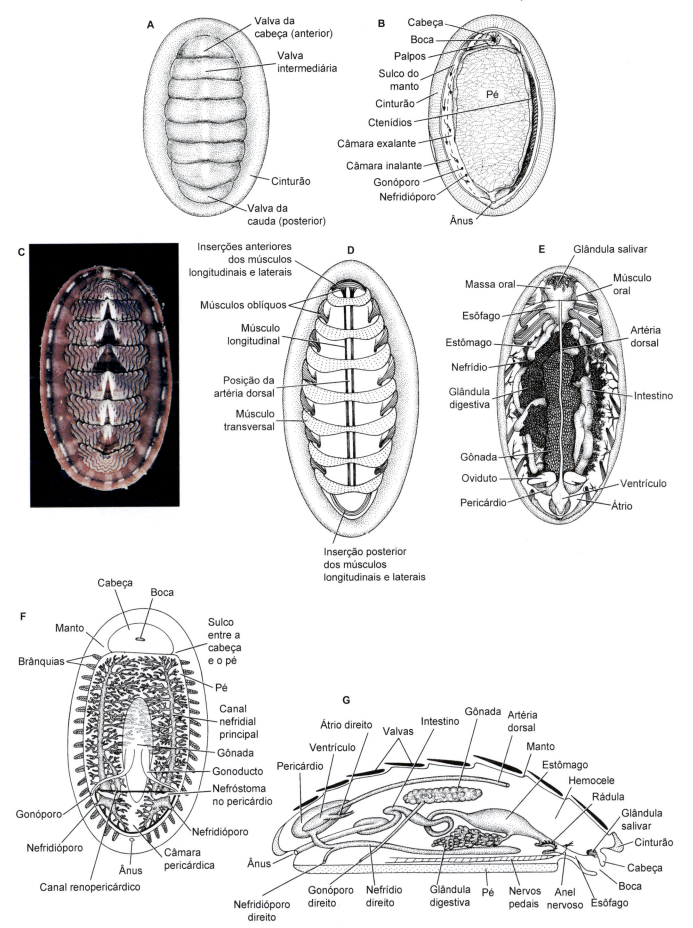

Figura 13.4 Anatomia geral dos quítons (Polyplacophora). **A** e **B.** Um quíton típico (em *vistas ventral* e *dorsal*). **C.** *Tonicella lineata*, um quíton forrado do Pacífico. **D.** *Vista dorsal* de um quíton com as placas da concha (valvas) removidas. **E.** *Vista dorsal* de um quíton com musculatura dorsal removida para mostrar os órgãos internos. **F.** *Vista dorsal* de um quíton mostrando os nefrídios extensivos. **G.** Disposição dos órgãos internos de um quíton (*vista lateral*).

os ctenídios ocupam a maior parte do sulco do manto, exceto nas proximidades do ânus (p. ex., *Callistochiton, Chaetopleura, Ischnochiton, Katharina, Lepidozona, Mopalia, Nuttallina, Placiphorella, Schizoplax, Tonicella*).

SUBORDEM ACANTHOCHITONIDA. As bordas externas das placas da concha têm dentes de fixação bem-desenvolvidos; as valvas da concha estão cobertas parcial ou completamente pelo cinturão; os ctenídios não se estendem por todo o comprimento do pé (p. ex., *Acanthochitona, Cryptochiton, Cryptoplax*).

CLASSE GASTROPODA. Caracóis, lapas e lesmas (Figuras 13.1 D a G; 13.5 a 13.7). Moluscos assimétricos, geralmente com concha contorcida em espiral na qual o corpo pode ser retraído; a concha não está presente ou está reduzida em muitos grupos; durante o desenvolvimento, a massa visceral e o manto giram 90 a 180° sobre o pé (um processo conhecido como torção), de forma que a cavidade do manto fique posicionada anteriormente ou no lado direito (em vez de posteriormente, como ocorre nos outros moluscos) e o trato digestivo e o sistema nervoso são torcidos; alguns táxons reverteram total ou parcialmente a rotação (destorção); com um pé rastejador muscular (modificado nos táxons que nadam e escavam); pé com opérculo nas larvas e frequentemente nas formas adultas; cabeça com olhos (em geral, reduzidos ou perdidos) e 1 a 2 pares de tentáculos e um focinho; a maioria tem rádula e algumas têm estilete cristalino, que não está presente nos grupos mais primitivos e em muitos grupos avançados; 1 a 2 nefrídios; o manto (= pálio) geralmente forma uma cavidade anterior, que abriga os ctenídios, os osfrádios e as glândulas hipobranquiais; em alguns casos, os ctenídios foram perdidos e substituídos por estruturas secundárias de troca gasosa.

Os gastrópodes abrangem cerca de 70.000 espécies vivas descritas de caracóis e lesmas marinhos, terrestres e de água doce. Tradicionalmente, essa classe foi dividida em três subclasses: prosobrânquios (principalmente caracóis marinhos com conchas), opistobrânquios (lesmas marinhas) e pulmonados (caracóis e lesmas terrestres). Contudo, estudos anatômicos e moleculares recentes mostraram que essa classificação é incorreta, conforme está demonstrado na classificação apresentada a seguir.

SUBCLASSE PATELLOGASTROPODA. Animais (lapas) com forma de capuz e concha porcelanada não nacarada; opérculo ausente no adulto; tentáculos cefálicos com olhos nas bases exteriores; rádula docoglossa com dentes impregnados com ferro; restante do trato digestivo com glândulas esofágicas grandes e estômago simples, sem estilete cristalino; intestino longo e em forma de alças; a configuração da brânquia é variável e o único ctenídio bipectinado está presente em alguns animais (Figura 13.5 B) e/ou com brânquias secundárias no sulco do manto, ou brânquias ausentes; a musculatura da concha é dividida em feixes bem-definidos; a cavidade do manto não tem sifão ou glândulas hipobranquiais; 2 osfrádios rudimentares; um único átrio; 2 nefrídios; geralmente gonocorísticos; sistema nervoso pouco concentrado, gânglios pleurais próximos dos gânglios pedais, cordões nervosos pedais e laterais presentes. Predominantemente marinhos com algumas espécies estuarinas; herbívoros. Os patelogastrópodes incluem 6 famílias: Patellidae (p. ex., *Patella, Scutellastra*), Nacellidae (p. ex., *Cellana*), Lottiidae

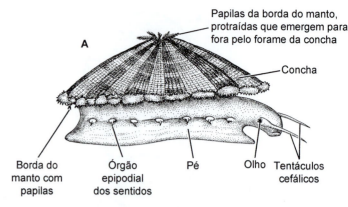

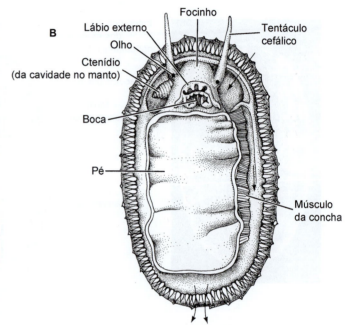

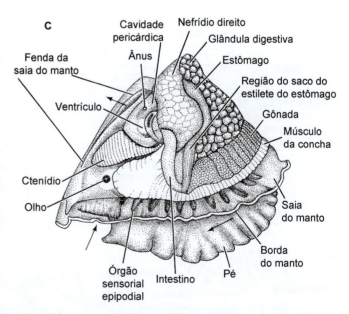

Figura 13.5 Anatomia geral dos gastrópodes semelhantes às lapas. **A.** *Fissurella*, uma lapa vetigastrópode, em *vista lateral* (Fissurellidae). **B.** *Lottia*, uma lapa patelogastrópode (Lottidae) em *vista ventral*. As *setas* indicam a direção das correntes de água. **C.** *Puncturella*, ou lapa vetigastrópode (Fissurellidae), depois de retirada sua concha e observada pelo lado esquerdo. As *setas* indicam a direção das correntes de água. Algumas estruturas são visualizadas através das bordas do manto: ctenídio, olho, ânus e órgãos epipodiais dos sentidos.

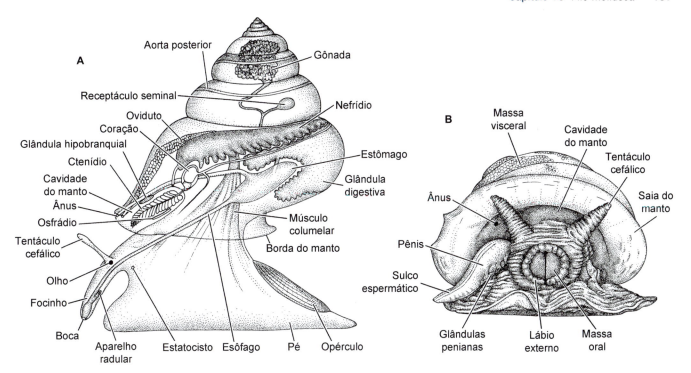

Figura 13.6 Anatomia geral dos gastrópodes enrolados. **A.** Um típico gastrópode (fêmea) com concha enrolada, indicando as posições dos órgãos internos. **B.** *Littorina*, um litorinídeo, removido de sua concha (*vista anterior*).

(p. ex., *Lottia*), Acmaeidae (p. ex., *Acmaea*), Lepetidae (p. ex., *Lepeta*) e Neolepetopsidae (p. ex., *Neolepetopsis*). Em geral, essas formas são classificadas como lapas "verdadeiras".

SUBCLASSE VETIGASTROPODA. As conchas são porcelanadas e nacaradas; os tentáculos cefálicos geralmente têm olhos nos processos curtos nas bases externas; o opérculo geralmente é circular, com um núcleo central e comumente muitas espirais córneas ou calcárias; em geral, a rádula é ripidoglossa (com numerosas fileiras transversais de dentes), enquanto o restante do trato digestivo com esôfago tem glândulas grandes, estômago complexo com saco de estiletes, mas sem estilete cristalino, além de intestino enrolado; 1 a 2 ctenídios bipectinados; os músculos da concha são pareados ou simples; a cavidade do manto tem 2 glândulas hipobranquiais, 2 átrios e 2 nefrídios; geralmente gonocorísticos; em geral, o macho não tem pênis; o sistema nervoso é pouco concentrado, os gânglios malformados cordões pedais presentes; 1 a 2 osfrádios pequenos e inconspícuos. Todos são marinhos e bentônicos. Muitas espécies são microdetritívoras ou se alimentam nas películas de bactérias ou outros microrganismos, ou são micro-herbívoras; algumas são macro-herbívoras, outras são carnívoras que "pastam" e algumas alimentam-se de suspensões. A maioria dos gastrópodes que são encontrados nas fontes hidrotermais, nas infiltrações geladas e nos substratos duros dos mares profundos é de vetigastrópodes. Os vetigastrópodes incluem cerca de 30 famílias e, embora a classificação interna ainda não tenha sido estabelecida, existem 3 grupos geralmente reconhecidos, que classificamos aqui como ordens.

ORDEM TROCHIDA. Constitui a maioria dos vetigastrópodes, incluindo os caracóis com conchas em formato de fendas Pleurotomaridae (p. ex., *Perotrochus*, *Pleurotomaria*), Scissurellidae (p. ex., *Scissurella*) e Anatomidae (p. ex., *Anatoma*), os abalones Haliotidae (p. ex., *Haliotis*), as lapas em buraco de fechadura e em formato de fenda Fissurellidae (p. ex., *Diodora*, *Fissurella*, *Lucapinella*, *Puncturella*), as lapas dos mares profundos, que incluem as Lepetellidae e famílias relacionadas (p. ex., *Lepetella*, *Pseudococculina*), os troquídeos (Trochidae) (p. ex., *Trochus*, *Monodonta*) e as famílias relacionadas como Calliostomatidae (p. ex., *Calliostoma*), Margaritidae (p. ex., *Margarites*), Tegulidae (p. ex., *Tegula*) e caracóis turbantes (Turbinadae) (p. ex., *Turbo*, *Astrea*).

ORDEM NEOMPHALIDA. Inclui muitos dos caracóis das fontes termais quentes e lapas Neomphalidae (p. ex., *Neomphalus*), Peltospiridae (p. ex., *Peltaspira*) e Lepetodrilidae (p. ex., *Lepetodrilus*).

ORDEM COCCULINIDA (= COCCULINIFORMES EM PARTE). Pequenas lapas Cocculinidae dos ossos e da madeira dos mares profundos (p. ex., *Cocculina*).

SUBCLASSE NERITIMORPHA. Concha enrolada, semelhante às lapas, ou perdida (Titiscaniidae). Concha porcelanada com redemoinhos interiores reabsorvidos em muitos grupos enrolados; opérculo geralmente presente, com poucas espirais e com núcleo não central, córneos ou calcificados, geralmente com cavilha interna; os músculos da concha são divididos em feixes bem-definidos; apenas um ctenídio esquerdo presente; as glândulas hipobranquiais geralmente foram perdidas no lado esquerdo; estômago altamente modificado; nefrídio direito incorporado ao sistema reprodutivo complexo com vários orifícios para dentro da cavidade do manto; rádula ripidoglossa; a maioria das espécies é gonocorística e tem estruturas copulatórias; sistema nervoso com gânglios concentrados, gânglios pleurais próximos dos gânglios pedais, cordões nervosos pedais presentes. Estão

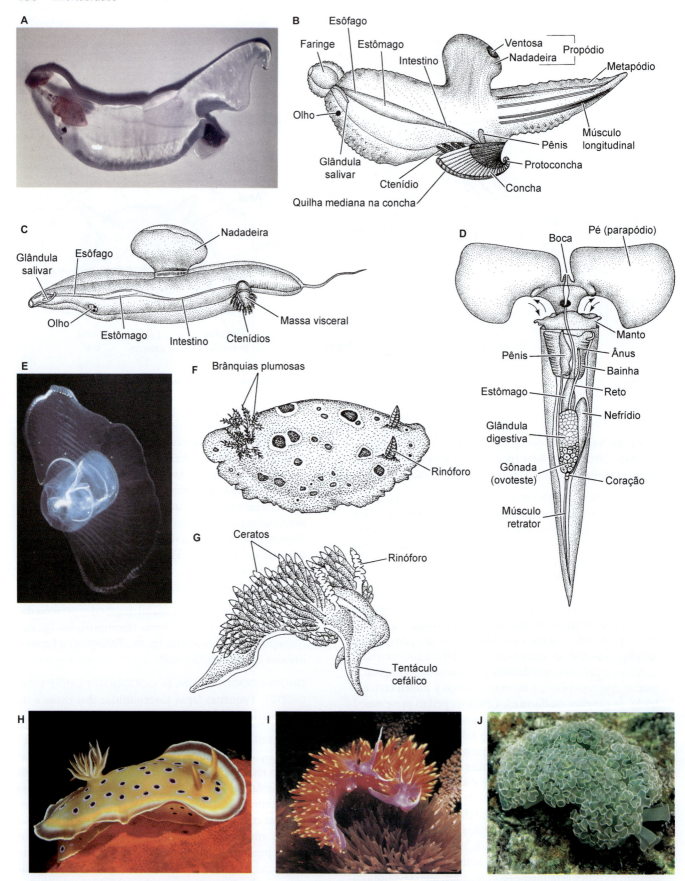

Figura 13.7 Outros elementos da anatomia dos gastrópodes; alguns cenogastrópodes (**A** a **C**) e heterobrânquios (**D** a **J**). **A.** *Carinaria*, um heterópode pelágico que forma concha (Caenogastropoda). **B.** Anatomia de *Carinaria*. **C.** *Pterotrachea*, um heterópode sem concha (Caenogastropoda). **D.** *Clio*, um pterópode pelágico com concha (Heterobranchia: Euopisthobranchia). As *setas* indicam a direção do fluxo de água; a água entra por todos os lugares ao redor do pescoço estreito e é expelida vigorosamente junto com produtos fecais, urinários e gametas por contração da bainha. **E.** *Corolla*, um pterópode livre-natante (Heterobranchia: Euopisthobranchia). **F** a **I.** Vários nudibrânquios (Heterobranchia: Nudipleura). **F.** *Diaulula*, um nudibrânquio dorídeo. **G.** *Phidiana*, um nudibrânquio aeolídeo. **H.** *Chromodoris geminus*, um nudibrânquio dorídeo (do mar Vermelho). **I.** *Flabellina*, um nudibrânquio aeolídeo "xale-espanhol" do Pacífico Leste. **J.** *Tridachia crispata*, ou lesma-marinha alface (Heterobranchia: Panpulmonata) do Caribe.

distribuídos em todo o planeta em hábitats marinhos, estuarinos, de água doce e terrestres. Existem 9 famílias de neritimórficos, das quais 4 – Helicinidae (p. ex., *Alcadia, Helicinia*), Hydrocenidae (*Hydrocena, Georissa*), Proserpinellidae (p. ex., *Proserpinella*) e Proserpinidae (*Proserpina*) – são exclusivamente terrestres; também incluem as famílias Neritopsidae (neritopsídeos, *Neritopsis*), Titiscaniidae (titiscanídeos, *Titiscania*), Neritidae (neritos, p. ex., *Nerita, Theodoxus*), Neritiliidae (neritos das cavernas, p. ex., *Pisulina, Neritilia*) e Phenacolepadidae (*Phenacolepas*).

SUBCLASSE CAENOGASTROPODA. Conchas predominantemente porcelanadas; opérculo geralmente presente e córneo, raramente calcificado, com poucas espirais e geralmente com um núcleo descentralizado, principalmente não nacaradas, raramente com cavilha(s) interna(s); cabeça com um par de tentáculos cefálicos e olhos nas bases externas; cavidade do manto assimétrica com orifício inalante à frente e à esquerda, algumas vezes transformada em um sifão inalante; o ctenídio direito foi perdido; o ctenídio esquerdo é monopectinado; a glândula hipobranquial esquerda foi perdida; o nefrídio direito foi perdido, exceto por um resquício incorporado ao sistema reprodutivo; coração com apenas um átrio esquerdo. Rádula tenioglossa (7 fileiras de dentes), ptenoglossa (muitas fileiras de dentes semelhantes), raquiglossa (1 a 3 fileiras de dentes) ou toxoglossa (dentes modificados como arpões), ou perdidos em algumas espécies. As formas mais avançadas têm gânglios concentrados e, em geral, os gânglios pleurais estão próximos dos gânglios cerebrais; cordões pedais geralmente ausentes; osfrádios conspícuos, geralmente grandes, mas algumas vezes a superfície é subdividida em lamelas. A maioria dos cenogastrópodes é gonocorística. Os cenogastrópodes incluem os antigos "mesogastrópodes" e os neogastrópodes e, em geral, são divididos em 2 grupos, conforme descrito a seguir:

"ARCHITAENIOGLOSSA". Embora não seja um grupo monofilético, aqui o conservamos informalmente. Os arquitenioglossos diferem dos outros cenogastrópodes nos detalhes de seu sistema nervoso e na ultraestrutura dos seus espermatozoides e osfrádios. Esses animais são divididos em 10 famílias, inclusive Ampullariidae de água doce (caracóis-maçã, p. ex., *Ampullaria, Pomacea, Pila*), Viviparidae (caracóis dos rios, p. ex., *Viviparus*), Cyclophoridae terrestres (p. ex., *Cyclophorus*) e várias famílias relacionadas, como Diplommatinidae (p. ex., *Diplommatina* e *Opisthostoma*).

INFRACLASSE SORBEOCONCHA. Esse grupo inclui todos os cenogastrópodes restantes. Também são divididos em 2 grupos principais: Cerithiomorpha e Hypsogastropoda.

SUPERORDEM CERITHIOMORPHA. Em geral, não têm um pênis e os ovos são depositados em uma geleia, comumente em cordões, ou são incubados. O orifício anterior pode ou não ter uma incisura, que abriga um sifão curto. Inclui espécies marinhas, de águas doce e salobra. Existem descritas cerca de 19 famílias, inclusive as de vida marinha como Campanilidae (p. ex., *Campanile*), Cerithiidae (concha-chifre, p. ex., *Cerithidea, Cerithium, Liocerithium*), Siliquariidae ("verme-de-concha-fendida", ou *slit worm shells*, p. ex., *Siliquaria*) e Turritellidae ("torre", *tower*, ou "concha-torre", *turret shells*, p. ex., *Turritella*); e as formas que vivem em água doce, como Melanopsidae (p. ex., *Melanopsis*), Thiaridae (p. ex., *Thiara*) e Pleuroceridae (p. ex., *Pleurocera*).

COORTE HYPSOGASTROPODA. Inclui os cenogastrópodes restantes. O manto anterior pode ser simples ou enrolado formando um sifão anterior, que emerge de uma incisura anterior no orifício ou, em alguns casos, está contido dentro de uma extensão da concha, ou canal sifonal. O macho tem pênis cefálico; os ovos geralmente são depositados em cápsulas ou, em alguns casos, incubados. Sistema nervoso concentrado; quando presente, o opérculo é quitinoso, raramente calcário. Esse grande grupo é dividido entre Littorinimorpha e Neogastropoda.

SUPERORDEM LITTORINIMORPHA. Classificação indefinida; inclui os caracóis marinhos que pastam, como Littorinidae (litorinídeos, p. ex., *Littorina*), algumas famílias marinhas de caracóis pequenos, inclusive Rissoidae (p. ex., *Rissoa, Alvania*), e caracóis maiores, como Strombidae (conchas e estrombídeos, p. ex., *Strombus*) e Xenophoridae, "conchas-carregadoras" (*carrier shells*) (p. ex., *Xenophora*). Também inclui os gastrópodes Vermetidae, "vermiformes" não enrolados, que se alimentam de suspensões (p. ex., *Serpulorbis, Dendropoma*), e Hipponicidae semelhantes às lapas (p. ex., *Hipponix*), que se alimentam de depósitos, enquanto Capulidae (p. ex., *Capulus*) fixam-se a outros moluscos e alimentam-se principalmente de suas fezes. Calyptraeidae, ou crepídulas (p. ex., *Calyptraea, Crepidula, Crucibulum*), são suspensívoros. Carinariidae (uma das várias famílias dos moluscos pelágicos conhecidos coletivamente como heterópodes, p. ex., *Carinaria*) também têm conchas em formato de capuz.[5] Cypraeidae (búzios, p. ex., *Cyprae*) são herbívoros ou carnívoros que "pastam", enquanto várias outras famílias semelhantes aos caracóis litorrinomórficos são estritamente carnívoras, incluindo Naticidae (caramujo-lua, p. ex., *Natica, Polinices*), que se alimentam principalmente de bivalves; Eratoidae, que se alimentam de ascídias ("conchas-grão-de-café", ou *coffee bean shells*, p. ex., *Erato, Trivia*); e Ovulidae, que se alimentam de corais moles (ovulídeos ou "conchas-ovo", *egg shells*, p. ex., *Jenneria, Ovula, Simnia*). Tonnidae (caracol-tonel, ou *tun shells*, p. ex., *Malea*) e famílias relacionadas, como Cassididae (concha-elmo, ou *helmet shells*, p. ex., *Cassis*), alimentam-se principalmente de equinodermos, enquanto Ficidae ("concha-figo", ou *fig shells*, p. ex., *Ficus*) alimentam-se basicamente de poliquetas. Epitoniidae (caracóis acrobáticos ou epitonídeos, p. ex., *Epitonium*) alimentam-se dos cnidários, enquanto Janthinidae, os caracóis-violeta flutuantes (p. ex., *Janthina*), alimentam-se de sifonóforos que boiam na superfície do oceano. Eulimidae

---

[5]O termo "heterópode" é um antigo nome taxonômico que atualmente é empregado de modo informal para caracterizar um grupo de cenogastrópodes planctônicos e predatórios que não apresentam conchas ou as têm em tamanho reduzido.

são ectoparasitas dos equinodermos e Triphoridae que se alimentam de esponjas (p. ex., *Triphora*) e Cerithiopsidae (p. ex., *Cerithiopsis*) são extremamente diversas. Existem algumas famílias diversas de pequenos caracóis de água doce, inclusive Hydrobiidae (p. ex., *Hydrobia*), e várias famílias relacionadas, como Pomatiopsidae (p. ex., *Pomatiopsis, Tricula*), além de alguns táxons terrestres das famílias como Pomatiasidae (p. ex., *Pomatias*) e Assimineidae predominantemente supralitorâneas.

SUPERORDEM NEOGASTROPODA. Entre os hipsogastrópodes, esse é o clado mais derivado. Rádulas raquiglossadas ou toxoglossadas com 1 a 5 dentes em cada fileira; sifão anterior presente; opérculo quitinoso, quando presente; ofrádio grande e pectinado, situado perto da base do sifão. Esse grupo altamente diverso abrange principalmente táxons carnívoros.

Os neogastrópodes incluem mais de 30 famílias de espécies vivas, praticamente apenas caracóis marinhos, inclindo: búzios como Buccinidae (p. ex., *Buccinum, Cantharus, Macron* e o gênero asiático de água doce *Clea*); Fasciolariidae ("concha-tulipa", ou *tulip shell*, e "concha-fuso", ou *spindle shell*, p. ex., *Fasciolaria, Fusinus, Leucozonia, Troschelia*); Melongenidae (p. ex., *Melongena*); Nassariidae (búzio *dog whelks* e "concha-cesto", ou *basket shell*, p. ex., *Nassarius*); columbelídeos, ou *dove shell*, Columbellidae (p. ex., *Anachis, Columbella, Mitrella, Pyrene, Strombina*); Harpidae, conchas-harpa (p. ex., *Harpa*); marginelídeos Marginellidae (p. ex., *Marginella, Granula*), mitras Mitridae (p. ex., *Mitra, Subcancilla*) e Costellariidae (p. ex., *Vexilum, Pusia*); concha-de-rocha, ou *rock shell*, e "taís", ou *thais* (p. ex., *Hexaplex, Murex, Phyllonotus, Pterynotus, Acanthina, Morula, Neorapana, Nucella, Purpura, Thais*) e Coralliophilidae associados aos corais (p. ex., *Coralliophila, Latiaxis*); Olividae ("concha-oliva", ou *olive shells*, p. ex., *Agaronia, Oliva*); Olivellidae (p. ex., *Olivella*); volutas Volutidae (p. ex., *Cymbium, Lyria, Voluta*) e "concha-nós-moscada", ou *nutmeg shell*, Cancellariidae (p. ex., *Admete, Cancellaria*); "concha-cone", ou *cone shell*, Conidae (p. ex., *Conus*) e Turridae relacionados (p. ex., *Turris*), e várias outras famílias relacionadas, inclusive Terebridae "concha-broca", ou *auger shell* (p. ex., *Terebra*).

SUBCLASSE HETEROBRANCHIA. Os heterobrânquios foram previamente organizados em duas subclasses – Opisthobranchia (lesmas marinhas e seus parentes) e Pulmonata (caracóis que respiram ar). Embora essa divisão tenha sido aceita por muito tempo, estudos morfológicos e moleculares recentes dividiram agora essa subclasse em 2 grupos principais – um grupo parafilético informal geralmente conhecido como "Heterobrânquios Inferiores" (= Allogastropoda, Heterostropha) e Euthyneura, que inclui os pulmonados e os opistobrânquios.

A subclasse Heterobranchia caracteriza-se pela inexistência de um ctenídio verdadeiro e, em geral, um osfrádio pequeno ou ausente, trato digestivo simples com esôfago sem glândulas, estômago sem estilete cristalino em quase todos os grupos (exceto um) e intestino geralmente curto. Rádula altamente variada, desde a forma ripidoglossa até uma fileira única de dentes, ou rádula totalmente ausente. A concha pode ser bem-desenvolvida, reduzida ou ausente; quando presente, o opérculo é córneo; as conchas larvais são heterostróficas (*i. e.*, enrolam-se em um plano diferente da concha do animal adulto). A cabeça tem 1 ou 2 pares de tentáculos com olhos localizados em posições diferentes; todas as formas são hermafroditas. O sistema nervoso é estreptoneuros ou eutineuros com graus variados de concentração dos gânglios; os gânglios pleurais estão situados perto dos gânglios pedais ou cerebrais, mas os cordões pedais estão ausentes. A maioria das espécies é bentônica, com espécies terrestres e de águas doce e salgada.

"HETEROBRÂNQUIOS INFERIORES". Esse grupo informal inclui alguns caracóis que, durante muito tempo, foram classificados entre "Mesogastropoda", inclusive Architectonicidae, "concha-escadaria", *staircase*, ou concha-disco-solar, *sundial shells* (p. ex., *Architectonica, Philippia*), e alguns grupos de pequenos caracóis marinhos, inclusive Rissoellidae (p. ex., *Rissoella*), Omalogyridae (p. ex., *Omalogyra*), Valvatidae de água doce (p. ex., *Valvata*) e seus parentes marinhos, como Cornirostridae. Esses caracóis são superficialmente semelhantes aos cenogastrópodes, mas geralmente têm brânquias secundárias e tentáculos cefálicos longos com olhos cefálicos implantados no meio de suas bases ou nas superfícies laterais internas. Outro grupo incluído aqui é o das lesmas intersticiais minúsculas da família Rhodopidae.

INFRACLASSE EUTHYNEURA. Inclui a maioria dos animais que antes eram classificados como opistobrânquios e pulmonados. O corpo dos eutineuros caracteriza-se por: concha externa ou interna, ou totalmente ausente; concha larval heterostrófica; opérculo córneo, geralmente ausente no adulto; corpo variavelmente contorcido; cabeça geralmente com um ou dois pares de tentáculos, olhos nas superfícies internas ou em pedúnculos separados; ctenídios e cavidade do manto geralmente reduzidos ou perdidos; hermafroditas; os eutineuros têm graus variáveis de concentração do sistema nervoso. A maioria das espécies é bentônica com animais marinhos, terrestres e de água doce.

A infraclasse Euthyneura é dividida em 3 grupos principais, que aqui descrevemos como coortes.

COORTE NUDIPLEURA. Pleurobranchidae com conchas internas (p. ex., *Berthella, Pleurobranchus*) e Nudibranchia (sem conchas, ou nudibrânquios "verdadeiros"), que inclui muitas famílias, dentre as quais alguns exemplos são os nudibrânquios doridoides como Onchidoridae (p. ex., *Acanthodoris, Corambe*), Polyceridae (p. ex., *Polycera, Tambja*), Aegiretidae (p. ex., *Aegires*), Chromodorididae (p. ex., *Chromodoris*), Phyllidiidae (p. ex., *Phyllidia*), Dendrodorididae (p. ex., *Dendrodoris*), Discodorididae (p. ex., *Discodoris, Diaulula, Rostanga*), Dorididae (p. ex., *Doris*), Platydorididae (p. ex., *Platydoris*), Hexibranchidae (p. ex., *Hexabranchus*), Goniodorididae (p. ex., *Okenia*), além dos nudibrânquios cladobrânquios, inclusive Arminidae (*Armina*), Proctonotidae (p. ex., *Janolus*), Embletoniidae (p. ex., *Embletonia*), Scyllaeidae (p. ex., *Scyllaea*) e Dendronotidae (p. ex., *Dendronotus*). Também está incluído aqui o grupo dos cladobrânquios conhecidos coletivamente como aeolidioides – inclusive Aeolidiidae (p. ex., *Aeolidia*), Flabellinidae (p. ex., *Coryphella*), Fionidae (p. ex., *Fiona*), Facelinidae (p. ex., *Hermissenda, Phidiana*), Tergipedidae (p. ex., *Trinchesia*), Tethydidae (p. ex., *Melibe*) e Glaucidae (p. ex., *Glaucus*).

COORTE EUOPISTHOBRANCHIA. Inclui 6 grupos principais, que poderiam ser considerados no nível ordinal: (1) actenóideos basais, como Acteonidae (caracóis "bolha ou barril", *barrel* ou *bubble snails*, p. ex., *Acteon, Pupa, Rictaxis*); (2) várias famílias agrupadas como Cephalaspidea, por exemplo, as lesmas Aglajidae (p. ex., *Aglaja, Chelidonura, Navanax*), Bullidae (*bubble shells*, p. ex., *Bulla*), Haminoeidae (p. ex., *Haminoea*), Retusidae (p. ex., *Retusa*) e Scaphandridae (p. ex., *Scaphander*); (3) Runcinoidea, que abrange 2 famílias de lesmas minúsculas: Ilbiidae (p. ex., *Ilbia*) e Runcinidae (p. ex., *Runcina*); (4) Aplysiomorpha (= Anaspidea) ou lebre-do-mar, como Aplysidae (p. ex., *Aplysia, Dolabella, Stylocheilus*); (5) os pterópodes pelágicos, que incluem 2 grupos distantes: Thecosomata, ou pterópodes com conchas, que incluem as famílias Cavoliniidae (p. ex., *Clio, Cavolinia*) e Limacinidae (p. ex., *Limacina*), e Gymnosomata, ou pterópodes nus, que incluem Clionidae (p. ex., *Clione*); e (6) Umbrachulida, que incluem as lesmas semelhantes a guarda-chuva Umbraculidae (p. ex., *Umbraculum*) e Tylodinidae (p. ex., *Tylodina*).

COORTE PANPULMONATA. Esse grupo altamente diversificado caracteriza-se por: concha com formato variável ou perdida, tamanho diminuto a moderado; em geral, espiralmente enrolado, planispiral ou em formato de lapa; os adultos geralmente não têm opérculos; os olhos estão situados nas bases de pedúnculos sensoriais; brânquias secundárias presentes em alguns membros (p. ex., *Pyramidella, Siphonaria*); corpo contorcido; sistema nervoso altamente concentrado (eutineuros); pulmão derivado da cavidade do manto nos grupos derivados, com um orifício contrátil nos Eupulmonata; animais marinhos (intertidais), de água salobra, doce e anfíbios; inclui lapas de água doce e as espécies meiofaunais diminutas Acochlidioidea (p. ex., *Acochlidium, Unela*).

Outros grupos dos Panpulmonata são: lesmas marinhas sugadoras de seiva Sacoglossa (p. ex., *Berthelinia, Elysia, Oxynoe, Tridachia* e os "gastrópodes bivalves" Juliidae), que podem ter ou não conchas; as pequenas lesmas acoclidióideas sem conchas ou, algumas vezes, espiculadas que comumente são intersticiais e geralmente marinhas (embora existam algumas espécies de água doce) e os ectoparasitas Pyramidellidae (p. ex., *Odostomia, Pyramidella, Turbonilla, Amathina*), dentre os quais todos estavam incluídos antes entre Opisthobranchia. Panpulmonata remanescentes incluem todos os membros do grupo antes conhecido como Pulmonata, ou seja, Siphonariidae predominantemente intersticiais (falsas lapas: p. ex., *Siphonaria, Williamia*; 2 famílias operculadas); Glacidorbidae de água doce (p. ex., *Glacidorbis*); Amphibolidae estuarinos (*Amphibola, Salinator*); Hygrophila, que inclui principalmente Chilinidae sul-americanos de água doce (p. ex., *Chilina*) e Physidae de água doce (p. ex., *Physa*), Planorbidae (p. ex., *Bulinus, Planorbis, Ancylus*) e Lymnaeidae (p. ex., *Lymnaea, Lanx*); essas últimas famílias são representadas principalmente por caracóis, mas algumas (p. ex., *Lanx* e *Ancylus*) são lapas. Os "pulmonados" restantes estão contidos em uma superordem Eupulmonata. O grupo mais numeroso e conhecido dos eupulmonados é a ordem Stylommatophora, que inclui as lesmas e os caracóis terrestres. Em algumas outras formas que têm conchas, a concha é parcial ou completamente envelopada pelo manto dorsal. Os olhos estão localizados nas extremidades de pedúnculos sensoriais longos e existe um par anterior de tentáculos. Todos os eupulmonados são terrestres e constituem um grupo enorme com mais de 26.000 espécies descritas em 104 famílias. Algumas delas incluíam as famílias de lesmas terrestres Helicidae (p. ex., *Cornu* [= *Helix*], *Cepaea*), Achatinidae (p. ex., *Achatina*), Bulimulidae (p. ex., *Bulimulus*), Haplotrematidae (p. ex., *Haplotrema*), Orthalicidae (p. ex., *Liguus*), Cerionidae (p. ex., *Cerion*), Oreohelicidae (p. ex., *Oreohelix*), Pupillidae (p. ex., *Pupilla*), Cerastidae (p. ex., *Rhanchis*), Succineidae (p. ex., *Succinea*) e Vertiginidae (p. ex., *Vertigo*), bem como as famílias de lesmas terrestres como Arionidae (p. ex., *Arion*) e Limacidae (p. ex., *Limax*).

Os Eupulmonata remanescentes incluem as ordens Systellommatophora e Ellobiacea. A primeira inclui os animais semelhantes a lesmas, sem concha interna ou externa; o tegumento do manto dorsal forma um *notum* arredondado ou com formato de quilha; a cabeça geralmente tem 2 pares de tentáculos, os superiores formando pedúnculos contráteis que contêm olhos. Aqui estão incluídas as famílias predominantemente marinhas Onchidiidae (p. ex., *Onchidella, Onchidium*) e Veronicellidae terrestres (p. ex., *Veronicella*). A ordem Ellobiacea inclui três superfamílias: os caracóis *ear snails* supralitorâneos de conchas ocas Ellobioidea (p. ex., *Ellobium, Melampus, Carychium, Ovatella*), lesmas ou caracóis intertidais pequenos da família Otinoidea (p. ex., *Otina*) e Trimusculoidea intertidais semelhantes às lapas (p. ex., *Trimusculus*).

CLASSE BIVALVIA (= PELECYPODA = LAMELLIBRANCHIATA). Mariscos, ostras, mexilhões, vieiras etc. (Figuras 13.1 M a Q; 13.8). Corpos comprimidos lateralmente; a concha geralmente tem 2 valvas articuladas na região dorsal por ligamento elástico e, em geral, por dentes da charneira; as conchas são fechadas pelos músculos adutores derivados dos músculos do manto; cabeça rudimentar, sem olhos, tentáculos ou rádula, mas os olhos podem estar localizados em qualquer região do corpo; um par de palpos labiais grandes compostos de partes interna e externa, que se apõem uma à outra; um par de estatocistos presente, associado aos gânglios pedais; pé geralmente é comprimido lateralmente, em geral sem sola; um par de ctenídios bipectinados grandes; a cavidade do manto volumosa circunda o animal; o manto pode estar variavelmente fundido, algumas vezes formando extensões (sifões); um par de nefrídios; sistema nervoso simples, geralmente formado por gânglios cerebropleurais, pedais e viscerais.

Os bivalves são moluscos de água salgada ou doce, predominantemente micrófagos ou suspensívoros. Essa classe inclui cerca de 9.200 espécies vivas representadas por animais que vivem em todas as profundidades e em todos os ambientes marinhos.

442 Invertebrados

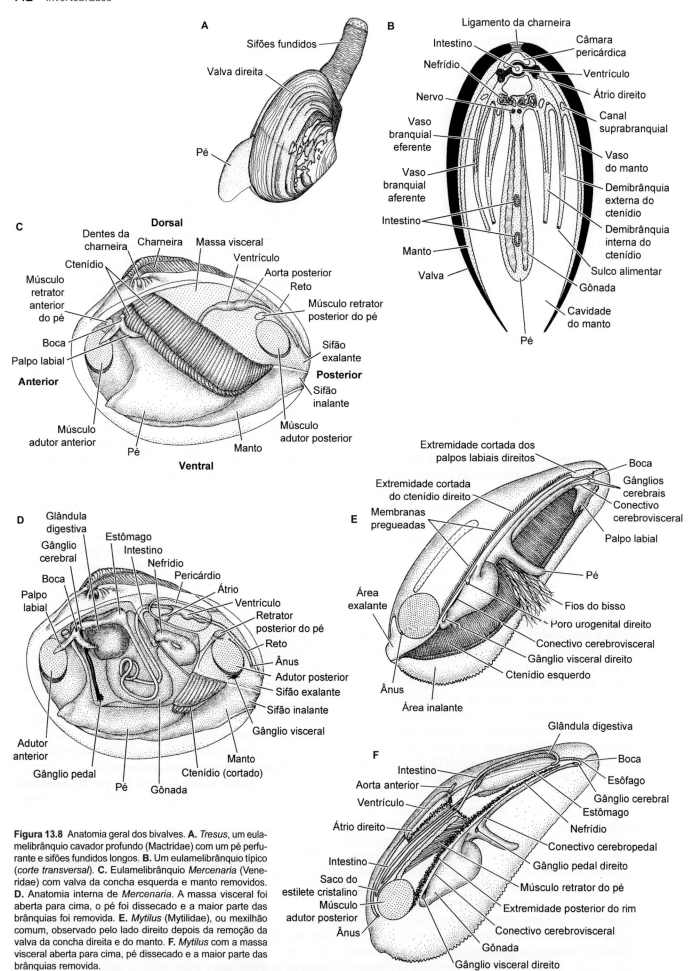

Figura 13.8 Anatomia geral dos bivalves. **A.** *Tresus*, um eulamelibrânquio cavador profundo (Mactridae) com um pé perfurante e sifões fundidos longos. **B.** Um eulamelibrânquio típico (*corte transversal*). **C.** Eulamelibrânquio *Mercenaria* (Veneridae) com valva da concha esquerda e manto removidos. **D.** Anatomia interna de *Mercenaria*. A massa visceral foi aberta para cima, o pé foi dissecado e a maior parte das brânquias foi removida. **E.** *Mytilus* (Mytilidae), ou mexilhão comum, observado pelo lado direito depois da remoção da valva da concha direita e do manto. **F.** *Mytilus* com a massa visceral aberta para cima, pé dissecado e a maior parte das brânquias removida.

A classificação dos bivalves foi profundamente alterada nos últimos 50 anos e ainda não está estabelecida. Os táxons superiores foram delimitados com base nas características da concha (p. ex., anatomia da charneira, posição das cicatrizes musculares) ou, em outras classificações, de acordo com a anatomia dos órgãos internos (p. ex., ctenídios, estômago). Contudo, a partir dos estudos realizados por Giribet e Wheeler (2002), a taxonomia dos bivalves tornou-se mais estável porque as bases moleculares e morfológicas foram combinadas com o registro fóssil para compreender as relações dos animais dessa classe.

SUBCLASSE PROTOBRANCHIA. Inclui parcialmente os animais antes agrupados entre Paleotaxodonta. Os ctenídios são 2 pares de folhetos platiformes bipectinados desdobrados e simples, que estão suspensos dentro da cavidade do manto. Os ctenídios são basicamente estruturas respiratórias, enquanto os palpos labiais são os órgãos coletores alimentares primários. Esses animais constituem os bivalves vivos mais primitivos, que abrangem 2 superordens.

SUPERORDEM NUCULIFORMII (= OPPONO-BRANCHIA). Manto aberto com água inalada entrando anteriormente; as conchas têm nácar e filamentos de brânquias ao longo do eixo do ctenídio, dispostos em oposição um ao outro; o pé é sulcado longitudinalmente e tem uma sola plantar, mas sem glândula do bisso; o sistema nervoso é primitivo, geralmente com fusão parcial dos gânglios cerebrais e pleurais. Existem 2 ordens.

ORDEM NUCULIDA. Concha de aragonita, nacarada ou porcelanada por dentro; perióstraco liso; as valvas da concha são iguais e taxodônticas (*i. e.*, as valvas têm uma fileira de dentes curtos intercalados e semelhantes ao longo da margem da charneira); os músculos adutores são do mesmo tamanho; com palpos labiais grandes e estendidos na forma de probóscides usadas para capturar alimentos; ctenídios pequenos para respirar; animais marinhos (principalmente das águas oceânicas profundas), basicamente detritívoros infaunais (p. ex., Nuculidae, *Nucula*).

ORDEM SOLEMYIDA (= CRYPTODONTA). As valvas da concha são finas, alongadas e do mesmo tamanho; não são calcificadas ao longo das bordas externas, charneira sem dentes; o músculo adutor anterior é maior que o posterior; ctenídios grandes usados basicamente para abrigar bactérias simbióticas. Trato digestivo reduzido ou inexistente (p. ex., Solemyidae, *Solemya*).

SUPERORDEM NUCULANIFORMII. Manto fundido posteriormente com sifões; a água inalada entra posteriormente; as conchas não têm nácar e os filamentos das brânquias existentes ao longo do eixo do ctenídio alternam. Várias famílias, predominantemente de águas profundas, inclusive Nuculanidae (p. ex., *Nuculana*), Malletiidae (p. ex., *Malletia*) e Sareptidae (p. ex., *Yoldia*).

SUBCLASSE AUTOBRANCHIA (= AUTOLAMELLIBRANCHIATA). Ctenídios pareados com filamentos muito longos dobrados posteriormente sobre si próprios, de forma que cada fileira de filamentos forma 2 lamelas; em geral, os filamentos adjacentes estão ligados uns aos outros por meio de tufos ciliares (condição filibrânquia), ou por pontes de tecidos (condição eulamelibrânquia). Os ctenídios muito avantajados são usados em combinação com os 2 pares de palpos labiais para a alimentação ciliar; as superfícies dos ctenídios capturam partículas suspensas na água e as transferem para os palpos labiais, onde os detritos capturados são separados e as partículas potencialmente nutrientes são encaminhadas à boca.

COORTE PTERIOMORPHIA (= FILIBRANCHIA). Ctenídios com dobra externa sem conexões dorsais com a massa visceral, com filamentos livres ou com filamentos adjacentes ligados por tufos ciliares (condição filibrânquia); concha de aragonita ou calcária, algumas vezes nacarada; as bordas do manto não se fundem e têm orifícios ou sifões inalantes e exalantes pouco diferenciados; pé bem-desenvolvido ou extremamente reduzido; em geral, são fixados por fios de bisso ou cimentados ao substrato (ou secundariamente livres). Esses lamelibrânquios primitivos incluem várias linhagens antigas divergentes, que são separadas em ordens.

ORDEM MYTILIDA. Mexilhões verdadeiros Mytilidae (p. ex., *Adula, Brachidontes, Lithophaga, Modiolus, Mytilus*).

ORDEM ARCIDA. As conchas-arca Arcidae (p. ex., *Anadara, Arca, Barbatia*) e as castanholas-do-mar *dog cockles* Glycymerididae (p. ex., *Glycymeris*).

ORDEM OSTREIDA. Ostras verdadeiras Ostreidae (ostras verdadeiras, p. ex., *Crassostrea, Ostrea*).

ORDEM MALLDIDA (= PTERIOIDA, PTERIIDA). Ostras peroladas e seus parentes Pteriidae (p. ex., *Pinctada, Pteria*), ostras-martelo Malleidae (p. ex., *Malleus*) e pinas Pinnidae (p. ex., *Atrina, Pinna*).

ORDEM LIMOIDA. Limas Limidae (p. ex., *Lima*).

ORDEM PECTINIDINA. Vieiras. Pectinidae (p. ex., *Chlamys, Lyropecten, Pecten*), ostras espinhosas Spondylidae (p. ex., *Spondylus*), "concha-de-ostra", ou *jingle shell*, Anomiidae (p. ex., *Anomia, Pododesmus*).

COORTE HETEROCONCHIA. Esse clado inclui Paleoheterodonta e Heterodonta, que antes eram descritos como grupos superiores separados, mas que agora são reconhecidos como grupos-irmãos com base em estudos de filogenia molecular recente.

MEGAORDEM PALAEOHETERODONTA. Concha de aragonita perolada internamente; em geral, o perióstraco é bem-desenvolvido; as valvas geralmente são iguais, com poucos dentes na charneira; os dentes laterais alongados (quando presentes) não estão separados dos grandes dentes cardinais; em geral, são dimiários; o manto amplamente aberto ventralmente, em sua maior parte, não está fundido posteriormente, mas tem orifícios exalante e inalante. Existem cerca de 1.200 espécies de mariscos de águas salgada e doce. Incluem 2 grupos muito diferentes, que são classificados em ordens.

ORDEM TRIGONIIDA. *Broach shells* (Trigoniidae) marinhos remanescentes, com apenas algumas espécies vivas de *Neotrigonia* da Austrália.

ORDEM UNIONIDA. Animais unicamente de água doce, incluindo os bivalves (ou mexilhões) de água doce como Unionidae (p. ex., *Anodonta, Unio*), Margaritiferidae (p. ex., *Margaritifera*) e Hyriidae (p. ex., *Hyridella*).

MEGAORDEM HETERODONTA. Existem descritos 2 grupos principais classificados em superordens – Archiheterodonta (com apenas uma ordem de animais vivos) e Euheterodonta (com 4 ordens de animais vivos).

SUPERORDEM ARCHIHETERODONTA

ORDEM CARDITIDA. Esse grupo de heterodontes primitivos é representado pelas famílias Crassatellidae (p. ex., *Crassatella*), Carditidae (p. ex., *Cardita*) e Astartidae (p. ex., *Astarte*).

SUPERORDEM EUHETERODONTA

ORDEM LUCINIDA. Inclui as famílias Luncinidae (p. ex., *Lucina, Codakia*) – um grupo com bactérias simbióticas em suas brânquias e entrada anterior da corrente de água – e Thysiridae.

ORDEM CARDIIDA (= VENERIDA). Em geral, são animais com valvas espessas do mesmo tamanho e isomiárias com sifões posteriores. Inclui: berbigões e seus parentes Cardiidae (p. ex., *Cardium, Clinocardium, Laevicardium, Trachycardium*) e mariscos gigantes (p. ex., *Tridacna*); amêijoas *surf clams* Mactridae (p. ex., *Mactra*); sólens, Solenidae (p. ex., *Ensis, Solen*); telinídeos Tellinidae (p. ex., *Florimetis, Macoma, Tellina*); semelídeos, Semelidae (p. ex., *Leptomya, Semele*); "concha-cunha" *wedge shell*, Donacidae (p. ex., *Donax*); "mexilhão-vênus" *Venus clams*, Veneridae (p. ex., *Chione, Dosinia, Pitar, Prothotaca, Tivela*); amêijoas *pea clams* de água doce, Sphaeriidae (p. ex., *Sphaerium, Pisidium*); Cyrenidae estuarinos ou de água doce (p. ex., *Corbicula, Batissa*); e os mexilhões-zebra, Dreissenidae (p. ex., *Dreissena*). Essas duas últimas famílias incluem espécies invasoras importantes.

ORDEM PHOLADIDA (= MYIDA). Formas perfurantes de conchas finas com sifões bem-desenvolvidos. Inclui: mariscos de conchas moles, Myidae (p. ex., *Mya*); perfuradores-de-concha *rockborers* ou asa-de-anjo *piddocks*, Pholadidae (p. ex., *Barnea, Martresia, Pholas*); teredos, Teredinidae (p. ex., *Bankia, Teredo*); e amêijoas *basket clams*, Corbulidae (p. ex., *Corbula*). A monofilia dessa ordem é quetionável.

ORDEM POROMYATA (= ANOMALODESMATA). Conchas equivalves de aragonita com 2 ou 3 camadas, a mais interna consistindo em nácar lamelar; o perióstraco geralmente incorpora granulações; com um ou nenhum dente na charneira; geralmente isomiário, raramente amiário; sifões posteriores geralmente bem-desenvolvidos; em geral, o manto é fundido na superfície ventral com abertura pedal anteroventral e posteriormente com orifícios ou sifões inalante ventral e exalante dorsal; ctenídios eulamelibrânquiados ou septibranquiados (modificados na forma de um septo horizontal bombeador muscular). Esse grupo antigo e muito diversificado de bivalves marinhos inclui cerca de 20 famílias vivas, inclusive Pholadomyidae raros de águas profundas (p. ex., *Pholadomya*) e os *watering pot shells* aberrantes Clavagellidae (p. ex., *Brechites*), bem como Pandoridae, Poromyidae, Cuspidariidae, Laternulidae, Thraciidae, Cleidothaeridae, Myochamidae e Periplomatidae.

CLASSE SCAPHODA. Concha dente-de-elefante ou dentálios (Figuras 13.1 L e 13.9). Concha de uma peça tubular, geralmente afunilada e aberta nas duas extremidades; cabeça rudimentar, que se projeta do orifício maior; cavidade do manto ampla, estendendo-se ao longo de toda a superfície ventral; sem ctenídios ou olhos; com rádula longa, "probóscide" semelhante a um focinho e grupos pareados de tentáculos contráteis longos e finos com extremidades claviformes (captáculos), que servem para capturar e manipular presas diminutas; não há coração; pé até certo ponto cilíndrico com franja semelhante a um epipódio. Mais de 500 espécies de moluscos marinhos bentônicos distribuídos em 14 famílias e 2 ordens.

ORDEM DENTALIIDA. Concha afilada regularmente. Glândulas digestivas pareadas com um pé muscular terminando nos lobos epipodiais e um processo cuneiforme. Várias famílias, inclusive Dentaliidae (p. ex., *Dentalium, Fustiaria*) e Laevidentaliidae (p. ex., *Laevidentalium*).

ORDEM GADILIDA. Concha afilada regularmente ou bulbosa com diâmetro máximo perto do seu centro. Uma única glândula digestiva e pé com um disco terminal circundado pelas papilas epipodiais. As famílias incluem Pulsellidae (p. ex., *Pulsellum, Annulipulsellum*) e Gadilidae (p. ex., *Cadulus, Gadila*).

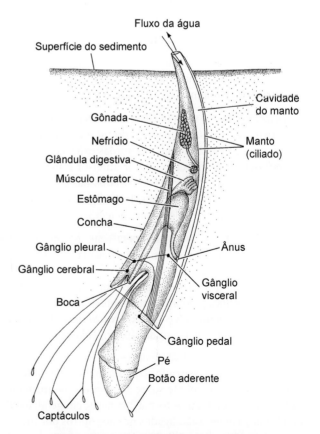

Figura 13.9 Anatomia geral de um escafópode.

CLASSE CEPHALOPODA. Náutilos, sibas, lulas e polvos (Figuras 13.1 H a K; 13.10 a 13.12; 13.17; 13.22). Concha com câmaras dispostas linearmente, geralmente reduzida ou perdida entre os táxons vivos; quando há uma concha externa (*Nautilus*), o animal habita na última câmara (mais nova) e tem um filamento de tecidos vivos (sifúnculo), que se estende através das câmaras mais velhas; sistema circulatório praticamente fechado; cabeça com olhos grandes e complexos, e um círculo de braços ou tentáculos preênseis ao redor da boca; com rádula e bico; 1 a 2 pares de ctenídios e 1 a 2 pares de nefrídios complexos; o manto forma uma grande cavidade ventral contendo 1 ou 2 pares de ctenídios; com um funil muscular (sifão) pelo qual a água é forçada, possibilitando propulsão a jato; alguns tentáculos do macho são modificados para a cópula; animais marinhos bentônicos ou pelágicos; cerca de 700 espécies vivas.

SUBCLASSE PALCEPHALOPODA. Inclui muitos táxons de fósseis, todos com conchas externas, além do náutilo perolado vivo.

COORTE NAUTILIDIA (= TETRABRANCHIATA). Os náutilos perolados. Concha externa com muitas câmaras, plano espiral, exterior porcelânico, interior nacarado (perolado); cabeça com muitos (80 a 90) tentáculos sem ventosas (4 modificados em espádice no macho para copulação e protegidos por um capuz carnoso); rádula composta por 13 fileiras de dentes; bico de quitina e carbonato de cálcio; funil com 2 pregas separadas; 2 pares de ctenídios ("tetrabrânquios"); dois pares de nefrídios; olhos sem córnea ou lentes semelhantes a uma máquina fotográfica; sistema nervoso com elementos anteriores concentrados em um cérebro, lobos ópticos grandes; estatocisto simples; sem cromatóforos ou saco de tinta. Registro fóssil rico, mas atualmente representado por uma única ordem (Nautilida) e um único gênero – o náutilo perolado ou compartimentalizado (*Nautilus*) – com 5 ou 6 espécies do Indo-Pacífico (embora um segundo gênero *Allonautilus* tenha sido proposto).

SUBCLASSE NEOCEPHALOPODA. Inclui um grupo fóssil, além dos coleoides. A concha é reduzida e interna na maioria das espécies (e em todos os táxons vivos).

COORTE COLEOIDIA (= DIBRANCHIATA). Polvos, lulas e seus parentes. Concha reduzida e interna ou ausente; cabeça e pé unidos em uma estrutura anterior comum contendo 8 a 10 apêndices preênseis (braços e tentáculos) com ventosas e, em geral, cirros; nos machos, um dos braços geralmente é modificado para a copulação; 7 fileiras de dentes na rádula; com um bico quitinoso; o funil é um tubo fechado único; um par de ctenídios ("dibrânquios"); um par de nefrídios; olhos complexos com cristalino e, em geral, córnea; sistema nervoso bem-desenvolvido e concentrado dentro de um cérebro; com estatocisto complexo; cromatóforos e saco de tinta.

SUPERORDEM OCTOPODIFORMES. Os membros desse grupo, que inclui os polvos e a lula-vampiro, não têm cabeça nitidamente separada do resto do corpo; têm 8 braços com dois filamentos retráteis adicionais na lula-vampiro; as nadadeiras laterais do corpo estão presentes ou ausentes.

ORDEM OCTOPODA. Polvos. Corpo curto, arredondado, geralmente sem nadadeiras; concha interna vestigial ou ausente; 8 braços semelhantes articulados por membrana da pele (membrana interbranquial); ventosas com pedúnculos estreitos; a maioria é bentônica. Cerca de 200 espécies divididas em 2 grupos: Incirrata, incluindo os polvos bentônicos e alguns táxons pelágicos, que não apresentam nadadeiras e cirros, como os Octopodidae (p. ex., *Octopus*) e Argonautidae (*Argonauta*) e o náutilo-papel; e Cirrata, que são representados principalmente por cefalópodes pelágicos dos mares profundos com nadadeiras e cirros, inclusive Cirroteuthidae (p. ex., *Cirroteuthis*), Opisthoteuthidae (p. ex., *Opisthoteutis*) e Stauroteuthidae (p. ex., *Stauroteuthis*).

ORDEM VAMPYROMORPHA. Lula-vampiro. Corpo globoso com um par de nadadeiras; concha vestigial reduzida a uma lâmina fina, não calcificada, transparente; 4 pares de braços do mesmo tamanho, cada qual com uma fileira de ventosas distais não pediculadas e 2 fileiras de cirros; braços interligados por uma extensa membrana de pele (membrana interbranquial); o quinto par de braços é representado por 2 filamentos retráteis semelhantes a gavinhas, não têm hectocótilo; rádula bem-desenvolvida; saco de tinta degenerado; predominantemente de águas profundas. Uma espécie viva – *Vampyroteuthis infernalis* –, que vive na zona com níveis mínimos de oxigênio dos oceanos profundos.

SUPERORDEM DECAPODIFORMES (= DECAPODA). Os membros desse grupo, que inclui a lula e a siba, têm sua cabeça nitidamente separada do restante do corpo; com 8 braços e 2 tentáculos retráteis (dentro de cavidade) com ventosas apenas nas pontas expandidas; ventosas com bases largas, algumas vezes com espinhos ou ganchos; nadadeiras nas laterais do corpo. A concha interna é grande (como na siba ou em *Spirula*), reduzida a um gládio (*gladius*) não calcificado ou perdida.

ORDEM SPIRULIDA. A única espécie viva é *Spirula spirula* (Spirulidae), ou chifre-de-carneiro, uma lula pequena dos oceanos profundos com uma concha enrolada interna com câmaras.

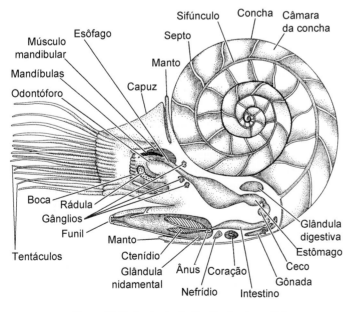

Figura 13.10 Anatomia de *Nautilus* (*corte sagital*).

ORDEM SEPIIDA. Sibas. Corpo curto achatado em sentido dorsoventral com nadadeiras laterais; concha interna calcária retilínea ou ligeiramente encurvada; com câmaras; concha córnea ou ausente; 8 braços curtos e 2 tentáculos longos; as ventosas não têm ganchos. Inclui Sepiolidae, que não têm conchas (p. ex., *Rossia, Sepiola*); Sepiidae (p. ex., *Sepia*), com concha calcária interna; e *cuttlebone* e Idiosepiidae (p. ex., *Idiosepis*), lulas minúsculas que vivem na grama marinha, onde se fixam por uma ventosa especial. A concha é reduzida a um gládio córneo.

ORDEM MYOPSIDA. Lulas com olho coberto por uma córnea e com gládio bem-desenvolvido. Corpo alongado, tubular, com nadadeiras laterais. Loliginidae (p. ex., *Loligo, Doryteuthis*).

ORDEM OEGOPSIDA. Inclui a maioria das lulas (e parte dos antigos Teuthoida); o olho não tem córnea e a concha é um gládio. Corpo alongado, tubular, com nadadeiras laterais; as ventosas geralmente têm ganchos. Algumas das diversas famílias desse grupo incluem Architeuthidae (*Architeuthis*), Bathyteuthidae (p. ex., *Bathyteuthis*; algumas vezes classificados em uma ordem separada); Chiroteuthidae (p. ex., *Chiroteuthis*), Ommastrephidae (p. ex., *Ommastrephes, Dosidiscus, Illex*), Gonatidae (p. ex., *Gonatus*), Histoteuthidae (p. ex., *Histioteuthis*), Lycoteuthidae (p. ex., *Lycoteuthis*) e Octopoteuthidae (p. ex., *Octopoteuthis*).

Plano corpóreo dos moluscos

Os moluscos constituem um dos filos morfologicamente mais diversificados do reino animal. Os tamanhos dos moluscos variam dos solenogastres microscópicos, bivalves, caracóis e lesmas, aos búzios que chegam a medir 70 cm de comprimento; aos mariscos gigantes (Cardiidae) com mais de 1 m de comprimento; e às lulas-gigantes (*Architeuthis*), que chegam a medir no mínimo 13 m de comprimento em geral (corpo e tentáculos). O polvo gigante do Pacífico (*Octopus dofleini*) comumente atinge uma envergadura dos tentáculos de 3 a 5 m e pesa mais de 40 kg. Esse é o maior polvo vivo; um espécime especialmente grande foi estimado em 10 m de tentáculos e mais de 250 kg! Apesar de suas diferenças, as lulas-gigantes, as cipreias, as lesmas de jardim, os quítons de 8 placas e os aplacóforos vermiformes estão diretamente relacionados e compartilham um plano corpóreo comum (Quadro 13.1). Na verdade, as inúmeras formas com que a evolução moldou o plano corpóreo básico dos moluscos ofereceram-nos as melhores lições de homologia e radiação adaptativa no reino animal.

Os moluscos são protostômios celomados bilateralmente simétricos, mas o celoma geralmente existe apenas na forma de vestígios diminutos ao redor do coração (a **câmara pericárdica**), das gônadas e de partes dos nefrídios (rins). A cavidade principal do corpo é uma hemocele composta de vários seios grandes do sistema circulatório aberto, com exceção de alguns cefalópodes que têm sistemas praticamente fechados. Em geral, o corpo compreende 3 regiões distintas: cabeça, pé e massa visceral concentrada ao centro, mas a configuração varia nas diferentes classes (Figura 13.13). A cabeça pode ter várias estruturas sensoriais, principalmente olhos e tentáculos; os estatocistos podem estar localizados na região do pé e também pode haver estruturas quimiossensoriais.

A massa visceral é coberta por uma lâmina epidérmica espessa de pele, conhecida como **manto** (ou pálio) que, em alguns casos, é coberta na cutícula e desempenha uma função fundamental na organização do corpo. O manto secreta o esqueleto calcário rígido, seja na forma de escleritos ou placas diminutas embebidas na parede do corpo, seja na forma de uma concha interna ou externa sólida. Na superfície ventral do corpo, geralmente há um **pé** muscular volumoso, que comumente tem uma **sola** rastejante.

Ao redor ou atrás da massa visceral, há uma cavidade – um espaço entre a massa visceral e as dobras do próprio manto. Essa **cavidade do manto** (também conhecida como cavidade palial) frequentemente abriga as brânquias (as brânquias originais dos moluscos são conhecidas como **ctenídios**) e as aberturas no tubo digestivo, nos nefrídios e no sistema reprodutivo, além de placas especiais de epitélio quimiossensorial em muitos grupos, especialmente os osfrádios. Nos animais aquáticos, a água circula por essa cavidade e passa pelos ctenídios, poros excretores, ânus e outras estruturas.

Os moluscos têm um trato digestivo completo, que apresenta especializações regionais. A região oral do trato digestivo anterior geralmente contém uma estrutura exclusiva dos moluscos – **rádula** –, que é uma esteira em forma de língua provida de dentes e utilizada para raspagem durante a alimentação. A rádula está localizada sobre um **odontóforo** muscular, que move a rádula por meio de seus movimentos alimentares. Em geral, o sistema circulatório inclui um coração na cavidade pericárdica e alguns vasos grandes, que se esvaziam ou drenam para dentro dos espaços hemocélicos. O sistema excretor consiste em um ou mais pares de rins metanefrídios (aqui referidos simplesmente como nefrídios), com aberturas (nefróstomas) para o pericárdio por meio de canais renopericárdicos e para a cavidade do manto por meio do nefridióporo. Nos casos típicos, o sistema nervoso inclui um gânglio cerebral dorsal, um anel nervoso circundando a área oral ou o esôfago e 2 pares de cordões nervosos longitudinais, que se originam dos gânglios pleurais pareados e conectam-se com os gânglios viscerais situados nas regiões mais posteriores do corpo. Também pode haver outros gânglios pareados anteriores (orais e labiais). Os gânglios pedais estão situados no pé e podem dar origem aos cordões nervosos pedais.

Os gametas são produzidos pela gônada na massa visceral e a fecundação pode ser interna ou externa. Nos casos típicos, o desenvolvimento é protostômio, com clivagem espiral e um estágio larval trocóforo. Também existe uma forma larval secundária típica dos moluscos gastrópodes e bivalves, conhecida como **véliger**.

Embora esse resumo geral descreva o plano corpóreo básico da maioria dos moluscos, existem modificações notáveis, que estão descritas ao longo de todo este capítulo. As 8 classes foram caracterizadas antes (ver classificação) e estão descritas resumidamente a seguir.

Alguns dos moluscos mais bizarros são os "aplacóforos" – Solenogastres e Caudofoveata (Figura 13.1 C e 13.2). Os membros desse grupo são vermiformes, geralmente pequenos e perfuram o sedimento (Caudofoveata) ou podem passar toda sua vida nos ramos de vários cnidários (Solenogastres), como as gorgônias das quais se alimentam. Os caudofoveados não têm pé, mas os solenogastres

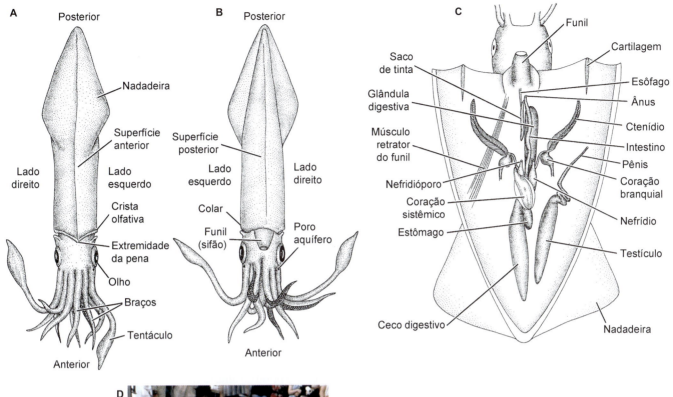

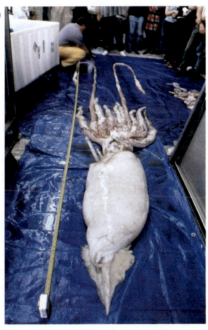

Figura 13.11 Anatomia de uma lula. **A** a **C.** *Loligo*, ou lula comum. **A.** Morfologia externa (*vista anterior*). **B.** Morfologia externa (*vista posterior*). **C.** Anatomia interna de um macho. O manto foi dissecado, aberto e puxado para cima. **D.** Lula-gigante (*Architeuthis dux*) capturada na costa da Nova Zelândia em 1997.

têm um pé reduzido e nenhum desses 2 grupos tem concha sólida. Os aplacóforos também não têm cabeça, olhos ou tentáculos bem-definidos. Tradicionalmente, esses animais eram considerados moluscos primitivos, que evoluíram antes do desenvolvimento das conchas sólidas, mas alguns estudos moleculares e do desenvolvimento sugeriram que, na verdade, eles possam ser formas altamente derivadas, que perderam sua concha e desenvolveram secundariamente uma morfologia corporal simples.

Os poliplacóforos, ou quítons, são moluscos ovais que têm 8 (ou 7, nos Paleoloricata) placas de conchas articuladas separadas em seus dorsos (Figuras 13.1 B e 13.4). O comprimento desses animais varia de cerca de 7 mm até mais de 35 cm. Esses animais marinhos habitam das águas oceânicas profundas até as regiões entremarés em todas as latitudes do planeta.

Os monoplacóforos são moluscos semelhantes às lapas, com uma única concha em forma de capuz medindo de cerca de 1 mm até cerca de 4 cm de comprimento (Figuras 13.1 A e 13.3). A maioria vive nos oceanos profundos, alguns a grandes profundidades (> 2.000 m). O aspecto mais notável desses animais é a configuração repetitiva de suas brânquias, gônadas e nefrídios – uma condição que levou alguns biólogos a especular que eles devem representar uma ligação com algum ancestral segmentado antigo do filo Mollusca (hoje em dia, essa hipótese não é mais considerada razoável).

Os gastrópodes certamente constituem o grupo mais numeroso dos moluscos e incluem algumas das espécies mais bem-estudadas (Figuras 13.1 D a G; 13.5; 13.6; 13.7). Essa classe inclui os caracóis e as lesmas comuns de todos os hábitats marinhos e de muitos hábitats de água doce; essa é a única classe de moluscos que teve sucesso em sua invasão nos ambientes terrestres. Os gastrópodes são os únicos moluscos que passam por um processo de torção durante os estágios iniciais do desenvolvimento – um processo que envolve rotação de 90 a 180º da massa visceral em relação ao pé (ver detalhes na seção sobre Torção, mais adiante).

Os bivalves incluem os mariscos, as ostras, os mexilhões e seus parentes (Figuras 13.1 M a Q; 13.8). Esses animais têm duas conchas separadas, que são conhecidas como **valvas**. Os menores bivalves são os membros da família marinha Condylocardiidae, dos quais alguns medem cerca de 1 mm de comprimento; os maiores são os mariscos tropicais gigantes (*Tridacna*), dos quais uma espécie (*T. gigas*) pode chegar a pesar 400 kg! Os bivalves habitam todos os ambientes marinhos e muitos hábitats de água doce.

Os escafópodes, ou conchas dente-de-elefante, vivem nos sedimentos superficiais dos mares em várias profundidades. Em geral, suas conchas tubulares simples (não contorcidas) são abertas nas duas extremidades, e suas dimensões variam de alguns milímetros até cerca de 15 cm de comprimento (Figuras 13.1 L e 13.9).

Os cefalópodes estão entre os moluscos mais profundamente modificados e incluem o náutilo perolado, as lulas, as sibas, os polvos e incontáveis formas extintas, incluindo os amonitas (Figuras 13.1 I a K; 13.10 a 13.12; 13.17; 13.22). Esse grupo inclui o maior de todos os invertebrados vivos – a lula-gigante – com seu corpo e tentáculo chegando a medir cerca de 13 m. Entre os cefalópodes vivos, apenas o náutilo conservou uma concha externa. Os cefalópodes diferem acentuadamente dos outros moluscos sob vários aspectos. Por exemplo, eles têm uma cavidade corporal espaçosa, que inclui o pericárdio, a cavidade gonadal, as conexões nefropericárdicas e os gonoductos – todas essas estruturas formam um sistema interconectado representado por um celoma altamente modificado, mas verdadeiro. Além disso, ao contrário dos outros moluscos, muitos cefalópodes coleoides têm sistema circulatório funcionalmente fechado. O sistema nervoso dos cefalópodes é o mais sofisticado de todos os invertebrados, com habilidades sem precedentes de aprendizagem e memória. A maioria dessas modificações está associada à adoção de um estilo de vida predatório ativo por essas criaturas notáveis.

Parede corporal

Nos casos típicos, a parede corporal dos moluscos consiste em três camadas principais: cutícula (quando está presente), epiderme e músculos (Figura 13.15 A). A cutícula é composta basicamente de vários aminoácidos e proteínas esclerotizadas (conhecidas como conchinas), mas aparentemente não contém quitina (exceto nos aplacóforos). Em geral, a epiderme é uma camada simples de células cúbicas a colunares ciliadas na maior parte do corpo. Muitas dessas células epidérmicas participam da secreção da cutícula. Outros tipos de células glandulares secretoras também podem ser encontrados e, dentre elas, algumas secretam muco e podem ser muito abundantes nas superfícies externas, inclusive na sola do pé. Outras células epidérmicas especializadas ocorrem na parede corporal dorsal (ou manto). Muitas dessas células constituem as **glândulas da concha** dos moluscos, que produzem os escleritos calcários ou conchas típicas desse filo. Por fim, outras células epidérmicas são receptores sensoriais. A epiderme e a camada muscular mais externa geralmente estão separadas por uma membrana basal e, em alguns casos, por uma camada fina semelhante à derme.

Em geral, a parede corporal inclui 3 camadas de fibras musculares lisas bem-demarcadas: uma camada circular externa, uma mediana diagonal e uma interna longitudinal. Os músculos diagonais geralmente estão distribuídos em 2 grupos com fibras formando ângulos retos entre si. O grau de desenvolvimento de cada uma dessas camadas musculares varia entre as diversas classes (p. ex., nos solenogastres, as camadas diagonais são frequentemente ausentes).

Manto e cavidade do manto

Em parágrafos anteriores, já nos referimos ao significado da cavidade do manto e sua importância no sucesso evolutivo dos moluscos. A seguir, apresentaremos um breve resumo da composição e da estrutura da cavidade do manto, bem como sua configuração em cada um dos grupos principais de moluscos.

Como o nome indica, o manto é um órgão laminar que forma a parede corporal dorsal e, na maioria dos moluscos, cresce durante o desenvolvimento de forma a circundar o corpo do animal; em suas bordas, existe uma ou duas dobras, que contêm camadas musculares e canais hemocélicos (Figura 13.15 C). O crescimento para o exterior forma um espaço entre a(s) dobra(s) do manto e o corpo propriamente dito. Esse espaço – ou cavidade do manto – pode apresentar-se na forma de um sulco circundando o pé ou de uma câmara primitivamente posterior, através da qual a água é bombeada por ação ciliar ou, nos táxons mais derivados, muscular. Em geral, a cavidade do manto abriga a superfície respiratória (geralmente os ctenídios ou outras estruturas semelhantes às brânquias), recebe a matéria fecal descartada do ânus e as escórias excretoras dos rins. Os gametas também são descarregados primitivamente na cavidade do manto. A água que entra no corpo fornece oxigênio para a respiração, um mecanismo de descarga de resíduos e, em alguns casos, também leva alimentos para os suspensívoros.

A cavidade do manto dos quítons é um sulco que circunda o pé (Figuras 13.4 A; 13.13 A e B). A água entra no sulco pela frente e pelos lados, passa medialmente sobre os ctenídios e, posteriormente, entre os ctenídios e o pé. Depois de passar sobre os gonóporos e nefridióporos, a água sai pela extremidade dorsal do sulco e leva embora a matéria fecal eliminada pelo ânus, localizado no segmento posterior.

Os aplacóforos têm uma pequena cavidade do manto, que é um par de ctenídios (Caudofoveata) ou dobras lamelares ou papilas existentes na parede da cavidade do manto (Solenogastres). Os celomoductos pareados e o ânus também se abrem dentro da cavidade do manto.

A cavidade do manto única dos gastrópodes forma-se durante o desenvolvimento como uma câmara localizada posteriormente. Entretanto, à medida que o desenvolvimento avança, a maioria dos gastrópodes passa por uma rotação da massa visceral e da concha em 180º, de forma a trazer a cavidade do manto para a frente, sobre a cabeça (Figuras 13.5; 13.6; 13.13 C) (ver seção sobre Torção, adiante). A orientação diferente não afeta a circulação da água, que ainda passa por essa câmara e pelos ctenídios e, for fim, atravessa o ânus, os gonóporos e os nefridióporos. Os gastrópodes passaram por algumas modificações secundárias nesse plano, inclusive o redirecionamento dos padrões de fluxo; a perda ou a modificação das estruturas associadas, como as brânquias, glândulas hipobranquiais e órgãos sensoriais; e até mesmo a "destorção", como descrito mais adiante neste capítulo.

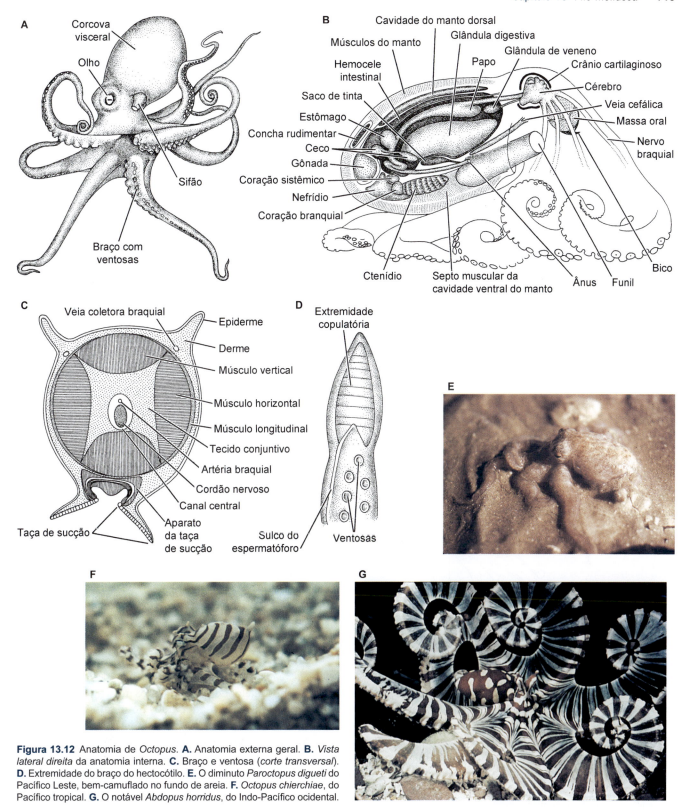

Figura 13.12 Anatomia de *Octopus*. **A.** Anatomia externa geral. **B.** *Vista lateral direita* da anatomia interna. **C.** Braço e ventosa (*corte transversal*). **D.** Extremidade do braço do hectocótilo. **E.** O diminuto *Paroctopus digueti* do Pacífico Leste, bem-camuflado no fundo de areia. **F.** *Octopus chierchiae*, do Pacífico tropical. **G.** O notável *Abdopus horridus*, do Indo-Pacífico ocidental.

Os bivalves têm cavidade do manto acentuadamente dilatada, que circunda os dois lados do pé e a massa visceral (Figuras 13.8; 13.13 D e E). O manto reveste as conchas posicionadas lateralmente, e as dobras que formam as bordas do manto frequentemente são fundidas posteriormente de várias maneiras para formar os sifões inalante e exaltante, através dos quais a água entra e sai da cavidade do manto. A água passa sobre e através dos ctenídios que, nos bivalves autobrânquios, extraem material nutritivo suspenso e realizam as trocas gasosas. Em seguida, o fluxo da água atravessa os gonóporos e nefridióporos e, finalmente, passa pelo ânus à medida que emerge pelo sifão exalante.

Os escafópodes têm conchas tubulares afiladas (Figuras 13.9 e 13.13 F). A água entra e sai da cavidade do manto alongada por meio de um pequeno orifício existente no topo da concha e circula sobre a superfície do manto que, quando não existem ctenídios, é onde ocorre a troca gasosa. O ânus, os nefridióporos e os gonóporos também esvaziam dentro da cavidade do manto.

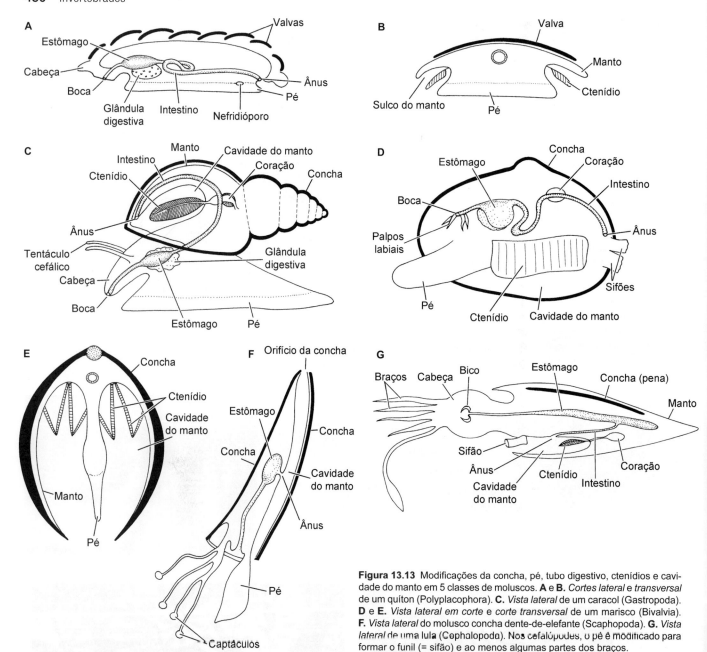

Figura 13.13 Modificações da concha, pé, tubo digestivo, ctenídios e cavidade do manto em 5 classes de moluscos. **A** e **B**. *Cortes lateral* e *transversal* de um quíton (Polyplacophora). **C**. *Vista lateral* de um caracol (Gastropoda). **D** e **E**. *Vista lateral em corte* e *corte transversal* de um marisco (Bivalvia). **F**. *Vista lateral* do molusco concha dente-de-elefante (Scaphopoda). **G**. *Vista lateral* de uma lula (Cephalopoda). Nos cefalópodes, o pé é modificado para formar o funil (= sifão) e ao menos algumas partes dos braços.

Embora não tenham sido realizados estudos detalhados sobre o funcionamento da cavidade do manto dos monoplacóforos, observações efetuadas nos primeiros espécimes vivos, obtidos em 1977, revelaram que as brânquias vibravam, aparentemente circulando a água pelo sulco do manto. Pesquisadores também observaram que a movimentação da concha acompanhava uma aceleração dos batimentos das brânquias. Brânquias vibratórias não são encontradas nos outros moluscos, nos quais a ação ciliar (algumas vezes auxiliada pelas contrações musculares) movimenta a água pela cavidade do manto. O ânus, os nefridióporos e os gonóporos também se abrem dentro da cavidade do manto.

Com exceção dos monoplacóforos, em todos os casos descritos antes a água é movida através da cavidade do manto pela ação dos cílios laterais longos localizados nos ctenídios. Contudo, nos cefalópodes, as brânquias ctenidiais não são ciliadas. Em vez disso, em *Nautilus*, uma corrente ventilatória circula através da cavidade do manto pelos movimentos ondulatórios de duas abas musculares associadas aos lobos do funil.

Contudo, nos cefalópodes coleoides, os músculos bem-desenvolvidos e profusamente inervados do manto realizam essa função por meio de pulsações regulares da parede do manto. A superfície exposta do corpo carnoso das lulas e dos polvos é, na verdade, o próprio manto (Figuras 13.11 a 13.13 G). Sem as limitações de uma concha externa, o manto desses moluscos expande-se e contrai para puxar a água para dentro da cavidade do manto e, em seguida, forçá-la a sair pelo **funil** (= **sifão**) muscular estreito. A expulsão forçada desse jato de água exalante também pode ser um meio de locomoção rápida para muitos cefalópodes. Na cavidade do manto, a água passa pelos ctenídios e, em seguida, pelo ânus, poros reprodutivos e orifícios excretores.

As qualidades adaptativas notáveis do plano corpóreo dos moluscos são evidenciadas nessas variações de posição e função da cavidade do manto e suas estruturas associadas. Na verdade, a natureza de muitas outras estruturas também é afetada pela configuração da cavidade do manto, como se pode observar esquematicamente na Figura 13.14. O fato de que os moluscos conseguiram explorar com sucesso diversos tipos de hábitats e estilos de vida pode ser explicado em parte por essas variações, que são essenciais à história evolutiva desses animais. Ainda temos mais a dizer sobre essas questões ao longo de todo este capítulo.

A concha dos moluscos

Com exceção de 2 classes de aplacóforos, todos os moluscos têm conchas calcárias sólidas (seja de aragonita, seja de calcita) produzidas pelas glândulas da concha localizadas no manto. Nos Caudofoveata e nos Solenogastres, os escleritos ou as escamas de aragonita são produzidos no meio extracelular da epiderme do manto e ficam embebidas na cutícula. Nas outras classes de moluscos, as conchas variam acentuadamente quanto ao formato e ao tamanho, mas todas seguem o plano de construção básico de carbonato de cálcio produzido no meio extracelular, depositado em camadas sobre uma matriz proteica e frequentemente recoberto por uma superfície orgânica fina conhecida como **perióstraco** (nos quítons, também é conhecida como **hipóstraco**) (Figura 13.15). O perióstraco é composto por um tipo de conchiolina (basicamente, proteínas associadas a quinonas) semelhante à que é encontrada na cutícula da epiderme. As camadas de cálcio têm 4 tipos de cristais: estruturas prismáticas, esferulíticas, laminares e cruzadas. Todas incorporam conchiolina, dentro da qual os cristais calcários precipitam. A maioria dos moluscos vivos tem uma camada prismática externa e uma camada cruzada porcelanada interna. Nos monoplacóforos, nos cefalópodes e em alguns gastrópodes e bivalves, uma camada nacarada (laminar) iridescente substitui a camada de cristais cruzados. Em geral, as conchas são formadas por várias camadas com diferentes tipos de cristais.

Os moluscos são admirados por suas conchas com formatos e padrões de cores maravilhosamente complexos e geralmente resplandecentes (Figura 13.16); no entanto, muito pouco sabemos sobre as origens evolutivas e as funções dessas características. Alguns pigmentos dos moluscos são subprodutos metabólicos e, por isso, as cores das conchas poderiam representar basicamente resíduos alimentares depositados estrategicamente, enquanto outros parecem não ter qualquer relação com a dieta. Os pigmentos das conchas dos moluscos incluem alguns compostos como pirróis e porfirinas. As melaninas são comuns no tegumento (cutícula e epiderme), nos olhos e nos órgãos internos, mas são raras nas conchas.

Alguns padrões de escultura das conchas são correlacionados a comportamentos ou hábitats específicos. Por exemplo, as conchas com espirais baixas são mais estáveis nas áreas sujeitas aos choques de ondas fortes, ou nas superfícies das rochas verticais. Do mesmo modo, as conchas baixas em forma de capuz das lapas (Figuras 13.5 A; 13.16 H e I) provavelmente estão adaptadas à exposição persistente às ondas fortes. Nos bivalves, conchas espessas ou infladas com muitas costelas e com valvas que se abrem muito pouco são possíveis adaptações para uma proteção melhor contra predadores. Em alguns gastrópodes, as costelas de conchas estriadas ajudam esses moluscos a pousar na posição ereta quando são desprendidos das rochas. Diversos grupos de gastrópodes e bivalves bentônicos que se alojam nos fundos macios têm espinhos longos nas conchas, que podem ajudar a estabilizar os animais em sedimentos moles e também conferir alguma proteção contra os predadores. Muitos moluscos, particularmente os mariscos, têm conchas cobertas por organismos epizoóticos vivos, como as esponjas, vermes tubícolas anelídeos, ectoproctos e hidroides. Alguns estudos sugerem que esses predadores tenham muita dificuldade de reconhecer esses moluscos camuflados como presas em potencial.

Os moluscos podem ter 1, 2 ou 8 conchas, ou não ter nenhuma. Nesse último caso, a parede corporal externa pode conter escleritos calcários de vários tipos. Nos aplacóforos, por exemplo, os escleritos cuticulares variam quanto à forma e ao comprimento, desde elementos microscópicos até escleritos com cerca de 4 mm. Essencialmente, esses escleritos são cristais formados quase unicamente de carbonato de cálcio na forma de aragonita. Os caudofoveados produzem escleritos cuticulares semelhantes a placas, que conferem à superfície do corpo textura e aspecto escamosos. Os escleritos desses 2 táxons parecem ser secretados por uma trama difusa de grupos de células especializadas e, nas diversas partes do corpo, podem ser encontrados escleritos com diferentes formas.

As 8 placas (ou valvas) transversais (Figuras 13.4; 13.16 A a F) dos poliplacóforos estão circundadas e embebidas em uma região espessada do manto, conhecida como **cinturão**. O diâmetro do cinturão pode ser estreito ou largo e pode cobrir parte das valvas. No quíton gigante do Pacífico (*gumboot*) (*Cryptochiton stelleri*), o cinturão cobre completamente as valvas. O cinturão é espesso, maciçamente cuticularizado e, em geral, cercado por escleritos, espinhos, escamas calcárias, ou por cerdas não calcárias secretadas pelas células epidérmicas especializadas. Esses escleritos provavelmente são homólogos aos que existem na parede corporal dos aplacóforos.

As valvas anterior e posterior dos quítons são descritas como valvas terminais, ou placas cefálica (= anterior) e anal (= posterior); as 6 outras valvas são conhecidas como intermediárias. A Figura 13.16 A a F ilustra alguns detalhes das valvas dos quítons. As conchas dos quítons são trilaminares, com um perióstraco externo, um **tegumento** colorido e uma camada calcária interna (ou **articulamento**). O perióstraco é uma membrana orgânica finíssima e delicada, não observada facilmente. O tegumento é composto de matéria orgânica (provavelmente uma forma de conchiolina) e carbonato de cálcio impregnado de vários pigmentos. Essa camada é perfurada por canais verticais, que levam a poros diminutos na superfície das valvas. Os poros têm dois diâmetros: os maiores (megaporos) abrigam os **megaestetos**, enquanto os menores (microporos) contêm os **microestetos**. Em algumas espécies, os megaestetos podem ser modificados para formar os **olhos da concha**, com compostos cristalinos formados por cristais grandes de aragonita. Os canais dos estetos verticais originam-se de uma camada de canais horizontais da parte inferior do tegumento e do articulamento (Figura 13.43 C), e alguns atravessam o articulamento de forma a reunir-se aos nervos do manto na borda inferior da valva da concha. O articulamento é uma camada calcária porcelanada e espessa, que difere sob alguns aspectos das camadas da concha de outros moluscos.

Os monoplacóforos têm uma concha simples semelhante às lapas com o ápice situado bem à frente (Figuras 13.1 A e 13.3). A concha tem uma camada prismática externa bem-definida e uma camada nacarada interna. Como ocorre também nos quítons, o manto circunda o corpo e o pé na forma de uma prega circular, constituindo os sulcos laterais do manto.

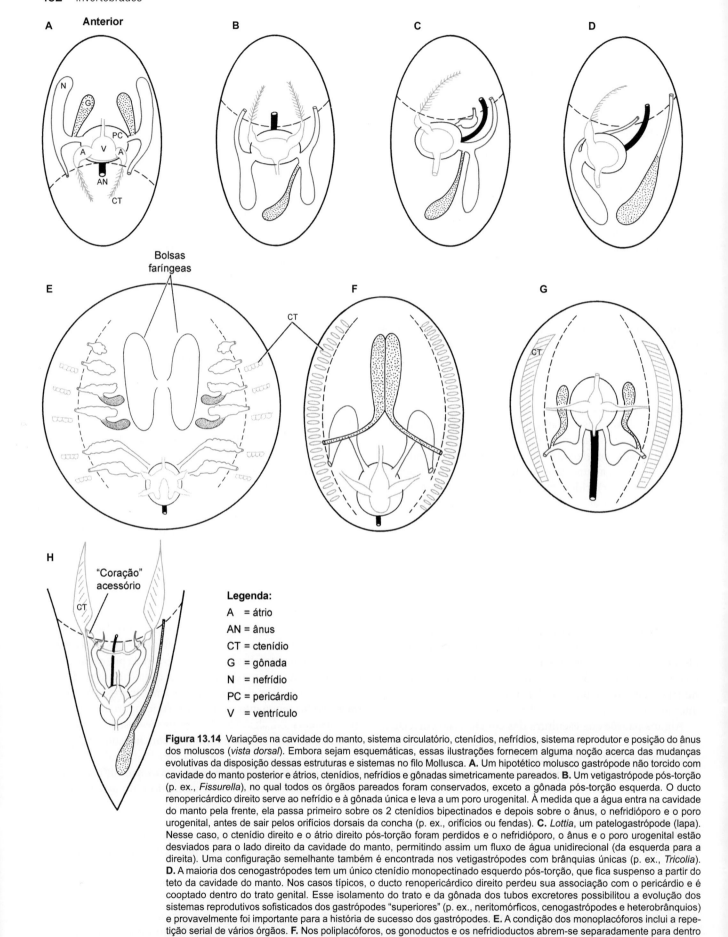

Figura 13.14 Variações na cavidade do manto, sistema circulatório, ctenídios, nefrídios, sistema reprodutor e posição do ânus dos moluscos (vista dorsal). Embora sejam esquemáticas, essas ilustrações fornecem alguma noção acerca das mudanças evolutivas da disposição dessas estruturas e sistemas no filo Mollusca. **A.** Um hipotético molusco gastrópode não torcido com cavidade do manto posterior e átrios, ctenídios, nefrídios e gônadas simetricamente pareados. **B.** Um vetigastrópode pós-torção (p. ex., *Fissurella*), no qual todos os órgãos pareados foram conservados, exceto a gônada pós-torção esquerda. O ducto renopericárdico direito serve ao nefrídio e à gônada única e leva a um poro urogenital. À medida que a água entra na cavidade do manto pela frente, ela passa primeiro sobre os 2 ctenídios bipectinados e depois sobre o ânus, o nefridióporo e o poro urogenital, antes de sair pelos orifícios dorsais da concha (p. ex., orifícios ou fendas). **C.** *Lottia*, um patelogastrópode (lapa). Nesse caso, o ctenídio direito e o átrio direito pós-torção foram perdidos e o nefridióporo, o ânus e o poro urogenital estão desviados para o lado direito da cavidade do manto, permitindo assim um fluxo de água unidirecional (da esquerda para a direita). Uma configuração semelhante também é encontrada nos vetigastrópodes com brânquias únicas (p. ex., *Tricolia*). **D.** A maioria dos cenogastrópodes tem um único ctenídio monopectinado esquerdo pós-torção, que fica suspenso a partir do teto da cavidade do manto. Nos casos típicos, o ducto renopericárdico direito perdeu sua associação com o pericárdio e é cooptado dentro do trato genital. Esse isolamento do trato e da gônada dos tubos excretores possibilitou a evolução dos sistemas reprodutivos sofisticados dos gastrópodes "superiores" (p. ex., neritomórficos, cenogastrópodes e heterobrânquios) e provavelmente foi importante para a história de sucesso dos gastrópodes. **E.** A condição dos monoplacóforos inclui a repetição serial de vários órgãos. **F.** Nos poliplacóforos, os gonoductos e os nefridioductos abrem-se separadamente para dentro das regiões exalantes dos sulcos paliais laterais. **G.** Condição generalizada dos bivalves. As gônadas e os nefrídios podem compartilhar os mesmos poros, como se observa aqui, ou se abrir separadamente para dentro de câmaras laterais do manto. **H.** Condição de um cefalópode generalizado com sistema reprodutor único isolado e sistema circulatório completamente fechado.

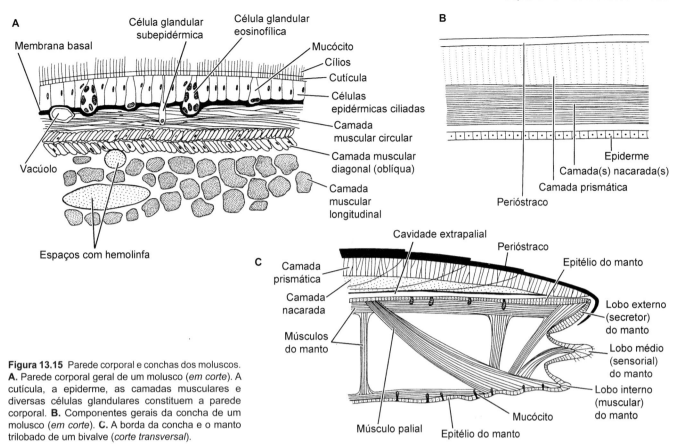

Figura 13.15 Parede corporal e conchas dos moluscos. **A.** Parede corporal geral de um molusco (*em corte*). A cutícula, a epiderme, as camadas musculares e diversas células glandulares constituem a parede corporal. **B.** Componentes gerais da concha de um molusco (*em corte*). **C.** A borda da concha e o manto trilobado de um bivalve (*corte transversal*).

Os bivalves têm 2 conchas, ou **valvas**, que estão conectadas na superfície dorsal por um **ligamento** proteináceo elástico e circundam o corpo e a cavidade espaçosa do manto (Figuras 13.1 M a P; 13.8; 13.16 J e K). Nos casos típicos, as conchas dos bivalves têm um perióstraco fino, que recobre 2 a 4 camadas calcárias, cujas composição e estrutura são variáveis. Em geral, as camadas calcárias são de aragonita ou de uma mistura de aragonita/calcita, e comumente têm uma trama orgânica substancial. O perióstraco e a matriz orgânica podem representar mais de 70% do peso seco da concha de alguns táxons que formam conchas finas. Cada valva tem uma protuberância dorsal conhecida como umbo, que é a parte mais antiga da concha. As linhas de crescimento concêntricas irradiam-se para fora do umbo. Quando as valvas estão fechadas pela contração dos músculos adutores, a parte externa do ligamento é esticada e a parte interna é comprimida. Desse modo, quando os músculos adutores relaxam, o ligamento flexível faz as valvas abrirem. O aparato da charneira compreende vários soquetes e dobras semelhantes a dentes ou franjas (dentes da charneira), que alinham as valvas e impedem seu movimento lateral. Na maioria dos bivalves, os músculos adutores contêm fibras lisas e estriadas, facilitando o fechamento rápido e sustentado das valvas. Essa divisão de funções é evidente em alguns bivalves, por exemplo, nas ostras, nas quais o músculo adutor único volumoso é claramente composto de 2 partes – uma região estriada escura, que funciona como músculo de fechamento rápido; e uma região mais lisa e branca, que tem a função de manter a concha hermeticamente fechada por longos períodos.

Nos bivalves, o manto fino reveste as superfícies internas das valvas e separa a massa visceral da concha. A borda do manto de um bivalve tem 3 saliências ou dobras longitudinais – dobras interna, mediana e externa (Figura 13.15 C). A dobra mais interna é a maior e contém os músculos radiais e circulares, alguns fixando o manto à concha. A linha de inserção do manto aparece na superfície interna de cada valva na forma de uma cicatriz conhecida como **linha palial** (Figura 13.16 J) e essa cicatriz geralmente é uma característica diagnóstica útil. A dobra mediana do manto tem função sensorial, enquanto a dobra externa é responsável por secretar a concha. As células do lobo externo são especializadas: as células mediais depositam o perióstraco, enquanto as células laterais secretam a primeira camada calcária. Desse modo, toda a superfície do manto é responsável por secretar a parte calcária mais interna restante da concha. Existe um espaço extrapalial fino entre o manto e a concha e é dentro dele que são secretados e misturados os materiais necessários à formação da concha. Quando um objeto estranho (p. ex., um grão de areia) aloja-se entre o manto e a concha, ele pode transformar-se no núcleo ao redor do qual são depositadas camadas concêntricas de concha porcelanada ou nacarada lisa. O resultado é uma pérola, seja livre no espaço extrapalial ou parcialmente embebida na concha em crescimento.[6]

As conchas dos escafópodes assemelham-se a uma presa de elefante oca em miniatura, daí seus nomes vernaculares "concha dente-de-elefante" e "dentálio" (Figuras 13.1 L e 13.9). A concha dos escafópodes é aberta nas duas extremidades, com o orifício menor na extremidade dorsal do corpo. A maioria das conchas dente-de-elefante é ligeiramente curva

---

[6]As pérolas também são encontradas em alguns gastrópodes com camadas internas nacaradas da concha, inclusive os abalones.

454 Invertebrados

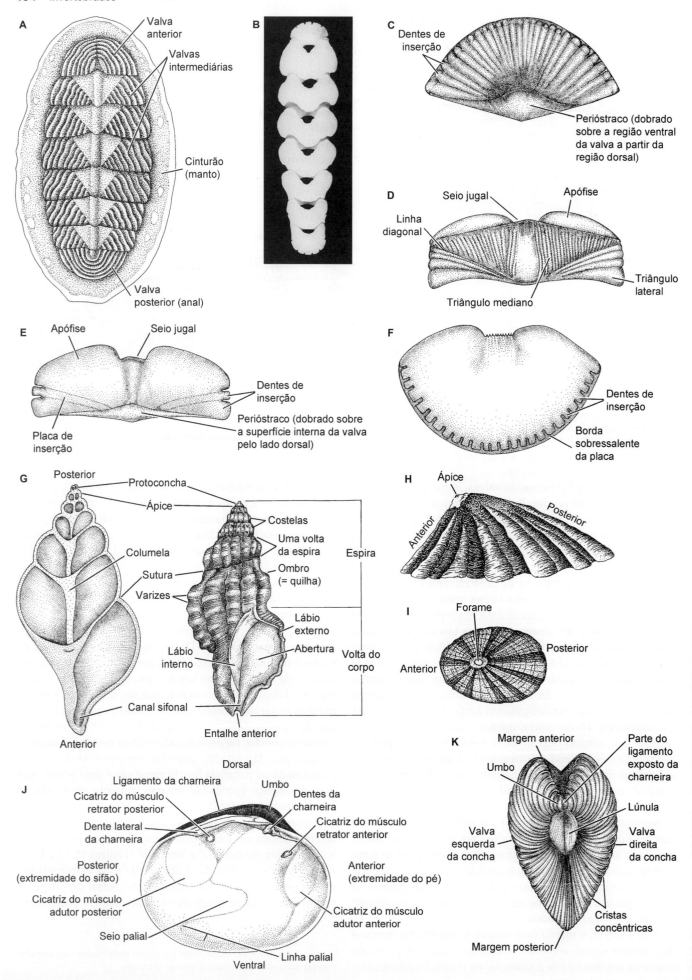

Figura 13.16 Morfologia e terminologia da concha. **A** a **F.** Conchas de quítons (Polyplacophora): **A.** Um quíton mostrando 8 valvas (*vista dorsal*). **B.** Valvas isoladas de *Cryptochiton stelleri*, ou quíton gigante "*gumboot*". **C.** Uma valva anterior (*vista ventral*). **D** e **E.** Uma valva intermediária (*vista dorsal* e *ventral*). **F.** Uma valva posterior (*vista ventral*). **G.** Características interna e externa da concha espiral de um gastrópode. **H.** Uma lapa lotiídea (Patellogstropoda) (*vista lateral*). **I.** Concha de uma lapa *keyhole* vetigastrópode (*vista superior*). **J.** *Vista interna* da valva esquerda da concha de um marisco heterodôntico (Bivalvia). **K.** *Vista dorsal* da concha de um marisco heterodôntico.

e seu lado côncavo equivale à superfície anterior dos outros moluscos. O manto é grande e reveste toda a superfície posterior da concha. O orifício dorsal serve para inalar e exalar as correntes de água.

A maioria dos cefalópodes viventes possui uma concha reduzida ou não apresenta conchas. Uma concha externa completamente formada foi encontrada apenas nas formas fósseis e nas espécies vivas de *Nautilus*. Nas lulas e nas sibas, a concha é reduzida e interna, enquanto nos polvos está totalmente ausente ou presente apenas na forma de um pequeno rudimento.

A concha de *Nautilus* é enrolada em um padrão planispiral (retorcida em torno de um único plano) e tem periostraco fino (Figuras 13.10; 13.17 A; 13.22 B). As conchas de *Nautilus* (e de todos os cefalópodes) são divididas em câmaras internas por septos transversais e apenas a última câmara é ocupada pelo corpo do animal vivo. À medida que o animal cresce, ele periodicamente se move para frente e a parte posterior do manto secreta um septo novo atrás dele. Cada septo é interconectado por um tubo, dentro do qual se estende um cordão de tecido conhecido como **sifúnculo**. O sifúnculo ajuda a regular a flutuação do animal por meio de quantidades variáveis de gás e líquido nas câmaras da concha. A concha é formada por uma camada nacarada interna e uma camada porcelanada externa, que contêm prismas de carbonato de cálcio e uma matriz orgânica. A superfície externa pode ser pigmentada ou branco-perolada. As junções entre os septos e a parede da concha são conhecidas como **suturas** e são simples e retilíneas, ligeiramente onduladas (como em *Nautilus*) ou fortemente sinuosas (como nos amonoides extintos). Em sibas (ordem Sepiida), a concha é reduzida e interna, com câmaras formando espaços muito estreitos separados por septos finos. Como ocorre também em *Nautilus*, uma siba pode regular as quantidades relativas de líquidos e gás em suas câmaras da concha.

As conchas pequenas, enroladas, septadas e preenchidas por gás, da lula *Spirula* de águas profundas são trazidas algumas vezes até as praias.

Registros fósseis sugeriram que as conchas dos primeiros cefalópodes provavelmente fossem cones curvos e pequenos. A partir desses ancestrais evoluíram as conchas enroladas e retilíneas, embora provavelmente tenha ocorrido perda do padrão espiral em vários grupos. Alguns cefalópodes com conchas retilíneas do período Ordoviciano mediam mais de 5 m de comprimento e algumas espécies enroladas do Cretáceo tinham conchas com diâmetro de 3 m.

As conchas dos gastrópodes são extremamente variadas quanto ao tamanho e ao formato (Figura 13.1 D e G). As menores são microscópicas (menos de 1 mm) e as maiores podem chegar a medir 70 cm de comprimento. O formato "típico" é o espiral cônico bem-conhecido, enrolado em torno de um eixo central ou columela (Figura 13.16 G). As voltas da espiral formam redemoinhos demarcados pelas linhas descritas como suturas. A volta maior é a última (ou corpo), que contém a abertura pela qual pé e a cabeça são protraídos. A vista tradicional da concha enrolada de um gastrópode com a espiral voltada para cima está, na verdade, "de cabeça para baixo", porque a borda inferior da abertura é anterior e o ápice da espiral da concha é posterior. As primeiras pequeníssimas voltas situadas no ápice correspondem à concha larval, a **protoconcha** (ou seus resquícios), que geralmente difere em conformação e cor do restante da concha. A última volta e a abertura podem ser entalhadas e desenhadas formando um **canal sifonal** anterior para abrigar um sifão (quando presente). Também pode haver um canal posterior menor na borda posterior da abertura, que abriga uma prega sifonada do manto, pela qual são expelidas escórias e água.

Todas as variações imagináveis da concha enrolada básica podem ser encontradas nos gastrópodes (e algumas inimagináveis): a concha pode ser longa e fina (p. ex., turritelas) ou curta e inflada (p. ex., troquídeos), ou pode ser achatada com todas as voltas mais ou menos no mesmo plano (p. ex., relógios-de-sol). Em alguns animais, a espiral pode estar mais ou menos incorporada dentro da última volta e, eventualmente, desaparece de vista (como nos búzios). Em algumas com última volta muito maior, a abertura pode estar reduzida a uma fenda alongada (Figura 13.1 E; p. ex., búzios, olivas e cones). Em alguns grupos, o enrolamento da concha pode ser tão frouxo que se forma um

Figura 13.17 Dois tipos muito diferentes de conchas dos cefalópodes. **A.** Concha compartimentalizada de *Nautilus* exposta em *corte longitudinal*. **B.** "Concha" do náutilo-papel envoltório do ovo (*Argonauta*).

tubo vermiforme sinuoso (p. ex., os chamados "caracóis tubulares", vermetídeos e siliquarídeos; Figura 13.19 E). Em outros grupos de gastrópodes, a concha pode ser reduzida e recoberta pelo manto, ou pode desaparecer por completo, resultando no corpo de uma lesma (ver adiante). A espiral da maioria dos gastrópodes gira em sentido horário (ou seja, apresenta um enrolamento dextrogiro ou voltado para a direita). Alguns são levógiros (voltados para a esquerda), e algumas espécies, que normalmente são dextrogiras, podem ocasionalmente produzir espécimes levógiros. Nas lapas, a concha tem formato de capuz, com configuração cônica e pouca ou nenhuma espiral visível (Figura 13.16 H e I). O formato da concha da lapa é provavelmente derivado de ancestrais enrolados em diversas fases da evolução dos gastrópodes.

As conchas dos gastrópodes consistem em um perióstraco orgânico fino externo e 2 ou 3 camadas calcárias: uma camada prismática externa (ou paliçada) e as camadas lamelares mediana e interna ou cruzadas. Em muitos vetigastrópodes, a camada interna é nacarada. Em alguns patelogastrópodes, podem ser detectadas até 6 camadas calcárias, mas, na maioria dos gastrópodes vivos, a estrutura da concha é basicamente uma camada composta de cristais cruzados (estrutura lamelar cruzada). Os gastrópodes nos quais a concha é habitualmente coberta pelos lobos do manto não têm perióstraco (p. ex., olivas e búzios), mas em alguns outros grupos o perióstraco é muito espesso e, em alguns casos, é produzido em lamelas ou pelos. As camadas prismática e lamelar consistem basicamente em carbonato de cálcio, seja na forma de calcita ou aragonita. Esses dois compostos de cálcio são quimicamente idênticos, mas cristalizam diferentemente e podem ser identificados ao exame microscópico dos cortes da concha. Quantidades pequenas de outros elementos inorgânicos são incorporadas à trama de carbonato de cálcio, inclusive substâncias químicas como fosfato, sulfato de cálcio, carbonato de magnésio e sais de alumínio, ferro, cobre, estrôncio, bário, silício, manganês, iodo e flúor.

Um aspecto intrigante da evolução dos gastrópodes é a perda de sua concha e a aquisição do formato de "lesma". Apesar do fato de que a evolução da concha enrolada possibilitou mais sucesso aos gastrópodes – 75% de todos os moluscos vivos são caracóis –, a perda secundária da concha ocorreu muitas vezes nessa classe, mas principalmente em vários grupos de eutineuros, como as lesmas marinhas e terrestres. Nos animais como as lesmas marinhas e terrestres, a concha pode persistir na forma de um vestígio diminuto coberto pelo manto dorsal (p. ex., as lesmas marinhas eutineuras Aplysiina e Pleurobranchidae e na família dos cenogastrópodes Velutinidae), ou como um pequeno rudimento externo, como na lesma terrestre carnívora *Testacella*, ou pode ainda estar completamente perdida (p. ex., nudibrânquios, sistelomatóforos, algumas lesmas estilomatóforas terrestres e lesma neritimórfica *Titiscania*). Nos nudibrânquios (Nudibranchia), a concha larval é primeiramente coberta e depois reabsorvida pelo manto durante a ontogenia. A perda da concha ocorreu diversas vezes nos gastrópodes, principalmente entre as lesmas marinhas ("opistobrânquios") e os pulmonados estilomatóforos. A produção das conchas é energeticamente dispendiosa e requer uma fonte confiável de cálcio no ambiente, de forma que poderia ser vantajoso eliminá-las, desde que houvesse um mecanismo compensatório. Por exemplo, a maioria ou quase todas as lesmas marinhas secretam substâncias químicas que as tornam não palatáveis aos predadores. Além disso, a coloração brilhante de muitos nudibrânquios pode desempenhar uma função defensiva. Em algumas espécies, a coloração imita o substrato sobre o qual o animal está, como ocorre com o pequeno nudibrânquio vermelho *Rostanga pulchra*, que adquire quase a mesma cor da esponja vermelha da qual se alimenta. Contudo, muitos nudibrânquios são conspícuos na natureza. Nesses casos, a cor pode servir para advertir os predadores do sabor desagradável da lesma ou, como sugerido por Rudman (1991), os predadores podem simplesmente ignorar essas "novidades" brilhantes em seu ambiente.

Torção

Uma das etapas mais notáveis e dramáticas ocorridas durante a evolução dos moluscos foi o advento da torção – uma sinapomorfia singular dos gastrópodes –, algo muito diferente de tudo o mais no reino animal. A torção ocorre durante o desenvolvimento de todos os gastrópodes, geralmente durante o estágio avançado de larva véliger. Trata-se de uma rotação de cerca de 180° da massa víscera, acompanhada do manto e da concha que a recobrem, em relação com a cabeça e o pé (Figuras 13.18 e 13.53). A torção sempre ocorre em sentido anti-horário (olhando o animal por cima) e é totalmente diferente do fenômeno de enrolamento. Durante a torção, a cavidade do manto e o ânus são transferidos da posição posterior para a anterior, um pouco acima e atrás da cabeça. As estruturas viscerais e os órgãos incipientes, que estavam no lado direito da extremidade do corpo da larva, passam para o lado esquerdo do corpo do adulto. O trato digestivo é torcido e adquire formato de "U" e, quando se desenvolvem os cordões de nervosos longitudinais, que conectam os gânglios pleurais aos viscerais, eles são cruzados praticamente formando uma figura de "8". A maioria das larvas véliger tem nefrídios, que mudam de lado, mas as brânquias e as gônadas dos animais adultos não estão plenamente desenvolvidas quando a torção ocorre.

Em geral, a torção é um processo em duas etapas. Durante o desenvolvimento larval, forma-se um músculo retrator pedal ou velar assimétrico. Esse músculo estende-se da concha à direita dorsalmente sobre o trato digestivo e tem sua inserção no lado esquerdo da cabeça e de pé. Em determinado estágio do desenvolvimento da larva véliger, a contração desse músculo faz com que a concha e as vísceras envolvidas torçam cerca de 90° em sentido anti-horário. Essa primeira torção de 90° geralmente é rápida e ocorre em alguns minutos ou horas. Nos casos típicos, a segunda torção de 90° é muito mais lenta e resulta do crescimento diferenciado dos tecidos. Ao fim do processo, as vísceras foram puxadas de cima para a esquerda e, por fim, adquirem a configuração em forma de "8" dos nervos viscerais do animal adulto. Contudo, a configuração em forma de "8" não é perfeita, na medida em que o gânglio esofágico esquerdo geralmente vem para uma posição dorsal ao trato digestivo e, consequentemente, é descrito como gânglio supraesofágico (= supraintestinal); entretanto, o gânglio esofágico direito fica em posição ventral ao trato digestivo e é conhecido como gânglio subesofágico (= subintestinal) (Figuras 13.18 e 13.40).

Os gastrópodes que retêm a torção até a vida adulta são descritos como **torcidos**; os animais que secundariamente revertem a um estado parcial ou totalmente destorcido na vida adulta são conhecidos como **destorcidos**. A configuração torcida em forma de "8" do sistema nervoso é conhecida como **estreptoneuria**. A condição destorcida na qual os nervos viscerais são destorcidos secundariamente é referida como **eutineuria**.

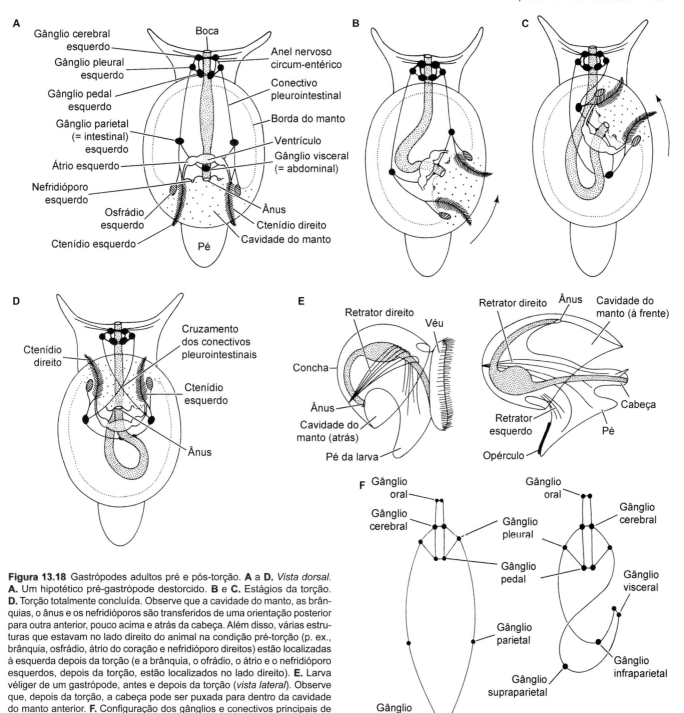

Figura 13.18 Gastrópodes adultos pré e pós-torção. **A** a **D**. *Vista dorsal*. **A**. Um hipotético pré-gastrópode destorcido. **B** e **C**. Estágios da torção. **D**. Torção totalmente concluída. Observe que a cavidade do manto, as brânquias, o ânus e os nefridióporos são transferidos de uma orientação posterior para outra anterior, pouco acima e atrás da cabeça. Além disso, várias estruturas que estavam no lado direito do animal na condição pré-torção (p. ex., brânquia, osfrádio, átrio do coração e nefridióporo direitos) estão localizadas à esquerda depois da torção (e a brânquia, o ofrádio, o átrio e o nefridióporo esquerdos, depois da torção, estão localizados no lado direito). **E**. Larva véliger de um gastrópode, antes e depois da torção (*vista lateral*). Observe que, depois da torção, a cabeça pode ser puxada para dentro da cavidade do manto anterior. **F**. Configuração dos gânglios e conectivos principais de um hipotético gastrópode não destorcido e adulto torcido.

Os gastrópodes destorcidos (p. ex., muitos heterobrânquios) passam por uma série de mudanças depois do estágio véliger, por meio das quais a torção original é revertida em graus variáveis. O processo transfere a cavidade do manto e no mínimo alguns dos seus órgãos associados de volta em cerca de 90° à direita (como ocorre nos "pulmonados" e algumas lesmas marinhas) ou, em alguns casos, eles voltam completamente à posição posterior do animal (destorção observada em alguns nudibrânquios).

Depois da torção, o ânus está situado à frente; isso significa que os primeiros gastrópodes não poderiam mais crescer facilmente em comprimento. Por isso, o aumento subsequente do tamanho ocorreu com o desenvolvimento de alças ou saliências na porção mediana do trato digestivo, produzindo, assim, a corcova visceral enrolada típica. Os primeiros sinais da torção e do enrolamento ocorrem praticamente na mesma época durante o desenvolvimento dos gastrópodes. As conchas dos gastrópodes enrolados mais primitivos do registro fóssil incluem formas planispirais e conispirais e é possível que o enrolamento tenha ocorrido antes do aparecimento da torção dos gastrópodes. Quando esses dois processos estavam estabelecidos, eles coevoluíram de diversas formas para formar o que hoje observamos nos gastrópodes vivos.

A evolução das conchas assimetricamente enroladas trouxe o efeito de restringir o lado direito da cavidade do manto – uma restrição que resultou na redução ou na perda de estruturas que estavam contidas no lado direito do corpo do animal adulto (o ctenídio, o átrio e o osfrádio esquerdos originais). Ao mesmo tempo, essas estruturas situadas no lado esquerdo do animal adulto (ctenídio direito, átrio e osfrádio direitos originais) tenderam a aumentar. A perda da gônada pós-torção esquerda provavelmente está relacionada com a torção e o enrolamento. A única gônada restante abre-se no lado direito por meio do ducto nefridial e do nefridióporo direitos pós-torção. Os patelogastrópodes e a maioria dos vetigastrópodes conservam dois nefrídios funcionais, embora o nefrídio esquerdo pós-torção geralmente seja reduzido. Em outros gastrópodes, o nefrídio direito pós-torção foi perdido, mas seu ducto e poro continuam associados ao trato reprodutivo nos neritimórficos e cenogastrópodes.

Essas alterações extremas das relações espaciais entre as regiões principais do corpo, como as que foram desencadeadas pela torção e pelo enrolamento dos gastrópodes, são raras entre outros animais. Diversas teorias sobre o significado adaptativo da torção foram propostas, e esse tema ainda é controverso. O grande zoólogo Walter Garstang sugeriu que a torção tenha sido uma adaptação da larva véliger para proteger sua cabeça mole e seu véu ciliado dos predadores (ver seção sobre Desenvolvimento, mais adiante neste capítulo). Quando é incomodada, a reação imediata de uma larva véliger é retrair a cabeça e o pé para dentro da concha larval e, com isso, a larva começa a afundar rapidamente. Essa teoria pode parecer razoável para a evasão dos minúsculos predadores planctônicos, mas não parece ser lógica como meio de escapar dos predadores maiores dos oceanos, que certamente consomem as larvas véliger por inteiro – e qualquer utilidade adaptativa para os adultos também não seria explicada. Por fim, dois zoólogos testaram a teoria de Garstang oferecendo larvas véliger de abalones torcidos e destorcidos a vários predadores planctônicos; esses autores observaram que, em geral, as larvas véliger torcidas não eram consumidas com frequência menor que as larvas destorcidas (Pennington e Chia, 1985). Garstang apresentou primeiramente sua teoria em versos no ano de 1928, como costumava fazer para expressar seus conceitos zoológicos.

A Balada da Larva Véliger, ou Como o Gastrópode Torceu Seu Corpo

A véliger é um lépido marujo, o mais lépido do mar,
A impelir seu pequeno bote, traz de cada lado uma roda a girar;
Porém, quando o perigo ameaça seu apressado submersível,
Ela para o motor, fecha a portinhola e submerge furtivamente.
A véliger testemunhou várias transformações nas pelágicas embarcações a vapor;
A primeira que pilotou nada mais era que uma antiga e lenta embarcação, com diminuta cabine à popa.
Um Arquimolusco a modelou, à sua imagem e semelhança,
E, em uma bolsa do manto, à sua retaguarda, ela trazia sempre guardadas suas brânquias e seus demais pertences.
Jovens arquimoluscos eram lançados ao mar, despojados de tudo, a não ser um véu...
Algo como um aro com movimento giratório próprio a impulsioná-los, em vez de serem transportados passivamente;
E, rodopiando cá e lá, iam um a um adquirindo as feições dos pais.
Concha no dorso, pé no ventre – as mais singulares das diminutas criaturas.
Porém, quando fortuitamente esbarravam em seus vizinhos no mar,
Celenterados com fios urticantes e artrópodes todo espinhosos,
Acreditem vocês, traídos por um de seus pontos fracos, tornavam-se presas fáceis...
Expostos na dianteira, seus frágeis lobos pré-orais não podiam ser recolhidos e postos a salvo!
Seus pés, vejam só, a meia-nau, próximo ao aconchegante abrigo na popa,
Recolhiam-se prontamente, deixando a cabeça exposta, à mercê de todo perigo.
Então, os arquimoluscos foram escasseando, sua linhagem definhando celeremente,
Quando, pasmem, chegou a salvação por um mero acidente.
Uma legião de filhotes um dia surgiu, alvoroçada, cheia de novidades,
Anunciando que seus retratores direito e esquerdo eram diferentes:
Suas adriças de estibordo, fixas à popa, sozinhas, serviam à cabeça,
Enquanto aquelas fixas a bombordo espraiavam-se de través e serviam à parte posterior do corpo.
Inimigos predadores, ainda perambulando à deriva em números imbatíveis,
Foram agora surpreendidos por táticas que frustraram seus planos para o jantar.
Ante a ameaça, suas presas sucumbiram, mas prontamente reagiram,
Recolhendo ao abrigo da concha suas partes mais tenras, vulneráveis, deixando exposto o pé com seu rígido escudo córneo.
Essa manobra tática (vide Lamarck) aperfeiçoou-se com a repetição,
Até que as partes envolvidas nessa artimanha adquiriram periodicidade,
E a torção, agora independente de qualquer estímulo agressivo externo,
Seguirá seu curso predeterminado, mesmo em um vidro de relógio no laboratório.
E assim foi, então, que a véliger, triunfalmente torcida,
Adquiriu sua cabine à frente, nela abrigando todos os seus apetrechos de navegação...
Uma Trocósfera, em armadura blindada, com um pé para operar a escotilha de proa,
E dupla-hélice para impulsioná-la para frente, com rapidez e prontidão.
Porém, quando essas novas larvas véliger retornaram ao lar de origem para ali aportar,
E estabeleceram-se como Gastrópodes com cavidade do manto à frente
O arquimolusco buscou uma fenda para esconder sua vergonha e fracasso,
E, rangendo ameaçadoramente seus dentes córneos, sentiu chegada sua hora e, sucumbindo ao peso de seu revés, morreu.

Outros pesquisadores sugeriram a hipótese de que a torção tenha sido uma adaptação do animal adulto, que poderia ter criado mais espaço para a retração da cabeça para dentro da concha (talvez também para proteger-se dos predadores), ou para direcionar a cavidade do manto com suas brânquias e osfrádios sensíveis à água em direção mais anterior. Outra teoria também afirma que a torção evoluiu simultaneamente à evolução de uma concha enrolada – como mecanismo para alinhar as conchas enroladas altas de uma posição na qual elas pendiam para um dos lados (e, provavelmente, não tinham muito equilíbrio e limitavam o crescimento) para outra posição mais alinhada com o eixo longitudinal (cabeça–pé) do corpo. Teoricamente, essa última posição poderia ter permitido mais crescimento e alongamento da concha, ao mesmo tempo em que reduziria a tendência a que o animal caísse para um dos lados.

Quaisquer que tenham sido as forças evolutivas que resultaram na torção dos primeiros gastrópodes, os resultados foram a transferência do ânus, dos nefridióporos e dos gonóporos do animal adulto para uma posição mais anterior, correspondendo à nova posição da cavidade do manto. Entretanto, deve ser assinalado que a posição e a configuração reais da cavidade do manto e de suas estruturas associadas apresentam grandes variações; em muitos gastrópodes, embora estejam apontando para frente, essas estruturas podem realmente estar posicionadas mais na direção da região posterior do corpo do animal. A torção não é um processo perfeitamente simétrico.

A maior parte das histórias evolutivas dos gastrópodes enfatiza as alterações da cavidade do manto e de suas estruturas associadas, e muitas dessas alterações parecem ter sido desencadeadas por alguns impactos negativos da torção. Muitas modificações anatômicas dos gastrópodes parecem ser adaptações para evitar imperfeições, porque, sem alterar o fluxo original da água através da cavidade do manto de um gastrópode primitivo com dois ctenídios, as escórias provenientes do ânus posicionado ao centro (e talvez os nefrídios) seriam despejadas no alto da cabeça e poderiam poluir a boca e os ctenídios. Por isso, há muitos anos tem sido formulada a hipótese de que o primeiro passo – depois da evolução da torção – tenha sido o desenvolvimento de fendas ou orifícios na concha, alterando assim o fluxo de água de modo que uma corrente unidirecional passasse primeiramente sobre os ctenídios, depois sobre o ânus e o nefridióporo e, por fim, saísse pela fenda ou pelos orifícios da concha. Essa configuração é encontrada em alguns vetigastrópodes, inclusive as conchas em forma de fenda (Pleurotomarioidea) e os abalones e fissurelas (Figuras 13.1 D; 13.16 I; 13.36). Apesar de ser muito razoável, surpreendentemente, essa hipótese tem obtido pouca evidência empírica a seu favor. Além disso, o significado adaptativo dos orifícios da concha foi estudado por Voltzow e Collin (1995), que verificaram que o bloqueio dos orifícios das fissurelas não causava danos aos órgãos da cavidade do manto. Desse modo, o significado adaptativo da torção na evolução dos gastrópodes ainda não está definido.

Uma vez que redução ou perda evolutiva da brânquia e do osfrádio do lado direito precisou ocorrer, o fluxo da água pela cavidade do manto mudou da esquerda para a direita, passando primeiramente pela brânquia e pelo osfrádio esquerdo e, depois, atravessando o nefridióporo e o ânus e saindo pelo lado direito. Essa estratégia também trouxe o efeito de permitir que as estruturas do lado esquerdo crescessem e, por fim, adquirissem mais controle sobre o fluxo de água que entrava e saía da cavidade do manto, inclusive levando à evolução dos sifões longos. Embora a maioria dos gastrópodes ainda conserve a torção plena ou parcial, muitos gastrópodes heterobrânquios – dos quais todos perderam o ctenídio original – passaram por graus variados de destorção e por muitas outras modificações, talvez em resposta à ausência das limitações originalmente impostas pela torção.

Locomoção

O pé dos aplacóforos é rudimentar ou foi perdido (Figura 13.2). Em sua maioria, os Caudofoveata são escavadores infaunais que se movem por movimentos peristálticos da parede corporal, utilizando o escudo oral anterior como dispositivo de perfuração e âncora. O pé dos solenogastres tem pouca musculatura e a locomoção ocorre basicamente por movimentos de deslizamento ciliar lentos dentro ou sobre o substrato. Os Caudofoveata são predominantemente escavadores infaunais e os solenogastres são basicamente simbióticos de vários cnidários. Com exceção desses dois grupos, a maioria dos outros moluscos tem pé evidente e bem-definido, com exceção dos cefalópodes, nos quais ele é extremamente modificado. Nos quítons, nos monoplacóforos e na maioria dos gastrópodes, o pé comumente forma uma sola rastejante ventral chata (Figuras 13.3 B; 13.4 B; 13.5 B; 13.19). A sola é ciliada e está equipada com várias células glandulares, que produzem um rastro mucoso sobre o qual o animal desliza. Nos gastrópodes, as glândulas pedais aumentadas fornecem quantidades substanciais de muco (deslizante), o que é especialmente importante para as espécies terrestres que precisam deslizar em superfícies relativamente secas. Na maioria dos gastrópodes, existe uma glândula mucosa anterior, que se abre para uma fenda existente na borda anterior do pé ou um pouco atrás dele. Esse lobo anterior é conhecido como **propódio**, enquanto o restante do pé é descrito como **metapódio**. Em alguns cenogastrópodes, uma glândula mucosa metapodial se abre na região mediana da sola. Os movimentos dos moluscos pequenos podem depender em grande parte da propulsão ciliar, mas a maioria movimenta-se por meio de ondas de contrações musculares, que se estendem ao longo do pé.

O pé dos gastrópodes tem conjuntos de músculos retratores pedais, que se fixam à concha e ao manto dorsal em diversos ângulos. Esses e outros músculos menores do pé atuam simultaneamente de forma a levantar e abaixar a sola, ou encurtá-la em direção longitudinal ou transversal. As ondas contráteis podem mover-se de trás para frente (ondas diretas) ou da frente para trás (ondas retrógradas) (Figura 13.19 A e B). As ondas diretas dependem da contração dos músculos longitudinais e dorsoventrais, que começam na extremidade posterior do pé; desse modo, segmentos sucessivos do pé são "empurrados" para frente. As ondas retrógradas dependem da contração dos músculos transversais, que interagem com a pressão hemocélica para estender a parte anterior do pé para frente, seguindo-se a contração dos músculos longitudinais. O resultado é que áreas sucessivas do pé são "puxadas" para a frente (Figura 13.19 A e B). Em alguns gastrópodes, os músculos do pé estão separados por uma linha medioventral, de modo que os dois lados da sola funcionam independentemente até certo ponto. Os lados direito e esquerdo do pé alternam seus movimentos para a frente, quase como se fossem passadas, resultando em um tipo de locomoção "bipedal".

Modificações desse esquema locomotor bentônico geral são encontradas em muitos grupos. Alguns gastrópodes, inclusive os caracóis-lua (Figura 13.19 D), deslocam-se como um "arado" por dentro do sedimento, e alguns até perfuram abaixo da superfície do sedimento. Em geral, esses gastrópodes têm propódio dilatado em forma de escudo, que funciona como um arado, enquanto alguns naticídeos e cefalospídeos dispõem de uma dobra em formato de aba, a qual cobre a cabeça como um escudo protetor. Outros escavadores, como as brocas, escavam empurrando o pé para dentro do substrato, ancorando-o por

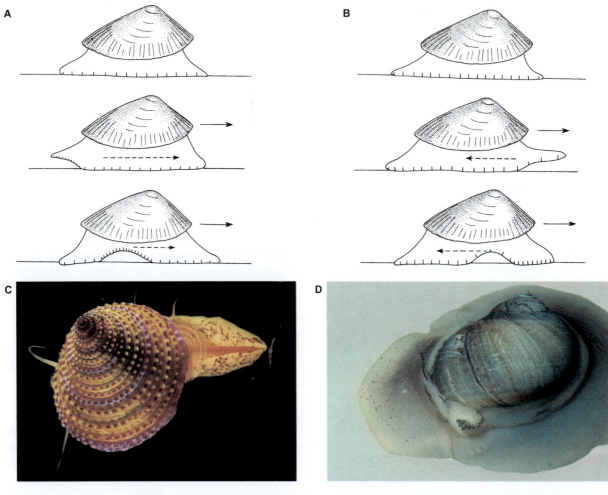

Figura 13.19 A e **B**. Locomoção de um gastrópode bentônico movendo-se para a direita por meio de ondas de contração dos músculos pedais (as *setas cheias* indicam a direção do movimento do animal; a *seta pontilhada* assinala o sentido da onda de contração muscular). Em **A**, as ondas contráteis avançam na mesma direção que o animal, ou seja, de trás para frente (*ondas diretas*). Os músculos situados na parte posterior do animal contraem para levantar o pé do substrato; o pé se encurta na região contraída e, em seguida, se alonga à medida que é recolocado no substrato depois que a onda passa. Desse modo, segmentos sucessivos do pé são "empurrados" para frente. Em **B**, o animal avança para frente à medida que as ondas contráteis passam em direção contrária, ou seja, da frente para trás (*ondas retrógradas*). Nesse caso, os músculos pedais levantam a parte anterior do pé do substrato, o pé se alonga, é colocado de volta no substrato e depois contrai para "puxar" o corpo do animal para frente, muito semelhante a "passos". **C.** *Calliostoma*, um vetigastrópode (Calliostomatidae) adaptado para rastejar em substratos duros. Observe a *linha de separação* dos lados direito e esquerdo do pé rastejador; essa linha indica uma separação das massas musculares, que permite um movimento "quase bipedal" à medida que o animal avança (ver mais detalhes no texto). **D.** *Polinices*, ou caramujo-lua (Naticidae), tem um pé enorme, que pode ser inflado pela incorporação de água dentro de uma rede de canais em seus tecidos, permitindo, assim, que o animal abra sulcos na camada superficial dos sedimentos moles. **E.** *Tenagodus* (Siliquariidae), um caramujo vermiforme siliquarídeo séssil.

ingurgitamento de hemolinfa e, em seguida, empurrando o corpo para frente por contração dos músculos longitudinais. Na concha *Strombus*, o opérculo forma uma "garra" grande, que mergulha no substrato e é usada como ponto de fixação à medida que o animal empurra seu corpo para frente como um saltador de vara, utilizando seu pé muscular altamente modificado. Em alguns heterobrânquios, especialmente nas lebres-marinhas (Aplysidae), as abas laterais do pé expandem-se na direção do dorso na forma de parapódios, que se fundem dorsalmente em algumas espécies.

Alguns moluscos que vivem em hábitats litorâneos de alto dinamismo, inclusive quítons e lapas, têm pés muito largos, que aderem firmemente aos substratos duros. Os quítons também utilizam seu cinturão largo para aumentar a adesão ao substrato, contendo firmemente e levantando a borda interna para criar vácuo suave. Algumas lesmas (p. ex., Vermetidae e Siliquariidae) são inteiramente sésseis, e os vermetídeos fixam-se aos substratos duros, enquanto os siliquarídeos (Figura 13.19 E) vivem nas esponjas. Esses gastrópodes têm conchas larvais e juvenis típicas; contudo, depois que se implantam e começam a crescer, as voltas da concha tornam-se cada vez mais separadas umas das outras, resultando em uma forma de saca-rolha ou torcida. Outros gastrópodes, como as crepídulas, são sedentários. Esses animais tendem a permanecer no mesmo lugar e alimentam-se de partículas orgânicas da água circundante. A sola das lapas hiponicídeas secreta uma placa calcária e, por isso, os animais adultos são semelhantes às ostras e alimentam-se de depósitos utilizando seu focinho longo.

Algumas lapas e quítons mostram comportamentos de localização. Em geral, essas atividades estão associadas às excursões alimentares estimuladas pelas alterações dos níveis da maré ou de luminosidade, mas depois os animais voltam aos seus lares, que são percebidos como uma marca ou mesmo uma depressão na superfície da rocha. Os comportamentos de localização também são observados em alguns caracóis e lesmas terrestres.

A maioria dos bivalves vive em hábitats bentônicos moles, onde perfuram a várias profundidades do substrato (Figura 13.20 E a I). Nessas espécies infaunais, o pé geralmente é semelhante a uma lâmina comprimida lateralmente (o termo pelecípode

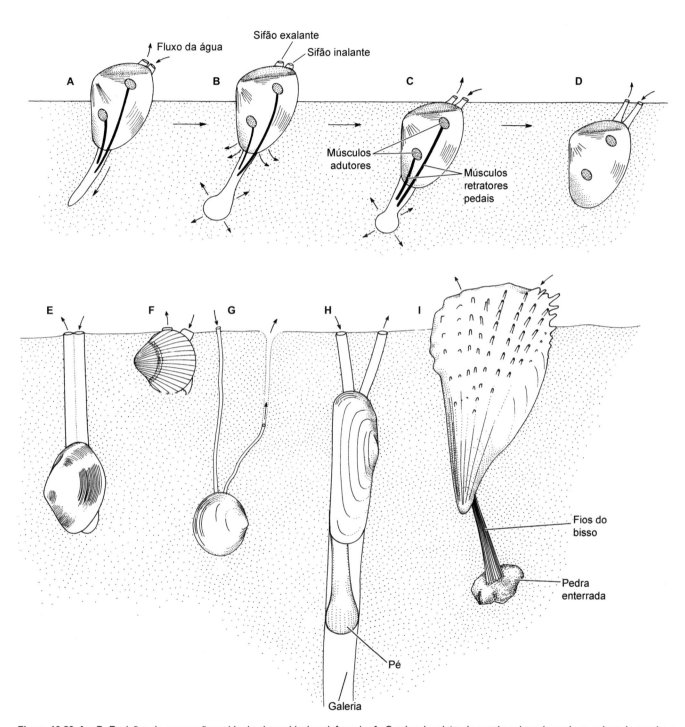

Figura 13.20 A a D. Posições de escavação e vida de alguns bivalves infaunais. **A.** O músculo adutor da concha relaxa, levando as valvas da concha a separar-se e formar uma âncora. Os músculos retratores pedais relaxam. Os músculos circulares e transversais do pé contraem, resultando na extensão do pé para dentro do substrato. **B.** A hemolinfa é bombeada para dentro da ponta do pé, resultando em sua expansão e na formação de uma âncora. Os sifões fecham e retraem à medida que os músculos adutores da concha contraem, fechando a concha e forçando a água a sair entre as valvas e ao redor do pé. **C.** Os músculos retratores pedais anterior e posterior contraem e empurram o marisco para mais fundo no substrato. **D.** O músculo adutor da concha relaxa para permitir que as valvas se afastem e formem uma âncora nessa nova posição. O pé é retraído. **E a I.** Cinco bivalves em sedimentos moles; as setas indicam a direção do fluxo da água. **E.** Um escavador profundo com sifões longos fundidos (*Tresus*). **F.** Um escavador superficial com sifões muito curtos (*Clinocardium*). **G.** Um escavador profundo com sifões longos e separados (*Scrobicularia*). **H.** O mexilhão-navalha ou navalheira (*Tagelus*) vive em areais instáveis e mantém uma galeria, para onde pode fugir rapidamente. **I.** *Atrina*, ou pina, fixa seus fios do bisso em objetos sólidos escondidos nos segmentos de areia.

significa "pé-de-machadinha", assim como seu corpo em geral. Os músculos retratores pedais dos bivalves são um pouco diferentes dos que ocorrem nos gastrópodes, mas também se estendem do pé até a concha (Figura 13.8 D). O pé é direcionado para frente e é usado principalmente para escavação e ancoragem, funcionando por uma combinação de ação muscular e pressão hidráulica (Figura 13.20 A a D). A extensão do pé é conseguida por ingurgitamento com hemolinfa, combinado com a ação de um par de músculos protratores pedais. Com o pé estendido, as valvas são puxadas simultaneamente pelos músculos adutores da concha. Mais hemolinfa proveniente da hemocele da massa visceral é forçada a entrar na hemocele pedal, resultando na expansão do pé e sua ancoragem ao substrato. Quando o pé está ancorado, os pares anterior e posterior de músculos retratores pedais contraem e puxam a concha para baixo. A retração do pé para dentro da concha é conseguida por contração dos retratores pedais, combinada com relaxamento dos músculos adutores da concha. Muitos bivalves infaunais escavam para cima da mesma maneira, mas outros retornam utilizando a pressão hidrostática para empurrar contra a extremidade ancorada do pé. A maioria dos bivalves tem músculos adutores anteriores e posteriores bem-desenvolvidos (condição dimiária).

Existem vários grupos de bivalves que adotam estilos de vida epifaunais e ficam permanentemente fixados ao substrato cimentando uma das valvas a uma superfície rígida, como ocorre com as ostras verdadeiras, por exemplo as ostras-da-rocha (Ostreidae) e as vieiras-da-pedra (Spondylidae). Outros usam filamentos de ancoragem especiais (**fios do bisso**) como é o caso dos mexilhões (Mytilidae) (Figura 13.21 A e B), das arcas e algumas outras famílias, inclusive as ostras peroladas ou aladas (Pteriidae) e muitos outros bivalves pteriomórficos, inclusive Pinnidae e alguns Arcidae e Pectinidae. Embora as formas juvenis de alguns bivalves heterodônticos produzam um ou mais fios de bisso transitórios, algumas espécies (como o mexilhão-zebra, ou *Dreissena*) permanecem fixadas pelos fios de bisso durante sua vida adulta.

As ostras verdadeiras (Ostreidae, inclusive as ostras americana e europeia comestíveis) ancoram inicialmente em seu estágio de larva véliger implantada (conhecida como "*spat*", ou **cuspe**, pelos criadores de ostras), secretando uma gota adesiva proveniente da glândula do bisso. Entretanto, os animais adultos têm uma valva cimentada permanentemente ao substrato e o cimento é produzido pelo manto.

Os fios do bisso são secretados em sua forma líquida pela **glândula do bisso**, localizada no pé. O líquido flui ao longo de um sulco do pé para o substrato, onde cada fio torna-se firmemente fixado. Os fios são preparados pelo pé; ao ser fixados, eles endurecem rapidamente por um processo de taninização, quando então o pé é retraído. Um músculo retrator do fio do bisso pode ajudar o animal a puxar seu corpo de encontro à sua ancoragem no substrato. Os mexilhões têm um pé digitiforme pequeno, cuja função principal é formar e implantar os fios do bisso. Os mariscos gigantes (Cardiidae) inicialmente se fixam por fios do bisso, mas eles geralmente são perdidos à medida que o animal amadurece e torna-se suficientemente pesado para não ser levado pelas correntes (Figura 13.1 N). Nas ostras *jingle shell* (Anomiidae), os fios do bisso estendem-se da valva superior por um orifício na valva inferior até se fixarem ao substrato, quando então se tornam secundariamente calcificados. Os fios do bisso provavelmente representam um componente larval primitivo e persistente dos grupos que os conservam até a vida adulta e muitos bivalves, que não têm estes fios do bisso na forma adulta, utilizam-nos para a fixação inicial durante o assentamento.

Em muitas famílias de bivalves fixados, inclusive mexilhões e ostras verdadeiras, o pé e a extremidade anterior são reduzidos. Isso comumente leva a uma redução do músculo adutor anterior (**condição anisomiária**) ou sua perda completa (**condição monomiária**).

Há ampla variação quanto ao formato e ao tamanho das conchas dos bivalves fixados. Alguns dos bivalves mais notáveis foram os rudistas da era Mesozoica, nos quais a valva inferior era semelhante a um chifre e frequentemente era curva, enquanto a valva superior formava uma tampa curva ou hemisférica muito menor (Figura 13.21 C). Os rudistas eram criaturas grandes e pesadas, que frequentemente formavam agregados maciços semelhantes aos recifes, fosse de algum modo se fixando ao substrato, fosse simplesmente se acumulando em grandes quantidades no fundo do mar na forma de "compotas de geleia". Esses acúmulos de conchas fósseis oferecem espaços nos quais se formaram depósitos de óleo nos sedimentos em muitas partes do Oriente Médio e do Caribe.

Alguns bivalves originalmente fixados evoluíram e adotaram um estilo de vida livre sobre o fundo do oceano (p. ex., alguns Pectinidae e Limidae) (Figura 13.1 M). Alguns são capazes de realizar incursões breves de natação por "jato-propulsão", conseguida por meio do batimento rápido e simultâneo das valvas.

O hábito de perfurar substratos duros evoluiu em várias linhagens diferentes de bivalves. Em todos os casos, a escavação começa pouco depois do assentamento da larva. À medida que o animal perfura mais fundo, ele cresce e logo se torna permanentemente preso, com apenas os sifões saindo pelo pequeno orifício original. Em geral, a perfuração é um processo mecânico; o animal usa os serrilhados existentes na região anterior das conchas para causar abrasões ou raspar o substrato. Algumas espécies também secretam um muco ácido, que dissolve parcialmente ou enfraquece os substratos calcários rígidos (calcário, coral, grandes conchas de animais mortos). Algumas espécies perfuram madeira, inclusive *Martesia* (Phaladidae), *Xylophaga* (Xylophagidae) e quase todas as espécies da família Teredinidae (*Bankia*, *Teredo*). Os teredinídeos, com seus corpos vermiformes longos, são conhecidos como gusanos-de-navio, em razão da destruição que eles podem causar nos cascos de madeira dos barcos (ou nas estacas dos atracadouros de madeira). Nos teredinídeos, as conchas são reduzidas a pequenas valvas semelhantes a bulbos anteriores, que funcionam como um aparato de perfuração (Figura 13.21 D e E). Alguns foladídeos perfuram pedras moles (p. ex., *Pholas*) ou outros substratos (p. ex., *Barnea*; Figura 13.21 E). Algumas espécies da família Mytilidae também são perfuradoras, como *Lithophaga*, que perfura por meios mecânicos e possivelmente químicos em rochas calcárias, conchas de vários outros moluscos (inclusive quítons) e corais, bem como o gênero *Adula*, que perfura rochas macias.

Os escafópodes estão adaptados aos hábitats infaunais e perfuram verticalmente pelo mesmo mecanismo básico utilizado por muitos bivalves (Figuras 13.1 L e 13.9). O pé alongado é projetado para dentro do substrato mole, onde um rebordo existente na parte distal do pé é expandido para funcionar como mecanismo de ancoragem; a contração dos músculos retratores pedais puxa o animal para baixo.

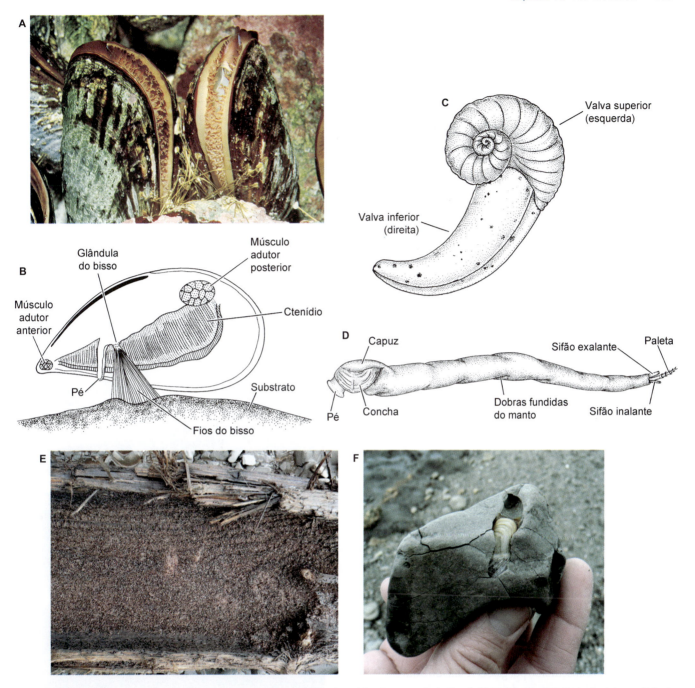

Figura 13.21 Mais bivalves. **A.** Um "leito" de mexilhões (*Mytilus californianus*) fixado por meio de fios do bisso (imagem ampliada de dois mexilhões). **B.** Um mexilhão (*vista lateral* com a valva esquerda retirada). **C.** Concha de um marisco rudista (*Coralliochama*) da era Mesozoica. **D.** Bivalve perfurador de madeira (*Teredo*). As paletas (apenas uma ilustrada) formam um par de placas conchais, que se fecham sobre os sifões quando retraídas. **E.** Um pedaço de madeira flutuante perfurada por um teredo (observe os milhares de orifícios minúsculos). **F.** Uma rocha perfurada por um Pholadidae. Pholadidae pode ser observado dentro de seu buraco perfurado.

Talvez a adaptação locomotora mais notável dos moluscos seja a natação, que evoluiu em vários táxons diferentes e de diversas formas, incluindo pelo batimento das valvas das vieiras. Em muitos outros animais desses grupos, o pé é modificado como estrutura natatória. No grupo singular de cenogastrópodes conhecido como heterópodes, o corpo é comprimido lateralmente, a concha é acentuadamente reduzida, o pé forma uma nadadeira e o animal nada de cabeça para baixo (Figura 13.7 A a C). A natação evoluiu várias vezes entre os heterobrânquios, incluindo os pterópodes (borboletas-do-mar), nos quais as extensões parapodiais do pé formam duas nadadeiras laterais longas, que são usadas como remos (Figura 13.7 D e E). Alguns nudibrânquios também nadam por meio de ondulações graciosas das pregas parapodiais semelhantes a abas, localizadas ao longo da borda corporal, ou por ondulações vigorosas do corpo. Embora tecnicamente não seja natação, os caramujos-violeta (*Janthina*) flutuam na superfície dos oceanos sobre uma balsa de bolhas secretadas pelo pé, enquanto alguns nudibrânquios planctônicos (p. ex., *Glaucus, Glaucilla*) mantêm-se flutuando por meio de uma bolha de ar conservada dentro do estômago!

Sem dúvida, os nadadores campeões são os cefalópodes (Figuras 13.1 J e K; 13.22). Esses animais abandonaram os hábitos geralmente sedentários dos outros moluscos e tornaram-se exímios predadores natantes. Quase todos os aspectos de sua biologia evoluíram em favor desse estilo de vida. A maioria dos cefalópodes nada expelindo água rapidamente de sua cavidade do manto. Nos cefalópodes coleoides, o manto tem camadas musculares radial e circular. A contração dos músculos radiais e o relaxamento dos músculos circulares empurram água para dentro da cavidade do manto, enquanto a inversão dessa ação muscular força a água a sair da cavidade do manto. A borda do manto é firmemente preguada ao redor da cabeça para canalizar a água que escapa por um **funil** ou **sifão** tubular (Figura 13.11 B e C). O funil é extremamente móvel e pode ser manipulado praticamente em qualquer direção, desse modo permitindo que o animal gire e avance. As lulas alcançam as maiores velocidades de natação dentre todos os invertebrados aquáticos e várias espécies podem até sair da água e lançar o próprio corpo alguns metros acima da água. A maioria dos polvos é bentônica e não tem as nadadeiras e os corpos aerodinâmicos típicos das lulas. Embora os polvos também utilizem a propulsão a jato de água, eles mais comumente dependem de seus braços longos dotados de ventosas para rastejar no fundo do oceano. Alguns polvos foram observados enquanto se moviam na posição ereta apenas sobre 2 tentáculos – locomoção bipedal! A siba é mais lenta que as lulas e, em geral, utiliza suas nadadeiras a fim de nadar para a frente, estabilizar e facilitar a propulsão.

Nautilus movimenta-se para cima e para baixo na coluna de água ao longo de um ciclo diurno, viajando comumente centenas de metros em cada direção. Esse animal pode regular ativamente sua flutuação por meio da secreção e da reabsorção de gases da câmara da concha (especialmente nitrogênio) através das células do sifúnculo. As câmaras desocupadas dessas conchas são parcialmente preenchidas por gás e um líquido conhecido como **líquido cameral**. O septo funciona como suporte, conferindo às conchas força suficiente para resistir às pressões de águas profundas. Como foi descrito antes, cada septo das conchas do náutilo é perfurado por um orifício minúsculo, por meio do qual se estende o sifúnculo, que se origina das vísceras e está envolvido dentro de um tubo calcário poroso. Vários íons dissolvidos no líquido cameral podem ser bombeados pelas camadas externas porosas para dentro das células do epitélio do sifúnculo. Quando a concentração celular de íons é suficientemente alta, o gradiente de difusão assim formado puxa o líquido das câmaras da concha para dentro das células do sifúnculo, ao mesmo tempo em que o líquido é substituído por gás. O resultado é um aumento da flutuação. Pela regulação desse processo, *Nautilus* pode manter-se flutuando livremente a qualquer profundidade. No passado, acreditava-se que esse mecanismo de "bombeamento" de gás-líquido permitisse suficientes alterações da flutuação para explicar todos os movimentos verticais amplos de *Nautilus*; contudo, as alterações de densidade podem não ser a única causa da força que o leva a percorrer grandes distâncias para cima e para baixo na coluna de água. *Nautilus* movimenta-se por propulsão a jato, contraindo rapidamente sua cabeça, mas sem contrair a musculatura do manto.

Alimentação

Os moluscos têm dois tipos básicos e fundamentalmente diferentes de alimentação: o primeiro consiste nos mecanismos alimentares da maioria dos moluscos e inclui micro- a macrofagia envolvendo raspagem, herbivoria, carnivoria pastadora e predadora, enquanto o segundo tipo é alimentação suspensívora (microfagia de suspensões). Os mecanismos básicos desses 2 tipos de alimentação estão descritos no Capítulo 4. Aqui, resumiremos as maneiras com que esses comportamentos alimentares são utilizados pelos moluscos. Nesta seção, também descreveremos uma estrutura singular dos moluscos – a rádula –, que é usada em microfagia, herbivoria e predação, e se modificou de várias maneiras curiosas e incomuns.

A cavidade oral pode conter um par de mandíbulas laterais (ou uma única mandíbula dorsal), regiões musculares com placas quitinosas que podem ser sólidas ou formadas por inúmeras unidades pequenas. As mandíbulas dos moluscos são altamente variadas. Por exemplo, em alguns heterobrânquios, as mandíbulas podem ser muito complexas, com "dentes" bem-definidos; em alguns cenogastrópodes carnívoros, as mandíbulas podem ser muito grandes, enquanto, nos cefalópodes, são modificadas na forma de bicos; por fim, algumas linhagens não têm qualquer tipo de mandíbula, incluindo os bivalves, que não têm mandíbulas e rádula.

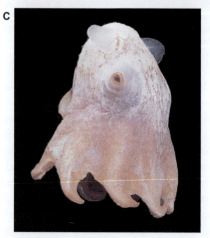

Figura 13.22 Cefalópodes nadadores. **A.** *Sepia*, ou siba. **B.** *Nautilus*. **C.** *Vampyroteuthis*, a lula "vampiro" em vista lateral.

Em geral, a rádula geralmente consiste em uma faixa de dentes quitinosos recurvados (Figuras 13.23 a 13.26). Os dentes podem ser simples, serrilhados, pectinados ou modificados de algum outro modo. A rádula geralmente funciona como raspador de remoção de partículas alimentares para ingestão, embora em muitos grupos tenha sido adaptada para outras finalidades. A rádula está presente na maioria dos moluscos mais primitivos vivos e, por isso, supõe-se que tenha sido originada nos estágios mais iniciais da evolução desses animais. Nos grupos dos aplacóforos, os dentes (quando existem) podem não estar localizados em uma faixa propriamente dita, mas em uma cutícula relativamente fina que recobre o epitélio do trato digestivo anterior – talvez seja o precursor evolutivo da rádula em formato de fileira. Em alguns aplacóforos, os dentes formam placas simples embebidas em um dos lados da parede lateral do trato digestivo anterior, enquanto, em outros, formam uma fileira transversal, ou até 50 fileiras, com até 24 dentes por fileira.

Nos gastrópodes e outros moluscos (exceto bivalves), um **odontóforo** projeta-se do assoalho da faringe ou da cavidade oral. O odontóforo é uma estrutura muscular que abriga a esteira radular complexa onde se implantam os dentes (Figura 13.23). A esteira – conhecida como **membrana radular** – é movimentada para frente e para trás por um conjunto de músculos protratores e retratores radulares sobre as cartilagens contidas no odontóforo (Figura 13.23). Essas cartilagens estão ausentes em alguns gastrópodes heterobrânquios. A rádula origina-se de um **saco radular**, no qual a membrana radular e os novos dentes são produzidos continuamente por células especiais, conhecidas como **odontoblastos**, para reposição dos dentes que foram perdidos pela erosão durante a alimentação. Medidas do crescimento radular indicam que até 5 fileiras de dentes novos podem ser acrescentadas diariamente em algumas espécies. O próprio odontóforo é movido para dentro e para fora da cavidade oral durante a alimentação por conjuntos de músculos protratores e retratores do odontóforo, que também facilitam a aplicação firme da rádula contra o substrato (Figuras 13.23; 13.24 A e B).

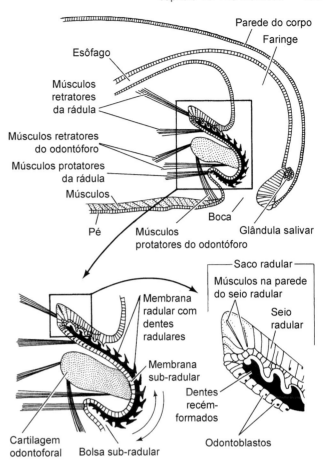

Figura 13.23 Rádula generalizada de um molusco e as estruturas orais associadas em 3 graus de "ampliação" (*corte longitudinal*).

O número de dentes radulares varia de alguns poucos até milhares e é uma característica taxonômica importante para muitos grupos. Em alguns moluscos, os dentes radulares são endurecidos por compostos de ferro, tais como magnetita (nos

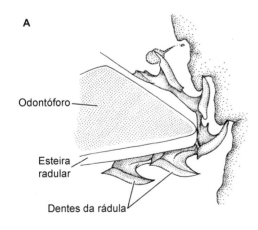

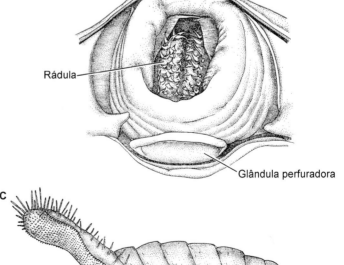

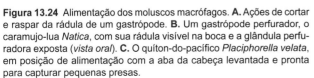

Figura 13.24 Alimentação dos moluscos macrófagos. **A.** Ações de cortar e raspar da rádula de um gastrópode. **B.** Um gastrópode perfurador, o caramujo-lua *Natica*, com sua rádula visível na boca e a glândula perfuradora exposta (*vista oral*). **C.** O quíton-do-pacífico *Placiphorella velata*, em posição de alimentação com a aba da cabeça levantada e pronta para capturar pequenas presas.

quítons) e goetita (nos patelogastrópodes). Como em muitos vertebrados, os dentes radulares mostram adaptações ao tipo de alimento ingerido. Nos vetigastrópodes (p. ex., fissurela, abalones, troquídeo), as **rádulas ripidoglossas** contêm grandes quantidades de dentes marginais delicados em cada fileira (Figura 13.25 A e 13.26 A). À medida que a rádula é puxada sobre o plano de inclinação do odontóforo, esses dentes atuam como escovas rígidas, varrendo partículas diminutas para a linha mediana, onde elas são capturadas pelas partes recurvadas dos dentes centrais, que puxam as partículas para dentro da cavidade oral. A maioria dos vetigastrópodes é constituída de forrageadores da região entremarés, que vivem de diatomáceas e outras algas e micróbios no substrato. Por outro lado, os patelogastrópodes (p. ex., lotoídeos e patelídeos) têm **rádula docoglossa**, que é impregnada com ferro e contém relativamente poucos dentes em cada fileira transversal. As rádulas dos lotoídeos, por exemplo, têm apenas 1, 2 ou nenhum dente marginal e apenas 3 pares de dentes laterais por fileira (Figura 13.26 B). Os rastros mucosos deixados por algumas lapas (p. ex., espécies que apresentam instinto de fidelidade ao local de repouso, como *Lottia gigantea* do Pacífico e *Collisella scabra*) na verdade funcionam como armadilhas adesivas para microalgas, que são suas fontes principais de alimento.

A rádula de muitos cenogastrópodes é do **tipo tenioglossa**, na qual existem apenas 2 dentes marginais em cada fileira, além de 3 outros dentes (laterais e central) (Figura 13.25 B a D). Em conjunto com as mandíbulas sofisticadas, as rádulas tenioglossas são capazes de realizar raspagem poderosa, permitindo que alguns caracóis litorídeos alimentem-se diretamente por raspagem das camadas de células superficiais das algas.

Os cenogastrópodes mais derivados (Neogastropoda) geralmente têm **rádulas raquiglossas**, sem dentes marginais (Figuras 13.25 E; 13.26 C e D). Esses animais usam os dentes restantes (1 a 3) para raspar, rasgar ou puxar. Em geral, esses caracóis são carnívoros ou alimentam-se de carniça, embora alguns membros de uma família (Columbellidae) sejam herbívoros. Os cenogastrópodes das famílias Muricidae e Naticidae comem outros moluscos perfurando a concha calcária de suas presas para comer a carne subjacente. Essa capacidade de perfurar evoluiu de forma totalmente independente nesses dois grupos. O processo é basicamente mecânico; o predador perfura com sua rádula, enquanto segura a presa com o pé. A atividade de perfuração é complementada pela secreção de uma substância química por uma **glândula perfuradora** (também conhecida como "órgão perfurador acessório"); a substância química é aplicada periodicamente para perfurar orifícios e enfraquecer a matriz calcária.

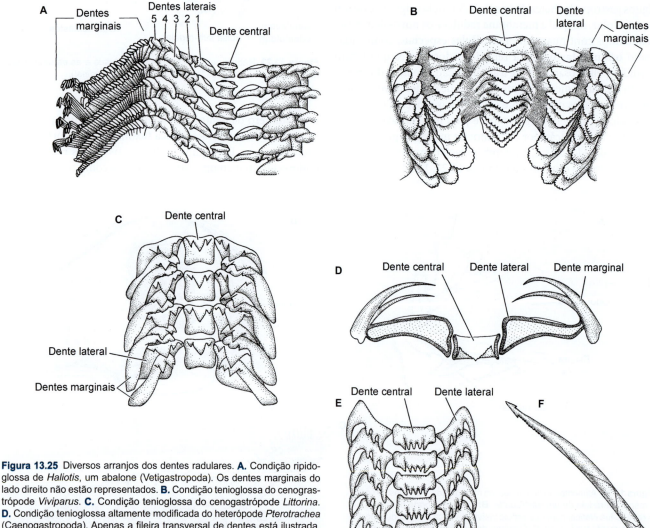

Figura 13.25 Diversos arranjos dos dentes radulares. **A.** Condição ripidoglossa de *Haliotis*, um abalone (Vetigastropoda). Os dentes marginais do lado direito não estão representados. **B.** Condição tenioglossa do cenogastrópode *Viviparus*. **C.** Condição tenioglossa do cenogastrópode *Littorina*. **D.** Condição tenioglossa altamente modificada do heterópode *Pterotrachea* (Caenogastropoda). Apenas a fileira transversal de dentes está ilustrada. **E.** Condição raquiglossa do neogastrópode *Buccinum*. **F.** Condição toxoglossa do neogastrópode *Mangelia* (um único dente).

Figura 13.26 Rádulas dos gastrópodes. **A.** Imagem ampliada da rádula ripidoglossa do abalone *Haliotis rufescens* (Vetigastropoda). Note os muitos dentes marginais com formato de ganchos. **B.** Rádula docoglossa de uma lapa lotoídea. **C.** Dentes centrais serrilhados da rádula raquiglossa de *Nucella emarginata*, um neogastrópode (Caenogastropoda), que se alimenta de pequenos mexilhões e cracas. **D.** Dentes radulares desgastados de *Nucella*. **E.** Rádula do nudibrânquio policerídeo *Triopha*, aqui em *vista dorsal*, como é mantida em repouso no animal.

A glândula perfuradora dos muricídeos neogastrópodes está localizada no pé, enquanto a dos naticídeos litorrinomórficos está situada na extremidade anterior da probóscide (Figura 13.24 B). Os gastrópodes perfuradores, como a broca-americana (*Urosalpinx*) e a broca-japonesa (*Rapana*), causam anualmente prejuízos de milhões de dólares aos criadores de ostras.

Alguns gastrópodes carnívoros (p. ex., *Janthina*) não roem ou raspam suas presas, mas as engolem por inteiro. Nesses gastrópodes, uma **rádula ptenoglossa** forma uma cobertura de espinhos fortemente curvados sobre a massa oral. A presa é capturada pela massa oral rapidamente exteriorizada e simplesmente puxada por inteiro para dentro do trato digestivo. Uma técnica alimentar até certo ponto semelhante é observada na lesma carnívora *Testacella*, na qual a rádula em forma de gancho captura minhocas, que a lesma engole por inteiro. O nudibrânquio *Melibe* (fotografia de abertura do capítulo) usa seu grande capuz para varrer a água e capturar copépodes, anfípodes e outras presas planctônicas diminutas.

Alguns gastrópodes perderam totalmente suas rádulas e alimentam-se sugando os líquidos corporais de suas presas, um hábito observado, por exemplo, em alguns nudibrânquios. Os piramidelídeos fazem isso com a ajuda de um estilete hipodérmico (uma mandíbula modificada) existente na ponta da probóscide alongada.

Um dos métodos alimentares mais especializados dos gastrópodes é observado nos caracóis cônicos (*Conus*) e seus parentes. A rádula toxoglossa desses animais é formada a partir de alguns dentes semelhantes a arpões, que injetam veneno e provavelmente são dentes marginais modificados. Os dentes (Figura 13.25 F) são descarregados da ponta de uma probóscide longa, a qual pode ser estendida muito rapidamente para capturar a presa (em geral, um peixe, um verme ou outro gastrópode), que finalmente é puxada para dentro do trato digestivo (Figura 13.27). O veneno é injetado por meio de dentes radulares curvos e ocos por contração de uma glândula de veneno. Alguns caracóis cônicos do Indo-Pacífico Leste produzem uma toxina neuromuscular potente, que já causou algumas mortes de humanos.

Entre as estratégias alimentares mais incomuns dos gastrópodes estão as que envolvem parasitismo em peixes. Por exemplo, o neogastrópode *Cancellaria cooperi* fixa-se à raia elétrica do Pacífico e produz pequenos cortes na pele, através dos quais a probóscide é introduzida para sugar o sangue e os líquidos celulares da raia. Vários outros neogastrópodes parasitam peixes "adormecidos" dos recifes, introduzindo suas probóscides dentro do hospedeiro e sugando seus líquidos. Alguns outros gastrópodes são conhecidos por parasitar vários hospedeiros invertebrados, principalmente piramidelídeos (que parasitam vários invertebrados, inclusive outros moluscos) e Eulimidae, que parasitam equinodermos; esse último grupo inclui alguns parasitas internos, que perderam sua concha e adquiriram formato vermiforme.

Alguns eutineuros também apresentam diversas modificações da rádula. Os grupos dos "opistobrânquios" que se alimentam de cnidários, ectoproctos e esponjas, bem como os que raspam algas (p. ex., aplisiídeos), geralmente têm rádulas raspadoras típicas. Entretanto, nos sacoglossos, a rádula é modificada para

Figura 13.27 Sequência de fotografias de um caracol cônico (*Conus*) capturando e engolindo um pequeno peixe. A probóscide é estendida e varre para frente e para trás acima do substrato em busca de presas; quando encontra um peixe, um dente da rádula toxoglossa carregado de veneno é disparado como um arpão e a presa é rapidamente paralisada e ingerida.

uma única fileira de dentes lanceolados, que podem perfurar a parede de celulose das algas filamentosas, permitindo que o gastrópode sugue seu conteúdo celular. Um tipo semelhante de estratégia alimentar também é encontrado no heterobrânquio inferior microscópico conhecido como *Omalogyra*.

Os nudibrânquios aeolídeos (Figura 13.7 G) têm reputação bem-merecida por sua técnica particular de alimentação, na qual partes de sua presa cnidária são mantidas pelas mandíbulas, enquanto a rádula raspa fragmentos para ingeri-los. Um método semelhante de alimentação também foi observado na família Epitoniidae dos cenogastrópodes.

Muitos nudibrânquios aeolídeos realizam um fenômeno notável conhecido como **cleptocnida**. Alguns nematocistos da presa são ingeridos não disparados, sendo deslocados ao longo do trato digesivo do nudibrânquio e, por fim, transportados aos lobos da glândula digestiva existente nas extensões digitiformes dorsais conhecidas como **ceratos** (Figura 13.32 D e E). Ainda é um mistério como os nematocistos resistem a esse transporte sem disparar. As hipóteses mais populares são de que as secreções mucosas do nudibrânquio impedem a descarga, ou de que ocorra um tipo de "aclimatação" (como o que supostamente ocorre entre os peixes-palhaço e suas anêmonas hospedeiras), ou talvez que apenas os nematocistos imaturos sobrevivam, para que depois sejam amadurecidos nos ceratos dorsais. É possível que, depois que os cnidócitos são ingeridos, o limiar de disparo dos nematocistos seja elevado, impedindo, assim, sua descarga. De qualquer maneira, uma vez nos ceratos, os nematocistos são armazenados em estruturas conhecidas como cnidossacos e provavelmente ajudam o nudibrânquio a se defender dos predadores. A descarga também poderia ser controlada pelo nudibrânquio hospedeiro, talvez como forma de pressão exercida pelas fibras musculares circulares existentes ao redor de cada cnidossaco.

Alguns nudibrânquios doridídeos também utilizam suas presas de formas notáveis. Muitos doridídeos secretam compostos tóxicos complexos incorporados ao muco liberado na superfície do manto. Esses compostos químicos nocivos têm a função de deter predadores em potencial. Embora algumas dessas substâncias químicas possam ser produzidas por alguns doridídeos, na maioria dos casos parece que elas são obtidas das esponjas ou dos ectoproctos dos quais eles se alimentam. Algumas espécies, como o nudibrânquio "dançarina-espanhola" (*Hexabranchus sanguineus*), não apenas utilizam um composto químico de sua presa (nesse caso, uma esponja) para sua defesa pessoal, como também depositam alguns compostos químicos tóxicos na massa de ovos, ajudando a proteger os embriões até que ocorra a eclosão.

Nos poliplacóforos, geralmente existem 17 dentes em cada fileira transversal da rádula (um dente central flanqueado por 8 dentes de cada lado). A maioria dos quítons é constituída de raspadores herbívoros. Exceções notáveis são alguns membros da ordem Ischnochitonida (família Mopaliidae, p. ex., *Mopalia, Placiphorella*), conhecidos por se alimentar de algas e invertebrados pequenos. *Mopalia* ingere invertebrados sésseis como cracas, ectoproctos e hidroides. *Placiphorella* captura microinvertebrados vivos (especialmente crustáceos) retendo-os debaixo de sua aba cefálica, uma extensão volumosa anterior do cinturão (Figura 13.24 C).

Nos monoplacóforos, a rádula consiste em uma membrana em forma de faixa, que abriga uma sucessão de fileiras transversais de 11 dentes em cada (um dente central delgado flanqueado em cada lado por 5 dentes laterais mais largos). Os monoplacóforos provavelmente são depositívoros geneneralistas, que raspam sobre microrganismos diminutos que recobrem o substrato no qual vivem.

Os cefalópodes são carnívoros predadores. As lulas estão entre as criaturas mais vorazes do oceano e competem eficazmente com os peixes. Os polvos também são carnívoros ativos e suas presas principais são caranguejos, bivalves e gastrópodes. Algumas espécies de *Octopus* perfuram as conchas dos moluscos de um modo similar ao das brocas. Alguns chegam a perfurar e apreender seus parentes próximos – os náutilos compartimentalizados. Os polvos não usam rádulas para perfurar, mas utilizam uma projeção semelhante a uma lima formada pelas papilas salivares.

Com a utilização de suas habilidades locomotoras impressionantes, a maioria dos cefalópodes caça e captura presas ativas. Contudo, alguns polvos caçam "às cegas", saboreando sob as pedras com suas ventosas extremamente sensíveis, as que são mecano- e quimiossensíveis. Em qualquer evento, uma vez que a presa é caturada e imobilizada pelos braços, o cefalópode morde-a com seu bico córneo (mandíbulas modificadas) e injeta uma neurotoxina liberada pelas glândulas salivares modificadas. Essa capacidade de imobilizar rapidamente as presas também ajuda a evitar que o cefalópode com corpo mole se envolva em uma luta potencialmente perigosa.

A alimentação por suspensão evoluiu entre os bivalves autobrânquios e também várias vezes nos gastrópodes e, na maioria desses casos, envolveu modificações dos ctenídios, que capacitaram os animais a reter matéria particulada e levá-la até a cavidade do manto por meio do fluxo de água respiratória incurrente. A natureza lamelar das brânquias dos moluscos capacitou-os a extrair partículas alimentares em suspensão. A ampliação do tamanho das brânquias e do grau de pregueamento também aumentou a superfície disponível para reter matéria particulada. Nos suspensívoros, ao menos parte da brânquia e dos cílios do manto que, de outra forma, serviriam para remover sedimentos potencialmente obstruentes da cavidade do manto (como pseudofezes), está pré-adaptada para transportar matéria particulada das brânquias para a região oral.

Embora a retenção de alimentos nas brânquias tenha sido adotada pelos bivalves autobrânquios e por alguns grupos de gastrópodes, outros métodos também são utilizados. Nas borboletas-do-mar (pterópodes) planctônicas destituídas de brânquias, as "asas" ciliadas ou parapódios usados para nadar (Figura 13.7 D e E) também funcionam como superfícies coletoras de alimentos ou podem colaborar com o manto para produzir grandes lâminas mucosas, que capturam o zooplâncton microscópico. A partir do pé, as correntes ciliares transportam muco e alimentos para a boca. Em alguns pterópodes, a lâmina mucosa pode chegar a medir 2 m de diâmetro. A alimentação por lâmina mucosa também é utilizada por alguns outros gastrópodes, inclusive os trimusculídeos entremarés semelhantes às lapas e os vermetídeos (ver adiante). Contudo, a maioria dos gastrópodes é suspensívora, incluindo alguns vetigastrópodes como os troquídeos das praias arenosas (*Umbonium, Bankivia*), o neonfalídeo das fontes termais quentes (*Neomphalus*) e alguns cenogastrópodes marinhos (Calyptraeidae, p. ex., *Crepidula*; Vermetídeos, p. ex., *Vermetus*; Turritellidae, p. ex., *Turritella*) e os viviparídeos de água doce (p. ex., *Viviparus*). Os filamentos ctenediais desses suspensívoros são muito mais alongados e os cílios de rejeição de escórias do manto transformaram-se em um sulco coletor de alimentos, que se estende até a boca. A rádula dos gastrópodes suspensívoros é um pouco reduzida e desempenha principalmente a função de empurrar os alimentos agarrados ao muco até a boca. Alguns se alimentam unicamente de suspensões, enquanto outros fazem exploração para complementar esse método.

A concha vermiforme dos vermetídeos está fixada permanentemente ao substrato e, embora alguns adotem a coleta ciliar de alimentos, outros combinam essa técnica com o recolhimento de redes mucosas ou usam apenas esse último método. Uma glândula pedal especial existente no pé reduzido produz grandes quantidades de muco, que se espalha dentro da coluna de água como uma rede de plâncton pegajosa. Periodicamente, a rede é recolhida pelo pé e pelos tentáculos pedais e outra rede nova é rapidamente secretada. *Thylacodes arenarius*, uma espécie grande do Mediterrâneo, lança filamentos isolados com até 30 cm de comprimento, enquanto a espécie gregária da Califórnia *Thylacodes squamigerus* forma uma rede comunitária compartilhada por muitos indivíduos.

Aparentemente, a rádula desapareceu precocemente ao longo da evolução dos bivalves e, nas espécies vivas, não há resquícios dessa estrutura, tampouco da cavidade oral que a continha. A maioria dos bivalves autobrânquios utiliza seus ctenídios grandes para alimentar-se por suspensão, mas os bivalves mais primitivos da subclasse Protobranchia não são suspensívoros, em vez disso utilizando um tipo de microfagia depositívora. Os protobrânquios vivem nos sedimentos marinhos macios e mantêm contato com a água sobrejacente, seja diretamente (p. ex., *Nucula*), seja por meio de sifões (p. ex., *Nuculana, Yoldia*). Os 2 ctenídios são pequenos, conforme o plano bipectinado dos moluscos primitivos, o qual tem um eixo alongado que leva a uma fileira dupla de lamelas (Figuras 13.28 A e 13.29). Os protobrânquios alimentam-se por meio de 2 pares de palpos labiais grandes flanqueando a boca. Os 2 palpos mais internos são os **palpos labiais** curtos, enquanto os 2 mais externos são formados dentro de processos tentaculares conhecidos como **probóscides** (cada uma delas é descrita como **probóscide palpar**), que podem ser estendidas além da concha (Figura 13.29). Durante a alimentação, as probóscides são estendidas para dentro do sedimento do fundo. Os detritos aderem à superfície coberta de muco das probóscides e, em seguida, são transportados pelos cílios até os palpos labiais, que funcionam como dispositivos selecionadores. As partículas de densidade baixa são levadas à boca, enquanto as partículas pesadas são transportadas até as bordas do palpo e ejetadas dentro da cavidade do manto.

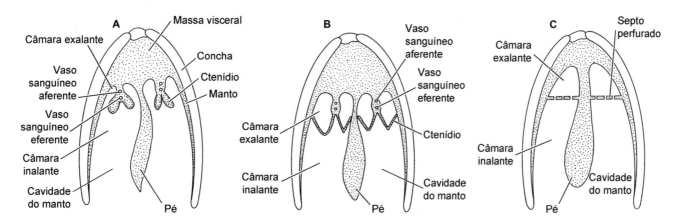

Figura 13.28 Configuração dos ctenídios de alguns bivalves (*corte transversal*), mostrando as seguintes condições: **A.** protobrânquio; **B.** lamelibrânquio; **C.** septibrânquio.

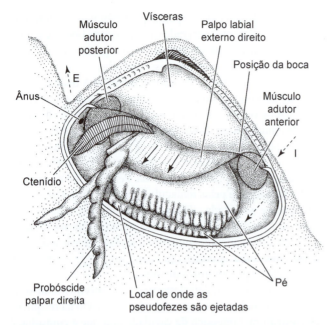

Figura 13.29 Alimentação do bivalve primitivo *Nucula* (Protobranchia). A figura ilustra o marisco examinado pelo lado direito em sua posição natural no substrato (valva direita e saia do manto direito removidos). As *setas* indicam a direção das correntes ciliares na cavidade do manto e nos palpos. As correntes de água também são mostradas na região inalante (I) e na região exalante (E).

Na subclasse suspensívora Autobranchia, os cílios laterais dos ctenídios geram uma corrente de água, a partir da qual as partículas em suspensão são recolhidas. O aumento da eficiência desse processo é conseguido por meio de várias modificações dos ctenídios. A principal modificação encontrada em todos os bivalves autobrânquios vivos é a conversão das placas triangulares originais pequenas por filamentos em forma de "V" com extensões dos dois lados (Figuras 13.28 B e 13.30 B). O braço desse filamento em forma de "V" está fixado ao eixo central do ctenídio e é conhecido como braço descendente; o braço que forma a outra metade do "V" é o braço ascendente. Em geral, o braço ascendente ancora distalmente por cílios de contato ou junções de tecido ao teto do manto ou à massa visceral. Em conjunto, os dois filamentos em forma de "V", com sua fileira dupla de folhetos, formam uma estrutura com formato de "W" quando vista em corte transversal.

Alguns bivalves autobrânquios pteriomórficos têm ctenídios **filibrânquios** (p. ex., mexilhões), nos quais os filamentos adjacentes são interligados uns aos outros por grumos periódicos de cílios especializados, formando longas fendas estreitas entre eles (espaços interfilamentares) (Figura 13.30 C e D). Os espaços entre os braços do "W" são câmaras suprabranquiais exalantes, que se misturam com a área exalante da cavidade do manto posterior, de modo que possam ser descarregados; os espaços ventrais ao "W" são inalantes e comunicam-se com a área inalante da borda do manto. Muitos outros bivalves têm ctenídios **eulamelibrânquios**, que são semelhantes à configuração filibrânquia, mas nos quais os filamentos adjacentes são fundidos uns aos outros por junções teciduais reais em diversos pontos ao longo de seu comprimento. Essa configuração resulta na formação de poros interfilamentares, que são fileiras de óstios, em vez das fendas longas e estreitas dos filibrânquios (Figura 13.30 B, E e F). Além disso, as metades ascendente e descendente de alguns filamentos podem ser articuladas por pontes teciduais, que conferem firmeza e resistência à brânquia.

Os ctenídios filibrânquios e eulamelibrânquios são usados para capturar alimentos. A água é conduzida das áreas inalantes para as exalantes da cavidade do manto por meio de cílios laterais, todos situados nas bordas dos filamentos dos bivalves filibrânquios, ou por cílios ostiais laterais especiais dos eulamelibrânquios (Figura 13.30 E e F). À medida que a água passa pelos espaços interfilamentares, ela flui pelas fileiras de cílios frontolaterais, que tremulam as partículas da água e depositam-nas na superfície do filamento que está voltado para a corrente. Esses cílios alimentares são conhecidos como **cirros compostos** e têm estrutura pinada, que provavelmente aumenta sua capacidade de retenção. O muco provavelmente desempenha algum papel na captura das partículas e faz com que elas se mantenham próximas à superfície da brânquia, embora sua função exata ainda não esteja definida. Os ctenídios dos bivalves não são cobertos por uma lâmina contínua de muco, como se observa em muitos outros invertebrados suspensívoros (p. ex., gastrópodes, tunicados, anfioxos). Quando estão na superfície do filamento, as partículas alimentares são movidas pelos cílios frontais na direção de um sulco alimentar existente nas bordas livres do ctenídio e, em seguida, em direção anterior para os palpos labiais. Os palpos separam o material por tamanho e talvez também por qualidade, antes que o alimento seja passado à boca. As partículas rejeitadas desprendem-se da brânquia ou das bordas dos palpos e entram na cavidade do manto na forma de **pseudofezes**. Essa "filtração" da água pelos bivalves é muito eficiente. A ostra americana (*Crassostrea virginica*), por exemplo, pode processar até 37 ℓ de água (a 24°C) por hora e pode capturar partículas de apenas 1 μm de diâmetro. Estudos realizados com os mexilhões comuns *Mytilus edulis* e *M. californianus* sugeriram que esses bivalves mantenham taxas de bombeamento em torno de 1 ℓ/hora por grama de peso (úmido) do seu corpo.

Os membros da superfamília Tellinoidea (que inclui Tellinidae e Semelidae) são depositívoros, sugando os detritos superficiais com seu longo sifão inalante móvel (Figura 13.20 G) e usando os grandes palpos labiais para pré-selecionar as partículas antes de ingerir.

Alguns membros da ordem Poromyata (Anomalodesmata) são conhecidos como septibrânquios e são predadores sésseis que, ao contrário dos bivalves autobrânquios, não utilizam suas brânquias para alimentar-se. Em vez disso, os ctenídios são muito reduzidos e modificados na forma de um septo muscular perfurado, que divide a cavidade do manto em câmaras dorsal e ventral (Figuras 13.28 C e 13.31 A). Os músculos estão fixados à concha, de forma que o septo possa ser elevado ou rebaixado dentro da cavidade do manto. A elevação do septo faz com que a água seja aspirada para dentro da cavidade do manto por meio do sifão inalante; o rebaixamento do septo faz com que a água passe dorsalmente pelos poros e entre na câmara exalante. Esses movimentos também forçam a hemolinfa a sair dos seios do manto e entrar nos seios sifonais, desse modo causando protrusão rápida do sifão inalante, que pode ser direcionado para a presa em potencial (Figura 13.31 B a D). Assim, animais pequenos como os microcrustáceos são aspirados para dentro da cavidade do manto, onde são apreendidos pelos palpos labiais musculares e jogados para dentro da boca; ao mesmo tempo, os tecidos do manto funcionam como superfície de troca gasosa.

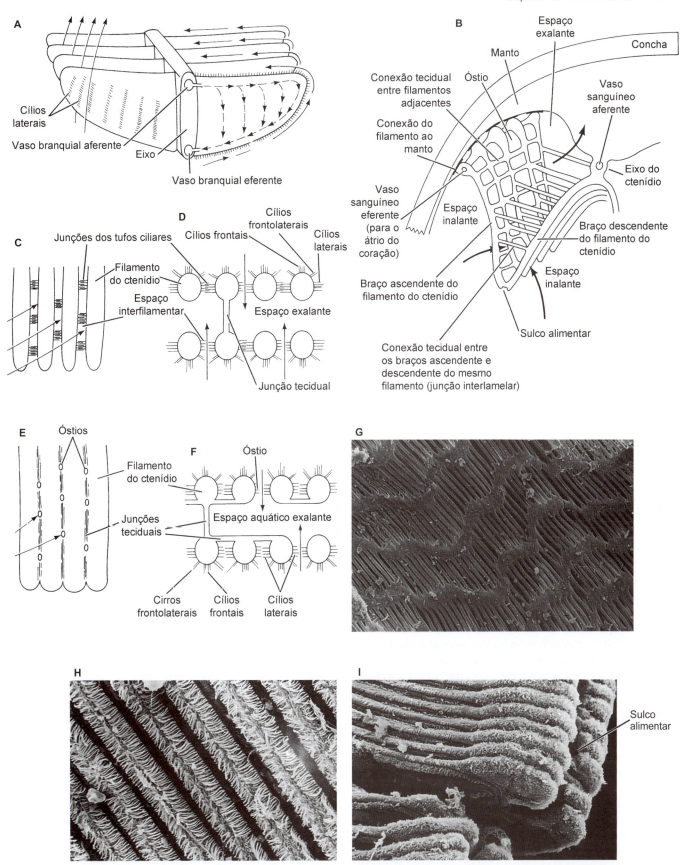

Figura 13.30 Estrutura dos ctenídios dos moluscos bivalves. Em todas essas ilustrações, as *setas sólidas* indicam a direção do fluxo da água (do espaço inalante entre os filamentos dos ctenídios para o espaço exalante). **A.** Corte através da parte do eixo branquial de um protobrânquio nuculanídeo, mostrando 4 filamentos alternantes (folhetos) de cada lado. As *setas tracejadas* indicam a direção do fluxo da hemolinfa no filamento. **B.** Ilustração altamente esquemática em corte, mostrando quatro filamentos dos ctenídios e suas interconexões em um dos lados do corpo de um eulamelibrânquio. **C.** *Vista lateral* de quatro filamentos dos ctenídios de um filibrânquio. **D.** *Corte transversal* dos braços ascendente e descendente de 4 filamentos dos ctenídios de um filibrânquio. **E.** *Vista lateral* de 4 filamentos de um eulamelibrânquio. **F.** *Corte transversal* dos braços ascendente e descendente de 4 filamentos dos ctenídios de um eulamelibrânquio. **G.** Filamentos dos ctenídios do mexilhão *Mytilus californianus* mostrando as junções ciliares e os espaços interfilamentares. **H.** Tratos ciliares frontais dos filamentos dos ctenídios de *Mytilus*. **I.** Borda ventral da brânquia de *Mytilus* mostrando o sulco alimentar.

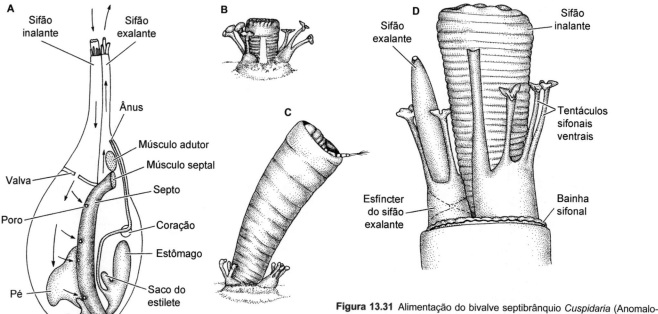

Figura 13.31 Alimentação do bivalve septibrânquio *Cuspidaria* (Anomalodesmata). **A.** Anatomia geral de *Cuspidaria rostrata*. As setas indicam o fluxo da água. **B.** Sifão e tentáculos sifonais sensoriais protraídos do substrato, porém fortemente contraídos. **C.** Sifão estendido capturando um microcrustáceo. **D.** Detalhes dos sifões e dos tentáculos.

Embora a maioria dos pteriomórficos esteja limitada a um estilo de vida epibentônico porque não tem sifões (Figura 13.21 A e B), muitos bivalves heterodônticos vivem enterrados nos sedimentos macios, onde seus sifões longos são utilizados para manter contato com a água sobrejacente (Figuras 13.38 A; 13.20 D a H).

Os escafópodes consomem foraminíferos e outros táxons meiofaunais, diatomáceas, zooplâncton e detritos intersticiais. Existem 2 lobos ao lado da cabeça, cada qual contendo numerosos tentáculos delgados e longos (até várias centenas) conhecidos como **captáculos** (Figuras 13.9 e 13.13 F). Os captáculos são estendidos dentro do substrato por batimentos metacronais dos cílios existentes no bulbo terminal diminuto. Dentro do sedimento, as partículas orgânicas e os microrganismos aderem ao bulbo terminal pegajoso; as partículas alimentares diminutas são transportadas à boca por meio dos tratos ciliares existentes ao longo dos tentáculos, enquanto as partículas alimentares maiores são levadas diretamente à boca por contração muscular dos captáculos. Uma rádula grande e bem-desenvolvida empurra o alimento para dentro da boca, talvez causando sua maceração parcial nesse processo.

Vários tipos de relações simbióticas foram desenvolvidos entre os moluscos, que estão intimamente relacionados com a biologia nutricional do seu hospedeiro. Uma das mais interessantes dessas relações ocorre entre muitos moluscos e as sulfobactérias. Esses moluscos parecem derivar parte de suas necessidades nutricionais das sulfobactérias simbióticas fixadoras de carbono, que geralmente vivem nas brânquias do molusco hospedeiro. Em alguns monoplacóforos (*Laevipilina antartica*) e gastrópodes (*Lurifax vitreus, Hirtopelta*), as bactérias são abrigadas em cavidades especiais conhecidas como bacteriócitos da cavidade do manto. Essa simbiose molusco–bactéria foi documentada recentemente em vários hábitats anóxicos ricos em sulfeto, inclusive fontes hidrotermais dos oceanos profundos, nas quais o sulfeto produzido geotermicamente está presente, bem como em outros sedimentos reduzidos, nos quais a degradação microbiana da matéria orgânica resulta na redução do sulfato em sulfeto (p. ex., bacias marinhas anóxicas, leito de gramíneas marinhas e sedimentos lodosos em manguezais, áreas de efluente de fábricas de celulose, áreas de despejo de esgotos).

Os membros de algumas famílias dos bivalves, principalmente Solemyidae e os Lucinidae, abrigam sulfobactérias em suas brânquias grandes, que têm a capacidade de oxidar diretamente o sulfeto. Eles conseguem isso por meio de uma enzima sulfeto-oxidase especial presente nas mitocôndrias. Esses bivalves habitam sedimentos reduzidos, nos quais sulfetos livres são abundantes. A capacidade de oxidar o sulfeto não oferece aos bivalves apenas uma fonte de energia para sustentar a síntese de ATP, como também lhes possibilita livrar seu corpo das moléculas tóxicas de sulfeto, que se acumulam nesses hábitats. Os nutrientes obtidos por essa simbiose são suficientes para os bivalves, de forma que, nos solemídeos, o trato digestivo é reduzido ou ausente em algumas espécies.

Outra parceria notável ocorre entre os mariscos gigantes (*Tridacna*) e suas zooxantelas simbióticas (os dinoflagelados *Symbiodinium*). Esses mariscos vivem com seu lado dorsal apoiado no substrato e expõem seu manto carnoso à luz solar por meio de uma abertura grande na concha. Os tecidos do manto abrigam as zooxantelas. Muitas espécies têm estruturas especializadas semelhantes a cristalinos, as quais focalizam a luz sobre as zooxantelas que vivem nos tecidos mais profundos. Alguns outros bivalves e certas lesmas marinhas também mantêm relações simbióticas com *Symbiodinium*. Várias espécies de *Melibe, Pteraeolidia* e *Berghia* abrigam colônias desses dinoflagelados em "células transportadoras" associadas às suas glândulas digestivas. Experiências sugeriram que, quando existe luz suficiente, os nudibrânquios hospedeiros utilizam as moléculas orgânicas fixadas por fotossíntese e produzidas pelas algas para suplementar sua dieta habitual de presas. Os dinoflagelados provavelmente não são transmitidos aos zigotos dos nudibrânquios e, por isso, cada nova geração precisa ser reinfectada em seu ambiente. Alguns nudibrânquios aeolídeos acumulam zooxantelas provenientes de cnidários dos quais se alimentam. Alguns dos dinoflagelados terminam retidos dentro das células das glândulas digestivas do nudibrânquio, mas muitos outros são liberados nas fezes da lesma, que depois podem reinfectar os cnidários. Um fenômeno ainda mais interessante ocorre com alguns membros de outro grupo de lesmas marinhas Sacoglosa (p. ex., *Placobranchus*). Essas lesmas marinhas obtêm seus cloroplastos funcionais das algas verdes das quais se alimentam e incorporam-nas aos seus próprios tecidos; os cloroplastos continuam ativos por algum tempo e produzem moléculas de carbono fixadas por fotossíntese, que são utilizadas pelos hospedeiros.

Outra relação simbiótica incomum ocorre entre uma bactéria aeróbia e os bivalves marinhos (Teredinidae) que se alimentam de madeira naval (Figura 13.21 D). Os teredos navais conseguem viver com uma dieta apenas de madeira porque abrigam essa bactéria, que decompõe a celulose e fixa nitrogênio. Os bivalves cultivam essa bactéria em um órgão especial associado aos vasos sanguíneos dos ctenídios, que é conhecido como **glândula de Deshayes**. A bactéria decompõe a celulose e coloca seus subprodutos à disposição do seu hospedeiro. As bactérias que fixam nitrogênio estão presentes como parte da flora intestinal de muitos animais, cujas dietas são ricas em carbono, mas deficientes em nitrogênio (p. ex., cupins). Contudo, os teredos são os únicos animais conhecidos a abrigar um fixador de nitrogênio em cultura pura (uma única espécie) mantida em um órgão especializado (semelhante à simbiose entre os nódulos das plantas leguminosas e *Rhizobium*).

Além das diversas estratégias alimentares e de inúmeras outras utilizadas pelos moluscos, algumas espécies (especialmente alguns bivalves e lesmas marinhas) provavelmente obtêm uma parte significativa de suas necessidades nutricionais por captação direta de matéria orgânica dissolvida na água do mar, como aminoácidos.

Digestão

Os moluscos têm tratos digestivos completos e alguns deles estão ilustrados na Figura 13.32. A boca leva a uma cavidade oral interna, dentro da qual estão localizadas as mandíbulas (quando existem) e o aparelho radular (Figura 13.23). Em geral, o esôfago é um tubo reto que conecta o trato digestivo anterior ao estômago. Várias glândulas estão frequentemente associadas a essa parte anterior do trato digestivo, incluindo algumas que secretam enzimas e outras que secretam um lubrificante sobre a rádula, geralmente conhecidas como glândulas salivares. Em muitas espécies herbívoras (p. ex., alguns eupulmonados, anaspídeos [*Aplysia*] e alguns cefalaspídeos), pode haver uma **moela** muscular (não relacionada com as mandíbulas) para triturar a matéria vegetal. A moela pode ter placas (ou dentes) quitinosas ou calcárias. O estômago geralmente tem um ou mais ductos, que levam

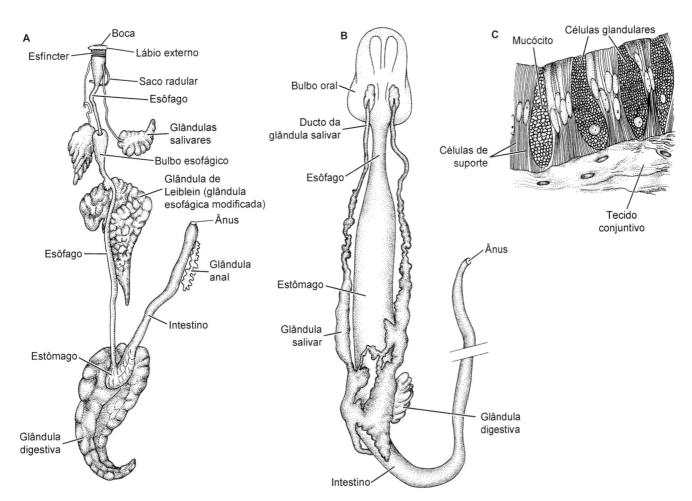

Figura 13.32 Sistema digestivo dos moluscos. **A.** Sistema digestivo de um neogastrópode (Muricidae). **B.** Sistema digestivo do estilomatóforo *Cornu*, ou caracol terrestre. **C.** Histologia da parede intestinal do gastrópode *Tonna*.

(continua)

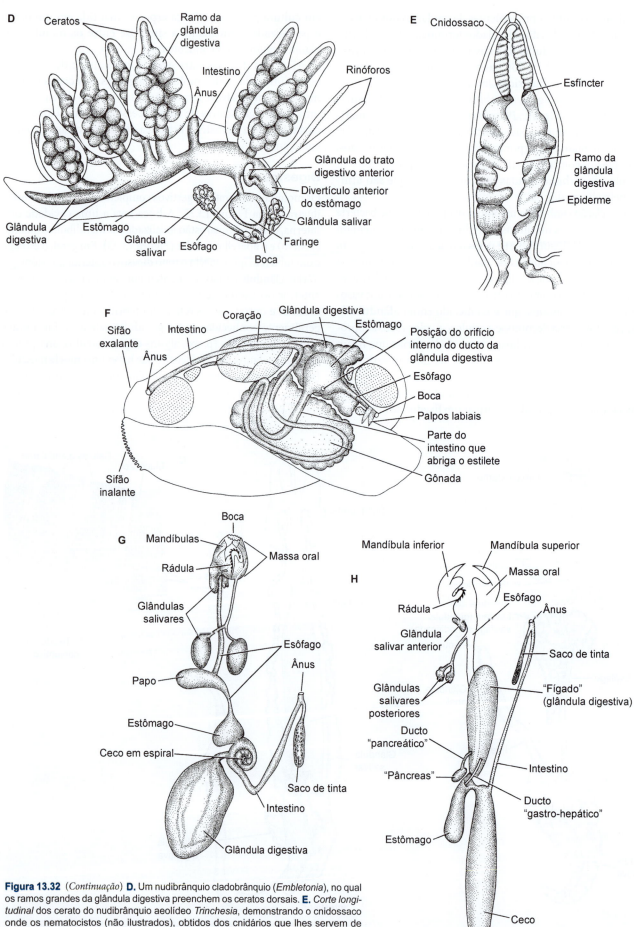

Figura 13.32 (*Continuação*) **D.** Um nudibrânquio cladobrânquio (*Embletonia*), no qual os ramos grandes da glândula digestiva preenchem os ceratos dorsais. **E.** *Corte longitudinal* dos cerato do nudibrânquio aeolídeo *Trinchesia*, demonstrando o cnidossaco onde os nematocistos (não ilustrados), obtidos dos cnidários que lhes servem de presas, são armazenados. **F.** Ilustração esquemática em *vista lateral* do trato digestivo e dos órgãos adjacentes do marisco unionoide *Anodonta*. **G.** Sistema digestivo do cefalópode *Eledone*. **H.** Sistema digestivo da lula *Loligo*.

à glândula digestiva volumosa (conhecida também como divertículos digestivos, cecos digestivos, glândulas do trato digestivo intermediário, fígado ou outros termos semelhantes). Os animais podem ter vários grupos de glândulas digestivas. O intestino deixa o estômago e termina no ânus, que geralmente se localiza na cavidade do manto, junto ou próximo do fluxo de água exalante.

Depois que o alimento entra na cavidade oral da maioria dos moluscos, ele é levado em cordões mucosos para dentro do esôfago e, por fim, ao estômago. Nos cefalópodes e em alguns gastrópodes predadores, pedaços do alimento ou a presa inteira é deglutida por ação muscular do esôfago. O alimento é armazenado no estômago ou em uma região expandida do esôfago conhecida como "papo", como em polvos, *Nautilus* e muitos gastrópodes. Em vários bivalves e gastrópodes, a parede do estômago tem um **escudo gástrico** quitinoso e uma **área de seleção** ciliada e pregueada (Figura 13.33). A região do estômago posterior (ou anterior nos gastrópodes) é o **saco do estilete**, revestido por cílios, e nos bivalves autobrânquios e em alguns gastrópodes contém um **estilete cristalino** (Figura 13.33). Essa estrutura, cuja função é facilitar a digestão, é uma matriz em forma de bastão de proteínas e enzimas (em geral, amilase), que são liberadas lentamente à medida que a extremidade distal do estilete gira e atrita contra o escudo gástrico, que protege a parede gástrica delicada. Os cílios gástricos e o estilete em rotação misturam o muco e o alimento formando um cordão e levam-no ao longo do esôfago até o estômago. O estilete é produzido por células especializadas do saco do estilete. O estilete de alguns bivalves é enorme, de um terço até a metade do comprimento do próprio animal. A matéria particulada é varrida contra a região de seleção anterior do estômago, que a separa basicamente por tamanho. As partículas pequenas são levadas às glândulas digestivas, que se originam da parede do estômago. As partículas maiores são transportadas ao longo dos sulcos ciliados do estômago para o intestino. Nos bivalves mais primitivos (Protobranchia) e em muitos gastrópodes, não há um estilete cristalino, mas geralmente há um saco do estilete, que contém uma massa rotatória de muco misturado com partículas e é conhecida como **pró-estilete**.

A digestão extracelular ocorre no estômago e nos lumens das glândulas digestivas, enquanto a absorção e a digestão intracelular acontecem nas células das glândulas digestivas e nas paredes intestinais. A digestão extracelular é realizada por enzimas produzidas no trato digestivo anterior (p. ex., glândulas salivares, bolsas ou glândulas esofágicas, glândulas faríngeas – também conhecidas como "glândulas de açúcar", por produzirem amilase), no estômago e nas glândulas digestivas. Nos grupos primitivos, a digestão intracelular tende a predominar. Nos Solenogastres, todas as funções digestivas são realizadas em um trato digestivo intermediário uniforme revestido por volumosas células digestivas e secretoras. Na maioria dos moluscos, tratos ciliados revestem as glândulas digestivas e transportam as partículas alimentares aos diminutos divertículos, onde são englobadas pelas células digestivas fagocitárias da parede dos ductos. As mesmas células despejam as escórias digestivas de volta aos ductos, para que sejam transportadas por outros tratos ciliares de volta ao estômago, de onde são eliminadas para fora do trato digestivo via intestino e ânus como material fecal. Na maioria dos grupos altamente derivados (p. ex., cefalópodes e muitos gastrópodes), a digestão extracelular predomina. As enzimas secretadas principalmente pelas glândulas digestivas e pelo estômago digerem o alimento, enquanto a absorção ocorre no estômago, nas glândulas digestivas e no intestino.

Circulação e trocas gasosas

Embora os moluscos sejam protostômios celomados, o celoma é acentuadamente reduzido. Na maioria das espécies, a cavidade principal do corpo é um espaço circulatório aberto ou hemocele, que consiste em vários seios separados, além de uma rede de vasos nas brânquias, onde ocorre a troca gasosa. O sangue dos moluscos contém diversas células (p. ex., amebócitos) e é conhecido como hemolinfa. A hemolinfa é responsável por recolher os produtos da digestão nas áreas de absorção e por distribuir esses nutrientes por todo o corpo. Em geral, a hemolinfa transporta em solução o pigmento respiratório hemocianina, que contém cobre. Alguns moluscos usam a hemoglobina para transportar oxigênio e muitos têm mioglobina nos tecidos musculares ativos, principalmente os músculos do odontóforo.

O coração está situado no dorso dentro da **câmara pericárdica** e inclui um par de átrios (comumente descritos como aurículas) e um único ventrículo. Nos monoplacóforos e em *Nautilus*, há 2 pares de átrios, enquanto em muitos gastrópodes existe

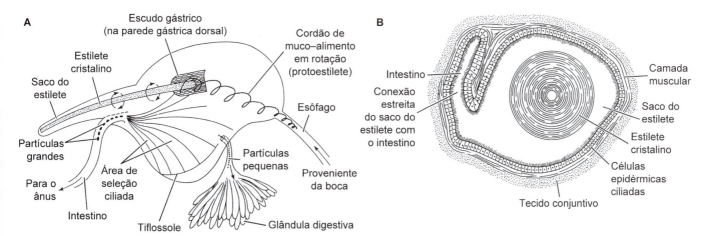

Figura 13.33 Estômago e saco do estilete dos moluscos. **A.** Estômago e aparelho do estilete generalizado de um bivalve autobrânquio. O estilete cristalino gira contra o escudo gástrico, liberando enzimas digestivas e finalizando o cordão de muco-alimento para facilitar seu trânsito pelo esôfago. As partículas alimentares são classificadas na área de seleção do sulco ciliado: as partículas pequenas são levadas (em parte pela tiflossole) às glândulas digestivas para serem digeridas; as partículas grandes são transportadas ao intestino para eventual eliminação final. **B.** *Corte transversal* do saco do estilete.

apenas um (esquerdo), que corresponde à única brânquia. Os átrios recebem os vasos branquiais eferentes, que recolhem a hemolinfa oxigenada de cada ctenídio e levam-na ao ventrículo muscular, o qual a bombeia para a frente através de uma grande artéria anterior (aorta cefálica ou anterior). A artéria anterior ramifica-se e finalmente desemboca em vários seios, dentro dos quais os tecidos são banhados pela hemolinfa oxigenada. A drenagem de retorno pelos seios finalmente direciona a hemolinfa de volta aos vasos branquiais aferentes. Esse padrão básico de circulação dos moluscos está ilustrado esquematicamente na Figura 13.34, embora apresente diversos graus de modificação nas diferentes classes (Figura 13.35). Em alguns cefalópodes, o sistema circulatório é secundariamente fechado (Figura 13.35 C).

A maioria dos moluscos tem ctenídios. Contudo, muitos perderam os ctenídios e dependem de brânquias derivadas secundariamente ou da troca gasosa por meio do manto ou da superfície geral do corpo. Na condição primitiva, o ctenídio é formado ao redor de um eixo longo e achatado, que se projeta da parede da cavidade do manto (Figura 13.30 A). A cada lado do eixo existem filamentos cuneiformes ou triangulares fixados, que alternam sua posição com filamentos do lado oposto do eixo (exceto nos protobrânquios nuculídeos, nos quais há configuração oposta). Essa disposição, na qual os filamentos projetam-se nos dois lados do eixo central, é conhecida como **condição bipectinada**. Há uma brânquia em cada lado da cavidade do manto, algumas vezes mantida em posição pelas membranas que dividem a cavidade do manto em câmaras superior e inferior (Figura 13.28 A e B). Os cílios laterais da brânquia puxam a água para dentro da câmara inalante (ventral), de onde ela sobe entre os filamentos da brânquia para a câmara exalante (dorsal) e, em seguida, sai da cavidade do manto (Figura 13.30 A).

Dois vasos estendem-se ao longo do eixo de cada brânquia. O vaso aferente transporta hemolinfa destituída de oxigênio para dentro da brânquia, enquanto o vaso eferente drena a hemolinfa recém-oxigenada da brânquia para o átrio do coração, como descrito anteriormente. A hemolinfa circula pelos filamentos dos vasos aferentes para os eferentes. Os cílios dos ctenídios movimentam a água sobre os filamentos da brânquia em direção contrária ao fluxo da hemolinfa subjacente dentro dos vasos branquiais. Esse fenômeno de contracorrente facilita a troca gasosa entre a hemolinfa e a água, potencializando ao máximo os gradientes de difusão do O_2 e do CO_2 (Figura 13.30 A). As condições das brânquias dos ctenídios bipectinados supostamente primitivas são expressas em vários grupos de moluscos vivos, por exemplo, nos caudofoveados, quítons, bivalves protobrânquios e alguns gastrópodes.

Em consequência da torção, os gastrópodes desenvolveram novas formas de circular a água sobre as brânquias, antes que ela entre em contato com os dejetos do trato digestivo ou dos nefrídios. Alguns vetigastrópodes com 2 ctenídios bipectinados podem conseguir isso circulando a água pelas brânquias e, em seguida, pelo nefridióporo e pelo ânus, até sair do corpo por meio de fendas ou orifícios existentes na concha. Esse padrão circulatório é usado pelas conchas com fendas (Pleurotomariidae) e pelos diminutos Scissurellidae e Anatomidae (Figura 13.36), abalones (Haliotidae) (Figura 13.1 D) e lapas-vulcão (ou fissurelídeos) (Fissurellidae) (Figuras 13.16 H e I; 13.25 A). Alguns especialistas consideram os pleurotomarídeos "fósseis vivos", que refletem uma característica primitiva dos gastrópodes, tendo em vista que os gastrópodes que têm fendas estão entre os mais antigos fósseis desse grupo. A maioria dos outros gastrópodes perdeu o ctenídio direito e, com ele, o átrio direito; a água inalada entra no lado esquerdo da cabeça, passa pela cavidade do manto e sai pelo lado direito, onde se abrem o ânus e o nefridióporo. Outros gastrópodes perderam os 2 ctenídios e usam regiões respiratórias secundárias, seja a superfície do próprio manto, sejam superfícies nefridiais expandidas, sejam brânquias derivadas secundariamente de um ou outro tipo. As lapas do gênero *Patella* têm fileiras de brânquias secundárias no sulco do manto ao longo de cada lado do corpo que, a um exame superficial, são semelhantes à condição observada nos quítons, que apresentam vários ctenídios.

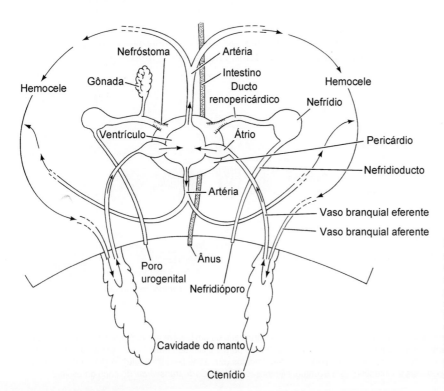

Figura 13.34 Fluxo de hemolinfa em um molusco típico. A hemolinfa oxigenada é bombeada do ventrículo para a hemocele, onde banha os órgãos; por fim, a hemolinfa drena para dentro de vários canais e seios e, em seguida, para os vasos branquiais aferentes, que entram nos ctenídios. O oxigênio é captado pelos ctenídios e, em seguida, a hemolinfa é transportada pelos vasos branquiais eferentes aos átrios direito e esquerdo, de onde passa para o ventrículo e depois retorna à hemocele. Outros vasos bombeadores auxiliares existem em vários táxons, principalmente nos grupos mais ativos, como os cefalópodes.

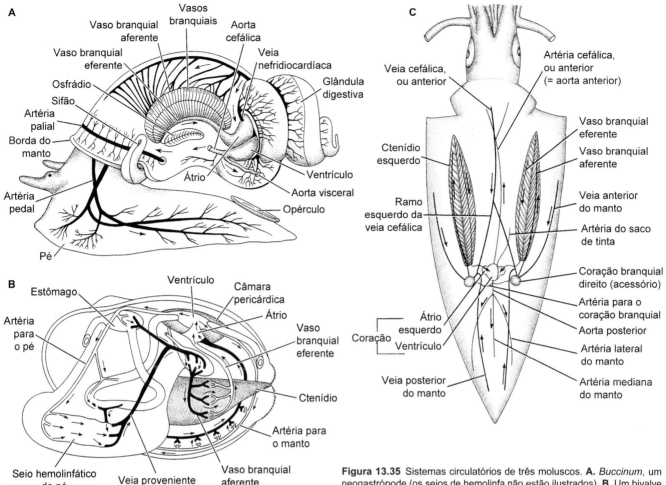

Figura 13.35 Sistemas circulatórios de três moluscos. **A.** *Buccinum*, um neogastrópode (os seios de hemolinfa não estão ilustrados). **B.** Um bivalve unionídeo eulamelibrânquio. **C.** *Loligo*, uma lula.

Em muitos gastrópodes, um dos ctenídios foi perdido, como é o caso dos patelogastrópodes, alguns vetigastrópodes, todos os neritimórficos e cenogastrópodes. Nesses últimos moluscos, as membranas suspensórias dorsal e ventral encontradas nos ctenídios dos vetigastrópodes estão ausentes e a brânquia está fixada diretamente à parede do manto por meio do eixo da brânquia. Os filamentos da brânquia do lado fixado foram perdidos, enquanto os filamentos do lado oposto projetam-se livremente para dentro da cavidade do manto. Essa disposição dos filamentos em apenas um lado do eixo central é conhecida como **condição monopectinada (ou pectinobrânquia)** (Figura 13.14 D). Alguns cenogastrópodes desenvolveram sifões inalantes por extensão e enrolamento da margem anterior do manto (Figuras 13.1 E e 13.40 A). Nesses casos, a margem da concha pode ser entalhada ou abaulada como um canal para abrigar o sifão. Nas espécies escavadoras, o sifão permite acesso à água da superfície e também pode funcionar como órgão direcional móvel usado em combinação com o osfrádio quimiossensorial.

Todos os heterobrânquios perderam os ctenídios típicos, mas alguns têm brânquias dobradas ou pregueadas, consideradas por alguns autores um ctenídio reduzido; hoje, porém, entendemos que seja uma estrutura secundária reformulada praticamente no mesmo local que a brânquia ctenidial original. As tendências à destorção, à perda da concha e à redução da cavidade do manto ocorrem em muitos heterobrânquios e, aparentemente, o processo ocorreu várias vezes no mesmo grupo. Alguns nudibrânquios desenvolveram estruturas dorsais secundárias para a troca gasosa (conhecidas como **ceratos**) ou, em alguns deles, brânquias secundárias que circundam o ânus (Figuras 13.7 F a J).

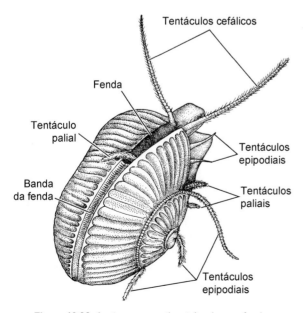

Figura 13.36 *Anatoma*, um vetigastrópode com fenda.

Os gastrópodes completamente terrestres não têm brânquias e trocam gases diretamente por meio de uma região vascularizada do manto (em geral, dentro da cavidade do manto), uma configuração geralmente conhecida como **pulmão**. Nos eupulmonados marinhos, terrestres e de água doce, as bordas da cavidade do manto tornaram-se seladas ao dorso do animal, com exceção de um orifício diminuto existente no lado direito, que é conhecido como **pneumóstoma** (Figura 13.37 A) e é controlado por um músculo do esfíncter (exceto nas lapas sifonarídeas). Em vez de conter brânquias, o teto da cavidade do manto é altamente vascularizado. Com o arqueamento e o achatamento do assoalho da cavidade do manto, o ar entra e sai do pulmão.

Figura 13.37 Lesmas terrestres (Heterobranchia: Eupulmonata). **A.** Lesma terrestre (*Arion lusitanicus*) mostrando o pneumóstoma que se abre ao "pulmão" (Stylommatophora: Limacidae). **B.** Lesmas helicídeas terrestres (Stylommatophora: Helicidae) durante o período de dormência no verão da Sicília.

Nos quítons, a cavidade do manto é um sulco que se estende ao longo da margem ventral do corpo e circunda o pé (Figura 13.4 B). Em posição lateral a esse sulco, há um grande número de pequenas brânquias ctenediais bipectinadas. O manto é mantido firmemente sobre o substrato, praticamente envolvendo esse sulco, exceto em um dos lados da extremidade anterior, para formar os canais inalantes, e em 1 ou 2 pontos da extremidade posterior, a fim de formar as áreas exalantes. A água entra para a região inalante do sulco do manto lateral às brânquias, depois passa entre as brânquias e entra na região exalante ao longo das laterais do pé. Em seu movimento para trás, a corrente passa sobre os gonóporos, nefridióporos e ânus, antes de sair (Figura 13.4 B).

Nos bivalves, a cavidade espaçosa do manto permite que os ctenídios desenvolvam uma superfície muito ampla que, na maioria das espécies autobrânquias, desempenha as funções de troca gasosa e alimentação. Muitas das modificações morfológicas das brânquias dos bivalves já foram descritas na seção sobre alimentação suspensívora. Além dos filamentos ctenidiais dobrados em forma de "W", que são encontrados em muitos bivalves (Figura 13.28 B), alguns animais (p. ex., ostras) têm ctenídios preguedos. O ctenídio preguedo tem saliências ou dobras verticais e cada uma consiste em vários filamentos comuns dos ctenídios. Os chamados "filamentos principais" estão situados nos sulcos entre essas saliências, e seus cílios são importantes para a seleção das partículas originadas das correntes de ventilação e alimentação. A condição preguead confere ao ctenídio um aspecto corrugado e aumenta ainda mais a superfície disponível à alimentação e à troca gasosa.

Apesar dessas modificações, o sistema básico de circulação e troca gasosa dos bivalves é semelhante ao dos gastrópodes (Figura 13.35 B). Na maioria dos bivalves, o ventrículo do coração dobra-se ao redor do trato digestivo, de forma que a cavidade pericárdica envolve não apenas o coração, mas também um segmento curto do trato digestivo. O manto volumoso reveste o interior das valvas e fornece superfície adicional para a troca gasosa que, em alguns grupos, pode ser tão importante quanto as brânquias nesse sentido. Por exemplo, nos bivalves lucinídeos, nos quais as brânquias estão repletas de bactérias simbióticas, as dobras do manto funcionam como uma brânquia secundária; nos septibrânquios, que têm brânquias muito reduzidas, a superfície do manto é a área principal de troca gasosa.

A maioria dos bivalves autobrânquios não tem pigmentos respiratórios na hemolinfa, embora a hemoglobina esteja presente em algumas famílias e a hemocianina seja encontrada nos protobrânquios.

Os escafópodes perderam os ctenídios, o coração e quase todos os vasos. O sistema circulatório é reduzido a seios de hemolinfa simples, e a troca gasosa ocorre principalmente através do manto e na superfície corporal. A cavidade do manto tem algumas saliências ciliadas, que podem ajudar a manter o fluxo da água. Alguns gastrópodes minúsculos e ao menos uma espécie de monoplacóforos pequenos não têm coração.

Certamente em razão de seu tamanho grande e de seu estilo de vida ativo, os cefalópodes têm sistemas circulatórios mais desenvolvidos que os outros moluscos e, nos decapodiformes (lulas e sibas) extremamente ativos, esses sistemas são efetivamente fechados com muitos vasos discretos, estruturas de bombeamento secundárias e capilares (Figuras 13.11 C; 13.12 B; 13.35 C). O resultado é o aumento da pressão e da eficiência do fluxo e do fornecimento de hemolinfa. Na maioria dos cefalópodes, o bombeamento do sangue para dentro dos ctenídios é facilitado pelos corações branquiais acessórios musculares, que reforçam a pressão venosa baixa à medida que a hemolinfa entra nas brânquias. As brânquias não são ciliadas e sua superfície é profusamente preguesada, aumentando sua área superficial para maior troca gasosa, necessária para atender às demandas de sua taxa metabólica alta.

Os solenogastres não têm brânquias, mas a superfície da cavidade do manto pode ser pregueada ou formar papilas respiratórias. Os caudofoveados têm um único par de ctenídios bipectinados na cavidade do manto. As brânquias dos monoplacóforos são bem-desenvolvidas, mas pouco musculares e ciliadas, apenas com lamelas em um dos lados do eixo da brânquia; as lamelas ocorrem em 3 a 6 pares alinhados bilateralmente dentro do sulco do manto. As brânquias dos monoplacóforos parecem ser ctenídios modificados, que vibram e ventilam o sulco quando ocorre a troca gasosa.

Excreção e osmorregulação

As estruturas excretoras básicas dos moluscos são os nefrídios tubulares pareados (geralmente conhecidos como rins), que são primitivamente semelhantes aos dos anelídeos. Os nefrídios típicos estão ausentes nos grupos de aplacóforos. Três, 6 ou 7 pares de nefrídios ocorrem nos monoplacóforos; dois pares nos nautiloides; e um único par em todos os outros moluscos (exceto quando um dos nefrídios foi perdido pelos gastrópodes superiores) (Figura 13.14). Nos casos típicos, o nefróstoma abre-se para dentro do celoma pericárdico por meio de um ducto renopericárdico, enquanto o nefridióporo despeja na cavidade do manto, geralmente nas proximidades do ânus (Figuras 13.14 e 13.34). Nos moluscos, os líquidos pericárdicos (urina primária) passam pelo nefróstoma e entram no nefrídio, onde ocorre reabsorção seletiva ao longo da parede do túbulo, até que a urina final esteja pronta para ser eliminada pelo nefridióporo. O saco pericárdico e a parede do coração funcionam como barreiras seletivas entre o nefróstoma aberto e a hemolinfa presente na hemocele circundante e no coração. Os nefrídios dos moluscos são muito grandes e saculiformes e, em geral, suas paredes são acentuadamente pregueadas. Em muitas espécies, vasos nefridiais aferentes e eferentes levam e trazem a hemolinfa dos tecidos nefridiais (Figura 13.38). Em alguns casos, existe uma bexiga pouco antes do nefridióporo e, em outros animais, um ureter forma um ducto para levar a urina bem além do nefridióporo.

Em muitos moluscos, a produção da urina envolve filtração por pressão, secreção ativa e reabsorção ativa. Os moluscos aquáticos excretam principalmente amônia e a maioria das espécies marinhas é representada por osmoconformadores. Nas espécies de água doce, os nefrídios são capazes de excretar urina hiposmótica pela reabsorção de sais e pela passagem de grandes quantidades de água. Os gastrópodes terrestres conservam água convertendo a amônia em ácido úrico. Os caracóis terrestres conseguem sobreviver a uma perda considerável de água corporal, causada em grande parte por evaporação e pela produção do rastro de limo metabolicamente dispendioso. Eles geralmente absorvem água da urina no ureter. Em muitos gastrópodes (p. ex., neritimorfos, cenogastrópodes e heterobrânquios), a torção foi acompanhada da perda do nefrídio direito do animal adulto; em neritimorfos e cenogastrópodes, um resquício diminuto contribui para formar o gonoducto. Alguns gastrópodes perderam a conexão direta do nefróstoma com o celoma pericárdico. Nesses casos, o nefrídio geralmente é muito glandular e servido por vasos hemolinfáticos aferentes e eferentes; as escórias são retiradas principalmente do líquido circulatório.

Nos bivalves, os dois nefrídios estão localizados sob a cavidade pericárdica e são pregueados com formato de "U" longo. Nos bivalves autobrânquios, um braço do "U" é glandular e abre-se dentro da cavidade pericárdica; o outro braço comumente forma uma bexiga e abre-se por meio de um nefridióporo na cavidade suprabranquial. Nos protobrânquios, as paredes lisas do tubo são glandulares ao longo de todo o seu comprimento. Os nefridióporos podem estar separados ou reunidos aos ductos do sistema reprodutivo. Nesse último caso, os orifícios são poros urogenitais.

Nos patelogastrópodes, vetigastrópodes e em alguns outros moluscos, o gonoducto funde-se com o canal renopericárdico e o nefridióporo funciona como um poro urogenital e descarrega as escórias excretoras e os gametas. Em alguns casos, como em um monoplacóforo, alguns bivalves e alguns vetigastrópodes, o poro urogenital pode tornar-se glandular. Em muitos bivalves e quítons, o nefrídio e a gônada têm ductos separados.

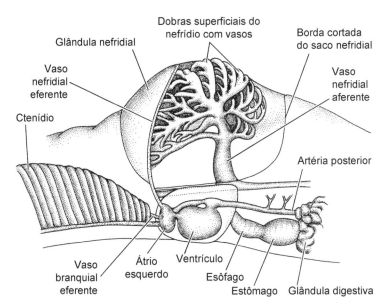

Figura 13.38 Nefrídio e órgãos adjacentes de *Littorina* (*vista em corte*). O saco nefridial foi aberto.

Nos monoplacóforos e quítons, os nefrídios abrem-se para dentro das regiões exalantes dos sulcos do manto; nos escafópodes, os nefrídios pareados abrem-se perto do ânus. Na maioria dos gastrópodes, os nefridióporos abrem-se diretamente dentro da cavidade do manto, mas em alguns (como em estilomatóforos pulmonados) há um ureter alongado que se abre do lado de fora do pulmão fechado (cavidade do manto).

Os cefalópodes conservam o plano nefridial básico, no qual os nefrídios drenam o celoma pericárdico por meio dos canais renopericárdico e esvaziam na cavidade do manto por meio dos nefridióporos. Entretanto, os nefrídios têm regiões dilatadas conhecidas como **sacos renais**. Antes de chegar ao coração branquial, uma veia calibrosa passa pelo saco renal, onde numerosas evaginações de paredes finas – os chamados **apêndices renais** – projetam-se da via. À medida que o coração branquial bate, a hemolinfa é puxada pelos apêndices renais e as escórias são filtradas através das paredes finas e são levadas aos nefrídios. O resultado final é um aumento da eficiência excretora em comparação com a configuração mais simples encontrada nos outros moluscos.

Os nefrídios repletos de líquido dos cefalópodes são habitados por vários comensais e parasitas. O epitélio dos apêndices renais contorcidos fornece uma estrutura excelente para sua fixação e os poros renais oferecem uma saída simples para o exterior. Os simbiontes identificados nos nefrídios dos cefalópodes incluem vírus, fungos, protistas ciliados, rombozoários, trematódeos, cestódios larvais e nematódeos juvenis.

Sistema nervoso

O sistema nervoso dos moluscos é derivado do plano protostômio básico com configuração circum-entérica anterior dos gânglios e dos cordões nervosos ventrais pareados. Nos moluscos, os dois pares de cordões nervosos mais ventrais e medianos são conhecidos como **cordões pedais** (ou ventrais); eles inervam os músculos do pé. Os pares de nervos mais laterais são os **cordões viscerais** (ou laterais); eles inervam o manto e as vísceras. Comissuras transversais interconectam esses pares de cordões nervosos longitudinais, formando um sistema nervoso em forma de escada. Esse plano básico é encontrado nos aplacóforos e poliplacóforos (Figura 13.39). O sistema nervoso dos moluscos não tem os gânglios dispostos em segmentos, como se observa nos anelídeos e nos artrópodes.

Nos moluscos "mais simples" – como os aplacóforos, monoplacóforos e poliplacóforos – os gânglios são pouco desenvolvidos (Figura 13.39). Um anel nervoso simples circunda o trato digestivo anterior, geralmente com pequenos gânglios cerebrais de cada lado. Cada gânglio cerebral, ou o próprio anel nervoso, origina pequenos nervos para a região oral, além de originar os cordões de nervosos pedais e viscerais. A maioria dos outros moluscos tem gânglios bem-desenvolvidos. Os sistemas nervosos desses moluscos são formados ao redor de 3 pares de gânglios grandes, que se intercomunicam para formar um anel nervoso parcial ou completo em torno do trato digestivo (Figuras 13.40 e 13.41). Dois pares – os gânglios cerebrais e pleurais – estão em posição dorsal ou lateral ao esôfago e um par, o gânglio pedal, está situado em posição ventral ao trato digestivo, na parte anterior do pé. Nos cefalópodes, bivalves e gastrópodes avançados, os gânglios cerebrais e pleurais geralmente estão fundidos. A partir dos gânglios cerebrais, os nervos periféricos inervam os tentáculos, olhos, estatocistos e superfície da cabeça em geral, assim como os gânglios orais com centros especializados de controle para a região oral, o aparelho radular e o esôfago. Os gânglios pleurais originam os cordões viscerais, que se estendem posteriormente, suprindo os nervos periféricos para as vísceras e o manto. Por fim, os cordões viscerais se unem a um par de gânglios esofágicos (= intestinais, ou paliais) e daí se estendem até terminar nos gânglios viscerais pareados. Os gânglios esofágicos ou nervos associados inervam as brânquias e o osfrádio, enquanto os gânglios viscerais inervam os órgãos da massa visceral. Os gânglios pedais também originam um par de cordões de nervosos pedais, que se estende posteriormente e fornece nervos aos músculos do pé.

Como descrito anteriormente, em consequência da torção, a porção posterior do sistema nervoso dos gastrópodes está torcida formando um "8", condição conhecida como estreptoneura (Figura 13.40 A e B). Além de causar essa alteração no sistema

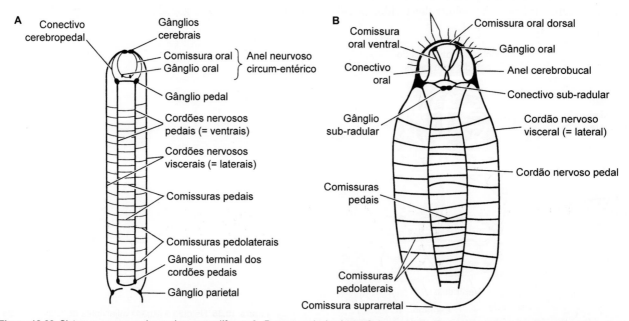

Figura 13.39 Sistemas nervosos dos moluscos aculíferos. **A.** *Proneomenia* da classe Solenogastres. **B.** *Acanthochitona* da classe Polyplacophora.

Capítulo 13 Filo Mollusca 481

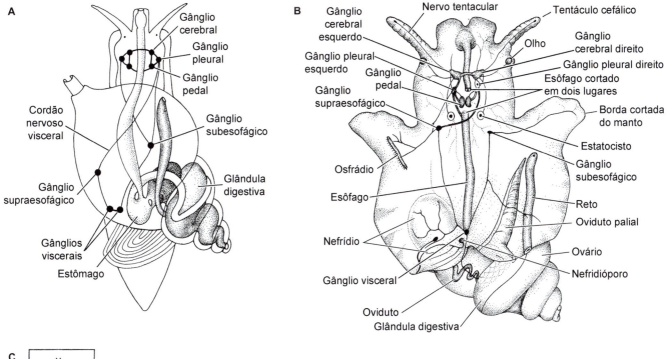

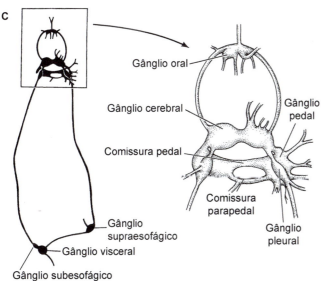

Figura 13.40 Sistema nervoso de alguns gastrópodes. **A.** Configuração do sistema nervoso de um neogastrópode torcido. Observe a localização dos gânglios e cordões nervosos principais. **B.** Sistema nervoso de *Pomatias* (Littorinimorpha), um cenogastrópode terrestre torcido, examinado por dissecção. Observe que não há um ctenídio. **C.** Sistema nervoso de *Akera*, um euopistobrânquio.

nervoso, a torção traz os gânglios posteriores para a frente. Em muitos gastrópodes derivados, essa concentração anterior do sistema nervoso está acompanhada do encurtamento de alguns cordões nervosos e da fusão de gânglios. Na maioria dos gastrópodes destorcidos, o sistema nervoso exibe uma simetria bilateral derivada secundariamente e tem cordões nervosos viscerais mais ou menos destorcidos – uma condição conhecida como eutineura (Figura 13.40 C).

Nos bivalves, o sistema nervoso é nitidamente bilateral e, em geral, a fusão reduziu-o a 3 gânglios bem-definidos. Os gânglios cerebropleurais anteriores formam 2 pares de cordões nervosos – um que se estende em direção posterodorsal até os gânglios viscerais, outro que se estende ventralmente até os gânglios pedais (Figura 13.41). Os dois gânglios cerebropleurais são reunidos por uma comissura dorsal sobre o esôfago. Os gânglios cerebropleurais emitem nervos para os palpos, o músculo adutor anterior e o manto. Os gânglios viscerais enviam nervos ao trato digestivo, ao coração, às brânquias, ao manto, ao sifão e ao músculo adutor posterior.

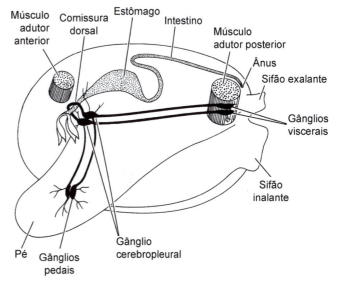

Figura 13.41 Sistema nervoso concentrado e reduzido de um bivalve autobrânquio típico.

O grau de desenvolvimento do sistema nervoso dos cefalópodes é ímpar entre os invertebrados. Os gânglios pareados encontrados nos outros moluscos não são identificáveis nos cefalópodes, nos quais a cefalização extrema concentrou os gânglios dentro de lobos de um cérebro volumoso, que circunda o trato digestivo anterior (Figura 13.42 A). Além dos nervos cefálicos comuns, que se originam da parte dorsal do cérebro (mais ou menos equivalentes aos gânglios cerebrais), um nervo óptico grande estende-se a cada olho por meio de um lobo óptico maciço. Na maioria dos cefalópodes, grande parte do cérebro está envolvida por um crânio cartilaginoso. Os lobos pedais fornecem nervos ao funil, enquanto as divisões anteriores dos gânglios pedais (conhecidos como lobos braquiais) emitem nervos para cada um dos braços e tentáculos – uma configuração que sugere que o funil e os tentáculos sejam derivados do pé do molusco. Os polvos podem ser os invertebrados "mais inteligentes", pois conseguem aprender rapidamente algumas atividades muito complexas dependentes da memória.

A lula e as sibas (Decapodiformes) apresentam um comportamento de fuga rápida, que depende de um sistema de fibras motoras gigantes encarregadas de controlar as contrações sincrônicas e potentes dos músculos do manto. O centro de comando desse sistema é um par de neurônios gigantes de primeira ordem, que está localizado no lobo dos gânglios viscerais fundidos. Nesse local, são estabelecidas conexões com os neurônios gigantes de segunda ordem, que se estendem até um par de gânglios estelados grandes. Nos gânglios estelados, são estabelecidas conexões com neurônios gigantes de terceira ordem, que inervam as fibras musculares circulares do manto (Figura 13.42 D). Outros nervos estendem-se posteriormente do cérebro e terminam em vários gânglios, que inervam as vísceras e as estruturas da cavidade do manto.

Durante várias décadas, os neurobiólogos utilizaram os axônios gigantes de *Loligo* como um sistema experimental para estudar a fisiologia e a mecânica nervosa, e grande parte de nosso conhecimento básico sobre como as células nervosas funcionam está baseada na neurologia da lula. A lebre-do-mar *Aplysia* e alguns caracóis Eupulmonata também têm sido utilizados com a mesma finalidade e, embora não tenham axônios gigantes, têm neurônios excepcionalmente grandes e gânglios que podem ser empalados com microeletrodos para descobrir os segredos fisiológicos desses sistemas.

Órgãos dos sentidos

Com exceção dos aplacóforos, os moluscos apresentam diversas combinações de tentáculos, fotorreceptores, estatocistos e osfrádios sensoriais. **Osfrádios** são placas de epitélio sensorial localizadas nas brânquias ou perto delas, ou na parede do manto (Figuras 13.40 B; 13.43 A e B). Os osfrádios são quimiorreceptores e seus cílios também podem ajudar na ventilação da cavidade do manto de alguns cenogastrópodes. Existem poucas informações sobre a biologia dos osfrádios, e sua morfologia e histologia diferem acentuadamente dentro desse filo e até mesmo dentro de algumas classes, como nos gastrópodes.

Nos vetigastrópodes, há um osfrádio pequeno em cada brânquia; nos gastrópodes que têm apenas uma brânquia, também há um único osfrádio, que se localiza na parede da cavidade do manto anterior e ventral à inserção da própria brânquia. Os osfrádios estão reduzidos ou ausentes nos gastrópodes que perderam as duas brânquias, que têm cavidade do manto extremamente reduzida ou que adotaram um estilo de vida estritamente pelágico. Os osfrádios estão mais bem-desenvolvidos nos predadores e necrófagos bentônicos, inclusive neogastrópodes e alguns outros cenogastrópodes.

A maioria dos gastrópodes tem um par de tentáculos cefálicos sensoriais, mas os eupulmonados e muitas lesmas marinhas têm dois. Vários vetigastrópodes também têm tentáculos epipodiais na margem do pé ou do manto, e também há órgãos sensoriais epipodiais (Figura 13.5 A e C). Os tentáculos cefálicos podem ter olhos, células quimiorreceptoras e táteis. Muitos nudibrânquios têm um par de quimiorreceptores anterodorsais ramificados ou pregueados, que são conhecidos como **rinóforos** (Figura 13.7 F e G).

Os patelogastrópodes primitivos têm olhos côncavos pigmentados simples, enquanto os gastrópodes mais avançados têm olhos mais complexos com cristalino e comumente uma córnea (Figura 13.44 A, B e D). A maioria dos gastrópodes tem um pequeno olho na base de cada tentáculo cefálico, mas em alguns (p. ex., a concha *Strombus* e alguns neogastrópodes), os olhos são dilatados e elevados em pedúnculos longos. Os pulmonados estilomatóforos e sistelomatóforos também têm olhos posicionados nas extremidades de tentáculos ópticos especializados e, nos estilomatóforos, tais tentáculos transformaram-se em órgãos olfativos.

Nos casos típicos, os gastrópodes produzem um rastro de limo polissacarídico à medida que rastejam. Em muitas espécies, o rastro contém mensagens químicas, que outros membros da espécie conseguem "ler" por meio da quimiorrecepção apurada. Esses mensageiros químicos podem ser marcadores simples do rastro, de forma que um animal possa seguir ou localizar outro, ou podem ser substâncias de alerta, que servem para avisar outros animais de um perigo potencial à frente. Por exemplo, quando a lesma marinha cefalaspídea carnívora *Navanax* é atacada por um predador, ela libera imediatamente uma mistura química amarelada em seu rastro, que leva os outros membros da espécie a interromper sua atividade de seguir rastros. Experiências em laboratório mostraram que ao menos um nudibrânquio (*Tritonia diomedea*) possui orientação geomagnética pelo campo magnético da Terra. Em geral, os gastrópodes móveis têm um par de estatocistos fechados na proximidade dos gânglios pedais da região anterior do pé, que contém um único estatólito grande ou vários **estatocônios** (partículas muito menores).

Os escafópodes não têm olhos, tentáculos e osfrádios típicos dos grupos de moluscos móveis epibentônicos. Os captáculos podem funcionar como estruturas táteis (e alimentares). Os órgãos sensoriais são encontrados na borda do manto, que circunda a abertura ventral, e no orifício dorsal de entrada da água.

Os bivalves têm a maioria dos seus órgãos sensoriais situada ao longo do lobo médio da borda do manto, onde estão em contato com o ambiente externo (Figura 13.15 C). Esses receptores podem incluir tentáculos do manto, que podem conter células quimiorreceptoras e táteis. Em geral, esses tentáculos estão limitados às áreas sifonais, mas, em alguns mariscos natantes (p. ex., *Lima*, *Pecten*), eles podem revestir toda a borda do manto. Os estatocistos pareados geralmente estão situados no pé (perto dos gânglios pedais) e são especialmente importantes para a georrecepção dos bivalves escavadores. Os olhos do manto também estão presentes ao longo da borda do manto ou nos sifões e evoluíram independentemente em alguns grupos de bivalves.

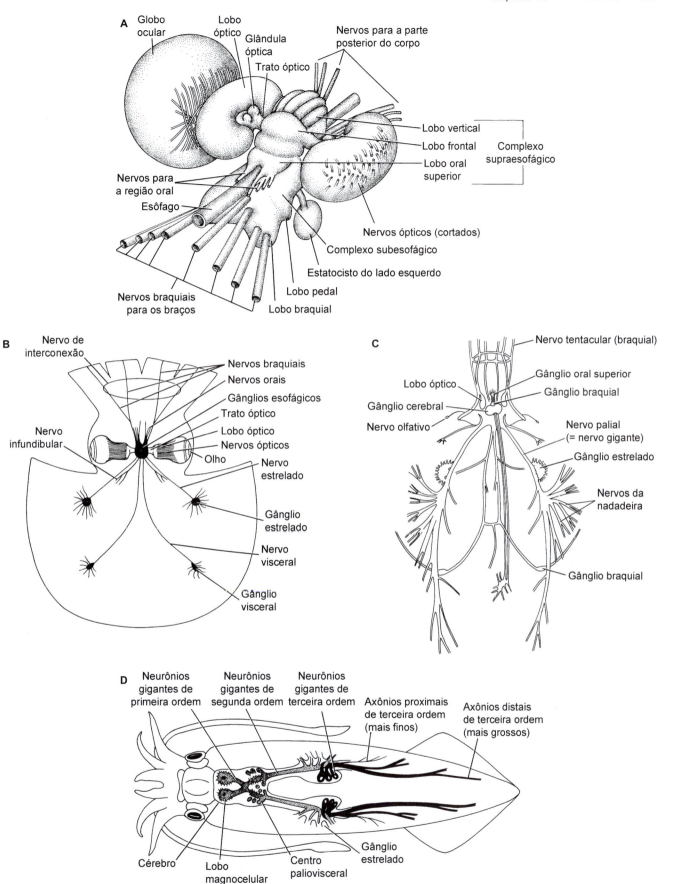

Figura 13.42 Sistema nervoso altamente desenvolvido dos cefalópodes. **A.** Cérebro de um polvo. Os lobos do complexo supraesofágico correspondem praticamente aos gânglios cerebrais e orais dos outros moluscos, enquanto o complexo subesofágico abrange os gânglios pedais e pleuroviscerais fundidos. Cerca de 15 pares de lobos estrutural e funcionalmente bem-definidos foram identificados no cérebro dos polvos. **B.** Sistema nervoso de um polvo. **C.** Sistema nervoso de uma lula (*Loligo*). **D.** Sistema de fibras gigantes de uma lula. Observe que os neurônios gigantes de primeira ordem têm uma conexão transversal incomum e que os neurônios gigantes de terceira ordem estão dispostos de modo que os impulsos motores possam chegar simultaneamente a todas as partes da musculatura da parede do manto (em razão de que os estímulos são transmitidos mais rapidamente pelos axônios mais grossos).

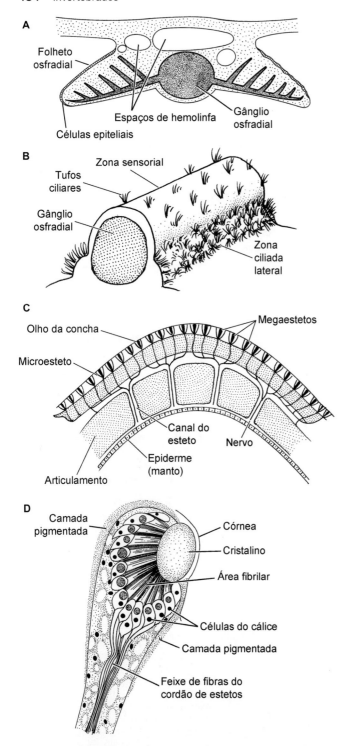

Figura 13.43 Dois órgãos sensoriais dos moluscos: osfrádios e estetos. **A.** *Corte transversal* de um osfrádio bipectinado do cenogastrópode *Ranella*, mostrando 2 folhetos. **B.** Parte do osfrádio de um cenogastrópode litorinimorfo, como *Littorina*. **C.** Uma valva de um poliplacóforo (*Tonicia*). Os estetos estendem-se até a superfície da concha por meio de megaloporos e microporos. **D.** Estetos com olhos (*corte longitudinal*) em um megaloporo de *Acanthopleura* (um quíton).

Os quítons não têm estatocistos, olhos cefálicos e tentáculos. Em vez disso, dependem basicamente de duas estruturas sensoriais especializadas, conhecidas como **estruturas sensoriais adanais**, na parte posterior da cavidade do manto e os **estetos**, que constituem um sistema especializado de fotorreceptores singulares e específicos da classe Polyplacophora. Os estetos estão presentes em grandes quantidades ao longo da superfície dorsal das placas da concha. Eles são células do manto, que se estendem para dentro de diminutos canais verticais (megaloporos e microporos) do tegumento superior da concha (Figura 13.43 C e D). Os canais e as extremidades sensoriais terminam abaixo de um capuz sobre a superfície da concha. Existem poucos dados sobre o funcionamento dos estetos, mas eles aparentemente são responsáveis pelo comportamento regulado pela luminosidade. Ao menos em uma família (Chitonidae), alguns estetos são modificados na forma de olhos simples com cristalino. A superfície externa do manto do cinturão de muitos quítons está equipada com grandes quantidades de células fotorreceptoras e táteis (Figura 13.43 D).

Como o restante do seu sistema nervoso, os órgãos sensoriais dos cefalópodes são muito bem-desenvolvidos. Os olhos são aparentemente semelhantes aos dos vertebrados (Figura 13.44 E) e esses dois tipos de olhos são citados comumente como um exemplo clássico de evolução convergente. O olho de um cefalópode coleoide como *Octopus* está localizado em um soquete associado ao crânio. A configuração da córnea, da íris e do cristalino é muito semelhante às estruturas correspondentes dos olhos dos vertebrados. Como também ocorre nos vertebrados, o cristalino está suspenso por músculos ciliares, mas tem formato fixo e distância focal. O diafragma da íris controla a quantidade de luz que entra no olho, enquanto a pupila é uma fenda horizontal. A retina contém fotorreceptores em forma de bastonetes longos densamente compactados, cujas extremidades sensoriais apontam para a parte anterior do olho; portanto, a retina dos cefalópodes é do tipo direto, em vez do tipo indireto presente nos vertebrados. Os bastonetes conectam-se às células retinianas que emitem fibras para os gânglios ópticos volumosos situados nas extremidades distais dos nervos ópticos. Ao contrário dos olhos dos vertebrados, a córnea dos coleoides provavelmente contribui pouco para a focalização, porque praticamente não há refração da luz na superfície da córnea (como a que ocorre na interface ar–córnea). O olho dos coleoides acomoda-se às condições variáveis de luminosidade alterando o diâmetro da pupila e pela migração do pigmento retiniano. Os olhos desses animais formam imagens bem-definidas (embora os polvos provavelmente sejam bastante míopes), e estudos experimentais sugeriram que eles não enxergam cores além de diferentes tonalidades do cinza, ainda que possam detectar luz polarizada. Além disso, os coleoides podem diferenciar objetos por tamanho, forma e orientação vertical *versus* horizontal. Os olhos de *Nautilus* são muito primitivos em comparação com os dos coleoides. Eles não têm cristalino e estão abertos para a água por meio da pupila. Os olhos desses animais parecem funcionar da mesma forma que o diafragma de uma câmera fotográfica.

Os coleoides têm estatocistos complexos, que fornecem informações quanto à posição estática e aos movimentos do corpo. Os estatocistos de *Nautilus* são relativamente simples. Além disso, os braços dos coleoides estão equipados com quantidades

Na ostra espinhosa *Spondylus* e na vieira natantes *Pecten*, esses olhos são "espelhados" com uma camada refletiva (**tapetum**) por trás das retinas pareadas. Essa camada reflete a luz de volta ao interior do olho, conferindo a esses bivalves uma imagem focal separada em cada retina – uma originada do cristalino e a outro do espelho (Figura 13.44 C a E). O osfrádio dos bivalves está situado na câmara exalante, sob o músculo adutor posterior.

Capítulo 13 Filo Mollusca 485

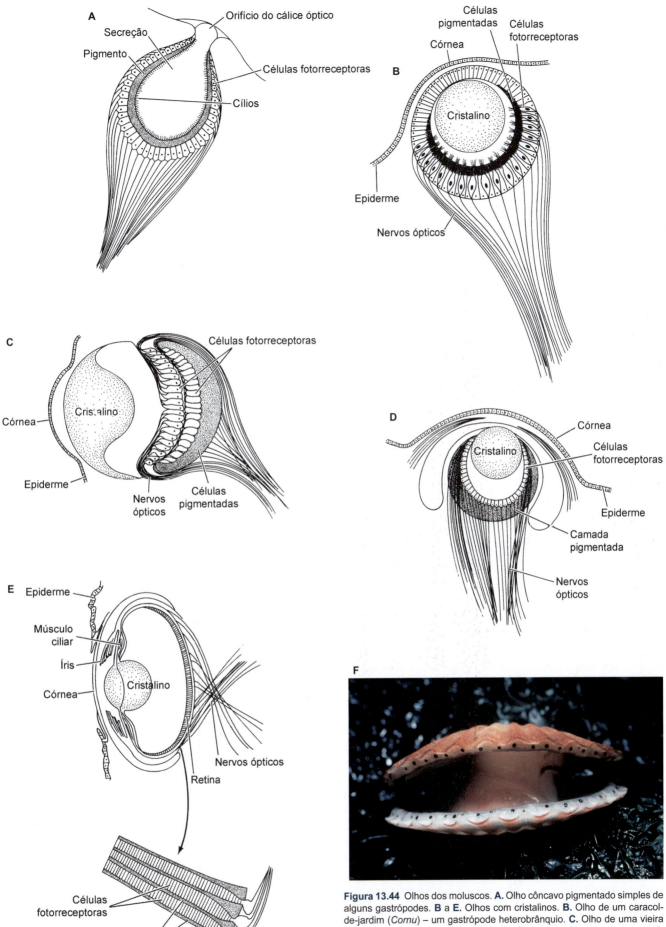

Figura 13.44 Olhos dos moluscos. **A.** Olho côncavo pigmentado simples de alguns gastrópodes. **B** a **E.** Olhos com cristalinos. **B.** Olho de um caracol-de-jardim (*Cornu*) – um gastrópode heterobrânquio. **C.** Olho de uma vieira (*Pecten*) – um bivalve pteriomórfico. **D.** Olho de *Littorina* – um cenogastrópode marinho. **E.** Olho de *Octopus*, um polvo. **F.** Vieira-rainha *Aequipecten opercularis* mostrando seus olhos negros ao longo das bordas do manto.

liberais de células táteis e quimiorreceptoras, especialmente nas ventosas dos polvos bentônicos, que têm capacidade de discriminação química e de textura extremamente apurada. *Nautilus* é o único cefalópode com osfrádios.

Coloração e tinta dos cefalópodes

Os cefalópodes coleoides são conhecidos por sua pigmentação marcante e pelas cores reluzentes que apresentam. O tegumento contém muitas células pigmentadas (ou cromatóforos), cuja maioria é controlada pelo sistema nervoso. Esses cromatóforos podem ser expandidos ou contraídos rápida e individualmente por meio de músculos diminutos aderidos à periferia de cada célula. A contração desses músculos puxa a célula para fora e seu pigmento interno para dentro de uma placa achatada, exibindo, assim, sua cor; o relaxamento dos músculos faz com que a célula e o pigmento fiquem concentrados dentro de um ponto minúsculo imperceptível. Como esses cromatóforos são exibidos ou escondidos por ação muscular, sua atividade é extremamente rápida e os cefalópodes coleoides podem mudar de cor (e padrão) quase instantaneamente. Os pigmentos dos cromatóforos têm várias cores – preto, amarelo, laranja, vermelho e azul. A cor dos cromatóforos pode ser acentuada pelas camadas mais profundas dos iridócitos, que refletem e refratam a luz em um padrão prismático. Algumas espécies, como a siba *Sepia* e muitos polvos, conseguem imitar exatamente a coloração de fundo onde se encontram (Figura 13.12 E) e também exibir cores vivas e contrastantes (Figura 13.12 F e G). Muitas lulas pelágicas mostram camuflagem por contraste (escuro em cima, claro embaixo) semelhante à que se observa em alguns peixes pelágicos. A maioria dos coleoides também apresenta alterações de cor associadas aos rituais comportamentais, como cruzamento e agressão. Nos polvos, muitas mudanças de cor são acompanhadas de modificações da textura da superfície do corpo, mediadas pelos músculos localizados sob a pele – algo parecido com um "arrepio" controlado e sofisticado.

Além dos padrões de cor formados pelos cromatóforos, alguns coleoides são bioluminescentes. Quando estão presentes, os órgãos luminosos (ou fotóforos) estão dispostos em diversos padrões no corpo e, em alguns casos, até mesmo no globo ocular. Às vezes, a luminescência é causada por bactérias simbióticas, mas, em outros casos, é intrínseca. Os fotóforos de algumas espécies têm um refletor complexo e configuração com cristalino de focalização, e alguns animais têm até um filtro de cor sobrejacente (ou diafragma cromatóforo) para controlar o padrão de cor ou brilho. A maioria das espécies luminescentes é constituída de animais dos mares profundos e pouco sabemos acerca da função da emissão de luz em seus estilos de vida. Alguns animais parecem usar os fotóforos para gerar um efeito de camuflagem por contraste, de modo a parecerem menos visíveis aos predadores (e às presas) de baixo para cima. Outros animais que vivem abaixo da zona fótica podem usar seus padrões de brilho ou luminescência como forma de comunicação – os sinais que enviam para manter os animais reunidos em grupos ou para atrair presas. O brilho intermitente também pode desempenhar uma função na atração dos casais. A lula-fogo *Lycoteuthis* pode emitir luzes de várias cores: branca, azul, amarela e rosa. Ao menos um gênero de lula (*Heteroteuthis*) secreta uma tinta luminescente. A luz provém das bactérias luminescentes cultivadas em uma pequena glândula localizada perto do saco de tinta, da qual bactérias e tinta são ejetadas simultaneamente.

Na maioria dos cefalópodes coleoides, um grande saco de tinta está localizada perto do intestino (Figura 13.32 H). A glândula produtora de tinta está situada na parede do saco e um ducto estende-se do saco até um poro existente dentro do reto. A glândula secreta um líquido marrom ou preto, que contém concentração alta do pigmento melanina, além de muco; o líquido é armazenado no saco de tinta. Quando se assusta, o animal libera a tinta pelo ânus e pela cavidade do manto, que se mistura com a água circundante. A nuvem de tinta flutua na água, formando uma imagem "falsa", que ajuda a confundir os predadores. A natureza alcaloide da tinta também pode ter a função de deter os predadores, especialmente peixes, e pode interferir com sua quimiorrecepção.

Como também ocorre com quase todos os outros aspectos da biologia dos coleoides, a capacidade de mudar de cor e defender-se dos predadores faz parte de seu estilo de vida de caçadores ativos. Ao longo de sua evolução, os cefalópodes coleoides abandonaram a proteção de uma concha externa e tornaram-se nadadores mais eficientes, mas também expuseram seu corpo carnoso aos predadores. A evolução da camuflagem e a produção de tinta, combinadas com a extrema mobilidade e o comportamento complexo, desempenharam um papel importante no sucesso desses animais em sua modificação radical do plano corpóreo básico dos moluscos.

Reprodução

Primitivamente, os moluscos são predominantemente gonocorísticos e têm um par de gônadas, que descarregam seus gametas no exterior por tubos nefridiais ou ductos independentes. Nas espécies que liberam os gametas na água, a fecundação é externa e o desenvolvimento é indireto. Muitos moluscos com gonoductos separados, que armazenam e transportam gametas, também têm vários mecanismos de fecundação interna. Nessas formas, os padrões desenvolvidos de história de vida são diretos e mistos.

Os caudofoveados são gonocorísticos e têm gônadas pareadas, enquanto os solenogastres são hermafroditas e têm um par de gônadas (Figura 13.45). Nesses dois grupos de aplacóforos, as gônadas despejam gametas dentro da câmara pericárdica por meio de ductos gonopericárdicos curtos, de onde passam pelos gametoductos para a cavidade do manto. Nos Solenogastres, a fecundação é interna e os filhotes são incubados em alguns casos, enquanto nos caudofoveados os gametas são dispersos na água do mar circundante, onde ocorre a fecundação. Os monoplacóforos têm 2 pares de gônadas, cada qual com um gonoducto conectado a um dos pares de nefrídios (Figuras 13.3 D e 13.14 E). Uma espécie de monoplacóforos minúsculo (*Micropilina arntzi*) é hermafrodita e incuba seus embriões na cavidade do seu manto.

A maioria dos quítons é gonocorística, embora também sejam conhecidas algumas espécies hermafroditas. Nos quítons, as duas gônadas são fundidas e situadas medialmente na frente da cavidade pericárdica (Figura 13.4 F). Os gametas são transferidos diretamente para fora por 2 gonoductos separados. Os gonóporos são localizados na região exalante do sulco do manto – um à frente de cada nefridióporo. A fecundação é externa, mas pode ocorrer na cavidade do manto da fêmea. Os ovos são envolvidos dentro de uma membrana espinhosa flutuante e liberados na água do mar individualmente ou em cordões. Alguns quítons incubam seus embriões na cavidade do manto e, em uma espécie (*Callistochiton viviparous*), o desenvolvimento ocorre inteiramente dentro do ovário.

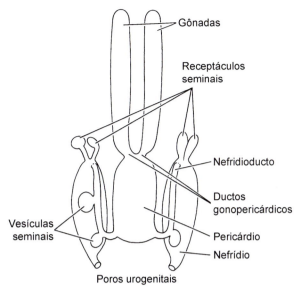

Figura 13.45 Sistema urogenital de um Solenogastre.

(Figura 13.46 A), enquanto nos neritimórficos e cenogastrópodes um vestígio do nefrídio direito é incorporado ao oviduto. Nos casos em que o nefrídio direito ainda é funcional no transporte de produtos da excreção (como nos patelogastrópodes e vetigastrópodes), o gonoducto é descrito apropriadamente como ducto urogenital, porque libera gametas e urina.

Os gastrópodes podem ser gonocorísticos ou hermafroditas, mas, mesmo nesse último caso, geralmente há apenas uma gônada (ou ovoteste), ainda que alguns heterobrânquios tenham gônadas masculina e feminina separadas (p. ex., *Omalogyra* e matildídeo *Gegania valkyrie*), enquanto outros são protândricos. O comprometimento absoluto dos tubos nefridiais direitos para funcionar como sistema reprodutivo foi um passo importante da evolução dos gastrópodes. O isolamento do trato reprodutivo possibilitou sua evolução independente, sem a qual a grande variedade de padrões de desenvolvimento e reprodução dos gastrópodes nunca poderia ter sido alcançada.

Em muitos gastrópodes com tratos reprodutivos isolados, o sistema feminino tem uma dobra ou tubo ciliado, que forma a vagina e o oviduto (ou oviduto palial). O tubo desenvolve-se internamente a partir da parede do manto e conecta-se com o ducto genital. O oviduto pode ter estruturas especializadas para armazenamento dos espermatozoides ou secreção do envoltório dos ovos. Um órgão de armazenamento dos espermatozoides

Nos gastrópodes vivos, uma das gônadas foi perdida e a restante geralmente está localizada com a glândula digestiva dentro da massa visceral. Nos patelogastrópodes e vetigastrópodes, o gonoducto desenvolve-se junto com o nefrídio direito

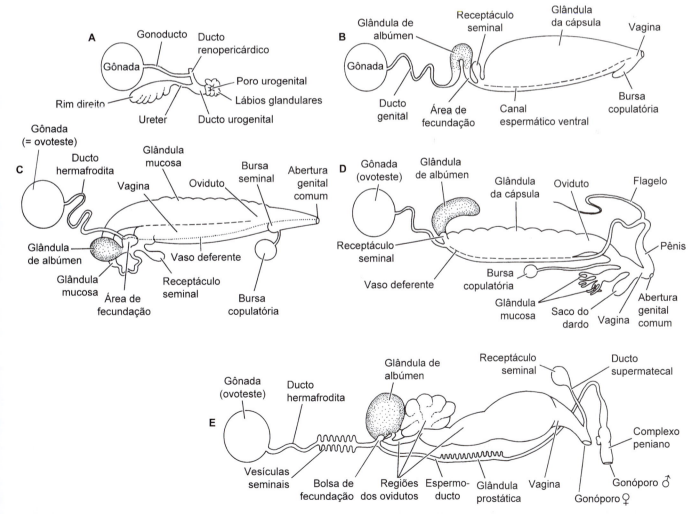

Figura 13.46 Sistemas reprodutivos dos gastrópodes. **A.** Fêmea de um vetigastrópode (Trochidae). **B.** Fêmea de um neogastrópode (Muricidae, *Nucella*). **C.** Sistema hermafrodita do euopistobrânquio *Aplysia*. **D.** Sistema hermafrodita do eupulmonado *Cornu*. **E.** Sistema hermafrodita do eupulmonado higrófilo *Physa*.

recebidos – receptáculo seminal – geralmente está localizado próximo do ovário na extremidade proximal do oviduto. Os ovos são fecundados nesse local ou nas proximidades, antes de entrarem na parte secretora longa do oviduto. Muitos sistemas femininos também têm uma bursa copulatória, geralmente na extremidade distal do oviduto, onde os espermatozoides são recebidos durante a cópula. Nesses casos, os espermatozoides são depois transportados ao longo de um sulco ciliado do oviduto até o receptáculo seminal, que está localizado perto do local onde ocorre a fecundação. A parte secretora do oviduto pode estar modificada em uma glândula de albúmen e uma glândula mucosa ou da cápsula. Muitos heterobrânquios depositam ovos fecundados em massas ou cordões de mucopolissacarídios semelhantes a uma geleia, que são produzidos por essas glândulas. A maioria dos pulmonados terrestres produz pequena quantidade de ovos ricos em vitelo grandes e separados, que frequentemente são dotados de conchas calcárias. Outros pulmonados incubam seus embriões internamente e liberam formas juvenis. Muitos cenogastrópodes produzem cápsulas de ovos na forma de envoltórios coriáceos ou rígidos, que são fixados aos objetos do ambiente e, assim, protegem os embriões em desenvolvimento. Em geral, há um sulco ciliado para conduzir as cápsulas de ovos macios do gonóporo feminino até uma glândula situada no pé, onde elas são moldadas e fixadas ao substrato.

O ducto genital masculino – ou vaso deferente – pode incluir uma glândula prostática para produzir secreções seminais. Em muitos gastrópodes, a região proximal do vaso deferente tem a função de armazenar espermatozoides, ou seja, é uma vesícula seminal. Em muitos cenogastrópodes, neritimórficos e heterobrânquios inferiores, os machos têm pênis externos para facilitar a transferência do esperma (Figuras 13.6 B e 13.47) e a fecundação interna ocorre antes da formação do envoltório do ovo. O pênis é uma extensão longa da parede corporal, que geralmente se origina atrás do tentáculo cefálico direito. Nesses grupos com pênis cefálico, a maioria das partes glandulares do sistema reprodutivo está situada dentro da cavidade do manto, ou pode estender-se posteriormente ao longo do nefrídio. Na maioria dos eutineuros, essas partes do sistema reprodutivo migraram para dentro da cavidade corporal e o pênis tornou-se uma estrutura interna retrátil. A transferência do esperma de alguns gastrópodes depende da utilização dos espermatóforos, que incluem um pênis (ou não, como no caso dos grupos de ceritimórficos e alguns outros). Em alguns animais, parespermas grandes são usados para transportar o esperma normal.

Nos gastrópodes hermafroditas simultâneos e sequenciais, a cópula é a regra, seja com um espécime atuando como macho e o outro como fêmea, ou com permuta mútua de esperma entre os dois. As espécies sedentárias, como as lapas terrestres e as crepídulas, geralmente são hermafroditas protândricas. Em *Crepidula*, os espécimes podem empilhar-se uns sobre os outros (Figura 13.48), e os animais instalados mais recentemente são os machos no alto da pilha, enquanto as fêmeas ficam embaixo. Cada macho (Figura 13.47 B) usa seu pênis longo para inseminar as fêmeas (Figura 13.47 C) situadas abaixo. Os machos associados às fêmeas tendem a manter-se machos por um período relativamente longo. Por fim, ou quando não estão associados a uma fêmea, o macho desenvolve-se em uma fêmea. As fêmeas de crepídulas não podem transformar-se novamente em machos, porque o sistema reprodutivo masculino degenera durante a mudança de sexo.

A maioria dos eupulmonados são hermafroditas simultâneos, embora também ocorra o hermafroditismo protândrico. Na maioria dos eutineuros hermafroditas simultâneos, uma única gônada complexa (o ovoteste) produz ovos e espermatozoides (Figuras 13.46 C a E; 13.47 D), com os gametas maduros deixando o ovoteste por meio do ducto hermafrodita. Os sistemas reprodutivos dos eutineuros são surpreendentemente complexos e variados em seus ductos e estruturas e, em alguns casos, têm gonóporos masculino e feminino separados, ou apenas um gonóporo em comum (Figura 13.46 D e E).

Alguns grupos de gastrópodes mostram comportamentos pré-copulatórios bem-definidos. Essas rotinas primitivas antes do cruzamento são mais bem-documentadas nos pulmonados terrestres e incluem comportamentos como carícias tentaculares ou orais e entrelaçamento dos corpos. Em alguns pulmonados (p. ex., lesma de jardim comum, ou *Cornu*, antes conhecida como *Helix*), a vagina contém um saco de dardos que secreta um arpão calcário. À medida que a corte chega ao clímax e o par de lesmas está entrelaçado, uma delas mergulha seu dardo na parede corporal da outra, talvez como forma de despertar sexualmente seu parceiro.

A maioria dos bivalves é gonocorística e conserva suas gônadas primitivamente pareadas. Entretanto, as gônadas são grandes e estão intimamente interligadas com as vísceras e umas com as outras, de modo que se forma massa gonadal aparentemente simples. Os gonoductos são tubos simples e a fecundação geralmente é externa, embora algumas espécies marinhas e a maioria das espécies de água doce incubem seus embriões por algum tempo. Nos bivalves primitivos, os gonoductos reúnem-se aos nefrídios e os gametas são liberados pelos poros urogenitais. Em muitos bivalves avançados, os gonoductos abrem-se dentro da cavidade do manto separadamente dos nefridióporos. O hermafroditismo ocorre em alguns bivalves, inclusive teredos e algumas espécies de berbigões, ostras, vieiras e outros animais. As ostras do gênero *Ostrea* são hermafroditas sequenciais, e a maioria consegue mudar de sexo nos dois sentidos.

Quase todos os cefalópodes são gonocorísticos, com uma única gônada na região posterior da massa visceral (Figuras 13.11 C; 13.12 B; 13.49). O testículo libera o esperma dentro de um vaso deferente retorcido, que se estende anteriormente até uma vesícula seminal. Nessa vesícula, várias glândulas ajudam a acondicionar os espermatozoides em espermatóforos sofisticados, armazenados em um grande reservatório conhecido como **saco de Needham**. A partir desse saco, os espermatóforos são liberados dentro da cavidade do manto por meio de um espermoducto. Nas fêmeas, o oviduto termina em uma glândula oviducal nas lesmas e em 2 glândulas nos polvos. Essas glândulas secretam uma membrana protetora ao redor de cada ovo.

O sistema nervoso altamente desenvolvimento dos cefalópodes facilitou a evolução de alguns comportamentos pré-copulatórios muito sofisticados, que culminam na transferência dos espermatóforos do macho para a fêmea. Como o orifício oviducal das fêmeas está localizado profundamente dentro da câmara do manto, os coleoides machos usam um de seus braços como órgão introdutor para transferir os espermatóforos. Esses braços modificados são conhecidos como **hectocótilos** (Figuras 13.12 e 13.49 B). Nas lulas e sibas, o braço utilizado é o quarto direito ou esquerdo; nos polvos, é o terceiro braço direito. Em *Nautilus*, 4 braços pequenos formam um órgão cônico – **espádice** – que

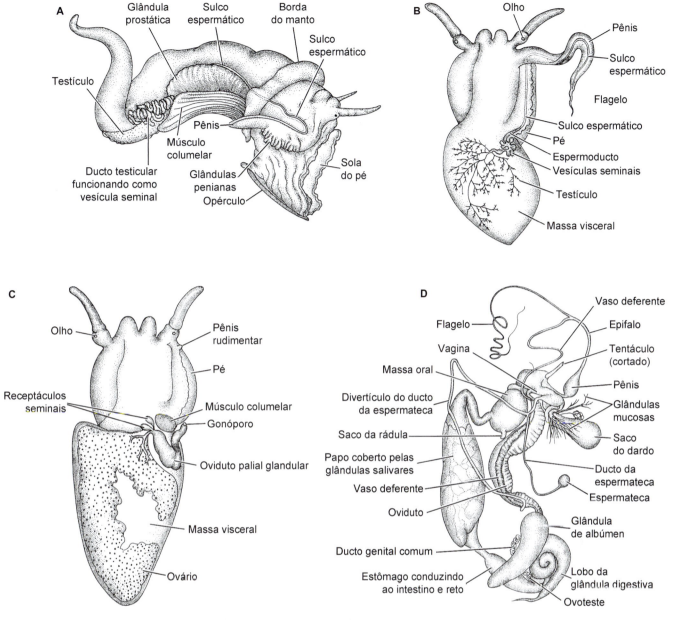

Figura 13.47 Sistemas reprodutivos de alguns gastrópodes. A a C mostram animais retirados de suas conchas. A. O litorinídeo *Littorina* (Caenogastropoda). B e C. Sistemas reprodutivos de uma lapa *Crepidula* (Caenogastropoda) (masculino e feminino). D. Dissecção da lesma de jardim comum, ou *Cornu aspersum* (Stylommatophora).

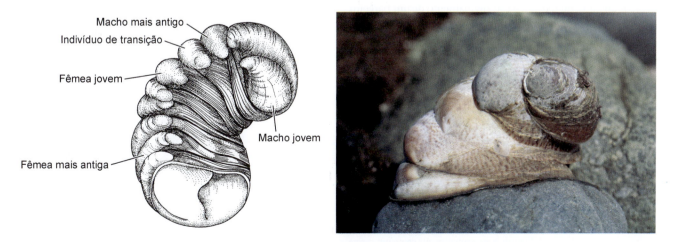

Figura 13.48 Uma pilha de *Crepidula fornicata* (Caenogastropoda), mostrando hermafroditismo sequencial.

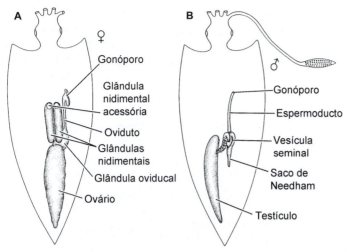

Figura 13.49 Sistemas reprodutivos da lula *Loligo*, um cefalópode coleoide. Fêmea (**A**) e macho (**B**).

tem a função de transferir esperma. Os hectocótilos têm braços com ventosas especiais, depressões em forma de colher ou câmaras superficiais para abrigar os espermatóforos durante a transferência, que pode ser um processo rápido ou muito demorado.

Cada espermatóforo consiste em massa alongada de espermatozoides, um corpo cimentante, um órgão ejaculatório "acionado por mola" e um capuz. O capuz é retraído à medida que o espermatóforo é retirado do saco de Needham, nas lulas, ou por captação de água do mar, nos polvos. Depois da remoção do capuz, o órgão ejaculatório everte e empurra a massa de espermatozoides para fora. A massa de espermatozoides adere por meio do corpo cimentante ao receptáculo seminal ou à parede do manto da fêmea, onde começa a desintegrar-se e libera espermatozoides por até 2 dias.

Os rituais pré-copulatórios dos cefalópodes coleoides geralmente envolvem alterações marcantes de cor, à medida que o macho tenta atrair a fêmea (e desencorajar outros machos na área). Os machos das lulas frequentemente prendem suas fêmeas com os tentáculos e os dois nadam pelas águas com as cabeças grudadas. Por fim, os hectocótilos do macho agarram um espermatóforo e introduzem-no na cavidade do manto de sua parceira, que está localizado dentro ou perto do orifício oviducal. A cópula dos polvos pode ser um namoro selvagem. A exuberância do abraço copulatório pode causar lacerações nos corpos do casal, provocadas por seus bicos afiados, ou mesmo o estrangulamento de um parceiro pelo outro à medida que os braços do primeiro envolvem a cavidade do manto do outro, impedindo sua ventilação. Em muitos polvos (p. ex., *Argonauta, Philonexis*), a ponta do braço hectocotilizado pode quebrar e permanecer na cavidade do manto da fêmea.[7]

À medida que os ovos passam pelo oviduto, são recobertos por uma membrana capsular produzida pela glândula oviducal. Quando chegam à cavidade do manto, vários tipos de **glândulas nidimentais** podem fornecer camadas adicionais ou recobrir os ovos. Na lula *Loligo*, que migra para as águas rasas para procriar, as glândulas nidimentais revestem os ovos dentro de massa gelatinosa oblonga, cada qual contendo cerca de 100 ovos. A fêmea guarda esses envoltórios ovulares em seus braços e fecunda-os com os espermatozoides ejetados de seu receptáculo seminal. As massas de ovos endurecem à medida que reagem com a água do mar e, em seguida, são fixadas ao substrato. Os adultos morrem depois do cruzamento e da deposição dos ovos. A siba deposita ovos separados, fixados a algas ou outros substratos. Muitos coleoides pelágicos dos mares abertos têm ovos flutuantes, e seus filhotes desenvolvem-se completamente no plâncton. Em geral, os polvos depositam grupos de ovos semelhantes a cachos de uvas em tocas de áreas rochosas e muitas espécies cuidam dos embriões em desenvolvimento, protegendo-os, ventilando-os e limpando-os por meio da irrigação da massa de ovos com jatos de água. Os polvos e as lulas crescem rapidamente para maturação, reproduzem-se e morrem geralmente dentro de 1 ou 2 anos. Entretanto, o náutilo perolado tem vida longa (talvez 25 a 30 anos), cresce lentamente e consegue reproduzir-se por muitos anos depois de alcançar a maturidade.

Um dos comportamentos reprodutivos mais impressionantes entre os invertebrados ocorre nos membros do gênero pelágico de polvos *Argonauta*, conhecido como náutilo-de-papel. As fêmeas dos argonautas usam 2 braços especializados para secretar e esculpir uma bela concha calcária enrolada, dentro da qual os ovos são depositados (Figura 13.17 B). A concha delicada com paredes finas é transportada pela fêmea, serve como abrigo temporário e tem uma câmara de incubação para os embriões. Em geral, o macho é muito menor e coabita a concha com a fêmea.

Desenvolvimento

Em muitos aspectos fundamentais, o desenvolvimento dos moluscos é semelhante ao de outros protostômios espirálicos. A maioria dos moluscos faz clivagem espiral típica com desenvolvimento da boca e do estomodeu, desenvolvendo-se a partir do blastóporo, com formação do ânus como um orifício novo na parede da gástrula (protóstoma). Os destinos das células também geralmente correspondem aos dos espirálicos, incluindo um mesentoblasto 4d.

Ao final do estágio de 64 células, um grupo de micrômeros apicais forma um arranjo bem-definido em cruz dos moluscos (células $1a^{12}$-$1d^{12}$ e seus descendentes, com as células $1a^{112}$-$1d^{112}$ formando o ângulo entre os braços da cruz) (Figura 13.50). Essa

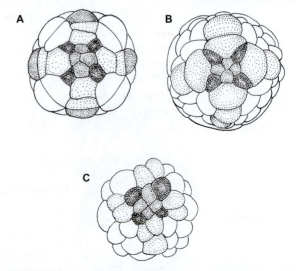

Figura 13.50 "Arranjo em cruz dos moluscos" nos embriões em desenvolvimento. **A.** Gastropoda (*Lymnaea*). **B.** Poliplacóforo (*Stenoplax*). **C.** Aplacóforo (*Epimenia*).

---

[7] Inicialmente, o braço desprendido foi descrito erroneamente como um verme parasita, que recebeu o nome genérico de Hectocotylus (daí a origem do termo).

configuração dos blastômeros parece ser singular ao filo Mollusca. Além dessas generalidades, a clivagem dos moluscos mostra amplas variações. À medida que são realizados estudos detalhados com números crescentes de espécies, as implicações filogenéticas dessas variações devem ser avaliadas.

O desenvolvimento pode ser direto, misto ou indireto. Durante o desenvolvimento indireto, as larvas trocóforas livre-natantes que se formam são muito semelhantes às larvas dos anelídeos (Figura 13.51). Como também ocorre com as larvas anelídeas, a larva trocófora dos moluscos tem uma placa sensorial apical com um tufo de cílios e um cinturão de células ciliadas – prototróquia – situados um pouco à frente da boca.

Em alguns moluscos de vida livre (p. ex., quítons e caudofoveados), a trocófora é o único estágio larval e faz metamorfose diretamente à forma juvenil (Figura 13.51 C). Em geral, os solenogástricos formam a chamada célula-teste larval, na qual uma larva teste em forma de cinto circunda as partes do animal em desenvolvimento. Contudo, nos demais grupos (p. ex., gastrópodes e bivalves), a trocófora é seguida de um estágio larval exclusivo dos moluscos, denominado véliger (Figura 13.52). A **larva véliger** pode ter pé, concha, opérculo e outras estruturas semelhantes às dos adultos. O aspecto mais característico da larva véliger é o órgão natatório (ou **véu**), que consiste em 2 grandes lobos ciliados oriundos do prototróquio da trocófora. Em algumas espécies, o véu também é um órgão de alimentação e é subdividido em 4, 5 ou até 6 lobos separados (Figura 13.52 C). Quando se alimentam, as larvas véliger (planctotróficas) capturam partículas alimentares localizadas entre as faixas prototrocal e metatrocal opostas dos cílios na borda do véu; outras não se alimentam (lecitotróficas) e vivem das reservas de vitelo. Por fim, surgem os olhos e os tentáculos, e a larva véliger transforma-se na forma juvenil, implanta-se no fundo e inicia sua vida adulta.

Como também ocorre com os gastrópodes, alguns bivalves formam larvas véliger planctotróficas de vida longa, enquanto outros têm larvas véliger lecitotróficas de vida curta. Muitas espécies amplamente distribuídas têm vidas larvais muito longas, o que lhes permite dispersar por grandes distâncias. Alguns bivalves têm desenvolvimento misto e incubam seus embriões em desenvolvimento na cavidade suprabranquial ao longo do estágio trocóforo; em seguida, os embriões são liberados na forma de larvas véliger. Alguns mariscos de águas salgada e doce têm desenvolvimento direto, por exemplo, a família Sphaeriidae de água doce, na qual os embriões são incubados entre as lamelas das brânquias, e as formas juvenis são liberadas na água quando o desenvolvimento está concluído. Vários grupos marinhos não relacionados desenvolveram independentemente um comportamento de incubação semelhante (p. ex., *Arca vivipara*, alguns carditídeos etc.)

Nos mexilhões de água doce (Unionida), os embriões também são incubados entre as lamelas das brânquias, onde se desenvolvem em larvas véliger altamente modificadas para vida parasitária nos peixes, facilitando, assim, sua dispersão. Essas larvas parasitárias são conhecidas como **gloquídios** (Figura 13.52 E).

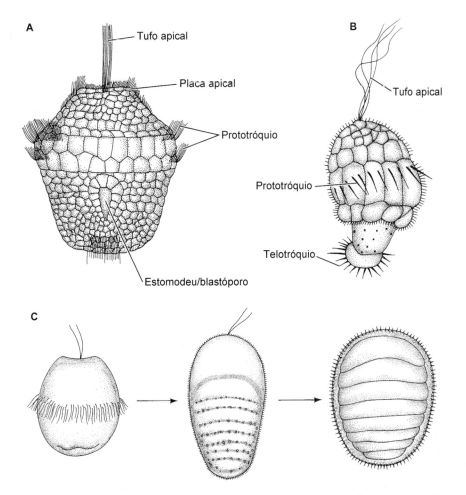

Figura 13.51 Larvas trocóforas dos moluscos. **A.** Larva trocófora generalizada de um molusco. **B.** Trocóforo de um aplacóforo solenogástrico. **C.** Metamorfose de um poliplacóforo da larva trocófora à forma juvenil.

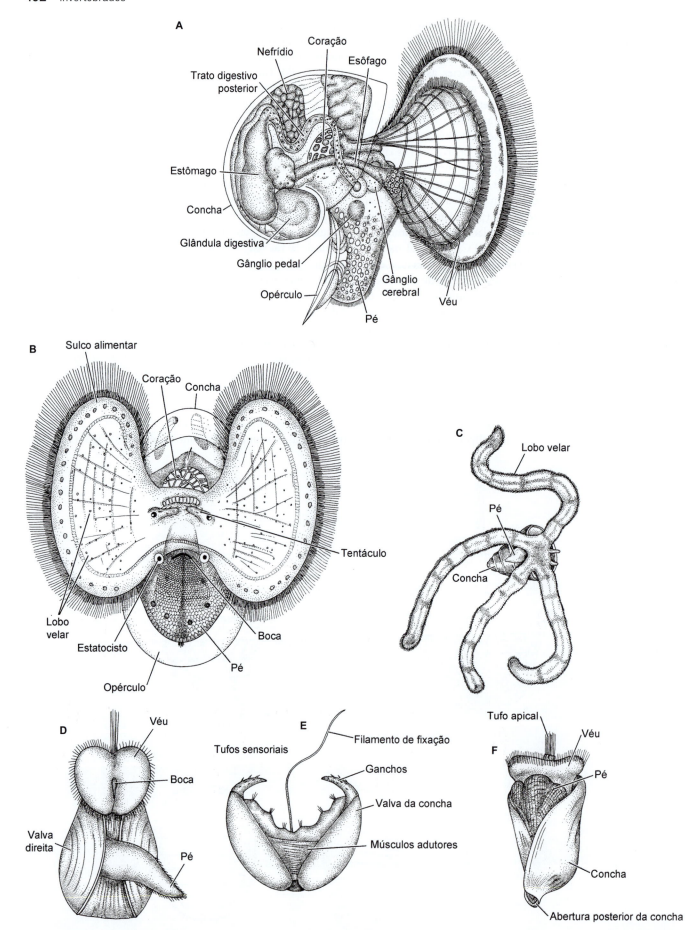

Figura 13.52 Larvas véliger dos moluscos. **A** e **B.** *Vistas lateral* e *frontal* da larva véliger de um caracol Caenogastropoda. **C.** Uma larva véliger Caenogastropoda com 4 lobos velares. **D.** Larva véliger generalizada de um bivalve. **E.** Larva gloquídio de um bivalve unionoide de água doce. **F.** Larva véliger tardia de um escafópode (*Dentalium*).

Elas se fixam à pele ou às brânquias do peixe hospedeiro por meio de ganchos mucosos pegajosos ou outros dispositivos de fixação. A maioria dos gloquídios não tem trato digestivo e absorve nutrientes do hospedeiro por meio de células fagocitárias especiais do manto. Em geral, os tecidos do hospedeiro formam um cisto ao redor do gloquídio. Por fim, a larva se torna madura, rompe o cisto, cai no fundo e inicia sua vida adulta.

Entre os gastrópodes, apenas os patelogastrópodes e os vetigastrópodes que dependem da fecundação externa conservaram larvas trocóforas livres-natantes. Todos os outros gastrópodes perderam a larva trocófora ou passam rapidamente por esse estágio antes da eclosão. Em muitos grupos, os embriões eclodem como véliger (p. ex., alguns neritimórficos, cenogastrópodes e heterobrânquios). Assim como ocorre nos bivalves, alguns desses gastrópodes formam larvas véliger planctotróficas, que podem ter vida livres-natante curta ou longa (de até vários meses). Outros formam larvas lecitotróficas, que se mantêm planctônicas apenas por períodos curtos (em alguns casos, menos de 1 semana). As larvas véliger planctotróficas alimentam-se por meio de cílios velares, cujo batimento empurra o animal para a frente e coloca diminutas partículas alimentares planctônicas em contato com os cílios mais curtos de um sulco alimentar. Quando entram no sulco alimentar, as partículas ficam retidas no muco e são levadas ao longo de tratos ciliares até a boca.

Quase todos os pulmonados e alguns cenogastrópodes têm desenvolvimento direto e o estágio de larva véliger é passado dentro do envoltório do ovo, ou cápsula. Com a eclosão, os caracóis minúsculos rastejam para fora da cápsula e entram no seu hábitat adulto. Em alguns neogastrópodes (p. ex., algumas espécies de *Nucella*), os embriões encapsulados canibalizam seus irmãos – um fenômeno conhecido como **adelfofagia**; consequentemente, apenas uma ou duas formas juvenis finalmente emergem de cada cápsula.

Em geral, é durante o estágio de larva véliger que os gastrópodes passam pelo processo de torção (ver descrição da torção nas seções anteriores), quando a concha e a massa visceral torcem em relação à cabeça e ao pé (Figuras 13.18 e 13.53). Como vimos antes, esse fenômeno ainda não está totalmente esclarecido, mas desempenhou um papel importante na evolução dos gastrópodes.

Os cefalópodes produzem ovos telolécitos vitelinos grandes. O desenvolvimento sempre é direto e os estágios larvais foram praticamente eliminados durante a evolução do embrião repleto de vitelo, que se desenvolve dentro do envoltório dos ovos. A clivagem inicial é meroblástica e, finalmente, forma uma capa de células (discoblástula) no polo animal. O embrião cresce de modo que a boca se abra para o saco vitelino, e o vitélio é "consumido" diretamente pelo animal em desenvolvimento (Figura 13.54).

Evolução e filogenia dos moluscos

Os detalhes filogenéticos da evolução dos moluscos ainda não foram totalmente esclarecidos. Esse filo é altamente diversificado e muitos táxons nomeados abaixo do nível de classes são reconhecidamente polifiléticos ou parafiléticos. A existência de um registro fóssil farto (principalmente conchas) tem sido uma bênção e uma maldição, na medida em que as tentativas de traçar a história evolutiva dos moluscos frequentemente têm sido frustradas pelos "bancos de dados" limitados e algumas vezes confusos fornecidos por suas conchas.

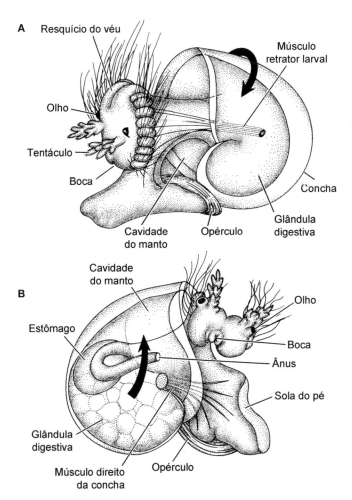

Figura 13.53 Larva implantada de um abalone (*Haliotis*) em processo de torção. **A.** *Vista lateral esquerda* depois da torção de cerca de 90°, com a cavidade do manto no lado direito. **B.** A torção continua à medida que a cavidade do manto e suas estruturas associadas torcem para frente sobre a cabeça.

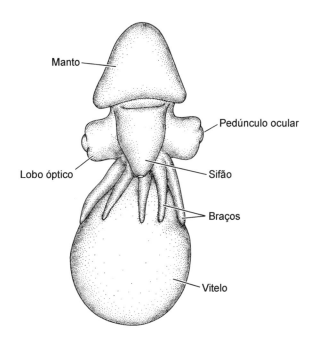

Figura 13.54 Forma juvenil de um cefalópode coleoide fixado, consumindo seu saco vitelino.

Até pouco tempo atrás, o conceito de um "molusco ancestral hipotético" (chamado HAM; do inglês, *hypothetical ancestral mollusc*) era popular e sua descrição originou-se principalmente dos estudos iniciais do eminente biólogo inglês T. H. Huxley, também conhecido como "Buldogue de Darwin". As descrições detalhadas e algumas vezes altamente imaginativas desse molusco ancestral hipotético foram propostas por vários pesquisadores, incluindo até especulações quanto à sua fisiologia, ecologia e comportamento (ver Lindberg e Ghiselin, 2003). A utilidade do HAM nos estudos da evolução dos moluscos foi questionada, à medida que a zoologia entrou na era das análises filogenéticas explícitas (*i. e.*, cladística). Desse modo, hoje em dia, a maioria dos pesquisadores evita as armadilhas da construção *a priori* de um ancestral hipotético e, em vez disso, analisa a história evolutiva dos moluscos por inferência filogenética. Embora as análises morfológicas das relações entre os moluscos tenham diferido em alguns detalhes, as relações filogenéticas resultantes desse trabalho têm sido semelhantes. Por outro lado, as análises moleculares mais recentes das relações entre os moluscos resultaram em várias árvores alternativas, dependendo do tipo de dados moleculares e dos métodos analíticos. Com base nesses estudos filogenéticos recentes, o provável ancestral comum dos moluscos era pequeno (cerca de 5 mm de comprimento), tinha uma concha ou cutícula dorsal e superfície ventral achatada, sobre a qual o animal movia-se por deslizamento ciliar. Nossa filogenia (Figura 13.55) resume alguns conceitos atuais sobre a evolução dos moluscos. As características usadas para construir o cladograma estão enumeradas na legenda da figura e brevemente resumidas na discussão a seguir. Os nós do cladograma foram definidos por letras para facilitar a descrição.

O momento exato em que os moluscos surgiram dentro de Spiralia, bem como seu parentesco com os outros filos do clado, ainda é assunto de muito debate. Alguns pesquisadores tratam esses animais como descendentes de um ancestral segmentado, embora a maioria não concorde. Defendemos a ideia de que os moluscos se originaram de um precursor esquizocelomado não segmentado. Estudos moleculares recentes (ver Referências Selecionadas: Evolução e Filogenia dos Moluscos) sugeriram diferentes relações de grupos-irmãos para os moluscos, embora comumente os anelídeos sejam agrupados dentro desses supostos clados-irmãos. Contudo, como também ocorre com muitos dos filos espiráicos, a identificação do grupo-irmão dos moluscos ainda é um processo em andamento. Os moluscos estão claramente aliados aos outros protostômios espiráicos (Platyhelminthes, Nemertea, Annelida), que se caracterizam por elementos do desenvolvimento como clivagem espiral, mesentoblasto 4d e larvas semelhantes às trocóforas. Contudo, ainda é difícil dizer exatamente quando eles surgiram na linhagem dos espiráicos.

Os passos principais da evolução do que geralmente entendemos como um molusco "típico" – ou seja, um molusco com concha – também são controversos. As hipóteses mais antigas frequentemente argumentavam que esse passo ocorreu depois da origem dos aplacóforos, talvez à medida que os moluscos se adaptavam aos estilos de vida epibentônicos ativos. Esses passos estavam centrados principalmente na elaboração do manto e de sua cavidade, no refinamento da superfície ventral na forma de um pé muscular bem-desenvolvido e na evolução de uma glândula dorsal da concha consolidada e concha(s) sólida(s) em vez dos escleritos calcários independentes.

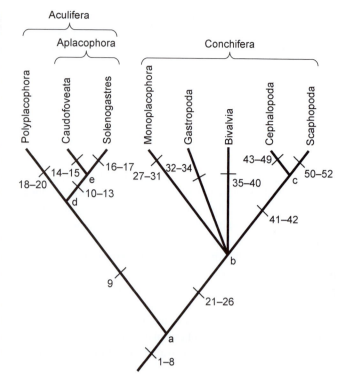

Figura 13.55 Cladograma representando uma visão conservadora da filogenia dos moluscos com base nas hipóteses vigentes (ver filogenias alternativas dos moluscos em Sigwart e Lindberg, 2015). Os números no cladograma indicam conjuntos de sinapomorfias, que definem cada linha ou clado hipotético.
Sinapomorfias do filo Mollusca, que definem o nó *a*: (1) redução do celoma e desenvolvimento de um sistema circulatório hemocélico aberto; (2) a parede dorsal do corpo forma um manto; (3) produção extracelular de escleritos (e/ou concha) calcários pelas glândulas conchais do manto; (4) os músculos da parede ventral do corpo desenvolvem-se e formam o pé musculoso (ou um precursor do pé); (5) rádula; (6) coração com câmaras, ou seja, átrios e ventrículo separados; (7) aumento da complexidade do trato digestivo, com glândulas digestivas grandes; (8) ctenídios.
Sinapomorfias de Aculifera (Aplacophora + Polyplacophora), que definem o nó *d*: (9) escleritos.
Sinapomorfias de Aplacophora (Caudofoveata + Solenogastres), que definem o nó *e*: (10) corpo vermiforme; (11) pé reduzido; (12) as gônadas esvaziam na cavidade pericárdica, que emerge para a cavidade do manto por gametoductos com formato de "U"; (13) não têm nefrídios.
Sinapomorfias de Caudofoveata: (14) os escleritos calcários da parede corporal formam escamas imbricadas; (15) perda completa do pé.
Sinapomorfias de Solenogastres: (16) extremidade posterior do sistema reprodutivo com espículas copulatórias; (17) perda dos ctenídios.
Sinapomorfias de Polyplacophora: (18) concha com 8 placas (e com 8 regiões da glândula da concha), camada de articulamento e estetos; (19) ctenídios múltiplos; (20) cinturão do manto expandido e altamente cuticularizado, que se "funde" com as placas da concha.
Sinapomorfias de Conchifera, que definem o nó *b*: (21) presença de uma região única na glândula da concha e presença da concha larval (protoconcha); (22) concha univalve (um único pedaço; nota: a concha bivalve é derivada da condição univalve); (23) concha basicamente com três camadas (perióstraco, camada prismática, camada lamelar ou cruzada); (24) borda do manto com três pregas paralelas, cada qual especializada com funções específicas; (25) estatocistos; (26) vísceras concentradas dorsalmente.
Sinapomorfias de Monoplacophora: (27) 3 a 6 pares de ctenídios; (28) 3 a 7 pares de nefrídios; (29) 8 pares de músculos retratores pedais; (30) 2 pares de gônadas; (31) 2 pares de átrios cardíacos.
Sinapomorfias de Gastropoda: (32) torção; (33) tentáculos cefálicos; (34) opérculo.
Sinapomorfias de Bivalvia: (35) concha bivalve e seu manto associado e (nos bivalves autobrânquios) ctenídios modificados; (36) perda da rádula; (37) bisso (autobrânquios); (38) compressão lateral do corpo; (39) músculos adutores; (40) ligamento.
Sinapomorfias da linhagem dos cefalópodes-escafópodes, que definem o nó *c*: (41) flexão anopedal; (42) características anatômicas novas, incluindo fusão e posição dos gânglios cerebrais.
Sinapomorfias de Cephalopoda: (43) expansão do celoma e fechamento do sistema circulatório; (44) concha septada; (45) saco de tinta (nos coleoides); (46) sifúnculo; (47) mandíbulas com formato de bico; (48) pé modificado para braços/tentáculos preênseis e funil (= sifão); (49) desenvolvimento de um cérebro grande.
Sinapomorfias de Scaphopoda: (50) concha em forma de dente-de-elefante com extremidades abertas; (51) perda do coração e dos ctenídios; (52) captáculos.

A descrição de uma larva solenogástrica por Pruvot em 1890, na qual se dizia que a superfície dorsal tinha 7 bandas transversais de escleritos (descritas como "placas compostas", ou resquícios dos quítons), levou alguns autores a postularem que os aplacóforos e poliplacóforos pudessem ser grupos-irmãos; essas relações foram confirmadas por vários estudos filogenéticos recentes (p. ex., Kocot *et al.*, 2011). Entretanto, a descoberta de um possível fóssil de aplacóforo com 7 placas dorsais na concha em depósitos silurianos da Inglaterra (*Acaenoplax*) e também de quítons "sem pés" (*Kulindroplax* e *Phthipodochiton*) confundiu ainda mais a polaridade da transformação das características dos aplacóforos–quítons. Para agravar a confusão, existem diferenças fundamentais entre as conchas dos poliplacóforos e as dos outros moluscos, o que sugere que os quítons e os aplacóforos possam ficar isolados como uma radiação singular da linhagem dos moluscos primitivos. Três hipóteses foram apresentadas para explicar esse "problema da concha" na evolução dos moluscos: (1) a concha com placas múltiplas pode ter sido ancestral e a condição de uma concha simples pode ter evoluído por coalescência das placas; (2) a concha simples pode ter sido ancestral e as formas com placas múltiplas surgiram por subdivisão da concha única; e (3) as formas de conchas única e múltipla surgiram independentemente de um ancestral sem concha, talvez por meio da consolidação dos escleritos. A existência de 8 pares de músculos retratores pedais nos poliplacóforos e nos monoplacóforos tem sido considerada uma evidência a favor da primeira explicação. A aceitação da primeira hipótese sugere que o ancestral do nó *a* no cladograma da Figura 13.55 era uma criatura multivalve semelhante aos quítons. A aceitação da segunda hipótese significaria que o ancestral do nó *a* era um animal univalve semelhante aos monoplacóforos. A terceira hipótese postula que o ancestral do nó *a* não tinha concha sólida.

A configuração primitiva do manto e do pé era provavelmente um pouco semelhante à observada nos poliplacóforos ou monoplacóforos vivos – ou seja, uma sola grande e achatada era circundada por um sulco do manto. Em razão de seu tamanho pequeno, as estruturas respiratórias especializadas provavelmente não eram necessárias aos primeiros moluscos e a troca gasosa ocorria aparentemente pela epiderme dorsal. Contudo, com a origem do manto coberto por cutícula ou da concha dorsal recobrindo essa superfície, surgiram as estruturas respiratórias posteriores especializadas (ctenídios), que se tornaram associadas aos poros excretor e reprodutivo em uma cavidade do manto posterior. Essa configuração poderia ter sido modificada no mínimo duas vezes; nos poliplacóforos e nos monoplacóforos, a cavidade do manto foi perdida à medida que se tornou contínua com o sulco do manto expandido ao longo do pé, e os ctenídios multiplicaram-se e estenderam-se anteriormente na cavidade do manto. Modificações secundárias do formato do pé e de outros aspectos dos bivalves e dos escafópodes permitiram que a maioria desses animais explorasse a vida infaunal nos sedimentos moles; além disso, esses dois táxons estão perfeitamente adaptados à escavação do sedimento. Entretanto, essas modificações certamente são convergentes e os escafópodes compartilham outras características com os cefalópodes, incluindo a flexão anopedal. Os gastrópodes também desenvolveram uma flexão anopedal, mas essa poderia ser convergente, de acordo com alguns estudos

moleculares. Os escafópodes também representam a última classe de moluscos a aparecer no registro fóssil (cerca de 450 Ma, ou período Ordoviciano tardio).

Os monoplacóforos compartilham a característica de uma concha única (univalve) com outros moluscos (além dos bivalves e quítons). Além disso, eles têm em comum uma estrutura de concha semelhante e vários outros elementos. As únicas sinapomorfias que definem os monoplacóforos parecem ser seus órgãos repetitivos (brânquias, nefrídios, músculos pedais, gônadas e átrios cardíacos múltiplos). Se essa multiplicidade se originou unicamente dos monoplacóforos ou representa uma retenção simplesiomórfica de características ancestrais de algum ancestral metamérico desconhecido (abaixo do nó *a* no cladograma) é uma questão ainda não resolvida (ver descrição seguinte), e provavelmente serão necessários estudos do desenvolvimento dos monoplacóforos para finalmente esclarecê-la.

A linhagem bivalve do cladograma é definida pela existência de duas valvas na concha, músculos adutores, redução da região da cabeça, descentralização do sistema nervoso, redução ou perda concomitante de algumas estruturas sensoriais e expansão e aprofundamento da cavidade do manto.

Os cefalópodes são moluscos altamente especializados e apresentam algumas sinapomorfias complexas. Os cefalópodes primitivos com conchas estão representados hoje em dia por apenas 6 espécies de *Nautilus*, embora tenham sido descritos milhares de cefalópodes nautiloides com conchas. Essa classe extremamente bem-sucedida de moluscos provavelmente se originou há cerca de 450 milhões de anos. Os nautiloides passaram por uma série de radiações durante o Paleozoico, mas foram amplamente substituídos pelos amonoides depois do período Devoniano (325 milhões de anos atrás). Por sua vez, os amonoides foram extintos em torno da transição do Cretáceo ao Terciário (há 65 milhões de anos). A origem dos cefalópodes coleoides (polvos, lulas e sibas) é obscura, mas possivelmente data do período Devoniano. Esses animais diversificaram-se basicamente no período Mesozoico e formaram um grupo altamente bem-sucedido porque exploraram um estilo de vida muito diferente, conforme vimos antes.

A questão do metamerismo ancestral dos moluscos tem sido debatida desde a descoberta do primeiro monoplacóforo vivo (*Neopilina galatheae*), em 1952. Contudo, os monoplacóforos não são os únicos moluscos a expressar replicação sequencial ou a ter órgãos repetidos reminiscentes de metamerismo (ou "pseudometamerismo", como alguns preferem chamar). Os poliplacóforos têm muitas brânquias repetidas em série no sulco do manto e, nos casos típicos, também têm 8 pares de músculos retratores pedais e 8 placas na concha. Os 2 pares de átrios cardíacos, nefrídios e ctenídios de *Nautilus* (e os 2 pares de músculos retratores de alguns animais fósseis) também foram considerados por alguns autores elementos metaméricos primitivos.

A questão é saber se a repetição dos órgãos desses moluscos representa ou não vestígios de um metamerismo fundamental real desse filo. Em caso afirmativo, eles representariam resquícios de um plano corpóreo metamérico ancestral e poderiam indicar uma relação próxima com os anelídeos. Por outro lado, a repetição dos órgãos de alguns grupos de moluscos poderia ser resultado da evolução convergente independente, não um atributo dos moluscos ancestrais afinal. Além disso, nada semelhante ao desenvolvimento metamérico teloblástico dos anelídeos é encontrado nos moluscos. O potencial genético/evolutivo para a repetição serial dos órgãos não é incomum e também ocorre em outros filos bilatérios não anelídeos, como Platyhelminthes, Nemertea e Chordata.

A origem dos próprios moluscos ainda é enigmática. O registro fóssil excelente desse filo estende-se a cerca de 500 milhões de anos atrás e sugere que a origem do filo Mollusca provavelmente ocorreu no período Pré-cambriano. Na verdade, alguns autores sugeriram que o fóssil de *Kimberella quadrata* do Pré-cambriano tardio, antes considerado um cnidário, tenha elementos dos moluscos, inclusive talvez uma concha e um pé muscular. Contudo, o exame recente de centenas de espécimes sugere agora que *Kimberella* quase certamente faz parte de um grupo espirálico extinto.

As diversas hipóteses acerca da origem dos moluscos podem ser classificadas em três categorias: os moluscos derivaram (1) de um platelminto ancestral (Platyhelminthes) de vida livre, (2) de um ancestral protostômio celomado não segmentado ou (3) de um ancestral segmentado, talvez mesmo de um ancestral em comum com os anelídeos. A primeira hipótese – conhecida como "teoria dos turbelários" – estava baseada originalmente nas supostas homologia e semelhança no modo de locomoção entre os moluscos e os platelmintos por meio de uma "superfície mucociliar ventral deslizante". Isso sugere que os moluscos foram os primeiros protostômios celomados, ou que eles compartilham de um ancestral em comum com os primeiros celomados. Contudo, a maioria dos estudos recentes sugere que os espaços pericárdicos grandes existentes nos moluscos primitivos (p. ex., aplacóforos, monoplacóforos, poliplacóforos) apontam para um ancestral celomado em vez de acelomado (platelminto) e, hoje em dia, a "teoria dos turbelários" tem pouca aceitação.

A segunda teoria proposta por Scheltema na década de 1990 sugeria que os sipúnculos (hoje classificados entre Annelida) e os moluscos poderiam ser grupos-irmãos, compartilhando entre outras coisas do "arranjo em cruz dos moluscos" singular, que se forma durante o desenvolvimento. Entretanto, a ideia de que a embriogênese dos sipúnculos inclui uma configuração de blastômero com arranjo em cruz dos moluscos não tem mais bases seguras. Scheltema também sugeriu que alguns elementos da larva pelagosfera dos sipúnculos possam ser homólogos de algumas estruturas dos moluscos. Na verdade, os moluscos compartilham a maioria dos seus elementos espirálicos típicos com os sipúnculos, assim como os equiurídeos e outros anelídeos (p. ex., clivagem espiral, esquizocelia, larvas trocóforas). Isso leva à terceira hipótese, ou seja, de que os moluscos e os anelídeos estejam diretamente relacionados e que os primeiros poderiam ter surgido de um ancestral celomado segmentado. Talvez as três sinapomorfias mais marcantes, que diferenciam os moluscos modernos dos anelídeos e da maioria dos outros espirálicos, sejam as seguintes: redução do celoma e conversão concomitante do sistema circulatório fechado em um sistema hemocélico aberto; elaboração da parede corporal em um manto capaz de secretar escleritos ou concha(s) calcárias; e rádula singular dos moluscos. A identificação do grupo-irmão do filo Mollusca ainda é um trabalho a ser concluído.

Bibliografia

O campo da malacologia é tão amplo, tem uma história tão longa e tem abarcado as bênçãos misturadas de contribuições de colecionadores amadores de conchas, que lidar com essa literatura é uma tarefa assustadora. Muitos moluscos têm importância comercial (p. ex., *Haliotis, Mytilus, Loligo*) e, para esses grupos, são publicados anualmente centenas de estudos; outros são organismos importantes no contexto experimental/laboratorial (p. ex., *Loligo, Octopus, Aplysia*) e também são publicados muitos artigos sobre esses grupos. As monografias taxonômicas recentes sobre vários grupos ou regiões geográficas também são publicadas todos os anos, assim como incontáveis "guias de conchas" e livros de mesa. É difícil destilar tudo isso em um pequeno grupo de referências fundamentais úteis como introdução à literatura profissional; a lista apresentada a seguir é nossa tentativa de realizar essa tarefa.

Referências gerais

Beesley, P. L., G. J. B. Ross e A. Wells (eds.). 1998. Mollusca: *The Southern Synthesis. Fauna of Australia. Vol. 5.* CSIRO Publishing, Melbourne, Austrália. [Talvez a melhor revisão geral sobre biologia e sistemática dos moluscos disponível. Um texto em 2 volumes extraordinário, com capítulos escritos pelos principais especialistas.]

Cheng, T. C. 1967. Marine mollusks as hosts for symbioses. Adv. Mar. Biol. 5: 1–424. [Um resumo completo.]

Falini, G. et al. 1996. Control of aragonite or calcite polymorphism by mollusc shell macromolecules. Science 271: 67–69.

Giese, A. C. e J. S. Pearse (eds.). 1977. *Reproduction of Marine Invertebrates, Vol. 4, Molluscs: Gastropods and Cephalopods.* Academic Press, Nova York.

Giese, A. C. e J. S. Pearse (eds.). 1979. *Reproduction of Marine Invertebrates, Vol. 5, Molluscs: Pelecypods and Lesser Classes.* Academic Press, Nova York.

Harrison, F. W. e A. J. Kohn (eds.) 1994. *Microscopic Anatomy of Invertebrates. Vols. 5 and 6. Mollusca.* Wiley-Liss, Nova York.

Heller, J. 1990. Longevity in molluscs. Malacologia 31(2): 259–295.

Hochachka, P. W. (ed.). 1983. *The Mollusca, Vol. 1, Metabolic Biochemistry and Molecular Biomechanics; Vol. 2, Environmental Biochemistry and Physiology.* Academic Press, Nova York.

Hyman, L. H. 1967. *The Invertebrates, Vol. 6, Mollusca I. Aplacophora, Polyplacophora, Monoplacophora, Gastropoda.* McGraw-Hill, Nova York. [Obra ultrapassada, mas ainda uma das melhores pesquisas gerais sobre anatomia dos moluscos em língua inglesa.]

Keen, A. M. e E. Coan. 1974. *Marine Molluscan Genera of Western North America: An Illustrated Key.* 2nd Ed. Stanford University Press, Stanford, Califórnia. [Aparato técnico.]

Kniprath, E. 1981. Ontogeny of the molluscan shell field. Zool. Scripta 10: 61–79.

Lydeard, C. e D. R. Lindberg (eds.). (2003). *Molecular Systematics and Phylogeography of Mollusks.* Smithsonian Series in Comparative Evolutionary Biology.

Moore, R. C. (ed.). 1957-71. *Treatise on Invertebrate Paleontology. Mollusca, Parts 1–6 (Vols. I–N).* University of Kansas Press and Geological Society of America, Lawrence, KA.

Raven, C. P. 1958. *Morphogenesis: The Analysis of Molluscan Development.* Pergamon Press, Nova York.

Spanier, E. (ed.). 1987. *The Royal Purple and Biblical Blue. Argaman and Tekhelet. The Study of Chief Rabbi Dr. Isaac Herzog on the Dye Industries in Ancient Israel and Recent Scientific Contributions.* Keter Publishing House, Jerusalém.

Wilbur, K. M. (gen. ed.) 1983–1988. *The Mollusca. Vols. 1–12.* Academic Press, Nova York.

Caudofoveata e Solenogastres (aplacóforos)

García-Álvarez, O. e L. V. Salvini-Plawen. 2007. Species and diagnosis of the families and genera of Solenogastres (Mollusca). Iberus 25: 73–143.

Okusu, A. 2002. Embryogenesis and development of *Epimenia babai* (Mollusca: Neomeniomorpha). Biol. Bull. 203: 87–103.

Salvini-Plawen, L. V. (1980). A reconsideration of systematics in the Mollusca (phylogeny and higher classification). Malacologia 19: 249–278.

Scheltema, A. H. 1981. Comparative morphology of the radulae and the alimentary tracts in the Aplacophora. Malacologia 20: 361–383.

Scheltema, A. H. e C. Schander. 2000. Discrimination and phylogeny of solenogaster species through the morphology of hard parts (Mollusca, Aplacophora, Neomeniomorpha). Biol. Bull. 198: 121–151.

Scheltema, A. H., M. Tscherkassky e A. M. Kuzirian. 1994. Aplacophora. pp. 13–54 in F. W. Harrison e E. E. Ruppert (eds.). *Microscopic Anatomy of Invertebrates. Vol. 5, Mollusca I*. Wiley-Liss, Nova York.
Scherholz, M. et al. 2015. From complex to simple: myogenesis in an aplacophoran mollusk reveals key traits in aculiferan evolution. BMC Evol. Biol. 15: 201.
Todt, C. 2013. Aplacophoran mollusks–still obscure and difficult? Am. Malacol. Bull. 31: 181–187.
Todt, C. e L. V. Salvini-Plawen. 2005. The digestive tract of *Helicoradomenia* (Solenogastres, Mollusca), aplacophoran molluscs from the hydrothermal vents of the East Pacific Rise. Inver. Biol. 124: 230–253.
Todt, C. e A. Wanninger. 2010. Of tests, trochs, shells, and spicules: development of the basal mollusk *Wirenia argentea* (Neomeniomorpha) and its bearing on the evolution of trochozoan larval key features. Front. Zool. 7: 6.

Monoplacophora

Clarke, A. H. e R. J. Menzies. 1959. *Neopilina (Vema) ewingi*, a second living species of the Paleozoic class Monoplacophora. Science 129: 1026–1027.
Haszprunar, G. e Schaefer, K. (1997). Monoplacophora. pp. 415–457 in F. W. Harrison e A. Kohn. *Mollusca 2. Microscopic Anatomy of Invertebrates, 6B*. Wiley-Liss, Nova York.
Lemche, H. 1957. A new living deep-sea mollusc of the Cambro-Devonian class Monoplacophora. Nature 179: 413–416. [Relato da primeira descoberta de monoplacóforos viventes.]
Lemche, H. e K. G. Wingstrand. 1959. The anatomy of *Neopilina galatheae* Lemche, 1957. Galathea Rpt. 3: 9–71.
Lindberg, D. R. (2009). Monoplacophorans and the origin and relationships of mollusks. Evol. Educ. Outreach 2: 191–203.
Menzies, R. J. e W. Layton. 1962. A new species of monoplacophoran mollusc, *Neopilina (Neopilina) veleronis* from the slope of the Cedros Trench, Mexico. Ann. Mag. Nat. Hist. (13)5: 401–406.
Warén, A. 1988. *Neopilina goesi*, a new Caribbean monoplacophoran mollusk dredged in 1869. Proc. Biol. Soc. Wash. 101: 676–681.
Wilson, N. G. et al. 2009. Field collection of *Laevipilina hyalina* McLean, 1979 from southern California, the most accessible living monoplacophoran. J. Mollus. Stud. 75: 195–197.
Wingstrand, K. G. 1985. On the anatomy and relationships of recent Monoplacophora. Galathea Rpt. 16: 7–94.

Polyplacophora

Boyle, P. R. 1977. The physiology and behavior of chitons. Ann. Rev. Oceanogr. Mar. Biol. 15: 461–509.
Eernisse, D. J. 1988. Reproductive patterns in six species of *Lepidochitona* (Mollusca: Polyplacophora) from the Pacific Coast of North America. Biol. Bull. 174(3): 287–302.
Fisher, V.-F. P. 1978. Photoreceptor cells in chiton esthetes. Spixiana 1: 209–213.
Kass, P. e R. A. VanBelle. 1998. *Catalogue of Living Chitons (Mollusca; Polyplacophora)*. 2nd Ed. W. Backhuys, Roterdã.
Nesson, M. H. e H. A. Lowenstam. 1985. Biomineralization processes of the radula teeth of chitons. pp. 333–363 in J. L. Kirschvink et al. (eds.). *Magnetite Biomineralization and Magnetoreception in Organisms*. Plenum, Nova York.
Sigwart, J. D. (2008). Gross anatomy and positional homology of gills, gonopores, and nephridiopores in "basal" living chitons (Polyplacophora: Lepidopleurina). Am. Malacol. Bull. 25: 43–49.
Slieker, F. J. A. 2000. *Chitons of the World. An Illustrated Synopsis of Recent Polyplacophora*. L'Informatore Piceno, Ancona, Itália.
Smith, A. G. 1966. The larval development of chitons (Amphineura). Proc. Calif. Acad. Sci. 32: 433–446.
Sutton, M. D. e J. D. Sigwart, J. D. 2012. A chiton without a foot. Palaeontology 55: 401–411.

Gastropoda

Barker, G. M. (ed.). 2001. *The Biology of Terrestrial Molluscs*. CABI Publishing, Wallingford, UK.
Barnhart, M. C. 1986. Respiratory gas tensions and gas exchange in active and dormant land snails, *Otala lactea*. Physiol. Zool. 59: 733–745.
Bouchet, P. 1989. A marginellid gastropod parasitizes sleeping fishes. Bull. Mar. Sci. 45(1): 76–84.
Brace, R. C. 1977. Anatomical changes in nervous and vascular systems during the transition from prosobranch to opisthobranch organization. Trans. Zool. Soc. London 34: 1–26.
Branch, G. M. 1981. The biology of limpets: physical factors, energy flow and ecological interactions. Ann. Rev. Oceanogr. Mar. Biol. 19: 235 380.
Brunkhorst, D. J. 1991. Do phyllidiid nudibranchs demonstrate behaviour consistent with their apparent warning colorations? Some field observations. J. Moll. Stud. 57: 481–489.
Carlton, J. T. et al. 1991. The first historical extinction of a marine invertebrate in an ocean basin: The demise of the eelgrass limpet *Lottia alveus*. Biol. Bull. 180: 72–80.
Chase, R. 2002. *Behavior and its Neural Control in Gastropod Molluscs*. Oxford University Press, Oxford.
Collier, J. R. 1997. Gastropods. The snails. pp. 189–218 in S. F. Gilbert e A. M. Raunio. *Embryology. Constructing the Organism*. Sinauer Associates, Sunderland, MA.
Conklin, E. J. e R. N. Mariscal. 1977. Feeding behavior, ceras structure, and nematocyst storage in the aeolid nudibranch, *Spurilla neapolitana*. Bull. Mar. Sci. 27: 658–667.
Connor, V. M. 1986. The use of mucous trails by intertidal limpets to enhance food resources. Biol. Bull. 171: 548–564.
Cook, S. B. 1971. A study in homing behavior in the limpet *Siphonaria alternata*. Biol. Bull. 141: 449–457.
Croll, R. P. 1983. Gastropod chemoreception. Biol. Rev. 58: 293–319.
Fretter, V. 1967. The prosobranch veliger. Proc. Malac. Soc. Lond. 37: 357–366.
Fretter, V. e M. A. Graham. 1962. *British Prosobranch Molluscs. Their Functional Anatomy and Ecology*. Ray Society, Londres.
Fretter, V. e J. Peake (eds.). 1975, 1978. *Pulmonates, Vol. 1, Functional Anatomy and Physiology; Vol. 2A, Systematics, Evolution and Ecology*. Academic Press, Nova York.
Fursich, F. T. e D. Jablonski. 1984. Late Triassic naticid drill holes: carnivorous gastropods gain a major adaptation but fail to radiate. Science 224: 78–80.
Gaffney, P. M. e B. McGee. 1992. Multiple paternity in *Crepidula fornicata* (Linnaeus). Veliger 35(1): 12–15.
Garstang, W. (1928). Origin and evolution of larval forms. Nature 122: 366.
Gilmer, R. W. e G. R. Harbison. 1986. Morphology and field behavior of pteropod molluscs: feeding methods in the families Cavoliniidae, Limacinidae and Peraclididae (Gastropoda: Thecosomata). Mar. Biol. 91: 47–57.
Gosliner, T. M. 1994. Gastropoda: Opisthobranchia. pp. 253–355 in F. E. Harrison e A. J. Kohn (eds.). *Microscopic Anatomy of Invertebrates*. Wiley-Liss, Nova York.
Gould, S. J. 1985. The consequences of being different: sinistral coiling in *Cerion*. Evolution 39: 1364–1379.
Greenwood, P. G. e R. N. Mariscal. 1984. Immature nematocyst incorporation by the aeolid nudibranch *Spurilla neapolitana*. Mar. Biol. 80: 35–38.
Haszprunar, G. 1985. The fine morphology of the osphradial sense organs of the Mollusca. I. Gastropoda, Prosobranchia. Phil. Trans. Roy. Soc. Lond. B 307: 457–496.
Haszprunar, G. 1985. The Heterobranchia: new concept of the phylogeny of the higher Gastropoda. Z. Zool. Syst. Evolutionsforsch. 23: 15–37.
Haszprunar, G. 1988. On the origin and evolution of major gastropod groups, with special reference to the Streptoneura. J. Moll. Stud. 54: 367–441.
Haszprunar, G. 1989. Die Torsion der Gastropoda – ein biomechanischer Prozess. Z. Zool. Syst. Evolutionsforsch. 27: 1–7.
Havenhand, J. N. 1991. On the behaviour of opisthobranch larvae. J. Moll. Stud. 57: 119 131.
Hickman, C. S. 1983. Radular patterns, systematics, diversity and ecology of deep-sea limpets. Veliger 26: 7–92.
Hickman, C. S. 1984. Implications of radular tooth-row functional integration for archaeogastropod systematics. Malacologia 25(1): 143–160.
Hickman, C. S. 1992. Reproduction and development of trochean gastropods. Veliger 35: 245–272.
Judge, J. e G. Haszprunar. 2014. The anatomy of *Lepetella sierrai* (Vetigastropoda, Lepetelloidea): implications for reproduction, feeding, and symbiosis in lepetellid limpets. Invert. Biol. 133: 324–339.
Kempf, S. C. 1984. Symbiosis between the zooxanthella *Symbiodinium* (= *Gymnodinium*) *microadriaticum* (Freudenthal) and four species of nudibranchs. Biol. Bull. 166: 110–126.
Kempf, S. C. 1991. A "primitive" symbiosis between the aeolid nudibranch *Berghia verrucicornis* (A. Costa, 1867) and a zooxanthella. J. Mol. Stud. 57: 75–85.
Lindberg, D. R. e R. P. Guralnick. 2003. Phyletic patterns of early development in gastropod molluscs. Evol. Dev. 5: 494–507.
Lindberg, D. R. e W. F. Ponder. 2001. The influence of classification on the evolutionary interpretation of structure: A re-evaluation of the evolution of the pallial cavity of gastropod molluscs. Org. Divers. Evol. 1: 273–299.
Linsley, R. M. 1978. Shell formation and the evolution of gastropods. Am. Sci. 66: 432–441.
Lohmann, K. J. e A. O. D. Willows. 1987. Lunar-modulated geomagnetic orientation by a marine mollusk. Science 235: 331–334.
Marcus, E. e E. Marcus. 1967. *American Opisthobranch Mollusks. Studies in Tropical Oceanography Series, No. 6*. University of Miami Press, Coral Gables, Flórida. [Embora profundamente desatualizada, essa monografia permanece um marco para a fauna americana.]
Marín, A e J. Ros. 1991. Presence of intracellular zooxanthellae in Mediterranean nudibranchs. J. Moll. Stud. 57: 87–101.
McDonald, G. e J. Nybakken. 1991. A preliminary report on a worldwide review of the food of nudibranchs. J. Moll. Stud. 57: 61–63.
Miller, S. L. 1974. Adaptive design of locomotion and foot form in prosobranch gastropods. J. Exp. Mar. Biol. Ecol 14: 99–156.
Miller, S. L. 1974. The classification, taxonomic distribution, and evolution of locomotor types among prosobranch gastropods. Proc. Malacol. Soc. London 41: 233–272.

Milne-Edwards H. 1848. Note sur la classification naturelle chez Mollusques Gasteropodes. Annales des Sciences Naturalles, Series 3, 9: 102–112.

Norton, S. F. 1988. Role of the gastropod shell and operculum in inhibiting predation by fishes. Science 241: 92–94.

Olivera, B. M. et al. 1985. Peptide neurotoxins from fish-hunting cone snails. Science 230: 1338–1343.

O'Sullivan, J. B., R. R. McConnaughey e M. E. Huber. 1987. A blood-sucking snail: The cooper's nutmeg, *Cancellaria cooperi* Gabb, parasitizes the California electric ray, *Torpedo californica* Ayres. Biol. Bull. 172: 362–366.

Pawlik, J. R. et al. 1988. Defensive chemicals of the Spanish dancer nudibranch *Hexabranchus sanguineus* and its egg ribbons: macrolides derived from a sponge diet. J. Exp. Mar. Biol. Ecol. 119: 99–109.

Pennington, J. T. e F. Chia. 1985. Gastropod torsion: A test of Garstang's hypothesis. Biol. Bull. 169: 391–396.

Perry, D. M. 1985. Function of the shell spine in the predaceous rocky intertidal snail *Acanthina spirata* (Prosobranchia: Muricacea). Mar. Biol. 88: 51–58.

Ponder, W. F. 1973. The origin and evolution of the Neogastropoda. Malacologia 12: 295–338.

Ponder, W. F. (ed.). 1988. Prosobranch phylogeny. Malacol. Rev., Supp. 4.

Ponder, W. F. e D. R. Lindberg. 1997. Towards a phylogeny of gastropod molluscs: An analysis using morphological characters. Zool. J. Linn. Soc. 119: 83–265.

Potts, G. W. 1981. The anatomy of respiratory structures in the dorid nudibranchs, *Onchidoris bilamellata* and *Archidoris pseudoargus*, with details of the epidermal glands. J. Mar. Biol. Assoc. U.K. 61: 959–982.

Rudman, W. B. 1991. Purpose in pattern: The evolution of colour in chromodorid nudibranchs. J. Moll. Stud. 57: 5–21.

Runham, N. W. e P. J. Hunter. 1970. *Terrestrial Slugs*. Hutchinson University Library, Londres. [Uma ótima revisão sobre biologia das lesmas.]

Salvini-Plawen, L. V. e G. Haszprunar. 1986. The Vetigastro-poda and the systematics of streptoneurous Gastropoda. J. Zool. 211: 747–770.

Scheltema, R. S. 1989. Planktonic and non-planktonic development among prosobranch gastropods and its relationship to the geographic range of species. pp. 183–188 in J. S. Ryland e P. A. Tyler (eds.). *Reproduction, Genetics and Distribution of Marine Organisms*. Olsen and Olsen, Dinamarca.

Seapy, R. e R. E. Young. 1986. Concealment in epipelagic pterotracheid heteropods (Gastropoda) and cranchiid squids (Cephalopoda). J. Zool. 210: 137–147.

Sleeper, H. L., V. J. Paul e W. Fenical. 1980. Alarm pheromones from the marine opisthobranch *Navanax inermis*. J. Chem. Ecol. 6: 57–70.

Spengel, J. W. (1881). Die Geruchsorgane und das Nervensystem der Mollusken. Z. Wiss. Zool. Abt. A. 35: 333–383.

Stanley, S. M. 1982. Gastropod torsion: predation and the opercular imperative. Neues. Jahrb. Geol. Palaeontol. Abh. 164: 95–107. [Revisão sucinta de ideias sobre por que e como a torção se desenvolveu.]

Tardy, J. 1991. Types of opisthobranch veligers: their notum formation and torsion. J. Moll. Stud. 57: 103–112.

Taylor, J. (ed.). 1996. *Origin and Evolutionary Radiation of the Mollusca*. Oxford Univ. Press, Oxford.

Taylor, J. D., N. J. Morris e C. N. Taylor. 1980. Food specialization and the evolution of predatory prosobranch gastropods. Paleontology 23: 375–410.

Thiriot-Quievreux, C. 1973. Heteropoda. Ann. Rev. Oceanogr. Mar. Biol. 11: 237–261.

Thompson, T. E. 1976. *Biology of Opisthobranch Molluscs, Vol. 1*. Ray Society, Londres.

Thompson, T. E. e G. H. Brown. 1976. *British Opisthobranch Molluscs*. Academic Press, Londres.

Thompson, T. E. e G. H. Brown. 1984. *Biology of Opisthobranch Molluscs, Vol. 2*. Ray Society, Londres.

Van den Biggelaar, J. A. M. e G. Haszprunar. 1996. Cleavage patterns and mesentoblast formation in the Gastropoda: An evolutionary perspective. Evolution 50: 1520–1540.

Voltzow, J. e R. Collin. 1995. Flow through mantle cavities revisited: was sanitation the key to fissurellid evolution? Invert. Biol. 114(2): 145–150.

Bivalvia

Ansell, A. D. e N. B. Nair. 1969. A comparison of bivalve boring mechanisms by mechanical means. Am. Zool. 9: 857–868.

Bieler, R. 2010. Classification of bivalve families. Malacologia 52: 114–133.

Bieler, R. et al. 2014. Investigating the Bivalve Tree of Life-An exemplar-based approach combining molecular and novel morphological characters. Invertebr. Syst. 28: 32–115.

Beninger, P. G. et al. 1993. Gill function and mucocyte distribution in *Placopecten magellanicus* and *Mytilus edulis* (Mollusca: Bivalvia): The role of mucus in particle transport. Mar. Ecol. Prog. Ser. 98: 275–282.

Bouchet, P. et al. 2010. Nomenclator of bivalve families with a classification of bivalve families. Malacologia 52: 1–184.

Boulding, E. G. 1984. Crab-resistant features of shells of burrowing bivalves: decreasing vulnerability by increasing handling time. J. Exp. Mar. Biol. Ecol. 76: 201–223.

Childress J. J. et al. 1986. A methanotrophic marine molluscan (Bivalvia, Mytilidae) symbiosis: mussels fueled by gas. Science 233: 1306–1308.

Ellis, A. E. 1978. *British Freshwater Bivalve Mollusks*. Academic Press, Londres.

Goreau, T. F., N. I. Goreau e C. M. Yonge. 1973. On the utilization of photosynthetic products from zooxanthellae and of a dissolved amino acid in *Tridacna maxima*. J. Zool. 169: 417–454.

Harper, E. M., J. D. Taylor e J. A. Crame (eds.). 2000. *The Evolutionary Biology of the Bivalvia*. Geological Society, Londres, Special Publications.

Jørgensen, C. B. 1974. On gill function in the mussel *Mytilus edulis*. Ophelia 13: 187–232.

Judd, W. 1979. The secretions and fine structure of bivalve crystalline style sacs. Ophelia 18: 205–234.

Kennedy, W. J., J. D. Taylor e A. Hall. 1969. Environmental and biological controls on bivalve shell mineralogy. Biol. Rev. 44: 499–530.

Manahan, D. T. et al. 1982. Transport of dissolved amino acids by the mussel, *Mytilus edulis*: demonstration of net uptake from natural seawater. Science 215: 1253–1255.

Marincovich, L., Jr. 1975. Morphology and mode of life of the Late Cretaceous rudist, *Coralliochama orcutti* White (Mollusca: Bivalvia). J. Paleontol. 49(1): 212–223. [Descreve os famosos depósitos de Punta Banda, em Baja California, México.]

Meyhöfer, E. e M. P. Morse. 1996. Characterization of the bivalve ultrafiltration system in *Mytilus edulis*, *Chlamys hastata*, and *Mercenaria mercenaria*. Invert. Biol. 115(1): 20–29.

Morse, M. P. et al. 1986. Hemocyanin respiratory pigments in bivalve mollusks. Science 231: 1302–1304.

Morton, B. 1978. The diurnal rhythm and the processes of feeding and digestion in *Tridacna crocea*. J. Zool. 185: 371–387.

Morton, B. 1978. Feeding and digestion in shipworms. Ann. Rev. Oceanogr. Mar. Biol. 16: 107–144.

Owen, G. 1974. Feeding and digestion in the Bivalvia. Adv. Comp. Physiol. Biochem. 5: 1–35.

Pojeta, J., Jr. e B. Runnegar. 1974. *Fordilla troyensis* and the early history of pelecypod mollusks. Am. Sci. 62: 706–711.

Powell, M. A. e G. N. Somero. 1986. Hydrogen sulfide oxidation is coupled to oxidative phosphorylation in mitochondria of *Solemya reidi*. Science 233: 563–566.

Reid, R. G. B. e F. R. Bernard. 1980. Gutless bivalves. Science 208: 609–610.

Reid, R. G. B. e A. M. Reid. 1974. The carnivorous habit of members of the septibranch genus *Cuspidaria* (Mollusca: Bivalvia). Sarsia 56: 47–56.

Stanley, S. M. 1970. Relation of shell form to life habits of the Bivalvia (Mollusca). Geol. Soc. Am. Mem. 125: 1–296.

Stanley, S. M. 1975. Why clams have the shape they have: An experimental analysis of burrowing. Paleobiology 1: 48.

Taylor, J. D. 1973. The structural evolution of the bivalve shell. Paleontology 16: 519–534.

Trueman, E. R. 1966. Bivalve mollusks: fluid dynamics of burrowing. Science 152: 523–525.

Vetter, R. D. 1985. Elemental sulfur in the gills of three species of clams containing chemoautotrophic symbiotic bacteria: A possible inorganic energy storage compound. Mar. Biol. 88: 33–42.

Waterbury, J. B., C. B. Calloway e R. D. Turner. 1983. A cellulolytic nitrogen-fixing bacterium cultured from the gland of Deshayes in shipworms (Bivalvia: Teredinidae). Science 221: 1401–1403.

Wilkens, L. A. 1986. The visual system of the giant clam *Tridacna*: behavioral adaptations. Biol. Bull. 170: 393–408.

Yonge, C. M. 1953. The monomyarian condition in the Lamellibranchia. Trans. R. Soc. Edinburgh 62 (p. II): 443–478.

Yonge, C. M. 1973. Giant clams. Sci. Am. 232: 96–105.

Scaphopoda

Bilyard, G. R. 1974. The feeding habits and ecology of *Dentalium stimpsoni*. Veliger 17: 126–138.

Gainey, L. F. 1972. The use of the foot and captacula in the feeding of *Dentalium*. Veliger 15: 29–34.

Reynolds, P. D. 2002. The Scaphopoda. Adv. Mar. Biol. 42: 137–236.

Steiner, G. 1992. Phylogeny and classification of Scaphopoda. J. Mollus. Stud. 58: 385–400.

Trueman, E. R. 1968. The burrowing process of *Dentalium*. J. Zool. 154: 19–27.

Cephalopoda

Aronson, R. B. 1991. Ecology, paleobiology and evolutionary constraint in the octopus. Bull. Mar. Sci. 49(1–2): 245–255.

Barber, V. C. e F. Grazialdei. 1967. The fine structure of cephalopod blood vessels. Z. Zellforsch. Mikrosk. Anat. 77: 162–174. [Ver também artigos anteriores desses autores no mesmo periódico.]

Boyle, P. R. (ed.). 1983. *Cephalopod Life Cycles, Vols. 1–2*. Academic Press, Nova York.

Boyle, P. R. e S. v. Boletzky. 1996. Cephalopod populations: definition and dynamics. Phil. Trans. Roy. Soc. B, Biol. Sci. 351: 985–1002.

Boyle, P. e P. Rodhouse. 2005. *Cephalopods: Ecology and Fisheries*. Blackwell Science Ltd., Oxford.

Clarke, M. A. 1966. A review of the systematics and ecology of oceanic squids. Adv. Mar. Biol. 4: 91–300.

Cloney, R. A. e S. L. Brocco. 1983. Chromatophore organs, reflector cells, irridocytes and leucophores in cephalopods. Am. Zool. 23: 581 592.

Denton, E. J. e J. B. Gilpin-Brown. 1973. Flotation mechanisms in modern and fossil cephalopods. Adv. Mar. Biol. 11: 197–264.

Fields, W. G. 1965. The structure, development, food relations, reproduction, and life history of the squid *Loligo opalescens* Berry. Calif. Dept. Fish Game Bull. 131: 1–108.

Fiorito, G. e P. Scotto. 1992. Observational learning in *Octopus vulgaris*. Science 256: 545–547.

Hanlon, R. T. e J. B. Messenger. 1996. *Cephalopod Behavior.* Cambridge Univ. Press.

Hochberg, F. G. 1983. The parasites of cephalopods: A review. Mem. Nat. Mus. Victoria Melbourne 44: 109–145.

House, M. R. e J. R. Senior. 1981. *The Ammonoidea: The Evolution, Classification, Mode of Life and Geological Usefulness of a Major Fossil Group.* Academic Press, Nova York.

Kier, W. M. 1991. Squid cross-striated muscle: The evolution of a specialized muscle fiber type. Bull. Mar. Sci. 49(1–2): 389–403.

Kier, W. M. e A. M. Smith. 1990. The morphology and mechanics of octopus suckers. Biol. Bull. 178: 126–136.

Lehmann, U. 1981. *The Ammonites: Their Life and Their World.* Cambridge University Press, Nova York.

McFell-Ngai, M. e M. K. Montgomery. 1990. The anatomy and morphology of the adult bacterial light organ of *Euprymna scolopes* Berry (Cephalopoda: Sepiolidae). Biol. Bull. 179: 332–339.

Mutvei, H. 1964. On the shells of *Nautilus* and *Spirula* with notes on the shell secretion in non-cephalopod molluscs. Ark. Zool. 16(14): 223–278.

Nixon, M. e J. B. Messenger (eds.). 1977. *The Biology of Cephalopods.* Academic Press, Nova York.

Packard, A. 1972. Cephalopods and fish: The limits of convergence. Biol. Rev. 47: 241–307.

Roper, C. F. E. e K. J. Boss. 1982. The giant squid. Sci. Am. 246: 96–104.

Saunders, W. B. 1983. Natural rates of growth and longevity of *Nautilus belauensis*. Paleobiology 9: 280–288.

Saunders, W. B., R. L. Knight e P. N. Bond. 1991. Octopus predation on *Nautilus*: evidence from Papua New Guinea. Bull. Mar. Sci. 49(1–2): 280–287.

Saunders, W. B. e N. H. Landman. 2009. *Nautilus: The Biology and Paleobiology of a Living Fossil, Reprint with Additions.* Springer Science & Business Media.

Sweeney, M. J., C. F. E. Roper, K. A. M. Mangold, M. R. Clarke e S. V. Boletzky (eds.). 1992. "Larval" and juvenile cephalopods: A manual for their identification. Smithsonian Contrb. Zool. 513: 1–282.

Ward, P. D. 1987. *The Natural History of* Nautilus. Allen & Unwin, Boston.

Ward, P. D. e W. B. Saunders. 1997. *Allonautilus*, a new genus of living nautiloid cephalopod and its bearing on phylogeny of the Nautilida. J. Paleontol. 71: 1054–1064.

Ward, R., L. Greenwald, e O. E. Greenwald. 1980. The buoyancy of the chambered nautilus. Sci. Am. 243: 190–204.

Wells, M. J. 1978. *Octopus: Physiology and Behaviour of an Advanced Invertebrate.* Chapman and Hall, Nova York.

Wells, M. J. e R. K. O'Dor. 1991. Jet propulsion and the evolution of cephalopods. Bull. Mar. Sci. 49(1–2): 419–432.

Young, J. Z. 1972. *The Anatomy of the Nervous System of* Octopus vulgaris. Oxford University Press, Nova York.

Young, R. E. e F. M. Mencher. 1980. Bioluminescence in mesopelagic squid: diel color change during counterillumination. Science 208: 1286–1288.

Evolução e filogenia dos moluscos

Batten, R. L., H. B. Rollins e S. J. Gould. 1967. Comments on "The adaptive significance of gastropod torsion." Evolution 21: 405–406.

Bieler, R. 1992. Gastropod phylogeny and systematics. Ann. Rev. Ecol. Syst. 23: 311–338.

Bieler, R. et al. 2014. Investigating the Bivalve Tree of Life–An exemplar-based approach combining molecular and novel morphological characters. Invertebr. Syst. 28: 32–115.

Dunn, C. W. et al. 2008. Broad phylogenomic sampling improves resolution of the animal tree of life. Nature 452: 745.

Dunn, C. W. et al. 2014. Animal phylogeny and its evolutionary implications. Ann. Rev. Eco. Evol. S. 45: 371–395.

Edgecombe, G. D. et al. 2011. Higher-level metazoan relationships: recent progress and remaining questions. Org. Divers. Evol. 11: 151–172.

Eldredge, N. e S. M. Stanley (eds.). 1984. *Living Fossils.* Springer-Verlag, Nova York. [Inclui capítulos sobre Monoplacophora, Pleurotomaria e *Nautilus*.]

Fedonkin, M. A. e B. M. Waggoner. 1997. The Late Precambrian fossil *Kimberella* is a mollusc-like bilaterian organism. Nature 388: 868–871.

Garstang, W. [Introdução de *sir* A. Hardy]. 1951. *Larval Forms, and Other Zoological Verses.* Basil Blackwell, Oxford. [Reimpresso em 1985 por University of Chicago Press.]

Ghiselin, M. T. 1966. The adaptive significance of gastropod torsion. Evolution 20: 337–348.

Giribet, G. e W. Wheeler. 2002. On bivalve phylogeny: A high-level analysis of the Bivalvia (Mollusca) based on combined morphology and DNA sequence data. Invertebr. Biol. 121: 271–324.

Giribet, G. et al. 2006. Evidence for a clade composed of molluscs with serially repeated structures: monoplacophorans are related to chitons. PNAS 103: 7723–7728.

Giribet, G. 2014. On Aculifera: A review of hypotheses in tribute to Christoffer Schander. J. Nat. Hist. 48: 2739–2749.

Götting, K. 1980. Arguments concerning the descendence of Mollusca from metameric ancestors. Zool. Jahrb. Abt. Anat. 103: 211–218.

Götting, K. 1980. Origin and relationships of the Mollusca. Z. Zool. Syst. Evolutionsforsch. 18: 24–27.

Graham, A. 1979. Gastropoda. pp. 359–365 in M. R. House (ed.). *The Origin of Major Invertebrate Groups.* Academic Press, Nova York.

Gutmann, W. F. 1974. Die Evolution der Mollusken-Konstruc-tion: Ein phylogenetisches Modell. Aufsätze Red. Senckenb. Naturf. Ges. 25: 1–24.

Haas, W. 1981. Evolution of calcareous hardparts in primitive molluscs. Malacologia 21: 403–418.

Haszprunar, G. 1992. The first molluscs–small animals. Boll. Zool. 59: 1–16.

Haszprunar, G. 2000. Is the Aplacophora monophyletic? A cladistic point of view. Am. Malacol. Bull. 15(2): 115–130.

Hejnol, A. 2010. A twist in time — The evolution of spiral cleavage in the light of animal phylogeny. Integr. Comp. Biol. 50: 695-706.

Hickman, C. S. 1988. Archaeogastropod evolution, phylogeny and systematics: A re-evaluation. Malacol. Rev., Suppl. 4: 17–34.

Holland, C. H. 1979. Early Cephalopoda. pp. 367–379 in M. R. House (ed.). *The Origin of Major Invertebrate Groups.* Academic Press, Nova York.

Ivantsov, A. 2012. Paleontological data on the possibility of Precambrian existence of mollusks. pp. 153–179 in A. Fyodorov e H. Yakovlev (eds.). *Mollusks: Morphology, Behavior, and Ecology.* Nova Science Publishing, Nova York.

Johnson, C. C. 2002. The rise and fall of rudistid reefs. Amer. Sci. 90: 148–153.

Jörger, K. M. et al. 2010. On the origin of Acochlidia and other enigmatic euthyneuran gastropods, with implications for the systematics of Heterobranchia. BMC Evol. Biol. 10: 323.

Kocot, K. M. et al. 2011. Phylogenomics reveals deep molluscan relationships. Nature 477: 452–456.

Kocot, K. M. 2013. Recent advances and unanswered questions in deep molluscan phylogenetics. Am. Malacol. Bull. 31: 195–208.

Lauterbach, K.-E. von. 1983. Erörterungen zur Stammes-geschichte der Mollusca, insbesondere der Conchifera. Z. Zool. Syst. Evolutionsforsch. 21: 201–216.

Lindberg, D. R. e M. T. Ghiselin. 2003. Fact, theory and tradition in the study of molluscan origins. PCAS 54: 663–686.

Lindgren, A. R., G. Giribet e M. K. Nishiguchi. 2004. A combined approach to the phylogeny of Cephalopoda (Mollusca). Cladistics 20: 454–486.

Linsley, R. M. 1978. Shell form and the evolution of gastropods. Am. Sci. 66: 432–441.

Nesnidal, M. P. et al. 2013. New phylogenomic data support the monophyly of Lophophorata and an Ectoproct-Phoronid clade and indicate that Polyzoa and Kryptrochozoa are caused by systematic bias. BMC Evol. Biol. 13: 253.

Okusu, A. et al. 2003. Towards a phylogeny of chitons (Mollusca, Polyplacophora) based on combined analysis of five molecular loci. Org. Divers. Evol. 3: 281–302.

Ponder, W. F. e D. R. Lindberg. 2008. *Phylogeny and Evolution of the Mollusca.* University of California Press, Berkeley, CA.

Runnegar, B. e J. Pojeta. 1974. Molluscan phylogeny: The paleontological viewpoint. Science 186: 311–317.

Ruppert, E. E. e J. Carle. 1983. Morphology of metazoan circulatory systems. Zoomorph. 103: 193–208.

Salvini-Plawen, L. V. 1977. On the evolution of photoreceptors and eyes. Evol. Biol. 10: 207–263.

Salvini-Plawen, L., V. 1990. Origin, phylogeny and classification of the phylum Mollusca. Iberus 9: 1– 33.

Scheltema, A. H. 1978. Position of the class Aplacophora in the phylum Mollusca. Malacologia 17: 99–109.

Scheltema, A. H. 1988. Ancestors and descendants: relationships of the Aplacophora and Polyplacophora. Am. Malacol. Bull. 6: 57–68.

Scheltema, A. H. 1993. Aplacophora as progenetic aculiferans and the coelomate origin of mollusks as the sister taxon of Sipuncula. Biol. Bull. 184: 57–78.

Scherholz, M. et al. 2013. Aplacophoran mollusks evolved from ancestors with polyplacophoran-like features. Curr. Biol. 23: 1–5.

Scherholz, M. et al. 2015. From complex to simple: myogenesis in an aplacophoran mollusk reveals key traits in aculiferan evolution. BMC Evol. Biol. 15(1): 201.

Schrödl, M. e I. Stöger. 2014. A review on deep molluscan phylogeny: old markers, integrative approaches, persistent problems. J. Nat. Hist. 48: 1–32.

Sharma, P. P. et al. 2012. Phylogenetic analysis of four nuclear protein-encoding genes largely corroborates the traditional classification of Bivalvia (Mollusca). Mol. Phylogenet. Evol. 65: 64–74.

Sigwart, J. D. et al. 2013. Chiton phylogeny (Mollusca: Polyplacophora) and the placement of the enigmatic species *Choriplax grayi* (H. Adams and Angas). Invertebr. Syst. 27: 603–621.

Sigwart, J. D., C. Todt e A. H. Scheltema. 2014. Who are the 'Aculifera'? J. Nat. Hist. 48: 2733-2737.

Sigwart, J. D. e D. R. Lindberg. 2015. Consensus and confusion in molluscan trees: evaluating morphological and molecular phylogenies. Syst. Biol. 64: 384-395.

Smith, S. A. *et al.* 2011. Resolving the evolutionary relationships of molluscs with phylogenomic tools. Nature 480: 364-367.

Steiner, G. e M. Müller. 1996. What can 18S rDNA do for bivalve phylogeny? J. Mol. Evol. 43: 58-70.

Stöger, I. e M. Schrödl. 2013. Mitogenomics does not resolve deep molluscan relationships (yet?). Mol. Phylogenet. Evol. 69: 376-392.

Struck, T. H. *et al.* 2014. Platyzoan paraphyly based on phylogenomic data supports a noncoelomate ancestry of Spiralia. Mol. Biol. Evol. 31: 1833-1849.

Sutton, M. D. e J. D. Sigwart. 2012. A chiton without a foot. Palaeontology 55: 401-411.

Taylor, J. D. (ed.). 1996. *Origin and Evolutionary Radiation of the Mollusca*. New York, Oxford University Press.

Trueman, E. R. e M. R. Clarke. 1985. *Evolution. The Mollusca, 10*. New York, Academic Press.

Vagvolgyi, J. 1967. On the origin of molluscs, the coelom, and coelomic segmentation. Syst. Zool. 16: 153-168.

Wade, C. M., P. B. Mordan e B. Clarke. 2001. A phylogeny of the land snails (Gastropoda: Pulmonata). Proc. Royal Soc. Lond. B. 268: 413-422.

Wagner, P. J. 2001. Gastropod phylogenetics: Progress, problems and implications. J. Paleontol. 75(6): 1128-1140.

Wilson, N. G., G. W. Rouse e G. Giribet. 2010. Assessing the molluscan hypothesis Serialia (Monoplacophora + Polyplacophora) using novel molecular data. Mol. Phylogene. Evol. 54: 187-193.

Wingstrand, K. G. 1985. On the anatomy and relationships of recent Monoplacophora. Galathea Rpt. 16: 7-94.

Yonge, C. M. 1957. *Neopilina*: Survival from the Paleozoic. Discovery (London), June 1957: 255-256.

Yonge, C. M. 1957. Reflections on the monoplacophoran *Neopilina galatheae* Lemche. Nature 179: 672-673.

Zapata, F. *et al.* 2014. Phylogenomic analyses of deep gastropod relationships reject Orthogastropoda. Proc. Royal Soc. Lond. B. 281. doi: 10.1098/rspb.2014.1739

14

Filo Annelida

Vermes Segmentados (e Alguns Não Segmentados)

Este capítulo descreve os vermes segmentados, ou anelídeos (Annelida, do grego *anellus*, "anelados"), que incluem cerca de 20.000 espécies descritas. Os anelídeos incluem as bem-conhecidas minhocas e sanguessugas, assim como vários "vermes-de-areia", "vermes tubícolas" marinhos e diversos outros termos descritivos (Figuras 14.1 a 14.3). Alguns são animais minúsculos da meiofauna; outros, como certas minhocas do hemisfério sul e algumas espécies marinhas, podem exceder de 3 m de comprimento. Recentemente, estudos filogenéticos demonstraram que vários filos antigos – incluindo Sipuncula e Echiura – também são anelídeos (ver seção subsequente sobre História Taxonômica e Classificação).

Os anelídeos foram bem-sucedidos em ocupar quase todos os hábitats onde água suficiente está disponível. Esses animais são especialmente abundantes nos oceanos, mas alguns habitam a água doce e muitos vivem em ambientes terrestres úmidos. Também existem espécies parasitas, mutualistas e comensais. O sucesso dos anelídeos certamente se deve em parte à plasticidade evolutiva de seus corpos segmentados e à utilização de grande variedade de histórias de vida e estratégias de alimentação. A maioria dos anelídeos caracteriza-se por ter uma cabeça seguida de um corpo segmentado, no qual a maioria dos elementos internos e externos é repetida em cada segmento – uma condição conhecida como **homologia seriada**. A homologia seriada refere-se às estruturas corporais com as mesmas origens genéticas e de desenvolvimento, que se formam repetidamente durante a ontogenia de um organismo. Nos anelídeos, essa repetição das estruturas corporais homólogas resulta em **metamerismo** – segmentação corporal originada do **desenvolvimento teloblástico** (proliferação de bandas mesodérmicas segmentares pareadas a partir das células teloblásticas localizadas em uma zona de crescimento posterior no embrião). Existem algumas exceções notáveis a esse esquema geral em vários grupos de anelídeos, que perderam suas tendências metaméricas ou se transformaram depois de ter um corpo nitidamente segmentado (p. ex., Echiuridae e Sipuncula). Os anelídeos são vermes celomados triploblásticos com trato digestivo completo (com poucas exceções),

Classificação do reino Animal (Metazoa)

Não Bilateria*
(Também conhecidos como diploblastos)
FILO PORIFERA
FILO PLACOZOA
FILO CNIDARIA
FILO CTENOPHORA

Bilateria
(Também conhecidos como triploblastos)
FILO XENACOELOMORPHA

Protostomia
FILO CHAETOGNATHA

Spiralia
FILO PLATYHELMINTHES
FILO GASTROTRICHA
FILO RHOMBOZOA
FILO ORTHONECTIDA
FILO NEMERTEA
FILO MOLLUSCA
FILO ANNELIDA
FILO ENTOPROCTA
FILO CYCLIOPHORA

Gnathifera
FILO GNATHOSTOMULIDA
FILO MICROGNATHOZOA
FILO ROTIFERA

Lophophorata
FILO PHORONIDA
FILO BRYOZOA
FILO BRACHIOPODA

Ecdysozoa
Nematoida
FILO NEMATODA
FILO NEMATOMORPHA

Scalidophora
FILO KINORHYNCHA
FILO PRIAPULA
FILO LORICIFERA

Panarthropoda
FILO TARDIGRADA
FILO ONYCHOPHORA
FILO ARTHROPODA
SUBFILO CRUSTACEA*
SUBFILO HEXAPODA
SUBFILO MYRIAPODA
SUBFILO CHELICERATA

Deuterostomia
FILO ECHINODERMATA
FILO HEMICHORDATA
FILO CHORDATA

*Grupo parafilético.

sistema circulatório fechado (também com algumas exceções), sistema nervoso bem-desenvolvido e estruturas excretoras na forma de protonefrídios ou, mais comumente, metanefrídios (Quadro 14.1). Os anelídeos marinhos produzem larvas trocóforas e esse aspecto é compartilhado por vários outros táxons de protostômios (p. ex., Mollusca, Nemertea, Entoprocta). A história da diversidade e do sucesso dos anelídeos é uma variação desse tema básico.

História taxonômica e classificação

Conforme mencionado nos capítulos anteriores, as raízes da classificação moderna dos animais podem ser traçadas até Lineu (1758), que colocou todos os invertebrados, exceto insetos, no táxon Vermes. Em 1802, Lamarck estabeleceu o táxon Annelida; ele tinha uma noção razoavelmente clara de sua unidade e de suas diferenças em comparação com os outros grupos de vermes. Lamarck e muitos outros pesquisadores reconheceram a afinidade entre a maioria dos anelídeos, mas Hirudinoidea (como as sanguessugas e seus parentes) foram classificados erroneamente entre os platelmintos trematódeos.

Recentemente, alguns grupos que antes eram considerados filos independentes foram aceitos entre os anelídeos. Isso inclui Echiura, Sipuncula e um grupo constituído pelos filos antigos Pogonophora e Vestimentifera (= Siboglinidae). Embora hoje saibamos que eles são anelídeos altamente modificados, esses grupos são tão diferentes que receberam uma descrição detalhada ao fim deste capítulo. Hoje em dia, a classificação geral dentro do filo Annelida também tem passado por revisões significativas e ainda precisa ser estabelecida em definitivo. Análises de filogenética molecular e filogenômica demonstraram que os agrupamentos taxonômicos baseados na morfologia são inválidos em muitos casos. Tradicionalmente, os anelídeos eram divididos em três classes. Polychaeta constituíam o grupo mais numeroso e diversificado, enquanto os outros dois eram Oligochaeta (ou minhocas e seus parentes) e sanguessugas (Hirudinoidea ou Hirudinea). Hoje em dia, não restam dúvidas de que o parente mais próximo dos hirudinóideos é o grupo Lumbriculidae de água doce – um táxon que está incluído entre Oligochaeta, e essas classes mais antigas (Hirudinoidea e Oligochaeta) hoje são conhecidas como Clitellata, um táxon que na verdade foi estabelecido em 1919. Além disso, estudos demonstraram que Clitellata se originaram dentro das poliquetas, tornando o termo "Polychaeta" sinônimo de Annelida. Portanto, todas as três classes mais antigas não são mais ordenadas dessa forma, Oligochaeta e Polychaeta são reconhecidos como grupos parafiléticos e não mais sustentam a ordenação sistemática, e "oligoquetas" e "poliquetas" são apenas nomes informais. Em razão de sua nova morfologia e de seu estilo de vida, Hirudinoidea também receberam descrição até certo ponto detalhada ao fim deste capítulo.

SINOPSES DOS GRUPOS PRINCIPAIS

Como foi mencionado antes, a taxonomia de Annelida ainda não está estabelecida e nosso conhecimento sobre as relações dentro deste filo tem passado por mudanças momentâneas nas últimas duas décadas. Para uma avaliação recente das relações gerais entre os principais grupos de anelídeos ver Figura 14.41, que está baseada em uma síntese dos estudos filogenéticos de Weigert *et al.* (2014) e Andrade *et al.* (2015). Nenhuma organização linneana é utilizada aqui com referência aos nomes, embora os termos que terminam com o sufixo "-idae" tenham tradicionalmente levado ao grau de família.

OWENIIDAE. Menos de 50 espécies (Figuras 14.1 A e 14.12 B). Em geral, são anelídeos com corpos pequenos (alguns chegam a medir 10 cm), que vivem dentro de tubos e têm numerosos ganchos parapodiais finos. O prostômio pode ser lobado ou dobrado dentro de uma coroa ciliada (p. ex., *Owenia*). Esse grupo é mais bem-conhecido por suas larvas "mitrarias" belas e incomuns (Figura 14.20 H e I).

MAGELONIDAE. Cerca de 70 espécies, a maioria do gênero *Magelona* (Figura 14.2 A). Relativamente semelhantes em aparência com extremidades anteriores em forma de pá e um par de palpos papilados. Vermes cilíndricos finos com menos de 1 mm de largura, embora alcancem 15 cm de comprimento. Vivem em galerias na areia e na lama; não parecem formar tubos permanentes, embora cubram suas galerias com muco.

CHAETOPTERIDAE. Cerca de 70 espécies classificadas principalmente nos gêneros *Chaetopterus, Mesochaetopterus, Phyllochaetopterus* e *Spiochaetopterus* (Figuras 14.1 B; 14.10 C a E). As dimensões dos adultos variam de menos de 1 cm a mais de 40 cm, embora haja menos de 60 segmentos na maioria dos

---

Quadro 14.1   Características do filo Annelida.

1. Protostômios vermiformes bilateralmente simétricos. Terrestres, marinhos e de água doce.
2. Segmentados (a segmentação foi perdida secundariamente por alguns grupos, por exemplo, Sipuncula, Echiuridae); os segmentos originam-se por crescimento teloblástico.
3. Desenvolvimento tipicamente protostômio, com embriogenia esquizocélica, 4d, espiral e holoblástica.
4. Trato digestivo completo, geralmente com especialização regional (perdida secundariamente por alguns grupos).
5. Sistema circulatório fechado (perdido secundariamente por alguns grupos); os pigmentos respiratórios incluem hemoglobina, clorocruorinas e hemeritrinas.
6. A maioria dos animais adultos tem metanefrídios ou, menos comumente, protonefrídios.
7. Sistema nervoso bem-desenvolvido com um gânglio cerebral dorsal, conectivos circum-entéricos e um ou mais cordões nervosos ganglionados ventrais.
8. Apresentam cerdas epidérmicas laterais em disposição segmentada (perdidas secundariamente por alguns, p. ex., Sipuncula).
9. Na maioria, a cabeça é formada de prostômio e peristômio (geralmente com os segmentos corporais fundidos a eles; o peristômio pode ser reduzido). Os equiúros e os sipúnculos não têm prostômio/peristômio evidentes.
10. Gonocorísticos ou hermafroditas; desenvolvimento direto ou indireto; geralmente formam larvas trocóforas.

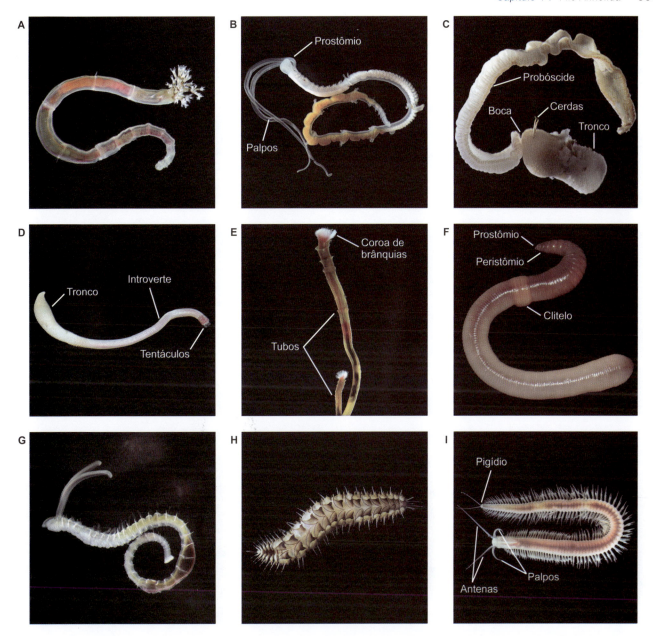

Figura 14.1 Representantes de anelídeos abrangendo a variedade filogenética desse grupo. **A.** *Owenia* sp. (Oweniidae). **B.** *Spiochaetopterus* sp. (Chaetopteridae). **C.** *Protobonellia* sp. (Echiuridae). **D.** *Phascolion* sp. (Sipuncula). **E.** *Arcovestia ivanovi* (Siboglinidae). **F.** *Lumbricus terrestres* (Lumbricidae). **G.** *Boccardia proboscidea* (Spionidae). **H.** *Harmothoe* sp. (Polynoidae). **I.** *Dorvillea* sp. (Dorvilleidae).

táxons. O corpo é nitidamente heterônomo, dividido em duas ou três regiões funcionais com parapódios variáveis. Os quetopterídeos vivem em tubos retos ou com formato de "U" e a maioria alimenta-se por filtros de rede mucosa, ingerindo plâncton e detritos bombeados pelo tubo nas correntes aquáticas que eles geram. Esse grupo é mais bem-conhecido pelo extraordinário mecanismo de alimentação por filtragem, empregado por *Chaetopterus*, famoso também pela luminescência azulada que produz.

AMPHINOMIDA. Inclui Amphinomidae e Euphrosinidae; mais de 200 espécies (Figura 14.2 B). As formas mais móveis, anfinomídeos, geralmente são muito grandes (p. ex., *Chloeia, Eurythoe, Hermodice*) e são conhecidas comumente como vermes-fogo. Esse nome originou-se de uma característica singular a Amphinomidae, cerdas calcárias frágeis que se quebram quando tocadas e podem causar irritação cutânea intensa. Os anfinomídeos são mais comuns nos oceanos mornos e rasos, enquanto Euphrosinidae mais sésseis (p. ex., *Euphrosine*) são encontrados nas águas mais frias e profundas.

SIPUNCULA. Sipúnculos ou vermes-amendoim. Cerca de 150 espécies, todas marinhas (Figuras 14.22 a 14.27). Embora no passado formassem um filo, estudos filogenéticos recentes demonstraram que esse grupo faz parte dos anelídeos e tem seis famílias. O comprimento dos sipúnculos varia de menos de 1 cm a cerca de 50 cm. Esses animais são encontrados da zona intertidal até profundidades maiores que 5.000 m. O corpo tem formato de salsicha e apresenta uma introverte retrátil, que pode ser recolhida para dentro do tronco muito mais grosso. A extremidade anterior da introverte contém a boca e os tentáculos alimentares. Quando a introverte está retraída e o corpo está túrgido, algumas espécies desse grupo assemelham-se a um amendoim (p. ex., *Sipunculus*). Os sipúnculos também são notáveis entre os anelídeos, porque

Figura 14.2 Mais exemplos da diversidade dos anelídeos. **A.** *Magelona pitelkai* (Magelonidae). **B.** *Hermodice carunculata* (Amphinomidae). **C.** *Saccocirrus* sp. (Saccocirridae). **D.** *Chrysopetalum* sp. (Chrysopetalidae). **E.** *Platynereis dumerilii* (Nereididae). **F.** *Lopadorhynchus* sp. (Lopadorhynchidae). **G.** *Trypanosyllis californiensis* (Syllidae). **H.** *Lumbrinereis* sp. (Lumbrineridae). **I.** *Diopatra cuprea* (Onuphidae). **J.** *Scoloplos armiger* (Orbiniidae). **K.** *Thoracophelia mucronata* (Opheliidae).

(*continua*)

não têm sistema circulatório fechado, seu celoma é espaçoso e não demonstram segmentação evidente. O trato digestivo tem formato de "U" e é retorcido com o ânus localizado dorsalmente no corpo, perto da junção da introverte com o tronco. Em geral, a superfície do corpo é biselada com diminutas galerias, verrugas, tubérculos ou espinhos.

ERRANTIA. Esse é um agrupamento taxonômico antigo, que foi ressuscitado recentemente por Torsten Struck e colaboradores. Inclui mais de um quarto de toda a diversidade de espécies anelídeas descrita e está subdividida em três grupos principais: Protodrilida, Eunicida e Phyllodocida (os dois últimos constituem um grupo-irmão conhecido como Aciculata).

Figura 14.2 (*Continuação*) **L.** *Capitella* sp. (Capitellidae). **M.** *Cirriformia* sp. (Cirratulidae). **N.** *Pherusa* sp. (Flabelligeridae). **O.** *Abarenicola pacifica* (Arenicolidae). **P.** *Paralvinella fijiensis* (Amphartetidae). **Q.** *Amphitrite kerguelensis* (Terebellidae). **R.** *Sabellastarte magnifica* (Sabellidae). **S.** *Neosabellaria cementarium* (Sabellariidae).

PROTODRILIDA. Mais de 60 espécies, que vivem principalmente nos hábitats intersticiais dos sedimentos (Figura 14.2 C). Inclui Protodiridae, Protodriloididae e Saccocirridae, mais bem-conhecidos porque são membros do táxon Archiannelida, hoje em dia extinto. Táxons como *Protodrilus* e *Saccocirrus* são encontrados nos sedimentos de espessura média ou grossa em águas rasas. Os protodrilídeos adultos medem entre 2 e 30 mm e podem ter até 200 segmentos. Os protodrilídeos não têm cerdas, embora estejam presentes nos protodriloidídeos e nos sacocirrídeos. Todos têm um par de palpos, que emergem do prostômio e formam estruturas sensoriais altamente móveis.

EUNICIDA. Os eunicídeos constituem um grupo bem-definido com mais de 1.000 espécies que apresentam faringe muscularizada ventral com mandíbulas complexas, incluindo elementos como as mandíbulas ventrais e os maxilares dorsais. Seus parapódios são sustentados por cerdas baciliformes, conhecidas como acículas, e comumente têm cerdas compostas. Em geral, esses animais têm três antenas e um par de palpos sensoriais na cabeça. Os eunicídeos incluem alguns dos menores e maiores anelídeos conhecidos. Hoje em dia, abrangem sete táxons ordenados por família (das quais quatro estão descritas a seguir).

DORVILLEIDAE. Contém 178 espécies (Figuras 14.1 I e 14.8 F). Inclui alguns dos menores anelídeos (*Neotenotrocha*), enquanto outros podem chegar a medir vários centímetros e ter grande número de segmentos (p. ex., *Dorvillea*). Em geral, a cabeça tem três antenas e pode haver um par de palpos, que podem ser semelhantes ou diferentes do formato das antenas. *Ophryotrocha* representam um "anelídeo-modelo" bem-conhecido, porque também são facilmente mantidos em cultura de espinafre ou alimentos semelhantes. Os dorvileídeos também são encontrados amplamente em hábitats extremos, inclusive fontes hidrotermais, vazadouros de metano e restos de baleias, onde atuam como bacteriovoros.

EUNICIDAE. Contém 362 espécies (Figura 14.17 H). Constituem um grupo que indiscutivelmente contém os maiores anelídeos vivos, alguns passando de 3 m de

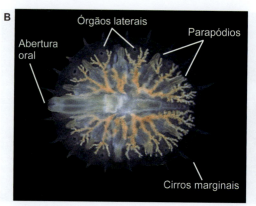

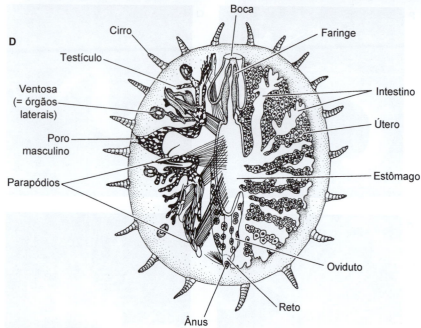

Figura 14.3 Mizostomídeos. **A.** *Hypomzyostoma dodecephalis*, vista ventral demonstrando a probóscide, os parapódios (cinco pares) e as cerdas. **B.** *Hypomzyostoma dodecephalis* em um hospedeiro crinoide. **C.** *Myzostoma cirriferum*, vista ventral. **D.** Anatomia de *Myzostoma*. Os parapódios são lobos pequenos com cerdas em formato de gancho, que alternam com órgãos laterais semelhantes a ventosas. Os sistemas reprodutivos dos mizostomídeos são muito mais complexos que os dos outros anelídeos e essa é uma tendência encontrada em muitos animais parasitas.

comprimento; apenas uma espécie de minhoca megascolecídea chega perto desse tamanho. Geralmente têm três antenas e um par de palpos semelhantes a elas. Animais móveis, embora também vivam em galerias ou tubos temporários no muco ou em tubos semelhantes a pergaminho. Carnívoros, onívoros ou herbívoros. Exemplos famosos são os vermes Palolo e Bobbitt (p. ex., *Eunice, Marphysa, Palola*).

LUMBRINERIDAE. Contém 275 espécies (Figura 14.2 H). Vermes finos e alongados, com exceção de *Lysarete* e *Kuwaita*; não têm apêndices na cabeça. A maioria rasteja em torno de tapetes de algas e gavinhas, ou pequenas rachaduras dos substratos duros; algumas escavam na areia ou na lama. Carnívoros, catadores, detritívoros e depositívoros (p. ex., *Lumbrinerides, Lysarete, Ninoe*).

OENONIDAE. Inclui 87 espécies. Animais alongados com parapódios pequenos; não têm apêndices na cabeça ou apresentam três antenas pequenas. Semelhantes aos lumbrinerídeos, embora suas mandíbulas e suas cerdas sejam diferentes. Encontrados comumente nos substratos moles, nos quais perfuram com a ajuda de quantidades abundantes de muco. Carnívoros predadores; muitos passam por um estágio juvenil endoparasitário dentro de outros anelídeos (p. ex., *Arabella, Drilonereis*).

ONUPHIDAE. Contém 272 espécies (Figura 14.2 I). Parentes mais próximos dos eunicídeos, embora os onufídeos geralmente tenham brânquias proeminentes nos segmentos anteriores. A maioria vive em tubos, mas outros vagueiam pelos sedimentos. A maioria dos cavadores de tubos é séssil (p. ex., *Diopatra*), enquanto outros carregam seus tubos. Em geral, são catadores ou predadores. Formas interessantes incluem os vermes-pena (*Hyalinoecia*) e vermes das praias australianas (*Australonuphis* etc.).

PHYLLODOCIDA

Os filodocídeos incluem mais de 4.600 espécies e são caracterizados por seus membros com probóscide axial muscularizada (comumente armadas com duas ou mais mandíbulas). Esses animais tendem a apresentar fusão de alguns segmentos anteriores com a cabeça, que geralmente são identificáveis apenas pela retenção dos cirros anteriores aumentados; em geral, a cabeça tem duas ou três antenas e um par de palpos sensoriais. Como os eunicídeos, seus parapódios também geralmente são sustentados por acículas e têm cerdas compostas. Hoje em dia, existem cerca de 20 táxons ordenados por famílias; as mais ricas em espécies estão citadas resumidamente a seguir.

APHRODITIFORMIA. Os vermes escamados constituem um grupo diversificado com mais de 1.000 espécies distribuídas em sete (ou oito) táxons ordenados por família

(Figuras 14.1 H; 14.5 E; 14.11 A e B): Acoetidae, Aphroditidae, Eulepethidae, Polynoidae (contém a maioria das espécies), Iphionidae, Sigalionidae e, possivelmente, Pholoidae. Os afroditiformes também incluem vermes sem escamas da antiga família Pisionidae. A maioria é representada por vermes relativamente curtos e até certo ponto achatados dorsoventralmente; uma espécie extremamente incomum da Antártida – *Eulagisca gigantea* – chega a medir quase 30 cm de comprimento e 15 cm de largura. A maioria tem relativamente poucos segmentos na forma adulta, mas existem algumas exceções entre os sigalionídeos. A maior parte da superfície dorsal geralmente é coberta por cirros achatados transformados (conhecidos como élitros, ou escamas), daí seu nome comum. O verme escamoso *Arctonoe pulchra* é um comensal comum dos equinodermos e dos moluscos (nas cavidades do manto) e também vive livremente em piscinas formadas pelas marés dos oceanos temperados do nordeste do Pacífico. A faringe reversível tem um par de mandíbulas, que fecham dorsoventralmente até certo ponto, semelhante a um bico de papagaio. A maioria dos vermes escamosos é móvel, mas eles geralmente são crípticos (vivem sob rochas etc.). Muitos são predadores, enquanto outros são bacterióvoros. Alguns vermes escamosos são comensais e vivem sobre os corpos ou nas moradias de outros animais (p. ex., *Arctonoe, Gorgoniapolynoe, Halosydna, Harmothoe, Hesperonoe, Polynoa*).

CHRYSOPETALIDAE. Inclui 135 espécies (Figura 14.2 D). O nome crisopetalídeo (do latim, "pétalas douradas") refere-se ao formato e à cor das notocerdas douradas achatadas (conhecidas como pálios), que cobrem a superfície dorsal de muitas espécies (p. ex., *Chrysopetalum*). Esses vermes alcançam dimensões pequenas a moderadas, e o comprimento dos adultos varia de 1 a 50 mm, alguns tendo apenas 10 e outros mais de 300 segmentos. Os vermes que têm seu dorso coberto por pálios achatados tendem a ter coloração castanho-amarelada ou dourada, algumas vezes com faixas transversais. Um clado – Calamyzinae – inclui as formas parasitas que vivem nos moluscos bivalves (no passado, esses vermes eram classificados em sua própria família – Nautiliniellidae –, por apresentarem pouca semelhança com os outros crisopetalídeos; p. ex., *Shinkai*).

GLYCERIDAE. Abrange 89 espécies (Figuras 14.5 B; 14.8 D; 14.12 C). Vermes com corpos cilíndricos, afilados e homônomos, geralmente vermelhos ou rosados, alcançando 30 cm de comprimento. A enorme faringe reversível, que pode ser retraída em até 1/3 do comprimento do corpo, está equipada com quatro mandíbulas semelhantes a ganchos, usadas para capturar presas; cada mandíbula tem uma glândula de veneno. A faringe também é usada para perfurar. A maioria desses vermes é constituída de cavadores infaunais de substratos moles (p. ex., *Glycera, Glycerella, Hemipodus*).

HESIONIDAE. Inclui 172 espécies (Figura 14.11 D). Em geral, são vermes bonitos e os adultos medem de alguns milímetros a mais de 10 cm de comprimento. Animais subtidais, especialmente nos fundos rochosos e mistos, com número crescente de representantes encontrados nas fontes hidrotermais e nos vazadouros de metano. Um hesionídeo famoso é o verme-do-gelo *Sirsoe methanicola*, que vive nos hidratos de metano do Golfo do México. Muitos hesionídeos têm padrões marcantes de pigmentação e alguns são comensais, principalmente com os equinodermos. O número de segmentos dos adultos pode ser invariável em 21 (p. ex., *Hesione, Leocrates*) ou variável entre 50 e 60.

NEPHTYIDAE. Abrange 142 espécies (Figura 14.5 C). Em geral, são longos e delgados, com parapódios bem-desenvolvidos, mas suas cabeças são simples. Esses vermes podem ser muito abundantes nos sedimentos de águas rasas e comumente existem alguns táxons diferentes em uma única amostra do sedimento. Embora sejam facilmente classificáveis no nível de família, a identificação das espécies é difícil. Os adultos medem de alguns milímetros a cerca de 30 a 40 cm e têm até 150 segmentos. A faringe mandibular reversível é usada para capturar presas e perfurar (p. ex., *Aglaophamus, Micronephtyes, Nephtys*).

NEREIDIDAE. Contém 691 espécies (Figuras 14.2 E; 14.8 A a C; 14.13 A; 14.17 D). Esses animais estão entre os anelídeos marinhos mais bem-conhecidos e amplamente utilizados em ensino, laboratórios e iscas de pesca. A maioria dos nereídeos é encontrada em águas rasas, embora alguns vivam nas fontes hidrotermais. São vermes pequenos ou muito grandes (mais de 100 cm) com segmentos homônomos. A maioria é constituída de predadores ou catadores errantes com olhos e parapódios bem-desenvolvidos. São reconhecidos imediatamente por seu par de grandes mandíbulas faríngeas curvas (p. ex., *Cheilonereis, Dendronereis, Neanthes, Nereis, Platynereis*). Um grupo – Namanereidinae – é semiterrestre ou vive em água doce (p. ex., *Lycastella, Namanereis*).

PHYLLODOCIDAE. Inclui 417 espécies (Figuras 14.5 F; 14.8 E; 14.16 D). Corpos finos, geralmente alongados (mais de 50 cm) com até 700 segmentos homônomos; comumente predadores ativos epibentônicos de substratos sólidos; alguns perfuram na lama (p. ex., *Eteone, Eulalia, Notophyllum, Phyllodoce*). Um clado – Alciopinae – inclui formas holopelágicas, nas quais o corpo é transparente, exceto por manchas pigmentadas e um par de grandes olhos com cristalino (p. ex., *Alciopa, Alciopina, Torrea, Vanadis*).

SPHAERODORIDAE. Inclui 171 espécies facilmente reconhecíveis por seus tubérculos conspícuos e/ou papilas sobre todo o corpo, geralmente dispostas em fileiras transversais. Os adultos medem de alguns milímetros a vários centímetros. Os corpos podem ser curtos e larviformes com até cerca de 30 segmentos (p. ex., *Sphaerodoridium, Sphaerodoropsis*), ou alongados e delicados com maior quantidade de segmentos (p. ex., *Ephesiella, Sphaerodorum*).

SYLLIDAE. Contém 906 espécies (Figuras 14.2 G; 14.11 C; 14.17 C e G). Em sua maioria, são vermes homônomos pequenos encontrados em vários substratos e mais bem-conhecidos por sua diversidade de biologia reprodutiva, inclusive várias formas de epítoco. Os adultos medem entre 1 e 150 mm e têm poucos ou muitos segmentos. Os silídeos apresentam alguns dos padrões de coloração mais marcantes entre os anelídeos. Predominantemente predadores de invertebrados pequenos. A faringe tem uma região bem-definida em forma de barril, que pode estar equipada com um único dente ou um anel de dentes pequenos para prender as presas (p. ex., *Autolytus, Brania, Odontosyllis, Syllis, Trypanosyllis*).

PHYLLODOCIDA PELÁGICOS. Constituem um agrupamento polifilético com cerca de 150 espécies. Além dos Alciopinae, vários outros grupos Phyllodocida evoluíram independentemente em formas holopelágicas, embora o número de etapas evolutivas ainda precise ser resolvido. As formas holopelágicas são incluídas nas famílias Iospilidae, Lopadorhynchidae (Figura 14.2 F), Pontodoridae, Tomopteridae, Typhloscolecidae. A maioria é provavelmente predadora. Os tomopterídeos são formas espetaculares com corpos achatados transparentes, parapódios em forma de barbatanas e apenas algumas cerdas.

SEDENTARIA. Constituem outro grupo taxonômico anteriormente extinto, mas ressuscitado recentemente por Torsten Struck e colaboradores, contendo mais de 13.000 espécies. Inclui uma série de grupos principais, ainda que as relações entre eles não estejam totalmente resolvidas. Os filos antigos Echiura e Pogonophora (e Vestimentifera) estão classificados aqui, bem como vários tubícolas; são perfurantes.

ORBINIIDAE. Contém 175 espécies existentes (Figuras 14.2 J e 14.16 G). O prostômio pode ser arredondado ou pontiagudo, mas não tem apêndices. Os adultos medem de 3 a 300 mm de comprimento e os vermes grandes podem ter várias centenas de segmentos; em geral com uma região torácica anterior muscular e um abdome mais frágil. Comumente com parapódios complexos e uma grande variedade de cerdas. Em geral, formas perfurantes encontradas comumente em sedimentos de baías rasas e estuários (p. ex., *Orbinia, Scoloplos*), mas também foram identificados em fontes hidrotermais e vazadouros de metano (p. ex., *Methanoaricia*).

CIRRATULIFORMIA

ACROCIRRIDAE. Inclui cerca de 50 espécies. Em geral, são encontrados nas áreas interditais, sob as rochas ou em sedimentos rasos e lama. A cabeça é simples e contém um prostômio arredondado e um par de palpos peristomiais sulcados usados para alimentar-se. Os primeiros quatro segmentos portam um par de brânquias simples não ramificadas, que são facilmente perdidas. Os animais adultos medem de 5 a 150 mm e têm apenas 10 segmentos, embora possam chegar a mais de 200. Os acrocirrídeos vivos tendem a ter coloração amarelada ou castanho-esverdeada (p. ex., *Acrocirrus, Macrochaeta*). Recentemente, pesquisadores descreveram um novo grupo extraordinário de acrocirrídeos holopelágicos, nos quais as brânquias anteriores foram transformadas em estruturas bioluminescentes que brilham quando se desprendem, provavelmente para distrair os predadores (p. ex., *Swima*).

CIRRATULIDAE. Cerca de 250 espécies (Figuras 14.2 M e 14.17 B). Vermes alongados e relativamente homônomos com até 350 segmentos, cada um geralmente com um par de filamentos branquiais filiformes (p. ex., *Cirratulus, Cirriformia*). Nos demais, pode haver apenas quatro pares de brânquias situadas anteriormente (p. ex., *Dodecaceria*), ou nenhuma brânquia nos animais menores (p. ex., *Ctenodrilus*).

Os cirratulídeos são predominantemente cavadores de águas rasas, que vivem logo abaixo da superfície do sedimento, de onde estendem suas brânquias para a água circundante. A maioria é constituída de depositívoros seletivos, que extraem detritos orgânicos dos sedimentos superficiais usando palpos sulcados, que podem ser um par simples (p. ex., *Chaetozone, Dodecaceria*) ou transformados em dois agrupamentos (p. ex., *Cirriformia, Timarete*).

FLABELLIGERIDAE. Inclui 264 espécies (Figura 14.2 N). Também conhecidos como vermes flabeligerídeos ("gaiola-de-cerdas", *bristole-cage worms*). Têm papilas recobrindo o corpo; em geral, as papilas são pegajosas e por isso alguns carregam uma cobertura de sedimento. Outros têm uma bainha gelatinosa grossa e transparente, que permite observar o conteúdo do corpo e seu sistema circulatório esverdeado. A cabeça, que tem um par de palpos sulcados e provavelmente alguns segmentos anteriores aquáticos com brânquias, geralmente é retrátil para dentro dos segmentos anteriores subsequentes, os quais contêm uma "gaiola" de cerdas protetoras. Predominantemente bentônicos, vivem desde as áreas intertidais sob as rochas até lamas de oceanos profundos, ainda que existam dois grupos holopelágicos – *Poeobius* e *Flota* –, até recentemente classificados em suas próprias famílias. Os adultos medem de 5 mm a mais de 10 cm de comprimento (p. ex., *Brada, Pherusa, Spio, Spiophanes*).

OPHELIIDAE. Contém 153 espécies (Figura 14.2 K). Corpos homônomos, geralmente com menos de 3 cm de comprimento e até 60 segmentos. O formato do corpo varia de curto e grosso a alongado e, até certo ponto, cônico. A maioria dos ofelídeos cava substratos moles, mas alguns podem nadar por movimentos ondulatórios do corpo. A faringe eversível não é equipada com armas. A maioria é constituída de depositívoros diretos (p. ex., *Armandia, Euzonus, Ophelia, Polyophthalmus*).

SPIONIDA

SPIONIDAE. Inclui 527 espécies (Figuras 14.1 G e 14.9 F). Corpo fino, alongado e homônomo. A cabeça é simples e tem um par de palpos peristomiais sulcados. A maioria é perfurante, ou forma tubos delicados na areia ou lama. Alguns perfuram substratos calcários, inclusive rochas e conchas de moluscos; a maioria usa os palpos peristomiais sulcados para extrair seletivamente alimentos da superfície do sedimento (p. ex., *Polydora, Scolelepis, Spio, Spiophanes*).

SABELLARIIDAE. Contém 124 espécies (Figuras 14.2 S; 14.7 H e I). Os sabelarídeos são distinguidos facilmente da maioria dos outros anelídeos porque têm um opérculo, que se desenvolve a partir dos segmentos anteriores, assim como um tubo robusto construído com grãos de areia grossa. O opérculo contém dois lobos carnosos, que são fundidos (p. ex., *Sabellaria*) ou livres (p. ex., *Lygdamis*), e inclui 1 a 3 fileiras de cerdas grandes e resistentes, pretas ou douradas (pálios). Em geral, esses animais são encontrados nas áreas intertidais ou ligeiramente subtidais, embora também sejam conhecidas formas de águas profundas. Os sabelarídeos podem formar recifes biogênicos extensos e alcançar densidades de até 6.000 espécimes/m^2 (p. ex., *Phragmatopoma, Sabellaria*), enquanto outros são solitários (p. ex., *Lygdamis*).

SABELLIDA

SABELLIDAE
Contém 460 espécies (Figuras 14.2 R; 14.7 A; 14.16 E). Conhecidos comumente como vermes-ventarola (*fan worms*) ou "verme-espanador" (*feather-duster worms*). Os sabelídeos vivem nos sedimentos e tubos mucosos e são comuns em todas as profundidades. O corpo é heterônomo e dividido em tórax e abdome com 3 a 300 mm de comprimento. O tórax contém capilares dorsais longos ou cerdas com ganchos e ganchos ventrais, enquanto o abdome mostra o inverso (inversão cerdal). O prostômio consiste em uma coroa de palpos emplumados ramificados (radíolos), que se projetam do tubo e participam das trocas gasosas e da alimentação ciliar por suspensão (p. ex., *Bispira, Eudistylia, Myxicola, Saella, Schizobranchia*); podem ter olhos simples (p. ex., *Demonax*) ou compostos (p. ex., *Megalomma*). Algumas espécies perfuram substratos calcários (p. ex., *Pseudopotamilla*). No passado, os sabelídeos também incluíam a família Fabriciidae – todos vermes-espanadores com corpos pequenos –, mas estudos demonstraram que eles estavam relacionados mais intimamente com os serpulídeos (Serpulidae) e foram classificados em sua própria família.

SERPULIDAE
Contém 397 espécies (Figuras 14.7 E, F e J; 14.20 A a C). Semelhantes aos sabelídeos, exceto que o tubo secretado é calcário e vivem geralmente fixados às rochas. O corpo é heterônomo e dividido em tórax e abdome com dimensões de 3 a 200 mm. A extremidade anterior contém o radíolo, também observado nos sabelídeos; muitas espécies têm um radíolo transformado em opérculo, que tampa a extremidade do tubo quando o verme se recolhe (p. ex., *Hydroides, Serpula, Spirobranchus*), embora muitos animais desse grupo não tenham isso (p. ex., *Filograna, Protula*). O grupo mais bem-conhecido entre os serpulídeos é *Spirobranchus*, ou vermes árvore-de-natal, que perfuram substratos de coral e têm radíolos espirais coloridos (Figura 14.7 J). Um clado curioso – Spirorbinae – contém formas com corpos pequenos, que secretam tubos calcários retorcidos (p. ex., *Circeis, Paralaeospira, Spirorbis*).

SIBOGLINIDAE
Inclui 164 espécies (Figuras 14.1 E; 14.31 a 14.33). Antes conhecidos como filos Pogonophora e Vestimentifera, análises morfológicas e moleculares subsequentes colocaram esse grupo exatamente entre os anelídeos; desde então, o nome da família original – Siboglinidae – foi geralmente adotado. Todos os siboglinídeos parecem viver por meio de bactérias simbióticas presentes em seus corpos e, em geral, são encontrados a profundidades abaixo de 1.000 m, embora possam chegar a quase 10.000 m; contudo, excepcionalmente, também foram encontrados em profundidades menores que 100 m. Ainda que a maioria seja identificada nas lamas dos mares profundos (p. ex., *Siboglinum*), em vulcões de lama, ou na matéria vegetal submersa (p. ex., *Sclerolinum*), os siboglinídeos vestimentíferos (p. ex., *Riftia*) são membros espetaculares das comunidades de fontes hidrotermais ou vazadouros de metano (p. ex., *Lamellibranchia*). Os siboglinídeos variam amplamente quanto ao tamanho, com adultos de alguns *Siboglinum* chegando a medir 5 cm de comprimento (e apenas 0,1 mm de largura), enquanto *Riftia pachyptila* mede mais de 150 cm de comprimento e vive em tubos com mais de 2,5 m de comprimento. O grupo de siboglinídeos descobertos mais recentemente é o gênero *Osedax*, um grupo que devora os ossos de vertebrados marinhos dissolvendo-os em tecidos que se assemelham às raízes das plantas.

MALDANOMORPHA

ARENICOLIDAE
Contém 20 espécies (Figuras 14.2 O e 14.5 H). Os arenicolídeos (ou *lug worms*) têm cabeça simples e corpo heterônomo grosso e carnoso, dividido em duas ou três regiões bem-definíveis; a faringe é desarmada, mas eversível, e facilita a perfuração e a alimentação. A maioria dos arenicolídeos vive em galerias com formato de "J" nas areias e lamas intertidais e subtidais, onde são depositívoros diretos (p. ex., *Abarenicola, Arenicola*).

MALDANIDAE
Inclui 283 espécies (Figura 14.7 C e D). Conhecidos como vermes-bambu em razão de seus segmentos cilíndricos com parapódios semelhantes a cristas, que se assemelham aos caules de bambu. Como os arenicolídeos, a cabeça não tem apêndices; os maldanídeos medem de 0,3 a 20 cm de comprimento e, em geral, têm 20 a 30 segmentos e o corpo não afila no segmento posterior, como ocorre com a maioria dos anelídeos.

TEREBELLIFORMIA

AMPHARETIDAE
Abrange 282 espécies (Figuras 14.2 P e 14.11 D). Os anfaretídeos são tubícolas e podem ser diferenciados facilmente dos terebelídeos semelhantes, porque têm palpos sulcados múltiplos, geralmente conhecidos como tentáculos, os quais podem ser retraídos para dentro da boca. Em geral, há quatro pares de brânquias. Relativamente incomuns nas águas intertidais e rasas; em anos recentes, a maioria dos táxons novos foi descrita nos sedimentos mais profundos. Inclui o grupo incomum que vive nas fontes hidrotermais do Oceano Pacífico – os vermes de Pompeia –, que no passado constituíam sua própria família Alvinellidae (p. ex., *Alvinella, Paralvinella*). Os anfaretídeos medem de 0,5 a 6 cm de comprimento quando são adultos. O sangue geralmente é esverdeado em razão da presença de clorocruorinas, mas pode ser vermelho graças à hemoglobina de algumas espécies. O corpo consiste em duas regiões bem-demarcadas, além da cabeça; a região torácica geralmente tem parapódios birremes e o abdome tem apenas neuropódios (p. ex., *Ampharete, Amphicteis, Melinna*).

PECTINARIIDAE
Contém 53 espécies (Figuras 14.7 G e 14.9 G). Também conhecidos como vermes cone-de-sorvete. Corpo curto e cônico com cerdas douradas e resistentes que se projetam da cabeça. Também são reconhecidos facilmente por seus tubos cuneiformes elegantes construídos de areia, conchas pequenas ou outras partículas diminutas, abertos nas duas extremidades. O comprimento do corpo varia de 1 a 10 cm; têm no máximo 20 segmentos com cerdas. Os múltiplos palpos sulcados ("tentáculos") são usados para alimentar-se de detritos extraídos do sedimento (p. ex., *Pectinaria, Petta*).

TEREBELLIDAE
Inclui 535 espécies (Figuras 14.2 Q; 14.9 B e E). Vivem em tubos, embora muitos sejam perfurantes ou "rastejadores" e outros até sejam capazes de nadar. Os palpos sulcados geralmente se estendem pelo sedimento das águas salgadas rasas. Quando esses animais são perturbados, os tentáculos – comumente em cores brilhantes – são retraídos de volta ao corpo do verme,

embora não sejam retraídos para dentro da boca. Em geral, há três pares de brânquias. O corpo comumente consiste em duas regiões bem-demarcadas, além da cabeça; a região torácica geralmente tem parapódios birremes e o abdome é longo, afilado e contém apenas neuropódios (p. ex., *Amphitrite, Pista, Polycirrus, Terebella, Thelepus*).

CAPITELLIDA

CAPITELLIDAE. Contém 173 espécies (Figura 14.2 L). Facilmente reconhecidos pela divisão do corpo em uma região anterior apenas com cerdas capilares e uma região posterior com ganchos de hastes compridas. O corpo tem formato cilíndrico simples, semelhante aos clitelados. A cabeça não tem apêndices e, na maioria dos casos, é uma estrutura cônica simples. O corpo mede menos de 1 cm, ou até mais de 20 cm de comprimento e, em geral, é vermelho-brilhante. As extensões da parede corporal, comumente referidas erroneamente como "brânquias" (termo incorreto porque os capitelídeos não têm sistema circulatório), estão presentes nos segmentos abdominais de alguns táxons. Alguns, como *Capitella*, são bem-conhecidos como indicadores de poluição, porque seu número aumenta explosivamente em condições ricas em nutrientes, excluindo muitas outras espécies de anelídeos.

ECHIURIDAE. Cerca de 200 espécies (Figuras 14.1 C; 14.28 a 14.30). Vermes-âncora, vermes-colher. Esses animais são anelídeos singulares porque têm uma probóscide pré-oral extensível muscular na extremidade anterior de um tronco aparentemente não segmentado. A probóscide não pode ser recolhida para dentro da boca, mas pode ser estendida por vários metros em algumas espécies. O tronco mede de 1 a 40 cm de comprimento, contém anteriormente um único par de cerdas ou ambos os pares; um anel de cerdas situado posteriormente. Em geral, os equiúros eram considerados anelídeos, mas W. W. Newby propôs um filo separado – Echiura – com base em um estudo embriológico detalhado de *Urechis caupo*. Sua proposta foi aceita até que Damhnait McHug forneceu evidência molecular de que, na verdade, eles são anelídeos. Estudos morfológicos subsequentes confirmaram sua conclusão, e análises moleculares recentes demonstraram que esse grupo está diretamente relacionado com Capitellidae. Os equiúros não parecem ser segmentados, mas o sistema nervoso equiurídico avança da frente para trás durante a embriogênese, indicando a formação de uma zona de crescimento posterior (teloblastia). A taxonomia do grupo ainda não foi completamente reconciliada com seu estado anterior de filo. Seguindo a lógica proposta para os pogonóforos e vestimentíferos, que vieram a ser os siboglinídeos, McHug sugeriu que eles deveriam ser tratados como família Echiuridae, o que adotamos neste livro.

CLITELLATA. Cerca de 6.000 espécies. Minhocas, sangues-sugas e animais semelhantes. Sem parapódios; em geral, as cerdas são extremamente reduzidas ou ausentes. Hermafroditas com sistemas reprodutivos complexos. Um anel bem-definido – clitelo – funciona na formação do casulo; o desenvolvimento é direto. Têm poucas cerdas, ou nenhuma; estruturas sensoriais cefálicas reduzidas; corpo externamente homônomo, exceto pelo clitelo. A maioria é representada por anelídeos terrestres ou de água doce, embora também existam muitas espécies marinhas.

CAPILLOVENTRIDAE. Cinco espécies. A morfologia e a configuração de suas cerdas são semelhantes às dos anelídeos errantes, mas a existência de um clitelo e outros aspectos revelam que eles são clitelados. Curiosamente, evidências morfológicas e moleculares sugerem que eles sejam o grupo-irmão de todos os outros clitelados e reforçam a hipótese de que os clitelados tenham origem aquática. Duas espécies são marinhas, duas vivem em água doce e uma em água salobra. Incluem um único gênero: *Capilloventer*.

NAIDIDAE (ANTES CONHECIDOS COMO TUBIFICIDAE). Contém 700 espécies. O comprimento varia de alguns milímetros até vários centímetros. São os clitelados de água doce mais bem-conhecidos, embora alguns vivam na água salgada ou salobra. Alguns constroem tubos, outros são cavadores. Em geral, o corpo é homônomo em toda sua extensão e a cabeça é simples, ainda que várias espécies tenham uma probóscide prostomial alongada; algumas têm brânquias. Muitos se reproduzem assexuadamente, mas a maioria tem gônadas em algum estágio do desenvolvimento. Algumas espécies são muito comuns nas áreas altamente poluídas. Algumas espécies pequenas sem intestino, que dependem das bactérias simbióticas para sua nutrição, foram descritas em regiões tropicais (p. ex., *Inanidrilus, Olavius*). Outros gêneros são *Branchiodrilus, Dero, Ripistes, Slavina, Stylaria, Branchiura, Clitellio, Limnodrilus* e *Tubifex*.

CRASSICLITELLATA. Minhocas e seus parentes (Figuras 14.1 F; 14.12 F; 14.15 F; 14.18). Cerca de 3.000 espécies confirmadas, predominantemente terrestres, embora alguns táxons (p. ex., Biwadrilidae e Almidae) vivam em ambientes aquáticos e semiaquáticos. As famílias com maior número de espécies são Megascolecidae, Lumbricidae e Glossoscolecidae. Os crassiclitelados incluem as minhocas da terra comum, inclusive *Lumbricus terrestres*, a qual se espalhou para os solos de todo o planeta a partir de seu local de origem na Europa. Os crassiclitelados são relativamente grandes e têm sistemas reprodutivos complexos e bem-desenvolvidos. Esses vermes são depositívoros diretos e vivem no solo, alimentando-se de matérias orgânicas vivas e mortas. Os maiores de todos os clitelados pertencem aos Megascolecidae, por exemplo, a minhoca gigante de Gippsland ou *Megascolides australis* (uma espécie ameaçada nativa da Austrália), que pode alcançar 3 m de comprimento, embora suas dimensões normais sejam descritas em torno de 1 m de comprimento e 2 cm de diâmetro.

ENCHYTRAEDIDAE. Contém 700 espécies. Encontrados principalmente no solo, mas também em diversos tipos de hábitats de água doce e salgada/salobra. Os enquitreídeos marinhos são comuns nas areias das áreas intertidais, mas também foram encontrados nos sedimentos dos oceanos profundos. Os animais do gênero *Mesenchytraeus* são conhecidos como vermes-do-gelo, porque se desenvolvem no gelo glacial.

LUMBRICULIDAE. Mais de 150 espécies (Figuras 14.18 H). Vermes de tamanho moderado encontrados em pântanos, rios e lagos. Esse grupo apresenta alto grau de endemismo, principalmente na Sibéria (especialmente no lago Baikal) e nas regiões ocidentais da América do Norte (p. ex., *Lamprodilus, Rhynchelmis, Stylodrilus, Styloscolex, Trichodrilus*). Esse grupo é o parente mais próximo dos hirudinóideos.

HIRUDINOIDEA. Sanguessugas e seus parentes (Figuras 14.34 a 14.40). Corpo com número fixo de segmentos, cada um com anéis superficiais; geralmente não têm cerdas; corpo heterônomo com clitelo, uma ventosa posterior e (em geral) outra anterior; a maioria vive nos hábitats de água doce ou salgada e alguns são semiterrestres; ectoparasitas, predadores ou catadores. Existem três clados principais entre Hirudinoidea.

ACANTHOBDELLIDA. Duas espécies – *Acanthobdella peledina* e *Paracanthobdella livanowi*, ambas originadas dos lagos de água doce do hemisfério norte (Figura 14.34 A). Parte da vida do animal é despendida como ectoparasita dos peixes de água doce, especialmente salmonídeos e timalídeos, enquanto o resto da vida é passada em vegetações. Corpo com 30 segmentos, que alcançam 3 cm de comprimento; com ventosa posterior apenas em *Acanthobdella peledina*; cerdas nos segmentos anteriores; celoma parcialmente reduzido, mas evidente e com septos intersegmentares.

BRANCHIOBDELLIDA. Cerca de 150 espécies (Figura 14.34 B). Em geral, medem menos de 1 cm de comprimento; ectocomensais e ectoparasitas dos lagostins de água doce; corpo com 15 segmentos; ventosas anterior e posterior; cerdas ausentes; celoma parcialmente reduzido, mas espaçoso ao longo da maior parte do corpo. Uma única família Branchiobdellidae (p. ex., *Branchiobdella*, *Cambarincola*, *Stephanodrilus*).

HIRUDINIDA. Mais de 700 espécies (Figura 14.34 C e D; 14.37; 14.38). Sanguessugas "verdadeiras". Cerca de 100 espécies são marinhas, 90 são terrestres e as restantes vivem em água doce. Muitas são ectoparasitas sugadores de sangue, outros são predadores ou catadores de vida livre; algumas formas sao parasitas e servem como vetores de protozoários, nematódeos e cestódeos patogênicos. O corpo sempre tem 34 segmentos; apresentam ventosas anterior e posterior, mas não têm cerdas; celoma reduzido a uma série complexa de canais (lacunas). Cerca de 12 famílias, em dois grupos principais. As sanguessugas com probóscide (Rhynchobdellida) constituem um grupo parafilético com várias famílias, incluindo espécies marinhas e muitas formas de água doce (p. ex., *Glossiphonia*, *Piscicola*). Os arrincobdelídeos (Arhynchobdellida) formam um clado sem probóscide, embora muitos tenham mandíbulas; todos são animais terrestres ou de água doce (p. ex., *Erpobdella*, *Haemopsis*, *Hirudo*).

INCERTAE SEDIS

MYZOSTOMIDA. Contém 156 espécies (Figura 14.3). Durante o século 20, esses animais foram tratados como anelídeos com um grau de família ou ordem, ou até mesmo como uma classe separada. Eeckhaut *et al.* (2000) sugeriram que os mizostomídeos são mais relacionados com os platelmintos que com quaisquer outros anelídeos. Entretanto, uma análise molecular realizada por Bleidorn *et al.* (2007) apoiou novamente a ideia de os mizostomídeos estarem entre os anelídeos. Análises filogenéticas recentes não conseguiram estabilizar a posição filogenética do grupo e, embora sejam claramente semelhantes aos anelídeos, seu parente mais próximo ainda é desconhecido, ainda que existam semelhanças morfológicas com os filodocídeos. Os mizostomídeos incluem vários grupos de vermes achatados, ovais ou alongados, sempre com cinco segmentos contendo cerdas. Esses animais são predominantemente ectossimbiontes, endossimbiontes ou parasitas dos equinodermos crinoides, mas alguns são parasitas de Anthozoa.

Plano corpóreo dos anelídeos

O corpo dos anelídeos é formado por quatro regiões: uma região pré-segmentar derivada da episfera larval; a região do prototróquio ao redor da boca; os segmentos corporais repetidos sequencialmente; e o pigídio posterior. A episfera (ver seção sobre Reprodução e Desenvolvimento) transforma-se no **prostômio** pré-segmentar, enquanto o prototróquio e a região oral originam o **peristômio**, região que circunda a boca. A segmentação corporal dos anelídeos é conhecida como metamerismo. A extremidade posterior extrema do corpo é o **pigídio**, que abriga o ânus e comumente tem alguns cirros. Como o prostômio, o pigídio não é segmentado e pode perfeitamente conter resquícios do corpo larval. A partir desse esquema básico, constrói-se a enorme diversidade de formas corporais encontradas nos anelídeos. A maioria dos anelídeos apresenta metamerismo e corpos cilíndricos acentuadamente alongados. Esses animais são triploblásticos, têm intestino completo e celoma espaçoso. As exceções com respeito ao metamerismo são os sipúnculos e os equiúros, nos quais isso é perdido. Em outros grupos, como os hirudinóideos e os mizostomídeos, o celoma é reduzido. O trato digestivo (perdido por alguns clitelados e por todos os siboglinídeos) está separado da parede corporal pelo celoma, com exceção daqueles em que a cavidade corporal foi secundariamente reduzida.

A cabeça dos anelídeos mais simples é formada por um prostômio e um peristômio. A segmentação da parte principal do corpo geralmente é visível externamente na forma de anéis (ou ânulos) e está refletida internamente pela configuração seriada dos compartimentos celômicos separados um do outro por septos intersegmentares (Figura 14.4). Essa configuração básica foi modificada em graus variados entre os anelídeos, principalmente por redução das dimensões do celoma e pela perda dos septos; essa última modificação resultou na formação de menos compartimentos internos, ainda que sejam maiores. Os corpos de muitos anelídeos são **homônomos**, ou seja, têm segmentos muito semelhantes entre si.

A visão atual da filogenia dos anelídeos (Figura 14.41) traz a hipótese de que Oweniidae, Magelonidae, Chaetopteridae e Amphinomida formem um grado basal de quatro grupos principais e de que, no geral, sejam anelídeos homônomos, o que sugere que essa seja a condição primitiva do filo. Muitos outros, particularmente as formas tubícolas, têm grupos de segmentos especializados para diferentes funções e, por isso, são **heterônomos**. A especialização dos grupos segmentares (**heteronomia**) contribuiu expressivamente para a diversidade morfológica dos anelídeos. As propriedades hidráulicas das diversas configurações do celoma possibilitaram modificações correspondentes dos padrões de locomoção, responsáveis em parte pelo sucesso dos anelídeos em diversos hábitats.

Formas corporais

A maioria dos anelídeos vive em hábitats marinhos entre a zona interdital e as profundidades extremas. Contudo, muito poucos habitam água doce ou salobra e a maioria dos clitelados (milhares de espécies) vive em ambientes terrestres. O comprimento dos anelídeos varia de menos de 0,5 mm nos adultos de algumas espécies intersticiais até mais de 3 m em alguns eunicídeos gigantes e

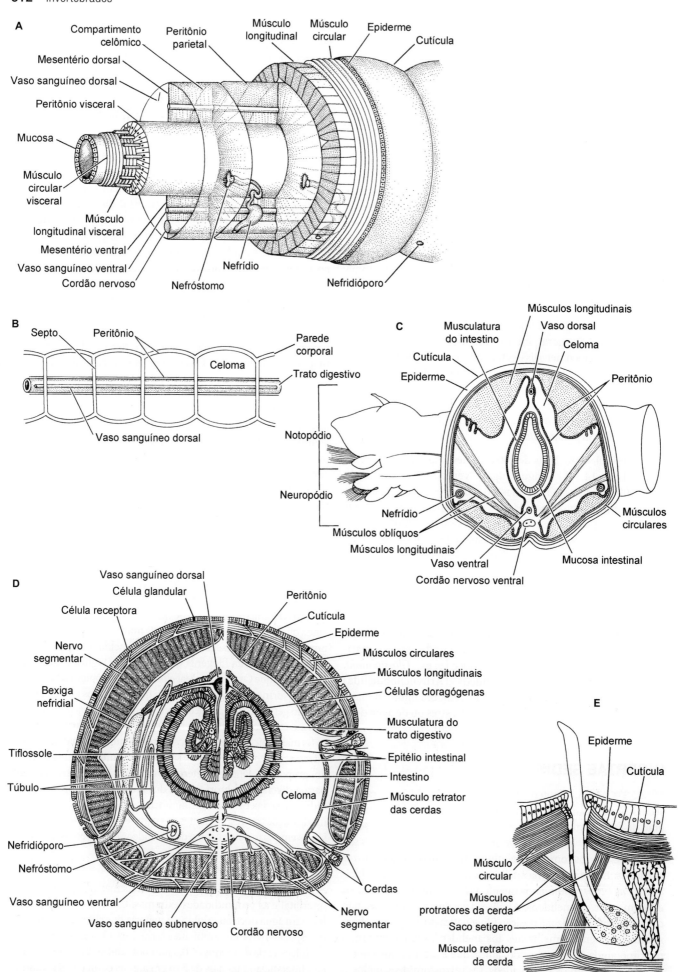

Figura 14.4 A. Organização corporal de anelídeos. Essa condição geral é encontrada na maioria dos anelídeos. **B.** Disposição metamérica do celoma em um anelídeo homônomo observado em *vista dorsal* (a parede dorsal do corpo foi retirada). **C.** Um nereídeo (*corte transversal*). Observe a consolidação dos músculos longitudinais em bandas praticamente separadas. **D.** Minhoca (*corte transversal*). O lado esquerdo da ilustração representa um único nefrídio e, por isso, a ilustração é formada por dois segmentos; o lado direito da ilustração mostra as cerdas. **E.** Uma cerda e sua musculatura associada.

clitelados megascolecídeos (minhocas). A grande variação na forma corporal entre os anelídeos pode ser mais bem-descrita em relação às regiões básicas dos anelídeos: cabeça, tronco segmentado e pigídio. Contudo, vale salientar que alguns grupos, inclusive Echiuridae, Hirudinea, Siboglinidae e Sipuncula, passaram por tantas transformações a partir dessa condição básica, cada qual em suas próprias formas curiosas, que eles são tratados em seções especiais ao fim deste capítulo. Entretanto, em geral, a cabeça dos anelídeos é formada de prostômio e peristômio, que assumem diversas formas e também podem ter um ou mais segmentos corporais fundidos a eles; nesses casos, pode haver cirros e cerdas laterais (Figuras 14.8, 14.12 A e 14.15). O prostômio e o peristômio comumente contêm apêndices na forma de antenas e/ou palpos, ou podem ser destituídos de apêndices, como em muitos cavadores infaunais, por exemplo os clitelados. A natureza desses apêndices cefálicos varia acentuadamente e, em geral, demonstra indícios dos hábitos dos vermes. Como foi mencionado antes, o tronco pode ser homônomo ou variavelmente heterônomo e, em geral, cada segmento tem um par de apêndices não articulados – conhecidos como parapódios – e feixes de cerdas (Figura 14.4 C e 14.5).

As **cerdas** são elementos singulares dos anelídeos, embora sejam estruturas muito semelhantes às encontradas em alguns braquiópodes. Elas possuem inúmeras variações de formato e tamanho, e cada uma é derivada da borda microvilar de uma célula epidérmica invaginada; em essência, as cerdas são feixes de canais longitudinais paralelos, cujas paredes são formadas de quitina esclerotizada (Figura 14.5). As cerdas foram perdidas por vários grupos de anelídeos, especialmente pelos sipúnculos e hirudíneos.

Quando estão presentes, os parapódios geralmente são birramificados com um **notopódio** dorsal e um **neuropódio** ventral, cada lobo com seu próprio grupo de cerdas (Figuras 14.4 e 14.5). Contudo, os anelídeos desenvolveram enorme diversidade de

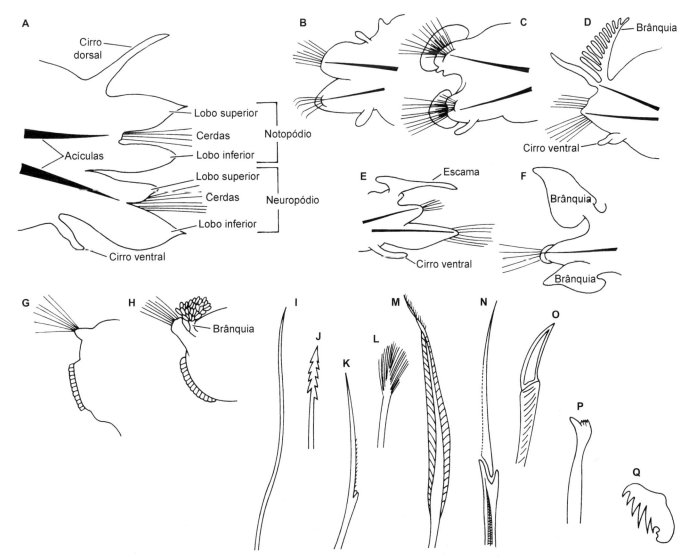

Figura 14.5 Tipos de parapódios e cerdas dos anelídeos. **A.** Um parapódio estilizado. **B.** Parapódio de um glicerídeo com lobos reduzidos. **C.** Parapódio de um neftídeo. **D.** Parapódio de um eunicídeo com seu notopódio modificado; note a brânquia dorsal filamentosa. **E.** O parapódio de um polinoide (um verme escamoso) tem o cirro dorsal modificado na forma de uma escama ou élitro. **F.** Parapódio de um filodocídeo; o notopódio e os neuropódios estão modificados na forma de lâminas branquiais. **G.** Parapódio reduzido de um tubícola sabelídeo. **H.** Parapódio de um arenicolídeo. **I a Q.** Cerdas de vários anelídeos. A classificação dos tipos de cerdas é comparável à classificação das espículas das esponjas em complexidade e terminologia. Nesta figura, alguns tipos gerais são distinguidos como cerdas simples (**I** a **M**), cerdas compostas (**N** a **O**), ganchos (**P**) e uncinos (**Q**).

parapódios, que atendem a várias funções (locomoção, trocas gasosas, proteção, ancoragem, formação de correntes aquáticas). Nos anelídeos heterônomos, a morfologia dos parapódios pode ser muito variável nas diversas partes do corpo. Por exemplo, geralmente os parapódios de uma região são modificados na forma de brânquias; os de outra região, como estruturas locomotoras; e ainda os de outros lugares, para facilitar a captura de alimento. Em alguns casos, especialmente nas formas cavadoras, como sipúnculos, equiúros e clitelados, os parapódios foram completamente perdidos.

A maioria dos anelídeos é gonocorística e prolifera gametas a partir do peritônio dentro do celoma onde se desenvolvem. Muitos anelídeos fazem desova difusa e produzem larvas livres-natantes, mas há grande variedade nas estratégias de história de vida desse filo, além de ampla variedade de tipos de cuidados parentais. De forma notável, muitos anelídeos são hermafroditas, inclusive todos os membros dos clitelados, os quais geralmente permutam esperma e formam embriões encapsulados ou incubados que se transformam diretamente nas formas juvenis.

Parede corporal e disposição do celoma

O corpo dos anelídeos é coberto por uma cutícula fina composta de fibras de escleroproteína e mucopolissacarídios depositados pelas microvilosidades das células epidérmicas. A epiderme é um epitélio colunar comumente ciliado em determinadas partes do corpo. Sob a epiderme, há uma camada de tecido conjuntivo, músculos circulares (algumas vezes ausentes) e músculos longitudinais espessos, com esses últimos geralmente dispostos em quatro bandas (Figura 14.4). Os músculos circulares não formam uma bainha contínua, mas são interrompidos ao menos em algumas posições dos parapódios. O revestimento interno da parede corporal é o peritônio, que circunda os espaços celômicos e recobre as superfícies dos órgãos internos. O celoma dos anelídeos com corpos homônomos geralmente está disposto na forma de espaços laterais pareados (*i. e.*, direito e esquerdo) arrumados serialmente (segmentarmente) dentro do tronco. Mesentérios dorsal e ventral separam os componentes de cada par de celomas, e septos intersegmentares musculares isolam cada par do seguinte em todo o comprimento do corpo. Em várias linhagens de anelídeos, os septos intersegmentares foram perdidos secundariamente ou são perfurados, de forma que, nesses animais, o líquido celômico e seu conteúdo (inclusive gametas) estão em continuidade nos diversos segmentos. Evidentemente, esse é o caso dos equiúros e sipúnculos, nos quais não existem segmentos.

Além da parede corporal principal e dos músculos septais, outros músculos têm as funções de retrair as partes reversíveis ou protraíveis (p. ex., brânquias, faringe) e movimentar os parapódios (Figura 14.4 C). Cada parapódio é uma evaginação da parede corporal e contém vários músculos. Os parapódios móveis são operados basicamente por conjuntos de músculos diagonais (oblíquos), que têm sua origem nas proximidades da linha mediana ventral do corpo. Esses músculos ramificam-se e têm suas inserções em vários pontos dentro do parapódio. Nos clados Aciculata e Amphinomida, bem como em alguns orbiníideos (Orbiniidae), os parapódios grandes podem conter cerdas internas rígidas conhecidas como **acículas** (Figura 14.5), nas quais alguns músculos têm suas inserções e atuam. Em geral, as cerdas também são manobradas por músculos e geralmente podem ser retraídas e estendidas (muito diferente das cerdas dos artrópodes).

Sustentação e locomoção

Os anelídeos oferecem um ótimo exemplo da utilização dos espaços celômicos como esqueleto hidrostático de sustentação do corpo. Em combinação com a musculatura bem-desenvolvida, o corpo metamérico e os parapódios, essa qualidade hidrostática promove a base para entender a locomoção desses vermes. Os gêneros *Nereis* e *Platynereis* (Phyllodocida, Nereididae) são anelídeos homônomos errantes, que apresentam diversos padrões locomotores dignos de ser descritos (Figura 14.2 E; 14.6 A a D). Nesses anelídeos, os septos intersegmentares são funcionalmente completos e, desse modo, os espaços celômicos de cada segmento podem ser eficientemente isolados hidraulicamente uns dos outros. As modificações dessa configuração fundamental estão descritas adiante.

Além de perfurar (ver adiante), os membros do gênero *Nereis* podem demonstrar três padrões locomotores epibentônicos básicos: rastejamento lento, rastejamento rápido e natação (Figura 14.6 A a D). Todos esses métodos de locomoção dependem basicamente das bandas de músculos longitudinais, especialmente as dorsolaterais maiores, assim como dos músculos parapodiais. Os músculos circulares são relativamente finos e servem principalmente para manter a pressão hidrostática adequada dentro dos compartimentos celômicos. Cada método de locomoção de *Nereis* (e formas similares) envolve a ação antagônica dos músculos longitudinais dos lados opostos do corpo em cada segmento.

Durante o movimento, os músculos longitudinais em qualquer segmento do corpo contraem e relaxam alternadamente em sincronia oposta com a ação dos músculos do outro lado do segmento. Desse modo, o corpo é empurrado por ondulações que se movem em ondas metacronais de trás para frente. As variações de comprimento e amplitude dessas ondas combinam-se com os movimentos dos parapódios para gerar diversos padrões de locomoção. Os parapódios e suas cerdas são estendidos ao máximo em um curso de força à medida que passam ao longo da crista de cada onda metacronal. Por outro lado, os parapódios e as cerdas retraem nos vales das ondas durante sua fase de recuperação. Desse modo, os parapódios situados em lados opostos de determinado segmento estão perfeitamente desencontrados uns dos outros em seus movimentos.

Quando *Nereis* rasteja lentamente, o corpo é empurrado por grande número de ondulações metacronais com comprimento curto e amplitude baixa (Figura 14.6 B). As cerdas parapodiais estendidas nas cristas das ondas são empurradas contra o substrato e servem como ponto de apoio, à medida que os parapódios passam por seu curso de força. À medida que cada parapódio se move depois da crista, ele é retraído e levantado do substrato enquanto é empurrado para frente durante sua fase de recuperação. A principal força propulsora desse tipo de movimento é fornecida pelos músculos parapodiais oblíquos (Figura 14.4 C). Durante o rastejamento rápido, grande parte da força motriz é fornecida pelos músculos longitudinais da parede corporal em combinação com as ondas de comprimento e amplitude maiores nas ondulações do corpo (Figura 14.6 C), que acentuam os cursos de força dos parapódios.

Nereis também pode deixar o substrato para nadar (Figura 14.6 D). Durante a natação, o comprimento e a amplitude das ondas metacrônicas são ainda maiores que os produzidos durante o rastejamento rápido. Contudo, quando observamos um nereídeo nadando, ficamos com a impressão de que "quanto mais se esforça", menos avanços ele faz – isso é verdade, até certo ponto. O problema é que, mesmo que os parapódios funcionem como pás para empurrar o animal para frente com seus ciclos de força, as ondas metacronais grandes continuam a mover-se

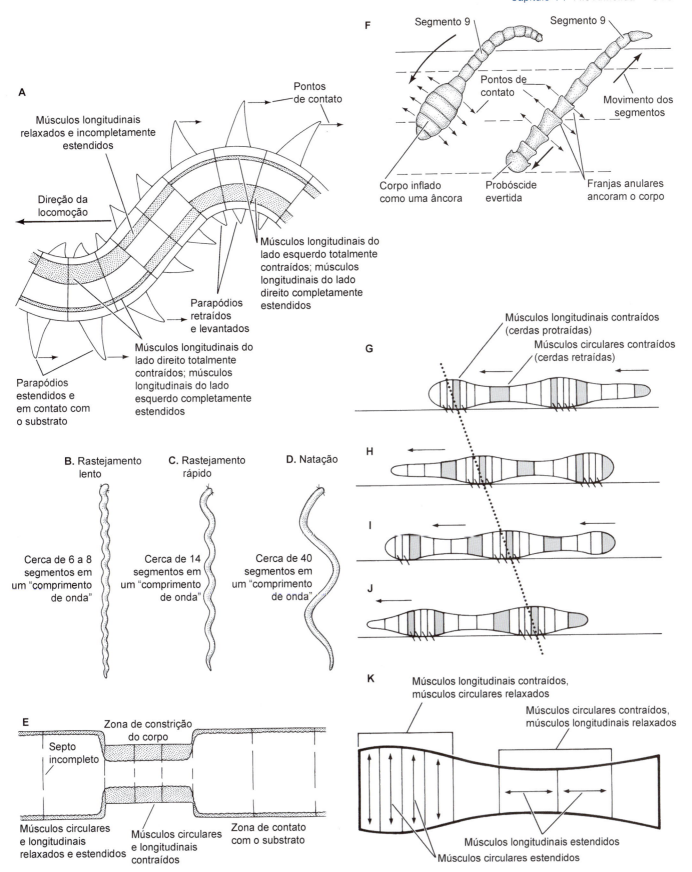

Figura 14.6 Padrões de locomoção dos anelídeos. **A.** *Vista dorsal* de vários segmentos de *Nereis* durante o rastejamento. Observe os estados de contração dos músculos longitudinais (*pontilhados*), a curvatura do corpo e a retração e a extensão dos parapódios. **B** a **D.** *Nereis* rastejando e nadando. Observe as mudanças do comprimento e da amplitude das ondas metacronais. **E.** *Corte mediossagital* de um anelídeo. Os septos intersegmentares perfurados permitem que as contrações peristálticas corporais causem alterações volumétricas nos segmentos. **F.** Movimentos de perfuração de *Arenicola*. **G** a **J.** Uma minhoca movendo-se para a esquerda. Sempre o quarto segmento está escurecido como referência. A *linha tracejada* passa por um ponto de contato com o substrato, que se move em direção posterior. **K.** Vários segmentos de uma minhoca (*corte sagital*). Como cada segmento é um compartimento funcionalmente isolado, o encurtamento e o alongamento acompanham as contrações dos músculos longitudinais e circulares, respectivamente, enquanto cada segmento mantém essencialmente um volume constante.

de trás para frente e, na verdade, produzem uma corrente de água nessa mesma direção; essa corrente tende a empurrar o animal em direção contrária. O resultado é que *Nereis* consegue levantar-se do substrato, mas depois praticamente despenca na água. Esse comportamento é usado principalmente como mecanismo de curta duração para fugir dos predadores bentônicos, em vez de ser um meio de mover-se de um lugar para outro. Contudo, existem alguns grupos de anelídeos, como Alciopinae (Phyllodocidae) e *Tomopteris* (Phyllodocida), cujos membros passam a vida inteira como animais natatórios pelágicos.

Com esses padrões e mecanismos básicos em mente, vejamos alguns outros métodos de locomoção dos anelídeos. *Nephtys* (Nephtyidae) assemelha-se superficialmente a *Nereis*, mas seus métodos de locomoção são muito diferentes. Embora *Nephtys* seja menos eficiente que *Nereis* em sua locomoção lenta, ele nada muito melhor e também consegue perfurar eficazmente substratos moles. Os parapódios carnosos grandes funcionam como pás e, quando nada, *Nephtys* não produz ondas metacronais longas e profundas. Em vez disso, quanto mais rápido ele nada, mais curtas e rasas são as ondas, desse modo eliminando grande parte da força contraproducente descrita em *Nereis*. Quando começa a perfuração, *Nephtys* mergulha primeiramente a cabeça no substrato, ancora o corpo estendendo lateralmente as cerdas dos segmentos enterrados e, em seguida, estende a probóscide mais profundamente na areia. Desse modo, um movimento natatório é utilizado para enterrar o animal mais profundamente no substrato.

Ao contrário das descrições anteriores, os vermes de escama (Polynoidae) tiram proveito de seus parapódios musculares como dispositivos de locomoção eficientes. O corpo ondula pouco ou nada, e há uma redução correspondente das dimensões das bandas musculares longitudinais e de sua importância na locomoção. Esses vermes dependem quase unicamente da ação dos parapódios para locomover-se, e a maioria dos polinoídeos adultos não consegue nadar, exceto por espasmos muito curtos.

Nereis também é um verme perfurador, e estudos com *N. virens* demonstraram que podem estender suas galerias nos sedimentos lamacentos utilizando um estilo de locomoção fraturante mecanicamente eficiente conhecido como "propagação de rachaduras". Essa é uma forma eficiente de utilizar energia à medida que o verme força seu avanço dentro da lama, consistindo em everter a faringe para aplicar forças dorsoventrais e perfurar paredes, as quais são ampliadas na ponta da galeria e produzem uma rachadura em direção anterior. Em seguida, o verme ancora seu corpo, expandindo-o lateralmente, empurrando sua cabeça estreita adentro da rachadura e repetindo o processo. Outros grupos de anelídeos, como os cirratulídeos, os glicerídeos e os orbinídeos, também são conhecidos por utilizarem essa forma de perfuração. A perfuração na areia impõe desafios diferentes aos da lama, porque a areia não "racha", mas precisa ser liquefeita. A perfuração na areia foi descrita em *Arenicola* (Arenicolidae), que, como muitos cavadores, perdeu a maior parte dos septos intersegmentares ou tem septos perfurados. Isso significa que os segmentos não têm volume constante; em outras palavras, a perda de líquido celômico por uma região do corpo resulta em aumento correspondente de outra. *Arenicola* também tem parapódios reduzidos. As cerdas, ou simplesmente a superfície das partes expandidas do corpo, servem como pontos de ancoragem, enquanto a parede da galeria fornece a força antagônica que resiste à pressão hidráulica. *Arenicola* perfura a areia primeiramente mergulhando e ancorando a região anterior do seu corpo no substrato. A ancoragem é conseguida por contração dos músculos circulares da parte posterior do corpo, forçando assim o líquido celômico em direção anterior e levando os primeiros segmentos a inchar. Em seguida, os músculos longitudinais posteriores contraem e, desse modo, empurram a parte traseira do verme para frente. Para continuar a perfuração, é realizada uma segunda fase de atividade. À medida que os músculos circulares anteriores contraem e as bandas longitudinais relaxam, as bordas posteriores de cada segmento envolvido são protraídas como pontos de ancoragem para evitar um movimento de retrocesso; a probóscide é empurrada para frente, de forma a aprofundar a galeria. Em seguida, a probóscide é retraída, a extremidade dianteira do corpo é ingurgitada por líquido e todo o processo é repetido (Figura 14.6 F).

Os clitelados, como os crassiclitelados (minhocas-da-terra e seus parentes), enfrentam o problema de perfurar o solo, que pode não rachar ou fluidificar como os sedimentos marinhos. É discutido que eles solucionem isso ingerindo o caminho à frente do solo compactado, ou empurrando o sedimento para o lado nos solos mais moles. Em alguns casos, eles revestem as galerias com muco para impedir que elas entrem em colapso. O movimento da maioria dos clitelados envolve contrações alternadas dos músculos circulares e longitudinais dentro de cada segmento, o que também é observado em muitos outros anelídeos com septos corporais completos. O formato de um segmento muda de longo e fino para curto e grosso com as respectivas ações musculares (Figura 14.6 G a J). Essas alterações da forma avançam em direção anterior ao longo do corpo na forma de uma onda peristáltica gerada por uma sequência de estímulos originados do cordão nervoso ventral e neurônios motores associados. Desse modo, em qualquer movimento durante a locomoção, o corpo do verme parece alterar regiões finas e grossas. Sem algum método de ancoragem da superfície do corpo, essa ação não resultaria em qualquer movimento. As cerdas asseguram essa ancoragem à medida que protraem como rebarbas nas partes mais espessas do corpo. Quando os músculos longitudinais relaxam e os músculos circulares contraem, o diâmetro do corpo diminui e as cerdas são viradas de forma a apontar para a parte traseira do corpo, ficando em contato direto com a parede corporal. Como se pode observar na Figura 14.6 G a K, à medida que a extremidade anterior do corpo é estendida pela contração dos músculos circulares, as cerdas impedem o deslizamento para trás, a cabeça é pressionada dentro do substrato e o verme avança. Em seguida, a extremidade anterior dilata por contração dos músculos longitudinais, e o restante do corpo é puxado simultaneamente.

A maioria dos anelídeos tubícolas (Figura 14.7) é heterônoma e muitos, como os Terebelliformia, têm corpos muito moles e músculos relativamente fracos. Os parapódios estão reduzidos, de forma que as cerdas são usadas para posicionar e ancorar o animal dentro de seu tubo. Em geral, os movimentos dentro do tubo são realizados por ação peristáltica lenta do corpo, ou pelos movimentos das cerdas. Quando a extremidade anterior é estendida para alimentar-se, ela pode ser rapidamente retraída pelos músculos retratores especializados, enquanto a parte não exposta do corpo fica ancorada dentro do tubo. Os tubos dos anelídeos conferem proteção e também sustentação a esses vermes de corpos moles, além de manter o animal

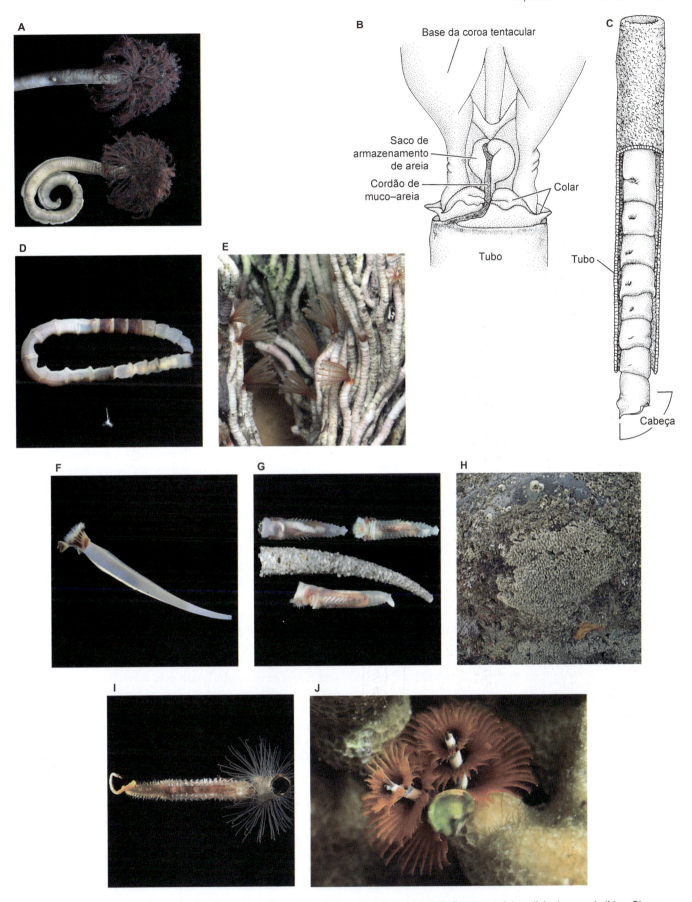

Figura 14.7 Anelídeos tubícolas. **A.** *Eudistylia vancouveri* (sabelídeo dentro e fora de seu tubo). **B.** Base ventral do radíolo de um sabelídeo. Observe o acréscimo de uma mistura de muco e areia na borda do tubo. **C.** Verme-bambu *Axiothella rubrocincta* (Maldanidae) orientado com sua cabeça para baixo dentro do tubo. **D.** Verme-bambu *Clymenella* (Maldanidae) fora do tubo. **E.** Um grupo de tubos serpulídeos formados de carbonato de cálcio e cimentados ao substrato. **F.** *Ditrupa* (um serpulídeo) em seu tubo calcário. **G.** Tubo particulado do verme cônico "casca de sorvete" *Pectinaria* (Pectinariidae) e animais fora de seus tubos. **H.** Uma colônia de *Phragmatopoma californica* (um sabelarídeo). **I.** Um espécime de *Phragmatopoma californica* (sabelarídeo) retirado de seu tubo. **J.** *Spirobranchus giganteus* (um serpulídeo) com seu opérculo encrustado por algas.

adequadamente orientado em relação ao substrato. Alguns anelídeos constroem tubos compostos unicamente de suas próprias secreções. Os mais notáveis dentre esses construtores de tubos são os serpulídeos, que constroem seus tubos com carbonato de cálcio secretado por um par de glândulas volumosas situadas perto de uma dobra do peristômio conhecida como colar. Os cristais de carbonato de cálcio são acrescentados a uma matriz orgânica; a mistura é moldada até o topo do tubo pela dobra do colar e mantida em posição até se tornar rígida.

Os sabelídeos, parentes próximos dos serpulídeos, produzem tubos membranosos ou semelhantes a pergaminho com secreções orgânicas moldadas pelo colar. Alguns deles, como *Sabella*, misturam as secreções mucosas com partículas de dimensões selecionadas extraídas das correntes alimentares e, em seguida, revestem o tubo com esse material (Figuras 14.7 A e B; 14.10 A e B). Vários outros grupos de anelídeos formam tubos semelhantes com partículas de sedimento recolhidas de diversas formas e cimentadas com muco. Alguns dos tubos mais belos são produzidos pelos pectinarídeos (ou vermes cônicos "casca de sorvete"), nos quais o tubo ornamentado tem espessura de apenas uma partícula (Figura 14.7 G).

Alguns anelídeos conseguem escavar galerias mergulhando em substratos calcários como rochas, esqueletos de corais ou conchas de moluscos (p. ex., alguns membros das famílias Cirratulidae, Eunicidae, Spionidae e Sabellidae). Em condições extremas, a atividade dos anelídeos pode ter efeitos deletérios no "hospedeiro". Por exemplo, *Terebrasabella* (um sabelídeo perfurador), que vive nas conchas dos abalones, pode levar os moluscos à morte causando deformidades em suas conchas. As espécies *Polydora* (Spionidae) frequentemente escavam galerias em vários substratos calcários (p. ex., conchas) e têm sido responsáveis por mortandade de ostras em áreas exploradas comercialmente na Europa, Austrália e América do Norte (Figura 14.9 F).

Alimentação e digestão

Alimentação. A grande diversidade de formas e funções dos anelídeos permitiu-lhes explorar praticamente todos os recursos alimentares marinhos, de uma forma ou de outra, e atuar como componentes críticos dos ecossistemas da maioria dos solos terrestres. Por conveniência, classificamos os anelídeos como raptoriais, depositívoros e suspensívoros (ver Capítulo 4). Contudo, existem vários métodos de alimentação e preferências dietéticas em cada uma dessas designações básicas. Depois de uma descrição de alguns exemplos desses tipos alimentares, citaremos alguns anelídeos simbióticos.

Os anelídeos raptoriais mais conhecidos são predadores caçadores, que fazem parte do clado Errantia (p. ex., muitos filodocídeos, silídeos, nereídeos e eunicídeos, todos componentes da família Aciculata). Esses animais tendem à homonomia e são capazes de realizar movimentos rápidos no substrato. Em sua maior parte, esses vermes alimentam-se de pequenos invertebrados. Quando a presa é localizada por meios químicos ou mecânicos, o verme everte sua faringe por contrações rápidas dos músculos da parede corporal dos segmentos anteriores, aumentando a pressão hidrostática dos espaços celômicos e provocando a eversão. Em razão do desenho de sua faringe, as mandíbulas (se presentes) escancaram na extremidade mais anterior quando a faringe é evertida (Figura 14.8). Quando a presa está posicionada dentro das mandíbulas, a pressão celômica é liberada, as mandíbulas abatem sobre a presa e a probóscide e a vítima capturada são empurradas para dentro do corpo pelos músculos retratores grandes. Alguns desses predadores raptoriais também podem ingerir matéria vegetal e detritos. Alguns são varredores, que se alimentam de praticamente qualquer matéria orgânica morta encontrada. A alimentação raptorial também ocorre em alguns clitelados de água doce, inclusive Lumbriculidae (p. ex., *Phagodrilus*), que captura presas (frequentemente outros clitelados!) com sua faringe musculosa.

Alguns anelídeos predadores não caçam ativamente. Alguns vermes de escama (polinoides) sentam-se e esperam a presa passar, depois lhe fazem emboscada, sugando-a para dentro de sua boca ou prendendo-a com suas mandíbulas faríngeas. Além disso, nem todos os anelídeos raptoriais são varredores de superfícies. Alguns vivem em tubos (*Diopatra*) ou em galerias ramificadas complexas (*Glycera*). Esses anelídeos detectam a presença de uma presa potencial fora de seus tubos ou galerias por mecanismos quimiossensoriais ou vibrossensoriais e estendem sua probóscide evertida para capturá-la. Alguns deixam suas casas para caçar por períodos curtos (p. ex., *Eunice aphraditois*; Figura 14.8 G). Glândulas venenosas associadas às mandíbulas estão presentes em alguns gêneros (p. ex., *Glycera*; Figura 14.8 D).

Alguns anelídeos são depositívoros relativamente não seletivos, que simplesmente ingerem o substrato e digerem a matéria orgânica contida nele (p. ex., membros dos Arenicolidae, Opheliidae, Maldanidae e muitos clitelados). Os arenícolas (p. ex., *Arenicola*) escavam uma galeria com formato de "L", que eles irrigam com água aspirada para dentro da extremidade aberta por movimentos peristálticos do corpo do verme (Figura 14.9 A). A água percola por meio do sedimento sobrejacente e tende a liquefazer a areia na extremidade fechada do tubo em "L", perto da boca do verme. Essa areia é ingerida por ação muscular de uma probóscide bulbosa. A água trazida para dentro da galeria também acrescenta matéria orgânica em suspensão à areia depositada no local de alimentação. Periodicamente, o verme movimenta a extremidade aberta do seu túnel e defeca a areia ingerida para fora da galeria, formando moldes típicos na superfície. Alguns maldanídeos vivem em galerias verticais retilíneas de cabeça para baixo e ingerem a areia do fundo (Figura 14.7 C). Periodicamente, esses vermes movem-se para cima (para trás) para defecar na superfície. Alguns outros depositívoros diretos (p. ex., alguns ofelídeos) não vivem nas galerias construídas, mas simplesmente se movimentam pelo substrato ingerindo sedimentos à medida que avançam. Em concentrações altas, as populações desses anelídeos podem passar milhares de toneladas de sedimento por seus intestinos a cada ano – isso tem impacto significativo na composição dos depósitos nos quais elas vivem. A maioria dos clitelados terrestres e muitos aquáticos são, ao menos durante algum tempo, depositívoros diretos. As minhocas terrestres perfuram o solo e ingerem o substrato enquanto avançam. À medida que o solo passa pelo trato digestivo, a matéria orgânica é digerida e absorvida no intestino. A matéria inorgânica indigerível é eliminada pelo ânus. Especialistas dizem que as minhocas "trabalham" o solo dessa maneira, tornando-o mais solto e aerado. Alguns desses cavadores terrestres, inclusive a minhoca comum *Lumbricus*, são mais seletivos e retiram matéria orgânica da superfície. Esses vermes podem perfurar até a superfície do solo e lá utilizam sua boca semelhante a um sugador para obter fragmentos relativamente grandes de alimento (p. ex., folhas parcialmente decompostas), que eles levam de volta para debaixo da terra a fim de que sejam ingeridos.

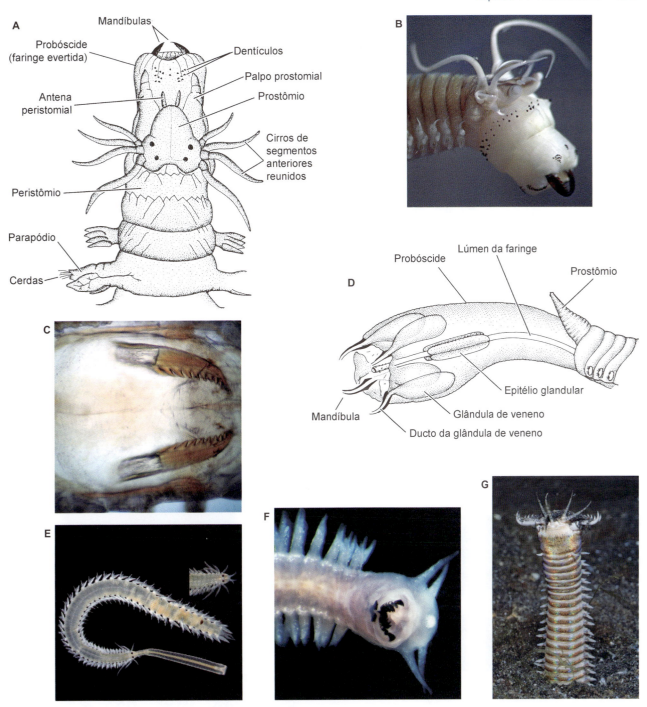

Figura 14.8 Mandíbulas faríngeas eversíveis dos anelídeos. **A.** *Nereis* (Nereididae) com mandíbulas evertidas. **B.** *Perenereis* (Nereididae) com mandíbulas evertidas. **C.** Um nereídeo com mandíbulas retraídas dentro do corpo. **D.** *Glycera* (Glyceridae) com mandíbulas evertidas. **E.** *Eumida* (Phyllodocidae) com probóscide (que não tem mandíbulas, mas contém numerosas papilas) retraída e evertida. **F.** *Ophryotrocha* (Dorvilleidae) com suas mandíbulas complexas em processo de eversão. **G.** Verme Bobbitt tropical gigante (1 a 3 m) *Eunice aphroditois* com sua cabeça estendida do sedimento à noite. As mandíbulas são mantidas abertas enquanto ela aguarda que uma vítima passe, geralmente um peixe. Quando as antenas ou os palpos detectam a presa, as mandíbulas fecham rapidamente e puxam a vítima para dentro da galeria.

Os depositívoros seletivos são definidos por sua capacidade de selecionar eficazmente a matéria orgânica do sedimento antes de o ingerir (p. ex., algumas espécies de Terebellidae, Spionidae e Pectinariidae). Contudo, os métodos usados para selecionar o alimento diferem entre esses grupos. A maioria dos terebelídeos (p. ex., *Amphitrite*, *Pista*, *Terebella*) se estabelece em galerias rasas ou tubos permanentes (Figura 14.9 B a E). Os tentáculos alimentares são palpos prostomiais sulcados estendidos sobre o substrato. Esses tentáculos são estendidos por rastejamento ciliar e podem ser recolhidos por músculos. Quando estão estendidos, seu epitélio secreta uma cobertura de muco, à qual a matéria orgânica selecionada do substrato adere. As bordas dos tentáculos enrolam para formar um sulco longitudinal, ao longo do qual o alimento e o muco são transportados por cílios até a boca. Os espionídeos que vivem em tubos utilizam um método semelhante de alimentação. Nesses animais, as estruturas alimentares são mais muscularizadas e originam-se dos palpos peristomiais (Figura 14.9 F). Elas são varridas na água ou escovadas sobre a superfície dos sedimentos, extraindo o alimento e levando-o à boca.

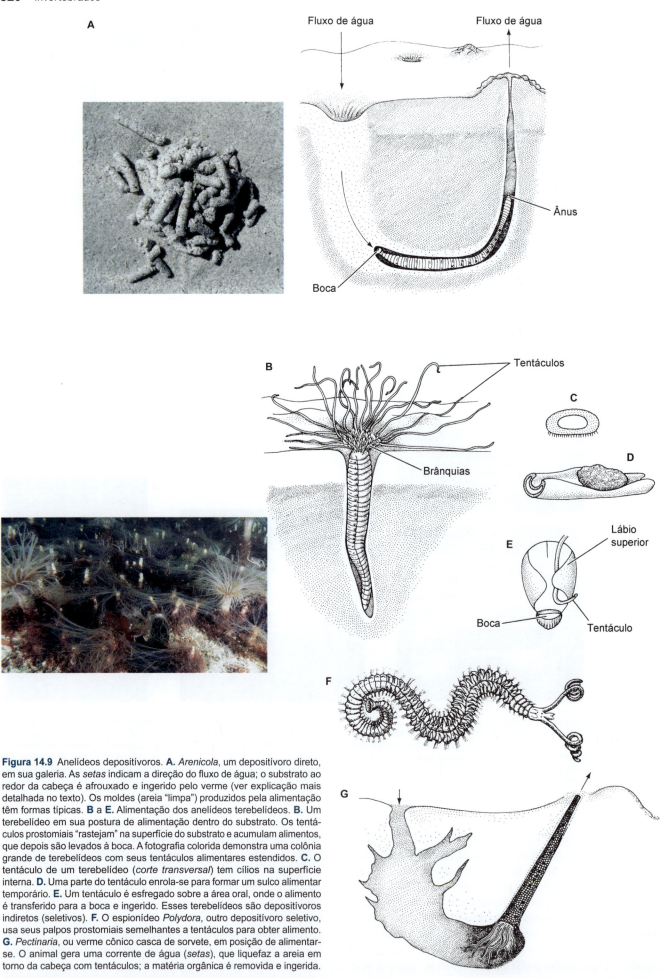

Figura 14.9 Anelídeos depositívoros. **A.** *Arenicola*, um depositívoro direto, em sua galeria. As *setas* indicam a direção do fluxo de água; o substrato ao redor da cabeça é afrouxado e ingerido pelo verme (ver explicação mais detalhada no texto). Os moldes (areia "limpa") produzidos pela alimentação têm formas típicas. **B** a **E.** Alimentação dos anelídeos terebelídeos. **B.** Um terebelídeo em sua postura de alimentação dentro do substrato. Os tentáculos prostomiais "rastejam" na superfície do substrato e acumulam alimentos, que depois são levados à boca. A fotografia colorida demonstra uma colônia grande de terebelídeos com seus tentáculos alimentares estendidos. **C.** O tentáculo de um terebelídeo (*corte transversal*) tem cílios na superfície interna. **D.** Uma parte do tentáculo enrola-se para formar um sulco alimentar temporário. **E.** Um tentáculo é esfregado sobre a área oral, onde o alimento é transferido para a boca e ingerido. Esses terebelídeos são depositívoros indiretos (seletivos). **F.** O espionídeo *Polydora*, outro depositívoro seletivo, usa seus palpos prostomiais semelhantes a tentáculos para obter alimento. **G.** *Pectinaria*, ou verme cônico casca de sorvete, em posição de alimentar-se. O animal gera uma corrente de água (*setas*), que liquefaz a areia em torno da cabeça com tentáculos; a matéria orgânica é removida e ingerida.

Pectinaria, ou vermes cônicos casca de sorvete, vivem em um tubo construído com grãos de areia e fragmentos de conchas. O tubo é aberto nas duas extremidades. O animal orienta-se de cabeça para baixo à extremidade posterior do tubo projetando-se para a superfície do sedimento (Figura 14.9 G). Os apêndices da cabeça selecionam parcialmente o sedimento e uma porcentagem relativamente grande da matéria orgânica é ingerida. Alguns outros anelídeos usam esse e outros métodos de alimentação depositívora seletiva.

Alguns anelídeos que vivem dentro de tubos (p. ex., serpulídeos e sabelídeos) e outros que vivem em tubos relativamente permanentes (p. ex., Chaetopteridae) usam vários tipos de alimentação suspensívora (p. ex., Serpulidae e Sabellidae). As estruturas alimentares de *Sabella* e de alguns animais semelhantes formam uma coroa de palpos prostomiais ramificados conhecidos como **radíolos**. Alguns desses vermes geram suas próprias correntes alimentares, enquanto outros "pescam" seus tentáculos na água em movimento. À medida que a água repleta de alimento passa sobre os tentáculos, ela é puxada pelos cílios para cima entre as pínulas (ramos) dos radíolos (Figura 14.10 A e B). Redemoinhos formam-se na superfície medial (interior) da coroa tentacular e entre as pínulas, reduzindo a velocidade do fluxo de água, diminuindo sua capacidade de transporte e, desse modo, facilitando a extração das partículas em suspensão. As partículas são levadas junto com o muco ao longo de uma série de pequenos tratos ciliares existentes nas pínulas até um sulco situado ao longo do eixo principal de cada radíolo. O sulco é mais largo em seu orifício e sua largura diminui progressivamente até uma fenda estreita e profunda. Por esse meio, as partículas são selecionadas mecanicamente em três categorias de tamanho à medida que são transportadas dentro do sulco. Nos casos típicos, as partículas menores são transportadas à boca e ingeridas, enquanto as maiores são rejeitadas, e as partículas com dimensões intermediárias são armazenadas para serem utilizadas na construção do tubo. Nos clitelados "naidídeos" (Família Naididae) de água doce do gênero *Ripistes*, as cerdas longas localizadas nos segmentos anteriores oscilam na água, e pequenas partículas de detritos aderem a elas; em seguida, a matéria alimentar é ingerida esfregando-se as cerdas na boca.

Alguns membros da família Chaetopteridae, como *Chaetopterus*, estão entre os mais heterônomos de todos os anelídeos, e seu corpo apresenta especializações regionais bem-definidas (Figuras 14.1 B; 14.10 C a E). *Chaetopterus* filtra a água e retira seu alimento. Esses animais vivem em galerias com formato de "U", dentro das quais movimentam a água para extrair materiais suspensos. Cada região do corpo desempenha uma função específica nesse processo alimentar. Os segmentos 14 a 16 contêm leques notopodiais acentuadamente dilatados, os quais servem como pás para gerar a corrente de água que passa pela galeria. Uma bolsa de muco produzido pelas secreções do segmento 12 é mantida na posição ilustrada na Figura 14.10 C, de forma que a água circule para dentro do orifício aberto da bolsa e atravesse sua parede de muco. Partículas tão pequenas quanto 1 μm de diâmetro são capturadas por essa estrutura; existem evidências de que mesmo as moléculas proteicas sejam retidas na trama de muco (provavelmente por atração de cargas iônicas, não por filtração mecânica). Durante o períodos ativos de alimentação, a bolsa é enrolada em uma bola, levada à boca por um trato ciliar e ingerida a cada 15 a 30 minutos, aproximadamente; em seguida, uma nova bolsa é produzida.

Relações simbióticas com outros animais ocorrem em vários grupos de anelídeos. Existem alguns casos interessantes, que refletem, mais uma vez, a diversidade adaptativa desses vermes. Muitos anelídeos simbióticos são profundamente modificados em comparação com seus colegas de vida livre e não apresentam as características adaptativas notáveis associadas comumente a esse tipo de vida. Para muitos, a relação com seu hospedeiro é muito fraca, e o anelídeo frequentemente utiliza seu hospedeiro simplesmente como refúgio protetor. Já mencionamos anelídeos que perfuram conchas de outros invertebrados, de modo muito semelhante aos seus parentes de vida livre. Entre os anelídeos comensais encontrados mais comumente estão os vermes escamosos polinoides, especialmente os membros dos gêneros *Arctonoe*, *Halosydna* e *Mallicephala*, que vivem nos corpos de vários moluscos, equinodermos e cnidários (Figura 14.11 A e B). Foi descoberto um polinoídeo vivendo como comensal na cavidade do manto de bivalves gigantes dos oceanos profundos, nas proximidades das fontes termais das Cordilheiras do Pacífico Leste. Um verme escamoso – *Hesperonoe adventor* – vive nas galerias do equiúro do Pacífico *Urechis caupo* (Echiuridae; Figura 14.28 G). Um grupo de anelídeos, Myzostomida, quase sempre é simbiótico com equinodermos, especialmente crinoides, mas também asteroides e ofiuroides. Os mizostomídeos mostram variedade de formatos corporais e estilos de vida dos adultos, e a maioria das espécies descritas vive livremente no exterior dos seus hospedeiros como adultos, enquanto outros vivem em vesículas, nos cistos ou na boca, no sistema digestivo, no celoma ou até mesmo nas gônadas dos seus hospedeiros. Os estilos de vida dos mizostomídeos variam de roubar os alimentos que entram nos sulcos alimentares do hospedeiro até consumir diretamente seus tecidos (Figura 14.3).

Existem muitos exemplos dessas associações informais: alguns silídeos que vivem e alimentam-se dos hidroides; um nereídeo (*Nereis fucata*) que habita nas conchas dos caranguejos-ermitões; e outros. A maioria desses animais não se alimenta de seus hospedeiros, mas caça microrganismos que ocasionalmente entram em seu ambiente imediato. Outros consomem detritos e restos das refeições do hospedeiro.

Algumas outras associações estranhas são conhecidas nos anelídeos. Muitos oenonídeos vivem parte de sua vida como parasitas nos corpos dos equiúros e outros anelídeos. Mais uma vez, esses endossimbiontes apresentam pouca modificação estrutural associada a seu estilo de vida, além de uma tendência a tamanho pequeno e redução das mandíbulas faríngeas. Um exemplo de anelídeo totalmente parasita é *Ichthyotomus sanguinarius*. Esses vermes diminutos (1 cm de comprimento) aderem às enguias por um par de estiletes ou mandíbulas. Os estiletes estão dispostos de forma que, quando seus músculos associados contraem, os estiletes encaixam como as lâminas fechadas de uma tesoura. Os estiletes são introduzidos no hospedeiro e, quando os músculos relaxam, abrem e ancoram o parasita ao peixe (Figura 14.11 C). O hidrocoral do Pacífico *Allopora californica* geralmente abriga colônias do espionídeo *Polydora alloporis*, cujos orifícios das galerias pareadas são comumente confundidos com os cálices dos pólipos do hidrozoário.

Uma relação simbiótica incomum ocorre entre o estranho verme anfaretídeo *Alvinella pompejana* (ou verme-de-pompeia, nomeado em homenagem ao submersível de águas profundas Alvin) e várias sulfobactérias quimioautotróficas marinhas. *Alvinella* é um membro notável das comunidades das fontes hidrotermais

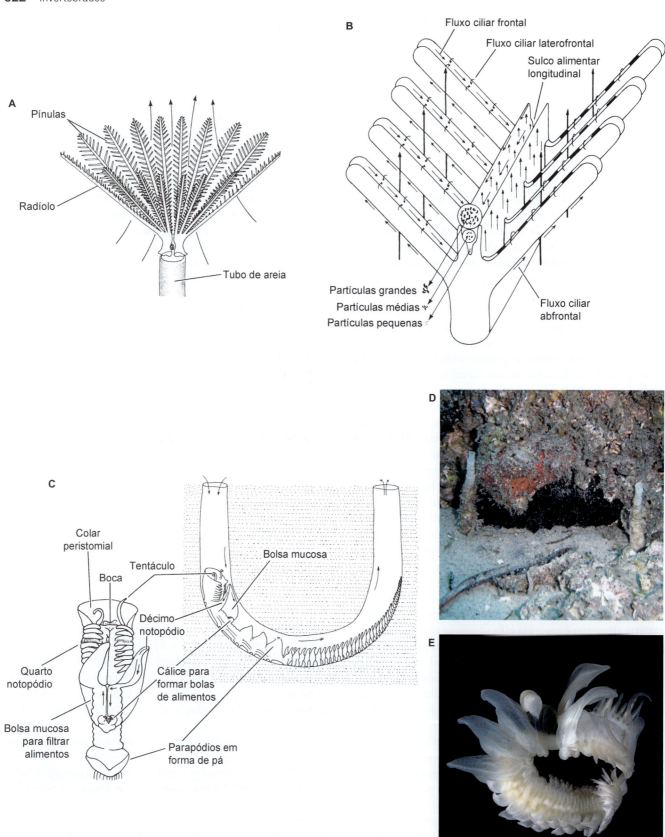

Figura 14.10 Duas estratégias de alimentação suspensívora dos anelídeos. A e B. Alimentação por suspensão de um sabelídeo. A. Coroa tentacular estendida do tubo e correntes de água (setas) passando entre os tentáculos. B. Uma parte do tentáculo (radíolo) em secção. Vários tratos ciliares removem a matéria particulada e levam-na ao sulco longitudinal existente no eixo do radíolo. Nesse local, ocorre a separação por tamanho. A maior parte das partículas maiores é rejeitada, enquanto as menores são ingeridas e as partículas de diâmetro intermediário são utilizadas na construção do tubo. C. *Chaetopterus* (Chaetopteridae) em sua galeria com formato de "U". A *vista ventral* mostra detalhes da extremidade anterior do verme. Uma corrente de água (setas) é produzida através da galeria pelos parapódios com formato de pá. O alimento é retirado à medida que a água passa por uma bolsa mucosa secretada. Por fim, a bolsa é levada à boca e ingerida com alimento e tudo. Ver mais detalhes no texto. D. As duas extremidades do tubo com formato de "U" de um *Chaetopterus* emergindo do sedimento. E. *Chaetopterus* (Chaetopteridae) retirado de seu tubo.

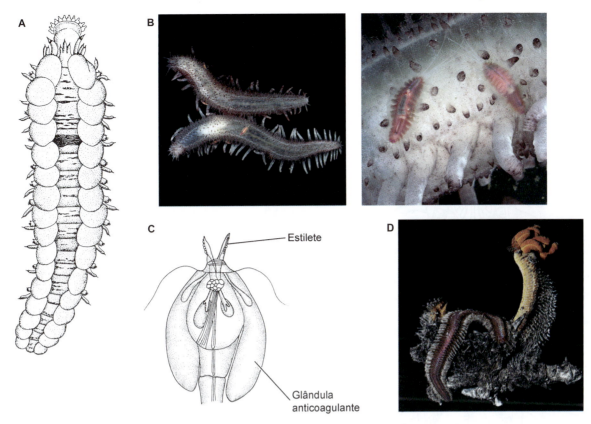

Figura 14.11 Anelídeos simbióticos. **A.** *Arctonoe*, um polinoídeo que vive nos sulcos ambulacrais da estrela-do-mar e na cavidade do manto de certos moluscos (com sua probóscide estendida). **B.** Dois espécimes de *Macellicephala* sp. (Polynoidae) sobre *Pannychia* sp. (Holothuroidea). **C.** Extremidade anterior de *Ichthyotomus sanguinarius*, um parasita dos peixes. Os estiletes ancoram o verme ao seu hospedeiro e as glândulas grandes secretam um anticoagulante. **D.** Fotografia de *Alvinella pompejana* (Ampharetidae) parcialmente retirado de seu tubo, mostrando bactérias simbióticas recobrindo todo o seu dorso, bem como um espécime do hesionídeo *Hesiolyra bergi*, que é encontrado comumente nos tubos de *A. pompejana*.

profundas das Cordilheiras do Pacífico Leste (Figura 14.11 D). Vive mais perto das extrusões de água quente que qualquer outro animal da comunidade dessas fontes, geralmente nas proximidades de estruturas perfuradas conhecidas como "bolas de neve" ou "colmeias" formadas pelas nuvens termais. As temperaturas dentro dos tubos de *Alvinella* podem chegar ao nível surpreendente de 80°C. Os corpos desses vermes-de-pompeia são cobertos com bactérias de ventilação únicas. Os vermes são de certa maneira protegidos das altas temperaturas e se alimentam dessas bactérias simbióticas. *Hesiolyra bergi*, um verme hesionídeo, é encontrado comumente em tubos de *Alvinella pompejana* e também pode ingerir essas bactérias ou, possivelmente, alimentar-se do próprio verme (Figura 14.11 D).

Mais de 80 espécies de clitelados marinhos desprovidos de trato digestivo, todas da família Naididae, foram descritas nos hábitats de coral de areia de águas rasas e nos sedimentos subsuperficiais anaeróbicos ricos em sulfito. Esses vermes tipicamente abrigam uma variedade de bactérias simbióticas subcuticulares coexistentes (até cinco espécies), cuja função exata no regime nutricional do hospedeiro ainda não está totalmente esclarecida. As bactérias endossimbióticas certamente são importantes para os vermes e são transmitidas aos oócitos fecundados durante a oviposição a partir das áreas de armazenamento nas proximidades do gonóporo feminino.

Digestão. O trato digestivo dos anelídeos é construído com um plano básico formado de trato digestivo anterior, médio e posterior; a Figura 14.12 ilustra alguns exemplos disso. A região anterior do trato digestivo é um estomodeu e inclui a cápsula ou o tubo bucal, a faringe e ao menos a parte anterior do esôfago. Essa estrutura é revestida por cutícula e os dentes ou as mandíbulas (quando estão presentes) são derivados de escleroproteína produzida ao longo deste revestimento. As mandíbulas geralmente são enrijecidas com carbonato de cálcio ou compostos metálicos. Quando presente, a porção eversível dessa região anterior do trato digestivo (a probóscide) é derivada do tubo oral ou da faringe. Diversas glândulas estão muitas vezes associadas à região anterior do trato digestivo, incluindo glândulas de veneno (glicerídeos), glândulas esofágicas (nereídeos e outros) e glândulas produtoras de muco, em muitos grupos. Nas minhocas-da-terra, o esôfago posterior frequentemente contém regiões dilatadas, que formam um papo no qual o alimento é armazenado, assim como uma ou mais moelas musculares revestidas por cutícula e usadas para triturar mecanicamente o material ingerido. O esôfago de muitos clitelados também tem segmentos espessados da parede, nos quais estão localizadas evaginações lamelares revestidas por tecido glandular (Figura 14.12 B e G). Essas **glândulas calcíferas** removem o cálcio do material ingerido. O excesso de cálcio é precipitado pelas glândulas na forma de calcita e, em seguida, liberado novamente no lúmen do trato digestivo. A calcita não é absorvida pela parede intestinal e, desse modo, é eliminada do corpo pelo ânus. Além disso, as glândulas calcíferas regulam aparentemente o nível dos íons cálcio e carbonato no sangue e nos líquidos celômicos, tamponando assim o pH desses líquidos.

A região mediana do trato digestivo, derivada da endoderme, inclui em geral a porção posterior do esôfago e um intestino longo e reto, cuja extremidade anterior pode estar modificada

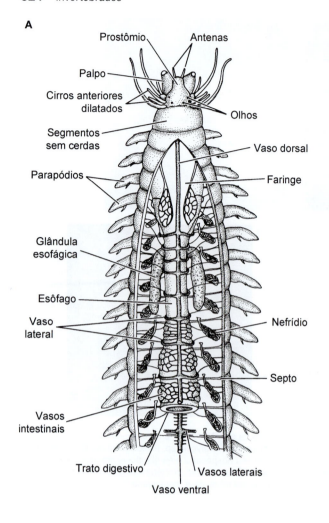
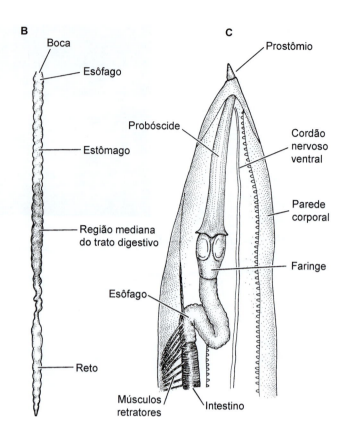
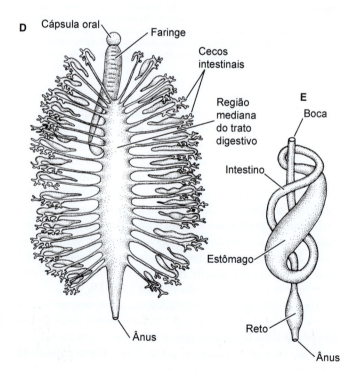

Figura 14.12 Sistemas digestivos dos anelídeos. **A.** Um nereídeo dissecado (*vista dorsal*). Observe a especialização da região anterior do trato digestivo. **B.** O trato digestivo tubular simples de *Owenia*. **C.** Uma *Glycera* dissecada (*vista dorsal*). **D.** O trato digestivo com muitos cecos de *Aphrodita*. **E.** Trato digestivo espiralado de *Petta*.

(*continua*)

em uma área de armazenamento ou estômago. Tal região do trato digestivo pode ser relativamente lisa, ou sua área superficial pode ser ampliada por dobras, voltas ou algumas evaginações grandes (cecos). A região é, frequentemente, diferenciada histologicamente ao longo de sua extensão. Tipicamente, sua parte anterior (estômago ou intestino anterior) contém células secretoras, que produzem enzimas digestivas. A parte secretora dessa região leva progressivamente a uma região de absorção mais posterior. Em muitas espécies de clitelados terrestres, a área superficial do intestino é ampliada por um sulco mediodorsal conhecido como **tiflossole**. Associadas com a região mediana do trato digestivo de muitos clitelados, assim como de alguns outros anelídeos, existem massas de células pigmentadas conhecidas como **células cloragógenas**. Essas células peritoneais modificadas contêm glóbulos esverdeados, amarelados ou acastanhados, os quais conferem a coloração típica a esse **tecido cloragógeno**. Esse tecido localiza-se dentro do celoma, mas está firmemente compactado sobre o peritônio visceral da parede

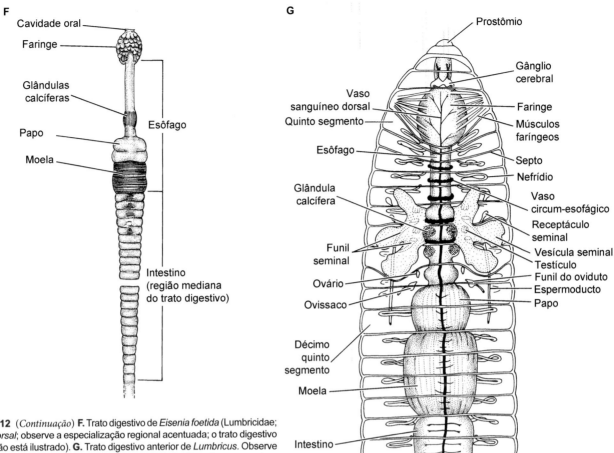

Figura 14.12 (*Continuação*) **F.** Trato digestivo de *Eisenia foetida* (Lumbricidae; em *vista dorsal*; observe a especialização regional acentuada; o trato digestivo posterior não está ilustrado). **G.** Trato digestivo anterior de *Lumbricus*. Observe a relação posicional das regiões anteriores do trato digestivo com outros órgãos.

intestinal e da tiflossole. O tecido cloragógeno serve como um local de metabolismo intermediário (p. ex., síntese e armazenamento de glicogênio e lipídios, ou desaminação de proteínas). Além disso, esse tecido desempenha um papel importante na excreção, conforme descrito adiante.

Perto da extremidade posterior do trato digestivo pode haver células secretoras adicionais, que produzem muco a ser acrescentado ao material não digerido durante a formação das bolotas fecais. O alimento é movimentado ao longo do trato digestivo mediano por cílios e pela ação peristáltica dos músculos do trato digestivo, que geralmente incluem camadas circulares e longitudinais. Um reto curto conecta a região mediana do trato digestivo ao ânus, localizado no pigídio. Várias enzimas digestivas são conhecidas em diferentes espécies. Os predadores tendem a produzir proteases; os herbívoros, basicamente carboidrases. Alguns animais onívoros (p. ex., *Nereis virens*) produzem uma mistura de proteases, carboidrases, lipases e até celulase. A digestão é predominantemente extracelular no lúmen da região mediana do trato digestivo, embora alguns grupos façam digestão intracelular (p. ex., *Arenicola*). Alguns anelídeos têm bactérias simbióticas em seus tratos digestivos, que facilitam a quebra da celulose e talvez de outros compostos.

Circulação e trocas gasosas

Considerando as dimensões relativamente grandes de muitos anelídeos, a compartimentalização de suas câmaras celômicas e o fato de que apenas certas porções do seu trato digestivo absorvem produtos alimentares digeridos, é essencial que exista um mecanismo circulatório para o transporte interno e a distribuição de nutrientes. Além disso, muitos anelídeos possuem suas estruturas para troca gasosa limitadas a determinadas regiões do corpo; por isso, eles dependem do sistema circulatório para o transporte interno de gases.

É mais fácil entender o sistema circulatório dos anelídeos quando o consideramos em conjunto com suas estruturas de troca gasosa, que são acentuadamente variadas. Em muitos anelídeos sem apêndices, toda a superfície corporal serve para as trocas gasosas (p. ex., lumbrinerídeo, oenonídeos). Alguns dos animais epibentônicos ativos utilizam porções altamente vascularizadas dos parapódios como brânquias. As estruturas especializadas em troca gasosa – ou brânquias – são encontradas na forma de filamentos do tronco (cirratulídeos, orbinídeos), brânquias anteriores (anfaretídeos, terebelídeos) e nas coroas tentaculares ou branquiais da cabeça (sabelídeos, serpulídeos e siboglinídeos). Como o sangue geralmente transporta pigmentos respiratórios, a anatomia do sistema circulatório evoluiu junto com a estrutura e a localização dessas estruturas para as trocas gasosas.

Novamente, começaremos nossa análise com um anelídeo homônomo (p. ex., *Nereis*), no qual os parapódios são mais ou menos semelhantes uns aos outros e os notopódios funcionam como brânquias. Os principais vasos sanguíneos incluem um vaso longitudinal mediodorsal, que transporta o sangue para os segmentos anteriores; e um vaso medioventral, que leva sangue para os segmentos posteriores. A troca de sangue entre esses vasos ocorre por meio de redes vasculares anterior e posterior e de vasos segmentares dispostos em série (Figura 14.13 A). As redes vasculares anteriores são especialmente bem-desenvolvidas ao redor da faringe muscular e da região do gânglio cerebral.

A circulação do sangue em *Nereis* depende da ação dos músculos da parede corporal e dos músculos intrínsecos das paredes dos vasos sanguíneos, especialmente do vaso dorsal calibroso. Não existem corações ou outros órgãos bombeadores especializados. O sangue que passa pelos diversos vasos segmentares irriga os músculos da parede do corpo, o trato digestivo, os nefrídios e os parapódios, como se pode observar na Figura 14.13 A. Observe que o sangue oxigenado é devolvido ao vaso dorsal, mantendo assim um suprimento primário de oxigênio para a extremidade anterior do animal, incluindo o aparato alimentar e o gânglio cerebral. Em *Lumbricus* e muitos clitelados, três vasos sanguíneos longitudinais principais estendem-se pela maior parte do comprimento do corpo e estão conectados entre si em cada segmento por vasos adicionais dispostos segmentalmente (Figura 14.13 E e F). O maior dos vasos sanguíneos longitudinal é o dorsal; a parede desse vaso é muito grossa e muscular, gerando grande parte da força bombeadora para a circulação do sangue. O vaso ventral longitudinal está suspenso no mesentério abaixo do trato digestivo. O terceiro vaso longitudinal está situado em posição ventral ao cordão nervoso e é conhecido como vaso subnervoso. As trocas entre os vasos longitudinais ocorrem em cada segmento por meio de vários canais, que irrigam a parede do corpo, o trato digestivo e os nefrídios (Figura 14.13 F). A maioria das trocas entre o sangue e os tecidos ocorre através dos leitos capilares irrigados pelos vasos aferentes e eferentes. O sangue flui nos segmentos posteriores pelos vasos ventral e subnervoso e anteriormente pelo vaso dorsal; as trocas entre os vasos dorsal e ventral ocorrem em cada segmento, como se pode observar na Figura 14.13 E.

Existem muitas variações dos esquemas circulatórios básicos descritos antes e mencionamos apenas algumas para ilustrar a diversidade nos anelídeos. Diferenças notáveis estão presentes até mesmo entre os anelídeos que têm formas corporais geralmente semelhantes. Por exemplo, entre os animais homônomos, o sistema circulatório pode estar reduzido (p. ex., Phyllodocidae) ou perdido (p. ex., Capitellidae, Glyceridae e Sipuncula). Em alguns casos, a redução provavelmente está associada às dimensões diminutas desses animais. Entretanto, essa hipótese não pode ser aplicada aos capitelídeos e aos glicerídeos, muitos dos quais são grandes e bastante ativos. Nesses vermes e em alguns outros, o sistema circulatório está acentuadamente reduzido e tornou-se fundido com os resquícios do celoma. O celoma dos glicerídeos e capitelídeos contém células sanguíneas vermelhas (com hemoglobina). Como os glicerídeos têm septos incompletos, o líquido celômico pode passar entre os segmentos movido por atividades corporais e por tratos ciliares do peritônio. No estilo de vida de um cavador, grandes brânquias parapodiais ou delicadas brânquias anteriores seriam desvantajosas; portanto a superfície geral do corpo provavelmente assumiu a função de trocar gases e o celoma, a função circulatória. Um fenômeno semelhante provavelmente ocorreu nos sipúnculos.

Em comparação com *Nereis* ou *Lumbricus*, muitos anelídeos apresentam vasos sanguíneos adicionais, modificações nos vasos, diferenças nos padrões de fluxo sanguíneo e formação de grandes seios. Como seria esperado, grandes diferenças são observadas em certos anelídeos heterônomos com parapódios reduzidos e brânquias localizadas anterioriormente (p. ex., terebelídeos, sabelídeos e serpulídeos). Em muitos desses vermes, na região do estômago e do intestino anterior, o vaso dorsal foi substituído por um espaço sanguíneo volumoso conhecido como seio do trato digestivo (Figura 14.13 C e D). Em geral, o vaso dorsal continua em direção anterior a partir desse seio e frequentemente forma um anel, que se comunica com o principal vaso ventral. Nos sabelídeos e serpulídeos, um único vaso com extremidade fechada estende-se a cada um dos tentáculos branquiais. O sangue flui para dentro e para fora desses vasos branquiais que, em alguns animais (p. ex., serpulídeos), estão equipados com válvulas que impedem o fluxo retrógrado para dentro do vaso dorsal. Esse fluxo sanguíneo bidirecional dentro dos mesmos vasos é muito diferente do sistema de troca capilar da maioria dos sistemas vasculares fechados. Alguns clitelados têm extensões da parede corporal, que aumentam a área e funcionam como brânquias simples (p. ex., *Branchiura, Dero*), mas a maior parte das trocas gasosas ocorre através da superfície geral do corpo.

Alguns anelídeos desenvolveram estruturas especializadas de bombeamento do sangue. Essas estruturas estão especialmente bem-desenvolvidas em certos animais que vivem dentro de tubos, nos quais eles compensam o efeito reduzido dos movimentos corporais gerais na circulação. Também conhecidas como coração em alguns animais, essas estruturas comumente são pouco mais que uma parte dilatada e muscular de um dos vasos comuns; o vaso muscular dorsal dos quetopterídeos é uma dessas estruturas. Os terebelídeos têm uma "estação de bombeamento" na base das brânquias, a qual tem a função de manter a pressão e o fluxo sanguíneos dentro dos vasos branquiais (Figura 14.13 B). Em outros anelídeos, existem diversas estruturas semelhantes descritas.

A maioria dos anelídeos tem pigmento respiratório em seu líquido circulatório, que geralmente é acelular. Entre os animais que não têm esse pigmento estão alguns vermes pequeníssimos e vários silídeos, filodocídeos, polinoides, afroditídeos, *Chaetopterus* e alguns outros. Quando o pigmento está presente, ele geralmente é algum tipo de hemoglobina, embora as clorocruorinas sejam comuns em algumas famílias (p. ex., certos flabeligerídeos, sabelídeos e serpulídeos) e as hemeritrinas ocorram nos magelonídeos, recentemente classificados como um dos primeiros clados ramificados dos anelídeos. Os magelonídeos também são interessantes, porque seu sangue contém células (corpúsculos). Alguns anelídeos têm mais de um tipo de pigmento; por exemplo, o sangue de alguns serpulídeos contém hemoglobina e clorocruorina.

Os pigmentos respiratórios dos anelídeos podem ocorrer no próprio sangue, no líquido celômico ou em ambos. Com poucas exceções, os pigmentos sanguíneos estão dissolvidos, enquanto os pigmentos celômicos estão contidos dentro de corpúsculos. Essa última condição está comumente associada com a redução ou a perda do sistema circulatório (p. ex., nos glicerídeos). A incorporação dos pigmentos celômicos (geralmente hemoglobina) às células provavelmente é um mecanismo para prevenir os sérios efeitos osmóticos, que poderiam resultar da presença de grandes quantidades de moléculas livres dissolvidas no líquido corporal. As hemoglobinas celômicas corpusculares tendem a ter pesos moleculares muito menores que as que estão dissolvidas no plasma sanguíneo. O significado dessa diferença é desconhecido, mas, no caso dos arenicolídeos, poderia estar relacionada com a escassez de oxigênio, porque esses vermes comumente cavam sedimentos com teores baixos de oxigênio.

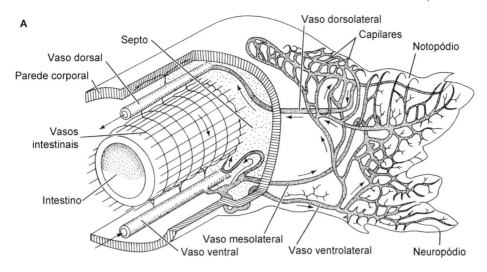

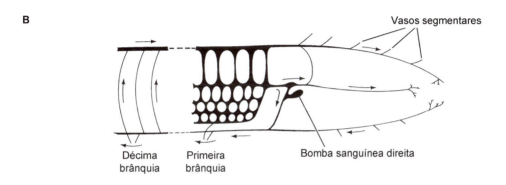

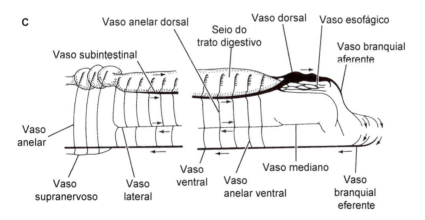

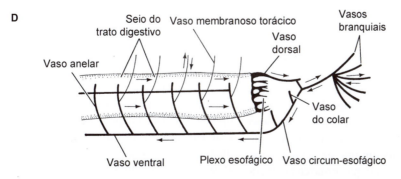

Figura 14.13 Sistemas circulatório e de troca gasosa dos anelídeos. As variações do plano básico incluem vasos adicionais, seios associados ao trato digestivo anterior e vasos branquiais que servem às brânquias anteriores. **A.** Um segmento e o parapódio (*corte*) de um nereídeo. Observe os vasos sanguíneos principais e o padrão do fluxo sanguíneo (*setas*). O sangue circula anteriormente pelo vaso dorsal e posteriormente pelo vaso ventral. Nesses anelídeos, os parapódios achatados funcionam como brânquias. **B** a **F.** Padrões circulatórios de um arenicolídeo (**B**), um terebelídeo (**C**), um serpulídeo (**D**) e *Lumbricus* (Clitellata).

(*continua*)

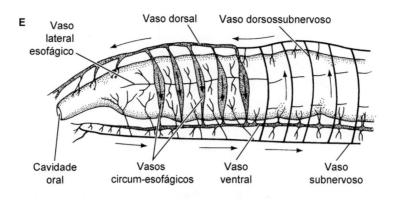
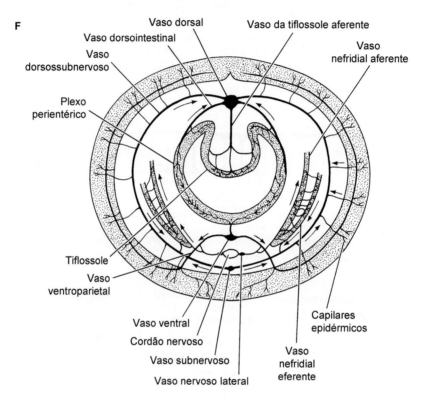

Figura 14.13 (*Continuação*) Vasos sanguíneos anteriores (*vista lateral*) (**E**) e padrão circulatório de um segmento (*corte transversal*) (**F**).

Os tipos de pigmentos respiratórios e sua distribuição dentro do corpo dos anelídeos estão relacionados, ao menos em parte, com seus estilos de vida. Como descrito no Capítulo 4, diversos pigmentos – mesmo formas diferentes do mesmo pigmento – têm características diferentes de acumulação e liberação do oxigênio. A natureza dos pigmentos de um verme em particular reflete sua capacidade de armazenar oxigênio e, em seguida, liberá-lo durante os períodos de escassez de oxigênio no ambiente. Alguns anelídeos perfurantes intertidais captam e armazenam oxigênio durante as marés altas, liberando o oxigênio armazenado durante as marés baixas. Esse tipo de ciclo fisiológico atenua o estresse potencial da escassez de oxigênio no corpo durante os períodos de maré baixa. Alguns animais têm mais de um tipo de pigmento; por exemplo, um tipo de hemoglobina para as condições normais e outro tipo que armazena e libera oxigênio durante os períodos de estresse. Na verdade, alguns anelídeos (p. ex., *Euzonus*) podem se converter aos processos metabólicos anaeróbios durante os períodos longos em condições de anoxia. Muitos clitelados terrestres conseguem fazer trocas gasosas suficientes apenas quando estão expostos ao ar; eles morrem afogados se ficarem submersos. (Vale lembrar que o ar contém mais oxigênio que a água.) Todos já vimos minhocas-da-terra rastejando na superfície depois de uma chuva torrencial. Uma espécie particular de minhoca (*Alma emini*) desenvolveu uma adaptação notável, que lhe permite sobreviver à estação chuvosa em seu hábitat na África oriental. Quando as chuvas inundam sua galeria, o verme movimenta-se para a superfície do solo e forma um orifício temporário. Em seguida, o verme projeta sua extremidade posterior para fora do orifício e enrola as laterais da parede corporal formando um par de dobras, que constituem uma câmara aberta capaz de funcionar como um tipo de "pulmão". O epitélio posterior profusamente vascularizado facilita a troca gasosa. Alguns clitelados aquáticos podem tolerar períodos de baixa oxigenação e até mesmo condições de anoxia por curto tempo.

Excreção e osmorregulação

No Capítulo 4, descrevemos os órgãos nefridiais dos invertebrados. Até aqui, vimos vários tipos de protonefrídios, especialmente entre os metazoários acelomados e alguns blastocelomados.

Os anelídeos têm metanefrídios e essas estruturas geralmente passam por um estágio protonefridial durante seu desenvolvimento. A maioria dos anelídeos tem algum tipo de metanefrídio, geralmente dispostos em série na forma de um par por segmento com o poro no segmento posterior ao nefróstomo. Entretanto, são muitas as variações desse tema, e alguns anelídeos adultos têm protonefrídios (secundariamente derivados, no sentido de que não se desenvolvem plenamente até formar metanefrídios e param no estágio de protonefrídios). O sucesso de um animal com compartimentos celômicos isolados e dispostos segmentalmente depende da manutenção física e fisiológica desses segmentos separados. A eliminação das escórias metabólicas (principalmente amônia) e a regulação osmótica e do balanço iônico devem ocorrer em cada uma das câmaras celômicas funcionalmente isoladas. (Ver também a descrição e as figuras pertinentes à excreção e à osmorregulação no Capítulo 4.) Embora no passado houvesse a suposição de que os anelídeos tinham derivado separadamente sistemas excretórios (nefridial) e gonoductos (celomoductos), hoje as evidências parecem indicar que os ductos que saem do corpo são, em sua maior parte, apenas para os nefrídios, mas também podem servir à excreção e à dispersão dos gametas.

Alguns anelídeos adultos têm protonefrídios, principalmente os grupos classificados entre os filodocídeos (Phyllodocida) e, na verdade, essas estruturas parecem ser metanefrídios que alteraram seu desenvolvimento, de forma que o orifício afunilado para o celoma se conecta com um nefridioducto (Figura 14.14 A), que também leva a algumas células-flama. Entretanto, a maioria dos anelídeos tem metanefrídios pareados, que se abrem no celoma por meio de um nefróstomo ciliado. Em alguns anelídeos (p. ex., capitelídeos), existem metanefrídios e celomoductos separados, mas na maioria há apenas metanefrídios. Em certos grupos de anelídeos com septos incompletos ou ausentes, a quantidade de nefrídios é reduzida. Em alguns deles (p. ex., Terebelliformia), os nefrídios anteriores são apenas excretores, enquanto, na região posterior do corpo – onde são formados os gametas –, os nefrídios são usados para dispersar gametas, tendo também, provavelmente, função excretora. O caso extremo disso é observado nos grupos como acrocirrídeos, cirratulídeos, serpulídeos, siboglinídeos e sabelídeos, nos quais há um único par anterior de metanefrídios excretores grandes. Nos sabelídeos e nos serpulídeos, essas estruturas levam a um único nefridioducto fusionado e a um poro comum situado atrás da cabeça (Figura 14.14 C). O nefrídio de um clitelado típico é formado por um nefróstomo pré-septal (seja aberto para o celoma ou fechado secundariamente na forma de um bulbo), um canal curto que penetra o septo e um nefridioducto pós-segmentar, variavelmente espiralado e, em alguns casos, dilatado para formar uma bexiga (Figura 14.14 D). Em geral, os nefridióporos estão localizados em posição ventrolateral nos segmentos corporais.

Como descrito no Capítulo 4, os nefróstomos abertos dos metanefrídios reabsorvem os líquidos celômicos de forma não seletiva. Esse processo é seguido de reabsorção dos materiais provenientes do nefrídio de volta ao corpo, seja diretamente para o líquido celômico circundante ou para o sangue, quando existem vasos sanguíneos nefridiais extensivos (p. ex., alguns nereídeos e afroditídeos). Em ambos os casos, a composição da urina é muito diferente dos líquidos corporais; tal diferença indica um grau expressivo de seletividade fisiológica ao longo do trajeto do nefrídio.

A osmorregulação apresenta poucos problemas para os anelídeos marinhos subtidais, que vivem em condições osmóticas relativamente constantes. Entretanto, os animais intertidais e estuarinos precisam ser capazes de resistir a períodos de estresse associados às oscilações da salinidade ambiente. Muitas espécies são osmoconformadoras (p. ex., *Arenicola*), permitindo que a tonicidade dos seus líquidos corporais varie com as alterações da salinidade ambiente. A maioria dos anelídeos osmoconformadores tem metanefrídios relativamente simples, com nefridioductos comparativamente curtos e capacidades reabsortiva e reguladora proporcionalmente menos eficazes. Alguns também têm musculatura relativamente fina na parede do corpo, que pode edemaciar quando o animal está em um meio hipotônico. É provável que os cavadores e os tubícolas enfrentem menos estresse osmótico que os animais epibentônicos, porque a água presente em seus tubos pode estar menos sujeita às variações iônicas do que a água sobrejacente. Os osmorreguladores, inclusive alguns nereídeos estuarinos, comumente têm paredes corporais mais espessas, que tendem a resistir às alterações da forma e do volume. Quando a água proveniente de um ambiente hipotônico entra no corpo, o aumento da pressão hidrostática produzida dentro do celoma trabalha contra esse gradiente osmótico. Além disso, os reguladores conseguem manter (dentro de determinados limites) a tonicidade dos líquidos internos relativamente constante, em razão da capacidade seletiva maior de seus nefrídios mais complexos.

O equilíbrio iônico e a osmorregulação são desafios importantes para os anelídeos que vivem em água doce e hábitats terrestres, e algumas linhas evolutivas solucionaram esses problemas; os clitelados são o exemplo principal. A superfície úmida e permeável necessária às trocas gasosas e os gradientes osmóticos altos existentes através da parede do corpo acarretam problemas potencialmente graves, como perda de água nos animais terrestres e acumulação de água nos de água doce. Essas duas condições trazem o risco de depleção dos preciosos sais difusíveis. A difusão passiva da água e dos sais ocorre através da parede intestinal. Evidentemente, os órgãos principais encarregados do equilíbrio hidreletrolítico dos anelídeos de água doce são os nefrídios. O excesso de água é excretado e os sais são retidos pela reabsorção ativa e seletiva ao longo do nefridioducto. O problema enfrentado pelas espécies terrestres é mais grave. Surpreendentemente, as minhocas não são osmorreguladoras absolutas; pelo contrário, elas perdem e ganham água de acordo com a quantidade de água disponível em seu ambiente. Várias espécies podem tolerar perdas entre 20 e 75% de sua água corporal e ainda assim se recuperar. Em condições normais, a conservação de água pelas minhocas provavelmente é realizada de várias formas. A produção de ureia permite a excreção de urina relativamente hipertônica em comparação com a de um animal estritamente amoniotélico. Também pode haver captação ativa de água e sais presentes nos alimentos através da parede intestinal. Evidentemente, existem algumas adaptações comportamentais necessárias à permanência em ambientes relativamente úmidos, além das adaptações fisiológicas que permitem que esses animais tolerem a desidratação parcial transitória do seu corpo.

Os clitelados aquáticos são amoniotélicos, mas a maioria dos animais terrestres desse grupo é ao menos parcialmente ureotélica. Essas escórias são transportadas aos nefrídios por meio do sistema circulatório e da difusão pelo líquido celômico.

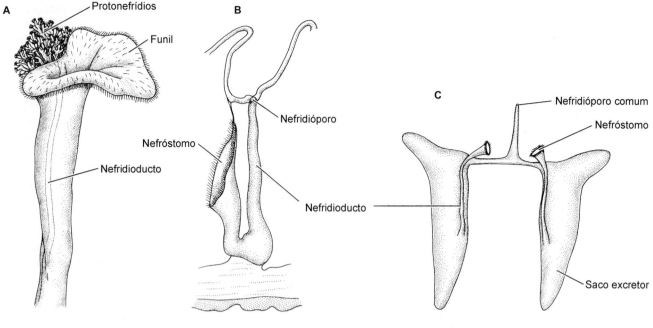
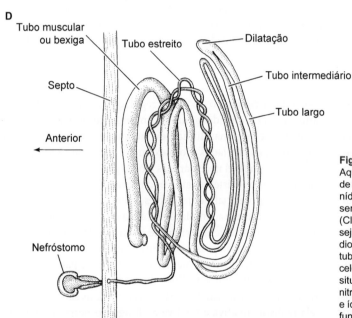

Figura 14.14 Nefrídios dos anelídeos. **A.** Protonefrídio de um filodocídeo. Aqui um agrupamento de protonefrídios solenocíticos está situado no topo de um nefridioducto, que tem um funil lateral. **B.** Metanefrídio de um espionídeo. **C.** Um único par de nefrídios conectados a um ducto comum de um serpulídeo. **D.** Nefrídio único e sua relação com um septo de *Lumbricus* (Clitellata). Algumas evidências sugerem que os nefrídios das minhocas sejam unidades excretoras e osmorreguladoras altamente seletivas. O nefridioducto tem especializações regionais ao longo de seu comprimento. O tubo estreito recebe os líquidos corporais e vários solutos, primeiramente do celoma, por meio do nefróstomo, e depois do sangue, por meio dos capilares situados nas proximidades do tubo. Além dos diversos tipos de escórias nitrogenadas (amônia, ureia, ácido úrico), algumas proteínas celômicas, água e íons (Na^+, K^+, Cl^-) também são reabsorvidos. Aparentemente, o tubo largo funciona como área de reabsorção seletiva (provavelmente para o sangue) de proteínas, íons e água, formando uma urina rica em escórias nitrogenadas.

A captação de materiais para dentro do lúmen dos nefrídios a partir do celoma é parcialmente seletiva (nos vermes com nefróstomos abertos); é também parcialmente seletiva a captação através das paredes do nefridioducto proveniente dos vasos sanguíneos nefridiais aferentes. Uma parte significativa da reabsorção seletiva ocorre para dentro do sangue eferente circulante ao longo da parte distal do nefridioducto, facilitando a excreção eficiente, bem como a osmorregulação e a homeostasia iônica.

Sistema nervoso e órgãos dos sentidos

O sistema nervoso dos anelídeos (como nos protostômios em geral) inclui um gânglio cerebral dorsal, conectivos circum-entéricos pareados e um ou mais cordões de nervos longitudinais ventrais (Figura 14.15). O sistema nervoso de Magelonidae, um dos grupos situados perto da base da árvore dos anelídeos, é incomum, porque, ao contrário da maioria dos anelídeos, é em grande parte intraepidérmico, o que poderia representar a condição primitiva desse filo. Outro grupo de anelídeos situados perto da base da árvore – Oweniidae – tem cordões nervosos basoepiteliais, enquanto quase todos os outros anelídeos têm cordões nervosos subepidérmicos.

O gânglio cerebral dos anelídeos geralmente é bilobado e está localizado dentro do prostômio. Um ou dois pares de conectivos circum-entéricos estendem-se do gânglio cerebral ao redor do intestino anterior e unem-se em posição ventral ao gânglio subentérico. Em geral, um par de cordões nervosos longitudinais origina-se do gânglio subentérico e estende-se ao longo do comprimento do corpo, e esses dois troncos separados dentro do cordão ventral são tradicionalmente considerados condição primitiva. Os gânglios estão arranjados ao longo desses cordões nervosos – um par em cada segmento – e estão conectados por comissuras transversais. A partir de cada gânglio, os nervos laterais estendem-se à parede corporal e cada um tem o chamado **gânglio pedal**. Essa configuração dupla dos cordões nervosos é

Capítulo 14 Filo Annelida 531

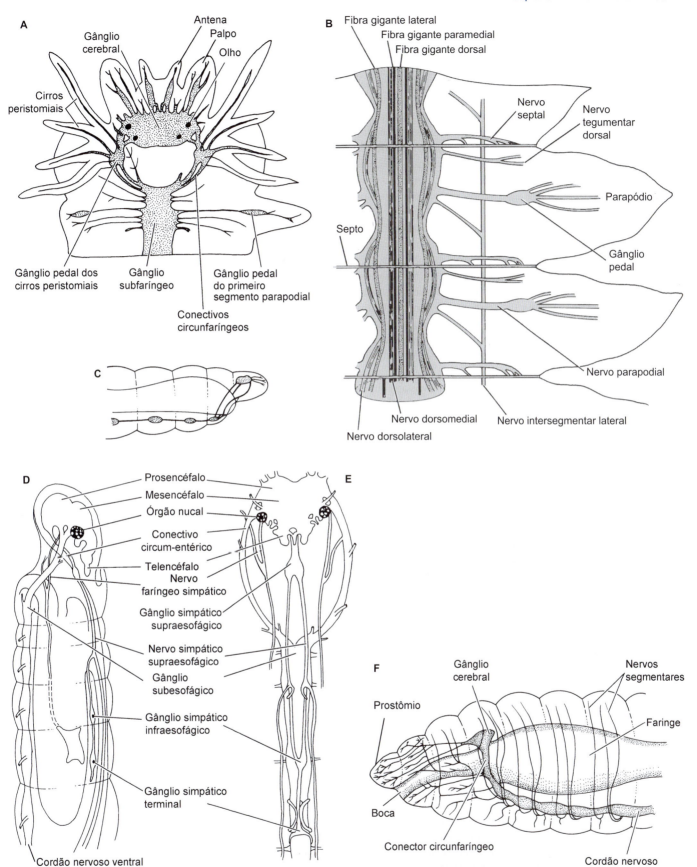

Figura 14.15 Sistemas nervosos dos anelídeos. **A.** Parte anterior do sistema nervoso de *Nereis* (*vista dorsal*). Observe a inervação dos apêndices da cabeça e dos parapódios do primeiro segmento. **B.** Cordão nervoso ventral no tronco de *Nereis*. Observe que, embora a maior parte de qualquer gânglio específico esteja dentro de um segmento, cada gânglio na verdade serve a dois segmentos e, desse modo, cada segmento é inervado por nervos originados de dois gânglios adjacentes. Além disso, note as fibras nervosas gigantes. **C.** *Vista lateral* do sistema nervoso de um anelídeo genérico. Observe que o gânglio cerebral está localizado dentro do prostômio, ao contrário da condição dos anelídeos clitelados (ver **F**). **D** e **E.** Alguns detalhes do sistema nervoso anterior de *Eunice*, um eunicídeo (**D.** *vista lateral*; **E.** *vista dorsal*). O gânglio cerebral é especializado em cérebros anterior (prosencéfalo), intermediário (mesencéfalo) e posterior (telencéfalo). **F.** Sistema nervoso do clitelado *Lumbricus* em *vista lateral*. Observe que o gânglio cerebral está localizado atrás da cabeça, um desenvolvimento provavelmente associado à redução do tamanho do prostômio.

comum em determinados grupos de anelídeos, inclusive sabelídeos e serpulídeos, embora eles sejam anelídeos derivados de níveis superiores. Curiosamente, nos anfinomídeos, que estão localizados perto da base da árvore dos anelídeos, existem quatro cordões de nervos longitudinais – um par medial e um par lateral, esse último interligando os gânglios pedais. Do mesmo modo, embora talvez não sejam homólogos, cordões longitudinais laterais estão presentes em alguns outros táxons dos anelídeos, que são considerados relativamente derivados. Em muitos outros anelídeos, houve fusão dos cordões nervosos mediais para formar um único cordão longitudinal mesoventral. O grau de fusão varia entre os táxons e alguns conservam tratos nervosos separados dentro do mesmo cordão.

O gânglio cerebral é frequentemente especializado em três regiões, geralmente conhecidas como prosencéfalo, mesencéfalo e telencéfalo. Em geral, o prosencéfalo inerva os palpos prostomiais; o mesencéfalo inerva olhos e antenas ou tentáculos prostomiais; e o telencéfalo inerva os órgãos quimiossensoriais nucais (Figura 14.15 A, D e E). Os conectivos circum-entéricos originam-se do prosencéfalo e do mesencéfalo. O mesencéfalo também origina um complexo de nervos estomatogástricos motores associados ao intestino anterior, especialmente à operação da probóscide ou da faringe. Os conectivos circum-entéricos frequentemente têm gânglios, a partir dos quais se estendem nervos aos cirros peristomiais; alternativamente, esses apêndices são inervados por nervos originados do gânglio subentérico. O gânglio subentérico parece exercer controle excitatório sobre os cordões de nervos ventrais e os gânglios segmentares.

Os nervos que se originam dos gânglios segmentares inervam a musculatura da parede do corpo, os parapódios (via gânglios pedais) e o trato digestivo. O cordão nervoso ventral e, algumas vezes, os nervos laterais da maioria dos anelídeos contêm alguns neurônios extremamente longos – ou fibras gigantes – de grande diâmetro; esses neurônios facilitam uma condução rápida e direta de impulsos, ou seja, sem passar pelos gânglios (Figura 14.15 B). As fibras gigantes aparentemente estão ausentes em alguns anelídeos (p. ex., silídeos), mas são bem-desenvolvidas nos tubícolas, como sabelídeos e serpulídeos, permitindo a contração rápida do corpo e sua retração para dentro do tubo. O sistema nervoso central dos clitelados consiste nos componentes habituais dos anelídeos: um gânglio cerebral supraentérico interligado a um cordão nervoso ventral ganglionar pelos conectivos circumentéricos e um gânglio subentérico (Figura 14.15). Com a redução do tamanho da cabeça, especialmente do prostômio, o gânglio cerebral ocupa uma posição mais posterior que nos outros anelídeos, geralmente situado em posição bem posterior nas proximidades do terceiro segmento corporal. Nos clitelados, os cordões nervosos ventrais pareados quase sempre estão fundidos em um único trato, que geralmente contém algumas fibras gigantes, especialmente nas sanguessugas.

Os anelídeos apresentam uma diversidade impressionante de receptores sensoriais. Como seria esperado, os tipos de órgãos dos sentidos presentes e o grau de seu desenvolvimento variam enormemente entre os anelídeos com estilos de vida diferentes. Obviamente, a necessidade de certos tipos de informação sensorial não é a mesma para um sabelídeo tubícola e para um nereídeo predador errante, ou ainda para um arenicolídeo cavador.

Em geral, os anelídeos são altamente sensíveis ao toque. Rastejadores, tubícolas e cavadores dependem da recepção tátil para interagir com os ambientes do entorno (locomoção, ancoragem dentro do tubo etc.). Os receptores táteis estão distribuídos sobre a maior parte da superfície corporal, mas estão concentrados em áreas como os apêndices cefálicos e partes dos parapódios. As cerdas também estão tipicamente associadas a neurônios sensoriais e funcionam como receptores táteis. Alguns cavadores e tubícolas apresentam uma forte resposta positiva ao contato com as paredes de sua galeria ou seu tubo; essa resposta domina as informações de todos os outros receptores. Alguns desses anelídeos permanecerão dentro de suas galerias ou tubos, independentemente de outros estímulos que normalmente provocariam uma resposta negativa.

A maioria dos anelídeos tem fotorreceptores, embora essas estruturas não sejam encontradas em muitos cavadores (Figura 14.16). Os olhos dos anelídeos mais desenvolvidos ocorrem aos pares na superfície dorsal do prostômio. Em alguns, há um único par de olhos (p. ex., a maioria dos filodocídeos); em muitos outros, há dois ou mais pares (p. ex., nereídeos, polinoides, hesionídeos e muitos silídeos). Esses olhos prostomiais são cápsulas pigmentadas diretas. Eles também podem ser depressões simples na superfície do corpo, revestidas por células retinulares, ou podem ser muito complexos, com um corpo refrator ou lente diferenciada (Figura 14.16 A a C). Em quase todos os casos, as unidades oculares são revestidas por uma secção modificada da cutícula, que funciona como uma córnea. Os olhos da maioria dos anelídeos são capazes de transmitir informações sobre direção e intensidade da luz, mas em certas formas pelágicas (p. ex., filodocídeos alciopídeos), os olhos são enormes e têm lentes verdadeiras, capazes de acomodação e, talvez, percepção de imagens (Figura 14.16 C e D).

Além, ou apesar, dos olhos prostomiais, alguns anelídeos têm fotorreceptores em outras partes do corpo. Algumas espécies têm manchas oculares simples ao longo do comprimento do corpo (p. ex., o ofelídeo *Polyophthalmus*). As manchas oculares pigidiais são encontradas nos sabelarídeos recém-estabelecidos e alguns fabricídeos adultos (p. ex., *Fabricia*) e sabelídeos (os pequenos, como *Amphiglena*). Curiosamente, nesses casos os animais rastejam para trás. Muitos sabelídeos e serpulídeos têm olhos simples, ou mesmo compostos, acentuadamente semelhantes aos dos artrópodes, que estão situados nos tentáculos da coroa branquial e reagem às reduções súbitas da intensidade da luz retraindo-se para dentro de seus tubos (Figura 14.16 E). Essa "resposta à sombra" ajuda esses animais sedentários a evitar predadores e pode ser facilmente demonstrada passando-se a mão de forma a lançar sombra sobre um verme vivo.

Quase todos os anelídeos são sensíveis às substâncias químicas dissolvidas em seus ambientes. A maioria dos quimiorreceptores consiste em células especializadas, que têm um processo receptor estendendo-se através da cutícula. As fibras nervosas sensoriais estendem-se da base de cada célula receptora. Em geral, esses quimiorreceptores simples estão dispersos na maior parte do corpo do verme, mas tendem a estar mais concentrados na cabeça e nos apêndices. Alguns anelídeos também têm depressões ou fendas ciliadas conhecidas como **órgãos nucais**, que supostamente são quimiossensíveis (Figura 14.16 F e G). Essas estruturas são pareadas e estão localizadas em posição posterior na superfície dorsal do prostômio. Em algumas formas (p. ex., certos nereídeos), os órgãos nucais são depressões simples, enquanto em outras (p. ex., ofeliídeos) são estruturas reversíveis muito complexas e equipadas com músculos retratores especiais. Em membros de Amphinomidae, os órgãos nucais formam uma elaborada expansão do prostômio, chamada **carúncula**.

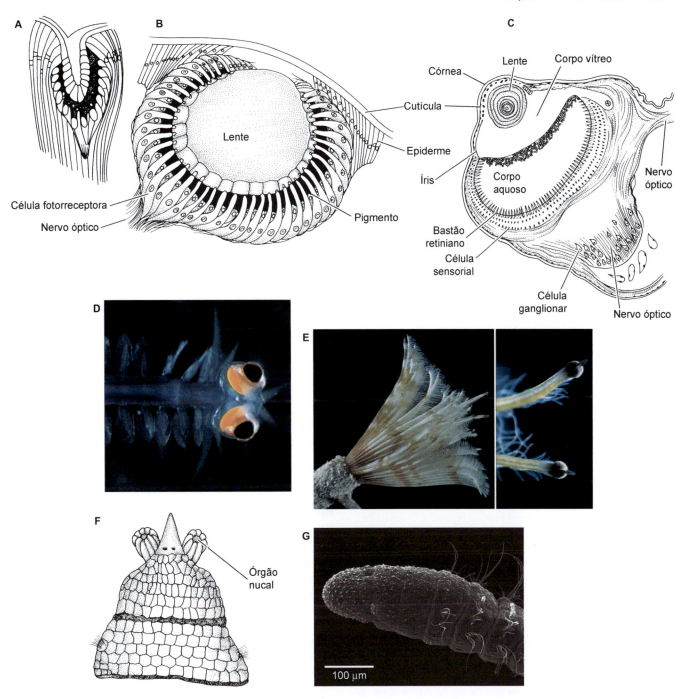

Figura 14.16 Fotorreceptores e órgãos nucais de anelídeos. **A.** Um olho simples, na forma de cálice pigmentado, de um quetopterídeo. **B.** Olho em forma de um cálice pigmentado lenticulado de um nereídeo. **C.** Olho complexo (*corte*) de um alciopídeo (*Vanadis*). **D.** Extremidade anterior de um filodocídeo alciopídeo (*vista ventral*) mostrando os lobos oculares grandes. **E.** *Megalomma* (um sabelídeo) tem olhos compostos semelhantes aos dos artrópodes, embora tenham evoluído convergentemente. Esse par de olhos compostos permite ao verme detectar predadores potenciais e recolher-se seguramente dentro do tubo. **F.** Órgãos nucais de *Notomastus*. **G.** Fotografia de microscopia eletrônica de varredura (MEV) de *Proscoloplos* (Orbiniidae) mostrando os órgãos nucais no prostômio.

Os estatocistos são comuns em alguns anelídeos cavadores e outros tubícolas (p. ex., alguns terebelídeos, arenicolídeos e sabelídeos). Umas poucas formas possuem vários pares de estatocistos, mas a maioria tem apenas um par localizado perto da cabeça. Esses estatocistos podem ser fechados ou abertos para o exterior, e o estatólito pode ser uma estrutura secretada ou formada a partir de material extrínseco, como grãos de areia. Estudos experimentais demonstraram que os estatocistos de alguns anelídeos servem como georreceptores e ajudam a manter a orientação apropriada quando seu portador está cavando ou construindo um tubo.

Alguns anelídeos têm muitas outras estruturas que, supostamente, desempenham função sensorial. Em muitos casos, essas estruturas têm frequentemente forma de cristas ou fendas ciliadas, que se localizam em várias partes do corpo e estão associadas a neurônios sensoriais. Muitos nomes foram atribuídos a essas estruturas, mas, na maioria dos casos, as funções ainda não foram definidas. Os anelídeos também têm órgãos ou tecidos com funções neurossecretoras ou endócrinas. A maioria das secreções parece estar associada com a regulação das atividades reprodutoras, conforme discutido na próxima seção.

Reprodução e desenvolvimento

Regeneração e reprodução assexuada. Os anelídeos mostram graus variados de capacidade regenerativa. Quase todos são capazes de regenerar apêndices perdidos, como palpos, tentáculos, cirros e parapódios. A maioria deles também consegue regenerar os segmentos posteriores do corpo, quando o tronco é danificado. Existem diversos casos excepcionais de capacidades regenerativas dos anelídeos. Embora a regeneração da extremidade posterior seja comum, a maioria não consegue regenerar as cabeças perdidas. Contudo, os sabelídeos, silídeos e alguns outros anelídeos conseguem fazer crescer novamente a extremidade anterior. Os mais dramáticos poderes regenerativos entre os anelídeos, estranhamente, ocorrem em poucas formas com corpos heterônomos altamente especializados. Por exemplo, em *Chaetopterus*, a extremidade anterior regenera a extremidade posterior normal, contanto que a parte em processo de regeneração (a extremidade anterior) inclua não mais que 14 segmentos; se o animal for cortado depois do 14º segmento, a regeneração não é possível. Além disso, qualquer segmento isolado dentre os 14 primeiros pode regenerar partes anteriores e posteriores, produzindo um verme completo (Figura 14.17 A). Um exemplo ainda mais notável do poder regenerativo é conhecido entre certas espécies de *Dodecaceria* (Cirratulidae), que são capazes de fragmentar seus corpos em segmentos isolados, cada qual com capacidade de regenerar um espécime completo! Uma condição semelhante ocorre em outro cirratulídeo – *Ctenodrilus* –, no qual os segmentos transformam-se em uma série de cabeças que, em seguida, proliferam os segmentos adicionais posteriores, resultando em uma cadeia de indivíduos, que finalmente se separam. A Figura 14.17 B mostra uma cadeia de seis indivíduos. Essa reprodução clonal tem sido mantida por *Ctenodrilus* em cultura há décadas, sem quaisquer exemplos de reprodução sexuada.

A regeneração parece ser controlada pelas secreções neuroendócrinas liberadas pelo sistema nervoso central dos pontos de regeneração. Esse processo é iniciado ao se seccionarem os elementos do sistema nervoso. A iniciação do processo foi demonstrada experimentalmente depois de cortar o cordão nervoso ventral, enquanto o restante do corpo ficava intacto; o resultado foi a formação de uma parte extra no local do corte (p. ex., duas "caudas"). O mecanismo real da regeneração foi estudado em vários anelídeos e, embora os resultados não sejam totalmente consistentes, um cenário geral pode ser delineado. O crescimento normal e o acréscimo de segmentos (nos vermes jovens) ocorrem imediatamente em frente ao pigídio, em uma região conhecida como zona de crescimento. Entretanto, essa zona de crescimento, certamente não está envolvida na regeneração. Pelo contrário, quando o tronco é seccionado, a região cortada regenera e, depois, uma camada de tecido regenerador, ou blastema, é formada. O blastema consiste em uma massa interna de células originadas dos tecidos adjacentes, que foram derivadas originalmente da mesoderme, bem como uma camada externa de células dos tecidos derivados da ectoderme, como a epiderme. Essas duas massas celulares atuam como uma zona de crescimento análoga, proliferando novas partes do corpo, de acordo com seus tecidos de origem. Esse processo é acompanhado pelo crescimento do trato digestivo, que contribui com as partes de origem endodérmica.

Além disso, pesquisadores já demonstraram que células relativamente indiferenciadas das camadas mesenquimais do corpo migram para as áreas danificadas e contribuem de diversas (e desconhecidas) maneiras para o processo de regeneração. Essas células, chamadas neoblásticas, têm origem ectomesodérmica, porque embriologicamente se originam do precursor da ectoderme. Durante a regeneração, essas células aparentemente contribuem para formação de tecidos e estruturas normalmente associados à mesoderme verdadeira e, talvez, também a outras camadas germinativas. Isso implica que o precursor de uma parte regenerada pode não corresponder à natureza original dessa parte. Por exemplo, os espaços celômicos regenerados podem ser revestidos por tecido derivado originalmente da ectoderme, em vez da mesoderme.

Muitos anelídeos usam suas capacidades regenerativas para a reprodução assexuada. Uns poucos se reproduzem assexuadamente por fragmentação múltipla. Como mencionamos antes, *Dodecaceria* é capaz de regenerar indivíduos completos a partir de segmentos isolados; esse fenômeno ocorre espontânea e naturalmente nesses animais como uma estratégia reprodutiva altamente eficaz. A fragmentação transversal espontânea do corpo em dois ou vários grupos de segmentos também ocorre em certos silídeos, quetopterídeos, cirratulídeos e sabelídeos (Figura 14.17 B). Nos casos típicos, o ponto (ou os pontos) no qual o corpo se fragmenta é espécie-específico e pode ser antecipado por uma área de crescimento interno, produzindo uma partição através do corpo chamada de **macrossepto**. A reprodução assexuada resulta em vários padrões de regeneração, incluindo cadeias de indivíduos, brotamento ou crescimento direto para formar novos indivíduos a partir de fragmentos isolados. A reprodução assexuada dos anelídeos pode estar sob o mesmo tipo de controle neurossecretor que o sugerido para a regeneração não reprodutiva.

Reprodução sexuada. A maioria dos anelídeos é gonocorística. O hermafroditismo é conhecido em alguns sabelídeos, serpulídeos, certos nereídeos de água doce e, em casos isolados, em outros clados, mas é encontrado principalmente em todos os clitelados. Os gametas formam-se por proliferação das células originadas do peritônio, que são liberadas no celoma como gametogônias ou gametócitos primários. A formação dos gametas pode ocorrer ao longo de todo o corpo ou apenas em determinadas partes do tronco. Dentro de um segmento reprodutor, a formação dos gametas pode ocorrer sobre todo o revestimento do celoma ou apenas em áreas específicas.

Em geral, os gametas amadurecem dentro do celoma e são liberados ao exterior por estruturas como os metanefrídios ou uma simples ruptura da parede corporal do genitor. Muitas espécies soltam ovócitos e espermatozoides na água e, nesses casos, a fecundação externa é seguida de desenvolvimento indireto com larvas trocóforas planctotróficas. Outras mostram padrões de história de vida mistos. Nesses animais, a fecundação é interna e seguida por incubação ou formação de cápsulas de ovos flutuantes ou fixas. Na maioria dos casos, os embriões são liberados na forma de larvas trocóforas lecitotróficas livres-natantes. Algumas espécies incubam seus ovos na superfície do corpo ou nos seus tubos.

Muitos dos anelídeos que dispersam livremente seus gametas desenvolveram métodos que asseguram índices relativamente altos de fecundação. Um desses métodos é o fenômeno fascinante de **epitoquia**, típico de muitos silídeos, nereídeos e eunicídeos (Figura 14.17 D a H). Esse fenômeno consiste na formação de um verme sexualmente reprodutivo conhecido como **indivíduo**

Capítulo 14 Filo Annelida 535

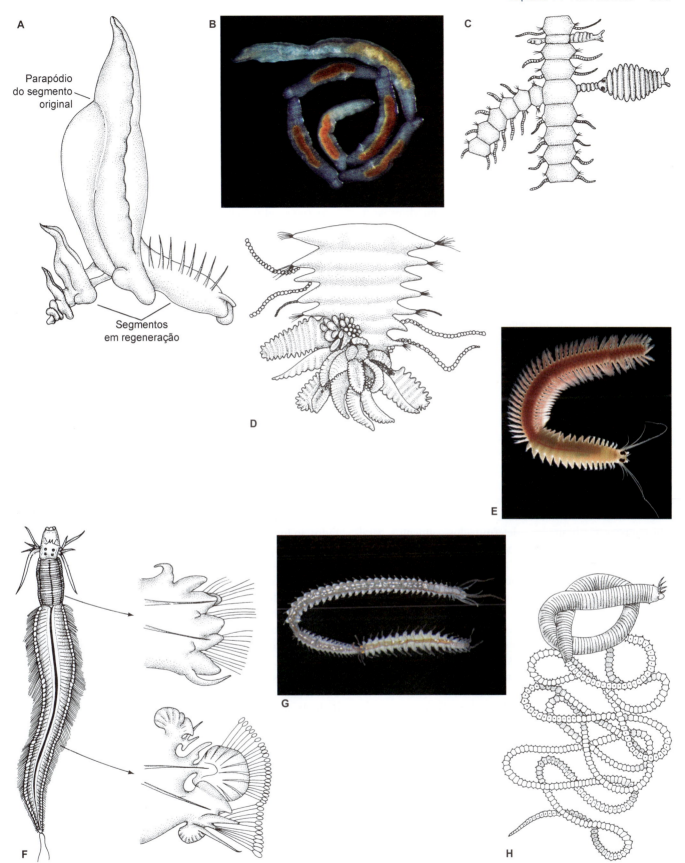

Figura 14.17 Regeneração, reprodução assexuada e epitoquia dos anelídeos. **A.** Regeneração notável de um quetopterídeo, a partir de um único segmento cortado (neste caso, um segmento com parapódio em leque). **B.** Reprodução clonal de *Ctenodrilus* (um cirratulídeo). Os segmentos do corpo transformam-se em uma série de cabeças, que depois proliferam em segmentos posteriores adicionais, resultando em uma cadeia de indivíduos, que finalmente se separam. **C.** Uma parte de um silídeo (*Syllis ramosa*, embora também ocorra em *Ramisyllis*), na qual indivíduos reprodutores estão brotando (são clonados) a partir dos parapódios do genitor. **D.** Extremidade posterior de *Typosyllis*, que contém um conjunto de epítocos. **E.** Outro heteronereídeo. Observe os olhos dilatados. **F.** Um epítoco de nereídeo conhecido como um heteronereídeo, *Nereis irrorata*. Observe a condição dimórfica dos parapódios anteriores e posteriores. **G.** Outro silídeo, *Myrianida gidholmi*, no qual há dois epítocos sendo produzidos em série. O epítoco mais maduro (*posterior*) está cheio de ovos e tem olhos dilatados. **H.** Epítoco do verme Palolo, ou *Palola viridis* (um eunicídeo).

epítoco. Os epítocos podem originar-se de animais não reprodutivos (**átocas**) pela transformação de um indivíduo (como ocorre nos nereídeos), ou pela produção assexuada de novos epítocos (p. ex., nos silídeos). Desse modo, nos nereídeos, o corpo inteiro pode transformar-se em um indivíduo **epítoco** sexuado conhecido como heteronereídeo. Nesses heteronereídeos, os segmentos posteriores do corpo são intumescidos e preenchidos por gametas; seus parapódios associados tornaram-se aumentados e natatórios, enquanto a cabeça desenvolve olhos grandes e o trato digestivo atrofia (Figura 14.17 E e F). Entre os silídeos, nos quais o verme epítoco é produzido por mecanismo clonal, os epítocos são formados como um clone único em uma série linear (Figura 14.17 G) ou mesmo em grupos de projeções de regiões particulares do corpo (Figura 14.17 D).

De qualquer forma, os epítocos são corpos carreadores de gametas capazes de nadar do fundo para a superfície dentro da coluna de água, onde os gametas são liberados. A epitoquia é controlada pela atividade neurossecretora e a migração dos epítocos para cima é rigorosamente regulada de forma a sincronizar a desova dentro de uma população. A dispersão reprodutiva dos epítocos está relacionada com a periodicidade lunar. Essa atividade não apenas assegura uma fertilização bem-sucedida, como também estabelece que os embriões em desenvolvimento fiquem em um hábitat planctônico propício às larvas. Talvez os mais famosos dos vermes epítocos sejam os eunicídeos do gênero *Palola*, conhecidos comumente como vermes Palolo com base no termo do idioma samoano para esses animais. Os ilhéus nativos da Polinésia são conhecidos por sua capacidade de prever a dispersão (em geral, dia e hora) e recolher os epítocos maduros, que são liberados da extremidade posterior do corpo do verme durante a lua cheia e com os quais se banqueteiam (Figura 14.17 H).

Os clitelados são hermafroditas e as diversas partes do aparato reprodutivo estão limitadas a determinados segmentos, geralmente na parte anterior do verme (Figura 14.18). A disposição do sistema reprodutivo facilita a fecundação cruzada mútua seguida de encapsulação e deposição dos zigotos. O sistema masculino inclui um ou dois pares de testículos localizados em um ou dois segmentos específicos do corpo. Os espermatozoides são liberados pelos testículos dentro dos espaços celômicos, onde amadurecem ou são captados por sacos de armazenamento (vesículas seminais) derivados das bolsas do peritônio septal (Figura 14.18 B). Pode haver uma única vesícula seminal ou até três pares, em algumas minhocas-da-terra. Quando estão maduros, os espermatozoides são liberados pelas vesículas seminais, captados pelos funis seminais ciliados (espermáticos) e levados pelos espermoductos até os gonóporos pareados. O sistema reprodutor feminino consiste em um único par de ovários localizados atrás do sistema masculino (Figuras 14.12 F e 14.18 B). Também nesse caso, os ovócitos são liberados dentro do espaço celômico adjacente e, em alguns casos, armazenados até que amadureçam em bolsas rasas existentes na parede septal e conhecidas como ovissacos. Perto de cada ovissaco, há um funil ciliado que transporta os ovócitos maduros a um oviduto e, finalmente, ao gonóporo feminino. A maioria dos clitelados também tem um ou mais pares de bolsas cegas conhecidas como espermatecas (receptáculos seminais), que se abrem ao exterior por meio de poros separados (Figura 14.18 A e B).

A região singular de tecido glandular, conhecida como **clitelo** (do latim "sela"), é especialmente importante para a estratégia reprodutiva geral dos clitelados (Figura 14.18 A, C a G, I); o clitelo é a principal estrutura anatômica que deu origem ao termo Clitellata. Tem a aparência de manga espessa, que circunda parcial ou completamente o corpo do verme. Ele é formado por células secretoras dentro da epiderme de determinados segmentos. A posição exata do clitelo e o número de segmentos envolvidos são invariáveis em determinada espécie. Nos animais de água doce, o clitelo está localizado em torno da região dos gonóporos, mas na maioria das minhocas ele é posterior aos gonóporos. Existem três tipos de células glandulares no clitelo, cada qual secretando uma substância diferente importante para a reprodução: muco que facilita a cópula; material usado para formar o envoltório externo da cápsula de ovos (ou casulo); e albumina, depositada com os zigotos dentro do casulo.

Durante a cópula, na maioria dos clitelados, os parceiros alinham-se em direções opostas (Figura 14.18 C e D, I) e as secreções mucosas do clitelo os mantêm nessa postura copulatória. Alguns clitelados posicionam-se de forma que os gonóporos masculinos de um animal estejam alinhados às aberturas das espermatecas do outro. Nesses casos, cerdas copulatórias especiais localizadas perto dos poros ou estruturas semelhantes a pênis eversíveis facilitam a ancoragem do casal (Figura 14.18 H). Algumas minhocas crassicliteladas, além de não serem muito precisas em seu cruzamento, não têm posição copulatória que aproxime os poros masculinos contra as aberturas das espermatecas. Em vez disso, elas desenvolvem sulcos espermáticos externos, ao longo dos quais os gametas masculinos precisam passar antes de entrar nos poros espermatecais. Na verdade, esses sulcos são formados temporariamente por contração muscular e são cobertos por uma lâmina de muco. Os músculos subjacentes fazem com que os sulcos ondulem e os espermatozoides sejam transportados ao longo do corpo até seu destino. Depois da permuta mútua de espermatozoides para os receptáculos seminais de cada parceiro, os vermes separam-se e cada qual funciona como uma fêmea inseminada.

Dentro de algumas horas ou dias depois da cópula dos anelídeos clitelados, uma lâmina de muco é formada ao redor do clitelo e todos os segmentos anteriores. Em seguida, o clitelo produz o próprio casulo na forma de uma manga coriácea e proteinácea. Os casulos das espécies terrestres são especialmente duros e resistentes às condições adversas. A albumina é secretada entre o casulo e a superfície do clitelo. A quantidade de albumina depositada no casulo é muito maior nas espécies terrestres que nas aquáticas. Uma vez formados, o casulo e a bainha de albumina são movidos na direção da extremidade anterior do verme por ondas musculares e pelo movimento do corpo para trás. À medida que se move ao longo do corpo, o casulo recebe primeiramente os ovócitos dos gonóporos femininos e depois os espermatozoides recebidos previamente do companheiro e armazenados nos receptáculos seminais. A fecundação ocorre na matriz de albumina no interior do casulo (embora isso não ocorra nas sanguessugas; ver adiante). As extremidades abertas do casulo se contraem e selam, à medida que se afastam da extremidade anterior do corpo (Figura 14.18 E a G). Os casulos fechados são depositados nos detritos bentônicos pelos clitelados aquáticos. As formas terrestres depositam seus casulos no solo, em várias profundidades, e a distância específica da superfície depende do teor de umidade do substrato.

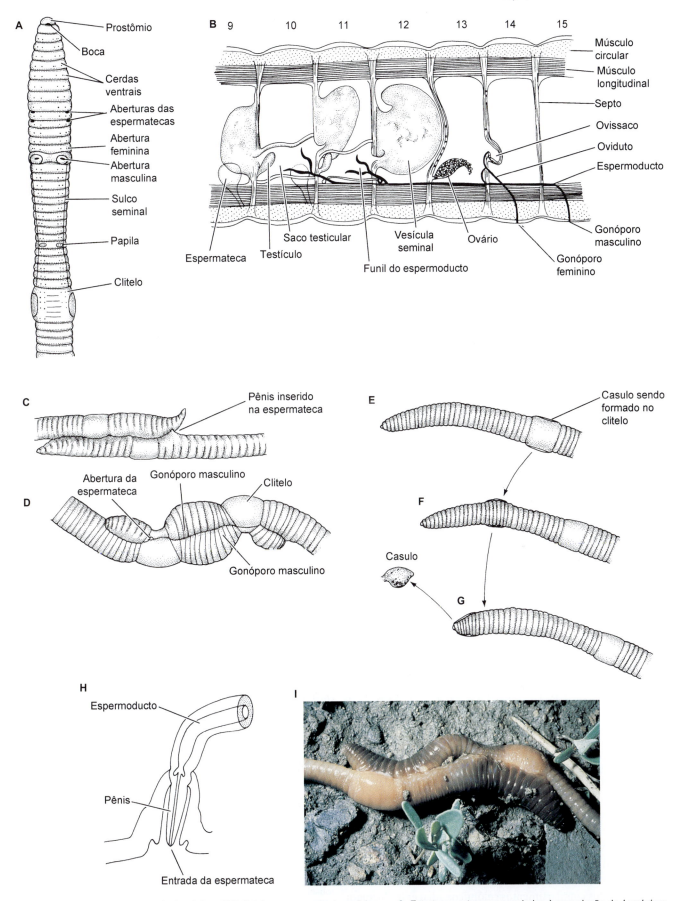

Figura 14.18 Sistema reprodutor de *Lumbricus* (Clitellata) e cruzamento das minhocas. **A.** Estruturas externas associadas à reprodução de *Lumbricus* (vista ventral). **B.** Segmentos 9 a 15 de *Lumbricus* (vista lateral composta). **C** e **D.** Minhocas copulando. **C.** *Pheretima* transfere os espermatozoides diretamente do poro masculino para a espermateca do parceiro por meio de um pênis. **D.** *Eisenia* faz transferência indireta dos espermatozoides. Como *Lumbricus*, os espermatozoides deixam os poros masculinos e são levados ao longo de sulcos seminais até os orifícios espermatecais do parceiro. **E** a **G.** Uma minhoca formando e liberando um casulo. À medida que o casulo desliza sobre o verme, ele recebe ovócitos e espermatozoides. **H.** Aparelho copulador acoplado de *Rhynchelmis*, um lumbriculídeo que faz transferência direta de espermatozoides. **I.** Minhocas (*Lumbricus*) copulando.

Desenvolvimento. O desenvolvimento inicial dos anelídeos exemplifica um padrão espirálico protostômio clássico (Figuras 14.19 a 14.21). Os ovos são telolécitos com quantidades pequenas a moderadas de vitelo. Os ovos que passam um período de encapsulação antes da dispersão das larvas geralmente contêm mais vitelo que os ovos dispersos livremente. De qualquer forma, a clivagem é holoblástica e nitidamente espiral. A celoblástula ou, nos casos dos ovos com mais vitelo, a estereoblástula desenvolve-se e sofre gastrulação por invaginação, epibolia ou uma combinação desses dois eventos. A gastrulação resulta na interiorização das supostas endoderme (células 4A, 4B, 4C, 4D e 4a, 4b e 4c) e mesoderme (mesentoblasto 4d). Os derivados dos três primeiros quartetos de micrômeros originam a ectoderme e a ectomesoderme, e essa última forma os diversos músculos larvais entre a parede do corpo e o trato digestivo em desenvolvimento. À medida que a endoderme se torna oca para formar o arquêntero, uma invaginação estomodeal forma-se na área do blastóporo e uma invaginação proctodeal constitui o trato digestivo posterior.

Na maioria dos anelídeos, esses eventos ontogenéticos iniciais resultam em uma larva trocófora facilmente reconhecível, que se caracteriza por uma banda ciliar locomotora situada pouco à frente da região da boca (Figuras 14.20 e 14.21). As trocóforas também se desenvolvem nos moluscos (Mollusca) e nemertinos (Nemertina) e, possivelmente, em alguns outros filos. Essa banda ciliar – **prototróquio** – é formada por células especiais (trocoblastos) do primeiro e do segundo quartetos de micrômeros. A maioria das trocóforas também tem um tufo ciliar apical associado a um órgão dos sentidos apical derivado de uma placa de ectoderme espessada na extremidade anterior. Além disso, geralmente há uma banda ciliar perianal conhecida como telotróquio e/ou uma faixa mesoventral conhecida como neurotróquio. Algumas trocóforas também podem ter uma banda chamada metatróquio. O mesentoblasto divide-se para formar um par de células descritas como teloblastos que, por sua vez, proliferam e formam um par de faixas mesodérmicas, uma de cada lado do arquêntero na região do trato digestivo posterior – uma área conhecida como zona de crescimento (Figura 14.21 B). Muitas trocóforas têm órgãos dos sentidos larvais, como os ocelos, assim como um par de protonefrídios larvais. Muitas também desenvolvem feixes de cerdas móveis conhecidas por funcionarem como órgão de defesa contra predadores e ajudarem a retardar o afundamento. A Figura 14.20 ilustra várias larvas dos anelídeos.

A larva cresce e alonga-se por proliferação dos tecidos da zona de crescimento (Figura 14.21 C), enquanto os segmentos são formados pela proliferação anterior da mesoderme a partir dos derivados teloblásticos de cada lado do trato digestivo. Essas bolsas de mesoderme tornam-se ocas (esquizocelia) e expandem-se para formar espaços celômicos pareados, que por fim obliteram a blastocele. Desse modo, a produção de compartimentos celômicos dispostos em série e a formação dos segmentos são uma e a mesma coisa; as paredes anterior e posterior dos compartimentos celômicos adjacentes formam os septos intersegmentares. A proliferação dos segmentos por esse processo é conhecida como **crescimento teloblástico**. Externamente, bandas ciliares adicionais são acrescentadas a cada segmento. Essas bandas metatrocais auxiliam a

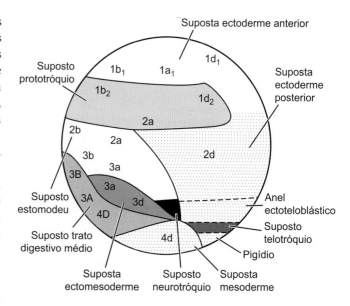

Figura 14.19 Mapa de destinos da blástula de um *Scoloplos* (um orbinídeo) em *vista lateral esquerda*.

locomoção à medida que o tamanho do animal aumenta. Algumas vezes, essas larvas segmentadas são descritas como **larvas politrocais**.

Hoje em dia, os destinos das diversas regiões larvais estão definidos (Figura 14.19 e 14.21). A região anterior ao anel protrocal (**episfera**) torna-se o prostômio, enquanto a área do protróquio propriamente dita passa a ser o peristômio. Observe que essas duas partes não estão envolvidas na proliferação de segmentos e, por isso, são pré-segmentares. Entretanto, em alguns anelídeos, um ou mais dos segmentos anteriores do tronco podem ser incorporados ao peristômio durante o crescimento. A parte metatrocal segmentar da larva forma o tronco, enquanto a zona de crescimento e o pigídio pós-segmentar permanecem como as partes corporais correspondentes do verme adulto. O órgão dos sentidos apical transforma-se no gânglio cerebral que,

Figura 14.20 Larvas de alguns anelídeos – trocóforas e estágios posteriores. **A a C.** Trocóforas planctotróficas *opposed-band* das poliquetas serpulídeas. **A.** Trocófora de *Spirobranchus giganteus* (Serpulidae) demonstrando o trato digestivo completo (g), o tufo apical (a), o olho (e), o prototróquio (p) e o metatróquio (m) (fotografia de microscopia de contraste por interferência diferencial). **B.** Microscopia eletrônica de varredura (MEV) da trocófora de *Spirobranchus giganteus* em *vista lateral*, demonstrando o tufo apical (a), a episfera (epi) e o prototróquio (p). **C.** Fotografia de MEV da trocófora de *Spirobranchus giganteus* em *vista posterior* demonstrando prototróquio (p), metatróquio (m) e sulco alimentar ciliado (marcado pela seta). **D.** Fotografia de MEV da larva nectoqueta planctônica com 6 segmentos de um crisopetalídeo. **E.** Fotografia de MEV de uma larva nectoqueta planctônica com 5 segmentos de um glicerídeo. **F.** Trocófora lecitotrófica de *Marphysa* (Eunicidae) com seu primeiro segmento em formação, mostrando cerdas. **G.** Algumas larvas de anelídeos, que mostram pouca ou nenhuma metamorfose. Depois de passar 9 dias no tubo, uma forma juvenil de *Echinofabricia alata* (Fabriciidae) com radíolo e trato digestivo completamente desenvolvidos, assim como seus olhos anterior e posterior prontos para rastejar para longe. **H a J.** Outras larvas mostram metamorfose notável, algumas vezes em apenas alguns minutos, como se pode observar aqui em *Owenia* (Oweniidae). **H.** *Vista lateral* de uma larva mitraria de owenídeo retirada do plâncton de Belize, mostrando as longas cerdas larvais e a episfera com borda ciliada. **I.** Fotografia ampliada da episfera mitraria mostrando o interior do corpo de uma larva juvenil. **J.** Forma juvenil imediatamente depois da metamorfose (fotografia de microscopia retirada apenas alguns segundos depois da anterior). As cerdas larvais tinham sido desprendidas, assim como a episfera.

Capítulo 14 Filo Annelida 539

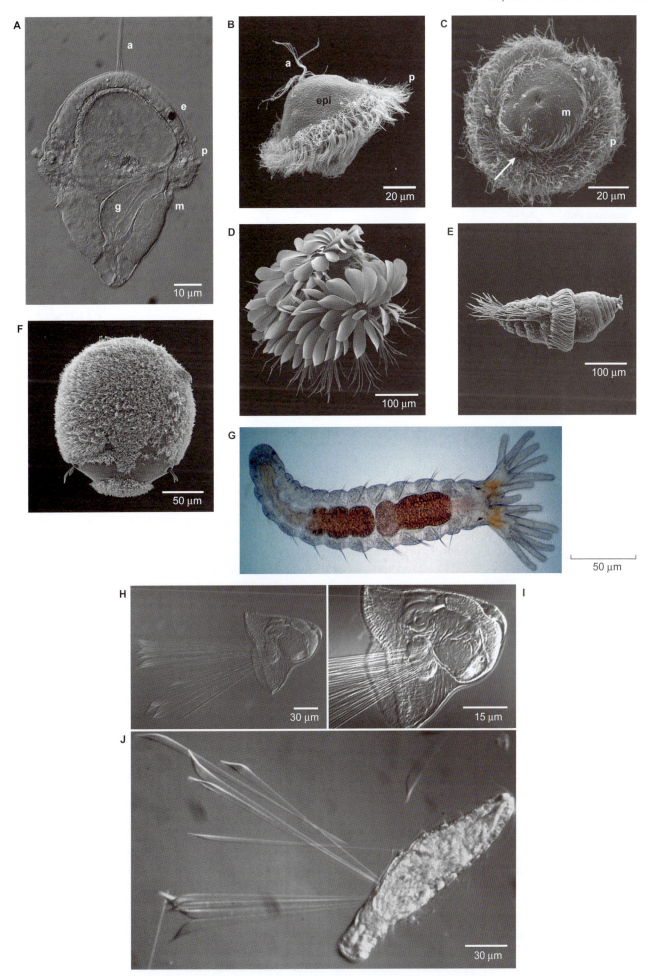

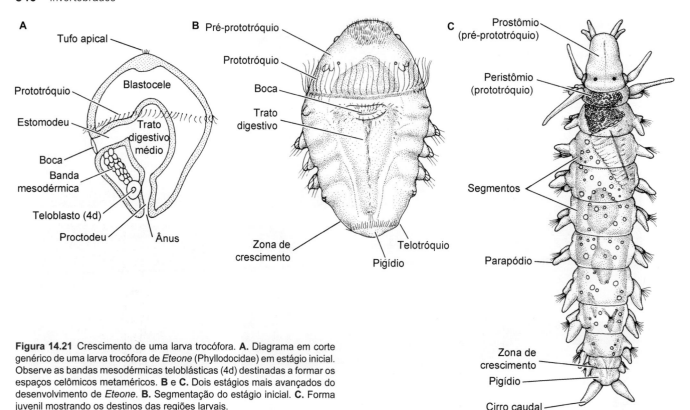

Figura 14.21 Crescimento de uma larva trocófora. **A.** Diagrama em corte genérico de uma larva trocófora de *Eteone* (Phyllodocidae) em estágio inicial. Observe as bandas mesodérmicas teloblásticas (4d) destinadas a formar os espaços celômicos metaméricos. **B** e **C.** Dois estágios mais avançados do desenvolvimento de *Eteone*. **B.** Segmentação do estágio inicial. **C.** Forma juvenil mostrando os destinos das regiões larvais.

por fim, é reunido ao cordão nervoso ventral em desenvolvimento pela formação dos conectivos circum-entéricos. O corpo continua a alongar-se à medida que se formam mais segmentos e, finalmente, o verme juvenil sai do plâncton e assume o estilo de vida de um anelídeo jovem. Todo esse processo foi lindamente descrito em versos pelo finado Walter Garstang (1951), quando explicou o desenvolvimento de *Phyllodoce* na primeira parte de seu poema clássico "As Trocóforas":

As trocóforas são as mais ilustres representantes das larvas dos anelídeos.

Com apenas um anel ciliado – ao menos no início –

Elas alimentam-se e sentem necessidade urgente de crescer mais que suas mães,

De forma que germinam alguns segmentos posteriores, primeiro um e depois os demais.

E como mais peso requer mais força, cada segmento precisa trazer Sua contribuição na forma de um anel locomotor extra:

Com eles, a larva nada com facilidade e, acrescentando mais segmentos,

Transforma-se em uma Polytrochula em vez de uma Trocófora.

Em seguida, germinam e crescem feixes com setas e a sequela não pode ser escondida:

A larva não consegue sustentar seu próprio peso e afunda – um Anelídeo.

Os clitelados produzem ovos telolécitos, mas a quantidade de vitelo é muito variada e está inversamente relacionada com a quantidade de albumina secretada dentro do casulo. Os ovos dos animais de água doce geralmente contêm quantidades relativamente grandes de vitelo, mas são envolvidos apenas por quantidade pequena de albumina. Por outro lado, os ovos das espécies terrestres tendem a ter pouco vitelo, mas são supridos com grandes quantidades de albumina, da qual os embriões em desenvolvimento dependem como fonte de nutrição. De qualquer forma, a clivagem é holoblástica e desigual. Além disso, embora altamente modificado, evidências do padrão espirálico ancestral ainda são aparentes na posição e nos destinos das células (p. ex., um mesentoblástico 4d identificável e homólogo origina suposta mesoderme). O desenvolvimento é direto, sem qualquer indício de um estágio larval trocóforo. Contudo, a formação teloblástica dos espaços celômicos e dos segmentos é uma característica óbvia, retida do programa básico de desenvolvimento dos anelídeos. O tempo de desenvolvimento varia de cerca de 1 semana a vários meses, dependendo das espécies e das condições ambientais. Nos climas em que ocorrem condições relativamente desfavoráveis depois da deposição do casulo, o tempo de desenvolvimento geralmente é suficientemente longo para assegurar que as formas juvenis eclodam na primavera. Em condições mais estáveis, o tempo de desenvolvimento é mais curto e a reprodução é menos sazonal.

Sipuncula | Vermes-amendoim

No passado, os filos Sipuncula e Echiura dos vermes celomados eram comumente descartados de imediato como grupos "menores" ou "secundários". Contudo, graças aos estudos filogenéticos moleculares recentes, hoje sabemos que esses dois grupos são clados espirálicos profundamente modificados e incluídos no filo Annelida. Os sipúnculos e os equiúros são semelhantes sob vários aspectos, embora não estejam diretamente relacionados, e comumente vivam em hábitats semelhantes. Por isso, os biólogos interessados em um desses grupos frequentemente estudam os dois. Os sipúnculos nunca são tão abundantes ou ecologicamente importantes quanto alguns outros vermes, especialmente os poliquetas

Capítulo 14 Filo Annelida **541**

e os nematódeos. No entanto, eles mostram planos corporais diferentes de qualquer outro que descrevemos até aqui e oferecem lições importantes quanto à morfologia funcional – por isso, merecem atenção especial.

O clado Sipuncula (do grego *siphunculus*, "tubo pequeno") inclui cerca de 150 espécies distribuídas em 16 gêneros e 6 famílias. Geralmente conhecidos como "vermes-amendoim", os sipúnculos adultos não mostram qualquer evidência de segmentação ou cerdas (duas características típicas dos anelídeos). O corpo tem formato de salsicha e pode ser dividido em uma introverte retrátil e um tronco mais espesso (Figura 14.22). Quando a introverte está retraída e o corpo está túrgido, algumas espécies assemelham-se a um amendoim. A extremidade anterior da introverte abriga a boca e os tentáculos alimentares. Os tentáculos são derivados das regiões ao redor da boca (**tentáculos periféricos**) e ao redor do órgão nucal (**tentáculos nucais**); as diferenças entre as

Figura 14.22 Representantes dos sipúnculos. **A.** *Phascolosoma* com a ponta da introverte virada para dentro. **B.** *Sipunculus nudus*. **C.** *Thysanocardia nigra*. **D.** *Aspidosiphon cristatus*. **E.** *Sipunculus norvegicus*. **F.** *Phascolion* sp., em uma concha de gastrópode. **G.** Tentáculos alimentares de *Themiste dyscrita*.

configurações dos tentáculos têm importância taxonômica. Nos casos típicos, o trato digestivo tem formato de "U" e é extremamente retorcido, enquanto o ânus está localizado na parte dorsal do corpo e próximo da junção introverte–tronco. Em geral, a superfície do corpo está repleta de diminutas corcovas, verrugas, tubérculos ou espinhos. O comprimento dos sipúnculos varia de menos de 1 cm a cerca de 50 cm, mas a maioria mede de 3 a 10 cm. Com exceção do trato digestivo contorcido, o plano corpóreo dos sipúnculos permaneceu praticamente inalterado desde o período Cambriano Inferior, como sugerido por duas espécies recém-descobertas nos xistos de Maotianshan, sudoeste da China.

O celoma é bem-desenvolvimento e não segmentado, formando uma cavidade corporal espaçosa. Os metanefrídios estão presentes e os nefridióporos estão na superfície ventral do corpo. Esses animais não têm sistema circulatório, mas o líquido celômico inclui células contendo um pigmento respiratório. A maioria dos sipúnculos é gonocorística e reproduz-se por dispersão epidêmica dos embriões. Em geral, o desenvolvimento é indireto, tipicamente protostômio, e inclui uma larva livre-natante.

Os sipúnculos são bentônicos e exclusivamente marinhos. Em geral, esses animais são reclusos e cavam os sedimentos, ou vivem sob as pedras ou em colônias de algas. Nos mares tropicais, os sipúnculos são habitantes comuns das comunidades de corais e litorais, nas quais comumente cavam substratos calcários duros. Alguns habitam conchas de gastrópodes abandonadas, tubos de poliquetas e outras estruturas semelhantes. Os sipúnculos são encontrados desde a zona intertidal até profundidades superiores a 5.000 m, e algumas espécies perfurantes de águas profundas podem desempenhar um papel importante ao influenciarem a ecologia e a geoquímica da região dos mares nórdicos. No Sudeste Asiático (p. ex., Vietnã), as grandes espécies cavadoras de areia são consumidas ocasionalmente como alimento humano e outras são usadas como isca de pesca na Europa.

O plano corpóreo dos sipúnculos está fundamentado nas qualidades do celoma corporal espaçoso. Como não é interrompido pelos septos transversais, o líquido celômico oferece um meio circulatório amplo para esses vermes sedentários. O celoma e a musculatura associada funcionam como esqueleto hidrostático e sistema hidráulico para a locomoção, a circulação do líquido celômico e a extensão da introverte.

As características embrionárias e das formas adultas dos sipúnculos e dos equiúros colocam solidamente esses animais entre os protostômios espiráticos; e estudos moleculares forneceram fortes evidências de que são membros do filo Annelida, apesar da inexistência de segmentação nos adultos. Alguém poderia entender a ausência de segmentação como uma perda secundária do celoma particionado associado à exploração de um estilo de vida cavador e sedentário. A redução dos receptores sensoriais e a simplificação do sistema nervoso em geral são explicáveis nessa mesma base, mas a neurogênese dos equiúros mostra indícios claros de segmentação. Contudo, muitas outras espécies de anelídeos desenvolveram estilo de vida cavador, embora tenham conservado sua segmentação básica.

Classificação dos sipúnculos

As primeiras ilustrações publicadas dos sipúnculos foram produzidas em xilogravuras em meados do século 16. Lineu incluiu esses animais na décima segunda edição do seu *Systema Naturae* (1767) e colocou-os entre os Vermes, juntos com tantos outros animais singulares. No século 19, Lamarck e Cuvier consideraram os sipúnculos parentes dos equinodermos holoturóideos (pepinos-do-mar). Nenhum táxon separado foi criado para esses vermes até 1828, quando Henri Marie Ducrotay de Blainville introduziu o nome Sipunculida e aliou esse grupo a alguns helmintos parasitas.

Em 1847, Jean Louis Armand de Quatrefages inventou o grupo Gephyrea para incluir os sipúnculos, os equiúros e os priápulos. A raiz grega *gephyra* significa "ponte", porque Quatrefages considerou que esses animais fossem intermediários entre os anelídeos e os equinodermos. O conceito gefireano estava fundamentado em características superficiais, mas persistiu até boa parte do século 20, ainda que muitos autores tentassem elevar os grupos constituintes à condição de filos individuais. Finalmente, Libbie Hyman (1959), reconhecendo a natureza polifilética do Gephyrea, elevou os sipúnculos à ordem de um filo separado; sua proposta foi rapidamente aceita. Entretanto, nessa época, não havia classes, ordens ou famílias reconhecidas, e o filo foi dividido apenas em gêneros e espécies. O trabalho hercúleo de Alexander Stephen e Stanley Edmonds (1972) e as modificações subsequentes de outros autores (p. ex., Mary Rice, 1982) resultaram em uma classificação que abrange 4 famílias e 16 gêneros. Mais tarde, Edward Cutler e Peter Gibbs (1985) aplicaram os métodos da filogenética moderna aos sipúnculos e produziram um esquema de classificação com 2 classes, 4 ordens, 6 famílias e 17 gêneros, esquema esse utilizado até recentemente. Contudo, com o uso da filogenética molecular, essa classificação foi questionada, o filo foi incluído em Annelida e foi sugerido um novo sistema, consistindo em 6 famílias e 16 gêneros (Figura 14.23).

FILO SIPUNCULA

FAMÍLIA SIPUNCULIDAE. Sipúnculos grandes, com tronco medindo até 45 cm de comprimento. Introverte mais curta que o tronco, coberta por papilas proeminentes dispostas irregularmente. Ganchos ausentes. As camadas de músculos circulares e longitudinais estão divididas em bandas distintas. Parede corporal com extensões celômicas na forma de canais longitudinais paralelos, que se estendem pela maior parte do comprimento do tronco, ou canais diagonais curtos, limitados em comprimento à largura de uma banda muscular circular. Pode haver dois músculos protratores. Com metanefrídios pareados. O desenvolvimento passa pelo estágio de larva pelagosfera planctotrófica. Dois gêneros: *Sipunculus* e *Xenosiphon*.

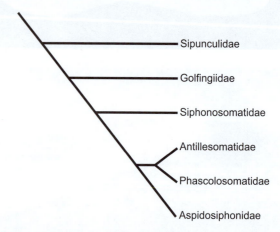

Figura 14.23 Relações filogenéticas das famílias de sipúnculos.

FAMÍLIA GOLFINGIIDAE. Grupo heterogêneo de sipúnculos de tamanho pequeno a médio (tronco menor que 20 cm). Os ganchos podem ser decíduos simples, quando presentes, sem curvaturas acentuadas e geralmente dispersos, exceto nas três espécies nas quais os ganchos estão dispostos em anéis. Parede corporal com uma camada muscular contínua, exceto em *Phascolopsis*, no qual os músculos longitudinais estão divididos em faixas que se anastomosam. Com metanefrídios simples ou pareados. Sete gêneros: *Golfingia, Nephasoma, Onchnesoma, Phascolion, Phascolopsis, Themiste* e *Thysanocardia*.

FAMÍLIA SIPHONOSOMATIDAE. Sipúnculos de tamanho médio a grande (tronco com até 50 cm de comprimento). Introverte muito mais curta que o tronco, com papilas cônicas proeminentes e/ou ganchos dispostos em anéis. Parede corporal com extensões celômicas saculiformes pequenas e irregulares. Camadas de músculos circulares e longitudinais reunidas em anastomoses, algumas vezes com bandas indiferenciadas. Nefrídios pareados. Dois gêneros: *Siphonomecus* e *Siphonosoma*.

FAMÍLIA ANTILLESOMATIDAE. Sipúnculos de tamanho médio (tronco com até 8 cm). Parte distal da introverte lisa e branca, parte proximal com papilas escuras e marcada por um colar bem-definido. Ganchos ausentes nos adultos, mas alguns poucos ganchos presentes em indivíduos pequenos (< 1 cm). O disco oral consiste no órgão nucal envolvido por numerosos tentáculos, que variam em quantidade de acordo com o tamanho do animal (de 30 a 200 nos adultos). Parede corporal com camada de músculos longitudinais reunida em bandas anastomóticas. Vaso contrátil com muitas vilosidades. Quatro músculos retratores com o par lateral em geral extensivamente fundido. Metanefrídios pareados. Sem um escudo anal. Um único gênero: *Antillesoma*.

FAMÍLIA PHASCOLOSOMATIDAE. Sipúnculos de tamanho pequeno a médio (tronco com até 12 cm de comprimento). Ganchos recurvados, geralmente com estruturas internas e firmemente acondicionados em anéis espaçados a intervalos regulares (ausentes em *Apionsoma trichocephalus*). Parede externa do tronco rugoso com papilas evidentes. Em *Apionsoma*, as papilas estão concentradas na extremidade posterior do tronco. Internamente, o músculo longitudinal geralmente é subdividido em bandas anastomosadas, exceto em dois subgêneros – *Phascolosoma* (*Fisherana*) e *Apionsoma* (*Apionsoma*) –, nos quais essa camada é mais fina e contínua. Vaso contrátil liso, mas pode ser grande, com bolsas bulbosas ou dilatações em alguns *Phascolosoma*. Metanefrídios pareados. Dois gêneros: *Apionsoma* e *Phascolosoma*.

FAMÍLIA ASPIDOSIPHONIDAE. Sipúnculos geralmente pequenos (até 30 mm) com tronco liso e dois músculos retratores. A introverte protrai de 45 a 90° em posição ventral ao eixo principal do tronco. Em geral, as camadas musculares são lisas e contínuas, ou com camadas musculares longitudinais separadas em feixes anastomosados. Tronco com escudos anais anteriores e, algumas vezes, posteriores, derivados da cutícula espessada ou de depósitos calcários. Metanefrídios pareados. Dois gêneros: *Aspidosiphon* e *Cloeosiphon*.

Plano corpóreo dos sipúnculos

Parede corporal, celoma, circulação e trocas gasosas

A superfície corporal dos sipúnculos é recoberta por uma cutícula bem-desenvolvida, que pode variar de fina nos tentáculos ou muito grossa e laminada sobre a maior parte do tronco (Figuras 14.22 e 14.24). Em geral, a cutícula tem papilas, verrugas ou espinhos com diversas formas. Sob a cutícula está a epiderme, cujas células são cuboides sobre a maior parte do corpo, mas se transformam em colunares e ciliadas nos tentáculos. A epiderme contém várias glândulas unicelulares e pluricelulares conhecidas como órgãos epidérmicos, algumas projetando-se para dentro da cutícula e formando algumas das papilas ou nodos da superfície. Algumas dessas glândulas estão associadas às terminações nervosas sensoriais; outras são responsáveis por produzir a cutícula ou pela secreção de muco. Nas formas larvais e adultas dos sipúnculos, os órgãos epidérmicos estão encapsulados externamente por uma cutícula e internamente são delimitados por células epidérmicas comuns. Quando estão acondicionados profundamente na parede do corpo, os órgãos epidérmicos também estão delimitados pela musculatura subepidérmica.

Abaixo da epiderme, especialmente nas áreas em que ela é elevada, está localizado o tecido conjuntivo da derme, constituído de fibras e células esparsas. De um a quatro grandes músculos retratores introversos estendem-se da parede corporal até a introverte, onde têm suas inserções no trato digestivo bem atrás da boca (Figura 14.25 A e B). Todas as espécies estudadas até hoje passam por estágios de desenvolvimento com quatro músculos retratores que, por fim, são reduzidos numericamente nas formas adultas. As espécies que formam larvas rastejantes têm musculatura mais desenvolvida na parede corporal que as espécies que passam por larvas natatórias.

Nos sipúnculos, que em sua maioria são grandes e incluem algumas espécies de águas quentes, a derme também abriga um sistema de extensões ou canais celômicos (Figura 14.24). Os **canais celômicos** podem estender-se inteiramente pelas camadas musculares e para dentro da camada epidérmica, e desempenha a função de transportar gases em algumas espécies. Esses canais

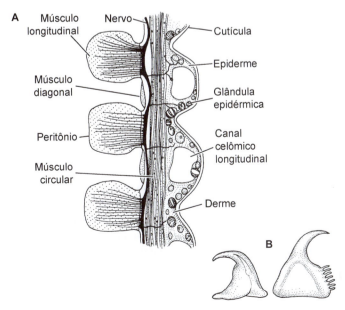

Figura 14.24 A. Parede corporal de *Sipunculus nudus* (*corte transversal*). **B.** Dois tipos de ganchos cuticulares dos sipúnculos.

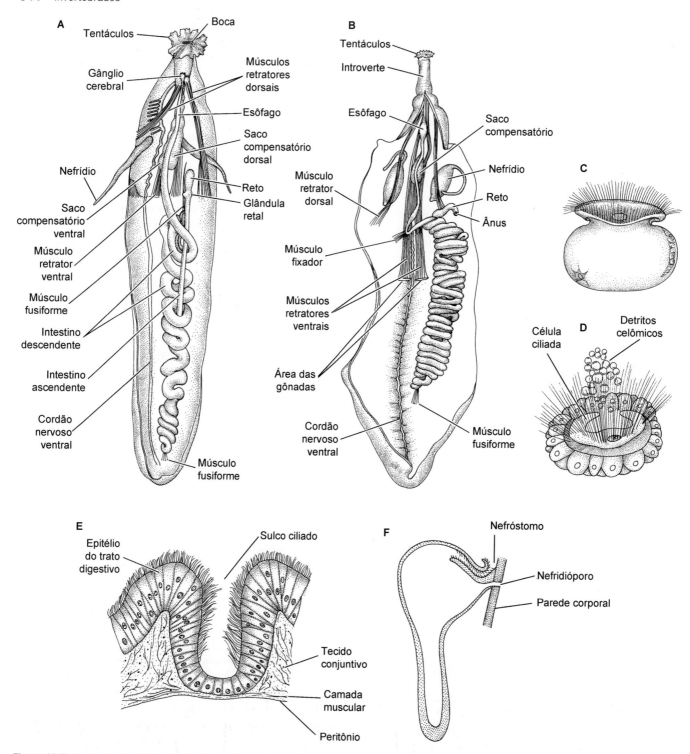

Figura 14.25 Anatomia dos sipúnculos. **A.** *Sipunculus nudus*. **B.** *Golfingia vulgaris*. **C** e **D.** Urnas celômicas livres de *Sipunculus* (**C**) e de *Phascolosoma* (**D**). **E.** Trato digestivo de *Golfingia* (*corte parcial*). Observe o sulco intestinal ciliado. **F.** Nefrídio de *Phascolosoma* (*corte*).

estão conectados ao celoma do tronco por poros. Os músculos da parede corporal incluem camadas circular externa e longitudinal interna e, em alguns casos, uma camada intermediária fina de fibras diagonais. Os músculos longitudinais formam uma lâmina contínua em muitos sipúnculos, mas, em alguns gêneros, esses músculos constituem feixes ou bandas bem-definidas (p. ex., *Phascolosoma, Phascolopsis, Siphonomecus, Siphonosoma, Sipunculus* e *Xenosiphon*). Essa configuração confere à superfície interna da parede corporal um aspecto canelado, que comumente é visível através da cutícula do animal. Embora, no passado, essa característica tenha sido a base para descrever a família Sipunculidae, hoje ela tem uma definição mais restrita, e estudos mostraram que essa característica é homoplástica.

O peritônio reveste a parede corporal e os órgãos internos. O celoma é um espaço contínuo, mas os mesentérios peritoneais formam divisões parciais que sustentam os órgãos. Além do celoma corporal principal e dos canais celômicos da parede corporal, os tentáculos estão associados a um "celoma" separado e cheio de fluido, que é conhecido como sistema de compensação. Os tentáculos ocos contêm espaços revestidos, que estão em continuidade com um ou dois sacos (**sacos compensatórios**) localizados perto do esôfago (Figura 14.25 A e B). Com a eversão da introverte, os músculos corporais circulares pressionam esses sacos e forçam seu conteúdo líquido a entrar nos tentáculos, causando sua ereção.

O líquido da cavidade corporal contém várias células e outras inclusões. Nesse líquido, existem amebócitos granulares e agranulares com funções desconhecidas e glóbulos vermelhos contendo hemeritrina. Além disso, o líquido celômico contém algumas estruturas pluricelulares singulares e fascinantes conhecidas como **urnas**, algumas fixadas ao peritônio e outras nadando livremente no líquido (Figura 14.25 C e D). A urna acumula escórias metabólicas e células mortas, prendendo-as por meio de cílios e muco.

Aparentemente, a troca gasosa varia entre as espécies. Foi sugerido que os cavadores de rochas e os de sedimentos com teores baixos de oxigênio (p. ex., *Themiste*) trocam gases principalmente através dos tentáculos, os quais se estendem para dentro da água circundante. Outros cavadores com introvertes longas podem usar a superfície corporal dos tentáculos e da introverte para trocar gases, enquanto outros – como as espécies de corpos grandes do gênero *Sipunculus* – podem usar toda a superfície do corpo para isso. O líquido celômico da cavidade corporal e dos canais da parede corporal forma o meio circulatório, e a troca é facilitada por difusão e movimentos do corpo. Os eritrócitos que circulam no líquido celômico dos sipúnculos contêm hemeritrina polimérica intracelular para armazenar e transportar oxigênio.

Sustentação e locomoção

Os sipúnculos são criaturas sedentárias. O formato geral do corpo é mantido pelos músculos da parede corporal e pelo esqueleto hidrostático formado pelo celoma volumoso. Essencialmente, o corpo é uma bolsa cheia de líquido com volume constante, de forma que qualquer constrição em um ponto causa expansão de outra área. Cavadores de substratos moles conseguem peristalse desencadeada pelos músculos circulares e longitudinais da parede corporal e pela ação da introverte. A movimentação entre as raízes das algas e os cascalhos do fundo ocorre da mesma forma. Algumas espécies com escudo cuticular anterior perfuram substratos duros e usam o escudo como um opérculo funcional para fechar a entrada da galeria. A perfuração dos substratos duros provavelmente é conseguida por processos mecânicos e químicos, os primeiros usando as estruturas cuticulares (como espinhos e escudo posterior) como limas e os últimos facilitados pelas secreções das glândulas epidérmicas.

A introverte é estendida quando a pressão celômica aumenta através da contração dos músculos circulares da parede corporal. A retração é realizada pelos músculos retratores, que puxam a partir da extremidade da boca, virando a introverte para dentro à medida que os músculos da parede corporal relaxam. Quando a introverte está totalmente estendida, os tentáculos são mantidos eretos pela elevação da pressão sobre os sacos compensatórios.

Os sipúnculos são animais extremamente táteis e fortemente tigmotácticos, exigindo o contato com seu ambiente do entorno. Quando são colocados sozinhos em um prato de vidro, ficam muito inativos, exceto quando rolam a introverte para dentro e para fora. Contudo, quando vários sipúnculos são colocados juntos ou com pequenos fragmentos de conchas ou pedras, eles logo respondem estabelecendo contato com os outros indivíduos ou com os objetos circundantes.

Alimentação e digestão

Surpreendentemente, há pouca informação sobre os detalhes dos mecanismos alimentares dos sipúnculos. Evidências indiretas, baseadas na anatomia, no conteúdo do trato digestivo e no comportamento geral, sugerem que esses animais utilizem diferentes métodos de alimentação, dependendo dos hábitats em que estão. A maioria dos sipúnculos capazes de colocar seus tentáculos na interface substrato–água são detritívoros seletivos ou não seletivos (p. ex., cavadores superficiais, habitantes das raízes das algas); esses animais usam o muco e os cílios dos tentáculos para conseguir alimento. Os cavadores profundos da areia são depositívoros diretos. Alguns parecem ser suspensívoros mucociliares, ou seja, utilizam tentáculos para extrair matéria orgânica da água. Os sipúnculos que cavam substratos calcários usam os espinhos ou ganchos de sua introverte para retirar detritos orgânicos ao alcance e ingerir o material retraindo a introverte. Alguns dados sugerem que ao menos alguns sipúnculos captem diretamente compostos orgânicos dissolvidos através da parede corporal. Alguns pesquisadores especularam que até 10% das necessidades nutricionais desses animais possam ser atendidas dessa forma.

Como o ânus está localizado em posição anterior no lado dorsal do corpo, o trato digestivo tem basicamente formato de "U", embora seja muito retorcido (Figura 14.25 A e B) – o trato digestivo espiralado é único entre os anelídeos ou qualquer outro grupo de invertebrados. A boca é terminal, está localizada na extremidade da introverte e circundada parcial ou completamente por tentáculos periféricos (p. ex., Sipunculidae), ou está localizada perto dos tentáculos nucais (p. ex., Phascolosomatidae). A boca leva internamente até uma faringe estomodeal muscular curta seguida do esôfago, que se estende pela introverte até dentro do tronco. O intestino intermediário consiste em um longo intestino composto de segmentos descendente e ascendente retorcidos e unidos, embora esse enrolamento não seja observado nas espécies do Cambriano. Os estudos que compararam os padrões de expressão dos "genes do trato digestivo" regulatórios de *Themiste* e outros anelídeos (com os tratos digestivos não espiralados) demonstraram diferenças na persistência e na extensão da expressão endodérmica do gene *FoxA*, que poderiam estar relacionadas ao trato digestivo com formato de "U" e espiralado. Em geral, o intestino é sustentado por um músculo fusiforme e filiforme, que se estende da parede corporal perto do ânus, passa pelos espirais e chega ao tronco, assim como vários músculos fixadores que conectam o trato digestivo à parede do corpo. O intestino ascendente leva ao reto proctodeal curto, que termina no ânus.

O intestino é ciliado e contém um sulco bem-definido ao longo de seu comprimento (Figura 14.25 E). Por fim, esse sulco ciliado leva a uma pequena bolsa ou divertículo (glândula retal) fora do reto. A função desse sulco e do divertículo é desconhecida. O epitélio do lúmen do intestino descendente contém uma variedade de células glandulares, que provavelmente produzem enzimas digestivas.

Excreção e osmorregulação

A maioria dos sipúnculos tem um par de metanefrídios tubulares saculiformes alongados (nefromixia; Figura 14.25 A, B e F) localizados em posição ventrolateral na extremidade anterior do tronco. Dois gêneros (*Onchnesoma* e *Phascolion*) têm apenas um nefrídio. As espécies desses gêneros tendem a ser assimetricamente retorcidas. Os nefridióporos estão localizados em posição ventral na região anterior do tronco. O nefróstomo está em contato direto com a parede do corpo e perto do poro, e leva a uma bolsa nefridial volumosa que se estende posteriormente no tronco.

Os sipúnculos são amoniotélicos. As escórias nitrogenadas acumulam-se no líquido celômico e são excretadas pelos nefrídios. As urnas também desempenham uma função excretora importante, porque captam as partículas das escórias metabólicas do celoma. O destino das escórias acumuladas pelas urnas é desconhecido, mas ao menos uma parte é provavelmente transportada para os nefrídios. As urnas originam-se de complexos de células epiteliais fixas do peritônio, onde retêm e removem detritos particulados. As urnas também são conhecidas por secretar muco em resposta aos patógenos no líquido celômico. As urnas fixas desprendem-se regularmente e tornam-se livre-natantes no líquido celômico. Além de limpar eficientemente o líquido celômico, as urnas também participam do processo de coagulação quando um sipúnculo sofre algum dano. As urnas livres podem ser observadas produzindo uma lâmina úmida de líquido celômico fresco. Em geral, são evidentes e movimentam-se de um lado para outro, carreando faixas de muco e fragmentos de matéria particulada.

Os sipúnculos são basicamente osmoconformadores e não são encontrados nos hábitats de água doce ou salobra. Em condições normais, o líquido celômico é praticamente isotônico com a água salgada circundante. Entretanto, quando são colocados em ambientes hipotônicos ou hipertônicos, o volume corporal aumenta ou diminui, respectivamente. Curiosamente, as taxas de alteração volumétrica diferem quando o animal está exposto a esses ambientes contrastantes, sugerindo que os sipúnculos estejam mais aptos a evitar perda que acumulação de água. Essa condição pode ser atribuída à permeabilidade diferenciada da cutícula, ou talvez a algum mecanismo ativo dos nefrídios. De qualquer forma, os sipúnculos raramente enfrentam problemas osmóticos graves em seus ambientes habituais e, mesmo nas experiências de laboratório, eles conseguem recuperar-se muito bem da maioria das condições de estresse osmótico.

Sistema nervoso e órgãos dos sentidos

Em vários aspectos, a estrutura geral do sistema nervoso dos sipúnculos é semelhante à dos outros anelídeos. Um gânglio cerebral bilobado está localizado em posição dorsal na introverte, bem atrás da boca. Conectivos circum-entéricos estendem-se do gânglio cerebral até um cordão nervoso ventral, estendendo-se ao longo da parede corporal através da introverte e do tronco (Figuras 14.25 A e B; 14.26). O cordão nervoso ventral do adulto é simples e não há evidência de gânglios segmentares. Em *Phascolosoma agassizii*, inicialmente se desenvolve um cordão nervoso ventral duplo, que depois se reúne em um cordão único e, nos estágios iniciais, a neurogênese segue um padrão segmentar semelhante ao dos anelídeos. Começando com axônios serotoninérgicos e FMRFamidérgicos, quatro pares de pericários serotoninérgicos e comissuras interconectoras associadas formam-se um depois do outro em progressão anteroposterior. Nas larvas em estágio final, os dois axônios serotoninérgicos dos cordões nervosos ventrais reúnem-se, as comissuras desaparecem e forma-se outro par de pericários. Essas células (em um total de 10) migram umas na direção das outras e, por fim, formam dois grupos com cinco células cada. Esses processos de remodelação nervosa resultam no sistema nervoso central não metamérico simples do sipúnculo adulto. Esse exemplo ontogenético sugere que a condição ancestral dos sipúnculos possa ter sido um cordão nervoso ventral duplo semelhante ao encontrado em alguns anelídeos primitivos. Os nervos laterais originam-se do cordão nervoso e estendem-se aos músculos da parede corporal e aos receptores sensoriais da epiderme.

Os receptores sensoriais são abundantes nos sipúnculos, mas alguns não estão bem-definidos. As células receptoras táteis estão dispersas sobre o corpo dentro da epiderme (como seria esperado) e são especialmente abundantes sobre e ao redor dos tentáculos. Os **órgãos nucais** quimiossensoriais estão localizados no lado dorsal da introverte de muitas espécies (Figura 14.26 B). Muitos indivíduos possuem um par de ocelos caliciais pigmentados na superfície dorsal do gânglio cerebral, enquanto outros têm o chamado órgão cerebral, que consiste em uma depressão ciliada projetando-se para dentro do gânglio cerebral. O órgão cerebral pode estar envolvido na quimiorrecepção ou talvez na neurossecreção, porque é estruturalmente semelhante ao que existe nos nemertinos.

Reprodução e desenvolvimento

Os sipúnculos têm recursos razoáveis de regeneração. A maioria das espécies é capaz de reformar as partes perdidas dos tentáculos e até da introverte, enquanto outras podem regenerar

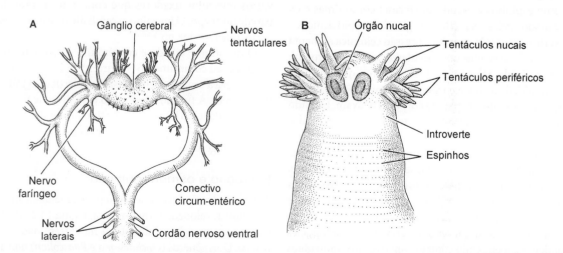

Figura 14.26 A. Parte anterior do sistema nervoso central de *Golfingia*. **B.** Extremidade anterior de *Golfingia*. Observe os órgãos nucais.

partes do tronco e do trato digestivo. No passado, acreditava-se que os sipúnculos não pudessem reproduzir-se por mecanismos assexuados. Entretanto, na década de 1970, foi descoberto que ao menos algumas espécies têm essa capacidade. Os processos ocorrem por fissão transversal do corpo, por meio da qual o verme divide-se em um fragmento posterior pequeno e uma parte anterior maior. Em seguida, as duas partes recompõem os elementos perdidos. A regeneração da parte posterior pequena é muito notável, porque a maior parte de tronco, trato digestivo anterior, músculos retratores, nefrídios, introverte e outras estruturas precisa ser recomposta.

Com exceção de *Golfingia minuta*, os sipúnculos são gonocorísticos. (A partenogênese facultativa foi descrita em uma espécie, *Themiste lageniformis*.) Os gametas originam-se do revestimento celômico, geralmente perto da origem dos músculos retratores, e são liberados dentro do celoma, onde amadurecem. Os ovócitos maduros e os espermatozoides são captados seletivamente pelos nefrídios e armazenados em sacos até que sejam liberados. Os ovócitos são encapsulados por uma cobertura porosa laminada. Os machos desovam primeiro, provavelmente em resposta a algum estímulo ambiental, e a presença dos espermatozoides na água estimula as fêmeas a desovar.

Depois da fecundação externa, os zigotos passam pelo desenvolvimento espirálico típico. Em *Golfingia*, a clivagem é espiral e holoblástica, mas as dimensões relativas dos micrômeros e dos macrômeros diferem entre as espécies, dependendo da quantidade de vitelo do ovo. Tradicionalmente, embora os embriões dos sipúnculos fossem descritos como se contivessem uma "cruz moluscal", sugerindo uma relação direta com o filo Mollusca, hoje está claro que essa característica foi mal-interpretada e os sipúnculos agora são considerados um ramo altamente derivado dos anelídeos.

Os destinos celulares são os mesmos da maioria dos espirálicos típicos. Os primeiros três quartetos de micrômeros transformam-se na ectoderme e na ectomesoderme; a célula 4d forma a endomesoderme; e as células 4a, 4b, 4c e 4Q constituem a endoderme. A boca abre-se no lado do blastóporo e as células ectodérmicas circundantes crescem para dentro, formando um estomodeu. O ânus abre-se secundariamente na superfície dorsal (Figura 14.27). A mesoderme 4d prolifera em duas bandas, como ocorre nos outros anelídeos, mas forma o celoma troncular principal sem segmentação.

Quatro sequências de desenvolvimento diferentes foram reconhecidas entre os sipúnculos, inclusive desenvolvimento direto (p. ex., *Golfingia minuta*, *Phascolion crypta* e *Themiste pyroides*) e indireto. No desenvolvimento direto, os ovócitos são cobertos por uma geleia aderente e fixados ao substrato depois da fecundação. O embrião desenvolve-se diretamente em um indivíduo vermiforme, que eclode na forma de um sipúnculo juvenil diminuto. Os outros três padrões de desenvolvimento são indiretos e envolvem várias combinações de estágios larvais. Algumas espécies (p. ex., *Phascolion strombi*), desenvolvem uma larva trocófora lecitotrófica livre-natante, que passa, por metamorfose, a um verme juvenil. Os outros dois padrões de desenvolvimento incluem um segundo estágio larval – **larva pelagosfera** –, que se forma depois de uma metamorfose da larva trocófora (Figura 14.27 C). Em algumas espécies, as larvas trocófora e pelagosfera são lecitotróficas e têm vidas relativamente curtas (p. ex., algumas espécies de *Golfingia* e *Themiste*), enquanto em outras a larva pelagosfera é planctotrófica e pode viver por períodos longos no plâncton (p. ex., *Aspidosiphon parvulus*, *Sipunculus nudus*, membros do gênero *Phascolosoma*).

A transformação da larva trocófora em pelagosfera envolve uma redução ou a perda da banda ciliar prototrocal e a formação de uma banda metatrocal simples para locomoção. Por fim, a larva pelagosfera alonga-se, assenta e torna-se um sipúnculo juvenil (Figura 14.27 D).

Como foi estimado que as larvas pelagosfera de algumas espécies passam vários meses no plâncton e que os sipúnculos apresentam pouca variação morfológica, um número desproporcional de espécies – em comparação com quaisquer outros grupos de vermes marinhos – foi sugerido como cosmopolita. Entretanto, estudos detalhados do desenvolvimento e análises moleculares de várias espécies supostamente cosmopolitas mostraram que o cosmopolitismo não pode ser a norma e que, em vez disso, os sipúnculos têm muitas espécies crípticas ou pseudocrípticas.

Echiuridae | Equiúros ou vermes-colher

Echiuridae (do grego *echis*, "serpentiforme") são anelídeos secundariamente não segmentados. Existem cerca de 200 espécies conhecidas. O corpo vermiforme é subdividido em parte anterior, probóscide pré-oral e tronco dilatado (Figura 14.28). A boca está localizada na extremidade anterior do tronco, na base de um sulco ou calha da probóscide. A superfície do corpo pode ser lisa ou um pouco verrucosa e frequentemente tem cerdas (p. ex., *Protobonellia*). A maioria dos equiúros é muito grande. O tronco pode variar de poucos a até cerca de 40 cm, mas a probóscide pode alcançar até 1 a 2 m (p. ex., em *Ikeda*; Figura 14.29 B). Algumas formas, como a linda *Metabonellia* verde-esmeralda, mostram dimorfismo sexual notável, no qual os machos-"anões" medem menos de 1 cm de comprimento (Figura 14.28 E e F). *Bonellia* e seus parentes, inclusive *Metabonellia*, também são notáveis, porque suas fêmeas produzem o composto bonelina, que parece funcionar como antibiótico para o verme, mas também como um hormônio sexual para desenvolver os machos-anões. Os equiúros são sempre bentônicos e marinhos, ainda que algumas espécies conhecidas vivam em hábitats de água salobra. A maioria cava areia ou lama, ou vive em detritos da superfície ou nos cascalhos. Algumas espécies geralmente habitam as galerias rochosas escavadas por mariscos ou outros invertebrados perfurantes. Os equiúros são encontrados das regiões intertidais a uma profundidade de até 10.000 m.

Parede corporal e celoma

A parede corporal dos equiúros tem uma cutícula fina externa recobrindo a epiderme, que é composta de epitélio cuboide e contém várias células glandulares. As cerdas epidérmicas ocorrem, em algumas espécies, no segmento anterior ou posterior do tronco, ou em ambas as localidades. As camadas de músculos circulares, longutidinais e oblíquos formam a maior parte da parede corporal, que é revestida internamente pelo peritônio. A epiderme é ciliada ao longo do sulco ou calha da probóscide. A cavidade celômica é espaçosa e ocupa a maior parte do tronco – ela é interrompida apenas pelos mesentérios parciais entre o trato digestivo e a parede corporal. O líquido celômico contém eritrócitos com hemoglobina, em algumas espécies, e vários tipos de amebócitos.

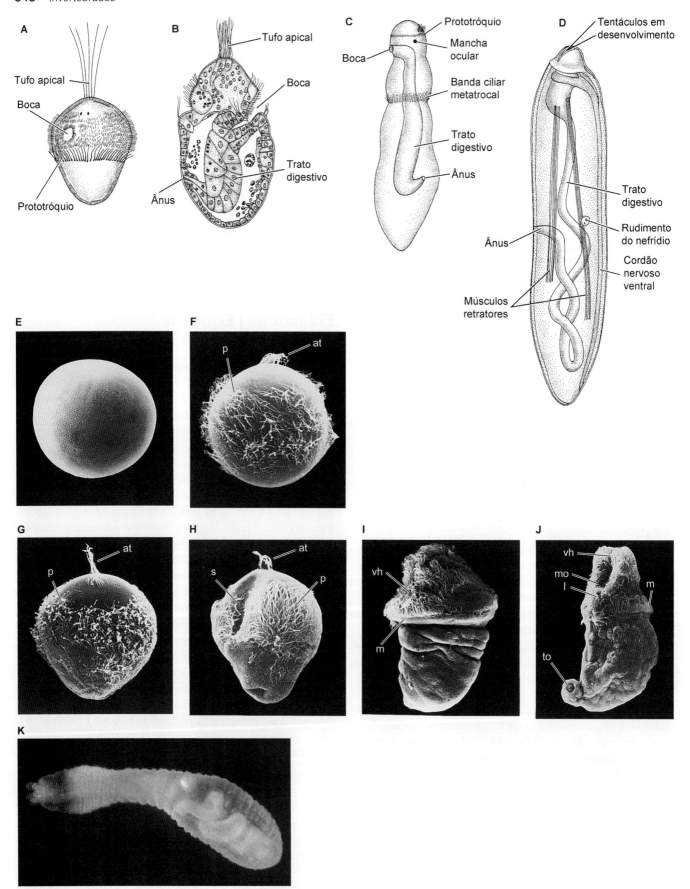

Figura 14.27 Desenvolvimento dos sipúnculos. **A.** Larva trocófora jovem de *Golfingia*. **B.** Larva mais adiantada de *Golfingia* (*corte*), mostrando o formato do trato digestivo e a posição do ânus. **C.** A larva pelagosfera de *Phascolosoma* tem metatróquio aumentado. **D.** Forma juvenil de um sipúnculo. **E** a **J.** Sequência de fotografias de microscopia eletrônica de varredura mostrando o crescimento da larva trocófora e sua metamorfose em larva pelagosfera em *Siphonosoma*. ap = tufo apical (do inglês, *apical tuft*); m = metatróquio; mo = região oral (do inglês, *mouth region*); l = lábio ciliado inferior; p = prototróquio; to = órgão de fixação terminal (do inglês, *terminal attachment organ*); vh = cabeça ciliada ventral (do inglês, *ventral ciliated head*); s = estomodeu (do inglês, *stomodeum*). **K.** Forma juvenil de *Siphonosoma* com 1 dia de vida. Observe o trato digestivo espiralado.

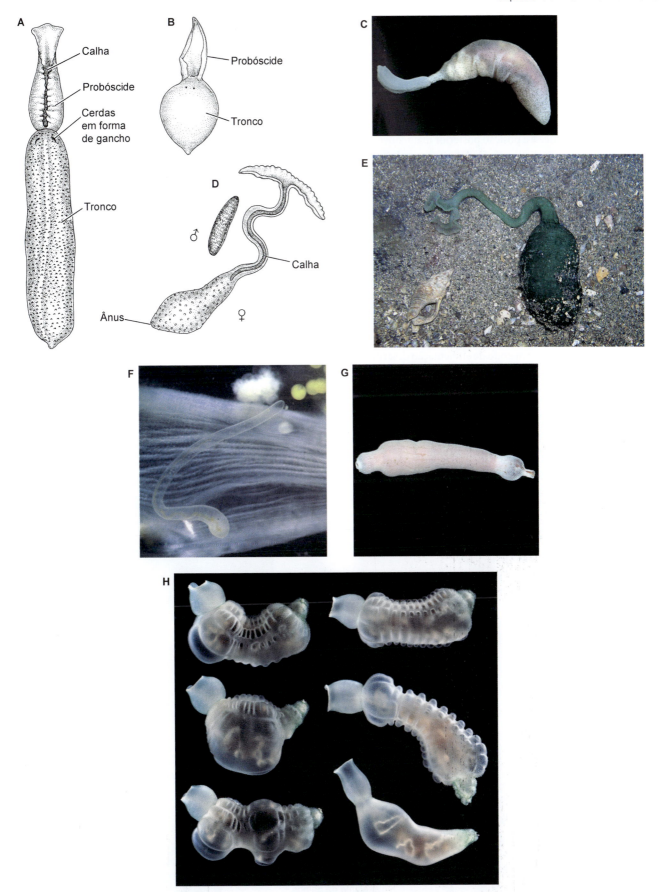

Figura 14.28 Representantes dos equiúros. **A.** Anatomia de *Echiurus*. **B.** *Listriolobus* com sua probóscide até certo ponto contraída. **C.** *Anelassorhynchus porcellus* retirada de sob uma rocha com a probóscide até certo ponto contraída. **D.** *Bonellia viridis*. Observe o dimorfismo sexual extremo entre a fêmea grande (com sua probóscide estendida) e o macho minúsculo. **E.** Fêmea de *Metabonellia haswelli* retirada de sua galeria, com sua probóscide bifurcada até certo ponto contraída e seu tronco de 15 cm. A cor verde é atribuída ao pigmento bonelina. **F.** Macho-anão de *Metabonellia haswelli* com 1 cm de comprimento, retirado do nefrídio de uma fêmea. **G.** *Urechis caupo*, ou "estalajadeiro-gorduroso". **H.** *Ochetostoma* sp., originado de Papua-Nova Guiné. Sequência de montagem de um espécime com ondas peristálticas ao longo do corpo.

Sustentação e locomoção

O celoma troncular volumoso constitui o esqueleto hidrostático contra o qual os músculos da parede corporal atuam. O celoma não septado permite movimentos peristálticos à medida que o animal cava ou se movimenta sobre vários sedimentos, cascalhos e pedregulhos. A probóscide é capaz de encurtar e alongar, mas não enrola para dentro e para fora, como a introverte dos sipúnculos. Essa característica e a posição posterior mais convencional do ânus permitem-nos distinguir facilmente esses dois grupos.

Alimentação e digestão

A maioria dos equiúros alimenta-se de detritos epibentônicos. Nos casos típicos, o animal vive com o tronco mais ou menos enterrado no substrato e a probóscide estendida sobre o sedimento (Figuras 14.28 C, E, G e H; 14.29). As células glandulares firmemente compactadas do epitélio da probóscide secretam muco, ao qual se aderem as partículas orgânicas dos detritos. A cobertura de muco e o alimento são transferidos ao longo de um sulco ventral da probóscide até a boca – geralmente conhecido como calha.

Uma exceção curiosa ao método de alimentação descrito antes ocorre em *Urechis*, vermes que vivem em galerias com formato de "U" nos substratos moles (Figura 14.28 G). Ao contrário da maioria dos equiúros, esses animais têm probóscides curtas e alimentam-se por filtragem da rede de muco. Um anel de glândulas situadas perto da junção entre a probóscide e o tronco produz uma rede mucosa afunilada, que é fixada à parede da galeria por meio da probóscide. A água é puxada para dentro da galeria e da lâmina de muco pelos movimentos peristálticos do corpo e as partículas alimentares suspensas com até 1 μm de diâmetro são retidas na rede com trama fina. Periodicamente, o animal prende a rede repleta de alimentos com sua probóscide e a ingere. O processo completo é semelhante ao comportamento alimentar de um outro anelídeo, *Chaetopterus*.

Em geral, o trato digestivo é muito longo e espiralado, estendendo-se da boca na base da probóscide até o ânus posterior (Figura 14.30). O trato digestivo anterior pode ter especializações regionais na forma de faringe, esôfago, moela e estômago, ou pode ser mais ou menos uniforme ao longo de seu comprimento. O intestino intermediário geralmente tem um sulco ciliado longitudinal ou **sifão**, que provavelmente facilita a passagem dos materiais pelo trato digestivo. Esse segmento também pode desviar o excesso de água proveniente do lúmen do trato digestivo médio e, desse modo, concentrar o alimento e facilitar sua digestão. O trato digestivo posterior, ou cloaca, varia em estrutura entre as diferentes espécies. Na maioria dos equiúros, a cloaca tem um par de divertículos excretores largos conhecidos

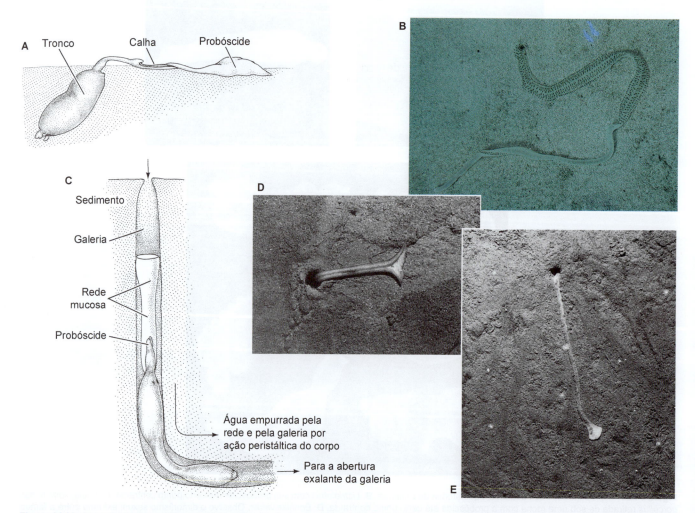

Figura 14.29 Alimentação dos equiúros. **A.** *Tatjanellia grandis* em uma postura "típica" de alimentação dos equiúros, com a probóscide estendida sobre a superfície do substrato. **B.** *Ikeda* sp., com sua probóscide longa estendendo-se de dentro da galeria no sedimento. **C.** Uma parte da galeria de *Urechis caupo*. O verme está em posição de alimentação. **D** e **E.** As probóscides dos equiúros dos mares profundos, que vivem a profundidades entre 2.635 e 7.570 m, respectivamente.

como vesículas anais (ver Excreção e Osmorregulação). Em algumas espécies de *Urechis*, a cloaca é dilatada e tem paredes finas. Nesses casos, a água é bombeada para dentro e para fora do trato digestivo posterior para que ocorram trocas gasosas.

Existem poucos dados referidos à fisiologia digestiva dos equiúros. O epitélio do trato digestivo médio é rico em células glandulares, que provavelmente produzem e secretam enzimas digestivas. A digestão e a absorção ocorrem principalmente no trato digestivo médio.

Circulação e trocas gasosas

A maioria dos equiúros tem um sistema circulatório fechado simples, embora esteja ausente em algumas formas (p. ex., *Urechis*), nas quais o líquido celômico contém eritrócitos com hemoglobina. O sistema circulatório geralmente inclui vasos longitudinais dorsal e ventral no tronco e vasos lateral e medial na probóscide (Figura 14.30 A). Os equiúros não têm um órgão bombeador predominante (exceto *Ikeda*) e o sangue é transportado pelas pressões geradas pelos movimentos corporais e pela musculatura fraca das paredes vasculares. A região principal de trocas gasosas de *Urechis* recebe água oxigenada por irrigação cloacal – a água é bombeada para dentro e para fora do ânus por ação muscular. Em outros equiúros, as trocas gasosas aparentemente poderiam ocorrer também através da superfície da probóscide.

Excreção e osmorregulação

As estruturas excretoras dos equiúros incluem metanefrídios pareados e vesículas anais (Figura 14.30). A quantidade de nefrídios varia: um par em *Bonellia* e *Metabonellia*; dois em *Echiurus*; três em *Urechis*; e centenas em *Ikeda*. Quando há apenas um ou poucos pares, os nefrídios estão localizados na região anterior do tronco e levam aos nefridióporos situados em um dos lados da linha mediana ventral. O grau com que esses nefrídios funcionam na excreção é questionável, pois eles parecem funcionar basicamente na captação dos gametas do celoma, delegando a responsabilidade excretora principal às vesículas anais. Os equiúros são osmorreguladores relativamente fracos, o que explica por que vivem geralmente apenas em hábitats totalmente marinhos.

As **vesículas anais** são bolsas ocas formadas por evaginações da cloaca perto do ânus (Figura 14.30 C). Cada vesícula tem de cerca de uma dúzia a cerca de até 300 funis ciliados que se abrem para o celoma. Alguns estudos foram realizados para definir a função dessas estruturas, mas elas aparentemente retiram as escórias metabólicas do líquido celômico e removem esse material para o intestino posterior e o ânus.

Sistema nervoso e órgãos dos sentidos

O sistema nervoso dos equiúros é simples, embora construído de forma geralmente semelhante à dos outros anelídeos. Um anel de nervos localizados no segmento anterior estende-se ao redor do intestino e para frente na região dorsal até a probóscide. No plano ventral do tronco, o anel nervoso reúne-se a um gânglio subesofágico, que se conecta com um cordão nervoso ventral aparentemente simples, o qual se estende por todo o comprimento do corpo (Figura 14.30 A a C). Esse sistema não tem gânglios e não há qualquer evidência de segmentação nos adultos. Entretanto, métodos imuno-histoquímicos e estudos de microscopia confocal de varredura a *laser* sugeriram uma organização metamérica do sistema nervoso dos diferentes estágios larvais de *Urechis caupo* e *Bonellia viridis*, que corresponde à configuração segmentar dos gânglios encontrados em outros anelídeos. Isso sugere que o tronco dos equiúros consista em uma série de segmentos reunidos. Os nervos laterais originam-se do cordão nervoso ventral e estendem-se até os músculos da parede corporal.

A inexistência de receptores sensoriais significativos está associada ao sistema nervoso simples e ao estilo de vida sedentário infauna dos equiúros. Esses animais são sensíveis ao toque, especialmente na probóscide, que pode retrair-se rapidamente quando detecta vibrações ou movimentos da água.

Reprodução e desenvolvimento

A reprodução assexuada não ocorre nos equiúros e poucos estudos foram realizados para avaliar a capacidade de regeneração. Ao menos algumas espécies mostram capacidades notáveis de cicatrização. Por exemplo, *Urechis caupo* (Figura 14.28 G) – o "estalajadeiro gorduroso" – é encontrado comumente nas lamas de baías e está sujeito à pressão intensa exercida pelos catadores de moluscos. Foi observado, na maré baixa, que quase todos os espécimes de *Urechis* têm cicatrizes, algumas atravessando quase o corpo inteiro – sinais de que os animais sobrevivem aos cortes provocados pelas pás dos catadores de moluscos.

Os sexos dos equiúros são separados. Os gametas são produzidos em regiões "gonadais" especializadas do peritônio ventral e são liberados no celoma para maturar. Quando estão maduros, os gametas acumulam-se nos nefrídios (ou no nefrídio único; Figura 14.30 C) até que ocorra a dispersão. Em geral, os nefrídios edemaciam acentuadamente quando estão repletos de ovócitos ou espermatozoides. Na maioria dos casos, ocorrem desovas epidêmicas seguidas de fecundação externa.

O desenvolvimento dos equiúros é semelhante ao dos outros anelídeos, com clivagem espiral e larvas trocóforas lecitotróficas (Figura 14.31 C), que podem movimentar-se no plâncton por até 3 meses à medida que se alongam progressivamente para formar os vermes adultos (Figura 14.31 D). As regiões do prototróquio e da episfera transformam-se na probóscide que, por isso, é equivalente ao prostômio e ao peristômio dos outros anelídeos. A região situada atrás da probóscide, aparentemente uma série de segmentos reunidos, forma o tronco. Como ocorre com outros anelídeos, o mesentoblasto 4d prolifera e forma o celoma troncular principal.

Os equiúros são bem-conhecidos por seu dimorfismo sexual e pela definição sexual ambiental encontrada em um clado, que inclui os gêneros *Bonellia*, *Ikeda* e *Metabonellia*. Nessas espécies, as fêmeas são muito grandes e alcançam comprimentos de até 2 m, incluindo a probóscide. Contudo, os machos podem medir de alguns milímetros a 1 cm ou mais, têm corpos simples e frequentemente conservam resquícios da ciliação larval. Os machos vivem no corpo da fêmea, ou em seus nefrídios (Figuras 14.28 D a F; 14.31 A). Estudos experimentais demonstraram que, quando ficam expostas às fêmeas, as larvas geralmente entram em metamorfose em machos-anões, mas normalmente se diferenciam em fêmeas quando se desenvolvem na ausência delas. Aparentemente, essa determinação sexual é causada por um hormônio masculinizante produzido pela pele da fêmea.

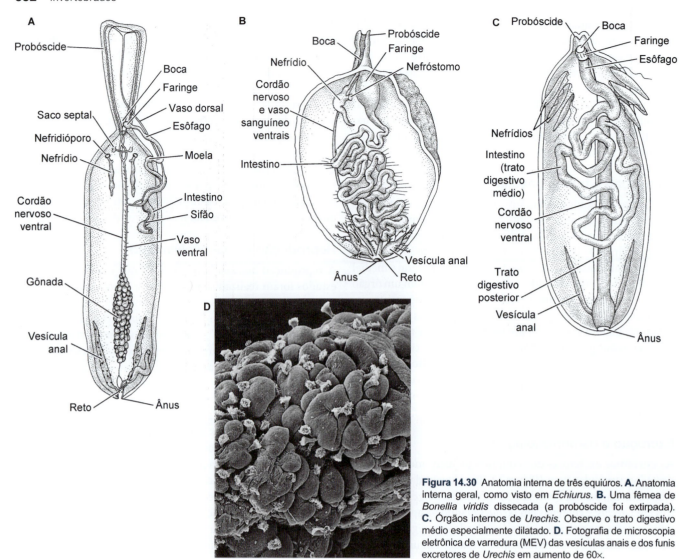

Figura 14.30 Anatomia interna de três equiúros. **A.** Anatomia interna geral, como visto em *Echiurus*. **B.** Uma fêmea de *Bonellia viridis* dissecada (a probóscide foi extirpada). **C.** Órgãos internos de *Urechis*. Observe o trato digestivo médio especialmente dilatado. **D.** Fotografia de microscopia eletrônica de varredura (MEV) das vesículas anais e dos funis excretores de *Urechis* em aumento de 60×.

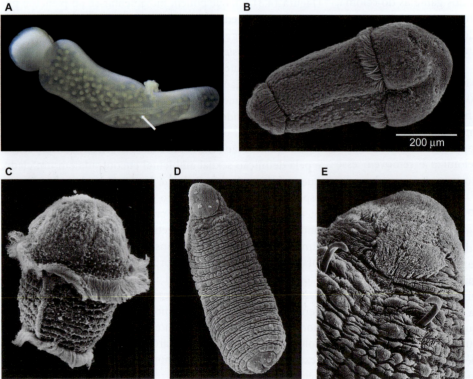

Figura 14.31 Reprodução dos equiúros. **A.** Macho-anão (*seta*) de *Metabonellia haswelli* dentro do nefrídio de uma fêmea, que também estava repleta de ovócitos maduros (*esferas amarelas*). **B.** Larva trocófora de *Metabonellia haswelli* em *vista ventrolateral* mostrando o prototróquio, o telotróquio e a ciliação em geral. Essa larva é sexualmente indiferenciada e torna-se uma fêmea quando se implanta no sedimento, ou um macho-anão quando se assenta dentro de uma fêmea de *Metabonellia*. **C.** Larva trocófora de *Urechis* (15 dias) exibindo o prototróquio, o neurotróquio e o telotróquio. Observe o aspecto segmentado do tronco, que é causado por bandas bem-definidas de células epiteliais. No passado, esse aspecto foi descartado como aparente, mas pode ser real. **D.** Forma juvenil de *Urechis* depois do assentamento. **E.** Extremidade anterior de uma forma juvenil (*vista ventral*). Observe o par de cerdas em forma de gancho.

Siboglinidae | Vermes-de-barba e seus parentes

Os siboglinídeos constituem uma família enigmática de anelídeos marinhos, vermes tubícolas, que constituem quatro grupos: Frenulata (do latim *frenulum*, "freio pequeno"), Vestimentifera (do latim *vestimentum*, "vestimenta"; e *ferre*, "portar"), o gênero *Sclerolinum* (do latim *sclera*, "duro"; e *linum*, "filamento") e o gênero *Osedax* (do latim *Os*, "osso"; e *edax*, "devorar"). Em conjunto, esses quatro grupos de vermes representam cerca de 180 espécies de criaturas estranhas, que têm suscitado debates taxonômicos e filogenéticos desde que foram descobertas, há cerca de 100 anos (Figuras 14.1 E, 14.32 e 14.33). Hoje reconhecemos o nome de família Siboglinidae, embora por algum tempo esses vermes fossem classificados em dois filos diferentes: Pogonophora e Vestimentifera. O grupo Frenulata (p. ex., *Lamellisabella, Siboglinum, Polybrachia*), que contém a maioria das espécies descritas, vive em tubos finos escavados nos sedimentos oceânicos em profundidades de 100 a 10.000 m. A maioria dos frenulados mede menos de 1 mm de diâmetro, mas pode chegar a medir entre 10 e 75 cm de comprimento (Figura 14.32 A a F). Os tubos podem ser três ou quatro vezes mais compridos que o corpo do verme. O outro grupo principal – Vestimentifera (p. ex., *Riftia, Sclerolinum, Tevina*) – é encontrado geralmente nos vazadouros de metano ou nas fontes hidrotermais (Figura 14.32 G a I). Esses vermes podem ser muito longos, com *Riftia pachyptila* alcançando mais de 1 m de comprimento e vários centímetros de diâmetro. O tronco anterior do corpo tem um colar e duas extensões laterais – a vestimenta –, das quais se origina seu nome. O gênero *Sclerolinum*, situado próximo dos Vestimentifera, vive nos fragmentos de madeira ou outros materiais vegetais, ou nos vulcões de lama do fundo do mar. Um grupo recém-descoberto de siboglinídeos faz parte do gênero *Osedax* (Figura 14.32 J a L), e todas as mais de 20 espécies conhecidas consomem ossos dos vertebrados, depositados no fundo do mar.

O corpo da maioria das espécies de siboglinídeos é dividido em quatro regiões (Figura 14.32 A). A cabeça (prostômio, como nos outros anelídeos) tem de 1 a mais de 200 palpos finos separados, ou uma coroa sofisticada de palpos reunidos. Esses palpos contêm minúsculas brânquias laterais conhecidas como **pínulas**. O **prostômio** (obscurecido nos vestimentíferos) é seguido de um **peristômio** curto (possivelmente, um segmento) e, por fim, de um **tronco** alongado, que é um único segmento muito comprido, geralmente contendo vários ânulos, papilas e um anel de cerdas. Depois do tronco, há uma série de segmentos com mais cerdas, conhecido como **opistossomo**.

Internamente, os siboglinídeos têm sistema circulatório fechado e sistema nervoso bem-desenvolvido. Há um par anterior de nefrídios grandes, como também se observa nos parentes próximos como Cirratuliformia e Sabellida. Os siboglinídeos adultos não têm trato digestivo. Existe certa confusão acerca da orientação corporal geral desses animais. Durante muitos anos, não estava claro se o cordão nervoso longitudinal principal era dorsal ou ventral. Aqueles que argumentavam ser dorsal usavam isso para justificar o *status* de filo para os pogonóforos (Pogonophora). Além disso, análises do desenvolvimento demonstraram um intestino transitório, ao menos em uma espécie. Contudo, hoje parece estar claro que o cordão nervoso é ventral, como em outros anelídeos e protostômios.

História taxonômica dos siboglinídeos

Os siboglinídeos têm uma história complicada e curiosa. Esses animais foram estudados inicialmente no início do século 20, depois da expedição do navio de pesquisas alemão *Siboga* à Indonésia. Os espécimes parciais aspirados por dragas (sem o opistossomo segmentado) foram enviados ao famoso zoólogo francês Maurice Caullery, que os estudou por mais de 40 anos e publicou vários artigos descrevendo esses vermes estranhos. Em 1914, Caullery nomeou os espécimes recolhidos inicialmente *Siboglinum weberi* e cunhou o nome da família Siboglinidae para esses vermes, embora não fosse capaz de classificá-los em nenhum dos filos conhecidos. Caullery sugeriu que eles estivessem próximos dos deuterostômios, como os hemicordados, porque tinham o que ele interpretou como um cordão nervoso dorsal. A próxima espécie descrita – *Lamellisabella zachsi* –, cerca de 20 anos depois, por um taxonomista russo de anelídeos (P. V. Uschakov), foi classificada em uma nova subfamília de sabelídeos. Contudo, um pesquisador sueco de anelídeos (K. E. Johansson) sugeriu que Uschakov tinha estudado os vermes de cabeça para baixo, afirmou que eles não eram anelídeos e cunhou o nome Pogonophora para colocá-los em uma nova classe de animais (mais uma vez, sem designação de filo). O problema de interpretação dorsal e ventral estava relacionado com o fato de que os animais adultos não tinham uma boca e um trato digestivo – características que normalmente facilitavam a orientação. Em 1944, os pogonóforos foram constituídos como um filo e como parte dos Deuterostomia. Um especialista russo – A. V. Ivanov – descreveu muitas espécies novas de siboglinídeos frenulados nas décadas seguintes e desenvolvem uma taxonomia elaborada de gêneros e famílias, enfatizando fortemente que os pogonóforos eram deuterostômios. Contudo, em 1964, os primeiros espécimes inteiros foram recolhidos com seu opistossomo segmentado e a afinidade desse grupo com os anelídeos foi novamente proposta por alguns pesquisadores. A descoberta dos enormes vestimentíferos no final das décadas de 1960 e 1970, os quais estavam associados aos vazadouros e às fontes hidrotermais, complicou ainda mais as controvérsias em torno desses animais, que foram interpretados por um cientista eminente (M. L. Jones) como situados mais perto dos anelídeos que dos pogonóforos, resultando na criação de dois filos separados: Pogonophora e Vestimentifera. Durante a década de 1990, dados morfológicos e análises do DNA começaram a deixar claro que esses vermes deveriam todos ser colocados em Annelida. De forma a esclarecer a confusão persistente do nome original criado por Caullery para esse grupo, o nome Siboglinidae é utilizado hoje em dia para descrever o grupo por inteiro.

Plano corpóreo dos siboglinídeos

Tubo, parede corporal e cavidade corporal

Os tubos alongados da maioria dos siboglinídeos são compostos de quitina e escleroproteína secretadas pela epiderme. Em geral, esses tubos são franjados, ondulados ou com outros formatos bem-definidos, frequentemente possuindo bandas com anéis de pigmento amarelo ou castanho (Figuras 14.1 E; 14.32 B e G). A extremidade superior do tubo projeta-se acima do substrato, de forma que os palpos do verme possam estender-se na água circundante. Os palpos dos siboglinídeos podem ser simples, como o encontrado na maioria das espécies (*Siboglinum*,

554 Invertebrados

Figura 14.32 C e D), ou ter um ou quatros pares, como se observa em *Osedax* (Figura 14.32 J a L); também podem variar numericamente de 14 a 40 (p. ex., *Polybrachia*; Figura 14.32 E) até centenas deles (p. ex., vestimentíferos; Figura 14.32 G a I). Os palpos podem ser livres uns dos outros (p. ex., *Osedax*, *Polybrachia*) ou parcialmente reunidos pela cutícula dos frenulados, como *Lamellisabella* e todos os vestimentíferos. Os vestimentíferos têm uma estrutura pareada chamada obturáculo como parte da coroa, mas sua origem ainda não foi definida.

Nos frenulados, a região situada logo atrás do prostômio parece ser um segmento com uma estrutura circular conhecida como **frênulo**, enquanto, nos vestimentíferos, a região equivalente é referida como **vestimenta**. Essas regiões provavelmente estão envolvidas na secreção do tubo. A maior parte do corpo – tronco – é um segmento único muito alongado. Nos frenulados, há uma cinta de cerdas a meia distância do tronco, que confirma sua configuração como um segmento único. Nos vestimentíferos, não há cerdas no tronco. As cerdas situadas à frente

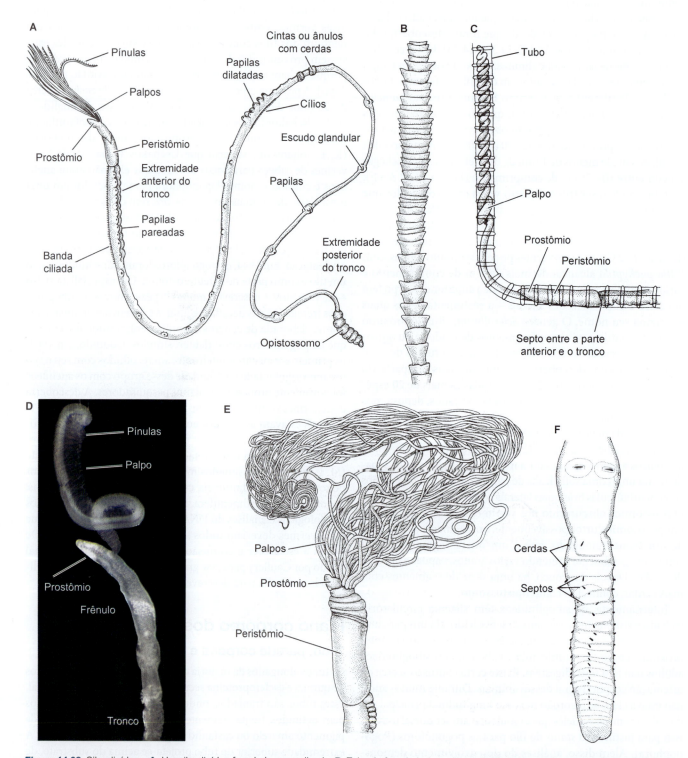

Figura 14.32 Siboglinídeos. **A.** Um siboglinídeo frenulado generalizado. **B.** Tubo do frenulado *Lamellisabella*. **C.** Extremidade anterior do frenulado monotentacular *Siboglinum* em seu tubo. **D.** Extremidade anterior de um espécime vivo do frenulado *Siboglinum veleronis*. **E** e **F.** Extremidades anterior e posterior do frenulado *Polybrachia*. **E.** O peristômio origina vários palpos em *Polybrachia*. **F.** Vista ampliada do opistossomo de *Polybrachia*.

(*continua*)

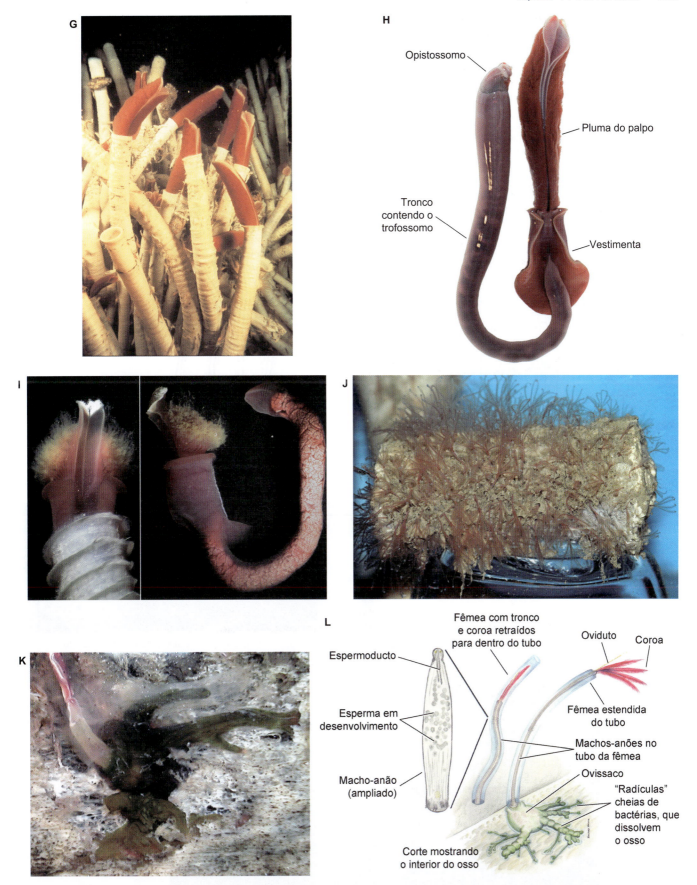

Figura 14.32 (*Continuação*) **G.** Espécimes vivos do vestimentífero *Riftia pachyptila* das fontes hidrotermais dos mares profundos. **H.** *Riftia pachyptila* dissecada do tubo mostrando as regiões do seu corpo. **I.** Vestimentífero *Tevnia jerichonana*. A extremidade anterior emerge do tubo quitinoso branco. O espécime foi retirado por inteiro do tubo e mostra a vestimenta, o tronco longo e o opistossomo segmentado. **J.** Dúzias de fêmeas *Osedax* emergindo da falange (osso do dedo) de uma baleia cinzenta. Cada fêmea tem quatro palpos. Observe os grandes vasos sanguíneos vermelhos, que se estendem ao longo do tronco para dentro dos palpos. **K.** Fêmea de *Osedax frankpressi* com osso dissecado para mostrar o ovissaco e as radículas. **L.** Ilustração esquemática de *Osedax rubiplumus* com osso extirpado, mostrando as principais regiões do corpo. Observe a posição do harém de machos no tubo transparente, onde se localizam perto do oviduto feminino.

do primeiro septo opistossomal desses grupos estão na extremidade do tronco e, desse modo, correspondem à cinta de cerdas unciformes do tronco dos outros sibolinídeos (Figura 14.5 Q). Na maioria dos sibolinídeos (exceto *Osedax*), o restante do corpo é uma região multissegmentada curta conhecida como opistossomo, que tem cerdas em formato de gancho ou cavilha.

A superfície do corpo é coberta por uma cutícula típica dos anelídeos. Pode haver papilas pequenas em várias partes do segmento anterior e espessamentos da cutícula no tronco, conhecidos como **placas cuticulares**. A epiderme é predominantemente formada de epitélio cúbico a colunar e inclui várias células glandulares, papilas e tratos ciliares. Abaixo da epiderme, há

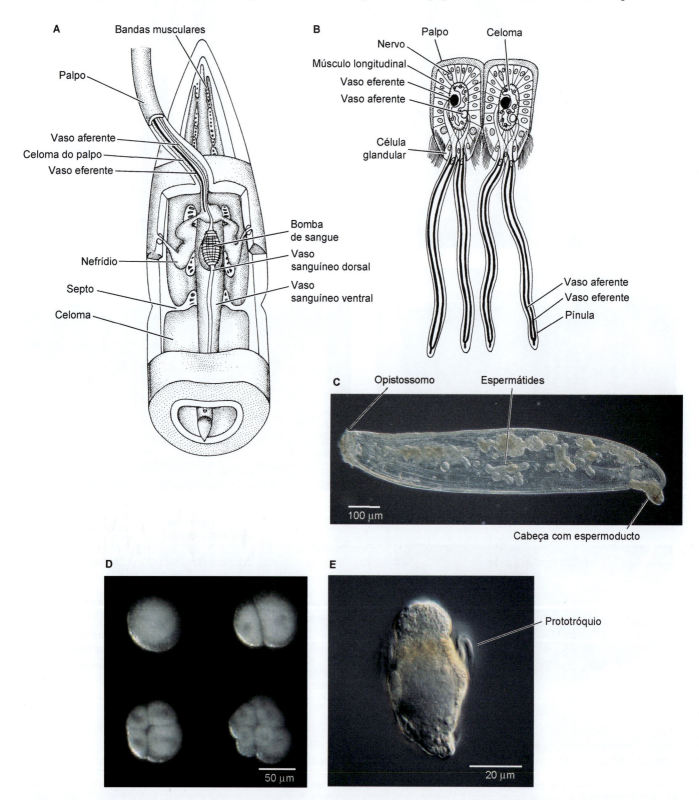

Figura 14.33 A. Extremidade anterior do frenulado *Siboglinum* (*vista dorsal em corte*). **B.** Dois palpos do frenulado *Lamellisabella* (*cortes transversais*) mostrando os elementos do sistema circulatório. **C.** Macho-anão de *Osedax rubiplumus*. O macho é basicamente uma larva com desenvolvimento interrompido; esse estágio mostra um opistossomo com dois segmentos. A cavidade do corpo contém os espermatozoides em desenvolvimento. **D.** Ovócito fecundado e os três primeiros estágios de clivagem de *Osedax*. O estágio de 8 células mostra claramente que a clivagem espiral ocorre nos sibolinídeos. **E.** Larva trocófora de *Osedax* (antes da formação do opistossomo).

uma camada fina de músculo circular e uma camada espessa de músculo longitudinal, essa última desenvolvida em bandas ou feixes em algumas partes do corpo. Os siboglinídeos têm celoma espaçoso no tronco e suas extensões adentram a região da cabeça e os palpos.

Nutrição

Os siboglinídeos não têm um trato digestivo funcional e, durante muitos anos, o método de nutrição desses vermes relativamente grandes era enigmático. As primeiras sugestões eram de que esses vermes subsistiriam na matéria orgânica dissolvida da água do mar, que fluiria pelos palpos e dos segmentos lodosos nos quais esses animais estão enterrados. Outras sugestões eram de que a matéria orgânica particulada suspensa e/ou as bactérias seriam filtradas da coluna de água. Hoje em dia, essas hipóteses foram suplantadas pelo entendimento de que todos os siboglinídeos têm bactérias simbióticas em seus corpos, a partir das quais eles obtêm sua nutrição. Isso foi descoberto primeiramente em *Riftia pachyptila* pelo então estudante de graduação Colleen Cavanaugh e seus colaboradores. *Riftia* e seus parentes vivem em águas ricas em sulfito nas proximidades das fontes hidrotermais ou dos vazadouros de metano, e as gamaproteobactérias quimioautotróficas simbiontes habitam a região do tronco conhecida como **trofossomo**. Esses simbiontes produzem ATP causando oxidação do sulfito e redução do CO_2 em compostos orgânicos. A transferência da matéria orgânica dos simbiontes ao hospedeiro ocorre por translocação de aminoácidos e outros compostos liberados pelas bactérias e por digestão direta das células simbiontes. Aparentemente, os estágios de vida livre das bactérias são acolhidos por um trato digestivo transitório ou pela pele dos estágios juvenis iniciais dos vermes. Hoje em dia, um trofossomo com bactérias simbióticas foi identificado em todos os siboglonídeos estudados. A *Osedax* é singular nesse sentido porque, em vez de conter gamaproteobactérias quimioautotróficas, o trofossomo abriga gamaproteobactérias heterotróficas (que fazem parte do clado Oceanospirillales). Isso se deve ao fato de que *Osedax* depende da matéria orgânica do osso, como colágeno e possivelmente gorduras. As bactérias do clado Oceanospirillales podem explorar esses vermes e, mais tarde, são digeridas por eles. Em *Osedax*, existem "radículas" de tecido (Figura 14.32 J a L), que se ramificam através do osso e contêm as bactérias. A epiderme das radículas secreta ácido para dissolver o osso rígido, permitindo seu acesso às proteínas e gorduras.

Circulação, trocas gasosas, excreção e osmorregulação

Todos os siboglinídeos têm um sistema circulatório fechado bem-desenvolvido (Figura 14.33 A). Os vasos sanguíneos principais são longitudinais dorsal e ventral, que se estendem praticamente por todo o comprimento do corpo. O vaso dorsal é dilatado como uma bomba muscular na parte anterior do corpo. Como também ocorre com outros anelídeos, o sangue flui em direção anterior no vaso dorsal e posterior no vaso ventral. Anteriormente, os vasos ramificam-se extensivamente. Alguns desses vasos irrigam partes da região cefálica e levam aos vasos aferentes e eferentes dos palpos (Figura 14.33 B). As trocas também ocorrem na parte posterior do corpo por meio de uma série de anéis sanguíneos intercomunicantes. Em *Osedax*, os vasos sanguíneos ramificam-se em radículas.

O sangue contém hemoglobina em solução, bem como várias células e inclusões semelhantes a células. As trocas gasosas provavelmente ocorrem através das paredes finas dos palpos. Nas espécies que vivem perto das fontes hidrotermais, os problemas de suprimento de oxigênio e toxicidade do enxofre são especialmente críticos. Esses vermes (p. ex., *Riftia pachyptila*) vivem onde a água sulforosa, anóxica e quente das fontes hidrotermais mistura-se com a água oxigenada e fria circundante. Desse modo, esses animais ficam expostos às oscilações potencialmente dramáticas da temperatura e dos teores de oxigênio e sulfito disponíveis no ambiente. Esses vermes têm concentrações muito altas de hemoglobina no líquido de suas cavidades corporais, assim como em seu sangue. Essa hemoglobina parece conservar sua afinidade alta pelo oxigênio em toda a faixa ampla de temperaturas. Além disso, há uma proteína singular de ligação do sulfito em seu sangue, que serve para concentrar o enxofre, evitar os efeitos tóxicos do sulfito e transportar o enxofre às bactérias quimioautotróficas. Curiosamente, adaptações semelhantes estão presentes no anelídeo cavador *Arenicola*, que geralmente vive em lamas anóxicas dos ambientes marinhos rasos.

Um par de grandes metanefrídios anteriores fica em contato direto com o sistema circulatório, como se observa nos cirratuliformes e nos sabelídeos diretamente relacionados. Em alguns vestimentíferos, pode haver um único poro ou dois poros exteriores fusionados.

Sistema nervoso e órgãos dos sentidos

O sistema nervoso dos siboglinídeos é intraepidérmico em sua maior parte. Um anel nervoso bem-desenvolvido situado pouco atrás do prostômio contém um gânglio ventral grande. Um único cordão nervoso ventral origina-se desse gânglio e estende-se para todas as regiões do corpo. Em muitos casos, existem gânglios (ou, no mínimo, inchaços nervosos) nas junções das diversas regiões do corpo; há um alargamento do cordão nervoso na parte anterior do tronco. Nos frenulados que foram estudados, o opistossomo contém três cordões nervosos distintos que, aparentemente, contêm gânglios segmentares. Entretanto, os vestimentíferos têm um único cordão nervoso opistossomal, sem gânglios.

Os órgãos dos sentidos não estão bem-compreendidos. Os palpos provavelmente contêm receptores táteis, na medida em que os vermes são sensíveis às vibrações e podem retrair-se rapidamente para dentro de seus tubos, quando perturbados. Nenhum siboglinídeo tem olhos ou órgãos nucais descritos.

Reprodução e desenvolvimento

Nada sabemos quanto à reprodução assexuada ou à regeneração desses animais. Embora uma espécie (*Siboglinum fiocardicum*) seja hermafrodita simultânea, nos demais casos os sexos dos siboglinídeos são separados e os vermes têm um par de gônadas no tronco. Nos machos dos frenulados e dos vestimentíferos, espermoductos pareados estendem-se dos testículos aos gonóporos localizados perto da extremidade anterior do tronco. À medida que os espermatozoides avançam ao longo desses ductos, eles são empacotados. Nos frenulados, essas estruturas aparecem na forma de espermatóforos com um envoltório ao redor dos espermatozoides, enquanto nos vestimentíferos os espermatozoides formam grupos conhecidos como espermatozeugmata. *Osedax* é singular porque os machos geralmente são anões (Figuras 14.32 L e 14.33 C) e podem ser mais de 100.000 vezes menores que a fêmea – na verdade, os machos são larvas com desenvolvimento interrompido, que se transformam em espermatozoides. Eles vivem nos tubos das fêmeas e usam seu suprimento escasso de vitelo para formar espermatozoides antes de morrer. As fêmeas podem abrigar até 600 machos em um "harém".

O sistema feminino dos frenulados e dos vestimentíferos inclui um par de ovários, a partir dos quais se originam os ovidutos que levam aos gonóporos situados nas laterais do tronco. Em *Osedax*, as fêmeas têm um ovissaco grande, que está localizado no osso "hospedeiro" e pode representar até um terço da massa corporal. Essa estrutura leva a um oviduto único, que se estende dorsalmente ao longo do tronco e termina na pluma dos palpos. Os ovos de todos os siboglinídeos são esferoidais alongados e seu desenvolvimento é lecitotrófico.

A fecundação é interna nos vestimentíferos e em *Osedax*, e esse provavelmente também é o caso dos frenulados. Nos frenulados e vestimentíferos, os machos liberam espermatozeugmatas ou espermatóforos, que são levados às plumas e aos tubos das fêmeas próximas. Os espermatozoides terminam no oviduto, que pode conter áreas de armazenamento do esperma. Em *Osedax*, os espermatozoides terminam de alguma forma no próprio ovário. Alguns frenulados incubam as larvas no tubo, enquanto os ovócitos fecundados de todos os vestimentíferos e de *Osedax* aparentemente são liberados no mar. Cada fêmea de *Osedax* pode liberar entre 400 e 800 ovos por dia e as larvas podem sobreviver por várias semanas no plâncton. Os vestimentíferos também produzem numerosos ovos e vivem por 1 mês ou mais na forma larval. Esse índice elevado de fecundidade é necessário, porque os hábitats desses vermes são muito restritos e a maioria das larvas provavelmente não consegue encontrar um lugar apropriado ao assentamento.

A clivagem é espiral em todos os siboglinídeos e hoje parece que os relatos iniciais de clivagem radial eram equivocados (Figura 14.33 D). As larvas trocóforas desenvolvem-se (Figura 14.33 E) e acrescentam alguns segmentos, que depois se transformam no opistossomo. No macho-anão de *Osedax*, dois segmentos são formados, contendo cerdas em forma de gancho. Um trato digestivo transitório forma-se durante o desenvolvimento e nas formas juvenis de no mínimo alguns vestimentíferos e frenulados. As células internas situadas perto da suposta extremidade posterior do embrião proliferam e formam espaços dentro dos segmentos opistossomais à medida que se desenvolvem – um processo extremamente semelhante ao crescimento teloblástico e à esquizocelia encontrados em outros anelídeos.

Hirudinoidea | Sanguessugas e seus parentes

Os hirudinóideos são anelídeos clitelados, cujos parentes mais próximos são os lumbriculídeos (Lumbriculidae) (Figura 14.34 a 14.41). Esses animais têm um número fixo de segmentos, que tradicionalmente são ordenados por numerais romanos (Figura 14.34 C). Em uma tradição incomum com respeito aos outros anelídeos, o prostômio e o peristômio (quando presentes) são contados como segmentos e, desse modo, os corpos dos branquiobdelídeos são contados como se tivessem 15 segmentos (embora não tenham prostômios), os acantobdelídeos com 29 ou 30 segmentos (não têm prostômio e peristômio) e os hirudinídeos (sanguessugas) com 34 segmentos. Em geral, esses segmentos são obscurecidos pelas anulações superficiais, que dão a impressão de que existem muito mais segmentos (Figura 14.34). Externamente, os hirudinóideos geralmente apresentam ventosas anterior e posterior e clitelo, embora não tenham parapódios e cerdas (ainda que os acantobdelídeos tenham cerdas em alguns segmentos anteriores). Internamente, os acantobdelídeos têm celoma e septos segmentares típicos dos anelídeos, enquanto os branquiobdelídeos têm ao menos alguns segmentos com espaços celômicos. Contudo, o celoma das sanguessugas é reduzido a uma série de canais e espaços interconectados, sem septos dispostos em série.

Em geral, pensamos nas sanguessugas como os sugadores de sangue popularizados pelas histórias e filmes de aventura e, indiscutivelmente, esse é o estado ancestral dos hirudinóideos. Contudo, muitos hirudinóideos são predadores de vida livre e alguns são escavadores carniceiros. A maioria mede menos de 0,5 a cerca de 2 cm de comprimento, embora uma espécie da bacia amazônica – *Haementeria ghilianii* – possa alcançar 45 cm de comprimento. Os acantobdelídeos e os branquiobdelídeos são grupos que vivem exclusivamente em água doce, enquanto as sanguessugas são encontradas em águas doce e salgada, e muitas também vivam em ambientes terrestres úmidos. Os vermes que vivem parte ou todo o tempo como parasitas alimentam-se dos líquidos corporais de vários hospedeiros, vertebrados e invertebrados. Algumas dessas sanguessugas atuam como hospedeiros intermediários e vetores de alguns parasitas protistas, nematódeos e cestódeos.

Muitos hirudinóideos são cilíndricos, enquanto outros são achatados em sentido dorsoventral. Em geral, o corpo pode ser dividido em cinco regiões, embora os pontos de divisão sejam até certo ponto arbitrários. A região cefálica anterior é composta pelo prostômio e peristômio muito reduzidos (ou inexistentes) e pelos segmentos corporais anteriores. A região anterior geralmente tem alguns olhos e uma boca ventral circundada pela ventosa oral ou anterior (note que a ventosa não existe em *Acanthobdella peledina*). Nas sanguessugas, os segmentos V a VIII formam a região pré-clitelar, que é seguida da região clitelar (segmentos IX a XI). O clitelo é aparente apenas durante os períodos de atividade reprodutiva. A região pós-clitelar ou intermediária do corpo abrange os segmentos XII a XXVII. A região posterior do corpo inclui a ventosa posterior orientada ventralmente, que é formada por sete segmentos reunidos (XXVIII a XXXIV). Nos branquiobdelídeos e acantobdelídeos, as contagens são diferentes porque esses vermes têm quantidades menores de segmentos.

Além das ventosas, dos gonóporos e dos nefridióporos, os hirudinóideos têm poucos elementos externos bem-definidos. Em algumas formas, a superfície do corpo tem tubérculos e, em outras, inclusive o piscicolídeo *Branchellion*, brânquias laterais (Figura 14.34). As cerdas estão presentes nos primeiros segmentos dos acantobdelídeos, mas não ocorrem em quaisquer outros hirudinóideos. Existem muitas informações acerca da anatomia e da fisiologia das sanguessugas (Hirudinida), o que está refletido no resumo subsequente.

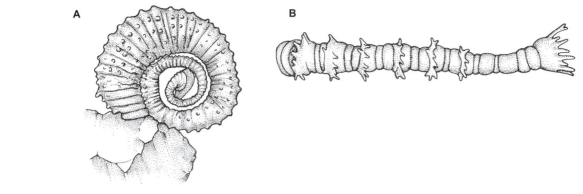

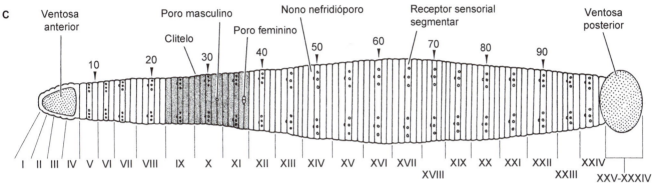

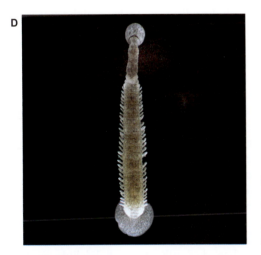

Figura 14.34 Representantes dos hirudinóideos. **A.** *Acanthobdella peledina* (ordem Acanthobdellida), um parasita de "tempo parcial" nos peixes de água doce. **B.** *Stephanodrilus* (ordem Branchiobdellida). Esses vermes pequenos (menos de 1 cm) vivem nos crustáceos de água doce, especialmente nos lagostins. **C.** *Vista ventral* de *Hirudo medicinalis* (Arhynchobdellida). Os números romanos indicam os segmentos verdadeiros; os numerais arábicos denotam os ânulos superficiais. **D.** *Branchellion parkeri*, um Piscicolidae (Rhyncobdellida).

Plano corpóreo dos hirudinóideos

Parede corporal e celoma

O corte transversal de uma sanguessuga é drasticamente diferente de outros anelídeos, em grande parte graças a uma camada de tecido conjuntivo dérmico espesso sob a epiderme e à redução do celoma (Figura 14.35). Os músculos circulares e longitudinais típicos estão presentes, bem como bandas de músculos dorsoventrais e diagonais (oblíquos) entre as camadas circular e longitudinal. A derme densa preenche as áreas entre as bandas musculares. Os compartimentos celômicos septados são encontrados apenas nos acantobdelídeos (nos primeiros cinco segmentos) e na região intermediária do corpo dos branquiobdelídeos. Em todos os hirudíneos, o celoma está limitado a vários canais e espaços pequenos. Esses espaços ampliam o sistema circulatório dos rincobdelídeos (sanguessugas com probóscide) e substituem-no por completo nos arrincobdelídeos (sanguessugas com mandíbula).

Sustentação e locomoção

Com a exceção dos acantotobdelídeos, os hirudinóideos mostram estrutura corporal mais ou menos sólida, e a ausência de um celoma espaçoso impede os tipos de locomoção encontrados nos outros anelídeos. Eles não escavam, mas a maioria habita as superfícies; as ventosas dos branquiobdelídeos e hirudinídeos servem como pontos de contato com o substrato, contra o qual a ação muscular pode atuar (Figura 14.36). Iniciando com a ventosa posterior fixada, os músculos circulares são contraídos e fazem com que todo o corpo se alongue para frente; em seguida, a ventosa anterior é fixada. Depois, os músculos longitudinais contraem, encurtando o corpo e puxando a parte posterior para frente. Algumas sanguessugas também conseguem nadar por meio de ondulações dorsoventrais do corpo; esse comportamento é um mecanismo importante para localizar e entrar em contato com hospedeiros não bentônicos.

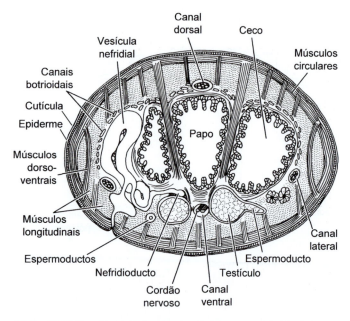

Figura 14.35 Parede corporal e organização interna geral de *Hirudo* (corte transversal), no qual o sistema circulatório original foi perdido e substituído por canais celômicos.

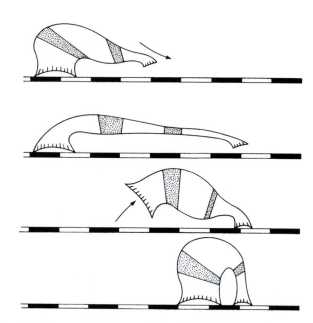

Figura 14.36 Locomoção de uma sanguessuga avançando da esquerda para a direita e utilizando as ventosas anterior e posterior para avançar distâncias em "polegadas de verme".

Alimentação e digestão

Como outros anelídeos, o trato digestivo da sanguessuga inclui trato digestivo anterior, médio e posterior (Figura 14.37). Como já foi mencionado, o trato digestivo anterior inclui boca, cavidade bucal, mandíbulas ou probóscide, faringe e esôfago. Também há massas de glândulas salivares unicelulares, que secretam hirudina nas ventosas sanguíneas mandibulares e podem produzir enzimas para facilitar a penetração da probóscide nas formas parasitas que não têm mandíbulas. Depois do esôfago está o trato digestivo médio alongado, geralmente conhecido com estômago ou papo. Essa região contém cecos grandes na maioria das sanguessugas, possibilitando grande capacidade de armazenamento e também uma superfície ampla. Em alguns tipos de sanguessugas, o trato digestivo posterior médio é estruturalmente diferenciado do segmento anterior. Um reto curto conecta o trato digestivo médio ao ânus, que está localizado em posição dorsal perto da junção do corpo e a ventosa posterior. Pouco se sabe sobre a digestão dos hirudinóideos, exceto algumas informações fragmentares sobre as sanguessugas que se alimentam de sangue. Aparentemente, as enzimas do trato digestivo médio incluem apenas exopeptidases, o que provavelmente explica a taxa extremamente lenta de digestão desses animais (uma sanguessuga medicinal pode demorar vários meses para digerir o conteúdo de uma refeição completa de sangue).

A modalidade de alimentação por sangue e outros métodos alimentares na filogenia dos hirudinóideos levou à conclusão que a primeira modalidade é a condição ancestral do grupo, com várias perdas nesse modelo de alimentação. Os acantobdelídeos *Acanthobdella peledina* e *Paracanthobdella livanowi* vivem na pele (em geral, nos raios das nadadeiras) dos peixes de água doce e sugam o sangue de seus hospedeiros, embora também tenham sido vistos comendo larvas dos insetos. *Acanthobdella peledina* é encontrada no norte da Europa e na Rússia, enquanto *P. livanowi* está limitada à península de Kamchatka. Também existem relatos desses vermes no Alasca, embora a identificação das espécies requeira estudos adicionais. Os branquiobdelídeos são vermes minúsculos, que vivem nos lagostins de água doce. A extremidade anterior da faringe contém um par de mandíbulas dentadas (Figura 14.37). Esses animais comem outros epizoítos que vivem no hospedeiro, mas também se alimentam dos ovos e líquidos corporais do hospedeiro.

A maioria das linhagens de hirudinídeos ordenados por famílias é representada por ectoparasitas que se alimentam sugando sangue ou outros líquidos corporais dos seus hospedeiros. O restante é constituído de predadores de invertebrados pequenos ou carniceiros de matéria animal morta. A alimentação inclui uma probóscide faríngea ou estruturas cortantes protrusíveis na forma de mandíbulas ou estiletes cortantes. Os membros da família Rhynchobdellida parafilética têm probóscide faríngea, mas não têm mandíbulas, enquanto os membros da família Arhynchobdellida não têm probóscide e, com algumas exceções, todos têm mandíbulas (Figura 14.34). Em razão de sua importância médica, muitos estudos foram realizados sobre as sanguessugas parasitas, especialmente as que afetam o gado, os animais de competição e os seres humanos. As sanguessugas que se alimentam de sangue não têm um hospedeiro específico e a maioria não se mantém fixada a um único hospedeiro por longo tempo; algumas podem alimentar-se de outras formas quando não estão fixadas a um hospedeiro apropriado.

Algumas espécies de sanguessugas alimentam-se exclusivamente de hospedeiros invertebrados, incluindo anelídeos (até mesmo outras sanguessugas), gastrópodes e crustáceos, mas a maioria delas parasita vertebrados. Algumas sanguessugas são parasitas dos membros de determinados grupos de vertebrados. Por exemplo, a maioria das piscicolídea (Rhynchobdellida) alimenta-se do sangue de peixes (inclusive alguns peixes dos mares profundos e das fontes hidrotermais; Figura 14.37 D), enquanto as ozobranquídeas (outra família Rhynchobdellida) parecem preferir répteis aquáticos, como tartarugas e crocodilos.

As sanguessugas medicinais europeias (p. ex., *Hirudo medicinalis* e *Hirudo verbana*), que normalmente se alimentam dos anfíbios, consomem prestativamente sangue humano. A captura excessiva desses animais fez com que *Hirudo medicinalis* seja atualmente classificada como em risco de extinção pelo IUCN, sendo protegida em grande parte do seu território. A lesma medicinal norte-americana é *Macrobdella decora*, e outras espécies são usadas com finalidade medicinal na Ásia. O nome comum é derivado do uso dessas sanguessugas para retirar sangue de pacientes acometidos por várias doenças cuja cura ou recuperação, no passado, acreditava-se ser conseguida por meio dessa "sangria". Hoje em dia, as sanguessugas medicinais são usadas para reduzir hematomas em áreas do corpo difíceis de tratar cirurgicamente, bem como para evitar formação de escaras. O anticoagulante bombeado para dentro da ferida pela sanguessuga (hirudina) permite que a drenagem do sangue continue, mesmo depois que o animal foi removido, o que facilita a cicatrização. Além do anticoagulante, algumas sanguessugas produzem outros compostos químicos, inclusive anestésicos e vasodilatadores. Quando se alimentam, as sanguessugas ancoram-se ao hospedeiro por meio das ventosas e pressionam a boca contra a superfície do seu corpo. As sanguessugas mandibulares têm três mandíbulas semelhantes a lâminas, cada qual com formato de meio círculo. As mandíbulas são ajustadas em ângulos de quase 120° entre si, de modo que suas bordas cortantes formem uma incisão com formato de "Y". Os músculos giram as mandíbulas para frente e para trás, produzindo cortes na pele do hospedeiro. A sanguessuga libera um anestésico à medida que faz essas incisões e, em seguida, secreta hirudina dentro da ferida; o sangue do hospedeiro é sugado pela faringe muscular. O anestésico dessensibiliza a pele da vítima, de forma que os vermes possam passar despercebidos enquanto fazem sua refeição de sangue. Embora as sanguessugas predadoras alimentem-se frequentemente, as sugadoras de sangue alimentam-se a intervalos longos e muito irregulares, dependendo da disponibilidade de hospedeiros. Quando se alimentam, eles ingurgitam quantidades de sangue várias vezes acima do seu peso (Figura 14.37 D).

Circulação e trocas gasosas

A maioria das sanguessugas é relativamente grande e muito ativa. A redução drástica do celoma resultou no achatamento do corpo e na formação de cecos digestivos (ou divertículos) extensos em algumas linhagens. Essas duas modificações reduziram as distâncias de difusão interna. Nos rincobdelídeos, esse sistema é a combinação de um sistema circulatório fechado verdadeiro com a redução dos espaços celômicos; nos arrincobdelídeos, o sistema circulatório original foi totalmente substituído por outro derivado unicamente do celoma reduzido. Com essas duas configurações, o líquido circulatório é movimentado no sistema por ação dos vasos contráteis e pelos movimentos do corpo em geral (Figura 14.38). A troca gasosa é realizada por difusão através da parede do corpo; as brânquias estão presentes apenas nas

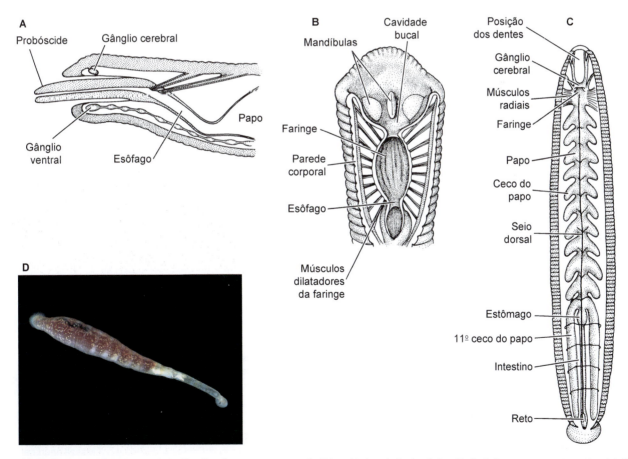

Figura 14.37 Estruturas alimentares e trato digestivo das sanguessugas. **A.** Extremidade anterior (*corte longitudinal*) de uma sanguessuga rincobdelídea. **B.** Extremidade anterior de uma sanguessuga arrincobdelídea (*vista em corte*). Observe a configuração das mandíbulas e a musculatura da faringe sugadora. A abertura oral é pressionada contra a pele do hospedeiro e as três mandíbulas são giradas para frente e para trás, cortando e perfurando a pele. **C.** Estrutura básica do trato digestivo de *Hirudo*. **D.** *Johanssonia*, uma sanguessuga piscicolídea encontrada no fundo do mar em um vazadouro de metano, com seu corpo cheio de sangue sugado de um peixe hospedeiro.

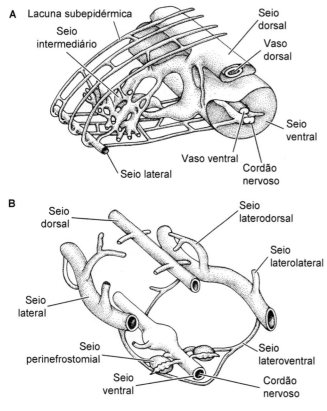

Figura 14.38 Sistemas celômico e circulatório de duas sanguessugas. **A.** Parte dos sistemas circulatório e celômico de *Placobdella*, uma sanguessuga rincobdelídea na qual o sistema circulatório persiste e está associado aos canais celômicos. **B.** Parte do sistema celômico de *Hirudo*, uma sanguessuga arrincobdelídea. Nesse caso, o sistema circulatório foi completamente substituído pelos canais celômicos.

subentérico formam um anel nervoso ao redor do trato digestivo anterior. Dois cordões nervosos longitudinais originam-se da parte ventral desse anel e estendem-se posteriormente ao longo do corpo. Os cordões nervosos são separados em algumas áreas, mas os gânglios segmentares são fundidos. Os nervos periféricos incluem neurônios sensoriais abundantes, provenientes do gânglio cerebral, e neurônios motores e sensoriais, dispostos em segmentos a partir dos gânglios dos cordões nervosos ventrais.

As sanguessugas são extremamente sensíveis a certos estímulos ambientais, embora seus receptores sensoriais sejam relativamente simples. Elas têm de dois a dez olhos dorsais com complexidade variável e papilas sensoriais especiais, as quais contêm cerdas que se estendem da superfície do corpo. Com exceção dos olhos, as funções dos vários órgãos dos sentidos das sanguessugas não estão bem-definidas, e a maior parte das informações disponíveis está baseada nas respostas comportamentais aos diferentes estímulos. As sanguessugas tendem a ser negativamente fototáxicas. Entretanto, algumas espécies sugadoras de sangue reagem positivamente à luz quando se preparam para alimentar-se. Essa alteração comportamental provavelmente leva as sanguessugas a movimentar-se para áreas em que é mais provável que encontrem um hospedeiro. A maioria das sanguessugas também pode detectar movimentos ao seu redor, como se pode evidenciar por suas respostas à sombra que passa sobre seu corpo. Essa reação foi observada especialmente nas sanguessugas que atacam peixes. Além disso, as sanguessugas reagem aos estímulos mecânicos na forma de toque direto e vibrações do ambiente. Elas também são quimiossensíveis e atraídas pelas secreções do hospedeiro em potencial. Algumas sanguessugas aquáticas, e até mesmo terrestres, que preferem hospedeiros mamíferos de sangue quente, aparentemente são atraídas aos

ozobranquídeas e piscocolídeas. Algumas sanguessugas têm hemoglobina em solução no líquido circulatório, que aparentemente é responsável por cerca de 50% de sua capacidade de transportar oxigênio.

Excreção e osmorregulação

As estruturas excretoras dos hirudinóideos são pareadas e consistem em metanefrídios dispostos em segmentos – geralmente ausentes em vários segmentos anteriores e posteriores. Os nefróstomos são funis ciliados associados aos vasos circulatórios celômicos (quando presentes). Amônia é a escória nitrogenada principal eliminada pelos nefrídios. Aparentemente, os dejetos na forma de partículas são engolfados pelos fagócitos, que estão presentes tanto no líquido celômico quanto no "mesênquima", mas o descarte final desse material é desconhecido.

Sistema nervoso e órgãos dos sentidos

O sistema nervoso das sanguessugas suscitou e continua a suscitar muito interesse e atenção dos biólogos. O sistema nervoso desses animais – mesmo das sanguessugas grandes – é composto de pouquíssimos neurônios, e cada uma dessas células nervosas é suficientemente grande, de forma que seus circuitos têm sido traçados com grandes detalhes.

O sistema nervoso dos hirudinóideos inclui um gânglio cerebral, que geralmente se estende desde a extremidade anterior do corpo, quase no mesmo nível da faringe (Figura 14.39). Juntos, o gânglio cerebral, os conectivos circum-entéricos e o gânglio

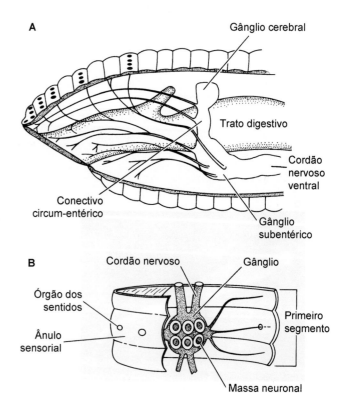

Figura 14.39 Sistema nervoso da sanguessuga. **A.** Sistema nervoso anterior (*vista lateral*). **B.** Segmento de uma sanguessuga generalizada, incluindo três ânulos cortados para mostrar o gânglio segmentar e a inervação dos órgãos epiteliais dos sentidos.

pontos com temperaturas relativamente altas em seu ambiente, o que facilita a localização do alimento. Ficar de pé dentro de um lago habitado por sanguessugas é uma excelente forma de observar em primeira mão essa resposta rápida, porque esses animais detectam sua presença e começam a nadar ou rastejar em sua direção dentro de alguns segundos.

Reprodução e desenvolvimento

Como todos os clitelados, os hirudinóideos são anelídeos hermafroditas e têm órgãos reprodutivos complexos (Figura 14.40). O sistema reprodutivo masculino inclui uma quantidade variável de testículos pareados, geralmente de 5 a 10 pares nas sanguessugas, que estão dispostos em série a partir do segmento XI ou XII (Figura 14.34 C). Os testículos são drenados por um par de espermoductos, que levam a um aparelho copulatório e a um gonóporo único situado em posição medioventral no segmento X. Há um único par de ovários nas sanguessugas, que pode se estender por vários segmentos. Os ovidutos estendem-se aos segmentos anteriores a partir dos ovários e reúnem-se na forma de uma vagina comum, que leva ao gonóporo feminino situado na superfície medioventral do segmento XI, pouco atrás do poro masculino.

O aparelho copulatório das sanguessugas geralmente é complexo e sua estrutura varia entre as espécies. Cada espermoducto é espiralado em sua parte distal e dilata-se para formar um ducto ejaculatório. Os dois ductos reúnem-se em um átrio glandular e muscular comum. Nos arrincobdelídeos, o átrio é modificado na forma de um pênis eversível. Os rincobdelídeos não têm pênis, e o átrio funciona como uma câmara, na qual os espermatóforos são produzidos. Nos arrincobdelídeos, os vermes em cruzamento alinham-se de modo que o poro masculino de um apoie sobre o poro feminino do outro. O pênis é evertido e introduzido na vagina do parceiro, onde o esperma é depositado. A fecundação ocorre dentro do sistema reprodutivo feminino. As sanguessugas rincobdelídeas fazem impregnação hipodérmica. Esses animais agarram-se uns aos outros por meio de suas ventosas anteriores e alinham seus poros masculinos com determinada região do corpo do companheiro. Os espermatóforos são liberados dentro da região clitelar do parceiro, que então penetra na superfície do corpo do receptor, e os espermatozoides emergem sob a epiderme, migrando para os ovários por meio de canais e seios celômicos. Em algumas sanguessugas piscicolídeas, há uma área-"alvo" especial, sob a qual existe uma massa de tecido conhecida como tecido do vetor, que se comunica com os ovários por meio de ductos curtos.

A formação dos casulos das sanguessugas é semelhante à dos outros clitelados, ou seja, o clitelo produz a parede do casulo e a albumina (Figura 14.40 C). Entretanto, à medida que o casulo

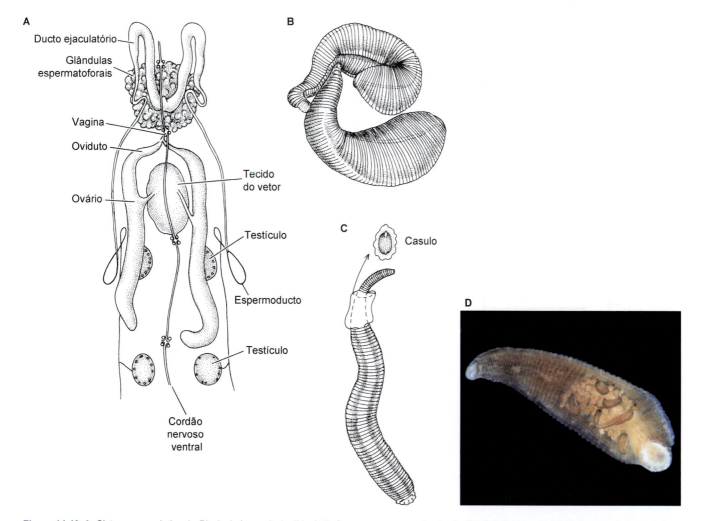

Figura 14.40 A. Sistema reprodutivo de *Piscicola* (uma piscicolídea). **B.** Sanguessugas copulando. **C.** *Erpobdella* com casulo. **D.** Sanguessuga com duas ninhadas de filhotes em sua superfície ventral.

desliza anteriormente em direção ao gonóporo feminino, ele recebe os zigotos ou os embriões recém-formados, em vez de ovócitos e espermatozoides separados. Os casulos são depositados no solo úmido pelas espécies terrestres e mesmo por algumas formas aquáticas, que migram para a terra a fim de realizar esse processo (p. ex., *Hirudo*). A maioria das formas aquáticas deposita seus casulos fixando-os ao fundo ou às algas; algumas fixam seus casulos aos seus hospedeiros (p. ex., algumas piscicolídeas). Algumas sanguessugas de água doce mostram certo grau de cuidado parental com seus casulos. Algumas delas enterram seus casulos e ficam sobre eles para gerar correntes ventilatórias. Outras fixam seus casulos ao seu próprio corpo, onde eclodem externamente (Figura 14.40 D). O desenvolvimento das sanguessugas é semelhante ao que foi descrito em outros clitelados. Com exceção de algumas espécies, a quantidade de vitelo é relativamente pequena e o tempo de desenvolvimento é curto.

Filogenia dos anelídeos

Existem fósseis inquestionáveis de anelídeos que datam do período Cambriano, entre os quais os exemplos bem-conhecidos são *Canadia* e *Burgessochaeta*. Esses fósseis apresentam indícios claros de segmentação e cerdas, embora existam controvérsias sobre poderem ser classificados com certeza em alguma linhagem existente de anelídeos. Contudo, esses animais eram anelídeos muito complexos, e as origens primitivas desses grupos são obscuras. Como mencionado na introdução, as classes reconhecidas tradicionalmente eram Polychaeta, Oligochaeta e Hirudinea. Hoje em dia, essas duas últimas classes são entendidas como táxon Clitellata, porque o reconhecimento dos hirudíneos como ordem de classe torna os oligoquetas parafiléticos (Figura 14.41). Além disso, hoje sabemos que os poliquetas incluem os clitelados, tornando o termo Clitellata sinônimo de Annelida, de modo que o termo "Polychaeta" não seja mais usado como táxon formal.

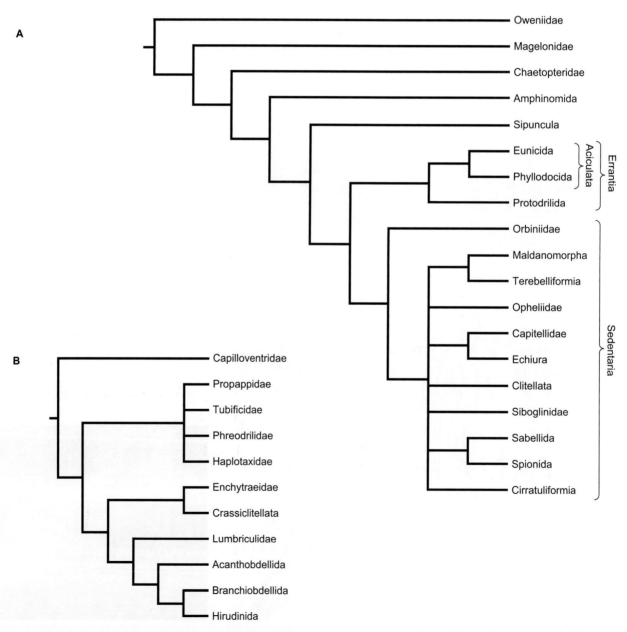

Figura 14.41 Relações filogenéticas dos anelídeos. **A.** Annelida, com base nas áreas de concordância das análises filogenéticas realizadas por Andrade *et al.* (2015) e Struck *et al.* (2015). **B.** Clitellata, com base nas topologias de Siddall *et al.* (2001), Rousset *et al.* (2008) e Marotta *et al.* (2008).

Além do reconhecimento de que a classificação tradicional precisou mudar, as últimas décadas presenciaram uma série de mudanças também nos membros dos anelídeos, principalmente em razão de estudos de filogenética molecular. Echiura, Sipuncula, Pogonophora e Vestimentifera – todos antes considerados filos separados – hoje claramente fazem parte do filo Annelida. Por isso, hoje em dia o filo Annelida inclui muitos animais que não se encaixam aos aspectos singulares tradicionais desse grupo, como segmentação corporal e cerdas. Ainda mais difícil tem sido resolver as relações entre os grupos que, durante muito tempo, foram considerados parte da radiação dos anelídeos – um trabalho que ainda precisa ser considerado praticamente em andamento.

Embora o entendimento mais profundo da origem e da evolução dos anelídeos ainda nos confunda, recentemente foram realizados avanços expressivos com a utilização da tecnologia de sequenciamento de última geração, que se mostra muito promissora. Isso significa que provavelmente teremos uma árvore filogenética estável dos anelídeos nos próximos anos. Nosso conhecimento atual das relações entre os anelídeos, que descrevemos neste capítulo, está baseado nos estudos filogenéticos recentes de Sónia Andrade, Anne Weigert e seus colaboradores; tais dados foram usados para gerar a árvore e a classificação resumidas adotadas neste capítulo (Figura 14.41). À medida que as análises filogenéticas futuras venham a ser incorporadas ao conhecimento crescente dos anelídeos fósseis, poderemos fazer inferências mais claras quanto à origem e à evolução desse grupo extremamente diversificado de animais.

Bibliografia

Referências gerais

Andrade, S. C. et al. 2015. Articulating "archiannelids": phylogenomics and annelid relationships, with emphasis on meiofaunal taxa. Mol. Biol. Evol. doi: 10.1093/molbev/msv157

Bartolomaeus, T. 1994. On the ultrastructure of the coelomic lining in the Annelida, Sipuncula and Echiura. Microfauna Mar. 9: 171–220.

Bartolomaeus, T. 1997. Chaetogenesis in polychaetous Annelida–Significance for annelid systematics and the position of the Pogonophora. Zool-Anal. Complex. Sy. 100: 348–364.

Bartolomaeus, T. 1999. Structure, function and development of segmental organs in the Annelida. Hydrobiologia 402: 21–37.

Bartolomaeus, T. e B. Quast. 2005. Structure and development of nephridia in Annelida and related taxa. Hydrobiologia 535/536: 139–165.

Bely, A. E. 2006. Distribution of segment regeneration ability in the Annelida. Integr. Comp. Biol. 46: 508–518.

Brinkhurst, R. O. e D. G. Cook (eds.). 1980. *Aquatic Oligochaete Biology*. Plenum, Nova York.

Brown, S. C. 1977. Biomechanics of water-pumping by *Chaetopterus variapedatus* Renier: kinetics and hydrodynamics. Biol. Bull. 153: 121–132.

Caspers, H. 1984. Spawning periodicity and habit of the palolo worm *Eunice viridis* in the Samoan Islands. Mar. Biol. 79: 229–236.

Clark, R. B. e D. J. Tritton. 1970. Swimming mechanisms of nereidiform polychaetes. J. Zool. Lond. 161: 257–271.

Dales, R. P. 1977. The polychaete stomodeum and phylogeny. pp. 525–546 in *Essays on Polychaetous Annelids in Memory of Dr. Olga Hartman*. Allan Hancock Foundation, University of Southern California, Los Angeles, CA.

Dales, R. P. e G. Peter. 1972. A synopsis of the pelagic Polychaeta. J. Nat. Hist. 6: 55–92.

Desbruyeres, D. et al. 1983. Unusual nutrition of the Pompeii worm *Alvinella pompejana* (polychaetous annelid) from a hydrothermal vent environment: SEM, TEM, ^{13}C, and ^{15}N evidence. Mar. Biol. 75: 201–205.

Dordel, J. et al. 2010. Phylogenetic position of Sipuncula derived from multi-gene and phylogenomic data and its implication for the evolution of segmentation. J. Zool. Syst. Evol. Res. 48: 197–207.

Dorgan, K. M. 2015. The biomechanics of burrowing and boring. J. Exp. Biol. 218: 176–183.

Dorgan, K. M. et al. 2005. Burrow extension by crack propagation: A worm minimizes its energy expenditure as it forges a path through mud sediment. Nature 253: 475.

Dorgan, K. M., C. J. Law e G. W. Rouse 2013. Meandering worms: mechanics of undulatory burrowing in muds. Proc. Roy Soc. B 280: 20122948.

Dunn C. W. et al. 2008. Broad phylogenomic sampling improves resolution of the animal tree of life. Nature 452: 745–749.

Erséus, C. 2005. Phylogeny of oligochaetous Clitellata. Hydrobiologia 535: 357–372.

Fauchald, K. 1977. The polychaete worms: definitions and keys to the orders, families, and genera. Nat. Hist. Mus. Los Angeles Co. Ser. 28: 1–190.

Fauchald, K. e P. A. Jumars. 1979. The diet of worms: A study of polychaete feeding guilds. Oceanogr. Mar. Biol. Annu. Rev. 17: 193–284.

Fauchald, K. e G. W. Rouse 1997. Polychaete systematics: past and present. Zool. Scr. 26: 71–138.

Fischer, A. e U. Fischer. 1995. On the life-style and life-cycle of the luminescent polychaete *Odontosyllis enopla* (Annelida: Polychaeta). Invert. Biol. 114: 236–247.

Fischer, A. e H.-D. Pfannenstiel (eds.). 1984. *Polychaete Reproduction. Progress in Comparative Reproductive Biology*. Gustav Fischer Verlag, Stuttgart and New York.

Glasby, C. e T. Timm. 2008. Global diversity of polychaetes (Polychaeta; Annelida) in freshwater. Hydrobiologia 595: 107–115.

Gray, J. e H. W. Lissmann. 1938. Studies in animal locomotion. VII. Locomotory reflexes in the earthworm. J. Exp. Biol. 15: 506–517.

Gray, J. 1939. Studies in animal locomotion. VIII. The kinetics of locomotion of *Nereis diversicolor*. J. Exp. Biol. 16: 9–17.

Hartman, O. 1968. *Atlas of the Errantiate Polychaetous Annelids from California*. Allan Hancock Foundation, University of Southern California, Los Angeles, CA.

Hartman, O. 1969. *Atlas of the Sedentariate Polychaetous Annelids from California*. Allan Hancock Foundation, University of Southern California, Los Angeles, CA.

Hausen H. 2005. Comparative structure of the epidermis in polychaetes (Annelida). Hydrobiologia 535/536: 25–35.

Hausen H. 2005. Chaetae and chaetogenesis in polychaetes (Annelida). Hydrobiologia 535/536: 37–52.

Hessling, R. e W. Westheide. 2002. Are Echiura derived from a segmented ancestor? Immunohistochemical analysis of the nervous system in developmental stages of *Bonellia viridis*. J. Morphol. 252: 100–113.

Hermans, C. e R. M. Eakin. 1974. Fine structure of the eyes of an alciopid polychaete *Vanadis tagensis*. Z. Morphol. Tiere 79: 245–267.

Jamieson, B. G. M. 1981. *The Ultrastructure of the Oligochaeta*. Academic Press, Londres.

Jamieson, B. G. M. 2006. Non-leech Clitellata. pp. 235–392 in G. W. Rouse e F. Pleijel (eds.). *Reproductive Biology and Phylogeny of Annelida*. Science Publishers, Inc., Enfield, New Hampshire.

Jumars, P. A., K. M. Dorgan e S. M. Lindsay. 2015. Diet of worms emended: An update of polychaete feeding guilds. Ann. Rev. Mar. Sci. 7: 497–520.

Kvist, S. e M. E. Siddall. 2013. Phylogenomics of Annelida revisited: A cladistic approach using genome-wide expressed sequence tag data mining and examining the effects of missing data. Cladistics 29: 435–448.

Law, C., K. M. Dorgan e G. W. Rouse 2014. Relating divergence in musculature within Opheliidae (Annelida) with different burrowing behaviors. J. Morph. 275: 548–571.

Lindsay S. M. 2009. Ecology and biology of chemoreception in polychaetes. Zoosymposia. 2:339–367.

Mangum, C. 1976. The oxygenation of hemoglobin in lugworms. Physiol. Zool. 49: 85–99.

Marotta, R. et al. 2008. Combined-data phylogenetics and character evolution of Clitellata (Annelida) using 18S rDNA and morphology. Zool. J. Linn. Soc. 154: 1–26.

Martin, D. e T. A. Britayev 1998. Symbiotic polychaetes: review of known species. Oceanog. Mar. Biol. 36: 217–340.

Martin, P. et al. 2007. A global assessment of the oligochaetous clitellate diversity in freshwater. Hydrobiologia 595: 117–127.

Mettam, C. 1967. Segmental musculature and parapodial movement of *Nereis diversicolor* and *Nephtys hombergi* (Annelida: Polychaeta). J. Zool. Lond. 153: 245–275.

Meyer N. P. et al. 2010. A comprehensive fate map by intracellular injection of identified blastomeres in the marine polychaete *Capitella teleta*. EvoDevo. 1: 8–27.

Meyer N. P. et al. 2015. Nervous system development in lecithotrophic larval and juvenile stages of the annelid *Capitella teleta*. Front. Zool. doi: 10.1186/s12983-015-0108-y

Nicol, E. A. T. 1931. The feeding mechanism, formation of the tube, and physiology of digestion in *Sabella pavonia*. Trans. R. Soc. Edinburgh 56: 537–598.
Orrhage L. e M. Muller. 2005. Morphology of the nervous system of Polychaeta (Annelida). Hydrobiologia. 535: 79–111.
Osborn, K. J. *et al.* 2009. Deep-sea, swimming worms with luminescent "bombs." Science 325: 964.
Penry, D. L. e P. A. Jumars. 1990. Gut architecture, digestive constraints and feeding ecology of deposit-feeding and carnivorous polychaetes. Oecologia 82: 1–11.
Purschke G. 2005. Sense organs in polychaetes (Annelida) Hydrobiologia 535/536: 53–78.
Purschke G. *et al.* 2006. Photoreceptor cells and eyes in Annelida. Arthropod. Struct. Dev. 35: 211–230.
Purschke G. e A. B. Tzetlin. 1996. Dorsolateral ciliary folds in the polychaete foregut: structure, prevalence and phylogenetic significance. Acta Zool. 77: 33–49.
Rouse, G. W. 1999. Trochophore concepts: ciliary bands and the evolution of larvae in spiralian Metazoa. Biol. J. Linn. Soc. 66: 411–464.
Rouse, G. W. 2000. Polychaetes have evolved feeding larvae several times. Bull. Mar. Sci. 67: 391–409.
Rouse, G. W. e K. Fitzhugh 1994. Broadcasting fables: is external fertilization really primitive? Sex, size and larvae in sabellid polychaetes. Zool. Scr. 23: 271–312.
Rouse, G. W. e F. Pleijel. 2001. *Polychaetes*. Oxford Univ. Press, Oxford.
Rouse, G. W. e F. Pleijel (eds.). 2006. *Reproductive Biology and Phylogeny of Annelida*. Enfield, New Hampshire, Science Publishers, Inc.
Rousset, V. *et al.* 2007. A molecular phylogeny of annelids. Cladistics 23: 41–63.
Rousset, V. *et al.* 2008. Evolution of habitat preference in Clitellata (Annelida). Biol. J. Linn. Soc. 95: 447–464.
Ruby, E. G. e D. L. Fox. 1976. Anaerobic respiration in the polychaete *Euzonus* (*Thoracophelia*) *mucronata*. Mar. Biol. 35: 149–153.
Seymour, M. K. 1969. Locomotion and coelomic pressure in *Lumbricus*. J. Exp. Biol. 51: 47.
Stephensen, J. 1930. *The Oligochaeta*. Oxford University Press, Nova York.
Schroeder, P. C. e C. O. Hermans. 1975. Annelida: Polychaeta. pp. 1–205 in A. C. Giese e J. S. Pearse (eds.). *Reproduction of Marine Invertebrates, Vol. 3*. Academic Press, Nova York.
Schulze, A. 2006. Phylogeny and genetic diversity of Palolo worms (*Palola*, Eunicidae) from the tropical North Pacific and the Caribbean. Biol. Bull. 210: 25–37.
Schulze, A. e L. E. Timm. 2011. *Palolo* and *un*: distinct clades in the genus *Palola* (Eunicidae, Polychaeta). Mar. Biodivers. 42:161–171.
Seaver E. C. 2014. Variation in spiralian development: insights from polychaetes. Int. J. Dev. Biol. 58: 457–467.
Seaver E. C., K. Thamm e S. D. Hill. 2005. Growth patterns during segmentation in the two polychaete annelids, *Capitella* sp. I and *Hydroides elegans*: comparisons at distinct life history stages. Evol. Dev. 7: 312–326.
Shain D. H. *et al.* 2000. Morphologic characterization of the ice worm *Mesenchytraeus solifugus*. J. Morphol. 246:192–197.
Smetzer, B. 1969. Night of the *palolo*. Nat. Hist. 78: 64–71.
Struck, T. H. *et al.* 2007. Annelid phylogeny and the status of Sipuncula and Echiura. BMC Evol. Biol. 7: 1–34.
Struck, T. H. *et al.* 2015. The evolution of annelids reveals two adaptive routes to the interstitial realm. Curr. Biol. 25: 1993–1999.
Summers M. M. e G. W. Rouse. 2014. Phylogeny of Myzostomida (Annelida) and their relationships with echinoderm hosts. BMC Evol. Biol. 14: 170.
Tzetlin, A. B. e G. Purschke. 2005. Pharynx and intestine. Hydrobiologia 535/536: 199–225.
Van Praagh, B. D., A. L. Yen e P.K. Lillywhite. 1989. Further information on the giant Gippsland earthworm *Megascolides australis* (McCoy 1878). Victorian Nat. 106: 197–201.
Wallwork, J. A. 1983. *Earthworm Biology*. Edward Arnold and University Park Press, Baltimore.
Weigert, A. *et al.* 2014. Illuminating the base of the annelid tree using transcriptomics. Mol. Biol. Evol. 31: 1391–1401.
Wells, G. P. 1950. Spontaneous activity cycles in polychaete worms. Symp. Soc. Exp. Biol. 4: 127–142.
Worsaae K. e R. E. Kristensen. 2005. Evolution of interstitial Polychaeta (Annelida). Hydrobiologia 535/536: 319–340.

Hirudinoidea

Bielecki, A. *et al.* 2014. New data about the functional morphology of the chaetiferous leech-like annelids *Acanthobdella peledina* (Grube, 1851) and *Paracanthobdella livanowi* (Epshtein, 1966) (Clitellata, Acanthobdellida). J. Morph. 275: 528–539.
Borda, E. e M. E. Siddall. 2004. Review of the evolution of life history strategies and phylogeny of the Hirudinida (Annelida: Oligochaeta). Lauterbornia 52: 5–25.
Brown, B. L., R. P. Creed e W. E. Dobson. 2002. Branchiobdellid annelids and their crayfish hosts: are they engaged in a cleaning symbiosis? Oecologia 132: 250–255.
Christensen, B. e H. Glenner. 2010. Molecular phylogeny of Enchytraeidae (Oligochaeta) indicates separate invasions of the terrestrial environment. J. Zool. Syst. Evol. Res. 48: 208–212.
Elliott, J. M. e U. Kutschera. 2011. Medicinal leeches: historical use, ecology, genetics and conservation. Freshwater Rev. 4: 21–41.
Gelder, S. R. e M. E. Siddall. 2001. Phylogenetic assessment of the Branchiobdellidae (Annelida, Clitellata) using 18S rDNA, mitochondrial cytochrome c oxidase subunit I and morphological characters. Zool. Scr. 30: 215–222.
Gray, J., H. W. Lissmann e R. J. Pumphrey. 1938. The mechanism of locomotion in the leech. J. Exp. Biol. 15: 408–430.
Holt, T. C. 1968. The Branchiobdellida: epizootic annelids. Biologist 1: 79–94.
Kutschera, U. e P. Wirtz. 2001. The evolution of parental care in freshwater leeches. Theor. Biosci. 120: 115–137.
Mann, K. 1962. *Leeches (Hirudinea). Their Structure, Physiology, Ecology and Embryology*. Pergaman Press, Londres.
Martin, P. 2001. On the origin of the Hirudinea and the demise of the Oligochaeta. Proc. Roy. Soc. Lond. B 268: 1089–1098.
Sawyer, R. T. 1986. *Leech Biology and Behaviour*. Oxford, Clarendon Press.
Sawyer, R. 1990. In search of the giant Amazon leech. Nat. Hist. 12: 66–67.
Siddall, M. E. *et al.* 2001. Validating Livanow: molecular data agree that leeches, branchiobdellidans, and *Acanthobdella peledina* form a monophyletic group of oligochaetes. Mol. Phyl. Evol. 21: 346–351.
Skelton, J. *et al.* 2013. Servants, scoundrels, and hitchhikers: current understanding of the complex interactions between crayfish and their ectosymbiotic worms (Branchiobdellida). Freshwater Sci. 32: 1345–1357.
Sket, B. e P. Trontelj 2007. Global diversity of leeches (Hirudinea) in freshwater. Hydrobiologia 595: 129–137.
S'wiatek, P. *et al.* 2012. Ovary architecture of two branchiobdellid species and *Acanthobdella peledina* (Annelida, Clitellata). Zool. Anz. 251: 71–82.
Williams, B. W. *et al.* 2013. Molecular phylogeny of North American Branchiobdellida (Annelida: Clitellata). Mol. Phyl. Evol. 6: 30–42.

Siboglinidae

Arp, A. J. e J. J. Childress. 1983. Sulfide bonding by the blood of the hydrothermal vent tube worm *Riftia pachyptila*. Science 219: 295–297.
Bakke, T. 1977. Development of *Siboglinum fiordicum* Webb (Pogonophora) after metamorphosis. Sarsia 63: 65–73.
Bakke, T. 1980. Embryonic and post-embryonic development in the Pogonophora. Zool. Jb. Anat. 103: 276–284.
Caullery, M. 1944. Siboglinum Caullery, 1914. Type nouveau d'invertebres, d'affinites a preciser. Siboga-Expeditie 25: 1–26.
Cavanaugh, C. M. *et al.* 1981. Prokaryotic cells in the hydrothermal vent tube worm *Riftia pachyptila* Jones: possible chemoautotrophic symbionts. Science 213: 340–342.
Felbeck, H. 1981. Chemoautotrophic potential of the hydrothermal vent tube worm, *Riftia pachyptila* Jones (Vestimentifera). Science 213: 366–338.
Gardiner, S. L. e M. L. Jones. 1994. On the significance of larval and juvenile morphology for suggesting phylogenetic relationships of the Vestimentifera. Amer. Zool. 34: 513–522.
George, J. D. e E. C. Southward. 1973. A comparative study of the setae of Pogonophora and polychaetous Annelida. J. Mar. Biol. Assoc. UK 53: 403–424.
Ivanov, A. V. 1963. *Pogonophora*. Academic Press, Londres.
Jones, M. L. 1981. *Riftia pachyptila* Jones: observations on the vestimentiferan worm from the Galapagos Rift. Science 213: 333–336.
Jones, M. L. 1985. On the Vestimentifera, new phylum: six new species and other taxa, from hydrothermal vents and elsewhere. Bull. Biol. Soc. Wash. 6: 117–158.
Jones, M. L. e S. L. Gardiner. 1988. Evidence for a transitory digestive tract in Vestimentifera. Proc. Biol. Soc. Wash. 11: 423–433.
Land, J. van der e A. Nørrevang. 1977. Structure and relationships of *Lamellibrachia* (Annelida, Vestimentifera). Kongel. Dans. Vidensk. Selsk. Biol. Skr. 21: 1–102.
Marsh, A. G. *et al.* 2001. Larval dispersal potential of the tubeworm *Riftia pachyptila* at deep-sea hydrothermal vents. Nature 411: 77–80.
Nørrevang, A. 1970. On the embryology of *Siboglinum* and its implications for the systematic position of the Pogonophora. Sarsia 42: 7016.
Pleijel, F., T. Dahlgren e G. W. Rouse 2009. Progress in science: from Siboglinidae to Pogonophora and Vestimentifera and back to Siboglinidae. CR Biol. 332: 140–148.
Rouse, G. W. 2001. A cladistic analysis of Siboglinidae Caullery, 1914 (Polychaeta, Annelida): formerly the phyla Pogonophora and Vestimentifera. Zool. J. Linnean Soc. 132: 55–80.
Rouse, G. W., S. K. Goffredi e R. C. Vrijenhoek 2004. Osedax: bone-eating marine worms with dwarf males. Science 305: 668–671.
Rouse, G. W. *et al.* 2009. Spawning and development in *Osedax* boneworms. Mar. Biol. 156: 395–405.
Rouse, G. W. *et al.* 2015. A dwarf male reversal in bone-eating worms. Curr. Biol. 25: 236–241.
Rouse, G. W. *et al.* 2008. Acquisition of dwarf male "harems" by recently settled females of *Osedax roseus* n. sp. (Siboglinidae: Annelida). Biol. Bull. 214: 67–82.

Southward, E. C. 1978. Description of a new species of *Oligobrachia* (Pogonophora) from the North Atlantic, with a survey of the Oligobrachiidae. J. Mar. Biol. Assoc. U. K. 58: 357–365.

Southward, E. C. 1982. Bacterial symbionts in Pogonophora. J. Mar. Biol. Assoc. U. K. 62: 889–906.

Southward, E. C. 1988. Development of the gut and segmentation of newly settled stages of *Ridgeia* (Vestimentifera): implications for relationship between Vestimentifera and Pogonophora. J. Mar. Biol. Assoc. U.K. 68: 465–487.

Southward, E. C. e K. A. Coates 1989. Sperm masses and sperm transfer in a Vestimentiferan, *Ridgeia piscesae* Jones 1985 (Pogonophora Obturata). Can. J. Zool. 67: 2776–2781.

Southward, E. C. 1993. Pogonophora. pp. 327–369 in F. W. Harrison e M. E. Rice (eds.). *Microscopic Anatomy of Invertebrates, Volume 12: Onychophora, Chilopoda, and Lesser Protostomata*. Wiley-Liss, Nova York.

Southward, E. C. 1999. Development of Perviata and Vestimentifera (Pogonophora). Hydrobiologia 402: 185–202.

Southward, E. C., A. Schulze e S. L. Gardiner. 2005. Pogonophora (Annelida): form and function. Hydrobiologia 535/536: 227–251.

Vrijenhoek, R. C., S. B. Johnson e G. W. Rouse 2008. Bone-eating *Osedax* females and their "harems" of dwarf males are recruited from a common larval pool. Mol. Ecol. 17: 4535–4544.

Vrijenhoek, R. C., S. B. Johnson e G. W. Rouse 2009. A remarkable diversity of bone-eating worms (*Osedax*: Siboglinidae: Annelida). BMC Biol. 7: 74.

Webb, M. 1964. The posterior extremity of *Siboglinum fiordicum* (Pogonophora). Sarsia 15: 33–36.

Webb, M. 1964. Additional notes on *Sclerolinum brattstromi* (Pogonophora) and the establishment of a new family, Sclerolinidae. Sarsia 16: 47–58.

Webb, M. 1969. *Lamellibrachia barhami*, gen. nov., sp. nov. (Pogonophora), from the northeast Pacific. Bull. Mar. Sci. 19: 18–47.

Worsae, K. e G. W. Rouse 2010. The simplicity of males: progenetic dwarf males of four species of *Osedax* (Annelida) investigated by confocal laser scanning microscopy. J. Morphol. 271: 127–142.

Young, C. M. *et al*. 1996. Embryology of vestimentiferan tube worms from deep-sea methane/sulphide seeps. Nature 381: 514–516.

Sipuncula

Adrianov, A. V. e A. S. Maiorova. 2002. Microscopic anatomy and ultrastructure of a Polian vessel in the sipunculan *Thysanocardia nigra* Ikeda, 1904 from the Sea of Japan. Russ. J. Mar. Biol. 28: 100–106.

Boyle, M. J. e M. E. Rice. 2014. Sipuncula: An emerging model of spiralian development and evolution. Int. J. Dev. Biol. 58: 485–499.

Cutler, E. B. 1995. *The Sipuncula: Their Systematics, Biology, and Evolution*. Cornell University Press, Nova York.

Hansen, M. D. 1978. Food and feeding behavior of sediment feeders as exemplified by sipunculids and holothurians. Helgol. Wiss. Meeresunters. 31: 191–221.

Huang, D.-Y. *et al*. 2004. Early Cambrian sipunculan worms from southwest China. Proc. Biol. Sci. 271: 1671–1676.

Kawauchi, G. Y., P. P. Sharma e G. G. Giribet. 2012. Sipunculan phylogeny based on six genes, with a new classification and the descriptions of two new families. Zool. Scr. 41: 186–210.

Kawauchi, G. Y. e G. Giribet. 2014. *Sipunculus nudus* Linnaeus, 1766 (Sipuncula): cosmopolitan or a group of pseudo-cryptic species? An integrated molecular and morphological approach. Mar. Ecol. 35:478–491.

Kristof, A., T. Wollesen e A. Wanninger. 2008. Segmental mode of neural patterning in Sipuncula. Cur. Biol. 18: 1129–1132.

Lemer S. *et al*. 2015. Re-evaluating the phylogeny of Sipuncula through transcriptomics. Mol. Phylog. Evol. 83: 174–83.

Mangum, C. P. e M. Kondon. 1975. The role of coelomic hemerythrin in the sipunculid worm *Phascolopsis gouldi*. Comp. Biochem. Physiol. 50A: 777–785.

Maxmen, A. B. *et al*. 2003. Evolutionary relationships within the protostome phylum Sipuncula: A molecular analysis of ribosomal genes and histone H3 sequence data. Mol. Phylogenet. Evol. 27: 489–503.

Pilger, J. F. 1982. Ultrastructure of the tentacles of *Themiste lageniformis* (Sipuncula). Zoomorphologie 100: 143–156.

Pilger, J. F. 1987. Reproductive biology and development of *Themiste lageniformis*, a parthenogenetic sipunculan. Bull. Mar. Sci. 41: 59–67.

Pilger, J. F. 1997. Sipunculans and Echiurans. pp. 167–168 in S. F. Gilbert e A. M. Raunio (eds.). *Embryology. Constructing the Organism*. Sinauer Associates, Sunderland, MA.

Purschke, G., F. Wolfrath e W. Westheide. 1997. Ultrastructure of the nuchal organ and cerebral organ in *Onchnesoma squamatum* (Sipuncula, Phascolionidae). Zoomorphology 117: 23–31.

Rice, M. E. 1978. Morphological and behavioral changes at metamorphosis in the Sipuncula. pp. 83–102 in F. S. Chia e M. E. Rice (eds.). *Settlement and Metamorphosis of Marine Invertebrate Larvae*. Elsevier, Nova York.

Rice, M. E. 1967. A comparative study of the development of *Phascolosoma agassizii, Golfingia pugettensis*, and *Themiste pyroides* with a discussion of developmental patterns in the Sipuncula. Ophelia 4: 143–171.

Ruppert, E. E. e M. E. Rice. 1995. Functional organization of dermal coelomic canals in *Sipunculus nudus* (Sipuncula) with a discussion of respiratory designs in sipunculans. Invert. Biol. 114: 51–63.

Schulze, A., E. B. Cutler e G. Giribet. 2007. Phylogeny of sipunculan worms: A combined analysis of four gene regions and morphology. Mol. Phylogenet. Evol. 42: 171–192.

Schulze A e M. Rice. 2009. Musculature in sipunculan worms: ontogeny and ancestral states. Evol. Dev. 11: 97–108.

Stephen, A. C. e S. J. Edmonds. 1972. *The Phyla Sipuncula and Echiura*. Londres: British Museum (Natural History).

Wanninger A. *et al*. 2005. Nervous and muscle system development in *Phascolion strombus* (Sipuncula). Dev. Genes Evol. 215: 509–18.

Wanninger A, A. Kristof e N. Brinkmann. 2009. Sipunculans and segmentation. CIB 2: 56–59.

Echiuridae

Arp, A. J., B. M. Hansen e D. Julian. 1992. Burrow environment and coelomic fluid characteristics of the echiuran worm *Urechis caupo* from populations at three sites in northern California. Mar. Biol. 113: 613–623.

Berec, L., J. Schembri e S. Boukal. 2005. Sex determination in *Bonellia viridis* (Echiura: Bonelliidae): population dynamics and evolution. Oikos 108: 473–484.

Biseswar, R. 2010. Zoogeography of the echiuran fauna of the Indo-West Pacific Ocean (Phylum: Echiura). Zootaxa 2727: 21–33.

Goto, R. *et al*. 2013. Molecular phylogeny of echiuran worms (phylum Annelida) reveals evolutionary pattern of feeding mode and sexual dimorphism. PLoS ONE 8: e56809.

Gould-Somero, M. C. 1975. Echiura. pp. 277–311 in A. C. Giese e J. S. Pearse (eds.). *Reproduction of Marine Invertebrates, Vol. 3*. Academic Press, Nova York.

Hessling, R. 2002. Metameric organisation of the nervous system in developmental stages of *Urechis caupo* (Echiura) and its phylogenetic implications. Zoomorphology 121: 221–234.

Hughes, D. J. *et al*. 1999. Observations of the echiuran worm *Bonellia viridis* in the deep basin of the northern Evoikos Gulf, Greece. J. Mar. Biol. Ass. U. K. 79: 361–363.

Jaccarini, V., P. J. Schembri e M. Rizzo. 1983. Sex determination and larval sexual interaction in *Bonellia viridis* Rolando (Echiura: Bonelliidae). J. Exp. Mar. Biol. Ecol. 66: 25–40.

Kato, C., J. Lehrke e B. Quast. 2011. Ultrastructure and phylogenetic significance of the head kidneys in *Thalassema thalassemum* (Thalassematinae, Echiura). Zoomorphology 130: 97–106.

Lehrke, J. e T. Bartolomaeus. 2009. Comparative morphology of spermatozoa in Echiura. Zool. Anz. J. Comp. Zool. 248: 35–45.

Lehrke, J., e T. Bartolomaeus, T. 2011. Ultrastructure of the anal sacs in *Thalassema thalassemum* (Annelida, Echiura). Zoomorphology 130: 39–49.

Newby, W. W. 1940. The embryology of the echiuroid worm *Urechis caupo*. Mem. Am. Phil. Soc. 16: 1–219.

Ohta, S. 1984. Star-shaped feeding traces produced by echiuran worms on the deep-sea floor of the Bay of Bengal. Deep-Sea Res. 31: 1415–1432.

Pilger, J. F. 1978. Settlement and metamorphosis in the Echiura: A review. pp. 103–111 in F. S. Chia e M. E. Rice (eds.). *Settlement and Metamorphosis of Marine Invertebrate Larvae*. Elsevier, Nova York.

Pilger, J. F. 1993. Echiura. pp. 185–236 in F. W. Harrison e M. E. Rice (eds.). *Microscopic Anatomy of Invertebrates Vol. 12*. Wiley-Liss, Nova York.

Pritchard, A. e F. N. White. 1981. Metabolism and oxygen transport in the innkeeper worm *Urechis caupo*. Physiol. Zool. 54: 44–54.

Schuchert, P. 1990. The nephridium of the *Bonellia viridis* Male (Echiura). Acta Zool. 71: 1–4.

Schuchert, P. e Rieger, R. M. 1990. Ultrastructure observations on the dwarf male *Bonellia viridis* (Echiura). Acta Zool. 71: 5–16.

Tanaka, M., T. Kon e T. Nishikawa. 2014. Unraveling a 70-year-old taxonomic puzzle: Redefining the genus *Ikedosoma* (Annelida: Echiura) on the basis of morphological and molecular analyses. Zool. Sci. 31: 849–861.

Tilic, E., J. Lehrke e T. Bartolomaeus. 2015. Homology and evolution of the chaetae in Echiura (Annelida). PLoS ONE 10: e0120002

Dois Filos Espirálicos Enigmáticos

Entoprocta e Cycliophora

Entre os protostômios espirálicos, existem dois filos que têm sido difíceis de posicionar na árvore da vida: Entoprocta e Cycliophora. Os entoproctos são conhecidos desde o século 19, mas os ciclióforos foram descobertos e descritos apenas em 1995. Ambos são filos marinhos pequenos, embora sejam conhecidas duas espécies de entoproctos de água doce. Os entoproctos são semelhantes a pequenos pólipos de cnidários e comumente formam colônias, enquanto os ciclióforos são simbiontes microscópicos solitários que vivem nas partes orais de alguns crustáceos. Os dois grupos são acelomados e nenhum é encontrado com frequência suficiente para adquirir um nome vernacular amplamente aceito. Embora as espécies desses dois filos não se assemelhem superficialmente umas às outras, você reconhecerá algumas semelhanças anatômicas fundamentais à medida que ler sobre elas neste capítulo. Alguns estudos morfológicos (e análises de filogenia molecular iniciais) reforçaram o agrupamento dos Entoprocta + Cycliophora + Bryozoa (os "Polyzoa"), mas estudos filogenéticos realizados ao longo da última década excluíram Bryozoa desse grupo, deixando apenas Entoprocta e Cycliophora como um possível grupo-irmão escondido em algum nível profundo da linhagem Spiralia (embora alguns estudos filogenéticos também tenham pareado os entoproctos e os briozoários como grupos-irmãos).

Filo Entoprocta | Entoproctos

O filo Entoprocta (do grego *entos*, "dentro"; *proktos*, "ânus") ou Kamptozoa (do grego *kamptos*, "curvado") inclui cerca de 200 espécies descritas de pequenas criaturas sésseis, solitárias ou coloniais, que superficialmente se assemelham aos hidroides de cnidários (Figura 15.1; Quadro 15.1). Com exceção de duas espécies (*Urnatella* colonial de água doce, provavelmente monotípica; e uma espécie de *Loxosomatoides*), todas as demais são marinhas. As formas coloniais vivem fixadas a diversos substratos, incluindo algas, conchas e superfícies

---

Classificação do reino Animal (Metazoa)

Não Bilateria*
(Também conhecidos como diploblastos)
  FILO PORIFERA
  FILO PLACOZOA
  FILO CNIDARIA
  FILO CTENOPHORA

Bilateria
(Também conhecidos como triploblastos)
  FILO XENACOELOMORPHA
Protostomia
  FILO CHAETOGNATHA
Spiralia
  FILO PLATYHELMINTHES
  FILO GASTROTRICHA
  FILO RHOMBOZOA
  FILO ORTHONECTIDA
  FILO NEMERTEA
  FILO MOLLUSCA
  FILO ANNELIDA
  FILO ENTOPROCTA
  FILO CYCLIOPHORA
Gnathifera
  FILO GNATHOSTOMULIDA
  FILO MICROGNATHOZOA
  FILO ROTIFERA

Lophophorata
  FILO PHORONIDA
  FILO BRYOZOA
  FILO BRACHIOPODA
Ecdysozoa
  Nematoida
    FILO NEMATODA
    FILO NEMATOMORPHA
  Scalidophora
    FILO KINORHYNCHA
    FILO PRIAPULA
    FILO LORICIFERA
  Panarthropoda
    FILO TARDIGRADA
    FILO ONYCHOPHORA
    FILO ARTHROPODA
      SUBFILO CRUSTACEA*
      SUBFILO HEXAPODA
      SUBFILO MYRIAPODA
      SUBFILO CHELICERATA
Deuterostomia
  FILO ECHINODERMATA
  FILO HEMICHORDATA
  FILO CHORDATA

*Grupo parafilético.

570 Invertebrados

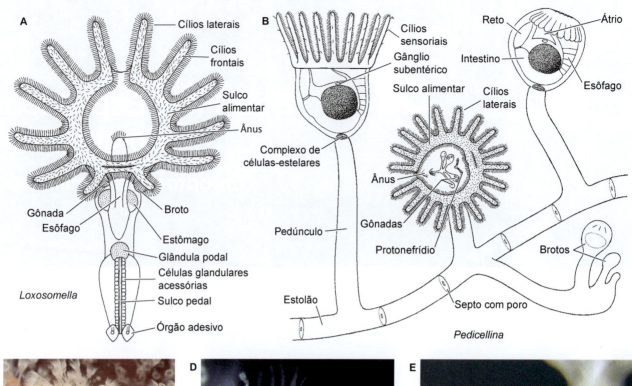

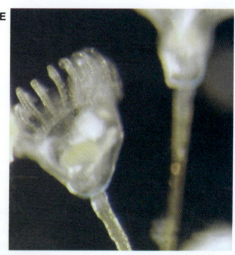

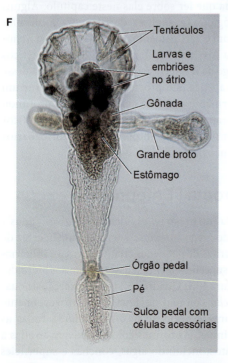
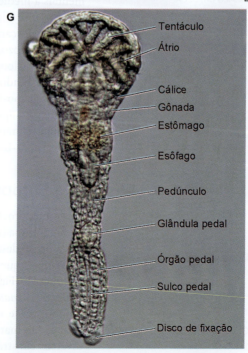

> **Quadro 15.1 Características do filo Entoprocta.**
>
> 1. Animais funcionalmente acelomados, triploblásticos, bilaterais e não segmentados.
> 2. Formas sésseis, solitárias ou coloniais (com pedúnculos sustentados por estolões).
> 3. Corpo em forma de cálice com trato digestivo em forma de "U".
> 4. O corpo carrega uma "ferradura" de tentáculos ciliados e boca situada na base dos tentáculos frontais e ânus no lado oposto da concavidade.
> 5. Corpo sustentado por um pedúnculo situado em seu lado convexo (cálice).
> 6. Presença de protonefrídios.
> 7. Hermafroditas ou gonocorísticos.
> 8. Clivagem espiral.
> 9. Formam larvas trocóforas.
> 10. Quase todas as espécies são animais marinhos de águas rasas (duas espécies conhecidas de água doce), que vivem nas pedras ou nas algas; muitas das espécies solitárias são comensais de poliquetas, esponjas e outros invertebrados que geram correntes na água.

rochosas. Muitas espécies solitárias são comensais de vários hospedeiros, especialmente esponjas (Figura 15.1 C), poliquetas e sipúnculos, e estão tipicamente associadas a apenas uma ou a algumas espécies de hospedeiro. Os entoproctos não são incomuns nas águas rasas e algumas espécies são conhecidas de profundidades tão grandes quanto 500 metros. Em geral, esses animais são confundidos com pólipos de cnidários ou, de outro modo, passam despercebidos ao observador casual em razão de seu tamanho diminuto, mas um exame rápido utilizando uma lupa de mão revela sua beleza e sua verdadeira natureza. Certos platelmintos e moluscos bentônicos alimentam-se comprovadamente de entoproctos.

O zooide individual dos entoproctos é nitidamente bilateral, mas a coroa de tentáculos da maioria das espécies coloniais é quase circular. Cada zooide consiste em um corpo em forma de copo (ou **cálice**), do qual se origina uma "ferradura" praticamente fechada de tentáculos ciliados (Figura 15.1). Os tentáculos circundam uma concavidade conhecida como **átrio** ou vestíbulo,

◀ **Figura 15.1** Entoproctos. **A** e **B.** Ilustrações esquemáticas de um entoprocto solitário (*Loxosomella*) e um colonial (*Pedicellina*). **C.** Colônia densa de uma *Loxosomella* não identificada sobre uma esponja; muitos cálices podem ser observados elevando-se de seus pedúnculos. **D.** Dois zooides de *Pedicellina cernua*, cada qual mostrando seu cálice e pedúnculo. **E.** Zooides de uma espécie australiana de *Barentsia*, ainda não descrita. **F.** Uma espécie não descrita de *Loxosomella* da ilha de San Juan, Washington, com embriões, larvas e brotos. **G.** Microfotografia (com legendas) da espécie meiofaunal *Loxosomella vancouverensis*, natural da Colúmbia Britânica (Canadá). Descrito em 2012, esse foi o primeiro entoprocto de vida livre (e apenas a terceira espécie de entoprocto) descrito na costa oeste da América do Norte. As outras duas espécies conhecidas da costa oeste são simbiontes de *Pseudosquilla bigelowi* (ou camarão-mantis). *L. vancouverensis* mede apenas 440 μm de comprimento e tem 14 tentáculos e dois discos de fixação na base do órgão pedal. O pé adere ao substrato (grãos de areia e fragmentos de conchas), mas pode desprender-se e voltar a se prender.

no qual se abrem os protonefrídios e os gonodutos. A boca está localizada na borda, carregando a coroa de tentáculos, enquanto o ânus abre-se em um pequeno cone anal no átrio. O cálice é sustentado por um pedúnculo que, nos animais solitários, fixa-se no substrato, seja diretamente ou por meio de um pé complexo. Nas formas coloniais, o pedúnculo tem sua inserção em estolões ramificados ou em uma placa basal alargada.

A posição filogenética dos entoproctos tem sido muito debatida. Originalmente, eles eram tratados como briozoários, mas, quando o protonefrídio larval foi descoberto, em 1877 (por Berthold Hatschek), os entoproctos foram classificados entre Scolecida, tendo afinidades com Rotifera. Na década de 1920, R. B. Clark descobriu que esses animais não tinham celoma e, portanto, eles foram colocados em algum lugar do grande grupo Spiralia. Sua posição entre Spiralia ainda é enigmática, mas estudos recentes sugeriram que eles estejam diretamente relacionados com Cycliophora e, possivelmente, com Bryozoa. Em geral, o filo Entoprocta é dividido em quatro famílias descritas adiante. Alguns especialistas reconhecem ordens com base na presença ou na ausência de septo entre o pedúnculo e o cálice, ou com base em hábito solitário *versus* colonial.

CLASSIFICAÇÃO DOS ENTOPROCTOS

FAMÍLIA LOXOSOMATIDAE. Animais solitários; sem septo entre o pedúnculo e o cálice; geralmente são comensais de outros invertebrados; alguns são capazes de realizar movimentos restritos sobre uma base sugadora ou um pé complexo; músculos contínuos do pedúnculo ao cálice (p. ex., *Loxosoma, Loxosomella*; ver Figura 15.1 A e C).

FAMÍLIA LOXOKALYPODIDAE. Animais coloniais; sem septo entre o pedúnculo e o cálice; alguns zooides ligados a uma placa basal; músculos continuos desde o pedúnculo até o cálice; ectocomensais do poliqueta *Glycera nana* do nordeste do Pacífico. Monotípico: *Loxokalypus socialis*.

FAMÍLIA PEDICELLINIDAE. Formam colônias; têm septo incompleto entre o pedúnculo e o cálice, com um complexo de células-estelares; músculos estendem-se por todo o comprimento do pedúnculo, mas não estão em continuidade com os músculos do cálice; pedúnculo indiferenciado (p. ex., *Loxosomatoides, Myosoma, Pedicellina*; ver Figura 15.1 B e D).

FAMÍLIA BARENTSIIDAE. Formam colônias; com septo incompleto entre o pedúnculo e o cálice; têm um complexo de células-estelares; pedúnculo diferenciado para formar nós musculares largos e bastões não musculares estreitos (p. ex., *Barentsia, Urnatella*; ver Figura 15.1 E).

Plano corpóreo dos entoproctos

Parede corporal, sustentação e movimento

O cálice e o pedúnculo são cobertos por uma cutícula fina, que não se estende sobre a parte ciliada do tentáculo ou do átrio. As partes rígidas do pedúnculo dos barentsídeos têm uma cutícula espessa e os "escudos" dorsais cuticulares são típicos de algumas espécies formadoras de colônias. A epiderme é celular e as células epidérmicas são cúbicas a achatadas. As células mesodérmicas e mioepiteliais movimentam os tentáculos, que são encolhidos quando a coroa tentacular é retraída; um músculo circular situado logo abaixo da base do tentáculo contrai o átrio sobre os tentáculos retraídos. Outras faixas de músculos mesodérmicos comprimem o corpo (cálice) para estender os tentáculos. As contrações dos músculos longitudinais e oblíquos na parte basal do corpo e no pedúnculo fazem os movimentos ondulatórios típicos dos zooides possível, mas também permitem movimentos mais complexos do pedúnculo. Como já foi mencionado, não há uma cavidade corporal persistente e a área entre o trato digestivo e a parede corporal é preenchida por mesênquima (Figura 15.2 D).

Alimentação e digestão

Os entoproctos são suspensívoros ciliares, ou seja, recolhem partículas alimentares (especialmente fitoplâncton) das correntes geradas pelos cílios laterais dos seus tentáculos (Figura 15.2 A e C). As correntes de água passam entre os tentáculos e saem pelo átrio. As partículas alimentares são recolhidas *downstream* da faixa ciliar por meio do "método de retenção", no qual os cílios laterais compostos – vários cílios que funcionam simultaneamente como uma unidade – atravessam a água para entrar em contato com a partícula e puxá-la para a faixa frontal de cílios separados do lado frontal do tentáculo (Figura 15.2 B). Em seguida, as partículas são transportadas ao longo do tentáculo até a faixa ciliar com formato de ferradura, que está localizada ao longo do sulco alimentar na crista atrial, por fim chegando à boca (Figura 15.2 C).

As partículas alimentares são movidas para dentro do trato digestivo pelos cílios que revestem o tubo oral e pelas contrações musculares do esôfago (Figura 15.2 D). O esôfago leva a um estômago espaçoso, a partir do qual um intestino curto estende-se

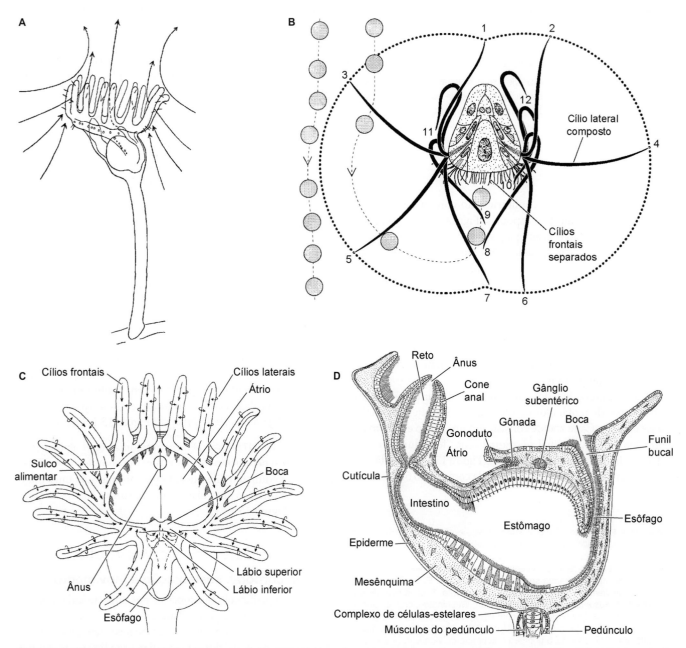

Figura 15.2 Alimentação e digestão dos entoproctos. **A.** Correntes de água da coroa tentacular de *Loxosomella leptoclini* geradas pelos cílios laterais. **B.** Recolhimento *downstream* pelo princípio de retenção. *Corte transversal* através de um tentáculo com movimentos dos grandes cílios laterais compostos ilustrados por meio de etapas sucessivas (numeras de 1 a 12) de um cílio de cada lado. O cílio composto alcança a partícula cinzenta e a puxa para a faixa frontal dos pequenos cílios separados. **C.** Correntes de alimentação ciliar da coroa tentacular de *Loxosomella*. As partículas capturadas pelos cílios laterais são transportadas ao longo da superfície frontal do tentáculo até o sulco alimentar e depois para a boca. **D.** Ilustração esquemática de um *corte medial* do corpo de *Barentsia*.

até o reto, localizado dentro do cone anal. O alimento é movido através do trato digestivo por meio da ação ciliar. O revestimento do estômago secreta enzimas digestivas e muco, que são misturados com o alimento por uma ação de rolamento causada pelas correntes ciliares. A digestão e a absorção provavelmente ocorrem dentro do estômago e do intestino, onde o alimento é mantido por algum tempo pela musculatura do esfíncter intestinal–retal.

Circulação, trocas gasosas e excreção

Aparentemente, o trato digestivo também funciona como uma passagem excretora. As células da parede ventral do estômago acumulam esferas acastanhadas, que são liberadas dentro do lúmen gástrico, de onde são descartadas pelo ânus. Os entoproctos adultos também têm um par de protonefrídios bulbo-flama, que estão localizados entre o estômago e o epitélio do átrio (Figura 15.1 B). A espécie de água doce *Urnatella gracilis* tem protonefrídios adicionais no corpo e nas articulações do pedúnculo. Os protonefrídios drenam para um curto nefridioducto comum, que leva a um poro existente na superfície do átrio. Na maioria das espécies, os protonefrídios também parecem existir nas larvas.

O transporte interno ocorre principalmente através do trato digestivo expansível; as distâncias de difusão através do mesênquima são pequenas entre seu lúmen e a parede do corpo. Os entoproctos coloniais têm o chamado **órgão da célula-estelar** localizado perto da junção do pedúnculo com o cálice (Figura 15.2 D). Essa estrutura funciona como um coração, pulsando e bombeando o líquido do cálice para o pedúnculo. As trocas gasosas provavelmente ocorrem sobre grande parte da superfície do corpo, especialmente nos tentáculos e no átrio sem cutícula.

Sistema nervoso

Como ocorre comumente nos invertebrados sésseis pequenos, o sistema nervoso é bastante reduzido. Uma única massa ganglionar está situada entre o estômago e a superfície atrial, e é conhecida como gânglio subentérico (Figuras 15.1 B e 15.2 D). O gânglio subentérico origina vários pares de nervos para os tentáculos, a parede do cálice e o pedúnculo. Receptores táteis unicelulares estão concentrados nos tentáculos e dispersos sobre grande parte da superfície do corpo. Papilas ciliadas formam os órgãos sensoriais laterais em alguns loxosomatídeos.

Reprodução e desenvolvimento

O crescimento colonial ocorre por brotamento das pontas dos estolões (Figura 15.1 A, B e F) ou, em alguns barentsídeos, das articulações do pedúnculo. As formas solitárias produzem brotos no cálice da região esofágica; quando estão em um estágio avançado, eles se separam do genitor (Figura 15.3 C).

A maioria dos loxosomatídeos, senão todos, é hermafrodita, e muitos são protândricos. Os animais que parecem ter sexos separados também podem ser protândricos, mas com um intervalo longo entre as fases masculina e feminina. As formas coloniais podem ter zooides hermafroditas ou gonocorísticos, e as colônias podem conter um ou ambos os sexos. Um ou dois pares de gônadas estão situados logo abaixo da superfície do átrio. Gonodutos curtos estendem-se das gônadas até um poro comum, que se abre para o átrio (que serve como câmara de incubação, algo semelhante a uma bolsa de canguru) (Figura 15.2 D).

Aparentemente, os espermatozoides são liberados na água e depois entram no trato reprodutivo da fêmea, com a fecundação ocorrendo nos ovários ou nos ovidutos. À medida que o zigoto percorre o oviduto, glândulas de cimento secretam uma membrana circundante resistente com pedúnculo, pelo qual os embriões ficam ligados à parede da câmara de incubação. Em algumas poucas espécies, os embriões são nutridos pelas células do átrio materno.

A clivagem em entoproctos é holoblástica e espiral. Divisões assincrônicas formam cinco "quartetos" de micrômeros em torno do estágio de 56 células. Os destinos dessas células são semelhantes aos do desenvolvimento típico de protostômios, incluindo a derivação da mesoderme do mesentoblasto 4d. Uma celoblástula forma-se e sofre gastrulação por invaginação. Em seguida, forma-se uma larva que, em algumas espécies, assemelha-se a uma trocófora planctotrófica típica com prototróquio e metatróquio usados para nadar e recolher partículas alimentares *downstream* – ou seja, um tipo larval básico entre os protostômios (Figura 15.3 B). Alguns loxosomatídeos produzem ovos pequenos, e as larvas aparentemente passam um tempo considerável alimentando-se no plâncton. A maioria dos loxosomatídeos e todas as espécies coloniais produzem ovos maiores; as larvas completamente diferenciadas rompem o envoltório do ovo e começam a alimentar-se. Depois da liberação da mãe, essas larvas têm um período livre curto e algumas não se alimentam (Figura 15.3 A). O assentamento e a metamorfose são muito variados. Algumas espécies de *Loxosomella* assentam com um órgão frontal, e o trato digestivo da larva é conservado no animal adulto (Figura 15.3 C). Outros loxosomatídeos desenvolvem brotos externos (Figura 15.3 D) ou internos (Figura 15.3 E) a partir da episfera (região situada acima do prototróquio) da larva e o corpo da larva desintegra-se. As larvas das espécies coloniais assentam por meio de células existentes logo acima do prototróquio e sofrem um crescimento desigual notável da massa corporal, para girar o trato digestivo de forma que a superfície atrial ventral aponte para longe do substrato (Figura 15.3 F).

Filo Cycliophora | Ciclióforos

Symbion pandora é um animal marinho microscópico descoberto primeiramente na década de 1960, vivendo comensalmente nas partes orais das lagostas-norueguesas (Figura 15.4; Quadro 15.2). Embora não tenha sido descrito até 1995, esse animal aparentemente acelomado foi reconhecido como um filo separado – Cycliophora. Desde então, uma segunda espécie – *Symbion americanus* – foi descrita na lagosta-americana. Estudos das partes orais da lagosta europeia sugeriram que também pudesse existir uma terceira espécie. Além disso, a existência de uma ou mais espécies crípticas adicionais na lagosta-americana foi sugerida por estudos moleculares. Os ciclióforos são altamente seletivos em seus hospedeiros, embora observações recentes tenham fornecido evidências de uma relação simbiótica entre eles e os copépodes harpacticoides. Apesar de o papel desses pequenos crustáceos no ciclo de vida dos ciclióforos ser desconhecido, dois espécimes de copépodes que carregam os estágios do ciclo de vida dos ciclióforos foram coletados das partes orais da lagosta europeia. Ainda não está claro por que essas diminutas criaturas enigmáticas ocorrem apenas nas lagostas e sua ecologia singular é superada apenas por sua anatomia e seu ciclo de vida bizarros.

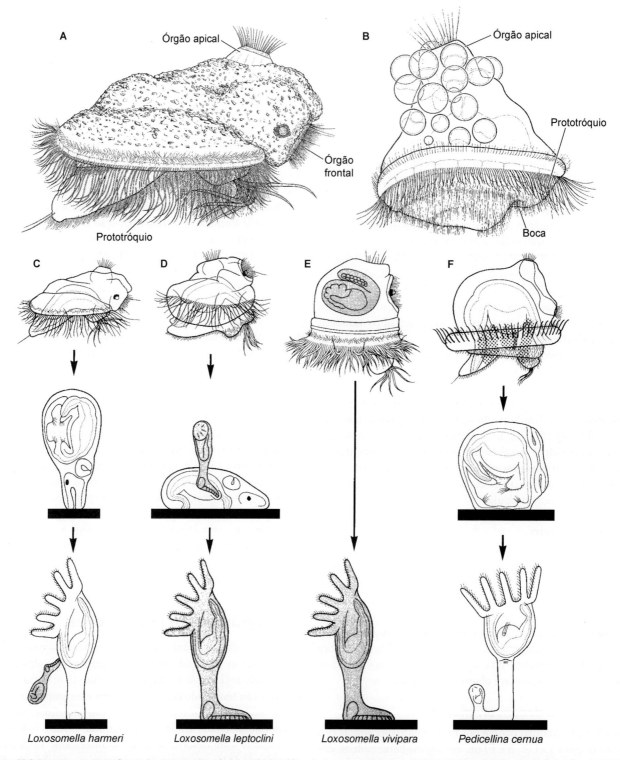

Figura 15.3 Larvas e metamorfoses dos entoproctos. **A.** Larva lecitotrófica de *Loxosomella harmeri*. **B.** Larva planctotrófica de *Loxosoma pectinaricola*. **C** e **F.** Assentamento e metamorfose. **C.** A larva assenta com o órgão frontal e transforma-se na forma juvenil (*Loxosomella harmeri*). **D.** A larva assenta e desenvolve um ou dois brotos, que se desprendem em forma juvenil; o corpo larval desintegra-se (*Loxosomella leptoclini*). **E.** O grande broto interno rompe o corpo da larva e assenta como um juvenil (*Loxosomella vivipara*). **F.** A larva se assenta com a área logo acima do prototróquio e o trato digestivo gira 180° com a boca na frente; o átrio reabre no juvenil (*Pedicellina cernua*).

O ciclo de vida de um ciclióforo é complexo e inclui vários estágios sexuados e assexuados, que alternam ao longo de uma sucessão de estágios. A forma mais evidente do ciclo é um indivíduo séssil medindo cerca de 350 μm com seu corpo dividido em um funil oral anterior, um tronco oval e um disco adesivo posterior, por meio do qual o animal fixa-se às cerdas do seu hospedeiro (Figura 15.4). Uma cutícula laminada cobre o tronco e o disco adesivo, esse último aparentemente formado apenas por material cuticular. Equipados com trato digestivo em forma de "U", esse é o único estágio dos ciclióforos capaz de alimentar-se. A região situada entre o trato digestivo e a parede corporal é compactada por células mesenquimais grandes e não se observou qualquer evidência de uma cavidade corporal. A suspensivoria é facilitada pela produção de correntes de água com densos cílios,

Capítulo 15 Dois Filos Espirálicos Enigmáticos **575**

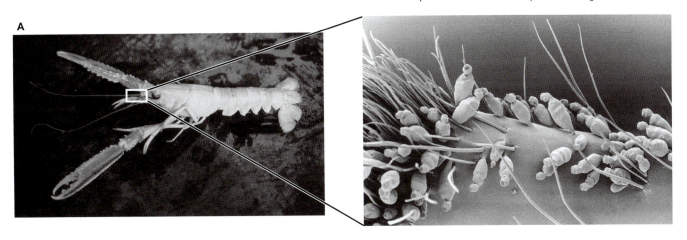

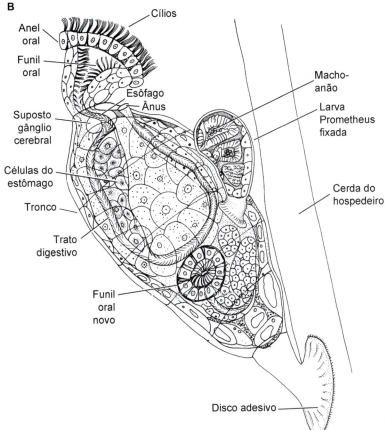

Figura 15.4 *Symbion pandora*. **A.** Vários indivíduos de *S. pandora* fixados às peças orais de uma lagosta-norueguesa (*Nephrops norvegicus*). **B.** Espécime de *Symbion* alimentando-se com uma larva Prometheus fixada ao seu tronco.

Quadro 15.2 Características do filo Cyclophora.

1. Animais funcionalmente acelomados, triploblásticos, bilaterais e não segmentados.
2. Simbiontes solitários sésseis das lagostas. Existem duas espécies descritas e várias espécies ainda não descritas são conhecidas; até agora, todas vivem em lagostas do Mediterrâneo e do Atlântico.
3. Têm cutícula laminada, disco adesivo para fixação ao hospedeiro e trato digestivo com formato de "U".
4. São suspensívoros e utilizam os cílios densos situados no anel de células epidérmicas multiciliadas que circundam a abertura do funil oral.
5. Circulação e trocas gasosas por difusão.
6. A larva cordoide tem um par de protonefrídios.
7. Têm ciclo de vida complexo, que envolve estágios sexuado e assexuado alternando ao longo de uma sucessão de eventos.
8. A clivagem aparentemente é holoblástica, embora o padrão seja singular entre os espirálicos.
9. A maturação do macho envolve uma redução marcante do volume corporal interno, principalmente em razão da perda massiva dos núcleos.
10. Com larvas Pandora, Prometheus e cordoide singulares.

que estão localizados em um anel de células epidérmicas que circundam a abertura final do funil oral. Essas células epidérmicas multiciliadas alternam-se com células mioepiteliais contráteis, que formam um par de esfíncteres envolvidos no fechamento do orifício oral. O trato digestivo em forma de "U" é ciliado ao longo de todo o seu comprimento. O funil oral leva a um esôfago curvado e então a um estômago formado por grandes células glandulares penetradas por um lúmen estreito. Um intestino estende-se anteriormente até um curto reto e um ânus, que estão localizados em posição dorsal perto da base do funil oral. Existe um esfíncter complexo localizado proximamente ao ânus. A área entre o trato digestivo e os outros órgãos é compactada por um mesênquima celular. Um par de músculos estende-se longitudinalmente ao longo do funil oral, enquanto várias fibras musculares longitudinais (seis em *S. americanus* e duas a oito em *S. pandora*) estendem-se da região mais distal do tronco até quase dois terços de seu comprimento.

Nesses animais minúsculos, a circulação e a troca de gases provavelmente são realizadas por difusão simples. Dois gânglios foram descritos no indivíduo que se alimenta: um gânglio localizado na base do funil oral e outro circundando parcialmente o esôfago. Contudo, observações subsequentes baseadas em estudos ultraestruturais e imuno-histoquímicos não confirmaram a existência desses gânglios. Os órgãos excretores não foram identificados nos indivíduos que se alimentam, embora haja um par de protonefrídios em um dos estágios larvais (larva cordoide), descrito adiante. Os espécimes que estão no estágio em que se alimentam conseguem reproduzir-se assexuadamente por um processo de brotamento, o qual ocorre dentro do tronco e gera estágios livres-natantes, um de cada vez – essas são as **larvas Pandora**, as **larvas Prometheus** e a fêmea. De modo a aumentar rapidamente a densidade populacional em um único hospedeiro, as formas que se alimentam geram larvas Pandora (170 μm de comprimento), as quais têm um funil oral dentro do seu corpo. Quando são liberadas, as larvas Pandora assentam perto do indivíduo materno fixado à lagosta hospedeira e transformam-se em novas larvas do estágio alimentar.

Na parte sexuada do ciclo de vida, uma larva Prometheus livre-natante (120 μm de comprimento) assenta-se sobre o tronco de uma forma larval alimentar e desenvolve de um a três machos-anões (40 μm de comprimento) dentro do seu próprio corpo. As fêmeas que também assentaram no corpo materno transportam um único ovócito, que é impregnado por um macho-anão em um processo que ainda não é bem-compreendido. Algumas estruturas morfológicas poderiam estar envolvidas na impregnação. Por exemplo, uma estrutura circular pequena (cerca de 3 μm de diâmetro) circundada por cílios está localizada em posição medial na superfície ventral do corpo da fêmea. Essa estrutura foi descrita como um suposto gonóporo, ainda que não haja um canal evidente para a transferência dos espermatozoides. Além disso, a morfologia externa do macho caracteriza-se por um "pênis" localizado em posição ventroposterior, embora sua função efetiva como órgão copulatório verdadeiro ou como um mero dispositivo de ancoragem e perfuração seja incerta. Um estudo ultraestrutural recente revelou a existência de uma célula espermática dentro do pênis do macho-anão, reforçando essa primeira hipótese. A fêmea migra do corpo do cicliófaro materno para a lagosta hospedeira, onde se assenta dentro de uma área abrigada das partes orais e encista, e seu embrião transforma-se na chamada **larva cordoide**.

A larva cordoide (Figura 15.5) eclode do cisto e assenta-se em um novo hospedeiro, onde finalmente se desenvolve em uma nova forma que se alimenta. Provavelmente, esse é o mecanismo por meio do qual se consegue a dispersão para outros hospedeiros. A anatomia da larva cordoide foi descrita inicialmente por Funch (1996), o qual sugeriu que ela seja uma larva trocófora modificada, homóloga àquela de muitos espirálicos (p. ex., anelídeos, moluscos, sipúnculos e equiúros). Entretanto, a neuroanatomia geral desse estágio larval (descrita adiante) é muito mais semelhante à condição do adulto, que dos estágios larvais dos táxons espirálicos. A larva cordoide também se caracteriza por um órgão cordoide ventral, que se estende ao longo de todo o comprimento do corpo. A função do órgão cordoide é desconhecida, embora possa participar da sustentação e da locomoção. Essa estrutura é basicamente muscular.

O conhecimento do desenvolvimento dos cicliófaros é muito limitado. Os detalhes da embriogênese inicial derivam de observações de fêmeas assentadas, que carregam um embrião interno. O embrião no estágio de 8 células é formado por um grupo de 4 macrômeros e 4 micrômeros. A clivagem parece ser holoblástica, embora a disposição dos blastômeros não demonstre qualquer padrão claro, como ocorre nos outros táxons espirálicos. No que se refere ao desenvolvimento assexuado, um estudo recente utilizou a técnica de microscopia eletrônica de varredura de bloco-face em série (*serial block face-scanning*) e forneceu informações inéditas sobre o desenvolvimento do macho-anão dentro da larva Prometheus fixada. Durante a maturação de um macho jovem em um macho-anão adulto, o corpo passa por uma redução de cerca de um terço em seu volume corporal interno, principalmente em razão da perda extensiva dos núcleos da maioria das suas células somáticas (especialmente das células dos músculos e da epiderme). Os órgãos encontrados nos machos-anões maduros – músculos, cérebro, testículos, glândulas etc. – já estão formados no macho jovem. O estágio de macho jovem tem cerca de 200 células nucleadas, enquanto o estágio de macho maduro abrange apenas cerca de 50 células nucleadas; as células musculares e epidérmicas do macho maduro não têm núcleos. Desse modo, ao contrário do desenvolvimento típico dos metazoários, o macho-anão dos cicliófaros não cresce depois da finalização da organogênese.

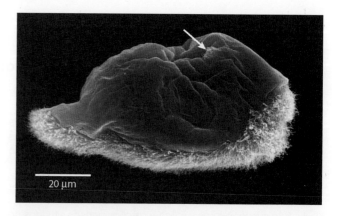

Figura 15.5 Larva cordoide de *Symbion pandora*. Observe os campos ciliados densos cobrindo a região ventral do corpo, da parte posterior (*esquerda*) para a anterior (*direita*). A *seta* aponta para o órgão ciliado dorsal, que parece ter uma função sensorial.

A morfologia externa da larva Prometheus, da larva Pandora e da fêmea são semelhantes sob vários aspectos. Por exemplo, um campo ciliado anteroventral e um tufo ciliado posterior, assim como quatro feixes de cílios longos – que compõem o órgão sensorial, ou sensilas – estão presentes em todos esses estágios do ciclo de vida. Além disso, todos esses estágios livres-natantes têm uma cutícula bem-diferenciada, que se caracteriza por uma superfície poligonal esculpida. A morfologia externa da larva cordoide é diferente desses estágios porque tem campos ciliados anterior, ventral e posterior, assim como um órgão dorsal pareado que, aparentemente, desempenha função sensorial (Figura 15.5). O macho-anão caracteriza-se por campos ciliados ventral e frontal densos, e sensilas estão situadas lateral e frontalmente.

A mioanatomia e o sistema nervoso de todos os estágios livre-natantes dos ciclióforos foram estudados tanto por microscopia eletrônica de transmissão quanto por microscopia eletrônica confocal de varredura a *laser*. Em geral, a musculatura dos estágios livres é muito complexa e inclui músculos longitudinais, que se estendem em posições ventral e dorsal no corpo, além dos músculos dorsoventrais. Todos os estágios livres-natantes têm um cérebro dorsal composto de um par de aglomerados laterais de pericários interconectados por um neurópilo comissural. Além disso, as larvas cordoides têm quatro neuritos longitudinais ventrais bem-definidos, enquanto todos os outros estágios livre-natantes têm apenas dois. O órgão apical típico dos espirálicos não está presente em todos os estágios larvais dos ciclióforos.

Bibliografia

Entoprocta

Franke, M. 1993. Ultrastructure of the protonephridia of *Loxosomella fauveli*, *Barentsia matsushimana* and *Pedicellina cernua*. Implications for the protonephridia in the ground pattern of the Entoprocta (Kamptozoa). Microfauna Mar. 8: 7–38.

Hausdorf, B. et al. 2007. Spiralian phylogenomics supports the resurrection of Bryozoa comprising Ectoprocta and Entoprocta. Mol. Biol. Evol. 24(12): 2723–2729.

Nielsen, C. 1971. Entoproct life cycles and the entoproct/ectoproct relationship. Ophelia 9(2): 209–341.

Nielsen, C. 1989. Entoprocts. Synopses British Fauna, N.S. 41: 1–131. Brill, Leiden.

Nielsen, C. 2002. The phylogenetic position of Entoprocta, Ectoprocta, Phoronida and Brachiopoda. Integrative and Comparative Biology 42(3): 685–691.

Nielsen, C. 2010. A review of the taxa of solitary entoprocts (Loxosomellatidae). Zootaxa 2395: 45–56. [Há uma bonita figura com muitos desenhos de entoproctos estranhos, juntamente com uma lista de espécies e ampla literatura. Pode ser um guia para o futuro entoproctologista.]

Nielsen, C. e Å Jespersen. 1997. Entoprocta. pp. 13–43 in F. W. Harrison (ed.), *Microscopic Anatomy of Invertebrates*, Vol. 13. Wiley-Liss, Nova York.

Nielsen, C. e J. Rostgaard. 1976. Structure and function of an entoproct tentacle with discussion of ciliary feeding types. Ophelia 15: 115–140.

Riisgård, H. U., C. Nielsen e P. S. Larsen. 2000. Downstream collecting in ciliary suspension feeders: The catch-up principle. Mar. Ecol. Prog. Ser. 207: 33–51.

Rundell, R. J. e B. S. Leander. 2012. Description and phylogenetic position of the first sand-dwelling entoproct from the western coast of North America: *Loxosomella vancouverensis* sp. nov. Marine Biology Research 8: 284–291.

Todd, J. A. e P. D. Taylor. 1992. The first fossil entoproct. Naturwiss. 79: 311–314.

Wasson, K. 1997 A. Sexual modes in the colonial kamptozoan genus *Barentsia*. Biol. Bull. 193: 163–170.

Wasson, K. 1997 B. Systematic revision of colonial kamptozoans (entoprocts) of the Pacific coast of North America. Zool. J. Linn. Soc. 121: 1–63.

Cycliophora

Baker, J. M. e G. Giribet. 2007. A molecular phylogenetic approach to the phylum Cycliophora provides further evidence for cryptic speciation in *Symbion americanus*. Zool. Scripta 36: 353–359.

Funch, P. 1996. The chordoid larva of *Symbion pandora* (Cycliophora) is a modified trochophore. J. Morphol. 230: 231–263.

Funch, P. e R. M. Kristensen. 1995. Cycliophora is a new phylum with affinities to Entoprocta and Ectoprocta. Nature 378: 661–662.

Funch, P. e R. M. Kristensen. 1997. Cycliophora. pp. 409–474, in F. W. Harrison e E. E. Ruppert (eds.), *Microscopic anatomy of invertebrates, Vol. 13, Lophophorates, Entoprocta, and Cycliophora*. Wiley-Liss, Nova York.

Neves, R. C., R. M. Kristensen e A. Wanninger. 2009. Three-dimensional reconstruction of the musculature of various life cycle stages of the cycliophoran *Symbion americanus*. J. Morphol. 270: 257–270.

Neves, R. C. et al. 2009. Cycliophoran dwarf males break the rule: high complexity with low cell-numbers. Biol. Bull. 217: 2–5.

Neves, R. C. et al. 2010. External morphology of the cycliophoran dwarf male: A comparative study of *Symbion pandora* and *S. americanus*. Helgoland Mar. Res. 64: 257–262.

Neves, R. C. et al. 2010. Comparative myoanatomy of cycliophoran life cycle stages. J. Morphol. 271: 596–611.

Neves, R. C., R. M. Kristensen e A. Wanninger. 2010. Serotonin immunoreactivity in the nervous system of the Pandora larva, the Prometheus larva, and the dwarf male of *Symbion americanus* (Cycliophora). Zool. Anzeiger 249: 1–12.

Neves, R. C., R. M. Kristensen e P. Funch. 2012. Ultrastructure and morphology of the cycliophoran female. J. Morphol. 273: 850–869.

Neves, R. C., C. Bailly e H. Reichert. 2014. Are copepods secondary hosts of Cycliophora? Org. Divers. Evol. 14: 363–367.

Neves, R. C. e H. Reichert. 2015. Microanatomy and development of the dwarf male of *Symbion pandora* (Phylum Cycliophora): new insights from ultrastructural investigation based on serial section electron. PLoS ONE. doi: 10.1371/journal.pone.0122364

Obst, M. e P. Funch. 2003. Dwarf male of *Symbion pandora* (Cycliophora). J. Morphol. 255: 261–278.

Obst, M., P. Funch e G. Giribet. 2005. Hidden diversity and host specificity in cycliophorans: A phylogeographic analysis along the North Atlantic and Mediterranean Sea. Mol. Ecol. 14: 4427–4440.

Obst, M., P. Funch e R. M. Kristensen. 2006. A new species of Cycliophora from the mouthparts of the American lobster, *Homarus americanus* (Nephropidae, Decapoda). Org. Divers. Evol. 6: 83–97.

16

Gnathifera

Filos Gnathostomulida, Rotifera (inclusive Acanthocephala) e Micrognathozoa

O clado Gnathifera inclui três filos: Gnathostomulida, Micrognathozoa e Rotifera, enquanto esse último contém os vermes acantocéfalos parasitários (antes classificados em um filo separado). O nome desse clado originou-se do grego *gnathos* ("mandíbula") e do latim *fera* ("carregar ou portar") e refere-se à existência de componentes faríngeos rígidos (*i. e.*, mandíbulas) que estão presentes ou foram perdidos secundariamente em todos os táxons dos gnatíferos. Apesar de suas dimensões diminutas, os gnatíferos mostram complexidade anatômica notável, especialmente em suas estruturas mandibulares (p. ex., o mástax e os trofos) e na organização de seus sistemas muscular e nervoso.

Até meados da década de 1990, os gnatostomulídeos e os rotíferos eram reunidos a outros táxons microscópicos em grupos questionáveis como os "asquelmintos" ou os "nematelmintos" – grupos abrangentes que se caracterizavam, até certo ponto, por abrigarem os táxons microscópicos com posições filogenéticas incertas. Naquela época, os acantocéfalos eram tratados como um filo separado, mas apesar de suas dimensões macroscópicas e de sua biologia endoparasitária, eles já eram considerados muito próximos dos rotíferos com base nas semelhanças ultraestruturais de seus tegumentos. Durante a década de 1990, alguns pesquisadores começaram a estudar as posições filogenéticas dos filos dos asquelmintos. Em 1995, dois artigos importantes (publicados por W. H. Ahlrichs, R. M. Rieger e S. Tyler) sugeriram que houvesse uma relação de grupos-irmãos entre os gnatostomulídeos e os rotíferos, com base em uma homologia proposta entre as mandíbulas desses dois grupos. A homologia era apoiada por dados ultraestruturais fornecidos pela microscopia eletrônica de transmissão, a qual demonstrara que as mandíbulas desses dois táxons eram constituídas de elementos baciliformes que, em corte transversal, apareciam como áreas translúcidas com um núcleo eletrodenso central. Ahlrichs (1995) referiu-se a esse grupo como Gnathifera, sugerindo também que, na verdade, os acantocéfalos endoparasitas nada mais fossem que rotíferos extremamente modificados.

Classificação do reino Animal (Metazoa)

Não Bilateria*
(Também conhecidos como diploblastos)
FILO PORIFERA
FILO PLACOZOA
FILO CNIDARIA
FILO CTENOPHORA

Bilateria
(Também conhecidos como triploblastos)
FILO XENACOELOMORPHA

Protostomia
FILO CHAETOGNATHA

SPIRALIA
FILO PLATYHELMINTHES
FILO GASTROTRICHA
FILO RHOMBOZOA
FILO ORTHONECTIDA
FILO NEMERTEA
FILO MOLLUSCA
FILO ANNELIDA
FILO ENTOPROCTA
FILO CYCLIOPHORA

Gnathifera
FILO GNATHOSTOMULIDA
FILO MICROGNATHOZOA
FILO ROTIFERA

Lophophorata
FILO PHORONIDA
FILO BRYOZOA
FILO BRACHIOPODA

ECDYSOZOA
Nematoida
FILO NEMATODA
FILO NEMATOMORPHA

Scalidophora
FILO KINORHYNCHA
FILO PRIAPULA
FILO LORICIFERA

Panarthropoda
FILO TARDIGRADA
FILO ONYCHOPHORA
FILO ARTHROPODA
SUBFILO CRUSTACEA*
SUBFILO HEXAPODA
SUBFILO MYRIAPODA
SUBFILO CHELICERATA

Deuterostomia
FILO ECHINODERMATA
FILO HEMICHORDATA
FILO CHORDATA

*Grupo parafilético.

Na mesma época em que os gnatíferos adquiriam sua configuração atual, outro animal inédito foi descoberto nos musgos de um manancial gelado da Groelândia. Esse animal era um invertebrado microscópico que, em alguns aspectos, assemelhava-se a um rotífero e, em outros, parecia ser um gnatostomulídeo, mas também tinha várias características que não eram encontradas em qualquer outro grupo. O animal tinha mandíbulas ainda mais complexas e numerosas em seus elementos que as mandíbulas encontradas nos outros dois filos de gnatíferos. A microscopia eletrônica de transmissão mostrou que a ultraestrutura das mandíbulas era praticamente idêntica à dos rotíferos e gnatostomulídeos. Seis anos depois de sua descoberta, R. M. Kristensen e P. Funch (2000) nomearam o animal *Limnognathia maerski* e classificaram-no em um novo grupo de animais (Micrognathozoa), o qual, 4 anos depois, foi reconhecido como terceiro filo dos gnatíferos.

Morfologicamente, os gnatíferos parecem constituir um grupo monofilético bem-embasado, que se caracteriza pela presença de elementos faríngeos rígidos homólogos. Ao menos um estudo filogenômico também mostrou base de apoio para o clado Gnathifera. As filogenias baseadas na morfologia indicam que Gnathostomulida ramifique-se como os gnatíferos mais basais, enquanto Micrognathozoa e Rotifera (inclusive Acanthocephala) parecem ser grupos-irmãos com base nas semelhanças ultraestruturais dos seus tegumentos (Figura 16.1). Os rotíferos e os acantocéfalos de vida livre (ver adiante) têm epiderme sincicial, na qual a cutícula externa foi substituída por uma lâmina proteica intracelular nas células epidérmicas. Micrognathozoa têm epiderme não sincicial homogênea, mas também há uma lâmina proteica intracelular similar encontrada em suas placas epidérmicas dorsais; a presença dessa lâmina é considerada uma sinapomorfia dos filos Micrognathozoa e Rotifera–Acanthocephala.

Vários estudos moleculares sugeriram inicialmente uma relação direta entre os gnatostomulídeos e os rotíferos–acantocéfalos, mas, em 2015 – com base em bancos de dados amplos –, os micrognatozoários começaram a surgir como um grupo-irmão dos rotíferos–acantocéfalos.

Tomando como base as semelhanças ultraestruturais de seus tegumentos, há muitos anos os rotíferos microscópicos e os acantocéfalos macroscópicos têm sido considerados prováveis táxons-irmãos. Contudo, mais recentemente, evidências crescentes fornecidas por estudos moleculares mostraram conclusivamente que os acantocéfalos não são irmãos dos rotíferos, mas, na verdade, evoluíram desses últimos – provavelmente como um clado que se tornou endoparasita obrigatório e, mais tarde, passou por uma série de modificações e alterações morfológicas notáveis. Os acantocéfalos atuais estão tão modificados e adaptados ao seu estilo de vida endoparasita que é difícil encontrar características morfológicas comparativas que poderiam colocá-los entre os rotíferos; contudo, as evidências moleculares são fortes e incluem estudos baseados em determinados *loci*-alvo e marcadores sequenciais expressos, assim como em genomas mitocondriais completos.

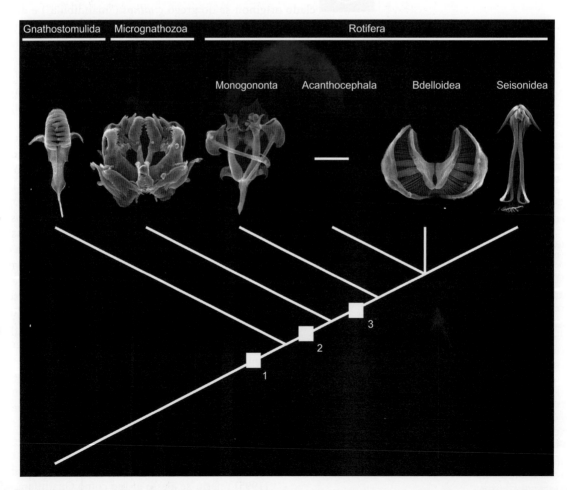

Figura 16.1 Árvore filogenética mostrando a estrutura mandibular e as relações entre os gnatíferos. As sinapomorfias dos clados principais estão assinaladas por números: (1) elementos faríngeos rígidos/mandíbulas formadas de bastões constituídos de um material translúcido com núcleo eletrodenso; (2) epiderme celular com lâmina proteica intracelular; e (3) epiderme sincicial.

Filo Gnathostomulida | Gnatostomulídeos

O filo Gnathostomulida (do grego *gnathos*, "mandíbula"; e *stoma*, "boca") incluem cerca de 100 espécies de animais hermafroditas vermiformes minúsculos (Figura 16.2). Essas criaturas meiofaunais foram descritas primeiramente por Peter Ax em 1956 como turbelários, mas foram classificadas em seu próprio filo por Rupert Riedl em 1969. Os gnatostomulídeos são encontrados no mundo todo, nos espaços intersticiais das areias do mar e misturados com detritos, desde a zona intertidal até profundidades de centenas de metros. O corpo fino e alongado (menos de 2 mm de comprimento) geralmente pode ser dividido em cabeça, tronco e, em algumas espécies, uma região caudal estreita. Os aspectos diferenciadores desse filo são o aparelho faríngeo mandibular singular e as células epidérmicas monociliadas (Quadro 16.1). As 100 espécies e os 26 gêneros catalogados atualmente podem ser divididos em duas ordens.

Quadro 16.1 Características do filo Gnathostomulida.

1. Animais acelomados vermiformes, triploblásticos, bilatérios e não segmentados.
2. Epiderme em camada simples; todas as células epiteliais são monociliadas.
3. Trato digestivo incompleto (ânus rudimentar, vestigial ou ausente).
4. Faringe com aparelho mandibular complexo e singular.
5. Sem sistema circulatório ou estruturas especiais para trocas gasosas.
6. Excreção por meio dos protonefrídios com células terminais monociliadas.
7. Hermafroditas.
8. Clivagem espiral e desenvolvimento direto.
9. Vivem em hábitats marinhos intersticiais.

CLASSIFICAÇÃO DOS GNATOSTOMULÍDEOS

ORDEM FILOSPERMOIDEA. Corpo geralmente muito alongado com rostro mais delicado; mandíbulas relativamente simples; partes masculinas sem pênis injetor; espermatozoide filiforme (com configuração flagelar 9 + 2); partes femininas sem vagina e bursa. (Três gêneros: *Cosmognathia*, *Haplognathia* e *Pterognathia*.)

ORDEM BURSOVAGINOIDEA. Em geral, o corpo não é extremamente alongado em comparação com sua largura; cabeça com rostro mais curto e, em geral, uma constrição na região do pescoço; mandíbulas complexas; partes masculinas com pênis, com ou sem estilete; células espermáticas aflageladas, sejam células-anãs ou cônulos gigantes; partes femininas com bursa e geralmente com vagina. Contém 23 gêneros, incluindo *Austrognatharia*, *Gnathostomula* e *Onychognathia*.

Plano corpóreo dos gnatostomulídeos

Parede corporal, sustentação e locomoção

Todas as células epiteliais externas têm um único cílio, pelo qual o animal movimenta-se por deslizamento. A movimentação é facilitada por contorções corporais produzidas pela contração

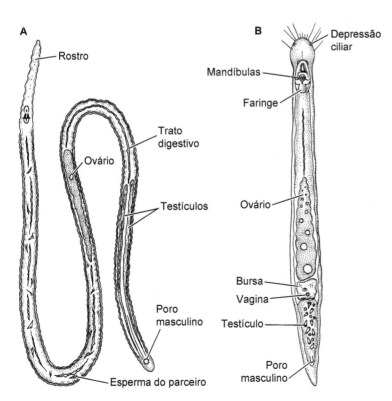
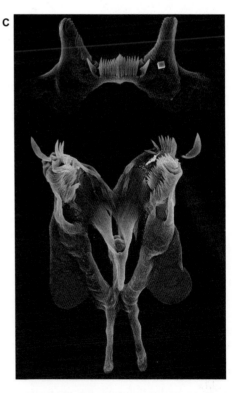

Figura 16.2 Representantes dos gnatostomulídeos. **A.** *Haplognathia simplex*. **B.** *Austrognatharia kirsteueri*. **C.** Placa basal e mandíbulas de *Gnathostomula armata*.

das faixas finas de fibras musculares subepidérmicas (com estrias transversais). Essas ações, combinadas com o batimento ciliar reversível, facilitam a torção, o giro e o rastejamento entre os grãos de areia e, em algumas espécies, permitem natação limitada. As células glandulares mucosas estão presentes na epiderme ao menos de algumas espécies. O corpo é sustentado por sua conformação mais ou menos sólida, com preenchimento mesenquimal frouxo na área entre os órgãos internos.

Nutrição, circulação, excreção e trocas gasosas

A boca está localizada na superfície ventral da junção "cabeça-tronco", levando para dentro de uma faringe muscular complexa equipada com mandíbulas semelhantes a pinças e, em algumas espécies, com uma placa basal anterior simples (Figura 16.2). Curiosamente, as duas espécies conhecidas do gênero *Agnathiella* não têm qualquer tipo de mandíbula. Os gnatostomulídeos ingerem bactérias e fungos por meio das ações de mordiscar produzidas pelas mandíbulas ou pela raspagem da placa basal. A faringe comunica-se com um trato digestivo saculiforme alongado e simples. Esses animais não têm ânus funcional permanente, mas alguns gnatostomulídeos apresentam uma conexão de tecidos entre a extremidade posterior do trato digestivo e a epiderme sobrejacente. Esse aspecto enigmático tem sido interpretado de várias formas: como uma conexão anal transitória com o exterior, como um resquício do ânus que foi perdido secundariamente ou como um ânus incipiente que ainda não se desenvolveu completamente.

A circulação e as trocas gasosas dos gnatostomulídeos dependem basicamente da difusão. O sistema excretor é formado de protonefrídios dispostos em série, que se estendem da região faríngea até a extremidade terminal do corpo. Como também ocorre com as células epiteliais, as células terminais dos protonefrídios são monociliadas.

Sistema nervoso

O sistema nervoso está diretamente relacionado com a epiderme e ainda não foi descrito em todos os seus detalhes. Vários órgãos sensoriais, inclusive depressões ciliares sensoriais e sensórios rígidos formados por grupos de cílios reunidos das células monociliadas, estão concentrados na região da cabeça. Os especialistas em gnatostomulídeos têm atribuído inúmeros e variados nomes a essas estruturas, cujo significado taxonômico é importante.

Reprodução e desenvolvimento

Os gnatostomulídeos são hermafroditas. O sistema reprodutor masculino inclui um ou dois testículos, geralmente localizados na parte posterior do tronco e na cauda; o sistema feminino consiste em um único ovário volumoso (Figura 16.2). Os membros da ordem Bursovaginoidea têm um orifício vaginal e uma bursa de armazenamento dos espermatozoides, ambos associados ao gonóporo feminino, além de um pênis no sistema masculino; os membros da ordem Filospermoidea não têm essas estruturas.

O cruzamento dos gnatostomulídeos foi estudado apenas superficialmente. Embora o método de transferência dos espermatozoides não esteja esclarecido, uma das possibilidades é que os espermatozoides filiformes dos gnatostomulídeos filospermoides perfurem e atravessem a parede do corpo. Entre os gnatostomulídeos bursovaginoides, os espermatozoides são transferidos diretamente à bursa do parceiro em cruzamento por impregnação hipodérmica do estilete esclerotizado do pênis. De qualquer forma, esses animais parecem ser gregários, dependem da fecundação interna e depositam separadamente os zigotos em seu hábitat. De acordo com alguns relatos, a clivagem é espiral e o desenvolvimento é direto, mas geralmente há poucos detalhes quanto à embriologia e ao desenvolvimento das formas juvenis.

Filo Rotifera | Rotíferos de vida livre

O filo Rotifera (do latim *rota*, "roda"; e *fera*, "portar ou carregar") inclui mais de 2.000 espécies descritas de animais microscópicos (cerca de 100 a 1.000 μm de comprimento), geralmente de vida livre. Além disso, os vermes acantocéfalos macroscópicos, parasitas, representam, na verdade, também um subgrupo dos rotíferos, mas, em vista das diferenças significativas em sua biologia e morfologia, eles serão discutidos separadamente. Desse modo, nesta seção, o nome Rotifera refere-se apenas aos rotíferos microscópicos de vida livre. O nome "Syndermata" foi proposto há algum tempo para abranger um clado com Rotifera + Acanthocephala, mas, com o entendimento atual de que eles não são grupos-irmãos (o último surgiu como um clado originado do primeiro), tal termo não é mais útil.

Os rotíferos foram descobertos pelos antigos microscopistas, como Antony van Leeuwenhoek, no final do século 17; naquela época, tais animais foram agrupados com os protistas como "animálculos" (basicamente em razão do seu pequeno tamanho). Além das 2.050 espécies morfologicamente reconhecidas ou mais, complexos de especiação críptica foram demonstrados em várias morfoespécies. Por exemplo, a espécie *Brachionus plicatilis* foi intensamente estudada e pelo menos 22 espécies crípticas foram identificadas dentro desse grupo de espécies.

Apesar de suas dimensões diminutas, os rotíferos na verdade são muito complexos e mostram várias conformações corporais (Figura 16.3). A maioria é de animais solitários, mas alguns vermes sésseis são coloniais, havendo inclusive alguns que secretam envoltórios gelatinosos, dentro dos quais os indivíduos podem retrair-se (p. ex., fotografia de abertura do capítulo, um *Conochilus*). Os rotíferos são mais comuns na água doce, mas muitas espécies marinhas também são conhecidas e outras vivem no solo úmido ou na película de água dos musgos. Em geral, os rotíferos constituem um dos componentes importantes do plâncton das águas doce e salobra.

O corpo compreende três regiões gerais – cabeça, tronco e pé. A cabeça tem um órgão ciliar conhecido como **corona**. Quando estão em atividade, os cílios coronais comumente dão a impressão de um par de rodas girando; daí a origem do nome desse filo. Na verdade, os rotíferos eram conhecidos historicamente como "animálculos giratórios". Os membros desse filo também se caracterizam por ser blastocelomados e ter tegumento sem cutícula externa, que é substituída por uma lâmina proteica intracelular de sustentação. Esses animais têm trato digestivo completo (em geral) e protonefrídios, mostram tendência à eutelia e comumente têm tecidos ou órgãos sinciciais (Quadro 16.2). A faringe é modificada em um **mástax**, que inclui um conjunto de mandíbulas internas conhecidas como **trofos**. A morfologia dos trofos tem grande importância sistemática e, em geral, é a principal característica usada para identificar as espécies e os gêneros.

Capítulo 16 Gnathifera 583

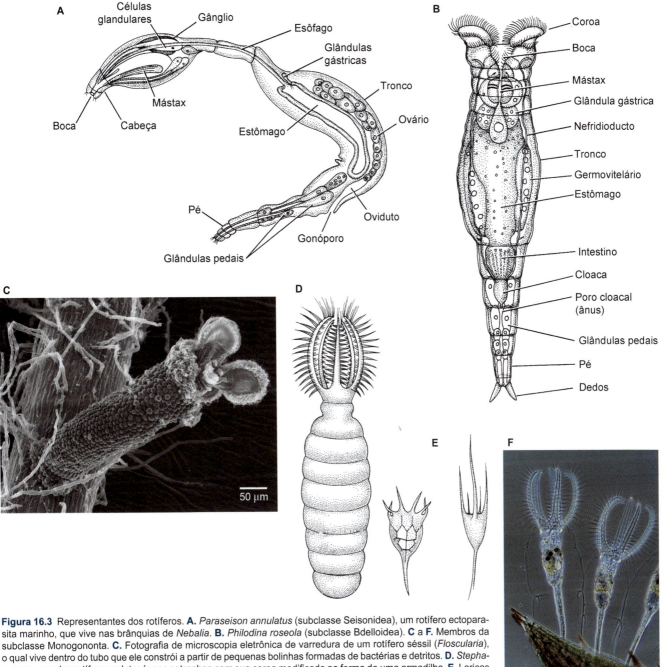

Figura 16.3 Representantes dos rotíferos. **A.** *Paraseison annulatus* (subclasse Seisonidea), um rotífero ectoparasita marinho, que vive nas brânquias de *Nebalia*. **B.** *Philodina roseola* (subclasse Bdelloidea). **C** a **F.** Membros da subclasse Monogononta. **C.** Fotografia de microscopia eletrônica de varredura de um rotífero séssil (*Floscularia*), o qual vive dentro do tubo que ele constrói a partir de pequenas bolinhas formadas de bactérias e detritos. **D.** *Stephanoceros*, um dos rotíferos colotecáceos estranhos com sua coroa modificada na forma de uma armadilha. **E.** Loricas (armaduras) de dois rotíferos loricados. **F.** Espécimes vivos de *Stephanoceros*.

Quadro 16.2 Características do filo Rotifera.

1. Animais blastocelomados triploblásticos, bilaterais e não segmentados.
2. Trato digestivo completo com especializações regionais.
3. Faringe modificada em um mástax que contém elementos semelhantes a mandíbulas, conhecidos como "trofos".
4. Extremidade anterior com campos ciliados variáveis, inclusive uma corona.
5. Em geral, a extremidade posterior tem dedos e glândulas adesivas.
6. Epiderme sincicial com quantidade fixa de núcleos; secreta a glicocálix extracelular e as lâminas esqueléticas intracelulares (essas últimas formam uma armadura em algumas espécies).
7. Têm protonefrídios, mas não apresentam estruturas especializadas para circulação ou trocas gasosas.
8. Apresentam um órgão retrocerebral singular.
9. Os machos geralmente são reduzidos ou ausentes; a partenogênese é comum.
10. Fazem clivagem espiral modificada.
11. Vivem em hábitats de água salgada ou doce, ou são semi-terrestres; sésseis ou livres-natantes.

Em 2008, pesquisadores fizeram uma descoberta surpreendente acerca dos rotíferos ao demonstrarem que os rotíferos bdeloides incorporaram grandes quantidades de genes originados de diversas fontes estranhas em seus genomas, incluindo bactérias, fungos e plantas. Esses genes estranhos acumularam-se principalmente nas regiões teloméricas das extremidades dos cromossomos e muitos desses genes parecem conservar sua integridade funcional.

CLASSIFICAÇÃO DOS ROTÍFEROS

CLASSE HEMIROTATORIA. Endoparasitas, ectoparasitas ou animais de vida livre; esse grupo foi reconhecido apenas com base em dados moleculares.

SUBCLASSE ACANTHOCEPHA. Endoparasitas macroscópicos; ver próxima seção deste capítulo.

SUBCLASSE BDELLOIDEA (Figura 16.3 B). Encontrados na água doce, nos solos úmidos e nas folhagens (também incluem animais marinhos e terrestres); nos casos típicos, a corona é bem-desenvolvida; trofos ramificados (trituradores). Inclui 20 gêneros, p. ex., *Adineta, Embata, Habrotrocha, Philodina, Rotaria*.

SUBCLASSE SEISONIDEA (Figura 16.3 A). Epizoicos do crustáceo leptostracano marinho *Nebalia*; corona reduzida a cerdas; trofos fulcrados (perfurantes); machos totalmente desenvolvidos e considerados portadores de quantidades diploicas de cromossomos; as fêmeas sexuadas produzem apenas ovócitos mícticos. Dois gêneros: *Paraseison* e *Seison*.

CLASSE EUROTATORIA

SUBCLASSE MONOGONONTA (Figura 16.3 C a F). Animais predominantemente de água doce, alguns de vida marinha; nadadores, rastejadores ou sésseis; corona e trofos variáveis; nos casos típicos, os machos têm vida curta, são haploides e têm tamanho e complexidade reduzidos; a reprodução sexuada provavelmente ocorre em alguma fase do ciclo de vida de todas as espécies; ovócitos mícticos e amícticos produzidos na maioria das espécies; germovitelário único. Contém 121 gêneros, p. ex., *Asplanchna, Brachionus, Collotheca, Dicranophorus, Encentrum, Epiphanes, Euchlanis, Floscularia, Lecane, Notommata, Proales, Synchaeta, Testudinella*.

Plano corpóreo dos rotíferos

Parede corporal, anatomia externa geral e detalhes da corona

A maioria dos rotíferos tem um glicocálix gelatinoso macio no lado de fora de sua epiderme, mas, ao contrário de muitos outros invertebrados, eles não têm cutícula externa. Em vez disso, os rotíferos têm uma lâmina proteica intracelular localizada dentro da epiderme, que lhes confere proteção e estabilização ao corpo. Essa lâmina proteica pode variar consideravelmente em espessura e flexibilidade entre os gêneros e as famílias. As espécies com lâmina proteica muito fina são conhecidas como "rotíferos iloricados" e, em geral, parecem ser animais hialinos muito flexíveis, que contraem inteiramente seu corpo quando são perturbados. Em outras espécies, a lâmina proteica intracelular é muito mais espessa e forma uma armadura corporal conhecida como **lorica**; tais espécies são conhecidas como "rotíferos loricados".

Outra condição especial da epiderme dos rotíferos diz respeito à ausência de paredes entre as células epidérmicas, significando que a epiderme é um sincício com cerca de 900 a 1.000 núcleos.

A superfície corporal de muitos rotíferos loricados é anular, conferindo-lhes flexibilidade. A superfície das espécies loricadas geralmente contém espinhos, tubérculos ou outros tipos de escultura (Figura 16.3 E). Muitos rotíferos têm antenas sensoriais dorsal única e laterais pareadas, que se originam de várias regiões do corpo. O pé não está presente em todas as espécies, mas, quando presente, é geralmente alongado com ânulos cuticulares, que permitem uma ação de telescopagem. A parte distal do pé em geral tem espinhos ou um par de "dedos", por meio dos quais passam os ductos das glândulas pedais. A secreção produzida pelas glândulas pedais permite aos rotíferos fixar-se temporariamente ao substrato. O pé não está presente em alguns animais natatórios (p. ex., *Asplanchna*) e é modificado para fixação permanente nos tipos sésseis (p. ex., *Floscularia*).

A **corona** é a estrutura externa mais característica dos rotíferos. Sua morfologia varia acentuadamente e, em alguns grupos, a coroa é uma característica taxonômica importante. A suposta condição primitiva está ilustrada na Figura 16.4 A. Uma placa bem-desenvolvida de cílios circunda a boca anteroventral. Essa placa é o campo oral (ou circum-oral) e estende-se em posição dorsal ao redor da cabeça na forma de um anel ciliar conhecido como campo circum-apical. A parte anterior extrema da cabeça circundada por esse anel ciliar é o campo apical. A corona desenvolveu-se em várias formas modificadas nos diversos táxons de rotíferos. Em algumas espécies, o campo oral é muito reduzido, enquanto o campo circum-apical está separado em dois anéis ciliares – um ligeiramente à frente do outro (Figura 16.4 B). O anel mais anterior é conhecido como tróquio, enquanto o outro é o cíngulo. Em muitos rotíferos bdeloides, o tróquio forma um

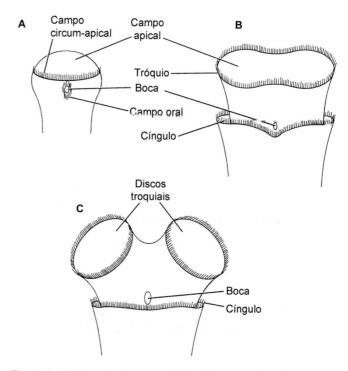

Figura 16.4 Modificação da corona de alguns tipos de rotíferos. **A.** A suposta condição plesiomórfica tem campos oral e circum-apical. **B.** O campo circum-apical está separado em tróquio e cíngulo. O tróquio é lobado, como se observa em *Floscularia*. **C.** O tróquio está separado em dois discos troquiais, como se observa em muitos rotíferos bdeloides.

par de anéis anterolaterais de cílios bem-definidos conhecidos como discos troquiais (Figura 16.4 C), que podem ser retraídos ou estendidos para locomoção e alimentação. As ondas ciliares metacronais que percorrem esses discos troquiais causam a impressão de rodas giratórias.

Muitos órgãos e tecidos dos rotíferos demonstram eutelia: constância de quantidade de células ou núcleos. Essa condição é estabelecida durante o desenvolvimento e, depois da ontogenia, não ocorrem divisões celulares mitóticas no corpo.

Cavidade corporal, sustentação e locomoção

Abaixo da epiderme estão várias bandas de músculos circulares e longitudinais (Figura 16.5); no entanto, não existem lâminas ou camadas de músculos na parede corporal. Os órgãos internos estão situados dentro de uma blastocele cheia de líquidos e geralmente espaçosa.

Como não há uma parede corporal muscular espessa, a sustentação e o formato do corpo são mantidos pelas lâminas esqueléticas intraepidérmicas e pelo esqueleto hidrostático formado pela cavidade corporal. Nas espécies loricadas, o tegumento é flexível apenas o suficiente para permitir alterações suaves da forma; por isso, os aumentos da pressão hidrostática dentro da cavidade corporal podem ser usados para protrair as partes do corpo (p. ex., pé, corona). Essas partes são protraídas e retraídas por vários músculos (Figura 16.5), cada qual formado de apenas uma ou duas células.

Embora alguns rotíferos sejam sésseis, a maioria é móvel e muito ativa, movimentando-se por natação ou rastejamento com movimento palmar. Alguns são exclusivamente natatórios ou rastejadores, mas outros são capazes de usar esses dois métodos de locomoção. A natação é conseguida pelo batimento dos cílios coronais, forçando a água para a parte posterior do corpo e empurrando o animal para frente, algumas vezes em trajeto helicoidal. Quando rasteja, o rotífero fixa seu pé por meio de secreções produzidas pelas glândulas pedais, depois alonga seu corpo e estende-se para frente. O animal fixa a extremidade anterior estendida ao substrato, solta seu pé e empurra seu corpo para frente por contração muscular.

Alimentação e digestão

Os rotíferos demonstram vários métodos de alimentação, dependendo da estrutura da corona (Figura 16.4) e dos trofos do mástax (Figura 16.6). Os suspensívoros ciliares têm ciliação coronal bem-desenvolvida e um mástax triturador. Esses animais incluem os bdeloides, que têm discos trocais e mástax ramificado (Figura 16.6 A), assim como alguns rotíferos monogonontes, que têm tróquio e cíngulo separados e um mástax em forma de martelo (Figura 16.6 B). Nos casos típicos, esses animais alimentam-se de detritos orgânicos ou microrganismos. A corrente alimentar é produzida por ação dos cílios do tróquio (ou discos troquiais), que batem em direção contrária à dos cílios do cíngulo. As partículas são puxadas para dentro do sulco alimentar ciliado, que está situado entre essas faixas ciliares oponentes e são transportadas para o campo oral e a boca.

A alimentação raptorial é comum em muitas espécies de Monogononta. A ciliação coronal desses rotíferos geralmente é reduzida ou é usada exclusivamente para locomoção. Os animais raptoriais conseguem alimento prendendo-o com suas mandíbulas protrusíveis semelhantes a uma pinça no mástax; a maioria deles tem um mástax forcipado (não giratório) (Figura 16.6 C) ou um mástax incudal (que gira de 90 a 180° durante a protrusão). Os rotíferos raptoriais alimentam-se principalmente de pequenos animais, mas são conhecidos por ingerir também matéria vegetal. Eles podem ingerir sua presa inteira e, em seguida, triturá-la em partículas menores dentro do mástax, ou podem perfurar o corpo da planta ou do animal com as pontas das mandíbulas do mástax e sugar os líquidos de sua presa (Figura 16.6 D).

Alguns rotíferos monogonontes adotaram um método de predação por emboscada. Nesses casos, a corona geralmente tem espinhos ou cerdas dispostas em formato de uma armadilha afunilada (Figura 16.3 D e F). A boca desses caçadores está localizada mais ou menos no meio do anel de espinhos (não na posição anteroventral mais comum); desse modo, a presa capturada é trazida para ela por contração dos elementos da armadilha. O mástax dos rotíferos que caçam com armadilhas geralmente é reduzido.

Alguns rotíferos adotaram estilos de vida simbióticos. Como se pode observar no esquema de classificação, os seisonídeos vivem nos crustáceos leptostracanos marinhos do gênero *Nebalia*. Esses rotíferos (*Seison* e *Paraseison*) rastejam ao redor da base de patas e brânquias de seu hospedeiro, alimentando-se dos detritos e dos ovos incubados por ele. Alguns autores sugeriram que as espécies de *Paraseison* predador possam usar a ponta anterior do fulcro de seus trofos fulcrados (Figura 16.6 E) para pinçar a cutícula do seu hospedeiro leptostracano e alimentar-se de sua hemolinfa. Alguns bdeloides (p. ex., *Embata*) também vivem nas brânquias dos crustáceos, especialmente anfípodes e decápodes. Existem exemplos isolados de rotíferos endoparasitas que vivem nos hospedeiros como *Volvox* (um protista colonial), nas algas de água doce, nos envoltórios dos ovos de caracóis e nas cavidades corporais de alguns anelídeos e lesmas terrestres. Existem poucas informações sobre a nutrição da maioria dessas espécies.

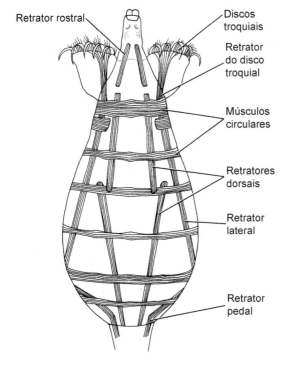

Figura 16.5 Principais bandas musculares de *Rotaria*, um rotífero bdeloide (*vista dorsal*).

586 Invertebrados

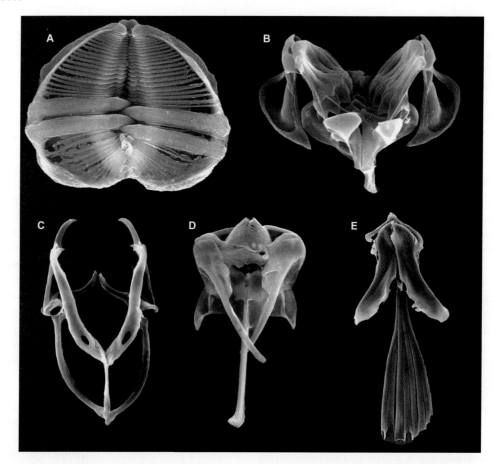

Figura 16.6 Fotografias de microscopia eletrônica de varredura mostrando diferentes tipos de trofos dos rotíferos. **A.** *Dissotrocha aculeata* com o tipo de trofos ramificados encontrados em todos os bdeloides. **B.** *Brachionus calyciflorus* com o tipo de trofos em forma de malho, que caracterizam várias famílias de monogonontes. **C.** *Encentrum astridae* com trofos forcipados encontrados na família monogonôntica Dicranophoridae. **D.** *Resticula nyssa* com seu trofo "virgado" (*virgate trophi*) típico de Notommatidae e várias outras famílias monogonontes. **E.** *Paraseison kisfaludyi* com trofos fulcrados (*fulcrate trophi*) dos ectoparasitas Seisonidea.

O trato digestivo da maioria dos rotíferos é completo e mais ou menos reto (Figura 16.7 A). (O ânus foi perdido secundariamente por algumas espécies e outras têm trato digestivo moderadamente espiralado.) A boca leva ao interior da faringe (mástax), diretamente ou por meio de um tubo oral ciliado curto. Dependendo do método de alimentação e das fontes alimentares, a deglutição é realizada de várias formas, inclusive por ação ciliar do campo e do tubo orais ou por ação de bombeamento semelhante a um pistão por determinados elementos do aparelho do mástax. O mástax tem origem ectodérmica. As glândulas salivares abrem-se dentro do lúmen do trato digestivo, em posição ligeiramente posterior ao mástax. Em geral, existem 2 a 7 dessas glândulas, que supostamente secretam enzimas digestivas e talvez lubrificantes para facilitar os movimentos dos trofos do mástax.

O esôfago curto conecta o mástax ao estômago. Um par de glândulas gástricas se abre na extremidade posterior do esôfago; aparentemente, tais glândulas secretam enzimas digestivas. As paredes do esôfago e as glândulas gástricas geralmente são sinciciais. Em geral, o estômago tem paredes espessas e pode ser celular ou sincicial, frequentemente com um número específico de células ou núcleos em cada espécie (Figura 16.7 B). O intestino é curto e leva ao ânus, que está localizado em posição dorsal perto da extremidade posterior do tronco. Com exceção de *Asplanchna*, que não tem trato digestivo posterior, uma cloaca expandida conecta o intestino ao ânus. O oviduto e geralmente os nefridioductos também desembocam nessa cloaca.

A digestão provavelmente começa no lúmen do mástax e é finalizada no meio extracelular do estômago, onde ocorre a absorção. Em um grupo grande e enigmático de bdeloides, o estômago não tem lúmen. Embora ainda exista muito a ser aprendido sobre a fisiologia digestiva dos rotíferos, alguns estudos experimentais indicam que a dieta tenha vários efeitos importantes em diversos aspectos de sua biologia, incluindo o tamanho e o formato dos indivíduos, assim como algumas atividades do ciclo de vida (ver Gilbert, 1980).

Circulação, trocas gasosas, excreção e osmorregulação

Os rotíferos não têm órgãos especiais para o transporte interno ou para as trocas gasosas entre os tecidos e o ambiente. O líquido blastocelômico constitui um meio para a circulação dentro do corpo, que é facilitada pelos movimentos e pelas atividades musculares em geral. As dimensões diminutas do corpo reduzem as distâncias de difusão e facilitam transporte e trocas gasosas, de nutrientes e escórias metabólicas. Essas atividades também são facilitadas pela inexistência de revestimentos e separações dentro da cavidade do corpo, de modo que as trocas ocorrem diretamente entre os tecidos dos órgãos e o líquido corporal. A troca gasosa provavelmente ocorre através da superfície geral do corpo, onde quer que o tegumento seja suficientemente fino.

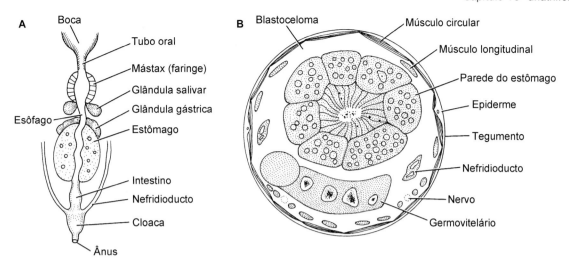

Figura 16.7 **A.** Sistema digestivo de um rotífero. **B.** Corte transversal do tronco.

A maioria dos rotíferos tem um ou vários pares de protonefrídios com célula-flama, localizados em posição bem anterior no corpo. Um nefridioducto comunica cada célula-flama com uma bexiga coletora que, por sua vez, esvazia-se dentro da cloaca por meio de um poro ventral. Em algumas formas, especialmente nos bdeloides, os ductos se abrem diretamente para dentro da cloaca, que é dilatada na forma de uma bexiga (Figura 16.7 A). O sistema protonefridial dos rotíferos tem função basicamente osmorreguladora e é mais ativo nas espécies de água doce. O excesso de água, originado da cavidade do corpo e provavelmente da digestão, também é bombeado através do ânus por contrações musculares da bexiga. Essa "urina" é significativamente hipotônica em comparação com os líquidos corporais. É provável que os protonefrídios também removam produtos excretores nitrogenados produzidos pelo corpo. Esse tipo de eliminação de escórias talvez seja complementado por difusão simples dos dejetos através das superfícies permeáveis das paredes do corpo.

Alguns rotíferos (especialmente os bdeloides de água doce e os semiterrestres) conseguem suportar estresses ambientais extremos entrando em um estado de dormência metabólica. Esses animais foram desidratados experimentalmente e mantidos em uma condição dormente por até 4 anos – e reviveram depois do acréscimo de água. Alguns sobreviveram congelados em hélio líquido a −272°C e a outros estresses intensos provocados pelos biólogos.

Sistema nervoso e órgãos dos sentidos

O gânglio cerebral dos rotíferos está localizado em posição dorsal ao mástax na região cervical do corpo. Vários tratos neurais originam-se do gânglio cerebral, dos quais alguns têm pequenas dilatações ganglionares adicionais (Figura 16.8 A). Em geral, existem dois nervos longitudinais principais, ambos situados em posição ventrolateral ou um dorsal e outro ventral.

Em geral, a região coronal tem várias cerdas ou espinhos sensíveis ao toque e, comumente, um par de depressões ciliadas, que supostamente são quimiorreceptoras (Figura 16.8 B). As antenas dorsal e lateral provavelmente têm função tátil. Alguns rotíferos têm órgãos dos sentidos, que estão dispostos em grupos de micropapilas ao redor de um poro. Esses órgãos podem ser táteis ou quimiossensoriais. A maioria dos rotíferos errantes tem ao menos um ocelo simples embebido no gânglio cerebral. Em alguns, esse ocelo cerebral está associado a um ou dois pares de ocelos laterais na superfície coronal e, algumas vezes, a um par de ocelos apicais no campo apical. Os ocelos laterais e apicais são placas epidérmicas pluricelulares de células fotossensíveis. Pierre Clément (1977) descreveu possíveis barorreceptores ou quimiorreceptores na cavidade do corpo, que podem ajudar a regular a pressão interna ou a composição dos líquidos.

Associado com o gânglio cerebral está o chamado **órgão retrocerebral**. Essa curiosa estrutura glandular dá origem a ductos que levam à superfície do corpo no campo apical (Figura 16.8 B). Antes acreditava-se que sua função era sensorial, mas trabalhos mais recentes sugerem que esse órgão pode secretar muco para facilitar o rastejamento.

Reprodução e desenvolvimento

Partenogênese provavelmente é o método reprodutivo mais comum entre os rotíferos. Outros tipos de reprodução assexuada não foram demonstrados, e a maioria dos grupos tem pouquíssima capacidade de regeneração. A maioria dos rotíferos é gonocorística; contudo, com exceção dos seisonídeos, os machos são reduzidos em abundância, tamanho e complexidade, e o número de cromossomos é haploide (Monogononta) ou ainda não foi definido (Bdelloidea). Se você encontrar um rotífero, as chances de que seja uma fêmea são grandes.

O sistema reprodutivo do macho (Figura 16.9 A) inclui um único testículo (nos seisonídeos, testículos pareados), um espermoducto e um gonóporo posterior, cuja parede geralmente é dobrada de forma a constituir um órgão copulatório. Em alguns casos, existem glândulas prostáticas na parede do espermoducto. Os machos têm vida curta e apresentam trato digestivo reduzido, sem qualquer comunicação com o trato reprodutivo.

O sistema feminino inclui um (Monogononta) ou dois (Bdelloidea) germovitelários sinciciais (Figura 16.9 B). Os ovócitos são produzidos no ovário e recebem vitelo diretamente do vitelário, antes de passarem ao longo do oviduto até a cloaca; nos animais que perderam a parte intestinal do trato digestivo (p. ex., *Asplanchna*), o oviduto comunica-se diretamente com o exterior por meio de um gonóporo. Nos seisonídeos, não há glândulas vitelinas.

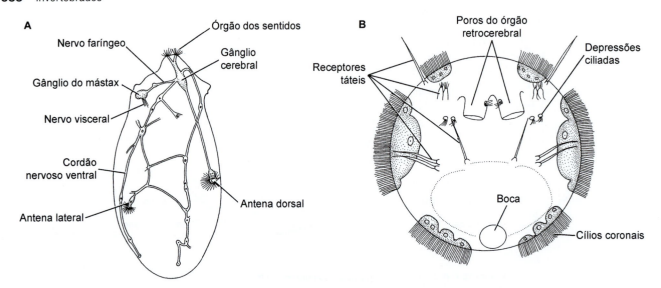

Figura 16.8 **A.** Sistema nervoso de *Asplanchna*. **B.** Área coronal de *Euchlanis* (vista apical). Observe os diversos órgãos dos sentidos.

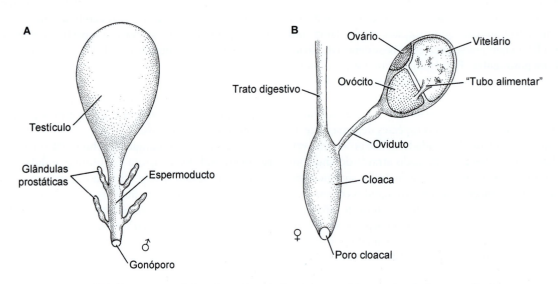

Figura 16.9 Sistemas reprodutivos do macho e da fêmea de um rotífero monogonôntico generalizado.

Nos rotíferos que têm uma forma masculina, a cópula ocorre por introdução do órgão copulatório masculino na área cloacal da fêmea, ou por impregnação hipodérmica. Nesse último caso, os machos fixam-se às fêmeas em vários pontos do corpo e, aparentemente, injetam seu esperma diretamente dentro do blastoceloma (através da parede do corpo). De alguma forma, os espermatozoides acham seu caminho até o trato reprodutivo feminino, onde ocorre a fecundação. O número de ovócitos produzidos por uma fêmea é determinado pela quantidade original invariável de núcleos dos ovários – em geral, 20 ou menos, dependendo da espécie. Depois da fecundação, os ovócitos formam uma série de membranas de encapsulação e, em seguida, são fixados ao substrato ou transportados externa ou internamente pela fêmea que abriga a ninhada.

A partenogênese geralmente é a regra entre os bdeloides, mas também é uma ocorrência comum e geralmente sazonal entre os monogonontes, que tendem a alternar esse processo com a reprodução sexuada. Esse ciclo (Figura 16.10 A) é uma adaptação aos hábitats de água doce, que estão sujeitos a alterações sazonais acentuadas. Em condições favoráveis, as fêmeas reproduzem-se por partenogênese por meio da produção de ovócitos diploides derivados por mitose (ovócitos amícticos). Esses ovócitos transformam-se em mais fêmeas sem fecundação. Contudo, quando os ovócitos produzidos pelas fêmeas amícticas estão sujeitos a determinadas condições ambientais (os chamados estímulos mistos), elas transformam-se em fêmeas mícticas que, em seguida, produzem ovócitos mícticos (haploides) por meiose. Aparentemente, o estímulo específico varia entre as diferentes espécies e pode incluir fatores como alterações da duração do dia, da temperatura ou das fontes alimentares, ou aumentos da densidade populacional. Embora esses ciclos geralmente sejam conhecidos como "ciclos de verão" e "ciclos de outono", há certa confusão nessa descrição, porque os estímulos mistos também podem ocorrer no clima quente e muitas populações têm vários períodos de estimulação mista por ano. Os ovócitos mícticos precisam ser fecundados por gametas masculinos para que se desenvolvam em outra fêmea, mas se não houver machos no ambiente, os ovócitos mícticos não fecundados transformam-se em machos haploides, que produzem espermatozoides por mitose. Esses espermatozoides fecundam outros ovócitos mícticos e produzem zigotos diploides inativos com paredes espessas. O zigoto inativo é extremamente resistente às temperaturas baixas, ao dessecamento e a outras condições ambientais adversas. Quando as condições favoráveis retornam, os zigotos desenvolvem-se e eclodem como fêmeas amícticas (Figura 16.10 B), completando o ciclo.

Os bdeloides estão sujeitos à infecção por um fungo agressivo (*Rotiferophthora angustispora*), que os come de dentro para fora. Recentemente, experiências mostraram que, quanto mais tempo os rotíferos ficarem secos e em um estado de dormência, maiores são as chances de que eles evitem a infecção por *R. angustispora*, sugerindo que sua conversão ao estado inativo também possa ser uma adaptação para evitar a predação pelo fungo.

Apenas alguns estudos avaliaram a embriogenia dos rotíferos (ver especialmente Pray, 1965). Apesar da escassez de dados e de algumas interpretações conflitantes na literatura, geralmente se acredita que os rotíferos façam clivagem espiral modificada. Contudo, ainda são necessárias análises detalhadas das linhagens celulares para determinar se o padrão espiral típico persiste depois das duas primeiras divisões dos rotíferos, especialmente no que diz respeito à origem da mesoderme. Os ovos isolécitos sofrem clivagem holoblástica desigual inicial para formar uma estereoblástula. A gastrulação ocorre por epibolia da suposta ectoderme e por involução da endoderme e da mesoderme; a gástrula torna-se gradativamente oca para formar a blastocele, que persiste na forma de cavidade corporal do adulto. A boca forma-se na área do blastóporo. Os números de núcleos definitivos são alcançados no início do desenvolvimento desses órgãos e tecidos que apresentam eutelia.

Os rotíferos errantes passam por desenvolvimento direto e eclodem na forma de espécimes maduros ou praticamente maduros. As formas sésseis passam por uma fase curta de dispersão, algumas vezes conhecida como larva, que se assemelha a um rotífero natatório típico. Por fim, as "larvas" assentam e fixam-se ao substrato. Em todos os casos, não há qualquer divisão celular durante a vida pós-embrionária (*i. e.*, os rotíferos são eutélicos).

Muitos rotíferos apresentam polimorfismo de desenvolvimento, que é um fenômeno encontrado também em alguns protistas, insetos e crustáceos primitivos. Esse polimorfismo é a expressão dos morfotipos alternativos sob condições ecológicas diversas em determinados organismos com constituição genética definida (a diferenciação de certas castas dos insetos sociais é um dos exemplos mais notáveis do polimorfismo de desenvolvimento). Em todos esses animais estudados até hoje, os morfotipos adultos alternativos parecem ser produtos de processos flexíveis de desenvolvimento, que são desencadeados por estímulos ambientais e comumente mediados por mecanismos internos, como as atividades hormonais. Em um gênero de rotíferos bem-estudados (*Asplanchna*), o estímulo ambiental que regula qual das diversas morfologias adultas será produzida é a presença de uma molécula específica de vitamina E conhecida como α-tocoferol. *Asplanchna* obtém tocoferol de sua dieta de algas e outros materiais vegetais, ou quando se alimenta de outros herbívoros (animais que não sintetizam tocoferol). Essa substância química atua diretamente nos tecidos em desenvolvimento dos rotíferos, nos quais estimula o crescimento diferenciado da hipoderme sincicial depois que a divisão celular cessou. As morfologias induzidas por predadores também ocorrem nos rotíferos. Em presença do predador *Asplanchna*, os ovos de *Keratella slack* (ambos rotíferos) são estimulados a desenvolver-se em adultos com corpos maiores e espinho anterior extralongo, o que os torna mais difíceis de comer.

Filo Rotifera, subclasse Acanthocephala | Acantocéfalos

Em suas formas adultas, as cerca de 1.200 espécies descritas de acantocéfalos são parasitas intestinais obrigatórios dos vertebrados, principalmente aves e peixes de água doce. O desenvolvimento larval ocorre em artrópodes hospedeiros intermediários. O nome Acanthocephala (do grego *acanthias*, "espinhoso"; e *cephalo*, "cabeça") originou-se da presença de ganchos recurvados situados na probóscide eversível na extremidade anterior. O restante do corpo forma um tronco cilíndrico ou achatado, que geralmente contém anéis de espinhos diminutos. A maioria dos acantocéfalos mede menos de 20 cm de comprimento, embora algumas espécies possam passar de 60 cm; as fêmeas geralmente são maiores que os machos. O trato digestivo foi completamente

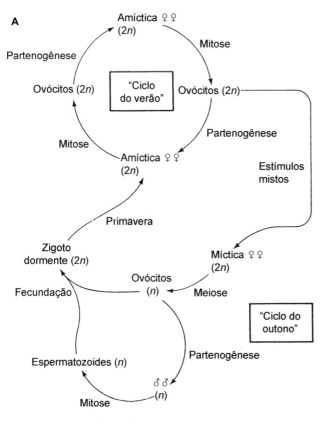

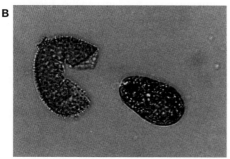

Figura 16.10 A. Alternância míctica/amíctica no ciclo de vida de um rotífero monogononte. **B.** Fotografia de microscopia de uma fêmea amíctica eclodindo de uma fase de hibernação.

perdido e, com exceção dos órgãos reprodutivos, houve reduções estruturais e funcionais significativas da maioria dos outros sistemas – uma condição relacionada com os estilos de vida parasitários desses vermes (Quadro 16.3). Os órgãos persistentes estão situados dentro do blastoceloma aberto e estão parcialmente divididos por ligamentos semelhantes ao mesentério.

Em geral, os acantocéfalos são divididos em três grupos com base na disposição dos ganchos da probóscide, no tipo de núcleos epidérmicos, nos padrões de distribuição dos espinhos do tronco e no tipo de órgãos reprodutivos: Palaeacanthocephala (p. ex., *Polymorphus, Corynosoma, Plagiorhynchus, Acanthocephalus*), Archiacanthocephala (p. ex., *Moniliformis*) e Eoacanthocephala (p. ex., *Neoechinorhynchus, Octospiniferoides*) (ver Figura 16.11).

Plano corpóreo dos acantocéfalos

Parede corporal, sustentação, fixação e nutrição

Os acantocéfalos adultos fixam-se à parede intestinal do seu hospedeiro por meio dos ganchos de sua probóscide, que podem ser retraídos para dentro de sacos, como as garras de um gato (Figura 16.11). A composição química desses ganchos ainda não está definida. Em quase todas as espécies, a própria probóscide pode ser retraída para dentro de um receptáculo profundo, o qual permite que o corpo seja aproximado da mucosa intestinal do hospedeiro. Os nutrientes são absorvidos pela parede corporal e não há trato digestivo. A parede externa do corpo é um tegumento sincicial vivo formado de várias camadas, que recobrem as lâminas de músculos circulares e longitudinais. O tegumento inclui camadas de fibras densas, além do que parecem ser lâminas de membrana plasmática e uma lâmina proteica intracelular semelhante à que existe nos rotíferos de vida livre. O tegumento é perfurado por numerosos canais, que se conectam com um conjunto complexo de canais circulatórios singulares conhecidos como **sistema lacunar** (Figura 16.11 C). Os canais tegumentares situados perto da superfície do corpo podem facilitar a pinocitose dos nutrientes fornecidos pelo hospedeiro. A organização da parede corporal é tal que cada espécie tem aspecto externo distinto; alguns parecem ser segmentados, embora não sejam.

Na junção da probóscide com o tronco, a epiderme estende-se para fora, formando um par de bolsas hidráulicas (**lemniscos**) que facilitam a extensão da probóscide, como também se observa nos rotíferos de vida livre; a probóscide é recolhida por músculos retratores. Os lemniscos estão em continuidade um com outro e com um canal em forma de anel situado perto da extremidade anterior do corpo, enquanto suas extremidades distais flutuam livremente no blastoceloma. Essa configuração pode ajudar a circular nutrientes e oxigênio do corpo para a probóscide, embora a função real dos lemniscos ainda não esteja definida.

Uma ou duas bolsas grandes revestidas por tecido conjuntivo originam-se da parede posterior do receptáculo da probóscide e estendem-se em direção posterior no corpo. Essas estruturas sustentam os órgãos reprodutivos e dividem o corpo em **sacos ligamentares** dorsal e ventral nos arquiacantocéfalos e eoacantocéfalos, ou formam uma bolsa ligamentar única que se estende até o centro da cavidade do corpo dos paleoacantocéfalos (Figura 16.11 D e E). Dentro das paredes dessas bolsas, existem faixas de tecido fibroso – ligamentos –, que podem ser resquícios do trato digestivo. O espaço entre esses órgãos internos provavelmente constitui um blastoceloma.

O corpo é sustentado pelo tegumento fibroso e pelas qualidades hidrostáticas do blastoceloma e do sistema lacunar. Os músculos e as bolsas ligamentares acrescentam certa integridade estrutural a esse sistema de sustentação, e os canais do sistema lacunar penetram na maioria dos músculos.

Circulação, trocas gasosas e excreção

As trocas de nutrientes, gases e escórias metabólicas ocorrem por difusão através da parede corporal (alguns arquiacantocéfalos têm um par de protonefrídios e uma bexiga pequena). O transporte interno é por difusão dentro da cavidade do corpo e pelo sistema lacunar, esse último funcionando como um sistema circulatório singular que permeia a maioria dos tecidos do corpo. O líquido lacunar é movimentado por ação dos músculos da parede corporal.

Sistema nervoso

Como também ocorre em muitos endoparasitas obrigatórios, o sistema nervoso e os órgãos sensoriais dos acantocéfalos foram acentuadamente reduzidos. Um gânglio cerebral está localizado dentro do receptáculo da probóscide (Figura 16.11 C) e origina os nervos para os músculos da parede corporal, a probóscide e as regiões genitais. Os machos têm um par de gânglios genitais. A probóscide contém várias estruturas, que supostamente são receptores táteis, e pequenos poros sensoriais ocorrem na ponta e na base da probóscide. Os machos têm o que parecem ser órgãos dos sentidos na região genital, especialmente no pênis.

Reprodução e desenvolvimento

Os acantocéfalos são gonocoríticos e as fêmeas geralmente são um pouco maiores que os machos. Nos dois sexos, os sistemas reprodutivos estão associados às bolsas ligamentares (Figura 16.11 E).

Quadro 16.3 Características da subclasse Acanthocephala (filo Rotifera).

1. Animais blastocelomados triploblásticos bilaterais não segmentados.
2. Trato digestivo ausente.
3. Extremidade anterior com probóscide equipada com ganchos.
4. Tegumento e músculos contendo um sistema singular de canais, conhecido como sistema lacunar.
5. Protonefrídios ausentes, exceto em algumas espécies.
6. Têm um sistema singular de ligamentos e bolsas ligamentares, que dividem parcialmente a cavidade do corpo.
7. Estruturas hidráulicas singulares conhecidas com lemniscos, que facilitam a extensão da probóscide.
8. Gonocoríticos.
9. Formam larvas acântor.
10. Fazem clivagem espiral modificada.
11. Todos são parasitas obrigatórios no trato digestivo dos vertebrados; muitos têm ciclos de vida complexos.

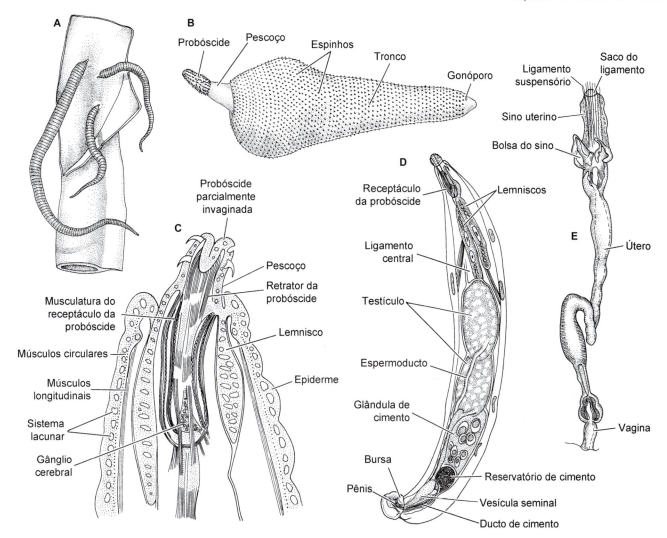

Figura 16.11 Representantes dos acantocéfalos. **A.** *Macracanthorynchus hirudinaceus*, um acantocéfalo fixado à parede intestinal de um porco. **B.** *Corynosoma*, um paleoacantocéfalo encontrado nas aves aquáticas e nas focas. **C.** *Corte longitudinal* da extremidade anterior de *Acanthocephalus* (classe Palaeacanthocephala). **D.** Macho adulto de *Pallisentis fractus* (um eoacantocéfalo). **E.** Sistema reprodutivo feminino isolado de *Bolbosoma*.

Nos machos, os testículos pareados estão localizados (geralmente dispostos em paralelo) dentro de uma bolsa ligamentar e são drenados pelos espermoductos para uma vesícula seminal comum. Na entrada da vesícula seminal ou nos espermoductos, existem 6 ou 8 glândulas de cimento, cujas secreções servem para tampar o poro genital feminino depois da cópula. Quando existem nefrídios, eles também drenam para esse sistema. A vesícula seminal leva a um pênis eversível, que está localizado dentro da bursa genital conectada ao gonóporo. Em geral, esse gonóporo é conhecido como poro cloacal, porque a bursa parece ser um resquício do trato digestivo posterior.

Nas fêmeas, uma massa única de tecidos ovarianos forma-se dentro de uma bolsa ligamentar. Grupos de ovócitos imaturos são liberados desse ovário transitório e entram na cavidade do corpo, onde amadurecem e por fim são fecundados. O sistema reprodutivo feminino inclui um gonóporo, uma vagina e um útero alongado, que termina internamente em um funil aberto complexo conhecido como **sino uterino** (Figura 16.11 E). Durante o cruzamento, o macho faz eversão da bursa copulatória, que é então fixada ao gonóporo feminino. O pênis é introduzido na vagina, os espermatozoides são transferidos e a vagina é firmemente tapada com cimento.

Em seguida, os espermatozoides viajam até o sistema feminino, entram na cavidade do corpo por meio do sino uterino e fecundam os ovócitos.

Grande parte do desenvolvimento inicial dos acantocéfalos ocorre dentro da cavidade corporal da fêmea. A clivagem é holoblástica, desigual e semelhante a um padrão espiral altamente modificado. A estereoblástula é formada e, nessa ocasião, as membranas celulares rompem para estabelecer uma condição sincicial. Por fim, forma-se a **larva acântor** encapsulada (Figura 16.12). O embrião deixa o corpo materno nesse estágio (ou em um estágio anterior). É importante salientar que o sino uterino "separa" os embriões em desenvolvimento, manipulando-os com seu funil muscular; ela aceita apenas os embriões aptos a entrar no útero. Os embriões que estão em estágios menos avançados são rejeitados e empurrados de volta à cavidade corporal, onde continuam seu desenvolvimento. Os embriões selecionados passam pelo útero e saem pelo poro genital e, por fim, são liberados com as fezes do hospedeiro.

Quando estão fora do hospedeiro definitivo, os acantocéfalos em desenvolvimento precisam ser ingeridos por um artrópode hospedeiro intermediário – em geral, um inseto ou crustáceo – de modo a continuar seu ciclo de vida. A larva acântor penetra

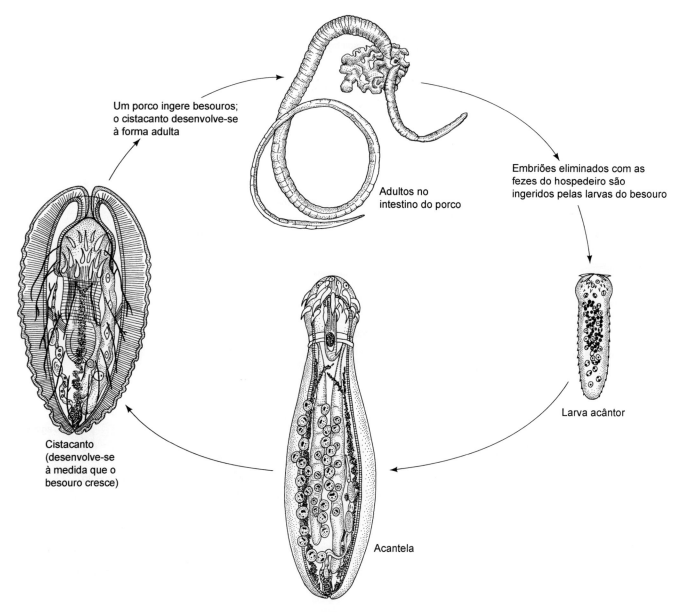

Figura 16.12 Ciclo de vida de *Macracanthorynchus hirudinaceus*, um parasita intestinal dos porcos. Os adultos vivem no intestino do hospedeiro definitivo e os embriões são liberados em suas fezes. Os embriões encapsulados são ingeridos pelo hospedeiro secundário, neste caso as larvas de um besouro. Dentro do hospedeiro secundário, o embrião passa pelos estágios acântor e acantela à medida que o besouro cresce e, por fim, transforma-se em um cistacanto. Quando o besouro é ingerido por um porco, a forma juvenil sofre maturação e transforma-se em um adulto, concluindo então o ciclo de vida.

na parede do trato digestivo do hospedeiro intermediário e entra na cavidade do corpo, onde se transforma em uma **acantela** e, depois, em uma forma encapsulada conhecida como **cistacanto** (Figura 16.12). Quando o hospedeiro intermediário é ingerido por um hospedeiro definitivo apropriado, o cistacanto fixa-se à parede intestinal do hospedeiro e desenvolve-se até a forma adulta.

Filo Micrognathozoa | Micrognatozoários

Um novo animal microscópico – *Limnognathia maerski* – foi descrito em 2000 por Reinhardt Kristensen e Peter Funch de uma fonte gelada da ilha de Disko, oeste da Groelândia. Em razão dos diversos aspectos singulares desse novo animal microscópico, pesquisadores criaram uma nova classe monotípica referida como Micrognathozoa (do grego *micro*, "pequena"; *gnathos*, "mandíbula"; *zoa*, "animal"). Embora *L. maerski* mostre uma semelhança superficial com os anelídeos microscópicos, sua afiliação aos gnatostomulídeos e aos rotíferos foi rapidamente estabelecida com base nas semelhanças ultraestruturais da epiderme e da mandíbula. Estruturas semelhantes a mandíbulas também são encontradas em outros táxons de protostômios, como as probóscides dos turbelários caliptorrincos, nos anelídeos dorvileídeos e nos moluscos aplacóforos, mas os estudos de sua ultraestrutura mostram que nenhuma dessas mandíbulas é homóloga às mandíbulas de *L. maerski*. Os primeiros estudos de filogenética molecular evidenciaram que os micrognatozoários não se encaixavam em nenhum dos dois outros filos de gnatíferos (Gnathostomulida e Rotifera), embora estivessem próximos deles. Por isso, os micrognatozoários adquiriram *status* de filo (Giribet *et al.*, 2004). Uma análise filogenética subsequente baseada em dados transcriptômicos colocou os micrognatozoários como grupo-irmão dos rotíferos (incluindo Acanthocephala), com esses dois compondo o clado-irmão dos gnatostomulídeos (Gnathostomulida). Os micrognatozoários ainda incluem uma única espécie descrita na Groelândia, mas dois estudos subsequentes de micrognatozoários morfologicamente semelhantes obtidos de riachos de água doce geograficamente muito distantes (Antártida e Grã-Bretanha) muito provavelmente provarão tratar-se de espécies crípticas diferentes, quando as análises do DNA estiverem concluídas. No sudeste do oceano Índico, na Ile de La Possession (ilhas Crozet), foram encontrados micrognatozoários em grandes quantidades em lagos e rios, enquanto na Grã-Bretanha apenas alguns animais foram encontrados em um riacho do sudeste do País de Gales (apenas no inverno), assim como um animal isolado de um único grão de areia do sedimento de um rio de Lambourn Parish, em Berkshire.

Plano corpóreo dos micrognatozoários

Limnognathia maerski é um animal acelomado que mede entre 101 e 152 µm na forma adulta (as formas juvenis medem entre 85 e 107 µm de comprimento). O corpo do adulto pode ser dividido em três regiões principais: cabeça, tórax semelhante a um acordeão e abdome (Figuras 16.13 e 16.14); a cabeça contém o aparelho mandibular proeminente (Quadro 16.4).

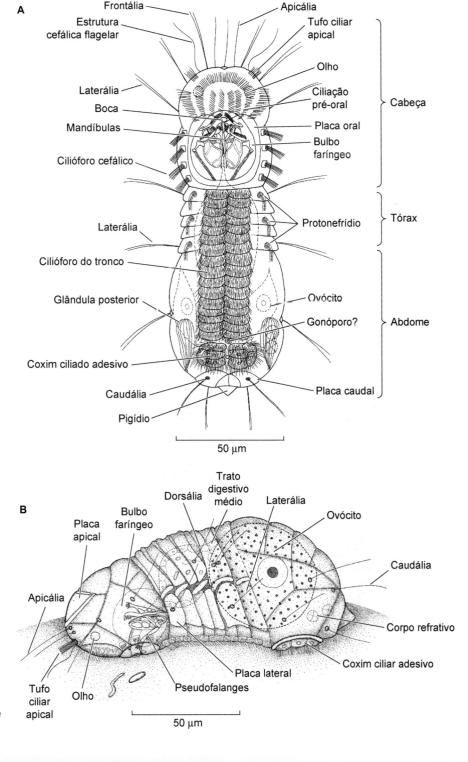

Figura 16.13 Micrognatozoário: *Limnognathia maerski*. **A.** Vista ventral. **B.** Vista lateral.

Quadro 16.4 Características do filo Micrognathozoa.

1. Animais acelomados triploblásticos bilaterais e não segmentados.
2. Epiderme com placas de sustentação dorsal e lateral (matriz intracelular).
3. Sem epiderme sincicial.
4. Ciliação ventral formada de um campo ciliar pré-oral e cilióforos pareados (com células multiciliadas que oscilam sincronicamente) ao redor da boca e ao longo da linha mediana do tórax e do abdome.
5. Órgãos sensoriais na forma de células monociliadas rígidas sustentadas por microvilosidades (receptores do colar) e olhos internos não ciliados (faossomos).
6. Extremidade posterior com um coxim ciliado e um par de glândulas.
7. Orifício oral em posição ventral, trato digestivo incompleto (o ânus dorsal é transitório).
8. Sistema faríngeo contendo um aparelho mandibular complexo com quatro grupos de elementos semelhantes às mandíbulas e vários grupos de músculos estriados relacionados basicamente com o fibulário e as mandíbulas principais.
9. Três pares de protonefrídios com células terminais monociliadas.
10. Sem sistema circulatório ou estruturas especializadas para trocas gasosas.
11. Machos ainda desconhecidos; provavelmente é partenogênica.
12. Duas gônadas femininas em contato direto com o trato digestivo médio.

Epiderme, ciliação e musculatura da parede corporal

Apesar de suas pequenas dimensões, os micrognatozoários têm sistema de sustentação e musculatura corporal complexos. *Limnognathia maerski* tem **placas epidérmicas** dorsal e lateral formadas por uma matriz intracelular, como também ocorre nos rotíferos e nos acantocéfalos (Figuras 16.13 e 16.14). As placas ventrais não existem, mas a epiderme nua tem uma camada fina de glicocálix extracelular e uma placa oral cuticular verdadeira (descrita adiante). O animal não tem sincícios, uma característica fundamental dos rotíferos (e acantocéfalos); contudo, tem um tipo singular de *gap junction*, mostrando bandas eletrodensas transversas com padrão semelhante a um zíper (as chamadas **junções de zíper**) entre as células epidérmicas dorsais.

A ciliação ventral consiste em um campo ciliar pré-oral, quatro pares de **cilióforos** cefálicos (células multiciliadas que oscilam sincronicamente) ao redor do bulbo faríngeo, 18 pares de cilióforos ventrais situados no tórax e no abdome e um coxim ciliar adesivo posterior (Figura 16.13). Os cilióforos ventrais pareados formam o órgão locomotor e caracterizam-se por raízes ciliares muito longas, que originalmente foram confundidas com músculos estriados transversais. Essas células são muito semelhantes aos cilióforos encontrados nos anelídeos microscópicos intersticiais *Diurodrilus* e *Neotenotrocha*. Localizado posteriormente no lado ventral, há um coxim ciliar adesivo formado por cinco pares de células multiciliadas. Existe um poro medioventral entre os grupos de células ciliadas, que podem representar o gonóporo feminino dos ovidutos pareados, os quais aparentemente têm um orifício medioventral comum. O coxim ciliar é muito diferente dos dedos aderentes dos rotíferos, gastrotríqueos e anelídeos; tal estrutura pode ser uma sinapomorfia singular dos micrognatozoários.

Como também ocorre em muitos animais intersticiais marinhos (p. ex., gnatostomulídeos, gastrotríqueos, anelídeos microscópicos), existem formas especializadas de cerdas táteis (ou sensórios) no corpo. A cerda tátil pode consistir em uma única célula sensorial, o **receptor do colar**, com um único cílio no meio circundado por 8 a 9 microvilosidades. Recentemente, estudos de imunocoloração revelaram duas grandes glândulas posteriores (Figuras 16.13 e 16.15) que, com base em sua configuração simples e no conteúdo homogêneo, são semelhantes às glândulas secretórias de muco. Essas glândulas poderiam ter função adesiva junto ao coxim ciliar, mas não são semelhantes ao sistema duoglandular adesivo mais complexo encontrado na extremidade posterior dos gastrotríqueos e no anelídeo intersticial *Diurodrilus*. Por outro lado, os micrognatozoários não têm glândulas epidérmicas conhecidas.

Limnognathia maerski tem musculatura sofisticada na parede corporal, que compreende 7 pares principais de músculos longitudinais estendendo-se da cabeça ao abdome, além de 13 pares de músculos dorsoventrais oblíquos localizados nas regiões do tórax e do abdome (Figura 16.16). A musculatura também consiste em vários músculos posteriores menores e um músculo fino na parte anterior da cabeça, além do aparelho muscular faríngeo proeminente (Figura 16.17 B). Músculos com estrias transversais são encontrados na parede corporal e na musculatura da mandíbula. Os três pares longitudinais ventrais principais e o par dorsal único de músculos (músculos verdes e turquesa na Figura 16.16) estendem-se ao longo de todo o corpo, e algumas fibras até se ramificam e continuam em direção anterior, para dentro da cabeça, e em direção posterior, para dentro do

Figura 16.14 Micrognatozoário: *Limnognathia maerski* em fotografias de microscopia óptica. **A.** Fêmea adulta com ovócito maduro (comprimento de 0,14 mm). **B.** Forma juvenil com tórax relativamente grande e abdome menor com um ovócito imaturo (comprimento de 0,09 mm).

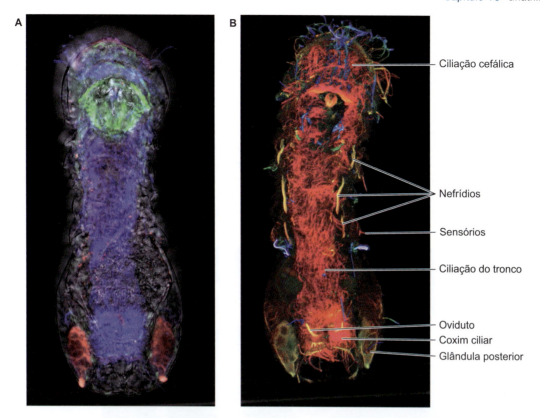

Figura 16.15 Micrognatozoário: imagens de microscopia de varredura confocal a *laser* de *Limnognathia maerski*, projeção de intensidade máxima das pilhas Z. **A.** Coloração com anticorpo mostrando a ciliação ventral em *azul*, a musculatura faríngea em *verde* e as glândulas posteriores em *vermelho*. **B.** Projeção com códigos de profundidade da imunorreatividade ao anticorpo anti-α-tubulina acetilada mostrando a ciliação ventral (*vermelho*), os três pares anteriores ciliados de ductos nefridiais e um par de ovidutos posteriores abaixo do campo ciliar (*amarelo*).

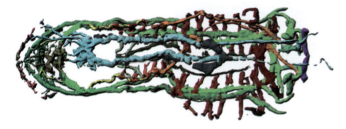

Figura 16.16 Micrognatozoário: reconstrução de isossuperfície da musculatura da parede corporal de *Limnognathia maerski* com base na microscopia confocal por coloração para faloidina. Reconstrução mostrando os 13 pares dorsoventrais de músculos (*vermelho*) e os 7 pares principais de músculos longitudinais: 3 ventrais (*verde*), 2 laterais (*amarelo* e *laranja*) e 2 dorsais (*azul*); além de outros músculos menores.

abdome, formando uma diversificação muscular fina. Aparentemente, esses músculos facilitam a contração longitudinal e a flexão ventral do corpo. Os 13 músculos dorsoventrais oblíquos podem funcionar simultaneamente com os músculos longitudinais como musculatura semicircular de sustentação da parede do corpo. Seu contato direto com o trato digestivo também sugere que eles possam atuar como músculos intestinais, desse modo possivelmente compensando a falta de musculatura circular interna ou externa nos micrognatozoários.

Locomoção

Os micrognatozoários nadam descrevendo movimentos espirais lentos típicos quando se movimentam livremente em uma coluna de água. O movimento é lento e muito diferente do que se observa nos rotíferos. Com base em gravações de vídeo, parece que os cilióforos do tronco são usados nos movimentos de natação e rastejamento ou deslizamento epibentônico sobre o substrato. O deslizamento é realizado pelas fileiras de cilióforos móveis, cada um com vários cílios oscilando em uníssono, como também ocorre no anelídeo *Diurodrilus*. Contudo, o campo ciliar pré-oral não parece participar da natação ou do deslizamento. *Limnognathia maerski* nunca foi observado descrevendo um movimento retrógrado (como é comum entre os gnatostomulídeos), nem mesmo quando inverte a direção das oscilações dos seus cílios longos. Além disso, pesquisadores observaram um movimento de fuga, quando a contração dos músculos do tronco produz movimentos irregulares rápidos.

Aparelho faríngeo, alimentação e digestão

A boca se abre em posição ventral à borda anterior da placa oral cuticular não ciliada e leva à cavidade faríngea, que é seguida de um esôfago curto em posição dorsal ao aparelho mandibular pareado e depois continua até o trato digestivo indiferenciado não ciliado. O ânus temporário está localizado em posição dorsal e abre-se apenas periodicamente, como também ocorre em todos os gnatotosmulídeos e alguns gastrotríqueos.

O aparelho faríngeo mede menos de 30 μm de largura e mostra uma complexidade sem precedentes em qualquer outro táxon microscópico, porque é composto de numerosos elementos mandibulares rígidos, de musculatura complexa (Figura 16.17) e de um gânglio oral. Os elementos mandibulares constituem quatro grupos principais de componentes rígidos esclerotizados e denticulados (esclerios): o **fibulário** duplo grande, as **mandíbulas principais**, as **mandíbulas ventrais** e as **mandíbulas**

596 Invertebrados

dorsais. O maior esclerito de cada mandíbula é o fibulário, que desempenha um papel fundamental na sustentação da faringe. Pesquisadores descreveram vários subcomponentes dos escleritos principais, inclusive a região anterior das mandíbulas ventrais, conhecida como **pseudofalange**. Até agora, pouco sabemos sobre a funcionalidade desse aparelho complexo ou quanto ao possível movimento independente de todas essas partes; apenas as pseudofalanges foram observadas saindo da boca em movimentos de mordiscadas rápidas, possivelmente para prender o alimento. A musculatura faríngea também é complexa e inclui uma **placa muscular ventral** principal que sustenta (e movimenta) todo o aparelho mandibular, assim como vários outros músculos estriados simples ou duplos (Figura 16.17 B).

A placa muscular ventral é formada de 8 a 10 fibras musculares longitudinais com estrias transversais (músculos em púrpura na Figura 16.17 B), que estão localizadas abaixo do fibulário e circundam as mandíbulas em posição lateral e caudal. Esse músculo volumoso é singular dos micrognatozoários, porque não é encontrado nos outros filos gnatíferos. Os diversos músculos simples e pareados parecem estar relacionados principalmente com o fibulário e as mandíbulas principais, movimentando as mandíbulas, suprindo alguns dos elementos mandibulares menores, como os escleritos acessórios e as lamelas faríngeas, e permitindo a extrusão das mandíbulas ventrais. A biologia alimentar dos micrognatozoários não está bem-esclarecida. Esses animais foram encontrados sobre musgos

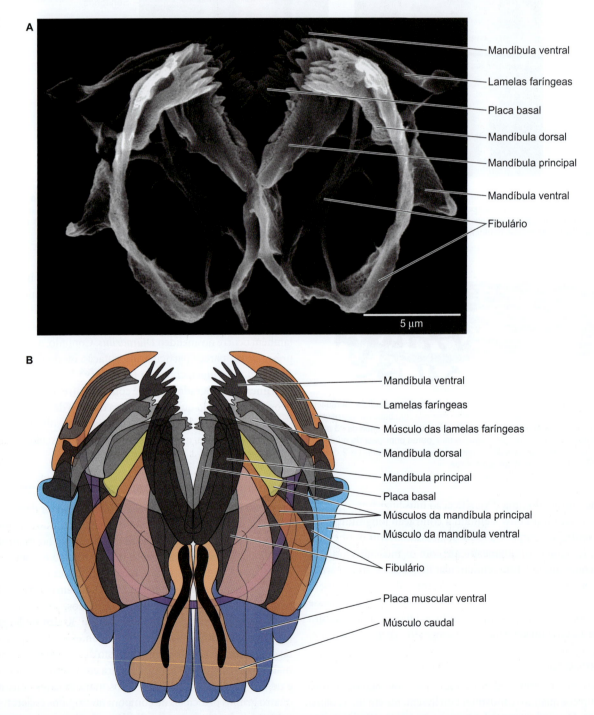

Figura 16.17 Micrognatozoário: mandíbulas e sua musculatura associada de *Limnognathia maerski*. **A.** Microscopia eletrônica de varredura dos elementos mandibulares em *vista dorsal*. **B.** Reconstrução esquemática da musculatura mandibular associada aos elementos mandibulares específicos.

ou nos sedimentos, e gravações de vídeo mostraram os micrognatozoários comendo bactérias nas superfícies dos musgos ou dos grãos de areia.

Circulação, trocas gasosas e excreção

Os micrognatozoários são acelomados e não têm sistema circulatório; além disso, as trocas gasosas ocorrem por difusão através da epiderme. Existem três pares de protonefrídios, dois no tórax e um estendendo-se até o abdome. As células terminais são monociliadas, em contraste com as células terminais multiciliadas dos rotíferos, mas são semelhantes às que se encontram nos gnatostomulídeos. Alguns pesquisadores sugeriram que a condição monociliar seja plesiomórfica entre os protostômios.

Sistema nervoso e órgãos dos sentidos

Os micrognatozoários têm sistema nervoso aparentemente simples, que consiste em um cérebro anterodorsal ligeiramente bilobado e dois cordões nervosos ventrais estendendo-se de cada um dos lobos até o abdome posterior. Um gânglio oral volumoso está presente dentro do aparelho faríngeo e pode controlar o movimento dos elementos mandibulares; possivelmente, está associado a alguns gânglios posteriores maldefinidos. Os nervos periféricos estendem-se desses cordões e comunicam-se com os cílios sensoriais. Alguns desses cílios são claramente receptores monociliados do colar (um cílio circundado por 8 a 9 microvilosidades), enquanto outros são mais complexos e têm várias células sensoriais. A terminologia das estruturas sensórias é a seguinte (da parte anterior para a posterior): apicália, frontália, laterália, dorsália e caudália (Figura 16.13). Na extremidade anterior do animal, há um par de vesículas hialinas laterais. Essas vesículas podem ser olhos internos não pigmentados, semelhantes aos dos anelídeos, conhecidos com faossomos, que, como ocorre nos anelídeos, contêm uma camada densa de microvilosidades, mas nenhuma estrutura ciliar.

Figura 16.18 Micrognatozoário: fotografia de microscopia eletrônica de varredura do ovo esculpido de inverno de *Limnognathia maerski*.

Reprodução e desenvolvimento

Apenas o sistema reprodutor feminino foi encontrado, sugerindo que *Limnognathia maerski* seja partenogênica. O sistema reprodutor é anatomicamente simples e parece que os dois ovários obtêm nutrição diretamente do trato digestivo médio, um aspecto também relatado entre os gastrotríqueos quetonotoides de água doce. Por meio de coletas realizadas ao longo de todo o ano na Groelândia, pesquisadores demonstraram que essa espécie é encontrada apenas durante o verão curto. Dois tipos de ovos foram identificados, como também ocorre nos gastrotríqueos límnicos e nos rotíferos: os ovos lisos podem ser a forma de desenvolvimento rápido do verão, enquanto o ovo de inverno acentuadamente esculpido (Figura 16.18) pode ser a forma inativa, que não se desenvolve durante o inverno longo de 10 meses do Ártico.

Bibliografia

Gnathifera

Ahlrichs, W. H. 1995. *Ultrastruktur und Phylogenie von* Seison nebaliae *(Grube 1859) und* Seison annulatus *(Claus 1876)*. Göttingen: Cuvillier Verlag.
Gazi, M. et al. 2012. The complete mitochondrial genome sequence of *Oncicola luehei* (Acanthocephala: Archiacanthocephala) and its phylogenetic position within Syndermata. Parasitol. Int. 61: 307–316.
Giribet, G. et al. 2004. Investigations into the phylogenetic position of Micrognathozoa using four molecular loci. Cladistics 20: 1–13.
Hyman, L. H. 1951. *The Invertebrates: Acanthocephala, Aschel-minthes, and Entoprocta*. McGraw-Hill Publications, Nova York.
Kristensen, R. M. e P. Funch 2000. Micrognathozoa: A new class with complicated jaws like those of Rotifera and Gnathostomulida. J. Morphol. 246: 1–49.
Laumer, C. E. et al. 2015. Spiralian phylogeny informs the evolution of microscopic lineages. Curr. Biol. 25: 2000–2006.
Min, G. e J. Park. 2009. Eurotatorian paraphyly: revisiting phylogenomic relationships based on the complete mitochondrial genome sequence of *Rotaria rotatoria* (Bdelloidea: Rotifera: Syndermata). BMC Genomics 10: 533.
Near, T. J. 2002. Acanthocephalan phylogeny and the evolution of parasitism. Integ. Comp. Bio. 42: 668–677.
Rieger, R. M. e S. Tyler. 1995. Sister-group relationship of Gnathostomulida and Rotifera-Acanthocephala. Invertebr. Biol. 114: 186–188.
Sørensen, M. V. et al. 2000. On the phylogeny of the Metazoa in the light of Cycliophora and Micrognathozoa. Zool. Anz. 239: 297–318.
Sterrer, W. e M. V. Sørensen. 2015. Gnathostomulida. pp. 135-196 in A. Schmidt-Rhaesa (ed.). *Handbook of Zoology. Gastrotricha, Cycloneuralia and Gnathifera*. Walter De Gruyter, GmbH, Berlim e Boston.
Witek, A. et al. 2008. Support for monophyletic origin of Gnathifera from phylogenomics. Mol. Phyl. Evolut. 53: 1037–1041.

Witek, A. et al. 2008. EST based phylogenomics of Syndermata questions monophyly of Eurotatoria. BMS Evolutionary Biology 8: 345.

Gnathostomulida

Ax, P. 1956. Die Gnathostomulida, eine rätselhafte Wurmgruppe aus dem Meeressand. Abh. Akad. Wiss. Lit. Mainz Math. Naturwiss. Kl. 8: 1–32.
Ax, P. 1965. Zur Morphologie und Systematik der Gnathostomulida. Untersuchungen an *Gnathostomula paradoxa* Ax. Z. Zool. Syst. Evolutionsforsch. 3: 259–296.
Herlyn, H. e U. Ehlers. 1997. Ultrastructure and function of the pharynx of *Gnathostomula paradoxa* (Gnathostomulida). Zoomorphol. 117: 135–145.
Jenner, R. A. 2004. Towards a phylogeny of the Metazoa: evaluating alternative phylogenetic positions of Platyhelminthes, Nermertea, and Gnathostomulida, with a critical reappraisal of cladistic characters. Contrib. Zool. 73: 3–163.
Knauss, E. B. 1979. Indication of an anal pore in Gnathostomulida. Zool. Scr. 8: 181–186.
Knauss, E. B. 1979. Fine structure of the male reproductive system in two species of *Haplognathia* Sterrer (Gnathostomulida, Filospermoidea). Zoomorphol. 94: 33–48.
Kristensen, R. M. e A. Nørrevang. 1977. On the fine structure of *Rastrognathia macrostoma* gen. et sp. n. placed in Rastrognathiidae fam. n. (Gnathostomulida). Zool. Scr. 6: 27–41.
Kristensen, R. M. e A. Nørrevang. 1978. On the fine structure of *Valvognathia pogonostoma* gen. et sp. n. (Gnathostomulida, Onychognathiidae) with special reference to the jaw apparatus. Zool. Scr. 7: 179–186.
Lammert, V. 1984. The fine structure of the spiral ciliary receptors in Gnathostomulida. Zoomorphol. 104: 360–364.

Lammert, V. 1989. Fine structure of the epidermis in the Gnathostomulida. Zoomorphol. 107: 14–28.

Lammert, V. 1991. Gnathostomulida. pp. 20–39 in F. W. Harrison e E. E. Ruppert (eds.). *Microscopic Anatomy of Invertebrates, Vol. 4, Aschelminthes*. Wiley-Liss, Nova York.

Mainitz, M. 1979. The fine structure of gnathostomulid reproductive organs I. New characters in the male copulatory organ of Scleroperalia. Zoomorphologie 92: 241–272.

Müller, M. C. M. e W. Sterrer. 2004. Musculature and nervous of *Gnathostomula peregrina* (Gnathostomulida) shown by phalloidin labeling, immunohistochemistry, and cLSM, and their phylogenetic significance. Zoomorphol. 123: 169–177.

Riedl, R. J. 1969. Gnathostomulida from America. Science 163: 445–452.

Riedl, R. J. 1971. On the genus *Gnathostomula* (Gnathostomulida). Int. Rev. Ges. Hydrobiol. 56: 385–496.

Riedl, R. J. e R. Rieger. 1972. New characters observed on isolated jaws and basal plates of the family Gnathostomulidae (Gnathostomulida). Zool. Morphol. Tiere 72: 131–172.

Rieger, R. M. e M. Mainitz. 1977. Comparative fine structure of the body wall in Gnathostomulida and their phylogenetic position between Platyhelminthes and Aschelminthes. Z. Zool. Syst. Evolutionsforsch. 15: 9–35.

Sørensen, M. V. 2000. An SEM study of the jaws of *Haplognathia rosea* and *Rastrognathia macrostoma* (Gnathostomulida), with a preliminary comparison with the rotiferan trophi. Acta Zool. 81: 9–16.

Sørensen, M. V. 2002. Phylogeny and jaw evolution in Gnathostomulida, with a cladistic analysis of the genera. Zool. Scr. 31: 461–480.

Sørensen, M. V. e W. Sterrer 2002. New characters in the gnathostomulid mouth parts revealed by scanning electron microscopy. J. Morphol. 253: 310–334.

Sørensen, M. V., W. Sterrer e G. Giribet. 2006. Gnathostomulid phylogeny inferred from a combined approach of four molecular *loci* and morphology. Cladistics 22: 32–58.

Sørensen, M.V. et al. 2003. Organization of pharyngeal hard parts and musculature in *Gnathostomula armata* (Gnathostomulida: Gnathostomulidae). Can. J. Zool. 81: 1463–1470.

Sterrer, W. 1971 A. *Agnathiella beckeri* nov. gen. nov. spec. from southern Florida. The first gnathostomulid without jaws. Hydrobiologia 56: 215–225.

Sterrer, W. 1971 B. On the biology of Gnathostomulida. Vie Milieu Suppl. 22: 493–508.

Sterrer, W. 1972. Systematics and evolution within the Gnathostomulida. Syst. Zool. 21: 151–173.

Sterrer, W. 1982. Gnathostomulida. pp. 847–851 in S. Parker (ed.). *Synopsis and Classification of Living Organisms*. McGraw-Hill, Nova York.

Sterrer, W. 2011. Two species (one new) of Gnathostomulida (Bursovaginoidea: Conophoralia) from Barbados. Proc. Biol. Soc. Washington 124: 141–146.

Sterrer, W., M. Mainitz e R. M. Rieger. 1985. Gnathostomulida: enigmatic as ever. pp. 181–199 in S. C. Morris et al. (eds.). *The Origins and Relationships of Lower Invertebrates*. Syst. Assoc. Spec. Vol. No. 28, Oxford.

Tyler, S. e M. D. Hooge. 2001. Musculature of *Gnathostomula armata* Riedl 1971 and its ecological significance. Mar. Ecol. 22: 71–83.

Rotifera

Ahlrichs, W. H. 1995. *Ultrastruktur und Phylogenie von Seison nebaliae (Grube 1859) und Seison annulatus (Claus 1876)*. Cuvillier Verlag, Göttingen.

Ahlrichs, W. H. 1997. Epidermal ultrastructure of *Seison nebaliae* and *Seison annulatus*, and a comparison of epidermal structures within Gnathifera. Zoomorphology 117: 41–48.

Aloia, R. e R. Moretti. 1973. Mating behavior and ultrastructural aspects of copulation in the rotifer Asplanchna brightwelli. Trans. Am. Microsc. Soc. 92: 371–380.

Birky, W. 1971. Parthenogenesis in rotifers: The control of sexual and asexual reproduction. Am. Zool. 11: 245–266.

Birky, W. e B. Field. 1966. Nuclear number in the rotifer *Asplancha*: intraclonal variation and environmental control. Science 151: 585–587.

Clément, P. 1977. Ultrastructure research on rotifers. Arch. Hydrobiol. Beih. Ergebn. Limnol. 8: 270–297.

Clément, P. 1985. The relationships of rotifers. pp. 224–247 in S. C. Morris et al. (eds.). *The Origins and Relationships of Lower Invertebrates*. Syst. Assoc. Spec. Vol. No. 28, Oxford.

Clément, P. 1987. Movements in rotifers: correlations of ultrastructure and behavior. Hydrobiologia 147: 339–359.

Clément, P. e E. Wurdak. 1991. Rotifera. pp. 219–297 in F. W. Harrison e E. E. Ruppert (eds.). *Microscopic Anatomy of Invertebrates, Vol. 4, Aschelminthes*. Wiley-Liss, Nova York.

Donner, J. 1966. *Rotifers*. Frederick Warne & Co., Nova York.

Felix, A., M. E. Stevens e R. L. Wallace. 1995. Unpalatability of a colonial rotifer, *Sinantherina socialis*, to small zooplanktiverous fishes. Invert. Biol. 114: 139–144.

Flot, J.-F. et al. 2013. Genomic evidence for ameiotic evolution in the bdelloid rotifer *Adineta vaga*. Nature 500: 453–457.

Fontaneto, D. et al. 2009. Extreme levels of hidden diversity in microscopic animals (Rotifera) revealed by DNA taxonomy. Mol. Phyl. Evolut. 53: 182–189.

Fontaneto, D., G. Melone e R. L. Wallace. 2003. Morphology of *Floscularia ringens* (Rotifera, Monogononta) from egg to adult. Invert. Biol. 122(3): 231–240.

García-Varela, M. e S. A. Nadler. 2006. Phylogenetic relationships among Syndermata inferred from nuclear and mitochondrial gene sequences. Mol. Phyl. Evolut. 40: 61–72.

Gilbert, J. J. 1980. Developmental polymorphism in the rotifer *Asplanchna sieboldi*. Am. Sci. 68: 636–646.

Gilbert, J. J. 1983. Rotifera. pp. 181–209 in K. G. e R. G. Adiyodi, *Reproductive Biology of Invertebrates, Vol. 1*. John Wiley, Londres.

Gladyshev, E. A., M. Meselson e I. R. Arkhipova. 2008. Massive horizontal gene transfer in bdelloid rotifers. Science 320: 1210–1213.

Gómez, A. et al. 2002. Speciation in ancient cryptic species complexes: evidence from the molecular phylogeny of *Brachionus plicatilis* (Rotifera). Evolution 56: 1431–1444.

Hejnol, A. 2010. A twist in time–The evolution of spiral cleavage in the light of animal phylogeny. Integr. Comp. Biol. 50(5): 695–706.

Hochberg, R. e M. K. Litvaitis. 2000. Functional morphology of the muscles in *Philodina* sp. (Rotifera: Bdelloidea). Hydrobiologia 432: 57–64.

Hochberg, R., S. O'Brien e A. Puleo. 2010. Behavior, metamorphosis, and muscular organization of the predatory rotifer *Acyclus inquietus* (Rotifera: Monogononta). Invertebr. Biol. 129: 210–219.

King, C. E. 1977. Genetics of reproduction, variation and adaptation in rotifers. Arch. Hydrobiol. Beih. 8: 187–201.

King, C. E. e M. R. Miracle. 1980. A perspective on aging in rotifers. Hydrobiologia 73: 13–19.

Koste, W. 1978. *Rotatoria. Die Rädertiere Mitteleuropas Begründer von Max Voight, Vols. I, II*. Borntraeger, Berlim. [A melhor compilação de espécies rotíferas disponível desde 1978; ver Segers, 2007.]

Mark Welch, D. B. e M. Meselson, 2000. Evidence for the evolution of bdelloid rotifers without sexual reproduction or genetic exchange. Science: 288: 1211–1215.

Melone, G. e C. Ricci. 1995. Rotatory apparatus in bdelloids. Hydrobiologia 313/314: 91–98.

Pray, F. A. 1965. Studies on the early development of the rotifer *Monostyla cornuta* Muller. Trans. Am. Microsc. Soc. 84: 210–216.

Ricci, C., G. Melone e C. Sotgia. 1993. Old and new data on Seisonidea (Rotifera). Hydrobiologia 255/256: 495–511.

Segers, H. 2007. Annotated checklist for the rotifers (Phylum Rotifera), with notes on nomenclature, taxonomy and distribution. Zootaxa 1564: 1–104.

Segers, H. e G. Melone. 1998. A comparative study of trophi morphology in Seisonidea (Rotifera). J. Zool., Londres 244: 201–207.

Signorovitch, A. et al. 2015. Allele sharing and evidence for sexuality in a mitochondrial clade of bdelloid rotifers. Genetics 200: 581–590.

Sørensen, M. V. 2002. Phylogeny and jaw evolution in Gnathostomulida, with a cladistic analysis of the genera. Zool. Scr. 31: 461–480.

Sørensen, M. V. e G. Giribet. 2006. A modern approach to rotiferan phylogeny: combining morphological and molecular data. Mol. Phyl. Evolut. 40: 585–608.

Sørensen, M. V., H. Segers e P. Funch. 2005. On a new *Seison* Grube, 1861 from coastal waters of Kenya, with a reappraisal of the classification of the Seisonida (Rotifera). Zool. Studies 44: 34–43.

Wallace, R. L. e R. A. Colburn. 1989. Phylogenetic relationships within phylum Rotifera: orders and genus *Notholca*. Hydrobiologia 186/187: 311–318.

Wallace, R. L. et al. 2006. *Rotifera: Volume 1: Biology, Ecology and Systematics*. Kenobi Productions, Ghent and Backhuys Publishers, Leiden.

Wilson, C. G. e P. W. Sherman. 2010. Anciently asexual bdelloid rotifers escape lethal fungal parasites by drying up and blowing away. Science 327. doi: 10.1126/science.1179252

Acanthocephala

Abele, L. G. e S. Gilchrist. 1977. Homosexual rape and sexual selection in acanthocephalan worms. Science 197: 81–83.

Amin, O. M. 1982. Acanthocephala. pp. 933–940 in S. Parker (ed.). *Synopsis and Classification of Living Organisms*. McGraw-Hill, Nova York.

Baer, J. C. 1961. Acanthocéphales. pp. 733–782 in P. Grassé (ed.). *Traité de Zoologie, Vol. 4, Pt. 1*. Masson et Cie, Paris.

Crompton, D. W. T. e B. B. Nickol. 1985. *Biology of the Acanthocephala*. Cambridge University Press, Nova York.

Dunagan, T. T. e D. M. Miller. 1991. Acanthocephala. pp. 299–332 in F. W. Harrison e E. E. Ruppert (eds.). *Microscopic Anatomy of Invertebrates, Vol. 4, Aschelminthes*. Wiley-Liss, Nova York.

Herlyn, H. 2001. First description of an apical epidermis cone in *Paratenuisentis ambiguus* (Acanthocephala: Eoacanthocephala) and its phylogenetic implications. Parasitol. Res. 87: 306–310.

Medoc, V. et al. 2008. An acanthocephalan parasite boosts the escape performance of its intermediate host facing non-host predators. Parasitology 135: 977–984.

Miller, D. M. e T. T. Dunagan. 1985. New aspects of acanthocephalan lacunar system as revealed in anatomical modeling by corrosion cast method. Proc. Helm. Soc. Wash. 52: 221–226.

Nicholas, W. L. 1973. The biology of Acanthocephala. Adv. Parasitol. 11: 671–706.

Weber, M. *et al.* 2013. Phylogenetic analyses of endoparasitic Acanthocephala based on mitochondrial genomes suggest secondary loss of sensory organs. Mol. Phyl. Evol. 66: 182–89.

Wey-Fabrizius, A. R. *et al.* 2014. Transcriptome data reveal Syndermatan relationships and suggest the evolution of endoparasitism in Acanthocephala via an epizoic stage. PLoS ONE 9(2): e88618.

Whitfield, P. J. 1971. Phylogenetic affinities of Acanthocephala: An assessment of ultrastructural evidence. Parasitology 63: 49–58.

Yamaguti, S. 1963. *Systema Helminthum, Vol. 5, Acanthocephala*. Interscience, Nova York.

Micrognathozoa

Bekkouche, N. *et al.* 2014. Detailed reconstruction of the musculature in *Limnognathia maerski* (Micrognathozoa) and comparison with other Gnathifera. Front. Zool. 11: 71.

De Smet, W. H. 2002. A new record of *Limnognathia maerski* Kristensen & Funch, 2000 (Micrognathozoa) from the subantarctic Crozet Islands, with description of the trophi. J. Zool., Londres 258: 381–393.

Funch, P. e R. M. Kristensen. 2002. Coda: The Micrognathozoa–A new class or phylum of freshwater meiofauna. pp. 337–348 in S. D. rundle, A. L. Robertson e J. M. Schmid-Araya, *Freshwater Meiofauna: Biology and Ecology*. Blackhuys Publishers, Leiden.

Kristensen, R. M. e P. Funch. 2000. Micrognathozoa: A new class with complicated jaws like those of Rotifera and Gnathostomulida. J. Morphol. 246: 1–49.

Kristensen, R. M. 2002. An introduction to Loricifera, Cycliophora, and Micrognathozoa. Integ. and Comp. Biol. 42: 641–651.

Sørensen, M. V. 2003. Further structures in the jaw apparatus of *Limnognathia maerski* (Micrognathozoa), with notes on the phylogeny of the Gnathifera. J. Morphol. 255: 131–145.

Sørensen, M. V. e R. M. Kristensen. 2015. Micrognathozoa. pp. 197–216 in A. Schmidt-Rhaesa (ed.). *Handbook of Zoology, Gastrotricha, Cycloneuralia and Gnathifera*. Walter De Gruyter GmbH, Berlim e Boston.

Worsaae, K. e G. W. Rouse. 2008. Is *Diurodrilus* an annelid? J. Morphol. 269: 1426–1455.

17

Lofoforados

Filos Phoronida, Bryozoa e Brachiopoda

A partir do fim do século 19, três filos – Phoronida, Bryozoa (= Ectoprocta) e Brachiopoda –, todos caracterizados por uma estrutura alimentar singular conhecida como lofóforo, foram considerados um clado potencial dentro dos Deuterostomia (ver o quadro de classificação). A principal característica unificadora de Lophophorata era o próprio **lofóforo**, uma estrutura alimentar singular em forma de tentáculo, além do **epistoma** associado (um retalho muscular que tem a função de movimentar as partículas alimentares capturadas do lofóforo para a boca). A inclusão desses três filos entre os deuterostômios estava baseada em um conjunto de características de desenvolvimento, incluindo: uma clivagem radial e indeterminada, enterocelia e desenvolvimento secundário da boca em vez do blastóporo (i. e., "deuterostomia"). Além disso, todos os três filos desenvolvem um corpo adulto, organizado em três partes distintas, cada qual com sua cavidade celômica própria (ou com cavidades celômicas pareadas). Originalmente, esse traço foi denominado **arquicelia**, em referência ao conceito de "arquicelomado" – ou seja, três celomas corporais regionalizados como característica fundamental dos Deuterostomia. Essa condição arquicelomada também é encontrada nos filos deuterostômios Echinodermata, Hemichordata e Chordata. As características de desenvolvimento eram consideradas diferenciadoras entre esses filos e os protostômios, nos quais o blastóporo desenvolve-se para formar a boca e a clivagem radial em geral não ocorre. Nos deuterostômios, a boca é formada como um orifício secundário (i. e., *deutero*, "segundo"; *stome*, "boca") na extremidade anterior do embrião.

Entretanto, o advento da filogenética molecular causou uma reviravolta, e, hoje em dia, parece não restarem dúvidas de que os três filos dos lofoforados estejam relacionados com os protostômios espirálicos, não com os deuterostômios, mesmo que seu desenvolvimento pareça ter uma mistura de características de protostômios e deuterostômios. Durante muitos anos, suspeitou-se de que algo parecido com a clivagem radial poderia ser o padrão primitivo de clivagem entre Bilateria (a maioria das demosponjas também faz clivagem radial) e a

---

Classificação do reino Animal (Metazoa)

Não Bilateria*
(Também conhecidos como diploblastos)
FILO PORIFERA
FILO PLACOZOA
FILO CNIDARIA
FILO CTENOPHORA

Bilateria
(Também conhecidos como triploblastos)
FILO XENACOELOMORPHA

Protostomia
FILO CHAETOGNATHA

SPIRALIA
FILO PLATYHELMINTHES
FILO GASTROTRICHA
FILO RHOMBOZOA
FILO ORTHONECTIDA
FILO NEMERTEA
FILO MOLLUSCA
FILO ANNELIDA
FILO ENTOPROCTA
FILO CYCLIOPHORA

Gnathifera
FILO GNATHOSTOMULIDA
FILO MICROGNATHOZOA
FILO ROTIFERA

Lophophorata
FILO PHORONIDA
FILO BRYOZOA
FILO BRACHIOPODA

ECDYSOZOA
Nematoida
FILO NEMATODA
FILO NEMATOMORPHA

Scalidophora
FILO KINORHYNCHA
FILO PRIAPULA
FILO LORICIFERA

Panarthropoda
FILO TARDIGRADA
FILO ONYCHOPHORA
FILO ARTHROPODA
SUBFILO CRUSTACEA*
SUBFILO HEXAPODA
SUBFILO MYRIAPODA
SUBFILO CHELICERATA

Deuterostomia
FILO ECHINODERMATA
FILO HEMICHORDATA
FILO CHORDATA

*Grupo parafilético.

descoberta de que os filos lofoforados pertencem a Spiralia sugere que a clivagem radial e a deuterostomia sejam características plesiomórficas conservadas (ou readquiridas) do desenvolvimento dos filos dos lofoforados. Na verdade, hoje também sabemos que o filo Priapula dos protostômios faz clivagem radial. Além disso, no caso de Phoronida, a boca não se desenvolve de uma parte do blastóporo (ou seja, em padrão protostômio), e espécies que fazem clivagens radial e espiral foram documentadas (a clivagem-padrão pode depender do tamanho do ovo; ver seção sobre Reprodução e Desenvolvimento dos foronídeos). Por outro lado, Brachiopoda desenvolvem a boca (e o ânus) secundariamente e, por isso, mostram um desenvolvimento deuterostômio. A filogenética molecular também coloca o antigo filo deuterostômio Chaetognatha entre a linhagem protostômia (os quetognatos também poderiam fazer clivagem espiral, embora isso não esteja confirmado). Em outras palavras, os programas de desenvolvimento parecem ser mais flexíveis (e homoplásticos) do que se pensava antes, e mesmo os filos situados fora do clado Deuterostomia clássico podem mostrar desenvolvimento do tipo deuterostômio.

O conceito de arquicelomado reconhece três regiões bem-definidas do corpo (**prossomo** anterior, **mesossomo** intermediário e **metassomo** posterior), cada qual com suas cavidades celômicas próprias (**protocele, mesocele** e **metacele**). Essa condição também é conhecida como **plano corpóreo trimérico**, ou tripartite. Entretanto, estudos do desenvolvimento realizados a partir do ano 2000 mostraram que a protocele pode não ser uma cavidade celômica real em todas as espécies de lofoforados, ou pode estar completamente ausente em muitas; discutiremos essa questão adiante em referência a cada um desses filos. Na década de 1950, a grande zoóloga Libbie Hyman observou que a correspondência entre os celomas dos lofoforados adultos e o corpo trimérico dos deuterostômios não estava bem-embasada pela embriologia e pela morfologia dos animais adultos. Na verdade, Hyman estava desanimada com a mistura de características observadas nos lofoforados. De fato, ela se sentia inclinada a classificá-los com os protostômios, apesar da formação do celoma enterocélico dos braquiópodes e da inexistência de clivagem espiral entre os briozoários e braquiópodes. Por fim, Hyman sentiu-se confortável em concluir que "os lofoforados constituem um elo entre os Protostômios e os Deuterostômios, embora os detalhes dessa conexão não possam ser descritos". Dificilmente alguém poderia fazer uma afirmação filogenética mais precisa.

Depois que a filogenética molecular confirmou que os lofoforados são protostômios, a utilização dos termos "prossomo", "mesossomo" e "metassomo" para descrever seu plano corpóreo talvez seja ambígua e, hoje em dia, a homologia dessas regiões com as correspondentes dos deuterostômios é colocada em dúvida. O mesmo se aplica aos entoproctos, outro grupo de protostômios cujas regiões do corpo são referidas comumente como "prossomo", "mesossomo" e "metassomo". A coroa tentacular dos pterobrânquios (filo Hemichordata; Capítulo 26) também tem tentáculos mesossomais com um lúmen no celoma. Contudo, a homologia entre os tentáculos dos pterobrânquios e um lofóforo verdadeiro é inválida, porque, no primeiro caso, os tentáculos não circundam completamente a boca.

Embora os filos dos lofoforados não sejam mais classificados entre os deuterostômios, estudos recentes de filogenética molecular sugeriram que eles representam um clado monofilético referido como Lophophorata. Contudo, a posição exata desse clado entre os espirálicos (Spiralia) ainda é enigmática. Além disso, ainda existe dúvida se o filo Phoronida é um irmão de Bryozoa ou Brachiopoda, e essa última hipótese parece ser favorecida pela anatomia comparada e por estudos filogenéticos recentes.

À primeira vista, os três filos dos lofoforados podem não parecer diretamente relacionados uns com os outros. Contudo, além das análises de filogenética molecular, esses filos estão unidos pelo fato comum de que possuem um lofóforo e um epistoma – nenhum outro filo animal tem essas estruturas. O lofóforo é uma excrescência tentacular ciliada, que se origina do mesossomo e contém extensões de mesocele. Ele circunda a boca, mas não o ânus. Todos os animais lofoforados são sésseis, têm trato digestivo com formato de "U" e, em geral, sistemas reprodutivos muito simples e comumente transitórios. Quase todos secretam envoltórios externos na forma de tubos, conchas ou exoesqueletos compartimentados.

Com exceção de alguns briozoários de água doce, os lofoforados são exclusivamente marinhos. Todos são bentônicos e vivem em tubos (foronídeos) ou em conchas ou envoltórios secretados. Os foronídeos constituem um grupo pequeno, que abrange apenas 2 gêneros e 11 espécies conhecidas de vermes solitários ou gregários. Por outro lado, os briozoários compõem um táxon diversificado com cerca de 6.000 espécies coloniais. Os braquiópodes (ou *lamp shells*) incluem cerca de 400 espécies viventes. Contudo, os braquiópodes deixaram um registro de milhares de espécies fósseis (mais de 15.000 espécies extintas) como evidência de um passado mais notável, e sua datação está bem-definida no início do período Cambriano. Os braquiópodes floresceram tanto em abundância quanto em diversidade desde o período Ordoviciano até o Carbonífero, mas declinaram em quantidades e diversidades desde então.

História taxonômica dos lofoforados

Os lofoforados têm uma história taxonômica longa e tortuosa. Os primeiros registros dos lofoforados referem-se a vários briozoários descritos no século 16. Com poucas exceções, os zoólogos antigos tratavam esses animais como vegetais e incluíam-nos entre o táxon Zoophyta; esse conceito equivocado persistiu até os anos 1700. Em 1729, Jean-André Peyssonal finalmente estabeleceu a natureza animal dos briozoários e, em 1742, Bernard de Jussieu observou a condição compartimentada das colônias e cunhou o termo "pólipos" em referência a cada um desses animais. Todavia, a maioria dos cientistas bem-conhecidos nessa época (p. ex., Lineu e Cuvier) continuava a insistir em alinhá-los com os cnidários do grupo Zoophyta.

Por fim (em 1820), H. M. de Blainville observou o trato digestivo completo dos briozoários e os colocou acima dos cnidários. Em 1831, dois nomes foram cunhados para descrever esses animais – Bryozoa (pelo zoólogo alemão Christian Gottfried Ehrenberg) e Polyzoa (pelo inglês J. Vaughan Thompson). Quase na mesma época em que os briozoários começaram a ser reconhecidos como um grupo separado (com um ou outro nome), descobertas simultâneas confundiram ainda mais a questão. Os entoproctos (= Kamptozoa) foram descritos e a maioria dos pesquisadores incluía esses animais entre os briozoários (Bryozoa), enquanto outros reconheciam uma relação entre os briozoários e outros filos dos lofoforados. Tudo isso se tornou terrivelmente intrincado em 1843, com o conceito proposto por Henri Milne-Edwards de um táxon dos moluscoides (Molluscoides), que ele estabeleceu para incluir briozoários e ascídias coloniais (cordados). Hatschek elevou os briozoários e os entoproctos a um filo distinto em 1891. Os braquiópodes eram conhecidos, pelo menos nos registros fósseis, em 1600 e foram associados aos moluscos. Esse conceito equivocado foi mantido até o fim do século 19.

Os foronídeos foram descritos inicialmente a partir de suas larvas, em 1846, por Johannes Müller, o qual acreditava que elas fossem adultas e nomeou-as como *Actinotrocha brachiata*. Em 1854, Karl Gegenbaur reconheceu esses animais como estágios larvais. Os adultos foram descobertos em 1856 e descritos por T. S. Wright, que os nomeou como *Phoronis*. Por fim, em 1867, o renomado embriologista Alexander Kowalevsky estudou a metamorfose da "Actinotrocha" e estabeleceu a relação entre os dois estágios. Até hoje, o nome "actinotroca" persiste como um termo geral para as larvas dos foronídeos.

Em 1857, Albany Hancock reconheceu a relação entre os braquiópodes e os briozoários, mas toda a questão estava contaminada pela confusão acerca dos entoproctos e dos moluscoides de Milne-Edwards. Em 1869, Hinrich Nitsche fez uma tentativa corajosa de separar os entoproctos dos briozoários e, na década de 1880, Otis Caldwell e Thomas Masterman sugeriram o conceito de uma relação direta entre os três filos dos lofoforados. Essa visão foi apoiada, em 1888, por Hatschek, que sugeriu a criação de um filo Tentaculata para incluir as classes Phoronida, Bryozoa e Brachiopoda (excluindo os entoproctos), estabelecendo assim o agrupamento que hoje reconhecemos como Lophophorata. Desde essa época, foram realizadas várias tentativas de unir alguns ou todos esses animais em um único táxon, inclusive a criação dos Lophophorata por Anton Schneider em 1902 (originalmente apenas para foronídeos e briozoários). Hyman (1959) conservou o *status* de filo separado para os três grupos, uma configuração que se manteve popular desde então.

Em passado recente, alguns pesquisadores reavivaram o conceito de uma possível afinidade entre os entoproctos e os ectoproctos, argumentando que esses dois grupos estão diretamente relacionados com os cicliófors de um grupo conhecido como Polyzoa. Entretanto, essa hipótese não é corroborada pelos mais recentes estudos filogenéticos de larga escala. A conexão entre Bryozoa e Entoprocta também pode ser rejeitada com base em estudos comparativos diretos. Os entoproctos não têm o complexo formado por lofóforo e epistoma. Além disso, eles não têm quaisquer vestígios de celoma ou plano corpóreo trimérico. As correntes alimentares são praticamente opostas nesses dois grupos, e os métodos de captura e transporte de alimentos são absolutamente diferentes. Os entoproctos têm gônadas com ductos, enquanto os briozoários não têm. A clivagem dos entoproctos é espiral, mas é radial entre os briozoários. As formas larvais e, particularmente, a metamorfose são completamente diferentes nesses dois grupos. Acima de tudo, se os três filos que constituem os Polyzoa formassem um clado monofilético, deveriam ser definidos por sinapomorfias, mas nenhuma foi encontrada até hoje. As semelhanças, como o brotamento e o trato digestivo em formato de "U", são superficiais e comuns a muitos animais sésseis coloniais. Desse modo, concluímos que os briozoários e os entoproctos são protostômios relacionados de modo distante, conclusão que está apoiada pelos estudos mais recentes de filogenética molecular. O nome Entoprocta é utilizado frequentemente em vez de Bryozoa, reconhecendo o fato de que o ânus está localizado fora do anel do lofóforo, enquanto nos entoproctos está situado dentro desse anel (e a boca está localizada na borda que abriga a coroa tentacular).

Plano corpóreo dos lofoforados

Todos os lofoforados estão adaptados à vida bentônica e à suspensivoria, essa última uma função primária do próprio lofóforo. A região anterior do corpo – ou prossomo – está reduzida a uma pequena estrutura em forma de aba, conhecida como epistoma (perdido em algumas linhagens) e associada à redução geral da cabeça, à elaboração do mesossomo na forma de um lofóforo e ao estilo de vida séssil. O metassomo abriga a maior parte das vísceras. O trato digestivo com formato de "U" certamente é vantajoso para os animais que vivem encarcerados em tubos, compartimentos ou conchas; esses animais não "sujam seus ninhos", por assim dizer. Encontramos adaptações semelhantes em alguns outros grupos com hábitos comparáveis, inclusive o trato digestivo recurvado dos sipúnculos e os sulcos ciliados de remoção de fezes de alguns poliquetas tubícolas. Nos lofoforados, essa condição não apenas evita acúmulo das fezes no envoltório, como também geralmente coloca o ânus mais perto das correntes de rejeição produzidas pelos cílios do lofóforo. Nos últimos anos, foi mostrado que alguns foronídeos, braquiópodes e todos os briozoários gimnolemados não têm celoma no epistoma (o protoceloma), enquanto os briozoários filactolemados têm uma conexão aberta entre a cavidade do epistoma e o celoma do lofóforo.

Os foronídeos mostraram mais claramente os traços descritos antes e conservam o formato vermiforme do provável ancestral. Em termos evolutivos, os briozoários exploraram a reprodução assexuada, o colonialismo e as dimensões reduzidas. Aliviados dos problemas acarretados pelo transporte interno por longas distâncias, os briozoários perderam seus sistemas circulatório e excretor. Os braquiópodes desenvolveram um par de válvulas ou conchas, que encarceram e protegem seu corpo, incluindo o lofóforo. Desse modo, em vez de expor o lofóforo à água (como fazem os foronídeos e os briozoários), os braquiópodes puxam a água para dentro da cavidade do seu manto para realizar suspensivoria – uma ação análoga à que se observa nos moluscos bivalves. Os animais sésseis com partes moles (p. ex., o lofóforo), que vivem nas superfícies bentônicas, estão expostos a níveis potencialmente altos de predação – por isso, a vantagem seletiva da concha dos braquiópodes é evidente. Os foronídeos são móveis, na medida em que seus corpos podem ser retraídos dentro dos seus tubos, de forma a proteger suas partes moles. Os briozoários ficam totalmente ancorados em seus envoltórios, mas o lofóforo propriamente dito é singularmente retrátil para dentro do corpo, em consequência de um arranjo único dos músculos e dos mecanismos hidráulicos.

Filo Phoronida | Foronídeos

Todos os foronídeos ocupam um tubo cilíndrico formado por suas próprias secreções, dentro do qual se movimentam livremente. Nos casos típicos, esses animais formam agregados que, em algumas espécies, resultam de uma propagação assexuada. Em geral, seus tubos quitinosos ficam cimentados aos substratos duros ou enterrados verticalmente nos sedimentos moles (Figura 17.1; Quadro 17.1). Os foronídeos são classificados em apenas dois gêneros – *Phoronis* e *Phoronopsis* – e 11 espécies amplamente distribuídas. Aparentemente, o nome desse filo originou-se do termo latino *Phoronis*, o sobrenome de Io (que, de acordo com a mitologia, transformou-se em uma coroa e vagueou pela Terra e, por fim, retomou seu antigo corpo). Vale lembrar que esses vermes foram descritos inicialmente em seus estágios larvais à deriva no mar e que apenas mais tarde foram reconhecidas suas formas adultas como parte do mesmo ciclo de vida. Os foronídeos adultos são encontrados nas areias intermarés ou nos baixios de lama e até profundidades em torno de 400 m.

Plano corpóreo dos foronídeos

A maioria dos foronídeos adultos mede entre cerca de 1 a 25 cm de comprimento. O corpo vermiforme mostra pouca especialização regional, exceto pelo lofóforo distinto e uma dilatação modesta do bulbo terminal, que abriga o estômago e também facilita a ancoragem dos animais em seus tubos. A boca em forma de fenda está localizada entre as cristas lofoforais, que sustentam os tentáculos, e é recoberta por uma aba, o epistoma. As superfícies laterais das cristas são nitidamente espiraladas e margeiam o ânus dorsal e os nefridióporos pareados (Figuras 17.2 e 17.3). A utilização dos termos anterior e posterior com referência aos foronídeos pode trazer confusão. Durante a metamorfose, as extremidades anterior (com a boca) e posterior (com o ânus) verdadeiras são acentuadamente aproximadas pelo crescimento rápido e pela ampliação da superfície ventral (Figura 17.4). A superfície dorsal é reduzida a uma pequena área entre a boca e o ânus do adulto. Em razão dessas alterações, referimo-nos às "extremidades" do verme adulto como lofoforal e gástrica (= ampular) (Figura 17.1 A).

Quadro 17.1 Características do filo Phoronida.

1. Lofoforados vermiformes triméricos.
2. Mesoderme adulta derivada da ectoderme e da endoderme embrionárias.
3. Corpo dividido em epistoma semelhante a uma aba (prossomo), colar que abriga o lofóforo (mesossomo) e tronco alongado (metassomo).
4. Trato digestivo com formato de "U", ânus perto da boca.
5. Um par de metanefrídios no metassomo (tronco).
6. Sistema circulatório fechado.
7. Gonocorísticos ou hermafroditas com gônadas peritoneais transitórias.
8. Ciclos de vida com desenvolvimento indireto; geralmente com uma larva actinotroca singular.
9. Clivagem radial e espiraliforme, ou indeterminada; a celoblástula forma a gástrula por invaginação; o blastóporo transforma-se na boca (protostômio).
10. Animais marinhos tubícolas.

Parede corporal, cavidades do corpo e sustentação

A parede corporal dos foronídeos inclui uma epiderme de células colunares recobertas por uma cutícula muito fina. Dentro da epiderme, existem neurônios sensoriais e várias células glandulares (Figura 17.2 A), essas últimas sendo responsáveis por produzir muco e quitina. A epiderme do lofóforo é densamente ciliada. Internamente à epiderme e a sua membrana basal, há uma camada fina de músculos circulares, alguns músculos diagonais pequenos e uma camada espessa de músculos longitudinais. O peritônio reveste os músculos longitudinais e forma o limite externo do celoma.

Embora por muito tempo o celoma tenha sido descrito como tripartite, existem variações estruturais entre as espécies no que se refere ao revestimento epitelial da cavidade mais anterior, ou protocele. Estudos ultraestruturais mostraram que o revestimento mioepitelial do epistoma não tem junções intercelulares aderentes (um elemento fundamental dos tecidos epiteliais verdadeiros), ao menos em duas espécies de *Phoronis*. Contudo, as junções aderentes estão presentes no revestimento mioepitelial do epistoma de *Phoronopsis harmeri*. As camadas epiteliais verdadeiras abrangem os revestimentos celômicos das regiões corporais do colar (mesocele) e do tronco (metacele) das espécies *Phoronis* e *Phoronopsis*. Isso coloca em dúvida se o estado ancestral das cavidades celômicas dos foronídeos era bipartite (e depois se tornou tripartite em *Phoronopsis*) ou tripartite (e depois foi perdido por *Phoronis*). Independentemente da validade da "protocele" como uma cavidade celômica real, como estrutura anatômica ela está limitada a uma pequena cavidade simples dentro do epistoma de apenas algumas espécies. A mesocele simples compreende um anel celômico no colar lofoforal e estende-se para dentro de cada tentáculo (Figura 17.2 B). A protocele e a mesocele estão interligadas ao longo das regiões laterais do epistoma. A metacele forma o celoma troncular principal, que está separado da mesocele por um septo transversal. Ontogeneticamente, a metacele é uma cavidade contínua com apenas um mesentério medioventral. Contudo, mesentérios secundários se formam depois, durante o desenvolvimento, resultando em quatro espaços longitudinais (Figura 17.2 A). O líquido celômico contém vários tipos de células livres flutuantes (ou celomócitos), inclusive amebócitos fagocíticos.

A sustentação do corpo é assegurada pelas qualidades hidrostáticas das câmaras celômicas e pelo tubo. Os músculos da parede corporal são muito fracos, especialmente os da camada circular e, quando os foronídeos são retirados de seus tubos, eles conseguem realizar poucos movimentos. Entretanto, normalmente, a parede corporal do bulbo terminal é pressionada contra a parede do tubo, mantendo o verme em sua posição. Quando é perturbado, o animal simplesmente contrai-se para dentro do tubo; o lofóforo propriamente dito não pode ser retraído.

O tubo é secretado pelas células glandulares epidérmicas. Quando é produzida inicialmente, a secreção quitinosa é pegajosa, mas depois de entrar em contato com a água, ela solidifica-se e adquire consistência pergamínácea flexível. Grãos de areia e fragmentos de outros materiais aderem ao tubo durante a fase adesiva da formação do tubo dos foronídeos que habitam substratos moles (p. ex., *Phoronopsis harmeri*). Em algumas espécies, os tubos entrelaçam-se uns com os outros, enquanto todo o agregado de emaranhados permanece fixado ao substrato ou, na verdade, fica embebido em rochas calcárias ou conchas (p. ex., *Phoronis hippocrepia*).

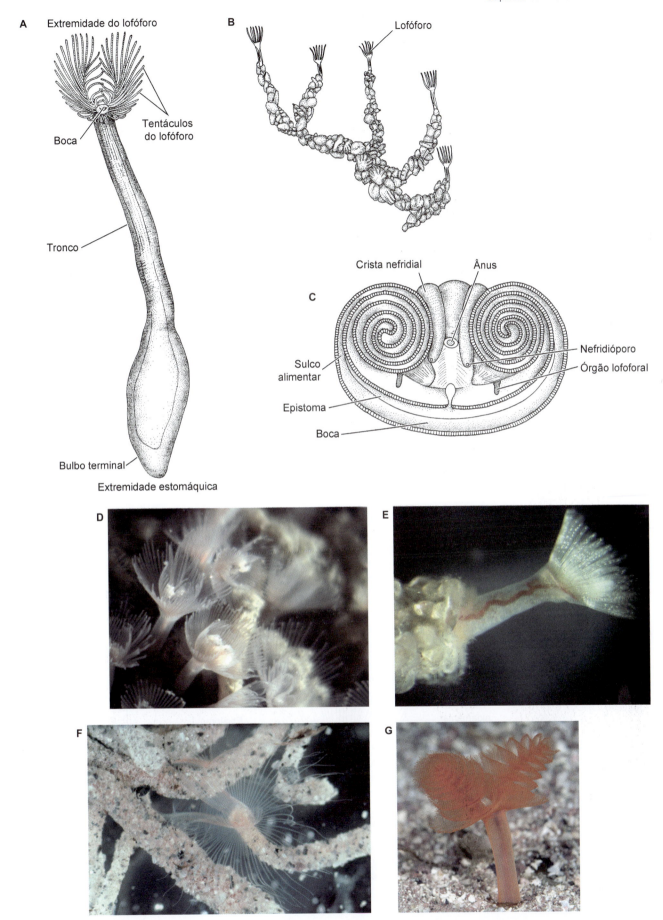

Figura 17.1 Foronídeos. **A.** Forma externa geral de um foronídeo (*Phoronis architecta*). **B.** *Phoronis psammophila* incrustada nos grãos de areia e em fragmentos de conchas. **C.** Um foronídeo observado pela extremidade do lofóforo. Os tentáculos foram cortados transversalmente. **D.** Lofóforo exposto de uma colônia de *Phoronis ijimai* (= *P. vancouverensis*) de um baixio intermarés da Ilha de San Juan, estado de Washington. **E.** Lofóforo de *Phoronis architecta* de Panacea, Flórida. **F.** Lofóforo de *Phoronis pallida*, False Bay, estado de Washington. **G.** Foronídeo *Phoronopsis californica*, com seu lofóforo espiral.

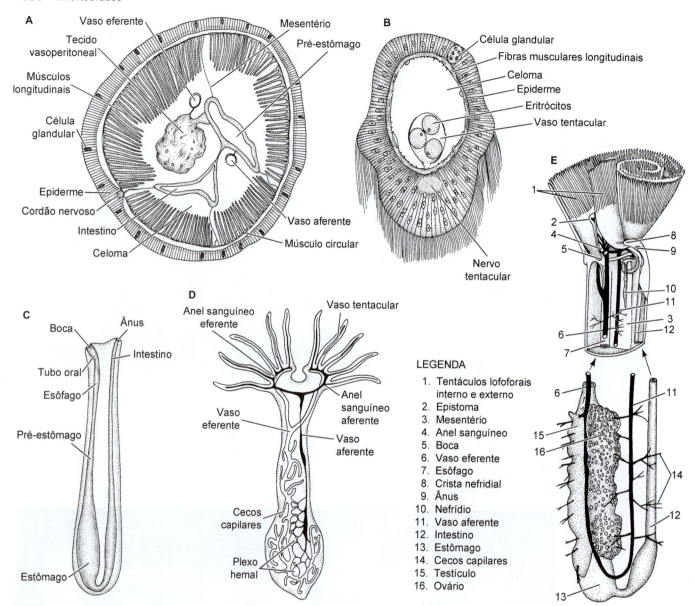

Figura 17.2 Anatomia interna dos foronídeos. **A.** Tronco de um foronídeo em corte transversal. Observe as camadas da parede corporal e as divisões do celoma. **B.** Tentáculo do lofóforo em corte transversal. **C.** Trato digestivo. **D.** Sistema circulatório. **E.** Órgãos internos principais das extremidades lofoforal e estomacal.

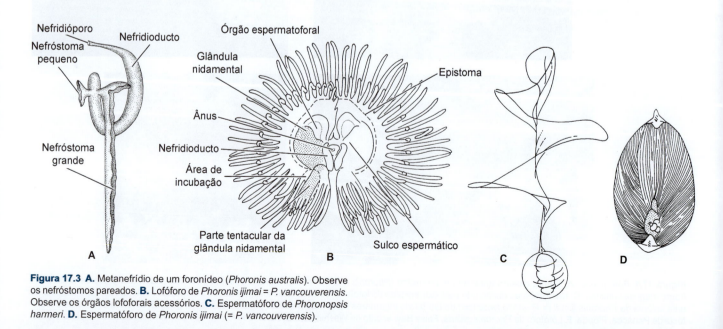

Figura 17.3 A. Metanefrídio de um foronídeo (*Phoronis australis*). Observe os nefróstomos pareados. **B.** Lofóforo de *Phoronis ijimai* = *P. vancouverensis*. Observe os órgãos lofoforais acessórios. **C.** Espermatóforo de *Phoronopsis harmeri*. **D.** Espermatóforo de *Phoronis ijimai* (= *P. vancouverensis*).

Lofóforo, alimentação e digestão

Os tentáculos do **lofóforo** são prolongamentos ciliados ocos do mesossomo, e cada tentáculo contém um vaso sanguíneo de fundo cego e uma extensão celômica (Figura 17.2 B). Os tentáculos estão dispostos em uma fileira dupla, que se origina das duas cristas em um padrão circular ou helicoidal, como se observa em *Phoronopsis californica* (Figuras 17.1 a 17.3). As cristas estão em contato direto uma com a outra e formam um sulco alimentar estreito, no qual se localiza a boca em forma de fenda (Figura 17.1 C). Como as laterais das cristas lofoforais são espiraladas, muitos tentáculos ficam compactados em uma pequena área.

Os foronídeos são suspensívoros mucociliares. Os cílios do lofóforo geram uma corrente de água, que desce entre as duas fileiras de tentáculos e depois sai entre eles. As partículas de alimento são retidas pelo muco que reveste o sulco alimentar e, em seguida, são levadas pelos cílios ao longo do sulco até a boca. À medida que a corrente passa entre os tentáculos e sai da região do sulco alimentar, parte do fluxo de água é direcionada sobre o ânus e os nefridióporos e eliminada do corpo do animal (Figura 17.1 C).

O trato digestivo tem formato de "U", mas é muito simples e retilíneo (Figura 17.2 C). A boca é recoberta pela aba do epistoma e leva internamente a um tubo oral curto, que é seguido do esôfago e do pré-estômago estreito. Dentro do bulbo terminal, o trato digestivo expande-se para dentro do estômago, do qual emerge o segmento intestinal. O intestino curva-se na direção do lofóforo, leva a um reto curto e ao ânus. O trato digestivo é sustentado por mesentérios peritoneais (Figura 17.2 A).

A maior parte do trato digestivo parece ser derivada da endoderme, exceto pelo ânus e pela formação inicial do intestino larval, ambos constituídos a partir de uma invaginação ectodermal. Algumas partes são musculares, mas com músculos fracos, e grande parte do transporte de alimentos é realizada por ação ciliar. Uma faixa mediodorsal de células profusamente ciliadas origina-se do pré-estômago e estende-se para dentro do estômago, sendo, provavelmente, responsável por direcionar o alimento ao longo desse segmento do trato digestivo. Células glandulares estão presentes no esôfago, mas sua função ainda é desconhecida. Saliências sinciciais transitórias das paredes do estômago correspondem às áreas em que ocorre a digestão intracelular nesse órgão.

Circulação, trocas gasosas e excreção

Os foronídeos têm um sistema circulatório extenso, que é formado por dois vasos longitudinais principais, entre os quais o sangue é trocado nas extremidades lofoforal e gástrica do corpo (Figura 17.2 D e E). Vários nomes foram aplicados a esses vasos, dependendo de suas posições no corpo. Em geral, esses termos trazem confusão, porque as posições dos vasos variam ao longo do comprimento do tronco e eles não são nitidamente dorsais, mediais, laterais ou ventrais, como seus nomes poderiam sugerir. Por isso, preferimos aqui usar os termos aferente e eferente, que se referem à direção do fluxo sanguíneo com relação ao lofóforo.

O vaso aferente estende-se sem ramificações da região do bulbo terminal até a base do lofóforo. Na maior parte de seu trajeto, esse vaso está situado mais ou menos entre as porções ascendente e descendente do trato digestivo. No mesosomo, o vaso aferente bifurca-se e forma um vaso "anelar" aferente (com forma de "U") na base dos tentáculos lofoforais. A partir desse anel aferente, origina-se uma série de vasos lofoforais, um em cada tentáculo. Cada um desses vasos comunica-se com um vaso "anelar" eferente (também com formato de "U"), que drena o sangue do lofóforo. Desse modo, os anéis vasculares aferente e eferente estão posicionados um de frente para o outro e, em geral, compartilham seus orifícios dentro dos tentáculos lofoforais, nos quais o sangue circula para frente e para trás, como se houvesse apenas um vaso em cada tentáculo. Válvulas unidirecionais em forma de abas praticamente impedem o refluxo para dentro do anel aferente.

Os segmentos do anel eferente reúnem-se para formar o vaso sanguíneo eferente principal, que se estende ao longo do tronco. Esse vaso comunica-se com numerosos ramos ou com simples divertículos cegos conhecidos como cecos capilares, que colocam o sangue em contato direto com a parede intestinal e outros órgãos. No bulbo terminal que circunda o estômago e a primeira parte do intestino, o sangue flui dos vasos aferentes aos eferentes através de espaços que constituem o **plexo hemal** (**estomacal**) (Figura 17.2 D e E). Na verdade, o sangue deixa os vasos nessa área e flui pelos espaços existentes entre os órgãos e suas camadas limitantes de peritônio. Desse modo, em termos técnicos, o sistema é aberto nessa área; contudo, o fluxo sanguíneo é direcionado dentro dos limites dessas passagens. O sangue é transportado pelo sistema circulatório principalmente pela ação muscular das paredes dos vasos sanguíneos.

A relação direta entre o sangue e a parede do estômago sugere que os nutrientes sejam captados por esse órgão a partir do líquido circulante e depois sejam transportados para todo o corpo. Os tentáculos do lofóforo também são provavelmente as áreas mais importantes de trocas gasosas. O sangue oxigenado circula do lofóforo para dentro do vaso eferente e depois é distribuído para todas as partes do tronco. O sangue contém corpúsculos vermelhos nucleados com hemoglobina como pigmento respiratório.

Um par de metanefrídios está localizado no tronco, e cada um tem dois nefróstomas, que se abrem na metacele (Figura 17.2 E e 17.3 A). Em cada nefrídio, os nefróstomas – um grande e outro pequeno – reúnem-se a um nefridioducto curvo, que leva a um nefridióporo situado perto do ânus. Embora praticamente nada saibamos acerca da fisiologia excretora dos foronídeos, estudos apontam matéria cristalina particulada emergindo dos nefridióporos, que provavelmente representam escórias metabólicas nitrogenadas precipitadas. Os nefrídios também funcionam como saídas para a liberação dos gametas. Os problemas de osmorregulação provavelmente não são importantes para as espécies de foronídeos subtidais. Contudo, existem poucas informações sobre os desafios osmóticos enfrentados por algumas espécies que vivem em hábitats intermarés e/ou estuarinos.

Sistema nervoso

O sistema nervoso de foronídeos é muito difuso e não contém um gânglio cerebral distinto. Certamente, essa condição está relacionada com seu estilo de vida sedentário e com a redução geral acarretada pela cefalização desses vermes. A maior parte do sistema nervoso está intimamente associada à parede corporal e é intraepidérmica ou se localiza logo abaixo da epiderme. Ao longo de todo o corpo, existe uma camada de fibras nervosas entre a epiderme e a camada de músculos circulares. Neurônios sensoriais simples projetam-se dessa camada, seja isoladamente ou em feixes, estendendo-se pela superfície do corpo como suas únicas estruturas receptoras. Os neurônios motores estendem-se para dentro das camadas musculares.

O sistema nervoso central inclui um grupo de corpos celulares neuronais basoepidérmicos concentrados entre a boca e o ânus (também conhecido como "gânglio" ou plexo neural dorsal) e conectados a um anel nervoso do colar situado na base do lofóforo e em continuidade com a camada de nervos basoepidérmicos. O anel nervoso do colar comunica-se com os nervos frontais e abfrontais dos tentáculos e também com os nervos motores, que inervam alguns dos músculos longitudinais do metassomo. Além disso, um feixe de neurônios sensoriais estende-se a partir do anel nervoso de cada um dos órgãos lofoforais.

Os foronídeos têm uma ou duas fibras motoras gigantes longitudinais no tronco (ausentes nas pequeníssimas *Phoronis ovalis*). Quando há apenas uma fibra longitudinal, ela está situada no lado esquerdo. Na verdade, essa fibra origina-se do lado direito do anel nervoso, que ela atravessa para sair do lado esquerdo. Essa fibra nervosa é intraepidérmica, exceto na área em que se estende para dentro ao longo do nefrídio esquerdo. Nas espécies nas quais existem duas fibras longitudinais, a direita origina-se do lado esquerdo do anel nervoso e estende-se para o lado oposto do corpo.

Reprodução e desenvolvimento

Reprodução assexuada por fissão transversal ou por um tipo de brotamento tem sido documentada em algumas espécies. Os foronídeos são também capazes de regenerar partes perdidas do corpo e várias partes da extremidade lofoforal são capazes de autotomia.

Os foronídeos têm espécies gonocorísticas e hermafroditas conhecidas e, nesse último caso, algumas são hermafroditas simultâneas (p. ex., *Phoronis ijimai* = *P. vancouverensis*). As gônadas são transitórias e formam-se como áreas espessadas do peritônio ao redor do plexo hemal (Figura 17.2 D). A massa resultante de tecidos formadores de gametas e seios sanguíneos também é conhecida como tecidos vasoperitoneais. Os gametas proliferam dentro da metacele e, tipicamente, são transportados para o exterior por meio dos nefrídios. A fecundação geralmente é interna, como se observa em *Phoronopsis harmeri*. Nessa espécie, os órgãos lofoforais masculinos produzem espermatóforos cuidadosamente moldados (Figura 17.3 B a D), que são transferidos ao orifício dos metanefrídios ou aos tentáculos das fêmeas. Nessas fêmeas, os órgãos lofoforais são conhecidos como **glândulas nidamentais** e funcionam como áreas de incubação. O processo complexo de fecundação interna de *Phoronopsis harmeri* (= *P. viridis*) foi elucidado por Russel Zimmer (1872 e 1990). Espermatóforos em contato com o nefridióporo liberam massas ameboides de esperma com formato de "V", que são levados ao longo dos funis metanefridiais até a base do celoma troncular nas proximidades do ovário. Em vez disso, quando um espermatóforo entra em contato com o tentáculo de uma fêmea, os espermatozoides entram no celoma lofoforal depois da desintegração da parede tentacular e começam a digerir seu próprio trajeto através do septo que separa a mesocele da metacele, de forma que entrem no celoma troncular onde ocorre a fecundação. Embora a fecundação não tenha sido realmente observada, os dados experimentais obtidos por Zimmer e também o fato de que os ovócitos fecundados estão localizados internamente sugerem que esse cenário seja a explicação mais provável.

A estratégia de desenvolvimento varia entre as espécies, e o padrão específico depende parcialmente da dimensão do ovo e se o embrião é "chocado" ou não. Os ovos das espécies que desovam em dispersão contêm pouco vitelo e se desenvolvem rapidamente em **larvas actinotrocas** planctotróficas (Figura 17.4). Nas espécies que têm glândulas nidamentais, a fecundação é seguida por incubação até que as larvas sejam liberadas no estágio de actinotroca. Os ovos dessas espécies são moderadamente ricos em vitelo, que fornece nutrientes aos embriões durante o período de incubação. *Phoronis ovalis* não tem glândulas nidamentais, mas os ovos vitelinos são espalhados dentro do tubo materno, onde são incubados. O desenvolvimento de *P. ovalis* não inclui uma larva actinotroca típica; em vez disso, os embriões emergem da extremidade lofoforal autotomizada na forma de larvas ciliadas semelhantes a lesmas, que têm vida planctônica curta.

Alguns aspectos da anatomia das larvas actinotrocas relacionam as larvas dos foronídeos às formas larvais semelhantes às trocóforas e dipleurulas (sistema nervoso, bandas ciliadas e composição celular). Contudo, considerando-se as interpretações recentes dos conceitos de trocófora e dipleurula (p. ex., Rouse, 1999; Nielsen, 2009), a conclusão que a forma actinotroca é originada estritamente de uma forma larval semelhante à trocófora ou dipleurula pode ser muito restrita. É possível que os traços larvais plesiomórficos situados na base da árvore de Bilateria fossem mistos e que as formas larvais existentes tivessem um subconjunto desses traços. Embora esse argumento seja especulativo, ele é sustentado pela conservação geral ampla dos programas de desenvolvimento, que existem em uma escala ampla entre os metazoários (ver Hejnol e Martin-Duran, 2015).

Desde sua primeira descrição, as afinidades evolutivas dos foronídeos têm sido questionadas, na medida em que algumas características morfológicas e de desenvolvimento aparentemente apoiam uma origem deuterostômia e protostômia (espirálica) mista. Os primeiros relatos de clivagem espiral nas espécies que dispersam amplamente ovos menores (cerca de 60 μm) foram corroborados pela microscopia confocal e pela microscopia com lapso temporal 4D. As espécies com ovos maiores (cerca de 100 μm) geralmente fazem clivagem radial. A celoblástula forma-se e sofre gastrulação basicamente por invaginação. A marcação celular e outras técnicas embriológicas mostram que parte da mesoderme larval é derivada das células ectodérmicas, especialmente onde a ectoderme está em contato com a endoderme; a mesoderme restante é derivada da endoderme. Além disso, uma parte do blastóporo forma a boca. Além dessas características morfológicas e de desenvolvimento, estudos de filogenética molecular apoiam a hipótese de que os foronídeos estejam relacionados aos braquiópodes e aos ectoproctos, assim como aos animais espirálicos, como os anelídeos e os moluscos.

Com exceção de *Phoronis ovalis*, todos os foronídeos formam **larvas actinotrocas** características (Figura 17.4 A e D). A larva actinotroca totalmente formada tem um capuz (ou lobo) pré-oral sobre a boca. À medida que a larva actinotroca desenvolve-se, forma-se uma invaginação (conhecida como saco metassomal ou troncular juvenil) na superfície ventral. No assentamento e na metamorfose, essa bolsa everte, estendendo a superfície ventral de forma que o ânus e a boca fiquem em contato direto à medida que o trato digestivo é puxado de fora para dentro no seu formato típico em "U". Como foi descrito antes, a estrutura do "celoma" do capuz de algumas espécies de *Phoronis* varia e pode sofrer colapso nas fases tardias do desenvolvimento larval. Contudo, o

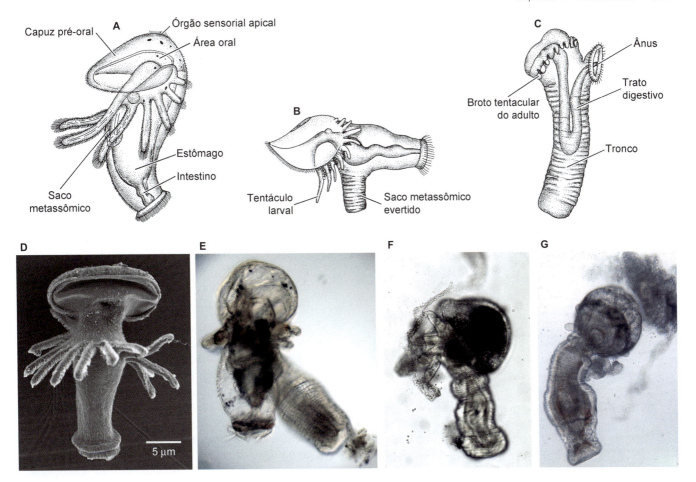

Figura 17.4 Larvas de foronídeos e metamorfose. **A.** Diagrama de uma larva actinotroca típica em seu estágio intermediário. **B** e **C.** Estágios da metamorfose de uma larva actinotroca. O saco metassomal (ou tronco da forma juvenil) everte a partir do corpo da larva, puxando para o exterior o trato digestivo larval no seu ponto médio. Desse modo, agora o trato intestinal da forma juvenil tem formato de "U", levando à boca e ao ânus na extremidade anterior. **D.** Fotografia de microscopia eletrônica de varredura de uma larva actinotroca não identificada, que foi coletada de Tampa Bay, Flórida. **E.** Fotografia do estágio inicial da metamorfose de *Phoronis hippocrepia*, quando o saco troncular da forma juvenil everte a partir do corpo larval. **F.** Fotografia da *vista lateral* do estágio médio de metamorfose de *Phoronis pallida*, quando o trato digestivo em formato de "U" e os tentáculos larvais são remodelados. **G.** Fotografia da *vista oral* do estágio tardio de metamorfose de *Phoronis pallida*, quando os vasos eferente e aferente são preenchidos por eritrócitos. As células desassociadas *no topo* são produzidas pela histólise dos tecidos do capuz.

celoma do capuz de *Phoronopsis harmeri* tem aparentemente um revestimento epitelial verdadeiro, e ao menos uma parte dele pode ser levada durante a metamorfose para formar o revestimento celômico do epistoma juvenil. A remodelação metamórfica das larvas em sua forma juvenil varia até certo ponto entre as espécies, mas os tecidos musculares e neurais do capuz geralmente sofrem histólise. Em algumas espécies, os tentáculos larvais são remodelados e formam o lofóforo juvenil durante a metamorfose (Figura 17.4), mas em outras os tentáculos larvais desprendem-se e o lofóforo juvenil inicial forma-se a partir de rudimentos tentaculares separados. Todas essas reconfigurações teciduais dramáticas podem ocorrer em apenas 15 a 20 minutos e, em seguida, os vermes juvenis começam a secretar seus tubos.

Filo Bryozoa | Animais dos musgos

Os membros do filo Bryozoa (do grego *bryon*, "musgo"; e *zoon*, "animal") também são conhecidos como ectoproctos (do grego *ecto*, "externo"; e *procta*, "ânus") e formam colônias sésseis de zooides, que vivem nos ambientes marinhos e de água doce (Quadro 17.2; Figura 17.5). A maioria das colônias é formada por brotamento de um único espécime reproduzido sexualmente conhecido como **ancéstrula**, mas colônias também podem ser formadas a partir de diversos tipos de corpos em repouso. A forma da colônia varia acentuadamente entre as espécies e, no passado, as espécies arbustivas eram tratadas como plantas; por isso, podem ser encontrados alguns espécimes nos herbários mais antigos. Nos casos típicos, cada zooide consiste em um polipídio com coroa tentacular e trato digestivo. O zooide pode ser retraído para dentro de um cistídio, que é a parede corporal de cada zooide ou a parede comum a vários zooides (Figura 17.6). Os briozoários marinhos são encontrados em todas as profundidades e latitudes, mas proliferam ou se fixam principalmente aos substratos sólidos. Alguns tipos formam colônias livres, que rastejam no fundo (Figura 17.8 E). Uma espécie da Antártida forma colônias gelatinosas em pedaços de gelo flutuantes. Algumas espécies também são encontradas em águas doce e salobra. As colônias gelatinosas grandes de *Pectinatella magnifica* são encontradas comumente nos rios e nos lagos a leste do rio Mississippi. Colônias flutuantes com metros de comprimento da mesma espécie são encontradas no lago Shoji do Japão, onde são conhecidas como "*ojassie*". As regiões litorâneas da maior parte do planeta abrigam colônias luxuriantes de briozoários, que frequentemente cobrem grandes áreas das superfícies

> **Quadro 17.2 Características do filo Bryozoa.**
>
> 1. Sempre formam colônias, nas quais os zooides desenvolvem-se por brotamento de uma larva metamorfoseada ou de outros zooides existentes.
> 2. Cada zooide consiste em um polipídio, que pode ser retraído para dentro de um cistídio.
> 3. O polipídio é formado por uma coroa tentacular ciliada usada na alimentação por filtragem, um trato digestivo com formato de "U", um sistema nervoso simples e vários músculos associados à extensão e à retração do polipídio.
> 4. A parede do cistídio consiste em uma cutícula quitinosa ou gelatinosa extracelular e uma camada basal calcificada em alguns grupos; na epiderme; e no peritônio. Vários tipos de músculos estão associados à parede corporal.
> 5. Os animais não têm órgãos circulatórios ou excretores.
> 6. Os zooides de algumas espécies são hermafroditas, mas outras têm zooides masculino e feminino na mesma colônia; os gametas diferenciam-se a partir de placas transitórias do peritônio da parede corporal ou do funículo.
> 7. Clivagem holoblástica radial; desenvolvimento indireto com larvas cifonautas planctotróficas ou larvas coronadas lecitotróficas; todos os órgãos larvais internos degeneram-se depois do assentamento.
> 8. Animais sésseis, em hábitats de água salgada ou doce.

rochosas e das colônias de algas. Algumas espécies têm formas de crescimento semelhantes aos corais, que podem formar "recifes" em miniatura nos hábitats de águas rasas. Outras formam colônias arbustivas densas ou massas gelatinosas semelhantes a espaguete. Algumas formas incrustadas proliferam nas conchas ou nos exoesqueletos de outros invertebrados e algumas perfuram substratos calcários. A maioria dos membros da família Hippoporidridae de gimnolemados prolifera nas conchas de moluscos habitadas por caranguejos-ermitões e, nesses casos, existem evidências sugestivas de uma relação mutualística entre os briozoários e os crustáceos. Neste livro, descrevemos duas classes de briozoários, mas existem também outros esquemas de classificação em uso. O registro fóssil indica que os Queilostomados evoluíram do grupo-tronco dos Ctenostomados e o mesmo provavelmente se aplica aos Ciclostomados. Existem descritas cerca de 6.000 espécies vivas e há um registro fóssil rico datado do período Ordoviciano inicial.

CLASSIFICAÇÃO | FILO BRYOZOA

CLASSE GYMNOLAEMATA. Em sua maior parte, são briozoários marinhos. Colônias com cistídios quitinosos ou calcificados; nas espécies calcificadas, as paredes dos cistídio são compostas basicamente por carbonato de cálcio, comumente com aragonita na superfície externa das paredes frontais; os zooides são muito pequenos, monomórficos em algumas espécies, mas especialmente os queilostomados apresentam vários tipos de heterozooides; coroas tentaculares circulares ou ligeiramente oblíquas.

SUBCLASSE EURYSTOMATA. Grupo altamente diversificado de briozoários quase exclusivamente marinhos. A forma das colônias é extremamente variada, macia ou calcificada, e incrustada ou arborescente; a parede do corpo não tem uma camada inteiramente contínua de músculos; zooides com modificações variáveis da forma cilíndrica básica; zooides reunidos por meio de poros, através dos quais os cordões de tecidos estendem-se e reúnem-se por meio de seus funículos adjacentes.

ORDEM CTENOSTOMATA. O formato das colônias varia, desde as formas com zooides individuais semelhantes aos hidroides, que se desenvolvem a partir de estolões rastejantes ou livres, até as colônias compactas; esqueleto coriáceo, quitinoso ou gelatinoso, mas não calcificado; os orifícios por meio dos quais as coroas tentaculares protraem não têm opérculo; em geral, os zooides são monomórficos (p. ex., *Aethozoon, Alcyonidium, Amathia, Bowerbankia, Flustrellidra, Nolella, Victorella*).

ORDEM CHEILOSTOMATA. A forma das colônias varia, mas geralmente inclui zooides em forma de caixa com paredes calcárias; orifícios com opérculo; em geral, os zooides são polimórficos; os embriões geralmente desenvolvidos em vários tipos de estruturas incubadoras (p. ex., *Bugula, Callopora, Carbasea, Cellaria, Conopeum, Cornucopina, Cribilaria, Cryptosula, Cupuladria, Electra, Eurystomella, Flustra, Hippothoa, Primavelans* (antes conhecida como *Hippodiplosia*), *Membranipora, Metrarabdotos, Microporella, Pentapora, Porella, Pyripora, Rhamphostomella, Schizoporella, Selenella, Thalamoporella, Tricellaria*).

SUBCLASSE STENOLAEMATA (um único subgrupo sobrevivente – Cyclostomata). Animais exclusivamente marinhos. Zooides abrigados em compartimentos esqueléticos tubulares calcificados; zooides cilíndricos ou com formato de trompete, raramente polimórficos; cada polipídio está circundado por um saco celômico, no qual a parede interna cobre o trato digestivo, enquanto a parede externa é livre, formando o chamado saco membranoso único, que consiste em epitélio celômico, uma série de músculos anelares minúsculos e uma membrana basal; a cavidade do corpo fica fora do saco membranoso – ou cavidade exossacal – e é contínua ao longo de toda a colônia, seja por meio de pequenos poros interzooidais ou por cavidades comuns maiores; funículo dentro da cavidade celômica, sem conexão com os zooides adjacentes; a reprodução envolve zooides-fêmea especializado, nos quais o ovócito fecundado desenvolve-se por poliembrionia, de forma que os embriões de um gonozooide constituem um clone (p. ex., *Actinopora, Crisia, Diaperoecia, Disporella, Hornera, Idmodronea, Tubulipora*).

CLASSE PHYLACTOLAEMATA. Briozoários de água doce. Colônias com cistídios quitinosos ou gelatinosos; zooides cilíndricos, grandes e monomórficos; coroa tentacular grande e, em geral, com formato de ferradura; músculos da parede corporal bem-desenvolvidos; a cavidade corporal dos zooides mantém comunicação aberta ao longo de todas as colônias; um cordão de tecidos – funículo – estende-se do trato digestivo até a parede corporal, mas não entre os zooides; a maioria forma corpos assexuados em repouso, que são conhecidos como estatoblastos (p. ex., *Cristatella, Hyalinella, Lophophus, Lophopodella, Pectinatella, Plumatella*).

Figura 17.5 Diversidade dos briozoários. **A** a **C.** Ctenostomados. **A.** *Triticella* crescendo na antena de um crustáceo. **B.** *Anguinella*. **C.** *Alcyonidium* trazido à praia pela maré. **D** e **F.** Queilostomados. **D.** *Scruparia* crescendo em uma alga coralina. **E.** Colônia pequena de *Membranipora* em um pedaço de alga. **F.** *Pentapora*. **G** a **I.** Ciclostomados. **G.** *Crisia* – observe os gonozooides brancos em dois ramos intermediários. **H.** *Tubulipora*. **I.** *Heteropora*. **J** a **L.** Filactolemados. **J.** *Plumatella* mostrando parte de uma colônia com muitos estatoblastos na cavidade do corpo. **K.** *Cristatella*. **L.** *Pectinatella* em colônias grandes flutuantes (*ojassie*).

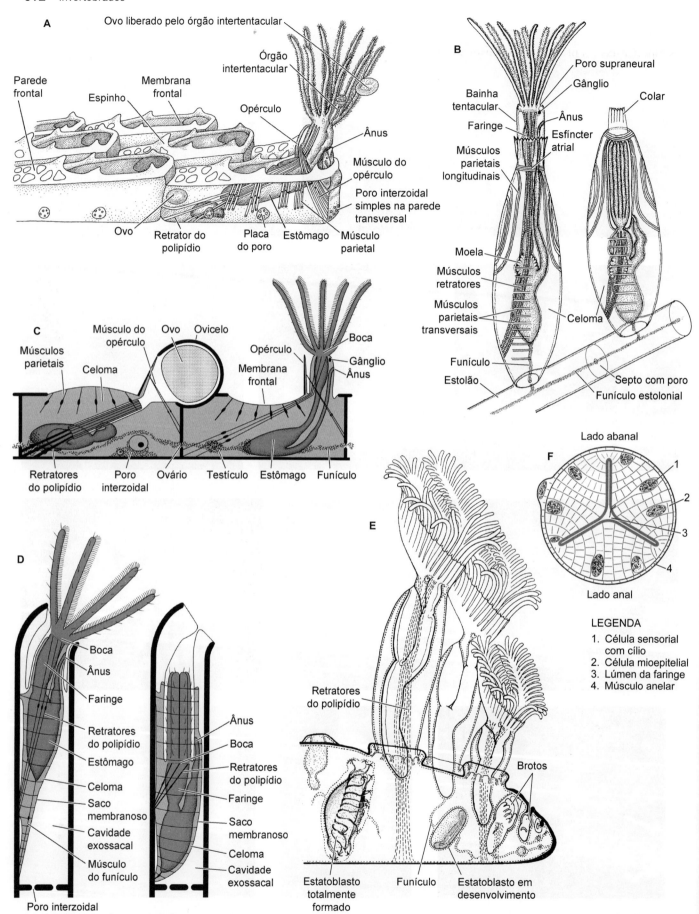

Figura 17.6 Morfologia dos briozoários. **A.** Estrutura geral de um briozoário (baseado em *Electra*). **B.** Anatomia de um ctenostomado (com base em *Bowerbankia*). **C.** Um queilostomado generalizado – observe o volume constante da cavidade corporal mais os polipídios estendidos e também retraídos. **D.** Ciclostomado (baseado em *Crisia*). Observe o volume constante da cavidade exossacal e da cavidade do corpo mais o polipídio em seus estados estendido e retraído. **E.** Anatomia de um filactolemado (com base em *Cristatella*). **F.** Ilustração esquemática de um corte transversal da faringe mioepitelial de *Crisia*.

Plano corpóreo dos briozoários

Os especialistas em briozoários desenvolveram uma terminologia complicada, especialmente quando se referem à morfologia dos cistídios, e alguns termos têm recebido definições diversas e muito confusas. Os primeiros pesquisadores pensavam erroneamente que os zooides dos briozoários fossem realmente compostos por dois organismos – a parede externa esquelética e as partes moles internas – que eles denominaram cistídio e polipídio, respectivamente. Esses termos foram redefinidos por Hyman (1959) e, hoje em dia, têm significados claros baseados na morfologia funcional dos briozoários. O **cistídio** inclui a parede externa do corpo – ou seja, os abrigos vivos e mortos de cada zooide. O **polipídio** inclui a **coroa tentacular** (ou lofóforo) e as vísceras moles, que podem ser protraídas e retraídas do cistídio (Figura 17.6). A abertura do cistídio por meio da qual a coroa tentacular estende-se é conhecida como **orifício** e, nos queilostomados, tem uma cobertura quitinosa em forma de aba (ou opérculo).

Assim como a forma das colônias, a composição da parede corporal difere entre os briozoários. A parede corporal é totalmente gelatinosa ou quitinosa nos ctenostomados e filactolemados, mas tem uma camada interna calcificada nos queilostomados e ciclostomados, conhecida como **zoécio** (Figura 17.7). Muitos estudos usaram colônias das quais foram removidos todos os materiais orgânicos, de modo que as características específicas dos zoécios altamente ornamentados pudessem ser estudadas. A fotografia de abertura deste capítulo mostra uma colônia gelatinosa de *Alcyonidium* (Ctenostomata) das águas costeiras da Califórnia.

Os Gymnolaemata incluem um conjunto variável de formas coloniais (Figura 17.5). Alguns dos ctenostomados formam colônias nas quais os zooides originam-se dos corredores ou estolões do substrato (p. ex., *Triticella*, *Bowerbankia*). Aparentemente, isso representa o padrão ancestral dos gimnolemados, como se evidencia no registro fóssil. Nas formas mais avançadas, os zooides são mais ou menos compactados e têm poros entre os zooides adjacentes. Essas colônias podem ser: laminares e incrustadas em pedras ou algas; com formato de folhas eretas ou arborescentes; ou discoides e de vida livre, em alguns casos.

Além da variação do formato geral das colônias, os zooides de muitos queilostomados e ciclostomados são polimórficos (na mesma colônia). Os zooides que se alimentam e têm coroas tentaculares típicas são conhecidos como **autozooides**. A bem-difundida *Membranipora* normalmente consiste apenas em autozooides. A maioria dos outros tipos tem autozooides normais e diversas formas de zooides que não se alimentam e são conhecidas como **heterozooides**. Os **quenozooides** são indivíduos reduzidos e modificados, por exemplo, para fixação ao substrato; nesse grupo, existem vários tipos de discos de fixação, "grampos" e estolões. Muitos gimnolemados formam o tipo de heterozooides conhecidos como **aviculários**, cada qual com um opérculo modificado na forma de uma mandíbula móvel, que se articula contra uma extensão rígida da parede corporal conhecida como rostro (Figura 17.8). Os aviculários podem ser grandes e ocupar um espaço na camada geral de zooides, outros são grandes e estão situados no lado das colônias ramificadas (Figura 17.8 D), mas um tipo muito mais comum é menor e está localizado na parede frontal ou nos ovicelos. Um tipo especial de aviculário é pedunculado ou em formato de cabeça de ave, ou seja, semelhante à cabeça de um papagaio; ele está fixado à colônia por meio de um pedúnculo e pode realizar movimentos oscilatórios (Figura 17.8 B e C). Os aviculários, que foram descritos primeiramente por Charles Darwin em 1845 com base em observações de *Bugula* realizadas a bordo do *Beagle*, provavelmente têm as funções principais de defender a colônia contra pequenos organismos e manter sua superfície limpa de detritos.

Outro tipo de heterozooide é o **vibráculo** (Figura 17.8 A e E), que parece ser um aviculário modificado com opérculo semelhante a um flagelo, o qual rasteja sobre a superfície da colônia. Esses heterozooides podem ajudar a remover partículas de sedimento e outros materiais, mas não existem evidências convincentes dessa função. Nos queilostomados discoides de vida livre, como *Selenella* e *Cupuladria*, os vibráculos são usados para a locomoção (Figura 17.8 E). Alguns dos ciclostomados arborescentes têm zooides de ancoragem longa, mas todos os ciclostomados têm zooides femininos especializados conhecidos como gonozooides (ver seção sobre Reprodução).

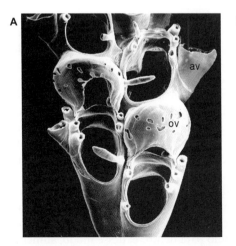 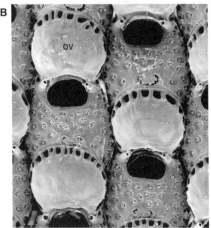 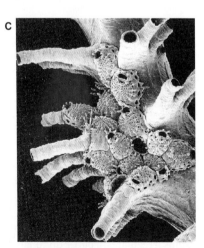

Figura 17.7 Zoécios dos queilostomados e ciclostomados (fotografias de microscopia eletrônica de varredura). **A.** *Tricellaria occidentalis*, um queilostomado; dois zooides com ovicelos (ov) e um aviculário (av) lateral. **B.** *Fenestrulina malusii*, um queilostomado; fileiras de zooides com ovicelos (ov). **C.** Parte de uma colônia do ciclostomado *Idmidronea* (estruturas tubulares grandes) com pequenos queilostomados *Cribrilaria* proliferando entre os tubos grandes. (Observe as ancéstrulas diminutas na metade inferior da colônia de uma estrutura completamente diferente com uma membrana frontal grande e espinhos pequenos ao longo da borda.)

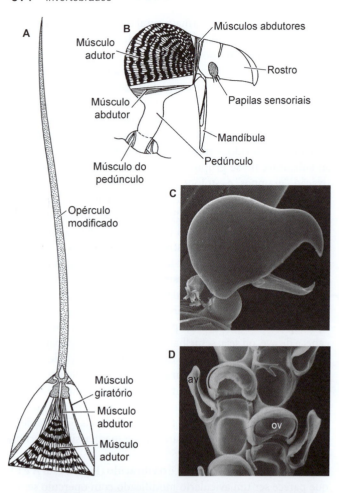

Parede corporal, celoma, músculos e movimento

A parede corporal consiste na parede externa secretada, que pode não ser calcificada ou apresentar uma camada interna fortemente calcificada (zoécio); na epiderme subjacente; e no peritônio. Lâminas de músculos circulares e longitudinais estão localizadas entre a epiderme e o peritônio dos filactolemados, mas essas camadas musculares são especializadas nos outros grupos para formar vários feixes de músculos separados.

Muitos briozoários têm superfícies esculpidas e ornamentadas específicas de cada espécie, incluindo espinhos, depressões e protuberâncias. Experimentos indicam que o briozoário queilostomado *Membranipora* passe por uma fase de crescimento rápido de novos espinhos superficiais protetores depois de ser raspada por predadores nudibrânquios. Outros briozoários também produzem substâncias químicas usadas como defesa contra possíveis predadores. Todos esses compostos químicos provavelmente são sintetizados por bactérias simbióticas.

Os mecanismos de retração e extensão (protração) da coroa tentacular diferem nas diversas espécies de briozoários. O mecanismo específico depende amplamente da disposição dos músculos, do grau de rigidez do cistídio e da morfologia dos compartimentos celômicos, que funcionam como um esqueleto hidrostático (ver Figura 17.6).

Em todos os briozoários, o celoma principal forma um espaço preenchido com líquido, no qual os músculos atuam direta ou indiretamente para aumentar a pressão hidrostática a fim de que haja extensão da coroa tentacular. Desse modo, quando o celoma é comprimido, o polipídio é forçado parcialmente para fora do cistídio e, desse modo, estende a coroa tentacular. Os tentáculos protraídos são retilíneos ou ligeiramente curvos, mas seu formato provavelmente é determinado pela conformação de sua membrana basal espessada. Os músculos retratores, que se originam da parte basal da parede do cistídio e têm suas inserções na membrana basal espessada que circunda a boca, servem para puxar o polipídio de volta para dentro do cistídio. Em geral, os métodos de extensão da coroa tentacular são comuns a todos os briozoários, mas a morfologia dos sistemas musculares envolvidos varia consideravelmente. Adiante, descreveremos alguns exemplos de como esses movimentos são realizados e, ao mesmo tempo, ilustraremos variações do plano corpóreo básico dos briozoários.

Os filactolemados mostram um mecanismo mais simples. Esses animais estendem sua coroa tentacular contraindo os músculos da parede corporal flexível ao redor da cavidade corporal comum. Essa ação pressiona diretamente o líquido celômico e é semelhante aos mecanismos encontrados em muitos outros animais celomados. Esses briozoários têm um diafragma muscular anelar logo abaixo do orifício por meio do qual a coroa tentacular sai. O diafragma relaxa à medida que a coroa tentacular é protraída e ajuda a fechar parcialmente o orifício, quando a coroa tentacular é recolhida pelos músculos retratores (Figura 17.6 E).

Os ctenostomados têm parede corporal flexível e não calcificada, que é formada por material gelatinoso, quitinoso ou coriáceo. A contração dos músculos parietais transversais puxa as paredes do cistídio para dentro e, desse modo, aumenta a pressão celômica que, então, estende a coroa tentacular (Figura 17.6 B). A retração da coroa tentacular é conseguida pelo músculo retrator comum, cuja ação é facilitada pelos músculos parietais longitudinais, os quais puxam a câmara atrial.

Figura 17.8 Heterozooides. **A.** Diagrama de um vibráculo; abm = músculo abdutor (do inglês, *abductor muscle*); adm = músculo adutor (do inglês, *adductor muscle*); gyr = músculo giratório (do inglês, *gyrator muscle*). **B.** Diagrama de um aviculário. **C.** Fotografia de microscopia eletrônica de varredura de um aviculário de *Bugula*. **D.** Zoécios da *Tricellaria*; av = aviculário (sem a mandíbula orgânica); ov = ovicelo. **E.** Duas colônias de *Selenella* caminhando com seus vibráculos.

A maioria dos membros de filactolemados forma colônias plumatelidas ou lofopodidas (Figura 17.5 K e L). Em geral, as colônias **plumatelidas** são eretas ou prostradas e comumente são profusamente ramificadas (p. ex., *Plumatella*). Nas colônias **lofopodidas**, a parede corporal gelatinosa forma a superfície de grumos irregulares, a partir dos quais protraem as coroas tentaculares (p. ex., *Pectinatella* e *Lophophus*). As colônias da extraordinária *Cristatella* são gelatinosas, semelhantes a uma lesma e podem locomover-se deslizando sobre o substrato impulsionadas pela ação dos cílios da coroa tentacular.

Quando a coroa tentacular está totalmente retraída, um esfíncter contrai para fechar o orifício e, em algumas espécies, dobra um colar pregueado sobre a extremidade do zooide.

Os gimnolemados apresentam muitas variações intrincadas do método de extensão e retração do polipídio, especialmente entre os queilostomados e ciclostomados, mas todos dependem do volume constante do celoma, que funciona como um esqueleto hidrostático.

Os queilostomados têm cistídios calcificados em graus variáveis. Uma parede corporal totalmente rígida impossibilitaria quaisquer movimentos do polipídio, de forma que áreas variadas dos cistídios não são calcificadas e podem ser movimentadas para dentro ou para fora por grupos de músculos especiais existentes na parede corporal. Na maioria das espécies, os zooides têm formato de caixa (em vez de ser eretos ou tubulares) em maior ou menor grau. A superfície externa da caixa que abriga o orifício é conhecida como superfície frontal. Esse segmento tem uma parte flexível parcialmente calcificada conhecida como membrana frontal, e a contração dos músculos protratores parietais puxa a membrana frontal para dentro, aumentando, assim, a pressão celômica e empurrando o polipídio para fora (Figura 17.6 C). Evidentemente, existem variações desse padrão geral. Um opérculo fecha-se sobre o orifício quando o polipídio está retraído, mas a membrana frontal exposta apresenta uma área de fraqueza na defesa contra a predação, e muitas espécies desenvolveram estruturas protetoras mais ou menos complexas (Figura 17.9). Algumas formas, conhecidas como **cribrimorfos,** têm espinhos duros, que se projetam sobre a membrana e, em alguns casos, realmente se encontram e fundem para formar uma gaiola acima da área vulnerável (Figura 17.7 C). Em outros, uma divisão calcificada, conhecida como escudo frontal ou **criptocisto**, está situada abaixo da membrana frontal, separando-a das partes moles internas. O criptocisto contém poros, através dos quais os músculos protratores se estendem (Figura 17.9). As modificações mais drásticas são encontradas no chamado tipo ascóforo (Figura 17.9), no qual a parede frontal é maciçamente calcificada, com exceção de um poro diminuto abaixo do orifício. Essa abertura – ascóporo – leva à membrana frontal sacular invaginada conhecida como **asco**. Os músculos parietais têm suas inserções no asco. Os queilostomados constituem o grupo de briozoários mais diversificados e ricos em espécies.

Os ciclostomados têm zooides tubulares eretos circundados por zoécio fortemente calcificado (Figura 17.6 D). A inflexibilidade da parede corporal e a inexistência de lâminas musculares bem-desenvolvidas impedem o uso da compressão direta, de modo que esses animais desenvolveram um mecanismo de protração do polipídio, algo singular entre os briozoários. Os elementos estruturais associados a esse mecanismo incluem uma sinapomorfia, com base na qual esse grupo foi estabelecido como subclasse separada. A estrutura fundamental é o saco membranoso, que é o peritônio desprendido da parede cística mais sua membrana basal, além de uma série de músculos anelares minúsculos. O saco membranoso está fixado por ligamentos à parede do corpo e separa o celoma da cavidade exossacal externa. No segmento distal, o espaço exossacal abriga uma série de músculos dilatadores atriais finos. A protração do polipídio consiste no relaxamento dos músculos retratores e do esfíncter atrial, e na contração dos dilatadores atriais e dos músculos anelares do saco membranoso. Com os volumes constantes do celoma e da cavidade exossacal, o polipídio é espremido para fora. Quando um zooide está retraído pelos músculos retratores grandes, os dilatadores atriais estão relaxados e um esfíncter atrial especial fecha completamente a extremidade interna do átrio.

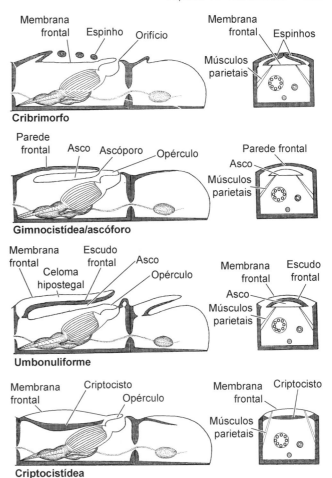

Figura 17.9 Paredes frontais. Diagrama de quatro tipos diferentes.

Interconexões dos zooides

Como está descrito no Capítulo 4, as definições inequívocas do termo *colônia* são difíceis de entender em alguns casos. Essa dificuldade ocorre porque nem sempre é fácil dizer onde termina um indivíduo e começa outro, ou porque o grau de comunicação estrutural–funcional entre os indivíduos é incerto ou variável. Os zooides dos briozoários, ao menos dos autozooides, são nitidamente demarcados pelos elementos do polipídio (coroa tentacular, trato digestivo, gânglio e assim por diante), mas até que ponto os zooides estão interconectados varia entre os grupos.

Nos filactolemados, o celoma está em continuidade entre os zooides, ou seja, não é interrompido por septos (Figura 17.6 E). Cada zooide tem um cordão de tecidos tubular conhecido como **funículo**, que se estende da extremidade interna do trato digestivo curvo até a parede do corpo. Todos os outros briozoários não têm conexões celômicas extensivas, e os zooides são separados por vários tipos de componentes estruturais.

Os gimnolemados estoloníferos (p. ex., *Bowerbankia*; Figura 17.6 B) têm septos espaçados ao longo dos estolões entre os zooides. Um cordão de tecidos estende-se ao longo dos estolões e passa pelos poros de cada septo. Esse cordão é conhecido como **funículo do estolão** e conecta-se com o funículo de cada zooide originado do estolão. Na maioria dos gimnolemados desprovidos de estolão, as paredes dos cistídios dos zooides adjacentes são penetradas por poros com tampões de tecido que, também nesse caso, geralmente se comunicam com o funículo dos zooides associados. Nos queilostomados, os poros são cobertos por placas porais com alguns orifícios diminutos.

616 Invertebrados

As paredes dos zooides adjacentes dos ciclostomados têm poros interzooidais ou cavidades distais comuns, que permitem a comunicação do líquido celômico exossacal (Figura 17.6 D). O funículo está contido dentro do celoma com o restante das vísceras e fixa o trato digestivo à parede corporal. As trocas de nutrientes entre os zooides – por exemplo, entre os autozooides que se alimentam e os gonozooides que não se alimentam – ainda é um mistério.

Está claro então, que os zooides dos briozoários estão interconectados estruturalmente, seja por compartilhamento direto dos espaços celômicos, seja pelos tecidos funiculares, com exceção dos ciclostomados enigmáticos. Funcionalmente, essas conexões oferecem um meio de distribuir materiais entre a colônia e talvez também outras atividades comunais. Outras funções especiais do funículo estão descritas mais adiante neste capítulo.

Coroa tentacular, alimentação e digestão

A coroa tentacular (que é um lofóforo) tem formato de ferradura nos filactolemados (exceto em *Fredericella* supostamente primitiva) e circular nos gimnolemados. Os tentáculos são ciliados e os cílios estão dispostos em bandas características relacionadas com o método alimentar. Os briozoários são suspensívoros, embora existam outros métodos alimentares complementares. Esses animais alimentam-se basicamente de protistas, mas algumas espécies conseguem capturar e ingerir organismos maiores.

Quando são estendidos, os tentáculos das coroas tentaculares circulares dos gimnolemados são levantados para formar um funil ou uma estrutura com formato de sino ao redor da boca. Cada tentáculo tem 4 ou 5 bandas ciliares ao longo de seu comprimento, um trato frontal (que não existe nos ciclostomados) e um par de bandas laterofrontal e lateral (Figura 17.10). Durante a suspensivoria habitual, os cílios laterais criam uma corrente que entra na

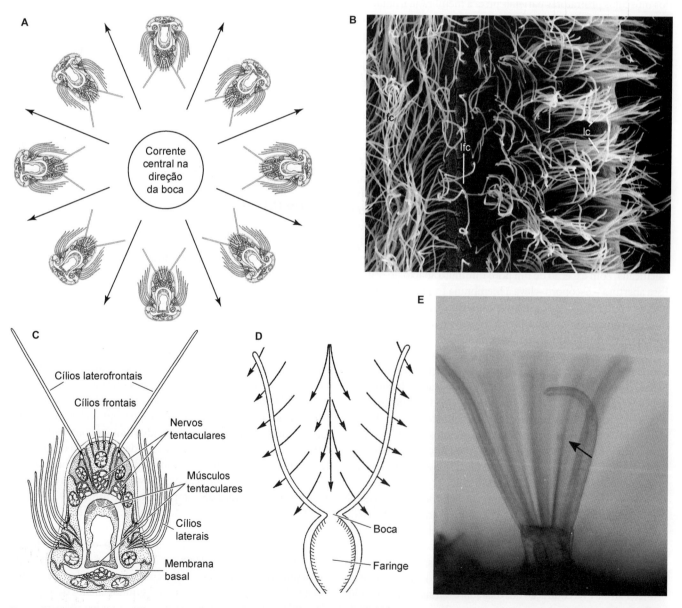

Figura 17.10 Tentáculos e alimentação por filtragem. **A.** Diagrama do corte transversal de uma coroa tentacular; as direções das correntes de água estabelecidas pelos cílios laterais estão indicadas por *setas*. **B.** Fotografia de microscopia eletrônica de varredura de um dos lados de um tentáculo de *Flustrellidra* com as três bandas ciliares: fc = cílios frontais (do inglês, *frontal cilia*); lc = cílios laterais (do inglês, *lateral cilia*) (observe as ondas metacronais); lfc = cílios laterofrontais (do inglês, *laterofrontal cilia*) (incomumente curvos em razão da fixação). **C.** Corte transversal de um tentáculo de *Electra* (com base na microscopia eletrônica de transmissão). **D.** Diagrama das correntes ciliares produzidas pelos cílios laterais. **E.** Movimento tentacular. Observe a pequena alga (*seta*), que acabou de ser puxada para dentro da corrente central.

extremidade aberta do funil, fluindo na direção da boca, e depois sai entre os tentáculos. Algumas partículas de alimento são levadas diretamente à área bucal pelo fluxo central de água. Contudo, outros alimentos em potencial circulam perifericamente com a corrente que se dirige aos espaços intertentaculares. Quando uma partícula entra em contato com os cílios laterofrontais mais rígidos, uma movimentação do tentáculo tem início e a partícula é direcionada para a corrente central (Figura 17.10 E). Outros movimentos adicionais podem ocorrer se a partícula não alcançar essa corrente. Uma reversão localizada da direção do movimento é iniciada nos cílios laterais, e a partícula pode ser jogada para dentro da borda frontal do tentáculo. Assim, a partícula é repetidamente devolvida e movimentada na direção da boca sob a influência de uma corrente gerada pelos cílios frontais.

Muitos briozoários complementam sua suspensivoria por vários métodos, que lhes permitem capturar partículas alimentares relativamente grandes, inclusive zooplâncton vivo. Algumas espécies (p. ex., *Bugula neritina*) conseguem reter zooplâncton ou algas grandes dobrando seus tentáculos sobre a presa e puxando para dentro da boca. Alguns briozoários giram ou rodam toda a coroa tentacular, aparentemente recolhendo amostras de alimento na água circundante.

Todos os polipídios de uma colônia transportam água na direção da sua superfície. Isso não é problema para os tipos espessos ramificados, mas, nas colônias que formam lâminas maiores, a água precisa fluir de volta repetidamente, o que resultou na formação de vários tipos de **chaminés exalantes**. Os polipídios podem simplesmente se curvar e afastar-se de uma área pequena, que depois forma uma chaminé. As colônias grandes de *Membranipora* mostram áreas regularmente espaçadas sem polipídios, que funcionam como chaminés exalantes (Figura 17.11 A). Outras chaminés podem ser formadas por grupos pequenos de zooides masculinos que não se alimentam ou por zooides grávidos com polipídios degenerados. Nas colônias com formato de folhas (p. ex., *Pentapora*), as bordas das folhas podem funcionar como áreas exalantes (Figura 17.11 B). A geração de fluxo forte de água exalante afastando-se da superfície da colônia ajuda a empurrar materiais não alimentares e fezes para longe o suficiente, de forma a reduzir a possibilidade de ocorrer reciclagem. Essas correntes, as quais movimentam volumes maiores de água sobre as coroas tentaculares que poderiam ser movimentadas por zooides individuais, podem ser especialmente importantes para as colônias que habitam águas tranquilas.

O trato digestivo tem formato de "U" (Figuras 17.6 B e C; 17.12). A boca está localizada dentro do anel tentacular e, nos filactolemados, está coberta pelo epistoma. Os cílios do escudo peristomial mantêm as partículas capturadas girando à frente da boca e, de tempos em tempos, a boca é aberta e, nos gimnolemados, as partículas são sugadas para dentro da faringe trirradiada por contração das células epiteliomusculares radiadas (Figura 17.6). Uma válvula separa a extremidade inferior da faringe da parte descendente do estômago, que é conhecida como **cárdia** e, em algumas espécies, foi modificada para formar uma moela trituradora. A cárdia leva a um estômago central, do qual se origina um grande ceco; o funículo tem sua inserção no fundo do ceco. A parte ascendente do estômago – ou **piloro** – origina-se do estômago central e leva ao reto proctodeal e ao ânus, localizado fora do anel da coroa tentacular. Um esfíncter controla o fluxo das partículas do piloro para o reto. Os filactolemados têm uma faringe ciliada afunilada e chata, sem músculos irradiantes, enquanto o trato digestivo posterior é alongado como um intestino comum.

A digestão começa no meio extracelular da cárdia e do estômago central, e é concluída no meio intracelular de todas as partes do estômago. O alimento é transportado pelo trato digestivo por peristalse e cílios. Os materiais não digeridos são girados e acondicionados em uma massa fusiforme pelos cílios do piloro e, em seguida, levados ao reto para ser eliminados.

Circulação, trocas gasosas e excreção

Os briozoários não têm sistema circulatório estruturado, de forma que o transporte dos metabólitos dentro de cada zooide ocorre por difusão. Consideradas as dimensões diminutas desses animais, as distâncias de difusão dentro dos zooides são pequenas, e o líquido celômico constitui um meio para o transporte passivo.

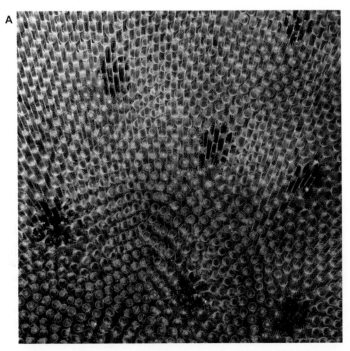

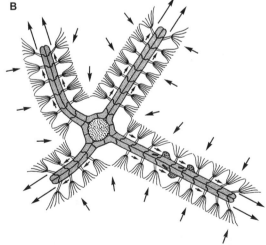

Figura 17.11 Chaminés exalantes. **A.** *Membranipora* – as áreas escuras dos cistídios vazios formam as chaminés exalantes. **B.** Diagrama do corte transversal de quatro folhas de uma colônia de *Primavelans* (antes conhecida como *Hippodiplosia*), mostrando as correntes eferentes desencadeadas pelos tentáculos (*setas médias*), as correntes que passam ao longo da superfície da colônia abaixo dos tentáculos (*setas curtas*) e as exalantes (*setas longas*) na borda das folhas.

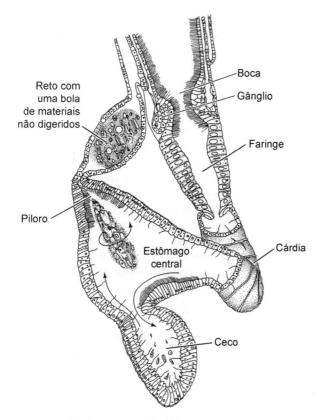

Figura 17.12 Trato digestivo de *Cryptosula*. As partículas ingeridas giram no estômago e no reto.

A circulação dentro dos zooides é facilitada pelo celoma comum dos filactolemados, pelos poros dos cistídios nos ciclostomados e pelos cordões funiculares da maioria dos euristomados. A troca gasosa ocorre através das paredes das partes estendidas do polipídio, principalmente na coroa tentacular. Os briozoários não têm pigmentos respiratórios, e os gases são transportados em solução.

As partículas não digeridas e as escórias metabólicas acumulam-se nas células do estômago. A eliminação dessas escórias não está totalmente esclarecida, mas aparentemente ocorre ao menos em parte por degeneração cíclica dos polipídios que constituem estruturas conhecidas como **corpos marrons**. Em seguida, forma-se um novo polipídio por meio do processo de brotamento usual a partir da área do orifício. Em alguns euristomados, o corpo marrom é deixado dentro da parte basal do cistídio, e a quantidade de polipídios regenerados pode ser avaliada pelo número de corpos marrons. Em outras espécies, o corpo marrom é captado para dentro do trato digestivo do polipídio em desenvolvimento e expelido na forma de primeira esfera fecal quando o novo polipídio começa a protrair do cistídio. Na maioria dos ctenostomados estoloníferos, o cistídio velho, com seu corpo marrom, desprende-se da colônia, e um novo zooide regenera-se por inteiro a partir do estolão. Em todos os casos, presume-se que as escórias metabólicas sejam precipitadas e concentradas nos corpos marrons e, desse modo, eliminadas ou ao menos transformadas em compostos inertes.

Sistema nervoso e órgãos dos sentidos

Em razão de seu estilo de vida séssil e da inexistência de uma cabeça bem-definida, o sistema nervoso e os órgãos dos sentidos dos briozoários são previsivelmente reduzidos. Uma massa neuronal (ou gânglio cerebral) está localizada no lado anal da faringe (Figura 17.6 B e C). Um anel nervoso circum-oral origina-se dessa estrutura. Os nervos estendem-se do anel e do gânglio até as vísceras, enquanto os nervos sensoriais e motores estendem-se adentro de cada tentáculo. As fibras nervosas interzooidais foram descritas em algumas espécies, mas sua função ainda não foi definida. Os únicos receptores conhecidos são células táteis existentes nos tentáculos (células ciliares laterofrontais [Figura 17.10 B e C] e células simples situadas no lado abfrontal) e nas papilas sensoriais dos aviculários (Figura 17.8 B). As larvas têm um órgão apical, que supostamente é sensorial, bem como um **órgão piriforme** ciliado, que é utilizado para testar o substrato antes do assentamento. Ao menos alguns briozoários mostram geotaxia negativa acentuada antes do assentamento. Algumas experiências sugeriram que essa geotaxia seja uma reação direta à gravidade, mas o mecanismo responsável por esse fenômeno é desconhecido. Muitas larvas coronadas têm ocelos bem-desenvolvidos e mostram fototaxia positiva enquanto estão em sua forma livre-natante. Em geral, o assentamento é seguido de uma alteração para fototaxia negativa.

Reprodução e desenvolvimento

Reprodução sexuada. As colônias de briozoários são hermafroditas e algumas espécies podem produzir espermatozoides e ovócitos no mesmo zooide (p. ex., *Membranipora*). Outras espécies (p. ex., alguns ciclostomados) formam colônias com zooidesmacho e fêmea separados e com formatos muito diferentes (ver adiante). Em geral, os ovários muito difusos originam-se de placas transitórias do peritônio na parede do cistídio. Os testículos geralmente se formam no funículo (Figura 17.6 C). A diferenciação dos espermatozoides ocorre na cavidade corporal e o esperma maduro avança até o celoma na base dos tentáculos, sendo, por fim, espalhado por meio de pequenos poros temporais existentes nas pontas dos tentáculos abfrontais. O espermatozoide entra na cavidade corporal de um zooide com um ovócito maduro, provavelmente por meio do poro supraneural localizado entre as bases de dois tentáculos abfrontais, ou do órgão intertentacular, fecundando os ovócitos. Alguns queilostomados e ctenostomados que dispersam ovócitos fecundados na água (p. ex., *Electra*, *Membranipora*, *Hislopia* e algumas espécies de *Alcyonidium*) têm o poro supraneural elevado sobre um pedestal conhecido como **órgão intertentacular** (Figura 17.6 A). Entretanto, a maioria das espécies incuba seus ovos em estruturas mais ou menos elaboradas.

Os filactolemados incubam seus embriões em sacos embrionários produzidos por invaginações da parede corporal. Os ovos podem sair pelo poro supraneural e ficar implantados nos sacos embrionários por um mecanismo semelhante ao que é observado nos ctenostomados (p. ex., *Victorella*), mas esse processo ainda não foi observado.

Alguns ctenostomados (p. ex., *Triticella*) fixam seus ovos à parede atrial, de modo que fiquem livremente expostos quando os polipídios protraem. Outros (p. ex., *Victorella*) depositam o ovócito fecundado dentro de uma bolsa incubadora formada pela parede atrial; uma especialização adicional é que os ovócitos fecundados ficam retidos no átrio retraído, onde ocorre todo o desenvolvimento do embrião enquanto o polipídio degenera (p. ex., *Bowerbankia* e espécies de *Alcyonidium*).

Os queilostomados apresentam vários métodos de incubação, que geralmente envolvem a formação de uma estrutura externa de incubação conhecida como **ovicelo** (Figuras 17.6 C; 17.7 A e B; 17.13 A a D; 17.14 A). Em muitos gêneros (p. ex., *Fenestrulina*, *Primavelans* [antes conhecida como *Hippodiplosia*] e *Tegella*), os zooides femininos em desenvolvimento induzem o desenvolvimento do zooide distal (macho ou fêmea) para formar um ovicelo por meio de uma especialização da parte proximal da parede frontal (Figura 17.13 A a D). O ovo geralmente é muito grande e é depositado dentro do ovicelo, onde ocorre seu desenvolvimento até o estágio de larva lecitotrófica livre-natante. O orifício pode ser coberto pelo opérculo do zooide materno ou por uma extensão da parede distal do polipídio materno. Essa extensão é conhecida como **vesícula oecial** e funciona como uma placenta nas espécies que formam ovos pequenos (p. ex., *Bugula*) (Figura 17.14 A).

Os briozoários fazem clivagem radial holoblástica praticamente igual para formar uma celoblástula ou estereoblástula. O desenvolvimento subsequente difere acentuadamente entre os grupos, mas em todos os casos envolve uma forma dispersiva livre-natante. Existem pouquíssimas informações seguras sobre a derivação e a destinação das camadas germinativas dos briozoários. Isso é especialmente verdade quanto à mesoderme e aos revestimentos celômicos.

Nos filactolemados, o ovócito fecundado entra em um saco incubador formado a partir da parede do cistídio, e os estágios subsequentes recebem nutrientes do zooide materno por meio de vários tipos de placenta. A celoblástula transforma-se no estágio semelhante a um cistídio sem endoderme e, em seguida,

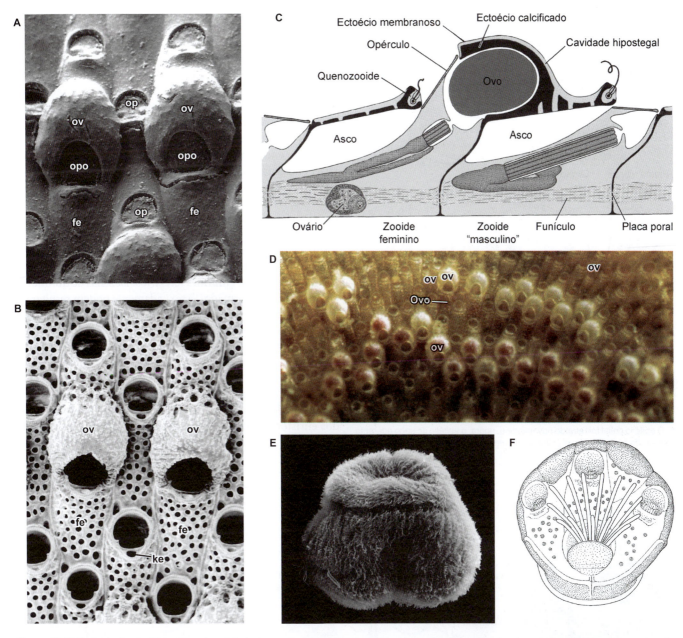

Figura 17.13 Reprodução de *Primavelans insculpta* (antes conhecida como *Hippodiplosia*). **A** e **B.** Fotografias de microscopia eletrônica de varredura de dois zooides fêmeas (fe), que induziram seus vizinhos distais a formar um ovicelo (ov); op = opérculo do zooide "masculino"; opo = opérculo do ovicelo (as rachaduras dos quenozooides são artefatos). **A.** Zoécio sujo com o perióstraco externo e os opérculos retidos. **B.** Zoécio limpo de uma parte semelhante da colônia; ke = quenozooide. **C.** Diagrama de um corte mediano de uma fêmea e de um zooide-"macho". **D.** Parte de uma colônia com fileiras de zooides femininos e "masculinos"; o ovicelo superior marcado era recém-formado e ainda estava vazio, enquanto os ovos vermelho-cereja grandes podem ser percebidos na cavidade corporal das fêmeas; o ovicelo inferior continha um ovo recém-depositado. **E.** Fotografia de microscopia eletrônica de varredura de larvas recém-liberadas (observe a ciliação densa). **F.** Ancéstrula composta por um zooide com tentáculos protrudentes e três zooides em desenvolvimento.

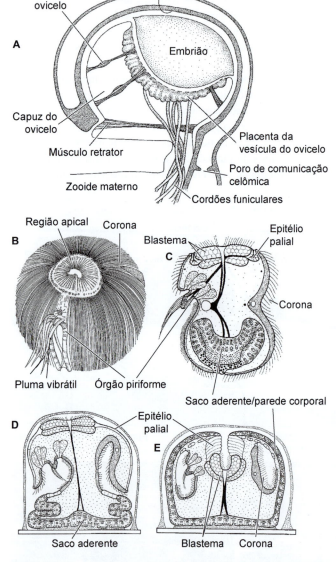

gera um ou mais polipídios por meio de um processo de brotamento comum (ver adiante). Essa "larva" é ciliada e escapa do saco embrionário para uma curta vida natante, antes do assentamento e da metamorfose.

As celoblástulas dos euristomados sofrem gastrulação, por meio da qual quatro células dividem-se de forma que cada par de células descendentes seja desviado para a blastocele para formar as supostas endoderme e mesoderme. Por fim, as larvas livres-natantes são produzidas. A maioria das espécies que desovam livremente forma uma típica larva triangular comprimida lateralmente, que é conhecida como **cifonauta** e nada por meio de um anel de cílios situados na borda "inferior" das conchas triangulares (Figura 17.15 A e B). Esse tipo larval é encontrado tanto nos ctenostomados basais quanto nos queilostomados. Essas larvas se alimentam por meio de uma crista ciliada com formato de "U", que se assemelha a um lado de um tentáculo, funcionando dessa maneira. As cifonautas têm trato digestivo completo e podem permanecer no plâncton por meses, enquanto as larvas das espécies que incubam seus embriões não têm trato digestivo e têm vida pelágica muito curta (Figuras 17.13 E e 17.14 B). Essas larvas mais ou menos globulares são conhecidas como **larvas coronadas**, porque a ciliação que cobre quase todo o corpo parece ser uma extensão do anel ciliar da larva cifonauta. Apesar dessas diferenças, as larvas dos euristomados têm algumas semelhanças fundamentais. Por exemplo, elas têm um órgão apical elaborado, um órgão dos sentidos piriforme complexo e um **saco aderente** em forma de bolsa, os quais são importantes para o assentamento e a metamorfose (Figuras 17.13 E; 17.14 B; 17.15 B).

O ovócito fecundado dos ciclostomados sofre clivagem e forma uma bola de células, que depois passa por um processo de brotamento para produzir embriões secundários, dos quais, por sua vez, brotam embriões terciários. Dezenas de diminutos embriões sólidos formados assexuadamente podem resultar de uma única bola primária de células. Esse fenômeno é conhecido como **poliembrionia** e é muito incomum no reino animal. Cada embrião desenvolve cílios e escapa como uma larva inteiramente ciliada com invaginações nos dois polos – um representando o órgão apical/polo e o outro, o saco aderente. A larva assenta depois de um intervalo curto e sofre metamorfose semelhante à que está descrita adiante com referência às larvas coronadas dos euristomados, ou seja, com a parede frontal coberta pela cobertura quitinosa evertida da invaginação apical.

Figura 17.14 Incubação e metamorfose larval de *Bugula neritina*. **A.** Ovicelo com um embrião, que cresceu por meio dos nutrientes originados da placenta. **B.** Diagrama de uma larva. **C** a **E.** Larvas, assentamento e metamorfose. **C.** Corte mediano da larva. **D.** O saco adesivo é evertido e fica em contato com o substrato e, em seguida, há secreção de uma película fina; o epitélio palial evertido cobre o lado superior da ancéstrula e a coroa fica interiorizada. **E.** O epitélio palial foi retraído novamente e, agora, o epitélio do saco aderente cobre toda a ancéstrula; o polipídio diferencia-se a partir do blastema.

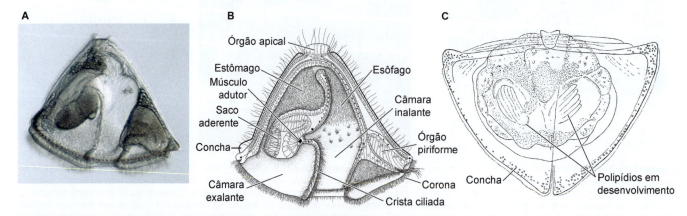

Figura 17.15 Larvas de *Membranipora*. **A.** Larvas cifonautas. **B.** Diagrama da morfologia das larvas cifonautas. **C.** Larva recém-assentada – as conchas ainda cobrem a ancéstrula jovem, que está desenvolvendo um par de polipídios.

Inicialmente, as larvas dos briozoários mostram fototaxia positiva e muitas têm manchas pigmentadas com um grupo de cílios modificados que parecem sensíveis à luz. Depois de uma fase planctônica, as larvas geralmente adquirem fototaxia negativa e nadam na direção do fundo, à medida que se tornam "competentes" (*i. e.*, preparando-se para assentar no substrato). Quando entra em contato com o substrato, o complexo do órgão piriforme é usado aparentemente para testar os indícios químicos e táteis, que refletem a conveniência do substrato para o assentamento. Depois de escolher uma superfície apropriada, o saco aderente everte e secreta material pegajoso para a fixação. Depois da fixação, há uma reorganização completa das posições dos tecidos, acompanhada de histólise das estruturas larvais.

Nos gimnolemados, o zooide primário (ou ancéstrula) geralmente tem um polipídio, mas várias espécies apresentam dois ou mais polipídios (Figuras 17.13 F e 17.15 C). A larva cifonauta em processo de assentamento everte o saco aderente, que se espalha ao longo do substrato e secreta a parede basal da ancéstrula. As conchas abrem-se amplamente e destacam-se, enquanto o epitélio palial subjacente secreta a parede frontal. A corona fica encarcerada dentro de uma cavidade interna com formato de anel. As metamorfoses dos diversos tipos de larvas coronadas mostram variações consideráveis desse padrão. Em um tipo (p. ex., *Bugula*; Figura 17.14 C a E), a periferia do saco aderente evertido estende-se ao longo das laterais da larva assentada, até finalmente cobrir toda a parede externa do corpo larval; desse modo, toda a parede do cistídio origina-se do saco aderente. Em outros tipos (p. ex., *Bowerbankia*), o saco aderente retrai novamente e o epitélio palial expande-se para cobrir toda a superfície da ancéstrula.

Reprodução assexuada. Como também ocorre em todos os animais que formam colônias, a reprodução assexuada faz parte do ciclo de vida dos briozoários e é responsável pelo crescimento das colônias e pela regeneração dos zooides. Cada colônia começa a partir dos tecidos de uma larva metamorfoseada, que desenvolve um ou mais zooides a partir da parede corporal ou, em alguns queilostomados, de uma massa de células indiferenciadas (conhecida como blastema) conectada ao órgão apical. Assim como a reprodução sexuada, o primeiro zooide ou grupo de zooides que se desenvolvem antes de começarem a alimentar-se é conhecido como ancéstrula (Figuras 17.7 C e 17.13 F). A ancéstrula passa por brotamento para formar zooides-filhos, que depois formam mais brotos e assim por diante. O grupo inicial de zooides-filhos pode originar-se de uma série semelhante a uma corrente, uma placa ou um disco; o padrão de brotamento determina o tipo de crescimento da colônia e é altamente variável entre as espécies. Em geral, a ancéstrula tem formato diferente dos zooides brotados (Figura 17.7 C) e, em algumas espécies, foram observadas alterações da morfologia dos zooides ao longo da colônia em crescimento.

O brotamento envolve apenas os componentes da parede corporal. Na maioria dos euristomados, forma-se uma separação que isola uma câmara pequena (zooide em desenvolvimento) do zooide genitor. Inicialmente, o broto inclui apenas os componentes do cistídio e um compartimento celômico interno. Em seguida, forma-se um novo polipídio a partir dos tecidos vivos do broto (epiderme e peritônio). A epiderme e o peritônio invaginam, a primeira produzindo a coroa tentacular e o trato digestivo. O peritônio forma todos os revestimentos celômicos novos e o funículo. O brotamento dos filactolemados é semelhante, com exceção de que o polipídio forma-se primeiramente e apenas se torna isolado do zooide genitor em algumas espécies. O brotamento dos ciclostomados ainda precisa ser mais bem-estudado.

Além do brotamento, os briozoários de água doce (Phylactolaemata) reproduzem-se assexuadamente formando **estatoblastos** (Figura 17.6 E e 17.16). Essas estruturas são extremamente resistentes ao ressecamento e ao congelamento e, em geral, são produzidas em grandes quantidades durante as condições ambientais adversas. Em geral, os estatoblastos formam-se no funículo e incluem células epidérmicas e peritoneais mais uma reserva de material nutriente. Cada massa celular secreta um par de válvulas protetoras quitinosas, que diferem entre as espécies quanto à forma e à ornamentação. A colônia genitora geralmente degenera e libera os estatoblastos. Alguns estatoblastos descem até o fundo, mas outros flutuam por meio de espaços gasosos fechados. Alguns têm ganchos ou espinhos superficiais e são dispersados por fixação passiva aos animais aquáticos ou à vegetação (Figura 17.16 A). Com o retorno das condições favoráveis, a massa celular forma um novo zooide, que desprende seu envoltório externo e fixa-se como um indivíduo funcional (Figura 17.16 B).

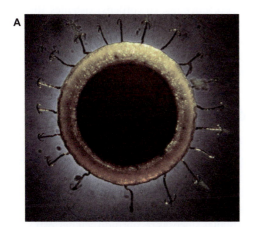
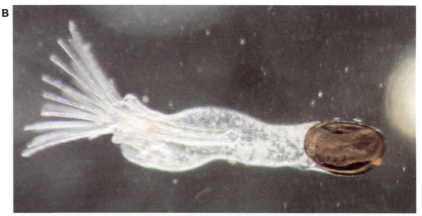

Figura 17.16 Estatoblastos dos filactolemados. **A.** *Cristatella*. **B.** Estatoblasto de *Fredericella* em processo de brotamento.

Filo Brachiopoda | Braquiópodes, ou conchas-lâmpada

Os membros do filo Brachiopoda (do grego *brachium*, "braço"; e *poda*, "pés") são conhecidos como conchas-lâmpada porque o formato de seu exoesqueleto assemelha-se às antigas lâmpadas a óleo (Quadro 17.3; Figura 17.17). Esses animais são conhecidos desde os primeiros tempos da Idade Média e suas imagens foram publicadas em livros do fim do século 16. Todos são criaturas marinhas bentônicas solitárias. O corpo (incluindo o lofóforo) está encarcerado entre um par de válvulas posicionadas em sentido dorsoventral. A maioria dos braquiópodes fixa-se ao substrato por meio de um **pedúnculo** carnoso (Figura 17.18 A e B). Algumas espécies não têm pedúnculo (p. ex., *Novocrania*) e geralmente se fixam diretamente a um substrato duro. Por outro lado, algumas espécies que têm pedúnculo não formam fixações permanentes, como *Anakinetica cumingi* (que vive livremente) e *Lingula* spp. (que ancora na areia fofa) (Figuras 17.17 G e 17.18 B). Outras espécies têm populações fixas e livres (p. ex., *Neothyris lenticularis* e *Terebratella sanguinea*).

As válvulas da concha dos braquiópodes são desiguais e estão fixadas uma à outra em seu segmento posterior por uma "dobradiça" do tipo "dente e soquete" (Rhynchonelliformea) ou simplesmente por músculos (Linguliformea, Craniiformea). Normalmente, os braquiópodes "sentam" com a parte ventral para cima e, em geral, o pedúnculo origina-se da válvula ventral por um orifício da concha conhecido como **forame**.

A maioria dos braquiópodes viventes mede entre 2 e 4 cm de comprimento em seu maior diâmetro de concha, mas varia de menos de 1 mm a mais de 9 cm nos casos extremos. Embora sejam conhecidos em quase todas as profundidades oceânicas, os braquiópodes são mais abundantes na plataforma continental. As 400 espécies vivas, aproximadamente, representam uma pequena fração sobrevivente das mais de 15.000 espécies extintas descritas. Esse registro fóssil rico data, no mínimo, de 550 milhões de anos (período Ediacarano). Os braquiópodes, especialmente os rinconeliformes, estavam entre os animais mais abundantes do período Paleozoico, mas suas populações declinaram numericamente depois disso. Charles Thayer (1985) publicou evidência experimental de que a competição com os moluscos bivalves epibentônicos foi responsável, ao menos em parte, pela redução da diversidade dos braquiópodes depois do seu sucesso no Paleozoico.

CLASSIFICAÇÃO DOS BRAQUIÓPODES

SUBFILO LINGULIFORMEA. Válvulas não articuladas, fixadas apenas por músculos; válvulas com composição organofosfatada, incluindo apatita (fosfato de cálcio), quitina, colágeno e proteínas; o pedúnculo geralmente tem músculos intrínsecos e um lúmen celômico; lofóforo sem sustentação esquelética interna; ânus presente. Duas superfamílias existentes: Linguloidea e Discinoidea, abrangendo cerca de 25 espécies atuais (p. ex., *Discinisca, Glottidia, Lingula, Pelagodiscus*).

SUBFILO CRANIIFORMEA. Válvulas não articuladas, fixadas apenas por músculos; válvulas constituídas de proteínas e calcita (carbonato de cálcio); sem pedúnculo; a válvula ventral é cimentada diretamente ao substrato duro, variando desde lamelas finas de calcita (p. ex., *Novocrania anomala*) até válvulas cuneiformes maciças (p. ex., *Neoancistrocrania norfolki*); lofóforo sem sustentação esquelética interna; ânus presente. Uma superfamília existente – Cranioidea –, abrangendo cerca de 20 espécies atuais (p. ex., *Novocrania, Neoancistrocrania, Valdiviathyris*).

SUBFILO RYNCHONELLIFORMEA. Válvulas articuladas por uma "dobradiça" do tipo dente e soquete; válvulas compostas de proteínas e calcita (carbonato de cálcio); pedúnculo geralmente presente, mas sem músculos e lúmen celômico; lofóforo geralmente com elementos de sustentação interna; o trato digestivo termina em fundo cego, sem ânus. Três ordens existentes: Rhynchonellida, Terebratulida e Thecideida, com pouco mais de 350 espécies (p. ex., *Argyrotheca, Dallina, Frenulina, Gryphus, Hemithiris, Lacazella, Laqueus, Liothyrella, Magellania, Thecidellina, Terebratalia, Terebratella, Terebratulina, Tichosina*).

Plano corpóreo dos braquiópodes

Parede corporal, celoma e sustentação

As conchas dos braquiópodes incluem um **perióstraco** orgânico externo e uma camada (ou mais) estrutural interna composta variavelmente de carbonato de cálcio (calcita), fosfato de cálcio (apatita), proteínas, quitina e colágeno. Os discinídeos viventes podem ter nanopartículas silicosas recobrindo seu perióstraco. Também havia vários espinhos em algumas espécies fósseis, que

---

Quadro 17.3 Características do filo Brachiopoda.

1. Animais lofoforados celomados e enterocélicos.
2. Epistoma presente, com ou sem lúmen celômico.
3. Corpo encarcerado entre duas conchas (válvulas), uma dorsal e outra ventral.
4. Geralmente se fixam ao substrato por meio de um pedúnculo, ou pedículo.
5. As válvulas são revestidas (e produzidas) por lobos do manto, que são formados por projeções da parede corporal e formam uma cavidade do manto preenchida com água.
6. Os lofóforos são circulares ou variavelmente retorcidos, com ou sem sustentação esquelética interna.
7. Trato digestivo com formato de "U"; ânus presente (Linguliformea, Craniiformea) ou ausente (Rhynchonelliformea).
8. Um ou dois (Rhynchonellida) pares de metanefrídios.
9. Sistema circulatório rudimentar e aberto.
10. A maioria é gonocorística e tem ciclos de vida com desenvolvimento indireto ou misto.
11. Desenvolvimento indireto com larvas lecitotróficas.
12. Os gametas desenvolvem-se a partir de tecidos gonadais transitórios no peritônio da metacele.
13. Clivagem holoblástica radial e praticamente igual; em geral, a celoblástula sofre gastrulação por invaginação; o blastóporo fecha e a boca (e o ânus) forma-se secundariamente (desenvolvimento deuterostômio).
14. Animais marinhos bentônicos solitários.

Capítulo 17 Lofoforados **623**

se evidenciavam por protuberâncias da concha e serviam para ancorar os animais no local (Figura 17.17 I). Da mesma forma que os moluscos, as conchas dos braquiópodes são secretadas por um **manto** dividido em compartimentos dorsal e ventral formados por uma proliferação da parede corporal (Figura 17.18). O perióstraco é secretado pelas bordas do manto em uma ranhura periostracal, enquanto a camada interna da concha é secretada pela superfície geral do manto, ou epitélio externo do manto. As conchas de muitos braquiópodes têm perfurações (ou pontos), que se estendem de suas superfícies internas até praticamente o perióstraco e contêm extensões teciduais minúsculas do manto (Figura 17.18). A função dessas papilas do manto não está definida, mas alguns pesquisadores sugeriram que poderiam servir como áreas de armazenamento de alimentos e trocas

Figura 17.17 Representantes dos braquiópodes. **A.** *Magellania venosa* (Rhynchonelliformea, Terebratelloidea). Alcançando o comprimento de 9 cm, esse é o maior braquiópode vivo e é encontrado nos fiordes do Chile. **B.** Imagem ampliada de *M. venosa* mostrando o lofóforo dentro da concha e os canais ramificados do manto portadores de ovos brilhando através da válvula dorsal. **C.** Medindo menos de 1 mm de comprimento, *Gwynia capsula* (Rhynchonelliformea, Gwynioidea) é o menor braquiópode vivo; as válvulas abertas expõem o lofóforo, que forma um círculo diminuto de tentáculos simples. **D.** *Thecidellina meyeri* (Rhynchonelliformea, Thecideoidea) com sua concha totalmente aberta. Os tentáculos lofoforais alaranjados formam um filtro eficaz para o microplâncton. **E.** *Novocrania lecointei* (Craniiformea) semelhante a uma lapa, que se fixa diretamente aos substratos duros por meio de sua válvula ventral. **F.** *Discinisca lamellosa* (Linguliformea, Discinoidea) com sua concha organofosfatada e sua fileira preguedada de setas saindo da borda do manto.

(continua)

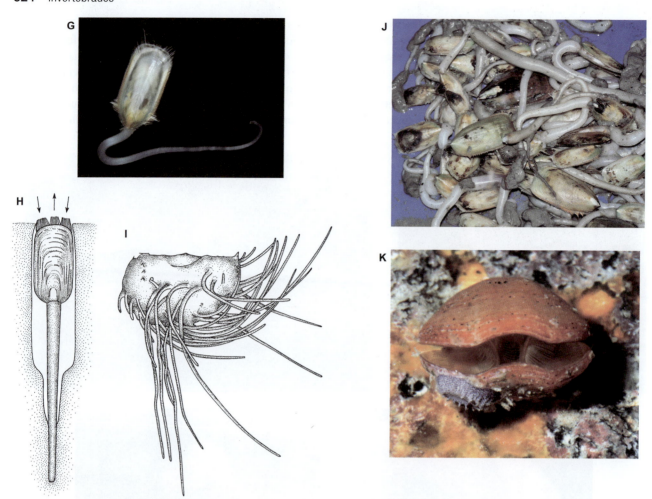

Figura 17.17 (*Continuação*) G. *Lingula* sp. (Linguliformea, Linguloidea) retirada de sua toca. H. *Lingula* sp. (Linguliformea, Linguloidea) em posição de alimentar-se. As *setas* indicam a direção do fluxo de água. I. *Marginifera* sp., um braquiópode espinhoso do período Permiano. J. *Lingula* sp. à venda em um mercado do Sudeste Asiático, onde é consumido pela população local. K. Braquiópode articulado *Frenulina sanguinolenta* (Rhynchonelliformea) recolhido do Pacífico tropical, mostrando a posição do lofóforo. Fixado à concha, há um briozoário roxo (*Disporella* sp.).

gasosas ou, de algum modo, poderiam impedir as atividades dos perfuradores. As conchas que não têm perfurações são conhecidas como *impuctata*.

O manto macio reveste e está ligado às válvulas dorsal e ventral da concha e forma a cavidade do manto preenchida com líquido, que abriga o lofóforo. Em geral, as bordas do manto contêm cerdas quitinosas, que podem proteger os tecidos carnosos e talvez impedir a entrada de partículas grandes na cavidade do manto.

As células epidérmicas do manto e da superfície geral do corpo variam de cuboides a colunares e são monociliadas. Abaixo da epiderme, há uma camada de tecido conjuntivo com espessura variável que, em algumas espécies, pode abrigar células mesenquimais e produzir espículas de calcita. A superfície interna da parede corporal é revestida por células peritoneais e mioepiteliais, que formam o limite externo do celoma. Por ser formado por dobras da parede corporal, o manto dorsal e ventral contém extensões do celoma conhecidas como **canais do manto** (Figura 17.18 D).

O pedúnculo é uma protuberância da parede corporal, que se origina da área posterior da válvula ventral. Nos linguliformes, ele contém todas as camadas habituais existentes sob a epiderme, incluindo tecido conjuntivo, músculos e um lúmen celômico. Entretanto, o pedúnculo dos rinconeliformes não tem músculos nem cavidade celômica. Nesse último caso, bandas de músculos extrínsecos originados da própria parede corporal movimentam o pedúnculo. Nos braquiópodes que se fixam firmemente, a ponta do pedúnculo contém papilas ou extensões digitiformes, que aderem fortemente ao substrato.

O sistema celômico dos braquiópodes inclui a mesocele e a metacele típicas na forma de celomas lofoforal e corporal, respectivamente. O epistoma é sólido nos rinconeliformes, mas, nos linguliformes, pode conter células celômicas em continuidade com a mesocele lofoforal. O líquido celômico inclui vários celomócitos, dos quais alguns contêm hemeritrina.

Lofóforo, alimentação e digestão

Como o dos foronídeos e dos briozoários, o lofóforo dos braquiópodes inclui um anel de tentáculos ao redor da boca. Contudo, nos braquiópodes, o lofóforo é produzido como um par de braços que abrigam tentáculos, os quais se estendem anteriormente para dentro da cavidade do manto. O formato geral do lofóforo varia entre os táxons de uma estrutura simples circular ou em forma de "U" até um lofóforo extremamente enrolado. O lofóforo dos braquiópodes também difere dos demais porque sempre está contido dentro da proteção de válvulas e é praticamente imóvel. Na maioria dos braquiópodes, o lofóforo e os tentáculos são mantidos na posição certa pela pressão celômica, enquanto, em

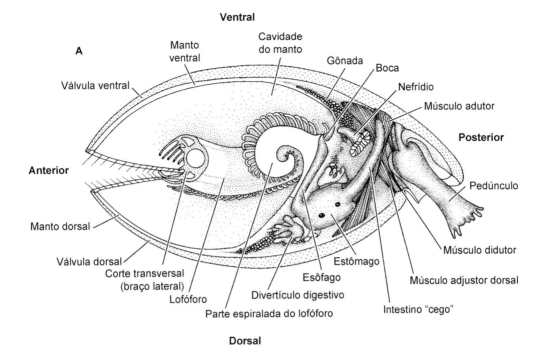

Figura 17.18 Anatomia dos braquiópodes. **A.** Braquiópode rinconeliforme *Terebratulina* sp. (*corte longitudinal*). **B.** Braquiópode linguliforme *Lingula* (válvula ventral removida). **C.** Borda da concha e manto de um rinconeliforme (*corte longitudinal*). **D.** Borda do manto de *Notosaria nigricans* (Rhynchonelliformea, Hemithiridoidea) (*vista interna*).

alguns rinconeliformes, a válvula dorsal produz uma estrutura de sustentação lofoforal conhecida como braquídio. Em alguns grupos (p. ex., Thecideida), a válvula dorsal tem saliências e sulcos em vez de um esqueleto lofoforal ereto, o que ajuda a sustentar e posicionar o lofóforo.

De modo a passar uma corrente de água pela cavidade do manto, as duas válvulas precisam estar ligeiramente abertas. Os mecanismos de operação das válvulas variam nos diversos membros desses três subfilos. Nos rinconeliformes que têm "dobradiça", dois pares de músculos são responsáveis pelos movimentos das válvulas – enquanto um par de músculos didutores abre a válvula (Figuras 17.18 A e B; 17.19 A), o par de músculos adutores é responsável por fechar a concha. Os linguliformes e os craniformes não têm "dobradiças" e músculos didutores. Em vez disso, a abertura completa é produzida pela contração do músculo adutor posterior, ou umbonal, e pelo relaxamento dos diferentes grupos musculares anteriores. Os músculos adutores centrais são usados principalmente para fechar as válvulas. Como a abertura e o fechamento da concha dependem da contração muscular ativa duradoura (rápida ou lenta), os músculos didutores e adutores contêm tanto fibras estriadas quanto lisas.

As correntes alimentares são geradas pelos cílios do lofóforo. Existem padrões específicos de fluxos inalante e exalante, os quais variam com a morfologia da concha e o formato e a orientação do lofóforo. De qualquer maneira, a água é dirigida sobre e entre os tentáculos antes de sair da cavidade do manto (Figura 17.20 A). Cada tentáculo tem tratos ciliares laterais e frontais (Figura 17.20 B). Os cílios laterais dos tentáculos adjacentes superpõem-se e redirecionam as partículas alimentares da água para os cílios frontais por inversão dos batimentos. Os cílios frontais batem na direção da base dos tentáculos, facilitando o direcionamento do alimento retido. A crista lofoforal (ou eixo braquial) tem um sulco alimentar braquial, dentro do qual o alimento é levado até a boca (Figura 17.20 C). Os braquiópodes alimentam-se praticamente de quaisquer partículas orgânicas com dimensões adequadamente pequenas, especialmente de fitoplâncton.

O sistema digestivo tem formato de "U" (Figuras 17.18 A; 17.19 B e C). A boca é seguida de um esôfago curto, que se estende em direção dorsal e depois posterior ao estômago. Uma glândula digestiva cobre a maior parte do estômago e conecta-se a ele por meio de ductos pareados. O intestino estende-se em direção posterior, onde termina em uma bolsa "cega" nos rinconeliformes ou se curva com um reto, terminando em uma abertura anal nos braquiópodes inarticulados. Nesse último grupo, o ânus abre-se em posição medial (craniformes) ou no lado direito do animal (linguliformes). A ausência de ânus é quase certamente uma perda secundária nos rinconeliformes e pode ser atribuída às diferenças de destinação do blastóporo durante os estágios iniciais do desenvolvimento embrionário, em comparação com os craniformes. Pouco sabemos quanto à digestão dos braquiópodes, mas alguns estudos realizados com *Lingula* indicaram que ela ocorra em meio intracelular na glândula digestiva.

Circulação, trocas gasosas e excreção

O sistema circulatório dos braquiópodes é aberto e muito reduzido, tendo sido muito pouco estudado. Um coração contrátil está localizado no mesentério dorsal, pouco acima do trato digestivo (*Novocrania* tem vários "corações"). Os vasos sanguíneos que se estendem para frente e para trás a partir do coração formam canais no tecido conjuntivo dos mesentérios e, assim, não existem vasos propriamente ditos. Esses canais ramificam-se

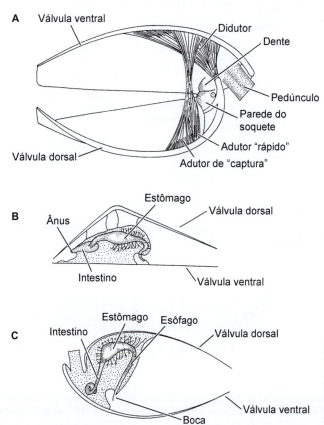

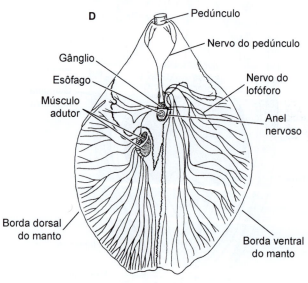

Figura 17.19 A. Braquiópode rinconeliforme *Calloria inconspicua* (Terebratelloidea) (*lado ventral para cima; vista em corte*). Observe os músculos principais que operam as válvulas. **B.** Trato digestivo completo de um craniforme. **C.** Trato digestivo "cego" de um rinconeliforme. **D.** Sistema nervoso de *Magellania flavescens* (Rhynchonelliformea, Terebratelloidea). Observe as partes dorsal e ventral dos lados *esquerdo* e *direito* da ilustração, respectivamente.

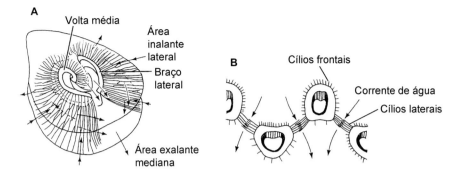
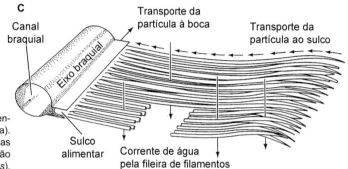

Figura 17.20 Correntes alimentares dos braquiópodes. **A.** Correntes alimentares (*setas*) de *Calloria inconspicua* (Rhynchonelliformea, Terebratelloidea). **B.** Tentáculos lofoforais (*em corte*). A água (*setas*) passa sobre as bandas dos cílios laterais. **C.** Parte de um lofóforo. As partículas alimentares são transportadas ao longo dos tentáculos e do sulco alimentar braquial (*setas*).

em várias partes do corpo, mas o padrão circulatório não está totalmente esclarecido. Aparentemente, o sangue fica separado do líquido celômico, embora ambos tenham células semelhantes. A função do sistema circulatório parece estar basicamente limitada à distribuição do alimento.

As trocas gasosas provavelmente ocorrem através da superfície geral do corpo, especialmente nos tentáculos do lofóforo e no manto. Essas estruturas não fornecem apenas superfícies amplas, mas também locais por onde a água passa e é colocada em contato direto com o líquido celômico subjacente. Essa configuração geral e a existência de hemeritrina em alguns celomócitos sugerem que o líquido celômico – não o sangue – seja o meio de transporte do oxigênio.

Os braquiópodes têm um ou dois pares de metanefrídios, com os nefróstomas abrindo-se para a metacele. Os nefridioductos saem por meio de poros, que deságuam na cavidade do manto. Os nefrídios funcionam como gonoductos e também para o descarte dos celomócitos fagocitários que acumularam escórias metabólicas. Na parte distal dos metanefrídios (canal nefridial), células colunares absorvem grandes quantidades de líquido celômico por endocitose, sugerindo formação secundária de urina, como também ocorre em outros sistemas de metanefrídios. Contudo, a formação primária de urina por meio de um sistema de filtro podocitário entre o vaso sanguíneo e o celoma foi apenas pressuposto para o celoma periesofágico do rinconelídeo *Hemithiris psittacea*.

Sistema nervoso e órgãos dos sentidos

O sistema nervoso dos braquiópodes é reduzido até certo ponto. Um gânglio dorsal e outro ventral estão posicionados contra o esôfago e conectados por um anel nervoso circumentérico. Nervos emergem dos gânglios e do anel nervoso e estendem-se às várias partes do corpo, especialmente músculos, manto e lofóforo (Figura 17.19 D). Como sempre, a configuração dos órgãos dos sentidos desses animais é compatível com seu estilo de vida. As bordas do manto e as cerdas são profusamente inervadas por neurônios sensoriais, provavelmente receptores táteis. Também existem evidências de que os braquiópodes sejam sensíveis às substâncias químicas dissolvidas, talvez por meio de receptores superficiais existentes nos tentáculos ou na borda do manto. Os membros de no mínimo uma espécie de *Lingula* têm um par de estatocistos, associados à orientação do animal no substrato. As larvas de alguns grupos de rinconeliformes têm olhos compostos por duas células fotorreceptoras que são quase certamente responsáveis por seu comportamento fotonegativo antes do assentamento e da metamorfose. Comparáveis aos olhos dos vertebrados, os olhos das larvas dos braquiópodes contêm uma opsina ciliar como pigmento fotossensível. O sistema nervoso larval dos braquiópodes parece conter neurônios serotoninérgicos e histaminérgicos.

Reprodução e desenvolvimento

A reprodução assexuada não ocorre nos braquiópodes. A maioria das espécies é gonocorística, e seus gametas desenvolvem-se a partir de placas de tecido gonadal transitório derivado do epitélio celômico da metacele. Os gametas são liberados dentro da metacele e escapam pelos metanefrídios. Na maioria dos casos, os ovócitos e os espermatozoides são liberados livremente e a fecundação é externa. Contudo, algumas espécies incubam seus embriões até que cheguem ao estágio larval. Nesses casos, os espermatozoides são captados das correntes de água das fêmeas e os ovócitos são conservados na área de incubação, onde são fecundados. Por exemplo, *Argyrotheca* incuba seus embriões em cavidades especiais formadas pelo epitélio do manto. As espécies de Thecideida formam bolsas incubadoras, seja na válvula dorsal ou na ventral, como derivadas do epitélio lofoforal. Outras conservam seus embriões nos braços do lofóforo, em regiões especiais da cavidade do manto ou em depressões modificadas de uma válvula.

A clivagem é holoblástica, radial e praticamente igual, resultando na formação de uma celoblástula. A gastrulação ocorre por invaginação, exceto na forma incubadora de *Lacazella*, na qual o processo aparentemente ocorre por delaminação. O blastóporo fecha e a boca se forma secundariamente (*i. e.*, deuterostomia). Quando está presente, o ânus abre-se tardiamente à medida que o trato intestinal cresce e aproxima-se da parede do corpo. A formação da mesoderme começa com a proliferação das células do arquêntero e a separação subsequente do primórdio do intestino larval. As células mesodérmicas divergem apenas durante a metamorfose e, desse modo, abrem um lúmen ou celoma. A origem do epitélio celômico subsequente a partir das células do arquêntero pode ser interpretada como enterocelia.

Independentemente de o padrão de desenvolvimento ser misto ou completamente indireto, todos os braquiópodes por fim entram em um estágio livre-natante (Figura 17.21). Embora essas formas planctônicas variem morfologicamente, foram comparadas às larvas trocóforas; nesse caso, a banda ciliar ao redor do lobo apical poderia ser interpretada como homólogo da prototróquia de um trocóforo tradicional. Enquanto os branquiópodes lingulídeos eclodem como estágios planctotróficos ("juvenis livres-natantes") com uma concha completa formada primitivamente ("embrionária"), todos os outros grupos eclodem como estágios que não se alimentam. Nos discinídeos, o animal eclodido tem características larvais típicas (p. ex., cerdas larvais), mas rapidamente desenvolve tentáculos, sistema digestivo funcional e uma concha primitiva enquanto ainda está no estágio planctônico.

Os craniformes e os rinconeliformes passam por um estágio de larva lecitotrófica, que apenas desenvolve tentáculos e concha e começa a alimentar-se depois do assentamento e da metamorfose.

Nos linguliformes como *Lingula*, o lofóforo do estágio planctônico (Figura 17.21 A e B) pode ser protraído de entre os lobos do manto e tem a função de propelir e alimentar a larva. À medida que os lobos do manto e a concha sustentam algum peso, o estágio de desenvolvimento imediatamente afunda quando os tentáculos lofoforais são retraídos para dentro da cavidade do manto. A extensão do pedúnculo em crescimento enquanto o animal está no fundo do mar assinala o início da vida bentônica juvenil. Desse modo, não há metamorfose drástica na época do assentamento (Figura 17.21 A e B).

As larvas livres-natantes dos rinconeliformes são regionalizadas em um lobo anterior (apical), um lobo do manto e um lobo do pedúnculo (Figura 17.21 C a F). Como os craniformes não formam um pedúnculo ao longo de toda a sua vida, o corpo de sua larva tem apenas um lobo apical e outro posterior, esse último contendo três pares de bandas de cerdas larvais. Depois de um período curto de vida larval por alguns dias ou semanas (dependendo das temperaturas ambientes), as larvas dos braquiópodes que não se alimentam assentam e passam pela metamorfose. À medida que o lobo peduncular se fixa ao substrato (apenas nos rinconeliformes), os lobos do manto flexionam para frente sobre o lobo anterior. As superfícies dos lobos do manto, que agora são externas, começam a secretar as válvulas, enquanto o lobo anterior diferencia-se no corpo e no lofóforo.

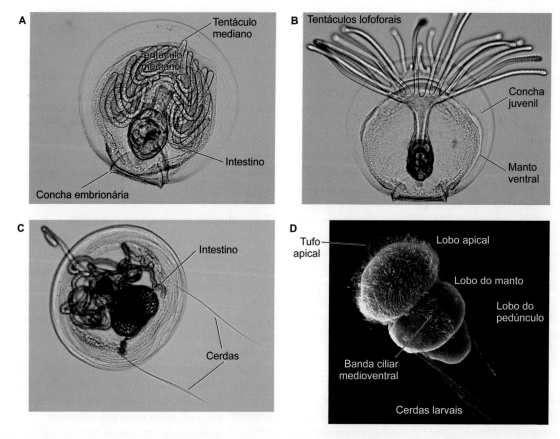

Figura 17.21 Larvas lobadas e metamorfose dos braquiópodes. **A.** Forma planctônica juvenil de *Glottidia* sp. (Linguliformea, Linguloidea) com seu lofóforo contraído. **B.** Mesma forma juvenil de *Glottidia* com seu lofóforo expandido durante a natação ativa. **C.** Forma planctônica juvenil conchal de um discinídeo (Linguliformea, Discinoidea). Observe o par de cerdas longas posteriores. **D.** Fotografia de microscopia eletrônica de varredura de um estágio larval trilobado de *Macandrevia cranium* (Rhynchonelliformea, Zeillerioidea). Os cílios estão limitados ao lobo apical e a uma banda medioventral.

(*continua*)

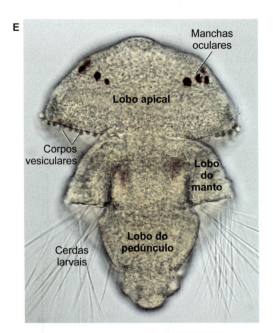
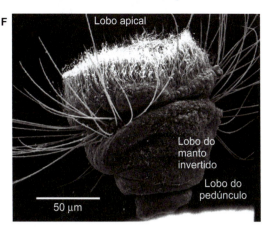
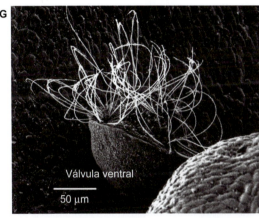
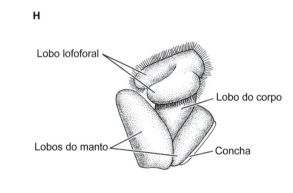

Figura 17.21 (*Continuação*) **E.** Estágio trilobado de *Terebratalia transversa* (Rhynchonelliformea, Laqueoidea) com duas fileiras dorsolaterais de manchas oculares vermelhas no lobo apical. **F** e **G.** Dois estágios metamórficos subsequentes de *Laqueus erythraeus* (Rhynchonelliformea, Laqueoidea). A inversão dos lobos do manto começa logo depois da fixação da larva ao substrato. **H.** Eclosão de *Lingula anatina* (Linguliformea, Linguloidea) já equipada com dois lobos do manto com conchas e um rudimento do lofóforo ciliado.

Bibliografia

Referências gerais

Gee, H. 1995. Lophophorates prove likewise variable. Nature 374: 493.

Giese, A. C., J. S. Pearse e V. B. Pearse (eds.). 1991. *Reproduction of Marine Invertebrates. Vol. VI, Echinoderms and Lophophorates*. The Boxwood Press, Pacific Grove, Califórnia.

Halanych, K. M. *et al.* 1995. Evidence from 18S ribosomal DNA that the lophophorates are protostome animals. Science 267: 1641–1642.

Hejnol, A. e J. M. Martín-Durán. 2015. Getting to the bottom of anal evolution. Zool. Anz. 1–13. doi: 10.1016/j.jcz.2015.02.006

Helmkampf, M., I. Bruchhaus e B. Hausdorf. 2008. Phylogenomic analyses of lophophorates (brachiopods, phoronids and bryozoans) confirm the Lophotrochozoa concept. Proc. R. Soc. Lond. B 275: 1927–1933.

Hyman, L. H. 1959. *The Invertebrates, Vol. 5, Smaller Coelomate Groups*. McGraw-Hill, Nova York.

Jefferies, R. P. S. 1986. *The Ancestry of the Invertebrates*. British Mus. (Natural History), Londres.

Larwood, G. e B. R. Rosen. 1970. *Biology and Systematics of Colonial Organisms*. Academic Press, NY.

Lüter, C. 2000. The origin of the coelom in Branchiopoda and its phylogenetic significance. Zoomorphology 120: 15–28.

Mackey, L. Y. *et al.* 1996. 18S rRNA suggests that Entoprocta are protostomes, unrelated to Ectoprocta. J. Mol. Evol. 42: 552–559.

McCammon, H. M. e W. A. Reynolds (organizers). 1977. Symposium: biology of lophophorates. Am. Zool. 17: 3–150.

Moore, R. C. (ed.). 1965. *Treatise on Invertebrate Paleontology. Pts. G and H (Vols. 1 and 2)*. Geological Society of America, Inc. and The University of Kansas, Lawrence, Kansas.

Morris, S. C. 1995. Nailing the lophophorates. Nature 375: 365–366.

Nielsen, C. 2009. How did indirect development with planktotrophic larvae evolve? Biol. Bull. 216: 203–215.

Zimmer, R. L. 1973. Morphological and developmental affinities of the lophophorates. pp. 593–600 in G. P. Larwood (ed.). *Living and Fossil Bryozoa*. Academic Press, Londres.

Zimmer, R. L. 1997. Phoronids, brachiopods and bryozoans: The lophophorates. pp. 279–308 in S. F. Gilbert e A. M. Raunio, *Embryology, Constructing the Organism*. Sinauer Associates, Sunderland, MA.

Brachiopoda

Altenburger, A. e A. Wanninger. 2010. Neuromuscular development in *Novocrania anomala*: evidence for the presence of serotonin and a spiralian-like apical organ in lecithotrophic brachiopod larvae. Evol. Dev. 12: 16–24.

Cohen, B. L. e A. Weydmann. 2005. Molecular evidence the phoronids are a subtaxon of brachiopods (Brachiopoda: Phoronata) and that genereic divergence of metazoan phyla began long before the early Cambrian. Org. Divers. Evol. 5: 253–273.

Gutman, W. F., K. Vogel e H. Zorn. 1978. Brachiopods: biochemical interdependencies governing their origin and phylogeny. Science 199: 890–893.

James, M. A. 1997. Brachiopoda: internal anatomy, embryology, and development. pp. 297–407 in F. W. Harrison e R. M. Woollacott (eds.). *Microscopic Anatomy of Invertebrates, Vol. 13, Lophophorates, Entoprocta, and Cycliophora.* Wiley-Liss, Nova York.

Kaulfuss, A., R. Seidel e C. Lüter. 2013. Linking micromorphism, brooding and hermaphroditism in articulate brachiopods: insights from Caribbean *Argyrotheca* (Brachiopoda). J. Morph. 274: 361–376.

Lüter, C. 2000. The origin of the coelom in Brachiopoda and its phylogenetic significance. Zoomorphology 120: 15–28.

Lüter, C. 2001. Brachiopod larval setae: A key to the phylum's ancestral life cycle? pp. 46–55 in C. H. C. Brunton, L. R. M. Cocks e S. L. Long (eds.). *Brachiopods: Past and Present.* Taylor and Francis, Londres.

Lüter, C. 2004. How brachiopods get covered with nanometric silicon chips. Proc. R. Soc. Lond. B Suppl. 6 (Biology Letters): S465–S467.

Lüter, C. 2007. Anatomy. pp. 2321–2355 in P. A. Selden (ed.). *Treatise on Invertebrate Paleontology, part H: Brachiopoda, revised, Vol. 6.* The Geological Society of America and University of Kansas Press, Boulder and Lawrence.

MacKay, S. e R. A. Hewitt. 1978. Ultrastructure studies on the brachiopod pedicle. Lethaia 11: 331–339.

Nielsen, C. 1991. The development of the brachiopod *Crania* (*Neocrania*) *anomala* (O. F. Müller) and its phylogenetic significance. Acta. Zool. 72 (1): 7–28.

Passamaneck, Y. et al. 2011. Ciliary photoreceptors in the cerebral eyes of a protostome larva. EvoDevo 2: 6.

Richardson, J. R. 1981. Brachiopods in mud: resolution of a dilemma. Science 211: 1161–1163.

Rudwick, M. J. S. 1970. *Living and Fossil Brachiopods.* Hutchinson University Library, Londres.

Santagata, S. 2011. Evaluating Neurophylogenetic Patterns in the Larval Nervous Systems of Brachiopods and Their Evolutionary Significance to Other Bilaterian Phyla. J. Morphol. 272: 1153–1169.

Steele-Petrovic, H. M. 1976. Brachiopod food and feeding processes. Paleontology 19(3): 417–436.

Thayer, C. W. 1985. Brachiopods versus mussels: competition, predation, and palatability. Science 228(4707): 1527–1528.

Watabe, N. e C.-M. Pan. 1984. Phosphatic shell formation in atremate brachiopods. Am. Zool. 24: 977–985.

Williams, A. 1997. Brachiopoda: introduction and integumentary system. pp. 237–296 in F. W. Harrison e R. M. Woollacott (eds.). *Microscopic Anatomy of Invertebrates, Vol. 13, Lophophorates, Entoprocta, and Cycliophora.* Wiley-Liss, Nova York.

Williams, A. et al. 1997. Anatomy. pp. 7–188 in Kaesler R. L. (ed.). *Treatise on Invertebrate Paleontology, Pt. H: Brachiopoda, Revised, Vol. 1.* The Geological Society of America and The University of Kansas, Boulder and Lawrence.

Williams, A., C. Lüter e M. Cusack. 2001. The nature of siliceous mosaics forming the first shell of the brachiopod *Discinisca*. J. Struct. Biol. 134: 25–34.

Williams, A., S. Mackay e M. Cusack. 1992. Structure of the organo-phosphatic shell of the brachiopod *Discinisca*. Phil. Trans. Roy. Soc. Lond. B 337: 83–104.

Bryozoa

Carle, K. J. e E. E. Ruppert. 1983. Comparative ultrastructure of the bryozoan funiculus: A blood vessel homologue. Z. Zool. Syst. Evol. 21: 181–193.

Fuchs, J., M. Obst e P. Sundberg. 2009. The first comprehensive molecular phylogeny of Bryozoa (Ectoprocta) based on combined analyses of nuclear and mitochondrial genes. Mol. Phylogen. Evol. 52: 225–233.

Gruhl, A. 2010. Ultrastructure of mesoderm formation and development in *Membranipora membranacea* (Bryozoa: Gymnolaemata). Zoomorphology 129: 45–60.

Hayward, P. J. 1985. *Ctenostome Bryozoans.* Synopses of the British Fauna, New Series, Vol. 33. Brill/Backhuys, Londres.

Hayward, P. J. e J. S. Ryland 1985. *Cyclostome Bryozoans.* Synopses of the British Fauna, New Series, Vol. 34. Brill/Backhuys, Londres.

Hayward, P. J. e J. S. Ryland 1998. *Cheilostomatous Bryozoa Part I. Aeteoidea – Cribrilinoidea.* Synopses of the British Fauna, New Series, Vol. 10 (2nd Ed.), The Linnean Society of London.

Hayward, P. J. e J. S. Ryland 1998. *Cheilostomatous Bryozoa Part 2. Hippothooidea – Celleporelloidea.* Synopses of the British Fauna, New Series, Vol. 14 (2nd Ed.), The Linnean Society of London.

Mukai, H., K. Terakado e C. G. Reed 1997. Bryozoa. pp. 45–206 in F. W. Harrison (ed.). *Microscopic Anatomy of Invertebrates*, Vol. 13. Wiley-Liss, Nova York.

Nielsen, C. 1970. On metamorphosis and ancestrula formation in cyclostomatous bryozoans. Ophelia 7: 217–256.

Nielsen, C. 1981. On morphology and reproduction of "*Hippodiplosia*" *insculpta* and *Fenestrulina malusii* (Bryozoa, Cheilostomata). Ophelia 20: 91–125.

Nielsen, C. e K. Worsaae 2010. Structure and occurrence of cyphonautes larvae (Bryozoa, Ectoprocta). J. Morphol. 271: 1094–1109.

Ostrovsky, A. N., D. P. Gordon e S. Lidgard. 2009. Independent evolution of matrotrophy in the major classes of Bryozoa: transitions among reproductive patterns and their ecolgidal background. Mar. Ecol. Prog. Ser. 378: 113–124.

Ostrovsky, A. et al. 2009. Diversity of brood chambers in calloporid bryozoans (Gymnolaemata, Cheilostomata): comparative anatomy and evolutionary trends. Zoomorphology 128: 13–35.

Reed, C. G. 1991. Bryozoa. pp. 85–245 in A. C. Giese, J. S. Pearse e V. B. Pearse (eds.). *Reproduction of Marine Invertebrates, Vol. 6.* Boxwood Press, Pacific Grove, CA.

Reed, C. G. e R. M. Woollacott. 1982. Mechanisms of rapid morphogenetic movements in the metamorphosis of the bryozoan *Bugula neritina* (Cheilostomata, Cellularioidea). I. Attachment to the substratum. J. Morphol. 172: 335–348.

Reed, C. G. e R. M. Woollacott. 1983. Mechanisms of rapid morphogenetic movements in the metamorphosis of the bryozoan *Bugula neritina* (Cheilostomata, Cellularioidea): II. The role of dynamic assemblages of microfilaments in the pallial epithelium. J. Morphol. 177: 127–143.

Riisgård, H. U. e P. Manríquez. 1997. Filter-feeding in fifteen marine ectoprocts (Bryozoa): particle capture and water pumping. Mar. Ecol. Prog. Ser. 154: 223–239.

Riisgård, H. U., B. Okamura e P. Funch. 2010. Particle capture in ciliary filter-feeding gymnolaemate and phylactolaemate bryozoans – A comparative study. Acta Zool. (Stockh.) 91: 416–425.

Ryland, J. S. 1970. *Bryozoans.* Hutchington, Londres.

Santagata, S. e W. C. Banta. 1996. Origin of brooding and ovicells in cheilostome bryozoans: interpretive morphology of *Scrupocellaria ferox*. Trans. Amer. Microsp. Soc. 115(2): 170–180.

Soule, D. F., J. D. Soule e H. W. Chaney. 1995. *The Bryozoa.* In Taxonomic Atlas of the Santa Maria Basin and Westen Santa Barbara Channel. Santa Barbara Museum of Natural History, Santa Bárbara, CA.

Taylor, P. D. 1985. Carboniferous and Permian species of the cyclostome bryozoan *Corynotrypa* Bassler, 1911 and their clonal propagation. Bull. British Mus. (Nat. Hist.), Geol. 38: 359–372.

Taylor, P. D., A. B. Kudryavtsev e J. W. Schopf. 2008. Calcite and aragonite distributions in the skeletons of bimineralic bryozoans as revealed by Raman spectroscopy. Invert. Biol. 127(1): 87–97.

Winston, J. E. 1978. Polypide morphology and feeding behavior in marine ectoprocts. Bull. Mar. Sci. 28: 1–31.

Winsten, J. E. 1984. Why bryozoans have avicularia–A review of the evidence. Amer. Mus. Novitates, No. 2789, 26 pp.

Woollacott, R. M. e R. L. Zimmer. 1972. Origin and structure of the brood chamber in *Bugula neritina* (Bryozoa). Mar. Biol. 16: 165–170.

Xia, F.-S., S.-G. Zhang e Z.-Z. Wang. 2007. The oldest bryozoans: new evidence from the Late Tremadocian (Early Ordovician) of East Yangtse Gorges in China. J. Paleont. 81: 1308–1326.

Phoronida

Bartolomaeus, T. 2001. Ultrastructure and formation of the body cavity lining in *Phoronis muelleri* (Phoronida, Lophophorata). Zoomorphology 120: 135–148.

Cohen, B. e A. Weydmann. 2005. Molecular evidence that phoronids are a subtaxon of brachiopods (Brachiopoda: Phoronata) and that genetic divergence of metazoan phyla began long before the early Cambrian. Org. Divers. Evol. 5: 253–273.

Cohen, B. L. 2012. Rerooting the rDNA gene tree reveals phoronids to be "brachiopods without shells"; dangers of wide taxon samples in metazoan phylogenetics (Phoronida; Brachiopoda). Zool. J. Linn. Soc. 167: 82–92.

Chernyshev, A. V. e E. N. Temereva. 2010. First report of diagonal musculature in phoronids (Lophophorata: Phoronida). Dokl. Biol. Sci. 433: 264–267.

Emig, C. C. 1974. The systematics and evolution of the phylum Phoronida. Z. Zool. Syst. Evol. 12(2): 128–151.

Emig, C. C. 1977. The embryology of Phoronida. Am. Zool. 17: 21–38.

Emig, C. C. 1982. Phoronida. In S. P. Parker (ed.). *Synopsis and Classification of Living Organisms.* McGraw-Hill, Nova York.

Freeman, G. 1991. The bases for and timing of regional specification during larval development in *Phoronis*. Develop. Biol. 147: 157–173.

Freeman, G. e Martindale M. Q. 2002. The origin of mesoderm in phoronids. Develop. Biol. 252: 301–311.

Garlick, R. L., Williams B. J. e Riggs, A. F. 1979. The hemoglobins of *Phoronopsis viridis*, of the primitive invertebrate phylum Phoronida: characterization and subunit structure. Arch. Biochem. Biophys. 194: 13–23.

Gruhl, A., P. Grobe e T. Bartolomaeus. 2005. Fine structure of the epistome in *Phoronis ovalis*: significance for the coelomic organization in Phoronida. Invert. Biol. 124: 332–343.

Hermann, K. 1997. Phoronida. pp. 207–235 in F. W. Harrison e R. M. Woollacott (eds.). *Microscopic Anatomy of Invertebrates, Vol. 13, Lophophorates, Entoprocta, and Cycliophora.* Wiley-Liss, Nova York.

Hirose, M. et al. 2014. Description and molecular phylogeny of a new species of *Phoronis* (Phoronida) from Japan, with a redescription of topotypes of *P. ijimai* Oka, 1897. Zookeys 398: 1–31.

Nesnidal, M. P. et al. 2013. New phylogenomic data support the monophyly of Lophophorata and an ectoproct-phoronid clade and indicate that Polyzoa and Kryptrochozoa are caused by systematic bias. BMC Evol. Biol. 13: 253.

Pennerstorfer, M. e G. Scholtz. 2012. Early cleavage in *Phoronis muelleri* (Phoronida) displays spiral features. Evol. Dev. 14: 484–500.

Santagata, S. 2002. Structure and metamorphic remodeling of the larval nervous system and musculature of *Phoronis pallida* (Phoronida). Evol. Dev. 4: 28–42.

Santagata, S. 2004. A waterborne behavioral cue for the actinotroch larva of *Phoronis pallida* (Phoronida) produced by *Upogebia pugettensis* (Decapoda: Thalassinidea). Biol. Bull. 207: 103–115.

Santagata, S. 2004. Larval development of *Phoronis pallida* (Phoronida): implications for morphological convergence and divergence among larval body plans. J. Morphol. 259: 347–358.

Santagata, S. 2011. Evaluating neurophylogenetic patterns in the larval nervous systems of brachiopods and their evolutionary significance to other bilaterian phyla. J. Morphol. 272: 1153–1169.

Santagata, S. e R. L. Zimmer. 2002. Comparison of the neuromuscular systems among actinotroch larvae: systematic and evolutionary implications. Evol. & Develop. 4: 43–54.

Santagata, S. e B. L. Cohen. 2009. Phoronid phylogenetics (Brachiopoda; Phoronata): evidence from morphological cladistics, small and large subunit rDNA sequences, and mitochondrial *cox1*. Zool. J. Linn. Soc. 157: 34–50.

Silén, L. 1954. Developmental biology of the Phoronidea of the Gullmar Fjord area of the west coast of Sweden. Acta Zool. 35: 215–257.

Temereva, E. N. e V. V. Malakhov. 2006. Trimeric coelom organization in the larvae of *Phoronopsis harmeri* Pixell, 1912 (Phoronida, Lophophorata). Dokl. Biol. Sci. 410: 396–399.

Temereva, E. N. e V. V. Malakhov. 2011. Organization of the epistome in *Phoronopsis harmeri* (Phoronida) and consideration of the coelomic organization in Phoronida. Zoomorphology 130: 121–134.

Temereva, E e A. Wanninger. 2012. Development of the nervous system in *Phoronopsis harmeri* (Lophotrochozoa, Phoronida) reveals both deuterostome- and trochozoan-like features. BMC Evol. Biol. 12: 121.

Temereva, E. N. e E. B. Tsitrin. 2013. Development, organization, and remodeling of phoronid muscles from embryo to metamorphosis (Lophotrochozoa: Phoronida). BMC Dev. Biol. 13: 1–24.

Zimmer, R. L. 1967. The morphology and function of accessory reproductive glands in the lophophores of *Phoronis vancouverensis* and *Phoronopsis harmeri*. J. Morphol. 121(2): 159–178.

Zimmer, R. L. 1972. Structure and transfer of spermatozoa in *Phoronopsis viridis*. In C. J. Arceneaux (ed.). 30th Annual Proceedings of the Electron Microscopical Society of America.

Zimmer, R. L. 1978. The comparative structure of the preoral hood coelom. pp. 23–40 in F. S. Chia e M. E. Rice (eds.). *Settlement and metamorphosis of marine invertebrate larva*. Nova York, Elsevier.

Zimmer, R. L. 1980. Mesoderm proliferation and function of the protocoel and metacoel in early embryos of *Phoronis vancouverensis* (Phoronida). Zool. Jb., Anat. 103: 219–233.

Zimmer, R. L. 1991. Phoronida. pp. 1–45 in J. S. Pearse, V. B. Pearse e A. C. Giese (eds.). *Reproduction of Marine Invertebrates, volume VI Echinoderms and Lophophorates*. Boxwood Press, Pacific Grove, CA.

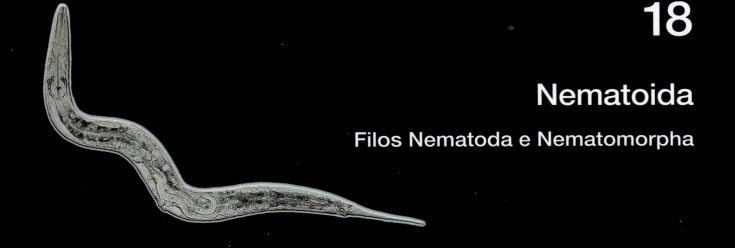

18

Nematoida

Filos Nematoda e Nematomorpha

Este capítulo é o primeiro dos sete que descrevem os animais que pertencem a um clado conhecido como Ecdysozoa. O clado Ecdysozoa é um dos dois clados principais de protostômios (o outro é Spiralia), abrange oito filos e cerca de 83% da diversidade de espécies animais (ver Capítulo 9), grande parte contida em artrópodes e nematódeos. Todos os ecdisozoários trocam sua cutícula ao menos uma vez durante sua história de vida. Esse grupo abrange três subclados bem-embasados: Nematoida (filos Nematoda e Nematomorpha), Scalidophora (filos Kinorhyncha, Priapula e Loricifera) e Panarthropoda (filos Onychophora, Tardigrada e Arthropoda). As relações entre esses três subclados ainda não estão firmemente estabelecidas e os três aparecem como uma tricotomia não resolvida em nossa árvore de Metazoa (ver Capítulo 28). Contudo, algumas evidências sugerem que os filos Nematoida e Scalidophora constituem um grupo-irmão e tenham em comum algumas semelhanças morfológicas (p. ex., colar circum-oral ou cérebro em forma de anel composto por um neurópilo anular, ou uma rede de tecido nervoso com corpos celulares anteriores e posteriores). Esse suposto clado tem sido descrito pelo termo Cycloneuralia. Entretanto, análises recentes de filogenética molecular não conseguiram encontrar um forte apoio a esse clado. Ao contrário de Spiralia, Ecdysozoa podem ser definidos por sinapomorfias morfológicas, incluindo sua cutícula trilaminar, que é trocada por um processo regulado pelos hormônios ecdisteroides. A cutícula consiste em uma exocutícula proteinácea e em uma endocutícula com quitina ou colágeno, e a epicutícula forma-se a partir da zona apical das microvilosidades epiteliais. Os ecdisozoários também não têm cílios epiteliais externos, não formam larvas primárias (ciliadas) com um órgão apical e, ao contrário da maioria dos protostômios, eles não sofrem clivagem espiral.

Os filos Nematoda (vermes arredondados) e Nematomorpha (vermes crina-de-cavalo) constituem o clado Nematoida, que está embasado em estudos morfológicos e moleculares. Assim como em outros táxons dos ecdisozoários, os nematoides não

---

Classificação do reino Animal (Metazoa)

Não Bilateria*
(Também conhecidos como diploblastos)
- FILO PORIFERA
- FILO PLACOZOA
- FILO CNIDARIA
- FILO CTENOPHORA

Bilateria
(Também conhecidos como triploblastos)
- FILO XENACOELOMORPHA

Protostomia
- FILO CHAETOGNATHA

SPIRALIA
- FILO PLATYHELMINTHES
- FILO GASTROTRICHA
- FILO RHOMBOZOA
- FILO ORTHONECTIDA
- FILO NEMERTEA
- FILO MOLLUSCA
- FILO ANNELIDA
- FILO ENTOPROCTA
- FILO CYCLIOPHORA

Gnathifera
- FILO GNATHOSTOMULIDA
- FILO MICROGNATHOZOA
- FILO ROTIFERA

Lophophorata
- FILO PHORONIDA
- FILO BRYOZOA
- FILO BRACHIOPODA

ECDYSOZOA

Nematoida
- **FILO NEMATODA**
- **FILO NEMATOMORPHA**

Scalidophora
- FILO KINORHYNCHA
- FILO PRIAPULA
- FILO LORICIFERA

Panarthropoda
- FILO TARDIGRADA
- FILO ONYCHOPHORA
- FILO ARTHROPODA
  - SUBFILO CRUSTACEA*
  - SUBFILO HEXAPODA
  - SUBFILO MYRIAPODA
  - SUBFILO CHELICERATA

Deuterostomia
- FILO ECHINODERMATA
- FILO HEMICHORDATA
- FILO CHORDATA

*Grupo parafilético.

têm cílios locomotores e apresentam uma cutícula, que é substituída durante o crescimento. A cutícula contém quitina em todos os ecdisozoários, ao menos em alguns estágios do ciclo de vida, ou em determinadas regiões de seu corpo. No caso dos nematoides, estudos demonstraram que a quitina está presente apenas na cutícula faríngea dos nematódeos e na cutícula juvenil dos nematomorfos.

Os nematódeos e os nematomorfos são vermes delgados. Espécimes da ordem nematódea Mermithida (Figura 18.1 F) podem ser confundidos facilmente com os nematomorfos, porque ambos são parasitas de insetos com uma fase de vida livre e corpos grandes (em geral, na faixa de várias dezenas de centímetros). Contudo, esses vermes são diferenciados por suas peculiaridades externas na estrutura superficial da cutícula e pelo formato das extremidades dos seus corpos. Os nematomorfos saem dos seus hospedeiros quando são adultos e apresentam as características diagnósticas que identificam sua espécie; os nematódeos mermitídeos saem dos hospedeiros como formas juvenis pós-parasitárias e precisam passar por uma última troca de cutícula para chegar ao estágio adulto.

Os nematódeos e os nematomorfos têm em comum algumas outras características, como a ausência de musculatura circular na parede corporal e de protonefrídios. A epiderme tem cordões epidérmicos e é provável que dois desses cordões – dorsal e ventral – sejam ancestrais ao clado Nematoida. Os cordões epidérmicos incluem faixas de nervos longitudinais. Os machos desses dois filos têm cloaca, com exceção dos nematomorfos marinhos (gênero *Nectonema*), nos quais a parte posterior do intestino é reduzida e, por isso, não podem formar uma cloaca. Nas fêmeas dos nematódeos, a abertura genital está separada do ânus e frequentemente se localiza muito distante dele, ou seja, na região mediana do corpo. Outra característica compartilhada é o fato de que os espermatozoides não têm cílios, embora esses dois táxons tenham espermatozoides extremamente modificados, que não são estruturalmente comparáveis uns com os outros.

Os nematódeos passam por quatro "mudas" durante seu desenvolvimento; os estágios pré-adultos assemelham-se às formas adultas em geral e, por isso, são conhecidos comumente como juvenis (embora o termo "larvas" também seja utilizado frequentemente). Nos nematomorfos, foi observada apenas uma muda no final da fase de crescimento da forma juvenil parasitária; por isso, sua cutícula fina é capaz de passar por um crescimento enorme. Os nematomorfos possuem uma larva verdadeira, que é microscópica (< 1 mm) e, sob aspecto morfológico, completamente diferente da forma adulta.

Enquanto o filo Nematoda constitui um táxon rico em espécies com grande variedade de estilos de vida adaptados a quase todos os hábitats do planeta, todos os membros do filo Nematomorpha são muito semelhantes em seu ciclo de vida, que inclui uma fase parasitária e uma fase de vida livre para reprodução.

Filo Nematoda | Vermes arredondados e filiformes

O filo Nematoda constitui um dos grupos mais diversificados de metazoários que, segundo algumas estimativas, inclui entre 100.000 e 100 milhões de espécies, embora apenas cerca de 25.000 tenham sido nomeadas e descritas até agora. Existe uma enorme quantidade de literatura sobre os nematódeos (do grego *nema*, "fio"; e *odes*, "semelhante a") – vermes arredondados e vermes filiformes – da qual grande parte refere-se às espécies parasitárias com importância econômica ou médica. Muitas das formas parasitárias grandes, como o verme triquina (*Trichinella spiralis*), são conhecidas desde os tempos antigos. Contudo, os vermes pequenos de vida livre não foram descobertos até a invenção do microscópio. Alguns especialistas nesse grupo preferem o nome abreviado (Nemata) desse filo, embora comumente se utilize o termo Nematoda.

Os vermes arredondados foram caracterizados como um "tubo dentro de um tubo", com referência à linearidade do corpo, do trato alimentar e dos outros órgãos. Entretanto, nem todas as espécies têm aspecto filiforme típico (Figura 18.1). As dimensões desses vermes podem variar de alguns mícrons até metros de comprimento. Por exemplo, uma das menores espécies conhecidas é *Greeffiella minutum*, uma espécie de recifes de coral, que mede apenas 80 µm de comprimento. No extremo oposto do espectro de tamanho, está *Placentonema gigantisima*, o nematódeo do cachalote – maior verme arredondado conhecido, que pode chegar a medir 8 m de comprimento.

Os nematódeos são praticamente onipresentes, estão em quase todos os hábitats e ecossistemas da Terra. Ecologicamente, esses vermes podem ser divididos em espécies de vida livre e parasitárias. No início do século 20, Nathan Cobb – conhecido como pai da nematologia nos EUA – descreveu a diversidade dos nematódeos da seguinte forma: "*Se toda a matéria do universo, com exceção dos nematódeos, fosse varrida fora, nosso mundo ainda seria reconhecível? [...] se pudéssemos então estudá-lo, descobriríamos que suas montanhas, colinas, vales, rios, lagos e oceanos estariam representados por um película de nematódeos.*" Na verdade, os nematódeos podem ser encontrados nos ecossistemas aquáticos (águas salgada e doce) e terrestres, desde os trópicos até os polos e em todas as altitudes. Em 2011, pesquisadores descobriram um nematódeo com 0,5 mm de comprimento, vivendo em águas antigas várias milhas abaixo da superfície da Terra na África do Sul. Nomeado *Halicephalobus mesphisto*, em homenagem a Mefistófeles (com referência ao demônio da lenda de Fausto), esse é o metazoário que vive em níveis mais profundos, dentre os que foram descobertos até hoje. Aparentemente, esse verme vive nas fendas rochosas preenchidas com água e alimenta-se de bactérias subterrâneas.

Algumas espécies são generalistas, mas muitas têm hábitats muito específicos. Por exemplo, o nematódeo das massas azedas *Panagrellus redivivus*, descrito por Lineu em 1776, foi isolado da cola de encadernação de livros. Outra espécie – *Steinernema scapterisci* – é um parasita dos grilos e gafanhotos, enquanto a espécie *Dioctophyma renale* parasita apenas o rim direito de macacos.

Os vermes arredondados marinhos são considerados o grupo de nematódeos mais diversificado e disseminado, porque são encontrados das praias às profundezas abissais. Entretanto, apesar de sua abundância, a maioria dos nematódeos marinhos é pouco conhecida e sua importância nos sistemas bentônicos, pouco apreciada, embora sua abundância relativa seja utilizada algumas vezes no biomonitoramento. Alguns ambientes terrestres contêm até três milhões de nematódeos/m^2. Muitas espécies terrestres de vida livre são usadas como indicadores para avaliação da biodiversidade e biomonitoramento.

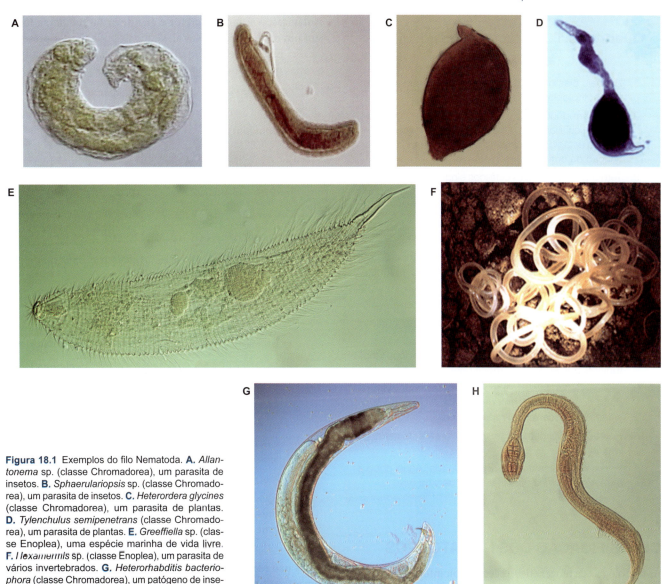

Figura 18.1 Exemplos do filo Nematoda. **A.** *Allantonema* sp. (classe Chromadorea), um parasita de insetos. **B.** *Sphaerulariopsis* sp. (classe Chromadorea), um parasita de insetos. **C.** *Heterordera glycines* (classe Chromadorea), um parasita de plantas. **D.** *Tylenchulus semipenetrans* (classe Chromadorea), um parasita de plantas. **E.** *Greeffiella* sp. (classe Enoplea), uma espécie marinha de vida livre. **F.** *Hexamermis* sp. (classe Enoplea), um parasita de vários invertebrados. **G.** *Heterorhabditis bacteriophora* (classe Chromadorea), um patógeno de insetos. **H.** *Draconema* sp. (classe Enoplea), uma espécie marinha de vida livre.

Uma exceção a essa obscuridade relativa é o nematódeo terrestre de vida livre *Caenorhabditis elegans*, considerado organismo-modelo em muitas áreas, incluindo neurobiologia, biologia do desenvolvimento, toxicologia e genética. Muitos cientistas ao redor do mundo focam suas pesquisas em *C. elegans* com o propósito de entender completamente todos os aspectos de sua biologia e o destino de cada célula embrionária durante seu desenvolvimento. *Caenorhabditis elegans* tem alguns aspectos que o tornam não apenas relevante, mas também muito poderoso como modelo de pesquisa biológica. Por exemplo, é fácil e pouco dispendioso mantê-lo em condições laboratoriais, seu ciclo de vida é curto (cerca de 3 dias), ele produz grande quantidade de filhotes (mais de 300) e tem um corpo transparente, que permite fácil observação de todas as células. *C. elegans* foi o primeiro organismo pluricelular a ter todo o seu genoma sequenciado, com a descoberta surpreendente de que 40% dos seus genes são iguais aos dos seres humanos!

Os nematódeos desenvolveram vários estilos de vida parasitários e isso explica por que eles podem infectar quase todos os animais e plantas do planeta. Na verdade, alguns pesquisadores estimaram que mais de um terço de todos os seres humanos – principalmente nos países em desenvolvimento – são portadores de nematódeos infectantes. Alguns deles causam danos graves às plantações e à pecuária, enquanto outros são patogênicos aos seres humanos. A maioria dos donos de animais de estimação acaba por encontrar nematódeos parasitários, porque eles são comumente vistos nas fezes e nos vômitos de cães e gatos. O verme filarídeo *Onchocerca volvulus* causa uma doença nos olhos humanos conhecida como "cegueira de rio" e parece infectar quase 20 milhões de pessoas na América Latina e na África.

Os nematódeos são animais blastocelomados vermiformes com corpos não segmentados e finos, que comumente apresentam formato nitidamente arredondado em corte transversal (Quadro 18.1). Esses vermes têm sistemas digestivo, nervoso, excretor e reprodutivo, mas não dispõem de um sistema circulatório ou respiratório bem-definido. Para olhos destreinados e sem ajuda, a maioria dos nematódeos parece muito semelhante, mas existem variações significativas na conformação corporal externa (Figura 18.1).

> **Quadro 18.1 Características do filo Nematoda.**
>
> 1. Animais blastocelomados vermiformes, não segmentados, triploblásticos e bilaterais.
> 2. Corpo arredondado em corte transversal e coberto por uma cutícula laminar; o crescimento das formas juvenis (quatro estágios) geralmente é acompanhado de substituição da cutícula.
> 3. Têm órgãos sensoriais cefálicos singulares conhecidos com anfídios; alguns têm órgãos sensoriais caudais conhecidos como fasmídios.
> 4. Sistema digestivo completo; várias estruturas orais dispostas em padrão radialmente simétrico.
> 5. A maioria tem sistema excretor único, formado por uma ou duas células renete ou um conjunto de túbulos coletores.
> 6. Sem sistemas circulatório ou respiratório especiais.
> 7. A parede corporal tem apenas músculos longitudinais (sem músculos circulares).
> 8. Epiderme celular ou sincicial, formando cordões longitudinais que abrigam cordões nervosos.
> 9. Gonocorísticos (os machos geralmente têm extremidade posterior em forma de "gancho"); grande diversidade de mecanismos reprodutivos.
> 10. Padrão de clivagem único; não é claramente radial ou espiral.
> 11. Vivem em ambientes de água salgada, água doce e terrestres; vermes parasitários ou de vida livre.

CLASSIFICAÇÃO DOS NEMATÓDEOS

As tecnologias de filogenética molecular, bioinformática e comunicação digital impactaram substancialmente a sistemática dos nematódeos ao longo das duas últimas décadas. Blaxter *et al.* (1998) criaram a primeiro sistema molecular para classificação do filo Nematoda utilizando subunidades pequenas (SSU; do inglês, *small subunit*) das sequências de rDNA de 53 espécies de nematódeos. A partir de então, as sequências de SSU rDNA disponíveis nos bancos de dados públicos aumentaram enormemente. Os dados moleculares publicados até hoje resultaram em um sistema novo de classificação, relativamente estável. Esse sistema molecular confirmou a existência das três linhagens antigas de nematódeos, nomeadas Chromadoria, Enoplia e Dorylaimia (Figura 18.2). Entretanto, a ordem exata do aparecimento dessas três linhagens ainda não está definida. O filo Nematoda compreende duas classes, tanto na classificação clássica, quanto na moderna: Chromadorea e Enoplea. Está fora do escopo deste texto apresentar grande parte do exaustivo esquema de classificação dos nematódeos; para uma classificação mais detalhada, ver De Ley e Blaxter, 2002; Holterman *et al.*, 2006; Meldal *et al.*, 2007.

CLASSE CHROMADOREA. Têm anfídios com formato de poros ou fendas, que variam de poros ou fendas labiais até espirais e molas pós-labiais elaboradas; a cutícula geralmente é anelada, algumas vezes ornamentada com projeções e cerdas; os fasmídios podem estar presentes ou não e, em geral, são posteriores; o esôfago geralmente é dividido em bulbos com 3 a 5 glândulas esofágicas; o sistema excretor é glandular ou tubular, a fêmea tem um ou dois ovários; as alas caudais podem estar presentes ou não. Essa classe contém uma única subclasse, Chromadoria, e várias ordens, incluindo as seguintes:

ORDEM AREOLAIMIDA (p. ex., *Aphanolaimus*)
ORDEM CHROMADORIDA (p. ex., *Achromadora, Atrochromadora*)
ORDEM DESMODORIDA (p. ex., *Draconema, Ethmoliamus, Heterordera*)
ORDEM DESMOCOLECIDA (p. ex., *Greeffiella*)
ORDEM MONHYSTERIDA (p. ex., *Parastomonema*)
ORDEM OXYURIDA (p. ex., *Oxyuris*)
ORDEM PLECTIDA (p. ex., *Anaplectus, Aphanolaimus*)
ORDEM RHABDITIDA
   SUBORDEM CEPHALOBINA (p. ex., *Cephalobus, Plectonchus*)
   SUBORDEM DIPLOGASTERINA (p. ex., *Diplogaster*)
   SUBORDEM MYOLAIMINA (p. ex., *Myolaimus*)
   SUBORDEM RHABDITINA (p. ex., *Caenorhabditis, Chronogaster, Oesophagostomum, Rhabditis*)
   SUBORDEM SPIRURINA (p. ex., *Ascaris, Camallanus, Onchocerca, Parascaris, Placentonema, Rhigonema, Spironoura, Wuchereria*)
   SUBORDEM TYLENCHINA (p. ex., *Allantonema, Aphelenchus, Bursaphelenchus, Criconema, Helioctylenchus, Globodera, Heterodera, Heterorhabditis, Meloidogyne, Steinernema, Tylenchulus, Sphaerulariopsis*)

CLASSE ENOPLEA. Apresentam anfídios com formato de bolsas não espiraladas, geralmente pós-labiais; cutícula lisa ou com estrias finas; fasmídios presentes ou ausentes; esôfago cilíndrico ou em forma de garrafa, com 3 a 5 glândulas esofágicas; pode haver um esticossomo e trofossomo (p. ex., Mermithida); sistema excretor não tubular simples, geralmente uma única célula; a fêmea geralmente tem dois ovários e o macho, dois testículos; as alas caudais são raras. Essa classe contém duas subclasses e numerosas ordens, incluindo as seguintes:

SUBCLASSE ENOPLIA
   ORDEM ENOPLIDA
   ORDEM TRIPLONCHIDA
   ORDEM TRICHURIDA (p. ex., *Trichuris*)
SUBCLASSE DORYLAIMIA
   ORDEM DIOCTOPHYMATIDA
   ORDEM DORYLAIMIDA (p. ex., *Dorylaimus, Xiphinema*)
   ORDEM ISOLAIMIDA
   ORDEM MARIMERMITHIDA
   ORDEM MERMITHIDA (p. ex., *Hexamermis*)
   ORDEM MONONCHIDA (p. ex., *Mononchus*)
   ORDEM MUSPICEIDA
   ORDEM TRICHOCEPHALIDA (p. ex., *Trichinella*)

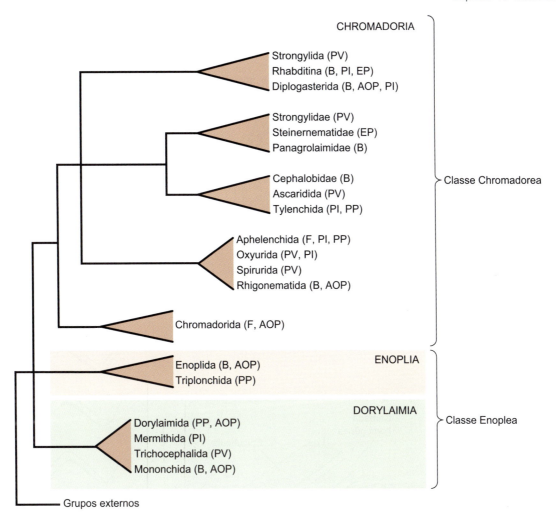

Figura 18.2 Sistema de classificação dos nematódeos com base na filogenética molecular. PV = parasitas dos vertebrados; PI = parasitas dos invertebrados; EP = entomopatógenos; B = bacteriófagos; AOP = algívoros–onívoros–predadores; PP = parasitas das plantas; F = fungívoros. (Com base em Blaxter et al., 1998. Observe que nem todas as ordens ou famílias estão incluídas.)

Plano corpóreo dos nematódeos

Parede corporal, sustentação e locomoção

O corpo do nematódeo é coberto por uma cutícula laminada complexa e bem-desenvolvida, que é secretada pela epiderme (Figura 18.3). A cutícula é composta basicamente de lipídios e proteínas associadas com mucopolissacarídios. Colágeno (uma proteína estrutural) é o componente principal (> 80%) da cutícula. Os nematódeos não têm quitina em sua cutícula, embora esteja presente na casca do ovo. A cutícula forma um exoesqueleto flexível, que invagina na boca, na cloaca e no reto, assim como nos anfídios, no poro secretor–excretor do fasmído e na vulva. A cutícula é, em parte, responsável por permitir que os nematódeos vivam em ambientes hostis, como solos terrestres secos e tratos digestivos de hospedeiros animais, porque ela reduz drasticamente a permeabilidade da parede corporal. Os nematódeos predominantemente terrestres ou parasitas geralmente têm uma densa e fibrosa camada interna da cutícula, enquanto a maioria dos vermes marinhos e de água doce que têm vida livre não apresentam essa camada interna. A cutícula é uma estrutura complexa e altamente variável entre os nematódeos. Pode ser relativamente lisa ou coberta com cerdas sensoriais e protuberâncias como verrugas. A cutícula em muitos vermes arredondados tem anéis ou **ânulos**, ou é marcada por saliências e sulcos longitudinais (Figura 18.4). Em muitas formas marinhas, a cutícula contém bastões, pontuações ou outras inclusões dispostas radialmente em vários formatos. À medida que o nematódeo cresce, ele desprende sua cutícula e desenvolve outra nova por uma série de "mudas" durante seu ciclo de vida.

A epiderme varia entre os diferentes táxons, podendo ser celular ou sincicial, e comumente é espessada como cordões longitudinais dorsal, ventral e lateral (Figura 18.3 A e C). Os espessamentos dorsal e ventral abrigam os cordões nervosos longitudinais; o espessamento lateral contém canais excretores (quando presentes, p. ex., em *Ascaris*) e os neurônios. Internamente à epiderme, há uma camada relativamente espessa de músculos longitudinais com estrias oblíquas, dispostos em quatro quadrantes. Os músculos estão ligados aos cordões nervosos dorsal e ventral por extensões singulares conhecidas como **braços musculares** (Figura 18.3 A e B). Essa configuração é diferente das junções neuromusculares comuns da maioria dos outros animais; nos nematódeos, as conexões são formadas por extensões das células musculares, em vez de neurônios. Estranhamente, parece haver uma condição semelhante no cefalocordado *Branchiostoma* (Capítulo 27), provavelmente um caso de evolução convergente. Além disso, nos nematomorfos (vermes filamentares) e nos gastrótricos, os músculos longitudinais têm extensões que sugerem um possível homólogo dos braços

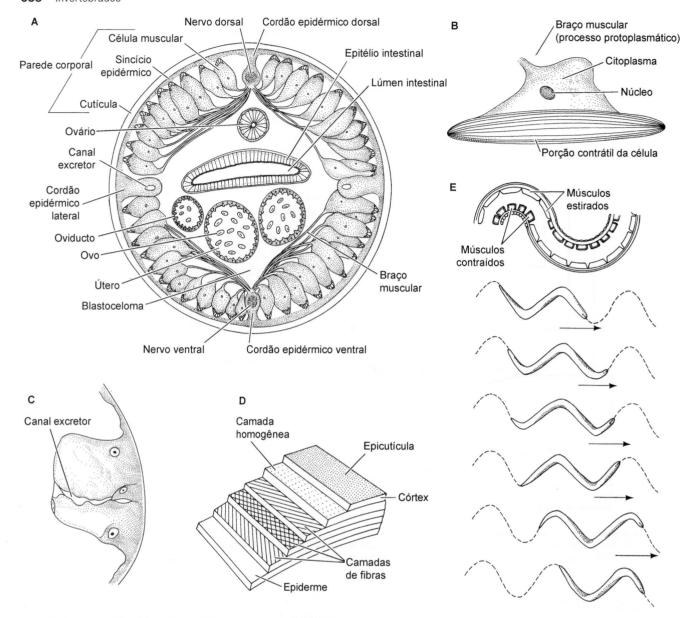

Figura 18.3 A. Corte esquematizado da fêmea de um nematódeo como *Ascaris*. **B.** Uma única célula muscular longitudinal, ilustrando a origem do braço muscular. **C.** Cordão epidérmico lateral de *Cucullanus* (ordem Rhabditida). **D.** Camadas da cutícula. **E.** A locomoção ondulatória de um nematódeo de vida livre resulta da ação das fibras musculares longitudinais. As áreas côncavas ao longo do corpo representam as posições das contrações musculares; as áreas convexas representam as regiões de estiramento muscular. A alavancagem é obtida contra objetos circundantes do substrato no ambiente.

musculares dos nematódeos. Tanto nos nematódeos quanto nos nematomorfos não há uma camada muscular circular, condição vista como homóloga por alguns pesquisadores.

O blastoceloma preenchido com líquidos não é espaçoso. A aparentemente ampla cavidade corporal observada em muitos espécimes de laboratório é uma característica causada pela retração dos tecidos por ação do álcool. Técnicas de microscopia modernas revelaram que os órgãos da maioria dos nematódeos ocupam quase todo o espaço interno. A cutícula fornece a maior parte da sustentação corporal nos nematódeos. Na ausência de músculos circulares da parede corporal, alguns tipos de locomoção, como escavação peristáltica, são impossíveis. Os movimentos dos nematódeos dependem das ondas de contração muscular, que se estendem em direção posterior ao longo do corpo. Esses movimentos empurram o verme para frente, independentemente de estar nadando na água ou rastejando entre as partículas do solo. O padrão típico de locomoção dos nematódeos envolve contrações dos músculos longitudinais, que resultam em um movimento ondulatório semelhante ao chicoteio (Figura 18.3 E). Entre os nematódeos de vida livre, esse padrão de movimento depende do contato com o substrato do ambiente, contra o qual o corpo é empurrado. Os músculos atuam contra o esqueleto hidrostático e a cutícula, que servem como forças antagônicas às contrações musculares. As fibras cruzadas de colágeno da cutícula não são elásticas, mas sua configuração superposta permite alterações da forma à medida que o corpo ondula. Quando são colocados em um ambiente líquido e ficam privados do contato com objetos sólidos, os nematódeos bentônicos debatem-se ineficientemente. Na verdade, alguns nadam (mas não muito bem) e outros conseguem rastejar utilizando vários espinhos, sulcos, saliências e glândulas cuticulares para vencer os obstáculos do substrato (Figuras 18.1 E e H; 18.4). Para os nematódeos, o custo energético da natação é mínimo. Por outro lado, o custo energético com a locomoção, para muitos animais maiores, corresponde a uma fração considerável de sua taxa metabólica.

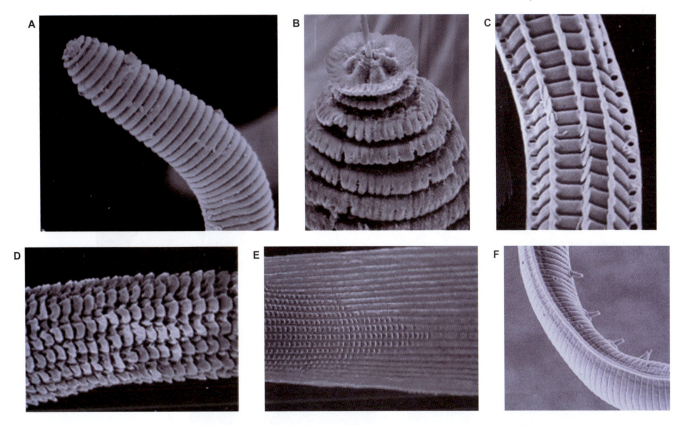

Figura 18.4 Padrões da cutícula de alguns nematódeos. **A.** Ânulos (*Criconema* sp., classe Chromadorea). **B.** Foto ampliada dos ânulos mostrando padrão crenado (*Criconema* sp., classe Chromadorea). **C.** *Chronogaster* sp. (classe Chromadorea). **D.** Ornamentação dos ânulos semelhante a escamas (nematódeo criconematídeo, classe Chromadorea). **E.** Padrão tesselado e estrias longitudinais (*Heterorhabditis* sp., estágio juvenil infectante, classe Chromadorea). **F.** Estrias transversais e suplemento tubular (nematódeo plectídeo, classe Enoplea).

Alimentação e digestão

A grande variedade de ambientes habitados pelos nematódeos está refletida na diversidade de hábitos alimentares e nas adaptações anatômicas e comportamentais associadas. Muitos nematódeos infaunais são depositívoros diretos. Outros são detritívoros ou microcatadores, vivendo dentro ou sobre organismos mortos ou material fecal. Aparentemente, muitas dessas espécies não se alimentam diretamente das carcaças que habitam, mas dos microrganismos (fungos e bactérias) que proliferam na matéria orgânica em decomposição. Muitos nematódeos de vida livre são carnívoros predatórios, que se alimentam de vários outros animais pequenos, incluindo outros nematódeos. Outros se alimentam de diatomáceas, algas e bactérias. Os nematódeos que parasitam plantas usam uma estrutura oral especializada – o **estilete** – para perfurar as células radiculares da presa e sugar seu conteúdo (Figura 18.5).

Alguns nematódeos mantêm simbiose com bactérias. Por exemplo, as espécies de *Artomonema* e *Parastomonema* que vivem nos sedimentos ricos em enxofre abrigam bactérias quimioautotróficas em seus tratos digestivos extremamente reduzidos. Esses vermes atendem às suas necessidades nutricionais absorvendo alguns dos produtos metabólicos das bactérias. Alguns outros nematódeos (família Stilbonematidae) vivem em sedimentos pobres em oxigênio e ricos em enxofre, onde as bactérias simbióticas cobrem sua cutícula. Esses nematódeos conseguem contorcer-se de tal forma que podem alimentar-se das bactérias "cultivadas" em sua superfície corporal.

Os nematódeos patogênicos dos insetos (Steinernematidae e Heterorhabditidae) transportam bactérias gram-negativas em seus intestinos, que os ajudam a matar seus insetos hospedeiros. Depois que são introduzidas no hospedeiro, as bactérias proliferam e reproduzem-se de modo a ser usadas como alimento pelos nematódeos, os quais também crescem e reproduzem-se no cadáver do inseto.

Os nematódeos parasitários foram descritos em quase todos os grupos de plantas e animais e desenvolveram inúmeros padrões de ciclo de vida. Nos invertebrados e nos vertebrados (incluindo seres humanos), os nematódeos sobrevivem em vários líquidos e órgãos do corpo, nos quais podem causar danos teciduais extremos.

Os tratos digestivos dos nematódeos são muito variáveis em complexidade e especialização regional. Em geral, a boca localizada anteriormente é circundada por **lábios** (uma parte dorsal e duas ventrais, que podem estar parcial ou totalmente reunidas e formar prolongamentos elaborados), cada qual apresentando tipicamente uma papila. As **probolas labiais** são processos cuticulares em forma de aba, que circundam a abertura oral de muitos nematódeos cefalobídeos – existem três abas: uma dorsal e duas subventrais. As **probolas cefálicas** são processos cuticulares simples ou complexos, que se originam dos lábios em muitos nematódeos cefalobídeos. Existem seis delas no total: duas laterais, duas subdorsais e duas subventrais. Os lábios, as probolas labial e cefálica, os espinhos, os dentes, as mandíbulas e outras armaduras estão dispostos em padrões radialmente simétricos (Figura 18.5). A boca leva à cavidade oral ou estoma, cujo formato é variável, dependendo dos hábitos alimentares dos nematódeos. (O estoma tem sido tema de estudos detalhados histológicos e do desenvolvimento.) O estoma comunica-se com a faringe (Figura 18.6).

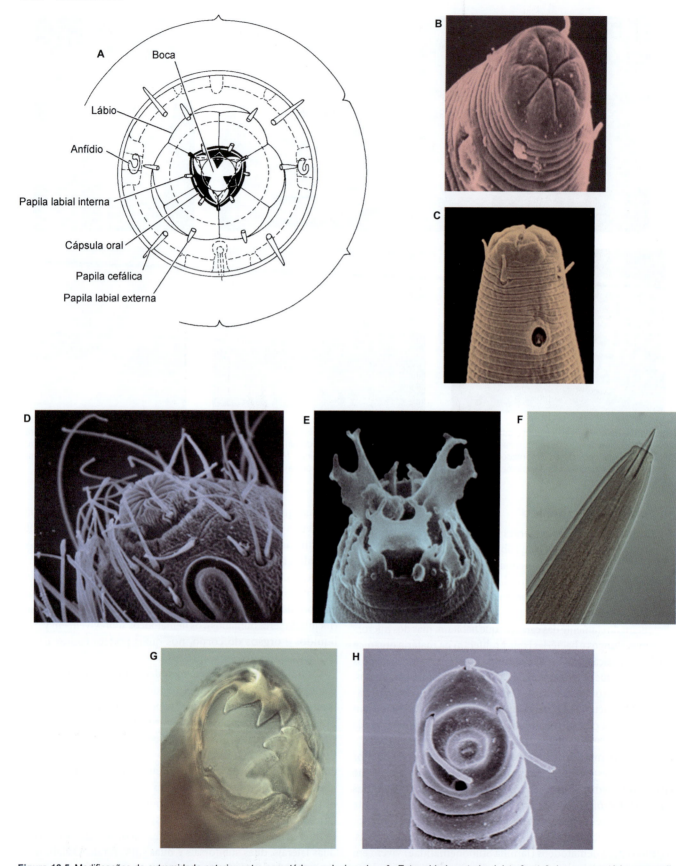

Figura 18.5 Modificações da extremidade anterior entre nematódeos selecionados. **A.** Extremidade anterior (*vista frontal*) de um nematódeo generalizado. Observe a simetria radial básica de suas partes. **B.** Extremidade anterior (*vista frontal*) de um nematódeo típico de vida livre, mostrando quatro papilas cefálicas e seis lábios simétricos, cada um com papilas labiais e anfídios laterais. **C.** Extremidade anterior de *Anaplectus* sp. (classe Chromadorea), um nematódeo de vida livre de água doce, mostrando um anfídio circular e papilas cefálicas. **D.** Extremidade anterior de *Draconema* sp. (classe Chromadorea), um nematódeo marinho de vida livre, mostrando um anfídio e cerdas. **E.** Extremidade anterior de *Cervidellus* sp. (classe Chromadorea), um nematódeo terrestre de vida livre, mostrando as probolas (usadas para separar alimentos). **F.** Extremidade anterior de *Dorylaimus* sp. (classe Enoplea), um nematódeo terrestre de vida livre, mostrando o estilete protraído usado para perfurar a presa. **G.** Extremidade anterior de *Ancylostoma caninum*, um parasita de vertebrados, mostrando os dentes cuticulares que são usados como um torno no intestino do hospedeiro. **H.** Extremidade anterior de *Aphanolaimus* sp. (classe Chromadorea), um nematódeo de água doce e vida livre, com seus anfídios espiralados e papilas cefálicas longas.

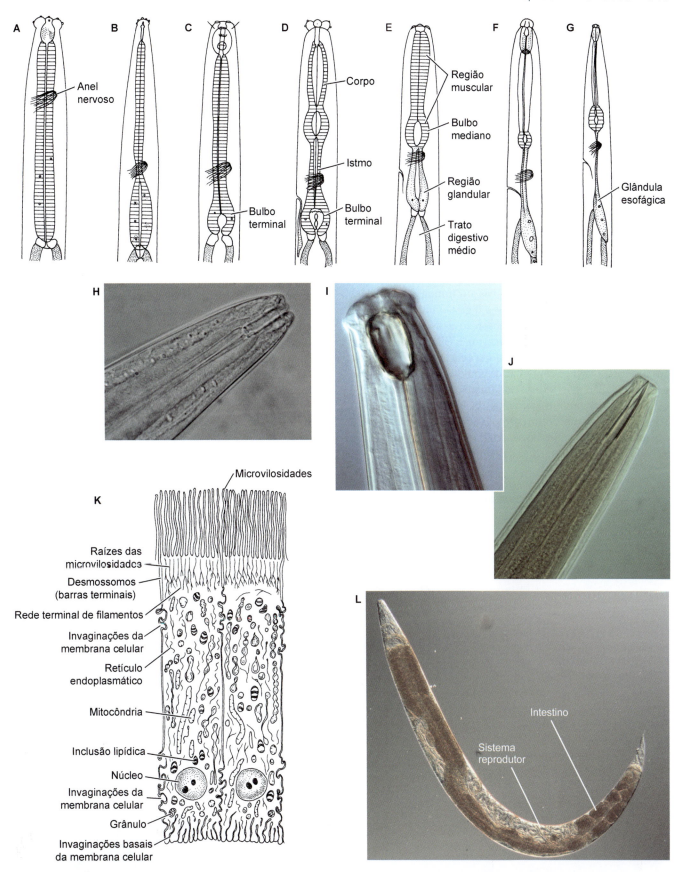

Figura 18.6 A a G. Variações da estrutura da faringe e da anatomia do trato digestivo entre diferentes nematódeos. Observe os graus variados de especialização regional. **A.** Faringe cilíndrica (*Mononchus*, classe Enoplia). **B.** Faringe dorilaimoide (*Dorylaimus*, classe Enoplea). **C.** Faringe bulboide (*Ethmolaimus*, classe Chromadorea). **D.** Faringe rabditoide (*Rhabditis*, classe Chromadorea). **E.** Faringe diplogasteroide (*Diplogaster*, classe Chromadorea). **F.** Faringe tilencoide (*Helicotylenchus*, classe Chromadoria). **G.** Faringe afelencoide (*Aphelenchus*, classe Chromadorea). **H.** Extremidade anterior de *Rhabditis* (classe Chromadoria), um nematoide bacterióvoro terrestre de vida livre, mostrando o estoma tubular (*vista lateral*). **I.** Extremidade anterior de *Mononchus* (classe Enoplia), um nematódeo terrestre predador de vida livre, mostrando o estoma cilíndrico (*vista lateral*). **J.** Extremidade anterior de *Dorylaimus* mostrando seu estilete (*vista lateral*). **K.** Epitélio intestinal de *Ascaris* (classe Chromadorea). **L.** Trato digestivo e sistema reprodutor da fêmea de *Steinernema* (classe Chromadorea).

Os elementos estruturais básicos da faringe são o lúmen trirradiado, os músculos, uma ou mais válvulas e as glândulas e os neurônios dorsais e ventrais. A faringe é alongada e pode ser subdividida em regiões muscular e glandular distintas, cujos detalhes têm importância taxonômica considerável (Figura 18.6 A a G). Os músculos da faringe bombeiam o material alimentar da cavidade oral para dentro do intestino. Na maioria dos nematódeos, o intestino é um tubo simples composto por uma camada única de células embainhadas por uma lâmina basal. Em alguns casos, é possível discernir as regiões anterior, média e posterior do intestino. A parte posterior do intestino leva a um reto proctodeal (*i. e.*, derivado da ectoderme) curto e a um ânus subterminal situado na superfície ventral do corpo (Figura 18.6 L). Nos machos, o reto abre-se dentro da cloaca, que também recebe os produtos do sistema reprodutor.

As glândulas esofágicas e o revestimento do trato digestivo médio secretam enzimas digestivas no lúmen intestinal. A digestão inicial é extracelular, mas a digestão intracelular final ocorre no intestino, seguindo a absorção através da superfície das microvilosidades das células intestinais (Figura 18.6 K). Nos nematódeos mermitídeos (cuja maioria é constituída de parasitas dos insetos), a faringe é modificada como um **esticossomo**, ou seja, uma região com células glandulares grandes (esticócitos) importantes para a síntese de proteínas. Também nos mermitídeos, a modificação do intestino forma um **trofossomo**, ou região com células sólidas dilatadas, que constituem um órgão fechado para armazenamento dos alimentos.

Circulação, trocas gasosas, excreção e osmorregulação

Os nematódeos não têm estruturas especializadas para trocas gasosas ou circulação. Assim como ocorre com outros invertebrados muito pequenos, principalmente os blastocelomados, a difusão e a movimentação dos líquidos da cavidade corporal desempenham essas funções. Alguns nematódeos parasitários têm um tipo de hemoglobina nesses líquidos, que provavelmente transporta e armazena oxigênio. Os processos metabólicos aeróbios e anaeróbios ocorrem nos diversos grupos de nematódeos e muitos desses vermes são capazes de alternar entre esses dois mecanismos, de acordo com as concentrações de oxigênio no ambiente. A anaerobiose facultativa certamente é importante para nematódeos parasitas e que vivem em outros ambientes anóxicos. O blastoceloma funciona como sistema circulatório, transportando moléculas como CO_2 dos tecidos de origem (principalmente tecidos musculares e reprodutivos) para a epiderme e o intestino para excreção no ambiente.

Os nematódeos não têm rim identificável e, aparentemente, as escórias metabólicas solúveis são concentradas antes de sua eliminação. Com essa finalidade, esses vermes têm estruturas excretoras singulares, que aparentemente não são homólogas a qualquer um dos tipos de protonefrídios encontrados nos outros metazoários. Na verdade, há uma sequência evolutiva muito clara das diferentes estruturas excretoras entre os nematódeos (Figura 18.7 A). A suposta condição ancestral ocorre em certos táxons de vida livre e foi modificada por outros grupos, especialmente entre as formas parasitas especializadas. Em muitos

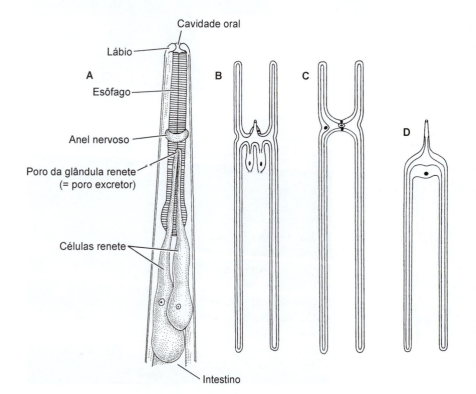
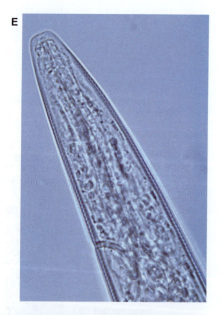

Figura 18.7 Sistema excretor dos nematódeos. **A.** Um par de células renete (glândula renete) levando ao poro excretor (*Rhabditis*). **B.** Ilustração esquemática do sistema excretor de *Oesophagostomum* (ordem Rhabditida), no qual as células renete estão associadas aos canais excretores laterais. **C.** O chamado sistema-H de canais coletores restantes após a perda dos corpos glandulares das células renete (*Camallanus*, ordem Rhabditida). **D.** Modificação do sistema-H (Y invertido) com um poro excretor anterior e canais laterais (em muitos ascarídeos). **E.** Canal excretor de *Steinernema* (ordem Rhabditida) em vista lateral. **F.** Poro excretor (vista lateral) de *Steinernema* (ordem Rhabditida).

vermes filiformes de vida livre, o sistema consiste em uma ou duas **células renete** glandulares, que se conectam diretamente a um poro excretor médio-ventral (Figura 18.7 E e F) e, algumas vezes, a uma terceira célula formando uma ampola na abertura (Figura 18.7 A). As modificações desse sistema frequentemente incluem vários arranjos de ductos coletores intracelulares dentro do citoplasma de extensões das células renete (Figura 18.7 B). Em muitas espécies parasitas, os corpos das células renete foram perdidos por completo, restando apenas o sistema de túbulos em um padrão "H" ou "Y" invertido (Figura 18.7 C e D). Muitos membros da subclasse Enoplia não têm quaisquer células renete. Em vez disso, esses animais têm numerosas unidades unicelulares distribuídas ao longo de todo o comprimento do corpo. Cada célula abre-se para o exterior por um ducto e um poro. Se essas células tiverem função excretora, elas podem representar protonefrídios não ciliados.

A maioria dos nematódeos é amoniotélica, embora alguns excretem quantidades maiores de ureia quando estão em um ambiente hipertônico. Aparentemente, grande parte das escórias nitrogenadas eliminadas sai pela parede do trato digestivo médio, e as células renete são principalmente osmorregulatórias. O balanço hídrico também é facilitado pela atividade de outros tecidos, órgãos e estruturas. Em alguns vermes arredondados, a cutícula é diferencialmente permeável à agua, uma vez que permite que ela entre, mas não que saia do corpo. Essa condição é vantajosa sob dessecação potencial, mas apresenta problemas em ambientes hipotônicos, nos quais é necessário eliminar o excesso de água; aparentemente, essa eliminação é realizada pelas células renete (quando presentes), pelo revestimento do trato digestivo e pela epiderme. As espécies marinhas não possuem boa osmorregulação e dessecam rapidamente quando expostas ao ar.

Sistema nervoso e órgãos dos sentidos

A neuroanatomia dos nematódeos foi estudada pela primeira vez por R. Hesse (1892) e Richard Goldschmidt (1908, 1909), que demonstraram que os nematódeos têm entre 250 e 302 neurônios, e que suas posição e estrutura são praticamente as mesmas em todo o filo (Figura 18.8 A e B). Os nematódeos não têm cérebro, mas apresentam um anel nervoso que circunda a faringe e está associado aos nervos longitudinais, os quais se estendem anteriormente e posteriormente. Os nervos anteriores (seis no total) conectam-se aos órgãos sensoriais cefálicos (sensilas) e às papilas labiais na extremidade anterior. Essas estruturas são quimiorreceptoras ou têm função quimiossensorial no mundo desses vermes altamente orientados por estímulos

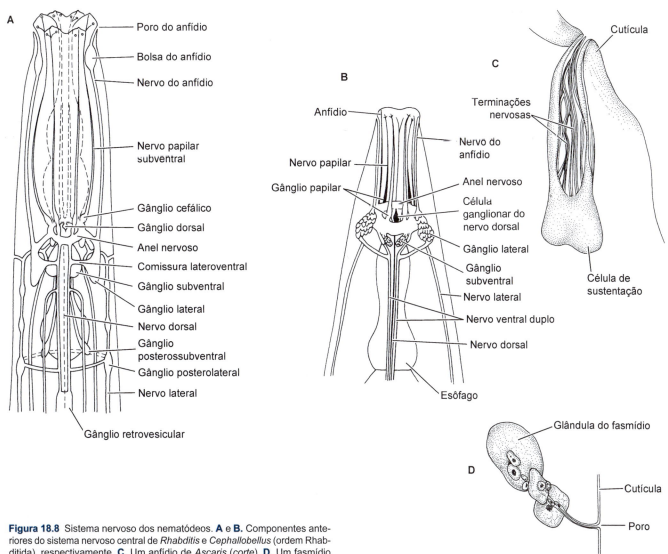

Figura 18.8 Sistema nervoso dos nematódeos. **A** e **B.** Componentes anteriores do sistema nervoso central de *Rhabditis* e *Cephallobellus* (ordem Rhabditida), respectivamente. **C.** Um anfídio de *Ascaris* (corte). **D.** Um fasmídio de *Spironoura* (ordem Rhabditida).

táteis (p. ex., hábitats intersticiais, parasitários e terrestres). **Anfídios** são órgãos pareados localizados em posição lateral na cabeça. Esses órgãos consistem em um poro externo, que se dirige para dentro até um ducto curto e uma bolsa anfidial. A bolsa está associada a uma glândula unicelular e um nervo anfidial do anel nervoso cerebral (Figura 18.8 A e C), embora existam algumas variações nos detalhes estruturais entre as espécies. Os sítios receptores dos anfídios são derivados de cílios modificados, mas vale lembrar que os nematódeos não têm cílios móveis. Especialistas acreditam que os anfídios tenham função quimiossensorial.

Por meio de uma série de gânglios associados, os nervos longitudinais também se estendem posteriormente por cordões epidérmicos (Figura 18.8 A). O tronco nervoso principal é ventral e inclui fibras sensoriais e motoras. Esse tronco é formado pela união dos tratos nervosos pareados, que se originam em posição ventral no anel nervoso e se fundem posteriormente, onde o tronco principal contém gânglios. O cordão nervoso dorsal é motor e os tratos nervosos laterais menos desenvolvidos são predominantemente sensoriais. Em muitos nematódeos, comissuras laterais conectam-se a alguns nervos longitudinais, ou a todos.

A maioria dos membros da classe Chromadorea (formas parasitas) têm um par de estruturas glandulares chamadas **fasmídios** localizado posteriormente (Figura 18.8 D). Essas estruturas também são consideradas quimiorreceptoras. Alguns nematódeos de vida livre, tanto de água salgada quanto doce (classe Enoplea), possuem um par de ocelos côncavos pigmentados anteriores, e ao menos alguns nematódeos têm células proprioceptoras nos cordões epidérmicos laterais. Essas células sensoriais contêm um cílio e parecem monitorar a inclinação do corpo durante a locomoção.

Reprodução, desenvolvimento e ciclos de vida

A maioria dos nematódeos é gonocorística e demonstra algum grau de dimorfismo sexual (Figura 18.9 A e B). O sistema reprodutor feminino (Figura 18.9 A) geralmente consiste em um ou dois ovários alongados, que gradualmente se tornam ocos à medida que formam os oviductos e depois dilatam para formar os úteros (Figuras 18.9 C a E). Os úteros convergem para formar uma vagina curta conectada a um único gonóporo, que se abre na vulva. O gonóporo feminino está completamente separado do ânus e abre-se na superfície ventral, perto do segmento intermediário do corpo ou, em alguns casos, bem acima do ânus.

Os machos tendem a ser menores que as fêmeas e é comum que sejam acentuadamente curvados posteriormente. O sistema reprodutor masculino (Figura 18.9 B, F e G) tipicamente inclui um ou dois testículos tubulares filiformes, cada qual apresentando diferenciações regionais em uma zona germinativa distal, uma zona de crescimento média e uma zona de maturação proximal perto da junção com o espermoducto. O espermoducto estende-se em direção posterior, onde se alarga como uma vesícula seminal levando a um ducto ejaculatório muscular, que se une ao trato digestivo posterior perto do ânus. Algumas espécies têm glândulas prostáticas, que secretam líquido seminal dentro do ducto ejaculatório. A maioria dos nematódeos-macho tem um aparato copulatório, o qual inclui uma ou duas **espículas** cuticulares que transferem o esperma (Figura 18.9 E e G). Também pode haver outra estrutura, conhecida como **gubernáculo** (Figura 18.9 G), uma região esclerotizada da parede dorsal da cloaca, que serve para ancorar e direcionar as espículas durante a cópula.

Antes da cópula, os machos produzem espermatozoides (redondos ou alongados, dependendo da espécie), que são armazenados na vesícula seminal, enquanto as fêmeas produzem ovócitos que são movidos para o útero oco. Os casais em potencial entram em contato (as fêmeas de algumas espécies são conhecidas por produzirem feromônios, que atraem os machos) e, em geral, os machos enrolam sua extremidade posterior curvada ao redor do corpo da fêmea, perto de seu gonóporo (Figura 18.9 H). Nessa posição, as estruturas copulatórias são introduzidas na vagina e os espermatozoides são transferidos por contrações do ducto ejaculatório. A fecundação geralmente ocorre dentro do útero. Uma casca com dupla camada relativamente espessa forma-se ao redor de cada zigoto; a camada interna é derivada da membrana de fecundação, enquanto a camada externa é produzida pela parede uterina. Os zigotos geralmente são depositados no ambiente, onde ocorre seu desenvolvimento. Nas fêmeas de alguns nematódeos, o zigoto eclode dentro do seu corpo, um processo conhecido como **endotoquia matricida**, que causa a morte da mãe. As formas juvenis que eclodem dentro da mãe continuam em seu interior, obtendo seus nutrientes, até que seu corpo se rompa e libere os filhotes no ambiente.

Além da descrição geral apresentada antes, os nematódeos têm dois processos reprodutivos relativamente fora do comum. Nas poucas espécies hermafroditas conhecidas, a produção dos espermatozoides e dos ovócitos ocorre dentro da mesma gônada (um ovitestículo). A formação dos espermatozoides ocorre antes da produção dos ovócitos, de forma que os animais são tecnicamente protândricos; contudo, eles não realizam fecundação cruzada, como se observa na maioria dos hermafroditas sequenciais. Em vez disso, os espermatozoides são armazenados até que os ovócitos sejam produzidos, quando então ocorre a autofecundação. A partenogênese também ocorre em algumas espécies de nematódeos. Os espermatozoides e os ovócitos são produzidos por machos e fêmeas separados, que depois fazem a cópula típica. Entretanto, o espermatozoide não se funde com o núcleo do ovócito, mas aparentemente serve apenas para estimular a clivagem.

Como foi mencionado antes, o desenvolvimento entre nematódeos de vida livre tipicamente é direto, embora o termo "larva" seja utilizado comumente para descrever os estágios juvenis. A clivagem é holoblástica e desigual, mas o padrão parece ser único entre os metazoários. A orientação dos blastômeros durante os estágios iniciais da clivagem é nitidamente consistente entre os nematódeos estudados, mas não pode ser facilmente atribuída a um padrão claramente radial ou espiral. A Figura 18.10 ilustra esse padrão de clivagem e alguns detalhes do destino das células. Uma estereoblástula ou uma celoblástula levemente oca se forma e sofre gastrulação por epibolia da provável ectoderme combinada com um movimento de interiorização das prováveis endoderme e mesoderme. Depois de um ponto específico do desenvolvimento, poucas divisões nucleares ocorrem, e a maior parte do crescimento subsequente, mesmo depois da eclosão, ocorre pelo aumento das células existentes. Quatro mudas cuticulares sequenciais durante a vida juvenil geralmente acompanham o crescimento.

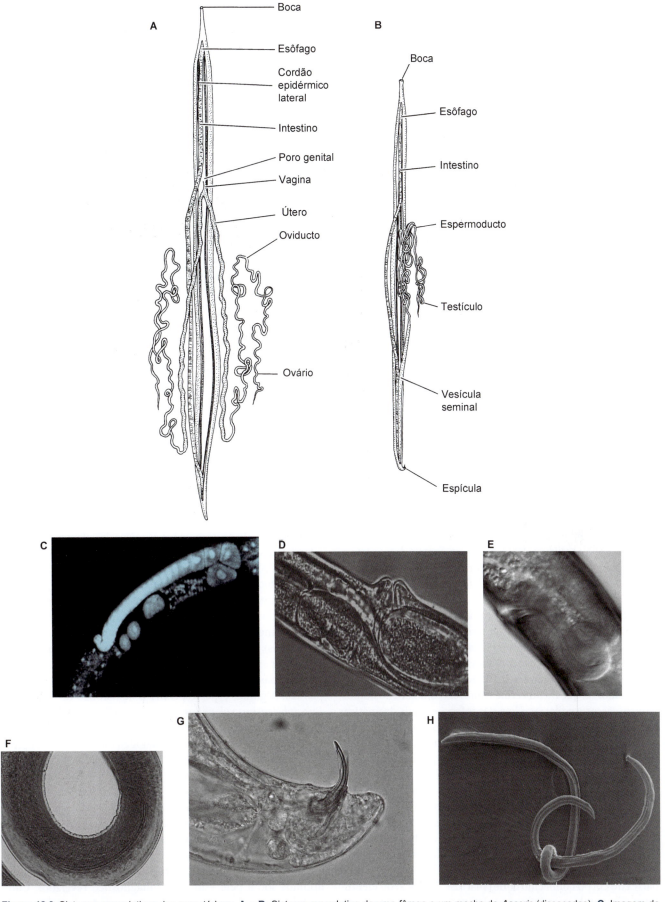

Figura 18.9 Sistemas reprodutivos dos nematódeos. **A** e **B.** Sistema reprodutivo de uma fêmea e um macho de *Ascaris* (dissecados). **C.** Imagem de microscopia confocal do ovário feminino de *Heterorhabditis bacteriophora* (um patógeno dos insetos). **D.** Vulva e vagina em forma de lábios de *Plectonchus* sp., um microbívoro terrestre. **E.** *Hexamermis* sp., um parasita dos insetos, tem vagina em forma de "S" com gonóporo circundado por uma vulva ligeiramente elevada. **F.** Espícula de um nematódeo mermitídeo (um parasita dos insetos). **G.** Espículas e gubernáculo de *Steinernema* sp., um patógeno dos insetos. **H.** Macho e fêmea do nematódeo *Plectonchus* cruzando (fotografia de microscopia eletrônica de varredura).

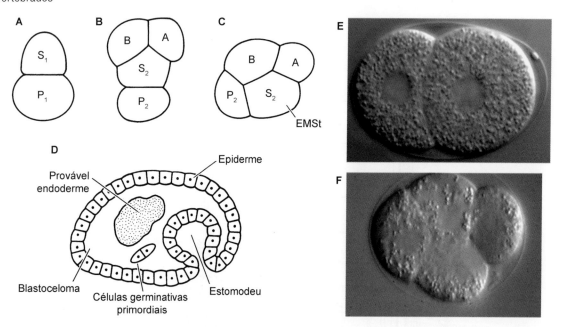

Figura 18.10 Estágios iniciais da embriogenia de *Parascaris equorum* (classe Chromadorea). **A.** Estágio de duas células, codificadas como S₁ e P₁. **B** e **C.** Estágio de quatro células. **B.** A célula S₁ divide-se para formar as células A e B; a célula P₁ divide-se e produz as células S₂ e P₂. **C.** A célula P₂ migra para a provável extremidade posterior do embrião. **D.** Um estágio subsequente depois da gastrulação, durante a formação do estomodeu. A célula S₂ (EMSt = endodermal/mesodermal/estomodeal) se divide para produzir uma célula E e uma St. A célula E forma a endoderme depois da gastrulação, enquanto a célula M transforma-se na mesoderme e a célula St forma a região do estomodeu; as células A e B produzem a maior parte da ectoderme, enquanto a célula P₂ forma uma parte da ectoderme posterior, as células germinativas primordiais e a mesoderme. **E** e **F.** Embrião de *Steinernema carpocapsae* com dois (**E**) e quatro (**F**) blastômeros.

Ciclos de vida de alguns nematódeos parasitas

O estudo dos ciclos de vida dos nematódeos parasitas é um campo à parte e aqui apresentamos apenas alguns exemplos desses ciclos de vida (Figuras 18.11 e 18.12). Um exemplo de ciclo de vida parasitário simples é o verme tricocéfalo *Trichuris trichiura* (classe Enoplea) (Figura 18.11 A). Esses nematódeos relativamente grandes (3 a 5 cm de comprimento) vivem e cruzam no trato digestivo humano, e os ovócitos fecundados são eliminados com as fezes do hospedeiro. A reinfecção ocorre quando outro hospedeiro ingere os embriões. Um ciclo de vida mais complexo é o do verme triquina *Trichinella spiralis* (Figura 18.11 B). Um mamífero hospedeiro adquire *Trichinella* quando ingere carnes cruas ou malcozidas contendo "larvas" encistadas.

A maioria dos parasitas de vertebrados fazem parte da classe Chromadorea, que inclui vermes notáveis como ancilóstomos, oxiúros, áscaris e filárias. Uma das infecções mais dramáticas causadas pelos nematódeos nos seres humanos é a filariose, causada por qualquer um dos diversos nematódeos secernentídeos conhecidos como filarióideos. Esses parasitas precisam de um hospedeiro intermediário, geralmente um inseto sugador de sangue (p. ex., pulgas, moscas picadoras e mosquitos). Um desses filarióideos é *Wuchereria bancrofti*, cujo vetor é um mosquito. Quando infecta os seres humanos em grandes quantidades, as massas dos vermes *Wuchereria* adultos bloqueiam os vasos linfáticos e causam acúmulo de líquidos (edema) e forte inchaço, condição que resulta no grotesco aumento de partes do corpo conhecido como filariose linfática, ou **elefantíase**. Em geral, essas infecções afetam as pernas e os braços, o escroto nos homens e as mamas nas mulheres. Cerca de 120 milhões de pessoas em 73 países estão infectados pela filariose linfática.

Os nematódeos parasitas das plantas podem ser encontrados nas duas classes desse filo. Anualmente, em todo o mundo, esses vermes acarretam bilhões de dólares de prejuízos nas plantações. Entre os parasitas vegetais mais danosos e amplamente distribuídos estão o verme dos nós das raízes (*Meloidogyne*) e os nematódeos císticos (p. ex., *Hetrodera, Globodera*). Os nematódeos geralmente causam danos às raízes das plantas, incluindo a formação de vesículas visíveis (p. ex., nematódeos dos nós das raízes das plantas). A Figura 18.12 A ilustra o ciclo de vida de um nematódeo das raízes, que se fixa às raízes de seu hospedeiro, no caso um pé de tomate. Entretanto, outras espécies podem causar danos às partes aéreas das plantas, incluindo folhas, caule, flores e sementes. Algumas espécies transmitem patógenos (vírus e bactérias) às plantas por meio de sua atividade alimentar nas raízes. Por exemplo, *Xiphinema index* transmite o vírus do enrolamento das folhas da videira, uma doença importante dessas plantas. Algumas espécies, como o nematódeo dos pinheiros *Bursaphelenchus xylophilus*, são parasitas florestais importantes na Ásia, na América e na Europa.

Onchocerca volvulus – um nematódeo filarióideo – é o agente etiológico da cegueira dos rios, que é transmitida pelas picadas de algumas espécies de borrachudos (Simulidae: *Simulium*). A doença (e o parasita) originou-se da África, onde é endêmica em 27 países, embora também ocorra em seis países da América Latina como consequência do comércio de escravos. Se a doença seguir seu curso, a cegueira dos rios é irreversível. Os vermes adultos podem sobreviver por 12 a 15 anos e mantêm-se sexualmente ativos durante 9 a 11 anos. Os adultos vivem em grandes nódulos sob a pele – um sinal diagnóstico revelador. Cada nódulo abriga duas a três fêmeas, que medem até 50 cm de comprimento (mas apenas cerca de 0,5 mm de diâmetro), e os machos, muito menores (até 4 cm de comprimento), migram até esses nódulos a fim de inseminar as fêmeas. Quando estão

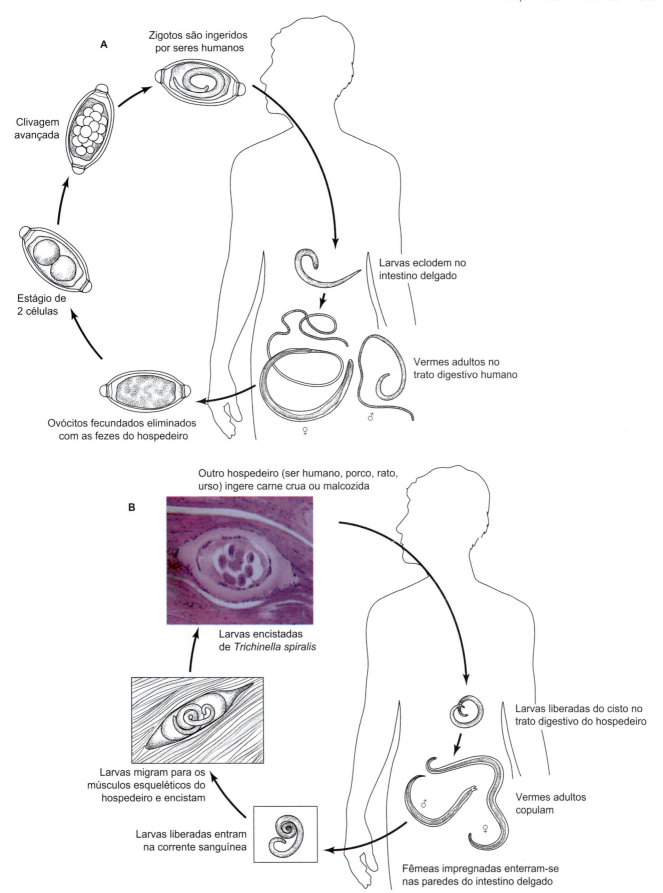

Figura 18.11 Ciclos de vida de dois vermes Enoplea. **A.** Ciclo de vida do tricocéfalo *Trichuris trichiura*, um parasita intestinal comum dos seres humanos em regiões tropicais e subtropicais. Os ovócitos fecundados podem manter-se viáveis por extensos períodos fora do hospedeiro. Os tricocéfalos parasitam o intestino do hospedeiro e sugam sangue do revestimento intestinal. Em infecções brandas, os sintomas são mínimos ou ausentes, mas, nos casos de infecção forte, pode haver sangramento intestinal, anemia e dor abdominal. **B.** Ciclo de vida de *Trichinella spiralis* nos seres humanos; sérios sintomas podem ser causados pela atividade perfurante das larvas na parede intestinal e dos altos níveis de larvas encistadas no tecido muscular esquelético.

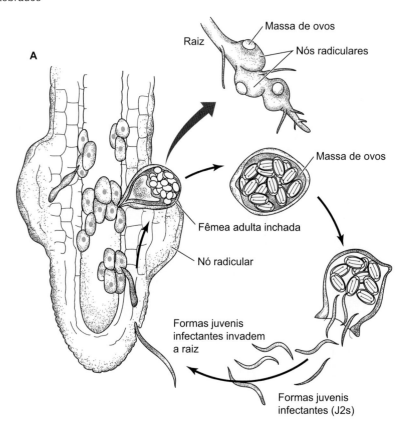
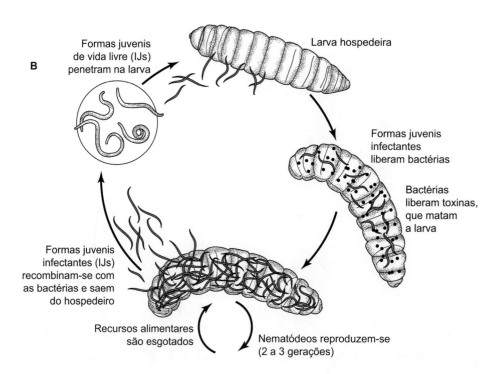

Figura 18.12 A. Ciclo de vida do nematódeo de raízes *Meloidogyne incognita* (Chromadorea). Os estágios juvenis infectantes (juvenis no segundo estágio, ou J2s) eclodem dos ovos e passam por um estágio curto de vida livre no solo, ou seja, na rizosfera das plantas hospedeiras (*i. e.*, região estreita do solo, que é influenciada diretamente pelas secreções radiculares e pelos microrganismos associados no solo). Os J2s podem invadir novamente as raízes das plantas hospedeiras na região de alongamento radicular e migrar na raiz, até que se tornem sedentários. Os J2s alimentam-se das células do parênquima, formando sítios alimentares conhecidos como células gigantes. Ao mesmo tempo que ocorre a formação das células gigantes, os tecidos radiculares circundantes formam uma vesícula, na qual as formas juvenis em desenvolvimento ficam embebidas. Os J2s passam por alterações morfológicas e finalmente se tornam adultos. As fêmeas têm formato sacular e produzem muitas centenas de ovos, que depositam em massas gelatinosas. **B.** Ciclo de vida generalizado do nematódeo entomopatogênico *Steinernema* sp. (classe Chromadorea, ordem Rhabditida). Os estágios infectantes de vida livre (juvenis de terceiro estágio ou IJs) vivem no solo. Quando encontram um hospedeiro apropriado, eles penetram e liberam bactérias simbióticas à medida que alcançam a cavidade corporal do hospedeiro. As bactérias matam o hospedeiro por septicemia e se reproduzem. Os nematódeos alimentam-se das bactérias à medida que amadurecem e crescem até as formas adultas. Duas ou três gerações de nematódeos podem desenvolver-se dentro do hospedeiro. Quando os recursos alimentares estão esgotados, os nematódeos transformam-se em IJs e recombinam-se com as bactérias em uma relação mutualística, antes de deixar o cadáver em busca de um novo hospedeiro.

fecundadas, as fêmeas liberam quantidades assombrosas (1.300 a 1.900) de vermes microfilarióideos em seu terceiro "estágio larval", ou L3, por dia, ao longo de toda a sua vida reprodutiva. Os vermes microfilarióideos também são formas infectantes dessa doença. É o estágio dos microfilarióideos que é transmitido aos seres humanos pelas picadas dos borrachudos, os quais atuam como hospedeiros intermediários dos vermes. Quando chegam à corrente sanguínea, esses vermes microfilarióideos microscópicos (250 a 300 µm de comprimento) circulam por todo o corpo do hospedeiro e alguns, por fim, chegam aos olhos, onde invadem a câmara vítrea, a retina e o nervo óptico. Consequentemente, quando os microfilarióideos morrem dentro do olho, causam escarificação, levando à deficiência visual e, por fim, à cegueira. Algumas estimativas sugeriram que 37 milhões de africanos tenham oncocercose e que centenas de milhares deles estejam cegos.

Na década de 1970, o fármaco ivermectina foi desenvolvido a partir de uma bactéria (*Streptomyces avermectinius*) encontrada em um campo de golfe no Japão. Esse fármaco mata ou esteriliza permanentemente o verme adulto e causa poucos efeitos colaterais no animal hospedeiro. Inicialmente, esse fármaco foi amplamente desenvolvido para uso em animais de criação, gatos e cães, mas, em 1996, a FDA (Food and Drug Administration) dos EUA aprovou seu uso nos seres humanos. Estudos recentes demonstraram que grande parte da patogenicidade dos filarióideos é atribuída à reação imune do hospedeiro às bactérias simbiontes *Wolbachia*, que ocorrem naturalmente nesses vermes. Além disso, estudos demonstraram que a eliminação de *Wolbachia* dos vermes geralmente resulta em sua morte ou esterilização. Por isso, as estratégias atuais de controle das doenças causadas por nematódeos filarióideos incluem a eliminação de *Wolbachia* por meio do uso de antibióticos como a doxiciclina, que são mais eficazes e menos perigosos que os fármacos antinematódeos.

Muitos nematódeos parasitam invertebrados nos ecossistemas aquáticos e terrestres. Um dos grupos mais interessantes é constituído pelos chamados nematódeos entomopatogênicos (ou seja, que causam doenças nos insetos). Esses nematódeos associam-se (por simbiose mutualista) com determinadas bactérias gram-negativas, que eles carregam em seus tubos digestivos. Quando os nematódeos entram em um hospedeiro apropriado, eles liberam as bactérias, que matam o inseto hospedeiro por uma septicemia maciça em 24 a 48 horas. Em seguida, as bactérias tornam-se o alimento dos nematódeos, permitindo-lhes amadurecer e reproduzir-se no cadáver do inseto. A Figura 18.12 B ilustra o ciclo de vida generalizado de um desses nematódeos. Esses nematódeos têm sido usados com sucesso para controlar muitas pragas de insetos agrícolas. Os vermes com suas bactérias simbióticas são criados e vendidos em todo o mundo como agentes de controle biológico.

Filo Nematomorpha | Nematomorfos (vermes crina-de-cavalo) e seus parentes

Os nematomorfos (Nematomorpha) constituem um grupo pequeno de vermes grandes. Existem cerca de 360 espécies descritas de nematomorfos (do grego *nema*, "fio"; e *morf*, "forma"), que são conhecidos comumente como vermes gordianos ou crina-de-cavalo. O nome desse filo (e o nome comum crina-de-cavalo) originou-se da aparência de fio ou de cabelo desses animais (Figura 18.13 A e B) e da crença sustentada por muito tempo depois de sua descoberta, no século 14, de que, na verdade, eles se originaram das caudas de cavalos. Em geral, os nematomorfos medem 1 a 3 mm de diâmetro e podem chegar a medir até 1 m de comprimento.

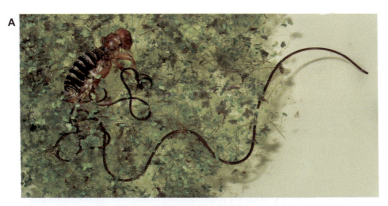

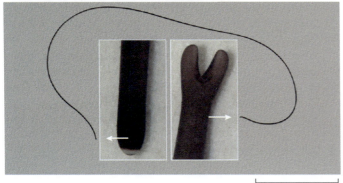

Figura 18.13 *Gordius robustus*, um verme filiforme comum nos EUA. **A.** Forma juvenil emergindo de seu inseto hospedeiro (um grilo-de-jerusalém). **B.** Fotografia ampliada do verme. **C.** Extremidades anterior (*esquerda*) e posterior (*direita*) do verme adulto macho.

Alguns, com formas bem-alongadas, tendem a se torcer e dobrar sobre si mesmos, de modo a conferir um aspecto de nós complicados; daí o nome comum de vermes gordianos. No meio-oeste dos EUA, grandes aglomerados de vermes da espécie *Gordius difficilis* são encontrados comumente nos hábitats irrigados por fonte geladas. A maioria das espécies vive em água doce, mas também foram descritas cinco espécies marinhas. O Quadro 18.2 descreve as características desse filo.

No passado, acreditava-se que os nematomorfos tivessem um blastoceloma persistente, mas estudos recentes sugeriram que isso não seja verdade. Aparentemente, a blastocele embriológica (ou celoblástula) é totalmente obliterada pela invasão do mesênquima e dos órgãos durante o desenvolvimento; larvas e adultos não têm uma cavidade corporal significativa. Nos animais maduros, as gônadas tornam-se muito espaçosas e ocupam grande parte do volume corporal. O trato digestivo é praticamente não funcional e os nematomorfos parecem não possuir nenhum mecanismo excretor estrutural. Como também ocorre com os nematódeos, os nematomorfos têm apenas musculatura longitudinal (sem músculos circulares); por outro lado, os filos de ecdisozoários diretamente relacionados Kinorhyncha, Priapula e Loricifera têm músculos longitudinais e circulares na parede corporal. Nesses animais, também não há cílios funcionais.

As larvas dos nematomorfos são parasitas dos artrópodes. A maioria das formas adultas vive em água doce, entre o folhiço e os tapetes de algas perto das margens de lagoas e riachos. Os membros do gênero enigmático *Nectonema* são pelágicos em ambientes marinhos costeiros.

Quadro 18.2 Características do filo Nematomorpha.

1. Animais vermiformes, triploblásticos, bilateralmente simétricos e não segmentados; corpo longo e muito fino
2. Cavidade corporal praticamente obliterada pelo mesênquima e pelos órgãos.
3. Cutícula bem-desenvolvida; em algumas espécies, ocorre apenas uma "muda" cuticular.
4. Corpo sem cílios ou flagelos funcionais.
5. A parede corporal tem apenas músculos longitudinais (não há musculatura circular).
6. Trato digestivo reduzido em vários graus.
7. Único estágio juvenil, parasita dos artrópodes.
8. A epiderme forma cordões, que abrigam nervos longitudinais.
9. Sem órgãos especializados para excreção, circulação ou trocas gasosas.
10. Gonocorísticos.
11. Padrão de clivagem único; não é claramente radial ou espiral.
12. A maioria vive nos hábitats terrestres úmidos ou de água doce. Quase todos são parasitas durante a fase juvenil. Alguns são espécies marinhas planctônicas.

CLASSIFICAÇÃO DOS NEMATOMORFOS

ORDEM NECTONEMATOIDEA. Animais marinhos planctônicos; com uma fileira dupla de longas cerdas natatórias ao longo de cada lado do corpo; têm cordões epidérmicos longitudinais ventrais e dorsais, e cordões nervosos ventrais e dorsais integrados; pode haver espaços corporais pequenos, embora cheios de líquido; uma gônada; as larvas parasitam crustáceos decápodes. Monogenérica: *Nectonema* (5 espécies conhecidas).

ORDEM GORDIOIDEA. Vermes de água doce; não têm fileiras laterais de cerdas; apresentam apenas um cordão epidérmico ventral em posição submuscular, que inclui um único cordão nervoso; a cavidade do corpo é preenchida em grande parte pelo mesênquima; os espécimes mais velhos desenvolvem gônadas espaçosas; par de gônadas; as larvas parasitam insetos aquáticos e terrestres, tais como grilos e gafanhotos (p. ex., *Chordodes, Gordius, Paragordius*).

Plano corpóreo dos nematomorfos

Parede corporal, sustentação e locomoção

A organização geral da parede corporal dos nematomorfos é semelhante em vários aspectos à dos nematódeos (Figura 18.14 A a C). A cutícula secretada pela epiderme dos vermes adultos é muito espessa (especialmente nos gordióideos) e é constituída por uma camada externa homogênea e uma camada interna fibrosa e lamelar. A camada homogênea frequentemente forma lombadas, verrugas ou papilas (conhecidas coletivamente como **aréolas**; Figura 18.14 D), algumas com espinhos ou poros apicais. A função das aréolas é desconhecida, mas as que contêm espinhos podem ser sensíveis ao toque, enquanto as que têm poros podem produzir um lubrificante. Algumas espécies têm dois ou três lobos caudais na extremidade posterior.

A epiderme sem cílios cobre todo o corpo e está apoiada sobre uma lâmina basal fina. A epiderme é produzida dentro de um cordão epidérmico ventral (Gordioidea) ou dorsal e ventral (Nectonematoidea), que contém os tratos nervosos longitudinais. Nos gordióideos, o cordão ventral está em uma posição submuscular e comunica-se com a epiderme por meio de uma lamela fina. Abaixo da epiderme, há uma única camada de células musculares longitudinais; assim como nos nematódeos, não há camada de músculos circulares na parede corporal.

A cavidade corporal dos nematomorfos é muito pequena e preenchida com líquidos (p. ex., *Nectonema*), ou absolutamente ausente e preenchida com mesênquima (ver Figura 18.14 A e B). A sustentação do corpo vem principalmente da cutícula bem-desenvolvida. A locomoção no *Nectonema* planctônico é conseguida por natação ondulatória utilizando os músculos da parede corporal e as cerdas natatórias (Figura 18.15 F), ou por flutuação passiva nas correntes litorâneas, facilitada pelas cerdas, que conferem resistência ao afundamento. Os nematomorfos de água doce (ordem Gordioidea) usam seus músculos longitudinais para deslocar-se por ondulações ou movimentos de enrolamento e desenrolamento.

Alimentação e digestão

Os nematomorfos podem se alimentar apenas durante o estágio juvenil parasitário, quando eles absorvem nutrientes dos tecidos e líquidos do hospedeiro através de sua parede corporal fina,

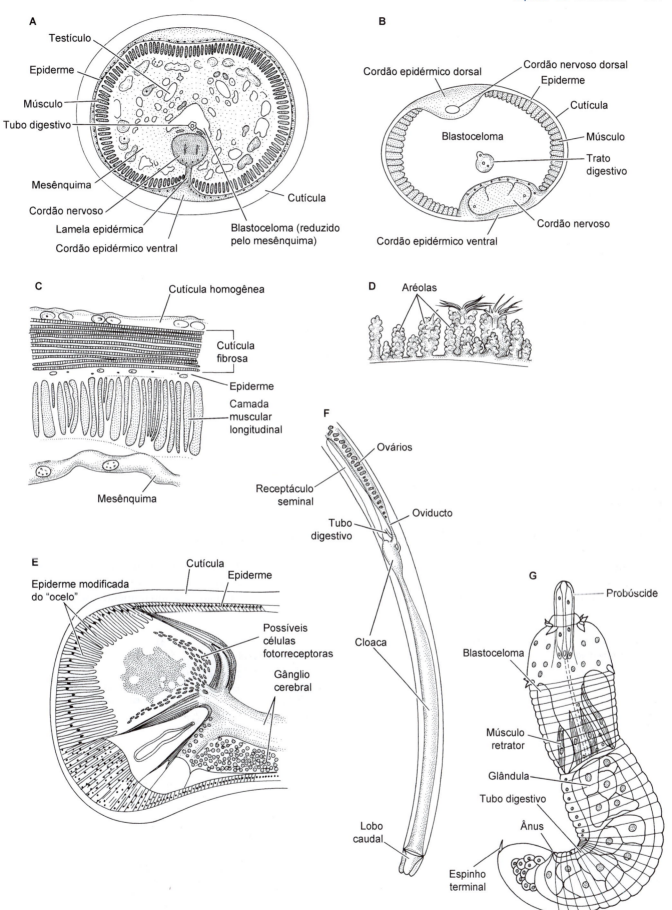

Figura 18.14 Anatomia interna dos nematomorfos. **A.** Um nematomorfo gordióideo (*corte transversal*). **B.** *Nectonema* (*corte transversal*). Observe a invasão do mesênquima (**A**) e a cavidade corporal persistente (**B**). **C.** Parede corporal de *Paragordius*. **D.** Aréolas ornadas de *Chordotes*, um gordióideo. **E.** Extremidade anterior de *Paragordius* (*corte sagital*). Observe os elementos do sistema nervoso e as supostas unidades fotorreceptoras. **F.** Sistema reprodutor feminino de *Paragordius*. **G.** Larva de um nematomorfo.

restando aos adultos unicamente os nutrientes armazenados durante sua vida parasitária juvenil. Existem algumas evidências de que os adultos de algumas espécies possam obter nutrientes por absorção de moléculas orgânicas pequenas através da parede corporal, mas isso ainda é uma possibilidade remota em razão da espessura da cutícula dos vermes adultos e do estado reduzido de seu tubo digestivo. Também há evidências crescentes de que o parasitismo dos nematomorfos nos insetos possa alterar o comportamento do hospedeiro de modo que eles se posicionem nas proximidades ou dentro de águas paradas, assegurando que os adultos sejam liberados em um hábitat apropriado.

O trato digestivo dos nematomorfos é um tubo alongado simples, que se estende por todo o comprimento do corpo (Figura 18.14 E). Nas formas juvenis, o trato digestivo participa ativamente da captação e do armazenamento dos nutrientes, que são transportados através da parede corporal (embora não seja possível excluir a possibilidade de que ocorra captação de nutrientes pela boca). O tubo digestivo (trato digestivo médio) tem parede fina e pode ter função excretora além da função digestiva. O trato digestivo posterior é proctodeal (derivado da ectoderme), funciona como uma cloaca e recebe os ductos reprodutivos. Em *Nectonema*, uma boca minúscula leva ao trato digestivo médio, que depois se deteriora e não se conecta com a abertura genital.

Circulação, trocas gasosas, excreção e osmorregulação

Há pouquíssimas informações acerca da fisiologia dos nematomorfos. O transporte interno certamente ocorre por difusão nos líquidos corporais e no mesênquima, e provavelmente é facilitado pelos movimentos corporais. Os vermes gordianos de vida livre são presumivelmente aeróbios obrigatórios em sua forma adulta e são restritos aos ambientes úmidos com ampla oferta de oxigênio. O corpo filiforme resulta em distâncias curtas de difusão entre o ambiente e os órgãos e tecidos do corpo.

As funções excretoras e osmorreguladoras provavelmente ocorrem unicamente no nível celular e não existem protonefrídios ou outras estruturas especializadas conhecidas para desempenhar essas funções. Contudo, alguns pesquisadores especularam que as células do trato digestivo médio possam participar da excreção das escórias metabólicas e que elas possam ter estrutura semelhante aos túbulos de Malpighi dos insetos.

Sistema nervoso e órgãos dos sentidos

Como os sistemas nervosos dos nematódeos e de alguns outros metazoários pequenos, o sistema nervoso dos nematomorfos está diretamente associado à epiderme. O gânglio cerebral é uma massa circum-esofágica de tecido nervoso, cuja maior parte está em posição ventral ao esôfago e localiza-se em uma região dilatada da cabeça conhecida como **calota** – com referência ao solidéu utilizado pelos eclesiásticos (Figuras 18.14 E e 18.15 B). Nos gordióideos, um único cordão nervoso mesoventral origina-se do gânglio cerebral e estende-se por todo o comprimento do corpo. Esse cordão está ligado à epiderme por uma conexão de tecidos conhecida como lamela epidérmica (Figura 18.14 A). *Nectonema* tem um cordão nervoso intraepidérmico dorsal adicional.

Todos os nematomorfos são sensíveis ao toque e, aparentemente, alguns são quimiossensíveis. Os machos adultos conseguem detectar e seguir fêmeas maduras por alguma distância. Entretanto, as estruturas associadas a essas funções sensoriais ainda são motivo de especulação. Provavelmente, algumas das aréolas cuticulares são táteis, e outras talvez sejam quimiorreceptoras. Os membros do gênero *Paragordius* têm células epidérmicas modificadas na calota, que contêm pigmento e podem ser fotorreceptoras (Figura 18.14 E), embora essa função ainda não esteja confirmada. Outras estruturas possivelmente sensoriais são quatro "células gigantes" situadas perto do gânglio cerebral em *Nectonema*.

Reprodução e desenvolvimento

Os nematomorfos são gonocorísticos e exibem algum dimorfismo sexual (Figura 18.15 C a E). O sistema reprodutivo do macho inclui um (*Nectonema*) ou dois (gordióideos) testículos (Figura 18.14 A). Cada testículo comunica-se com a cloaca por meio de um espermoducto curto. O sistema reprodutivo das fêmeas gordióideas não está inteiramente esclarecido. Elas

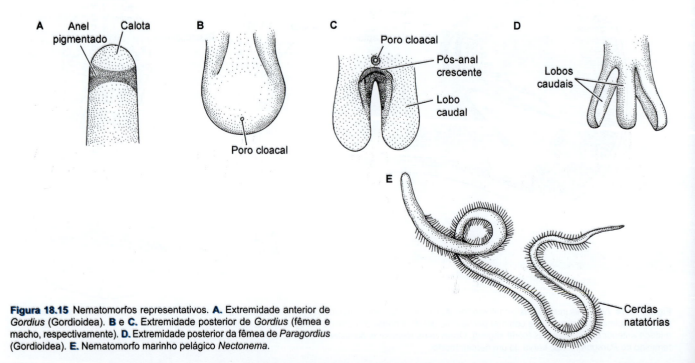

Figura 18.15 Nematomorfos representativos. **A.** Extremidade anterior de *Gordius* (Gordioidea). **B** e **C.** Extremidade posterior de *Gordius* (fêmea e macho, respectivamente). **D.** Extremidade posterior da fêmea de *Paragordius* (Gordioidea). **E.** Nematomorfo marinho pelágico *Nectonema*.

possuem um par de ovários alongados com bolsas repetidas. Também há um receptáculo seminal na forma de uma extensão da cloaca (Figura 18.14 G). *Nectonema* não tem ovário bem-definido e, em vez disso, as células germinativas ocorrem como ovócitos dispersos na cavidade do corpo.

O cruzamento foi estudado em alguns gordióideos. A fêmea mantém-se relativamente inativa, mas os machos tornam-se extremamente móveis durante a estação de cruzamento e reagem à presença de fêmeas em potencial no seu ambiente. Quando o macho localiza uma fêmea receptiva, ele enrola seu corpo ao redor dela e deposita uma gota de esperma perto de seu poro cloacal. Os espermatozoides acham seu caminho para dentro do receptáculo seminal e são armazenados enquanto os ovócitos maturam. Os ovócitos são fecundados internamente e depositados em cordões gelatinosos.

As fases iniciais do desenvolvimento foram estudadas apenas em algumas espécies de nematomorfos gordióideos. A clivagem é holoblástica, mas não é claramente espiral ou radial. Há formação de uma celoblástula, que depois sofre gastrulação por invaginação da suposta endoderme. As células mesodermais proliferam para dentro da blastocele a partir da área situada ao redor do blastóporo. O ânus e a câmara cloacal também se formam a partir da área do blastóporo. A larva nematomorfa desenvolve-se (Figura 18.14 G) e emerge do envoltório do ovo. O ciclo de vida subsequente não está totalmente esclarecido e pode diferir entre as espécies. Na maioria dos casos, as larvas infectam hospedeiros intermediários (paratênicos) e encistam em seus tecidos sem passar por desenvolvimento adicional. Esse desenvolvimento ocorre apenas em um hospedeiro artrópode apropriado, que provavelmente entra para ser ingerido junto com o hospedeiro intermediário. Os hospedeiros intermediários incluem vários animais aquáticos, enquanto os hospedeiros finais são basicamente insetos terrestres, como besouros, grilos, baratas, louva-a-deus e até mesmo algumas moscas, miriápodes e notonectídeos (*Notonecta*). É provável que os insetos em processo de metamorfose com larvas aquáticas desempenhem o papel mais importante como hospedeiros intermediários. Dentro da hemocele do hospedeiro, a larva cresce até a forma juvenil nematomorfa, que emerge do hospedeiro quando está madura. Pesquisadores descreveram uma única "muda" cuticular em algumas espécies, que ocorre pouco antes da saída do verme juvenil. As formas juvenis têm quase o mesmo tamanho quando deixam seu hospedeiro e não crescem muito durante a vida adulta. Para a maioria das duas dúzias de vermes crina-de-cavalo existentes nos EUA, os hospedeiros não são desconhecidos.

Bibliografia

Nematoda

Adamson, M. L. 1987. Phylogenetic analysis of the higher classification of the Nematoda. Can. J. Zool. 65: 1478–1482.

Allgen, C. A. 1947. West American marine nematodes. Vid. Medd. Dansk. Naturhist. Foren. (Copenhagen) 110: 65–219.

Baldi, C., S. Cho e R. E. Ellis. 2009. Mutations in two independent pathways are sufficient to create hermaphroditic nematodes. Science 326: 1002–1005.

Bauer-Nebelsick, M. et al. 1995. The glandular sensory organ of Desmodoridae (Nematoda): ultrastructure and phylogenetic implications. Invert. Biol. 114: 211–219.

Bird, A. F. 1984. Growth and moulting in nematodes: moulting and development of *Rotylenchulus reniformis*. Parasitol. 89: 107–119.

Bird, A. F. e J. Bird. 1971. *The Structure of Nematodes*, 2nd Ed. Academic Press, Nova York.

Blaxter, M. L. et al. 1998. A molecular evolutionary framework for the phylum Nematoda. Nature 392: 71–75.

Borner, J. et al. 2014. A transcriptome approach to ecdysozoan phylogeny. Molecular Phylogenetics and Evolution 80: 79–87.

Chitwood, B. G. e M. B. Chitwood. 1974. *Introduction to Nematology*. University Park Press, Baltimore.

Crofton, H. D. 1966. *Nematodes*. Hutchinson University Library, Londres.

Croll, N. A. e B. E. Matthews. 1977. *Biology of Nematodes*. Wiley, Nova York.

De Ley, P. e M. L. Blaxter. 2002. Systematic position and phylogeny. pp. 1–30 in D. L. Lee (ed.), *The Biology of Nematodes*, Taylor and Francis, Londres.

De Ley, P. e M. Blaxter. 2004. A new system for Nematoda: combining morphological characters with molecular trees, and translating clades into ranks and taxa. Nematology Monographs and Perspectives 2: 633–653.

Deutsch, A. 1978. Gut ultrastructure and digestive physiology of two marine nematodes, *Chromadorina germanica* (Butschli, 1874) and *Diplolaimella* sp. Biol. Bull. 155: 317–355.

Ehlers, U. 1994. Absence of a pseudocoel or pseudocoelom in *Anoplostoma vivipara* (Nematoda). Microfauna Marina 9: 345–350.

Goldschmidt, R. 1908. Das nervesystem von *Ascaris lumbricoides* und *megalocephala*. Ein Versuch, in den Aufbau eines einfachen Neversnsystems einzudringam. Zweiter teil. Zeitschrift für wissenschaflichte Zoologie, 90: 73–136.

Goldschmidt, R. 1909. Das nervesystem von *Ascaris lumbricoides* und *megalocephala*. Ein Versuch, in den Aufbau eines einfachen Neversnsystems einzudringam, II. Zweiter teil. Zeitschrift für wissenschaflichte Zoologie, 92: 306–357.

Harris, J. E. e H. D. Crofton. 1957. Structure and function of nematodes. J. Exp. Biol. 34: 116–155.

Heip, C., M. Vinex e G. Vranken. 1985. The ecology of marine nematodes. Oceanogr. Mar. Biol. Annu. Rev. 23: 399–489.

Hesse, R. 1892. Über das Nervensystem von *Ascaris lumbricoides* und *Ascaris megalocephala*. Zeitschrift für wissenschaflichte Zoologie Abt. A 90: 73–136.

Holterman, M. et al. 2006. Phylum-wide analysis of SSU rDNA reveals deep phylogenetic relationships among nematodes and accelerated evolution toward crown clades. Mol. Biol. Evol. 23: 1792–1800.

Hope, W. D. 1967. Free living marine nematodes from the west coast of North America. Trans. Amer. Micros. Soc. 86: 307–334.

Hope, W. D. e S. L. Gardiner. 1982. Fine structure of a proprioceptor in the body wall of the marine nematode *Donostoma californicum* Steiner and Albin, 1933 (Enoplida = Leptostomatidae). Cell Tissue Res. 225: 1–10.

Hope, W. D. e D. G. Murphy. 1972. A taxonomic hierarchy and checklist of the genera and higher taxa of marine nematodes. Smithson. Contrib. Zool. 137. [Inclui uma bibliografia incrível de artigos que tratam dos nematoides marinhos.]

Kampfer, S., C. Sturmbauer e J. Ott. 1998. Phylogenetic analysis of rDNA sequences from adenophorean nematodes and implications for the Adenophorea-Secernentea controversy. Invert. Biol. 117: 29–36.

Lee, D. L. e H. J. Atkinson. 1977. *Physiology of Nematodes*, 2nd Ed. Columbia University Press, Nova York.

Maas, A. et al., 2007. A possible larval roundworm from the Cambrian Orsten and its bearing on the phylogeny of Cycloneuralia. Mem. Assoc. Australasian Paleontologists 34: 499–519. [Esse é um fóssil com afinidade incerta, mas que se acredita estar relacionado a Nematoda e Scalidophora.]

Maggenti, A. R. 1982. Nemata. pp. 880–929 in S. Parker (ed.), *Synopsis and Classification of Living Organisms*. McGraw-Hill, Nova York.

Meldal, B. H. et al. 2007. An improved molecular phylogeny of the Nematoda with special emphasis on marine taxa. Mol. Phylogenet. Evol. 42: 622–636.

Nicholas, W. L. 1975. *The Biology of Free-Living Nematodes*. Clarendon Press, Oxford.

Poinar, G. O., Jr. 1983. *The Natural History of Nematodes*. Prentice-Hall, Englewood Cliffs, New Jersey.

Roggen, D. R., D. J. Raski e N. O. Jones. 1966. Cilia in nematode sensory organs. Science 152: 515–516.

Rota-Stabelli, O. et al. 2011. A congruent solution to arthropod phylogeny: phylogenomic, microRNAs and morphology support monophyletic Mandibulata. Proc. R. Soc. B, 278: 298–306.

Schaefer, C. 1971. Nematode radiation. Syst. Zool. 20: 77–78.

Somers, J. A., H. H. Shorey e L. K. Gastor. 1977. Sex pheromone communication in the nematode, *Rhabditis pellio*. J. Chem. Ecol. 3: 467–474.

Stock, S. P. 2005. Insect-parasitic nematodes: from lab curiositeis to model organisms. J. Invert. Pathol. 89: 57–66.

Stock, S. P. 2009. Molecular approaches and the taxonomy of insect-parasitic and pathogenic nematodes. pp. 71–100 in S. P. Stock, J. Vandenberg, I. Glazer e N. Boemare (eds.), *Insect Pathogens: Molecular Approaches and Techniques.* CABI Publishing–CABI, Wallingford, Inglaterra.

Stock, S. P. e H. Goodrich-Blair. 2008. Nematode-bacterium symbioses: crossing kingdom and disciplinary boundaries. Symbiosis 46: 61–64.

Stock, S. P. e D. J. Hunt. 2005. Morphology and systematics of nematodes used in biocontrol. pp. 3–43 in P. S. Grewal, R. U. Ehlers e D. Shapiro-Ilan (eds.), *Nematodes as Biocontrol Agents.* CABI, Nova York.

Wright, K. A. 1991. Nematoda. pp. 111–195 in F. W. Harrison e E. E. Ruppert (eds.), *Microscopic Anatomy of Invertebrates, Vol. 4, Aschelminthes.* Wiley-Liss, Nova York.

Yeats, G. W. 1971. Feeding types and feeding groups in plant and soil nematodes. Pedobiologia 11: 173–179.

Zuckerman, B. M., W. F. Mai e R. A. Rhode (eds.), 1971. *Plant Parasitic Nematodes. Vol. 1, Morphology, Anatomy, Taxonomy, and Ecology. Vol. 2, Cytogenetics, Host–parasite Interactions, and Physiology.* Academic Press, Nova York.

Nematomorpha

Biron, D. G. *et al.* 2006. "Suicide" of crickets harbouring hairworms: A proteomics investigation. Inst. Mol. Biol. 15: 731–742.

Bleidorn, C., A. Schmidt-Rhaesa e J. R. Garey. 2002. Systematic relationships of Nematomorpha based on molecular and morphological data. Invert. Biol. 121: 357–364.

Bresciani, J. 1991. Nematomorpha. pp. 197–218 in F. W. Harrison e E. E. Ruppert (eds.), *Microscopic Anatomy of Invertebrates, Vol. 4, Aschelminthes,* Wiley-Liss, Nova York.

Hanelt, B. e J. Janovy. 1999. The life cycle of a horsehair worm, *Gordius robustus* (Nematomorpha: Gordioidea). J. Parasitol. 85: 139–141.

Hanelt, B. e J. Janovy. 2003. Spanning the gap: experimental determination of paratenic host specificity of horsehair worms (Nematomorpha: Gordiida). Invertebr. Biol. 122: 12–18.

Hanelt, B. e J. Janovy. 2004. Untying the Gordian knot: The domestication and laboratory maintenance of a gordian worm, *Paragordius varius* (Nematomorpha: Gordiida). J. Nat. Hist. 38: 939–950.

Hanelt, B., F. Thomas e A. Schmidt-Rhaesa. 2005. Biology of the phylum Nematomorpha. Adv. Parasitol. 59: 243–305.

Hanelt, B., M. Bolek e A. Schmidt-Rhaesa. 2012. Going solo: discovery of the first parthenogenetic gordiid (Nematomorpha: Gordiida). PlosONE 7(4): e34472. doi: 10.1371/journal.pone.0034472

Malakhov, V. V. e S. E. Spiridonov. 1984. The embryogenesis of *Gordius* sp. from Turmenia, with special reference to the position of the Nematomorpha in the animal kingdom. Zool. Z. 63: 1285–1296.

Poinar, G. O. e A. M. Brockerhoff. 2001. *Nectonema zealandica* n. sp. (Nematomorpha: Nectonematoidea) parasitizing the purple rock crab *Hemigrapsus edwardsi* (Brachyura: Decapoda) in New Zealand, with notes on the prevalence of infection and host defense reactions. Syst. Parasitol. 50: 149–157.

Sato, T. *et al.* 2011. Nematomorph parasites drive energy flow through a riparian ecosystem. Ecology 92.

Schmidt-Rhaesa, A. 2005. Morphogenesis of *Paragordius varius* (Nematomorpha) during the parasitic phase. Zoomorphology 124: 33–46.

Schmidt-Rhaesa, A. 2012. Nematomorpha. pp. 29–145 in A. Schmidt-Rhaesa (ed.), *Handbook of Zoology. Gastrotricha, Cycloneuralia and Gnathifera. Volume 1: Nematomorpha, Priapulida, Kinorhyncha and Loricifera.* De Gruyter, Berlim.

Schmidt-Rhaesa, A. *et al.* 2012. Lobster (*Homarus americanus*), a new host for marine horsehair worms (*Nectonema agile,* Nematomorpha). J. Mar. Biol. Assoc. UK 10: 1017.

Schmidt-Rhaesa, A. *et al.* 2005. Host-parasite relations and seasonal occurrence of *Paragordius tricuspidatus* and *Spinochordodes tellinii* (Nematomorpha) in Southern France. Zool. Anz. 244: 51–57.

Skaling, B. e B. M. MacKinnon. 1988. The absorptive surfaces of *Nectonema* sp. (Nematomorpha: Nectonematoidea) from *Pandalus montagui*: histology, ultrastructure, and absorptive capabilities of the body wall and intestine. Can. J. Zool. 66: 289–295.

Szmygiel, C. *et al.* 2014. Comparative descriptions of non-adult stages of four genera of gordiids (phylum: Nematomorpha). Zootaxa 3768: 101–118

Thomas, F. *et al.* 2002. Do hairworms (Nematomorpha) manipulate the water-seeking behaviour of their terrestrial hosts? J. Evol. Biol. 15: 356–361.

19

Scalidophora

Filos Kinorhyncha, Priapula e Loricifera

S calidophora é um clado dos ecdisozoários e, junto com Nematoida (Nematoda e Nematomorpha), é comumente reunido em um clado mais amplo conhecido como Cycloneuralia. Entretanto, a filogenética molecular ainda está dividida quanto a essa hipótese, e alguns estudos sugeriram que Nematoida seja um clado-irmão de Panarthropoda. De qualquer forma, os nematoides e os escalidóforos adultos conservam a blastocele embrionária até a vida adulta (ainda que estudos recentes tenham sugerido que ela possa estar obliterada em Nematomorpha adultos e alguns Kinorhyncha). O clado Scalidophora inclui três filos: Kinorhyncha, Priapula e Loricifera, dos quais dois (Kinorhyncha e Loricifera) são animais exclusivamente de meiofauna. Assim como todos os outros ecdisozoários, os táxons dos escalidóforos não têm cílios para locomoção e alimentação, e desprendem suas cutículas durante o crescimento ou em "mudas" periódicas. A cutícula de todos os três filos de escalidóforos contém quitina, enquanto o colágeno foi demonstrado apenas nos priapúlidos da macrofauna, nos quais ocorre no epitélio intestinal e no tecido conjuntivo abaixo da epiderme.

Aparentemente, os três filos dos escalidóforos podem não ter muito em comum, considerando as variações dos planos corpóreos: o tronco segmentado dos quinorrincos, o corpo vermiforme dos priapúlidos e o tronco loricado (i. e., coberto por uma concha protetora rígida) dos loricíferos. Contudo, esses três grupos compartilham semelhanças importantes no que se refere à morfologia de sua cabeça. Em todos os três filos, a cabeça tem forma de uma introverte eversiva com configuração singular e é definida por uma cutícula de múltiplas camadas, um "cérebro" circum-entérico e as **escálides** sensoriais ou locomotoras típicas, cuja estrutura está em continuidade com a cutícula da epiderme.

Quando a cabeça é retraída, o cone oral é recolhido como se fosse um tubo, enquanto a introverte é invertida de modo que as partes que são exteriores e anteriores na cabeça protraída tornam-se interiores e posteriores na cabeça retraída (Figura 19.1 A e B). Entre os quinorrincos e os loricíferos, o cone oral geralmente é grande e bem-desenvolvido, com estruturas como os estiletes

---

Classificação do reino Animal (Metazoa)

Não Bilateria*
(Também conhecidos como diploblastos)
  FILO PORIFERA
  FILO PLACOZOA
  FILO CNIDARIA
  FILO CTENOPHORA

Bilateria
(Também conhecidos como triploblastos)
  FILO XENACOELOMORPHA

Protostomia
  FILO CHAETOGNATHA

  SPIRALIA
    FILO PLATYHELMINTHES
    FILO GASTROTRICHA
    FILO RHOMBOZOA
    FILO ORTHONECTIDA
    FILO NEMERTEA
    FILO MOLLUSCA
    FILO ANNELIDA
    FILO ENTOPROCTA
    FILO CYCLIOPHORA

  Gnathifera
    FILO GNATHOSTOMULIDA
    FILO MICROGNATHOZOA
    FILO ROTIFERA

  Lophophorata
    FILO PHORONIDA
    FILO BRYOZOA
    FILO BRACHIOPODA

  ECDYSOZOA
    Nematoida
      FILO NEMATODA
      FILO NEMATOMORPHA

    Scalidophora
      FILO KINORHYNCHA
      FILO PRIAPULA
      FILO LORICIFERA

    Panarthropoda
      FILO TARDIGRADA
      FILO ONYCHOPHORA
      FILO ARTHROPODA
        SUBFILO CRUSTACEA*
        SUBFILO HEXAPODA
        SUBFILO MYRIAPODA
        SUBFILO CHELICERATA

Deuterostomia
  FILO ECHINODERMATA
  FILO HEMICHORDATA
  FILO CHORDATA

*Grupo parafilético.

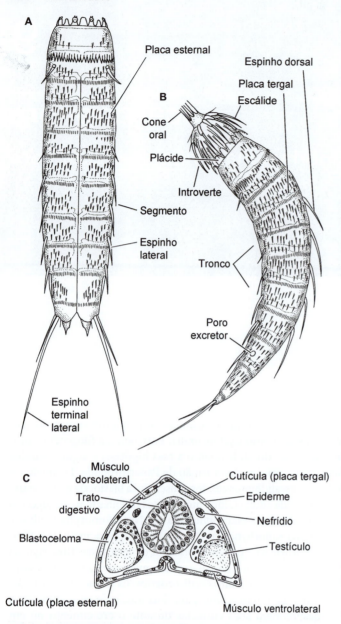

orais grandes ou um tubo oral com cristas orais. Entretanto, entre os priapúlidos, o cone oral é encontrado apenas em alguns dos táxons de meiofauna e, mesmo entre essas espécies, a boca constitui apenas uma região relativamente pequena entre a faringe e a introverte. A introverte é sempre é bem-desenvolvida nos escalidóforos e sempre está equipada com escálides sensoriais ou locomotoras. As escálides dos priapúlidos são pequenas e com formato de ganchos, enquanto os quinorrincos e os loricíferos têm espinoescálides ou clavoescálides mais longas.

Sob o ponto de vista morfológico, a monofilia dos escalidóforos é mais ou menos indiscutível. Contudo, ainda não foi possível confirmar essa monofilia com base nos dados de sequenciamento molecular. Existem amplos dados genômicos acerca dos priapúlidos e, até certo ponto, também sobre os quinorrincos, e sua relação direta foi confirmada por vários estudos. Contudo, quanto aos loricíferos, existem dados apenas sobre alguns *loci* selecionados e pouquíssimas análises moleculares das relações entre os metazoários e os ecdisozoários incluíram representantes de todos os três táxons dos escalidóforos. Uma análise das relações entre os ecdisozoários – baseada nas sequências do 18S rRNA suplementadas pelos dados com Histona 3 – incluiu duas espécies de loricíferos, e os resultados confirmaram uma relação direta entre os quinorrincos e os priapúlidos, mas também sugeriu uma relação de grupos-irmãos entre os loricíferos e os nematomorfos; assim, isso transferiria os loricíferos do grupo Scalidophora para o Nematoida. Esse resultado contradiz a morfologia, porque o cone oral e a introverte são sinapomorfias dos escalidóforos. Entretanto, esse resultado também poderia apontar para uma hipótese alternativa, sugerindo que a presença do cone oral e da introverte faça parte do plano corpóreo original dos ecdisozoários ou cicloneurálios e que, por isso, essas características sejam plesiomórficas para os táxons dos escalidóforos. Até certo ponto, essa hipótese é apoiada pelo registro fóssil, que inclui grande variedade de grupos de táxons-tronco e de coroas de escalidóforos. Por exemplo, muitos paleoscolecídeos tinham faringes denteadas e introverte com escálides.

O registro fóssil contém uma fauna diversa de escalidóforos. Alguns táxons fósseis, como *Priapulites*, certamente pertencem ao filo Priapula, enquanto outros parecem ser grupos de táxons-tronco e de coroas dos priapúlidos (p. ex., *Ottoia, Selkirkia, Xiaoheiqingella, Yunnanpriapulus*) ou dos loricíferos (*Sirilorica*). Os quinorrincos fósseis ainda não foram encontrados. Um possível escalidóforo de um grupo-tronco seria *Markuelia* – um verme anelado com introverte conhecido desde o período Cambriano Inferior.

Filo Kinorhyncha | Quinorrincos

Entre os "pequenos animálculos" mais intrigantes, estão os membros do filo Kinorhyncha (do grego *kineo*, "móvel"; e *rhynchos*, "focinho"), também conhecidos como "dragões da lama". Desde sua descoberta, em 1841, na costa norte da França, foram descritas cerca de 200 espécies de quinorrincos encontrados em todas as regiões do planeta, quase todas medindo menos de 1 mm de comprimento. A maioria vive em areia ou lodo marinho, desde a zona intermaré até uma profundidade de 7.800 m. Contudo, também foram registrados espécimes encontrados em campos ou florestas de algas, praias arenosas e estuários de água salobra; outros vivem em hidroides, ectoproctos, esponjas ou agregados sedimentares em tubos dos poliquetas ou conchas de moluscos.

Figura 19.1 A e **B.** Anatomia externa do quinorrinco *Echinoderes*. **A.** *Vista ventral* com a cabeça retraída. **B.** *Vista lateral* com a cabeça estendida. **C.** Segmento do tronco (*corte transversal*) de um quinorrinco; observe a disposição das estruturas da parede corporal e os órgãos dentro do blastoceloma. **D.** *Echinoderes*, uma espécie da meiofauna com sua cabeça estendida.

O corpo de um quinorrinco é formado por três regiões: a cabeça, um pescoço curto e um tronco segmentado (Figura 19.1). Em geral, as famílias e os gêneros são identificados com base na composição dos segmentos (que algumas vezes também são chamados "zonitos"), enquanto as diferenças entre as espécies estão relacionadas comumente com a distribuição dos espinhos e das cerdas. Kinorhyncha constitui um dos três clados de Metazoa verdadeiramente segmentados (os outros dois são Annelida e Panarthropoda), embora o processo de desenvolvimento genético da formação dos segmentos nos quinorrincos ainda não seja bem-esclarecido. O Quadro 19.1 descreve as características principais dos quinorrincos.

A cabeça do quinorrinco é formada por um cone oral retrátil com nove **estiletes orais** externos e uma introverte com numerosos apêndices conhecidos como **espinoescálides** (Figura 19.2). Com a utilização das 10 espinoescálides anteriores mais primárias como marcadores, as espinoescálides restantes na introverte podem ser divididas em 10 setores, nos quais elas seguem um padrão de simetria bilateral ou pentarradial. Funcionalmente, essas duas unidades podem ser diferenciadas pela forma como se movem quando a cabeça é retraída para dentro do tronco. O cone oral é retraído como um tubo, ou seja, a extremidade proximal do cone é a primeira a desaparecer quando seus músculos o puxam para dentro da introverte. Quando a retração da cabeça continua para dentro do tronco, a introverte é invertida, o que significa que as espinoescálides mais anteriores e a parte da introverte que se articula com o cone oral são retraídas primeiramente.

O pescoço do quinorrinco é composto de algumas placas conhecidas como **plácides** e, quando a cabeça é retraída, elas atuam como um aparato de fechamento (Figura 19.2 B). Em alguns gêneros, as plácides são estruturas rígidas facilmente identificáveis, enquanto em outros gêneros elas são mais finas e maleáveis, e mais difíceis de ver. No gênero *Cateria*, as plácides são extremamente moles e é quase impossível identificá-las, enquanto estão completamente fundidas em um anel no pescoço no gênero *Franciscideres*. A quantidade de plácides varia (4 a 16) entre os diversos gêneros.

Quadro 19.1 Características do filo Kinorhyncha.

1. Animais triploblásticos bilateralmente segmentados.
2. Corpo blastocelomado ou, em algumas espécies, acelomado.
3. Corpo dividido em cabeça, pescoço e tronco com 11 segmentos.
4. Cabeça dividida em cone oral e introverte com escálides.
5. Segmentos formados por anéis cuticulares completos, ou compostos por placas esternais e tergais.
6. Epiderme celular sem cílios locomotores.
7. Trato digestivo completo.
8. Presença de um par de protonefrídios no segmento 8, mas ausência de estruturas especializadas para circulação e trocas gasosas.
9. Desenvolvimento direto por seis estágios juvenis; as formas juvenis trocam sua cutícula na transição entre cada estágio.
10. Gonocorísticos.
11. Desenvolvimento embrionário e padrões de clivagem ainda pouco esclarecidos.
12. Vivem em hábitats marinhos bentônicos, embora sejam conhecidas algumas espécies de água salobra e outras que vivem em hábitats epizoicos ou epifíticos.

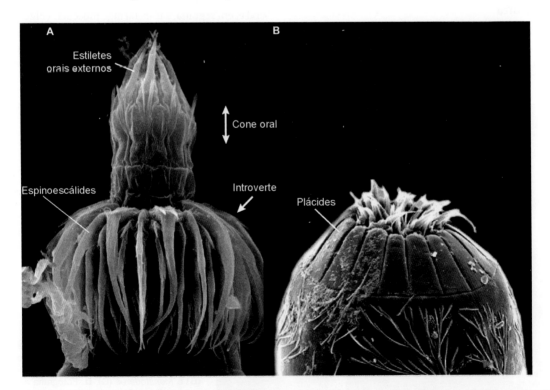

Figura 19.2 Fotografia de microscopia eletrônica de varredura mostrando a cabeça estendida e retraída de um quinorrinco. **A.** Cabeça estendida mostrando a morfologia externa do cone oral e da introverte. **B.** Cabeça retraída com as plácides do pescoço atuando como um aparato de fechamento.

O tronco dos quinorrincos consiste em 11 segmentos em todos os adultos. A maioria dos segmentos do tronco é constituída de uma placa dorsal (tergal) e um par de placas ventrais (esternal) (Figuras 19.1 A e 19.3). O ânus está localizado no último segmento e geralmente é ladeado por fortes espinhos terminais laterais.

Durante o desenvolvimento juvenil e em algumas espécies também durante a vida adulta, os quinorrincos desprendem sua cutícula. Isso reforça sua posição entre os protostômios ecdisozoários, mesmo que ainda não esteja confirmado que a "muda" é mediada pelo hormônio ecdisona.

CLASSIFICAÇÃO DOS QUINORRINCOS

CLASSE CYCLORHAGIDA. O pescoço geralmente tem 14 a 16 plácides, que atuam como um aparato de fechamento, embora em um grupo o primeiro segmento do tronco, com forma semelhante a uma concha de marisco, possa facilitar; tronco oval, arredondado ou ligeiramente triangular em corte transversal; têm numerosos espinhos cuticulares e tubos no tronco; os segmentos do tronco geralmente têm cobertura densa de pelos ou dentículos cuticulares. Essa classe inclui os gêneros como *Centroderes* (Figura 19.3 B), *Equinoderes* (Figura 19.1 D), *Meristoderes* (Figura 19.3 C) e *Semnoderes*.

CLASSE ALLOMALORHAGIDA. Pescoço com 9 plácides ou menos. Tronco triangular ou completamente arredondado em corte transversal. Os adultos nunca têm espinho mesoterminal. Essa classe inclui gêneros como *Paracentropyhyes*, *Neocentrophyes*, *Pycnophyes*, *Dracoderes* e *Franciscideras* (Figura 19.3 A) que, no passado, eram classificadas na ordem Homalorhagida (hoje considerada parafilética).

Plano corpóreo dos quinorrincos

Parede corporal

Abaixo da cutícula quitinosa espessa e bem-desenvolvida, há uma epiderme não ciliada (Figura 19.1 C), que contém elementos do sistema nervoso. Bem internamente à epiderme, embora ainda ligadas à cutícula, existem bandas de músculos intersegmentais estriados transversais, dorsolaterais e ventrolaterais. Algumas das bandas de músculos longitudinais anteriores funcionam como retratores da cabeça. Uma série de músculos dorsoventrais dispostos metamericamente cria o aumento da pressão hidrostática, que provoca a protração da cabeça e do **cone oral** quando os músculos retratores relaxam (Figura 19.4).

Sustentação e locomoção

O formato do corpo nos quinorrincos é mais ou menos fixado pelas placas rígidas do exoesqueleto cuticular de sustentação, mas esses animais conseguem flexionar e até mesmo torcer nos pontos de articulação entre os segmentos adjacentes. A musculatura do tronco segmentado facilita os movimentos das placas cuticulares articuladas ao longo do eixo anteroposterior. As fibras musculares intersegmentais ajudam a realizar os movimentos laterais e dorsoventrais do tronco. Na ausência de cílios externos, a escavação é conseguida por extensão da cabeça para dentro do substrato, ancorando os espinhos anteriores e, por fim, puxando o restante do corpo para frente. Alguns estudos também sugeriram que as numerosas células glandulares que se abrem ao longo do tronco possam estar envolvidas na locomoção (*i. e.*, produzindo um empuxo para frente quando o muco é liberado por essas glândulas).

Alimentação e digestão

Os quinorrincos provavelmente são depositívoros diretos, ou seja, ingerem o substrato e digerem a matéria orgânica, ou se alimentam de algas unicelulares contidas nele; eles têm sido encontrados com seus tratos digestivos repletos de diatomáceas bentônicas. Contudo, os detalhes da alimentação e a natureza exata do seu alimento não são conhecidos.

A boca conduz a uma cavidade oral localizada dentro do cone oral e, em seguida, a uma faringe muscular (Figura 19.5). A cavidade oral, a faringe e o esôfago são revestidos por cutícula. Músculos protratores, retratores e circulares coordenam a eversão e a retração da introverte e do cone oral. Várias glândulas

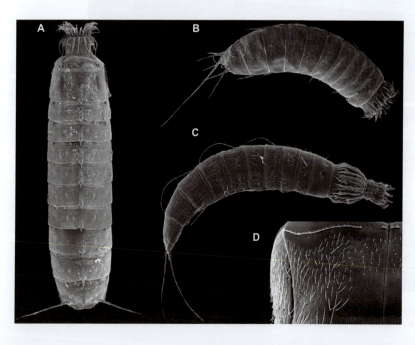

Figura 19.3 Fotografia de microscopia eletrônica de varredura de um quinorrinco, mostrando o gênero alomalorragídeo *Pycnophyes* (**A**) e os gêneros ciclorragídeos *Centroderes* (**B**) e *Meristoderes* (**C**). **D.** Fotografia ampliada da placa esternal direita. Observe as articulações com a placa esternal esquerda e a placa tergal.

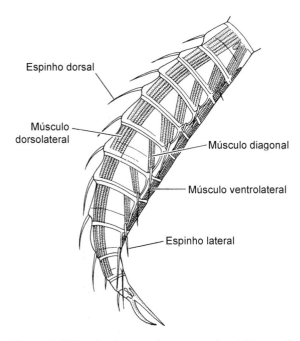

Figura 19.4 Músculos do tronco de um quinorrinco (*vista lateral*).

pareadas estão frequentemente associadas ao esôfago, mas suas funções são incertas. O esôfago comunica-se com o trato digestivo médio reto e alongado, que leva a um curto trato digestivo posterior proctodeal (reto) revestido por cutícula e ao ânus, localizado no último segmento. As chamadas "glândulas digestivas" frequentemente se originam do trato digestivo médio.

Circulação, trocas gasosas, excreção e osmorregulação

A troca gasosa ocorre por difusão através da parede corporal, enquanto a circulação e o transporte interno são realizados basicamente pelos movimentos do corpo. Os quinorrincos têm um par de protonefrídios solenócitos no segmento 8, cada qual com um nefridioducto curto, que se abre lateralmente no segmento 9. A fisiologia excretória e osmorregulatória provavelmente é interessante, mas praticamente ainda não foi estudada; algumas espécies estuarinas e de intermaré podem suportar amplas variações de salinidade e outras vivem em salinidades tão baixas quanto 6 partes por mil no golfo da Finlândia.

Sistema nervoso e órgãos dos sentidos

O sistema nervoso central dos quinorrincos é relativamente simples e está intimamente associado à epiderme. Uma série de 10 gânglios conectados está disposta em um anel ao redor da faringe. Provavelmente, cada gânglio deu origem a um cordão nervoso longitudinal, sendo oito conservados pela maioria das espécies. Os dois cordões nervosos mesoventrais são mais proeminentes e contêm gânglios em cada segmento. Os receptores sensoriais incluem cerdas, espinhos e manchas sensoriais no tronco. Ao menos em algumas espécies, há manchas oculares microvilares no anel nervoso faringiano.

Reprodução e desenvolvimento

Os quinorrincos são gonocorísticos e têm um sistema reprodutivo relativamente simples. As diferenças morfológicas externas entre os machos e as fêmeas geralmente estão restritas aos segmentos mais posteriores. Nos dois sexos, gônadas saculares pareadas levam para gonoductos curtos, que se abrem separadamente no segmento terminal. Nos machos, o gonóporo pode estar associado a dois ou três espinhos penianos cuticulares ocos, que provavelmente facilitam a copulação, embora sua função exata ainda não esteja definida. As gônadas femininas incluem células germinativas e nutritivas (que produzem vitelo). Cada oviducto tem um divertículo, que se forma como um receptáculo seminal antes de terminar em um gonóporo entre os segmentos 10 e 11.

O cruzamento nunca foi observado nos quinorrincos, e a postura dos ovos e o desenvolvimento inicial (p. ex., padrões de clivagem) ainda não foram estudados adequadamente. Os ovócitos fecundados são recobertos por um envelope protetor de lodo e detritos, e depois depositados no sedimento. Os embriões desenvolvem-se diretamente e eclodem como formas juvenis com 9 segmentos. As formas juvenis alcançam a maturidade depois de seis "mudas" e, durante esse processo, gradativamente adquirem a morfologia dos adultos. Segmentos novos são acrescentados por alongamento e, mais tarde, por subdivisão do segmento terminal. A forma madura com 11 segmentos no tronco geralmente é alcançada no 5º estágio juvenil. Pesquisadores também descreveram "mudas" cuticulares nos adultos.

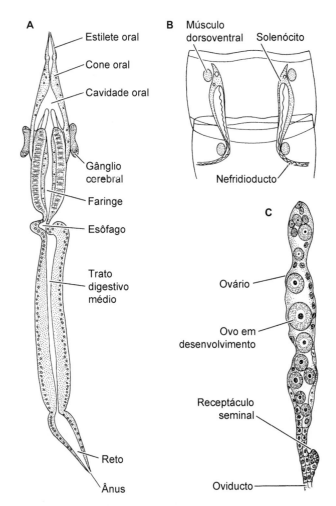

Figura 19.5 Anatomia interna dos quinorrincos. **A.** Trato digestivo de *Pycnophyes*. **B.** Arranjo nefridial em dois segmentos de *Pycnophyes*. **C.** Sistema reprodutor feminino simples de um quinorrinco.

Filo Priapula | Priapúlidos

Vinte espécies viventes (e várias espécies fósseis) estão atribuídas ao filo Priapula (de *Priapos*, o deus grego da reprodução, simbolizado por seu pênis enorme). Essas criaturas estranhas foram registradas por Lineu em seu livro *Systema Naturae*, no qual ele mencionou a espécie *Priapus humanus* (literalmente, "pênis humano"). Desde então, os priapúlidos (ou priapulídeos) têm sido classificados em vários filos de invertebrados diferentes, mas hoje as evidências morfológicas e moleculares apoiam sua posição entre outros ecdisozoários escalidóforos, talvez relacionados mais diretamente com os quinorrincos. O Quadro 19.2 descreve as características principais dos priapúlidos.

Três gêneros (*Tubiluchus*, *Meiopriapulus* e *Maccabeus*) compõem as espécies meiofaunais, que medem de 1,5 a cerca de 5,0 mm, enquanto os quatro gêneros restantes (*Acanthopriapulus*, *Halicryptus*, *Priapulopsis* e *Priapulus*) são macrofaunais e incluem a maior espécie (*Halicryptus higginsi*, do Alasca), que chega a medir quase 40 cm. Os priapúlidos são criaturas vermiformes cilíndricas. O corpo inclui uma introverte, algumas vezes uma região de pescoço, o tronco e uma "cauda" ou apêndice caudal em alguns casos (Figura 19.6 e fotografia de abertura do capítulo). A introverte pode ser evertida por inteiro e está equipada com escálides curtas em forma de ganchos, que são consideradas homólogas das espinoescálides dos loricíferos e quinorrincos. Quando está presente, a forma e a função do apêndice caudal variam entre as espécies.

Os priapúlidos grandes são escavadores ativos da infauna em sedimentos marinhos relativamente finos e ocorrem principalmente nos oceanos boreais e temperados frios. Algumas espécies constroem tubos. Os adultos da espécie *Halicryptus spinulosus* vivem nos sedimentos anóxicos ricos em sulfeto do mar Báltico e demonstram capacidades notáveis para tolerar e desintoxicar altos níveis de sulfeto em seu corpo. Por outro lado, as espécies meiofaunais pequenas escavam ou vivem no meio intersticial entre as partículas do sedimento e parecem ser mais abundantes nos oceanos tropicais e subtropicais.

Os priapúlidos do grupo-tronco e da coroa são muito comuns no registro fóssil. Esses animais podem ter sido um dos principais grupos de predadores nos mares do Cambriano e quase certamente eram mais abundantes no Paleozoico do que são hoje em dia. A espécie fóssil mais abundante – *Ottoia prolifica* – é semelhante à espécie vivente *Halicryptus spinulosus*. Estudos recentes confirmaram que *O. prolifica* (e *O. tricuspida* diretamente relacionada), que data do período Cambriano Médio, era carnívoro ativo com sua introverte revestida por fileiras de ganchos, dentes e espinhos para lidar com suas presas.

CLASSIFICAÇÃO DOS PRIAPÚLIDOS

Em geral, não existem classes e ordens reconhecidas entre os priapúlidos; o filo Priapula é dividido em três famílias viventes:

FAMÍLIA PRIAPULIDAE (Figura 19.6 A a C). Animais relativamente grandes (de 4 a 40 cm); tronco com anelações superficiais; apêndice caudal (inexistente em *Halicryptus spinulosus*) na forma de um grupo de bolsas (ou vesículas) cheias de líquido semelhante a um cacho de uvas, ou uma extensão muscular com ganchos cuticulares. Nove espécies, quatro gêneros: *Acanthopriapulus*, *Halicryptus*, *Priapulopsis* e *Priapulus*.

FAMÍLIA TUBILUCHIDAE (Figura 19.6 D). Animais pequenos (menos de 5 mm de comprimento); tronco não anelado; apêndice caudal vermiforme e muscular. Os tubiluquídeos vivem em sedimentos de águas tropicais rasas. Nove espécies, dois gêneros (*Tubiluchus* e *Meiopriapulus*).

FAMÍLIA MACCABEIDAE (= Chaetostephanidae) (Figura 19.6 E). Animais meiofaunais muito pequenos (menos de 3 mm de comprimento); tronco com anéis de tubérculos e cristas longitudinais posteriores com ganchos; não têm apêndice caudal; a extremidade posterior do abdome é extensível e móvel, usada para perfurar (primeiro a extremidade posterior). Os macabeídeos são encontrados no mar Mediterrâneo e no oceano Índico. Monogenéricos, com apenas duas espécies descritas (*Maccabeus tentaculatus* e *M. cirratus*).

Plano corpóreo dos priapúlidos

Parede corporal, sustentação e locomoção

O corpo dos priapúlidos é coberto por uma cutícula flexível e fina, que forma vários espinhos, verrugas e tubérculos (Figura 19.6). As escálides em forma de ganchos estão presentes frequentemente ao redor da boca e sobre a introverte e são consideradas homólogas às espinoescálides dos quinorrincos e loricíferos. Em todos os três grupos, as escálides funcionam como estruturas sensoriais e facilitam a locomoção. Os priapúlidos movimentam-se através dos sedimentos por meio da introverte e da ação peristáltica dos músculos do corpo. A cutícula contém quitina e é trocada periodicamente à medida que o animal cresce. Abaixo da cutícula, há uma epiderme não ciliada com células finas e alongadas com amplos espaços intercelulares preenchidos

---

Quadro 19.2 Características do filo Priapula.

1. Animais vermiformes triploblásticos, bilateralmente simétricos e não segmentados (podem ser superficialmente anelados).
2. O revestimento da cavidade corporal provavelmente não é peritoneal; supostamente blastocelomado.
3. Introverte com espinhos em forma de ganchos.
4. Sistema nervoso disposto radialmente e, em sua maior parte, intraepidérmico.
5. Trato digestivo completo.
6. Têm protonefrídios (geralmente multicelulares) associados às gônadas como um sistema urogenital.
7. Muitos têm um apêndice caudal singular (nos adultos), que pode servir para trocas gasosas.
8. Não têm sistema circulatório.
9. A cutícula fina é trocada periodicamente.
10. Formam larvas loricadas singulares, com loricas cuticulares, que são desprendidas durante a metamorfose para o estágio adulto.
11. Gonocorísticos.
12. Clivagem semelhante ao padrão radial.
13. Animais marinhos e bentônicos; a maioria é de escavadores.

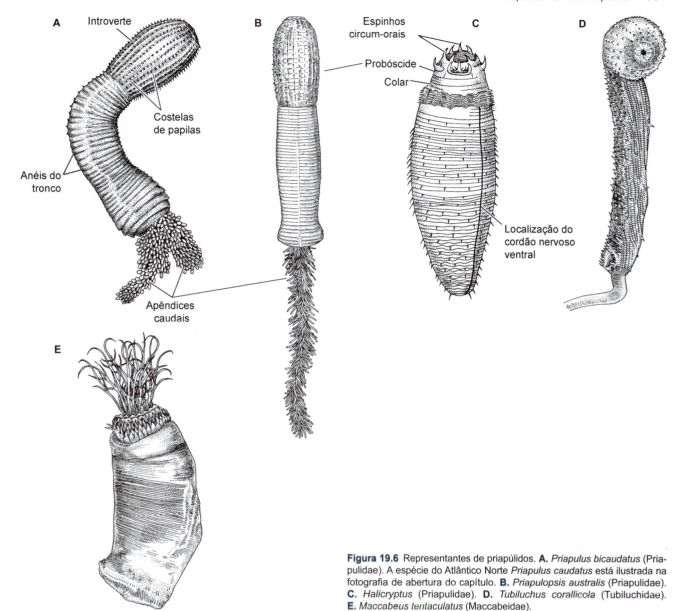

Figura 19.6 Representantes de priapúlidos. **A.** *Priapulus bicaudatus* (Priapulidae). A espécie do Atlântico Norte *Priapulus caudatus* está ilustrada na fotografia de abertura do capítulo. **B.** *Priapulopsis australis* (Priapulidae). **C.** *Halicryptus* (Priapulidae). **D.** *Tubiluchus corallicola* (Tubiluchidae). **E.** *Maccabeus tentaculatus* (Maccabeidae).

com líquido. Abaixo da epiderme, existem camadas bem-desenvolvidas de músculos longitudinais e circulares. Também há camadas e bandas musculares complexas associadas à faringe e um conjunto de músculos retratores da introverte (Figura 19.7 A).

Os priapúlidos adultos têm uma cavidade corporal volumosa, que pode estender-se adentro do apêndice caudal. A cavidade corporal é revestida por uma membrana acelular simples secretada pelas células superficiais dos músculos retratores e, por isso, é uma blastocele (blastoceloma). A única exceção a essa regra é a espécie meiofaunal *Meiopriapulus fijiensis*, que tem um pequeno compartimento revestido por epitélio ao redor do intestino anterior; aparentemente, essa cavidade é um celoma verdadeiro (Storch et al., 1989). O líquido da cavidade corporal contém amebócitos fagocíticos móveis e eritrócitos livres com hemeritrina.

A manutenção do formato do corpo e a sustentação são asseguradas pelo esqueleto hidrostático da cavidade corporal. A contração dos músculos circulares ao redor dessa cavidade também facilita a protrusão da introverte pelo aumento da pressão interna. Os priapúlidos que se movimentam através do substrato fazem-no basicamente por escavação peristáltica, provavelmente utilizando os vários ganchos e outras extensões cuticulares para prender uma parte do corpo no local, enquanto o restante é empurrado ou puxado ao longo. A espécie *Maccabeus* parece utilizar seu anel de espinhos cuticulares posteriores para ancorar dentro de seu buraco (Figura 19.6 E).

Alimentação e digestão

A maioria dos priapúlidos (*i. e.*, membros da família Priapulidae) vivem em sedimentos moles e predam invertebrados de corpo mole, como os poliquetas. Durante a alimentação, uma parte da faringe dentada revestida por cutícula é evertida pela boca no final da introverte estendida. À medida que a presa é agarrada, a faringe é invertida; em seguida, a introverte retrai e a presa é puxada para dentro do trato digestivo.

Tubiluchus corallicola (Figura 19.6 D) vive nos sedimentos de corais e alimenta-se de detritos orgânicos. A faringe é revestida por dentes pectinados, que o animal usa para selecionar o material alimentar das partículas grossas do sedimento. *Maccabeus tentaculatus* (um verme que vive em tubos) é um carnívoro que usa armadilhas. Oito escálides curtas (conhecidas como espinhos-gatilho) estão dispostas ao redor da abertura oral e provavelmente são sensíveis ao toque; por sua vez, esses espinhos são circundados por 25 escálides ramificadas (Figura 19.6 E). Suspeita-se de que, quando uma presa em potencial toca nos espinhos-gatilho, as outras escálides fecham rapidamente como uma armadilha.

O sistema digestivo é completo e pode ser retilíneo ou ligeiramente enrolado (Figura 19.7 A). A parte do trato digestivo que se localiza praticamente dentro dos limites da introverte compreende o tubo oral, a faringe e o esôfago, todos revestidos por cutícula, que juntos constituem o estomodeu. Nos membros do gênero *Tubiluchus*, o estomodeu também inclui uma região situada atrás do esôfago, que é conhecida como **politrídio**, que tem um círculo de duas fileiras de placas e pode ser usado para triturar o alimento. O trato digestivo médio, ou intestino, é a única seção do trato digestivo derivada endodermicamente, sendo seguido de um reto proctodeal curto. O ânus está localizado na extremidade posterior do abdome, seja em posição central ou ligeiramente lateral. Nada sabemos sobre a fisiologia digestiva dos priapúlidos, embora seja provável que a digestão e a absorção dos nutrientes ocorram no trato digestivo médio.

Circulação, trocas gasosas, excreção e osmorregulação

O transporte interno ocorre por difusão e movimento do líquido da cavidade corporal. A presença do pigmento respiratório hemeritrina nas células do líquido corporal sugere a função de transporte ou armazenamento de oxigênio, e muitos priapúlidos são conhecidos por viverem em lodos marginalmente anóxicos. Nas espécies que têm um apêndice caudal vesiculado, o lúmen dessa estrutura está em continuidade com a cavidade principal do corpo e esses apêndices caudais podem funcionar como superfícies para troca gasosa.

Agrupamentos de protonefrídios com solenócitos estão situados na parte posterior da cavidade do corpo e estão associados às gônadas na forma de um sistema ou complexo urogenital (Figura 19.7 A). Os protonefrídios dos priapúlidos provavelmente são singulares, porque são compostos por duas ou mais células terminais. Um par de poros urogenitais abre-se perto do ânus. Os priapúlidos vivem em ambientes hipersalinos e hipossalinos, de forma que seus protonefrídios podem funcionar para osmorregulação e excreção.

Sistema nervoso e órgãos dos sentidos

O sistema nervoso dos priapúlidos é intraepidérmico e, em sua maior parte, está construído sobre um plano radial dentro do corpo cilíndrico (Figura 19.7 B). O cérebro tem formato de anel e está enrolado ao redor do tubo oral na parte anterior da introverte. O cordão nervoso ventral principal origina-se desse anel e dá origem a uma série de anéis nervosos e nervos periféricos ao longo do corpo. Adicionalmente, nervos longitudinais estendem-se do anel nervoso principal ao longo do revestimento interno da faringe e são conectados por comissuras anulares.

Os priapúlidos têm vários tipos de estruturas sensoriais. Todas as escálides da introverte, com exceção das escálides locomotoras de *Meiopriapulus fijiensis*, provavelmente têm função sensorial, e as estruturas sensoriais menores – conhecidas como **flósculos** – estão distribuídas sobre a região do tronco. O flósculo é uma estrutura sensorial, que inclui um cílio sensorial central circundado por um círculo ou colar de sete microvilosidades modificadas. Além das escálides e dos flósculos, diversos tipos de cerdas, túbulos e ganchos anais podem ter células receptoras e, portanto, funcionar com uma função sensorial.

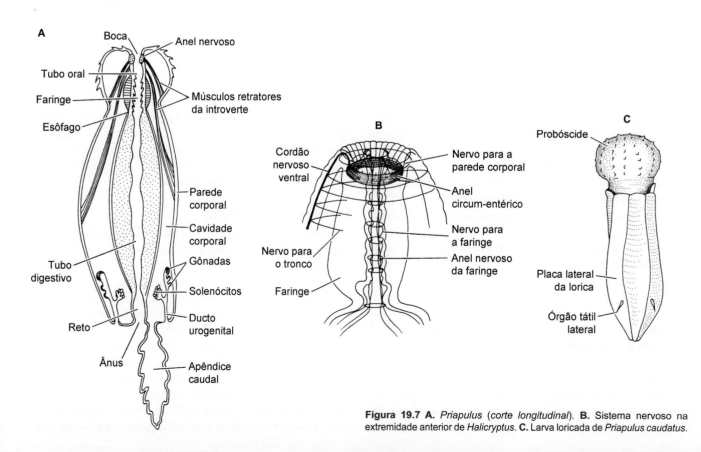

Figura 19.7 A. *Priapulus* (*corte longitudinal*). **B.** Sistema nervoso na extremidade anterior de *Halicryptus*. **C.** Larva loricada de *Priapulus caudatus*.

Reprodução e desenvolvimento

Os priapúlidos são gonocorísticos, embora os machos de *Maccabeus tentaculatus* não tenham sido identificados. Os órgãos reprodutivos estão localizados e conectados em áreas semelhantes nos dois sexos. As gônadas pareadas são drenadas por ductos genitais, que se reúnem por túbulos coletores dos protonefrídios para formar um par de ductos urogenitais, os quais emergem nos segmentos posteriores por meio de poros urogenitais (Figura 19.7 A).

Os priapúlidos liberam livremente seus gametas (primeiro os machos e depois as fêmeas) e a fecundação é externa. A clivagem é holoblástica, parece ser radial e resulta na formação de uma celoblástula (algumas descrições diferem), que sofre invaginação. Estudos da expressão gênica dos embriões de *Priapulus caudatus* em desenvolvimento levaram à descoberta surpreendente de que o ânus é formado diretamente a partir do blastóporo, enquanto a abertura oral é formada por um grupo de células ectodérmicas situadas no hemisfério animal do embrião; por isso, esses animais têm desenvolvimento deuterostômio. A gastrulação começa no estágio de 64 células com a invaginação das células mais vegetais para dentro de uma pequena blastocele e com o movimento epibólico dos blastômeros do animal na direção do polo vegetal.

O desenvolvimento direto ocorre apenas em *Meiopriapulus fijiensis*, no qual as fêmeas encubam seus embriões. Todas as outras espécies desenvolvem-se por meio de uma série de larvas loricadas (Figura 19.7 C) que, sob alguns aspectos, são semelhantes aos loricíferos. O tronco da larva fica encerrado dentro de uma lorica cuticular espessa, dentro da qual a introverte pode ser retraída. As larvas vivem nas lamas bentônicas e provavelmente são detritívoras. A lorica é trocada periodicamente à medida que a larva cresce e, por fim, é perdida quando o animal sofre metamorfose a um priapúlido juvenil. Nessa ocasião, forma-se o apêndice caudal nas espécies que têm essa estrutura. As larvas de diferentes gêneros variam, até certo ponto, quanto ao formato e à ornamentação da cutícula. Os detalhes do desenvolvimento larval estão mais esclarecidos para *Priapulus caudatus*. A larva recém-eclodida tem uma introverte funcional, mas a boca e o ânus ainda estão fechados, não havendo também uma lorica. A lorica aparece depois da primeira muda, e escálides adicionais são acrescentadas à introverte. A boca aparece depois da próxima muda e, durante as trocas subsequentes, a forma do tronco modifica-se de circular ao corte transversal para um formato achatado e bilateralmente simétrico, observado geralmente nas larvas do gênero *Priapulus* (Wennberg *et al.*, 2009). O número exato de estágios larvais ainda é incerto.

Filo Loricifera | Loricíferos

Pode ter ficado evidente para você agora que os hábitats intersticiais (ambiente meiobentônico) são os lares de inúmeras criaturas bizarras e especializadas. Estudos recentes realizados por dois zoólogos alemães, D. Waloszek e K. J. Müller, revelaram que um rico ecossistema meiofaunal já estava estabelecido desde a era Cambriana Superior. Estudos da meiofauna moderna continuam a revelar novos animais, táxons não descritos previamente e uma miríade de exemplos de evolução convergente associada ao sucesso nesse ambiente. Entre esses grupos descritos recentemente está Loricifera, nomeado e descrito primeiramente por Reinhardt Kristensen em 1983. O nome Loricifera (do latim *lorica*, "espartilho"; e *ferre*, "portar") refere-se à lorica cuticular bem-desenvolvida, que envolve a maior parte do corpo desses animais (Figura 19.8; Quadro 19.3). A descrição desse filo foi baseada inicialmente em uma única espécie amplamente distribuída – *Nanaloricus mysticus* –, mas desde então foram descritas mais 34 espécies. A maioria dos loricíferos tem sido encontrada em profundidades em torno de 20 a 450 m, em sedimentos marinhos grosseiros. Uma espécie, *Pliciloricus hadalis*, foi coletada no Pacífico Ocidental em uma profundidade de mais de 8.000 m. Outras, embora ainda não descritas, foram registradas em locais adicionais em alto-mar, de fundo lodoso. Mais recentemente, um novo tipo de forma larval conhecida como larva Shira foi descrita a uma profundidade de mais de 3.000 m; essa larva é semelhante aos fósseis cambrianos da Austrália. Até hoje, todos os loricíferos têm sido colocados em três famílias (Nanaloricidae, Pliciloricidae e Urnaloricidae) com uma única ordem, Nanaloricida. Todos são animais de vida livre. As Figuras 19.8 e 19.9 ilustram visões gerais da anatomia dos loricíferos.

Em 2010, pesquisadores descobriram três espécies de loricíferos (todas elas desconhecidas até então), que vivem e reproduzem-se em uma bacia hipersalina, completamente anóxica e rica em sulfeto nas águas profundas do mar Mediterrâneo. Embora procariotos e alguns protistas sejam conhecidos há anos por passarem toda sua vida em condições anóxicas, esse foi o primeiro relato de um metazoário que comprovadamente vive desse modo e tem metabolismo anaeróbio obrigatório. Todas as três espécies não têm mitocôndrias, mas contêm hidrogenossomos em suas células, como também se observa em alguns protistas ciliados. Nessa bacia profunda, esses loricíferos ocorrem com a maior abundância já registrada para esse filo (até 701 espécimes/m^2). A nova espécie *Spinoloricus cinziae* da bacia hipersalina de L'Atalante foi descrita em 2014.

O corpo dos loricíferos é diminuto (85 a 800 μm de comprimento; o maior deles é *Titaniloricus inexpectatovus*), mas complexo, contendo mais de 10.000 células. O corpo é dividido em cabeça (introverte e cone oral), pescoço, tórax e abdome loricado. A cabeça, o pescoço e a maior parte do tórax podem encaixar-se dentro da lorica. A boca está localizada na extremidade de um introverte conhecido como **cone oral**, que se projeta da cabeça e contém seis **estiletes orais** protraíveis em algumas espécies. Além disso, o cone oral também pode ter até oito **cristas orais**, cada uma com uma bifurcação na base, onde se inserem oito músculos. Nove anéis de **escálides** em forma de espinho (200 a 400 escálides ao todo) com vários formatos também protraem da cabeça esférica, a maioria aparentemente com músculos intrínsecos. Nos pliciloricídeos, algumas dessas projeções contêm articulações perto de suas bases, que são reminiscentes dos membros articulados. O primeiro anel consiste em oito **clavoescálides** dirigidas anteriormente; os oito anéis restantes de **espinoescálides** estão direcionados posteriormente. Ao menos em algumas espécies de Nanaloricidae, a quantidade de clavoescálides difere entre os machos e as fêmeas. Os machos podem ter seis clavoescálides, que se ramificam em três ramos, resultando no total de até 20 clavoescálides. As clavoescálides parecem ser quimiorreceptoras, enquanto as espinoescálides são estruturas locomotoras e mecanorreceptoras. As 15 tricoescálides do pescoço podem ser duplas ou simples. Recentemente, pesquisadores descobriram que as tricoescálides estão ligadas a músculos grandes com estrias transversais e, na família Nanaloricidae, os adultos utilizam-nas para "saltar" mais que três vezes seu próprio comprimento, enquanto, na família Pliciloricidae, as tricoescálides podem ser usadas para nadar.

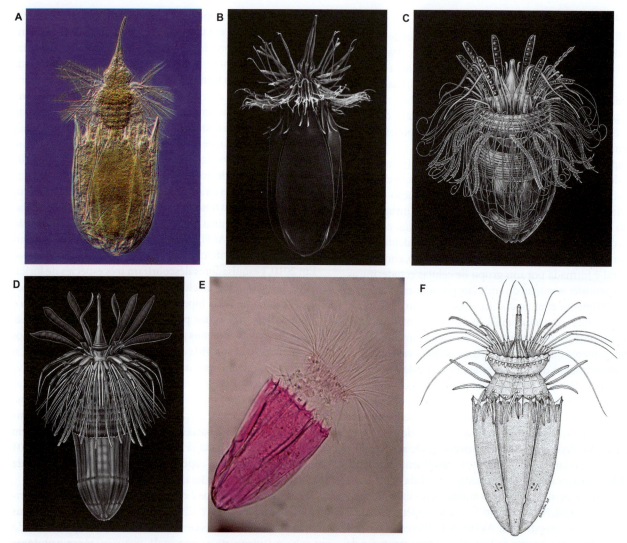

Figura 19.8 Representantes dos loricíferos. **A.** *Nanaloricus mysticus*, primeiro loricífero descrito (fotografia do espécime alótipo masculino da espécie, segundo Roscoff France). **B.** *Nanaloricus* sp. (uma espécie ainda não descrita do noroeste da França). **C.** *Pliciloricus enigmaticus* (macho) dos EUA. **D.** *Pliciloricus gracilis* (macho) dos EUA. **E** e **F.** *Spinoloricus cinziae* em *vistas dorsais* de microfotografia e ilustração à mão. Esse é o primeiro metazoário conhecido a viver em ambiente anóxico nas águas profundas do mar Mediterrâneo.

Quadro 19.3 Características do filo Loricifera.

1. Animais triploblásticos, bilateralmente simétricos, não segmentados – nunca são vermiformes.
2. O revestimento das cavidades corporais provavelmente não é peritoneal; podem ser blastocelomados.
3. Corpo dividido em cabeça (com um cone oral e uma introverte), pescoço e tórax e abdome loricado; o complexo formado por cabeça-pescoço-tórax pode ser telescopado para dentro da lorica.
4. Boca localizada no cone oral, cercada por espinhos (estiletes); cabeça (introverte) e pescoço com 7 a 9 anéis de escálides.
5. Trato digestivo completo.
6. Nenhum sistema aparente para circulação e troca de gases.
7. Um par de protonefrídios situado nas gônadas.
8. Gonocorísticos, partenogênicos (larvas neotênicas) ou hermafroditas; o desenvolvimento sempre inclui uma larva singular com artelhos.
9. Todos vivem nos ambientes intersticiais marinhos ou nas lamas dos mares profundos.

A lorica é constituída por 6 a 10 placas na família Nanaloricidae, que tem espinhos direcionados anteriormente ao redor da base do pescoço. Na família Pliciloricidae, não existem placas, mas há dobras cuticulares. No gênero *Pliciloricus*, existem cerca de 22 dobras, mas, nos gêneros *Rugiloricus* e *Titaniloricus*, há entre 30 e 60 dobras. Abaixo da cutícula e da parede corporal, existem várias bandas musculares, incluindo aquelas responsáveis pela retração das partes anteriores. A cavidade corporal é provavelmente um blastoceloma (como é típico nos escalidóforos) e varia de uma cavidade muito espaçosa nos pliciloricídeos a praticamente ausente em *Nanaloricus* (que, por isso, poderia ser acelomada nos adultos). Dois **dedos** musculares ocorrem nos segmentos caudais da larva, no abdome, e desempenham as funções de locomoção e adesão. Na família Nanaloricidae, a larva de Higgins tem estruturas cuticulares semelhantes a folhas conhecidas como **mucronos**. Essas estruturas podem estar envolvidas no comportamento natatório da larva.

O trato digestivo é completo. Um canal oral tubular longo estende-se da boca até um bulbo faríngeo muscularizado e o esôfago (Figura 19.9 B). A faringe tem músculos circulares e longitudinais. O lúmen dessas estruturas do trato digestivo anterior é revestido por cutícula. Atrás do esôfago, está um longo trato digestivo médio, que leva a um reto curto revestido por cutícula e a um ânus localizado em um cone anal. Um par de glândulas salivares está associado ao tubo oral. Pouco se sabe sobre a alimentação nos loricíferos, mas parece que alguns se alimentam de bactérias.

O sistema nervoso central inclui um gânglio circunfaringiano grande e inúmeros gânglios menores associados com as diversas regiões e partes do corpo. Um cordão nervoso ventral grande também contém gânglios. Ao menos algumas das escálides provavelmente desempenham função sensorial; contudo, vídeos demonstraram que no mínimo algumas tricoescálides estão envolvidas no comportamento saltatório.

Os loricíferos são gonocorísticos, embora uma espécie recém-descrita (*Rugiloricus renaudae*) seja hermafrodita. Os machos e as fêmeas diferem externamente quanto à forma e à quantidade de certas escálides. O sistema reprodutivo do macho compreende dois testículos dorsais na cavidade abdominal do corpo, provavelmente um blastoceloma. O sistema feminino inclui um par de ovários e, provavelmente, em algumas espécies de *Nanaloricus*, também dois receptáculos seminais. Suspeita-se que a fecundação seja interna. Os loricíferos têm um ou dois pares de protonefrídios monoflagelados, que estão localizados singularmente dentro das gônadas.

Existem poucos dados sobre o desenvolvimento inicial dos loricíferos. A maioria das espécies forma uma **larva de Higgins** bentônica, que se alimenta. Essa larva (Figura 19.10) desenvolve-se ao longo do mesmo plano corpóreo geral do adulto, mas tem um par de "artelhos" na extremidade posterior, que são usados para a locomoção. Esses artelhos também parecem ter glândulas adesivas em suas bases. Aparentemente, os estágios iniciais contêm reservas de vitelo nas células da cavidade corporal. A cutícula é descartada periodicamente à medida que o animal

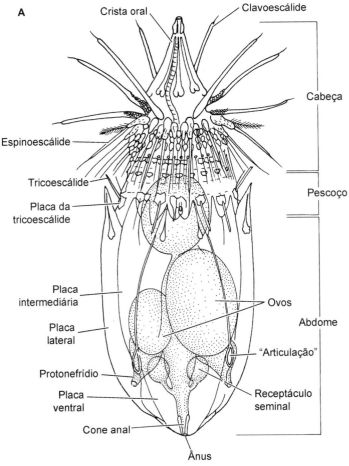

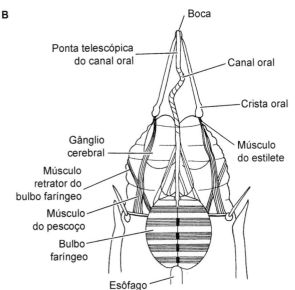

Figura 19.9 Anatomia dos loricíferos. **A.** Fêmea adulta do loricífero *Nanaloricus mysticus* (vista ventral). **B.** Extremidade anterior de *Nanaloricus mysticus*.

Figura 19.10 Larvas de Higgins de dois loricíferos. **A.** Larva de Higgins de *P. gracilis* (vista ventral; observe os estiletes orais e os dedos tubulares). **B.** Larva de Higgins de *Armorloricus elegans* (vista dorsal; observe que os dedos têm mucronos para natação).

666 Invertebrados

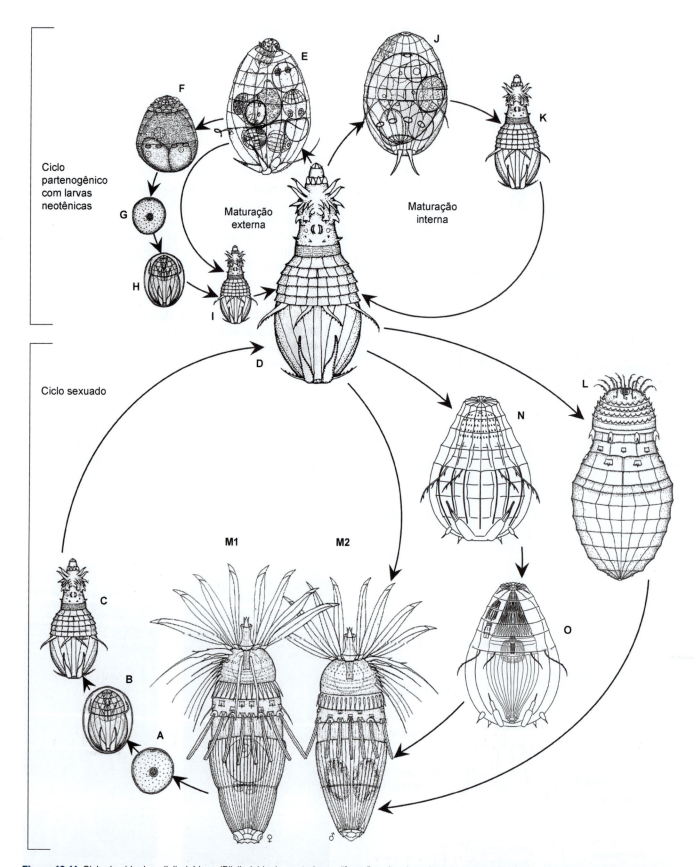

Figura 19.11 Ciclo de vida dos pliciloricídeos (Pliciloricidae) com todas as "fases" recém-descobertas de sua história de vida. **A.** Ovo. **B.** Embrião dentro do ovo. **C.** Primeiro instar da larva de Higgins. **D.** Instar tardio da larva de Higgins. **E.** Penúltima larva com "larva-fantasma" e embriões em seu interior. **F.** Larva-fantasma livre. **G.** Ovo. **H.** Embrião dentro do ovo. **I.** Primeiro instar da larva de Higgins. **J.** Penúltima larva com "larva-fantasma" e embriões em seu interior. **K.** Primeiro instar da larva de Higgins. **L.** Pós-larva livre. **M1.** Fêmea adulta. **M2.** Macho adulto. **N.** Último instar da larva de Higgins com pós-larva em seu interior. **O.** Último instar da larva de Higgins com pós-larva e adulto jovem em seu interior.

cresce em tamanho. Em algumas espécies, a larva sofre metamorfose a uma "pós-larva" (forma juvenil), que se assemelha a uma fêmea adulta, mas não tem ovários. Em outras, a metamorfose larval envolve uma muda seguida da formação direta de um espécime adulto.

A descoberta original dos loricíferos foi um evento afortunado, porque a primeira espécie descrita – *Nanaloricus mysticus* (Nanaloricidae) – provou ter o ciclo de vida mais simples desse filo, com os únicos estágios de vida sendo a larva de Higgins, a pós-larva livre-natante e a forma adulta. No segundo gênero descrito (*Rugiloricus*), pesquisadores descobriram um estágio pós-larval extremamente modificado (em *R. cauliculus*). A complexidade dos ciclos de vida dos loricíferos aumentou progressivamente com a descoberta das fases partenogênicas e com a descoberta recente de Urnaloricidae, que não têm formas adultas livres. Hoje sabemos que as espécies dos mares profundos aceleram seus ciclos de vida produzindo larvas neotênicas, que produzem 2 a 4 larvas adicionais por partenogênese. As larvas de alguns loricíferos encistam por algum tempo, antes de passar pela metamorfose; esse processo poderia incluir outro tipo de larva, a "larva-fantasma". A Figura 19.11 ilustra os ciclos de vida descobertos mais recentemente. A espécie *Rugiloricus manuelae* não forma pós-larvas de vida livre, algo semelhante ao que se observa no gênero *Pliciloricus*. As larvas de alguns loricíferos encistam por algum tempo, antes da metamorfose. A Figura 19.11 ilustra o ciclo de vida típico das espécies da família Pliciloricidae.

Bibliografia

Referências gerais

Adrianov, A. V. e V. V. Malakhov. 1999. Cephalorhyncha of the World Ocean. KMK Scientific Press, Moscou.
Borner, J. et al. 2014. A transcriptome approach to ecdysozoan phylogeny. Molecular Phylogenetics and Evolution 80: 79–87.
Danovaro, R. et al. 2010. The first Metazoa living in permanently anoxic conditions. BMC Biology 8: 30.
Dong, X. et al. 2010. The anatomy, taphonomy, taxonomy and systematic affinity of *Markuelia*: Early Cambrian to Early Ordovician scalidophorans. Palaeontology 53: 1291–1314.
Dunn, C. W. et al. 2014. Animal phylogeny and its evolutionary implications. Annu. Rev. Ecol. Evol. Syst. 45: 371–395.
Edgecombe, G. D. et al. 2011. Higher-level metazoan relationships: recent progress and remaining questions. Org. Divers. Evol. 11: 151–172.
Giese, A. C. e J. S. Pearse. 1974. *Reproduction of Marine Invertebrates, Vol. 1, Acoelomate and Pseudocoelomate Metazoans*. Academic Press, Nova York.
Higgins, R. P. e H. Thiel (eds.). 1988. *Introduction to the Study of Meiofauna*. Smithsonian Institution Press, Washington, DC.
Hyman, L. H. 1951. *The Invertebrates, Vol. 3, Acanthocephala, Aschelminthes, and Entoprocta*. McGraw-Hill, Nova York.
Kristensen, R. M. 1995. Are Aschelminthes pseudocoelomate or acoelomate? pp. 41–43 in G. Lanzavecchia, R. Valvassori e M. D. Candia Carnevali (eds.), *Body Cavities: Function and Phylogeny*. Selected Symposia and Monographs U. Z. I.
Maas, A. et al. 2009. Loricate larvae (Scalidophora) from the Middle Cambrian of Australia. Mem. Assoc. Australasian Paleontol. 37: 281–302.
Müller, K. J., D. Walossek e A. Zakharov. 1995. "Orsten" type phosphatized soft-integument preservation and a new record from the Middle Cambrian Kuonamka Formation in Siberia. Neus Jahrb. Geol. Paläontol. Abh. 197: 101–118.
Roberts, L. S. e J. Janovy, Jr. 1996. *Foundations of Parasitology*, 5th Ed. Wm. C. Brown, Chicago.
Rota-Stabelli, O. et al. 2011. A congruent solution to arthropod phylogeny: phylogenomic, microRNAs and morphology support monophyletic Mandibulata. Proceedings of the Royal Society B, 278: 298–306.
Ruppert, E. E. 1991. Introduction to the aschelminth phyla: A consideration of mesoderm, body cavities, and cuticle. pp.1–17 in F. W. Harrison e E. E. Ruppert (eds.), *Microscopic Anatomy of Invertebrates, Vol. 4, Aschelminthes*. Wiley-Liss, Nova York.
Schmidt-Rhaesa, A. (ed.) 2013. *Handbook of Zoology. Gastrotricha, Cycloneuralia and Gnathifera. Vol. 1: Nematomorpha, Priapulida, Kinorhyncha, Loricifera*. De Gruyter, Berlim/Boston.
Schmidt-Rhaesa, A. et al. 1998. The position of the Arthropoda in the phylogenetic system. J. Morphol. 238: 263–285.
Sørensen, M. V. et al. 2008. New data from an enigmatic phylum: evidence from molecular sequence data supports a sister-group relationship between Loricifera and Nematomorpha. J. Zool. Syst. Evol. Res. 46: 231–23.
Telford, M. J. et al. 2008. The evolution of the Ecdysozoa. Phil. Trans. Roy. Soc. B, Biol. Sci. 363: 1529–1537.
Wilson, R. A. e L. A. Webster. 1974. Protonephridia. Biol. Rev. 49: 127–160.

Kinorhyncha

Adrianov, A. V. e V. V. Malakhov. 1994. *Kinorhyncha: Structure, Development, Phylogeny and Taxonomy*. Nauka Publishing.
Brown, R. 1988. Morphology and ultrastructure of the sensory appendages of a kinorhynch introvert. Zool. Scr. 18: 471–482.
Dal Zotto, M. et al. 2013. *Franciscideres* gen. nov.–a new, highly aberrant kinorhynch genus from Brazil, with an analysis of its phylogenetic position. Syst. Biodiv. 11: 303–321.
Herranz, M. et al. 2014. Comparative myoanatomy of *Echinoderes* (Kinorhyncha): A comprehensive investigation by CLSM and 3D reconstruction. Front. Zool. 11: 31.
Herranz, M., F. Pardos e M. J. Boyle. 2013. Comparative morphology of serotonergic-like immunoreactive elements in the central nervous system of kinorhynchs (Kinorhyncha, Cyclorhagida). J. Morphol. 274: 258–274.
Higgins, R. P. 1974. Kinorhynchs. pp. 507–518 in A. G. Giese e J. S. Pearse (eds.), *Reproduction of Marine Invertebrates*. Academic Press, Nova York.
Kozloff, E. 2007. Stages of development, from first cleavage to hatching, of an *Echinoderes* (Phylum: Kinorhyncha: Class Cyclorhagida). Cah. Biol. Mar. 48: 199–206.
Kristensen, R. M. e R. P. Higgins. 1991. Kinorhyncha. pp. 378–404 in F. W. Harrison e E. E. Ruppert (eds.), *Microscopic Anatomy of Invertebrates, Vol. 4, Aschelminthes*. Wiley-Liss, Nova York.
Müller, M. C. M. e A. Schmidt-Rhaesa. 2003. Reconstruction of the muscle system in *Antygomonas* sp. (Kinorhyncha, Cyclorhagida) by means of phalloidin labeling and CLSM. J. Morphol. 256: 103–110.
Neuhaus, B. 1994. Ultrastructure of alimentary canal and body cavity, ground pattern, and phylogenetic relationships of the Kinorhyncha. Microfauna Mar. 9: 61–156.
Neuhaus, B. 1995. Postembryonic development of *Paracentrophyes praedictus* (Homalorhagida): neoteny questionable among the Kinorhyncha. Zool. Scr. 24: 179–192.
Neuhaus, B. 2013. 5. Kinorhyncha (= Echinodera). pp. 181–348 in Schmidt-Rhaesa, A. (ed.), *Handbook of Zoology. Gastrotricha, Cycloneuralia and Gnathifera. Vol. 1: Nematomorpha, Priapulida, Kinorhyncha, Loricifera*. De Gruyter, Berlim/Boston.
Sørensen, M. V. 2013. Phylum Kinorhyncha. Zootaxa 3703: 63–66.
Sørensen, M. V., G. Accogli e J. G. Hansen. 2010. Post-embryonic development in *Antygomonas incomitata* (Kinorhyncha: Cyclorhagida). J. Morphol. 271: 863–882.
Sørensen, M. V. et al. 2015. Phylogeny of Kinorhyncha based on morphology and two molecular loci. PLoS ONE 10(7): e0133440.
Sørensen, M. V. e F. Pardos. 2008. Kinorhynch systematics and biology an introduction to the study of kinorhynchs, inclusive identification keys to the genera. Meiofauna Mar. 16, 21–73.
Yamasaki, H., S. F. Hiruta e H. Kajihara. 2013. Molecular phylogeny of kinorhynchs. Mol. Phyl. Evolut. 67: 303–310.

Priapula

Alberti, G. e V. Storch. 1988. Internal fertilization in a meiobenthic priapulid worm: *Tubiluchus philippinensis* (Tubiluchidae, Priapulida). Protoplasma 143: 193–196.
Calloway, C. B. 1975. Morphology of the introvert and associated structures of the priapulid *Tubiluchus corallicola* from Bermuda. Mar. Biol. 31: 161–174.
Calloway, C. B. 1988. Priapulida. pp. 322–327 in P. Higgins e H. Thiel (eds.), *Introduction to the Study of Meiofauna*, Smithsonian Institution Press, Washington, DC.
Hammon, R. A. 1970. The burrowing of *Priapulus caudatus*. J. Zool. 162: 469–480.
Higgins, R. P. e V. Storch. 1989. Ultrastructural observations of the larva of *Tubiluchus corallicola* (Priapulida). Helgoländer Meeresuntersuchungen 43(1): 1–11.

Higgins, R. P. e V. Storch. 1991. Evidence for direct development in *Meiopriapulus fijiensis*. Trans. Am. Microsc. Soc. 110: 37–46.

Holger Roth, B. e A. Schmidt-Rhaesa. 2010. Structure of the nervous system in *Tubiluchus troglodytes* (Priapulida). Invert. Biol. 129: 39–58.

Huang, D. Y., J. Vannier e J. Y. Chen. 2004. Recent Priapulidae and their Early Cambrian ancestors: comparisons and evolutionary significance. Geobios 37: 217–228.

Joffe, B. I. e E. A. Kotikova. 1988. Nervous system of *Priapulus caudatus* and *Halicryptus spinulosus* (Priapulida). Proc. Zool. Inst. USSR Acad. Sci. 183: 52–77.

Lang, K. 1948. On the morphology of the larva of *Priapulus*. Arkiv. Zool. 41A, art. nos. 5 e 9.

Martín-Durán, J. M. *et al.* 2012. Deuterostome development in the protostome *Priapulus caudatus*. Curr. Biol. 22: 2161–2166.

Morris, S. C. 1977. Fossil priapulid worms. Palaeontol. Assoc. Lond. Spec. Pap. Palaeontol. 20: 1–95.

Morris, S. C. e R. A. Robison. 1985. Middle Cambrian priapulids and other soft-bodied fossils from Utah and Spain. Univ. Kansas Paleontol. Contr. 117: 1–22.

Oeschger, R. e K. B. Storey. 1990. Regulation of glycolytic enzymes in the marine invertebrate *Halicryptus spinulosus* (Priapulida) during environmental anoxia and exposure to hydrogen sulfide. Mar. Biol. 106(2): 261–266.

Oeschger, R. e R. D. Vetter. 1992. Sulfide detoxification and tolerance in *Halicryptus spinulosus* (Priapulida): A multiple strategy. Mar. Ecol. Prog. Ser. 86: 167–179.

Por, F. D. e H. J. Bromley. 1974. Morphology and anatomy of *Maccabeus tentaculatus* (Priapulida: Seticoronaria). J. Zool. 173: 173–197.

Rothe, B. H. e A. Schmidt-Rhaesa. 2010. Structure of the nervous system in *Tubiluchus troglodytes* (Priapulida). Invert. Biol. 129: 39–58.

Schmidt-Rhaesa, A. 2013. 4. Priapulida. pp. 147–180 in Schmidt-Rhaesa, A. (ed.), *Handbook of Zoology. Gastrotricha, Cycloneuralia and Gnathifera. Vol. 1: Nematomorpha, Priapulida, Kinorhyncha, Loricifera*. De Gruyter, Berlim/Boston.

Schmidt-Rhaesa, A., B. H. Rothe e A. G. Martínez. 2013. *Tubiluchus lemburgi*: A new species of meiobenthic Priapulida. Zool. Anz. 253: 158–163.

Schreiber, A. e V. Storch. 1992. Free cells and blood proteins of *Priapulus caudatus* Lamarck (Priapulida). Sarsia 76: 261–266.

Shapeero, W. L. 1962. The epidermis and cuticle of *Priapulus caudatus* Lamarck. Trans. Am. Microsc. Soc. 81(4): 352–355.

Shirley, T. C. e V. Storch. 1999. *Halicryptus higginsi* n. sp. (Priapulida)–a giant new species from Barrow, Alaska. Invert. Biol. 118: 404–413.

Sørensen, M. V. *et al.* 2012. A new recording of the rare priapulid *Meiopriapulus fijiensis*, with comparative notes on juvenile and adult morphology. Zool. Anz. 251: 364–371.

Storch, V. 1991. Priapulida. pp. 333–350 in F. W. Harrison e E. E. Ruppert (eds.), *Microscopic Anatomy of Invertebrates, Vol. 4, Aschelminthes*, Wiley-Liss, Nova York.

Storch, V., R. P. Higgins e M. P. Morse. 1989. Internal anatomy of *Meiopriapulus fijienses* (Priapulida). Trans. Am. Microsc. Soc. 108: 245–261.

Storch, V., R. P. Higgins e H. Rumohr. 1990. Ultrastructure of the introvert and pharynx of *Halicryptus spinulosus* (Priapulida). J. Morphol. 206: 163–171.

Storch, V. *et al.* 1995. Scanning and transmission electron microscopic analysis of the introvert of *Priapulopsis australis* and *Priapulopsis bicaudatus* (Priapulida). Invert. Biol. 114: 64–72.

Van der Land, J. 1970. Systematics, zoogeography, and ecology of the Priapulida. Zool. Verh. Rijksmus. Nat. Hist. Leiden 112: 1–118.

Van der Land, J. e A. Nørrevang. 1985. Affinities and intraphyletic relationships of the Priapulida. pp. 261–273 in S. C. Morris *et al.* (eds.), *The Origins and Relationships of Lower Invertebrates*. Syst. Assoc. Spec. Vol. No. 28. Oxford Press.

Vannier, J. *et al.* 2010. Priapulid worms: pioneer horizontal burrowers at the Precambrian-Cambrian boundary. Geology 38: 711–714.

Webster, B. L. *et al.* 2006. Mitogenomics and phylogenomics reveal priapulids worms as extant models of the ancestral ecdysozoan. Evol. Dev. 8: 502–510.

Webster, B. L. *et al.* Littlewood. 2007. The mitochondrial genome of *Priapulus caudatus* Lamarck (Priapulida: Priapulidae). Gene 389: 96–105.

Welsch, U., R. Erlinger e V. Storch. 1992. Glycosaminoglycans and fibrillar collagen in Priapulida: A histo- and cytochemical study. Histochemistry 98: 389–397.

Wennberg, S. A., R. Janssen e G. E. Budd. 2008. Early embryonic development of the priapulids worm *Priapulus caudatus*. Evol. Dev. 10: 326–338.

Wennberg, S. A., R. Janssen e G. E. Budd. 2009. Hatching and earliest larval stages of the priapulid worm *Priapulus caudatus*. Invert. Biol. 128: 157–171.

Loricifera

Gad, G. 2004. A new genus of Nanaloricidae (Loricifera) from deepsea sediments of volcanic origin in the Kilinailau Trench north of Papua New Guinea. Helgoland Mar. Res. 58: 40–53.

Gad, G. 2005. Giant Higgins-larvae with paedogenetic reproduction from the deep sea of the Angola Basin: evidence for a new life cycle and for abyssal gigantism in Loricifera? Organisms, Diversity and Evolution 5, suppl. 1: 59–75.

Heiner, I. e R. M. Kristensen. 2008. *Urnaloricus gadi* nov. gen. et nov. sp. (Loricifera, Urnaloricidae nov. fam.), an aberrant Loricifera with a viviparous pedogenetic life cycle. J. Morphol. doi: 10.1002/jmor.10671

Higgins, R. P. e R. M. Kristensen. 1986. New Loricifera from southeastern United States coastal waters. Smithson. Contrib. Zool. 438: 1–70.

Higgins, R. P. e R. M. Kristensen. 1988. Loricifera. pp. 319–321 in R. P. Higgins e H. Theil (eds.), *Introduction to the Study of Meiofauna*. Smithsonian Institution Press, Washington, DC.

Kristensen, R. M. 1983. Loricifera, a new phylum with Aschelminthes characters from the meiobenthos. Z. Zool. Syst. Evolutionsforsch. 21: 163–180.

Kristensen, R. M. 1991. Loricifera. pp. 351–375 in F. W. Harrison e E. E. Ruppert (eds.), *Microscopic Anatomy of Invertebrates, Vol. 4, Aschelminthes*, Wiley-Liss, Nova York.

Kristensen, R. M. 1991. Loricifera: A general biological and phylogenetic overview. Vehr. Dtsch. Zool. Ges. 84: 231–246.

Kristensen, R. M., I. Heiner e R. P. Higgins. 2007. Morphology and life cycle of a new loriciferan from the Atlantic coast of Florida with an emended diagnosis and life cycle of Nanaloricidae (Loricifera). Invert. Biol. 126: 120–137

Kristensen, R. M., R. C. Neves e Gad, G. 2013. First report of Loricifera from the Indian Ocean: A new *Rugiloricus*-species represented by a hermaphrodite. Cah. Biol. Mar. 54: 161–171.

Kristensen, R. M. e Y. Shirayama. 1988. *Pliciloricus hadalis* (Pliciloricidae), a new loriciferan species collected from the Izu-Ogasawara Trench, Western Pacific. Zool. Sci. 5: 875–881.

Neves, R. *et al.* 2013. A complete three-dimensional reconstruction of the myoanatomy of Loricifera: comparative morphology of an adult and a Higgins larva stage. Front. Zool. 10: 19.

Neves, R. C. *et al.* 2014. *Spinoloricus cinziae* (Phylum Loricifera): A new species from a hypersaline anoxic deep basin in the Mediteterranean Sea. Syst. Biodivers. 12 (4): 489–502.

Neves, R. C. e R. M. Kristensen. 2013. A new type of loriciferan larva (Shira larva) from the deep sea of Shatsky Rise, Pacific Ocean. Org. Divers. Evol. doi: 10.1007/s13127-013-0160-4

Neves, R. C. *et al.* 2013. A complete three-dimensional reconstruction of the myoanatomy of Loricifera: comparative morphology of an adult and a Higgins larva stage. Front. Zool. 10 (19): 1–21.

Pardos, F. e R. M. Kristensen. 2013. First record of Loricifera from the Iberian Peninsula, with the description of *Rugiloricus manuelae* sp. nov. (Loricifera, Pliciloricidae). Helgol. Mar. Res. doi: 10.1007/s10152-013-0349-0

Peel, J. S., M. Stein e R. M. Kristensen. 2013. Life cycle and morphology of a Cambrian stem-lineage loriciferan. PLoS ONE 8: e73583.

20

Surgimento dos Artrópodes

Tardígrados, Onicóforos e Plano Corpóreo dos Artrópodes

Os artrópodes representam 81,5% de todas as espécies vivas de animais descritos. Esses animais são tão abundantes, tão diversificados e desempenham papéis tão importantes em todos os ambientes do planeta que dedicamos cinco capítulos a eles. O presente capítulo está dividido em três partes: a primeira descreve os parentes próximos dos artrópodes – os filos Tardigrada (ursos aquáticos) e Onychophora (vermes aveludados; *Peripatus* e seus parentes). Em seguida, introduzimos os artrópodes propriamente ditos, explorando o plano corpóreo geral e as características unificadoras básicas desse filo, além do modo como essa combinação de características levou a seu sucesso proeminente. Por fim, apresentamos uma revisão sucinta da evolução dos artrópodes. As descrições detalhadas dos subfilos dos artrópodes vivos (Crustacea, Hexapoda, Myriapoda, Chelicerata) estão nos Capítulos 21 a 24.

A relação estreita entre Onychophora, Tardigrada e Arthropoda raramente foi questionada, e esse clado é conhecido como **Panarthropoda**. Os pan-artrópodes compreendem um dos três grandes clados de Ecdisozoários, ou protostômios que realizam muda. Os pan-artrópodes surgiram nos mares pré-cambrianos ancestrais, há 550 a 600 milhões de anos, e os artrópodes em particular passaram por um processo espetacular de radiação evolutiva a partir dessa época. Existem mais de um milhão de espécies de artrópodes vivos descritas, em comparação com 1.200 tardígrados e 200 onicóforos (Tabela 20.1). Durante anos, acreditou-se que os tardígrados fossem o grupo-irmão dos artrópodes, mas análises recentes de filogenia molecular sugeriram que os onicóforos sejam o grupo-irmão dos artrópodes e que os tardígrados sejam o grupo-irmão dessa dupla. Entretanto, a última palavra sobre esse assunto provavelmente ainda não foi proferida.

Hoje em dia, os artrópodes são encontrados em quase todos os ambientes do planeta, explorando todos os estilos de vida imagináveis (Figura 20.1 C a J). As dimensões dos artrópodes atuais variam dos ácaros diminutos e crustáceos com menos de 1 mm de comprimento até os caranguejos-aranhas japoneses (*Macrocheira kaempferi*), cujo diâmetro das pernas

Classificação do reino Animal (Metazoa)

Não Bilateria*
(Também conhecidos como diploblastos)
  FILO PORIFERA
  FILO PLACOZOA
  FILO CNIDARIA
  FILO CTENOPHORA

Bilateria
(Também conhecidos como triploblastos)
  FILO XENACOELOMORPHA
Protostomia
  FILO CHAETOGNATHA
  SPIRALIA
    FILO PLATYHELMINTHES
    FILO GASTROTRICHA
    FILO RHOMBOZOA
    FILO ORTHONECTIDA
    FILO NEMERTEA
    FILO MOLLUSCA
    FILO ANNELIDA
    FILO ENTOPROCTA
    FILO CYCLIOPHORA
  Gnathifera
    FILO GNATHOSTOMULIDA
    FILO MICROGNATHOZOA
    FILO ROTIFERA

  Lophophorata
    FILO PHORONIDA
    FILO BRYOZOA
    FILO BRACHIOPODA
  ECDYSOZOA
    Nematoida
      FILO NEMATODA
      FILO NEMATOMORPHA
    Scalidophora
      FILO KINORHYNCHA
      FILO PRIAPULA
      FILO LORICIFERA
    Panarthropoda
      FILO TARDIGRADA
      FILO ONYCHOPHORA
      FILO ARTHROPODA
        SUBFILO CRUSTACEA*
        SUBFILO HEXAPODA
        SUBFILO MYRIAPODA
        SUBFILO CHELICERATA
  Deuterostomia
    FILO ECHINODERMATA
    FILO HEMICHORDATA
    FILO CHORDATA

*Grupo parafilético.

TABELA 20.1 Comparação dos filos dos pan-artrópodes (Panarthropoda).

Filo	Número de espécies descritas	Túbulos de Malpighi	Músculos isolados em faixas	Pernas articuladas	Olhos compostos
Tardigrada	1.200	Presentes; derivados da endoderme	Até certo grau	Não	Não
Onychophora	200	Ausentes	Parcialmente	Não	Não
Crustacea	70.000	Ausentes	Fortemente	Sim	Sim
Hexapoda	Cerca de 926.990	Presentes; derivados da ectoderme	Fortemente	Sim	Sim
Myriapoda	16.360	Presentes; derivados da ectoderme	Fortemente	Sim	Sim
Chelicerata	113.335	Presentes; derivados da endoderme	Fortemente	Sim	Sim
Trilobita (extinto)	> 15.000	Desconhecidos	Fortemente	Sim	Sim

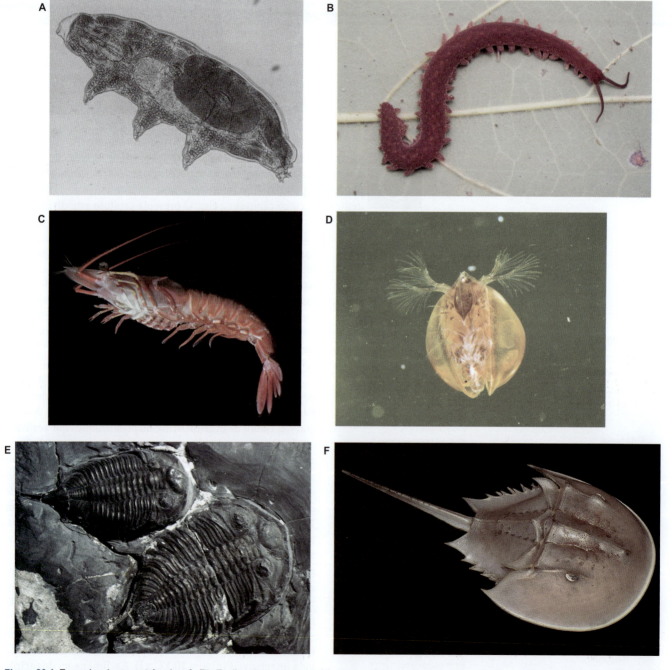

Figura 20.1 Exemplos de pan-artrópodes. **A.** Filo Tardigrada: um urso aquático com ovócitos em desenvolvimento. **B.** Filo Onychophora: um verme aveludado. **C** e **D.** Filo Arthropoda, subfilo Crustacea. **C.** Camarão oceânico *Sicyonia ingentis*. **D.** *Clam shrimp* (ordem Diplostraca). **E.** Filo Arthropoda, subfilo Trilobita. **F** a **H.** Filo Arthropoda, subfilo Chelicerata. **F.** Caranguejo-ferradura *Limulus* (classe Merostomata).

(*continua*)

Figura 20.1 (*Continuação*) G. Aranha de pomar *Leucauge* (uma tecedeira com mandíbulas grandes; classe Arachnida). H. Um picnogonídeo (classe Pycnogonida). I. Filo Arthropoda, subfilo Myriapoda. Uma centopeia litobiomorfa. J. Filo Arthropoda, subfilo Hexapoda. Um gafanhoto cabeça-de-cavalo (*Taeniopoda eques*) do Arizona.

esticadas pode chegar a quase 4 m. Nosso conhecimento inadequado acerca da biodiversidade da Terra fica evidente quando consideramos os números estimados de *espécies não descritas* de artrópodes, que variam de 3 milhões a mais de 100 milhões de espécies. A maior parte dessa diversidade ainda por descobrir vive entre os insetos e ácaros terrestres, além dos crustáceos marinhos. Independentemente de adotarmos estimativas conservadoras ou liberais, somos defrontados com a realidade de que nenhum outro filo se aproxima em magnitude da riqueza de espécies dos artrópodes. Poderíamos dizer que o mundo moderno pertence aos artrópodes. Contudo, apesar de sua diversidade surpreendente, os artrópodes compartilham um conjunto de semelhanças fundamentais e um plano corpóreo unificador distinto, que descrevemos neste capítulo. Primeiramente, porém, iniciaremos nossa descrição com os parentes menos diversificados dos artrópodes, ainda que igualmente carismáticos – os tardígrados (ursos aquáticos) e os onicóforos (vermes aveludados).

Filo Tardigrada

A primeira observação registrada de um tardígrado foi efetuada por Eichhorn em 1767. Desde então, foram descritas cerca de 1.200 espécies. Os tardígrados fósseis são muito raros e, até recentemente, os únicos fósseis descritos provinham do âmbar Cretáceo da América do Norte – *Beorn leggi* do Canadá e *Milnesium swolenskyi* de Nova Jersey (EUA). Contudo, recentemente, fósseis rochosos dos tardígrados foram descobertos nos depósitos cambrianos inferiores de Chengjiang (China) e nos depósitos do Cambriano Médio de Orsten (Sibéria); os espécimes desse último período tinham apenas três pares de pernas (Quadro 20.1).

Análises filogenômicas recentes, bem como estudos de neuroanatomia, apoiam a hipótese tradicional de que os tardígrados façam parte do clado Panarthropoda. Embora a posição filogenética dos tardígrados em relação aos onicóforos (Onychophora) ainda seja debatida, a evidência mais recente sugere que esses últimos sejam o grupo-irmão dos artrópodes (Arthropoda), enquanto os tardígrados (Tardigrada) provavelmente são o grupo-irmão desses dois agrupamentos.

Quadro 20.1 Características do filo Tardigrada.

1. Animais com segmentação modificada, ou não teloblástica; quatro pares de pernas.
2. Túbulos de Malpighi derivados da endoderme; sem cutícula.
3. Músculos na forma de faixas isoladas.
4. Pernas telescópicas inarticuladas, sem musculatura intrínseca.
5. Com uma única conexão nervosa entre o primeiro lobo do cérebro e o primeiro gânglio ventral do tronco – inexistente em todos os outros metazoários.
6. Celoma corporal acentuadamente reduzido, funcionando como hemocele (compartimentos celômicos definidos restritos às cavidades gonadais).
7. Cutícula fina, não calcificada.
8. Parede corporal sem camada de músculos circulares laminares.
9. Alguns têm músculo estriado.
10. Boca terminal ou ventral.
11. Sem vasos sanguíneos, estruturas de troca gasosa e metanefrídios verdadeiros bem-definidos.
12. Podem fazer anabiose/criptobiose acentuada.

A maioria das espécies de tardígrados vivos é encontrada nos hábitats semiaquáticos, inclusive películas de água sobre musgos, liquens, criptógamas (hepáticas) e algumas angiospermas, ou no solo e na serapilheira das florestas. Outras vivem em diversos hábitats de água doce e bentônicos marinhos, rasos ou profundos, geralmente nos interstícios ou entre as algas das praias. Algumas espécies muito interessantes foram relatadas nas fontes hidrotermais. Algumas espécies marinhas são comensais nos pleópodes dos isópodes ou nas brânquias dos mexilhões; outras são ectoparasitas na epiderme das holotúrias ou cracas. Algumas vezes, os tardígrados são encontrados em grandes densidades: até 300.000/m² no solo e mais de 2.000.000/m² nos musgos. Todos são pequenos, geralmente medem entre 0,1 a 0,5 mm de comprimento, embora tenham sido descritas algumas formas "gigantes", com cerca de 1,3 mm.

Ao exame microscópico, os tardígrados são semelhantes aos ursos de oito pernas em miniatura, especialmente porque se movem com marcha ursina desajeitada – daí o nome Tardigrada (do latim, *tardus*, "lento"; *gradus*, "passo"). Sua locomoção, seu corpo barrigudo e suas pernas com garras conferiram-lhes o apelido de "ursos aquáticos" (Figuras 20.1 A; 20.2 a 20.10).

A maioria das espécies terrestres de tardígrados tem distribuição ampla e muitas poderiam ser consideradas cosmopolitas. Um fator importante para essa distribuição ampla provavelmente foi o fato de que seus ovos, cistos e tonéis (ver adiante) são suficientemente leves e resistentes para ser transportados por grandes distâncias, seja pelos ventos, seja na areia e na lama, agarrados às pernas de insetos, aves e outros animais. Os tamanhos diminutos e os hábitats precários em que vivem os ursos

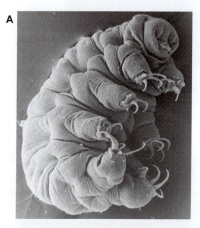

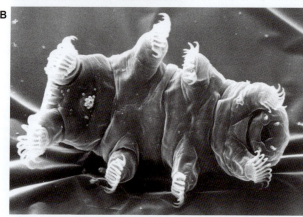

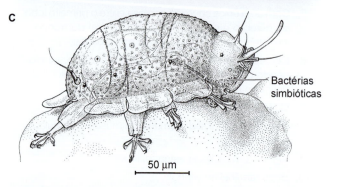

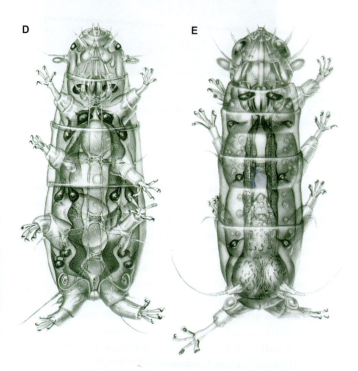

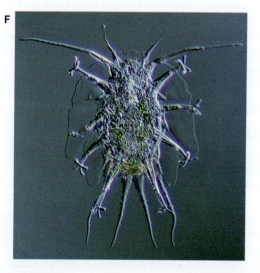

Figura 20.2 Filo Tardigrada. Representantes dos tardígrados. **A.** *Halobiotus crispae*, uma espécie marinha comum nas algas pardas da Groenlândia. Essa espécie passa por uma ciclomorfose anual, que envolve um estágio especial de hibernação (pseudossímplex), durante o qual ela hiberna no gelo da zona litorânea da Groenlândia. **B.** *Echiniscoides sigismundi* (*vista ventral*), uma espécie litorânea da Dinamarca. **C.** *Wingstrandarctus corallinus*. **D** e **E.** *Styraconyx qivitoq* (*vistas ventral* e *dorsal*), um tardígrado que vive nos ectoproctos e foi coletado apenas na Groenlândia. **F.** *Florarctus heime* (Arthrotardigrada), um urso aquático marinho das areias costeiras da ilha Heron, Austrália. Um macho com clavas primárias extremamente longas (quimiorreceptores).

aquáticos acarretaram diversos traços também encontrados em alguns grupos de blastocelomados que vivem em hábitats semelhantes.

Os tardígrados são bem-conhecidos por suas notáveis capacidades de **anabiose** (um estado de dormência que inclui atividade metabólica extremamente reduzida durante condições ambientais desfavoráveis) e **criptobiose** (um estado extremo de anabiose no qual todos os sinais externos de atividade metabólica estão ausentes). Durante os períodos de seca, quando as poças ou a vegetação na qual eles habitam tornam-se ressecadas, os tardígrados terrestres e de água doce encistam, puxando suas pernas, perdendo água corporal e secretando um envelope cuticular de paredes duplas ao redor do corpo atrofiado. Esses cistos anabióticos mantêm uma taxa metabólica basal muito baixa. A reorganização (ou "desorganização") adicional do corpo pode levar ao estágio de **tonel** com parede simples, no qual o metabolismo corporal é indetectável (um estado criptobiótico). A expressão extrema de criptobiose é a **anidrobiose**, na qual os tardígrados terrestres podem sobreviver na forma de tonéis secos por muitos anos.

As qualidades de resistência dos tonéis dos tardígrados em anidrobiose foram demonstradas por experimentos nos quais os indivíduos se recuperaram após a imersão em compostos extremamente tóxicos, tais como salmoura, éter, álcool absoluto e até mesmo hélio líquido. Esses animais sobreviveram a temperaturas entre +149°C e –272°C, ou seja, à beira do zero absoluto. Também sobreviveram ao alto vácuo, à radiação ionizante intensa e aos períodos longos sem nenhum oxigênio ambiente. Depois da dessecação, quando a água está disponível novamente, os animais incham e voltam à atividade dentro de algumas horas. Muitos rotíferos, nematódeos, ácaros e insetos também são conhecidos por suas capacidades anabióticas, e esses grupos são encontrados frequentemente na superfície das películas de água das plantas, como musgos e liquens. Os tardígrados também estão presentes na lâmina de gelo da Groenlândia, nos chamados buracos de crioconita formados pela poeira estelar e no material terrestre escuro, como fuligem e poeira vulcânica, na qual poucos metazoários conseguem sobreviver. Experimentos com tardígrados em anidrobiose demonstraram que eles conseguem sobreviver mesmo a vários meses no espaço sideral. O experimento BIOPAN 6, realizado em 2007, confirmou que os tardígrados dos musgos (Figura 20.3) podem sobreviver fora da nave espacial em anidrobiose por vários meses. No caso mais extremo, os embriões de *Milnesium tardigradum* mantidos por 3 meses no espaço sideral eclodiram e 100% sobreviveram depois da reidratação.

Um gênero de tardígrados marinhos (*Echiniscoides*) sobrevive muito bem com um ciclo de vida que alterna regularmente entre estágio ativo (Figura 20.2B) e estágio de tonel, e pode até sobreviver a um ciclo induzido experimentalmente que os force a entrar em criptobiose a cada 6 horas! Existem evidências sugerindo que o processo de envelhecimento dos tardígrados praticamente cesse durante a criptobiose e que, por alternância dos períodos ativos e criptobióticos, eles possam prolongar seu período de vida em várias décadas. Um relato espetacular descreveu um espécime desidratado de um museu italiano, que gerou tardígrados vivos quando foi umidificado depois de 120 anos na prateleira! Entretanto, esse espécime morreu pouco depois. Análises genômicas recentes dos tardígrados indicaram que esse grupo adquiriu enorme quantidade de genes alheios de várias Eubacteria, Archaea e até mesmo plantas e fungos, os quais foram incorporados ao seu próprio genoma. Esses genes adotados, que podem representar cerca de 17,5% do DNA dos tardígrados, poderiam desempenhar um papel importante na capacidade demonstrada pelos ursos aquáticos de resistir às condições de estresse extremo.

Em algumas áreas com condições ambientais extremas, os tardígrados marinhos podem passar por um ciclo anual de **ciclomorfose** (em vez da criptobiose típica das formas de água doce e terrestres). Durante a ciclomorfose, o animal alterna entre duas morfologias diferentes. Por exemplo, *Halobiotus crispae*, uma espécie litorânea encontrada inicialmente na Groenlândia (Figuras 20.2 A e 20.4), tem uma forma de verão e outra de inverno.

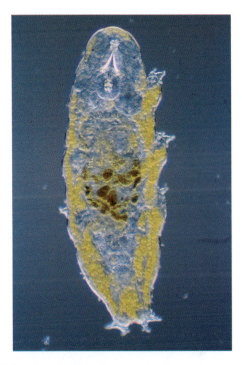

Figura 20.3 *Richtersius coronifer*, um eutardígrado gigante que vive no musgo da ilha de Öland, Suécia. O tonel criptobiótico dessa espécie sobreviveu aos experimentos no espaço sideral

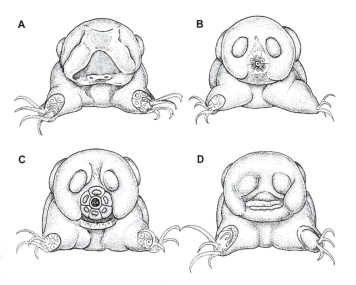

Figura 20.4 Ciclomorfose do tardígrado marinho *Halobiotus crispae* da Groenlândia (*vista frontal*). **A.** Estágio de hibernação da pseudossímplex 1 (forma de inverno com cutícula dupla). **B.** Pseudossímplex 2 (forma de primavera, com cutícula fina e garras pequenas). **C.** Estágio sexualmente maduro (forma de verão com garras longas). **D.** Estágio de muda (símplex) com abertura oral fechada (animais em muda podem ser encontrados ao longo de todo o ano).

Essa última forma é um estágio especial de hibernação conhecido como **pseudossímplex**, resistente às temperaturas congelantes e talvez às salinidades baixas. Ao contrário dos tonéis criptobióticos, a pseudossímplex é uma forma ativa e móvel. A ciclomorfose está associada ao desenvolvimento das gônadas e, na Groenlândia, apenas a forma de verão é sexualmente madura.

O filo Tardigrada compreende 22 famílias distribuídas em três classes: Heterotardigrada, Mesotardigrada e Eutardigrada. Essas classes são definidas amplamente pelos detalhes dos apêndices cefálicos, pela natureza das garras das pernas e pela existência ou ausência dos "túbulos de Malpighi". A classe Mesotardigrada é interessante, porque sua única espécie, *Thermozodium esakii*, foi encontrada apenas nas fontes termais do Parque Unzen, perto de Nagasaki, Japão (e não foi observada desde o fim da Segunda Guerra Mundial). Os heterotardígrados incluem as ordens Arthrotardigrada (quase todos de animais marinhos) e Echiniscoidea (formas marinhas, límnicas e terrestres). Os eutardígrados compreendem duas ordens: Apochela (formas límnicas e terrestres) e Parachela (animais límnicos e terrestres, com exceção de dois gêneros secundariamente marinhos).

Plano corpóreo dos tardígrados

Os tardígrados têm quatro pares de pernas ventrolaterais (Figuras 20.2, 20.5 e 20.6). As pernas dos eutardígrados (Figura 20.2 A) são extensões ocas e curtas da parede corporal, basicamente em configuração lobopodal e semelhante às pernas lobopodais dos onicóforos. Cada perna termina em uma ou cerca de uma dúzia

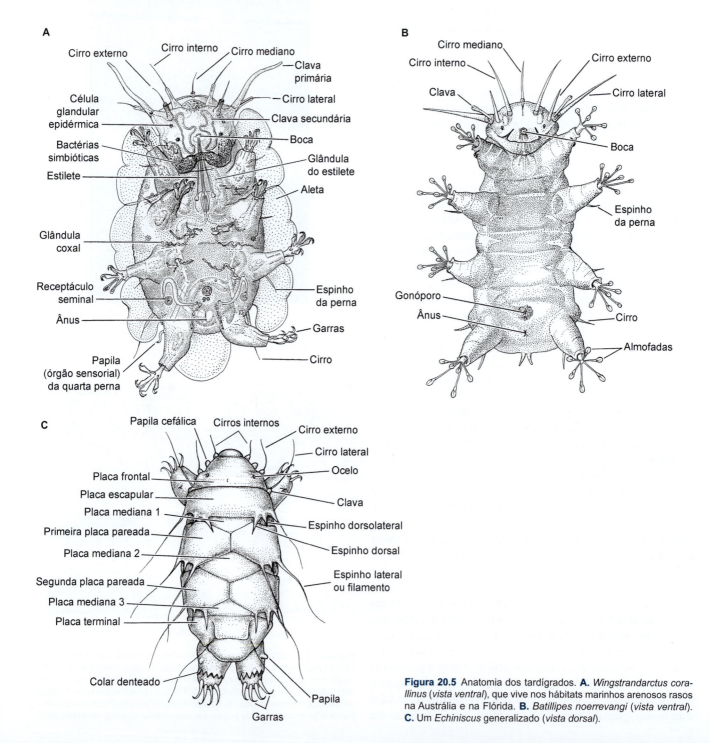

Figura 20.5 Anatomia dos tardígrados. **A.** *Wingstrandarctus corallinus* (vista ventral), que vive nos hábitats marinhos arenosos rasos na Austrália e na Flórida. **B.** *Batillipes noerrevangi* (vista ventral). **C.** Um *Echiniscus* generalizado (vista dorsal).

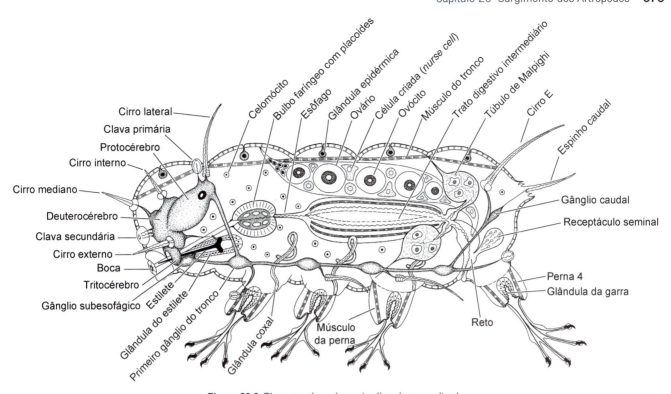

Figura 20.6 Plano corpóreo de um tardígrado generalizado.

ou mais das chamadas "garras" (Figuras 20.2 B e 20.7). As garras podem ser modificadas na forma de almofadas ou discos adesivos, ou podem ser semelhantes às garras dos onicóforos (Figura 20.7). Nos artrotardígrados marinhos (Figuras 20.2 C e 20.5 A), as pernas são fortemente telescópicas, consistindo nas seguintes partes: coxa, fêmur, tíbia e tarso; contudo, não há evidência de que esses "segmentos" da perna sejam homólogos aos das pernas dos artrópodes.

Como nos onicóforos, o corpo dos tardígrados é coberto por uma cutícula fina não calcificada, trocada periodicamente. É frequentemente ornamentada e, algumas vezes, dividida em placas dorsal e lateral (raramente ventral) dispostas simetricamente (Figuras 20.2 e 20.5 C). Essas placas podem ser homólogas aos escleritos dos artrópodes, mas existem dúvidas quanto a isso. A cutícula compartilha algumas características com os onicóforos e artrópodes, mas também é singular em certos aspectos – por exemplo, a epicutícula geralmente tem pilares de sustentação (Figura 20.8). Nas demais partes, a cutícula é constituída por até sete camadas distintas, contendo várias proteínas esclerotizadas ("tanagem"), sempre com quitina na procutícula, e reveste o trato digestivo anterior e o reto. A cutícula é secretada pela epiderme subjacente, que é composta por um número constante de células em muitas espécies (mas não em todas). Essa eutelia é comum nos metazoários diminutos e temos observado vários outros exemplos entre os filos de blastocelomados (p. ex., rotíferos). O crescimento dos tardígrados ocorre por "mudas", como nos onicóforos e artrópodes, e a maturação sexual é alcançada depois de três a seis larvas instares. A cutícula não é a única a ser trocada – o canal oral, os dois estiletes, os dois suportes dos estiletes e a parte distal das pernas com garras ou artelhos também são reconstituídos durante a ecdise. As garras e os estiletes são formados em glândulas especiais – as chamadas **glândulas do estilete** e da **garra** (Figuras 20.5 A e 20.6). Durante a ecdise, o animal não pode comer e o orifício oral está fechado. Essa fase do ciclo é conhecida como **estágio símplex**.

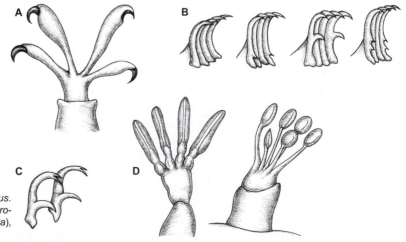

Figura 20.7 Pés dos tardígrados. A. Pé de *Halechiniscus*. B. Tipos de garras de *Echiniscus*. C. Garras típicas de *Macrobiotus*. D. Pé de *Orzeliscus* (à esquerda) e *Batillipes* (à direita), mostrando os discos ou almofadas adesivas nas garras.

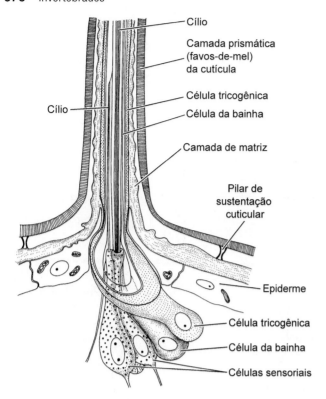

Figura 20.8 Base de uma cerda externa de *Batillipes noerrevangi* (*corte longitudinal*), mostrando a relação entre as diversas células e a cutícula.

Embora o corpo seja muito curto, ainda assim é homônomo e com uma fraca cefalização. Os tardígrados não marinhos comumente são animais coloridos, que exibem tonalidades de rosa, roxo, verde, vermelho, amarelo, cinza e preto. A cor é determinada pelos pigmentos da cutícula, pela cor do alimento presente no trato digestivo ou pela presença de corpos granulares com caroteno nos celomócitos suspensos na hemocele.

Assim como o celoma dos artrópodes e dos onicóforos, o celoma dos tardígrados adultos é acentuadamente reduzido e está amplamente confinado às cavidades gonadais. Desse modo, a cavidade principal do corpo é uma hemocele e o líquido corporal incolor banha diretamente os órgãos internos e a musculatura do corpo. A musculatura dos tardígrados é muito diferente dos onicóforos, nos quais os músculos da parede corporal estão arranjados em camadas laminares; nos tardígrados, não existem músculos circulares na parede corporal e os músculos ocorrem em faixas separadas, que se estendem entre os pontos de inserção subcuticular, como ocorre nos artrópodes (Figura 20.6).

Durante muito tempo, pensou-se que os tardígrados possuíam apenas músculos lisos, em contraste com os músculos estriados dos artrópodes e, no passado, essa característica era utilizada como argumento contra a existência de uma relação direta entre esses dois filos. Contudo, hoje sabemos que os tardígrados têm músculos lisos e estriados, esses últimos predominando na classe Arthrotardigrada. Os músculos estriados são do mesmo tipo encontrado nos artrópodes, sendo transversalmente, não obliquamente, estriados, como se observa nos onicóforos. Vários detalhes de estrutura fina das regiões de ligação dos músculos também são compartilhados entre tardígrados e artrópodes. R. M. Kristensen sugeriu que uma mudança parcial do músculo estriado típico dos artrópodes para o músculo liso de alguns tardígrados poderia ter acompanhado uma transição do ambiente marinho para o terrestre, e poderia estar relacionada funcionalmente ao fenômeno da criptobiose. Além disso, fibras nervosas lentas e rápidas são encontradas nos tardígrados, as primeiras predominando na musculatura somática e as últimas, na musculatura das pernas. Entretanto, a musculatura da perna parece ser inteiramente extrínseca, como a dos onicóforos, com uma inserção do músculo próxima da ponta da perna e a outra dentro do próprio corpo. A maioria das faixas musculares dos tardígrados consiste em uma única célula muscular, ou algumas células musculares grandes em cada uma.

Locomoção. A concentração dos músculos em unidades bem-definidas e a cutícula espessa dos tardígrados exigem uma estratégia de locomoção diferente do sistema basicamente hidrostático encontrado nos onicóforos. Em vez disso, os tardígrados usam marcha passo a passo, controlada por conjuntos de músculos antagônicos independentes, ou por músculos flexores que trabalham contra a pressão hemocélica. As garras, as almofadas ou os discos existentes nas extremidades das pernas são usados para agarrar e subir nos objetos, inclusive faixas de vegetação ou partículas do sedimento (Figura 20.7). Além disso, ao menos uma espécie marinha (*Tholoarctus natans*) consegue nadar até certo ponto como uma água-viva utilizando uma expansão em forma de sino da borda da cutícula para manter-se suspenso pouco acima do sedimento.

Alimentação, digestão e excreção. Em geral, os tardígrados alimentam-se dos líquidos existentes dentro das células de plantas ou animais, perfurando suas paredes com um par de **estiletes orais**. As espécies que vivem no solo alimentam-se de bactérias, algas e matéria vegetal em decomposição, ou são predadores de invertebrados pequenos. Os tardígrados carnívoros e onívoros têm uma boca terminal, enquanto os herbívoros e os detritívoros têm boca ventral.

A boca abre-se em um curto tubo estomodeal oral que leva à faringe bulbosa muscular (Figura 20.6). Um par de glândulas salivares grandes situa-se ao lado do esôfago e produz as secreções digestivas que são esvaziadas na cavidade oral; essas glândulas também são responsáveis por produzir um novo par de estiletes orais a cada "muda" e, por isso, são frequentemente referidas como **glândulas do estilete** (Figuras 20.5 A e 20.6). A faringe muscular produz uma sucção que liga firmemente a boca à presa durante a alimentação e bombeia os líquidos celulares de dentro da presa e para dentro do trato intestinal. Em muitas espécies, há uma conformação típica de bastonetes quitinosos, ou **placoides**, dentro de uma região expandida da faringe. Esses bastonetes conferem sustentação à musculatura dessa região e podem contribuir para a ação mastigatória. A faringe comunica-se com o esôfago que, por sua vez, abre-se dentro de um intestino grande (trato digestivo intermediário), onde ocorrem a digestão e a absorção. O trato digestivo posterior curto (cloaca ou reto) leva ao ânus terminal. Em algumas espécies, a defecação acompanha a muda, com as fezes e a cutícula sendo eliminadas juntas. Vários artrotardígrados marinhos têm bactérias simbióticas nas vesículas cefálicas (Figuras 20.2 C e 20.5 A). No *Wingstrandarctus*, essas bactérias podem ser usadas quando os tardígrados estão famintos. As vesículas podem esvaziar quando o trato digestivo está inteiramente cheio de matéria verde, indicando que eles se alimentaram de matéria vegetal.

Na junção do intestino – trato digestivo posterior nas espécies de água doce e terrestres –, existem três grandes estruturas glandulares conhecidas como túbulos de Malpighi (Figura 20.6), cada qual formada por apenas cerca de nove células. A natureza exata desses órgãos não está bem-definida, mas eles provavelmente não são homólogos aos túbulos de Malpighi dos artrópodes. Ao menos em um gênero de eutardígrados marinhos (*Halobiotus*), os túbulos de Malpighi são acentuadamente dilatados e têm função osmorreguladora. É provável que alguns produtos excretores sejam absorvidos através da parede do trato digestivo e eliminados com as fezes; outras escórias metabólicas podem ser depositadas na cutícula velha, antes da muda. Nos heterotardígrados terrestres, as estruturas excretoras e osmorreguladoras iônicas estão localizadas entre o segundo e o terceiro pares de pernas. Contudo, em vários artrotardígrados marinhos, as glândulas segmentares do tronco abrem-se nas bases das pernas (Figuras 20.5 A e 20.6) e um único par dessas glândulas segmentares está localizado na cabeça. Essas glândulas podem ser homólogas às coxais dos artrópodes.

Circulação e trocas gasosas. Talvez em razão de suas dimensões diminutas e seus hábitats úmidos, os tardígrados não tenham indícios de vasos sanguíneos, estruturas de troca gasosa ou metanefrídios verdadeiros bem-definidos; por isso, esses animais dependem da difusão através da parede corporal e de uma cavidade corporal ampla. O líquido corporal contém numerosas células (algumas vezes descritas como celomócitos), que supostamente têm função de armazenamento.

Sistema nervoso e órgãos dos sentidos. O sistema nervoso dos tardígrados é construído sobre o plano corpóreo dos artrópodes e é claramente metamérico. Um grande gânglio cerebral dorsal está conectado a um gânglio subfaríngeo por um par de comissuras que circundam o tubo oral (Figura 20.6). A partir do gânglio subfaríngeo, um par de cordões nervosos ventrais estende-se posteriormente, conectando uma cadeia de quatro pares de gânglios, que servem aos quatro pares de pernas. Como apomorfia única de todos os tardígrados, nessa área há um conectivo neural entre o primeiro lobo do cérebro e o primeiro gânglio ventral do tronco. Cerdas ou espinhos sensoriais estão localizados sobre o corpo, principalmente nas regiões anterior e ventral e nas pernas. A estrutura dessas cerdas é essencialmente homóloga à das cerdas dos artrópodes (Figura 20.8). Um par de manchas ocelares sensoriais (ocelos) está presente comumente dentro do cérebro dorsal. Cada ocelo consiste em cinco células, das quais uma célula é fotossensível pigmentada com microvilosidades e estrutura ciliar modificada. Estudos recentes usando marcadores neurais sugeriram que os tardígrados possam ter uma cabeça unissegmentar, mas análises subsequentes mostraram que o cérebro e os órgãos dos sentidos são tripartidos, indicando a necessidade de mais estudos.

A extremidade anterior de muitos heterotardígrados tem **cirros** sensoriais longos, e a maioria dessas espécies também apresenta um a três pares de estruturas sensoriais anteriores ocas conhecidas como **clavas**, as quais provavelmente apresentam uma natureza quimiossensorial (Figuras 20.2 C; 20.5 A, B e C). A clava parece estruturalmente semelhante às cerdas olfatórias de alguns artrópodes. Muitos machos têm clavas mais longas que as fêmeas.

Reprodução e desenvolvimento. Muitos tardígrados são gonocorísticos, e os dois sexos têm uma única gônada em forma de saco, situada acima do trato digestivo. Nos machos, a gônada termina em dois espermoductos, sugerindo que a única gônada seja originada de uma condição ancestral pareada. Os espermoductos estendem-se até um gonóporo único, que se abre pouco à frente do ânus ou dentro do reto. Nas fêmeas, um oviduto único (direito ou esquerdo) abre-se por meio de um único gonóporo anterior ao ânus, ou dentro do reto (que, nesse caso, é conhecido como cloaca) (Figura 20.6). Existem dois receptáculos seminais complexos (p. ex., Arthrotardigrada), que se abrem separadamente (Figura 20.5 A), ou um único receptáculo seminal pequeno (p. ex., alguns eutardígrados) que se abre no reto perto da cloaca (Figura 20.6).

Os machos de alguns gêneros terrestres não foram identificados, mas a maioria dos tardígrados estudados faz cópula e deposita ovos, e a copulação é surpreendentemente diversificada entre esses diminutos ursos aquáticos. A partenogênese pode ser comum em algumas espécies terrestres, principalmente entre aqueles cujos machos não foram identificados. O hermafroditismo também foi descrito em alguns gêneros. Recentemente, foram descobertos machos anões em vários gêneros marinhos. Em alguns tardígrados, o macho deposita seus espermatozoides diretamente dentro dos receptáculos seminais (ou cloaca) da fêmea, ou dentro da cavidade cuticular, por perfuração da cutícula. Nesse último caso, a fecundação ocorre dentro do ovário. Em outros tardígrados, há uma forma maravilhosamente curiosa de fecundação indireta: o macho deposita seus espermatozoides abaixo da cutícula da fêmea, antes de sua muda, e a fecundação ocorre quando ela depois deposita seus ovócitos no molde de cutícula desprendida (Figura 20.9). Vários estudos mostraram que os espermatozoides dos tardígrados são uniflagelados. Ao menos em algumas espécies marinhas, observa-se um comportamento

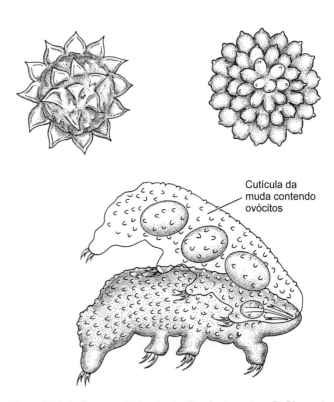

Figura 20.9 A. Ovos esculpidos dos tardígrados terrestres. **B.** Fêmea de *Hypsibius annulatus* em processo de muda de uma cutícula contendo ovócitos.

primitivo de corte, durante o qual o macho bate suavemente na fêmea com seus cirros. Estimulada dessa forma, a fêmea deposita seus ovócitos sobre um grão de areia, no qual o macho então espalha seus espermatozoides.

As fêmeas depositam 1 a 30 ovócitos de cada vez, dependendo da espécie. Nas espécies estritamente aquáticas, os ovócitos fecundados são deixados sobre a cutícula desprendida ou grudados em um objeto submerso. Os ovos de muitas espécies terrestres têm cascas esculpidas e grossas, que resistem ao ressecamento (Figura 20.10). Algumas espécies alternam entre ovos de paredes finas e espessas, dependendo das condições ambientais.

Existem apenas alguns estudos sobre a embriologia dos tardígrados. O desenvolvimento parece ser direto e rápido, mas ainda não está definido. A clivagem foi descrita como holoblástica e radial. Com isso, forma-se uma blástula com blastocele diminuta; por fim, ela prolifera uma massa interna de endoderme, que depois se torna oca para formar o arquêntero. Em seguida, formam-se invaginações estomodiais e proctodeais, finalizando o tubo digestivo. Depois da formação do trato digestivo, cinco pares de bolsas celômicas do arquêntero formam-se aparentemente a partir do trato digestivo e são remanescentes do desenvolvimento enterocélico de muitos deuterostômios. O primeiro par origina-se do estomodeu (ectoderme) e os últimos quatro pares provêm do trato digestivo médio (endoderme). As duas bolsas posteriores fundem-se e formam a gônada; as outras desaparecem à medida que suas células dispersam para formar a musculatura corporal.

Durante muito tempo, acreditou-se que os tardígrados tivessem segmentação teloblástica típica. Tipicamente, isso significa que existe uma zona de crescimento, da qual novos segmentos corporais se originam. Entretanto, estudos recentes mostraram que os tardígrados desenvolvem todos os quatro pares de pernas e os celomas nos estágios muito iniciais da embriogênese; as pernas já estão formadas quando os embriões eclodem. Desse modo, a segmentação teloblástica pode ter sido modificada nas espécies vivas. Os tardígrados cambrianos extintos recuperados das rochas calcárias da Sibéria, porém, podem ter desenvolvido segmentação teloblástica – os espécimes menores têm apenas três pares de pernas, enquanto os maiores têm brotos de membros para o quarto par de pernas. O desenvolvimento das espécies vivas geralmente é concluído dentro de 14 dias ou menos, quando então as formas jovens usam seus estiletes para romper a casca (Figura 20.10 C).

As formas juvenis não têm a coloração dos adultos, apresentam menos espinhos e cirros laterais e dorsais, além de poderem ter quantidades menores de garras. Quando nascem, a quantidade de células do corpo é relativamente invariável e o crescimento ocorre basicamente por aumentos das dimensões das células, em vez de seu número. Na natureza, esses animais notáveis podem viver apenas alguns meses, ou sobreviver por muitos anos.

Filo Onychophora

O primeiro onicóforo vivo (do grego, *onycho*, "garra"; e *phora*, "portador de") foi descrito pelo reverendo Lansdown Guilding, em 1826, como uma lesma (um molusco) com pernas. Desde essa descoberta inicial, cerca de 200 espécies de onicóforos já foram descritas e, dentre elas, 180 são consideradas válidas, sendo provável que muitas ainda venham a ser descobertas (Figura 20.1 A a G). Todas as espécies vivas são terrestres e constituem o único filo animal inteiramente ligado ao solo, embora o registro fóssil informe-nos de que elas se originaram de ancestrais marinhos. Além disso, hoje sabemos que os parentes dos onicóforos conhecidos como lobópodes faziam parte da diversidade marinha explosiva do início do Cambriano (ver Capítulo 1). Fósseis desses animais foram encontrados nas faunas marinhas do Cambriano Médio em vários locais (p. ex., *Aysheaia pedunculata* nos famosos depósitos cambrianos de Burgess Shale na Colúmbia Britânica, Canadá; e *Aysheaia prolata* de um depósito semelhante em Utah, EUA); nos notáveis depósitos do Cambriano Inferior (520 a 530 Ma) de Chengjiang, na China; e na fauna igualmente estonteante do Cambriano Superior em Orsten, Suécia. Talvez o lobópode fóssil mais famoso seja o surpreendente gênero cambriano *Hallucigenia*; há muito é um mistério, já que foi interpretado originalmente em orientação de cabeça para baixo, mas depois recolocado em sua posição certa, quando se descobriu que tinha espinhos dorsais longos (Figura 20.12 A). Contudo, o registro fóssil do grupo coroa dos Onychophora está restrito a dois depósitos carboníferos – um em Mazon Creek, na região central da Pensilvânia (EUA) e outro nos depósitos estefanianos de Montceau-les-Mines (França), além de alguns depósitos de âmbar do período Cretáceo em Mianmar e o depósito do Terciário Inicial do mar Báltico e da República Dominicana (Figura 20.11).

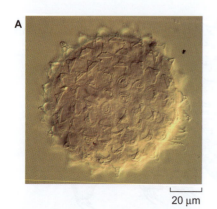
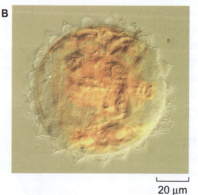
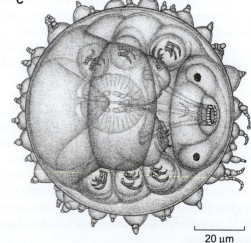

Figura 20.10 Ovo e embrião em desenvolvimento de *Austeruseus faeroensis* (Eutardigrada). **A.** Ornamentação da superfície do ovo. **B.** Embrião em desenvolvimento dentro da casca do ovo. **C.** Ilustração do embrião em desenvolvimento dentro da casca do ovo.

Os onicóforos constituem um grupo antigo, que mudou muito pouco nos últimos 310 milhões de anos, mas que, em algum ponto de sua longa história, teve êxito em invadir o ambiente terrestre antes do período Carbonífero, quando começaram a aparecer os primeiros onicóforos inequívocos do grupo coroa no registro fóssil. Como os artrópodes e os tardígrados, os onicóforos são animais segmentados e têm características que, até certo ponto, são intermediárias entre as dos tardígrados e artrópodes. Os três filos juntos constituem o clado conhecido como Panarthropoda. Em razão do seu tipo especial de segmentação, no passado pesquisadores consideravam os onicóforos "fósseis vivos" ou "elos perdidos" entre outros animais segmentados de corpos moles (p. ex., anelídeos) e os artrópodes. Entretanto, estudos de filogenética molecular agora colocam os anelídeos no grupo Spiralia, muito distante dos pan-artrópodes, que são ecdisozoários. Sua relação direta com os artrópodes

Figura 20.11 Alguns onicóforos. **A.** *Peripatoides* sp. de Waikato, North Island, Nova Zelândia. **B.** *Peripatoides aurorbis*, Kahurango National Park, North Island, Nova Zelândia. **C.** *Peripatopsis moseleyi*, Karkloof Nature Reserve East, Kwazulu-Natal, África do Sul. **D.** *Peripatopsis capensis*, Marloth Nature Reserve, África do Sul. **E.** Peripatídeo não identificado do Complexo de Conservação da Amazônia Central, Roraima, Brasil. **F.** *Peripatopsis alba*, Wynberg Cave, Table Mountain National Park, África do Sul. **G.** Fóssil não descrito de um onicóforo dos depósitos estefanianos *Lagerstätte* de Montceau-les-Mines, final do Carbonífero, França.

suscitou muitas pesquisas sobre os onicóforos, que tinham como objetivo entender as primeiras etapas da evolução do maior filo animal do planeta. Na verdade, as pesquisas sobre os vermes aveludados foram reavivadas no século 21 por inúmeros estudos enfatizando seu desenvolvimento, sistema nervoso, segmentação e também classificações taxonômicas e biogeográficas.

Os onicóforos vivos constituem duas famílias: Peripatidae e Peripatopsidae (Figura 20.11). A primeira tem distribuição circuntropical (com várias espécies nos Neotrópicos, uma na África Ocidental e algumas no Sudeste Asiático), enquanto a última é circum-austral (confinada ao hemisfério sul temperado) com espécies no Chile, África do Sul, Nova Guiné, Austrália e Nova Zelândia. Durante os períodos secos, os vermes aveludados retiram-se para galerias protetoras ou outros abrigos, onde conseguem preservar a umidade e entram em inatividade. Durante os períodos úmidos, eles podem ser encontrados caçando ativamente à noite, dentro de troncos úmidos de árvores caídas ou na serapilheira nas regiões onde vivem. Os onicóforos vivem por vários anos e, durante esse período, ocorrem "mudas" periódicas, em algumas espécies a intervalos curtos de 2 semanas (Quadro 20.2).

Quadro 20.2 Características do filo Onychophora.

1. Segmentação provavelmente teloblástica; 13 a 43 pares de pernas.
2. Músculos isolados em faixas.
3. Pernas lobopodais telescópicas não articuladas e superficialmente anelares, que não têm musculatura intrínseca; pernas com garras terminais (ou ganchos).
4. Gânglio cerebral (cérebro) em posição dorsal à faringe, provavelmente com apenas dois pares de gânglios. O protocérebro inerva os olhos e as antenas; o deutocérebro inerva as mandíbulas.
5. Mandíbulas provavelmente homólogas às quelíceras dos Chelicerata, ou antenas dos miriápodes e hexápodes (primeiras antenas dos crustáceos).
6. Os cordões nervosos ventrais pareados são diferentes dos encontrados nos tardígrados e artrópodes, sem qualquer relação entre a disposição das comissuras anelares ou medianas e a posição das pernas; os corpos celulares dos neurônios serotoninérgicos não estão dispostos com o padrão segmentarmente repetido e bilateralmente simétrico, que é típico dos artrópodes (em vez disso, os neurônios estão distribuídos de forma aparentemente aleatória ao longo do comprimento do cordão nervoso).
7. Com papilas de muco, possivelmente nefrídios modificados (inervadas pelos cordões de nervosos ventrais).
8. Cavidades celômicas embrionárias fundem-se com os espaços da cavidade principal do corpo (blastocele); por isso, o corpo do adulto é uma mixocele/hemocele; tem canais vasculares subcutâneos singulares (canais hemais).
9. Parede corporal com camadas musculares laminares.
10. Troca gasosa por meio da traqueia e dos espiráculos (provavelmente não são homólogos à traqueia dos artrópodes).
11. Quase todas as espécies são gonocorísticas.

CLASSIFICAÇÃO DOS ONICÓFOROS

FAMÍLIA PERIPATIDAE. Dezenove a 43 pares de pernas, orifício genital entre o penúltimo par; com um diastema nas lâminas internas das mandíbulas. Distribuição tropical com 74 espécies e 10 gêneros: *Eoperipatus* (Sudeste Asiático), *Mesoperipatus* (África ocidental) e uma série de gêneros pobremente caracterizados dos Neotrópicos, inclusive *Epiperipatus, Heteroperipatus, Macroperipatus, Oroperipatus, Peripatus, Plicatoperipatus, Speleoperipatus* e *Typhloperipatus*.

FAMÍLIA PERIPATOPSIDAE. Treze a 29 pares de pernas, orifício genital entre o último par; sem um diastema nas lâminas internas das mandíbulas. Clima temperado a tropical do hemisfério sul, 106 espécies e 39 gêneros, por exemplo *Austroperipatus, Cephalofovea, Euperipatoides, Kumbadjena, Nodocapitus, Occiperipatoides, Ooperipatellus, Ooperipatus, Opisthopatus, Paraperipatus, Peripatoides, Peripatopsis, Phallocephale, Planipapillus, Tasmanipatus*.

Plano corpóreo dos onicóforos

Os onicóforos modernos são ligeiramente semelhantes às lagartas e o comprimento dos adultos varia de 5 mm a 15 cm. Em algumas espécies, os machos são menores que as fêmeas e normalmente têm menos pernas. A pequena cefalização é visível externamente e a segmentação do corpo é homônoma, ou seja, todas as pernas diferem pouco. Três apêndices pareados estão localizados na cabeça: um par de antenas aneladas carnosas, um único par de mandíbulas e um par de **papilas orais ("papilas de muco")** carnosas, que se assemelham a uma perna pequena situada atrás da boca (Figura 20.13). Lábios circulares circundam as mandíbulas. Olhos arredondados estão situados nas bases das antenas da maioria das espécies, mas algumas não têm olhos (Figura 20.14). Os apêndices cefálicos anteriores são seguidos de 13 a 43 pares de **pernas locomotoras simples lobopodais (saculares)**. Uma série de **órgãos ventrais e pré-ventrais** é encontrada comumente nos onicóforos e servem como pontos de fixação para os músculos depressores segmentares dos membros. A origem dessas estruturas pode ser identificada no embrião como espessamentos ectodérmicos segmentares lateroventrais, que não estão associados ao desenvolvimento do sistema nervoso. Embora os apêndices cefálicos e os lobópodes sejam superficialmente anulares, eles não são articulados ou segmentados, nem têm musculatura intrínseca (segmentar).

A homologia das estruturas cefálicas dos onicóforos com a dos anelídeos e dos artrópodes tem suscitado debates há muitos anos, mas agora essa questão parece ter sido resolvida, graças em parte ao uso da rotulação do DNA, da imunocitoquímica e das técnicas de traços neuronais aplicadas aos embriões em desenvolvimento. Os olhos e as antenas são inervados pelo protocérebro, ao contrário de qualquer artrópode vivo, no qual o protocérebro inerva apenas os olhos. As mandíbulas são homólogas às quelíceras dos quelicerados, às antenas dos miriápodes e hexápodes, ou à primeira antena dos crustáceos, e são inervadas pelo deutocérebro. Embora as papilas de muco sejam correspondentes aos pedipalpos dos quelicerados e às segundas antenas dos crustáceos, elas são inervadas pelos cordões nervosos ventrais, não pelo tritocérebro (como é o caso dos artrópodes), porque o cérebro dos vermes aveludados parece conter apenas dois pares de gânglios.

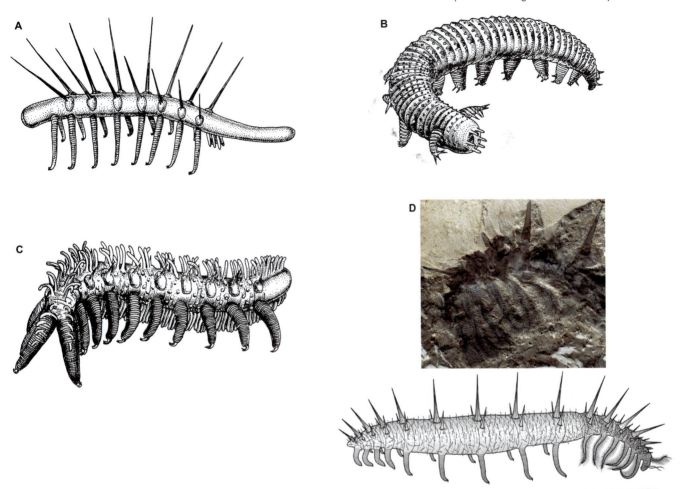

Figura 20.12 Reconstruções dos lobópodes marinhos do período Cambriano. **A.** A enigmática *Hallucigenia sparsa* com duas fileiras de espinhos dorsais longos. **B.** *Onychodictyon ferox* dos depósitos de Chengjiang da China, datados do período Cambriano Inferior, com seus espinhos e papilas dorsais. **C.** *Aysheaia pedunculata* dos depósitos de Burgess Shale do período Cambriano Médio. **D.** Em 2015, pesquisadores descreveram o notável lobópode fóssil *Collinsium ciliosum* no depósito de Xiaoshiba do sul da China, datado do período Cambriano (não distante dos famosos depósitos de Chengjiang). Como *Hallucigenia*, seu dorso era recoberto por espinhos rígidos e longos, muito mais que os observados nessa última – na verdade, até 72. *Collinsium* também difere de *Hallucigenia* por ter pernas anteriores e posteriores nitidamente diferentes; as pernas dianteiras são semelhantes a uma escova e provavelmente funcionavam como apêndices alimentares, enquanto as pernas posteriores tinham garras e provavelmente estavam adaptadas para se prender a uma esponja, um cnidário ou outro substrato. Por ser um dos primeiros animais a desenvolver uma armadura e alcançar comprimentos de até 10 cm, essa espécie pode ter sido uma criatura marinha marcante e formidável do período Cambriano. Isso é outra evidência de que os ancestrais dos onicóforos atuais eram muito mais diversificados morfológica e ecologicamente que os vermes aveludados atuais. Abaixo da fotografia do fóssil, há uma reconstrução de *C. ciliosum*.

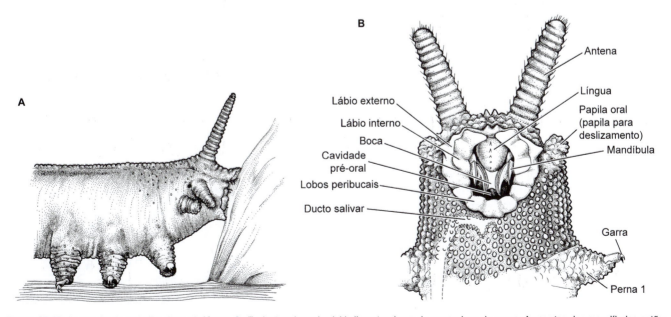

Figura 20.13 A estação de trabalho dos onicóforos. **A.** *Peripatopsis sedgwicki* alimentando-se de um pedaço de carne. As pontas das mandíbulas estão visíveis dentro dos lábios distendidos. **B.** *Vista ventral* da região oral de um onicóforo generalizado.

Figura 20.14 Embora algumas espécies de onicóforos sejam cegas, a maioria tem pequenos olhos arredondados, homólogos aos olhos simples dos artrópodes. **A.** *Epiperipatus* sp. da Reserva Adolpho Ducke, Manaus, Amazônia, Brasil. **B.** *Peripatopsis moseleyi*, da Karkloof Nature Reserve, Kwazulu-Natal, África do Sul.

Do mesmo modo, os cordões nervosos ventrais pareados são muito diferentes dos que existem nos tardígrados e artrópodes, porque não há qualquer relação entre a disposição das comissuras medianas ou anelares e a posição das pernas. Além disso, os corpos celulares dos neurônios serotoninérgicos não estão dispostos em um padrão segmentarmente repetido e bilateralmente simétrico, típico dos artrópodes e anelídeos. Em vez disso, esses neurônios estão dispersos com um padrão aparentemente aleatório ao longo do comprimento do cordão nervoso dos onicóforos. Em resumo, a configuração geral do caminho nervoso do cordão nervoso dos onicóforos difere acentuadamente da disposição em "escada de corda" dos artrópodes. Na verdade, esse padrão é mais semelhante à configuração do caminho nervoso ortogonalmente cruzado, observada nos sistemas nervosos de vários protostômios vermiformes – do que à dos tardígrados ou artrópodes.

Externamente, a natureza carnosa e inarticulada dos apêndices cefálicos, a estrutura das mandíbulas e as pernas parecem ser muito diferentes do que se observa nos artrópodes. Desse modo, os apêndices lobopodais com garras dispostos em série nos onicóforos (inclusive alguns fósseis enigmáticos) não encontram um correspondente claro no reino animal.

O corpo é coberto por uma cutícula fina de quitina (contendo α-quitina, como nos artrópodes), que é trocada como em todos os outros ecdisozoários. Contudo, ao contrário dos artrópodes, a cutícula dos onicóforos é macia, fina, flexível, muito permeável e não está dividida em placas ou escleritos articulados, mas, em vez disso, é anelada como a dos priápulos, que apresentam várias dobras por segmento. Abaixo da cutícula, está a epiderme fina, que recobre a derme de tecidos conjuntivos e as camadas de músculos circulares, diagonais e longitudinais (Figura 20.15). A superfície corporal dos onicóforos é coberta por tubérculos ou papilas verruciformes de diversos tipos, geralmente dispostas em anéis ou bandas ao redor do tronco e apêndices taxonomicamente importantes. Os tubérculos são cobertos por escamas diminutas. A maioria dos onicóforos tem coloração azul, verde, laranja ou preta bem-definida e as papilas (algumas vezes, também muito coloridas) e as escamas conferem à superfície do corpo um brilho aveludado – daí o nome comum "vermes aveludados".

A formação do celoma em relação ao dos artrópodes tem recebido atenção considerável nos últimos anos e está restrito quase inteiramente às cavidades gonadais no onicóforo adulto. Na espécie neotropical *Epiperipatus biolleyi*, o destino das cavidades celômicas embrionárias foi estudado detalhadamente, fornecendo evidências de que as cavidades celômicas embrionárias reúnam-se aos espaços da cavidade corporal primária (blastocele). Durante a embriogênese, as partes somática e esplâncnica da mesoderme separam-se e os revestimentos celômicos mais antigos são transformados em tecido mesenquimal. Por isso, a cavidade corporal resultante representa uma mistura de cavidades corporais (celômicas) primária e secundária (*i. e.*, a "mixocele"), mas a homologia dos celomas segmentados e dos nefrídios nos onicóforos e artrópodes (e anelídeos) não é confirmada sob o ponto de vista da anatomia comparada. A hemocele também é semelhante à dos artrópodes, mas está dividida entre os seios, incluindo um seio pericárdico dorsal.

Locomoção. As pernas locomotoras segmentarmente pareadas dos onicóforos são lobos ventrolaterais inarticulados cônicos com uma garra terminal equipada com vários espinhos (algumas vezes denominados ganchos). Quando o animal está parado ou caminhando, cada perna apoia-se sobre três a seis almofadas transversais distais (Figura 20.15). Essas pernas lobopodais são preenchidas com líquido hemocélico e contêm apenas inserções de músculos extrínsecos. A locomoção é realizada pela mecânica das pernas combinada com a extensão e a contração do corpo, que são

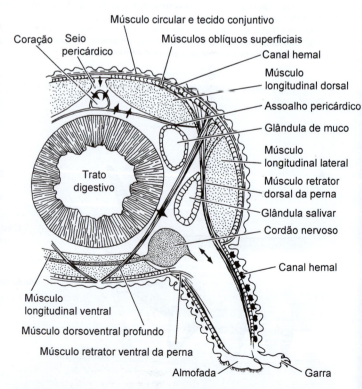

Figura 20.15 Segmento corporal e perna de *Peripatopsis* (*corte transversal*). As *setas* indicam a direção do fluxo sanguíneo.

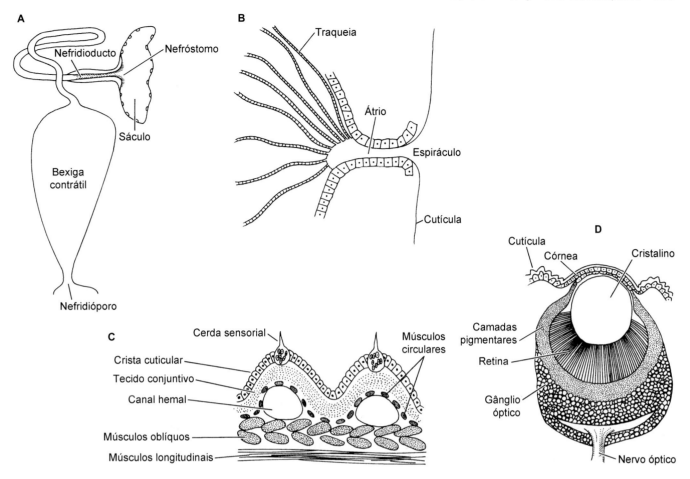

Figura 20.16 Anatomia de alguns onicóforos. **A.** Nefrídio de *Peripatopsis capensis*. **B.** Unidade traqueal de *P. capensis* (*corte transversal*). **C.** Parede corporal de *Peripatopsis moseleyi* (*corte*). Observe os canais hemais internos de cada crista anelar. As cristas contêm papilas circundadas por cerdas sensoriais. **D.** Olho de um onicóforo (*corte longitudinal*).

causadas pelas forças hidrostáticas exercidas pela hemocele. Ondas de contração passam da região anterior para a posterior. Quando um segmento é alongado, as pernas são levantadas do solo e movidas para frente. Quando um segmento contrai, uma força de tração é exercida e as pernas mais anteriores são firmadas contra o substrato. O efeito final é um remanescente de alguns tipos de locomoção dos poliquetos, nos quais os parapódios são usados principalmente para estabilização, não como pernas ou pés.

Os músculos do corpo são uma combinação de fibras lisas e estriadas obliquamente, que estão dispostas de forma semelhante às dos anelídeos. A cutícula fina, o corpo mole e o plano corpóreo hidrostático permitem que os onicóforos rastejem e abram seu caminho em passagens estreitas do seu ambiente. Como vimos no capítulo sobre os anelídeos, a eficiência do esqueleto hidrostático aumenta com a comunicação longitudinal interna dos líquidos corporais. Os ancestrais dos onicóforos aparentemente expandiram o sistema vascular sanguíneo para formar um esqueleto hidrostático hemocélico.

Alimentação e digestão. Os onicóforos ocupam um nicho semelhante ao dos centípedes. Eles são carnívoros e alimentam-se de pequenos invertebrados como lesmas, vermes, cupins e outros insetos, que eles perseguem dentro de rachaduras e fendas. **Glândulas de muco** especiais, que aparentemente são nefrídios modificados, abrem-se nas extremidades das papilas orais (Figura 20.17); através desses orifícios, o animal descarrega uma substância adesiva em dois jatos potentes, algumas vezes a uma distância de 30 cm. A cola endurece rapidamente, aprisionando a presa (ou um potencial predador) de modo que possa ser ingerida vagarosamente.

As mandíbulas são usadas para agarrar e despedaçar a presa. Glândulas salivares duplas, que também parecem ser nefrídios modificados, abrem-se em um sulco dorsal mediano nas mandíbulas (Figura 20.13). As secreções salivares entram no corpo da presa e digerem-no parcialmente; em seguida, os tecidos parcialmente liquefeitos são aspirados para dentro boca e depois são ingeridos junto com a cola do animal. A boca comunica-se com o trato digestivo anterior revestido por quitina, composto de faringe e esôfago. O intestino retilíneo e grande é o segmento principal onde ocorrem a digestão e a absorção. Em geral, o trato digestivo posterior (reto) forma alças para frente sobre o intestino, antes de estender-se em direção posterior ao ânus, que está localizado em posição ventral ou terminal no último segmento do corpo.

Circulação e troca gasosa. O sistema circulatório dos onicóforos é semelhante ao dos artrópodes e está ligado ao plano corpóreo hemocélico. O coração tubular é aberto nas duas extremidades e contém um par de óstios laterais em cada segmento. O coração está localizado dentro de um seio pericárdico. O sangue deixa o coração em direção anterior e depois circula em direção posterior dentro da hemocele volumosa por meio dos seios corporais e, por fim, volta ao coração por meio dos óstios. O sangue é incolor e não contém pigmentos que se liguem ao oxigênio. Os onicóforos têm um sistema singular de canais vasculares subcutâneos conhecidos como **canais hemais** (Figuras 20.15 e 20.16 C). Esses canais estão localizados abaixo dos anéis ou das cristas transversais da cutícula. Um abaulamento da camada de músculos circulares forma a parede externa de cada canal, enquanto a camada de músculos oblíquos forma a parede interna. Os canais hemais podem ser importantes para o funcionamento do esqueleto hidrostático. Desse modo, as anelações superficiais do corpo dos onicóforos são manifestações externas dos canais hemais subcutâneos, como também pode ser o caso de alguns lobópodes do período Cambriano.

A troca gasosa ocorre por meio da traqueia, que se comunica com o exterior por meio de muitos espiráculos diminutos localizados entre as faixas de tubérculos corporais. Cada unidade traqueal é pequena e supre apenas os tecidos situados perto do seu espiráculo (Figura 20.16). Estudos anatômicos sugeriram que o sistema traqueal não seja homólogo ao dos insetos, aracnídeos ou isópodes terrestres, mas tenha derivado independentemente em cada um desses grupos de animais terrestres, inclusive os onicóforos.

Excreção e osmorregulação.
Existe um par de nefrídios em cada segmento do corpo com pernas, com exceção do segmento que contém o orifício genital (Figuras 20.16 A e 20.17). Os nefridióporos estão localizados perto da base de cada perna, exceto na quarta e na quinta pernas, nas quais os nefrídios abrem-se por meio de nefridióporos distais nas almofadas transversais das próprias pernas. O anlágeno nefridial desenvolve-se por reorganização da parte lateral da parede celômica embrionária, que inicialmente origina um canal ciliado. Todos os outros componentes estruturais, inclusive o **sáculo**, reúnem-se depois que o anlágeno nefridial separou-se do tecido mesodérmico remanescente. Desse modo, o sáculo nefridial não representa uma cavidade celômica persistente, como se pensava antes, porque se forma primariamente durante a embriogênese. Nenhuma evidência sugere que as células do "nefridioblasto" participem da nefridiogênese dos onicóforos, que contrasta com o mecanismo geral de formação nefridial dos anelídeos. Cada conjunto formado por sáculo + nefridioducto é conhecido como **glândula segmentar**. O nefridioducto, ou túbulo, dilata para formar uma bexiga contrátil pouco antes do orifício que se abre ao exterior por meio do nefridióporo. A natureza das escórias metabólicas não é conhecida. Os nefrídios anteriores parecem ser modificados para formar glândulas salivares e glândulas de muco, além do anlágeno nefridial do segmento antenal, e os nefrídios posteriores formam os gonodutos das fêmeas.

As pernas de alguns onicóforos, como *Peripatus*, contêm sacos ou vesículas reversíveis de paredes finas, que se abrem ao exterior perto dos nefridióporos por meio de diminutos poros ou fendas. Essas vesículas podem ter a função de captar umidade, como o fazem as glândulas coxais de muitos miriápodes, hexápodes e aracnídeos. As vesículas são evertidas pela pressão hemocélica e puxadas de volta ao interior do corpo pelos músculos retratores.

Sistema nervoso, órgãos dos sentidos e comportamento.
O sistema nervoso dos onicóforos tem estrutura em forma de escada, mas difere consideravelmente dos sistemas nervosos dos anelídeos e artrópodes. Um gânglio cerebral bilobado volumoso ("cérebro") está localizado em posição dorsal à faringe. Um par de cordões nervosos ventrais sem gânglios segmentares está conectado por comissuras anelares não segmentares, que também se conectam com vários tratos nervosos longitudinais. O protocérebro inerva os olhos e as antenas; o deutocérebro inerva as mandíbulas. Os nervos das pernas pareadas são as únicas estruturas segmentares dos cordões nervosos dos onicóforos, e os corpos dos neurônios com imunorreatividade semelhante à da serotonina não mostram qualquer configuração ordenada; em vez disso, estão dispersos por todo o comprimento de cada cordão nervoso, mostrando que não existe um padrão sequencialmente repetido ou bilateralmente simétrico, em contraste com a configuração estritamente segmentar dos neurônios serotoninérgicos dos artrópodes (Figura 20.18). A superfície geral do corpo, especialmente os tubérculos maiores, é inervada por sensílios que poderiam ser homólogos aos dos tardígrados e artrópodes.

Os onicóforos são animais de vida noturna e fotofóbicos. Existe um pequeno olho dorsolateral na base de cada antena. Os olhos são do tipo rabdomérico direto, com um cristalino quitinoso grande e uma camada retiniana relativamente bem-desenvolvida (Figura 20.16 D).

Nos onicóforos, a existência de apenas um neurópilo óptico e o desenvolvimento ocular a partir de um sulco ectodérmico correspondem aos ocelos medianos, não aos olhos compostos dos artrópodes. Além disso, existem alguns paralelos no padrão de inervação entre os olhos dos onicóforos e os ocelos medianos dos artrópodes, porque ambos estão associados à parte central (não à lateral) do cérebro. Por isso, alguns autores interpretaram que pode haver correspondências específicas entre os olhos dos

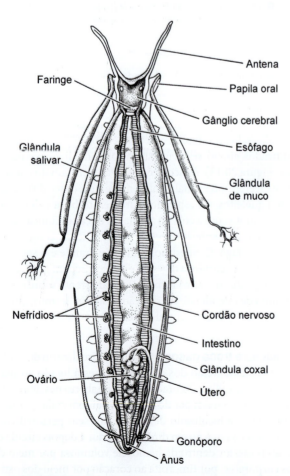

Figura 20.17 Anatomia interna de um onicóforo generalizado.

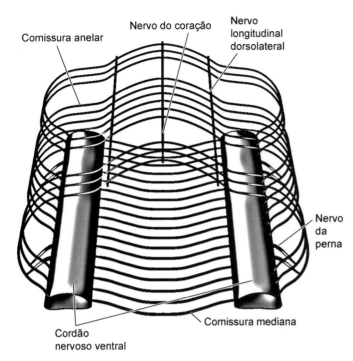

Figura 20.18 Ilustração esquemática da configuração dos principais tratos de nervos com imunorreatividade semelhante à serotonina no tronco dos onicóforos. A figura ilustra a inervação do trato digestivo, várias redes de fibras, nervos nefridiais e ramos ventral e lateral, que contribuem para a formação da rede subepidérmica.

onicóforos, os ocelos medianos dos quelicerados e os olhos nauplianos dos Malacostraca, porque em todos esses táxons os estímulos visuais são levados ao centro do corpo.

Os machos dos onicóforos têm uma **glândula crural** especial, um tipo de glândula exócrina que se abre na base das pernas. Essa glândula secreta um feromônio, que atrai os companheiros coespecíficos.

Reprodução e desenvolvimento. Com exceção da espécie partenogênica conhecida de Trinidad (*Epiperipatus imthurni*), todos os onicóforos são gonocorísticos. A maioria das fêmeas tem um par de ovários amplamente fundidos na região posterior do corpo (Figura 20.17). Cada ovário comunica-se com um gonoducto (oviduto) e cada gonoduto com um útero. Os úteros comunicam-se por meio de um gonóporo posteroventral. Os machos são menores que as fêmeas e têm um par de testículos alongados separados. Os espermoductos pareados reúnem-se para formar um tubo simples, no qual os espermatozoides são acondicionados dentro de espermatóforos com até 1 mm de comprimento. O gonóporo masculino também está localizado em posição posteroventral.

A cópula foi observada em alguns onicóforos. No gênero sul-africano *Peripatopsis*, o macho deposita os espermatóforos aparentemente ao acaso na superfície geral do corpo da fêmea. A presença dos espermatóforos estimula amebócitos especiais de seu sangue a formar uma abertura localizada no tegumento abaixo do espermatóforo. Em seguida, os espermatozoides atravessam a superfície do seu corpo e entram na hemolinfa, por meio da qual finalmente alcançam os ovários, onde ocorre a fecundação. Em alguns onicóforos, uma parte do útero é expandida na forma de um receptáculo seminal, mas a transferência do esperma não está bem-esclarecida nessas espécies. A inseminação também pode ser vaginal ou facultativa (vaginal e dérmica).

Várias espécies do leste da Austrália apresentam diversidade de estruturas sexuais extragenitais masculinas na forma de órgãos situados na superfície dorsal da cabeça, que são altamente elaborados em algumas espécies e podem estar envolvidos no processo de transferência do esperma.

Os estudos de embriologia dos onicóforos revelaram alguns processos incomuns. Por exemplo, os onicóforos podem ser ovíparos, vivíparos ou ovovivíparos. As fêmeas das espécies ovíparas (p. ex., *Ooperipatus*) têm um ovipositor e colocam ovos grandes, ovais e cheios de vitelo, com cascas de quitina. Existem evidências indicando que essa seja a condição primitiva dos onicóforos, mesmo que as espécies ovíparas sejam raras. Os ovos dos onicóforos ovíparos contêm tanto vitelo, que a clivagem intralecital superficial ocorre, com formação final de um disco germinativo semelhante ao encontrado em muitos artrópodes terrestres. Entretanto, a maioria dos onicóforos vivos é vivípara e evoluiu um modo de desenvolvimento altamente especializado associado aos ovos esféricos, pequenos e sem vitelo. Curiosamente, a maioria das espécies vivíparas do Velho Mundo, embora se desenvolva à custa dos nutrientes maternos, não tem placenta, enquanto todas as espécies vivíparas do Novo Mundo têm uma inserção placentária na parede do oviduto (Figura 20.19 A). O desenvolvimento placentário é considerado como a condição mais avançada dos onicóforos.

Os ovos com vitelo das espécies lecitotróficas têm organização centrolécita típica. A clivagem ocorre por divisões nucleares intralécitas e é semelhante à que se observa em muitos grupos de artrópodes. Alguns núcleos migram para a superfície e formam um pequeno disco de blastômeros, os quais por fim se espalham para cobrir o embrião como uma blastoderme, formando assim a periblástula. Ao mesmo tempo, a massa de vitelo divide-se em algumas "esferas vitelinas" anucleadas (Figura 20.19 B a D).

Os ovos com pouco ou nenhum vitelo inicialmente são esféricos, mas, quando estão dentro do oviduto, incham e tornam-se ovais. À medida que a clivagem avança, o citoplasma separa-se em algumas esferas. As nucleadas são os blastômeros, enquanto as anucleadas são conhecidas como **pseudoblastômeros** (Figura 20.19 E a G). Os blastômeros dividem-se e formam uma sela de células em um dos lados do embrião (Figura 20.19 G). Os pseudoblastômeros desintegram-se e são absorvidos pelos blastômeros em divisão. A sela expande-se até cobrir o embrião com uma blastoderme da espessura de uma célula ao redor de um centro preenchido com líquido.

As espécies ovíparas placentárias produzem ovócitos ainda menores que os das espécies não placentárias, os quais não incham depois de liberados pelo ovário. Além disso, esses ovócitos não são envolvidos por membranas. A clivagem é total e igual, formando uma celoblástula. Em seguida, o embrião fixa-se à parede do oviduto e prolifera na forma de uma placa placentária plana. À medida que o desenvolvimento avança, o embrião move-se progressivamente ao longo do oviduto e, por fim, fixa-se ao útero. A gestação pode ser muito longa, de até 15 meses, e o oviduto/útero comumente contém uma série de embriões em diversos estágios de desenvolvimento. Os espermatozoides podem manter sua mobilidade no receptáculo seminal por até 6 meses.

O desenvolvimento depois da formação da blástula é acentuadamente semelhante entre as poucas espécies de onicóforos estudadas. A gastrulação dos onicóforos envolve pouquíssima migração celular real. As células das supostas áreas fazem

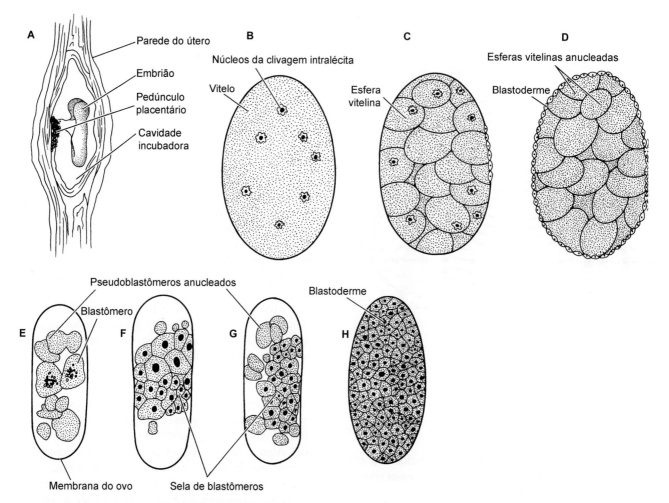

Figura 20.19 Desenvolvimento dos onicóforos. **A.** Desenvolvimento placentário de *Epiperipatus trinidadensis*. **B** a **D.** Clivagem inicial de um ovo com vitelo. **E** a **H.** Clivagem inicial de um ovo sem vitelo (*Peripatopsis moseleyi*).

organogênese imediata por proliferação direta. Esse processo envolve a proliferação das células pequenas dentro do embrião, através e ao redor da massa vitelina ou do centro preenchido com líquido, assim como a produção de centros germinativos dos brotos dos membros e outras estruturas externas pelas células superficiais. Todos os onicóforos têm desenvolvimento direto. Em todas as espécies que foram estudadas, o complemento total de segmentos e sistemas de órgãos dos adultos é alcançado antes que os embriões eclodam ou nasçam em formas juvenis.

Os onicóforos também são incomuns, porque não é possível diferenciar um ácron pré-segmentar, tampouco um pigídio ou télson pós-segmentar. Nesses animais, mesmo que o crescimento seja teloblástico, a zona de crescimento a partir da qual se originam os segmentos do tronco parece ser pós-anal. Quando a última mesoderme se formou, a ectoderme da zona de crescimento aparentemente se desenvolveu diretamente no somito anal sem quaisquer resquícios da ectoderme pós-segmentar. Desse modo, os onicóforos têm o último par de pernas em posição subterminal, ao contrário dos tardígrados, que têm o quarto par de pernas em posição terminal – uma característica que parece diferenciá-los dos lobópodes do período Cambriano.

Sistemática e biogeografia. As relações filogenéticas entre os onicóforos tinham recebido pouca atenção até recentemente, quando o uso dos dados de sequenciamento do DNA tornou-se amplamente disponível e eles foram usados em muitos estudos evolutivos em vários níveis hierárquicos, ilustrando, em diversos casos, a existência de espécies crípticas. Uma análise recente de vários marcadores de DNA mostrou forte evidência para a divisão do filo Onychophora em Peripatidae e Peripatopsidae – duas famílias que divergiram em torno do período Carbonifero, antes da separação da Pangeia. Os peripatídeos, com sua distribuição tropical, têm uma linhagem com poucas espécies no Sudeste Asiático, um gênero monotípico na África Ocidental e a maior parte de sua diversidade nas áreas neotropicais, incluindo muitas ilhas do Caribe; esse grupo tem sido diversificado desde o período Permiano. Os peripatopsídeos, restritos às massas terrestres de Gondwanan do antigo circum-antártico, dividiram-se em um clado da África do Sul/Chile e um clado da Austrália/Nova Zelândia, com grupos monofiléticos no leste e no oeste da Austrália e da Tasmânia/Nova Zelândia, diversificando-se inicialmente em torno do período Jurássico, muito depois da divergência dos peripatídeos.

Introdução aos artrópodes

Com mais de um milhão de espécies vivas descritas e um número entre 3 e 100 vezes maior de membros que ainda não foram descritos, o filo Arthropoda é inigualável em sua diversidade. Existem cinco grupos claramente diferenciáveis de artrópodes, que geralmente são reconhecidos como subfilos:

Trilobita (trilobitas e seus parentes, com registro fóssil desde o início do período Cambriano até o final do Permiano); Crustacea (caranguejos, camarões etc.); Hexapoda (insetos e seus parentes); Myriapoda (centípedes, miriápodes e seus parentes); e Chelicerata (caranguejos-ferradura, euriptérios, aracnídeos e picnogonídeos). Depois de 150 anos de debates sobre as relações evolutivas entre os artrópodes, a sistemática molecular finalmente nos permitiu resolver em grande parte a filogenia entre esses grupos (Figura 20.38). Os elementos básicos do plano corpóreo dos artrópodes estão descritos no Quadro 20.3. Algumas dessas características são singulares ao filo Arthropoda e, por isso, constituem sinapomorfias características do grupo; outras também ocorrem nos táxons diretamente relacionados, como os onicóforos e tardígrados e, portanto, são simplesiomorfias dentro da linhagem dos pan-artrópodes.

História e classificação taxonômicas

Conforme mencionado antes, Lineu reconheceu seis grupos principais de animais (Vermes, Insetos, Peixes, Anfíbios, Aves e Mamíferos), colocando todos os invertebrados (com exceção dos insetos) em um único grupo – Vermes. No final do século 19, zoólogos famosos, como Lamarck e Cuvier, apresentaram reorganizações substanciais do esquema inicial de Lineu e foi durante esse período que os diversos táxons de artrópodes começaram a surgir. Lamarck reconhecia quatro grupos básicos de artrópodes: Cirripedia (cracas), Crustacea, Arachnida e Insecta. Ele classificava os ostracoides juntamente com os braquiópodes e, evidentemente, não reconhecia que as cracas eram crustáceos. Cuvier reuniu os artrópodes e os anelídeos entre os Articulata (com referência à estruturação segmentada desses animais), enquanto Lankester também os classificou junto com os rotíferos dentro dos Appendiculata. Todos os grandes zoólogos, como Hatschek, Haeckel, Beklemishev, Snodgrass, Tiegs, Sharov e Remane, consideravam os Articulata como um filo bem-definido, incluindo dentro dele, em várias ocasiões, os grupos Echiura, Sipuncula, Onychophora, Tardigrada e Pentastomida. Foi Leuckart quem, em 1848, separou os artrópodes como filo independente que reconhecemos hoje em dia; Von Siebold cunhou o termo Arthropoda no mesmo ano, assinalando as pernas articuladas (do grego *arthro*, "articulada"; e *pod*, "pé") como atributo diferenciador principal desse grupo. Haeckel publicou a primeira árvore evolutiva dos artrópodes em 1866. Além disso, começando com o estudo clássico publicado em 1997 por Anna Marie Aguinaldo *et al.*, a filogenética molecular começou a revelar que os anelídeos e os artrópodes não estavam tão diretamente relacionados quanto se pensava; hoje em dia, os anelídeos são classificados no clado Spiralia, enquanto os artrópodes fazem parte do clado Ecdysozoa (ver também Giribet, 2003). A seguir, relatamos breves descrições diagnósticas dos quatro subfilos de artrópodes vivos, enquanto os textos detalhados sobre esses grupos estão incluídos nos Capítulos 21 a 24.

É importante expressar aqui uma palavra de cautela sobre o uso da terminologia entre os diversos grupos de artrópodes. Como o filo Arthropoda é muito vasto e sua linhagem muito diversificada, os especialistas geralmente se concentram apenas em um ou poucos grupos. Por isso, com o tempo, surgiram terminologias um pouco diferentes. Algumas vezes, os estudantes ficam assustados com a terminologia dos artrópodes –

Quadro 20.3 Características do filo Arthropoda.

1. Corpo segmentado, tanto interna quanto externamente; os segmentos formam-se por crescimento teloblástico (mostrando expressão do gene *en*).

2. Corpo dividido, no mínimo, em cabeça (céfalo) e tronco; comumente com mais especialização regional do corpo ou tagmose; nos casos típicos, há um escudo cefálico ou carapaça cobrindo os segmentos cefálicos fundidos.

3. Cabeça com labro (ou clipeolabro) (mostrando a expressão do gene *Distalless*) e com ácron não segmentado.

4. A cutícula forma o exoesqueleto bem-desenvolvido, geralmente com placas esclerotizadas espessas (escleritos), que consistem em tergitos dorsais, pleuritos laterais e esternitos ventrais; a cutícula do exoesqueleto consiste em quitina e proteínas (incluindo resilina) com graus variados de calcificação; não tem colágeno.

5. Cada segmento corporal verdadeiro tem primitivamente um par de apêndices segmentados (articulados) fixados ventralmente, mostrando grande variação de especializações entre os diversos táxons; os apêndices são formados por um protopodito proximal e um telopodito distal (ambos multiarticulados); os componentes do protopodito podem ter enditos mediais ou exitos laterais.

6. Céfalo com um par de olhos facetados laterais (compostos) e um ou vários ocelos medianos simples; os olhos compostos, os ocelos ou ambos foram perdidos por vários grupos.

7. Celoma reduzido às regiões dos sistemas reprodutivo e excretor; a cavidade principal do corpo é uma hemocele aberta (= mixocele); o sistema circulatório é amplamente aberto; o coração dorsal é uma bomba muscular com óstios laterais para retorno do sangue.

8. O trato digestivo é complexo e altamente regionalizado, com estomodeu e proctodeu abertos e bem-desenvolvidos; o material digestivo (e comumente também as fezes) é encapsulado por uma membrana peritrófica quitinosa.

9. Sistema nervoso com gânglios (supraentéricos) dorsais (= gânglios cerebrais), conectivos circum-entéricos (circum-esofágico) e cordões nervosos ventrais pareados com gânglios – esses últimos geralmente fundidos até certo ponto.

10. Crescimento por "muda" mediada pelo ecdisona (ecdise); com glândulas ecdisiais cefálicas.

11. Músculos dispostos metamericamente, estriados e agrupados em faixas intersegmentares isoladas; musculatura longitudinal dorsal e ventral presente; há um sistema de tendões intersegmentares; sem musculatura somática circular.

12. A maioria é gonocorística e tem desenvolvimento direto, indireto ou misto; algumas espécies são partenogenéticas.

por exemplo, a região mais anterior do corpo pode ser conhecida como abdome ou pléon (como nos insetos e crustáceos), opistossomo (nos quelicerados) ou pigídio (nos trilobitas). Contudo, há um risco ainda maior, embora mais sutil, acarretado por essa terminologia mista. Termos diferentes para partes ou regiões semelhantes dos diversos táxons não implicam necessariamente inexistência de homologia; por outro lado, a aplicação do mesmo termo às partes semelhantes de diferentes artrópodes nem sempre significa homologia. De forma a lidar com esses problemas neste texto, fizemos um esforço para manter a consistência terminológica na medida do possível, de forma a simplificar o uso dos termos e sua grafia, além de indicar homologias (e diferenças) quando conhecidas.

Embora não sejam descritos neste livro, dentre todos os invertebrados fósseis, os trilobitas talvez sejam os mais simbólicos das faunas antigas e exóticas. O subfilo Trilobita, ou Trilobitomorpha (do latim *trilobito*, "com três lobos"; do grego, *morphé*, "forma"), inclui mais de 15.000 espécies de artrópodes conhecidos apenas do registro fóssil (Figuras 20.36 e 20.37). Esses animais estavam restritos e eram típicos dos oceanos da era Paleozoica. Os trilobitas predominam no registro fóssil dos períodos Cambriano e Ordoviciano (551 a 444 Ma) e continuam a ser componentes importantes das comunidades marinhas até a extinção em massa do período Permo-triássico, que marcou o fim da era Paleozoica. Em razão dos seus exoesqueletos rígidos (feitos de quitina e carbonato de cálcio, como ocorre nos crustáceos e caranguejos-ferradura atuais), da abundância enorme e da distribuição ampla, os trilobitas deixaram um registro fóssil rico, e hoje sabemos mais sobre eles do que sobre a maioria dos outros táxons extintos. A maior parte das regiões terrestres do mundo atual estava submersa durante várias partes da era Paleozoica, de modo que os trilobitas são encontrados nas rochas sedimentares marinhas de todo o planeta.

O corpo dos trilobitas era dividido em três tagmas (*tagmata*): céfalo, tórax e pigídio (abdome). Os segmentos do céfalo e do pigídio eram fundidos, enquanto os torácicos eram livres. O corpo era demarcado por dois sulcos longitudinais em um lobo mediano e dois lobos laterais ("trilobitas"). O céfalo tinha um par de antenas pré-orais; todos os outros apêndices eram pós-orais e mais ou menos semelhantes entre si, com um telopodito locomotor robusto, que estava ligado à base de um ramo filamentar longo (considerada saída do protopodito). A maioria parecia ter olhos compostos.

Embora os trilobitas fossem exclusivamente marinhos, também exploravam vários hábitats e estilos de vida. A maioria era bentônica, rastejadora sobre o fundo ou "aradora" sobre a camada superior do sedimento. A maior parte das espécies bentônicas tinha alguns centímetros de comprimento, embora algumas formas gigantes alcançassem comprimentos de 60 a 70 cm. Alguns trilobitas parecem ter sido planctônicos e eram basicamente animais pequenos, medindo menos de 1 cm de comprimento e equipados com espinhos, que provavelmente facilitavam sua flutuação. A maioria dos trilobitas bentônicos provavelmente era escavadora ou depositívora direta, vivendo parcialmente enterrada nos sedimentos moles e capturando as presas que passassem. Alguns pesquisadores especularam que ao menos alguns trilobitas podem ter sido suspensívoros, utilizando as partes filamentosas dos seus apêndices para se alimentar. Um grupo de olenídeos (Olenidae) pode ter mantido relações simbióticas com sulfobactérias; esses trilobitas do período Cambriano Tardio e Ordoviciano Inicial tinham partes orais vestigiais e grandes "filamentos branquiais" (epipoditos), que poderiam ter sido áreas de cultivo de bactérias.

RESUMOS DOS SUBFILOS DE ARTRÓPODES VIVOS

SUBFILO CRUSTACEA. Caranguejos, lagostas, camarões, saltões-da-praia, tatuis (tatuzinhos) etc. Cerca de 70.000 espécies vivas descritas. Em geral, o corpo é dividido em três tagmas: cabeça (céfalo), tórax e abdome (a exceção mais importante é a classe Remipedia, que tem apenas cabeça e tronco); apêndices unirremes ou birremes; 5 pares de apêndices cefálicos – as primeiras antenas pré-orais (antênulas) e quatro pares de apêndices pós-orais; segundas antenas (que migram para uma "posição pré-oral" nos adultos), mandíbulas, primeiros maxilares (maxílulas) e segundos maxilares; gânglios cerebrais tripartites (com deutocérebro); olhos compostos, geralmente com um cone cristalino tetrapartite; gonóporos localizados posteriormente no tórax ou anteriormente no abdome. Hoje se sabe que os crustáceos constituem um grupo parafilético, porque os hexápodes originaram-se desse subfilo (ver Capítulo 21).

SUBFILO HEXAPODA. Insetos e seus parentes; monofiléticos. Quase um milhão de espécies vivas descritas. O corpo é dividido em três tagmas: cabeça (céfalo), tórax e abdome; com quatro pares de apêndices cefálicos: antenas, mandíbulas, maxilas e lábios (segundas maxilas fundidas); tórax com três segmentos e pernas unirremes; gânglio cerebral tripartite (com deutocérebro); olhos compostos com cone cristalino tetrapartite; troca gasosa por meio dos espiráculos e da traqueia; com túbulos de Malpighi derivados da ectoderme (proctodeu); os gonóporos abrem-se sobre o segmento abdominal 7, 8 ou 9 (ver Capítulo 22).

SUBFILO MYRIAPODA. Milípedes, centípedes etc.; monofiléticos. Mais de 16.350 espécies vivas descritas. Corpo dividido em dois tagmas: cabeça (céfalo) e tronco longo multissegmentado homônimo; quatro pares de apêndices cefálicos (antenas, mandíbulas, primeiras maxilas e segundas maxilas); primeiras maxilas livres ou coalescidas; segundas maxilas podendo estar tanto ausentes quanto parcial ou totalmente fundidas; todos os apêndices unirremes; gânglios cerebrais com deutocérebro, mas sem tritocérebro; na maioria dos casos, espécies vivas sem olhos compostos (mas presentes nos escutigeromórficos); túbulos de Malpighi derivados da ectoderme (proctodeu); gonóporos no terceiro ou no último somito do tronco (ver Capítulo 23).

SUBFILO CHELICERATA. Caranguejos-ferradura, escorpiões, aranhas, ácaros, "aranhas-do-mar" etc. Monofilético. Cerca de 113.335 espécies descritas. O corpo é dividido em dois tagmas: prossomo anterior (cefalotórax) e opistossomo posterior (abdome); opistossomo com até 12 segmentos (mais um télson); prossomo com seis somitos, cada qual com um par de apêndices unirremes (quelíceras, pedipalpos e quatro pares de pernas); troca gasosa por meio de brânquias foliáceas, pulmões foliáceos ou traqueias; excreção realizada pelas glândulas coxais e/ou túbulos de Malpighi derivados da endoderme (trato digestivo médio); olhos mediais simples e olhos compostos laterais; gânglio cerebral tripartite, com o deutocérebro inervando as quelíceras (ver Capítulo 24).

Plano corpóreo dos artrópodes e artropodização

Se quisermos compreender a "essência dos artrópodes", precisamos primeiramente entender os efeitos de uma das principais sinapomorfias desse filo – o exoesqueleto articulado e rígido. Procure simplesmente imaginar viver sua vida encarcerado em um exoesqueleto rígido, um tipo de armadura permanente, se você preferir. Que tipos de problemas estruturais e funcionais precisariam ser revolvidos para que um animal desse tipo sobrevivesse? A abordagem que os artrópodes desenvolveram para viver dentro de seus envoltórios rígidos consistiu em uma série de adaptações conhecidas coletivamente como artropodização. A artropodização tem algumas de suas raízes nos onicóforos (Onychophora) e nos tardígrados (Tardigrada), mas alcançou perfeição máxima no próprio filo Arthropoda.

Viver encarcerado em um exoesqueleto acarretava algumas limitações evidentes ao crescimento e à locomoção. O problema fundamental da locomoção foi resolvido pela evolução de articulações no corpo e nos apêndices e músculos extremamente regionalizados. A flexibilidade foi conferida pelas áreas intersegmentares finas (articulações) do exoesqueleto rígido nas outras partes, o qual está equipado com uma proteína singular altamente elástica conhecida como resilina. À medida que os músculos se concentraram nas faixas intersegmentares associadas aos segmentos corporais separados e nas articulações dos apêndices, os músculos circulares foram quase inteiramente perdidos.

Com a perda da capacidade peristáltica resultante da rigidez corporal e o desaparecimento dos músculos circulares, o celoma tornou-se praticamente inútil como esqueleto hidrostático. O celoma corporal ancestral foi perdido e os artrópodes desenvolveram um sistema circulatório aberto – a cavidade corporal tornou-se uma **hemocele** (ou câmara sanguínea), na qual os órgãos internos poderiam ficar banhados diretamente pelos líquidos corporais.[1] Contudo, os corpos grandes desses animais ainda requeriam algum tipo de circulação sanguínea pela hemocele, de modo que os animais desenvolveram um vaso dorsal extremamente muscular como estrutura de bombeamento – um coração. Os órgãos excretores tornaram-se internamente fechados e, desse modo, impediam que o sangue saísse do corpo. Os animais diferenciaram órgãos sensoriais superficiais (as "cerdas dos artrópodes"), que se tornaram numerosos e especializados, adquirindo vários dispositivos para transmitir estímulos sensoriais ao sistema nervoso, apesar do citoesqueleto rígido. As estruturas de troca gasosa evoluíram de várias formas, que superaram a barreira imposta pelo exoesqueleto.

Para esses animais, que hoje estão encarcerados em coberturas externas rígidas, o crescimento não era mais um processo simples de aumento gradativo das dimensões do corpo. Desse modo, o processo complexo de **ecdise** – um tipo de muda ou desprendimento cuticular mediado por um hormônio específico – foi "aperfeiçoado". Como já vimos, todos os oito filos que pertencem ao clado Ecdysozoa têm algum tipo de ecdise. Nos artrópodes, é por meio do processo de ecdise (muda) que o exoesqueleto é desprendido periodicamente para permitir um aumento real das dimensões corporais. Se acrescentarmos a essa série de eventos a ideia de que os artrópodes invadiram ambientes terrestres e de água doce, os desafios evolutivos tornaram-se ainda mais intensos em razão dos estresses osmóticos e iônicos, da necessidade de realizar trocas gasosas aéreas e da necessidade de sustentação estrutural e estratégias reprodutivas eficazes.

Embora a origem do exoesqueleto tenha demandado algumas alterações simultâneas para superar as limitações impostas aos artrópodes, ele certamente conferiu a esses animais grandes vantagens seletivas, conforme se evidencia por seu enorme sucesso. Uma das vantagens principais é a proteção que ele confere. Os artrópodes estão equipados não apenas contra a predação e os danos físicos, como também contra os estresses fisiológicos. Em muitos casos, a cutícula oferece uma barreira eficaz contra os gradientes osmóticos e iônicos e, consequentemente, permite uma forma de controle homeostático. Além disso, o exoesqueleto confere a força necessária para a inserção dos músculos segmentares e para a predação de outros invertebrados equipados com conchas.

Se começarmos com um protótipo de artrópode generalizado, em vez de muito homônimo, com uma quantidade muito grande de segmentos e com apêndices pareados em cada um desses segmentos, poderemos entender a diversificação dos artrópodes. A diversidade encontrada hoje em dia resultou basicamente da especialização diferenciada dos vários segmentos, regiões e apêndices. O próprio corpo dos artrópodes passou por vários tipos de especialização regional – ou **tagmose** – a fim de formar grupos de segmentos especializados para diferentes funções. Essas regiões corporais especializadas (p. ex., cabeça, tórax e abdome) são conhecidas como **tagmas**. A tagmose é mediada pelos genes Hox e os outros genes do desenvolvimento influenciados por eles. Nosso conhecimento crescente sobre os genes Hox nos conta que os aspectos mais fundamentais do desenho desses animais originaram-se da expressão espacialmente restrita desses "genes mestres do desenvolvimento". Entretanto, a tagmose varia entre os grupos de artrópodes (ver classificação anterior). A plasticidade genética e evolutiva da especialização regional, assim como as variações dos membros, teve importância fundamental no estabelecimento da diversidade dos artrópodes e de sua posição dominante no mundo animal.

Um dos melhores exemplos de tagmose dos artrópodes é evidenciado pelo padrão de expressão do gene de polaridade segmentar *engrailed* (*en*) na cabeça ou céfalo dos crustáceos, hexápodes e miriápodes – ou seja, três subfilos de artrópodes que constituem o clado conhecido como Mandibulata. Em todos esses subfilos, as mesmas sete regiões cefálicas emergem durante a embriogênese. A região mais anterior é o ácron pré-segmentar. Depois do ácron, vem o primeiro segmento verdadeiro (protocerebral ou ocular), que não tem apêndices (ver Tabela 20.2). Em seguida, vêm o primeiro e o segundo segmentos antenais, o segmento mandibular e o primeiro e o segundo segmentos maxilares. Durante muito tempo, esse padrão de cabeça com seis segmentos (mais o ácron) foi usado como base para o agrupamento conhecido como Mandibulata, que hoje também está apoiado em estudos de filogenética molecular.

---

[1] A hemocele não é um celoma verdadeiro, seja sob o ponto de vista evolutivo, seja pelo ontogenético, mas pode ser considerada um resquício persistente da blastocele. Desse modo, poderíamos primeiramente raciocinar que os artrópodes são (em termos técnicos) blastocelomados. Contudo, a inexistência de um celoma corporal volumoso nos artrópodes é uma condição secundária resultante da perda da cavidade corporal celômica ancestral durante a evolução do plano corpóreo desses animais, não uma condição primária, como a que se observa nos blastocelomados verdadeiros, dos quais ao menos alguns provavelmente nunca tiveram um celoma verdadeiro em sua ancestralidade. Uma perda secundária semelhante do celoma ocorreu, de modo diferente, nos moluscos (ver Capítulo 13).

TABELA 20.2 Homologias dos apêndices anteriores/cefálicos dos artrópodes (e dos onicóforos).[a]

Segmento	Onicóforos	Picnogonídeos	Quelicerados	Miriápodes	Crustáceos	Hexápodes
1 (= segmento protocerebral, ou segmento ocular)	Antenas					
2 (= segmento deutocerebral)	Mandíbulas	Quelíforos	Quelíceras	Antenas	Primeiras antenas (= antênulas)	Antenas
3 (= segmento tritocerebral)	Papilas de muco (Nota: os onicóforos provavelmente não têm tritocérebro)	Palpos	Pedipalpos	–	Segundas antenas	–
4	Par de pernas	Par de pernas	Par de pernas	Mandíbulas	Mandíbulas	Mandíbulas
5	Par de pernas	Par de pernas	Par de pernas	Primeiros maxilares	Primeiros maxilares (= maxílulas)	Maxilares
6	Par de pernas	Par de pernas	Par de pernas	Segundos maxilares (ou sem apêndices)	Segundos maxilares	Lábio (= segundos maxilares)

[a] Estudos sobre expressão gênica revelaram a possibilidade de que os apêndices mais anteriores ("apêndices protocerebrais") tenham sido perdidos por todos os artrópodes modernos. O labro (ou "lábio superior") ocorre em todos os subfilos dos artrópodes e também nos onicóforos. Sua função parece ser evitar que as partículas alimentares deixem de ser ingeridas. A origem evolutiva do labro tem sido um mistério há muitos anos, e a maioria dos pesquisadores o considera um apêndice verdadeiro da cabeça. Entretanto, estudos recentes de expressão gênica sugerem que ele pode representar o remanescente de um par de apêndices ancestrais fundidos. Nos insetos e nas aranhas, o labro surgiu de dois primórdios que se fundiram durante a embriogenia controlados pelos genes *decapentaplegic* (*dpp*) e *wingless* (*wg*), a mesma expressão gênica vista nos brotos dos apêndices regulares nos artrópodes.

À medida que descrevermos os diversos componentes do plano corpóreo dos artrópodes nas seções e nos capítulos subsequentes, não perca de vista o "animal inteiro" e a "essência dos artrópodes", descritos nesta seção.

Parede corporal

O corte transversal de um segmento de um artrópode revela grande parte de sua arquitetura geral (Figura 20.20). Como mencionado antes, a cavidade corporal é uma hemocele aberta e os órgãos ficam banhados diretamente no líquido hemocélico, ou sangue (embora existam alguns vasos sanguíneos, principalmente nos crustáceos). A parede corporal é formada por uma **cutícula** laminar complexa secretada pela epiderme subjacente (Figura 20.21). A epiderme, que nos artrópodes geralmente é conhecida como **hipoderme**, comumente é constituída de um epitélio cúbico simples. Em geral, cada segmento do corpo (ou **somito**) é "encaixotado" pelas placas esqueléticas conhecidas como **escleritos**. Nos casos típicos, cada somito tem um esclerito dorsal e um ventral grandes – o **tergito** e o **esternito**, respectivamente.[2] As regiões laterais, ou **pleuras**, são áreas flexíveis não esclerotizadas, nas quais estão embebidos vários escleritos "flutuantes" diminutos, cujas origens são motivo de grande controvérsia. As pernas (e as asas) dos artrópodes articulam-se nessa região pleural. Existem várias modificações secundárias desse plano, tais como a fusão ou a perda de escleritos adjacentes. As faixas musculares estão inseridas nos pontos em que as superfícies internas dos escleritos projetam-se para dentro na forma de cristas ou tubérculos conhecidos com **apódemas**.

[2] Os termos tergo, esterno e pleura são utilizados comumente como sinônimos de tergito, esternito e pleurito. Entretanto, o termo tergo refere-se mais precisamente à região dorsal ou tergal, enquanto esterno corresponde à região ventral ou esternal. Por isso, limitamos aqui o uso dos termos tergito e esternito às placas esqueléticas específicas (ou escleritos). Em alguns casos, o esterno é formado por vários esternitos fundidos.

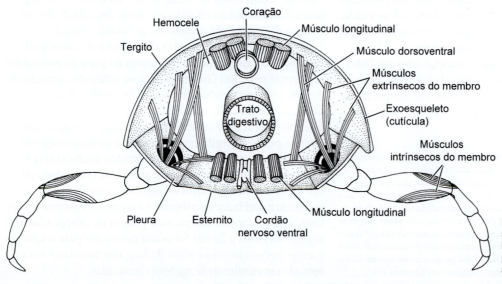

Figura 20.20 *Corte transversal* de um segmento de um artrópode geneneralizado. Note as posições dos órgãos principais dentro da hemocele e o arranjo típico dos músculos corporais.

A estrutura da cutícula multilaminada dos artrópodes é semelhante à dos outros ecdisozoários, embora as camadas possam ter nomes diferentes em cada filo. A Figura 20.21 ilustra as cutículas de um inseto e de um crustáceo marinho. A camada mais exterior é a **epicutícula**, que também é uma estrutura multilaminada. A superfície externa da epicutícula é uma camada protetora de lipoproteínas – algumas vezes descrita como camada de cimento. Abaixo dela, há uma camada cerosa, especialmente bem-desenvolvida nos aracnídeos e insetos terrestres. As ceras dessa camada, que são hidrocarbonetos de cadeia longa e ésteres de ácidos graxos e álcoois, conferem uma barreira protetora eficaz contra perda de água e, combinadas com a camada lipoproteica mais externa, oferecem proteção contra invasão bacteriana. Essas duas camadas mais externas da epicutícula isolam bastante o ambiente interno dos artrópodes do ambiente externo. Evidentemente, o desenvolvimento da epicutícula foi crítico para a invasão dos hábitats terrestres e de água doce por várias linhagens de artrópodes. A camada mais interna da epicutícula é uma **lâmina de cuticulina**, a qual consiste basicamente em proteínas e é especialmente bem-desenvolvida nos insetos. Em geral, a lâmina de cuticulina tem dois componentes: uma camada externa fina e densa e uma camada interna mais espessa e, até certo ponto, menos densa. A lâmina de cuticulina está envolvida no endurecimento do exoesqueleto (como descrito adiante) e contém canais pelos quais as ceras alcançam a camada cerosa.

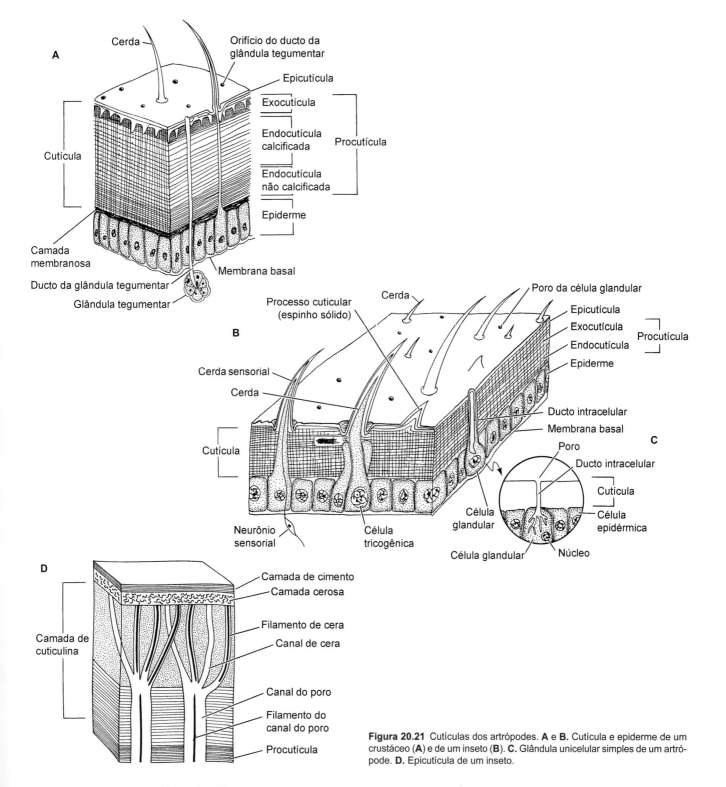

Figura 20.21 Cutículas dos artrópodes. **A** e **B**. Cutícula e epiderme de um crustáceo (**A**) e de um inseto (**B**). **C**. Glândula unicelular simples de um artrópode. **D**. Epicutícula de um inseto.

Abaixo da epicutícula está a **procutícula** relativamente espessa, que pode ser subdividida em uma **exocutícula** externa e uma **endocutícula** interna (Figura 20.21 A e B).[3] A procutícula consiste basicamente em camadas de proteínas e quitina (mas sem colágeno). Essa camada é intrinsecamente áspera, embora flexível. Na verdade, alguns artrópodes têm exoesqueletos muito macios e flexíveis (p. ex., muitas larvas de insetos, partes das aranhas, alguns crustáceos pequenos). Contudo, na maioria dos artrópodes, a cutícula é rígida e inflexível, exceto nas articulações – uma condição que parece ter sido produzida por um ou dois processos: esclerotização e mineralização.

O endurecimento cuticular por esclerotização (**tanagem**) ocorre em diversos graus em todos os artrópodes. O arranjo em camadas das proteínas sem passar pelo processo de tanagem produz uma estrutura flexível. Para formar uma estrutura esclerotizada rígida, as moléculas proteicas formam ligações cruzadas umas com as outras por meios de ligações de ortoquinona. Nos casos típicos, o composto ligante é produzido a partir dos polifenóis e catalisado pela polifenol-oxidase presente nas camadas proteicas da cutícula. Em geral, a esclerotização começa na lâmina de cuticulina da epicutícula e progride, em vários graus, para dentro da procutícula, na qual está associada a uma colocação distintamente escurecida. As relações entre o endurecimento cuticular, as articulações e a muda estão descritas na seção sobre suporte, locomoção e crescimento. A mineralização do esqueleto é um fenômeno amplamente observado nos crustáceos, miriápodes e caranguejos-ferradura, sendo conseguida pela deposição de carbonato de cálcio na região externa da procutícula.

A epiderme é responsável pela secreção da cutícula e, por isso, contém várias glândulas unicelulares (Figura 20.21 C), algumas das quais contêm ductos que vão até com a superfície da cutícula. Como a cutícula é secretada pelas células epidérmicas, ela frequentemente tem suas impressões na forma de padrões geométricos microscópicos. Abaixo da epiderme, há uma membrana basal bem-definida, que constitui o limite exterior da cavidade corporal, ou hemocele.

Apêndices dos artrópodes

Anatomia dos apêndices. Em um sentido evolutivo, poderíamos ficar tentados a dizer que "os artrópodes são apenas pernas". Evidentemente, grande parte da evolução desses animais girou em torno dos apêndices, que foram modificados de inúmeras formas ao longo da história de 600 milhões de anos desse grupo. A combinação singular de segmentação corporal e apêndices sequencialmente homólogos com o potencial evolutivo dos genes do desenvolvimento permitiu aos artrópodes desenvolverem modos de locomoção, alimentação e especialização das regiões corporais/apêndices, que não estiveram disponíveis aos outros filos de metazoários. Infelizmente, a enorme variedade de desenhos dos membros dos artrópodes também levou os zoólogos a criar incontáveis termos para descrevê-los. Vamos adiante e tentaremos guiá-lo através dessa selva terminológica da forma mais clara possível.

Primitivamente, todos os somitos (ou segmentos) corporais verdadeiros provavelmente se originaram de um par de apêndices ou membros. Os apêndices dos artrópodes são projeções articuladas da parede corporal e estão equipados com conjuntos de músculos extrínsecos (que ligam o membro ao corpo) e intrínsecos (situados inteiramente dentro do membro). Os membros dos outros filos de pan-artrópodes (Tardigrada e Onychophora) não têm musculatura intrínseca e, por isso, dependem basicamente das forças hidráulicas para sua locomoção. Nos artrópodes, os músculos movimentam os diversos segmentos ou partes dos membros, conhecidos como **artículos** (ou poditos).[4] Os artículos dos apêndices estão organizados em dois grupos: o grupo mais basal, que constitui o **protopodito** (= simpodito); e o grupo mais distal, que forma o **telopodito** (Figura 20.22). Independentemente de o protopodito ser formado por um ou mais artículos, o artículo mais basal sempre é conhecido como **coxa** (nos artrópodes vivos). O telopodito origina-se do protopodito mais distal, ou artículo protopodial. Em alguns casos, o exoesqueleto dos telopoditos torna-se anelado, formando um flagelo, como ocorre nas antenas de muitos artrópodes, mas esses anéis não devem ser confundidos com os artículos verdadeiros.

Uma grande variedade de estruturas adicionais pode originar-se dos artículos do protopodito (os protopoditos), seja lateralmente (em conjunto, referidos como **exitos**), seja medialmente (coletivamente conhecidos como **enditos**) (Figura 20.22 A). A criatividade evolutiva entre os exitos protopoditos foi excepcional nos artrópodes. Nos crustáceos e trilobitas, eles formam diversas estruturas como brânquias, limpadores branquiais e remos para natação. Os exitos longos ou largos que funcionam como brânquias ou limpadores de brânquias são conhecidos comumente como **epipoditos**. Os exitos podem tornar-se anelados como os flagelos de algumas antenas. Os exitos protopodiais provavelmente deram origem às asas dos insetos. Por outro lado, os enditos protopodiais comumente formam superfícies de trituração (ou "mandíbulas"), geralmente conhecidas como **gnatobases**. A Figura 20.22 ilustra alguns tipos de apêndices dos artrópodes e os termos aplicados às suas partes.[5]

---

[3]Atenção: alguns autores usam o termo "endocutícula" para se referir a toda a procutícula dos crustáceos e usam os dois termos de sua subdivisão apenas quando se referem aos insetos.

[4]Embora autores refiram-se aos artículos dos apêndices como "segmentos", aqui procuramos restringir o uso desse último termo aos segmentos corporais verdadeiros (ou somitos), reservando o termo "artículos" para os "segmentos" separados do membro.

[5]O conhecimento morfológico básico da evolução dos membros dos artrópodes está embasado em 30 anos de estudos morfológicos comparativos detalhados realizados por Jarmila Kukalová-Peck, que estudou os membros dos artrópodes extintos e vivos. Segundo o modelo de Kukalová-Peck, os apêndices do artrópode ancestral compreendiam uma série de 11 artículos (4 protopoditos, 7 telopoditos) e, teoricamente, cada um poderia ter um endito ou exito articulado. O número de artículos do seu plano básico proposto para os membros dos artrópodes não é tão importante quanto seu conceito de uma série singular de artículos – com os enditos e os exitos que se especializaram sendo responsáveis pela diversidade das estruturas encontradas nos táxons modernos. Ao longo do processo evolutivo, de acordo com sua teoria, os protopoditos mais basais fundiram-se com a região pleural do corpo para formar os escleritos pleurais em vários táxons. Nos segmentos torácicos dos hexápodes, o exito do primeiro protopodito (a epicoxa) migrou em direção dorsal e deu origem às asas dos insetos (ver Capítulo 22). Por outro lado, muitos dos primeiros fósseis de artrópodes conhecidos (inclusive trilobitas) têm protopoditos de um único artículo, sugerindo para alguns autores que os protopoditos poliarticulados poderiam ser condições derivadas. Entretanto, a hipótese de Kulaková-Peck sustenta que esses protopoditos uniarticulados representam casos nos quais os artículos protopodiais reuniram-se (p. ex., nos trilobitas) ou migraram para a região pleural dos somitos corporais. O número de artículos nos telopoditos dos artrópodes viventes varia acentuadamente, refletindo – de acordo com a hipótese de Kukalová-Peck – vários tipos de perdas ou fusões dos artículos. O requinte da teoria de Kulaková-Peck é que ela explica claramente a origem de todas as estruturas dos membros dos artrópodes. O entendimento do plano básico dos membros dos artrópodes como uma série de artículos, a partir dos quais os enditos e os exitos foram modificados de diversas formas, elimina 100 anos de confusão sobre a estrutura dos membros unirremes, birremes e polirremes (hoje em dia, esses termos têm pouco significado filogenético).

Os apêndices com exitos grandes, como brânquias, limpadores branquiais ou remos para natação (em geral, esses últimos desenvolveram-se em combinação com um telopodito em forma de remo), são conhecidos comumente como **membros birremes** (ou, em alguns, casos, apêndices birremes ou polirremes). Os apêndices birremes ocorrem apenas nos crustáceos e trilobitas, embora sua ocorrência ancestral nos quelicerados seja sugerida pelas brânquias e outras estruturas, que podem ser derivados dos exitos dos membros primitivos. Nos crustáceos, o exito do último protopodito pode ser tão grande quanto o próprio telopodito e, nesses casos, ele é conhecido como **exópode**; portanto, o telopodito é conhecido como **endópode** (Figura 20.22 A). Os apêndices birremes estão associados comumente aos artrópodes que nadam e, nos crustáceos nos quais eles são grandemente expandidos e achatados (p. ex., Cefalocáridos, Branquiópodes, Filocáridos), também podem ser conhecidos como apêndices foliáceos ou **filopódios** (do grego *phyllo*, "em formato de folha"; e *podia*, "pés") (Figura 20.22 B).

Apêndices sem exitos grandes são descritos como **unirremes** (ou **estenopódio**; do grego *steno*, "estreito"; e *podia*, "pé") (Figura 20.22 C). Os apêndices unirremes são típicos de quelicerados, hexápodes, miriápodes e alguns crustáceos, embora esses apêndices provavelmente tenham sido derivados secundariamente dos birremes em mais de uma ocasião. Nos casos típicos, as pernas unirremes são ambulatórias (pernas para andar).

A combinação dos artículos protopodiais e telopodiais e seus enditos e exitos evolutivamente "plásticos" criou nos artrópodes um verdadeiro "canivete suíço" de apêndices. Essa diversidade é ímpar no reino animal e tem desempenhado um papel fundamental no sucesso evolutivo desse filo. À medida que estudar os capítulos seguintes, não se esqueça de notar a variedade fenomenal das morfologias dos membros e as adaptações entre os artrópodes.

Evolução dos apêndices. A diversidade incrível observada nos apêndices dos artrópodes foi alcançada por meio do potencial único dos genes *homeobox* (Hox) e outros genes associados ao desenvolvimento, bem como os genes subsequentes que eles

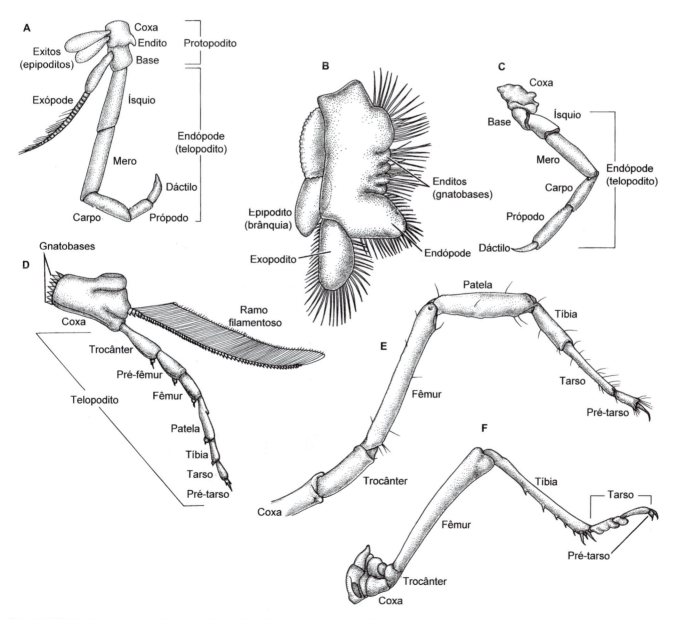

Figura 20.22 Membros do tronco dos artrópodes. **A.** Apêndice birreme de um crustáceo generalizado. **B.** Apêndice polipodial birreme de um crustáceo. **C.** Perna locomotora unirreme (um estenopodito) de um crustáceo. **D.** Apêndice birreme do tronco de um trilobita. **E.** Perna locomotora unirreme (estenopodito) de um escorpião. **F.** Perna unirreme (estenopodito) de um grilo terrestre.

regulam, conservados e ainda assim maleáveis em sua expressão. Atualmente, estamos começando a entender como esses genes funcionam, e informações inéditas nesse campo surgem com tamanha rapidez que hesitamos em entrar em detalhes – nosso conhecimento sobre a biologia do desenvolvimento dos artrópodes muda literalmente de um mês para outro! Mais adiante, veremos que os destinos dos apêndices dos artrópodes são controlados basicamente pelos genes Hox, que determinam onde se formam esses apêndices e os tipos gerais dos apêndices formados. Os genes Hox podem suprimir o desenvolvimento dos membros, ou modificá-los de modo a criar morfologias alternativas dos membros. Esses genes singulares têm desempenhado funções importantes na evolução de novos planos corpóreos entre os artrópodes (e outros filos).

Um bom exemplo do potencial evolutivo dos genes Hox é encontrado nos apêndices abdominais dos insetos. Os apêndices abdominais (falsas pernas) ocorrem nas larvas (mas não nas formas adultas) de vários insetos de diversas ordens e são ubíquos na ordem Lepidoptera (*i. e.*, lagartas). Os apêndices abdominais quase certamente estavam presentes nos ancestrais crustáceos dos insetos. Por isso, as falsas pernas podem ter reaparecido em grupos os lepidópteros por meio de algo tão simples quanto a supressão do programa de desenvolvimento de um apêndice ancestral (*i. e.*, esses animais representam um atavismo mediado pelos genes Hox). Hoje em dia, sabemos que a formação das falsas pernas é iniciada durante a embriogênese por meio de mudanças na regulação e da expressão do complexo de genes do bitórax (o qual inclui os genes Hox *Ubx*, *abdA* e *AbdB*).

A biologia molecular do desenvolvimento também começou a desvendar as origens dos próprios apêndices dos artrópodes. Sabemos atualmente que o desenvolvimento dos apêndices é orquestrado por um complexo de genes do desenvolvimento, especialmente os genes *Distal-less* (*Dll*) e *Extradenticle* (*Exd*). Evidências sugerem que o gene *Exd* seja necessário ao desenvolvimento da região proximal dos membros dos artrópodes (o protopodito), enquanto o gene *Dll* é expresso na região distal dos apêndices em desenvolvimento (o telopodito). Desse modo, o protopodito e o telopodito dos apêndices dos artrópodes são até certo ponto diferentes, cada qual com seu próprio controle genético e, possivelmente, são livres para reagir aos caprichos e aos processos evolutivos. Desse modo, a mandíbula de um artrópode ser um apêndice "telomérico" ou "de todo o membro" (*i. e.*, constituído de todo ou quase todo o conjunto completo de artículos) ou mesmo um apêndice "gnatobásico" (*i. e.*, constituído apenas dos artículos mais basais, ou protopodiais); isto é algo que depende da expressão (e seu grau) do gene *Dll*.

O gene *Dll* é expresso durante todo o desenvolvimento das quelíceras teloméricas poliarticuladas e dos pedipalpos dos quelicerados, mas apenas transitoriamente nas mandíbulas dos miriápodes e nas mandíbulas dos crustáceos que não têm palpos. Esse gene é expresso durante toda a embriogenia das mandíbulas dos crustáceos (no palpo mandibular), mas não em todas as mandíbulas dos hexápodes. Esse padrão de expressão sugere que apenas as quelíceras e os pedipalpos dos quelicerados sejam apêndices completamente teloméricos, embora o palpo da mandíbula do crustáceo represente o telopodito desse membro. Isso também sugere que o desenvolvimento de um telopodito seja uma característica evolutivamente flexível, que pode facilmente mostrar uma homoplasia (*i. e.*, paralelismo). Além disso, o gene *Dll* está expresso nos enditos dos apêndices dos artrópodes (p. ex., nos membros filopodiais dos braquiópodes). Na verdade, o *Dll* é um gene ancestral, que ocorre em muitos filos animais, nos quais é expresso nas pontas das projeções corporais ectodérmicas de estruturas muito diferentes, como os membros dos vertebrados, os parapódios e as antenas dos vermes poliquetos, os pés ambulacrais dos equinodermos e os sifões dos tunicados.

Desse modo, compreendemos que, apesar de sua diversidade considerável, todos os apêndices dos artrópodes têm um plano básico comum e mecanismos genéticos semelhantes em seu desenvolvimento. Por exemplo, hoje a biologia do desenvolvimento identificou as homologias dos apêndices da região cefálica dos principais grupos de artrópodes. Um bom exemplo do potencial dos genes do desenvolvimento está ilustrado na Tabela 20.2, na qual vemos a diversidade dos apêndices cefálicos homólogos ao longo do espectro dos onicóforos-artrópodes. Imagine que as mandíbulas dos vermes aveludados, as quelíceras dos escorpiões e as antenas dos insetos são todas derivadas dos mesmos apêndices ancestrais! Hoje existem evidências sugestivas de que as pernas unirremes dos hexápodes (e talvez também dos miriápodes) tenham sido originadas dos apêndices birremes (ou unirremes) dos crustáceos ancestrais. Embora os morfologistas tenham lutado para estabelecer as homologias entre artículos (ou poditos) específicos das pernas dos artrópodes, ainda existe controvérsia significativa quanto a esta questão. Contudo, agora começamos a adquirir a "caixa de ferramentas" com os genes do desenvolvimento, necessária para resolver essa e outras questões referentes aos subfilos dos artrópodes.

Sustentação e locomoção

Os artrópodes dependem do exoesqueleto para a sustentação e a manutenção do formato de seu corpo. Os músculos desses animais estão dispostos em faixas curtas, que se estendem de um segmento corporal ao seguinte, ou através das articulações dos apêndices e outras regiões de articulação. O entendimento da natureza desses pontos de articulação – áreas onde a cutícula é notavelmente fina e flexível – é crucial à compreensão da ação dos músculos e, consequentemente, da locomoção. Ao contrário da maior parte do exoesqueleto, a articulação (ou as articulações) entre os segmentos do corpo e os apêndices ocorre através de pontes formadas por áreas de cutícula muito fina e flexível, na qual a procutícula é muito reduzida e não endurecida (Figura 20.23). Essas áreas finas são conhecidas como **membranas artrodiais** ou **articulares**. Geralmente, cada articulação é interligada por um ou mais pares de músculos antagônicos. Um conjunto de músculos, os flexores, atua para flexionar o corpo ou o apêndice no ponto de articulação; o conjunto oposto de músculos, os extensores, serve para esticar o corpo ou o apêndice.

As articulações que funcionam como descrito anteriormente geralmente articulam apenas em um plano (algo muito semelhante às articulações do seu próprio joelho ou cotovelo). Esse movimento é limitado não apenas pela posição dos grupos de músculos antagônicos, mas também pela estrutura das partes duras da cutícula, que margeiam a membrana articular. Nesses casos, a membrana articular pode não formar um anel completo de material flexível, mas é interrompida por pontos de contato entre a cutícula dura em um dos lados da articulação. Esses pontos de contato, ou superfícies de sustentação, são conhecidos como **côndilos** e servem como fulcro do sistema de alavanca

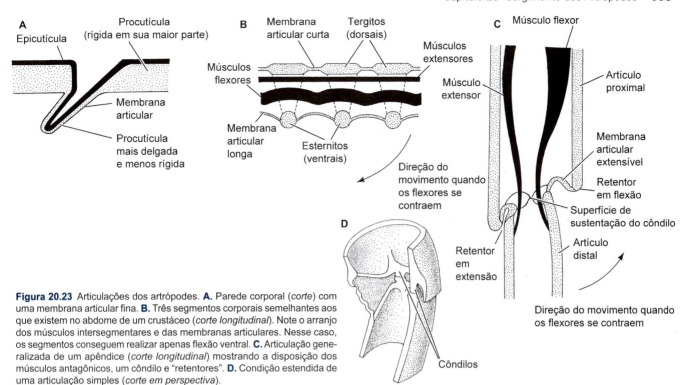

Figura 20.23 Articulações dos artrópodes. **A.** Parede corporal (*corte*) com uma membrana articular fina. **B.** Três segmentos corporais semelhantes aos que existem no abdome de um crustáceo (*corte longitudinal*). Note o arranjo dos músculos intersegmentares e das membranas articulares. Nesse caso, os segmentos conseguem realizar apenas flexão ventral. **C.** Articulação generalizada de um apêndice (*corte longitudinal*) mostrando a disposição dos músculos antagônicos, um côndilo e "retentores". **D.** Condição estendida de uma articulação simples (*corte em perspectiva*).

formado pela articulação. Uma articulação dicondílica permite movimentos em um plano, mas não em ângulos em relação a tal plano. O movimento em uma articulação é também geralmente limitado pelos processos cuticulares duros conhecidos como travas ou retentores, que previnem a extensão ou a flexão exagerada (Figura 20.23 C e D).

Algumas articulações são construídas de modo a permitir movimentos em mais de um plano, algo muito semelhante a uma articulação em esfera e soquete. Por exemplo, na maioria dos artrópodes, as articulações entre as pernas usadas para locomoção e o corpo (articulações coxa–pleura) não têm côndilos grandes, e as membranas articulares formam faixas completas ao redor das articulações. Em outros casos, duas articulações dicondílicas entre apêndices adjacentes articulam-se a 90° entre si, formando uma configuração semelhante a uma suspensão Cardan, que facilita o movimento em dois planos opostos.

Os artrópodes desenvolveram inúmeros dispositivos locomotores para movimentarem-se na água, na terra e no ar. Apenas os vertebrados podem ostentar uma gama comparável de capacidades, ainda que utilizando um conjunto muito menos diversificado de mecanismos. Assim como muitos outros aspectos da biologia dos artrópodes, seus métodos de locomoção refletem a extrema plasticidade evolutiva e as qualidades adaptativas associadas à segmentação do corpo e seus apêndices.

Os movimentos na água envolvem diversos padrões de natação, que incluem as remadas suaves dos camarões, saltos espasmódicos de certos insetos e crustáceos pequenos e surpreendente propulsão retrógrada por flexão da cauda em lagostas e lagostins. A locomoção aérea foi dominada pelos insetos pterigotos (alados), mas também é praticada por algumas aranhas, que flutuam presas nos fios de seda. Muitos artrópodes escavam ou perfuram vários substratos (p. ex., formigas, abelhas, cupins, crustáceos cavadores). Alguns artrópodes terrestres, que normalmente estão associados ao solo, realizam movimentos aéreos curtos como respostas de escape. Alguns, como as pulgas, simplesmente saltam, enquanto outros saltam e planam, fornecendo-nos possíveis indícios quanto à origem evolutiva do voo. Alguns crustáceos também saltam, como os bem-conhecidos saltões-da-praia (anfípodes), que se afastam sobre a areia quando são perturbados. Os artrópodes que se movem em contato com a superfície do substrato, sob a água ou sobre a terra, por meio de vários tipos de caminhar, arrastar, rastejar ou correr, são conhecidos como pedestres ou reptantes.

Com exceção do voo, todas as formas comuns de locomoção dos artrópodes dependem do uso dos apêndices típicos e, por isso, estão baseadas nos princípios da articulação descritos antes, de forma associada com a arquitetura especializada dos apêndices. A seguir, descreveremos alguns aspectos de dois tipos fundamentais de locomoção dependente dos apêndices dos artrópodes, natação e locomoção pedestre, explorando as variações desses e outros métodos nos capítulos subsequentes.

Muitos exemplos de artrópodes que nadam são encontrados entre os crustáceos. A maioria dos crustáceos que nadam (p. ex., anóstracos e camarões) e até mesmo os que nadam apenas infrequentemente (p. ex., isópodes e anfípodes) utiliza apêndices ventrais, laminares e cobertos por cerdas, como remos (Figura 20.22 B). Os apêndices usados para nadar podem estar restritos a determinadas partes do corpo (p. ex., pleópodes dos camarões, estomatópodes e isópodes; os apêndices metassomais dos copépodes que nadam), ou podem estar distribuídos em grande parte do tronco (p. ex., apêndices dos anóstracos, remipédios e cefalocáridos) (Figura 20.24). Esses apêndices geram um curso de força retrógrada (propulsiva) e uma força de recuperação anterógrada. Em todos os casos, os apêndices são constituídos de forma que, na fase de recuperação, eles são flexionados e as lâminas e cerdas marginais passivamente "colapsam" de modo a reduzir o coeficiente de atrito (arrasto). Durante a fase de força, os apêndices são mantidos eretos com suas superfícies mais amplas voltadas na direção do movimento do membro, desse modo aumentando a eficiência do empuxo

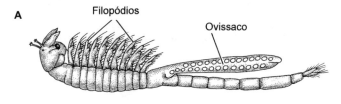
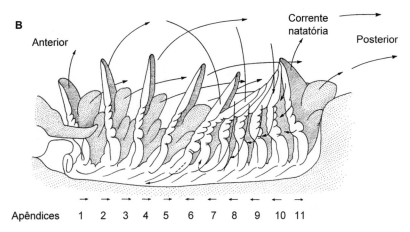

Figura 20.24 Movimentos natatórios de um crustáceo primitivo. **A.** Um camarão comum (Anostraca) de costas em sua postura normal de natação. **B.** Apêndices "em movimento", produzindo um fluxo de água dirigido posteriormente, que propele o animal para frente. As setas situadas perto das bases dos apêndices indicam as correntes alimentares. As *setas pequenas* abaixo da ilustração indicam a direção do movimento em cada apêndice numerado nesse movimento em progressão anterior da onda metacrônica. A água é puxada para dentro dos espaços entre os apêndices, ao passo que os apêndices adjacentes se afastam uns dos outros, e a água é pressionada a sair dos espaços à medida que os apêndices adjacentes se aproximam. Os artículos laterais desses apêndices filopodiais são articulados, de forma que se estendem com a força aplicada em uma superfície ampla e entram em colapso durante a recuperação da força aplicada e, desse modo, produzem menos tração.

(aumentando o coeficiente de atrito e a distância percorrida pelo apêndice). Esses apêndices natatórios tipicamente articulam-se com o corpo apenas em um plano paralelo ao eixo corporal. Em outros artrópodes, uma natação menos complexa é empregada por meio do uso de vários outros apêndices, incluindo as antenas em muitos crustáceos diminutos e larvas, e os estenopódios torácicos de muitos insetos aquáticos.

A locomoção pedestre nos artrópodes é extremamente variável, tanto nos diversos grupos quanto em um mesmo indivíduo. Com exceção de alguns animais "vermiformes" muito homônomos (p. ex., centípedes e milípedes), a maioria dos artrópodes não consegue realizar ondulações laterais do corpo. Desse modo, eles não podem ampliar o comprimento do passo de seus apêndices por meio de ondas corporais (como fazem muitos poliquetos, por exemplo). Os artrópodes que andam dependem quase inteiramente da mobilidade dos grupos especializados de apêndices. A estrutura dessas pernas ambulatórias é bem diferente daquela dos apêndices natatórios em forma de remo, e sua ação é muito mais complexa e variável.

Considere o movimento geral de uma perna ambulatória à medida que passa pelas fases de força e recuperação (Figura 20.25). No final da fase de força, o apêndice é estendido posteriormente e seu ápice está em contato com o substrato. A fase de recuperação envolve o levantamento do apêndice, sua oscilação para frente e sua recolocação de volta no substrato; por fim, o apêndice é estendido em direção anterolateral. A fase de força é realizada primeiramente por flexão e depois por extensão da perna, enquanto sua ponta é mantida no lugar contra o substrato. Desse modo, o corpo é inicialmente puxado e depois empurrado para frente por cada apêndice.

Evidentemente, esses movimentos complexos não seriam possíveis se todas as articulações dos apêndices, bem como entre o corpo e os apêndices, fossem dicondílicas no mesmo plano, paralelas ao eixo corporal. A perna deve ser capaz de mover-se para cima e para baixo, assim como para frente e para trás, e a ação de cada articulação precisa ser coordenada com as ações de todas as outras. Em geral, as articulações dos apêndices distais são dicondílicas, com planos de articulação (e movimento) paralelos ao eixo do apêndice. Elas permitem que o apêndice flexione e estenda, ou seja, colocam a ponta mais perto (adução) ou mais longe (abdução) do ponto de origem do apêndice. As ações dessas articulações tipicamente envolvem os conjuntos habituais de músculos flexores e extensores antagônicos descritos antes. Entretanto, em alguns aracnídeos e crustáceos, as articulações de certos apêndices não têm músculos extensores, e os apêndices são estendidos por um aumento da pressão sanguínea. A elevação e o abaixamento do apêndice também são realizados por músculos extensores e flexores que, desse modo, funcionam como elevadores e depressores, respectivamente; os músculos das articulações proximais da perna geralmente servem a esses propósitos.

Os movimentos anteroposteriores dos apêndices são realizados de duas formas básicas. Primeiramente, a articulação do tipo esfera–soquete, que ocorre no ponto de articulação entre o corpo e os apêndices, geralmente realiza essas ações na maioria dos crustáceos, insetos e miriápodes. Os músculos protratores e retratores que estão associados a essas articulações giram o membro para frente e para trás, respectivamente. Em segundo lugar, muitos aracnídeos realizam os movimentos multidirecionais dos apêndices utilizando apenas articulações dicondílicas uniplanares. Nesses artrópodes, uma ou mais articulações proximais articulam-se perpendicularmente ao eixo do apêndice e, desse modo, ao restante das articulações dos apêndices, possibilitando movimentos para frente e para trás.

Evidentemente, o entendimento de como um único apêndice se movimenta não descreve a locomoção de todo o animal. Os diversos padrões de locomoção pedestre nos artrópodes – conhecidos como tipos de marcha – são resultado de vários fatores (p. ex., número de pernas, sequências de movimentação das pernas, amplitude das passadas, velocidade). O número de padrões é grande, mas está limitado por certas limitações físicas e biológicas. A velocidade é limitada pelas taxas de contração muscular e pela necessidade de coordenação dos movimentos das pernas, para evitar que se enrosquem. Além disso, o animal

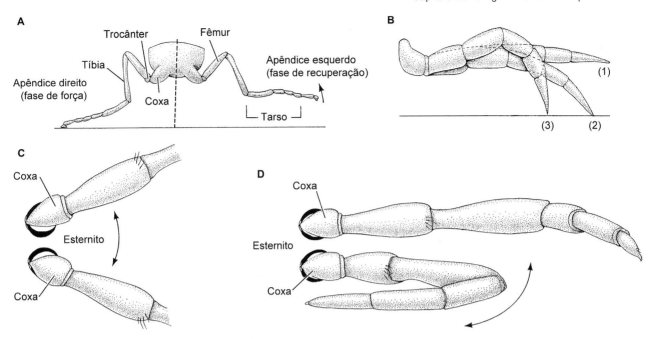

Figura 20.25 Aspectos do movimento das pernas dos artrópodes. **A.** *Vista ao nível do solo* de um par de pernas locomotoras em um inseto aproximando-se. A perna em contato com o substrato está em sua posição de uma fase de força, enquanto a perna oposta está fora do substrato, em sua fase de recuperação. **B.** *Vista anterior* de um apêndice locomotor em várias posições durante as fases de força e recuperação: (1) mostra o apêndice estendido e levantado durante a fase de recuperação com oscilação para cima; (2) mostra o apêndice estendido e abaixado contra o substrato, conforme fica posicionado no início ou no final da fase de força; (3) mostra o apêndice flexionado e apoiado contra o substrato no meio da fase de força. Observe a alteração na distância entre o corpo e a ponta do apêndice durante a fase de força. **C** e **D.** *Vistas ventrais* de um apêndice locomotor, ilustrando a amplitude dos movimentos anteroposterior (protrator-retrator) e adutor-abdutor. **C.** Movimento rotacional na articulação entre a coxa e o corpo para oscilar o apêndice para frente e para trás. **D.** Extensão e flexão de um apêndice locomotor, com abdução e adução resultantes da ponta do apêndice em relação ao corpo.

precisa manter uma distribuição apropriada das pernas em todos os momentos e nas diversas fases de força e recuperação, de modo que seu peso seja totalmente sustentado.

As marchas dos insetos foram estudadas mais detalhadamente que as dos outros artrópodes. Os estudos sobre insetos e miriápodes levaram à tentativa de estabelecer os princípios, sob os quais toda a locomoção pedestre dos artrópodes pudesse ser unificada. Os termos descritivos utilizados mais comumente nos artrópodes – caminhar, rastejar e correr – estão baseados no "modelo metacrônico". A ideia básica desse modelo é de que as pernas de cada lado do corpo movimentam-se por ondas metacrônicas (repetidas), de trás para frente, e de que essas ondas se superpõem em diversos graus, dependendo da velocidade do movimento. Esse modelo funciona para alguns artrópodes, em parte do tempo, mas as coisas não são tão simples e as tentativas para fazer uma generalização mais ampla não deram certo. Grande parte dos estudos sobre crustáceos e aracnídeos (e até mesmo insetos) indica que as sequências de movimento das pernas, os padrões das passadas, os comprimentos das passadas e outras características sejam extremamente variáveis, inclusive no mesmo indivíduo, e dependam de diversos fatores além da velocidade. As ações das articulações são coordenadas pela informação suprida ao sistema nervoso central pelos proprioceptores existentes nas próprias articulações.

Crescimento

A imposição de um exoesqueleto rígido aos artrópodes impede seu crescimento por meio de um aumento gradual das dimensões externas do corpo. Em vez disso, o aumento global das dimensões corporais ocorre por incrementos escalonados associados à perda periódica do exoesqueleto antigo e à deposição de outro mais novo e maior (Figura 20.26). O processo de eliminação do exoesqueleto é conhecido como **muda** e é um fenômeno característico dos artrópodes e de todos os outros ecdisozoários. O processo de muda varia quanto aos detalhes, mesmo entre os artrópodes. Esse processo foi mais bem-estudado em certos insetos e crustáceos, e a descrição apresentada a seguir está baseada principalmente nesses dois grupos. Primeiramente, descreveremos os passos básicos do ciclo de muda dos artrópodes e, em seguida, discutiremos brevemente o controle hormonal desses eventos. Em todos os artrópodes (e provavelmente também em todos os ecdisozoários), a muda é regulada por um hormônio conhecido como **ecdisona**; desse modo, todo o processo de muda desses grupos é descrito como **ecdise**.

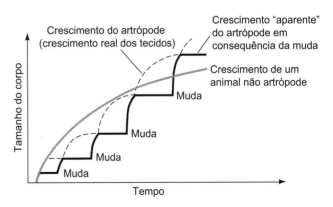

Figura 20.26 Crescimento dos artrópodes *versus* não artrópodes. A *linha contínua espessa* indica o padrão de crescimento incremental ("escalariforme") de um artrópode, conforme é avaliado pelas alterações das dimensões corporais externas associadas às mudas. A *linha tracejada* representa o crescimento real dos tecidos no mesmo artrópode. A *linha cinza* representa o crescimento típico de um animal não artrópode.

Os estágios entre as mudas são conhecidos como **intermudas** (ou **instares** nos insetos). Nos artrópodes, é durante esses estágios intermudas que ocorre crescimento real dos tecidos, embora sem qualquer aumento externo visível. Quando esse crescimento dos tecidos alcança o ponto máximo, no qual o corpo "preenche" seu envoltório de exoesqueleto, o animal geralmente entra em um estado fisiológico conhecido como **pré-muda ou pró-ecdise**. Durante esse estágio, há uma preparação ativa para a muda, inclusive crescimento acelerado de quaisquer partes em processo de regeneração. Algumas glândulas epidérmicas secretam enzimas, que começam a digerir a endocutícula antiga, separando assim o exoesqueleto da epiderme. Em muitos crustáceos, parte do cálcio é removida da cutícula durante esse período e armazenada dentro do corpo para ser redepositada posteriormente. À medida que a cutícula antiga se torna mais solta e fina, a epiderme começa a secretar uma nova cutícula macia. A Figura 20.27 ilustra alguns desses eventos.

Quando a cutícula velha está substancialmente frouxa e a nova cutícula já se formou, começa a muda propriamente dita. A cutícula antiga separa-se de forma que o animal possa contorcer-se e puxar seu corpo para fora. As linhas ao longo das quais a cutícula separa-se variam entre os artrópodes, mas são consistentes em determinados grupos. É importante lembrar que todos os revestimentos cuticulares são perdidos durante a ecdise, inclusive os revestimentos dos tratos digestivos anterior e posterior, as superfícies dos olhos e a cutícula que recobre cada buraco, sulco, espinho e cerda existente na superfície do corpo. Ao examinar um exoesqueleto velho intacto (ou **exúvia**) de um artrópode, você pode ficar impressionando com seus detalhes maravilhosamente perfeitos. A princípio, é difícil imaginar como o animal poderia ter liberado cada uma das minúsculas partes da cutícula velha (Figura 20.27 C e D). Evidentemente, a capacidade de realizar esse processo depende da grande flexibilidade do corpo dentro desse novo exoesqueleto ainda não endurecido.

Logo que o artrópode emerge de sua cutícula velha, enquanto a nova ainda é macia e flexível, seu corpo se expande rapidamente, captando ar ou água. Quando a nova cutícula está então dilatada, o animal entra em um período pós-muda (**pós-ecdise**), durante o qual a cutícula é enrijecida por esclerotização e/ou redeposição dos sais de cálcio. Em seguida, o excesso de água (ou ar) é bombeado ativamente para fora do corpo e ocorre crescimento real dos tecidos durante o período subsequente (**intermudas**). Durante o processo de esclerotização, a cutícula torna-se mais seca, rígida e resistente à degradação física e química por meio do processo de formação de ligações moleculares cruzadas na matriz de proteína–quitina, como descrito anteriormente.

Demos ênfase à importância adaptativa do exoesqueleto dos artrópodes em termos de suas qualidades protetoras e sustentadoras. Entretanto, durante o **período pós-muda**, antes que o exoesqueleto novo esteja endurecido, o animal é muito vulnerável a danos, à predação e ao estresse osmótico. Muitos artrópodes tornam-se reclusos nessa fase, escondendo-se em fendas e cantos, sem sair nem sequer para se alimentar quando estão nessa condição de "casca mole". O tempo necessário ao endurecimento do exoesqueleto novo varia amplamente entre os artrópodes, mas geralmente é mais longo nos animais maiores. Os famosos e apetitosos "siris-de-casca-mole" do leste dos EUA são simplesmente caranguejos-azuis (*Callinectes*) capturados durante seu período pós-muda.

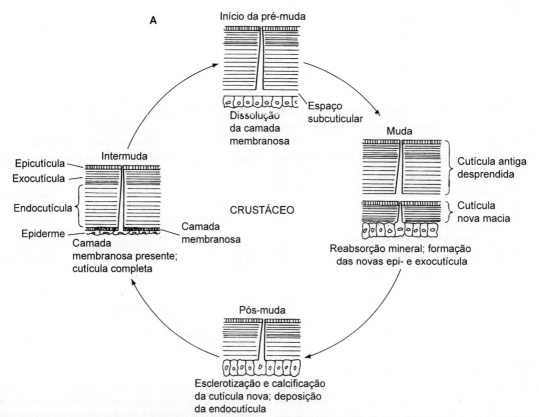

Figura 20.27 Muda dos artrópodes. Ilustrações esquemáticas de alguns dos eventos da muda de um crustáceo (**A**) e de um inseto (**B**). A separação da cutícula antiga do corpo geralmente é conseguida por dissolução da camada membranosa dos crustáceos grandes e por digestão dos limites internos da cutícula dos insetos.

(*continua*)

Capítulo 20 Surgimento dos Artrópodes

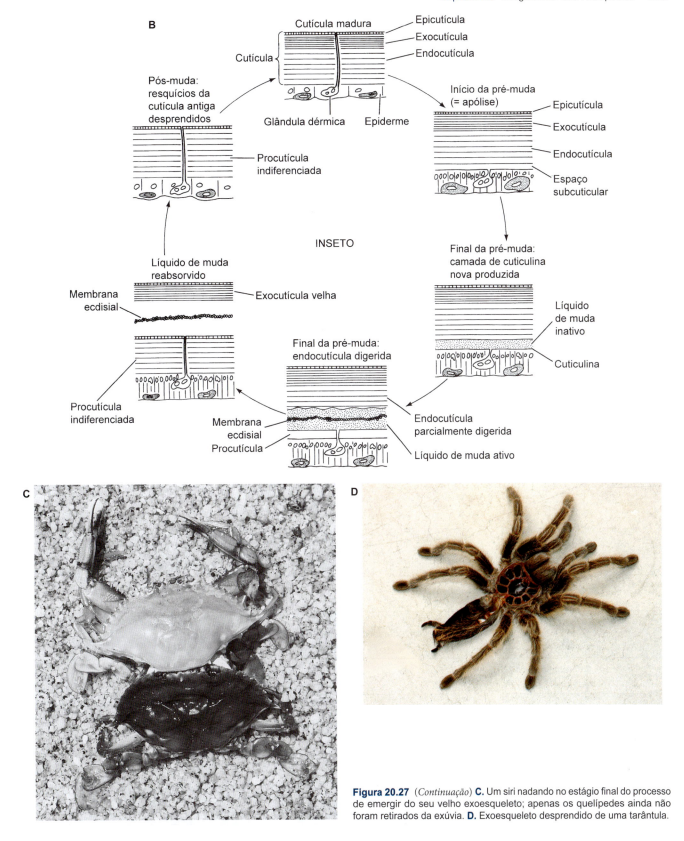

Figura 20.27 (*Continuação*) **C.** Um siri nadando no estágio final do processo de emergir do seu velho exoesqueleto; apenas os quelípedes ainda não foram retirados da exúvia. **D.** Exoesqueleto desprendido de uma tarântula.

Muitos genes e um sistema hormonal complexo regulam o ciclo da muda (Figura 20.28). Vários modelos foram propostos para explicar as reações hormonais envolvidas na muda dos insetos e dos crustáceos e o quadro ainda está incompleto até certo ponto. As atividades hormonais do ciclo ecdisial dos crustáceos foram mais amplamente estudadas nos decápodes. Em alguns deles (p. ex., lagostas e lagostins), a muda ocorre periodicamente ao longo de toda a vida do animal, mas em muitos outros (p. ex., copépodes e alguns caranguejos), a muda e também o crescimento cessam em determinado ponto, e o animal atinge seu tamanho máximo. Os animais que fizeram sua última muda entraram em um estado de **anecdise** (ou intermuda permanente) – ou seja, chegaram ao seu instar final. Entre os insetos, a muda está basicamente associada à metamorfose

700 Invertebrados

de um estágio de desenvolvimento para o seguinte (p. ex., da pupa ao adulto) e, com exceção dos hexápodes mais primitivos, os adultos não fazem mudas (i. e., estão em anecdise).

Nos crustáceos e nos hexápodes (e provavelmente também em todos os artrópodes), a iniciação da muda – que começa com os eventos da proecdise – é desencadeada pela ação de um hormônio estrutural conhecido como ecdisona. Contudo, aparentemente, as vias que controlam a secreção desse hormônio são diferentes nos insetos e nos crustáceos, como ilustrado esquematicamente na Figura 20.28. Nos crustáceos, a ecdisona é secretada por uma glândula endócrina conhecida como órgão Y, localizada na base das antenas ou perto das peças orais. A ação do órgão Y é controlada por um sistema neurossecretor complexo localizado perto dos olhos ou nos pedúnculos oculares. Durante o período de intermuda, um **hormônio inibidor da muda (MIH)** é produzido por células neurossecretoras do órgão X, localizado em uma região do nervo (ou gânglio) do pedúnculo ocular denominada medula terminal (Figura 20.28 A). Esse hormônio é transportado pelos axônios até uma área de armazenamento conhecida como glândula sinusal, que parece controlar a secreção do MIH no sangue. Enquanto houver níveis suficientes de MIH no sangue, a produção de ecdisona pelo órgão Y é inibida.

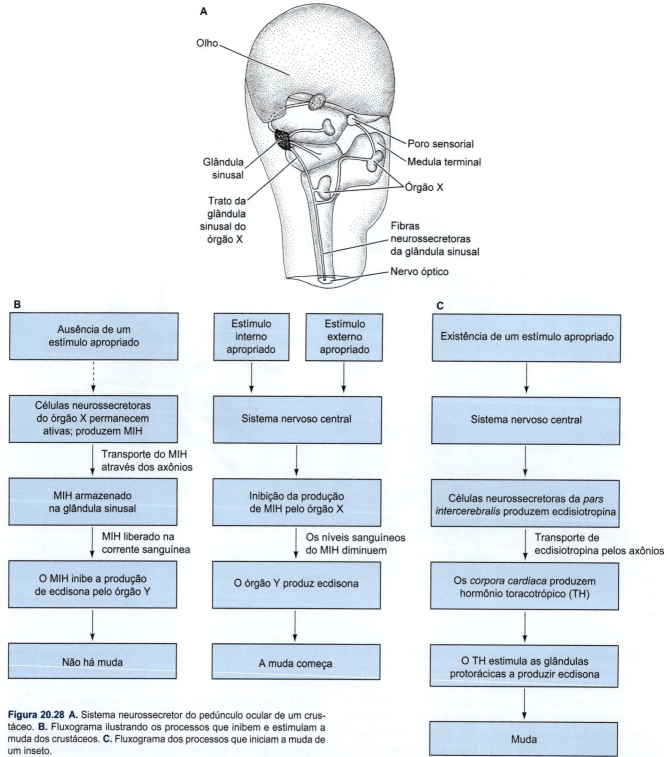

Figura 20.28 A. Sistema neurossecretor do pedúnculo ocular de um crustáceo. **B.** Fluxograma ilustrando os processos que inibem e estimulam a muda dos crustáceos. **C.** Fluxograma dos processos que iniciam a muda de um inseto.

A pré-muda ativa e as fases subsequentes de muda são iniciadas por estímulos sensoriais enviados ao sistema nervoso central. Esses estímulos são externos em alguns crustáceos (p. ex., duração do dia, ou fotoperíodo, no caso de alguns lagostins) e internos para outros (p. ex., crescimento dos tecidos moles de certos caranguejos). Os estímulos externos são transmitidos pelo sistema nervoso central à medula terminal e ao órgão X (Figura 20.28 B). Estímulos apropriados inibem a secreção do MIH e, por fim, resultam na produção de ecdisona e no início de um novo ciclo de muda.

Nos insetos, a sequência de eventos é um pouco diferente da que ocorre nos crustáceos, porque aparentemente não há participação de um inibidor da muda. Quando um estímulo apropriado é levado ao sistema nervoso central, algumas células neurossecretoras dos gânglios cerebrais são ativadas. Essas células, que estão localizadas na *pars intercerebralis*, secretam **ecdisiotropina**. Esse hormônio é transportado pelos axônios até os *corpora cardiaca*, que são massas neurais pareadas associadas aos gânglios cerebrais. Essas estruturas produzem o hormônio toracotrópico, que é levado até as glândulas protorácicas, onde estimulam produção e secreção de ecdisona (Figura 20.28 C).

Sistema digestivo

Como seria esperado, a grande diversidade dos artrópodes também está refletida na existência de quase todos os métodos de alimentação imagináveis. Como grupo, a única limitação real dos artrópodes nesse aspecto é a ausência de cílios funcionais externos. Ao longo da evolução, muitos artrópodes conseguiram até superar essa limitação e tornaram-se suspensívoros por outros meios. As estratégias de alimentação dos artrópodes são tão variadas que postergaremos sua descrição para as seções e os capítulos que descrevem os táxons específicos, mas aqui tentaremos apenas propor generalizações sobre a estrutura e a função básicas dos sistemas digestivos dos artrópodes.

O trato digestivo dos artrópodes é completo (trato digestivo inteiro) e geralmente retilíneo, estendendo-se da boca ventral situada na cabeça até o ânus posterior. Vários apêndices (peças orais e outros apêndices associados) podem estar ligados ao processamento do alimento e ao seu transporte até a boca. A maioria dos táxons mostra especialização regional do trato digestivo. Em quase todos os casos, há um trato digestivo anterior estomodeu e um posterior proctodeu bem-desenvolvidos, revestidos por cutícula e conectados por um trato digestivo médio derivado da endoderme (Figura 20.29). Em geral, o trato digestivo anterior desempenha as funções de ingestão, transporte, armazenamento e digestão mecânica do alimento; o trato digestivo médio produz enzimas e é responsável pela digestão química e pela absorção; e o trato digestivo posterior fica encarregado de absorver água e preparar a matéria fecal. O trato digestivo médio tipicamente tem uma ou mais evaginações na forma de **cecos digestivos** (conhecidos comumente como "glândula digestiva", "fígado" ou "hepatopâncreas"). A quantidade de cecos e a disposição dos outros segmentos do trato digestivo variam entre os diversos táxons. Um aspecto característico dos artrópodes (e dos tardígrados) é o envolvimento do material em processo de digestão no trato digestivo posterior dentro de uma **membrana peritrófica** permeável, que permite aos líquidos digestivos entrarem, e à água e aos nutrientes saírem. Nos casos típicos, as fezes dos artrópodes são "empacotadas" nos restos da membrana peritrófica.

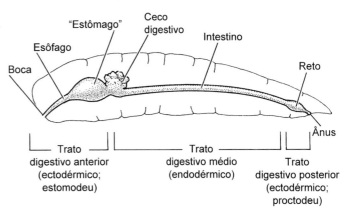

Figura 20.29 Regiões principais do trato digestivo dos artrópodes. As inúmeras variações desse padrão estão descritas nos capítulos subsequentes sobre os táxons específicos.

Os diversos artrópodes terrestres desenvolveram convergentemente muitos aspectos semelhantes como adaptações à vida no solo. Muitas dessas estruturas convergentes estão associadas (embora obrigatoriamente não sejam dele derivadas) ao trato digestivo. Por exemplo, as estruturas excretoras conhecidas como **túbulos de Malpighi** (ver adiante), que se desenvolvem a partir do trato digestivo médio ou posterior dos insetos, aracnídeos, miriápodes e tardígrados, parecem ser convergências (*i. e.*, estruturas não homólogas). As estruturas excretoras dos onicóforos eram também chamadas túbulos de Malpighi, mas estudos recentes mostraram que são metanefrídios complexos com vesículas terminais fechadas derivadas secundariamente. Muitos táxons terrestres não relacionados têm **glândulas repugnatórias** especiais, que podem ou não estar associadas ao trato digestivo e produzem substâncias nocivas usadas para deter os predadores. Muitos grupos diferentes de artrópodes terrestres também desenvolveram a capacidade de produzir sedas ou substâncias semelhantes à seda para aplicar no exterior de seus corpos. Essas fibras semelhantes à seda são produzidas por estruturas não homólogas em diferentes artrópodes. Embora variem acentuadamente quanto à composição química, todas compartilham uma característica molecular comum, que lhes confere resistência e elasticidade; tais fibras são formadas por conjuntos regulares de macromoléculas de cadeias longas (principalmente proteínas fibrosas) e também podem incluir colágeno. As glândulas salivares modificadas são órgãos produtores de seda, mas esses fios também são secretados pelo trato digestivo, pelos túbulos de Malpighi, pelas glândulas reprodutivas acessórias e pelas glândulas dérmicas. A produção de seda ocorre nos quelicerados (pseudoescorpiões, aranhas e ácaros), muitas ordens de insetos (como os *webspinners* ou embiópteros adultos e larvas dos bichos-da-seda cultivados comercialmente, inclusive *Bombyx* e *Anaphe*), em alguns miriápodes e crustáceos (p. ex., anfípodes). As sedas dos artrópodes são usadas para formar casulos, envoltórios dos ovos, teias, "residências" larvais, balsas para flutuação, fios para captura de presas, fios-guia dos aracnídeos, receptáculos dos espermatóforos, dispositivos de reconhecimento específicos de algumas espécies e outros itens diversos. A variedade realmente espetacular de aplicações das sedas produzidas pelas aranhas está descrita no Capítulo 24. A produção e o uso da seda representam um dos exemplos mais espetaculares de convergência evolutiva entre os artrópodes.

Circulação e trocas gasosas

Um dos aspectos principais do plano corpóreo dos artrópodes está refletido na estrutura do sistema circulatório. O sistema hemocélico praticamente aberto é resultante, em parte, da imposição do exoesqueleto rígido e da perda do celoma internamente segmentado e cheio de líquido. Vimos anteriormente que os espaços celômicos isolados (inclusive os segmentos dos anelídeos) precisam de um sistema circulatório fechado que os sirva, mas esse requisito não existe nos artrópodes. Além disso, sem uma parede corporal muscular e flexível para fortalecer os movimentos do sangue, torna-se necessário ter um mecanismo de bombeamento, o que resultou no desenvolvimento de um coração muscular. O resultado é um sistema no qual o sangue é ejetado da câmara cardíaca por meio de vasos curtos e levado à hemocele, onde irriga os órgãos internos. O sangue retorna ao coração por meio de um seio pericárdico não celômico e perfurações da parede cardíaca conhecidas como **óstios** (Figura 20.30). O sangue circula de volta ao coração ao longo de um gradiente de pressão decrescente, resultando na diminuição da pressão dentro do seio pericárdico à medida que o coração contrai. A complexidade do sistema circulatório varia acentuadamente entre os artrópodes e essas diferenças dependem em grande parte do tamanho e da forma do corpo. Essas diferenças incluem variações do tamanho e da forma do coração (Figura 20.30 B a D), do número de óstios, do comprimento e da quantidade de vasos sanguíneos, da disposição dos seios hemocélicos e das estruturas circulatórias associadas às trocas gasosas.

O sangue dos artrópodes, ou **hemolinfa**, tem a função de transportar nutrientes, escórias metabólicas e (em geral) gases. Isso inclui vários tipos de amebócitos e, em alguns grupos, agentes de coagulação. O sangue de muitos tipos de artrópodes pequenos é incolor e simplesmente transporta gases em solução. Contudo, a maioria das formas maiores contém hemocianina e algumas, hemoglobina. Esses dois pigmentos sempre estão dissolvidos na hemolinfa, em vez de ficarem contidos nas células. Na maior parte dos grupos de artrópodes, o trajeto circulatório faz com que ao menos uma parte do sangue passe pelas superfícies de troca gasosa (p. ex., brânquias) antes de voltar ao coração.

Um dos problemas evolutivos principais originados pela aquisição de um exoesqueleto relativamente impermeável é a troca gasosa, especialmente nos artrópodes terrestres. No ambiente terrestre, qualquer aumento da permeabilidade cuticular para facilitar a troca gasosa também acentua o risco de perda de água. É importante lembrar que as superfícies de troca gasosa não apenas precisam ser permeáveis, mas também reter a umidade (ver Capítulo 4). Evolutivamente, o desafio imposto aos artrópodes passou a ser o de interromper a integridade do exoesqueleto, de modo a permitir que ocorra troca gasosa sem ameaçar gravemente a sobrevivência do animal, abrindo mão dos benefícios principais do exoesqueleto.

O desenho das estruturas de troca gasosa dos artrópodes adquiriu uma forma nos grupos aquáticos e outra muito diferente nos táxons terrestres (Figura 20.31). A primeira é mais bem-exemplificada pelos crustáceos, enquanto a última é mais típica dos insetos e dos quelicerados terrestres. Alguns crustáceos

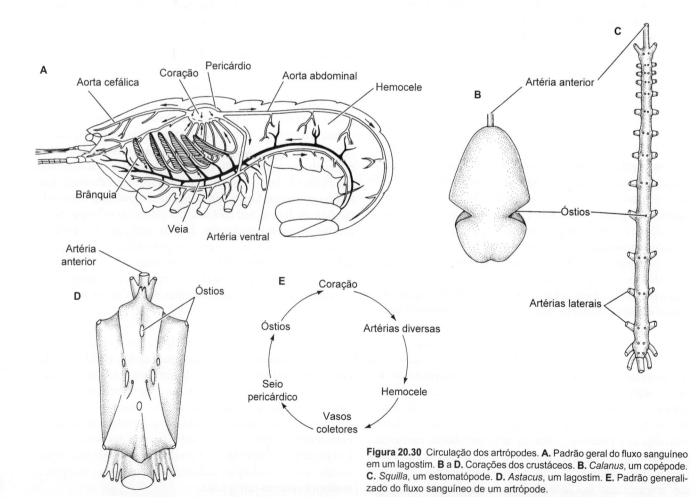

Figura 20.30 Circulação dos artrópodes. **A.** Padrão geral do fluxo sanguíneo em um lagostim. **B** a **D.** Corações dos crustáceos. **B.** *Calanus*, um copépode. **C.** *Squilla*, um estomatópode. **D.** *Astacus*, um lagostim. **E.** Padrão generalizado do fluxo sanguíneo de um artrópode.

muito pequenos (p. ex., copépodes) com razão reduzida área:volume trocam gases através da derme da superfície geral do corpo, ou nas áreas cuticulares finas (p. ex., membranas articulares). Contudo, a maioria dos crustáceos maiores desenvolveu vários tipos de brânquias na forma de evaginações cuticulares preenchidas com hemolinfa e de paredes finas. As brânquias geralmente são ramificadas ou dobradas, aumentando a superfície de troca (Figura 20.31 A). As brânquias de alguns crustáceos (p. ex., eufausiáceos) ficam expostas e desprotegidas no ambiente externo, enquanto em outros (p. ex., caranguejos e lagostas) as brânquias são carregadas embaixo de extensões protetoras do exoesqueleto.

Os artrópodes terrestres mais bem-sucedidos – insetos e aracnídeos – desenvolveram estruturas de troca gasosa na forma de invaginações da cutícula, em vez das evaginações encontradas nos crustáceos aquáticos. Evidentemente, brânquias externas seriam inaceitáveis nas condições secas, mas, quando estão posicionadas internamente, essas estruturas de troca gasosa mantêm-se úmidas e funcionam como câmaras de umidade, permitindo que o oxigênio entre em solução para ser captado. Muitos aracnídeos têm invaginações conhecidas como **pulmões foliáceos**, bolsas saculares com paredes profusamente dobradas descritas como **lamelas** (Figura 20.31 C). Hexápodes, miriápodes e muitos aracnídeos têm túbulos ramificados direcionados internamente conhecidos como **traqueias**, que se comunicam com o exterior por meio de poros denominados **espiráculos** (Figura 20.31 B). Nos sistemas traqueais dos insetos, as extremidades internas dos túbulos ficam na hemocele ou estão embebidas nos tecidos dos órgãos, permitindo a troca direta de gases entre o ar e o sangue, e os órgãos internos. Provavelmente, a traqueia dos aracnídeos não é diretamente homóloga à dos insetos. Alguns crustáceos terrestres (isópodes) têm **pseudotraqueias** nos apêndices abdominais; essas estruturas são tubos ramificados curtos, que colocam o ar em contato com espaços cheios de sangue existentes nesses apêndices (Figura 20.31 D).

Excreção e osmorregulação

Com a evolução de um sistema circulatório hemocélico nos artrópodes, os nefrídios com nefróstomas abertos tornaram-se funcionalmente insustentáveis. Simplesmente não poderiam drenar o sangue diretamente de uma hemocele aberta para o exterior. Os artrópodes desenvolveram várias estruturas excretoras altamente eficientes, as quais compartilham uma característica adaptativa: ser internamente fechadas. Além dessa diferença significativa entre os nefrídios dos artrópodes e os dos outros protostômios celomados, houve redução da quantidade geral de unidades excretoras.

Em muitos artrópodes, porções das unidades excretoras são remanescentes celômicos, formados em vários segmentos corporais durante o desenvolvimento. Na maioria dos crustáceos adultos, apenas um único par de nefrídios (nefromixia) persiste e geralmente está associado a determinados segmentos da cabeça (*i. e.*, glândulas antenais ou maxilares) (Figura 20.32 A). Nos aracnídeos, pode haver até quatro pares de nefrídios (e, nos onicóforos, muito mais), que se abrem nas bases das pernas locomotoras (*i. e.*, glândulas coxais).

Um segundo tipo de estrutura excretora ocorre em quatro táxons de pan-artrópodes terrestres: aracnídeos, miriápodes, insetos e tardígrados. Essas estruturas, conhecidas como **túbulos de Malpighi**, originam-se de túbulos fechados, que se

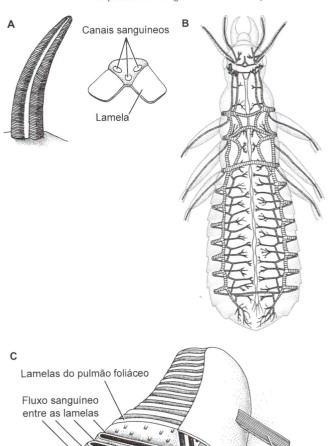

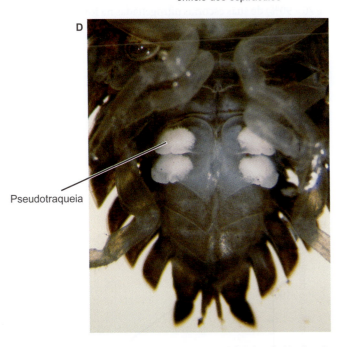

Figura 20.31 Estruturas de trocas gasosas nos artrópodes. **A.** Um tipo de brânquia de crustáceos (*vista superficial* e em *corte transversal*). **B.** Sistema traqueal de um besouro. **C.** Pulmão foliáceo de um aracnídeo (*vista em corte*). **D.** Abdome de um isópode terrestre *Porcellio*, um tatuzinho-de-jardim (*vista ventral*). Observe as pseudotraqueias ("corpos brancos") nos apêndices abdominais, ou pleópodes.

estendem para dentro da hemocele a partir da parede do trato digestivo (Figura 20.32 C). Entretanto, evidências anatômicas e do desenvolvimento sugerem que esses túbulos de Malpighi possam ter evoluído independentemente em cada um desses grupos, representando outro exemplo de evolução convergente entre os artrópodes.

A fisiologia excretora dos artrópodes é um tópico de estudo complexo e extenso, e apresentaremos aqui apenas um resumo geral. Os vários tipos de nefrídios de origem celômica são funcionalmente muito mais complexos e eficientes que os metanefrídios abertos. Aparentemente, a captação de materiais da hemocele pelas extremidades internas desses nefrídios envolve um movimento passivo em resposta à pressão de filtração, bem como transporte ativo. O líquido que entra no nefrídio geralmente tem composição semelhante à própria hemolinfa, mas, à medida que passa ao longo do sistema tubular do nefrídio, ocorre grande parte da reabsorção seletiva, principalmente de sais e nutrientes (p. ex., glicose). Desse modo, a urina que sai pelos poros nefridiais é muito diferente da hemolinfa e representa uma concentração de escórias metabólicas nitrogenadas (Figura 20.32 B).

Os túbulos de Malpighi desempenham a mesma função, mas precisam de assistência do trato digestivo. A captação no túbulo malpighiano a partir da hemocele é relativamente não seletiva, e a "urina primária" resultante (que contém nutrientes, água, sais e outros elementos) é eliminada diretamente dentro do trato digestivo. Ao longo do comprimento dos próprios túbulos, ocorre pouquíssima reabsorção de materiais não residuais. O trato digestivo posterior é o principal responsável pela concentração da urina, através da reabsorção das frações não residuais. A capacidade de o trato digestivo reabsorver água desempenha uma função essencial na osmorregulação dos artrópodes terrestres e de água doce. Assim como a maioria dos invertebrados aquáticos, os crustáceos marinhos excretam a maior parte (cerca de 70 a 90%) de suas escórias nitrogenadas na forma de amônia; o restante é excretado na forma de ureia, ácido úrico, aminoácidos e alguns outros compostos. Os aracnídeos, miriápodes e insetos terrestres excretam predominantemente ácido úrico (por meio do trato digestivo posterior e do ânus). No Capítulo 4, revisamos algumas das relações existentes entre os produtos de excreção e a osmorregulação em termos de adaptação aos hábitats terrestres. A capacidade de produzir grandes quantidades de ácido úrico e, desse modo, conservar água, certamente contribuiu expressivamente para o sucesso dos aracnídeos e insetos no ambiente terrestre. Por outro lado, os crustáceos não conseguiram efetuar uma mudança expressiva do amoniotelismo ao uricotelismo. Apenas os crustáceos terrestres (i. e., isópodes – tatuzinhos-de-jardim e tatuzinho-bola) apresentam aumentos discretos da excreção de ácido úrico, em comparação com seus companheiros marinhos.

Sistema nervoso e órgãos dos sentidos

O plano geral do sistema nervoso dos artrópodes é semelhante ao de muitos outros protostômios, e existem algumas homologias evidentes (Figura 20.33 A). O cérebro dos artrópodes (**gânglios cerebrais**) é formado por três regiões, cada qual originando um par de gânglios coalescidos. Os dois pares de gânglios mais anteriores são o protocérebro e o deutocérebro. O gânglio mais posterior, ou tritocérebro, geralmente forma conectivos circum-entéricos ao redor do esôfago até um gânglio subesofágico ventral (subentérico). Esse último gânglio é formado pela coalescência de vários outros gânglios cefálicos, geralmente dos que estão associados às mandíbulas e aos maxilares. Um cordão de nervoso ventral ganglionado, simples ou duplo, estende-se ao longo de alguns ou todos os segmentos do corpo. Cada uma dessas regiões origina um par principal de nervos para os apêndices especiais da cabeça (Figura 20.33 B e C). Nos artrópodes existentes, o protocérebro inerva os olhos, enquanto o deutocérebro inerva as antenas (apenas as primeiras antenas nos Crustacea), os quelíforos dos picnogonídeos e as quelíceras dos

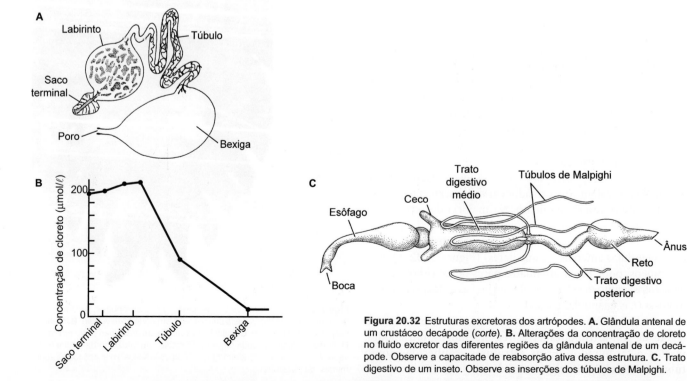

Figura 20.32 Estruturas excretoras dos artrópodes. **A.** Glândula antenal de um crustáceo decápode (corte). **B.** Alterações da concentração de cloreto no fluido excretor das diferentes regiões da glândula antenal de um decápode. Observe a capacidade de reabsorção ativa dessa estrutura. **C.** Trato digestivo de um inseto. Observe as inserções dos túbulos de Malpighi.

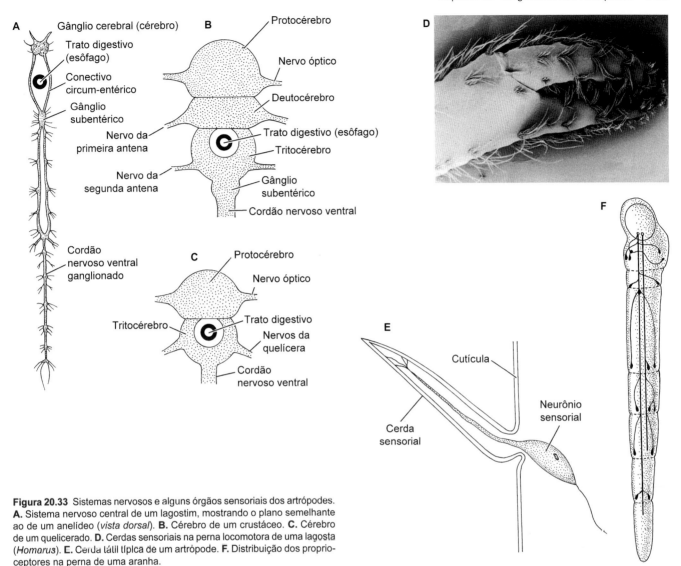

Figura 20.33 Sistemas nervosos e alguns órgãos sensoriais dos artrópodes. **A.** Sistema nervoso central de um lagostim, mostrando o plano semelhante ao de um anelídeo (*vista dorsal*). **B.** Cérebro de um crustáceo. **C.** Cérebro de um quelicerado. **D.** Cerdas sensoriais na perna locomotora de uma lagosta (*Homarus*). **E.** Cerda tátil típica de um artrópode. **F.** Distribuição dos proprioceptores na perna de uma aranha.

quelicerados. Vale lembrar que, entre os onicóforos, o protocérebro inerva os olhos e as antenas, enquanto o deutocérebro inerva as mandíbulas.[6]

Nos diversos grupos de artrópodes, os gânglios segmentares do cordão nervoso ventral apresentam diversos graus de fusão linear com algum outro grupo. Por isso, assim como a tagmose está refletida externamente na reunião dos segmentos corporais, ela também fica evidente na união dos grupos de gânglios ao longo do cordão nervoso ventral. Essas modificações do sistema nervoso central estão descritas com mais detalhes nos capítulos seguintes sobre os subfilos de artrópodes.

Embora a existência de um exoesqueleto tenha causado poucos efeitos evolutivos na estrutura dos gânglios cerebrais e do cordão nervoso, teve maior efeito na natureza dos receptores sensoriais. Se não fosse modificado, o exoesqueleto constituiria uma barreira eficaz entre o ambiente e as terminações epidérmicas dos nervos sensoriais. Assim, a maioria dos mecanorreceptores e quimiorreceptores externos consiste realmente em processos cuticulares (cerdas, pelos), poros ou fendas – descritas coletivamente como sensilas.

A maioria dos receptores táteis (mecanorreceptores) dos artrópodes consiste em projeções cuticulares na forma de cerdas móveis, cujas extremidades internas estão associadas aos neurônios sensoriais (Figura 20.33 D e E). Quando as projeções cuticulares são tocadas, esse movimento é traduzido em uma deformação da terminação nervosa, iniciando assim um estímulo nervoso. A sensibilidade às vibrações do ambiente é semelhante à recepção tátil. As sensilas, na forma de "pelos" finos ou cerdas, são movimentadas mecanicamente pelas vibrações externas e transmitem esses movimentos aos neurônios sensoriais subjacentes. Alguns artrópodes terrestres têm janelas cuticulares membranosas finas, situadas sobre as câmaras revestidas com nervos sensoriais. Quando são atingidas por vibrações transmitidas pelo ar (p. ex., som), essas janelas vibram e transmitem o estímulo à câmara e daí aos nervos subjacentes.

No capítulo sobre invertebrados de corpos moles, vimos que a quimiorrecepção geralmente está associada às estruturas epiteliais ciliadas (p. ex., órgãos nucais, fendas ciliadas), por meio das quais os compostos químicos dissolvidos difundem-se às

---

[6]A concentração dos tecidos nervosos na cabeça dos artrópodes tem sido referida como cérebro, encéfalo, gânglio cerebral e massa ganglionar cerebral. Alguns desses termos podem parecer antropomórficos, ou poderiam sugerir a existência de um único gânglio cefálico. Na verdade, os gânglios cerebrais constituem um grupo de gânglios relacionados (concentrações de tecidos nervosos formados basicamente por corpos das células neuronais) – razão pela qual o termo gânglios cerebrais provavelmente é o mais preciso.

terminações nervosas. Nos artrópodes, em presença da cutícula relativamente impermeável e na ausência de cílios livres, tais arranjos certamente não seriam possíveis. Desse modo, muitos artrópodes têm cerdas especiais finas ou ocas, comumente associadas aos apêndices cefálicos com coberturas cuticulares ou poros diminutos, que colocam o ambiente externo em contato com os neurônios quimiorreceptores.

A propriocepção é especialmente importante aos animais que têm apêndices articulados, inclusive artrópodes e vertebrados. A forma na qual tais receptores de estiramento se distribuem nas articulações permite que eles transmitam as informações ao sistema nervoso central sobre as posições relativas dos artículos apendiculares ou dos segmentos corporais (Figura 20.33 F). Por meio desse sistema, um artrópode (ou vertebrado) sabe onde estão seus apêndices, mesmo que não possa vê-los. As versões dos artrópodes desses "medidores de tensão" são conhecidas como **sensilas campaniformes** nos hexápodes, **sensilas de fenda** nos aracnídeos e **órgãos sensíveis à força** na maioria dos crustáceos. Apesar das diferenças sutis em sua anatomia, todos estão ligados ao sistema nervoso central de maneira semelhante e registram tensão do exoesqueleto por meio da deformação ou do estiramento dos neurônios. Os artrópodes têm três tipos básicos de fotorreceptores, inclusive ocelos simples, ocelos complexos com cristalino e olhos compostos ou facetados. Os ocelos estão descritos no Capítulo 4; ainda que variem quanto aos detalhes anatômicos, sua estrutura e seu funcionamento básicos são semelhantes em todos os invertebrados. Os olhos compostos, que parecem estar presentes em todos os subfilos dos artrópodes, foram perdidos ou estão modificados em vários grupos desse filo. Em razão de sua estrutura e funções singulares, os olhos compostos estão descritos com mais detalhes a seguir.

Como o próprio nome indica, os **olhos compostos** são constituídos de poucas a muitas unidades fotorreceptoras conhecidas como **omatídeos**. Cada omatídeo é suprido por seu próprio trato nervoso, que leva ao nervo óptico principal, e cada um tem seu próprio campo de visão através de facetas quadradas ou hexagonais cuticulares existentes na superfície do olho. Os campos visuais dos omatídeos adjacentes superpõem-se até certo ponto, de forma que uma mudança de posição de um objeto dentro do campo visual gera estímulos originados de vários omatídeos; por isso, os olhos compostos são especialmente aptos para detectar movimentos. Entretanto, a acuidade visual é afetada pelo grau de sobreposição dos campos visuais dos omatídeos vizinhos – quanto maior é a sobreposição, pior a acuidade visual. Em geral, os olhos compostos com muitas facetas diminutas provavelmente produzem imagens com maior resolução do que aqueles com menos facetas maiores. Observe que a função de um omatídeo é concentrar a luz proveniente de uma direção razoavelmente curta em uma área receptora, e cada omatídeo não pode "focalizar" no sentido de formar imagens. A formação das imagens é resultado de vários sinais originados de diversos omatídeos.

A discussão subsequente descreve a estrutura e a função dos olhos compostos utilizando o modelo dos crustáceos-hexápodes (Figura 20.34). Cada omatídeo é recoberto por uma parte modificada da cutícula conhecida como **córnea** (= cristalino da córnea); as células especializadas epidérmicas que produzem os elementos da córnea são conhecidas como **células corneágenas**. Mais tarde, essas células podem ser retraídas para os lados do omatídeo para formar (em geral, duas) as **células pigmentares primárias** (= células da íris). Quando são examinadas externamente, as facetas da superfície de cada córnea produzem o padrão de mosaico típico, que é fotografado comumente pelos microscopistas. O centro de cada omatídeo abrange um grupo de **células do cone cristalino** e o cone cristalino que elas formam, algumas vezes um pedúnculo do cone cristalino e uma **retínula** basal (= elemento retinular). Nos casos típicos, existem quatro (raramente três ou cinco) células do cone cristalino; um omatídeo com um cone cristalino de quatro partes é altamente diagnóstico dos olhos dos crustáceos-hexápodes e é conhecido como **omatídeo tetrapartite**.[7] O cone cristalino é uma estrutura rígida e clara, limitada lateralmente pelas células pigmentares primárias. A retínula é uma estrutura complexa formada por várias células retinulares, que são realmente as unidades fotossensíveis que originam os tratos neurossensoriais. Essas células retinulares, geralmente oito, embora com variações de 5 a 13 em diversas condições derivadas, estão dispostas em um cilindro ao longo do eixo longitudinal do omatídeo. As células retinulares estão circundadas pelas células pigmentares secundárias, as quais isolam cada omatídeo dos seus vizinhos. O centro do cilindro é o **rabdoma**, constituído por dobras microtubulares (microvilosidades) das membranas celulares das células retinulares contendo rodopsina. A contribuição de cada célula retinular para o rabdoma é conhecida como **rabdômero**. As microvilosidades dos rabdômeros estendem-se na direção do eixo central do omatídeo em ângulos retos com o eixo longitudinal da célula retinular.

O início de um impulso depende de que a luz incida na porção do rabdoma de elemento retinular. A luz que entra pela faceta de determinado omatídeo é direcionada para seu rabdoma pelas qualidades da córnea e do cone cristalino, que se assemelham a um cristalino. O cristalino tem comprimento focal fixo, de forma que a acomodação aos objetos situados em distâncias diferentes não é possível. A luz é compartilhada entre todos os rabdômeros de determinado rabdoma, embora não necessariamente em partes iguais.[8]

Em contraste com os olhos dos insetos e dos crustáceos, os olhos laterais da maioria dos miriápodes provavelmente não são olhos compostos verdadeiros, mas compreendem grupamentos de ocelos simples. Entretanto, existem evidências de que os olhos dos centípedes escutigeromorfos (e de alguns miriápodes fósseis) possam ser olhos compostos verdadeiros. Os únicos quelicerados com olhos compostos típicos – os xifosuros – têm omatídeos que diferem em vários aspectos do desenho dos crustáceos–insetos. Existem algumas evidências de que os grupos de olhos laterais dos quelicerados terrestres possam ser derivados dos omatídeos de olhos compostos reduzidos, e de que os escorpiões do Siluriano tiveram enormes olhos compostos salientes. Os olhos dos quelicerados são relativamente maiores que os dos insetos e crustáceos, e seus omatídeos têm quantidades indeterminadas de células. As células pigmentares estão dispostas em um padrão em formato de taça e o fundo da "taça" é ocupado por uma lâmina de células, que secretam uma protuberância cuticular funcional, mas que não equivale morfologicamente a um cone cristalino. Uma "célula excêntrica" especial

---

[7]As células do cone cristalino são conhecidas comumente como células de Semper (especialmente pelos entomologistas).
[8]Os olhos compostos de um grande grupo de crustáceos, os maxilópodes, diferem consideravelmente dos olhos dos outros crustáceos; ver Capítulo 21.

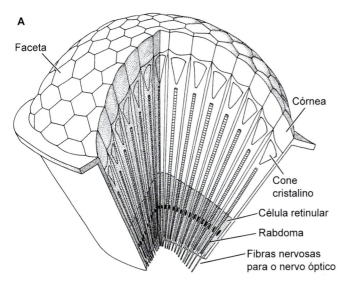

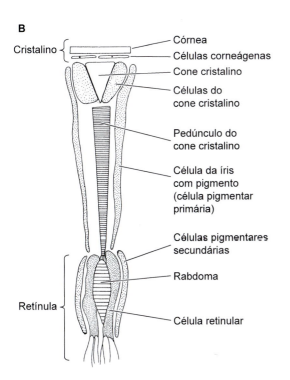

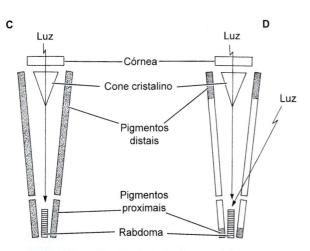

Figura 20.34 Olhos compostos dos artrópodes. **A.** Olho composto (*vista em corte*). **B.** Um único omatídeo. **C** e **D.** Elementos principais do omatídeo de um olho aposicional ou adaptado à luz (**C**) e de um olho superposicional ou adaptado à escuridão (**D**).

– um grande fotorreceptor especializado – encontrada nos omatídeos dos quelicerados não tem equivalente na retina dos insetos ou dos crustáceos.

Os olhos compostos evoluíram precocemente na história dos artrópodes e estavam presentes nos trilobitas e muitos grupos-tronco, inclusive os anomalocarídeos. A versatilidade dos olhos compostos é resultado principalmente dos pigmentos proximais e distais localizados nas células, que circundam em parte ou completamente o centro do omatídeo (Figura 20.34 B a D). Os pigmentos distais estão localizados nas células pigmentares primárias (células da íris), enquanto os pigmentos proximais geralmente estão situados nas células retinulares e nas pigmentares secundárias. Em muitos casos, esses pigmentos são capazes de migrar em resposta às condições variáveis de luminosidade e, desse modo, mudam suas posições ligeiramente ao longo do comprimento do omatídeo. Sob luz forte, os pigmentos podem dispersar, de maneira que quase toda a luz que incide sobre determinado rabdômero precisa ter entrado pela faceta do seu omatídeo. Em outras palavras, o pigmento impede que a luz incida nas facetas em um ângulo que passa de um omatídeo para outro. Os olhos de muitos crustáceos estão fixos nessa condição. Esses **olhos aposicionais** (= olhos adaptados à luz) parecem aumentar a resolução ao máximo, de modo que a imagem originada do campo visual de cada omatídeo seja mantida como unidade singular. Por outro lado, em condições de baixa luminosidade, os pigmentos podem concentrar-se (geralmente em posição distal), permitindo assim que a luz passe por mais de um omatídeo antes de incidir nos rabdômeros. O resultado é que a imagem formada por cada omatídeo fica superposta às imagens formadas pelos omatídeos adjacentes. Essa configuração tem a vantagem de produzir irradiações ampliadas sobre a retínula, embora à custa de menor resolução. Os olhos de muitos crustáceos também são fixos nessa condição. Esses **olhos superposicionais** (= olhos adaptados à escuridão) funcionam como estruturas eficientes de concentração da luz, embora com perda de parte da acuidade visual e da capacidade de formação das imagens.

Alguns grupos de artrópodes têm olhos compostos, que sempre são aposicionais ou superposicionais; por isso, eles são incapazes de oscilar para frente e para trás com as variações das condições de luminosidade. Por exemplo, todos os maxilópodes e os branquiópodes aparentemente têm olhos aposicionais. Entretanto, entre os dois clados principais de malacostracos (Eucarida e Peracarida) ocorrem os dois tipos de olhos (p. ex., isópodes e anfípodes têm olhos aposicionais, mas os misídeos têm olhos superposicionais). Além disso, as larvas dos crustáceos que têm olhos compostos quase sempre apresentam o tipo aposicional que, durante a metamorfose, transforma-se em olhos superposicionais nos grupos que têm esse tipo na vida adulta.

Entre os artrópodes, os olhos compostos elevados por pedúnculos ocorrem apenas em determinados crustáceos (e talvez em alguns trilobitas da era Paleozoica e nos anomalocarídeos). Durante muito tempo, os biólogos debateram acerca da derivação desses olhos pedunculados, e o assunto ainda está longe de ser resolvido: eles são a condição primitiva dos artrópodes ou dos crustáceos? Ou teriam derivado múltiplas vezes a partir de ancestrais com olhos sésseis? (Essa última ideia parece ser mais provável.) O pedúnculo óptico é muito mais do que um dispositivo de sustentação e movimentação do olho. Os movimentos do pedúnculo óptico são produzidos por até uma dúzia ou mais de músculos com inervação motora complexa. Na maioria dos malacostracos, os pedúnculos ópticos contêm vários gânglios ópticos separados por quiasmas, assim como órgãos endócrinos importantes, que geralmente incluem a glândula do seio e o órgão X. Desse modo, nem a perda dos pedúnculos oculares, nem o reaparecimento convergente dessas estruturas poderia ter sido um fato evolutivo simples. A perda dos olhos funcionais é um processo evolutivo comum entre os crustáceos (e outros artrópodes), especialmente entre as espécies que vivem nos habitats subterrâneos, em oceanos profundos ou nos interstícios. Contudo, entre os clados que têm olhos pedunculados, o pedúnculo ocular persiste, mesmo quando o próprio olho degenera – um testemunho da importância dessa estrutura anatômica complexa.

Reprodução e desenvolvimento

A grande diversidade de formas adultas e hábitos entre os artrópodes também está refletida em suas estratégias de reprodução e desenvolvimento. A extrema plasticidade evolutiva e ontogenética dos artrópodes resultou em um grau avançado de convergência e paralelismo, à medida que diferentes grupos desenvolveram estruturas similares sob condições ou pressões seletivas semelhantes.

Quase todos os artrópodes são gonocorísticos, e a maioria faz algum tipo de cruzamento formal. Em geral, a fecundação é interna (embora nem sempre) e é comumente seguida de incubação ou alguma outra forma de cuidado parental, ao menos durante o estágio inicial de desenvolvimento. O desenvolvimento frequentemente é misto, com uma fase de incubação e encapsulamento seguida dos estágios larvais, embora muitos grupos tenham desenvolvimento direto.[9]

Os ovos dos artrópodes são centrolécitos (Figura 20.35), mas a quantidade de vitelo varia acentuadamente e resulta nos diversos padrões de clivagem inicial. A clivagem é holoblástica com os ovos dos xifosuros, em alguns escorpiões e vários crustáceos (p. ex., copépodes e cracas), que contêm relativamente pouco vitelo, mas é meroblástica com os ovos da maioria dos insetos e de muitos outros crustáceos, que contêm muito vitelo. Um bom número de artrópodes exibe um padrão singular de clivagem meroblástica, que começa com divisões nucleares dentro da massa vitelina (Figura 20.29). Essas divisões nucleares intralécitas são seguidas da migração dos núcleos-filhos até a periferia da célula e da distribuição subsequente dos núcleos pelas membranas celulares. Nos casos típicos, esses processos resultam na formação de uma periblástula, que consiste em uma camada simples de células ao redor de uma massa interna de vitelo. Em geral, a clivagem holoblástica tem configuração mais ou menos radial.

Um dos aspectos mais marcantes dos artrópodes é sua segmentação, bem como a forma complexa de sua derivação embriológica. Esse processo de desenvolvimento é muito semelhante ao observado nos anelídeos (além de onicóforos e tardígrados) e, até o advento das técnicas de filogenética molecular, era considerado um indício de proximidade ancestral compartilhada pelos anelídeos e artrópodes. O processo é conhecido como **crescimento segmentar teloblástico** (ou simplesmente teloblastia) (do grego *telos*, "fim"; e *blasto*, "broto"). É caracterizado por uma adição anteroposterior progressiva de segmentos a partir de uma zona distinta de crescimento posterior bem-definida, situada nas proximidades do ânus (*i. e.*, à frente do segmento anal ou terminal – comumente conhecido como **télson** ou **pigídio**). O desenvolvimento dos segmentos é programado de modo que a zona de crescimento frequentemente seja composta por uma quantidade invariável de células-tronco claramente identificáveis (**teloblastos**), cuja descendência passa por uma sequência estereotipada e previsível de divisões celulares repetidas em segmentos. A teloblastia também se caracteriza pela formação de cavidades corporais secundárias (cavidades celômicas) na zona de crescimento, à medida que os segmentos são formados. Nos artrópodes, a cavidade corporal do animal adulto é derivada da fusão do sistema vascular sanguíneo com essas cavidades celômicas embrionárias transitórias. Embora as cavidades celômicas sejam perdidas secundariamente durante a embriogênese dos artrópodes, elas se formam por esquizocelia, originando um par de faixas de células mesodérmicas situadas no segmento caudal. Durante muito tempo, acreditou-se que essas faixas tivessem origem em uma célula 4d (mesentoblasto), como ocorre nos anelídeos, mas na verdade existe pouca evidência a favor dessa hipótese.

---

[9] O desenvolvimento direto dos artrópodes também é conhecido como **desenvolvimento amórfico**, enquanto o desenvolvimento indireto é descrito comumente como **desenvolvimento anamórfico**.

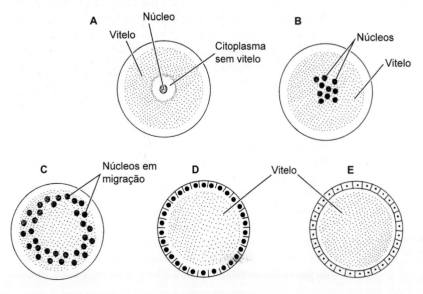

Figura 20.35 Clivagem superficial de um ovo centrolécito e formação de uma periblástula nos artrópodes. **A.** Ovo centrolécito. **B.** Divisões nucleares intralécitas depois da fecundação. **C.** Migração dos núcleos para a periferia da célula. **D** e **E.** A periblástula é formada pela separação dos núcleos à medida que se formam as membranas celulares.

Não apenas a formação dos segmentos dos anelídeos e artrópodes é semelhante, como também esses dois grupos parecem utilizar um mecanismo genético similar (especialmente os produtos do gene *engrailed*) para definir os limites e a polaridade dos segmentos. O gene *engrailed* (*en*) faz parte de uma classe conhecida como genes de polaridade segmentar. Esse gene desempenha um papel fundamental quando determina e mantém os destinos das células posteriores das estruturas segmentares em todos os artrópodes (e dos anelídeos e onicóforos). Como esse gene ocorre em faixas transversais repetidas na porção posterior de cada segmento em desenvolvimento na faixa germinativa de todos os anelídeos e artrópodes, ele pode ser usado para esclarecer as ambiguidades em posição e número de segmentos. As vias de sinalização embrionária *Hedgehog* também desempenham funções semelhantes nos anelídeos e nos artrópodes, em ambos os casos desempenhando papel crucial na padronização axial dos segmentos em desenvolvimento.

Nos artrópodes, as cavidades celômicas embrionárias transitórias estão revestidas por um epitélio simples, que desaparece gradativamente enquanto o embrião se desenvolve, e a grande cavidade corporal dos adultos passa a ser revestida por matriz extracelular. Desse modo, a cavidade corporal dos artrópodes adultos é derivada por fusão de uma cavidade corporal primária (sistema vascular sanguíneo) e uma secundária (celoma), sendo, por isso, descrita com uma hemocele (ou mixocele). Os pares de cavidades celômicas transitórias dispostas em configuração segmentar e sua fusão embrionária foram descritos nos estágios iniciais de desenvolvimento de quase todos os onicóforos e artrópodes estudados.

Evolução dos artrópodes

Origem dos artrópodes

Em 1997, uma análise inovadora da filogenia animal com base nos dados do sequenciamento do rRNA 18S levou Aguinaldo *et al.* a propor uma nova hipótese para explicar as relações entre os artrópodes – de que eles fazem parte de um clado de animais que, segundo sabemos atualmente, também inclui os nematódeos, os nematomorfos, os quinorrincos, os priápulos e os loricíferos (bem como tardígrados e onicóforos), mas *não* os anelídeos. Esse clado recém-descrito foi denominado **Ecdysozoa**. Hoje em dia, os dados dos estudos de filogenética molecular apoiam essa visão sobre as relações entre os animais, e é agora amplamente aceito que os protostômios incluem dois clados principais: Ecdysozoa e Spiralia. Um dos desfechos mais revolucionários é a evidência convincente de que Annelida e Panarthropoda não são grupos-irmãos (uma hipótese sustentada por muitos anos com base em estudos morfológicos e do desenvolvimento). Essa visão moderna das relações entre os animais estimulou novos estudos morfológicos e do desenvolvimento, e começaram a emergir diferenças significativas entre os anelídeos e os artrópodes, a mais óbvia sendo a diferença fundamental na cavidade corporal do animal adulto e nos padrões de clivagem durante a embriogênese. Entretanto, as relações entre os três clados principais de Ecdysozoa são ainda incertas, e aqui ilustramos o clado Panarthropoda por uma tricotomia ainda não resolvida com os outros dois clados de ecdisozoários – Nematoida e Scalidophora – em nossa árvore filogenética dos metazoários (Capítulo 28). O relógio molecular estima que o surgimento dos artrópodes tenha ocorrido há cerca de 600 milhões de anos.

Evolução entre os artrópodes

Com cerca de 1,2 milhão de espécies descritas, os artrópodes supostamente constituem o filo animal mais bem-sucedido do planeta. Esses animais demonstram uma gama incomparável de diversidade estrutural e taxonômica, têm um registro fóssil rico e tornaram-se os animais favoritos para estudos evolutivos de biologia do desenvolvimento. Alguns "sistemas modelares" dos artrópodes (p. ex., *Drosophila*) têm sido estudados há décadas. Os artrópodes estavam entre os primeiros animais a evoluir; mesmo a fauna ediacarana do final da era Proterozoica incluía animais considerados por alguns como ancestrais dos artrópodes (incluindo, talvez, os anomalocarídeos, entre outros, alguns dos quais tinham olhos pedunculados, como se observa nos crustáceos atuais). Por tudo isso, atualmente temos muitas informações sobre os artrópodes.

Há séculos a história evolutiva dos artrópodes tem sido o passatempo preferido dos zoólogos. Todas as árvores filogenéticas imagináveis foram propostas para explicar as relações entre crustáceos, hexápodes, quelicerados e miriápodes. Contudo, a partir de meados da década de 1980, houve uma explosão de informações inéditas acerca desse filo, grande parte concernente a filogenia, paleontologia, expressão gênica e biologia do desenvolvimento. Se examinarmos a evolução dos artrópodes à luz dessas descobertas recentes, uma filogenia inédita do filo Arthropoda começa a entrar em foco (Figura 20.38). Ainda não dispomos de informações suficientes para preencher todos os detalhes dessa árvore, mas algumas relações inequívocas ficaram evidentes.

Os fósseis dos artrópodes antigos mais importantes são aqueles nos quais mesmo as partes moles do animal estavam preservadas – os chamados *Lagerstätten* ancestrais, como as faunas dos depósitos de Orsten na Suécia, que datam do período Cambriano Superior; de Burgess Shale no Canadá (e outras regiões), datados do Cambriano Médio; e dos depósitos de Chengjiang na China, datados do período Cambriano Inferior (520 Ma). Descobertas recentes efetuadas nesses depósitos bem-preservados mostraram que os registros fósseis dos Crustacea e Pycnogonida datam no mínimo do período Cambriano Inicial e, possivelmente, do Pré-cambriano Tardio. Em 2015, Ma *et al.* descreveram os cérebros de um crustáceo semelhante ao camarão, datado do período Cambriano Inferior (517 Ma) – *Fuxianhuia protensa* –, basicamente idênticos aos dos crustáceos modernos. Hoje em dia, essas faunas extraordinárias têm nos informado que os crustáceos possivelmente existiam antes do aparecimento dos trilobitas no registro fóssil, e alguns pesquisadores acreditam que os primeiros artrópodes tenham sido crustáceos (ou "protocrustáceos", ou "crustaceomorfos").

A fauna de Chengjiang inclui no mínimo 100 espécies de animais, muitas sem esqueletos rígidos, como os primeiros membros descritos de muitos grupos modernos. Contudo, são os artrópodes que predominam nessa fauna, incluindo trilobitas e crustáceos bradoriida (além de tardígrados e onicóforos). Os maiores de todos os animais dos depósitos de Chengjiang são os anomalocarídeos, ou artrópodes ancestrais comuns durante o período Cambriano, também conhecidos a partir de uma única espécie descrita (*Schinderhannes bartelsi*), descoberta em Hunstrück Slate na Alemanha e datada do período Devoniano Inferior (ver Figura 1.3 C). Alguns anomalocarídeos alcançavam 2 m de comprimento; a maioria era predadora, mas alguns provavelmente eram suspensívoros. A fauna de Chengjiang é muito semelhante à de Burgess Shale, o que demostrou que os artrópodes já estavam muito avançados nessa época. Na verdade, os artrópodes podem ter sido os animais dominantes em termos de diversidade de espécies desde o período Cambriano; esses animais constituíam mais de um terço de todas as espécies descritas nos estratos do período Cambriano Inferior.

Os estudos espetaculares realizados por Klaus Müller e Dieter Waloszek desde 1980 sobre os artrópodes microscópicos dos depósitos de Orsten (Suécia) datados do período Cambriano Superior trouxeram à luz uma rica fauna de crustáceos, muitos dos quais semelhantes aos grupos atuais, inclusive lobópodes semelhantes aos onicóforos, tardígrados, pentastomídeos, cefalocáridos, mistacocarídeos e branquiópodes. A preservação do tipo Orsten é uma fosfatização secundária da cutícula superior, aparentemente pouco depois da morte do animal, porque não houve destruição subsequente. Essa preservação pode formar fósseis tridimensionais requintados com todos os detalhes dos olhos, membros, cerdas, poros cuticulares e outras estruturas com menos de um micrômetro de tamanho. Em geral, esses fósseis são encontrados como uma mistura *post-mortem* de animais embebidos no calcário (que depois formaram nódulos). Como os próprios fósseis são fosfatados, podem ser retirados de sua rocha calcária circundante por ação de ácidos fracos. Esses fósseis excepcionais, que consistem basicamente em artrópodes microscópicos, foram descobertos primeiramente no sul da Suécia pelo paleontólogo alemão Klaus Müller em meados da década de 1960. Os fósseis do tipo Orsten agora são conhecidos também em vários continentes e estão datados do Cambriano Inicial (520 Ma) até o Cretáceo Inicial (100 Ma). A recuperação desses animais preservados tridimensionalmente e a série de desenvolvimentos que foi observada (com estágios larvais, juvenis e adultos sucessivos) forneceram-nos informações sobre a anatomia detalhada dos segmentos corporais e dos apêndices de muitos artrópodes primitivos antigos – os chamados crustaceomorfos. A fauna de Orsten mostra que os crustáceos cambrianos tinham todos os atributos dos crustáceos modernos, como olhos compostos, escudo cefálico, larvas náuplio (com primeiras antenas locomotoras) e apêndices birremes no segundo e terceiro somitos da cabeça (segundas antenas e mandíbulas).

Desse modo, uma visão moderna da filogenia dos artrópodes abre um panorama de linhagens semelhantes aos crustáceos do período Cambriano Inicial em sua base – uma configuração diferente dos artrópodes primitivos, que tinham corpos, olhos, desenvolvimento e larvas náuplio típicos dos crustáceos (crustaceomorfos), embora talvez com quantidades menores de somitos cefálicos fundidos, observados nos crustáceos atuais. No período Cambriano Inicial, os trilobitas podem ter surgido dessa linhagem-tronco de crustaceomorfos, irradiando-se rapidamente até se transformarem nos artrópodes mais abundantes dos oceanos paleozoicos, mas depois desaparecendo subitamente na extinção do Permiano-Triássico. Os próximos a surgir provavelmente foram os quelicerados na forma de escorpiões marinhos gigantes (euriptérides), com quase 3 m de comprimento, e seus parentes, que apareceram no mínimo no período Ordoviciano; em torno do período Siluriano, os euriptérides provavelmente se transformaram nos predadores principais do hábitat marinho. Também nesse último período, os quelicerados invadiram a terra e começaram a deixar um registro fóssil de aracnídeos terrestres. No final do período Ordoviciano ou no início do Siluriano, os primeiros miriápodes evoluíram, talvez como criaturas marinhas; cerca de 15 milhões de anos depois, surgiram os miriápodes terrestres no registro fóssil. O último grupo principal de artrópodes a surgir foi o dos hexápodes, que fizeram sua aparição no período Devoniano, talvez Siluriano, e irradiaram rapidamente até dominar o ambiente terrestre; por fim, isso qualificou a era Cenozoica como a "era dos insetos".

A relação entre os trilobitas e os artrópodes existentes hoje ainda é controvertida (Figuras 20.36 e 20.37). As duas hipóteses contrárias argumentam que eles estejam perto dos Chelicerata ou dos Mandibulata. Por outro lado, em nossa opinião, eles estão posicionados em uma das diversas linhagens extintas, que se originaram de uma linhagem-tronco ancestral de crustaceomorfos (Figura 20.38).

Esse modelo de uma linhagem-tronco de crustaceomorfos da era Paleozoica, do qual se irradiaram os outros subfilos dos artrópodes em sequência, difere consideravelmente dos conceitos mais antigos sobre a evolução dos artrópodes. No entanto, hoje em dia existem incontáveis evidências a favor dessa nova hipótese – de que Crustacea sejam classificados como um grupo parafilético ancestral, "pai de todos os artrópodes modernos".

Os artrópodes são os primeiros animais terrestres dos quais temos um registro paleontológico. Os primeiros artrópodes terrestres surgiram no final do período Ordoviciano ou no início do Siluriano (aracnídeos, miriápodes, centípedes), e esses fósseis representam os primeiros invertebrados terrestres dos quais temos evidências diretas. Na verdade, a vida animal na Terra não teria sido possível antes do período Ordoviciano Tardio, quando as plantas terrestres apareceram pela primeira vez. Os primeiros insetos do registro fóssil são colêmbolos (Collembola) e tisanuros (Archaeognatha) do Devoniano com 390 milhões de anos. Em meados da era Paleozoica, todos os quatro subfilos de artrópodes atuais já existiam e tinham passado por radiação expressiva. Em meados do período Devoniano, os centípedes, miriápodes, ácaros, amblipigídeos, opiliônídeos, escorpiões, pseudoescorpiões e hexápodes já estavam bem-estabelecidos. Por isso, os artrópodes terrestres parecem ter passado por radiações expressivas no período Siluriano. A presença de uma grande variedade de artrópodes terrestres predadores durante a era Paleozoica Inicial sugere a existência de ecossistemas terrestres complexos, ao menos a partir do Siluriano Tardio. Entretanto, curiosamente, os estudos moleculares sugerem consistentemente que a origem dos artrópodes terrestres seja muito mais antiga, ou seja, há cerca de 510 milhões de anos.

Os estudos realizados pelo famoso biólogo comparativo Robert Snodgrass na década de 1930 estabeleceram uma referência nas pesquisas sobre biodiversidade dos artrópodes. A classificação de Snodgrass incluía três hipóteses importantes: (1) os artrópodes constituiriam um táxon monofilético; (2) os miriápodes e os hexápodes seriam grupos-irmãos, formando juntos um táxon chamado Atelocerata (= Tracheata ou Uniramia, segundo alguns autores); e (3) Crustacea e Atelocerata seriam grupos-irmãos, formando juntos um táxon conhecido como Mandibulata. Snodgrass uniu Atelocerata com base em vários atributos: sistema respiratório traqueal, pernas unirremes, túbulos de Malpighi para excreção e perda das segundas antenas (como sugere o nome Atelocerata). Os Mandibulata foram reunidos com base nas mandíbulas (que quase certamente são homólogas nesses táxons) e nas semelhanças entre a cabeça e a estrutura dos apêndices cefálicos.

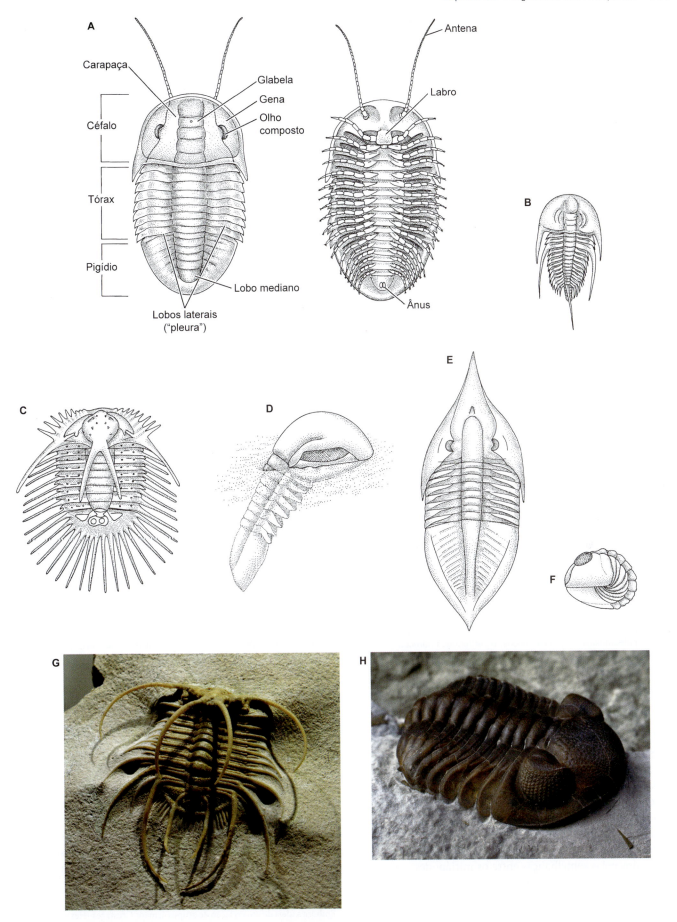

Figura 20.36 Trilobitas. **A.** Vistas *dorsal* e *ventral* de um trilobita genérico. **B.** *Olenellus gilberti*. **C.** *Radiaspis radiata*, um animal planctônico minúsculo do período Devoniano. **D.** Postura normal proposta de uma *Panderia* parcialmente escondida. **E.** *Megalaspis acuticauda*, ou perfurador de focinho biselado. **F.** *Asaphus* demonstra capacidade de enrolar seu corpo. **G.** *Boedaspis ensifer*, um trilobita do período Ordoviciano. **H.** *Phacops rana*, um trilobita do folhelho Devoniano (Sylvania, Ohio). Observe os olhos compostos volumosos.

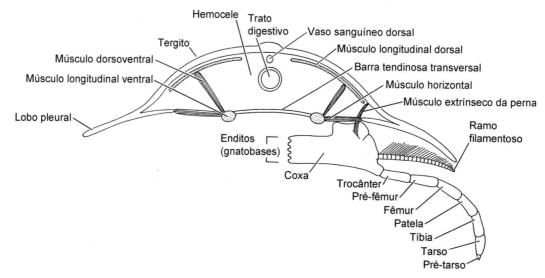

Figura 20.37 Segmento de um trilobita (*corte transversal*). Observe a pleura estendida e a estrutura geral da perna.

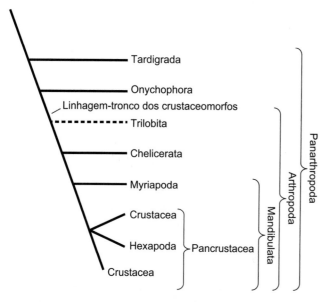

Figura 20.38 Filogenia dos Panarthropoda. Com base em uma síntese dos estudos paleontológicos e filogenéticos, os artrópodes parecem ter suas raízes em uma linhagem ancestral semelhante aos crustáceos, a partir da qual surgiram os subfilos que existem hoje em dia. O subfilo Crustacea é parafilético (a menos que os hexápodes estejam incluídos). A posição dos trilobitas é incerta. Ver detalhes no texto.

Apenas no final da década de 1980 a visão por muito tempo defendida por Snodgrass quanto às relações entre os artrópodes começou a ser seriamente questionada. Embora Mandibulata ainda sejam aceitos como um grupo monofilético, atualmente parece quase certo que Hexapoda originaram-se de algum ponto entre Crustacea – um clado conhecido como Pancrustacea – e, por isso, constituem o grupo-irmão dos miriápodes (Myriapoda). Consequentemente, Snodgrass e outros autores foram enganados pelas semelhanças entre os miriápodes e os hexápodes, que agora sabemos ser convergências (ou paralelismos) resultantes de adaptações aos hábitats terrestres. Quando os fósseis são incluídos nas análises de filogenética molecular, descobre-se que os crustáceos se originaram na base da árvore dos artrópodes como uma sequência de táxons, a partir dos quais surgiram outros subfilos – como se pode observar na Figura 20.38.

Embora ainda não esteja definido qual é o grupo-irmão dos hexápodes entre os crustáceos, várias análises poligênicas recentes sugeriram que possa ser o clado Remipedia ou Cephalocarida + Remipedia, embora todos esses crustáceos estejam restritos ao ambiente marinho atualmente e não exista evidência paleontológica de que eles tenham invadido a terra no passado. Embora neste livro consideremos "Crustacea" um subfilo, vale lembrar que a descoberta de que os insetos são "crustáceos voadores" torna o subfilo Crustacea um grupo parafilético (se os hexápodes não puderem também ser incluídos).[10]

Estudos no campo da biologia do desenvolvimento e da expressão gênica mostraram que os artrópodes são ricos em homoplasia, e está claro atualmente que grande parte da dificuldade em reconciliar as primeiras árvores morfológicas com as árvores moleculares era devida aos níveis elevados de evolução paralela entre os artrópodes. Por exemplo, muitas características compartilhadas entre os hexápodes e miriápodes, que no passado eram consideradas sinapomorfias, agora são interpretadas como paralelismos (ou convergências), incluindo sistema de troca gasosa traqueal, pernas unirremes, túbulos de Malpighi, órgãos de Tömösvary, perda das segundas antenas e desaparecimento dos palpos mandibulares.

Os corpos compartimentalizados e rígidos dos artrópodes possibilitaram alguns tipos de especialização corporal regional que não estavam disponíveis à maioria dos outros filos de metazoários. Hoje sabemos que os destinos das unidades segmentares e de seus apêndices estão sob controle final dos genes Hox e de outros genes do desenvolvimento. Esses genes selecionam os processos críticos de desenvolvimento a ser seguidos pelos grupos de células durante a morfogênese. Os genes Hox determinam a arquitetura corporal básica, como os eixos corporais dorsoventral e anteroposterior, e onde se formam os apêndices do corpo. Esses genes podem suprimir o desenvolvimento dos membros, ou modificá-los de modo a criar apêndices

---

[10]Embora a ideia de uma relação de grupos-irmãos Crustacea–Hexapoda possa parecer nova para muitos, na verdade essa hipótese foi proposta na virada do século 20, quando William T. Calman apresentou argumentos detalhados com base na anatomia comparativa, afirmando que havia uma ligação entre os crustáceos e os hexápodes.

com morfologias alternativas. Esses genes singulares têm desempenhado funções importantes na evolução de novos planos corpóreos entre os artrópodes (e metazoários em geral). O grau com que esses genes do desenvolvimento têm sido conservados é notável e, provavelmente, a maior parte deles data no mínimo do período Cambriano. Por exemplo, os homólogos do gene do desenvolvimento *Pax-6* parecem determinar onde se desenvolvem os olhos de todos os filos animais. O *Pax-6* é tão semelhante nos protostômios (p. ex., insetos) e deuterostômios (p. ex., mamíferos) que seus genes podem ser intercambiados experimentalmente e ainda assim funcionar mais ou menos corretamente.

Desde o final do século 19, sabemos que os olhos compostos dos hexápodes e dos crustáceos têm muitos elementos homólogos complexos e que diferem acentuadamente dos olhos dos miriápodes e dos quelicerados. É importante lembrar que, nos hexápodes e nos crustáceos, cada omatídeo consiste em um cristalino córneo cuticular que, ao menos em parte, é secretado por duas células – conhecidas como pigmentares primárias nos hexápodes e corneágenas nos crustáceos. O cone cristalino produzido por quatro células de Semper é essencialmente tetrapartite. Há uma retínula, geralmente composta de oito células retinulares. Esse plano anatômico comum é singular a Hexapoda + Crustacea e constitui forte evidência de uma íntima relação entre os dois grupos. Com base nisso, Dohle (2001) chegou a propor um nome para o clado – "Tetraconata" –, mas o termo "Pancrustacea" conquistou mais popularidade.[11]

Estudos recentes sobre a anatomia e o desenvolvimento do sistema nervoso central (SNC) dos artrópodes identificaram muitos outros elementos neurológicos, que parecem singulares a Hexapoda + Crustacea. Na verdade, Strausfeld (1998) desenvolveu uma filogenia dos Arthropoda baseada unicamente em 100 elementos anatômicos dos gânglios cerebrais. Em particular, existem numerosas semelhanças anatômicas entre os elementos dos lobos ópticos e o "mesencéfalo". As semelhanças de desenvolvimento sugerem uma diferença fundamental entre o desenvolvimento embrionário dos sistemas nervosos centrais dos hexápodes + crustáceos e dos miriápodes + quelicerados. Nos hexápodes e nos crustáceos, o desenvolvimento do SNC começa com a delaminação das células aumentadas, conhecidas como neuroblastos, da ectoderme (neuroectoderme) de cada segmento. Os neuroblastos reúnem-se para formar os gânglios segmentares. A formação dos neuroblastos é extremamente estereotipada e previsível, tanto nos crustáceos quanto nos hexápodes. Esses neuroblastos grandes constituem um tipo especial, considerados células-tronco, e dividem-se desigualmente para formar uma quantidade específica de neurônios. Até hoje, foram identificados 29 a 31 neuroblastos em cada segmento dos hexápodes e 25 a 30 nos segmentos dos crustáceos, dos quais muitos parecem ser homólogos entre os dois subfilos. Nos miriápodes, não existe nada semelhante a esses neuroblastos-tronco. Nos hexápodes e nos crustáceos, os conectivos longitudinais do SNC originam-se nos neurônios segmentares, enquanto nos miriápodes eles derivam dos neurônios dos gânglios cerebrais, que enviam seus axônios posteriormente para estabelecer longos conectivos paralelos. Desse modo, os gânglios segmentares dos miriápodes recebem contribuições de neurônios dispersos mais amplamente.

A sua expressiva variedade de tamanhos, especialmente na extremidade menor da escala, adapta os artrópodes a uma grande variedade de nichos ecológicos. Os depósitos de Orsten do período Cambriano dizem-nos que toda uma fauna de artrópodes intersticiais/meiofaunais já existia desde o Cambriano Médio e esse hábitat continuou a ser rico em radiação adaptativa e espécies especializadas desde então. Nichos semelhantes com animais de corpo pequeno estão cheios de artrópodes em incontáveis hábitats atuais. Encontramos enorme diversidade de artrópodes diminutos nos hábitats como sedimentos marinhos, recifes de corais, entre as frondes de algas, nos musgos e em outras plantas primitivas e nos corpos de quase todos os tipos imagináveis de animais. Os insetos e ácaros pequenos exploraram quase todos os microhábitats terrestres disponíveis. Os artrópodes (insetos) provavelmente foram os primeiros animais a voar e a capacidade de voar também os levou a nichos nos quais outros invertebrados simplesmente não conseguiam penetrar.

---

[11] Embora os omatídeos tetrapartites pareçam estar restritos aos hexápodes e crustáceos, eles podem não ser uma sinapomorfia desse clado. Ainda não sabemos quando a condição tetrapartite surgiu primeiramente entre Crustacea ou Arthropoda, mas provavelmente foi muito antes do surgimento dos insetos (talvez na linhagem-tronco de crustáceos do Cambriano Inicial). Os fósseis de crustáceos dos depósitos Lagerstätten do período Cambriano tinham olhos muito semelhantes aos crustáceos atuais, ao menos superficialmente. De qualquer forma, os omatídeos tetrapartites provavelmente constituem uma simplesiomorfia conservada pelos hexápodes e pelos crustáceos (sua transformação em miriápodes talvez seja uma sinapomorfia que define esse clado). Os olhos compostos dos xifosuros são muito diferentes dos olhos dos outros artrópodes, sugerindo que eles possam ter evoluído separadamente da condição tetrapartite encontrada nos crustáceos e hexápodes (ou que eles derivaram de alguma forma da condição tetrapartite dos crustáceos).

Bibliografia

A seguir, apresentamos apenas uma pequena amostra da ampla literatura sobre os artrópodes. Selecionamos os trabalhos que oferecem cobertura mais ampla, assim como os que se ocupam com os onicóforos, tardígrados e trilobitas. Várias dessas referências são coletâneas de artigos e, neste capítulo e também nos seguintes dedicados aos artrópodes, geralmente não citamos os trabalhos que os contêm separadamente. As referências específicas de cada subfilo estão relacionadas nos Capítulos 21 a 24.

Referências gerais

Averof, M. e N. H. Patel. 1997. Crustacean appendage evolution associated with changes in Hox gene expression. Nature 388: 682–686.

Bartolomaeus T. e H. Ruhberg. 1999. Ultrastructure of the body cavity lining in embryos of *Epiperipatus biolleyi* (Onychophora, Peripatidae): A comparison with annelid larvae. Invert. Biol. 118(2): 165–174.

Bergström, J. 1987. The Cambrian *Opabinia* and *Anomalocaris*. Lethaia 20: 187–188.

Briggs, D. E. G. 1994. Giant predators from the Cambrian of China. Science 264: 1283–1284.

Briggs, D. E. G., D. H. Erwin e F. J. Collier. 1994. *The Fossils of the Burgess Shale*. Smithsonian Institution Press, Washington, D.C.

Budd, G. E. 2008. Head structure in upper stem-group euarthropods. Palaeontology 51: 561–573.

Cisne, J. L. 1979. The visual system of trilobites. Palaeontology 22: 1–22.

Cloudsley-Thompson, J. L. 1958. *Spiders, Scorpions, Centipedes and Mites: The Ecology and Natural History of Woodlice, Myriapods and Arachnids*. Pergamon Press, Nova York.

Cronin, T. W. 1986. Optical design and evolutionary adaptation in crustacean compound eyes. J. Crust. Biol. 6(1): 1–23.

Daley, A. C. et al. 2009. The Burgess Shale anomalocaridid *Hurdia* and its significance for early euarthropod evolution. Science 323: 1597-1600.

Dray, N. et al. 2010. Hedgehog signaling regulates segment formation in the annelid *Platynereis*. Science 329: 339–342.

Eguchi, E. e Y. Tominaga. 1999. *Atlas of Arthropod Sensory Receptors*. Springer-Verlag, Nova York.

Ewing, A. W. 1991. *Arthropod Bioacoustics*. Cornell University Press, Ithaca, NY.

Fortey, R. A. 2001. Trilobite systematics: The last 75 years. J. Paleontol. 75: 1141–1151.

Gilbert, S. F. e A. M. Raunio. 1997. *Embryology: Constructing the Organism*. Sinauer Associates, Sunderland, MA.

Gould, S. J. 1989. *Wonderful Life: The Burgess Shale and the Nature of History*. W. W. Norton, Nova York. [Um clássico de S. J. Gould.]

Gould, S. J. 1995. Of tongue worms, velvet worms, and water bears. Nat. Hist., January: 6–15.

Grenacher, H. 1879. *Untersuchungen über das Sehorgan der Arthropoden, insbesondere der Spinnen, Insecten und Crustaceen*. Vandenhoek and Ruprecht, Göttingen. [Provavelmente a primeira descrição detalhada de olhos compostos em insetos e crustáceos, observando sua homologia.]

Gupta, A. P. (ed.). 1983. *Neurohemal Organs of Arthropods: Their Development, Evolution, Structures, and Functions*. Charles C. Thomas, Springfield, IL.

Hallberg, E. e R. Elofsson. 1989. Construction of the pigment shield of the crustacean compound eye: A review. J. Crust. Biol. 9(3): 359–372.

Harrison, F. W. e M. E. Rice (eds.). 1998. *Microscopic Anatomy of Invertebrates. Vol. 12. Onychophora, Chilopoda, and Lesser Protostoma*. Wiley-Liss, Nova York.

Herreid, C. F. e C. R. Fourtner (eds.). 1981. *Locomotion and Energetics in Arthropods*. Plenum Press, Nova York.

Hou, X. e J. Bergström. 1997. *Arthropods of the Lower Cambrian Chengjiang Fauna of Southwest China. Fossils and Strata, No. 45*. Universitetsforlaget, Oslo.

Kaestner, A. 1968, 1970. *Invertebrate Zoology. Vols. 2 and 3*. Wiley, Nova York. [Esses volumes descrevem com excelência a morfologia dos artrópodes; habilmente traduzidos do alemão para o inglês por H. W. e L. R. Levi.]

Kenchington, W. 1984. Biological and chemical aspects of silks and silk-like materials produced by arthropods. S. Pac. J. Nat. Sci. 5: 10–45.

Kimm, M. A. e N.-M. Prpic. 2006. Formation of the arthropod labrum by fusion of paired and rotated limb-bud-like primordia. Zoomorphology 125: 147–155.

Kühl, G., D. E. G. Briggs e J. Rust. 2009. A great-appendage arthropod with a radial mouth from the Lower Devonian Hunsrück Slate, Germany. Science 323: 771–773.

Kunze, P. 1979. Apposition and superposition eyes. pp. 441–502 in H. Autrum (ed.). Comparative physiology and evolution of vision in invertebrates. Part A: Invertebrate photoreceptors. *Handbook of Sensory Physiology, Vol. 7, Part 6*. Springer-Verlag, Berlim.

Levi-Setti, R. 2014. *The Trilobite Book*. University of Chicago Press, Chicago. [Um ótimo livro de fotografias sobre paleontologia.]

Linzen, B. et al. 1985. The structure of arthropod hemocyanins. Science 229: 519–524. [Uma revisão dessas grandes proteínas com base de cobre transportadoras de oxigênio nos artrópodes.]

Ma, X. et al. 2012. Complex brain and optic lobes in an early Cambrian arthropod. Nature 490: 258–262.

Manuel, M. et al. 2006. Hox genes in sea spiders and the homology of arthropod head segments. Dev. Genes Evol. 216: 481–491.

Mass, A. e D. Waloszek. 2001. Cambrian derivatives of the early arthropod stem lineage, pentastomids, tardigrades and lobopodians—An "Orsten" perspective. Zool. Anz. 240: 451–459.

Mayer, G. 2006. Structure and development of anychophoran eyes: what is the ancestral visual organ in arthropods? Arthropod Struct. Dev. 35: 231–245.

Mayer, G. et al. 2010. A revision of brain composition in Onychophora (velvet worms) suggests that the tritocerebrum evolved in arthropods. BMC Evol. Biol. 10: 255.

Minelli, A., G. Boxshall e G. Fusco (eds.). 2013. *Arthropod Biology and Evolution: Molecules, Development, Morphology*. Springer, Heidelberg.

Müller, C. H. G. et al. 2003. The compound eye of *Scutigera coleoptrata* (Linnaeus, 1758) (Chilopoda: Notostigmophora): An ultrastructural reinvestigation that adds support to the Mandibulata concept. Zoomorphology. 122:191–209.

Müller, K. J. e D. Walossek. 1985. A remarkable arthropod fauna from the Upper Cambrian "Orsten" of Sweden. T. Roy. Soc. Edin: Earth. 76: 161–172.

Müller, K. J. e D. Walossek. 1986. Arthropod larvae from the Upper Cambrian of Sweden. T. Roy. Soc. Edin: Earth. 77: 157–179.

Müller, K. J. e D. Walossek. 1986. *Martinssonia* elongate gen. et sp. n., a crustacean-like euarthropod from the Upper Cambrian "Orsten" of Sweden. Zool. Scripta 15: 73–92.

Ou, Q., D. Shu e G. Mayer. 2012. Cambrian lobopodians and extant onychophorans provide new insights into early cephalization in Panarthropoda. Nat. Commun. 3: 1261–1272.

Snodgrass, R. E. 1951. *Comparative Studies on the Head of Mandibulate Arthropods*. Comstock Publishing Associates, Ithaca, NY.

Snodgrass, R. E. 1952. *A Textbook of Arthropod Anatomy*. Cornell University Press, Ithaca, NY. [Obra obviamente ultrapassada, mas ainda uma excelente introdução à anatomia dos artrópodes.]

Strausfeld, N. J. 2012. *Arthropod Brains: Evolution, Functional Elegance and Historical Significance*. Belknap Press, Cambridge.

Strausfeld, N. J. et al. 2006. The organization and evolutionary implications of neuropil and their neurons in the brain of the onychophoran *Euperipatoides rowelli*. Arthropod Struct. Dev. 135: 169–196.

Tu, A. T. (ed.). 1984. *Handbook of Natural Toxins. Vol. 2, Insect Poisons, Allergens, and Other Invertebrate Venoms*. Marcel Dekker, Nova York. [Contém informações sobre insetos, xilópodes e aracnídeos.]

Waloszek, D. et al. 2005. Early Cambrian arthropods—new insights into arthropod head and structural evolution. Arthropod Struct. Dev.34: 189–205.

Whittington, H. B. 1971. Redescription of *Marrella splendens* (Trilobitoidea) from the Burgess Shale, Middle Cambrian, British Columbia. Bull. Geol. Surv. Can. 209: 1–24.

Whitington, P. M., T. Meier e P. King. 1991. Segmentation, neurogenesis, and formation of early axonal pathways in the centipede *Ethmostigmus rubripes* (Brandt). Roux's Arch. Dev. Biol. 199: 349–363.

Zill, S. N. e E. Seyfarth. 1996. Exoskeletal sensors for walking. Sci. Am. 275(1): 86–90.

Tardigrada

Bertolani, R. e D. Grimaldi. 2000. A new eutardigrade (Tardigrada: Milnesiidae) in amber from Upper Cretaceous (Turonian) of New Jersey. pp. 103–110 in *Studies on Fossils in Amber, with Particular Reference to the Cretaceous of New Jersey*. Backhuys Publishers, Leiden, Holanda.

Boothby, T. C. et al. 2015. Evidence for extensive horizontal gene transfer from the draft genome of a tardigrade. PNAS doi: 10.1073/pnas.1510461112

Bussers, J. C. e C. Jeuniaux. 1973. Structure et composition de la cuticle de *Macrobiotus* et de *Milnesium tardigradum*. Ann. Soc. R. Zool. Belg. 103: 271–279.

Dewel, R. A. e W. C. Dewel. 1996. The brain of *Echiniscus viridissimus* Peterfi, 1956 (Heterotardigrada): A key to understanding the phylogenetic position of tardigrades and the evolution of the arthropod head. Zool. J. Linn. Soc. 116: 35–49.

Dewel, R. A., D. R. Nelson e W. C. Dewel. 1993. Chapter 5. Tardigrada. In F. W. Harrison e M. E. Rice (eds.). *Microscopic Anatomy of Invertebrates, Volume 12: Onychophora, Chilopoda and Lesser Protostomata*. Wiley-Liss, Nova York.

Eibye-Jacobsen, J. 1997. Development, ultrastructure and function of the pharynx of *Halobiotus crispae* Kristensen, 1982 (Eutardigrada). Acta Zool. 78(4): 329–347.

Hejnol, A. e R. Schnabel. 2005. The eutardigrade *Thulinia stephaniae* has an indeterminate development and the potential to regulate early blastomere ablations. Development 132: 1349–1361.

Jönsson, K. I., M. Harms-Ringdahl e J. Torudd. 2005. Radiation tolerance in the eutardigrade *Richtersius coronifer*. Int. J. Radiat. Biol. 81: 649–656.

Jørgensen, A. et al. 2010. Molecular phylogeny of Arthrotardigrada (Tardigrada). Mol. Phylogen. Evol. 54: 1006–1015.

Kinchin, I. M. 1994. *The Biology of Tardigrades*. Portland Press, Londres.

Kristensen, R. M. 1978. On the structure of *Batillipes noerrevangi* Kristensen, 1978. 2. The muscle attachments and the true cross-striated muscles. Zool. Anz. Jena 200 (3/4): 173–184.

Kristensen, R. M. 1981. Sense organs of two marine arthrotardigrades (Heterotardigrada, Tardigrada). Acta Zool. 62: 27–41.

Kristensen, R. M. 1982. The first record of cyclomorphosis in Tardigrada, based on a new genus and species from Arctic meiobenthos. Z. Zool. Syst. Evolutionsforsch. 20: 249–270.

Kristensen, R. M. 1984. On the biology of *Wingstrandarctus corallinus* nov. gen. et spec., with notes on the symbiontic bacteria in the subfamily Florarctinae (Arthrotardigrada). Vidensk. Medd. Dan. Naturhist. Foren. København 145: 201–218.

Kristensen, R. M. e R. P. Higgins. 1984. A new family of Arthrotardigrada (Tardigrada: Heterotardigrada) from the Atlantic Coast of Florida, USA. Trans. Am. Microsc. Soc. 103: 295–311.

Kristensen, R. M. e R. P. Higgins. 1984. Revision of *Styraconyx* (Tardigrada: Halechiniscidae), with descriptions of two new species from Disko Bay, west Greenland. Smithsonian Contrb. Zool. 391. Smithsonian Institution Press, Washington, D.C.

Marcus, E. 1929. Tardigrada. In H. G. Bronn (ed.). *Klassen und Ordnungen des Tierreichs, Bd. 5, Abt. 4*. Akad. Verlags-gesellschaft, Frankfurt.

Marley, N. J., S. J. McInnes e C. J. Sands. 2011. Phylum Tardigrada: A re-evaluation of the Parachela. Zootaxa 2819: 51–64.

Mayer G. et al. 2013. Neural markers reveal a one-segmented head in tardigrades (water bears). PLoS ONE. 8:e59090.

Møbjerg, N. e C. Dahl. 1996. Studies on the morphology and ultrastructure of the Malpighian tubules of *Halobiotus crispae*. Kristensen, 1982 (Eutardigrada). Zool. J. Linn. Soc. 116: 85–99.

Møbjerg, N. et al. 2007. New records on cyclomorphosis in the marine eutardigrade *Halobiotus crispae*. J. Limnol. 66, Suppl. 1: 132–140.

Møbjerg, N. et al. 2011. Survival in extreme environments—on the current knowledge of adaptations in tardigrades. Acta Physiol. 202: 409–420.

Nelson, D. R. 1991. Tardigrada. pp. 501–521 in J. H. Thorp e A. P. Covich (eds.), *Ecology and Classification of North American Freshwater Invertebrates*. Academic Press, Nova York.

Persson, D. et al. 2011. Extreme stress tolerance in tardigrades: surviving space conditions in low earth orbit. J. Zool. Syst. Evol. Res. 49: 90–97.

Persson D. K. et al. 2012. Neuroanatomy of *Halobiotus crispae* (Eutardigrada: Hypsibiidae): tardigrade brain structure supports the clade Panarthropoda. J. Morph. 273 (11): 1227–1245.

Persson, D. et al. 2014. Brain anatomy of the marine tardigrade *Actinarctus doryphorus* (Arthrotardigrada). J. Morph. 275(2): 173–190.

Rebecchi, L., T. Altiero e R. Guidetti. 2007. Anhydrobiosis: The extreme limit of desiccation tolerance. Invert. Survival J. 4: 65–81.

Schmidt-Rhaesa, A e J. Kulessa. 2007. Muscular architecture of *Milnesium tardigradum* and *Hypsibius* sp. (Eutardigrada, Tardigrada) with some data on *Ramazzottius oberhauseri*. Zoomorphology 126: 265–281.

Schulze, C., R. C. Neves e A. Schmidt-Rhaesa. 2014. Comparative immunohistochemical investigation on the nervous system of two species of Arthrotardigrada (Heterotardigrada, Tardigrada). Zool. Anz. 253:225–235.

Wiederhöft, H. e H. Greven. 1996. The cerebral ganglia of *Milnesium tardigradum* Doyère (Apochela, Tardigrada): three dimensional reconstruction and notes on their ultrastructure. Zool. J. Linn. Soc. 116: 71–84.

Wright, J. C. 2001. Cryptobiosis 300 years on from van Leuwenhoek: what have we learned about tardigrades? Zool. Anz. 240: 563–582.

Zantke, J., C. Wolff e G. Scholtz. 2008. Three-dimensional reconstruction of the central nervous system of *Macrobiotus hufelandi* (Eutardigrada, Parachela): implications for the phylogenetic position of Tardigrada. Zoomorphology 127: 21–36.

Onychophora

Daniels, S. R., D. E. McDonald e M. D. Picker. 2013. Evolutionary insight into the *Peripatopsis balfouri* sensu lato species complex (Onychophora: Peripatopsidae) reveals novel lineages and zoogeographic patterning. Zoologica Scripta 42: 656–674.

De Sena Oliveira, I., V. M. St. J. Read e G. Mayer. 2012. A world checklist of Onychophora (velvet worms), with notes on nomenclature and status of names. ZooKeys 211: 1–70.

De Sena Oliveira, I. et al. 2013. The role of ventral and preventral organs as attachment sites for segmental limb muscles in Onychophora. Front. Zool. 10: 73.

Dzik, J. e G. Krumbiegel. 1989. The oldest "onychophoran" Xenusion: A link connecting phyla? Lethaia 22: 169–182.

Eakin, R. M. e J. A. Westfall. 1965. Fine structure of the eye of *Peripatus* (Onychophora). Z. Zellforsch. Mik. Ana. 68: 278–300.

Eliott, S., N. N. Tait e D. A. Briscoe. 1993. A pheromonal function for the crural glands of the onychophoran *Cephalofovea tomahmontis* (Onychophora, Peripatopsidae). J. Zool, 231: 1–9.

Eriksson, B. J. et al. 2010. Head patterning and Hox gene expression in an onychophoran and its implications for the arthropod head problem. Dev. Genes Evol. 220: 117–122.

Frase, T. e S. Richter. 2013. The fate of the onychophoran antenna. Dev. Genes Evol. doi: 10.1007/s00427-013-0435-x

Grimaldi, D., M. S. Engel e P. C. Nascimbene. 2002. Fossiliferous Cretaceous amber from Myanmar (Burma): its rediscovery, biotic diversity, and paleontological significance. Amer. Mus. Novitates 3361: 74.

Hoyle, G. e M. Williams. 1980. The musculature of *Peripatus dominicae* and its innervation. Phil. Trans. R. Soc. Lond. Ser. B 288: 481–510.

Koch, M., B. Quast e T. Bartolomaeus. 2014. Coeloms and nephridia in annelids and arthropods. pp. 173–284 in J. W. Wägele e T. Bartolamaeus (eds.). *Deep Metazoan Phylogeny: The Backbone of the Tree of Life*. De Gruyter, Berlim.

Manton, S. M. e N. Heatley. 1937. The feeding, digestion, excretion and food storage of *Peripatopsis*. Phil. Trans. R. Soc. Lond. Ser. B 227: 411–464.

Mayer, G. 2006. Origin and differentiation of nephridia in the Onychophora provide no support for the Articulata. Zoomorphology 125: 1–12.

Mayer, G. 2006. Structure and development of onychophoran eyes: what is the ancestral visual organ in arthropods? Arthropod Struct. Dev. 35:231–245.

Mayer, G. e S. Harzsch. 2007. Immunolocalization of serotonin in Onychophora argues against segmental ganglia being an ancestral feature of arthropods. BMC Evol. Biol.7: 118.

Mayer, G. e S. Harzsch. 2008. Distribution of serotonin in the trunk of *Metaperipatus blainvillei* (Onychophora, Peripatopsidae): implications for the evolution of the nervous system in Arthropoda. J. Comp. Neurol. 507: 1196–1208.

Mayer, G. e M. Koch. 2005. Ultrastructure and fate of the nephridial anlagen in the antennal segment of *Epiperipatus biolleyi* (Onychophora, Peripatidae)— evidence for the onychophoran antennae being modified legs. Arthropod Struct. Dev. 34: 471–480.

Mayer, G. et al. 2013. Selective neuronal staining in tardigrades and onychophorans provides insights into the evolution of segmental ganglia in panarthropods. BMC Evol. Biol. 13: 230.

Mayer, G., H. Ruhberg e T. Bartolomaeus. 2004. When an epithelium ceases to exist: An ultrastructural study on the fate of the embryonic coelom in *Epiperipatus biolleyi* (Onychophora, Peripatidae). Acta Zool. 85: 163–170.

Mayer, G. et al. 2010. A revision of brain composition in Onychophora (velvet worms) suggests that the tritocerebrum evolved in arthropods. BMC Evol. Biol. 10: 255.

Monje-Nájera, J. 1995. Phylogeny, biogeography and reproductive trends in the Onychophora. Zool. J. Linn. Soc. 114: 21–60.

Murienne, J. et al. 2014. A living fossil tale of Pangaean biogeography. Proc. R. Soc. B Biol. Sci. 281: 20132648.

Nylund, A. et al. 1988. Heart ultrastructure in four species of Onychophora, and phylogenetic implications. Zool. Beitr. n.f. 32: 17–30.

Oliveira, I. S. et al. 2012. Unexplored character diversity in Onychophora (velvet worms): A comparative study of three peripatid species. PLoS ONE 7: e51220.

Pacaud, G. et al. 1981. Quelques invertébrés noveaux du Stéphanien de Montceau-les-Mines. Null. S. H. N. Autun 97: 37–43.

Peck, S. B. 1975. A review of the New World Onychophora, with the description of a new cavernicolous genus and species from Jamaica. Psyche 82: 341–358.

Perrier, V. e S. Charbonnier. 2014. The Montceau-les-Mines Lagerstätte (Late Carboniferous, France). Compt. Rend. Palevol. 13: 353–367.

Poinar Jr., G. 1996. Fossil velvet worms in Baltic and Dominican amber: onychophoran evolution and biogeography. Science 273: 1370–1371.

Ramsköld, L. 1992. Homologies in Cambrian Onychophora. Lethaia 25: 443–460.

Ramsköld, L. 1992. The second leg row of *Hallucigenia* discovered. Lethaia 25: 321–324.

Ramsköld, L. e X. Hou. 1991. New early Cambrian animal and onychophoran affinities for enigmatic metazoans. Nature 351: 225–228.

Ruhberg, H. e W. B. Nutting. 1980. Onychophora: feeding, structure, function, behaviour and maintenance. Berh. Naturwiss. Ver. Hamburg (NF) 24: 79–87.

Smith, M. R. e J. Ortega-Hernández. 2014. *Hallucigenia*'s onychophoran-like claws and the case for Tactopodia. Nature 514: 363–366.

Tait, N. N. e D. A. Briscoe. 1990. Sexual head structures in the Onychophora: unique modifications for sperm transfer. J. Nat. Hist. 24: 1517–1527.

Tait, N. N., e J. M. Norman. 2001. Novel mating behaviour in *Florelliceps stutchburyae* gen. nov., sp. nov. (Onychophora: Peripatopsidae) from Australia. J. Zool. Lond. 253: 301–308.

Thompson, I. e D. S. Jones. 1980. A possible onychophoran from the Middle Pennsylvanian Mazon Creek beds of Northern Illinois. J. Paleontol. 54: 588–596.

Walker, M. H. 1995. Relatively recent evolution of an unusual pattern of early embryonic development (long germ band?) in a South African onychophoran, *Opisthopatus cinctipes* Purcell (Onychophora: Peripatopsidae). Zool. J. Linn. Soc. 114: 61–75

Walker, M. H. et al. 2006. Observations on the structure and function of the seminal receptacles and associated accessory pouches in ovoviviparous onychophorans from Australia (Peripatopsidae; Onychophora). J. Zool. Lond. 270: 531–542.

Whitington, P. M. e G. Mayer. 2011. The origins of the arthropod nervous system: insights from the Onychophora. Arthropod Struct. Dev. 40: 193–209.

Filogenia e evolução dos artrópodes

Aguinaldo, A. M. A. et al. 1997. Evidence for a clade of nematodes, arthropods and other moulting animals. Nature 387: 489–493.

Akam, M. 2000. Arthropods: developmental diversity within a (super) phylum. Proc. Natl. Acad. Sci. USA. 97: 4438–4441.

Averof, M. e N. H. Patel. 1997. Crustacean appendage evolution associated with changes in Hox gene expression. Nature 388: 682–686.

Bergström, J. 1992. The oldest arthropods and the origin of the Crustacea. Acta Zool. 73(5): 287–292.

Borner, J. et al. 2014. A transcriptome approach to ecdysozoan phylogeny. Mol. Phylogenet. Evol. 80: 79–87

Briggs, D. E. G. e H. B. Whittington. 1987. The affinities of the Cambrian animals *Anomalocaris* and *Opabinia*. Lethaia 20: 185–186.

Brusca, R. C. 2000. Unraveling the history of arthropod biodiversification. Ann. Missouri Bot. Garden 87: 13–25.

Budd, G. E. 1996. The morphology of *Opabinia regalis* and the reconstruction of the arthropod stem-group. Lethaia 29: 1–14.

Calman, W. T. 1909. Crustacea. Part VII, Fasicle 3. In R. Lankester. A Treatise on Zoology. Adam e Charles Black (Londres. Reimpresso por A. Asher and Co., Amsterdã, 1964). [Um livro ultrapassado, mas fascinante.]

Campbell, L. I. et al. 2008. MicroRNAs and phylogenomics resolve the relationships of Tardigrada and suggest that velvet worms are the sister group of Arthropoda. Proc. Natl. Acad. Sci. 108: 15920–15924.

Chen, J.-Y., L. Ramsköld e G.-Q. Zhou. 1994. Evidence for monophyly and arthropod affinity of Cambrian giant predators. Science 264: 1304–1308.

Chen, J., D. Waloszek e A. Maas. 2004. A new "great-appendage" arthropod from the Lower Cambrian of China and homology of chelicerate chelicerae and raptorial antero-ventral appendages. Lethaia 37: 3–20.

Deuve, T. (ed.) 2001. Origin of the Hexapoda. Ann. Soc. Entomol. France 37 (1/2): 1–304. [Artigos apresentados em uma conferência realizada na cidade de Paris em Janeiro de 1999.]

Edwards, J. S. e M. R. Meyer. 1990. Conservation of antigen 3G6: A crystalline cone constituent in the compound eye of arthropods. J. Neurobiol. 21: 441-452.

Eldredge, N. 1977. Trilobites and evolutionary patterns. pp. 30-332 in A. Hallam (ed.). *Patterns of Evolution*. Elsevier, Amsterdã.

Eldredge, N. e S. M. Stanley (eds.). 1984. *Living Fossils*. Springer-Verlag, Nova York.

Ericksson, B. J. e G. E. Budd. 2000. Onychophoran cephalic nerves and their bearing on our understanding of head segmentation and stem-group evolution of Arthropoda. Arthropod Struct. Dev. 29: 197-209.

Giribet, G. 2003. Molecules, development and fossils in the study of metazoan evolution: Articulata versus Ecdysozoa revisited. Zoology 106: 303-326.

Giribet, G. e G. D. Edgecombe. 2012. Reevaluating the arthropod tree of life. Ann. Rev. Entomol. 57: 167-186.

Harzsch, S. e D. Walossek. 2001. Neurogenesis in the developing visual system of the branchiopod crustacean *Triops longicaudatus* (LeConte, 1846): corresponding patterns of compound-eye formation in Crustacea and Insecta? Dev. Genes Evol. 211: 37-43.

Harzasch, S. *et al*. 2005. Immunohistochemical localization of neurotransmitters in the nervous system of larval *Limulus polyphemus* (Chelicerata, Xiphosura): evidence for a conserved protocerebral architecture in Euarthropoda. Arthropod Struct. Dev. 34: 327-342.

Hou, X. e J. Bergström. 1995. Cambrian lobopodians—ancestors of extant onychophorans? Zool. J. Linn. Soc. 114: 3-19.

Hou, X. H. e S. Weiguo. 1988. Discovery of Chengjiang fauna at Meichucun, Jinning, Yunnan. Acta Palaeontol. Sinica 27(1): 1-12.

Hou, X., L. Ramsköld e J. Bergström. 1991. Composition and preservation of the Chengjiang fauna—A lower Cambrian soft-bodied biota. Zool. Scripta 20: 395-411.

Jager, M. *et al*. 2006. Homology of arthropod anterior appendages revealed by Hox gene expression in a sea spider. 441: 506-508.

Janssen, R., W. G. M. Damen e G. E. Budd. 2011. Expression of *collier* in the premandibular segment of myriapods: support for the traditional Atelocerata concept of a case of convergence? BMC Evol. Biol. 11: 50.

Jeram, A. J., P. A. Selden e D. Edwards. 1990. Land animals in the Silurian: arachnids and myriapods from Shropshire, England. Science 250: 658-661.

Legg, D. A. *et al*. 2012. Cambrian bivalved arthropod reveals origin of anrthropodization. Proc. R. Soc. B doi: 10.1098/rspb.2012.1958

Koenemann, S. e R. Jenner (eds.). 2005. *Crustacea and Arthropod Relationships*. Crustacean Issues 15, CRC Press/Balkema, Leiden.

Ma, X. *et al*. 2015. Preservational pathways of corresponding brains of a Cambrian euarthropod. Curr. Biol. 25: 1-7.

Ma, X., X. Hou e J. Bergström. 2009. Morphology of *Luolishania longicruris* (Lower Cambrian, Chengjiang Lagestätte, SW China) and the phylogenetic relationships within lobopodians. Arthropod Struct. Dev. 38: 271-291.

Maas, A. *et al*. 2007. A Cambrian micro-lobopodian and the evolution of arthropod locomotion and reproduction. Chinese Sciences Bulletin 52(24): 3385-3392.

Maas, A. e D. Waloszek. 2001. Cambrian derivatives of the early arthropod stem lineage, pentastomids, tardigrades and lobopodians—an "Orsten" perspective. Zool. Anz. 240: 451-559.

Martinsson, A. (ed.) 1975. *Evolution and Morphology of the Trilobita, Trilobitoida and Merostomata*. Fossils and Strata, No. 4. Universitentsforlaget, Oslo.

Maxmen, A. *et al*. 2005. Neuroanatomy of sea spiders implies an appendicular origin of the protocerebral segment. Nature 437: 1144-1148.

McMenamin, M. A. S. 1986. The Garden of Ediacara. Palaios 1: 178-182.

Melzer, R. R. *et al*. 1997. Compound eye evolution: highly conserved retinula and cone cell patterns indicate a common origin of the insect and crustacean ommatidium. Naturwissenschaften 84: 542-544.

Melzer, R. R., C. Michalke e U. Smola. 2000. Walking on insect paths? Early ommatidial development in the compound eye of the ancestral Crustacea, *Triops cancriformis*. Naturwissenschaften 87: 308-311.

Meusemann, K. *et al*. 2010. A phylogenomic approach to resolve the arthropod tree of life. Mol. Biol. Evol. 27(11): 2451-2464.

Mikulic, D. G., D. E. G. Briggs e J. Kluessendorf. 1985. A new exceptionally preserved biota from the lower Silurian of Wisconsin, USA. Phil. Trans. R. Soc. Lond. B 311: 75-85.

Minelli, A., G. Boxshall e G. Fusco (eds.). 2013. *Arthropod Biology and Evolution*. Springer, Nova York. [Um resumo conveniente e importante.]

Misof, B. *et al*. 2014. Phylogenomics resolves the timing and pattern of insect evolution. Science 346: 763-767.

Norstad, K. 1987. Cycads and the origin of insect pollination. Am. Sci. 75: 270-278.

Osorio, D., M. Averof e J. P. Bacon. 1995. Arthropod evolution: great brains, beautiful bodies. Trends Ecol. Evol. 10(11): 449-454.

Paulus, H. F. 2000. Phylogeny of the Myriapoda-Crustacea-Insecta: A new attempt using photoreceptor structure. J. Zool. Syst. Evol. Res. 38: 189-208.

Persson, D. K. *et al*. 2012. Neuroanatomy of *Halobiotus crispae* (Eutardigrada: Hypsibiidae): tardigrade brain structure supports the clade Panarthropoda. J. Morphol. 273: 1227-1245.

Popadic, A. *et al*. 1996. Origin of the arthropod mandible. Nature 380: 395.

Ramsköld, L. 1991. New early Cambrian animal and onychophoran affinities of enigmatic metazoans. Nature 351: 225-228.

Reiger, J. C., J. W. Shultz e R. E. Kambic. 2005. Pancrustacaean phylogeny: hexapods are terrestrial crustaceans and maxilliopods are not monophyletic. Proc. R. Soc. B. 272: 395-401.

Regier, J. C. *et al*. 2010. Arthropod relationships revealed by phylogenomic analysis of nuclear protein-coding sequences. Nature 463: 1079-1083.

Robison, R. A. 1985. Affinities of *Aysheaia* (Onychophora), with description of a new Cambrian species. J. Paleontol. 59: 226-235.

Rota-Stabelli, O., A. C. Daley e D. Pisani. 2013. Molecular timetrees reveal a Cambrian colonization of land and a new scenario for ecdysozoan evolution. Curr. Biol. 23: 392-398.

Scholtz, G. 2001. Evolution of developmental patterns in arthropods—The analysis of gene expression and its bearing on morphology and phylogenetics. Zoology 103: 99-111.

Scholtz, G. 2002. The Articulata hypothesis—or what is a segment. Org. Divers. Evol. 2: 197-215.

Scholtz, G. e G. D. Edgecombe. 2006. The evolution of arthropod heads: reconciling morphological, developmental and palaeontological evidence. Dev. Genes Evol. 216: 395-415.

Shear, W. A. e J. Kukalová-Peck. 1990. The ecology of Paleozoic terrestrial arthropods: The fossil evidence. Can. J. Zool. 68: 1807-1834.

Simpson, P. 2001. A review of early development of the nervous system in some arthropods: comparison between insects, crustaceans and myriapods. Ann. Soc. Entomol. France 37(1/2): 71-84.

Snodgrass, R. E. 1938. Evolution of the Annelida, Onychophora and Arthropoda. Smithsonian Misc. Coll. 97: 1-159. [Esse artigo sistematizou os conceitos de Mandibulata e Atelocerata.]

Stollewerk, A. e A. D. Chipman. 2006. Neurogenesis in myriapods and chelicerates, and its importance for understanding arthropod relationships. Integrative and Comparative Biology 46: 195-206.

Strausfeld, N. J. 1998. Crustacean-insect relationships: The use of brain characters to derive phylogeny amongst segmented invertebrates. Brain Behav. Evol. 52: 186-206.

Strausfeld, N. J., E. K. Bushbeck e R. S. Gomez. 1995. The arthropod mushroom body: its roles, evolutionary enigmas and mistaken identities. pp. 349-381 in O. Breidbach e W. Kutsch (eds.). *The Nervous Systems of Invertebrates: An Evolutionary and Comparative Approach*. Birkhäuser Verlag, Basel.

Strausfeld, N. J. e F. Hirth. 2013. Deep homology of arthropod central complex and vertebrae basal ganglia. Science 340: 157-161.

Strausfeld, N. J. *et al*. 2006. Arthropod phylogeny: onychophoran brain organization suggests an archaic relationship with a chelicerate stem lineage. Proc. R. Soc. B 273: 1857-1866.

Van Roy, P., A. C. Daley e D. E. G. Briggs. 2015. Anomalocaridid trunk limb homology revealed by a giant filter-feeder with paired flaps. Nature 522: 77-80.

Von Reumont, B. M. *et al*. 2012. Pancrustacean phylogeny in the light of new phylogenomic data: support for Remipedia as the possible sister group of Hexapoda. Mol. Biol. Evol. 29: 1031-1045.

Waloszek, D. 1995. The Upper Cambrian *Rehbachiella*, its larval development, morphology and significance for the phylogeny of Branchiopoda and Crustacea. Hydrobiologia 298: 32: 1-13.

Waloszek, D. 2003. The "Orsten" window—A three-dimensionally preserved Upper Cambrian meiofauna and its contribution to our understanding of the evolution of Arthropoda. Paleontol. Res. 7: 71-88.

Waloszek, D. e A. Maas. 2005. The evolutionary history of crustacean segmentation: A fossil-based perspective. Evol. Dev.7: 515-527.

Waloszek, D. *et al*. 2007. Evolution of cephalic feeding structures and the phylogeny of Arthropoda. Palaeo 254: 273-287.

Waloszek, D. e K. J. Müller. 1990. Upper Cambrian stem-lineage crustaceans and their bearing upon the monophyletic origin of Crustacea and the position of *Agnostus*. Lethaia 23: 409-427.

Waloszek, D. e K. J. Müller. 1992. The "Alum Shale Window"–contribution of "Orsten" arthropods to the phylogeny of Crustacea. Acta Zool. 73(5): 305-312.

Waloszek, D. e K. J. Müller. 1997. Cambrian "Orsten"-type arthropods and the phylogeny of Crustacea. pp. 139-153 in R. A. Fortey e R. H. Thomas (eds.). *Arthropod Relationships*. Chapman and Hall, Nova York.

Whittington, H. B. e D. E. G. Briggs. 1985. The largest Cambrian animal, *Anomalocaris*, Burgess Shale, British Columbia. Phil. Trans. R. Soc. Lond. B 309: 569-609.

Whittington, P. M., D. Leach e R. Sandeman. 1993. Evolutionary change in neural development within the arthropods: axonogensis in the embryos of two crustaceans. Development 118: 449-461.

Zhang, X.-G. *et al*. 2007. An epipodite-bearing crown-group crustacean from the Lower Cambrian. Nature 449: 595-598.

21

Filo Arthropoda

Crustacea | Caranguejos, Camarões e Afins

Os crustáceos representam um dos grupos mais populares de invertebrados, mesmo entre os que não são biólogos, porque incluem alguns dos itens mais apreciados do cardápio gastronômico, como lagostas, caranguejos e camarões (Figura 21.1). Algumas estimativas calcularam que existem descritas cerca de 70.000 espécies vivas de crustáceos e que, possivelmente, um número entre 5 e 10 vezes maior ainda aguarde ser descoberto e nomeado. Os crustáceos exibem uma diversidade inacreditável de forma, hábitats e dimensões. Os menores crustáceos conhecidos medem menos de 100 μm de comprimento e vivem nas antênulas dos copépodes. Os maiores são os caranguejos-aranha do Japão (*Macrocheira kaempferi*), com pernas medindo até 4 m de comprimento, além dos caranguejos da Tasmânia (*Pseudocarcinus gigas*), cuja carapaça chega a medir 46 cm de largura. Os crustáceos mais pesados provavelmente são as lagostas americanas (*Homarus americanus*) que, antes da era atual de pesca predatória, alcançavam pesos acima de 20 kg. O maior artrópode terrestre do mundo em peso (e possivelmente também o maior invertebrado do planeta) é o caranguejo-dos-coqueiros (*Birgus latro*), que chega a pesar 4 kg. Os crustáceos são encontrados em todas as profundidades e em todos os hábitats de águas salgada, salobra e doce da Terra, inclusive lagos situados à altitude de 6.000 m (artêmias ou camarão-fada e cladóceros do norte do Chile). Alguns também estão bem-adaptados aos ambientes terrestres e, dentre eles, os mais notáveis são os tatus-bolas e os tatuzinhos-de-jardim (isópodes terrestres).[1]

Os crustáceos frequentemente são os organismos predominantes nos ecossistemas subterrestres aquáticos e novas espécies desses estigobiontes continuam a ser descobertas à medida

---

Classificação do reino Animal (Metazoa)

Não Bilateria*
(Também conhecidos como diploblastos)
  FILO PORIFERA
  FILO PLACOZOA
  FILO CNIDARIA
  FILO CTENOPHORA

Bilateria
(Também conhecidos como triploblastos)
  FILO XENACOELOMORPHA

Protostomia
  FILO CHAETOGNATHA
  SPIRALIA
    FILO PLATYHELMINTHES
    FILO GASTROTRICHA
    FILO RHOMBOZOA
    FILO ORTHONECTIDA
    FILO NEMERTEA
    FILO MOLLUSCA
    FILO ANNELIDA
    FILO ENTOPROCTA
    FILO CYCLIOPHORA
  Gnathifera
    FILO GNATHOSTOMULIDA
    FILO MICROGNATHOZOA
    FILO ROTIFERA

Lofoforados
  FILO PHORONIDA
  FILO BRYOZOA
  FILO BRACHIOPODA

ECDYSOZOA
  Nematoida
    FILO NEMATODA
    FILO NEMATOMORPHA
  Scalidophora
    FILO KINORHYNCHA
    FILO PRIAPULA
    FILO LORICIFERA
  Panarthropoda
    FILO TARDIGRADA
    FILO ONYCHOPHORA
    FILO ARTHROPODA
      SUBFILO CRUSTACEA*
      SUBFILO HEXAPODA
      SUBFILO MYRIAPODA
      SUBFILO CHELICERATA

Deuterostomia
  FILO ECHINODERMATA
  FILO HEMICHORDATA
  FILO CHORDATA

*Grupo parafilético.

---

[1] Quando a maioria das pessoas ouve a palavra "camarão" (*shrimp*), logo pensa nos camarões comestíveis, que constituem dois grupos de crustáceos incluídos na ordem Decapoda (subordens Dendrobranchiata e Pleocyemata). Contudo, o termo "camarão" também se aplica a alguns crustáceos de caudas longas, entre eles alguns que não estão relacionados com os decápodes. Por isso, nesse sentido geral, existem camarões-fadas (artêmias), camarões-girinos, camarões-louva-a-deus etc. Em muitos países de língua inglesa, o termo *prawn* é usado para referir-se aos camarões comestíveis, e isso elimina parte da confusão.

718 Invertebrados

Figura 21.1 Diversidade entre os crustáceos. **A** a **D.** Classes Remipedia, Cephalocarida e Branchiopoda. **A.** *Speleonectes ondinae*; observe o corpo acentuadamente homônomo desse crustáceo natante (Remipedia). **B.** Um cefalocárido. **C.** Um camarão-girino (Branchiopoda; Notostraca) de uma poça d'água temporária. **D.** Um camarão-molusco (Branchiopoda: Diplostraca) carregando ovos. **E** a **Q.** Classe Malacostraca. **E.** Chama-maré (*Uca princeps*) (Decapoda: Brachyura). **F.** Camarão-ermitão-gigante-do-caribe (*Petrochirus diogenes*) (Decapoda: Anomura). **G.** Um camarão-ermitão (*Paragiopagurus fasciatus*) retirado de sua concha de caramujo (Decapoda: Anomura). **H.** Caranguejo-dos-coqueiros (*Birgus lastro*) (Decapoda: Anomura) subindo em uma árvore. **I.** *Euceramus praelongus*, ou caranguejo-porcelana-caroço-de-azeitona da Nova Inglaterra (Decapoda: Anomura). **J.** Lagostim pelágico (*Pleuroncodes planipes*) (Decapoda: Anomura). **K.** Camarão-limpador (*Lysmata californica*) (Decapoda: Caridea). **L.** Um raro camarão-lagosta perfurador de rochas (*Axius vivesi*) (Decapoda: Axiidea). **M.** Lagosta-real-do-havaí (*Enoplometopus*) (Decapoda: Achelata).

(*continua*)

Figura 21.1 (*Continuação*) **N** e **O**. Dois anfípodes raros (Peracarida: Amphipoda). **N**. *Cystisoma*, um anfípode hiperiídeo pelágico transparente enorme (alguns passam de 10 cm). **O**. *Ciamus scammoni*, um anfípode caprelídeo parasita que vive na pele das baleias cinzentas. **P**. Macho e fêmea cumáceos; observe os ovos no marsúpio da fêmea (Peracarida: Cumacea). **Q**. *Ligia pacifica* (Peracarida: Isopoda), baratinha-da-praia; *Ligia* habitam nas zonas de alta pulverização das praias rochosas no mundo todo. **R**. Misídeo *Siriella* sp. (Peracarida: Mysida) com um isópode epicarídeo parasita (Peracarida: Isopoda: Dajidae) fixado à sua carapaça (oeste da Austrália). **S** e **T**. Classe Therocostraca. **S**. Cirrípedes das rochas (*Semibalanus balanoides*) (Cirripedia: Thoracica). **T**. *Lepas anatifera* (Cirripedia: Thoracica), um cirrípide pelágico que vive pendurado em um pedaço de pau flutuante. **U**. Classe Copepoda; *Gaussia*, um copépode calanoide, gênero planctônico comum. **V**. Classe Tantulocarida: *Deoterthron*, parasita de outros crustáceos.

que outras cavernas são exploradas. Os crustáceos também predominam nos hábitats aquáticos efêmeros, onde existem muitas espécies ainda não descritas.[2] Além disso, os crustáceos estão entre os animais mais diversificados, amplamente distribuídos e abundantes que habitam nos oceanos do planeta. Alguns estudos estimaram que a biomassa de uma espécie – krills da Antártida (*Euphausia superba*) – seja de 500 milhões de toneladas em qualquer momento, provavelmente superando a biomassa de qualquer outro grupo de animais marinhos (e competindo com as formigas terrestres). A amplitude da diversidade morfológica dos crustáceos é muito maior que a dos insetos. Muitas espécies de crustáceos estão ameaçadas pela degradação ambiental, mais de 500 estão incluídas na Lista Vermelha do IUCN e cerca de duas dúzias são protegidas pela U. S. Environmental Protection Agency. Os crustáceos também são invertebrados invasores comuns e mais de 100 espécies estabeleceram-se nas águas marinhas e estuarinas apenas na América do Norte.

Em razão de sua diversidade taxonômica e de sua abundância numérica, comumente se diz que os crustáceos são os "insetos do mar". Preferimos pensar nos insetos como "crustáceos da terra". Na verdade, existem fortes evidências filogenéticas de que os insetos surgiram de um ramo de Crustacea.

Apesar da enorme diversidade morfológica observada entre os crustáceos (Figuras 21.1 a 21.20), esses animais exibem um conjunto de características importantes em comum (Quadro 21.1). Na tentativa de introduzir a diversidade e a unidade desse grupo enorme de artrópodes, primeiramente apresentaremos uma classificação e resumos dos táxons principais. Em seguida, descreveremos a biologia do grupo em geral, ilustrando com exemplos de vários membros. À medida que ler este capítulo, pedimos que você tenha em mente a descrição geral dos artrópodes, apresentada no Capítulo 20.

Classificação dos crustáceos

Os crustáceos são conhecidos pelos seres humanos desde os tempos antigos e têm sido fonte de alimento e lendas. De algum modo, os carcinologistas (estudiosos dos crustáceos) sentem-se gratificados por saber que o signo de Câncer, um dos dois invertebrados representados no zodíaco, é um caranguejo (o outro é, evidentemente, Escorpião – outro artrópode). Nosso conceito atual dos crustáceos como um táxon pode ser atribuído ao esquema de Lamarck do início do século 19. Ele reconheceu a maioria dos crustáceos como táxon, mas colocou os cirrípedes e alguns outros animais em grupos separados. Durante muitos anos, os cirrípedes foram classificados entre os moluscos em razão de sua concha calcária externa espessa. A classificação dos crustáceos que hoje conhecemos estava mais ou menos estabelecida durante a segunda metade do século 19, embora ainda continuem a ser realizadas revisões internas. Martin e Davis (2001) publicaram uma revisão da classificação dos crustáceos e os leitores podem consultar essa publicação de forma a obter uma visão geral da história intrincada desse subfilo. Nossa classificação reconhece 11 classes e está baseada em Ahyong *et al.* (2011) e Martin *et al.* (2014).

---

[2] Um estudo em poças temporárias do norte da Califórnia descobriu 30 espécies prováveis de crustáceos, ainda não descritas nem nomeadas (King *et al.*, 1996).

Quadro 21.1 Características do subfilo Crustacea.

1. Corpo formado por uma cabeça com 6 segmentos, ou céfalo (mais o ácron) e um tronco pós-cefálico longo; tronco dividido e dois tagmas mais ou menos bem-definidos (p. ex., tórax e abdome) em quase todos os crustáceos, exceto remipédios e ostracodes (Figura 21.2).

2. Cabeça composta pelos seguintes elementos (da região anterior para a posterior): ácron pré-segmentar (indistinto), segmento protocerebral (sem apêndices), segmento antenular, segmento antenal, somito mandibular, somito maxilular e somito maxilar; um ou mais toracômeros anteriores podem reunir-se com a cabeça dos membros de algumas classes (p. ex., Remipedia e Malacostraca), nos quais seus apêndices formam maxilípedes.

3. Escudo cefálico ou carapaça presente (extremamente reduzido nos anostracos, anfípodes e isópodes).

4. Apêndices poliarticulados: uni- ou birreme.

5. Mandíbulas como apêndices geralmente multiarticulados, que têm as funções de morder, perfurar ou macerar/triturar.

6. Troca gasosa por difusão aquosa através de superfícies branquiais especializadas, sejam estruturas semelhantes às brânquias, sejam regiões especializadas da superfície corporal.

7. Excreção por estruturas nefridiais verdadeiras (p. ex., glândulas antenais, glândulas maxilares).

8. Ocelos simples e olhos compostos na maioria dos táxons (exceto Remipedia), ao menos em algum estágio do ciclo de vida; olhos compostos geralmente elevados por pedúnculos.

9. Tubo digestivo com cecos.

10. Larva náuplio (desconhecida em qualquer outro subfilo de artrópodes); desenvolvimento misto ou direto.

Classificação dos crustáceos

CLASSE REMIPEDIA. Remipédios. Uma ordem de animais vivos: Nectiopoda (p. ex., *Cryptocorynectes, Godzillius, Lasionectes, Pleomothra, Speleonectes*).

CLASSE CEPHALOCARIDA. Cefalocáridos (p. ex., *Chiltoniella, Hampsonellus, Hutchinsoniella, Lightiella, Sandersiella*).

CLASSE BRANCHIOPODA. Branquiópodes.

    ORDEM ANOSTRACA. Artêmias ou camarões-fadas (p. ex., *Artemia, Branchinecta, Branchinella, Streptocephalus*).

    ORDEM NOTOSTRACA. Camarões-girinos (*Lepidurus, Triops*).

    ORDEM DIPLOSTRACA. Branquiópodes "bivalves".

        SUBORDEM LAEVICAUDATA. Camarões-caranguejos-de-cauda-achatada (p. ex., *Lynceus*).

        SUBORDEM ONYCHOCAUDATA. Camarões-moluscos, cladóceros (pulgas-da-água) e ciclestéreos.

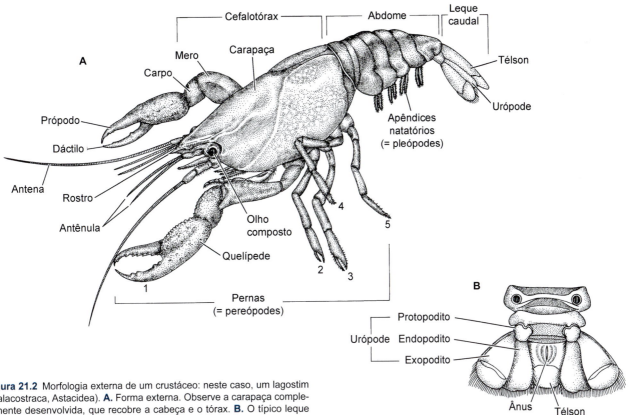

Figura 21.2 Morfologia externa de um crustáceo: neste caso, um lagostim (Malacostraca, Astacidea). **A.** Forma externa. Observe a carapaça completamente desenvolvida, que recobre a cabeça e o tórax. **B.** O típico leque caudal dos malacostracos (*vista ventral*). Observe a posição do ânus no télson.

INFRAORDEM SPINICAUDATA. Camarões-moluscos (p. ex., *Cyzicus, Eulimnadia, Imnadia, Metalimnadia*).

INFRAORDEM CLADOCEROMORPHA. Pulgas-da-água e ciclesterídeos.

TRIBO CYCLESTHERIDA. Uma única espécie: *Cyclestheria hislopi*.

TRIBO CLADOCERA. Pulgas-da-água (p. ex., *Anchistropus, Daphnia, Leptodora, Moina, Polyphemus*).

CLASSE MALACOSTRACA

SUBCLASSE PHYLLOCARIDA

ORDEM LEPTOSTRACA. Leptóstracos ou nebaliáceos (p. ex., *Dahlella, Levinebalia, Nebalia, Nebaliella, Nebaliopsis, Paranebalia*).

SUBCLASSE HOPLOCARIDA

ORDEM STOMATOPODA. Camarões-louva-a-deus (p. ex., *Echinosquilla, Gonodactylus, Hemisquilla, Squilla*).

SUBCLASSE EUMALACOSTRACA

SUPERORDEM SYNCARIDA. Sincáridos.

ORDEM BATHYNELLACEA (p. ex., *Bathynella*).

ORDEM ANASPIDACEA (p. ex., *Anaspides, Psammaspides*).

SUPERORDEM EUCARIDA

ORDEM EUPHAUSIACEA. Eufausídeos, ou *krill* (p. ex., *Bentheuphausia, Euphausia, Meganyctiphanes, Nyctiphanes*).

ORDEM AMPHIONIDACEA. Anfionídeos. Uma única espécie: *Amphionides reynaudii*.

ORDEM DECAPODA. Caranguejos, camarões, lagostas etc.

SUBORDEM DENDROBRANCHIATA. Camarões peneídeos e sergestídeos (p. ex., *Lucifer, Penaeus, Sergestes, Sicyonia*).

SUBORDEM PLEOCYEMATA

INFRAORDEM CARIDEA. Camarões carídeos e procarídeos (p. ex., *Alpheus, Crangon, Hippolyte, Lysmata, Macrobrachium, Palaemon, Pandalus, Pasiphaea*).

INFRAORDEM PROCARIDOIDA. Camarões "primitivos" (*Procaris, Vetericaris*).

INFRAORDEM STENOPODIDEA. Camarões estenopodídeos (p. ex., *Spongicola, Stenopus*).

INFRAORDEM GLYPHEIDEA. Lagostas "primitivas" (*Neoglyphea, Laurentaeglyphea*).

INFRAORDEM POLYCHELIDA. Lagostas-chinelo-dos-mares-profundos (p. ex., *Polycheles, Stereomastis*).

INFRAORDEM BRACHYURA. Caranguejos "verdadeiros" (p. ex., *Actaea, Callinectes, Cancer, Cardisoma, Carcinus, Grapsus, Hemigrapsus, Maja, Menippe, Ocypode, Pachygrapsus, Pinnotheres, Polydectus, Portunus, Scylla, Uca, Xantho*).

INFRAORDEM ANOMURA. Caranguejos-ermitões, caranguejos galateídeos, caranguejos-da-areia, caranguejos-porcelana etc. (p. ex., *Birgus, Coenobita, Emerita, Galathea, Hippa, Kiwa, Lithodes, Lomis, Paguristes, Pagurus, Petrochirus, Petrolisthes, Pleuroncodes, Pylopagurus*).

INFRAORDEM ASTACIDEA. Lagostins e lagostas com garras (queladas) (p. ex., *Astacus, Cambarus, Homarus, Nephrops*).

INFRAORDEM ACHELATA (antes conhecida como Palinura). Lagostas palinurídeas, espinhosas e espanholas (lagostas-chinelo) (p. ex., *Enoplometopus, Evibacus, Ibacus, Jassa, Jasus, Palinurus, Panulirus, Scyllarus*).

INFRAORDEM AXIIDEA. Camarões-lagosta (p. ex., *Axiopsis, Axius, Calocarides, Calocaris, Callianassa, Neaxius*).

INFRAORDEM GEBIIDEA. Camarões-fantasma e camarões-da-lama (p. ex., *Axianassa, Gebiacantha, Thalassina, Upogebia*).

SUPERORDEM PERACARIDA

ORDEM MYSIDA. Camarões misidáceos ou camarão-gambá (p. ex., *Acanthomysis, Hemimysis, Mysis, Neomysis*).

ORDEM LOPHOGASTRIDA. Lofogastrídeos (p. ex., *Gnathophausia, Lophogaster*).

ORDEM CUMACEA. Cumáceos (p. ex., *Campylaspis, Cumopsis, Diastylis, Diastylopsis*).

ORDEM TANAIDACEA. Tanaidáceos (p. ex., *Apseudes, Heterotanais, Paratanais, Tanais*).

ORDEM MICTACEA. Mictáceos (p. ex., *Mictocaris* etc.). Alguns pesquisadores separam a família Hirsutiidae como uma ordem diferente (Bochusacea, que inclui *Hirsutia, Montucaris* e *Thetispelecaris*).

ORDEM SPELAEOGRIPHACEA. Espeleogrifáceos. Quatro espécies vivas descritas (*Potiicoara braziliensis, Spelaeogriphus lepidops* e duas espécies de *Mangkurtu*) e duas espécies fósseis conhecidas (*Acadiocaris novascotica* do período Carbonífero e a *Liaoningogriphus quadripartitus* do Jurássico Superior).

ORDEM THERMOSBAENACEA. Termosbenáceos (p. ex., *Halosbaena, Limnosbaena, Monodella, Theosbaena, Termosbaena, Tulumella*).

ORDEM ISOPODA. Isópodes (barata-do-mar, baratinhas-da-praia, tatuzinhos-de-jardim, bichos-de-conta).

SUBORDEM ANTHURIDEA (p. ex., *Anthura, Colanthura, Cyathura, Mesanthura*).

SUBORDEM ASELLOTA (p. ex., *Asellus, Eurycope, Jaera, Janira, Microcerberus, Munna*).

SUBORDEM CALABOZOIDEA (*Calabozoa*).

SUBORDEM CYMOTHOIDA (p. ex., *Aega, Bathynomus, Cymothoa, Cirolana, Rocinela*).

SUBORDEM EPICARIDEA (p. ex., *Bopyrus, Dajus, Hemiarthrus, Ione, Pseudione*).

SUBORDEM GNATHIIDEA (p. ex., *Gnathia, Paragnathia*).

SUBORDEM LIMNORIDEA (p. ex., *Limnoria, Keuphylia, Hadromastax*).

SUBORDEM MICROCERBERIDEA (p. ex., *Atlantasellus, Microcerberus*).

SUBORDEM ONISCIDEA (p. ex., *Armadillidium, Ligia, Oniscus, Porcellio, Trichoniscus, Tylos, Venezillo*).

SUBORDEM PHREATOICIDEA (p. ex., *Mesamphisopus, Phreatoicopis, Phreatoicus*).

SUBORDEM PHORATOPIDEA (p. ex., *Phoratopus*).

SUBORDEM SPHAEROMATIDEA (p. ex., *Ancinus, Bathycopea, Paracerceis, Paradella, Sphaeroma, Serolis, Tecticeps*).

SUBORDEM TAINISOPIDEA (p. ex., *Pygolabis, Tainisopus*).

SUBORDEM VALVIFERA (p. ex., *Arcturus, Idotea, Saduria*).

ORDEM AMPHIPODA. Anfípodes – *beach hoppers*, pulgas-da-praia, *scuds*, capreias, piolho-de-baleia etc.

SUBORDEM GAMMARIDEA (p. ex., *Ampithoe, Anisogammarus, Corophium, Eurythenes, Gammarus, Niphargus, Orchestia, Phoxocephalus, Talitrus*).

SUBORDEM HYPERIIDEA (p. ex., *Cystisoma, Hyperia, Phronima, Primno, Rhabdosoma, Scina, Streetsia, Vibilia*).

SUBORDEM CAPRELLIDEA (p. ex., *Caprella, Cyamus, Metacaprella, Phtisica, Syncyamus*).

SUBORDEM INGOLFIELLIDEA (p. ex., *Ingolfiella, Metaingolfiella*).

CLASSE THECOSTRACA. Cracas e seus parentes.

SUBCLASSE FACETOTECTA. Monogenérica (*Hansenocaris*): a misteriosa "larva y", um grupo de náuplios e ciprídeos marinhos, cujas formas adultas são desconhecidas.

SUBCLASSE ASCOTHORACIDA. Duas ordens (Laurida, Dendrogastrida) de tecóstracos parasitas (p. ex., *Ascothorax, Dendrogaster, Laura, Synagoga, Zoanthoecus*).

SUBCLASSE CIRRIPEDIA. Cirrípedes, cracas e seus parentes.

SUPERORDEM THORACICA. Cracas verdadeiras. Quatro ordens: Lepadiformes (cracas pedunculadas ou arrepiadas: p. ex., *Lepas*), Ibliformes, Scalpelliformes (*Pollicipes, Scalpellum*) e Sessilia (cracas sésseis ou acornes: p. ex., *Balanus, Chthamalus, Conchoderma, Coronula, Tetraclita, Verruca*).

SUPERORDEM ACROTHORACICA. "Cracas" perfuradoras. Duas ordens: Cryptophialida e Lythoglyptida (p. ex., *Cryptophialus, Trypetesa*).

SUPERORDEM RHIZOCEPHALA. "Cracas" parasitas. Duas ordens: Kentrogonida e Akentrogonida (p. ex., *Heterosaccus, Lernaeodiscus, Mycetomorpha, Peltogaster, Sacculina, Sylon*).

CLASSE TANTULOCARIDA. Parasitas marinhos de águas profundas (p. ex., *Basipodella, Deoterthron, Microdajus*).

CLASSE BRANCHIURA. Carrapato-de-peixe ou argulídeos. Uma única família (Argulidae) (p. ex., *Argulus, Chonopeltis, Dipteropeltis, Dolops*).

CLASSE PENTASTOMIDA. Vermes-línguas. Duas ordens com numerosas famílias (p. ex., *Cephalobaena, Linguatula, Pentastoma, Waddycephalus*).

CLASSE MYSTACOCARIDA. Mistacocáridos com uma única família (Derocheilocarididae) e 13 espécies (p. ex., *Ctenocheilocaris, Derocheilocaris*).

CLASSE COPEPODA

  SUBCLASSE PROGYMNOPLEA

   ORDEM PLATYCOPIOIDA. Platicopioides (p. ex., *Antrisocopia, Platycopia*).

  SUBCLASSE NEOCOPEPODA

   SUPERORDEM GYMNOPLEA

    ORDEM CALANOIDA. Calanoides (p. ex., *Bathycalanus, Calanus, Diaptomus, Eucalanus, Euchaeta*).

   SUPERORDEM PODOPLEA

    ORDEM CYCLOPOIDA. Ciclopoides (p. ex., *Cyclopina, Cyclops, Eucyclops, Lernae, Mesocyclops, Notodelphys*).

    ORDEM GELYELLOIDA. Gelieloides (p. ex., *Gelyella*).

    ORDEM HARPACTICOIDA. Harpacticoides (p. ex., *Harpacticus, Longipedia, Peltidium, Porcellidium, Psammus, Sunaristes, Tisbe*).

    ORDEM MISOPHRIOIDA. Misofrioides (p. ex., *Boxshallia, Misophria*).

    ORDEM MONSTRILLOIDA. Monstriloides (p. ex., *Monstrilla, Stilloma*).

    ORDEM MORMONILLOIDA. Mormolinoides. Um único gênero: *Mormonilla*.

    ORDEM POECILOSTOMATOIDA. Pecilostomatoides (p. ex., *Chondracanthus, Erebonaster, Ergasilus, Pseudanthessius*).

    ORDEM SIPHONOSTOMATOIDA. Sifonostomatoides (p. ex., *Clavella, Nemesis, Penella, Pontoeciella, Trebius*).

CLASSE OSTRACODA. Ostrácodes.

  SUBCLASSE MYODOCOPA

   ORDEM MYODOCOPIDA (p. ex., *Cypridina, Euphilomedes, Eusarsiella, Gigantocypris, Skogsbergia, Vargulla*).

   ORDEM HALOCYPRIDA (p. ex., *Conchoecia, Polycope*).

  SUBCLASSE PODOCOPA

   ORDEM PODOCOPIDA (p. ex., *Cypris, Candona, Celtia, Darwinula, Limnocythre*).

   ORDEM PLATYCOPIDA (p. ex., *Cytherella, Sclerocypris*).

   ORDEM PALAEOCOPIDA (p. ex., *Manawa*).

Resumos dos táxons dos crustáceos

As descrições seguintes dos principais táxons de crustáceos oferecem uma ideia geral da grande diversidade desse grupo e das várias formas com que esses animais bem-sucedidos exploraram o plano corpóreo básico dos crustáceos.

Subfilo Crustacea

Corpo composto de uma região cefálica (ou céfalo) com seis segmentos (mais o ácron pré-segmentar) e um tronco pós-cefálico multissegmentado; o tronco pode ser dividido em tórax e abdome (exceto nos remipédios e nos ostrácodes); os segmentos da cabeça contêm o primeiro par de antenas (antênulas), o segundo par de antenas, as mandíbulas, as maxílulas e as maxilas (ver Tabela 20.2); um ou mais toracômeros anteriores podem estar fundidos com a cabeça (p. ex., Remipedia e Malacostraca), com seus apêndices formando maxilípedes (modificados secundariamente para alimentação); escudo cefálico ou carapaça presentes (perdida secundariamente em alguns grupos); com glândulas antenais ou maxilares (nefrídios excretores); ocelos simples e olhos compostos na maioria dos grupos, ao menos em algum estágio do ciclo de vida; olhos compostos pedunculados em vários grupos; com estágio larval de náuplio (suprimido ou ignorado em alguns grupos), e geralmente uma série de estágios larvais adicionais. Existem cerca de 70.000 espécies vivas distribuídas em mais de 1.000 famílias.[3]

Classe Remipedia

Corpo com duas regiões, cabeça e tronco homônomo alongado, com até 32 segmentos, cada qual com um par de apêndices achatados. Cabeça com um par de processos frontais pré-antenulares sensoriais; primeiras antenas birremes; apêndices do tronco posicionados lateralmente, birremes, semelhantes a remos, mas sem epipoditos grandes; ramos dos apêndices do tronco (exopodito e endopodito), cada um com três ou mais artículos; sem carapaça, mas com escudo cefálico cobrindo a cabeça; trato digestivo médio com cecos digestivos dispostos em série; primeiro segmento do tronco fundido à cabeça e portando um par de maxilípedes preênseis; labro muito grande, formando uma câmara (*atrium oris*), na qual se localizam as mandíbulas "interiorizadas"; as maxílulas funcionam como presas hipodérmicas; o último segmento do tronco funde-se parcialmente em posição dorsal com o télson; télson com ramos caudais; cordão nervoso ventral duplo e segmentar; olhos ausentes nas espécies atuais; gonóporo masculino no 15º apêndice do tronco; gonóporo feminino no 8º apêndice do tronco; com até 45 mm de comprimento. As características diagnósticas citadas antes aplicam-se aos 24 remipédios vivos conhecidos (ordem Nectiopoda); hoje em dia, o registro fóssil está baseado em um único espécime malpreservado (ordem Enantiopoda) (Figuras 21.1 A; 21.3 D a F; 21.21 D; 21.22 F; 21.31 E e F).

---

[3]Os segmentos do tórax são chamados toracômeros (independentemente de alguns desses segmentos estarem ou não fundidos à cabeça), enquanto os apêndices do tórax são conhecidos como toracópodes. O termo "péreon" refere-se à parte do tórax que não está fundida à cabeça (quando tal fusão ocorre) e os termos "pereonitos" (= pereômeros) e "pereópodes" são utilizados para descrever os segmentos e os apêndices do péreon, respectivamente. Desse modo, em um crustáceo com o primeiro segmento torácico (toracômero 1) fundido à cabeça, o toracômero 2 geralmente é conhecido como pereonito 1, o primeiro par de pereópodes representa o segundo par de toracópodes e assim por diante. Esteja seguro de que nosso propósito é simplificar, não gerar confusão nesse ponto. Além disso, queremos avisá-lo de que a homologia do tórax e do abdome entre as principais linhagens de crustáceos é provavelmente mais aparente do que real; as homologias segmentares do tórax e do abdome ainda não foram decifradas entre as classes de crustáceos. Quanto aos resumos do desenvolvimento nauplial do grupo e às características larvais de todos os crustáceos, ver Martin *et al.* (2014). Na maioria das espécies de crustáceos, o número de segmentos corporais é invariável, mas ao menos em dois grupos (notostráceos e remipédios), o número de segmentos pode variar em determinada espécie.

A descoberta de remipédios vivos, crustáceos vermiformes estranhos, coletados pela primeira vem em uma caverna nas Bahamas em 1981 por Jill Yager, provocou uma reviravolta no mundo dos carcinologistas. A combinação de traços que diferenciam essas criaturas é misteriosa, porque apresentam características que certamente são muito primitivas (p. ex., tronco homônomo longo; cordão nervoso ventral duplo; cecos digestivos segmentares; escudo cefálico), bem como alguns atributos tradicionalmente reconhecidos como avançados (p. ex., maxilípedes; apêndices birremes não filopodiais [ainda que achatados]). Essas criaturas nadam ao redor de costas em consequência dos batimentos metacronais dos apêndices do tronco, algo semelhante ao que se observa nos anóstracos. Por isso, os remipédios são reminiscentes de duas outras classes primitivas – os branquiópodes e os cefalocáridos. Entretanto, os apêndices posicionados lateralmente são diferentes dos encontrados em todos os outros crustáceos, e as mandíbulas "interiorizadas" e maxílulas hipodérmicas que injetam veneno são únicas (o veneno complexo contém neurotoxinas, peptidases e quitinases). A presença de processos pré-antenulares também é intrigante, embora estruturas semelhantes também ocorram em alguns outros crustáceos. Algumas análises filogenéticas baseadas em dados morfológicos sugerem que os remipédios possam ser os crustáceos vivos mais primitivos, enquanto os dados moleculares permanecem ambíguos quanto a esse aspecto ou, em alguns casos, reúnem os remipédios aos cefalocáridos e/ou aos hexápodes.

Todos os remipédios vivos descobertos até hoje são encontrados em cavernas (geralmente com conexão com o mar) na Bacia do Caribe, no Oceano Índico, nas Ilhas Canárias e na Austrália. A água nessas cavernas é em geral nitidamente estratificada, com uma camada de água doce sobreposta a uma de água salgada mais densa, na qual os remipédios nadam. Os remipédios eclodem na forma de larvas náuplio lecitotróficas, também um fato incomum considerando seu hábitat (a maioria dos crustáceos de cavernas tem desenvolvimento direto). O desenvolvimento pós-nauplíar é praticamente anamórfico; as formas juvenis têm menos segmentos no tronco que os adultos. Com base nos três pares de apêndices cefálicos preênseis e raptoriais (e em observações diretas), há muito se acreditava que os remipédios fossem estritamente predadores. Contudo, estudos realizados por Stefan Koenemann e colaboradores sugeriram que eles também possam ser suspensívoros.

Classe Cephalocarida

Cabeça seguida por um tórax com oito segmentos, cada qual com apêndices; um abdome com 11 segmentos sem apêndices; e um télson com ramos caudais; gonóporo comum nos protopoditos do sexto par de toracópodes; carapaça ausente, mas cabeça coberta por escudo cefálico; os toracópodes 1 a 7 são birremes e filopodiais com exopoditos e epipoditos (exitos) grandes e achatados e endopoditos estenopodiais; oitavo par de toracópodes reduzidos ou ausentes; maxilas semelhantes aos toracópodes; não têm maxilípedes; olhos ausentes; náuplio com glândulas antenares, adultos com glândulas maxilares e glândulas antenais (vestigiais) (Figuras 21.1 T; 21.3 A a C; 21.21 A).

Os cefalocáridos são crustáceos alongados e diminutos, cujo comprimento varia de 2 a 4 mm. Existem 12 espécies distribuídas em cinco gêneros. Todos são detritívoros marinhos bentônicos. A maioria está associada aos sedimentos cobertos por uma camada de detritos orgânicos floculados, embora alguns tenham sido encontrados em areias limpas. Os cefalocáridos ocorrem desde a zona entremarés até profundidades de mais de 1.500 m, do Pacífico Norte até o Pacífico Sul, do Atlântico Norte até o Atlântico Sul e no mar Mediterrâneo. A eclosão ocorre em um estágio nauplíar ligeiramente mais avançado (conhecido como metanáuplio). A maioria dos pesquisadores concorda que os cefalocáridos são crustáceos muito primitivos, em grande parte por seu corpo relativamente homônomo, pelas maxilas indiferenciadas, pelo desenvolvimento larval longo e gradativo (anamórfico) e pelo formato dos apêndices do tronco (dos quais os apêndices de todos os outros crustáceos parecem ser facilmente derivados).

Classe Branchiopoda

Os números de segmentos e apêndices no tórax e no abdome variam e, em geral, o abdome não tem apêndices; carapaça presente ou ausente; em geral, télson com ramos caudais; apêndices do corpo geralmente filopodiais; maxílulas e maxilas reduzidas ou ausentes; sem maxilípedes (Figuras 21.1 C e D; 21.4; 21.21 B; 21.31 C; 21.35 B).

Os branquiópodes são difíceis de descrever de um modo geral. A maioria desses indivíduos é pequena e vive em água doce, tem uma tagmose corporal mínima e apêndices foleáceos. A maioria é também de vida curta: os habitantes de águas temporárias completam seu ciclo de vida em algumas semanas. Por terem curto ciclo de vida e predileção por águas temporárias (como piscinas vernais), muitos grupos produzem ovos ou zigotos resistentes à seca, chamados cistos, os quais são capazes de sobreviver anos ou décadas até a estação chuvosa seguinte. Embora os branquiópodes pareçam ser muito diferentes, análises morfológicas e moleculares indicaram que eles constituem um grupo monofilético. O desenvolvimento é acentuadamente uniforme nesse grupo, com larvas náuplio distintas por várias características únicas. Vários nomes taxonômicos foram propostos para juntar supostos grupos-irmãos entre os branquiópodes, mas ainda existe pouco consenso e as relações entre esses animais ainda não estão estabelecidas. Existem quase 1.000 espécies vivas já descritas e ao menos um branquiópode fóssil (*Rehbachiella*) datado do período Cambriano Médio, confirmando que esses animais constituem um grupo antigo.

Ordem Anostraca. Tronco poscefálico divisível em tórax de 11 segmentos com apêndices (17 ou 19 nos membros da família Polyartemiidae) e abdome com 8 segmentos mais o télson com ramos caudais; gonóporos na região genital do abdome; apêndices do tronco birremes e filopodiais; pequeno escudo cefálico presente; olhos compostos pedunculados grandes e duplos e um único olho simples mediano (nauplíar).

Os anóstracos geralmente são conhecidos como artêmias e camarões-fadas. Eles diferem dos outros branquiópodes porque não têm carapaça. Em todo o mundo, existem pouco mais de 300 espécies vivas nessa ordem, a maioria com menos de 1 cm de comprimento, embora alguns espécimes gigantes possam alcançar comprimento de até 10 cm. Esses animais habitam poças temporárias (inclusive poças de neve derretida e poças formadas no deserto), lagos hipersalinos e lagoas marinhas. Em muitas áreas, eles são fontes alimentares importantes para aves aquáticas. Algumas vezes, os anóstracos são reunidos com a ordem extinta Lipostraca, formando a subclasse Sarsostraca. Os registros fósseis datam do período Devoniano.

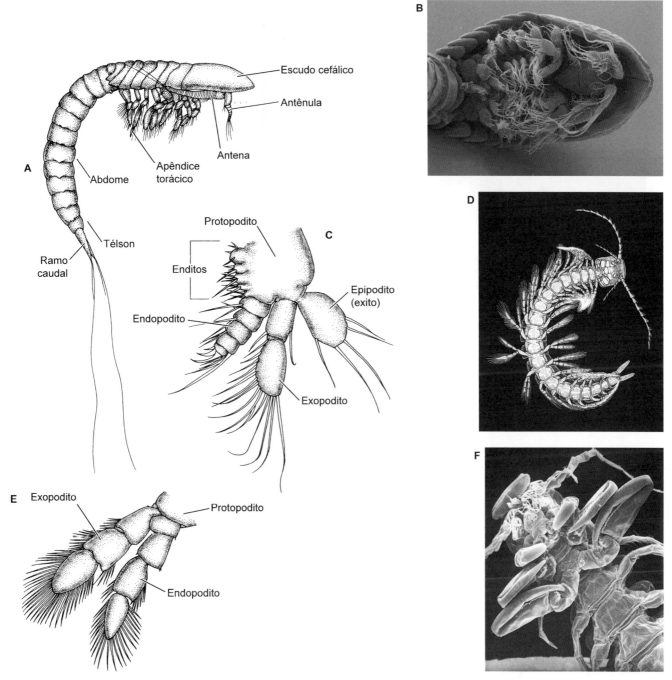

Figura 21.3 Anatomia das classes Remipedia e Cephalocarida. **A.** Cefalocárido *Hutchinsoniella* (vista lateral). **B.** Fotografia de microscopia eletrônica de varredura da cabeça e do tórax de um cefalocárido. **C.** Primeiro apêndice do tronco do cefalocárido *Lightiella*. **D.** O remipédio *Speleonectes* (vista ventral). **E.** Décimo apêndice do tronco do remipédio *Lasionectes*. **F.** Extremidade anterior de um remipédio (vista ventral). Nos cefalocáridos e nos remipédios, o tronco é uma série homônoma longa de somitos, com apêndices natatórios birremes. Nos cefalocáridos, o primeiro par de apêndices do tronco é semelhante a todos os outros, que contêm epipoditos (êxitos) natatórios grandes. Nos remipédios, o primeiro somito do tronco é fundido com a cabeça e seus apêndices são maxilípedes.

Os anóstracos nadam com a superfície ventral voltada para cima por batimentos metacronais dos apêndices do tronco. Muitos utilizam esses movimentos dos membros para alimentarem-se de suspensões. Algumas outras espécies raspam matéria orgânica das superfícies submersas e no mínimo duas espécies (*Branchinecta gigas, B. raptor*) especializaram-se como predadores de outros camarões-fadas. Embora a maioria dos anóstracos viva em poças isoladas, seus ovos podem ser transportados durante a passagem pelo trato disgestivo dos besouros mergulhadores predadores (Dytiscidae).

Ordem Notostraca. Tórax com 11 segmentos, cada qual com um par de apêndices filopodiais; abdome com "anéis", cada um formado por mais de um segmento verdadeiro; cada anel anterior tem vários pares de apêndices; os anéis posteriores não têm apêndices; télson com ramos caudais longos; gonóporos no último toracômero; carapaça larga semelhante a um escudo fundido apenas com a cabeça, mas estendendo-se para cobrir frouxamente o tórax e parte do abdome; olhos compostos sésseis duplos e um único olho simples situado perto da linha mediana anterior da carapaça.

726 Invertebrados

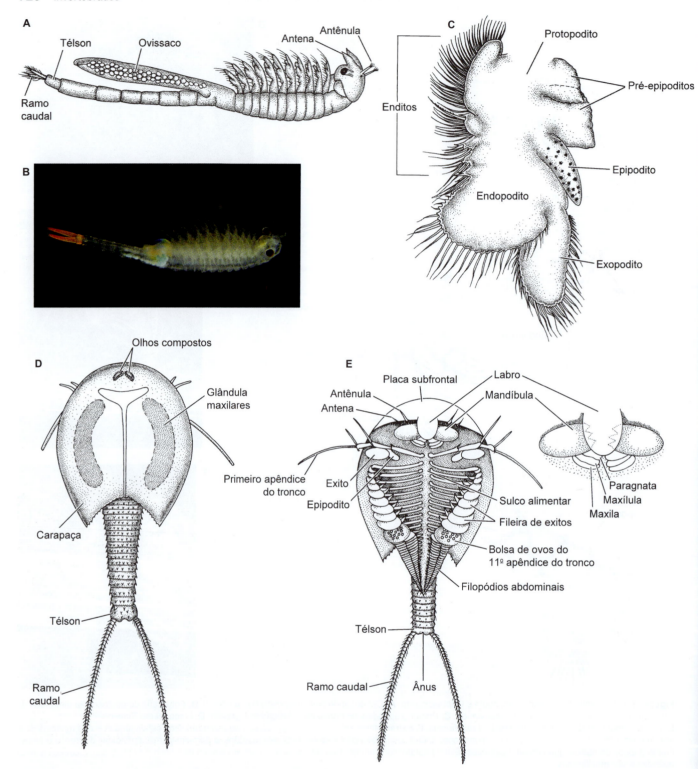

Figura 21.4 Anatomia e diversidade na classe Branchiopoda. **A.** Um anostraco (*Branchinecta*) em postura natatória. **B.** O anostraco *Branchipus schaefferi* nadando. **C.** Membro troncular de um anostraco (*Linderiella*). **D** e **E.** Notostráceo *Triops*: vistas dorsal (**D**) e ventral (**E**).

(*continua*)

Os notóstracos são conhecidos comumente como camarões-girinos. Existem apenas cerca de uma dúzia de espécies vivas distribuídas em dois gêneros (*Triops* e *Lepidurus*) englobados em uma única família (Triopsidae). A maioria das espécies mede entre 2 e 10 cm de comprimento. O nome comum dessas criaturas originou-se do formato geral de seus corpos: a carapaça larga e o "tronco" estreito conferem a esses animais sua aparência semelhante à de um girino.

Os notóstracos vivem nas águas interiores com todos os níveis de salinidade, mas nenhum ocorre nos oceanos. Dentre os dois gêneros conhecidos, *Triops* (Figura 21.4 D e E) vive apenas em águas temporárias e seus ovos podem sobreviver por longos períodos de seca. A maioria das espécies *Lepidurus* vive em poças temporárias, mas ao menos uma delas (*L. arcticus*) habita poças e lagos permanentes. Contudo, todas as espécies têm vida curta e a maioria completa seu ciclo de

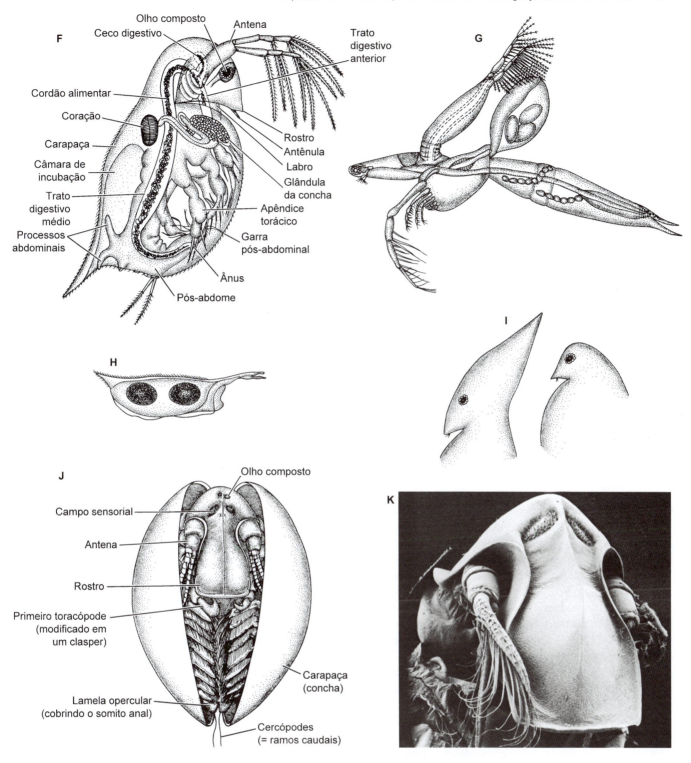

Figura 21.4 (*Continuação*) **F** e **G.** Dois cladóceros: *Daphnia* (**F**) e *Leptodora* (**G**). **H.** Carapaça liberada ou efípio de *Daphnia* com dois embriões no seu interior. **I.** Dois estágios extremos na variação sazonal da forma da cabeça de *Daphnia* (ciclomorfose). **J** a **L.** Camarão-molusco (Diplostraca) *Lynceus*: as valvas estão parcialmente abertas (*vista ventral*) (**J**); cabeça (*vista ventral*) (**K**).

(*continua*)

vida em apenas 30 a 40 dias. *Triops* apresenta alguma importância econômica, porque populações numerosas são encontradas comumente nos alagados de plantação de arroz e destroem a produção ao penetrar na lama e desalojar as plantas jovens. Os camarões-girinos basicamente rastejam, mas também podem nadar por períodos curtos batendo os apêndices torácicos. Esses animais são onívoros e alimentam-se principalmente de matéria orgânica removida dos sedimentos, embora alguns sejam saprófagos ou se alimentem sobre outros animais, inclusive moluscos, outros crustáceos, ovos de sapo e até mesmo girinos e outros peixes pequenos. Algumas espécies de notóstracos são exclusivamente gonocorísticas, mas outras podem incluir populações hermafroditas (em geral, populações que vivem em latitudes elevadas). Os relatos iniciais de populações partenogênicas são questionáveis.

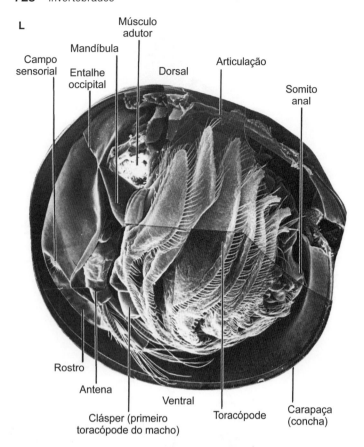
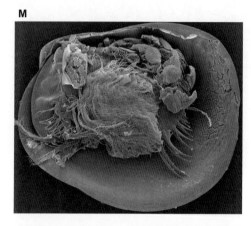

Figura 21.4 (*Continuação*) Animal inteiro com uma valva removida (**L**). **M.** Camarão-molusco (Cyclestherida) *Cyclestheria*, fotografia de microscopia eletrônica de varredura com uma das valvas removida (esse espécime está ligeiramente distorcido; no animal vivo, a concha é arredondada).

Ordem Diplostraca. Os camarões-moluscos e os cladóceros (pulgas aquáticas) constituem dois grupos de branquiópodes diretamente relacionados conhecidos como diplóstracos (Figura 21.4 J a L). Esses animais têm em comum uma carapaça "bivalve" grande e singularmente desenvolvida, que recobre a maior parte ou todo o corpo. A maioria dos diplóstracos é bentônica, mas muitos nadam durante os períodos de reprodução. Alguns são suspensívoros diretos, enquanto outros escavam detritos do substrato e alimentam-se de partículas suspensas, ou raspam fragmentos de alimento do sedimento.

As espécies antes reunidas no grupo dos camarões-moluscos hoje estão divididas entre duas subordens de diplóstracos: Laevicaudata e Onychocaudata. Os diplóstracos têm várias características em comum: corpo dividido em cabeça e tronco, esse último com 10 a 32 segmentos, todos com apêndices e sem regionalização em tórax e abdome; apêndices do tronco filopodiais, que diminuem de tamanho nos segmentos posteriores; machos com apêndice do tronco 1 ou 1 a 2 modificados para agarrar as fêmeas durante o cruzamento; tronco geralmente terminado em um somito anal espinhoso ou télson, comumente com ramos caudais robustos (cercopódios); gonóporos situados no 11º segmento do tronco; carapaça bivalve circundando todo o corpo; valvas pregueadas (Spinicaudata, Cyclestherida) ou articulada (Laevicaudata) na região dorsal; em geral, têm um par de olhos compostos sésseis e um único olho simples mediano.

Os levicaudatos (Laevicaudata), ou camarões-moluscos de cauda achatada, incluem a única família Lynceidae com perto de 40 espécies distribuídas em três gêneros, todas caracterizadas por uma carapaça globular articulada, que circunda todo o corpo do animal. Os onicocaudatos (Onychocaudata) incluem os camarões-moluscos "verdadeiros" ou de cauda espinhosa na infraordem Spinicaudata e também os cladóceros (conhecidos comumente como pulgas aquáticas) na infraordem Cladoceromorpha. Os espinocaudatos incluem os gêneros de água doce encontrados comumente, inclusive *Limnadia*, *Eulimnadia*, *Leptestheria* e *Cyzicus*. Os cladoceromorfos incluem as pulgas aquáticas cladóceras bem-conhecidas, *Daphnia*, *Moina*, *Diaphonosoma* e *Leptodora*, bem como o gênero único *Cyclestheria* (Cyclestherida). De forma a aumentar a confusão, a *Cyclestheria* também é conhecida comumente como camarão-molusco, embora esteja relacionada mais diretamente com as pulgas aquáticas.

O nome comum "camarão-molusco" origina-se do aspecto semelhante ao das valvas dos moluscos, que geralmente contém linhas de crescimento concêntricas reminiscentes dos moluscos bivalves. As cerca de 200 espécies de camarões-moluscos (incluindo levicaudatos, espinocaudatos e *Cyclestheria*) vivem principalmente nos hábitats temporários de água doce no mundo inteiro. *Cyclestheria hislopi*, único membro dos ciclesterídeos, vive em hábitats permanentes de água doce dispersos por todas as regiões tropicais do planeta e é um dos animais mais amplamente disseminados na Terra. *Cyclestheria* também é o único camarão-molusco com desenvolvimento direto, no qual os estágios larvais e juvenis são passados dentro da câmara de incubação – uma das características que a aproxima dos cladóceros.

Nos cladóceros, a carapaça nunca é articulada (apenas é pregueada dorsalmente, como um taco) e nunca recobre todo o corpo; os apêndices não estão presentes em todos os somitos do tronco. Em geral, a segmentação corporal é reduzida. O tórax e o abdome estão fundidos formando um "tronco", que contém 4 a 6 pares de apêndices situados anteriormente, terminando em um "pós-abdome" flexionado com ramos caudais em forma de garras. Os apêndices do tronco geralmente são filopodais. Em geral, a carapaça circunda todo o tronco, mas não a cabeça, que funciona como câmara de incubação (e está acentuadamente reduzida para essa função) em algumas espécies; esses animais sempre têm um único olho composto mediano.

Os cladóceros (ou pulgas aquáticas) incluem cerca de 400 espécies de crustáceos, que vivem predominantemente em água doce, embora sejam conhecidos vários gêneros e espécies marinhas americanas (p. ex., *Evadne*, *Podon*). Ainda que existam relativamente poucas espécies, esse grupo apresenta ampla diversidade morfológica e ecológica. A maioria dos cladóceros mede 0,5 a 3 mm de comprimento, mas *Leptodora kindtii* chega a medir 18 mm de comprimento. Com exceção da cabeça e das antenas natatórias grandes, o corpo é circundado por uma carapaça preguada, que se funde ao menos com alguma parte da região do tronco. A carapaça está acentuadamente reduzida nos membros das famílias Polyphemidae e Leptodoridae, nas quais ela forma uma câmara de incubação.

Os cladóceros estão distribuídos por todo o planeta em quase todas as águas interiores. A maioria é de animais rastejadores ou escavadores bentônicos; outros são planctônicos e nadam por meio de suas grandes antenas. Um gênero (*Scapholeberis*) é encontrado geralmente na película superficial das poças e outro (*Anchistropus*) é um ectoparasito de *Hydra*. A maioria das formas bentônicas alimenta-se raspando a matéria orgânica removida das partículas sedimentares ou de outros objetos; as espécies planctônicas são suspensívoras. Algumas (p. ex., *Leptodora*, *Bythotrephes*) são predadoras de outros cladóceros.

Na reprodução sexuada, a fertilização geralmente ocorre em uma câmara de incubação situada entre a superfície dorsal do tronco e a superfície interna da carapaça. A maioria das espécies tem desenvolvimento direto. Na família Daphnidae, os embriões em desenvolvimento ficam retidos por uma parte da carapaça desprendida, que funciona como um envoltório de ovos conhecido como **efípio** (Figura 21.4 H), enquanto na família Chydoridae o efípio continua fixado a toda a carapaça desprendida. A espécie *Leptodora* tem ciclo de vida heterogêneo, alternando entre partenogênese e reprodução sexuada; essa última modalidade resulta na formação de larvas de vida livre (os metanáuplios eclodem dos ovos em repouso).

Os ciclos de vida dos cladóceros comumente são comparados com os dos animais como os rotíferos e os afídeos. Os machos-anões são encontrados em muitas espécies de todos os três grupos e a partenogênese é comum. Os membros das duas famílias de cladóceros que fazem partenogênese (Moinidae e Polyphemidae) produzem ovos com pouquíssimo vitelo. Nesses grupos, o assoalho da câmara de incubação é revestido por tecido glandular, que secreta um líquido rico em nutrientes absorvido pelos embriões em desenvolvimento. Os períodos de superpopulação, temperaturas adversas ou escassez de alimentos podem induzir as fêmeas partenogênicas a produzir filhotes machos. Foi demonstrado que os períodos ocasionais de reprodução sexuada ocorrem na maioria das espécies partenogênicas. Muitos cladóceros planctônicos passam por alterações sazonais do formato corporal ao longo de gerações seguidas de indivíduos produzidos por partenogênese, um fenômeno conhecido como ciclomorfose (Figura 21.4 I).

Classe Malacostraca

Corpo com 19 a 20 segmentos, incluindo 6 segmentos cefálicos, o tórax com 8 segmentos e o pléon com 6 segmentos (ou 7 segmentos nos leptóstracos) mais o télson; com ou sem ramos caudais; a carapaça recobre parte ou todo o tórax, sendo reduzida ou ausente; nenhum ou até três pares de maxilípedes; toracópodes primitivamente birremes, unirremes em alguns grupos, polipodiais apenas nos membros da subclasse Phyllocarida; antênulas e antenas geralmente birremes; abdome (pléon) geralmente com 5 pares de pleópodes birremes e um par de urópodes birremes; olhos compostos geralmente presentes, pedunculados ou sésseis; predominantemente gonocorísticos; os gonóporos femininos estão situados no sexto toracômero, enquanto os poros masculinos estão no oitavo. Quando existem urópodes, eles geralmente são amplos e achatados e estão situados ao longo do télson largo formando um leque caudal.

A maioria dos esquemas de classificação divide as mais de 40.200 espécies de malacóstracos em três subclasses: Phyllocarida (leptóstracos), Hoplocarida (estomatópodes) e os megadiversos Eumalacostraca. Nos casos típicos, os filocáridos são considerados representantes da condição primitiva dos malacóstracos (6-8-7 segmentos corporais além do télson; Figura 21.5). O plano corpóreo básico dos eumalacóstracos, que se caracterizam pela configuração 6-8-6 (mais o télson) de segmentos corporais, foi reconhecido no início do século 20 por W. T. Calman, que descreveu as características definidoras dos eumalacóstracos como "fácies caridoide" (Figura 21.6). Muitos estudos foram realizados desde os tempos de Calman, mas os elementos básicos dessas fácies caridoides ainda estão presentes em todos os membros da subclasse Eumalacostraca.

Subclasse Phyllocarida

Ordem Leptostraca. Tem as características típicas dos malacóstracos, exceto pela presença notável de sete pleômeros livres (além do télson) em vez de seis, que geralmente são considerados representantes da condição primitiva dessa classe. Além disso, tem toracópodes filopodiais (todos semelhantes uns aos outros); sem maxilípedes; carapaça ampla cobrindo o tórax e comprimida lateralmente, formando uma "concha" bivalve não articulada com um músculo adutor; cabeça com rostro articulado móvel; os pleópodes 1 a 4 são semelhantes e birremes; 5 e 6 são unirremes; sem urópodes; olhos compostos pedunculados pareados; antênulas birremes; antenas unirremes; adultos com glândulas antenal e maxilar (Figuras 21.5 e 21.21 C).

A subclasse Phyllocarida inclui cerca de 40 espécies distribuídas em 10 gêneros. A maioria mede entre 5 e 15 mm de comprimento, mas *Nebaliopsis typica* é uma criatura "gigante" e chega a medir 5 cm de comprimento. A forma corporal dos leptóstracos é bem-definida com sua carapaça bivalve frouxa cobrindo o tórax, o rostro saliente e o abdome alongado. Todos os leptóstracos são marinhos e a maioria é epibentônica (da zona entremarés até uma profundidade de 400 m); *Nebaliopsis typica* é batipelágica. A maioria das espécies parece ocorrer em ambientes com oxigenação baixa. Uma espécie – *Dahlella caldariensis* – está associada às fontes hidrotermais de Galápagos e da Crista do pacífico Oriental. *Speonebalia cannoni* é conhecida apenas de cavernas marinhas.

A maioria dos leptóstracos é suspensívora e vasculha os sedimentos do fundo. Esses animais também podem prender fragmentos relativamente grandes de alimentos diretamente com

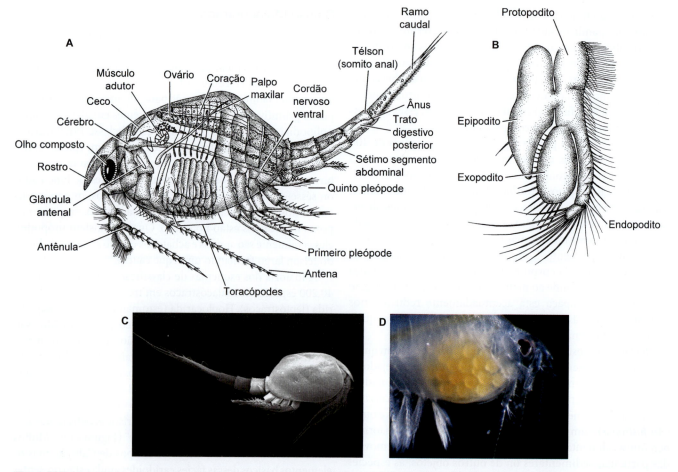

Figura 21.5 Anatomia dos leptóstracos (classe Malacostraca, subclasse Phyllocarida). **A.** Anatomia geral de *Nebalia*. **B.** Apêndice natatório filopodial de *Nebalia*. **C.** Fotografia de microscopia eletrônica de varredura de *Nebalia*. **D.** Extremidade anterior de uma *Nebalia* ovígera.

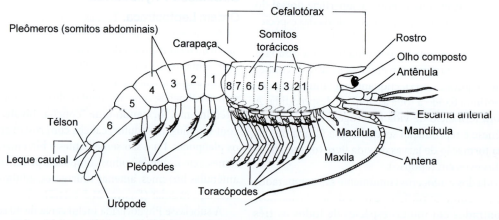

Figura 21.6 Plano corpóreo básico e a "fácies caridoide" dos eumalacóstracos. Observe o abdome espesso (musculoso) e o leque caudal, que funciona simultaneamente para gerar uma reação de fuga por batimento potente da cauda.

as mandíbulas. Alguns são carnívoros saprófagos e outros são conhecidos por se concentrarem em áreas do fundo marinho nas quais se acumulam grandes quantidades de detritos. Em algumas espécies, as antenas ou as antênulas dos machos são modificadas para segurar as fêmeas durante a cópula.

Subclasse Hoplocarida

Ordem Stomatopoda. A carapaça cobre parte da cabeça e está fundida aos toracômeros 1 a 4; cabeça com rostro articulado móvel; os toracópodes 1 a 5 são unirremes e subquelados, o segundo par é maciço e raptorial (algumas vezes, todos os cinco são descritos como "maxilípedes" ou "gnatopódios" porque estão envolvidos na alimentação); os toracópodes 6 a 8 são birremes e ambulatoriais; os pleópodes são birremes e têm brânquias semelhantes às dos dendrobrânquios nos exopoditos; antênulas trirremes; antenas birremes com dois grandes olhos compostos pedunculados, que são únicos no reino animal (Figuras 21.7 A a C; 21.27 D; 21.33 K).

Todos os cerca de 500 hoplocáridos vivos são colocados na ordem Stomatopoda, conhecidos como camarões-louva-a-deus. Esses animais são crustáceos relativamente grandes, cujo comprimento varia de 2 a 30 cm. Em comparação com a maioria dos malacóstracos, o abdome muscular é notavelmente robusto.

A maioria dos estomatópodes é encontrada nos ambientes marinhos tropicais ou subtropicais rasos. Quase todos eles vivem em tocas escavadas nos sedimentos moles ou nas rachaduras e fendas, entre os cascalhos, ou em outros nichos protegidos. Todas as espécies são carnívoras raptoriais e predam peixes, moluscos, cnidários e outros crustáceos. A subquela grande e bem-definida do segundo par de toracópodes funciona como instrumento para quebrar ou espetar (Figura 21.7 C).

Os estomatópodes rastejam ao redor utilizando os toracópodes posteriores e os pleópodes em forma de abas. Além disso, essas criaturas podem nadar por meio de batimentos metacronais dos pleópodes (natatórios). Para esses animais relativamente grandes, viver em tocas estreitas requer um grau acentuado de maleabilidade. A carapaça curta e o abdome musculoso e flexível permitem que esses animais torçam duplamente e girem ao redor dentro de seus túneis ou em outros abrigos apertados. Essa habilidade facilita uma reação de fuga, com a qual o camarão-louva-a-deus joga-se rapidamente dentro de sua toca, primeiramente com a cabeça, depois girando o corpo para ficar de frente para a entrada.

Os estomatópodes constituem um dos dois únicos grupos de malacóstracos que têm brânquias pleopodiais. Apenas os isópodes compartilham essa característica, mas os pleópodes são muito diferentes nesses dois grupos. As brânquias tubulares, finas e altamente ramificadas dos estomatópodes fornecem uma superfície ampla para a troca gasosa desses animais muito ativos.

Subclasse Eumalacostraca

Cabeça, tórax e abdome com 6-8-6 somitos, respectivamente (mais um télson); com 0, 1, 2 ou 3 toracômeros fundidos à cabeça, com seus respectivos apêndices geralmente modificados na forma de maxilípedes; as antênulas e as antenas são primitivamente birremes (mas comumente são reduzidas e unirremes); as antenas frequentemente têm um exopodito escamoso; a maioria tem carapaça bem-desenvolvida, que foi reduzida secundariamente nos sincáridos e em alguns peracáridos; as brânquias

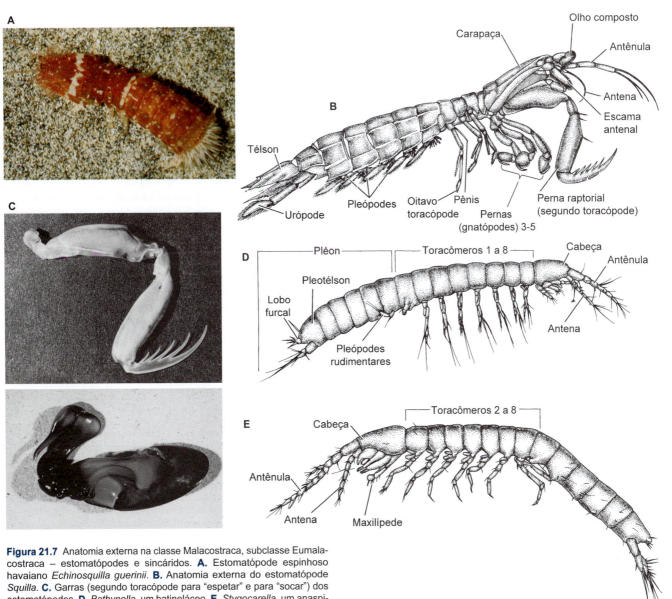

Figura 21.7 Anatomia externa na classe Malacostraca, subclasse Eumalacostraca – estomatópodes e sincáridos. **A.** Estomatópode espinhoso havaiano *Echinosquilla guerinii*. **B.** Anatomia externa do estomatópode *Squilla*. **C.** Garras (segundo toracópode para "espetar" e para "socar") dos estomatópodes. **D.** *Bathynella*, um batineláceo. **E.** *Stygocarella*, um anaspidáceo.

primitivamente eram epipoditos torácicos; o leque caudal é formado pelo télson mais os urópodes pareados; abdome longo e muscular; três superordens: Syncarida, Eucarida e Peracarida.

Superordem Syncarida. Sem maxilípedes (Bathynellacea) ou com um par deles (Anaspidacea); sem carapaça; o pléon contém o télson com ou sem lobos furcais; ao menos alguns toracópodes são birremes e, em geral, o oitavo é reduzido; pleópodes variáveis; olhos compostos presentes (pedunculados ou sésseis) ou ausentes (Figura 21.7 D e E). Existem cerca de 285 espécies de sincáridos descritos e distribuídos em duas ordens – Anaspidacea e Bathynellacea.[4] Para muitos pesquisadores, os sincáridos representam um grupo fundamental à evolução dos eumalacóstracos e podem representar um táxon relictual antigo, que hoje habita locais protegidos. Por meio de estudos do registro fóssil e dos membros atuais da ordem Anaspidacea (p. ex., *Anaspides*), pesquisadores sugeriram que os sincáridos possam incluir o plano corpóreo dos eumalacóstracos vivos mais primitivos. Os batináceos estão amplamente distribuídos nos hábitats intersticiais e de águas subterrâneas, enquanto os anaspidáceos têm distribuição estritamente nas florestas tropicais de Gondwanan. Muitos anaspidáceos são endêmicos na Tasmânia, onde habitam ambientes de água doce, como superfícies de lagos abertos, riachos, lagoas e tocas de lagostim. Nenhum sincárido é marinho. Esses eumalacóstracos reclusos apresentam graus variados do que muitos consideram ser pedomorfismo, incluindo dimensões pequenas (os anaspidáceos incluem membros de até 5 cm, enquanto a maioria dos outros mede menos de 1 cm de comprimento), ausência de olhos e redução ou perda dos pleópodes e de alguns pereópodes posteriores. Os batináceos são pequenos (1 a 3 mm de comprimento), têm 6 ou 7 pares de pernas natatórias finas e longas e apresentam um pleotélson formado pela fusão do télson com o último pleonito.

Os sincáridos rastejam ou nadam. Existem poucas informações sobre a biologia da maioria das espécies, embora algumas sejam consideradas carnívoras. Ao contrário da maioria dos outros crustáceos, que carregam seus ovos e embriões nos estágios iniciais de desenvolvimento, os sincáridos depositam ou espalham seus ovos na água depois do cruzamento.

Superordem Eucarida. Télson sem ramos caudais; nenhum, um ou três pares de maxilípedes; carapaça presente, cobrindo e fundindo-se em posição dorsal com a cabeça e todo o tórax; geralmente com olhos compostos pedunculados; brânquias torácicas. Embora os membros desse grupo sejam muito diversificados, eles são reunidos pela existência de uma carapaça completa, que é fundida aos segmentos torácicos e forma um cefalotórax típico. A maioria das espécies (vários milhares) pertence à ordem Decapoda. As outras duas ordens são Euphausiacea (*krill*) e Amphionidacea (monotípica).

Ordem Euphausiacea. Os eufasiáceos são diferenciados dos eucáridos pela ausência de maxilípedes, pela exposição das brânquias torácicas externas à carapaça e pela presença de pereópodes birremes (o último ou os dois últimos pares estão reduzidos em alguns casos). Esses animais são semelhantes aos camarões. Os adultos têm glândulas antenais. A maioria deles têm fotóforos nos pedúnculos oculares, nas bases do segundo e sétimo toracópodes e entre os primeiros quatro pares de apêndices abdominais.

Todas as cerca de 90 espécies de eufasiáceos são pelágicas e seu tamanho varia de 4 a 15 cm. Os pleópodes atuam como apêndices natatórios. Os eufasiáceos são conhecidos em todos os ambientes oceânicos até profundidades de 5.000 m. A maioria das espécies é tipicamente gregária e ocorre em grandes populações (**krill**), constituindo uma fonte alimentar importante para os animais nectônicos maiores (baleias misticetos, lulas, peixes) e até mesmo para as aves marinhas. As densidades de *krill*, especialmente *Euphausia superba*, comumente ultrapassam a 1.000 animais/m^3 (614 g de peso seco/m^3).[5] Em geral, os eufasiáceos são suspensívoros, embora também possa haver predação e detritivoria (Figuras 21.8 A e B; 21.21 E).

Ordem Amphionidacea. A única espécie conhecida da ordem Amphionidacea – *Amphionides reynaudii* – tem um cefalotórax alargado coberto por uma carapaça fina e quase membranácea, que se estende e envolve os toracópodes. Os toracópodes são birremes com exopoditos curtos. O primeiro par é modificado na forma de maxilípedes e o último está ausente nas fêmeas. Algumas das peças orais são altamente reduzidas nas fêmeas. Os pleópodes são birremes e natatórios, com exceção de que o primeiro par nas fêmeas é unirreme e acentuadamente aumentado, talvez com a função de formar uma bolsa de incubação, que se estende sob o tórax. As fêmeas têm trato digestivo reduzido e aparentemente não se alimentam. *Amphionides* é um animal encontrado em todos os hábitats oceânicos marinhos do planeta e ocorre até uma profundidade de 1.700 m (Figura 21.8 C).

Ordem Decapoda. Os decápodes estão entre os eumalacóstracos mais conhecidos. Esses animais têm uma carapaça bem-desenvolvida, que envolve uma câmara branquial, mas diferem das outras ordens de eucáridos porque sempre têm 3 pares de maxilípedes, restando 5 pares de pereópodes funcionais unirremes ou fracamente birremes (daí o nome Decapoda); um ou mais pares de pereópodes anteriores geralmente tem forma de garra (quelado). Os adultos têm glândulas antenais. O rearranjo dos subtáxons dentro dessa ordem é um dos passatempos bem-conhecidos dos carcinologistas (para uma introdução à vasta literatura sobre classificação dos decápodes, ver Martin e Davis, 2001). Em termos coloquiais, quase todos os decápodes podem ser reconhecidos como algum tipo de camarão, caranguejo, lagosta ou lagostim.

---

[4]Até recentemente, era reconhecida uma terceira ordem de sincáridos (Stygocaridacea), endêmica no hemisfério sul. Hoje em dia, a maioria dos pesquisadores concorda que os estigocarídeos devam ser rebaixados ao nível de família dentro da ordem Anaspidacea.

[5]Nas regiões em que as densidades de *krill* ultrapassam cerca de 100 g/m^3, eles frequentemente são pescados com finalidades comerciais. As colônias de *krills* podem estender-se por vários quilômetros, contêm milhões de toneladas desses animais e mancham o oceano de vermelho com seus enxames superficiais nas águas costeiras. As baleias misticetos grandes podem ingerir uma tonelada de *krill* em uma única bocada. Focas, peixes, lulas e seres humanos também se alimentam de *krill*. A pesca de *krill* foi proibida na maioria dos estados da América do Norte, mas ainda ocorre no Japão, onde dezenas de milhares de toneladas são capturadas anualmente e utilizadas principalmente como alimento para fazendas de peixes. As maiores aglomerações de *krill* ocorrem no oceano que circunda a Antártida, onde têm sido recolhidos com finalidades comerciais desde a década de 1970. Na década de 1980, as grandes frotas da União Soviética capturavam até 400.000 toneladas de *krill* antártico por ano, mas hoje a captura caiu para cerca de 120.000 toneladas (valores somados para Japão, Coreia, Noruega, Polônia, Ucrânia e EUA).

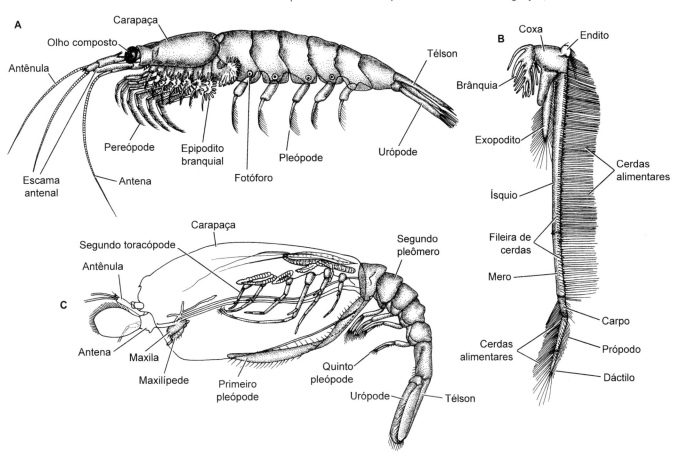

Figura 21.8 Anatomia da classe Malacostraca, superordem Eucarida – eufasiáceos e anfionidáceos. **A.** Forma corporal geral do eufasiáceo *Meganyctiphanes*. **B.** Pereópode de *Euphausia superba*. **C.** *Amphionides reynaudii* (fêmea), que é a única espécie viva dos anfionidáceos.

Neste livro, não pretendemos descrever detalhadamente a questão da nomenclatura das brânquias dos decápodes. Contudo, as brânquias podem desempenhar um papel proeminente na taxonomia desse grupo; por isso, apresentamos a seguir descrições sucintas dos tipos básicos. Todas as brânquias dos decápodes originam-se na forma de exitos coxais torácicos (epipoditos), mas sua posição final varia. As brânquias que continuam fixadas às coxas são conhecidas como podobrânquias (= "brânquias pedais"), mas outras eventualmente se tornam associadas à membrana articular existente entre as coxas e o corpo e, por isso, são descritas como artrobrânquias (= "brânquias articulares"). Na verdade, algumas terminam na parede lateral do corpo, ou na superfície lateral do tórax, formando as **pleurobrânquias** (= "brânquias laterais"). A sequência por meio da qual algumas dessas brânquias formam-se ontogeneticamente é variável. Por exemplo, nos Dendrobranchiata e Stenopodidea, as artrobrânquias aparecem antes das pleurobrânquias, enquanto nos representantes dos carídeos ocorre o contrário. Na maioria dos outros decápodes, as artrobrânquias e as pleurobrânquias tendem a surgir simultaneamente. Essas diferenças de desenvolvimento podem ser dessemelhanças heterocrônicas menores e têm menos importância filogenética que a anatomia propriamente dita das brânquias.

Entre os decápodes, as brânquias também podem ser de um dos três tipos estruturais básicos descritos como dendrobrânquia, tricobrânquia e filobrânquia (Figura 21.28 B a D). Todos esses três tipos de brânquias incluem um eixo principal, contendo vasos sanguíneos aferentes e eferentes, mas eles diferem acentuadamente quanto à configuração dos filamentos ou ramos laterais.

As brânquias dendrobranquiadas apresentam dois ramos principais emergindo do eixo principal, cada qual dividido em vários ramos secundários. As brânquias tricobranquiadas contêm uma série de filamentos tubulares não ramificados e irradiados. As brânquias filobranquiadas caracterizam-se por uma série dupla de ramos laminares ou em formato de folhas emergindo do eixo principal. Em cada tipo de brânquia, pode haver variações consideráveis. As ocorrências desses três tipos principais de brânquias entre os diversos táxons estão descritas a seguir.

A inspeção cuidadosa das partes proximais dos pereópodes geralmente revela uma outra característica dos decápodes: na maioria dos animais, a base e o ísquio estão fundidos (como um basísquio), com o ponto de fusão comumente indicado por uma linha de sutura. As glândulas tegumentares também são uma das características sempre presentes entre os decápodes. Essas glândulas originam-se abaixo das células epidérmicas e produzem um líquido, que se derrama na superfície da cutícula. Elas foram descritas nas brânquias, nas pernas, nos pleópodes e nos urópodes. A função das glândulas tegumentares ainda não está bem-definida, mas suspeita-se que elas estejam envolvidas no amadurecimento cuticular, na produção de muco pelos componentes orais, na produção da substância de cimento envolvida na fixação dos ovos e, possivelmente, também na atração sexual.

As cerca de 18.000 espécies vivas de decápodes constituem um grupo altamente diversificado. Esses animais ocorrem em todos os ambientes aquáticos e em todas as profundidades, e alguns passam a maior parte de sua vida na terra. Muitos são pelágicos, mas outros adotaram estilos de vida bentônico sedentário, errante ou escavador. Os esqueletos decorados são encontrados comumente entre os decápodes, especialmente nos caranguejos-aranhas (Brachyura: Majoidea), que usam cerdas enganchadas semelhantes ao velcro para aderir a plantas ou animais vivos ou mortos; foi visto que a decoração reduz a predação por meio da camuflagem e/ou da dissuasão química. As estratégias alimentares dos decápodes incluem suspensivoria, predação, herbivoria, saprofagia e outras mais. A maioria dos pesquisadores reconhece duas subordens: Dendrobranchiata e Pleocyemata.

Subordem Dendrobranchiata. Esse grupo inclui mais de 500 espécies de decápodes, das quais a maioria é constituída de camarões peneídeos e sergestídeos. Como seu nome indica, esses decápodes têm brânquias dendrobranquiadas (Figura 21.28 B), uma sinapomorfia única do táxon. Um gênero (*Lucifer*) perdeu secundariamente suas brânquias por completo. Os camarões dendrobranquiados também são caracterizados pela presença de quela nos três primeiros pereópodes, órgãos copuladores modificados no primeiro par de pleópodes dos machos e pelas expansões ventrais dos tergitos abdominais (conhecidas como lobos pleurais). Em geral, nenhum dos quelípodes é acentuadamente aumentado. Além disso, as fêmeas desse grupo não incubam seus ovos. A fecundação é externa e os embriões eclodem na forma de larvas náuplio (ver seção sobre Reprodução e desenvolvimento, mais adiante neste capítulo). Muitos desses animais são muito grandes e chegam a medir mais de 30 cm de comprimento. Os sergestídeos são pelágicos e todos são marinhos, enquanto os peneídeos são pelágicos ou bentônicos e alguns vivem em águas salobras. Alguns dendrobranquiados (p. ex., *Penaeus, Sergestes, Acetes, Sicyonia*) têm importância comercial significativa na indústria pesqueira de camarões do mundo e, hoje em dia, a maioria é explorada além dos limites de sustentabilidade, geralmente com técnicas pesqueiras altamente destrutivas de seus hábitats (Figuras 21.9 A e 21.33 G).

Subordem Pleocyemata. Todos os decápodes restantes fazem parte da subordem Pleocyemata. Os membros desse táxon nunca têm brânquias dendrobranquiadas. Os embriões são incubados nos pleópodes da fêmea e eclodem em algum estágio mais avançado que a larva náuplio. Nessa subordem estão incluídos vários tipos de camarões, caranguejos, lagostins, lagostas e muitos outros animais pouco conhecidos. Hoje em dia, a maioria dos pesquisadores reconhece 11 infraordens na subordem Pleocyemata, conforme também fazemos adiante, mas alguns outros esquemas foram sugeridos e persistem na literatura. Uma abordagem mais antiga dividia os decápodes em dois grandes grupos, conhecidos como Natantia e Reptantia – os decápodes que nadam e que andam, respectivamente. Embora esses termos tenham sido praticamente abandonados como táxons formais, eles ainda servem a um propósito descritivo útil e continuamos a encontrar referências aos decápodes natantes e reptantes.

Infraordem Procarididea. Os procarídeos consistem em uma única família, que contém dois gêneros de camarões – *Procaris* e *Veteicaris* – conhecidos como "camarões primitivos". Como os camarões carídeos (ver adiante) e muitos outros pleociematos, esses animais têm brânquias achatadas e laminadas (não dendrobranquiadas), sem garras em nenhuma das pernas, apresentam um terceiro maxilípede muito semelhante a uma perna (pediforme) e têm epipoditos em todos os maxilípedes e pereópodes, que supostamente representam uma condição ancestral, porque a maioria dos grupos de decápodes não tem mais esse complemento completo. Os procarídeos são conhecidos nos hábitats anquialinos – piscinas interiores com comunicação com o mar (Figura 21.9 B).

Infraordem Caridea. As cerca de 3.500 espécies vivas dessa infraordem são conhecidas geralmente como camarões carídeos. Esses decápodes natantes têm brânquias filobranquiadas. O primeiro e/ou o segundo pares de pereópodes são quelados e variavelmente aumentados. A segunda pleura abdominal (paredes laterais) é nitidamente aumentada para sobrepor a primeira e a terceira pleura. Os primeiros pleópodes geralmente estão até certo ponto reduzidos nos machos, mas não muito modificados (Figuras 21.1 K; 21.9 C e D; 21.24 D; 21.31 D).

Infraordem Stenopodidea. As cerca de 70 espécies dessa infraordem compõem três famílias. Os primeiros três pares de pereópodes são quelados e o terceiro par é significativamente maior que os demais. As brânquias são tricobranquiadas. Os primeiros pleópodes são unirremes nos machos e nas fêmeas, mas não são acentuadamente modificados. As segundas pleuras abdominais não são expandidas como se observa nos carídeos (Figuras 21.9 E e 21.31 B).

Em geral, esses camarões coloridos medem apenas alguns centímetros (2 a 7 cm) de comprimento. A maioria das espécies é tropical e vive nos hábitats bentônicos rasos, especialmente nos recifes de corais; outros são encontrados nos mares profundos. Muitos são comensais e esse grupo inclui os camarões-limpadores (p. ex., *Stenopus*) dos recifes tropicais, que são conhecidos por remover parasitas dos peixes existentes no local. Os estenopodídeos comumente são encontrados em casais de macho e fêmea. Talvez o exemplo mais conhecido dessa ligação esteja associado ao camarão da esponja-de-vidro (*Euplectella*), também conhecido como *Spongicola venusta*: um macho e uma fêmea jovens entram no átrio de uma esponja hospedeira e, por fim, crescem até alcançar dimensões muito grandes para sair e, desse modo, passam o resto de seus dias juntos.

Infraordem Brachyura. Esses são os chamados "caranguejos verdadeiros". O abdome é simétrico, mas extremamente reduzido e flexionado sob o tórax, enquanto os urópodes geralmente não existem. O corpo escondido sob uma carapaça bem-desenvolvida é nitidamente achatado em sentido dorsoventral e comumente expandido em sentido lateral. As brânquias geralmente são filobranquiadas, mas existem exceções. Os primeiros pereópodes são quelados e geralmente aumentados. Nos casos típicos, os pereópodes 2 a 5 são pernas estenopodiais simples para caminhar, embora em alguns grupos os quintos pereópodes também sejam quelados. Os olhos estão localizados em posição lateral às antenas. Os machos não têm os pleópodes 3 a 5. O estágio larval bem-definido é conhecido como zoé; sua carapaça é esférica e contém um espinho rostral direcionado para a superfície ventral (ou nenhum espinho) (Figuras 21.1 E; 21.10; 21.27 H; 21.28 F e G; 21.29 C; 21.32; 21.33 H e I).

Os caranguejos braquiuros são na maioria marinhos, mas também existem espécies de água doce, semiterrestres e de hábitats terrestres úmidos das regiões tropicais. Os caranguejos terrestres (algumas espécies das famílias Gecarcinidae, Ocypodidae, Grapsidae etc.) ainda dependem do oceano para sua procriação e seu desenvolvimento larval. Todos os representantes do número surpreendentemente grande de caranguejos de água

Capítulo 21 Filo Arthropoda | Crustacea | Caranguejos, Camarões e Afins   735

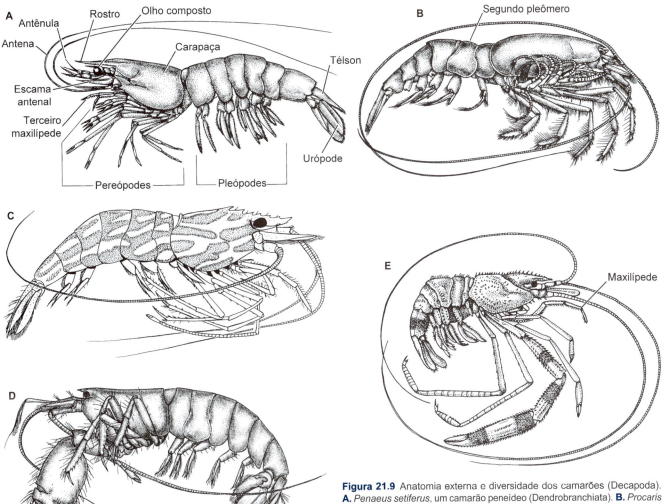

Figura 21.9 Anatomia externa e diversidade dos camarões (Decapoda). **A.** *Penaeus setiferus*, um camarão peneídeo (Dendrobranchiata). **B.** *Procaris ascensionais*, um camarão procarídeo (Procarididea). **C.** *Lysmata californica*, um camarão hipolitídeo (Caridea, Hippolytidae). **D.** *Alpheus*, um camarão alfeídeo, ou camarão-estalo (Caridea, Alpheidae). **E.** *Stenopus*, um camarão estenopodídeo (Stenopodidea).

doce (cerca de 3.000 espécies classificadas em cerca de uma dúzia de famílias) têm desenvolvimento direto, incubam seus embriões e não dependem da água do mar. Alguns caranguejos de água doce são hospedeiros intermediários de *Paragonimus*, uma filária pulmonar humana parasita cosmotropical, enquanto outros são hospedeiros foréticos obrigatórios das formas larvais do borrachudo (*Simulium*), vetor de *Onchocerca volvulus* (agente etiológico da cegueira do rio). Algumas espécies carregam outros invertebrados em sua carapaça (p. ex., esponjas, tunicados) ou em suas quelas (p. ex., anêmonas); em geral, essas associações parecem ser mutualistas, fornecendo camuflagem ou dissuasão dos predadores ao caranguejo, enquanto seu parceiro é transportado no ambiente e pode alimentar-se dos restos deixados pelas atividades nutricionais do hospedeiro. A fotografia de abertura deste capítulo mostra um *Polydectus cupulifer*, ou caranguejo urso-de-pelúcia do Pacífico tropical, densamente recoberto por cerdas e que frequentemente transporta uma anêmona marinha em cada quelípede. No nordeste do Pacífico, as megalopas e as formas juvenis do caranguejo *Cancer gracilis* cavalgam (e alimentam-se) sobre o sino de algumas águas vivas; alguns espécimes de *Phacellophora camtschatica* (Scyphozoa) foram encontrados em centenas de megalopas de *C. gracilis*. Existem cerca de 7.000 espécies de braquiuros descritos.

Infraordem Anomura. Esse grupo inclui os caranguejos-ermitões, os caranguejos galateídeos, os caranguejos-rei, os caranguejos-porcelana, os caranguejos-mola e os tatuíras. O abdome pode ser macio e torcido assimetricamente (como nos caranguejos-ermitões) ou simétrico, curto e flexionado sob o tórax (como se observa nos caranguejos-porcelana e em outros). Os caranguejos com abdomes torcidos geralmente habitam as conchas dos gastrópodes ou outras "casas" vazias, que não foram fabricadas por eles próprios. Os caranguejos-rei (Lithodidae e Hapalogastridae) provavelmente evoluíram dos ancestrais semelhantes ao caranguejo-ermitão. O formato das carapaças e a estrutura das brânquias variam. Os primeiros pereópodes são quelados; os terceiros nunca. O segundo, o quarto e o quinto pares geralmente são simples, mas algumas vezes são quelados ou subquelados. O quinto par de pereópodes (e, algumas vezes, também o quarto) comumente é muito reduzido e não funciona como apêndice locomotor; o quinto par de pereópodes funciona como limpador das brânquias e comumente não é visível externamente. Os pleópodes são reduzidos ou ausentes. Os olhos estão localizados em posição medial às antenas. A larva zoé é semelhante à dos caranguejos-verdadeiros, mas geralmente é mais comprida que larga e tem um espinho rostral direcionado para frente. A maioria dos anomuros é marinha, mas também

736 Invertebrados

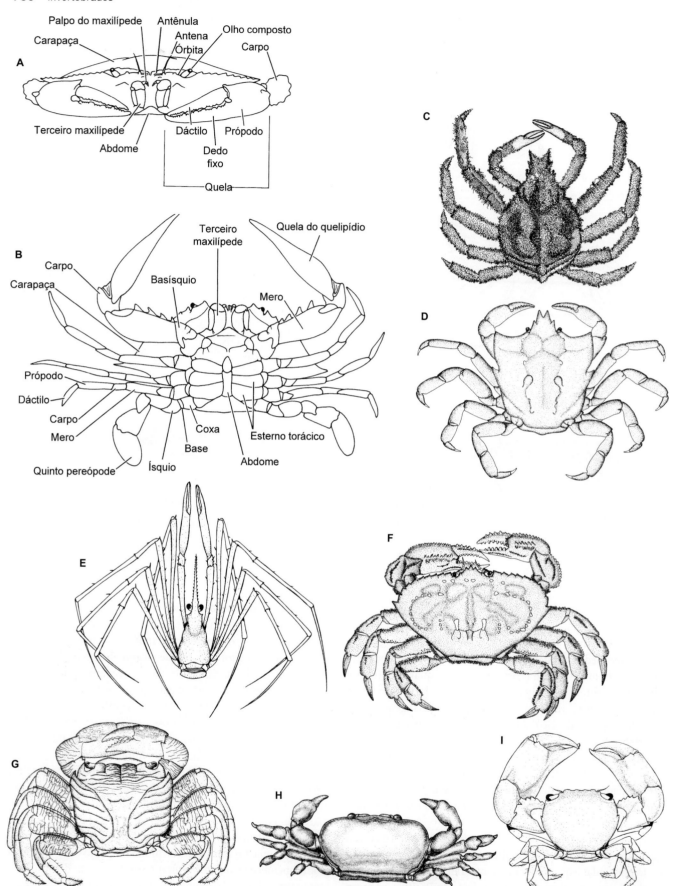

Figura 21.10 Anatomia e diversidade dos caranguejos "verdadeiros", ou braquiuros (Decapoda: Brachyura). **A** e **B**. Anatomia geral de um caranguejo: vistas *frontal* e *ventral* de um siri natante (família Portunidae). **C**. *Loxorhynchus*, ou caranguejo-aranha (família Majidae). **D**. *Pugettia*, um caranguejo-alga. **E**. *Stenorhynchus*, um caranguejo-flexa (Majidae). **F**. *Cancer*, um caranguejo-câncer (família Cancridae). **G**. *Pachygrapsus*, um caranguejo grapsídeo (família Grapsidae). **H**. *Parapinnixa*, ou caranguejo-ervilha ou pinoterídeo. **I**. *Trapezia*, ou caranguejo xantídeo (família Xanthidae). Muitos membros desse gênero são comensais obrigatórios dos corais escleratíneos.

(*continua*)

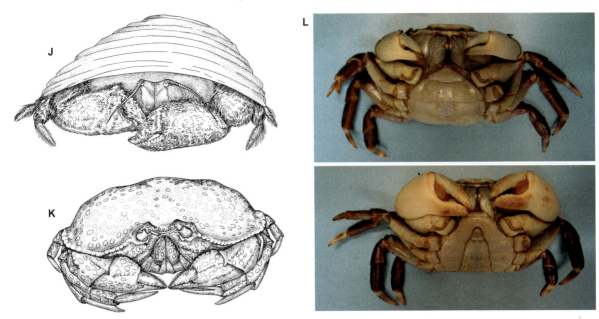

Figura 21.10 (*Continuação*) **J.** *Hipoconcha* (*vista anterior*), um caranguejo dromídeo (família Dromiidae). Os membros dessa família carregam conchas de moluscos bivalves (ou outros objetos) em seus dorsos. **K.** *Hepatus* (*vista anterior*), um caranguejo calapídeo (família Calappidae). **L.** *Vista ventral* de uma fêmea (*fotografia superior*) e de um macho (*fotografia inferior*) de *Hemigrapsus sexdentatus*.

existem algumas espécies de água doce e semiterrestres. O chamado "caranguejo *yeti*" (*Kiwa hirsuta*) foi descoberto em 2005 nas fontes hidrotermais a 2.200 m de profundidade ao sul da Ilha de Páscoa. Esse animal é notável por seu "jardim" de bactérias filamentosas, que crescem ao longo das cerdas do exoesqueleto; as bactérias são heterotróficas e utilizam sulfitos das águas profundas (a função exata das diversas espécies de bactérias no ciclo de vida do caranguejo *yeti* ainda não está definida). Em 2011, pesquisadores descreveram uma segunda espécie de *Kiwa* (Figuras 21.1 F a J; 21.11 C a G; 21.24 A a C; 21.31 A; 21.33 I).

Infraordem Astacidea. As mais de 650 espécies de lagostins e lagostas com garras incluem alguns dos decápodes mais conhecidos (Figura 21.2). Assim como a maioria dos outros decápodes, o abdome achatado em sentido dorsoventral termina em um leque caudal forte. As brânquias são tricobranquiadas. Os primeiros três pares de pereópodes sempre são quelados e o primeiro par é acentuadamente aumentado. *Homarus americanus*, ou lagosta-americana ou do Maine, é estritamente marinha e é o maior crustáceo vivo por peso (o recorde de peso é de 20 kg). A maioria dos lagostins vive em água doce, mas algumas espécies vivem em solos úmidos, onde podem escavar sistemas complexos e extensos de galerias. As mais de 600 espécies de lagostins de água doce constituem um grupo monofilético, irmão do grupo das lagostas com garras. Existem mais de 425 espécies de lagostins apenas na América do Norte, onde elas mostram níveis altos de endemicidade em determinadas regiões ou drenagens de rios (Figuras 21.27 E e G; 21.29 B).

Infraordem Achelata. Esse grupo inclui as lagostas corais e espinhosas (família Palinuridae) e as lagostas-chinelo (família Scyllaridae). O nome Achelata provém do fato de que suas formas adultas não têm quela em todos os pereópodes (com exceção de uma pequena garra de manipulação no pereópode 5 de algumas fêmeas). O abdome achatado tem um leque caudal; a carapaça pode ser cilíndrica ou achatada em sentido dorsoventral; as brânquias são tricobranquiadas. As larvas grandes e achatadas, conhecidas como filossomos porque se parecem com folhas, são únicas e bem-definidas. Todas as espécies são marinhas e estão presentes em uma variedade de hábitats de toda a região tropical. Muitas espécies produzem sons esfregando um processo (plectro) na base das antenas contra uma superfície áspera na cabeça (Figuras 21.1 M; 21.11 B; 21.30 A e C; 21.33 L).

Infraordens Gebiidea e Axiidea. Essas duas infraordens, por tradição referidas coletivamente como Thalassinidea, foram reconhecidas recentemente como distintas. O termo coloquial "talassinídeo" ainda é utilizado algumas vezes quando se quer referir coletivamente a essas infraordens. Os camarões-fantasma e os camarões-da-lama são particularmente difíceis de classificar entre os decápodes. Algumas vezes, esses animais são relacionados com os lagostins e as lagostas queladas (Astacidea), mas outras vezes são agrupados com os caranguejos-ermitões e seus parentes (Anomura). Esses decápodes têm abdome simétrico achatado em sentido dorsoventral, que se estende posteriormente na forma de um leque caudal bem-desenvolvido. A carapaça é até certo ponto comprimida lateralmente e as brânquias são tricobranquiadas. Os primeiros dois pares de pereópodes são quelados, enquanto o primeiro par geralmente é muito maior que os outros. A maioria desses animais é constituída de escavadores marinhos ou vive nos restos de corais. Em geral, eles têm uma cutícula fina e levemente esclerotizada, mas alguns (p. ex., membros da família Axiidae) têm esqueletos mais espessos e são mais semelhantes às lagostas em aparência. Os gebídeos (principalmente *Upogebia*, *Callianassa* e gêneros relacionados) frequentemente ocorrem em enormes colônias nos baixios das marés, onde a abertura de suas galerias forma padrões característicos na superfície do sedimento (Figuras 21.1 L e 21.11 A).

Infraordens Glypheidea e Polychelida. Os glifeídeos são algo parecido com um grupo relictual representado por dois gêneros vivos (*Neoglyphea* e *Laurentaglyphea*), cada um com uma única espécie de um grupo diversificado no passado e agora conhecido pelo registro fóssil. Os poliquelídeos constituem um grupo pequeno de lagostas cegas dos mares profundos, que são notáveis por terem quelas em todos os seus pereópodes e larvas globosas incomumente grandes (conhecidas como larvas erioneicas) únicas entre os decápodes.

Superordem Peracarida. Télson sem ramos caudais; um (raramente 2 a 3) par de maxilípedes; base do maxilípede tipicamente produzida dentro de um endito vesicular direcionado anteriormente; mandíbulas com processos acessórios articulados nos adultos, entre os processos molar e incisivo, conhecidos como *lacinia mobilis*; quando presente, a carapaça não é fundida aos pereonitos posteriores e geralmente tem dimensões reduzidas; brânquias torácicas ou abdominais; com enditos coxais torácicos finos e achatados, que são conhecidos como oostegitos e formam uma bolsa de incubação ventral ou marsúpio nas fêmeas de todas as espécies, exceto nos membros da ordem Thermosbaenacea (esses últimos usam a carapaça para incubar os embriões); as formas jovens eclodem como **mancas**, que é um estágio pré-juvenil destituído do último par de toracópodes (nesse grupo, não existem larvas de vida livre) (Figuras 21.12 a 21.15).

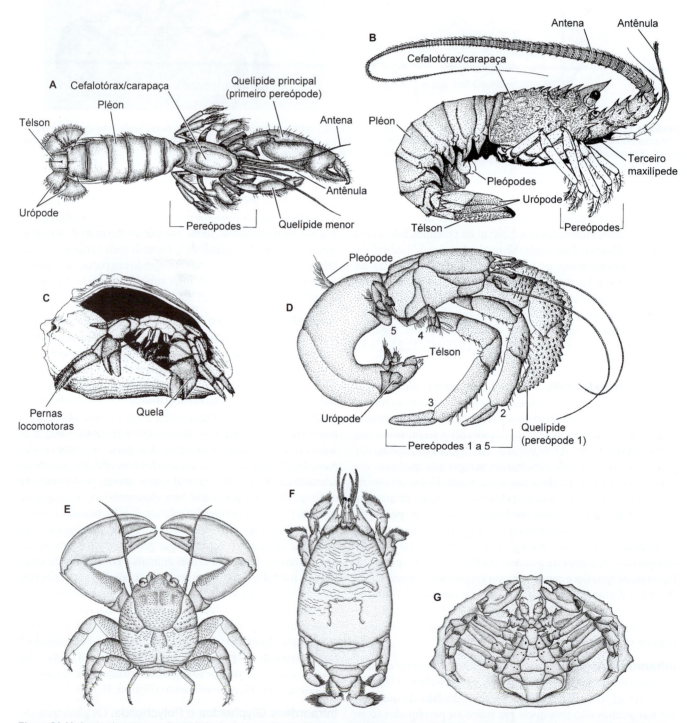

Figura 21.11 Anatomia externa e diversidade de alguns outros decápodes reptantes (Eumalacostraca, Eucarida). **A.** *Callianassa*, um caranguejo da lama (Gebiidea). **B.** *Panulirus*, uma lagosta espinhosa (Achelata). **C.** *Paguristes*, um caranguejo-ermitão em sua concha (Anomura). **D.** *Pagurus*, um caranguejo-ermitão retirado de sua concha para expor o abdome macio. **E.** *Petrolisthes*, um caranguejo-porcelana (Anomura) com os pereópodes posteriores reduzidos estendidos. **F.** *Emerita*, uma tatuíra (Anomura). **G.** *Cryptolithodes*, um caranguejo-guarda-chuva (Anomura) em *vista ventral*.

As cerca de 25.000 espécies de peracáridos são divididas em nove ordens. Os peracáridos constituem um grupo extremamente bem-sucedido de crustáceos malacóstracos e ocorrem em muitos hábitats. Embora a maioria seja marinha, muitos também ocorrem em ambiente terrestre e em água doce, e várias espécies vivem em fontes termais com temperaturas entre 30 e 50°C. As formas aquáticas incluem espécies planctônicas, bem como bentônicas de todas as profundidades. Esse grupo inclui os crustáceos terrestres mais bem-sucedidos – os tatus-bola e os tatuzinhos-de-jardim da ordem Isopoda – e alguns poucos anfípodes que invadiram o ambiente terrestre e vivem em serapilheira de florestas úmidas e jardins. O tamanho dos peracáridos varia de alguns animais intersticiais diminutos com apenas alguns milímetros de comprimento até os anfípodes planctônicos com mais de 12 cm de tamanho (*Cystisoma*), os anfípodes necrófagos dos mares profundos com mais de 34 cm (*Alicella gigantea*) e os isópodes bentônicos que chegam a medir 50 cm de comprimento (*Bathynomus giganteus*). Esses animais exibem todos os tipos de estratégias alimentares; alguns deles, especialmente os isópodes e os anfípodes, são comensais ou parasitas.

Ordem Mysida. Carapaça bem-desenvolvida cobrindo a maior parte do tórax, mas nunca fundida com mais do que quatro segmentos torácicos anteriores; os maxilípedes (1 a 2 pares) não estão associados aos apêndices cefálicos; o toracômero 1 está separado da cabeça por uma barra esquelética interna; o abdome tem um leque caudal bem-desenvolvido; os pereópodes são birremes, exceto o último par, que algumas vezes está reduzido; os pleópodes são reduzidos ou, nos machos, modificados; olhos compostos pedunculados, algumas vezes reduzidos; brânquias ausentes; geralmente com um estatocisto em cada endopodito dos urópodes; os adultos têm glândulas antenais (Figuras 21.12 A e B, 21.30 B; 21.33 C).

Existem mais de 1.050 espécies de misídeos, cujo tamanho varia de cerca de 2 mm até 8 cm. A maioria nada por ação dos exopoditos torácicos. Os misídeos são crustáceos semelhantes aos camarões, que comumente são confundidos com os eufausiáceos aparentemente semelhantes (que não têm oostegitos e estatocistos nos urópodes). Os misídeos são pelágicos ou demersais e estão presentes em todas as profundidades oceânicas; poucas espécies ocorrem em água doce. Algumas espécies vivem na zona entremarés e enterram-se na areia durante as marés baixas. A maioria é de suspensívoros onívoros, que se alimentam de algas, zooplâncton e detritos em suspensão. No passado, os misídeos eram agrupados com os lofogastrídeos e os Pygocephalomorpha extintos, constituindo o grupo "Mysidacea".

Ordem Lophogastrida. Semelhantes aos misídeos, com exceção das seguintes diferenças: maxilípedes (1 par) associados aos apêndices cefálicos; toracômero 1 não separado da cabeça por uma barra esquelética interna; pleópodes bem-desenvolvidos; brânquias presentes; adultos com glândulas antenais e maxilares; sem estatocistos; todos os 7 pares de pereópodes são bem-desenvolvidos e semelhantes (com exceção dos membros da família Eucopiidae, nos quais sua estrutura varia) (Figuras 21.12 C e D; 21.21 G).

Existem cerca de 60 espécies conhecidas de lofogastrídeos, a maioria medindo entre 1 e 8 cm de comprimento, embora o gigante *Gnathophausia ingens* chegue a medir 35 cm. Todos são nadadores pelágicos e o grupo tem distribuição oceânica cosmopolita. Os lofogastrídeos são predominantemente predadores do zooplâncton.

Ordem Cumacea. Carapaça presente, que recobre e se funde aos três segmentos torácicos, cujos apêndices são modificados na forma de maxilípedes – o primeiro com aparato branquial modificado associado com a cavidade branquial formada pela carapaça; os pereópodes 1 a 5 são locomotores e simples; os pereópodes 1 a 4 são birremes; em geral, os pleópodes estão ausentes nas fêmeas e presentes nos machos; em alguns animais, o télson está fundido com o sexto pleonito, formando o pleotélson; urópodes estiliformes; olhos compostos ausentes ou sésseis e geralmente fundidos (Figuras 21.1 P; 21.12 E e F).

Os cumáceos são crustáceos pequenos de aspecto singular com uma extremidade anterior bulbosa grande e uma extremidade posterior mais fina e longa – semelhante a uma vírgula em posição horizontal! O famoso carcinologista Waldo Schmitt referiu-se a esses animais como "pequenas maravilhas e disparates bizarros". Os cumáceos têm distribuição mundial e incluem cerca de 1.500 espécies, das quais a maioria mede entre 0,1 e 2 cm de comprimento, embora algumas espécies das águas geladas possam alcançar 3 cm. A maioria é marinha, ainda que sejam conhecidas algumas espécies de águas salobras. Esses animais vivem associados aos sedimentos do fundo, mas conseguem nadar e provavelmente deixar o fundo para reproduzir-se. A maioria é representada por depositívoros ou predadores da meiofauna, outros se alimentam da película orgânica dos grãos de areia.

Ordem Tanaidacea. Carapaça presente e fundida aos primeiros dois segmentos torácicos; os toracópodes 1 e 2 são maxilípedes, enquanto o segundo é quelado; os toracópodes 3 a 8 são pereópodes locomotores simples; pleópodes presentes ou ausentes; urópodes birremes ou unirremes; télson fundido ao último ou aos dois últimos pleonitos formando o pleotélson; os adultos têm glândulas maxilares e antenais (vestigiais); sem olhos compostos ou, quando presentes, estão localizados nos lobos cefálicos. Os membros dessa ordem são conhecidos em todo o planeta, desde os hábitats marinhos bentônicos; alguns vivem em águas salobras ou praticamente doces. A maioria das cerca de 1.500 espécies é pequena, com dimensões entre 0,5 a 2 cm de comprimento. Em geral, esses animais vivem em galerias ou tubos e estão presentes em todas as profundidades oceânicas. Muitos são suspensívoros, outros detritívoros e ainda outros, predadores (Figura 21.12 G e H).

Ordem Mictacea. Sem carapaça, mas com um escudo cefálico bem-desenvolvido fundido ao primeiro toracômero e expandido lateralmente sobre as bases das peças orais; um par de maxilípedes; pereópodes simples, 1 a 5 ou 2 a 6 são birremes, exopoditos natatórios; brânquias ausentes; pleópodes reduzidos, unirremes ou birremes; urópodes birremes com 2 a 5 ramos segmentares; o télson não está fundido com os pleonitos; olhos pedunculados presentes (*Mictocaris*), mas sem qualquer evidência de elementos visuais, ou ausentes (*Hirsutia*) (Figura 21.13 D a E).

Os mictáceos constituem a ordem de peracáridos estabelecida mais recentemente (1985). Essa ordem foi criada para acomodar duas espécies de crustáceos incomuns: *Mictocaris halope* (das cavernas marinhas da Bermuda) e *Hirsutia bathyalis* (de uma amostra bentônica recolhida à profundidade de 1.000 m na bacia

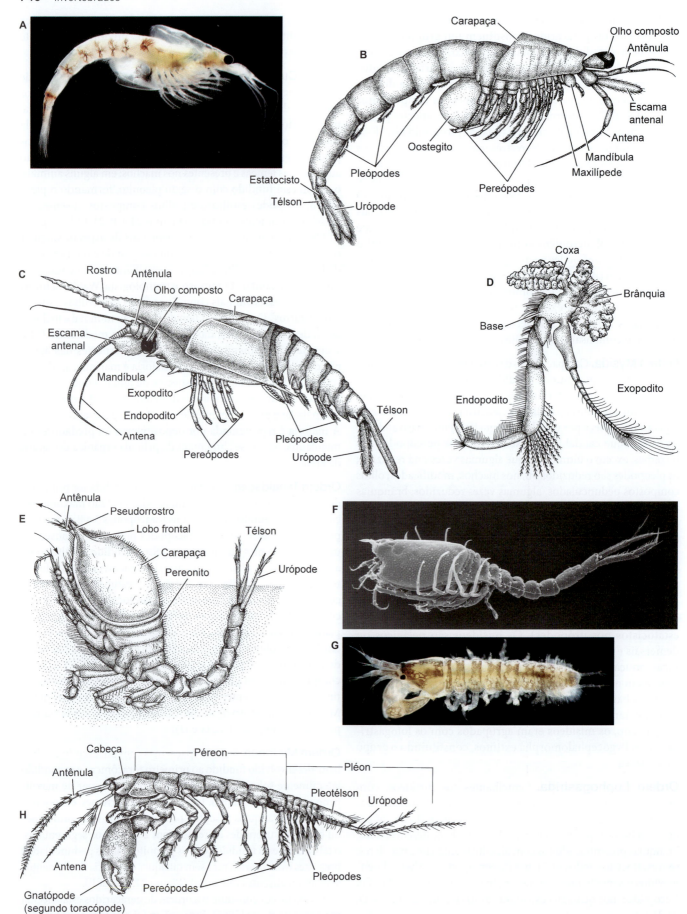

Figura 21.12 Anatomia e diversidade em alguns crustáceos peracáridos (Eumalacostraca; Peracarida) – misídeos, lofogastrídeos, cumáceos e tanaidáceos. **A.** *Bowmanella braziliensis*, um misídeo. **B.** Anatomia de um misídeo generalizado (*Mysida*). **C.** Anatomia de *Gnathophausia*, um lofogastrídeo. **D.** Segundo pereópode de *Gnathophausia*. **E.** *Diastylis*, um cumáceo em sua posição parcialmente enterrada típica. As *setas* indicam as correntes de alimento e ventilação. **F.** Um cumáceo. **G.** Um tanaidáceo. **H.** Anatomia de um tanaidáceo generalizado.

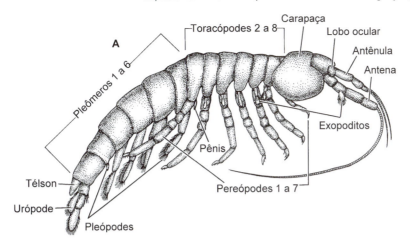
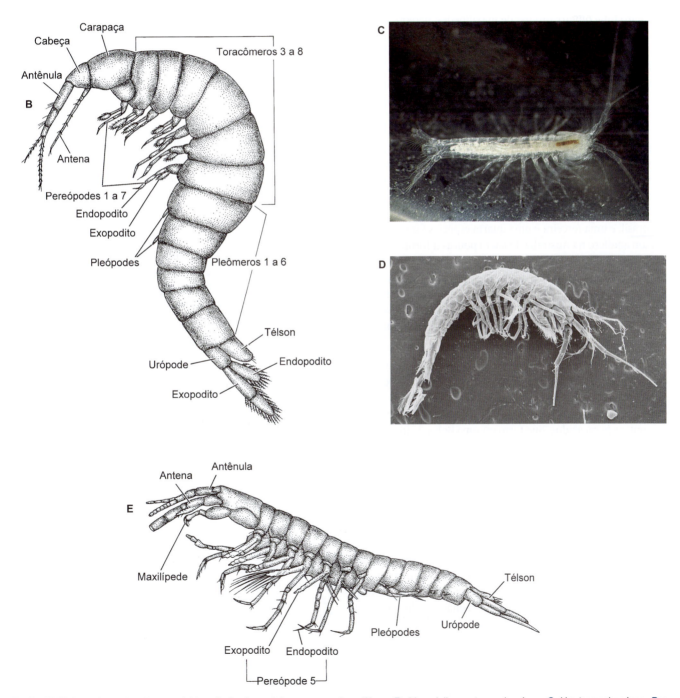

Figura 21.13 Mais exemplos de peracáridos. **A.** *Spelaeogriphus*, um espeleogrifáceo. **B.** *Monodella*, um termosbenáceo. **C.** Um termosbenáceo. **D** e **E.** *Mictocaris*, um mictáceo.

da Guiana, no nordeste da América do Sul). Uma terceira espécie de mictáceo foi descrita em 1988 na Austrália e uma quarta nas Bahamas em 1992; hoje em dia, existem seis espécies conhecidas. Os mictáceos são pequenos e medem entre 2 e 3,5 mm de comprimento. *Mictocaris halope* é a mais conhecida dessas espécies, porque muitos espécimes foram coletados e alguns estudados ainda vivos. Esse animal é pelágico e vive nas águas das cavernas, nas quais nada usando seus exopoditos dos pereópodes. A condição da ordem Mictacea como um agrupamento monofilético e suas relações com as outras ordens de peracáridos são temas de debates contínuos. Alguns pesquisadores reconhecem a família Hirsutiidae (contendo *Hirsutia*, *Montucaris* e *Thetispelecaris*) como uma ordem separada conhecida como Bochusacea (pleópodes birremes nos machos).

Ordem Spelaeogriphacea. Carapaça curta fundida com o primeiro toracômero; um par de maxilípedes; pereópodes 1 a 7 são simples, birremes, com exopoditos curtos; os exopoditos das pernas 1 a 3 são modificados para produzir correntes de água e, nas pernas 4 a 7, modificadas em brânquias; os pleópodes 1 a 4 são natatórios e birremes; pleópode 5 reduzido; leque caudal bem-desenvolvido; olhos compostos não funcionais ou ausentes, mas pedúnculos oculares persistem (Figuras 21.13 A e 21.21 H). Hoje em dia, a ordem Spelaeogriphacea é conhecida por ter apenas quatro espécies vivas. Durante muitos anos, esses peracáridos pequenos (menos de 1 cm) e raros estavam representados apenas por uma espécie viva identificada nas correntes de água doce de *Bat Cave*, na *Table Mountain* da África do Sul. Uma segunda espécie foi reconhecida em uma caverna de água doce no Brasil, e uma terceira e uma quarta espécies foram descritas em um aquífero na Austrália. Existem poucas informações sobre a biologia desses animais, mas suspeita-se de que sejam detritívoros. Como os termosbenáceos, os espeleogrifáceos parecem ser relíquias de uma fauna tetiana marinha mais difundida nas águas rasas, que proliferava nos ambientes intersticiais e nas águas subterrâneas durante os períodos de regressão marinha.

Ordem Thermosbaenacea. Carapaça presente fundida com o primeiro toracômero e estendendo-se posteriormente sobre dois ou três segmentos adicionais; um par de maxilípedes; os pereópodes são birremes e simples e não têm epipoditos e oostegitos; a carapaça forma uma bolsa de incubação dorsal (diferente dos outros peracáridos, que formam uma bolsa de incubação a partir dos oostegitos ventrais); dois pares de pleópodes unirremes; urópodes birremes; télson livre ou formando um pleotélson com o último pleonito; olhos ausentes (Figura 21.13 B e C). Existem descritas cerca de 34 espécies de termosbenáceos distribuídos em sete gêneros. *Thermosbaena mirabilis* foi identificada nas fontes termais de água doce da América do Norte, onde vive sob temperaturas acima de 40°C. Várias espécies de outros gêneros vivem em águas doces muito mais frias, geralmente nas águas subterrâneas ou em cavernas. Outras espécies são marinhas ou vivem em piscinas anquialinas subterrâneas. Alguns dados sugerem que os termosbenáceos alimentem-se de detritos vegetais.

Ordem Isopoda. Carapaça ausente; primeiro toracômero fundido com a cabeça; um par de maxilípedes; sete pares de pereópodes unirremes, dos quais o primeiro algumas vezes é subquelado, enquanto os outros geralmente são simples (os gnatídeos têm apenas cinco pares de pereópodes, porque o toracópode 2 é um "pilopódio" maxilípede e o toracópode 8 não existe); pereópodes variáveis e modificados em apêndices locomotores, preênseis ou natatórios; nas subordens mais derivadas, as coxas pereopodais estão expandidas na forma de placas laterais (placas coxais); os pleópodes são birremes e bem-desenvolvidos e desempenham as funções de natação e troca gasosa (funcionando como brânquias nos táxons aquáticos e como sacos aéreos denominados pseudotraqueias na maioria dos oniscídeos terrestres); adultos com glândulas maxilares e antenares (vestigiais); télson fundido com um a seis pleonitos, formando um pleotélson; em geral, os olhos são sésseis e compostos, mas estão ausentes em algumas espécies e são pedunculados na maioria dos gnatídeos; com mudas bifásicas (região posterior trocada antes da anterior) (Figuras 21.1 Q; 21.14; 21.21 I; 21.28 H e I; 21.33 M).

Os isópodes abrangem cerca de 10.500 espécies marinhas, terrestres e de água doce, cujo comprimento varia de 0,5 a 500 mm; as espécies maiores fazem parte do gênero bentônico *Bathynomus* (Cirolanidae). Esses animais são habitantes comuns de quase todos os ambientes e alguns grupos (p. ex., Bopyridae, Cymothoidae) são exclusiva ou parcialmente parasitas (p. ex., Gnathiidae). A subordem Oniscidea inclui cerca de 5.000 espécies, que invadiram o ambiente terrestre (tatu-bola e tatuzinho-de-jardim); esses animais são os crustáceos terrestres mais bem-sucedidos. O desenvolvimento direto, seu formato achatado, suas capacidades osmorreguladoras, sua cutícula espessada e seus órgãos aéreos de troca gasosa (pseudotraqueia) permitem que a maioria dos oniscídeo viva completamente desassociada com ambientes aquáticos. Cientistas encontraram fósseis com até 352 milhões de anos (período Carbonífero).

Os hábitos alimentares dos isópodes são extremamente diversificados. Muitos são herbívoros ou saprófagos onívoros, mas também é comum encontrar animais que se alimentam diretamente das plantas, detritívoros e predadores. Alguns são parasitas (p. ex., dos peixes ou de outros crustáceos), que se alimentam dos líquidos tissulares dos seus hospedeiros. Em geral, as mandíbulas trituradoras e a herbivoria parecem representar as condições primitivas, enquanto as mandíbulas cortantes ou perfurantes e a predação apareceram mais tarde na evolução de vários clados de isópodes.

Ordem Amphipoda. Carapaça ausente; primeiro toracômero fundido com a cabeça; um par de maxilípedes; sete pares de pereópodes unirremes, com o primeiro, o segundo e algumas vezes outros pereópodes frequentemente modificados na forma de quelas ou subquelas; coxas pereopodais expandidas na forma de placas laterais (placas coxais); brânquias torácicas (epipoditos pereopodais medianos); adultos com glândulas antenais; abdome "dividido" em duas regiões com três segmentos cada, um "pléon" anterior e um urossomo posterior com apêndices anteriores na forma de pleópodes típicos e apêndices urossomiais modificados na forma de urópodes; télson livre ou fundido com o último urossomito; em alguns casos, outros urossomitos também estão fundidos; olhos compostos sésseis, ausentes em alguns, enormes em muitos (embora não em todos) membros da subordem Hyperiidea (Figuras 21.1 N e O; 21.15; 21.23; 21.27 F; 21.29 D).

Os isópodes e os anfípodes compartilham muitas características e frequentemente considerados intimamente relacionados. Os cientistas mais antigos reconheceram essas semelhanças (p. ex., olhos compostos sésseis, perda da carapaça e presença

Capítulo 21 Filo Arthropoda | Crustacea | Caranguejos, Camarões e Afins 743

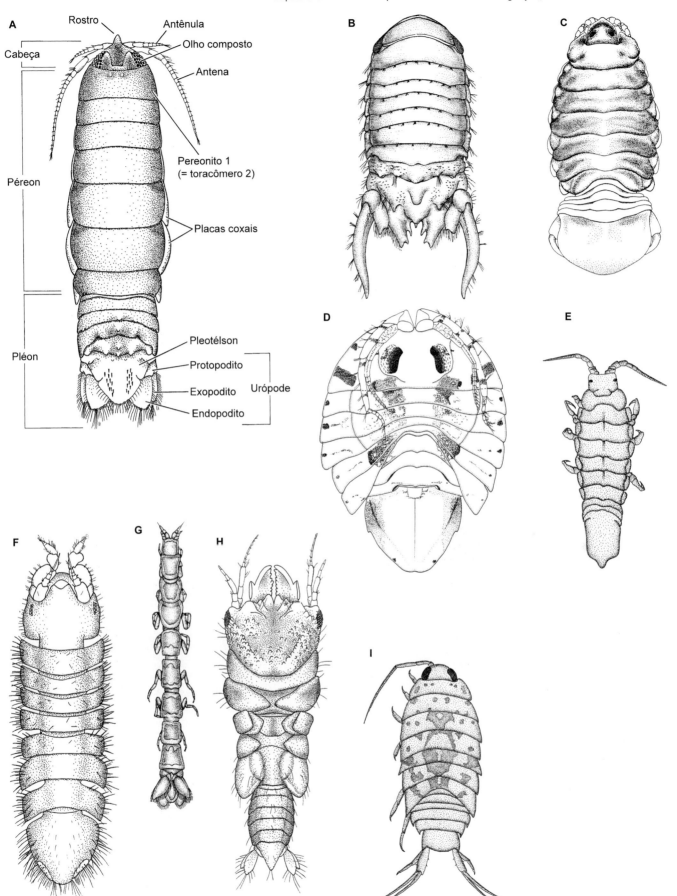

Figura 21.14 Mais peracáridos: membros da ordem Isopoda. **A.** *Excorallana*, um flabelífero (família Corallanidae). **B.** *Paracerceis*, um flabelífero (família Sphaeromatidade). Os machos desse gênero têm urópodes muito aumentados. **C.** *Codonophilus*, um flabelífero (família Cymothoidae). Os membros desse gênero são parasitas, que se fixam às línguas de vários peixes marinhos. **D.** *Heteroserolis*, um flabelífero (família Serolidae). **E.** *Idotea*, um valvífero (família Idoteidae). **F.** *Joeropsis*, um asselote (família Joeropsididae). **G.** *Mesanthura*, um anturídeo (família Anthuridae). **H.** *Gnathia*, um gnatídeo (família Gnathiidae). Observe as mandíbulas acentuadamente aumentadas, que são típicas dos machos de gnatídeos. **I.** *Ligia*, um oniscídeo ("baratinha-da-praia" comum nos litorais).

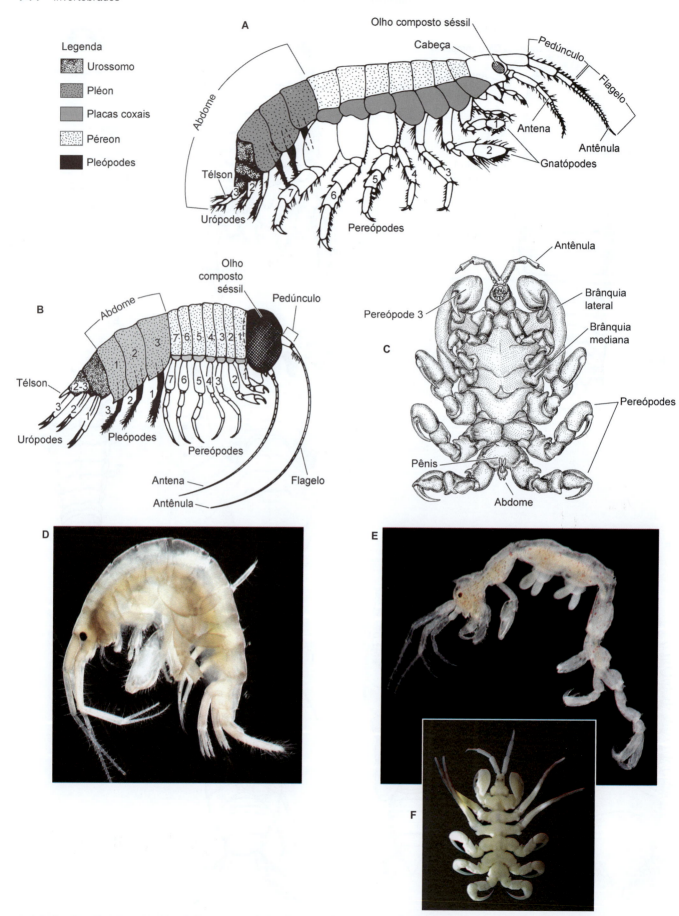

Figura 21.15 Mais alguns exemplos de peracáridos: a diversidade dos anfípodes. **A.** Anatomia geral de um anfípode gamarídeo. **B.** Anatomia geral de um anfípode hiperiídeo. **C.** Anatomia geral de um anfípode ciamídeo (*Cyamus monodontis*). **D.** *Melita*, um gamarídeo. **E.** Um caprelídeo. **F.** *Cyamus erraticus*, um anfípode ciamídeo, que parasita as baleias-francas.

(*continua*)

Figura 21.15 (*Continuação*) **G** e **H.** Dois anfípodes gamarídeos: *Hyale*, uma pulga-da-praia (**G**), e *Heterophlias*, um anfípode incomum achatado dorsoventralmente (**H**). **I** a **K.** Três hiperiídeos: *Primno* (**I**), *Leptocottis* (**J**) e um hiperiídeo em sua medusa hospedeira (**K**). **L.** *Caprella*, um caprelídeo de vida livre. **M.** *Ingolfiella*, um anfípode ingolfielídeo.

de placas coxais) e classificaram esses animais no mesmo grupo denominado "Edriopthalma" ou "Acarida". Contudo, estudos recentes sugeriram que muitas semelhanças entre esses dois táxons possam ser convergências ou paralelismos. As cerca de 11.000 espécies de anfípodes variam de tamanho entre os animais minúsculos de 1 mm até as espécies bentônicas gigantes de grandes profundidades (até 29 cm de comprimento) e um grupo formas planctônicos com mais de 10 cm. Os anfípodes invadiram a maioria dos hábitats marinhos e de água doce e frequentemente representam uma parte expressiva da biomassa de algumas áreas. O maior anfípode conhecido é *Alicella gigantea*, uma espécie marinha cosmopolita, que vive em profundidades de até 7.000 m.

A subordem principal é conhecida como Gammaridea. Alguns gamarídeos são semiterrestres e vivem na serapilheira de florestas úmidas ou nas praias arenosas supralitorâneas (p. ex., pulgas-da-praia); outros vivem nos jardins úmidos e estufas (p. ex., *Talitrus sylvaticus* e *T. pacificus*). Esses animais também são comuns nos ecossistemas aquáticos subterrâneos das cavernas e a maioria deles é estigobionte – espécies subterrâneas obrigatórias, que se caracterizam por redução ou perda dos olhos, da pigmentação e dos apêndices em algumas espécies. Existem descritas cerca de 900 espécies de anfípodes estigobiontes, incluindo os gêneros diversificados *Niphargus* (na Europa) e *Stygobromus* (na América do Norte), cada qual com mais de 100 espécies descritas. Contudo, a maioria dos anfípodes gamarídeos é constituída de espécies bentônicas marinhas e algumas adotaram um estilo de vida pelágico, geralmente nas águas oceânicas profundas. Existem muitas espécies entremarés e muitas vivem associadas a outros invertebrados e às algas. Os anfípodes gamarídeos domícolos de ao menos três famílias fiam seda secretada por suas pernas, que é usada para consolidar as paredes do seu tubo ou abrigo.

A subordem Hyperiidea inclui anfípodes exclusivamente pelágicos, que aparentemente escaparam dos limites da vida bentônica quando se tornaram associados a outros animais planctônicos, principalmente ao zooplâncton gelatinoso (como medusas, ctenóforos e salpas). Em geral, os hiperiídeos caracterizam-se por olhos enormes (além de algumas outras características inconsistentes), mas muitos outros grupos têm olhos que não são maiores que os da maioria dos gamarídeos. Os hiperiídeo quase certamente constituem um grupo polifilético e parece que várias linhagens são derivadas independentemente de diversos ancestrais gamarídeos, embora análises filogenéticas ainda precisem ser testadas. A natureza exata das relações entre os hiperiídeos e seus hospedeiros zooplanctônicos ainda é controversa. Alguns parecem comer os tecidos do hospedeiro, outros podem matar o hospedeiro para construir uma "casa" flutuante, enquanto outros ainda podem utilizar o hospedeiro como transporte ou como um berçário para os filhotes recém-eclodidos. Espécimes de cifozoários *Phacellophora camtschatica* foram encontrados com quase 500 *Hyperia medusarum* transportados em seu interior (e se alimentando).

Existem duas outras subordens anfípodes pequenas: Ingolfiellidea e Caprellidea. A primeira subordem contém apenas cerca de 40 espécies, das quais a maioria vive nas águas doce e salobra subterrâneas, embora existam algumas espécies marinhas e intersticiais. Pouco se sabe sobre sua biologia. As cerca de 300 espécies de anfípodes caprelídeos ("camarões-esqueletos") são extremamente modificadas para subir em outros organismos, inclusive algas filamentosas e hidroides. Na maioria das espécies, o corpo e os apêndices são muito estreitos e alongados. Em uma família de caprelídeos com 28 espécies (Cyamidae), os animais são simbiontes obrigatórios dos cetáceos (baleias, golfinhos e botos) e têm corpos achatados e pernas preênseis.

Além do parasitismo, os anfípodes mostram grande diversidade de estratégias alimentares, incluindo saprofragia, herbivoria, carnivorismo e suspensivoria.

"Maxilopodes". No passado, as sete classes seguintes – Thecostraca, Tantulocarida, Branchiura, Pentastomida, Mystacocarida, Copepoda e Ostracoda – ficavam reunidas em um grupo conhecido como Maxillopoda, que hoje se sabe ser artificial (não monofilético). Entretanto, muitos desses grupos de "maxilópodes" compartilham algumas características básicas. Isso inclui seu corpo com cinco somitos cefálicos, seis torácicos e quatro abdominais, mas um télson, embora reduções desse plano corpóreo básico 5-6-4 sejam comuns e, algumas vezes, diversos especialistas interpretem diferentemente a natureza desses tagmas, resultando em alguma confusão. Outras características que a maioria dessas classes tem em comum são as seguintes: toracômeros variavelmente fundidos com a cabeça; geralmente com ramos caudais; os segmentos torácicos com apêndices birremes (exceto em alguns ostrácodes); os segmentos abdominais não têm apêndices típicos; a carapaça está presente ou reduzida; olhos simples e compostos, esses últimos com aspecto singular com três taças, cada qual com células formando um *tapetum* (um arranjo que ainda é referido comumente como olho maxilópode).

A maioria desses "maxilópodes" mais antigos é representada por crustáceos diminutos, dos quais as cracas são uma exceção notável. Em geral, os maxilópodes são reconhecíveis por seus corpos encurtados, especialmente por seu abdome reduzido e pela ausência de um conjunto completo de pernas. As reduções do tamanho do corpo e do número de pernas, a ênfase no olho nauplar, a especialização mínima dos apêndices e algumas outras características levaram os biólogos a teorizar que a pedomorfose (progenia) desempenhou um papel importante na origem de algumas dessas classes. De alguma forma, portanto, esses animais assemelham-se às formas pós-larvais primitivas que evoluíram até a maturidade sexual, antes de alcançar todas as características dos adultos. Existem cerca de 26.000 espécies descritas nessas sete classes.

Classe Thecostraca

Esse grupo inclui as cracas, os ascotoracídeos parasitas e as misteriosas "larvas y". O clado dos tecóstracos é definido por várias sinapomorfias muito sutis da estrutura microscópica da cutícula, incluindo estruturas quimiossensoriais cefálicas conhecidas como órgãos em treliça. Esse grupo também está apoiado por análises de filogenéticas moleculares. Todos os táxons têm larvas pelágicas, cujo instar terminal tem antênulas preênseis e é especializado para localizar e fixar o adulto séssil ao substrato.

Subclasse Ascothoracida. Cerca de 125 espécies descritas de parasitas de antozoários e equinodermos. Embora sejam acentuadamente modificados, esses animais conservam uma carapaça bivalve e o conjunto completo de segmentos torácicos e abdominais (fatos que sugerem de que eles possam ser os tecóstracos vivos mais primitivos). Os ascotorácides geralmente têm componentes orais modificados para perfurar e sugar líquidos corporais, mas alguns vivem dentro de outros animais e absorvem os líquidos tissulares do seu hospedeiro. Ao menos em uma espécie – *Synagoga mira* – os machos retêm a capacidade de nadar durante toda a sua vida e mantêm-se fixos apenas temporariamente enquanto se alimentam nos corais (Figura 21.16 F).

Subclasse Cirripedia. Primitivamente com tagmose como na classe geral, mas em muitos grupos o corpo dos adultos é modificado para um estilo de vida séssil ou parasitária; tórax com seis segmentos e pares de apêndices birremes; abdome sem apêndices; télson ausente na maioria, embora os ramos caudais persistam no abdome de algumas espécies; larva náuplio com processos frontolaterais; larvas cipres "bivalves" singulares; carapaça "bivalve" (preguada) nos adultos, ou formando um manto carnoso; o primeiro toracômero comumente está reunido à cabeça e contém apêndices orais semelhantes aos maxilípedes; os gonóporos femininos estão localizados perto das bases dos primeiros apêndices torácicos, enquanto o gonóporo masculino está sobre o pênis medial no último segmento torácico ou no primeiro segmento abdominal; olhos compostos perdidos nos adultos (Figuras 21.1 S e T; 21.16 A a E; 21.25; 21.26; 21.27 B e C; 21.32 E; 21.33 F).

As cerca de 1.285 espécies descritas de cirrípedes consistem basicamente em cracas de vida livre, mas esse grupo também inclui algumas "cracas" parasitas estranhas, que raramente são encontradas, exceto por especialistas. As cracas e lepas pertencem à superordem Thoracica. A superordem Acrothoracica consiste em animais minúsculos, que escavam os substratos calcários, incluindo corais e conchas de moluscos (Figura 21.16 G). A superordem Rhizocephala é excepcionalmente de parasitas modificados de outros crustáceos, especialmente decápodes (Figura 21.16 H).

Se o plano corpóreo dos cirrípedes derivou de algo semelhante ao que é encontrado nas outras classes de "maxilópodes", então ele foi tão extensivamente modificado que seus elementos básicos são praticamente irreconhecíveis nos adultos dessa subclasse. O abdome é acentuadamente reduzido nos adultos e também na maioria das larvas cipres. Nos ciprídeos (larvas cipres), a carapaça sempre está presente e é "bivalve", sendo os dois lados mantidos reunidos por um músculo adutor do cipres transversal; nos adultos, a carapaça pode ter sido perdida (Rhizocephala) ou modificada em um manto saculiforme membranoso (torácicos e acrotorácicos). Nas cracas (Thoracica), é esse manto que forma as placas calcárias bem-conhecidas, que circundam o corpo. Os ciprídeos e os acrotorácicos adultos compartilham uma estrutura cônica cristalina tripartite singular no olho composto, que não é encontrada em qualquer outro grupo de crustáceo e talvez seja um vestígio do plano corpóreo ancestral dos tecóstracos. A maioria das espécies de craca é hermafrodita, enquanto sexos separados são a regra entre os acrotorácicos e os rizocéfalos; e algumas espécies androgonocorísticas (machos + hermafroditas; p. ex., *Scalpellum*) também foram descritas.

Em geral, a locomoção das cracas limita-se aos estágios larvais, embora os adultos de algumas espécies estejam especialmente adaptados a viver fixados a objetos flutuantes (p. ex., algas e troncos) ou animais marinhos nectônicos (p. ex., baleias e tartarugas marinhas). Outras são encontradas comumente nas conchas e nos exoesqueletos de vários invertebrados errantes (p. ex., caranguejos e gastrópodes), que inadvertidamente fornecem um meio de transporte de um local para outro. As cracas torácicas e acrotorácicas utilizam seus toracópodes coriáceos (cirros) para realizar suspensivoria. As cracas da família Coronulidae são suspensívoros que se fixam às baleias e às tartarugas (p. ex., *Chelonibia*, *Platylepas*, *Stomatolepas*, *Coronula*, *Xenobalanus*). Todas as cerca de 265 espécies conhecidas de rizocéfalos são endoparasitas de outros crustáceos e, dentre todos os cirrípedes, são os mais amplamente modificados. Esses animais habitam principalmente nos crustáceos decápodes, mas alguns são encontrados nos isópodes, cumáceos, estomatópodes e até mesmo nas cracas torácicas. Alguns chegam a parasitar caranguejos terrestres e de água doce. O corpo consiste em uma parte reprodutiva (a externa) localizada fora do corpo do hospedeiro e uma parte interna ramificada para absorver alimento (a interna).[6]

Subclasse Facetotecta. Um único gênero (*Hansenocaris*): "larvas y", meia dúzia de diminutas larvas náuplios e ciprídeos diminutos (250 a 630 mm) (Figura 21.16 I). Embora sejam conhecidas desde sua descrição original por Hansen em 1899, o estágio adulto desses animais ainda não foi identificado. Entretanto, um estágio subsequente ao da larva y – o estágio ípsigon semelhante a uma lesma – foi induzido pelo tratamento das larvas y com hormônios estimuladores da muda. As antênulas preênseis e o labro em formato de gancho dos ciprídeos y, além da natureza degenerativa do ípsigon, sugerem que os adultos sejam parasitas de hospedeiros ainda desconhecidos.

---

[6]Os rizocéfalos da família Sacculinidae infestam apenas crustáceos decápodes e alguns pesquisadores sugeriram sua utilização como agentes de controle biológico para crustáceos exóticos invasores, como o caranguejo-verde (*Carcinus maenas*), que infestam os ecossistemas costeiros do mundo todo. Os saculinídeos têm a habilidade de controlar funções muito importantes dos seus hospedeiros, como muda e reprodução, além de comprometer seu sistema imune.

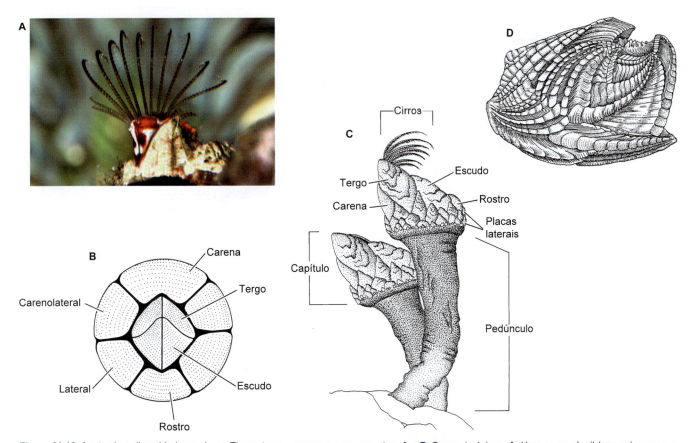

Figura 21.16 Anatomia e diversidade na classe Thecostraca – cracas e seus parentes. **A** a **E**. Cracas torácicas. **A**. Uma craca séssil (acorne) com seus cirros estendidos para alimentar-se. **B**. Terminologia das placas de uma craca balanomorfa (acorne). **C**. *Pollicipes polymerus*, uma craca lepadomorfa (pedunculada). **D**. *Verruca*, ou craca "verruga".

(continua)

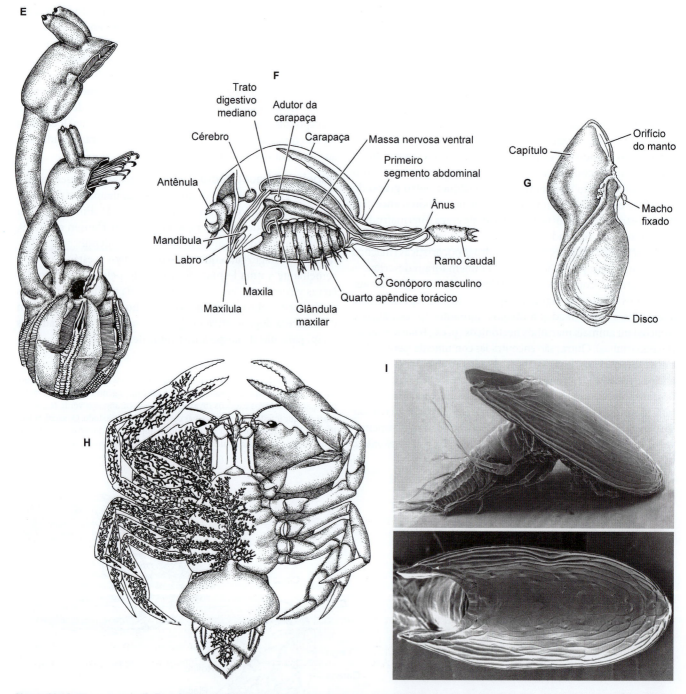

Figura 21.16 (*Continuação*) **E.** Duas cracas torácicas que vivem associadas entre si e às baleias. A craca pedunculada *Conchoderma* fixa-se à craca séssil *Coronula* que, por sua vez, gruda na pele de algumas baleias. **F.** Craca ascotorácica *Ascothorax ophiocentenis*, um parasita que se alimenta periodicamente dos equinodermos (*corte longitudinal*). **G.** *Alcippe*, uma craca acrotorácica. Observe a fêmea extremamente modificada e o macho minúsculo nela fixado. Essa espécie perfura os substratos calcários, como o esqueleto de corais. **H.** Um caranguejo (*Carcinus*) infectado pelo rizocéfalo *Sacculina carcini*. O lado direito do caranguejo é mostrado por transparência expondo o corpo ramificado do parasita. **I.** Uma larva y cipres em *vistas lateral* e *dorsal*.

Classe Tantulocarida

Parasitas bizarros de crustáceos dos mares profundos. As formas juvenis têm cabeça, tórax com seis segmentos e abdome com até sete segmentos; cabeça sem apêndices (além das antênula apenas em um estágio conhecido), mas apresenta um estilete interno mediano; toracópodes 1 a 5 birremes e o toracópode 6 é unirreme; abdome sem apêndices, mas com ramos caudais; adultos são altamente modificados com tórax saculiforme "não segmentado" e abdome reduzido contendo um pênis unirreme no primeiro segmento; gonóporos femininos no quinto segmento torácico.

Os tantulocáridos diminutos medem menos de 0,5 mm de comprimento. Eles aderem aos seus hospedeiros penetrando em seu corpo mediante a protrusão do estilete cefálico. As formas jovens têm toracópodes natatórios. Existem descritas cerca de 12 espécies distribuídas em 22 gêneros (Figuras 21.1V e 21.17). Eles foram encontrados desde as profundidades abissais até a zona entremarés, desde os polos até as águas tropicais e desde as piscinas anquialinas até as fontes hidrotermais, sempre como parasitas de outros crustáceos. Até recentemente, os membros desse grupo eram classificados em vários grupos parasitas de

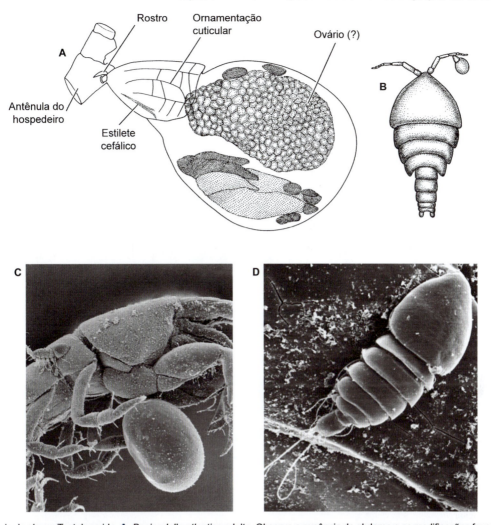

Figura 21.17 Anatomia da classe Tantulocarida. **A.** *Basipodella atlantica* adulta. Observe a ausência do abdome e as modificações favoráveis à vida parasitária. **B.** *Basipodella* fixada à antena de um copépode hospedeiro. **C** e **D.** *Microdajus pectinatus* em um crustáceo hospedeiro – formas adulta e juvenil (fotografias de microscopia eletrônica de varredura).

copépodes e cirrípedes. Em 1983, Geoffrey Boxshall e Roger Lincoln sugeriram a nova classe Tantulocarida. Alguns trabalhos recentes com esse grupo sustentam a visão que esses animais fossem maxilópodes, embora a existência de seis ou sete segmentos abdominais nas formas juvenis de algumas espécies seja inconsistente com essa visão; hoje em dia, acredita-se que eles estejam associados aos Thecostraca. O ciclo de vida é único e inclui uma larva conhecida como tântulo.

Classe Branchiura

Corpo compacto e oval, cabeça e a maior parte do tronco cobertas por uma carapaça larga; antênulas e antenas reduzidas, essas últimas ausentes em alguns casos; componentes orais modificados para parasitismo; sem maxilípedes; tórax reduzido a quatro segmentos com apêndices birremes duplos; abdome não segmentado, bilobado, sem apêndices, mas com ramos caudais diminutos; gonóporos femininos nas bases das quartas pernas torácicas; macho com um único gonóporo na superfície medioventral do último somito torácico; olhos compostos sésseis duplos e um a três olhos simples medianos (Figura 21.18 L).

A classe Branchiura inclui cerca de 230 espécies de ectoparasitas de peixes marinhos e de água doce. Em geral, as antênulas têm ganchos ou espinhos para fixação nos seus peixes hospedeiros.

As mandíbulas são reduzidas em tamanho e complexidade, contêm bordas cortantes e estão acondicionadas dentro de um aparato de "probóscide" estiliforme. Os maxílulas são queladas em *Dolops*, mas são modificados em ventosas pedunculadas em outros gêneros (*Argulus, Chonopeltis, Dipteropeltis*). Em geral, as maxilas unirremes contêm ganchos de fixação. Os toracópodes são birremes e utilizados para natação, quando o animal não está fixado a um hospedeiro. Os branquiuros alimentam-se perfurando a pele dos seus hospedeiros e sugando sangue ou líquidos tissulares. Uma vez localizado o hospedeiro, eles rastejam na direção da cabeça do peixe e ancoram em uma área na qual há pouca turbulência no fluxo de água (p. ex., atrás de uma nadadeira ou no opérculo da brânquia).

Os membros do gênero *Argulus* têm distribuição mundial e podem acarretar problemas graves à aquicultura, mas os membros dos outros gêneros têm distribuição restrita. *Chonopeltis* é encontrado apenas na África, *Dipteropeltis* na América do Sul e *Dolops* na América do Sul, na África e na Tasmânia.

Classe Pentastomida

Parasitas obrigatórios de vários anfíbios, répteis, aves e mamíferos. Os adultos vivem nos tratos respiratórios (pulmões, vias aéreas etc.) de seus hospedeiros. Corpo extremamente modificado,

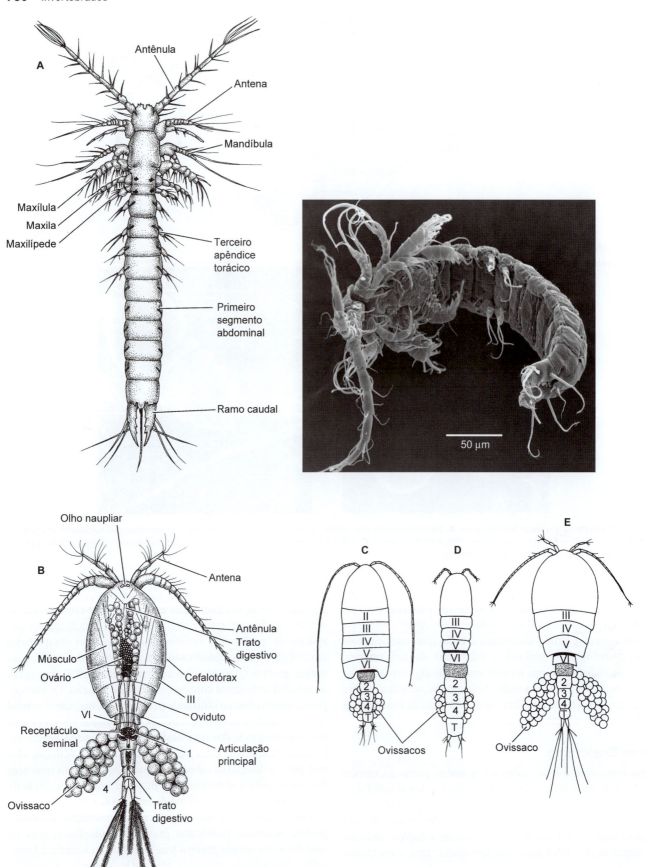

Figura 21.18 Anatomia das classes Mystacocarida, Copepoda e Branchiura. **A.** Anatomia geral e fotografia de microscopia eletrônica de varredura do mistacocárido *Derocheilocaris*. **B.** Anatomia geral de um copépode ciclopoide. **C** a **E.** Formas corporais gerais dos copépodes calanoide (**C**), harpacticoide (**D**) e ciclopoide (**E**). Observe os pontos de articulação do corpo (*faixa escura*) e a posição do segmento genital (*segmento sombreado*). Os algarismos romanos indicam os segmentos torácicos; os arábicos são os segmentos abdominais; T = télson.

(*continua*)

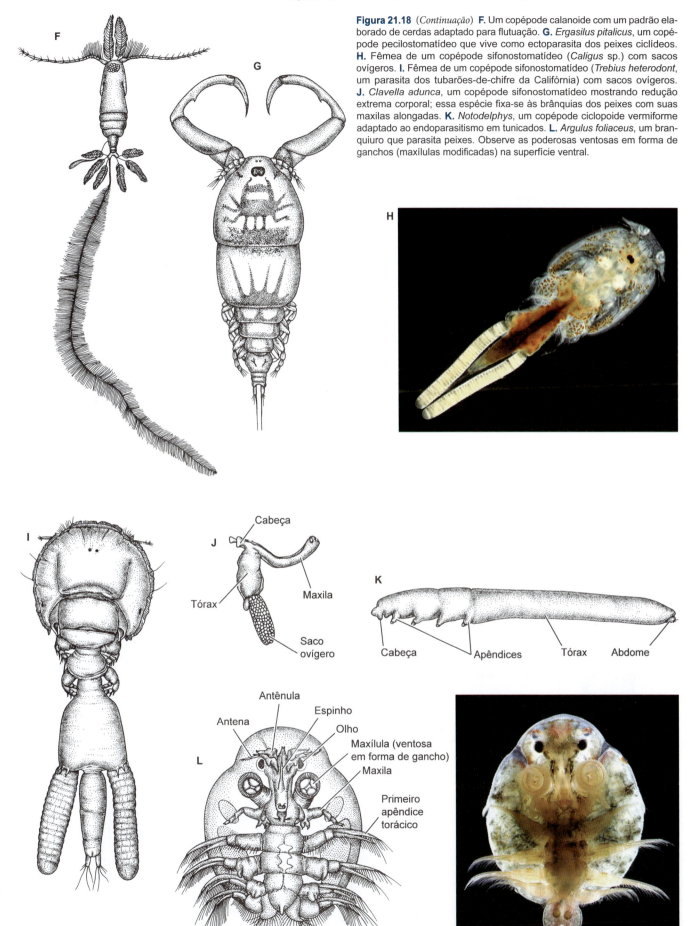

Figura 21.18 (*Continuação*) **F.** Um copépode calanoide com um padrão elaborado de cerdas adaptado para flutuação. **G.** *Ergasilus pitalicus*, um copépode pecilostomatídeo que vive como ectoparasita dos peixes ciclídeos. **H.** Fêmea de um copépode sifonostomatídeo (*Caligus* sp.) com sacos ovígeros. **I.** Fêmea de um copépode sifonostomatídeo (*Trebius heterodont*, um parasita dos tubarões-de-chifre da Califórnia) com sacos ovígeros. **J.** *Clavella adunca*, um copépode sifonostomatídeo mostrando redução extrema corporal; essa espécie fixa-se às brânquias dos peixes com suas maxilas alongadas. **K.** *Notodelphys*, um copépode ciclopoide vermiforme adaptado ao endoparasitismo em tunicados. **L.** *Argulus foliaceus*, um branquiuro que parasita peixes. Observe as poderosas ventosas em forma de ganchos (maxílulas modificadas) na superfície ventral.

vermiforme, com 2 a 13 cm de comprimento. Os apêndices do adulto são reduzidos a dois pares de apêndices cefálicos lobulados e garras quitinosas usadas para fixar-se ao hospedeiro. A cutícula do corpo não é quitinosa e é extremamente porosa. Os músculos do corpo são até certo ponto laminares, mas claramente segmentares com estrias transversais. A boca não tem mandíbulas e, em geral, está localizada na extremidade de uma projeção em forma de focinho; conectada a uma faringe contrátil musculosa usada para sugar sangue do hospedeiro. A combinação do focinho com os dois pares de pernas confere a aparência de que o animal tem cinco bocas, daí o nome pentastomídeo (do grego *penta*, "cinco"; *stomida*, "bocas"). Em muitas espécies, os apêndices são reduzidos a não mais que garras terminais. Esses animais não têm órgãos específicos para troca gasosa, circulação ou excreção. Os pentastomídeos são gonocorísticos e as fêmeas são maiores que os machos. Existem cerca de 130 espécies descritas, incluindo duas cosmopolitas, que ocasionalmente podem infectar seres humanos (Figura 21.19).

Durante muitos anos, acreditou-se que os pentastomídeos estivessem relacionados com os lobopódios fósseis, os onicóforos e os tardígrados na forma de algum tipo de criatura protoartrópode vermiforme segmentado – e alguns pesquisadores ainda sustentam essa hipótese. Contudo, estudos moleculares independentes sugeriram que os pentastomídeos sejam crustáceos extremamente modificados, talvez derivados de Branchiura. A confirmação disso veio das análises cladísticas da morfologia dos espermatozoides e das larvas, da anatomia do sistema nervoso e da ultraestrutura da cutícula.

Os estudos realizados com a fauna de Orsten na Suécia sugeriram que os animais semelhantes aos pentastomídeos apareceram a partir do período Cambriano Tardio (500 Ma), muito antes da evolução dos vertebrados terrestres. Quais poderiam ter sido os hospedeiros originais desses parasitos? Fósseis de conodontes são comuns em todos os sítios Cambrianos contendo pentastomídeos, sugerindo a possibilidade de que os conodontes (também um antigo mistério, agora geralmente considerados partes dos primeiros vertebrados semelhantes aos peixes) possam ter sido ao menos um dos hospedeiros originais desses pentastomídeos primitivos.

Classe Mystacocarida

Corpo dividido em cabeça e tronco com 10 segmentos; télson com ramos caudais em forma de garras; cabeça tipicamente fendida; todos os apêndices cefálicos são praticamente idênticos; antenas e mandíbulas birremes; antênulas, maxílulas e maxilas unirremes; primeiro segmento do tronco com maxilípedes, mas não está fundido à cabeça; carapaça ausente; gonóporos situados no quarto segmento do tronco; segmentos do tronco 2 a 5 com apêndices curtos e uniarticulados (Figura 21.18 A).

Existem apenas 13 espécies descritas de mistacocáridos – oito no gênero *Derocheilocaris* e cinco em *Ctenocheilocaris*. A maioria mede menos de 0,5 mm de comprimento, embora *D. ingens* possa alcançar 1 mm. A cabeça é marcada por uma "constrição cefálica" transversal entre as origens da primeira e da segunda antenas, talvez um resquício da segmentação cefálica primitiva. Além disso, a ausência de fusão da cabeça com o segmento do

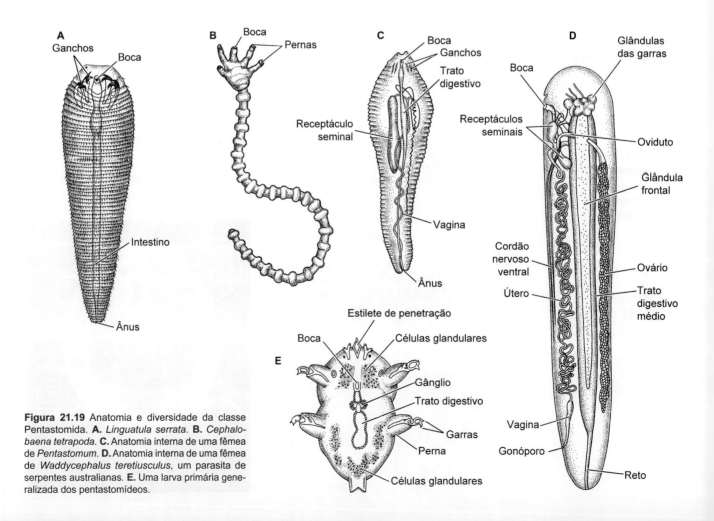

Figura 21.19 Anatomia e diversidade da classe Pentastomida. **A.** *Linguatula serrata*. **B.** *Cephalobaena tetrapoda*. **C.** Anatomia interna de uma fêmea de *Pentastomum*. **D.** Anatomia interna de uma fêmea de *Waddycephalus teretiusculus*, um parasita de serpentes australianas. **E.** Uma larva primária generalizada dos pentastomídeos.

tronco com maxilípede; a simplicidade dos apêndices orais, e outras características levaram alguns pesquisadores a propor que os mistacocáridos estejam entre os crustáceos vivos mais primitivos. Entretanto, esses atributos podem simplesmente estar relacionados com uma origem neotênica e a especialização para viver em hábitats intersticiais.

Os mistacocáridos são crustáceos marinhos intersticiais, que vivem nas areias litorâneas e sublitorâneas de todos os oceanos temperados e subtropicais do planeta. Seu corpo nitidamente vermiforme e suas dimensões diminutas certamente são adaptações ao estilo de vida nos grãos de areia. Os mistacocáridos parecem alimentar-se raspando a matéria orgânica das superfícies dos grãos de areia com suas peças orais munidas de cerdas.

Classe Copepoda

Sem carapaça, mas com um escudo cefálico bem-desenvolvido; têm um único olho maxilopodiano simples na linha mediana (ausente em algumas espécies); um ou mais toracômeros fundidos à cabeça; tórax com seis segmentos, o primeiro sempre fundido à cabeça e com maxilípedes; abdome com cinco segmentos, incluindo o somito anal (= télson); ramos caudais bem-desenvolvidos; abdome sem apêndices, exceto um par reduzido ocasional no primeiro segmento, que está associado aos gonóporos; o ponto de flexão corporal principal varia entre os grupos principais; antênulas unirremes, antenas unirremes ou birremes; 4 a 5 pares de toracópodes natatórios, sendo a maioria mantida unida para a natação; os toracópodes posteriores sempre são birremes (Figuras 21.1 U; 21,18 B a K; 21.17 A; 21.30 D; 21.33 D).

Existem mais de 12.500 espécies descritas de copépodes. Esses animais podem ser incrivelmente abundantes nos oceanos do planeta e também em alguns lagos – de acordo com uma estimativa, eles superam numericamente todas as outras formas multicelulares de vida na Terra. A maioria é constituída de animais pequenos (0,5 a 10 mm de comprimento), mas algumas formas de vida livre excedem 1,5 cm e certos parasitas extremamente modificados podem alcançar 25 cm. O corpo da maioria dos copépodes divide-se claramente em três tagmas, cujos nomes variam de acordo com os autores. A primeira região inclui os cinco segmentos cefálicos fundidos e um ou dois somitos torácicos adicionais fundidos; essa região é conhecida como cefalossomo (= cefalotórax) e contém os apêndices cefálicos e os maxilípedes comuns. Todos os outros apêndices originam-se dos segmentos torácicos restantes que, em conjunto, constituem o metassomo. O abdome (ou urossomo) não tem apêndices. Frequentemente, as regiões do corpo que contêm apêndices (cefalossomo e metassomo) são referidas coletivamente como prossomo. A maioria dos copépodes de vida livre e os copépodes encontrados mais comumente pertencem às ordens Calanoida, Harpacticoida e Cyclopoida, embora mesmo alguns deles sejam parasitas. Nesta seção, enfatizamos esses três grupos e depois descreveremos resumidamente algumas outras ordens menores e suas modificações à vida parasitária. Os calanoides caracterizam-se por um ponto de flexão corporal principal entre o metassomo e o urossomo, que é marcado por um estreitamento bem-definido do corpo. Esses animais têm antênulas acentuadamente alongadas. A maioria dos calanoides é planctônica e, como grupo, eles são extremamente importantes como consumidores primários das cadeias alimentares marinhas e de água doce. O ponto de flexão corporal das ordens Harpacticoida e Cyclopoida está localizado entre os dois últimos (quinto e sexto) segmentos metassomais. (Nota: alguns autores definem o urossomo dos harpacticoides e ciclopoides como a região do corpo situada atrás desse ponto de flexão.) Em geral, os harpacticoides são nitidamente vermiformes com os segmentos posteriores pouco mais estreitos que os anteriores; os ciclopoides geralmente apresentam um estreitamento abrupto na flexão principal do corpo. As antênulas e as antenas são muito curtas nos harpacticoides, mas essas últimas são moderadamente longas nos ciclopoides (embora nunca sejam tão longas quanto as antênulas dos calanoides). As antenas são unirremes nos ciclopoides, mas birremes nos outros dois grupos. A maioria dos harpacticoides é bentônica e os animais que se adaptaram a um estilo de vida planctônico apresentam modificações da forma corporal. Os harpacticoides são encontrados em todos os ambientes aquáticos; a formação de cistos é conhecida ao menos em algumas espécies marinhas e de água doce. Os ciclopoides são encontrados nas águas salgada e doce e a maioria é planctônica.

Os copépodes não parasitas movimentam-se por rastejamento ou natação utilizando alguns ou todos os seus apêndices torácicos. Alguns animais planctônicos têm apêndices com muitas cerdas, oferecendo grande resistência ao afundamento. Os calanoides alimentam-se predominantemente como planctotróficos. Os harpacticoides bentônicos são referidos comumente como detritívoros, mas muitos se alimentam basicamente de microrganismos, que vivem na superfície dos detritos ou nas partículas do sedimento (p. ex., diatomáceas, bactérias e protistas).

Das sete ordens restantes, a Mormonilloida é constituída de animais planctônicos; a ordem Misophrioida é encontrada nos hábitats epibentônicos dos oceanos profundos e também nas cavernas anquialinas do Pacífico e do Atlântico; e a ordem Monstrilloida é representada por animais planctônicos na forma adulta, embora os estágios larvais sejam endoparasitas de alguns gastrópodes, poliquetos e, algumas vezes, equinodermos. Os membros das ordens Poecilostomatoida e Siphonostomatoida são exclusivamente parasitas e comumente têm corpos modificados. Os sifonostomatoides são endoparasitas ou ectoparasitas de vários invertebrados, assim como de peixes marinhos e de água doce; em geral, esses animais são microscópicos e apresentam redução ou perda da segmentação corporal. Os pecilostomatoides parasitam invertebrados e peixes marinhos e também podem apresentar número reduzido de segmentos corporais. Os Platycopioida são animais bentônicos encontrados predominantemente nas cavernas marinhas; os Gelyelloida vivem apenas nas águas subterrâneas da Europa.

Classe Ostracoda

Segmentação corporal reduzida; tronco não dividido claramente em tórax e abdome, com 6 a 8 pares de apêndices (incluindo o apêndice copulatório masculino); tronco com 1 a 3 pares de apêndices com estrutura variável; ramos caudais presentes; gonóporos situados no lobo anterior aos ramos caudais; carapaça bivalve articulada dorsalmente e fechada por um músculo adutor central, que recobre a cabeça e o corpo; carapaça extremamente variada em formato e ornamentação (lisa ou com várias depressões, cristas, espinhos etc.); a maioria com um olho naupliar mediano simples (conhecido comumente como "olho de maxilópode") e, algumas vezes, olhos compostos fracamente pedunculados (nos miodocopídeos); adultos com glândulas maxilares (em alguns antenais); machos com apêndices copulatórios bem-definidos; e ramos caudais (furcas) presentes (Figura 21.20).

Os ostrácodes incluem cerca de 30.000 espécies vivas descritas de crustáceos bivalves pequenos, cujo comprimento varia de 0,1 a 2,0 mm, embora algumas espécies gigantes (p. ex., *Gigantocypris*) possam chegar a 32 mm. Superficialmente, esses animais são semelhantes aos camarões-moluscos porque têm todo o seu corpo recoberto pelas valvas da carapaça. Contudo, as valvas dos ostrácodes não têm os anéis de crescimento concêntricos dos camarões-moluscos e existem diferenças expressivas nos apêndices. Em geral, a concha é penetrada por poros (alguns deles contendo cerdas) e é desprendida a cada muda. Existe muita confusão acerca da natureza dos apêndices dos ostrácodes e as homologias com outros táxons de crustáceos (e mesmo entre os ostrácodes) são duvidosas – essa confusão está refletida na variedade de nomes aplicados por diversos autores. Aqui adotamos termos que permitem uma comparação mais fácil com outros táxons.

Os ostrácodes têm o menor número de membros de qualquer classe de crustáceos. Os quatro ou cinco apêndices cefálicos são seguidos por um a três apêndices do tronco. Superficialmente as maxilas (segunda) parecem estar ausentes; contudo, o quinto par extremamente modificado na verdade corresponde a esses apêndices. O tronco raramente apresenta indícios externos de segmentação, embora todos os 11 somitos pós-cefálicos sejam discerníveis em alguns táxons. Os apêndices do tronco variam quanto à estrutura entre os táxons e espécimes. O terceiro par de apêndices do tronco abriga os gonóporos e constitui o chamado órgão copulatório.

Os ostrácodes constituem um dos grupos mais bem-sucedidos de crustáceos. Além disso, eles têm o melhor registro fóssil dentre todo o grupo de artrópodes, que data ao menos do período Ordoviciano; estimativas calcularam que existam cerca de 65.000 espécies fósseis descritas. A maioria dos ostrácodes é composta de rastejadores ou cavadores bentônicos, mas alguns adotaram um estilo de vida planctônico suspensívoro e outros são terrestres e vivem nos hábitats úmidos. Uma espécie é conhecida por parasitar as brânquias dos peixes – *Sheina orri* (Myodocopida, Cyprinidae). Os ostrácodes são abundantes em todo o planeta e em todos os ambientes aquáticos e, nos oceanos, foram identificados até profundidades de 7.000 m. Alguns são comensais dos equinodermos ou de outros crustáceos. Alguns podocopes (membros da família Terrestricytheridae) invadiram as regiões arenosas supralitorâneas e membros de várias famílias vivem nos musgos e húmus terrestres. Dois táxons principais (aqui classificados como subclasses) são reconhecidos entre a classe Ostracoda: Myodocopa e Podocopa.

Todos os miodocopes são marinhos. A maioria é bentônica, mas esse grupo também inclui todos os ostrácodes planctônicos marinhos. O maior de todos os ostrácodes – *Gigantocypris* planctônico – faz parte desse grupo. Os miodocopes incluem saprófagos, detritívoros, suspensívoros e alguns predadores. Existem duas ordens: Myodocopida e Halocyprida.

Os podocopes incluem animais predominantemente bentônicos; embora alguns possam nadar temporariamente, nenhum é plenamente planctônico. As estratégias alimentares desses animais incluem suspensivoria, herbivoria e detritivoria. Os podocopes são divididos em três ordens: Platycopida exclusivamente marinhos, os Podocopida ubíquos e os Paleocoida. Paleocoida eram diversificados e bem-difundidos na era Paleozoica, mas hoje estão representados apenas pelos Punciidae extremamente raros (algumas espécies vivas conhecidas e de valvas de animais mortos dragados do Pacífico Sul).

Plano corpóreo dos crustáceos

Sabemos que os resumos apresentados até aqui são muito longos, mas a diversidade dos crustáceos precisa ser enfatizada antes que tentemos fazer algumas generalizações acerca de sua biologia. O sucesso evolutivo dos crustáceos, assim como de outros artrópodes, está diretamente relacionado com as modificações do exoesqueleto e dos apêndices articulados – esses últimos com incontáveis modificações para desempenhar grande variedade de funções.

O plano corpóreo mais básico dos crustáceos consiste em uma **cabeça** (**céfalo**) seguida de um corpo longo (**tronco**) com muitos apêndices semelhantes, como se pode observar na classe Remipedia (Figuras 21.1 A; 21.3 D e E). Entretanto, nas outras classes de crustáceos, há graus variados de tagmose e a cabeça é tipicamente seguida de um tronco que é dividido em duas regiões distintas, um **tórax** e um **abdome**. Ao menos primitivamente, todos os crustáceos têm um **escudo cefálico** (**escudo da cabeça**) ou uma **carapaça**. O escudo cefálico resulta da fusão dos tergitos cefálicos dorsais para formar uma placa cuticular sólida, geralmente com dobras ventrolaterais (**dobras pleurais**) nos lados. Os escudos cefálicos existiam nos crustáceos fósseis antigos do período Cambriano (p. ex., retirados da fauna de Orsten) e são típicos das classes Remipedia e Cephalocarida; eles também ocorrem em alguns grupos de maxilópodes mais antigos e nos malacóstracos. A carapaça é uma estrutura mais expansiva composta pelo escudo cefálico e por uma dobra grande do exoesqueleto, que provavelmente se originou (primitivamente) do somito maxilar. A carapaça pode estender-se sobre o corpo em direção dorsal e lateral, assim como posteriormente e, em geral, funde-se a um ou mais segmentos torácicos; deste modo, eles formam um **cefalotórax** (Figura 21.2 A). Em alguns casos, a carapaça pode crescer para frente e ultrapassar a cabeça, formando um rostro estreito.

A maioria das diferenças entre os grupos principais de crustáceos e a base de grande parte de sua classificação provêm das variações da quantidade de somitos no tórax e no abdome, do formato de seus apêndices e do tamanho e da forma da carapaça. Uma análise breve dos resumos (apresentados antes) e das figuras correspondentes pode oferecer-lhe alguma ideia da amplitude de variação dessas características.

A uniformidade dentro do subfilo Crustacea é demonstrada principalmente pela consistência dos elementos da cabeça e da presença da larva náuplio. Com exceção de alguns casos de redução secundária, a cabeça de todos os crustáceos tem cinco pares de apêndices. Da frente para trás, esses apêndices são **antênulas** (primeiras antenas), **antenas** (segundas antenas), **mandíbulas**, **maxílulas** (primeiras maxilas) e **maxilas** (segundas maxilas). Entre os artrópodes, a existência de dois pares de antenas é singular aos crustáceos (assim como às larvas náuplio, embora "larvas cefalizadas" semelhantes sejam conhecidas em

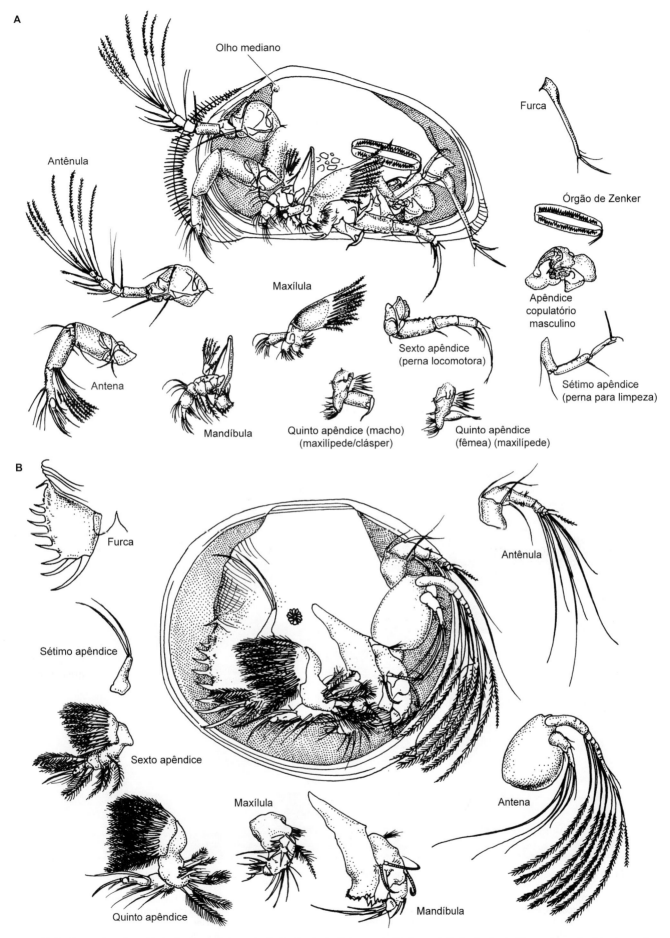

Figura 21.20 Anatomia e diversidade da classe Ostracoda. **A.** Anatomia de *Sclerocypris* (Podocopa). **B.** Anatomia de *Thaumatoconcha* (Myodocopa).

(*continua*)

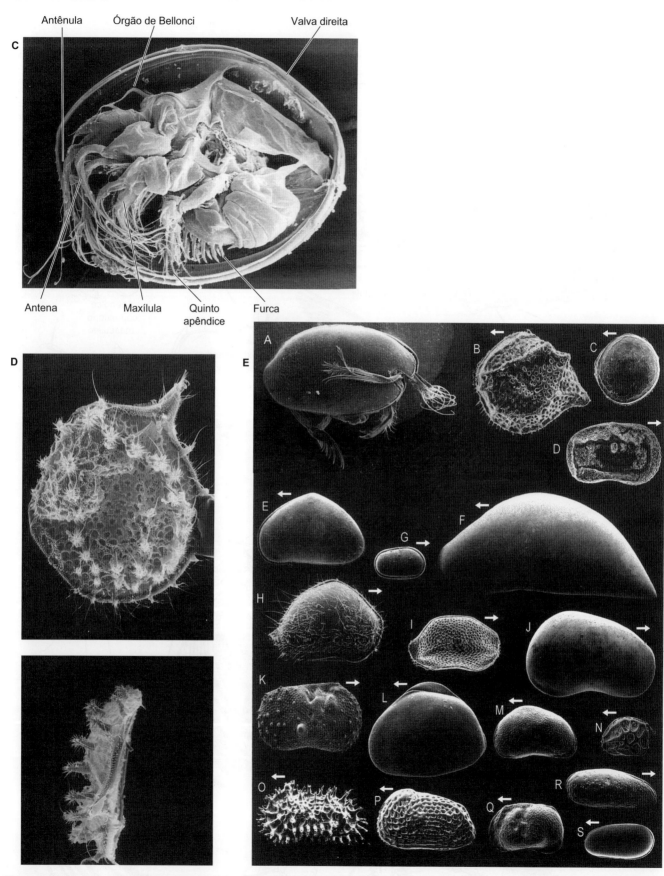

Figura 21.20 (*Continuação*) **C.** *Vista interna* de *Metapolycope* (Myodocopa) com a valva esquerda removida. **D.** *Eusarsiella* (Myodocopa), um ostrácode extremamente ornamentado; *vistas lateral* e *de perfil* mostrando a concha ornamentada. **E.** Exemplos de gêneros dos principais grupos de ostrácodes (escala = 1,0 mm). A = *Vargula* (Myodocopa, Myodocopida). B = *Eusarsiella* (Myodocopa, Myodocopida). C = *Polycope* (Myodocopa, Halocyprida). D = *Cytherelloidea* (Podocopa, Platycopida). E = *Propontocypris* (Podocopa, Podocopida). F = *Macrocypris* (Podocopa, Podocopida). G = *Saipanetta* (Podocopa, Podocopida). H = *Neonesidea* (Podocopa, Podocopida). I = *Triebelina* (Podocopa, Podocopida). J = *Candona* (Podocopa, Podocopida). K = *Ilyocypris* (Podocopa, Podocopida). L = *Cyprinotus* (Podocopa, Podocopida). M = *Potamocypris* (Podocopa, Podocopida). N = *Hemicytherura* (Podocopa, Podocopida). O = *Acanthocythereis* (Podocopa, Podocopida). P = *Celtia* (Podocopa, Podocopida). Q = *Limnocythere* (Podocopa, Podocopida). R = *Sahnicythere* (Podocopa, Podocopida). S = *Darwinula* (Podocopa, Podocopida). Todas as *setas* apontam para frente.

outros grupos de artrópodes do registro fóssil).[7] Embora os olhos de alguns crustáceos sejam simples, a maioria tem um par de olhos compostos bem-desenvolvidos, estejam localizados na cabeça (olhos sésseis) ou tenham sua origem em pedúnculos móveis bem-definidos (olhos pedunculados).

Em muitos crustáceos, um a três segmentos torácicos anteriores (**toracômeros**) estão fundidos com a cabeça. Nos casos típicos, os apêndices desses segmentos fundidos são incorporados à cabeça na forma de componentes orais adicionais conhecidos como **maxilípedes**. Na classe Malacostraca, os toracômeros livres restantes são conhecidos coletivamente como **péreon**. Cada segmento do péreon é descrito como **pereonito** (= pereômero) e seus apêndices são conhecidos como **pereópodes**. Os pereópodes podem ser especializados para andar, nadar, troca gasosa, alimentação e/ou defesa. Os apêndices torácicos (e pleonais) dos crustáceos podem ser primitivamente birremes, embora a condição unirreme seja encontrada em vários táxons. O apêndice geral de um crustáceo é composto de um **protopodito** basal (= simpodito), a partir do qual podem originar-se **enditos** mediais (p. ex., gnatobases), **exitos** laterais (p. ex., **epipoditos**) e dois ramos (endopodito e exopodito). Os membros das classes Remipedia, Cephalocarida, Branchiopoda e alguns ostrácodes têm apêndices com protopoditos uniarticulados (um único segmento); em geral, as classes restantes têm apêndices com protopoditos multiarticulados (Tabela 21.1).[8]

O abdome, conhecido como **pléon** nos malacóstracos, é formado de vários segmentos ou **pleonitos** (= pleômeros), que são seguidos por uma placa ou lobo pós-segmentar (**somito anal** ou **télson**), que contém o ânus (Figura 21.2 B). Nos crustáceos primitivos, esse somito anal contém um par de processos apendiculares ou espiculares, que são conhecidos tradicionalmente como **ramos caudais**. Nos eumalacóstracos, o somito anal não tem ramos caudais e é seguido por uma aba cuticular dorsal achatada; algumas vezes, essa aba é descrita como télson.

Em geral, os apêndices abdominais bem-definidos (**pleópodes**) são encontrados apenas nos malacóstracos. Esses apêndices quase sempre são birremes e, em geral, têm aspecto semelhante a uma aba e são usados para nadar (p. ex., Figuras 21.9 a 21.15). O último (ou os últimos) par de apêndices abdominais direcionados posteriormente geralmente é diferente dos outros pleópodes e esses apêndices são conhecidos como **urópodes**. Em conjunto com o télson, os urópodes formam um **leque caudal** bem-definido em muitos malacóstracos (Figura 21.2 B).

Os crustáceos passam por um estágio larval singular e característico, conhecido como **náuplio** (Figuras 21.25 B e C; 21.33 D), e têm um olho simples (nauplial) mediano e três pares de apêndices funcionais na cabeça munidos de cerdas – destinadas a se transformar nas antênulas, nas antenas e nas mandíbulas. Atrás dos segmentos cefálicos, há uma zona de crescimento e o télson. Contudo, em muitos grupos (p. ex., Peracarida e a maioria dos decápodes), a larva náuplio de vida livre está ausente ou suprimida. Nesses casos, o desenvolvimento é inteiramente direto ou misto, com eclosão das larvas ocorrendo em algum estágio pós-naupliar (Tabela 21.2). Comumente, existem outros estágios larvais que sucedem o náuplio (ou outro estágio de eclosão), à medida que o indivíduo passa por uma série de mudas, durante as quais os segmentos e os apêndices são adicionados gradativamente. Uma compilação recente de todas as formas larvais dos crustáceos (Martin et al., 2014) inclui os elementos-chave das larvas nauplianas bem-definidas em todos os grupos que eclodem esse tipo de larva, assim como resumos do desenvolvimento larval de todos os crustáceos.

Locomoção

Os crustáceos movem-se basicamente utilizando seus apêndices (Figura 21.21) e não existem ondulações laterais do corpo. Eles rastejam ou nadam, ou mais raramente perfuram, "pegam carona" ou saltam. Muitos ectoparasitas (p. ex., branquiuros, certos isópodes e copépodes) são basicamente sedentários e vivem nos seus hospedeiros, enquanto a maioria dos cirrípedes é completamente séssil.

Em geral, a natação é conseguida por uma ação de remar com os apêndices. A natação arquetípica é exemplificada pelos crustáceos que têm troncos relativamente indiferenciados e grandes números de apêndices birremes semelhantes (p. ex., remipédios, anóstracos, notostráceos). Em geral, esses animais nadam por meio de batimentos metacronais dos apêndices do tronco de trás para frente (Figura 21.22 e Capítulo 20). Os apêndices desses crustáceos comumente são largos e achatados e, em geral, eles contêm franjas de cerdas, que aumentam a eficiência da força propulsora. Durante a recuperação de cada "braçada", os apêndices são flexionados e as cerdas podem sofrer colapso, reduzindo a resistência. Nos membros de alguns grupos (p. ex., Cephalocarida, Branchiopoda, Leptostraca), exitos ou epipoditos grandes originam-se da base da perna, formando membros "folhosos" largos conhecidos como **filopódios**. Essas estruturas semelhantes a abas facilitam a locomoção e também podem desempenhar a função de osmorregulação (branquiópodes) ou superfícies de troca gasosa (cefalocáridos e leptóstracos) (Figura 21.21 A a C). Embora esses epipoditos aumentem a superfície da força de propulsão, eles também são articulados, de forma que sofrem colapso na fase de recuperação e diminuem a resistência. Os movimentos metacronais dos apêndices são conservados por muitos crustáceos "superiores" natantes, mas eles tendem a estar limitados a determinados apêndices (p. ex., pleópodes nos camarões, estomatópodes, anfípodes e isópodes; pereópodes nos eufausiáceos e misidáceos). Nos eufausiáceos e misidáceos natatórios, os toracópodes batem com um padrão metacrônico de remadas, com o exopodito e o leque de cerdas estendidos durante a ação propulsora e flexionados durante a fase de recuperação. Os movimentos e a coordenação neuromuscular dos apêndices dos crustáceos são enganosamente complexos. No misidáceos comum *Gnathophausia ingens*, por exemplo, doze músculos separados acionam apenas os exopoditos torácicos (três são extrínsecos ao exopodito, cinco estão no pedúnculo do apêndice e quatro no flagelo exopodial).

---

[7] As larvas semelhantes às dos crustáceos do período Cambriano do registro fóssil, que são conhecidas como "larvas cefalizadas", podem ser as precursoras do estágio náuplio bem-definido, que é encontrado em muitos crustáceos modernos. Ver Martin et al. (2014).

[8] O termo "pedúnculo" é um nome genérico aplicado comumente à parte basal de alguns apêndices; em muitos casos (embora nem sempre), ele é utilizado como sinônimo de protopodito. Conforme foi mencionado no Capítulo 20, o exopodito poderia ser nada mais que um exito extremamente modificado, que evoluiu de uma condição ancestral unirreme.

TABELA 21.1 Comparação de características diagnósticas entre as 11 classes de crustáceos (e das ordens da classe Branchiopoda e das subclasses da classe Eumalacostraca).

Táxon	Carapaça ou escudo cefálico	Tagmas corporais e número de segmentos em cada (exceto o télson)	Toracópodes	Maxilípedes
Classe Remipedia	Escudo cefálico	Cabeça (6) e tronco (até 32)	Não filopodiais	1 par
Classe Cephalocarida	Escudo cefálico	Cabeça (6), tórax (8) e abdome (11)	Filopodiais	Nenhum
Classe Branchiopoda, ordem Anostraca	Escudo cefálico	Cabeça (6), tórax (geralmente 11) e abdome (geralmente 8)	Filopodiais	Nenhum
Classe Branchiopoda, ordem Notostraca	Carapaça	Cabeça (6), tórax (11) e abdome (muitos segmentos)	Filopodiais	Nenhum
Classe Branchiopoda, ordem Diplostraca	Carapaça (bivalve, articulada ou dobrada)	Cabeça (6), tronco (10 a 32, ou pouco discerníveis)	Filopodiais	Nenhum
Classe Malacostraca, subclasse Phyllocarida	Carapaça grande e dobrada cobrindo o tórax	Cabeça (6), tórax (8) e abdome (7)	Filopodiais	Nenhum
Classe Malacostraca, subclasse Hoplocarida	Carapaça bem-desenvolvida cobrindo o tórax	Cabeça (6), tórax (8) e abdome (6)	Não filopodiais	Cinco pares de toracópodes referidos como maxilípedes
Classe Malacostraca, subclasse Eumalacostraca	Carapaça bem-desenvolvida ou secundariamente reduzida ou perdida	Cabeça (6), tórax (8) e abdome (6)	Não filopodiais; unirremes em muitos	0 a 3 pares
Classe Thecostraca	Carapaça bivalve (em alguns estágios), geralmente modificada na forma de manto	Cabeça (6), tórax (6) e abdome (4)	Não filopodiais, geralmente reduzidos	Nenhum
Classe Tantulocarida	Escudo cefálico	Cabeça (6), tórax (6) e abdome (até 7)	Não filopodiais, acentuadamente reduzidos	Nenhum
Classe Branchiura	Carapaça larga cobrindo a cabeça e o tronco	Cabeça (6), tórax (6) e abdome (4?)	Não filopodiais (mas todos natantes)	Nenhum
Classe Pentastomida	Nenhum	Indistinguíveis; corpo vermiforme	Nenhum	Nenhum
Classe Mystacocarida	Escudo cefálico	Cabeça (6), tronco (10)	Não filopodiais	1 par
Classe Copepoda	Escudo cefálico	Cabeça (6), tórax (6) e abdome (5)	Não filopodiais; natantes, comumente reduzidos	Geralmente 1 par
Classe Ostracoda	Carapaça bivalve	Subdivisões imprecisas; 6 a 8 pares de apêndices	Não filopodiais, reduzidos	Nenhum

Antênulas	Antenas	Olhos compostos	Apêndices abdominais	Localização dos gonóporos
Birremes	Birremes	Ausentes	Todos os apêndices do tronco são semelhantes	♂: protopoditos do segmento 15 do tronco; ♀: segmento 8 do tronco
Unirremes	Birremes	Ausentes	Nenhum	Poros comuns nos protopoditos do par 6 de toracópodes
Unirremes	Unirremes	Presentes	Nenhum	♀: no segmento 12/13 ou 20/21
Unirremes	Vestigiais	Presentes	Presentes (reduzidos posteriormente)	Toracômero 11 (ambos os sexos)
Unirremes	Birremes	Presentes	Todos os apêndices do tronco são semelhantes, ou os segmentos posteriores sem apêndices	Variável; no segmento 9 ou 11 do tronco, ou na região ápode posterior (alguns cladóceros)
Birremes	Unirremes	Presentes	Pleópodes (posteriormente reduzidos)	♂: coxas do par 8 de toracópodes; ♀: coxas do par 6 de toracópodes
Trirremes	Birremes	Presentes e bem-desenvolvidos	Pleópodes bem-desenvolvidos com brânquias; 1 par de urópodes	♂: coxas do par 8 de toracópodes; ♀: coxas do par 6 de toracópodes
Unirremes ou birremes	Unirremes ou birremes	Presentes e bem-desenvolvidos	Geralmente, 5 pares de pleópodes, 1 par de urópodes	♂: coxas do par 8 de toracópodes ou esterno do toracômero 8; ♀: coxas do par 6 de toracópodes ou esterno do toracômero 6
Unirremes	Birremes	Ausentes (nos adultos)	Nenhum	Variável; ♂: abertura geralmente no segmento 4 ou 7 do tronco; ♀: no segmento 1, 4 ou 7 do tronco
Nenhuma (pareada em um estágio)	Nenhuma	Ausente	Nenhum	♀: abertura no segmento 5 do tronco
Unirremes reduzidas	Birremes reduzidas	Presentes	Nenhum	♂: abertura única no toracômero 6; ♀: gonóporos na base do toracópode 4
Nenhuma	Nenhuma	Ausentes	Nenhum	Gonóporo comum com localização variável
Unirremes	Birremes	Ausentes	Nenhum	Aberturas ♂ e ♀ no segmento 4 do tronco
Unirremes	Unirremes ou birremes	Ausentes	Nenhum	Gonóporos geralmente no segmento 1 urossomal
Unirremes	Birremes	Ausentes (em geral)	Nenhum	Gonóporos no lobo anterior ao ramo caudal

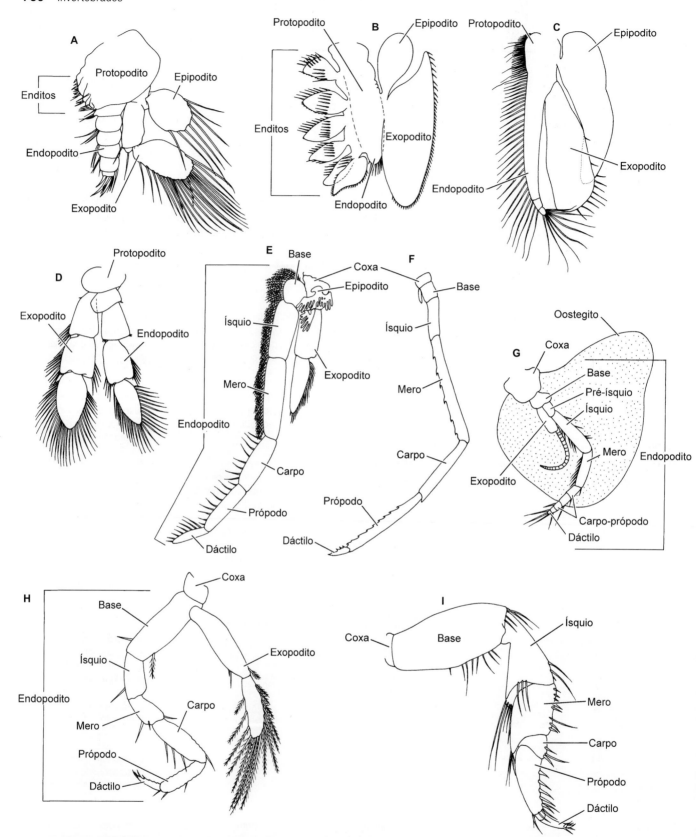

Figura 21.21 Apêndices torácicos generalizados de vários crustáceos. **A** a **C**. Toracópodes filopodiais birremes. **A.** Cephalocarida. **B.** Branchiopoda. As *linhas tracejadas* indicam dobras ou linhas de "articulação". **C.** Leptostraca (Phyllocarida). **D.** Um toracópode birreme e achatado, mas não filopodial: Remipedia. **E** a **I.** Toracópodes estenopodiais. **E.** Euphausiacea. **F.** Caridea (Decapoda). **G.** Lophogastrida (Peracarida). **H.** Spelaeogriphacea (Peracarida). **I.** Isopoda (Peracarida). Em razão da existência de epipoditos grandes nas pernas dos cefalocáridos, branquiópodes e filocáridos, alguns autores referem-se a eles como apêndices "trirremes". Contudo, epipoditos menores também ocorrem em muitas pernas "birremes" típicas, de modo que essa distinção não parece estar justificada (e pode causar confusão). Note que, nos quatro grupos primitivos de crustáceos (cefalocáridos, branquiópodes, filocáridos e remipédios), o protopodito é formado por um único artículo. Além disso, nos branquiópodes e nos leptóstracos, os artículos do endopodito não estão claramente separados uns dos outros. Nos crustáceos mais evoluídos (Malacostraca e os antigos "maxilópodes"), o protopodito abrange dois ou três artículos separados, embora na maioria dos animais que eram antes classificados como maxilópodes eles possam estar reduzidos e não sejam observáveis facilmente. Nos lofogastrídeos (**G**), o oostegito marsupial volumoso característico das fêmeas dos peracáridos aparece saindo da coxa. Em dois grupos (anfípodes e isópodes), todos os indícios dos exopoditos desapareceram e apenas o endopodito permanece na forma de uma perna locomotora unirreme grande e potente.

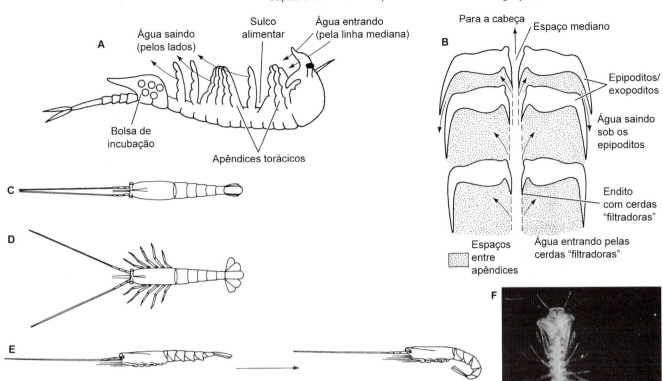

Figura 21.22 Alguns aspectos da locomoção (e alimentação) de três crustáceos (ver também Capítulo 20). **A** e **B.** Formação das correntes natatórias e alimentação de um anóstraco. **A.** Um anóstraco nadando sobre seu dorso por meio de batimentos metacrônicos dos apêndices do tronco. Os apêndices são dobrados e recolhidos durante a fase de recuperação e, desse modo, diminuem a resistência. **B.** A água é puxada de frente para trás ao longo da linha mediana e para dentro dos espaços entre os apêndices, enquanto as partículas alimentares ficam retidas nas superfícies mediais dos enditos; o excesso de água é pressionado lateralmente para fora e o alimento retido é transferido em direção anterior até a boca. **C** e **E.** Locomoção da pós-larva de *Panulirus argus*. **C.** Postura de natação normal, quando o animal se movimenta lentamente para frente. **D.** Postura de afundamento com os apêndices abertos para reduzir a velocidade de afundamento. **E.** Um rápido recuo mediante a flexão rápida da cauda (a "reação de fuga do caridoide"), que é um método utilizado comumente pelos crustáceos com abdome e leque caudal bem-desenvolvidos. **F.** Um remipédio *Lasionectes* nadando. Observe as ondas metacrônicas dos movimentos dos apêndices.

TABELA 21.2 Resumo dos componentes reprodutivos dos crustáceos.[a]

Táxon	Tipo de desenvolvimento, ou tipo larval na eclosão	Hermafrodita (pelo menos algumas espécies)	Gonocorístico	Partenogenético (em pelo menos algumas espécies)	Comentários
Classe Remipedia	Náuplio (anamórfica)	Sim	Não	Não	Foram descritos oito estágios naupliares (2 ortonáuplios e 6 metanáuplios) seguidos de um estágio "pré-juvenil"
Classe Cephalocarida	Metanáuplio (anamórfica)	Sim	Não	Não	Um a dois ovos de cada vez são fecundados e transportados nos processos genitais dos primeiros pleonitos
Classe Branchiopoda, ordem Anostraca	Náuplio ou metanáuplio (anamórfica)	Não	Sim	Sim	Em geral, os embriões são dispersados do ovissaco no início do desenvolvimento; os ovos fecundados resistentes (criptobióticos) adaptam-se às condições desfavoráveis
Classe Branchiopoda, ordem Notostraca	Náuplio ou metanáuplio (anamórfica), ou desenvolvimento direto	Sim	Sim	Sim	Ovos incubados brevemente, depois depositados no substrato; os ovos fecundados resistentes (criptobióticos) adaptam-se às condições desfavoráveis
Classe Branchiopoda, ordem Diplostraca	Náuplio (parcialmente anamórfica)	Não	Sim	Sim	A maioria dos cladóceros tem desenvolvimento direto (*Leptodora* eclode na forma de náuplio ou metanáuplio). Os camarões-moluscos carregam os embriões em desenvolvimento nos toracópodes, antes de serem liberados na forma de náuplio ou metanáuplio

(*continua*)

TABELA 21.2 Resumo dos componentes reprodutivos dos crustáceos.[a] *(Continuação)*

Táxon	Tipo de desenvolvimento, ou tipo larval na eclosão	Hermafrodita (pelo menos algumas espécies)	Gonocorístico	Partenogenético (em pelo menos algumas espécies)	Comentários
Classe Ostracoda	Direto, ou com náuplio/metanáuplio bivalvados com desenvolvimento anamórfico	Não	Sim	Sim	Em geral, os embriões são depositados diretamente nos substratos; muitos miodocopos e podocopos incubam os embriões entre as valvas, até que eles eclodam na forma de um adulto reduzido; não há metamorfose; até 8 instares pré-adultos
Classe Mystacocarida	Metanáuplio (parcialmente anamórfica)	Não	Sim	Não	Pouco estudada, mas aparentemente os ovos são depositados livremente e podem ocorrer até 7 estágios pré-adultos
Classe Copepoda	Náuplio (metamórfica)	Não	Sim	Não	Em geral, têm 6 estágios naupliares, que levam a uma segunda série de 5 estágios "larvais" conhecidos como copepóditos
Classe Branchiura	Semelhante ao metanáuplio (parcialmente anamórficas), ou com desenvolvimento direto	Não	Sim	Não	Os embriões são depositados; apenas *Argulus* eclode na forma de metanáuplio; os outros têm desenvolvimento direto e eclodem nas formas juvenis
Classe Thecostraca	?	Sim	Sim	Não	Seis estágios naupliares seguidos de uma forma larval singular conhecida como larva cipres
Classe Tantulocarida	Náuplio? + tântulo (metamórfica)	Não	Sim	?	Um estágio bentônico que não se alimenta, possivelmente um náuplio, foi relatado, mas não descrito formalmente. O desenvolvimento inclui metamorfose complexa com "larvas tântulos" infectantes
Classe Malacostraca, subclasse Phyllocarida	Desenvolvimento direto	Não	Sim	Não	Passam por desenvolvimento direto na bolsa de incubação da fêmea e emergem como um estágio pós-larval/pré-juvenil conhecido como "manca"
Classe Malacostraca, subclasse Hoplocarida	Larva zoé ('antizoé" ou "pseudozoé") (metamórfica)	Não	Sim	Não	Ovos incubados ou depositados em galerias; eclodem tardiamente como larvas pseudozoés com quela, ou precocemente como larvas antizoés sem quelas. Os dois tipos de larvas passam por mudas e formam larvas *erictus* bem-definidas (algumas formam larvas alima), antes de assentarem no fundo como formas pós-larvais ou juvenis
Classe Malacostraca, subclasse Eumalacostraca, superordem Syncarida	Desenvolvimento direto	Não	Sim	Não	Todos os estágios larvais livres foram perdidos; os ovos são depositados no substrato
Classe Malacostraca, subclasse Eumalacostraca, superordem Peracarida	Desenvolvimento direto	Não	Sim	Não	Os embriões são incubados no marsúpio da fêmea, que geralmente é formado a partir das placas coxais ventrais conhecidas como oostegitos; geralmente são liberados na forma de mancas (subjuvenis com 8 toracópodes parcialmente desenvolvidos). A bolsa de incubação (marsúpio) dos termosbenáceos é formada pela câmara dorsal da carapaça
Classe Malacostraca, subclasse Eumalacostraca, superordem Eucarida, ordem Euphausiacea	Náuplio (metamórfica)	Não	Sim	Não	Os embriões são espalhados ou incubados por pouco tempo; tipicamente, há uma série de desenvolvimento náuplio-metanáuplio-caliptopis-furcília-juvenil

(continua)

TABELA 21.2 Resumo dos componentes reprodutivos dos crustáceos.[a] (Continuação)

Táxon	Tipo de desenvolvimento, ou tipo larval na eclosão	Hermafrodita (pelo menos algumas espécies)	Gonocorístico	Partenogenético (em pelo menos algumas espécies)	Comentários
Classe Malacostraca, subclasse Eumalacostraca, superordem Eucarida, ordem Amphionidacea	Anfíon (zoé modificada) (ligeiramente metamórfica)	Não	Sim	Não	Aparentemente, os ovos são incubados na bolsa de incubação da fêmea; a eclosão provavelmente ocorre à medida que os ovos flutuam para cima depois da liberação; a eclosão provavelmente ocorre em uma larva anfíon (uma larva zoé com apenas um par de toracópodes modificados na forma de maxilípedes) com talvez 20 estágios, que sofrem metamorfose gradativa até a forma subadulta
Classe Malacostraca, subclasse Eumalacostraca, superordem Eucarida, ordem Decapoda	Pré-zoé ou zoé, com um náuplio nos Dendrobranchiata (metamórfica), ou desenvolvimento direto	Rara	Sim	Não	Os dendrobranquiatos dispersam seus embriões para eclodir na água na forma de náuplio ou pré-zoés; todos os outros incubam seus embriões (nos pleópodes), que não eclodem até um estágio pré-zoeal ou zoeal (ou mais tarde)

[a] Ver também Martin *et al.*, 2014, Tabela 55.1.

Com base em nossas descrições apresentadas nos Capítulos 4 e 20, vale lembrar que, com os números de Reynolds baixos nos quais os crustáceos pequenos (como os copépodes ou as larvas) nadam ao redor, os apêndices munidos de franjas de cerdas não funcionam como uma rede de filtragem, mas como um remo, empurrando a água à frente deles e arrastando a água circundante ao longo de seus corpos, em razão da camada limitante espessa que adere ao apêndice. Apenas nos organismos maiores, com números de Reynolds em torno de 1, os apêndices com cerdas (p. ex., cirros alimentares das cracas) começam a funcionar como filtros ou captadores, à medida que a água circundante atua como uma camada limítrofe mais fina e menos viscosa. Evidentemente, quanto mais próximas estiverem as cerdas e suas plumosidades, maiores as chances de que suas camadas limitantes individuais fiquem superpostas; desse modo, os apêndices densamente cerdosos funcionam melhor como remos.

Nem todos os crustáceos natantes movimentam-se por meio de ondas metacronais características dos membros. Por exemplo, alguns copépodes planctônicos movimentam-se de maneira intermitente e dependem de suas antênulas longas e das cerdas densas para flutuarem entre os movimentos (Figura 21.18 F). Observe atentamente os copépodes calanoides vivos e você perceberá que eles podem movimentar-se lentamente utilizando as antenas e outros apêndices ou podem progredir por meio de pequenos pulos, frequentemente afundando entre esses movimentos. Esse último tipo de movimento resulta de uma onda metacronal extremamente rápida e condensada de ações propulsoras ao longo dos apêndices do tronco. Embora possa parecer que as antenas longas atuam como remos, na verdade elas sofrem colapso contra o corpo um instante antes do batimento dos apêndices, reduzindo assim a resistência ao movimento anterógrado. Alguns outros copépodes planctônicos formam correntes de natação por vibrações rápidas dos apêndices cefálicos, por meio das quais o corpo movimenta-se suavemente na água. As "remadas" ocorrem nos caranguejos natantes (família Portunidae) e em alguns isópodes de águas profundas pertencentes à subordem Asselota (p. ex., família Eurycopidae), que utilizam os toracópodes posteriores em formato de remo para "navegar" ao redor.

A maioria dos eumalacóstracos com abdome bem-desenvolvido apresenta um tipo de natação temporária ou "explosiva", que funciona como uma reação de fuga (p. ex., misidáceo, sincáridos, eufausiáseos, camarões, lagostas e lagostins). Com a contração rápida dos músculos abdominais ventrais (flexores), esses animais disparam rapidamente para trás, com o leque caudal aberto fornecendo uma superfície propulsora ampla (Figura 21.22 C a E). Algumas vezes, esse comportamento é descrito como "**reação de fuga do caridoide**" ou "**girada da cauda**".

O rastejamento superficial dos crustáceos é conseguido com os mesmos tipos gerais de movimentos das pernas que foram descritos nos capítulos anteriores em relação aos insetos e outros artrópodes: por flexão e extensão dos apêndices para puxar e empurrar o animal para frente. Nos casos típicos, os apêndices locomotores são compostos de artículos relativamente robustos e mais ou menos cilíndricos (*i. e.*, apêndices estenopódios), em contraste com os apêndices geralmente filopodiais e mais largos dos animais nadadores (ver uma comparação dos tipos de membros dos crustáceos na Figura 21.21). Os apêndices locomotores são levantados do substrato e passados para frente durante suas fases de recuperação; em seguida, são apoiados no substrato, que possibilita um ganho à medida que eles se movimentam posteriormente por meio de seus cursos de ação, empurrando e depois puxando o animal para frente. Como muitos outros artrópodes, os crustáceos geralmente não têm flexibilidade lateral nas articulações do corpo, de forma que a rotação é conseguida por redução do comprimento da "passada" ou da frequência dos movimentos de um lado do corpo, na direção do qual o animal gira (como um trator ou tanque avançando lentamente). Muitos crustáceos migram; talvez o mais famoso seja o caranguejo-ácaro chinês (*Eriocheir sinensis*), que passa a maior parte de sua vida na água doce, mas volta ao oceano para cruzar. Esses caranguejos foram encontrados a mais de 1.000 km do oceano rio acima – um testemunho de sua capacidade locomotora excelente. Talvez como seria esperado, *E. sinensis* também é uma importante espécie invasora (e destrutiva) na América do Norte e na Europa. Esse animal foi introduzido acidentalmente nos Grandes Lagos em várias ocasiões, mas ainda não conseguiu estabelecer uma população permanente.

A maioria dos crustáceos que "andam" também consegue inverter a direção da ação de suas pernas e movimentar-se para trás, enquanto a maioria dos caranguejos braquiuros consegue andar de lado. Os caranguejos braquiuros provavelmente são os mais ágeis de todos os crustáceos. A redução extrema do abdome desse grupo permite movimentos muito rápidos, porque os apêndices adjacentes podem mover-se em direções que evitam interferências uns dos outros (e praticamente a mesma coisa acontece, independentemente, em muitos anomuros com abdome reduzido). As pernas dos caranguejos braquiuros são articuladas, de forma que a maior parte do seu movimento consiste em extensão lateral (abdução) e flexão medial (adução), em vez de rotação para frente e para trás. À medida que o caranguejo se movimenta, seus apêndices movem-se em várias sequências, como ocorre no rastejamento comum, mas aqueles situados no lado dominante exercem sua força flexionando e puxando o corpo para frente das extremidades dos apêndices, enquanto as pernas do lado oposto são arrastadas e exercem força propulsiva à medida que se estendem e empurram o corpo das extremidades das pernas. Apesar disso, esse tipo de movimento é simplesmente uma variação mecânica do comportamento locomotor comum aos artrópodes. Muitos crustáceos movimentam-se dentro das conchas de moluscos ou outros objetos, carregando-os como proteção adicional. Na maioria dos casos, o exoesqueleto do crustáceo é reduzido, especialmente no abdome (p. ex., caranguejos-ermitões). Evidentemente, os crustáceos crescem à medida que realizam suas mudas, de forma que esses crustáceos que carregam casas móveis precisam repetidamente encontrar conchas maiores para habitar. Muitos caranguejos-ermitões reúnem-se em congregações para trocar conchas em um tipo de grupo para "transferência de conchas", à medida que se mudam para moradias vazias mais amplas.

Além desses dois métodos locomotores básicos (marcha "típica" e natação por batimentos metacronais dos apêndices), muitos crustáceos movimentam-se por meio de outros métodos especializados. Os ostrácodes, os cladóceros e os camarões-moluscos (Diplostraca), dentre os quais a maioria fica praticamente envolvida por sua carapaça (Figuras 21.4 F, G, J, L e M; 21.20), nadam remando com suas antenas. Os mistacocáridos rastejam na água intersticial utilizando vários apêndices cefálicos. A maioria dos anfípodes semiterrestres conhecidos como "pulgas-da-praia" (p. ex., *Orchestia* e *Orchestoidea*) executa saltos extraordinários estendendo rapidamente o urossomo e seus apêndices (urópodes), que são resquícios dos saltos dos colêmbolos descritos no Capítulo 22. A maioria dos anfípodes caprelídeos (Figura 21.15 E) movimenta-se por um padrão semelhante aos "mede-palmos", utilizando seus apêndices subquelados para agarrar-se. Também existem alguns crustáceos cavadores que constroem seus próprios tubos ou "casas" com materiais encontrados ao redor. Por exemplo, muitos anfípodes bentônicos residem em tocas de lama revestidas por seda, que eles produzem. Uma espécie – *Pseudamphithoides incurvaria* (subordem Gammaridea) – constrói e vive em um "casulo bivalve" incomum cortado das lâminas finas de algumas algas, das quais se alimentam (Figura 21.23 A). Outro anfípode gamarídeo – *Photis conchicola* – na verdade utiliza as conchas vazias de gastrópodes de forma semelhante aos caranguejos-ermitões (Figura 21.23 C). O comportamento de "pegar carona" (ou foresia) ocorre em vários crustáceos ectossimbióticos, incluindo isópodes que parasitam peixes ou camarões e anfípodes hiperiídeos que "cavalgam" sobre microrganismos planctônicos gelatinosos móveis.

Além de simplesmente sair de um lugar para outro em suas atividades diárias habituais, muitos crustáceos exibem vários comportamentos migratórios e utilizam suas habilidades locomotoras para evitar situações de estresse ou permanecer onde as condições são ótimas. Alguns crustáceos planctônicos realizam migrações verticais diárias, geralmente subindo durante a noite e descendo às profundidades maiores durante o dia. Esses migradores verticais incluem vários copépodes, cladóceros, ostrácodes e anfípodes hiperiídeos (esses últimos podem migrar cavalgando em seus hospedeiros gelatinosos). Esses movimentos colocam os animais em seus campos de alimentação próximos da superfície durante as horas de escuridão, quando provavelmente há menos risco de que sejam detectados por predadores visuais. Durante o dia, eles migram para águas mais profundas e, talvez, mais seguras. Esses crustáceos podem formar cardumes enormes, que contribuem para a camada dispersiva profunda detectada pelos sonares dos navios. Muitos crustáceos entremarés utilizam suas habilidades locomotoras para alterar seus comportamentos com as marés. Em especial, as larvas dos caranguejos são conhecidas por migrar para cima ou para baixo, de acordo com os ritmos diários, aproveitando os movimentos das marés alta e baixa para entrar e sair dos estuários. Alguns caranguejos anomuros e braquiuros simplesmente entram e saem com as marés, ou buscam abrigo sob as rochas quando a maré está baixa, evitando assim os problemas de exposição ao ar. Um dos comportamentos locomotores mais interessantes dos crustáceos é a migração em massa das lagostas espinhosas *Panulirus argus* no Golfo do México e no norte do Caribe. A cada outono, as lagostas alinham-se e marcham em fileiras longas no fundo do mar por vários dias. As lagostas mudam das regiões rasas para as bordas dos canais oceânicos mais profundos. Aparentemente, esse comportamento é desencadeado pelas frentes de tempestades de inverno que avançam para essa área e pode ser um meio de evitar condições perigosas nas águas rasas.

Alimentação

Com exceção dos mecanismos ciliares, os crustáceos exploram praticamente todos os tipos imagináveis (e alguns "inimagináveis") de estratégia alimentar. Embora não tenham cílios, muitos crustáceos geram correntes de água e fazem vários tipos de suspensivoria. Aqui, selecionamos alguns exemplos para demonstrar a variedade de mecanismos alimentares encontrados nesse grupo.

Em alguns crustáceos, a ação dos apêndices torácicos gera simultaneamente correntes de natação e suspensivoria. À medida que a onda metacronal dos apêndices móveis passa ao longo do corpo, os pares de apêndices adjacentes são alternadamente afastados e depois pressionados uns contra os outros, desse modo alterando as dimensões de cada espaço entre os membros (Figura 21.22 A e B; ver também os Capítulos 4 e 20). A água circundante é puxada para dentro do espaço entre os apêndices, à medida que os apêndices adjacentes se afastam uns dos outros,

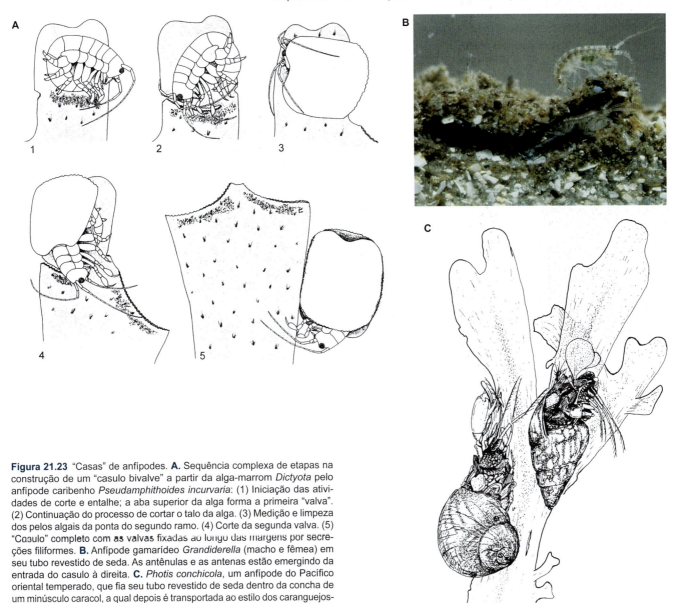

Figura 21.23 "Casas" de anfípodes. **A.** Sequência complexa de etapas na construção de um "casulo bivalve" a partir da alga-marrom *Dictyota* pelo anfípode caribenho *Pseudamphithoides incurvaria*: (1) Iniciação das atividades de corte e entalhe; a aba superior da alga forma a primeira "valva". (2) Continuação do processo de cortar o talo da alga. (3) Medição e limpeza dos pelos algais da ponta do segundo ramo. (4) Corte da segunda valva. (5) "Casulo" completo com as valvas fixadas ao longo das margens por secreções filiformes. **B.** Anfípode gamarídeo *Grandiderella* (macho e fêmea) em seu tubo revestido de seda. As antênulas e as antenas estão emergindo da entrada do casulo à direita. **C.** *Photis conchicola*, um anfípode do Pacífico oriental temperado, que fia seu tubo revestido de seda dentro da concha de um minúsculo caracol, a qual depois é transportada ao estilo dos caranguejos-ermitões.

enquanto as partículas transportadas na água são retidas por cerdas dos enditos à medida que os apêndices se aproximam. A partir daí, as partículas retidas são transferidas para um sulco alimentar medioventral e depois em direção anterior até a cabeça. Esse mecanismo de formação de um "filtro de pressão" quadrangular com os apêndices filopodiais cerdosos é a estratégia típica de suspensivoria dos cefalocáridos, da maioria dos branquiópodes e de muitos malacóstracos.

Durante muito tempo, acreditou-se que os copépodes planctônicos "filtrassem" os alimentos formando giros ou correntes alimentares laterais por meio de movimentos das antenas e dos apêndices orais. Nessa época, acreditava-se que esses giros capturassem partículas diminutas, filtradas diretamente pelas maxilas. Esse conceito clássico de filtração maxilar, elaborado com base no trabalho de H. G. Cannon na década de 1920, foi questionado por pesquisadores recentes, mas o modelo persiste e ainda é apresentado comumente nos trabalhos em geral. Como mencionamos no Capítulo 4, hoje sabemos que os copépodes e outros pequenos crustáceos planctônicos vivem em um mundo com números de Reynolds pequenos, um mundo dominado pela viscosidade, em vez da inércia. Desse modo, os apêndices orais cerdosos comportam-se mais como pás ou remos que como peneiras, com uma película de água perto dos apêndices aderindo a eles e formando parte da "pá". À medida que as maxilas se afastam, porções de água contendo alimentos são puxadas para dentro do espaço entre os apêndices. À medida que as maxilas são pressionadas umas contra as outras, a "porção" é movimentada para frente até os enditos das maxilulas, que a empurram para dentro da boca. Desse modo, as partículas alimentares na verdade não são filtradas da água, mas são capturadas em pequenas porções de água. A cinematografia de alta velocidade indica que os copépodes sejam capazes de capturar células separadas das algas, uma de cada vez, por meio desse processo de "vácuo hidráulico". Na verdade, os copépodes provavelmente são muito seletivos quanto ao que consomem, incluindo quase tudo, desde microplâncton protista (p. ex., diatomáceas) até outros crustáceos diminutos.

As cracas torácicas sésseis alimentam-se utilizando seus toracópodes biremes longos e munidos de cerdas, conhecidos como **cirros**, para filtrar material em suspensão na água circundante

(Figura 21.16 A, C e E). Estudos indicaram que as cracas são capazes de capturar partículas alimentares variando de 2 μm a 1 mm, incluindo detritos, bactérias, algas e vários microrganismos do zooplâncton. Muitas cracas também são capazes de predar animais planctônicos maiores enrolando um único cirro ao redor da presa, de maneira semelhante a um tentáculo. Em águas muito tranquilas ou que se movimentam lentamente, a maioria das cracas alimenta-se ativamente estendendo os últimos três pares de cirros dispostos em forma de leque e oscilando-os ritmicamente na água. As cerdas dos apêndices adjacentes e os ramos dos apêndices sobrepõem-se para formar uma rede filtradora efetiva. Os primeiros três pares de cirros servem para remover o alimento retido dos cirros posteriores e passá-lo para as peças orais. Nas áreas de movimento intenso de água, como as costas rochosas de arrebentação, as cracas frequentemente estendem seus cirros para dentro do refluxo das ondas, permitindo que a água em movimento simplesmente passe através do "filtro", em vez de movimentar os cirros através da água. Nessas áreas, você frequentemente observará agrupamentos de cracas, nos quais todos os indivíduos estão orientados de maneira semelhante, aproveitando-se desse mecanismo para economizar energia.

A maioria dos *krills* (eufausiáceos) alimenta-se por um mecanismo semelhante ao das cracas. Isso, no entanto, ocorre enquanto eles nadam. Os toracópodes formam uma "cesta alimentar", que se expande à medida que as pernas se movem para fora, sugando a água repleta de alimentos para dentro a partir da parte anterior. Quando estão dentro da cesta, as partículas ficam retidas nas cerdas das pernas, à medida que a água é espremida lateralmente para fora. Outras cerdas "penteiam" as partículas alimentares para fora da "armadilha" de cerdas, enquanto outro conjunto de cerdas remove-as para frente até a região da boca.

As tatuíras do gênero *Emerita* (Anomura) usam suas antenas cerdosas longas de forma semelhante aos cirros das cracas, que filtram "passivamente" durante o refluxo das ondas (Figura 21.24 A; ver também o Capítulo 4). *Emerita* está adaptada para viver em praias arenosas submetidas à ação de ondas. Seu formato oval compacto e seus apêndices fortes facilitam a perfuração do substrato instável. Primeiramente, esses animais enterram a extremidade posterior na área onde a lavagem pela onda é rasa, com a extremidade anterior voltada para cima. Depois da arrebentação, quando há o refluxo da água em direção ao mar, *Emerita* desenrola suas antenas para dentro da água em movimento ao longo da superfície da areia. A trama cerdosa fina retém protistas e fitoplâncton da água e, em seguida, as antenas transferem o alimento recolhido até as peças orais. Muitos caranguejos-porcelana e caranguejos-ermitões também fazem suspensivoria. Girando suas antenas em diversas direções, esses anomuros produzem correntes em espiral, que trazem água repleta de alimento na direção da boca (Figura 21.24 B e C). Em seguida, as partículas de alimento ficam retidas nas cerdas dos apêndices orais e são "varridas" para dentro da boca pelos endopoditos do terceiro par de maxilípedes. Muitos desses animais também se alimentam de detritos simplesmente coletando partículas com seus quelípedes.

Alguns camarões-da-lama, camarões-fantasma e camarões-lagosta, como *Callianassa* e *Upogebia* (Axiidea, Gebiidea) alimentam-se por suspensivoria dentro de suas galerias. Eles induzem o movimento da água através da galeria batendo os pleópodes e os primeiros dois pares de pereópodes removem o alimento por meio de tufos de cerdas direcionados medialmente. Em seguida, os maxilípedes transferem as partículas capturadas na direção da boca.

Muitos outros crustáceos alimentam-se por mecanismos menos complicados que a suspensivoria; em geral, isso envolve manipulação direta do alimento pelas peças orais e, algumas vezes pelos pereópodes, especialmente as pernas anteriores queladas e subqueladas. Entretanto, mesmo nesses casos de manipulação direta, o número absoluto de apêndices dos crustáceos adaptados para se alimentarem torna a alimentação "simples" uma atividade surpreendentemente complexa, na qual as várias peças orais assumem tarefas como provar (por meio de cerdas sensoriais), reter, mastigar, raspar e macerar.

Muitos crustáceos pequenos podem ser classificados como microfágicos seletivos comedores de depósito, empregando métodos variados para remover alimento dos sedimentos nos quais eles vivem. Os mistacocáridos, muitos copépodes harpacticoides e alguns cumáceos e anfípodes gamarídeos são referidos como "raspadores" ou "lambedores de areia". Por meio de vários métodos, esses animais removem detritos, diatomáceas e outros microrganismos das superfícies das partículas do sedimento. Por exemplo, os mistacocáridos intersticiais simplesmente escovam os grãos de areia com suas peças orais cerdosas. Por outro lado, alguns cumáceos capturam separadamente um grão de areia com seus primeiros pereópodes e passam-no aos maxilípedes que, por sua vez, giram e reviram a partícula contra as margens das maxílulas e das mandíbulas. As maxílulas escovam e as mandíbulas raspam, removendo a matéria orgânica. Alguns isópodes que vivem na areia podem adotar um comportamento alimentar semelhante.

Os crustáceos predadores incluem os estomatópodes, os remipédios e a maioria dos lofogastrídeos, assim como muitas espécies de anóstracos, cladóceros, copépodes, ostrácodes, cirrípedes, anaspidáceos, eufausiáceos, decápodes, tanaidáceos, isópodes e anfípodes. Nos casos típicos, a predação envolve a captura da presa com os pereópodes quelados ou subquelados (ou, em alguns casos, diretamente com os apêndices orais), ou até com as antenas no caso dos anóstracos predadores; em seguida, a presa é cortada, triturada ou macerada por vários componentes orais, principalmente as mandíbulas. Talvez os especialistas predadores mais bem-adaptados sejam os estomatópodes (Figura 21.7), que têm apêndices subquelados raptoriais acentuadamente aumentados; esses membros são usados para perfurar ou para bater e esmagar a presa. Algumas espécies saem à procura de presas, mas muitas ficam de tocaia na entrada de suas galerias. Em geral, o ataque propriamente dito ocorre depois da detecção visual de uma presa em potencial, que pode ser outro crustáceo, um molusco ou até mesmo um peixe pequeno. Depois de ser capturada e abatida ou morta pelas garras raptoriais, a presa é mantida junto às peças orais e despedaçada em fragmentos ingeríveis.

Embora o camarão *Procaris*, que vive em cavernas, e frequentemente considerado "primitivo", seja onívoro, seu comportamento predatório é especialmente interessante. Entre suas presas estão incluídos outros crustáceos, especialmente anfípodes e camarões. Depois que *Procaris* localiza uma vítima em potencial (provavelmente por quimiorrecepção), ele avança rapidamente em sua direção e prende-a dentro de uma "jaula" formada por seus endopoditos pereopodais (Figura 21.24 D). Depois de ser

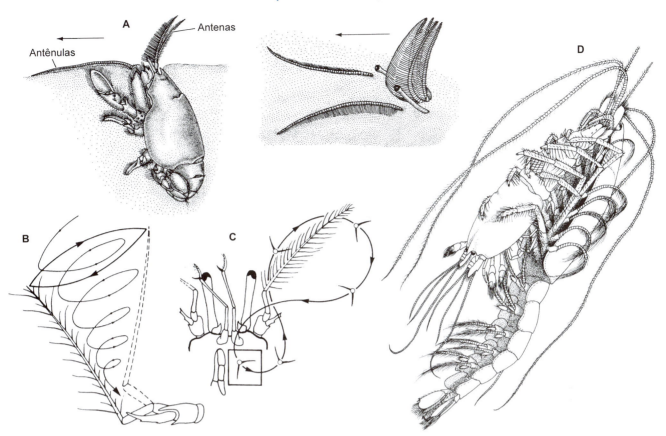

Figura 21.24 Alguns mecanismos de alimentação dos crustáceos (ver também Figura 21.22). **A.** Suspensivoria na tatuíra *Emerita*. As setas apontam na direção do mar e indicam a direção do movimento da água à medida que as ondas retrocedem. As antênulas direcionam a água através das câmaras branquiais. As antenas removem as partículas alimentares da água e, em seguida, encaminham-nas para dentro das peças orais. **B** e **C.** Suspensivoria nos ermitões *Australeremus cooki* (**B**) e *Paguristes pilosus* (**C**) envolve a agitação das antenas, seja formando um círculo ou uma figura de "8", de forma a gerar correntes de água, que levam as partículas alimentares para a região oral. **D.** Nesta figura, o camarão predador *Procaris ascensionis* (Caridea) está ilustrado devorando outro camarão (*Typhlatya*) à medida que segura a presa em uma "jaula" formada pelos endopoditos pereopodais.

capturada, a presa é ingerida enquanto o camarão nada ao redor. Aparentemente, os terceiros maxilípedes pressionam a presa contra as mandíbulas, que arrancam pedaços e levam-nos à boca.

Os remipédios capturam presas com seus apêndices orais raptoriais (Figuras 21.1 A; 21.3 D a F; 21.22 F), depois imobilizam as vítimas com uma injeção das maxílulas hipodérmicas. Em seguida, acredita-se que os tecidos da vítima sejam sugados por ação trituradora das mandíbulas e da musculatura do trato digestivo. Eles provavelmente também são suspensívoros facultativos e saprófagos.

Outra adaptação fascinante à predação pode ser encontrada em muitas espécies de alfeídeos (camarões-estalo, p. ex., *Alpheus*, *Synalpheus*) (Figura 21.9 D). Nessas espécies, um dos quelípedes é muito maior que o outro e o "dedo" móvel é articulado, de forma que possa ser mantido aberto sob tensão muscular e, em seguida, estalado e fechado rapidamente; esse fechamento violento produz um som de estalido e uma pressão ou onda de "choque" na água circundante. Algumas espécies parecem usar esse mecanismo para emboscar suas presas (embora a maioria dos alfeídeos provavelmente seja onívora e até mesmo inclua algas em suas dietas). Quando se alimentam por um método predatório, os camarões "sentam-se" na porta de sua toca com as antenas estendidas. Quando uma presa em potencial se aproxima (em geral, um peixe pequeno, um crustáceo ou um anelídeo), o camarão "estala" seu quelípede e a onda de pressão resultante atordoa a vítima, que então é rapidamente puxada para dentro da toca e consumida. Nos casos típicos, esses camarões vivem em pares de machos e fêmeas dentro da toca e a presa capturada por um deles é compartilhada com seu companheiro. Dois mecanismos foram sugeridos para explicar a produção do "estalido" e a onda de choque subsequente. Em algumas espécies, o estalo parece ser produzido pelo impacto mecânico do dáctilo martelando no própodo. Um segundo mecanismo proposto recentemente é o colapso das bolhas de cavitação, que são formadas pelo fechamento rápido da quela (velocidade superior a 100 km/s). A cavitação ocorre nos líquidos quando se formam bolhas, que depois implodem ao redor de um objeto (esse fenômeno é bem-conhecido por causar danos aos propulsores de navios). Esses dois mecanismos produzem ondas de choque. Alguns alfeídeos perfurantes (endolíticos) chegam a usar o estalo da quela para quebrar em pedaços a rocha que estão cavando. Em algumas áreas do planeta, as populações de camarões-estalo são tão numerosas que seu barulho perturba a comunicação subaquática. No Caribe, as colônias de alfeídeos foram relacionadas com as de outros insetos sociais (p. ex., as colônias de *Synalpheus regalis* de Belize habitam nas esponjas e contêm até 350 machos e fêmeas irmãos e uma única fêmea reprodutiva dominante).

Muitos crustáceos emergem da camada bentônica sob a proteção da escuridão para se alimentarem ou cruzarem na coluna de água. Muitos isópodes predadores emergem à noite para se alimentarem de invertebrados ou peixes, principalmente peixes fracos ou doentes (ou capturados nas redes de pesca).

Os crustáceos herbívoros, macrófagos e saprófagos geralmente se alimentam simplesmente se agarrando ao seu alimento e cortando pequenos pedaços com suas mandíbulas (uma técnica de alimentação semelhante à dos gafanhotos e outros insetos). Os notóstracos, alguns ostrácodes e muitos decápodes, isópodes e anfípodes são saprófagos e herbívoros. Certos isópodes da família Sphaeromatidae perfuram as raízes aéreas das árvores dos manguezais. Em geral, suas atividades provocam o rompimento das raízes, que é seguido da formação de novas raízes, criando o aspecto de palafitas típico dos manguezais vermelhos (*Rhizophora*). Alguns crustáceos são detritívoros transitórios ou de tempo integral; muitos fazem saprofagia diretamente nos detritos, mas outros (p. ex., cefalocárides) agitam o sedimento para remover partículas orgânicas por suspensivoria.

Por fim, vários grupos de crustáceos adotaram diversos graus de parasitismo. Esses animais variam dos ectoparasitas com peças orais modificadas para perfurar ou cortar e sugar líquidos corporais (p. ex., alguns copépodes, branquiuros, tantulocárides, várias famílias de isópodes e ao menos uma espécie de ostrácode) até os rizocéfalos altamente modificados e inteiramente parasitas, cujos corpos ramificam-se por todos os tecidos do hospedeiro e absorvem diretamente seus nutrientes (Figuras 21.25 e 21.26).

Os rizocéfalos, que são cirrípedes extremamente modificados de forma que possam atuar como parasitas internos de outros crustáceos, são alguns dos organismos mais bizarros do reino animal. Eles podem formar larvas náuplio e cipres típicas dos cirrípedes, mas nesse grupo a larva cipres pode assentar apenas sobre algum outro crustáceo escolhido para ser seu hospedeiro azarado.

O ciclo de vida rizocéfalo mais complexo é o da subordem Kentrogonida, representada por parasitas obrigatórios dos decápodes. Nesse grupo, uma larva cipres fêmea assentada passa por um processo de reorganização interna comparável em amplitude ao da pupa da lagarta, desenvolvendo um estágio infeccioso conhecido como **quentrogon**, sob o exoesqueleto da cipres. Quando está completamente desenvolvida, o quentrogon forma uma estrutura cuticular oca (**estilete**), que injeta dentro do hospedeiro uma criatura vermiforme multicelular móvel conhecida como **vermigon**. Vermigon é o estágio infectante ativo. Ele apresenta cutícula e epiderme finas, vários tipos de células e primórdios de um ovário. Esse verme invade a hemocele do hospedeiro mediante estruturas ocas que se ramificam, semelhantes a um sistema radicular que penetra na maior parte do corpo do hospedeiro e retira nutrientes diretamente da hemocele. A disseminação das radículas é tão profunda que o parasita assume praticamente controle absoluto sobre o corpo do hospedeiro, alterando sua morfologia, fisiologia e comportamento. Quando o parasita invade as gônadas do hospedeiro, ocorre a castração parasitária (i. e., as gônadas dos caranguejos parasitados nunca produzem gametas maduros). Desse modo, o hospedeiro é transformando em escravo, que atende às necessidades do seu mestre. Por fim, o sistema radicular interno, ou **interna**, desenvolve um corpo reprodutivo externo (a **externa**), no qual há produção de ovócitos. Um ciprídeo-macho fixa-se à externa, transformando-se em um instar diminuto e sexualmente maduro (conhecido como **tricogon**) e se desloca para dentro da externa preenchida pelo ovário a fim de residir ali, onde sua única função é produzir espermatozoides. Basta apenas um ou dois tricogons para estimular os ovários femininos a sofrer maturação e começar a liberar ovócitos dentro da câmara da externa. A externa que não recebe tricogons (machos) por fim morre. Desse modo, os machos são parasitas das fêmeas (que, por sua vez, são parasitas do crustáceo hospedeiro) e os quentrogonídeos são gonocorísticos. Uma externa madura, que geralmente se origina do abdome do hospedeiro, produz uma sucessão de gerações de larvas, que fazem mudas depois de cada larva liberada (essa é a única parte do corpo dos rizocéfalos que sofre mudas). As larvas são lecitotróficas e passam por vários estágios de larva náuplio até o estágio de cipres (Figuras 21.25 e 21.26).

Os membros rizocéfalos da ordem Akentrogonida parasitam uma variedade mais ampla de crustáceos hospedeiros e não incluem um estágio de quentrogon em seu ciclo de vida. Em vez de injetar um vermigon, a larva cipres fêmea tem antênulas mais longas e delgadas, usadas para se prender no abdome do hospedeiro, uma das quais realmente penetra na cutícula do hospedeiro, torna-se oca e serve para passagem de células embrionárias da larva cipres para o hospedeiro. De alguma forma, a larva cipres macho encontra os hospedeiros infectados e penetra neles da mesma forma que as fêmeas, liberando seus espermatozoides de forma que eles, na verdade, entrem no corpo da fêmea parasita.

O ciclo de vida dos aquentrogonídeos é semelhante ao dos Kentrogonida, embora, em alguns casos, mais de um parasita possa infectar um único hospedeiro, resultando na formação de múltiplas externas. Pelo menos em um gênero (*Thompsonia*), podem formar-se várias externas a partir de uma única infecção. A anatomia da externa é mais variável que a dos quentrogonídeos e os embriões desenvolvem-se diretamente a partir das larvas cipres – não existem estágios de larvas náuplio livre-natantes. O dimorfismo sexual extremo das dimensões dos quentrogonídeos não é observado nos Akentrogonida e também não foi observada a migração no estágio tricogon.

Os isópodes da família Cymothoidae usam peças orais modificadas para sugar os fluidos corporais dos peixes hospedeiros. Eles fixam-se à pele ou às brânquias do hospedeiro ou, em alguns gêneros, à língua. Uma espécie (*Cymothoa exigua*) suga tanto sangue da língua do hospedeiro (pargo-rosa-pintado do golfo da Califórnia) que a língua sofre degeneração completa. Contudo, surpreendentemente, o peixe não morre; o isópode continua fixado com suas pernas queladas aos músculos basais da língua perdida, e o peixe usa o crustáceo como uma "língua substituta" para continuar a alimentar-se. Esse é um dos poucos casos conhecidos de substituição funcional de um órgão do hospedeiro destruído pelo parasita.

Figura 21.25 Ciclo de vida notável do cirrípede rizocéfalo *Peltogaster paguri*, um parasita quentrogonídeo dos caranguejos-ermitões. **A.** As partes reprodutivas maduras do parasita (externa) formam vários brotos de larvas masculinas e femininas, que são liberadas na forma de náuplio (**B** e **C**) e, por fim, sofrem metamorfose nas larvas cipres (**D**). As fêmeas das larvas cipres assentam no tórax e nos apêndices dos caranguejos hospedeiros (**E**) e sofrem uma grande metamorfose interna em uma forma quentrogon (**F**), provida de um par de antênulas e um estilete de injeção. Vísceras do quentrogon passam por metamorfose e transformam-se em um estágio infeccioso (vermigon), que é transferido para o hospedeiro por meio do seu estilete oco. Dentro do hospedeiro, o vermigon cresce com radículas que se ramificam por grande parte do corpo do hospedeiro; agora ela é então conhecida como interna (**G**). Por fim, as fêmeas do parasita emergem do abdome do hospedeiro na forma de uma externa virginal (**H**). Quando a externa forma um poro ou abertura no manto, torna-se atrativa aos ciprídeos-machos (**I**). Os ciprídeos-machos assentam dentro do orifício, transformam-se em um estágio de tricogon e implantam parte do conteúdo do seu corpo nos receptáculos femininos (**J**). O depósito passa por um processo de diferenciação em espermatozoides, que fecundam os ovócitos das fêmeas (**K**). Externa dissecada de *Peltogaster* com suas radículas retiradas do seu hospedeiro. Observe a abertura do manto.

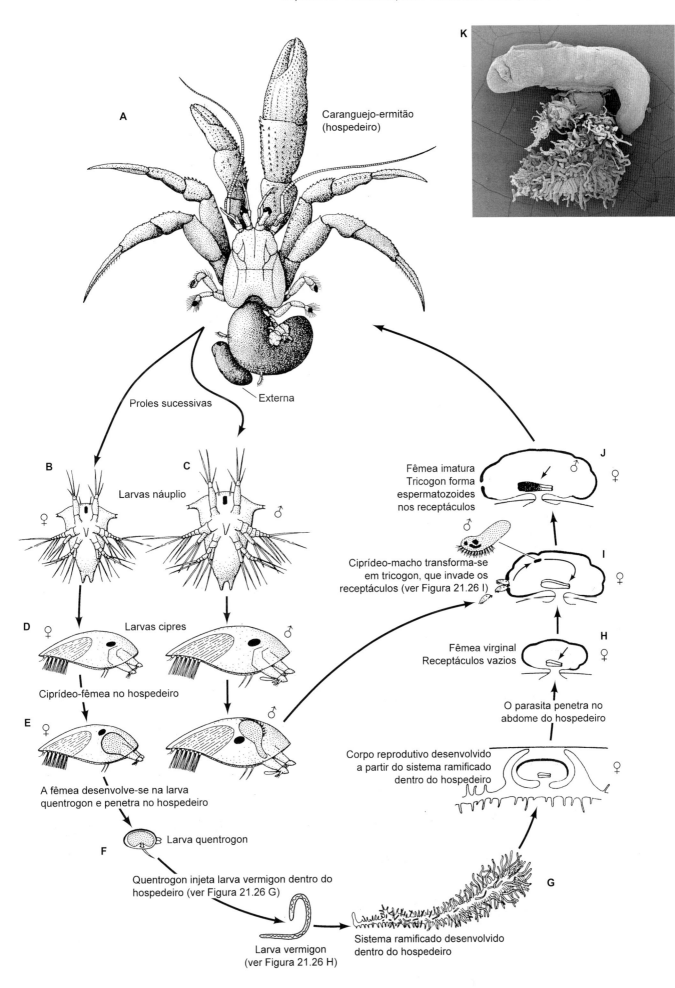

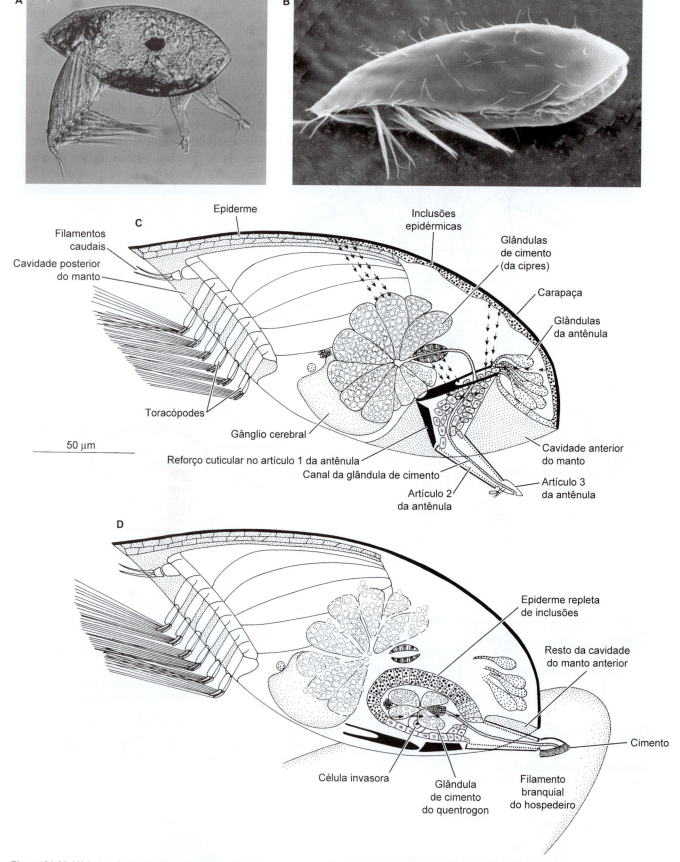

Figura 21.26 Vários estágios do ciclo de vida dos rizocéfalos parasitas. (Ver descrição detalhada do ciclo de vida de um rizocéfalo [quentrogonídeo] na Figura 21.25.) **A** e **D.** Larvas de *Lernaeodiscus porcellanae*. **A.** Uma larva cipres viva. **B.** Um ciprídeo (*vista lateral*; fotografia de microscopia eletrônica de varredura). **C** e **D.** Ilustrações de larvas cipres antes e depois do assentamento (o lado direito da carapaça foi removido; o olho naupliar, omitido). A *linha pontilhada* no segundo artículo da antênula indica a cutícula primordial de quentrogon e a posição das fibras musculares na cipres é indicada pelas *setas*; teoricamente, os músculos são responsáveis pela formação do quentrogon e pela separação da cipres velha do quentrogon. Na figura **D**, a formação do quentrogon está concluída.

(*continua*)

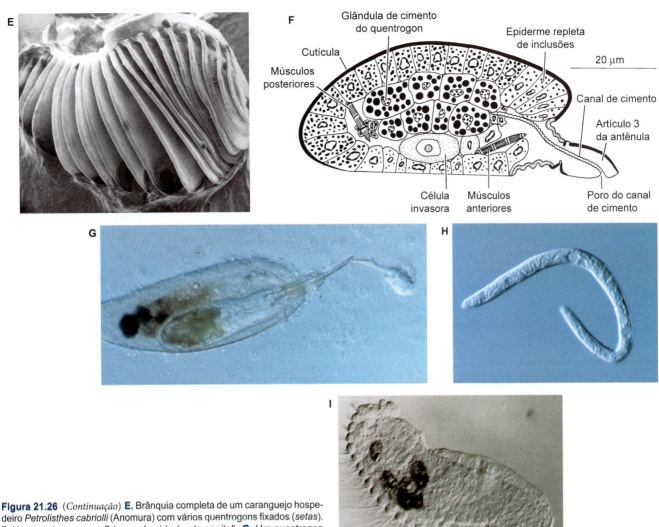

Figura 21.26 (*Continuação*) **E.** Brânquia completa de um caranguejo hospedeiro *Petrolisthes cabriolli* (Anomura) com vários quentrogons fixados (*setas*). **F.** Um quentrogon com 2 horas de vida (*corte sagital*). **G.** Um quentrogon injetando um vermigon por meio do seu estilete. **H.** Um vermigon. **I.** Um tricogon.

Sistema digestivo

O sistema digestivo dos crustáceos inclui o trato digestivo anterior, o intermediário e o posterior tradicionais dos artrópodes. Os tratos digestivos anterior e posterior são revestidos por uma cutícula, que é contínua com o exoesqueleto e é trocada junto com ele (*i. e.*, sua origem é ectodérmica). O trato digestivo anterior estomodeal é modificado em vários grupos, mas geralmente inclui uma região relativamente curta de faringe-esôfago, que é seguida do estômago. O estômago comumente tem câmaras ou regiões especializadas para armazenamento, trituração e separação; essas estruturas estão mais bem-desenvolvidas nos malacóstracos (Figura 21.27 G). O trato digestivo médio forma um intestino curto ou longo – o tamanho depende basicamente da forma e do tamanho geral do corpo – e apresenta cecos digestivos localizados em posições variadas. Os cecos estão dispostos em série apenas nos remipédios. Em alguns malacóstracos, como caranguejos, os cecos fundem-se e formam uma massa glandular sólida mais bem-descrita como **glândula digestiva**, algumas vezes também referida como glândula do trato digestivo médio ou hepatopâncreas, dentro da qual estão muitos túbulos ramificados cegos. Foi mostrado que a glândula digestiva em alguns crustáceos pode armazenar lipídios. Em geral, o trato digestivo posterior é curto e o ânus comumente se localiza no somito anal ou télson, ou no último segmento do abdome (quando o somito anal ou télson está reduzido ou foi perdido).

A Figura 21.27 ilustra exemplos de tratos digestivos de alguns crustáceos. Depois da ingestão, o material alimentar geralmente é processado mecanicamente pelo trato digestivo anterior. Isso pode envolver simplesmente o transporte do alimento para o trato digestivo médio ou, mais comumente, seu processamento de várias formas antes da digestão química. Por exemplo, o trato digestivo anterior complexo dos decápodes (Figura 21.27 G) é dividido em um estômago cardíaco anterior e um estômago pilórico posterior. O alimento é armazenado na parte dilatada do estômago cardíaco e, em seguida, transferido aos bocados para uma região que contém um "moinho" gástrico, geralmente com dentes fortemente esclerotizados. Músculos especializados associados à parede do estômago movimentam os dentes, triturando o alimento em partículas menores. Em seguida, o material macerado volta para a região do estômago pilórico, onde grupos de cerdas filtrantes impedem que as partículas grandes entrem no trato digestivo médio. Esse tipo de configuração do trato digestivo anterior está mais bem-desenvolvido nos decápodes macrófagos (saprófagos, predadores e alguns herbívoros). Desse modo, o alimento pode ser engolido rapidamente em grandes pedaços e, em seguida, processado mecanicamente.

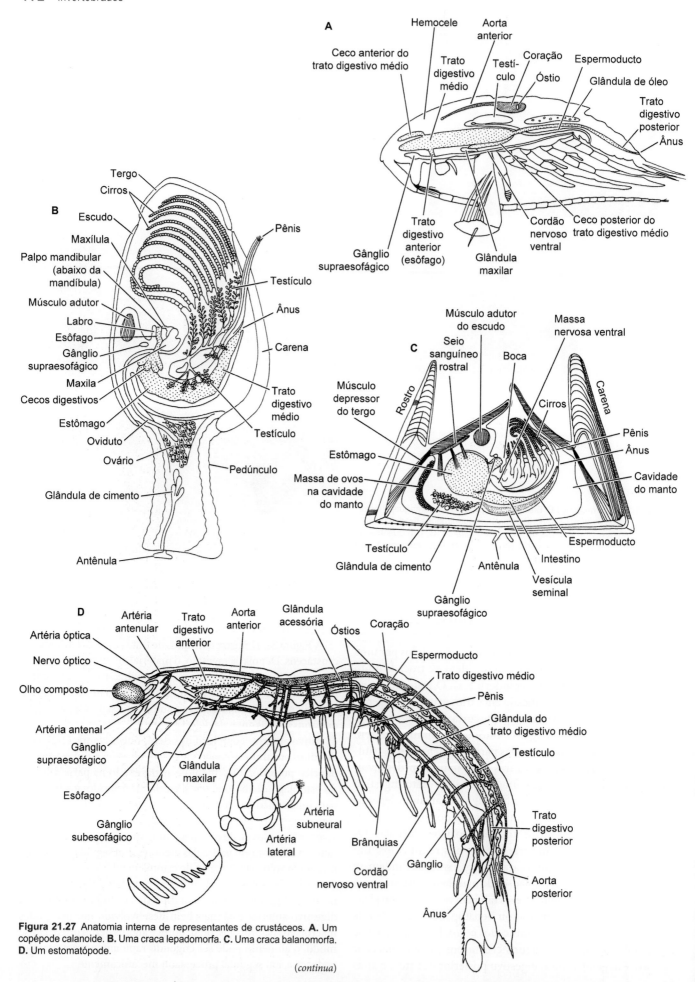

Figura 21.27 Anatomia interna de representantes de crustáceos. **A.** Um copépode calanoide. **B.** Uma craca lepadomorfa. **C.** Uma craca balanomorfa. **D.** Um estomatópode.

(continua)

Capítulo 21 Filo Arthropoda | Crustacea | Caranguejos, Camarões e Afins 773

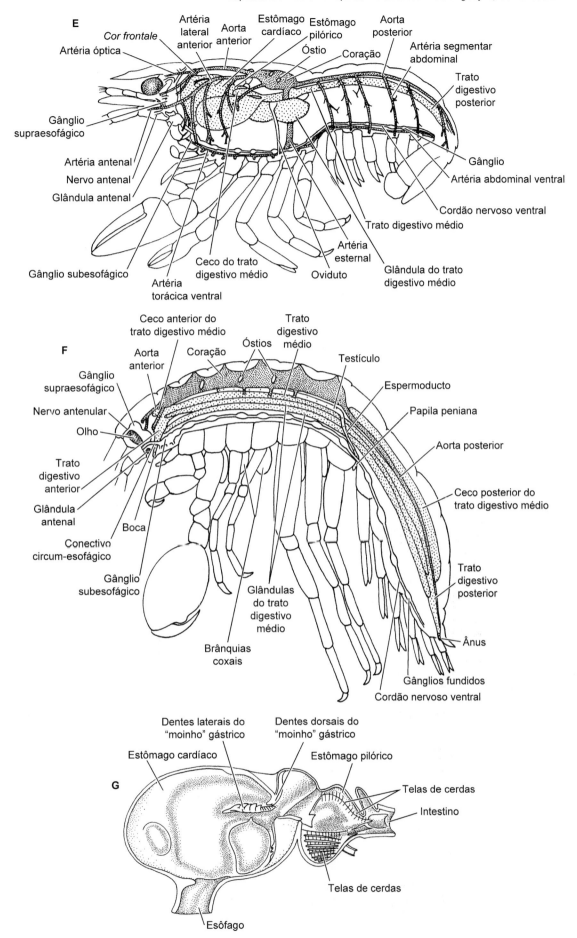

Figura 21.27 (*Continuação*) **E.** Um lagostim. **F.** Um anfípode. **G.** Estômago de um lagostim.

(*continua*)

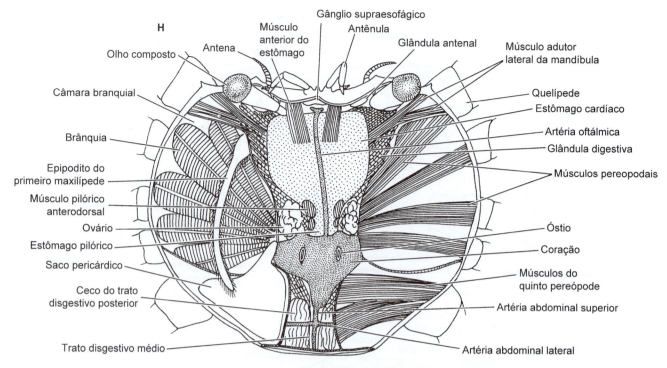

Figura 21.27 (*Continuação*) **H.** Um caranguejo braquiuro em *vista dorsal* com sua carapaça removida.

Circulação e troca gasosa

O sistema circulatório básico dos crustáceos geralmente consiste em um coração dorsal com óstios dentro de uma cavidade pericárdica e vasos com graus variados de desenvolvimento, que desembocam dentro de uma hemocele aberta (Figura 21.27). Contudo, a hemocele aberta – que antes levou às descrições dos crustáceos como portadores de sistemas circulatórios abertos – passou por muitas modificações em muitos grupos e, ao menos nos decápodes, há uma configuração complexa e intrincada de vasos verdadeiros, que apenas recentemente começaram a ser reconhecidos. O coração não existe na maioria dos ostrácodes, em muitos copépodes e em muitos cirrípedes. Em alguns grupos, o coração foi substituído ou complementado por estruturas contráteis pulsáteis derivadas de vasos musculares.

A estrutura do coração primitivo dos crustáceos é um tubo longo com óstios segmentares, que foi parcialmente conservado pelos cefalocáridos e alguns branquiópodes, leptóstracos e estomatópodes. Contudo, o formato geral do coração e o número de óstios também estão diretamente relacionados com a forma do corpo e a localização das estruturas de troca gasosa. O coração pode ser relativamente longo e tubular e estender-se por boa parte da região pós-cefálica do corpo, como se observa nos remipédios, anóstracos e leptóstracos, ou pode tender a um formato globular ou quadrangular e ficar restrito ao tórax (p. ex., nos cladóceros), onde pode estar associado às brânquias torácicas (p. ex., nos decápodes). A coevolução direta do sistema circulatório com a forma do corpo e a posição das brânquias é mais bem-exemplificada quando se comparam grupos diretamente relacionados. Por exemplo, embora os isópodes e os anfípodes sejam peracáridos, seus corações estão localizados principalmente no pléon e no péreon, respectivamente, correspondendo às posições pleopodiais e pereopodiais das brânquias.

O número e o comprimento dos vasos sanguíneos e a presença de órgãos acessórios contráteis estão relacionados com o formato do corpo e com a extensão do próprio coração. Por exemplo, na maioria dos crustáceos não malacóstracos, não há vasos arteriais, e o coração bombeia sangue diretamente para dentro das duas extremidades da hemocele. Esses animais tendem a ter corpos curtos, corações longos ou ambos e essa configuração facilita a circulação do sangue para todas as partes do corpo. As formas sésseis, como os cirrípedes, perderam completamente o coração, embora ele tenha sido substituído por um vaso pulsátil nos Thoracica. Os malacóstracos grandes tendem a ter sistemas vasculares bem-desenvolvidos que, desse modo, asseguram que o sangue circule por todo o corpo, pela hemocele e para as estruturas de troca gasosa (Figura 21.17 D e E). Estudos recentes utilizaram técnicas de moldagem por corrosão, mostrando exatamente quão complexos podem ser esses sistemas vasculares, e chegaram a colocar em dúvida o paradigma dos sistemas circulatórios "aberto" *versus* "fechado" dos invertebrados. Os crustáceos grandes ou ativos também podem ter uma bomba acessória anterior conhecida como **cor frontale**, que ajuda a manter a pressão sanguínea, bem como frequentemente um sistema venoso para devolver o sangue à câmara pericárdica.

O sangue dos crustáceos contém vários tipos de células, incluindo amebócitos fagocíticos e granulares, assim como células explosivas errantes especiais, que liberam um agente coagulante nas áreas de lesão ou autotomia. Em não malacóstracos, o oxigênio é transportado dissolvido ou ligado à hemoglobina dissolvida. A maioria dos malacóstracos tem hemocianina em solução (embora alguns tenham hemoglobina dentro dos tecidos). A hemoglobina utiliza ferro como sítio de ligação do oxigênio, enquanto a hemocianina usa cobre. Esse último metal pode conferir uma coloração azulada à hemolinfa; pigmentos carotenoides frequentemente conferem à hemolinfa uma coloração alaranjada ou castanho-clara. Os pigmentos de ligação do oxigênio nunca são transportados em corpúsculos, como ocorre nos vertebrados.

Nos resumos taxonômicos, mencionamos a forma e a posição dos órgãos encarregados da troca gasosa (brânquias) de alguns grupos de crustáceos. Algumas formas pequenas (p. ex., copépodes, alguns ostrácodes) não têm brânquias bem-definidas e dependem da troca cutânea, que é facilitada por suas cutículas relativamente finas e pela razão elevada entre área:volume. Nas formas pequenas de outros grupos, o revestimento interno membranoso e fino da carapaça atende a essa finalidade (p. ex., Cladocera, Cirripedia, Leptostraca, Cumacea, Mysida, camarões-moluscos e até alguns membros dos decápodes).

Contudo, a maioria dos crustáceos tem algum tipo de brânquias bem-definidas (Figura 21.28). Em geral, essas estruturas são derivadas dos epipoditos (exitos) das pernas torácicas, que foram modificadas de várias formas para oferecer uma superfície ampla. As câmaras ocas internas dessas brânquias são confluentes com a hemocele ou seus vasos. Embora sua estrutura varie consideravelmente (vale lembrar as brânquias de diversos decápodes descritos antes), todas operam com base nos princípios dos órgãos de troca gasosa descritos no Capítulo 4 e ao longo de todo este texto: o líquido circulatório é colocado em contato direto com a fonte de oxigênio em um órgão com superfície relativamente ampla. As brânquias fornecem uma superfície úmida, fina e permeável entre os ambientes interno e externo. As brânquias dos estomatópodes e dos isópodes (Figura 21.28 H e I) são formadas a partir dos pleópodes abdominais. No primeiro caso, elas são processos que se ramificam da base dos pleópodes, mas, nos isópodes, os próprios pleópodes achatados são vascularizados e oferecem a superfície necessária às trocas. Os estomatópodes também têm brânquias epipodais nos toracópodes, mas elas são acentuadamente reduzidas.

De forma a assegurar a eficiência das brânquias, o fluxo de água ao seu redor precisa ser mantido. Nos estomatópodes e isópodes aquáticos, a corrente de água é gerada pelo batimento dos pleópodes. Do mesmo modo, as brânquias pereopodais dos eufausiáceos são irrigadas continuamente por água à medida que eles nadam. Entretanto, em muitos crustáceos, as brânquias ficam escondidas até certo ponto e requerem mecanismos especiais para produzir as correntes ventilatórias. Na maioria dos decápodes, por exemplo, as brânquias estão contidas em câmaras branquiais formadas entre a carapaça e a parede corporal (Figura 21.28). Desse modo, as brânquias delicadas, embora ainda estejam tecnicamente fora do corpo, parecem ser (e estão protegidas como se fossem) órgãos internos. Embora essa configuração assegure proteção contra danos aos filamentos branquiais delicados, os orifícios das câmaras branquiais geralmente são pequenos, limitando o fluxo passivo da água. Como seria esperado, a solução desse dilema proveio novamente da plasticidade evolutiva dos apêndices dos crustáceos. A maioria dos decápodes tem exopoditos longos nas maxilas (conhecidos como aspiradores branquiais ou escafognatito), que vibram para gerar correntes ventilatórias dentro das câmaras branquiais (Figura 21.28 A). Nos casos típicos, essas correntes entram pelos lados e pela parte posterior por meio de pequenos orifícios ao redor das coxas dos pereópodes (nos caranguejos, conhecidos como **orifícios de Milne-Edwards** em homenagem ao seu descobridor) e saem anteriormente sob a carapaça nas proximidades do campo oral (e das glândulas antenais). As correntes podem ser observadas facilmente em um caranguejo ou lagosta em águas tranquilas. A taxa de fluxo das correntes pode ser alterada, dependendo dos fatores ambientais, mas as correntes também podem ser invertidas, permitindo assim que alguns decápodes cavem a areia ou a lama com apenas suas extremidades frontais expostas à água.

A posição das brânquias nas câmaras branquiais protege-as do ressecamento durante as marés baixas e, desse modo, permite que muitos crustáceos vivam em hábitats litorâneos; a difusão dos gases respiratórios comumente continua, mesmo durante as marés baixas. Alguns decápodes chegaram mesmo a invadir a terra, especialmente alguns lagostins e os caranguejos anomuros e braquiuros conhecidos como caranguejos terrestres (p. ex., o caranguejo-ermitão *Coenobita* e o caranguejo-de-coqueiro *Birgus*; Figura 21.1 H). Nessas espécies semiterrestres, as brânquias geralmente têm dimensões reduzidas. Em *Birgus*, as brânquias originais são muito pequenas e a superfície cuticular vascularizada da câmara branquial é usada para realizar troca gasosa. Embora *Birgus* jovens possam carregar conchas (ou cocos) para proteger seu abdome macio, os adultos não fazem isso porque seu abdome é endurecido. Outra adaptação notável dos decápodes à vida ao ar livre é exibida pelos caranguejos-borbulhantes da areia da região do Indo-Pacífico (família Dotillidae: *Scopimera*, *Dotilla*). Esses caranguejos têm discos membranosos nas pernas ou nos esternitos que, segundo alguns autores, seriam órgãos auditivos (tímpanos), mas que hoje sabemos ter a função de realizar trocas gasosas.

Entretanto, os crustáceos mais bem-sucedidos no ambiente terrestre não são decápodes, mas os bem-conhecidos tatuzinhos-de-jardim e tatus-bola. O sucesso desses isópodes oniscídeos (p. ex., *Porcellio*) é atribuído em parte à presença de órgãos aéreos de troca gasosa chamados **pseudotraqueias** (Figura 21.28 H e I). Esses órgãos são sacos cegos moderadamente ramificados com paredes finas e voltadas para dentro, que estão localizadas em alguns dos exopoditos pleopodiais e conectadas com o exterior por meio de poros diminutos (semelhantes às traqueias e aos espiráculos dos insetos). O ar circula por esses sacos e os gases são trocados com o sangue nos pleópodes. Desse modo, nesses animais, as brânquias pleopodiais aquáticas originais foram remodeladas para respirar ar pela movimentação das superfícies de troca internas, onde ele permanece úmido. Os sistemas traqueais aparentemente semelhantes dos isópodes, insetos e aracnídeos evoluíram independentemente por convergência e associação com outras adaptações à vida na terra.

Excreção e osmorregulação

Assim como outros invertebrados predominantemente aquáticos, os crustáceos são amoniotélicos, independentemente de viverem na água do mar, na água doce ou na terra. Esses animais eliminam amônia por meio dos nefrídios e pelas brânquias. Conforme está descrito no Capítulo 20, a maioria dos crustáceos tem órgãos excretores nefridiais na forma de glândulas antenais ou maxilares (Figuras 21.5 A e 21.27). Essas glândulas são estruturas homólogas dispostas em série, construídas semelhantemente, embora com variações de posição dos seus poros associados (na base das segundas antenas ou das segundas maxilas, respectivamente). A extremidade interna de fundo cego é um resquício celômico do nefrídio conhecido como sáculo,

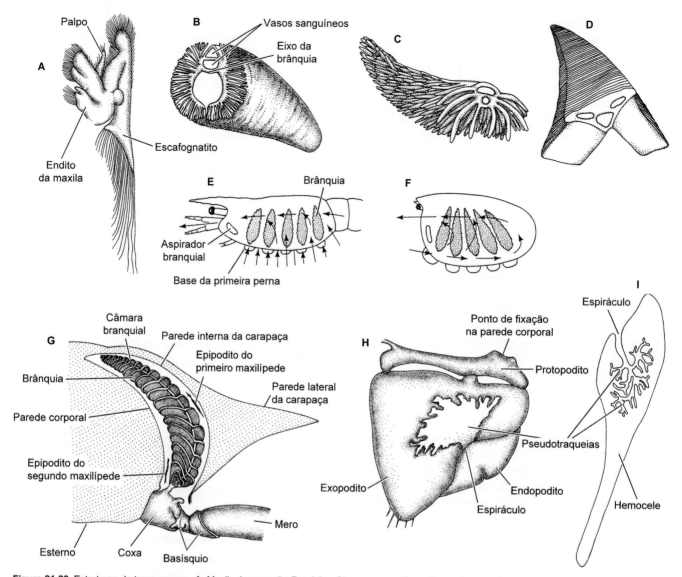

Figura 21.28 Estruturas de troca gasosa. **A.** Maxila do camarão *Pandalus*. Observe o escafognatito cerdoso usado para gerar a corrente ventilatória. **B** a **D.** Cortes transversais de alguns tipos de brânquias dos decápodes. **B.** Dendrobrânquia. **C.** Tricobrânquia. **D.** Filobrânquia. **E** e **F.** Trajetos das correntes ventilatórias pelas câmaras branquiais esquerdas de um camarão (**E**) e de um caranguejo braquiuro (**F**). **G.** Câmara branquial (*corte transversal*) de um caranguejo braquiuro, mostrando a posição de uma podobrânquia do tipo filobrânquia. **H** e **I.** Um pleópode do isópode terrestre *Porcellio* (*vista superficial* e *em corte*). Observe as pseudotraqueias.

que leva ao poro por meio de um ducto variavelmente espiralado. O ducto pode ter uma bexiga dilatada nas proximidades do seu orifício. Em alguns casos, as glândulas antenais são conhecidas como "glândulas verdes".

A maioria dos crustáceos tem apenas um par desses órgãos nefridiais, mas os lofogastrídeos e misidáceos têm glândulas antenais e maxilares, e alguns outros (cefalocáridos e alguns tanaidáceos e isópodes) têm glândulas antenais rudimentares e maxilares bem-desenvolvidas. A maioria dos crustáceos não malacóstracos tem glândulas maxilares, assim como os estomatópodes, os cumáceos e a maioria dos tanaidáceos e isópodes. Os ostrácodes adultos têm glândulas maxilares, mas as glândulas antenais também são encontradas nas espécies de água doce. Todos os outros malacóstracos têm glândulas antenais.

Os canais cheios de sangue da hemocele misturam-se com as extensões ramificadas do epitélio sacular, formando uma superfície ampla através da qual ocorre a filtração. As células da parede do sáculo também captam e secretam ativamente materiais presentes no sangue para o lúmen do órgão excretor. Esses processos de filtração e secreção são até certo ponto seletivos, mas a maior parte da regulação da composição da urina é realizada pelas trocas ativas entre o sangue e o túbulo excretor. Essas atividades não apenas regulam a eliminação das escórias metabólicas, como também são extremamente importantes ao equilíbrio hídrico e iônico, principalmente nos crustáceos de água doce e terrestres.

A excreção e a osmorregulação realizadas por meio da atividade das glândulas maxilares e antenais são suplementadas por outros mecanismos. A própria cutícula funciona como uma barreira às trocas entre os ambientes interno e externo e, como já mencionamos, ela é especialmente importante para evitar perda de água no ambiente terrestre ou captação excessiva de água na água doce. Além disso, as áreas finas da cutícula – especialmente nas superfícies das brânquias – funcionam como locais de eliminação de água e troca iônica. Durante muito tempo, supôs-se que epipoditos das pernas dos branquiópodes desempenhassem uma função na troca gasosa (como "brânquias"), mas hoje sabemos que eles funcionam basicamente como locais de osmorregulação (portanto, o nome taxonômico Branchiopoda, ou seja, pernas com brânquias, não é correto!). Células sanguíneas fagocitárias e algumas regiões do trato digestivo médio também parecem acumular escórias. Em alguns isópodes terrestres, a amônia realmente se dispersa do corpo na forma gasosa.

Sistema nervoso e órgãos sensoriais

O sistema nervoso central dos crustáceos é formado em conjunto com a estrutura segmentar do corpo, seguindo as mesmas linhas encontradas nos outros artrópodes (Figura 21.29). Na condição mais primitiva, o sistema nervoso é escalariforme, ou seja, os gânglios segmentares estão praticamente separados e interligados por comissuras transversais e conectivos longitudinais (Figura 21.29 A). O cérebro dos crustáceos é formado por três gânglios fundidos, sendo os dois anterodorsais o protocérebro e o deutocérebro (supraesofágicos), que parecem ter origem pré-oral. A partir do protocérebro, os nervos ópticos inervam os olhos. A partir do deutocérebro, os nervos antenulares estendem-se às antênulas, enquanto nervos menores inervam a musculatura do pedúnculo ocular. O terceiro gânglio do cérebro é o tritocérebro posterior, que provavelmente representa o gânglio do primeiro somito pós-oral. O tritocérebro forma um par de conectivos circum-entéricos, que se estendem ao redor do esôfago até um gânglio subesofágico ou subentérico e ligam o cérebro ao cordão nervoso ventral, que contém os gânglios segmentares do corpo. A partir do tritocérebro, também se originam os nervos antenais e alguns nervos sensoriais originados da região anterior da cabeça.

A natureza do cordão nervoso ventral frequentemente reflete claramente a influência da tagmose corporal. Nos crustáceos com corpos relativamente homônomos (p. ex., remipédios, cefalocáridos e branquiópodes anóstracos e notóstracos), os gânglios associados a cada segmento pós-antenar permanecem separados ao longo do cordão nervoso ventral. Contudo, nas formas mais heterônomas, uma massa única de gânglios subentéricos é formada pela fusão dos gânglios associados aos segmentos cefálicos pós-orais (p. ex., os segmentos das mandíbulas, das maxílulas, das maxilas e dos maxilípedes, esses últimos quando estão presentes). Os gânglios do tórax e do abdome também podem ter padrões variáveis de fusão, dependendo dos segmentos fundidos e da compactação do corpo. Por exemplo, na maioria dos decápodes com corpos compridos (lagostas e lagostins), os gânglios torácicos e abdominais estão praticamente fundidos na linha mediana do corpo, embora continuem separados uns dos outros longitudinalmente (Figura 21.29 B). Entretanto, nos decápodes com corpos curtos (p. ex., caranguejos), todos os gânglios segmentares torácicos são fundidos para formar uma placa nervosa ventral grande, enquanto os gânglios abdominais são muito reduzidos (Figura 21.29 C).

A maioria dos crustáceos tem uma variedade de receptores sensoriais, que transmitem informações ao sistema nervoso central, apesar da imposição do exoesqueleto (como foi explicado

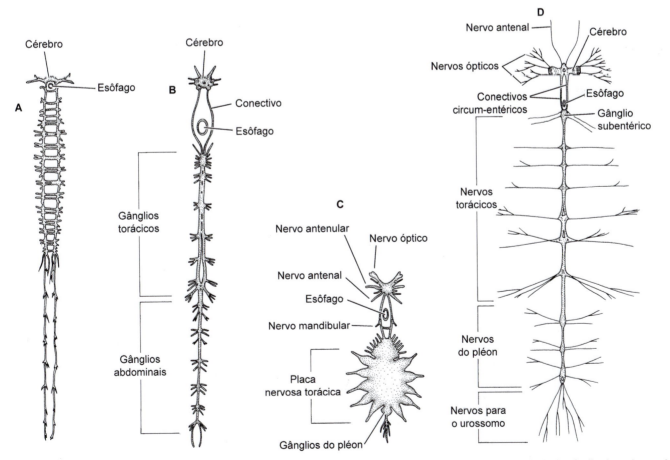

Figura 21.29 Sistema nervoso central de quatro crustáceos. **A.** Sistema escalariforme de um anóstraco. Observe a ausência de gânglios bem-desenvolvidos na parte posterior do tronco destituída de apêndices. **B.** Sistema metamérico alongado de um lagostim. **C.** Sistema extremamente compactado de um caranguejo braquiuro, no qual todos os gânglios torácicos estão fundidos e os gânglios abdominais são reduzidos. **D.** Sistema nervoso de um anfípode hiperiídeo. Observe a perda dos gânglios urossomiais típicos de todos os anfípodes.

em relação com os artrópodes em geral) (Figura 21.30). Entre as mais evidentes dessas estruturas sensoriais estão as numerosas cerdas inervadas ou **sensílios**, que recobrem diversas regiões do corpo e dos apêndices (Figura 21.31). Estudos dessas estruturas sugeriram que a maioria funcione como mecanorreceptores (sensíveis ao toque e às correntes de água) e quimiorreceptores. Além disso, a maioria dos crustáceos tem quimiorreceptores especializados na forma de grumos ou fileiras de processos cuticulares tubulares moles conhecidos como **estetos** (Figura 21.30 A), localizados nas primeiras antenas. Nos decápodes, centenas de neurônios podem inervar cada esteto. Os termorreceptores provavelmente estão presentes em muitos crustáceos (os que vivem perto de fontes hidrotermais dos oceanos profundos são os candidatos mais prováveis), mas eles ainda não foram documentados. Contudo, os comportamentos relacionados com o afastamento térmico e as preferências de temperatura foram mostrados, com termossensibilidades em torno de 0,2 a 2,0°C. Os remipédios têm um par de estruturas sensoriais singulares na cabeça conhecidas como **processos frontais**, cuja função é desconhecida. Muitos crustáceos têm órgãos dorsais, ou estruturas glandular-sensoriais pouco entendidas situadas na cabeça que, na verdade, constituem vários tipos diferentes de estruturas sensoriais, que podem ou não ser homólogas.

Como todos os artrópodes, os crustáceos têm proprioceptores bem-desenvolvidos, que fornecem informações acerca da posição e dos movimentos do corpo e dos apêndices durante a locomoção. Alguns táxons da classe Malacostraca têm estatocistos, que são totalmente fechados e contêm um estatólito secretado (p. ex., misídeos, alguns isópodes anturídeos), ou abertos ao exterior por meio de um poro diminuto e contêm um estatólito formado por grãos de areia (p. ex., muitos decápodes) (Figura 21.30 B e C). Nesse último caso, o estatocisto pode funcionar não apenas como georreceptor, mas também como detector de acelerações angular e linear do corpo em relação com a água circundante, bem como movimentos da água sobre o animal (i. e., o estatólito é reotático). Por fim, em alguns camarões, o estatocisto aparentemente também participa da audição.

Existem dois tipos de fotorreceptores rabdoméricos entre os crustáceos: olhos simples medianos e olhos compostos laterais; ambos são inervados pelo protocérebro. Muitas espécies têm os dois tipos de olhos, seja simultaneamente ou em estágios diferentes do seu desenvolvimento. Os olhos compostos podem ser sésseis ou pedunculados. Os olhos compostos pedunculados ocorrem nos anóstracos, em muitos malacóstracos e talvez em alguns cumáceos (e talvez também em alguns trilobitas). Esses são os únicos exemplos de olhos compostos pedunculados móveis no reino animal.

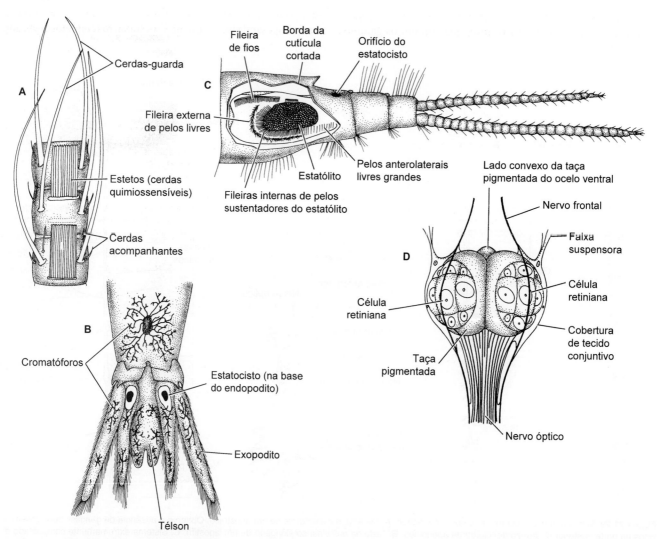

Figura 21.30 Alguns órgãos sensoriais dos crustáceos. **A.** Estetos na antena da lagosta *Panulirus*. **B.** Estatocistos fechados nos endopoditos uropodais de um misidáceo. **C.** Estatocisto aberto nas antênulas de uma lagosta (*vista em corte*). **D.** Olho simples mediano do copépode *Eucalanus* (*vista da superfície*).

Em geral, o olho mediano aparece primeiramente durante o estágio de larva náuplio e, por isso, ele geralmente é referido como **olho naupliar**. Como a própria larva náuplio, o olho mediano parece ser um aspecto ancestral (e definidor) dos crustáceos; ele foi secundariamente reduzido ou perdido em muitos táxons, nos quais o estágio larval correspondente foi suprimido. Em certo sentido, os olhos medianos são "compostos", porque são formados por mais de uma unidade fotorreceptora (Figura 21.30 D). Nos casos típicos, existem três dessas unidades nos olhos medianos das larvas náuplio e até sete nos olhos dos adultos, nos quais eles persistem. Contudo, com exceção de sua composição rabdomérica natural, a estrutura das unidades do olho mediano é diferente da que se observa nos omatídios dos olhos compostos verdadeiros. Os primeiros consistem em taças pigmentadas invertidas, cada qual com um número relativamente pequeno de células retinulares (fotorreceptoras). O cristalino cuticular está presente nos olhos medianos da maioria dos ostrácodes e em alguns copépodes. Os olhos simples dos crustáceos provavelmente funcionam apenas para detectar a direção e a intensidade da luz. Essas informações são especialmente valiosas como forma de orientação dos animais planctônicos sem olhos compostos, como as larvas náuplio, muitos copépodes etc. Em alguns branquiópodes, um espaço existente acima do olho mediano está conectado ao ambiente externo por um poro diminuto, talvez indicando uma invaginação do olho em alguma época do passado distante, embora a natureza e a função deste poro sejam desconhecidas.

A estrutura e a função dos olhos compostos (omatídios) foram revisadas no Capítulo 20. Em termos de capacidade visual, pesquisadores realizaram muito mais estudos sobre os olhos dos insetos que dos crustáceos e precisamos fazer muitas especulações quanto ao que estes últimos animais realmente enxergam. Embora quase certamente eles não tenham a acuidade visual de muitos insetos, estudos mostraram que muitos crustáceos podem discernir formas, padrões e movimentos; a visão em cores foi demonstrada em algumas espécies (várias espécies respondem às ondas luminosas na faixa de azul-verde dos espectros ultravioleta e infravermelho, ao menos na faixa de 470 a 570 nm). Estomatópodes em particular têm olhos extremamente sensíveis e complexos, com grande variedade de capacidades. Passando pelo centro de cada olho dos estomatópodes, há uma faixa medial com seis fileiras de omatídios – que, na maioria das espécies, contêm quatro fileiras que formam um sistema de percepção visual das cores com 12 pigmentos visuais – assim como duas fileiras que analisam a luz polarizada nos planos linear e circular. Os omatídios encarregados da percepção das cores têm uma estrutura trilaminar: a camada superior contém um pigmento sensível à luz ultravioleta e, abaixo dela, existem duas camadas com pigmentos diferentes sensíveis aos comprimentos de onda no espectro visível do ser humano. As metades superior e inferior de cada olho também têm campos visuais superpostos, de forma que cada olho consegue funcionar como um telêmetro estereoscópico. Os 12 tipos de fotorreceptores diferentes recolhem amostras de uma faixa estreita de comprimentos de ondas, variando da faixa UV profunda até a luz vermelha longa (300 a 720 nm).

Embora os insetos e os crustáceos tenham omatídios tetrapartidos, existem algumas diferenças estruturais entre os olhos compostos dos insetos e os dos crustáceos, provavelmente como resultado da adaptação às exigências das visões aérea e aquática. Na água, a luz tem distribuição angular mais restrita, intensidade menor e uma amplitude mais estreita de comprimentos de onda que a luz dispersa no ar. O contraste também é até certo ponto reduzido na água. Todos esses fatores cobram um preço extra à intensificação da sensibilidade e da percepção de contraste pelos olhos das criaturas aquáticas. O posicionamento dos olhos sobre os pedúnculos é uma forma notável pela qual muitos crustáceos aumentam a quantidade de informações disponível aos olhos, ampliando o campo de visão e a faixa binocular. Os pedúnculos oculares são elementos estruturais complexos com uma dúzia ou mais de músculos, que controlam seus movimentos.

Os olhos compostos tetrapartidos típicos não ocorrem nos crustáceos pequenos, que antes eram agrupados entre os "maxilópodes" (copépodes, cracas etc.), mas vários tipos de "olhos compostos" são encontrados entre os branquiuros, ostrácodes (Cyprindinacea) e cirrípedes. Os olhos desses primeiros dois táxons são muito semelhantes aos dos outros crustáceos em sua estrutura geral e podem ser homólogos deles. Nos cirrípedes, o olho mediano e os dois olhos laterais são derivados de um único olho ocelar tripartido da larva náuplio, que se separa em três componentes, cada qual formando um fotorreceptor no animal adulto, depois da metamorfose da larva náuplio em larva cipres. Por isso, todos esses três olhos parecem ser compostos de ocelos simples, embora os olhos laterais tenham três células fotorreceptoras e, por isso, sejam comumente referidos como "compostos". As larvas náuplio dos rizocéfalos também têm um olho naupliar tripartido, que persiste até o estágio de larva cipres.

Os olhos compostos não ocorrem em qualquer estágio de desenvolvimento de muitos táxons dos crustáceos (p. ex., Copepoda, Mystacocarida, Cephalocarida, Tantulocarida, Pentastomida, Remipedia e alguns ostrácodes). Os membros de alguns outros grupos têm olhos compostos apenas nos estágios larvais avançados, mas são perdidos durante a metamorfose (p. ex., cirrípedes). A redução ou a perda dos olhos também é comum em muitas espécies dos mares profundos, nos cavadores, nos residentes de cavernas e nos parasitas.

Os crustáceos têm sistemas endócrinos e neurossecretores complexos, embora nosso conhecimento acerca desses sistemas esteja longe de estar completo. Em geral, os fenômenos relacionados com a muda (ver Capítulo 20), a atividade dos cromatóforos e vários aspectos da reprodução estão sob controle hormonal e neurossecretor. Alguns estudos recentes interessantes indicaram que os compostos semelhantes aos hormônios juvenis, que durante muito tempo se pensou que existissem apenas nos insetos, também ocorrem ao menos em alguns crustáceos. (Os hormônios juvenis constituem uma família de compostos, que regulam a metamorfose e a gametogênese dos insetos adultos.) A bioluminescência também ocorre em vários grupos de crustáceos. Isso é comum entre os decápodes pelágicos e também foi descrito em alguns ostrácodes Myodocopa, anfípodes hiperídeos e larvas dos copépodes.

Reprodução e desenvolvimento

Reprodução. Em vários trechos deste livro, mencionamos as relações entre os padrões de reprodução e desenvolvimento dos animais, seu estilo de vida e sua estratégia geral de sobrevivência. Com exceção dos processos unicamente vegetativos, como o brotamento assexuado, os crustáceos conseguiram explorar quase todos os esquemas imaginários de ciclos de vida. Em geral, os sexos são separados, embora o hermafroditismo seja a regra entre os remipédios, os cefalocáridos, a maioria dos cirrípedes

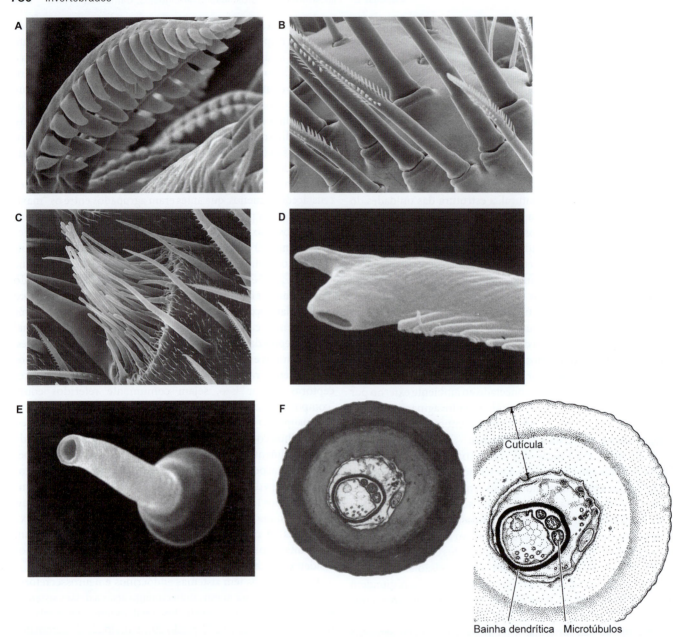

Figura 21.31 Sensílios de alguns crustáceos. **A.** Cerdas serrilhadas (mecanorreceptores) do segundo maxilípede do anomuro *Petrolisthes armatus* (428×). **B.** Encaixe de cerdas serrilhadas do terceiro maxilípede do camarão-limpador *Stenopus hispidus* (228×). **C.** Receptor de correntes dos apêndices anteriores do tronco do notóstraco *Triops*. **D.** Cerda quimiossensorial do primeiro pereópode do camarão de água doce *Atya* (5.700×); observe o poro apical característico. **E.** Uma cerda receptora dupla (mecanorreceptora e quimiorreceptora) da maxila do remipédio *Speleonectes tulumensis* (4.560×). **F.** *Corte transversal* de um receptor duplo (fotografia de microscopia eletrônica e ilustração interpretativa). Observe os microtúbulos dentro dos dendritos e a bainha dendrítica, que se fixa à cutícula da haste da cerda (17.100×).

e alguns decápodes. O hermafroditismo sequencial é comum e geralmente se expressa na forma de protandria (os indivíduos amadurecem primeiramente como machos, depois se tornam fêmeas), embora a protoginia também ocorra em algumas espécies (p. ex., no isópode marinho *Gnorimosphaeroma orgonense*). Além disso, a partenogênese ocorre em alguns branquiópodes e certos ostrácodes. Em uma espécie de camarão-molusco (*Eulimnadia texana*), existe um tipo raro de sistema de cruzamento misto conhecido como **androgonocorismo** (*i. e.*, androdioicia nas plantas), no qual os machos coexistem com hermafroditas, mas não há fêmeas verdadeiras. O androgonocorismo é raro, mas também ocorre nos nematódeos *Caenorhabditis elegans*, em algumas cracas torácicas (p. ex., *Balanus galeatus*, *Scalpellum scalpellum*) e vários outros tipos de crustáceos branquiópodes.

Os sistemas reprodutivos dos crustáceos geralmente são muito simples (Figura 21.27). As gônadas são derivadas dos resquícios celômicos e estão situadas na forma de estruturas alongadas duplas em várias regiões do tronco. Contudo, em muitos cirrípedes, as gônadas estão localizadas na região cefálica. Em alguns casos, as gônadas duplas estão parcial ou totalmente fundidas em uma única massa. Um par de gonodutos estende-se das gônadas até os poros genitais situados em um dos segmentos do tronco, seja em um esternito, na membrana artrodial entre o esternito e os protopoditos das pernas, ou nos próprios protopoditos. Em muitos crustáceos, os pênis duplos são fundidos em um único pênis mediano (p. ex., nos tantulocáridos, cirrípedes e alguns isópodes). Em alguns casos, o sistema feminino inclui receptáculos seminais. A posição dos gonóporos varia entre as classes (Tabela 21.1).

O fenômeno curioso do **intersexo** – o mesmo animal tem características sexuais secundárias masculinas e femininas – é muito comum entre os crustáceos. O desenvolvimento intersexual está associado diretamente à presença de endoparasitas (p. ex., bactérias e microsporídeos) e também foi correlacionado com a presença de poluentes nocivos ao sistema endócrino, que parecem induzir características sexuais secundárias contrárias.

A maioria dos crustáceos copula e muitos desenvolveram comportamentos de corte, dos quais os mais elaborados e bem-conhecidos ocorrem entre os decápodes. Embora alguns crustáceos sejam gregários (p. ex., algumas espécies planctônicas, cracas, muitos isópodes e anfípodes), a maioria dos decápodes vive isoladamente, exceto durante a estação de cruzamento. Mais ou menos permanente, ou mais ou menos sazonal, o cruzamento é conhecido entre muitos crustáceos (p. ex., camarões estenopodídeos; alguns isópodes parasitas e comensais; caranguejos "ervilhas" pinoterídeo, que comumente vivem em pares nas cavidades do manto dos moluscos bivalves ou em galerias dos camarões talassinídeos).

Mesmo os pentastomídeos parasitas copulam (dentro do sistema respiratório do hospedeiro) e fazem fecundação interna, dependendo da transferência dos espermatozoides para a vagina feminina por meio dos cirros (pênis) masculinos. Os embriões dos pentastomídeos em fase inicial de desenvolvimento passam por metamorfose e transformam-se nas chamadas larvas primárias com dois pares de pernas com duas quelas e um ou mais estiletes perfurantes (Figura 21.19 E). As larvas podem ser autoinfectantes no hospedeiro primário, ou podem migrar para o trato digestivo do hospedeiro e sair pelas fezes. Nesse último caso, é necessário um hospedeiro intermediário, que pode ser praticamente qualquer tipo de vertebrado. As larvas perfuram a parede do trato digestivo do hospedeiro intermediário, onde continuam seu desenvolvimento até o estágio infeccioso. Quando o hospedeiro intermediário é consumido por um hospedeiro definitivo (em geral, um predador), o parasita encontra seu caminho até o estômago do novo hospedeiro e sobe ao seu esôfago, ou perfura a parede intestinal e, por fim, implanta-se no sistema respiratório.

O cruzamento dos crustáceos que não vivem em pares requer mecanismos que facilitem a localização e o reconhecimento dos parceiros. Entre os decápodes e talvez entre muitos outros crustáceos, os espécimes dispersos aparentemente se encontram por quimiorrecepção a distância (feromônios) ou por migrações sincronizadas associadas à periodicidade lunar, aos movimentos das marés ou a algum outro estímulo ambiental. Os feromônios sexuais de contato também são utilizados. Os machos de alguns ostrácodes marinhos (Myodocopa: alguns halociprídeos e cipridinídeos) produzem uma exibição complexa de bioluminescentes semelhantes aos dos vagalumes para atrair as fêmeas. Quando os casais em potencial se aproximam, o reconhecimento dos animais do sexo oposto da mesma espécie pode envolver vários mecanismos. Mais de 60 espécies de ostrácodes cipridinídeos mostram o comportamento de corte luminescente apenas no Caribe. Aparentemente, a maioria dos decápodes utiliza estímulos quimiotáxicos, que requerem contato real. A visão é reconhecidamente importante para os camarões estenopodídeos (a maioria dos quais vive em pares), alguns anomuros (p. ex., família Porcellanidae) e braquiuros (muitos grapsídeos e ocipodídeos).

Muitos estudos foram realizados com os caranguejo-chama-maré do gênero *Uca* (família Ocypodidae). Nessas espécies, os machos fazem oscilações dramáticas com os quelípedes (ou **quela principal** altamente hipertrofiada, que pode representar mais de 50% da massa total do macho – mais que o maior dos chifres de um alce macho!) para atrair fêmeas e repelir machos competidores (Figura 21.32 A a D). Além disso, os machos emitem sons por estridulação e batidas no substrato, que parecem atrair as fêmeas em potencial. Em geral, o cruzamento ocorre quando o macho atrai a fêmea para dentro de sua toca. Os machos de algumas espécies de caranguejo-chama-maré constroem estruturas de areia na entrada de suas tocas, que parecem atrair as fêmeas.

Entre muitos crustáceos, as características sexuais externas estão associadas ao processo efetivo de cruzamento. Em alguns machos, apêndices especiais (como as antenas dos anóstracos e de alguns cladóceros, ostrácodes e copépodes) são modificados para prender a fêmea. Além disso, muitos machos têm estruturas especializadas para transferência de espermatozoides na forma de apêndices modificados ou pênis especiais, como aqueles econtrados nas cracas torácicas (Figura 21.32 E), nos anóstracos e nos ostrácodes. Alguns exemplos de apêndices modificados incluem o último apêndice do tronco dos copépodes e os pleópodes anteriores da maioria dos malacóstracos-macho (conhecidos como gonópodes em grande parte dos malacóstracos, ou **petasma** nos dendrobranquiados) (Figura 21.32 F). Os espermatozoides são transferidos soltos no líquido seminal ou (em muitos malacóstracos e nos copépodes) contidos em espermatóforos. Os espermatozoides flagelados móveis são encontrados apenas em alguns membros do antigo grupo dos maxilópodes; em outros crustáceos, os espermatozoides são imóveis. Os espermatozoides dos crustáceos são muito variados quanto à forma e são até bizarros em algumas espécies, geralmente células redondas e grandes ou estreladas, que se movem por pseudópodes ou são aparentemente imóveis.[9] Os espermatozoides são depositados diretamente dentro do oviduto ou em um receptáculo seminal, ou nas proximidades do sistema reprodutivo feminino. Em alguns crustáceos, as fêmeas podem armazenar espermatozoides por períodos longos (p. ex., vários anos na lagosta *Homarus*), permitindo assim proles múltiplas provenientes de uma única inseminação.

A maioria dos crustáceos incuba seus ovos até que ocorra sua eclosão e desenvolveram várias estratégias de incubação. Os peracáridos incubam os embriões em desenvolvimento em um marsúpio, que é uma bolsa de incubação ventral formada pelas placas direcionadas internamente das coxas das pernas conhecidas como **oostegitos** (os termosbenáceos constituem uma exceção entre os peracáridos e usam a carapaça como câmara de incubação). Outros crustáceos fixam seus embriões aos enditos situados nas bases das pernas, ou aos pleópodes (Figura 21.32 F), geralmente utilizando o muco secretado por glândulas especializadas. Em alguns cladóceros, a incubação ocorre em uma câmara de incubação dorsal formada pela carapaça. Entretanto, os sincáridos, quase todos os camarões dendrobranquiados e a

---

[9] Os espermatozoides dos ostrácodes de água doce são os mais longos do reino animal em comparação com o tamanho do seu corpo (até 10 vezes maior que o comprimento do corpo). Ainda que seus espermatozoides não sejam flagelados, eles são filiformes e seu comprimento varia de várias centenas de micra até alguns milímetros.

Figura 21.32 Reprodução dos crustáceos. **A** a **D.** Comportamentos de cruzamento do caranguejo-chama-maré *Uca*. **A.** Dois machos em combate ritualizado pela conquista de uma fêmea, enquanto ela observa (**B**). **C.** Um único macho balançando seu quelípide aumentado para atrair uma fêmea. **D.** Um macho de caranguejo-chama-maré exercendo o comportamento de aceno com a quela para atrair uma fêmea. **E.** Uma craca balanomorfa com cirros e pênis estendido na busca de vizinhos para impregnar. A vantagem de um pênis longo nos animais sésseis fica evidente nessa ilustração. **F.** *Vistas ventrais de um macho e uma fêmea de um caranguejo braquiuro* Cancer magister, mostrando os pleópodess modificados (apêndices com cerdas para guardar os ovos na fêmea; modificados na forma de gonópodes no macho). **G.** Um par de *Hemigrapsus sexdentatus* em copulação. **H.** Um copépode planctônico *Sapphirina* com sacos de ovos.

maioria dos eufausiáceos dispersam seus zigotos diretamente na água. Outros depositam seus ovos fecundados no ambiente, geralmente fixando-os a algum objeto (p. ex., branquiuros, alguns ostrácodes, muitos estomatópodes). Esses embriões depositados podem ser abandonados ou, como ocorre com os estomatópodes, podem ser cuidadosamente protegidos pela fêmea. No entanto, a proteção parental dos embriões até que ocorra sua eclosão na forma de larvas ou juvenis é típica dos crustáceos. Desse modo, os crustáceos geralmente têm ciclos de vida com desenvolvimento direto ou misto (Tabela 21.2).

Desenvolvimento. Embora os crustáceos sejam os animais mais difundidos na Terra, surpreendentemente sabemos pouco sobre sua embriologia. Os ovos são centrolécitos com quantidades variadas de vitelo. A quantidade de vitelo afeta significativamente o tipo de clivagem inicial e está frequentemente relacionada com o tempo até a eclosão (Capítulo 4). Até onde se sabe, os zigotos na maioria dos não malacóstracos passam por algum tipo de clivagem holoblástica, como se observa nos sincáridos, eufausiáceos, penaídeos, anfípodes e isópodes parasitas. Contudo, os padrões de clivagem são extremamente variáveis, indo de igual até desigual e de semelhante a radial até espiral. A ocorrência da clivagem espiral modificada (Figura 21.33 A) relatada em alguns crustáceos é geralmente vista como uma evidência da proximidade entre os crustáceos e outros grupos espirálicos, como os anelídeos. Contudo, a generalidade da clivagem espiral entre os crustáceos tem sido questionada em razão das evidências fornecidas pela filogenética

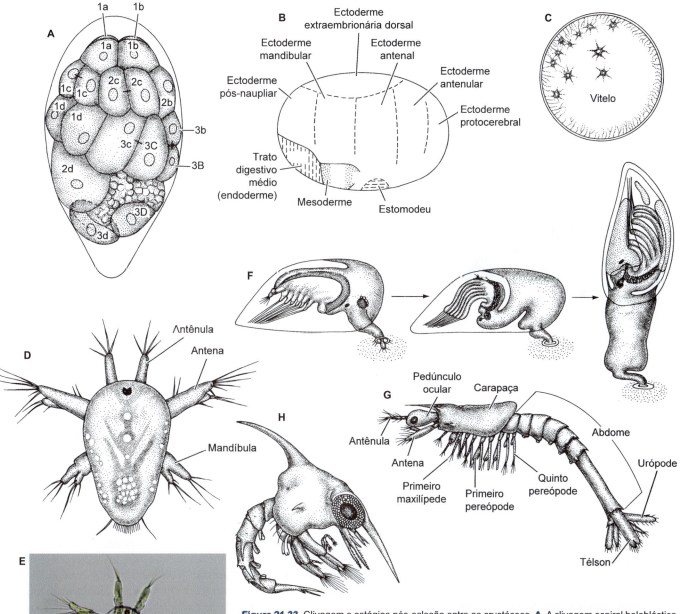

Figura 21.33 Clivagem e estágios pós-eclosão entre os crustáceos. **A.** A clivagem espiral holoblástica modificada formou um embrião de 28 células do cirrípide *Tetraclita*. As células estão marcadas de acordo com o sistema de codificação de Wilson. **B.** Um mapa de destino da blástula de um cirrípide (visto pelo lado direito). **C.** Divisões nucleares intralecitais na clivagem inicial de um misidáceo. **D.** Larva náuplio de um copépode recém-eclodida. **E.** Larva náuplio de um copépode. **F.** Assentamento e metamorfose da larva cípres de uma craca lepadomorfa. **G.** Larva no estágio zoé ("misis") do camarão dendrobranquiado *Penaeus*. **H.** Larva zoé do caranguejo braquiuro *Callinectes sapidus*.

(continua)

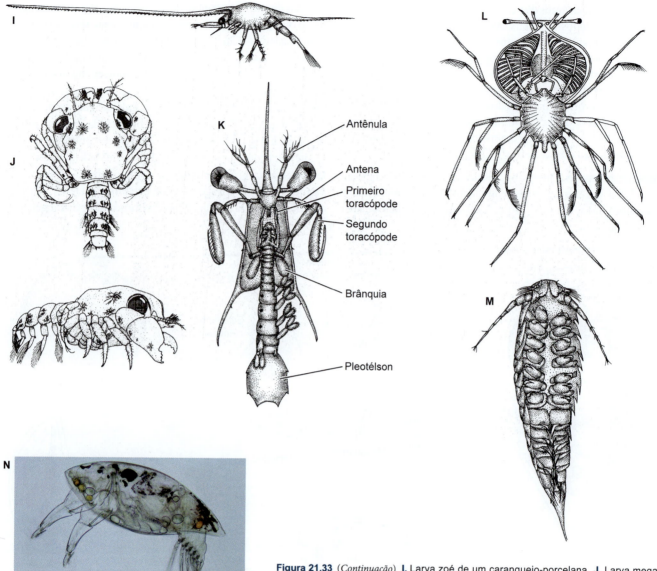

Figura 21.33 (*Continuação*) **I.** Larva zoé de um caranguejo-porcelana. **J.** Larva megalopa do caranguejo xantídeo *Menippe adina*. **K.** Larva antizoé típica de um estomatópode. **L.** Larva filossomal translúcida e laminar da lagosta *Jassa*. **M.** Estágio criptonisco (não é uma larva verdadeira) do isópode epicarídeo *Probopyrus bithynis*. **N.** Larva cipres de uma craca.

molecular, indicando que os artrópodes pertencem ao clado Ecdysozoa dos Protostomia, não ao Spiralia (onde estão os anelídeos). Além disso, em alguns grupos de crustáceos, as linhagens celulares e as origens das camadas germinativas são muito diferentes das que ocorrem nos embriões que passam por clivagem espiral típica. Por exemplo, nas cracas, a camada germinativa da mesoderme origina-se das células 3A, 3B e 3C e a célula 4d contribui para a ectoderme (Figura 21.33 B) – enquanto a clivagem espiral típica atribui a origem da mesoderme à célula 4d. Durante muito tempo, acreditou-se que os eufausiáceos faziam clivagem espiral, mas estudos recentes indicaram que isso não ocorre – apenas o ângulo oblíquo dos fusos mitóticos durante a transição do estágio de duas para quatro células é semelhante à clivagem espiral. Também existem diferenças entre vários crustáceos e outros táxons de artrópodes, que envolvem as posições relativas das supostas camadas germinativas, especialmente a endoderme e a mesoderme. Entretanto, queremos enfatizar aqui que essas variações não são surpreendentes nesse táxon tão diverso e antigo e não invalidam as semelhanças fundamentais que os unem aos artrópodes.

A clivagem meroblástica é a regra entre muitos malacóstracos. Também nesses casos, o padrão exato varia, mas geralmente envolve divisões nucleares intralecitais seguidas de migração dos núcleos para a periferia do embrião e distribuição subsequente dos núcleos para dentro de uma camada de células ao redor de uma massa central de vitelo (Figura 21.33 C).

A forma da blástula e o método de gastrulação dependem basicamente do padrão de clivagem que ocorre antes e, por fim, da quantidade de vitelo. A clivagem holoblástica pode resultar na formação de uma celoblástula, que sofre invaginação (como nos sincáridos) ou ingressão (como em muitos copépodes e alguns cladóceros e anóstracos). Outros crustáceos formam uma estereoblástula, seguida de gastrulação epibólica (p. ex., cirrípedes). A maioria dos casos de clivagem meroblástica resulta na formação de uma periblástula e no desenvolvimento subsequente dos centros germinativos.

Os crustáceos compartilham um estágio larval típico conhecido como larva náuplio, assim designada em razão da sua aparência com três somitos cada um portador de um par de apêndices (Figura 21.33 D).[10] Nos grupos que têm pouco vitelo em seus ovos, a larva náuplio geralmente tem vida livre. Nas espécies com ovos com muito vitelo, o estágio de larva náuplio geralmente é transcorrido como parte de um período mais longo de desenvolvimento embrionário (ou um período longo de incubação) e, algumas vezes, é referido como **ovo náuplio**. Em geral, os náuplios de vida livre são planctotróficos e sua liberação corresponde à depleção do vitelo armazenado. Contudo, em alguns grupos de crustáceos (p. ex., eufausiáceos e camarões dendrobranquiados), a larva náuplio apresenta lecitotrofia.

O desenvolvimento dos crustáceos é direto – os embriões eclodem na forma de juvenis, que são semelhantes aos adultos em miniatura – ou misto (com os embriões incubados por um período breve ou longo e, em seguida, eclodindo em uma forma larval bem-definida). Essas formas larvais passam por várias fases subsequentes e cada fase contém etapas morfológicas ligeiramente diferentes conhecidas como estágios, antes de chegar à condição adulta. O desenvolvimento direto ocorre em alguns cladóceros e branquiuros e em todos os ostrácodes, filocáridos, sincáridos e peracáridos. Nos casos típicos, os ostrácodes são considerados animais que fazem desenvolvimento direto e não têm um estágio larval bem-definido. Contudo, algumas espécies de ostrácodes eclodem com apenas os primeiros três pares de apêndices presentes e, desse modo, são formas nauplíares verdadeiras, ainda que estejam dentro de uma carapaça bivalve e que os demais apêndices sejam acrescentados gradualmente (os instares juvenis são semelhantes aos adultos em miniatura). Todos os outros crustáceos têm algum tipo de desenvolvimento misto. Os estágios larvais reconhecidos nos grupos de crustáceos que fazem desenvolvimento misto têm recebido nomes incontáveis e as homologias entre essas formas nem sempre estão esclarecidas. Os tipos de desenvolvimento encontrados mais comumente estão resumidos a seguir (ver também Tabela 21.2 e Figura 21.33), mas não tentaremos descrever todos eles.

Algumas vezes, o desenvolvimento dos crustáceos é descrito como epimórfico, metamórfico ou anamórfico. Contudo, alertamos o leitor de que ainda não dispomos de um entendimento evolutivo e funcional claro dos estágios de desenvolvimento dos crustáceos e, por isso, os termos "misto" e 'direto" podem ser preferíveis e menos ambíguos até que tenhamos conhecimentos mais claros acerca desse fenômeno.

O **desenvolvimento epimórfico** é direto; nos crustáceos, ele parece resultar de um atraso da eclosão do embrião, que resulta na supressão ou na ausência da larva náuplio (e de todos os outros estágios larvais possíveis).

O **desenvolvimento metamórfico** é o tipo de desenvolvimento misto extremo observado entre os eucarídeos; isso inclui transições dramáticas da forma corporal de um ciclo de vida para outro. Esse padrão é semelhante ao desenvolvimento holometábolo dos insetos – por exemplo, a transformação de uma lagarta em borboleta. Em geral, podem ser reconhecidas até cinco fases pré-adultas (ou larvais) bem-definidas entre os crustáceos: **náuplio, metanáuplio, protozoé, zoé** e "**pós-larva**".

A fase zoé apresenta a maior diversidade de forma entre os diversos táxons e, principalmente nos decápodes, tem recebido diferentes nomes nos diversos grupos (p. ex., acantossomo, antizoé, *misis*, filossomo, pseudozoé). Em muitos casos, a fase de zoé inclui muitos estágios, cada qual diferindo apenas ligeiramente do que o precede.[11] Independentemente do nome atribuído, a larva zoé caracteriza-se pela presença de exopoditos natatórios em alguns ou todos os apêndices torácicos e pelo fato de que não há pleópodes (ou são rudimentares). O uso do termo "pós-larvas" não é apropriado, porque esses estágios diferem drasticamente das larvas precedentes e também das formas adultas; eles representam estágios singulares de transição (morfológica e ecologicamente). Nos decápodes, alguns exemplos são as **megalopas** dos caranguejos verdadeiros e as larvas **puerulus** das lagostas espinhosas. Nessa fase de desenvolvimento, a função natatória foi transferida dos membros toracopodiais para os apêndices abdominais.

O **desenvolvimento anamórfico** é um tipo menos extremo de desenvolvimento indireto, no qual o embrião eclode na forma de uma larva náuplio, mas a forma adulta é alcançada por uma série de alterações gradativas da morfologia corporal, à medida que outros segmentos e apêndices são acrescentados (esse processo é semelhante em vários aspectos ao desenvolvimento hemimetábolo nos insetos). Em outras palavras, os estágios pós-naupliares assumem progressivamente a forma adulta depois de mudas sucessivas; os anóstracos são citados comumente como exemplos clássicos de desenvolvimento anamórfico. Os cefalocáridos, os remipédios, alguns branquiópodes e os mistacocáridos são anamórficos – as larvas náuplio crescem por uma série de mudas, que acrescentam progressivamente segmentos e apêndices novos, à medida que a morfologia adulta é adquirida. Em muitos grupos, a eclosão é atrasada e a larva náuplio emergente é conhecida como metanáuplio. A larva náuplio básica tem apenas três somitos corporais, enquanto a metanáuplio tem alguns mais; contudo, as duas têm apenas três pares de apêndices aparentemente semelhantes (que se transformam nas antênulas, nas antenas e nas mandíbulas do adulto). O final do estágio nauplíar/metanaupliar é marcado pelo aparecimento do quarto par de apêndices funcionais – as maxílulas. Nos copépodes, comumente se reconhece um estágio pós-nauplíar conhecido como **copepodito** (simplesmente um juvenil pequeno).

Os tipos mais extremos de desenvolvimento metamórfico ou misto ocorrem na superordem Eucarida dos malacóstracos. As sequências de desenvolvimento mais complexas são encontradas nos camarões dendrobranquiados, que eclodem na forma de larvas náuplio típicas que, por fim, passam por uma muda metamórfica e transformam-se em larvas protozoé com olhos compostos sésseis e um conjunto completo de apêndices cefálicos. Depois de várias mudas, a protozoé transforma-se em uma larva zoé com olhos pedunculados e três pares de toracópodes (como maxilípedes). Por fim, a larva zoé evolui a um estágio juvenil (a "pós-larva", cujo termo mais apropriado seria "decapodito"), que se assemelha a um adulto em miniatura, mas não é sexualmente maduro. Em alguns outros grupos de eucarídeos (Caridea e Brachyura), a pós-larva é conhecida como **megalopa**, enquanto nos anomuros é descrita frequentemente como *glaucothoe*; nesses dois casos especiais, existem pleópodes natatórios

---

[10] Esse grupo foi finalmente classificado como Crustáceo apenas quando J. V. Thompson descobriu as larvas náuplio das cracas no século 19 – uma descoberta que também marcou o início da utilização das características larvais para entender a filogenia dos invertebrados marinhos. Um atlas recente das larvas dos crustáceos (Martin *et al.*, 2014) inclui notas históricas sobre o desenvolvimento larval de todos os grupos principais de crustáceos.

[11] As larvas zoé das lagostas panilirídeas (larvas filossomais) são criaturas grandes com aspecto bizarro (Figura 21.33 L), que podem ocorrer em quantidades tão grandes que se tornam o alimento favorito dos atuns.

cerdosos em alguns ou em todos os somitos abdominais. Nos outros eucarídeos, alguns (ou todos) desses estágios estão ausentes.

Vários outros termos foram cunhados para descrever os estágios de desenvolvimento diferentes (ou semelhantes). Por exemplo, os estágios modificados de zoé de alguns estomatópodes são conhecidos como larvas **antizoé** e **pseudozoé**, enquanto o estágio zoeal avançado de alguns outros malacóstracos é referido comumente como **larva mísis**. Nos eufausiáceos, a larva náuplio é seguida de dois estágios – **caliptópis** e **furcília** – que correspondem praticamente aos estágios de protozoé e zoé, antes de chegar à morfologia juvenil.

Com base nessa riqueza de termos e na diversidade das sequências de desenvolvimento, podemos fazer duas generalizações importantes acerca da biologia e da evolução dos crustáceos. Primeiramente, as diversas estratégias de desenvolvimento refletem adaptações aos diferentes estilos de vida. Apesar de muitas exceções, podemos citar a liberação precoce das larvas de dispersão pelos grupos de crustáceos com mobilidade limitada (como as cracas torácicas) e pelos crustáceos cujos recursos não permitem a produção de grandes quantidades de vitelo (p. ex., copépodes). No outro extremo desse espectro adaptativo, está o desenvolvimento direto dos peracárides – um fator importante, que permite a invasão do ambiente terrestre por algumas linhagens de isópodes. Entre esses dois extremos, encontramos todos os graus de ciclos de vida mistos, nos quais as larvas são liberadas em diversos estágios depois do incubação e dos cuidados com os ovos. Em segundo lugar, como os estágios de desenvolvimento também evoluem, uma análise das sequências de desenvolvimento pode ocasionalmente fornecer informações quanto à radiação das principais linhagens de crustáceos. Por exemplo, a evolução dos oostegitos e do desenvolvimento direto combinam-se como uma sinapomorfia singular dos Peracarida. Do mesmo modo, o acréscimo de uma forma larval singular, como a **larva cipres** que se segue à larva náuplio nos cirrípedes, pode ser considerado uma especialização singular, que demarca este grupo (Cirripedia). A larva cipres eclode como única larva de vida livre, ou é o último estágio larval depois de uma série de estágios de larvas náuplio lecitotróficas ou planctotróficas.

É importante salientar que os branquiópodes e alguns ostrácodes de água doce desenvolveram formas especializadas de lidar com as condições severas em muitos ambientes de água doce. Por exemplo, a partenogênese é comum entre os ostrácodes de água doce. Outras adaptações incluem a produção de formas especiais de hibernação, geralmente ovos ou zigotos que podem sobreviver ao frio extremo, à escassez de água ou às condições de anoxia. Talvez o exemplo mais notável nesse aspecto sejam os branquiópodes de corpos grandes (camarões-fadas, camarões-girinos e camarões-moluscos), cujos embriões encistados são capazes de entrar em um estado extremo de quiescência anaeróbica ou diapausa. Durante esses estágios de resistência, a taxa metabólica dos embriões pode cair a menos de 10% de sua taxa normal.

Muitos crustáceos têm **crescimento indeterminado**, ou seja, continuam a passar por mudas ao longo de toda a sua vida. Por outro lado, outras espécies têm **crescimento determinado** e param de fazer mudas depois da puberdade (algumas vezes, esse estágio do ciclo de vida é conhecido como muda terminal, ou anecdise terminal). Em algumas espécies, a muda terminal é específica para determinado sexo; por exemplo, entre os caranguejos-azuis americanos (*Callinectes sapidus*), apenas as fêmeas fazem uma muda terminal.

Filogenia dos crustáceos

Nos últimos tempos, foram publicados incontáveis estudos filogenéticos sobre o tema da evolução dos crustáceos. Existe consenso geral em algumas áreas, mas apesar de amplos esforços, muitos mistérios fundamentais ainda não foram solucionados, incluindo a estrutura ampla da árvore dos Pancrustáceos. O uso dos dados de sequenciamento molecular dos genes na filogenia dos crustáceos está apenas em seus primórdios. Embora em alguns casos isso tenha resolvido dúvidas antigas ou confirmado hipóteses anteriores, em outros suscitou ainda mais dúvidas. Quais são os crustáceos vivos mais primitivos? Que tipo de corpo eles tinham? E quais são as relações entre eles? Quais são as relações dos táxons (e entre eles) que, no passado, eram reunidos como "maxilópodes" (copépodes, branquiuros, tecóstracos, tantulocárides, mistacocárides e pentastomídeos)? Onde os ostrácodes, os cefalocárides e os remipédios encaixam na filogenia dos crustáceos? Quais são as relações entre os peracárides, especialmente entre as diversas ordens e famílias dos Isopoda e Amphipoda? Quais são as linhagens principais dos decápodes e como elas estão relacionadas entre si? Qual grupo de crustáceos é representado pelas misteriosas "larvas y" (Facetotecta), além do seu estágio ípsigon subsequente (semelhante a uma lesma), que certamente ainda não é a forma adulta? E, evidentemente, qual é o grupo-irmão entre os crustáceos e os hexápodes?

Os debates em torno da filogenia dos crustáceos comumente estão centrados na possibilidade de que os crustáceos com pernas em forma de remo sejam ancestrais ou derivados. A hipótese da ancestralidade das pernas em forma de remo sustenta que os primeiros crustáceos tinham pernas torácicas foliáceas (filopódeos), usadas para natação e suspensivoria, como se observa nos cefalocárides, leptóstracos e muitos branquiópodes vivos. Ou que os primeiros crustáceos tinham pernas simples semelhantes a remos, que eram usadas para natação, mas não para alimentação; em vez disso, as funções alimentares eram realizadas pelos apêndices cefálicos – um plano que talvez estivesse mais bem-representado pelos remipédios entre os crustáceos existentes hoje. Contudo, a hipótese contrária – de que os crustáceos com pernas em forma de remos são mais derivados – é apoiada por estudos multigênicos recentes.

Um estudo molecular de grande porte sugeriu uma relação de grupos-irmãos extremamente derivados entre os dois grupos "vermiformes" e mais amplamente segmentados – os cefalocárides e os remipédios – ambos com pernas em forma de remo, reunindo-os em um clado teórico (conhecido como Xenocarida), que seria irmão dos hexápodes (Regier *et al.*, 2010; Figura 21.34 B). Outro estudo filogenômico recente concluiu que Remipedia são os parentes vivos mais próximos dos insetos (Misof *et al.*, 2014) e alguns estudos neurológicos comparativos também apoiaram essa hipótese. Por outro lado, uma filogenia morfológica tradicional dos crustáceos sustenta a teoria da ancestralidade das pernas em forma de remo, mas coloca os Remipedia na base da árvore dos crustáceos (Figura 21.34 A). De outro lado, estudos espermatológicos comparativos parecem classificar os remipédios junto com alguns dos antigos maxilópodes. Evidentemente, temos um longo caminho à frente, antes que possamos entender detalhadamente a filogenia dos crustáceos.

O estudo de Regier *et al.* (2010), aqui resumido na Figura 21.34 B, sustenta fortemente alguns dos grupamentos reconhecidos tradicionalmente, como os Branchiopoda, Thecostraca (cracas e seus parentes) e Malacostraca, mas questiona outros e propõe vários nomes e clados novos (p. ex., Oligostraca e Vericrustacea), que ainda não passaram pelo teste do tempo.

Na década de 1950, o biólogo russo W. N. Beklemischev e o carcinólogo sueco E. Dahl sugeriram independentemente que os copépodes e várias classes relacionadas constituem um clado monofilético. Dahl propôs a classe Maxillopoda para descrever esses táxons e tal termo tem sido utilizado comumente desde então. As características compartilhadas por esses táxons pequenos incluem o encurtamento do tórax para seis ou menos segmentos e do abdome para quatro ou menos segmentos; a redução da carapaça (ou, no caso dos ostrácodes e dos cirrípedes, sua modificação extrema); a perda dos apêndices abdominais; e outras alterações associadas, todas supostamente ligadas aos primeiros eventos pedomórficos ocorridos durante o estágio larval (ou pós-larval) dessa linhagem, à medida que começou a irradiar (um conceito proposto inicialmente em 1942 por R. Gurney). Contudo, estudos de filogenia molecular realizados desde então mostraram que os maxilópodes são um agrupamento não monofilético e tal táxon foi abandonado pela maioria dos pesquisadores modernos. Entretanto, dois desses grupos – os copépodes e os tecóstracos – foram desde então reunidos em um estudo (Oakley *et al.*, 2013) que coloca um clado (Hexanauplia) baseado no mesmo número (seis) de estágios larvais naupliares nesses grupos.

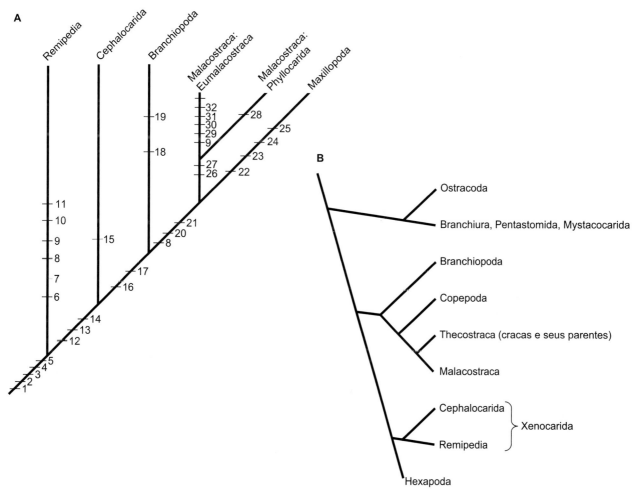

Figura 21.34 Duas visões concorrentes sobre a evolução dos crustáceos. **A.** A visão tradicional da relação entre os crustáceos com os animais com pernas em forma de remo na base. As sinapomorfias morfológicas ilustradas nesse cladograma são as seguintes (1 a 5 representam sinapomorfias do subfilo "Crustacea"): 1 = cabeça formada por 4 ou 5 segmentos fundidos (além do ácron) com dois pares de antenas e dois ou três pares de apêndices orais; 2 = segundo par de antenas birremes; 3 = larvas náuplio; 4 = apêndices corporais filopodiais (com epipoditos grandes); 5 = com escudo cefálico ou carapaça pequena; 6 = apêndices orais raptoriais; 7 = apêndices orais localizados no átrio direcionado aos segmentos posteriores; 8 = toracópodes anteriores (um ou mais pares) modificados em maxilípedes (um traço extremamente variável, que ocorre nos remipédios, malacóstracos e alguns dos antigos "maxilópodes"); 9 = perda da condição filopodial dos apêndices do tronco; 10 = apêndices do tronco dispostos lateralmente; 11 = maxílulas funcionando como presas hipodérmicas; 12 = tronco pós-cefálico regionalizado em tórax e abdome; 13 = perda da homologia dos órgãos internos (p. ex., cecos gástricos segmentares); 14 = redução da quantidade de segmentos corporais; 15 = redução do abdome (para 11 segmentos); 16 = carapaça plenamente desenvolvida (reduzida em várias linhagens subsequentes); 17 = redução do abdome a menos de 9 segmentos; 18 = redução (ou perda) dos apêndices abdominais; 19 = primeiras e segundas maxilas reduzidas ou perdidas; 20 = tórax encurtado a menos de 11 segmentos; 21 = abdome encurtado a menos de 8 segmentos; 22 = olho nauplial maxilopodial; 23 = tórax com seis ou menos segmentos; 24 = abdome com quatro ou menos segmentos; 25 = apêndices genitais no primeiro somito abdominal (associados aos gonóporos masculinos); 26 = tórax com oito segmentos e abdome com 7 segmentos (mais o télson); 27 = gonóporos masculino situado no toracômero 8 e feminino no toracômero 6; 28 = carapaça formando uma estrutura "dobrada" e ampla, que circunda a maior parte do corpo; 29 = abdome reduzido a seis segmentos (além do télson); 30 = último apêndice abdominal modificado em urópodes e formando um leque caudal com télson; 31 = locomoção por batimento da cauda caridoide (reação de escape); 32 = toracópodes com endopoditos estenopodiais; 33 = substituição da suspensivoria torácica e dos apêndices torácicos filopodiais por alimentação cefálica e apêndices torácicos não filopodiais. Observe que a perda dos apêndices filopodiais do tronco (característica 9) ocorreu várias vezes nos grupos Remipedia e Eumalacostraca, em algumas linhagens Branchiopoda e na maioria dos antigos "maxilópodes". **B.** Filogenia do clado Pancrustacea, baseada em Regier *et al.*, 2010.

A natureza monofilética da classe Malacostraca raramente tem sido questionada. Entre os malacóstracos, existem dois clados: Leptostraca, que têm apêndices filopodiais e sete somitos abdominais; e Eumalacostraca, que não têm apêndices filopodiais e apresentam seis segmentos abdominais. Se os Hoplocarida são membros dos Eumalacostraca ou merecem ter sua própria subclasse nos malacóstracos ainda é um tema a ser debatido, mas aqui o consideraremos uma subclasse separada. Os hoplocáridos e os eumalacóstracos também têm seis apêndices abdominais modificados na forma de urópodes (que funcionam conjuntamente com o télson na forma de um leque caudal). As relações entre as três linhagens de eumalacóstracos (sincáridos, peracáridos e eucáridos) e até mesmo entre os Eucarida estão longe de ser definidas e têm ocupado várias gerações de zoólogos com debates acirrados.

A classe Branchiopoda geralmente é monofilética nas análises moleculares, mas é difícil defini-la com base nas sinapomorfias singulares, porque mostram uma grande variação morfológica. Contudo, as características larvais (naupliares), inclusive as primeiras antenas reduzidas e tubulares e as mandíbulas unirremes, apoiam fortemente sua monofilia, bem como todos os estudos baseados em dados moleculares. Como também ocorre em muitos grupos de crustáceos, nossas primeiras classificações desconsideravam em grande parte sua diversidade e as relações entre os grupos constituintes são mais complexas do que se pensava antes. Aparentemente, alguns branquiópodes perderam secundariamente a carapaça, enquanto outros perderam secundariamente a maior parte ou todos os apêndices abdominais.

Hoje em dia, existe consenso praticamente geral de que um grupo de crustáceos deu origem ao grupo megadiverso dos artrópodes conhecido como Hexapoda (insetos e seus parentes), tomando como base um conjunto amplo de evidências, como dados de sequenciamento molecular e neuroanatomia. Esse entendimento torna parafilético o grupo conhecido como Crustacea. O clado monofilético que inclui os crustáceos e os insetos é referido mais comumente como Pancrustacea (ver Capítulo 20), mas também é chamado ocasionalmente de Tetraconata – um nome que reconhece o formato quadrangular dos omatídeos de muitas espécies. Os estudos iniciais sugeriram que os branquiópodes provavelmente fossem o grupo-irmão dos hexápodes, mas pesquisas recentes reforçaram a origem dos hexápodes dos remípides ou de um clado formado por remípides e cefalocáridos – esse último agrupamento (Remipedia-Cephalocarida-Hexapoda) foi denominado Miracrustacea, que significa "crustáceos surpreendentes". Como os artrópodes em geral, os crustáceos apresentam níveis acentuados de convergência e paralelismo evolutivos e muitas reversões aparentes do estado de características. Essa flexibilidade genética certamente se deve em parte à natureza do corpo segmentado, aos apêndices serialmente homólogos e à flexibilidade dos genes que regulam o desenvolvimento que, conforme ressaltamos antes, oferecem enormes oportunidades de experimentação evolutiva. Qualquer cladograma imaginável da filogenia dos crustáceos deve requerer a aceitação dessa homoplasia considerável.

Os dados do registro fóssil (incluindo a fauna de Orsten, Figura 21.35) parecem favorecer os apêndices filopodiais como uma condição primitiva. Contudo, estudos do desenvolvimento seguindo a expressão de gene *Distal-less* e outros genes associados ao desenvolvimento e sugeriram que a embriogenia primitiva dos membros seja muito semelhante entre os crustáceos. Por exemplo, os apêndices do tronco sempre emergem na forma de brotos ventrais subdivididos. Com os apêndices filopodiais, as subdivisões desses brotos crescem e transformam-se nos enditos e endopoditos dos apêndices natatórios/filtradores dos adultos. Nos apêndices estenopodiais, as mesmas subdivisões dos brotos dos apêndices terminam por se transformar nos segmentos verdadeiros dos apêndices do animal adulto. Desse modo, os enditos dos membros filopodiais parecem ser homólogos aos segmentos dos membros estenopodiais. Essa descoberta reforçou a hipótese recente de plasticidade do desenvolvimento dos apêndices dos artrópodes e sugeriu que "mudanças" genéticas relativamente simples possam explicar as diferenças expressivas da morfologia dos animais adultos. Ou seja, é muito provável que os apêndices estenopodiais tenham evoluído várias vezes a partir dos ancestrais filopodiais, cenário ilustrado no cladograma da Figura 21.34 A.

Os estudos realizados por Klaus Müller e Dieter Waloszek com artrópodes microscópicos tridimensionalmente preservados do período Cambriano Médio (cerca de 510 Ma) dos depósitos de Orsten na Suécia documentaram uma fauna diversificada de crustáceos diminutos e suas larvas. Entre eles, por exemplo, está *Skara* (Figura 21.35 C), um crustáceo cefalocárido ou semelhante a um mistacocárido para o qual foram recuperadas larvas náuplio e formas adultas (as larvas náuplios medem apenas algumas centenas de micra; os adultos medem cerca de 1 mm de comprimento). A *Skara* e muitos outros crustáceos de Orsten provavelmente eram animais meiofaunais semelhantes aos crustáceos meiofaunais marinhos atuais (p. ex., mistacocáridos). Até hoje, pesquisadores descreveram dezenas de microcrustáceos da fauna de Orsten (Figura 21.35). Recentemente, um crustáceo fóssil belissimamente preservado (*Ercaia minuscula*) foi descrito do período Cambriano Médio (520 Ma) e recuperado do sul da China. Esse animal tinha um tronco não tagmatizado com 13 segmentos e apêndices birremes sequencialmente repetidos, além da cabeça com olhos pedunculados e cinco pares de apêndices cefálicos, incluindo dois pares de antenas. *Ercaia minuscula* mede apenas 2 a 4 mm de comprimento (daí o nome de sua espécie) e guarda algumas semelhanças com os cefalocáridos e os maxilópodes (Figura 21.35 F).

Estudos realizados com a fauna sueca de Orsten (510 Ma), com os depósitos semelhantes aos de *Burgess Shale* do período Cambriano Médio (520 Ma) dispersos por todo o planeta e com os fósseis do Cambriano Inferior (530 Ma) de Chengjiang, China, mostraram que os crustáceos cambrianos tinham todos os atributos dos crustáceos atuais, como olhos compostos, ácron, tagmas da cabeça e do tronco bem-definidos, ao menos quatro apêndices cefálicos, carapaça (ou escudo cefálico), larvas náuplio (ou "cabeças" com primeiras antenas locomotoras) e apêndices birremes no segundo e terceiro somitos cefálicos (as segundas antenas e mandíbulas). Hoje sabemos que os crustáceos constituem um grupo antigo. Seu registro fóssil data do início do período Cambriano, ou provavelmente do período Ediacarano, se alguns fósseis de artrópodes desses estratos forem considerados crustáceos. O estágio larval mais primitivo dos crustáceos é o fóssil de uma larva náuplio ligeiramente avançada (conhecida como metanáuplio) datada do período Cambriano Inicial (525 Ma) e recuperada da China; em vários aspectos, essa larva é semelhante às larvas náuplio dos cirrípedes atuais. Isso é notável, porque confirma não apenas a idade antiga dos crustáceos em geral, como também as idades dos grupos classificados entre os Crustacea, como os cirrípedes, que então já se tornavam bem-definidos. Dependendo da definição usada para o termo "Crustacea", pode até ser que os primeiros artrópodes tenham sido realmente crustáceos.

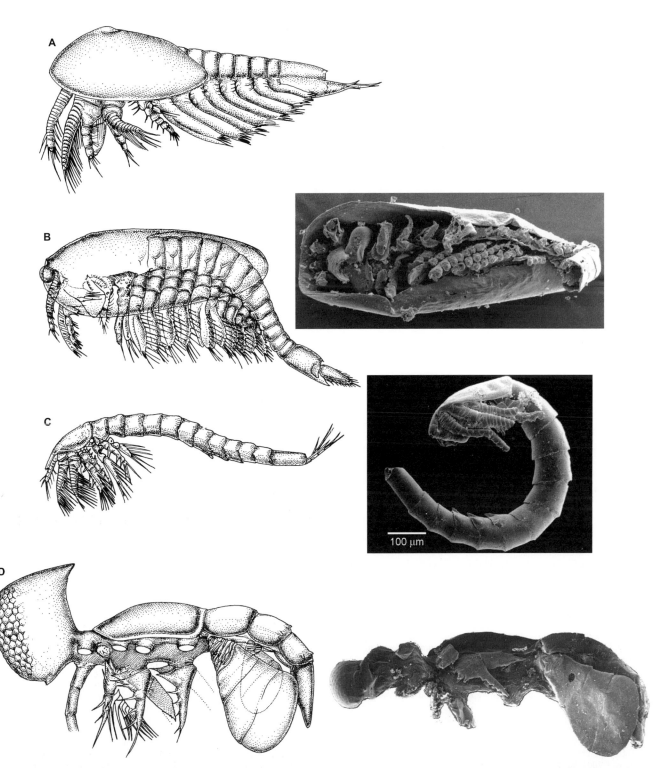

Figura 21.35 A a E. Exemplos de fósseis de crustáceos provavelmente meiofaunais do período Cambriano superior (cerca de 510 Ma), dos depósitos espetaculares de Orsten, Suécia. Essa fauna de crustáceos ancestrais tinha os mesmos atributos-chave dos Crustáceos atuais, incluindo olhos compostos, escudo cefálico/carapaça, larvas náuplio (com primeiras antenas locomotoras) e apêndices biremes no segundo e no terceiro segmentos cefálicos (as segundas antenas e mandíbulas). **A.** *Bredocaris*. **B.** Fotografias de microscopia eletrônica de varredura de um branquiópode primitivo em *vistas lateral* (ilustração esquemática) e *ventral* (fotografia de microscopia de varredura). **C.** *Skara*, em ilustração esquemática e fotografia de microscopia de varredura. **D.** *Cambropachycope clarksoni*, uma espécie bizarra com cabeça expandida e dois pares de toracópodes dilatados, em ilustração esquemática e fotografia de microcospia de varredura.

(continua)

790 Invertebrados

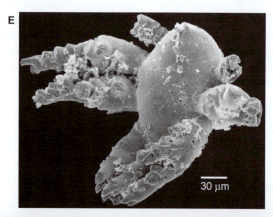

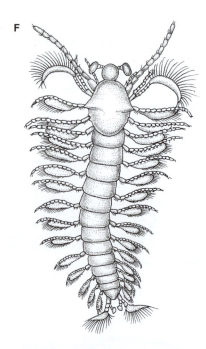

Figura 21.35 (*Continuação*) **E.** *Martinssonia elongata*, fotografias de microscopia de varredura das larvas iniciais e do estágio pós-larval. **F.** *Ecaia minuscula*, um crustáceo do período Cambriano Inicial (520 Ma) encontrado no sul da China.

Bibliografia

A quantidade de estudos publicados na literatura sobre os crustáceos é enorme. Grande parte dos estudos-chave sobre classificação e filogenética foi revisada por Martin e Davis (2001) e sobre o desenvolvimento larval por Martin *et al.* (2014). Recomendamos aos leitores que consultem esses estudos como introdução a esses campos.

Referências gerais

Ahyong, S. T. *et al.* 2011. Subphylum Crustacea Brünnich, 1772. pp. 164–191 in, A.-Q. Zhang (ed.), Animal biodiversity: An outline of higher-level classification and survey of taxonomic richness. Zootaxa 3148.

Anderson, D. T. 1994. *Barnacles: Structure, Function, Development and Evolution.* Chapman and Hall, Londres.

Arhat, A. e T. C. Kaufman. 1999. Novel regulation of the homeotic gene Scr associated with a crustacean leg-to-maxilliped appendage transformation. Development 126: 1121–1128.

Averof, M. e N. H. Patel. 1997. Crustacean appendage evolution associated with changes in Hox gene expression. Nature 388: 682–686.

Baker, A. de C., B. P. Boden e E. Brinton. 1990. *A Practical Guide to the Euphausiids of the World.* Natural History Museum Publications, Londres.

Barnard, J. L. 1991. The families and genera of marine gammaridean Amphipoda (except marine gammaroids). Rec. Aust. Mus., Suppl 13 (1/2): 1–866. [Compilação de referência feita por um dos principais e mais empolgantes carcinologistas.]

Barnard, J. L. e C. M. Barnard. 1983. *Freshwater Amphipoda of the World.* Hayfield Associates, Mt. Vernon, VA.

Bauer, R. T. 1981. Grooming behavior and morphology in the decapod Crustacea. J. Crust. Biol. 1: 153–173.

Bauer, R. T. 1987. Stomatopod grooming behavior: functional morphology and amputation experiments in *Gonodactylus oerstedii*. J. Crust. Biol. 7: 414–432.

Bauer, R. T. 2004. *Remarkable Shrimps.* University of Oklahoma Press, Norman.

Bauer, R. T. e J. W. Martin (eds.). 1991. *Crustacean Sexual Biology.* Columbia University Press, Nova York.

Bliss, D. E. (gen. ed.). 1982-1990. *The Biology of Crustacea. Vols. 1–4.* Academic Press, Nova York.

Bowman, T. E. e H.-E. Gruner. 1973. The families and genera of Hyperiidea (Crustacea: Amphipoda). Smithson. Contrib. Zool. 146: 1–64.

Bowman, T. E. *et al.* 1985. Mictacea, a new order of Crustacea Peracarida. J. Crust. Biol. 5: 74–78.

Boxshall, G. e S. Halsey. 2004. *An Introduction to Copepod Diversity.* The Ray Society (London), Publ. No. 166. [Obra em dois volumes tratando de todos os copépodes, família por família.]

Brtek, J. e G. Mura. 2000. Revised key to families and genera of the Anostraca with notes on their geographical distribution. Crustaceana 73: 1037–1088.

Brusca, G. J. 1981. Annotated keys to the Hyperiidea (Crustacea: Amphipoda) of North American coastal waters. Allan Hancock Found. Tech. Rep. 5: 1–76.

Brusca, G. J. 1981. On the anatomy of *Cystisoma* (Amphipoda: Hyperiidea). J. Crust. Biol. 1: 358–375.

Brusca, R. C. 1981. A monograph on the Isopoda Cymothoidae (Crustacea) of the Eastern Pacific. Zool. J. Linn. Soc. 73(2): 117–199.

Brusca, R. C. e M. Gilligan. 1983. Tongue replacement in a marine fish (*Lutjanus guttatus*) by a parasitic isopod (Crustacea: Isopoda). Copeia 3: 813–816. [Primeiro caso conhecido de um parasita que tenha substituído funcionalmente um órgão do hospedeiro.]

Brusca, R. C., S. Taiti e V. Coelho. 2001. A guide to the marine isopods of coastal California. http://phylogeny.arizona.edu/tree/eukaryotes/animals/arthropoda/crustacea/isopoda/isopod_lichen/bruscapeet.html. [Cobertura abrangente da fauna isópode do nordeste do Pacífico.]

Brusca, R. C., R. Wetzer e S. France. 1995. Cirolanidae (Crustacea; Isopoda; Flabellifera) of the tropical eastern Pacific. Proc. San Diego Nat. Hist. Soc., No. 30.

Burukovskii, R. N. 1985. *Key to Shrimps and Lobsters.* A. A. Balkema, Roterdã.

Calman, R. T. 1909. Crustacea. In R. Lankester (ed.), *A Treatise on Zoology, Pt. 7.* Adam e Charles Black, Londres. [Obra obviamente ultrapassada, mas que permanece um marco sobre anatomia dos crustáceos.]

Cameron, J. N. 1985. Molting in the blue crab. Sci. Am. 252: 102–109.

Carpenter, J. H. 1999. Behavior and ecology of *Speleonectes epilimnius* (Remipedia, Speleonectidae) from surface water of an anchialine cave on San Salvador Island, Bahamas. Crustaceana 72: 979–991.

Carter, J. W. 1982. Natural history observations on the gastropod shell-using amphipod *Photis conchicola* Alderman, 1936. J. Crust. Biol. 2: 328–341.

Chace, F. A., Jr. 1972. The shrimps of the Smithsonian-Bredin Caribbean expeditions with a summary of the West Indies shallow-water species. Smithson. Contrib. Zool. 98: 1–180. [Introdução útil aos camarões do Caribe.]

Chang, E. S. 1985. Hormonal control of molting in decapod Crustacea. Am. Zool. 25: 179–185.

Chapman, M. A. e M. H. Lewis. 1976. *An Introduction to the Freshwater Crustacea of New Zealand.* Collins, Auckland.

Cohen, A. C. e J. G. Morin. 1990. Patterns of reproduction in ostracodes: A review. J. Crust. Biol. 10: 84–211.

Cohen, A. C. e J. G. Morin. 2003. Sexual morphology, reproduction and the evolution of bioluminescence in Ostracoda. Paleontological Society Papers 9: 37-70.

Crane, J. 1975. *Fiddler Crabs of the World (Ocypodidae: Genus* Uca*)*. Princeton University Press, Princeton.

Cronin, T. W. 1986. Optical design and evolutionary adaptation in crustacean compound eyes. J. Crust. Biol. 6: 1-23.

Darwin, C. 1852, 1854. *A Monograph on the Subclass Cirripedia. Vols. 1-2*. Ray Society, Londres. [Ainda o ponto de partida sobre a taxonomia das cracas.]

De Grave, S. *et al.* 2009. A classification of living and fossil genera of decapod crustaceans. Raffles Bull. Zool. Supp. 21: 1-109.

De Jong-Moreau, L. e J.-P. Casanova. 2001. The foreguts of the primitive families of the Mysida (Crustacea, Peracarida): A transitional link between those of the Lophogastrida (Crustacea, Mysidacea) and the most evolved Mysida. Acta Zool. 82: 137-147.

Derby, C. D. 1982. Structure and function of cuticular sensilla of the lobster *Homarus americanus*. J. Crust. Biol. 2: 1-21.

Derby, C. D. e J. Atema. 1982. The function of chemo- and mechanoreceptors in lobster (*Homarus americanus*) feeding behaviour. J. Exp. Biol. 98: 317-327.

Duffy, E. J. e M. Thiel (eds.). 2007. Evolutionary ecology of social and sexual systems: crustaceans as model organisms. Oxford University Press.

Efford, I. E. 1966. Feeding in the sand crab *Emerita analoga*. Crustaceana 10: 167-182.

Elofsson, R. 1965. The nauplius eye and frontal organs in Malacostraca. Sarsia 19: 1-54.

Elofsson, R. 1966. The nauplius eye and frontal organs of the non-Malacostraca. Sarsia 25: 1-28.

Factor, J. R. (ed.). 1995. *Biology of the Lobster* Homarus americanus. Academic Press, San Diego.

Fanenbruck, M., S. Harzsch e J. W. Wägele. 2004. The brain of the Remipedia (Crustacea) and an alternative hypothesis on their phylogenetic relationships. PNAS 101(11): 3868-3873.

Fitzpatrick, J. F., Jr. 1983. *How to Know the Freshwater Crustacea*. Wm. C. Brown, Dubuque, IA.

Forest, J. 1999 A. *Traité de Zoologie. Anatomie, Systématique, Biologie. Tome VII, Fascicule II. Généralités (suite) et Systématique*. Crustacés. Masson, Paris.

Forest, J. (ed.) 1999 B. *Traité de Zoologie. Anatomie, Systématique, Biologie. Tome VII, Fascicule IIIA*. Crustacés Péracarides. Masson, Paris.

Forest, J. (editor fundador). 2004-present. *The Crustacea*. Brill, Leiden. [Essa série planejada em 14 volumes, cada qual com editores diferentes, é uma atualização ao *Traité de Zoologie* de 1999.]

Fryer, G. 1964. Studies on the functional morphology and feeding mechanism of *Monodella argentarii* Stella (Crustacea: Thermosbaenacea). Trans. R. Soc. Edinburgh 66(4): 49-90.

Garm, A. 2004. Revising the definition of the crustacean seta and setal classification systems based on examinations of the mouthpart setae of seven species of decapods. Zoological Journal of the Linnean society 142: 233-252.

Gerrish, G. A. e J. G. Morin. 2008. Life cycle of a bioluminescent marine ostracode, *Vargula annecohenae* (Myodocopida: Cypridinidae). J. Crustacean Biol. 28(4): 669-674.

Ghiradella, H. T., J. Case e J. Cronshaw. 1968. Structure of aesthetascs in selected marine and terrestrial decapods: chemoreceptor morphology and environment. Am. Zool. 8: 603-621.

Gilchrist, S. e L. A. Abele. 1984. Effects of sampling parameters on the estimation of population parameters in hermit crabs. J. Crust. Biol. 4: 645-654. [Inclui uma boa lista de referências sobre a seleção de conchas feita pelos caranguejos-ermitões.]

Glenner, H. 2001. Cypris metamorphosis, injection and earliest internal development of the rhizocephalan *Loxothylacus panopaei* (Gissler). Crustacea: Cirripedia: Rhizocephala: Sacculinidae. J. Morphol. 249: 43-75.

Glenner, H. e M. B. Hebsgaard. 2006. Phylogeny and evolution of life history strategies of the parasitic barnacles (Crustacea, Cirripedia, Rhizocephala). Mol. Phylog. Evol. 41: 528-538.

Glenner, H. *et al.* 2000. Invasive vermigon stage in the parasitic barnacles *Loxothylacus texanus* and *L. panopaei* (Sacculinidae): closing of the rhizocephalan life-cycle. Mar. Biol. 136: 249-257.

Goffredi, S. K. *et al.* 2008. Epibiotic bacteria associated with the recently discovered Yeti crab, *Kiwa hirsuta*. Environ. Microbiol. 10: 2623-2634.

Goldstein, J. S. *et al.* 2008. The complete development of larval Caribbean spiny lobster *Panulirus argus* (Latreille, 1804) in culture. J. Crustacean Biol. 28: 306-327.

Gordon, I. 1957. On *Spelaeogriphus*, a new cavernicolous crustacean from South Africa. Bull. Br. Mus. Nat. Hist. Zool. 5: 31-47.

Govind, C., M. Quigley e K. Mearow. 1986. The closure muscle in the dimorphic claws of male fiddler crabs. Biol. Bull. 170: 481-493.

Grey, D. L., W. Dall e A. Baker. 1983. *A Guide to the Australian Penaeid Prawns*. North Territory Govt. Printing Office, Austrália.

Grindley, J. R. e R. R. Hessler. 1970. The respiratory mechanism of *Spelaeogriphus* and its phylogenetic significance. Crustaceana 20: 141-144.

Grygier, M. J. 1982. Sperm morphology in Ascothoracida (Crustacea: Maxillopoda): confirmation of generalized nature and phylogenetic importance. Int. J. Invert. Reprod. 4: 323-332.

Grygier, M. J. 1987. New records, external and internal anatomy, and systematic position of Hansen's Y-larvae (Crustacea: Maxillopoda: Facetotecta). Sarsia 72: 261-278.

Guinot, D., D. Doumenc e C. C. Chintiroglou. 1995. A review of the carrying behaviour in Brachyuran crabs, with additional information on the symbioses with sea anemones. Raffles Bull. Zool. 43(2): 377-416.

Haig, J. 1960. The Porcellanidae (Crustacea: Anomura) of the eastern Pacific. Allan Hancock Pacific Expeditions 24: 1-440.

Hallberg, E. e R. Elofsson. 1983. The larval compound eye of barnacles. J. Crust. Biol. 3: 17-24.

Hamner, W. M. 1988. Biomechanics of filter feeding in the Antarctic krill *Euphausia superba*: review of past work and new observations. J. Crust. Biol. 8: 149-163.

Harbison, G. R., D. C. Biggs e L. P. Madin. 1977. The associations of Amphipoda Hyperiidea with gelatinous zooplankton. II. Associations with Cnidaria, Ctenophora and Radiolaria. Deep-Sea Res. 24(5): 465-488.

Harrison, F. W. e A. G. Humes. 1992. *Microscopic Anatomy of Invertebrates. Vols. 9 and 10, Crustacea and Decapod Crustacea*. Wiley-Liss, Nova York. [Dois volumes impressionantes dessa ótima série.]

Harvey, A. H., J. W. Martin e R. Wetzer. 2002. Crustacea. pp. 337-369 in C. Young, M. Sewell e M. Rice (eds.), *Atlas of Marine Invertebrate Larvae*. Academic Press, Londres.

Heart, R. W. *et al.* 2006. *A Taxonomic Guide to the Mysids of the South Atlantic Bight*. NOAA Professional Paper NMFS 4.

Hegna, T. A. e E. Lazo-Wasem. 2010. *Branchinecta brushi* n. sp. (Branchiopoda: Anostraca: Branchinectidae) from a volcanic crater in northern Chile (Antofagasta Province): A new altitude record for crustaceans. J. Crustacean Biol. 30: 445-464.

Herrnkind, W. F. 1985. Evolution and mechanisms of single-file migration in spiny lobster: synopsis. Contrib. Mar. Sci. 27: 197-211.

Hessler, R. R. 1982. The structural morphology of walking mechanisms in eumalacostracan crustaceans. Phil. Trans. R. Soc. Lond. Ser. B 296: 245-298. [Uma ótima revisão.]

Hessler, R. R. 1985. Swimming in Crustacea. Trans. R. Soc. Edinburgh 76: 115-122.

Hessler, R. R. e R. Elofsson. 1991. Excretory system of *Hutchinsoniella macracantha* (Cephalocarida). J. Crust. Biol. 11: 356-367.

Hessler, R. R. e J. Yager. 1998. Skeletomusculature of trunk segments and their limbs in *Speleonectes tulumensis* (Remipedia). J. Crustacean Biol. 18: 111-119.

Høeg, J. T. e G. A. Kolbasov. 2002. Lattice organs in y-cyprids of the Facetotecta and their significance in the phylogeny of the Crustacea Thecostraca. Acta Zool. 83: 67-79.

Holthuis, L. B. 1980. Shrimps and prawns of the world: An annotated catalogue of species of interest to fisheries. FAO Species Catalogue, Vol. 1/Fisheries Synopses 125. 1-261.

Holthuis, L. B. 1991. *Marine Lobsters of the World: An Annotated and Illustrated Catalogue of Species of Interest to Fisheries Known to Date*. FAO Species Catalogue, Vol. 13. FAO, Roma.

Holthuis, L. B. 1993. *The Recent Genera of the Caridean and Stenopodidean Shrimps (Crustacea, Decapoda) with an Appendix on the Order Amphionidacea*. Nat. Natuurhistorisch. Mus., Leiden.

Horch, K. W. e M. Salmon. 1969. Production, perception and reception of acoustic stimuli by semiterrestrial crabs. Forma Functio 1: 1-25.

Holmes, J. e A. Chivas (eds.). 2002. *The Ostracoda: Applications in Quaternary Research*. AGU Geophysical Monograph.

Huvard, A. L. 1990. The ultrastructure of the compound eye of two species of marine ostracods (Ostracoda: Cypridinidae). Acta Zool. 71: 217-224.

Huys, R., G. A. Boxshall e R. J. Lincoln. 1993. The tantulocarid life cycle: The circle closed? J. Crust. Biol. 13: 432-442.

Ingle, R. W. 1980. *British Crabs*. Oxford University Press, Oxford.

Ivanov, B. G. 1970. On the biology of the Antarctic krill *Euphausia superba*. Mar. Biol. 7: 340.

Jamieson, B. G. M. 1991. Ultrastructure and phylogeny of crustacean spermatozoa. Mem. Queensland Mus. 31: 109-142.

Jensen, G. C. 2014. *Crabs and Shrimps of the Pacific Coast. A Guide to Shallow-Water Decapods from Southeastern Alaska to the Mexican Border*. MolaMarine, Bremerton, WA. [História natural abrangente dos decápodes do nordeste do Pacífico.]

Jones, D. e G. Morgan. 2002. *A Field Guide to Crustaceans of Australian Waters*. Reed New Holland, Sidnei.

Jones, N. S. 1976. *British Cumaceans*. Academic Press, Nova York.

Kabata, Z. 1979. *Parasitic Copepoda of British Fishes*. The Ray Society, Londres.

Kaestner, A. 1970. *Invertebrate Zoology. Vol. 3, Crustacea*. Wiley, Nova York. [Excelente recurso; traduzido para o inglês, a partir da segunda edição alemã de 1967, por H. W. Levi e L. R. Levi.]

Kennedy, V. S. e L. E. Cronin (eds.). 2007. *The Blue Crab*: Callinectes sapidus. Maryland Sea Grant.

Kensley, B. e R. C. Brusca (eds.) 2001. *Isopod Systematics and Evolution*. Balkema, Roterdã.

King, J. L., M. A. Simovich e R. C. Brusca. 1996. Endemism, species richness, and ecology of crustacean assemblages in northern California vernal pools. Hydrobiologia 328: 85-116.

Koehl, M. A. R. e J. R. Strickler. 1981. Copepod feeding currents: food capture at low Reynolds numbers. Limnol. Oceanogr. 26: 1062–1073.

Koenemann, S. *et al.* 2007. Behavior of Remipedia in the laboratory, with supporting field observations. J. Crustacean Biol. 27(4): 534–542.

Land, M. F. 1981. Optics of the eyes of *Phronima* and other deep-sea amphipods. J. Comp. Physiol. 145: 209–226.

Land, M. F. 1984. Crustacea. pp. 401–438 in M. A. Ali (ed.), *Photoreception and Vision in Invertebrates*. Plenum, Nova York.

Lang, K. 1948. *Monographie der Harpacticoiden*. Hakan Ohlssons, Lund. [1,682 páginas. Uau!]

Laval, P. 1980. Hyperiid amphipods as crustacean parasitoids associated with gelatinous zooplankton. Oceanogr. Mar. Biol. Annu. Rev. 18: 11–56.

Maas, A. e D. Waloszek. 2001. Larval development of *Euphausia superba* Dana, 1852 and a phylogenetic analysis of the Euphausiacea. Hydrobiologia 448: 143-169.

MacPherson, E., W. Jones e M. Segonzac. 2005. A new squat lobster family of Galatheoidea (Crustacea, Decapoda, Anomura) from the hydrothermal vents of the Pacific-Antarctic Ridge. Zoosystema 27(4): 709–723.

Madin, L. P. e G. R. Harbison. 1977. The associations of Amphipoda Hyperiidea with gelatinous zooplankton. I. Associations with Salpidae. Deep-Sea Res. 24: 449–463.

Maitland, D. P. 1986. Crabs that breathe air with their legs–*Scopimera* and *Dotilla*. Nature 319: 493–495.

Manning, R. B. 1969. *Stomatopod Crustacea of the Western Atlantic*. University of Miami Press, Coral Gables, FL.

Manning, R. B. 1974. *Crustacea: Stomatopoda. Marine flora and fauna of the northeastern U.S.* NOAA Tech. Rpt., Nat. Mar. Fish. Serv. Circular 386.

Marshall, S. M. 1973. Respiration and feeding in copepods. Adv. Mar. Biol. 11: 57–120.

Martin, J. W. e D. Belk. 1988. Review of the clam shrimp family Lynceidae (Stebbing, 1902) (Branchiopoda: Conchostraca) in the Americas. J. Crust. Biol. 8: 451–482.

Martin, J. W. e G. E. Davis. 2001. *An Updated Classification of the Recent Crustacea*. Nat. Hist. Mus. Los Angeles Co., Sci. Ser. No. 39. [Uma síntese da literatura.]

Martin, J. W., J. Olesen e J. T. Høeg (eds.). 2014. *Atlas of Crustacean Larvae*. Johns Hopkins University Press.

Mauchline, J. 1980. The biology of mysids and euphausiids. Adv. Mar. Biol. 18: 1–681.

McCain, J. C. 1968. The Caprellidae (Crustacea: Amphipoda) of the western North Atlantic. U.S. Nat. Mus. Bull. 278: 1–147.

McGaw, I. J. 2005. The decapod crustacean cardiovascular system: A case that is neither open nor closed. Microscopy and Microanalysis 11: 18–36.

McLaughlin, P. A. 1974. The hermit crabs of northwestern North America. Zool. Verh. Rijksmus. Nat. Hist. Leiden 130: 1–396.

McLay, C. L. 1988. *Crabs of New Zealand*. Leigh Lab. Bull. 22: 1–463.

Miller, D. C. 1961. The feeding mechanism of fiddler crabs with ecological considerations of feeding adaptations. Zoologica 46: 89–100.

Morin, J. G. e A. C. Cohen. 2010. It's all about sex: bioluminescent courtship displays, morphological variation and sexual selection in two new genera of Caribbean ostracodes. J. Crustacean Biol. 30: 6–67.

Müller, K. J. 1983. Crustaceans with preserved soft parts from the Upper Cambrian of Sweden. Lethaia 16: 93–109.

Müller, K. J. e D. Walossek. 1985. Skaracarida, a new order of Crustacea from the Upper Cambrian of Västergötland, Sweden. Fossils and Strata 17: 1–65.

Müller, K. J. e D. Walossek. 1986. *Martinssonia elongata* gen. et sp. n., a crustacean-like euarthropod from the Upper Cambrian "Orsten" of Sweden. Zoologica Scripta 15: 73–92.

Müller, K. J. 1986. Arthropod larvae from the Upper Cambrian of Sweden. Trans. R. Soc. Edinburgh, Earth Sci. 77: 157–179.

Newman, W. A. e R. R. Hessler. 1989. A new abyssal hydrothermal verrucomorphan (Cirripedia: Sessilia): The most primitive living sessile barnacle. Trans. San Diego Nat. Hist. Soc. 21: 259–273.

Newman, W. A. e A. Ross. 1976. Revision of the balanomorph barnacles; including a catalog of the species. San Diego Soc. Nat. Hist. Mem. 9: 1–108.

Ng, P.K.L., D. Guinot e P.J.F. Davie. 2008. Systema Brachyurorum: Part I. An annotated checklist of extant brachyuran crabs of the world. Raffles Bull. Zool. Supplement 17: 1–286.

Nolan, B. A. e M. Salmon. 1970. The behavior and ecology of snapping shrimp (Crustacea: *Alpheus heterochelis* and *Alpheus normanni*). Forma Functio 2: 289–335.

Oeksnebjerg, B. 2000. The Rhizocephala of the Mediterranean and Black Seas: taxonomy, biogeography, and ecology. Israel J. Zool. 46 (1): 1–102.

Olesen, J. 1999. Larval and post-larval development of the branchiopod clam shrimp *Cyclestheria hislopi* (Baird, 1859) (Crustacea, Branchiopoda, Conchostraca, Spinicaudata). Acta Zool. 80: 163–184.

Olesen, J. 2001. External morphology and larval development of *Derocheilocaris remanei* Delamare-Deboutteville & Chappuis, 1951 (Crustacea, Mystacocarida), with a comparison of crustacean segmentation and tagmosis patterns. Biologiske Skrifter 53: 1–59.

Olesen, J., J. W. Martin e E. W. Roessler. 1996. External morphology of the male of *Cyclestheria hislopi* (Baird, 1859) (Crustacea, Branchiopoda, Spinicaudata), with a comparison of male claspers among the Conchostraca and Cladocera and its bearing on phylogeny of the "bivalved" Branchiopoda. Zoologica Scripta 25: 291–316.

Pabst, T. e G. Scholz. 2009. The development of phyllopodous limbs in Leptostraca and Branchiopoda. J. Crustacean Biol. 29(1): 1–12.

Pennak, R. W. e D. J. Zinn. 1943. Mystacocarida, a new order of Crustacea from intertidal beaches in Massachusetts and Connecticut. Smithson. Misc. Coll. 103: 1–11.

Pérez Farfante, I. e B. F. Kensley. 1997. Penaeoid and sergestoid shrimps and prawns of the world. Keys and diagnoses for the families and genera. Mem. Mus. Nation. d'Hist. Natur. 175: 1–233.

Perry, D. M. e R. C. Brusca. 1989. Effects of the root-boring isopod *Sphaeroma peruvianum* on red mangrove forests. Mar. Ecol. Prog. Ser. 57: 287–292.

Persoone, G., P. Sorgeloos, O. Roels e E. Jaspers (eds.) 1980. *The Brine Shrimp Artemia*. Universa Press, Wetteren, Bélgica.

Reiber, C. L. e I. J. McGaw. 2009. A review of the "open" and "closed" circulatory systems: new terminology for complex invertebrate circulatory systems in light of current findings. Internat. J. Zool. (2009), Article ID 301284. doi: 10.1155/2009/301284

Riley, J. 1986. The biology of pentastomids. Adv. Parasitol. 25: 45–128.

Roer, R. e R. Dillaman. 1984. The structure and calcification of the crustacean cuticle. Am. Zool. 24: 893–909.

Sanders, H. L. 1955. The Cephalocarida, a new subclass of Crustacea from Long Island Sound. Proc. Natl. Acad. Sci. U.S.A. 41: 61–66.

Sanders, H. L. 1963. The Cephalocarida: functional morphology, larval development, comparative external anatomy. Mem. Conn. Acad. Arts Sci. 15: 1–80.

Schembri, P. J. 1982. Feeding behavior of 15 species of hermit crabs (Crustacea: Decapoda: Anomura) from the Otago region, southeastern New Zealand. J. Nat. Hist. 16: 859–878.

Schmitt, W. L. 1965. *Crustaceans*. University of Michigan Press, Ann Arbor. [Um pequeno volume maravilhoso e atemporal.]

Scholtz, G. 1995. Head segmentation in Crustacea–An immunocytochemical study. Zoology 98: 104–114.

Scholtz, G. e W. Dohle. 1996. Cell lineage and cell fate in crustacean embryos: A comparative approach. Int. J. Dev. Biol. 40: 211–220.

Scholtz, G., N. H. Patel e W. Dohle. 1994. Serially homologous engrailed stripes are generated via different cell lineages in the germ band of amphipod crustaceans (Malacostraca, Peracarida). Int. J. Dev. Biol. 38: 471–478.

Schram, F. R. (gen. ed.). 1983–2014. *Crustacean Issues. Vols. 1–19*. A. A. Balkema (Roterdã) e CRC Press (Boca Raton). [Uma série de volumes relevantes de simpósios, cada qual editado por um especialista, tratando, p. ex., de filogenia, biogeografia, crescimento, biologia das cracas, biologia dos isópodes, história da carcinologia.]

Schram, F. R. e J. C. von Vaupel Klein (eds.). 2010-2014. *Treatise on Zoology– Anatomy, Taxonomy, Biology. The Crustacea, 9.* [5 volumes] Brill, Londres.

Schram, F. R., J. Yager e M. J. Emerson. 1986. *The Remipedia. Pt. I, Systematics*. San Diego Soc. Nat. Hist. Mem. 15.

Scott, R. 2003. *Darwin and the Barnacle: The Story of One Tiny Creature and History's Most Spectacular Sceintific Breakthrough*. W.W. Norton & Co., Nova York.

Shuster, S. M. 2008. The expression of crustacean mating strategies. pp. 224–250 in, R. Oliveira *et al.* (eds.), *Alternative Reproductive Tactics*. Cambridge Univ. Press.

Skinner, D. M. 1985. Interacting factors in the control of the crustacean molt cycle. Am. Zool. 25: 275–284.

Smirnov, N. N. e B. V. Timms. 1983. A revision of the Australian Cladocera (Crustacea). Rec. Aust. Mus. Suppl. 1: 1–132.

Smith, R. J. e K. Martens. 2000. The ontogeny of the cypridid ostracod *Eucypris virens* (Jurine, 1820) (Crustacea, Ostracoda). Hydrobiologia 419: 31–63.

Smit, N. J. e A. J. Davies. 2004. The curious life-style of the parasitic stages of gnathiid isopods. Advances in Parasitology 58: 290–391.

Snodgrass, R. E. 1956. Crustacean metamorphosis. Smithson. Misc. Contrib. 131(10): 1–78. [Desatualizada, mas ainda uma boa introdução ao assunto.]

Stebbing, T. R. R. 1893. *A History of Crustacea*. D. Appleton and Co., London. [Permanece uma ótima leitura.]

Steinsland, A. J. 1982. Heart ultrastructure of *Daphnia pulex* De Geer (Crustacea, Branchiopoda, Cladocera). J. Crust. Biol. 2: 54–58.

Stepien, C. A. e R. C. Brusca. 1985. Nocturnal attacks on nearshore fishes in southern California by crustacean zooplankton. Mar. Ecol. Prog. Ser. 25: 91–105.

Stock, J. 1976. A new genus and two new species of the crustacean order Thermosbaenacea from the West Indies. Bijdr. Dierkdl. 46: 47–70.

Strickler, R. 1982. Calanoid copepods, feeding currents and the role of gravity. Science 218: 158–160.

Sutton, S. L. 1972. *Woodlice*. Ginn and Co., Londres. [A maior parte do que o leitor sempre quis saber sobre os tatuzinhos-de-jardim e os bichos-de-conta.]

Sutton, S. L. e D. M. Holdich (eds.) 1984. *The Biology of Terrestrial Isopods*. Clarendon Press, Oxford. [O restante do que o leitor sempre quis saber sobre os tatuzinhos-de-jardim e os bichos-de-conta.]

Takahashi, T. e J. Lützen. 1998. Asexual reproduction as part of the life cycle in *Sacculina polygenea* (Cirripedia: Rhizocephala: Sacculinidae). J. Crustacean Biol. 18: 321-331.

Thorp, J. H. e A. P. Covich (eds.). 2009. *Ecology and Classification of North American Freshwater Invertebrates*. 3rd Ed. Academic Press, Nova York. [Inclui visões gerais abrangentes sobre os crustáceos de água doce dos EUA.]

Tomlinson, J. T. 1969. The burrowing barnacles (Cirripedia: Order Acrothoracica). U.S. Nat. Mus. Bull. 259: 1–162.
Tóth, E e R. T. Bauer. 2007. Gonopore sexing technique allows determination of sex ratios and helper composition in eusocial shrimps. Mar. Biol. 151: 1875–1886.
Van Name, W. G. 1936. The American land and freshwater isopod Crustacea. Bull. Am. Mus. Nat. Hist. 71: 1–535. [Precisando de uma atualização urgente; não há outras fontes disponíveis sobre essa fauna tão pouco conhecida.]
Vinogradov, M. E., A. F. Volkov e T. N. Semenova. 1982 (1996). *Hyperiid Amphipods (Amphipoda, Hyperiidea) of the World Oceans*. Translated from the Russian by D. Siegel-Causey for the Smithsonian Institution Libraries, Washington, D.C.
Wagner, H. P. 1994. A monographic review of the Thermosbaenacea. Zoologische Verhandelingen 291: 1–338.
Walker, G. 2001. Introduction to the Rhizocephala (Crustacea: Cirripedia). J. Morphol. 249: 1–8.
Wallosek, D. 1993. The Upper Cambrian *Rehbachiella* and the phylogeny of Branchiopoda and Crustacea. Fossils and Strata 32: 1–202.
Wanninger, A. (ed.). 2015. *Evolutionary Developmental Biology of Invertebrates 4: Ecdysozoa II: Crustacea*. Springer-Verlag, Viena.
Warner, G. F. 1977. *The Biology of Crabs*. Van Nostrand Reinhold, Nova York.
Waterman, T. H. (ed.). 1960, 1961. *The Physiology of Crustacea. Vols. 1–2*. Academic Press, Nova York. [Desatualizado, mas ainda útil.]
Waterman, T. H. e A. S. Pooley. 1980. Crustacean eye fine structure seen with scanning electron microscopy. Science 209: 235–240.
Watling, L. e M. Thiel (eds.). 2013–2015. *The Natural History of Crustacea, Vols 1-4*. Oxford Univ. Press, Oxford.
Weeks, S. C. 1990. Life-history variation under varying degrees of intraspecific competition in the tadpole shrimp *Triops longicaudatus* (Le Conte). J. Crust. Biol. 10: 498–503.
Wenner, A. M. (ed.) 1985. *Crustacean Growth: Factors in Adult Growth* and *Larval Growth*. A. A. Balkema, Holanda.
Wiese, K. 2000. *The Crustacean Nervous System*. Springer-Verlag, Nova York.
Williams, A. B. 1984. *Shrimps, Lobsters, and Crabs of the Atlantic Coast of the Eastern United States, Maine to Florida*. Smithsonian Institution Press, Washington, D.C. [Uma obra impressionante e de referência escrita por um dos mais importantes carcinologistas.]
Williams, A. B. 1988. *Lobsters of the World: An Illustrated Guide*. Osprey Books, Nova York.
Wingstrand, K. G. 1972. Comparative spermatology of a pentastomid *Raillietiella hemidactyli* and a branchiuran crustacean *Argulus foliaceus* with a discussion of pentastomid relationships. Biol. Skr. 19: 1–72.
Yagamuti, S. 1963. *Parasitic Copepoda and Branchiura of Fishes*. Wiley, Nova York.
Yager, J. 1981. Remipedia, a new class of Crustacea from a marine cave in the Bahamas. J. Crust. Biol. 1: 328–333.
Yager, J. 1991. The Remipedia (Crustacea): recent investigation of their biology and phylogeny. Verhandlungen der Deutschen Zoologischen Gesellschaft, Stuttgart 84: 261–269.
Yager, J. e W. F. Humphreys. 1996. *Lasionectes esleyi*, sp. nov., the first remipede crustacean recorded from Australia and the Indian Ocean, with a key to the world species. Invert. Taxon. 10: 171–187.

Filogenia e evolução

Ver Capítulos 20 e 28 para referências sobre a filogenia geral dos artrópodes.
Almeida, W. de O. e M. L. Christoffersen. 1999. A cladistic approach to relationships in Pentastomida. J. Parasitol. 85: 695–704.
Andrew, D. R. 2011. A new view of insect-crustacean relationships II. Inferences from expressed sequence tags and comparisons with neural cladistics. Arthropod Structure & Development 40: 289–302.
Boxshall, G. A. 1991. A review of the biology and phylogenetic relationships of the Tantulocarida, a subclass of Crustacea recognized in 1983. Verhandlungen der Deutschen Zoologischen Gesellschaft 84: 271–279.
Bracken-Grissom, H. D. *et al.* 2014. Emergence of the lobsters: phylogenetic relationships, morphological evolution and divergence time comparisons of a fossil rich group (Achelata, Astacidea, Glypheidea, Polychelida). Syst. Biol. 63(4): 457–479.
Bracken, H. D. *et al.* 2009. Phylogenetic position, systematic status, and divergence time of the Procarididea (Crustacea: Decapoda). Zool. Scripta 39: 198–212.
Brusca, R. C. e G. D. F. Wilson. 1991. A phylogenetic analysis of the Isopoda (Crustacea) with some classificatory recommendations. Mem. Queensland Mus. 31: 143–204.
Castellani, C. *et al.* 2011. New pentastomids from the Late Cambrian of Sweden– deeper insight of the ontogeny of fossil tongue worms. Palaeontographica, Abt. A: Palaeozoology-Stratigraphy 293: 95–145.
Chen, Y.-U., J. Vannier e D.-Y. Huang. 2001. The origin of crustaceans: new evidence from the early Cambrian of China. Proc. Royal Soc. Lond. 268: 2181–2187.
De Grave, S. *et al.* 2009. A classification of living and fossil genera of decapod crustaceans. Raffles Bull. Zool. Suppl. 21: 1–109.

Edgecombe, G. 2010. Arthropod phylogeny: An overview from the perspectives of morphology, molecular data and the fossil record. Arthropod Structure and Development 39: 74–87.
Gale, A. S. 2014. Origin and phylogeny of verrucomorph barnacles (Crustacea, Cirripedia, Thoracica). J. Syst. Palaentol. doi: 10.1080/14772019.2014.954409
Gale, A. S e A. M. Sørensen. 2014. Origin of the balanomorph barnacles (Crustacea, Cirripedia, Thoracica): new evidence from the Late Cretaceous (Campanian) of Sweden. J. Syst. Palaeonol. doi: 10.1080./14772019.2014.954824
Giribet, G., e G. D. Edgecomb. 2012. Reevaluating the Arthropod Tree of Life. Ann. Rev. Entomology 57: 167–186.
Ho, J. S. 1990. Phylogenetic analysis of copepod orders. J. Crust. Biol. 10: 528–536.
Huys, R. e G. A. Boxshall. 1991. *Copepod Evolution*. The Ray Society, Londres.
Jenner, R. A. 2010. Higher-level crustacean phylogeny: consensus and conflicting hypotheses. Arthropod Struct. Dev. 39: 143–153.
Koenemann, S. e R. A. Jenner. 2005. *Crustacea and Arthropod Relationships*. Taylor & Francis, Nova York.
Lavrov, D. V., W. M. Brown e J. L. Boore. 2004. Phylogenetic position of the Pentastomida and (pan)crustacean relationshps. Proceedings of the Royal Society of London B, 271: 537–544.
Lefébure, T. *et al.* 2006. Relationship between morphological taxonomy and molecular divergence within Crustacea: proposal of a molecular threshold to help species delimitation. Mol. Phylog. Evol. 40: 435–447.
Luque, J. 2014. The oldest higher true crabs (Crustacea: Decapoda: Brachyura): insights from the Early Cretaceous of the Americas. Palaentology. doi: 10.1111/pala.12135
Martin, J. W. 2013. Arthropod Evolution and Phylogeny. pp. 34–37 in *McGraw-Hill Yearbook of Science & Technology for 2013*. McGraw-Hill, Nova York.
Martin, J. W., K. A. Crandall e D. L. Felder (eds.). 2009. *Decapod Crustacean Phylogenetics. Crustacean Issues 18*. CRC Press, Taylor & Francis, Boca Raton, Flórida.
McLaughlin, P. A. 1983. Hermit crabs–are they really polyphyletic? J. Crust. Biol. 3: 608–621.
Morrison, C. L. *et al.* 2002. Mitochondrial gene rearrangements confirm the parallel evolution of the crab-like form. Proc. Royal Soc. Lond., Biol. Sci. 269: 345–350.
Meusemann, K. *et al.* 2010. A phylogenomic approach to resolve the arthropod tree of life. Mol. Biol. Evol. 27: 2451–2464.
Misof, B. *et al.* 2014. Phylogenomics resolves the timing and patern of insect evolution. Science 346(6210): 763–767.
Negrea, S., N. Botnariuc e H. J. Dumont. 1999. Phylogeny, evolution and classification of the Branchiopoda (Crustacea). Hydrobiologia 412: 191–212.
Oakley, T. H. *et al.* 2013. Phylotranscriptomics to bring the understudied into the fold: monophyletic Ostracoda, fossil placement, and pancrustacean phylogeny. Mol. Biol. Evol. 30 (1): 215–233.
Olesen, J. 2000. An updated phylogeny of the Conchostraca–Cladocera clade (Branchiopoda, Diplostraca). Crustaceana 73: 869–886.
Olesen, J. e S. Richter. 2013. Onychocaudata (Branchiopoda: Diplostraca), a new high-level taxon in branchiopod systematics. J. Crust. Biol. 33: 62–65.
Pérez-Losada, M. *et al.* 2002. Reanalysis of the relationships among the Cirripedia and Ascothoracida, and the phylogenetic position of the Facetotecta using 18S rDNA sequences. J. Crust. Biol. 22: 661–669.
Pérez-Losada, M. *et al.* 2014. Molecular phylogeny, systematics and morphological evolution of the acorn barnacles (Thoracica: Sessilia: Balanomorpha). Mol. Phylog. Evol. 81: 147–158.
Regier, J. C., J. W. Shultz e R. E. Kambic. 2005. Pancrustacean phylogeny: hexapods are terrestrial crustaceans and maxillopods are not monophyletic. Proc. Royal Soc. B 272 (1561): 395–401.
Regier, J. C. *et al.* 2010. Arthropod relationships revealed by phylogenomic analysis of nuclear protein-coding sequences. Nature 463: 1079–1083.
Remigio, E. A. e P. D. Hebert. 2000. Affinities among anostracan (Branchiopoda) families inferred from phylogenetic analyses of multiple gene sequences. Mol. Phylogen. Evol. 17: 117–128.
Richter, S. e G. Scholtz. 2000. Phylogenetic analysis of the Malacostraca (Crustacea). J. Zool. Syst. Evol. Res. 39: 113–136.
Schnabel, K. E., S. T. Ahyong e E. W. Maas. 2011. Galatheoidea are not monophyletic: molecular and morphological phylogeny of the squat lobsters (Decapoda: Anomura) with recognition of a new superfamily. Mol. Phylogen. Evol. 58: 157–168.
Spears, T. e L. G. Abele. 1999. The phylogenetic relationships of crustaceans with foliacious limbs: An 18S rDNA study of Branchiopoda, Cephalocarida, and Phyllocarida. J. Crust. Biol. 19: 825–843.
Spears, T. e L. G. Abele. 2000. Branchiopod monophyly and interordinal phylogeny inferred from 18S ribosomal DNA. J. Crust. Biol. 20: 1–24.
Spears, T., L. G. Abele e M. A. Applegate. 1994. Phylogenetic study of cirripedes and selected relatives (Thecostraca) based on 18S rDNA sequence analysis. J. Crust. Biol. 14: 641–656.
Stemme, T. *et al.* 2013. Serotonin-immunoreactive neurons in the ventral nerve cord of Remipedia (Crustacea): support for a sister group relationship of Remipedia and Hexapoda? BMC Evol. Biol. 13: 119.
Sternberg, R. V., N. Cumberlidge e G. Rodríguez. 1999. On the marine sister groups of the freshwater crabs (Crustacea: Decapoda). J. Zool. Sys. Evol. Res. 37: 19–38.

Storch, V. e B. G. M. Jamieson. 1992. Further spermatological evidence for including the Pentastomida (tongue worms) in the Crustacea. Int. J. Parasitol. 22: 95–108.

Tam, Y. K. e I. Kornfield. 1998. Phylogenetic relationships of clawed lobster genera (Decapoda: Nephropidae) based on mitochondrial 16S rRNA gene sequences. J. Crust. Biol. 18(1): 138–146.

Tsang, L. M. *et al.* 2011. Hermit to king, or hermit to all: multiple transitions to crab-like forms from hermit crab ancestors. Syst. Biol. doi: 10.1093/sysbio/syr063

Von Reumont, B. M. *et al.* 2012. Pancrustacean phylogeny in light of new phylogenomic data: support for remipedia as the possible sister group of Hexapoda. Mol. Biol. Evol. 29: 1031–1045.

Walker-Smith, G. K. e G. C. B. Poore. 2001. A phylogeny of the Leptostraca (Crustacea) from Australia. Mem. Mus. Victoria 58: 137–148.

Waloszek, D. 2003. Cambrian "Orsten"-type preserved arthropods and the phylogeny of Crustacea. pp. 69–87 in A. Legakis *et al.* (eds), *The New Panorama of Animal Evolution*. PENSOFT Publishers, Sofia, Moscou.

Waloszek, D. *et al.* 2005. Early Cambrian arthropods – new insights into arthropod head and structural evolution. Arthropod. Struct. Dev. 34(2): 189–205.

Waloszek, D. e A. Maas. 2005. The evolutionary history of crustacean segmentation: A fossil-based perspective. Evol. Dev. 7: 515–527.

Waloszek, D. e K. J. Müller. 1990. Stem-lineage crustaceans from the Upper Cambrian of Sweden and their bearing upon the position of Agnostus. Lethaia 23: 409–427.

Waloszek, D. e K. J. Müller. 1997. Cambrian "Orsten"-type arthropods and the phylogeny of Crustacea. pp. 139–153 in R. A. Fortey (ed.), *Arthropod Relationships*. Chapman and Hall, Londres.

Waloszek, D., J. E. Repetski e A. Maas. 2005. A new Late Cambrian pentastomid and a review of the relationships of this parasitic group. Transactions of the Royal Society of Edinburgh: Earth Sciences 96: 163–176.

Wilson, K. *et al.* 2000. The complete sequence of the mitochondrial genome of the crustacean *Penaeus monodon*: are malacostracan crustaceans more closely related to insects than to branchiopods. Mol. Biol. Evol. 17: 863–874.

Yan-bin, S., R. S. Taylor e F. R. Schram. 1998. New spelaeogriphaceans (Crustacea: Peracarida) from the Upper Jurassic of China. Contr. Zool. 83(4): 1–14.

22

Filo Arthropoda

Hexápodes | Insetos e seus Parentes

Os hexápodes destacam-se de todos os outros invertebrados porque, sem sombra de dúvida, constituem o grupo mais diversificado de animais da Terra – os únicos invertebrados que voam e os únicos invertebrados terrestres que passam por desenvolvimento indireto ou metamorfose completa.

O subfilo Hexapoda dos artrópodes abrange a classe Insecta e três outros pequenos grupos diretamente relacionados de animais semelhantes aos insetos, embora sem asas: Collembola, Protura e Diplura. Os hexápodes são reunidos com base em um plano corpóreo bem-definido composto de cabeça, tórax com três segmentos e abdome com 11 segmentos, três pares de pernas torácicas, um único par de antenas, três conjuntos de "peças orais" (mandíbulas, maxilas e lábio), um sistema de trocas gasosas aéreas formado por traqueias e espiráculos, túbulos de Malpighi formados como evaginações proctodeais (ectodérmicas) e, entre os Pterigotas, asas (Quadro 22.1). A existência de um tórax com três segmentos, cada qual com um par de pernas locomotoras, é uma sinapomorfia singular dos hexápodes. Outras sinapomorfias são a presença de um corpo gordo e grande (concentrado principalmente no abdome) e a fusão das segundas maxilas para formar um lábio inferior (lábio).

Os hexápodes evoluíram no ambiente terrestre; os grupos que hoje habitam os ambientes aquáticos invadiram secundariamente tais hábitats por meio de adaptações comportamentais e modificações de seus sistemas de troca gasosa aéreos. Os fósseis inquestionáveis mais antigos dos hexápodes datam do período Devoniano Inicial (412 Ma). Contudo, existem fósseis vestigiais do período Siluriano muito semelhantes aos hexápodes, e os dados baseados no relógio molecular sugerem que esses animais tenham surgido no período Ordoviciano Inicial (há cerca de 479 milhões de anos) e que a origem do grupo Insecta tenha ocorrido no período Siluriano inicial (há cerca de 441 milhões).

A radiação evolutiva mais espetacular entre os hexápodes (na verdade, entre todos os animais eucariotos) certamente ocorreu com os insetos, que vivem praticamente em quaisquer hábitats imagináveis de água doce e terrestres e até

Classificação do reino Animal (Metazoa)

Não Bilateria*
(Também conhecidos como diploblastos)
   FILO PORIFERA
   FILO PLACOZOA
   FILO CNIDARIA
   FILO CTENOPHORA

Bilateria
(Também conhecidos como triploblastos)
   FILO XENACOELOMORPHA
Protostomia
   FILO CHAETOGNATHA
   Spiralia
   FILO PLATYHELMINTHES
   FILO GASTROTRICHA
   FILO RHOMBOZOA
   FILO ORTHONECTIDA
   FILO NEMERTEA
   FILO MOLLUSCA
   FILO ANNELIDA
   FILO ENTOPROCTA
   FILO CYCLIOPHORA
   Gnathifera
   FILO GNATHOSTOMULIDA
   FILO MICROGNATHOZOA
   FILO ROTIFERA
   Lophophorata
   FILO PHORONIDA
   FILO BRYOZOA
   FILO BRACHIOPODA
   Ecdysozoa
   Nematoida
   FILO NEMATODA
   FILO NEMATOMORPHA
   Scalidophora
   FILO KINORHYNCHA
   FILO PRIAPULA
   FILO LORICIFERA
   Panarthropoda
   FILO TARDIGRADA
   FILO ONYCHOPHORA
   FILO ARTHROPODA
      SUBFILO CRUSTACEA*
      SUBFILO HEXAPODA
      SUBFILO MYRIAPODA
      SUBFILO CHELICERATA
Deuterostomia
   FILO ECHINODERMATA
   FILO HEMICHORDATA
   FILO CHORDATA

*Grupo parafilético.

> **Quadro 22.1 Características do subfilo Hexapoda.**
>
> 1. Corpo constituído de 20 somitos verdadeiros (mais o ácron) organizados em cabeça (6 somitos), tórax (3 somitos) e abdome (11 somitos). Em razão da fusão dos somitos, esses segmentos corporais nem sempre são perceptíveis externamente.
> 2. Os segmentos cefálicos contêm as seguintes estruturas (da frente para trás): olhos compostos e ocelos; antenas; clipeolabro; mandíbulas; maxilas; e lábio (segundas maxilas fundidas). Os ocelos (e os olhos compostos) foram perdidos secundariamente por alguns grupos.
> 3. Pernas unirremes; presentes nos três segmentos torácicos do animal adulto; pernas compostas de 6 artículos: coxa, trocânter, fêmur, tíbia, tarso, pré-tarso e tarso comumente subdividido; nos casos típicos, o pré-tarso tem garras.
> 4. Troca gasosa por meio dos espiráculos e das traqueias.
> 5. Trato digestivo com cecos gástricos (digestivos).
> 6. Corpo gordo e grande (concentrado basicamente no abdome).
> 7. O exoesqueleto fundido da cabeça forma o tentório interno singular.
> 8. Túbulos de Malpighi derivados da ectoderme (evaginações proctodeais).
> 9. Os gonóporos abrem-se no último segmento abdominal, ou se abrem no segmento abdominal 7, 8 ou 9.
> 10. Gonocorísticos; desenvolvimento direto ou indireto.

mesmo, embora menos comumente, na superfície dos oceanos e na região litorânea marinha. Os insetos também são encontrados em locais improváveis, como pântanos e poças de óleo, fontes de enxofre, riachos glaciais e lagos hipersalinos. Frequentemente, os insetos vivem onde poucos animais ou plantas conseguiriam existir. Não seria exagero dizer que os insetos dominam a Terra. Suas diversidade e abundância desafiam a imaginação (Figuras 22.1 a 22.7).

Hoje não sabemos quantas espécies de insetos existem, ou mesmo quantas já foram descritas. As estimativas publicadas do número de espécies descritas variam de 890.000 a bem mais de um milhão (calculamos em cerca de 926.990). Desde a publicação do livro *Systema Naturae* por Lineu em 1758, anualmente têm sido descritas em média cerca de 3.500 espécies novas, embora nos últimos anos tal média tenha aumentado acentuadamente para 7.000 espécies novas por ano. As estimativas do número de espécies de insetos que ainda não foram descritas variam de 3 a 100 milhões. Os coleópteros (besouros) com cerca de 380.000 espécies descritas certamente constituem a ordem de insetos mais numerosa (mais de um quarto de todas as espécies animais é constituído de besouros). A família Curculionidae (gorgulhos) é classificada entre os besouros e contém cerca de 65.000 espécies descritas (quase 5% de todas as espécies animais descritas). A diversidade ampla de insetos parece ter surgido por uma combinação de elementos favoráveis, incluindo exploração evolutiva dos genes do desenvolvimento, que atuam nos corpos segmentados e compartimentalizados; coevolução com as plantas (principalmente plantas que florescem); miniaturização; e a invenção do voo.

Os insetos não são apenas diversos, como também incrivelmente abundantes. Para cada ser humano vivo, existem cerca de 200 milhões de insetos. Howard Ensign Evans estimou que um acre de pastos comuns da Inglaterra contenha e sustente números estonteantes de 248.375.000 de colêmbolos e 17.825.000 de besouros. Nas florestas tropicais úmidas, os insetos podem constituir 40% de toda a biomassa animal (peso seco) e a biomassa de formigas pode ser muito maior que a de toda a fauna combinada de mamíferos (até 15% da biomassa animal total). Uma única colônia de formigas-africanas (*Anomma wilverthi*) pode conter cerca de 22 milhões de operárias. Com base em seus estudos realizados nos trópicos, o pesquisador de biodiversidade Terry Erwin calculou que existam cerca de $3,2 \times 10^8$ espécimes de artrópodes por hectare, representando mais de 60.000 espécies no oeste da Amazônia. Em Maryland, uma única colônia de formigas (*Formica exsectoides*) continha 73 ninhos cobrindo uma área de 10 acres e abrigando cerca de 12 milhões de operárias. Os cupins formam colônias numericamente semelhantes. E. O. Wilson calculou que, em determinado momento, 10^{15} (um milhão de bilhões) de formigas estejam vivas no planeta Terra!

Na maior parte do planeta, os insetos estão entre os principais predadores dos outros invertebrados. São também componentes essenciais das dietas de muitos vertebrados terrestres e desempenham um papel importante como organismos "redutores de nível" (detritívoros e decompositores) das cadeias alimentares. Graças a sua quantidade, os insetos constituem grande parte da matriz das cadeias alimentares do planeta. Na maioria dos hábitats terrestres, sua biomassa e seu consumo de energia são maiores que os dos vertebrados. Nos desertos e nos trópicos, as formigas substituem as minhocas da terra como animais móveis mais abundantes do planeta (as formigas são quase tão importantes quanto as minhocas, mesmo nas regiões temperadas). Os cupins estão entre os principais decompositores de madeira morta e folhiço ao redor do mundo e, sem os besouros-de-estrume, as savanas africanas estariam abarrotadas de excrementos eliminados por dezenas de milhares de grandes mamíferos que pastam.

Sem os insetos, a vida como a conhecemos deixaria de existir. Na verdade, E. O. Wilson afirmou que "os insetos e outros artrópodes terrestres são tão importantes que, se todos desaparecessem, a humanidade provavelmente não poderia subsistir por mais que alguns meses". Oitenta por cento das espécies cultiváveis do mundo, inclusive de alimentos, compostos medicinais e culturas de fibras, dependem dos animais polinizadores, quase todos insetos. Além disso, os insetos desempenham funções importantes na polinização das plantas nativas silvestres. A apicultura começou há muito tempo, no mínimo por volta de 600 a.C no vale do Nilo, provavelmente bem antes. Os primeiros apicultores migratórios eram egípcios que navegavam pelo rio Nilo fornecendo serviços de polinização para os agricultores das planícies inundadas, ao mesmo tempo que produziam e colhiam mel. As abelhas-de-mel domésticas (*Apis mellifera*), introduzidas na América do Norte e na Europa em meados do século 17, hoje são os polinizadores principais na maioria das plantações de alimentos cultivados em todo o mundo e desempenham uma função importante na polinização de 80% das

Figura 22.1 Exemplos representativos de três ordens de hexápodes entognatos (não insetos). **A.** *Anurida granaria*, um colêmbolo (ordem Collembola). **B.** *Ptenothrix* sp., um colêmbolo mostrando peças orais entognatas. **C.** Um dipluro da Nova Zelândia (ordem Diplura). **D.** Um proturo da Colúmbia Britânica (ordem Protura).

variedades cultivadas nos EUA (estima-se que as abelhas sejam diretamente responsáveis por US$ 10 a 20 bilhões arrecadados anualmente na agricultura).[1]

As interações de insetos com plantas floríferas têm ocorrido ininterruptamente há muito tempo, tendo se iniciado há mais de 100 milhões de anos com o surgimento das angiospermas e se acelerado com a ascendência das plantas floríferas durante a era Cenozoica Inicial. Milhões de anos de coevolução das plantas e dos insetos resultaram em flores com anatomia e perfumes delicadamente ajustados aos seus insetos parceiros. Em troca dos serviços de polinização, as flores fornecem aos insetos alimentos (néctar e pólen), abrigo e compostos químicos usados por eles para produzir substâncias como os feromônios. Em geral, a polinização é realizada acidentalmente pelos insetos, uma vez que os polinizadores visitam as flores por outras razões. Contudo, em alguns casos – como o das mariposas-da-iúca do sudoeste americano (*Tegiticula* spp.) –, os insetos realmente colhem o pólen e forçam-no a entrar os estigmas receptores da flor, iniciando a polinização. O objetivo da mariposa é assegurar um suprimento de sementes de iúca para suas larvas, que se desenvolvem dentro dos frutos dessa planta. Alguns insetos também desempenham funções importantes como dispersores de sementes, especialmente as formigas. Mais de 3.000 espécies de plantas (distribuídas em 60 famílias) são conhecidas por dependerem das formigas para a dispersão de suas sementes.

Como todos os outros animais da Terra, os insetos têm enfrentado riscos enormes de extinção. Certamente, alguns milhares de espécies foram extintos ao longo do último século em consequência do uso descontrolado da terra e do desmatamento. Com a aceleração das perdas de biodiversidade do planeta, as estimativas do número de espécies de insetos que já foram extintas podem ficar na faixa dos milhões. Além disso, o uso generalizado e comumente inapropriado de pesticidas gerou uma "crise de polinização" em muitas partes do planeta, à medida que os insetos polinizadores são eliminados localmente e diminui vertiginosamente a polinização das plantas nativas e das culturas domésticas.

Independentemente de quão valiosos sejam os insetos para a vida humana, algumas espécies parecem conspirar no sentido de conferir má reputação ao grupo inteiro. Algumas espécies de insetos são pragas e consomem cerca de um terço de nossas colheitas anuais potenciais, enquanto outras espécies transmitem muitas das principais doenças dos seres humanos. Anualmente, gastamos bilhões de dólares com controle de insetos. A malária transmitida por mosquitos mata 1 a 3 milhões de pessoas todos

---

[1] O estudo das abelhas é conhecido como "melitofilia". O estudo das abelhas que produzem mel (*Apis* spp.) e seu manejo é denominado "apicultura". O manejo de mamangabas (*Bombus* spp.) chama-se "bombicultura". A conservação ritualizada das abelhas sem ferrões é referida como "meliponicultura". A abelha asiática *Apis dorsata* ainda não foi introduzida nos EUA e é um inseto gigante, que pode chegar a medir 2,5 cm de comprimento. Suas fezes são muito notáveis e a defecação em massa dessas abelhas no pôr do sol cria uma "cascata dourada", que fornece enriquecimento nutricional significativo aos solos tropicais. No passado, as fezes dessas abelhas foram confundidas com a temível "chuva amarela", um tipo mortal de arma de guerra bioquímica que envenenou milhares de aldeões durante a guerra do Vietnã.

os anos (principalmente crianças) e, a cada ano, cerca de 500 milhões contraem a doença. A malária é a principal causa de mortes por doença infecciosa e tem atormentado a humanidade há no mínimo 3.000 anos (pesquisadores encontraram antígenos da malária no sangue das múmias egípcias). A dengue, uma das doenças virais humanas que se alastra mais rapidamente e tem distribuição mais generalizada, é transmitida por mosquitos do gênero *Aedes*. É basicamente uma doença urbana associada quase exclusivamente aos ambientes antropogênicos, porque seus vetores principais – *A. albopictus* e *A. aegypti* – proliferam especialmente em recipientes artificiais (p. ex., vasos de flores, pneus descartados, tanques de água). Nos últimos anos, essas espécies espalharam-se por todas as regiões tropicais, geralmente acompanhando o comércio internacional de pneus usados. Embora esses mosquitos não tenham penetrado muito longe nas zonas temperadas, já se estabeleceram no sul dos EUA. Vários mosquitos transmitem o nematódeo da filária *Wuchereria bancrofti*, agente etiológico da filariose linfática ("elefantíase") em todas as regiões tropicais do planeta. A doença de Chagas (tripanossomose americana) é transmitida por certos percevejos da subfamília Triatomínea (família Reduviídea) e causa degeneração crônica do coração e dos intestinos. As espécies de triatomíneos encontradas no sudoeste dos EUA não tendem a defecar quando se alimentam, o que reduz expressivamente a possibilidade de que seres humanos contraiam doença de Chagas nessa região. Contudo, o aquecimento global tem aumentado a dispersão de *Aedes*, *Culex* triatomíneos e vetores de outras doenças tropicais.

O escritor de história natural David Quammen, quando comentava as variedades de mosquitos sugadores de sangue, lembrou que uma refeição média de sangue de uma fêmea (o único sexo que se alimenta de sangue) representa cerca de 2,5 vezes o peso original do inseto – o equivalente, segundo Quammen, a "Audrey Hepburn sentar-se para jantar e levantar-se da mesa pesando 170 kg e, em seguida, apesar disso, levantar voo". Contudo, conforme assinalado por Quammen, os mosquitos tornaram as florestas tropicais úmidas (os ecossistemas mais diversificados da Terra) praticamente inabitáveis por seres humanos, ajudando assim a preservá-los!

A diversidade enorme de hexápodes é comumente atribuída à evolução de três inovações fundamentais: a capacidade de voar, a capacidade de recolher suas asas e a evolução do desenvolvimento holometábolo (= desenvolvimento indireto, = metamorfose completa). A persistência das linhagens principais de insetos desde o período Devoniano e sua versatilidade morfológica e ecológica certamente contribuíram para fazer dos hexápodes o grupo dominante nos ecossistemas terrestres atuais no que se refere à diversidade das espécies, à diversidade funcional e à biomassa geral. Evidentemente, o tema da biologia dos insetos (ou entomologia) é uma disciplina por direito e existem incontáveis livros e cursos universitários sobre o assunto. Se distribuíssemos as páginas escritas sobre os grupos animais com base nos números de espécies, na abundância em geral ou na importância econômica, os capítulos dedicados aos insetos constituiriam 90% do texto do livro. As Referências ao fim deste capítulo oferecem uma introdução a alguns estudos publicados na literatura sobre insetos.

Como os hexápodes constituem um grupo de artrópodes tão grande e diversificado, primeiramente apresentaremos uma classificação sucinta das 31 ordens reconhecidas e, em seguida, resumos mais detalhados, descrições diagnósticas resumidas e comentários sobre cada uma delas. Essas duas seções servem como um prefácio à descrição do plano corpóreo que se segue e também constituem uma referência, que o leitor pode consultar quando necessário.

CLASSIFICAÇÃO DO SUBFILO HEXAPODA

Nosso esquema de classificação reconhece 31 ordens de hexápodes vivos. Três ordens de hexápodes entognatos (Entognatha, ou não insetos) são basais à classe monofilética Insecta. A classe Insecta inclui dois grupos-irmãos monofiléticos – a ordem Archaeognatha (com mandíbulas monocondilares) e todas as outras (com mandíbulas dicondilares). A subclasse Pterygota (ou insetos voadores) abrange dois grupos: Palaeoptera (Ephemeroptera, Odonata), que podem constituir um grupo parafilético, e a infraclasse monofilética Neoptera. Também reconhecemos três superordens entre os insetos alados atuais, ou neópteros: Polyneoptera (Plecoptera, Zoraptera, Blattodea, Mantodea, Dermaptera, Orthoptera, Phasmida, Grylloblattodea, Embioptera, Mantophasmatodea), Acercaria (Psocodea, Thysanoptera, Hemiptera) e Holometabola (todas as ordens restantes). Entre os holometábolos, reconhecemos quatro clados bem-estabelecidos, embora ainda não classificados: Coleopetrida (Coleoptera, Strepsiptera), Neuropterida (Neuroptera, Megaloptera, Rhapidioptera), Antliophora (Mecoptera, Siphonaptera, Diptera) e Amphiesmenoptera (Trichoptera, Lepidoptera). Com cerca de um milhão de espécies nomeadas de hexápodes, optamos por incluir nos resumos taxonômicos apenas as famílias representantes das ordens mais comuns e diversificadas.

SUBFILO HEXAPODA

(Nota: "Entognatha" e "Palaeoptera" provavelmente são grupos parafiléticos.)

ENTOGNATHA
Ordem Collembola: colêmbolos
Ordem Protura: proturos
Ordem Diplura: dipluros

CLASSE INSECTA (= ECTOGNATHA)
Ordem Archaeognatha: traças saltadoras

DICONDYLIA
Ordem Thysanura (= Zigentoma): tisanuros

SUBCLASSE PTERYGOTA: INSETOS ALADOS
Palaeoptera: primeiros insetos alados

Ordem Ephemeroptera: efêmeras ou efemerópteros
Ordem Odonata: libélulas e donzelinhas

INFRACLASSE NEOPTERA: INSETOS ALADOS MODERNOS COM ASAS QUE SE DOBRAM

Superordem Polyneoptera
Ordem Plecoptera: plecópteros ou moscas-da-pedra
Ordem Blattodea: baratas e cupins
Ordem Mantodea: louva-a-deus
Ordem Phasmida (= Phasmatodea): bicho-pau e insetos-folha
Ordem Grylloblattodea: griloblatódeos
Ordem Dermaptera: tesourinhas

Ordem Orthoptera: gafanhotos, esperanças e grilos, e outros tipos de gafanhotos
Ordem Mantophasmatodea: gladiadores
Ordem Embioptera (= Embiidina): embiópteros
Ordem Zoraptera: zorápteros

Superordem Acercaria (= Paraneoptera)
Ordem Thysanoptera: tripes e larcerdinha
Ordem Hemiptera: percevejo
Ordem Psocodea: piolho-de-livro, piolho verdadeiro

Superordem Holometabola
Ordem Hymenoptera: formigas, abelhas, vespas

Coleopterida
Ordem Coleoptera: besouros
Ordem Strepsiptera: parasitas com asas torcidas

Neuropterida
Ordem Megaloptera: megalópteros
Ordem Raphidioptera: rafidiópteros
Ordem Neuroptera: crisopas, formigas-leão, crisopídeos

Antliophora
Ordem Mecoptera: mecópteros, moscas-escorpião
Ordem Siphonaptera: pulgas
Ordem Diptera: moscas verdadeiras, mosquitos, maruins

Amphiesmenoptera
Ordem Trichoptera: tricópteras (moscas-de-água)
Ordem Lepidoptera: borboletas, mariposas

Classificação dos hexápodes

Subfilo Hexapoda

Corpo dividido em cabeça (ácron + 6 segmentos), tórax (3 segmentos) e abdome (11 ou menos segmentos); cabeça com um par de olhos compostos laterais e, em geral, uma tríade ou um par de ocelos medianos; com um par de antenas, mandíbulas e maxilas unirremes multiarticuladas; segundo par de maxilas fundidas para formar um lábio complexo; cada segmento torácico tem um par de pernas unirremes; asas comumente presentes no segundo e terceiro segmentos torácicos (nos insetos pterigotos); abdome sem pernas totalmente desenvolvidas, mas as "falsas-pernas" (supostamente homólogas aos apêndices abdominais dos artrópodes ancestrais) ocorrem ao menos em sete ordens (em adultos de Diplura, Thysanura e Archaeognatha; nas larvas de alguns Diptera, Trichoptera, Lepidoptera e Hymenoptera); abdome com corpo gordo e grande; os gonóporos abrem-se no último segmento abdominal, ou no 7º, 8º ou 9º segmento abdominal; cercos duplos geralmente presentes; os machos comumente têm estruturas intromitentes para agarrar; desenvolvimento direto envolvendo alterações relativamente pequenas da forma corporal (ametábolo ou hemimetábolo), ou indireto com alterações marcantes (holometábolo).

Entognatha

Componentes orais com suas bases escondidas dentro da cápsula cefálica (*ento-gnatos*); mandíbulas com articulação única; a maioria ou todos os elementos antenais têm musculatura intrínseca; animais sem asas; não têm túbulos de Malpighi, ou esses são pouco desenvolvidos; pernas com um tarso (indiviso). As três ordens dos hexápodes entognatos não formam um grupo monofilético. Collembola e Protura parecem ser homólogas (essas duas ordens frequentemente são reunidas na classe Ellipura), a condição entognata de Diplura pode ser um produto da evolução convergente. Dados recentes fornecidos por paleontologia, anatomia comparada e filogenética molecular sugeriram que os dipluros sejam o grupo-irmão de Insecta e, por isso, estejam relacionados mais diretamente com esses últimos que com as outras ordens de entognatos.

Ordem Collembola. Cerca de 6.000 espécies descritas (Figura 22.1 A e B). Animais pequenos (a maioria mede menos de 6 mm); componentes orais para morder e mastigar; com ou sem olhos compostos pequenos; ocelos vestigiais; antena quadriarticulada, com músculos intrínsecos nos primeiros 3 artículos; tarsos das pernas indistintos (talvez fundidos às tíbias); pré-tarsos das pernas com uma única garra; abdome com quantidade reduzida de segmentos (seis); primeiro segmento abdominal com tubo ventral (colóforo) sem função conhecida; terceiro segmento abdominal com um processo pequeno (retináculo); um apêndice bifurcado em forma de cauda no quarto ou no quinto segmento abdominal (fúrcula); sem cercos; com gonóporos no último segmento abdominal; sem túbulos de Malpighi; geralmente não têm espiráculos ou traqueias.

Os hexápodes mais antigos do registro fóssil são colêmbolos. *Rhyniella praecursor* e outras espécies do período Devoniano Inferior são muito semelhantes a algumas famílias de colêmbolos atuais. Ao contrário dos outros hexápodes, que respiram utilizando tubos internos conhecidos como traqueias, os colêmbolos respiram ar diretamente através de suas cutícula e epiderme. A cutícula repele água, permitindo-lhes viver em ambientes úmidos sem que sufoquem. Além disso, esses animais têm um sistema notável para fugir dos predadores. Enquanto estão em repouso, a fúrcula fica retraída sob o abdome e é mantida nessa posição pelo retináculo. Quando a fúrcula e o retináculo separam-se, a fúrcula abre para baixo com tanta força, que se choca com o substrato e propele rapidamente o colêmbolo para o alto no ar. Muitos pesquisadores acreditam que os colêmbolos tenham evoluído por neotenia.

Ordem Protura. Cerca de 200 espécies descritas (Figura 22.1 D). Animais diminutos (menos de 2 mm) e esbranquiçados; sem olhos, espiráculos abdominais, hipofaringe ou cercos; os túbulos de Malpighi são papilas diminutas; componentes orais para aspiração; mandíbulas semelhantes a estiletes; antenas vestigiais; o primeiro par de pernas é carregado em posição elevada e usado como "antenas" substitutas; os pré-tarsos das pernas têm uma única garra; abdome com 11 segmentos e um télson (talvez um reminiscente de seus ancestrais, os crustáceos); natureza segmentar desse télson ou 12º "segmento" não confirmada; os primeiros três segmentos abdominais têm apêndices pequenos; não há genitália externa, mas os gonóporos masculinos estão sobre um complexo fálico protraível; gonóporos localizados no último segmento abdominal; com ou sem traqueias; desenvolvimento simples.

Os proturos são os únicos hexápodes com desenvolvimento anamórfico, um tipo de desenvolvimento no qual um novo segmento abdominal é acrescentado a cada instar (ou muda). Todos os outros insetos têm desenvolvimento epimórfico, ou seja, a segmentação está concluída antes da eclosão. Os proturos são raros e vivem no folhiço, nos solos úmidos e na vegetação decomposta.

Ordem Diplura. Cerca de 800 espécies descritas (Figura 22.1 C); os fósseis datam do período Carbonífero. Animais pequenos (menos de 4 mm) e esbranquiçados; sem olhos, ocelos, genitália externa ou túbulos de Malpighi; componentes orais para mastigação; abdome com 11 segmentos, mas os segmentos embrionários 10 e 11 fundem-se antes da eclosão; gonóporos localizados no 9º segmento abdominal; sete pares de *styli* abdominais; dois cercos caudais; com traqueias e até sete pares de espiráculos abdominais; antenas multiarticuladas, cada uma com musculatura intrínseca; desenvolvimento simples. A maioria das espécies vive em hábitats mésicos sob as rochas, troncos em decomposição, folhiço, húmus e solo.

Classe Insecta

Apêndices orais ectognatos (expostos e projetando-se da cápsula cefálica); mandíbulas com dois pontos de articulação (exceto Archaeognatha); os músculos intrínsecos dos artículos antenares estão acentuadamente reduzidos; pedicelo antenar com um mecanorreceptor que percebe os movimentos do flagelo, conhecido como órgão de Johnston; cabeça com uma saliência tentorial interligando os braços tentoriais posteriores; tarsos subdivididos em tarsômeros; com túbulos de Malpighi bem-desenvolvidos; ovipositor formado por modificações dos segmentos abdominais 8 e 9. Os membros da classe Insecta compreendem dois clados, a ordem Archaeognatha (com mandíbulas monocondilares) e todos os outros insetos (o clado Dicondylia com mandíbulas dicondilares). Os dicondíleos também incluem dois clados, a ordem Thysanura e a subclasse Pterygota (insetos alados).

Ordem Archaeognatha. Cerca de 390 espécies descritas (Figura 22.2 A e B). Animais pequenos (até 15 mm) e sem asas (talvez perdidas secundariamente), semelhantes às traças, mas têm o corpo mais cilíndrico; ocelos presentes; olhos compostos grandes e contíguos; corpo geralmente coberto por escamas; mandíbulas com elementos para morder e mastigar; côndilo único (ponto de articulação); palpo mandibular grande e semelhante a uma perna; tarsos triarticulados; coxas média e posterior geralmente com exitos ("*styli*"); abdome com 11 segmentos e três a oito pares de expansões laterais ("*styli*") e três filamentos caudais; desenvolvimento simples. As traças-saltadoras geralmente são encontradas nas áreas recobertas por gramíneas ou madeira, e vivem sob as folhas, cascas de árvores ou pedras.

Dicondylia

Inclui a ordem Thysanura e a subclasse Pterygota. Esses insetos têm mandíbulas com dois côndilos (pontos de articulação).

Ordem Thysanura. Cerca de 450 espécies descritas (Figura 22.2 C e D). Animais pequenos, sem asas, semelhantes aos arqueognatos, mas com corpos achatados; com ou sem ocelos; olhos compostos reduzidos e não contíguos; corpo geralmente coberto por escamas; mandíbulas para morder e mastigar; antenas multiarticuladas, mas apenas o artículo basal tem músculos; tarsos com três a cinco artículos; abdome com 11 segmentos e *styli* laterais nos segmentos 2 a 9, 7 a 9 ou 8 a 9; três cercos caudais; os gonóporos femininos estão localizados no 8º segmento abdominal, enquanto os gonóporos masculinos ficam no 10º; sem órgãos copuladores; com traqueias; desenvolvimento simples. As traças vivem no folhiço ou sob cascas de árvores ou pedras, ou nas construções, onde podem alimentar-se da massa de papel de parede, nas encadernações e nas fibras de amido de alguns tecidos.

Subclasse Pterygota

Insetos alados (com um par de asas no segundo e terceiro segmentos torácicos) com asas dianteiras (ou frontais) e asas traseiras (ou posteriores); as asas podem ter sido perdidas secundariamente por um ou pelos dois sexos, ou modificadas para desempenhar outras funções além de voar; os animais adultos não têm "*styli*" abdominais, exceto nos segmentos genitais; os gonóporos femininos estão localizados no 8º segmento abdominal, os masculinos, no 10º; a fêmea geralmente tem ovipositor; a muda cessa com a maturidade.

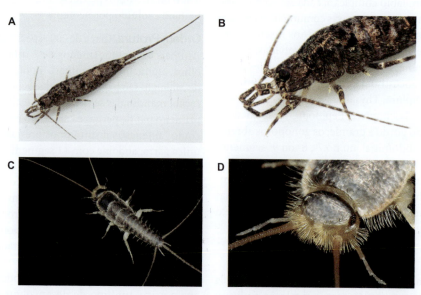

Figura 22.2 Representantes de duas ordens de insetos sem asas. **A.** Traça-saltadora (ordem Archaeognatha). **B.** Fotografia ampliada da cabeça de uma traça-saltadora; observe que os olhos são contíguos. **C.** Traça (ordem Thysanura). **D.** Fotografia ampliada da cabeça de uma traça. Observe que os olhos não são contíguos, mas amplamente afastados, e que os corpos desses dois grupos são cobertos por escamas.

Palaeoptera

As asas não podem ser dobradas e, quando o animal está em repouso, as asas são mantidas abertas e esticadas ao lado do corpo, ou verticalmente acima do abdome (com as superfícies dorsais comprimidas uma contra a outra); as asas são sempre membranosas com muitas nervuras longitudinais e transversais; as asas tendem a ser pregueadas, semelhantes a um acordeão; antenas extremamente reduzidas ou vestigiais nos animais adultos; desenvolvimento hemimetábolo; larvas aquáticas. Duas ordens viventes; muitos grupos extintos.

Ordem Ephemeroptera. Cerca de 2.500 espécies descritas (Figura 22.3 A). Adultos com componentes orais vestigiais, antenas diminutas e corpos macios; asas mantidas verticalmente sobre o corpo quando o animal está em repouso; asas dianteiras presentes; asas traseiras ausentes ou presentes, mas muito menores que as dianteiras; cercos articulados e longos, geralmente com filamento caudal mediano; macho com o primeiro par de pernas alongadas para agarrar a fêmea no voo; a segunda e a terceira pernas do macho e todas as pernas das fêmeas podem ser vestigiais ou ausentes (Polymitarcyidae); abdome com 10 segmentos; larvas aquáticas; formas jovens (ninfas) com duas brânquias laterais pareadas articuladas, filamentos caudais e peças orais bem-desenvolvidas; os animais adultos são precedidos pelo estágio subimago alado. O subimago das efêmeras (forma subadulta) é o único inseto alado conhecido a passar por mudas adicionais. Única exceção à regra de que um inseto com asas é um adulto maduro e nunca passa por mudas adicionais.

As efeméridas são insetos alados primitivos, nos quais o estágio de ninfa aquática dominou o ciclo de vida. As larvas eclodem na água doce e transformam-se em ninfas de vida longa, que passam por muitos instares. As ninfas das efeméridas são alimentos importantes para muitos peixes de lagos e rios. Os adultos eclodem ao mesmo tempo e vivem apenas algumas horas ou dias (daí o nome "alados efêmeros"), não se alimentam e copulam no ar, algumas vezes em grandes enxames nupciais.

Ordem Odonata. Cerca de 6.000 espécies descritas (Figura 22.3 B e C). Os adultos têm antenas filiformes diminutas, olhos compostos grandes e componentes orais mastigadores com mandíbulas maciças; o lábio larval é modificado para formar um órgão preênsil; dois pares de asas grandes, mantidas esticadas (libélulas) ou retas e levantadas sobre o corpo (donzelinhas) quando o animal está em repouso; abdome mais delgado e alongado com 10 segmentos; machos com genitália acessória no segundo e terceiro esternitos abdominais; ovos e larvas aquáticos, com brânquias retais ou caudais.

As libélulas e as donzelinhas são insetos espetaculares, com grande atrativo público, não apenas por sua beleza, mas também porque são voadores ágeis e consomem grandes quantidades de pragas (p. ex., mosquitos) em suas asas. As larvas e os animais adultos são predadores extremamente ativos, e as primeiras consomem vários invertebrados, enquanto os adultos capturam outros insetos voadores. Muitas espécies medem 7 a 8 cm de comprimento, e algumas formas extintas tinham envergadura de asas com mais de 70 cm.

Infraclasse Neoptera

Insetos atuais que dobram as asas. As modificações dos escleritos e um músculo associado à base das asas permitem que os neópteros girem a articulação de suas asas e dobrem-nas sobre o dorso quando não estão em voo. Essa é uma das inovações evolutivas mais importantes dos hexápodes. A dobradura das asas permite que os insetos protejam suas asas frágeis, especialmente contra abrasões, permitindo-lhes assim viver em espaços apertados, como fendas sob cascas de árvore, debaixo de pedras e dentro de buracos, ninhos e túneis.

Figura 22.3 Representantes de duas ordens de Palaeoptera. **A.** Uma efemérida (ordem Ephemeroptera). **B.** Uma donzelinha (ordem Odonata). **C.** Uma libélula (ordem Odonata). Observe que todos esses insetos sustentam suas asas abertas ao lado ou retas e voltadas para cima, mas não podem dobrar suas asas sobre seu dorso.

Superordem Polyneoptera

Os polineópteros constituem um grupo morfologicamente diversificado de insetos com peças orais para morder e mastigar, e desenvolvimento hemimetábolo. Há muito existem controvérsias quanto às relações filogenéticas entre as ordens da superordem Polyneoptera e à monofilia desse próprio grupo. Entretanto, estudos filogenéticos recentes baseados em 1.478 genes nucleares com uma única cópia forneceram evidências claras de que as 10 ordens de polineópteros constituem um grupo monofilético (Misof *et al.*, 2014).

Ordem Plecoptera

Cerca de 1.700 espécies descritas (Figura 22.4 A). Os animais adultos têm peças orais reduzidas, antenas alongadas (em geral), cercos articulados e longos, corpos macios e abdome com 10 segmentos; sem ovipositor; as asas são membranosas, pregueadas e dobradas sobre e ao redor do abdome quando o animal está em repouso; asas com inervação primitiva; ninfas aquáticas (náiades) com brânquias.

As ninfas das moscas-da-pedra vivem em lagos e riachos bem-oxigenados, onde são herbívoras e alimentam-se das folhas submersas e das algas bentônicas, ou predadores de outros artrópodes aquáticos. Essas ninfas são recursos alimentares importantes para os peixes. As ninfas dos plecópteros não toleram poluição da água e sua presença é utilizada frequentemente como bioindicador da excelente qualidade da água. Os animais adultos da maioria das espécies têm vida curta e morrem pouco depois de cruzar.

Ordem Blattodea. Cerca de 7.000 espécies descritas (Figura 22.4 B e C). Duas formas corporais principais: baratas e cupins. As baratas têm corpo achatado em sentido dorsoventral, pronoto grande com bordas expandidas e estendidas sobre a cabeça; asas dianteiras (quando presentes) coriáceas; asas traseiras expansíveis e semelhantes a um leque; ovipositor reduzido; cercos multiarticulados; pernas adaptadas para correr; ovos depositados dentro de envoltórios (ooteca). Os cupins são pequenos e têm corpos macios; as asas têm o mesmo tamanho e são alongadas, membranosas e frágeis (desprendem-se quando quebram na linha basal de fraqueza); antenas curtas e filamentosas com 11 a 33 artículos; cercos pequenos a diminutos; ovipositor reduzido ou ausente; muitos têm genitália rudimentar, ou não têm genitália externa; polimorfismo acentuado.

Das 4.000 espécies de baratas descritas, menos de 40 são domésticas (habitantes de residências humanas). Algumas espécies são onívoras, enquanto outras têm dietas restritivas. A maioria das espécies é tropical, mas algumas vivem nos hábitats temperados, nas cavernas, nos desertos e nos ninhos de formigas e aves. Algumas vivem e alimentam-se da madeira e têm flora intestinal que lhes ajuda a digerir a celulose (*Cryptocercus*). Essas baratas que se alimentam de madeira deram origem aos cupins (infraordem Isoptera), que constituem um grupo de insetos estritamente sociais, geralmente com três tipos bem-definidos de espécimes ou castas na mesma espécie: operários, soldados e insetos alados (espécimes reprodutores). Os operários geralmente são estéreis e cegos, mas têm mandíbulas normais; tais são responsáveis por prover alimento, construir ninhos e cuidar dos membros das outras castas. Os soldados são cegos, estéreis e geralmente sem asas, embora com mandíbulas grandes e poderosas usadas para defender a colônia. Os alados têm asas e olhos compostos inteiramente formados. São produzidos em grandes número em determinadas épocas do ano, quando emergem das colônias em enxames. O cruzamento ocorre nessa época, e os pares de indivíduos formam colônias novas. As asas são desprendidas depois da cópula. As colônias formam ninhos (termitários ou cupinzeiros) na madeira enterrada ou na superfície do chão. Os operários abrigam diversos protistas flagelados simbiontes que digerem celulose em câmaras especiais do trato digestivo posterior. Algumas famílias contêm bactérias simbióticas, que desempenham a mesma função. Em geral, os cupins são extremamente numerosos, e uma estimativa espetacular sugeriu que existam cerca de três quartos de tonelada de cupins para cada ser humano da Terra! Existem evidências morfológicas e moleculares claras de que a ordem Blattodea seja um grupo-irmão da ordem Mantodea. Em conjunto, esses dois grupos são descritos como Dictyoptera.

Ordem Mantodea. Cerca de 2.400 espécies descritas (Figura 22.4 D). O primeiro par de pernas é grande e raptorial; protórax alongado; cabeça ligeiramente móvel em razão dos escleritos cervicais, que conferem sustentação muscular e estrutural; têm olhos compostos muito grandes não cobertos pelo pronoto; asas dianteiras espessadas, asas traseiras membranosas; abdome com 11 segmentos, 10 visíveis e o epiprocto fragmentado (que é formado por um componente mediano e dois laterais); ovipositor reduzido constituído de três estruturas valvares; a genitália masculina é formada por três lobos faloméricos; um par de cercos multiarticulados; os machos de algumas espécies têm *styli*.

Os louva-a-deus são predadores obrigatórios, basicamente de outros insetos e aranhas. Embora muitas espécies sejam extremamente crípticas em suas cores e morfologia estrutural, outras apresentam placas intensamente coloridas na superfície antero-ventral de suas coxas anteriores, usadas como alerta de perigo ou atrativos para a corte. Os louva-a-deus têm visão muito boa, que eles usam para localizar e perseguir presas, golpeando com suas pernas dianteiras raptoriais e adotando uma estratégia de emboscada ou caça persecutória. As fêmeas depositam muitos ovos juntos em uma mesma ooteca, matriz de espuma endurecida protetora típica dessa ordem. Os louva-a-deus estão distribuídos em todo o planeta, com suas maiores diversidades nas regiões da Indo-Malásia, África tropical e áreas neotropicais.

Ordem Phasmida. Cerca de 3.000 espécies descritas (Figura 22.4 E). Corpo cilíndrico ou acentuadamente achatado em sentido dorsoventral, geralmente alongado; peças orais para morder e mastigar; protórax curto com glândulas especializadas para excretar compostos químicos nocivos quando o animal é perturbado; mesotórax e metatórax acentuadamente alongados; asas dianteiras ausentes, ou formando tégminas coriáceas pequenas a moderadamente alongadas; asas traseiras ausentes, reduzidas a tégminas coriáceas, ou em forma de leque; tarsômeros com almofadas adesivas ventrais (euplântulas); cercos não segmentados curtos; machos com vômer – um esclerito especializado no centro do 10º segmento abdominal; ovipositor frágil.

Os bichos-pau e os bichos-folha ("bichos-pau-andarilhos") e outros fasmídeos são herbívoros tropicais grandes e herbívoros predominantemente noturnos; alguns deles estão entre os insetos mais espetaculares e antigos. Embora sejam semelhantes aos ortópteros em sua forma básica, esses insetos constituem claramente uma radiação bem-definida. Sua capacidade de mimetizar partes das plantas é lendária e alguns evoluíram e transformaram-se em cópias exatas de galhos, folhas, cascas de árvore, ramos quebrados, musgos ou liquens. Os bichos-pau e os bichos-folha são os únicos hexápodes que podem regenerar membros perdidos (p. ex., em consequência da predação) como seus ancestrais (crustáceos); a regeneração ocorre durante as mudas, quando surgem pernas novas acentuadamente menores que os apêndices originais, as quais crescem progressivamente a cada muda subsequente (como ocorre nos crustáceos). Os fasmídeos representam a única ordem de insetos com morfologia de ovos específica para todas as espécies dessa ordem. Os ovos de algumas espécies chegam até a imitar as sementes das angiospermas e são espalhados por dispersão mediada pelas formigas. Essa ordem inclui os mais longos insetos existentes da Terra, incluindo os maiores de todos, com mais de 56 cm de comprimento, embora alguns meçam menos de 4 cm. O dimorfismo sexual é tão marcante que com frequência machos e fêmeas, erroneamente, recebem nomes de espécies diferentes. Os fasmídeos são partenogênicos facultativos e, na ausência dos machos, as fêmeas podem produzir ovócitos viáveis, que são clones genéticos da mãe.

Ordem Grylloblattodea. Cerca de 30 espécies descritas (Figura 22.4 F). Insetos delgados, alongados, cilíndricos, sem asas, geralmente com 15 a 30 cm de comprimento. Em geral, o corpo é claro ou dourado e apresenta pubescências delicadas; olhos compostos pequenos ou ausentes; não têm ocelos e as peças orais são mandibulares; as antenas são longas e filiformes, com 23 a 45 antenômeros; cercos longos com 8 segmentos; ovipositor terminal em forma de espada com comprimento semelhante ao dos cercos.

Os escaladores-de-rocha (rock crawlers) foram descobertos apenas em 1914 e, hoje em dia, existem descritas 33 espécies, das quais praticamente a metade vive nos EUA. Esses animais vivem em hábitats rochosos frios, como os campos nevados abaixo das geleiras e cavernas de gelo. A maioria das espécies não consegue tolerar temperaturas moderadas, mas se desenvolve facilmente abaixo das temperaturas de congelamento. Em razão da temperatura baixa em que vivem, o crescimento e o desenvolvimento desses insetos são muito lentos. Os escaladores-de-rochas podem necessitar de até 7 anos para concluir uma única geração. Eles são detritívoros noturnos e alimentam-se de insetos mortos e outras matérias orgânicas.

Ordem Dermaptera. Cerca de 1.800 espécies descritas (Figura 22.4 G). Em geral, os cercos formam pinças posteriores extremamente esclerotizadas; asas anteriores (quando presentes) formam tégminas coriáceas curtas, sem veias, que funcionam como coberturas para as asas posteriores membranosas semicirculares (quando presentes); ovipositor reduzido ou ausente.

As tesourinhas são comuns nos ambientes urbanos. A maioria parece ser constituída de onívoros detritívoros noturnos. As pinças são usadas para predação, defesa, segurar o companheiro durante a corte, tornar o corpo atraente e dobrar as asas posteriores sob as asas anteriores coriáceas. Algumas espécies ejetam um líquido malcheiroso das glândulas abdominais quando perturbadas. A maioria das espécies é tropical, embora algumas também possam viver nas regiões temperadas.

Ordem Orthoptera. Cerca de 23.000 espécies descritas (Figura 22.4 H). Pronoto geralmente grande, estendendo-se posteriormente sobre o mesonoto; asas dianteiras com região coriácea espessada (tégminas), ocasionalmente modificadas para estridulação ou camuflagem; asas posteriores membranosas, semelhantes a um leque; pernas posteriores geralmente grandes e adaptadas para saltar; tímpanos auditivos presentes nas pernas anteriores e no abdome; tarsômeros com almofadas adesivas ventrais (euplântulas); ovipositor grande; genitália masculina complexa; cercos bem-definidos, curtos e articulados.

Os gafanhotos e seus parentes são insetos comuns e abundantes em todas as latitudes, exceto nas mais frias. Essa ordem inclui alguns dos maiores insetos vivos. A maioria é herbívora, mas muitos são onívoros e outros, predadores. A estridulação, comum entre os machos, geralmente é produzida pela esfregação das asas anteriores especialmente modificadas (tégminas) umas contra as outras, ou por esfregar uma crista localizada na superfície interna do fêmur posterior contra uma nervura especial da asa tégma. Nenhum ortóptero estridula esfregando as pernas posteriores umas contra as outras, como se pensava comumente. As famílias comuns são Acrididae (gafanhotos de chifres curtos), Gryllotalpidae (grilos-moles), Gryllacridadae (grilos-de-jerusalém), Tetrigridae (gafanhotos-pigmeus), Tridactylidae (grilos-moles-pigmeus); Gryllacridadae (grilos-das-cavernas), Gryllidae (grilos comuns), Tettigoniidae (gafanhotos-de-chifres longos, esperanças).

Ordem Mantophasmatodea. Cerca de 20 espécies (Figura 22.4 I). Cabeça hipognata com peças orais generalizadas; antenas longas e filiformes; ocelos ausentes; asas totalmente ausentes; coxas alongadas; tarsos com 5 tarsômeros, pré-tarsos de todas as pernas com arólio incomumente grande; cercos curtos e unissegmentares.

Os mantofasmatódeos constituem a ordem de insetos descritos mais recentemente (2002) e a única ordem nova descrita desde 1914. Essa ordem inclui várias espécies vivas (de Namíbia, África do Sul, Tanzânia e Malaui) e seis espécies de fósseis (cinco do âmbar báltico e um fóssil da China). Esses insetos assemelham-se a uma mistura de louva-a-deus com fasmídeos, mas evidências moleculares indicam que estejam relacionados mais diretamente com os griloblatódeos.

Os mantofasmatódeos têm várias características bem-definidas, como a cabeça hipognata e – o mais importante –, quando andam, todas as espécies mantêm o quinto tarsômero e o pré-tarso (um arólio acentuadamente aumentado acrescido de duas garras tarsais) de cada perna voltados para cima e fora do substrato, conferindo-lhes um aspecto como se "andassem sobre os calcanhares". Os dois sexos não têm asas. Esses insetos são extremamente flexíveis ao longo do eixo longitudinal do seu corpo, permitindo-lhes limpar sua genitália externa com suas peças orais. Durante o dia, escondem-se em arbustos, fendas das pedras ou tufos de grama, e caçam aranhas e insetos à noite. Os machos e as fêmeas emitem sinais percussivos batendo suavemente seus abdomes contra o substrato para localizar companheiros.

Ordem Embioptera (Embiídina). Cerca de 400 espécies descritas (Figura 22.4 J). Os machos são até certo ponto achatados, enquanto as fêmeas e as formas jovens são cilíndricas. A maioria mede cerca de 10 mm de comprimento, mas algumas espécies do Sudeste Asiático do gênero *Ptilocerembia* medem cerca de 20 mm de comprimento. Antenas filiformes, ocelos ausentes; peças orais mastigadoras; cabeça prognata; pernas curtas e grossas; tarsos com três artículos; fêmures posteriores

804 Invertebrados

Figura 22.4 Representantes das 10 ordens da superordem Polyneoptera. **A.** Uma mosca-da-madeira (ordem Plecoptera). **B.** Uma barata (ordem Blattodea). **C.** Cupins (ordem Blattodea, infraordem Isoptera). **D.** Um louva-a-deus (ordem Mantodea). **E.** Um bicho-pau (ordem Phasmida). **F.** Um escalador de rocha (ordem Grylloblattodea). **G.** Tesourinhas (ordem Dermaptera). **H.** Um gafanhoto (ordem Orthoptera). **I.** Um gladiador (ordem Mantophasmatodea); inserção com fotografia de microscopia eletrônica de varredura do tarso de um gladiador mostrando o arólio aumentado. **J.** Um embióptero (ordem Embioptera). **K.** Um zoráptero (ordem Zoraptera).

acentuadamente aumentados. O artículo basal do tarso anterior é grande e contém glândulas secretoras de seda, fiada de um grupo denso de estruturas filiformes ocas existentes na superfície ventral. Os machos da maioria das espécies são alados, mas alguns não têm asas; as fêmeas e as ninfas nunca têm asas. Abdome com 10 segmentos e rudimentos do 11º segmento, além de um par de cercos curtos.

Os tecedores-de-teias (*webspinners*) são insetos delgados, principalmente tropicais. Vivem gregariamente em galerias de seda, que constroem na serapilheira, sob ou sobre as pedras, nas rachaduras do solo, nas fendas das cascas de árvores e nas plantas epifíticas. As asas são enrijecidas para voar e flexíveis nas galerias por meio da regulação da pressão do líquido hemocélico presente nos seios sanguíneos radiais dos dois pares de asas. Esses animais alimentam-se basicamente de matéria vegetal morta e também "pastam" na casca exterior das árvores, bem como nos musgos e liquens.

Ordem Zoraptera. Cerca de 40 espécies (Figura 22.4 K). Insetos diminutos (até 3 mm), semelhantes aos cupins; formam colônias e podem ou não ter asas; por fim, as asas são desprendidas; antenas moniliformes com 9 artículos; abdome curto, oval, com 10 segmentos; peças orais mastigadoras; desenvolvimento simples. Esses insetos raros geralmente são encontrados em colônias gregárias em madeira morta, mas não têm uma divisão de tarefas ou polimorfismo (como ocorre com os cupins e as formigas). Os zorápteros alimentam-se basicamente de ácaros e outros artrópodes pequenos. Todas as espécies viventes estão classificadas no único gênero *Zorotypus*. A relação de grupo-irmão dessa ordem ainda é controversa e pouco esclarecida.

Superordem Acercaria

Algumas vezes, a superordem Acercaria é referida como Paraneoptera ou "hemipteroides". Esses insetos caracterizam-se por antenas incomumente curtas, músculos cibários (alimentares) hipertrofiados e visíveis externamente como um segmento dilatado da cabeça; lacínios mais delgados e alongados; peças orais sugadoras, tarsos com três ou menos tarsômeros, cercos ausentes, inexistência de gonóporos masculinos verdadeiros, asas (quando presentes) com padrão venoso reduzido e desenvolvimento hemimetábolo (embora os ciclos de vida de vários grupos incluam um ou dois estágios semelhantes às pupas inativas).

Ordem Thysanoptera. Cerca de 5.000 espécies descritas (Figura 22.5 D). Insetos diminutos e delicados (0,5 a 1,5 mm) com asas longas e estreitas (quando presentes), e franjas com longas cerdas marginais; as peças orais formam um bico sugador assimétrico cônico; a mandíbula esquerda é um estilete, enquanto a direita é vestigial; têm olhos compostos; antenas com 4 a 10 flagelômeros; abdome com 10 segmentos, mas sem cercos; tarsos com um ou dois segmentos e um saco pré-tarsal adesivo eversível, ou arólio. Os tripes são basicamente herbívoros ou predadores, e muitos polinizam as flores. São conhecidos por transmitir vírus de plantas e esporos de fungos. O termo "tripes" é singular e plural.

Ordem Hemiptera. Cerca de 85.000 espécies (Figura 22.5 A e B). Peças orais sugadoras picadoras formando um bico articulado; as mandíbulas e as primeiras maxilas são semelhantes a estiletes, situadas no lábio sulcado dorsalmente; as asas dianteiras são inteiramente membranosas ou endurecidas na base e membranosas apenas distalmente; as asas traseiras são membranosas; pronoto grande.

Os hemípteros ocorrem em todo o mundo e vivem em praticamente todos os hábitats. Esses insetos alimentam-se de líquidos. A maioria alimenta-se do xilema ou floema das plantas, embora muitos suguem a hemolinfa dos artrópodes ou o sangue dos vertebrados e outros sejam ectoparasitas especializados. Os hemípteros têm importância econômica significativa, porque muitos são sérias pragas agrícolas. Os membros de uma subfamília de reduviídeos (Triatominae, ou barbeiros) transmitem a doença de Chagas. Outros têm importância econômica mais favorável aos seres humanos, como as cochonilhas (Dactylopiidae), das quais se extrai um corante vermelho inofensivo para uso na indústria alimentícia. A goma-laca é feita de laca, uma substância química produzida pelos mebros da família Kerriidae (insetos da laca). Entre os hemípteros mais famosos estão as cigarras de 17 anos (gênero *Magiciada*), que têm ciclo de vida longo, desenvolvimento sincronizado e podem alcançar níveis de abundância semelhantes a pragas (até 3,7 milhões de indivíduos por hectare). As famílias de hemípteros predadores comuns incluem Nepidae (escorpiões-aquáticos), Belostomatidae (besouros-aquáticos-gigantes ou "pica-dedos"), Corixidae (barqueiros-aquáticos), Notonectidae (nadadores-de-costa), Gerridae (aranha-d'água), Saldidae (saldídeos), Cimicidae (percevejos-de-cama) e Reduviidae (barbeiros).

Muitos outros hemípteros alimentam-se das plantas (daí o nome comum "besouros-das-plantas"). Infestações maciças das plantas por esses insetos podem fazê-las murchar, enfraquecer ou até mesmo levá-las à morte, e alguns são vetores de doenças importantes das plantas. As famílias de herbívoros comuns incluem Cicadidae (cigarras), Cicadellidae (cigarrinhas), Fulgoridae (jequitiranaboia), Membracidae (soldadinho), Cercopidae (cigarrinhas-das-pastagens), Aleyrodidae (moscas-brancas) e Aphidae (pulgões), bem como membros da numerosa superfamília Coccoidea (cocoides, insetos de escamas, cochonilhas e muitos outros).

Figura 22.5 Representantes das três ordens de Acercaria. **A.** Um besouro verdadeiro (ordem Hemiptera). **B.** Uma cigarra (ordem Hemiptera). **C.** Dois piolhos-de-casca (ordem Psocodea). **D.** Um tripes (ordem Thysanoptera). Observe que o termo "tripes" é singular e plural.

Ordem Psocodea. Cerca de 8.500 espécies descritas (Figura 22.5 C). Até recentemente, as espécies dessa ordem estavam classificadas em duas ordens separadas: Psocoptera (piolho-de-livro e piolho-de-casca) e Phthiraptera (piolho verdadeiro). Os psocópteros são pequenos (1 a 10 mm de comprimento), têm antenas longas, filiformes e multiarticuladas; protórax curto; mesotórax e metatórax geralmente fundidos; peças orais mastigadoras; abdome com 9 segmentos; sem cercos. Os ftirápteros são ainda menores (menos de 5 mm), não têm asas, são sugadores de sangue e ectoparasitas obrigatórios das aves e dos mamíferos; os segmentos torácicos estão completamente fundidos; a cutícula é predominantemente membranosa e expansível para permitir o ingurgitamento; olhos compostos ausentes ou com 1 a 2 omatídios; ocelos ausentes; peças orais para perfurar e sugar, retráteis para dentro de uma bolsa oral; antenas curtas (5 ou menos flagelômeros) expostas ou escondidas em sulcos abaixo da cabeça; com um par de espiráculos torácicos dorsais e seis ou menos espiráculos abdominais; não têm cercos; as fêmeas não têm ovipositor.

Os psocódeos – piolho-de-livro e piolho-de-casca – geralmente se alimentam de algas e fungos e vivem nas áreas com umidade apropriada (p. ex., debaixo de cascas de árvore, no folhiço, sob as pedras, nos hábitats humanos onde prevalecem climas úmidos). Em geral, esses insetos são pragas de vários produtos alimentícios armazenados ou consomem insetos e coleções de plantas; algumas espécies vivem nos livros e comem as encadernações. Comumente conhecidos como piolhos-sugadores ("Anoplura") e piolhos-picadores ("Mallophaga"), os ftirápteros passam toda a sua vida no mesmo hospedeiro. Os ovos (lêndeas) geralmente ficam fixados aos pelos ou nas penas do hospedeiro, embora o piolho corporal humano (um "piolho-sugador") possa fixar seus ovos nas roupas. Nenhum piolho-picador conhecido infecta seres humanos. O desenvolvimento pós-eclosão inclui três instares ninfais. Algumas espécies que infestam aves e mamíferos domésticos têm importância econômica.

Superordem Holometabola

Os holometábolos (Holometabola) constituem um grupo monofilético fortemente embasado por dados morfológicos e moleculares. Uma de suas sinapomorfias principais é o desenvolvimento indireto (holometábolo) com estágios bem-definidos de ovo, larva, pupa e forma adulta. Durante o estágio de pupa, a maioria dos tecidos passa por uma reorganização completa (p. ex., os olhos larvais [estematos] desintegram-se, os olhos compostos e os ocelos dos adultos formam-se *de novo*). Outra sinapomorfia fundamental é a existência de brotos alares internos (discos imaginários) no estágio larval; esses grupos de células embrionárias primitivas originam-se das invaginações da ectoderme do embrião primitivo e formam as estruturas do animal adulto durante o estágio de pupa.

Ordem Hymenoptera. Cerca de 115.000 espécies descritas (Figura 22.6 A). Em geral, as peças orais são alongadas e modificadas para ingerir néctar floral, embora as mandíbulas geralmente mantenham sua funcionalidade; o lábio (nas abelhas) frequentemente está expandido distalmente na forma de estruturas lobulares duplas conhecidas como glossas e paraglossas; três ocelos; geralmente com dois pares de asas membranosas; asas traseiras pequenas e interligadas às dianteiras por ganchos (hâmulos); padrão venoso das asas acentuadamente reduzido; antenas bem-desenvolvidas com vários formatos e 3 a 70 flagelômeros; metatórax reduzido, geralmente fundido ao primeiro segmento abdominal; machos com genitália complexa; fêmeas com ovipositor (em sua maioria) modificado para serrar, perfurar ou picar.

O fóssil mais antigo dos himenópteros data do período Triássico (220 a 207 Ma). Formigas, abelhas, vespas, vespões e seus parentes são todos insetos ativos com tendência a formar comunidades sociais polimórficas. Em geral, são reconhecidas duas subordens. A subordem Symphyta inclui os himenópteros primitivos semelhantes às vespas com "cintura grossa" (vespões, vespa-da-madeira e seus parentes). Esses insetos raramente apresentam dimorfismo sexual evidente e sempre são completamente alados. O primeiro e o segundo segmentos abdominais são amplamente articulados. As larvas são basicamente semelhantes às lagartas com uma cápsula cefálica bem-desenvolvida, pernas verdadeiras e comumente também com falsas pernas abdominais. A subordem Apocrita inclui os himenópteros de "cintura fina" (vespas verdadeiras, abelhas e formigas), nos quais o primeiro e o segundo segmentos abdominais estão unidos por uma constrição bem-definida e comumente alongada. Os adultos tendem a ser acentuadamente sociais e mostram polimorfismo acentuado. Em geral, as comunidades sociais incluem castas bem-definidas de rainhas, machos haploides, fêmeas partenogênicas e indivíduos com outras especializações relacionadas com sexo, bem como operários e soldados que não se reproduzem. As famílias comuns de himenópteros incluem Apidae (abelhões e abelhas), Formicidae (formigas), Vespidae (vespas-amarelas, vespões, vespa-papel e vespa-oleira), Halictidae (abelhas-doceiras), Sphecidae (vespas-da-areia, vespas-escavadoras e marimbondo-do-barro) e três grandes grupos de vespas parasitas (Ichneumonidae, Braconidae, Chalcidoidea).

Coleopterida

Os coleópteros incluem duas ordens: Coleoptera (besouros) e Strepsiptera (parasitos alados torcidos). Esse clado inclui a ordem mais diversa de insetos (Coleoptera) e um dos grupos de parasitas mais profundamente modificado com morfologia e desenvolvimento aberrantes (Strepsiptera). Em grande parte dada sua combinação bizarra de características morfológicas e o índice alto de evolução molecular de muitos genes dos estrepsípteros, a relação de grupo-irmão desses insetos não era percebida pelos pesquisadores até recentemente. No passado, os estrepsípteros várias vezes foram considerados parentes próximos dos himenópteros, dípteros ou coleópteros. Análises recentes do genoma inteiro e evidências morfológicas recentes sugerem claramente que eles, na verdade, sejam um grupo-irmão dos coleópteros.

Ordem Coleoptera. Cerca de 380.000 espécies descritas (Figura 22.6 B). Em geral, o corpo é acentuadamente esclerotizado; as asas dianteiras são esclerotizadas e modificadas na forma de coberturas rígidas (élitros) sobre as asas posteriores e o corpo; as asas posteriores membranosas dobram transversal e longitudinalmente e, em geral, estão reduzidas ou ausentes; peças orais para morder e mastigar; antenas geralmente com 8 a 11 flagelômeros; protórax grande e móvel; mesotórax reduzido; abdome geralmente com cinco (ou até oito) segmentos; sem ovipositor; genitália masculina retrátil.

Os coleópteros constituem a ordem mais numerosa de insetos. Muitas hipóteses foram sugeridas para explicar a diversidade extraordinária dos besouros, como: (1) sua idade – os fósseis mais antigos datam do período Permiano Inicial, mas eles provavelmente surgiram no final do período Carbonífero (300 Ma); (2) seus corpos maciçamente esclerotizados, com élitros protetores, bem como a ausência geral de uma superfície membranosa exposta, o que facilita sua adaptação a grande variedade de espaços estreitos e exíguos, diminuindo o risco de predação; e (3) sua coevolução com a grande irradiação de angiospermas no período Cretáceo. Hoje em dia, os besouros variam de insetos minúsculos (*Nanosella fungi* com 0,35 mm) até muito grandes (*Titanus giganteus* com 20 cm), que ocorrem em todos os hábitats do planeta (exceto nos mares abertos). Os besouros estão entre os animais mais fortes do mundo: os besouros-rinocerontes carregam até 100 vezes seu próprio peso por distâncias curtas e 30 vezes seu peso por distâncias indefinidas (o equivalente a um homem de 70 kg carregar um Cadillac na cabeça – sem cansar). Os seres humanos têm uma longa história de fascinação pelos besouros, cuja adoração pode ser encontrada no mínimo a partir do ano 2.500 a.C. (O venerado escaravelho dos egípcios antigos na verdade era um rola-bosta.)

Algumas famílias de coleópteros comuns são Carabidae (besouros-da-terra), Dytiscidae (besouros-mergulhadores-predadores), Gyrinidae (besouro-carrossel), Hydrophilidae (besouros detritívoros aquáticos), Staphylinidae (besouro estafilinídeo), Cantharidae (besouros-soldados), Lampyridae (pirilampos e vaga-lumes), Phengodidae (fengodídeos), Elateridae (salta-martins), Buprestidae (besouros metálicos perfuradores de madeira), Coccinellidae (joaninhas), Meloidae (besouros-bolha), Tenebrionidae (besouros-da-escuridão), Scarabaeidae (escaravelhos, besouros coprófagos, besouro-de-junho), Cerambycidae (besouros-de-chifre longo), Chrysomelidae (besouros-de-folha), Curculionidae (gorgulhos), Brentidae (gorgulhos primitivos) e Ptiliidae (besouros com asas que lembram penas, o menor de todos os besouros, alguns com corpos medindo apenas 0,35 mm).

Ordem Strepsiptera. Cerca de 600 espécies descritas (Figura 22.6 C). Dimorfismo sexual extremo; machos alados e de vida livre; fêmeas sem asas, geralmente parasitas. As fêmeas das espécies de vida livre têm cabeça bem-definida, antenas simples, peças orais mastigadoras e olhos compostos. As fêmeas das espécies parasitas são neotênicas e larviformes, geralmente sem olhos, antenas e pernas; segmentação corporal indistinta. As antenas dos machos geralmente têm processos alongados nos flagelômeros; asas dianteiras reduzidas a estruturas claviformes semelhantes aos halteres dos dípteros; asas posteriores grandes e membranosas com padrão venoso reduzido; olhos semelhantes a framboesas.

A maioria desses insetos diminutos é de parasitas de outros insetos. As fêmeas adultas das espécies parasitas são larviformes e vivem mais comumente entre os escleritos abdominais dos insetos voadores que polinizam flores, como abelhas e vespas. Os machos alados encontram as fêmeas no abdome da abelha ou da vespa e aí cruzam. Os ovos fecundados eclodem dentro do primeiro instar larval e dentro do corpo de sua mãe. Essas larvas (conhecidas como triungulinos) têm olhos e pernas bem-desenvolvidos e rastejam ativamente para fora de sua mãe a fim de invadir o solo e a vegetação. Por fim, os triungulinos localizam um novo inseto hospedeiro e entram nele, passando por uma muda e transformando-se no estágio larval vermiforme sem pernas, o qual se alimenta na cavidade corporal do hospedeiro. A transformação em pupa também ocorre dentro do corpo do hospedeiro, onde as fêmeas permanecem pelo resto de suas vidas e de onde os machos de vida livre emergem como adultos totalmente formados.

Neuropterida

As três ordens da superordem Neuropterida sempre foram consideradas parentes próximos. Alguns pesquisadores incluem Megaloptera e Raphidioptera entre os neurópteros, mas todos os três grupos são monofiléticos, tornando arbitrária essa decisão taxonômica. Essas três ordens têm dois pares de asas membranosas com muitas veias transversais, cinco tarsos segmentados, adultos com mandíbulas e pupas decticosas (com mandíbulas articuladas).

Ordem Megaloptera. Cerca de 300 espécies descritas (Figura 22.6 D). Ocelos presentes ou ausentes; larvas aquáticas com brânquias abdominais laterais. Os megalópteros (*alderflies*, *dobsonflies*, *fishflies*) são muito semelhantes aos neurópteros (e comumente são classificados como uma subordem), mas suas asas posteriores são mais largas na base que as anteriores, e as nervuras longitudinais não têm ramificações perto da margem da asa. As larvas de alguns megalópteros (*hellgrammites*) são usadas comumente como iscas de peixe.

Ordem Raphidioptera. Cerca de 260 espécies descritas (Figura 22.6 E). Lembram fortemente os neurópteros (e frequentemente são consideradas uma subordem); são, porém, singulares porque têm o protórax alongado (como os louva-a-deus) e as pernas anteriores semelhantes às demais. A cabeça pode ser elevada acima do restante do corpo, como uma serpente preparando-se para atacar. As formas adultas e as larvas são predadores de pequenos insetos.

Ordem Neuroptera. Cerca de 600 espécies descritas (Figura 22.6 F). Os adultos têm corpos macios, dois pares de asas semelhantes, com muitas veias, mantidas como uma tenda sobre o abdome quando o animal está em repouso; peças orais para morder e mastigar; abdome com 10 segmentos, mas sem cercos; larvas com mandíbulas e maxilas coadaptadas para formar um tubo de sucção; boca fechada pelo labro e lábio modificado; pernas bem-desenvolvidas; trato digestivo médio da larva fechado posteriormente e acúmulo de escórias produzidas na larva até que a forma adulta ecloda; túbulos de Malpighi secretam seda pelo ânus a fim de construir o casulo da pupa.

As crisopas, as formigas-leão, os mantispídeos, os bichos-lixeiro e as moscas-coruja constituem um grupo complexo, cujos adultos frequentemente são predadores importantes de insetos considerados pragas (p. ex., afídeos). As larvas de muitas espécies têm peças orais sugadoras e picadoras, enquanto as de outras espécies são predadoras e têm peças orais para morder. As pupas geralmente são incomuns porque têm apêndices livres e mandíbulas funcionais usadas como defesa; tais pupas podem caminhar ativamente antes da muda até a forma adulta, mas não se alimentam. As famílias comuns são Chrysopidae (crisopas verdes), Myrmeleontidae (formigas-leões), Ascalaphidae (moscas-coruja) e Mantispidae (mantispídeos).

Antliophora

Os antlióforos (Antliophora) incluem três ordens: Mecoptera, Siphonaptera e Diptera. Há bases morfológicas e moleculares firmes para afirmar a monofilia desse grupo. Os machos de todos os membros dos antlióforos têm uma bomba de esperma, estrutura que facilita a transferência dos espermatozoides durante a cópula. Muitos outros traços também definem esse agrupamento, a maioria dos quais consistindo em aspectos relativamente sutis das peças orais dos adultos.

Ordem Mecoptera. Cerca de 600 espécies descritas (Figura 22.6 G). Dois pares de asas membranosas estreitas e semelhantes, mantidas horizontalmente nos lados do corpo quando o animal está em repouso; antenas longas, delgadas e com muitos flagelômeros (cerca de metade do comprimento do corpo); cabeça com rostro ventral e peças orais mordedoras reduzidas; pernas delgadas e longas; mesotórax, metatórax e primeiro tergito abdominal fundidos; abdome com 11 segmentos; fêmeas com dois cercos; genitália masculina proeminente e complexa no ápice do abdome reduzido, geralmente semelhante ao ferrão de um escorpião. As larvas de algumas espécies são notáveis pela presença de olhos compostos, uma condição desconhecida entre as larvas de outros insetos que fazem metamorfose completa.

Em geral, os mecópteros são encontrados em locais úmidos, geralmente nas florestas, onde a maioria é de insetos que voam durante o dia. Eles estão bem-representados na região do Holártico. Alguns se alimentam de néctar, outros caçam insetos ou são detritívoros. Existem várias famílias, como Panorpidae (mosca-escorpião), Bittacidae (bitacídeos) e Boreidae (mosca-escorpião-da-neve).

Ordem Siphonaptera. Cerca de 3.000 espécies descritas (Figura 22.6 H). Insetos pequenos (menos de 3 mm de comprimento), sem asas; corpo comprimido lateralmente e acentuadamente esclerotizado; antenas curtas situadas nos sulcos profundos existentes nas laterais da cabeça; peças orais sugadoras e picadoras; olhos compostos geralmente ausentes; pernas modificadas para agarrar e saltar (especialmente as pernas posteriores); abdome com 11 segmentos; o 10º segmento abdominal abriga o sensílio semelhante a uma almofada de alfinetes dorsal bem-definido, que contém alguns órgãos dos sentidos; sem ovipositor; estágio pupal transcorrido dentro do casulo.

As pulgas adultas são ectoparasitas dos mamíferos e das aves, dos quais obtêm suas refeições de sangue. Esses insetos são encontrados onde quer que existam hospedeiros apropriados, inclusive no Ártico e na Antártida. Em geral, as larvas alimentam-se de restos orgânicos do ninho ou do local de moradia do hospedeiro. A especificidade dos hospedeiros geralmente é fraca, especialmente entre os parasitas dos mamíferos; as pulgas alternam regularmente de uma espécie de hospedeiro para outra. As pulgas atuam como hospedeiros intermediários e vetores de microrganismos como as bactérias que causam a peste bubônica, tênias de cães e gatos, além de vários nematódeos. As espécies encontradas comumente são *Ctenocephalides felis* (pulga-do-gato), *C. canis* (pulga-do-cão), *Pulex irritans* (pulga doméstica) e *Diamus montanus* (pulga do esquilo ocidental).

Ordem Diptera. Cerca de 135.000 espécies descritas (Figura 22.6 I). Os adultos têm um par de pernas dianteiras mesotorácicas membranosas e um par metatorácico de halteres claviformes (órgãos do equilíbrio); cabeça grande e móvel; olhos compostos grandes; antenas primitivamente filiformes com 7 a 16 flagelômeros e, em muitos casos, secundariamente aneladas (reduzidas a apenas alguns poucos artículos em alguns grupos); peças orais adaptadas para remover como uma esponja, sugar ou lamber; as mandíbulas das fêmeas que sugam sangue desenvolveram estiletes perfurantes; hipofaringe, lacínias, gáleas e mandíbulas variavelmente modificadas na forma de estiletes nos grupos parasitas e predadores; o lábio forma uma probóscide ("língua"), que consiste em partes basal e distal bem-definidas, essas últimas nas famílias superiores, formando uma almofada semelhante a uma esponja (labelo) com canais absortivos; mesotórax acentuadamente aumentado; abdome primitivamente com 11 segmentos, mas reduzidos ou fundidos em muitas formas superiores; genitália masculina complexa; fêmeas sem ovipositor verdadeiro, mas muitas com ovipositor secundário formado de segmentos abdominais posteriores que se acoplam como um telescópio; as larvas não têm pernas verdadeiras, embora muitas possam ter estruturas ambulatórias (falsas-pernas e "pseudópodes").

As moscas verdadeiras (que incluem os mosquitos e os maruins) constituem um grupo numeroso e morfologicamente diversificado, notável por visão excelente e capacidade aeronáutica. As peças orais e o sistema digestivo são modificados para consumir uma dieta líquida, e vários grupos alimentam-se do sangue ou do suco das plantas. Os dípteros são muito importantes como transmissores de doenças humanas, inclusive doença do sono, febre amarela, cegueira dos rios africanos e várias doenças entéricas. A lenda diz que os mosquitos (e as doenças que eles transmitiam) impediram que Genghis Khan conquistasse a Rússia, mataram Alexandre, o Grande, e desempenharam papéis muito importantes na Segunda Guerra Mundial. A miíase – infestação dos tecidos vivos por larvas dos dípteros – é um problema comum dos animais de criação e, algumas vezes, dos seres humanos. Muitos dípteros também são benéficos aos seres humanos como parasitas ou predadores de outros insetos e polinizadores das plantas floríferas. Os dípteros têm distribuição mundial e vivem em quase todos os tipos de ambiente (exceto no mar aberto). Alguns se reproduzem em ambientes extremos, como fontes hidrotermais, lagos salgados do deserto, vazadouros de óleo, lagos das tundras e até mesmo hábitats marinhos bentônicos rasos.

Algumas famílias comuns de dípteros são Asilidae (mosca-ladra), Bombyliidae (mosca-abelha), Calliphoridae (moscas-varejeiras), Chironomidae (mosquitos-pólvora), Coelopidae ("mosca-de-alga"), Culicidae (mosquitos: *Culex, Anopheles* etc.), Drosophilidae (moscas-de-pomar ou moscas-do-vinagre; também conhecidas comumente como moscas-das-frutas), Ephydridae (moscas efidrídeas), Glossinidae (moscas-tsé-tsé), Halictidae (abelhas-doceiras), Muscidae (mosca-doméstica, mosca-de-estábulo etc.), Otitidae (moscas otitídeas), Sarcophagidae (moscas-da-carne), Scatophagidae (moscas-do-estrume), Simuliidae (borrachudo), Syrphidae (moscas sirfídeas e moscas-das-flores), Tabanidae (mosca-do-cavalo, mosca-do-cervo e mutucas), Tachinidae (moscas taquinídeas), Tephritidae (moscas-das-frutas) e Tipulidae (pernilongos).

Amphiesmenoptera

Os anfiesmenópteros incluem as ordens Trichoptera e Lepidoptera. Entre as características que reúnem esses dois grupos estão a presença de asas pilosas (pelos modificados em escamas nos

Capítulo 22 Filo Arthropoda | Hexápodes | Insetos e seus Parentes **809**

Figura 22.6 Representantes das 11 ordens de holometábolos. **A.** Vespa-papel (ordem Hymenoptera). **B.** *Gibbifer californicus* ("besouros-amigos-do-fungo") (ordem Coleoptera). **C.** Fêmeas parasitas de asa torcida (ordem Strepsiptera) visíveis entre os escleritos abdominais de uma vespa (ordem Hymenoptera). **D.** Um sialídeo (ordem Megaloptera). **E.** Um rafidióptero (ordem Raphidioptera). **F.** Uma crisopa verde (ordem Neuroptera). **G.** Uma mosca-escorpião (ordem Mecoptera). **H.** Um macho adulto da pulga *Oropsylla montana* (ordem Siphonaptera). **I.** Uma mosca-de-estrume-dourado (*Scathophaga stercoraria*) (ordem Diptera). **J.** Uma mosca-de-água (ordem Trichoptera). **K.** Uma mariposa-lua (ordem Lepidoptera).

lepidópteros), as fêmeas representam o sexo heterogamético, e o lábio e a hipofaringe larvais estão fundidas em um lobo composto com o orifício de uma glândula de seda associada em seu ápice.

Ordem Trichoptera. Cerca de 12.000 espécies descritas (Figura 22.6 J). Os adultos são semelhantes a mariposas pequenas, mas seu corpo e suas asas estão recobertos por pelos curtos; dois pares de asas arqueadas no plano vertical oblíquo (semelhante a um telhado) sobre o abdome quando o animal está em repouso; olhos compostos presentes; mandíbulas diminutas ou ausentes; antenas geralmente longas ou maiores que o corpo, cerdosas; pernas longas e delgadas; larvas e pupas vivem predominantemente na água doce, enquanto os animais adultos são terrestres; larvas com falsas-pernas no segmento terminal do abdome.

As larvas de água doce das moscas-de-água constroem "casas" (casulos) fixas ou portáteis formadas por grãos de areia, fragmentos de madeira ou outro material reunido pela seda secretada pelo lábio. As larvas são primariamente detritívoras de matéria vegetal; algumas usam a seda para produzir dispositivos de filtragem do alimento. A maioria das larvas vive nos hábitats bentônicos dos rios, lagos e lagoas das regiões temperadas. Os adultos são estritamente terrestres e têm dietas líquidas.

Ordem Lepidoptera. Cerca de 120.000 espécies descritas (Figura 22.6 K). Insetos diminutos a grandes; peças orais sugadoras; mandíbulas geralmente vestigiais; maxilas acopladas, formando uma probóscide de sucção tubular, retorcida entre os palpos labiais quando não utilizada; cabeça, corpo, asas e pernas geralmente com muitas escamas; olhos compostos bem-desenvolvidos; em geral, têm dois pares de asas grandes e com escamas coloridas interligadas por vários mecanismos; pró-tíbias com epífises usadas para limpar as antenas; genitália masculina complexa; fêmeas com ovipositores.

As borboletas e as mariposas estão entre os animais mais coloridos e bem-estudados. Os adultos alimentam-se basicamente de néctar e muitos são polinizadores importantes, dos quais os mais bem-conhecidos são a mariposa-falcão ou mariposa-esfinge (Sphingidae). Algumas espécies tropicais são conhecidas por alimentarem-se de sangue animal e algumas podem até beber as lágrimas dos mamíferos. As larvas (lagartas) alimentam-se de plantas verdes. As lagartas têm três pares de pernas torácicas e um par de falsas-pernas macias em cada um dos segmentos abdominais de 3 a 6; os segmentos anais têm um par de falsas-pernas ou cláspers. As borboletas podem ser diferenciadas das mariposas por dois aspectos: suas antenas sempre são longas e delgadas e terminam em um botão (as antenas das mariposas nunca terminam em botões) e suas asas geralmente são mantidas juntas acima do corpo quando o animal está em repouso (as mariposas nunca sustentam suas asas nesta posição). Mais de 80% dos lepidópteros descritos são mariposas.

Outras famílias comuns são Psychidae (psiquídeos); Cossidae (vermes-carpinteiros); Pyralidae (piralídeos); Saturniidae (bichos-da-seda); Sphingidae (mariposas-falcão); Hesperiidae (hesperídeas); Geometridae (mariposas); Arctiidae (mariposas-tigre); Noctuidae (mariposas-corujinha); Papillionidae (borboletas-cauda-de-andorinha); Nymphalidae (borboletas ninfalídeas); Pieridae (pierídeos); Lycaenidae (licaenídeos); e Riodinidae (borboletas-metálicas).[2]

Plano corpóreo dos hexápodes
Morfologia geral

No Capítulo 20, descrevemos sucintamente as diversas vantagens e limitações impostas pelo fenômeno da artropodização, como as acarretadas pela adoção de um estilo de vida terrestre. A saída do ambiente aquático ancestral exigiu a evolução de apêndices locomotores e de sustentação mais fortes e eficientes, adaptações especiais para resistir aos estresses osmótico e iônico e estruturas aéreas para troca gasosa. O plano corpóreo básico dos artrópodes incluiu muitas pré-adaptações à vida no mundo "seco". Como vimos antes, o exoesqueleto dos artrópodes fornece intrinsecamente sustentação e proteção física contra os predadores e, com a incorporação de ceras à epicutícula, os insetos (como os aracnídeos) desenvolveram uma barreira eficaz contra a perda de água. Do mesmo modo, entre os hexápodes, os apêndices dos artrópodes – extremamente adaptáveis e dispostos em série – especializaram-se em apêndices locomotores e de captura de alimentos. O comportamento reprodutivo tornou-se progressivamente mais complexo e, em alguns casos, os insetos desenvolveram sistemas sociais extremamente evoluídos. Entre a classe Insecta, vários táxons tiveram coevolução direta com as plantas terrestres, principalmente as angiospermas. O potencial adaptativo dos insetos é evidente em muitas espécies que desenvolveram camuflagem marcante, coloração de advertência e defesa química (Figura 22.7).

Os hexápodes que não são insetos (proturos, colêmbolos e dipluros – hexápodes entognatos) diferem dos insetos em vários aspectos importantes. As peças orais não são totalmente expostas (i. e., são **entognatas**), as mandíbulas têm um único ponto de articulação, o desenvolvimento é sempre simples, o abdome pode ter quantidades reduzidas de segmentos e tais animais nunca desenvolvem o voo.

Os insetos são compostos primitivamente de 20 somitos (como ocorre nos eumalacóstracos; Capítulo 21), embora esses somitos nem sempre estejam evidentes. A consolidação e a especialização desses segmentos corporais (i. e., tagmose) desempenharam um papel fundamental na evolução dos hexápodes e abriram caminho para irradiação adaptativa subsequente. O corpo sempre está organizado em cabeça, tórax e abdome (Figuras 22.8 e 22.9), formados por 6, 3 e 11 segmentos, respectivamente. Ao contrário dos artrópodes marinhos, uma carapaça verdadeira nunca se desenvolve nos hexápodes. Na cabeça, todos os escleritos corporais estão mais ou menos fundidos em uma cápsula cefálica sólida. No tórax e no abdome, os escleritos dos animais adultos geralmente se desenvolvem embriologicamente, de modo que fiquem superpostos às articulações dos segmentos primários, formando os segmentos secundários; esses são os "segmentos" que geralmente vemos quando examinamos um inseto externamente (p. ex., o tergo e o esterno de cada segmento secundário do abdome do animal adulto na verdade se sobrepõem ao seu segmento primário anterior adjacente) (Figura 22.10). A segmentação corporal primitiva (primária) pode ser vista nas larvas não esclerotizadas através da inserção dos músculos segmentares e sulcos transversais na superfície do corpo.

A maioria dos insetos é pequena e mede entre 0,5 e 3,0 cm de comprimento. Os menores são os tripes, os besouros de asas de pena e algumas vespas parasitas, todos com dimensões microscópicas. Os maiores incluem alguns besouros, ortópteros e bichos-pau; entre esses últimos, alguns atingem mais de 56 cm. Entretanto, algumas espécies da era Paleozoica eram duas vezes maiores que isso. De modo a familiarizar o leitor com o plano corpóreo dos hexápodes e sua terminologia, discutiremos brevemente cada uma das regiões principais do corpo (tagmas) adiante.

Cabeça do hexápode. A cabeça do hexápode consiste em um ácron e seis segmentos, que contém (da frente para trás) os olhos, as antenas, o clipeolabro e três pares de peças orais (mandíbulas, maxilas e lábio) (Figura 22.11). Os olhos compostos, assim como os três **olhos simples** (ocelos) geralmente estão presentes nos hexápodes adultos. O ocelo mediano (anterior) parece ter sido originado da fusão de dois ocelos separados. Os correspondentes internos do exoesqueleto fundido da cabeça formam vários apódemas, tiras e suportes denominados coletivamente **tentório**. Externamente, a cabeça também pode ter linhas que demarcam suas divisões segmentares originais e

---

[2]Um dos taxonomistas de borboletas mais conhecidos foi o grande romancista russo Vladimir Nabokov (*Lolita, Fogo Pálido, A Dádiva*), que saiu de São Petersburgo em 1917 para viajar pela Europa e, por fim, instalou-se nos EUA (inicialmente, trabalhou no American Museum of Natural History de Nova York, depois na Cornell University). Nabokov era um especialista em borboletas-azuis (Polyoommatini) do Novo Mundo e foi um anatomista pioneiro, cunhando termos anatômicos aliterativos como "alula" e "bulula". As borboletas – reais ou imaginárias – "borboletearam" ao longo de 60 anos na ficção de Nabokov e muitos lepidopteristas nomearam borboletas com base nos personagens de sua vida e nas suas obras (p. ex., entre os epítetos das espécies estão *lolita, humbert, ada, zembla* e *vokoban* – uma inversão do nome Nabokov). As descrições de Lolita por Nabokov foram padronizadas com base nas descrições de suas espécies de borboletas (p. ex., "seus membros felpudos e finos").

Capítulo 22 Filo Arthropoda | Hexápodes | Insetos e seus Parentes 811

Figura 22.7 Defesa, coloração de alerta e camuflagem em insetos. **A.** Camuflagem perfeita de folha de uma esperança (Orthoptera: Tettigoniidae) do Equador. **B.** A coloração brilhante da larva de um bicho-da-seda (Lepidoptera: Saturniidae: *Hyalophora euryalus*) alerta os potenciais predadores sobre os pelos de defesa em seu dorso. **C.** Besouro-bombardeiro (Coloptera: Carabidae: *Brachinus*) espirrando benzoquinona nociva ao ser "atacado" por forceps. **D.** Detalhe do "ocelo" de uma mariposa-luva (ver Figura 22.6 K) (Lepidoptera: Saturniidae). Manchas semelhantes a ocelos atraem predadores para longe da cabeça e do corpo da mariposa, fazendo-os focarem nas asas. Como borboletas e mariposas conseguem voar mesmo com leves danos às asas, as "manchas oculares" são um mecanismo de defesa comumente usado. **E.** Uma cigarrinha (Hemiptera: Cercopoidea) produz uma cobertura de seiva espumosa semelhante a saliva, a qual esconde a ninfa da visão de predadores e parasitas.

outras que representam as linhas ecdisiais dorsais (e ventrais), nas quais a cápsula cefálica separa-se nos insetos imaturos e que persistem na forma de linhas despigmentadas em alguns animais adultos. Outras linhas representam as inflexões da superfície associadas aos apódemas internos.

As antenas (Figura 22.12) são compostas por três regiões: escapo, pedicelo e flagelo sensorial multiarticulado. O **escapo** e o **pedicelo** formam o **protopódio**; o **flagelo** representa o telopódio. Entre os insetos entognatos, os músculos intrínsecos do escapo, do pedicelo e do flagelo estão conservados. Contudo, na classe Insecta, os músculos intrínsecos das antenas foram perdidos, exceto no caso dos músculos no escapo. Além disso, em muitos insetos, as articulações do flagelo (ou **flagelômeros**) podem ter sido subdivididas secundariamente (ou aneladas) para formar outras articulações sem músculos, aumentando o comprimento e a flexibilidade da antena.

A boca é circundada anteriormente pelo clipeolabro, posteriormente pelo lábio e nos dois lados pelas mandíbulas e maxilas. Nos entognatos, as peças orais estão escondidas dentro da cápsula cefálica e praticamente inacessíveis à visão. Por outro lado, as peças orais dos insetos ficam expostas (**ectognatos**) e projetam-se ventralmente (**hipognatos**). Contudo, em alguns insetos, a orientação da cabeça mudou, de modo que eles são **prognatos** (projeção anterior) ou **opistognatos** (projeção posterior; Figura 22.13).

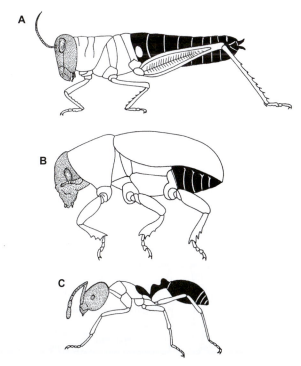

Figura 22.8 Principais regiões do corpo dos hexápodes, ilustradas com base em três tipos de insetos. **A.** Gafanhoto (asas retiradas). **B.** Besouro. **C.** Formiga. Em todos os casos, a *região pontilhada* representa a cabeça; a *região branca*, o tórax; e a *região preta*, o abdome.

812 Invertebrados

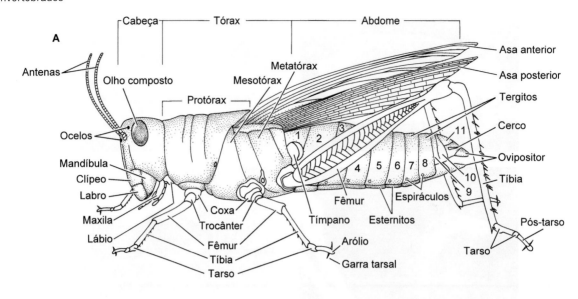

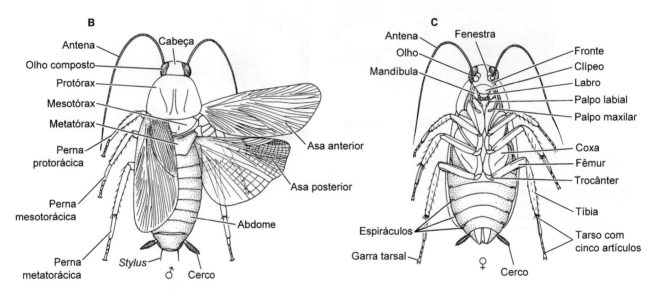

Figura 22.9 Anatomia geral do corpo dos insetos. **A.** Um gafanhoto (ordem Orthoptera). **B** e **C.** *Vistas dorsal* e *ventral* de uma barata (ordem Blattodea).

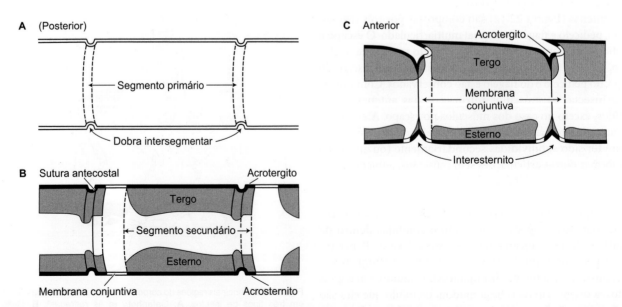

Figura 22.10 Ontogenia dos segmentos corporais dos insetos. **A.** Segmentação primária. **B.** Segmentação secundária simples. **C.** Segmentação secundária avançada.

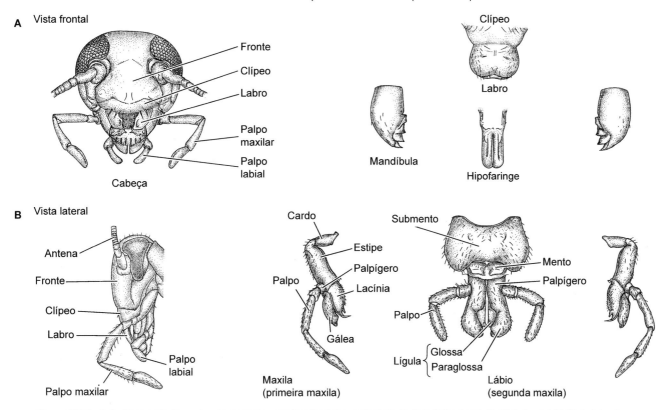

Figura 22.11 Apêndices orais de um inseto mordedor-mastigador típico: gafanhoto (ordem Orthoptera). **A.** *Vista frontal*. **B.** *Vista lateral*.

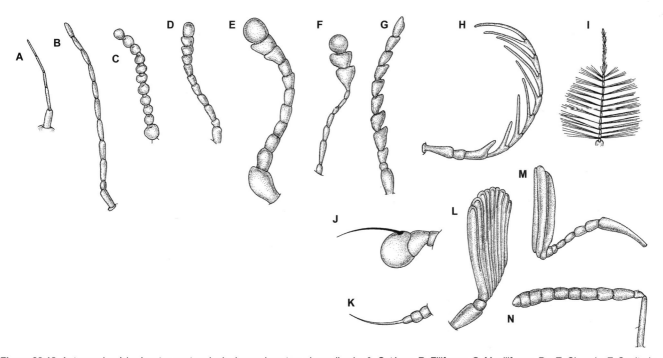

Figura 22.12 Antenas de vários insetos e a terminologia geralmente a elas aplicada. **A.** Setácea. **B.** Filiforme. **C.** Moniliforme. **D** e **E.** Clavada. **F.** Capitada. **G.** Serreada. **H.** Pectinada. **I.** Plumosa. **J.** Aristada. **K.** Estilada. **L.** Flabelada. **M.** Lamelada. **N.** Geniculada.

O labro é uma placa móvel ligada à borda do clípeo (um fragmento da cabeça que se projeta à frente); juntos, eles formam o **clipeolabro**. Alguns pesquisadores consideram que o clipeolabro seja uma estrutura independentemente derivada do exoesqueleto; outros acreditam que ele poderia ser formado pelos apêndices fundidos do primeiro ou do terceiro segmento cefálico. As mandíbulas (Figura 22.14) são intensamente esclerotizadas, geralmente têm dentes, mas não palpo. Na maioria dos insetos, a mandíbula tem apenas um artículo, mas, em alguns grupos primitivos (e nos táxons fósseis), é composta de vários artículos. Contudo, o gene *Distal-less* (*Dll*) aparentemente nunca é expresso durante a embriogenia das mandíbulas dos hexápodes, sugerindo que esses animais sejam totalmente gnatobásicos (*i. e.*, protopodiais). Em geral, as maxilas são multiarticuladas e têm palpo com 1 a 7 artículos. O lábio abrange as segundas maxilas fundidas e, nos casos típicos, tem dois palpos. Além desses apêndices, há um órgão mediano

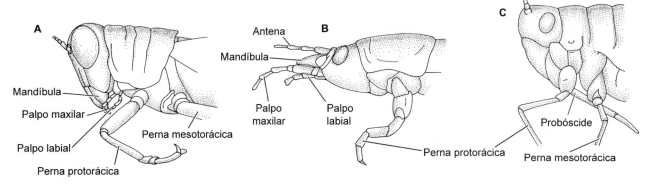

Figura 22.13 Posições diferentes da cabeça e das peças orais em relação ao resto do corpo. **A.** Condição hipognata (gafanhoto). **B.** Condição prognata (larva de besouro). **C.** Condição opistorrinca (afídeo).

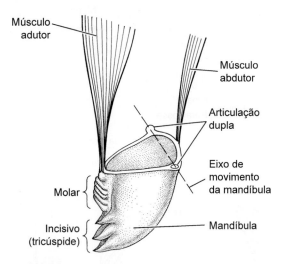

Figura 22.14 Musculatura da mandíbula de um inseto.

simples com formato de língua – conhecido como hipofaringe – que se projeta anteriormente a partir da área posterior da cavidade pré-oral. As glândulas salivares drenam para a hipofaringe.[3]

No passado, as variações dos apêndices alimentares eram usadas para definir os clados principais de insetos e, mais recentemente, os estudos de filogenética molecular praticamente corroboraram essas ideias, embora alguns casos de evolução convergente das peças orais também tenham sido revelados. Nos insetos sugadores, as mandíbulas e as maxilas podem ser transformadas em estruturas semelhantes a arpões (estiletes), ou as mandíbulas podem ser perdidas por completo (Figura 22.15 e 22.24). Na maioria dos lepidópteros, as maxilas formam um tubo sugador alongado, a probóscide. Em alguns insetos (p. ex., hemípteros), o lábio é puxado de fora para dentro de uma calha alongada para sustentar as outras peças orais, e seus palpos podem estar ausentes; em outros (p. ex., dípteros), ele está modificado distalmente em um par de lobos porosos e carnosos conhecidos como labelos.

Tórax do hexápode. Os três segmentos do tórax são **protórax**, **mesotórax** e **metatórax** (Figura 22.9). Seus tergitos têm os mesmos prefixos: **pronoto**, **mesonoto** e **metanoto**. Nos insetos alados (Pterygota), o mesotórax e o metatórax são dilatados e firmemente fundidos, formando um **pterotórax** rígido. Quando estão presentes, as asas saem desses dois segmentos e articulam-se com os processos no tergito (notos) e das pleuras desses somitos. Em alguns casos, o protórax está acentuadamente reduzido, mas, em alguns insetos, está muito aumentado (p. ex., besouros) ou até expandido, formando um grande escudo (p. ex., baratas). Os escleritos pleurais laterais são complexos e parecem ser derivados ao menos em parte dos elementos subcoxais (protopodiais) das pernas ancestrais, que se tornaram incorporadas à parede lateral do corpo. Os esternitos podem ser simples ou divididos em diversos escleritos em cada segmento.

Cada um dos três somitos torácicos tem um par de pernas (Figura 22.9) compostas de duas partes – um protopódio proximal e um telopódio distal. O protopódio (também conhecido como "coxopodito" pelos entomologistas) é formado por dois elementos (coxa e trocânter), enquanto o telopódio é constituído de quatro artículos (**fêmur**, **tíbia**, **tarso** e **pré-tarso**) (Figura 22.16). O tarso comumente é subdividido em pseudo-artículos adicionais conhecidos como tarsômeros. Os hexápodes basais têm um único tarso (Protura e Diplura), ou um tarso maldefinido (Collembola; provavelmente fundido à tíbia). Nos arqueognatos, o tarso geralmente é composto de três tarsômeros, enquanto nos pterigotos é formado por um, três ou cinco tarsômeros.[4] Independentemente do número de elementos tarsais,

---

[3] O estudo do gene *Dll* revelou que ele provavelmente estava expresso primitivamente na parte distal de todos os apêndices dos artrópodes. Esse gene também se expressa nos enditos – ou lobos internos – dos apêndices dos artrópodes (p. ex., nos filopódios dos branquiópodes e nas maxilas dos melacóstracos). Nos crustáceos e nos miriápodes, há expressão inicial do gene *Dll* nos brotos do apêndice mandibular, os quais são deslocados lateralmente e continuam no palpo mandibular dos crustáceos. Nos insetos, não há expressão do gene *Dll* nas mandíbulas – aparentemente, ele foi perdido por completo. Desse modo, as mandíbulas de todos esses três grupos são gnatobásicas. O palpo da mandíbula do crustáceo representa a parte distal do apêndice mandibular, totalmente perdido pelos hexápodes e miriápodes. Entre os artrópodes, as únicas "mandíbulas com apêndices inteiros" verdadeiras são encontradas nos onicóforos. O gene *Dll* também é expresso nos enditos coxais dos quelicerados e nos enditos dos pedipalpos dos aracnídeos. A supressão completa da expressão do gene *Dll* nas mandíbulas dos hexápodes pode ser uma sinapomorfia desse grupo.

[4] Não está esclarecido se a condição primitiva nos Hexapoda é ter um ou vários tarsômeros. Determinar a homologia dos artículos da perna entre os vários grupos de artrópodes é um passatempo popular e frequentemente odioso. Essa questão fica ainda mais confusa quando o número de artículos difere da norma (p. ex., alguns insetos têm dois trocanteres, o número de artículos do tarso varia de um a cinco etc.). Os protopódios de miriápodes, quelicerados e trilobitas parecem consistir todos em um único artículo basal (geralmente denominado coxa). No último caso, Kukalová-Peck acredita que três artículos "ausentes" do prodopodito foram perdidos por sua fusão com a região pleural. Ver Capítulo 20 para uma discussão sobre as pernas ancestrais de artrópodes.

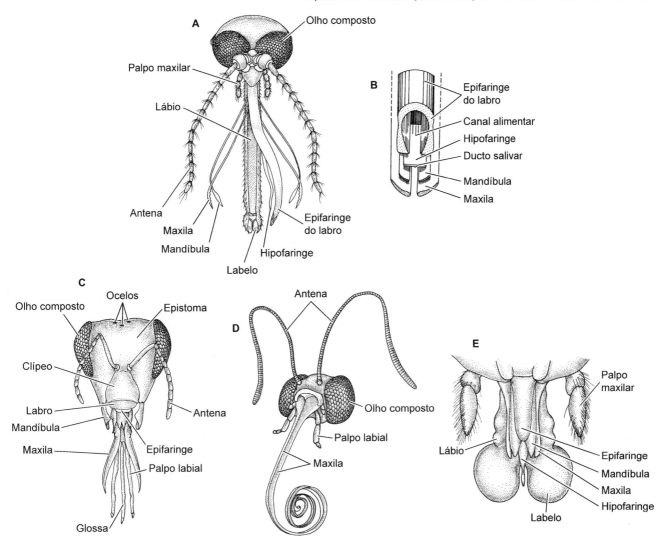

Figura 22.15 Vários apêndices orais dos insetos especializados para diversos tipos de hábitos alimentares. **A e B.** Peças orais perfurantes–sugadoras de um mosquito (Diptera). Observe a estrutura complexa do estilete em **B**. **C.** Peças orais sugadoras de uma abelha-de-mel (Hymenoptera). **D.** Peças orais sugadoras de uma borboleta (Lepidoptera). **E.** Peças orais absorvedoras de uma mosca-negra-falsa (Diptera). (Para uma ilustração das peças orais mordedora–mastigadora, ver Figura 22.11.)

não há musculatura intrínseca neles e, por isso, são considerados subdivisões de um único artículo original. Todo o comprimento do tarso é cruzado pelo tendão do músculo flexor do pré-tarso, cujas fibras geralmente se originam da tíbia (Figura 22.17). O pré-tarso é um artículo diminuto que geralmente contém um par de garras laterais. O pré-tarso dos colêmbolos e dos proturos tem uma única garra mediana. A garra única também ocorre em muitas larvas holometábolas e alguns pterigotos adultos. Contudo, na maioria dos hexápodes, o pré-tarso tem um par de garras laterais, e muitos também têm um **arólio** mediano (que funciona como almofada adesiva para superfícies lisas), uma **placa unguitratora** ou uma garra mediana.

Nos insetos, muitos órgãos dos animais adultos derivam de agrupamentos de células embrionárias primitivas conhecidos como **discos imaginais**, os quais se originam de invaginações localizadas na ectoderme do embrião em estágio inicial. O tórax embrionário contém três pares de discos pedais e, à medida que o desenvolvimento avança, tais discos transformam-se em uma série de anéis concêntricos, os primórdios dos artículos das pernas. O centro do disco corresponde aos elementos mais distais (tarso e pré-tarso) da futura perna, enquanto os anéis periféricos correspondem à sua região proximal (coxa e trocânter).

Durante a embriogênese, a perna estica como um telescópio, à medida que se subdivide nos componentes dos artículos. O gene *Distal-less* (*Dll*) está expresso na suposta região distal do apêndice, enquanto o gene *Extradenticle* (*Exd*) é necessário ao desenvolvimento da parte proximal do apêndice. Desse modo, o protopódio e o telopódio das pernas têm seu próprio controle genético independente.

Entre os pterigotos (Pterygota), a maioria das espécies também tem um par de asas no segundo e no terceiro segmentos torácicos. A morfologia das asas tem sido mais amplamente utilizada para classificar insetos que quaisquer outras estruturas isoladas. Em muitos casos, as asas são os únicos resquícios preservados de insetos nos fósseis. As asas dos insetos atuais desenvolvem-se como evaginações do tegumento, com membranas cuticulares finas formando as superfícies superior e inferior de cada asa. As **veias** da asa, que contêm hemolinfa circulante, formam anastomoses e por fim drenam para dentro do corpo. A disposição das veias das asas dos insetos fornece características diagnósticas importantes em todos os níveis taxonômicos. A origem e a homologização da distribuição das veias têm sido intensamente debatidas há muitas décadas. A maioria dos pesquisadores usa um sistema de nomeação consistente, que

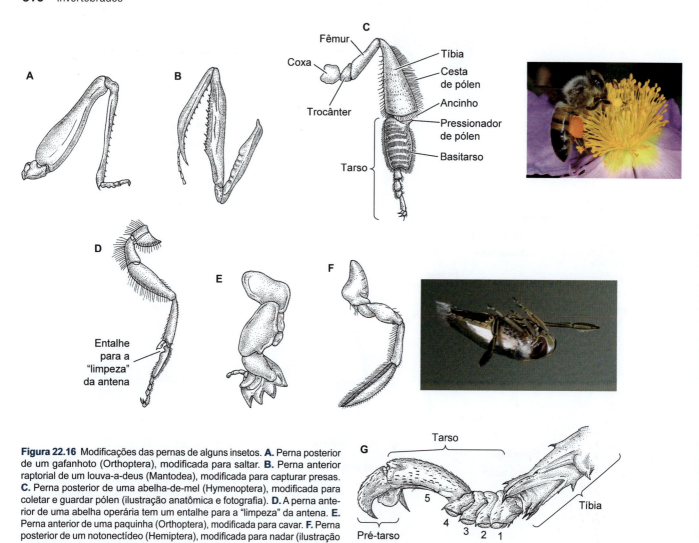

Figura 22.16 Modificações das pernas de alguns insetos. **A.** Perna posterior de um gafanhoto (Orthoptera), modificada para saltar. **B.** Perna anterior raptorial de um louva-a-deus (Mantodea), modificada para capturar presas. **C.** Perna posterior de uma abelha-de-mel (Hymenoptera), modificada para coletar e guardar pólen (ilustração anatômica e fotografia). **D.** A perna anterior de uma abelha operária tem um entalhe para a "limpeza" da antena. **E.** Perna anterior de uma paquinha (Orthoptera), modificada para cavar. **F.** Perna posterior de um notonectídeo (Hemiptera), modificada para nadar (ilustração anatômica e fotografia). **G.** Fotografia ampliada do tarso de um inseto com 5 tarsômeros e um pré-tarso com duas garras laterais ao lado de um arólio.

reconhece seis veias principais: costa (C), subcosta (SC), rádio (R), média (M), cúbito (CU) e anal (A) (Figura 22.18). As áreas das asas que estão envolvidas pelas veias longitudinais e transversais são conhecidas como **células** e também têm uma nomenclatura até certo ponto complexa. Em alguns grupos (p. ex., Orthoptera, Dermaptera), as asas anteriores formam regiões maciçamente esclerotizadas conhecidas como **tégminas**, usadas como defesa, para estridulação ou outras finalidades. Em muitas linhagens sedentárias, crípticas, parasitas e insulares, as asas foram encurtadas (braquípteros) ou perdidas (ápteros). Em muitos casos, os insetos reúnem suas duas asas para voar por meio de dispositivos semelhantes a ganchos, situados ao longo da margem entre a borda posterior das asas anteriores e a borda anterior das asas posteriores (p. ex., **hâmulos** dos himenópteros e **frênulos** de muitos lepidópteros). Nesses insetos, as asas reunidas funcionam juntas como unidade singular.

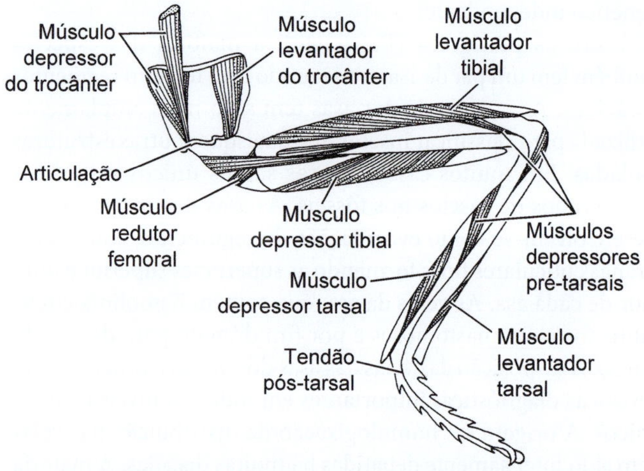

Abdome do hexápode. Primitivamente, o abdome tem 11 segmentos, embora o primeiro geralmente esteja reduzido ou incorporado ao tórax e o último possa ser vestigial. A pleura abdominal está acentuadamente reduzida ou ausente. A existência de "anéis" abdominais verdadeiros (ainda que diminutos, também conhecidos como "falsas-pernas" ou "styli") nos segmentos pré-genitais é comum entre os apterigotos e também ocorre nas larvas de muitos pterigotos (p. ex., pernas das lagartas). Além disso, brotos transitórios ou rudimentos dos apêndices aparecem fugazmente nos estágios iniciais do desenvolvimento embrionário de algumas espécies, presumivelmente remontando ao passado evolutivo longínquo. Nos casos típicos, os segmentos abdominais 8 e 9 (ou 7 e 9) são modificados na

Figura 22.17 Musculatura da perna de um inseto.

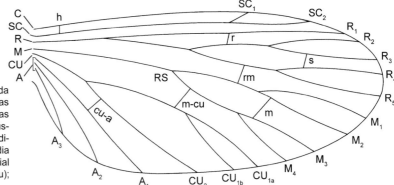

Figura 22.18 Nomenclatura da distribuição básica das veias da asa de um inseto. Embora as células formadas dentro das veias também tenham nomes, aqui colocamos apenas os nomes das veias. As veias longitudinais são codificadas com letras maiúsculas e as transversais com letras minúsculas. Veias longitudinais: costa (C); subcosta (SC); rádio (R); setor-radial (RS); média (M); cúbito (CU); anal (A). Veias transversais: humeral (h); radial (r); setorial (s); radiomedial (rm); medial (m); mediocubital (m-cu); cubitoanal (cu-a).

forma de **tagmas anogenitais**, ou **terminália**, que correspondem às partes expostas da genitália. O gonóporo feminino mediano está localizado atrás do esterno 7 nos efemerópteros (Ephemeroptera) e dermápteros (Dermaptera), ou atrás do esterno 8 ou 9 de todas as outras ordens. O ânus sempre está no segmento 11 (que pode estar fundido ao segmento 10).

Entre os hexápodes, existe enorme complexidade de órgãos agarradores e intromitentes e uma discordância proporcionalmente acirrada quanto à homologia e à terminologia dessas estruturas. Em geral, as fêmeas são diferenciadas dos machos com base nos estímulos sensoriais produzidos pela genitália masculina; por isso, a pressão seletiva tem sido uma força poderosa na evolução dessas estruturas (dos dois sexos). A arquitetura masculina mais primitiva pode ser encontrada nos apterigotos e nos efemerópteros, nos quais os pênis são duplos e contêm ductos ejaculatórios separados. Contudo, na maioria dos outros insetos, o órgão intromitente desenvolve-se nos estágios embrionários tardios por fusão das papilas genitais para formar um endofalo tubular mediano e geralmente eversível com seus ductos ejaculatórios fundidos e um gonóporo abrindo-se em sua base. As paredes externas podem ser esclerotizadas ou modificadas de várias maneiras, e o órgão inteiro é conhecido como **edeago**. Alguns pesquisadores consideram que o edeago seja derivado do segmento 9; outros consideram-no parte do segmento 10. Em geral, um par de cercos sensoriais projeta-se do último segmento abdominal.

Locomoção

Marcha. Os hexápodes dependem de seu exoesqueleto esclerotizado para sua sustentação na terra. Seus apêndices fornecem a sustentação física necessária para levantar o corpo bem acima do solo durante a locomoção. Para conseguir isso, os apêndices precisam ser suficientemente longos para sustentar o corpo em posição alta no solo, mas não tão elevada a ponto de comprometer sua estabilidade. A maioria dos hexápodes mantém sua estabilidade colocando as pernas em posições que suspendem o corpo como se fosse uma tipoia, em geral mantendo em nível baixo o centro de gravidade (Figura 20.19).

A estrutura básica dos apêndices dos artrópodes foi descrita no Capítulo 20. Nos hexápodes (e crustáceos), os movimentos anteroposteriores dos apêndices ocorrem entre as coxas e o corpo propriamente dito (ao contrário da maioria dos aracnídeos, nos quais as coxas são firmemente fixadas ao corpo e os movimentos dos apêndices ocorrem nas articulações mais distais). Como a força controlada pelo conjunto de marchas de um automóvel, a força exercida por um apêndice é maior nas velocidades baixas e menor nas velocidades mais altas. Em velocidades baixas, as pernas ficam em contato com o chão por mais tempo e, desse modo, aumentam a força (ou potência) que pode ser exercida durante a locomoção. Nos animais escavadores, as pernas são curtas e o passo é lento e potente, à medida que o animal abre caminho através do solo, de madeiras podres ou outros materiais. Os apêndices mais longos reduzem a força, mas aumentam a velocidade da corrida, assim como os apêndices capazes de oscilar ao longo de um ângulo maior. Os apêndices longos em comprimento e passada são elementos típicos dos insetos corredores (p. ex., besouros-tigre, Carabidae).

Um dos problemas principais associados ao aumento do comprimento dos apêndices é que a amplitude dos movimentos de um apêndice pode ficar superposta à dos apêndices adjacentes. Essa interferência é evitada pela colocação das pontas das pernas adjacentes a diferentes distâncias do corpo (Figura 22.19). Desse modo, os insetos corredores geralmente têm pernas com comprimentos ligeiramente diferentes. Em geral, os insetos movimentam suas pernas com uma sequência em tripé alternado. O balanço é mantido sempre tendo três pernas em contato com o solo.

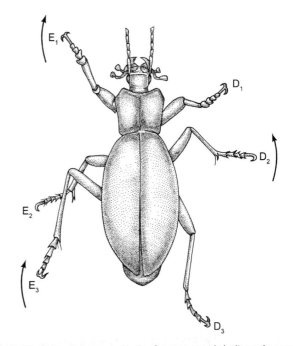

Figura 22.19 Um besouro andando. O passo em tripé alternado consiste em alternar as passadas com dois conjuntos de três pernas; desse modo, o corpo sempre fica sustentado por três pernas. Aqui, três pernas (E_1, D_2 e E_3) movem-se para frente, enquanto as outras três (D_1, E_2 e D_3) estão apoiadas no chão.

Como muitas aranhas, alguns insetos podem andar sobre a água e o fazem quase da mesma forma que as primeiras – equilibrando a força de gravidade sobre seus corpos levíssimos com os princípios físicos da flutuação e da tensão superficial. Os insetos (e as aranhas) que andam sobre a água não se molham, porque seus exoesqueletos são recobertos com ceras que repelem as moléculas de água. A superfície da água, mantida retesada pela tensão superficial, afunda sob cada perna para formar uma depressão (ou cavidade) que ajuda a empurrar o animal para cima e sustentá-lo. Muitos grupos de insetos andam sobre a água, especialmente hemípteros (p. ex., alfaiates), coleópteros (p. ex., girinídeos) e alguns colêmbolos.[5]

Muitos insetos são exímios saltadores (p. ex., pulgas, colêmbolos e a maioria dos ortópteros), mas os besouros elaterídeos (Elateridae) provavelmente são os campeões. Pesquisadores calcularam que um elaterídeo típico (p. ex., *Athous haemorrhoidalis*), quando se dobra como um canivete e salta no ar para fugir de um predador, gera 400 g de força com desaceleração de pico de 2.300 g.

Voo. Entre muitos dos avanços notáveis dos insetos, o voo talvez seja o mais impressionante. Os insetos foram os primeiros animais voadores e, ao longo de toda a história de vida na Terra, nenhum outro invertebrado aprendeu a verdadeira arte do voo. Os insetos sem asas fazem parte de grupos que perderam secundariamente suas asas (p. ex., pulgas, piolhos, alguns insetos com escamas) ou de táxons primitivos (apterigotos) que se originaram antes da evolução das asas. Em três ordens, as asas foram eficazmente reduzidas a um único par. Nos besouros, as asas anteriores são modificadas para formar um escudo dorsal protetor (**élitro**). Nos dípteros, as asas posteriores são modificadas como órgãos de equilíbrio (**halteres**). Os halteres batem na mesma frequência que as asas anteriores, funcionando como giroscópios para ajudar a realizar o voo e manter a estabilidade – as moscas voam muito bem.

Em comparação com um inseto, o avião é um projeto aerodinâmico simples. Os aviões voam movimentando o ar sobre a superfície de uma asa fixa, sendo a margem anterior inclinada para cima, forçando o ar a percorrer maior distância (e mais rapidamente) pela superfície superior da asa do que pela inferior, o que resulta em um vórtice que cria uma elevação. Contudo, a teoria aerodinâmica convencional das asas fixas não é suficiente para entender o voo dos insetos. As asas dos insetos certamente não são fixas. Evidentemente, os insetos voam batendo suas asas para criar vórtices, a partir dos quais conseguem levantar seu corpo, mas tais vórtices escapam das asas a cada batimento e outros vórtices são produzidos a cada batimento alternado. O batimento das asas do inseto descreve uma figura em formato de "8" e também gira em determinados momentos cruciais. Desse modo, cada ciclo de batimento das asas cria forças dinâmicas que flutuam drasticamente. Por meio das ações complexas de orientação das asas, os insetos podem pairar, voar para frente, para trás e para os lados, realizar manobras aéreas altamente sofisticadas e aterrissar em qualquer posição. Para complicar ainda mais, no caso dos insetos pequenos (e a maior parte é pequena, sendo as dimensões médias de todos os insetos na faixa de 3 a 4 mm), a mecânica complexa do voo funciona com números de Reynolds muito baixos (ver Capítulo 4), de modo que o inseto praticamente "voa dentro de melaço". Em consequência dessa mecânica complexa, o voo dos insetos é energeticamente custoso, requerendo taxas metabólicas 100 vezes maiores do que no repouso.

Cada asa articula-se com a borda do noto (tergito torácico), mas sua extremidade proximal apoia-se em um processo pleural dorsolateral, que funciona como um fulcro (Figura 22.20). A articulação da asa propriamente dita é composta em grande parte de resilina, uma proteína extremamente elástica, que permite movimentos rápidos e sustentados. Os movimentos complexos das asas são possíveis em razão da flexibilidade da própria asa e da ação de alguns conjuntos diferentes de músculos, que se estendem desde a base da asa até as paredes internas do segmento torácico do qual se originam. Esses músculos diretos de voo servem para elevar e abaixar as asas, além de inclinar seu plano em diferentes ângulos (algo semelhante à alternância dos ângulos das hélices de um helicóptero) (Figura 22.21). Contudo, com exceção dos paleópteros (Odonata e Ephemeroptera), os músculos diretos de voo não são a fonte principal de força para os movimentos das asas dos insetos. A maior parte da força provém de dois conjuntos de músculos indiretos de voo, que não têm sua origem ou inserção nas próprias asas (Figuras 22.21 e 22.22).

Os músculos longitudinais dorsais estendem-se entre os apódemas das extremidades anterior e posterior de cada segmento da asa. Quando esses músculos contraem-se, o segmento é encurtado, resultando no arqueamento dorsal da cobertura do segmento e na descida das asas. Os músculos dorsoventrais, que se estendem do noto ao esterno (ou às articulações basais das pernas) em cada um dos segmentos alados, são antagonistas dos músculos longitudinais. A contração dos músculos dorsoventrais abaixa a cobertura do segmento. Desse modo, levanta as asas. Portanto, o batimento das asas da maioria dos insetos é produzido principalmente pelas alterações rápidas das paredes e do formato geral de mesotórax e metatórax. Outros grupos musculares torácicos menores fazem pequenos ajustes nessa operação básica.

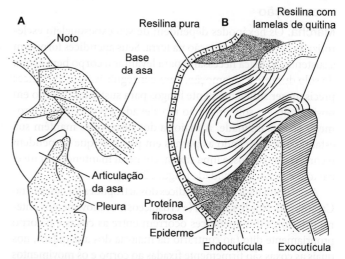

Figura 22.20 Configuração da articulação da asa de um inseto típico. O *corte transversal* através da parede torácica de um gafanhoto mostra a base da asa e sua articulação. **A.** Área de articulação inteira. **B.** Ampliação do corte da articulação.

---

[5]Na superfície não perturbada, as moléculas de água são atraídas umas pelas outras situadas ao lado e abaixo, resultando em uma película plana de moléculas que exercem forças tênseis apenas horizontais; é a essa "elasticidade" da superfície que chamamos tensão superficial.

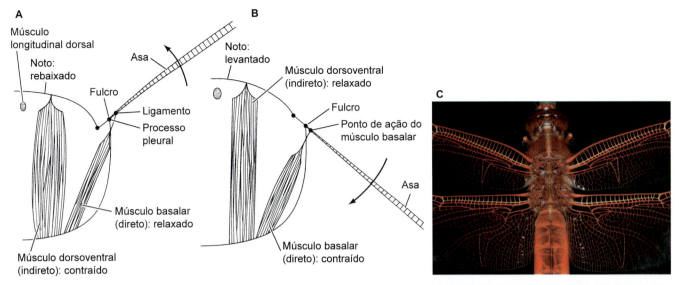

Figura 22.21 Movimentos da asa de um inseto primitivo, neste caso uma libélula, na qual os músculos diretos de voo causam depressão das asas. Os *pontos* representam pontos de pivô, enquanto as *setas* indicam a direção do movimento da asa. **A.** Os músculos dorsoventrais contraem para baixar o noto à medida que os músculos basalares relaxam, combinação que força as asas a subir. **B.** Os músculos dorsoventrais relaxam à medida que os músculos basalares contraem – uma combinação de forças que puxa as asas para baixo e relaxa (eleva) o noto. **C.** Tórax de uma libélula mostrando a inserção da asa ao noto dos segmentos torácicos 2 e 3.

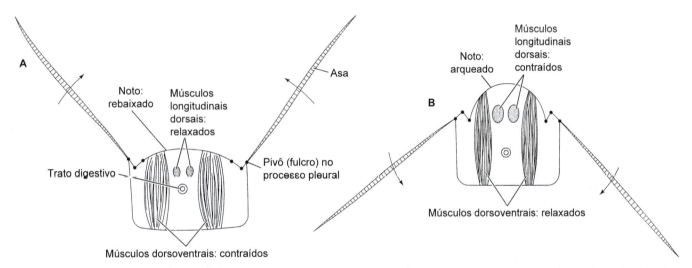

Figura 22.22 Movimentos das asas de um inseto, no caso um hemíptero, no qual os movimentos das asas para cima e para baixo são produzidos pelos músculos indiretos de voo. Nesses *cortes transversais* de um segmento do tórax, os *pontos* representam os pontos de pivô e as *setas* indicam a direção do movimento da asa. Apenas dois grupos de músculos estão ilustrados. **A.** Os músculos dorsoventrais contraem e rebaixam o noto torácico, forçando as asas a bater para cima. **B.** Os músculos dorsoventrais relaxam à medida que os músculos longitudinais dorsais contraem para "levantar" o noto, de forma a elevá-lo e forçar as asas a bater para baixo.

Os insetos com taxas lentas de batimento das asas (p. ex., libélulas, ortópteros, efeméridas e lepidópteros) são limitados pela taxa com que os neurônios podem ser ativados repetidamente e que os músculos podem executar contrações. Entretanto, os insetos com taxas altas de batimento das asas (p. ex., dípteros, himenópteros e alguns coleópteros) desenvolveram um mecanismo regulador totalmente diferente. Depois de iniciar o voo e alcançar uma taxa elevada de batimento das asas (até 100 batimentos/s), o controle miogênico entra em ação. Esse mecanismo explora as propriedades mecanoelásticas do exoesqueleto. Quando um conjunto de músculos indiretos contrai-se, o tórax é deformado. Com o relaxamento dos músculos, há um "rebote" elástico do exoesqueleto torácico, que estica o segundo grupo de músculos indiretos e, desse modo, estimula diretamente sua contração. Essa contração causa uma segunda deformação que, por sua vez, estica e estimula o primeiro grupo de músculos. Depois de ser iniciado, esse mecanismo é praticamente autoperpetuável, e os disparos não sincronizados dos neurônios servem apenas para mantê-lo em ação.

Nem todos os insetos utilizam as asas para navegar no ar. Muitos insetos pequenos e imaturos são dispersados eficazmente apenas pela força do vento. Alguns lepidópteros de primeiro instar usam fios de seda para dispersão (como aranhas e ácaros). Os insetos escamosos minúsculos ficam comumente reunidos nas teias aéreas. Na verdade, estudos revelaram a existência de um "plâncton aéreo", que consiste em insetos e outros artrópodes minúsculos, os quais podem chegar a altitudes de até 4.000 m. A maioria é representada por insetos alados, mas também é comum encontrar espécies sem asas.

Origem do voo dos insetos

Durante muitas décadas, predominaram duas visões antagônicas acerca da origem do voo dos insetos. Em geral, esses conceitos podem ser referidos como hipótese do lobo paranotal e hipótese dos apêndices. A primeira sustenta que as asas evoluíram por expansão progressiva das pregas laterais dos tergitos torácicos (lobos paranotais) que, por fim, tornaram-se articulados e musculares, formando as asas. A segunda hipótese defende que as asas evoluíram a partir de estruturas articuladas preexistentes nos apêndices torácicos, como brânquias ou exitos protopodiais das pernas. Também existem evidências convincentes no registro fóssil sugerindo que os primeiros insetos pterigotos tinham apêndices no protórax (as chamadas "protoasas"), que podem ter sido sequencialmente homólogos às asas atuais; isso significa que a perda das protoasas protorácicas poderia ter ocorrido no início da história evolutiva dos hexápodes.

A hipótese dos lobos paranotais foi proposta primeiramente por Müller em 1873, readquiriu popularidade em meados do século 20 e caiu em descrédito nos últimos anos. Essa hipótese sugere que as asas se originaram de abas aerodinâmicas laterais dos notos torácicos, as quais permitiram aos insetos aterrizar na posição certa depois de saltar ou quando soprados pelo vento. Esses lobos paranotais estabilizadores desenvolveram estruturas articuladas e músculos em suas bases. A existência de lobos paranotais fixos em alguns insetos fósseis antigos foi citada em apoio à hipótese dos lobos paranotais (Figura 22.23). Entretanto, estudos recentes sugeriram que esses lobos paranotais primitivos poderiam ter sido usados com outras finalidades, como: cobrir os orifícios dos espiráculos ou as brânquias dos insetos anfíbios; proteger ou esconder os insetos de seus predadores; atrair os parceiros para o cruzamento; ou desempenhar a função termorreguladora por absorção da radiação solar.

A hipótese dos apêndices (também conhecida como "teoria da brânquia ou brânquial", "teoria dos exitos" ou "teoria das pernas") também é datada do século 19, mas foi ressuscitada pelo grande entomologista V. B. Wigglesworth na década de 1970 e defendida por J. Kukalová-Peck a partir da década de 1980. Essa é a hipótese mais aceita hoje em dia para explicar a origem das asas, e está baseada em estudos paleontológicos recentes, anatomia microscópica e biologia do desenvolvimento molecular. Ela sugere que as asas dos insetos sejam derivadas dos apêndices torácicos – dos exitos protopodiais, segundo a visão de Wigglesworth e Kukalová-Peck. Esses apêndices protoalares poderiam ter funcionado primeiramente como brânquias aquáticas ou pás, ou como estruturas de deslizamento no solo. As brânquias abominais duplas de efeméridas foram sugeridas como homólogos sequenciais dessas "protoasas". Na versão de Kukalová-Peck para essa hipótese, o primeiro artículo protopodial da perna (a epicoxa) fundiu-se com a membrana pleural torácica no início da evolução dos artrópodes, assim como ocorreu com o segundo artículo (a pré-coxa) dos hexápodes antigos – ambos migraram dorsalmente da perna e entraram no corpo propriamente dito. Nos insetos, a epicoxa finalmente se fundiu ao tergito e seu exito dilatou-se para formar a protoasa e, por fim, a asa verdadeira. A pré-coxa formou o esclerito pleural, que forneceu a articulação ventral da asa. As veias da asa poderiam ter evoluído a partir das saliências cuticulares, que tinham a função de reforçar essas estruturas e, por fim, fazer o sangue circular por elas.[6]

A teoria de Kukalová-Peck para explicar a evolução das asas encontra sustentação nos estudos do desenvolvimento molecular, os quais demonstraram que as células do primórdio das asas derivam do mesmo grupo de células que forma o primórdio de perna, do qual se separam, migrando dorsalmente para uma posição abaixo do tergo. Estudos recentes da expressão dos genes também confirmam a origem das asas a partir das pernas. Os genes *pdm* e *apterous* estão expressos nos primórdios das asas (e pernas) de todos os insetos. A expressão desses dois genes parece ser necessária ao desenvolvimento normal das asas. Nos crustáceos malacóstracos (mas não nos branquiópodes), esses mesmos genes são expressos de modo semelhante na formação dos ramos das pernas (exopódio e endopódio).

Alimentação e digestão

Alimentação. As espécies do subfilo Hexapoda exploram todos os tipos imagináveis de dieta, e suas estratégias alimentares incluem herbivoria, carnivoria e detritivoria, além de uma variedade espetacular de comensalismo e parasitismo. Essa "irradiação nutricional" tem desempenhado um papel fundamental na evolução fenomenal da classe Insecta. Um estudo abrangente apenas da biologia alimentar dos insetos poderia facilmente preencher um livro desse porte. Colocando de lado as relações simbióticas por um tempo, em sentido mais geral os insetos podem ser classificados como (1) mordedores–mastigadores, (2) sugadores ou (3) absorvedores (Figura 22.24).

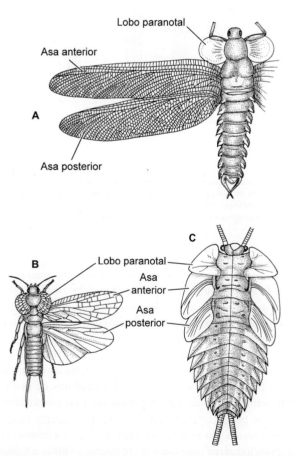

Figura 22.23 Insetos fósseis com lobos paranotais no protórax. **A.** *Stenodictya lobata*. **B.** *Lemmatophora typa*. **C.** Estágio ninfal de *Rochdalia parkeri*, um paleodictióptero terrestre da era Paleozoica. Nessas espécies, todos os três segmentos torácicos parecem ter tido lobos torácicos "articulados".

---
[6]Exitos coxais não especializados podem ser encontrados nas pernas de alguns arqueognatos vivos e muitos hexápodes extintos.

Os mordedores–mastigadores, como os gafanhotos, têm peças orais menos modificadas, de maneira que os descreveremos primeiramente. As maxilas e o lábio desses insetos têm palpos bem-desenvolvidos semelhantes a pernas (Figura 22.24 A), que os ajudam a manter o alimento no lugar, enquanto mandíbulas poderosas cortam e mastigam fragmentos com dimensões que possam ser engolidas. As mandíbulas não têm palpos (em todos os insetos) e, nos casos típicos, contêm pequenos dentes pontiagudos, que trabalham em oposição à medida que os apêndices deslizam uns sobre os outros no plano transversal (lado a lado), típico da maioria das mandíbulas dos artrópodes. Os insetos mordedores–mastigadores podem ser carnívoros, herbívoros ou detritívoros. Em muitos herbívoros, o labro tem uma incisura ou fenda, na qual a borda de uma folha pode ser alojada enquanto está sendo comida. Alguns dos exemplos mais claros dessa estratégia alimentar são encontrados entre os ortópteros (gafanhotos e grilos), e a maioria de nós já presenciou a eficiência com que esses insetos devoram as plantas do nosso jardim! Igualmente impressionantes são as famosas formigas-cortadeiras dos Neotrópicos, que podem despir uma árvore inteira em alguns dias. As formigas-cortadeiras têm uma adaptação alimentar notável: quando cortam fragmentos das folhas, produzem vibrações de alta frequência com um órgão estridulatório abdominal. Essa estridulação é sincronizada com os movimentos da mandíbula, produzindo vibrações complexas. A alta aceleração vibracional da mandíbula parece firmar o material cortado, assim como um material mole é firmado em laboratório por um vibrátomo antes de ser cortado. As formigas-cortadeiras não comem as folhas que cortam; em vez disso, levam-nas para um ninho subterrâneo, onde as utilizam para cultivar um fungo, do qual se alimentam. Vários outros grupos de insetos estabeleceram relações simbióticas com os fungos e, em quase todos os casos, são mutualistas obrigatórios – nenhum dos parceiros pode viver sem o outro.

Nos insetos sugadores, as peças orais são acentuadamente modificadas para o consumo de alimentos líquidos, geralmente seivas ou néctares das plantas, bem como sangue ou líquidos celulares de animais (Figura 22.24 D). As peças orais sugadoras e as dietas líquidas certamente evoluíram diversas vezes nas diferentes linhagens de insetos – um testemunho adicional da frequência da convergência evolutiva dos artrópodes e da adaptabilidade do desenvolvimento de seus apêndices. Em alguns insetos sugadores (p. ex., mosquitos), a refeição é iniciada pela perfuração dos tecidos epidérmicos da vítima; esse tipo de alimentação é conhecido como perfuração–sucção. Outros insetos, como as borboletas e mariposas, que se alimentam do néctar das flores, não perfuram coisa alguma e são simplesmente sugadores.

Em todos os insetos sugadores, a boca propriamente dita é muito pequena e escondida. As peças orais, em vez de adaptadas para manusear e mastigar fragmentos sólidos dos alimentos, são alongadas e formam um bico semelhante a uma agulha, adaptado para ingerir uma dieta líquida. Diversas combinações dos apêndices orais constituem esse bico nos diferentes táxons. Os besouros verdadeiros (Hemiptera), que são perfuradores–sugadores, têm um bico formado por cinco elementos: um elemento externo em forma de calha (lábio) e, abrigados na calha, quatro estiletes muito pontiagudos (as duas mandíbulas e as duas maxilas). Os estiletes comumente têm farpas para lacerar os tecidos da vítima e ampliar a ferida. O labro tem a forma de uma

Figura 22.24 Peças orais especializadas para diferentes modos de alimentação. **A.** Peças orais de mordedor–mastigador de um gafanhoto. Observe os palpos bem-desenvolvidos semelhantes a pernas. **B.** Peças orais absorvedoras de uma mosca. **C.** Peças orais sugadoras de uma borboleta. **D.** Peças orais perfuradoras de um besouro verdadeiro.

pequena aba que dobra a base do lábio sulcado. Quando os perfuradores–sugadores se alimentam, o lábio permanece parado e os estiletes trabalham perfurando a planta (ou o animal) e drenando sua refeição líquida.

Outros táxons de insetos apresentam diversas variações das peças orais perfuradoras–sugadoras. Nos mosquitos, maruins e algumas moscas hematófagas (p. ex., mutucas), existem seis estiletes longos e delgados, que incluem o labro-epifaringe e a hipofaringe, além das mandíbulas e primeiras maxilas (Figura 22.15 A). Outras moscas picadoras, como a mosca-de-estábulo, têm peças orais como a dos mosquitos, mas não têm mandíbulas nem maxilas. As pulgas (Siphonaptera) têm três estiletes: o labro-epifaringe e as duas mandíbulas. Os tripes têm peças orais incomuns: a mandíbula direita é acentuadamente reduzida, tornando a cabeça até certo ponto assimétrica, enquanto a mandíbula esquerda, a primeira maxila e a hipofaringe constituem os estiletes.

Os lepidópteros são insetos sugadores que não perfuram e suas primeiras maxilas pares são extremamente alongadas, enroladas e fundidas para formar um tubo, por meio do qual o néctar das flores é sugado (Figura 22.24 C); as mandíbulas são vestigiais ou ausentes (Figura 22.15 D). As peças orais das abelhas são semelhantes: as primeiras maxilas e o lábio são modificados para formar um tubo sugador de néctar, mas as mandíbulas são conservadas e usadas para manipular cera durante a construção das colmeias (Figura 22.15 C). O néctar recolhido é armazenado em um "saco" especial localizado no trato digestivo anterior e levado para colmeia, onde é transformado em mel e armazenado como reserva alimentar. As abelhas de uma colmeia mediana consomem cerca de 230 kg de mel/ano – nós, seres humanos, pegamos as sobras.

As peças orais sugadoras têm vários mecanismos associados para puxar o alimento líquido para dentro da boca. A maioria dos insetos perfuradores–sugadores depende basicamente da ação capilar, mas outros desenvolveram "bombas" alimentares. Em geral, a bomba é desenvolvida por meio do alongamento da cavidade pré-oral – ou **cibário** – que, por extensão da cutícula ao redor da boca, transforma-se em uma câmara semifechada comunicando-se com o canal alimentar (Figura 22.25). Nesses casos, os músculos cibariais do clípeo são aumentados para formar uma bomba potente. Nos lepidópteros, dípteros e himenópteros, a bomba cibarial é combinada com uma bomba faríngea, que se abre por meio de músculos originados da parte anterior da cabeça. Glândulas salivares especializadas também são associadas comumente às peças orais sugadoras. Em alguns hemípteros, uma bomba salivar força a saliva a entrar no tubo alimentar e na presa, amolecendo seus tecidos e pré-digerindo o alimento líquido. Nos mosquitos, a saliva carrega "afinadores" de sangue e anticoagulantes (e comumente parasitas, como *Plasmodium* causador da malária).

Nos absorvedores, como a maioria das moscas (ordem Diptera), o lábio geralmente é expandido em seu segmento distal e forma o **labelo** (Figuras 22.15 E e 22.24 B). Os nutrientes líquidos são transportados por capilaridade ao longo de diminutos canais superficiais, que se estendem dos labelos até a boca. Em alguns absorvedores, como as moscas-domésticas, a saliva é exsudada sobre o alimento para liquefazê-lo parcialmente. Nos absorvedores estritos, as mandíbulas não existem. Nos absorvedores que picam, como as mutucas, as mandíbulas servem para abrir e ampliar uma fenda na carne e, desse modo, expor o sangue e os líquidos capilares para que sejam absorvidos pelos labelos.

Alguns insetos são escatófagos, ou seja, alimentam-se de fezes. A maioria dos animais desse grupo têm peças orais mastigadoras, mas alguns (certas moscas) têm peças orais sugadoras. Talvez os mais famosos insetos escatófagos sejam os besouros-rola-bosta ou outros besouros (certos besouros das famílias Scarabaeidae e Histeridae). Esses insetos notáveis recolhem fezes de animais, que são mordidas ou cortadas em fragmentos por estruturas especializadas da cabeça ou das pernas e, com eles, fazem uma pelota. Eles rolam a pelota de estrume por uma distância considerável e, por fim, enterram-na no solo, onde as fêmeas depositam seus ovos. Desse modo, as larvas ficam asseguradas de um suprimento imediato de alimento. As bolas de estrume podem até ser manuseadas por um par de rola-bostas e empurradas colaborativamente pelos dois.

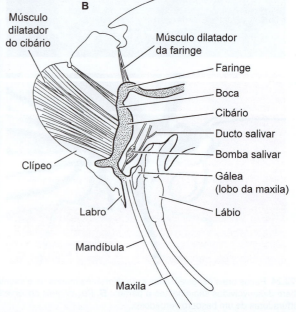

Figura 22.25 Bomba alimentar de uma cigarra (Hemiptera). **A.** Fotografia ampliada da cabeça, mostrando a bomba cibária dilatada para alimentação no xilema. **B.** Ilustração esquemática de um *corte transversal vertical* da cabeça e do cibário. Observe o aumento dos músculos dilatadores do cibário, que ativam a bomba alimentar.

Existem muitos insetos simbiontes, e duas ordens são constituídas unicamente de parasitas sem asas, a maioria dos quais passa toda a sua vida nos seus hospedeiros: alguns piolhos (Psocodea) e algumas pulgas (Siphonaptera). Os piolhos das aves são comuns e os piolhos também são encontrados em cães, gatos, cavalos, gado e outros mamíferos. Os piolhos que picam têm cabeças largas e peças orais mordedoras, usadas para mastigar as células epiteliais e outras estruturas existentes na pele do hospedeiro. Os piolhos-sugadores têm cabeças estreitas e peças orais perfuradoras–sugadoras, que eles usam para sugar sangue e líquidos teciduais do seu hospedeiro, sempre um mamífero. Ao contrário da maioria dos parasitas artrópodes, os piolhos (de ambos os tipos) passam toda a sua vida nos corpos de seus hospedeiros, e a transmissão aos outros hospedeiros ocorre por contato direto. Por isso, a maioria dos piolhos mostra um grau acentuado de especificidade de hospedeiros. Os ovos (ou lêndeas) são fixados pela fêmea às penas ou aos pelos do animal, onde se desenvolvem sem passar por metamorfose acentuada. Muitos piolhos, especialmente os que se alimentam basicamente com uma dieta de queratina, têm bactérias intracelulares simbióticas, que parecem facilitar a digestão do seu alimento. Essas bactérias são transmitidas aos filhotes por meio dos ovos do inseto. Bactérias semelhantes são encontradas em carrapatos, ácaros, percevejos e alguns dípteros sugadores de sangue.

Nenhum dos piolhos picadores é conhecido por infestar seres humanos ou transmitir microrganismos que causem doenças humanas, embora uma espécie atue como hospedeiro intermediário de algumas tênias dos cães. Por outro lado, o piolho-sugador inclui dois gêneros, que infestam comumente seres humanos (*Pediculus* e *Phthirus*). Esse último gênero inclui o famoso *P. pubis*, também conhecido como piolho púbico, ou "chato" (frequentemente localizado também em outras áreas do corpo). Alguns piolhos-sugadores são vetores de microrganismos que causam doenças humanas. A reação mais comum à infestação por piolhos – uma condição conhecida como **pediculose** – é irritação simples e prurido causado pelo anticoagulante injetado pelo parasita durante a alimentação. A infestação crônica por piolhos de alguns viajantes andarilhos é evidenciada por pele coriácea e escurecida – uma condição conhecida como **doença do vagabundo**.

As pulgas (ordem Siphonaptera) talvez sejam os mais conhecidos de todos os insetos parasitas. Existem descritas quase 1.500 espécies, que parasitam aves e mamíferos. Ao contrário dos piolhos, as pulgas são holometábolas e passam por estágios de ovo, larva, pupa e forma adulta. Algumas espécies de pulgas passam toda a vida no seu hospedeiro, embora os ovos geralmente sejam depositados no ambiente do hospedeiro e as larvas alimentem-se de restos orgânicos do local. As larvas das pulgas domésticas, como a pulga humana rara (*Pulex irritans*), alimentam-se de quase todos os restos orgânicos que encontram nos móveis ou no tapete da casa. Com a metamorfose ao estágio adulto, as pulgas podem passar por um período de inatividade, até que apareça um hospedeiro apropriado. Alguns microrganismos patogênicos graves são transmitidos pelas pulgas, e no mínimo 8 a 60 ou mais espécies de pulgas associadas aos roedores domésticos podem atuar como vetores das bactérias que causam peste bubônica.

Outras ordens de insetos incluem animais predominantemente de vida livre, mas também várias famílias de insetos parasitas ou micropredadores, ou grupos nos quais o estágio larval é parasita, mas as formas adultas têm vida livre. A maioria desses "parasitas" não vive continuamente no seu hospedeiro e tem comportamentos alimentares situados em uma "zona de transição" entre parasitismo obrigatório verdadeiro e predação. Alguns desses insetos são classificados como parasitas intermitentes, ou micropredadores. Os percevejos-de-cama (Hemiptera, Cimicidae), por exemplo, são insetos diminutos achatados, que se alimentam das aves e dos mamíferos. Entretanto, a maioria vive nos ninhos ou área de repouso dos hospedeiros, de onde saem apenas periodicamente para se alimentar. Os percevejos-de-cama comuns dos seres humanos (*Cimex lectularius* e *C. hemipterus*) escondem-se nas roupas de cama, nas rachaduras, nos telhados de palha ou sob os tapetes durante o dia e alimentam-se em seus hospedeiros durante a noite. Esses insetos são perfuradores–sugadores, muito semelhantes aos piolhos-sugadores. Os percevejos-de-cama não transmitem doença humana conhecida, embora, quando presentes em grandes quantidades, possam causar problema (na América do Sul, foram encontrados cerca de 8.500 percevejos em uma única residência de adobe). Por outro lado, os mosquitos (família Culicidae) são vetores de muitos microrganismos patogênicos, como *Plasmodium* (agente etiológico da malária; Figura 3.16), febre amarela, encefalite viral, dengue e filariose linfática (com seu quadro clínico marcante de elefantíase, causada pelo bloqueio dos canais linfáticos). Os barbeiros (Hemiptera, Reduviidae, Triatominae) também estabelecem uma relação casual com seus hospedeiros. Esses insetos vivem em todos os tipos de ambiente, mas comumente habitam tocas ou ninhos de aves e lagartos. Os barbeiros alimentam-se do sangue desses e de outros vertebrados, como cães, gatos e seres humanos. A especificidade aos hospedeiros é baixa. Várias espécies são vetores da tripanossomíase dos mamíferos (*Trypanosoma cruzi*, agente etiológico da doença de Chagas). A tendência de alguns animais a picar na face (onde a pele é fina) explica o nome comum desses insetos.

Na família Calliphoridae dos dípteros, as larvas são saprófagas, coprófagas, parasitas ou se alimentam das feridas. As espécies parasitas têm entre seus hospedeiros minhocas, envoltórios de ovos de gafanhotos, colônias de cupins e ninhos de aves, e várias parasitam seres humanos e animais domésticos (p. ex., *Gochliomya americana*, ou verme-parafuso americano tropical).

Muitos insetos parasitas de plantas causam crescimento anormal dos tecidos vegetais (também conhecidos como galha). Alguns fungos e nematódeos também formam galhas em plantas, mas a maioria é causada por ácaros e insetos (especialmente himenópteros e dípteros). Os adultos parasitas podem residir na planta hospedeira ou, mais comumente, depositar ovos nos tecidos vegetais, onde têm seu desenvolvimento larval. A presença do inseto ou de suas larvas estimula os tecidos vegetais a proliferar rapidamente, formando uma galha. O significado adaptativo (para os insetos) das galhas ainda não está definido, mas uma teoria popular sustenta que sua produção interfira na formação de compostos químicos defensivos pela planta, desse modo tornando os tecidos das galhas mais palatáveis. Uma estratégia até certo ponto semelhante é utilizada pelos "minadores-de-folha", ou larvas especializadas de várias ordens (p. ex., Coleoptera, Diptera, Hymenoptera), que vivem inteiramente dentro dos tecidos das folhas, perfurando e consumindo a maioria dos tecidos digeríveis.

Uma estratégia predatória interessante é a das larvas luminescentes da Nova Zelândia (*Arachnocampa luminosa*), que vivem nas cavernas e nos arbustos dos leitos dos rios. Essas larvas pequenas de mosquitos produzem bioluminescência nas extremidades distais dos túbulos de Malpighi, que iluminam a extremidade posterior do corpo. (Os picos de luz estão em comprimento de onda em 485 nm.) Cada larva constrói uma teia horizontal, a partir da qual até 30 "linhas de pesca" verticais descem, cada uma com uma série de gotículas pegajosas regularmente espaçadas. Invertebrados pequenos (p. ex., moscas, aranhas, besourinhos, himenópteros) atraídos pela luz ficam retidos nas linhas de pesca, são transportados e ingeridos. Os opiliões são os predadores principais das larvas luminosas e usam a luz para localizar suas presas!

Sistema digestivo. Como o trato digestivo de todos os artrópodes, o tubo digestivo longo e geralmente retilíneo dos hexápodes pode ser dividido em trato digestivo anterior estomodeal, trato digestivo médio endodermal e trato digestivo posterior proctodeal (Figura 22.26). Glândulas salivares estão associadas a um ou vários apêndices orais (Figura 22.27). As secreções salivares amolecem e lubrificam os alimentos sólidos e, em algumas espécies, contêm enzimas que iniciam a digestão química. Nas larvas de mariposas (lagartas) e nas larvas das abelhas e vespas, as glândulas salivares secretam seda usada para produzir células pupais.

Todos os hexápodes e também a maioria dos outros artrópodes que consomem alimentos sólidos produzem uma **membrana peritrófica** no trato digestivo médio (Figura 22.26 B). Essa lâmina de material quitinoso fino pode revestir o trato digestivo médio ou se soltar para circundar e cobrir as partículas alimentares, à medida que passam pelo trato digestivo. A membrana peritrófica serve para proteger o epitélio delicado do trato digestivo médio contra abrasões. Ela é permeada por poros microscópicos, que permitem a passagem das enzimas e dos nutrientes digeridos. Em muitas espécies, a produção dessa membrana também ocorre no trato digestivo posterior, onde ela circunda as fezes e forma pelotas bem-definidas.

Junto com sua ampla variedade de hábitos alimentares, os insetos desenvolveram algumas estruturas digestivas especializadas. Nos casos típicos, o trato digestivo anterior é dividido em faringe, esôfago, papo e proventrículo bem-definidos (Figuras 22.26 e 22.27). A faringe é muscular, principalmente nos insetos sugadores, nos quais geralmente forma uma **bomba faríngea**. O papo é um centro de armazenamento, cujas paredes são extremamente extensíveis nas espécies que fazem refeições volumosas e infrequentes. O **proventrículo** regula a passagem do alimento para o trato digestivo médio, seja na forma de uma valva simples que filtra os alimentos semilíquidos dos insetos sugadores, ou como um órgão de trituração conhecido como moela ou moinho gástrico, que mastiga os bocados ingeridos pelos insetos que mordem. Os moinhos gástricos bem-desenvolvidos têm dentes cuticulares e superfícies de moagem, esfregados uns contra os outros por músculos proventriculares potentes.

O trato digestivo médio (= estômago) da maioria dos insetos tem cecos gástricos, que se localizam perto da junção entre os tratos digestivos anterior e médio e são semelhantes aos dos crustáceos. Essas evaginações ajudam a aumentar a superfície disponível para a digestão e a absorção. Em alguns casos, os cecos também abrigam microrganismos mutualísticos (bactérias e protozoários). O trato digestivo posterior dos insetos tem basicamente a função de regular a composição das fezes e, possivelmente, absorver alguns nutrientes. A digestão da celulose pelos cupins e algumas baratas xilófagas é possibilitada pelas enzimas produzidas por protistas e bactérias que vivem no trato digestivo posterior.

Grupos de células gordurosas formam um **corpo adiposo** na hemocele de muitos insetos, que é mais evidente no abdome, embora também se estenda ao tórax e à cabeça. O corpo adiposo é um órgão singular dos insetos e, em geral, é comparado com o fígado dos vertebrados e o tecido cloragógeno dos anelídeos. O corpo adiposo não apenas armazena lipídios, proteínas e carboidratos, mas também sintetiza proteínas. Muitos insetos não se

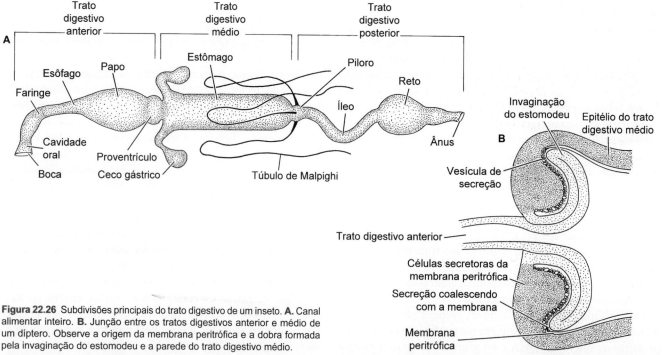

Figura 22.26 Subdivisões principais do trato digestivo de um inseto. **A.** Canal alimentar inteiro. **B.** Junção entre os tratos digestivos anterior e médio de um díptero. Observe a origem da membrana peritrófica e a dobra formada pela invaginação do estomodeu e a parede do trato digestivo médio.

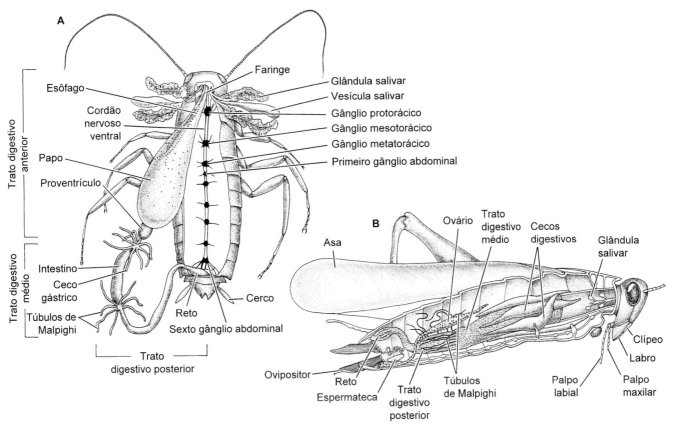

Figura 22.27 Anatomia interna de dois insetos comuns. **A.** Barata. **B.** Gafanhoto.

alimentam durante sua vida adulta; em vez disso, dependem dos nutrientes armazenados e acumulados nos estágios larvais ou juvenis, que ficam acondicionados no corpo adiposo.

Circulação e troca gasosa

O sistema circulatório dos hexápodes inclui um coração tubular dorsal, que bombeia o líquido hemocélico (sangue) para a cabeça. O coração estreita-se no segmento anterior e abre-se para uma aorta semelhante a um vaso, por meio do qual o sangue entra nas amplas câmaras hemocélicas, fluindo delas aos segmentos posteriores e finalmente retorna ao coração por meio de dois óstios laterais (Figura 22.28). Na maioria dos insetos, o coração estende-se ao longo dos primeiros nove segmentos abdominais; o número de óstios é variável. Órgãos bombeadores acessórios, ou **órgãos pulsáteis**, ocorrem comumente nas bases das asas e nos apêndices especialmente longos, como as pernas posteriores dos gafanhotos, de modo a facilitar a circulação e a manutenção da pressão sanguínea.

O coração é um órgão bombeador muito fraco, e o sangue é circulado basicamente pela atividade muscular rotineira do corpo e dos apêndices. Por isso, a circulação é lenta e a pressão do sistema é relativamente baixa. Como muitos aracnídeos, alguns hexápodes usam a pressão hidráulica do sistema hemocélico em lugar dos músculos extensores. Desse modo, por exemplo, as borboletas e as mariposas desenrolam seus tubos alimentares maxilares.

Muitos tipos de hemócitos foram descritos no sangue dos insetos. Nenhum tem a função de armazenar ou transportar oxigênio, mas aparentemente vários deles são importantes para a coagulação e a cicatrização das feridas. Nutrientes, escórias metabólicas e hormônios podem ser transportados eficientemente por esse sistema, mas não o oxigênio respiratório (parte do CO_2 difunde-se para o sangue). Os estilos de vida ativos desses animais terrestres requerem estruturas especiais para desempenhar as tarefas de troca gasosa e excreção. Essas estruturas são o sistema traqueal e os túbulos de Malpighi, que estão descritos a seguir.

A dessecação é um dos perigos principais enfrentados pelos invertebrados terrestres. As adaptações à vida terrestre sempre envolvem algum grau de equilíbrio entre a perda de água e a troca gasosa com a atmosfera. Ainda que a superfície corporal geral dos insetos possa ser amplamente à prova d'água, as superfícies de troca gasosa não podem.

Em alguns hexápodes diminutos, como os colêmbolos, a troca de gases ocorre por difusão direta através da superfície do corpo. Entretanto, a maioria dos hexápodes depende de um sistema traqueal (Figura 22.29). Conforme explicamos no Capítulo 20, as **traqueias** são invaginações tubulares extensivas da parede corporal, que se abrem através da cutícula por meio de poros conhecidos como espiráculos. Até 10 pares de espiráculos podem ocorrer nas paredes pleurais do tórax e do abdome. Uma vez que as traqueias têm origem epidérmica, seus revestimentos são substituídos a cada muda. A parede cuticular de cada traqueia é esclerotizada e, em geral, fortalecida por anéis ou espessamentos espirais conhecidos como **tenídias**, os quais impedem os tubos de entrarem em colapso, mas permitem alterações do comprimento que podem acompanhar os movimentos corporais. As traqueias que se originam de um espiráculo geralmente sofrem anastomoses com outras, formando redes ramificadas que penetram na maior parte do corpo. Em alguns insetos,

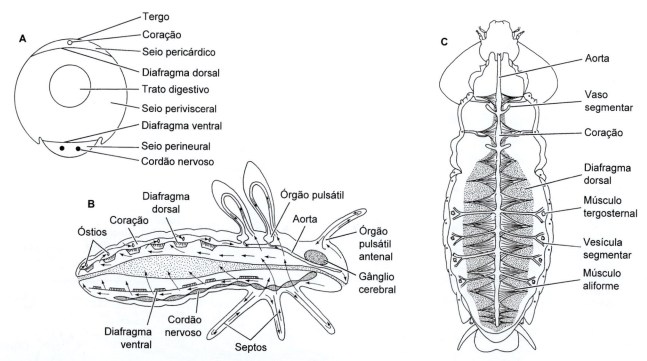

Figura 22.28 Sistema circulatório dos insetos. **A.** Abdome de um inseto (*corte transversal*). Observe a divisão da hemocele em três câmaras (um seio pericárdico dorsal, um seio perineural ventral e um seio perivisceral ventral). Essas câmaras estão separadas por diafragmas situados nos planos frontais. **B.** Circulação sanguínea de um inseto com sistema circulatório completamente desenvolvido (*corte longitudinal*). As setas indicam o trajeto da circulação. **C.** Uma barata (*dissecção ventral*). Observe os vasos dorsais e segmentares. O diafragma dorsal e os músculos aliformes (cardíacos) estão em continuidade sobre a parede ventral do coração e dos vasos sanguíneos, mas foram retirados do diafragma para tornar a ilustração mais clara.

parece que o ar é captado pelo corpo por meio dos espiráculos torácicos e liberado pelos espiráculos abdominais, estabelecendo assim um sistema de fluxo contínuo.

Em geral, cada espiráculo fica recolhido dentro de um átrio, cujas paredes são revestidas com cerdas ou espinhos (**tricomas**), os quais impedem que poeira, detritos e parasitas entrem nos tubos traqueais. Uma valva muscular ou outro dispositivo de fechamento está frequentemente presente e atua no controle das pressões parciais internas de O_2 e CO_2. Nos insetos em repouso, a maior parte dos espiráculos geralmente está fechada. A ventilação do sistema traqueal é realizada por gradientes de difusão simples, assim como pelas alterações de pressão induzidas pelo próprio animal. Quase qualquer movimento do corpo ou do trato digestivo faz com que o ar entre e saia de algumas traqueias. O alongamento, como em um telescópio, do abdome é usado por alguns insetos para fazer o ar entrar e sair dos tubos traqueais. Muitos insetos têm regiões traqueais expandidas conhecidas como bolsas traqueais, que funcionam como sacos para armazenamento de ar.

Uma vez que o sangue dos hexápodes não transporta oxigênio, as traqueias precisam estender-se diretamente a cada órgão do corpo, onde suas terminações realmente penetram nos tecidos. Desse modo, o oxigênio e o CO_2 são trocados diretamente entre as células e as diminutas terminações das traqueias, as traquéolas. No caso dos músculos do voo, nos quais a demanda de oxigênio é alta, os tubos traqueais invadem as próprias fibras musculares. **Traquéolas**, as partes mais internas do sistema traqueal, são canais com paredes finas, preenchidos por líquido, que terminam em uma única célula, conhecida como célula terminal da traquéola (= célula traqueolar) (Figura 22.29). As traquéolas penetram em todos os órgãos do corpo, e a troca gasosa ocorre diretamente entre as células corporais e elas. Ao contrário das traqueias, as traquéolas não são trocadas durante a ecdise. As traquéolas são tão diminutas (0,2 a 1,0 μm), que a ventilação é impossível, e o transporte de gases nessas estruturas depende da difusão aquosa. Essa limitação final nas taxas de trocas gasosas pode ser a razão primária para que os artrópodes terrestres nunca tenham atingido tamanhos extremamente grandes.

Nos insetos aquáticos, os espiráculos geralmente não são funcionantes e os gases simplesmente difundem-se através da parede corporal diretamente para as traqueias. Algumas espécies conservam espiráculos funcionais; eles seguram uma bolha de ar sobre cada orifício por meio do qual o oxigênio da água circundante difunde-se. As bolhas de ar são mantidas nessa posição por ceras secretadas e por placas de pelos hidrofóbicos em densidades que podem passar de 2 milhões/mm². A maioria dos insetos aquáticos, especialmente os estágios larvais, tem **brânquias** – projeções externas da parede corporal cobertas por cutícula fina não esclerotizada e que contêm sangue, traqueias ou bolhas de ar (Figura 22.30). As brânquias têm canais que levam ao sistema traqueal principal. Em alguns insetos aquáticos, como as ninfas das libélulas, o reto tem túbulos ramificados minúsculos conhecidos como **brânquias acessórias retais**. Com o bombeamento da água para dentro e para fora do ânus, esses insetos trocam gases por meio da superfície ampliada da parede do trato digestivo. Existem exemplos análogos de irrigação respiratória do trato digestivo posterior em outros grupos de invertebrados não aparentados (p. ex., equiuros, holotúrias).

Excreção e osmorregulação

O problema da conservação de água e a natureza dos sistemas circulatório e de troca gasosa dos artrópodes terrestres exigiram o desenvolvimento de estruturas totalmente novas para

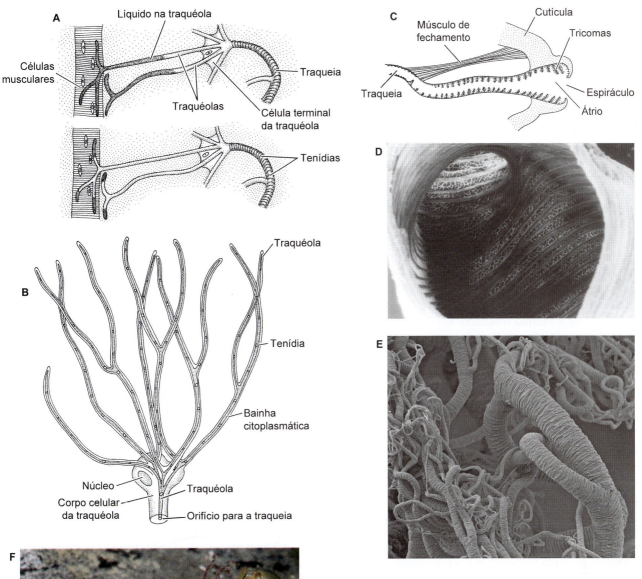

Figura 22.29 Sistema traqueal dos insetos. **A.** Traquéolas e células musculares de voo. Observe a região na qual os traquíolos tornam-se funcionalmente intracelulares dentro das fibras musculares. A figura de cima ilustra uma situação na qual as células musculares estão bem-oxigenadas, a demanda de oxigênio é pequena e o líquido acumula-se nos traquíolos. A figura de baixo ilustra células musculares deficientes em oxigênio. Os volumes reduzidos de líquido nas traquéolas permitem que os tecidos aumentem o acesso ao oxigênio. **B.** Célula terminal da traquéola. As tenídias são anéis que servem para manter o lúmen dos traquíolos aberto. **C.** Espiráculo de um inseto generalizado (*corte longitudinal*). Observe os espinhos filtradores da poeira (tricomas) que entra no átrio. **D.** *Vista interna* de uma traqueia protorácica de uma abelha-de-mel *Apis mellifera* (960×). **E.** Fotografia de microscopia eletrônica de varredura da traqueia e das traquéolas de um besouro carabídeo. **F.** Ninfa de uma libélula em muda para a forma adulta. Observe as traqueias brancas e longas sendo puxadas para fora das exúvias pelo adulto emergindo.

Figura 22.30 Ninfa aquática da efemérida *Paraleptophlebia* (Ephemeroptera) com brânquias abdominais laterais.

eliminar as escórias metabólicas. Como as superfícies de troca gasosa, o sistema excretor é uma área de perda potencial de água, porque as escórias nitrogenadas estão inicialmente em estado dissolvido. Esses problemas são agravados nos animais terrestres diminutos, como muitos hexápodes, por causa de suas altas razões superfície:volume. Além disso, os problemas associados à perda de água são ainda mais graves nos insetos voadores, porque o voo provavelmente é a atividade metabolicamente mais consumidora dentre todas as atividades locomotoras.

Na maioria dos artrópodes terrestres, os túbulos de Malpighi são a solução desses problemas. Nos hexápodes, essas projeções não ramificadas do trato digestivo originam-se perto da junção entre os tratos digestivos médio e posterior (Figuras 22.26, 22.27 e 22.31). As extremidades distais cegas desses túbulos estendem-se para dentro da hemocele e estão localizadas entre os vários órgãos e tecidos. Um único inseto pode ter até várias centenas de túbulos de Malpighi.

Na ausência de pressão sanguínea suficiente para manter a filtração excretora típica, os hexápodes usam a pressão osmótica para alcançar o mesmo resultado. Vários íons, especialmente potássio, são ativamente transportados através do epitélio dos túbulos de Malpighi do sangue para dentro do lúmen tubular (Figura 22.31). O gradiente osmótico mantido por esse mecanismo de transporte iônico permite que água e solutos saiam da cavidade corporal e entrem nos túbulos, passando daí para o trato digestivo. A água e outros materiais metabolicamente valiosos são seletivamente reabsorvidos para o sangue através da parede do trato digestivo posterior, enquanto o filtrado malpighiano deixado para trás é misturado com outros conteúdos do trato digestivo. A reabsorção de água, aminoácidos, sais e outros nutrientes pode ser aumentada pela ação de células especializadas existentes nas regiões espessadas conhecidas como glândulas retais. O urato de potássio solúvel dos túbulos de Malpighi, nesse ponto do trato digestivo, precipita na forma de ácido úrico sólido em consequência do pH baixo do trato digestivo posterior (pH de 4,0 a 5,0). Os cristais de ácido úrico não são reabsorvidos para o sangue e, por isso, são eliminados do trato digestivo junto com as fezes. Os insetos também têm células especiais, conhecidas como nefrócitos ou células pericárdicas, que se movimentam em algumas áreas da hemocele engolfando e digerindo escórias metabólicas complexas ou em forma de partículas.

A cutícula dos hexápodes é esclerotizada ou passou pelo processo de tanagem em graus variáveis, acentuando assim a impermeabilidade à água. Contudo, o mais importante é que há uma camada de cera dentro da epicutícula, o que aumenta acentuadamente a resistência ao ressecamento e livra os insetos para explorar completamente ambientes secos. Em muitos artrópodes terrestres (incluindo insetos primitivos), um saco coxal eversível (não deve ser confundido com as glândulas coxais dos aracnídeos) projeta-se da parede corporal situada perto da base de cada perna. Esses sacos coxais ajudam a manter a hidratação do corpo, captando água do ambiente (p. ex., gotas de orvalho). Muitos insetos recolhem água do ambiente por meio de vários outros dispositivos. Alguns besouros-do-deserto (Tenebrionidae) coletam a água atmosférica "apoiando-se sobre sua cabeça" e sustentando seus corpos esticados para cima, de modo que a umidade possa condensar-se no abdome e ser canalizada para a boca a fim de ser consumida.

Os insetos que habitam os ambientes desérticos são muito mais tolerantes às temperaturas altas e à perda de água corporal que os insetos dos ambientes mésicos, sendo especialmente aptos a conservar água e formar escórias metabólicas nitrogenadas insolúveis. Além disso, esses insetos têm traços comportamentais (como ciclos de atividade noturna e períodos de dormência) que facilitam a conservação de água. As temperaturas altas letais às espécies desérticas geralmente atingem a faixa de 50°C. Em geral, os espiráculos são cobertos por cerdas ou se encontram situados abaixo da superfície cuticular. Muitos insetos xéricos também passam por períodos de dormência (*i. e.*, diapausa ou estivação) durante algum estágio do seu ciclo de vida, períodos esses que se caracterizam por redução da taxa metabólica basal e cessação dos movimentos, permitindo-lhes resistir a longo tempo com extremos de temperatura e umidade. Alguns podem até utilizar o resfriamento por evaporação para reduzir as temperaturas corporais. Os hidrocarbonetos de cadeia longa, que impermeabilizam a cutícula, também são mais abundantes nos insetos xéricos.

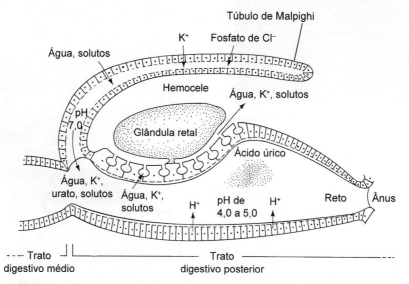

Figura 22.31 Um único túbulo de Malpighi abrindo-se dentro do trato digestivo posterior em sua junção com o trato digestivo médio. As *setas* indicam o fluxo dos materiais.

Sistema nervoso e órgãos dos sentidos

O sistema nervoso dos hexápodes conforma-se ao plano corpóreo básico dos artrópodes, descrito no Capítulo 20 (Figuras 22.32 e 22.33). Em geral, os dois cordões nervosos ventrais, bem como os gânglios segmentares, estão praticamente fundidos. Nos dípteros, por exemplo, mesmo os três gânglios torácicos estão fundidos em uma única massa. O maior número de gânglios livres ocorre nos insetos primitivos sem asas, que têm até oito gânglios abdominais separados. Fibras gigantes também foram descritas em várias ordens de insetos.

Como os "cérebros" de outros artrópodes, os gânglios cerebrais dos insetos estão divididos em três regiões bem-definidas: protocérebro, deutocérebro e tritocérebro. O gânglio subesofágico é formado pelos gânglios fundidos do quarto, quinto e (talvez) sexto segmentos cefálicos e controla as peças orais, as glândulas salivares e parte da musculatura local.

Os insetos têm um gânglio hipocerebral situado entre o gânglio cerebral e o trato digestivo anterior. Associados a esse gânglio, existem dois pares de corpos glandulares conhecidos como **corpos cardíacos** e **corpos alados** (Figura 22.33). Esses dois órgãos trabalham conjuntamente com as glândulas protorácicas e algumas células neurossecretoras do protocérebro. O complexo como um todo é um centro endócrino importante, que regula o crescimento, a metamorfose e outras funções (ver Capítulo 20).

Nos casos típicos, os hexápodes têm ocelos simples nos estágios larval, juvenil e frequentemente adulto. Quando estão presentes nos adultos, os ocelos simples geralmente formam tríade ou par na superfície anterodorsal da cabeça. Os olhos compostos são bem-desenvolvidos (semelhantes aos dos crustáceos) e conseguem formar imagens. A maioria dos insetos adultos tem um par de olhos compostos (Figura 22.34), que sobressaem até certo ponto, conferindo a esses animais um campo de visão amplo em quase todas as direções. Os olhos compostos estão acentuadamente reduzidos ou ausentes nos grupos parasitas e em muitas formas carvernícolas. A anatomia geral dos olhos compostos dos artrópodes está descrita no Capítulo 20, mas vários elementos estruturais distintos são encontrados nos olhos dos hexápodes; tais características estão descritas adiante.

Aparentemente, a quantidade de omatídios determina a acuidade visual geral de um olho composto; por isso, os olhos grandes são encontrados geralmente nos insetos predadores ativos, como libélulas e donzelinhas (ordem Odonata), que podem ter mais

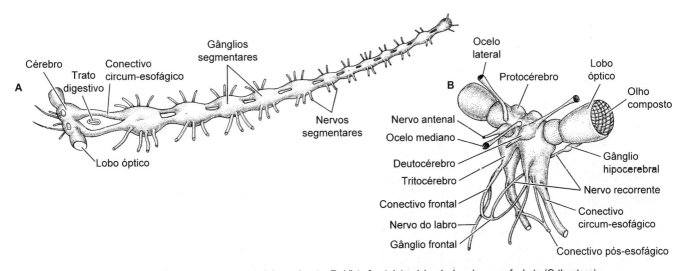

Figura 22.32 A. Sistema nervoso central de um inseto. **B.** *Vista frontolateral* do cérebro de um gafanhoto (Orthoptera).

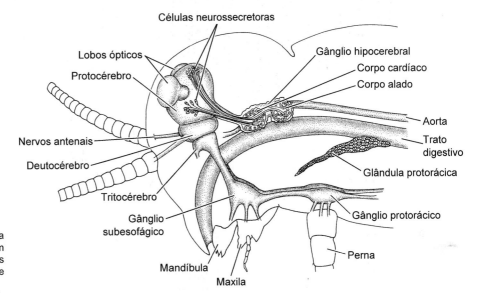

Figura 22.33 Órgãos endócrinos e sistema nervoso central da cabeça e do tórax de um inseto generalizado. Todos esses órgãos desempenham funções importantes no controle da muda e da metamorfose.

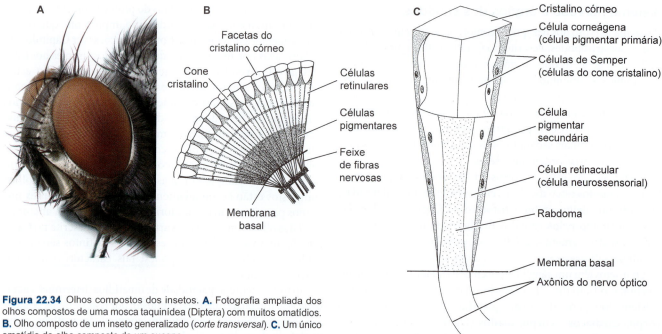

Figura 22.34 Olhos compostos dos insetos. **A.** Fotografia ampliada dos olhos compostos de uma mosca taquinídea (Diptera) com muitos omatídios. **B.** Olho composto de um inseto generalizado (*corte transversal*). **C.** Um único omatídio do olho composto de um eucone.

de 10.000 omatídios em cada olho. Por outro lado, as operárias de algumas espécies de formiga apresentam um omatídio por olho (as formigas vivem em um mundo de comunicação química)! Da mesma maneira, as facetas mais amplas capturam mais luz e são típicas dos insetos noturnos. Em todos os casos, um omatídio consiste em dois elementos funcionais: uma região externa concentradora de luz formada pelo cristalino e por um cone cristalino; e uma região sensorial interna formada por um rabdoma e por células sensoriais (Figura 22.34).

Em alguns insetos, a superfície exterior da córnea (cristalino) é coberta por tubérculos cônicos diminutos com cerca de 0,2 μm de altura, dispostos em um padrão hexagonal. Aparentemente, essas projeções reduzem a reflexão da superfície do cristalino e, desse modo, aumentam a porcentagem da luz transmitida pela faceta. Os olhos dos insetos nos quais o cone cristalino está presente são conhecidos como **olhos eucones** (Figura 22.34 B). Logo atrás do cone cristalino (dos olhos eucones), existem neurônios sensoriais alongados, também conhecidos como células retinulares. Primitivamente, cada omatídio provavelmente tinha oito células retinulares, que se originavam de três divisões sucessivas de uma única célula. Esse número é encontrado em alguns insetos atuais, mas está reduzido a seis ou sete na maioria, com um ou dois persistindo na forma de células basais curtas na região proximal de cada omatídio. Originando-se de cada célula retinular, há um axônio neuronal que atravessa a membrana basal da parte posterior do olho e entra no lobo óptico. Os insetos não têm nervo óptico verdadeiro; os olhos conectam-se diretamente com o lobo óptico do cérebro. Os rabdômeros consistem em microvilosidades firmemente compactadas, que medem cerca de 50 nm de diâmetro e são hexagonais ao corte transversal. As células retinulares são circundadas por 12 a 18 células pigmentares secundárias, que isolam cada omatídio de seus vizinhos.

A superfície corporal geral dos hexápodes, como as dos outros artrópodes, contém grande variedade de pelos e cerdas sensoriais microscópicas conhecidas coletivamente como **sensilas**. A diversidade incrível dessas estruturas circulares superficiais começou a ser explorada recentemente, em especial com base na microscopia eletrônica de varredura. As sensilas estão concentradas principalmente em antenas, peças orais e pernas. A maioria parece ser sensores táteis ou quimiossensoriais. As cerdas quimiossensoriais em forma de clave ou cavilha, conhecidas geralmente como **órgãos claviformes**, são semelhantes aos estetos dos crustáceos e especialmente comuns nas antenas dos hexápodes (Figura 22.35).

Os insetos têm proprioceptores internos conhecidos como **órgãos cordotonais**. Essas estruturas estendem-se através das articulações e monitoram o movimento e a posição das várias partes do corpo. Fonorreceptores também ocorrem na maioria das ordens de insetos. Essas estruturas podem ser estruturas corporais simples modificadas, ou cerdas apendiculares, antenas ou estruturas complexas conhecidas como **órgãos timpânicos** (Figura 22.36). Em geral, os órgãos timpânicos formam-se a partir da fusão das partes de uma dilatação traqueal e da parede corporal, que constituem uma membrana timpânica fina (= tímpano). Células receptoras, presentes em um saco de ar subjacente ou fixadas diretamente à membrana timpânica, reagem às vibrações quase da mesma maneira que na cóclea da orelha interna humana. Muitos insetos são capazes de diferenciar diversas frequências sonoras, mas outros podem ser incapazes de perceber tons. Os órgãos timpânicos podem estar localizados no abdome, no tórax ou nas pernas anteriores. Vários insetos presas de morcegos têm a capacidade de ouvir as frequências altas de seus dispositivos de ecolocalização e desenvolveram comportamentos de voo para evitar esses mamíferos voadores. Por exemplo, algumas mariposas, quando ouvem a ecolocalização de um morcego (em geral, acima da faixa audível pelos seres humanos), dobram suas asas e caem repentinamente em direção ao solo como manobra de fuga. Os louva-a-deus, cujo dispositivo de detecção de sonar está escondido em um sulco existente na superfície ventral do abdome, lançam os membros raptoriais anteriores e levantam o abdome. Esses movimentos fazem com que o inseto se esquive e rode, no último minuto de um "mergulho poderoso", e efetivamente evite os morcegos predadores.

Capítulo 22 Filo Arthropoda | Hexápodes | Insetos e seus Parentes 831

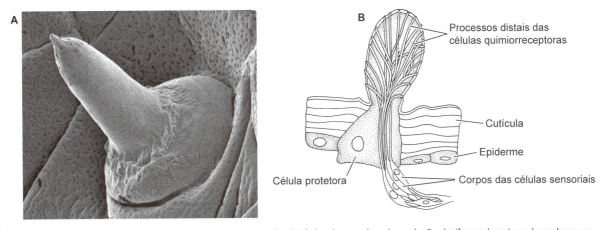

Figura 22.35 Órgãos claviformes quimiossensoriais. **A.** Fotografia de microscopia eletrônica de varredura de um órgão claviforme da antena de um besouro. **B.** Ilustração esquemática de um órgão claviforme da antena de um gafanhoto em *corte transversal*.

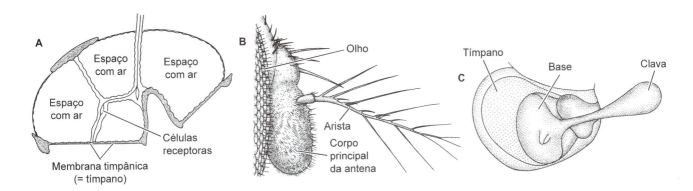

Figura 22.36 "Ouvidos" dos insetos. Os órgãos auditivos dos insetos (fonorreceptores) diferem acentuadamente quanto à sua anatomia e localização. **A.** O "ouvido" das mariposas noctuídeas (Lepidoptera) é um receptor de pressão usado para detectar os gritos ultrassônicos dos morcegos predadores. Essa estrutura é semelhante aos "ouvidos" da maioria dos insetos, porque tem uma membrana timpânica sustentada por um espaço de ar traqueal. Duas células receptoras estão ligadas ao tímpano. **B.** Em *Drosophila* (Diptera), uma cerda plumosa conhecida como arista origina-se do terceiro segmento antenal. A arista detecta movimentos do ar e, desse modo, reage ao som por uma interação com as partículas de ar em vibração. Essa estrutura é usada para detectar o som de chamada das espécies. **C.** No "ouvido" de um Gerridae (Hemiptera), o tímpano é coberto pela base de um corpo cuticular claviforme, que protrai para fora do corpo. A clava realiza movimentos giratórios, que permitem analisar algumas frequências das "canções" de outros indivíduos da mesma espécie. **D.** Tímpanos (*setas*) das tíbias das pernas anteriores de uma esperança.

A comunicação sonora dos insetos, assim como a comunicação luminosa dos pirilampos (e alguns ostrácodes), é um meio de comunicação espécie-específico para o cruzamento. Vários grupos de insetos (p. ex., alguns ortópteros, coleópteros, dípteros e hemípteros) têm estruturas que produzem sons. Os machos do gênero *Drosophila* produzem canções de cruzamento específicas dessa espécie, vibrando rapidamente as asas ou o abdome. Essas "canções de amor" atraem fêmeas da mesma espécie para a cópula. Alguns autores demonstraram que o ritmo da canção do macho está codificado em genes herdados de sua mãe no cromossomo X, enquanto os "intervalos de pulso" de uma canção são determinados pelos genes dos cromossomos autossômicos.

As cigarras podem ter os órgãos sonorizadores mais complexos do reino animal (Figura 22.37). A região metatorácica ventral dos machos tem duas placas grandes (ou opérculos), que cobrem um sistema complexo de membranas vibratórias e câmaras ressonantes. Uma membrana conhecida como tímbale começa a vibrar por ação de músculos especiais, enquanto as outras membranas da câmara ressonante amplificam essas vibrações. O som deixa o corpo da cigarra por meio do espiráculo metatorácico.

Muitas famílias de besouros e percevejos utilizam as superfícies das águas como substrato, tanto para a locomoção quanto para a comunicação por meio de ondas ou ondulações. Esses insetos produzem um sinal por oscilações verticais simultâneas de um ou mais pares de pernas e, algumas vezes, também por movimentos verticais bem-definidos do corpo. Os padrões de ondas produzidas são específicos para cada espécie. A presa potencial retida em uma película da superfície também é reconhecida dessa forma, assim como as aranhas reconhecem suas presas pelas vibrações da teia. Alguns dados limitados sugerem que os órgãos receptores da comunicação por meio de

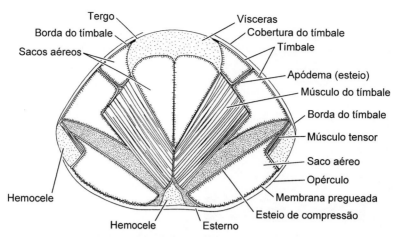

Figura 22.37 Estrutura de sonorização das cigarras (Hemiptera), localizada no primeiro segmento abdominal (*corte*). O som é produzido pela deformação do tímbale, um disco fino de cutícula. O músculo do tímbale está conectado com o tímbale através de um esteio. A contração desse músculo faz com que o tímbale encurve para dentro e, desse modo, produza um estalo amplificado pela ressonância dos sacos aéreos subjacentes. Com o relaxamento, a elasticidade do músculo leva o tímbale a deformar para fora novamente. Na superfície interna do segmento abdominal, uma membrana pregueada pode ser esticada para regular os sacos aéreos na mesma frequência de ressonância do tímbale.

ondulações sejam sensilas especializadas localizadas nas pernas, ou proprioceptores especializados localizados entre as articulações das pernas ou nas antenas, talvez semelhantes aos órgãos tarsais dos escorpiões (Capítulo 24).

Alguns insetos são bioluminescentes e, entre esses, os mais conhecidos são os besouros da família Lampyridae, também conhecidos como vaga-lumes ou pirilampos. Nas regiões tropicais, onde esses insetos são especialmente abundantes, os vaga-lumes são conservados em recipientes de vidro e utilizados como lanternas naturais, e algumas mulheres os enrolam em faixas de gaze utilizadas como ornamentos florescentes para os cabelos. A luz dos insetos luminescentes varia de verde a vermelho ou laranja, dependendo da espécie e da composição química específica do sistema de luciferina-luciferase envolvido. Nos casos típicos, os órgãos geradores de luz são compostos de grupos de células emissoras de luz (ou **fotócitos**), que se situam sobre uma camada de células refletoras e estão cobertos por uma epiderme transparente fina. Os fotócitos são profusamente irrigados pelas traqueias e o oxigênio é necessário à reação química. Cada espécie de pirilampo e a maioria dos outros insetos luminescentes têm um padrão ou código de piscagem para facilitar o reconhecimento e a comunicação entre o casal.

Um dos comportamentos de comunicação mais sofisticados dos insetos pode ser a famosa dança das abelhas-de-mel. Diariamente, as abelhas forrageadoras deixam a colônia para localizar novas fontes de alimento (p. ex., flores recentemente abertas). Elas voam sinuosamente até encontrar uma fonte boa de alimento. Então, retornam à colmeia seguindo um caminho em linha reta (a "linha das abelhas"); enquanto isso, elas parecem definir um "mapa" de navegação da colônia até a fonte do alimento. A maioria dos estudiosos de comportamento acredita que essa informação seja comunicada aos parceiros da colmeia por uma dança complexa de sacudidelas do abdome, que permite que outras abelhas da colmeia voem diretamente para o novo local de alimento. A abelha forrageadora também carrega os odores do alimento (amostras do néctar), pólen e vários outros odores agarrados aos pelos de seu corpo. Ela também pode marcar a fonte de alimento com um feromônio produzido por uma glândula especial conhecida como **glândula de Nasanov**. Todas essas pistas ajudam seus companheiros a encontrar a nova fonte de alimento. Karl von Frisch foi o primeiro a documentar todos esses atributos das abelhas forrageadoras no início do século 20.

Desde os estudos pioneiros de von Frisch sobre a "dança das abelhas", muitos outros estudos sobre o sistema de navegação das abelhas foram publicados. Hoje sabemos que as abelhas melíferas (e também as solitárias) têm visão espetacular. Grande parte da atividade diária das abelhas, inclusive navegação e reconhecimento das flores, depende fundamentalmente da visão ultravioleta. As abelhas parecem utilizar uma série hierárquica de mecanismos de orientação do voo; quando o mecanismo principal é bloqueado, uma abelha pode alternar para um sistema secundário. O sistema de navegação primário utiliza o padrão de luz solar ultravioleta polarizada no céu. Esse padrão depende da localização do sol, determinada com base em duas coordenadas – azimute e elevação. As abelhas e muitos outros animais que se orientam pelo sol têm uma capacidade intrínseca de compensar as mudanças de horário (elevação) e as mudanças sazonais (azimute) da posição do sol com o transcorrer do tempo. Nos dias nublados, quando a luz do sol está em grande parte despolarizada, as abelhas não conseguem utilizar seu mecanismo de navegação celestial ultravioleta e, desse modo, alternam para seu sistema secundário de navegação: navegação por meio de pontos de referência (folhagem, rochas etc.) gravados durante os voos mais recentes até a fonte de alimento. Evidências limitadas sugerem que também possa existir algum tipo de sistema de "recuperação" terciário.

Desse modo, se o modelo da dança das abelhas estiver correto,[7] as abelhas precisam processar simultaneamente informações relativas ao tempo, à direção do voo em relação com o azimute do sol, ao movimento do sol, à distância percorrida e aos pontos de referência locais (sem mencionar as complicações atribuídas a outros fatores, como correntes de vento) e, ao fazer isso, reconstruir um alvo em linha reta para informar suas companheiras da colmeia. Se as evidências recentes estiverem

---

[7] A hipótese da "dança das abelhas" também tem seus opositores, e alguns pesquisadores duvidam completamente de sua existência; ver seção de Referências gerais deste capítulo a fim de vislumbrar a história da controvérsia acerca da dança das abelhas.

certas, as abelhas (assim como os pombos) também podem detectar os campos magnéticos da Terra por meio de compostos ferrosos (magnetita) localizados em seus abdomes. Faixas de células situadas em cada segmento abdominal da abelha contêm grânulos ricos em ferro, e ramificações nervosas originadas de cada gânglio segmentar parecem inervar esses tecidos.[8]

Em alguns insetos, os ocelos são os receptores principais para a navegação. Alguns gafanhotos, libélulas e ao menos uma espécie de formiga utilizam os ocelos para "ler" informações da bússola no céu azul. Como ocorre nas abelhas, o padrão de luz polarizada no céu parece ser o indício orientador principal. Em algumas espécies, os ocelos e os olhos compostos podem funcionar dessa forma. Muitos insetos (provavelmente a maioria) também "enxergam" luz ultravioleta.

Talvez os insetos navegadores mais famosos sejam as borboletas-monarca da América do Norte (*Danaus plexippus*). A cada outono, as monarcas migram até 4.000 km das áreas de reprodução, leste dos EUA e do Canadá, para as montanhas de Michoacán, no centro do México, fugindo do inverno. Essas borboletas realizam essa jornada notável orientando-se por uma bússola solar, ou seja, utilizando as variações do azimute solar (e seu conhecimento da duração relativa do dia) para dirigir seus movimentos. Nos dias nublados, quando não é possível conseguir uma orientação exata com base no azimute solar, as monarcas ainda conseguem orientar-se para o sul–sudoeste, sugerindo que também tenham um mecanismo secundário de orientação, como uma bússola geomagnética. As monarcas fazem parte de um grupo pequeno de espécies animais em que pesquisadores conseguiram mostrar a existência de um mecanismo de orientação pela bússola solar.

Muitos insetos liberam compostos nocivos de quinonas para repelir ataques. Talvez o exemplo mais conhecido sejam alguns tenebrionídeos, alguns utilizando a própria cabeça para isso. Contudo, os campeões dessa estratégia de guerra química certamente são os besouros-bombardeiros, que fazem parte das subfamílias Brachininae e Paussinae dos carabídeos e expelem compostos de quinona a uma temperatura em torno de 100°C (Figura 22.7).

Reprodução e desenvolvimento

Reprodução. Os hexápodes são dióicos e a maioria é ovípara. Alguns insetos são ovovivíparos e muitos podem reproduzir-se por partenogênese. A maioria dos insetos depende de copulação e inseminação diretas. Os insetos reprodutivamente maduros são conhecidos como adultos ou **imagos**. As imagos-fêmeas têm um par de ovários formado por grupos de ovaríolos tubulares (Figura 22.38 A). Os ovidutos reúnem-se para formar um ducto comum, antes de entrar em uma câmara genital. Os receptáculos seminais (espermatecas) e as glândulas acessórias também drenam para dentro da câmara genital. Por meio de uma **bursa copulatória** curta (= vagina), a câmara genital abre-se no esterno do oitavo ou, algumas vezes, do sétimo ou do nono segmento abdominal. O sistema reprodutor masculino é semelhante, ou seja, um par de testículos, cada um formado por alguns tubos espermáticos (Figura 22.38 B). Os dois espermoductos dilatam-se e formam vesículas seminais (nas quais os espermatozoides são armazenados) e, em seguida, reúnem-se para formar um único ducto ejaculador. Perto desse ducto, as glândulas acessórias descarregam líquidos seminais dentro do trato reprodutivo. A extremidade inferior do ducto ejaculatório está acondicionada dentro de um pênis, que se estende em direção posteroventral a partir do nono esternito abdominal.

Os comportamentos de corte dos insetos são extremamente diversificados e comumente muito sofisticados; cada espécie tem seus métodos de reconhecimento próprios. A corte pode consistir em atração química ou visual simples, mas, nos casos mais típicos, envolve secreção de feromônios, seguida de várias exibições, estimulação tátil, canções, luzes brilhantes ou outros rituais, os quais podem estender-se por algumas horas. O tema da corte dos insetos é uma área de estudo especialmente ampla e fascinante. Embora o campo da biologia dos feromônios ainda esteja em seus primórdios, os feromônios de atração ou agregação sexual foram identificados em cerca de 500 espécies de insetos diferentes (cerca de 50% desses feromônios foram sintetizados e são vendidos comercialmente com a finalidade de controle de pragas).

A maioria dos insetos transfere seus espermatozoides diretamente quando o macho introduz seu **edeago** (Figura 22.38 B e D) ou um gonopódio na câmara genital da fêmea. Cláspéres abdominais especiais, ou outras estruturas cuticulares articuladas do macho, frequentemente reforçam essa fixação copulatória. Essas modificações morfológicas são específicas de cada espécie e, desse modo, são utilizadas como características de reconhecimento valiosas, tanto pelos casais de insetos quanto pelos taxonomistas. Em geral, a cópula ocorre durante o voo. Em alguns insetos primitivos sem asas e nos odonatos, a transferência dos espermatozoides é indireta. Nesses casos, um macho pode depositar seus espermatozoides em regiões especializadas do seu corpo para que sejam recolhidos pela fêmea; ou pode simplesmente deixar os espermatozoides no chão, onde são encontrados e recolhidos pelas fêmeas. Nos percevejos-de-cama (ordem Hemiptera, família Cimicidae), os machos usam o pênis dilatado para perfurar uma região específica da parede corporal da fêmea; em seguida, os espermatozoides são depositados diretamente dentro de um órgão interno (**órgão de Berlese**). Desse órgão, os espermatozoides migram para os ovários, onde ocorre a fecundação à medida que os ovos são liberados.

Os espermatozoides podem ficar suspensos na secreção de uma glândula acessória ou, mais comumente, a secreção endurece ao redor dos espermatozoides para formar um espermatóforo. As fêmeas de muitos insetos armazenam grandes quantidades de espermatozoides dentro das espermatecas. Em alguns casos, os espermatozoides de um único cruzamento são suficientes para fecundar os ovos da fêmea ao longo de toda a sua vida reprodutiva, que pode estender-se por alguns dias ou vários anos.

Os ovos dos insetos são protegidos por uma membrana espessa (córion) produzida dentro do ovário. A fecundação ocorre à medida que os ovos passam pelo oviduto para ser depositados. Glândulas acessórias contribuem com adesivos ou secreções

---

[8]Muitos animais têm capacidades magnetotáteis, incluindo alguns moluscos, vespas, o salmão, o atum, a tartaruga, a salamandra, o pombo doméstico, os cetáceos e até mesmo as bactérias e os seres humanos. As bactérias magnetotáteis nadam para o norte do hemisfério Norte, para o sul do hemisfério Sul e nas duas direções no equador geomagnético. Em todos esses casos, foi demonstrado que os cristais de óxido de ferro sob a forma de magnetita são utilizados como dispositivos principais de detecção. Entretanto, nas abelhas, as estruturas contendo ferro são trofócitos, que contêm magnetita paramagnética. Esses trofócitos magnetotáteis circundam cada segmento abdominal e são inervados pelo sistema nervoso central.

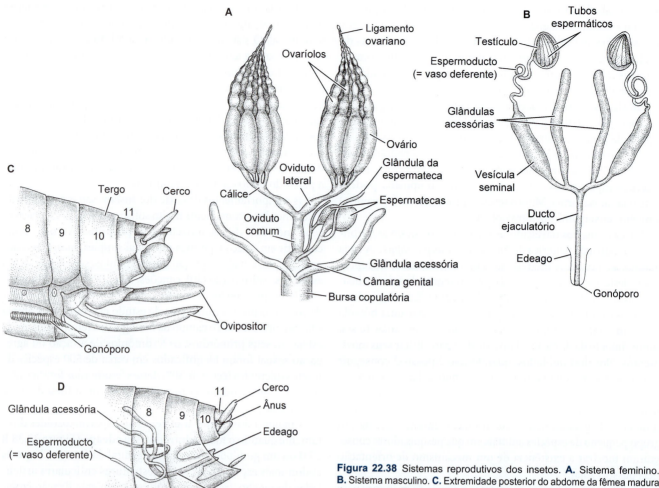

Figura 22.38 Sistemas reprodutivos dos insetos. **A.** Sistema feminino. **B.** Sistema masculino. **C.** Extremidade posterior do abdome da fêmea madura de um inseto. **D.** Extremidade posterior do abdome de um inseto-macho maduro.

que enrijecem sobre os zigotos. Em muitas espécies, extensões cuticulares ao redor do gonóporo da fêmea formam um **ovipositor** (Figura 22.38 C), com o qual ela coloca os ovos em uma área de incubação que ofereça condições favoráveis aos filhotes quando eclodirem (p. ex., uma câmara subterrânea rasa, o caule de uma planta ou o interior do corpo de um inseto hospedeiro). Embora geralmente sejam depositados 50 a 100 ovos de cada vez, algumas espécies são capazes de depositar apenas um, enquanto outras depositam milhares. Alguns insetos (p. ex., baratas) envolvem vários ovos de cada vez em um envoltório protetor.

A partenogênese é comum em vários grupos de insetos. Esse mecanismo é usado sazonalmente como alternativa reprodutiva por alguns táxons de insetos, principalmente os que vivem em ambientes instáveis. Nos himenópteros (abelhas, vespas e formigas), a partenogênese também é usada como mecanismo de determinação sexual. Nesses casos, os ovos diploides fecundados transformam-se em fêmeas, enquanto os ovos haploides não fecundados geram machos. As infecções pela bactéria *Wolbachia* – um parasita comum dos sistemas reprodutivos dos artrópodes – afetam comprovadamente a reprodução de muitas espécies de insetos. Em alguns casos, essas infecções causam infertilidade, enquanto em outros transformam os machos em fêmeas funcionais. Contudo, em algumas espécies de vespas, as infecções pela bactéria *Wolbachia* elimina os machos por completo, interrompendo a primeira divisão celular do ovo e resultando em ovos diploides, que podem transformar-se apenas em fêmeas – gerando, assim, cepas partenogênicas de vespas, que normalmente são sexuadas. Essas cepas assexuadas retornam à dioicia quando a bactéria *Wolbachia* morre.[9]

Embriologia. Conforme foi explicado no Capítulo 20, os ovos centrolécitos grandes dos artrópodes frequentemente contêm muito vitelo – uma condição resultante das modificações do padrão de clivagem. Embora vestígios do que foi interpretado como clivagem espiral holoblástica ainda sejam encontrados em alguns crustáceos, os hexápodes praticamente não têm quaisquer resquícios de clivagem espiral. Em vez disso, a maioria faz clivagem meroblástica por meio de divisões nucleares intralecitais seguidas da migração dos núcleos descendentes para o citoplasma periférico (= periplasma). A citocinese não ocorre durante essas primeiras divisões nucleares (até 13 ciclos) que, em seguida, formam um sincício ou fase plasmodial da embriogênese. Os núcleos continuam a dividir-se, até que o periplasma esteja repleto deles, quando então se forma a blastoderme sincicial. Por fim, as membranas celulares começam a formar-se,

---

[9] *Wolbachia pipientis* são bactérias intracelulares obrigatórias gram-negativas transmitidas pelas fêmeas entre os nematódeos filários, crustáceos, aracnídeos e ao menos 20% de todas as espécies de insetos. Muitas *Wolbachia* aumentam sua prevalência nas populações por meio de manipulações dos sistemas reprodutivos dos hospedeiros.

distribuindo as células uninucleadas de uma para outra. Nesse ponto, o embrião é uma periblástula, que inclui uma esfera de vitelo contendo alguns núcleos dispersos e cobertos por uma camada fina de células (Figura 22.39).

Ao longo de um dos lados da blástula, uma placa de células colunares forma um disco germinativo nitidamente separado das células cuboides finas da blastoderme restante (Figura 22.39 A). A partir de regiões específicas desse disco, as supostas células endodérmicas e mesodérmicas começam a proliferar na forma de centros germinativos. Essas células migram para dentro durante a gastrulação, até se localizarem sob suas células genitoras, que agora formam a ectoderme. A mesoderme prolifera para dentro na forma de um sulco gastral longitudinal (Figura 22.39 B). Em geral, as células do tubo digestivo em formação circundam e gradativamente começam a absorver a massa central de vitelo do embrião, enquanto os espaços celômicos duplos aparecem na mesoderme.

À medida que os segmentos começam a demarcar e proliferar, cada qual recebe um par de bolsas mesodérmicas e, por fim, desenvolvem brotos apendiculares. À medida que a mesoderme contribui para os diversos órgãos e tecidos, os espaços celômicos duplos reúnem-se à blastocele diminuta, formando o espaço hemocélico. A boca e o ânus originam-se do crescimento da ectoderme, para formar o trato digestivo anterior proctodeal e o trato digestivo posterior que, por fim, estabelecem contato com o trato digestivo médio endodermal em formação.

A poliembrionia ocorre em alguns táxons de insetos, principalmente nos himenópteros parasitas. Com esse tipo de desenvolvimento, o embrião em estágio inicial divide-se dando origem a mais de um embrião em formação. Desse modo, de duas a milhares de larvas podem formar-se a partir de um único ovo fecundado, geralmente depositado no corpo de outro inseto (hospedeiro).

Desenvolvimento pós-embrionário. Entre os hexápodes, existem três tipos principais de desenvolvimento: **ametábolo** (desenvolvimento direto ou amórfico), **hemimetábolo** e **holometábolo** (desenvolvimento indireto ou completo). A Figura 22.40 ilustra esses tipos de desenvolvimento. As espécies mais primitivas das ordens de hexápodes sem asas fazem desenvolvimento ametábolo. Os filhotes eclodem na forma de juvenis muito semelhantes aos adultos (ou imagos), mas as dimensões gerais do corpo aumentam a cada muda sucessiva. Os insetos alados fazem desenvolvimento hemimetábolo (Figuras 22.40 B e 22.41) ou holometábolo (Figuras 22.40 C e 22.42).

Com o desenvolvimento hemimetábolo, as principais alterações que ocorrem durante o crescimento referem-se às dimensões e proporções do corpo, bem como ao desenvolvimento das asas e das estruturas sexuais. As formas juvenis dos insetos hemimetábolos são conhecidas como **ninfas** (juvenis terrestres) ou **náiades** (juvenis aquáticos, como efemérídas, libélulas e louva-a-deus). Em geral, as ninfas e os adultos vivem no mesmo hábitat, mas isso não ocorre com náiades e seus respectivos adultos. As ninfas e as náiades têm olhos compostos, antenas e apêndices locomotores e alimentares semelhantes aos dos adultos. Entretanto, as asas funcionais e as estruturas sexuais sempre estão ausentes, embora os juvenis tenham rudimentos de asas conhecidos como coxins ou brotos alares, e as asas propriamente ditas sejam expostas pela primeira vez durante a muda do estágio pré-adulto.

Os insetos holometábolos eclodem como larvas vermiformes, que não guardam qualquer semelhança com as formas adultas. Essas larvas são tão diferentes dos adultos que frequentemente recebem nomes comuns diferentes; por exemplo, as larvas das borboletas são conhecidas como lagartas, as larvas das moscas como gusanos e as larvas dos besouros como coro. As larvas holometábolas não têm olhos compostos (geralmente nem antenas) e sua história natural é acentuadamente diferente das formas adultas. Suas peças orais são completamente diferentes das dos adultos, enquanto os brotos alares externos nunca estão presentes. Em geral, a maior parte do ciclo de vida dos insetos holometábolos transcorre em uma série de instares larvais. Nos casos típicos, as larvas consomem grandes quantidades de alimento e alcançam dimensões maiores que os adultos. A finalização do estágio larval é acompanhada de **pupação**, durante a qual (em uma única muda) começa o estágio pupal (Figura 22.43). As **pupas** não se alimentam, nem se movimentam muito. Em geral, as pupas moram dentro de nichos no solo, dentro dos tecidos vegetais, ou abrigadas dentro de um **casulo**. As reservas de energia armazenadas durante a longa vida larval são utilizadas pelas pupas para realizar todas as etapas da transformação do corpo. Muitos tecidos larvais são desorganizados e reorganizados para formar o adulto; as asas externas e os órgãos sexuais são desenvolvidos nessa fase. A transformação notável do estágio larval para o estágio adulto dos insetos holometábolos é um dos avanços mais impressionantes da evolução animal (Figura 22.42) e corresponde à transformação dos crustáceos por uma série de estágios larvais até a forma adulta (Figura 21.33).

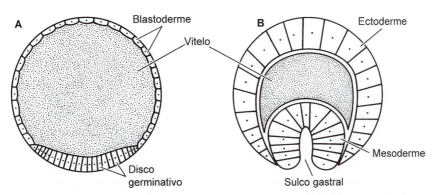

Figura 22.39 Estágios iniciais do desenvolvimento dos insetos. **A.** Blastoderme (blástula) de um inseto generalizado, depois da citocinese (*corte transversal*). Observe o disco germinativo espessado. **B.** Gástrula inicial de uma abelha (*corte transversal*). Observe o sulco gastral e a proliferação da mesoderme.

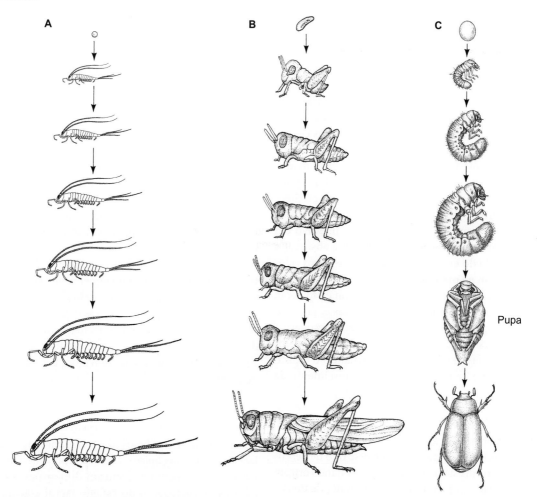

Figura 22.40 Comparação lado a lado dos três tipos principais de desenvolvimento encontrados nos hexápodes. Desenvolvimento ametábolo (**A**), desenvolvimento hemimetábolo (**B**) e desenvolvimento holometábolo (**C**).

A função da ecdisona na iniciação das mudas está descrita no Capítulo 20. Esse hormônio atua simultaneamente com um segundo produto endócrino no controle da sequência de eventos da metamorfose do inseto. Esse segundo produto – hormônio juvenil – é produzido e liberado pelos corpos alados, um par de estruturas glandulares associadas ao cérebro (Figura 22.33). Quando a ecdisona inicia uma muda de um instar larval inicial, a concentração concomitante do hormônio juvenil na hemolinfa é alta. A concentração alta desse último hormônio assegura uma muda de larva a larva. Depois de chegar ao último instar larval, os corpos alados param de secretar hormônio juvenil. As concentrações baixas desse hormônio resultam em uma muda de larva a pupa. Por fim, quando a pupa está pronta para mudar, o hormônio juvenil está completamente ausente na hemolinfa; tal deficiência resulta na muda de pupa à forma adulta.

Evolução dos hexápodes

Os hexápodes estavam entre os primeiros animais a colonizar e explorar os ecossistemas terrestres e de água doce. O registro fóssil é abundante e existem cerca de 1.263 famílias conhecidas (comparativamente, existem 825 famílias fósseis conhecidas de vertebrados tetrápodes). Os insetos fósseis mais antigos conhecidos datam do período Devoniano Inicial e isso resultou na hipótese de que os hexápodes tenham sido originados do Siluriano Tardio com os primeiros ecossistemas terrestres. A diversificação notável dos insetos certamente está relacionada com a evolução das asas e esses animais constituem o único grupo de invertebrados que podem voar. Existem insetos fósseis alados recuperados do período Mississipiano Tardio (cerca de 324 Ma), sugerindo uma origem pré-carbonífera do voo dos insetos. Contudo, a descrição de *Rhyniognatha* (cerca de 412 Ma) com uma mandíbula possivelmente sugestiva de um inseto alado sugeriu que a origem dos insetos alados tenha ocorrido entre o Siluriano Tardio e o Devoniano Inicial. As estimativas do tempo de divergência, baseadas em uma análise de filogenética molecular de muitos genes nucleares que codificam proteínas (Misof *et al.*, 2014), corroboraram a origem das linhagens de insetos alados durante essa faixa de tempo; isso significa que a capacidade de voar surgiu depois do estabelecimento dos ecossistemas terrestres complexos. Desde então, os insetos têm moldado os ecossistemas terrestres da Terra, evoluindo simultaneamente com outro grupo terrestre altamente diversificado – as plantas com flores – que, por fim, levou a era Cenozoica a ser conhecida como "a era dos insetos".

No período Carbonífero, várias ordens de insetos atuais floresciam, embora muito diferentes do que encontramos na fauna atual. Alguns hexápodes do período Carbonífero são notáveis por suas dimensões gigantescas, como o tisanuro (Thysanura), que chegava a medir 6 cm de comprimento, assim como as libélulas com suas asas abertas alcançando 70 cm. Além das

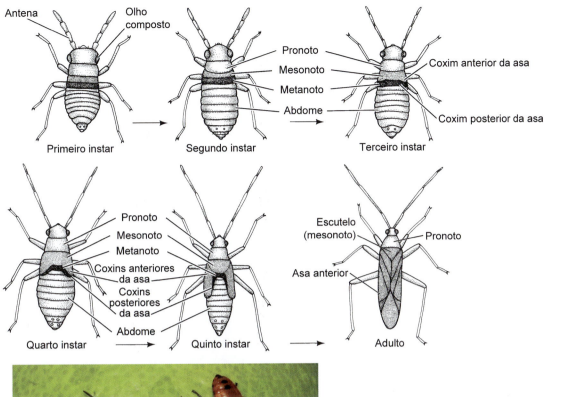

Figura 22.41 Ilustrações e fotografia dos estágios de vida dos besouros-da-serralha (Hemiptera), ilustrando os estágios principais do desenvolvimento hemimetábolo. Observe os coxins das asas nos instares 3 a 5.

ordens de insetos vivos, ao menos 10 outras ordens surgiram e irradiaram-se no final da era Paleozoica e no início da Mesozoica, quando foram então extintas.

O período Permiano presenciou uma radiação explosiva dos insetos holometábolos, embora muitos grupos tenham sido extintos no grande evento de extinção do final deste período (Capítulo 1). Na verdade, relativamente poucos grupos de insetos da era Paleozoica sobreviveram até a era Mesozoica e muitas famílias recentes apareceram primeiramente no período Jurássico. No período Cretáceo, a maioria das famílias modernas já existia, a sociabilidade dos insetos começou e muitas famílias começaram a estabelecer relações íntimas com as angiospermas. Os insetos do Terciário eram praticamente iguais aos atuais e incluíam muitos gêneros indistinguíveis da fauna recente (Holoceno).

A Figura 22.44 ilustra nossa hipótese atual sobre as relações evolutivas das ordens dos hexápodes. Essa árvore está baseada em um estudo recente (Misof *et al.*, 2014), que realizou uma análise de filogenética molecular de 1.478 genes nucleares de

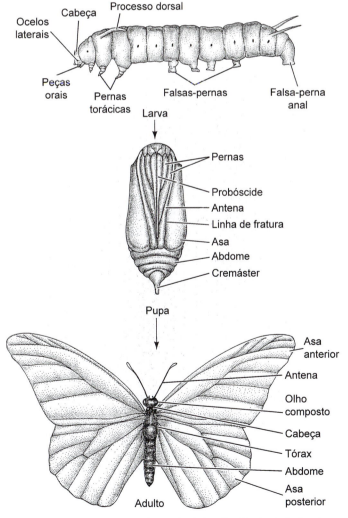

Figura 22.42 Estágios de vida de uma borboleta (Lepidoptera), ilustrando os principais estágios do desenvolvimento holometábolo.

Figura 22.43 Quatro tipos diferentes de pupas dos insetos. **A.** Crisálida de uma borboleta-monarca (Lepidoptera: Nymphalidae: *Danaus plexippus*). **B.** Pupa de um besouro-chifre (Coleoptera: Cerambycidae: *Xylotrechus nauticus*). **C.** Casulo de um bicho-da-seda (Lepidoptera: Saturniidae: *Bombyx mori*) cortado e aberto para mostrar a pupa em seu interior. A pele desprendida (exúvia) do último instar larval é perceptível à direita da pupa, dentro do casulo. **D.** Pupa de um mosquito (Diptera: Culicidae).

cópia simples, os quais codificam proteínas (ver detalhes dessa árvore com estimativas do tempo de divergência no Capítulo 2). Sem dúvida alguma, esse estudo é a análise mais rica em dados sobre os hexápodes realizada até hoje. Os resultados dessa análise apoiaram muitas hipóteses por muito tempo defendidas para explicar a evolução dos hexápodes, mas também forneceram bases novas para algumas partes da árvore difíceis de esclarecer com base nos conjuntos moleculares menores e por meio apenas das análises das características morfológicas.

Os hexápodes estão divididos em três ordens de entognatos e Insecta. Todas as três ordens de entognatos (Collembola, Protura e Diplura) têm peças orais interiorizadas. A maioria dos pesquisadores atuais considera que o grupo Collembola + Protura seja monofilético (descritos como Ellipura), e essa relação está firmemente embasada em análises mais recentes. Contudo, ainda existem debates acalorados quanto aos dipluros (Diplura) estarem relacionados mais diretamente com o grupo Collembola + Protura, ou com a ordem Insecta (uma hipótese defendida convincentemente por Kukalová-Peck). Desse modo, os hexápodes entognatos podem ou não constituir um grupo monofilético. Entre as sinapomorfias potenciais que poderiam unificar todas as três ordens está a própria entognatia (proliferação das peças orais por pregas orais originadas da parede craniana lateral). Além disso, os túbulos de Malpighi e os olhos compostos são reduzidos – os olhos compostos estão degenerados nos colêmbolos e não existem nos dipluros e proturos atuais. Contudo, essas reduções poderiam ser convergências resultantes de suas dimensões corporais diminutas. Desse modo, nossa árvore evolutiva apresenta uma tricotomia sem solução na base dos hexápodes e, em nossa classificação, consideramos os hexápodes entognatas um grupo potencialmente parafilético.

A monofilia da classe Insecta (Archaeognatha, Thysanura e Pterygota) (Figura 22.44 B) é inquestionável. As sinapomorfias principais desse grupo incluem a estrutura da antena com a ausência de músculos entre o primeiro segmento (escapo); a presença de um grupo de órgãos cordotonais especiais (sensores vibratórios) no segundo segmento da antena (pedicelo), conhecidos como órgão de Johnston; um tentório posterior bem-desenvolvido (formando uma barra transversal); a subdivisão do tarso em tarsômeros; fêmeas com ovipositores formados pelas gonopófises (enditos da base dos apêndices) nos segmentos 8 e 9; e filamentos terminais posteriores longos e anelados (cercos).

Tradicionalmente, a classe Insecta tem sido subdividida em insetos sem asas (Archaeognatha e Thysanura) e insetos alados (Pterygota). Contudo, com base nos estudos moleculares e na presença de uma mandíbula dicondílica, os tisanuros (traças) hoje são considerados como um grupo-irmão dos pterigotos. Os tisanuros e os pterigotos são classificados em uma linhagem conhecida como Dicondylia (ver Figura 22.44 C).

Evidentemente, os pterigotos são diferenciados pela presença de asas no mesotórax e no metatórax dos adultos. Existe consenso amplo de que as asas evoluíram uma vez entre os hexápodes ao longo do ramo que leva aos pterigotos (Pterygota) (Figura 22.44 D). Entretanto, esse grupo inclui dois subgrupos – Palaeoptera e Neoptera – com tipos de asas fundamentalmente diferentes. Os paleópteros ("asas antigas") incluem as ordens Odonata (libélulas e louva-a-deus) e Ephemeroptera (efeméridas), que se caracterizam por asas reticuladas com muitas veias, as quais não podem ser dobradas sobre o dorso. Ainda não está claro se as duas ordens dos paleópteros – Ephemeroptera e Odonata – formam um grupo monofilético e, por isso, elas aparecem em uma tricotomia com os Neoptera de nossa árvore resumida (Figura 22.44 D). Os neópteros ("asas modernas") têm padrão de veias reduzido, mas acima de tudo podem rodar suas asas articuladas e dobrá-las sobre o dorso quando não estão em voo (Figura 22.44 E). Essa é uma das inovações evolutivas mais importantes dos hexápodes. A dobradura das asas permite que os insetos protejam suas asas frágeis, especialmente de abrasões, desse modo permitindo-lhes viver em espaços apertados como fendas sob cascas de árvore, debaixo das pedras, em buracos, ninhos e túneis.

Os Neoptera são divididos em três grupos principais: Polyneoptera (10 ordens); Acercaria ou Paraneoptera (3 ordens); e Holometabola ou Endopterygota (11 ordens). Os polineópteros constituem um grupo de insetos morfologicamente diversificados com peças orais mordedoras–mastigadoras e desenvolvimento hemimetábolo. As relações filogenéticas entre as ordens Polyneoptera e a morfologia do próprio grupo têm sido razão de controvérsias há muito. Contudo, estudos filogenéticos recentes forneceram evidências claras de que as ordens dos polineópteros constituem um grupo monofilético.

O grupo Acercaria inclui as seguintes ordens: Thysanoptera, Hemiptera e Psocodea. Apoiada por muitas características derivadas, a monofilia desse grupo é provável (embora controversa), desde que Misof *et al.* (2014) encontraram evidências de que os

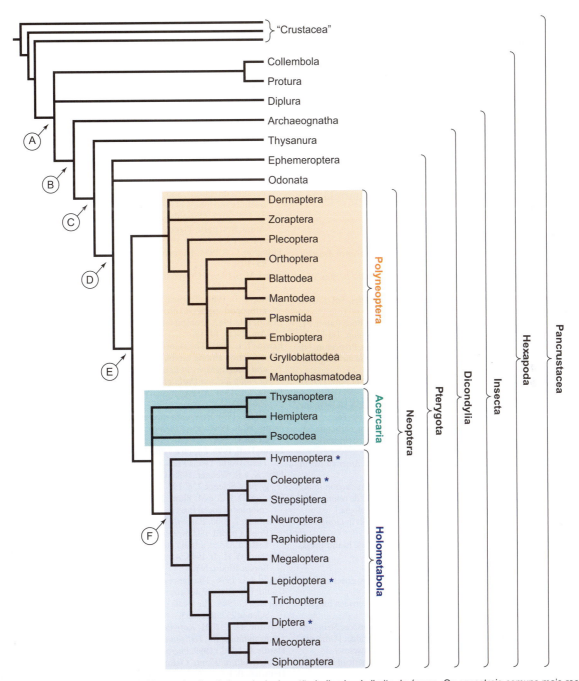

Figura 22.44 Filogenia das 31 ordens de Hexapoda. Os clados principais estão indicados à direita da árvore. Os ancestrais comuns mais recentes dos táxons existentes com traços que resultaram no sucesso dos hexápodes estão indicados por letras dentro de círculos *à esquerda* da árvore. Essas inovações fundamentais incluíram: **A.** corpo do artrópode subdividido em três tagmas: cabeça, tórax com três segmentos e um par de pernas uniremes em cada segmento e abdome com 11 segmentos (sinapomorfias dos hexápodes); **B.** evolução das peças orais externas (uma apomorfia da classe Insecta); **C.** evolução das mandíbulas dicondílica (uma apomorfia do grupo Dicondylia); **D.** evolução das asas (uma apomorfia do grupo Pterygota); **E.** evolução das dobras alares (uma apomorfia de Neoptera); **F.** evolução do desenvolvimento holometábolo (= desenvolvimento indireto, ou metamorfose completa; uma apomorfia dos Holometabola). As ordens de insetos mais diversas, comumente conhecidas como "as quatro grandes", estão assinaladas por asteriscos. Crustacea, um grupo parafilético, devido à exclusão dos hexápodes, estão na base da árvore.

Psocodea possam ser o grupo-irmão dos Holometabola. Embora essa relação pareça bem-apoiada por suas análises (ver Figura 2.6) com valores altos de sustentação intrínseca, essa medida de base estatística tem utilidade controversa em sua aplicação a esses grupos de dados moleculares volumosos.

A monofilia dos Holometabola está bem-demonstrada. As 11 ordens incluídas nesse grupo são reunidas com base em seu desenvolvimento holometábolo (Figura 22.44 F). O sucesso inequívoco do estilo de vida holometábolo é demonstrado pelo fato de que suas espécies são muito mais numerosas que as espécies hemimetábolas (razão 10:1). As ordens de insetos com maior número de espécies (Hymenoptera, Coleoptera, Lepidoptera e Diptera), conhecidas comumente como "quatro grandes", fazem metamorfose completa. Existe uma teoria popular entre os biólogos evolutivos que sustenta que o desenvolvimento indireto – inclusive o desenvolvimento holometábolo dos insetos – seja uma vantagem seletiva por resultar na segregação ecológica entre adultos e jovens, evitando assim competição intraespecífica e permitindo que cada estágio desenvolva seu próprio conjunto de estratégias específicas de sobrevivência. Temos observado que essas transformações do desenvolvimento são comuns nos invertebrados marinhos e em alguns de água doce, mas apenas os insetos conseguiram explorar tal estratégia com sucesso também no ambiente terrestre.

Bibliografia

O número de artigos publicados sobre os hexápodes é estarrecedor. Por isso, precisamos ser muito seletivos em nossa lista de referências, enfatizando os textos, os volumes de conferências e os artigos de revistas que apresentam conhecimentos fundamentais novos e recentes, que sejam revisões bem-embasadas de seus respectivos campos, ou que sejam clássicos antigos dignos de menção. Essas referências fornecem ao leitor uma introdução à literatura básica.

Referências gerais

Arnett, R. H. 1985. *American Insects: A Handbook of the Insects of North America.* Van Nostrand Reinhold, Nova York.

Arnett, R. H., N. M. Downie e H. E. Jaques. 1980. *How to Know the Beetles.* Wm. C. Brown, Dubuque, IA.

Arnett, Jr., R. H., H. Ross e M. C. Thomas. 2001. *American Beetles, Vol. 1.* CRC Press, Boca Raton, FL.

Arnett, Jr. R. H. et al. 2002. *American Beetles, Vol. 2.* CRC Press, Boca Raton, FL.

Barth, F. G. 1985. *Insects and Flowers: The Biology of a Partnership.* Traduzido por M. A. Bierderman-Thorson. Princeton University Press, Princeton, NJ.

Bate, M. e A. Martinez (eds.). 1993. *The Development of Drosophila melanogaster.* CSH Laboratory Press, Nova York.

Batra, S. W. T. e L. R. Batra. 1967. The fungus gardens of insects. Sci. Am. 217(5): 112–120.

Bennet-Clark, H. C. e E. C. A. Lucey. 1967. The jump of the flea: A study of the energetics and a model of the mechanisms. J. Exp. Biol. 47: 59–76.

Bland, R. G. 1978. *How to Know the Insects,* 3rd Ed.. Wm. C. Brown, Dubuque, IA.

Blanke, A. et al. 2014. Head morphology of *Tricholepidion gertschi* indicates monophyletic Zygentoma Front. Zool. 11: 16.

Borrer, D. J. e R. E. White. 1970. *A Field Guide to the Insects of America North of Mexico.* Houghton Mifflin, Boston.

Johnson, N. F. e C. A. Triplehorn. 2004. *Borror and Delong's Introduction to the Study of Insects,* 7th Ed. Saunders, Nova York. [Guia-padrão de referência e identificação para muitas gerações de estudantes de eutomologia.]

Brown, M. 1994. Interactions between germ cells and somatic cells in *Drosophila melanogaster.* Semin. Dev. Biol. 5: 31–42.

Buchmann, S. L. e G. P. Nabhan. 1996. *The Forgotten Pollinators.* Island Press, Washington, DC.

Butler, C. G. 1967. Insect pheromones. Biol. Rev. 42: 42–87.

Carroll, S. B., S. D. Weatherbee e J. A. Langeland. 1995. Homeotic genes and the regulation of insect wing number. Nature 375: 58–61.

Chapela, I. H. et al. 1994. Evolutionary history of the symbiosis between fungus-growing ants and their fungi. Science 266: 1691–1697.

Chapman, R. F., S. J. Simpson e A. E. Douglas. (eds.) 2013. *The Insects, Structure and Function,* 5th Ed. Cambridge University Press, Cambridge. [Uma das melhores referências sobre anatomia e biologia gerais dos insetos.]

Cheng, L. 1976. *Marine Insects.* North-Holland, Amsterdam/American Elsevier, Nova York.

Chu, H. F. 1949. *How to Know the Immature Insects.* Wm. C. Brown, Dubuque, IA. [Precisa muito ser revisto.]

Clements, A. N. 1992, 1999. *The Biology of Mosquitoes. Vols. 1 and 2.* Chapman and Hall, Nova York.

Cook, O. F. 1913. Web-spinning fly larvae in Guatemalan caves. J. Wash. Acad. Sci. 3(7): 190–193.

Crosland, M. W. J. e R. Crozier. 1986. *Myrmecia pilosula,* an ant with only one pair of chromosomes. Science 231: 1278–1284.

CSIRO. 1991. *The Insects of Australia: A Textbook for Students and Research Workers, Vols. 1 and 2.* 2nd Ed. Cornell University Press, Ithaca, NY. [Trata de modo excelente da biodiversidade australiana.]

Dethier, V. G. 1963. *The Physiology of Insect Senses.* Methuen, Londres.

Douglass, J. K. e N. J. Strausfeld. 1995. Visual motion detection circuits in flies: Peripheral motion computation by identified small field retinotopic neurons. J. Neurosci. 15: 5596–5611.

Douglass, J. K. e N. J. Strausfeld. 1996. Visual motion detection circuits in flies: parallel direction- and non-direction-sensitive pathways between the medulla and lobula plate. J. Neurosci. 16: 4551–4562.

Doyle, J. A. 2012. Molecular and fossil evidence on the origin of Angiosperms. Annu. Rev. Earth Planet. Sci. 40: 301–326.

Dyer, F. C. e J. L. Gould. 1983. Honeybee navigation. Am. Sci. 71: 587–597.

Ellington, C. P. 1984. The aerodynamics of flapping animal flight. Am. Zool. 24: 95–105.

Engel, M. S. e D. A. Grimaldi. 2004. New light shed on the oldest insect. Nature 427: 627–630.

Erwin, T. L. 1982. Tropical forests: their richness in Coleoptera and other arthropod species. Coleopterists Bull. 36(1): 74–75.

Erwin, T. L. 1983. Tropical forest canopies, the last biotic frontier. Bull. Ent. Soc. Am. 29(1): 14–19.

Erwin, T. L. 1985. the taxon pulse: A general pattern of lineage radiation and extinction among carabid beetles. In G. E. Ball (ed.), *Taxonomy, Phylogeny and Zoogeography of Beetles and Ants: A Volume Dedicated to the Memory of Philip Jackson Darlington, Jr., 1904–1983.* W. Junk, Publ., The Hague.

Erwin, T. L. 1991. An evolutionary basis for conservation strategies. Science 253: 750–752.

Erwin, T. L. 1991. How many species are there? Revisited. Cons. Biol. 5(3): 330–333.

Evans, H. E. 1984. *Insect Biology: A Textbook of Entomology.* Addison-Wesley, Reading, MA.

Evans, H. E. 1993. *Life on a Little-Known Planet. A Biologist's View of Insects and Their World.* Lyons Press/Rowman & Littlefield, Lanham, MD.

Fent, K. e R. Wehner. 1985. Ocelli: A celestial compass in the desert ant *Cataglyphis.* Science 228: 192–194.

Fletcher, D. J. C. e M. Blum. 1983. Regulation of queen number by workers in colonies of social insects. Science 219: 312–314.

Glassberg, J. 2000. *Butterflies through Binoculars: The West.* Oxford University Press, Oxford. [Há diversos outros volumes do mesmo editor sobre a Costa Leste, a África, a Índia etc.]

Gotwald, W. H., Jr. 1996. *Army Ants: The Biology of Social Predation.* Comstock Books, Ithaca, NY.

Gould, J. L. 1976. The dance-language controversy. Q. Rev. Biol. 51: 211–243.

Gould, J. L. 1985. How bees remember flower shapes. Science 227: 1492–1494.

Gould, J. L. 1986. The locale map of honeybees: do insects have cognitive maps? Science 232: 861–863.

Gwynne, D. T. 2001. *Katydids and Bush-Crickets: Reproductive Behavior and Evolution of the Tettigoniidae.* Comstock Publishing Associates, Ithaca, NY.

Hardie, R. J. (ed.) 1999. *Pheromones of Non-Lepidopteran Insects Associated with Agricultural Plants.* Oxford University Press, Oxford.

Heinrich, B. 1993. *The Hot-Blooded Insects: Strategies and Mechanisms of Thermoregulation.* Harvard University Press, Cambridge, MA.

Hermann, H. R. (ed.). 1984. *Defense Mechanisms in Social Insects.* Praeger, Nova York.

Herreid, C. F. II e C. R. Fourtner. 1981. *Locomotion and Energetics in Arthropods.* Plenum, Nova York.

Hinton, H. E. 1981. *Biology of Insect Eggs, Vols. 1–3.* Pergamon Press, Elmsford, NY. [Estudo de referência sobre morfologia e biologia dos ovos de insetos; não trata de embriologia.]

Hodgson, C. J. 1994. *The Scale Insect Family Coccidae*. Oxford University Press, Oxford.

Hölldobler, B. 1971. Communication between ants and their guests. Sci. Am. 224(3): 86–93.

Hölldobler, B. e E. O. Wilson. 1990. *The Ants*. Belknap Press, Cambridge, MA.

Holt, V. M. 1973. *Why Not Eat Insects?* Reimpresso do original (1885) por E. W. Classey Ltd., 353 Hanworth Rd., Hampton, Middlesex, Inglaterra. [Noventa e nove páginas de diversão e receitas.]

Huffaker, C. B. e R. L. Rabb (eds.). 1984. *Ecological Entomology*. Wiley-Interscience, Nova York.

Kerkut, G. A. e L. I. Gilbert. 1985. *Comprehensive Insect Physiology, Biochemistry and Pharmacology*. Pergamon Press, Elmsford, NY. [Treze volumes.]

Klass, K.-D. et al. 2002. Mantophasmatodea: A new insect order with extant members in the Afrotropics. Science 296: 1456–1459.

Labandeira C. C. 2006. Silurian to Triassic plant and hexapod clades and their associations: new data, a review, and interpretations. Arthro Syst. Phylo. 64: 53–94.

Labandeira, C. C. et al. 2014. Middle Devonian liverwort herbivory and antiherbivore defence. New Phytol. 202: 247–258.

Lehmkuhl, D. M. 1979. *How to Know the Aquatic Insects*. Wm. C. Brown, Dubuque, IA.

Lewis, T. (ed.). 1984. *Insect Communication*. Academic Press, Orlando, FL. [Revisão definitiva a partir do início da década de 1980.]

Matheson, A., S. L. Buchmann, C. O'Toole, P. Westrich e I. H. Williams (eds.) 1996. *The Conservation of Bees*. Academic Press, Harcourt Brace, Londres.

Matsuda, R. 1965. Morphology and evolution of the insect head. Memoirs of the American Entomological Institute, No. 4. American Entomological Institute, Ann Arbor, MI.

Matsuda, R. 1970. Morphology and evolution of the insect thorax. Memoirs of the Entomological Society of Canada, No. 76. Entomological Society of Canada, Ottawa.

Matsuda, R. 1976. *Morphology and Evolution of the Insect Abdomen*. Pergamon Press, Oxford.

Merlin, C., R. J. Gegear e S. M. Reppert. 2009. Antennal circadian clocks coordinate sun compass orientation in migratory monarch butterflies. Science 325: 1700–1704.

Merritt, R. W., K. W. Cummins, e M. B. Berg (eds.). 2008. *An Introduction to the Aquatic Insects of North America*, 4th Ed. Kendall/Hunt, Dubuque, IA. [Orientações excelentes sobre os grupos norte-americanos.]

Michelsen, A. 1979. Insect ears as mechanical systems. Am. Sci. 67: 696–706.

Michener, C. D. 1974. *The Social Behavior of the Bees: A Comparative Study*. Belknap Press/Harvard University Press, Cambridge, MA.

Nieh, J. C. 1999. Stingless-bee communication. Am. Sci. 87: 428–435.

Pearce, M. J. 1998. *Termites: Biology and Pest Management*. Oxford University Press, Oxford.

Perez, S. M., O. R. Taylor e R. Jander. 1997. A sun compass in monarch butterflies. Nature 387: 29.

Phelan, P. L. e T. C. Baker. 1987. Evolution of male pheromones in moths: reproductive isolation through sexual selection? Science 235: 205–207.

Prestwick, G. D. 1987. Chemistry of pheromone and hormone metabolism in insects. Science 238: 999–1006.

Price, P. W., T. M. Lewinsohn, G. Wilson Fernandes e W. W. Benson (eds.) 1991. *Plant–Animal Interactions. Evolutionary Ecology in Temperate and Tropical Regions*. Wiley-Interscience, Nova York.

Prokop, J., A. Nel e I. Hoch. 2005. Discovery of the oldest known Pterygota in the lower Carboniferous of the Upper Silesian Basin in the Czech Republic (Insecta: Archaeorthoptera). Geobios 38: 383–387.

Robinson, G. E. 1985. The dance language of the honeybee: The controversy and its resolution. Am. Bee J. 126: 184–189.

Rockstein, M. (ed.). 1964–65. *The Physiology of Insecta, Vols. 1–3*. Academic Press, Nova York.

Rosin, R. 1984. Further analysis of the honeybee "Dance Language" controversy. I. Presumed proofs for the "Dance Language" hypothesis by Soviet scientists. J. Theor. Biol. 107: 417–442.

Rosin, R. 1988. Do honeybees still have a "dance language"? Am. Bee J. 128: 267–268.

Ross, K. G. e R. W. Matthews (eds.). 1991. *The Social Biology of Wasps*. Comstock Books, Ithaca, NY.

Rota-Stabelli, O., A.C. Daley e D. Pisani. 2013. Molecular timetrees reveal a Cambrian colonization of land and a new scenario for ecdysozoan evolution Curr. Biol. 23: 392–398.

Roth, S., J.Molina e R. Predel. Biodiversity, ecology, and behavior of the recently discovered insect order Manto-phasmatodea, Front. Zool. 11:70.

Saunders, D. S. 1982. *Insect Clocks*, 2nd Ed. Pergamon Press, Elmsford, NY. [Boa introdução ao fotoperiodismo.]

Schmitt, J. B. 1962. The comparative anatomy of the insect nervous system. Annu. Rev. Entomol. 7: 137–156.

Schuh, R. T. e J. A. Slater. 1995. *True Bugs of the World (Hemiptera: Heteroptera)*. Comstock Books, Ithaca, NY.

Schwalm, F. E. 1988. *Insect Morphogenesis*. Monographs in Developmental Biology, Vol. 20. Karger, Basel.

Schwan, F. E. 1997. Arthropods: The insects. pp. 259–278 in S. F. Gilbert e A. M. Raunio, *Embryology: Constructing the Organism*. Sinauer Associates, Sunderland, MA.

Scott, J. A. 1986. *The Butterflies of North America: A Natural History and Field Guide*. Stanford University Press, Stanford, CA.

Snodgrass, R. E. 1935. *Principles of Insect Morphology*. McGraw-Hill, Nova York. [Clássico antigo e ainda útil.]

Snodgrass, R. E. 1944. The feeding apparatus of biting and sucking insects affecting man and animals. Smithsonian Miscellan-eous Collections, Vol. 104, No. 7. Smithsonian Institution, Washington, DC.

Snodgrass, R. E. 1952. *A Textbook of Arthropod Anatomy*. Cornell University Press, Ithaca, NY. [Gerações de livros e relatos subsequentes apoiaram-se profundamente nas informações e imagens deste trabalho, bem como do texto de Snodgrass de 1935.]

Snodgrass, R. E. 1960. Facts and theories concerning the insect head. Smithsonian Miscellaneous Collections, Vol. 152, No. 1. Smithsonian Institution, Washington, DC.

Somps, C. e M. Luttges. 1985. Dragonfly flight: novel uses of unsteady separated flows. Science 228: 1326–1329.

Strausfeld, N. J. 1976. *Atlas of an Insect Brain*. Springer, Heidelberg.

Strausfeld, N. J. 1996. Oculomotor control in flies: from muscles to elementary motion detectors. pp. 277–284 in P. S. G. Stein e D. Stuart (eds.), *Neurons, Networks, and Motor Behavior*. Oxford University Press, Oxford.

Strausfeld, N. J. 2012. *Arthropod Brains. Evolution, Functional Elegance, and Historical Significance*. Belknap Press, Cambridge, MA.

Strausfeld, N. J. e J.-K. Lee. 1991. Neuronal basis for parallel visual processing in the fly. Visual Neuroscience 7: 13–33.

Stubs, C. e F. Drummond (eds.). 2001. *Bees and Crop Pollination: Crisis, Crossroads, Conservation*. Entomological Society of America, Annapolis.

Tauber, M. J., C. A. Tauber e S. Masaki. 1986. *Seasonal Adaptations of Insects*. Oxford University Press, Nova York. [Trata de modo abrangente os ciclos de vida dos insetos.]

Tilgner, E. 2002. Mantophasmatodea: A new insect order? Science 297: 731a.

Treherne, J. E. e J. W. L. Beament (eds.). 1965. *The Physiology of the Insect Central Nervous System*. Academic Press, Nova York.

Treherne, J. E., M. J. Berridge e V. B. Wigglesworth. 1963–1985. *Advances in Insect Physiology, Vols. 1–18*. Academic Press, Nova York.

Unarov, B. P. 1966. *Grasshoppers and Locusts*. Cambridge University Press, Cambridge.

Usinger, R. L. (ed.). 1968. *Aquatic Insects of California, with Keys to North American Genera and California Species*. University of California Press, Berkeley, CA.

Vane-Wright, R. I. e P. R. Ackery. 1989. *The Biology of Butterflies*. University of Chicago Press, Chicago, IL.

Veldink, C. 1989. The honey-bee language controversy. Interdiscip. Sci. Rev. 14(2): 170–175.

Von Frisch, K. 1967. *The Dance Language and Orientation of Bees*. Traduzido por Leigh E. Chadwick. Belknap Press, Cambridge, MA.

Wenner, A. M. e P. H. Wells. 1987. The honeybee dance language controversy: The search for "truth" vs. the search for useful information. Am. Bee J. 127: 130–131.

Wigglesworth, V. B. 1954. *The Physiology of Insect Metamorphosis*. Cambridge University Press, Cambridge. [Clássico de longa data; ultrapassado, mas ainda bastante útil.]

Wigglesworth, V. B. 1984. *Insect Physiology*, 8th Ed. Chapman and Hall, Londres.

Williams, C. B. 1958. *Insect Migration*. Collins, Londres.

Wilson, E. O. 1971. *The Insect Societies*. Harvard University Press, Cambridge, MA.

Wilson, E. O. 1975. Slavery in ants. Sci. Am. 232(6): 32–36.

Winston, M. L. 1987. *The Biology of the Honeybee*. Harvard University Press, Cambridge, MA.

Winston, M. L. 1992. *Killer Bees*. Harvard University Press, Cambridge, MA.

Evolução dos hexápodes

Andersson, M. 1984. The evolution of eusociality. Annu. Rev. Ecol. Syst. 15: 165–189.

Beutel, R. G. et al. 2011. Morphological and molecular evidence converge upon a robust phylogeny of the megadiverse Holometabola. Cladistics 27: 341–355.

Bitsch, C. e J. Bitsch. 2000. The phylogenetic interrelationships of the higher taxa of apterygote hexapods. Zool. Scripta 29: 131–156.

Dell'Ampio, E. et al. 2014. Decisive data sets in phylogenomics: lessons from studies on the phylogenetic relationships of primarily wingless insects. Mol. Biol. Evol. 31: 239–249.

Deuve, T. (ed.) 2001. Origin of the Hexapoda. Ann. Soc. Entomol. France 37 (1/2): 1–304. [Artigos apresentados na conferência de Paris, 1999; ver revisão em Brusca, R. C., 2001, J. Crustacean Biol. 21(4): 1084–1086.]

Diaz-Benjumea, F. J., B. Cohen e S. M. Cohen. 1994. Cell interaction between compartments established the proximal–distal axis of *Drosophila* legs. Nature 372: 175–179.

Douglas, M. M. 1980. Thermoregulatory significance of thoracic lobes in the evolution of insect wings. Science 211: 84–86.

Futuyma, D. J. e M. Slatkin (eds.). 1983. *Coevolution*. Sinauer Associates, Sunderland, MA.

Gaunt, M. W. e M. A. Miles. 2002. An insect molecular clock dates the origin of the insects and accords with paleontological and biogeographic landmarks. Mol. Biol. Evol. 19 (5): 748–761.

Goodchild, A. J. P. 1966. Evolution of the alimentary canal in the Hemiptera. Biol. Rev. 41: 97–140.

Hennig, W. 1981. *Insect Phylogeny*. Wiley, Nova York.

Hoy, R. R., A. Hoikkala e K. Kaneshiro. 1988. Hawaiian courtship songs: evolutionary innovation in communication signals of *Drosophila*. Science 240: 217–220.

Ishiwata, K. *et al.* 2011. Molecular phylogenetic analyses support the monophyly of Hexapoda and suggest the paraphyly of Entognatha. Mol. Phylogenet. Evol. 58: 169–180.

Kukalová-Peck, J. 1983. Origin of the insect wing and wing articulation from the insect leg. Can. J. Zool. 61: 1618–1669.

Kukalová-Peck, J. 1987. New Carboniferous Diplura, Monura, and Thysanura, the hexapod ground plan, and the role of thoracic side lobes in the origin of wings (Insecta). Can. J. Zool. 65: 2327–2345.

Kukalová-Peck, J. 1991. The "Uniramia" do not exist: The ground plan of the Pterygota as revealed by Permian Diaphanopterodea from Russia (Insecta: Paleodictyopter-oidea). Can. J. Zool. 70: 236–255.

Kukalová-Peck, J. e C. Brauckmann. 1990. Wing folding in pterygote insects, and the oldest Diaphanopteroda from the early Late Carboniferous of West Germany. Can. J. Zool. 68: 1104–1111.

Labandeira, C., B. Beall e F. Hueber. 1988. Early insect diversification: evidence from a lower Devonian bristletail from Quebec. Science 242: 913–916.

Letsch, H. e S. Simon. 2013. Insect phylogenomics: new insights on the relationships of lower neopteran orders (Polyneoptera). Syst. Entomol. 38: 783–793.

Li, H. *et al.* 2015. Higher-level phylogeny of paraneopteran insects inferred from mitochondrial genome sequences. Scientific Reports 5 (8527). doi:10.1038/srep08527

Misof, B. *et al.* 2014. Phylogenomics resolves the timing and pattern of insect evolution. Science 346: 763–767.

Nilsson, D.-E. e D. Osorio. 1997. Homology and parallelism in arthropod sensory processing. pp. 333–347 in R. A. Fortey e R. H. Thomas, *Arthropod Relationships*. Chapman and Hall, Londres.

Osorio, D. e J. P. Bacon. 1994. A good eye for arthropod evolution. BioEssays 16: 419–424.

Panganiban, G. *et al.* 1995. The development of crustacean limbs and the evolution of arthropods. Science 270: 1363–1366.

Panganiban, G. *et al.* 1997. The origin and evolution of animal appendages. Proc. Natl. Acad. Sci. U.S.A. 94: 5162–5166.

Regier, J. C. e J. W. Shultz. 1997. Molecular phylogeny of the major arthropod groups indicates polyphyly of crustaceans and a new hypothesis of the origin of hexapods. Mol. Biol. Evol. 14: 902–913.

Robertson, R. M., K. G. Pearson e H. Reichert. 1981. Flight interneurons in the locust and the origin of insect wings. Science 217: 177–179.

Sander, K. 1994. The evolution of insect patterning mechanisms: A survey. Development (Suppl.) 1994: 187–191.

Strausfeld, N. J. 1998. Crustacean–insect relationships: The use of brain characters to derive phylogeny amongst segmented invertebrates. Brain Behav. Evol. 52: 186–206.

Strausfeld, N. J., E. K. Bushbeck e R. S. Gomez. 1995. The arthropod mushroom body: its roles, evolutionary enigmas and mistaken identities. pp. 349–381 in O. Breidbach e W. Kutsch (eds.), *The Nervous Systems of Invertebrates: An Evolutionary and Comparative Approach*. Birkhäuser Verlag, Basel.

Tautz, D., M. Friedrich e R. Schröder. 1994. Insect embryogenesis: what is ancestral and what is derived. Development (Suppl.). 1994: 193–199.

Therianos, S. *et al.* 1995. Embryonic development of the *Drosophila* brain: formation of commissural and descending pathways. Development 121: 3849–3860.

Thomas, J. B., M. J. Bastiani e C. S. Goodman. 1984. From grasshopper to *Drosophila*: A common plan for neuronal development. Nature 310: 203–207.

Thornhill, R. e J. Alcock. 1983. *The Evolution of Insect Mating Systems*. Harvard University Press, Cambridge, MA.

Whiting, M. F. *et al.* 1997. The Strepsiptera problem: Phylogeny of the holometabolous insect orders inferred from 18S and 28S ribosomal DNA sequences and morphology. Syst. Biol. 46(1): 1–68.

Wilson, E. O. 1985. The sociogenesis of insect colonies. Science 228: 1489–1425.

Wootton, R. J. *et al.* 1998. Smart engineering in the mid-Carboniferous: how well could Palaeozoic dragonflies fly? Science 282: 749–751.

Yoshizawa, K. 2011. Monophyletic Polyneoptera recovered by wing base structure. Syst. Entomol. 36: 377–394.

23

Filo Arthropoda

Miriápodes | Centopeias, Milípedes e seus Parentes

O subfilo Myriapoda dos artrópodes inclui quatro grupos ordenados tradicionalmente em classes: Chilopoda (centopeias), Diplopoda (milípedes), Pauropoda (paurópodes) e Symphyla (sínfilos) (ver classificação adiante). Todos os miriápodes modernos são terrestres, mas essa linhagem provavelmente iniciou sua evolução em ambiente aquático. Os primeiros registros fósseis de milípedes datam do período Ordoviciano ou do início do Siluriano, e alguns deles parecem representar espécies marinhas. Evidências fósseis sugerem que os miriápodes (milípedes) não fizeram a sua primeira aparição no ambiente terrestre até a metade do Siluriano Médio. A Figura 23.1 ilustra vários tipos de miriápodes. Até hoje, existem descritas mais de 16.000 espécies vivas.

As centopeias e os milípedes são artrópodes bem-conhecidos e podem ser facilmente diferenciados de todos os outros invertebrados terrestres por seus corpos divididos em apenas dois tagmas: a cabeça e o longo tronco, homônomo, com muitos segmentos equipados com vários pares de pernas articuladas. Como também ocorre com Hexapoda, a cabeça está equipada com um par de antenas e os componentes orais estão representados pelas mandíbulas e pelas primeiras maxilas; um segundo par de maxilas está presente nas centopeias e nos sínfilos, mas, nos milípedes e nos paurópodes, o segmento correspondente não tem apêndices.

Os milípedes são detritívoros que se movimentam lentamente e, em geral, passam sua vida cavando o solo ou o folhiço, consumindo restos de plantas e convertendo matéria vegetal em húmus. Nos ambientes tropicais, nos quais as minhocas comumente são escassas, os milípedes podem ser os principais animais formadores do solo. Na verdade, a maior parte das unidades segmentares do seu tronco é formada por **diplossegmentos** contendo dois pares de pernas cada (Figura 23.2 F). Quando são ameaçados, muitos milípedes se enrolam formando uma espiral achatada e alguns podem enrolar-se em forma de uma bola perfeita (como muitos isópodes). Nos casos típicos, os milípedes têm muitos segmentos no tronco, mas alguns têm apenas 9 a 12. Apesar do seu nome popular

---

Classificação do reino Animal (Metazoa)

Não Bilateria*
(Também conhecidos como diploblastos)
 FILO PORIFERA
 FILO PLACOZOA
 FILO CNIDARIA
 FILO CTENOPHORA

Bilateria
(Também conhecidos como triploblastos)
 FILO XENACOELOMORPHA
Protostomia
 FILO CHAETOGNATHA
 SPIRALIA
  FILO PLATYHELMINTHES
  FILO GASTROTRICHA
  FILO RHOMBOZOA
  FILO ORTHONECTIDA
  FILO NEMERTEA
  FILO MOLLUSCA
  FILO ANNELIDA
  FILO ENTOPROCTA
  FILO CYCLIOPHORA
 Gnathifera
  FILO GNATHOSTOMULIDA
  FILO MICROGNATHOZOA
  FILO ROTIFERA

 Lophophorata
  FILO PHORONIDA
  FILO BRYOZOA
  FILO BRACHIOPODA
 ECDYSOZOA
  Nematoida
   FILO NEMATODA
   FILO NEMATOMORPHA
  Scalidophora
   FILO KINORHYNCHA
   FILO PRIAPULA
   FILO LORICIFERA
  Panarthropoda
   FILO TARDIGRADA
   FILO ONYCHOPHORA
   FILO ARTHROPODA
    SUBFILO CRUSTACEA*
    SUBFILO HEXAPODA
    SUBFILO MYRIAPODA
    SUBFILO CHELICERATA
Deuterostomia
 FILO ECHINODERMATA
 FILO HEMICHORDATA
 FILO CHORDATA

*Grupo parafilético.

Figura 23.1 Alguns representantes dos miriápodes. **A.** Centopeia europeia *Himantarium gabrielis*, cujo número de pernas pode chegar a 179 pares. **B.** *Scutigera coleoptrata*, ou centopeia doméstica comum. **C.** Centopeia dos desertos do sudoeste *Scolopendra heros*. **D.** Um milípede da África oriental. **E.** Milípede *Orthoporus ornatus* dos desertos do sudoeste. **F.** Um paurópode não identificado da Tasmânia (Austrália). **G.** Um sínfilo não identificado da Tasmânia (Austrália). **H.** Um milípede bioluminescente (*Motyxia*) da Califórnia.

(*milípedes*), que tem equivalentes em vários idiomas, nenhum milípede tem mil pernas; o recordista (*Illacme plenipes*, uma espécie da Califórnia) alcança o número impressionante de 375 pares de pernas.

Os milípedes são incapazes de morder com força e, à primeira vista, parecem depender apenas de sua cutícula calcificada e de sua capacidade de enrolar como mecanismo de defesa, mas a maioria desses artrópodes possui glândulas repugnatórias com orifícios laterais (**ozóporos**), que secretam líquidos tóxicos voláteis (Figura 23.2 F). Seu arsenal químico é surpreendentemente diversificado: inclui benzoquinonas, hidroquinonas, fenol e acetatos de ácidos carboxílicos de cadeia longa produzidos pelos juloides; além de ácido benzoico, benzaldeído e cianeto de hidrogênio produzidos pelos polidesmoides. Algumas espécies tropicais têm toxinas suficientemente potentes para causar bolhas na pele humana. Os milípedes-pílula incluem as espécies europeias comuns do gênero *Glomeris* e não têm ozóporos laterais, mas, a partir de sua linha mediana dorsal, derramam gotas de um líquido contendo quinazolinonas, que fazem parte do mesmo grupo de substâncias da droga sintética Quaalude® (metaqualona), um sedativo potente. Uma espécie doméstica comum na América do Norte (introduzida há muito tempo da Ásia), *Oxidus gracilis*, libera substâncias químicas defensivas de odor desagradável quando machucada. Os membros da subclasse Penicillata, que são animais pequenos com corpos macios e sem glândulas repugnatórias, desenvolveram uma estratégia de defesa mecânica atirando cerdas rígidas de sua extremidade posterior em formigas e outros predadores. Considerando sua diversidade de táticas defensivas, não é surpreendente que muitos milípedes tenham coloração aposemática (ou de advertência), geralmente tons

Capítulo 23 Filo Arthropoda | Miriápodes | Centopeias, Milípedes e seus Parentes 845

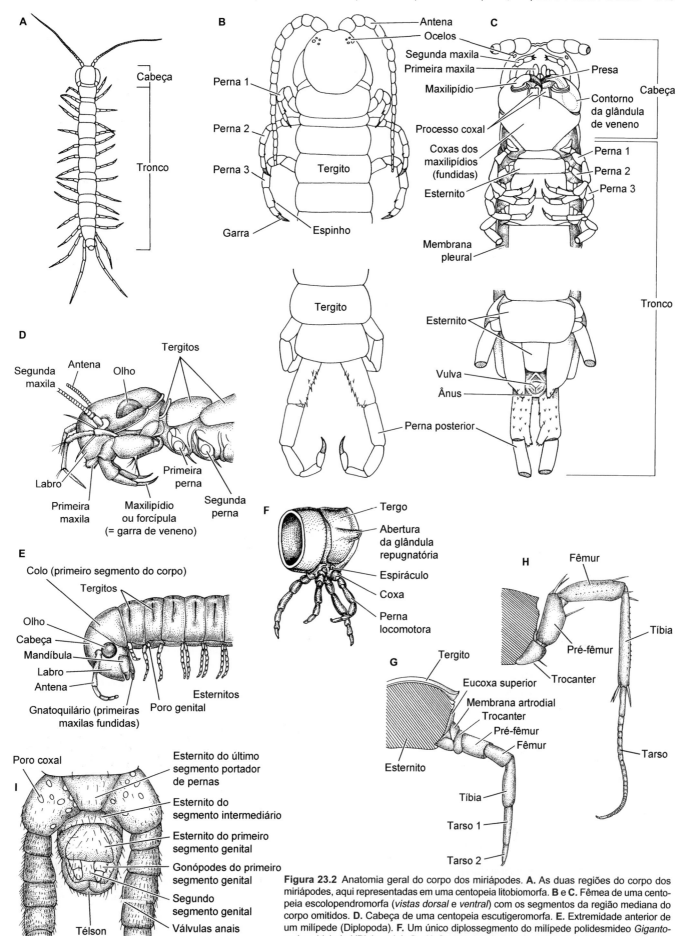

Figura 23.2 Anatomia geral do corpo dos miriápodes. **A.** As duas regiões do corpo dos miriápodes, aqui representadas em uma centopeia litobiomorfa. **B** e **C.** Fêmea de uma centopeia escolopendromorfa (*vistas dorsal* e *ventral*) com os segmentos da região mediana do corpo omitidos. **D.** Cabeça de uma centopeia escutigeromorfa. **E.** Extremidade anterior de um milípede (Diplopoda). **F.** Um único diplossegmento do milípede polidesmídeo *Gigantowales chisholmi* (Diplopoda). **G** e **H.** Segmentos do tronco de duas centopeias ilustrados em *corte transversal*; observe a variação da morfologia dos membros. **G.** *Lithobius*. **H.** *Scutigera*. **I.** *Vista ventral* dos segmentos terminais de uma centopeia-macho geofilomorfa (*Strigamia*).

vivos de vermelho, amarelo e laranja, e que alguns vertebrados habitantes de solo (lagartos e cobras-cegas) tenham desenvolvido colorações semelhantes (mimetismo batesiano).

Os milípedes da família Xystodesmidae (ordem Polydesmida) produzem cianeto de hidrogênio como composto químico defensivo e usam coloração aposemática para avisar os predadores de sua toxicidade. Os padrões de coloração dessas espécies incluem tons vivos de amarelo, laranja, vermelho e violeta. Um gênero noturno dessa família (*Motyxia*) encontrado apenas na Califórnia não apresenta coloração conspícua. Contudo, surpreendentemente, ele produz um brilho bioluminescente esverdeado inédito, com comprimento de onda dominante de 495 nm, por meio de uma reação bioquímica luminosa produzida em seu exoesqueleto. A fonte bioquímica é uma fotoproteína com um cromóforo contendo uma porfirina como grupo funcional. Esse é o único exemplo conhecido de geração de luz por meio de uma fotoproteína em animais terrestres, porque todos os outros são marinhos. A estrutura da fotoproteína desse milípede é desconhecida, e sua homologia com as moléculas de outros animais é incerta. Cientistas especularam que a luz emitida poderia ser um sinal sexual para atrair os companheiros, ou um brilho aposemático de alerta para anunciar a existência de uma defesa química à base de cianeto. Até onde sabemos, todos os milípedes da ordem Polydesmida são cegos, o que sugere que a hipótese de alertar os predadores seja mais provável. Além do gênero *Motyxia*, não existem outros relatos confirmados de bioluminescência entre os milípedes.

Ao contrário dos milípedes, a maioria das centopeias é predadora veloz, com um par de pernas por segmento e garras de veneno na ponta das primeiras pernas, as quais, desse modo, são transformadas em um tipo singular de maxilipídios conhecidos como **forcípulas**, ou **preensores**. As centopeias nunca enrolam seus corpos para formar uma espiral quando são ameaçadas; em vez disso, elas geralmente atacam com suas garras de veneno, com as quais podem causar uma picada dolorosa. Algumas espécies de *Scolopendra* têm coloração de advertência – faixas preta e vermelha (Figura 23.1 C). Algumas centopeias litobiomorfas têm grandes quantidades de glândulas repugnatórias unicelulares nos últimos quatro pares de pernas, que elas estendem na direção de um inimigo – um comportamento que atira gotas pegajosas de secreções nocivas. Apesar do seu nome comum (*centopeias*), essas criaturas raramente chegam a ter uma centena de pernas e apenas na ordem Geophilomorpha essa contagem é atingida (algumas espécies têm até 191 pares de pernas).

CLASSIFICAÇÃO DO SUBFILO MYRIAPODA

CLASSE CHILOPODA | CENTOPEIAS

SUBCLASSE NOTOSTIGMOPHORA
    ORDEM SCUTIGEROMORPHA

SUBCLASSE PLEUROSTIGMOPHORA
    ORDEM CRATEROSTIGMOMORPHA
    ORDEM GEOPHILOMORPHA
    ORDEM LITHOBIOMORPHA
    ORDEM SCOLOPENDROMORPHA

CLASSE DIPLOPODA | MILÍPEDES

SUBCLASSE PENICILLATA
    ORDEM POLYXENIDA

SUBCLASSE CHILOGNATHA
    INFRACLASSE PENTAZONIA
        ORDEM GLOMERIDESMIDA
        ORDEM GLOMERIDA
        ORDEM SPHAEROTHERIIDA
    INFRACLASSE HELMINTHOMORPHA
        SUPERORDEM COLOBOGNATHA
            ORDEM PLATYDESMIDA
            ORDEM POLYZONIIDA
            ORDEM SIPHONOCRYPTIDA
            ORDEM SIPHONOPHORIDA
        SUPERORDEM EUGNATHA
            ORDEM JULIDA
            ORDEM SPIROBOLIDA
            ORDEM SPIROSTREPTIDA
            ORDEM CALLIPODIDA
            ORDEM CHORDEUMATIDA
            ORDEM STEMMIULIDA
            ORDEM SIPHONIULIDA
            ORDEM POLYDESMIDA

CLASSE PAUROPODA | PAURÓPODES
CLASSE SYMPHYLA | SÍNFILOS

Classificação dos miriápodes

Subfilo Myriapoda

Artrópodes mandibulados e traqueados terrestres equipados com um par de antenas; mandíbulas com enditos articulados; primeiras maxilas livres ou fundidas; segundas maxilas parcial ou totalmente fundidas, ou ausentes; tronco pós-cefálico com segmentos numerosos, a maioria semelhante (ou diplossegmentos); segmentos especializados (ou diplossegmentos) confinados a uma das extremidades da série, ou aos que contêm orifícios ou apêndices sexuais; os apêndices da cabeça e do tronco são unirremes; a maioria das linhagens tem olhos laterais, talvez representando o resultado da desintegração dos olhos compostos (os olhos compostos foram conservados, em grande parte, apenas nas centopeias escutigeromorfas); exoesqueleto sem camada de cera bem-desenvolvida (exceto em algumas espécies de deserto); sem cecos digestivos derivados da endoderme; túbulos de Malpighi derivados da ectoderme (proctodeais), que auxiliam na excreção; em geral, têm órgãos de Tömösváry (ver Sistema Nervoso e Órgãos dos Sentidos, adiante neste capítulo); copulação geralmente indireta (ver adiante); desenvolvimento direto, mas geralmente com aumento pós-embrionário da quantidade de segmentos e apêndices. Cerca de 16.350 espécies vivas descritas.

Classe Chilopoda

Com numerosos segmentos do tronco livremente articulados, cada qual com um par de pernas; o primeiro par é modificado em uma grande garra de veneno (conhecida como forcípula, ou preensor) mantidas sob a cabeça como peças orais; antenas simples, com quantidades fixas de segmentos (14 nos geofilomorfos, 17 na maioria dos escolopendromorfos) ou variáveis (acima de 100 em alguns litobiomorfos que vivem em cavernas); ambos os pares de maxilas podem estar coalescidos na região mediana; cutícula rígida, mas não calcificada; gonóporos no último segmento corporal verdadeiro; espiráculos predominantemente laterais; com 15 a 191 segmentos corporais contendo pernas (os números sempre são ímpares nos adultos); pernas longas, que se estendem lateralmente, de forma que o corpo seja mantido perto do solo; o último par de pernas geralmente tem dimorfismo sexual, estende-se para trás e não é usado na locomoção.

As centopeias da subclasse Notostigmophora têm espiráculos mediodorsais e traqueia muito curta, que termina no vaso dorsal; a hemolinfa contém hemocianina; cabeça em forma de domo com olhos compostos; e 15 pares de pernas finas e longas. A subclasse Pleurostigmophora inclui as centopeias com espiráculos laterais, cabeça achatada, quantidades variáveis de pernas e nenhum pigmento respiratório. As maiores centopeias fazem parte da ordem Scolopendromorpha (com 21 ou 23 pares de pernas; 39 ou 43 apenas em uma espécie *Scolopendropsis duplicata*), embora o maior número de pernas ocorra nos geofilomorfos finos e longos (27 a 191 pares de pernas). A ordem Scolopendromorpha tem distribuição mundial e contém as espécies que as pessoas reconhecem facilmente como centopeias. A América do Norte é o único continente habitado que não apresenta espécies nativas de centopeias escutigeromorfa, embora a espécie europeia *Scutigera coleoptrata* (uma espécie com pernas longas, que se movimenta rapidamente) tenha se tornado amplamente introduzida e seja encontrada frequentemente nas áreas úmidas e frias das residências. Existem descritas cerca de 3.300 espécies vivas de quilópodes.

Classe Diplopoda

Os segmentos do tronco estão fundidos em pares nos diplossegmentos, que totalizam 9 a 192; a maioria dos diplossegmentos tem dois pares de pernas, espiráculos, gânglios e óstios cardíacos; cada diplossegmento tem um tergito, duas pleuras e um a três esternitos; o primeiro segmento do tronco não tem pernas e é modificado na forma de um colo; os diplossegmentos 2 a 4 (e também o 5, na ordem Spirobolida) têm um par de pernas em cada; o número total de pares de pernas nos adultos varia de 11 a 375; antenas simples, geralmente com 7 articulações; primeiras maxilas fundidas em um gnatoquilário; a segunda maxila está ausente; os gonóporos abrem-se no terceiro segmento do tronco, nas coxas do segundo par de pernas ou perto delas; em geral, a cutícula é calcificada; muitas espécies conseguem se enrolar e formar uma espiral apertada; os espiráculos estão localizados em posição ventral, tipicamente na frente das coxas das pernas e nunca com válvulas (*i. e.*, não podem ser fechados); as pernas estão posicionadas ventralmente e comumente são curtas, de forma que o corpo seja mantido perto do solo. Em alguns segmentos do tronco, ou na maioria deles, muitos milípedes têm glândulas repugnatórias laterais que secretam compostos químicos nocivos, os quais podem irritar a pele e os olhos. Alguns milípedes borrifam suas secreções a uma distância de até 40 cm. Existem 12.000 espécies de milípedes descritas.

Recentemente, a estrutura segmentar natural dos anéis do tronco foi questionada por dados fornecidos pelos estudos de expressão gênica, os quais demonstraram que as metades dorsal e ventral do corpo estão desacopladas durante os estágios iniciais do seu desenvolvimento. Em geral, o corpo propriamente dito é alongado. As formas mais comuns são subcilíndricas e vermiformes com pernas curtas, que podem enrolar e formar uma espiral firme quando o animal é perturbado; ou são amplamente achatadas e equipadas com extensões cuticulares laterais da parede corporal em forma de asa ou quilha, conhecidas como paranotos, as quais podem cobrir as pernas. Excrescências filamentosas (espineretos), que contêm os orifícios das glândulas produtoras de seda, estão algumas vezes presentes na extremidade caudal do corpo. Os gonóporos femininos abrem-se nas vulvas eversíveis que, em alguns casos, estão transformadas em ovipositores ou apêndices esclerotizados (**cifopódios**). Os gonóporos masculinos estão localizados nas bases das pernas ou em pênis pareados, raramente não pareados. A transferência dos espermatozoides é direta ou mediada por pernas copulatórias especializadas, conhecidas como **gonóporos**. Nos milípedes (Diplopoda), os gonóporos são encontrados apenas nos machos, embora não em todos os grupos. (Nas centopeias, os gonopódios podem ser encontrados em ambos os sexos.) Os milípedes helmintomorfos têm um ou dois pares de gonopódios situados bem atrás do anel corporal que abriga os gonóporos, enquanto, nos milípedes pentazonianos, o último par de pernas (os telopódios) é modificado na forma de gonopódios. Os espiráculos (orifícios traqueais) estão situados perto da base das pernas. Na subclasse Penicillata, o exoesqueleto é macio; nos Chilognatha, a cutícula é calcificada, dura e rígida.

Os subgrupos principais dos diplópodes são definidos pelas seguintes apomorfias:

- **Penicillata** – Cutícula macia e não calcificada; 9 a 11 diplossegmentos cobertos por tufos de cerdas; machos sem apêndices copulatórios

- **Chilognatha** – Cutícula calcificada; bolsas traqueais largas; os espermatozoides são transferidos ativamente pelo macho para dentro do orifício genital feminino

- **Pentazonia** – Placa ventral (placa estigmática, conhecida tradicionalmente como esternito) de diplossegmentos dividida ao longo da linha mediana; as traqueias formam anastomoses; o último par de pernas do macho é transformado em apêndices genitais (telopódios); intestino com formato de "N", ou seja, dobrado duas vezes. Os glomeridesmídeos são milípedes achatados com 21 a 22 diplossegmentos e não conseguem enrolar-se e formar uma esfera. Os glomerídeos e os esferoterídeos são curtos, arredondados e têm 12 ou 13 milípedes segmentados, que podem ser enrolados para formar uma esfera perfeita

- **Helminthomorpha** – Mais de 21 anéis corporais; placas estigmáticas não divididas; ozóporos laterais (geralmente, limitados a alguns diplossegmentos que, em alguns casos, são perdidos); traqueias inseridas em um grupo

- **Colobognatha** – Gnatoquilário sem palpos; os adultos protegem os lotes de ovos enrolando o próprio corpo ao seu redor; o primeiro estágio pós-embrionário tem quatro pares de pernas; o nono e o décimo par de pernas dos machos adultos são transformados em apêndices sexuais (gonopódios)

- **Eugnatha** – Mandíbula com dois elementos basais articulados; pleuritos fundidos aos tergitos; oitavo (e, algumas vezes, também nono) par de pernas dos machos adultos transformado em apêndices sexuais (gonopódios). Esse certamente é o grupo mais numeroso de milípedes e inclui espécies cilíndricas comuns (p. ex., as ordens Julida, Spirobolida e Spirostreptida), assim como os polidesmoides (Polydesmida), que comumente têm uma quilha lateral (ou paranoto), a qual lhes confere um aspecto até certo ponto achatado.

Classe Pauropoda

Miriápodes marrom-acastanhados minúsculos (0,3 a 2 mm); não têm olhos; apresentam quatro ou seis antenas birremes segmentadas com três flagelos e um órgão sensorial globular ou em formato de candelabro singular; tronco com 11 segmentos e tergitos pouco esclerotizados, exceto em algumas famílias; 8 a 11 pares de pernas (nenhuma no primeiro segmento do tronco); os tergitos dos segmentos do tronco geralmente cobrem mais de um segmento cada; as primeiras maxilas estão fundidas em um gnatoquilário; as segundas maxilas estão ausentes; a maioria das espécies não tem sistema traqueal ou circulatório; gonóporos localizados no terceiro segmento do tronco. Embora sejam encontrados em todas as partes do mundo, os paurópodes não são comuns e ocorrem principalmente em solos úmidos e nas camadas de folhas em decomposição das florestas (folhiço). Cerca de 850 espécies já foram descritas.

Classe Symphyla

Animais pequenos (1 a 9 mm, embora *Hanseniella magna* possa medir até 30 mm); não têm olhos; tronco com 14 segmentos, dos quais o último está fundido ao télson; cada um dos 12 primeiros segmentos do tronco tem um par de pernas (em alguns casos, o primeiro é vestigial); o penúltimo segmento tem espineretos e um par de pelos sensoriais longos; a superfície dorsal tem 15 a 24 placas tergais; cutícula macia e não calcificada; antena longa, filiforme, com até 50 segmentos; primeiras maxilas medialmente coalescidas; segundas maxilas totalmente fundidas, formando um lábio complexo; um par de espiráculos abrindo-se na cabeça; a traqueia supre os três primeiros segmentos do tronco; os gonóporos abrem-se no terceiro segmento do tronco. Os sínfilos são geralmente incomuns e ocorrem no solo e na vegetação em decomposição. Existem cerca de 200 espécies descritas.

Plano corpóreo dos miriápodes

Os miriápodes diferem dos hexápodes e dos crustáceos porque conservam seu tronco largamente homônomo com seus apêndices segmentares pareados. Os apêndices da cabeça e as pernas são muito semelhantes aos dos insetos. A metameria também é evidente internamente nas estruturas como óstios cardíacos segmentares, traqueias e gânglios. O Quadro 23.1 descreve as características fundamentais que diferenciam os miriápodes.

As centopeias (quilópodes) têm um par de pernas locomotoras por segmento (Figura 23.2 A a D). A maioria das espécies mede 1 a 2 cm de comprimento, embora as menores meçam apenas 3 a 4 mm e algumas espécies "gigantes" tropicais cheguem a medir quase 30 cm.

Nos milípedes (diplópodes), a cabeça é seguida de um segmento sem apêndices conhecido como **colo**, que consiste em um colar intensamente esclerotizado entre a cabeça e o tronco (Figura 23.2 E). Cada uma das três unidades segmentares seguintes tem um único par de pernas. O tronco é articulado nos diplossegmentos, cada qual formado pela fusão de dois somitos e contendo um conjunto duplo de órgãos metaméricos

---

Quadro 23.1 Características do subfilo Myriapoda.

1. Corpo com dois tagmas: cabeça e tronco multissegmentado.
2. Todos os apêndices são multiarticulados e unirremes.*
3. Os apêndices da cabeça, da anterior para a posterior, são antenas, mandíbulas, primeiras e segundas maxilas, que podem estar fundidas em uma estrutura única semelhante a uma aba, conhecida como "lábio", ou podem estar ausentes; em geral, as primeiras e segundas maxilas têm palpos.
4. Sem carapaça.
5. Com um sistema aéreo para trocas gasosas formado por traqueia e espiráculos (possivelmente evoluídos várias vezes e convergentes com os dos hexápodes).
6. Com um ou dois pares de túbulos de Malpighi derivados da ectoderme (proctodeais) (provavelmente convergentes com os dos hexápodes).
7. A maioria tem olhos laterais, que possivelmente correspondem aos olhos compostos modificados (desintegrados).
8. Trato digestivo simples, sem cecos digestivos.
9. Gonocorísticos; com desenvolvimento direto.

*As antenas dos paurópodes são ramificadas, mas ainda não se sabe se isso representa vestígio de uma condição primitiva semelhante à dos crustáceos ou é derivado secundariamente.

(Figura 23.2 F). O comprimento dos milípedes varia de 0,5 a 30 cm. A cutícula desses animais é especialmente robusta, sendo bem-esclerotizada e geralmente calcificada.

Os paurópodes são miriápodes diminutos de corpo mole e sem olhos, que vivem no solo (Figura 23.1 F). Esses animais medem menos de 2 mm de comprimento e têm 11 segmentos no tronco. Assim como os milípedes, existe algum pareamento dos segmentos e, em geral, apenas seis tergitos são visíveis dorsalmente.

Os sínfilos (Figura 23.1 G) também são miriápodes diminutos, sem olhos e apenas uma espécie mede mais que 1 cm de comprimento. O tronco tem 12 (raramente 11) pares de pernas. Alguns tergitos são divididos e, em geral, de 15 a 24 tergitos são visíveis dorsalmente. O décimo terceiro segmento corporal tem espineretos, um par de pelos sensoriais longos e um télson pós-segmentar minúsculo. Como os paurópodes, os sínfilos vivem no solo fofo e no húmus.

Cabeça e apêndices orais

Nos miriápodes, os olhos e o protocérebro estão localizados em posição pré-antenar. O segmento antenar abriga as antenas e o deutocérebro. O segmento seguinte (pré-mandibular) contém o tritocérebro, mas não tem apêndices. Por sua vez, os três segmentos seguintes contêm as mandíbulas, o primeiro e o segundo pares de maxilas. As segundas maxilas estão fundidas, formando um "lábio" nos sínfilos, mas foram completamente perdidas nos milípedes e paurópodes. Nos diplópodes e paurópodes, as primeiras maxilas se fundem para formar um gnatoquilário semelhante a uma aba. Os gânglios dos segmentos mandibular e maxilar geralmente estão fundidos para formar o gânglio subesofágico. As antenas dos milípedes são constituídas basicamente de sete antenômeros distintos e uma ponta retrátil curta, que contém quatro cones sensoriais apicais. Como nos crustáceos e hexápodes, a área oral dos miriápodes é circundada anteriormente por um labro e posteriormente pela hipofaringe. Essa última estrutura origina-se na forma de uma excrescência em forma de aba (ou língua) da parede corporal, por meio da qual abrem-se as glândulas salivares.

Locomoção

Os miriápodes dependem de seu exoesqueleto bem-esclerotizado para sustentação do corpo. Nas centopeias, as pernas são longas, mas ficam estendidas lateralmente, mantendo o corpo perto do chão de forma a conservar a estabilidade e, ao mesmo tempo, permitir passadas longas e locomoção geralmente rápida.

Nos milípedes, as pernas originam-se da superfície ventral e são curtas, também mantendo o corpo perto do chão e, ao mesmo tempo, assegurando locomoção forte, ainda que lenta.

O desenho básico dos membros dos artrópodes foi descrito no Capítulo 20. A força exercida por um membro é maior com as velocidades baixas e menor com as altas. Com as velocidades mais baixas, as pernas ficam em contato com o solo por períodos mais longos e, no caso dos miriápodes, mais pernas estão em contato com o solo a qualquer momento. Nos animais cavadores, como muitos milípedes, as pernas são curtas e a marcha é lenta e firme, à medida que eles abrem seu caminho através do solo ou da madeira apodrecida. Nas centopeias, cuja maioria corre em grande velocidade, menos da metade das pernas tocam no solo em determinado momento e por períodos mais curtos (Figura 23.3). As pernas mais longas aumentam a velocidade da corrida e pernas longas com passadas grandes são aspectos típicos de centopeias e sínfilos, ambos velozes corredores.

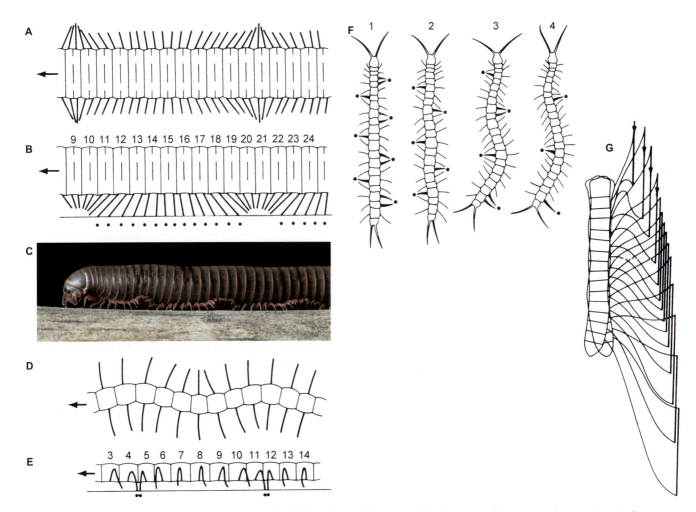

Figura 23.3 Locomoção dos milípedes e das centopeias. **A** e **B**. Um milípede típico (como *Spirostreptus* ou *Gymnostreptus*) em movimento. Observe os 16 diplossegmentos (com 32 pares de pernas). A *vista dorsal* (**A**) mostra os conjuntos de pernas esquerdas e direitas exatamente na mesma fase. A *vista lateral* (**B**) do mesmo animal mostra que a maioria das pontas das pernas está no solo ao mesmo tempo – essa configuração permite uma marcha lenta, mas poderosa. **C**. Um milípede (*Narceus americanus*) em movimento. Ver também fotografia de *N. americanus* (o milípede norte-americano gigante) na abertura deste capítulo. **D** e **E**. Uma centopeia típica (como *Scolopendra* ou *Cryptops*) em movimento. Observe os 12 segmentos, cada qual com um par de pernas. A *vista dorsal* (**D**) mostra os pares de pernas em fases opostas e as ondulações do corpo, que ampliam o comprimento das passadas. A *vista lateral* (**E**) do mesmo animal ilustra que menos de um terço das pontas das pernas estão no solo a cada instante – uma configuração que assegura passadas curtas e rápidas, que são típicas de uma marcha rápida, mas fraca. As *setas* indicam a direção do trajeto dos animais; os *pontos* representam os pontos de contato das pontas das pernas com o substrato. **F**. Locomoção de uma centopeia escolopêndrica em várias velocidades. As partes 1 a 4 mostram as ondas corporais e as ações das pernas em velocidades crescentes. Os membros ilustrados por linhas grossas estão em suas fases de força, com as pontas apoiadas no substrato (*pontos*); os membros representados pelas linhas finas estão em diversos estágios de suas fases de recuperação. Observe que a velocidade máxima do animal ainda é sustentada por uma postura tripé. **G**. Campos de movimentos das pernas de uma centopeia (*Scutigera*) correndo. As linhas verticais grossas descrevem o movimento das pontas de cada perna durante o movimento retrógrado de propulsão. Observe o aumento gradual no tamanho dos membros em direção posterior, que permite avanços desimpedidos mesmo quando os membros utilizam toda sua amplitude de oscilação.

Nos casos típicos, os repertórios locomotores evoluem conjuntamente com os hábitos gerais dos animais, principalmente os comportamentos alimentares. A maioria das centopeias é composta de predadores de superfície e precisa movimentar-se rapidamente para capturar presas. *Scutigera* é uma centopeia que se qualifica como um corredor de nível internacional, alcançando velocidades de até 42 cm/s quando sai em perseguição de uma presa. Por outro lado, a maioria dos milípedes é constituída de detritívoros, que cavam através de solo, folhiço ou madeira apodrecida em busca de alimento. Desse modo, os milípedes tendem a ter pernas mais curtas e lentas, mas movimentos mais poderosos.

Um grupo de centopeias não tem as modificações que permitem alcançar velocidades altas, como ocorre com seus parentes. A maioria dos geofilomorfos escava, e esse processo é facilitado pela dilatação do corpo e a utilização da musculatura do tronco de forma semelhante às minhocas. Esse movimento peristáltico é raro entre os artrópodes, em razão de seus exoesqueletos rígidos. Contudo, os geofilomorfos têm áreas ampliadas de cutícula flexível nas laterais do corpo, entre os tergitos e os esternitos; essas áreas aumentadas (pleuras) permitem-lhes alterar significativamente o diâmetro do seu corpo. Outras centopeias têm áreas pleurais flexíveis menores, que permitem algum grau de movimentos ondulatórios laterais. As pernas das centopeias estão ligadas a essas regiões flexíveis. Os geofilomorfos têm as maiores quantidades de pernas (27 a 191 pares) dentre todas as centopeias.

Nas centopeias corredoras, as pernas de cada segmento subsequente são ligeiramente mais longas do que aquelas do par imediatamente anterior. As pernas da maioria dos miriápodes movimentam-se por ondas nitidamente metacronais, que se estendem de trás para frente (Figura 23.3 A a C). Ao contrário da maioria dos artrópodes, os milípedes movimentam sincronicamente os dois pares de pernas de cada diplossegmento.

Graças à musculatura bem-desenvolvida e ao tegumento macio, os paurópodes conseguem alongar e encurtar o corpo por meio de contrações acentuadas, que lhes permitem rastejar em espaços irregulares e estreitos; os paurópodes adultos também correm agilmente por distâncias curtas.

Alimentação e digestão

A maioria das centopeias é predadora ativa e agressiva de invertebrados menores, especialmente vermes, caracóis e outros artrópodes. Os seus primeiros apêndices do tronco formam garras grandes conhecidas como **preensores** ou **forcípulas**. Esses membros raptoriais estão localizados em posição ventral à área oral (Figura 23.2 D) e são usados para segurar a presa e injetar veneno. O veneno é produzido em glândulas de veneno grandes, que geralmente se localizam nos artículos basais das forcípulas. O veneno é tão eficaz que as centopeias grandes, como a *Scolopendra* das regiões tropicais, podem abater pequenos vertebrados. Algumas centopeias realmente levantam-se sobre as suas pernas traseiras e capturam insetos em voo! Os preensores e as segundas maxilas seguram a presa, enquanto as mandíbulas e as primeiras maxilas mordem e mastigam. A picada de centopeia, mesmo da mais perigosa, geralmente não é fatal aos seres humanos, mas o veneno pode causar uma reação semelhante à que ocorre depois de uma picada grave de vespa ou escorpião.

A estratégia alimentar dos milípedes é muito diferente. A maioria desses animais consiste em detritívoros que se movem lentamente, com preferência por matéria vegetal em decomposição ou morta, embora existam relatos de que algumas espécies (p. ex., *Blaniulus guttulatus*) tenham causado danos às plantas cultivadas. Os milípedes desempenham um papel importante na reciclagem da camada de folhas mortas de muitas partes do mundo. A maioria desses animais corta fragmentos grandes dos tecidos vegetais com suas mandíbulas poderosas, misturam-nos com a saliva à medida que mastigam e, em seguida, engolem-nos. Alguns desses animais, como os sifonofóridos tropicais, parecem alimentar-se dos sucos das plantas vivas e de fungos. Nesses grupos, o labro, o gnatoquilário e as mandíbulas reduzidas estão modificados em forma de um bico perfurador suctorial. Uns poucos grupos singulares de milípedes desenvolveram um estilo de vida predador e alimentam-se da mesma forma que as centopeias.

A biologia alimentar dos paurópodes não está bem-esclarecida, mas a maioria parece alimentar-se de fungos e matérias animais e vegetais em decomposição. Contudo, *Millitauropus* alimenta-se de colêmbolos e seus ovos.

Os sínfilos são primariamente herbívoros, embora uns poucos tenham adotado um estilo de vida carnívoro ou varredor. Muitos sínfilos consomem plantas vivas. Uma espécie – *Scutigerella immaculata* – é uma séria peste em viveiros de plantas e jardins de flores, onde já foram encontradas em grandes quantidades (mais de 90 milhões de espécimens por acre).

Como os tubos digestivos de todos os artrópodes, o trato digestivo longo e geralmente retilíneo dos miriápodes é dividido em uma região anterior ectodérmica, região mediana endodérmica e região posterior ectodérmica (Figura 23.4). Esses animais não têm cecos digestivos ramificando-se do trato digestivo. As glândulas salivares estão associadas aos apêndices orais. As secreções salivares amolecem e lubrificam os alimentos sólidos e, em algumas espécies, elas contêm enzimas que iniciam a digestão química. A boca leva internamente a um esôfago longo, que algumas vezes se expande posteriormente, formando uma região de armazenamento, ou papo e moela (como na maioria das centopeias). A moela muitas vezes contém espinhos cuticulares, que ajudam a separar as partículas grandes do alimento que entra na região mediana do trato digestivo, onde ocorre a absorção (Figura 23.4 C). Como em outros artrópodes, o trato digestivo dos miriápodes produz uma membrana peritrófica – uma lâmina fina e porosa de material quitinoso, que reveste e protege a região mediana do trato digestivo e pode soltar-se para envelopar e recobrir as partículas alimentares, à medida que passam pelo tubo digestivo. A região mediana comunica-se com uma curta região posterior proctodeal, que termina no ânus.

Circulação e trocas gasosas

O sistema circulatório dos miriápodes inclui um coração tubular dorsal, que bombeia o líquido hemocélico (sangue) em direção à cabeça. O coração estreita-se anteriormente, formando uma aorta semelhante a um vaso, a partir da qual o sangue flui para os segmentos posteriores por meio de câmaras hemocélicas grandes, antes de retornar ao seio pericárdico e, por fim, voltar ao coração por meio dos óstios laterais pareados. A circulação é lenta e a pressão do sistema é relativamente baixa. Nos diplópodes, o coração tem dois pares de óstios em cada diplossegmento; nos quilópodes, existe um par de óstios em cada

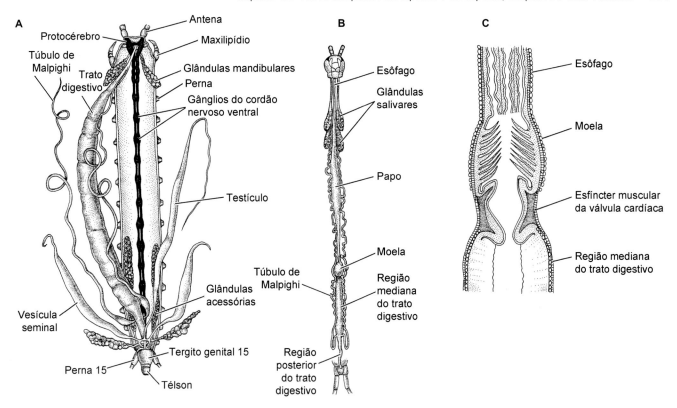

Figura 23.4 Trato digestivo das centopeias. **A.** Anatomia interna de uma centopeia-macho (*Lithobius*). **B.** Trato digestivo e órgãos excretores da centopeia escolopendromorfa *Cryptops*. **C.** Região da moela do *Cryptops* (*corte longitudinal*).

segmento. O pigmento respiratório, hemocianina, contendo cobre foi encontrado no sangue das centopeias escutigeromorfas e em alguns milípedes.

A maioria dos miriápodes depende de um sistema traqueal para as trocas gasosas (Figura 23.5). Conforme está explicado no Capítulo 20, as traqueias são invaginações tubulares extensas da parede corporal, que se abrem através da cutícula por poros conhecidos com espiráculos. As traqueias que se originam de um espiráculo comumente se anastomosam com outras, formando redes ramificadas que penetram na maior parte do corpo. Os espiráculos estão posicionados em padrão segmentar, embora não necessariamente em todos os segmentos. Na maioria dos quilópodes, os espiráculos estão localizados na região pleural membranosa, logo acima e atrás da base da perna; nos litobiomorfos e na maioria dos escolopendromorfos, os segmentos que contêm espiráculos alternam com segmentos destituídos dessas estruturas. Nas centopeias escutigeromorfas, os orifícios respiratórios são dorsais e levam a feixes espessos de traqueias muito curtas, que terminam dentro do coração. Os diplópodes geralmente têm dois pares de espiráculos por diplossegmento, que

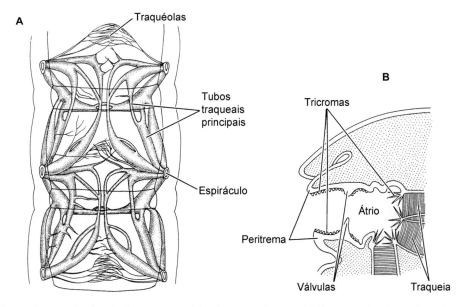

Figura 23.5 Sistema traqueal das centopeias. **A.** Sistema traqueal de três segmentos corporais de uma centopeia escolopendromorfa, *Scolopendra cingulata* (*vista dorsal*). **B.** Um espiráculo de *S. cingulata* (*corte transversal*).

estão localizados um pouco à frente das coxas das pernas. Nos sínfilos, um único par de espiráculos abre-se nas laterais da cabeça e as traqueias suprem apenas os primeiros três segmentos do tronco. Com exceção de algumas espécies primitivas, os paurópodes não têm sistema traqueal.

Em geral, cada espiráculo abre-se dentro de um átrio, cujas paredes são revestidas por cerdas ou espinhos (tricomas), que impedem que poeira, detritos e parasitas entrem nos tubos traqueais. Os espiráculos comumente são circundados por uma borda ou lábio esclerotizado (**peritrema**), que também facilita a eliminação das partículas estranhas. Muitas centopeias têm uma válvula muscular ou outro dispositivo de oclusão, sob controle das pressões parciais internas de O_2 e CO_2. Como ocorre também nos insetos, a ventilação do sistema traqueal é realizada por gradientes de difusão simples, assim como pelas alterações de pressão induzidas pelos movimentos do animal. O sangue dos miriápodes parece desempenhar um papel limitado no transporte de oxigênio (exceto nos escutigeromorfos muito ativos). Recentemente, pesquisadores descobriram hemocianina no sangue de alguns milípedes grandes, mas hoje dispomos de poucas informações sobre sua função.

As partes mais internas do sistema traqueal são conhecidas como traqueólas, que são canais cheios de líquido com paredes finas, que terminam na forma de uma célula única, ou célula terminal da traqueóla (= célula traqueolar). Ao contrário das traqueias, as traqueólas não são substituídas durante a ecdise. As traqueólas são tão pequenas (0,2 a 1,0 mm) que a ventilação é impossível e o transporte de gases depende da difusão aquosa.

Excreção e osmorregulação

Quando os miriápodes invadiram a terra, o problema da conservação de água exigiu a evolução de estruturas inteiramente novas para remover as escórias metabólicas – os túbulos de Malpighi (Figura 23.4). Esses órgãos excretores funcionam em grande parte como os dos insetos (Capítulo 22). Em geral, os miriápodes têm apenas um par de túbulos de Malpighi, mas os craterostigmomorfos têm três e os escutigeromorfos têm quatro. Nas espécies que permanecem praticamente confinadas aos hábitats úmidos e que apresentam padrões de atividade noturna, uma parte expressiva das escórias metabólicas pode ser eliminada na forma de amônia, em vez de ácido úrico.

Durante muito tempo, supôs-se que os túbulos de Malpighi dos miriápodes fossem homólogos aos dos hexápodes. Contudo, hoje se acredita que esses dois grupos não compartilhem um ancestral comum imediato; os hexápodes parecem ter evoluído a partir de um crustáceo ancestral. Por isso, essas estruturas excretoras representam outro caso marcante de evolução convergente.

A cutícula dos miriápodes é esclerotizada e calcificada em graus variados, acrescentando a impermeabilidade à água, mas com exceção de algumas poucas espécies (p. ex., *Orthoporus ornatus* das regiões semidesérticas dos EUA, ela não tem a camada cerosa encontrada nos insetos. Por isso, os miriápodes dependem em grande parte de estratégias comportamentais para evitar dessecação. Muitos vivem em ambientes úmidos ou molhados, ou entram em atividade apenas durante os períodos frios. Outros miriápodes permanecem escondidos em micro-hábitats frios ou úmidos, como debaixo de pedras, durante as horas quentes do dia ou durante os períodos secos.

Algumas centopeias geofilomorfas vivem nos hábitats intermarés, sob rochas ou em tapetes de algas. Alguns milípedes têm hábitos semiaquáticos; por exemplo, o julídeo litorâneo *Thalassisobates littoralis*, que vive entre a matéria encalhada em decomposição nas praias do mar Mediterrâneo. Entretanto, essa espécie não passa muito tempo sob a água, ao contrário de algumas espécies subterrâneas das cavernas do sul da Europa, ou de *Myrmecodesmus adisi* da Amazônia, cujas formas juvenis passam até 11 meses sob a água. Algumas centopeias geofilomorfas, que também vivem nas florestas amazônicas inundadas periodicamente, toleram a submersão por alguns meses. Quando estão sob a água, esses miriápodes aparentemente dependem da respiração por meio de plastrão, ou seja, eles utilizam oxigênio dissolvido na água, que chega às suas traqueias por meio de diminutas bolhas de ar retidas dentro dos espiráculos ou aprisionadas por um tegumento especializado. Embora o sistema traqueal dos miriápodes seja muito semelhante ao dos insetos, existem evidências de que também tenha evoluído independentemente.

Sistema nervoso e órgãos dos sentidos

O sistema nervoso dos miriápodes enquadra-se no plano básico dos artrópodes, descrito no Capítulo 20. Nesses animais, há pouquíssima fusão secundária dos gânglios, e o cordão nervoso ventral conserva grande parte de sua estrutura dupla primitiva, com um par de gânglios fundidos em cada segmento. Os milípedes têm dois pares de gânglios fundidos em cada diplossegmento.

Como ocorre em outros artrópodes, o gânglio cerebral dos miriápodes inclui três regiões distintas: o protocérebro pré-antenal (associado aos olhos, quando existem), o deutocérebro (associado às antenas) e o tritocérebro. Um gânglio subesofágico controla as partes orais, as glândulas salivares e parte da musculatura local (Figura 23.6).

Os miriápodes tipicamente têm olhos, embora estejam ausentes nos paurópodes, nos sínfilos, em todos os geofilomorfos e em muitas escolopendromorfas entre as centopeias; e nos sifoniulídeos,

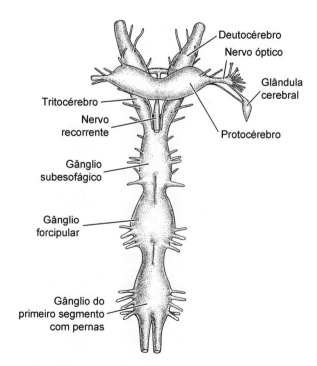

Figura 23.6 Cérebro e gânglios anteriores de uma centopeia, *Lithobius forficatus* (vista dorsal).

sifonoforídeos e polidesmídeos entre os milípedes. Muitas espécies trogloditas (que vivem em cavernas) de outros grupos, especialmente as centopeias litobiomorfas, também são cegas. As centopeias podem ter alguns ou muitos olhos independentes (Figura 23.7). Nas centopeias escutigeromorfas, até 200 desses olhos podem se reunir para formar um tipo de "olho composto". Entretanto, os olhos das centopeias vivas parecem funcionar apenas para a detecção de claro e escuro, não para formar imagens. Muitos diplópodes têm 2 a 80 olhos dispostos na cabeça de maneira variável. Além disso, alguns diplópodes têm fotorreceptores tegumentares e muitas espécies que não têm olhos apresentam fototaxia negativa.

As centopeias e os milípedes são conhecidos por suas antenas altamente sensíveis, que são ricamente providas de cerdas táteis e quimiossensoriais. Em muitas espécies, um **órgão de Tömösváry** está localizado na base de cada antena (Figura 23.8). Cada parte desse órgão pareado consiste em um disco com um poro central para o qual convergem as extremidades dos neurônios sensoriais. A função exata desse órgão ainda não foi claramente definida e as especulações variam amplamente, desde quimiossensibilidade, percepção de pressão e detecção de umidade até audição (detecção de sons ou vibração). A hipótese da detecção sonora é provavelmente a mais popular hoje em dia. Também existe debate quanto à possibilidade de que o órgão de Tömösváry detecte vibrações do ar (impulsos auditivos), ou apenas vibrações do solo.

Reprodução e desenvolvimento

Os miriápodes são gonocorísticos e ovíparos, embora a partenogênese ocorra em várias famílias de milípedes e algumas centopeias, paurópodes e sínfilos. Assim como a maioria dos aracnídeos, muitos miriápodes dependem de copulação indireta e inseminação. Pacotes de espermatozoides (espermatóforos) são depositados no ambiente ou guardados pelo macho e recolhidos pela fêmea. Todos os miriápodes têm desenvolvimento direto, com os jovens eclodindo como "adultos em miniatura", embora muitas vezes com menos segmentos corporais. Além dessas generalizações, alguns aspectos específicos de cada um dos principais grupos estão descritos a seguir.

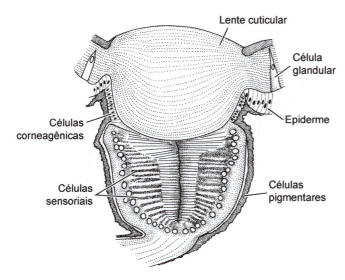

Figura 23.7 Olho de uma centopeia (*corte*).

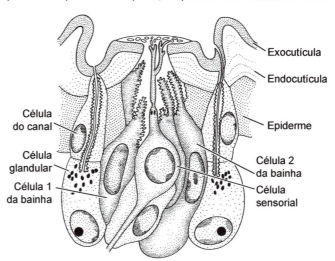

Figura 23.8 Órgão de Tömösváry da centopeia *Lithobius forficatus*.

Quilópodes. As centopeias fêmeas têm um único ovário alongado, situado acima do trato digestivo, enquanto os machos têm de 1 a 26 testículos localizados na mesma região (Figura 23.9). O oviducto une-se aos orifícios de várias glândulas acessórias e a um par de receptáculos seminais imediatamente interno ao gonóporo, que está localizado no segmento genital (segmento sem pernas à frente do télson). O gonóporo das fêmeas geralmente está flanqueado por um par de pequenos apêndices em forma de garras (ou gonópodes), que manipulam as bolsas de espermatozoides do macho. Nos machos, o testículo une-se aos ductos de várias glândulas acessórias e a um par de vesículas seminais localizadas perto do gonóporo, que se abre na superfície ventral do segmento genital. O gonóporo masculino também está situado entre um par de gonópodes pequenos.

Os espermatozoides são empacotados em espermatóforos, que são transferidos à fêmea. Em alguns casos (p. ex., escutigeromorfos), os machos depositam os espermatóforos diretamente no solo e as fêmeas simplesmente os recolhem. Contudo, na maioria das espécies, as fêmeas produzem uma **rede nupcial** de seda, que é tecida por glândulas genitais modificadas, e os machos depositam o espermatóforo nessa rede (Figura 23.10). Os casais de centopeia em cruzamento tipicamente demonstram um comportamento de corte, batendo suavemente um no outro com suas antenas e muitas vezes movendo o espermatóforo volumoso (até vários milímetros) para dentro da rede nupcial. Por fim, a fêmea recolhe o espermatóforo com seus gonópodes e o introduz em seu gonóporo. A fecundação ocorre à medida que os ovócitos passam pelo gonoducto. As fêmeas muitas vezes cobrem os ovócitos fecundados com umidade e fungicidas, antes que sejam depositados no solo ou na vegetação em decomposição.

Nos craterostigmomorfos, escolopendromorfos e geofilomorfos, a fêmea se mantém enrolada ao redor de sua ninhada até que ocorra a eclosão (Figura 23.10 C). O cuidado parental é praticamente desconhecido nas outras classes de miriápodes, exceto por alguns milípedes polizonídeos e platidesmídeos, que também exibem esse cuidado. Em alguns milípedes platidesmídeos, o choco dos embriões é realizado pelo macho.

Os escutigeromorfos, os litobiomorfos e os craterostigmomorfos eclodem com 4, 7 e 12 pares de pernas, respectivamente, e alcançam a contagem final de 15 pares de pernas depois de

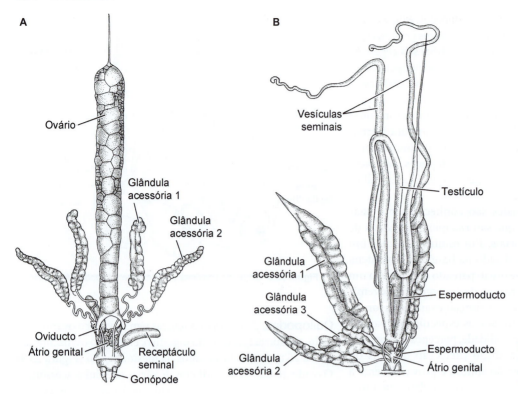

Figura 23.9 Sistemas reprodutores da centopeia *Lithobius forficatus*. **A.** Sistema feminino. **B.** Sistema masculino.

uma (craterostigmomorfos) ou algumas mudas, mas continuam a fazer ecdises até que alcancem a maturidade e mesmo depois disso (hemianamorfose). Contudo, os escolopendromorfos e os geofilomorfos desenvolvem-se por epimorfose. Ou seja, alcançam a quantidade final de segmentos corporais durante o desenvolvimento embrionário e nenhum segmento ou par de pernas é acrescentado durante a vida pós-embrionária.

Diplópodes. Os milípedes têm um único par de gônadas alongadas nos dois sexos. Diferentemente dos quilópodes, as gônadas dos milípedes estão situadas entre o trato digestivo e o cordão nervoso ventral. Os gonóporos abrem-se no terceiro segmento do tronco (genital). Nas fêmeas, cada oviducto abre-se separadamente em um átrio genital (= vulva) localizado perto das coxas do segundo par de pernas. Um sulco na vulva leva a um ou mais receptáculos seminais. Os machos têm um par de pênis, ou **gonopófises**, também localizados nas coxas do segundo par de pernas.

Nos "milípedes diminutos", as mandíbulas são usadas para transferir os espermatozoides, mas, na maioria dos casos, um ou dois pares de pernas do sétimo ou do oitavo segmento do tronco são modificados em apêndices copulatórios (ou gonópodes) e atendem a esse propósito. Os machos curvam os segmentos corporais anteriores para trás sob o tronco, até que os pênis e os gonópodes fiquem em contato, quando então esses últimos recolhem um espermatóforo durante a preparação para o cruzamento.

Na maioria dos milípedes, o cruzamento ocorre por cópula indireta, na qual os orifícios genitais do macho e da fêmea nunca realmente entram em contato, embora o macho e a fêmea possam abraçar-se com suas pernas e mandíbulas e enrolar seus troncos um sobre o outro. Em alguns casos, um par permanece nesse "abraço" por até 2 dias. Os feromônios desempenham comprovadamente um papel importante em muitas espécies. Tapinhas com as antenas, o tamborilar das cabeças e a estridulação podem estar incluídos no repertório de cruzamento. Os machos da

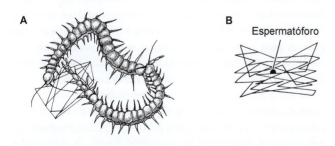
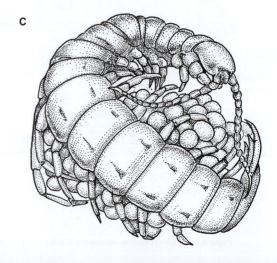

Figura 23.10 A a C. Comportamento reprodutivo da centopeia tropical *Scolopendra cingulata*. **A.** Um macho e uma fêmea em posição de cruzamento sobre a rede nupcial. **B.** Uma rede nupcial com um espermatóforo. **C.** Uma fêmea e seus ovos. A centopeia gigante *Scolopendra heros* dos desertos americanos abraçando seus filhotes.

família dos esferoterídeos produzem sons durante a corte, esfregando os telopódios contra a borda posterior do corpo. O macho de *Sphaerotherium* geralmente produz estridulações quando está em contato com uma fêmea para iniciar o cruzamento, provavelmente para evitar que ela enrole e forme uma esfera, ou para estimular a fêmea a desenrolar-se, caso já esteja enrolada.

Os machos frequentemente dispõem de um conjunto de características sexuais secundárias, como modificações acentuadas do primeiro par de pernas e da cabeça. Nas espécies europeias do gênero *Chordeuma*, as glândulas dorsais do anel 16 do tronco do macho produzem uma secreção na superfície dorsal, da qual as fêmeas alimentam-se antes de cruzar.

A fecundação ocorre à medida que os ovócitos são depositados. Nos milípedes pentazonianos, o último par de pernas do macho é modificado para formar prendedores fortes, que são usados para segurar a fêmea na posição certa. Nesses milípedes, os machos moldam uma pequena taça no solo, dentro da qual ejaculam seus espermatozoides. Em seguida, a taça cheia de espermatozoides é passada à fêmea, que é segurada firmemente pelos prendedores grandes do macho. Os ovos são geralmente depositados no solo, embora algumas espécies também produzam bolsas de seda para abrigá-los. Algumas espécies moldam um ninho de solo e húmus reforçado pelas fezes dos genitores, todo o ninho podendo ser produzido com matéria fecal. Um a 300 ovos são depositados a cada cruzamento.

A maioria dos milípedes recém-nascidos tem apenas três pares de pernas; os segmentos e os pares de pernas novos são acrescentados a cada muda, de acordo com um dentre três esquemas de desenvolvimento possíveis. Na família Pentazonia (p. ex., milípedes-pílula *Glomeris*), a quantidade final de segmentos e pares de pernas é alcançada depois de algumas mudas, mas o animal precisa passar por outras mudas sem aumento da quantidade de segmentos antes que alcance o tamanho adulto e a maturidade sexual (hemianamorfose). Nos polidesmídeos e outros helmintomorfos, a obtenção da quantidade final de segmentos e pares de pernas coincide com a aquisição da condição adulta e não ocorrem mudas adicionais (teloanamorfose). Nos demais helmintomorfos, novos segmentos e pares de pernas são acrescentados a cada muda, e o animal continua a passar por mudas, mesmo depois de alcançar a maturidade sexual (euanamorfose).

Os machos de alguns julídeos europeus podem fazer periodomorfose: condições ambientais específicas podem induzir os machos sexualmente maduros a transformar-se em machos intercalares com gonópodes regredidos, desse modo interrompendo a atividade reprodutiva. Essa atividade é reiniciada depois de uma ou mais mudas com gonópodes recém-diferenciados.

Paurópodes. Nas fêmeas dos paurópodes, um único ovário está situado abaixo do trato digestivo, mas, nos machos, os testículos estão localizados acima do trato digestivo. Assim como ocorre nos milípedes, os gonóporos (um único orifício mediano na fêmea e dois no macho) estão situados no terceiro segmento do tronco. As fêmeas recolhem um espermatóforo, geralmente depois que o macho o suspender com um ou alguns fios de seda estendendo-se entre duas pedras ou folhas. A fecundação é interna. Os ovos com vitelo são depositados em madeira em decomposição. O desenvolvimento embrionário termina com um estágio pupoide imóvel inicial, que tem diminutos orifícios oral e anal, além de vestígios inarticulados das antenas e dos primeiros dois pares de pernas. Uma muda transforma esse estágio pupoide na primeira forma juvenil ativa, com três pares de pernas. Em seguida, o desenvolvimento continua por anamorfose, passando por quatro formas juvenis e um estágio adulto.

Sínfilos. Os sínfilos demonstram um dos métodos mais incomuns de fecundação do reino animal. As gônadas pareadas descarregam por meio dos gonóporos no terceiro segmento do tronco dos dois sexos. Os machos depositam os espermatóforos no ambiente. Ao menos alguns sínfilos constroem estruturas semelhantes a pedúnculos com os espermatóforos no topo. Quando uma fêmea encontra um desses pacotes de espermatozoides, ela morde o espermatóforo e armazena os espermatozoides em sua cavidade pré-oral. Quando seus próprios ovócitos estão maduros, a fêmea os retira do seu gonóporo com suas peças orais e os cimenta no musgo ou algum outro substrato. A fecundação ocorre durante esse processo, à medida que ela cobre cada ovo com os espermatozoides armazenados. Os sínfilos jovens eclodem com apenas cerca de metade da quantidade de segmentos do tronco e apêndices dos adultos.

Com o desenvolvimento pós-embrionário, as mudas de primeira e segunda ordens alternam regularmente até que seja alcançada a maturidade. Uma nova unidade de dois segmentos é acrescentada depois de cada muda de primeira ordem, mas apenas mais um par de pernas é diferenciado, porque o outro par diferencia-se depois da muda de segunda ordem subsequente, quando não são acrescentados segmentos adicionais. Os sínfilos adultos continuam a fazer mudas durante toda sua vida (até 40 vezes em *Scutigerella immaculata*), sem qualquer acréscimo de segmentos ou pernas.

Desenvolvimento embrionário

A cópula indireta e o desenvolvimento externo típicos dos miriápodes requerem grandes quantidades de nutrientes (vitelo) armazenados no ovo. Os ovos com vitelo dos miriápodes mudaram quase completamente para a clivagem meroblástica. A maioria dos miriápodes sofre clivagem inicial por meio de divisões nucleares intralécitas, seguidas de migração dos núcleos descendentes para o citoplasma periférico (= periplasma). Nessa área, os núcleos continuam a dividir-se até que o periplasma esteja repleto de núcleos, quando então começaram a formar-se as membranas celulares, que dividem as células uninucleadas umas das outras. Nesse ponto, o embrião é uma periblástula, que consiste em uma esfera de vitelo com uns poucos núcleos e que está recoberta por uma camada celular fina (ou blastoderme).

Ao longo de um dos lados da blástula, um grupo de células colunares forma um disco germinal, que se separa nitidamente das células cuboides da blastoderme restante. A partir de regiões específicas desse disco, as supostas células endodérmicas e mesodérmicas começam a proliferar na forma de centros germinais. Essas células migram para dentro durante a gastrulação, até se localizarem sob suas células genitoras, que agora formam a ectoderme. A mesoderme prolifera para dentro, como um sulco gastral longitudinal; as células do trato digestivo em desenvolvimento geralmente circundam e começam a absorver gradativamente a volumosa massa central de vitelo do embrião.

Os segmentos começam a demarcar e proliferar e, por fim, desenvolvem-se os brotos dos apêndices. A boca e o ânus formam-se por invaginações da ectoderme, que forma as regiões anterior e posterior do trato digestivo, finalmente estabelecendo contato com a região mediana do trato digestivo em desenvolvimento, de origem endodérmica.

Variações desse esquema básico ocorrem nos grupos que sofreram redução secundária do vitelo, como paurópodes e sínfilos. Nesses grupos, ocorre clivagem praticamente holoblástica e, na verdade, forma-se uma celoblástula. Na maioria dos quilópodes, ocorre um tipo de clivagem até certo ponto intermediária entre as clivagens superficial e total. Depois de algumas divisões nucleares intralécitas, o vitelo divide-se em blocos conhecidos como pirâmides de vitelo. Aos poucos, as pirâmides de vitelo desaparecem e o desenvolvimento passa para o padrão superficial.

Filogenia dos miriápodes

Durante muito tempo, os miriápodes e os hexápodes foram considerados grupos-irmãos, formando um clado conhecido como Atelocerata, por sua vez considerado um grupo-irmão de Crustacea dentro de Mandibulata. A relação de grupos-irmãos entre os miriápodes e os hexápodes estava baseada em várias sinapomorfias aparentemente fortes, incluindo os túbulos de Malpighi proctodeais, a perda do segundo par de antenas, as pernas unirremes e os sistemas respiratórios traqueais. Contudo, estudos recentes concordam que os hexápodes se originaram de Crustacea e, por isso, as supostas sinapomorfias que relacionavam os hexápodes com os miriápodes devem ter sido desenvolvidas por evolução convergente ou paralela. Algumas filogenias moleculares sugerem que os miriápodes sejam um grupo-irmão de Chelicerata dentro de um clado conhecido como Myriochelata ou Paradoxopoda, mas estudos mais recentes convergem para a restauração dos miriápodes como uma linhagem Mandibulata, embora seja um grupo-irmão dos Pancrustacea (= Hexapoda mais os Crustacea parafiléticos).

A monofilia das quatro classes de miriápodes está apoiada pelas seguintes características:

- **Chilopoda.** Os apêndices do primeiro segmento do tronco contêm uma glândula de veneno; 15 pares (ou mais, por desenvolvimento secundário) de pernas locomotoras; alternância de tergitos longos e curtos com inversão dos segmentos 7 e 8, e espiráculos associados aos segmentos que contêm tergitos longos
- **Diplopoda.** Tronco formado por diplossegmentos; antenas com oito artículos, tendo o artículo distal cones sensoriais apicais; espermatozoide sem flagelo
- **Pauropoda.** Antenas ramificadas com um órgão sensorial especializado (glóbulo); pseudóculos pareados nas superfícies laterais da cápsula cefálica
- **Symphyla.** Um único par de estigmas traqueais nas superfícies laterais da cápsula cefálica; olhos ausentes; espermatecas femininas formadas por bolsas laterais pareadas na cavidade oral; 12 pares de pernas no tronco; orifício genital único; espineretos terminais pareados.

Os quilópodes provavelmente são irmãos das demais classes de miriápodes, que coletivamente são classificadas como Progoneata, significando que seus orifícios genitais são anteriores (na verdade, na região do terceiro segmento corporal), em vez de posteriores, como se observa em Opisthogoneata. Entre o grupo Progoneata, os paurópodes e os diplópodes constituem um clado (Dignatha) definido pela inexistência de membros no segmento pós-maxilar, espiráculos abrindo-se nas bases das pernas locomotoras, estágio pupoide imóvel depois da eclosão e primeira forma juvenil de vida livre com três pares de pernas.

Os miriápodes com exoesqueletos calcificados estão razoavelmente bem-preservados nos registros fósseis e, dentre esses, os espécimes mais antigos datam do período Siluriano Médio (425 Ma), embora também tenham sido atribuídos a esse grupo alguns fósseis vestigiais mais antigos do período Ordoviciano Tardio (cerca de 450 Ma). Os clados modernos dos milípedes quilognatos (Pentazonia e Hemilthomorpha) estão documentados desde o período Carbonífero Superior. Os táxons de miriápodes extintos são Arthropleurida (que inclui *Arthropleura* gigante, o qual media até 2,6 m de comprimento), Eoarthropleurida e Microdecemplicida, todos da era Paleozoica. Entre o período Siluriano Médio e o Carbonífero Tardio, existem documentados Archypolypoda, que constituem um grupo de milípedes com tronco composto de unidades maiores e menores alternadas com um par de pernas em cada um. Os miriápodes com cutícula não calcificada, como as centopeias e os milípedes penicilados, são muito comuns no âmbar e são abundantemente documentados desde o período Cretáceo, mas as centopeias mais antigas (*Devonobius*) são datadas do período Devoniano Médio (380 Ma).

Bibliografia

Referências gerais

Adis, J. 1992. How to survive six months in a flooded soil: strategies in Chilopoda and Symphyla from Central Amazonian floodplains. Stud. Neotrop. Fauna Envir. 27: 117–129.

Akkari, N., H. Enghoff e A. Minelli. 2014. Segmentation of the millipede trunk as suggested by a homeotic mutant with six extra pairs of gonopods. Front. Zool. 11: 6.

Anderson, B. D., J. W. Shultz e B. C. Jayne. 1995. Axial kinematics and muscle activity during terrestrial locomotion of the centipede *Scolopendra heros*. J. Exptl. Biol. 198: 1185–1195.

Barber, A. D. 2009 A. *Centipedes. Synopses of the British fauna (New series)* 58. Field Studies Council, Shrewsbury.

Barber, A. D. 2009 B. Littoral myriapods: A review. Soil Org. 81: 735–760.

Bonato, L., S. Bevilacqua e A. Minelli. 2009. An outline of the geographical distribution of world Chilopoda. Contr. Nat. Hist., Bern 12: 489–503.

Bonato, L. et al. 2015. The phylogenetic position of *Dinogeophilus* and a new evolutionary framework for the smallest epimorphic centipedes (Chilopoda: Epimorpha). Contrb. Zool. 84(3): 237–253.

Bush, S. P. et al. 2001. Centipede envenomation. Wild. Environ. Med. 12: 93–99.

Chagas, A. Jr., G. D. Edgecombe e A. Minelli. 2008. Variability in trunk segmentation in the centipede order Scolopendromorpha: A remarkable new species of *Scolopendropsis* Brandt (Chilopoda: Scolopendridae) from Brazil. Zootaxa 1888: 36–46.

Causey, N. B. e D. L. Tiemann, 1969. A revision of the bioluminescent millipedes of the genus *Motyxia* (Xystodesmidae: Polydesmida). Proc. Amer. Phil. Soc. 113, 14-33.

Chipman, A. D. e M. Akam. 2008. The segmentation cascade in the centipede *Strigamia maritima*: involvement of the Notch pathway and pair-rule gene homologues. Dev. Biol. 319: 160–169.

Damen, W. G. M., N.-M. Prpic e R. Janssen. 2009. Embryonic development and the understanding of the adult body plan in myriapods. Soil Org. 81: 337–346.

Damsgaard, C. et al. 2013. Molecular and functional characterization of hemocyanin of the giant African millipede, *Archispirostreptus gigas*. J. Exp. Biol 216: 1616–1623.

Dove, H. e A. Stollewerk. 2004. Comparative analysis of neurogenesis in the myriapod *Glomeris marginata* (Diplopoda) suggests more similarities to chelicerates than to insects. Development 130: 2161–2171.

Drago, L. *et al.* 2011. Structural aspects of leg-to-gonopod metamorphosis in male helminthomorph millipedes (Diplopoda). Front. Zool. 8: 19.

Eisner, T. *et al.* 1963. Cyanogenic glandular apparatus of a millipede. Science 139: 1218–1220.

Enghoff, H., W. Dohle e J. G. Blower. 1993. Anamorphosis in millipedes (Diplopoda): The present state of knowledge with some developmental and phylogenetic considerations. Zool. J. Linn. Soc. 109: 103–234.

Fusco, G. 2005. Trunk segment numbers and sequential segmentation in myriapods. Evol. Dev. 7: 608–617.

Fusco, G. e A. Minelli. 2013. Arthropod segmentation and tagmosis. pp. 197–221 in A. Minelli, G. Boxshall e G. Fusco (eds.), *Arthropod Biology and Evolution. Molecules, Development, Morphology.* Springer, Heidelberg.

Gilbert, S. F. 1997. Arthropods: The crustaceans, spiders, and myriapods. pp. 237-257 in S. F. Gilbert e A. M. Raunio (eds.), *Embryology: Constructing the Organism.* Sinauer Associates, Sunderland, MA.

Harzsch, S., R. R. Melzer e C. H. G. Müller. 2006. Mechanisms of eye development and evolution of the arthropod visual system: The lateral eyes of Myriapoda are not modified insect ommatidia. Org. Div. Evol. 7: 20–32.

Hoffman, R. L. 1999. Checklist of the millipeds of North and Middle America. Spec. Publ. 8, Virginia Mus. Nat. Hist.

Hoffman, R. L. *et al.* 1982. Chilopoda–Symphyla–Diplopoda–Pauropoda. pp. 681–726 in S. P. Parker (ed.), *Synopsis and Classification of Living Organisms.* McGraw-Hill, Nova York.

Hoffman, R. L. *et al.* 1996. Practical keys to the orders and families of millipedes of the Neotropical region (Myriapoda: Diplopoda). Amazoniana 14: 1–35.

Hopkin, S. P. e H. J. Read. 1992. *The Biology of Millipedes.* Oxford University Press, Nova York.

Hughes, C. L. e T. C. Kaufman. 2002 A. Exploring myriapod segmentation: The expression patterns of *even-skipped*, *engrailed*, and *wingless* in a centipede. Dev. Biol. 247: 47–61.

Hughes, C. L. e T. C. Kaufman. 2002 B. Exploring the myriapod body plan: expression patterns of the ten Hox genes in a centipede. Development 129: 1225–1238.

Janssen, R. 2011. Diplosegmentation in the pill millipede *Glomeris marginata* is the result of dorsal fusion. Evol. Dev. 13: 477–487.

Janssen, R., N.-M. Prpic e W. G. M. Damen. 2004. Gene expression suggests decoupled dorsal and ventral segmentation in the millipede *Glomeris marginata* (Myriapoda: Diplopoda). Dev. Biol. 268: 89–104.

Kettle, C. *et al.* 2003. The pattern of segment formation, as revealed by *engrailed* expression, in a centipede with a variable number of segments. Evol. Dev. 5: 198–207.

Kuse, M. *et al.* 2001. 7,8-dihydropterin-6-carboxylic acid as light emitter of luminous millipede, *Luminodesmus sequoiae*. Bioorg. Med. Chem. Lett. 11: 1037–1040.

Lesniewska, M. *et al.* 2009. Trunk anomalies in the centipede *Stigmatogaster subterranea* provide insight into late embryonic segmentation. Arthr. Struct. Dev. 38: 417–426.

Lewis, J. G. E. 1981. *The Biology of Centipedes.* Cambridge University Press, Cambridge-Londres-Nova York.

Marek, P. e W. Moore. 2015. Discovery of a glowing millipede in California and the gradual evolution of bioluminescence in Diplopoda. Proc. Natl. Acad. Sci. doi: 10.1073/pnas.1500014112

Marek, P. *et al.* 2011 Bioluminescent aposematism in millipedes. Curr. Biol. 21(18): 680–681.

McElroy, W. D., M. DeLuca e J. Travis 1967. Molecular uniformity in biological catalyses. The enzymes concerned with firefly luciferin, amino acid, and fatty acid utilization are compared. Science 157: 150–160.

Minelli, A. 1993. Chilopoda. pp. 57–114 in Harrison, F. W. e M. E. Rice (eds.) 1997. *Microscopic Anatomy of Invertebrates. Vol. 12, Onychophora, Chilopoda, and Lesser Protostomata.* Wiley-Liss, Nova York.

Minelli, A. (ed.) 2011. *Treatise on Zoology–Anatomy, Taxonomy, Biology. The Myriapoda. Vol. 1.* Brill, Leiden.

Minelli, A. (ed.). 2015. *The Myriapoda. Vol. 2. Treatise on Zoology-Anatomy, Taxonomy, Biology.* Brill, Leiden.

Minelli, A. e S. I. Golovatch. 2013. Myriapods. pp. 421–432 in Levin, S. A. (ed.), *Encyclopedia of Biodiversity, 2nd Ed., Vol. 5.* Academic Press, Waltham, MA.

Molinari, J. *et al.* 2005. Predation by giant centipedes, *Scolopendra gigantea*, on three species of bats in a Venezuelan cave. Caribb. J. Sci. 41: 340–346.

Müller, C. H. G. *et al.* 2003. The compound eye of *Scutigera coleoptrata* (Linnaeus, 1758) (Chilopoda: Notostigmophora): An ultrastructural reinvestigation that adds support to the Mandibulata concept. Zoomorphology 122: 191–209.

Shelley, R. M. 2002. A synopsis of the North American centipedes of the order Scolopendromorpha (Chilopoda). Virginia Mus. Nat. Hist. Mem. No. 5: 1–108.

Shelley, R. M. 2003. A revised, annotated, family-level classification of the Diplopoda. Arthropoda Selecta 11: 187–207.

Shelley, R. M. e S. I. Golovatch. 2011. Atlas of myriapod biogeography. I. Indigenous ordinal and supra-ordinal distributions in the Diplopoda: perspectives on taxon origins and ages, and a hypothesis on the origin and early evolution of the class. Insecta Mundi 0158: 1–134.

Sierwald, P. e J. E. Bond. 2007. Current status of the myriapod class Diplopoda (millipedes): taxonomic diversity and phylogeny. Annu. Rev. Entomol. 52: 401–420.

Summers, G. 1979. An illustrated key to the chilopods of the north-central region of the United States. J. Kansas Entomol. Soc. 52: 690–700.

Undheim, E. A. e G. F. King. 2011. On the venom system of centipedes (Chilopoda), a neglected group of venomous animals. Toxicon 57: 512–524.

Wesener, T. *et al.* 2011. How to uncoil your partner – "mating songs" in giant pill millipedes (Diplopoda: Sphaerotheriida). Naturwissenschaften 98: 967–975.

Wirkner, C. S. e G. Pass. 2002. The circulatory system in Chilopoda: functional morphology and phylogenetic aspects. Acta Zool. (Stockholm) 83: 193–202.

Evolução dos miriápodes

Almond, J. E. 1985. The Silurian–Devonian fossil record of the Myriapoda. Phil. Trans. R. Soc. Lond. B 309: 227–237.

Blanke, A. e T. Wesener. 2014. Revival of forgotten characters and modern imaging techniques help to produce a robust phylogeny of the Diplopoda (Arthropoda, Myriapoda). Arthr. Struct. Devel. 43: 63–75.

Bonato, L., L. Drago e J. Murienne 2013. Phylogeny of Geophilomorpha (Chilopoda) inferred from new morphological and molecular evidence. Cladistics 30: 485–507.

Bonato, L. e A. Minelli. 2002. Parental care in *Dicellophilus carniolensis* (C. L. Koch, 1847): new behavioural evidence with implications for the higher phylogeny of centipedes (Chilopoda). Zool. Anz. 241: 193–198.

Kime, R. D. e S. I. Golovatch. 2000. Trends in the ecological strategies and evolution of millipedes (Diplopoda). Biol. J. Linn. Soc. 69: 333–349.

Regier, J. C. *et al.* 2010. Arthropod relationships revealed by phylogenomic analysis of nuclear protein-coding sequences. Nature 463: 1079–1083.

Brewer, M. S. e J. E. Bond. 2013. Ordinal-level phylogenomics of the arthropod class Diplopoda (millipedes) based on an analysis of 221 nuclear protein-coding loci generated using next-generation sequence analysis. PLoS ONE 8: e79935.

Burmester, T. 2002. Origin and evolution of arthropod hemocyanins and related proteins. J. Comp. Physiol. B 172: 95–107.

Chipman, A. D. *et al.* 2014. The first myriapod genome sequence reveals conservative arthropod gene content and genome organisation in the centipede *Strigamia maritima*. PLoS Biol. 12(11): e1002005.

Edgecombe, G. D. 2010. Arthropod phylogeny: An overview from the perspectives of morphology, molecular data and the fossil record. Arthr. Struct. Dev. 39: 74–87.

Edgecombe, G. D., L. Bonato e A. Minelli. 2014. Geophilo-morph centipedes from the Cretaceous amber of Burma. Palaeontology 57: 97–110.

Edgecombe, G. D., A. Minelli e L. Bonato. 2009. A geophilomorph centipede (Chilopoda) from La Buzinie amber (Late Cretaceous: Cenomanian), SW France. Geodiversitas 31: 29–39.

Kusche, K. e T. Burmester. 2001. Diplopod hemocyanin sequence and the phylogenetic position of the Myriapoda. Mol. Biol. Evol. 18: 1566–1573.

Kusche, K. *et al.* 2003. Complete subunit sequences, structure and evolution of the 6 × 6-mer hemocyanin from the common house centipede, *Scutigera coleoptrata*. Eur. J. Biochem. 270: 2860–2868.

Minelli, A., A. Chagas-Júnior e G. D. Edgecombe. 2009. Saltational evolution of trunk segment number in centipedes. Evol. Dev. 11: 318–322.

Murienne, J., G. D. Edgecombe e G. Giribet. 2010. Including secondary structure, fossils and molecular dating in the centipede tree of life. Mol. Phylog. Evol. 57: 301–313.

Pisani, D. *et al.* 2004. The colonization of land by animals: molecular phylogeny and divergence times among arthropods. BMC Biol. 2: 1.

Podsiadlowski, L., H. Kohlhagen e M. Koch. 2007. The complete mitochondrial genome of *Scutigerella causeyia* (Myriapoda: Symphyla) and the phylogenetic position of Symphyla. Mol. Phylog. Evol. 45: 251–260.

Regier, J. C. *et al.* 2010. Arthropod relationships revealed by phylogenomic analysis of nuclear protein-coding sequences. Nature 463: 1079–1083.

Shear, W. A. e G. D. Edgecombe. 2010. The geological record and phylogeny of the Myriapoda. Arthr. Struct. Dev. 39: 174–190.

Wilson, H. M. 2001. First Mesozoic scutigeromorph centipede, from the Lower Cretaceous of Brazil. Palaeontology 44: 489–495.

24

Filo Arthropoda
Quelicerados

Classificação do reino Animal (Metazoa)

Não Bilateria*
(Também conhecidos como diploblastos)
 FILO PORIFERA
 FILO PLACOZOA
 FILO CNIDARIA
 FILO CTENOPHORA

Bilateria
(Também conhecidos como triploblastos)
 FILO XENACOELOMORPHA

Protostomia
 FILO CHAETOGNATHA

SPIRALIA
 FILO PLATYHELMINTHES
 FILO GASTROTRICHA
 FILO RHOMBOZOA
 FILO ORTHONECTIDA
 FILO NEMERTEA
 FILO MOLLUSCA
 FILO ANNELIDA
 FILO ENTOPROCTA
 FILO CYCLIOPHORA

Gnathifera
 FILO GNATHOSTOMULIDA
 FILO MICROGNATHOZOA
 FILO ROTIFERA

Lophophorata
 FILO PHORONIDA
 FILO BRYOZOA
 FILO BRACHIOPODA

ECDYSOZOA
 Nematoida
  FILO NEMATODA
  FILO NEMATOMORPHA
 Scalidophora
  FILO KINORHYNCHA
  FILO PRIAPULA
  FILO LORICIFERA
 Panarthropoda
  FILO TARDIGRADA
  FILO ONYCHOPHORA
  FILO ARTHROPODA
   SUBFILO CRUSTACEA*
   SUBFILO HEXAPODA
   SUBFILO MYRIAPODA
   SUBFILO CHELICERATA

Deuterostomia
 FILO ECHINODERMATA
 FILO HEMICHORDATA
 FILO CHORDATA

*Grupo parafilético.

O subfilo Chelicerata dos artrópodes inclui as seguintes ordens: Xiphosura (caranguejos-ferradura), Arachnida (aranhas, escorpiões, ácaros, carrapatos e vários grupos menos conhecidos) e Pycnogonida (aranhas-do-mar); os dois primeiros táxons reunidos são conhecidos como Euchelicerata. Além das cerca de 113.000 espécies vivas descritas, existem incontáveis formas encontradas no registro fóssil (cerca de 2.000 espécies), como os escorpiões aquáticos gigantes da era Paleozoica (euriptérides), alguns dos quais chegavam a medir quase 3 metros de comprimento. Os quelicerados surgiram nos mares do período Cambriano. Os picnogonídeos e os xifosuros ainda são animais unicamente marinhos, mas os aracnídeos invadiram o ambiente terrestre há muito tempo e hoje quase todos são terrestres. Entre os metazoários, os quelicerados são superados apenas pelos insetos quanto à diversidade das espécies. Alguns tipos, como certos ácaros, invadiram secundariamente vários hábitats aquáticos. Na terra, os aracnídeos adaptaram-se a quase todas as condições e estilos de vida imagináveis. Entre eles, os ácaros mostram enorme diversidade de ciclos de vida.

Além das características básicas comuns a todos os artrópodes, os quelicerados são diferenciados por várias características singulares (Quadro 24.1). Nos casos típicos, o corpo é dividido em duas regiões principais – prossomo e opistossomo (Figuras 24.1 a 24.3) –, mas existem variações nos ácaros e nos carrapatos (ver adiante).[1]

Ao contrário da maioria dos outros artrópodes, não é possível delimitar uma "cabeça" bem-definida nos quelicerados. Esses animais não têm antenas, mas geralmente todos os seis segmentos do prossomo têm apêndices. O primeiro par de apêndices é constituído pelas quelíceras, seguidas pelos pedipalpos e quatro pares de pernas locomotoras. Nos picnogonídeos, pode haver um par adicional de apêndices, as pernas ovígeras, entre os pedipalpos e as primeiras pernas

---
[1] Em alguns casos, essas duas regiões do corpo são referidas como cefalotórax e abdome, mas não são homólogas às mesmas regiões dos outros artrópodes.

> **Quadro 24.1 Características do subfilo Chelicerata.**
>
> 1. Corpo composto por dois tagmas: prossomo e opistossomo. O prossomo é constituído por seis somitos, comumente cobertos por um escudo dorsal semelhante a uma carapaça. O opistossomo é formado por até 12 somitos e um télson pós-segmentar; subdividido em duas partes em alguns grupos.
> 2. Os apêndices do prossomo são as quelíceras, os pedipalpos e quatro pares de pernas locomotoras; não existem antenas. Todos os apêndices são multiarticulados.
> 3. Troca gasosa por meio de brânquias foliáceas, pulmões foliáceos, traqueias ou através da cutícula.
> 4. Excreção pelas glândulas coxais e/ou túbulos de Malpighi. (Os túbulos de Malpighi dos quelicerados provavelmente não são homólogos aos dos insetos, isópodes terrestres ou tardígrados.)
> 5. Olhos medianos simples e olhos laterais (compostos nos xifosuros).
> 6. Trato digestivo com dois a seis pares de cecos digestivos.
> 7. Predominantemente gonocorísticos.

locomotoras, mas o número de pernas locomotoras pode ser maior que quatro pares. As quelíceras e os pedipalpos são estruturas especializadas para desempenhar grande variedade de funções nos diversos grupos de quelicerados, como sensibilidade, locomoção e cópula; algumas das pernas locomotoras também podem assumir algumas dessas funções, especialmente a função tátil (p. ex., as primeiras ou segundas pernas de algumas ordens de aracnídeos) ou a cópula (p. ex., a terceira perna dos machos ricinuleídeos). Em geral, o opistossomo tem um télson pós-segmentar terminal. Em alguns xifosuros e algumas ordens de aracnídeos, o opistossomo pode ser subdividido em duas regiões: mesossomo e metassomo (Figura 24.1). A descrição detalhada da anatomia dos quelicerados pode ser encontrada na seção seguinte sobre plano corpóreo.

Os quelicerados constituem um táxon diversificado e numeroso, abrangendo três grupos muito diferentes: Xiphosura, que inclui os caranguejos-ferradura; Arachnida, incluindo as aranhas, escorpiões e ácaros terrestres, entre outros; e Pycnogonida, ou "aranhas-do-mar". Com o propósito de ajudar os leitores a ter uma ideia geral desse subfilo grande e diversificado, descrevemos Euchelicerata e Pycnogonida separadamente neste capítulo.

SUBFILO CHELICERATA

CLASSE PYCNOGONIDA. Aranhas marinhas.

CLASSE EUCHELICERATA. Euquelicerados.

   SUBCLASSE MEROSTOMATA

      ORDEM EURYPTERIDA†. Escorpiões aquáticos gigantes extintos (do período Ordoviciano ao Permiano), 246 espécies.

      ORDEM XIPHOSURA. Caranguejos-ferradura *Limulus, Carcinoscorpius* e *Tachypleus*.

      ORDEM CHASMATASPIDIDA†. Linhagem ou grado extinto (período Ordoviciano ao Devoniano), que deu origem a Eurypterida.

   SUBCLASSE ARACHNIDA. Aranhas, escorpiões, ácaros, carrapatos e seus parentes. Dezesseis ordens existentes.

      ORDEM AMBLYPYGI. Amblipígeos, escorpiões-chicote sem cauda (p. ex., *Acanthrophrynus, Damon, Heterophrynus, Stegophrynus, Tarantula*).

      ORDEM ARANEA. Aranhas verdadeiras.

         SUBORDEM MESOTHELAE. Aranhas "segmentadas". Uma família, Liphistiidae (p. ex., *Heptathela, Liphistius*).

         SUBORDEM OPISTHOTHELAE. Aranhas "modernas".

            INFRAORDEM MYGALOMORPHAE. Aranhas semelhantes às tarântulas; quelíceras ortognatas. Cerca de 15 famílias, incluindo as seguintes:

               FAMÍLIA CTENIZIDAE. Aranhas que fazem teia com alçapão (p. ex., *Cyclocosmia, Ummidia*).

               FAMÍLIA EUCTENIZIDAE (p. ex., *Eucteniza, Aptostichus*).

               FAMÍLIA ATYPIDAE. Aranhas que fazem teia em forma de bolsa (p. ex., *Atypus, Sphodros*).

               FAMÍLIA THERAPHOSIDAE. Tarântulas e aranhas comedoras de ave (p. ex., *Acanthoscurria, Aphonopelma, Theraphosa*).

               FAMÍLIA DIPLURIDAE. Aranhas diplurídeas que fazem teia em funil (p. ex., *Australothele, Diplura, Euagrus*).

               FAMÍLIA HEXATHELIDAE. Aranhas hexatelídeas que fazem teia em funil (p. ex., *Atrax, Hadronyche, Macrothele*).

            INFRAORDEM ARANEOMORPHAE. Aranhas "típicas"; quelíceras labidognatas. Cerca de 75 famílias, incluindo as seguintes:

               FAMÍLIA HYPOCHILIDAE. Tecedoras (p. ex., *Hypochilus, Ectatosticta*).

               FAMÍLIA GRADUNGULIDAE. Aranhas de presas longas (p. ex., *Gradundula, Progradungula*).

               FAMÍLIA AUSTROCHILIDAE. Aranhas "elo perdido" (p. ex., *Austrochilus, Hickmania*).

               FAMÍLA FILISTATIDAE. Tecedores de fendas (p. ex., *Filistata, Kukulcania*).

               FAMÍLIA OONOPIDAE. Aranhas-duende (p. ex., *Costarina, Oonops, Opopaea, Orchestina*).

               FAMÍLIA DYSDERIDAE. Aranha caçadora de bichos-de-conta (p. ex., *Dysdera, Harpactocrates, Rhode*).

               FAMÍLIA PHOLCIDAE. Aranhas-de-porão, aranhas-pernalongas (p. ex., *Modismus, Pholcus, Spermophora*).

FAMÍLIA SCYTODIDAE. Aranhas-cuspideiras (p. ex., *Scytodes*).

FAMÍLIA SICARIIDAE. Aranhas-marrons (p. ex., *Loxosceles, Sicarius*).

FAMÍLIA ARCHAEIDAE. Aranhas-assassinas (p. ex., *Austrarchaea, Eriauchenius*).

FAMÍLIA ERESIDAE. Aranhas-veludo (p. ex., *Eresus, Stegodyphus*).

FAMÍLIA THERIDIIDAE. Aranhas-armadeiras e viúvas-negras (p. ex., *Anelosimus, Argyrodes, Episinus, Latrodectus, Parasteatoda, Steatoda*).

FAMÍLIA ULOBORIDAE. Aranhas-tecedoras cribeladas (p. ex., *Hyptiotes, Uloborus*).

FAMÍLIA DEINOPIDAE. Aranhas-cara-de-ogro (p. ex., *Deinopis, Menneus*).

FAMÍLIA ARANEIDAE. Aranhas-tecedoras ecribeladas (p. ex., *Araneus, Argiope, Cyrtophora, Gasteracantha, Mastophora, Nephila, Neoscona, Zygiella*).

FAMÍLIA TETRAGNATHIDAE. Aranhas-tecedoras de mandíbulas grandes (p. ex., *Dolichognatha, Leucauge, Meta, Pachygnatha, Tetragnatha*).

FAMÍLIA MIMETIDAE. Aranhas-pirata (p. ex., *Australomimetus, Ero, Mimetus*).

FAMÍLIA LINYPHIIDAE. Aranhas que fazem teias em lençol, aranhas-anãs (p. ex., *Agyneta, Dubiaranea, Erigone, Haplinis, Oedothorax, Linyphia, Neriene*).

FAMÍLIA ANAPIDAE. Aranhas-tecedeiras do solo (p. ex., *Acrobleps, Anapis, Comaroma, Micropholcomma*).

FAMÍLIA CLUBIONIDAE. Aranhas-saco (p. ex., *Clubiona, Elaver*).

FAMÍLIA AGELENIDAE. Aranhas que fazem teias em funil (p. ex., *Agelena, Coelotes, Tegenaria*).

FAMÍLIA LYCOSIDAE. Aranhas-lobo (p. ex., *Lycosa, Pardosa, Pirata, Schizocosa*).

FAMÍLIA CTENIDAE. Aranhas-errantes (p. ex., *Anahita, Ctenus, Cupiennius, Phoneutria*).

FAMÍLIA PISAURIDAE. Aranhas-de-berçário (p. ex., *Architis, Dolomedes, Pisaura*).

FAMÍLIA OXYOPIDAE. Aranhas-lince (p. ex., *Oxyopes, Peucetia*).

FAMÍLIA THOMISIDAE. Aranhas-caranguejo (p. ex., *Diaea, Misumena, Thomisus, Xysticus*).

FAMÍLIA SPARASSIDAE. Aranhas-caçadoras (p. ex., *Delena, Heteropoda, Micrommata, Olios, Pandercetes*).

FAMÍLIA GNAPHOSIDAE. Aranhas-de-solo (p. ex., *Drassodes, Eilica, Gnaphosa, Micaria, Zelotes*).

FAMÍLIA SALTICIDAE. Aranhas-saltadoras (p. ex., *Habronattus, Lyssomanes, Phidippus, Portia, Salticus, Spartaeus*).

ORDEM HAPTOPODA†. Grupo extinto (período Carbonífero) (p. ex., *Plesiosiro*).

ORDEM OPILIONES. Opiliões, aranhas-pernalongas.

SUBORDEM CYPHOPHTHALMI. Ácaros opiliões (p. ex., *Cyphophthalmus, Siro, Pettalus, Neogovea, Stylocellus, Troglosiro*).

SUBORDEM EUPNOI. Aranhas-pernalongas (p. ex., *Caddo, Leiobunum, Neopilio, Phalangium*).

SUBORDEM DYSPNOI. Aranhas-pernalongas, aranhas-pernalongas de corpos rígidos (p. ex., *Acropsopilio, Ischyropsalis, Nemastoma, Ortholasma, Sabacon, Trogulus*).

ORDEM LANIATORES. Opiliões blindados (p. ex., *Equitius, Fumontana, Sitalcina, Sandokan, Stygnomma, Zalmoxis, Vonones*).

ORDEM PALPIGRADI. Palpígrados, escorpiões com pequeno chicote (p. ex., *Allokoenenia, Eukoenenia, Koenenia, Leptokoenenia, Prokoenenia*).

ORDEM PHALANGIOTARBIDA†. Grupo extinto (entre os períodos Devoniano e Permiano) abundante nas camadas de carvão do período Carbonífero superior da Europa e da América do Norte (p. ex., *Phalangiotarbus*).

ORDEM PSEUDOSCORPIONES. Pseudoescorpiões, falsos escorpiões (p. ex., *Chelifer, Chitrella, Chthonius, Dinocheirus, Garypus, Menthus, Pseudogarypus*).

ORDEM RICINULEI. Ricinuleídeos ou aranhas-carrapato-encapuzadas. Três gêneros: *Cryptocelus, Pseudocellus, Ricinoides*.

ORDEM SCHIZOMIDA. Esquizomídeos (p. ex., *Agastoschizomus, Megaschizomus, Nyctalops, Protoschizomus, Schizomus*).

ORDEM SCORPIONES. Escorpiões (p. ex., *Androctonus, Bothriurus, Buthus, Centruroides, Chactus, Chaerilus, Diplocentrus, Hadrurus, Hemiscorpion, Nebo, Parabuthus, Paruroctonus, Tityus, Vaejovis*).

SUPERFAMÍLIA BUTHOIDEA (p. ex., *Androctonus, Buthus, Centruroides*).

SUPERFAMÍLIA CHAERILOIDEA (p. ex., *Chaerilus*).

SUPERFAMÍLIA PSEUDOCHACTOIDEA (p. ex., *Troglokhammouanus*).

SUPERFAMÍLIA IUROIDEA (p. ex., *Iurus*).

SUPERFAMÍLIA BOTHRIUROIDEA (p. ex., *Bothriurus*).

SUPERFAMÍLIA CHACTOIDEA (p. ex., *Euscorpius*).

SUPERFAMÍLIA SCORPIONOIDEA (p. ex., *Diplocentrus*).

ORDEM SOLIFUGAE. Aranhas-do-sol, aranhas-do-vento, aranhas-camelo (p. ex., *Biton, Branchia, Dinorhax, Galeodes, Solpuga*).

ORDEM TRIGONOTARBIDA†. Grupo extinto (entre os períodos Siluriano e Permiano) abundante nas camadas de carvão do período Carbonífero (p. ex., *Trigonotarbus*).

ORDEM URARANEIDA†. Grupo extinto (entre os períodos Devoniano e Permiano), estabelecido em 2008 com base em dois fósseis antes considerados aranhas. Os uraraneídeos eram animais semelhantes às aranhas com opistossomo segmentado e um télson flageliforme; produziam seda a partir de *spigots* (p. ex., *Attercopus*).

ORDEM UROPYGI. Escorpiões-chicote ou vinagre (p. ex., *Albaliella, Chajnus, Mastigoproctus*).

SUPERORDEM PARASITIFORMES. Ácaros e carrapatos.

ORDEM HOLOTHYRIDA. Cerca de 25 espécies, que se alimentam pricipalmente dos líquidos de artrópodes mortos (p. ex., *Allothyrus, Neothyrus*).

ORDEM IXODIDA. Carrapatos duros e moles (p. ex., *Amblyoma, Dermacentor, Ixodes, Rhipicephalus, Argas, Nuttalliella*).

ORDEM MESOSTIGMATA. Ácaros predadores de vida livre (p. ex., *Uropoda, Zeroseius*).

SUPERORDEM OPILIOACARIFORMES

ORDEM OPILOACARIDA. Ácaros primitivos (p. ex., *Opilioacarus, Neocarus*).

SUPERORDEM ACARIFORMES. Ácaros, ácaros-da-poeira e micuins (p. ex., *Demodex, Dermatophagoides, Halotydeus, Penthaleus, Scirus, Tydeus*).

ORDEM TROMBIDIFORMES. Uma ordem numerosa e diversificada de ácaros, que inclui mais de 22.000 espécies descritas e classificadas em 125 famílias (p. ex., *Trombidium, Scirus, Demodex, Tydeus*).

SUBORDEM PROSTIGMATA (p. ex., *Halotydeus, Penthaleus*).

SUBORDEM SPHAEROLICHIDA

ORDEM SARCOPTIFORMES. Ordem numerosa de ácaros, que abrange cerca de 230 famílias e 15.000 espécies descritas.

SUBORDEM ORIBATIDA. Ácaros "mastigadores", ácaros-do-musgo ou ácaros-dos-besouros (p. ex., *Archegozetes, Conoppia*).

SUBORDEM ASTIGMATA. Ácaros "mordedores", ácaros-da-poeira, muitos parasitas dos vertebrados (p. ex., *Acarus, Dermatophagoides*).

Classificação dos quelicerados

Classe Euchelicerata

Corpo composto de dois tagmas: prossomo e opistossomo. O prossomo é constituído de ácron pré-segmentar mais seis segmentos, frequentemente cobertos por um escudo dorsal semelhante a uma carapaça; olhos medianos simples e olhos laterais simples ou compostos. Opistossomo com até 12 segmentos (subdivididos em duas partes em alguns grupos) e um télson pós-segmentar. Os apêndices do prossomo são quelíceras, pedipalpos e quatro pares de pernas locomotoras; não existem antenas; todos os apêndices são unirremes e multiarticulados.

Subclasse Merostomata

Prossomo coberto por um grande escudo rígido semelhante a uma carapaça; pedipalpos semelhantes às pernas locomotoras; opistossomo indivisível ou dividido em mesossomo e metassomo; apêndices laminares, como brânquias foliáceas; télson longo e pontiagudo. Os merostomados diversificaram-se durante a grande irradiação dos invertebrados no período Cambriano. Os euriptérides e os xifosuros fósseis foram datados do período Ordoviciano e floresceram entre os períodos Siluriano e Devoniano. Apenas quatro espécies de merostomados sobreviveram até os dias atuais e todas são xifosuros – os caranguejos-ferradura.

Ordem Eurypterida†. Escorpiões aquáticos gigantes extintos (Figura 24.1). Opistossomo dividido com apêndices saculiformes no mesossomo; metassomo estreito (p. ex., *Eurypterus, Pterygotus*); 246 espécies extintas. Os euriptérides representavam um zênite nas dimensões corporais dos artrópodes, porque alguns chegavam a medir 3 m de comprimento (p. ex., *Pterygotus*). Esses quelicerados gigantes vagavam nos mares antigos e nos hábitats de água doce até o período Permiano e eram muito abundantes naqueles tempos. Existem evidências de que algumas espécies se tornaram anfíbias ou semiterrestres. Os euriptérides provavelmente eram capazes de nadar e rastejar. O último par de apêndices prossomiais era acentuadamente aumentado, achatado em seu segmento distal e provavelmente usado como remo. As quelíceras eram extremamente reduzidas em algumas espécies, mas bem-desenvolvidos em outras – uma evidência de que os euriptérides irradiaram-se ecologicamente e exploraram várias fontes e estratégias alimentares.

Ordem Xiphosura. Certas formas extintas e os caranguejos-ferradura atuais (Figura 24.2). Opistossomo não segmentado e indivisível, mas com seis pares de apêndices lamilares, sendo o primeiro par fundido medialmente formando um opérculo genital sobre os gonóporos e os últimos cinco pares modificados como brânquias foliáceas. Pedipalpos e pernas locomotoras queladas; último (quarto) par de pernas espalmado distalmente para apoiar o animal sobre sedimentos moles (p. ex., *Carcinoscorpius, Limulus, Tachypleus*).

Os membros atuais da ordem Xiphosura (caranguejos-ferradura) são considerados "fósseis vivos" e, evidentemente, são muito mais conhecidos que seus parentes extintos. *Limulus polyphemus* é uma espécie particularmente bem-estudada (Figura 24.2 C) de caranguejo-ferradura comum nas costas do Atlântico e do Golfo da América do Norte; é um dos animais de laboratório favoritos dos fisiologistas. Os xifosuros existentes hoje em dia vivem nas águas marinhas rasas, geralmente nos fundos arenosos limpos, onde rastejam ao redor ou perfuram pouco abaixo da superfície, caçando outros animais ou se alimentando de detritos. As quelíceras são menores que os outros apêndices e são compostos apenas de três artículos. Cada perna locomotora é formada de sete artículos (coxa, trocânter, fêmur, patela, tíbia, tarso e pré-tarso), dos quais os dois últimos formam a quela (Figura 24.2 B). Os enditos coxais

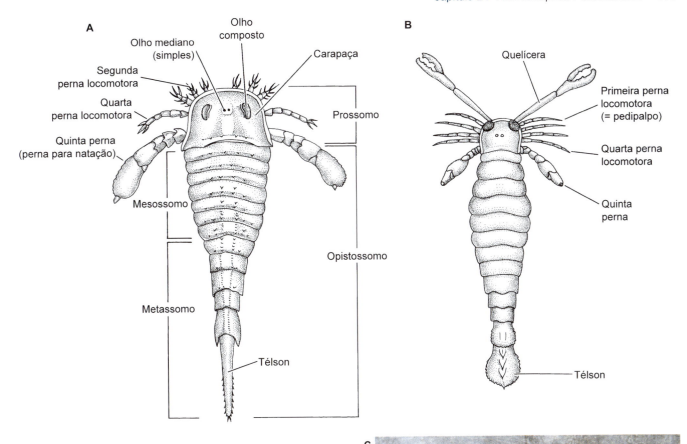

Figura 24.1 Escorpiões aquáticos (subclasse Merostomata, ordem Eurypterida), um grupo extinto de quelicerados. **A.** *Eurypterus* (*vista dorsal*). **B.** *Pterygotus buffaloensis*, que chegava a medir quase 3 metros de comprimento. **C.** *Eurypterus remipes*, uma espécie do período Siluriano da era Paleozoica. Os euriptérides floresceram nos mares da era Paleozoica e alguns provavelmente invadiram a água doce e talvez até os hábitats terrestres.

dos pedipalpos e as primeiras três pernas locomotoras são modificados na forma de gnatobases para mastigação. A partir das coxas das quartas pernas locomotoras, existem processos apendiculares minúsculos conhecidos como flabelos. Além disso, em posição ligeiramente posterior e medial ao último par de pernas locomotoras, existe um par de apêndices reduzidos conhecidos como quilários. Sua função é desconhecida e existe alguma controvérsia quanto ao seu significado evolutivo – alguns especialistas acreditam que possam refletir um segmento adicional do opistossomo.

As quatro espécies existentes de Xiphosura fazem parte de três gêneros geograficamente distintos na família Limulidae. *Limulus* (*L. polyphemus*) está restrito ao leste da América do Norte, desde a Nova Escócia até a região de Yucatán, no México; *Tachypleus* (*T. gigas* e *T. tridentatus*) ocorre no Sudeste Asiático; *Carcinoscorpius* (*C. rotundicauda*) foi coletado apenas em Malásia, Tailândia e Filipinas e pode migrar rio acima na água doce. Também existem descritas outras 98 espécies extintas, das quais a mais antiga é uma espécie de *Lunataspis* encontrada nos depósitos de Manitoba (Canadá) com 445 milhões de anos.

Subclasse Arachnida

Prossomo total ou parcialmente coberto por um escudo semelhante a uma carapaça; opistossomo segmentado ou não segmentado, dividido (nos escorpiões) ou indivisível; apêndices do opistossomo ausentes ou modificados na forma de fiandeiras (aranhas) ou pentes (escorpiões); pênis ausente (exceto em alguns opiliões e ácaros); troca gasosa por meio de traqueias, pulmões foliáceos ou ambos, mas também através da cutícula; quase todos são animais terrestres; mais de 110.00 espécies divididas em 16 ordens.

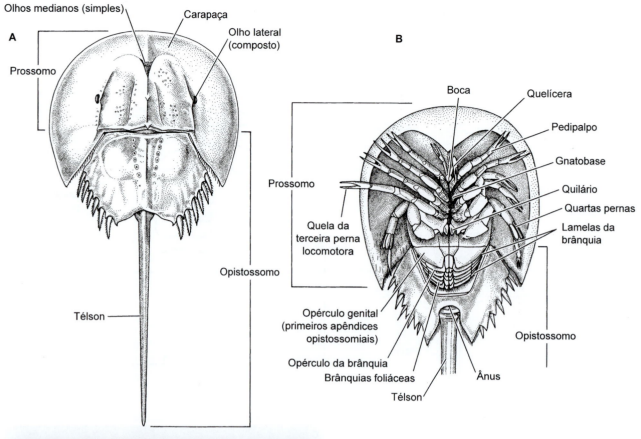

Figura 24.2 Caranguejo-ferradura *Limulus* (subclasse Merostomata, ordem Xiphosura). **A.** *Vista dorsal*. **B.** *Vista ventral*. **C.** Um agrupamento de *Limulus polyphemus* em uma praia do Atlântico.

"**Acari**". O termo "Acari" tem sido usado tradicionalmente para descrever várias linhagens de ácaros, carrapatos e micuins (Figura 24.3), que hoje parecem constituir um grupo não monofilético classificado no mínimo em seis ordens e dois clados principais. Esses dois clados ocupam posição filogenética incerta na árvore da vida dos aracnídeos e são os seguintes: Parasitiformes (incluindo as ordens Holothyrida, Ixodida e Mesostigmata) + Opilioacariformes (ordem Opilioacarida); e Acariformes (que inclui as ordens Trombidiformes e Sarcoptiformes). Essas duas linhagens incluem enorme diversidade morfológica e grande diversidade de estratégias ecológicas e reprodutivas. Por conveniência, as seis ordens de acarinos (em três superordens) são discutidas juntas a seguir.

Nos ácaros, o prossomo e o opistossomo são fundidos, e uma região com cutícula flexível (**sulco circuncapitular**) separa as quelíceras e os pedipalpos do restante do corpo. Essa região anterior do corpo é conhecida como **capítulo** ou gnatossomo, enquanto o resto do corpo é chamado **idiossomo**, o qual, por sua vez, é subdividido em **podossomo** e **opistossomo**. Outra nomenclatura divide o corpo em proterossomo e histerossomo: o proterossomo inclui o gnatossomo e os primeiros dois segmentos podígeros, enquanto o histerossomo inclui os dois últimos segmentos podígeros e o opistossomo. A antiga junção entre o prossomo e o opistossomo geralmente é visível na forma de um **sulco disjugal**, mas na maioria dos casos eles estão indistinguivelmente fundidos; algumas vezes com um sulco sejugal secundário entre o segundo e o terceiro pares de pernas locomotoras em Acariformes; quelíceras em formato de pinça ou estiliformes; coxas dos pedipalpos fundidas de maneira única aos elementos cefálicos; opistossomo não segmentado, exceto em alguns animais primitivos; troca gasosa por meio da cutícula ou das traqueias; olhos presentes ou ausentes; machos de algumas espécies com pênis.

Os ácaros e os carrapatos constituem o grupo mais numeroso de aracnídeos. Existem cerca de 54.600 espécies descritas, e alguns especialistas sugerem que possam existir ainda cerca de um milhão ou mais a ser descritas! Em razão do tamanho e da diversidade dessas ordens, apresentamos a seguir uma descrição até certo ponto ampliada. Mesmo assim, não é possível fazer justiça aqui à grande variedade de formas e estilos de vida representada pelos ácaros e carrapatos.

Os ácaros e os carrapatos estão distribuídos por todo o planeta. A maioria é terrestre, muitos são parasitas e outros invadiram ambientes aquáticos (águas doce e salgada). O tremendo sucesso evolutivo desses animais, especialmente dos Acariformes, está refletido em sua diversidade de espécies e em seus estilos de vida extremamente variados. Ao menos em parte, esse sucesso provavelmente se deve a seu corpo compacto e seu tamanho reduzido. Com a combinação de tamanho reduzido e qualidades intrínsecas da segmentação e da especialização dos apêndices dos artrópodes, os ácaros exploraram uma miríade de micro-hábitats, indisponíveis para animais maiores. Se o grupo for polifilético, então várias linhagens de aracnídeos ancestrais evoluíram convergentemente de modo a culminar na miniaturização.

Os esquemas de classificação recentes dividem os membros do grupo antigo "Acari" em dois ou três grupos. Um desses é representado pelos animais onívoros e predadores da ordem Opilioacarida (Figura 24.3 H). Esses animais caracterizam-se pela conservação da segmentação do opistossomo (ao menos na superfície ventral) e pela presença de um sulco transversal (sulco disjugal) separando o prossomo do opistossomo. Esses ácaros são encontrados nos solos das florestas tropicais e nos hábitats temperados áridos.

Os milhares de ácaros e carrapatos restantes são classificados entre os Parasitiformes e os Acariformes, esses últimos incluindo a maioria das espécies. Os Opilioacarida constituem um clado com os Parasitiformes e, em algumas classificações, são na verdade considerados membros dessa superordem. O corpo dos ácaros parasitiformes não é dividido em sua superfície dorsal e, por isso, não há um sulco transversal bem-definido (Figura 24.3 A). Os Parasitiformes incluem animais simbióticos e de vida livre distribuídos por todas as partes do mundo. As espécies de vida livre habitam vários hábitats terrestres, incluindo folhiço, madeira em decomposição e outros detritos orgânicos, musgos, ninhos de insetos e pequenos mamíferos, e o solo. A maioria desses ácaros é predadora de pequenos invertebrados. Muitas espécies são total ou parcialmente simbiontes em outros animais, tanto como imaturos quanto como adulto. Em muitos casos, seus hospedeiros são outros artrópodes, como centípedes, milípedes, formigas e especialmente besouros. Em alguns casos, a relação é realmente parasitária, em outros, forética (Figura 24.3 I e J) e em muitos casos a natureza da associação é desconhecida.

Os membros mais conhecidos dos Parasitiformes são os carrapatos (famílias Argasidae e Ixodidae; Figura 24.3 F). Os carrapatos são ectoparasitas sugadores de sangue dos vertebrados (uma espécie – *Aponomma ecinctum* – vive nos besouros). São os membros que apresentam o maior tamanho corporal de toda a ordem e alguns chegam a medir 2 a 3 cm de diâmetro durante a ingestão de sangue. As quelíceras são lisas e estão adaptadas para cortar a pele e, junto com as coxas dos pedipalpos, formam uma estrutura conhecida como capítulo. Os ixodídeos são conhecidos como "carrapatos-duros" porque têm um escudo esclerotizado cobrindo todo o seu dorso. Parasitam répteis, aves e mamíferos. Geralmente permanecem aderidos aos seus hospedeiros por dias ou até semanas, alimentando-se do seu sangue. Alguns são vetores de doenças importantes, incluindo *Dermacentor andersoni* (vetor da febre maculosa das Montanhas Rochosas) e *Boophilus annulatus* (vetor da febre bovina do Texas). A doença de Lyme (descrita pela primeira vez em Old Lyme, Connecticut, em 1975) é uma infecção bacteriana que fica armazenada em cervos e alguns roedores e é transmitida por várias espécies de carrapatos na América do Norte, incluindo *Ixodes pacificus*, um carrapato de pernas pretas do oeste.

Os "carrapatos-moles" (Argasidae) não têm o escudo dorsal acentuadamente esclerotizado dos carrapatos-duros. São em geral parasitas transientes de aves e mamíferos (especialmente morcegos) e, nos casos típicos, alimentam-se durante menos de 1 hora de cada vez. Quando não estão fixados a um hospedeiro, esses carrapatos permanecem escondidos em frestas e fendas, ou enterrados no solo. Entre os carrapatos-moles que transmitem doenças estão *Argas persicus* (vetor da espiroquetose das aves domésticas) e *Ornithonodorus moubata* (vetor da febre recorrente africana, ou "febre do carrapato").

Os acariformes numerosos e diversificados, antes considerados um grupo polifilético, hoje são reconhecidos como um clado bem-apoiado. Em geral, esses ácaros têm corpos divididos em duas regiões, mas não como prossomo e opistossomo habituais, fundidos nesses animais. Em vez disso, o sulco disjugal foi perdido e esses carrapatos desenvolveram secundariamente um sulco sejugal, que atravessa parcial ou inteiramente o dorso entre as origens do segundo e terceiro pares de pernas locomotoras (Figura 24.3 D e G). Em alguns ácaros acariformes, essa divisão também foi perdida secundariamente.

Os ácaros acariformes de vida livre são encontrados em praticamente todas as situações imagináveis: solo, folhiço, matéria orgânica em decomposição; musgos, liquens e fungos; sob cascas de árvores; nas algas de água doce; nas areias; nas algas marinhas; em todas as altitudes e na maior parte das profundezas oceânicas. Micuim é o nome dado às larvas dos ácaros acariformes de vários gêneros, notavelmente *Trombicula*. Incluem animais herbívoros (alguns fungívoros) e predadores, e seus métodos alimentares são diversificados. Muitos ingerem tanto alimento sólido como líquido, e algumas formas aquáticas são, na realidade, suspensívoras. Uma espécie, *Agauopsis auzendei*, é conhecida em fontes hidrotermais. Certos grupos são pragas sérias, que destroem colheitas de grãos armazenados e outros produtos alimentícios. Por outro lado, alguns ácaros acariformes predadores têm sido usados como controle biológico de pragas, de outros artrópodes e até de outros ácaros!

A maioria dos ácaros acariformes simbiontes é parasita de hospedeiros vertebrados e invertebrados. Várias espécies parasitam crustáceos marinhos e de água doce, insetos de água doce, moluscos marinhos, artrópodes terrestres, câmaras pulmonares de lesmas e caracóis terrestres, a superfície externa de todos os grupos de vertebrados terrestres e vias nasais dos anfíbios, das aves e dos mamíferos. Além do parasitismo direto, muitos ácaros são foréticos, usando seus hospedeiros para a dispersão. Também existem muitos ácaros que se alimentam de plantas e são considerados parasitas.

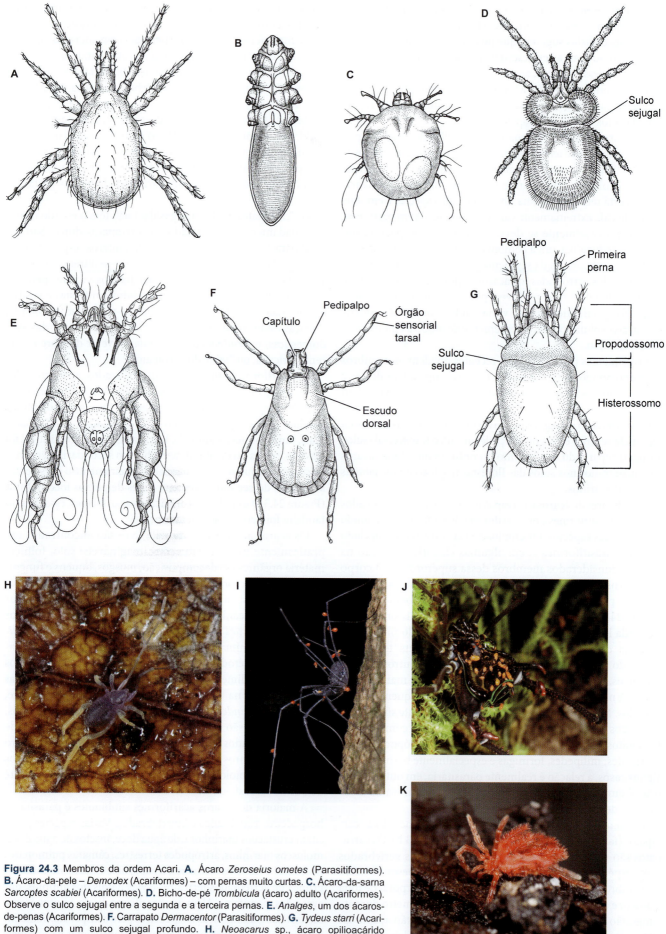

Figura 24.3 Membros da ordem Acari. **A.** Ácaro *Zeroseius ometes* (Parasitiformes). **B.** Ácaro-da-pele – *Demodex* (Acariformes) – com pernas muito curtas. **C.** Ácaro-da-sarna *Sarcoptes scabiei* (Acariformes). **D.** Bicho-de-pé *Trombicula* (ácaro) adulto (Acariformes). Observe o sulco sejugal entre a segunda e a terceira pernas. **E.** *Analges*, um dos ácaros-de-penas (Acariformes). **F.** Carrapato *Dermacentor* (Parasitiformes). **G.** *Tydeus starri* (Acariformes) com um sulco sejugal profundo. **H.** *Neoacarus* sp., ácaro opilioacárido (Opilioacariformes) da África do Sul. **I.** Ácaros foréticos no opilião *Rhampsinitus transvaalicus*. **J.** Ácaros foréticos no opilião *Sadocus polyacanthus*. **K.** Um ácaro quizerídeo.

Um grande número de ácaros acariformes causa problemas médicos ou econômicos devido a parasitismo e predação direta, por atuarem como vetores de doenças ou se alimentarem de produtos alimentícios armazenados. A família Penthaleidae inclui o ácaro-terrestre-de-pernas-vermelhas (*Halotydeus destructor*) e o ácaro-dos-grãos-de-inverno (*Penthaleus major*), ambos considerados pragas sérias de muitas plantações importantes. Os membros da superfamília Eriophyoidea são ácaros vermiformes adaptados à alimentação em diversas plantas. Esse grupo inclui os ácaros galhadores e aqueles que provocam o enrolamento das folhas, assim como alguns outros que funcionam como vetores de certos vírus causadores de doenças (p. ex., vírus do mosaico do trigo e do centeio). Outra família de ácaros (Demodicidae) inclui parasitas dos folículos pilosos e das glândulas sebáceas de mamíferos. Duas espécies, *Demodex folliculorum* e *D. brevis*, ocorrem especialmente nos folículos pilosos e nas glândulas sebáceas da testa humana, respectivamente. Outro ácaro, *D. canis*, causa a sarna canina. Alguns outros problemas causados pelos ácaros acariformes incluem intumescências subcutâneas que lembram tumores nos seres humanos, vários tipos de irritações cutâneas, sarna em muitos animais domésticos, redução na produção de lã em ovelhas e a perda das penas em aves.

Com um misto de relutância e alívio, paramos agora de tratar dos ácaros; os leitores interessados devem consultar as referências ao final deste capítulo como fonte de informações adicionais.

Ordem Amblypygi. Amblipígios (Figura 24.4 A e B). Prossomo indiviso, coberto por um escudo semelhante a uma carapaça e conectado ao opistossomo por um pedicelo estreito; opistossomo segmentado, mas indiviso; dois pares de pulmões foliáceos; télson ausente; quelíceras biarticuladas e modificadas como as presas das aranhas; pedipalpos raptoriais; primeiro par de pernas acentuadamente alongado como apêndices sensoriais anteniformes. Oito olhos, exceto em algumas espécies cavernícolas. As mudas ocorrem por toda a vida, uma vez que os animais continuam a crescer.

As cerca de 160 espécies de amblipígios viventes (existem nove espécies fósseis descritas) são encontradas comumente na forma de opiliões ou escorpiões-vinagre, refletindo suas semelhanças com as aranhas e os uropigídeos. Externamente, esses animais são semelhantes aos escorpiões-vinagre, têm algumas características internas relacionadas com as aranhas, mas não apresentam fiandeiras e glândulas de veneno. Os amblipígios estão amplamente distribuídos nas regiões úmidas e quentes, onde são encontrados sob cascas de árvores, troncos ou folhiço,

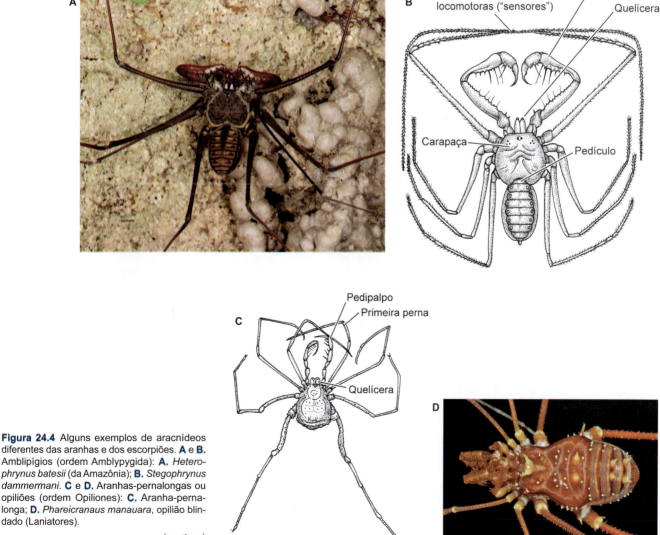

Figura 24.4 Alguns exemplos de aracnídeos diferentes das aranhas e dos escorpiões. **A** e **B.** Amblipígios (ordem Amblypygida): **A.** *Heterophrynus batesii* (da Amazônia); **B.** *Stegophrynus dammermani*. **C** e **D.** Aranhas-pernalongas ou opiliões (ordem Opiliones): **C.** Aranha-pernalonga; **D.** *Phareicranaus manauara*, opilião blindado (Laniatores).

(continua)

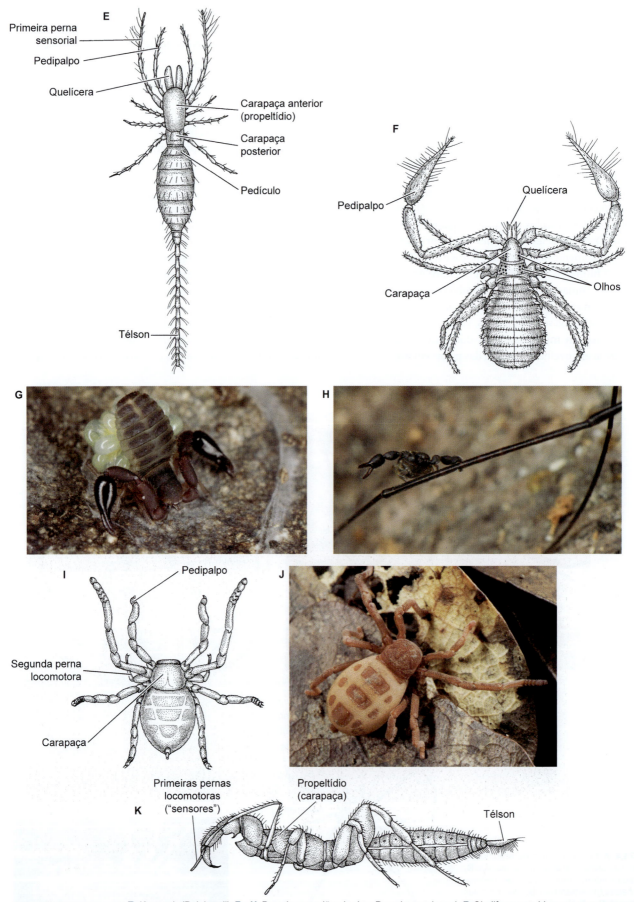

Figura 24.4 (*Continuação*) **E.** *Koenenia* (Palpigradi). **F** a **H.** Pseudoescorpiões (ordem Pseudoscorpiones): **F.** *Chelifer cancroides*, que pega carona frequentemente nas moscas-domésticas; **G.** Fêmea de um pseudoescorpião não identificado da Nova Zelândia carregando seus ovos; **H.** Um pseudoescorpião agarrado à perna de um opilião em um tipo de foresia. **I** e **J.** Ricinuleídeos (ordem Ricinulei): **I.** *Ricinoides crassipalpe* em *vista dorsal*; **J.** Uma ninfa de *Ricinoides atewa*. **K.** *Nyctalops crassicaudatus*, um esquizomídeo.

(*continua*)

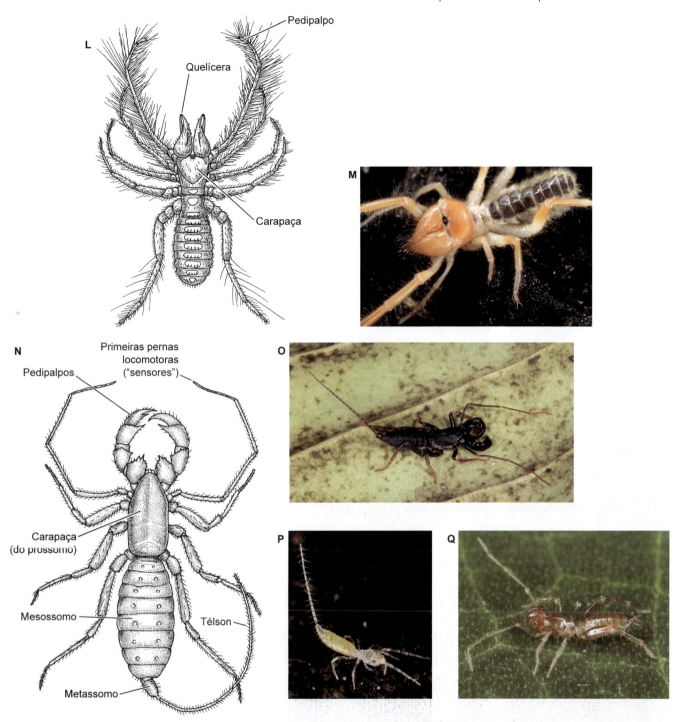

Figura 24.4 (*Continuação*) **L** e **M.** Aranhas-do-sol (ordem Solifugae): **L.** *Galeodes arabs*; **M.** *Eremobates*. **N** e **O.** Escorpiões-vinagre (ordem Uropygi): **N.** *Mastigoproctus*; **O.** *Thelyphonellus amazonicus*. **P.** *Eukoenenia spelaea*, um palpígrado cavernícola. **Q.** Um esquizomídeo não identificado do Panamá.

e em ambientes protegidos semelhantes; várias espécies vivem em cavernas. Algumas espécies conseguem permanecer várias horas debaixo d'água a cada vez, ou vivem nas praias; outras vivem em ambientes extremamente secos, incluindo desertos. Uma pequena espécie cega da África ocidental vive nos ninhos de cupins.

A maioria das espécies mede menos de 5 cm de comprimento, mas o primeiro par de pernas pode chegar a medir 25 cm! Esses apêndices são usados como receptores táteis ou quimiorreceptores (como as antenas de outros artrópodes não quelicerados) e são importantes para a localização das presas, porque esses animais caçam à noite. Os amblipígios andam de lado com esses "sensores" longos estendidos "sentindo" a presença de presas em potencial. Quando é localizada, a presa é agarrada pelos pedipalpos espinhosos grandes e dilacerada pelas quelíceras. Em seguida, os líquidos corporais da vítima são sugados e ingeridos. Muitas espécies de amblipígios têm comportamentos complexos de cruzamento.

Ordem Aranea. Aranhas (Figura 24.5). Evidentemente, as aranhas estão entre os quelicerados mais populares e constituem um dos grupos mais abundantes de animais terrestres. Na verdade (junto com os isópodes e as moscas), elas poderiam ser os invertebrados terrestres macroscópicos encontrados mais

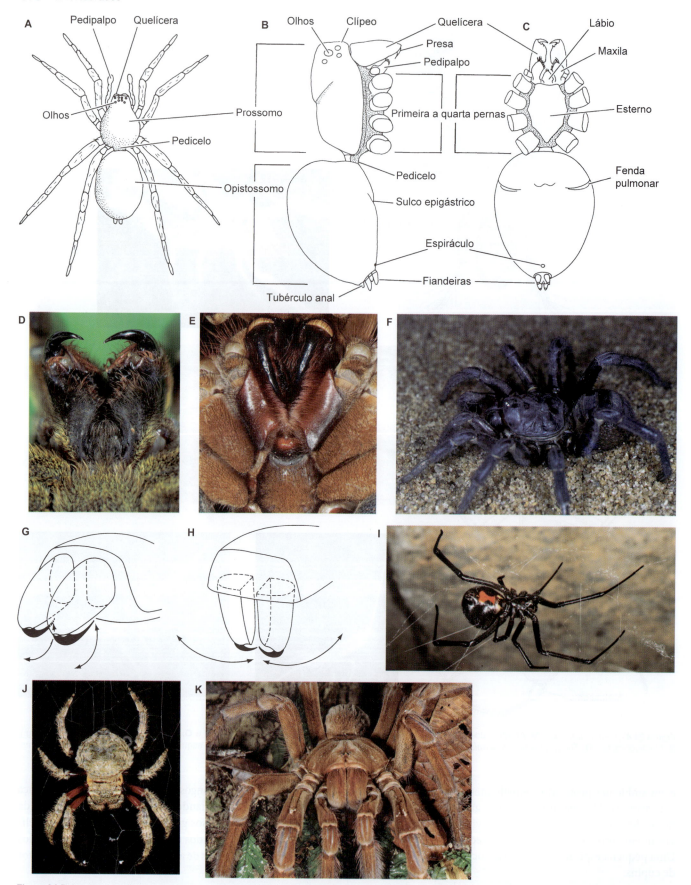

Figura 24.5 Aranhas. **A** a **C**. Uma aranha generalizada. **A**. *Vista dorsal*. Em **B** (*vista lateral*) e **C** (*vista ventral*), as pernas foram omitidas, exceto as coxas. **D**. As presas das quelíceras de *Phoneutria*, uma aranha ctenídea (família Ctenidae) do Equador com um veneno extremamente tóxico (os poros de veneno estão visíveis na extremidade das presas). **E**. Presas de *Theraphosa blondi* (família Theraphosidae) do Brasil. **F**. Um lifistiídeo (subordem Mesothelae) da Tailândia. Observe a segmentação evidente do opistossomo. **G** e **H**. Orientação e plano de movimento das quelíceras de uma aranha ortognata (**G**; ver também **D**) e de uma labidognata (**H**; ver também **E**). **I**. A famosa aranha viúva-negra *Latrodectus* (família Theridiidae). **J**. Uma aranha de teia orbicular de Madagascar, *Caerostris* sp. (família Araneidae). **K**. *Theraphosa blondi* (família Theraphosidae), ou tarântula-golias da região amazônica brasileira; a maior de todas as aranhas atuais.

(*continua*)

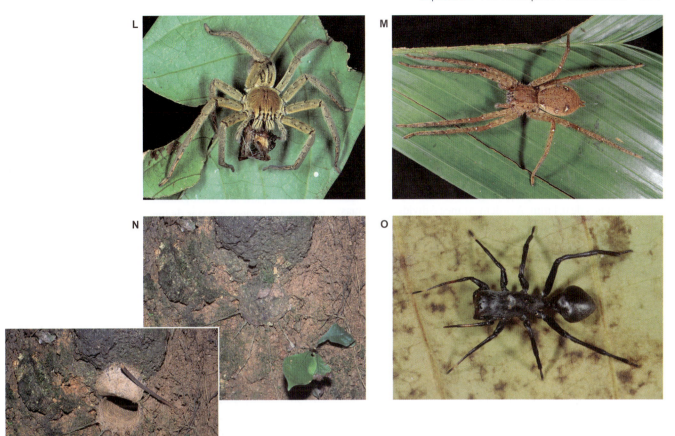

Figura 24.5 (*Continuação*) **L.** *Cupiennius coccineus* (família Ctenidae) das florestas úmidas da Costa Rica, um dos animais preferidos para estudo dos neurobiólogos. **M.** Uma aranha lifistiídea do Brasil (família Sparassidae). **N.** Aranha lifistiídea "alçapão" da Tailândia (aberta e fechada). Observe as triplinas de seda irradiando-se da entrada. **O.** *Myrmecotypus* sp. (Corinnidae) das florestas tropicais do Brasil, uma aranha que mimetiza formigas; o mimetismo de formigas evoluiu múltiplas vezes entre as aranhas.

comumente no planeta! As aranhas exploram com êxito quase todos os ambientes terrestres e também muitos hábitats de água doce e entremarés. Esses artrópodes demonstraram um conjunto realmente estarrecedor de estilos de vida – embora todos utilizem um plano corpóreo bastante uniforme e a maioria consista em predadores generalistas. O prossomo é indiviso e está coberto por um escudo semelhante a uma carapaça, ligado ao opistossomo por um pedicelo estreito; o opistossomo é indiviso e não segmentado, exceto nos lifistiídeos e em algumas famílias migalomorfas, com tergitos discretos (*i. e.*, "abdomes segmentados"); quelíceras modificadas na forma de presas servidas por glândulas de veneno localizadas no prossomo (ausente nas famílias Uloboridae e Holarchaeidae); pedipalpos modificados nos machos adultos como órgãos copulatórios; o opistossomo tem pulmões e/ou traqueias foliáceos, glândulas produtoras de seda e fiandeiras, sendo esses últimos apêndices extremamente modificados para fiar a seda produzida pelas glândulas de seda; a maioria tem oito olhos. A maior parte para de sofrer mudas uma vez atingida a fase adulta.

O corpo é dividido em um prossomo fundido e um opistossomo carnoso menos esclerotizado. O primeiro segmento do opistossomo forma um pedicelo estreito, que une as duas regiões do corpo. Cada quelícera tem dois segmentos; o segmento basal é curto e cônico, enquanto o distal é uma presa curva e rígida, geralmente com um poro proveniente do ducto da glândula de veneno (Figuras 24.5 D e E; 24.16 A). Uma dobra mediana (lábio)

projeta-se na superfície ventral sobre a boca. Cada pedipalpo é composto de seis segmentos e, na maioria das aranhas, os segmentos proximais são alargados e formam lobos conhecidos como enditos, os quais contêm as gnatobases que margeiam a boca e são usadas para manusear e moer o alimento (em alguns casos, os enditos também são referidos como maxilas, embora não sejam homólogos das maxilas dos crustáceos e insetos). Além das gnatobases, os pedipalpos estendem-se para a frente formando órgãos táteis nas fêmeas e nas formas juvenis, mas são altamente modificados como órgãos para transferência de espermatozoides nos machos maduros. Em algumas espécies de aranhas (p. ex., tarântulas), os pedipalpos funcionam como "pernas" locomotoras. A superfície ventral do prossomo contém uma placa cuticular, ou esterno, ao redor do qual surgem os quatro pares de pernas locomotoras, cada qual constituído por oito artículos.

O opistossomo contém os orifícios para troca gasosa, as gônadas e suas estruturas associadas, as fiandeiras e o ânus. Na superfície ventral posterior ao pedicelo, há um **sulco epigástrico** transversal, no qual estão localizados os gonóporos. Na maioria das fêmeas, existe uma placa ligeiramente elevada (**epígino**) à frente do sulco epigástrico, que contém os orifícios dos receptáculos seminais. Em posição lateral ao sulco, estão os espiráculos que se abrem aos pulmões foliáceos, ou às traqueias anteriores. A parte posterior do opistossomo contém o ânus e as fiandeiras (essas últimas situadas perto da região mediana do opistossomo dos Mesothelae). A capacidade das aranhas de produzir seda e moldá-la em inúmeros dispositivos funcionais é um dos fatores principais responsáveis por seu sucesso evolutivo, conforme veremos adiante.

Existem mais de 45.000 espécies de aranhas descritas, classificadas em cerca de 112 famílias existentes. As maiores aranhas em extensão de perna são as aranhas-caçadoras-gigantes (Sparassidae), algumas chegando a medir 30 cm de diâmetro. A maior aranha em peso provavelmente é a tarântula-golias-comedora-de-pássaros (*Theraphosa blondi*), que pode chegar a pesar 170 g. As menores aranhas adultas são encontradas no gênero de microtecedoras *Patu* (Symphytognathidae), cujos machos medem menos de 0,4 mm. A ordem Aranea é dividida em duas subordens. A subordem Mesothelae inclui as aranhas "segmentadas" (família Liphistiidae com cerca de 90 espécies), que se caracterizam pela segmentação persistente do opistossomo (Figura 24.5 F) e pela presença de tergitos conspícuos e fiandeiras localizados na região mediana do abdome. A maioria mede entre 1 e 3 cm e constrói túneis com um alçapão na entrada; algumas têm triplinas de seda, que convergem radialmente na direção da entrada (Figura 24.5 N). Todas são predadoras e alimentam-se dos animais que passam próximo à abertura do túnel em distância de ataque.

A outra subordem – Opisthothelae (com mais de 45.000 espécies) – abrange dois grupos numerosos: a infraordem Mygalomorphae (aranhas semelhantes às tarântulas) e a infraordem Araneomorphae (aranhas "típicas"). Quase todos os membros dessas duas infraordens têm opistossomo não segmentado e fiandeiras localizadas na região posterior, mas podem ser diferenciados pela natureza das quelíceras (Figuras 24.5 G e H). As aranhas migalomorfas têm quelíceras que se articulam de modo a permitir-lhes movimentar os apêndices em paralelo ao eixo do corpo (**ortognatos**), enquanto as aranhas araneomorfas têm quelíceras que se movimentam em ângulos retos com o eixo do corpo (**labidognatos**). Uma condição intermediária conhecida como quelíceras **plagiognatas** pode ser encontrada nas aranhas lifistiídeas, em algumas migalomorfas (p. ex., Hexathelidae) e em algumas araneomorfas (p. ex., Hypochilidae).

Ordem Opiliones. Opiliões ou aranhas-pernalongas (ou colheitadeiras), como os ácaros-colheitadores (Figura 24.4 C e D). São divididos em quatro subordens existentes (Cyphophthalmi e três subordens Phalangida: Eupnoi, Dyspnoi e Laniatores) e uma ordem extinta (Tetrophthalmi). Têm um registro fóssil importante, incluindo várias espécies da era Paleozoica. Prossomo inteiro ou dividido (como também ocorre nos esquizomídeo, palpígrado e solífugos), algumas vezes em um proterossomo e dois segmentos livres. O prossomo articula-se amplamente com o opistossomo, que geralmente é segmentado. As quelíceras são pequenas, com três artículos, e semelhantes a uma pinça; os pedipalpos são longos e semelhantes a pernas, ou bem-desenvolvidos, formando um apêndice preênsil, especialmente nos Laniatores. Animais cegos ou com um par de olhos medianos; ainda existe dúvida se os olhos de alguns cifoftálmicos são medianos ou laterais. Um par de traqueias no opistossomo; machos com órgão espermatopositor (nos Cyphophthalmi) ou pênis (nos Phalangida); fêmea com órgão ovipositor.

A ordem Opiliones constitui um grupo numeroso e diversificado, com cerca de 6.500 espécies que, segundo alguns autores recentes, estão diretamente relacionadas com Solifugae e Ricinulei (três ordens com opistossomo completamente segmentado e um sistema de túbulos traqueais para a respiração). Os opiliões são conhecidos em quase todas as regiões climáticas do planeta, incluindo áreas subárticas, mas são mais abundantes nas regiões tropicais e temperadas do hemisfério sul. A maioria das espécies tem corpo pequeno (menos de 2 cm de comprimento), mas muitos Phalangida têm pernas muito longas (até 10 cm).

Os opiliões preferem áreas sombreadas e úmidas, e são encontrados comumente no folhiço, em árvores e troncos das florestas densas e nas cavernas. Esses animais alimentam-se de vários invertebrados diminutos e também matéria animal e vegetal morta. O alimento é agarrado pelos pedipalpos e passado às quelíceras para ser mastigado. Esses animais estão entre os poucos aracnídeos capazes de ingerir partículas sólidas em vez de alimentos liquefeitos, como ocorre comumente. Os opiliões têm um par de glândulas repugnatórias defensivas, que produzem secreções nocivas contendo quinonas e fenóis. Como descrito adiante, a maioria dos aracnídeos cruza por transferência indireta dos espermatozoides do macho para a fêmea. Os Phalangida (e alguns ácaros) são os únicos aracnídeos nos quais os machos usam pênis para fazer cópula direta, enquanto nos Cyphophthalmi, o macho usa um órgão espermatopositor "semelhante a um pênis" para colocar um espermatóforo perto do gonóstomo feminino.

Ordem Palpigradi. Palpígrados (ou microescorpiões-chicote) (Figura 24.4 E). Aracnídeos diminutos com prossomo dividido em proterossomo coberto pelo propeltídio semelhante a uma carapaça, seguido de dois segmentos livres e unido ao opistossomo por um pedicelo estreito; opistossomo segmentado e dividido em mesossomo largo e metassomo curto e estreito – esse último contendo um télson multiarticulado longo; olhos ausentes.

Os palpígrados são animais delicados que caminham "sentindo" o substrato com o que parece ser um comportamento nervoso do primeiro par de pernas locomotoras. Utilizam seus palpos não modificados para andar (ao contrário dos outros aracnídeos). Enquanto se movimenta, a maioria dos palpígrados mantém suas primeiras pernas levantadas, movimentando-as lateralmente. É possível que o flagelo levantado esteja associado à percepção do ambiente. Esses aracnídeos pequenos e comumente muito transparentes têm dimensões de 0,65 mm (*Eukoenenia grassii*) a 2,8 mm (*E. draco* "gigante" das cavernas da ilha de Mallorca, Espanha). Esses aracnídeos minúsculos passaram por grande redução evolutiva em combinação com suas dimensões diminutas e seus hábitos crípticos. Esses animais são incolores, têm cutículas muito finas e perderam os órgãos circulatórios e de troca gasosa. A maioria é encontrada sob as rochas ou nas cavernas, nos ambientes muito úmidos, e alguns vivem nas praias arenosas. Uma espécie foi recentemente reportada se alimentando de cianobactérias. O mecanismo de transferência dos espermatozoides desses aracnídeos não foi esclarecido.

Esses animais raros foram encontrados em várias regiões amplamente distantes do planeta e sua biologia e biogeografia ainda não estão bem esclarecidas. A filogenia dos palpígrados foi estudada recentemente. Hoje em dia, os membros vivos dessa ordem são divididos em duas famílias: Eukoeneniidae, com quatro gêneros e 85 espécies; e Prokoeneniidae, com dois gêneros e sete espécies. Contudo, a posição dos palpígrados entre as ordens de aracnídeos ainda está sendo debatida.

Ordem Pseudoscopiones. Falsos escorpiões ou pseudoescorpiões (Figura 24.4 F e G). Prossomo coberto por um escudo dorsal semelhante a uma carapaça, embora nitidamente segmentado em sua superfície ventral. Opistossomo indivisível, mas com 11 a 12 segmentos e largamente unido ao prossomo. Quelíceras com quela e glândulas de seda; pedipalpos grandes e semelhantes aos dos escorpiões, com glândulas de veneno na maioria das espécies; olhos presentes ou ausentes.

Existem cerca de 3.500 espécies descritas de pseudoescorpiões, cujos corpos adultos geralmente variam de 0,7 a 5,0 mm, embora o maior deles (*Garypus titanius* da ilha Ascensão) alcance 12 mm de comprimento. Esse grupo é cosmopolita e pode ser encontrado em grande variedade de hábitats – sob as pedras, no folhiço, no solo, debaixo de cascas de árvores e em ninhos de animais. Um gênero (*Garypus*) é encontrado nas praias marinhas arenosas e pedregosas, e uma espécie (*Chelifer cancroides*) comumente habita com seres humanos, sendo encontrada nas residências de todas as partes do mundo.

Essas criaturas pequenas e estranhas são semelhantes aos escorpiões em seu aspecto geral, mas não apresentam o alongamento do opistossomo e do télson, e não têm um aparelho de picar. Entretanto, esses animais têm glândulas de veneno nos pedipalpos, com as quais imobilizam suas presas – geralmente outros artrópodes minúsculos (p. ex., ácaros). Depois de ser capturada, a vítima é cortada e aberta pelas quelíceras e seus líquidos corporais são sugados. Além disso, como as aranhas, os pseudoescorpiões produzem seda, mas as glândulas de seda abrem-se nas quelíceras e as glândulas estão localizadas no prossomo. Essa seda é usada para construir câmaras sedosas para hibernação, muda e deposição dos ovos.

Alguns falsos escorpiões usam artrópodes maiores como "hospedeiros" temporários para facilitar sua dispersão. Esse fenômeno de "pegar carona" (conhecido como foresia) geralmente envolve as fêmeas, que se agarram ao animal hospedeiro maior com seus pedipalpos. Em geral, o hospedeiro é um inseto voador ou outro artrópode (Figura 24.4 H). Por exemplo, a espécie cosmopolita mencionada antes – *Chelifer cancroides* – é encontrada comumente como "hóspede" forético das moscas domésticas.

Ordem Ricinulei. Ricinuleídeos ou aranhas-carrapato com capuz (Figura 24.4 I e J). Prossomo totalmente coberto por um escudo semelhante a uma carapaça, que está amplamente unido com o opistossomo. Opistossomo não segmentado com duas traqueias; têm mecanismo de trava prossomal–opistossomal. Quelíceras semelhantes a pinças, cobertas com uma placa articulada semelhante a uma aba, conhecida como **cuculo**; pedipalpos pequenos com as coxas fundidas na região medial. Olhos ausentes nas espécies viventes, mas algumas com uma placa mais brilhante ao lado do prossomo, que parece ser sensível à luz; dois pares de olhos laterais presentes em algumas espécies fósseis. As terceiras pernas dos machos são modificadas para transferência dos espermatozoides. Cutícula muito espessa (Figura 24.4 I e J).

Existem apenas cerca de 76 espécies descritas de ricinuleídeos; todas medem menos de 11 mm de comprimento e vivem nas cavernas e no folhiço das florestas tropicais da África ocidental (*Ricinoides*) e da América tropical (*Cryptocellus* e *Pseudocellus*), mas existem espécies fósseis recuperadas do âmbar cretáceo de Mianmar. Todos são predadores que se movimentam lentamente sobre outros invertebrados pequenos. Os ricinuleídeos têm uma larva hexápode e três outros estágios de desenvolvimento (protoninfa, deutoninfa e tritoninfa); podem ser necessários 1 a 2 anos para chegar à maturidade, e esses animais vivem de 5 a 10 anos. Nas formas imaturas, os tergitos e os esternitos estão mais amplamente espaçados e em menor número do que nos adultos, nos quais praticamente se tocam.

Ordem Schizomida. Esquizomídeos (Figura 24.4 K). Prossomo dividido; primeiros quatro segmentos (proterossomo) cobertos por um escudo curto semelhante a uma carapaça (propeltídio) e seguidos por dois segmentos livres – mesopeltídio e metapeltídio. Opistossomo segmentado e dividido; mesossomo com um par de pulmões foliáceos; metassomo com télson fino e curto. Olhos presentes ou ausentes.

Existem cerca de 260 espécies de aracnídeos diminutos (menos de 1 cm) dessa ordem. Embora alguns autores classifiquem-nos como uma subordem dos Uropygi, eles são diferenciados dos escorpiões-chicote verdadeiros por divisões do prossomo e pelo télson mais curto. Os esquizomídeos vivem no folhiço, sob as pedras, nas cavernas e em tocas, e são mais comuns nas regiões tropicais e subtropicais da Ásia, África e Américas. Também são conhecidas algumas espécies das áreas temperadas.

As primeiras pernas locomotoras são sensoriais e semelhantes às dos uropígeos diretamente relacionados; em conjunto, essas duas ordens constituem um clado. Como os uropígeos, os esquizomídeos são predadores dos invertebrados minúsculos e também têm glândulas repugnatórias no opistossomo.

Ordem Scorpiones. Escorpiões verdadeiros (Figura 24.6). Corpo nitidamente dividido em três regiões: prossomo, mesossomo e metassomo. Os segmentos do prossomo estão fundidos e cobertos por um escudo semelhante a uma carapaça. Opistossomo alongado, segmentado e dividido em mesossomo e metassomo com sete e cinco segmentos, respectivamente; télson com formato de espinho e glândula venenosa. Quelíceras com três artículos; pedipalpos grandes, com quelas de seis artículos. Par de olhos medianos e, em alguns casos, pares adicionais de olhos laterais, mas algumas espécies são cegas. O primeiro segmento do mesossomo tem um gonóporo coberto pelo opérculo genital; o segundo segmento do mesossomo tem um par de apêndices sensoriais singulares conhecidos como pectinas; do terceiro ao sexto segmentos do mesossomo, há um par de pulmões foliáceos. O metassomo não tem apêndices.

Os escorpiões estão entre os artrópodes terrestres mais antigos, e alguns os consideram os aracnídeos mais primitivos, embora análises filogenéticas recentes tenham sugerido que eles estejam relacionados com outros aracnídeos que têm pulmões foliáceos (ou Tetrapulmonata: Araneae, Amblypygi, Uropygi e Schizomida). Outros acreditam que os escorpiões tenham evoluído de ancestrais aquáticos, talvez dos eupterídeos, ou de um ancestral comum, e depois invadido a terra durante o período Carbonífero. Todas as quase 2.068 espécies conhecidas são predadoras terrestres. Os escorpiões vivem em vários ambientes, desde desertos até florestas úmidas tropicais, onde algumas espécies arbóreas ocorrem, ou até mesmo em cavernas profundas. Esses animais estão notavelmente ausentes das regiões mais frias do planeta. Os escorpiões incluem os maiores aracnídeos vivos, alguns chegando a medir 18 cm.

As quelíceras são curtas e têm gnatobases para triturar o alimento. Os pedipalpos são grandes e os últimos dois artículos formam uma quela para agarrar. As pernas locomotoras têm oito artículos (coxa, trocânter, fêmur, patela, tíbia, metatarso,

tarso e pré-tarso). A superfície ventral do mesossomo tem um poro genital, um par de pectinas e quatro pares de espiráculos, que se comunicam com os pulmões foliáceos. O ânus está localizado no último segmento verdadeiro do metassomo e é seguido de um aparelho de picar, que se origina do télson e contém uma ponta afiada conhecida como acúleo.

Os escorpiões são admirados e temidos em muitas culturas. Eles são bem-conhecidos por brilhar na escuridão sob luz UV; até sua exúvia brilha. Esses animais mostram comportamentos complexos de cruzamento e cuidado maternal.

Ordem Solifugae. Aranhas-do-sol, aranhas-camelo ou aranhas-do-vento (Figura 24.4 L e M). Prossomo dividido em proterossomo coberto por um escudo semelhante a uma carapaça e dois segmentos livres; opistossomo indiviso, mas com 11 segmentos contendo três pares de traqueias; quelíceras enormes com dois artículos mantidos voltados para a frente; pedipalpos longos e semelhantes a pernas; propeltídio com um par de olhos. Na superfície ventral dos quatro pares de pernas, os solífugos têm até 10 maléolos, ou órgãos-raquete, que compõem um órgão sensorial singular dessa ordem.

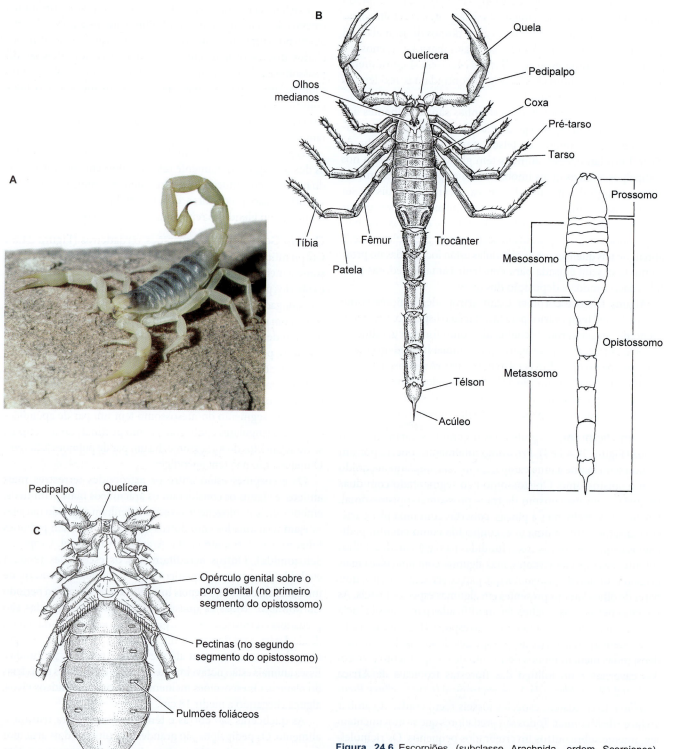

Figura 24.6 Escorpiões (subclasse Arachnida, ordem Scorpiones). **A.** *Androctonus*, um escorpião do deserto. **B** e **C.** *Buthus martensi* (*vistas dorsal* e *ventral*).

A maioria das cerca de 1.116 espécies de solífugos (ou solpugídeos) vive nos ambientes desérticos tropicais e subtropicais das Américas, da Ásia e da África. Ao contrário de muitos aracnídeos, eles geralmente são caçadores diurnos e daí seu nome comum "aranhas-do-sol". Os solífugos também são conhecidos como "aranhas-do-vento", porque os machos correm em altas velocidades "como o vento", ou "aranhas-camelo", porque são encontradas comumente nos desertos.

Alguns solífugos medem apenas alguns milímetros de comprimento, mas outros podem chegar a medir 7 cm. Os hábitos alimentares de muitos solífugos não estão definidos. Entre os animais estudados, a maioria é onívora, mas frequentemente mostram preferência por cupins ou outros artrópodes. Porque não têm veneno, eles rasgam suas presas vivas em pedaços com suas fortes quelíceras.

Ordem Uropygi. Escorpiões-chicote e escorpiões-vinagre (Figura 24.4 N e O). Prossomo alongado e coberto por um escudo semelhante a uma carapaça. Opistossomo segmentado e dividido; mesossomo largo com dois pares de pulmões foliáceos; metassomo curto com télson longo em forma de chicote; primeiras pernas locomotoras alongadas e multiarticuladas nos segmentos distais. Par de olhos medianos e quatro ou cinco pares de olhos laterais.

Os escorpiões-chicote são aracnídeos moderadamente grandes e chegam a medir 8 cm. Existem cerca de 110 espécies conhecidas de uropígeos (ou telifonídeos) vivos, sua maioria vivendo no Sudeste Asiático; alguns são conhecidos no sudeste dos EUA, no México e em algumas regiões das Américas do Sul e Central; outras espécies encontradas na África provavelmente foram introduzidas. Com exceção de algumas espécies desérticas, os escorpiões-chicote vivem sob as rochas, no folhiço ou em tocas nos hábitats tropicais e subtropicais relativamente úmidos. O télson é sensível à luz; a maioria dos uropígeos mostra fototaxia negativa e entra em atividade apenas à noite.

As primeiras pernas locomotoras alongadas são mantidas esticadas para a frente como "sensores", ajudando esses animais em suas excursões de caça noturnas. Esses animais alimentam-se de vários invertebrados pequenos, agarrando suas presas com os pedipalpos e triturando-as com suas quelíceras. O télson longo é movimentado constantemente de um lado para outro e provavelmente serve como estrutura sensorial caso algum predador aproxime-se por trás.

Os escorpiões-chicote têm um par de glândulas repugnatórias, que se abrem perto do ânus. Quando um uropigídeo é ameaçado por um potencial predador, ele levanta o opistossomo e espirra um líquido ácido dessas glândulas sobre o agressor potencial. Algumas formas (p. ex., *Mastigoproctus*) produzem uma secreção rica em ácido acético, daí seu nome comum "vinagre". O bocal espirrador dos vinagre é semelhante a uma torre de tiro, de modo que eles possam espirrar seu líquido em quase todas as direções, mesmo à frente de sua cabeça. A maioria vive em tocas construídas por si próprios.

Os uropígeos são muito semelhantes aos esquizomídeos. Na verdade, alguns autores usam o termo Thelyphonida para descrever os escorpiões-chicote e o termo Uropygi quando se referem aos Schizomida + Thelyphonida. Por sua vez, esse clado está diretamente relacionado com Amblypygi e Aranea, que constituem o grupo Tetrapulmonata, ou aracnídeos que têm pulmões foliáceos.

Plano corpóreo dos euquelicerados

Com base nos resumos taxonômicos descritos antes, você pode ter uma ideia clara quanto à diversidade dos euquelicerados. Esta seção descreve a biologia e a estrutura gerais dos membros dessa classe numerosa, enfatizando os xifosuros, as aranhas e os escorpiões. Esperamos transmitir uma noção geral não apenas da diversidade, mas também da unidade desse grupo e reforçar o conceito de plasticidade evolutiva do plano corpóreo dos artrópodes em geral.

Conforme dissemos antes, o corpo dos quelicerados geralmente é dividido em duas regiões principais: **prossomo** e **opistossomo** (Figuras 24.1, 24.2, 24.5 e 24.6); a cabeça bem-definida não é identificável. O prossomo inclui um ácron pré-segmentar e sete segmentos; o opistossomo inclui até 12 segmentos e um télson pós-anal e pós-segmentar. Como também ocorre nos outros grupos de artrópodes, essas regiões básicas do corpo passaram por diversos graus de especialização e tagmose. Na maioria dos euquelicerados, o prossomo inteiro está fundido e coberto por um escudo semelhante a uma carapaça. Contudo, em certos grupos (p. ex., esquizomídeos, palpígrados, solífugos e alguns opiliões), o prossomo está dividido em três partes: **proterossomo**, formado pelos primeiros quatro segmentos, todos fundidos e cobertos por um escudo semelhante a uma carapaça (geralmente conhecido como propeltídio); e dois segmentos livres (conhecidos comumente como **mesopeltídio** e **metapeltídio**). O opistossomo pode ser indiviso, como ocorre na maioria das aranhas (exceto das lifistiomorfas do Sudeste Asiático, nas quais os segmentos são visíveis), ou dividido em **mesossomo** anterior e **metassomo** posterior (p. ex., escorpiões e euriptérides).

Os apêndices também diferenciam os euquelicerados dos outros artrópodes. Esses animais não têm antenas. O primeiro segmento abriga os olhos e todos os seis segmentos subsequentes do prossomo contêm apêndices. O primeiro par de apêndices é embriologicamente pós-oral, geralmente **quelíceras** em forma de pinças. Durante a embriogenia, as quelíceras migram para uma posição lateral à boca, ou mesmo pré-oral em comparação com os adultos da maioria dos grupos; nessa posição, funcionam como presas ou estruturas de preensão usadas durante a alimentação. As quelíceras podem ser formadas por dois ou três artículos e são seguidas de um par de **pedipalpos** pós-orais, geralmente longos ou, mais raramente, com quelas. Os pedipalpos geralmente têm função sensorial, mas, em alguns grupos (p. ex., escorpiões), facilitam a alimentação e a defesa. Nos casos típicos, os quatro pares restantes do prossomo têm quatro pares de pernas locomotoras.

O número de segmentos e apêndices do opistossomo varia. Em geral, não existem apêndices ou são muito reduzidos, embora persistam, nos caranguejos-ferradura, em forma platiforme conhecida como **brânquias foliáceas**, as quais desempenham as funções de locomoção e troca gasosa. Na maioria dos quelicerados, os apêndices do opistossomo estão acentuadamente reduzidos e persistem apenas na forma de estruturas especializadas, como as fiandeiras produtoras de seda das aranhas ou as pectinas dos escorpiões.

Em resumo, podemos definir os Euchelicerata como artrópodes nos quais o corpo está dividido em duas regiões (ou dois tagmas): prossomo e opistossomo (com modificações desse plano corpóreo nos ácaros). Além disso, os primeiros dois pares de apêndices são quelíceras e pedipalpos, enquanto os quatro pares restantes dos apêndices do prossomo são pernas locomotoras. Evolutivamente, esse plano corpóreo tem sido extremamente bem-sucedido.

Como mencionamos antes, o enorme sucesso das aranhas parece ser atribuído em grande parte à evolução de comportamentos complexos associados à produção de seda e teias, principalmente entre as aranhas araneomorfas, cujas fibras sedosas são mais fortes que as das migalomorfas e lifistiídeas. Como neste capítulo dedicamos atenção especial aos membros da ordem Araneae e como a produção de seda é muito importante para quase todos os outros aspectos de sua vida, apresentamos a seguir uma seção especial sobre a seda das aranhas e seu uso.

Fiandeiras, sedas e teias das aranhas

A seda das aranhas é uma proteína fibrosa complexa formada basicamente pelos aminoácidos glicina, alanina e serina. As proteínas da seda das aranhas são conhecidas como **espidroínas**. A seda é produzida em sua forma líquida hidrossolúvel, que se transforma em um filamento insolúvel depois de eliminada do corpo do animal. Essa transformação quase instantânea envolve um aumento de quase 10 vezes no peso molecular da proteína da seda, que é intensificado pela formação de ligações intermoleculares.

As sedas das aranhas estão entre os materiais que mais absorvem energia. Alguns tipos de seda requerem até 10 vezes mais energia para romper que um volume equivalente da fibra sintética Kevlar® (a Kevlar® é cinco vezes mais forte que o aço em termos de razão tênsil força:peso). Algumas sedas das aranhas podem esticar quase como borracha. A seda das aranhas é tão forte que, em algumas regiões do planeta (nas ilhas Salomão, por exemplo), os habitantes realmente a utilizam como redes de pesca empilhando numerosas teias umas sobre as outras.

Os órgãos que produzem a seda das aranhas estão localizados no opistossomo e incluem vários tipos de **glândulas de seda**, dependendo do grupo taxonômico. Por exemplo, uma aranha-tecedora fêmea adulta (p. ex., *Araneus*) tem sete tipos de glândulas, cada um produzindo sedas com diferentes propriedades físico-químicas e funções. A seda líquida produzida por essas glândulas (também conhecida como "goma") é secretada em ductos que se comunicam com o exterior por meio de "fúsulas" localizadas nas fiandeiras (Figura 24.7). À medida que a seda líquida escorre ao longo desse ducto, ocorrem trocas iônicas e a água é removida. Uma valva controlada por músculos situados perto da extremidade distal do ducto também está envolvida no processo, que provoca a mudança da fase líquida para a de uma fibra sólida. O aparelho enrola a seda em filamentos com diversas espessuras e propriedades. Com a fiação de diversos tipos de sedas com diâmetros variados, as aranhas produzem vários fios com propriedades singulares para funções específicas e em determinados momentos. As **fiandeiras** são apêndices extremamente modificados do opistossomo e conservam parte da musculatura, que lhes permite alguma mobilidade durante a fiação (Figura 24.7 C). As fiandeiras estão localizadas nos segmentos corporais 11 e 12 (segmentos 4 e 5 do opistossomo).

Os números e tipos de glândulas e fiandeiras também variam. No seu passado longínquo, as aranhas tinham quatro pares de fiandeiras (dois pares por segmento): laterais anteriores, medianos anteriores, laterais posteriores e medianos posteriores. As aranhas mesotélicas conservam os quatro pares de fiandeiras (embora em algumas espécies o par mediano anterior esteja reduzido a brotos não funcionantes). A maioria das aranhas existentes tem três pares (em razão da perda ou da modificação das fiandeiras medianas anteriores), embora algumas tenham apenas um ou dois pares de fiandeiras. Em muitas aranhas, há um resquício não funcional das fiandeiras medianas anteriores, conhecidas como **cólulos**.

Outro órgão de fiar – o **cribelo** (Figura 24.7 D) – ocorre em várias famílias de aranhas araneomorfas. Embora o cribelo seja uma sinapomorfia da ordem Araneomorphae, ele foi perdido várias vezes nesse grande clado. Assim como o cólulo, o cribelo é uma estrutura homóloga das fiandeiras medianas anteriores. Esse órgão de fiar é uma estrutura platiforme anterior às fiandeiras, que contém muitas fúsulas diminutas (até 40.000 em algumas espécies). A seda cribelada é formada de muitos filamentos extremamente finos, os quais depois são "penteados" em uma trama delicada (Figura 24.7 E) sobre um par de fibras axiais originadas das fiandeiras por uma fileira de macrocerdas especiais (calamistro) situadas nos metatarsos das quartas pernas (Figura 24.7 F). Em algumas espécies, o calamistro consiste em duas fileiras de macrocerdas. As aranhas-tecedoras cribeladas (p. ex., Uloboridae) usam a trama resultante – conhecida como "faixa de pelos" para construir a espiral viscosa de suas teias orbiculares. O cribelo e o calamistro aparecem depois da terceira muda e, nos machos, essas duas estruturas desaparecem na última muda, embora resquícios não funcionais possam ser encontrados nos machos adultos de algumas espécies. Do mesmo modo, as fúsulas utilizadas na fiação da seda viscosa e pegajosa das aranhas-tecedoras orbiculares ecribeladas desaparecem na última muda dos machos (existem exceções, como os machos adultos de muitos linifiídeos erigoginos, os quais conservam essa trinca de fúsulas).

As diversas utilidades da seda estão diretamente relacionadas com quase todos os aspectos do estilo de vida e dos hábitos das aranhas, conforme explicado com mais detalhes na seção subsequente. Os diferentes tipos de seda são usados como linhas de segurança e de ascensão (de arrasto) para ancorar ou cimentar as linhas de arrasto ao substrato, para construir abrigos e bolsas de ovos, para enrolar uma presa retida por algum tempo e para revestir tocas. Além disso, vários tipos de seda são usados para construir as teias forrageiras. Os machos adultos de algumas aranhas araneomorfas também utilizam a seda para construir uma teia de esperma, que depois é usada para depositar espermatozoides (por meio do gonóporo situado no abdome) antes de carregar seus órgãos copulatórios nos pedipalpos (um processo conhecido como "indução do esperma"). As teias de esperma são construídas por meio de glândulas de seda especiais, que se abrem por um conjunto de fúsulas situadas ao longo da margem anterior do sulco epigástrico (tais fúsulas dos machos são conhecidas como "fúsulas epiândricas"). O número e o arranjo das fúsulas das fiandeiras e das fúsulas epiândricas variam taxonomicamente. Muitos filhotes de aranhas recém-eclodidos tecem fios longos e finos para "flutuar" ao vento e fazer a dispersão aérea (balonismo).

Embora todas as aranhas sejam capazes de produzir e usar a seda, nem todas constroem teias para capturar presas (p. ex., as aranhas-saltadoras não constroem teias de captura, mas comumente fazem abrigos de seda). Nas aranhas que utilizam teias forrageiras, a diversidade dos tipos e das arquiteturas das teias é extraordinária, desde as teias micro-orbiculares densamente

Capítulo 24 Filo Arthropoda | Quelicerados 877

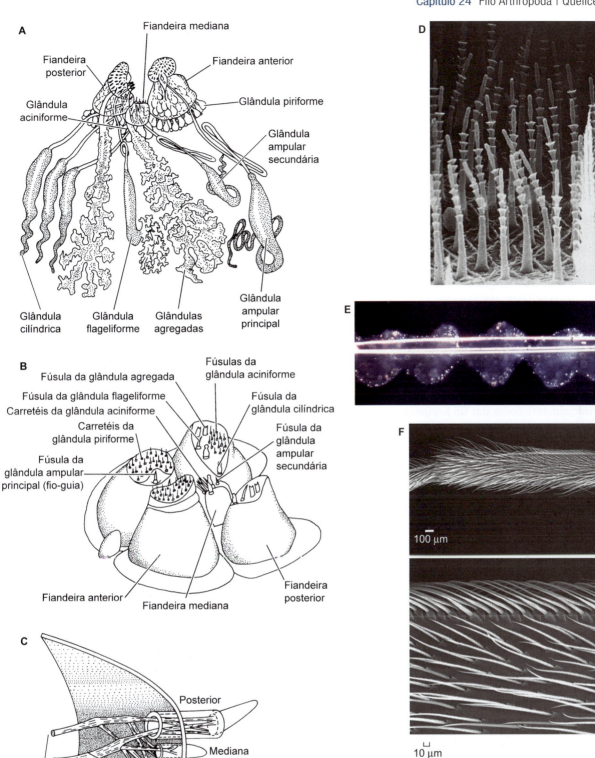

Figura 24.7 Glândulas de seda e fiandeiras das aranhas. **A.** Glândulas de seda e fiandeiras de *Nephila*, ou aranha-de-seda-dourada. A figura ilustra apenas um componente de cada par de glândulas. **B.** Fiandeiras da aranha-tecedora *Araneus* (*vista externa*). **C.** Vista em corte da extremidade posterior do opistossomo (*Tegenaria*). Observe os músculos da fiandeira. **D.** Fúsulas do cribelo de *Hypochilus* (fotografia de microscopia eletrônica de varredura, 1.600×). **E.** Seda cribelada de *Uloborus*. **F.** Fotografias de microscopia eletrônica de varredura dos calamistros em forma de pente dos metatarsos das quartas pernas locomotoras da *Amaurobius similis*, usados para escovar os fios de seda à medida que eles saem do cribelo. **G.** Fotografia de microscopia eletrônica de varredura (237×) do aparelho fiador de *Amaurobius similis*. A estrutura platiforme situada à frente dos três pares de fiandeiras é o cribelo.

trançadas e altamente geométricas das aranhas sinfitognatídeas, até as redes de linhas ilusoriamente simples dos araneídeos mastoforinos, que imitam os feromônios das mariposas. Quase todas as configurações entre esses dois extremos de tipos de teia parecem existir ou ser possíveis, e parte da arquitetura e da história natural das teias de aranha ainda está por ser descoberta e/ou descrita, especialmente nas regiões tropicais. A construção e a utilização das teias para capturar presas estão descritas com mais detalhes na seção sobre alimentação. Em geral, as teias de captura servem para aprisionar e reter a presa por tempo suficiente para ser abatida e, por meio de suas vibrações, sinalizar à aranha sua presença. Na verdade, a maioria das aranhas vive em um mundo dominado pelas vibrações, no qual uma refeição, um predador ou um companheiro em potencial revela-se por meio dos padrões característicos de ressonância. A seguir, apresentamos uma descrição sucinta da construção de uma teia orbicular mais conhecida, construída comumente pelos membros das famílias Araneidae e Tetragnathidae (ver fotografia de abertura do capítulo com *Eriophora* sp., aracnídeo tecedor orbicular da região amazônica do Brasil).

A fiação de uma teia orbicular passa por três fases estereotípicas, aparentemente programadas geneticamente (Figura 24.8). A primeira fase é a construção de um suporte em forma de "Y" e uma série de fios irradiados. Os ramos superiores do Y são depositados inicialmente como um fio horizontal entre dois objetos existentes no ambiente da aranha. A aranha senta-se em determinado local e secreta o filamento no ar; em seguida, a extremidade solta é carregada pelo ar circulante e flutua de um lado para outro, até que entre em contato e grude em um objeto. Em seguida, a aranha fixa sua extremidade do fio, move-se para o centro da linha horizontal e deixa-se cair sobre um fio vertical.

O fio vertical é puxado e fixado e, desse modo, forma-se a moldura em formato de "Y". A interseção dos três ramos do "Y" transforma-se no centro da teia pronta e é desse ponto que os raios são estendidos. Em seguida, os fios radiais são fixados aos fios da moldura. Quando essa fase inicial está concluída, a aranha deposita rapidamente um fio espiral temporário não viscoso, começando do centro e iniciando a segunda fase da construção (a espiral temporária é deixada na teia orbicular concluída de algumas espécies, como as dos gêneros *Nephila* e *Phonognatha*). Esse fio espiral, combinado com a estrutura básica inicial de filamentos, serve como plataforma de trabalho durante a terceira e a última fases da construção da teia – a produção da espiral pegajosa ou armadilha para presas. Nas aranhas-tecedoras orbiculares ecribeladas, esse último fio – a espiral pegajosa – sempre é coberto por uma glicoproteína pegajosa, que adquire automaticamente uma distribuição em gotas depois de depositada (Figura 24.9 A). À medida que a espiral pegajosa é depositada, a espiral temporária é removida ou ingerida.

Algumas tecedoras orbiculares (p. ex., muitas espécies de *Argiope* e *Cyclosa*) produzem uma trama densa de seda conhecida como **estabilimento** através do centro de suas teias (Figura 24.9 B). A forma e os materiais usados para produzir o estabilimento variam amplamente em cada táxon, e sua distribuição filogenética significa que os estabilimentos evoluíram independentemente diversas vezes. Por isso, sua função também pode variar entre os grupos. Alguns autores consideram que os estabilimentos sirvam como dispositivo de camuflagem, facilitem a termorregulação, desempenhem função defensiva e alertem grandes animais voadores, como aves, para a teia que, de outro modo, seria difícil de enxergar (evitando, assim, dano à teia). Imagina-se que ofereçam também um sinal visual para

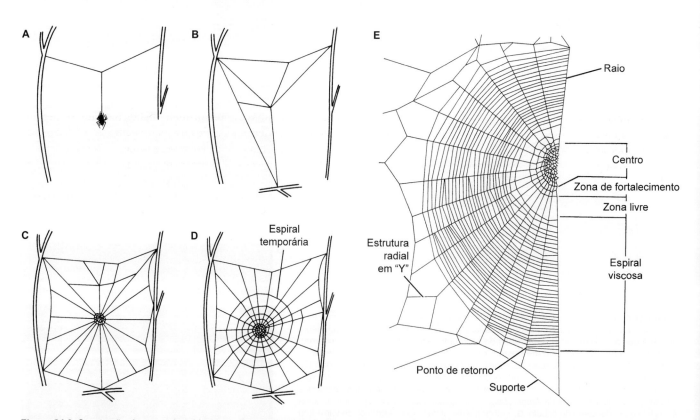

Figura 24.8 Construção de uma teia orbicular. **A.** Formação do suporte em formato de "Y". **B** e **C.** Adição dos fios radiais. **D.** Adição da plataforma de trabalho ou espiral temporária. **E.** Uma parte da teia orbicular concluída com espiral temporária substituída pela espiral viscosa.

Figura 24.9 A. Um fio de espiral pegajosa de uma teia orbicular com gotículas aderentes distribuídas uniformemente. **B.** *Argiope* (Araneidae) de Madagascar em sua teia orbicular com estabilimento. **C.** Teia em funil de uma aranha Dipluridae.

atrair presas (em razão dos reflexos da luz UV e da simulação dos padrões florais). Muitas aranhas-tecedoras orbiculares (p. ex., *Araneus*) podem produzir uma teia completa em menos de 30 minutos, e a maioria constrói uma teia nova a cada noite, embora algumas tenham teias mais duradouras (p. ex., espécies de *Nephila* e *Cyrtophora*). Quando estão construindo teias orbiculares novas, as aranhas não "desperdiçam" a seda da teia antiga, mas a ingerem antes ou durante a produção da teia nova. Experimentos com marcadores radioativos mostraram que as proteínas das teias ingeridas aparecem nas fúsulas na forma de novos fios logo após a ingestão, comumente depois de alguns minutos!

O comportamento de construir teias orbiculares é extremamente estereotipado e programado, embora exista certa variabilidade no processo, porque as aranhas podem até certo ponto adaptar seu comportamento de construir teias a uma condição especial. Em geral, a arquitetura da teia é extremamente constante em cada espécie, no sentido de que – em circunstâncias semelhantes e condições físicas diversas – os indivíduos que estão no mesmo estágio ontogenético e são do mesmo sexo constroem teias muito semelhantes. Entre as aranhas-tecedoras orbiculares das mesmas espécies, as quantidades de raios e voltas espirais variam pouco. A construção das teias parece depender unicamente de estímulos táteis – uma vez que teias normais foram produzidas à noite e por aranhas cegadas experimentalmente. Mesmo a gravidade não parece ser necessária, conforme ilustrado por duas famosas aranhas-tecedoras orbitais enviadas a bordo da nave espacial Skylab.

As aranhas-tecedoras orbiculares constituem um grupo ancestral, do qual os fósseis mais antigos datam do período Jurássico, e as teias orbiculares fossilizadas mais antigas são do período Cretáceo. Dois grupos de aranhas produzem teias orbiculares semelhantes utilizando tipos diferentes de sedas, mas com comportamentos estereotipados presumivelmente homólogos. Essas são as aranhas deionopoides (Deinopoidea, duas famílias), que utilizavam seda cribelada no espiral de captura, e as araneoides (Araneoidea, cerca de 18 famílias), que usam um novo tipo de seda pegajosa, viscosa e aderente. Ao longo das últimas décadas, o paradigma dominante era de que as aranhas deionopoides e araneoides eram monofiléticas entre si e que, juntas, formariam um clado (conhecido como Orbiculariae). Recentemente, estudos moleculares (inclusive análises filogenéticas utilizando milhares de genes) rejeitaram a monofilia longamente defendida de Orbiculariae, colocando as aranhas-tecedoras orbiculares cribeladas (Deinopoidea) com outros grupos, mas não com as tecedoras orbiculares ecribeladas (Araneoidea). Essa hipótese implica origens independentes dos dois tipos de teias orbiculares (cribeladas e ecribeladas), ou uma origem muito mais antiga da teia orbicular com perda subsequente do chamado clado RTA (uma linhagem numerosa que inclui aranhas cursórias como os salticídeos e as aranhas-lobo). Essas duas alternativas necessitam de uma reavaliação expressiva de nosso entendimento atual da história evolutiva das aranhas.

Durante mais de um século, especialistas debateram a origem e a evolução da seda e das teias das aranhas. As sedas e as proteínas fibrosas encontradas em muitos grupos de artrópodes (p. ex., Lepidoptera e muitos outros táxons de insetos, nos pseudoescorpiões, nos crustáceos tanaídeos e em outros animais) parecem ter evoluído independentemente das sedas das aranhas. A produção de seda é ancestral entre as aranhas. Todas elas conservam os tipos ancestrais e menos complexos de seda, bem como as glândulas de seda evoluídas mais recentemente. Isso significa que a evolução das glândulas de seda está correlacionada com a seleção de tipos e funções adicionais (em vez de alternativos) de sedas. Alguns autores sugeriram que as glândulas de seda das aranhas sejam derivadas de invaginações epidérmicas. Nos machos, as glândulas epiândricas são derivadas das glândulas da derme. As fúsulas das glândulas de seda podem ter evoluído a partir das cerdas ("pelos cuticulares") ou das cerdas sensoriais (inclusive as quimiorreceptoras morfologicamente semelhantes dos migalomorfos). Ainda não está claro por que a seda das aranhas evoluiu primeiramente, mas muitos pesquisadores defendem a ideia de que sua origem esteja relacionada com o comportamento de envolver e proteger os ovos.

Algumas espécies de aranhas cooperam com a construção de teias, captura de presas e até criação dos filhotes. Essa atividade social foi descrita em cerca de 20 espécies, que fazem parte de seis famílias no mínimo. Nas aranhas, a vida em grupo adquire duas formas: cooperativa (social ou semissocial permanente e não territorial) e colonial (social permanente territorial ou comunal–territorial). As espécies sociais cooperativas (p. ex., várias espécies do gênero teridídeo *Anelosimus* e nos eresídeos *Stegodyphus*) têm ninhos e teias de captura comunitários, nos quais elas vivem por toda a sua vida; os membros das colônias colaboram para a captura das presas e a criação dos filhotes. As espécies coloniais (p. ex., a uloborídea *Philoponella republicana*) formam agregados, mas os indivíduos na colônia geralmente forrageiam e alimentam-se sozinhos, e não há cuidados maternos depois do estágio de ovos.

O teridídeo *Anelosimus eximius* (Figura 24.15 A) e algumas outras espécies desse gênero de aranhas-tecedoras apresentam o nível mais avançado de vida social entre as aranhas. Essas espécies sociais formam colônias muito grandes, de até milhares de indivíduos, que algumas vezes cobrem árvores inteiras. Esses indivíduos vivem em uma teia comunitária e cooperam com a criação dos filhotes, a captura de presas, a alimentação e a construção da teia.

Locomoção

A locomoção dos euquelicerados segue os princípios da articulação e dos movimentos das pernas dos artrópodes, descritos no Capítulo 20. Com exceção dos xifosuros e de alguns aracnídeos aquáticos, as pernas também precisam ser suficientemente fortes para sustentar o corpo no solo. A marcha dos euquelicerados terrestres exige que o corpo seja sustentado acima do substrato e que os quatro pares de pernas se movimentem sequencialmente, de modo a manter o equilíbrio do animal.

Os xifosuros são rastejadores bentônicos lentos e perfuradores superficiais, utilizando seus apêndices prossomiais resistentes para puxar seus corpos pesados sobre a areia e através dela. As pernas são mantidas juntas (Figura 24.2 B) e, desse modo, a coordenação das sequências dos movimentos é essencial. Os caranguejos-ferradura também conseguem nadar de cabeça para baixo por meio dos batimentos dos apêndices do opistossomo.

Os detalhes dos padrões locomotores dos escorpiões estão muito bem-definidos. Durante a marcha simples para a frente, cada um dos oito apêndices movimenta-se por meio de fases de avanço e recuperação comuns. Nos escorpiões (e em muitos outros artrópodes), as articulações entre as coxas e o corpo são praticamente imóveis e não contribuem para a mobilidade geral dos apêndices. Nem todas as pernas locomotoras movimentam-se com o mesmo padrão. As pontas das pernas anteriores são muito levantadas do solo durante sua fase de recuperação; podem ser usadas para "sentir" o que está à frente à medida que o animal avança (Figura 24.10 A). Além disso, as pontas de cada par de pernas estendem-se a distâncias diferentes do corpo, permitindo a sobreposição das passadas sem que haja contato entre as pernas (Figura 24.10 B). Os movimentos das pernas dos escorpiões não seguem o modelo metacrônico comum. Em vez disso, a sequência típica de movimentos ao longo de um lado do corpo é: perna 4, depois 2, depois 3 e, finalmente, perna 1; as pernas do lado oposto geralmente estão em fases contrárias, embora não exatamente. A sobreposição até certo ponto sincronizada das sequências dos movimentos produz marcha suave quando o animal anda para a frente, ao contrário do movimento espasmódico de um inseto que se movimenta por meio do padrão de tripé alternante descrito no Capítulo 22. Como muitos artrópodes, os escorpiões também conseguem alterar as velocidades, girar repentinamente, andar para trás e escavar a areia mole.

As aranhas desenvolveram alguns métodos de locomoção, todos envolvendo os movimentos comuns das pernas articuladas dos artrópodes, que utilizam músculos flexores e extensores. Entretanto, nas aranhas, as articulações fêmur–patela e metatarso–tarso não têm músculos extensores. Nessas articulações específicas, a extensão é conseguida aumentando a pressão da hemolinfa por um mecanismo hidráulico. Durante a marcha normal da aranha, as oito pernas locomotoras movimentam-se com uma sequência rítmica referida como diagonal (Figura 24.11). Ou seja, as pernas 2 e 3 de um lado do corpo movimentam-se simultaneamente com

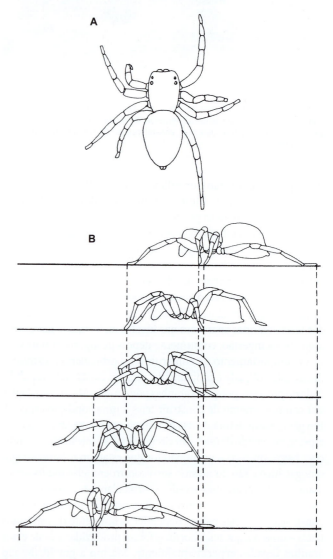

Figura 24.11 Locomoção das aranhas. **A.** Um salticídeo com as pernas em posição de caminhar (*vista dorsal*). **B.** Um licosídeo andando lentamente (*vista lateral*). As *linhas tracejadas verticais* conectam cada perna às suas fases de avanço e recuperação em relação à progressão do corpo para a frente. Observe o grau acentuado de sobreposição dos movimentos das pernas, principalmente das duas primeiras. O entrelaçamento é impedido em parte pela conservação das pontas das pernas adjacentes a distâncias diferentes do corpo.

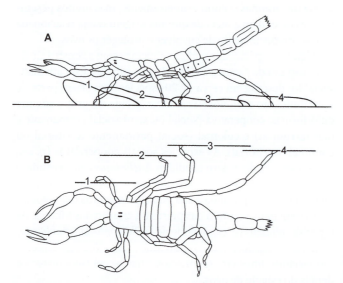

Figura 24.10 Locomoção dos escorpiões. Os números indicam as pernas 1 a 4. **A.** Percursos das pontas das pernas durante sua fase de recuperação. Observe que as pernas anteriores são levantadas mais alto do solo que as pernas posteriores. **B.** Distância entre a ponta de cada perna e o corpo.

as pernas 1 e 4 do lado oposto. Essa marcha mantém uma postura de quatro pontos, enquanto a distribuição do peso do corpo é mais ou menos homogênea entre os apêndices que estão em contato com o substrato. Contudo, durante a locomoção muito lenta, as ondas metacrônicas dos movimentos dos apêndices de trás para a frente são perceptíveis. Os comprimentos das passadas das pernas superpõem-se até certo ponto e variam com a velocidade e a direção do movimento. A posição das pernas no corpo e os arcos que elas descrevem impedem o contato entre as pernas.

Algumas aranhas (p. ex., membros da família Salticidae) também conseguem saltar (Figura 24.12 A). A propulsão é alcançada basicamente por uma extensão rápida do quarto par de pernas. Quando a aranha é transportada pelo ar, as pernas dianteiras são estendidas para a frente e utilizadas na aterrissagem. Os salticídeos saltam durante a locomoção normal, quando capturam presas e fogem dos predadores.

A seda desempenha um papel importante nos diversos métodos de locomoção das aranhas. Quando anda ou salta, a maioria das aranhas produz continuamente um fio resistente que lhes segue (conhecido como fio-guia; Figura 24.12 B), produzido pelas glândulas de seda ampulares principais. O fio-guia é cimentado periodicamente ao substrato com seda proveniente das glândulas piriformes, formando uma linha de segurança para a aranha-andarilha. Desse modo, uma aranha varrida da superfície não cai no chão; em vez disso, recolhe a seda do fio-guia e escala como um montanhista amarrado que perdeu seu pé de apoio. A seda também é usada para fornecer um substrato, sobre o qual as aranhas movimentam-se. As aranhas-tecedoras rastejam sobre (p. ex., diplurídeos e agelenídeos) ou sob (p. ex., linifiídeos e ciatolipídeos) suas teias laminares com movimentos dos apêndices, mais ou menos como os que são usados na locomoção normal, exceto que os comprimentos das passadas precisam corresponder às distâncias entre os fios da teia. Muitas aranhas são capazes de movimentar-se de um lado para outro sobre um único fio (Figura 24.12 C). Isso pode incluir movimentos de queda vertical à medida que um fio é produzido pelas fiandeiras, ascensão por um fio vertical, ou movimentação enquanto está pendurada de cabeça para baixo por um fio horizontal (elas não andam sobre um único fio, como se estivessem em uma corda bamba). A maioria das aranhas capazes de realizar esse tipo de atividade tem "prendedores de fios" de conformação complexa em algumas ou em todas as pontas das pernas (Figura 24.12 D e E).

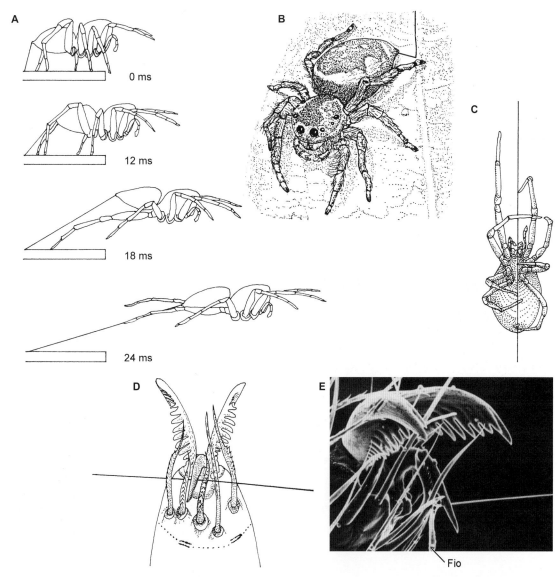

Figura 24.12 Aspectos adicionais da locomoção das aranhas. **A.** Um salticídeo saltando. Observe o fio-guia de seda. **B.** Um salticídeo soltando seu fio-guia enquanto caminha. **C.** Aranha-tecedora orbicular *Zygiella* subindo em um único fio. **D** e **E.** A ponta tarsal de *Araneus* agarrando-se a um único fio.

Muitas aranhas também escavam covas e algumas licosoides (como as aranhas-pescadoras do gênero *Dolomedes*) podem caminhar sobre a água (Figura 24.13). Uma espécie – *Argyroneta aquatica* – da família Cybaeidae realmente vive embaixo d'água. *Argyroneta* consegue caminhar em substratos submersos e construir uma "cápsula de mergulho", que permite a troca gasosa para oxigenar o ar retido em seu interior; essas aranhas passam a maior parte do seu tempo nessa campânula, quando não andam de um lado para outro à caça de presas. Também existem várias espécies entremarés, que conseguem tolerar a submersão durante as marés altas, algumas vezes utilizando as bolhas de ar retidas nas conchas vazias de cracas ou outras estruturas desse tipo.

Alimentação e digestão

Alimentação. A estratégia básica de alimentação dos quelicerados é a captura de presas, seguida de digestão externa extensiva e, por fim, ingestão do alimento liquefeito ou, mais raramente, de pequenas partículas alimentares. Evidentemente, existem exceções a esse padrão, a maioria envolvendo modificações drásticas das peças orais. Por exemplo, mencionamos antes os diversos hábitos alimentares dos ácaros e carrapatos, muitos dos quais são herbívoros ou parasitas com peças orais perfuradoras. Embora muitos quelicerados sejam altamente especializados em termos de seu comportamento alimentar, outros são generalistas. Por exemplo, os caranguejos-ferradura comumente se alimentam de vários invertebrados, incluindo vermes, moluscos (especialmente bivalves), crustáceos e outras criaturas infaunais e epibentônicas, mas também se alimentam de quase toda a matéria orgânica em decomposição. O alimento é recolhido por qualquer um dos apêndices quelados e passa para as gnatobases, que ficam na linha mediana ventral, onde é cortado em pedaços pequenos e depois transferido para a boca, assim como ocorre em muitos artrópodes não quelicerados. Esse tipo de alimentação por ingestão do alimento sólido também é encontrado nos opiliões, que agora parecem ser uma das ordens de aracnídeos com derivação mais primitiva.

Os escorpiões alimentam-se principalmente de insetos, embora algumas espécies grandes possam comer ocasionalmente cobras e lagartos. A maioria tem vida noturna e detecta suas presas principalmente por meio de mecanorreceptores extremamente sensíveis. Um método fascinante de localização das presas pelo escorpião da areia do deserto de Mojave (*Paruroctonus mesaensis*) foi descrito por Phillip Brownell (ver Referências). Brownell percebeu que *Paruroctonus* ignora tanto as vibrações transmitidas pelo ar (p. ex., batidas das asas de insetos) quanto os estímulos visuais, mas reage imediatamente à proximidade da presa que está em contato com a areia. Esse escorpião é até mesmo capaz de detectar presas enterradas, que ele imediatamente desenterra e ataca. Aparentemente, o escorpião "capta" ondas mecânicas sutis desencadeadas na areia solta pelos movimentos da presa. Os mecanorreceptores especiais localizados nas pernas locomotoras são estimulados à medida que as ondas passam por baixo das pernas do escorpião. A informação é processada para determinar a direção e a distância aproximada até a presa.

Quando um escorpião localiza sua vítima, ela é agarrada pelos pedipalpos quelados. O opistossomo é arqueado sobre o prossomo, colocando o télson e o aparelho picador em posição para injetar o veneno (Figura 24.14). Contrações musculares forçam o veneno a passar por um poro existente no acúleo e a entrar na presa. O veneno é uma neurotoxina capaz de paralisar e matar rapidamente a maioria das presas; na verdade, os venenos de alguns escorpiões podem matar animais maiores, inclusive seres humanos. Talvez os mais conhecidos desses escorpiões perigosos sejam as duas espécies que ocorrem no sudoeste dos EUA: o escorpião-de-casca-de-árvore (*Centruroides exilicauda*) e o escorpião-de-cauda-riscada (*Vaejovis spinigerus*). Uma espécie existente no norte da África – *Androctonus australis* – produz um veneno considerado tão potente quanto o das serpentes. Outros gêneros de escorpiões potencialmente perigosos são *Buthus* e *Parabuthus* (sul da Europa, África e Oriente Médio) e *Tityus* (América do Sul).

A sequência de eventos na digestão alimentar dos escorpiões é típica de muitos aracnídeos. Depois de ser capturada e ferroada, a presa é passada para as quelíceras, que a rasgam em pedaços pequenos. As gnatobases moem e misturam o alimento à medida que os sucos digestivos são liberados pela boca; esse processo reduz o alimento a uma composição semilíquida. À medida que essa "sopa" orgânica é ingerida, as partes rígidas são descartadas e mais pedaços do alimento são transferidos entre as gnatobases para processamento.

Quase todas as aranhas são carnívoras predadoras, embora os filhotes novos de algumas famílias possam consumir pólen e esporos de fungos capturados na seda da teia. Em casos raros, algumas espécies exploram outras fontes alimentares, como

Figura 24.13 A. Uma aranha-lobo caminhando na superfície da água. **B.** Uma aranha-mergulhadora (*Argyroneta*) com sua "cápsula de mergulho".

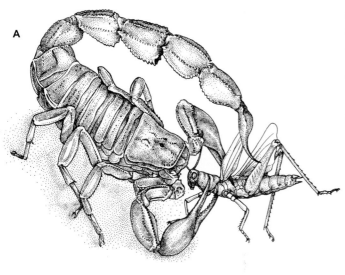
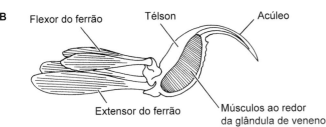

Figura 24.14 A. Escorpião *Androctonus australis* aplicando seu aparelho picador em um gafanhoto enquanto segura sua presa com seus pedipalpos. **B.** Télson e aparelho picador de um escorpião. Normalmente, o télson é mantido em posição flexionada; a extensão direciona o acúleo dentro da presa.

néctar, mas a maioria é constituída de carnívoros generalistas. Com exceção de algumas famílias (p. ex., Salticidae, Oxyopidae, Thomisidae e Lycosidae), as aranhas caçam ou se alimentam principalmente à noite. A maioria das aranhas pode ser separada em dois grandes grupos, com base nas estratégias utilizadas para capturar presas. O primeiro é composto pelas aranhas mais sedentárias, que utilizam algum tipo de teia, armadilha ou rede para capturar suas presas. O segundo é formado pelas aranhas "andarilhas", que caçam ativamente ou montam emboscada para suas presas, sem usar diretamente a seda (embora muitas envolvam suas vítimas depois da captura).

Nas seções anteriores, descrevemos a construção da teia orbicular bem-conhecida (Figura 24.8). Quando uma presa em potencial (p. ex., um inseto voador) atinge e adere à teia, seus movimentos enviam vibrações, que alertam a aranha quanto à presença de alimento. Em seguida, a aranha move-se rapidamente para a vítima, que é então picada. A imensa maioria das aranhas é solitária, mas também citamos algumas que vivem e alimentam-se em comunidade (Figura 24.15 A).

Outro tipo de armadilha de seda é a teia em lençol horizontal produzida por alguns membros de várias famílias, como Linyphiidae e Agelenidae. As teias em lençol são suspensas por uma rede de fios de suporte (Figura 24.15 B). Os insetos ficam emaranhados na teia em lençol, ou nos fios de suporte, até que a presa caia no lençol. Quando está no lençol, a presa é capturada.

Muitas aranhas teridíedas constroem teias de moldura vertical (Figura 24.15 C). Perto de sua fixação ao substrato, os fios da armadilha vertical apresentam gotas de líquido pegajoso originado das glândulas de seda (glândulas agregadas). Enquanto

anda, a presa entra em contato com essas gotículas pegajosas e fica retida. Quando percebe os movimentos na teia, a aranha corre para a presa, enrola-a em sua seda e a pica.

Os membros do gênero *Hyptiotes* (família Uloboridae) tecem teias orbiculares modificadas, que consiste em apenas três setores (Figura 24.15 D). A aranha produz um fio de tensão a partir do ponto de convergência dos raios e um fio de fixação curto cimentado ao substrato; o corpo da aranha funciona como uma ponte entre esses dois fios de seda. Quando um inseto cai na teia, a aranha libera o fio de tensão, e a teia é recolhida como uma armadilha de mola, fechando ao redor da presa.

Embora ainda não esteja definida qual poderia ter sido a arquitetura das teias das aranhas ancestrais, os araneologistas tradicionalmente analisam as lifistiídeas (Mesothelae; Figura 24.5 N) para conjecturar quanto à biologia das aranhas primitivas. Muitas lifistiídeas constroem tubos subterrâneos simples de seda, com um único orifício a partir do qual fios irradiam-se para fora (Figura 24.5 N). A aranha vive no tubo e os fios funcionam como "linhas de pesca" ou "trajetos de viagem", que permitem à aranha detectar a passagem de uma presa e, desse modo, estender sua zona sensorial até os limites alcançados por essas linhas. Uma modificação curiosa desse sistema é observada na teia em forma de bolsa de algumas atipídeas (família Atypidae), como *Atypus* e *Sphodros* (Figura 24.15 F). Nesse caso, o tubo de seda fica praticamente escondido debaixo do solo, com apenas uma parte curta da extremidade fechada apoiada horizontalmente acima da superfície, ou verticalmente sobre o tronco de uma árvore ou uma pedra. Os insetos que rastejam sobre o tubo exposto são detectados pela aranha e as quelíceras ortognatas fazem dois cortes paralelos na parede do tubo perto da presa. As grandes presas das quelíceras são estendidas através das incisões para agarrar a vítima e puxá-la pela parede do tubo. Depois de matar a presa, o corte do tubo é reparado.

A maioria das aranhas simplesmente monta suas "armadilhas" e espera pela presa, mas outras realmente manipulam as estruturas sedosas para prender insetos. As aranhas-cara-de-ogro (família Deinopidae) produzem uma teia retangular de fios cribelados (uma teia orbicular extremamente modificada), que é segurada entre suas duas pernas locomotoras dianteiras. As deinopídeas caçam à noite e têm capacidade visual extraordinária, especialmente *Deinopis*, que tem um par de olhos medianos posteriores enormes ultrassensíveis à luz (Figura 24.21 A). Quando um inseto é detectado visualmente, a aranha enrola a teia ao seu redor. As aranhas-bola, como *Mastophora* (família Araneidae), estão entre os caçadores mais bizarros e especializados. Enquanto estão presas a um fio de suspensão, as aranhas-bola "lançam" um fio de captura com líquido pegajoso na ponta para capturar sua presa (Figura 24.15 H). As aranhas-bola do gênero *Mastophora* caçam à noite utilizando mimetismo químico: esses animais especializaram-se em alimentar-se de machos das mariposas do gênero *Spodoptera*. *Mastophora* solta uma substância química carregada pelo ar semelhante ao feromônio sexual da fêmea de *Spodoptera*, atraindo então os machos que estão ao alcance do fio de captura, o que aumenta acentuadamente as chances de sucesso da caçada.

Embora a maioria das aranhas sedentárias detecte suas presas "percebendo" vibrações da teia, as aranhas "andarilhas" usam vários métodos. Algumas aranhas-lobo e a maioria das aranhas saltadoras localizam suas presas visualmente, enquanto muitas outras "sentem" vibrações (p. ex., batimentos das asas

884 Invertebrados

Figura 24.15 Utilização da seda da aranha para capturar presas. **A.** *Anelosimus eximius* (Theridiidae) e sua presa no Equador, um caso incomum de captura comunitária de presas. **B.** Teia em rede horizontal de *Frontinella* (Linyphiidae) da República Dominicana. **C.** Teia em rede delicada de *Runga*, uma sinotaxídea da Nova Zelândia. **D.** Teia de *Achaearanea* do Equador (Theridiidae). **E.** *Progradungula otwayensis*, uma gradungulídea australiana, segurando sua escada de captura de seda cribelada. **F.** Teia em formato de bolsa de *Sphodros* norte-americana, uma aranha migalomorfa (Atypidae). Quando a aranha "sente" a presença de um inseto no tubo, ela o envolve na seda com suas quelíceras formidáveis. **G.** Teia orbicular cribelada de *Sybota*, uma uloborídea do Chile. **H.** *Exechocentrus lancearius* (Araneidae), uma aranha-bola de Madagascar, que presumivelmente usa mimetismo químico para atrair suas presas. **I.** Teia micro-orbicular de *Patu* (Symphytognathidae) construída no folhiço das florestas da República Dominicana. As sinfitognatídeas incluem as menores aranhas adultas conhecidas (menos de meio milímetro). **J.** Aranha-pirata araneofágica *Gelanor latus* do Brasil (Mimetidae). Os mimetídeos são membros do clado de aranhas-tecedoras orbiculares ecribeladas e abandonaram o comportamento de construir teias de captura.

geneticamente, as espécies de *Portia* demonstram estratégias de tentativa e erro, bem como aprendizagem em seu comportamento de predação de outras aranhas. Na verdade, *Portia* não se parece muito com uma aranha; pelo contrário, ela é semelhante às folhas ou galhos. Algumas espécies utilizam essa camuflagem em um comportamento que foi descrito como mimetismo agressivo. Para isso, *Portia* escala a teia de outra aranha e começa a produzir vibrações, que simulam as provocadas por um inseto aprisionado. Quando a aranha residente reage, *Portia* ataca e mata. O mais notável é que *Portia* frequentemente experimenta vários padrões de vibração em uma teia e, quando obtém sucesso com um deles, ela continua a utilizá-lo futuramente nas teias da mesma espécie de presa. O mimetismo agressivo também é usado pelas aranhas-pirata (Mimmetidae) (Figura 24.15 J), que se alimentam basicamente de outras aranhas.

Independentemente do método usado para localizar e capturar presas, depois que o contato é estabelecido, as aranhas puxam suas presas para as quelíceras e picam introduzindo suas presas e injetando veneno proveniente das glândulas venenosas situadas dentro do prossomo (Figura 24.16 A). A presa é rapidamente imobilizada ou morta pelo veneno. Uma exceção curiosa a esse padrão de agarrar e picar é mostrada pelas aranhas-cuspideiras (família Scytodidae), algumas das quais são sociais. As glândulas de veneno de *Scytodes* incluem uma parte posterior que produz

ou movimentos de locomoção), ou simplesmente dependem do contato casual. Na verdade, algumas perseguem sua presa; outras, como algumas aranhas-alçapão, montam emboscada e esperam que suas vítimas cheguem suficientemente perto para que sejam agarradas.

Entre as aranhas-saltadoras, os membros do gênero *Portia* merecem uma descrição especial. Ao contrário da maioria das aranhas, cujos comportamentos parecem ser programados

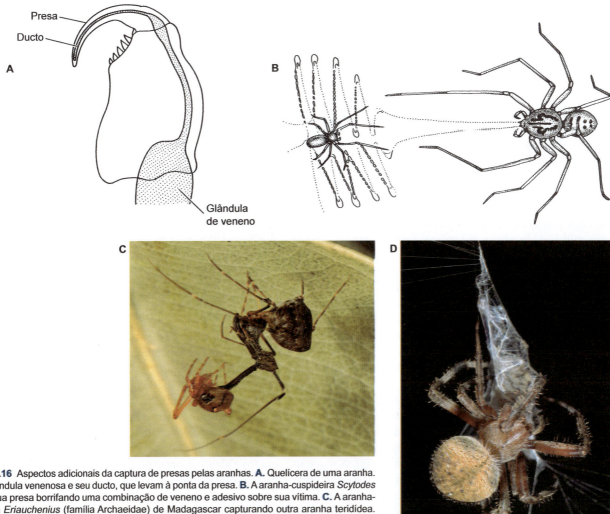

Figura 24.16 Aspectos adicionais da captura de presas pelas aranhas. **A.** Quelícera de uma aranha. Note a glândula venenosa e seu ducto, que levam à ponta da presa. **B.** A aranha-cuspideira *Scytodes* captura sua presa borrifando uma combinação de veneno e adesivo sobre sua vítima. **C.** A aranha-assassina *Eriauchenius* (família Archaeidae) de Madagascar capturando outra aranha teridídea. Observe as quelíceras extremamente longas (apenas a quelícera esquerda está estendida) e o formato bizarro do cefalotórax com um "pescoço" longo e estreito. **D.** *Neoscona arabesca*, uma aranha-tecedora orbicular araneídea envolvendo sua vítima, neste caso um inseto (EUA).

cola, além das células comuns secretoras de veneno, localizadas na parte anterior. A mistura do veneno com a cola é atirada em grande velocidade pelos poros localizados nas presas das quelíceras por contração muscular das glândulas; desse modo, a presa é capturada sem contato direto (Figura 24.16 B).

Muitas aranhas envolvem até certo ponto sua presa com seda antes de a comerem, ainda que sua seda não seja utilizada realmente para capturar a vítima. Muitas prendem a vítima e enrolam-na antes de a picarem (p. ex., teridiídeos e araneídeos). Os insetos muito ativos capturados nas teias orbiculares geralmente são imediatamente envolvidos e, desse modo, a aranha evita possíveis danos à teia ou ao seu proprietário (Figura 24.16 D). As presas potencialmente perigosas, como insetos grandes picadores, geralmente são manuseadas dessa forma.

Quase todas as aranhas têm glândulas de veneno, que produzem neurotoxinas proteicas, embora a composição do veneno seja extremamente heterogênea e varie amplamente entre as espécies. As glândulas de veneno foram perdidas pelos membros das famílias Uloboridae e Holarchaeidae. A toxicidade do veneno das aranhas é muito variável e apenas cerca de 12 espécies são consideradas perigosas para os seres humanos. Entre essas estão as viúvas-negras (espécies *Latrodectus*), a aranha-lobo-brasileira (*Lycosa erythrognatha*), as aranhas-marrons (como *Loxosceles reclusa*) as aranhas-teia-de-funil-australianas (p. ex., *Atrax robustus*) e algumas espécies que fazem parte da família de aranhas andarilhas tropicais Ctenidae (p. ex., *Phoneutria fera*).

As aranhas uloborídeas não têm as glândulas de veneno típicas de quase todas as outras aranhas e enrolam suas presas com até centenas de metros de seda, os quais comprimem suas presas firmemente e as destroem fisicamente. Essa compactação provavelmente tem a função de facilitar o método incomum de alimentação dessas aranhas, que consiste em cobrir toda a superfície da presa com líquido digestivo. Como a maioria dos outros quelicerados, as aranhas ingerem seu alimento em forma líquida ou semilíquida. As quelíceras da maioria das aranhas têm gnatobases denteadas, com as quais a presa é pulverizada mecanicamente e, ao mesmo tempo, o alimento é irrigado com sucos digestivos. Com exceção das partes duras, a presa é reduzida a um caldo parcialmente digerido. As cerdas que margeiam a boca e as milhares de placas cuticulares sobrepostas na faringe funcionam como filtros, de modo que apenas as partículas muito pequenas (< 1 mm) entrem no trato digestivo. Os membros de algumas famílias (p. ex., Theridiidae e Thomisidae) não têm dentes quelicerais. Essas aranhas simplesmente perfuram a cutícula de suas presas e depois injetam sucos digestivos para dentro e para fora da ferida. Em seguida, as entranhas liquefeitas da vítima são sugadas de seu corpo e ingeridas.

A biologia fascinante de duas espécies de aranhas-saltadoras (Salticidae), que se alimentam preferencialmente de mosquitos, foi descrita recentemente; essas duas espécies são assassinas altamente especializadas de mosquitos. Uma delas – *Evarcha culicivora* –, como um vampiro de oito pernas, é atraída especialmente pelas fêmeas dos mosquitos, cujos tratos digestivos estão cheios de sangue (especialmente das espécies *Anopheles*). A ingestão de mosquitos cheios de sangue também permite que essas aranhas adquiram um odor atrativo aos membros do sexo oposto. Outra espécie (*Paracyrba wanlessi*) alimenta-se preferencialmente das larvas de mosquitos, para as quais montam emboscadas nos acúmulos de água dentro do bambu.

Digestão. O sistema digestivo dos quelicerados segue o plano básico dos artrópodes: incluindo tratos digestivos anterior, médio e posterior, com a primeira e a última partes revestidas por cutícula (Figura 24.17). Em geral, o trato digestivo anterior tem especializações regionais. Nos xifosuros (p. ex., *Limulus*), o trato digestivo anterior enrola-se anteriormente para formar o esôfago, o papo e a moela – essa última contendo saliências esclerotizadas que trituram as partículas ingeridas (Figura 24.17 A). Em muitos aracnídeos, partes do trato digestivo anterior são modificadas como órgãos contráteis para sugar os alimentos liquefeitos. Nos escorpiões, essa função é atendida pela faringe muscular e, nas aranhas, por um estômago sugador sofisticado (Figura 24.17 B). A faringe das aranhas pode conter células quimiossensoriais, que funcionam como receptores gustativos.

O trato digestivo médio dos euquelicerados tem cecos digestivos pareados e é onde ocorrem a digestão química final e a absorção (Figura 24.17 C). Os xifosuros têm dois pares de cecos, que se originam da parte anterior do trato digestivo médio e são seguidos pelo intestino, um reto curto (trato digestivo posterior) e o ânus situado na borda posterior do opistossomo. Em *Limulus*, as enzimas são produzidas pela parede do trato digestivo médio e secretadas no seu lúmen. Aparentemente, apenas a digestão preliminar das proteínas ocorre no meio extracelular, enquanto a decomposição final ocorre nas células dos cecos digestivos depois da absorção.

A maioria das aranhas tem quatro pares de cecos digestivos no prossomo e, comumente, outros cecos ramificados no opistossomo (Figura 24.17 B e C). Perto de sua junção com o reto curto, o trato digestivo médio expande-se para formar uma "câmara de mistura" espaçosa conhecida como bolsa estercoral. Os túbulos de Malpighi originam-se da parede do trato digestivo médio, perto da origem da bolsa estercoral. O ânus está localizado no opistossomo, perto das fiandeiras.

O trato digestivo médio dos escorpiões tem seis pares de cecos digestivos (Figura 24.17 D). O primeiro par (as glândulas salivares) está localizado dentro do prossomo e produz grande parte do suco digestivo usado na digestão externa preliminar. Os cinco pares restantes são acentuadamente contorcidos e estão situados no opistossomo. Esses cecos produzem as enzimas necessárias à digestão final e são o local da absorção dos produtos da digestão. Dois pares de túbulos de Malpighi originam-se da região posterior do trato digestivo médio, um pouco à frente do reto curto. O ânus está localizado no último segmento do opistossomo.

Circulação e troca gasosa

Como outros artrópodes, o sistema circulatório dos euquelicerados consiste em um coração dorsal com óstio situado dentro de um seio pericárdico, que dá origem a vários vasos com extremidades abertas (Figuras 24.17 e 24.18). O sangue sai desses vasos e entra na hemocele, onde banha os órgãos e supre as estruturas de troca gasosa, antes de voltar ao coração. A complexidade do sistema depende basicamente do tamanho do corpo; alguns euquelicerados minúsculos (p. ex., palpígrados e alguns ácaros) perderam grande parte de suas estruturas circulatórias, ou todas – nesses casos, a troca gasosa ocorre pelo tegumento. Por outro lado, os xifosuros são animais grandes e seu plano corpóreo exige um mecanismo circulatório substancial para movimentar o sangue por todo o interior da cobertura corporal rígida. O coração tubular

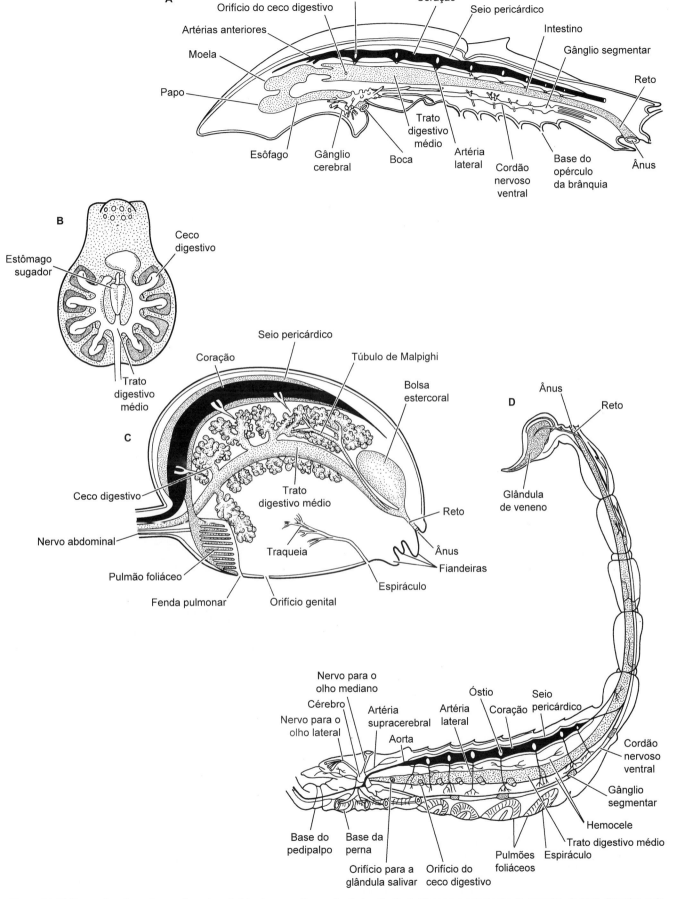

Figura 24.17 Tratos digestivos dos quelicerados. **A.** *Limulus*, um xifosuro (*corte longitudinal*). Observe a orientação do coração, do trato digestivo e do sistema nervoso central. **B.** Sistema digestivo situado no prossomo da aranha *Tegenaria* (*vista dorsal*). Observe os quatro pares de cecos digestivos. **C.** Órgãos situados dentro do opistossomo de uma aranha (*corte longitudinal*). **D.** Órgãos internos de um escorpião (*corte longitudinal*). Em **A** e **D**, os cecos digestivos foram removidos; apenas seus pontos de fixação ao trato digestivo médio estão assinalados.

grande dos xifosuros tem oito pares de óstios e está ligado à parede corporal por nove pares de ligamentos, que se estendem pelo pericárdio (Figura 24.17 A). Os órgãos dessas criaturas enormes são irrigados por sangue bombeado por um sistema arterial extenso, que se origina do coração e drena para dentro da hemocele perto dos próprios órgãos. No opistossomo, um vaso ventral principal dá origem a uma série de vasos branquiais aferentes, que formam as brânquias foliáceas. Vasos eferentes transportam sangue oxigenado para um vaso branquiopericárdico calibroso, que retorna ao coração.

Os órgãos encarregados da troca gasosa nos xifosuros são singulares entre os quelicerados. Evidentemente, a existência de brânquias está associada ao seu estilo de vida aquático. A estrutura dessas brânquias foliáceas opistossomiais fornece uma superfície extremamente ampla, necessária para a troca gasosa adequada a esses grandes animais (Figuras 24.2 B e 24.18 C). Cada brânquia tem centenas de lamelas finas, como as páginas de um livro. O sangue dentro das lamelas está separado da água salgada circundante apenas por uma parede fina. A água circula sobre as lamelas pelos batimentos metacrônicos das brânquias; tais movimentos também fazem o sangue entrar (com os batimentos para frente) e sair (com os batimentos para trás) dos seios branquiais.

O coração de uma aranha está localizado dentro do opistossomo e tem dois a cinco pares de óstios (Figura 24.18 B). O coração está suspenso dentro do seio pericárdico por vários ligamentos conectados com a superfície interna do exoesqueleto. Esses ligamentos suspensórios são esticados durante a sístole, à medida que o sangue é bombeado do coração para dentro das artérias. Em seguida, a elasticidade dos ligamentos produz a diástole, expandindo o coração e puxando o sangue do seio pericárdico para seu interior. Os trajetos das artérias principais asseguram que um suprimento amplo de sangue oxigenado alcance os órgãos mais importantes, especialmente sistema nervoso central, músculos e espaços hemocélicos nos apêndices, nos quais a pressão sanguínea facilita sua extensão. A partir da hemocele, o sangue é canalizado de volta ao seio pericárdico e ao coração.

As estruturas aéreas de troca gasosa das aranhas incluem os pulmões foliáceos e as traqueias. Em geral, as lifistiomorfas, as migalomorfas e algumas araneomorfas basais têm dois pares de pulmões foliáceos, mas não têm traqueia, enquanto os membros da família Araneomorphae geralmente têm um par de pulmões foliáceos e um sistema de tubos traqueais. Em alguns grupos de araneomorfas muito pequenas (como os diminutos sinafrídeos), os pulmões foliáceos anteriores estão modificados para formar traqueias tubulares. Como as traqueias ocorrem apenas nos grupos mais distais das aranhas, é provável que tenham evoluído separadamente a partir dos outros aracnídeos e, evidentemente, de maneira independente das traqueias dos insetos e miriápodes. Análises filogenéticas morfológicas e moleculares apoiam essa controvérsia e colocam as aranhas junto com outras ordens de aracnídeos pulmonados, que algumas vezes incluem mesmo os escorpiões.

Os pulmões foliáceos das aranhas estão localizados apenas no segundo ou no segundo e no terceiro segmentos do opistossomo. Essas estruturas comunicam-se com o exterior por meio dos espiráculos (ou fendas pulmonares) situados perto do sulco epigástrico (Figura 24.5 C). Como são localizados e não se estendem muito para dentro do corpo, os pulmões foliáceos precisam receber sangue circulante suficiente para garantir a

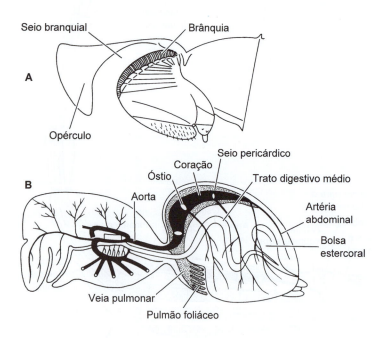

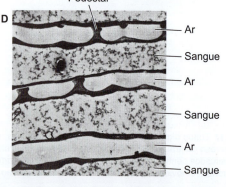

Figura 24.18 Estruturas circulatórias e de troca gasosa de alguns quelicerados. **A.** Apêndice opistossomial de *Limulus* (*vista posterior*). Observe as partes da brânquia e do opérculo. **B.** Elementos principais do sistema circulatório de uma aranha. Observe o trajeto direto do sangue do pulmão foliáceo para o coração. **C.** Pulmão foliáceo da aranha *Lycosa* sp. (*corte*). **D.** As "folhas" de um pulmão foliáceo (*corte*). Observe a separação dos espaços aéreos e as folhas preenchidas com sangue. Pedestais cuticulares impedem que os espaços aéreos entrem em colapso.

distribuição adequada do oxigênio por todo o corpo e a remoção do dióxido de carbono dos órgãos internos. Um pouco para dentro de cada fenda pulmonar há uma câmara expandida (átrio), da qual se estendem numerosos espaços aéreos achatados para dentro da hemocele (Figura 24.18 D). Essas bolsas de ar em forma de folha estão separadas umas das outras por extensões finas da hemocele preenchidas com sangue. Embora os pulmões foliáceos sejam relativamente pequenos, essa configuração estrutural assegura uma superfície muito ampla entre as "páginas" dos pulmões foliáceos e o líquido circulante. O sangue que passou por essas superfícies volta diretamente ao seio pericárdico por meio da veia pulmonar (Figura 24.18 B).

As traqueias das aranhas comunicam-se com o exterior por meio de um ou dois espiráculos localizados na superfície posterior do terceiro segmento do opistossomo (Figuras 24.5 B e C; 24.17 C). Nas aranhas mais primitivas, essas traqueias provavelmente evoluíram a partir dos pulmões foliáceos e dos apódemas musculares desse segmento. Os espiráculos comunicam-se interiormente com tubos simples ou ramificados. Nas aranhas, as extremidades internas das traqueias não colocam o suprimento de oxigênio em contato direto com os tecidos, como ocorre em muitos insetos; em vez disso, uma quantidade pequena de sangue é necessária como meio de difusão. Quando o sistema traqueal é extenso, geralmente há redução nos componentes estruturais do sistema circulatório.

O sistema circulatório dos escorpiões é muito semelhante ao das aranhas, com exceção de que é construído de maneira a acomodar-se a um corpo alongado e geralmente maior. O coração tubular tem sete pares de óstios e estende-se ao longo da maior parte do mesossomo (Figura 24.17 D). Uma rede extensa de artérias fornece sangue à hemocele, que circula por todo o corpo, e aos quatro pares de pulmões foliáceos do mesossomo.

Com exceção dos casos em que está reduzido ou ausente, o sistema circulatório dos outros euquelicerados segue o mesmo plano geral descrito antes. A troca gasosa é cutânea nos palpígrados e alguns ácaros, mas nos demais grupos de euquelicerados ocorre por meio dos pulmões foliáceos (Uropygi, Schizomida e Amblypygi) ou das traqueias (Ricinulei, Pseudoscopiones, Solifugae, Opiliones e muitos ácaros).

O sangue dos quelicerados foi mais amplamente estudado nas aranhas e nos xifosuros. Como *Limulus* é grande, a bioquímica do seu sangue foi especialmente bem-estudada e muitos caranguejos-ferradura fizeram o supremo sacrifício pela ciência nas mãos dos fisiologistas de laboratório – tantos que, na verdade, muitas populações da espécie americana (*L. polyphemus*) tornaram-se ameaçadas. A hemocianina – pigmento respiratório comum dos quelicerados – está dissolvida no plasma sanguíneo. Ao menos nas aranhas, a hemocianina funciona basicamente no armazenamento de oxigênio, não no transporte imediato e no fornecimento de oxigênio aos tecidos. A hemocianina tem altíssima afinidade pelo oxigênio e o libera apenas quando os níveis de oxigênio circundantes são muito baixos. Algumas aranhas conseguem sobreviver por vários dias depois que seu suprimento de ar é cortado experimentalmente pela cobertura de seus espiráculos. Aparentemente, elas obtêm oxigênio suficiente das suas reservas de hemocianina e por meio de troca cutânea.

O sangue dos quelicerados também contém várias inclusões celulares, mas as funções da maioria delas não estão bem-definidas. O sangue de *Limulus* tem amebócitos que podem fornecer agentes para coagulação. As aranhas têm vários tipos de células sanguíneas. Curiosamente, parece que todos se originam de células indiferenciadas provenientes da parte muscular da própria parede do coração. Essas células são liberadas na corrente sanguínea, onde amadurecem e se diferenciam. Entre as funções atribuídas às células sanguíneas dos quelicerados estão coagulação, armazenamento, combate às infecções e facilitação da esclerotização da cutícula.

Excreção e osmorregulação

Os xifosuros têm dois conjuntos de quatro glândulas coxais dispostas ao longo de cada lado do prossomo, nas proximidades das coxas das pernas locomotoras. As glândulas de cada lado do corpo convergem para um saco celômico, do qual se origina um ducto contorcido longo. O ducto leva a uma dilatação semelhante a uma bexiga, que se comunica com um poro excretor situado na base das últimas pernas locomotoras. Sabemos surpreendentemente pouco acerca da fisiologia excretora dos xifosuros. Aparentemente, as glândulas coxais extraem as escórias nitrogenadas dos seios hemocélicos circundantes e levam-nas ao exterior. As glândulas coxais e seu sistema tubular associado também participam da osmorregulação, conforme se evidencia pela formação de urina diluída quando o animal está em um meio hipotônico. Os cecos digestivos provavelmente facilitam a excreção do excesso de cálcio removendo-o do sangue e liberando-o dentro do lúmen do trato digestivo.

Os problemas da excreção e do balanço hídrico certamente são muito mais decisivos para os euquelicerados terrestres que para os caranguejos-ferradura; além disso, os aracnídeos terrestres apresentam várias adaptações estruturais, fisiológicas e comportamentais para lidar com esses problemas. As estruturas excretoras principais dos aracnídeos são as glândulas coxais e os túbulos de Malpighi, embora muitos grupos tenham outros mecanismos suplementares para a remoção das escórias nitrogenadas. As glândulas coxais persistem em muitos aracnídeos (aranhas, escorpiões, palpígrados) e, nesses animais, a glândula está localizada dentro do prossomo e abre-se nas coxas de algumas pernas locomotoras. O grau com que as glândulas coxais participam da excreção e da osmorregulação varia entre os aracnídeos, mas são consideradas muito menos importantes que os túbulos de Malpighi.

Os túbulos de Malpighi dos aracnídeos originam-se da região posterior do trato digestivo médio. Eles não são homólogos aos túbulos de Malpighi dos insetos ou miriápodes, que se originam do trato digestivo posterior e, por isso, têm origem ectodérmica. Os túbulos ramificam-se dentro da hemocele do opistossomo, onde ativamente acumulam produtos metabólicos nitrogenados, liberados dentro do trato digestivo para que sejam eliminados com as fezes (Figura 24.17 C). Nas aranhas, as escórias metabólicas originadas dos túbulos e do trato digestivo são misturadas na bolsa estercoral antes de serem liberadas pelo ânus. A ação excretora dos túbulos de Malpighi comumente é complementada por outros mecanismos, como as glândulas coxais. As escórias nitrogenadas também se acumulam nas células da parede do trato digestivo médio e são liberadas em seu lúmen. Além disso, as escórias metabólicas são captadas e armazenadas por células especiais conhecidas como nefrócitos, as quais formam grumos bem-demarcados em várias partes do prossomo.

Os aracnídeos terrestres produzem compostos excretores complexos, que contêm nitrogênio insolúvel. O produto excretor principal é guanina, embora também sejam formados ácido úrico e outros compostos. Como esses compostos têm baixa toxicidade, eles podem ser armazenados e eliminados do corpo em forma semissólida, permitindo assim conservar água.

Os aracnídeos terrestres também apresentam várias adaptações comportamentais para evitar dessecação. A maioria dos aracnídeos tem vida noturna e, durante o dia, permanece em locais mais frescos ou úmidos protegidos. Algumas aranhas bebem água ativamente durante os períodos secos, ou quando perdem sangue depois de alguma lesão. Os escorpiões do deserto precisam tolerar não apenas índices baixos de umidade, mas também temperaturas extremamente altas durante o dia. Nos casos típicos, esses animais escondem-se na areia, no solo ou sob as rochas ou cascas de árvores durante o dia. Além disso, algumas espécies exibem um comportamento adaptativo conhecido como sustentação, por meio do qual o corpo é levantado do substrato para permitir que o ar circule por baixo. Embora pareça basicamente uma estratégia de resfriamento, esse comportamento – reduzindo a temperatura do corpo – provavelmente também reduz a taxa de dessecação por evaporação. Alguns escorpiões também conseguem resistir às grandes perdas de água corporal – até 40% de seu peso seco – sem quaisquer efeitos deletérios.

Sistema nervoso e órgãos dos sentidos

Assim como ocorre com todos os artrópodes, a forma externa do corpo dos euqueliceradosgeralmente está refletida na estrutura do sistema nervoso central. Esses animais apresentam vários graus de compactação e fusão dos somitos corporais e dos componentes do sistema nervoso associados, embora ainda mantenham conformidade com o plano corpóreo básico dos artrópodes. O gânglio cerebral (ou cérebro) inclui o protocérebro (que inerva os olhos), o deutocérebro (que inerva as quelíceras) e o tritocérebro (que inerva os pedipalpos). Tradicionalmente, acreditava-se que o deutocérebro estivesse ausente nos euquelicerados, até que os dados de expressão dos genes Hox mostraram homologia das quelíceras dos euquelicerados com os apêndices deutocerebrais das mandíbulas no fim da década de 1990. Em geral, o tritocérebro contribui com os conectivos circum-entéricos, que se unem ventralmente a uma grande massa ganglionar formada em parte pela fusão dos gânglios anteriores pares do cordão nervoso ventral. Nos xifosuros e escorpiões, essa massa neuronal subentérica inclui todos os gânglios do prossomo, enquanto nas aranhas até os gânglios opistossomiais fundem-se anteriormente. Desse modo, na maioria das aranhas, o sistema nervoso do adulto não é mais claramente segmentado (exceto em alguns membros da subordem Mesothelae), ainda que uma cadeia de gânglios ventrais seja evidenciada durante o desenvolvimento embrionário inicial. O cordão nervoso ventral persiste nos opistossomos dos xifosuros e tem cinco gânglios segmentares; nos escorpiões, sete gânglios (Figuras 24.17 A e D; 24.19).

O protocérebro e o deutocérebro originam os nervos dos olhos e das quelíceras, respectivamente. A massa ganglionar ventral (subentérica), que inclui os gânglios prossomiais segmentares fundidos, dá origem aos tratos nervosos dos pedipalpos e das pernas locomotoras e, nas aranhas, tem um par de gânglios abdominais, dos quais se originam nervos ramificados para o opistossomo. Os gânglios segmentares do cordão nervoso ventral dos xifosuros e escorpiões inervam os apêndices opistossomiais, os músculos e os órgãos sensoriais.

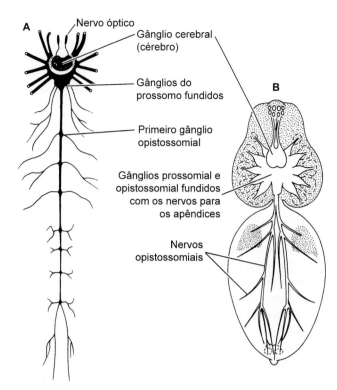

Figura 24.19 Sistema nervoso central de um escorpião (**A**) e de uma aranha (**B**).

O Capítulo 20 descreve algumas características dos órgãos sensoriais dos artrópodes em relação com a imposição de um exoesqueleto. Os órgãos sensoriais dos xifosuros incluem mecanorreceptores táteis na forma de vários espinhos e cerdas, proprioceptores articulares, quimiorreceptores e fotorreceptores. O prossomo tem dois olhos simples situados perto da linha mediana dorsal e dois olhos compostos laterais (Figura 24.2 A). Os olhos medianos são do tipo taça pigmentar, mas cada um tem cristalino cuticular bem-definido. Os olhos laterais são unidades rabdoméricas compostas – estruturas não encontradas em outros quelicerados. Os milhares de omatídeos por olho são muito grandes e estão frouxamente compactados uns aos outros. Embora o poder de resolução dos olhos dos xifosuros tenha sido debatido há muitos anos, certamente *Limulus* consegue detectar movimentos e alterações da intensidade e da direção da luz. Alguns estudos mostraram que a sensibilidade à luz desses receptores é regulada em um ciclo de 24 horas por instruções enviadas do cérebro. Durante a noite, esses sinais aumentam a sensibilidade dos olhos à luz em até um milhão de vezes em relação aos níveis diurnos. Desse modo, *Limulus* pode enxergar tão bem durante a noite como durante as horas do dia. Esse animal também pode ser capaz de perceber imagens claras, porque estudos mostraram experimentalmente que os machos dos caranguejos-ferradura são atraídos por "modelos" de fêmeas.

Os aracnídeos têm órgãos sensoriais bem-desenvolvidos, dos quais depende grande parte de seus complexos comportamentos. A maioria dos "pelos" do corpo de uma aranha ou de um escorpião consiste em mecanorreceptores conhecidos coletivamente com sensilas pilosas. Pelos táteis simples (ou cerdas) cobrem grande parte da superfície corporal e reagem ao contato físico direto. Um segundo tipo de cerdas – conhecidas como tricobótrios – é encontrado nos apêndices de muitos aracnídeos. Essas cerdas são menos abundantes e mais finas que as cerdas táteis simples, mas extremamente sensíveis (Figura 24.20 A e B). A aranha-andarilha-tropical *Cupiennius* (Ctenidae) tem cerca de mil tricobótrios em suas pernas e pedipalpos. Os tricobótrios são estimulados pelas vibrações transmitidas pelo ar, como as que são causadas pelo batimento das asas de insetos, correntes de ar naturais e, possivelmente, algumas frequências sonoras.

Os órgãos sensoriais de fenda também são mecanorreceptores dos aracnídeos (Figura 24.20 C). Essas estruturas podem evidenciar-se por órgãos sensoriais de fenda simples (ou sensilas de fenda), ou em grupos de fendas paralelas conhecidas como órgãos liriformes. As sensilas de fenda são sulcos profundos da cutícula associados aos neurônios sensoriais. Detectam vários estímulos mecânicos que causam deformação física da cutícula ao redor da fenda. Dependendo de sua localização e de sua orientação, as sensilas de fenda das aranhas funcionam como proprioceptores (percebendo movimentos e posição das pernas), georreceptores (detectando a inclinação do pedicelo sob o peso do opistossomo) e mecanorreceptores diretos (percebendo pressão externa aplicada diretamente na cutícula), bem como sensores de vibração e até mesmo fonorreceptores.

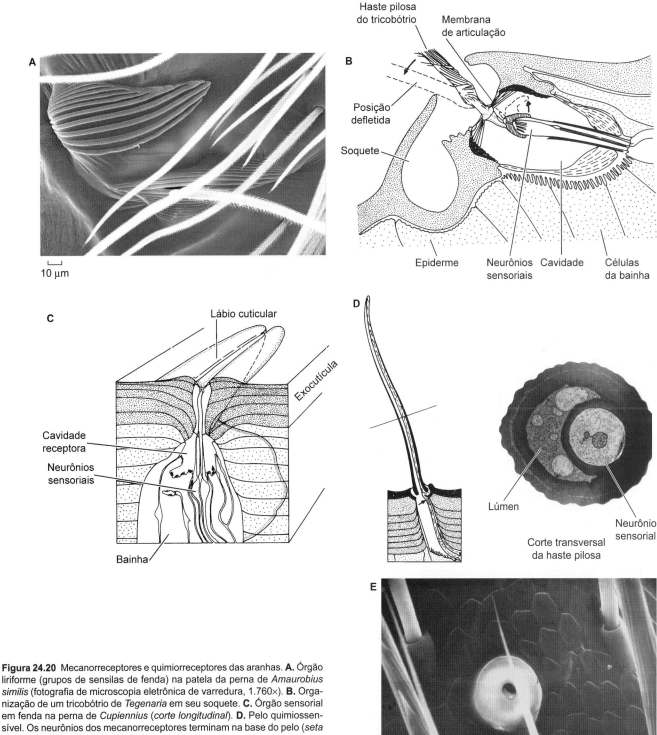

Figura 24.20 Mecanorreceptores e quimiorreceptores das aranhas. **A.** Órgão liriforme (grupos de sensilas de fenda) na patela da perna de *Amaurobius similis* (fotografia de microscopia eletrônica de varredura, 1.760×). **B.** Organização de um tricobótrio de *Tegenaria* em seu soquete. **C.** Órgão sensorial em fenda na perna de *Cupiennius* (*corte longitudinal*). **D.** Pelo quimiossensível. Os neurônios dos mecanorreceptores terminam na base do pelo (*seta na ilustração*), enquanto os neurônios quimiorreceptores estendem-se através da haste oca até a ponta (*fotografia*). **E.** Receptor de umidade (ou órgão tarsal) da aranha-tecedora orbicular *Araneus*.

Nem todas as cerdas das aranhas têm função sensorial. Nos parágrafos anteriores, descrevemos o calamistro – uma fileira de macrocerdas modificadas dos quartos metatarsos das aranhas cribeladas –, utilizado para pentear a seda produzida pelo cribelo. Outro tipo interessante de cerdas especializadas é encontrado nas tarântulas do Novo Mundo (Theraphosidae). Essas migalomorfas têm cerdas farpadas abdominais modificadas, que podem ser liberadas de suas pernas traseiras. Essas cerdas são transportadas pelo ar e têm efeito extremamente urticante, conferindo um mecanismo de defesa contra alguns predadores. Existem proprioceptores eficientes nas pernas locomotoras e nos pedipalpos de todos os quelicerados, e estão especialmente bem-desenvolvidos nos aracnídeos. Em razão de sua posição e da quantidade de articulações diferentes, esses proprioceptores transmitem informações quanto à direção e à velocidade dos movimentos dos apêndices, assim como quanto à posição dos membros em relação com o corpo e de uns para com os outros. Esses proprioceptores "verdadeiros" parecem atuar conjuntamente com os órgãos liriformes.

A quimiorrecepção dos aracnídeos consiste em detectar compostos químicos, transportados por líquidos e pelo ar, que entram em contato com o corpo do animal. Essa capacidade dupla pode ser comparada com os sentidos de tato (quimiossensibilidade de contato) e olfato (quimiossensibilidade à distância). O sentido olfatório desempenha funções importantes na localização da presa e, nas espécies em que as fêmeas liberam feromônios sexuais, também no cruzamento. Os quimiorreceptores mais importantes provavelmente são as centenas de cerdas ocas eretas (conhecidas como sensilas cerdosas), as quais têm pontas abertas, estão presentes nos pedipalpos e em outras áreas ao redor da boca e são mais abundantes nas pontas dos membros que ficam em contato com o substrato. Os dendritos dos neurônios sensoriais estendem-se ao longo da haste pilosa oca até a ponta aberta, onde são estimulados diretamente pelos compostos químicos (Figura 24.20 D). As aranhas também têm detectores de umidade conhecidos como órgãos tarsais (Figura 24.20 E).

Os escorpiões têm um par de estruturas singulares em forma de pentes grandes (pectinas) na superfície ventral do mesossomo (Figura 24.6 C). Depois dos estudos detalhados de sua inervação, Foelix e Schbronath (1983) sugeriram que as pectinas atuem como mecanorreceptores e quimiorreceptores. Outros estudos mostraram que as pectinas são capazes de detectar diferenças sutis das dimensões dos grãos de areia. Em geral, essas estruturas versáteis são mantidas lateralmente eretas e livres para oscilar para frente e para trás, à medida que o escorpião se movimenta ativamente de um lado para outro. Os solífugos têm outra estrutura sensorial misteriosa conhecida como maléolo (ou órgãos de raquete) nas quartas coxas e nos trocânteres.

A importância da visão varia acentuadamente nos aracnídeos. A maioria das espécies tem algum tipo de fotorreceptor, embora os ricinuleídeos e os palpígrados sejam completamente cegos. Ao menos algumas espécies dos outros grupos também são cegas (p. ex., alguns membros das ordens Schizomida, Pseudoscorpiones e diversas ordens de ácaros) e, entre a subordem Cyphophthalmi dos opiliões, quatro das seis famílias são completamente cegas. Algumas aranhas dependem da fotorrecepção para localizar presas e companheiros de cruzamento, principalmente as caçadoras errantes (p. ex., alguns licosídeos e a maioria dos salticídeos) (Figura 24.21 B e C). A visão tem importância relativamente pequena em muitas espécies sedentárias, como as aranhas-tecedoras, que dependem mais de estímulos táteis, vibrações e quimiossensibilidade. Contudo, as aranhas-tecedoras não são cegas, e muitas respondem comportamentalmente às variações da intensidade de luz, enquanto outras exibem reações de fuga bem-definidas quando detectam visualmente predadores em potencial. No entanto, essas aranhas geralmente conseguem tecer suas teias, capturar presas e cruzar com pouco ou nenhum estímulo visual. Algumas aranhas conseguem perceber luz polarizada, possivelmente como modo de obter orientação espacial.

As aranhas têm olhos rabdoméricos com cristalino simples, mas as unidades sensoriais de cada um consistem em ocelos simples agrupados. Desse modo, são muito diferentes dos olhos compostos dos xifosuros e da maioria dos outros artrópodes. Cada olho tem um cristalino cuticular espessado sobre um corpo vítreo – camada de células derivadas da epiderme que recobrem a retina (Figura 24.21 D). A retina é formada por células sensoriais (receptoras) e pigmentares. As membranas das células sensoriais têm microvilosidades interdigitais, confirmando a natureza rabdomérica dos olhos.

Entre as aranhas, existem duas variações dessa estrutura ocular básica. Os olhos medianos anteriores – principais – têm partes sensíveis à luz das células sensoriais voltadas na direção do cristalino, enquanto outros olhos – secundários – são invertidos, ou seja, com os elementos fotorreceptores voltados para fora do cristalino (Figura 24.21 D e E). A maior parte desses olhos secundários contém uma camada refletora cristalina conhecida como *tapetum*, que pode ter a função de recolher e concentrar a luz em condições de baixa luminosidade (p. ex., durante uma caçada noturna). A natureza refletora do *tapetum* produz o efeito de que os olhos de algumas aranhas "brilham no escuro" (Figura 24.21 F).

Os olhos dos escorpiões são do tipo direto e diferem dos olhos das aranhas porque têm a camada retiniana externa à epiderme. A maioria dos estudos sugeriu que os escorpiões dependam muito mais da mecanorrecepção e da quimiorrecepção que dos estímulos visuais.

Não restam dúvidas de que as aranhas e, talvez, outros aracnídeos sejam capazes de modificar seus comportamentos com base na experiência – ou seja, aprender. Nas seções anteriores, vimos alguns exemplos dessa atividade. Os centros de memória e associação do protocérebro são responsáveis por grande parte dessa atividade integradora. Evidentemente, ao menos nas aranhas, as capacidades de lembrar, aprender e fazer adaptações comportamentais apropriadas têm desempenhado um papel importante no sucesso evolutivo. Recentemente, Herberstein (2011) publicou uma coleção de artigos sobre o comportamento das aranhas.

Reprodução e desenvolvimento

Os euquelicerados são gonocorísticos e geralmente apresentam comportamentos complexos de cruzamento que assegurem a fecundação. Alguns são comprovadamente partenogênicos (p. ex., alguns escorpiões, colheitadores e esquizomídeos). Os machos com pênis ocorrem apenas entre opiliões e alguns ácaros. Os quelicerados nunca fazem dispersão livre, e a fecundação ocorre internamente ou à medida que os ovos saem do corpo da fêmea. Em geral, os ovos contêm muito vitelo (exceto nos xifosuros), e o tipo de desenvolvimento é direto, apesar dos diversos estágios juvenis pelos quais passa a maioria dos euquelicerados. A seguir, apresentamos primeiramente um resumo da reprodução e do desenvolvimento de *Limulus* e, logo depois,

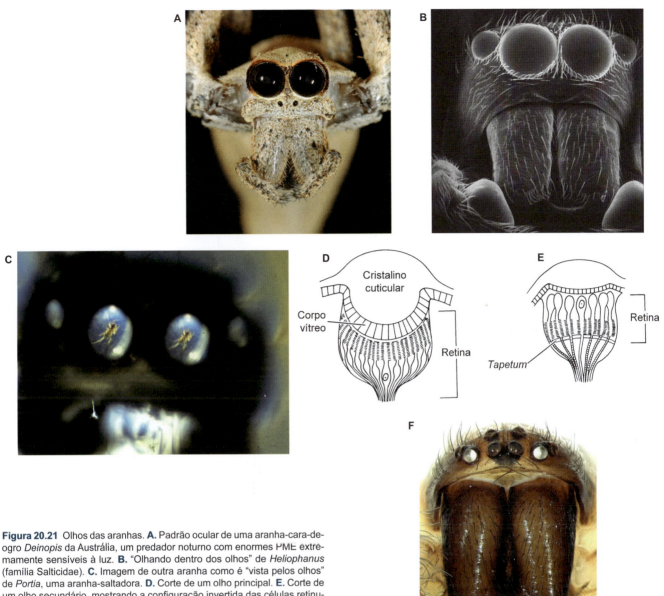

Figura 20.21 Olhos das aranhas. **A.** Padrão ocular de uma aranha-cara-de-ogro *Deinopis* da Austrália, um predador noturno com enormes PME extremamente sensíveis à luz. **B.** "Olhando dentro dos olhos" de *Heliophanus* (família Salticidae). **C.** Imagem de outra aranha como é "vista pelos olhos" de *Portia*, uma aranha-saltadora. **D.** Corte de um olho principal. **E.** Corte de um olho secundário, mostrando a configuração invertida das células retinulares e do *tapetum*. **F.** Vista frontal de *Amaurobius similis* (Amaurobiidae). Observe o *tapetum* altamente reflexivo dos olhos laterais anteriores (olhos secundários). Os olhos medianos são os principais e não têm *tapetum*.

voltamos aos aracnídeos e concentramos nossa atenção novamente nas aranhas (o modelo de desenvolvimento mais bem-entendido entre os aracnídeos) e nos escorpiões. Mais recentemente, pesquisadores têm voltado sua atenção ao desenvolvimento dos opiliões.

O sistema reprodutivo dos xifosuros é semelhante em machos e fêmeas. Nos dois sexos, a gônada é massa única de tecidos irregularmente modificados (Figura 24.22 A). Dois gonoductos estendem-se da gônada até um par de poros na linha mediana ventral. O primeiro par de apêndices do opistossomo está localizado sobre os gonóporos, formando um opérculo genital.

No início da estação de cruzamento, os caranguejos-ferradura migram para as águas rasas das baías e dos estuários protegidos. Na costa leste dos EUA, essa migração ocorre na primavera e no verão, e enormes quantidades de *Limulus* podem ser encontradas reunidas perto da praia em preparação para o cruzamento (Figura 24.2 C). O cruzamento é iniciado quando o macho sobe no dorso da fêmea, que é agarrada por suas primeiras pernas locomotoras modificadas. Os parceiros agarrados movem-se para a água rasa, geralmente em uma maré alta da primavera, e a fêmea escava uma ou mais depressões rasas na areia e deposita seus ovos (2.000 a 30.000 ovos por cruzamento). O macho libera seus espermatozoides diretamente sobre os ovos à medida que são depositados. Em seguida, o casal separa-se, e a fêmea cobre os ovos fecundados com areia.

O desenvolvimento inicial ocorre no "ninho" de areia ou lama. A clivagem é holoblástica e forma uma estereoblástula com a maior parte do vitelo contida nas células mais internas. À medida que o desenvolvimento avança, as células superficiais das extremidades anterior e posterior do embrião dividem-se rapidamente, formando dois centros germinativos. Algumas dessas células em proliferação rápida migram para dentro, formando as supostas endoderme e mesoderme. O centro germinativo anterior origina os primeiros quatro segmentos do prossomo, enquanto o centro posterior forma o restante do corpo. Todos os segmentos do prossomo fundem-se e, por fim, são recobertos pelo escudo dorsal, semelhante a uma carapaça em desenvolvimento.

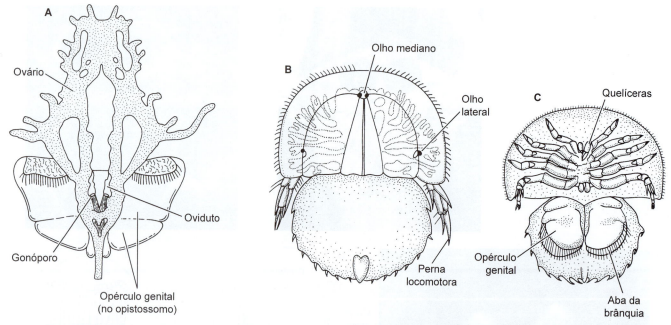

Figura 24.22 A. Sistema reprodutor feminino de *Limulus* (ordem Xiphosura). B e C. Larva *euproöps* de *Limulus* (vistas dorsal e ventral).

À medida que as reservas de vitelo são esgotadas, o embrião emerge do sedimento na forma de uma **larva *euproöps*** (ou "larva trilobita"), assim denominada em razão de sua semelhança com o xifosuro fóssil *Euproöps* do período Carbonífero (superficialmente semelhante aos trilobitas; Figura 24.22 B e C). As larvas nadam ao redor e, periodicamente, escavam a areia. Os segmentos são formados, e os apêndices são acrescentados por meio de uma série de mudas até que seja alcançada a forma adulta – um modelo típico de desenvolvimento observado nos outros grupos de artrópodes. Os estágios iniciais de desenvolvimento são supridos por um investimento de vitelo fornecido pela fêmea e ficam protegidos pelo ninho que ela constrói, mas os filhotes emergem na forma de larvas que se alimentam independentemente antes da maturação.

A biologia reprodutiva dos aracnídeos está diretamente relacionada com seu sucesso nos ambientes terrestres. Esses animais desenvolveram diversos comportamentos sofisticados de cruzamento, métodos mais "inteligentes" de transferência dos espermatozoides e vários dispositivos para proteger os embriões em desenvolvimento, assegurando assim a procriação bem-sucedida nos hábitats terrestres. Uma comparação da anatomia funcional dos sistemas reprodutivos das aranhas e dos escorpiões lança as bases para a descrição do comportamento de corte e dos padrões de desenvolvimento dos aracnídeos. Contudo, muitos outros comportamentos curiosos são exibidos por outros grupos, como amblipigídeos, uropigídeos, ricinuleídeos e opiliões, entre outros.

O sistema reprodutivo masculino das aranhas consiste em um par de testículos tubulares retilíneos ou contorcidos situados no opistossomo, os quais levam a um espermoducto comum que se abre dentro do sulco epigástrico por meio de um gonóporo (Figura 24.23 A). Em geral, cada espermatozoide em desenvolvimento tem um flagelo bem-definido com um padrão incomum de axonemas (9+3) dos microtúbulos (Figura 24.23 B) (os membros das famílias-irmãs Pimoidae e Linyphiidae compartilham um padrão singular 9+0). Os espermatozoides das aranhas apresentam diversidade estrutural extrema. Antes da cópula, o flagelo enrola-se ao redor da cabeça do espermatozoide e uma cápsula proteica forma-se ao redor do gameta (Figura 24.23 C). O espermatozoide mantém-se nessa condição imóvel até depois do cruzamento.

Embora a maioria das aranhas não tenha pênis (assim como quase todos os outros aracnídeos), os pedipalpos dos adultos são modificados para armazenar e transferir espermatozoides e funcionam como órgãos copulatórios. Os espermatozoides liberados do gonóporo masculino são colocados em teias de esperma especialmente construídas com seda (Figura 24.23 D). A partir daí, os espermatozoides são recolhidos pelos pedipalpos, onde são mantidos em bolsas ou câmaras especiais e, por fim, transferidos para a fêmea. Os pedipalpos dos machos adultos das aranhas variam acentuadamente em forma e complexidade: geralmente são simples em algumas migalomorfas e mais complexos na maioria das araneomorfas. Em sua forma mais simples, cada pedipalpo tem seu tarso modificado (conhecido como **címbio**), processo em forma de gota conhecido como órgão palpar (Figura 24.23 E). Uma extremidade pontiaguda (ou **êmbolo**) contém um poro, que se estende para dentro até um espermoducto retorcido e fechado (espermóforo). Os espermatozoides são puxados da teia de esperma para dentro desse tubo e aí conservados até que sejam transferidos à fêmea.

Os órgãos copulatórios masculinos mais complexos são formados por estruturas com graus variáveis de esclerotização (escleritos) e uma diversidade de partes moles, como sacos que podem expandir em consequência do aumento da pressão de hemolinfa (hematodoca) e diversos tipos de membranas. Em geral, alguns desses escleritos cimbiais, bem como o próprio címbio e outros artículos do pedipalpo possuem processos conhecidos como apófises, com morfologia extremamente diversificada (Figura 24.23 F), como a "apófise tibial retrolateral", que caracteriza uma linhagem numerosa de famílias araneomorfas (o "Clado RTA"), linhagem essa que inclui entre outros os salticídeos e as aranhas-lobo. Embora geralmente seja difícil, a avaliação da homologia dessas estruturas extremamente variadas entre as espécies é uma parte importante da inferência filogenética morfológica, principalmente nas araneomorfas. Como a

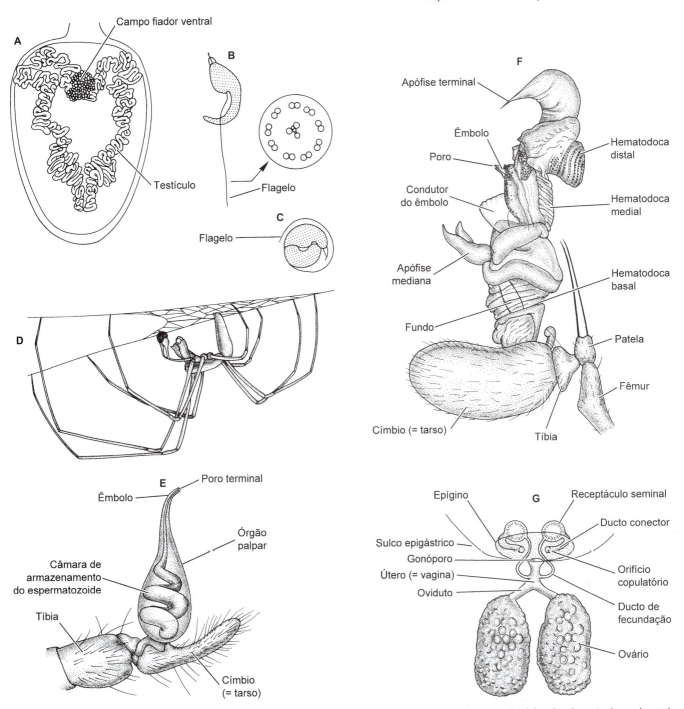

Figura 24.23 Reprodução das aranhas. **A.** Sistema reprodutivo masculino da tarântula *Grammostola*. A massa glandular situada perto do gonóporo é conhecida como campo fiador ventral, porque produz a teia dos espermatozoides. **B.** Espermatozoides de *Oxyopes*. Observe o arranjo incomum dos filamentos axiais (9+3) do flagelo. **C.** Forma encapsulada do espermatozoide. **D.** Macho da *Tetragnatha* sobre sua membrana de esperma, recolhendo os espermatozoides dentro de seus órgãos palpares. **E.** Estrutura copulatória simples do pedipalpo masculino (órgão palpar) (*Segestria*). **F.** Órgão palpar complexo (*Araneus*). **G.** Sistema reprodutivo feminino das aranhas.

genitália varia entre as espécies e porque, nas espécies diretamente relacionadas, os aspectos morfológicos somáticos comumente variam muito pouco, as estruturas genitais masculinas e femininas são amplamente utilizadas na taxonomia das aranhas. Embora a genitália masculina precise encaixar-se nos órgãos copulatórios das fêmeas da mesma espécie, a hipótese da "chave e fechadura" para explicar a evolução e a enorme diversidade interespecífica das estruturas genitais das aranhas tem sido empiricamente desmentida. Essa variação provavelmente faz parte de uma série de mecanismos para evitar o cruzamento interespecífico, embora os encontros interespecíficos não produtivos sejam evitados basicamente pelos comportamentos de corte espécie-específicos (ver descrição adiante). Depois do recolhimento dos espermatozoides pelo êmbolo e da introdução do órgão palpar na estrutura receptora da fêmea (epígino), os hematodoca macios são inflados com líquido hemocélico e, desse modo, provocam uma ereção dos escleritos dentro das estruturas da fêmea. Quando os parceiros cruzam dessa maneira, os espermatozoides são injetados dentro dos orifícios e ductos copulatórios femininos. Em algumas espécies, a transferência dos espermatozoides é precedida da cópula antes que os palpos sejam carregados com espermatozoides ("pseudocópulas").

As fêmeas das aranhas têm um par de ovários no opistossomo. O lúmen de cada ovário leva a um oviduto, e os dois ovidutos reúnem-se para formar um útero (também conhecido como vagina), que se comunica com o exterior no sulco epigástrico (Figura 24.23 G). Os ovos são produzidos principalmente no exterior dos ovários, conferindo-lhes uma textura de bolha; ainda não está muito claro como eles se movem para o lúmen interno do ovário.

Um pouco para dentro ou em posição lateral ao gonóporo feminino, geralmente há um par de orifícios copulatórios, que passam por ductos conectores espiralados e levam aos dois receptáculos seminais (ou espermatecas). Nas aranhas enteleginas, um segundo par de tubos conhecidos como ductos de fecundação conecta os receptáculos seminais ao útero (Figura 24.23 G). Muitas aranhas têm uma placa esclerotizada com estrutura complexa pouco à frente do sulco epigástrico. Essa placa é conhecida como epígino, estende-se sobre o poro genital e contém os orifícios copulatórios para os receptáculos seminais, através dos ductos ou das pregas copulatórias. A morfologia do epígino, a posição e o comprimento dos orifícios copulatórios e dos ductos conectores, bem como outros aspectos externos, fornecem uma topografia específica, que corresponde aos órgãos palpares dos machos da mesma espécie. Assim como os palpos masculinos, a morfologia da genitália feminina é usada pelos taxonomistas para diferenciar as espécies. Essas diferenças da anatomia externa, assim como as dimensões do corpo e o comportamento geral de corte, resultam em várias posições copulatórias espécie-específicas das aranhas. Quando os espermatozoides são introduzidos nos receptáculos seminais, ficam armazenados até que a fêmea deposite seus ovos, o que pode ocorrer meses depois da cópula. Nessa ocasião, os espermatozoides passam pelos ductos de fecundação para fecundar os ovos durante sua postura.

O sistema reprodutivo dos escorpiões está localizado dentro do mesossomo, e os testículos masculinos e ovários femininos apresentam-se na forma de túbulos interconectados (Figura 24.24). As gônadas são drenadas pelos espermoductos laterais ou pelos ovidutos. Os espermoductos têm várias câmaras de armazenamento (vesículas seminais) e glândulas acessórias, e se unem em uma câmara única logo dentro do gonóporo, no primeiro segmento do mesossomo. Algumas glândulas acessórias são responsáveis por produzir espermatóforos. Cada oviduto está dilatado para formar uma câmara genital ou receptáculo seminal perto de sua união com o gonóporo.

Com poucas exceções, a transferência de espermatozoides dos aracnídeos é indireta. Ou seja, os espermatozoides deixam o corpo do macho e depois são manipulados de algum modo dentro do corpo da fêmea, ou depositados sobre os ovos fora dele. As únicas exceções a essa regra ocorrem na maioria dos opiliões (todos os membros de Phalangida) e em alguns ácaros, nos quais o macho tem um pênis por meio do qual os espermatozoides passam diretamente para o trato reprodutivo feminino. Em todos os outros aracnídeos, incluindo os ácaros opiliões da subordem Cyphophthalmi e muitos outros ácaros, os espermatozoides são introduzidos no corpo da fêmea por meio de apêndices modificados do macho, ou são colocados no solo em espermatóforos e depois são recolhidos pela fêmea. Os apêndices modificados são usados para transferir espermatozoides nas ordens Araneae (pedipalpos), Uropygi (pedipalpos), Ricinulei (terceiras pernas locomotoras), alguns membros de Solifugae (quelíceras) e alguns ácaros (quelíceras ou terceiras pernas). Em outros aracnídeos (ordem Scorpiones, Schizomida, Amblypygi, Pseudoscorpiones e muitos Solifugae e ácaros), os machos depositam espermatóforos no solo e as fêmeas simplesmente os recolhem, mas nos opiliões (Cyphophthalmi) os machos parecem ser capazes de depositar um espermatóforo dentro de um órgão espermatopositor perto do gonóstomo feminino. Entretanto, é

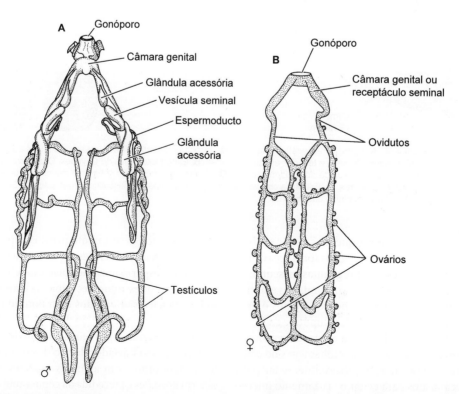

Figura 24.24 Sistemas reprodutivos dos escorpiões. **A.** Sistema masculino do *Buthus*. **B.** Sistema feminino de *Parabuthus*.

importante ressaltar que a biologia reprodutiva de muitas espécies desses táxons e de alguns grupos inteiros (p. ex., Palpigradi) foi pouco estudada.

Os eventos que resultam na inseminação comumente incluem comportamentos de corte espécie-específicos, que funcionam como indícios para o reconhecimento das espécies. Evidentemente, esses comportamentos devem ser compatíveis com o método específico de transferência dos espermatozoides (Figuras 24.25 e 24.26). Também nesse caso podemos considerar as aranhas e os escorpiões como exemplos. Entre as aranhas, os comportamentos de corte não apenas asseguram a cópula entre a mesma espécie, como também impedem que machos geralmente menores sejam confundidos com presas pelas fêmeas, além de desempenhar uma função excitatória. Platnick (1971) classificou os comportamentos de corte das aranhas em três níveis gerais. A corte de primeiro nível envolve um contato necessário entre o macho e a fêmea. Entre muitos tomisídeos e clubionídeos, o cruzamento consiste em o macho simplesmente subir na fêmea, posicionar seu abdome e introduzir um órgão palpar. Os machos de alguns tomisídeos (p. ex., *Xysticus*) e ao menos de algumas espécies de um gênero de tecedoras orbiculares (*Nephila*) colocam fios de seda sobre os corpos ou as pernas da fêmea em preparação para a cópula. Aparentemente, esses fios são apenas parte do ritual de reconhecimento, porque não são suficientemente fortes para realmente conter a fêmea (Figura 24.25 C). Algumas outras aranhas, inclusive certas tarântulas (Theraphosidae), também usam o contato corporal e o toque das pernas como comportamento de corte.

Os comportamentos de corte do segundo nível envolvem a liberação de feromônios sexuais pela aranha-fêmea. Alguns dos padrões comportamentais mais complexos ocorrem nas aranhas-macho, que detectam as fêmeas por olfato, embora outros dispositivos de reconhecimento também possam estar envolvidos. Alguns araneídeos-macho são levados aparentemente à teia orbicular da fêmea por seus feromônios e, em seguida, a teia é reconhecida por quimiorrecepção de contato. Quando toca na borda da teia, o macho anuncia sua presença à fêmea batendo nos fios de sua própria teia, ou fixando um fio de cruzamento especial à teia da fêmea, que ele depois puxa (Figura 24.25 E). Se for adequadamente orquestrado, o "tom" do macho por fim atrai a fêmea e o contato é estabelecido.

Os machos de algumas espécies de aranha-lobo (Lycosidae) reagem aos feromônios emitidos junto com o fio-guia da fêmea. Quando detecta visualmente uma fêmea, o macho inicia uma série de ações na tentativa de conquistar seu favor. Esses comportamentos masculinos envolvem oscilações do abdome para cima e para baixo e movimentos ondulantes dos pedipalpos combinados com a percussão dos pedipalpos sobre o substrato e a estridulação (Figura 24.25 F). Se atraída por esses estímulos, a fêmea reage aproximando-se lentamente do macho e enviando sinais individuais na forma de movimentos específicos das pernas. A estridulação usa os pedipalpos modificados, ocorrendo também em algumas uloborídeas e outras famílias (Figura 24.25 G).

Entre os mais interessantes dos comportamentos de corte do segundo nível estão os exibidos por certas aranhas-teia-de-berçário (*Pisaura*; Pisauridae). Depois de localizar uma fêmea emitindo feromônios, o macho captura um inseto (em geral, uma mosca), fia um envoltório de seda ao seu redor e o oferece à fêmea. A aceitação do presente dado pelo macho significa que um macho bem-sucedido copulará com a fêmea enquanto ela devora o inseto. Os malsucedidos serão devorados junto com a oferta. O canibalismo pós-copulatório das fêmeas é comum em certos grupos de aranhas. Ao contrário da crença popular, os machos da viúva-negra norte-americana (*Latrodectus mactans*) não correm comumente risco depois da cópula. Em outras viúvas-negras, como *L. geometricus* e *L. hasselti*, os machos são canibalizados pela fêmea.

Outro comportamento interessante de corte do segundo nível ocorre na aranha-abóbada-de-sierra (*Neriene litigiosa*) do oeste dos EUA. Quando encontra uma fêmea virgem adulta, o macho ataca sua teia repleta de feromônios e a empacota em uma pequena massa apertada. Esse comportamento provoca evaporação e dispersão do feromônio, que atrai os machos e, desse modo, reduz as chances de que outros machos localizem a fêmea e entrem em competição por seus favores.

Os comportamentos de corte do terceiro nível dependem basicamente do reconhecimento visual dos casais em potencial e são mais bem-conhecidos entre as aranhas-saltadoras (Salticidae), que geralmente exibem um dimorfismo sexual conspícuo. Um macho localiza uma fêmea e, então, inicia uma série de comportamentos que o identificam como um indivíduo da mesma espécie. Em geral, o macho aproxima-se da fêmea descrevendo um trajeto em zigue-zague e, em seguida, faz movimentos específicos com o opistossomo, os pedipalpos e as pernas locomotoras dianteiras (Figura 24.25 H). A fêmea sinaliza sua aprovação e receptividade sentando-se imóvel em uma posição visualmente reconhecível. Por fim, o macho estabelece contato com a fêmea, faz algumas carícias breves, monta sobre ela e copula.

Os comportamentos sexuais das aranhas não se limitam aos encontros entre machos e fêmeas. Machos da mesma espécie frequentemente exibem comportamento agonístico em competição por uma parceira. Quando os machos se encontram em presença de uma fêmea, ou mesmo em um "território" de cruzamento (como na teia de uma fêmea), eles assumem várias posturas ameaçadoras e, em alguns casos, realmente entram em combate. Entretanto, um dos machos geralmente bate em retirada antes que seja causado qualquer dano, deixando o macho dominante livre para ir ao encalço de seus interesses sexuais.

O comportamento de corte dos escorpiões não envolve cópula, mas a deposição de espermatóforos no solo. Os comportamentos de corte parecem relativamente semelhantes entre as espécies que foram estudadas, embora existam diferenças sutis que permitem o reconhecimento inquestionável das espécies. Em um caso típico, o macho inicia o ritual segurando os pedipalpos da fêmea com os seus e, nessa posição face a face, dança ao seu redor descrevendo uma série de passos para frente e para trás (Figura 24.26 A). Por fim, o macho solta um espermatóforo e o cimenta ao solo. Em seguida, ele continua a movimentar a fêmea ao seu redor, até que ela fique exatamente posicionada com seu opérculo genital sobre o pacote de esperma. O espermatóforo é uma estrutura complexa típica de cada espécie e tem um processo especial, conhecido como alavanca de abertura (Figura 24.26 B). A pressão do corpo da fêmea sobre essa alavanca faz com que o espermatóforo estoure, liberando o esperma, que então pode entrar em seu gonóporo.

Os aracnídeos passam por vários padrões de desenvolvimento, todos podendo ser considerados diretos em termos de suas estratégias de história de vida. A maioria das espécies produz ovos com muito vitelo, que fornecem aos embriões nutrição para

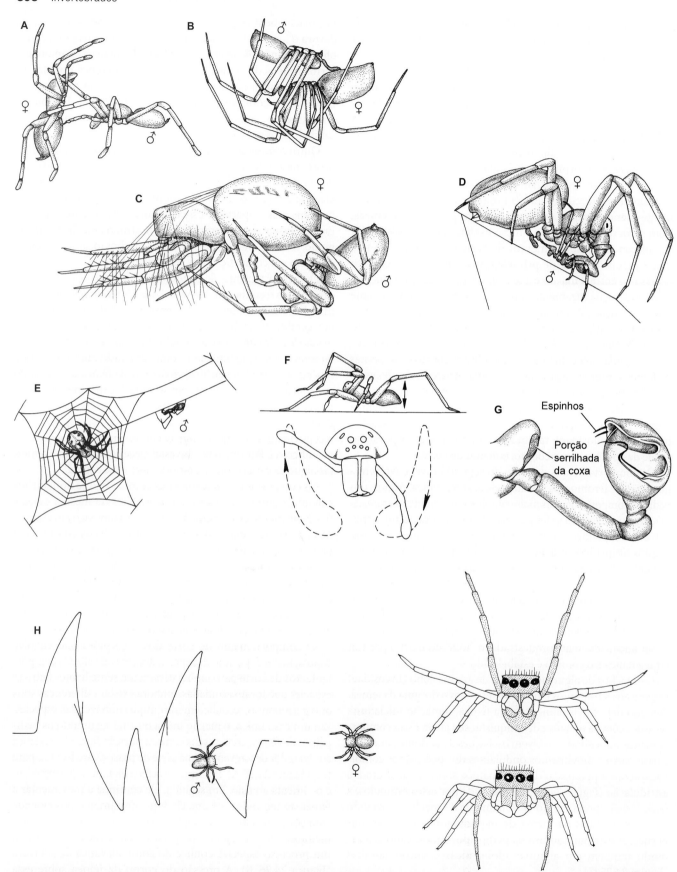

Figura 24.25 Corte e cruzamento das aranhas. **A.** Posição de cruzamento das tarântulas. **B.** Posição de cruzamento nos linifiídeos. **C.** Posição de cruzamento de *Xysticus* (família Thomisidae). O cruzamento ocorre depois que o macho deposita uma série de fios sobre o corpo da fêmea. **D.** Posição de cruzamento de *Araneus diadematus* (família Araneidae). **E.** Uso de um fio de cruzamento por algumas aranhas-tecedoras orbiculares. Nesse exemplo generalizado, o macho produz um fio de cruzamento ligando um objeto até a teia da fêmea. Quando puxado adequadamente, o fio transmite vibrações à teia, e a fêmea responde aproximando-se do macho e colocando-se na postura de cruzamento. **F.** O comportamento de corte do macho de um licosídeo (*Lycosa rabida*) inclui movimentos das pernas anteriores, oscilações do abdome para cima e para baixo e movimentos dos pedipalpos. **G.** O pedipalpo de *Tangaroa tahitiensis* (família Uloboridae) tem órgãos estridulantes. Os espinhos são raspados contra uma fileira serrilhada localizada na coxa. **H.** Abordagem em zigue-zague e comportamento de corte de um macho de aranha-saltadora (família Salticidae).

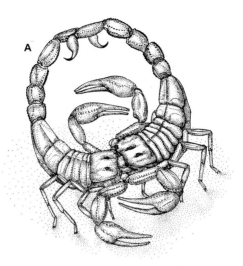
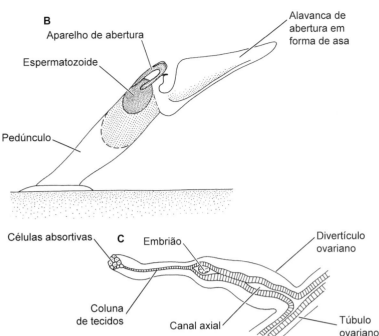
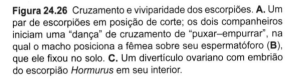

Figura 24.26 Cruzamento e viviparidade dos escorpiões. **A.** Um par de escorpiões em posição de corte; os dois companheiros iniciam uma "dança" de cruzamento de "puxar–empurrar", na qual o macho posiciona a fêmea sobre seu espermatóforo (**B**), que ele fixou no solo. **C.** Um divertículo ovariano com embrião do escorpião *Hormurus* em seu interior.

grande parte de seu desenvolvimento. Por ocasião da eclosão, muitos se assemelham a adultos em miniatura, ou ainda contêm vitelo suficiente para sustentá-los durante os estágios subsequentes de desenvolvimento até a forma juvenil. Em alguns ácaros e em todos os ricinuleídeos, o jovem eclode como uma "larva hexápode" (com 6 pernas). Esses indivíduos imaturos acrescentam seu último par de pernas depois de uma muda subsequente. Na maioria dos aracnídeos, os embriões em desenvolvimento ficam protegidos por algum tipo de envoltório de ovos ou casulo, ou são incubados dentro ou sobre o corpo da fêmea.

Quase todas as aranhas cimentam seus ovos em grumos e envolvem-nos em bolsas de ovos sedosas, cujas dimensões e formas variam entre as espécies (Figura 24.27). A bolsa de ovos confere proteção física aos embriões e também os isola das variações das condições ambientais, principalmente das variações de umidade. A colocação da bolsa de ovos debaixo da terra, em um ninho ou em outras áreas isoladas confere proteção adicional. Algumas espécies camuflam seus casulos com pedaços de detritos; outras guardam seus casulos ou eles, na verdade, são carregados no corpo do indivíduo.

O desenvolvimento inicial das aranhas inclui divisões nucleares intralécitas seguidas de migração dos núcleos para a periferia do embrião. Em seguida, os núcleos são isolados pela divisão citoplasmática – um processo que forma uma periblástula ao redor de uma massa interna de vitelo. A gastrulação avança por formação de um centro germinativo com células supostamente endodérmicas e mesodérmicas, que migram para dentro. Outros centros germinativos formam os precursores dos segmentos e dos membros. Os indivíduos imaturos de diversas espécies de aranhas eclodem de suas membranas de ovos em estágios diferentes, mas sempre permanecem dentro do casulo e utilizam suas reservas de vitelo, até que sejam capazes de alimentar-se. A maioria dos pesquisadores reconhece três estágios pós-embrionários antes da forma adulta ao longo do desenvolvimento das aranhas (Figura 24.27 I, J e K). A maioria das aranhas eclode de suas membranas de ovos na forma de "pré-larvas" imóveis, que se caracterizam por segmentação incompleta e apêndices pouco desenvolvidos. A "pré-larva" desenvolve-se em "larva" e depois em "ninfa", ou forma juvenil, que é fisicamente semelhante ao adulto. Em algumas aranhas, essas alterações do desenvolvimento inicial ocorrem em uma câmara de muda especial dentro do casulo (Figura 24.27 B). Em geral, a saída do casulo ocorre em um estágio inicial de ninfa, quando os filhotes são aranhiços totalmente formados. Muitas fêmeas de aranha até chegam a prestar cuidados pós-natais carregando seus filhotes no seu corpo ou alimentando-os (Figura 24.27 D, E e F). (É importante salientar que os termos pré-larva, larva e ninfa utilizados neste capítulo não têm os mesmos significados de quando são usados para descrever o desenvolvimento indireto ou misto, no qual a lava é um indivíduo independente de vida livre, como ocorre com os crustáceos ou insetos.)

O desenvolvimento dos escorpiões é direto e pode ser ovovivíparo ou vivíparo. A viviparidade talvez tenha sido mais bem-estudada no escorpião asiático *Hormurus australasiae*. Nessa espécie, os zigotos ficam dentro de divertículos diminutos nas paredes dos túbulos ovarianos (Figura 24.26 C). Certas células da parede do túbulo absorvem nutrientes dos cecos digestivos adjacentes e suprem os embriões em desenvolvimento. Os ovos de *Hormurus* contêm pouquíssimo vitelo e passam por clivagem holoblástica igual. Por outro lado, os escorpiões ovovivíparos produzem ovos com vitelo, que fazem clivagem meroblástica. Os embriões dessas espécies são incubados nos túbulos ovarianos, mas dependem dos seus suprimentos de vitelo como nutrientes. Por fim, os jovens emergem do gonóporo feminino e escalam até atingirem o dorso da fêmea. Nessa região, eles permanecem até que estejam suficientemente maduros para realizar excursões periódicas distantes de seu genitor e, por fim, assumir um estilo de vida independente. Os escorpiões juvenis passam por vários instares de muda até alcançarem a maturidade (cerca de 1 ano depois de nascer).

Muitos outros aracnídeos também incubam seus embriões, geralmente no exterior do corpo materno, como ocorre com os amblipígeos, uropígios, ricinuleídeos e esquizomídeos. Os membros desse grupo transportam seus filhotes em algum tipo

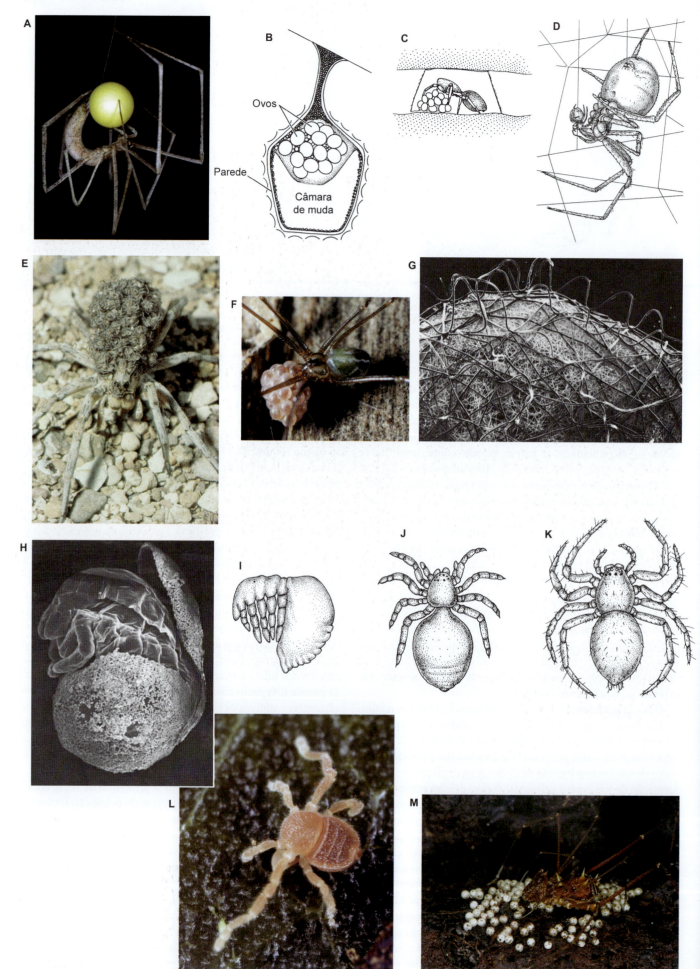

Figura 24.27 Casulos de ovos, eclosão e cuidado parental. **A.** Aranha-cara-de-ogro (*Deinopis*) construindo bolsa de ovos na Costa Rica. **B.** Bolsa de ovos (*corte*) de *Agroeca brunnea* (Liocranidae); a fêmea constrói a bolsa de ovos e a reveste com pedaços de terra. Observe os ovos posicionados sobre a câmara de muda. **C.** Ninho subterrâneo revestido de seda de uma aranha saltadora (*Heliophanus cupreus*). **D.** Fêmea de *Theridon* cuidando de um filhote e alimentando-o com alimento regurgitado. **E.** Fêmea da aranha-lobo *Lycosa* transportando filhotes em seu dorso. **F.** Fêmea de *Chibchea mapuche* (Pholcidae) do Chile carregando sua bolsa de ovos. **G.** Superfície da bolsa de ovos de uma aranha-pirata *Ero furcata* (Mimetidae). **H.** Eclosão de um filhote de aranha de sua bolsa de ovos. **I** a **K.** Formas de pré-larva, larva e ninfa de uma aranha. **L.** Larva hexápode de *Cryptocellus* do Panamá. **M.** Fêmea de *Phareicranaus manauara* (opilião blindado) cuidando de seus ovos.

de bolsa mantida perto do gonóporo feminino. Os pseudoescorpiões tecem casulos com suas glândulas de seda quelicerais. Os solífugos e os opiliões são ovíparos e alguns depositam seus ovos no solo, em folhas ou galhos. Em todos os casos, os filhotes eclodem e passam por alguns ou muitos instares antes de alcançar a maturidade; o processo de maturação pode demorar vários anos nos grupos semelhantes aos ricinuleídeos. Também nesse caso, com exceção das "larvas hexápodes" de ácaros e dos ricinuleídeos (Figura 24.27 L), os aracnídeos emergem na forma de adultos pequenos e imaturos e, embora vários nomes tenham sido atribuídos a esses estágios imaturos, o desenvolvimento é estrategicamente direto. Alguns opiliões são conhecidos pelos cuidados parentais, que podem ser maternos (Figura 24.27 M), paternos ou biparentais. Os cuidados paternos são extremamente raros em outros grupos de animais.

Classe Pycnogonida

Os picnogonídeos ou pantópodes (do grego *pyc*, "grosso", "nodoso"; e *gonida*, "joelhos") são conhecidos geralmente como "aranhas-do-mar", em razão de sua semelhança aparente com as aranhas terrestres verdadeiras (Figuras 24.28 e 24.29). Durante muitas décadas, foi difícil classificar os picnogonídeos entre os outros táxons dos artrópodes. A partir da virada do século 20, esses animais foram associados em alguma época a quase todos os grupos principais de artrópodes, bem como aos onicóforos e poliquetas. O problema principal era a incerteza quanto às homologias das diversas regiões corporais e apêndices. Por exemplo, a "probóscide" única dos picnogonídeos foi comparada a tudo, desde o prostômio dos vermes poliquetas até os lábios dos onicóforos e às diversas regiões anteriores dos outros artrópodes. Entretanto, estudos anatômicos e moleculares recentes classificaram os picnogonídeos solidamente dentro dos artrópodes, mas provavelmente como um grupo-irmão de todos os outros quelicerados. A maioria dos especialistas concluiu que os picnogonídeos provavelmente se originaram como um ramo precoce da linhagem que levou aos euquelicerados atuais, embora alguns tenham argumentado que eles constituem o grupo-irmão de todos os outros artrópodes existentes – uma hipótese filogenética que tem perdido sustentação nos últimos anos.

Várias características são sinapomorfias aparentemente compartilhadas entre os euquelicerados e os picnogonídeos, incluindo os primeiros apêndices (quelíceras/quelíforos) e os segundos apêndices (pedipalpos/palpo) – com base no pressuposto de que esses pares de apêndices e seus somitos na verdade sejam homólogos; a inervação nervosa tende a apoiar essa hipótese. Duas outras sinapomorfias aparentes são as pernas unirremes estenopodiais (com algumas semelhanças funcionais) e uma estratégia alimentar basicamente suctorial/líquida. Os picnogonídeos também apresentam várias características extremamente singulares, ou sinapomorfias que não são encontradas em qualquer outro euquelicerado, ou em qualquer outro grupo de artrópodes, como a "probóscide" anterior singular, os **ovígeros** (apêndices especializados situados entre os pedipalpos e as primeiras pernas locomotoras, que são usados com várias finalidades, mas especialmente como área de incubação dos machos), gonóporos múltiplos (no segundo segmento coxal de algumas ou todas as pernas locomotoras) e a forma corporal singular descrita adiante com seu abdome reduzido.

Existem cerca de 1.330 espécies de picnogonídeos vivos, classificadas em cerca de 100 gêneros, com muitos ainda por ser descobertos. Os picnogonídeos são estritamente marinhos, ocorrem nas zonas intermarés e até profundidades de quase 7.000 m com distribuição por todo o planeta. A maioria consiste em animais pequenos com diâmetro das pernas esticadas menor que 1 cm (*Austrodecus palauense* tem pernas com diâmetro de apenas 2 mm); contudo, algumas espécies polares e dos mares profundos têm diâmetros das pernas de quase 60 cm. As espécies maiores fazem parte do gênero *Colossendeis*, que vive nas águas profundas de todo o planeta e é comum perto da costa da Antártida. Muitos são animais bentônicos errantes, mas outros vivem nas algas ou em outros invertebrados, principalmente anêmonas do mar, hidroides, ectoproctos e tunicados. Uma ou duas espécies vivem sobre a umbrela de medusas pelágicas e seis espécies foram coletadas em fontes hidrotermais, geralmente associadas ou situadas sobre vermes tubulares vestimentíferos enormes. Arnaud e Bamber (1987) publicaram uma revisão sobre a biologia das aranhas-do-mar.

A sistemática dos picnogonídeos ainda não está completamente estabelecida e apenas recentemente foi proposta uma hipótese abrangente, que inclui a morfologia e as análises moleculares (Arango e Wheeler, 2007). No passado, as poucas espécies fósseis conhecidas (que datam do período Cambriano superior) eram "depositadas" na ordem única Palaeopantopoda, enquanto os animais vivos eram classificados na ordem Pantopoda. A classificação utilizada mais comumente é a de Hedgpeth (1982), com modificações subsequentes que reconheceram apenas 8 famílias com base principalmente na estrutura dos apêndices (especialmente a redução ou a perda dos apêndices), mas muitas delas não são monofiléticas. Várias atualizações desse sistema foram propostas nas últimas duas décadas.

Plano corpóreo dos picnogonídeos

Anatomia externa

O corpo dos picnogonídeos não é dividido tão claramente em tagmas reconhecíveis quanto o de outros artrópodes (Figuras 24.28 e 24.29), principalmente porque eles têm abdome miniaturizado. A primeira "região" do corpo tem uma probóscide voltada para a frente com uma boca terminal e três mandíbulas, que variam em tamanho e forma entre as espécies. A probóscide tem uma câmara e uma abertura em sua extremidade distal (Figura 24.29 A); embora exista alguma dúvida quanto a isso, a maioria dos pesquisadores atuais considera que a boca esteja na extremidade (ponta) da probóscide. Essa "região" mais anterior do corpo também contém um par de apêndices na forma de **quelíforos**,

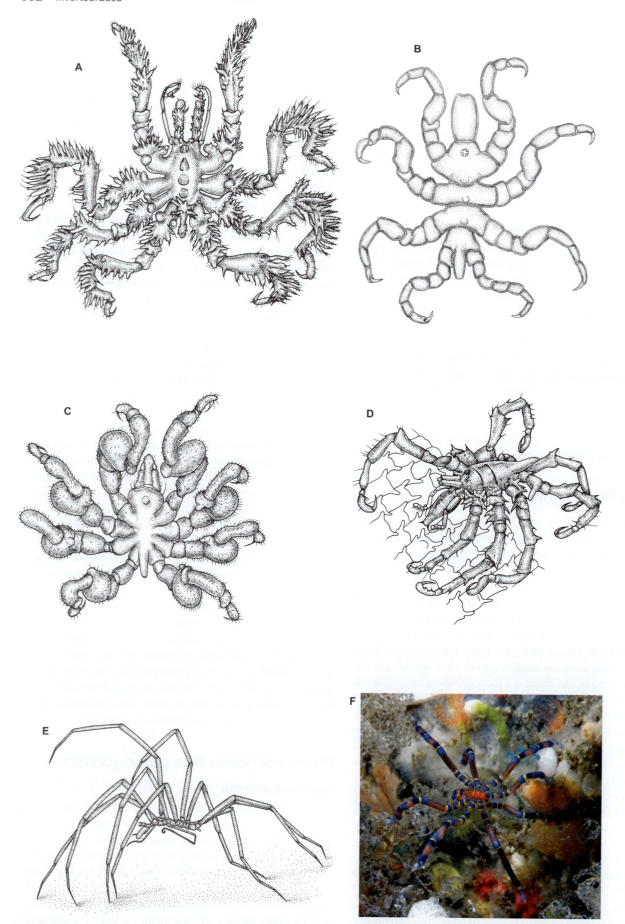

Figura 24.28 Representantes de picnogonídeos. **A.** *Nymphopsis spinosissimum* (família Ammotheidae). **B.** *Pycnogonum stearnsi* (família Pycnogonidae). **C.** *Tanystylum grossifemorum* (família Ammotheidae). **D.** *Achelia echinata* (família Ammotheidae) alimentando-se de uma colônia de ectoproctos, um zooide de cada vez. **E.** *Decolopoda australis* (família Colossendeidae), um picnogonídeo de 10 pernas (*vista lateral* do animal andando). **F.** *Anoplodactylus evansi* da Austrália.

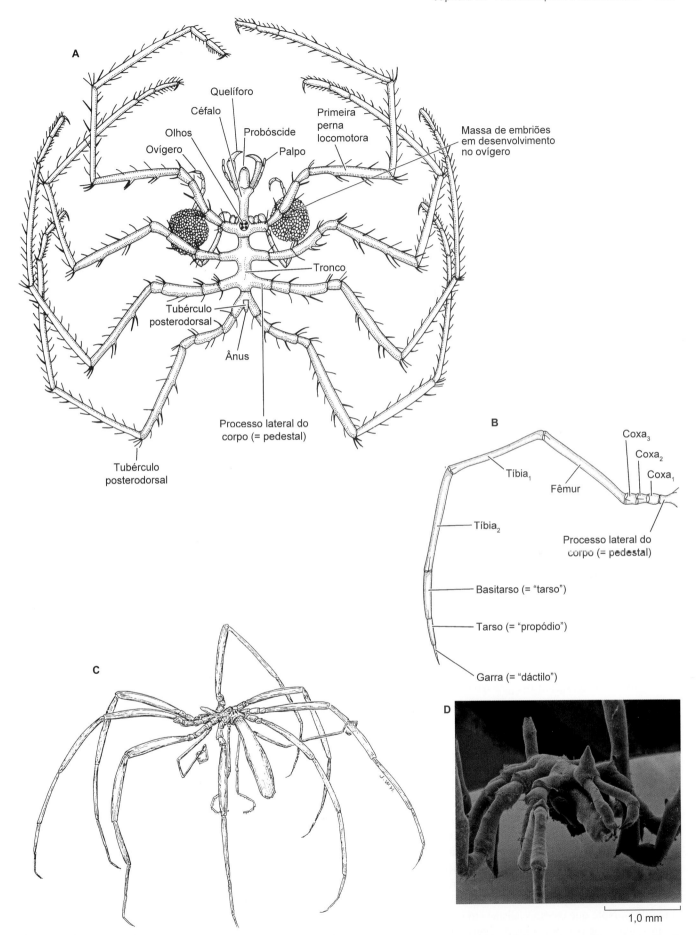

Figura 24.29 Características externas dos picnogonídeos. **A.** Um macho de *Nymphon brevirostre* carregando embriões em seus ovígeros (*vista dorsal*). **B.** Perna locomotora de *Colossendeis australis*. **C.** *Colossendeis scotti* utilizando seu ovígero para limpar seus membros. **D.** Fotografia de microscopia eletrônica de varredura de *Anoplodactylus eroticus*.

palpos, primeiras pernas locomotoras e, quando presentes, ovígeros (Figura 24.29 A). Os quelíforos podem ser quelados ou não, ou totalmente ausentes em algumas espécies; tais apêndices recebem um nome diferente dos apêndices semelhantes de outros quelicerados (**quelíceras**), mas hoje está claro que eles são homólogos e inervados pelo deutocérebro. Os ovígeros são pernas modificadas que atendem a várias funções, incluindo limpeza (Figura 24.29 C), manuseio dos alimentos por algumas espécies, corte, cruzamento e transferência de ovos (da fêmea para o macho) em muitas espécies, além da incubação dos embriões pelos machos da maioria das espécies. Também localizado no primeiro segmento da maioria das espécies, há um tubérculo com quatro olhos medianos simples.

Os próximos segmentos do corpo formam o "tronco", podem estar variavelmente fundidos, mas cada qual com um par de processos laterais conhecidos como **pedestais**, dos quais se originam as pernas locomotoras. Em razão da orientação dos pedestais, as pernas locomotoras estão dispostas em configuração até certo ponto radial ao redor do corpo. O segmento mais posterior do corpo tem um tubérculo posterodorsal inserido dorsalmente, que pode ser um abdome vestigial e que contém o ânus. Talvez a sinapomorfia mais bem-definida dos picnogonídeos, em comparação com os outros artrópodes, seja a presença de gonóporos múltiplos encontrados em algumas ou em todas as pernas locomotoras.

Um dos aspectos mais incomuns da morfologia dos picnogonídeos é a existência de espécies polímeras, as quais apresentam mais que quatro pares de pernas locomotoras. Esse fenômeno é único dos picnogonídeos e ocorre nos gêneros *Pentanymphon*, *Pentapycnon* e *Decolopoda* (com cinco pares de pernas; decápodes) e *Sexanymphon* e *Dodecolopoda* (com seis pares de pernas; dodecápodes). Nos casos típicos, *Callipallene brevirostris* tem quatro pares de pernas, mas pesquisadores encontraram um espécime que tinha apenas três pares. O desenvolvimento e a filogenia dessa polimeria não estão bem-esclarecidos.

Variações entre os diferentes picnogonídeos também ocorrem na forma e no comprimento dos apêndices, à distribuição dos espinhos, à estrutura da probóscide, à redução ou à perda dos quelíforos e palpos, e muitas outras características externas. As Figuras 24.28 e 24.29 apresentam vários exemplos para ilustrar essa diversidade. Entretanto, em todos os picnogonídeos, o corpo é acentuadamente reduzido e estreito, um aspecto compensado pela extensão dos cecos gástricos e gônadas para dentro das pernas.

Locomoção

Nos casos típicos, as pernas locomotoras dos picnogonídeos têm nove segmentos. A ligação entre o primeiro segmento coxal e o pedestal é uma articulação mais ou menos imóvel e não contribui para a ação da perna. A articulação entre a primeira e a segunda coxa é dobrada para permitir promoção e remoção, enquanto as demais articulações permitem flexão e extensão habituais. Entretanto, as articulações coxais também permitem certo grau de "torção" e, desse modo, acentuam a oscilação anteroposterior das pontas dos apêndices durante as fases de ação e recuperação. Algumas articulações não têm músculos extensores e a extensão do membro é efetuada por pressão hidrostática, como em muitos aracnídeos. Note que os especialistas em picnogonídeos atribuem nomes aos componentes das pernas, que não correspondem aos que são usados em qualquer outro grupo de artrópodes (Figura 24.29 B).

A maioria dos picnogonídeos entremarés encontrados comumente é muito sedentária e movimenta-se muito lentamente. Esses animais diminutos têm pernas grossas e curtas, até certo ponto preênseis e que servem mais para escalar outros invertebrados ou algas que para a locomoção rápida. Os picnogonídeos bentônicos de águas profundas tendem a ser mais ativos; esses animais errantes têm pernas mais longas e finas que os picnogonídeos sedentários e tendem a andar sobre as pontas das pernas (Figuras 24.28 E e 24.29 C). Contudo, alguns dos maiores picnogonídeos de águas profundas (p. ex., *Colossendeis*) podem depender mais das correntes lentas dos mares profundos para rodá-los de um lado para outro no fundo do mar, que de sua própria capacidade de locomoção.

Muitos picnogonídeos também são conhecidos por nadar periodicamente realizando movimentos com as pernas semelhantes aos que são usados para andar. Algumas espécies são conhecidas por "se pendurar" na superfície da água utilizando uma combinação de massa corporal reduzida e tensão superficial. Vários estudos também descreveram um "comportamento de afundamento" típico de algumas espécies. Quando vão ao fundo, esses picnogonídeos levantam todos os apêndices sobre a superfície dorsal do corpo em uma configuração de cesta. Esse comportamento elimina boa parte da resistência de atrito ao afundamento e permite que o animal afunde rapidamente na coluna de água (provavelmente para evitar predação) – um comportamento também encontrado comumente em alguns ofiuroides.

Alimentação e digestão

Na maioria das espécies de picnogonídeos, os hábitos alimentares são determinados pela forma da probóscide e os alimentos estão limitados aos materiais que podem ser sugados para dentro do trato digestivo. Mesmo com essa limitação estrutural básica, os picnogonídeos alimentam-se de uma grande variedade de organismos.

Alguns picnogonídeos alimentam-se de algas, mas a maioria é carnívora e comporta-se como predadores genéricos de hidroides, poliquetas, nudibrânquicos e outros invertebrados pequenos. Alguns, talvez muitos, também são detritívoros. As espécies que consomem outros animais geralmente usam três dentes cuticulares localizados nas pontas da probóscide para perfurar o corpo de suas presas e, em seguida, sugar seus líquidos corporais e fragmentos de tecidos. Alguns picnogonídeos que vivem sobre hidroides usam os quelíforos para arrancar fragmentos do hospedeiro e levá-los para o orifício da probóscide. Contudo, na maioria das espécies, os quelíforos não podem alcançar a ponta da probóscide e sua função alimentar é questionável. Algumas espécies (p. ex., *Achelia echinata*) alimentam-se de ectoproctos introduzindo sua probóscide na câmara que abriga um indivíduo e sugando o zooide para fora (Figura 24.28 D). Outras (p. ex., *Pycnogonum littorale, P. rickettsi*) alimentam-se das anêmonas-do-mar por um mecanismo semelhante, mas raramente as matam em razão da diferença marcante de tamanho entre o predador e sua presa.

Existem pouquíssimas informações quanto aos hábitos alimentares dos picnogonídeos de águas profundas. Fotografias subaquáticas e observações diretas em aquário de indivíduos da espécie gigante *Colossendeis colossea* indicaram que ele possa andar lentamente no fundo, varrendo o substrato com seus palpos para "sentir" a presa, que poderia ser sugada da lama.

O trato digestivo estende-se da boca situada na ponta da probóscide até o ânus, que se abre no tubérculo posterodorsal do abdome semelhante a uma cavilha (Figura 24.30 A). Uma câmara localizada dentro da probóscide tem cerdas densas, que selecionam e misturam mecanicamente o alimento ingerido, e estende-se até a faringe. Em corte transversal, as regiões da faringe e do esôfago do trato digestivo anterior têm formato em "Y". Os músculos do trato digestivo anterior produzem a sucção para ingerir o alimento. O esôfago curto conecta-se ao trato digestivo médio longo, ou intestino, do qual os cecos digestivos estendem-se para a base de cada perna, ampliando a superfície disponível para a digestão e a absorção. O reto proctodeal curto leva ao ânus.

A digestão é predominante, senão exclusivamente intracelular. As células da parede do trato digestivo médio e dos cecos diferenciam-se da camada basal e contêm uma quantidade estonteante de gotículas secretoras, lisossomos e fagossomos e incluem fagócitos, que engolfam a matéria alimentar ingerida. Na verdade, algumas dessas células desprendem-se do revestimento do trato digestivo e fagocitam partículas alimentares, enquanto são levadas no lúmen do trato digestivo. Aparentemente, essas células desprendidas fixam-se à parede do trato digestivo depois que se "alimentaram". Alguns autores sugeriram que, durante a reinserção, essas células errantes passem primeiramente seu conteúdo de alimento digerido para as células fixas da parede do trato digestivo e depois assumam uma função excretora capturando escórias metabólicas, desprendendo-se novamente e sendo eliminadas pelo ânus. Na ausência de um hepatopâncreas, o intestino intermediário desempenha as funções digestiva e de absorção.

Circulação, troca gasosa e excreção

Os picnogonídeos não têm órgãos especializados para realizar a troca gasosa. Em conjunto, os cecos digestivos e o plano corpóreo geral constituem uma razão área:volume muito alta, e a troca gasosa provavelmente ocorre em grande parte por difusão através das paredes do corpo e do trato digestivo.

Tradicionalmente, os picnogonídeos não tinham órgãos excretores e utilizavam sua razão área:volume alta ou as células errantes do trato digestivo médio para excreção. Recentemente, uma estrutura excretora foi localizada em pelo menos um amoteídeo (*Nymphopsis spinosissima*), no qual localizaram uma glândula excretora simples, mas padrão, na saída do quelíforo. Essa glândula consiste em uma bolsa cega, um túbulo proximal reto, um túbulo distal curto e um nefróporo elevado.

O sistema circulatório inclui um coração alongado com óstios incurrentes, mas nenhum vaso sanguíneo. Assim como outros artrópodes, o coração está localizado na região dorsal dentro de uma câmara pericárdica separada da hemocele ventral por uma membrana perfurada. O sangue sai do coração no segmento anterior e flui pelos espaços hemocélicos do corpo e dos apêndices. A contração do coração diminui a pressão dentro da câmara do corpo pericárdico dorsal e, desse modo, o sangue é puxado pelas perfurações da membrana na direção do coração. Com seu relaxamento, o sangue flui pelos óstios para dentro do lúmen do coração.

Sistema nervoso e órgãos dos sentidos

O sistema nervoso central dos picnogonídeos inclui gânglios cerebrais situados acima do esôfago, conectivos circum-entéricos, um gânglio subentérico e um cordão nervoso ventral com gânglios (Figura 24.30 A e B). O cordão nervoso contém um gânglio para cada par de pernas locomotoras, mas também há outros gânglios nas espécies polímeras.

Na maioria dos artrópodes vivos, os gânglios cerebrais incluem o protocérebro, o deutocérebro e o tritocérebro subesofágico. O protocérebro inerva os olhos, enquanto o deutocérebro inerva os quelíforos – uma configuração semelhante à encontrada nos euquelicerados. Recentemente, alguns autores sugeriram que os quelíforos fossem inervados pelo protocérebro, assim como ocorre com os "apêndices grandes" de alguns artrópodes dos grupostronco do período Cambriano, mas depois ficou claro que isso se deve à fusão do protocérebro com o deutocérebro no segundo estágio embrionário. Os gânglios cerebrais também originam um nervo ganglionado bem-desenvolvido para a probóscide.

Existem poucos estudos sobre os órgãos dos sentidos dos picnogonídeos. A sensibilidade tátil é fornecida por cerdas sensíveis ao toque e, provavelmente, também pelos palpos. Na superfície do corpo e em posição ligeiramente dorsal aos gânglios cerebrais, há um tubérculo central com quatro olhos simples, que asseguram visão de 360°. Algumas espécies das águas profundas não têm olho.

Reprodução e desenvolvimento

Os picnogonídeos são gonocorísticos. Nos casos típicos, o cruzamento é seguido de um período de incubação, durante o qual os embriões são mantidos pelos ovígeros ventralmente articulados dos machos e depois liberados na forma de **larvas protoninfa** singulares (Figura 24.30 D). A protoninfa tem seis pernas e geralmente mantém uma relação simbiótica com cnidários, moluscos ou equinodermos. Essas relações não estão bem-definidas, mas em alguns casos parecem parasitárias ou comensais, formando cistos no cnidário hospedeiro. Essa estratégia de ciclo de vida foi substituída pelo desenvolvimento direto em algumas espécies, nas quais o estágio larval transcorre dentro de um envoltório de ovos.

O dimorfismo sexual é comum entre os picnogonídeos. Os machos têm ovígeros singulares associados ao primeiro segmento corporal; tais apêndices estão ausentes nas fêmeas de algumas famílias (p. ex., Phoxicilididae, Endeidae e Pycnogonidae) e estão reduzidos nas fêmeas de outras famílias. Em geral, as fêmeas dos picnogonídeos têm pernas com fêmures grandes.

Internamente, os sistemas reprodutivos dos machos e das fêmeas são semelhantes e relativamente simples. Em ambos, as gônadas são simples e em forma de "U", com extensões para dentro das pernas, onde os gametas são produzidos e armazenados. Os fêmures ampliados das fêmeas oferecem espaço para armazenar os ovos que não foram fecundados (Figura 24.30 C). Em geral, os gonóporos numerosos estão localizados na superfície ventral das segundas coxas de dois ou de todos os pares de pernas e, desse modo, ficam próximos das regiões de armazenamento dos gametas. Durante o cruzamento, o macho geralmente fica pendurado por baixo da fêmea ou assume uma posição sobre seu dorso. À medida que a fêmea libera seus ovos, o macho faz a fecundação. Depois da fecundação, o macho reúne os ovos, seja de um a um ou por meio de uma única massa, aderindo-os aos seus ovígeros por meio de uma secreção pegajosa liberada pelas glândulas femorais especiais (Figura 24.29 A). Os picnogonídeos constituem um dos poucos grupos de animais, nos quais apenas os machos incubam os embriões em desenvolvimento e, em algumas espécies, também os juvenis.

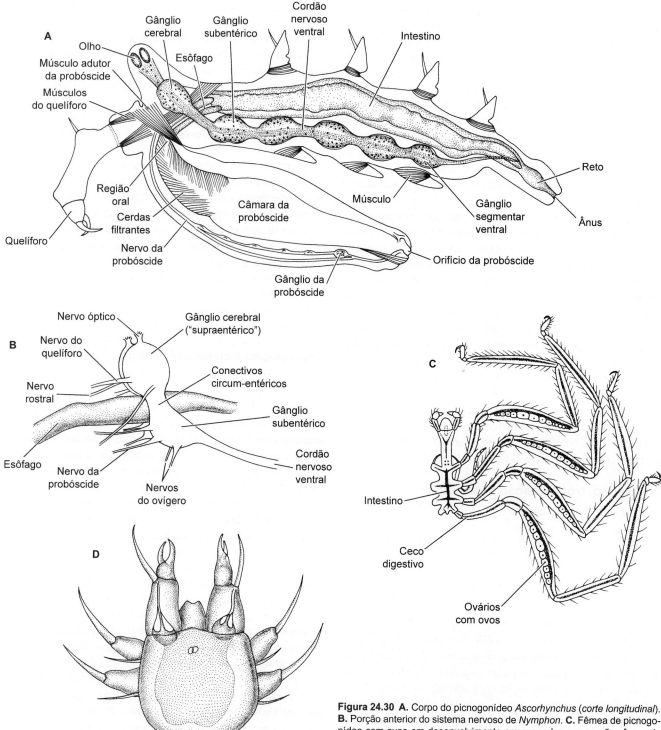

Figura 24.30 A. Corpo do picnogonídeo *Ascorhynchus* (*corte longitudinal*). **B.** Porção anterior do sistema nervoso de *Nymphon*. **C.** Fêmea de picnogonídeo com ovos em desenvolvimento armazenados nas porções femorais dos divertículos gonadais. **D.** Larva protoninfa.

O conhecimento acerca do desenvolvimento dos picnogonídeos tem aumentado consideravelmente nos últimos anos e diversos estudos enfatizaram a semelhança entre seus apêndices e os dos outros artrópodes utilizando neurogênese e expressão dos genes Hox. Nos estágios iniciais da embriogênese, há alguma variação entre os membros dos diversos gêneros, mas a clivagem geralmente é holoblástica e leva à formação de uma estereoblástula. O movimento de interiorização das supostas células endodérmicas e mesodérmicas é acompanhado comumente do desaparecimento de algumas membranas celulares – um processo que resulta na formação de alguns tecidos sinciciais na gástrula. Os centros germinativos tornam-se evidentes à medida que se formam os brotos dos apêndices. O estágio de eclosão mais comum é uma larva protoninfa livre-natante. Por meio de uma série de mudas, a protoninfa acrescenta segmentos e apêndices para desenvolver a forma juvenil. Em algumas espécies, as larvas em desenvolvimento tornam-se encistadas dentro de um hidroide ou coral estilasterino, emergindo mais tarde com três pares de pernas. Algumas espécies são conhecidas por formar todos os apêndices de uma só vez, com as mudas subsequentes usadas simplesmente para aumentar o tamanho e o número de segmentos das pernas ("larva protoninfa atípica"). Em *Pycnogonum littorale*, na quinta muda larval, os três pares de pernas da larva e sua probóscide são perdidos; a probóscide do animal adulto desenvolve-se e, nas mudas subsequentes, surgem os membros dos adultos.

Filogenia dos quelicerados

Embora mais de 150 anos tenham decorrido desde a descoberta dos picnogonídeos, ainda existe discordância quanto às suas relações filogenéticas. Contudo, conforme mencionamos antes, estudos morfológicos, paleontológicos e moleculares recentes indicaram uma ancestralidade dos quelicerados. Os quelíforos e os palpos dos picnogonídeos provavelmente são homólogos às quelíceras e aos pedipalpos dos outros quelicerados. Desse modo, aqui reconhecemos os picnogonídeos como grupo-irmão de Chelicerata remanescente, ou Euchelicerata.

A Figura 24.31 é um cladograma ilustrando uma hipótese de trabalho com as relações entre os principais clados dos quelicerados. Entretanto, alertamos aos leitores que as relações

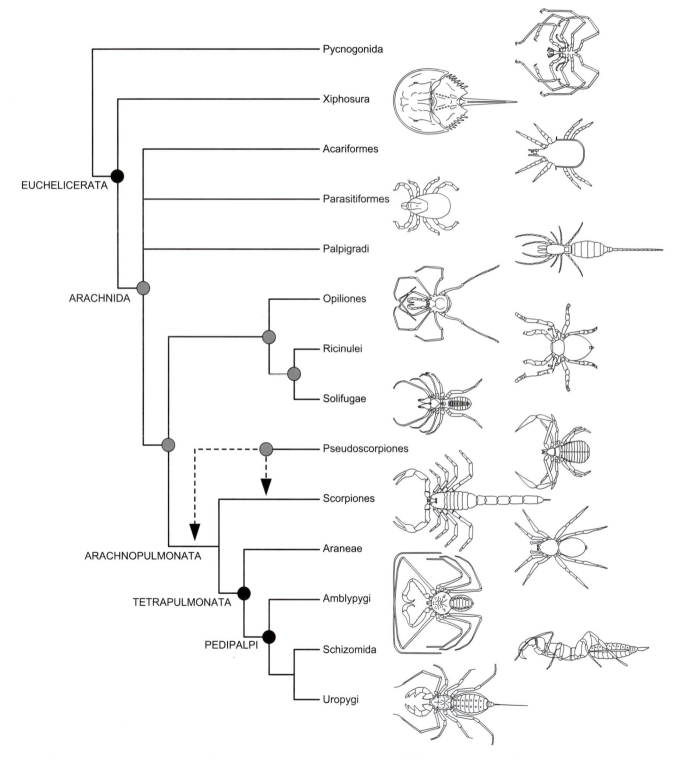

Figura 24.31 Cladograma ilustrando uma hipótese de trabalho quanto às relações entre os Chelicerata. Os *pontos pretos* indicam nodos bem-sustentados. Os pontos cinza assinalam nodos malsustentados. As *linhas pontilhadas* indicam posições alternativas para os Pseudoscorpiones. Observe as posições malresolvidas de Palpigradi e de duas linhagens de ácaros (Acariformes e Parasitiformes).

filogenéticas entre os quelicerados ainda são debatidas. A subclasse Arachnida provavelmente é um grupo monofilético, embora alguns autores tenham sugerido que possa ser difilética por ter sido originada de duas invasões separadas do ambiente terrestre (uma que levou aos escorpiões e a segunda a todas as outras ordens) – uma visão que não tem mais muita sustentação. As relações filogenéticas entre as 12 ou 13 ordens de Arachnida ainda são controversas; ver Sharma *et al.* (2014) para uma revisão e análise recentes utilizando dados transcriptômicos e Shultz (2007) para uma análise recente baseada em dados morfológicos.

Os fósseis mais antigos de xifosuros, euriptérides e chasmataspídeos são do período Ordoviciano, mas supostas impressões de chasmataspídeos foram encontradas no período Cambriano Tardio. Como os miriápodes (e, talvez, os insetos), os aracnídeos provavelmente invadiram a terra precocemente no período Siluriano, na mesma época em que as plantas terrestres tornavam-se bem-estabelecidas, embora algumas calibrações moleculares tenham sugerido uma origem mais precoce desses grupos, provavelmente no período Ordoviciano. Ainda existem controvérsias quanto a se os escorpiões mais primitivos da era Paleozoica (período Siluriano) eram aquáticos, mas fósseis de escorpiões completamente articulados foram encontrados no ambiente marinho do Devoniano de Hunsrück Slate.

Os picnogonídeos supostamente mais antigos consistem em uma série de instares larvais fosfatizados da fauna de Orsten, Suécia, datada do período Cambriano tardio, mas alguns autores excluíram os fósseis Pycnogonida de Orsten. Em seguida, as aranhas marinhas mais antigas provêm de Herefordshire Konservat-Lagerstätte, Inglaterra, datadas do período Siluriano e são seguidas de um conjunto de táxons de Hunsrück Slate, Alemanha, do período Devoniano inicial.

Bibliografia

Referências gerais

Grassé, P. 1949. *Traité de Zoologie. Vol. 6, Onychophores–Tardigrades–Arthropodes–Trilobitomorphes–Cheliceratae*. Masson et Cie, Paris.

Harrison, F. W. e R. F. Foelix. 1999. *Microscopic Anatomy of Invertebrates. Volume 8: Chelicerate Arthropoda*. Wiley-Liss, Nova York.

Sherman, R. G. 1981. Chelicerates. In N. A. Ratcliffe e A. F. Rowley (eds.), *Invertebrate Blood Cells, Vol. 2*. Academic Press, Nova York.

Strausfeld, N. J. 2012. *Arthropod Brains: Evolution, Functional Elegance, and Historical Significance*. The Balknap Press of Harvard University Press, Cambridge.

Merostomata

Fahrenbach, W. H. 1979. The brain of the horseshoe crab (*Limulus polyphemus*). III. Cellular and synaptic organization of the corpora pedunculata. Tissue Cell 11: 163–200.

Riska, B. 1981. Morphological variation in the horseshoe crab (*Limulus polyphemus*), a "phylogenetic relic." Evolution 35: 647–658.

Sekiguchi, K. e H. Sugita. 1980. Systematics and hybridization in the four living species of horseshoe crabs. Evolution 34: 712–718.

Shuster, C. N., R. B. Barlow e H. J. Brockmann (eds.) 2003. *The American Horseshoe Crab*. Harvard University Press, Cambridge.

Arachnida

Alberti, G. 2000. Chelicerata. pp. 311–388 in K. G. Adiyodi, R. G. Adiyodi e B. G. M. Jamieson (eds.), *Reproductive Biology of Invertebrates. Volume IX, Part B. Progress in male gamete ultrastructure and phylogeny*. Oxford & IBH Publishing Co., Nova Déli-Calcutá.

Avilés, L. 1997. Causes and consequences of cooperation and permanent-sociality in spiders. pp. 476–498 in J. C. Choe e B. J. Crespi (eds.), *Social Behavior in Insects and Arachnids*. Cambridge University Press, Nova York.

Barth, F. G. (ed.). 1985. *Neurobiology of Arachnids*. Springer-Verlag, Nova York.

Barth, F. G. 2002. *A spider's World: Senses and Behavior*. Springer Verlag, Berlim.

Beccaloni, J. 2009. *Arachnids*. The Natural History Museum, Londres.

Blackledge, T. A. 2012. Spider silk: A brief review and prospectus on research linking biomechanics and ecology in draglines and orb webs. J. Arachnol. 40: 1–12.

Bradley, R. 2012. *Common Spiders of North America*. University of California Press.

Brownell, P. H. 1984. Prey detection by the sand scorpion. Sci. Am. 251: 86–97.

Brownell, P. H. e R. D. Farley. 1979. Detection of vibrations in sand by the tarsal organs of the nocturnal scorpion *Paruroctonus mesaensis*. J. Comp. Physiol. 131: 23–30.

Brownell, P. e G. Polis (eds.) 2001. *Scorpion Biology and Research*. Oxford University Press, Oxford.

Brunetta, L. e C. L. Craig. 2010. *Spider Silk: Evolution and 400 Million Years of Spinning, Waiting, Snagging, and Mating*. Yale University Press, New Haven.

Coddington, J. A. *et al.* 2004. Arachnida. pp. 296–318 in J. Cracraft e M. J. Donoghue (eds.), *Assembling the Tree of Life*. Oxford University Press, Nova York.

Cooke, J. A. L. 1967. The biology of Ricinulei. Zoologica 151: 31–42.

Craig, C.L. 2003. *Spiderwebs and Silk: Tracing Evolution from Molecules to Genes to Phenotypes*. Oxford University Press, Nova York.

Dacke, M., T. A. Doan e D. C. O'Carroll. 2001. Polarized light detection in spiders. J. Exp. Biol. 204: 2481–2490.

Dunlop, J. A. e G. Alberti. 2008. The affinities of mites and ticks: A review. J. Zool. Syst. Evol. Res. 46: 1–18.

Dunlop, J. A. e D. Penney. 2012. *Fossil Arachnids*. Siri Scientific Press, Manchester.

Eberhard, W. G. e Huber, B. A. 2010. Spider Genitalia. pp. 249–284 in J. Leonard and A. Cordoba (eds.), *The Evolution of Primary Sexual Characters in Animals*. Oxford University Press, Oxford, Inglaterra.

Fernández, R., G. Hormiga e G. Giribet. 2014. Phylogenomic analysis of spiders reveals nonmonophyly of orb-weavers. Curr. Biol. 24: 1772–1777.

Foelix, R. F. 1970. Structure and function of tarsal sensilla in the spider *Araneus diadematus*. J. Exp. Zool. 175: 99–124.

Foelix, R. F. 2011. *Biology of Spiders, 3rd Ed*. Oxford University Press, Oxford.

Foelix, R. F. e I.-W. Chu-Wang. 1973. The morphology of spider sensilla. II. Chemoreceptors. Tissue Cell 5(3): 461–478.

Foelix, R. F. e J. Schabronath. 1983. The fine structure of scorpion sensory organs. I. Tarsal sensilla. II. Pecten sensilla. Bull. Br. Arachnol. Soc. 6(2): 53–74.

Foelix, R. F. e D. Troyer. 1980. Giant neurons and associated synapses in the peripheral nervous system of whip spiders. J. Neurocytol. 9: 517–535.

Foil, L. D., L. B. Coons e B. R. Norment. 1979. Ultrastructure of the venom gland of the brown recluse spider, *Loxosceles reclusa*. Int. J. Insect Morphol. Embryol. 8: 325–334.

Forster, L. 1982. Vision and prey-catching strategies in jumping spiders. Am. Sci. 70: 165–175.

Forster, R. e L. Forster. 1999. *Spiders of New Zealand and their worldwide kin*. University of Otago Press, Nova Zelândia.

Garwood, R. J. *et al.* 2011. Anatomically modern Carboniferous harvestmen demonstrate early cladogenesis and stasis in Opiliones. Nature Comm. 2: 444.

Garwood, R. J. *et al.* 2014. A new stem-group Palaeozoic harvestman revealed through integration of phylogenetics and development. Curr. Biol. 24: 1–7.

Giribet, G. *et al.* 2014. The first phylogenetic analysis of Palpigradi (Arachnida)– The most enigmatic arthropod order. Invert. Syst. 28: 350–360.

Giribet, G. e P. P. Sharma. 2015. Evolutionary biology of harvestmen (Arachnida, Opiliones). Ann. Rev. Entomol. 60: 157–175.

Gonzaga, M. O., A. J. Santos, e H. F. Japyassú. (2007). *Ecologia e comportamento de aranhas*. Interciência, Rio de Janeiro.

Gopalakrishnakone, P. Corzo, G. A. Diego-Garcia e E. de Lima, M. E. (eds.). 2015. *Spider Venoms*. Dordrecht. Springer Netherlands.

Griffiths, D. A. e C. E. Bowman (eds.). 1983. *Acarology VI, Vols. 1–2*. Wiley, Nova York.

Griswold, C. E. *et al.* 2005. Atlas of phylogenetic data for entelegyne spiders (Araneae: Araneomorphae: Entelegynae) with comments on their phylogeny. Proc. Calif. Acad. Sci. 56: 1–324.

Haupt, J. 2003. The Mesothelae–A monograph of an exceptional group of spiders (Araneae: Mesothelae). Zoologica 154: 1–102.

Harvey, M. S, 1992. The phylogeny and classification of the Pseudoscorpionida (Chelicerata: Arachnida). Invert. Taxon. 6: 1373–1435.

Hayashi, C. Y. e R. V. Lewis. 2000. Molecular architecture and evolution of a modular spider silk protein gene. Science 287: 1477–1479.

Hayashi, C. Y, N. H. Shipley e R. V. Lewis. 1999. Hypotheses that correlate the sequence, structure, and mechanical properties of spider silk proteins. Int. J. Biol. Macromol. 24: 271–275.

Herberstein, M. E. (ed.) 2011. *Spider behaviour: flexibility and versatility*. Cambridge University Press, Cambridge.

Homann, H. 1971. Die Augen der Araneae. Anatomie, Ontogenie und Bedeutung für die Systematik (Chelicerata, Arachnida). Z. Morphol. Tiere 69: 201–268.

Hormiga, G. e C. E. Griswold. 2014. Systematics, phylogeny and evolution of orb-weaving spiders. Ann. Rev. Entomol. 59: 487–512.

Huber, B. A. 2004. Evolutionary transformation from muscular to hydraulic movements in spider (Arachnida, Araneae) genitalia: a study based on histological serial sections. J. Morphology, 261(3): 364–376.

Jackson, R. R. e R. S. Wilcox. 1998. Spider-eating spiders. Am. Sci. 86: 350–357.

Jackson, R. R., e F. R. Cross. 2011. Spider cognition. Adv. Insect Physiol. 41: 115.

Jackson, R. R. e F. R. Cross. 2015. Mosquito-terminator spiders and the meaning of predatory specialization. J. Arachnol. 43: 123–142.

Jocqué, R., e A. S. Dippenaar-Schoeman. 2006. *Spider families of the world*. Musée royal de l'Afrique centrale.

Kaston, B. J. 1970. The comparative biology of American black widow spiders. Trans. San Diego Soc. Nat. Hist. 16: 33–82.

Keegan, H. L. 1980. *Scorpions of Medical Importance*. University Press of Mississippi, Jackson.

Kovoor, J. 1987 Comparative structure and histochemistry of silk producing organs in arachnids. pp. 160–186 in W. Nentwig (ed.), *Ecophysiology of Spiders*. Springer Verlag, Berlim.

Krantz, G. W. 1978. *A Manual of Acarology, 2nd Ed*. Oregon State University, Corvallis.

Lamy, E. 1902. Recherches anatomiques sur les trachées des Araignées. Ann. Sci. Nat. Zool. 15: 149–281.

Land, M. F. 1985. The morphology and optics of spider eyes. pp. 53–78 in F. G. Barth (ed.), *Neurobiology of Arachnids*. Springer Verlag, Berlim.

Levi, H. W. 1967. Adaptations of respiratory systems of spiders. Evolution 21: 571–583.

Lubin, Y. e T. Bilde. 2007. The evolution of sociality in spiders. Adv. Stud. Behav. 37: 83–145.

Ludwig, M. e G. Alberti. 1990. Pecularities of arachnid midgut glands. Acta Zool. Fenn. 190: 255–259.

Michalik, P., e M. J. Ramirez, M. J. 2014. Evolutionary morphology of the male reproductive system, spermatozoa and seminal fluid of spiders (Araneae, Arachnida) – current knowledge and future directions. Arthropod Struct. Dev. 43: 291–322.

Murienne, J., M. S. Harvey e G. Giribet. 2008. First molecular phylogeny of the major clades of Pseudoscorpiones (Arthropoda: Chelicerata). Mol. Phylogenet. Evol. 49: 170–184.

Nentwig, W. 2013. *Spider Ecophysiology*. Berlim/Heidelberg: Springer.

Opell, B. D. (1998). The respiratory complementarity of spider book lung and tracheal systems. J. Morphol. 236(1): 57–64.

Palmgren, P. 1978. On the muscular anatomy of spiders. Acta Zool. Fenn. 155: 1–41.

Parry, D. A. e R. H. J. Brown. 1959. The jumping mechanism of salticid spiders. J. Exp. Biol. 36: 654.

Paul, R. J., S. Bihlmayer, M. Colmorgen e S. Zahler. 1994. The open circulatory system of spiders (*Eurypelma californicum, Pholcus phalangioides*): A survey of functional morphology and physiology. Physiol. Zool. 67: 1360–1382.

Paulus, H. F. 1979. Eye structure and the monophyly of Arthropoda. pp. 299–377 in A. P. Gupta (ed.), *Arthropod Phylogeny*. Van Nostrand Reinhold, Nova York.

Penney, D. e P. A. Selden. 2011. *Fossil Spiders: The evolutionary history of a megadiverse order*. Siri Scientific Press, Manchester,

Petrunkevitch, A. 1955. Arachnida. pp. 42–162 in R. C. Moore (ed.), *Treatise on Invertebrate Paleontology, Vol. 2*. Geological Society of America, Nova York.

Pinto-da-Rocha, R., G. Machado e G. Giribet (eds.) 2007. *Harvestmen: The Biology of Opiliones*. Harvard University Press, Cambridge, MA.

Pittard, K. e R. W. Mitchell. 1972. Comparative morphology of the life stages of *Cryptocellus pelaezi* (Arachnida, Ricinulei). Graduate Studies Texas Tech University 1: 1–77.

Platnick, N. I. 1971. The evolution of courtship behavior in spiders. Bull. Br. Arachnol. Soc. 2: 40–47.

Platnick, N. I. e W. J. Gertsch. 1976. The suborders of spiders: A cladistic analysis. Am. Mus. Novit. 2607: 1–15.

Polis, G. A. (ed.). 1990. *The Biology of Scorpions*. Stanford University Press, Stanford, CA.

Polis, G. A. e R. D. Farley. 1980. Population biology of a desert scorpion (*Paruroctonus mesanensis*): survivorship, microhabitat, and the evolution of life history strategy. Ecology 61: 620–629.

Punzo, B. 1998. *The Biology of Camel-spiders (Arachnida, Solifugae)*. Kluwer Academic Publishers, Boston.

Purcell, E. F. 1909. Development and origin of the respiratory organs of Araneae. Quart. J. Microsc. Sci. 54: 1–110.

Richter, S. *et al*. 2013. The arthropod head. pp. 223–240 in A. Minelli, G. Boxshall e G. Fusco (eds.), *Arthropod Biology and Evolution: Molecules, Development, Morphology*. Springer, Heidelberg.

Robinson, M. H. e B. Robinson. 1980. *Comparative Studies of the Courtship and Mating Behavior of Tropical Araneid Spiders. Pacific Insects Monograph, No. 36*. Department of Entomology, Bishop Museum, Honolulu, HI.

Rovner, J. S., G. A. Higashi e R. F. Foelix. 1973. Maternal behavior in wolf spiders: The role of abdominal hairs. Science 182: 1153–1155.

Sabu, L. S. 1965. Anatomy of the central nervous system of arachnids. Zool. Jahrb. Abt. Anat. Ontog. Tiere 82: 1–154.

Sauer, J. R. e J. A. Hair (eds.). 1986. *Morphology, Physiology, and Behavioral Biology of Ticks*. Eillis Horwood, Chichester.

Savory, T. H. 1977. *Arachnida*, 2nd Ed. Academic Press, Nova York.

Schwager, E. E. *et al*. 2015. Chelicerata. In A. Wanninger (ed.) *Evolutionary Developmental Biology of Invertebrates 3: Ecdysozoa I: Non-Tetraconata*. Springer-Verlag, Viena.

Selden, P. A. e D. Penney. 2010. Fossil spiders. Biol. Rev. 85: 171–206.

Selden, P. A., W. A. Shear e M. D. Sutton. 2008. Fossil evidence for the origin of spider spinnerets, and a proposed arachnid order. Proc. Natl. Acad. Sci. USA 105: 20781–20785.

Sharma, P. P. *et al*. 2015. Phylogenomic resolution of scorpions reveals multilevel discordance with morphological phylogenetic signal. Proc. R. Soc. B Biol. Sci. 282: 20142953.

Sharma, P. P. e G. Giribet. 2014. A revised dated phylogeny of the arachnid order Opiliones. Front. Genetics 5: 255.

Sharma, P. P. *et al*. 2014. Phylogenomic interrogation of Arachnida reveals systemic conflicts in phylogenetic signal. Mol. Biol. Evol. 31: 2963–2984.

Sharma, P. P. *et al*. 2014. Hox gene duplications correlate with posterior heteronomy in scorpions. Proc. R. Soc. B Biol. Sci. 281: 20140661.

Sharma, P. P. *et al*. 2013. *Distal-less* and *dachshund* pattern both plesiomorphic and apomorphic structures in chelicerates: RNA interference in the harvestman *Phalangium opilio* (Opiliones). Evol. Dev. 15: 228–242.

Shear, W. A. (ed.). 1981. *Spiders: Webs, Behavior and Evolution*. Stanford University Press, Stanford, CA.

Shultz, J. W. 2007. A phylogenetic analysis of the arachnid orders based on morphological characters. Zool. J. Linn. Soc. 150: 221–265.

Smrž, J. *et al*. 2013. Micro-whip scorpions (Palpigradi) feed on heterotrophic Cyanobacteria in Slovak caves–A curiosity among Arachnida. PLoS ONE 8: e75989.

Stollewerk, A. e A. D. Chipman. 2006. Neurogenesis in myriapods and chelicerates and its importance for understanding arthropod relationships. Integr. Comp. Biol. 46: 195–206.

Tanaka, G. *et al*. 2013. Chelicerate neural ground pattern in a Cambrian great appendage arthropod. Nature 502: 364–367.

Walter, D. E. e H. C. Proctor. 2013. *Mites: Ecology, Evolution & Behaviour. Life at a Microscale, Second Edition*. Springer, Dordrescht.

Ubick, D. e N. Dupérré. 2005. *Spiders of North America: An Identification Manual*. American Arachnological Society, Keene, New Hampshire.

Uhl, G. 2000. Female genital morphology and sperm priority patterns in spiders (Araneae). pp. 145–156 in S. Toft e N. Scharff (eds.), *European Arachnology 2000*. Aarhus University Press, Aarhus.

Vollrath, F. e P. Selden. 2007. The role of behavior in the evolution of spiders, silks, and webs. Ann. Rev. Ecol. Evol. S. 819–846.

Watson, P. J. 1986. Transmission of a female sex pheromone thwarted by males in the spider *Linyphia litigiosa* (Linyphiidae). Science 233: 219–221.

Weygoldt, P. 1969. *The Biology of Pseudoscorpions*. Harvard University Press, Cambridge, MA.

Weygoldt, P. 2000. *Whip spiders (Chelicerata: Amblypygi). Their Biology, Morphology and Systematics*. Apollo Books, Stenstrup.

Wirkner, C. S. e L. Prendini. 2007. Comparative morphology of the hemolymph vascular system in scorpions–a survey using corrosion casting, microCT, and 3D-reconstruction. J. Morphol. 268: 401–413.

Wirkner, C.S., Tögel, M. e Pass, G., 2013. The arthropod circulatory system. pp. 343–391 in A. Minelli, G. Boxshall e G. Fusco (eds.), *Arthropod Biology and Evolution: Molecules, Development, Morphology*. Springer, Heidelberg.

Wise, D. H. 1993. *Spiders in Ecological Webs*. Cambridge University Press, Cambridge.

Witt, P. N., C. F. Reed e D. B. Peakall. 1968. *A Spider's Web*. Springer Verlag, Berlim.

Witt, P. N. e J. S. Rovner (eds.). 1982. *Spider Communication: Mechanisms and Ecological Significance*. Princeton University Press, Princeton, NJ.

World Spider Catalog. 2015. *World Spider Catalog*. Natural History Museum Bern, online at wsc.nmbe.ch

Pycnogonida

Arango, C. P. e W. C. Wheeler. 2007. Phylogeny of the sea spiders (Arthropoda, Pycnogonida) based on direct optimization of six loci and morphology. Cladistics 23: 255–293.

Arnaud, F. e R. N. Bamber. 1987. The biology of the Pycnogonida. pp. 1–96 in J. H. S. Blaxter e A. J. Southward (eds.), *Advances in Marine Biology, Vol. 24*. Academic Press, Nova York.

Bain, B. 1991. Some observations on biology and feeding behavior in two southern California pycnogonids. Bijd. Dierkunde 61: 63–64.

Behrens, W. 1984. Larvenentwicklung und Metamorphose von *Pycnogonum litorale* (Chelicerata, Pantopoda). Zoomorphologie 104: 266–279.

Bergström, J., W. Stürmer e G. Winter. 1980. *Palaeoisopus, Palaeopantopus* and *Palaeothea*, pycnogonid arthropods from the Lower Devonian Hunsrück Slate, West Germany. Palaeont. Zh. 54: 7–5

Brenneis, G., A. Stollewerk e G. Scholtz. 2013. Embryonic neurogenesis in *Pseudopallene* sp. (Arthropoda, Pycnogonida) includes two subsequent phases with similarities to different arthropod groups. EvoDevo 4: 32.

Brenneis, G., P. Ungerer e G. Scholtz. 2008. The chelifores of sea spiders (Arthropoda, Pycnogonida) are the appendages of the deutocerebral segment. Evol. Dev. 10: 717-724.

Child, C. A. 1986. A parasitic association between a pycnogonid and a scyphomedusa in midwater. J. Mar. Biol. Assoc. U.K. 66: 113-117.

Cole, L. J. 1905. Ten-legged pycnogonids, with remarks on the classification of the Pycnogonida. Ann. Mag. Nat. Hist. 15: 405-415.

Fahrenbach, W. H. e C. P. Arango. 2007. Microscopic anatomy of Pycnogonida: II. Digestive system. III. Excretory system. J. Morphol. 268: 917-935.

Fry, W. G. 1965. The feeding mechanisms and preferred foods of three species of Pycnogonida. Bull. Br. Mus. Nat. Hist. Zool. 12: 195-223.

Fry, W. G. 1978. A classification within the Pycnogonida. Zool. J. Linn. Soc. 63: 35-78.

Fry, W. G. (ed.). 1978. Sea Spiders (Pycnogonida). Zool. J. Linn. Soc. 63: 1-238.

Hedgpeth, J. W. 1954. On the phylogeny of the Pycnogonida. Acta Zool. 35: 193-213.

Hedgpeth, J. W. 1978. A reappraisal of the Palaeopantopoda with description of a species from the Jurassic. Zool. J. Linn. Soc. 63: 23-34.

Hedgpeth, J. W. 1982. Pycnogonida. pp. 169-173 in S. P. Parker (ed.), *Synopsis and Classification of Living Organisms, Vol. 2*. McGraw-Hill, Nova York.

Henry, L. M. 1953. The nervous system of the Pycnogonids. Microentomology 18: 16-36.

King, P. E. 1973. *Pycnogonids*. Hutchinson University Library, Londres.

Lehmann, T., M. Heβ e R. R. Melzer. 2012. Wiring a periscope-ocelli, retinula axons, visual neuropils and the ancestrality of sea spiders. PLoS ONE 7: e30474.

Machner, J. e G. Scholtz. 2010. A scanning electron microscopy study of the embryonic development of *Pycnogonum litorale* (Arthropoda, Pycnogonida). J. Morphol. 271: 1306-1318.

Maxmen, A. *et al.* 2005. Neuroanatomy of sea spiders implies an appendicular origin of the protocerebral segment. Nature 437: 1144-1148.

Miyazaki, K. 2002. On the shape of foregut lumen in sea spiders (Arthropoda: Pycnogonida). J. Mar. Biol. Assoc. U.K. 82: 1037-1038.

Morgan, E. 1972. The swimming of *Nymphon gracile* (Pycnogonida): The swimming gait. J. Exp. Biol. 56: 421-432.

Nakamura, K. 1981. Postembryonic development of a pycnogonid *Propallene longiceps*. J. Nat. Hist. 15: 49-62.

Nakamura, K. e K. Sekiguchi. 1980. Mating behavior and oviposition in the pycnogonid *Propallene longiceps*. Mar. Ecol. Prog. Ser. 2: 163-168.

Siveter, D. J. *et al.* 2004. A Silurian sea spider. Nature 431: 978-980.

Tomaschko, K. H., E. Wilhelm e D. Bückmann. 1997. Growth and reproduction of *Pycnogonum litorale* (Pycnogonida) under laboratory conditions. Mar. Biol. 129: 595-600.

Vilpoux, K. e D. Waloszek. 2003. Larval development and morphogenesis of the sea spider *Pycnogonum litorale* (Ström, 1762) and the tagmosis of the body of Pantopoda. Arthropod Struct. Dev. 32: 349-383.

Waloszek, D. e J. A. Dunlop. 2002. A larval sea spider (Arthropoda: Pycnogonida) from the Upper Cambrian "Orsten" of Sweden, and the phylogenetic position of pycnogonids. Palaeontology 45: 421-446.

Wyer, D. W. e P. E. King. 1974. Relationships between some British littoral and sublittoral bryozoans and pycnogonids. Estuarine Coastal Mar. Sci. 2: 177-184.

25

Introdução aos Deuterostômios e ao Filo Echinodermata

Com este capítulo, iniciamos a discussão sobre o pequeno, mas importante, clado conhecido como Deuterostomia. Embora inclua apenas três filos (Echinodermata, Hemichordata e Chordata) e cerca de 60.000 espécies vivas descritas (das quais apenas cerca de 10.500 são de invertebrados), Deuterostomia tem desempenhado um papel proeminente na história da zoologia por ser o clado ao qual pertencem os vertebrados e, portanto, os seres humanos. Os fósseis mais antigos classificados como bilatérios datam do período Ediacarano, ou seja, embriões encontrados nos depósitos de Doushantuo na China (datados entre 600 e 580 milhões de anos). O fóssil de deuterostômio mais antigo é de uma criatura com 530 milhões de anos conhecida como *Yunnanozoon*, encontrada na biota de Chengjiang da província de Yunnan, China, e pertencente ao período Cambriano Inferior. Contudo, as técnicas de datação molecular sugerem que a origem de Bilateria provavelmente seja mais antiga, talvez há 630 a 600 milhões de anos, ou antes.

Nos estágios iniciais da evolução dos bilatérios, houve uma separação entre duas linhagens principais, há muito conhecidas como Protostomia e Deuterostomia. Como está descrito no Capítulo 9, esses grupos foram assim nomeados há mais de 100 anos e, por muito tempo, foram definidos com base em princípios embriológicos. Nos protostômios, dizia-se que o blastóporo (a posição do embrião que geralmente origina os tecidos endodérmicos) dava origem à boca ("protostômio" = boca primeiro). Tipicamente nos deuterostômios, o blastóporo dá origem ao ânus nos adultos e, por isso, a boca forma-se secundariamente em um local diferente ("deuterostômio" = boca segundo). Nessas duas linhagens, o blastóporo está situado no polo vegetal do embrião quando a gastrulação começa. Durante muito tempo, acreditou-se que o desenvolvimento deuterostômio fosse uma sinapomorfia do clado Deuterostomia. Contudo, essa hipótese não é mais sustentável porque hoje se sabe que alguns filos com desenvolvimento deuterostômio (p. ex., Brachiopoda) fazem parte do clado dos protostômios (Protostomia).

O advento da filogenia molecular, que confirma a monofilia dos clados conhecidos como Protostomia e Deuterostomia, resultou em algumas realocações, e quatro filos antes

Classificação do reino Animal (Metazoa)

Não Bilateria*
(Também conhecidos como diploblastos)
  FILO PORIFERA
  FILO PLACOZOA
  FILO CNIDARIA
  FILO CTENOPHORA

Bilateria
(Também conhecidos como triploblastos)
  FILO XENACOELOMORPHA

Protostomia
  FILO CHAETOGNATHA
  Spiralia
    FILO PLATYHELMINTHES
    FILO GASTROTRICHA
    FILO RHOMBOZOA
    FILO ORTHONECTIDA
    FILO NEMERTEA
    FILO MOLLUSCA
    FILO ANNELIDA
    FILO ENTOPROCTA
    FILO CYCLIOPHORA
  Gnathifera
    FILO GNATHOSTOMULIDA
    FILO MICROGNATHOZOA
    FILO ROTIFERA
  Lophophorata
    FILO PHORONIDA
    FILO BRYOZOA
    FILO BRACHIOPODA
  Ecdysozoa
    Nematoida
      FILO NEMATODA
      FILO NEMATOMORPHA
    Scalidophora
      FILO KINORHYNCHA
      FILO PRIAPULA
      FILO LORICIFERA
    Panarthropoda
      FILO TARDIGRADA
      FILO ONYCHOPHORA
      FILO ARTHROPODA
        SUBFILO CRUSTACEA*
        SUBFILO HEXAPODA
        SUBFILO MYRIAPODA
        SUBFILO CHELICERATA

Deuterostomia
  FILO ECHINODERMATA
  FILO HEMICHORDATA
  FILO CHORDATA

*Grupo parafilético.

classificados no clado dos deuterostômios hoje fazem parte dos protostômios. Além disso, novos padrões embriológicos começaram a surgir. No clado Deuterostomia, o blastóporo sempre origina o ânus, enquanto a boca forma-se secundariamente. Contudo, no clado Protostomia, hoje se sabe que a gastrulação é muito mais variada, e alguns filos protostômios têm desenvolvimento deuterostômio (*i. e.*, o blastóporo transforma-se no ânus). Existem evidências crescentes de que a formação da boca a partir da ectoderme oral (no polo animal), o desenvolvimento do ânus a partir do blastóporo e a clivagem radial, todos processos típicos da embriogenia dos deuterostômios, possam ser ancestrais aos protostômios e deuterostômios. Consequentemente, os aspectos embriológicos que antes definiam esses dois grandes clados de bilatérios não o fazem mais sem ambiguidades hoje em dia e, por isso, nossa visão filogenética/taxonômica atual dos clados Protostomia e Deuterostomia baseia-se unicamente nas evidências da filogenética molecular. Entretanto, os nomes antigos Protostomia e Deuterostomia continuam a ser usados para descrever essas duas linhagens animais. Provavelmente, existem sinapomorfias morfológicas ou de desenvolvimento que definem esses dois clados, mas ainda não foram identificadas com certeza – ainda que uma sinapomorfia possível dos deuterostômios seja uma condição celômica corporal trimérica, ao menos primitivamente (tal característica não está presente no filo Chordata). Uma sinapomorfia genética dos deuterostômios pode ser a presença do importante gene do desenvolvimento conhecido como *Nodal*, que parece singular a esse clado.

Entre o clado dos deuterostômios, estudos paleontológicos, morfológicos e moleculares hoje indicam que os equinodermos e os hemicordados constituem um grupo-irmão (um clado conhecido como Ambulacraria), e esse é o grupo-irmão de Chordata. O clado Ambulacraria também é apoiado pelos elementos compartilhados do gene Hox e pelas recombinações genéticas. Essas relações implicam que as características compartilhadas pelos cordados e hemicordados (antes considerados representantes de um grupo-irmão), inclusive as fendas branquiais, devem ter sido ancestrais nos deuterostômios, mas foram perdidas pela linhagem dos equinodermos (e também pelos hemicordados pterobrânquios). As fendas branquiais dos deuterostômios foram mostradas como homologia com base em seus padrões de expressão gênica. Outra característica compartilhada entre os hemicordados e cordados é a estomocorda/notocorda, há muito consideradas homólogas. Contudo, hoje se acredita que um grupo de células vacuoladas dos deuterostômios ancestrais tenha originado essas estruturas independentemente nos hemicordados e nos cordados. Em Chordata, Urochordata são irmãos de Vertebrata, um grupo conhecido como Olfactores, enquanto Cephalochordata é irmão desses últimos. Existem algumas evidências de que o gênero enigmático dos vermes *Xenoturbella* possa estar perto da base da linhagem dos deuterostômios, mas evidências contrárias indicam que estejam relacionados a Acoelomorpha como um clado bilatério ancestral (conhecido como Xenacoelomorpha); essa é a hipótese sustentada neste livro.

Filo Echinodermata

Os membros do filo Echinodermata (do grego *echinos*, "espinho"; *derma*, "pele") são bem-conhecidos de muitos como animais marinhos emblemáticos, em parte porque são estritamente marinhos.

Esse filo contém cerca de 7.300 espécies vivas conhecidas e inclui todos os lírios-do-mar, penas-do-mar, estrelas-do-mar,[1] serpentes-do-mar, ouriços-do-mar, bolachas-da-praia, ouriços-coração e pepinos-do-mar (Figuras 25.1 e 25.2). Também existem mais cerca de 15.000 espécies identificadas em um registro fóssil rico com datação ao menos do período Cambriano Inicial. Os fósseis e os animais vivos demonstram enorme amplitude morfológica, que faz desse filo um clado especialmente interessante para explorar as origens da história evolutiva.

As dimensões dos equinodermos variam dos diminutos ouriços-do-mar, pepinos-do-mar e serpentes-do-mar (menos de 1 cm de diâmetro), até as estrelas-do-mar com mais de 1 m de largura de uma ponta à outra dos braços, além dos pepinos-do-mar que medem mais de 3 m de comprimento. Embora algumas espécies tolerem água salobra, os equinodermos não desenvolveram mecanismos excretores, respiratórios ou osmorreguladores que lhes permitam explorar hábitats de água doce ou terrestres. Contudo, nos oceanos, esses animais podem ser encontrados em todas as profundidades do planeta. Alguns autores afirmam que os equinodermos são basicamente residentes do fundo do mar (*i. e.*, bentônicos), e é verdade que, em algumas regiões dos mares profundos, os únicos organismos identificáveis nas fotografias do fundo são equinodermos. Entretanto, a afirmação de que os equinodermos são predominantemente bentônicos é verdadeira apenas para os adultos (com exceção de algumas espécies pelágicas e bentopelágicas, ver Figura 25.1 P e Q), porque as larvas dos equinodermos são componentes importantes das comunidades pelágicas. Em suas formas larvais, os equinodermos são extremamente importantes para a ecologia das comunidades planctônicas e, em sua forma adulta, eles desempenham funções fundamentais nos ecossistemas marinhos bentônicos como depositívoros e suspensívoros (principalmente pepinos-do-mar e lírios-do-mar), predadores (especialmente algumas estrelas-do-mar), herbívoros raspadores (muitos ouriços-do-mar) e organismos que processam e renovam os sedimentos (como os ouriços-coração).

Os equinodermos podem ser considerados os metazoários mais estranhos da Terra. Os animais com simetria radial ou bilateral são intuitivamente fáceis de entender, mas a pentarradialidade desenvolvida secundariamente pelos equinodermos adultos desafia nossos conceitos de vida. Esses animais têm sistemas corporais diferentes de quaisquer outras criaturas e não têm partes corporais que aparentemente deveriam ter. Sem mencionar o catálogo fóssil enorme e bizarro, que dificulta extremamente o entendimento desse filo. Os equinodermos poderiam ser entendidos como "restos" mutantes de um piquenique de extraterrestres do período Pré-cambriano. Na verdade, um jargão singular e até certo ponto complexo foi desenvolvido apenas para descrever a anatomia improvável dos equinodermos, mas faremos o máximo para usá-lo o mínimo possível.

---

[1] Nos últimos tempos, houve algumas tentativas de alterar esse nome (*starfish*, em inglês) familiar e mais antigo de Asteroidea por *sea star*, talvez no esforço de evitar a confusão desses animais com os peixes. Quando encontramos uma estrela-do-mar, se esse tipo de confusão persiste, então temos problemas maiores, que podem ser solucionados com essa mudança de nomes. Além disso, o que dizer dos termos como *cuttlefish* (sépia), que poderiam gerar confusão ainda maior? As estrelas-do-mar não são peixes, mas também não são bolas flamejantes de hidrogênio em fusão no espaço sideral. Os pepinos-do-mar não são vegetais, os lírios-do-mar não são flores e os cavalos-marinhos não são mamíferos. Os termos consagrados como *starfish* podem ressaltar os momentos educativos quanto à nomenclatura científica e às relações entre os organismos.

Todos os equinodermos vivos têm algum tipo de celoma bem-desenvolvido, um endoesqueleto derivado da mesoderme composta de elementos calcários singulares e uma simetria pentarradial (**pentarradialidade**). O endoesqueleto consiste em ossículos e placas formados por cristais secretados microscópicos de carbonato de cálcio, orientados ao longo do mesmo eixo cristalográfico. Esses microcristais estão associados a quantidades pequenas de tecidos orgânicos e são reunidos para formar um material esquelético poroso singular conhecido como **estereoma**. O estereoma consiste em estacas anastomosadas conhecidas como **trabéculas**, que lhe conferem um aspecto esponjoso ao exame microscópico de grande aumento. Os espaços ocos do estereoma são ocupados por tecidos vivos (**estroma**). No animal vivo, os ossículos e as placas estão ligados entre si por tecidos

Figura 25.1 Representantes de equinodermos. **A.** Penas-do-mar (Crinoidea). **B.** *Linckia laevigata* (Asteroidea), estrela-do-mar dos mares tropicais. **C.** *Astropecten polyacanthus*, estrela-do-mar cavadora de areia. **D.** *Pteraster tesselatus*, estrela-do-mar lodosa. **E.** *Culcita novaeguineae* (Asteroidea), "estrela-do-mar-almofada" do Indo-Pacífico. **F.** *Acanthaster planci* (Asteroidea), coroa-de-espinhos. **G.** *Vista oral* de uma "estrela-de-madeira" (*wood star*) caimanostelídea (Asteroidea). **H.** *Ophiopholis aculeata* (Ophiuroidea), serpentes-do-mar. **I.** Um ofiuroide estrela-de-cesta (Ophiuroidea), *vista oral*. **J.** *Strongylocentrotus purpuratus* (Echinoidea), ouriço-do-mar roxo. **K.** *Dendraster excentricus* (Echinoidea), bolacha-do-mar. **L.** *Loevenia elongata* (Echinoidea), ouriço-coração.

(*continua*)

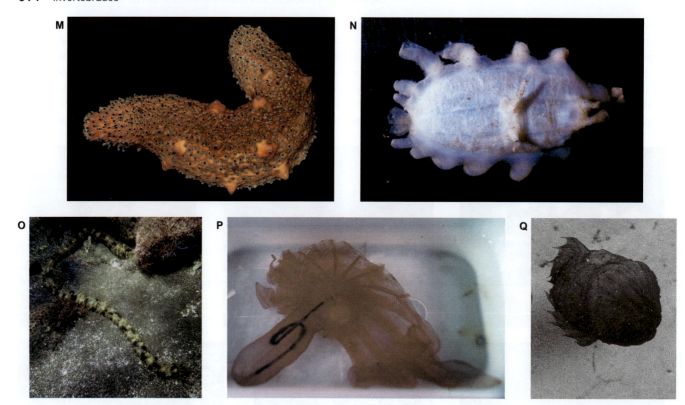

Figura 25.1 (*Continuação*) **M.** *Parastichopus* (Holothuroidea), pepino-do-mar. **N.** *Scotoplanes* (Holothuroidea), pepino-do-mar de águas profundas. **O.** *Synapta* (Holothuroidea), pepino-do-mar apodídeo. **P.** *Pelagothuria* (Holothuroidea), holoturoide pelágico. **Q.** Holoturoide natante abissal *Enypniastes* (Holothuroidea).

conjuntivos. Pesquisadores mostraram que os esqueletos dos equinodermos fósseis (p. ex., carpoides) também têm esse tipo singular de mineralização do endoesqueleto.

Em sua forma adulta, os equinodermos são os únicos animais radialmente simétricos e fundamentalmente pentarradiais, ainda que tal simetria tenha sido modificada em algumas linhagens. Como esses animais são bilatérios deuterostômios, a embriologia dos equinodermos é estudada comumente com um exemplar desse clado. Contudo, esses padrões embrionários básicos são aplicáveis apenas aos estágios bilateralmente simétricos iniciais do desenvolvimento dos equinodermos. O plano corpóreo pentarradial notável está superposto à bilateralidade larval inicial, e a pentarradialidade dos equinodermos adultos é derivada por desenvolvimento e evolução, em comparação com todos os outros animais. A pentarradialidade dos equinodermos adultos está associada a outra característica corporal singular, conhecida como **sistema vascular aquífero**, ou seja, um sistema complexo de tubos e canais derivados de uma parte específica do celoma. O sistema vascular aquífero atende a várias funções, especialmente originar os pés tubulares (também conhecidos como pódios), cruciais a quase todas as interações dos equinodermos com seu ambiente. Essas características estão descritas com detalhes adiante. Como os equinodermos adultos têm simetria radial derivada secundariamente, os termos "dorsal" e "ventral" não têm os mesmos significados anatômicos que nos outros bilatérios, embora esses termos ainda sejam utilizados frequentemente por motivo de conveniência (e com referência apenas à orientação do animal no substrato). A boca é usada como ponto de referência. Os elementos do lado oral do adulto são descritos como **superfície oral**, enquanto os componentes do lado oposto à boca são **aborais**. Por exemplo, nas estrelas-do-mar, a região oral (fundo ou "ventral") fica em contato com o substrato, enquanto a região aboral está "em cima" do animal ("dorsal").

História e classificação taxonômica

Os equinodermos são conhecidos desde tempos antigos. Os europeus antigos recolhiam fósseis de ouriços-coração e consideravam-nos "pedras de trovão" divinas, enterrando-as com seus mortos; imitações das estrelas-do-mar aparecem nos afrescos de Minoan, com 4.000 anos. A Jacob Klein cabe o crédito de ter cunhado o nome Echinodermata, em torno de 1734, quando se referiu aos ouriços-do-mar. Lineu classificou os equinodermos entre os moluscos, ao lado de uma mistura de outros animais da sua classe Vermes, que reunia praticamente todos os invertebrados que não eram artrópodes. Ao longo de quase um século adiante, os equinodermos foram reunidos a vários outros grupos, incluindo cnidários na classe Radiata de Lamarck. Apenas em 1847, Frey e Leuckart reconheceram os equinodermos como táxon bem-definido. Evidências embriológicas e moleculares recentes colocam Echinodermata como filo-irmão de Hemichordata em um clado conhecido como Ambulacraria.

Durante algum tempo, os holoturoides, equinoides e ofiuroides foram classificados em um grupo conhecido como Cryptosyringida. Contudo, evidências fósseis, moleculares e de desenvolvimento apoiam a posição de grupo-irmão dos ofiuroides com os asteroides em um clado conhecido como Asterozoa, enquanto os equinoides e os holoturoides estão posicionados em um clado referido como Echinozoa, e os crinoides representam o primeiro grupo a ramificar (Figura 25.20). Hoje em dia, a nova classe proposta – Concentricycloidea – e estabelecida por Baker *et al.*

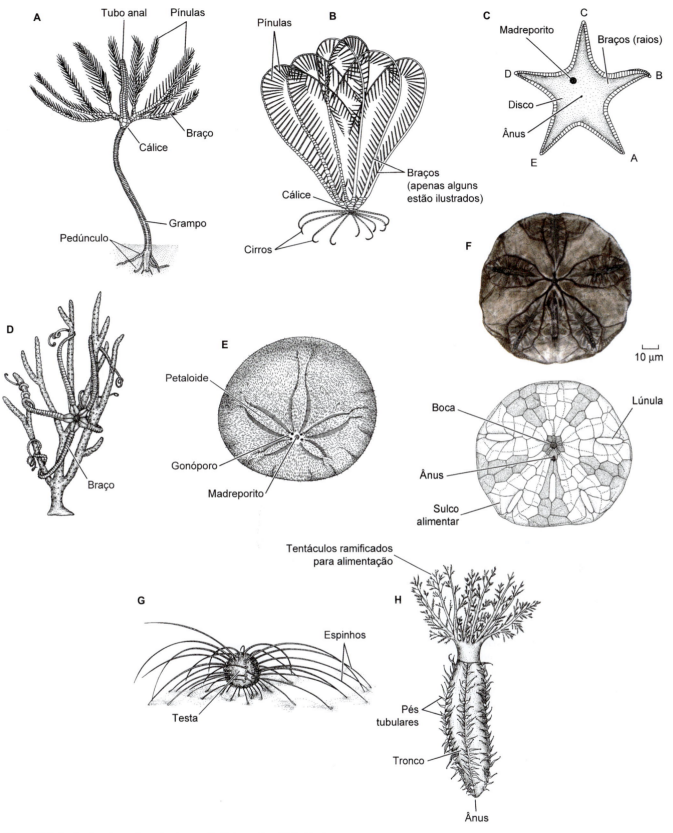

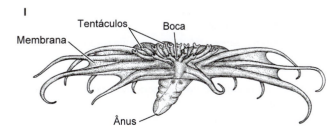

Figura 25.2 Anatomia externa de equinodermos. **A.** *Botryrocrinus* (Crinoidea), crinoide fóssil pedunculado. **B.** *Neometra* (Crinoidea), pena-do-mar com 30 braços. **C.** *Vista aboral* de *Ctenodiscus* (Asteroidea). Os raios estão marcados de acordo com a convenção. **D.** *Asteronyx* (Ophiuroidea), serpente-do-mar subindo em uma gorgônia. **E.** *Vista aboral* de *Dendraster* (Echinoidea), bolacha-da-praia. **F.** Fotografia e ilustração esquemática da *vista oral* de *Mellita* (Echinoidea), uma bolacha-da-praia. **G.** *Plesiodiadema* (Echinoidea), um ouriço-do-mar, tem espinhos extremamente longos para locomoção sobre o lodo do fundo do mar. **H.** *Cucumaria planci* (Holothuroidea), pepino-do-mar dendroquirotáceo. **I.** *Pelagothuria* (Holothuroidea), pepino-do-mar pelágico extremamente modificado.

(1986) é geralmente considerada constituída de asteroides extremamente modificados e adaptados à vida nas florestas submersas.

A grande quantidade de fósseis de equinodermos enigmáticos é uma base firme de argumentação, em razão das opiniões variáveis quanto ao significado das características como apêndices alimentares, estruturas de fixação e até mesmo simetria geral. Alguns autores sugeriram que determinados fósseis bilateralmente simétricos a um exame superficial possam ser interpretados como representativos dos primeiros equinodermos. Outros acham mais razoável e congruente com o registro fóssil sugerir que essas singularidades reflitam modificação secundária da morfologia pentarradial mais primitiva – indicando perda dos raios, como se observa comumente em outros clados. As morfologias diversificadas dos equinodermos fósseis levaram alguns pesquisadores a enfatizar as diferenças, reconhecendo mais de 25 classes separadas. Outros buscam as semelhanças fundamentais com homologias abrangentes e reconhecem menos clados principais. Alguns dos clados extintos importantes são apresentados na seção sobre filogenia no final deste capítulo.

O esquema de classificação apresentado a seguir está baseado em vários autores e reconhece cinco clados principais (em geral, referidos como classes) de equinodermos vivos. Contudo, os leitores devem lembrar que existem outros sistemas de classificação (Quadro 25.1).

Quadro 25.1 Características do filo Echinodermata.

1. Endoesqueleto calcário derivado da mesoderme e composto de ossículos e placas separadas, formadas por uma estrutura reticulada aberta conhecida como estereoma, em que os interstícios são preenchidos por tecidos vivos (estroma).
2. Adultos com simetria pentarradial básica; cinco raios estendem-se para fora a partir da boca.
3. Embriogenia fundamentalmente deuterostômia, com clivagem radial, mesoderme derivada da endoderme, enterocelia e boca não derivada do blastóporo.
4. Corpo dividido em regiões axial, extra-axial perfurada e extra-axial imperfurada; a região axial expressa simetria radial derivada do rudimento; os elementos extra-axiais são derivados do corpo larval bilateral.
5. Sistema vascular aquífero derivado da hidrocele do lado esquerdo da larva; composto de uma série complexa de canais cheios de líquidos, representados externamente pelos pés tubulares do ambulacro; as partes mais antigas do raio estão perto da boca, enquanto as mais novas estão nas pontas dos raios.
6. Parede corporal contendo tecidos colagenosos mutáveis.
7. Trato digestivo completo; ânus em alguns casos ausente.
8. Nenhum órgão excretor especializado bem-definido.
9. Estruturas circulatórias (quando presentes) que consistem no sistema hemal derivado das cavidades e dos seios celômicos.
10. Sistema nervoso difuso e descentralizado, consistindo em rede nervosa subepitelial, anel nervoso e nervos radiais.
11. Predominantemente gonocorísticos; desenvolvimento direto ou indireto.

FILO ECHINODERMATA

SUBFILO CRINOZOA Uma classe de animais vivos (Crinoidea) com a boca voltada para cima e circundada por braços ramificados.

CLASSE CRINOIDEA. Lírios-do-mar e penas-do-mar (Figuras 25.1 A; 25.2 A e B). Os braços irradiam da concavidade central (cálice), e a boca e a superfície oral estão voltadas para cima; quando existe, o pedúnculo aboral origina-se do lado aboral do cálice; ambulacro nos braços, que contêm pínulas; braços compostos pela confluência de elementos axiais e extra-axiais; as somatoceles direita e esquerda estão em continuidade desde o cálice até o interior dos braços; ambulacro não calcificado, formando fechamentos de tecidos moles das cavidades celômicas dos braços, com canal aquífero radial externo; cada lado do ambulacro tem paliçada de placas de cobertura; pés tubulares diminutos, sem ventosas; os ambulacros podem ramificar-se igual e repetidamente; madreporito, boca e ânus na superfície oral do cálice. Cerca de 625 espécies vivas. Os lírios-do-mar têm pedúnculo durante toda a sua vida, mas as penas-do-mar não têm pedúnculos em sua forma adulta.

> **ORDEM COMATULIDA.** Penas-do-mar. Pedúnculo perdido depois do estágio pós-larval; o elemento mais proximal do pedúnculo das penas-do-mar é conservado na base da concavidade para apoiar os cirros, que funcionam como apêndices de fixação (p. ex., *Antedon, Bourgeticrinus, Comatula, Mariametra, Tropiometra*).

> **ORDEM CYRTOCRINIDA.** Lírios-do-mar aberrantes, sem pedúnculos. Em alguns casos, o cálice é alongado e semelhante a um pedúnculo; não há cirros; o cálice está diretamente fixado ao fundo, ou é fixado por um disco (p. ex., *Pilocrinus, Neogymnocrinus, Cyathidium, Holopus*).

> **ORDEM HYOCRINIDA.** Lírios-do-mar com pedúnculos bem-desenvolvidos e fixados ao fundo por um disco terminal expandido (grampo); o pedúnculo não tem cirros, tampouco elementos nodais e internodais (i. e., os elementos que compõem o pedúnculo são idênticos) (p. ex., *Hyocrinus, Calamocrinus, Ptilocrinus, Laubiericrinus, Thalassocrinus*).

> **ORDEM ISOCRINIDA.** Lírios-do-mar com cálice composto de elementos muito espessos no estereoma; com pedúnculo bem-desenvolvido formado por elementos internodais (sem cirros) e nodais (com cirros) (p. ex., *Isocrinus, Hypalocrinus, Neocrinus, Teliocrinus, Endoxocrinus, Metacrinus, Saracrinus*).

SUBFILO ASTEROZOA. Contém os animais estrelados – Asteroidea e Ophiuroidea, nos quais a boca está voltada para o substrato.

CLASSE ASTEROIDEA. Estrelas-do-mar (Figuras 25.1 B a G; 25.2 C). Corpo estrelado com cinco ou mais braços; os braços não são nitidamente demarcados do disco central por articulações bem-definidas; os braços consistem em extensões celômicas envolvidas por paredes corporais axiais e extra-axiais; ânus (quando presente) na superfície aboral; boca voltada na direção do substrato; sulcos ambulacrais com vaso aquífero radial externo; pés tubulares com ampolas internas, com ou sem ventosas; madreporito aboral no espaço interambulacral CD. Cerca de 1.900 espécies existentes. Ver uma classificação alternativa em Blake, 1987. (Nas classificações mais recentes, o grupo Concentricycloidea é tratado como uma infraclasse de Asteroidea.)

ORDEM FORCIPULATIDA. Cinco a 50 braços; pés tubulares com ventosas; ânus presente; com pedicelárias semelhantes a pinças. Estrelas-do-mar amplamente distribuídas, incluindo as espécies intermarés mais conhecidas. Várias centenas de espécies descritas (p. ex., *Asterias, Pisaster, Heliaster, Labidiaster, Pedicellaster, Pycnopodia, Stichaster, Zoroaster*).

ORDEM BRISINGIDA. Entre seis e 20 braços atenuados e longos; anel fundido com placas discais; pedicelárias cruzadas semelhantes a pinças. A maioria consiste em suspensívoros dos mares profundos (p. ex., *Brisinga, Odinia, Freyella, Astrocles*).

ORDEM SPINULOSIDA. Cinco a 18 braços; pés tubulares com ventosas; ânus presente; geralmente sem pedicelárias. Incluem algumas centenas de espécies (p. ex., *Echinaster, Henricia, Acanthaster, Mithrodia*).

ORDEM NOTOMYOTIDA. Geralmente cinco braços longos com laterais retilíneas; disco pequeno; faixas musculares proeminentes estendem-se dentro dos celomas dos braços, desde o disco até a ponta (p. ex., *Benthopecten, Cheiraster*).

ORDEM PAXILLOSIDA. Superfície superior com grupos de ossículos (paxilas) semelhantes a um guarda-chuva; pés tubulares sem ventosas; ânus presente ou ausente. Animais epibentônicos ou cavadores de águas rasas (p. ex., *Astropecten, Luidia, Platasterias, Ctenodiscus*).

ORDEM VALVATIDA. Pés tubulares com ventosas; ânus presente; alguns têm paxilas; alguns têm pedicelárias semelhantes a pinças recuadas dentro das placas. Amplamente distribuídos com várias centenas de espécies descritas (p. ex., *Archaster, Asterina, Patiria, Goniaster, Fromia, Linckia, Solaster, Ophidiaster, Odontaster, Oreaster, Valvaster*).

ORDEM VELATIDA. Geralmente com 5 a 15 braços; corpo relativamente espesso; disco largo; ossículos do estereoma algumas vezes pouco desenvolvido, particularmente na região aboral. Principalmente formas de águas frias de mar profundo (p. ex. *Pteraster, Hymenaster, Korethraster, Myxaster, Caymanostella*).

CLASSE OPHIUROIDEA. Serpentes-do-mar e "estrelas-de-cesta" (Figuras 25.1 H e I; 25.2 D). Corpo com cinco braços articulados ramificados ou não ramificados, nitidamente demarcados do disco central; as placas orais dos braços cobrem o sulco ambulacral; o celoma dos braços é acentuadamente reduzido; pés tubulares sem ampolas internas ou ventosas; ânus ausente; madreporito na placa interambulacral CD na superfície oral, geralmente reduzida. Cerca de 2.000 espécies vivas, distribuídas em duas ordens.

ORDEM OPHIURIDA. Braços não ramificados capazes de torção horizontal, mas apenas com movimentos verticais limitados; placas orais e aborais dos braços presentes e geralmente bem-desenvolvidas; glândulas digestivas dentro do disco central. Inclui a maioria das serpentes-do-mar vivas (p. ex., *Ophiura, Amphipholis, Amphiura, Ophiactis, Ophiocoma, Ophioderma, Ophiolepis, Ophiomusium, Ophionereis, Ophiomyxa*).

ORDEM EURYALIDA. Braços geralmente muito ramificados, com ramificações muito extensivas nas estrelas-de-cesta; braços capazes de fazer torção vertical e também horizontal; placas dorsais dos braços ausentes; disco central geralmente coberto por derme espessa. Muitos utilizam os braços esticados para formar um filtro semelhante a uma cesta como forma de suspensivoria. Outros vivem com os braços ligeiramente torcidos ao redor dos ramos de corais (p. ex., *Asteronyx, Astrodia, Astrodictyum, Gorgonocephalus, Euryale, Asteroschema*).

SUBFILO ECHINOZOA. Contém Echinoidea e Holothuroidea. As espécies desse subfilo não têm braços bem-definidos, mas têm uma subdivisão especializada da somatocele esquerda, na qual se desenvolve um aparelho mandibular. Esse aparelho mandibular não está presente nos holoturoides, mas a subdivisão da somatocele ainda é perceptível.

CLASSE ECHINOIDEA. Ouriços-do-mar, ouriços-lápis, ouriços-coração e bolachas-da-praia (Figuras 25.1 J a L; 25.2 E a G). Corpo globoso a achatado e discoide, geralmente com bilateralidade derivada secundariamente; placas do estereoma suturadas juntas por tecido conjuntivo e interdigitações de calcita para formar a testa geralmente rígida; testa dividida em região coronal derivada dos elementos do esqueleto axial e sistema apical de elementos extra-axiais; pedicelárias de diversos tipos, mas sempre presentes; espinhos móveis montados sobre tubérculos; os vasos aquíferos radiais estão totalmente contidos dentro da testa; aparelho mandibular interno (lanterna de Aristóteles) presente na maioria dos grupos. Cerca de 1.000 espécies vivas, divididas em duas subclasses.

SUBCLASSE CIDAROIDEA. Ouriços-lápis. Testa alta e globular, placas ambulacrais simples, cada uma com um par de poros sustentando um único pé tubular; espinhos primários grandes, com formato de lápis, sem cobertura epidérmica; ânus localizado no polo aboral; placas ambulacrais em continuidade dentro da membrana peristomial. Cerca de 150 espécies vivas em uma ordem (Cidaroida) (p. ex., *Cidaris, Histocidaris, Stylocidaris, Eucidaris, Phyllacanthus, Psychocidaris*).

SUBCLASSE EUECHINOIDEA. Ouriços-do-mar, ouriços-coração, ouriços-lâmpada, biscoitos-do-mar, bolachas-da-praia. Testa globular a discoide com simetria bilateral marcante em algumas formas (Irregularia); números variáveis de pés tubulares e espinhos por placa; a posição do ânus varia de aboral a "posterior". A lanterna de Aristóteles é ausente nos ouriços-coração e ouriços-lâmpada. Inclui uma ordem (Echinothurioidas), irmã da infraclasse Acroechinoidea. Cerca de 850 espécies vivas.

INFRACLASSE CARINACEA. Ouriços-do-mar com dentes em forma de quilha; podem ser globosos (como nos calicinoides) ou extremamente achatados (como nos irregulários, incluindo bolachas-da-praia). Alguns irregulários não têm lanterna de Aristóteles, mas muitas outras características colocam as formas sem lanterna nesse clado.

SUPERORDEM CALYCINOIDA. Ouriços-do-mar globosos; ânus aboral dentro do sistema apical; os espinhos geralmente não são ocos; placas ambulacrais compostas; cinco pares de brânquias dispostas em círculo na membrana peristomial. Engloba as ordens Echinacea (p. ex., *Arbacia, Stomopneustes, Echinometra, Echinus, Heterocentrotus, Paracentrotus, Strongylocentrotus, Toxopneustes, Tripneustes*) e Calycina (p. ex., *Salenia*).

SUPERORDEM IRREGULARIA. Ouriços-coração, ouriços-lâmpada, bolachas-da-praia, biscoitos-do-mar. Corpo globular ou discoide, sempre com alguma simetria bilateral; o ânus nunca está contido inteiramente dentro do sistema apical, mas fica desviado para a posição "posterior" (ou até oral); espinhos pequenos, formando uma cobertura densa; lanterna de Aristóteles ausente nos ouriços-coração, nos ouriços-lâmpada adultos e nos equinoneoides. Seis ordens existentes: Echinoneoida (holectipoides vivos), Holasteroida (ouriços-coração dos mares profundos), Spatangoida (ouriços-coração), Cassiduloida (ouriços-lâmpada primitivos) e Echinolampadoida (ouriços-lâmpada que formam um grupo-irmão com as bolachas-da-praia) e Clypeasteroida (bolachas-da-praia e biscoitos-do-mar) (p. ex., *Echinoneus, Urechinus, Pourtalesia, Spatangus, Echinocardium, Maretia, Meoma, Metalia, Lovenia, Cassidulus, Echinolampas, Clypeaster, Laganum, Echinocyamus, Echinarachnius, Dendraster, Mellita*).

UM GRUPO PARAFILÉTICO COM 5 ORDENS, QUE CONSTITUEM UMA SÉRIE DE GRUPOS-IRMÃOS DOS CARINÁCEOS. Esse grupo inclui a ordem Echinothurioida mais as ordens "diadematáceas" Microphgoida, Aspidodiadematoida, Diadematoida e Pedinoida, colocadas em um grupo informal não monofilético.

EQUINOTURIOIDES. Estão entre os maiores equinoides; com testa medindo até 30 cm de diâmetro; testa flexível, entrando em colapso quando a água é removida; as placas geralmente são pequenas e finas, articuladas por grandes quantidades de colágeno; ânus aboral; subgrupo de espinhos com glândulas venenosas; algumas espécies com espinhos claviformes para caminhar no lodo. Em geral, são animais de águas profundas (1.000 a 4.000 m). Grupo-irmão dos demais membros Euechinoidea (p. ex., *Araesoma, Asthenosoma, Phormosoma, Sperosoma*).

"DIADEMATÁCEOS". Ouriços-do-mar globosos; ânus aboral; placas ambulacrais compostas dispostas em tríades; espinhos geralmente ocos; cinco pares de brânquias na membrana peristomial (p. ex., *Astropyga, Aspidodiadema, Caenopedina, Diadema, Micropyga*).

CLASSE HOLOTHUROIDEA. Pepinos-do-mar (Figuras 25.1 M a Q; 25.2 H e I). Corpo carnoso, vermiforme e alongado ao longo do eixo oral–aboral; esqueleto geralmente reduzido a ossículos isolados embebidos na parede corporal; simetria pentarradial evidenciada nos tentáculos circum-orais alimentares, derivados diretamente do vaso radial; os tentáculos alimentares podem ser extremamente ramificados; pés tubulares ao longo do corpo com expressão variável, derivados dos canais longitudinais embriologicamente inter-radiais, não homólogos aos canais radiais dos outros equinodermos (Figura 25.3 A); madreporito suspenso do canal pétreo dentro do celoma; com um círculo de tentáculos alimentares ao redor da boca. Cerca de 1.700 espécies de holoturoides (= holotúrios) vivos, distribuídas em cinco ordens.

ORDEM APODIDA. Corpo vermiforme ou serpentiforme, geralmente muito longo e contrátil; sem pés tubulares ao longo do corpo; roda ou âncoras de ossículos abundante e bem-definidos na parede corporal; 10 a 25 tentáculos alimentares ramificados; sem árvores respiratórias. Alguns perfuram por ação peristáltica dos músculos da parede corporal, outros são epifaunais e vivem em diversas profundidades (p. ex., *Chirodota, Myriotrochus, Synapta, Euapta, Leptosynapta*).

ORDEM ASPIDOCHIRODITA. Corpo em forma de salsicha; pés tubulares presentes ao longo do corpo, geralmente dispostos para formar uma área achatada semelhante a uma sola na superfície inferior; tentáculos orais achatados ou em formato de folha; a região oral não tem músculos retratores; as árvores respiratórias estão presentes. Inclui os maiores holoturoides e muitos animais bem-conhecidos das águas rasas (p. ex., *Holothuria, Stichopus, Parastichopus, Thelenota, Actinopyga, Bohadschia, Mesothuria, Bathyplotes, Synallactes*).

ORDEM DENDROCHIROTIDA. Corpo em forma de salsicha, algumas vezes com formato de "U"; parede corporal com ossículos diminutos, mas parcialmente contidos nas placas de alguns gêneros (p. ex., *Psolus*); nos casos típicos, os tentáculos alimentares são ramificados; músculos retratores presentes nos tentáculos e na região oral; pés tubulares presentes ao longo do corpo. Inclui muitos pepinos-do-mar entremarés comuns, dos quais a maioria é suspensívora (p. ex., *Cucumaria, Eupentacta, Phyllophorus, Psolus, Thyone, Ypsilothuria, Vaneyella*).

ORDEM ELASIPODIDA. Parede corporal comumente fina com papilas alongadas, velas ou barbatanas; árvores respiratórias ausentes. Pepinos-do-mar, geralmente de águas profundas, alguns com formatos corporais estranhos adaptados para natação (alguns são bentopelágicos e ao menos uma espécie é completamente pelágica) (p. ex., *Deima, Elpidia, Peniagone, Scotoplanes, Laetmogone, Enypniastes, Pelagothuria, Benthodytes*).

ORDEM MOLPADIDA. Animais corpulentos, estreitados em direção posterior até uma cauda bem-definida; com 10 ou 15 tentáculos digitiformes; não têm pés tubulares ao longo do corpo. Encontrados desde águas rasas até profundidades abaixo de 2.000 m (p. ex., *Caudina, Molpadia, Gephyrothuria*).

Plano corpóreo dos equinodermos

Em geral, a simetria radial está relacionada com os hábitos sésseis ou planctônicos dos animais que exploram seus ambientes por todos os seus lados como suspensívoros (p. ex., estruturas alimentares dos poliquetas, briozoários, foronídeos e outros animais que vivem dentro de tubos) ou predadores passivos (p. ex., cnidários). Contudo, os equinodermos conseguiram combinar a mobilidade com a simetria radial e demonstram muitas estratégias alimentares e estilos de vida diferentes. Grande parte da biologia dos equinodermos está associada ao seu **sistema vascular aquífero** singular (Figura 25.3). Complexo de canais e reservatórios cheios de líquido, o sistema vascular aquífero suporta a função dos **pés tubulares** (ou **pódios**) – projeções carnosas operadas hidraulicamente, que atendem às funções de locomoção, troca gasosa, alimentação, fixação e percepção sensorial. Grande parte da história evolutiva dos equinodermos está associada à elaboração dos **ambulacros**, ou seja, à região ao longo dos raios, nos quais se localizam o sistema vascular aquífero e as placas esqueléticas que sustentam os pés tubulares.

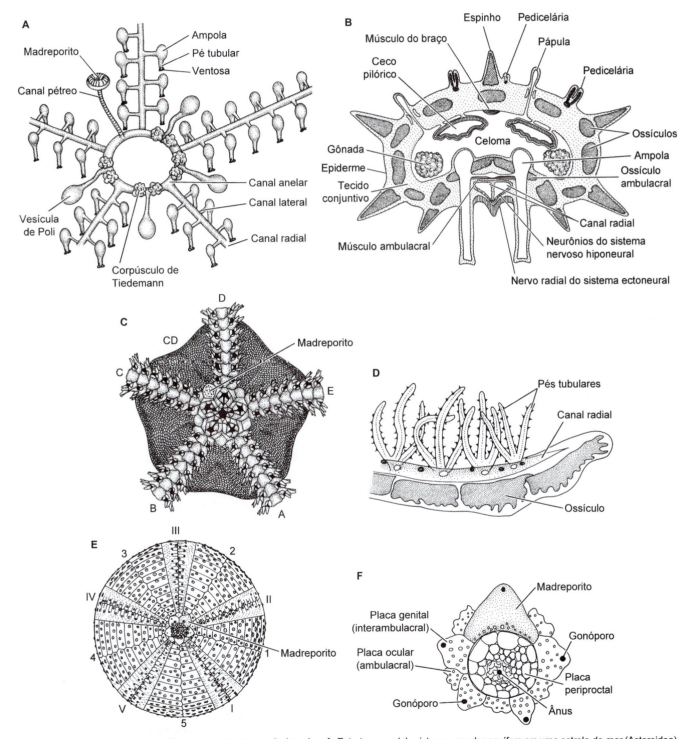

Figura 25.3 Sistema vascular aquífero e suas estruturas relacionadas. **A.** Estrutura geral do sistema vascular aquífero em uma estrela-do-mar (Asteroidea). **B.** Braço de uma estrela-do-mar (*corte transversal*). **C.** Disco central (*vista oral*) de uma serpente-do-mar *Amphiura* (Ophiuroidea). O madreporito está no interambulacro CD. **D.** Extremidade de uma pínula crinoide (*corte longitudinal*). Os pés tubulares ocorrem em grupos de três. **E.** Testa (*vista aboral*) do ouriço-do-mar *Echinus*, marcada de acordo com a regra de Lovén. **F.** Periprocto e placas circundantes de *Strongylocentrotus*.

O sistema vascular aquífero desenvolve-se em um estágio relativamente tardio na embriogenia, ou seja, depois do desenvolvimento de uma larva inicial bilateralmente simétrica. As cavidades celômicas dos equinodermos adultos não estão expressas nas três regiões típicas do corpo, que geralmente estão associadas aos deuterostômios. Todos os elementos do sistema vascular aquífero provêm de uma parte especializada da porção esquerda mesocélica do celoma tripartite embrionário, também conhecida como **hidrocele** (ver adiante). A interação da hidrocele com a somatocele esquerda resulta na formação de uma região no lado esquerdo da larva dos equinodermos, conhecida como **rudimento** – tal estrutura representa os primeiros lampejos da simetria pentarradial. Na verdade, o rudimento representa os primeiros lampejos do próprio animal adulto, porque a forma adulta é produzida pela elaboração do rudimento, com perda ou incorporação simultânea de partes bilaterais da antiga larva ao adulto em formação. Essa padronização é essencial para entendermos a singularidade dos equinodermos e quase todas as morfologias encontradas ao longo desse filo – até as formas mais bizarras do Paleozoico.

Bases do desenvolvimento do plano corpóreo dos equinodermos

Regiões axial e extra-axial do corpo. Os equinodermos são animais estranhos. Eles não são parecidos com qualquer outro representante do reino animal e, ainda mais, as classes dos equinodermos não têm semelhança alguma entre si. Como se desenvolveu essa anatomia estranha? Parte da explicação está na transformação das larvas bilateralmente simétricas dos equinodermos em adultos pentarradiais. Uma teoria que descreve esse processo complexo e o seu plano corpóreo é conhecida como **Teoria Extra-axial/Axial**, ou **TEA**. Essa teoria está baseada na embriologia, no desenvolvimento e na metamorfose larvais, bem como na morfologia da parede corporal. A TEA descreve as regiões do corpo dos adultos e as homologias esqueléticas de várias linhagens de equinodermos com base no grau de diferença das regiões larvais, as quais se transformam nas regiões do corpo adulto.

Existem duas regiões principais da parede do corpo das larvas dos equinodermos, conhecidas como **regiões axial** e **extra-axial** (Figura 25.4 A). Essas duas regiões formam partes muito diferentes do equinodermo adulto que, por isso, também é formado por regiões axial e extra-axial. Cada região produz material esquelético, mas segue padrões diferentes de desenvolvimento.

Durante o estágio de gástrula, os equinodermos formam os três pares direitos e esquerdos de compartimentos celômicos, que caracterizam todos os deuterostômios arquiméricos – prossomo, mesossomo e metassomo. Contudo, nos equinodermos, o mesossomo vem a ser dominado pelo compartimento esquerdo, conhecido como **hidrocele**. Os compartimentos do metassomo são conhecidos como **somatoceles esquerda** e **direita**. Um dos aspectos mais singulares dos equinodermos é a expansão do lado esquerdo da larva, à medida que o animal adulto começa a formar-se. Durante o desenvolvimento larval, a hidrocele e a somatocele esquerda transformam-se em uma unidade funcional conhecida como **rudimento**. O rudimento transforma-se na região axial e desenvolve um anel ao redor do esôfago larval. A partir desse anel, são enviados cinco canais radiais que caracterizam os equinodermos adultos. Desse modo, a região axial do animal adulto inclui a boca, o sistema vascular aquífero, os pés tubulares e o esqueleto ambulacral (que se desenvolve de acordo com a Regra da Placa Ocular, descrita adiante).

Por outro lado, a região extra-axial corresponde à parte não rudimentar da larva e constitui a maior parte do disco central dos equinodermos adultos (com exceção dos equinoides, nos quais ele foi praticamente perdido por completo). A região extra-axial consiste em duas partes conhecidas como **regiões extra-axiais perfurada** e **imperfurada**. Nos equinodermos adultos, os componentes esqueléticos da região extra-axial perfurada são trespassados por vários orifícios, como ânus, poros genitais e orifícios especializados do sistema vascular aquífero (daí seu nome). Os componentes esqueléticos da região extra-axial não são adicionados por nenhuma "lei" organizada, mas podem ser gerados em qualquer lugar necessário na parede corporal.

Durante a evolução dos equinodermos, as alterações das dimensões relativas de cada uma das regiões principais do corpo dão origem às diversas formas encontradas ao longo da história de 500 milhões de anos desse filo (Figura 25.4 B). Acima de tudo, nas classes existentes Asteroidea, Ophiuroidea, Echinoidea e Holothuroidea, a região de parede corporal imperfurada está acentuadamente reduzida e contribui pouquíssimo para a parede corporal dos adultos (Figura 25.4 B). Por outro lado, nos crinoides, grande parte da parede corporal principal situada abaixo dos braços e do pedúnculo é constituída por parede corporal extra-axial imperfurada. Os genes reguladores que ajudam a controlar o tempo e a taxa de desenvolvimento das regiões principais dos equinodermos e suas estruturas celômicas associadas também apresentam padrões diferentes de expressão nessas regiões. Com base nesses padrões, pesquisadores começam a entender os mecanismos por meios dos quais evoluiu a simetria pentarradial singular dos equinodermos.

Durante o desenvolvimento, à medida que a região axial origina as placas ambulacrais e seus pés tubulares associados, o crescimento segue rigorosamente um conjunto de "regras" empíricas. Dentro da região axial, a ponta da hidrocele em crescimento que está mais distante da boca é expressa como um "tentáculo" terminal (semelhante a um pé tubular) nas estrelas-do-mar. Nos ouriços-do-mar, nos quais a dinâmica desse sistema foi compreendida primeiramente, essa pequena extensão terminal protrai por uma placa bem-definida conhecida como **placa ocular**. O termo "ocular" derivou de um conceito antigo, de que o poro pelo qual o tentáculo terminal atravessa a placa nos equinoides era um tipo de olho. Embora tecidos fotossensíveis possam estar associados ao próprio tentáculo terminal, hoje se sabe que não existem olhos verdadeiros nos equinodermos. O padrão ontogenético por meio do qual os novos pés tubulares são depositados na região axial é conhecido como **Regra da Placa Ocular (RPO)** e independe de a própria placa ocular (Figura 25.4 C) ser ou não realmente calcificada. Em todos os equinodermos, à medida que os **canais radiais** (extensões hidrocélicas) do rudimento em desenvolvimento expandem-se ao longo dos raios a partir do **canal anelar** (o anel hidrocélico que circunda o esôfago), novos pés tubulares aparecem em posição ligeiramente proximal ao tentáculo ocular (o **tentáculo terminal**). Um novo pé tubular aparece primeiramente em um dos lados do canal radial e depois no outro, formando um padrão de zigue-zague nos acréscimos dos pés tubulares ao longo do ambulacro bisseriado em crescimento (Figura 25.4 C). Na maioria dos equinodermos, à medida que surge um novo pé tubular, o mesmo acontece com uma nova placa ambulacral. Por isso, uma propriedade básica da RPO é que as placas e os pés tubulares mais antigos do ambulacro estão mais perto da boca, enquanto os mais recentes estão na ponta do ambulacro, um pouco antes do tentáculo terminal.

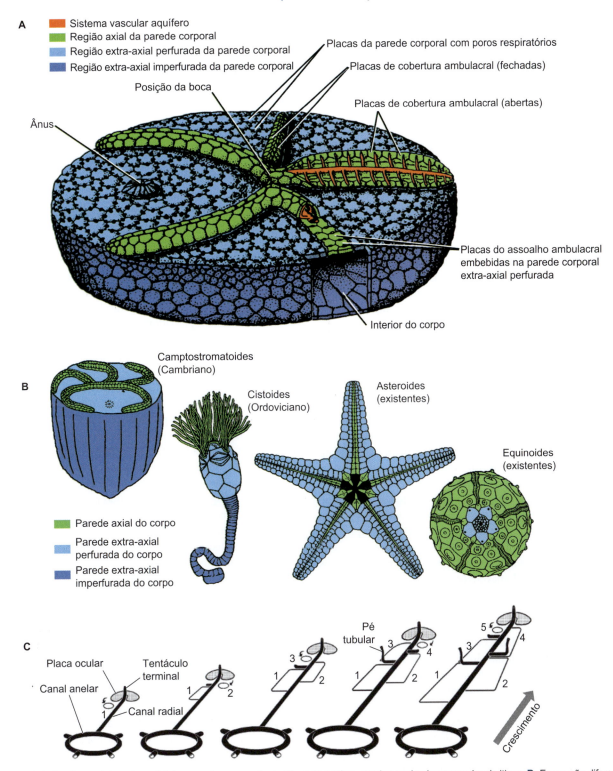

Figura 25.4 A. Regiões axial e extra-axial das paredes corporais de *Stromatocystites*, um dos equinodermos mais primitivos. B. Expressão diferenciada das regiões axiais e extra-axiais das paredes corporais de alguns grupos de equinodermos. C. Regra da Placa Ocular.

Homologias dos raios. Embora nem sempre seja evidente, cada raio de um equinodermo pode ser comparado aos de qualquer outro em termos de referência aos raios em particular. Por exemplo, a posição da abertura para o sistema vascular aquífero é assinalada por um ou mais **hidróporos**. Esses poros diminutos, que frequentemente estão localizados em uma placa especial conhecida como **madreporito**, levam ao sistema vascular aquífero por meio de um canal interno (Figura 25.3 A). O madreporito fornece um indício quanto à orientação do corpo, porque está localizado entre raios específicos. Um sistema de código de letras foi desenvolvido, no qual o ambulacro oposto ao madreporito recebe o código A; em seguida, os demais são codificados de B a E em sentido anti-horário, quando se observa o animal pela superfície aboral (Figura 25.2 C). O madreporito (ou o hidróporo nos animais que não têm madreporito) sempre está situado entre os ambulacros C e D (*i. e.*, no espaço inter-radial CD). Os ambulacros C e D formam o **bívio**, enquanto os raios A, B e E constituem o **trívio**.

Uma alternativa a esse sistema de letras tem suas origens na RPO. Conhecido como sistema loveniano em homenagem ao seu desenvolvedor Sven Lovén (1809-1895), tal sistema tem suas bases no fato de que há um padrão específico pelo qual o primeiro pé tubular aparece em uma metade particular do ambulacro. Utilizando o sistema loveniano, os ambulacros são identificados por numerais romanos, de modo que A = V, B = I, C = II, D = III e E = IV. Em outras palavras, o trívio inclui os ambulacros II, III e IV, enquanto o bívio é formado por I e V (Figura 25.3 E). Desse modo, quando podemos observar algumas marcas de referência, até mesmo os raios específicos dos equinodermos podem ser equiparados em todos os animais desse filo.

Parede corporal e celoma

A epiderme cobre o corpo de todos os equinodermos e está sobreposta à derme derivada da mesoderme, a qual contém os elementos esqueléticos do estereoma, conhecidos como **ossículos** e **placas**, conforme anteriormente mencionado (Figura 25.5 A a D). Internamente à derme e aos ossículos estão as fibras musculares e o peritônio do celoma. O grau de desenvolvimento do esqueleto e dos músculos varia acentuadamente entre os grupos. Nos equinoides, os ossículos podem estar firmemente fixados uns aos outros para formar uma testa rígida, enquanto a musculatura da parede corporal é pouco desenvolvida. Nos pepinos-do-mar, os ossículos raramente são contíguos e geralmente ficam dispersos dentro da derme carnosa (Figura 25.5 D), na qual existem camadas musculares bem-definidas. Entre esses dois extremos, estão os animais nos quais as placas esqueléticas adjacentes articulam-se com graus variáveis. Nos braços das estrelas-do-mar e das serpentes-do-mar, os músculos da parede corporal estão dispostos em faixas entre as placas, conferindo graus variados de mobilidade aos braços. Em alguns grupos, as placas esqueléticas estão desenvolvidas a tal grau que quase fecham as cavidades internas. Por exemplo, nas serpentes-do-mar, cada braço é constituído por uma coluna de pares fundidos de placas ambulacrais conhecidos como **vértebras** (Figura 25.9 A e B) e os celomas dos braços estão reduzidos a canais diminutos. Do mesmo modo, os celomas dos braços dos crinoides são canais relativamente finos dentro das placas esqueléticas.

O endoesqueleto é calcário, principalmente de $CaCO_3$ na forma de calcita e quantidades pequenas de $MgCO_3$ acrescentado para enrijecer por "dolomitização". Cada ossículo começa como um elemento espicular separado, ao qual mais materiais são acrescentados em padrões precisos para formar elementos específicos do esqueleto. Dentro de cada ossículo, forma-se uma rede anastomosada de diminutos feixes (trabéculas), formando espaços labirínticos (Figura 25.5 D), de maneira que cada ossículo seja constituído por estereoma esponjoso e poroso. Os espaços contêm células e fibras dérmicas (estroma). Embora cada placa comporte-se como um cristal único, o estereoma é policristalino e contém microcristais alinhados e misturados com quantidades pequenas de matriz orgânica.

As placas podem continuar isoladas (placas simples) ou, mais raramente, fundidas para formar placas compostas. As placas externas podem ter protuberâncias e nodos conhecidos como tubérculos, alguns dos quais sustentam várias projeções externas articuladas descritas como espinhos (Figura 25.5 A e E). Nos asteroides e equinoides, estruturas singulares semelhantes a pinças (as chamadas **pedicelárias**; Figura 25.5 E a I) também podem ser montadas sobre esses tubérculos. Os espinhos móveis e as pedicelárias reagem aos estímulos externos independentemente do sistema nervoso principal e têm seus próprios componentes neuromusculares reflexos. As pedicelárias foram descobertas em 1778 por O. F. Müller, que as descreveu como pólipos parasitas e lhes deu o nome do gênero "*Pedicellaria*". Müller registrou três espécies desses "parasitas" (*P. globifera*, *P. triphylla* e *P. tridens*); variações desses nomes ainda são utilizadas para descrever os diversos tipos de pedicelárias. Quase um século depois, descobriu-se que as pedicelárias são produzidas pelos próprios equinodermos, mas sua natureza exata ainda não foi definida. Louis Agassiz acreditava que elas fossem filhotes fixados, mas hoje sabemos que as pedicelárias são apêndices funcionais do animal que as produz, embora ainda hoje existam opiniões divergentes quanto a sua função. As pedicelárias variam quanto à morfologia, ao tamanho e à distribuição no corpo. Nos equinoides, a maioria encontra-se elevada sobre pedúnculos, mas nos asteroides elas geralmente estão abrigadas diretamente na superfície do corpo, algumas vezes em aglomerados. Algumas ajudam a manter detritos e o assentamento de larvas de outros invertebrados longe do corpo, enquanto outras são usadas para defesa. Algumas pedicelárias dos equinoides são venenosas e afastam predadores em potencial, enquanto outras são pinças que agarram e seguram objetos para camuflagem e proteção. Algumas estrelas-do-mar chegam a usar suas pedicelárias para capturar presas (Figura 25.5 F e G).

Os espinhos, as pedicelárias e a epiderme contêm tecidos isolados do celoma e do sistema digestivo, porque são externos à parede principal do corpo (Figura 25.5 H a J). Por estarem isoladas do trato digestivo e do celoma, nos quais o suprimento de nutrientes é facilitado pela circulação e pelos sistemas hemais, as necessidades nutricionais dos apêndices externos e das estruturas epidérmicas são atendidas pelos nutrientes absorvidos diretamente da água, ou por diminutas partículas orgânicas ou microrganismos retidos, que depois são absorvidos.

Como ocorre com todos os deuterostômios (exceto os cordados), o sistema celômico dos equinodermos geralmente se desenvolve como uma série tripartite, originando-se como pares de **proto-**, **meso-** e **somatoceles** que parecem homólogas aos celomas tripartites encontrados nos outros deuterostômios. Como anteriormente mencionado, nos equinodermos adultos, essas cavidades celômicas não formam as três regiões habituais do corpo geralmente associadas aos deuterostômios. Vale lembrar que os celomas corporais principais dos equinodermos adultos são derivados das somatoceles direita e esquerda e, em geral, estão bem-desenvolvidos. Contudo, o sistema vascular aquífero origina-se da mesocele esquerda – conhecida com hidrocele (como descrevemos na seção sobre o plano corpóreo dos equinodermos). Outros derivados do celoma são os revestimentos gonadais e alguns seios

Figura 25.5 Parede corporal dos equinodermos e alguns elementos esqueléticos. **A.** Corte composto da parede corporal de um ouriço-do-mar. **B.** Fotografias de microscopia eletrônica de varredura dos espinhos de *Echinarachnius parma* (Echinoidea), ou bolacha-da-praia. As *setas* indicam os tratos ciliares. **C.** Fotografia de microscopia eletrônica de varredura dos ossículos esqueléticos originados dos discos centrais dos ofiuroides, mostrando *vistas apical*, *lateral* e *basal*. **D.** Fotografia de microscopia eletrônica de varredura dos ossículos esqueléticos de um pepino-do-mar *Psolus chitinoides* (Holothuroidea) com detalhes do estereoma. **E.** Diversidade das pedicelárias dos equinoides, que circundam a base de um grande espinho. **F e G.** Pedicelárias para capturar presas da estrela-do-mar *Stylasterias forreri* (Asteroidea): **F.** pedicelárias abertas e estendidas; **G.** pedicelárias retraídas e fechadas. **H.** Detalhes das pedicelárias de uma estrela-do-mar generalizada. **I.** Sistemas musculares das pedicelárias da estrela-do-mar. **J.** Espinho móvel de um equinoide (*corte*). Observe a posição dos músculos em relação às camadas da parede corporal.

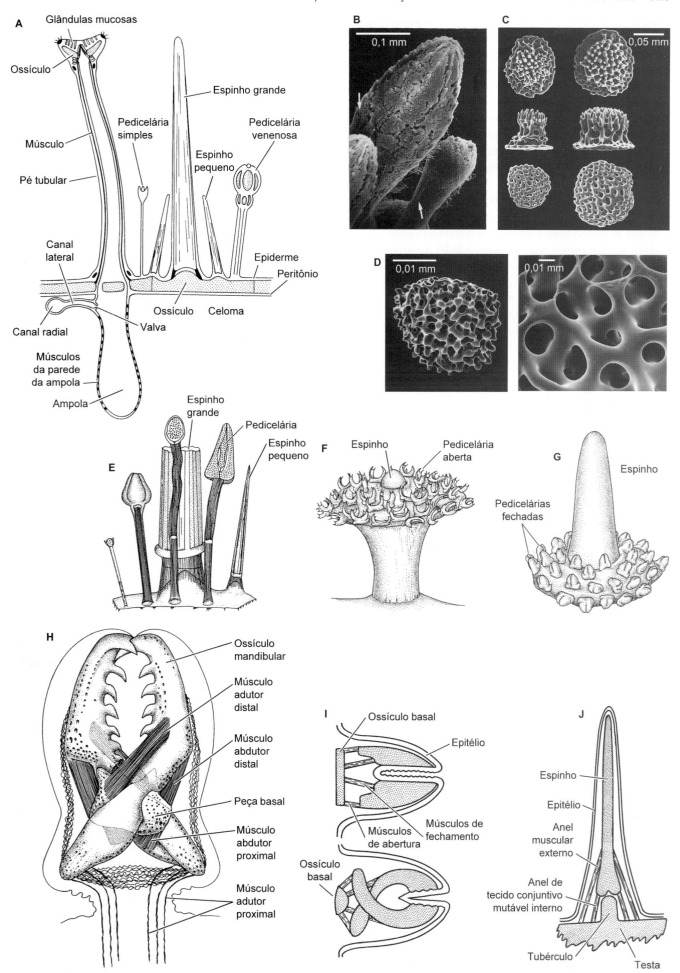

neurais. As cavidades principais do corpo, ou **celomas perivisce-rais**, são revestidas por peritônio ciliado e seu líquido celômico desempenha funções circulatórias importantes. Vários celomócitos, muitos deles fagócitos, estão presentes no líquido corporal e no sistema vascular aquífero. As hemoglobinas estão presentes nos celomócitos de alguns holoturoides e serpentes-do-mar. O líquido celômico dos equinodermos é isosmótico com a água do mar circundante, e esses animais não desenvolveram mecanismos para controlar a osmolaridade desses líquidos – uma razão importante pela qual não existem equinodermos de água doce ou terrestres.

Tecidos colagenosos mutáveis

Entre muitos dos seus ossículos esqueléticos e na própria parede corporal, os equinodermos têm um sistema singularmente elaborado de tecidos conjuntivos. As propriedades materiais desses tecidos são mutáveis em períodos curtos de tempo e estão sob controle neuronal. Normalmente, esse **tecido colagenoso mutável (TCM)** é rígido, mas pode ser amolecido transitoriamente, permitindo que os equinodermos mantenham posturas fixas sem esforço muscular nem gasto energético. Durante muito tempo considerado uma curiosidade, o TCM é crucial ao entendimento de como os equinodermos mantêm taxas metabólicas relativamente baixas em condições que acarretam desafios nutricionais aos outros filos. Nos holoturoides, grande parte da parede corporal é constituída de TCM. Nos equinoides, anéis musculares ao redor das bases dos espinhos os posicionam em fendas rochosas; depois, um anel de TCM posicionado similarmente (o chamado "colágeno preso") "congela" o espinho na mesma posição para escorar o animal no lugar. Durante o rastejamento, as estrelas-do-mar amolecem seu corpo e, em seguida, usam o TCM na sua parede corporal para adotar uma postura nova, de modo a manter sua posição sobre substratos irregulares, tornando praticamente impossível que sejam deslocadas por predadores ou pela ação das ondas.

Sistema vascular aquífero

O sistema vascular aquífero é tão fundamental a todos os aspectos da biologia dos equinodermos que se torna necessária uma descrição de sua anatomia como prefácio para as considerações subsequentes, começando com as estrelas-do-mar e depois comparando seu sistema com os de outros equinodermos.

Asteroidea. A Figura 25.3 A é uma ilustração esquemática do sistema vascular aquífero das estrelas-do-mar. O sistema comunica-se com o exterior por meio de uma placa esquelética, o madreporito (ou placa porosa), localizada no centro da superfície aboral no interambulacro CD (Figura 25.2 C). O madreporito é perfurado por hidróporos situados em sulcos profundos. A epiderme sobrejacente é ciliada mesmo onde reveste os poros. A visão tradicional sobre a função do madreporito dita que ele permite a entrada da água do mar no sistema a fim de substituir a água perdida pelas paredes finas dos pés tubulares. J. C. Ferguson conseguiu demonstrar esse processo utilizando marcadores radioativos. Entretanto, ainda não temos um entendimento claro de como o madreporito funciona.

Internamente, o madreporito cria um lúmen em forma de xícara, conhecido como ampola (diferente da ampola do pé tubular), e comunica-se com outros derivados celômicos do sistema vascular aquífero e do sistema hemal. A extremidade inferior da ampola comunica-se com o **canal pétreo**, assim denominado em razão dos depósitos esqueléticos duros em sua parede.

Em muitos animais, uma parte do sistema hemal conhecida como **seio axial** está intimamente associada ao canal pétreo. O canal pétreo avança em direção oral até se unir com um canal anelar circular, que circunda o esôfago. O canal anelar origina os canais radiais, que se estendem para dentro de cada braço. As bolsas inter-radiais fechadas conhecidas como **corpúsculos de Tiedemann** e **vesículas de Poli** estão fixadas ao canal anelar (Figura 25.3 A e B). Existem dúvidas quanto às funções dessas bolsas, mas os corpúsculos de Tiedemann parecem produzir alguns celomócitos, enquanto as vesículas de Poli ajudam a regular a pressão interna dentro do sistema vascular aquífero.

O líquido do sistema vascular aquífero consiste em água do mar circundante, à qual o animal acrescenta componentes específicos, como celomócitos, compostos orgânicos, como proteínas, e uma concentração relativamente alta de íons potássio. O líquido circula pelo sistema basicamente por ação dos cílios que revestem os epitélios internos dos canais, alguns dos quais (especialmente os canais pétreos e anelar) contêm extensões semelhantes a divisórias, que poderiam ajudar a direcionar o fluxo. Ao menos em algumas estrelas-do-mar, o canal pétreo tem sido comparado a uma "bomba ciliar", que puxa o líquido para dentro do sistema vascular aquífero a partir do madreporito e do seio axial do sistema hemal.

Em cada braço, o canal radial dá origem a numerosos **canais laterais**, cada um terminando em um sistema de ampolas e pés tubulares. Todos os pés tubulares formam-se de acordo com a Regra da Placa Ocular (Figura 25.4 C), ou seja, os mais velhos ficam perto da boca, enquanto os mais jovens estão localizados nas pontas dos braços. O pé tubular é um tubo muscular contrátil que comumente termina em uma ventosa e estende-se externamente de uma ampola interna semelhante a um bulbo (Figura 25.3 B). Os músculos longitudinais e circulares fixados a uma bainha de colágeno que circunda o lúmen celômico, assim como a ponta da haste, são bem-inervados. Os pés tubulares funcionam como órgãos táteis primários, locomotores, fixadores e manipuladores dos alimentos. Cada canal radial termina em um pé tubular terminal sem ventosa e semelhante a um tentáculo, que quase certamente é fotossensível.

O sistema de pés tubulares e ampolas constitui um sistema hidrostático sofisticado. Dois grupos de músculos operam ao redor do líquido presente nos lumens dos pés tubulares e das ampolas. Uma valva situada no canal lateral pode isolar eficazmente o pé tubular e a ampola do restante do canal. Com a valva fechada, os músculos da parede da ampola contraem e forçam o líquido a entrar no lúmen do pé tubular estendido, no qual os músculos longitudinais estão relaxados. Em seguida, a ventosa é pressionada contra o substrato e mantida nessa posição por secreções adesivas da epiderme e pela contração dos músculos da ponta, que levantam o centro da ventosa e produzem vácuo. Quando os músculos longitudinais do pé tubular contraem, ele encurta e diminui o volume do lúmen, forçando o líquido a voltar para dentro da ampola, que agora está relaxada. Quando os músculos da ponta relaxam, a sucção é interrompida. Compostos químicos secretados pelas células na ventosa revertem a ação adesiva das substâncias secretadas pelo pé tubular. Os pés tubulares dobram pela contração diferenciada dos músculos longitudinais.

Ophiuroidea. O sistema vascular aquífero das serpentes-do-mar é semelhante ao dos asteroides. Contudo, o madreporito está na superfície oral do disco central (Figura 25.3 C) e o bombeamento interno é modificado de acordo. Em alguns ofiuroides, o madreporito está reduzido a apenas dois hidróporos.

O canal anelar abriga as vesículas de Poli, mas aparentemente não tem corpúsculos de Tiedemann. O canal anelar dá origem aos cinco canais radiais habituais e tem uma guirlanda de pés tubulares orais ao redor da boca. Nas estrelas-de-cesta, os braços e os canais radiais são ramificados. Os pés tubulares sem ventosas, altamente flexíveis, são estruturas digitiformes que podem secretar grandes quantidades de muco pegajoso. Eles desempenham funções de alimentação, escavação, locomoção e sensoriais.

Crinoidea. O sistema vascular aquífero dos crinoides atua inteiramente sobre o líquido celômico. Nos animais atuais, não há madreporito centralizado. Vários canais pétreos originam-se do canal anelar e comunicam-se com os canais celômicos. Pode haver centenas desses canais. Os celomas periviscerais principais têm funis ciliados voltados para o exterior, por meio dos quais a água entra nas cavidades do corpo, talvez para regular a pressão hidráulica do sistema vascular aquífero.

A partir do canal anelar, os canais radiais bifurcam-se para dentro de todos os ramos de cada braço, que pode ter cerca de 200 terminações. Os braços dos crinoides também têm ramos laterais, conhecidos como **pínulas** (Figura 25.2 B), dentro dos quais as extensões dos canais radiais também chegam. Topologicamente, com respeito aos celomas, os canais radiais estão posicionados exatamente como ocorre nas estrelas-do-mar. Entretanto, os ossículos ambulacrais estão ausentes, e os canais estão embebidos em uma prateleira de tecidos moles, reduzindo o peso e o gasto metabólico que, de outra forma, seria necessário para formar um esqueleto nos braços longos. Os braços são bem-sustentados por ossículos braquiais, elementos relativamente grandes do estereoma articulado, que formam a superfície aboral de todos os braços e das pínulas (Figura 25.7 A e B). Os pés tubulares sem ventosas ocorrem ao longo das pínulas, geralmente em grupos de três (Figura 25.3 D), e cada grupo é servido por um ramo proveniente do canal radial. Equipados com papilas adesivas, os pés tubulares são extremamente móveis e funcionam basicamente como órgãos alimentares e sensoriais.

Echinoidea. Os equinoides têm um grupo especial de placas esqueléticas conhecidas como **sistema apical** ao redor do polo aboral, e uma dessas placas é o madreporito (Figura 25.3 E e F), que leva a uma complexa glândula de ampola axial. Um canal pétreo estende-se até um canal anelar situado acima do aparelho mandibular (lanterna de Aristóteles; ver adiante). O canal anelar dá origem a um canal radial sob cada ambulacro, bem como aos corpúsculos de Tiedemann e às vesículas de Poli. Cada canal radial origina os canais laterais que levam aos pés tubulares e termina com um tentáculo terminal, o qual protrai por uma placa ocular no sistema apical. Os pés tubulares dos equinoides podem ou não ter ventosas. Eles desempenham várias funções, como fixação, locomoção, alimentação e troca gasosa.

Para entender o sistema vascular aquífero dos ouriços-do-mar, imagine uma estrela-do-mar na qual a região aboral (região extra-axial perfurada) foi reduzida a um broto minúsculo (sistema apical). O resultado é o "repuxamento" das pontas dos canais radiais, as quais se reúnem e convergem sobre o sistema apical, resultando em fileiras de pés tubulares que se estendem ao redor das laterais do corpo como cinco linhas de longitude em um globo (Figuras 25.3 E e 25.4 B). Contudo, ao contrário de quaisquer outros equinodermos, as placas de estereoma da testa são depositadas em posição externa aos componentes do sistema vascular aquífero, tornando os canais radiais realmente internos. Os poros atravessando as placas que formam os ambulacros permitem comunicação entre os pés tubulares e as ampolas. Isso é muito diferente do que ocorre nos ofiuroides, nos quais a interiorização do canal radial é causada pelo crescimento excessivo dos ossículos vertebrais, assim como dos holoturoides, nos quais os canais longitudinais não são homólogos aos canais radiais dos outros equinodermos (ver adiante).

Holothuroidea. A história do sistema vascular aquífero dos holoturoides é de redução ou parada do crescimento em razão da pedomorfose acentuada. Em certo sentido, os holoturoides podem ser considerados "larvas gigantes" – a metamorfose é suprimida, resultando na formação de um animal adulto no qual a construção do rudimento desempenha apenas uma pequena parte. Os holoturoides provavelmente se originam por pedomorfose.

Nos Holothuroidea, o canal pétreo geralmente se estende por baixo da faringe em posição inter-radial, dando origem a uma abertura do madreporito para o celoma. O canal anelar circunda o esôfago e tem de 1 a 50 vesículas de Poli. Cinco canais radiais originam-se do canal anelar, formando extensões até os **tentáculos orais**, que, na verdade, são tentáculos terminais extremamente modificados, assim como os poucos pés tubulares. Essas estruturas representam as únicas elaborações dessa parte do canal radial homólogas ao canal radial dos outros equinodermos. Nos holoturoides menos derivados, como Apodida, esses tentáculos restritos à região circum-oral são os únicos componentes do sistema vascular aquífero, porque não existem canais ou pés tubulares ao longo do corpo vermiforme. Nos estágios iniciais do crescimento pós-larval dos animais mais derivados, formam-se extensões inter-radiais finas partindo do canal anelar para constituir os **canais longitudinais** inter-radiais, que depois são retorcidos por um tipo de "torção" e alinhados com os canais radiais que levam aos tentáculos alimentares. Os canais longitudinais estão situados ao longo da superfície interna da parede corporal da larva, induzindo a formação de estruturas pediformes tubulares que não seguem a Regra da Placa Ocular. Essas extensões pediformes tubulares podem estar dispersas sobre a parede corporal, restritas às linhas semelhantes a um ambulacro ou totalmente ausentes de alguns raios, geralmente ao longo da superfície "dorsal" ou superior. Os pés tubulares ao redor da boca servem para recolher alimento, enquanto os apêndices pediformes tubulares ao longo do corpo ajudam na locomoção, na fixação e na sensibilidade tátil.

Sustentação e locomoção

Com exceção dos holoturoides, a sustentação estrutural dos equinodermos é mantida basicamente pelos elementos esqueléticos e pelo tecido colagenoso mutável. Os pés tubulares e as extensões branquiais da parede corporal (como as pápulas) são sustentados basicamente pela pressão hidrostática. A maioria dos pepinos-do-mar não tem placas esqueléticas, as quais estão reduzidas a diminutos ossículos separados, mas os músculos da parede corporal formam lâminas espessas, contribuindo para a integridade do corpo e atuando antagonicamente sobre os líquidos celômicos, de modo a funcionar como um esqueleto hidrostático. Os tecidos colagenosos mutáveis dos equinodermos também contribuem para a sustentação em geral e para alguns aspectos da locomoção (ver seção anterior sobre TCM).

Com exceção dos lírios-do-mar sésseis (p. ex., *Ptilocrinus*), a maioria dos crinoides existentes é capaz de rastejar e até mesmo nadar. Os cirros aborais das penas-do-mar (e localizados ao longo do pedúnculo dos isocrinídeos) são usados para a fixação temporária (Figura 25.6 A). Quando um isocrinídeo rasteja, o animal fica em pronação e arrasta seu pedúnculo, os braços puxam a região principal do corpo, ou **cálice** (concavidade central para a qual convergem os braços), sobre o fundo (Figura 25.6 B) a fim de reposicionar o animal. Os isocrinídeos também "correm" dos equinoides cidaroides dos mares profundos, ao mesmo tempo que lançam fora um fragmento do pedúnculo para distrair o predador equinoide. Entre os crinoides, a natação é conseguida por oscilações dos braços para cima e para baixo, divididos em conjuntos funcionais capazes de movimentar-se alternadamente.

Os asteroides exemplificam a locomoção utilizando pés tubulares com ventosas. Os braços das estrelas-do-mar são mantidos mais ou menos parados em relação ao disco central, mesmo nas espécies com estrutura esquelética flexível (p. ex., *Pycnopodia*). O movimento é realizado por elevação dos milhares de pés tubulares localizados na superfície oral. A estrela-do-mar parece deslizar suavemente em razão do grande número de pés tubulares, ainda que em determinado instante eles estejam em fases diferentes de ação e recuperação (Figura 25.6 C). Embora o controle da ação dos pés tubulares não esteja totalmente esclarecido (mesmo os braços isolados rastejam normalmente de um lado para outro), eles são coordenados para gerar movimento em determinada direção. Não existem ondas metacrônicas de movimento, como se observa em muitas outras criaturas com várias pernas. A maioria das estrelas-do-mar movimenta-se lentamente, mas algumas (p. ex., *Pycnopodia*) são relativamente rápidas, e outros asteroides sedentários em algumas condições tornam-se "corredores" velozes quando encontram um predador em potencial. As espécies não capazes "correr" têm outros mecanismos de defesa. *Pteraster tesselatus* (Figura 25.1 D), ou estrela-almofada-do-pacífico, movimenta-se lentamente e secreta grandes quantidades de muco, que desencorajam os predadores como *Solaster* e *Pycnopodia*. As estrelas-do-mar dos fundos arenosos (p. ex., *Astropecten*) podem escavar rapidamente utilizando os pés tubulares para mover a areia de baixo para cima do corpo do animal.

O acompanhamento da ação de um único pé tubular durante o movimento do animal revela as origens das forças locomotoras (Figura 25.6 D). No final da fase de recuperação, o pé tubular estende-se na direção do movimento e fixa-se ao substrato. A ventosa se mantém fixada durante a fase de força, quando os músculos longitudinais da parede do pé tubular contraem, encurtando-o e puxando o corpo para a frente. No final da fase de ação, o pé tubular desprende-se e oscila novamente para a frente. O grande número de pés tubulares e a flexibilidade geral do corpo permitem que a estrela-do-mar se movimente facilmente, mesmo sobre as superfícies mais irregulares (Figura 25.6 E).

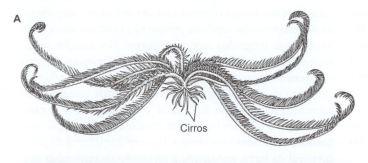

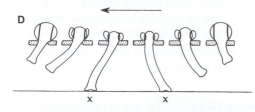

Figura 25.6 A. *Antedon* (Crinoidea), pena-do-mar em repouso. **B.** Ilustração de um lírio-do-mar isocrinídeo (Crinoidea) em fuga de um ouriço-do-mar cidaroide (Echinoidea) predador rastejando sobre seus braços e arrastando seu pedúnculo. Observe muitos outros lírios-do-mar eretos ao fundo, levando esses grupos a ser descritos algumas vezes como "jardins" de crinoides. **C.** Braço de uma estrela-do-mar (*vista lateral*) com pés tubulares em movimento. **D.** Movimentos dos pés tubulares à medida que uma estrela-do-mar se movimenta na direção da *seta*. A ação propulsora ocorre com a ventosa em contato com o substrato (x), e a fase de recuperação ocorre quando a ventosa está levantada. Observe as alterações do comprimento dos pés tubulares e as alterações correspondentes do volume da ampola. **E.** Estrela-do-mar *Pisaster giganteus* rastejando.

Os ofiuroides usam basicamente seus braços articulados flexíveis para rastejar ou agarrar (Figura 25.2 D). Na maioria das formas, a configuração esquelética dentro dos braços permite movimentos laterais serpentiformes rápidos sobre um plano paralelo ao disco (daí o prefixo grego *ophio*, "cobra"). Apenas nos táxons como os das estrelas-de-cesta os braços têm amplitude plena de movimentos em todos os planos. Na maioria das espécies, os braços articulados são frágeis e quebram facilmente quando agarrados. Os pés tubulares não têm ventosas e ampolas, mas uma treliça bem-desenvolvida de músculos em suas paredes permite movimentos de protração, retração e natação. A ação combinada dos braços e dos pés tubulares permite que os ofiuroides cavem os sedimentos ou se movam rapidamente quando fogem de predadores ou capturam uma presa.

Os ouriços-do-mar movimentam-se utilizando seus pés tubulares e espinhos móveis. Os pés firmes com ventosas conseguem realizar movimentos e extensão ampla, enquanto os espinhos conferem sustentação estática e movimentos. Alguns ouriços-do-mar são capazes de escavar pedras raspando-as com seus espinhos e mastigando-as com seus dentes. Algumas populações de *Strongylocentrotus purpuratus*, ouriço comum no nordeste do Pacífico, formam bolsas nas rochas entremarés, enquanto *Echinometra vanbrunti* faz o mesmo nas praias tropicais do Pacífico Leste. Algumas vezes, espécimes ficam presos em suas próprias casas, mas são protegidos dos predadores e da ação das ondas. *Echinometra mathaei*, ouriço comum dos recifes do Indo-Pacífico, escava canais longos nas rochas basicamente pela ação dos dentes de seu aparelho mandibular; nessa espécie, a testa é ligeiramente alongada para permitir o movimento do ouriço ao longo do canal, à medida que ele faz a colheita em um "jardim" de algas que proliferam no canal. Alguns ouriços irregulares escavam abaixo da superfície do sedimento. As espécies sedentárias (p. ex., *Echinocardium*) mantêm uma chaminé aberta em comunicação com a água circundante (Figura 25.11 G). Os escavadores de sedimentos macios comumente têm espinhos espatulados especializados ao longo do corpo, que facilitam a locomoção e a escavação. As bolachas-da-praia clipeasteroides vivem nos fundos arenosos, e todas as espécies deitam-se com a superfície oral voltada para o fundo, exceto *Dendraster excentricus*, espécie abundante na costa oeste da América do Norte que vive embebida verticalmente no substrato (Figura 25.11 F). A escavação e o rastejamento dos clipeasteroides são realizados por ação dos espinhos, que se movimentam em ondas metacrônicas. A morfologia das bolachas-da-praia está diretamente relacionada às forças hidrodinâmicas. Incisuras marginais e orifícios profundos (**lúnulas**) nas testas de algumas bolachas-da-praia (Figura 25.2 F) não são alimentares, mas atuam como estruturas que se levantam para ajudar os animais a manter sua estabilidade nas correntes fortes típicas dos seus ambientes costeiros. As forças de levantamento também são atenuadas pelo fluxo da água ao longo dos **canais de drenagem de pressão**, que se estendem do centro do corpo na direção das lúnulas.

Os holoturoides vivem em diversos substratos, fendas de corais, espaços sob as rochas ou sedimentos macios. Eles rastejam ou escavam na areia ou no lodo utilizando os pés tubulares ou as ações peristálticas dos músculos da parede corporal. Nas espécies epibentônicas que se alojam nas fendas das rochas, os pés tubulares podem ser usados para ancorar e segurar fragmentos de conchas e pedras para camuflagem e proteção. Em formas de águas profundas, como *Scotoplanes* (Figura 25.1 N), alguns pés tubulares são alongados para andar como os mamíferos pequenos, daí seu apelido "porco-do-mar". Nos psolídeos, a superfície inferior é modificada na forma de uma sola semelhante a um pé, sobre a qual o animal rasteja. Entre os apodídeos, estão os sinaptídeos bizarros com ossículos de ancoragem singular em densidade de até 1.500 por cm^2 na parede corporal. No lugar dos pés tubulares, esses ossículos conferem adesão semelhante ao Velcro® por protração e retração para dentro da pele em ondas peristálticas ao longo da parede corporal. Alguns vivem completamente enterrados, enquanto outros escavam túneis com formato de "U". Alguns holoturoides são realmente pelágicos e capazes de nadar (Figura 25.1 P e Q).

Alimentação e digestão

Crinoidea. Os lírios-do-mar e as penas-do-mar sentam com seus lados orais voltados para cima e são suspensívoros, geralmente agarrando-se às áreas elevadas expostas às correntes (ver fotografia de abertura do capítulo; *Comanthina*, pena-do-mar amarela). Os braços e as pínulas são mantidos esticados na água circulante e oferecem uma superfície ampla para retenção de alimentos. Alguns animais saem do esconderijo para alimentar-se apenas à noite. As espécies das águas profundas sustentam seus braços levantados e esticados para fora, formando um funil com o qual elas capturam a chuva de detritos, e formam pedúnculos que levantam uma coroa de braços (como um guarda-chuva) para dentro da corrente de água; o pedúnculo é inclinado com o fluxo das correntes na direção da superfície interna do guarda-chuva e a captura de partículas ocorre *downstream* nas superfícies orais dos braços.

As partículas de alimento, incluindo plâncton e matéria orgânica particulada, entram em contato com os pés tubulares ao longo dos sulcos ambulacrais dos braços e das pínulas (Figura 25.7 B). Esses pés tubulares jogam o alimento para dentro dos sulcos, revestidos com cílios que batem na direção do cálice, puxando o alimento para a boca, onde é ingerido. Esse uso dos pés tubulares e dos sulcos ambulacrais para alimentar-se provavelmente representa uma função original do sistema vascular aquífero primitivo dos equinodermos.

A boca comunica-se com um esôfago curto, que leva a um intestino longo (Figura 25.7 A e C), formando alças dentro do cálice e depois se tornando retilíneo até chegar ao reto curto, que termina no ânus, localizado sobre um cone anal perto das bases dos braços. O intestino pode ter divertículos, alguns dos quais são ramificados. A histologia do trato digestivo dos crinoides foi descrita, mas pouco se sabe acerca da fisiologia digestiva desses animais.

Asteroidea. A maioria das estrelas-do-mar é constituída de depositívoros, saprófagos ou predadores oportunistas, que se alimentam de quase qualquer matéria orgânica ou presa diminuta. Muitas espécies são generalistas em termos de preferência alimentar e desempenham funções importantes como predadores bentônicos de alto nível nas comunidades entremarés e subtidais. Outras, como *Solaster stimpsoni* do nordeste do Pacífico, são especialistas em alimentar-se de holoturoides, enquanto uma espécie semelhante (*S. dawsoni*) preda quase exclusivamente *S. stimpsoni*! A coroa-de-espinhos tropical *Acanthaster planci* alimenta-se dos pólipos dos corais e tornou-se famosa por estar implicada na destruição dos recifes de corais do Indo-Pacífico Leste. Ainda existem discordâncias quanto às causas

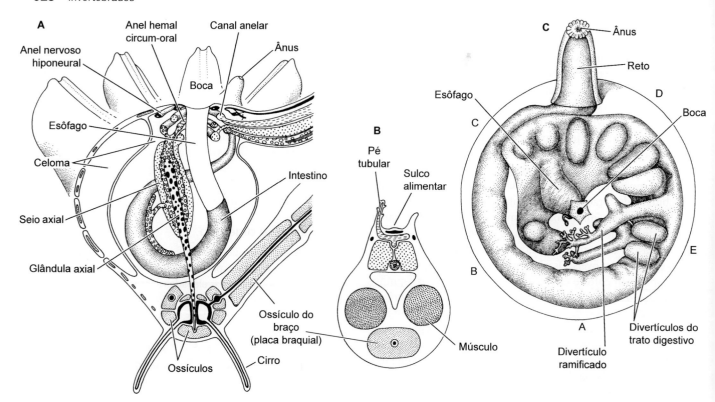

Figura 25.7 Anatomia interna dos lírios-do-mar e das penas-do-mar (Crinoidea). **A.** Disco central e base de um braço (*corte vertical*). **B.** Braço com sulco ambulacral aberto (*corte transversal*). **C.** Superfície oral da pena-do-mar *Antedon* (*corte longitudinal*). As posições dos raios estão assinaladas por letras.

dos aumentos das populações de *Acanthaster* e até mesmo quanto ao grau de risco que eles realmente trazem aos recifes, mas a maioria dos pesquisadores concorda que a interferência humana no equilíbrio predadores–presas das comunidades dos recifes é mais culpada que o próprio *Acanthaster*. Um predador importante de *Acanthaster* é o caracol-gigante-tritão *Charonia*, recolhido em grandes quantidades por suas belas conchas. Nos ambientes intocados, *Acanthaster* provavelmente desempenha um papel importante na manutenção da diversidade dos corais, porque atua como os incêndios florestais, abrindo novos hábitats nos ecossistemas em clímax para o estabelecimento de outras espécies.

Com exceção de alguns suspensívoros, as estrelas-do-mar usam uma parte eversível do estômago para obter alimento. Algumas formas, incluindo *Culcita* (estrela-almofada, Figura 25.1 E), *Acanthaster* (Figura 25.1 F) e *Patiria* (estrela-do-mar-morcego), espalham seu estômago sobre a superfície de uma fonte alimentar, secretam enzimas digestivas e sugam a sopa parcialmente digerida. Nos casos de *Culcita* e *Patiria*, o alimento pode incluir esponjas incrustadas, colchões de algas ou detritos orgânicos acumulados, sobre os quais a estrela-do-mar rasteja. Outra estrela-almofada, *Oreaster*, alimenta-se de maneira semelhante, mas alterna entre comportamentos predatório e saprófago quando encontra fontes apropriadas de alimento. As presas sedentárias ou sésseis, como gastrópodes, bivalves e cracas, são ingeridas pelos predadores asteroides, principalmente pelos membros de Forcipulatida. *Pisaster ochraceus*, também conhecida como estrela-ocre-voraz-do-pacífico (Figura 25.8 D), curva-se sobre sua presa com a área oral pressionada contra a potencial vítima, mantendo-a nessa posição com seus pés tubulares. O estômago é muito fino e flexível, e pode ser deslizado até mesmo entre as valvas firmemente ocluídas dos mexilhões e moluscos, liquefazendo o interior do corpo da vítima dentro de sua própria concha, de maneira que os nutrientes sejam recolhidos com o estômago retrátil.

Algumas estrelas-do-mar são suspensívoras e consomem plâncton e detritos orgânicos. *Henricia*, *Porania* e algumas outras geralmente são suspensívoras em tempo integral, enquanto alguns predadores, como *Astropecten*, fazem suspensivoria facultativa para suplementar sua dieta habitual. Em geral, a matéria alimentar particulada que entra em contato com a superfície do corpo fica retida pelo muco, é levada por ação ciliar até os sulcos ambulacrais e, por fim, chega à boca. *Novodinia* estende seus braços para cima nas correntes de água. Os cerca de 12 ou mais braços formam uma superfície alimentar ampla, usada para capturar crustáceos planctônicos; as presas são agarradas pelos grupos de pedicelárias em formato de pinças. Alguns animais, incluindo *Stylasterias*, *Pycnopodia* e *Labidiaster*, têm coroas de pedicelárias (Figura 25.5 F e G), usadas para capturar vários animais, até peixes.

Nos casos típicos, o trato digestivo das estrelas-do-mar estende-se da boca na junção dos braços até o ânus aboral (Figura 25.8 A). A boca é circundada por uma **membrana peristomial** coriácea, que é flexível para permitir a eversão do estômago e contém um esfíncter musculoso para fechar o orifício oral. Dentro da boca, há um esôfago muito curto, que leva ao **estômago cardíaco** – a parte que é evertida durante a alimentação. Músculos retratores dispostos radialmente retraem o estômago. Em posição aboral ao estômago cardíaco, há um **estômago pilórico** achatado, do qual se origina um par de ductos pilóricos que se estendem para dentro de cada braço e levam aos pares de glândulas digestivas (**cecos pilóricos**) (Figura 25.8 A e C). Um intestino curto, comumente com bolsas dilatadas (glândulas ou sacos retais), estende-se do estômago pilórico ao ânus.

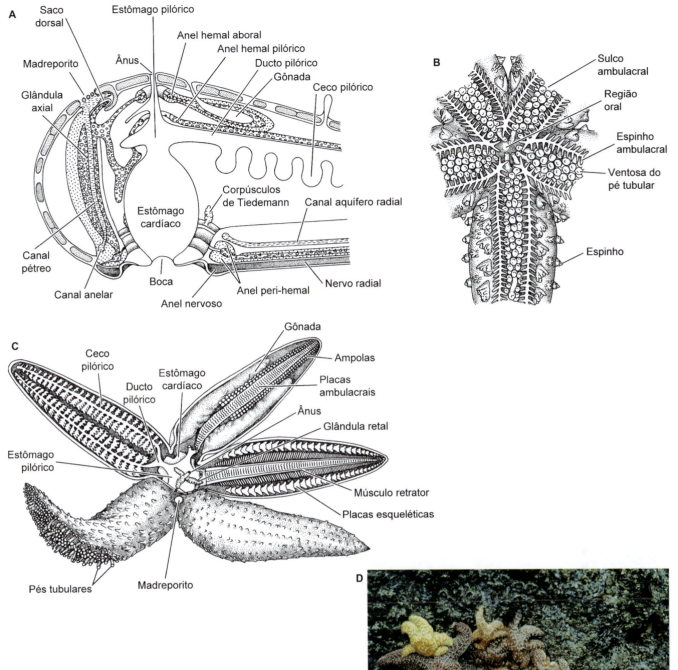

Figura 25.8 Alimentação e anatomia interna da estrela-do-mar (Asteroidea). **A.** Disco central e base de um braço de uma estrela-do-mar (*corte vertical*). **B.** *Asterias* (*vista oral*). A boca é circundada por espinhos orais e pés tubulares. **C.** Órgãos internos no disco e nos braços do trívio de *Asterias*. Cada braço dissecado teve vários órgãos removidos. **D.** Um grupo de *Pisaster ochraceus*, estrela-do-mar predadora.

Os cecos pilóricos e o estômago cardíaco são os principais responsáveis por produzir enzimas (basicamente, proteases) transportadas por ação ciliar ao longo do estômago evertido e secretadas sobre a matéria alimentar. A digestão é concluída internamente, mas no meio extracelular, depois da ingestão do alimento liquefeito. Os produtos da digestão são transportados pelos ductos pilóricos até os cecos pilóricos, onde são absorvidos e armazenados. O intestino não parece atuar na digestão propriamente dita, mas os sacos retais são capazes de absorver nutrientes.

Muitas estrelas-do-mar abrigam comensais, que obtêm nutrição dos restos de seus hospedeiros. *Arctonoe vittata*, verme escamoso polinoide, é um simbionte obrigatório que vive em várias espécies de asteroides, incluindo *Dermasterias*, ou estrela-de-couro-do-pacífico. O verme passa a maior parte de sua vida passeando e alimentando-se nos sulcos ambulacrais do hospedeiro. Os poliquetos não são apenas atraídos quimicamente ao seu hospedeiro; estudos indicaram que *Dermasterias* também seja atraída por *Arctonoe*, sugerindo que a estrela-do-mar também possa ser beneficiada por essa associação. Outro polinoide da costa nordeste do Pacífico, *Arctonoe pulchra*, é comensal de várias espécies de equinodermos. Animais como *Xyloplax* e as "estrelas-de-madeira" caimanostelídeas (Figura 25.1 G), que vivem apenas nas madeiras afundadas, parecem ser xilófagos, ou seja, abrigar bactérias no trato digestivo que digerem celulose e os ajudam a obter da madeira nutrientes que, sem tais bactérias, não poderiam ser digeridos.

Ophiuroidea. As serpentes-do-mar exibem predação, depositivoria e saprofagia, suspensivoria, e algumas espécies são capazes de utilizar mais de um método alimentar. As estrelas-de-cesta (Figura 25.9) são realmente predadoras que utilizam comportamentos de suspensivoria para capturar presas natantes relativamente grandes (até cerca de 3 cm de comprimento).

A depositivoria seletiva dos ofiuroides é realizada por meio dos pés tubulares e, em alguns casos, pelos espinhos situados ao longo dos braços. Os espinhos dos braços e os pés tubulares secretam muco, ao qual a matéria orgânica adere. Os pés tubulares rolam o muco e o alimento para formar um bolo. Perto da base de cada pé tubular, há uma projeção em forma de aba, conhecida como **escama tentacular** (Figura 25.9 B e D). O bolo é transferido do pé tubular para dentro de sua escama adjacente, é agarrado pelo próximo pé tubular e assim por diante, até que

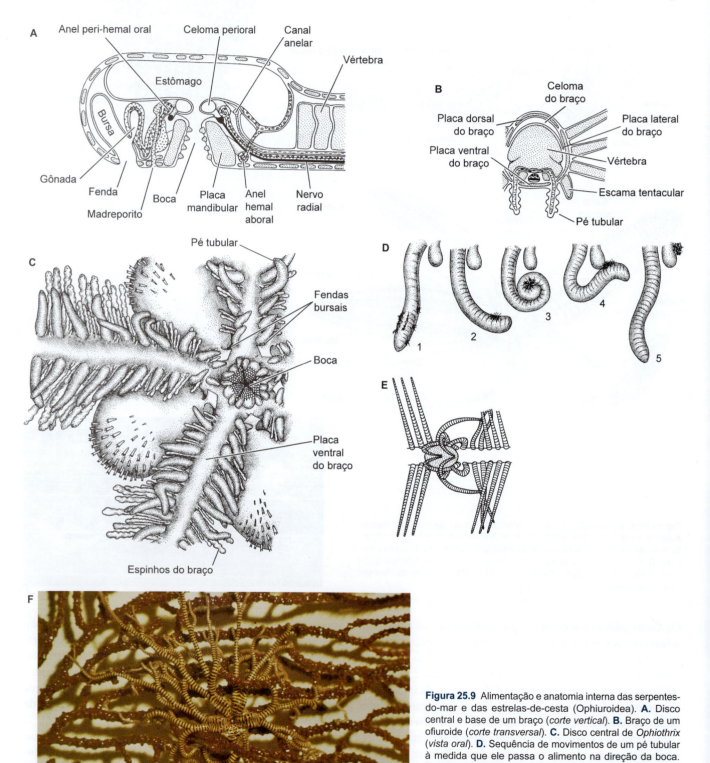

Figura 25.9 Alimentação e anatomia interna das serpentes-do-mar e das estrelas-de-cesta (Ophiuroidea). **A.** Disco central e base de um braço (*corte vertical*). **B.** Braço de um ofiuroide (*corte transversal*). **C.** Disco central de *Ophiothrix* (*vista oral*). **D.** Sequência de movimentos de um pé tubular à medida que ele passa o alimento na direção da boca. **E.** Pés tubulares movendo o bolo alimentar na direção da boca de um ofiuroide suspensívoro. **F.** *Astrodictyum panamense*, uma estrela-de-cesta (sobre uma gorgônia), com seus braços abertos para capturar alimento.

finalmente o alimento seja transportado ao longo do braço até a boca. Em geral, a suspensivoria envolve um método semelhante de transporte depois que o alimento fica retido. Em alguns animais, a captura do alimento é facilitada pela secreção de filamentos mucosos entre os espinhos dos braços e pela sustentação dos braços nas correntes para reter plâncton e detritos orgânicos. As serpentes-do-mar que utilizam essa técnica geralmente têm espinhos muito longos nos braços (p. ex., *Ophiocoma, Ophiothrix*). *Astrotoma* (eurialídeo com braços não ramificados) estende seus braços (até 70 cm de comprimento) para dentro da água circundante a fim de capturar copépodes planctônicos. Outras serpentes-do-mar praticam suspensivoria utilizando os pés tubulares estendidos para formar uma armadilha, levando grumos de alimento até a boca (Figura 25.9 E). Várias espécies escavam para formar tocas semipermanentes revestidas de muco. Os braços estendem-se à superfície e ajudam a manter as correntes ventilatórias dentro das tocas. Essas espécies também conseguem extrair alimentos do sedimento, da superfície do substrato e da água que as recobre (Woodley, 1975). A serpente-do-mar comensal *Ophiothrix lineata* vive no átrio da esponja grande *Callyspongia vaginalis*, de onde sai para alimentar-se dos detritos que ficam aderidos à superfície externa do seu hospedeiro. Ao mesmo tempo que mantém a esponja limpa, o ofiuroide é suprido de alimentos e obtém proteção contra predadores.

A suspensivoria predatória das estrelas-de-cesta ocorre principalmente à noite. Na penumbra, os animais emergem de seus esconderijos e mantêm seus braços ramificados abertos em forma de leque dentro da corrente circundante, algo semelhante ao mecanismo de alimentação dos crinoides. *Astrophyton* muda sua posição com a direção das marés, sempre orientando seus braços para a corrente; ele deixa de alimentar-se na maré baixa. Quando um animal pequeno entra em contato com um braço, o apêndice enrola para capturá-lo pela empalação sobre os ganchos microscópicos existentes ao longo do braço. Em geral, a ingestão é postergada até que a escuridão tenha passado; então, a presa é transferida para a boca pelo braço flexível. As estrelas-de-cesta alimentam-se de vários invertebrados, como crustáceos natantes e poliquetas demersais.

Algumas serpentes-do-mar são predadoras ativas; capturam organismos bentônicos enrolando um braço para formar uma alça ao redor da presa e, em seguida, puxá-la para a boca. As espécies que se alimentam dessa forma geralmente têm espinhos curtos nos braços, espinhos esses que se mantêm achatados sobre os braços (p. ex., *Ophioderma*). *Ophiura sarsii*, ofiuroide dos oceanos temperados do Norte, atua em grupos para subjugar e rasgar em pedaços a presa natante ativa, como peixes e crustáceos.

Nos ofiuroides, o intestino e o ânus foram perdidos, e o sistema digestivo está limitado inteiramente ao disco central (Figura 25.9 A). A boca circundada por um conjunto de ossículos ambulacrais modificados semelhantes a uma mandíbula leva ao esôfago curto e ao estômago volumoso, no qual ocorrem a digestão e a absorção. Os restos digeridos são ejetados novamente pela boca. O estômago preenche a maior parte do interior do disco, reduzindo o celoma a uma câmara fina.

Echinoidea. Os equinoides utilizam vários tipos de herbivoria, suspensivoria, detritivoria e, raramente, predação. Nos ouriços esféricos típicos, a alimentação é facilitada por um aparelho mastigatório complexo – a **lanterna de Aristóteles** –, localizado dentro da boca e que contém cinco dentes calcários retráteis (Figuras 25.10; 25.11 A a D). Esse é um exemplo impressionante de engenharia evolutiva: um complexo de elementos rígidos do estereoma e os músculos que controlam os movimentos de protração, retração e apreensão dos dentes. Em geral, o aparelho por inteiro pode ser girado de modo que os dentes sejam protraídos em ângulos diferentes. Existe grande variação na estrutura das lanternas dos equinoides, mas a descrição seguinte aplica-se à maioria dos casos nos quais ela está bem-desenvolvida.

A parte estrutural principal da lanterna (Figura 25.10) consiste em cinco pares de elementos trapezoides calcários orientados verticalmente, conectados para formar cinco pirâmides triangulares, cada qual sustentando um único dente em um sulco conhecido como lâmina dental. As pirâmides posicionadas interambulacralmente estão interligadas por músculos, que as puxam (junto com os dentes) para fechar as mandíbulas. Ao longo da borda aboral de cada pirâmide, há uma barra espessada, a epífise. A afiação dos dentes ocorre à medida que as plaquetas diminutas que o constituem são desgastadas, como uma talhadeira autoamolável. O dente cresce na extremidade proximal pelo acréscimo constante de novas plaquetas, na área em que o dente emerge da ponta da pirâmide. Essa região é coberta por um saco dental macio de origem celômica, que circunda a extremidade proximal amolecida de cada dente. Com o uso normal, os dentes geralmente crescem cerca de 1 mm por semana. Acima da estrutura principal da lanterna, existem cinco pequenos ossículos esqueléticos em formato de "Y" conhecidos como **compassos**, um ao longo de cada rádio ambulacral. Os compassos e os músculos associados parecem regular a pressão hidrostática dentro do celoma perifaríngeo.

Os músculos protratores originam-se de um "cinto da lanterna" interambulacral ao redor da boca e têm suas inserções nos elementos esqueléticos diminutos (**rótulas**) situados nas **epífises**, ligadas à extremidade proximal (superior) de cada pirâmide. A contração desses músculos puxa toda a lanterna em direção oral por dentro da boca, afastando os dentes (Figura 25.10 B e C). Os músculos retratores originam-se das extensões do cinto ambulacral espesso (aurículas) e têm suas inserções na extremidade distal da lanterna. Outros músculos associados às pirâmides e às rótulas produzem vários movimentos dos dentes.

A maioria dos ouriços com lanternas bem-desenvolvidas usam seus dentes para raspar algas do substrato e arrancar pedaços das macroalgas. Algumas espécies alimentam-se de matéria animal por meio de ações semelhantes. Os ouriços que escavam tocas nos substratos duros alimentam-se da película de algas, que se desenvolve na parede do túnel. Outros ingerem partículas suspensas ou algas que são levadas pela corrente e entram na câmara, ou matéria orgânica retida pelos espinhos, pés tubulares e pedicelárias. Alguns ouriços irregulares (p. ex., cassiduloides e equinoneoides) perdem sua lanterna antes da vida adulta; os ouriços-coração espatangoides nunca a desenvolvem. Os espatangoides escavam e engolem o sedimento para digerir a matéria orgânica contida (Figura 25.11 G). Os pés tubulares podem ser usados para selecionar os alimentos do lodo ou da areia e passá-los para a boca. A simetria bilateral superposta derivada do movimento evolutivo do ânus do sistema apical para uma "região posterior" funcional dos equinoides irregulares foi uma adaptação ao hábito de ingerir sedimentos, algo muito semelhante a uma minhoca.

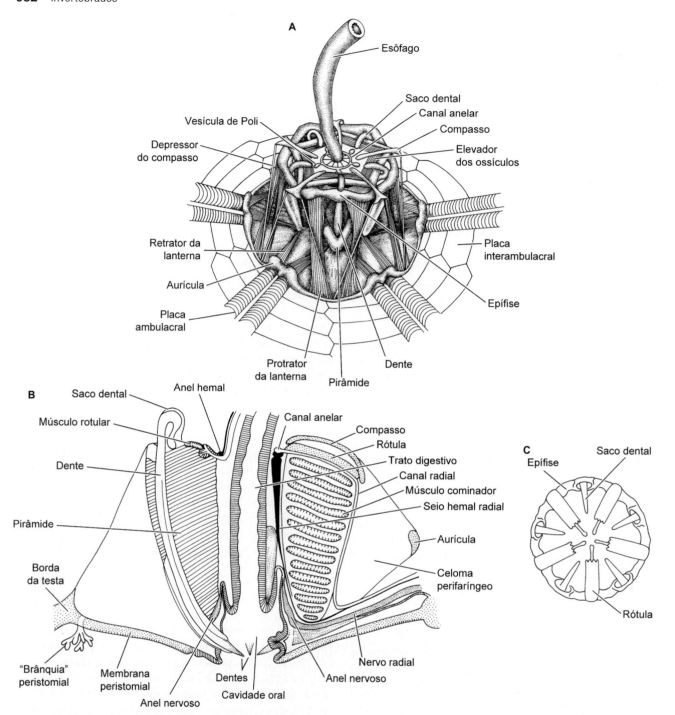

Figura 25.10 Lanterna de Aristóteles dos ouriços-do-mar (Echinoidea). **A.** Lanterna examinada por dentro da testa. **B.** Lanterna de *Paracentrotus* (*corte vertical*). **C.** Lanterna de *Cidaris* (*vista aboral*) com os compassos retirados para expor as rótulas.

A maioria das bolachas-da-praia consiste em "coletores podiais de partículas" e tem uma lanterna extremamente modificada, com dentes não protraíveis que funcionam como um moinho esmagador. À medida que se movem sobre o sedimento, as bolachas-da-praia selecionam a matéria rica em compostos orgânicos utilizando milhares de pés tubulares miniaturizados distribuídos em campos sobre a superfície oral; em seguida, acrescentam muco às partículas e levam-nas aos sulcos alimentares. Os pés tubulares especializados funcionam como uma "brigada" que desvia as carreiras de partículas recobertas por muco para a boca (Figura 25.11 E). Em comparação com as bolachas-da-praia, os biscoitos-do-mar alimentam-se de partículas maiores, incluindo pedaços de algas.

Dendraster excentricus enterra a parte anterior do seu corpo na areia, de modo que região posterior fique estendida acima do sedimento (Figura 25.1 K e 25.11 F), capturando diatomáceas e outras partículas alimentares da água por meio de seus pés tubulares e, em seguida, ingerindo-as conforme anteriormente descrito. Crustáceos minúsculos podem ser capturados pelas pedicelárias. Os membros da maioria das populações de *Dendraster* posicionam-se em grupos orientados de frente para a corrente, explorando as propriedades hidrodinâmicas da circulação local para facilitar o processo de coleta de alimentos pelos demais. Algumas bolachas-da-praia têm grãos de areia de alta densidade (especialmente os que contêm óxidos de ferro) armazenados em um divertículo do trato digestivo, os quais funcionam

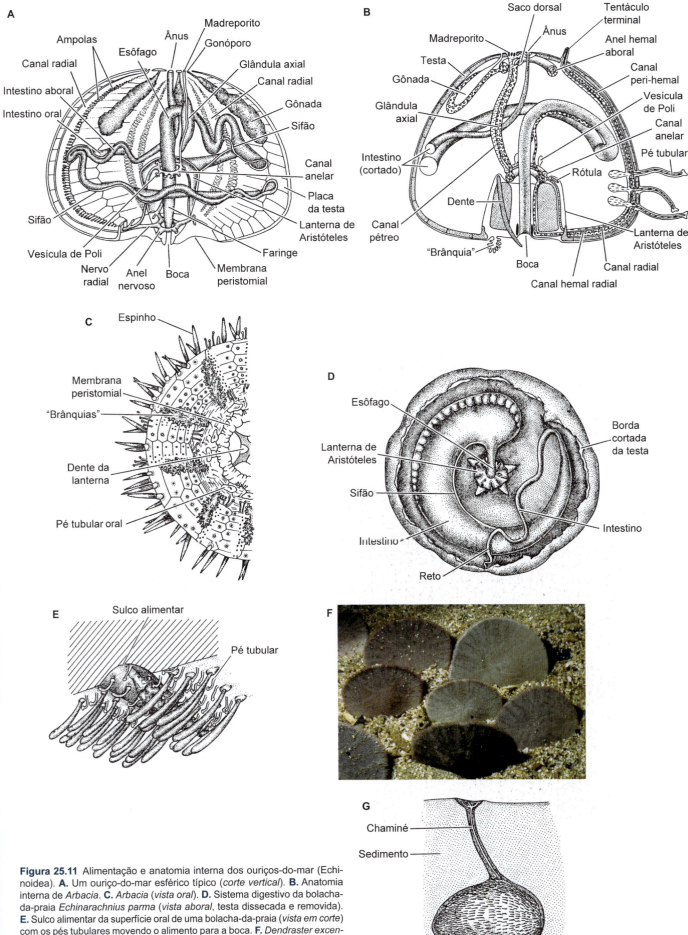

Figura 25.11 Alimentação e anatomia interna dos ouriços-do-mar (Echinoidea). **A.** Um ouriço-do-mar esférico típico (*corte vertical*). **B.** Anatomia interna de *Arbacia*. **C.** *Arbacia* (*vista oral*). **D.** Sistema digestivo da bolacha-da-praia *Echinarachnius parma* (*vista aboral*, testa dissecada e removida). **E.** Sulco alimentar da superfície oral de uma bolacha-da-praia (*vista em corte*) com os pés tubulares movendo o alimento para a boca. **F.** *Dendraster excentricus* em posição de alimentação, com seus corpos semienterrados na areia. **G.** Ouriço-coração *Echinocardium cordatum* dentro de sua toca.

como lastros para ajudar a estabilizar a posição desses animais no fundo do mar. Os microequinoides (p. ex., *Echinocyamus*) fazem ninhos entre os grãos de areia grossos, levados à boca pelos pés tubulares e depois girados pela membrana peristomial e pelos pés tubulares, à medida que os dentes raspam as diatomáceas e os detritos orgânicos fixados.

O sistema digestivo dos equinoides é essencialmente um tubo simples, que se estende da boca ao ânus. A boca está localizada no centro da superfície oral ou desviada ligeiramente em direção anterior em alguns ouriços irregulares; o ânus está posicionado na superfície aboral e localizado ao centro ou desviado em direção posterior. O esôfago estende-se pelo eixo vertical da lanterna (quando presente) e junta-se ao estômago-intestino alongado (Figura 25.11 A, B e D). Na maioria dos equinoides, um ducto estreito (**sifão**) corre em paralelo ao trato intestinal ao longo de parte do seu trajeto. As duas extremidades desse sifão comunicam-se com o intestino, possivelmente oferecendo um desvio para o excesso de água ingerida com os alimentos. Em muitas espécies, cecos de fundo cego originam-se do trato digestivo nas proximidades da junção do esôfago com o estômago-intestino. O intestino estreita e forma um reto curto, que leva ao ânus, localizado ao centro do sistema apical, ou em diversos pontos ao longo do interambulacro posterior. As enzimas digestivas são produzidas pelas paredes intestinais e dos cecos, e a digestão é principalmente extracelular.

Holothuroidea. A maioria dos pepinos-do-mar é suspensívora ou depositívora. Muitas formas epibentônicas sedentárias ou que formam ninhos (p. ex., *Eupentacta, Psolus, Cucumaria*) estendem seus tentáculos ramificados recobertos de muco (Figura 25.12 D e E) na água, de maneira a reter materiais suspensos, incluindo plâncton vivo e detritos orgânicos. Em seguida, os tentáculos são puxados para dentro da boca, um de cada vez, e o alimento é ingerido (Figura 25.12 F). Um suprimento de muco é fornecido pelas células secretoras das papilas dos tentáculos e das células glandulares do trato digestivo anterior.

Os tipos epibentônicos mais ativos (p. ex., *Stichopus*) rastejam sobre o substrato e usam seus tentáculos para coletar e ingerir sedimento e detritos orgânicos (Figura 25.12 C). Estudos indicam que alguns holoturoides (p. ex., *Stichopus, Holothuria*) sejam depositívoros altamente seletivos, que coletam preferencialmente sedimentos ricos em matéria orgânica. *Holothuria tubulosa* é tão adepta à alimentação seletiva que mesmo suas bolotas fecais têm teores orgânicos mais altos que os sedimentos do seu ambiente. Muitos holoturoides apódideos ingerem sedimento à medida que cavam o substrato por movimentos peristálticos.

A boca anterior é circundada por uma coroa de tentáculos orais. O esôfago (ou a faringe) prolonga-se para dentro e passa por um anel de placas calcárias, que sustenta o trato digestivo anterior e o canal anelar do sistema vascular aquífero. O esôfago reúne-se ao intestino longo, cuja parte anterior comumente é dilatada para formar o estômago. O intestino é onde ocorrem a digestão e a absorção dos nutrientes; ele se estende posteriormente, formando alças para a frente e depois para trás, algumas vezes em espirais (Figura 25.12 A e B). O intestino termina no reto expandido, que leva ao ânus posterior. A área retal está presa à parede corporal por uma série de músculos suspensores e frequentemente apresenta crescimentos altamente ramificados – **as árvores respiratórias** – que se estendem em direção anterior dentro da cavidade corporal. A água é bombeada pelo ânus para dentro das árvores, onde ocorre a troca gasosa (Figura 25.12 A, B e H).

O sistema digestivo dos pepinos-do-mar apresenta dois fenômenos fascinantes: (1) autoevisceração e (2) liberação de estruturas conhecidas como túbulos de Cuvier (Figura 25.12 H e I). A evisceração consiste em expulsão por autotomia e ação muscular de parte ou de todos os músculos, trato digestivo e (algumas vezes) outros órgãos, incluindo as árvores respiratórias e gônadas. Essas partes perdidas geralmente são regeneradas. Em alguns animais, essas estruturas são expelidas depois da ruptura da região do trato digestivo posterior. Em outros, a ruptura ocorre anteriormente e os tentáculos alimentares e o trato digestivo anterior são perdidos. A evisceração pode ser induzida no laboratório por estresse químico, manipulação física e aglomeração de indivíduos, mas também ocorre naturalmente em algumas espécies, ainda que seu significado permaneça pouco claro. De acordo com alguns autores, esse processo é um evento sazonal associado às condições adversas, enquanto outros acreditam que seja um mecanismo de defesa, por meio do qual as partes evisceradas funcionam como chamarizes sacrificados.

Os **túbulos de Cuvier** são conjuntos de túbulos de fundo cego pegajosos, que se originam da base da árvore respiratória de certos gêneros (p. ex., *Actinopyga, Holothuria*) (Figura 25.12 A, G e H). Quando ameaçados, os holoturoides miram o ânus para o potencial predador e contraem a parede do corpo para descarregar os túbulos por ruptura do trato digestivo posterior, evertendo os túbulos sobre o predador, que fica emaranhado em massa extremamente pegajosa formada pelas secreções dos túbulos. Os túbulos de Cuvier são regenerados. Esses mecanismos de defesa sofisticados são importantes, porque os holoturoides podem ser capturados por vários peixes, estrelas-do-mar, gastrópodes, crustáceos e até seres humanos.

Circulação e troca gasosa

Circulação. O transporte interno em equinodermos é realizado basicamente pelos celomas periviscerais principais, variavelmente ampliados pelos sistemas hemal e vascular aquífero (Figura 25.13), ambos derivados do celoma. Os líquidos circulam por esses sistemas basicamente por ação ciliar e, em alguns casos, por bombeamento muscular. Ao menos em uma espécie de ouriço-do-mar (*Lytechinus variegatus*), o líquido celômico certamente é bombeado pelos movimentos da lanterna de Aristóteles.

O sistema hemal é um conjunto complexo de canais e espaços, em sua maior parte contidos em canais celômicos conhecidos como **seios peri-hemais**. O sistema é mais bem-desenvolvido nos holoturoides, nos quais tem um arranjo bilateral, e em crinoides, nos quais os canais podem formar plexos reticulados. Em outros grupos, o sistema está disposto radialmente e, em geral, corre paralelo com os elementos do sistema vascular aquífero, que consiste nos **anéis hemais** oral e aboral, cada qual com extensões radiais. Os dois anéis estão conectados por um seio axial (Figura 25.13 A), que se localiza em oposição ao canal pétreo. Dentro do seio axial, há um núcleo de tecido esponjoso conhecido como **glândula axial**, que parece responsável pela produção de alguns celomócitos. Os canais hemais radiais estendem-se do anel aboral até as gônadas. Outros canais

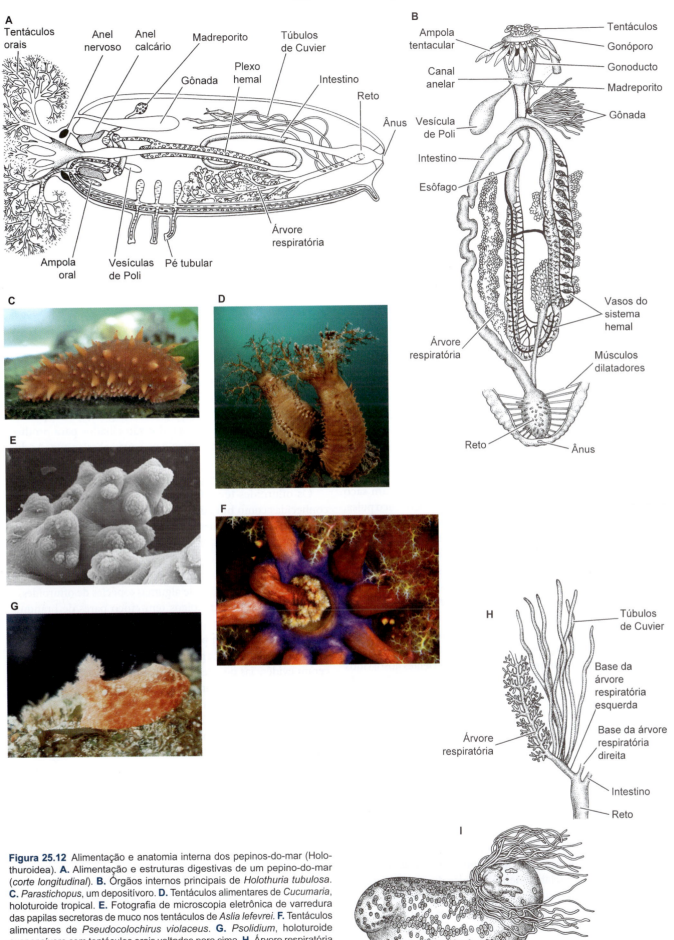

Figura 25.12 Alimentação e anatomia interna dos pepinos-do-mar (Holothuroidea). **A.** Alimentação e estruturas digestivas de um pepino-do-mar (*corte longitudinal*). **B.** Órgãos internos principais de *Holothuria tubulosa*. **C.** *Parastichopus*, um depositívoro. **D.** Tentáculos alimentares de *Cucumaria*, holoturoide tropical. **E.** Fotografia de microscopia eletrônica de varredura das papilas secretoras de muco nos tentáculos de *Aslia lefevrei*. **F.** Tentáculos alimentares de *Pseudocolochirus violaceus*. **G.** *Psolidium*, holoturoide suspensívoro com tentáculos orais voltados para cima. **H.** Árvore respiratória e túbulos de Cuvier de *Holothuria impatiens*. **I.** Liberação dos túbulos de Cuvier de *Holothuria*.

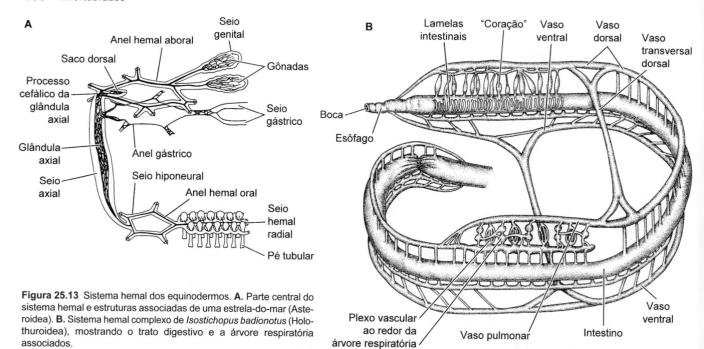

Figura 25.13 Sistema hemal dos equinodermos. **A.** Parte central do sistema hemal e estruturas associadas de uma estrela-do-mar (Asteroidea). **B.** Sistema hemal complexo de *Isostichopus badionotus* (Holothuroidea), mostrando o trato digestivo e a árvore respiratória associados.

radiais originam-se do anel hemal oral e estão associados às fileiras de pés tubulares; tais canais estão abrigados dentro de um espaço peri-hemal conhecido como seio hiponeural (Figuras 25.3 B e 25.13 A). Um terceiro anel hemal – o anel gástrico – ocorre em muitos equinodermos, incluindo a maioria dos asteroides, e está associado ao sistema digestivo.

Cílios fazem o líquido circular pelo sistema hemal. Nos asteroides e na maioria dos equinoides, o seio axial tem um **saco dorsal** perto da junção com o anel hemal aboral. Esse saco pulsa, provavelmente para facilitar o movimento do líquido dentro dos espaços hemais. O sistema hemal dos holoturoides consiste em um conjunto sofisticado de vasos intimamente associados ao trato digestivo (Figura 25.13 B) e às árvores respiratórias (quando presentes). Em muitos holoturoides, o sistema hemal pode incluir incontáveis "corações" ou bombas circulatórias.

A função do sistema hemal não está totalmente esclarecida, mas ele provavelmente ajuda a distribuir os nutrientes absorvidos pelo trato digestivo. Experiências realizadas com a estrela-do-mar *Echinaster graminicolus* mostraram que os nutrientes absorvidos aparecem no sistema hemal dentro de algumas horas depois da alimentação e, por fim, concentram-se nas gônadas e nos pés tubulares. Nos pepinos-do-mar, o sistema hemal provavelmente também desempenha um papel importante na troca gasosa, porque alguns dos vasos estão em contato com as árvores respiratórias.

Troca gasosa. A maioria dos equinodermos depende dos processos externos de paredes finas como superfícies de troca gasosa. Aparentemente, os crinoides trocam oxigênio e dióxido de carbono entre os celomas e a água do mar circundante através de todas as partes finas expostas da parede corporal, especialmente os pés tubulares. Apenas os ofiuroides e os holoturoides têm órgãos internos especiais para respiração. Considerando os volumes celômicos relativamente grandes de muitos equinodermos e a ausência de conexões circulatórias entre o interior e o exterior da parede corporal, os mecanismos de transporte do líquido celômico são muito importantes para a troca interna de gases, enquanto os tecidos externos permutam diretamente com a água do mar circundante.

Nos asteroides, a troca gasosa ocorre através dos pés tubulares e de projeções especiais da parede corporal conhecidas como **pápulas** (Figura 25.14 A e B), que são evaginações da epiderme e do peritônio. Esses dois tecidos são ciliados para produzir correntes no líquido celômico e na água sobrejacente. As duas correntes criam uma contracorrente para maximizar os gradientes de concentração através das superfícies das pápulas.

Os ofiuroides têm 10 invaginações da parede corporal – conhecidas como **bursas** – que se abrem ao exterior por meio de fendas ciliadas (Figura 25.9 A e C). A água circula através das bursas por ação ciliar e, em algumas espécies, por bombeamento muscular das paredes das bursas. Os gases são trocados entre a água circulante e os líquidos corporais. A hemoglobina está presente nos celomócitos de algumas espécies de ofiuroides.

Os ouriços-do-mar típicos têm cinco pares de brânquias lobares ao redor do perístoma (Figura 25.11 B e C). No passado, essas brânquias foram por muito tempo consideradas órgãos importantes para a troca gasosa. Entretanto, vários autores forneceram evidências de que elas tenham uma função diferente. A pressão dentro dessas brânquias altera-se com a manipulação dos compassos da lanterna de Aristóteles, de modo que as brânquias provavelmente têm a função de acomodar as alterações de pressão no celoma perifaríngeo durante os movimentos da lanterna e, talvez, aumentar o suprimento de oxigênio aos músculos associados. As estruturas principais de troca gasosa dos ouriços são os pés tubulares de paredes finas, que operam em um sistema de contracorrente semelhante ao que está associado às pápulas dos asteroides (Figura 25.14 C e D). Os ouriços irregulares (p. ex., ouriços-coração e bolachas-da-praia) têm pés tubulares respiratórios extremamente modificados nas regiões ambulacrais aborais da testa, conhecidos como **petaloides** (Figura 25.2 E). Os pés tubulares respiratórios têm formato de folhas e paredes finas, funcionando como superfícies para troca gasosa. Um fluxo de contracorrente ocorre entre o líquido do sistema vascular aquífero no pé tubular e a água do mar, bem como entre o líquido do sistema vascular aquífero nas ampolas internas e no líquido celômico.

Nas árvores respiratórias de alguns holoturoides, a água é bombeada para dentro e para fora do trato digestivo posterior e dos ramos das árvores respiratórias, enquanto os gases são permutados entre a água e os sistemas hemal e celômico. Esse processo é ampliado pela troca através dos pés tubulares, facilitada por um sistema de contracorrentes. Muitos holoturoides têm hemoglobina em seus celomócitos.

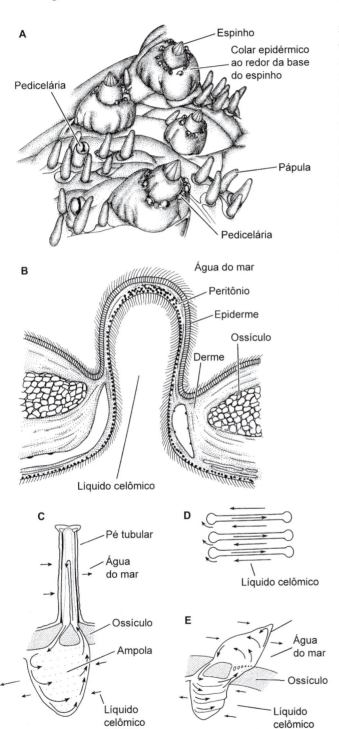

Figura 25.14 Troca gasosa dos equinodermos. **A.** Porção da superfície aboral de *Asterias* (Asteroidea) com pápulas digitiformes. **B.** Pápula de um asteroide (*corte*) revestida por peritônio e preenchida por líquido celômico. **C.** Ampola e pé tubular (*corte longitudinal*) de *Strongylocentrotus purpuratus* (Echinoidea). As *setas* representam as contracorrentes entre a água do mar, o líquido do sistema vascular aquífero e o celoma. **D.** Três ampolas lameliformes de *Strongylocentrotus*. Os gases são trocados entre os fluidos do sistema vascular aquífero e do celoma. **E.** Pé tubular respiratório e ampola (*corte*) do ouriço-coração *Echinocardium* (Echinoidea). As *setas* ilustram as contracorrentes.

Excreção e osmorregulação

Excreção. Na maioria dos equinodermos, as escórias nitrogenadas dissolvidas (amônia) difundem ao exterior através das superfícies do corpo. Esse tipo de excreção ocorre através dos pés tubulares e das pápulas nos asteroides; suspeita-se que também ocorra através das árvores respiratórias duplas dos holoturoides.

Os compostos nitrogenados precipitados e outras escórias metabólicas particuladas são fagocitados pelos celomócitos especializados dos líquidos corporais e depois descartados por vários métodos. Nos asteroides, os celomócitos repletos de escórias metabólicas podem acumular-se nas pápulas, que então desprendem suas extremidades distais, expelindo as células e o resíduo metabólico. Alguns estudos sugeriram que as glândulas retais também poderiam participar da excreção. Nos ofiuroides, suspeita-se que os celomócitos levem as escórias até as bursas, de onde são eliminadas. Os celomócitos fagocitários dos equinoides acumulam escórias metabólicas e transportam-nas aos pés tubulares e às brânquias para serem eliminadas. Nos holoturoides, escórias na forma de partículas são transportadas pelos celomócitos até as árvores respiratórias, ao trato digestivo e até mesmo às gônadas, e são eliminadas para o exterior. Os celomócitos dos crinoides depositam as escórias em bolsas diminutas ao longo dos lados dos sulcos ambulacrais.

Osmorregulação. Em geral, os equinodermos são criaturas esteno-hialinas estritamente marinhas, que não precisam realizar regulação osmótico-iônica rigorosa. Contudo, algumas espécies têm sido relatadas em águas salobras. Por exemplo, *Asterias rubens* (Asteroidea) foi coletada do mar Báltico (salinidade de 8%); *Ophiophragmus filograneus* (Ophiuroidea) de Cedar Key, na Flórida (salinidade de 7,7%); e vários outros holoturoides, do mar Negro (salinidade de 18%). Alguns mecanismos permitem que esses táxons sobrevivam em salinidades tão baixas, mas eles não foram definidos até agora. Existem evidências sugestivas de que os equinodermos sejam osmoconformadores. A água e os íons atravessam com facilidade relativa as superfícies do corpo, e a tonicidade dos líquidos corporais varia com as oscilações do ambiente. Aparentemente, há certa regulação iônica por meio de transporte ativo, mas ela é mínima.

Sistema nervoso e órgãos sensoriais

A pentarradialidade derivada dos equinodermos está refletida claramente na anatomia dos seus sistemas nervosos e na distribuição dos seus órgãos sensoriais. O sistema nervoso é descentralizado, até certo ponto difuso e sem gânglios significativos. Existem três "sistemas" neuronais integrados e desenvolvidos em graus variados entre os clados: ectoneural (oral); hiponeural (oral profundo); e entoneural (aboral). O **sistema ectoneural** é predominantemente sensorial, embora existam fibras motoras; o **sistema hiponeural** tem função basicamente motora. O **sistema entoneural** está ausente nos holoturoides e reduzido em diferentes graus nos outros grupos – com exceção dos crinoides, nos quais ele é o sistema nervoso primário e tem função sensorial e motora. Note que esses termos se referem apenas à *posição* dos sistemas neuronais, não às suas origens embrionárias.

Os três sistemas estão interligados por uma rede nervosa derivada basicamente dos componentes ectoneural e entoneural. A rede é descrita como um plexo subepidérmico, mas dá origem aos neurônios intraepidérmicos e certamente tem relação direta com os epitélios externo e interno à parede corporal. Com exceção dos crinoides, nos quais o componente entoneural predomina, os nervos mais evidentes dos equinodermos são derivados do sistema ectoneural. Um anel nervoso circum-oral situado pouco abaixo do epitélio oral circunda o esôfago. A partir desse anel, originam-se nervos radiais que se estendem ao longo de cada ambulacro. Na estrela-do-mar, esses nervos radiais aparecem como espessamentos epidérmicos bem-definidos em formato de "V", localizados em cada sulco ambulacral (Figura 25.3 B). O plexo nervoso entoneural também forma cordões radiais, como os que se localizam ao longo das bordas dos braços dos asteroides. Em geral, o sistema hiponeural corre em paralelo aos nervos do sistema ectoneural. Os neurônios hiponeurais são subepidérmicos e estão situados perto do seio hiponeural de cada área ambulacral (Figura 25.3 B), dando origem às fibras motoras e aos gânglios dos pés tubulares.

Os receptores sensoriais estão praticamente limitados às estruturas epiteliais relativamente simples, inervadas por um plexo do sistema ectoneural. Comumente associados às projeções da parede corporal, como espinhos e pedicelárias, os neurônios sensoriais da epiderme reagem ao toque, às substâncias químicas dissolvidas, às correntes de água e à luz. Nos asteroides, os fotorreceptores ocorrem na forma de regiões fotossensíveis, que contêm ocelos côncavos pigmentados nas pontas dos braços. Algumas serpentes-do-mar têm tecidos fotossensíveis aborais e até utilizam microlentes de calcita nos elementos esqueléticos do estereoma dos braços para ampliar a detecção da luz. Os equinoides parecem usar a fotossensibilidade dos pés tubulares – mediada pelo espaçamento dos espinhos sobre todo o seu corpo – para obter resolução espacial dos objetos. Os estatocistos foram descritos em alguns holoturoides, enquanto, em certos equinoides, há estruturas conhecidas como **esferídios**, as quais parecem funcionar como georreceptores. A quimiorrecepção não foi bem-estudada nos equinodermos, mas algumas evidências sugerem que os tentáculos orais dos holoturoides e os pés tubulares orais dos equinoides sejam sensíveis às substâncias químicas dissolvidas. Nos asteroides, a quimiorrecepção parece depender basicamente do contato direto, embora possa ocorrer a distância em algumas espécies. De acordo com alguns estudos, as larvas reagem aos feromônios dissolvidos na coluna de água para estimular sua metamorfose.

Apesar do seu sistema nervoso muito simples e da ausência de órgãos sensoriais especializados, muitos equinodermos apresentam comportamentos complexos. Vídeos de lapso de tempo dos equinodermos revelaram que eles estabelecem interações complexas semelhantes a qualquer invertebrado – simplesmente fazem quase tudo em um ritmo lento, que dificulta a percepção. Ainda há muito que aprender acerca da mediação funcional entre o circuito do sistema nervoso e as reações comportamentais observadas, assim como quanto à coordenação dos pés tubulares e dos espinhos durante a locomoção. A maioria dos equinodermos demonstra comportamentos de retificação bem-definidos quando virados de "cabeça para baixo" – ações que envolvem sensibilidade tátil, georrecepção e talvez fotorrecepção. A orientação nas correntes foi demonstrada em algumas bolachas-da-praia e em muitos ofiuroides e crinoides, e as reações aos predadores em potencial comumente incluem a coordenação dos movimentos dos espinhos, das pedicelárias e a locomoção.

Reprodução e desenvolvimento

Regeneração e reprodução assexuada. Os equinodermos têm notável capacidade de regeneração. Os observadores das poças de marés frequentemente encontram estrelas-do-mar em processo de regeneração de um braço, ou encontram ventosas dos pés tubulares deixados sobre uma rocha, da qual foi arrancada uma estrela-do-mar ou um ouriço. As ventosas perdidas são prontamente repostas por regeneração. Durante os processos de evisceração e expulsão dos túbulos de Cuvier, os diversos órgãos perdidos são reconstituídos. A lesão da testa dos equinoides, mesmo uma perfuração com perda de placas, geralmente é seguida de cicatrização e regeneração das placas e dos apêndices associados. Alguns estudos foram realizados para averiguar as histórias dos catadores de ostras, que afirmavam que o corte das estrelas-do-mar em pequenos pedaços resultava na regeneração de todo o animal a partir de cada segmento cortado. Embora seja verdade que um animal danificado pode formar novos braços quando uma parte expressiva do disco central permanece intacta, um braço isolado morre pouco depois. Contudo, uma exceção a essa regra é *Linckia*, que pode regenerar todo o animal a partir de um único braço, estágio em processo de regeneração descrito apropriadamente como **cometa** (Figura 25.15). Os ofiuroides e os crinoides frequentemente desprendem braços ou seus fragmentos quando são perturbados e, em seguida, regeneram a parte perdida. Essa autonomia também foi documentada em alguns asteroides. *Pisaster ochraceus*, uma estrela-ocre-da-costa-do-pacífico, autotomiza os braços na junção com o disco central quando depara com predadores. Os lírios-do-mar isocrinídeos das águas profundas autotomizam partes distais dos seus pedúnculos para distrair os predadores equinoides.

A reprodução assexuada ocorre em alguns asteroides, ofiuroides e holoturoides por **fissiparidade**, por meio da qual o disco central divide-se em dois e cada metade forma um animal completo por regeneração. Quando a pequena serpente-do-mar *Ophiactis* de seis braços divide-se, cada metade conserva 2 a 4 braços. A fissão assexuada também ocorre em alguns holoturoides, mas o processo não está bem-esclarecido.

Reprodução sexuada. A maioria dos equinodermos é gonocorística, mas também existem espécies hermafroditas entre os asteroides, holoturoides e especialmente entre os ofiuroides.

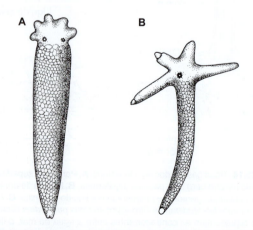

Figura 25.15 Regeneração da estrela-do-mar *Linckia* (Asteroidea). **A.** Regeneração inicial de um único braço, resultando em um disco central com dois madreporitos e cinco raios novos. **B.** Estágio mais avançado com um madreporito e os cinco raios normais.

O sistema reprodutivo é relativamente simples e está diretamente relacionado com os derivados celômicos. Em geral, as gônadas ficam abrigadas dentro de seios genitais revestidos por peritônio. Os holoturoides são singulares entre os equinodermos vivos porque têm uma única gônada, que se localiza em posição dorsal (Figura 25.12 B). Um único gonoduto abre-se entre as bases dos dois tentáculos orais dorsais, ou em posição ligeiramente posterior à coroa tentacular.

Os crinoides não têm gônadas bem-definidas. Os gametas originam-se do peritônio das extensões celômicas especiais conhecidas como canais genitais das pínulas, os quais se estendem da parte proximal de cada braço. Esses animais não têm gonodutos e os gametas são liberados quando as paredes das pínulas rompem. Os ofiuroides têm uma ou muitas gônadas ligadas ao lado peritoneal de cada bursa adjacente às fendas bursais (Figura 25.9 A). Os gametas são liberados dentro das bursas e expelidos pelas fendas.

Os asteroides e os equinoides têm múltiplas gônadas (Figuras 25.8 C e 25.11 B) com gonodutos levando a gonóporos interambulacrais (Figura 25.8 A). Um ouriço-do-mar típico tem cinco gônadas, uma em cada segmento inter-radial. Os gonóporos estão localizados nas cinco placas genitais interambulacrais do sistema apical (Figuras 25.3 F e 25.11 A). Nos ouriços irregulares, o periprocto e o ânus migraram em direção posterior, mas as placas genitais continuam em posição mais ou menos central na superfície aboral. Na maioria dos equinoides irregulares, existem apenas quatro (e, em alguns casos, menos) gônadas, porque uma foi perdida ao longo da linha de migração do ânus, com redução correspondente do número de gonóporos. Em todos os ouriços, uma das placas genitais é perfurada e funciona como um madreporito.

As estratégias dos ciclos de vida dos equinodermos variam da desova livre seguida de fecundação externa e desenvolvimento indireto, até diversos tipos de desenvolvimento direto e incubação. Estudos indicam que a desova seja um evento basicamente noturno, durante o qual os animais assumem posturas características com seus corpos elevados do substrato. Ao menos em alguns asteroides e equinoides, a gametogênese é regulada pelo fotoperíodo, que assegura a desova mais ou menos sincrônica entre os membros da mesma população. Em algumas espécies de asteroides que fazem desova livre, as fêmeas liberam feromônios estimulantes da liberação dos espermatozoides pelos machos próximos da mesma espécie, enquanto muitas espécies se agregam antes da desova para garantir o sucesso da fecundação.

A incubação é especialmente comum entre as espécies boreais e polares (em todos os grupos de equinodermos) e em certos asteroides de águas profundas, cujos ambientes poderiam ser desfavoráveis à vida larval. As espécies que incubam produzem menos ovos, embora sejam maiores e mais ricos em vitelo que os das outras espécies que fazem desova livre. Entre os crinoides, *Antedon* e alguns outros cimentam seus ovos à epiderme das pínulas, das quais eles emergem (Figura 25.16 A e B); quando os ovos são fecundados pelos espermatozoides livres, os embriões são mantidos pelo genitor até sua eclosão. A maioria dos asteroides que incubam mantém seus embriões na superfície do corpo. Uma espécie (*Asterina gibbosa*) cimenta seus ovos ao substrato, enquanto outra (*Leptasterias tenera*) incuba seus embriões imaturos no estômago pilórico antes que sejam transferidos para a superfície externa do corpo. *Xyloplax* e as estrelas-de-madeira caimanostelídeas (Figura 25.1 G) parecem incubar dentro das gônadas, liberando as formas juvenis que ficam à deriva ou rastejam para longe. A incubação é comum entre os ofiuroides. Os espermatozoides entram nas bursas e fecundam os ovos, enquanto os embriões são mantidos dentro desses sacos durante seu desenvolvimento. Alguns equinoides incubam seus embriões e jovens de ouriço entre os grupos de espinhos do corpo, ao redor do perístoma, nas depressões causadas pelos petaloides afundados das fêmeas ou, surpreendentemente, nas invaginações da parede corporal do sistema apical, através das quais os ouriços "nascem". Os holoturoides que incubam geralmente carregam seus embriões no exterior do corpo (Figura 25.16 C), mas algumas espécies de *Thyone* e *Leptosynapta* incubam dentro do celoma.

Desenvolvimento. As enormes quantidades de ovos produzidas por muitos equinodermos e a facilidade com que eles podem ser criados em laboratório fizeram de alguns desses animais modelos embriológicos. Grande parte de nosso conhecimento acerca da biologia da fecundação animal e dos estágios iniciais do desenvolvimento provém de mais de um século de estudos com ouriços e estrelas-do-mar, e a ontogenia inicial de alguns equinodermos serve como modelo para o desenvolvimento deuterostômio. Com exceção das espécies incubadoras, nas quais o desenvolvimento é modificado pelas quantidades expressivas de vitelo, a sequência dos eventos ontogenéticos é acentuadamente semelhante em todo o filo. É impossível descrever completamente a grande quantidade de informações disponíveis sobre o assunto; aqui fornecemos apenas uma revisão sucinta do desenvolvimento indireto, tendo como base principalmente os ouriços e os asteroides, incluindo algumas comparações com outros táxons.

Nos equinodermos que fazem desova livre, depois que os espermatozoides entram na camada vitelina do ovo, forma-se uma membrana de fecundação. Em geral, os ovos são isolécitos e têm quantidades relativamente pequenas de vitelo. A clivagem é radial, holoblástica e inicialmente igual ou subigual, resultando em uma celoblástula espaçosa. Nos grupos como os equinoides, a clivagem que antecede a blástula torna-se desigual, levando os terceiros blastômeros dos **mesômeros** do polo vegetal a ficar sobrepostos a **macrômeros** ligeiramente maiores e a um grupo de **micrômeros** no polo animal. (Esses termos referem-se apenas aos tamanhos relativos das células e não devem ser confundidos com os mesmos termos usados para descrever a clivagem espiral.) Em geral, a celoblástula torna-se ciliada e desprende-se da membrana de fecundação na forma de um embrião livre-natante. Como em muitos outros filos, esse estágio de desenvolvimento é conhecido como **larva primária**, que se caracteriza em parte pelo **órgão apical** – um grupo de células ciliadas com capacidade sensorial, o que aparentemente facilita a orientação da larva durante seu assentamento. Embora existam evidências de que o órgão apical seja homólogo entre todas as larvas primárias dos invertebrados, a quantidade de células e o formato geral do órgão apical variam entre as cinco classes de equinodermos.

A blástula é ligeiramente achatada no polo animal, formando a placa gastral, a partir da qual algumas células proliferam para dentro da blastocele na forma de mesoderme primária ou larval (também conhecida com "mesênquima"), que se destina a

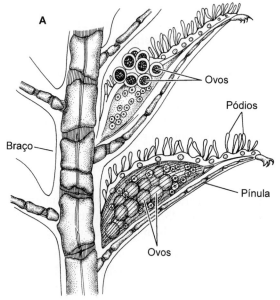
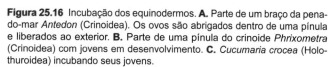
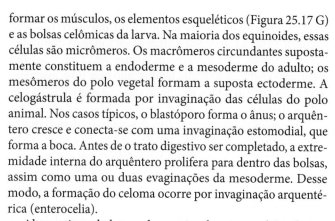
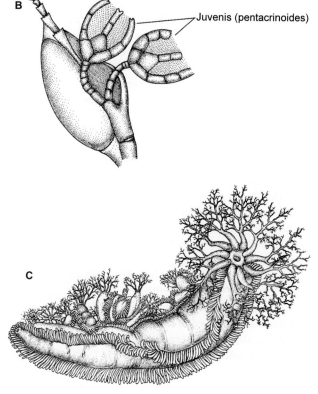

Figura 25.16 Incubação dos equinodermos. **A.** Parte de um braço da pena-do-mar *Antedon* (Crinoidea). Os ovos são abrigados dentro de uma pínula e liberados ao exterior. **B.** Parte de uma pínula do crinoide *Phrixometra* (Crinoidea) com jovens em desenvolvimento. **C.** *Cucumaria crocea* (Holothuroidea) incubando seus jovens.

formar os músculos, os elementos esqueléticos (Figura 25.17 G) e as bolsas celômicas da larva. Na maioria dos equinoides, essas células são micrômeros. Os macrômeros circundantes supostamente constituem a endoderme e a mesoderme do adulto; os mesômeros do polo vegetal formam a suposta ectoderme. A celogástrula é formada por invaginação das células do polo animal. Nos casos típicos, o blastóporo forma o ânus; o arquêntero cresce e conecta-se com uma invaginação estomodial, que forma a boca. Antes de o trato digestivo ser completado, a extremidade interna do arquêntero prolifera para dentro das bolsas, assim como uma ou duas evaginações da mesoderme. Desse modo, a formação do celoma ocorre por invaginação arquentérica (enterocelia).

Alguns tipos de larvas dos equinodermos também desenvolvem um **esqueleto larval**, que consiste em espículas e ossículos. Entre as funções do esqueleto larval estão defesa, sustentação física, áreas de inserção dos músculos e orientação passiva das larvas na forma de "braços" (diferentes dos braços das estrelas-do-mar e de outros equinodermos adultos), que funcionam como as penas de uma peteca. As larvas de alguns equinodermos têm manchas pigmentadas avermelhadas bem-definidas, que contêm caroteno-proteínas, pigmentos vermelhos que podem reagir à luz e alterar as características das membranas celulares. As funções específicas desses pigmentos nas larvas dos equinodermos ainda são desconhecidas. As larvas dos equinodermos planctônicos usam bandas de cílios existentes ao longo dos "braços" ou no próprio corpo para nadar e gerar correntes alimentares. Contudo, o lecitotrofismo é comum e aparentemente evoluiu várias vezes dentro de algumas classes de equinodermos.

Para intender o desenvolvimento das larvas dos equinodermos e sua metamorfose em adultos radialmente simétricos, é necessário examinar a embriogenia e os destinos dos celomas. Existem algumas diferenças quanto aos detalhes entre os grupos, mas há semelhanças suficientes para permitir um resumo geral. A formação inicial da bolsa arquentérica ocorre a partir do fundo cego do trato digestivo em desenvolvimento, seja na forma de um par de celomas ou de uma cavidade que se divide em duas. Esses celomas desprendem um par adicional de cavidades na região posterior e, em seguida, um terceiro par entre as extremidades anterior e posterior (Figura 25.18 A). Da frente para trás, esses pares de espaços celômicos são as **axoceles** (conhecidas nos outros deuterostômios como protoceles) direita e esquerda, as mesoceles (hidrocele + "saco dorsal") e as somatoceles (direita e esquerda), também conhecidas como metaceles (direita e esquerda), como também se observa em outros deuterostômios triméricos. A axocele e a hidrocele esquerdas permanecem ligadas uma à outra. A partir do complexo formado por axocele–hidrocele esquerdas, um "hidrotubo" estende-se para fora via hidróporo. O saco dorsal torna-se associado ao hidrotubo, que leva ao hidróporo. Em geral, a axocele direita desaparece.

Os destinos dos derivados celômicos estão descritos na Tabela 25.1. Quando se aproxima a época da metamorfose, a larva nada até o fundo, escolhendo e fixando-se a um substrato apropriado. Em geral, os lados direito e esquerdo da larva transformam-se nas superfícies oral e aboral do adulto, respectivamente, embora tal padrão nem sempre reflita uma reorientação exata a 90°. A mudança da simetria bilateral para radial envolve desvios das posições da boca e do ânus, que estão fechados durante a metamorfose. Nos casos típicos, os orifícios embrionários desaparecem e o primórdio do trato digestivo anterior muda de sua posição anteroventral larval para o lado esquerdo do rudimento em desenvolvimento. O trato digestivo posterior move-se para frente e para a direita (Figura 25.18 B e C). Quando chegam às suas posições adultas, a boca e o ânus voltam a abrir. Em posição aboral, o complexo de madreporitos origina-se de várias partes da axocele esquerda e de seus derivados acrescidos do saco dorsal. O seio axial provém de uma evaginação da axocele esquerda. A hidrocele forma um crescente ao redor do trato digestivo anterior como precursor do canal anelar do qual crescem extensões radiais (Figura 25.18 D e E) – os lobos primários

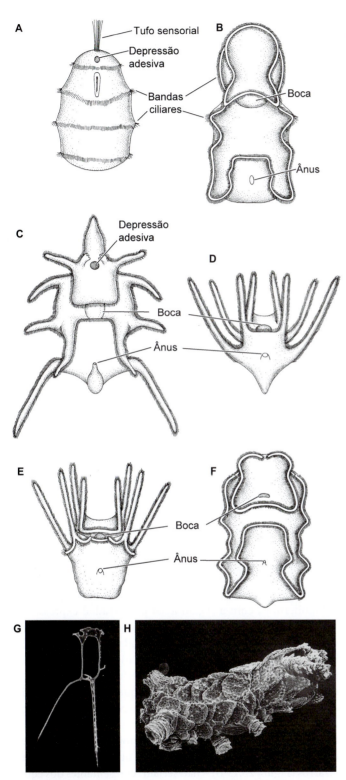

Figura 25.17 Tipos de larvas dos equinodermos. **A.** Larva vitelária de um lírio-do-mar (Crinoidea). **B** e **C.** Larva bipinária e braquiolária tardia de uma estrela-do-mar (Asteroidea). **D.** Larva ofioplúteo de uma serpente-do-mar (Ophiuroidea). **E.** Larva equinoplúteo de um ouriço-do-mar (Echinoidea). **F.** Larva auriculária de um pepino-do-mar (Holothuroidea). **G.** Fotografia de microscopia eletrônica de varredura da espícula larval isolada de uma bolacha-da-praia *Dendraster* (Echinoidea). **H.** Fotografia de microscopia eletrônica de varredura do estágio pentácula tardio (pós-larva) de um pepino-do-mar (Holothuroidea); observe os pés tubulares rudimentares já formados.

TABELA 25.1 Destinos dos principais derivados celômicos de adultos no desenvolvimento generalizado dos equinodermos.

Estrutura celômica embrionária	Destino no adulto
Somatocele direita	Celoma perivisceral aboral; parede corporal extra-axial imperfurada
Somatocele esquerda	Celoma perivisceral oral; seios genitais; a maior parte do seio hiponeural; parede extra-axial perfurada do corpo
Axocele direita	Perdida em sua maior parte
Hidróporo	Incorporado ao madreporito
Hidrotubo e saco dorsal	Partes da vesícula do madreporito e da ampola
Canal pétreo	Canal pétreo
Hidrocele esquerda	Região axial; canal anelar; canais radiais; revestimento dos lumens dos pés tubulares, além de outros componentes do sistema vascular aquífero, incluindo corpúsculos de Tiedemann e vesículas de Poli.

– destinados a se transformarem nos canais radiais e em todos os seus derivados. O canal anelar fecha e forma o toro. Projeções da somatocele esquerda produzem o seio hiponeural, que interage com os lobos primários para produzir a estrutura do rudimento. A somatocele esquerda torna-se ligeiramente interior à hidrocele e com ela interage para padronizar as cavidades do corpo do adulto. A somatocele direita "empilha" um pouco adentro da somatocele esquerda, formando um eixo anteroposterior semilinear durante um processo conhecido como "empilhamento celômico". À medida que essas transformações ocorrem, grande parte do corpo original da larva é perdida ou reabsorvida, e a forma juvenil assume vida bentônica. Embora os equinodermos sejam conhecidos por essa metamorfose notável, o processo é expresso variavelmente nas diversas classes em razão da expressão diferenciada dos componentes axiais e extra-axiais, relacionados com o rudimento e o corpo larval, respectivamente.

Filogenia dos equinodermos

Em comparação com outros deuterostômios, os equinodermos vivos são tão amplamente derivados que as comparações dos planos corpóreos dos adultos parecem praticamente inúteis. Apesar de um rico registro fóssil e de muitas décadas de estudo, a origem e a subsequente evolução dos equinodermos ainda são controversas, em razão das diferentes interpretações das homologias desses animais com base em diversas fontes de paleontologia, morfologia e embriologia. Quase todos os dados disponíveis apoiam o conceito de que cada classe existente compreende um clado monofilético, mas existe muita controvérsia quanto às relações entre os táxons fósseis.

Primeiros equinodermos

Os equinodermos provavelmente se originaram com a invasão pré-cambriana dos hábitats epibentônicos por alguma forma deuterostômia bilatéria infaunal com similaridades com os hemicordados (grupo-irmão dos equinodermos). Os equinodermos

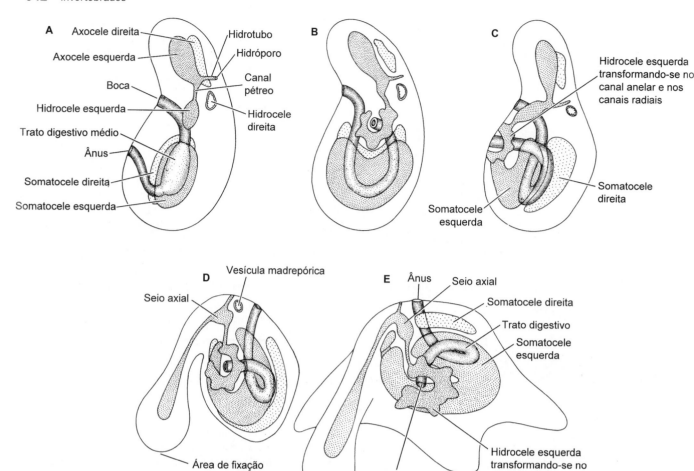

Figura 25.18 A a E. Desenvolvimento do celoma e dos seus derivados em uma estrela-do-mar (Asteroidea).

diversificaram-se rapidamente, e os planos corpóreos fundamentais de quase todos os grupos têm raízes no período Cambriano. Ao final do período Ordoviciano, todos os clados principais estavam estabelecidos. A diversidade e a disparidade entre o que hoje parecem formas bizarras alcançaram seu ponto máximo durante os primeiros tempos da era Paleozoica média (Figura 25.19). Com o início da era Mesozoica, essa disparidade entre os táxons principais diminuiu acentuadamente, resultando nas cinco classes que existem até hoje.

As origens dos equinodermos envolveram modificação da trajetória larval trimérica bilateral, de modo que a hidrocele pudesse iniciar o desenvolvimento do adulto pentarradial com seu sistema vascular aquífero singular. Somados à evolução do endoesqueleto do estereoma, esses traços tornam fácil distinguir os equinodermos de todos os outros filos (Figura 25.20). Todas as larvas dos equinodermos conservam sua condição trimérica bilateral ancestral. A expressão dos genes que controlam a radialidade deve ocorrer relativamente tarde no desenvolvimento e envolver modificações expressivas das funções de alguns genes homeobox.

Existem opiniões divergentes quanto ao significado de formas como os extintos carpoides, helicoplacoides e ctenocistoides homalozoários. Alguns membros desses grupos não tinham o conjunto completo de cinco raios (Figura 25.19 A e B) e são considerados, por alguns autores, representantes fossilizados da transição à pentarradialidade. Essa hipótese parte de alguns

pressupostos quanto às homologias dos diversos apêndices alimentares, estruturas que supostamente eram brânquias e uma morfologia bilateral superficial do esqueleto.

Outros pesquisadores aplicaram modelos de homologia e embriologia dos equinodermos, argumentando que os primeiros animais desse grupo provavelmente já eram pentarradiais. Se isso for verdade, os animais como *Stromatocystites* e *Camptostroma* (Figura 25.19 C) seriam representantes dos primeiros equinodermos, com a região axial pentarradial expressa na forma de ambulacros estreitos. Esses raios finos continuavam embebidos na região extra-axial perfurada oral, assinalada por hidróporo, ânus e outros orifícios diminutos do corpo (Figura 25.4 A). A região extra-axial imperfurada era um componente grande destituído de orifícios, que selava a superfície aboral da parede corporal e provavelmente continha a maior parte das vísceras. De acordo com essa visão, formas sem simetria pentarradial – como os ctenocistoides e os carpoides mencionados antes (Figura 25.19 A), ou os helicoplacoides bizarros (Figura 25.19 B) – não seriam representantes dos equinodermos basais, mas derivados das linhagens principais que levam aos outros clados principais de equinodermos – linhagens que, no passado, eram pentarradiais (Figura 25.20).

Os helicoplacoides que surgiram no início do período Cambriano e morreram pouco depois tinham formato de charuto, com apenas três ambulacros originando-se de uma boca lateral e enrolando-se ao redor do corpo entre as placas inter-radiais

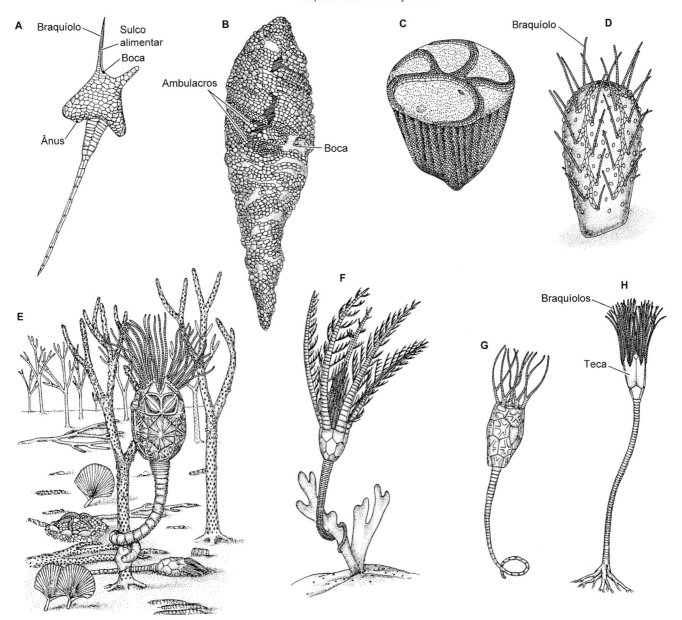

Figura 25.19 Equinodermos fósseis. **A.** *Dendrocystites*, carpoide do período Cambriano Inicial com um único braquíolo. **B.** *Helicoplacus*, equinodermo trirradiado do período Cambriano Inferior. **C.** *Camptostroma*, animal pentarradial do período Cambriano Inicial, supostamente o equinodermo ancestral. **D.** Cistoide generalizado. **E.** *Lepadocystis*, cistoide pedunculado do período Ordoviciano. Observe o edrioasteroide ao fundo, fixado ao substrato. **F.** *Eifelocrinus*, crinoide extinto. **G.** Eocrinoide *Macrocystella*. **H.** Blastoide generalizado do período Carbonífero.

(Figura 25.19 B). Ainda não está claro como esses equinodermos conseguiam viver. É tentador considerar o padrão trirradial dos helicoplacoides precursor do padrão 2–1–2 encontrado nos ramos ambulacrais dos outros gêneros fósseis, como *Stromatocystites* ou *Camptostroma*, nos quais parece haver dois ramos bifurcando (o "2") e um ramo não bifurcado (o "1"), totalizando os cinco raios. Contudo, não existem argumentos parcimoniosos contra o conceito de que os helicoplacoides (tampouco outros equinodermos com menos de cinco raios) representem uma redução da quantidade de raios. O padrão 2–1–2 também está expresso nos crinoides atuais, mas os cinco canais radiais emergem do canal anelar em pentarradialidade perfeita, sugerindo que o padrão 2–1–2 não reflete uma padronização embriológica do sistema vascular aquífero propriamente dito.

Os carpoides com um único braço parecem membros derivados de Blastozoa, um grande grupo extinto que inclui cistoides, blastoides e rombíferos (Figuras 25.19 A, D, E, G e H; 25.20). Todos esses táxons têm "ambulacros livres" singulares compostos apenas de elementos axiais conhecidos como **braquíolos**. Os blastozoários mais basais eram plesiomorficamente pentarradiais e derivaram de fósseis como *Lepidocystis*, que ilustra as origens dos braquíolos, assim como as origens do pedúnculo multilaminar derivado independentemente do pedúnculo encontrado nos crinoides. Os braquíolos não são homólogos aos braços, porque não incluem quaisquer elementos celômicos além da hidrocele. Os braços "verdadeiros", como os que são encontrados nos crinoides, incluem elementos axiais e extra-axiais, incorporando evaginações celômicas importantes das somatoceles direita e esquerda.

Equinodermos atuais

O grupo mais antigo de equinodermos vivos é representado pelos crinozoários e, entre os táxons existentes, os crinoides constituem o clado mais basal. O Crinozoa inclui formas extintas, os protocrinoides, assim como Crinoidea, que proliferaram

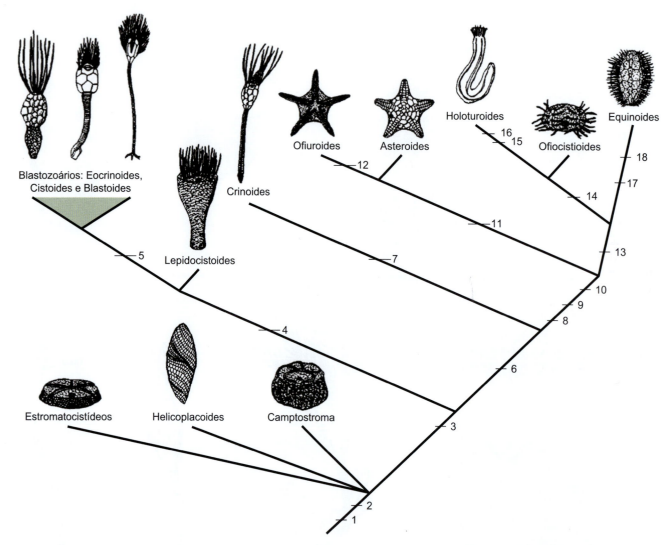

Figura 25.20 Hipótese filogenética para os principais grupos de equinodermos e algumas sinapomorfias sugeridas. Os equinodermos evoluíram de um ancestral infaunal semelhante ao grupo-irmão de Hemichordata por indução da pentarradialidade através de um rudimento produzido a partir da hidrocele (1) e a evolução de um endoesqueleto de estereoma (2). *Stromatocystites* e *Camptostroma* são táxons semelhantes aos edrioasteroides, que provavelmente representam a morfologia dos primeiros equinodermos – animais sésseis com raios estreitos (região axial), ânus e hidróporo localizados em uma região extra-axial perfurada voltada para cima. As derivações enigmáticas dessa morfologia já apareceram nos helicoplacoides trirradiais. A região extra-axial imperfurada transformou-se em um saco alongado que envolvia as porções aborais das vísceras (3). Um clado diferente e totalmente extinto – os blastozoários – é diferenciado pela existência de braquíolos (4), estruturas alimentares diferentes dos braços e constituídas unicamente pela parede corporal axial, representando os ambulacros "nus" e destituídos de elementos celômicos direitos ou esquerdos. As elaborações a partir dos blastozoários mais primitivos (*Lepidocystis*) incluíram o desenvolvimento de um pedúnculo adaptado na região extra-axial imperfurada (5). Os eocrinoides mostravam morfologia mais primitiva, com desenvolvimento de um pedúnculo demarcado nos cistoides e blastoides. Os primeiros equinodermos derivados, como os carpoides, estão incluídos nesse clado porque têm um braquíolo e um pedúnculo claramente definidos. O clado com os primeiros animais vivos caracteriza-se por braços verdadeiros contendo extensões das somatoceles direita e esquerda (6). Os crinoides desenvolveram independentemente um pedúnculo inserido como módulo dentro da região extra-axial imperfurada (7). As estrelas-do-mar, as serpentes-do-mar, os ouriços-do-mar e os pepinos-do-mar têm uma placa madrepórica perfurada (8); pés tubulares robustos para locomoção e reunião do alimento nos ambulacros, que não têm placas de cobertura (9); e boca voltada para baixo com ânus na superfície oposta (aboral), na qual a região extra-axial imperfurada foi praticamente perdida (10). Os ofiuroides e os asteroides caracterizam-se por sistemas de placas especializadas, como as placas laterais dos braços (11). Os ofiuroides desenvolveram placas ambulacrais fundidas (vértebras), que demarcam os braços do disco central (12). O ancestral dos equinoides e holoturoides tinha uma evaginação na somatocele esquerda (celoma perifaríngeo), no qual o aparato mandibular desenvolve-se (13). A lanterna de Aristóteles está expressa nos equinoides e nas formas basais aos holoturoides (ofiocistioides), as quais começaram a encurtar os raios e aumentar os pés tubulares, que se tornaram restritos à região oral (14). Os holoturoides levaram esse processo ao extremo, suprimindo a lanterna como "larvas gigantes" pedomórficas (15). Os primeiros holoturoides eram semelhantes aos apodídeos atuais, sem pés tubulares ao longo do corpo. Apenas nos táxons mais recentes os canais inter-radiais secundários (não homólogo aos canais radiais dos outros equinodermos) induzem a formação de estruturas semelhantes aos pés tubulares ao longo do corpo (16). Os equinoides perderam quase toda a região extra-axial, que ficou restrita a algumas placas do sistema apical singular (17). Além disso, os equinoides interiorizaram singularmente o vaso aquífero radial (18). Os primeiros equinoides realmente não tinham uma testa rígida (as placas não foram firmemente suturadas para formar a testa senão mais tarde).

durante a era Paleozoica. Os crinoides têm pedúnculos de fixação (diferentes dos pedúnculos dos blastozoários quanto à natureza de sua ontogenia, bem como à sua anatomia em geral), que se originam da superfície aboral (Figura 25.19 F). Os protocrinoides tinham placas ambulacrais calcificadas nos braços, mas elas foram perdidas pelas formas mais altamente derivadas, talvez porque a função de sustentar o peso dessas estruturas alimentares profusamente ramificadas tenha sido assumida pelos braquiais aborais sofisticados.

A linhagem que inclui asteroides, ofiuroides, equinoides e holoturoides mais "errantes" desenvolvem métodos alimentares móveis, nos quais a boca estava voltada diretamente para o substrato (com exceção dos raros holoturoides fortemente pedomórficos). Os pés tubulares tornaram-se mais robustos e envolvidos profundamente em todos os aspectos da vida, incluindo locomoção e caça ativa de presas. Os asteroides, os ofiuroides e os equinoides não apareceram senão mais tarde (período Ordoviciano), enquanto os holoturoides surgiram no período Siluriano, talvez por redução pedomórfica de formas estranhas extintas, os ofiocistioides. Em determinada época, os asteroides foram classificados como grupo-irmão de um clado que incluía ofiuroides, equinoides e holoturoides; tal grupo foi denominado "criptossiringídeos" em razão da suposta existência comum de canais radiais internos – uma característica que hoje sabemos ter sido originada independentemente por vias não homólogas muito diferentes. Evidências recentes, incluindo estudos de filogenética molecular, apoiam fortemente a união de asteroides e ofiuroides em um clado, sendo os equinoides e os holoturoides um clado-irmão. Os asteroides e os ofiuroides estão constituídos de acordo com um plano corpóreo praticamente igual – tão próximos que, na verdade, ainda existem argumentos quanto a quais fósseis deveriam ser colocados em qual dos dois grupos.

Com base nas evidências moleculares, a maioria dos especialistas aceita uma relação direta entre os equinoides e os holoturoides. Contudo, os holoturoides não são simplesmente equinoides descalcificados, conforme se supunha antes. Com o entendimento de que os holoturoides são pedomórficos e em grande parte não apresentam as características que poderiam ser usadas para relacioná-los com os outros grupos existentes, as sinapomorfias morfológicas que relacionam os holoturoides com os equinoides são difíceis de identificar. Isso requer um exame dos padrões ontogenéticos, como os que estão envolvidos na formação do celoma perifaríngeo e da lanterna de Aristóteles contida em seu interior.

Em resumo, a origem antiga do estereoma e do padrão pentarradial da hidrocele para induzir a pentarradialidade do animal adulto é essencial ao entendimento da evolução dos equinodermos. Essas características permitiram a saída das criaturas infaunais como os hemicordados para os animais que vivem na superfície epibentônica. Originalmente, o sistema vascular aquífero provavelmente servia à suspensivoria e talvez à detritivoria, facilitadas pelos pés tubulares diminutos nos ambulacros estreitos orientados ao redor da boca voltada para cima. A participação mínima dos ambulacros (*i. e.*, região axial) no plano corpóreo significou que os primeiros equinodermos provavelmente passaram por metamorfose mínima. Não havia necessidade de "descartar" o corpo larval, preservado nos adultos nas regiões extra-axiais predominantes. À medida que os pés tubulares e o sistema vascular aquífero associado tornaram-se progressivamente importantes aos estilos de vida dos equinodermos, a expressão pentarradial no plano corpóreo também aumentou, levando a uma metamorfose mais acentuada para suprimir o corpo larval extra-axial no adulto. Junto com um estilo de vida mais errante com alimentação mais ativa dos táxons atuais, os animais desenvolveram estruturas alimentares especializadas, como pés tubulares com ventosas aumentadas, tentáculos alimentares orais e até mesmo mandíbulas e dentes.

A proliferação do plano corpóreo dos equinodermos desde o período Cambriano poderia parecer surpreendente, quando se considera a adoção singular da morfologia radial entre os deuterostômios. Contudo, é evidente que as qualidades combinadas do endoesqueleto de sustentação, do sistema vascular aquífero celômico e da simetria pentarradial forneceram as bases para a diversificação e as variações extremamente díspares desse esquema básico entre as linhagens de equinodermos.

Bibliografia

Referências gerais

Ameye, L. *et al.* 2001. Proteins and saccharides of the sea urchin organic matrix of mineralization: characterization and localization in the spine skeleton. J. Struct. Biol. 134: 56–66.

Ausich, W. I. e G. D. Webster (eds.). 2008. *Echinoderm Paleobiology*. Indiana University Press, Bloomington, Indiana.

Boolootian, R. A. (ed.). 1966. *Physiology of Echinodermata*. Interscience, Nova York.

Cannon, J. T. *et al.* 2014. Phylogenomic resolution of the hemichordate and echinoderm clade. Curr. Biol. 24(23): 2827–2832.

David, B. *et al.* 2000. Are homalozoans echinoderms? An answer from the extraxial-axial theory. Paleobiology 25: 529–555.

David, B. e R. Mooi. 2014. How Hox genes can shed light on the place of echinoderms among the deuterostomes. EvoDevo 5: 22–41.

David, B., R. Mooi e M. Telford. 1995. The ontogenetic basis of Lovén's Rule clarifies homologies of the echinoid peristome. pp. 155–164 in R. Mooi e M. Telford (eds.), *Proceedings of the Ninth International Echinoderm Conference, San Francisco*. A. A. Balkema, Roterdã.

Emlet, R. B. 1982. Echinoderm calcite: A mechanical analysis from larval spicules. Biol. Bull. 163: 264–275.

Emlet, R. B. 1983. Locomotion, drag, and the rigid skeleton of larval echinoderms. Biol. Bull. 164: 433–445.

Giese, A. C., J. S. Pearse e V. B. Pearse. 1991. *Reproduction of Marine Invertebrates. VI. Echinoderms and Lophophorates*. Boxwood Press, Pacific Grove, CA.

Grande, C. *et al.* 2014. Evolution, divergence and loss of the Nodal signaling pathway: new data and a synthesis across Bilateria. Int. J. Dev. Biol. 58: 521–532.

Hejnol, A. e J. M. Martín-Durán. 2015. Getting to the bottom of anal evolution. Zoologischer Anzeiger, doi: 10.1016/j.jcz.2015.02.006

Hejnol, A. *et al.* 2009. Assessing the root of bilaterian animals with scalable phylogenomic methods. Proc. R. Soc. B 276: 4261–4270.

Hendler, G. *et al.* 1995. *Echinoderms of Florida and the Caribbean: Sea stars, sea urchins, and allies*. Smithsonian Institution Press.

Hyman, L. H. 1955. *The Invertebrates. Vol. 4, Echinodermata. The Coelomate Bilateria*. McGraw-Hill, Nova York.

Jangoux, M. (ed.). 1980. *Echinoderms: Present and Past*. A. A. Balkema, Roterdã.

Jangoux, M. e J. M. Lawrence (eds.). 1982. *Echinoderm Nutrition*. A. A. Balkema, Roterdã.

Jangoux, M. e J. M. Lawrence (eds.). 1983, 1987. *Echinoderm Studies. Vols. 1 and 2*. A. A. Balkema, Roterdã.

Jefferies, R. P. S. 1986. *The Ancestry of the Vertebrates*. British Museum of Natural History, Londres.

Kroh, A. e A. B. Smith. 2010. The phylogeny and classification of post-Palaeozoic echinoids. J. Syst. Palaeo. 8: 147–212.

Lawrence, J. M. 1987. *A Functional Biology of Echinoderms*. Johns Hopkins University Press, Baltimore.

Lowe, C. J. e G. A. Wray. 1997. Radical alterations in the roles of homeobox genes during echinoderm evolution. Nature 389: 718–721. [Ver também a correção em Nature 392: 105.]

Martín-Durán, J. M. *et al.* 2012. Deuterostomic development in the protostome *Priapulus caudatus*. Curr. Biol. 22: 2161–2166.

Martindale, M. Q. e A. Hejnol. 2009. A developmental perspective: changes in the position of the blastopore during bilaterian evolution. Dev. Cell 17: 162–174.

Mooi, R. 2000. Not all written in stone: interdisciplinary syntheses in echinoderm paleontology. Can. J. Zool. 79: 1209–1231.

Mooi, R. e B. David. 1997. Skeletal homologies of echinoderms. Paleo. Soc. Papers 1997 3: 305–335.

Mooi, R. e B. David. 1998. Evolution within a bizarre phylum: homologies of the first echinoderms. Amer. Zool. 38: 965–974.

Mooi, R. e B. David. 2008. Radial symmetry, the anterior/posterior axis, and echinoderm Hox genes. Annu. Rev. Ecol. Evol. Syst. 39: 43–62.

Mooi, R., B. David e G. Wray. 2005. Arrays in rays: terminal addition in echinoderms and its correlation with gene expression. Evol. Dev. 7: 542–555.

Moore, R. C. (ed.). 1966–1978. *Treatise on Invertebrate Paleontology. Parts S–U, Echinodermata*. Geological Society of America and University of Kansas Press.

Motokawa, T. 1984. Connective tissue catch in echinoderms. Biol. Rev. 59: 255–270.

Nichols, D. 1972. The water-vascular system in living and fossil echinoderms. Paleontology 15: 519–538.
Paul, C. R. C. e A. B. Smith (eds.). 1988. *Echinoderm Ontogeny and Evolutionary Biology.* Clarendon Press, Oxford.
Pearse, J. S. et al. 2009. Brooding and species diversity in the Southern Ocean: selection for brooders or speciation within brooding clades? pp. 182–196 in I. M. Krupnik, M. A. Lang e S. E. Miller (eds.), *Smithsonian at the Poles: Contributions to International Polar Year Science.* Smithsonian Institution Scholarly Press, Washington, D.C.
Pennington, J. T. e R. R. Strathmann. 1990. Consequences of the calcite skeletons of planktonic echinoderm larvae for orientation, swimming, and shape. Biol. Bull. 179: 121–133.
Peterson, K. J., C. Arenas-Mena e E. H. Davidson. 2000. The A/P axis in echinoderm ontogeny and evolution: evidence from fossils and molecules. Evol. Dev. 2: 93–101.
Philip, G. M. 1979. Carpoids: echinoderms or chordates? Biol. Rev. 54: 439–471.
Sprinkle, J. 1973. *Morphology and Evolution of Blastozoan Echinoderms.* Special Publication. Museum of Comparative Zoology, Harvard University, Cambridge, MA.
Sumrall, C. D. 1997. The role of fossils in the phylogenetic reconstruction of Echinodermata. Paleo. Soc. Papers 1997 3: 267–288.
Sumrall, C. D. e G. Wray. 2007. Ontogeny in the fossil record: diversification of body plans and the evolution of "aberrant" symmetry in Paleozoic echinoderms. Paleobiology 33: 149–163.
Swalla, B. J. e A. B. Smith. 2008. Deciphering deuterostome phylogeny: molecular, morphological and palaeontological perspectives. Phil. Trans. Roy. Soc. B, Biol. Sci. 363: 1557–1568.
Ubaghs, G. 1975. Early Paleozoic echinoderms. Ann. Rev. Earth Planet. Sci. 3: 79–98.
Wilkie, I. C. 2005. Mutable collagenous tissue: overview and biotechnological perspective. Prog. Molec. Subcell. Biol. 39: 221–250.
Wray, G. A. 1997. Echinoderms. pp. 309–329 in S. F. Gilbert e A. M. Raunio (eds.), *Embryology: Constructing the Organism.* Sinauer Associates, Sunderland, MA.
Young, C. M. (ed.) 2002. *Atlas of Marine Invertebrate Larvae.* Academic Press, Londres.
Zamora, S., I. A. Rahman e A. B. Smith. 2012. Plated Cambrian bilaterians reveal the earliest stages of echinoderm evolution. PLoS ONE 7(6): e38296.

Crinoidea

Baumiller, T. K., R. Mooi e C. G. Messing. 2008. Urchins in the meadow: paleobiological and evolutionary implications of cidaroid predation on crinoids. Paleobiology 34: 22–34.
Grimmer, J. C., N. D. Holland e C. G. Messing. 1984. Fine structure of the stalk of the bourgueticrinid sea lily *Democrinus conifer* (Echinodermata: Crinoidea). Mar. Biol. 81: 163–176.
Guensburg, T. E. 2012. Phylogenetic implications of the oldest crinoids. J. Paleo. 86: 455–461.
Guensburg, T. E. et al. 2010. Pelmatozoan arms from the Middle Cambrian of Australia: bridging the gap between brachioles and brachials? Comment: there is no bridge. Lethaia 45: 432–440.
Heinzeller, T. e U. Welsch. 1994: Crinoidea. pp. 9–149 in F. W. Harrison (ed.), *Microscopic Anatomy of Invertebrates.* Wiley-Liss, Nova York, NY.
Hemery, L. G. et al. 2013. High-resolution crinoid phyletic inter-relationships derived from molecular data. Cah. Biol. Mar. 54: 511–523.
Rouse, G. W. et al. 2013. Fixed, free, and fixed: The fickle phylogeny of extant Crinoidea (Echinodermata) and their Permian-Triassic origin. Molec. Phyl. Evol. 66: 161–181.

Asteroidea

Baker, A. N., F. W. E. Rowe e H. E. S. Clark. 1986. A new class of Echinodermata from New Zealand. Nature 321: 862–864.
Blake, D. B. 1987. A classification and phylogeny of post-Paleozoic sea stars (Asteroidea: Echinodermata). J. Nat. Hist. 21: 481–528.
Blake, D. B. 2013. Early asterozoan (Echinodermata) diversification: A paleontologic quandary. J. Paleo. 87: 353–372.
Emson, R. H. e C. M. Young. 1994. Feeding mechanisms of the brisingid starfish *Novodinia antillensis.* Mar. Biol. 118: 433–442.
Ferguson, J. C. e C. W. Walker. 1991. Cytology and function of the madreporite systems of the starfish *Henricia sanguinolenta* and *Asterias vulgaris.* J. Morphol. 210: 1–11.
Gale, A. S. 2011. *The phylogeny of post-Palaeozoic Asteroidea (Neoasteroidea, Echinodermata).* Palaeontological Association, Londres.
Glynn, P. W. 1974. The impact of *Acanthaster* on corals and coral reefs in the Eastern Pacific. Environ. Conserv. 1(4): 295–304.
Pearse, J. S. et al. 1986. Photoperiodic regulation of gametogenesis in sea stars, with evidence for an annual calendar independent of fixed day length. Am. Zool. 26: 417–431.
Smith, A. B. 1988. To group or not to group: The taxonomic position of *Xyloplax.* pp. 17–23 in R. D. Burke et al. (eds.), *Echinoderm Biology.* A. A. Balkema, Roterdã.

Ophiuroidea

Aizenberg, J. et al. 2001. Calcitic microlenses as part of the photoreceptor system in brittlestars. Nature 412(6849): 819–822.
Ferguson, J. C. 1995. The structure and mode of function of the water vascular system of a brittlestar, *Ophioderma appressum.* Biol. Bull. 188: 98–110.
Hendler, G. 1978. Development of *Amphioplus abditus* (Verrill) (Echinodermata: Ophiuroidea). II. Description and discussion of ophiuroid skeletal ontogeny and homologies. Biol. Bull. 154: 79–95.
Hendler, G. 1982. Slow flicks show star tricks: elapsed-time analysis of basketstar (*Astrophyton muricatum*) feeding behavior. Bull. Mar. Sci. 32: 909–918.
Hendler, G. 1983. The association of *Ophiothrix lineata* and *Callyspongia vaginalis*: A brittlestar-sponge cleaning symbiosis? Mar. Ecol. 5(1): 9–27.
Stancyk, S. E., T. Fujita e C. Muir. 1998. Predation behavior on swimming organisms by *Ophiura sarsii*. pp. 425–429 in R. Mooi e M. Telford (eds.), *Proceedings of the Ninth International Echinoderm Conference, San Francisco.* A. A. Balkema, Roterdã.
Woodley, J. D. 1975 The behavior of some amphiurid brittle-stars. J. Exp. Mar. Biol. Ecol. 18: 29–46.

Echinoidea

Armstrong, N. e D. R. McClay. 1994. Skeletal pattern is specified autonomously by the primary mesenchyme cells in sea urchin development. Dev. Biol. 162: 329–338.
Burke, R. D. 1984. Pheromonal control of metamorphosis in the Pacific sand dollar, *Dendraster excentricus.* Science 225: 223–224.
Coppard, S. E., A. Kroh e A. B. Smith. 2012. The evolution of pedicellariae in echinoids: An arms race against pests and parasites. Acta Zool. 93: 125–148.
Ellers, O. e M. Telford. 1984. Collection of food by oral surface podia in the sand dollar, *Echinarachnius parma* (Lamarck). Biol. Bull. 166: 574–582.
Emlet, R. B. 2010. Morphological evolution of newly metamorphosed sea urchins: A phylogenetic and functional analysis. Integr. Comp. Biol. 50: 571–588.
Lewis, J. B. 1968. The function of sphaeridia of sea urchins. Can. J. Zool. 46: 1135–1138.
Mooi, R. 1986. Non-respiratory podia of clypeasteroids (Echinodermata, Echinoidea): I. Functional anatomy. Zoomorphologie 106: 21–30.
Mooi, R. 1990. Paedomorphosis, Aristotle's lantern, and the origin of the sand dollars (Echinodermata: Clypeasteroida). Paleobiology 16 (1): 25–48.
Smith, A. B. 1984. *Echinoid Paleobiology.* Allen and Unwin, Londres.
Smith, A. B. e C. H. Jeffery. 1988. Selectivity of extinction among sea urchins at the end of the Cretaceous period. Nature 392: 69–71.
Strathmann, R. R., L. Fenaux e M. F. Strathmann. 1992. Heterochronic developmental plasticity in larval sea urchins and its implications for evolution of nonfeeding larvae. Evolution 46: 972–986.
Telford, M. 1981. A hydrodynamic interpretation of sand dollar morphology. Bull. Mar. Sci. 31: 605–622.
Telford, M. 1983. An experimental analysis of lunule function in the sand dollar *Mellita quinquiesperforata.* Mar. Biol. 76: 125–134.
Telford, M. e R. Mooi. 1986. Resource partitioning by sand dollars in carbonate and siliceous sediments: evidence from podial and particle dimensions. Biol. Bull. 171: 197–207.
Telford, M., R. Mooi e O. Ellers. 1985. A new model of podial deposit feeding in the sand dollar, *Mellita quinquiesperforata* (Leske): The sieve hypothesis challenged. Biol. Bull. 169: 431–448.
Telford, M., R. Mooi e A. S. Harold. 1987. Feeding activities of five species of *Clypeaster* (Echinoides, Clypeasteroida): further evidence of clypeasteroid resource partitioning. Biol. Bull. 172: 324–336.
Timko, P. L. 1976. Sand dollars as suspension feeders: A new description of feeding in *Dendraster excentricus.* Biol. Bull. 151: 247–259.
Wray, G. A. 1992. The evolution of larval morphology during the post-Paleozoic radiation of echinoids. Paleobiol. 18: 258–287.
Wray, G. A. 1996. Parallel evolution of nonfeeding larvae in echinoids. Syst. Biol. 45 (3): 308–322.
Yerramilli, D. e S. Johnsen. 2010. Spatial vision in the purple sea urchin *Strongylocentrotus purpuratus* (Echinoidea). J. Exp. Biol. 213: 249–255.
Ziegler, A. et al. 2010. Origin and evolutionary plasticity of the gastric caecum of sea urchins (Echinodermata: Echinoidea). BMC Evol. Biol. 10: 313–345.

Holothuroidea

Costelloe, J. e B. Keegan. 1984. Feeding and related morphological structures in the dendrochirote *Aslia lefevrei* (Holothuroidea: Echinodermata). Mar. Biol. 84: 135–142.
Francour, P. 1997. Predation on holothurians: A literature review. Invert. Biol. 116 (1): 53–60.
Hamel, J. F. et al. 2001. The sea cucumber *Holothuria scabra* (Holothuroidea: Echinodermata): its biology and exploitation as Beche-de-Mer. Adv. Mar. Biol. 41: 129–232.
Herreid, C. F., V. F. LaRussa e C. R. DeFesi. 1976. Blood vascular system of the sea cucumber *Stichopus moebii.* J. Morphol. 150: 423–451.
Kerr, A. M. e J. Kim. 2001. Phylogeny of Holothuroidea (Echinodermata) inferred from morphology. Zool. J. Linn. Soc. 133: 63–81.
Martin, W. E. 1969. *Rynkatorpa pawsoni* n. sp. (Echinodermata: Holothuroidea), a commensal sea cucumber. Biol. Bull. 137: 332–337.
Moriarty, D. J. W. 1982. Feeding of *Holothuria atra* and *Stichopus chloronotus* on bacteria, organic carbon and organic nitrogen in sediments of the Great Barrier Reef. Aust. J. Mar. Freshwater Res. 33: 255–263.
Pawson, D. L. e A. M. Kerr. 2001. Chitin in echinoderms? Tentacle sheaths in the deep-sea holothurian *Ceraplectana trachyderma* (Hoilothuroidea: Molpadiida). Gulf Mex. Sci. 19(2): 192.
Vanden Spiegel, D. e M. Jangoux. 1987. Cuvierian tubules of the holothuroid *Holothuria forskali* (Echinodermata): A morphofunctional study. Mar. Biol. 96: 263–275.

26

Filo Hemichordata

Enteropneustos e Pterobrânquios

Os hemicordados constituem um filo de invertebrados deuterostômios bentônicos exclusivamente marinhos e bilateralmente simétricos (ver quadro desta página e Quadro 26.1). Eles habitam os fundos de todos os oceanos do planeta, desde os hábitats intertidais até as profundezas abissais. Esse filo inclui cerca de 135 espécies, cuja maioria (121) consiste em perfuradores bentônicos conhecidos como enteropneustos (ou vermes-língua), que estão agrupados na classe Enteropneusta (Figuras 26.1 A; 26.2 A a D). As espécies restantes fazem parte da classe Pterobranchia – em grande parte formas coloniais de zooides diminutos, que se assemelham superficialmente aos briozoários (Figuras 26.1 B; 26.2 E a H).

O primeiro hemicordado conhecido, um espécime de *Ptychodera flava* (um Enteropneusta), foi descoberto em 1821 e registrado por Eschscholtz em 1825 como um holotúrio aberrante. Em 1850, Müller descobriu o primeiro espécime de uma larva tornária, embora ele a tenha considerado uma larva de equinodermo, até que Metschnikoff a reconheceu como um Enteropneusta em 1869. Os primeiros espécimes de pterobrânquios descritos eram indivíduos de *Rhabdopleura*, que foram dragados por G. O. Sars em 1866, embora tenham sido confundidos com briozoários. Algum tempo depois, S. F. Harmer propôs sua relação com os espécimes de *Cephalodiscus* recuperados pela expedição *Challenger* e a relação desses dois com os enteropneustos. Harmer também adotou o nome Hemichordata para descrever todo o grupo, conforme havia sido proposto por William Bateson em 1885. As contribuições mais importantes para o conhecimento da biologia dos hemicordados no final do século 19 e nos primeiros anos do século 20 foram oferecidas por J. W. Spengel, C. Dawydoff e C. van der Horst. Hoje em dia, os hemicordados ainda possibilitam descobertas empolgantes, como o gênero *Saxipendium* das fontes hidrotermais e a família Torquaratoridae de enteropneustos bizarros de águas profundas (Figura 26.2 D). Recentemente, pesquisadores descreveram um Enteropneusta minúsculo, *Meioglossus psammophilus*, de Belize e Bermuda, que vive permanentemente na areia de corais como componente das comunidades da meiofauna.

Classificação do reino Animal (Metazoa)

Não Bilateria*
(Também conhecidos como diploblastos)
- FILO PORIFERA
- FILO PLACOZOA
- FILO CNIDARIA
- FILO CTENOPHORA

Bilateria
(Também conhecidos como triploblastos)
- FILO XENACOELOMORPHA

Protostomia
- FILO CHAETOGNATHA

SPIRALIA
- FILO PLATYHELMINTHES
- FILO GASTROTRICHA
- FILO RHOMBOZOA
- FILO ORTHONECTIDA
- FILO NEMERTEA
- FILO MOLLUSCA
- FILO ANNELIDA
- FILO ENTOPROCTA
- FILO CYCLIOPHORA

Gnathifera
- FILO GNATHOSTOMULIDA
- FILO MICROGNATHOZOA
- FILO ROTIFERA

Lophophorata
- FILO PHORONIDA
- FILO BRYOZOA
- FILO BRACHIOPODA

ECDYSOZOA
Nematoida
- FILO NEMATODA
- FILO NEMATOMORPHA

Scalidophora
- FILO KINORHYNCHA
- FILO PRIAPULA
- FILO LORICIFERA

Panarthropoda
- FILO TARDIGRADA
- FILO ONYCHOPHORA
- FILO ARTHROPODA
  - SUBFILO CRUSTACEA*
  - SUBFILO HEXAPODA
  - SUBFILO MYRIAPODA
  - SUBFILO CHELICERATA

Deuterostomia
- FILO ECHINODERMATA
- **FILO HEMICHORDATA**
- FILO CHORDATA

*Grupo parafilético.

Quadro 26.1 Características do filo Hemichordata.

1. Deuterostômios bilateralmente simétricos, corpo vermiforme ou saculiforme (em forma de bolsa) e fundamentalmente trimérico, com prossomo, mesossomo e metassomo, cada qual com compartimentos celômicos; solitários ou coloniais; os pterobrânquios têm extensões mesocélicas para dentro dos braços e dos tentáculos.
2. Com ductos e poros mesocélicos.
3. Com faringotremia (comunicação do trato digestivo com o exterior por meio de fendas e poros branquiais faríngeos).
4. Sistema circulatório aberto e bem-desenvolvido.
5. Estrutura excretora singular, conhecida como glomérulo.
6. Gônadas extracélicas no metassomo.
7. Tubo digestivo completo. Depositívoros ou suspensívoros.
8. Com divertículo oral ou estomocorda como estrutura de sustentação do prossomo; a estomocorda não é homóloga à notocorda dos cordados.
9. Músculos circulares e longitudinais presentes na parede corporal da probóscide e no colarinho dos enteropneustos; os pterobrânquios têm apenas músculos longitudinais.
10. As estruturas esqueléticas colágenas na probóscide e nas barras branquiais dos enteropneustos são derivadas das membranas basais dos epitélios adjacentes.
11. Cordão nervoso (neurocorda) curto, dorsal, mesossômico e ocasionalmente oco, provavelmente homólogo ao cordão nervoso dos cordados.
12. Gonocorísticos com fecundação externa e desenvolvimento indireto por meio de uma larva tornária singular; algumas espécies têm desenvolvimento direto; a reprodução assexuada é comum.
13. Clivagem radial, holoblástica, mais ou menos igual. Embora o blastóporo assinale a extremidade posterior do corpo, a boca e o ânus formam-se secundariamente e depois do fechamento do blastóporo. A mesoderme e as cavidades corporais formam-se por enterocelia.
14. Animais estritamente marinhos e bentônicos.

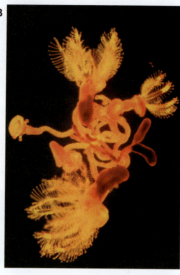

Figura 26.1 Representantes dos hemicordados. **A.** Verme-bolota *Saccoglossus* (filo Hemichordata, classe Enteropneusta). **B.** Parte de uma colônia de *Cephalodiscus* (filo Hemichordata, classe Pterobranchia) mostrando vários indivíduos em diferentes estágios de desenvolvimento.

Os vermes enteropneustos geralmente vivem enterrados nos sedimentos macios, entre ganchos de algas ou debaixo de pedras; esses animais são considerados basicamente criaturas que vivem nas regiões intertidais, mas descobertas recentes sugeriram uma diversidade expressiva de enteropneustos subtidais e ainda não descritos, que vivem nos mares profundos. Dentre os poucos enteropneustos conhecidos de águas profundas, uma espécie – *Saxipendium coronatum* (o "verme-espaguete") – faz parte das comunidades das fontes hidrotermais; alguns outros animais de águas profundas constroem sistemas de túneis amplamente ramificados e gravações de vídeos recentemente confirmaram que alguns enteropneustos de águas profundas são epibentônicos (Figura 26.2 D) e usam a coluna de água para movimentar-se entre os sítios de alimentação. Como vimos em relação a tantos outros invertebrados bentônicos, sésseis e sedentários, os hemicordados incluem uma fase de dispersão planctônica em suas estratégias de vida. O ciclo de vida dos enteropneustos inclui um estágio de larva tornária livre-natante, embora algumas espécies tenham desenvolvimento direto. Mesmo nos enteropneustos com desenvolvimento tecnicamente direto, o padrão é estrategicamente indireto, sendo os embriões pelo menos planctônicos de vida livre, mesmo que não sejam larvas de desenvolvimento direto.

Os pterobrânquios são hemicordados que vivem em tubos e formam colônias, que se alimentam por meio dos braços e tentáculos ciliados (Figura 26.2 E a H). Muitas espécies foram encontradas nas águas da Antártida, embora algumas colônias vivam nas águas tropicais rasas, agarradas à parte inferior das rochas, às conchas de moluscos bivalves ou aos seixos de corais. Nos casos típicos, os pterobrânquios vivem em colônias formadas por agregados extensivos de tubos conhecidos como **coenécios**, com um indivíduo em cada tubo. Os zooides de *Rhabdopleura* estão conectados por um pedúnculo ou estolão de tecidos vivos, enquanto os zooides de *Cephalodiscus* estão ligados a um disco basal. As colônias de pterobrânquios crescem através de reprodução assexuada por brotamento. A reprodução sexuada envolve uma larva ciliada livre-natante, que se assenta para formar uma nova colônia. Esse padrão é comum entre os animais sésseis pequenos, que não podem produzir grandes quantidades de ovos, mas dependem ao menos de uma fase de dispersão breve.

Classificação dos hemicordados

A classificação apresentada aqui segue a divisão tradicional do filo em duas classes – Enteropneusta e Pterobranchia – e adota a opinião geral de que *Planctosphaera pelagica* é a larva hipertrofiada de um enteropneusta ainda desconhecido. Contudo, hoje em dia existem evidências crescentes fornecidas por estudos moleculares, indicando que os pterobrânquios sejam o táxon-irmão da família Harrimaniidae de enteropneustos, tornando a classe Enteropneusta um táxon parafilético (ver a discussão da filogenia dos hemicordados adiante neste capítulo).

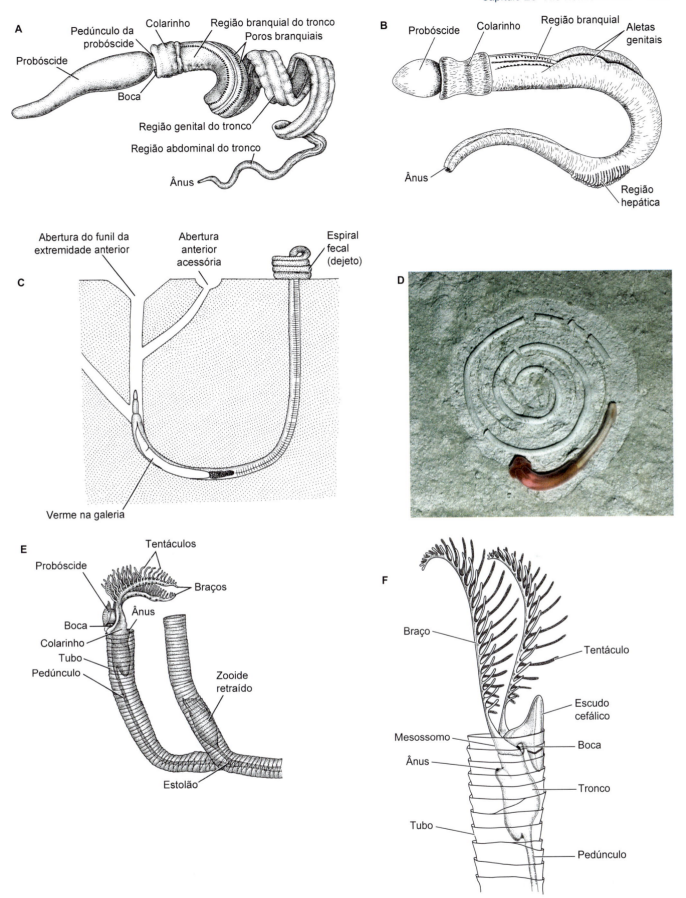

Figura 26.2 Anatomia externa de alguns representantes dos hemicordados. **A.** *Saccoglossus* (Enteropneusta). **B.** *Glossobalanus* (Enteropneusta). **C.** *Balanoglossus clavigerus* (Enteropneusta) em seu sistema de galerias. Observe também *B. sarniensis* na fotografia de abertura do capítulo, fora de sua galeria. **D.** *Tergivellum cinnabarinum*, uma criatura epibentônica de mares profundos (Enteropneusta: Torquaratoridae) com seu molde espiral. **E.** Parte de uma colônia de *Rhabdopleura* (Pterobranchia). **F.** Um zooide de *Rhabdopleura*.

(continua)

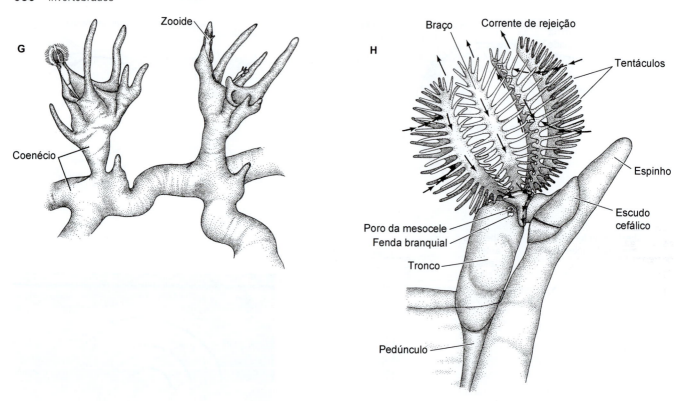

Figura 26.2 (*Continuação*) **G.** Parte da colônia de *Cephalodiscus* (Pterobranchia). **H.** Zooide individual de *Cephalodiscus*. As correntes de alimentação e rejeição estão assinaladas por *setas*. A água é puxada entre os tentáculos e circula por uma corrente de rejeição para cima e para longe do animal. As partículas alimentares são movidas proximalmente ao longo dos tentáculos até um canal alimentar indicado pelas *pontas de setas*.

CLASSE ENTEROPNEUSTA. Enteropneustos ou vermes-língua. Corpo vermiforme com três regiões corporais: probóscide, colarinho e tronco; celomas reduzidos pelo desenvolvimento muscular; tubo digestivo alongado e reto; boca ventral na extremidade anterior do colarinho; série dorsolateral longa de fendas branquiais; cordão nervoso dorsal oco no colarinho; ânus posterior e terminal; animais marinhos, escavam sedimentos macios ou se aninham embaixo de pedras ou em apressórios de algas; basicamente, são criaturas que vivem nas regiões intertidais, embora tenha aumentando o número de espécies descobertas em águas profundas. Existem cerca de 121 espécies descritas e distribuídas em quatro famílias: Harrimaniidae (*Harrimania, Protoglossus, Horstia, Meioglossus, Mesoglossus, Ritteria, Saccoglossus, Saxipendium, Stereobalanus, Xenopleura*); Spengelidae (*Glandiceps, Schizocardium, Spengelia, Willeyia*); Ptychoderidae (*Balanoglossus, Glossobalanus, Ptychodera*); e Torquaratoridae (*Allapasus, Tergivellum, Torquarator, Yoda*). A antiga classe Panctosphaeroidea foi instituída para incluir *Planctosphaera pelagica* descoberta em 1932 e que, de acordo com a opinião de muitos especialistas contemporâneos, é a larva de Enteropneusta ainda desconhecido.

CLASSE PTEROBRANCHIA. Pterobrânquios. Corpo saculiforme, com três regiões corporais: disco pré-oral (= escudo cefálico), mesossomo tentaculado e metassomo subdividido em tronco e pedúnculo; não há neurocorda; faringe com um par de fendas branquiais, ou nenhuma; tubo digestivo com formato de "U"; animais marinhos, geralmente pequenos (menos de 1 cm), gregários ou coloniais. Cerca de 14 espécies reunidas em duas famílias: Rhabdopleuridae (*Rhabdopleura*) e Cephalodiscidae (*Cephalodiscus* e *Atubaria*). O gênero *Atubaria* é representado por uma única espécie (*A. heterolopha*), identificada apenas entre as 43 espécies coletadas em 1935 no Japão. Esses animais são praticamente idênticos a *Cephalodiscus*, mas foram encontrados como formas solitárias sem moldes secretados, daí seu nome. Entretanto, eles nunca foram encontrados novamente e os espécimes de *Cephalodiscus* são conhecidos por abandonar seus moldes quando ficam estressados; isso torna *Atubaria* duvidoso como um gênero válido.

Plano corpóreo dos hemicordados

As duas classes de hemicordados têm aspectos e estilos de vida muito diferentes: os enteropneustos são animais vermiformes, perfuradores e solitários, enquanto os pterobrânquios são sésseis, vivem em tubos e formam colônias – ainda que os dois grupos tenham um plano corpóreo trimérico comum, atestando a plasticidade evolutiva de sua arquitetura deuterostômia básica. O corpo dos hemicordados é dividido em prossomo, mesossomo e metassomo. O prossomo – a probóscide dos enteropneustos e o disco pré-oral ou escudo cefálico dos pterobrânquios – está unido ao mesossomo ou colarinho por um pedúnculo delicado. Nos pterobrânquios, o colarinho contém dois ou vários braços, nos quais se localizam tentáculos. O metassomo ou tronco é alongado nos enteropneustos e globular a piriforme nos pterobrânquios, diferenciado nos primeiros por especializações do trato digestivo em regiões branquiogenital, hepática e posterior, e nos últimos estendidos em direção posterior para formar uma cauda ou estolão, onde se formam espécimes novos por brotamento. As características diagnósticas do filo também incluem: a existência de um divertículo oral dorsal conhecido como **estomocorda**; fendas branquiais pareadas que conectam a faringe ao exterior; um complexo excretor na probóscide formado por vesícula cardíaca, seio cardíaco, glomérulo e poro da probóscide; e um cordão nervoso dorsal no mesossomo. Os enteropneustos e os pterobrânquios parecem ser tão diferentes e têm formas de vida tão diversas, que os descrevemos separadamente neste capítulo.

Enteropneustos | Vermes-bolota

Anatomia externa

Os enteropneustos são animais vermiformes, alongados e solitários, cujo comprimento varia de alguns centímetros até mais de 2 metros. Seu corpo é nitidamente dividido em três regiões referidas como **probóscide**, **colarinho** e **tronco** (Figura 26.2), homólogas a prossomo, mesossomo e metassomo de outros deuterostômios. A probóscide é curta e de piriforme a cônica. O pedúnculo da probóscide, curto e delgado, conecta a probóscide dorsalmente ao colarinho, esse último possuindo a boca ventral em sua extremidade anterior. O ânus termina na extremidade posterior do tronco longo. O tronco tem saliências longitudinais mediodorsal e medioventral, que correspondem à localização de certos nervos e vasos sanguíneos longitudinais. Além disso, o tronco apresenta diferenciação variável em regiões ao longo do seu comprimento, basicamente por especializações do trato digestivo (Figura 26.2 A e B). A maioria das espécies tem uma região branquiogenital nítida, que se caracteriza pela existência de duas séries de poros branquiais (= fendas) dorsolaterais. As gônadas também ocorrem ao longo dessa região; espécies de ao menos uma família (Ptychoderidae) desenvolvem aletas genitais longitudinais externas, que contêm as gônadas (Figura 26.2 B). A porção anterior do intestino apresenta uma série de evaginações dorsolaterais, que protraem visivelmente ao exterior e, em geral, apresentam coloração verde-escura e são conhecidas como região hepática. Em certo número de gêneros, não há subdivisões nítidas do corpo, exceto na região branquial.

A epiderme dos enteropneustos é formada por células multiciliadas altas com um plexo nervoso basoepitelial. Em geral, a epiderme é ricamente suprida de células glandulares, muitas envolvidas na produção de muco – um produto de secreção muito característico e abundante, com odor bem-definido semelhante ao de iodo. A secreção mucosa é particularmente abundante na probóscide e no colarinho, onde participa da retenção de partículas alimentares. Em alguns enteropneustos, certas células epiteliais produzem compostos mucopolissacarídicos nocivos, que podem repelir predadores.

Junto com seu plexo nervoso associado, a epiderme repousa sobre uma matriz extracelular bem-desenvolvida, que é formada por fibras de colágeno embebidas em uma substância basal. A matriz extracelular da epiderme fica de frente para a matriz extracelular do mesotélio subjacente, que reveste as cavidades celômicas. Essas duas matrizes extracelulares fundem-se em sua maior parte, exceto nas áreas em que ocorrem lacunas sanguíneas, ocupando espaços de origem blastocélica.

Estruturas de sustentação

A matriz extracelular é hipertrofiada em algumas regiões, formando estruturas esqueléticas de sustentação, denominadas **esqueleto da probóscide** e **bastonetes de sustentação da barra branquial**. O esqueleto da probóscide é uma peça única de cartilagem moldada como um "Y" invertido e justaposto ventralmente ao divertículo oral, com os dois "chifres" ou **furcas** voltadas para trás e em posição ventral ao colarinho (Figura 26.3 A e B). O aparato branquial – barras e fendas – é sustentado por dos conjuntos dorsolaterais de peças colagenosas esqueléticas, cada qual com formato de um tridente alongado ou "M". O bastonete central do "M" está dentro das barras branquiais primárias, enquanto as barras secundárias ou "linguais" têm dois bastonetes originados de peças adjacentes (Figura 26.3 D e E).

Nos enteropneustos adultos, o divertículo oral, ou estomocorda, é um bastonete rígido oco e fechado em uma das extremidades, formado por um epitélio extremamente vacuolado. O divertículo tem função estrutural de sustentação, trabalhando para antagonizar o pericárdio contrátil, que bombeia sangue através do coração para dentro do glomérulo (Figura 26.3 A). No entanto, a sustentação do corpo é basicamente uma função da natureza hidrostática das cavidades do corpo, suplementada pela integridade estrutural da parede corporal, dos tecidos conjuntivos e das estruturas esqueléticas descritas antes.

Cavidades celômicas

A disposição dos espaços celômicos segue o plano corpóreo trimérico dos deuterostômios, com uma protocele única na probóscide e duas mesoceles e metaceles no colarinho e no tronco. A protocele é aberta ao exterior por meio de um único poro à esquerda, localizado no pedúnculo da probóscide da maioria dos enteropneustos; a mesocele conecta-se com a primeira bolsa branquial mais anterior por meio de dois ductos ciliados, e a metacele é cega. A metacele emite dois pares de extensões celômicas com musculatura forte dentro do colarinho – os chamados **celomas peri-hemal** e **peribucal** – para reforçar a sustentação e os movimentos. A contração das fibras musculares longitudinais que revestem essas cavidades ajuda a retrair a probóscide para dentro do colarinho e, desse modo, fecha a boca (como se introduzisse uma rolha dentro de uma garrafa), podendo também ajudar a bombear sangue ao coração.

Musculatura e locomoção

A musculatura dos enteropneustos deriva dos revestimentos mesoteliais dos espaços celômicos. A disposição das miofibrilas é, na maior parte, do tipo liso. Músculos circulares e longitudinais estão presentes na parede da probóscide e no colarinho anterior dos enteropneustos, o que explica os movimentos peristálticos de rastejar e perfurar, mas em todas as outras partes predominam apenas fibras longitudinais (Figura 26.3 C). Embora a maioria desses animais provavelmente seja estritamente bentônica e praticamente sedentária, ao menos uma espécie (*Glandiceps hacksii*) enxameia na superfície de águas rasas, onde se alimenta de fitoplâncton. Gravações de vídeo recentes dos enteropneustos torquaratorídeos dos mares profundos demonstraram que esses animais se desprendem do fundo do oceano e entram na coluna de água, provavelmente para ser transportados pelas correntes até um novo local.

Sistema digestivo

O trato digestivo dos enteropneustos é um tubo retilíneo com especializações regionais, estendendo-se da boca ao ânus. A musculatura do trato digestivo é escassa, e o alimento é movimentado basicamente pelos cílios. A boca leva a uma cavidade oral existente dentro do colarinho e pode ser fechada pela

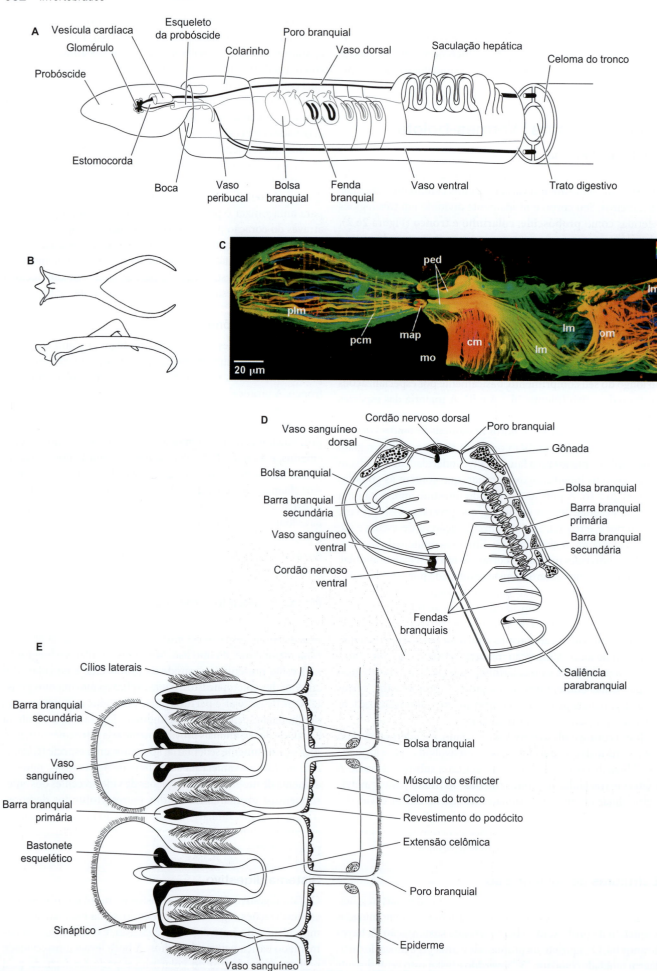

Figura 26.3 Anatomia interna dos enteropneustos. **A.** Organização interna de um verme-bolota idealizado, mostrando o complexo da probóscide; as fendas, as bolsas e os poros branquiais; as saculações hepáticas; e o sistema circulatório simplificado. **B.** Esqueleto da probóscide de *Saccoglossus mereschkowskii* em vistas ventral e lateral. **C.** Musculatura da probóscide, do colarinho e da região anterior do tronco de *Meioglossus psammophilus*, revelada por microscopia de varredura a *laser* confocal (CLSM; do inglês, *confocal laser scanning microscopy*) com coloração por faloidina e codificação de profundidade. A escala de profundidade segue as cores da luz espectral (*azul* ao *vermelho*); cm = músculos circulares (do inglês, *circular muscles*); lm = músculos longitudinais (do inglês, *longitudinal muscles*); map = ponto de ancoragem muscular (do inglês, *muscular anchoring point*); mo = abertura oral (do inglês, *mouth opening*); om = músculos oblíquos (do inglês, *oblique muscles*); pcm = músculos circulares da probóscide (do inglês, *proboscis circular muscles*); ped = divertículos peri-hemais (do inglês, *perihaemal diverticula*). **D.** Reconstrução tridimensional (3D) do sistema faríngeo de um enteropneusto pticoderídeo. **E.** Detalhe da organização das barras branquiais primária e secundária e das bolsas e dos poros branquiais.

retração da probóscide contra o colarinho. Um divertículo oral, ou estomocorda, projeta-se para frente e para dentro do pedúnculo da probóscide a partir de sua base. A faringe começa depois da cavidade oral na parte anterior do tronco. A faringe tem duas séries dorsolaterais de fendas branquiais separadas por uma saliência epibranquial mediodorsal baixa (Figura 26.3 D). Duas saliências parabranquiais laterais dividem a faringe dos pticoderídeos em uma câmara branquial dorsal e outra câmara digestiva ventral. Numericamente, as fendas branquiais podem ser poucas ou mais de 100 pares. Cada fenda é um orifício em forma de "U" na parede da faringe, que leva a uma bolsa branquial e depois a um poro branquial dorsolateral, através do qual a água sai para o exterior (Figura 26.3 A e D). O septo entre as fendas branquiais adjacentes é uma **barra branquial primária** e a divisão entre os braços do "U" de cada fenda é uma **barra branquial secundária**, ou barra lingual. As barras primárias são sólidas, enquanto as linguais contêm uma extensão do celoma do tronco (Figura 26.3 E). As barras primárias e secundárias são sustentadas por elementos esqueléticos derivados da membrana basal do revestimento do trato digestivo e são supridas por uma configuração complexa de vasos e seios sanguíneos. Pontes curtas, conhecidas como **sinápticos**, interligam as bordas faríngeas das barras branquiais primárias e secundárias dos membros da família Ptychoderidae, certamente contribuindo para a estabilidade estrutural de todas as brânquias (Figura 26.3 E).

Atrás da faringe está o esôfago que, ao menos em alguns (p. ex., *Saccoglossus*), contém aberturas que se comunicam com o exterior através da parede corporal dorsal, provavelmente para eliminar excesso de água. Na maioria das espécies, a parede do intestino anterior tem dobras profundas, formando duas séries de evaginações dorsolaterais, que protraem visivelmente ao exterior em *Schizocardium* e membros da família Ptychoderidae (Figuras 26.2 B e 26.3 A); o epitélio do trato digestivo está cheio de inclusões verdes ou marrons densas, que conferem um aspecto característico a essa região hepática do tronco. O intestino estende-se, mais ou menos indiferenciado, até um reto curto, que termina no ânus. O ânus está localizado em posição dorsal nas formas juvenis dos harrimanídeos, restando atrás uma região pós-anal.

Alimentação e digestão

Em geral, supõe-se que os enteropneustos sejam depositívoros, em alguns casos sedimentívoros (que ingerem substrato [*Balanoglossus*]) ou detritívoros (que retêm partículas alimentares da superfície do sedimento [*Saccoglossus*]). Outros tendem a ser suspensívoros ou filtradores, que produzem correntes ciliares para puxar a água com partículas suspensas para dentro do trato digestivo. Na verdade, estudos clássicos e recentes mostraram que a maioria das espécies provavelmente consegue alimentar-se pelos dois métodos – depositivoria e filtragem – até mesmo simultaneamente. A matéria alimentar, que inclui detritos e organismos vivos, fica retida no muco secretado sobre a superfície da probóscide e é deslocada posteriormente pelas correntes ciliares (Figura 26.4). A seleção alimentar ocorre na extremidade proximal da probóscide e, no pedúnculo, passa as partículas maiores sobre a borda do colarinho; essas partículas são depois removidas por correntes especiais de rejeição. A maior parte do alimento é transportada ventralmente ao redor do pedúnculo da probóscide, sobre uma estrutura em formato de ferradura conhecida como **órgão ciliar pré-oral**, depois é condensada em um cordão de muco que, por fim, é passado para dentro do fluxo inalante da boca. O órgão ciliado pré-oral inclui uma concentração de neurônios sensoriais e, provavelmente, também desempenha função quimiorreceptora. A corrente de água inalante é potencializada pelos cílios laterais longos das barras branquiais e sai do corpo por meio das bolsas e dos poros branquiais. As partículas com dimensões adequadas são retidas pelo muco faríngeo e transportadas ventralmente para formar um cordão de muco–alimento, que é dirigido posteriormente. O esôfago espreme o excesso de água do alimento. A digestão e a absorção dos nutrientes ocorrem nas saculações hepáticas, primeiramente no nível extracelular nos divertículos mais anteriores e depois no nível intracelular nos divertículos posteriores, cujas células armazenam as escórias e também transportam nutrientes para os seios sanguíneos subjacentes. As espécies sedimentívoras deixam moldes sedimentares típicos no exterior de suas galerias com formato de "U" (Figura 26.2 C e D).

Sistema circulatório

Os enteropneustos têm sistema circulatório parcialmente aberto e bem-desenvolvido com vasos e seios sanguíneos. O sangue é bombeado pelas células contráteis das paredes dos espaços sanguíneos por ação muscular dos celomas peri-hemais do colarinho e por uma vesícula cardíaca contrátil localizada na probóscide (Figura 26.3 A). Dois vasos longitudinais principais estão situados nos mesentérios dorsal e ventral ao longo de todo o comprimento do tronco e no colarinho (Figura 26.3 A e D). O sangue flui em direção anterior pelo **vaso dorsal** e em direção posterior pelo **vaso ventral**. O vaso dorsal expande-se no colarinho e forma o seio venoso, que também recebe sangue anteriormente por meio

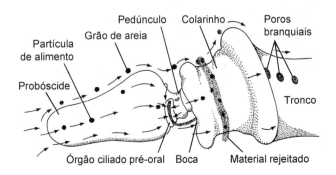

Figura 26.4 Seleção de alimento e correntes de rejeição (*setas*) na probóscide e na região do colarinho do enteropneusto *Protoglossus kohleri*.

de um par de veias laterais da probóscide. O seio venoso leva a um seio central maior e alongado, ou coração, na probóscide, que está situado entre o divertículo oral e a **vesícula cardíaca** dorsal. A vesícula cardíaca é uma cavidade fechada de origem ectodérmica com paredes mioepiteliais, cuja contração pressiona o seio central contra a estomocorda situada embaixo. Isso empurra o sangue para o glomérulo excretor na protocele, com aumento da pressão para facilitar a ultrafiltração das escórias metabólicas. O glomérulo, o divertículo oral, o coração e a vesícula cardíaca compõem o que se conhece comumente como **complexo da probóscide** dos enteropneustos (Figura 26.3 A). O sangue sai do glomérulo por dois vasos peribucais, que se unem em posição medioventral para formar o vaso longitudinal ventral. Ao longo do tronco, o sangue passa do vaso ventral para as redes de seios que suprem o tubo digestivo e a parede corporal. Na faringe, os seios ventrais do tubo digestivo drenam para dois vasos parabranquiais laterais, que emitem vasos em direção dorsal para dentro das barras branquiais primárias. Depois da ramificação ventralmente para dentro das barras secundárias, essas estruturas enviam um vaso em direção dorsal até o vaso dorsal mediano do tronco.

O sangue dos enteropneustos é incolor, com partículas pigmentadas transportadas em solução, e contém algumas células semelhantes aos amebócitos.

Sistema excretor

O principal órgão excretor nos enteropneustos é o **glomérulo**, uma estrutura singular aos hemicordados. O glomérulo é formado por evaginações digitiformes do mesotélio protocélico associado aos seios sanguíneos. As células mesoteliais são diferenciadas em podócitos, um tipo de célula especializada em ultrafiltração. Pressionado pela contração do pericárdio ou da vesícula cardíaca, o sangue que sai do coração ou do seio central é forçado a passar pelos seios glomerulares, nos quais as escórias metabólicas são filtradas pelo revestimento de podócitos para a cavidade protocélica. Em seguida, a urina primária provavelmente é eliminada pelo poro da protocele, que está localizado no pedúnculo da probóscide na maioria das espécies. Os podócitos também revestem as paredes dos sacos branquiais, sugerindo que a faringe tenha uma função excretora suplementar.

Trocas gasosas

Durante muito tempo, acreditou-se que as barras branquiais fossem as estruturas nas quais ocorria a troca gasosa, uma hipótese certamente influenciada por nossos conhecimentos acerca das brânquias dos cordados. Contudo, a estrutura epitelial das barras branquiais faz com que isso seja improvável. Poucos estudos foram realizados sobre a questão da troca gasosa e é possível que outras estruturas, como os sacos branquiais ou a superfície do corpo, também estejam envolvidas nessa atividade.

Sistema nervoso

A maior parte do sistema nervoso de todos os hemicordados consiste em um plexo nervoso reticulado, que está localizado entre as bases das células epiteliais, tanto de origem ectodérmica (epiderme) quanto endodérmica (tubo digestivo). Nos enteropneustos, o plexo é espessado na forma de tratos longitudinais de neurônios ao longo das linhas mediodorsal e medioventral do tronco (por isso, existem cordões nervosos longitudinais dorsal e ventral). Além disso, um cordão nervoso dorsal subepidérmico (não intraepidérmico), ou **neurocorda do colarinho**, está presente no mesossomo dos enteropneustos, cuja morfologia, organização celular e processo de neurulação ontogenética poderiam ser homólogos aos do tubo nervoso dos cordados.

Os enteropneustos têm células sensoriais sobre a maior parte do corpo, que provavelmente funcionam como receptores táteis e quimiorreceptores, as quais fornecem a esses animais crípticos alguma informação quanto ao seu ambiente. Como mencionamos antes, os enteropneustos também têm um órgão ciliado pré-oral, que supostamente tem função quimiorreceptora no processo alimentar.

Reprodução e desenvolvimento

Reprodução assexuada. A reprodução assexuada nos enteropneustos está diretamente relacionada com sua capacidade bem-conhecida de regenerar tecidos e partes do corpo, quando elas são perdidas ou danificadas. Esses animais são vermes muito frágeis, que se quebram facilmente quando são manuseados. Pesquisadores demonstraram que os enteropneustos passam por múltiplas fissões transversais do corpo (**arquitomia**), resultando em vários espécimes regenerados. Recentemente, a **paratomia** também foi descrita na espécie intersticial *Meioglossus psammophilus*, na qual novos indivíduos desenvolvem-se alinhados ao eixo corporal por regeneração tecidual e fissão transversal subsequente, um processo bem-conhecido entre Annelida e Acoela.

Reprodução sexuada. Os enteropneustos são gonocorísticos, mas não apresentam evidências exteriores de diferenças sexuais. Numerosas gônadas saculiformes estão localizadas no tronco, fora do mesotélio (ou seja, são retroperitoneais), desde a região branquial até a hepática; em geral, essas gônadas são muito alongadas e, na família Ptychoderidae, ocupam duas extensões dorsolaterais alares do corpo, que são conhecidas como **aletas genitais** (Figura 26.2 B). Cada saco gonadal comunica-se com o exterior por meio de um ducto e um gonóporo, que estão localizados dorsolateralmente na parte anterior do tronco.

A fecundação sempre é externa. A desova nos enteropneustos envolve a liberação de massas mucosas de ovócitos pelas fêmeas, seguida pelo espalhamento dos espermatozoides pelos machos vizinhos. Uma vez que os ovócitos são fecundados, a cobertura de muco rompe-se e, dessa forma, libera os ovos na água do mar, onde ocorre todo o desenvolvimento subsequente.

Desenvolvimento. A clivagem é holoblástica, radial e mais ou menos igual, confirmando a natureza deuterostômica dos vermes enteropneustos. Em seguida, há formação de uma celoblástula, que sofre gastrulação por invaginação. O blastóporo está localizado na extremidade posterior presuntiva, mas ele se fecha e o ânus e a boca formam-se mais tarde. Na fase final de gástrula, o embrião adquire cílios e desprende-se da membrana do ovo na forma de um organismo planctônico livre-flutuante. As cavidades celômicas (uma única protocele mais mesoceles e metaceles pareadas) derivam da endoderme arquentérica como dilatações independentes por enterocelia. Outros tipos morfogenéticos, incluindo esquizocelia, certamente foram descritos em algumas espécies.

Algumas espécies (família Harrimaniidae, p. ex., *Saccoglossus*) têm desenvolvimento direto a partir de ovos com vitelo até vermes juvenis, sem uma fase larval interveniente (Figura 26.5 A a F). Os vermes juvenis apresentam uma cauda pós-anal, que não

Capítulo 26 Filo Hemichordata 955

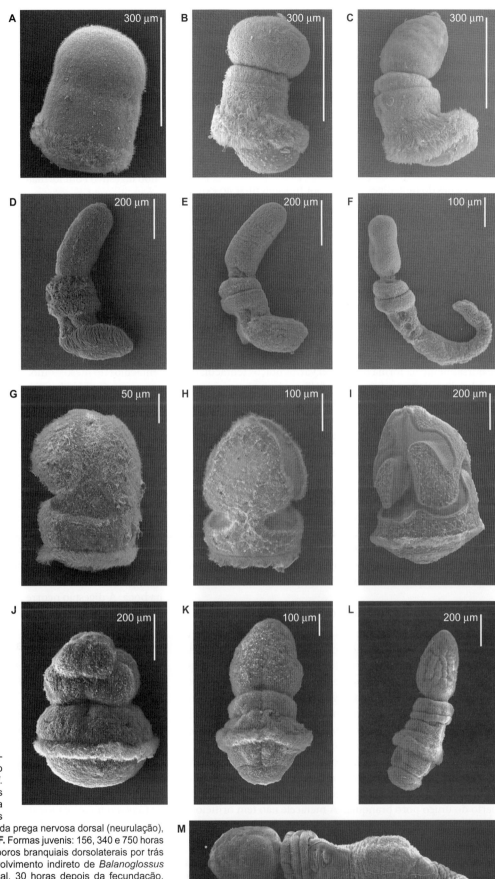

Figura 26.5 Desenvolvimento dos enteropneustos. **A** a **F**. Desenvolvimento direto de *Saccoglossus kowalevskii*. **A.** Larva/embrião inicial, 36 horas depois da fecundação. **B.** Diferenciação da probóscide e do colarinho, 56 horas depois da fecundação. **C.** Formação da prega nervosa dorsal (neurulação), 132 horas depois da fecundação. **D** e **F.** Formas juvenis: 156, 340 e 750 horas depois da fecundação. Observe os poros branquiais dorsolaterais por trás do colarinho em **F. G** a **M.** Desenvolvimento indireto de *Balanoglossus misakiensis*. **G.** Larva/embrião inicial, 30 horas depois da fecundação. **H.** Larva tornária inicial, *vista lateral*, 120 horas depois da fecundação. **I.** Larva tornária completamente desenvolvida, *vista ventral*, 10 dias depois da fecundação. **J** e **K.** Metamorfose da larva tornária, 13 e 14 dias depois da fecundação. A probóscide e o colarinho são formados, e o telotróquio larval persiste. **L.** Forma juvenil inicial, 12 horas depois do assentamento. **M.** Forma juvenil, 3 dias depois do assentamento. O telotróquio desapareceu e as primeiras duas fendas branquiais em forma de "U" são formadas.

pode ser equiparada à cauda pós-anal dos cordados, mas quase certamente é comparável ao pedúnculo dos pterobrânquios. Nos animais que liberam ovos sem vitelo (família Ptychoderidae, p. ex., *Balanoglossus*), o estágio de eclosão desenvolve-se rapidamente em uma **larva tornária** característica, planctotrófica, com faixas ciliadas complexas remanescentes das larvas diplêurulas dos equinodermos (Figura 26.5 G e I). Essa larva tornária livre-natante alonga-se pouco depois e afunda, diferenciando as três regiões típicas do corpo e seus órgãos (Figura 26.5 J a L). As fendas branquiais desenvolvem-se assimetricamente – lado esquerdo primeiro, da região anterior para a posterior – como evaginações do tubo digestivo que, por fim, abrem-se ao exterior por meio dos poros branquiais dorsolaterais (Figura 26.5 M).

Pterobrânquios

O corpo dos pterobrânquios é pequeno, geralmente globular ou piriforme, mas ainda conserva a divisão regional tripartite ancestral. O prossomo dessas criaturas singulares – conhecido como **disco pré-oral** ou **escudo cefálico** – é uma sola (língua) rastejante, que se dobra ventralmente sobre a boca. O mesossomo forma um colarinho, que contém a boca anteroventral e estende-se dorsalmente na forma de dois ou vários braços tentaculados. O tubo digestivo tem formato de "U" e o ânus abre-se antero-dorsalmente (Figuras 26.2 G e H; 26.6). O metassomo é subdividido em tronco e pedúnculo posterior.

Os pterobrânquios vivem em colônias (*Rhabdopleura*) ou agregados (*Cephalodiscus*), que consistem em zooides abrigados dentro de envoltórios tubulares secretados conhecidos como **coenécios** (Figura 26.2 E e G). Nas colônias de *Rhabdopleura*, os zooides são conectados entre si por extensões teciduais conhecidas como **estolões** (Figura 26.2 E), mas essas ligações interzooidais não ocorrem em *Cephalodiscus*. As formas gerais dos agregados e das colônias variam entre as espécies. Em todos os casos, os zooides associados são produtos da reprodução assexuada iniciada por um único indivíduo produzido sexualmente.

Parede e cavidades corporais

A epiderme dos pterobrânquios é muito simples, composta de células escamosas. Apenas no escudo cefálico a epiderme torna-se alta e glandular, com vários tipos de células secretoras, que produzem materiais para os coenécios e muco para o deslizamento. Os espaços celômicos seguem o padrão corporal trimérico, com uma única protocele no escudo cefálico, e mesoceles e metaceles pareadas no colarinho e no tronco. A protocele comunica-se com o exterior por meio de dois ductos e poros celômicos situados nas bases dos braços. A mesocele penetra nos braços e tentáculos e, em *Cephalodiscus*, envia dois canais do colarinho posteriormente, que se comunicam com o exterior perto do único poro branquial. A metacele não tem orifícios.

Sustentação, músculos e movimento

As dimensões diminutas dos pterobrânquios correlacionam-se com a redução dramática das estruturas de sustentação. O esqueleto da probóscide não existe e o único orifício branquial de *Cephalodiscus* não tem bastonetes de sustentação. Além disso, a estomocorda dos pterobrânquios é praticamente sólida e não tem células vacuoladas. A maior parte do suporte corporal e da proteção é fornecida pelo envoltório externo secretado pela colônia ou pelo agregado. Os pterobrânquios têm apenas músculos longitudinais bem-desenvolvidos no escudo cefálico para rastejar dentro dos seus tubos e também no lado ventral do tronco e do pedúnculo. A protração e a retração dos indivíduos dentro de suas casas tubulares são realizadas, respectivamente, pela pressão hidrostática e pela contração dos músculos longitudinais.

Tubo digestivo e alimentação

A boca está localizada sob a borda anteroventral do colarinho. O tubo digestivo com formato de "U" começa com um tubo oral, a partir do qual se origina um divertículo oral dorsalmente. A faringe tem um par de fendas branquiais em *Cephalodiscus*, mas nenhuma em *Rhabdopleura*. Quando está presente, o aparato branquial é muito mais simples do que o dos enteropneustos, ou seja, sem barras secundárias ou estruturas de sustentação, além de sacos branquiais menos definidos. As fendas comunicam-se com o exterior por meio de poros. O esôfago curto conecta a faringe com o estômago saculiforme, que ocupa a maior parte do espaço dentro do tronco (Figura 26.6). A parte ascendente do tubo digestivo é o intestino, que leva anteriormente ao ânus dorsal.

A alimentação dos pterobrânquios é realizada pelos braços e tentáculos do mesossomo. *Rhabdopleura* tem um par de braços, enquanto *Cephalodiscus* tem de cinco a nove pares de braços, dependendo da espécie (Figura 26.2 F e H). Cada braço tem duas fileiras de tentáculos ciliados. Os pterobrânquios são suspensívoros mucociliados. Durante a alimentação, eles assumem uma posição perto de um orifício nos seus envoltórios tubulares e estendem seus braços e tentáculos para a água; *Rhabdopleura* simplesmente afasta seus dois braços em forma de penas na corrente de água, enquanto *Cephalodiscus* forma uma chamada "esfera alimentar" com seus 8 a 10 braços e tentáculos interdigitantes (Figura 26.2 F e H). Partículas suspensas e diatomáceas ficam retidas no muco tentacular e são levadas à boca por ação dos cílios presentes nos tentáculos e nos braços. O único orifício branquial de *Cephalodiscus* elimina o excesso de água que entra na boca. A digestão ocorre no estômago e no intestino, que são bem-irrigados por seios sanguíneos.

Circulação e trocas gasosas

O sistema circulatório dos pterobrânquios é uma versão reduzida e simplificada do que existe nos enteropneustos. Há um coração ou seio central e uma vesícula cardíaca associada ao divertículo oral e a um vaso glomerular, com as mesmas funções do complexo da probóscide nos enteropneustos (Figura 26.6). Existem vasos ventrais e dorsais no tronco, continuando no pedúnculo. Sob outros aspectos, o sistema circulatório é reduzido a uma rede de lacunas basoepiteliais.

É pouquíssimo provável que o único par de fendas branquiais de *Cephalodiscus* realmente ajude na troca gasosa; em vez disso, as distâncias curtas de difusão através do corpo provavelmente permitem trocas cutâneas generalizadas, especialmente sobre as amplas superfícies tentaculares expostas às correntes de água.

Sistema nervoso

Existem poucas informações sobre o sistema nervoso dos pterobrânquios. Uma concentração de neurônios no mesossomo – o chamado **gânglio do colarinho** – é supostamente homóloga à neurocorda do colarinho dos enteropneustos, que se ramifica

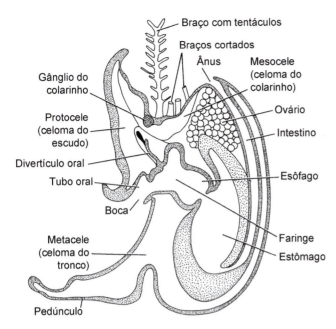

Figura 26.6 Anatomia interna do hemicordado pterobrânquio *Cephalodiscus* (*corte sagital*).

até o escudo cefálico, o orifício branquial e o sistema tentacular. Além disso, há uma rede nervosa intraepidérmica simples ao longo do corpo. Receptores táteis provavelmente estão presentes nos tentáculos.

Reprodução e desenvolvimento

Como na maioria dos invertebrados coloniais, a reprodução assexuada por brotamento é uma parte integral da história de vida dos pterobrânquios agregados e coloniais. Em *Cephalodiscus*, os brotos originam-se perto da base do pedúnculo dos indivíduos adultos e podem eventualmente desprender-se um do outro quando estão maduros, vivendo como agregado de indivíduos (Figura 26.7). O brotamento em *Rhabdopleura* ocorre ao longo dos estolões, que crescem das pontas dos pedúnculos dos zooides adultos. Contudo, nesse gênero, os brotos nunca se desprendem do zooide materno e, desse modo, formam uma colônia. Nos dois gêneros, os agregados ou as colônias formam-se por brotamento depois do desenvolvimento de um único indivíduo sexualmente produzido.

Os sexos geralmente são separados, embora o hermafroditismo tenha sido descrito entre *Cephalodiscus*. As gônadas são únicas em *Rhabdopleura* e pareadas em *Cephalodiscus*. Em *Rhabdopleura*, um único poro abre-se no lado direito do tronco; os gonóporos de *Cephalodiscus* estão localizados na base dos braços. Os ovócitos são dispersos dentro dos tubos da colônia ou do agregado, onde são fecundados. Os embriões em desenvolvimento são chocados dentro dos coenécios. Entre os pterobrânquios, apenas *Rhabdopleura* foi estudado embriologicamente e, mesmo nesse caso, existem poucos detalhes. Os ovos grandes com vitelo passam por clivagem holoblástica, radial e subigual. Existe alguma controvérsia quanto ao tipo exato de gastrulação. A formação do celoma ocorre por bolsas arquentéricas, mas a sequência da produção não está clara. Contudo, estudos mais recentes sobre os pterobrânquios sugeriram a possibilidade de que a mesocele e a metacele possam formar-se por esquizocelia. O embrião sai da área de germinação dentro do tubo parental como uma larva totalmente ciliada semelhante às plânulas (ainda que sem nome). As larvas livres-natantes assentam dentro de 24 horas depois da sua liberação do tubo parental, embora larvas cultivadas tenham permanecido nadando por vários meses sem passar por metamorfose. A larva assentada circunda-se de um casulo translúcido selado, dentro do qual passa por metamorfose. Primeiramente, o escudo oral desenvolve-se e, em seguida, há brotamento dos braços, do pedúnculo posterior e dos tentáculos. A formação do tubo digestivo, última estrutura a entrar em funcionamento, começa com a invaginação da ectoderme para formar a faringe. A larva não se alimenta durante a metamorfose. A forma juvenil metamorfoseada constrói um tubo em algum orifício do casulo e começa a alimentar-se e secretar o coenécio para uma nova colônia.

Registro fóssil e filogenia dos hemicordados

O registro fóssil dos hemicordados é dominado quase inteiramente pelos pterobrânquios (especialmente os graptólitos), cujos esqueletos tubulares têm sido bem-preservados. Na verdade, um estudo recente considerou que *Rhabdopleura* seja simplesmente um graptólito vivo e que ele seja o táxon-irmão dos cefalodiscídeos. Em razão de suas chances pequenas de preservação, os enteropneustos fósseis são extremamente raros, embora tenham sido descritos alguns gêneros fósseis (*Mazoglossus, Megaderaion, Mesobalanoglossus*), assim como vários outros gêneros de supostos fósseis residuais. Há pouco tempo, pesquisadores descreveram o enteropneusto fóssil *Spartobranchus tenuis*, que foi recuperado de Burgess Shale do período Cambriano Médio e, surpreendentemente, estava associado a envoltórios tubulares. Essa descoberta complementou a descoberta muito recente dos enteropneustos torquaratorídeos de águas profundas, que constroem tubos mucosos.

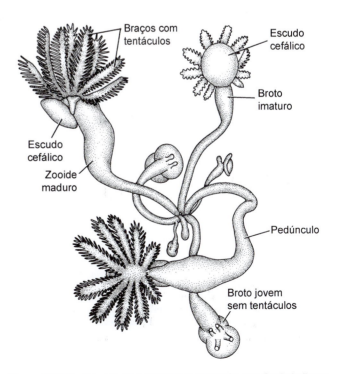

Figura 26.7 Brotamento do hemicordado pterobrânquio *Cephalodiscus*, mostrando zooides em diferentes estágios de desenvolvimento.

Cientistas têm sustentado duas visões muito diferentes quanto à relação entre os enteropneustos e os pterobrânquios. A visão clássica baseada na morfologia e na paleontologia considerava que esses táxons eram grupos-irmãos, geralmente ordenados em classes. Contudo, as primeiras análises do DNA ribossômico 18S sugeriram que os pterobrânquios poderiam ser um subgrupo dos enteropneustos, o que faria Enteropneusta um grupo parafilético e Pterobranchia um táxon-irmão da família Harrimaniidae. Contudo, em 2015, Simakov e colaboradores publicaram uma ampla análise genômica confirmando a visão clássica, de que essas duas classes compreendem um grupo-irmão. Esse estudo também reforçou o conceito de que as fendas branquiais se originaram da linhagem-tronco, que deu origem a Deuterostomia.

Desde que foram descobertos, os hemicordados têm desempenhado papéis fundamentais e controversos nas tentativas de entender as relações entre os três filos principais de deuterostômios (equinodermos, hemicordados e cordados), na natureza do ancestral dos deuterostômio e nas buscas pela origem evolutiva dos cordados. Bateson criou o nome atual do filo, reconhecendo semelhanças com a embriogenia dos cordados e, durante muitos anos, os hemicordados realmente foram classificados como um subfilo dos cordados (Chordata). Os traços dos hemicordados, como a presença de estomocorda, neurocorda do colarinho e fendas branquiais também reforçaram sua proximidade filogenética aos cordados. Contudo, o pensamento atual é de que apenas as fendas branquiais e (provavelmente) a neurocorda possam ser comparadas com as estruturas correspondentes dos cordados. As fendas branquiais faríngeas são usadas na alimentação por filtração, da mesma forma que ocorre nos protocordados; além disso, os dados relativos à expressão gênica apoiam a hipótese de que as fendas branquiais estivessem presentes no suposto ancestral comum dos hemicordados e dos cordados. Por outro lado, uma relação direta com os equinodermos também foi proposta com base em características como o sistema cardíaco-renal excretor e as larvas tornário-diplêurulas. Hoje em dia, uma relação de grupos-irmãos entre os hemicordados e os equinodermos (um clado conhecido como Ambulacraria) geralmente é favorecida e muito bem-apoiada por análises de filogenia molecular.

A busca por um ancestral dos deuterostômios invocava classicamente um organismo reminiscente de um zooide pterobrânquio solitário, influenciado pela posição suposta dos pterobrânquios como hemicordados basais. Contudo, análises modernas (morfológicas e moleculares) e os achados fósseis sugerem que o ancestral dos deuterostômios tenha sido um enteropneusto solitário vermiforme. As considerações quanto às formas larvais também concordam com essa hipótese. A larva tornário-diplêurula é compartilhada pelos equinodermos e, hoje em dia, pelos hemicordados basais amplamente reconhecidos – ou seja, os enteropneustos pticoderídeos. Por isso, os grupos derivados mais recentemente (harrimanídeos e pterobrânquios) formam larvas que não se alimentam e de vida muito curta e, em geral, são consideradas formas de desenvolvimento direto. Uma hipótese plausível seria de que a mudança para o desenvolvimento direto nos hemicordados solitários permitiu a transição para a colonialidade. Descobertas recentes de miniaturização (*Meioglossus*) e moradia em tubos (*Spartobranchus* e torquaratorídeos) entre os enteropneustos ilustram a plasticidade evolutiva do plano corpóreo desses animais.

Bibliografia

Balser, E. J. e E. E. Ruppert. 1990. Structure, ultrastructure, and function of the preoral heart-kidney in *Saccoglossus kowalevskii* (Hemichordata, Enteropneusta) including new data on the stomatochord. Acta Zoologica 71: 235–249.

Benito, J. e F. Pardos. 1997. Hemichordata. pp. 15–102 in F. W. Harrison e E. E. Ruppert, (eds.). *Microscopic Anatomy of Invertebrates*, Vol. 15. Wiley–Liss, Inc.

Bromham, L. D. e B. M. Degnan. 1999. Hemichordates and deuterostome evolution: robust molecular phylogenetic support for a hemichordate + echinoderm clade. Evol. Dev. 1 (3), 166–171.

Burdon-Jones, C. 1952. Development and biology of the larva of *Saccoglossus horsti* (Enteropneusta). Phil. Trans. R. Soc. Lond. B, Biol. Sci. 236: 553–590.

Cameron, C. B. 2005. A phylogeny of the hemichordates based on morphological characters. Can. J. Zoolog. 83(1): 196–215.

Cannon, J. T. *et al.* 2009. Molecular phylogeny of Hemichordata, with updated status of deep-sea enteropneusts. Mol. Phylogenet. Evol. 52: 17–24.

Caron, J. B., S. Conway Morris e C. B. Cameron. 2013. Tubicolous enteropneusts from the Cambrian period. Nature. doi: 10.1038/nature12017

Cedhagen, T. e H. G. Hansson. 2013. Biology and distribution of hemichordates (Enteropneusta) with emphasis on Harrimaniidae and description of *Protoglossus bocki* sp. nov. from Scandinavia. Helgoland Mar. Res. 67: 251–265.

Deland, C. *et al.* 2010. A taxonomic revision of the family Harrimaniidae (Hemichordata: Enteropneusta) with descriptions of seven species from the Eastern Pacific. Zootaxa 2408: 1–30.

Dilly, P. N. 1985. The habitat and behavior of *Cephalodiscus gracilis* (Pterobranchia, Hemichordata) from Bermuda. J. Zool. 207: 223–239.

Ezhova, O. V. e V. V. Malakhov. 2009. Three-dimensional structure of the skeleton and buccal diverticulum of an acorn worm *Saccoglossus mereschkowskii* Wagner, 1885 (Hemichordata: Enteropneusta). Invert. Biol. 6(2): 103–116.

Gilmour, T. H. J. 1982. Feeding in tornaria larvae and the development of gill slits in enteropneust hemichordates. Can. J. Zoolog. 60: 3010–3020.

Gonzalez, P. e C. B. Cameron. 2009. The gill slits and preoral ciliary organ of *Protoglossus* (Hemichordata, Enteropneusta) are filter-feeding structures. Biol. J. Linn. Soc. 98: 898-906.

Gonzalez, P. e C. B. Cameron. 2012. Ultrastructure of the coenecium of *Cephalodiscus* (Hemichordata: Pterobranchia). Can. J. Zoolog. 90: 1261-1269.

Hadfield, M. G. 1975. Hemichordata. pp. 185–240 in A. C. Giese e J. S. Pearse (eds.), *Reproduction of Marine Invertebrates, Vol. 2*. Academic Press, Nova York.

Hadfield, M. G. 2002. Phylum Hemichordata. pp. 553–564 in R. E. Young (ed.) *Atlas of Marine Invertebrate Larvae*. Academic Press, Londres.

Halanych, K. M., 1995. The phylogenetic position of the pterobranch hemichordates based on 18S rDNA sequence data. Mol. Phylog. Evol. 4: 72–76.

Halanych, K. M. *et al.* 2013. Tubicolous acorn worms from Antarctica. Nature. doi: 10.1038/ncomms3738.

Holland, N. D. *et al.* 2009. A new deep-sea species of epibenthic acorn worm (Hemichordata, Enteropneusta). Zoosystema 31 (2): 333–346.

Jones, D. O. B. *et al.* 2013. Deep-sea surface-dwelling enteropneusts from the Mid-Atlantic Ridge: their ecology, distribution and mode of life. Deep Sea Res. Part II: Topical Studies in Oceanography 98(B): 374–387.

Kaul, S. e T. Stach. 2010. Ontogeny of the collar cord: neurulation in the hemichordate *Saccoglossus kowalevskii*. J. Morph. 271: 1240–1259.

Lester, S. M. 1985. *Cephalodiscus* sp. (Hemichordata: Pterobranchia): observations of functional morphology, behavior and occurrence in shallow water around Bermuda Mar. Biol. 85: 263–268.

Lester, S. M. 1988. Ultrastructure of adult gonads and development and structure of the larva of *Rhabdopleura normani* (Hemichordata: Pterobranchia). Acta Zoologica 69: 95–109.

Mayer, G. e T. Bartolomaeus. 2003. Ultrastructure of the stomochord and the heart-glomerulus complex in *Rhabdopleura compacta* (Pterobranchia): phylogenetic implications. Zoomorphology 122: 125–133.

Mitchell, C. E. *et al.* 2013. Phylogenetic analysis reveals that *Rhabdopleura* is an extant graptolite. Lethaia 46: 34–56.

M'Intosh, W. C. 1887. Report on *Cephalodiscus dodecalophus*, M'Intosh, a new type of the Polyzoa, procured on the voyage of H.M.S. *Challenger* during the years 1873–76. Challenger Reports, Zoology, 20, pp. 1–37 (7 plates, Appendix pp. 38–47 by S. Harmer).

Nielsen, C. e A. Hay-Schmidt. 2007. Development of the enteropneust *Ptychodera flava*: ciliary bands and nervous system. J. Morph. 268: 551–570.

Pardos, F. e J. Benito. 1988. Blood vessels and related structures in the gill bars of *Glossobalanus minutus* (Enteropneusta). Acta Zoologica 69: 87–94.

Petersen, J. A. 1994. Hemichordates. pp. 385–395 in Adiyodi K. G. e R. G. Adiyodi (eds.), *Reproductive Biology of Invertebrates. Asexual Propagation and Reproductive Strategies, Vol. 6, Part B*. Wiley, Nova York.

Simakov, O. *et al*. 2015. Hemichordate genomes and deuterostome origins. Nature. doi: 10.1038/nature16150

Spengel, J. W. 1893. Die Enteropneusten des Golfes von Neapel. Vol. 18 of *Fauna und Flora des Golfes von Neapel*.

Stach, T. e S. Kaul. 2011. The postanal tail of the enteropneust *Saccoglossus kowalevskii* is a ciliarly creeping organ without distinct similarities to the chordate tail. Acta Zoologica 92, 150–160.

Strathmann, R. e D. Bonar. 1976. Ciliary feeding of tornaria larvae of *Ptychodera flava*. Mar. Biol. 34: 317–324.

Van der Horst, C. J. 1939. Hemichordata. In Bronn, H. G. (ed.) *Klassen und Ordnungen des Tierreichs wissenschaftlich dargestellt in Wort und Bild*. Leipzig, Akademische Verlagsgesellschaft. Vol. 4 (4), Buch 2, Tiel 2.

Welsch, U., P. N. Dilly e G. Rehkämper. 1987. Fine structure of the stomochord in *Cephalodiscus gracilis* M'Intosh 1882 (Hemichordata, Pterobranchia). Zoologischer Anzeiger 218: 3/4S: 209–218.

Woodwick, K. H. e T. Sensenbaugh. 1985. *Saxipendium coronatum*, new genus, new species (Hemichordata: Enteropneusta): the unusual spaghetti worms of the Galapagos rift hydrothermal vents. Proc. Biol. Soc. Wash. 98: 351 365.

Worsaae, K. *et al*. 2012. An anatomical description of a miniaturized acorn worm (Hemichordata, Enteropneusta) with asexual reproduction by paratomy. PLoS ONE 7 (11): 1–19.

27

Filo Chordata

Cefalochordata e Urochordata

Classificação do reino Animal (Metazoa)

Não Bilateria*
(Também conhecidos como diploblastos)
FILO PORIFERA
FILO PLACOZOA
FILO CNIDARIA
FILO CTENOPHORA

Bilateria
(Também conhecidos como triploblastos)
FILO XENACOELOMORPHA
Protostomia
FILO CHAETOGNATHA
SPIRALIA
FILO PLATYHELMINTHES
FILO GASTROTRICHA
FILO RHOMBOZOA
FILO ORTHONECTIDA
FILO NEMERTEA
FILO MOLLUSCA
FILO ANNELIDA
FILO ENTOPROCTA
FILO CYCLIOPHORA
Gnathifera
FILO GNATHOSTOMULIDA
FILO MICROGNATHOZOA
FILO ROTIFERA

Lophophorata
FILO PHORONIDA
FILO BRYOZOA
FILO BRACHIOPODA
ECDYSOZOA
Nematoida
FILO NEMATODA
FILO NEMATOMORPHA
Scalidophora
FILO KINORHYNCHA
FILO PRIAPULA
FILO LORICIFERA
Panarthropoda
FILO TARDIGRADA
FILO ONYCHOPHORA
FILO ARTHROPODA
SUBFILO CRUSTACEA*
SUBFILO HEXAPODA
SUBFILO MYRIAPODA
SUBFILO CHELICERATA
Deuterostomia
FILO ECHINODERMATA
FILO HEMICHORDATA
FILO CHORDATA

*Grupo parafilético.

Somos cordados (do latim, *chorda*). Também o são os gatos e cães, lêmures e tamanduás, aves e peixes, sapos e serpentes, baleias e elefantes – todos conspícuos por seu tamanho e sua familiaridade. Todos esses animais têm coluna vertebral (dorsal), que abriga o cordão nervoso dorsal, elemento fundamental que define o subfilo Vertebrata.[1] Contudo, além dos vertebrados, existem dois outros subfilos de Chordata, ambos sem coluna vertebral. Esses grupos são os cordados invertebrados – os subfilos Cephalochordata e Urochordata. Cephalochordata compreendem cerca de 30 ou mais espécies de animais pequenos, semelhantes a peixes, denominados lancetas ou anfioxos (Figuras 27.1 e 27.2). Urochordata (= Tunicata) são compostos por cerca de 3.000 espécies divididas em quatro classes: os esguichos-marinhos sésseis que se alimentam por filtração, ou ascídias (Ascidiacea); os tunicados pelágicos, ou salpas (classe Thaliacea); os tunicados plânctonicos semelhantes a larvas, conhecidos como apendiculários ou larváceos (classe Appendicularia); e os sorberáceos abissais semelhantes às ascídias (classe Sorberacea) (Figuras 27.3 a 27.8).

Os vertebrados, ou seja, cordados com coluna dorsal, representam apenas cerca de 4% (cerca de 58.000 espécies) de todas as espécies animais descritas. Os cordados sem coluna dorsal (além dos outros 31 filos animais descritos anteriormente neste livro) constituem os invertebrados. Desse modo, entendemos que a divisão dos animais em invertebrados e vertebrados está baseada na tradição e na conveniência, refletindo mais uma dicotomia de interesses entre os zoólogos que o reconhecimento de agrupamentos biológicos naturais. Os "invertebrados" constituem um grupo parafilético, porque ele exclui o clado Vertebrata. Por outro lado, os vertebrados formam um grupo monofilético.

---

[1]O subfilo Vertebrata (= Craniata) contém dois grupos: os vertebrados sem mandíbulas, ou Agnatha (peixe-bruxa e lampreias), e os vertebrados com mandíbulas, ou Gnathostomata (o restante dos vertebrados). Esses animais são brevemente discutidos na seção sobre Filogenia dos cordados, ao fim deste capítulo.

A monofilia do filo Chordata (nos tempos modernos) nunca foi questionada seriamente. Uma das sinapomorfias-chave que definem o filo é a **notocorda**, um bastão elástico dorsal derivado de uma faixa mediodorsal de mesoderme embrionária (arquêntero), a qual confere suporte estrutural e locomotor ao corpo do adulto ou da larva dos cordados. Além disso, os cordados têm (em algum ponto de sua história de vida) um **tubo nervoso dorsal** oco, **fendas branquiais faríngeas** e uma **cauda pós-anal** (que se estende para além do ânus) (Quadro 27.1). Os cordados constituem um grupo antigo, com registros fósseis datados do período Cambriano Inicial (no mínimo 530 milhões de anos) e filogenias moleculares datadas, sugerindo a época de origem há 700 ou 800 milhões de anos. Análises recentes de filogenética molecular derrubaram a visão mais antiga de que Cephalochordata forma um grupo-irmão dos vertebrados. Em vez disso, as evidências atuais sugerem que Urochordata seja o grupo-irmão dos vertebrados (um clado conhecido como Olfactores), enquanto os cefalocordados formam um grupo-irmão desses últimos (ver Figura 27.9 e seção sobre filogenia ao fim deste capítulo).

CLASSIFICAÇÃO DOS CORDADOS

SUBFILO CEPHALOCHORDATA. Anfioxos. Cordados diminutos (até 7 cm) semelhantes a peixes com notocorda, fendas branquiais, cordão nervoso dorsal, um órgão da roda único e cauda pós-anal presentes nos adultos, mas sem coluna vertebral ou estrutura esquelética cranial; gônadas numerosas (25 a 38) e organizadas em série. Encontrados nos ambientes marinhos e de água salobra, geralmente associados a sedimentos de areia ou cascalho limpos, nos quais se enterram (p. ex., *Asymmetron, Branchiostoma, Epigonichthyes*).

SUBFILO UROCHORDATA (= TUNICATA). Tunicados. A forma corporal do adulto varia, mas o corpo é geralmente coberto por uma túnica grossa ou fina (testa), composta de um polissacarídio semelhante à celulose; os indivíduos não têm tecidos ósseos; a notocorda está limitada à cauda e geralmente é encontrada apenas no estágio larval (e nos apendiculários adultos); tubo digestivo em forma de "U", faringe (câmara branquial) geralmente com numerosas fendas branquiais (estigmata); celoma pouco desenvolvido; cordão nervoso dorsal presente nos estágios larvais. Animais estritamente marinhos distribuídos em quatro classes.

CLASSE ASCIDIACEA. Ascídias ou esguichos-do-mar. Tunicados sésseis, bentônicos, solitários ou coloniais; os sifões inalantes e exalantes geralmente estão voltados para cima, afastados do substrato; os estágios adultos não têm cordão nervoso dorsal; ocorrem em todas as profundidades. Cerca de 13 famílias e muitos gêneros (p. ex., *Ascidia, Botryllus, Chelyosoma, Ciona, Clavelina, Corella, Diazona, Didemnum, Diplosoma, Lissoclinum, Megalodicopia, Molgula, Psammascidia, Pyura, Styela, Trididemnum*). As relações entre as três ordens tradicionais de ascídias (Aplousobranchia, Phlebobranchia e Stolidobranchia) estão em mudança, assim como a relação entre essa classe e as demais.

CLASSE THALIACEA. Tunicados pelágicos ou salpas. Animais solitários ou coloniais; os sifões inalantes e exalantes estão em extremidades opostas, gerando uma corrente locomotora; os adultos não têm cauda; as fendas branquiais não são subdivididas por barras branquiais; três ordens: Pyrosomida, Salpida e Doliolida (p. ex., *Dolioletta, Doliolum, Pyrosoma, Salpa, Thetys*).

CLASSE APPENDICULARIA (= LARVACEA). Apendiculários ou larváceos. Tunicados planctônicos solitários, provavelmente neotênicos; os adultos conservam características larvais, incluindo notocorda e cauda muscular; o corpo está envolto por uma "casa" gelatinosa complexa, que participa da alimentação (p. ex., *Fritillaria, Oikopleura, Stegasoma*.)

CLASSE SORBERACEA. Urocordados bentônicos de águas profundas, semelhantes às ascídias, que conservam o cordão nervoso dorsal nos estágios adultos e têm faringe acentuadamente reduzida, sem câmara branquial perfurada. Aparentemente, todos esses tunicados pouco estudados são carnívoros e com dimensões entre 2 e 6 cm (p. ex., *Octacnemus*).

SUBFILO VERTEBRATA (= CRANIATA). Craniados. Cordados com envoltório esquelético para o cérebro e, exceto Agnatha, com mandíbulas e uma coluna vertebral (coluna dorsal), formando o eixo do esqueleto corporal; a maioria tem apêndices pareados. Em geral, existem várias classes reconhecidas, embora nem todas sejam estritamente monofiléticas: as classes Myxini e Cephalaspidomorphi são os peixes-bruxa e as lampreias, respectivamente (reunidos como peixes ágnatos, ou sem mandíbulas); Chondrichthyes são tubarões, raias e seus parentes; Osteichthyes são os peixes ósseos (p. ex., truta, atum, perca); Amphibia inclui salamandras, sapos, rãs, cecílias. O grupo Reptilia (parafilético) tradicionalmente incluía tartarugas, serpentes, lagartos e crocodilos, mas as classificações modernas reúnem aves e répteis em Reptilomorpha (ou Sauropsida). A classe Mammalia inclui os mamíferos.

Quadro 27.1 Características do filo Chordata.

1. Bilateralmente simétricos, deuterostômios celomados (celoma grandemente reduzido em alguns grupos).
2. Fendas branquiais faríngeas presentes em algum estágio; usadas para alimentação em Cephalochordata e Urochordata.
3. Notocorda dorsal derivada da mesoderme presente em algum estágio do desenvolvimento; a notocorda localiza-se dorsalmente ao tubo digestivo e ventralmente ao neural.
4. Corda nervosa oca dorsal, ao menos em um estágio da história de vida; compartimentada anteriormente e, em Vertebrata, dando origem ao cérebro.
5. Cauda pós-anal locomotora e muscular em algum estágio do desenvolvimento.
6. Com um endóstilo faríngeo endodérmico (Urochordata, Cephalochordata) ou glândula tireoide (Vertebrata).
7. Trato digestivo completo e especializado regionalmente.
8. Sistema circulatório com um vaso sanguíneo contrátil (ou coração). As trocas gasosas ocorrem através da parede corporal ou dos tecidos epiteliais.
9. Gonocorísticos ou hermafroditas; desenvolvimento variável. Clivagem radial, holoblástica, subigual ou levemente desigual. Um estágio de girino é expresso em algum ponto da história de vida de todos os táxons.

Filo Chordata, subfilo Cephalochordata | Lancetas (anfioxos)

Como todos os cordados, os cefalocordados – lancetas – têm notocorda, cordão nervoso oco dorsal, fendas branquiais faríngeas, cauda pós-anal (que persiste até a vida adulta) e celoma verdadeiro (Figuras 27.1 e 27.2). Esse nome (do grego *cephala*, "cabeça"; *chordata*, "corda") originou-se da extensão única da notocorda além do cordão nervoso para dentro da cabeça do animal. Os lancetas são animais pequenos (até 7 cm) semelhantes aos peixes (p. ex., *Asymmetron, Branchiostoma, Epigonichthyes*). O termo comum **anfioxo** é frequentemente utilizado para descrever a espécie comum *Branchiostoma lanceolatum* (bem como outras espécies, algumas vezes). Os cefalocordados são cosmopolitas nas águas salgada e salobra rasas das latitudes tropicais e temperadas quentes, onde vivem enterrados nas areias limpas apenas com a cabeça emergindo acima do sedimento. Em geral, esses animais vivem em posição semivertical, em galerias, ou descansam lateralmente nas superfícies. Os anfioxos podem nadar e nadam, e a locomoção é importante para seus hábitos de dispersão e cruzamento. Contudo, eles tendem a nadar erraticamente e sem orientação dorsoventral clara. Embora existam descritas cerca de 50 espécies de cefalocordados na literatura, apenas 20 a 30 delas provavelmente continuam válidas (ainda que as diferenças entre algumas espécies e as relações filogenéticas entre as espécies ainda não estejam estabelecidas). Alguns lancetas fósseis foram descritos e datados do período Cambriano Inicial.

Surpreendentemente, a maioria dos biólogos nunca encontrou um lanceta em campo. Eles podem ser até comuns, mas apenas no ambiente certo e depois de passar muito tempo de joelhos nos baixios da maré. A maioria das espécies parece preferir sedimentos limpos de grãos finos, mas, mesmo quando presentes, é preciso observação atenta para encontrá-los. Algumas vezes, esses animais são vistos nadando em piscinas de marés muito rasas na areia, entrando e saindo dela. Durante a estação de desova, o sexo de um indivíduo é revelado rapidamente pelos testículos brancos dos machos e os ovários amarelos das fêmeas – ambos visíveis através da parede corporal translúcida. Em algumas regiões da Ásia, os anfioxos são suficientemente comuns para que sejam pescados como alimento animal ou humano.

Plano corpóreo dos cefalocordados

Parede corporal, sustentação e locomoção

O corpo dos cefalocordados é inteiramente recoberto por epiderme de epitélio colunar simples, apoiada em uma fina derme de tecido conjuntivo. Os músculos da parede corporal são semelhantes aos dos vertebrados, com blocos em forma de V conhecidos como **miótomos**, dispostos longitudinalmente ao longo das faces dorsolaterais do corpo. Esses blocos musculares são grandes e ocupam grande parte do interior corporal, reduzindo assim o celoma a espaços relativamente pequenos. A notocorda persiste nos animais adultos e confere o principal suporte estrutural do corpo (Figura 27.1 A a C).

A notocorda também desempenha um papel principal na locomoção dos anfioxos. Em consequência da ação dos miótomos segmentares, a natação dos cefalocordados é muito semelhante à dos peixes e consiste basicamente em ondulações laterais do corpo, que dirigem água para trás de forma a produzir um empuxo para frente. A ação propulsora desses movimentos do corpo é potencializada por uma nadadeira caudal alinhada verticalmente. Entretanto, ao contrário da coluna vertebral e de seus ossos articulados, a notocorda é um bastão elástico flexível. Ela impede que o corpo encurte quando os músculos contraem e, em vez disso, causa inclinação lateral. A elasticidade da notocorda tende a endireitar o corpo, facilitando, assim, a ação antagônica dos pares de miótomos. A notocorda estende-se além dos miótomos, tanto anterior quanto posteriormente, conferindo sustentação além desses músculos e, aparentemente, ajudando a manter o corpo rígido durante a escavação.

Embora a notocorda dos cefalocordados seja homóloga à mesma estrutura existente em outros cordados, ela apresenta algumas características estruturais e funcionais singulares e muito notáveis, associadas com sua persistência até o estágio adulto. A notocorda dos anfioxos é formada por lamelas discoides, empilhadas como fichas de pôquer ao longo do comprimento do corpo e circundadas por uma bainha de tecido conjuntivo colagenoso. As lamelas são compostas de células musculares, cujas fibras estão orientadas transversalmente. Uma parte expressiva do líquido extracelular está localizada nos espaços e canais que existem ao redor e entre as lamelas dentro da bainha colagenosa. Essas células musculares são inervadas pelos neurônios motores do cordão nervoso dorsal. Com a contração, a pressão hidrostática nos espaços extracelulares aumenta e, desse modo, resulta na rigidez crescente de toda a complexa notocorda. Suspeita-se de que essa ação possa facilitar determinados tipos de padrões de movimento, especialmente a escavação.

Embora comumente sejam conhecidas como "nadadeiras", as estruturas dorsais e ventrais semelhantes a nadadeiras talvez sejam descritas mais apropriadamente como órgãos de armazenamento dorsal e ventral (Figura 27.1 A e C). Elas não são homólogas às nadadeiras dos peixes, e sua função parece ser a de abrigar um acúmulo de reservas nutricionais para a formação dos gametas.

Alimentação e digestão

Os cefalocordados são comedores mucociliares de material em suspensão e empregam um mecanismo de obtenção de alimento muito semelhante ao dos tunicados. A água é dirigida para dentro da boca e da faringe pelos cílios da **câmara branquial**, que forma a chamada **bomba branquial**, mas sai pelas fendas branquiais faríngeas e entra no **átrio** circundante; por fim, a água sai do corpo por um **atrióporo** ventral (Figura 27.1 A). Ao contrário das correntes de ventilação branquial dos vertebrados aquáticos, que são geradas por ação muscular, as correntes alimentares dos lancetas (bomba branquial) são produzidas basicamente pelos cílios faríngeos, como também ocorre com os tunicados. A bomba é ativada pelas ondas metacrônicas dos cílios laterais existentes nas barras branquiais. As fendas branquiais dos lancetas funcionam basicamente como estruturas alimentares e pouco contribuem para as trocas gasosas. Existem até 200 fendas branquiais separadas umas das outras por barras branquiais, sustentadas por hastes cartilaginosas.

A alimentação dos anfioxos por filtração consiste em reter o alimento (basicamente, fitoplâncton) da água que entra no corpo, combinado com as atividades complexas de manuseio e separação, as quais ocorrem antes que a água entre na boca. A boca

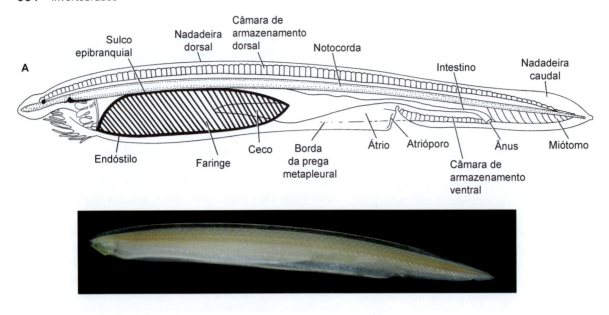
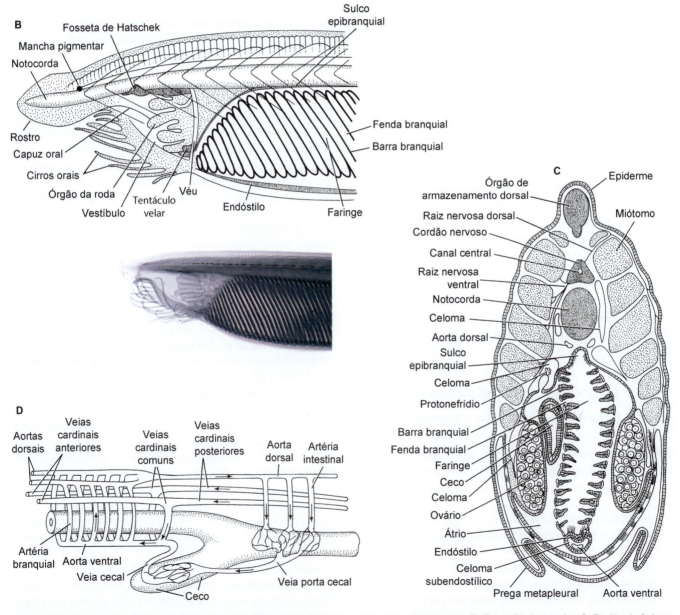

Figura 27.1 Anatomia geral de um cefalocordado (*Branchiostoma*). **A.** Anatomia interna e externa geral. **B.** Extremidade anterior. **C.** Região da faringe (*corte transversal*). **D.** Vasos sanguíneos principais da região do ceco intestinal.

está localizada dentro de uma depressão conhecida como **vestíbulo**, formada por uma extensão anterior do corpo conhecida como **capuz oral** (Figura 27.1 B). O capuz oral é sustentado pela notocorda e tem projeções digitiformes conhecidas como **cirros orais** (= **cirros bucais**). À medida que a água entra no vestíbulo, os cirros funcionam como um filtro grosseiro para evitar que sedimentos e outras partículas grandes entrem na boca. A boca propriamente dita é uma perfuração em um véu membranoso, que abriga um conjunto de **tentáculos velares**; os tentáculos constituem uma segunda peneira, impedindo que materiais grandes entrem na boca. As paredes laterais do vestíbulo têm bandas ciliadas complexas, que coletivamente constituem o órgão da roda. O **órgão da roda** aparece como epitélio pregueado, espessado e marrom no teto e nas laterais do vestíbulo, sendo visível através da pele translúcida do animal vivo. Os cílios do órgão da roda conduzem as partículas alimentares para a boca e dão a impressão de uma rotação, daí seu nome. Revestindo o teto do vestíbulo, há uma estrutura secretora de muco conhecida como **fosseta de Hatschek** (Figura 27.1 B). O muco proveniente dessa fosseta flui sobre o órgão da roda e as partículas alimentares retidas pelo muco são levadas à boca ao longo dos tratos ciliados. Em seguida, esse material é incorporado à corrente geral de água, movendo-se através da boca e entrando na faringe. As fezes, semelhantes a fios, são ejetadas pelo ânus.

Quando se alimenta, a maioria dos anfioxos mantém-se parcial ou totalmente enterrada no fundo de areia, com o seu lado ventral voltado para cima e o orifício oral livre de interferência da areia ou do sedimento. Experimentos mostraram que, em *Branchiostoma lanceolatum*, partículas iguais ou maiores que 4 µm ficam retidas pelo filtro mucoso com eficiência de 100%. Os cirros orais e os tentáculos velares contêm numerosas células sensoriais, as quais reagem aos estímulos mecânicos e químicos. Se os tentáculos velares são estimulados, a contração dos músculos velares os move para frente e uma reação de "tosse" é evocada. O entupimento dos tentáculos orais por detritos também resulta em uma contração rápida do corpo, forçando a água a sair pela boca, de modo que a região oral seja lavada e fique limpa.

A superfície ventral da faringe contém o **endóstilo**, ou sulco hipobranquial (Figura 27.1 A a C). O endóstilo é encontrado nos cefalocordados e nos urocordados (os chamados **protocordados**), assim como nos cordados que se alimentam por filtração utilizando faringe e fendas branquiais, incluindo os vertebrados primitivos (p. ex., lampreias); em geral, o endóstilo é considerado uma sinapomorfia dos cordados. Essa estrutura tem a função de secretar muco, no qual as partículas suspensas ficam retidas e são levadas para dentro do trato digestivo médio. Assim como o dos tunicados, o endóstilo dos anfioxos capta iodo, embora as células específicas envolvidas variem entre essas duas linhagens. Muitos pesquisadores entendem que os endóstilos dos urocordados e dos cefalocordados são homólogos e o possível precursor da glândula tireoide dos vertebrados. Como nos tunicados, o endóstilo produz cordões de muco, que retêm o alimento da água à medida que ela passa pelas fendas branquiais e entra no átrio. O muco carregado de alimento é então transferido dorsalmente ao longo das paredes da faringe pelos tratos ciliados e entra no sulco epibranquial, que leva o material por ação ciliar ao longo da linha mediana dorsal da faringe até um esôfago curto. O trato digestivo estende-se posteriormente na forma de um intestino alongado e abre-se por meio do ânus, localizado um pouco à frente da nadadeira caudal. Perto da junção entre a faringe e o esôfago, levanta-se uma bolsa que se projeta anteriormente, conhecida como **ceco digestivo** (algumas vezes, também denominada ceco hepático ou divertículo hepático). Estudos indicam que esse órgão tem a função de armazenar lipídios e glicogênio, bem como de sintetizar proteínas; a maioria dos autores considera que o ceco digestivo seja o precursor evolutivo do fígado dos vertebrados e, talvez, do pâncreas. Como também ocorre com o fígado dos vertebrados, o ceco digestivo sintetiza vitelogenina – um precursor da proteína do vitelo –, que é transportada pelo sangue até o ovário, onde é usada para produzir as proteínas do vitelo dos ovos. A digestão é inicialmente extracelular no lúmen do tubo digestivo e concluída intracelularmente nas paredes do intestino, especialmente no ceco. Além do armazenamento no ceco, as reservas de alimento acumulam-se nas câmaras de armazenamento dorsal e ventral dispostas longitudinalmente ("nadadeiras"), ao longo da linha mediana dorsal e da margem ventral do corpo, posterior ao atrióporo (Figura 27.1 A).

Circulação, trocas gasosas e excreção

O sistema circulatório dos anfioxos consiste em um conjunto de vasos fechados, através dos quais o sangue flui em um padrão semelhante ao dos vertebrados primitivos (p. ex., peixes), embora não exista um coração. O sangue flui posteriormente, ao longo da região faríngea, por um par de **aortas dorsais**. Logo após a faringe, esses vasos fundem-se em uma aorta mediana dorsal única, que se estende para dentro da região da nadadeira caudal (Figura 27.1 D). O sangue é fornecido aos miótomos e à notocorda por meio de uma série de artérias segmentares curtas, e ao intestino por meio das artérias intestinais. Uma rede de capilares na parede intestinal coleta o sangue repleto de nutrientes e leva-o a uma série de veias intestinais, que se juntam a uma grande veia subintestinal conhecida como veia porta cecal, a qual transporta o sangue para frente sob o tubo digestivo até outra rede capilar existente no ceco digestivo. Como ocorre nos vertebrados, a veia que conecta duas redes capilares é conhecida como veia porta (p. ex., veia porta hepática e veias porta renais dos peixes). Na verdade, a **veia porta cecal** dos cefalocordados provavelmente é homóloga à veia porta hepática dos vertebrados. No ceco digestivo, a composição de nutrientes e a composição química do sangue é regulada de alguma forma, antes que ele seja distribuído aos tecidos do corpo. (O fígado dos vertebrados desempenha a mesma função por meio do sistema porta-hepático.)

Partindo dos capilares cecais, há uma veia cecal, que se junta a um par de **veias cardinais** comuns, formadas pela união dos pares de veias cardinais anterior e posterior, que retornam dos tecidos do corpo. Esses vasos fundem-se para formar a **aorta ventral** situada abaixo da faringe. Dela, o sangue é transportado pelas barras branquiais via artérias branquiais aferentes e eferentes até o par de aortas dorsais, concluindo assim o ciclo circulatório. O sangue é deslocado através desse sistema por contrações peristálticas dos principais vasos longitudinais e pelas regiões pulsáteis existentes nas bases das artérias branquiais aferentes.

O sangue não contém pigmentos ou células que transportem oxigênio e parece funcionar mais adequadamente, sobretudo, na distribuição de nutrientes do que na troca e no transporte gasosos. Embora possa ocorrer alguma difusão de oxigênio e dióxido de carbono através das brânquias, a maior parte da troca gasosa provavelmente ocorre através das paredes das **pregas metapleurais**, finas abas afastadas da parede do corpo, que se situam logo à frente do atrióporo (Figura 27.1 C).

As unidades excretoras dos cefalocordados são protonefrídios, semelhantes aos solenócitos de alguns outros invertebrados. Grupos numerosos de protonefrídios acumulam escórias nitrogenadas, que são transportadas por um nefridioducto até um poro existente no átrio. Contudo, apesar das semelhanças estruturais, a homologia entre os protonefrídios dos anfioxos e dos outros invertebrados é duvidosa e alguns especialistas consideram que esse seja um caso de evolução convergente.

Sistema nervoso e órgãos dos sentidos

O sistema nervoso central dos cefalocordados é muito simples. Um cordão nervoso dorsal estende-se pela maior parte do comprimento do corpo e é, em geral, levemente expandido como uma vesícula cerebral na base do capuz oral. Nervos dispostos em padrão segmentar originam-se do cordão ao longo do corpo, no padrão típico dos vertebrados, raízes dorsal e ventral. A epiderme é rica em terminações nervosas sensoriais, cuja maioria provavelmente tem função tátil e é importante para a escavação. Alguns anfioxos têm uma única mancha ocelar próxima à extremidade anterior do cordão nervoso dorsal.

Reprodução e desenvolvimento

Os cefalocordados são gonocorísticos, mas os sexos são estruturalmente muito semelhantes. Fileiras de 25 a 38 pares de gônadas estão dispostas em série ao longo do corpo, de cada lado do átrio. O volume de tecido gonadal varia sazonalmente e, durante o período reprodutivo, pode ocupar uma parte tão significativa do corpo a ponto de interferir na alimentação. Nos casos típicos, a desova ocorre no crepúsculo. A parede do átrio rompe e os ovócitos e espermatozoides são liberados no fluxo exalante de água proveniente do átrio; em seguida, ocorre a fecundação externa.

Os ovócitos são isolécitos, com muito pouco vitelo. A clivagem é radial, holoblástica e subigual, conduzindo a uma celoblástula que forma a gástrula por invaginação (Figura 27.2). Por fim, o teto do arquêntero forma primeiramente uma faixa mediodorsal sólida de mesoderme, destinada a transformar-se na notocorda, e, então, na sequência, em séries anteroposteriores de bolsas arquentéricas pares ao longo de cada lado da notocorda. Essas bolsas enterocélicas formam o celoma e outras estruturas derivadas da mesoderme, tais como os feixes musculares. O teto do arquêntero fecha-se, continuando a proliferação mesodérmica.

Dorsalmente, a ectoderme diferencia-se em uma **placa neural**, a qual, por fim, enrola-se para dentro, separando-se das células marginais, e então se aprofunda interiormente, como um tubo neural, que forma o cordão nervoso dorsal oco. Como esse processo ocorre na extremidade posterior do embrião, o tecido nervoso em desenvolvimento fica em contato com o blastóporo, que se mantém aberto temporariamente e conecta o arquêntero ao lúmen do cordão nervoso como um **neuróporo**. Mais tarde, as duas estruturas separam-se, e o blastóporo abre-se ao exterior como ânus. A boca irrompe na forma de um orifício produzido secundariamente na extremidade frontal do tubo digestivo em desenvolvimento.

Na ausência de reservas abundantes de vitelo, o desenvolvimento até o estágio de larva livre-natante ocorre rapidamente. Logo que se tornem capazes, as larvas planctônicas nadam para cima na coluna de água, onde permanecem planctônicas por

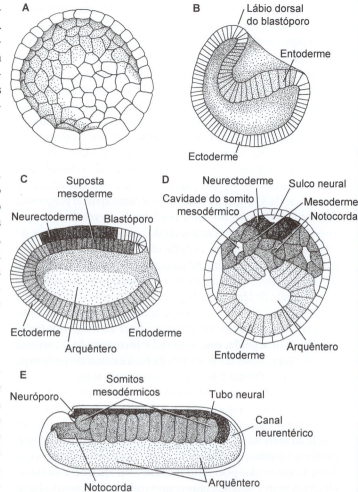

Figura 27.2 Desenvolvimento de um cefalocordado. **A.** Celoblástula. **B** e **C.** Fases inicial e tardia da gástrula. **D.** Estágio de sulco neural (corte). Observe a proliferação da mesoderme como notocorda central e cavidades celômicas laterais. **E.** Vista lateral, mostrando as estruturas principais e a confluência temporária dos tubos digestivo e neural (canal neurentérico).

75 a 200 dias. Alternadamente, as larvas nadam para cima e depois afundam passivamente, com o corpo mantido em posição horizontal e a boca voltada para baixo, alimentando-se de plâncton e outros materiais em suspensão à medida que se transformam gradualmente em juvenis.

Filo Chordata, subfilo Urochordata | Tunicados

Antes relegados praticamente à obscuridade, as ascídias têm atraído mais atenção ultimamente, inclusive como organismos-modelo, cujos genomas têm sido estudados para entender mais claramente o desenvolvimento e as redes gênicas dos cordados. Os genomas dos tunicados não são duplicados, o que assegura um sistema simplificado muito próximo dos genomas mais complexos dos vertebrados. As ascídias também têm recebido atenção ecológica substancial, porque constituem algumas das espécies marinhas invasoras mais perigosas – que cobrem e abafam milhares de metros quadrados do substrato bentônico, causando prejuízos econômicos à aquicultura mundial. As atenções dos especialistas em desenvolvimento e dos ecologistas focados nos tunicados têm, por sua vez, preenchido lacunas surpreendentes do conhecimento acerca da sistemática, da distribuição, da biologia larval e reprodutiva, da ecologia, das relações evolutivas e da capacidade de regeneração desses animais.

Quase todos os membros das quatro classes de urocordados são suspensívoros marinhos, mas passam a vida de formas muito diferentes (Figuras 27.3 e 27.4). As ascídias (classe Ascidiacea) incluem formas solitárias e coloniais, com espécies variando de menos de 1 mm a até 60 cm e algumas colônias medindo vários metros de diâmetro ou mais. As ascídias têm distribuição mundial e são encontradas em todas as profundidades dos oceanos, fixadas a quase todos os tipos de substrato. Esses animais são mais abundantes e diversificados nos hábitats litorâneos rochosos e na lama dos mares profundos. As salpas (classe Thaliacea) são tunicados pelágicos, que flutuam isoladamente ou em colônias cilíndricas ou filamentares, as quais algumas vezes chegam a medir vários metros de comprimento. As salpas são conhecidas em todos os oceanos, mas são especialmente abundantes nos mares tropicais e subtropicais. Esses animais são encontrados da superfície a profundidades de cerca de 1.500 m. Os larváceos ou apendiculários (classe Appendicularia) são criaturas planctônicas bioluminescentes solitárias, que geralmente não medem mais que 5 mm. Em alguns aspectos, os larváceos são semelhantes aos estágios larvais de alguns outros tunicados, daí o nome "larváceos" (semelhante a larvas). A conservação dos elementos larvais, inclusive uma notocorda e um cordão nervoso, sugere que tenham sido originados por pedomorfose. As fezes das salpas e dos larváceos, bem como os abrigos abandonados desses últimos, constituem recursos importantes de alimento e carbono orgânico particulado nos mares abertos. Na verdade, a filtragem de partículas na ordem de submicras pelos tunicados pelágicos e seu reempacotamento subsequente na forma de bolotas fecais mais densas, que afundam mais rapidamente, são considerados aspectos importantes da reciclagem biogeoquímica dos oceanos profundos, afetando as quantidades de carbono e os suprimentos de nutrientes. Por fim, os sorberáceos incomuns (classe Sorberacea) são urocordados bentônicos abissais semelhantes às ascídias, que apresentam cordões nervosos dorsais nos estágios adultos. Esses animais são carnívoros e não apresentam a câmara branquial perfurada típica dos outros tunicados.

Com o uso crescente dos "códigos de barras" do DNA para identificar espécies crípticas, as quantidades de espécies vivas de ascídias parecem estar crescendo substancialmente. As ascídias (ou seus ancestrais) provavelmente datam do período Pré-cambriano. Contudo, as alterações morfológicas são tão lentas entre as espécies vivas de ascídias que comumente não é possível distinguir as espécies-irmãs sem análises genéticas, apesar das distâncias genéticas amplas. Alguns pesquisadores demonstraram mudança genética rápida dos genomas mitocondriais e nucleares dos tunicados. Estudos recentes da sequência dos genes mitocondriais revelaram recombinações, mesmo entre espécies do mesmo gênero. Além disso, os genomas nucleares mostram mudanças notáveis no conteúdo de genes (p. ex., perda de um grupo de genes Hox) e alterações profundas da organização dos íntrons. Estudos demonstraram que os apendiculários têm alguns dos genomas que evoluem mais rapidamente entre os metazoários conhecidos.

As distribuições biogeográficas dos tunicados não estão bem-definidas em alguns casos por causa de vários fatores: o desinteresse histórico, em comparação com muitos outros grupos; os hábitats, que são difíceis de estudar em alguns casos; as características morfológicas difíceis para a identificação taxonômica; os efeitos antropogênicos nas distribuições; as dificuldades de trabalhar com espécimes conservados. Mais recentemente, avanços tecnológicos combinados nas áreas de análises morfológicas e genéticas, somados aos esforços direcionados de coleta em áreas de grande biodiversidade, começaram a possibilitar avanços rápidos em nossos conhecimentos acerca das distribuições e das relações evolutivas dos tunicados. No entanto, ainda não foi possível estabelecer uma filogenia bem-sustentada para o subfilo Urochordata.

Plano corpóreo dos tunicados

Os tunicados são bilateralmente simétricos, ao menos durante os estágios iniciais do seu desenvolvimento. A maioria utiliza **fendas branquiais faríngeas** (= **estigmata**) recobertas de muco para realizar suspensivoria (Figura 27.5 A, B e H). A água circula para dentro da boca e da faringe por meio de um **sifão oral** (**branquial**) inalante (embora modificado nos apendiculários), passa pelas fendas branquiais faríngeas, entra em um átrio espaçoso cheio de água (**cloaca**) e, por fim, sai por um **sifão atrial** exalante. O tubo digestivo é simples e tem formato de "U", com o ânus abrindo-se para dentro do fluxo exalante de água, à medida que ela sai do corpo. Em razão da diferença profunda da forma corporal em relação à dos cordados mais conhecidos, a orientação geral do corpo dos urocordados não é imediatamente evidente e pode ser entendida plenamente apenas por um exame dos eventos de metamorfose, como descrito adiante. O sifão oral geralmente é anterior, enquanto o atrial é anterodorsal (nas ascídias) ou posterior (nos taliáceos) (Figuras 27.5 e 27.6). De qualquer forma, a orientação dorsoventral do corpo pode ser determinada internamente pelas posições do gânglio dorsal e de um sulco ciliado espesso (conhecido como endóstilo), o qual se estende ao longo da superfície ventral da faringe ou da câmara branquial (Figuras 27.5 A a E; 27.6 C, D e H). Em geral, os sifões oral e atrial estão voltados para longe do substrato e formam um ângulo entre si, reduzindo assim a possibilidade de reciclagem da água com dejetos.

A classe Ascidiacea é a maior e mais diversificada dos tunicados. Existem algumas formas intersticiais conhecidas e outras vivem ancoradas aos sedimentos macios, mas a maioria das ascídias prende-se a substratos duros (Figura 27.3). Em geral, é possível reconhecer três planos corpóreos morfológicos gerais das ascídias, embora tais categorias não estejam diretamente relacionadas com os táxons formais, porque evoluíram diversas vezes em ordens separadas. Muitas espécies grandes (até 60 cm de comprimento) são conhecidas como ascídias solitárias, porque cada espécime desenvolve-se a partir de uma única larva e é geneticamente singular (p. ex., *Ciona, Molgula, Styela*; Figura 27.3 C). Algumas ascídias solitárias são encontradas em agregados densos, principalmente em substratos artificiais como docas, estacas e cordas submersas, onde suas túnicas podem parecer coladas umas às outras, embora ainda se mantenham fisiologicamente independentes. Esses agregados podem resultar do assentamento gregário, da sobrevivência diferenciada ou simplesmente da dispersão limitada das espécies que incubam seus embriões. As ascídias sociais tendem a viver em grupos de espécimes que, ao menos inicialmente, estão ligados vascularmente uns aos outros em suas bases (p. ex., *Clavelina*; Figura 27.3 D e E; fotografia de abertura deste capítulo), embora essas conexões possam degenerar

Figura 27.3 Alguns representantes das ascídias (urocordados). **A.** *Cnemidocarpa*, uma ascídia solitária. **B.** *Polyclinum*, uma ascídia composta intermarés. **C.** *Styela*, uma ascídia solitária. **D.** *Pycnoclavelina diminuta*, uma ascídia social (Sulawesi, Indonésia). **E.** Colônia de *Clavelina lepadiformis* do mar Adriático (Croácia). **F.** *Ciona intestinalis*, uma ascídia solitária comum. **G.** Ascídias clavelinídeas coloridas. **H** e **I.** *Aplidium* sp., uma ascídia composta. Observe o aspecto externo da colônia.

(*continua*)

Figura 27.3 (*Continuação*) Em **I**, a colônia foi cortada e aberta para expor os grupos de zooides. **J**. Parte de uma colônia de *Perophora* com zooides emergindo dos estolões. **K**. *Megalodicopia hians*, uma ascídia predadora da Califórnia com sua "armadilha" escancarada (observe uma pequena estrela-frágil dentro da ascídia). **L**. *Octacnemus*, um sorberáceo predador dos mares profundos.

com o tempo em alguns táxons (p. ex., *Metandrocarpa*). Por fim, existe um número maior de espécies compostas e coloniais, que se caracterizam por muitas unidades alimentares e reprodutivas pequenas (zooides) reunidas por uma matriz gelatinosa comum (p. ex., *Aplidium, Botryllus*; Figuras 27.3 B, H e I; 27.4); esses animais proliferam por reprodução assexuada depois da formação de uma única larva colonizadora sexualmente produzida. Nos casos extremos, as colônias podem medir vários metros de diâmetro ou, em alguns táxons (p. ex., ascídias didemnídeas coloniais), ser muito maiores, em razão da fusão de espécimes geneticamente diferentes para formar colônias quiméricas com dimensões potencialmente maiores. As ascídias coloniais também podem regredir ou fragmentar, resultando em um padrão de colônias fisicamente isoladas, que são clones genéticos distribuídos no substrato.

Os corpos de alguns tunicados solitários, sociais e coloniais são implantados sobre pedúnculos e ficam elevados do substrato, embora as formas compostas geralmente cresçam como lâminas finas ou grossas, que se conformam à topografia da superfície onde vivem. Em algumas dessas ascídias compostas, os zooides ficam dispostos em rosetas regulares e compartilham a mesma câmara atrial, que leva a um sifão exalante comum dentro da parede corporal externa, ou túnica (Figura 27.4 A, B, E e F), enquanto em outras espécies coloniais cada zooide tem um sifão atrial bem-definido associado a cada sifão branquial único. Os zooides de alguns táxons ficam dispostos aparentemente de forma aleatória na túnica, enquanto, em outros, são dispostos em padrões regulares conhecidos como sistemas. A túnica varia de espessa a fina e de lisa e enrugada a coriácea. Em algumas famílias, as túnicas podem ser reforçadas por espículas calcárias – como ocorre nos didemnídeos. Muitas espécies de ascídias são brilhantemente coloridas, em alguns casos graças às células pigmentadas associadas ao sangue e, em alguns táxons tropicais, aos simbiontes. As ascídias compostas frequentemente estão entre os animais mais coloridos, que vivem nas rochas intermarés inferiores e nos hábitats abaixo do nível das marés. Alguns tunicados solitários e sociais têm túnicas claras, de forma que a maioria das partes da anatomia interna é visível, algumas vezes realçada por coloridos notáveis aparentemente fluorescentes (p. ex., os endóstilos rosados dos tunicados "bulbo luminoso", como a *Clavelina*). Curiosamente, a empresa Yamauchi, do Japão, começou recentemente a fabricar cerveja utilizando a ascídia *Halocynthia roretzi*, uma espécie que é ingerida crua ou cozida há muitos anos no Japão e na Coreia (com sabor semelhante ao de borracha mergulhada em amônia, segundo alguns provadores ocidentais).

As ascídias passaram por tantas modificações durante sua evolução como suspensívoros sésseis que os adultos não são facilmente identificados como cordados. As fendas branquiais faríngeas da larva persistem até a vida adulta. Contudo, o cordão

Figura 27.4 Algumas ascídias sociais, coloniais e compostas. **A** e **B**. *Botryllus*, uma ascídia composta. **A**. Ilustração anatômica. **B**. Espécime vivo. **C**. Colônias separadas de didemnídeos contendo simbiontes verdes "caminhando" sobre o substrato (que, neste caso, era o dorso de um pequeno crustáceo decápode das Filipinas). **D**. *Oxycorynia*, uma ascídia social. Os zooides individuais nasceram de pedúnculos compartilhados, que estavam fixados em suas bases. Neste caso, os pedúnculos estavam ligados a uma alga marinha (Filipinas). **E**. Fusão de colônias de *Botryllus violaceus*. Observe a junção da colônia cor de salmão no canto inferior direito com a colônia alaranjada acima; esse era o início de um evento de fusão, que continua à medida que a colônia se mistura. **F**. Colônias de *Botryllus schlosseri*. As células pigmentadas do sangue formam colônias de cores diferentes, que podem ser usadas para acompanhar os resultados somáticos dos eventos de fusão. Nesta fotografia, as colônias não estavam claramente reunidas, embora diferenças de tonalidade de uma colônia (*canto superior direito*) indicassem mistura somática parcial em um evento de fusão passado.

nervoso dorsal oco e a notocorda – presentes no estágio larval – foram perdidos pelos adultos; além disso, há diferenciação neural adicional, que confere habilidades sensoriais mais relevantes a um estilo de vida séssil do adulto. Hoje em dia, essa diferenciação neural tem sido estudada no que se refere às relações com a diferenciação da crista neural e dos placódios neurais dos vertebrados (espessamentos ectodérmicos embrionários na borda da crista neural, que dão origem aos neurônios e às estruturas sensoriais). Nos vertebrados, as células geradas pela crista neural migram para todo o corpo e formam as diversas linhagens celulares, que produzem os elementos do sistema nervoso e muitas outras estruturas.

Os taliáceos (conhecidos como salpas) são urocordados pelágicos semelhantes às ascídias (Figura 27.6 A a F). Esses animais são construídos de forma muito semelhante a seus companheiros sésseis, exceto quanto aos sifões oral e atrial, que se situam em extremidades opostas do corpo. Além disso, em muitas formas, a cesta de filtração faríngea foi modificada para acomodar o fluxo linear da água pelo animal. A água que sai oferece um meio de "propulsão a jato". A maioria dos taliáceos é extremamente gelatinosa e transparente. A classe Thaliacea inclui três ordens. Os membros da ordem Pyrosomida podem ser os taliáceos mais primitivos. Os pirossomos são colônias notáveis de minúsculos zooides semelhantes às ascídias, os quais ficam embebidos em uma matriz gelatinosa densa e estão organizados ao redor de uma câmara tubular central longa conhecida como cloaca comum (Figura 27.6 A e B). A cloaca recebe a água exalante dos sifões atriais dirigidos para dentro de todos os zooides; em seguida, a água sai por uma única abertura grande, propelindo assim a colônia com formato de barril através da água lentamente. Assim como nas ascídias, nos pirossomos o movimento da água é totalmente gerado pela ação ciliar de zooides individuais. A notável exibição de luz dos pirossomos grandes tem atraído interesse há muito tempo, e sabemos que a dimensão da colônia inteira pode chegar a vários metros de comprimento. Ao examinar um espécime menor capturado em um balde a bordo de um navio, o famoso naturalista Thomas Huxley comentou, em 1851: "A fosforescência era intermitente, com períodos de escuridão alternados aos períodos de brilho. A luz começava em um ponto, aparentemente no corpo de um dos 'zooides', e gradativamente espalhava desse centro em todas as direções; em seguida, toda a colônia era iluminada e continuava brilhante por alguns segundos; depois, o brilho desaparecia gradativamente e sumia por completo..." Huxley fez essas observações com seu único espécime, depois de notar que todo o oceano era iluminado intermitentemente pelos "pilares de fogo em miniatura", os quais produziam "uma luz azulada suave, que continuamente aumentava e diminuía, em todas as direções que os olhos pudessem alcançar".

As ordens Doliolida e Salpida incluem os taliáceos que alternam entre formas sexuadas solitárias e estágios assexuados coloniais (Figura 27.6 C a E). Os doliólos geralmente são pequenos (menos de 1 cm de comprimento), enquanto um único salpídeo pode chegar a medir 15 a 20 cm de comprimento, embora formem colônias semelhantes a correntes com vários metros de comprimento. Os membros dessas duas ordens movimentam água através de seus corpos, mas se propelem parcial (salpídeos) ou totalmente (doliólos) por ação muscular, contraindo seus músculos circulares a fim de obter propulsão a jato de seus corpos na água.

Os taliáceos são criaturas predominantemente de águas quentes, embora certas espécies sejam encontradas em mares temperados e mesmo nos polares. Eles são particularmente abundantes sobre a plataforma continental e são capturados frequentemente nas águas superficiais ou vistos encalhados nas praias arenosas lavadas pelas ondas depois de tempestades. Contudo, alguns foram registrados a profundidades de até 1.500 m. Aparentemente, os filtros de tramas muito finas dos taliáceos são entupidos facilmente nas águas ricas em nutrientes, o que pode explicar sua abundância nas águas costeiras e tropicais.

Os apendiculários estão entre os mais estranhos de todos os urocordados e caracterizam-se pela manutenção das características larvais. Esses animais solitários vivem dentro de um envoltório gelatinoso (ou **casa**), que eles secretam ao redor do próprio corpo (Figuras 27.6 G a I). O tronco bulboso do corpo contém os órgãos principais, incluindo o tubo digestivo, e tem uma cauda muscular na qual a notocorda é conservada. O cordão nervoso dorsal, embora reduzido, estende-se parcialmente ao longo do comprimento da cauda. Desse modo, vemos evidências claras de que a constituição cordada desses animais foi conservada por pedomorfose. Em outros urocordados, tal evidência está apenas obviamente presente durante os estágios iniciais do desenvolvimento. (O fenômeno da pedomorfose está descrito no Capítulo 5.)

A faringe dos apendiculários é reduzida e tem apenas duas fendas. Quando está posicionado dentro de sua casa, o animal produz, batendo sua cauda, uma complexa corrente de água. A filtragem é realizada pelas tramas da parede da casa e pelas redes mucosas secretadas pelo animal (Figura 27.6 I). Os filtros da trama são complexos e variam entre as espécies, muitas vezes sendo construídos por fibras entrelaçadas de diferentes tamanhos. A água que sai fornece a força locomotora. Os apendiculários são encontrados nas águas superficiais de todos os oceanos e algumas vezes são extremamente abundantes.

A classe Sorberacea compreende um grupo pouco estudado de urocordados bentônicos abissais dos mares profundos, semelhantes às ascídias, que apresentam um cordão nervoso dorsal no estágio de vida adulta. São carnívoros e não têm a câmara branquial perfurada dos outros urocordados (p. ex., *Octacnemus*).

Parede corporal, sustentação e locomoção

A parede corporal dos tunicados inclui um epitélio simples recoberto por uma túnica secretada com espessura e consistência variáveis (Figura 27.5 A, D e H). A túnica é mais bem-desenvolvida nas ascídias e em alguns taliáceos. Ela varia de macia e gelatinosa a resistente e coriácea, e, às vezes, inclui espículas calcárias. A matriz da túnica contém fibras e é constituída basicamente de um polímero de celulose conhecido como tunicina, que é produzido pelos genes da celulose-sintetase, aparentemente adquiridos por transferência gênica horizontal. Contudo, a túnica não é uma cutícula simples, secretada e inerte, porque também contém amebócitos e, em alguns casos, células sanguíneas e até vasos sanguíneos. A túnica é um exoesqueleto, que confere sustentação e proteção. Algumas ascídias abrigam bactérias simbiontes em suas túnicas. Essas bactérias incluem uma variedade de espécies de vários grupos principais, incluindo táxons singulares aos tunicados, como descrito adiante. Alguns autores sugeriram que a habilidade de construir coberturas protetoras com um material à base de celulose tenha sido uma inovação-chave, conferindo proteção a esses organismos de corpos moles e permitindo a diversificação entre os protocordados.

972 Invertebrados

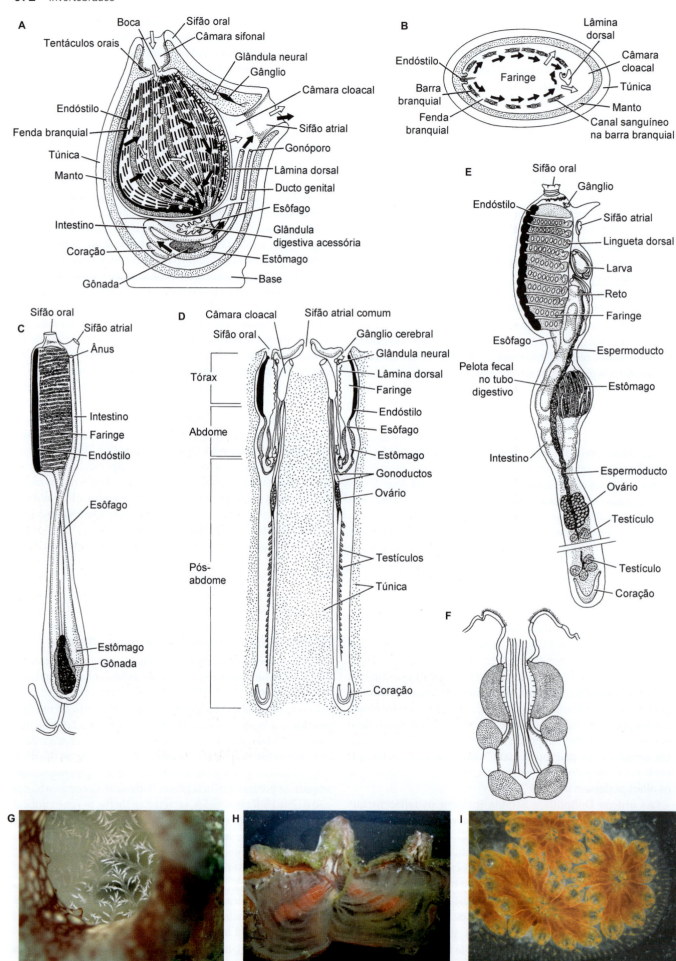

Figura 27.5 Anatomia geral das ascídias. **A.** Uma ascídia solitária (*vista em corte*). **B.** Região faríngea do mesmo animal (*corte transversal*). Setas brancas indicam o fluxo de água; setas pretas indicam o trajeto da matéria alimentar. **C.** Um único zooide isolado de uma colônia da ascídia composta *Diazona*. **D.** Uma colônia da ascídia composta *Aplidium* (*corte*). Dois zooides compartilham um sifão atrial comum. **E.** Um único zooide de *Aplidium* incubando uma larva no átrio. **F.** Endóstilo de *Ciona* (*corte transversal*). As células sombreadas são, em sua maioria, responsáveis por secretar muco usado na alimentação por filtração. **G.** Tentáculos orais elaborados da ascídia solitária *Herdmania momus* (Filipinas). **H.** *Vista interna* de uma ascídia solitária cortada (*Herdmania momos*) mostrando pregas elaboradas da câmara branquial, sifão oral bissectado (os "dedos" brancos perto da base do sifão são os tentáculos orais), sifão atrial maior intacto, gônadas avermelhadas e túnica espessa. **I.** Uma colônia de *Botryllus* sp., mostrando três sistemas com arranjo dos zooides ao redor de um sifão atrial compartilhado (no centro de cada sistema). Circundando toda a colônia, estão as extremidades terminais do sistema sanguíneo-vascular compartilhado, que ficam embebidas na túnica e unem todos os sistemas da colônia. As extremidades com formato de salsichas são várias camadas empilhadas situadas em locais profundos, porque essa é uma colônia com crescimento muito ativo (também podem ser observadas células de cores laranja e branca).

Abaixo da epiderme existem bandas musculares. Em muitas espécies, principalmente entre as ascídias, esses músculos estão localizados dentro de um mesênquima produzido pela ectoderme, conhecido como manto (Figura 27.5 A e B). As ascídias têm músculos longitudinais, que se estendem ao longo da parede corporal e servem para puxar os sifões abertos para junto do corpo. Os músculos circulares do esfíncter fecham os orifícios sifonais. O controle neural fino desses músculos é parte do desenvolvimento que ocorre durante a transição do estágio larval móvel para a forma adulta séssil. Esse controle permite que os animais que se alimentam por filtração reajam rapidamente às partículas indesejáveis ou aos predadores situados perto dos orifícios sifonais. Os dolíolos e as salpas têm bandas bem-desenvolvidas de músculos circulares, as quais bombeiam a água através do corpo para a alimentação e a locomoção. Quando esses músculos contraem, a água dentro do corpo é forçada para fora do sifão atrial, propelindo assim o animal para frente. Quando relaxam, o corpo expande-se graças à elasticidade da túnica, e a água é puxada através do sifão oral. Como foi mencionado antes, os músculos da cauda dos apendiculários fornecem a ação que movimenta a água através das casas desses animais.

Os tunicados têm celoma extremamente reduzido ou inexistente, segundo alguns autores; a cavidade do corpo foi perdida durante a evolução das grandes faringe e câmara cloacal. A cloaca é uma estrutura em forma de saco derivada da ectoderme, que está em continuidade com a epiderme do sifão atrial (Figura 27.5 A e B). A parede interna está em contato com a faringe e é perfurada sobre as fendas branquiais, ou estigmatas. Desse modo, a água que entra na faringe pelo sifão oral flui através dos estigmatas para o interior da câmara cloacal e sai pelo sifão atrial.

Alimentação e digestão

Em nossos comentários anteriores, já ressaltamos vários aspectos da biologia alimentar dos tunicados. A maioria desses animais é suspensívora e utiliza vários tipos de redes mucosas para filtrar plâncton e detritos orgânicos da água do mar. Algumas ascídias vivem parcialmente enterradas em sedimentos macios e alimentam-se de material orgânico no substrato, enquanto certas espécies bizarras das águas profundas realmente predam invertebrados pequenos agarrando-os com as bordas do sifão oral. A seguir, apresentamos uma descrição mais detalhada da alimentação e da digestão de uma ascídia suspensívora e, em seguida, comparamos com a alimentação de taliáceos e apendiculários.

A água é movimentada pelo corpo de uma ascídia principalmente pela ação coordenada dos cílios que revestem a faringe expandida, chamada **câmara faríngea** (também conhecida como câmara branquial, cesta branquial ou saco branquial). A água entra pelo sifão oral e passa por uma câmara sifonal curta, em cuja extremidade interna está a boca. Um anel de tentáculos carnosos circunda a boca e impede a entrada de partículas grandes (Figura 27.5 A e G). A água carregada de alimento entra na faringe, que tem um sulco longitudinal ventral, ou endóstilo. O fundo desse sulco é revestido por células secretoras de muco e tem uma fileira longitudinal de flagelos; as paredes laterais do sulco contêm cílios (Figura 27.5 F). O muco, uma mucoproteína complexa que contém iodo, é movimentado para os lados do endóstilo pelos flagelos basais e, depois, para fora pelos cílios laterais. Células situadas perto da abertura do endóstilo são responsáveis por captar o iodo do ambiente e incorporá-lo ao muco. Lâminas de muco movem-se então dorsalmente ao longo da parede interna da faringe e passam sobre os **estigmatas**. Os estigmata com formato de fenda estão dispostos em fileiras e contêm cílios laterais, que dirigem a água da faringe para dentro da câmara aquífera atrial circundante (Figura 27.5 A a D, H). Desse modo, a água que passa pelos estigmata também passa pelas lâminas de muco, sobre as quais as partículas alimentares ficam retidas. Na superfície dorsal da faringe, há uma saliência curva longitudinal conhecida como **lâmina dorsal**, uma fileira de projeções ciliadas conhecidas como **linguetas**, ou ambas (Figura 27.5 A a E). Essas estruturas servem para enrolar as lâminas de muco em cordões, que depois são levados em direção posterior para o esôfago curto e em seguida para o estômago. Ligada ao estômago, há uma pequena glândula pilórica, que se estende ao redor do intestino, formando uma rede de tubos finos. Algumas espécies também possuem uma glândula digestiva acessória (Figura 27.5 A). As enzimas digestivas são secretadas dentro do lúmen do estômago por células secretórias da parede do tubo digestivo e, talvez, por glândulas associadas; a digestão é principalmente extracelular. A partir do estômago, o tubo digestivo dobra-se para frente formando o intestino, através do qual o material não digerido passa ao ânus, que se abre dentro do átrio e perto do sifão exalante.

A família Didemnidae das ascídias inclui algumas das formas coloniais, nas quais os sistemas cloacais são compartilhados e as colônias geralmente são endurecidas por "espiculosferas" de aragonita. Entre certos gêneros tropicais (p. ex., *Didemnum, Diplosoma, Lissoclinum, Trididemnum*), existem espécies que mantêm bactérias simbióticas na túnica, na câmara faríngea ou no sistema cloacal. Três tipos muito diferentes de bactérias são encontrados em aparente relação simbiótica com as ascídias tropicais: cianobactérias (incluindo o gênero *Prochloron*), alfaproteobactérias e gamaproteobactérias. Essas bactérias produzem vários metabólitos secundários, inclusive alguns compostos incomuns encontrados em concentrações assustadoramente altas nas ascídias. Estados de oxidação incomuns do vanádio são encontrados em níveis altos em alguns táxons, e alguns metabólitos secundários são moléculas altamente tóxicas utilizadas hoje em dia no tratamento do câncer ou em experiências clínicas.

974 Invertebrados

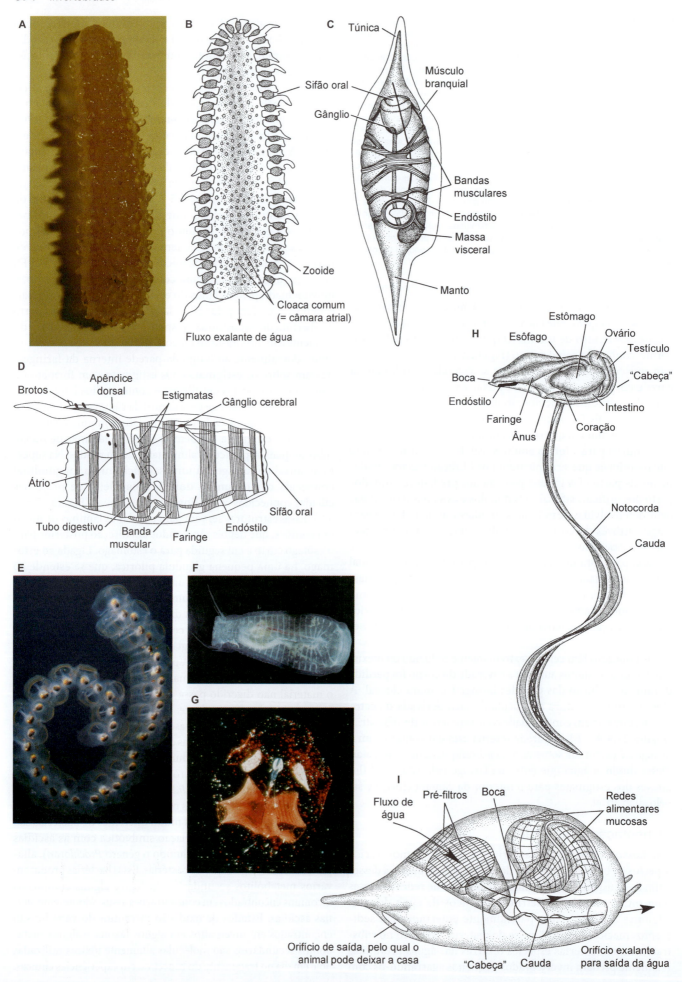

◀ **Figura 27.6** Taliáceos e apendiculários (larváceos). **A** e **B**. *Vistas externa e em corte de Pyrosoma*, um taliáceo colonial. **C**. Um taliáceo solitário (*Salpa*). **D**. *Doliolum*, um taliáceo solitário. **E**. Forma colonial de *Salpa*. **F**. Um tunicado pelágico (Thaliacea). Observe as bandas circulares de músculos na parede corporal. **G**. O apendiculário *Stegasoma* em sua casa gelatinosa. **H**. *Oikopleura*, um apendiculário removido de sua casa gelatinosa. **I**. *Oikopleura* em sua casa. As *setas* representam as correntes de água.

A função desses compostos nass ascídias não está bem-definida, mas presume-se que os compostos tóxicos tragam benefícios antipredatórios e benefícios nutritivos aos organismos hospedeiros fotossintéticos, como ocorre com os corais e as esponjas. Algumas ascídias didemnídeas que abrigam essas bactérias simbióticas também são notáveis por sua capacidade de locomoção, ainda que limitada – algumas colônias tiveram velocidades registradas de 4,7 mm por um período de 12 horas. Esse movimento pode permitir que essas ascídias coloquem-se em condições de luminosidade favoráveis às suas bactérias simbiontes. Os taliáceos alimentam-se praticamente da mesma forma que as ascídias, com exceção de que os sifões estão em extremidades opostas do corpo. A quantidade de estigmatas faríngeos geralmente é menor, especialmente nos dolíolos, limitando-se à parte posterior da faringe (Figura 27.6 D). O intestino estende-se posteriormente a partir da faringe e abre-se para a câmara cloacal dilatada.

Ecologicamente, as ascídias são há muito conhecidas por ser engenheiros de filtração extremamente eficientes nos recifes e em outros hábitats, inclusive estruturas fabricadas pelo ser humano (p. ex., marinas, áreas empilhadas e motores usados em aquicultura). As taxas altas de filtração e crescimento de algumas ascídias solitárias e coloniais permitem-lhes competir eficientemente com as espécies selecionadas de aquicultura (em geral, bivalves). A remoção dessas ascídias é dispendiosa e um acréscimo indesejável às operações de cultivo dos bivalves. Infelizmente, a taxa de disseminação das ascídias tem sido acelerada pelos seres humanos e aumentado em todo o planeta. Recentemente, as ascídias tornaram-se espécies invasivas particularmente indesejáveis e ameaçadoras: *Didemnum vexillum* chega a cobrir acres de hábitat bentônico no golfo do Maine, Atlântico Noroeste. Em alguns casos, as ascídias foram observadas em invasões de hábitats naturais, fora dos portos e das baías onde por muito tempo eram encontradas como espécies supostamente "cosmopolitas". Essas incursões podem refletir alterações amplas da estrutura comunitária dos ambientes marinhos, incluindo: eliminação de muitos predadores; aumento da quantidade de partículas alimentares disponíveis; e elevação das temperaturas nas superfícies dos oceanos.

Os apendiculários (Figuras 27.6 F a H) secretam uma casa gelatinosa (mucopolissacarídica) oca, na qual residem e da qual dependem para sua alimentação. A cauda é direcionada por um tubo existente na estrutura da casa para um orifício exalante. O batimento sinusoidal da cauda musculosa gera uma corrente, que puxa a água para dentro da casa depois de passar por filtros mucosos grosseiros, em forma de malha, os quais filtram as partículas maiores; por fim, a água sai da casa pelo orifício exalante. A faringe dos apendiculários tem apenas duas fendas branquiais pequenas, que se abrem diretamente ao exterior. As redes alimentares mucosas são secretadas pela boca e ficam depositadas dentro da câmara da casa. A corrente de água é direcionada a passar por essas redes de tramas finas, nas quais as partículas alimentares são concentradas. Alimento, rede e tudo o mais são ingeridos periodicamente por meio de um tubo oral curto. As casas da maioria dos apendiculários têm um orifício adicional, que funciona como abertura de escape, pelo qual o animal pode sair e entrar novamente. As casas são frágeis e facilmente danificáveis. As entupidas ou danificadas são abandonadas e outras novas são fabricadas rapidamente, em questão de segundos ou minutos. Em algumas espécies, uma casa nova, ou "reserva", pode ser encontrada debaixo da casa funcional; depois de escapar da casa entupida, a "reserva" é inflada rapidamente.

O tubo digestivo dos apendiculários tem formato de "U" e o ânus abre-se diretamente ao exterior, em vez de comunicar-se com uma câmara cloacal. A matéria fecal é liberada dentro do trajeto da água exalante, que deixa as redes de filtro. Os apendiculários são basicamente herbívoros, alimentando-se de fitoplâncton e bactérias microscópicas, até mesmo menores que 0,1 μm. Algumas vezes, esses animais são os herbívoros planctônicos predominantes nas águas da plataforma continental, alcançando densidades de muitos milhares por metro cúbico.

Circulação, trocas gasosas e excreção

O sistema circulatório dos urocordados é pouco desenvolvido, especialmente nos taliáceos e apendiculários. Esse sistema foi mais bem-estudado nas ascídias, que têm um coração tubular curto e sem válvulas localizado em posição posteroventral no corpo, perto do estômago e atrás da câmara faríngea (Figura 27.5 A, D e E). O coração é circundado por um saco pericárdico, também referido como vestígios do celoma (nas ascídias). Os vasos sanguíneos estendem-se nas direções anterior e posterior, abrindo-se nos espaços existentes ao redor dos órgãos internos e fornecendo também irrigação sanguínea à túnica. O batimento cardíaco ocorre por ação peristáltica ativada por dois marca-passos miogênicos (um em cada extremidade do coração tubular), e a direção desse movimento é invertida periodicamente, injetando sangue primeiramente em uma direção, pelo coração, e depois na outra. A fisiologia e a função do sangue ainda são basicamente especulativas. Curiosamente, muitas ascídias acumulam concentrações altas de certos metais pesados no sangue, especialmente vanádio e ferro. Algumas evidências sugerem que a presença de altos níveis do vanádio, ao menos em algumas espécies, sirva para deter possíveis predadores. Além disso, o sangue contém grande variedade de tipos celulares, inclusive amebócitos, que parecem funcionar no transporte de nutrientes, na deposição da túnica e na acumulação das escórias metabólicas.

Nos tunicados, as trocas gasosas ocorrem através da parede corporal, especialmente dos revestimentos da faringe e da câmara cloacal. Existem poucas informações sobre a fisiologia respiratória desses animais. Na maioria das ascídias e em alguns outros tunicados, duas evaginações originam-se da parede posterior da faringe e situam-se ao longo de cada lado do coração. Essas estruturas são conhecidas como **sacos epicárdicos** e parecem representar remanescentes celômicos. Em algumas espécies, esses sacos epicárdicos estão envolvidos na formação de brotos durante a reprodução assexuada e podem também atuar na acumulação de produtos metabólicos nitrogenados por meio da formação de cápsulas de armazenamento, conhecidas como **vesículas renais**. Além dessas vesículas e certas células sanguíneas (nefrócitos), é provável que a maior parte das escórias metabólicas seja eliminada do corpo por simples difusão.

Sistema nervoso e órgãos dos sentidos

Embora o sistema nervoso dos tunicados seja reduzido, talvez em razão de seus estilos de vida relativamente inativos planctônico flutuante e séssil, ele recentemente tem recebido atenção, uma vez que pode conter precursores dos elementos neurais considerados inovações dos invertebrados, inclusive placódios e crista neural. Além disso, um órgão mecanorreceptor secundário – o **anel circum-oral** – está presente em alguns tunicados taliáceos e ascídias. Esse anel pode ser um precursor das células pilosas mecanorreceptoras secundárias dos vertebrados, que estão localizadas na orelha e no órgão da linha lateral. Nas ascídias, os mecanorreceptores secundários estão localizados ao redor dos sifões e mostram complexidade variada entre os táxons, o que pode estar relacionado às diferentes estratégias alimentares.

Um pequeno gânglio cerebral está localizado em posição ligeiramente dorsal à extremidade anterior da faringe e origina alguns nervos, que se dirigem às diversas partes do corpo, especialmente aos músculos e às áreas sifonais. Um cordão nervoso dorsal bem-desenvolvido está localizado nas caudas das larvas dos tunicados, mas essa estrutura é perdida durante a metamorfose, exceto nos apendiculários. A maioria dos tunicados tem uma **glândula neural** ou **subneural** localizada entre o gânglio cerebral e a região anterodorsal da faringe (Figura 27.5 A e D). Essa glândula comunica-se com a faringe por meio de um ducto diminuto, mas sua função é desconhecida. Alguns autores sugeriram que ela possa ser o precursor da hipófise dos vertebrados. Os receptores sensoriais dos tunicados não estão bem-descritos, embora neurônios sensíveis ao toque sejam prevalentes ao redor dos sifões. As larvas das ascídias são bem-conhecidas por reagir à luz e à gravidade, geralmente com um padrão geral de natação inicialmente para cima (na direção da luz), mas por fim com assentamento nas áreas sombreadas mais escuras, ainda que esse padrão varie entre as espécies.

Reprodução e desenvolvimento

Reprodução assexuada. Embora os apendiculários provavelmente sejam completamente sexuados em seus hábitos reprodutivos, os taliáceos e muitas ascídias incluem processos assexuados em suas estratégias do ciclo de vida. Nas ascídias sociais e especialmente nas compostas, o brotamento assexuado permite a exploração rápida dos substratos disponíveis e a recuperação da predação parcial, como vimos em outros invertebrados coloniais sésseis, por exemplo esponjas e briozoários. Vale ressaltar que algumas ascídias coloniais podem regenerar todo o seu corpo a partir de uma quantidade pequena de tecido vascular – uma proeza impressionante para um cordado – o que tem sido tema de estudos contínuos quanto à natureza dos processos regenerativos, que diferem até certo ponto da proliferação assexuada. Na verdade, estudos sobre regeneração da ascídia solitária *Ciona intestinalis* e das ascídias botrilídeos coloniais têm sido realizados há mais de 100 anos.

O brotamento dos tunicados ocorre de muitas formas a partir de órgãos e tecidos germinativos diferentes (Figura 27.7). Em geral, os primeiros brotos são formados por um espécime gerado sexualmente (oozooide) e, em seguida, os espécimes produzidos assexuadamente (blastozooides) geram brotos adicionais. O processo de brotamento mais simples, e talvez o mais primitivo, ocorre em certas ascídias coloniais, incluindo as espécies de *Perophora* e *Clavelina*, nas quais os blastozooides originam-se da parede corporal dos estolões. Em processos mais complexos de brotamento, os tecidos germinativos incluem várias combinações de epiderme, gônadas, sacos epicárdicos e tubo digestivo. Os taliáceos doliolídeos frequentemente formam cadeias de botões. Em alguns casos, as cadeias são liberadas intactas, mas, por fim, cada blastozooide desprende-se como um espécime independente. O brotamento dos pirossomos resulta na formação de colônias flutuantes características, encontradas nas espécies dessa família (Figuras 27.6 A e B).

Alguns pesquisadores dividiram os diversos tipos de brotamento das ascídias em duas categorias, tomando como base seu significado funcional. Brotamento propagativo, em geral, ocorre durante condições ambientais favoráveis e serve para aumentar o tamanho das colônias e explorar os recursos disponíveis. Por outro lado, o brotamento de sobrevivência tende a ocorrer quando começam a prevalecer condições adversas e pode ser considerado um tipo de "hibernação" ou outra estratégia de sobrevivência. Com o retorno das condições mais favoráveis de crescimento, esses "pré-brotos" desenvolvem-se rapidamente em blastozooides novos. Mais recentemente, as atenções especiais aos aspectos da reprodução assexuada foram focadas na espécie colonial modelar *Botryllus schlosseri*, na qual um ciclo semanal regular de degeneração e substituição dos zooides por brotos em desenvolvimento (**brotamento paleal**) tem servido como base para investigar a relação entre os processos de desenvolvimento e regeneração. Descobertas recentes demonstraram a existência de nichos de células-tronco associados ao endóstilo das ascídias, assim como células-tronco circulando no sistema vascular e permitindo que ocorra regeneração de todo o corpo a partir de fragmentos isolados de tecido vascular (**brotamento vascular**).

Nas ascídias botrilídeas, inclusive em *Botryllus schlosseri*, estudos demonstraram que a variação dos pigmentos sanguíneos é determinada geneticamente. O sangue também contém vários

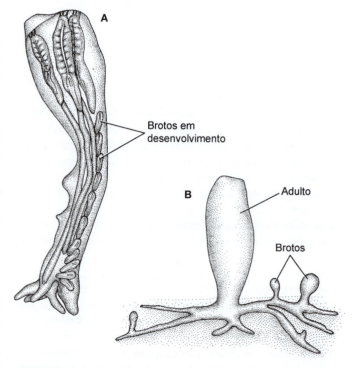

Figura 27.7 Reprodução assexuada nas ascídias. **A.** Formação dos brotos na ascídia colonial *Circinalium*. **B.** Padrão geral de brotamento estolonífero de uma ascídia.

hormônios semelhantes aos dos vertebrados, incluindo tiroxina, ocitocinas e vasoconstritores. As espécies compostas (p. ex., *Botryllus* e *Botrylloides*) têm componentes sanguíneos especiais, que desempenham um papel fundamental na rejeição das colônias coespecíficas adjacentes, a menos que estejam diretamente relacionadas (p. ex., parentes próximos e componentes do mesmo clone). Em qualquer caso a interação pode levar à fusão da colônia. Esse sistema é muito interessante para os imunologistas comparativos. Por meio de estudos de miscigenação e análises genéticas, o "sistema de fusibilidade" dessa espécie ainda está por ser elucidado. As populações de botrilídeos são geneticamente muito polimórficas quanto aos *loci* de fusibilidade, com centenas de alelos presentes mesmo nas populações invasivas dispersas pelo planeta. As colônias que compartilham ao menos um alelo de fusibilidade podem reunir-se para formar quimeras, enquanto as colônias que não compartilham alelos passam por processos de rejeição citotóxica e formam delimitadores permanentes. O destino das quimeras depois da fusão não está bem-esclarecido e também é um tema de estudos atuais. As espécies de ascídias variam quanto à intensidade do envolvimento fisiológico e da citotoxicidade da rejeição subsequente quando isso ocorre; genes adicionais (e variação ambiental) também parecem desempenhar um papel importante, determinando o desfecho dessas interações supostamente imunes. Esse sistema também tem sido estudado como modelo para a evolução de interações de reconhecimento dos semelhantes no contexto médico, utilizando fenômenos naturais de transplantes relacionados à aceitação ou à rejeição do enxerto pelo receptor.

Reprodução sexuada. Os tunicados são hermafroditas e têm sistemas reprodutivos relativamente simples. Em geral, o ovário e o testículo únicos estão localizados perto da alça do tubo digestivo, na parte posterior do corpo e, na maioria dos casos, comunicam-se com a câmara cloacal situada perto do ânus por um espermoducto e um oviducto independente (Figura 27.5). Contudo, algumas espécies têm uma única gônada (ovotéstis) e um gonoducto, enquanto os membros de algumas famílias (p. ex., Pyuridae, Styelidae) têm gônadas múltiplas. Em algumas espécies, os ovários contêm grandes quantidades de sílica, mas o significado disso não está definido.

Existe variação considerável nas estratégias reprodutivas gerais dos tunicados. A maioria das ascídias solitárias grandes produz muitos ovócitos com pouco vitelo, dispersos no oceano na mesma ocasião da liberação dos espermatozoides por outros espécimes. A fecundação externa é seguida pelo desenvolvimento de uma **larva girinoide** livre-natante, que por fim assenta e passa por metamorfose em um oozooide (Figura 27.8). Em contraste com esse padrão de ciclo de vida totalmente indireto, muitas ascídias compostas constituídas por zooides minúsculos produzem quantidades relativamente pequenas de ovócitos, mas cada um com muito vitelo. Esses ovócitos são fecundados e depois incubados enquanto estão ligados a um zooide genitor, ou são desprendidos e localizados em várias partes dentro da túnica ou da câmara cloacal; os ovos não são liberados até que as larvas girinoides natantes estejam desenvolvidas. Algumas larvas das ascídias compostas são menores e têm menos vitelo, mas conservam uma conexão nutritiva com o zooide genitor conhecida como modo de desenvolvimento placentário. Além disso, também ocorrem diversos graus de supressão larval entre algumas ascídias com essa estratégia de vida mista, pois algumas espécies passam por desenvolvimento inteiramente direto. Uma espécie – *Protostyela langicauda* – produz larvas não natantes posteriormente incubadas. Nessa espécie, a "cauda" da larva é simplesmente uma extensão da túnica e não contém material celular. A larva é pegajosa e, quando liberada, adere rapidamente a qualquer objeto com o qual entre em contato, estabelecendo, em seguida, uma fixação permanente. Pesquisadores demonstraram que ao menos algumas dessas espécies sem cauda são derivadas das espécies caudadas, e os genes que controlam o desenvolvimento da cauda estão presentes, mas têm sua expressão suprimida.

Embora todos os taliáceos não formem larvas livre-natantes, eles diferem acentuadamente quanto aos seus processos de desenvolvimento direto. Nos pirossomos, cada zigoto desenvolve-se diretamente em um oozooide, sem qualquer indício de um estágio larval. Em seguida, o oozooide brota e forma uma colônia. Os dolíolos formam larvas caudadas, cada qual envolvida por uma cápsula cuticular e incapaz de nadar. A larva passa por metamorfose a um oozooide. As salpas fazem fecundação interna no oviduto. Os zigotos implantam-se e formam uma conexão semelhante a uma placenta com o genitor dentro de uma câmara uterina do oviduto. Nesse local, os embriões desenvolvem-se diretamente na forma adulta.

Os apendiculários desovam livremente e a fecundação é externa. Esses animais passam por um estágio semelhante a um girino e, em seguida, amadurecem por protandria nos adultos típicos semelhantes às larvas.

Na maioria das espécies de tunicados estudadas, a clivagem é radial, holoblástica e ligeiramente desigual, resultando na formação de uma celoblástula, que sofre gastrulação por invaginação. O blastóporo está localizado na suposta extremidade posterior do corpo, mas fecha à medida que o desenvolvimento progride. Existe uma longa história de trabalhos experimentais sobre os estágios de desenvolvimento das ascídias, os quais conseguiram esclarecer áreas como regulação citoplasmática dentro do ovo e relação entre os eixos do ovo e o corpo larval. Mais recentemente, estudos do desenvolvimento dos cordados basais – inclusive urocordados – têm enfatizado intensamente o entendimento da derivação do desenvolvimento neural dos vertebrados. A ascídia solitária *Ciona intestinalis* tem sido tema de um projeto de mapeamento completo dos destinos celulares, inclusive o mapeamento neural da larva, permitindo comparações detalhadas da transição da arquitetura sensorial larval para a arquitetura muito diferente dos adultos. A atenção tem sido voltada especialmente à busca por homologias com os vertebrados e a ênfase deixou de ser a surpresa diante da inexistência de estruturas semelhantes às dos vertebrados nas ascídias adultas e passou a ser uma abordagem com maior nuance, considerando onde poderiam estar os antecedentes da crista neural dos vertebrados nos urocordados.

O desenvolvimento das características dos cordados é observado e entendido mais facilmente nas espécies que formam larvas girinoides livres, tais como a maioria das ascídias (Ascideacea). Na verdade, as larvas da maioria das ascídias consistem em quantidades limitadas de células, tornando esses animais modelos excelentes para estudar os eventos celulares do início do desenvolvimento dos cordados. A gastrulação das ascídias começa no estágio de 110 células. À medida que o embrião cresce, o tubo digestivo prolifera três tiras longitudinais da mesoderme: uma tira mediodorsal, que se transforma na notocorda; e duas tiras laterais, que formam o mesênquima e a musculatura do corpo. Desse modo, ainda que a mesoderme se origine do arquêntero (endoderme), ela não forma dilatações significativas na parede do tubo digestivo. Uma tira mediodorsal de ectoderme diferencia-se para formar uma placa neural, a qual afunda para dentro e enrola-se para formar o cordão nervoso dorsal oco. A epiderme secreta uma túnica larval, que comumente forma as nadadeiras caudais dorsal e ventral. A parte anterior do tubo digestivo diferencia-se na câmara (ou cesta) faríngea durante a vida larval, e o rudimento de uma cavidade aquífera cloacal forma-se por uma invaginação da ectoderme, que constitui o sifão atrial. Contudo, todas as larvas dessas ascídias são lecitotróficas, e o tubo digestivo e as estruturas de filtração não se tornam funcionais antes da metamorfose. As larvas dos tunicados sociais e coloniais geralmente são muito maiores que as larvas dos animais solitários. As dimensões maiores acomodam um rudimento adulto mais amplamente desenvolvido no tronco da larva girinoide, além de mais vitelo, o que geralmente torna mais difícil a visualização das características da larva. Entretanto, algumas larvas coloniais são menores e têm menos vitelo, embora mantenham uma conexão nutritiva com um zooide adulto por mais tempo durante seu desenvolvimento, em comparação com as larvas solitárias. Algumas espécies que abrigam parceiros

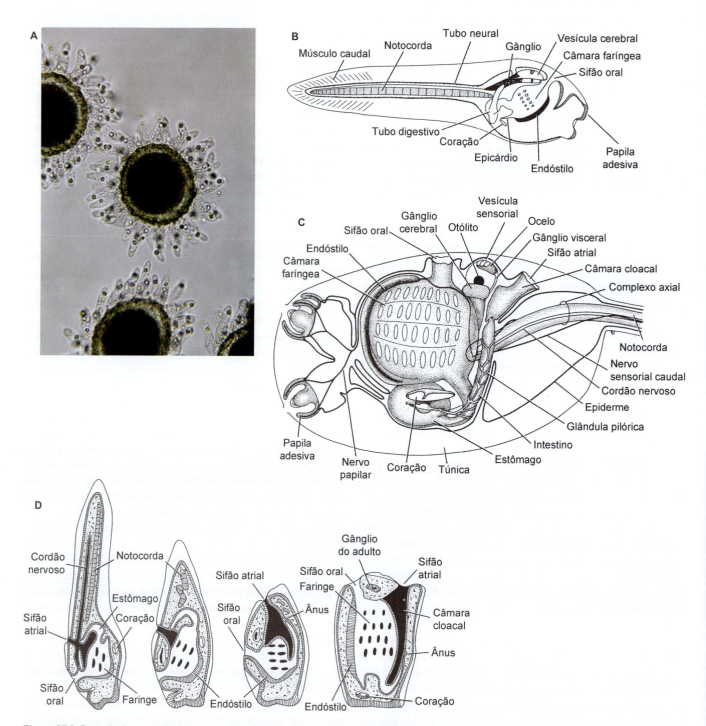

Figura 27.8 Reprodução sexuada, larvas e metamorfose. **A.** Ovos de *Ciona intestinalis* circundados por células foliculares. **B.** A larva girinoide de uma ascídia tem muitos elementos típicos dos cordados. **C.** Extremidade anterior da larva de *Distaplia occidentalis*. **D.** Metamorfose de uma larva girinoide assentada. A reabsorção da cauda é seguida de uma reorientação do corpo, de forma a colocar os sifões nas posições do animal adulto.

(*continua*)

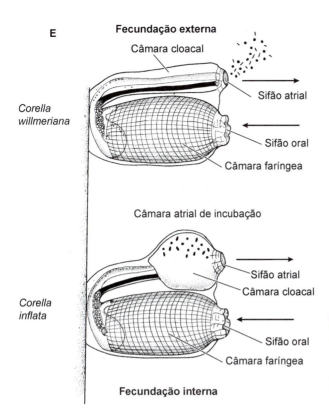
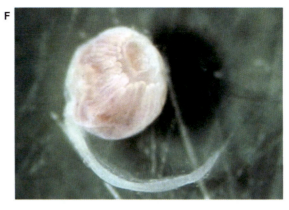

Figura 27.8 (*Continuação*) **E.** Fecundações interna e externa da ascídia solitária *Corella*. As *setas* indicam a direção do fluxo da água: entrando no sifão branquial e saindo pelo sifão atrial. Em *C. willmeriana*, os ovócitos estão sendo liberados pelo sifão atrial para ser fecundados na água (nessa espécie, a autofecundação é rara). Em *C. inflata*, os embriões e as larvas são encontrados dentro da câmara atrial de incubação, resultando da fecundação interna (que pode ser autofecundação em determinadas condições). **F.** Larva girinoide de *Botryllus violaceous* (com ampola).

fotossintéticos simbióticos apresentam várias estruturas associadas às formas larval e adulta, de modo a abrigar esses simbiontes. A semelhança dessas estruturas não se correlaciona necessariamente com afinidades filogenéticas; pelo contrário, isso sugere que as parcerias evoluíram várias vezes.

As larvas das ascídias que vivem fora dos genitores têm vida curta. Quando o desenvolvimento é completamente indireto, as larvas são planctônicas apenas por cerca de dois dias ou menos. Em algumas formas com padrão misto de história de vida (p. ex., *Botryllus*), a vida livre das larvas dura apenas alguns minutos, e elas podem até assentar e passar por metamorfose logo depois de serem liberadas da colônia genitora, a qual depois as reabsorve na colônia original. Embora o corpo larval não seja mais visível, a linhagem germinativa da larva reabsorvida pode realmente fazer parte da linhagem germinativa do adulto que a reabsorveu, constituindo um fenômeno conhecido como **parasitismo de células germinativas**. Esse fenômeno parece ser ativado pela seleção de semelhantes e pode ser vantajoso para os dois parceiros. As larvas podem evitar a mortalidade alta comum aos estágios juvenis e encontrar um lugar pronto para assentar nos ambientes com pouco espaço disponível. Os adultos podem receber os benefícios de evitar a senescência por uma infusão de células-tronco juvenis. Ainda que uma breve vida larval permita a dispersão apenas por curtas distâncias, as larvas provavelmente desempenham um papel importante na seleção dos substratos apropriados. Os eventos de assentamento e metamorfose das larvas das ascídias são complexos e variados.

As larvas das ascídias têm vários receptores sensoriais, que atuam no assentamento e provavelmente na seleção dos substratos, mas esses não existem nos adultos. Uma **vesícula sensorial** pequena está situada perto da extremidade anterior do cordão nervoso dorsal, adjacente ao gânglio cerebral em desenvolvimento (Figura 27.8 C). Essa vesícula contém um ocelo fotossensível e um estatocisto (conhecido como otólito).

Na maioria dos casos, embora não em todas as larvas das ascídias, no momento do assentamento, a larva torna-se negativamente fototática e positivamente geotática. A extremidade anterior da larva tem duas ou três **papilas adesivas**, que são inervadas por dois grupos de neurônios. Um grupo primário mais exposto pode ajudar a determinar o local apropriado ao assentamento por meio de quimiossensibilidade, enquanto o grupo secundário de neurônios mais protegidos pode estar mais envolvido com os aspectos da metamorfose relacionada com a mecanorrecepção depois do assentamento. Esses fenômenos estão resumidos brevemente a seguir e são temas de estudos detalhados de mapeamento neural, análises genéticas e estudos histológicos, principalmente com o modelo basal dos cordados – *Ciona*.

A larva de uma ascídia em processo de assentamento entra em contato com um substrato por meio de sua extremidade anterior, podendo secretar muco e realizar movimentos de busca, antes de liberar uma substância adesiva pelas papilas. Nas larvas de muitas ascídias compostas, as papilas evertem durante esse processo. Aparentemente, a secreção da substância adesiva desencadeia uma sequência irreversível de eventos que levam à metamorfose. Dentro de alguns minutos depois do assentamento, tem início a reabsorção da cauda larval por um dentre vários métodos, que envolvem vários elementos contráteis da região caudal. Em seguida, as vísceras e os sifões do animal fazem rotação notável de 90°, colocando tais órgãos nas posições correspondentes dos adultos. A camada externa da cutícula é desprendida, removendo as nadadeiras larvais do juvenil assentado (Figura 27.8 D). A faringe dilata e os mecanismos de filtração entram em funcionamento à medida que os sifões se abrem para o ambiente. Durante todos esses processos, os órgãos de fixação secundária – conhecidos como **ampolas** – estendem-se do corpo e fixam permanentemente o animal ao substrato. Por fim, vários órgãos transitórios das larvas são perdidos, inclusive a maior parte de seu sistema nervoso e de seus órgãos dos sentidos.

Pesquisadores relataram que as larvas de algumas espécies praticam assentamento agregado. Ao menos em uma espécie, a larva pode ser capaz de distinguir parentes próximos de outros espécimes não aparentados. Estudos experimentais sugeriram que as taxas de mortalidade juvenil inicial possam ser muito altas. As espécies coloniais podem ter várias vantagens nesse estágio, porque elas começam a vida com tamanhos maiores e, por isso, conseguem filtrar água com mais eficiência. Por ocasião do assentamento, as larvas iniciais minúsculas podem sofrer em razão do perfil baixo da camada limítrofe hidrodinâmica, na qual as taxas de fluxo são praticamente zero, tornando a captura de alimento desafiadora. Algumas ascídias juvenis recém-implantadas parecem ter adaptações para aumentar sua capacidade de filtrar alimentos perto da camada limítrofe, inclusive crescimento transitório de um pedúnculo, aumento dos diâmetros dos sifões em relação ao tamanho do corpo e orientação específica com relação ao fluxo. À medida que as ascídias aumentam de tamanho e escapam da camada limítrofe, suas taxas de crescimento aumentam drasticamente em alguns casos. As taxas de filtração dos adultos das espécies solitárias são extremamente altas, iguais às taxas dos bivalves que se alimentam por filtração, como mexilhões e ostras, com os quais são encontrados comumente, em especial nas comunidades incrustadas. Curiosamente, uma espécie solitária grande (*Pyura*) invasiva do Chile assumiu um papel ecológico de formar um leito de mexilhões, com massas dessas grandes ascídias solitárias compactadas em uma faixa larga da área intermarés.

Filogenia dos cordados

Análises filogenéticas recentes esclareceram em grande parte, ainda que não inteiramente, a estrutura geral das relações entre os cordados (Figura 27.9). Análises morfológicas e moleculares concordam em que o filo Chordata seja monofilético. Entre as suas sinapomorfias anatômicas estão a notocorda, o endóstilo (que parece representar a tireoide dos vertebrados) e a cauda pós-anal muscular. Todos os cordados também têm fendas branquiais faríngeas, tecidos epiteliais que captam iodo e secretam iodotirosina e um cordão nervoso dorsal, mas essas três características também são encontradas nos hemicordados. Entretanto, a homologia entre o cordão nervoso dorsal sólido dos hemicordados e o cordão nervoso oco dos cordados foi questionada por estudos recentes e precisa ser mais bem-estudada. A notocorda desempenha um papel embriológico importante na indução do sistema nervoso central dos cordados, de forma que sua ausência nos hemicordados é uma evidência a favor do conceito de que o cordão nervoso dorsal desses últimos animais possa não ser homólogo ao cordão nervoso dorsal dos cordados. Nos hemicordados e nos cordados, a endoderme das fendas branquiais expressa os genes *pax1/9* e *six1*, reforçando a homologia desses dois filos. Alguns enteropneustas juvenis têm uma cauda pós-anal, que foi equiparada ao pedúnculo dos pterobrânquios. Contudo, estudos recentes demonstraram que a cauda dos enteropneustas expressa o gene *Hox11/13*, enquanto a cauda pós-anal dos vertebrados expressa o gene ortólogo *Hox10-13*, sugerindo uma possível homologia entre as regiões corporais pós-anais, embora não necessariamente da própria cauda (as funções dessas estruturas são totalmente diferentes nesses dois filos).

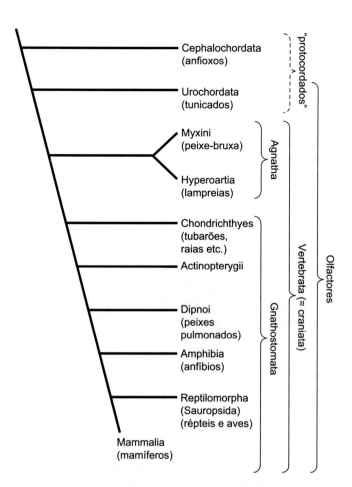

Figura 27.9 Filogenia dos Cordados. Ver detalhes no texto.

O sistema nervoso central dos cordados apresenta grande variedade de formas, desde alguns gânglios pequenos com um cordão nervoso caudal, nos urocordados, até uma coluna vertebral natatória com vesícula cerebral dificilmente reconhecível, nos cefalocordados, ou o cérebro e a coluna vertebral completamente desenvolvidos dos vertebrados. O cordão nervoso dos cordados desenvolve-se na região dorsal como um tubo neural oco situado acima da notocorda. Nos vertebrados, o cordão nervoso diferencia-se durante a embriogenia e forma um cérebro volumoso, geralmente com uma medula espinal bem-desenvolvida e protegida pela coluna vertebral. A notocorda é uma estrutura esquelética em forma de bastão dorsal ao tubo digestivo e ventral ao cordão nervoso. Ela não deve ser confundida com a coluna dorsal (ou coluna vertebral) dos vertebrados adultos. A notocorda aparece precocemente na embriogenia e desempenha um papel importante na promoção ou organização do desenvolvimento embrionário das estruturas adjacentes dos cordados. Na maioria dos cordados adultos, a notocorda desaparece ou se torna altamente modificada. Em alguns protocordados e peixes, ela persiste na forma de um bastão esquelético flexível, ainda que incompressível, que sustenta o corpo durante a natação. O desenvolvimento embrionário da notocorda das ascídias foi bem-estudado. Em *Ciona intestinalis* (Figura 27.3 F), ela é formada por apenas 40 células que se alinham para formar uma fileira única durante um evento conhecido como extensão convergente. As células sofrem vacuolização para transformar a notocorda em um tubo oco único. O número reduzido de células da notocorda é alcançado pelo número regulado de divisões celulares sob controle de um fator-chave de transcrição (Brachyury). A estomocorda (divertículo oral) dos hemicordados, que no passado era considerada homóloga à notocorda dos cordados, hoje é entendida como convergência ou paralelismo.

A glândula tireoide dos vertebrados capta iodo e secreta os hormônios T3 e T4, que regulam o metabolismo, o desenvolvimento pós-embrionário e a metamorfose. O homólogo da tireoide dos anfioxos e urocordados – o endóstilo – está envolvido principalmente na produção de muco para a alimentação, mas também incorpora iodo. Alguns autores sugeriram que o endóstilo possa até sintetizar hormônios tireóideos, enquanto outros estudos demonstraram que os cefalocordados têm um gene para o receptor do hormônio tireóideo (*TR*) e vários genes para os componentes do sistema de síntese desse hormônio, embora não para o hormônio de estimulação da tireoide hipofisária. Células secretoras especializadas dos hemicordados também se ligam ao iodo, são encontradas distribuídas por toda a faringe, de modo que pode não ser apropriado supor uma homologia direta com o endóstilo, ainda que essas células possam ser precursoras do endóstilo dos cordados.

Os deuterostômios podem constituir um ramo pequeno da árvore da vida, mas não existem animais mais estranhos que os equinodermos e os cordados (especialmente os vertebrados). E isso representa uma das sinapomorfias mais marcantes do filo Chordata – o eixo dorsoventral – que parece estar invertido em comparação com o eixo dorsoventral dos hemicordados (e, provavelmente, de todos os outros bilatérios). Nos estágios iniciais da evolução, os cordados aparentemente viraram de cabeça para baixo! As barras e fendas branquiais dos hemicordados estão localizadas na região dorsal (em oposição à boca ventral), enquanto, nos cefalocordados e craniados, as fendas e barras branquiais estão localizadas na região ventral. Os orifícios branquiais também estão em posição dorsal nos grupos-tronco dos equinodermos. Além disso, a saliência epibranquial dorsal dos enteropneustas parece ser o homólogo anatômico e histológico do endóstilo ventral dos cordados. Ademais, o lado dorsal de um hemicordado juvenil é determinado por uma galeria de expressão do gene da proteína morfogenética óssea (*BMP*), que está expresso em posição dorsal, enquanto seu lado ventral é definido por uma galeria de expressão dos antagonistas do gene *BMP*, incluindo cordina, como também foi demonstrado nos artrópodes. Por outro lado, nos vertebrados, o gene *BMP* está expresso na região ventral, enquanto a cordina expressa-se na dorsal. Contudo, como a boca está em posição ventral nos cordados e não cordados, a evolução desses primeiros animais deve também ter incluído a transferência da boca do lado oposto ao das fendas branquiais para o mesmo lado delas, embora presumivelmente também tenha desenvolvido a notocorda e o sistema nervoso central dorsal a partir da rede nervosa ventral semelhante à dos enteropneustas. A hipótese da inversão do eixo dorsoventral dos cordados tem sido defendida desde o início do século 19 e ainda tem seus opositores (p. ex., Van den Biggelaar *et al.*, 2002). Contudo, os estudos recentes de EvoDevo tendem a confirmá-la.

A singularidade dos deuterostômios (e dos cordados) não para por aí. Uma das outras tendências da evolução dos deuterostômios é a duplicação dos genes, que parece ser um fenômeno geral. Durante muito tempo, acreditou-se que os cefalocordados tivessem o grupo de 14 genes Hox básicos dos deuterostômios, mas, em 2008, pesquisadores identificaram o 15º gene Hox no anfioxo *Branchiostoma floridae*. Além disso, nos cefalocordados e vertebrados, o gene *Hox9–14* apresentou uma duplicação independente, em comparação com os protostômios. A duplicação dos genes Hox posteriores em três genes (denominados *Hox11/13a*, *Hox11/13b* e *Hox11/13c*) caracteriza tanto os equinodermos quanto os hemicordados. Por outro lado, o gene *Hox14* foi perdido por todos os tetrápodes e peixes teleósteos examinados até hoje. Muitos outros genes foram identificados nos anfioxos, que apresentam 2 a 4 parálogos nos vertebrados, derivados de dois eventos de duplicação de todo o genoma. Contudo, os genomas dos urocordados parecem ter perdido muitos genes. Evidentemente, a duplicação dos genes Hox é especialmente importante, porque abre novas avenidas no campo de evolução/desenvolvimento, considerando que esses são os "genes-mestres" envolvidos na padronização anteroposterior dos bilatérios.

Estudos recentes de filogenia molecular indicaram que os cefalocordados (anfioxos) sejam os cordados vivos mais basais e constituam o grupo-irmão dos urocordados + vertebrados (Urochordata + Vertebrata). O clado formado pelos urocordados e vertebrados foi denominado Olfactores. Entretanto, as relações entre os vertebrados basais ainda não foram definidas. Embora alguns autores considerem as lampreias grupo-irmão dos gnatostomados, árvores moleculares recentes situam as lampreias como grupo-irmão dos peixes-bruxa, formando um clado sem mandíbulas conhecido como Agnatha. Os peixes-bruxa não têm coluna dorsal (*i. e.*, não são verdadeiramente vertebrados), mas têm um crânio, como os demais craniados. As lampreias (Cephalaspidomorphia ou Petromyzontidae), por outro lado, têm "coluna dorsal" cartilaginosa, mas não têm crânio! Desse modo, alguns pesquisadores definem o táxon Vertebrata como Agnatha + Gnathostomata, enquanto outros consideram o táxon Vertebrata como Lampreias + Gnathostomata (excluindo os peixes-bruxa). No primeiro caso, o nome Vertebrata não seria completamente descritivo, mas conservaria a tradição (*i. e.*, um nome tradicional). Contudo, se uma coluna vertebral fosse definida rigorosamente como uma coluna vertebral calcificada, os dois grupos de peixes sem mandíbulas poderiam ser excluídos e Vertebrata seria equivalente a Gnathostomata (os cordados com mandíbulas: peixes "verdadeiros", anfíbios, répteis, aves e mamíferos). Algumas vezes, parece que a morfologia simplesmente conspira para confundir nosso entendimento das relações filogenéticas. Neste livro, usamos o termo Vertebrata no seu sentido mais tradicional, ou seja, como um nome tradicional que inclui Agnatha e Gnathostomata. Desse modo, o clado Olfactores abrange Urochordata + Vertebrata, enquanto Vertebrata = Craniata.

O entendimento de que os urocordados, não os cefalocordados, formam o grupo relacionado mais diretamente com os vertebrados é uma descoberta recente, que resultou das análises poligênicas. Aparentemente, os primeiros estudos filogenéticos baseados no rRNA, os quais tinham sugerido a hipótese de que os cefalocordados fossem o grupo-irmão dos vertebrados, foram distorcidos pelos genes dos tunicados, que se desenvolveram rapidamente e tinham sua composição tendenciosa no sentido dos nucleotídios A e T; análises subsequentes acrescentaram os genes nucleares e mitocondriais e demonstraram que a posição dos urocordados era influenciada por problemas de atração dos ramos longos. Curiosamente, R. P. S. Jefferies previu a relação tunicados–craniados em 1991 em bases anatômicas. Foi esse autor quem cunhou o nome Olfactores, tendo como base um aparelho olfatório supostamente homólogo nos fósseis sugeridos como precursores do clado tunicados–craniados. Hoje sabemos que a existência de células migratórias semelhantes às da crista neural nos urocordados provavelmente também representa uma sinapomorfia anatômica e do desenvolvimento dos Olfactores. A descoberta de que os tunicados e os craniados podem ser grupos-irmãos significa que as características comuns aos cefalocordados e craniados poderiam ser ancestrais a todo o grupo Chordata (p. ex., blocos musculares dispostos em segmentos).

Entre as sinapomorfias dos cefalocordados está o órgão da roda singular (um vestíbulo anterior formado pelo capuz oral com cirros orais e bandas ciliares). Esse grupo tem em comum com os vertebrados os blocos musculares dispostos em segmentos, os quais se desenvolvem a partir de fileiras de bolsas mesodérmicas originadas do arquêntero; essa característica poderia ser uma sinapomorfia dos cordados perdida secundariamente pelos urocordados. Assim como os urocordados, os cefalocordados formam larvas girinoides. Cefalocordados fósseis foram descritos em Burgess Shale do período Cambriano Médio e em algumas regiões da China do período Cambriano Inicial.

Os urocordados têm várias sinapomorfias, incluindo uma cutícula singular de tunicina, a faringe acentuadamente dilatada formando uma câmara alimentar branquial e os sifões inalante e exalante, que se abrem para um átrio derivado da ectoderme (câmara cloacal). Existem pouquíssimos fósseis de tunicados descritos, mas esses também datam do período Cambriano Inicial. Como foi mencionado antes, as relações filogenéticas de níveis mais altos entre os urocordados foram estudadas até hoje com base principalmente nas sequências de rRNA 18S e ainda estão indefinidas em grande parte.

Vertebrata (= Craniata), como seu próprio nome indica, são definidos pelo crânio endoesquelético e, em todos exceto Agnatha, por uma coluna vertebral (coluna dorsal). A evolução dos vertebrados a partir de seu ancestral protocordado exigiu uma inovação essencial do desenvolvimento, que levou à formação da cabeça dos vertebrados: a **crista neural** ampliada e uma população de células bem-definidas conhecidas como **células da crista neural**. Essas células formam-se na borda da placa neural e migram extensivamente no embrião, de modo a diferenciar-se em diversos tipos de células e tecidos, incluindo tecidos conjuntivos do esqueleto craniofacial, grande parte do sistema nervoso periférico e células pigmentadas. As células da crista neural são responsáveis por muitas estruturas complexas da cabeça dos vertebrados, as quais não estão presentes nos cefalocordados e tunicados. Além disso, essas células também originam vários gânglios cranianos, cartilagens e ossos craniofaciais e até mesmo entram nas bolsas faríngeas e no arquêntero, onde contribuem para a formação do timo, dos ossos da orelha média e da mandíbula e dos odontoblastos dos dentes primordiais. Essas células e seus derivados são tão singulares que alguns biólogos as consideram uma "quarta camada germinativa". A migração das células da crista neural representa uma transição embrionária epitelial–mesenquimal. Há muito tempo considerada uma inovação dos vertebrados, uma população de células migratórias semelhantes às células da crista neural foi documentada recentemente nos urocordados. Em *Ecteinascidia turbinata*, estudos demonstraram que células marcadas com corante emergiam do tubo nervoso, migravam para dentro da parede corporal e do primórdio dos sifões e, em seguida, diferenciavam-se em células pigmentadas. Essas células até expressam o antígeno HNK-1 e o gene *Zic*, marcadores encontrados nas células da crista neural dos vertebrados. Portanto, parece que a origem das células da crista neural está no grupo-irmão dos vertebrados, Urochordata. É extremamente provável que essas células tenham adquirido outras funções e estivessem reunidas por outros tipos celulares para gerar a grande variedade de tecidos derivativos, típicos das células da crista neural dos vertebrados.

Os estudos iniciais do relógio molecular sugeriram que os deuterostômios (na verdade, bilatérios) poderiam ter surgido há um bilhão de anos. Análises mais recentes utilizando datas de calibração fóssil mais precisas, melhor amostragem de táxons e estudos baseados em modelos evolutivos melhores sugeriram que a origem dos vertebrados esteja em torno de 652 milhões de anos atrás; Olfactores em torno de 794 milhões de anos; e Ambulacraria em torno de 876 milhões de anos. Se essas datações forem aproximadas, isso sugere que um desdobramento gradativo das linhagens principais dos deuterostômios tenha começado bem antes da chamada "Explosão Cambriana".

Bibliografia

Referências gerais

Alldredge, A. 1976. Appendicularians. Sci. Am. 235: 94–102.
Alldredge, A. 1976. Discarded appendicularian houses as sources of food, surface habitats, and particulate organic matter in planktonic environments. Limnol. Oceanogr. 21: 14–23.
Alldredge, A. 1977. Morphology and mechanisms of feeding in the Oikopleuridae (Tunicata, Appendicularians). J. Zool. 181: 175–188.
Arendt, D. e K. Nübler-Jung. 1994. Inversion of the dorsoventral axis? Nature 371: 26.
Baker, C. V. H. e G. Schlosser. 2005. The evolutionary origin of neural crest and placodes. J. Exp. Zool. 304B: 269–273.
Barrington, E. J. W. e R. P. S. Jefferies (eds.). 1975. *Protochordates*. Academic Press, Nova York. [Uma coleção de artigos escritos para um simpósio da Zoological Society of London.]
Blair, J. E. e S. Blair Hedges. 2005. Molecular phylogeny and divergence times of deuterostome animals. Mol. Biol. Evol. 22(11): 2275–2284.
Bourlat, S. J. et al. 2008. Testing the new animal phylogeny: A phylum level molecular analysis of the animal kingdom. Mol. Phylogenet. Evol. 49: 23–31.
Cameron, C. B., J. R. Garey e B. J. Swalla. 2000. Evolution of the chordate body plan: new insights from phylogenetic analyses of deuterostome phyla. Proc. Natl. Acad. Sci. 97(9): 4469–4474.
Chen, J.-Y. 2009. The sudden appearance of diverse animal body plans during the Cambrian explosion. Int. J. Dev. Biol. 53: 733–751.
Chen, J.-Y. et al. 2003. The first tunicate from the early Cambrian of South China. Proc. Natl. Acad. Sci. 100: 8314–8318.
Cripps, A. P. 1990. A new stem craniate from the Ordovician of Morocco, and the search for the sister group of the Craniata. Zool. J. Linn. Soc. 96: 49–85.
Cripps, A. P. 1991. A cladistic analysis of the cornutes (stem chordates). Zool. J. Linn. Soc. 102: 333–366.
Delsuc, F. et al. 2006. Tunicates and not cephalochordates are the closest living relatives of vertebrates. Nature 439: 965–968.
Delsuc, F. et al. 2008. Additional molecular support for the new chordate phylogeny. Genesis 46: 592–604.
DeRobertis, E. M. e Y. Sasai. 1996. A common plan for dorsoventral patterning in Bilateria. Science 380: 37–40.
Dunn, C. W. et al. 2008. Broad phylogenomic sampling improves resolution of the animal tree of life. Nature 452: 745–749.
Gans, C. e R. G. Northcutt. 1983. Neural crest and the origin of vertebrates: A new head. Science 220: 268–274.
Gerhart, J., C. Lowe e M. Kirschner. 2005. Hemichordates and the origin of chordates. Curr. Opin. Genet. Dev. 15: 461–467.
Gissi, C. et al. 2009. Hypervariability of ascidian mitochondrial gene order: exposing the myth of deuterostome organelle genome stability. Mol. Biol. Evol. 27: 211–215.

Han, L. *et al.* 2006. Immunohisto-chemical localization of vitellogenin in the hepatic diverticulum of the amphioxus *Branchiostoma belcheri tsingtauense*, with implications for the origin of the liver. Invert. Biol. 125: 172–176.

Holland, N. D. 2005. Chordates. Curr. Biol. 15: R911–914.

Holland, N. D. e J. Chen. 2001. Origin and early evolution of the vertebrates: new insights from advances in molecular biology, anatomy, and palaeontology. Bioessays 23: 142–151.

Holland, P. W. H. e J. Garcia-Fernández. 1996. Hox genes and chordate evolution. Dev. Biol. 173: 382–396.

Holland, P. W. H. *et al.* 1994. Gene duplications and the origins of vertebrate development. Dev. Suppl. 124–133.

Holland, L. Z. *et al.* 2008. The amphioxus genome illuminates vertebrate origins and cephalochordate biology. Genome Res. doi: 10.1101/gr.073676.107

Jefferies, R. P. S. 1986. *The Ancestry of the Vertebrates*. British Museum (Natural History), Londres. [Um relato detalhado da hipótese de Jefferies sobre a origem dos vertebrados a partir de um grupo equinodermo paleozoico fossilizado; o livro resume seus estudos anteriores e apresenta uma excelente revisão sobre anatomia e embriologia dos deuterostômios viventes. Ver Peterson, K. J. 1995, Lethaia 28: 25–38 para um contraponto sobre a hipótese de Jefferies.]

Jefferies, R. P. S. 1990. The solute *Dendrocystoides scoticus* from the upper Ordovician of Scotland and the ancestry of chordates and echinoderms. Paleontology 33(3): 631–679.

Jefferies, R. P. S. 1991. Two types of bilateral symmetry in the Metazoa: chordate and bilaterian. pp. 94–127 in G. R. Bock e J. Marsh (eds.), *Biological Asymmetry and Handedness*. Wiley, Chichester.

Jefferies, R. P. S. 2006. Ascidian neural crest-like cells: phylogenetic distribution, relationship to larval complexity, and pigment cell fate. J. Exp. Zool. B., Mol. Dev. Evol. 306: 470–480.

Jefferies, R. P. S. 2007. Chordate ancestry of the neural crest: new insights from ascidians. Semin. Cell Dev. Biol. 18: 481–491.

Jeffery, W. R., A. G. Strickler e Y. Yamamoto. 2004. Migratory neural crest-like cells form body pigmentation in a urochordate embryo. Nature 431: 696–699.

Lacalli, T. C. 1996. Dorsoventral axis inversion: A phylogenetic perspective. BioEssays 18: 251–254.

Lacalli, T. C. 1997. The nature and origin of deuterostomes: some unresolved issues. Invert. Biol. 116(4): 363–370.

Ma, L. *et al.* 1996. Expression of an Msx homeobox gene in ascidians: insights into the archetypal chordate expression in pattern. Dev. Dynam. 205: 308–318.

Maisey, J. G. 1986. Heads and tails: A chordate phylogeny. Cladistics 2: 201–256.

Murthy, M. e J. L. Ram. 2015. Invertebrates as model organisms for research on aging biology. Invertebr. Reprod. Dev. 59(sup1): 1–4.

Nübler-Jung, K. e D. Arendt. 1994. Is ventral in insects dorsal in vertebrates? Roux Arch. Dev. Biol. 203: 357–366.

Peterson, K. J. 1995. A phylogenetic test of the calcichordate scenario. Lethaia 28: 25–38.

Peterson, K. J. 1995. Dorsoventral axis inversion. Nature 373: 111–112.

Peterson, K. J. 2004. Isolation of Hox and ParaHox genes in the hemichordate *Ptychodera flava* and the evolution of deuterostome Hox genes. Mol. Phylog. Evol. 31: 1208–1215.

Putnam, N. H. *et al.* 2008. The amphioxus genome and the evolution of the chordate karyotype. Nature 453. doi: 10.1038/nature06967

Riisgård, H. U. e I. Svane. 1999. Filter feeding in lancelets (amphioxus), *Branchiostoma lanceolatum*. Invert. Biol. 118(4): 423–432.

Rosenthal, N. e R. P. Harvey (eds.). 2010. *Heart Development and Regeneration, Volume 1*. Elsevier/Academic Press, Amsterdã.

Rychel, A. L. *et al.* 2005. Evolution and development of the chordates: collagen and pharyngeal cartilage. Mol. Biol. Evol. 23: 541–549.

Ruppert, E. E. 1994. Evolutionary origin of the vertebrate nephron. Am. Zool. 34: 542–553.

Satoh N., D. Rokhsar e T. Nishikawa. 2014. Chordate evolution and the three-phylum system. Proc. Royal Soc. B 281: 17–29.

Shu, D.-G., S. Conway Morris e X. L. Zhang. 1996. A *Pikaia*-like chordate from the lower Cambrian of China. Nature 384: 157–158.

Sobral, D., O. Tassy e P. Lemaire. 2009. Highly divergent gene expression programs can lead to similar chordate larval body plans. Curr. Biol. 19 (23): 2014–2019.

Stokes, M. D. e N. D. Holland. 1998. The lancelet. Amer. Sci. 86: 552–560.

Swalla, B. J. e A. B. Smith. 2008. Deciphering deuterostome phylogeny: molecular, morphological and paleontological perspectives. Phil. Trans. Roy. Soc. B. 363: 1557–1568.

Tiozzo, S. e R. R. Copley. 2015. Reconsidering regeneration in metazoans: An evo-devo approach. Front. Ecol. Evol. 3: 67.

Tsagkogeorga, G. *et al.* 2009. An updated 18S rRNA phylogeny of tunicates based on mixture and secondary structure models. BMC Evol. Biol. 9: 187. doi: 10.1186/1471-2148-9-187

Turbeville, J. M., J. R. Schultz e R. A. Raff. 1994. Deuterostome phylogeny and the sister group of the chordates: evidence from molecules and morphology. Mol. Biol. Evol. 11: 648–655.

van den Biggelaar, J. A. M., E. Edsinger-Gonzales e F. R. Schram. 2002. The improbability of dorso–ventral axis inversion during animal evolution, as presumed by Geoffroy Saint Hilaire. Contrib. Zool. 71: 29–36.

Vassalli, Q. A. *et al.* 2015. Regulatory elements retained during chordate evolution: coming across tunicates. Genesis 53: 66–81.

Wada, H. e N. Satoh. 1994. Details of the evolutionary history from invertebrates to vertebrates, as deduced from the sequences of 18S rDNA. Proc. Natl. Acad. Sci. U.S.A. 91: 1801–1804.

Cephalochordata

Hirakow, R. e N. Kajita. 1994. Electron microscopic study of the development of amphioxus, *Branchiostoma belcheri tsingtauense*: The neurula and larva. Acta Anat. Nippon 69: 1–13.

Holland, N. D. e L. Z. Holland. 1990. Fine structure of the mesothelia and extracellular materials in the coelomic fluid of the fin boxes and sclerocoels of a lancelet, *Branchiostoma floridae* (Cephalochordata = Acrania). Acta Zool. 71(4) 225–234.

Holland, N. D. e L. Z. Holland. 1991. The histochemistry and fine structure of the nutritional reserves in the fin rays of a lancelet, *Branchiostoma lanceolatum* (Cephalochordata = Acrania). Acta Zool. 72(4): 203–207.

Poss, S. G. e H. T. Boschung. 1996. Lancelets (Cephalochordata: Branchiostomatidae): how many species are valid? Israel J. Zool. 42: S.13–S.66.

Ruppert, E. E. 1997. Cephalochordata. pp. 349–504 in F. W. Harrison e E. E. Ruppert (eds.). *Microscopic Anatomy of Invertebrates, Vol. 15*. Wiley-Liss, Nova York.

Ruppert, E. E., C. B. Cameron e J. E. Frick. 1999. Endostyle-like features of the dorsal epibranchial ridge of an enteropneust and the hypothesis of dorsal–ventral axis inversion in chordates. Invert. Biol. 118: 202–212.

Whittaker, J. R. 1997. Cephalochordates, the Lancelets. pp. 365–381 in S. F. Gilbert e A. M. Raunio (eds.). *Embryology: Constructing the Organism*. Sinauer Associates, Sunderland, MA.

Urochordata

Abitua, P. B. *et al.* 2012. Identification of a rudimentary neural crest in a non-vertebrate chordate. Nature 492: 104–107.

Barham, E. 1979. Giant larvacean houses: observations from deep submersibles. Science 205: 1129–1131.

Bates, W. R. 2007. HSP90 and MAPK activation are required for ampulla development in the direct-developing ascidian *Molgula pacifica*. Invertebr. Biol. 126: 90–98.

Berná, L. e F. Alvarez-Valin. 2014. Evolutionary genomics of fast evolving tunicates. Genome Biol. Evol. 8: 1724–1738.

Berrill, N. J. 1961. Salpa. Sci. Amer. 204: 150–160.

Berrill, N. J. 1975. Chordata: Tunicata. pp. 241–282 in A. C. Geise e J. S. Pearse (eds.), *Reproduction of Marine Invertebrates, Vol. 2*. Academic Press, Nova York.

Birkeland, C., L. Cheng e R. A. Lewis. 1981. Mobility of didemnid ascidean colonies. Bull. Mar. Sci. 31: 170–173.

Bone, Q. 1989. On the muscle fibres and locomotor activity of doliolids (Tunicata: Thaliacea). J. Mar. Biol. Assoc. U.K. 69: 587–607.

Bullard, S. G. *et al.* 2007. The colonial ascidian *Didemnum* sp. A: current distribution, basic biology and potential threat to marine communities of the northeast and west coasts of North America. J. Exp. Mar. Biol. Ecol. 342: 99–108.

Burighel, P. e R. A. Cloney. 1997. Urochordata: Asidiacea. pp. 221–348 in F. W. Harrison e E. E. Ruppert (eds.). *Microscopic Anatomy of Invertebrates*. Vol. 15. Wiley-Liss, Nova York.

Burighel, P. *et al.* 2001. The peripheral nervous system of an ascidian, *Botryllus schlosseri*, as revealed by cholinesterase activity. Invertebr. Biol. 120: 185–198.

Cohen, S., Y. Saito e I. Weissman. 1998. Evolution of allorecognition in botryllid ascidians inferred from a molecular phylogeny. Evolution 52(3): 746–756.

Cloney, R. A. 1978. Ascidian metamorphosis review and analysis. pp. 225–282 in F. S. Chia e M. E. Rice (eds.). *Settlement and Metamorphosis of Marine Invertebrate Larvae*. Elsevier North-Holland, Nova York.

Cloney, R. A. 1990. Urochordata-Ascidiacea. pp. 361–451 in K. G. Adiyodi e R. G. Adiyodi (eds.). *Reproductive Biology of Invertebrates*. Oxford and IBH, Nova Déli.

Cloney, R. A. e S. A. Torrence. 1982. Ascidian larvae: structure and settlement. In J. D. Costlow (ed.). *Biodeterioration*. U. S. Naval Institute, Annapolis, MD.

Cohen, S. 1996. The effects of contrasting modes of fertilization on levels of inbreeding in the marine invertebrate genus *Corella*. Evolution 50(5): 1896–1907.

Cox, G. 1983. Engulfment of *Prochloron* cells by cells of the ascidean, *Lissoclinum*. J. Mar. Biol. Assoc. U.K. 63: 195–198.

Davidson B. e B. J. Swalla. 2002. A molecular analysis of ascidian metamorphosis reveals activation of an innate immune response. Development 129: 4739–4751.

Deibel, D., M. L. Dickson e C. Powell. 1985. Ultrastructure of the mucus feeding filters of the house of the appendicularians *Oikopleura vanhoeffeni*. Mar. Ecol. Prog. Ser. 27: 79–86.

Dolcemascolo, G. *et al.* 2009. Ultrastructural comparative analysis on the adhesive papillae of the swimming larvae of three ascidian species. Invertebrate Surviv. J. 6: S77–S86.

Flood, P. R. 1991. Architecture of, and water circulation and flow rate in, the house of the planktonic tunicate *Oikopleura labradorensis*. Mar. Biol. 111: 95–111.

Gasparini, F. *et al.* 2015. Sexual and asexual reproduction in the colonial ascidian *Botryllus schlosseri*. Genesis 53: 105–120.

Hirose, E. *et al.* 1996. Intracellular symbiosis of a photosynthetic prokaryote, *Prochloron* sp., in a colonial ascidian. Invert. Biol. 115(4): 343–348.

Hopcroft, R. R. e J. C. Roff. 1995. Zooplankton growth rates: extraordinary production by the larvacean *Oikopleura dioica* in tropical waters. J. Plankton Res. 17(2): 205–220.

Huxley, T. H. 1851. Observations upon the anatomy and physiology of *Salpa* and *Pyrosoma*. Phil. Trans. R. Soc. Lond. B 141: 567–593.

Iannelli, F. *et al.* 2007. The mitochondrial genome of *Phallusia mammillata* and *Phallusia fumigata* (Tunicata, Ascidiacea): high genome plasticity at intra-genus level. BMC Evol Biol 7: 155.

Jacobs, M. W. *et al.* 2008. Early activation of adult organ differentiation during delay of metamorphosis in solitary ascidians, and consequences for juvenile growth. Invertebr. Biol. 127: 217–236.

Jeffery, W. R. 1994. A model for ascidian development and developmental modifications during evolution. J. Mar. Biol. Assoc. U.K. 74: 35–48.

Jeffery, W. R. 2015. Closing the wounds: one hundred and twenty five years of regenerative biology in the ascidian *Ciona intestinalis*. Genesis 53: 48–65.

Jeffery, W. R. e B. J. Swalla. 1997. Tunicates. pp. 331–364 in S. F. Gilbert e A. M. Raunio (eds.). *Embryology: Constructing the Organism*. Sinauer Associates, Sunderland, MA.

Juliano, C. E., S. Zachary Swartz e G. W. Wessel. 2010. A conserved germline multipotency program. Development 137: 4113–4126.

Karaiskou, A. *et al.* 2015. Metamorphosis in solitary ascidians. Genesis 53: 34–47.

Katz, M. J. 1983. Comparative anatomy of the tunicate tadpole, *Ciona intestinalis*. Biol. Bull. 164: 1–27.

Lacalli, T. C., N. D. Holland e J. E. West. 1994. Landmarks in the anterior central nervous system of amphioxus larvae. Philos. Trans. R. Soc. Lond. B Biol. Sci. 344: 165–185.

Lemaire, P. e J. Piette. 2015. Tunicates: exploring the sea shores and roaming the open ocean. A tribute to Thomas Huxley. Open Biol. 5: 150053.

Lambert, C. C. e G. Lambert (eds.). 1982. The developmental biology of the ascidians. Am. Zool. 22: 751–849. [Resultados do simpósio da reunião anual da American Society of Zoologists, 1981; nove artigos, além dos destaques introdutórios escritos por C. Lambert.]

Lambert, G., C. C. Lambert e J. R. Waaland. 1996. Algal symbionts in the tunics of six New Zealand ascidians (Chordata, Ascidiacea). Invert. Biol. 115(1): 67–78.

Ma, L. *et al.* 1996. Expression of an *Msx* homeobox gene in ascidians: insights into the archetypal chordate expression in pattern. Dev. Dynam. 205: 308–318.

Mackie, G. *et al.* 1974. Branchial innervation and ciliary control in the ascidian *Corella*. Proc. Roy. Soc. B, 187: 1–35.

Manni, L. *et al.* 2007. *Botryllus schlosseri*: A model ascidian for the study of asexual reproduction. Dev. Dyn. 236: 335–352.

Monniot, F. *et al.* 1992. Opal in ascidians: A curious bioaccumulation in the ovary. Mar. Biol. 112: 283–292.

Nishida, H. 1994. Localization of determinants for formation of the anterior-posterior axis in eggs of the ascidian *Halocynthia roretzi*. Development 120: 3093–3104.

Pennati, R. e U. Rothbächer. 2014. Bioadhesion in ascidians: A developmental and functional genomics perspective. Interface Focus 5: 20140061. doi: 10.1098/rsfs.2014.0061

Piette, J. e P. Lemaire. 2015. Thaliaceans, the neglected pelagic relatives of ascidians: A developmental and evolutionary enigma. Q. Rev. Biol. 90: 117–145.

Rigon, F. 2013. Evolutionary diversification of secondary mechanoreceptor cells in tunicata. BMC Evol. Biol. 13: 112.

Ruppert, E. E. 1994. Evolutionary origin of the vertebrate nephron. Am. Zool. 34: 542–553.

Sasakura, Y. *et al.* 2005. Transposon-mediated insertional mutagenesis revealed the functions of animal cellulose synthase in the ascidian *Ciona intestinalis*. Proc. Natl. Acad. Sci. 102: 15134–15139.

Satoh, N. 1994. *Developmental Biology of Ascidians*. Cambridge Univ. Press, Cambridge.

Schmidt, G. H. 1982. Aggregation and fusion between conspecifics of a solitary ascidean. Biol. Bull. 162: 195–201.

Sherrard, K. e M. LaBarbera. 2005. Form and function in juvenile ascidians. II. Ontogenetic scaling of volumetric flow rates. Mar. Ecol. Progr. Ser. 287: 139–148.

Stoeker, D. 1980. Chemical defenses of ascidians against predators. Ecology 61: 1327–1334.

Svane, I. e C. M. Young. 1989. The ecology and behavior of ascidian larvae. Oceanogr. Mar. Biol. Rev. 27: 45–90.

Swalla, B. J. 1993. Mechanisms of gastrulation and tail formation in ascidians. Microsc. Res. Tech. 26: 274–284.

Torrence, S. A. e R. A. Cloney. 1982. The nervous system of ascidian larvae: primary sensory neurons in the tail. Zoomorphologie 99: 103–115.

Tsagkogeorga, G. *et al.* 2009. An updated 18S rRNA phylogeny of tunicates based on mixture and secondary structure models. BMC Evol. Biol. 9: 187.

Worcester, S. E. 1994. Adult rafting *versus* larval swimming: dispersal and recruitment of a botryllid ascidian on eelgrass. Mar. Biol. 121: 309–317.

Young, C. M. e F. Chia. 1985. An experimental test of shadow response function in ascidian tadpoles. J. Exp. Mar. Biol. Ecol. 85: 165–175.

28

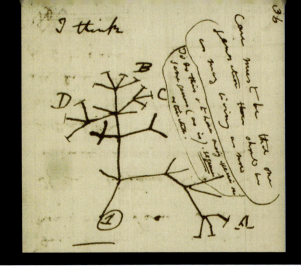

Perspectivas da Filogenia dos Invertebrados

Agora que chegou ao último capítulo do livro, você terá concluído uma "viagem" por quase *todo* o reino Animal, considerando que os invertebrados representam cerca de 96% (1.324.402) das cerca de 1.382.402 espécies vivas de animais descritos. Que diversidade incrível de formas e funções você encontrou! Não é interessante a forma desigual com que esses animais estão distribuídos entre os 32 filos de metazoários? Ampla e irregularmente distribuídos – 81,5% de todos os animais descritos são artrópodes, 5,8% são moluscos e apenas 4,4% são cordados. Os outros 29 filos constituem os 7% restantes! Oito filos têm menos de 100 espécies descritas e a metade desses contém menos de uma dúzia de espécies conhecidas – o que podemos fazer com isso? Na verdade, apenas seis filos contêm cada um mais de 1% das espécies animais descritas na Terra (Arthropoda, Mollusca, Annelida, Platyhelminthes, Nematoda e Chordata). Parece que o mundo pertence aos insetos, crustáceos, aranhas, moluscos, vermes e vertebrados. Na verdade, esses são os únicos animais que a maioria dos seres humanos já encontrou em toda sua vida (a menos que tenham mergulhado em um recife de corais tropical porque, nesse caso, eles podem ter encontrado milhares de esponjas, cnidários e equinodermos). Quão afortunados vocês são, agora que foram apresentados a todos os 32 filos animais!

Durante a leitura dos "capítulos dos animais" deste livro, vocês aprenderam muito sobre a evolução desses filos, como eles estão relacionados entre si e quais são suas relações internas. Vocês aprenderam que as filogenias podem ser elaboradas com base em diversos tipos de dados e que, mais recentemente, o campo da filogenética molecular tem proliferado, oferecendo-nos novas ideias de como as criaturas da terra estão relacionadas entre si. Agora que vocês chegaram até aqui, o conceito de árvores filogenéticas deve ser bem familiar. Contudo, antes de fecharmos a capa desta edição do livro *Invertebrados*, vamos dar uma última olhada, vamos "olhar de cima" a filogenia dos animais.

A filogenética molecular tinha começado a dar frutos em 2002, quando a segunda edição deste livro foi para o prelo. Embora algumas sugestões atraentes quanto aos novos e muito diferentes tipos de relações entre os filos animais tenham sido apresentadas, tais novas hipóteses ainda não foram amplamente testadas. Desde então, a filogenética molecular explodiu no cenário a um ritmo sequer imaginado e, hoje em dia, desempenha um papel fundamental na reconstrução da filogenia animal. Apenas nos últimos 15 anos, viemos da análise de alguns genes ribossômicos até o ponto de novas análises em nível genômico estarem sendo publicadas quase todos os dias. Hoje, a filogenética molecular tem sido incorporada aos estudos de ecologia, oceanografia, biogeografia, biologia da conservação, medicina, arqueologia e antropologia. Além disso, essa especialidade tem construído uma nova estrutura para a árvore da vida.

A revelação da história filogenética do reino Animal tem sido um dos maiores desafios da biologia. A "nova filogenia" elaborada a partir dos dados moleculares tem muitas semelhanças com as árvores mais antigas construídas com base nos dados do desenvolvimento e da morfologia, mas algumas grandes surpresas ocorreram e muitas incertezas permanecem. O maior desafio está no fato de que as linhagens primitivas da árvore da vida surgiram e começaram a divergir entre si há muito tempo – há mais de 500 milhões de anos na maioria dos filos. Desse modo, os traços dos animais – sejam anatômicos ou genéticos – que poderiam ajudar a revelar as relações entre essas linhagens ancestrais estão obscurecidos por centenas de milhões de anos de mudança evolutiva. Contudo, apesar disso, muitas relações estão bem claras hoje em dia.

Os primeiros estudos de filogenética molecular dependiam basicamente do gene de RNA ribossômico 18S (também conhecido como gene de RNA ribossômico de subunidade nuclear pequena, ou SSU rRNA; do inglês, *small-subunit ribosomal RNA*). Entretanto, logo se tornou evidente que o entendimento da filogenia detalhada dos metazoários exigiria a análise de genes adicionais, especialmente dos genes nucleares que codificam proteínas; isso iniciou a era das árvores baseadas em múltiplos genes, que continuam ainda hoje à medida que os filogeneticistas acrescentam mais e mais genes (e táxons) aos seus bancos de dados para análise (Capítulo 2). Mais recentemente, estudos filogenômicos utilizando grandes partes do genoma (em geral, usando o transcriptoma[1] como representativo de todo o genoma) e análises de centenas ou até milhares de genes começaram a expandir o escopo dos dados disponíveis para as análises filogenéticas; esses estudos têm acrescentado estabilidade à estrutura de nosso arcabouço filogenético. O advento da biologia evolutiva do desenvolvimento (ou EvoDevo) também começou a impactar significativamente nosso entendimento de como os genes relacionam-se com morfologias específicas, como eles funcionam e quais são as funções que eles poderiam ter desempenhado no desdobramento das radiações animais. Essas técnicas modernas forneceram respostas a algumas perguntas fundamentais, como a identidade dos apêndices dos artrópodes e a segmentação natural dos animais.

As estimativas das épocas de divergência dos filos animais baseadas nos cálculos do relógio molecular sugeriram que a origem dos metazoários tenha sido de 875 a 650 milhões de anos atrás. Alguns fósseis residuais situaram o surgimento dos bilatérios em torno de um bilhão de anos atrás, embora a natureza desses espécimes tenha sido questionada. Algumas datações recentes sugeriram a presença de esponjas nas rochas do período Ediacarano (e até mesmo no Criogeniano), em virtude da presença de concentrações altas do composto 24-isopropilcolestano, o que é questionável hoje em dia. Alguns dos fósseis de metazoários mais antigos estão na Formação de Doushantuo, no sudeste da China, que data de 600 milhões de anos. Esponjas, cnidários e outros supostos animais diploblásticos foram relatados nesses depósitos, assim como embriões com duas a até milhares de células. Entretanto, muitos desses fósseis de metazoários de Doushantuo também foram contestados de uma forma ou de outra. Aparentemente, a interpretação dos fósseis antigos em rochas pode ser tão difícil quanto inferir filogenias ancestrais com base em moléculas ou morfologias!

Em vários capítulos anteriores, discutimos a origem de Metazoa. Para reiterar, a partir da década de 1960, acumulou-se um grande corpo de evidências (anatômicas e moleculares) que apoiam a visão de que os animais pluricelulares compartilham um ancestral comum com o grupo de protistas conhecidos como coanoflagelados. As células flageladas com um colar das esponjas e dos coanoflagelados foram consideradas praticamente idênticas e singulares a esses dois grupos. Algumas diferenças interessantes foram evidenciadas entre elas (p. ex., Mah *et al.*, 2014), mas alguma divergência ao longo de meio bilhão de anos seria esperada. Os metazoários são definidos por algumas sinapomorfias, das quais a mais evidente é a pluricelularidade originada do processo de deposição de camadas embrionárias – a chamada gastrulação. Além disso, ao contrário da colonialidade encontrada em muitos grupos de protistas (incluindo coanoflagelados), nos animais as células epiteliais estão em contato umas com as outras por meio de estruturas juncionais e moleculares singulares, das quais algumas tornam possível o transporte de nutrientes entre as células (p. ex., junções septadas ou estreitas, desmossomos, zônula aderente). Sinapomorfias adicionais dos metazoários incluem: miofibrilas estriadas, elementos contráteis de actina-miosina, presença de colágeno animal (tipo IV) (embora alguns fungos também tenham colágeno, ou um homólogo dele) e uma lâmina basal abaixo da epiderme. Além disso, a reprodução sexuada nos animais envolve um padrão distinto de desenvolvimento do ovo a partir de uma das quatro células formadas por meiose, enquanto as outras três degeneram.

A Figura 28.1 apresenta uma árvore consensual da filogenia dos metazoários, que está baseada principalmente nos estudos mais recentes de filogenética molecular. Os estudos filogenéticos praticamente concordam em grande parte que o filo animal mais antigo é Porifera (esponjas). Entretanto, algumas filogenias moleculares recentes sugeriram que Ctenophora poderiam ser os metazoários mais basais. O esboço do genoma de *Pleurobrachia bachei*, junto com outros transcriptomas dos ctenóforos, sugere que esses animais podem ser muito diferentes dos outros genomas animais quanto ao seu conteúdo de genes neurogênicos, imunogênicos e do desenvolvimento. Contudo, um número de supostas sinapomorfias liga os cnidários e os ctenóforos aos bilatérios, um clado que tem sido descrito pelo termo Neuralia (Figura 28.1). A hipótese dos "ctenóforos basais" foi questionada por Jékely *et al.* (2015) e Pisani *et al.* (2015), e esses dois grupos de pesquisadores sugeriram que ela tenha sido um artefato causado por falhas metodológicas. Na verdade, a posição dos ctenóforos é apenas uma das áreas de incerteza da árvore animal. A resolução forte da posição dos placozoários e dos cnidários também ainda não foi alcançada (e os placozoários parecem ser muito mais derivados do que seu plano corpóreo simples poderia sugerir).

Hoje em dia, parece não haver dúvidas de que Bilateria compreendem duas linhagens principais – Deuterostomia e Protostomia –, embora a posição do filo Xenacoelomorpha ainda seja debatida (o consenso geral é que eles sejam bilatérios basais, mas não possam ser classificados inequivocamente como deuterostômios ou protostômios). Alguns estudos moleculares sugeriram que os xenoturbelídeos (e até o grupo Xenoturbellida + Acoelomorpha) fossem deuterostômios, mas essa hipótese não

---

[1] Enquanto um genoma é o conjunto completo dos genes existentes em uma célula (ou um organismo) e é sequenciado a partir do DNA, o transcriptoma é um subconjunto desses genes, que são transcritos (ou expressos) em uma célula em determinado momento e sequenciado a partir do RNA.

Capítulo 28 Perspectivas da Filogenia dos Invertebrados 987

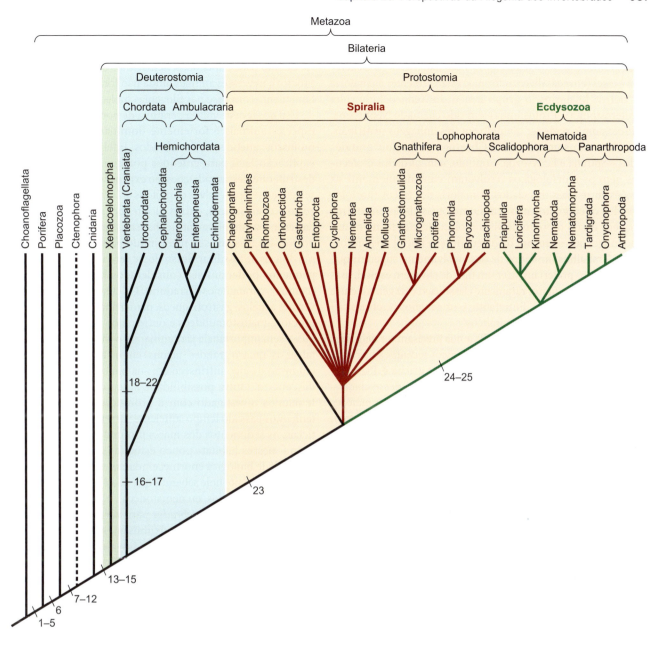

Figura 28.1 Filogenia de Metazoa. Essa árvore reflete uma posição consensual baseada principalmente nas análises de filogenética molecular recentes. Ainda existem incertezas em várias regiões. A resolução definitiva das posições relativas dos placozoários, cnidários e especialmente dos ctenóforos ainda não foi possível. Os bilatérios compreendem duas linhagens: Deuterostomia e Protostomia, embora a posição de Xenacoelomorpha ainda esteja sendo debatida (o consenso geral é de que eles sejam bilatérios basais, sem ficar posicionados inequivocamente entre os deuterostômios ou os protostômios). Do mesmo modo, Protostomia tem uma linhagem difícil de posicionar (Chaetognatha) e dois grandes clados – Spiralia e Ecdysozoa. Dados limitados de estudos do desenvolvimento sugeriram que os quetognatos poderiam fazer um tipo de clivagem espiral, mas as filogenias moleculares raramente colocam esse gênero entre Spiralia. Além dos clados Gnathifera e Lophophorata, tem sido difícil de classificar os espirálicos (Spiralia) e esses filos representam uma explosão na árvore. Os ecdisozoários (os "protostômios que fazem mudas") estão parcialmente resolvidos, embora as relações entre os três clados principais (Scalidophora, Nematoida e Panarthropoda) ainda não estejam claras. As supostas sinapomorfias morfológicas que definem os principais clados animais estão indicadas pelos números na árvore e são as seguintes:

Metazoa: (1) Gastrulação e deposição de camadas de tecido embrionário; (2) junções septadas, junções estreitas e/ou zônulas aderentes nos tecidos epiteliais; (3) colágeno tipo IV; (4) membrana/lâmina basal colagenosa abaixo da epiderme; (5) miofibrilas estriadas e elementos contráteis de actina-miosina.

Metazoa acrescidos de Porifera: (6) radículas ciliares estriadas.

Cnidaria (e Ctenophora) + Bilateria: (7) junções comunicantes; (8) gônadas organizadas e fixas; (9) sistema nervoso sináptico; (10) tubo digestivo revestido por epitélio (com enzimas digestivas); (11) formam larva primária com um órgão apical (perdido pelos ecdisozoários); (12) presença de opsinas.

Bilateria: (13) simetria primária bilateral; (14) cefalização com concentração dos corpos celulares neurais na cabeça, formando gânglios cerebrais (ou seus rudimentos); (15) presença da terceira camada germinativa – mesoderme – formada basicamente pela endoderme embrionária. Os deuterostômios e os protostômios reunidos formam um clado conhecido como Nephrozoa, unidos pela presença de estruturas excretoras bem-definidas (i. e., bilatérios com exceção dos Xenacelomórficos).

Deuterostomia: (16) fendas branquiais faríngeas; (17) celoma corporal trimérico.

Chordata: (18) notocorda; (19) cordão nervoso dorsal oco; (20) endóstilo (ou seus derivados); (21) larva girino; (22) cauda pós-anal.

Protostomia. (23) gânglio cerebral dorsal forma conectivos circum-esofágicos com os cordões nervosos ventrais.

Ecdisozoários: (24) a cutícula multilaminar é desprendida/substituída uma ou mais vezes durante o ciclo de vida, um processo regulado pelos hormônios ecdisteroides; (25) perda do estágio de larva primária.

É desnecessário dizer que, em muitos casos, essas sinapomorfias foram alteradas ou perdidas secundariamente em alguns filos. As sinapomorfias dos outros clados e filos representados nessa árvore foram descritas nos capítulos anteriores.

tem bases seguras. A maioria das evidências morfológicas e moleculares coloca os xenacelomórficos como um clado e grupo-irmão de todos os outros bilatérios, como se pode observar em nossa árvore. Como os xenacelomórficos não têm órgãos excretores e esses (em suas diversas formas) estão presentes na maioria dos outros bilatérios, o grupo-irmão do Xenacoelomorpha (Deuterostomia + Protostomia) tem sido chamado Nephrozoa.

Protostomia pode ser dividido em três linhagens principais, uma contendo somente o filo Chaetognatha e dois grandes clados – Spiralia e Ecdysozoa. Contudo, nem os dados moleculares nem os morfológicos resolveram convincentemente as relações entre esses três clados. A maioria dos traços morfológicos dos quetognatos não tem homologias claras em outras linhagens e, sob o ponto de vista molecular, eles formam um ramo longo, que os separa da diversificação inicial dos protostômios. Trabalhos limitados de desenvolvimento sugerem que os quetognatos poderiam fazer um tipo de clivagem espiral, mas as filogenias moleculares raramente classificam esse gênero entre os espirálicos (Spiralia). Entretanto, seus gânglios cerebrais são semelhantes aos dos filos espirálicos.

As relações entre o clado Spiralia ainda precisam ser definidas com mais clareza, mas dados filogenômicos recentes sugeriram três clados – Gnathifera, Rouphozoa (Gastrotricha + Platyhelminthes) e Lophophorata. O nome mais antigo desse clado – Lophotrochozoa, que inclui os lofoforados e alguns dos maiores grupos de espirálicos (anelídeos, moluscos e nemertinos), também foi recuperado. Pesquisadores publicaram muitas outras sugestões quanto às relações entre as linhagens dos espirálicos, mas até hoje existe pouco consenso. Entre os espirálicos, o conceito de Annelida incluindo os filos mais antigos Sipuncula e Echiura, bem como Pogonophora e os vermes meiofaunais misteriosos *Lobatocerebrum* e *Diurodrilus*, tem bases seguras.

Os ecdisozoários (ou "protostômios que fazem mudas") estão parcialmente esclarecidos, embora as relações de grupos-irmãos entre os três clados principais (Scalidophora, Nematoida e Panartrhopoda) ainda não tenham sido bem-estudadas em razão da escassez de bancos de dados apropriados, que incluem dados genômicos dos quinorrincos (Kinorhyncha) e dos loricíferos (Loricifera). Na verdade, nenhuma análise filogenômica realizada até agora incluiu representantes de todos os filos de ecdisozoários. Contudo, as relações entre os deuterostômios estão praticamente resolvidas, com os Ambulacraria (Hemichordata + Echinodermata) sendo o grupo-irmão dos Chordata (Cephalochordata + Urochordata e Vertebrata/Craniata).

Uma das principais coisas que aprendemos com base nessa nova visão das relações filogenéticas é que os sistemas de desenvolvimento são flexíveis. Por exemplo, um traço que por muito tempo definiu o clado Deuterostomia era o próprio desenvolvimento deuterostômio. Contudo, hoje sabemos que esse tipo de embriogenia também ocorre em alguns filos que fazem parte do clado Protostomia (p. ex., nos nematomórficos, priápulos, braquiópodes, muitos crustáceos e, talvez, quetognatos). Portanto, conforme salientamos antes neste livro, o clado Deuterostomia não pode ser definido pela deuterostomia, assim como o clado Protostomia não pode ser definido pela protostomia (que também ocorre nos cnidários e ctenóforos). Do mesmo modo, a clivagem radial é plesiomórfica entre os bilatérios, enquanto a clivagem espiral – que é uma apomorfia dos espirálicos – parece ter revertido aos tempos da polirradialidade. Em nossa árvore, o clado Spiralia contém membros cujos padrões de clivagem são radiais (p. ex., os três filos de lofoforados), enquanto os gastrotríqueos parecem ter um tipo singular de clivagem. Vários filos de espirálicos formam larvas trocóforas ou semelhantes a essas (p. ex., moluscos, anelídeos, nemertinos e, possivelmente, entoproctos), mas esses animais ainda não foram agrupados consistentemente com base nas filogenias moleculares.

Isso nos leva de volta à pergunta de por que a diversidade das espécies animais é fortemente dominada pelos artrópodes, moluscos, anelídeos e vertebrados. Infelizmente, não há uma explicação fácil para entender por que esses quatro grupos desfrutaram dessas radiações tão expansivas. É possível que isso se deva ao tempo – talvez durante as eras mais primitivas (Mesozoico ou Paleozoico), outros filos tenham dominado a biosfera da Terra, mas simplesmente tenham nos deixado pouca evidência no registro fóssil de seu predomínio passado pois seus corpos são difíceis de fossilizar. Se isso fosse verdade, muitos desses filos pequenos poderiam ser considerados hoje "relíquias vivas" (como os caranguejos-ferradura). Os ctenóforos, placozoários, vermes acoelos, gastrotríqueos, nemertinos, quetognatos, entoproctos, gnatostomulídeos e outros filos que hoje parecem ser quase sem importância já dominaram o mundo no passado? Ou talvez os "quatro grandes" táxons sempre tenham predominado, em razão de algo intrínseco em sua biologia que ainda não foi descoberto. Outra possibilidade é de que simplesmente não tenhamos investigado com a profundidade necessária, não tenhamos passado tempo suficiente varrendo os hábitats intersticiais, os sedimentos dos mares profundos e o mundo parasitário – nesses hábitats pouco estudados, poderia haver uma diversidade biológica enorme, ainda esperando para ser descoberta (certamente hoje sabemos que isso é verdade com respeito aos vermes redondos, ou nematódeos). Não deixe de conferir a quarta edição de *Invertebrados* para ver o que aprenderemos sobre a árvore da vida nos próximos anos.

Terminamos este capítulo com um alerta e uma esperança. As filogenias moleculares estão montando o quebra-cabeça da árvore da vida animal com uma peça de cada vez, mas a morfologia ainda tem sua função na filogenética. Por exemplo, os gnatíferos foram reconhecidos primeiramente por análises dos seus traços morfológicos e depois foram confirmados repetidamente por análises morfológicas e moleculares. A monofilia dos outros grupos, como os escalidóforos, está apoiada mais fortemente por dados morfológicos do que por moleculares, mas esse clado é amplamente reconhecido pelos biólogos de invertebrados. Muitos grupos foram embaralhados na árvore, principalmente porque no passado foram posicionados com base em sistemas simples de características (p. ex., clivagem radial *versus* espiral; acelomados *versus* blastocelomados *versus* celomados) e muitos desses sistemas de características conflitam uns com os outros. A filogenética molecular ofereceu-nos uma nova forma de ver a árvore animal e seus resultados convincentes e estáveis levaram-nos a repensar certos paradigmas há muito sustentados (p. ex., Articulata *versus* Ecdysozoa; Atelocerata *versus* Tetraconata). A morfologia pode ser enganosa em alguns casos, assim como as análises moleculares também podem ser afetadas por diversos tipos de vieses, ou são incapazes de reconstruir as inter-relações de alguns grupos de animais. Portanto, apenas combinando a informação derivada do estudo cuidadoso de ambas as disciplinas, seremos capazes de gerar uma filogenia animal segura e estar em posição de compreender o que essa filogenia significa em termos de evolução dos planos corporais dos animais.

Bibliografia

Aguinaldo, A. M. A. *et al.* 1997. Evidence for a clade of nematodes, arthropods, and other moulting animals. Nature 387: 489-494.

Antcliffe, J. B., R. H. Callow e M. D. Brasier. 2014. Giving the early fossil record of sponges a squeeze. Biol. Rev. 89: 972-1004.

Borner, J. *et al.* 2014. A transcriptome approach to ecdysozoan phylogeny. Mol. Phylogenet. Evol. 80: 79-87.

Borowiec, M. L. *et al.* 2015. Extracting phylogenetic signal and accounting for bias in whole-genome data sets supports the Ctenophora as sister to remaining Metazoa. BMC Genomics 16, doi:10.1186/s12864-015-2146-4

Burleigh, J. G. *et al.* 2013. Next-generation phenomics for the Tree of Life. PLoS Currents Tree of Life, 5. doi: 10.1371/currents.tol.085c713acafc8711b2ff7010a4b03733

Cannon, J. T. *et al.* 2014. Phylogenomic resolution of the hemichordate an echinoderm clade. Curr. Biol. 24: 1-6.

Chen, L. *et al.* 2014. Cell differentiation and germ-soma separation in Ediacaran animal embryo-like fossils. Nature. doi: 10.1038/nature13766

Cunningham, J. A. *et al.* 2014. Distinguishing geology from biology in the Ediacaran Doushantuo biota relaxes constraints on the timing of the origin of bilaterians. Proc. R. Soc. B. 279: 2369-2376.

Delsuc, F. *et al.* 2006. Tunicates and not cephalochordates are the closest living relatives of vertebrates. Nature 439: 965-968.

Donoghue, M. J. *et al.* 1989. The importance of fossils in phylogeny reconstruction. Ann. Rev. Ecol. Syst. 20: 431-460.

Dunn, C. W. *et al.* 2014. Animal phylogeny and its evolutionary implications. Ann. Rev. Ecol. Syst. 45: 371-395.

Dunn, C. W. *et al.* 2008. Broad phylogenomic sampling improves resolution of the animal tree of life. Nature 452: 745-749.

Dunn, C. W., S. P. Leys e S. H. D. Haddock. 2015. The hidden biology of sponges and ctenophores. Trends Ecol. Evol. 30(5): 282-291.

Giribet, G. 2010. A new dimension in combining data? The use of morphology and phylogenomic data in metazoan systematics. Acta Zool. 91: 11-19.

Giribet, G. 2015. Morphology should not be forgotten in the era of genomics–A phylogenetic perspective. Zool. Anz. 256: 96-103.

Halanych, K. M. 2015. The ctenophore lineage is older than sponges? That cannot be right! Or can it? J. Exp. Biol. 218: 592-597.

Hejnol, A. e J. M. Martín-Durán. 2015. Getting to the bottom of anal evolution. Zool. Anz. doi: 10.1016/j.jcz.2015.02.006

Hejnol, A. *et al.* 2009. Assessing the root of bilaterian animals with scalable phylogenomic methods. Proc. R. Soc. B: Biol. Sci. 276: 4261-4270.

Jékely, G. *et al.* 2015. The phylogenetic position of ctenophores and the origin(s) of nervous systems. EvoDevo 6. doi:10.1186/2041-9139-6-1

Jondelius, U. I. *et al.* 2002. The Nemertodermatida are basal bilaterians and not members of the Platyhelminthes. Zool. Scr. 31: 201-215.

Laumer, C. E. *et al.* 2015. Spiralian phylogeny informs the evolution of microscopic lineages. Curr. Biol. 25: 2000-2006.

Lee, M. S. Y., J. Soubrier e G. D. Edgecombe. 2013. Rates of phenotypic and genomic evolution during the Cambrian Explosion. Curr. Biol. 23: 1889-1895.

Mah, J. L., K. K. Christensen-Dalsgaard e S. P. Leys. 2014. Choanoflagellate and choanocyte collar-flagellar systems and the assumption of homology. Evol. Dev. 16: 25-37.

Marlétaz, F. *et al.* 2006. Chaetognath phylogenomics: A protostome with deuterostome-like development. Curr. Biol. 16: R577-R578.

Marlow, H. *et al.* 2014. Larval body patterning and apical organs are conserved in animal evolution. BMC Biol. 12(7): 1-17.

Moroz, L. L. *et al.* 2014. The ctenophore genome and the evolutionary origins of neural systems. Nature 510: 109-114.

Moroz, L. L. 2015 Convergent evolution of neural systems in ctenophorans. J. Exp. Biol. 218: 598-611.

Nesnidal, M. P. *et al.* 2013. New phylogenomic data support the monophyly of Lophophorata and an Ectoproct-Phoronid clade and indicate that Polyzoa and Kryptrochozoa are caused by systematic bias. BMC Evol. Bio. 13: 253. doi: 10.1186/1471-2148-13-253

Nielsen, C. 2015. Larval nervous systems: true larval and precocious adult. J. Exp. Biol. 218: 629-636.

Nosenko, T. *et al.* 2013. Deep metazoan phylogeny: when different genes tell different stories. Mol. Phylog. Evol. 67: 223-233.

Novacek, M. J. e Q. D. Wheeler (eds.). 1992. *Extinction and Phylogeny*. Columbia Univ. Press, Nova York.

Osigus, H.-J. *et al.* 2013. Mitogenomics at the base of Metazoa. Mol. Phylogenet. Evol. 69: 339-351.

Philippe, H. *et al.* 2007. Acoel flatworms are not Platyhelminthes: evidence from phylogenomics. PLoS ONE 2: e717.

Philippe, H. *et al.* 2011. Acoelomorph flatworms are deuterostomes related to *Xenoturbella*. Nature 470: 255-258.

Philippe, H. *et al.* 2009. Phylogenomics revives traditional views on deep animal relationships. Curr. Biol. 19: 1-17.

Pick, K. S. *et al.* 2010. Improved phylogenomic taxon sampling noticeably affects nonbilaterian relationships. Mol. Biol. Evol. 27(9): 1983-1987.

Pisani, D. *et al.* 2015. Genomic data do not support comb jellies as the sister group to all other animals. PNAS. doi: 10.1073/pnas.1518127112

Rota-Stabelli, O. *et al.* 2010. Ecdysozoan mitogenomics: evidence for a common origin of the legged invertebrates, the Panarthropoda. Genome Biol. Evol. 2: 425-440.

Ryan, J. F. *et al.* 2013. The genome of the ctenophore *Mnemiopsis leidyi* and its implications for cell type evolution. Science 342: 1242592. doi: 10.1126/science.1242592

Shen, X. *et al.* 2015. Phylomitogenomic analyses strongly support the sister relationship of Chaetognatha and Protostomia. Zool. Scr. doi: 10.1111/zsc.12140

Strausfeld, N. J. e F. Hirth. 2013. Deep homology of arthropod central complex and vertebrate basal ganglia. Science 340: 157-161.

Vargas, P. e R. Zardoya (eds.). 2014. *The Tree of Life. Evolution and Classification of Living Organisms*. Sinauer Associates, Sunderland, MA.

Wägele, J. W. e T. Bartolomaeus (eds.). 2014. *Deep Metazoan Phylogeny: The Backbone of the Tree of Life. New Insights from Analyses of Molecules, Morphology, and Theory of Data Analysis*. De Gruyter, Berlim.

Whelan, N. V. *et al.* 2015. Error, signal, and the placement of Ctenophora sister to all other animals. PNAS 112: 5773-5778.

Créditos das Ilustrações

Aberturas de capítulo

Capítulo 1. Nudibrânquio xale-espanhol *Flabellina iodinea*, do Pacífico Leste. © Larry Jon Friesen.

Capítulo 2. Duas lagostas peludas (*Lauriea siagiani*) em uma esponja, ilha Cabilao, Filipinas. © F1online digitale Bildagentur GmbH/Alamy Stock Photo.

Capítulo 3. Microscopia eletrônica de varredura da diatomácea *Rutilaria* sp. © Science Photo Library/Alamy Stock Photo.

Capítulo 4. Medusa-sino ou guarda-chuva (*Polyorchis penicillatus*) dando carona a um caranguejo (*Metacarcinus gracilis*). © Larry Jon Friesen.

Capítulo 5. Embrião de ouriço-do-mar (*Lytechinus pictus*) no estágio de 16 células. Os 4 grandes macrômeros localizam-se atrás dos 4 pequenos micrômeros, assim como os 8 mesômeros encontram-se atrás dos macrômeros. Remanescentes do envoltório de fertilização podem ser vistos incorporados a algumas células. © Kallista Images/Visuals Unlimited, Inc.

Capítulo 6. A rara esponja *Clathrina clathrus* (mar Mediterrâneo). © Wolfgang Pölzer/Alamy Stock Photo.

Capítulo 7. Hidromedusa "rastejante" difundida (*Gonionemus vertens*). © Larry Jon Friesen.

Capítulo 8. Um ctenóforo alimentando-se de outro: *Beroe cucumis* prestes a engolfar *Mnemiopsis leidyi*. © Larry Jon Friesen.

Capítulo 9. *Xenoturbella bocki* (ou possivelmente uma espécie não descrita) vivo coletado por MBARI (Monterey Bay Aquarium Research Institute) de uma profundidade de cerca de 600 m, próximo à carcaça de uma baleia, no cânion Monterey Submarine, Califórnia. Cortesia de Greg Rouse.

Capítulo 10. Verme-tapete-persa, *Pseudobiceros bedfordi*. © Hans Gert Broeder/Shutterstock.

Capítulo 11. Estágio sexuado vermiforme de um rombozoário. © Larry Jon Friesen.

Capítulo 12. Verme-fita *Baseodiscus punnetti* do Pacífico Leste. © Larry Jon Friesen.

Capítulo 13. Nudibrânquio *Melibe leonine* do Pacífico Leste. © Larry Jon Friesen.

Capítulo 14. *Myrianida pachycera*, anelídeo silídeo proveniente da Austrália, mostrando o incrível fenômeno encontrado em alguns anelídeos, a epitoquia. Cortesia de Greg Rouse.

Capítulo 15. Entoproctos não identificados. © Robert Brons/Biological Photo Service.

Capítulo 16. Rotíferos coloniais (*Conochilus unicornis*) que se fixam à massa mucosa secretada por si próprios. © Wim van Egmond/Visuals Unlimited, Inc.

Capítulo 17. Briozoário subtidal gelatinoso do sul da Califórnia (*Alcyonidium* sp., Ctenostomata). © Larry Jon Friesen.

Capítulo 18. Nematódeo terrestre de vida livre *Caenorhabditis elegans*, organismo-modelo em muitos campos da biologia. © Larry Jon Friesen.

Capítulo 19. *Priapulus caudatus*, priápulo grande e difundido no Atlântico Norte. © Andreas Altenburger/Alamy Stock Photo.

Capítulo 20. Escorpião peludo gigante (*Hadrurus arizonensis*) fluorescendo sob luz UV. © Rick & Nora Bowers/Alamy Stock Photo.

Capítulo 21. *Polydectus cupulifer*, caranguejo-urso, com suas anêmonas simbiontes parceiras (uma em cada quelípede). © Larry Jon Friesen.

Capítulo 22. Borboleta *Junonia coenia* (castanheira). © Larry Jon Friesen.

Capítulo 23. Milípede gigante norte-americano *Narceus americanus* (Spirobolidae). Cortesia de David McIntyre.

Capítulo 24. Aranha tecedora orbicular fêmea do gênero *Eriophora* (Araneidae) proveniente da Amazônia brasileira. Cortesia de G. Hormiga.

Capítulo 25. Pena-do-mar amarela *Comanthina* sp., ilha Komodo, Indonésia. © Wolfgang Pölzer/Alamy Stock Photo.

Capítulo 26. Verme-bolota-de-carvalho *Glossobalanus sarniensis* (Hemichordata: Enteropneusta). © Nature Photographers Ltd/Alamy Stock Photo.

Capítulo 27. Ascídia social *Clavelina hunstmani*. © Larry Jon Friesen.

Capítulo 28. Página do caderno de Darwin por volta de julho de 1837, mostrando o esboço inicial de uma árvore filogenética.

Conteúdo

Página viii, mofo limoso (*Leocarpus fragilis*): Cortesia de David McIntyre. **Página ix**, acoela (*Waminoa* sp.): Cortesia de R. Groeneveld. **Página x**, anelídeo (*Paralvinella fijiensis*): Cortesia de Greg Rouse. **Página xi**, rotífero (*Philodina roseola*): © Wim van Egmond/Visuals Unlimited, Inc. **Página xii**, onicóforo (*Peripatoides aurorbis*): Cortesia de G. Giribet. **Página xiii**, detalhe de uma estrela-do-mar (*Astrometis sertulifera*): © Larry Jon Friesen.

Capítulo 1

1.2: Segundo Jenkins, in Lipps e Signor, 1992. **1.3 A, D a H:** Por Marianne Collins, de S. J. Gould, *Wonderful Life*, W. W. Norton, 1989. **1.4:** "Fauna of the Burgess Shale", Carel Brest von Kempen. Acrílico sobre prancha de ilustração. **1.6 A, C a F:** Cortesia de R. Brusca. **1.6 B:** Cortesia de David McIntyre.

Capítulo 2

2.6: De Misof *et al.*, 2014.

Capítulo 3

3.1 A: © P. W. Johnson/Biological Photo Service. **3.1 B:** © iStock.com/micro_photo. **3.1 C:** © J. Solliday/Biological Photo Service. **3.1 D:** © M. Kreutz/micro*scope. **3.1 E:** © D. Patterson e M. Farmer/micro*scope. **3.1 F:** Cortesia de M. G. Schultz/Centers for Disease Control. **3.1 G:** © Wim van Egmond/Visuals Unlimited, Inc. **3.1 H:** Cortesia de D. Lipscomb e K. Kivimaki. **3.1 I e K:** © Larry Jon Friesen. **3.1 J:** © O. R. Anderson/micro*scope. **3.2:** Modificada de Archibald, 2007.

3.3: Modificada de Sleigh 1989. **3.4 E:** Cortesia de D. Lipscomb. **3.5 A:** Cortesia de B. S. C. Leadbeater. **3.5 B:** © G. F. Leedale/Biophoto Associates. **3.5 C:** Cortesia de G. Brugerolle. **3.5 D:** Cortesia de K. Vickerman. **3.6:** Segundo Raikov, 1994. **3.7 C:** Cortesia de D. Lipscomb e K. Kivimaki. **3.7 D:** © D. Patterson/micro*scope. **3.7 E:** © Wim van Egmond/Visuals Unlimited, Inc. **3.7 F:** © Larry Jon Friesen. **3.8 A:** Cortesia de Scott Soloman. **3.8 B, D** a **F:** © Larry Jon Friesen. **3.8 C:** Cortesia de R. Brusca. **3.9:** Segundo Grell, 1973. **3.10 C:** © Robert Brons/Biological Photo Service. **3.11 B:** Redesenhada de Grell, 1973, do filme E-1643 por Netzel e Heunert, 1971. **3.12 A** *à esquerda*: Segundo Mackinnon e Hawes, 1961. **3.12 A** *à direita*: © Larry Jon Friesen. **3.12 B:** © Dr. Peter Siver/Visuals Unlimited, Inc. **3.12 C:** © Albert Lleal/Minden Pictures/Corbis. **3.12 D:** Cortesia de Brian Leander. **3.12 E:** © Larry Jon Friesen. **3.12 F:** Cortesia de Jacques Descloitres, MODIS Land Rapid Response Team at NASA GSFC. **3.13 A:** Segundo Grell, 1973. **3.14 B:** Segundo Marquardt e Demaree, 1985. **3.14 C:** Cortesia de D. Lipscomb e K. Kivimaki. **3.14 D:** Cortesia de Brian Leander. **3.15:** Segundo Grell, 1973. **3.16:** Segundo Miller *et al.*, 1985. **3.17 A** *à direita*, **E, H** e **I:** © Larry Jon Friesen. **3.17 B** a **D:** Cortesia de D. Lipscomb e K. Kivimaki. **3.17 F:** Cortesia de D. Lipscomb. **3.17 G:** © M. Kreutz/micro*scope. **3.19 A** e **B:** Segundo Sleigh, 1973. **3.19 C:** Redesenhada de Grell, 1973, segundo Parducz, 1954. **3.19 H:** Segundo Grell, 1973. **3.21 A:** © Greg Antipa/Science Source. **3.21 B:** © M. Kreutz/micro*scope. **3.22:** Segundo Sleigh, 1973. **3.23 B, C** e **D:** Redesenhada de Grell, 1983, segundo Bardele e Grell, 1967. **3.24 A:** Cortesia de D. Lipscomb e K. Kivimaki. **3.24 B:** De Lynn e Didier, 1978, cortesia de D. Lynn. **3.24 C:** © M. Kreutz/micro*scope. **3.26:** © Michael Abbey/Visuals Unlimited, Inc. **3.27 A** e **B:** Redesenhada de Grell, 1973, segundo Grell, 1953. **3.27 C** e **D:** Redesenhada de Grell, 1973, segundo Mugge, 1957. **3.27 E:** Segundo Grell, 1973. **3.28 A** e **B:** Cortesia de D. Lipscomb e K. Kivimaki. **3.28 C** a **E, G:** © Larry Jon Friesen. **3.28 F:** Cortesia de D. Lipscomb e K. Kivimaki. **3.28 H:** Cortesia de Claire Fackler, CINMS, NOAA. **3.29:** Segundo Sleigh, 1989. **3.30 A** e **B:** © Science Photo Library/Alamy Stock Photo. **3.30 C:** © Dr. Peter Siver/Visuals Unlimited, Inc. **3.30 C:** Cortesia de Jeff Schmaltz, LANCE/EOSDIS MODIS Rapid Response Team at NASA GSFC. **3.31:** © D. Patterson/micro*scope. **3.32:** © The Natural History Museum/Alamy Stock Photo. **3.33:** © Tom Adams/Visuals Unlimited, Inc. **3.34 A:** Cortesia de Patrick Keeling. **3.34 B:** Cortesia de Gary Meyer. **3.35 A** e **B:** © Robert Brons/Biological Photo Service. **3.36:** © D. Patterson/micro*scope. **3.37 A:** Redesenhada de Grell, 1973, segundo Myers, 1943. **3.37B:** © Michael Patrick O'Neill/Alamy Stock Photo. **3.38 A:** © Wim van Egmond/Visuals Unlimited, Inc. **3.38 B:** © Robert Brons/Biological Photo Service. **3.38 C:** De Grell, 1973, segundo Haeckel. **3.39 A:** Segundo Margulis e Schwartz, 1988, a partir de um desenho de L. Meszoly. **3.39 B:** © M. Schliwa/Visuals Unlimited, Inc. **3.40:** Redesenhada de Grell, 1973, segundo Hollande e Enjumet, 1953. **3.41:** Segundo Sleigh, 1989. **3.42 A** e **C:** Segundo Grell, 1973. **3.42 B:** Segundo Sleigh, 1989. **3.43 A:** Cortesia de Dr. Stan Erlandsen/Centers for Disease Control. **3.43 B:** Segundo Grell, 1980. **3.43 C:** Segundo Schmidt e Roberts, 1989, a partir de um desenho de William Ober. **3.43 D:** Cortesia de Brian Leander. **3.44 B:** © M. Bahr e D. Patterson/micro*scope. **3.44 C:** Cortesia de Brian Leander. **3.46:** De Bricheux e Brugerolle, 1987. Cortesia de G. Brugerolle. **3.47 A:** Segundo Chen, 1950. **3.47 B:** © D. Patterson/micro*scope. **3.49 B:** Segundo Brugerolle *et al.*, 1979. **3.49 C:** Cortesia de L. Tetley e K. Vickerman. **3.51:** © D. Patterson e M. Farmer/micro*scope. **3.52:** Segundo Sleigh in House, 1979, modificada de Margulis, 1970. **3.53:** Adaptada de Lukes *et al.*, 2009.

Capítulo 4

4.1: Cortesia de J. DeMartini. **4.1 B:** © Lebendkulturen.de/Shutterstock. **4.3 B:** © Ethan Daniels/Shutterstock. **4.3 C** a **E:** Cortesia de G. McDonald. **4.3 F:** Cortesia de R. Brusca. **4.4 B** e **C:** Cortesia de O. Feuerbacher. **4.7 G:** Segundo Brusca e Brusca, 1978. **4.8 F** e **G:** De Brusca e Brusca, 1978. **4.9 A:** Cortesia de R. Emlet. **4.9 B:** Cortesia de P. Bergquist. **4.9 C:** Cortesia de R. Brusca. **4.9 D:** Cortesia de G. McDonald. **4.10 A:** De Brusca e Brusca, 1978. **4.10 B:** Segundo Sherman e Sherman, 1976. **4.10 C:** Cortesia de Dr. John R. Dolan, Laboratoire d'Oceanographie de Villefranche; Observatoire Oceanologique de Villefranche-sur-Mer. **4.10 D:** Cortesia de G. McDonald. **4.10 E:** © iStock.com/Velvetfish. **4.13 A** e **B:** Cortesia de G. McDonald. **4.13 C:** Cortesia de J. Haig. **4.13 D:** De Sanders, 1963. **4.14 A:** Segundo Fauchald e Jumars, 1979. **4.14 B:** Cortesia de G. McDonald. **4.14 C:** Cortesia de K. Banse. **4.15:** Cortesia de G. G. Warner. **4.16 A** e **B:** Segundo Fauchald e Jumars, 1979. **4.16 C:** © Stephan Kerkhofs/Shutterstock. **4.17 A** e **B:** Cortesia de G. McDonald. **4.17 C:** Cortesia de C. DiGiorgio. **4.17 E:** Cortesia de R. Brusca. **4.18:** Cortesia de P. Fankboner. **4.19 A:** © Larry Jon Friesen. **4.19 B:** Cortesia de David Burdick/NOAA. **4.19 C:** Cortesia de P. Fankboner. **4.19 D** e **G:** Cortesia de A. Kerstitch. **4.19 E:** Segundo Caldwell e Dingle. **4.19 F:** Cortesia de T. Case. **4.19 H:** © National Geographic Image Collection/Alamy Stock Photo. **4.22 B:** Segundo Mercer, 1959. **4.22 D:** Segundo Jurand e Selman, 1969. **4.23 A:** Segundo Wilson e Webster, 1974. **4.23 B:** Segundo Goodrich, 1945. **4.23 D:** Segundo Snodgrass, 1952. **4.26 A:** Cortesia de G. McDonald. **4.26 B:** © iStock.com/Brett Petrillo. **4.26 C:** Cortesia de P. Fankboner. **4.26 D** a **G:** Segundo Barnes, 1980. **4.26 H:** © Larry Jon Friesen. **4.28 A:** Segundo Kuhl, 1938. **4.28 B:** Segundo Gibson, 1972. **4.28 C:** Cortesia de S. Riseman. **4.30:** © Larry Jon Friesen. **4.31 B:** Segundo Prosser e Brown, 1961. **4.31 C** *acima*: Cortesia de T. e M. Eisner. **4.31 C** *abaixo*: © P. J. Bryant/Biological Photo Service. **4.32 A:** Segundo Wells, 1968. **4.34 A:** © J. Morin. **4.34 B:** Cortesia de M. K. Wicksten. **4.34 C:** Cortesia de R. Brusca. **4.34 D:** Cortesia de G. McDonald.

Capítulo 5

5.1: Segundo Duboule, 2007. **5.7:** Segundo Martindale, 2005. **5.15 C:** Segundo Hyman, 1940. **5.18:** Cortesia de C. Nielsen.

Capítulo 6

6.1 A: Segundo McConnaughey, 1963. **6.1 B** e **C:** © Robert Brons/Biological Photo Service. **6.2 A, B, G, H** e **P:** © Larry Jon Friesen. **6.2 C:** © Wolfgang Pölzer/Alamy Stock Photo. **6.2 D:** © Marli Wakeling/Alamy Stock Photo. **6.2 E:** © Dennis Sabo/Shutterstock. **6.2 F:** © Amar e Isabelle Guillen/Guillen Photo LLC/Alamy Stock Photo. **6.2 I:** © P. Petry. **6.2 J:** © C. Robertson. **6.2 K:** © Rick e Nora Bowers/Alamy Stock Photo. **6.2 L:** De Bergquist, 1978. **6.2 M:** Cortesia de D. Freeman. **6.2 N:** Cortesia de R. Brusca. **6.2 O:** Cortesia de David McIntyre. **6.3 A:** Segundo Hartman, 1963. **6.3 B:** Segundo Bergquist, 1978. **6.3 C** e **D:** Segundo Reiswig, 1975. **6.4:** Segundo Bayer e Owre, 1968. **6.5 A:** Segundo Bayer e Owre, 1968. **6.5 B:** Segundo Sherman e Sherman, 1976. **6.5 C:** © Carolina Biological Supply Co./Visuals Unlimited, Inc. **6.6:** De Bergquist, 1978. **6.7 A:** Com autorização de S. Leys (segundo Reiswig e Mehl, 1991). **6.7 B:** Segundo Leys, 1999. **6.7 C:** De Leys *et al.*, 2007. **6.8 A** a **D, I:** Segundo Connes *et al.*, 1971. **6.8 E** e **G:** De Bayer e Owre, 1968. **6.8 F:** Segundo Barnes, 1980. **6.8 H:** Segundo Brill, 1973. **6.9 A** a **C:** Segundo Bergquist, 1978. **6.9 D:** Segundo Hyman, 1940. **6.10 A:** Segundo Bergquist, 1978. **6.10 B** e **C:** Segundo Bergquist, 1978. **6.11:** Cortesia de R. Brusca. **6.12 A:** De Bergquist, 1978; cortesia de P. Bergquist. **6.12 B** a **D:** Segundo Hyman, 1940. **6.12 F:** Segundo Hartman, 1969. **6.12 G:** De Bergquist, 1978; fotografia das microescleras asterosadas cortesia de B. Beaumont, outras imagens cortesia de P. Bergquist. **6.13:** Cortesia de J. Vacelet. **6.14 A** e **C:** De Kelly e Vacelet, 2011. **6.14 B:** © 2012 MBARI. **6.14 D:** De Vacelet, 2007. **6.15 A:** Cortesia de J. Williams. **6.15 B:** Cortesia de C. Middleton. **6.15 C:** Cortesia de I. Middleton. **6.16 A:** De Bayer e Owre, 1968. **6.16 B** e **C:** Segundo Hyman, 1940. **6.16 D** e **E:** De Manconi e Pronzato, 2007. **6.17 A** e **B:** Segundo Brien e Meewis, 1938. **6.17 C:** Cortesia de E. Bautista-Guerrero. **6.17 D** e **E:** © Michael Patrick O'Neill/Alamy Stock Photo. **6.18:** Segundo Hyman, 1940. **6.19:** De Leys e Ereskovsky, 2006. **6.20:** Todas as imagens cortesia de Alexander Ereskovsky. **6.21 B** a **F:** De Bayer e Owre, 1968. **6.22:** © David Wrobel/Visuals Unlimited, Inc. **6.23 A:** © Nuno Vasco Rodrigues/Shutterstock. **6.23 B:** De Rützler e Reiger, 1973. **6.24:** Cortesia de R. Brusca. **6.26:** Segundo Bergquist, 1978. **6.27:** Segundo Gazave *et al.*, 2012.

Capítulo 7

7.1 A, C, K e **L:** © Larry Jon Friesen. **7.1 B:** Cortesia de R. Brusca. **7.1 D:** © WaterFrame/Alamy Stock Photo. **7.1 E:** Cortesia de G. McDonald. **7.1 F:** © Andrey Nekrasov/Alamy Stock Photo. **7.1 G:** © Michael Patrick O'Neill/Alamy Stock Photo. **7.1 H:** © Larry Jon Friesen. **7.1 I:** © iStock.com/micro_photo. **7.1 J:** © Robert Brons/Biological Photo Service. **7.1 M:** Cortesia de I. Fiala. **7.2 A** a **C:** Segundo Bayer e Owre, 1968. **7.2 D** a **F:** Segundo Shimizu e Nimikawa, 2009. **7.3, 7.4, 7.5 A** a **E:** De Bayer e Owre, 1968. **7.6 A:** Segundo Bayer e Owre, 1968, com modificação na área da boca. **7.8 A** a **C, E:** De Bayer e Owre, 1968.

Créditos das Ilustrações **993**

7.8 D e G: © J. Morin. **7.8 H:** De Alvariño, 1983. **7.8 I:** © D. J. Wrobel/Biological Photo Service. **7.9:** De Bayer e Owre, 1968. **7.10 A e B:** De Fields e Mackie, 1971. **7.10 C:** Cortesia de R. Brusca. **7.11 A a E:** De Bayer e Owre, 1968. **7.11 F:** Cortesia de A. Kerstitch. **7.11 G e H:** © J. Morin. **7.12 A, B e D:** De Bayer e Owre, 1968. **7.12 C:** Cortesia de R. Brusca. **7.12 E:** Cortesia de G. McDonald. **7.13 A, B, D e F:** © Larry Jon Friesen. **7.14 A:** De Bayer e Owre, 1968. **7.14 B:** Segundo Barnes, 1987. **7.15:** Segundo Larson, 1976. **7.16:** Cortesia de F. Bayer e W. R. Brown, Smithsonian Institution. **7.17:** Segundo Cairns, 1981. **7.18:** De Bayer e Owre, 1968. **7.19:** Segundo Mackie e Passano, 1968. **7.20:** De Bayer e Owre, 1968. **7.21 B:** Segundo Hyman, 1940. **7.21 D:** Cortesia de Ed Bowlby/NOAA. **7.21 E:** Cortesia de C. Birkeland. **7.22 A e B:** © Larry Jon Friesen. **7.23:** Segundo Sherman e Sherman, 1976. **7.24 A:** De Holstein e Tardent, 1983. **7.24 B e E:** De Mariscal, 1974. **7.25:** Segundo Mariscal, in Muscatine e Lenhoff, 1974. **7.26 a a D:** De Hamner e Dunn, 1980. **7.26 E:** Cortesia de C. Birkeland. **7.27 A:** © D. J. Wrobel/Biological Photo Service. **7.27 B:** © Larry Jon Friesen. **7.27 C:** Cortesia de C. Birkeland. **7.28:** Segundo Russell-Hunter, 1979. **7.29:** Segundo Kent *et al.*, 2001. **7.30:** Cortesia de D. Fautin. **7.31:** De Cairns e Barnard, 1984. **7.32 A:** Segundo Bayer e Owre, 1968. **7.32 B:** Cortesia de J. Smith. **7.32 C:** © Dobermaraner/Shutterstock. **7.33 A:** Segundo Wells, 1968. **7.33 B:** Segundo Barnes, 1987. **7.33 C:** De Bayer e Owre, 1968. **7.34:** De Mariscal, 1974. **7.35 A e B:** Segundo Hyman, 1940. **7.35 C, D e F:** De Bayer and Owre, 1968. **7.35 E:** Segundo Conant, 1900. **7.36 A:** © Larry Jon Friesen. **7.36 B:** De Bayer e Owre, 1968. **7.37 A e C:** © Robert Brons/Biological Photo Service. **7.37 B e D:** Cortesia de S. Keen e B. Cameron. **7.38 A e B:** De Bayer e Owre, 1968. **7.38 C:** Segundo Calder, 1982. **7.39:** De Bayer e Owre, 1968. **7.40:** De Stretch e King, 1980. **7.41, 7.43:** De Bayer e Owre, 1968. **7.44, 7.45:** Cortesia de J. Just. **7.46:** Segundo Collins, 2009.

Capítulo 8

8.1 A: © Larry Jon Friesen. **8.1 B e F:** © D. J. Wrobel/Biological Photo Service. **8.1 C e D:** G. Matsumoto/© MBARI. **8.1 E:** © Reinhard Dirscherl/Corbis. **8.1 G:** © Andrey Nekrasov/imageBROKER/Corbis. **8.1 H:** © J. Morin. **8.1 I:** Cortesia de B. Shepherd. **8.2 B, C, F e L:** Segundo Harbison e Madin 1983. **8.2 E e K:** Segundo Mayer, 1912. **8.2 G:** Segundo Komai, 1934. **8.2 H:** Segundo Bayer e Owre, 1968. **8.3 A:** Segundo Bayer e Owre, 1968. **8.4:** Cortesia de L. Madin, Woods Hole Oceanographic Institution, www.cmarz.org. **8.6:** Segundo Hyman, 1940. **8.7 A:** De Bayer e Owre, 1968. **8.7 B:** Segundo Franc, 1978. **8.7 C a E:** Cortesia de P. Fankboner. **8.8:** De Mills e Miller, 1984. **8.9 A:** Segundo Komai, 1922. **8.9 B:** Segundo Hyman, 1940. **8.10 A:** Segundo Hyman, 1940. **8.10 C:** De Bayer e Owre, 1968. **8.11, 8.12:** Segundo Hyman, 1940. **8.13 A e B:** De Tang *et al.*, 2011. **8.13 C:** © Javier Herboso.

Capítulo 9

9.1 A a C, F, G: Cortesia de M. Hooge. **9.1 D, H:** Cortesia de U. Jondelius. **9.1 E:** Cortesia de R. Groeneveld. **9.2:** Segundo Yamasu, 1991. **9.3:** Cortesia de E. Hirose. **9.4:** Segundo Kotikova e Raikova, 2008. **9.5:** Cortesia de E. Hirose. **9.6:** Segundo Gschwenter *et al.*, 2002. **9.7:** Cortesia de M. Hooge. **9.8:** Cortesia de C. Todt. **9.9:** Cortesia de J. G. Achatz. **9.10:** Segundo Reuter e Kreschenko, 2004. **9.11:** Segundo a base de dados de biodiversidade ETI World (desenho original de Steven Francis). **9.12:** Segundo Achatz *et al.*, 2010. **9.13 A:** Cortesia de U. Jondelius. **9.13 B:** Cortesia de M. Hooge. **9.14:** Segundo Sterrer, 1998. **9.15:** Cortesia de K. Lundin. **9.16:** Segundo K. Lundin, 1998. **9.17:** Cortesia de I. Meyer-Wachsmuth. **9.18:** Segundo Sterrer, 1998. **9.19:** Segundo K. Lundin *et al.*, 1998. **9.20:** Segundo Jondelius *et al.*, 2004. **9.21:** Cortesia de G. Rouse. **9.22:** Segundo Ehlers e Sopott Ehlers, 1997. **9.23:** Cortesia de K. Lundin (de Lundin, 1998). **9.24:** Segundo Ehlers e Sopott Ehlers, 1997. **9.25:** Segundo Telford, 2008.

Capítulo 10

10.1 A: Cortesia de C. Laumer. **10.1 B:** Cortesia de J. Smith III. **10.1 C, H, J e K:** © Larry Jon Friesen. **10.1 D:** © Gabbro/Alamy Stock Photo. **10.1 E:** © M. Hooge. **10.1F:** © S. K. Webster/Biological Photo Service. **10.1 G:** Da coleção de fotografias do Dr. James P. McVey, NOAA Sea Grant Program. **10.1 I e N:** © J. Morin. **10.1 L:** Cortesia de Kevin Kocot. **10.1 M:** © R. Brons/Biological Photo Service. **10.3 A, C e F:** © Larry Jon Friesen. **10.3 E:** Segundo Hyman, 1951. **10.4 B:** Segundo Brown, 1950. **10.4 C:** Segundo Hyman, 1951. **10.5 A:** Segundo C. Bedini e F. Papi, in Riser e Morse, 1974. **10.5 B:** Segundo Bayer e Owre, 1968. **10.6 A:** Segundo Sherman e Sherman. **10.7 A:** Segundo L. T. Threadgold, 1963, *Q. J. Microsc. Sci.* 104. **10.7 B:** Segundo Barth e Broshears, 1982. **10.8 A:** Segundo Schell, 1982. **10.8 B e C:** Segundo Marquardt e Demaree, 1985. **10.8 D:** Cortesia de J. DeMartini. **10.9 A e B:** Segundo Hyman, 1951. **10.9 C a E:** Cortesia de J. DeMartini. **10.9 F:** © Larry Jon Friesen. **10.10:** Segundo Hyman, 1951. **10.11 A a C:** Segundo Russell-Hunter, 1979. **10.11 D:** Segundo Hyman, 1951. **10.11 E:** © M. Hooge. **10.12:** Segundo Bayer e Owre, 1968. **10.13, 10.14, 10.15:** Segundo Hyman, 1951. **10.16:** De Bayer e Owre, 1968. **10.18 A e E:** De Bayer e Owre, 1968. **10.18 F:** Cortesia de R. Hochberg. **10.19, 10.20:** Segundo Hyman, 1951. **10.21 A:** De Bayer e Owre, segundo Ivanov, 1955. **10.21 C:** Segundo Hyman, 1951. **10.22 A:** De Bayer e Owre, 1968. **10.22 C:** Segundo Noreña, 2015. **10.23 A:** Segundo Boolootian e Stiles, 1981. **10.23 B:** Segundo Hyman, 1951, desenhada por Hyman a partir de uma fotografia de Kato, 1940. **10.23 C e D:** Segundo Scharer *et al.*, 2011. **10.24, 10.25:** De Bayer e Owre, 1968, segundo Kato, 1940. **10.27 B:** Segundo Barnes, 1980, de Smyth e Clegg, 1959. **10.27 C:** Segundo Noble e Noble, 1982. **10.28 B à direita:** Cortesia de J. DeMartini. **10.29 A:** Segundo Olsen, 1974. **10.29 B:** Adaptada de Smyth, 1977. **10.30 C:** Cortesia de J. DeMartini. **10.30 D:** © Larry Jon Friesen. **10.31 A:** Segundo Marquardt e Demaree, 1985. **10.31 B:** Segundo Noble e Noble, 1982. **10.33 A:** Segundo Ax, 1963. **10.33 B:** Segundo Karling, 1974.

Capítulo 11

11.1 A: Segundo Lapan e Morowitz, 1972. **11.1 B e C:** Segundo Atkins, 1933. **11.3 A:** Segundo Hyman, 1940. **11.3 B e C:** Segundo Lapan e Morowitz, 1972. **11.3 D:** De McConnaughey, 1963; segundo Nouvel, 1948. **11.5, 11.6, 11.7:** Segundo Hyman, 1940. **11.9:** Cortesia de E. Thuesen e S. Haddock. **11.10 A e B:** Segundo Shinn, 1997. **11.10 C:** Segundo Hyman, 1959. **11.10 D:** Segundo Feigenbaum, 1978. **11.10 E:** Segundo Meglitsch, 1972. **11.10 F:** Segundo Shinn, 1994. **11.10 G:** Segundo Shin, 1997. **11.10 H:** Segundo Burfield, 1927. **11.11 A a C:** Cortesia de E. Theusen e R. Bieri. **11.11 D:** Segundo Shinn, 1994. **11.12:** Cortesia de M. Terazaki e C. B. Miller. **11.13 A:** Segundo Shimotori e Goto, 2001. **11.13 B a G:** Segundo Hyman, 1959. **11.14:** Cortesia de R. Hochberg. **11.15 C e D:** Segundo Kieneke *et al.*, 2008. **11.15 E e F:** Cortesia de R. Hochberg.

Capítulo 12

12.1A, B, D e F: Cortesia de Gonzalo Giribet. **12.1 C:** Cortesia de G. McDonald. **12.1 E e H:** De Bayer e Owre, 1968. **12.1 G:** Segundo Gibson, 1982 B. **12.2 A e B:** Segundo Hyman, 1951. **12.2 C:** De Bayer and Owre, 1968; segundo Coe, 1943. **12.3:** Segundo Gibson, 1982. **12.4:** Cortesia de S. Stricker. **12.5 A a D:** Segundo Russell-Hunter, 1979, com base nos artigos de R. Gibson. **12.5 E:** Segundo Gibson, 1982 B. **12.5 F a H:** Cortesia de S. Stricker. **12.6:** Segundo Gibson, 1982. **12.7, 12.8, 12.9:** Segundo Hyman, 1951. **12.10 B e C:** De Bayer e Owre, 1968. **12.10 D, 12.11, 12.12, 12.13:** Segundo Hyman, 1951. **12.14 A e C:** Segundo Gibson, 1972. **12.14 B:** Segundo Gontcharoff, 1961.

Capítulo 13

13.1 A a C: Cortesia de D. Lindberg. **13.1 D a F, K:** Cortesia de G. McDonald. **13.1 G a J:** © Larry Jon Friesen. **13.1 L:** Cortesia de P. Fankboner. **13.1 N:** © Animal Stock/Alamy Stock Photo. **13.1 O:** © age fotostock/Alamy Stock Photo. **13.1 P:** © Christopher Crowley/Visuals Unlimited, Inc. **13.1 Q:** Cortesia de R. Brusca. **13.2 A e D:** Cortesia de Christiane Todt. **13.2 B, E e H:** Segundo Hyman, 1967. **13.2 C:** Segundo Scheltema e Morse, 1984. **13.2 e H:** Segundo Hyman, 1967. **13.2 I:** Cortesia de Kevin Kocot e Jeremy Shaw. **13.2 J e K:** Cortesia de Kevin Kocot. **13.2 L:** Segundo Scheltema e Morse, 1984. **13.3A, B, D e E:** Segundo Lemche e Wingstrand, 1959. **13.3 C:** Cortesia de D. Lindberg. **13.4 C:** Cortesia de G. McDonald. **13.5 A:** Segundo Hyman, 1967. **13.5 B e C:** Segundo Fretter e Graham, 1962. **13.6 B:** Segundo Fretter e Graham, 1962. **13.7 A:** Cortesia de R. Brusca. **13.7 B:** Segundo Hyman, 1967. **13.7 E:** Cortesia de J. King. **13.7 F e G:** De Brusca e Brusca, 1978. **13.7 H:** © WaterFrame/Alamy Stock Photo. **13.7 I:** Cortesia de R. Brusca. **13.7 J:** © imageBROKER/Alamy Stock Photo. **13.8 A:** De Brusca e Brusca 1978. **13.11 D:** © Reuters/Corbis. **13.12 B:** Segundo Lane, 1960. **13.12 C:** Segundo Winkler e Ashley, 1954. **13.12 E a G:** Cortesia de A. Kerstitch. **13.16 A, H e I:** De Brusca e Brusca, 1978. **13.16 B:** Cortesia de G. McDonald. **13.17:** © Larry Jon Friesen. **13.18 A a D:**

Segundo Lang, 1900, *Lehrbuch der vergleichenden Anatomie der wirbellosen Thiere* 3: 1–509. **13.18 E:** Segundo Morton, 1979. **13.18 F:** Segundo Barnes, 1980. **13.19 A e B:** Modificada segundo Miller, 1974. **13.19 C:** Cortesia de G. McDonald. **13.19 D:** © Larry Jon Friesen. **13.19 E:** Segundo Hyman, 1967. **13.20 A a D:** Segundo Trueman, 1966. **13.21 A:** © D. J. Wrobel/Biological Photo Service. **13.21 E e F:** Cortesia de R. Brusca. **13.22 A:** © Gergo Orban/Shutterstock. **13.22 B:** Cortesia de R. Brusca. **13.22 C:** Cortesia de G. McDonald. **13.24 A:** Segundo Solem, 1974. **13.24 B:** Segundo Hyman, 1967. **13.24 C:** Segundo McLean, 1962, *Proc. Malac. Soc. London* 35: 23–26. **13.25 A, C, E e F:** Segundo Fretter e Graham, 1962. **13.25 B e D:** Segundo Hyman, 1967. **13.26:** Cortesia de C. DiGiorgio. **13.27:** © Alex Kerstitch/Visuals Unlimited, Inc. **13.28:** Segundo Barnes, 1980. **13.29:** Segundo Fretter e Graham, 1962. **13.30 G a I:** Cortesia de S. Hendrixson. **13.31 A:** Segundo Yonge e Thompson, 1976. **13.31 B a D:** Segundo Reid e Reid, 1974. **13.32 A a E:** Segundo Hyman, 1967. **13.32 F:** Segundo Bullough, 1958. **13.33 B:** Segundo Hyman, 1967. **13.35 A:** Segundo Cox, in Moore (ed.), 1960. **13.35 B:** Segundo Pearse *et al.*, 1987. **13.36:** Segundo Fretter e Graham, 1962. **13.37 A:** © Elenarts/Shutterstock. **13.37 B:** Cortesia de R. Brusca. **13.38:** Modificada de Fretter e Graham, 1962. **13.39:** Segundo Hyman, 1967. **13.40 A a C:** Segundo Cox, in Moore (ed.), 1960. **13.40 B:** Segundo Fretter e Graham, 1962. **13.42 A:** Segundo Wells, 1963. **13.42 B:** Segundo Winkler e Ashley, 1954. **13.42 D:** Segundo Russell-Hunter, 1979. **13.43:** Segundo Hyman, 1967. **13.44 F:** © Premaphotos/Alamy Stock Photo. **13.45:** Segundo Hadfield, in Giese e Pearse, 1979. **13.46:** Segundo Yonge, in Moore (ed.), 1960; segundo Hyman, 1967. **13.47 A:** Segundo Fretter e Graham, 1962. **13.47 B e C:** Segundo Hyman, 1967. **13.47 D:** Segundo Cameron e Redfern, 1976. **13.48 B:** Cortesia de David McIntyre. **13.50:** Segundo Scheltema, 1993. **13.51 A:** Segundo Sherman e Sherman, 1976. **13.51 B:** Segundo Hadfield, in Giese e Pearse 1979. **13.51 C:** Segundo Hyman, 1967. **13.52 A e B:** Redesenhada de Hyman, 1967, segundo Werner, 1955, *Helg. Wissensch. Meeresuntersuchungen*, 5. **13.52 C:** Redesenhada de Hyman, 1967, segundo Dawydoff, 1940. **13.52 E:** Segundo Brusca, 1975. **13.53:** Segundo Fretter e Graham, 1962.

Capítulo 14

14.1, 14.2: Cortesia de G. Rouse. **14.3 A a C:** Cortesia de G. Rouse. **14.4 A:** Segundo Meglitsch, 1972. **14.4 D:** Segundo Sherman e Sherman, 1976, de Storer e Usinger, 1957. **14.5 I a Q:** Segundo Smith e Carlton, 1975. **14.6 a F, K:** Segundo Russell-Hunter, 1979. **14.7 A, D a I:** Cortesia de G. Rouse. **14.7 J:** © Larry Jon Friesen. **14.8 A:** De Brusca e Brusca, 1978. **14.8 B, C, E, F e G:** Cortesia de G. Rouse. **14.8 D:** Segundo Barnes, 1980. **14.9 A e B:** Segundo Barnes, 1980; fotos de detalhe cortesia de R. Brusca (A) e P. Smith (B). **14.9 C a E:** Segundo Dales, 1955. **14.9 F:** Segundo Carlton e Smith. **14.9 G:** Segundo Kaestner, 1967. **14.10 A e B:** Segundo Newell, 1970. **14.10 C:** Segundo Borradaile *et al.* **14.10 D e E:** Cortesia de G. Rouse. **14.11 A:** Segundo Brusca e Brusca, 1978. **14.11 B e D:** Cortesia de G. Rouse. **14.11 C:** Segundo Eisig, 1906. **14.13 E:** Segundo Edwards e Lofty, 1972. **14.13 F:** Redesenhada de Edwards e Lofty, 1972, segundo Grove e Newell, 1962. **14.14 A e B:** Segundo Goodrich, 1946. **14.14 C:** Segundo Thomas, 1940. **14.14 D:** Segundo Edwards e Lofty, 1972. **14.15 D a E:** Segundo Meglitsch, 1972. **14.16 A a B:** Segundo Fauvel *et al.*, 1959. **14.16 C:** Segundo Hermans e Eakin, 1974. **14.16 D, E e G:** Cortesia de G. Rouse. **14.16 F:** Segundo Barnes, 1980. **14.17 A e C:** Segundo Meglitsch, 1972. **14.17 B, E e G:** Cortesia de G. Rouse. **14.17 D, F e H:** Cortesia de Barnes, 1980, e Fauvel *et al.*, 1959. **14.18 A e B:** Segundo Edwards e Lofty, 1972. **14.18 C e D:** Segundo Barnes. **14.18 E a G:** Segundo Edwards e Lofty, 1972, segundo Tembe e Dubash, 1961. **14.18 H:** Segundo Brinkhurst e Jamieson, 1972. **14.18 I:** © R. K. Burnhard/Biological Photo Service. **14.19:** Segundo Anderson, 1973. **14.20:** Cortesia de G. Rouse. **14.21 B e C:** Segundo Blake, 1975. **14.22 A e G:** © Larry Jon Friesen. **14.22 B:** Cortesia de G. Rouse. **14.22 C a F:** Cortesia de G. Giribet. **14.23:** Segundo Kawauchi *et al.*, 2012, e Lemer *et al.*, 2014. **14.24 A:** Segundo Hyman, 1959. **14.24 B:** Segundo Fischer, 1952. **14.25 A a D, F:** Segundo Hyman, 1959. **14.25 E:** Segundo Stehle, 1953. **14.26, 14.27 A a D:** Segundo Hyman, 1959. **14.27 E a K:** Cortesia de M. Rice. **14.28 A:** Segundo Barnes, 1980. **14.28 B:** Segundo Fischer, 1946. **14.28 D:** Segundo MacGinitie e MacGinitie, 1968. **14.28 C, E a G:** Cortesia de G. Rouse. **14.28 H:** Cortesia de Arthur Anker. **14.29 A:** Segundo Barnes, 1980. **14.29 B:** Cortesia de G. Rouse. **14.29 C:** Segundo desenho de W. K. Fischer. **14.29 D e E:** Cortesia de Ohta, de Ohta, 1984. **14.30 A:** Segundo Barnes, 1980. **14.30 C:** Segundo Meglitsch, 1972. **14.30 D:** Cortesia de M. Apley. **14.31 A e B:** Cortesia de G. Rouse. **14.31 C a E:** Cortesia de M. Apley. **14.32 A:** Segundo Southward, 1984. **14.32 C:** Segundo Ivanov, 1952. **14.32 F:** Segundo Southward, 1969. **14.32 G:** Cortesia de R. Hessler. **14.32 D, H a L:** Cortesia de G. Rouse. **14.33 A e B:** Segundo Ivanov, 1962. **14.33 C a E:** Cortesia de G. Rouse. **14.34 A:** Segundo Mann, 1962. **14.34 B e C:** Segundo Stuart, 1982. **14.34 D:** Cortesia de G. Rouse. **14.35:** Segundo Kaestner, 1967. **14.36:** Segundo Russell-Hunter, 1979, adaptada de Gary e Lissmann, 1938. **14.37 A e B:** Segundo Barnes, 1980. **14.37 C:** Segundo Mann, 1962. **14.37 D:** Cortesia de G. Rouse. **14.38 A:** Segundo Barnes, 1980. **14.38 B, 14.39:** Segundo Mann, 1962. **14.40 A:** Segundo Barnes, 1980. **14.40 C:** Segundo Barnes, 1980, de Nagao, 1957. **14.40 D:** Cortesia de G. Rouse. **14.41 A:** Segundo Andrade *et al.*, 2015, e Struck *et al.*, 2015. **14.41 B:** Segundo Siddall *et al.*, 2001, Rousset *et al.*, 2008, e Marotta *et al.*, 2008.

Capítulo 15

15.1 A e B: Cortesia de C. Nielsen. **15.1 C:** Cortesia de G. Paulay. **15.1 D:** Cortesia de M. Faasse. **15.1 E:** Cortesia de K. Kocot. **15.1 F:** Cortesia de J. Merkel. **15.1 G:** Cortesia de R. Rundell. **15.2 A:** Cortesia de C. Nielsen. **15.2 B:** Cortesia de C. Nielsen de Riisgaard *et al.*, 2000. **15.2 C:** Segundo Hyman, 1951. **15.3:** Cortesia de C. Nielsen. **15.4:** De Funch e Kristensen, 1995; fotografias © R. Kristensen. **15.5:** Cortesia de Ricardo Neves.

Capítulo 16

16.1: Cortesia de M. Sørensen. **16.2 A e B:** Segundo Sterrer, 1982. **16.2 C:** Cortesia de M. Sørensen. **16.3 A, B, D e E:** Segundo Nogrady, 1982. **16.3 C:** Cortesia de Giulio Melone. **16.3 F:** © R. Brons/Biolgical Photo Service. **16.6:** Cortesia de M. Sørensen. **16.8:** Segundo Hyman, 1951. **16.10 B:** © R. Hochberg. **16.11 B e C:** Segundo Hyman, 1951. **16.11 D:** Segundo Noble e Noble, 1982, de Cable e Dill. **16.11 E:** Segundo Yamaguti, 1963. **16.13:** Cortesia de R. M. Kristensen. **16.14:** Cortesia de K. Worsaae e R. M. Kristensen. **16.15, 16.16, 16.17:** Cortesia de K. Worsaae e N. Bekkouche. **16.18:** Cortesia de R. M. Kristensen e K. Worsaae.

Capítulo 17

17.1 A a C: Segundo Hyman, 1959. **17.1 D a F:** Cortesia de Scott Santagata. **17.1 G:** Cortesia de Kevin Lee. **17.2, 17.3 A:** Segundo Hyman, 1959. **17.3 B a D:** Segundo Zimmer, 1967. **17.4 A:** Segundo Hyman, 1959. **17.4 B e C:** Segundo Dawydoff e Grassé, 1959. **17.4 D a G:** Cortesia de Scott Santagata. **17.5 A:** Cortesia de Bert Pijs. **17.5 B e E:** Cortesia de Marco Faasse, www.acteon.nl. **17.5 C:** © seasurvey.co.uk. **17.5 D:** Cortesia de Hans de Blauwe. **17.5 F:** Cortesia de Bernard Picton. **17.5 G:** © Kåre Telnes. **17.5 H:** Cortesia de Mat Vestjens e Anne Frijsinger. **17.5 I:** © Neil McDaniel. **17.5 J:** © Andreas Werth. **17.5 K:** © Jan Hamrsky. **17.5 L:** Cortesia de Daniel Nardin. **17.6 A:** Segundo Barnes, 1980. **17.6 B a F:** Segundo Meglitsch, 1972. **17.7 A e B:** Cortesia de Claus Nielsen. **17.7 C:** © J. Bailey-Brock. **17.8 A e B:** Segundo Ryland, 1970. **17.8 C:** Cortesia de J. Winston. **17.8 D:** Cortesia de Claus Nielsen. **17.8 E:** Cortesia de E. Håkansson. **17.9:** Com base em Hayward e Ryland, 1999, e Cheetham e Cook, 1983. **17.10 A a C:** Cortesia de Claus Nielsen. **17.10 D:** Segundo Ryland, 1970. **17.10 E:** Cortesia de H. U. Riisgaard. **17.11 A:** Cortesia de Mick Otten, micksmarinebiology.blogspot.nl. **17.12:** Cortesia de Gordon, 1975. **17.13 A a D, F:** Cortesia de Claus Nielsen. **17.13 E:** Cortesia de Kerstin Wasson. **17.14 A:** Segundo Woollacott e Zimmer, 1975. **17.14 B a E:** Segundo Reed e Woollacott, 1983. **17.15 A:** Cortesia de A. Slotwinski. **17.15 B:** Cortesia de Claus Nielsen. **17.15 C:** Segundo Atkins, 1955. **17.16 A:** De www2u.biglobe.ne.jp/~gen- yu/pectinatella.html. **17.16 B:** Cortesia de Hanna Hartikainen, Natural History Museum, Londres. **17.17 A:** Cortesia de Verena Haeussermann. **17.17 B:** Cortesia de Dirk Schories. **17.17 C:** Cortesia de Nina Furchheim e Anne Kaulfuss. **17.17 D:** Cortesia Dave Meyer e Ben Datillo. **17.17 E e F:** Cortesia Dirk Schories. **17.17 G:** Cortesia A. Anker. **17.17 H e I:** Segundo Rudwick, 1970. **17.17 J:** Cortesia de A. Anker. **17.17 K:** © Larry Jon Friesen. **17.18 A:** Segundo Williams e Rowell, in Moore, 1965. **17.18 B:** Segundo Anderson, 1996. **17.18 C:** Redesenhada de Hyman, 1959, segundo Williams, 1956. **17.18 D:** Segundo Rudwick, 1970. **17.19 A a C:** Segundo Rudwick, 1970. **17.19 D:** Redesenhada de Rudwick, 1970, segundo Hancock, 1859. **17.20:** Segundo Rudwick, 1970. **17.21 A e B:** © Svetlana Maslakova. **17.21 C:** © Terra Hiebert. **17.21 D:** © Anne Zakrzewski. **17.21 E:** © Nina Furchheim. **17.21 F e G:** © Timothy Pennington. **17.21 H:** Segundo Hyman, 1959.

Capítulo 18

18.1: Cortesia de S. P. Stock. **18.2:** Segundo Blaxter *et al.*, 1998, e De Ley e Blaxter, 2002. **18.3 D:** Segundo Hyman, 1951. **18.3 E:** Adaptada de Lee e Atkinson, 1977. **18.4:** Cortesia de S. P. Stock. **18.5 A:** Segundo Hyman, 1951. **18.5 B a H:** Cortesia de S. P. Stock. **18.6 A a G:** Com base em Sassar e Jenkins, 1960. **18.6 H a J, L:** Cortesia de S. P. Stock. **18.7 A a D:** Segundo Hyman, 1951. **18.7 E e F:** Cortesia de S. P. Stock. **18.8 A:** Segundo Meglitsch, 1972. **18.8 B e C:** Segundo Hyman, 1951. **18.8 D:** Segundo Noble e Noble, 1982. **18.9 A e B:** Segundo Sherman e Sherman, 1976. **18.9 C a G:** Cortesia de S. P. Stock. **18.9 H:** Cortesia de M. Mundo-Ocampo. **18.10 A a D:** Modificada de Boveri, 1899. **18.10 E e F:** Cortesia de S. P. Stock. **18.11 B** *detalhe*: Cortesia de S. P. Stock. **18.13 A a C:** © Larry Jon Friesen. **18.14 A a F:** Segundo Hyman, 1951. **18.14 G:** Segundo Meglitsch, 1972. **18.15:** Segundo Hyman, 1951.

Capítulo 19

19.1 A e B: Segundo Higgins, 1951. **19.1 C:** Segundo Hyman, 1951. **19.1 D:** Cortesia de Martin V. Sørensen. **19.2, 19.3:** Cortesia de Martin V. Sørensen. **19.4, 19.5, 19.6 A:** Segundo Hyman, 1951. **19.6 B:** Segundo Storch *et al.*, 1995. **19.6 C:** Segundo Meglitsch, 1972. **19.6 D e E:** Redesenhada das fotografias de Calloway, 1982. **19.7 B:** Segundo Hyman, 1951. **19.7 C:** Redesenhada de Hyman, 1951, segundo Lang. **19.8 A, B e E:** Cortesia de Reinhart Møbjerg Kristensen. **19.8 C e D:** De Higgins e Kristensen, 1986. **19.9:** Segundo esboço fornecido por Robert Higgins. **19.10 A:** De Higgins and Kristensen, 1986. **19.10 B:** Cortesia de Reinhart Møbjerg Kristensen. **19.11:** Modificada de Pardos e Kristensen, 2013, por Reinhart Møbjerg Kristensen.

Capítulo 20

20.1 A e B: Cortesia de R. Brusca. **20.1 C, F a I:** © Larry Jon Friesen. **20.1 D:** © blickwinkel/Alamy Stock Photo. **20.1 E:** © J. N. A. Lott/Biological Photo Service. **20.1 J:** Cortesia de R. Brusca. **20.2 A:** De Kristensen, 1982. **20.2 B:** De Kristensen e Hallas, 1980. **20.2 C:** De Kristensen, 1984. **20.2 D e E:** De Kristensen e Higgins, 1984. **20.2 F, 20.3, 20.4:** Cortesia de R. M. Kristensen. **20.5 A:** De Kristensen, 1984. **20.5 B:** Cortesia de R. M. Kristensen. **20.5 C:** Segundo Morgan e King, 1976. **20.6:** Cortesia de R. M. Kristensen. **20.7:** Segundo Morgan e King, 1976. **20.8:** Segundo Kristensen, 1981. **20.9:** Segundo Morgan, 1982. **20.10 A a C:** Cortesia de R. M. Kristensen. **20.11:** Cortesia de G. Giribet, **20.12 A e B:** Segundo Ramsköld e Hou, 1991. **20.12 C:** Segundo Gould, 1989. **20.12 D** *fotografia*: Cortesia de Jie Yang e Xi-guang Zhang. **20.12 D** *ilustração*: Cortesia de Xi-guang Zhang. **20.13 A:** Segundo Manton, 1977. **20.14:** Cortesia de G. Giribet. **20.16 A e B:** Segundo Borradaile e Potts, 1961. **20.16 C:** Segundo Manton, 1977. **20.16 D:** Segundo Barth e Broshears, 1982. **20.18:** Cortesia de Georg Harzsch. **20.19 A:** Segundo Borradaile e Potts, 1961. **20.19 B a H:** Segundo Anderson, 1973. **20.25:** Segundo Manton, 1977. **20.27 C:** Cortesia de R. Brusca. **20.27 D:** © iStock.com/johnaudrey. **20.31 B e C:** Segundo Barnes, 1980. **20.31 D:** Cortesia de J. DeMartini. **20.32 B:** Segundo Parry, in Waterman, 1960. **20.33 D:** De Derby, 1982. **20.33 F:** Segundo Foelix, 1982. **20.34 A:** Segundo Pearse *et al.*, 1987. **20.36 A e B:** Segundo Snodgrass, 1952. **20.36 C e E:** Segundo Stormer, 1949. **20.36 D e F:** Segundo Bergstrom, 1973. **20.36 G:** © Corbin17/Alamy Stock Photo. **20.36 H:** © Wim van Egmond/Visuals Unlimited, Inc.

Capítulo 21

21.1 A: Fotografia de D. Williams, cortesia de J. Yager. **21.1 B:** Cortesia de J. Olesen. **21.1 C:** Cortesia de G. McDonald. **21.1 D:** © Larry Jon Friesen. **21.1 E:** Cortesia de A. Kerstitch. **21.1 F:** © Vladimir Levantovsky/Alamy Stock Photo. **21.1 G:** Cortesia de L. Alberga. **21.1 H:** Cortesia de P. Fankboner. **21.1 I:** Cortesia de A. Anker. **21.1 J:** © Larry Jon Friesen. **21.1 K a M:** Cortesia de A. Kerstitch. **21.1 N e O:** Cortesia de G. McDonald. **21.1 P:** Cortesia de C. Holliday. **21.1 Q:** © Larry Jon Friesen. **21.1 R:** Cortesia de A. Anker. **21.1 S:** Cortesia de David McIntyre. **21.1 T:** Cortesia de A. Kerstitch. **21.1 U:** © Nature Picture Library/Alamy Stock Photo. **21.1 V:** De Boxshall e Lincoln, 1987. **21.3 B:** Cortesia de J. Olesen. **21.3 C:** Segundo Heard e Gocke, 1982, *Gulf Res. Rpts.* 7: 157–162. **21.3 D e F:** Cortesia de F. Schram. **21.4 B:** Cortesia de N. Rabet. **21.4 J a L:** De Martin *et al.*, 1986, *Zool. Scripta* 15: 221–232. **21.4 M:** Cortesia de J. Olesen. **21.5 C e D:** Cortesia de T. Haney. **21.7 A:** Cortesia de A. Kerstitch. **21.7 C:** Cortesia de R. Caldwell. **21.8 C, 21.9 A, B e E:** Segundo Abele e Felgenhauer, in Parker, 1982. **21.10 L:** Cortesia de E. Spivak. **21.12 A e G:** Cortesia de E. Peebles. **21.12 F:** Cortesia de J. Corbera. **21.13 A e B:** Segundo McLaughlin, 1980. **21.13 C:** Cortesia de J. Olesen. **21.13 D:** Cortesia de M. Spindler. **21.13 E:** Segundo Bowman e Iliffe, 1985. **21.15 A e B:** Segundo Bowman e Gruner, 1973. **21.15 C:** Segundo desenho de T. Haney. **21.15 D e E:** Cortesia de E. Peebles. **21.15 F:** Cortesia de T. Haney. **21.15 J:** Segundo Laval, 1972. **21.15 K:** Cortesia de E. Peebles. **21.16 A:** © Larry Jon Friesen. **21.16 D:** Segundo Zullo, in Parker, 1982. **21.16 I:** Cortesia de J. Høeg. **21.17 A e B:** Segundo Boxshall e Lincoln, 1983. **21.17 C e D:** De Boxshall e Lincoln, 1987, cortesia de G. Boxshall. **21.18 A:** Cortesia de J. Olesen. **21.18 H:** Cortesia de E. Peebles. **21.18 I:** Cortesia de M. Dojiri. **21.18 K:** Segundo McLaughlin, 1980. **21.18 L:** Cortesia de G. McDonald. **21.20 A, B e E (*b* a *s*):** Cortesia de D. J. Horne. **21.20 C, D, E (*a*):** Cortesia de A. Cohen. **21.22 F:** Fotografia de D. Williams, cortesia de J. Yager. **21.23 B:** © K. Sandred/Visuals Unlimited, Inc. **21.24 B e C:** De Schembri, 1982. **21.24 D:** De Abele, 1985. **21.25:** Segundo Høeg e Lutzen, 1985, e Oeksnebjerg, 2000; cortesia de J. T. Høeg. **21.26 A a F:** De Høeg, 1985. **21.26 G e I:** Cortesia de J. T Høeg. **21.26 H:** De Glenner e Høeg, 1995. **21.27 A, D a F:** Segundo McLaughlin, 1980. **21.27 G:** Segundo Kaestner, 1970. **21.27 H:** Segundo Warner, 1977. **21.28 E a I:** Segundo Kaestner, 1970. **21.30 A:** Segundo Laverack, 1964, *Comp. Biochem. and Physiol.* 13: 301–321. **21.30 C:** Segundo Cohen, 1955, *J. Physiol.* 130: 9. **21.30 D:** Segundo Kaestner, 1970. **21.31:** Micrografias por cortesia de B. Felgenhauer. **21.32 D:** © Ivan Kuzmin/Alamy Stock Photo. **21.32 F:** Cortesia de C. Holliday. **21.32 G:** Cortesia de C. McLay. **21.32 H:** © Solvin Zankl/Alamy Stock Photo. **21.33 E:** © Larry Jon Friesen. **21.33 H:** Segundo Cameron, 1985. **21.33 J:** De Harvey *et al.*, 2002. **21.33 N:** © Larry Jon Friesen. **21.35 A a E:** Cortesia de D. Waloszek. **21.35 F:** Cortesia de Jean Vannier.

Capítulo 22

22.1: Cortesia de Andy Murray. **22.2, 22.3:** © Larry Jon Friesen. **22.4 A e H:** Cortesia de Katja Schulz. **22.4 B:** Cortesia de Brian Gratwicke, imagem inalterada, com licença de Creative Commons Attribution 2.0, creativecommons.org/licenses/by/2.0/. **22.4 C a E, G:** © Larry Jon Friesen. **22.4 F:** Cortesia de Sean Schoville. **22.4 I:** Cortesia de Monika Eberhard. **22.4 J:** Cortesia de Pisit Poolprasert. **22.4 K:** Cortesia de Graham Montgomery. **22.5 a C:** © Larry Jon Friesen. **22.5 D:** Cortesia de Patrick Marquez, USDA APHIS PPQ, Bugwood.org. **22.6 A, E, F, I e K:** © Larry Jon Friesen. **22.6 B e J:** Cortesia de Katja Schulz. **22.6 C:** Cortesia de Vida van der Walt. **22.6 D:** © iStock.com/Henrik L. **22.6 G:** © Andre Goncalves/Shutterstock. **22.6 H:** Cortesia de John Montenieri, Centers for Disease Control. **22.6 I:** Cortesia de David McIntyre. **22.7 A:** © Dr. Morley Read/Shutterstock. **22.7 B, D e E:** © Larry Jon Friesen. **22.7 C:** Cortesia de Charles Hedgcock. **22.10:** Segundo Lawrence *et al.*, in CSIRO, 1991, com base em Snodgrass, 1935. **22.13:** Segundo Chapman, 1982. **22.14:** Segundo Snodgrass, 1952. **22.16 C e F:** © Larry Jon Friesen. **22.20:** Segundo Anderson e Weis-Fogh, 1964. **22.21 C:** © Larry Jon Friesen. **22.23 A:** Segundo B. Rodendorf, ed., 1962, Arthropoda–Tracheata and Chelicerata, in *Textbook of Paleontology*, Academy of Sciences, U.S.S.R. **22.23 B:** Segundo Snodgrass, 1952. **22.23 J:** Segundo R. J. Wooten, 1972, *Paleontology* 15: 662. **22.24:** © Larry Jon Friesen. **22.24 C:** © Olga Bogatyrenko/Shutterstock. **22.25 A:** © Larry Jon Friesen. **22.25 B:** Segundo Snodgrass, 1944. **22.26 B:** Segundo Wigglesworth, 1965. **22.27 B:** Segundo Sherman e Sherman, 1976. **22.28 B:** Segundo Wigglesworth, 1965. **22.28 C:** Segundo Chapman, 1971. **22.29 A:** Segundo Snodgrass, 1935. **22.29 B:** Segundo Clarke, 1973. **22.29 D:** Fotografia de S. E. Hendrixson. **22.29 E:** Cortesia de Andrea Di Giulio. **22.29 F, 22.30:** © Larry Jon Friesen. **22.31:** Segundo Fretter e Graham, 1976. **22.32:** Segundo Clarke, 1973. **22.34 A:** Cortesia de David McIntyre. **22.35 A:** Cortesia de Andrea Di Giulio. **22.35B:** Segundo Slifer *et al.*, 1959, *J. Morphol.* 105: 145–191. **22.36 A a C:** Segundo Michelsen, 1979. **22.36 D:** © Larry Jon Friesen. **22.37:** Segundo Blaney, 1976. **22.38:** Segundo Snodgrass, 1935. **22.39:** Segundo Anderson, 1973. **22.40 C:** Segundo Ross, 1965. **22.41:** De Chapman, 1971, segundo Southwood e Leston, *Land and Water Bugs of the British Isles*, 1959, Warne and Co., Londres. **22.41** *fotografia*: © Larry Jon Friesen. **22.42:** De Chapman, 1971, segundo Urquhart, 1960. **22.43 A a C:** Cortesia de David McIntyre. **22.43 B e D:** © Larry Jon Friesen. **22.44:** Segundo Misof *et al.*, 2014.

Capítulo 23

23.1 A: Cortesia de Alessandro Minelli. **23.1 B:** Cortesia de Bikebot/Wikimedia. **23.1 C e E:** Cortesia de S. Prchal. **23.1 D:** © R. K. Burnard/Biological Photo Service. **23.1 F e G:** Cortesia de Andy Murray. **23.1 H:** Cortesia de Elliot Lowndes. **23.2 B e C:** Segundo Beck e Braitwaite, 1968. **23.2 D e E:** Segundo Snodgrass, 1952. **23.2 F e H:** Segundo Manton, 1965. **23.2 G:** Segundo Anderson, 1996, *Atlas of Invertebrate Anatomy*, Univ. New South Wales Press. **23.2 I:** Segundo Lewis, 1981. **23.3 A, B e D:** Segundo Russell-Hunter, 1969. **23.3 C:** Cortesia de David McIntyre. **23.3 E:** Segundo Manton, 1965. **23.3 F:** Segundo Barth e Broshears, 1982. **23.4 A:** Segundo Kaestner, 1969. **23.4 B e C, 23.5, 23.6:** Segundo Lewis, 1981. **23.7:** Segundo Grenacher, 1880, *Arch. Mikrosk. Anta. Entwmech.* 18: 415–467. **23.8:** Segundo Lewis, 1981, com base em Tichy, 1973, *Zool. Jahrb. Anat.* 91: 93–139. **23.9:** Segundo Rilling, 1968, in *Grosses Zoologisches Praktikum*, Part 13b, Fischer, Stuttgart. **23.10:** Cortesia de S. Prchal.

Capítulo 24

24.1 C: © Ken Lucas/Visuals Unlimited, Inc. **24.2 C:** © Joe McDonald/Corbis. **24.3 H a K:** Cortesia de G. Giribet. **24.4 A, D, G, H, J, M, O e Q:** Cortesia de G. Giribet. **24.4 P:** Cortesia de Ĺ. Kováč. **24.5 D a F, I a O:** Cortesia de Gustavo Hormiga. **24.6 A:** Cortesia de S. Prchal. **24.7 D a E:** Cortesia de R. Foelix. **24.7 F e G:** Cortesia de G. Hormiga. **24.8:** Segundo Foelix, 1982, Gertsch, 1979, e outros. **24.9 A:** Cortesia de R. F. Foelix. **24.9 B:** © Elliotte Rusty Harold/Shutterstock. **24.9 C:** © iStock.com/BizarrePhotos. **24.10:** Segundo Root e Bowerman, 1978. **24.11:** Segundo Foelix, 1982. **24.12 A:** De Foelix, 1982, segundo imagens em câmera lenta de Parry e Brown, 1959. **24.12 C:** De Foelix, 1982, segundo Frank, 1957. **24.12 D:** De Foelix, 1982, segundo Foelix, 1970. **24.12 E:** Fotografia de R. F. Foelix. **24.13 A:** Cortesia de David McIntyre. **24.13 B:** © WILDLIFE GmbH/Alamy Stock Photo. **24.15:** Cortesia de G. Hormiga. **24.16 A:** De Foelix, 1982, segundo Millot *et al.*, 1949. **24.16 B:** Segundo Foelix, 1982. **24.16 C e D:** Cortesia de G. Hormiga. **24.17 B e C:** Segundo Foelix, 1982. **24.18 B:** Segundo Foelix, 1982. **24.18 C e D:** Fotografias de R. F. Foelix. **24.20 A:** Microscopia eletrônica de varredura de G. Hormiga. **24.20 B:** De Foelix 1982, segundo Gauorner, 1965. **24.20 C:** De Foelix, 1982, segundo Barth, 1971. **24.20 D:** Segundo Foelix e Chu-Wang, 1973, fotografia de R. F. Foelix. **24.20 E:** Fotografia de R. F. Foelix. **24.21 A e F:** Cortesia de G. Hormiga. **24.21 B e C:** Fotografias de R. F. Foelix. **24.21 D e E:** De Foelix, 1982, segundo Hoffman, 1971. **24.22 A:** Segundo Fage, 1949. **24.23 A:** De Foelix, 1982, segundo Melchers, 1964. **24.23 B:** De Foelix, 1982, segundo Osaki, 1969. **24.23 C, E e F:** Segundo Foelix, 1982. **24.25 A e B:** De Foelix, 1982, segundo Von Helversen, 1976. **24.25 C:** De Foelix, 1982, segundo Bristowe, 1958. **24.25 D, F e H:** Segundo Foelix, 1982. **24.25 G:** Segundo Bristowe, 1958. **24.27 A:** Cortesia de G. Hormiga. **24.27 B e C:** De Foelix, 1982, segundo Holm, 1940. **24.27 D:** De Meglitsch, 1972, segundo Bristowe, 1958. **24.27 E:** Fotografia de S. Prchal. **24.27 F, L e M:** Cortesia de G. Giribet. **24.27 G e H:** De Foelix, 1982, reimpressa, com autorização, de Harvard University Press. **24.27 I, J e K:** De Foelix, 1982, segundo Vachon, 1957. **24.28 A e C:** De Hedgpeth, 1982. **24.28 B:** Segundo esboço de J. W. Hedgpeth. **24.28 D:** Segundo Wyer e King, 1974. **24.28 E:** Segundo Schram e Hedgpeth, 1978. **24.28 F:** Cortesia de M. Harros e C. Arango. **24.29 A:** Segundo Fage, 1949, e outras fontes. **24.29 B:** Segundo Schram e Hedgpeth, 1978. **24.29 C:** Desenho original de J.W. Hedgpeth, a partir de uma fotografia de espécime vivo em aquário. **24.29 D:** Cortesia de G. Giribet. **24.30 A e C:** Segundo Fage, 1949. **24.30 B:** Segundo Schram e Hedgpeth, 1978. **24.30 D:** Segundo Hedgpeth, 1982. **24.3 1:** Cladograma cortesia de G. Giribet e G. Hormiga. Com base em Sharma *et al.*, 2014, e modificada de Schwager *et al.*, 2005.

Capítulo 25

25.1 A a C, E, F, I, O: Cortesia de R. Mooi. **25.1 D:** Cortesia de P. Fankboner. **25.1 G:** Cortesia de T. Gosliner. **25.1 H:** Cortesia de P. Fankboner. **25.1 J:** Cortesia de A. Kerstitch. **25.1 K, L e M:** © Larry Jon Friesen. **25.1 N:** Cortesia de G. McDonald. **25.1 Q:** Cortesia de S. Ohta. **25.2 B, C, E e I:** Segundo Hyman, 1955. **25.2 F:** Cortesia de R. Mooi. **25.3 C e E:** Segundo Clark, 1977. **25.3 D e F:** Segundo Hyman, 1955. **25.4:** Cortesia de Rich Mooi. **25.5 A:** Segundo Barnes, 1980, modificada de Nichols, 1962. **25.5 B:** De Ellers e Telford, 1984, cortesia de M. Telford. **25.5 C:** De Turner, 1984, fotografia cortesia de R. Turner. **25.5 D:** De Emlet, 1982, fotografias cortesia de R. Emlet. **25.5 E:** Segundo Campbell, 1983. **25.5 F:** Segundo Chia e Amerongen, 1975. **25.5 G e H:** Segundo Barnes, 1980. **25.5 I e J:** Modificada de Russell-Hunter, 1979. **25.6 A:** Segundo Hyman, 1955. **25.6 B:** Ilustração de Laura Garrison. **25.6 C e D:** Segundo Clark, 1977. **25.6 E:** © blickwinkel/Alamy Stock Photo. **25.7 A e B:** Segundo Nichols, 1962. **25.7 C:** Segundo Cuénot, 1948. **25.8 A:** Segundo Nichols, 1962. **25.8 B:** Cortesia de R. Brusca. **25.9 A e B:** Segundo Nichols, 1962. **25.9 C:** Segundo Barnes, 1980. **25.9 D:** Segundo Pentreath, 1970. **25.9 E:** Segundo Warner e Woodley, 1975. **25.9 F:** Cortesia de G. McDonald. **25.11 A:** Segundo Nichols, 1962. **25.11 B, C e E:** Segundo Barnes, 1980. **25.11 D:** Segundo Hyman, 1955. **25.11 F:** © Larry Jon Friesen. **25.11 G:** Segundo Cuénot, 1948. **25.12 A:** Segundo Nichols, 1962. **25.12 B:** Segundo Cuénot, 1948. **25.12 C:** Cortesia de P. Fankboner. **25.12 D:** © WaterFrame/Alamy Stock Photo. **25.12 E:** De Costelloe e Keegan, 1984, cortesia de J. Costelloe, utilizada, com autorização, de Springer-Verlag. **25.12 F:** © Stephen Frink Collection/Alamy Stock Photo. **25.12 G:** Cortesia de A. Kerstitch. **25.12 H:** Segundo Barnes, 1980, a partir de fotografia de I. Bennett. **25.13 A:** Segundo Ubaghs, 1967. **25.13 B:** Segundo Herreid *et al.*, 1976. **25.14 A:** Segundo Barnes, 1980. **25.14 B:** Segundo Cuénot, 1948. **25.14 C, D e E:** Redesenhada de Shick, 1983, segundo as seguintes fontes originais: C, segundo Phelan, 1977, e Smith, 1978; D, segundo Fenner, 1973; E, segundo Smith, 1980. **25.15, 25.16 A e C:** Segundo Cuénot, 1948. **25.16 B:** Segundo Hyman, 1955. **25.17 G:** De Emlet, 1982, foto cortesia de R. Emlet. **25.17 H:** Cortesia de © M. Apley. **25.18:** Redesenhada de Meglitsch, 1972, segundo Dawydoff, 1948. **25.19 A:** Segundo Barnes, 1980. **25.19 B e C:** Segundo Paul e Smith, 1984. **25.19 D, G e H:** Segundo Nichols, 1962. **25.19 E:** Redesenhada de Barnes, 1980, a partir de Kesling in Moore (ed.), 1967. **25.19 F:** Segundo Cuénot, 1948.

Capítulo 26

26.1 A: © C. R. Wyttenbach/Biological Photo Service. **26.1 B:** Cortesia de K. M. Halanych. **26.2 A:** Segundo Sherman e Sherman, 1976. **26.2 B:** Cortesia de Fernando Pardos. **26.2 C:** Segundo Hyman, 1959. **26.2 D:** De Jones *et al.*, 2013. Cortesia de Daniel Jones. **26.2 E:** Segundo Pechenik, 1985. **26.2 F:** Cortesia de Fernando Pardos. **26.2 G e H:** Segundo Lester, 1985. **26.3 A, D e E:** Cortesia de Fernando Pardos e Jesús Benito. **26.3 C:** De Worsaae *et al.*, 2012. **26.4:** Segundo Burdon-Jones, 1956. **26.5 A a C:** Cortesia de Sabrina Kaul-Strehlow, de Kaul e Stach, 2010. **26.5 D a M:** Cortesia de Sabrina Kaul-Strehlow. **26.6:** Segundo Hyman, 1959. **26.7:** Segundo Lester, 1985.

Capítulo 27

27.1 A e B: © Larry Jon Friesen. **27.3 A:** © Daniel Gotshall/Visuals Unlimited, Inc. **27.3 B:** Cortesia de R. Brusca. **27.3 C:** © G. Corsi e B. Corsi/Visuals Unlimited, Inc. **27.3 D e E:** © WaterFrame/Alamy Stock Photo. **27.3 F:** © Larry Jon Friesen. **27.3 G:** © L. S. Roberts/Visuals Unlimited, Inc. **27.3 H e I:** Cortesia de R. Brusca. **27.3 J:** © Scubazoo/SuperStock/Corbis. **27.3 K:** © David Wrobel/Visuals Unlimited, Inc. **27.3 L:** De Barnes, 1980, segundo fotografias de Monniot e Monniot, 1975. **27.4 A:** Segundo Romer, 1956. **27.4 B:** © Wim van Egmond/Visuals Unlimited, Inc. **27.4 C e D:** Cortesia de C. S. Cohen. **27.4 E:** Cortesia de J. Spaulding. **27.4 F:** Cortesia de Berta Colom Sanmarti. **27.5 C:** Segundo Berrill, 1935. **27.5 D:** Segundo Grassé, 1948. **27.5 E:** Segundo Van Name, 1945. **27.5 F:** Segundo Thorne e Thorndyke, 1975. **27.5 G e H:** Cortesia de C. S. Cohen. **27.5 I:** Cortesia de Christopher Rieken. **27.6 A:** Cortesia de R. Brusca. **27.6 E:** © Gavin Newman/Alamy Stock Photo. **27.6 F:** Cortesia de G. McDonald. **27.6 G:** Cortesia de J. King. **27.6 H:** Segundo Pechenik, 1985. **27.6 I:** Segundo Alldredge, 1976. **27.7 A:** Segundo Brien, in Grassé, 1948. **27.8 A:** Cortesia de Vanessa Guerra. **27.8 B e D:** Segundo Seeliger, in Grassé, 1948. **27.8 C:** Segundo Cloney e Torrence, 1982. **27.8 F:** Cortesia de C. S. Cohen.

Índice Alfabético

A

A origem das espécies (1859), Darwin, 3
Abdome do hexápode, 816
Abelhas, 797, 799
Acantela, 592
Acanthobdellida, 511
Acanthocepha, subclasse, 584
– características da, 590
Acanthochitonida, subordem, 436
Acantocéfalos, 589
– plano corpóreo dos, 590
Acantópodes, 69
Acari, 864
Ácaros, 864
Acentrosomata, classe, 353
Acercaria, superordem, 799, 805
Acetábulo, 361, 362
Achelata, infraordem, 722, 737
Acículas, 514
Ácido
– domoico, 91
– úrico, 149
Acidófilos, 8
Acoela, classe, 328
Acoelomorpha, subfilo, 328
Acoelos, 328, 332, 334, 335
– plano corpóreo dos, 332
Acôncios, 262
Acrocirridae, 508
Acrorrágios, 280
Acrothoracica, superordem, 722
Actiniaria, ordem, 252
Adaptações para terra
   e água doce, 188
Adelfofagia, 493
Adesão duoglandular, 358
Adiaphanida, subclasse, 353
Aedes, 798
– *aegypti*, 798
– *albopictus*, 798
Aequorina, 290
Agentes bioquímicos, 234
Água, 16
Alcyonacea, ordem, 253
Alcyoniina, subordem, 253
Aletas genitais, 954
Algas
– bentônicas, 9
– cloraracniófitas, 97
– cromófitas, 52
– douradas, 91, 94
– pardas, 91
– pluricelulares, 2
Algina, 93

Alimentação
– por tentáculos ou pés ambulacrais, 143
– suspensívora, 143
Allomalorhagida, classe, 658
Aloesperma, 342
Alogamia, 108
Alternância de gerações, 247
Alvéolos, 58, 74
Amblipígios, 867
Amblypygi, ordem, 867
Ambulacros, 919
Amebas, 58, 65
– movimento das, 133
– nuas, 69
Amebozoários, 58, 65, 70, 71
– *Limax*, 69
Ametábolo, 835
Amoeba proteus, 65
Amoebozoa, 56, 57, 58, 65
– clado, 120
– filo, 56, 57, 65
– – características do, 67
Ampharetidae, 509
Amphidiscophora, subclasse, 207
Amphiesmenoptera, 799, 808
Amphilinidea, ordem, 354
Amphinomida, 503
Amphionidacea, ordem, 721, 732
Amphionides reynaudii, 732
Amphipoda, ordem, 722, 742
Amplimatricata, superclasse, 352
Ampolas, 273, 979
Anabiose, 673
Anagênese, 25
Análise
– cladística, 43
– filogenética, 44
Anaspidacea, ordem, 721
Ancéstrula, 609
Androgonocorismo, 780
Anecdise, 699
Anel(éis)
– circum-oral, 976
– hemais, 934
Anelídeos, 501
– cruz de, 178
– desenvolvimento inicial dos, 538
– digestão dos, 523
– filogenia dos, 564
– plano corpóreo dos, 511
– tubícolas, 516
Anemia falciforme, 81
Anfiblástula, 230, 231
Anfídios, 644
Anfiesmenópteros, 808

Anfioxo, 963
Anfípodes, 742
Anidrobiose, 673
Animais
– amoniotélicos, 149
– assimétricos, 128
– bilateralmente simétricos, 130
– diploblásticos, 131
– dos musgos, 609
– origem dos, 10
– simétricos, 128
– triploblásticos, 131
– ureotélicos, 149
– uricotélicos, 149
Animalia, reino, 7
Anisogamia, 64
Annelida, filo, 502
Anomura, infraordem, 721, 735
Anostraca, ordem, 720, 724
Anóstracos, 724
Antenas, 754
Antênulas, 754
Anthopleura elegantissima, 280
Anthozoa, subfilo, 252
Anthuridea, subordem, 722
Antillesomatidae, família, 543
Antipatharia, ordem, 253
Antlióforos, 808
Antliophora, 799, 808
Antozoários, 290, 302
Ânulos, 637
Anurida granaria, 797
Aorta(s)
– dorsais, 965
– ventral, 965
Aparato da probóscide, 415
Apêndices
– dos artrópodes, 692
– renais, 480
Aphragmophora, ordem, 397
Aphroditiformia, 506
Apicomplexa, filo, 56, 57, 75
– características do, 77
Apicoplasto, 76
Aplanulata, subordem, 256
Apódemas, 690
Apomorfia, 41
Apópila, 211
Appendicularia, classe, 962
Arachnida, subclasse, 863
Aragonita, 218
Aranea, ordem, 869
Aranhas, 869
Aranhas-camelo, 874
Aranhas-carrapato com capuz, 873

Aranhas-do-mar, 901
Aranhas-do-sol, 874
Aranhas-do-vento, 874
Aranhas-pernalongas, 872
Arbacia punctulata, 141
Archaea, reino, 2, 6, 7
Archaeognatha, ordem, 800
Archaeornithura meemannae, 15
Archiheterodonta, superordem, 429, 444
Architaenioglossa, 429, 439
Architeuthis dux, 9
Arcida, ordem, 443
Arcóforo, 370
Arenicolidae, 509
Areolaimida, ordem, 636
Aréolas, 650
Armadilha mucosa, 142
Arólio, 815
Arquêntero, 182
Arqueócitos, 216
Arqueotróquia, 195
Arquicelia, 601
Arquicelomado, 602
Arquitomia, 954
Arthropoda, filo, 687
Articulamento, 451
Artículos, 692
Artrópodes, 669
– evolução dos, 709
– introdução aos, 686
– origem dos, 709
– plano corpóreo dos, 689
Artropodização, 689
Árvores, 34
– evolutivas, 3
– filogenéticas, 40, 43, 44
– respiratórias, 934
Ascidiacea, classe, 962
Asco, 615
Ascothoracida, subclasse, 722, 746
Ascotoracídeos, parasitas, 746
Asellota, subordem, 722
Aspidogastrea, superordem, 353
Aspidogastrida, ordem, 353
Aspidosiphonidae, família, 543
Assentamento, 186
Astacidea, infraordem, 722, 737
Asteroidea, 924, 927
Astrópila, 102
Athecata, ordem, 256
Átocas, 536
Atração do ramo longo, 48
Atratóforo, 106
Átrio, 209
– masculino, 370
Atrióporo, 963
Aulactinia incubans, 291
Aurículas, 314, 367
Autapomorfia, 42
Autobranchia, subclasse, 443, 429
Autoesperma, 341
Autofecundação, 108
Autogamia, 64, 108
Autozooides, 613
Aviculários, 613
Axiidea, infraordem, 722, 737
Axoblastos, 389
Axoceles, 940
Axoplasto, 102
Axópodes, 60
Axóstilo, 106
Aysheaia pedunculata, 681

B

Bacteria, reino, 2, 6, 7
Bainhas tentaculares, 312
Balanophyllia elegans, 291
Balantidium coli, 88
Banda cnidoglandular, 279
Baratas, 798, 802
Barentsiidae, família, 571
Barófilos, 8
Barorreceptores, 161
Barra branquial
– bastonetes de sustentação da, 951
– primária, 953
– secundária, 953
Basófilos, 8
Basopinacócitos, 214
Bastão
– axial, 271
– paraxonemal, 75
Baterias de nematocistos, 276
Bathynellacea, ordem, 721
Bdelloidea, subclasse, 584
Beorn leggi, 671
Beroida, ordem, 312
Besouros, 799
Bicho-pau, 798, 802
Bichos-folha, 802
Bilatério basal, 324
Binômio, 35
Biodiversidade, 23
– latitudinal, gradiente de, 23
– padrões de, 23
Biologia
– comparada, 33
– evolutiva do desenvolvimento, 33, 172
Bioluminescência, 164
– nos cnidários, 289
Birgus latro, 9, 717
Bivalves, 448, 449
Bivalvia, classe, 429, 441
Bivalvulida, ordem, 257
Bívio, 921
Blasteia, 192, 300
Blastocele, 180
Blastoceloma, 132, 182
Blastômeros, 175
Blastóporo, 182
Blastóstilo, 263
Blástula, 179
Blattodea, ordem, 802
Bocal vaginal ou bursal, 336
Bodonídeos, 113
Bolsas gástricas, 268
Bomba
– branquial, 963
– faríngea, 824
Borboletas, 799
Borda da plataforma continental, 17
Bothriocephalidea, ordem, 354
Bothrioneodermata, subclasse, 353
Bothrioplanata, infraclasse, 353
Bothrioplanida, ordem, 353
Bótrios, 361
Brachiopoda, filo, 622
– características do, 622
Brachyura, infraordem, 721, 734
Braços de dineína, 134
Braços musculares, 637
Branchiobdellida, 511
Branchiopoda, classe, 720, 724
Branchiura, classe, 722, 749
Brânquias, 826
– acessórias retais das, 826
– foliáceas, 875

Branquiópodes, 724
Braquíolos, 943
Braquiópodes, 622
– classificação dos, 622
– plano corpóreo dos, 622
Brevetoxinas, 74
Briozoários, plano corpóreo, 613
Brotamento
– paleal, 976
– vascular, 976
Bryozoa, filo, 609
– características do, 610
– classificação do, 610
Buddenbrockia plumatellae, 252
Bursa, 936
– copulatória, 833
– seminal, 336
Bursaphelenchus xylophilus, 646
Bursovaginoidea, ordem, 581

C

Cabeça (céfalo), 754
Cabeça do hexápode, 810
Caenogastropoda, subclasse, 429, 439
Caenorhabditis elegans, 635
Caixa de ferramentas (*tool kit*) do desenvolvimento, 172
Calabozoidea, subordem, 722
Calanoida, ordem, 723
Calcarea, classe, 206, 231
Calcaronea, subclasse, 207
Calcaxonia, subordem, 253
Calciblástula, 230
Calcinea, subclasse, 207
Calcita, 218
Cálice, 571, 926
Cálima, 102
Caliptópis, 786
Calota, 652
Calote, 388
Camada(s)
– germinativas, 171
– – formação das, 181
– limítrofe bentônica, 18
Câmara(s)
– branquial, 963
– dos coanócitos, 211
– faríngea, 973
– pericárdica, 446, 475
Camarões-moluscos, 728
Canal(is)
– aboral, 317
– ad-radiais, 317
– anelar, 920
– de drenagem de pressão, 927
– de Laurer, 375
– do manto, 624
– excurrentes, 212
– faríngeos, 317
– hemais, 684
– inter-radiais, 317
– linfáticos, 360
– meridionais, 317
– paragástricos, 317
– pétreo, 924
– radiais, 268, 920
– sifonal, 455
– tentacular, 317
Cancer gracilis, 735
Canibalismo, 146
Capa polar, 388
Capilloventridae, 510
Capitata, subordem, 256
Capitellida, 510

Índice Alfabético **999**

Capitellidae, 510
Capítulo, 864
Caprellidea, subordem, 722
Capsalidea, ordem, 354
Cápsulas polares, 252, 278
Captáculos, 472
Capuz, 397
– oral, 965
Características, 38
– homólogas, 38
Caranguejo-dos-coqueirais, 9
Caranguejo(s), 717
– braquiuros, 734
– galateídeos, 735
– terrestres, 734
– verdadeiros, 734
– *yeti*, 737
Caranguejos-ermitões, 735
Caranguejos-mola, 735
Caranguejos-porcelana, 735
Caranguejos-rei, 735
Carapaça, 754, 758
Carbonato de cálcio, 218
Carcinoécio, 282
Carcinomertes errans, 415
Cárdia, 617
Carditida, ordem, 444
Caridea, infraordem, 721, 734
Caridoide, reação de fuga do, 763
Carnivorismo, 146
Carrapatos, 864
– duros, 865
– moles, 865
Carúncula, 532
Carybdeida, ordem, 254
Caryophyllidea, ordem, 354
Casulo, 835
Catalogue of Life (CoL), 5
Categorias, 36
Catenulidea, subfilo, 352
Cauda pós-anal, 962
Caudofoveata, classe, 429, 432
Cavidade(s)
– celômicas, 951
– corporais, 130, 182
– do manto, 446, 448
– gastrovascular, 247, 363
– oral, 86
Cavitação arquentérica, 183
Cecos
– digestivos, 701, 965
– pilóricos, 928
Cefalização, 130, 164, 323
Cefalocáridos, 724
Cefalocordados, plano corpóreo, 963
Cefalópodes, 448, 468
– coloração e tinta dos, 486
Cefalotórax, 754
Celêntero, 259
Celoblástula, 179
Celogástrula, 182
Celoma(s), 132, 182
– peri-hemal, 951
– peribucal, 951
– periviscerais, 924
Celomoductos, 153
Célula(s)
– axial, 388
– cloragógenas, 524
– contráteis, 216
– corneágenas, 706
– da casca, 374
– da crista neural, 982
– da íris, 706
– da roseta, 317

– do cone cristalino, 706
– epiteliomusculares, 258
– erosivas, 237
– esferulosas, 217
– eucarióticas, 2
– germinativas, parasitismo de, 979
– lasso, 315
– mioepiteliais, 258
– nutritivo-musculares, 258
– pigmentares primárias, 706
– que delimitam superfícies, 214
– que secretam o esqueleto, 214
– renete, 643
– transportadora, 228
– uropolares, 388
– Y, 403
Celularidade, 130
Celulose, 60
Cenênquima, 250
Cenossarco, 262
Cenósteo, 272
Centopeias, 850
– corredoras, 850
Cephalobina, subordem, 636
Cephalocarida, classe, 720, 724
Cephalochordata, subfilo, 962
Cephalopoda, classe, 429, 445
Ceratos, 468
Cercárias, 376
Cerdas, 513
Ceriantharia, ordem, 252
Cerithiomorpha, superordem, 429, 439
Cestida, ordem, 312
Cestoda, coorte, 354
Cestoides, 360, 365, 369
Chaetognatha, filo, 394
– características do, 396
Chaetonotida, ordem, 403
Chaetopteridae, 502
Chaminés exalantes, 617
Cheilostomata, ordem, 610
Chelicerata, subfilo, 688
– características do, 860
Chilognatha, 847
Chilopoda, classe, 846, 856
Chimaericolidea, ordem, 354
Chirodropida, ordem, 254
Chitonida, subordem, 434
Chlorarachniophyta, filo, 57, 97
– características do, 98
Choanoflagellata, filo, 57, 117
Chordata, filo, 963
Chromadorea, classe, 636
Chromadorida, ordem, 636
Chromalveolata, clado, 56, 57, 58, 71, 120
Chrysopetalidae, 507
Cianobactéria, 2
Cibário, 822
Ciclióforos, 573
Ciclo de vida, 184
– classificação do, 184
– dos cocolitóforos, 97
– dos gregarínidos, 80
– dos hemosporídeos, 81
– dos meroplanctônicos, 186
– dos nematódeos parasitas, 646
– dos tripanossomos, 117
– parasitários, 188
Ciclomorfose, 673
Cifístoma, 292
Cifopódios, 847
Ciliados, 82
– holozoicos, 85
Ciliata, filo, 56, 57, 82
– características do, 84

Ciliatura
– composta, 82
– oral, 82
– somática, 82
Cilióforos, 594
Cílios, 134, 152
– equilibradores, 318
– simples, 82
– xenacelomórficos, 328
Címbio, 894
Cínclides, 279
Cinctoblástula, 230, 234
Cinetias, 82
Cinetocistos, 103
Cinetoplastídeos, 114, 116
Cinetoplasto, 116
Cinetossomo, 82, 134
Cintura, 74
Cirratulidae, 508
Cirratulídeos, 508
Cirratuliformia, 508
Cirripedia, subclasse, 722, 746
Cirros, 677, 765
– compostos, 470
– orais, 965
Cistacanto, 592
Cisticerco, 380
Cistídio, 613
Cistos espermáticos, 227
Citocinese, 63
Citoprocto, 61
Citóstoma, 60
Clado(s), 3, 37, 40
Cladoceromorpha, infraordem, 721
Cladóceros, 728, 729
Cladogênese, 26, 42
Clareamento dos corais, 286
Classificação(ões), 3
– biológica, 34
– como elaborar, 41
– não ordenada, 46
Claustro, 259
Clavas, 677
Clavoescálides, 663
Cleptocnidas, 315, 468
Cliona
– *delitrix*, 237
– *vermifera*, 228
Clipeolabro, 813
Clitelados, 516
Clitellata, 510
Clitelo, 510, 536
Clivagem, 175
– caótica, 229
– determinada, 179
– espiral, 176
– helicoidal, 176
– holoblástica, 175
– indeterminada, 179
– meroblástica, 175
– poliaxial, 229
– radial, 176
Cloaca, 967
Clorarracniófitos, 53, 98
Clorocruorinas, 158
Cloroplastos, 2
Cnidaria, filo, 247, 252
– características do, 250
Cnidários
– biologia dos, 280
– bioluminescência nos, 289
– classificação dos, 251
– defesa dos, 280
– ediacaranos, 299
– filogenia dos, 299

- história taxonômica dos, 251
- interações dos, 280
- movimento dos, 273
- origens dos, 300
- plano corpóreo dos, 257
- relações dos, 301
- simbiose nos, 280
Cnidas, 247, 275
Cnidoblastos, 276
Cnidocílio, 276
Cnidócito, 276
Cnidomos, 276
CO$_2$ atmosférico, 17
Coanócito(s), 208, 209
- de transferência, 228
Coanoderme, 209
Coanoflagelados, 117
Coanossomo, 213
Coccídeos, 75, 76
Cocculinida, ordem, 437
Cocolitóforos, 96
- ciclo de vida, 97
Cocólitos, 96
Cocosfera, 96
Codonophora, subordem, 256
Coenécios, 956
Colágeno, 137, 218
- tipo IV, 214
Colarinho, 273
Colêmbolos, 798
Colêncitos, 216
Colênquima, 250
Coleoidea, coorte, 429, 445
Coleoptera, ordem, 806
Coleopterida, 799, 806
Coleópteros, 806, 807
Collembola, ordem, 799
Collinsium ciliosum, 681
Coloblastos, 312, 315
Colobognatha, 847
Colônias, 166
- lofopodidas, 614
- plumatelidas, 614
Cólulos, 876
Columela, 272
Comensalismo, 23
Complexo
- apical, 76
- da probóscide, 954
Concha dos moluscos, 451
Conchas-lâmpada, 622
Condição
- anisomiária, 462
- asconoide, 209
- bilateral e do celoma, 193
- bipectinada, 476
- leuconoide, 209
- metazoária, 190
- monomiária, 462
- monopectinada, 477
- siconoide, 209
Côndilos, 694
Cone oral, 658, 663
Congérie, 232
Conjugação, 64
Conjugantes, 89
Conjuntos HOX, 173
Conservação de água, 149
Contração dos músculos circulares, 136
Copepoda, classe, 723, 753
Copepodito, 785
Coprofagia, 144
Cor frontale, 774
Coracídio, 380
Corações, 154

Corais hermatípicos, 285
Coralito, 272
Coralla, 273
Corallimorpharia, ordem, 253
Corallum, 272
Cordões
- pedais, 480
- viscerais, 480
Cormídios, 265, 293
Córnea, 706
Coroa tentacular, 613
Corona, 584
Corona ciliata, 397
Coronatae, ordem, 254
Corpo(s)
- adiposo, 824
- alados, 829
- cardíacos, 829
- de redução, 226
- marrons, 618
- pulsáteis, 327, 332
Corpúsculos de Tiedemann, 924
Coscinoderma mathewsi, 225
Coxa, 692
Cracas, 746, 747
Craniiformea, subfilo, 622
Craspedacusta sowerbyi, 280
Crassiclitelados, 516
Crassiclitellata, 510
Crescimento
- monopodial, 262
- segmentar teloblástico, 708
- simpodial, 262
- teloblástico, 538
Cribelo, 876
Cribrimorfos, 615
Crinoidea, 925, 927
Criptobiose, 673
Criptocisto, 615
Criptomonadinos, 53, 97
Crise de polinização, 797
Crisófitas, 94
Crisopas, 799
Crisopetalídeo, 507
Crisopídeos, 799
Crisoplastos, 94
Crista(s), 62
- neural, 982
- orais, 663
Cromalveolados, 58
Crustacea, subfilo, 688, 723
- características do, 720
Crustáceos, 717
- características diagnósticas dos, 758
- classificação dos, 720
- componentes reprodutivos dos, 761
- filogenia dos, 786
- plano corpóreo dos, 754
- resumos dos táxons dos, 723
Cruz
- de anelídeos, 178
- de moluscos, 178
Cryptomonada, filo, 57, 97
- características do, 97
Ctenídios, 446
- eulamelibrânquios, 470
- filibrânquios, 470
Ctenóforos, 307
- características dos, 308
- classificação dos, 308
- filogenia dos, 320
- história taxonômica dos, 308
- plano corpóreo dos, 312
Ctenophora, filo, 308
- características do, 308

Ctenos, 312
Ctenostomata, ordem, 610
Cubomedusas, 288
Cubozoa, classe, 254
Cuénot, Claude, 26
Cumacea, ordem, 722, 739
Cumáceos, 739
Cupins, 798, 802
Curtimento, 138
Cuspe, 462
Cutícula, 690
Cyclestherida, tribo, 721
Cycliophora, filo, 573
- características do, 575
Cyclophyllidea, ordem, 354
Cyclopoida, ordem, 723
Cyclorhagida, classe, 658
Cydippida, ordem, 308
Cymothoida, subordem, 722
Cystonecta, subordem, 256

D

Dactilóporos, 272
Dactilóstilos, 273
Dactilozooides, 262
Dactlogyridea, ordem, 354
Dalytyphloplanida, ordem, 353
Darwin, Charles, 3
Decapoda, ordem, 721, 732
Decápodes, 732
Decapodiformes, superordem, 429, 445
Delaminação, 182
Demospongiae, 233
- classe, 207
Demosponjas, 207
- perfurantes, 237
Dendrobranchiata, subordem, 721, 734
Dendrogramma enigmatica, 299
Dentaliida, ordem, 444
Dentes cuticulares, 397
Depositivoria, 144
Depositívoros, 144
- seletivos, 144
Dermaptera, ordem, 803
Desenvolvimento
- amórfico, 708
- anamórfico, 708, 785
- direto, 185, 187, 230
- epimórfico, 785
- indireto, 185
- metamórfico, 785
- misto, 185, 187
- teloblástico, 501
Desmatamento, 6
Desmocolecida, ordem, 636
Desmodorida, ordem, 636
Destinos das células, 178
Desvio do sistema de desenvolvimento, 173
Detritivoria, 146
Deuterostomia, 24
Deuterostômios, 24, 325
Dextrotrópico, 176
Diapausa, 20
Diatomácea(s), 91
- cêntricas, 94
- fotossintética, 93
- penadas, 94
Diciemídeos, 388
Diclybothriidea, ordem, 354
Dicondylia, 798, 800
Dictyostelium discoideum, 65
Dicyemida, 388
Dientamoeba fragilis, 106
Digenea, superordem, 354

Índice Alfabético

Digestão intracelular e extracelular, 139
"Dilema de Darwin", 14
Dilema superfície–volume, 131
Dinoflagelados, 71, 74
– atecados, 74
– tecados, 74
Dinoflagellata, filo, 57, 71
– características do, 73
Dioctophymatida, ordem, 636
Diphyllidea, ordem, 355
Diphyllobothriidea, ordem, 355
Diplogasterina, subordem, 636
Diplomonadida, filo, 57, 108
– características do, 108
Diplomonadidos, 108
Diplopoda, classe, 847, 856
Diplópodes, 854
Diplossegmentos, 843
Diplostomida, ordem, 354
Diplostraca, ordem, 720, 728
Diplura, ordem, 800
Dipluros, 798
Diptera, ordem, 808
Disco(s)
– imaginais, 815
– oral, 259
– pedal, 259
– pré-oral, 956
Discoblástula, 180
Disenteria amebiana, 67
Disférula, 230
Dispersão por emissão sincrônica, 185
Dissogenia, 319
Distribuição e ecologia, 234
DNA, 5, 48
Dobras pleurais, 754
Doença
– de Chagas, 115, 798
– do sono africana, 116
– do vagabundo, 823
Donzelinhas, 798, 801
Dorvilleidae, 505
Dorylaimia, subclasse, 636
Dorylaimida, ordem, 636
Dueto espiral, 337
Dunaliella salina, 8
Duplicação do gene, 173

E

Ecdise, 689, 697
Ecdisiotropina, 701
Ecdisona, 697
Ecdysozoa, clado, 709
Echiniscoides sigismundi, 672
Echinodermata, filo, 912
Echinoidea, 925, 931
Echiuridae, 510, 547
Ectoderme, 131, 179, 181
Ectognatos, 811
Ectolécitos, 370
Ectomesoderme, 182
Ectoparasitas, 22, 188
Ectoplasma, 133
Ectossomo, 210
Edeago, 817, 833
Efêmeras, 798
Efeméridas, 801
Efemerópteros, 798
Efetores independentes, 163
Efípio, 729
Éfiras, 290, 292
Eixo animal–vegetal, 175
Elefantíase, 646, 798

Elementos transponíveis, 27
Élitro, 818
Embioptera, ordem, 803
Embiópteros, 799
Êmbolo, 894
Embrião(ões), 171, 175
Embrióforo, 380
Embriologia descritiva, 189
Emiliania huxleyi, 96
Enchytraeidae, 510
Encyclopedia of Life (EoL), 6
Enditos, 692, 757
Endocitose, 70, 139
Endocutícula, 692
Endoderme, 131, 179, 181
Endolécitos, 370
Endolimax nana, 65
Endomesoderme, 182, 326
Endoparasitas, 22, 188
Endopinacócitos, 209, 214
Endopinacoderme, 209
Endoplasma, 133
Endópode, 693
Endopoligenia, 63, 79
Endossimbiose
– primária, 53
– secundária, 53, 119
Endóstilo, 965
Endotoquia matricida, 644
Enoplea, classe, 636
Enoplia, subclasse, 636
Enoplida, ordem, 636
Entamoeba
– *coli*, 65
– *histolytica*, 65, 67
Enterocelia, 183
Ênteron, 363
Enteropneusta, classe, 950
Enteropneustos, 950, 951
Entocódio, 290
Entognatas, 810
Entognatha, 798, 799
Entoprocta, filo, 569
– características do, 571
Entoproctos, 569
– classificação dos, 571
– plano corpóreo dos, 571
Eocyathispongia qiania, 2
Ephemeroptera, ordem, 801
Ephydatia fluviatilis, 221
Epibentônicas, 18
Epibolia, 182
Epicaridea, subordem, 722
Epicone, 74
Epicutícula, 691
Epifauna, 18
Epígino, 871
Epiperipatus
– *biolleyi*, 682
– *imthurni*, 685
Epiplasma, 82
Epipoditos, 692, 757
Episfera, 195, 538
Epistoma, 601
Epiteca, 74
Epíteto específico, 35
Epítocos, 536
Epitoquia, 534
Equinodermos, 912
– atuais, 943
– filogenia dos, 941
– plano corpóreo dos, 919
Equiúros, 547
Era
– Cenozoica, 16

– Mesozoica, 15
– Neoproterozoica, 9, 10
– Paleozoica, 11, 15
– Proterozoica, 9, 12
Errantes, 18
Errantia, 504
Escafópodes, 448, 449
Escaladores-de-rocha, 803
Escálidas, 655
Escálides, 663
Escalidóforos, 655, 656
Escama tentacular, 930
Escapo, 811
Escavados, 59
Escleritos, 428, 690
Escleroblastos, 271
Escleródromo, 216
Esclerócitos, 216
Escólex, 361
Escórias nitrogenadas, 149
Escorpiões verdadeiros, 873
Escorpiões-chicote, 875
Escorpiões-vinagre, 875
Escravização, 28
Escudo
– cefálico, 754, 758, 956
– da cabeça, 754
– gástrico, 475
Esferas brilhantes, 201
Esferídios, 938
Espádice, 488
Especiação, 25, 26
– rápida por meio da hibridização, 27
Espécie
– biológica, definição de, 37
– conceito evolutivo de, 37
– holoplanctônicas, 186
Esperanças, 799
Espermatóforos, 168
Espermoducto, 168
Espículas, 644
– anfídiscas, 225
– das esponjas mineralizadas, 218
Espidroínas, 876
Espinhos de captura, 397
Espinocaudados, 728
Espinoescálides, 657, 663
Espiráculos, 157, 703
Espirocistos, 276
Espongina, 216
Espongiocele, 209
Espongócitos, 216
Esponjas, 202, 203
– bioerosão causada pelas, 237
– calcárias, 206, 231
– classificação das, 206
– estrutura corporal das, 209
– evolução das, 239
– hexactinelidas, 241
– história taxonômica das, 206
– origem das, 237
– processos sexuados das, 226
– promiscuidade de, 206
– sistema aquífero das, 209
– taxas de crescimento das, 235
– tipos celulares das, 214
Esponjas-de-vidro, 207
Esporocisto, 80, 376
Esporogonia, 80
Esporossacos, 293
Esqueleto(s), 135
– da probóscide, 951
– hidrostático, 135
– larval, 940
– rígido, 136
Esquizocelia, 183

Esquizogonia, 80, 282
Esquizomídeos, 873
Estabilimento, 878
Estados de característica, 40
– avançados, 41
– primitivos, 41
Estágio
– de tonel, 673
– edwárdsico, 291
– plerocercoide, 380
– procercoide, 380
– símplex, 675
Estatoblastos, 621
Estatocistos, 160, 533
Estatocônios, 482
Estatólito, 160
Estenoalinos, 150
Estenopódio, 693
Estereoblástula, 180
Estereogástrula, 182
Estereoma, 913
Esternito, 690
Estetos, 484, 778
Esticossomo, 642
Estigmas, 63, 162
Estigmata, 967, 973
Estigobiontes, 20
Estilete(s), 363, 371, 639, 768
– cristalino, 475
– orais, 657, 663, 676
Estivação, 20
Estolões, 956
Estoloníferos, 253
Estômago
– cardíaco, 928
– pilórico, 928
Estomatópodes, 731
Estomoblástulas, 231
Estomocorda, 950
Estomodeu, 312
Estramenopilos, 91
Estreptoneuria, 456
Estrobilação, 290, 292
– monodisco, 292
– polidisco, 292
Estróbilo, 292, 357
Estroma, 913
Estruturas sensoriais
  adanais, 484
Estuários, 19, 20
Eucarida, superordem, 721, 732
Eucariotos, 6
Euchelicerata, classe, 862
Eudoxídeos, 265
Eufasiáceos, 732
Euglenida, filo, 57, 111
– características do, 111
Euglenoides, 111
Eugnatha, 847
Euheterodonta, superordem, 429, 444
Eukaryota, 2
Eulimnadia texana, 780
Eumalacostraca, subclasse, 721, 731
Euneoophora, superclasse, 353
Eunicida, 505
Eunicidae, 505
Euopisthobranchia, coorte, 429, 441
Euphausia superba, 720, 732
Euphausiacea, ordem, 721, 732
Euquelicerados, plano corpóreo dos, 875
Eurialinos, 150
Eurotatoria, classe, 584
Eurypterida, ordem, 862
Eurystomata, subclasse, 610
Euthyneura, infraclasse, 429, 440

Eutineuria, 456
EvoDevo, 28, 33, 172
Evolução
– biológica, 1
– conceito moderno de, 3
– convergente, 39
Excavata, clado, 57, 59, 105, 121
Exconjugantes, 90
Exitos, 692, 757
Exocitose, 140, 278
Exocutícula, 692
Exopinacócitos, 209, 214
Exopinacoderme, 209
Exópode, 693
Externa, 768
Extinção, 25
Extrussomos, 62
Exumbrela, 268

F

Facetotecta, subclasse, 722, 747
Fagocitose, 139
Faloidina, 340
Falsos escorpiões, 873
Faringe simples, 334, 363
Fasmídios, 644
Fatores de transcrição, 172
Fecampiida, ordem, 353
Fecundação cruzada, 108
Fêmur, 814
Fendas
– branquiais faríngeas, 962, 967
– cefálicas, 420
Fenótipo, 173
Feódios, 102
Feromônios, 165
Fiandeiras, 876
Fibra
– cinetodesmal, 82
– parabasal, 106
Fibulário, 595
Filamento(s)
– mesenterial, 262
– polares, 282
Filariose linfática, 798
Filifera, subordem, 256
Filodocídeos, 506
Filogenética
– e esquemas de classificação, 25
– molecular, 47, 48
Filogenia, 3, 25, 189
– como elaborar, 41
Filópodes, 60, 69, 133
Filopódios, 693, 757
Filosofia zoológica, 3
Filospermoidea, ordem, 581
Fios do bisso, 462
Fisa, 259
Fissão
– binária, 63, 89
– múltipla, 63
– – verdadeira, 89
Fissiparidade, 938
Fitoplâncton, 9, 19, 52
Flabelligeridae, 508
Flabellina iodinea, 5
Flagelo(s), 134, 152, 811
– heterocontes, 94
Flagelômeros, 811
Florarctus heime, 672
Flósculos, 662
Folhetos germinativos, 130, 131
Folículos espermáticos, 227
Fonorreceptores, 161

Fontes hidrotermais, 19
Forames, 100, 622
Foraminifera, 99
Foraminíferos, 99, 100, 101
Forcípulas, 846, 850
Foresia, 23
Forma
– medusoide, 266
– polipoide, 259
Formigas, 799
Formigas-leão, 799
Foronídeos, 603
– plano corpóreo das, 604
Fósforo, 14
Fosseta de Hatschek, 965
Fotoautotrofia, 148
Fotócitos, 832
Fotorreceptores, 162
Fotossíntese, 8
Fotossistemas, 53
Fragmentação, 421
Frênulos, 816
Frústulas, 91
Fungi, reino, 7
Funículo, 615
– do estolão, 615
Funil, 450, 464
Furcas, 951
Furcília, 786
Fúsulas, 102
Fuxianhuia protensa, 709

G

Gadilida, ordem, 444
Gafanhotos, 799, 803
Gametas, 168
Gametocisto, 80
Gammaridea, subordem, 722
Gamontes, 64, 80
Gamontogonia, 80
Ganeshida, ordem, 312
Gânglio
– cerebral, 164, 530, 532, 704
– do colarinho, 956
– pedal, 530
Gastreia, 192, 229, 300
Gastroneuro, 195
Gastropoda, classe, 429, 436
Gastrópodes, 447, 455
– destorcidos, 457
Gastróporos, 272
Gastróstilos, 272
Gastrotricha, filo, 401
– características do, 403
Gastrótricos, 401
– classificação dos, 403
– plano corpóreo dos, 403
Gastrozooide, 262
Gástrula, 181, 229
Gastrulação, 8, 181
– por involução, 182
Gebídeos, 737
Gebiidea, infraordem, 722, 737
Gelyelloida, ordem, 723
Gemoscleras, 225
Gêmulas, 225
Gene(s), 5
– *DLL*, 694
– do desenvolvimento *brachyury* (bra), 173
– evolução de novas funções dos, 173
– fenômeno do recrutamento
  (cooptação) de, 39
– *FOXP2*, 49
– *HAR1*, 49

– *HOX*, 28, 29
– ortólogos, 39
– parálogos, 39
– reguladores, 173
Genoma humano, 48
Genótipo, 173
Geodia mesotriaena, 235
Georreceptores, 160
Geração
– macroesférica, 101
– megaesférica, 101
– microesférica, 101
Germário, 370
Germovitelário, 370
Giardia
– *intestinalis*, 109
– *lamblia*, 109
Girada da cauda, 763
Gladiadores, 799
Glândula(s)
– axial, 934
– calcíferas, 523
– crural, 685
– da concha, 448
– da garra, 675
– de cimento, 370
– de Deshayes, 473
– de Mehlis, 375
– de muco, 683
– de Nasanov, 832
– de seda, 876
– digestiva, 771
– do bisso, 462
– do estilete, 675, 676
– faríngeas, 363
– frontais, 421
– neural, 976
– nidamentais, 608
– nidimentais, 490
– perfuradora, 466
– rabdoides, 332
– repugnatórias, 701
– segmentar, 684
– subneural, 976
Glaucothoe, 785
Glicocálix, 69
Glifeídeos, 737
Glomérulo, 954
Gloquídios, 491
Glyceridae, 507
Glypheidea,
   infraordem, 721, 737
Gnathiidea, subordem, 722
Gnathophausia ingens, 739
Gnathostomulida, filo, 581
– características do, 581
Gnatobases, 692
Gnatostomulídeos, 581
– classificação, 581
– plano corpóreo, 581
Gnorimosphaeroma orgonense, 780
Gnosonesimida, ordem, 353
Gnosonesimora, superclasse, 352
Goldschmidt, Richard, 26
Golfingiidae, família, 543
Gonângios, 263
Gonocoria, 184
Gonocóricos, 168
Gonóforos, 263
Gonopófises, 854
Gonóporos, 847
Gonoteca, 262, 263
Gonozooides, 263
Gordioidea, ordem, 650
Gorgônias, 253, 266

Gorgonina, 271
Grado, 40
Grana, 53
Granuloreticulosa, filo, 57, 99
– características do, 99
Greeffiella minutum, 9
Gregarínidos, 75, 76
– ciclo de vida dos, 80
Griloblatódeos, 798
Grilos, 799
Grupo
– monofilético, 3, 37
– parafilético, 5, 37
– polifilético, 5, 38
Grupos-irmão, 43
Grylloblattodea, ordem, 803
Gubernáculo, 644
Gymnolaemata, classe, 610
Gymnoplea, superordem, 723
Gyrocotylidea, ordem, 355
Gyrodactylidea, ordem, 354

H

Hábitats
– de água doce, 20, 21
– marinhos, 16
– terrestres, 21
– xéricos, 22
Halichondria
– *moorei*, 235
– *okadai*, 235
– *panicea*, 236
– *poa*, 237
Halicryptus spinulosus, 660
Halisarca harmelini, 236
Hallucigenia sparsa, 681
Halobacterium salinarum, 8
Halobiotus crispae, 672
Halocyprida, ordem, 723
Halófilos, 8
Halteres, 818
Hâmulos, 816
Haootia quadriformis, 2, 299
Haplodiploidia, 184
Haplopharyngida, ordem, 352
Haploscleromorpha, subclasse, 207
Haplosporídeos, 105
Haplosporidia, filo, 57, 105
Haptocistos, 86
Haptonemas, 96
Haptophyta, filo, 57, 96
– características do, 96
Harpacticoida, ordem, 723
Hectocótilos, 488
Helioporacea, ordem, 253
Helminthomorpha, 847
Hemeritrinas, 158
Hemichordata, filo, 948
Hemicordados, 947
– classificação dos, 948
– filogenia dos, 957
– plano corpóreo dos, 950
– registro fóssil dos, 857
Hemimetábolo, 835
Hemiptera, ordem, 805
Hemípteros, 805
Hemirotatoria, classe, 584
Hemocele, 154, 689
Hemocianinas, 158
Hemoglobina, 158
Hemolinfa, 154, 702
Hemosporídeos, 75, 76
– ciclo de vida dos, 81
Herbivoria, 144

Hermafroditismo, 184
– pós-partenogênico, 405
– protândrico, 169
– protogínico, 169
Hesionidae, 507
Heterobranchia, subclasse, 429, 440
Heterobrânquios inferiores, 429, 440
Heterociemídeos, 391
Heteroconchia, coorte, 429, 443
Heterocronia, 190
Heterodonta, megaordem, 429, 444
Heterogamia
– feminina, 184
– masculina, 184
Heterolobosea, filo, 57, 110
Heterolobosídeos, 110
Heteronemertea, ordem, 412
Heteronomia, 511
Heterônomos, 511
Heterópode, 439
Heteroscleromorpha, subclasse, 208
Heterotróficos, 52
Heterozooides, 613
Hexacorallia, subclasse, 252
Hexactinelidas, 208, 232, 241
Hexactinellida, 232
Hexamita salmonis, 109
Hexapoda, subfilo, 688, 798, 799
– características do, 796
– classificação do, 798
Hexápodes, 795
– classificação dos, 799
– marcha dos, 817
Hexasterophora, subclasse, 207
Hibernação, 20
Hidrante, 262
Hídricos, 22
Hidrocaule, 262, 263
Hidrocele, 920
Hidrogenossomos, 106
Hidroides
– atecados, 262
– tecados, 262
Hidromedusas, 280
– de vida livre, 298
Hidróporos, 921
Hidrorriza, 263
Hidroteca, 262
Hidrozoários mileporinos, 295
Hipermastigotos, 105
Hiperparasitas, 22
Hipocone, 74
Hipoderme, 690
Hipognatos, 811
Hipostômio, 259
Hipóstraco, 451
Hipótese(s)
– da "dança das abelhas", 832
– de recapitulação, 171
– dos apêndices, 820
– dos lobos paranotais, 820
– filogenéticas explícitas, 43
– medusoide, 301
– polipoide, 301
Hirudinida, 511
Hirudinoidea, 511, 558
Hirudinóideos, plano corpóreo dos, 559
Histomonas meleagridis, 106
História taxonômica e classificação, 55, 351, 410
Hlamydomonas pulsatilla, 151
Holaxonia, subordem, 253
Holofiletismo, 38
Holometabola, superordem, 799, 806
Holometábolos, 806, 835
Holoplânctônicos, 19

Holothuroidea, 925, 934
Homarus americanus, 717, 737
Homologia(s), 38, 39
– dos raios, 921
– seriada, 501
Homônomos, 511
Homoplasia, 40
Homoscleromorpha, classe, 208, 233
Hoplocarida, subclasse, 721, 730
Hoplocáridos, 730
Hoplonemertea, subclasse, 412
Hoplonemertinos, 424
Hormônio(s), 165
– endócrinos, 165
– inibidor da muda (MIH), 700
Hospedeiro(s)
– definitivo, 22, 188
– intermediário, 22, 188
– primário, 188
Hubrechtia, ordem, 412
Hydroidolina, subclasse, 255
Hydrozoa, classe, 255
Hymeniacidon sanguinea, 237
Hymenoptera, ordem, 806
Hyperiidea, subordem, 722
Hypsogastropoda, coorte, 429, 439

I

Idiossomo, 864
Imagos, 833
Incertae sedis, 511
Indivíduo epítoco, 536
Indução, 183
Infauna, 18
Infraciliatura, 82
Infundíbulo, 316
Infusorígenos, 389
Ingolfiellidea, subordem, 722
Ingressão, 182
– multipolar, 182
– unipolar, 182
Inquilinismo, 23
Insecta, classe, 798, 800
Insetos
– alados, 798
– origem do voo dos, 820
– sugadores, 821
– voo dos, 818
Insetos-folha, 798
Instares, 698
Integrated Taxonomic Information System (ITIS), 5
Interconexões dos zooides, 615
Intermudas, 698
Interna, 768
International Code of Zoological Nomenclature (ICZN), 35
Intersexo, 781
Invaginação, 182
Invertebrados, 9
– origem dos, 9
Involução, 182
Iodamoeba buetschlii, 65
Irrigação retal, 157
Isogamia, 64
Isolaimida, ordem, 636
Isopoda, ordem, 722, 742
Isópodes, 742

J

Jeannel, René, 26
Junções de zíper, 594

K

Kalyptorhynchia, ordem, 353
Keratosa, subclasse, 207
Kinetoplastida, filo, 57, 113
– características do, 115
Kinorhyncha, filo, 656
– características do, 657
Kiwa hirsuta, 737
Krill(s), 720, 732

L

Labelo, 822
Labidognatos, 872
Lacinia mobilis, 738
Lado
– assulcal, 259
– sulcal, 259
Laevicaudata, subordem, 720
Lagostas, 737
Lagostins, 737
Lamarck, Jean Baptiste, 3
Lamelas, 703
Lâmina
– de cuticulina, 691
– dorsal, 973
Lancetas (anfioxos), 963
Lanterna de Aristóteles, 931
Larcerdinha, 799
Larva(s)
– acântor, 591
– actinosporas, 282, 608
– antizoé, 786
– cidipídia, 308, 319
– cipres, 786
– competentes, 186
– cordoide, 576
– coronadas, 620
– de Desor, 423
– de Götte, 372
– de Higgins, 665
– de Iwata, 423
– de Müller, 372
– de Schmidt, 423
– de Wagener, 392
– *euproöps*, 894
– girinoide, 977
– hexacanta, 380
– infusórias, 388
– lecitotróficas, 185
– mísis, 786
– pandora, 576
– pelagosfera, 547
– planctotróficas, 185
– plânulas, 247, 298
– politrocais, 538
– primárias, 324, 939
– prometheus, 576
– pseudozoé, 786
– puerulus, 785
– tornária, 956
– trilobita, 894
– véliger, 491
– vermiformes, 388
– y, 746, 747
Lecanicephalidea, ordem, 355
Lécito, 171
Lecitotrofia, 182
Lei
– da biogenética, 171, 189
– da recapitulação, 189
Leishmania
– *braziliensis*, 115
– *donovani*, 115
– *infantum*, 115
– *mexicana*, 115
Leishmaniose, 115
Lepidopleurida, subordem, 434
Lepidoptera, ordem, 809
Leptostraca, ordem, 721, 729
Leptóstracos, 729
Leque caudal, 757
Lesmas, 5
Leucorreia, 106
Levedura, 5
Levicaudatos, 728
Levotrópico, 176
Libélulas, 798, 801
Liberadores, 168
Ligamento proteináceo elástico, 453
Limnognathia maerski, 592, 593
Limnomedusae, ordem, 255
Limnoridea, subordem, 722
Limoida, ordem, 443
Linguetas, 973
Linguliformea, subfilo, 622
Linha palial, 453
Líquido cameral, 464
Lithophora, ordem, 353
Litobothridea, ordem, 355
Littorinimorpha, superordem, 429, 439
Lobata, ordem, 312
Lobópodes, 60, 69, 133
Lobos orais, 312
Lóbulos, 288
Lofócitos, 216
Lofoforados
– história taxonômica dos, 602
– plano corpóreo dos, 603
Lofóforo, 601, 607, 624
Lophogastrida, ordem, 722, 739
Lorica, 584, 664
Loricifera, filo, 663
– características do, 664
Loricíferos, 663
Louva-a-deus, 798, 802
Loxokalypodidae, família, 571
Loxosomatidae, família, 571
Luciferase, 164
Luciferina, 164
Lucinida, ordem, 444
Luffariella variabilis, 235
Lumbriculidae, 510
Lumbrineridae, 506
Luminescência, 164
Lúnulas, 927

M

Maccabeidae, família, 660
Maccabeus tentaculatus, 661
Macrocheira kaempferi, 669, 717
Macroconjugante, 90
Macrodasyida, ordem, 403
Macroevolução, 26, 28
Macrômeros, 175, 939
Macronúcleos, 65, 88
Macrossepto, 534, 921
Macrostomida, ordem, 352
Macrostomorpha, infrafilo, 352
Magelonidae, 502
Malacosporea, classe, 257
Malacostraca, classe, 721, 729
Malária, 78, 79
Maldanidae, 509
Maldanomorpha, 509
Malldida, ordem, 443
Mancas, 738
Manchas ocelares, 162

Índice Alfabético

Mandíbulas, 754
– dorsais, 595
– principais, 595
– ventrais, 595
Manto, 446, 448
Mantodea, ordem, 802
Mantofasmatódeos, 803
Mantophasmatodea, ordem, 803
Manúbrio, 259, 268
Mapas de destino, 179
Mar de Tétis, 15
Marimermithida, ordem, 636
Mariposas, 799
Maruins, 799
Mastigonemas, 135
Matéria orgânica dissolvida (MOD), 148, 221
Maxilas, 754
Maxilípedes, 757, 758
Maxilopodes, 746
Maxílulas, 754
Mazocraeidea, ordem, 354
Meara stichopi, 339
Mecanismo(s)
– de bombeamento, 154
– mucociliar, 143
Mecoptera, ordem, 808
Mecópteros, 799
Medusas
– acraspedotas, 268
– cifozoárias, 289
– craspedotas, 268
– pediculadas, 254
Medusozoa, subfilo, 254
Medusozoários, 254
Megaestetos, 451
Megalaspis acuticauda, 711
Megalopa, 785
Megaloptera, ordem, 807
Megalópteros, 799
Megascleras, 220
Meiofauna, 18
Meiopriapulus fijiensis, 661, 662
Melitofilia, 797
Membrana(s)
– articulares, 694
– artrodiais, 694
– basal, 257
– da casca, 374
– dérmica, 213
– paroral, 86
– peristomial, 928
– peritrófica, 701, 824
– radular, 465
Membros birremes, 693
Mermithida, ordem, 636
Merogonia, 80
Meroplanctônicos, 19
– ciclos de vida dos, 186
Merostomata, subclasse, 862
Mesênquima, 250
Mesentoblasto, 183
Mésicos, 22
Mesocele, 183, 602
Mesoderme, 131, 179, 181, 182, 323
Mesogleia, 182, 250
Mesoílo, 209, 250
Mesômeros, 939
Mesonoto, 814
Mesoparasitas, 22, 188
Mesopeltídio, 875
Mesossomo, 602, 875
Mesotórax, 814
Metabolia, 112
Metacele, 183, 602
Metacercárias, 376

Metagênese, 247
Metamerismo, 501
Metamorfose, 186
Metanáuplio, 785
Metanefrídio, 152
Metanefromixo, 153
Metanoto, 814
Metapeltídio, 875
Metassomo, 602, 875
Metatórax, 814
Metatróquio, 195
Metazoa, 2
Metazoários, 199
– blastocelomados, 131
– eucelomados, 131
– origem dos, 190, 191
– triploblásticos acelomados, 131
Métodos bayesianos, 48
Microcerberidea, subordem, 722
Microconjugante, 90
Microescorpiões-chicote, 872
Microestetos, 451
Microevolução, 26
Micrognathozoa, filo, 592
– características do, 594
Micrognatozoários, 592
– plano corpóreo dos, 593
Micrômeros, 175, 939
Micronúcleos, 65, 88
Micróporos, 79
Micropredadores, 22
Microscleras, 220
Microtríquios, 360
Microtúbulos, 134
Mictacea, ordem, 722, 739
Mictáceos, 739, 742
Mictocaris halope, 742
Micuins, 864
Miíase, 808
Milípedes, 843
Milnesium swolenskyi, 671
Miócitos, 216
Mionemas, 84
Mionemos, 258
Miótomos, 963
Miracídios, 376
Miriápodes
– classificação dos, 846
– filogenia dos, 856
– plano corpóreo dos, 848
Misophrioida, ordem, 723
Mitose
– aberta, 64
– fechada com fuso
– – extranuclear, 64, 65
– – intranuclear, 64, 65
– dos protistas, 64
– semiaberta, 64
Mitossomos, 109
Mixonefrídio, 153
Mixósporos, 282
Mixotróficos, 52
Mizorrinco, 361
Modelos de evolução, 48
Moela, 473
Mollusca, filo, 427
– características do, 428
Molusco(s), 427
– ancestral hipotético dos, 494
– cruz de, 178
– desenvolvimento dos, 490
– digestão dos, 473
– evolução dos, 493
– filogenia dos, 493
– gigantes, 9
– plano corpóreo dos, 446

Monhysterida, ordem, 636
Monocotylidea, ordem, 354
Monofiletismo, 37
Monogenea coorte, 354
Monogononta, subclasse, 584
Mononchida, ordem, 636
Monoplacóforos, 447, 468
Monoplacophora, classe, 429, 433
Monostilifera, ordem, 412
Monstrilloida, ordem, 723
Montchadskyellidea, ordem, 354
Morfogênese, 183
Morfógenos, 183
Mormonilloida, ordem, 723
Moscas verdadeiras, 799, 808
Moscas-da-pedra, 798, 802
Moscas-de-água, 799
Moscas-escorpião, 799
Mosquitos, 799, 808
Mucocistos, 75, 87, 112
Mucronos, 665
Muda, 697
Multitubulatina, subordem, 403
Multivalvulida, ordem, 257
Músculo(s), 135
– abdutores, 138
– adutores, 138
– coronais, 275
– extensor, 138
– flexores, 138
– protratores, 138
– retratores, 138
Muspiceida, ordem, 636
Mutualismo, 22, 23, 282
Mycale vansoesti, 236
Myodocopa, subclasse, 723
Myodocopida, ordem, 723
Myolaimina, subordem, 636
Myopsida, ordem, 446
Myriapoda, subfilo, 688, 846
– características do, 848
Mysida, ordem, 722, 739
Mystacocarida, classe, 723, 752
Mytilida, ordem, 443
Myxobolus cerebralis, 282
Myxospongiae, subclasse, 207
Myxosporea, classe, 257
Myxosporidium bryozoides, 252
Myxozoa, subfilo, 257
Myzostomida, 511

N

Nadadeira(s)
– caudal horizontal, 397
– laterais, 397
Náiades, 835
Naididae, 510
Nanaloricus mysticus, 667
Narcomedusae, ordem, 255
Natronobacterium gregoryi, 8
Náuplio, 757, 785
Nautilidia, coorte, 429, 445
Navalha de Ockham, 43
Nectóforos, 263
Nécton, 19
Nectonematoidea, ordem, 650
Nefrídios, 151
Nefromixia, 153
Nematocistos, 276
Nematoda, filo, 634
– características do, 636
Nematódeos
– classificação, 636
– parasitas, ciclos de vida dos, 646
– plano corpóreo dos, 637

Nematodesmos, 86
Nematógenos, 388
Nematomorfos, 649
– classificação dos, 650
– plano corpóreo dos, 650
Nematomorpha, filo, 649
– características do, 650
Nemertea, filo, 409, 410
– características do, 410
Nemertinos
– filogenia dos, 423
– plano corpóreo dos, 412
Nemertodermatida, classe, 328, 337
Nemertodermatídeos, 340
– plano corpóreo dos, 339
Neocephalopoda, subclasse, 429, 445
Neocopepoda, subclasse, 723
Neodermata, infraclasse, 353
Neoderme, 360
Neófoto, 370
Neogastropoda, superordem, 429, 440
Neoloricata, ordem, 434
Neomphalida, ordem, 437
Neonemertea, classe, 412
Neoptera, infraclasse, 798, 801
Neotenia, 190
Nephtyidae, 507
Nereididae, 507
Neritimorpha, subclasse, 429, 437
Nervo
– eferente, 159
– motor, 159
– sensorial, 159
Neuro-hormônios, 165
Neurocorda do colarinho, 954
Neurônios, 159
Neuropódio ventral, 513
Neuróporo, 966
Neuroptera, ordem, 807
Neuropterida, superordem, 799, 807
Ninfas, 835
Nomenclatura
– binominal, 35
– biológica, 34
Nomes clássicos, 25, 46
Notocorda, 962
Notoneuro, 195
Notopódio dorsal, 513
Notostraca, ordem, 720, 725
Notóstracos, 726
Núcleo vesicular, 65
Nucleomorfo, 55, 97
Núcleos
– gaméticos, 89
– ovulares, 65
Nuculaniformii, superordem, 443
Nuculida, ordem, 443
Nuculiformii, superordem, 443
Nudibrânquios
– aeolídeos, 468
– doridídeos, 468
Nudipleura, coorte, 429, 440
Número de Reynolds, 132, 133

O

Obelia geniculata, 298
Oceano, 16
Ocelos, 63, 162, 810
Octocorallia, subclasse, 253
Octopoda, ordem, 445
Octopodiformes, superordem, 429, 445
Odonata, ordem, 801
Odontoblastos, 465
Odontóforo, 446, 465

Oegopsida, ordem, 446
Oenonidae, 506
Olenellus gilberti, 711
Olho(s)
– aposicionais, 707
– ciliares, 163
– complexos, 162
– compostos, 162, 706
– da concha, 451
– eucones, 830
– nauplliar, 779
– rabdoméricos, 163
– simples, 810
– superposicionais, 707
Omatídeo(s), 162, 706
– tetrapartite, 706
Onchocerca volvulus, 635, 646, 735
Onchoproteocephalidea, ordem, 355
Oncomiracídio, 376
Oncosfera, 380
Onicocaudatos, 728
Onicóforos, 679
– classificação dos, 680
Oniscidea, subordem, 722
Ontogenia, 171, 189
Onuphidae, 506
Onychocaudata, subordem, 720
Onychodictyon ferox, 681
Onychophora, filo, 678
– características dos, 680
Oomicetos, 91
Oostegitos, 781
Opalinídeos, 95
Opheliidae, 508
Ophiuroidea, 924, 930
Opiliões, 872
Opiliones, ordem, 872
Opisthokonta, clado, 57, 59, 117, 121
Opisto-háptor, 361
Opistognatos, 811
Opistossomo, 553, 864, 871, 875
Oportunistas sésseis, 146
Orbiniidae, 508
Organismos
– bentônicos, 18
– demersais, 18
– heterotróficos, 8, 140
– intersticiais, 18
– pelágicos, 18
Órgão(s)
– apical, 324, 939
– caudal, 405
– cerebrais, 421
– ciliar pré-oral, 953
– claviformes, 830
– cordotonais, 830
– da célula-estelar, 573
– da roda, 965
– de Berlese, 833
– de Tömösváry, 161, 853
– frontal, 405
– intertentacular, 618
– nucais, 532, 546
– piriforme, 618
– pré-ventrais, 680
– pulsáteis, 825
– retrocerebral, 587
– sensíveis à força, 706
– sensorial(is)
– – apical, 312
– – em fenda, 161
– timpânicos, 161, 830
– ventrais, 680
– X, 405

Orifício(s), 613
– de Milne-Edwards, 775
Orthonectida, filo, 392
Orthoptera, ordem, 803
Ortognatos, 872
Ortólogos, 172
Ortomitose, 65
– aberta, 64
– intranuclear, 64
– semiaberta, 64
Ortonectídeos, 392, 393
Oscillatoria spongeliae, 236
Ósculo, 209
Osfrádios, 482
Osmoconformadores, 150
Osmorregulação e hábitat, 149
Osmorreguladores, 150
Óstios, 209, 702
Ostracoda, classe, 723, 753
Ostrácodes, 754
Ostras verdadeiras, 462
Ostreida, ordem, 443
Ottoia prolifica, 660
Ovários, 168
Ovicelo, 618
Ovidutos, 168
Ovíparos, 187
Ovipositor, 834
Ovo náuplio, 785
Ovócito(s), 175
– centrolécitos, 175
– ectolécitos, 352
– em mosaico, 179
– endolécitos, 352
– isolécitos, 175
– reguladores, 179
– telolécitos, 175
Ovótipo, 374
Ovovivíparos, 187
Oweniidae, 502
Oxigênio, 14
Oxyurida, ordem, 636
Ozóporos, 844

P

Palaeocopida, ordem, 723
Palaeoheterodonta, megaordem, 429, 443
Palaeonemertea, classe, 410
Palaeoptera, 801
Palcephalopoda, subclasse, 429, 445
Palintomia tabular, 229
Pálio, 446
Palitoxina, 250
Palpigradi, ordem, 872
Palpígrados, 872
Palpos labiais, 469
Panarthropoda, 669
Pangeia, 15
Panpulmonata, coorte, 429, 441
Pansporocistos, 282
Pântanos costeiros, 19, 20
Pantópodes, 901
Papila(s)
– adesivas, 979
– de muco, 680
– orais, 680
– peniana, 374
Pápulas, 936
Parabasalida, filo, 57, 105
– características do, 106
Parabasálidos, 107
Paradigma adaptacionista, 26
Parafiletismo, 37
Paralelismo, 39

Índice Alfabético

Paramilo, 113
Paranemertes peregrina, 415
Parapeito, 273
Parapilas, 102
Parasitas com asas torcidas, 799
Parasitismo, 22
– de células germinativas, 979
Parasitoides, 22
Paratomia, 954
Parcimônia, 43
Parênquima, 250
Parenquimela, 230
Partenogênese, 169
Partenogenéticos, 188
Patellogastropoda, subclasse, 429, 436
Paucitubulatina, subordem, 403
Pauropoda, classe, 848, 856
Paurópodes, 855
Pé basal, 344
Pectinaria, 521
Pectinariidae, 509
Pectinidina, ordem, 443
Pectinobrânquia, 477
Pedestais, 904
Pedicelárias, 922
Pedicellinidae, família, 571
Pedicelo, 811
Pediculose, 823
Pedipalpos, 875
Pedomorfose, 190
Pedúnculo, 266
Pelagia noctiluca, 279
Pelta, 106
Penicillata, subclasse, 847
Pennatulacea, ordem, 254
Pentarradialidade, 913
Pentastomida, classe, 723, 749
Pentazonia, 847
Peracarida, superordem, 722, 738
Peracáridos, 739
Percevejo, 799
Perda de hábitats, 6
Péreon, 757
Pereonito, 757
Pereópodes, 757
Periblástula, 180
Periclimenes brevicarpalis, 284
Peridinina, 75
Período
– Cambriano, 12
– Cretáceo, 15
– Ediacarano, 10
– Jurássico, 15
– pós-muda, 698
– Triássico, 15
Perióstraco, 451, 622
Peripatidae, família, 680
Peripatopsidae, família, 680
Peripatopsis
– *moseleyi*, 682
– *sedgwicki*, 681
Periplasto, 97
Perissarco, 262
Peristômio, 511, 553
Peritônio, 132
Peritrema, 852
Pernas locomotoras simples lobopodais, 680
Pés tubulares, 919
Pescoço, 357
Petaloides, 936
Petasma, 781
Petróleo, 52
pH da água, 17
Phacellophora camtschatica, 735
Phacops rana, 711

Phascolosomatidae, família, 543
Phasmida, ordem, 802
Pholadida, ordem, 444
Phoratopidea, subordem, 722
Phoronida, filo, 603
– características do, 604
Phoronopsis californica, 607
Phragmophora, ordem, 397
Phreatoicidea, subordem, 722
Phylactolaemata, classe, 610
Phyllobothriidea, ordem, 355
Phyllocarida, subclasse, 721, 729
Phyllodocida, 506
– pelágicos, 508
Phyllodocidae, 507
Picnogonídeos, 901
– plano corpóreo, 901
Picrophilus oshimae, 8
Pigídio, 511, 708
Pigmentares primárias, 706
Pigmentos respiratórios, 157, 158
Pilídio, 422
Pilidióforos, 422
Pilidiophora, subclasse, 412
Piloro, 617
Pinacócitos, 209
Pinacoderme, 209
Pinocitose, 139, 140
Pínulas, 553
Piolho verdadeiro, 799
Piolho-de-livro, 799
Pirenoides, 98
Piscinas efêmeras, 20
Placa(s)
– basal, 272
– cuticulares, 556
– epidérmicas, 594
– muscular ventral, 596
– neural, 966
– ocular, 920
– unguitratora, 815
Placentonema gigantisima, 9
Plácides, 657
Placoides, 676
Placozoa, filo, 201
– características do, 201
Plácula, 192
Plagiognatas, 872
Plagiorchiida, ordem, 354
Plâncton, 19
Planctotrofia, 182
Planície abissal, 17
Plano(s)
– corpóreo, 127
– – trimérico, 602
– de clivagem, orientação dos, 175
– estomodeal, 312
– mediossagital, 130
– tentacular, 312
– transversal, 130
Plantae
– clado, 121
– reino, 7
Plasmódio, 282
Plasmodium
– *falciparum*, 77, 78, 79
– *vivax*, 79
Plasmotomia, 63, 79
Plasticidade fenotípica, 187
Plastídios
– fotossintéticos, 53
– primários. A, 53
Plataforma continental, 17
Platelmintos, 349, 350
– plano corpóreo dos, 355
Platycopida, ordem, 723

Platycopioida, ordem, 723
Platyctenida, ordem, 308
Platyhelminthes, filo, 349, 352
– características do, 351
Plecoptera, ordem, 802
Plecópteros, 798, 802
Plectida, ordem, 636
Pleocyemata, subordem, 721, 734
Pléon, 757
Pleonitos, 757
Pleópodes, 757
Plesiomorfia, 41
Pleuras, 690
Pleurobrânquias, 733
Pleuromitose, 65
– extranuclear, 64
– intranuclear, 64
– semiaberta, 64
Plexo(s)
– alongados, 317
– hemal, 607
– subepidérmico, 317
Pluricelularidade, 193
Pneumatóforo, 263, 265
Pneumóstoma, 478
Pneumostômio, 157
Pódios, 919
Podocopa, subclasse, 723
Podocopida, ordem, 723
Podoplea, superordem, 723
Podossomo, 864
Poecilostomatoida, ordem, 723
Polaromonas vacuolata, 8
Poliembrionia, 620
Polifiletismo, 37
Poligastria, 293
Polimorfismos do desenvolvimento, 187
Polineópteros, 802
Polipídio, 613
Poliplacóforos, 447, 468
Pólipos, 259
– autozooides, 266
– sifonozooides, 266
Politrídio, 662
Polo
– animal, 175
– vegetal, 175
Polychelida, infraordem, 721, 737
Polycladida, ordem, 352
Polydectus cupulifer, 735
Polyneoptera, superordem, 798, 802
Polyplacophora, classe, 429, 434
Polypodium hydriforme, 265
Polypoidozoa, classe, 255
Polystilifera, ordem, 412
Polystomatidea, ordem, 354
Porifera, filo, 202, 206
– características do, 202
Poríferos
– filogenia dos, 237
– plano corpóreo dos, 208
Poro oral–genital, 371
Porócitos, 209
Poromyata, ordem, 444
Poros
– anais, 312, 317
– dérmicos, 209, 210
Pós-ecdise, 698
Pós-larva, 785
Potássio, 14
Pré-muda, 698
Pré-tarso, 814
Predação
– ativa, 146
– intraespecífica, 146

1008 Invertebrados

Predadores, 146
– furtivos, 146
Preensores, 846, 850
Pregas
– ciliadas, 319
– metapleurais, 965
Pressão sanguínea, 155
Priapula, filo, 660
– características do, 660
Priapulidae, família, 660
Priapúlidos, 660, 661
– classificação dos, 660
– plano corpóreo dos, 660
Priapus humanus, 660
Primeiros
– animais, 2
– equinodermos, 941
– insetos alados, 798
Princípio da parcimônia, 43
Pró-ecdise, 698
Pró-estilete, 475
Pró-háptor, 361
Probabilidade máxima, 48
Probolas
– cefálicas, 639
– labiais, 639
Probóscide(s), 145, 469
– palpar, 469
Procarídeos, 734
Procarididea, infraordem, 734
Procaridoida, infraordem, 721
Procariotos, 6, 7
Processos frontais, 778
Proctodeal, 182
Procutícula, 692
Progênese, 190
Proglótides, 357
Prognatos, 811
Progymnoplea, subclasse, 723
Projeções radiais, 134
Prolatos, 275
Prolecithophora, ordem, 353
Prolóculo, 101
Pronoto, 814
Proprioceptores, 161
Propulsão a jato, 275
Prorhynchida, ordem, 352
Proseriata, classe, 353
Prosópila, 211
Prossomo, 602, 875
Prostômio, 511, 553
Protandria, 169
Proterossomo, 875
Protista(s)
– reino, 7, 51, 55, 62, 63
– configuração corporal geral dos, 59
– diversidade dos, 53
– filogenia dos, 118
– filos dos, 65
– fotoautotróficos, 52
– fotossintéticos, 52, 63
– origem dos, 118
– relações dos, 119
Protoalcyonaria, subordem, 253
Protobranchia, subclasse, 429, 443
Protocele, 183, 602
Protoconcha, 455
Protocordados, 965
Protodrilida, 505
Protoginia, 169
Protonefrídio, 151
Protonefromixo, 153
Protopódio, 811
Protopodito, 692, 757
Protórax, 814

Protostomia, 24
Protostômios, 24, 325
– enigmáticos, 387
Prototróquio, 195, 538
Protozoé, 785
Protura, ordem, 799
Proturos, 798
Proventrículo, 824
Pseudamphithoides incurvaria, 764
Pseudoblastômeros, 685
Pseudocarcinus gigas, 717
Pseudoescorpiões, 873
Pseudofalange, 596
Pseudofezes, 470
Pseudópodes, 60, 133
Pseudoscopiones, ordem, 873
Pseudossímplex, 674
Pseudotraqueias, 157, 703, 775
Psicrófilos, 8
Psocodea, ordem, 806
Pteriomorphia, coorte, 429, 443
Pterobranchia, classe, 950
Pterobrânquios, 950
Pterotórax, 814
Pterygota, subclasse, 798, 800
Pticocisto, 278
Pulgas, 799, 808, 823
– aquáticas, 729
Pulmão(ões), 478
– foliáceos, 157, 703
Pupação, 835
Pupas, 835
Púsulas, 75
Pycnogonida, classe, 901
Pyrolobus fumarii, 8

Q

Quela principal, 781
Quelicerados, 859
– classificação dos, 862
– filogenia dos, 907
Quelíceras, 875, 904
Quelíforos, 901
Quenozooides, 613
Quentrogon, 768
Quetognatos, 394
– classificação dos, 396
– plano corpóreo dos, 397
Quilópodes, 853
Quimioautotrofia, 148
Quimiorrecepção, 162
Quimiorreceptores, 161, 162
Quinina, 78
Quinorrincos, 656
– classificação dos, 658
– plano corpóreo dos, 658
Quitina, 10, 137
Quítons, 447

R

Rabditophora, subfilo, 352
Rabditos, 359
Rabdoides, 332, 359
Rabdoma, 706
Rabdômero, 706
Radiaspis radiata, 711
Radiolaria, filo, 57, 102
– características do, 102
Radiolários, 102
Radíolos, 521
Rádula(s), 145, 446
– docoglossa, 466
– ptenoglossa, 467

– raquiglossas, 466
– ripidoglossas, 466
– tenioglossa, 466
Rafidiópteros, 799
Ramos caudais, 757
Raphidioptera, ordem, 807
Raque, 266
Reagregação celular, 217
Recapitulação, 189
Receptáculo seminal, 168
Receptor(es)
– do colar, 594
– periféricos ciliares, 398
– táteis, 160
Rede(s)
– de genes reguladores, 173
– de muco, 142
– nervosa(s), 164, 287
– nupcial de seda, 853
– viscosas, 91
Rédia, 376
Regiões extra-axiais perfurada
  e imperfurada, 920
Regra da placa ocular, 920
Regressão multipolar, 233
Remar, 275
Remipedia, classe, 720, 723
Reservatório, 112
Reticulópodes, 60, 133
Retínula, 706
Reversão evolutiva, 40
Rhabditida, ordem, 636
Rhabditina, subordem, 636
Rhabdocoela, classe, 353
Rhinebothriidea, ordem, 355
Rhizaria, clado, 57, 58, 97, 120
Rhizocephala, superordem, 722
Rhizostomea, ordem, 255
Rhombozoa, filo, 388
Rhyniella praecursor, 799
Ricinulei, ordem, 873
Ricinuleídeos, 873
Rinóforos, 482
Riptocromos, 291
Rizários, 58
Rizópodes, 69
Rombógenos, 388
Rombozoários, 388
Ropálios, 288
Roseta, 178
Rostelo, 361
Rotifera, filo, 582
– características do, 583
Rotíferos
– classificação dos, 584
– de vida livre dos, 582
– plano corpóreo dos, 584
Rudimento, 920
Rugiloricus manuelae, 667
Rynchonelliformea, subfilo, 622

S

Sabelídeos, 518
Sabellariidae, 508
Sabellida, 509
Sabellidae, 509
Saco(s)
– aderente, 620
– compensatórios, 545
– de Needham, 488
– do cirro, 374
– do estilete, 475
– dorsal, 936
– epicárdicos, 975

Índice Alfabético

– ligamentares, 590
– radular, 465
– renais, 480
Sáculo, 684
Sagartia troglodytes, 292
Sagitocistos, 332
Sagitócito, 332
Salinella salve, 200
Salinidade
– da água, 17
– muito baixa da água doce, 20
Sanguessugas, 558
Saxitoxinas, 73
Scalidophora, 655
Scaphoda, classe, 444
Scaphopoda, classe, 429
Schindewolf, Otto, 26
Schizomida, ordem, 873
Scleractinia, ordem, 253
Scleraxonia, subordem, 253
Scorpiones, ordem, 873
Scyphozoa, classe, 254
Seda das aranhas, 876
Sedentaria, 508
Sedentários, 18
Segmentos do tórax, 723
Seio axial, 924
Seios peri-hemais, 934
Seisonidea, subclasse, 584
Semaeostomeae, ordem, 254
Sensilas, 830
– campaniformes, 706
– de fenda, 706
Sensílios, 778
Sepiida, ordem, 446
Septos, 272
Sequenciamento de última geração, 48
Serpulidae, 509
Sésseis, 18
Siboglinidae, 509, 553
Siboglinídeos, 553
– plano corpóreo dos, 553
Sifão, 450, 464
– atrial, 967
– oral, 967
Sifonóforos, 265
Sifonóglifes, 259
Sifúnculo, 455
Simbiogênese, 28, 118
Simbiontes
– facultativos, 22
– obrigatórios, 22
– oportunistas, 22
Simbiose, 22, 27, 235
Simetria
– birradial, 128
– corporal, 128
– esférica, 128
– pentarradial, 129
– quadrirradial, 129
– radial, 128, 257
Similaridade, 34, 47
Simplesiomorfias, 41
Sinalização parácrina, 224
Sinapomorfias, 41, 42
Sinápticos, 953
Sincáridos, 732
Sincício trabecular, 213
Singamia, 63, 64, 168
Sinônimos, 35
Síntese moderna, 26
Siphonaptera, ordem, 808
Siphonophora, ordem, 256
Siphonosomatidae, família, 543
Siphonostomatoida, ordem, 723

Sipuncula, filo, 503, 540, 542
Sipunculidae, família, 542
Sipúnculos
– classificação dos, 542
– plano corpóreo dos, 543
Sistema
– adesivo biglandular, 402
– aquífero, 208
– ectoneural, 937
– entoneural, 937
– hiponeural, 937
– parácrino, 224
– vascular aquífero, 914, 919, 924
Sistemática, 33, 37
– filogenética, 42
Sizígia, 80
Smittina cervicornis, 236
Solemyida, ordem, 443
Solênios, 262
Solenócitos, 151
Solenogastres, classe, 429, 432
Solifugae, ordem, 874
Somatoceles, 920
Somito, 690
– anal, 757
Sorbeoconcha, infraclasse, 429, 439
Sorberacea, classe, 962
Sorocarpo, 68
Spathebothriidea, ordem, 355
Spelaeogriphacea, ordem, 722, 742
Sphaerodoridae, 507
Sphaeromatidea, subordem, 722
Spheciospongia vesparia, 235
Spinicaudata, infraordem, 721
Spionida, 508
Spionidae, 508
Spirulida, ordem, 445
Spirurina, subordem, 636
Staurozoa, classe, 254
Stenolaemata, subclasse, 610
Stenopodidea, infraordem, 721, 734
Stichocotylida, ordem, 354
Stolonifera, subordem, 253
Stomatopoda, ordem, 721, 730
Stramenopila, filo, 56, 57, 91
– características do, 93
Strepsiptera, ordem, 807
Streptomyces avermectinius, 649
Styraconyx qivitoq, 672
Subumbrela, 268
Sulco(s), 75
– anelar, 343
– auricular(es), 314, 315
– ciliado(s), 319
– – entre placas, 319
– disjugal, 864
– epigástrico, 871
– horizontais, 343
– orais, 315
Superfície oral, 914
Suspensivoria, 141, 143
Suturas, 455
Syllidae, 507
Symbion pandora, 573
Symphyla, classe, 848, 856
Synagoga mira, 746
Syncarida, superordem, 721, 732

T

Tábulas, 272
Taenia saginata, 380
Tagmas, 689
– anogenitais, 817
– corporais, 758

Tagmose, 689
Tainisopidea, subordem, 722
Talassinídeo, 737
Taludes continentais, 17
Tamanho corporal, 130
Tanagem, 692
Tanaidacea, ordem, 722, 739
Tantulocarida, classe, 722, 748
Tantulocáridos, 748
Tardigrada, filo, 671
– características do, 671
Tardígrados, plano corpóreo, 674
Tarso, 814
Tatuíras, 735
Taxas de extinção, 6
Taxia, 160
Taxonomia, 37
Táxons, 36
– Protozoa, 51
– superiores, 37
Táxons-irmãos, 43
Teca, 60, 272
Tecamebas, 69
Tecedores-de-teias, 804
Tecido(s)
– cloragógeno, 524
– colagenosos mutáveis, 924
– embrionários, 171
– sinciciais, 214
Tégminas, 816
Tegumento, 360, 451
Teias das aranhas, 876
Teloblastos, 708
Telopodito, 692
Telotróquio, 195
Télson, 708, 757
Tenídias, 825
Tentáculo(s), 312
– capitados, 262
– filiforme, 262
– nucais, 541
– orais, 925
– periféricos, 541
– terminal, 920
– velares, 965
Tentílios, 312
Tentório, 810
Teoria
– colonial, 300
– – da evolução dos metazoários, 192
– da brânquia ou brânquial, 820
– da troqueia, 195
– das pernas, 820
– de Kukalová-Peck, 820
– dos exitos, 820
– endossimbiótica, 27
– – sequencial, 118
– enterocélica, 193
– extra-axial/axial, 920
– gonocélica, 193
– nefrocélica, 194
– sincicial, 192
– triploblástica, 300
– turbelária, 300
Terebellidae, 509
Terebelliformia, 509
Tergito, 690
Terminália, 817
Termófilos, 8
Termorreceptores, 163
Tesourinhas, 798, 803
Testículos, 168, 379
Tethya
– *orphei*, 236
– *seychellensis*, 236

Tetrabothriidea, ordem, 355
Tetracapsula bryozoides, 252
Tetraphyllidea, ordem, 355
Thalassocalycida, ordem, 312
Thaliacea, classe, 962
Thecata, ordem, 255
Thecostraca, classe, 722, 746
Thermosbaena mirabilis, 742
Thermosbaenacea, ordem, 722, 742
Thermozodium esakii, 674
Thoracica, superordem, 722
Thysanoptera, ordem, 805
Thysanura, ordem, 800
Tíbia, 814
Tiflossole, 524
Tilacoides, 52
Tisanuros, 798
Toracômeros, 723, 757
Toracópodes, 758
Tórax do hexápode, 814
Torção, 456
Toxicistos, 87
Toxoplasma gondii, 79
Trabéculas, 913
Traças saltadoras, 798
Trachymedusa, ordem, 255
Trama de glicocálix, 209
Transporte, 155
– de gases, 157
Traqueias, 157, 703, 825
Traquéolas, 826
Trato digestivo
– completo ou ininterrupto, 140
– incompleto ou cego, 140
Trematoda, coorte, 353
Trematódeos, 360, 365, 369
Trepaxonemata, infrafilo, 352
Treptoplax reptans, 201
Tribocladocera, 721
Trichocephalida, ordem, 636
Trichomonas
– *tenax*, 106
– *vaginalis*, 106
Trichoplax adhaerens, 192, 201
Trichoptera, ordem, 809
Trichurida, ordem, 636
Trichuris trichiura, 646
Tricladida, ordem, 353
Tricobótrios, 160
Tricocisto(s), 62, 75, 87
Tricogon, 768
Tricomas, 826
Tricomonadinos, 105, 106
Tricópteras, 799
Trigoniida, ordem, 443
Trilobitas, 711
Trinômio, 35
Tripanossomos, 113
– ciclos de vida dos, 117
Tripes, 799, 805
Triplonchida, ordem, 636
Triquimela, 230, 233
Tritrichomonas foetus, 106
Trívio, 921
Trocas gasosas, 155
Trochida, ordem, 437

Trofócitos, 227
Trofossomo, 557, 642
Tronco, 553
Troqueia, 195
Trypanorhycha, ordem, 355
Trypanosoma
– *brucei*, 114, 116
– *cruzi*, 115
Tubificidae, 510
Tubiluchidae, família, 660
Tubiluchus corallicola, 661
Tubo(s)
– adesivos, 402
– nervoso dorsal, 962
Túbulos
– de Cuvier, 934
– de Malpighi, 701, 703, 704
Tunicados, plano corpóreo, 967
Tylenchina, subordem, 636

U

Ulbos-flama, 151
Umbrelas oblatas, 275
Unguiphora, ordem, 353
Unionida, ordem, 444
Unirremes, 693
United Nations Environment Programme, 6
United States Geological Service (USGS), 5
Urbilatério, 324
Ureia, 149
Urnas, 545
Urochordata, subfilo, 962
Urópodes, 757
Uropygi, ordem, 875
Útero, 371

V

Vacúolos contráteis, 150
Vagina, 374
Valvas, 448, 453
Valvifera, subordem, 722
Válvulas esporais, 282
Vampyromorpha, ordem, 445
Variação antigênica, 78
Veia(s)
– cardinais, 965
– da asa, 815
– porta cecal, 965
Velário, 268
Véliger, 446
Velocidades de fluxo, 155
Ventoinhas, 209
Ventosa oral, 361
Vermes
– arredondados e filiformes, 634
– cone-de-sorvete, 509
– crina-de-cavalo, 649
– língua, 950
– segmentados, 501
Vermes-amendoim, 540
Vermes-bolota, 951
Vermes-colher, 547
Vermes-de-barba, 553
Vermigon, 768

Vertebrata, subfilo, 962
Vesícula(s)
– anais, 551
– cardíaca, 954
– de expulsão de água, 150
– de Lang, 372
– de poli, 924
– oecial, 619
– renais, 975
– seminal, 168
– sensorial, 979
Vespas, 799
Vestíbulo, 397, 965
Vetigastropoda, subclasse, 429, 437
Véu, 268, 491
Vias de sinalização celular, 172
Vibráculo, 613
Vitelário, 370
Vitelo, 171, 175
Vitelogênese, 175
Vivíparos, 187

W

Wingstrandarctus corallinus, 672
Wolbachia pipientis, 834
WORMS (The World Register of Marine Species), 6
Wuchereria bancrofti, 646, 798

X

Xenacoelomorpha, filo, 327
– características do, 324
– classificação do, 328
Xenoturbella, plano corpóreo dos, 344
Xenoturbellida, subfilo, 328, 343
Xestospongia muta, 235, 236
Xiphinema index, 646
Xiphosura, ordem, 862

Z

Zigoto, 175
Zoanthidea, ordem, 252
Zoé, 785
Zona
– adoral das membranelas (AZM), 86
– afótica, 19
– ciliar adoral, 195
– de oxigênio mínimo (ZOM), 17
– disfótica, 19
– eulitoral, 17
– fótica, 19
– nerítica, 19
– oceânica, 19
– pelágica, 19
– sublitoral, 17
– supralitoral, 17
Zônulas aderentes, 339
Zooclorelas, 285
Zoonóticos, 22
Zooplâncton, 19
Zoósporos, 239
Zooxantelas, 285
Zoraptera, ordem, 804
Zorápteros, 799